国家科学技术学术著作出版基金
工业和信息产业科技与教育专著出版资金 资助出版

现代应用光学
Contemporary Applied Optics

张以谟　主编

电子工业出版社
Publishing House of Electronics Industry
北京·BEIJING

内 容 简 介

近年来，应用光学领域中出现了许多新技术。本书基于作者多年光学领域的研究和积累，系统阐述了应用光学的现代理论和应用，并引入这些新技术。全书内容包括波面像差理论及几何像差理论、以非球面和自由光学曲面简化光学系统设计、太阳能电站和现代高效照明中的非成像光学等；反映了应用光学中的前沿技术，如光学系统焦深扩展与衍射极限的突破、微纳光子学和表面等离子体微纳光学设备中的光学系统、自适应光学等；叙述了现代物理光学仪器的光学系统原理，包括光电干涉光学系统、光电光谱仪及分光光度光学系统、偏振光电仪器光学系统及偏振光成像技术等。

本书既讲解应用光学基础理论，又涵盖国内外应用光学领域最新的技术理论和实现方法，适合作为相关专业高校师生和广大科研人员的参考书。

未经许可，不得以任何方式复制或抄袭本书之部分或全部内容。
版权所有，侵权必究。

图书在版编目（CIP）数据

现代应用光学/张以谟主编. —北京：电子工业出版社，2018.1
ISBN 978-7-121-31473-5

Ⅰ. ①现… Ⅱ. ①张… Ⅲ. ①应用光学 Ⅳ. ①O439

中国版本图书馆 CIP 数据核字（2017）第 097431 号

策划编辑：曲　昕（quxin@phei.com.cn）
责任编辑：曲　昕　张来盛　　特约编辑：张传福
印　　刷：河北迅捷佳彩印刷有限公司
装　　订：河北迅捷佳彩印刷有限公司
出版发行：电子工业出版社
　　　　　北京市海淀区万寿路 173 信箱　邮编　100036
开　　本：787×1092　1/16　印张：72.75　字数：2052 千字
版　　次：2018 年 1 月第 1 版
印　　次：2022 年 1 月第 9 次印刷
定　　价：298.00 元

凡所购买电子工业出版社图书有缺损问题，请向购买书店调换。若书店售缺，请与本社发行部联系，联系及邮购电话：(010) 88254888，88258888。
质量投诉请发邮件至 zlts@phei.com.cn，盗版侵权举报请发邮件至 dbqq@phei.com.cn。
本书咨询联系方式：(010) 88254468，quxin@phei.com.cn。

前　言

近年来，应用光学中出现了许多新技术，如自由光学曲面、衍射光学、非成像光学、非对称光学系统像差理论、共形光学系统、紧凑型光学系统，以及扩展和提高光学系统性能的原理与技术、微纳光子学技术和表面等离子体微纳技术等。国内外已有相关研究和论文发表，也有一些单项内容的图书出版，如《Non-imaging Optics》《二元光学》《自适应光学理论》等。本书延续了已出版 30 多年的《应用光学》，并考虑引入上述应用光学的新技术，故定名为"现代应用光学"。

本书基于作者多年光学领域的研究和积累，对有关光学系统设计进行阐述，并介绍国内外最新的技术理论和方法。本书主要特点：

（1）本书是张以谟主编的《应用光学》的延伸，重点叙述现代应用光学新技术理论和应用。

（2）突出波面像差理论及几何像差理论，因其贯穿于各类光学系统的像质设计，如非对称光学系统、微型光学成像系统和鱼眼成像光学系统等。

（3）以非球面和自由光学曲面为线索，将大部分章节中的现代光学系统设计联系起来，简化了光学系统，提高了性能。

（4）突出现代应用光学技术，如非成像光学在太阳能电站和现代高效照明中的光学应用等。

（5）反映了现代应用光学中的前沿技术，如光学系统的焦深扩展与衍射极限的突破、微纳光子学、表面等离子体微纳技术、光学设备中的光学系统，以及自适应光学与相控阵光学导论等。

（6）叙述了现代物理光学仪器的光学系统原理，包括光电干涉光学系统、光电光谱仪及分光光度光学系统、偏振光电仪器光学系统及偏振光成像技术。

（7）以应用光学基础理论为主题，体现了多学科交叉，突出了光学的应用理论和技术。

（8）本书是在国内外科研单位及天津大学光学研究成果和资料的基础上编写的，颇有"它山之石以攻玉"之感。

全书共 16 章，主要内容和结构如下：

第 1 章在理论和方法上与《应用光学》紧密联系，介绍现代应用光学基础理论。

第 2~5 章给出常规光学球面以外的特殊光学面及其光学系统设计原理和示例。

第 6~8 章讨论当前光学系统的某些特殊应用技术。

第 9、10 章叙述对光学系统的某些性能指标的提高和扩展。

第 11~13 章讨论光学在微纳光子学技术中的应用。

第 14~16 章阐述了三种物理光学仪器及其光学系统的设计原理。

本书的编写者均从事过多年光学科研和教学工作，具有严谨的工作作风、深厚的专业背景和语言文字功底，确保了本书能准确地反映本领域的新技术内容。其中，吕且妮编写了第 3 章中的部分内容；张红霞、谢洪波为第 8 章示例做了计算；贾大功编写了第 8 章中的部分内容，并审核了第 10 章；蔡怀宇编写了第 9 章中的部分内容，并审核了该章全部内容；张红霞编写了第 11 章；范世福编写了第 12 章；张以谟完成了其他章节的撰写和全书统稿工作。本书在撰写过程中参考了很多国内外同行的研究成果和资料，他们开创性的工作和贡献使本书的内容更加丰富，在此谨向他们表示诚挚的感谢。

现代应用光学是一个快速发展的学科，它与众多其他学科交叉的新兴研究课题更是层出不穷。由于我们的水平有限，书中难免有疏漏或错误之处，敬请读者不吝指正。

张以谟

2017 年 10 月

目 录

第1章 现代应用光学基础理论概述 ... 1
1.1 概述 ... 1
1.1.1 本书的背景 ... 1
1.1.2 本书的内容安排 ... 1
1.2 光学系统设计中常用的光学材料特征参数 ... 2
1.2.1 光学材料的光学参量 ... 2
1.2.2 热系数及温度变化效应的消除 ... 4
1.2.3 其他玻璃数据 ... 4
1.3 新型光学材料 ... 5
1.3.1 新型光学材料概述 ... 5
1.3.2 光学材料发展概况 ... 6
1.4 液晶材料及液晶显示器 ... 12
1.4.1 液晶材料及其分类 ... 12
1.4.2 常用液晶显示器件的基本结构和工作原理 ... 16
1.4.3 STN-LCD 技术 ... 27
1.4.4 液晶光阀技术 ... 32
1.4.5 硅上液晶（LCoS）反射式显示器 ... 36
1.4.6 光计算用 SLM ... 38
1.5 电光源和光电探测器 ... 38
1.5.1 电光源 ... 38
1.5.2 激光器 ... 41
1.5.3 光电导探测器 ... 48
1.5.4 光伏探测器 ... 49
1.5.5 位敏探测器 ... 53
1.5.6 阵列型光电探测器 ... 56
1.6 波像差像质评价基础知识 ... 59
1.6.1 光学系统像差的坐标及符号规则 ... 59
1.6.2 无像差成像概念和完善镜头聚焦衍射模式 ... 60
参考文献 ... 63

第2章 光学非球面的应用 ... 67
2.1 概述 ... 67
2.2 非球面曲面方程 ... 67
2.2.1 旋转对称的非球面方程 ... 67
2.2.2 圆锥曲线的意义 ... 68

2.2.3 其他常见非球面方程 ... 70
2.2.4 非球面的法线和曲率 ... 71
2.3 非球面的初级像差 ... 71
2.3.1 波像差及其与垂轴像差的关系 ... 71
2.3.2 非球面的初级像差 ... 73
2.3.3 折射锥面轴上物点波像差 ... 75
2.3.4 折射锥面轴外物点波像差 ... 76
2.4 微振（perturbed）光学系统的初级像差计算 ... 77
2.4.1 偏心（decentered）光学面 ... 78
2.4.2 光学面的倾斜 ... 80
2.4.3 间隔失调（despace）面 ... 81
2.5 两镜系统的理论基础 ... 82
2.5.1 两镜系统的基本结构形式 ... 82
2.5.2 单色像差的表示式 ... 82
2.5.3 消像差条件式 ... 84
2.5.4 常用的两镜系统 ... 85
2.6 二次圆锥曲面及其衍生高次项曲面 ... 86
2.6.1 消球差的等光程折射非球面 ... 86
2.6.2 经典卡塞格林系统 ... 87
2.6.3 格里高里系统 ... 88
2.6.4 只消球差的其他特种情况 ... 88
2.6.5 R-C（Ritchey-Chrétien）系统及马克苏托夫系统 ... 89
2.6.6 等晕系统的特殊情况 ... 90
2.6.7 库特（Cuder）系统及同心系统 ... 91
2.6.8 史瓦希尔德（Schwarzschield）系统 ... 92
2.6.9 一个消四种初级像差（$S_I = S_{II} = S_{III} = S_{IV} = 0$）的系统 ... 93
2.6.10 无焦系统 ... 93
2.7 两镜系统的具体设计过程 ... 93
2.7.1 R-C 系统的设计 ... 93
2.7.2 格里高里系统与卡塞格林系统 ... 94
2.8 施密特光学系统设计 ... 95
2.8.1 施密特光学系统的初级像差 ... 95
2.8.2 施密特校正器的精确计算法 ... 98
2.9 三反射镜系统设计示例 ... 99
2.9.1 设计原则 ... 99
2.9.2 设计过程分析 ... 100
2.9.3 设计示例 ... 101

参考文献 ... 103

第3章 衍射光学元件 105

3.1 概述 105
3.1.1 菲涅耳圆孔衍射——菲涅耳波带法 106
3.1.2 菲涅耳圆孔衍射的特点 108
3.1.3 菲涅耳圆屏衍射 109

3.2 波带片 110
3.2.1 菲涅耳波带片 110
3.2.2 相位型菲涅耳波带片 112
3.2.3 条形或方形波带片 113

3.3 衍射光学器件衍射效率 113
3.3.1 锯齿形一维相位光栅的衍射效率 113
3.3.2 台阶状（二元光学）相位光栅的衍射效率及其计算 114

3.4 通过衍射面的光线光路计算 115

3.5 衍射光学系统初级像差 118
3.5.1 衍射光学透镜的单色初级像差特性 118
3.5.2 折衍混合成像系统中衍射结构的高折射率模型及 PWC 描述 121
3.5.3 P_∞、W_∞、C 与折衍混合单透镜结构的函数关系 122

3.6 折衍光学透镜的色散性质及色差的校正 123
3.6.1 折衍光学透镜的等效阿贝数 v 123
3.6.2 用 DOL 实现消色差 124
3.6.3 折衍光学透镜的部分色散及二级光谱的校正 125

3.7 衍射透镜的热变形特性 127
3.7.1 光热膨胀系数 127
3.7.2 消热变形光学系统的设计 129
3.7.3 折衍混合系统消热差系统设计示例 130

3.8 衍射面的相位分布函数 132
3.8.1 用于平衡像差的衍射面的相位分布函数 132
3.8.2 用于平衡热像差的衍射面的相位分布函数 133

3.9 多层衍射光学元件（multi-layer diffractive optical elements） 133
3.9.1 多层衍射光学元件的理论分析 134
3.9.2 多层衍射光学元件的结构 134
3.9.3 多层衍射光学元件材料的选择 134
3.9.4 多层衍射光学元件的衍射效率 135
3.9.5 多层衍射光学元件在成像光学系统中的应用举例 136

3.10 谐衍射透镜（HDL）及其成像特点 137
3.10.1 谐衍射透镜 137
3.10.2 谐衍射透镜的特点 137
3.10.3 单片谐衍射透镜成像 138
3.10.4 谐衍射/折射太赫兹多波段成像系统设计示例 139

  3.11 衍射光学轴锥镜（简称衍射轴锥镜）……143
    3.11.1 衍射轴锥镜……143
    3.11.2 设计原理和方法……144
  参考文献……150

第4章 非对称光学系统像差理论……153
  4.1 波像差与Zernike多项式概述……153
    4.1.1 波前像差理论概述……153
    4.1.2 角向、横向和纵向像差……154
    4.1.3 Seidel像差的波前像差表示……155
    4.1.4 泽尼克（Zernike）多项式……162
    4.1.5 条纹（fringe）Zernike系数……164
    4.1.6 波前像差的综合评价指标……165
    4.1.7 色差……167
    4.1.8 典型光学元件的像差特性……167
  4.2 非对称旋转成像光学系统中像差理论……174
    4.2.1 重要概念简介……174
    4.2.2 倾斜非球面光学面处理……176
    4.2.3 局部坐标系（LCS）近轴光方法计算单个光学面像差场中心……176
    4.2.4 OAR的参数化……179
    4.2.5 倾斜和偏心的光学面的定位像差场对称中心矢量（像差场偏移量的推导）……181
    4.2.6 基于实际光线计算单个面的像差场中心……182
    4.2.7 失调光学系统的波像差表示式……183
    4.2.8 举例：LCS近轴计算与其实际光线等价计算的比较……185
  4.3 近圆光瞳非对称光学系统三级像差的描述……187
    4.3.1 光学系统的像差场为各个面的贡献之和……187
    4.3.2 带有近圆光瞳的非旋转对称光学系统中的三级像差……187
    4.3.3 节点像差场……191
    4.3.4 波前误差以及光线的横向像差……194
    4.3.5 非对称光学系统中的三级畸变……195
  4.4 非旋转对称光学系统的多节点五级像差：球差……197
    4.4.1 非旋转对称光学系统像差概述……197
    4.4.2 非旋转对称光学系统的五级像差……198
    4.4.3 五级像差的特征节点行为：球差族包括的各项……199
  参考文献……203

第5章 光学自由曲面的应用……205
  5.1 光学自由曲面概述……205
  5.2 参数曲线和曲面……206
    5.2.1 曲线和曲面的参数表示……206

  5.2.2 参数曲线的代数和几何形式 ················ 210
5.3 Bézier 曲线与曲面 ················ 212
  5.3.1 Bézier 曲线的数学描述和性质 ················ 212
  5.3.2 Bézier 曲面 ················ 215
5.4 B 样条（B-spline）曲线与曲面 ················ 217
  5.4.1 B 样条曲线的数学描述和性质 ················ 217
  5.4.2 B 样条曲线的性质 ················ 219
  5.4.3 B 样条曲面的表示 ················ 220
5.5 双三次均匀 B 样条曲面 ················ 221
  5.5.1 B 样条曲面 ················ 221
  5.5.2 双三次均匀 B 样条曲面的矩阵公式 ················ 223
5.6 非均匀有理 B 样条（NURBS）曲线与曲面 ················ 224
  5.6.1 NURBS 曲线与曲面 ················ 224
  5.6.2 NURBS 曲线的定义 ················ 224
  5.6.3 NURBS 表示 ················ 226
  5.6.4 非均匀有理 B 样条曲面 ················ 228
5.7 Coons 曲面 ················ 229
  5.7.1 基本概念 ················ 229
  5.7.2 双线性 Coons 曲面 ················ 230
  5.7.3 双三次 Coons 曲面 ················ 231
5.8 自由曲面棱镜光学系统 ················ 232
  5.8.1 自由曲面棱镜概述 ················ 232
  5.8.2 矢量像差理论及初始结构确定方法 ················ 233
  5.8.3 自由曲面棱镜设计 ················ 236
  5.8.4 用光学设计软件设计含自由曲面的光学系统 ················ 238
参考文献 ················ 239

第 6 章 共形光学系统 ················ 241

6.1 概述 ················ 241
  6.1.1 共形光学系统的一般要求 ················ 241
  6.1.2 共形光学系统的主要参量 ················ 244
  6.1.3 共形光学系统中的像差校正 ················ 250
  6.1.4 共形光学系统实际应用须考虑的问题 ················ 252
6.2 椭球整流罩的几何特性及消像差条件在共形光学系统中的应用 ················ 253
  6.2.1 椭球面几何特性分析 ················ 253
  6.2.2 椭球整流罩的几何特性 ················ 256
  6.2.3 利用矢量像差理论分析椭球整流罩结构的像差特性 ················ 258
6.3 基于 Wassermann-Wolf 方程的共形光学系统设计 ················ 259
  6.3.1 共形光学系统解决像差动态变化的方法概述 ················ 259
  6.3.2 共形光学系统的像差分析 ················ 260

6.3.3 Wassermann-Wolf 非球面理论 ································ 261
6.3.4 利用 Wassermann-Wolf 原理设计共形光学系统 ················ 265
6.4 折/反射椭球形整流罩光学系统的设计 ································ 268
6.4.1 折/反射椭球形整流罩光学系统的设计原则 ···················· 269
6.4.2 椭球形整流罩像差分析 ·· 269
6.4.3 两镜校正系统初始结构设计原理 ································ 269
6.4.4 用平面对称矢量像差理论分析光学系统像差特性 ·············· 274
6.4.5 设计结果 ·· 275
6.5 共形光学系统的动态像差校正技术 ···································· 276
6.5.1 共形光学系统的固定校正器 ····································· 276
6.5.2 弧形校正器 ·· 278
6.5.3 基于轴向移动柱面—泽尼克校正元件的动态像差校正技术 ··· 280
6.6 二元光学元件在椭球整流罩导引头光学系统中的应用 ············· 283
6.6.1 二元光学元件的光学特性 ·· 284
6.6.2 二元衍射光学元件在椭球形整流罩导引头光学系统中的应用 · 286
6.6.3 利用衍/射光学元件进行共形整流罩像差校正的研究 ········· 288
6.6.4 折/衍混合消热差共形光学系统的设计 ························· 291
6.7 利用自由曲面进行微变焦共形光学系统设计 ························ 295
6.7.1 自由曲面进行微变焦共形光学系统的特点 ····················· 295
6.7.2 利用自由曲面的像差校正方法 ·································· 295
6.8 基于实际光线追迹的共形光学系统设计概述 ························ 298
6.8.1 实际光线追迹设计方法可在共形光学系统整个观察视场内得到较好像质 · 298
6.8.2 实际光线追迹方法概述 ·· 299
参考文献 ··· 302

第7章 非成像光学系统 ·· 308

7.1 引言 ··· 308
7.1.1 太阳能热发电技术简介 ·· 308
7.1.2 太阳能光伏发电 ··· 311
7.1.3 照明非成像光学 ··· 312
7.2 非成像光学概述 ··· 314
7.2.1 非成像会聚器特性 ·· 314
7.2.2 光学扩展不变量 ··· 314
7.2.3 会聚度的定义 ··· 315
7.3 会聚器理论中的一些几何光学概念 ··································· 316
7.3.1 光学扩展量的几何光学概念 ····································· 316
7.3.2 在成像光学系统中像差对会聚度的影响 ······················· 317
7.3.3 光学扩展量（拉氏不变量）和相空间的广义概念 ············· 318
7.3.4 斜不变量 ··· 320
7.4 非成像光学的边缘光线原理 ··· 322

- 7.4.1 边缘光线原理 ··· 322
- 7.4.2 边缘光线原理应用——"拉线"方法 ·· 322

7.5 复合抛物面会聚器（CPC） ·· 324
- 7.5.1 光锥会聚器 ·· 324
- 7.5.2 复合抛物面会聚器（CPC）概述 ·· 324
- 7.5.3 复合抛物面会聚器的性质 ·· 326
- 7.5.4 增加复合抛物面会聚器的最大会聚角 ··· 328

7.6 同步多曲面设计方法 ·· 331
- 7.6.1 SMS 方法设计会聚器概述 ··· 331
- 7.6.2 一个非成像透镜的设计：RR 会聚器 ·· 332
- 7.6.3 XR 会聚器 ·· 335
- 7.6.4 RX 会聚器 ·· 337

7.7 XX 类会聚器 ·· 340
- 7.7.1 XX 类会聚器的原理 ·· 340
- 7.7.2 RX1 会聚器 ··· 341
- 7.7.3 RX1 会聚器的三维分析 ··· 341

7.8 非成像光学用于 LED 照明 ·· 343
- 7.8.1 边缘光线扩展度守恒原理和控制网格算法 ·· 344
- 7.8.2 LED 的非成像光学系统设计实例 ·· 346
- 7.8.3 大范围照明光源设计（二维给定光分布设计） ····································· 347

7.9 非成像光学用于 LED 均匀照明的自由曲面透镜 ······································· 348
- 7.9.1 均匀照明的自由曲面透镜概述 ··· 348
- 7.9.2 LED 浸没式自由曲面透镜设计方法 ·· 349
- 7.9.3 设计示例 ·· 351

参考文献 ·· 353

第 8 章 光电光学系统中紧凑型照相光学系统设计 ··· 356

8.1 概述 ·· 356
- 8.1.1 数码相机的组成 ··· 356
- 8.1.2 数码相机中图像传感器 CCD 和 CMOS 的比较 ···································· 357
- 8.1.3 数码相机的分类 ··· 359
- 8.1.4 数码相机的光学性能 ·· 364
- 8.1.5 数码相机镜头的分类和特点 ·· 365

8.2 数码相机镜头设计示例 ·· 367
- 8.2.1 球面定焦距镜头设计示例 ·· 367
- 8.2.2 非球面定焦距镜头设计示例 ··· 370

8.3 变焦距镜头设计示例 ·· 372
- 8.3.1 变焦透镜组原理 ··· 373
- 8.3.2 非球面变倍镜头初始数据 ·· 373
- 8.3.3 折叠式（潜望式）变焦镜头示例 ·· 376

- 8.4 手机照相光学系统 378
  - 8.4.1 手机照相光学系统概述 378
  - 8.4.2 两片型非球面手机物镜设计示例 379
  - 8.4.3 三片型手机物镜设计 382
- 8.5 手机镜头新技术概述 385
  - 8.5.1 自由曲面在手机镜头中的应用 385
  - 8.5.2 液体镜头 385
- 8.6 鱼眼镜头概述 388
  - 8.6.1 鱼眼镜头是"仿生学的示例" 388
  - 8.6.2 鱼眼镜头基本结构的像差校正 390
  - 8.6.3 鱼眼镜头基本光学结构的演变 391
  - 8.6.4 鱼眼镜头的发展 391
  - 8.6.5 鱼眼镜头的光学性能 393
  - 8.6.6 光阑球差与入瞳位置的确定 396
  - 8.6.7 光阑彗差与像差渐晕 398
  - 8.6.8 鱼眼镜头示例与投影方式比较 399
- 参考文献 402

第9章 光学系统焦深的扩展与衍射极限的突破 405

- 9.1 概述 405
  - 9.1.1 扩展焦深概述 405
  - 9.1.2 超衍射极限近场显微术概述 409
  - 9.1.3 远场超分辨成像 418
- 9.2 光学成像系统景深的延拓 420
  - 9.2.1 景深延拓概述 420
  - 9.2.2 延拓景深的方形孔径相位模板 425
  - 9.2.3 增大景深的圆对称相位模板 438
- 9.3 多环分区圆对称相位模板设计 442
  - 9.3.1 多环分区圆对称相位模板的概念 442
  - 9.3.2 多环分区圆对称相位模板对应系统的特性 448
  - 9.3.3 圆对称相位模板成像系统的优缺点 450
  - 9.3.4 初级像差的影响以及延拓景深图像的复原 451
  - 9.3.5 延拓景深相位模板系统的图像复原与其光学成像系统的光学设计 456
  - 9.3.6 延拓景深光学成像系统的光学设计 460
- 9.4 轴锥镜（axicon）扩展焦深 468
  - 9.4.1 轴锥镜 468
  - 9.4.2 小焦斑长焦深激光焦点的衍射轴锥镜的设计 476
- 9.5 近场光学与近场光学显微镜 478
  - 9.5.1 近场光学概念 478
  - 9.5.2 近场扫描光学显微镜（NSOM） 482

- 9.6 扫描探针显微镜 ·· 488
  - 9.6.1 与隧道效应有关的显微镜 ·· 489
  - 9.6.2 原子力显微镜（AFM） ··· 491
  - 9.6.3 扫描力显微镜（SFM） ··· 495
  - 9.6.4 检测材料不同组分的 SFM 技术 ·· 498
  - 9.6.5 光子扫描隧道显微镜（PSTM） ·· 499
- 9.7 原子力显微镜 ·· 504
  - 9.7.1 原子力显微镜的基本组成 ·· 504
  - 9.7.2 近场力 ·· 505
  - 9.7.3 微悬臂力学 ·· 507
  - 9.7.4 AFM 探测器信号 ·· 508
  - 9.7.5 原子力显微镜的测量模式 ·· 509
  - 9.7.6 原子力显微镜检测成像技术 ·· 512
  - 9.7.7 AFM 的优点和正在改进之处 ·· 513
  - 9.7.8 电力显微镜（EFM） ·· 513
- 9.8 远场超高分辨率显微术 ·· 516
  - 9.8.1 远场超高分辨率显微术概述 ·· 516
  - 9.8.2 4Pi 显微镜 ·· 517
  - 9.8.3 3D 随机光学重建显微镜（STORM） ··· 519
  - 9.8.4 平面光显微镜（SPIM）基本原理 ·· 520
  - 9.8.5 福斯特共振能量转移显微镜（FRETM） ··· 521
  - 9.8.6 全内反射荧光显微镜（TIRFM） ··· 522
- 9.9 衍射光学组件用于扫描双光子显微镜的景深扩展 ·· 524
  - 9.9.1 远场超分辨显微镜扩展焦深概述 ·· 524
  - 9.9.2 扩展焦深显微光学系统设计 ·· 525
  - 9.9.3 扫描双光子显微成像系统的扩展景深实验 ·· 528
- 参考文献 ·· 532

第 10 章 自适应光学技术应用概述 ·· 542
- 10.1 引言 ·· 542
  - 10.1.1 自适应光学技术的发展 ·· 542
  - 10.1.2 自适应光学系统 ·· 544
  - 10.1.3 自适应光学应用技术 ·· 545
  - 10.1.4 自适应光学在相控阵系统中的应用 ·· 547
  - 10.1.5 高能激光相控阵系统简介 ·· 549
- 10.2 自适应光学系统原理 ·· 553
  - 10.2.1 自适应光学概念 ·· 553
  - 10.2.2 共光路/共模块自适应光学原理及衍生光路 ·· 557
- 10.3 自适应光学系统的基本组成原理和应用 ·· 569
  - 10.3.1 波前传感器 ·· 569

  10.3.2 波前校正器 ··· 578
  10.3.3 波前控制器及控制算法 ··· 584
  10.3.4 激光导星原理及系统 ··· 589
10.4 天文望远镜及其自适应光学系统 ··· 601
  10.4.1 2.16 m 望远镜及其自适应光学系统 ····································· 601
  10.4.2 37 单元自适应光学系统 ··· 608
  10.4.3 1.2 m 望远镜 61 单元自适应光学系统 ································· 612
10.5 锁相光纤准直器的自适应阵列实验系统 ······························· 620
  10.5.1 概述 ··· 620
  10.5.2 光纤准直器的自适应阵列中的反馈控制 ································· 626
10.6 阵列光束优化式自适应光学的原理与算法 ··························· 631
  10.6.1 光学相控阵技术基本概念 ··· 631
  10.6.2 优化算法自适应光学 ··· 633
  10.6.3 阵列光束优化式自适应光学的原理与发展 ··························· 634
  10.6.4 阵列光束优化式自适应光学算法 ··· 635
10.7 自适应光学技术在自由空间光通信中的应用 ······················· 642
  10.7.1 自由空间光通信概述 ··· 642
  10.7.2 自由空间光通信系统概述 ··· 643
  10.7.3 一些自由空间光通信的示例 ··· 649
  10.7.4 自适应光学结合脉冲位置调制（PPM）改善光通信性能 ··········· 653
  10.7.5 无波前传感自适应光学（AO）系统 ····································· 656
10.8 自由空间激光通信终端系统原理 ··· 659
  10.8.1 终端系统结构和工作原理 ··· 659
  10.8.2 激光收发子系统 ··· 660
  10.8.3 捕获跟踪瞄准（ATP）子系统 ··· 662
  10.8.4 光学平台子系统 ··· 662
  10.8.5 卫星终端系统概述 ··· 666
  10.8.6 基于自适应光学技术的星载终端光学系统方案示例 ··············· 673
10.9 自适应光学技术的其他典型应用举例 ································· 675
  10.9.1 自适应光学技术在惯性约束聚变技术中的应用概述 ··············· 675
  10.9.2 自适应光学用于月球激光测距 ··· 679
  10.9.3 自适应光学系统在战术激光武器中的应用简介 ····················· 682
  10.9.4 自适应光学在医学眼科成像中的应用 ··································· 689
参考文献 ··· 696

第 11 章 微纳投影光刻技术导论 ·· 711

11.1 引言 ··· 711
11.2 光刻离轴照明技术 ··· 717
11.3 投影光刻掩模误差补偿 ··· 721
11.4 投影光刻相移掩模 ··· 728

11.5	电子投影光刻（EPL）	735
11.6	离子束曝光技术	750
11.7	纳米压印光刻（NIL）技术	754
参考文献		761

第12章 投影光刻物镜 … 769

- 12.1 概述 … 769
  - 12.1.1 光刻技术简介 … 769
  - 12.1.2 提高光刻机性能的关键技术 … 769
  - 12.1.3 ArF 光刻机研发进展 … 771
  - 12.1.4 下一代光刻技术的研究进展 … 772
- 12.2 投影光刻物镜的光学参量 … 772
  - 12.2.1 投影光刻物镜的光学特征 … 772
  - 12.2.2 工作波长与光学材料 … 774
- 12.3 投影光刻物镜结构形式 … 784
  - 12.3.1 折射式投影物镜结构形式 … 784
  - 12.3.2 折射式光刻投影物镜 … 785
  - 12.3.3 深紫外（DUV）投影光刻物镜设计要求 … 786
  - 12.3.4 深紫外（DUV）非球面的投影光刻物镜 … 786
  - 12.3.5 光阑移动对投影光刻物镜尺寸的影响 … 787
- 12.4 光刻物镜的像质评价 … 788
  - 12.4.1 波像差与分辨率 … 788
  - 12.4.2 基于 Zernike 多项式的波像差分解 … 791
  - 12.4.3 条纹 Zernike 多项式的不足与扩展 … 794
- 12.5 运动学安装机理与物镜像质精修 … 795
  - 12.5.1 运动学安装机理 … 795
  - 12.5.2 物镜像质精修 … 796
  - 12.5.3 投影光刻物镜的像质补偿 … 796
- 12.6 进一步扩展 NA … 801
  - 12.6.1 用 Rayleigh 公式中的因子扩展 NA … 801
  - 12.6.2 非球面的引入 … 802
  - 12.6.3 反射光学元件的引入 … 802
  - 12.6.4 两次曝光或两次图形曝光技术 … 803
- 12.7 浸没式光刻技术 … 803
  - 12.7.1 浸没式光刻的原理 … 803
  - 12.7.2 浸没液体 … 804
  - 12.7.3 浸没式大数值孔径投影光刻物镜 … 805
  - 12.7.4 偏振光照明 … 806
  - 12.7.5 投影光刻物镜的将来趋势 … 808
- 12.8 极紫外（EUV）光刻系统 … 810

12.8.1 极紫外（EUV）光源 ... 810
12.8.2 EUVL（extreme ultraviolet lithography）投影光刻系统的主要技术要求 ... 813
12.8.3 两镜 EUV 投影光刻物镜 ... 815
12.8.4 ETS 4 镜原型机 ... 819
12.9 EUVL6 镜投影光学系统设计 ... 820
12.9.1 非球面 6 镜投影光学系统结构 ... 820
12.9.2 分组设计法——渐进式优化设计 6 片（22 nm 技术节点）反射式非球面投影光刻物镜 ... 821
12.9.3 EUVL 照明系统设计要求 ... 825
12.10 鞍点构建方法用于光刻物镜设计 ... 827
12.10.1 构建鞍点的价值函数的基本性质 ... 827
12.10.2 鞍点构建 ... 828
12.10.3 DUV 光刻物镜的枢纽 ... 830
12.10.4 深紫外（DUV）光刻物镜设计举例 ... 832
12.10.5 用鞍点构建方法设计 EUV 投影光刻系统 ... 835
12.10.6 极紫外（EUV）光刻物镜举例 ... 836
12.10.7 鞍点构建设计方法中加入非球面设计概述 ... 837
参考文献 ... 840

第13章 表面等离子体纳米光子学应用 ... 850
13.1 表面等离子体概述 ... 850
13.1.1 表面等离子体相关概念 ... 850
13.1.2 表面等离子体激发方式 ... 852
13.2 SPP 产生条件和色散关系 ... 854
13.2.1 电荷密度波（CWD）与激发 SPP 的条件 ... 854
13.2.2 介电质/金属结构中典型的 SPP 色散曲线 ... 856
13.3 SPP 的特征长度 ... 858
13.3.1 概述 ... 858
13.3.2 SPP 的波长 λ_{SPP} ... 859
13.3.3 SPP 的传播距离 δ_{SPP} ... 860
13.3.4 实验 ... 862
13.3.5 SPP 场的穿透深度 δ_d 和 δ_m ... 863
13.4 SPP 的透射增强 ... 864
13.4.1 透射增强 ... 864
13.4.2 围绕单孔的同心环槽状结构 ... 865
13.4.3 平行于单狭缝的对称线性槽阵列 ... 866
13.5 突破衍射极限的超高分辨率成像和银超透镜的超衍射极限成像 ... 867
13.5.1 超透镜的构成 ... 867
13.5.2 银超透镜 ... 868
13.5.3 银超透镜成像实验 ... 869

13.6 SPP 纳米光刻技术 · 870
13.6.1 表面等离子体共振干涉纳米光刻技术 · 870
13.6.2 基于背面曝光的无掩模表面等离子体激元干涉光刻 · 871
13.6.3 在纳米球—金属表面系统中激发间隙模式用于亚 30 nm 表面等离子体激元光刻 · 873
13.6.4 用介电质—金属多层结构等离子体干涉光刻 · 875
13.7 高分辨率并行写入无掩模等离子体光刻 · 879
13.7.1 无掩模等离子体光刻概述 · 879
13.7.2 传播等离子体（PSP）和局域等离子体（LSP） · 879
13.7.3 纳米等离子体光刻渐进式多阶聚焦方案 · 880
参考文献 · 885

第 14 章 干涉技术与光电系统 · 892
14.1 概述 · 892
14.1.1 经典干涉理论 · 892
14.1.2 光的相干性 · 893
14.1.3 常用的激光器及其相干性 · 894
14.2 传统干涉仪的光学结构 · 897
14.2.1 迈克尔逊（Michelson）干涉仪 · 897
14.2.2 斐索（Fizeau）干涉仪 · 898
14.2.3 泰曼-格林（Twyman-Green）干涉仪 · 899
14.2.4 雅敏（Jamin）干涉仪 · 900
14.2.5 马赫-曾德（Mach-Zehnder）干涉仪 · 901
14.3 激光干涉仪的光学结构 · 901
14.3.1 激光偏振干涉仪 · 902
14.3.2 激光外差干涉仪 · 904
14.3.3 半导体激光干涉仪光学系统 · 906
14.3.4 激光光栅干涉仪光学系统 · 907
14.3.5 激光多波长干涉仪 · 912
14.3.6 红外激光干涉仪 · 916
14.3.7 双频激光干涉仪 · 919
14.4 波面与波形干涉系统光学结构 · 921
14.4.1 棱镜透镜干涉仪光学系统 · 922
14.4.2 波前剪切干涉仪 · 923
14.4.3 三光束干涉仪与多光束干涉仪 · 926
14.4.4 数字波面干涉系统 · 928
14.4.5 锥度的干涉测量光学结构 · 930
14.5 表面微观形貌的干涉测量系统 · 931
14.5.1 相移干涉仪光学结构 · 931
14.5.2 锁相干涉仪光学结构 · 931
14.5.3 干涉显微系统光学结构 · 933

14.5.4　双焦干涉显微镜光学结构 ··· 936
14.6　亚纳米检测干涉光学系统 ··· 937
　　14.6.1　零差检测干涉系统 ··· 937
　　14.6.2　外差检测干涉系统 ··· 939
　　14.6.3　自混频检测系统 ··· 940
　　14.6.4　自适应检测系统 ··· 942
14.7　X 射线干涉仪系统光学结构 ··· 943
　　14.7.1　X 射线干涉仪的特点 ·· 943
　　14.7.2　X 射线干涉仪的原理 ·· 944
　　14.7.3　X 射线干涉仪的应用 ·· 944
14.8　瞬态光电干涉系统 ··· 945
　　14.8.1　瞬态干涉光源 ··· 945
　　14.8.2　序列脉冲激光的高速记录 ·· 946
14.9　数字全息干涉仪光学结构 ··· 948
14.10　光纤干涉光学系统 ··· 952
　　14.10.1　光纤干涉基本原理 ··· 952
　　14.10.2　光纤干涉光学系统结构 ··· 952
　　14.10.3　Sagnac 干涉仪：光纤陀螺仪和激光陀螺仪 ··· 957
　　14.10.4　微分干涉仪光学结构 ··· 959
　　14.10.5　全保偏光纤迈克尔逊干涉仪光学结构 ··· 961
　　14.10.6　三光束光纤干涉仪光学结构 ··· 962
　　14.10.7　全光纤白光干涉仪光学结构 ··· 963
　　14.10.8　相位解调技术 ··· 965
参考文献 ·· 969

第 15 章　光电光谱仪与分光光学系统设计 ··· 972

15.1　光谱与光谱分析概述 ··· 972
　　15.1.1　光谱的形成和特点 ··· 972
　　15.1.2　光谱仪器 ··· 975
　　15.1.3　光谱分析 ··· 977
15.2　光电光谱仪器的色散系统 ··· 978
　　15.2.1　棱镜系统 ··· 978
　　15.2.2　平面衍射光栅 ··· 983
　　15.2.3　凹面衍射光栅 ··· 989
　　15.2.4　阶梯光栅 ··· 992
15.3　光电光谱仪器的光学系统设计 ··· 993
　　15.3.1　常用的光谱仪器光学系统 ··· 993
　　15.3.2　光谱仪器光学系统的初级像差 ··· 994
　　15.3.3　光谱仪器光学系统的像差校正 ··· 997
　　15.3.4　反射式准直和成像系统的像差 ··· 998

		15.3.5 常用平面光栅装置类型	1001
		15.3.6 凹面光栅光谱装置光学系统	1007
	15.4	典型光电光谱仪器光学系统设计	1008
		15.4.1 摄谱仪和光电直读光谱仪光学系统设计	1008
		15.4.2 单色仪和分光光度计光学系统设计	1015
		15.4.3 干涉光谱仪光学系统设计	1027
	15.5	激光光谱仪光学系统设计	1030
		15.5.1 激光光谱仪	1030
		15.5.2 傅里叶变换光谱仪光学系统设计	1032
		15.5.3 光谱成像仪光学系统设计	1039
参考文献			1042

第16章 光波的偏振态及其应用 ························ 1043

16.1	光波的偏振态	1043
	16.1.1 椭圆偏振电磁场	1044
	16.1.2 线偏振和圆偏振电磁场	1045
	16.1.3 偏振光的描述	1046
	16.1.4 偏振光的分解	1051
	16.1.5 琼斯矩阵与穆勒矩阵（Mueller matrix）	1052
16.2	偏振光学元件	1056
	16.2.1 偏振片	1056
	16.2.2 偏振棱镜	1062
	16.2.3 退偏器	1067
16.3	偏振棱镜设计与应用示例	1070
	16.3.1 偏振耦合测试系统中偏振棱镜的设计	1070
	16.3.2 高透射比偏光棱镜	1073
	16.3.3 高功率 YVO_4 晶体偏振棱镜	1075
16.4	相位延迟器	1077
	16.4.1 相位延迟器概述	1077
	16.4.2 双折射型消色差相位延迟器	1078
	16.4.3 全反射型消色差相位延迟器原理	1080
16.5	偏振光学用于水下成像	1085
	16.5.1 斯托克斯（Stokes）矢量法	1085
	16.5.2 水下偏振图像采集光学系统的设计	1088
	16.5.3 斯托克斯图像的测量方案	1091
16.6	椭圆偏振薄膜测厚技术	1095
	16.6.1 薄膜测量方法概述	1095
	16.6.2 椭偏测量技术的特点和原理	1096
	16.6.3 椭偏测量系统类型	1097
	16.6.4 干涉式椭偏测量技术	1100

16.6.5　外差干涉椭圆偏振测量原理及光学系统 ……………………………………… 1102
　　16.6.6　外差椭偏测量仪 ………………………………………………………………… 1106
16.7　基于斯托克斯矢量的偏振成像仪器 …………………………………………………… 1109
　　16.7.1　斯托克斯矢量偏振成像仪器概述 ……………………………………………… 1109
　　16.7.2　多角度偏振辐射计 ……………………………………………………………… 1114
16.8　共模抑制干涉及其应用 ………………………………………………………………… 1118
　　16.8.1　共模抑制干涉技术概述 ………………………………………………………… 1118
　　16.8.2　偏振光在零差激光干涉仪中的应用 …………………………………………… 1122
　　16.8.3　利用偏振干涉原理测量表面粗糙度的方法 …………………………………… 1126
　　16.8.4　光功率计分辨率对测量结果的影响 …………………………………………… 1130
　　16.8.5　在线测量表面粗糙度的共光路激光外差干涉仪 ……………………………… 1132
参考文献 …………………………………………………………………………………………… 1134

第 1 章　现代应用光学基础理论概述

本章是《现代应用光学》的基础理论概述。首先，简要说明本书的特点和内容安排。其次，对本书的技术基础内容做以下考虑：材料是光学系统的关键技术基础，故简要概括了常用光学玻璃、新型光学材料、光学晶体和光学塑料等；光学系统的自动化、智能化和数字化，主要是依赖于电路系统、计算机系统和精密机械等，当前液晶技术的发展也对光学系统的自动化、智能化和数字化起到辅助作用；对现代光学系统的主要元器件——电光源和光电探测器也做了概述。最后，结合系统的几何光学评价，为了解泽尼克多项式（Zernike polynomial）波前像差理论做基本准备，以便在本书有关章节中进一步应用。

1.1　概述

1.1.1　本书的背景

近半个多世纪以来，作为光学工程的技术基础内容，《应用光学》的主要目的是叙述几何光学、几何像差等基础知识；介绍望远镜、显微镜和照相物镜等系统特性，以及这三种光学系统设计示例；介绍光学系统自动设计及评价函数原理[1]。这可以对传统光学系统设计给出基本原理和设计方法。

近年来应用光学中出现了多种新技术，如自由光学曲面[2]、衍射光学元件[3]、非成像光学[4]、非对称光学系统像差理论[5]、共形光学系统[6]、紧凑型光学系统[7]、提高光学系统性能的原理与技术等。国内外均有相关研究和论文发表，如《Non-imaging Optics》、《二元光学》等。对于光电干涉系统、光电光谱和分光的系统、偏振光学系统等，在物理光学的图书中多有原理性的阐述，对于其光学系统方面的分析和设计，目前尚少有较系统的阐述性书籍出版。上述情况可作为编写本书出版的动力，故而定名为"现代应用光学"。

另外，原《应用光学》中对有关光学材料（如晶体、液晶、"超材料"等光电转换材料）介绍得很少，这些材料在现代应用光学技术中常会有其特殊的应用。

在《应用光学》中对几何像差中的初级像差和高级像差，以及波像差的概念做了叙述；但未涉及 Zernike 波像差展开式——本书第 4 章和第 6 章做了相关阐述。在现代应用光学的光学系统及当代光学技术的评价中，由于 Zernike 波像差展开式能展开更高的像差级次，并反映各个级次的像差图形，有利于对光学系统质量的评价做深入分析。

1.1.2　本书的内容安排

首先概括地给出光学系统设计中的基础材料和器件——光学材料、探测器、光源，以及光学中的可控材料——液晶等的基本参量和特性。

其次，给出了常规光学球面以外的特殊光学面及其光学系统设计原理和示例，包括非球面及其光学系统；衍射光学元件，折衍混合、多层衍射、谐衍射透镜设计及热变形校正，太赫兹镜头设计，以及有关示例。非对称光学系统像差理论，导出条纹（fringe）Zernike 系数、局部坐标系统（LCS）理论、失调光学系统的波像差、近圆光瞳非对称光学系统三级像差、非旋转对称光学系统的高级像差。光学自由曲面（optical freeform surface）光学系统：给出 Bézier、B 样条（B-Spline）、双三次均匀 B 样条、非均匀有理 B 样条（NURBS）和 Coons 曲面设计原理，并给出自由曲面棱镜光学系统和含有自由曲面光学系统的设计示例。

第三，讨论了当前光学系统的某些特殊应用技术，包括共形光学系统设计：首先简要说明其在导弹等飞行体上的应用，并推导共形光学系统像差，给出该种系统设计示例。非成像光学系统：以太阳能热发电和聚光光伏发电会聚器和 LED 照明的二次光学设计为主线，给出设计原理和示例。光电光学系统中紧凑型光学系统设计：以数码相机、手机镜头等为对象，结合非球面、自由曲面、液体镜头等技术，给出设计方法和示例；也给出鱼眼透镜设计方法和示例。

第四，叙述了对光学系统的某些性能的提高和扩展，如光学系统的焦深扩展与衍射极限的突破，包括：推导光学超分辨、延伸光学系统焦深和近场光学原理、结构及设计示例，以及主要超分辨显微镜的介绍。自适应光学与相控阵光学导论，叙述自适应光学系统原理、基本组成，天文望远镜及其自适应光学系统，阵列光束优化式自适应光学的原理，在自由空间光通信中的应用等。

第五，讨论了光学在微纳光子学技术中的应用，包括微纳光刻技术中的光学应用：光刻集成电路的极限、光刻离轴照明技术、投影光刻掩模误差补偿、投影光刻相移掩模、投影光刻物镜的光学特征。微纳投影光刻物镜研究：ArF 光刻机、极紫外光刻技术（EUVL）、偏振像差、工作波长与光学材料、投影光刻物镜结构形式、光刻物镜的像质评价、投影光刻物镜的像质补偿、浸没式光刻技术。表面等离子体（SPP）纳米光子学应用：介绍了表面等离子体相关概念、SPP 产生条件和色散关系、SPP 的特征长度、SPP 的透射增强、突破衍射极限的超高分辨率成像、银超透镜的超衍射极限成像、SPP 纳米光刻技术、高分辨并行写入无掩模等离子体光刻。

最后，阐述了三种物理光学仪器光学系统的设计原理：在干涉技术与光学系统中，对干涉仪、波面干涉仪、全息干涉仪、相移干涉仪和光纤干涉仪等光学系统结构进行了分析。讨论了光电光谱仪与分光仪系统设计，对现代光谱仪、分光计、单色仪等光学系统及色散元件进行了分析及原理说明。叙述了偏振光电仪器光学系统，包括偏振仪器光学系统及器件设计原理，偏振光学用于水下成像，基于斯托克斯矢量的偏振成像仪器，偏振光在零差激光干涉仪中的应用等。

本书编写特点：在《应用光学》基础上，重点叙述现代应用光学新技术理论和应用；突出了像差理论，因其贯穿了各种光学系统像质设计；以非球面和自由光学曲面为线索，联系了部分章节中的新设计，简化了光学系统，提高了性能；对于现代光学技术，如光学超分辨技术、自适应光学技术、现代光刻技术以及表面等离子体光刻应用技术等，以应用基础理论为主导，同时考虑了设计示例以供参考，尽量利用作者所在单位的光学设计经验和所发表的论文、论著。由于篇幅限制，不能充分推导和叙述有关计算方法和技术问题，因此给出较为精选的参考文献。

1.2 光学系统设计中常用的光学材料特征参数

1.2.1 光学材料的光学参量

光学系统设计包括了选定材料，其与光谱区间、环境和应用有关[8]。材料折射率随波长的变化称为色散（dispersion），即材料折射率是波长的函数。

（1）光学材料的折射率。多用 Sellmeier 公式来描述折射率（n）的平方值：

$$n^2(\lambda) = 1.0 + \frac{b_1\lambda^2}{\lambda^2 - c_1} + \frac{b_2\lambda^2}{\lambda^2 - c_2} + \frac{b_3\lambda^2}{\lambda^2 - c_3} \tag{1.1}$$

其中，λ 是波长，单位为 μm。b_1，b_2，b_3，c_1，c_2，c_3 为式中常数项，可在有关玻璃目录中查对，或者是用玻璃目录中已知的 6 个折射率值，列出联立方程组求得。此式目前被 Schott 及其他玻璃制造商所采用，描述在可见光谱中光学材料的折射率。

光学玻璃折射率通常由 Laurent 级数来描述，也称为 Schott 公式，其形式如下：

$$n^2(\lambda) = A_0 + A_1\lambda^2 + \frac{A_2}{\lambda^2} + \frac{A_3}{\lambda^4} + \frac{A_4}{\lambda^6} + \frac{A_5}{\lambda^8} \tag{1.2}$$

式中，A_0，A_1，…，A_5 为常数项，可在有关玻璃目录中查对，或者是用玻璃目录中已知的 6 个折射率值，列出联立方程组求得。还有一些其他形式的公式，视目的不同而使用，如 Conrady 公式对光谱的可见光部分只须用三个折射率波长组（refractive index-wavelength pairs）的数据，就可得到一个较好的拟合，其形式如下：

$$n(\lambda) = n_0 + \frac{A}{\lambda} + \frac{B}{\lambda^{3.5}} \tag{1.3}$$

（2）色度坐标（chromatic coordinate）。Buchdahl 引入了一个色度坐标来精确地描述折射率。使用色度坐标是由于一般的色散模型（如上述折射率表示式）不能写成 Taylor 级数。而 Taylor 级数是在像差理论中常使用的函数展开形式。故 Buchdahl 引入色度坐标 $w(\lambda)$

$$w(\lambda) = \frac{\lambda - \lambda_0}{1 + 2.5(\lambda - \lambda_0)} \tag{1.4}$$

其中，波长单位以 μm 表示，λ_0 是参考波长，传统上是可见光的 d 线（0.587 6 μm）。用 w 描述折射率的表示式如下：

$$n(w) = n_0 + v_1 w + v_2 w^2 + v_3 w^3 + \cdots \tag{1.5}$$

其中，n_0 是在参考波长 λ_0 的折射率，系数 v_1 视不同玻璃而定。色度坐标的优点可由上式的快速收敛特性看出，一个二次模型（n_0, v_1, v_2）对可见光谱范围的折射率 n（五个不同厂商所提供的 813 个样本）的最大误差为 0.000 1[9]。由此可见使用色度坐标是有优势的。

（3）色散系数：Abbe 数。在目视光学系统的可见光谱中描述光学玻璃的色散，常使用的参数是 Abbe 数，以 V（或 v）数定义为

$$V = \frac{n_d - 1}{n_F - n_C} \tag{1.6}$$

其中，n_d 是在氢气 d 线（0.5 876 μm）的玻璃折射率，n_F 是在氢气 F 线（0.4861μm）的玻璃折射率，n_C 是在氢气 C 线（0.6 563 μm）的玻璃折射率，$(n_F - n_C)$ 成为主色散（primary dispersion），其他波长折射率之差为部分色散（partial dispersion）。除了 F、d 及 C 线外，其他波长也可以用来作为 Abbe 数及部分色散的指定波长。例如，对于 F 及 d 线的相关部分色散为

$$P_{Fd} = \frac{n_F - n_d}{n_F - n_C} \tag{1.7}$$

光学玻璃的特征（一般用两个参量表征）可用一个二维图表示（如折射率及色散），称为玻璃图（glass map）。此图是折射率对 V 值的函数图形。图上的一点对应于一种玻璃。以 Abbe 数为 x 轴，以折射率 n 作为 y 轴，一个典型的玻璃图如图 1.1 所示。

在玻璃图上可看到大部分玻璃落在一条边界线上，称之为玻璃线（glass line）。玻璃图可以解释用两种玻璃校正二级光谱（如对 C、d 和 F 三条谱线消色差）的局限性[1]。

（4）玻璃系数的连续变化模型（model glasses）。光学材料的折射率及色散是分离量（discrete quantities），即光学特性是材料不可改变的特征。为在光学系统中使玻璃得以最佳化，必须建立一个模型允许光学特性可以连续变化。至少对于最小阻尼二乘法算法（damped least squares algorithm）是必要的。最佳化后，必须挑选一种真实玻璃其特性接近模型中的特性。

为得到实用的玻璃光学特性的最佳化模型，必须用适度的变数选择来减少问题的维度，可考虑采用玻璃系数的连续变化模型（model glasses）。此模型是二维的，由于折射率相对于波长呈非线性，实际上维度是大于 2 的。

假设只有使用正常的玻璃（normal glass）来将问题减少到二维是可能的，正常玻璃即是在任何波长的部分色散均正比于 V 数，就是对于任意波长 x 及 y，部分色散为

$$P_{xy} = \frac{n_x - n_y}{n_F - n_C} \approx a_{xy} + b_{xy}V \tag{1.8}$$

式中，常数可以由属于正常（normal）的两个玻璃的实际数据求解决定，根据 Schott 目录设这两个玻璃取 K7 及 F2。

根据式（1.8），去掉折射率对波长的非线性，可能找到玻璃的复消色差（apochromatic）的玻璃组合。上面描述的模型是二维的，在玻璃图上绘制折射率为色散（n_F-n_C）的函数，而非 Abbe 数。图 1.2 显示了玻璃折射率（n_d）-色散（n_F-n_C）的函数。

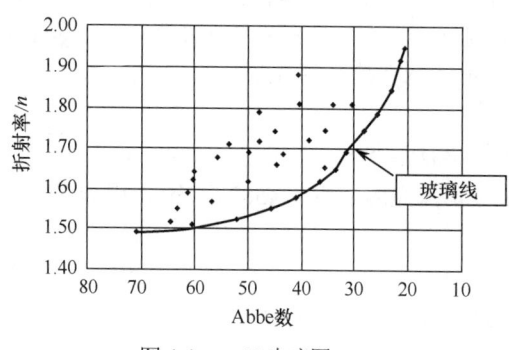

图 1.1　n-V 玻璃图　　　　　图 1.2　折射率（n_d）-色散（n_F-n_C）的函数

1.2.2　热系数及温度变化效应的消除

（1）热膨胀系数（thermal coefficient of expansion，TCE）。温度改变会使镜组中玻璃的绝对折射率改变，由于空气和玻璃的折射率随温度及气压变化，温度改变也会引起透镜组中玻璃和镜筒以及隔圈材料的扩展或收缩。玻璃元件的曲率半径、轴向厚度及孔径半径均可根据线性扩展模型来表示：

$$L(T + \Delta T) = (1 - \alpha \Delta T)L(T) \tag{1.9}$$

其中，L 是长度（例如，厚度、曲率半径、孔径半径），T 是基础温度，ΔT 是温度的改变，α 是热膨胀系数（TCE）。空气间隔的膨胀是由计算相关的边缘厚度的绝对改变加上厚度在轴向的改变。热膨胀系数是以 $1 \times 10^{-7} K^{-1}$ 为单位的。

玻璃的热膨胀系数由玻璃目录中取得。假定镜筒和隔圈材料都用铝材料制备，空气间隔以铝的热膨胀系数（$2.36 \times 10^{-5} K^{-1}$）来换算。

（2）消除温度变化效应（Athermaliza-tion）是使透镜温度改变不敏感的过程。当透镜的温度及其周围环境改变时，在 OSLO 有两个效应可以用来说明它们对于光学成像品质的影响：热膨胀和折射率热变化。

1.2.3　其他玻璃数据

除折射率、色散及热特性的系数之外，描述光学材料的其他典型玻璃数据如表 1.1 所示[10]。

表 1.1　其他典型玻璃数据

名称	含义	名称	含义
n	折射率（在波长 1—主波长）	TCE	热膨涨系数（$1 \times 10^{-7}/K$）
V	Abbe 数（在波长 1, 2, 3）	bub	bubble group

(续表)

名称	含 义	名称	含 义
dens	密度(g/cm^3)	trans	内部传送（厚度为 25 mm，波长为 400 nm）
hard	knoop hardness, HK	cost	相对于 BK7（在 Schott 型银）或 BSL7（在 Ohara 型银）
Chem.	化学特性（气候（CR）、染料（FR）、酸性物质（SR）、碱性物质（AR）、磷酸物质（PR））	avail	可利用的密码
dndT	单位温度内折射率的改变量（$1\times10^{-6}K^{-1}$）		

1.3 新型光学材料

1.3.1 新型光学材料概述

光学材料主要是传输光线的介质材料，其以折射、反射和透射的方式改变光的方向、强度和相位，使光按照预定的要求传输，也可以吸收或透过一定波长范围的光而改变光的光谱成分。近代光学的发展，特别是激光的出现，使另一类光功能材料得到了发展，其在外场（力、声、热、电、磁和光）的作用下，光学性质会发生变化，因此可作为探测和能量转换的材料，如压光、声光、磁光、电光、光弹和激光材料都属光功能材料，现已成为光学材料中一个新的大家族[11]。

传统的光学仪器和装置都是用来认识世界的，天文望远镜可以看到银河系等广阔的宇宙，显微镜可以识别微生物和细胞等微观世界；各种光谱仪和摄影机可以用来区别各种物质和记录物质的运动。20 世纪 60 年代初激光产生后，光学装置已可以用来改造世界，如高功率激光装置可以用来加工和热处理金属，可以作为高能武器，使热核材料产生聚变而放出大量的能量等。激光技术的发展在更大程度上依赖于激光材料，主要是起到把能量转换成激光的作用。固体（如掺杂的晶体和玻璃）激光工作物质是将普通光（非相干光）转换成激光（相干光），而半导体激光工作物质是将电能直接转换成光能（激光）。近 20 多年来，已研制出上百种的激光材料（各种激光晶体、玻璃、半导体等），形成多种多功能的（脉冲、连续、调频、自调制等）激光器件。近年来，高效光能转换材料能将太阳光能转换成电能。这种光电材料主要是半导体，如晶态和非晶态硅、Ⅲ-Ⅴ族化合物等，转换效率在 10%左右，还不能算作真正的能源材料。在光照充足的最佳角度，单晶硅电池的光电总转换效率可以达到 20%~24%，有可能提高到 25%[12]。

促使光功能材料迅速发展的应用之一是信息技术。光作为信息载体，在传输过程中需要调制、解调、混频、变频、开关等元件，都要利用光学非线性效应来完成，故出现了一系列光学非线性材料，主要的是电光、声光、磁光和高阶光学非线性材料，目前已研制出上百种具有这些功能的晶体和玻璃。

目前，光通信的主要局限在于信息容量小，比理论容量小 2~3 个数量级，传输速率低，受到目前调制和开关等元件结构的限制；光纤的光损耗大（熔石英已接近理论损耗极限，为 0.1 dB/km），中继距离短（100 km 左右）。新一代光通信在技术上要突破上述局限，就要发展超长波长和超宽频带的光纤通信，发展低损耗和低色散的红外光纤材料（如氟化物玻璃纤维）和高效率快速响应的光功能材料（制成光开关和调制元件）。

光学信息存储的手段之一是缩微胶片，具有成本低、复制方便、寿命长和易保存等优点，其缺点是胶片上的疵点和划痕极易产生错误，不易于二进位数据存储，不能随机存取和擦洗重写。20 世纪 60 年代后，激光全息存储是高密度和三维信息存储，但记录材料上仍然带着上述缩微胶片的缺点，同时，灵敏度和分辨率之间也存在着矛盾。此后，又发展了一些光功能晶体（如 $LiNbO_3$：Fe，$BaTiO_3$：Fe 等）[13]，可进行实时记录，但光灵敏度不高，信息保存时间短，长时间以来在数据实时随机存取上仍以磁盘、磁带为主。70 年代末光盘存储技术的出现，以激光束聚焦为亚微米尺寸光点，把信息记录在光盘介质上，可用激光束读出记录信息。存储容量比磁盘高 1~2 个数量级（见表 1.2）[14]，使用寿命长，信息可保存 10 年以上，系统可靠，光读写头与记录介质不接触。目前，可擦重写的光盘材料已经出现，读出速度和查找数据速度得到改进。20 世纪末出现光、磁两种存储方式兼容的情况。而 21 世纪将由光存储替代磁存储。光盘存储技术中的关键是存储介质材料，目前已研制出如烧蚀型、相变型、态变型和磁光型等多种光存储介质。新的存储方式不断出现，如利用激光引起的"光谱烧孔"现象进行频率存储，可使存储密度提高千倍。总之，光盘存储将给光功能材料的应用展示出广阔的前景[15]。

表 1.2 磁存储与光存储的存储密度的比较

	磁存储的存储密度	光存储的存储密度
线密度	40～60 B	33 KB
道密度	4～3 KB	22 KB
面密度	$\leq 2\times 10^8$ KB	8×10^8 KB

以图像为对象的光学信息处理利用光的并行处理和高速处理信息的特点，运算速度可比电子计算机快上千倍。目前，开始全光计算机的研究。在模拟并行处理和数字并行处理的发展过程中，首先要研制出一些必要的元器件，如光空间调制器、光学双稳态器件、光开关和逻辑元件等，都需要新型的光功能材料如光致折变材料、高阶非线性光学材料等。光计算机能否实现，很大程度上取决于新材料和元器件的制备[16]。

上述的光介质材料和光功能材料这两大类，以往是以无机非金属材料为主，较少应用有机和高分子材料。随着现代新的有机和高分子材料的合成，新的光学、非线性光学和其他光功能性质的不断发现，在光介质材料中新的有机高分子材料克服了机械性能和热性能差以及折射率偏低等缺点，且有易于可塑成型和批量生产以及价格较低等优点，在光学元件和光学纤维上可望普遍使用。有机化合物的种类繁多，且易于从分子结构上改性，因此，在新的光功能材料中它将会占有重要地位。

光学材料（包括光介质材料和光功能材料）的发展方向可以概括为：①研制超纯极限材料，以使接收和散射损耗达到理论极限；②在用光谱区域的展宽方面，从目前近紫外、可见和近红外区域扩充到远紫外和远红外区域；③开拓高光学强度材料，降低各种光学非线性效应，研制能承担强激光传输和转换的材料；④在光学功能的扩展方面，开拓多功能的光学材料，则新型光学材料将为今后新技术和高技术的发展起积极作用。

1.3.2 光学材料发展概况

1）光学材料的重要性

当今世界正面临着一场新的技术革命，材料科学、信息科学和能源科学被喻为这场革命的三大关键。在材料科学中，各种各样的材料已达数十万种。材料按化学组成成分可以分为金属材料、无机非金属材料和有机高分子材料三大类。按材料的用途又可分为建筑材料、耐火材料、光学材料、电工材料、纺织材料等[11]。

光学材料在工农业生产、国防建设、科学技术现代化，以及文化生活等方面都是一种不可缺少的重要材料。工农业生产、科学研究和人类文化生活等需要使用显微镜、望远镜、经纬仪、照相机、摄像机等各种光学仪器，仪器的核心部分就是光学零件，小至直径只有几毫米的显微物镜，大至直径 5 米的天文望远镜头，都是用光学材料制成的。材料质量的优劣对光学仪器的性能有直接的影响。在人的生活中如果眼睛发生了病变（近视或远视），这就需要配戴眼镜来进行校正，眼镜片玻璃就是一种常见的光学材料。

2）光学材料的种类

根据光与材料相互作用时产生的不同的物理效应可将光学材料分为光介质材料与光功能材料两类。

光介质材料能够使光产生折射、反射或透射效应，以改变光线的方向、强度和相位，使光线按预定要求在材料中传播，也可以利用材料对某一特定波长范围的光线的吸收或透过来改变光线的光谱成分。简言之，光介质材料就是传输光线的材料，它属于传统的光学材料，如普通光学玻璃和光学晶体等。

光功能材料是指在电、声、磁、热、压力等外场作用下其光学性质能发生变化，或者在光的作用下其结构和性质能发生变化的材料，如激光材料等，利用这些变化可以实现能量的探测和转换。

光学材料按聚焦状态和结构，又可分为单晶体、多晶体（陶瓷）、玻璃（非晶态）和塑料。除了一般材料外，还有纤维、薄膜等具有特殊外形的材料。

3）普通光学材料与新型光学材料

普通光学材料是指常用的光学介质材料，如在可见光范围内用作透镜、棱镜、窗口等的光学玻璃和光学晶体。新型光学材料是指为适应红外技术、激光技术、信息技术、空间技术等新兴科技的需要而发展起来的各种光学功能材料和具有特殊光学性能的光介质材料，如激光材料、电光材料、声光材料、非线性光学材料、光信息存储材料、光导纤维以及高功率红外与紫外窗口材料等。

4）光学玻璃的发展

光学玻璃是品种最多、应用最广的光学材料。光学玻璃的原子结构同普通玻璃一样是无序的，犹如液体，故也称玻璃态物质为过冷液体。光学玻璃区别于普通玻璃的主要特点：一是光学玻璃原料纯度要求高，有害杂质含量控制在 100 ppm* 以下，光吸收系数控制在 $10^{-2}\sim10^{-5}\mathrm{cm}^{-1}$ 范围内，从而保证了光通过玻璃之后的吸收损耗极小；二是物理与化学性质上的高度均匀性，以保证在光学系统中满足光学成像质量的要求。

历史上最早试制光学玻璃的是瑞士人纪南（P.L.Guinand），制造了多种光学玻璃。他又和德国人夫琅禾费（J. V. Fraunhofer）合作，成功熔制了坩埚容量为 150～200 kg 的光学玻璃，以供制造天文望远镜之用。1886 年，德国人阿贝（E. Abbe）及肖特（O. Schott）对光学玻璃进行了系统的科学研究和试制，扩大了光学玻璃的光性范围，建立了闻名世界的德国耶那—肖特玻璃厂。

目前，玻璃制造工艺也在不断改进，最初采用黏土坩埚，以气体、液体燃料熔制光学玻璃，现在已用铂坩埚电炉熔制光学玻璃。第二次世界大战期间，德国创造了光学玻璃浇注法。现在，广泛采用连续熔炼液体成型新工艺。

光学玻璃通常按折射率 n_D 和平均色散系数 $v_D=(n_D-1)/(n_F-n_C)$ 这两个光学常数进行分类。n_D 是材料对标准谱线 D（$\lambda = 5890$ Å）的折射率，n_F 是材料对标准谱线 F（$\lambda = 4861$ Å）的折射率，n_C 是材料对标准谱线 C（$\lambda = 4958$ Å）的折射率。n_F-n_C 称为平均色散，v_D 常称阿贝（Abbe）数。各国按阿贝数的大小把光学玻璃分成冕牌光学玻璃与火石（或燧石）玻璃两大类。大致分界线为 $v_D=50$，$v_D>50$ 的为冕牌光学玻璃，$v_D<50$ 的为火石光学玻璃。

冕牌光学玻璃的基本组成为 $R_2O-B_2O_3-SiO_2$（R 代表碱金属），即属于硼硅酸盐与铝硅酸盐玻璃系统。据说这类光学玻璃最初问世时，因其珍贵和光泽晶莹夺目而用做皇冠上的装饰品，并因此得名。

火石玻璃的基本组成为 $K_2O-PbO-SiO_2$。因原料中含有氧化铅（俗称燧石、火石），所以称为火石玻璃。

在冕牌光学玻璃和火石光学玻璃两大类中，又可按折射率的高低分成若干小类（称为品种）。对光学玻璃的品种及牌号各国都有自己的表示方法。我国现有光学玻璃共分 18 个品种，表 1.3 列出了它们的名称、代号、玻璃成分及光学常数（n_D 范围和 v_D 范围）。

表 1.3 国产光学玻璃的分类

名 称	代 号	玻璃成分	n_D 范围	v_D 范围
氟冕	FK	氟化物和氟磷酸盐	<1.50	>75

---

* 1ppm 为百万分之一（10^{-6}）。

(续表)

名　称	代　号	玻璃成分	n_D 范围	ν_D 范围
轻冕	QK	氟硅酸盐和硼硅酸盐	<1.50	>60
磷冕	PK	磷酸盐	1.50～1.65	>60
冕牌	K	硼硅酸盐	1.50～1.55	65～55
钡冕	BaK	钡硅酸盐	1.52～1.60	65～55
重冕	ZK	锌钡硼硅酸盐	1.60～1.70	65～50
锅冕	LaK	锅钡硼硅酸盐	>1.65	>50
特冕	TK	氟化物和氟砷酸盐	1.55～1.60	60～65
冕火石	KF	铅钡硅酸盐	1.50～1.55	60～50
轻火石	QF	铅硅酸盐	1.55～1.60	50～40
火石	F	铅硅酸盐	1.60～1.65	40～35
重火石	ZF	铅硅酸盐	>1.65	>35
钡火石	BaF	钡铅硅酸盐	1.50～1.65	55～35
重钡火石	ZBaF	钡铅硅酸盐	1.60～1.75	55～30
铜火石	LaF	铜钡铅硼酸盐	1.70～1.80	50～30
重铜火石	ZLaF	铜钽钡硼酸盐	>1.80	<35
特火石	TF	铅锑硼酸盐	1.53～1.63	43～53
钛火石	TiF	氟钛硅酸盐	1.55～1.66	35～30

20世纪40年代后期,光学仪器的发展对光学玻璃提出了新的要求。为了消除光学系统的高级球差,扩大其视场角与孔径角,要求扩大玻璃折射率与阿贝数的变化范围。为了消除二级光谱*,又要求具有特殊相对部分色散的玻璃品种。这就是20世纪40年代后期至今发展起来的新品种光学玻璃。表1.4中列出了主要的新品种光学玻璃。

表1.4　主要的新品种光学玻璃

名　称	n_D 范围	ν_D 范围	玻璃主成分	备　注
特高折射率玻璃（重火石）	>1.9	<35	1. $PbO—Bi_2O_3—SiO_2$ 2. $PbO—Bi_2O_3—B_2O_2$ 3. $TeO_2—PbO—R_mO_n$	尚未得到广泛应用
高折射率低色散玻璃儒冕	>1.65	>50	$La_2O_2—BaO—B_2O_3—SiO_2$	用于宽视场大孔径光学系统中消除高级球差和色散
铜火石	1.70～1.80	50～30	1. $B_2O_3—La_2O_3—PbO—CaO—ZrO_2$ 2. $SiO_2—La_2O_3—BaO$	—
重铜火石	>1.8	<50	$B_2O_2—La_2O_3—Ta_2O_3—R_mO_n$	—
低折射率高色散玻璃（钛火石）	1.55～1.60	35　30	$NaF—TiO_2—SiO_2$	与高折射率低色散玻璃配合使用
低色散玻璃	1.5～1.65	>60	1. $K_2O—Al_2O_3—P_2O_5$ 2. $BaO—Al_2O_3—P_2O_5$ 3. $AlF_3—Al(PO_3)_3—MgF_2—BaF_2$	用于消除高级光学系统中的二级光谱
特低折射率玻璃	<1.40	>85	$NaPO_3—BaF_2—CaF_2—ALF_3$	尚无正式产品
特殊色散玻璃	—	—	—	用于消除高级光学系统中的二级光谱

---

* 对两种波长的光（如F、C线）已消除色差的光学系对第三种波长（如d线）还有剩余色差,该剩余色差称为二级光谱。

(续表)

名 称	n_D 范围	ν_D 范围	玻璃主成分	备 注
特冕	1.55～1.60	60～65	CaF_2—BaF_2—PbF_2—AlF_3	—
特火石	1.53～1.63	43～53	PbO—B_2O_5—Al_2O_3	—
热光稳定玻璃	1.50～1.60	50～70	1. BaO—P_2O_5—K_2O—SrO_2 2. BaO—B_2O_3—F	热光系数 $W<20\times10^{-7}/℃$

20 世纪世纪 50 年代兴起的红外物理与技术，促进了红外材料的发展，红外光学玻璃便成为制造红外摄谱、探测、追踪、导航、夜视等仪器中棱镜、透镜、窗口等光学零件的重要材料。红外光学玻璃按使用要求可分成四类。第一类是耐高温红外玻璃，用作红外追踪仪器的头部材料；属于这类材料的有光学熔石英、高硅氧玻璃、钽钛硅玻璃和铝酸钙玻璃等；第二类是高折射率中红外透镜玻璃，其透过范围为 15～25 μm，折射率高达 3 以上，其中硫化砷玻璃已得到实际应用；第三类是红外滤光片，通常与光敏电阻配合使用，逐渐代替由多层介质膜制的干涉滤光片；第四类是红外窗口材料。这类材料有氟磷酸盐玻璃、容易焊接的铅硅酸盐玻璃、透光波长较远的锑酸盐及碲酸盐玻璃等。

20 世纪 60 年代初激光问世后，一大批激光工作物质和光学功能材料相继研制成功。激光玻璃能制成大尺寸高光学质量的工作物质，所以在大能量高功率固体激光工作物质中独占鳌头，在中小型激光器件中也得到广泛应用。激光玻璃有含铁硅酸盐玻璃、含铁磷酸盐玻璃和含氟磷酸盐玻璃三个品种。磷酸盐玻璃的激光效率比硅酸盐玻璃的高，氟磷酸盐玻璃的非线性折射率低[17]。

近几年来，激光技术在通信、医疗、测距、信息存储和加工等方面的应用得到迅速发展。在这些应用中需要对激光束进行调制、偏转、隔离等控制。为了实现这方面的需要，先后发展了一大批光学功能材料，如电光材料、磁光材料、声光材料。其中也包括了相当数量的玻璃材料，如含稀土元素的硅酸盐、磷酸盐磁旋光玻璃、熔石英、碲玻璃、重火石玻璃、硫系玻璃等声光介质玻璃。在这些玻璃中，有的（如铈磷酸盐旋光玻璃）已得到实际应用，有的（如声光介质中的硫系玻璃）显示出引人注目的特性，达到实用的可能性很大。

5) 光学晶体的发展

光学晶体也是较早被人类利用的光学材料。在 17 世纪中叶，就已发现一些天然晶体的特殊光性，如冰晶石（$CaCO_3$）和水晶（SiO_2）的双折射特性、水晶的旋光性等。在 19 世纪中叶，冰洲石、水晶等材料已被制成光学元件用在光学仪器上。20 世纪 50 年代，随着红外与紫外光学仪器和技术的发展，岩盐（$NaCl$）、萤石（CaF_2）等天然晶体被用作紫外和红外光学仪器元件以及可见光的复消色差镜头等，光学晶体成为一类重要的光介质材料得到日益广泛的应用。

光学晶体与光学玻璃的主要差别是光学晶体内部结构是有序的，即组成晶体的质点（原子、分子或离子）在空间有规律地排列在一定的格位上，而光学玻璃内部结构是无序的。由于晶体中各个方向上质点种类和排列状态的不同，造成了不同结晶学方向上晶体宏观物理、化学性质上的差别。所以，一般来说晶体都具有各向异性的特点（属于立方晶系的晶体除外）。

光学晶体在光学性质上表现出来的主要特点是透光范围宽，一些晶体具有明显的双折射性能，另一些晶体则具有特殊色散性能。一般光学玻璃的透光范围为 0.3～5 μm，而光学晶体为 12～50 μm。所以光学晶体可在更宽的波段上用作紫外与红外的分光棱镜、窗口、成像透镜的材料，补充光学玻璃的不足。一些具有明显双折射特性的晶体（如冰洲石、水晶等）可制作偏光镜、波长片、补偿器等光学元件。有些晶体，如氟化锂（LiF）、氟化钙（CaF_2）等，在可见光波段色散特别小（$\nu_D=95～99$），宜制作复消色差镜头。

光学晶体的另一个重要应用是利用其有序排列的晶格结构制成晶体光栅，用于 X 射线、γ 射线等高能射线谱仪上作为分光元件。表 1.5 列出了常用光学晶体及其主要特性。

表 1.5 常用光学晶体及其主要特性

晶体	晶格常数 a(Å), a	折射率 n_D	色散系数 V	溶解度/(g/100g H_2O)	硬度(110)	相对密度/(g/cm³)	熔点/℃	膨胀系数 $a×10^{-6}$	透光波段/μm
NaCl	5.628	1.543 3	42.7	35.7	15.2	2.17	800	42	0.17~17
KCl	6.280	1.490 3	43.9	34.7	7.2	1.98	768	28	0.18~21
LiF	4.020	1.392 0	99.3	0.27	102	2.64	842	41	010~6.5
NaF	4.620	1.325 0	85.3	4.22	—	2.81	995	33	0.13~11
KBr	6.580	1.559 9	33.5	39.4	6.9	2.76	728	37	0.21~27
CsBr	4.287	1.697 1	—	124.3	19.5	4.44	636	47	0.32~35
KI	7.05	1.663 4	23.3	127.5	—	3.13	650	41	0.25~31
CsI	4.56	1.787 6	—	—	—	—	621	48	0.22~56
CaF_2	4.461	1.433 8	95.5	0.001 7	158.3	3.18	1 360	19.6	0.13~9.6
BaF_2	6.184	1.474 3	81.8	0.17	82	4.85	1 280	—	0.19~18
SrF_2	5.00	1.438 9	93.4	0.011		4.24			0.16~11.5
KrS_6	—	2.631 6		0.05	33.2	7.4	415		0.6~40
AgCl	5.514	2.252	—	不溶	9.5	5.58	455	31	0.6~20
Al_2O_3	a=5.12 a=55.17	n_a=1.760 n_a=1.768	—	不溶	1 370	4.00	2 050	5.5	0.25~5.6
MgO	4.21	λ=2 μm n=1.7		不溶	692	3.59	2 800	13	0.25~7.6
SiO_2	7.00	n_a=1.553 4 n_a=1.544 3	~70	不溶	741	2.65	1 470	—	0.18~3
$CaCO_3$		n_a=1.486 4 n_a=1.658 4		不溶			894		

在光学功能材料中,光学晶体也占有十分重要的地位。20 世纪 60 年代后发展起来的激光晶体已超过 200 个品种。利用基质晶格和掺杂离子物理化学性质上的多样性,可以制成能满足不同需要的激光晶体,例如,适于脉冲大能量激光器使用的红宝石晶体(Al_2O_3:Cr),适于高重复频率与连续激光器用的掺钕石榴子石晶体($Y_3A_{15}O_{12}$:Nd),适于输出波长可变的调谐激光器用的掺铬铝酸铍晶体($BeAl_2O_4$:Cr)等。

由于晶体内部结构上的各向异性,一些晶体在外场(电场、磁场、超声场、强光等)作用下,光学性质沿特定方向上的变化尤为明显。磷酸二氧钾(KH_2PO_4)、铌酸锂($LiNbO_3$)、碘酸锂($LiIO_3$)和钼酸铅($PbMoO_4$)等晶体分别具有很强的电光、声光和非线性光学效应,适于制作光的调制器、偏转器、隔离器和开关等,其使用性能一般优于光学功能玻璃制成的器件。

在光学晶体中,除了使用单晶体外,也使用多晶体。目前,热压多晶材料(陶瓷)在高功率激光窗口中得到了应用。单晶材料经过热锻压转变成晶粒度为几微米至几十微米的多晶体后,由于晶粒边界阻止了晶格的滑移形变,所以机械强度成倍提高。

人类最初利用天然矿物晶体制作光学元件,由于产量有限,而且一般或多或少有缺陷和杂质,难以满足科研和生产发展的需要,所以人们开始研究用人工方法培育单晶。1902 年,维纳尔(Verneuil)发明了以氢氧焰作为加热源的焰熔法生长红宝石单晶,不久便推广到工业生产,为人工培育单晶以替代天然晶体开创了先例。1918 年,恰克拉斯基(J. Czchralski)发明了提拉法生长单晶,这是现在应用得最多的一种从熔体中培育单晶的方法。此法是将原料放在一个坩埚中加热熔化,再把籽晶浸在熔体中,然后慢慢向上提拉,就能生长出一支具有一定直径的棒状单晶体。1925年,布里奇曼(P. W. Bridgman)发明了温度梯度法,后来斯托克巴格(D. C. Stockbarger)对此法做了改进。此法是将盛有原料的坩埚放在具有温度梯度的结晶炉内做定向移动(下降或平移),结晶凝固过程通过固—液界面的定向推移来完成。这种方法的优点是可以生长大直径晶体。用此法已培育出直径为 200 mm 以上的氟化钙(CaF_2)等光学晶体。1950 年,蒲凡(W.G. Pfann)发明了区熔法。这种方法开始主要用于提纯原料,现在也用来生长单晶。在晶体生长过程中,熔区限制在一段窄范围内,而绝大部分材料处在固态。随着熔区沿着料锭的一端向另一端缓慢推移,晶体的生长过程也就逐渐完成。

以上介绍的一些单晶培育方法,从相变角度来看都是属于从熔体中生长单晶的方法,这些方法在培育光学晶体方面用得比较多。此外,还有水溶液法和水热法,也用于生长某些光学晶体,如用水溶液法生长 KH_2PO_4(磷酸二氢钾)一类晶体,用水热法生长水晶等。由于高真空、高温、高压和自动控制等技术促进了晶体生长工艺的进步,一些原来难以人工培育的单晶材料,现在逐渐能用人工方法制备了,晶体生长过程的控制,已从人工操作逐步过渡到自动程序控制和电脑全自动控制。这不但提高了工作效率,也进一步改善了晶体的质量。

6)光学纤维的发展

光学纤维是指直径为 5~100 μm 的玻璃(或晶体)细丝。光学纤维按其对光传输的应用目的可分成两类:一类称光通信纤维,利用其传送光信息功能,一般常称其为光导纤维;另一类称导光纤维,利用其传送光功率功能。导光纤维发展比较早,它在医学上的应用历史最久。早在 1951 年就出现了医用玻璃光纤,用这种导光纤维做成的传像束成功地用于胃镜、膀胱镜中。以后又出现了将多根导光纤维捆在一起用来传输光能(传光束)和传送图像(传像束),在医学、照明、计量、加工等许多方面获得了实际应用[18]。

导光纤维内部光耗损较大,为几百分贝*/千米至几千分贝/千米,只适用于较短距离(几米至几十米)内以光能量传输为目的的应用。所以,对材料本身的纯度要求不高,纤维的制备工艺也较简单。

光通信纤维是 20 世纪 70 年代发展起来的,在远距离传输光信息(几千米、几十甚至几百千米)要求光纤中的光传输损耗极小。制备这种光纤必须使用超纯原料和专门的工艺。1970 年,美国康宁公司制成了 20 dB/km 的低损耗光纤。通过不断研究和改进,光通信纤维的光损耗已经降低到 0.2 dB/km。光通信纤维现在多采用特殊工艺制备的超纯石英(加少量填加剂)和多组分光学玻璃为原料,原料中杂质含量控制在几十 ppb** 以下。

7)光学薄膜的发展

透明薄膜所表现出的光学效应很早就引起人们的兴趣,肥皂泡在日光下呈现的色彩,这是日光在透明薄膜的上下表面之间多次反射形成的光干涉效应。薄膜在光学上的最早应用是作为光学零件表面保护膜,如常用的氧化硅(SiO_2)保护膜。随着光学技术的发展,光学薄膜的应用范围逐渐扩大,品种日益增多。概括起来,作为光学介质的传统光学薄膜有下列几种。高反射膜:其中全金属(Au,Ag,Al)反射膜的反射率为 90%~97%,全电介质反射膜的反射率可达 99.5% 以上。增透膜:有单层、双层和多层之分。单层增透膜的表面反射率可降低至 1%,双层增透膜的表面反射率可进一步降低至 0.05%。干涉滤光片:利用薄膜表面的干涉效应达到只允许某一波长的光透过,而其余波长的光被滤去。其中窄带滤光片(对 6 328 Å,通带半宽度为 30 Å)可以方便地从普通光源中得到波长很"纯"的单色光。偏振膜:用光学薄膜制的偏振片,可获得偏振度达 98% 以上的偏振光。这种偏振片使用起来也十分方便[19]。

---

* 光纤传输损耗分贝数(K_p)就是对光的入射强度(P_1)与出射强度(P_2)之比取对数再乘 10,即:$K_p=10\lg P_1/P_2$。1dB/km 的传输损耗,在数值上等于入射光经 1 km 长的介质后,强度降到原来的 80%。

** 1ppb = 10^{-9}。

近几年来，光学功能薄膜的发展十分迅速，研究和应用的范围集中在能量转换、信息技术和集成光学三方面。

在能量转换方面，一些晶态和非晶态薄膜（如非晶态硅薄膜）可发展成太阳能光电转换材料。美国生产的用作太阳能电池的大面积非晶硅其薄膜转换效率已达 5%～10%，成本不高。若能把转换效率进一步提高到 10% 以上，就可成为一种廉价的能源材料。

在信息技术方面，光学薄膜用作光存储介质。已利用琉系玻璃薄膜的光致折射率变化，制成了激光全息信息存储材料。利用光致相变而产生的薄膜表面反射率的变化，有可能制成可擦除光盘存储介质。激光光盘的出现，为大容量的信息存储找到了一个更加有效的途径。在集成光学方面，用薄膜制成光波导、调制器、激光器和探测器等，使整个光电器件集成化，可用于光通信和光计算，使整机体积缩小，运行可靠性提高[20]。光学薄膜的淀积方法主要有热蒸发和溅射两种。热蒸发法是光学薄膜淀积中用得最多的一种方法，其优点是使用比较灵活。溅射法淀积光学薄膜的优点是制备的膜层与基体间的附着力强。溅射法中的阴极溅射多用于淀积金属膜，高频溅射用于淀积介质膜[21]。

8）光学塑料的发展

塑料用作光学材料已有较久的历史，但近几年来光学塑料的应用才逐渐增多，如作为代替眼镜的眼球接触镜菲涅耳透镜等。塑料光学纤维的研制也有显著进展，在制造工艺上采取了许多改进措施，传输损耗已大幅度下降[22]。

光学塑料的突出优点是用模压法成型，免去了粗细磨和抛光的复杂工序，因而制造成本比光学玻璃和晶体都低。此外，光学塑料的色散比同折射率的玻璃高，紫外与红外的透过性能相当好。光学塑料也有一些明显的弱点，主要有热膨胀系数较大、折射率的温度系数大等，在使用中塑料元件易出划痕或磨毛。这些缺点使光学塑料的应用范围受到了限制[23]。

1.4 液晶材料及液晶显示器

1.4.1 液晶材料及其分类

1888 年，F Reinitzer 在测定有机化合物熔点时，发现某些有机化合物在熔化后经历了一个不透明的浑浊液态阶段，继续加热，才成为透明的各向同性的液体，这种浑浊的液体中间相具有和晶体相似的性质，随后德国人 Lehmann（1855—1922 年）用偏光显微镜证实了此中间相具有光学各向异性，兼有液体的流动性和晶体的光学各向异性，故称为液晶（liquid crystal）[24]。

液晶物质基本上都是有机化合物，现有的有机化合物每 200 种中就有一种具有液晶相。显示用液晶材料是由多种小分子有机化合物组成的，现已发展成很多种类，例如各种联苯腈、酯类、环己基（联）苯类、含氧杂环苯类、嘧啶环类、二苯乙炔类、乙基桥键类和烯端基类，以及各种含氟苯环类等。通常根据液晶形成的条件，将液晶分为溶致液晶（lyotropic liquid crystal）和热致液晶（thermotropic liquid crystal）两大类[25]。

1. 溶致液晶

将某些有机物放在一定的溶剂中，由于溶剂破坏结晶晶格而形成的液晶，被称为溶致液晶，如简单的脂肪酸盐、离子型和非离子型表面活性剂等。溶致液晶广泛存在于自然界及生物体中，与生命息息相关，但在显示中尚无应用。

2. 热致液晶

热致液晶是由于温度变化而出现的液晶相。低温下它是晶体结构，高温时则变为液体，这里的温度用熔点（T_m）和清亮点（T_c）来表示。液晶单分子都有各自的熔点和清亮点，在中间温度则以液晶形态存在。目前用于显示的液晶材料基本上都是热致液晶，1922 年 G Friedel 利用偏光显微镜所观察到的结果[27]，根据液晶分子排列结构，热致液晶又分为三大类：胆甾相（cholesteric phase）液晶、近晶相（smectic phase）液晶和向列相（nematic phase）液晶。其分子结构示意图如图 1.3 所示。

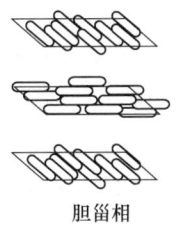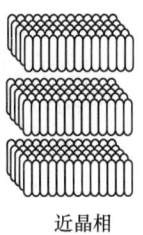

图 1.3 胆甾相、近晶相和向列相液晶分子结构示意图

（1）胆甾相液晶。这个名字的来源，是因为它们大部分是由胆固醇的衍生物所生成的。但有些没有胆固醇结构的液晶也会具有此液晶相。如果一层一层分开来看，它很像线状液晶；但是要从垂直方向来看，会发现它的指向矢会随着一层一层的不同而像螺旋状一样分布。正因为它每一层跟线状液晶很像，所以也叫作手征丝状相（chiral nematic phase）液晶。

这类液晶大都是胆甾醇的衍生物。胆甾醇本身不具有液晶性质，其中只有当 OH 基团被置换，形成胆甾醇的酯化物、卤化物及碳酸酯，才成为胆甾相液晶，并且随着相变而显示出特有颜色的液晶相。胆甾相液晶在显示技术中很有用，TN（twisted nematic）、STN（super twisted nematic）等显示都是在向列相液晶中加入不同比例的胆甾相液晶而获得的。另外，温度计也应用于此液晶。

（2）近晶相液晶。其结构是由液晶棒状分子聚集层，形成的多层状结构，故称线状液晶（nematic）。其每一层的分子的长轴方向相互平行，且此长轴的方向对于每一层平面是垂直或有一倾斜角。由于其结构非常近似于晶体，故称作近晶相。

虽然目前液晶显示技术中主要应用的是向列相液晶，而近晶相液晶黏度大，分子不易转动，即响应速度慢，被认为不宜选作显示器件。但是向列相液晶显示模式几乎已接近极限，从 TN 到 STN 直至 FSTN 格式化超级扭曲向列，对其应用没有新的理论模式。因而，人们将目光重新转移到了近晶相液晶上，目前各近晶相中的手征近晶 C 相，即铁电相引起广泛兴趣。铁电液晶具备向列相液晶所不具备的高速度（微秒级）和记忆性的优异特征，它们在最近几年得到大量研究。

（3）向列相液晶。其结构是由棒状分子组成的，分子质心没有长程有序性，具有类似于普通流体的流动性，分子不排列成层，能上、下、左、右、前、后滑动，只在分子长轴方向（指向矢）上保持相互平行或近于平行，分子间短程相互作用微弱，故向列相液晶又称丝状液晶（nematic）。在应用上，与近晶相液晶相比，向列相液晶各个分子容易顺着长轴方向自由移动，因而黏度小，富于流动性。向列相液晶分子的排列和运动比较自由，对外界作用相当敏感，因而应用广泛。

向列相液晶与胆甾相液晶可以互相转换，在向列相液晶中加入旋光材料，会形成胆甾相，在胆甾相液晶中加入消旋光向列相材料，能将胆甾相转变成向列相。

3．单轴液晶连续体弹性形变理论简述

液晶[26]分子的排列方向具有一定的规则性，液晶的许多物理特性，例如导电性、导热性、光学性能等都具有各向异性的特点。在一定条件之下，液晶对所处环境的变化相当敏感。单轴液晶的连续体弹性形变理论[27]的核心是液晶自由能密度 g 的表达式。处于平衡状态的液晶（物理上处于平衡状态是自由状态能量，简称自由能，处于最低的状态）在外力作用下可以改变它的指向矢的方向，取消外力后指向矢又有恢复原来平衡状态下排列取向的趋势。这与固体在外力作用下发生形变，而当外力消失后要恢复到原来状态的情况相似。液晶分子指向矢取向与平衡状态下取向的差别称为弹性形变，并且引用相应的弹性常数[28]。

对于宏观体积的液晶，可以用指向矢 $\boldsymbol{n}=(n_1, n_2, n_3)$，且 $\boldsymbol{n}\cdot\boldsymbol{n}=1$ 来表示分子的取向。一般，液晶中各处的指向矢 $\boldsymbol{n}$ 并不相同，即使在平衡状态下 $\boldsymbol{n}$ 也可以有变化。特别是外电场作用下或者由于边界条件的存在，$\boldsymbol{n}$ 可以随着液晶中的位置发生改变。液晶中的形变可以分为三种类型：展曲（splay），弯曲（bend），扭曲（twist），其示意图如图 1.4 所示。三种形变的数学解析表达式可以用指向矢 $\boldsymbol{n}$ 的关系得到，在右手笛卡儿坐标系（x_1, x_2, x_3）中，如图 1.5 所示，假设初始指向矢与

x_3 轴重合,那么可以认为液晶形变造成指向矢变化为 $\Delta \boldsymbol{n}$,那么指向矢 $\boldsymbol{n}$ 在笛卡儿坐标系的三个坐标轴上的分量将与 $n_{i,j} = \partial n_i/\partial x_j,(i,j = 1,2,3)$ 有关。其中,$n_{1,1}$ 和 $n_{2,2}$ 描述展曲形变;$n_{1,2}$ 和 $n_{2,1}$ 描述扭曲形变;而 $n_{1,3}$ 和 $n_{2,3}$ 描述弯曲形变。

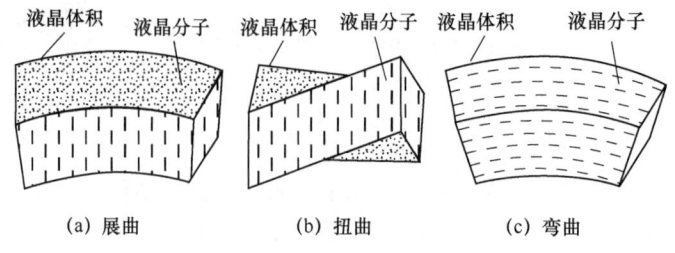

图 1.4 液晶的三种形变示意图

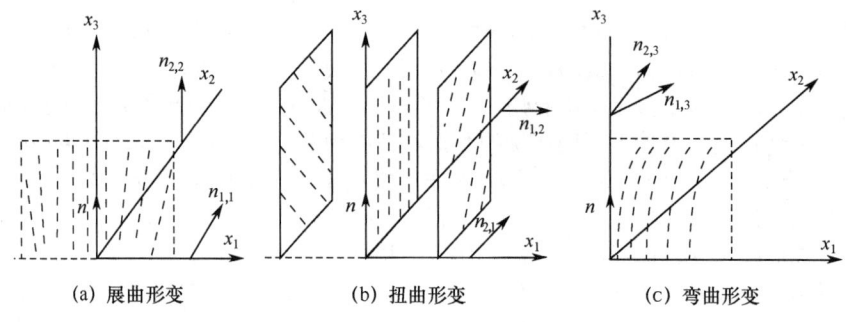

图 1.5 液晶中的三种基本变形

液晶中实际产生的形变可能相当复杂,可理解为这三种基本形变的某种组合。对于单轴液晶来讲,指向矢 $\boldsymbol{n}$ 是液晶体中任一点位置 $\boldsymbol{r} = (x_1, x_2, x_3)$ 的函数,即

$$\boldsymbol{n} = \boldsymbol{n}(\boldsymbol{r}) = [n_1(\boldsymbol{r}), n_2(\boldsymbol{r}), n_3(\boldsymbol{r})] \tag{1.10}$$

在用指向矢 $\boldsymbol{n} = \boldsymbol{n}(\boldsymbol{r})$ 来描述液晶的连续体理论中,已经不再考虑单个分子的性能,而是考虑一种大量分子的统计平均性能,指向矢 $\boldsymbol{n}$ 表示在某一点附件大量分子的平均取向,故 $\boldsymbol{n}$ 和 $-\boldsymbol{n}$ 是没有区别的。如果液晶中各处的指向矢偏离了它们在平衡状态时所指向的方向,液晶就发生形变,发生形变的液晶内部将产生回复转矩。假定 $\boldsymbol{n}(\boldsymbol{r})$ 是 $\boldsymbol{r}$ 的缓慢变化的连续函数,在液晶中某一点 $\boldsymbol{r}_0$ 附近指向矢 $\boldsymbol{n}(\boldsymbol{r})$ 变化可以在右手笛卡儿坐标系 (x_1, x_2, x_3) 中,围绕在 $\boldsymbol{r}_0$ 点用泰勒级数展开:

$$\boldsymbol{n}_1(\boldsymbol{r}) = n_{1,1} x_1 + n_{1,2} x_2 + n_{1,3} x_3 + 高阶 \tag{1.11}$$

$$\boldsymbol{n}_2(\boldsymbol{r}) = n_{2,1} x_1 + n_{2,2} x_2 + n_{2,3} x_3 + 高阶 \tag{1.12}$$

$$\boldsymbol{n}_3(\boldsymbol{r}) = 1 + 高阶 \tag{1.13}$$

此处,设单位矢量为 $\boldsymbol{n}$,高阶项在计算中是忽略不计的。

连续弹性形变理论讨论的是,在受到外力作用之下液晶发生小形变时力和形变的关系问题,即在受外力之前液晶的状态和受外力之后达到平衡状态时两种状态之间的关系。现基于自由状态能量(简称自由能)进行讨论,假设液晶的自由能为 G,那么单位体积液晶的自由能为自由能密度,弗兰克(Frank)自由能密度为 g,一旦液晶发生形变,则它的指向矢的变化将影响液晶的自由能密度 g。根据平衡时能量最小的原理来推导液晶指向矢在外场或者边界条件作用下的分布,可以研究液晶的各种物理特性在外电场作用下的变化[27]。经过一系列的数学运算,得到了平衡状态液晶的弗兰克自由能密度的具体表达式[29]:

$$g = \frac{1}{2} K_{11} (\nabla \cdot \boldsymbol{n})^2 + \frac{1}{2} K_{22} [\boldsymbol{n} \cdot (\nabla \times \boldsymbol{n})]^2 + \frac{1}{2} K_{33} [\boldsymbol{n} \times (\nabla \times \boldsymbol{n})]^2 \tag{1.14}$$

式中,$\nabla \cdot \boldsymbol{n}$,$\boldsymbol{n} \cdot (\nabla \times \boldsymbol{n})$,$\boldsymbol{n} \times (\nabla \times \boldsymbol{n})$ 分别表示展曲、扭曲和弯曲的指向矢的形变的模式,K_{11}、K_{22}、

K_{33} 则分别表示展曲、扭曲和弯曲的弗兰克弹性系数。上式的三项分别描述了展曲、扭曲、弯曲形变能量密度。

4. 液晶显示中所用液晶材料的主要分类

液晶材料介于晶体与液体之间的性质，兼有液体与晶体的特性：一方面，液晶具有流体的流动特性；另一方面，液晶又呈现出晶体的空间各向异性，包括介电特性、磁极化、光折射率等空间各向异性。液晶分子的部分有序排列还使得液晶具有类似晶体的、能承受扰乱这种秩序的切变应力，即液晶具有切变弹性模量。对于实际显示器件性能的影响，液晶材料有许多技术参数，包括光电参数与物性参数，主要有介电各向异性 ΔE、双折射率 Δn、体积黏度 η、弹性常数 K、相变温度 T_m/T_c（熔点/清亮点）和液晶电阻率 ρ 等。根据液晶的上述特性产生出来的光电效应，把液晶对电场、磁场、光能和温度等外界条件变化在一定条件下转换成可视信号，就可以制成显示器，即液晶显示器件。

目前，各种形态的液晶材料基本上都用于开发液晶显示器，现在已开发出的有各种向列相液晶、聚合物分散液晶、双（多）稳态液晶、铁电液晶和反铁电液晶显示器等。而在液晶显示中，开发最成功、市场占有量最大、发展最快的是向列相液晶显示器。按照液晶显示模式，常见向列相显示就有 TN（扭曲向列相）模式、HTN（高扭曲向列相）模式、STN（超扭曲向列相）模式、TFT（薄膜晶体管）模式等。其中 TFT 模式是近 10 年发展最快的显示模式。

1) TN（twist nematic，扭曲向列相）液晶材料

1971 年扭曲向列相液晶显示器（twisted nematic liquid crystal display，TN-LCD）问世后，介电各向异性为正的 TN-液晶材料便很快开发出来；特别是 1972 年结构相对稳定的联苯腈（Biphenyl nitrile）系列液晶材料由 Gray G 等合成出来后[30]，满足了当时电子手表、计算器和仪表显示屏等 LCD 器件的性能要求，形成了 TN-LCD 产业。

TN-LCD 用的液晶材料已发展了很多种类。它们的特点是分子结构稳定，向列相温度范围较宽，相对黏度较低。不仅可以满足混合液晶的高清亮点、低黏度，而且能保证体系具有良好的低温性能。联苯环类液晶化合物的 Δn 值较大，是改善液晶陡度的有效成分。嘧啶类化合物的 K_{33}/K_{11} 值较小，只有 0.60 左右，在 TN-LCD 和 STN-LCD 液晶材料配方中，经常用它们来调节温度系数和 Δn 值。而二氧六环类液晶化合物是调节"多路驱动"性能的必需成分。TN 液晶一般分子链较短，特性参数调整较困难，所以特性差别比较明显。

2) STN（super TN，超扭曲向列相）型液晶材料

自 1984 年发明了超扭曲向列相液晶显示器（STN-LCD）以来，由于它的显示容量扩大，电光特性曲线变陡，对比度提高，要求所使用的向列相液晶材料电光性能更好，因此到 20 世纪 80 年代末就形成了 STN-LCD 产业，其代表产品有移动电话、电子笔记本、便携式微机终端等。STN 型与 TN 型结构大体相同，只不过液晶分子扭曲角度更大一些，特点是电光响应曲线更好，可以适应更多的行列驱动。

STN-LCD 用混晶材料的主要成分是酯类和联苯类液晶化合物，这两类液晶黏度较低，液晶相范围较宽，适合配制不同性能的混晶材料。另外为了满足 STN 混晶的大 K_{33}/K_{11} 值和适度光学各向异性 V_n 的要求，通常需要在混晶中添加炔类、嘧啶类、乙烷类和端烯类液晶化合物。调节混晶体系的 V_n 通常用炔类单体、嘧啶类单体乙烷类单体等。K_{33}/K_{11} 值对 STN-LCD 的阈值锐角有很大影响，较大的 K_{33}/K_{11} 值使显示有较高的对比度。为了提高 K_{33}/K_{11} 值，需要在混晶中添加短烷基链液晶化合物和端烯类液晶化合物。

3) TFT（thin film transistor，薄膜晶体管）显示型液晶材料

由于采用薄膜晶体管阵列直接驱动液晶分子，消除了交叉失真效应，因而显示信息容量大；

配合使用低黏度的液晶材料，响应速度提高，能够满足视频图像显示的需要。因此，TFT-LCD 较之 TN 型、STN 型液晶显示有了质的飞跃。TFT-LCD 用液晶材料与传统液晶材料有所不同。除了要求具备良好的物化稳定性、较宽的工作温度范围之外，TFT-LCD 用液晶材料还须具备以下特性：低黏度、高电压保持率、与 TFT-LCD 相匹配的光学各向异性（V_n）。

目前针对 TFT-LCD 用液晶材料的合成设计趋势集中于以下几个方面：
① 以氟原子或含氟基团作为极性端基取代氰基；
② 在液晶分子侧链、桥键引入氟原子来调节液晶相变区间、介电各向异性等性能参数；
③ 含有环己烷（尤其是双环己烷）骨架的液晶分子得到广泛重视；
④ 以乙撑类柔性基团作为桥键的液晶。

在液晶显示材料中，液晶材料大都是由几种乃至十几种单体液晶材料混合而成。向列相液晶和胆甾相液晶目前已具有非常广泛的应用，尤其是在液晶平板显示器上的应用。随着液晶化合物种类的不断增加。单一的化合物难以满足实际应用中的苛刻要求，通过将不同的液晶单体进行科学混配，则可以弥补相互性能上的不足。通过合成出某些独特性能的液晶化合物，并将其应用于混合液晶配方中，也能达到提高显示性能的目的。

4．液晶聚合物（liquid crystal polymer，LCP）

上述液晶均为低分子液晶，其分子长只有 2～3 nm，直径约 0.15 nm。而液晶材料的另一重要领域是液晶聚合物，即高分子溶液或熔体呈现的液晶态，也称为液晶高分子材料。20 世纪 50 至 70 年代，美国 Dupont 公司进行了高分子液晶方面的研究，1959 年推出芳香酰胺液晶，但分子量较低；1963 年，用低温溶液缩聚法合成全芳香聚酰胺，并制成阻燃纤维 Nomex；1972 年研制出强度优于玻璃纤维的超高强、高模量的 Kevlar 纤维，并投入实用。根据液晶形成的条件，液晶聚合物可分为热致液晶高分子（thermotropic liquid crystalline polymer，TLCP）和溶致液晶高分子（lyotropic liquid crysta-l line polymer，LLCP）两大类。前者的主要代表是热致液晶性聚芳酯，目前已经实现商品化的有：Xydar、Vectra、Rodrun LC 5000。后者的主要代表是溶致液晶性聚芳酰胺，如 Kevlar、Nomex。另外按照液晶元所处的位置可分为主链液晶聚合物、侧链液晶聚合物。基于其独特的性能，LCP 已经用于微波炉容器、印制电路板、人造卫星电子部件、喷气发动机零件，用于电子电气和汽车机械零件或部件，以及医疗方面；在加入高填充剂后作为集成电路封装材料，以代替环氧树脂作为线圈骨架的封装材料，用作光纤电缆接头护头套和高强度元件，代替陶瓷作为化工用分离塔中的填充材料等；还可与聚砜、PBT、聚酰胺等塑料共混制成合金制件，成型后机械强度高，用以代替玻璃纤维增强的聚砜等塑料，既可提高机械强度性能，又可提高使用强度及化学稳定性等，如制造高强度的防弹衣、舰船缆绳等。

5．生物液晶

20 世纪 70 年代，Singer 等用 X-射线衍射、核磁共振、荧光标记等实验方法研究了生物膜的结构，并根据构成生物膜的分子热力学特性，提出生物膜的液态镶嵌模型，这种模式已被广泛接受。目前活体组织中显示液晶性质的物质，在此从略。

1.4.2 常用液晶显示器件的基本结构和工作原理

常用液晶显示器件的分类如图 1.6 所示。

1．扭曲向列（TN）型液晶显示器件

TN 型液晶显示器件是最常见的一种。手表、数字仪表、电子钟及大部分计算器所用的液晶显示器件都是 TN 型器件。TN 型的液晶显示技术是液晶显示器件中最基本的，其他种类的液晶显示器件多是以 TN 型为基础来加以改良。同样，它的运作原理也较其他技术简单。

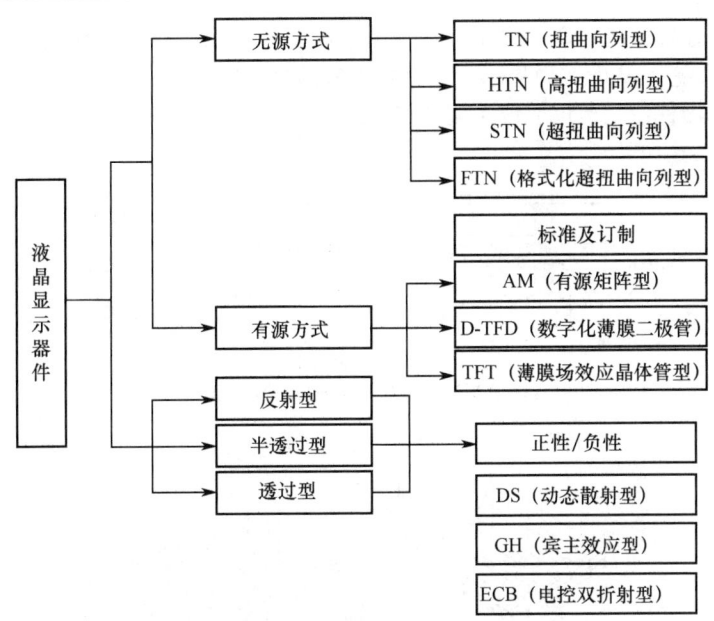

图 1.6 常用液晶显示器件的分类

TN 型液晶显示器件的显示原理如图 1.7 所示,其中(a)为结构示意图,(b)为分子排布与透光示意图,(c)为光电效应原理示意图。从图 1.7(b)与图 1.7(c)可以看出,TN 型液晶显示器件中包括了垂直方向与水平方向的偏光片、具有细纹沟槽的配向膜、液晶材料以及导电的玻璃基板。不加电场的情况下,入射光经过偏光片后通过液晶层,偏光被分子扭转排列的液晶层旋转 90°,离开液晶层时,其偏光方向恰与另一偏光片的方向一致,因此光线能顺利通过,整个电极面呈光亮。在加入电场的情况下,每个液晶分子的光轴转向与电场方向一致,液晶层因此失去了旋光的能力,结果来自入射偏光片的偏光,其偏光方向与另一偏光片的偏光方向成垂直的关系,使光无法通过,电极面因此呈现黑暗的状态。其显像原理是将液晶材料置于两片贴附于光轴垂直偏光片的透明导向玻璃之间,液晶分子会依配向膜的细沟槽方向顺序旋转排列,如果电场未形成,光线会顺利地从偏光片射入,依液晶分子旋转其行进方向,然后从另一边射出。如果在两片导电玻璃通电之后,两片玻璃间会形成电场,进而影响其间液晶分子的排列,使其分子棒进行扭转,光线便不能穿透,进而遮住光源。这样所得到亮暗对比的现象,叫作扭转式向列场效应,简称 TNFE (twisted nematic field effect)。电子产品中所用的液晶显示器,几乎都是基于扭转式向列场效应原理制成的。TN 型液晶显示器件的基本结构原理是:将涂有氧化铟锡(ITO)透明导电层的玻璃光刻上一定的透明电极图形,将这种带有透明导电电极图形的前后两片玻璃基板夹持上一层具有正介电各向异性的向列相液晶材料,四周进行密封,形成一个厚度为数微米的扁平液晶盒。由于在玻璃内表面涂有一层定向层膜,并进行了定向处理,使盒内液晶分子沿玻璃表面平行排列;但由于两片玻璃内表面定向层定向处理的方向互相垂直,液晶分子在两片玻璃之间呈 90°扭曲,这就是扭曲向列液晶显示器件名称的由来。

由于 TN 型液晶显示器件中液晶分子在盒中的扭曲螺距远比可见光波长大得多,所以当沿一侧玻璃表面的液晶分子排列方向一致或正交的直线偏振光射入后,其偏光方向在通过整个液晶层后会被扭曲 90°由另一侧射出,因此这个液晶盒具有了在平行偏振片间可以遮光,而在正交偏振片间可以透光的作用和功能。如果这时在液晶盒上施加一个电压并达到一定值后,液晶分子长轴将开始沿电场方向倾斜,当电压达到约两倍阈值电压后,除电极表面的液晶分子外,所有液晶盒内两电极之间的液晶分子都变成沿电场方向的再排列。这时,90°旋光的功能消失,在正交偏振片间失去了旋光作用,使器件不能透光。而在平行偏振片之间由于失去了旋光作用,使器件也不再能遮光。因此，如果将液晶盒放置在正交或平行偏振片之间，即可用给液晶盒通电的办法使光改变其透过-遮住状态，从而实现显示。平时看见液晶显示器件时隐时现的黑字，不是液晶在变色，而是液晶显示器件使光透过或使光被吸收所致。

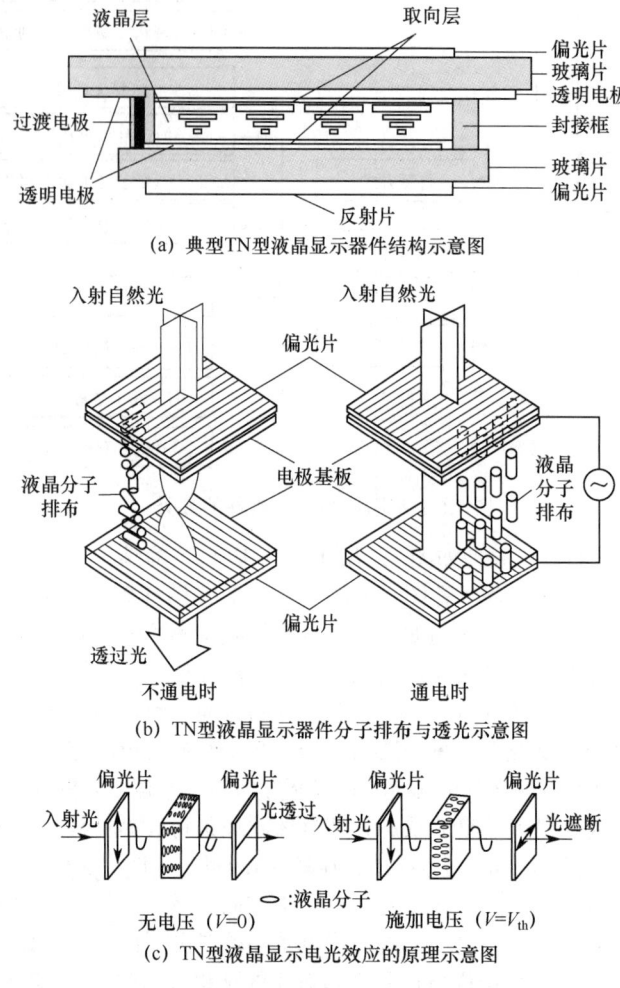

图 1.7　TN 型液晶显示器件显示原理

2. 超扭曲向列型（STN）液晶显示器件

超扭曲向列型液晶显示器件即扭曲角应很大，超过 90°，这是一种目前应用较多的点阵式液晶显示器件。TN 型及其他大部分类型的液晶显示器件的电光响应曲线都不够陡峭，如图 1.8 所示，随着驱动电压 V 的升高，电光响应缓慢增加，阈值特性很不明显，这给多路驱动造成了困难，使液晶在大信息量显示、视频显示上受到了限制。

20 世纪 80 年代初，传统的扭曲向列液晶（TN）器件被发现，只要将其液晶分子的扭曲角加大，即可以改善其驱动特性。人们陆续开发出一系列超过了 TN 扭曲角 90° 的液晶显示器件，把这类扭曲角在 180°～360° 的液晶显示器件称为超扭曲（STN）系列产品。

目前，几乎所有的点阵图形和大部分点阵字符型液晶显示器件均已采用了 STN 模式。

STN 技术在液晶产业中已处于成熟、完善的阶段。STN 模式的产品结构基本和 TN 模式是一样的，只不过盒中液晶分子排列不是沿着 90° 扭曲排列，而是 180°～360° 扭曲排列，如图 1.9 所示。

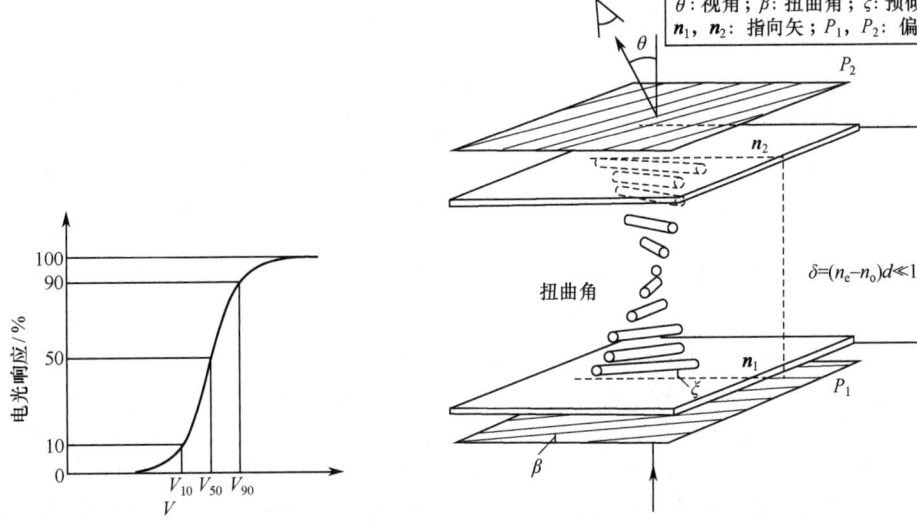

图 1.8　TN 型液晶显示器件的光电响应曲线　　图 1.9　STN 型液晶显示器件原理示意图

STN 型和 TFT 型都是使用一种被称为"向列型"液晶（nematic）的物质，它呈丝状，利用电场来控制"丝状"液晶的方向是常用的方法。用液态晶体制作的组件，通常都将液态晶体包在两片玻璃中。在玻璃的表面镀一层配向剂的物质，可由该物质的种类及处理方法来控制在没有外电场时液晶的排列情况。

1）STN 型液晶的显示原理

世界上第一台液晶显示器出现在 20 世纪 70 年代初，被称为 TN 型液晶显示器（twisted nematic，扭曲向列）。80 年代，STN 型液晶显示器（super twisted nematic，超扭曲向列）出现，同时 TFT 型液晶显示器（thin film transister，薄膜晶体管）技术诞生。

STN 型液晶的显示原理和 TN 型液晶显示器的显示原理相同，只是液晶分子的扭曲角度不同。向列型液晶夹在两片玻璃中间，这种玻璃的表面镀有一层透明而导电的薄膜作为电极，然后在有薄膜电极的玻璃上镀表面配向剂，以使液晶分子顺着一个特定且平行于玻璃表面的方向排列。液晶的自然状态具有 90°的扭曲，利用电场可使液晶旋转，液晶的折射系数随液晶的方向而改变，结果是光经过扭曲型液晶后偏极性发生变化。只要选择适当的厚度使光的偏极性刚好改变 90°，就可利用两个平行偏光片使得光完全不能通过而足够大的电压又可以使得液晶方向与电场方向平行，这样光的偏极性就不会改变，光就可通过第二个偏光片。于是，就可控制光的明暗了。如前所述，STN 型液晶与 TN 型液晶的显示原理相同，只是它将入射光旋转 180°～270°，而不是 90°。而且，单纯的 TN 型液晶显示器本身只有明暗两种变化，而 STN 型液晶则以淡绿色和橘色为主。但如果在传统单色 STN 型液晶显示器中加上一个彩色滤光片，并将单色显示矩阵中的每一像素分成三个子像素，分别通过彩色滤光片显示红、绿、蓝三原色，就可以显示出色彩了。

2）TFT 型液晶的显示原理

由于 TN 型和 STN 型液晶的显示原理所限，如果它的显示部分做得较大，那么中心部分的电极反应时间可能会较长。这对于显示屏比较小的手机并不是很大的问题，液晶反应时间的影响比较小。但是对于笔记本电脑等大屏幕液晶显示器来说，太慢的液晶反应时间就会影响显示效果。并且，彩屏在手机中应用得越来越多，在新一代产品中很多都支持 65536 色显示，有的甚至支持 16 万色显示，这时 TFT 型液晶的高对比度和色彩丰富的优势就更显得重要了。

STN 型液晶属于反射式液晶显示器件，它的好处是功耗小，但在比较暗的环境中清晰度很差，所以不得不配备外部照明光源。而 TFT 型液晶采用"背透"与"反射"相结合的方式，在液晶的背部设置特殊光管。而且，液晶显示屏的背光技术也在不断进步，由单色到彩色，由厚到薄，由侧置荧光灯式到平板荧光灯式。

反射式液晶显示器件有黑底白字符（NB）型和白底黑字符（NN）型两种，手机的显示屏多数是属于 NB 型，当然这肯定是融合了最新技术的增强 NB 型。TFT 型液晶显示技术采用了"主动式矩阵"的方式来驱动，是利用薄膜技术所做成的电晶体电极，可用扫描的方法"主动地"控制任意一个显示点的亮与暗。光源照射时先通过下偏光片向上透出，借助液晶分子传导光线。电极导通时，液晶分子就像 TN 型液晶的排列状态一样会发生改变，也通过遮光和透光来达到显示的目的。这和 TN 型液晶的显示原理差不多，但不同的是，由于场效应晶体管具有电容效应，能够保持电位状态，已经透光的液晶分子会一直保持这种状态，直到场效应晶体管（EFT）电极下一次再加电压改变其排列方式为止。而 TN 型液晶就没有这个特性，液晶分子一旦没有加电场，就立刻返回原来的状态，这是 TFT 型液晶和 TN 型液晶显示原理的最大不同。

TFT 型液晶显示器件为每个像素都设有一个半导体开关，其加工工艺类似于大规模集成电路。由于每个像素都可以通过点脉冲直接控制，因而，每个点都相对独立，并可以进行连续控制，这样的设计不仅提高了显示屏的反应速度，同时可以精确控制显示灰度，所以 TFT 型液晶的色彩更逼真。

3．动态散射型液晶显示器件（DS-LCD）

动态散射（DS）型液晶显示器件实际是一种已经过时、被淘汰的液晶显示器件。但由于它是唯一电流型液晶显示器件，而且是第一个实用化的液晶显示器件，所以还应对它有所了解。

DS 型液晶显示器件也是由两片带透明导电电极图形的玻璃基板构成一个液晶盒为主体结构的，只不过在液晶盒中的液晶材料里掺入了一定比例的离子型有机电解质材料。因此，在不通电的情况下，液晶盒呈透明状，而通过一定频率的交流电时，会随着电压的升高，在液晶层内形成一种因离子运动而产生的"威廉畴"*。如果电压继续提高，最终会使液晶层内形成紊流和搅动。这种紊流和搅动使液晶层对光产生强烈的光散射作用，这种现象被称为动态散射。图 1.10 为 DS 型液晶显示器件工作原理示意图。

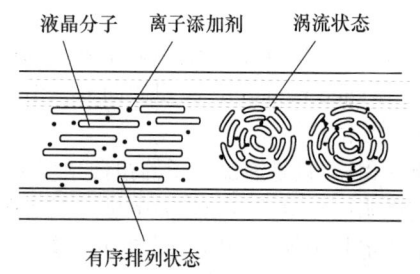

图 1.10　DS 型液晶显示器件工作原理示意图

DS 型液晶显示器件不用偏振片，但电流较大。使用时，一般在背面辅以黑色衬底，并制作一黑色反射遮光板。DS 型液晶显示器件的驱动电压由液晶掺杂后的电导率及液晶本身介电异性决定。其阈值电压（V_{th}）与驱动频率、介电弛豫时间等参数的关系如式（1.15）所示。

$$V_{th} = \frac{V_0^2[1+(2\pi f)^2\tau^2]}{g^2-[1+(2\pi f)^2\tau^2]} \tag{1.15}$$

式中，f 为驱动频率；τ 为介电弛豫时间；g 为自由能密度。

DS 型液晶显示器件的动态散射效应只有在一定频率条件下才会产生。其临界频率 f_c 为

$$f_c = \frac{(g^2-1)^{1/2}}{2\pi\tau} \tag{1.16}$$

---

* 威廉畴（Williams domain）：是液晶的一种晶相。当通过低频交流电时，当电压超过阈值电压 V_{th} 时，液晶盒内的液晶分子产生规则形变，使得折射率周期性变化。液晶盒内形成折射率透射光栅，产生明暗交替条纹称为"威廉畴"。衍射强度可以用夫琅禾费衍射积分计算。继续增加电压，最终会使液晶层内形成紊流和扰动，并对光产生强烈的散射。

式中，g 和 τ 的物理意义同式（1.15）。

4. 宾主效应型液晶显示器件（guest-host liquid crystal display，GH-LCD）

GH 型液晶显示器件是最初引起重视的一种液晶显示类型。但是，由于它本身的一些缺点，如对比度不高而工作电压偏高，一直未能得到广泛应用。然而这种显示器件在一些特定条件下有其独到的优点，如可不要偏振片、能够显示多种单彩色等，因而还有其应用价值。特别值得注意的是近年利用相变式宾主（PCGH）液晶材料研制的反射式显示器件，具有一定的发展前景。

GH 型液晶显示器件原理示意图如图 1.11 所示。基本原理是在液晶层的液晶材料中掺进一定量的二色性染料。由于二色性染料（如蒽昆类染料）在分子的长轴方向和短轴方向对光的吸收不一样，平时二色性染料混在液晶中，会"客随主变"地与液晶分子呈同向有序排列，观察者看到的是吸光较多的短轴方向，因而色彩较重。若此时施加一定的电压，液晶分子变为沿电场方向呈垂直排列的状态，此时，观察者看到的是吸光较少的长轴方向，因而色彩很淡，浓淡对比，形成显示。

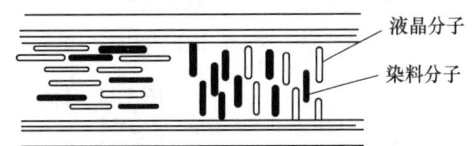

图 1.11 GH 型液晶显示器件原理示意图

占主体的液晶材料称之为主体材料，将掺入的二色性染料称为客体材料。宾主即缘此而来。GH 型液晶显示器件的阈值电压 V_{th} 基本由混合染料后的液晶材料决定。

对于 Np、Nn、Ch 液晶，当为负性向列液晶（Nn）时，

$$V_{th} = \pi \sqrt{\frac{k_{33}}{\varepsilon_0 |\Delta \varepsilon|}} \tag{1.17}$$

当为正性向列液晶（Np）时，

$$V_{th} = \pi \sqrt{\frac{k_{11}}{\varepsilon_0 |\Delta \varepsilon|}} \tag{1.18}$$

当为胆甾液晶（Ch）时，

$$V_{th} = \frac{d\pi^2}{P_0} \sqrt{\frac{k_{22}}{\varepsilon_0 |\Delta \varepsilon|}} \tag{1.19}$$

GH 型液晶显示器件也可以再附加偏振片以提高对比度，它不仅能进行彩色显示，而且其视角也远比 TN 型液晶显示器件大得多，这是一种还未开发尽善的液晶显示器件。

5. 电控双折射型液晶显示器件（electrically controlled birefringence liquid crystal display，ECB-LCD）

ECB-LCD 是一种可以由电压控制显示多种颜色的彩色液晶显示器件。按内部结构原理不同，ECB-LCD 又分为 DAP 型和 HAN（hybrid aligned nematic）型两种[31]，其中，DAP 型液晶显示器为垂直排列相畸变方式（deformation of vertically aligned phase mode，DAP），由具有负介电各向异性的向列液晶垂直于液晶盒表面排列构成；HAN 型液晶显示器是由具有正介电各向异性的向列液晶一侧垂直于液晶盒表面排列，而另一侧平行于液晶盒表面排列构成。结构原理分别如图 1.12 和图 1.13 所示。

ECB 型液晶显示器件在通电时，液晶分子长轴与电场之间的夹角 θ 因电压大小不同而变化，故使液晶盒的双折射率发生变化。当白色线偏振光入射该液晶盒后，在不同的双折射率下会形成不同的椭圆偏振光，它将被检波片选择吸收，从而形成不同的颜色。

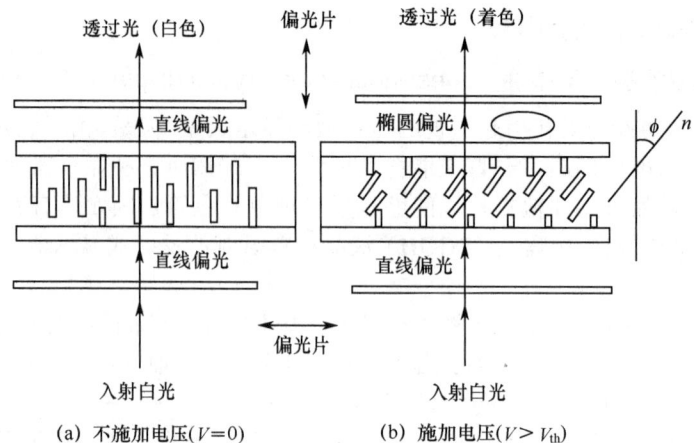

图 1.12　DAP 型液晶显示器件的结构原理

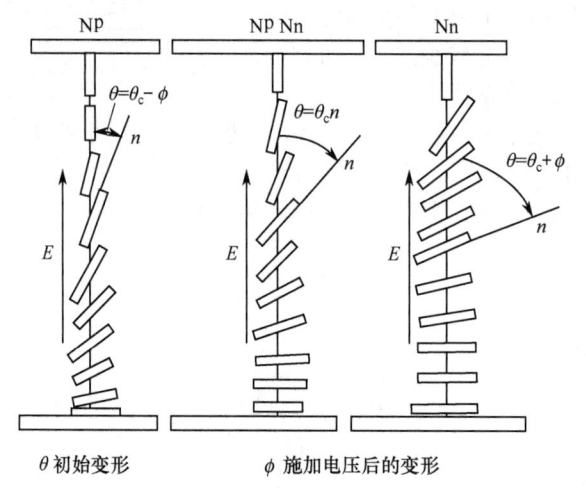

图 1.13　HAN 型液晶显示器件的结构原理

ECB 型液晶显示器件透过的光强与受不同电压控制的液晶盒性质有关。可用下式表示：

$$I = I_0 \sin^2 2\theta \sin^2 \frac{\pi d \Delta n(V)}{\lambda} \quad (1.20)$$

式中，I_0 为入射光强；λ 为入射光波长；θ 为入射偏光方向与寻常偏光方向的夹角；d 为盒厚；$\Delta n(V)$ 为液晶盒在电压 V 时的双折射率；$d\Delta n$ 为光学相位差。

当入射光为白光时，随施加电压的变化透过光会因双折射特性的变化而呈现出图 1.14 至图 1.18 所示的变化。图中 R、G、B 分别代表红、绿、蓝三种颜色，因其彩色是随施加电压而变化的，故称之为"电控双折射彩色显示"。

这种显示器件中 DAP 型的器件阈值电压为

$$V_{th} = \pi \sqrt{\frac{k_{33}}{\varepsilon_{01} - \Delta \varepsilon_1}} \quad (1.21)$$

HAN 型器件因其不施电压也具有双折射性，所以没有阈值电压。

ECB 型液晶显示器件的优点是用不同电压控制显示出不同的颜色。但其颜色靠液晶分子排布的差异实现，这导致液晶易受外界影响，如温度的改变会影响液晶分子排布，造成双折射率的改变，从而影响显示颜色。

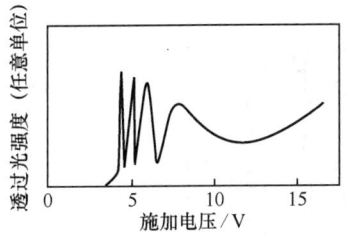

图 1.14　DAP 排列盒的透过光强度和施加电压的关系

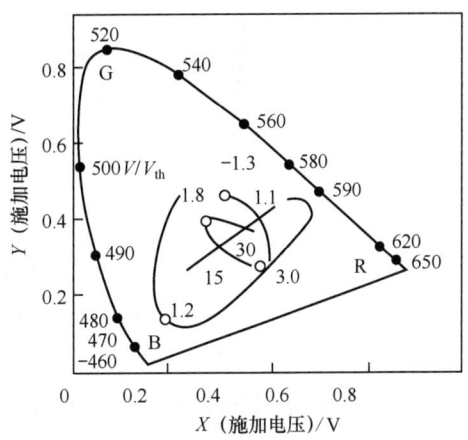

图 1.15　DAP 液晶盒施加电压与透过光的色相变化关系（正交偏光片）

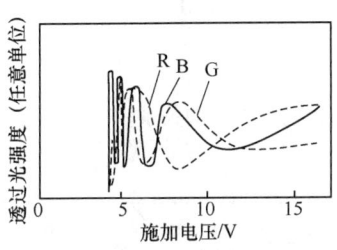

图 1.16　DAP 液晶盒散射光透过特性（彩色滤光片红、绿、蓝正交偏振片）

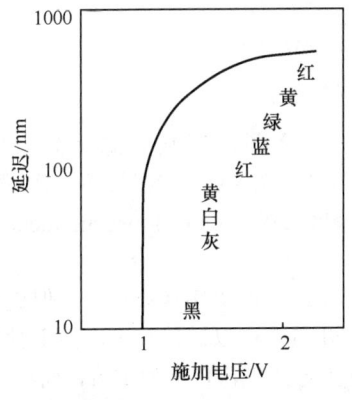

图 1.17　施加电压（V_{rms}）与色度延迟的关系

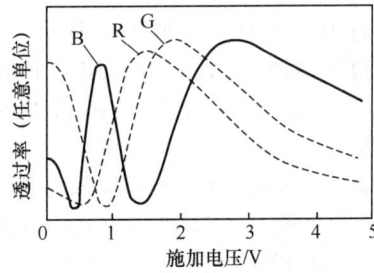

图 1.18　HAN 液晶盒在施加电压时三色光的透过特性

6. 有源矩阵液晶显示器件（active matrix liquid crystal display，AM-LCD）

普通简单矩阵液晶显示器件（指 TN 类型）的电光特性对多路、视频活动图像的显示，是很难满足要求的，这不仅是因为其响应阈值不够陡，速度不够快，而且也是因为简单矩阵的每一个像素都等效于一个无极电容，显示中自然会产生串扰，即当一个像素被选通时，相邻行、列像素都会呈半选通态。为此，在驱动中要引入一个偏压。当偏压比等于 $(\sqrt{N}+1)$ 时，驱动路数的宽容度为 a，其最大值为

$$a_{\max} = \frac{\sqrt{\sqrt{N}+1}}{\sqrt{\sqrt{N}-1}} \tag{1.22}$$

式中，N 为驱动路数。$a_{\max}$ 随 N 的加大而降低，如图 1.19 所示。驱动路数会受到限制，更不可能满足多路视频画面的要求。为此，在每个像素上设计一个非线性的有源器件，使每一个像素可以被驱动，从而克服了串扰，解决了大容量多路显示的困难，提高了画面质量，使多路视频显示画面成为可能。图 1.20 示出了无源矩阵和有源矩阵的结构区别。

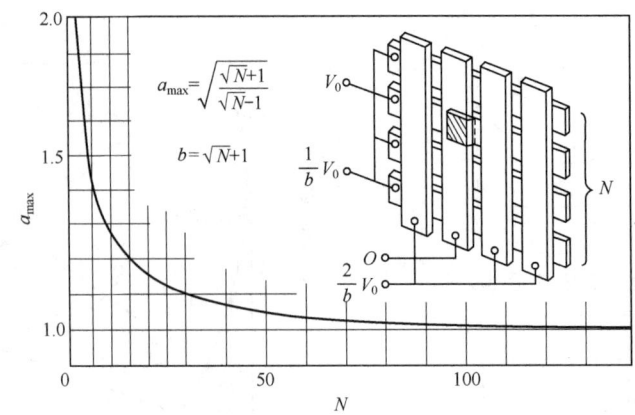

图 1.19　优化幅面寻址方法的最大电压比 a_{max} 与扫描电极数 N 的关系

（注：最大电压比 a_{max} 又称优值或最大值宽容度）

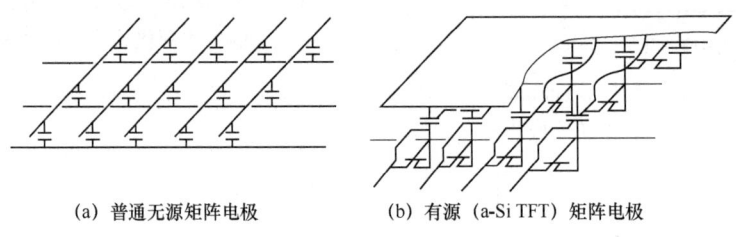

(a) 普通无源矩阵电极　　　(b) 有源（a-Si TFT）矩阵电极

图 1.20　无源矩阵与有源矩阵的结构区别

有源矩阵液晶显示器件的种类可分为三端有源和二端有源。三端有源又分为单晶硅（MOSFET）、TFT（CsSe、Te、a-Si、P-Si）；二端有源分为 MIM、MSM、二极管环、背对背二极管、ZnO 变阻器。二端有源方式中，以 MIM 即金属-绝缘体-金属二极管（metal-insulate-metal-diode）方式最为实用。

三端有源方式，由于扫描输入与寻址输入可以分别优化处理，所以图像质量好，但是其工艺制作要复杂一些。而二端有源方式，由于其工艺相对简单，开口率可以做得较大，适于袖珍式电视产品，不过其图像质量比三端有源要稍差一些。在三端有源方式中，TFT 为主流，而在 TFT 中又以 a-Si 和 P-Si 为主流。a-Si 即非晶硅方式制作，其特点是用低温 CVD 方式即可成膜，容易大面积制作，其内部迁移率高，可以内装驱动控制电路。

1）a-Si TFT 液晶显示器件

这是一种非晶硅薄膜晶体管类型的三端有源矩阵液晶显示器件。它制作容易，基板玻璃成本低，导通比大，可靠性高，容易大面积化，其基本结构如图 1.21 所示。

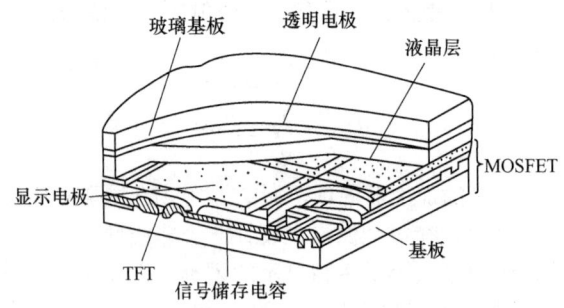

图 1.21　TFT 有源矩阵液晶显示器件基本结构

同一般显示器件类似，a-Si TFT 液晶显示器件也是在两片玻璃基板之间封入液晶，而且液晶显示器件就是普通 TN 型方式。不过，其玻璃基板与普通液晶显示器件大不一样，在下玻璃板上要配备上扫描线和寻址线（即行、列线），将其组合成一个个矩阵，在其交点上再制作 TFT 有源器件和像素电极，如图 1.22 所示。a-Si TFT 基片的基本结构如图 1.23 所示。上玻璃板是一块透明公用电极，如果是彩色显示，还要用微细加工方式制作上下矩阵像素对应的 R（红）、G（绿）、B（蓝）三种颜色的滤色膜——微彩色膜，如图 1.24 所示；其滤色膜可以用印刷法或染色法制作。最后，将上下玻璃基板对齐，经封盒、灌注、堵孔、贴偏振片等一系列工序制成器件。

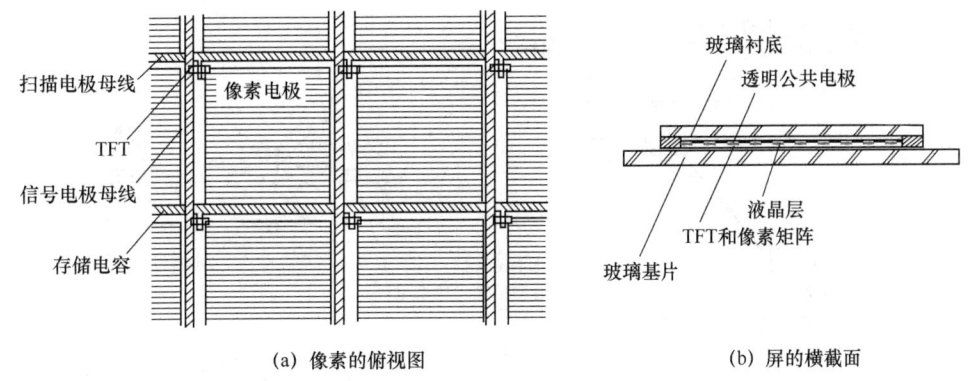

图 1.22 TFT 有源矩阵液晶显示屏的电极排布

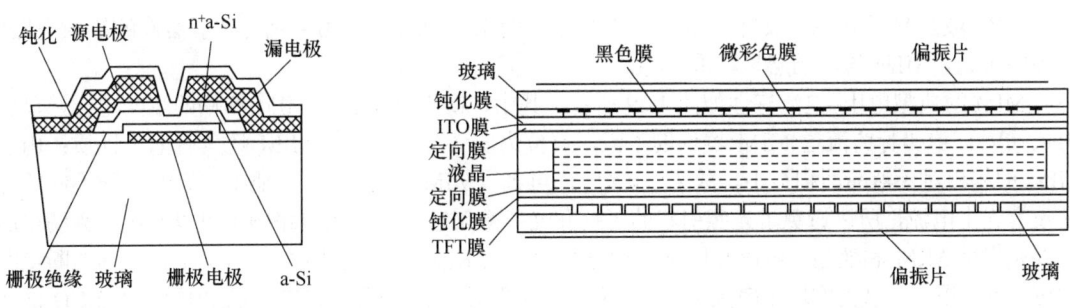

图 1.23 a-Si TFT 基片的基本结构　　　图 1.24 包括微彩色膜的 TFT 有源液晶显示器件断面

下面讨论一下 a-Si TFT 的特性。图 1.25 给出了 TFT 有源矩阵显示器件像素等效电路及驱动波形，其中，R_{ON}、R_{OFF} 分别是 TFT 有源矩阵液晶显示器件内薄膜晶体管导通和断开时的电阻，C_{LC} 为液晶显示电容。视频显示时经实验分析、推导，在将 99% 的图像信号全部输入时的时间 T_1 为

$$T_1 > 4.6 R_{ON} C_{LC} \tag{1.23}$$

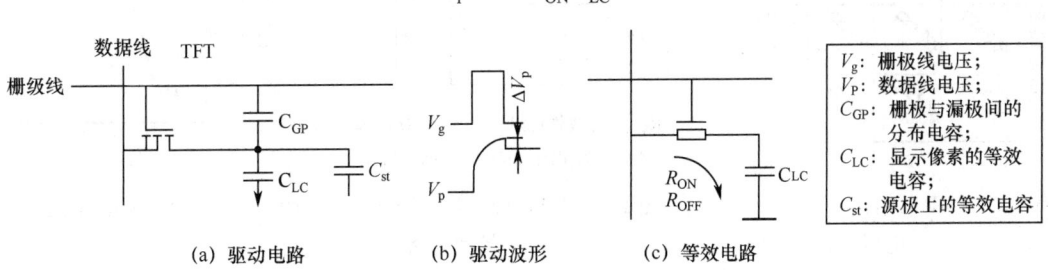

图 1.25 TFT 有源矩阵显示器件像素等效电路及驱动波形

而在不引起图像信号串扰的非选通时间 T_2 为

$$T_2 < R_{\text{OFF}} C_{\text{LC}} / 19.5 \tag{1.24}$$

以 NTSC 制式的电视显示为例,应该满足 T_1=63.5 μs,T_2=16.7 ms(1/60 s)。

设 C_{LC}=1pF,则 R_{ON}<1.4×10^6 Ω;R_{OFF}>3.3×10^{11}Ω,即一般应满足通断比在 5 个数量级以上,考虑到温度效应,R_{ON} 与 R_{OFF} 的比值应扩大到 7 个数量级以上。

2)金属—绝缘体—金属二极管(MIM)二端有源液晶显示器件

在两种导电膜之间夹一层氧化物绝缘层,通电后,两导电膜之间电压、电流必成非线性。典型的 MIM 结构为 TA-Ta$_2$-O$_5$-Cr,其俯视结构和剖面结构分别如图 1.26(a)、(b)所示。

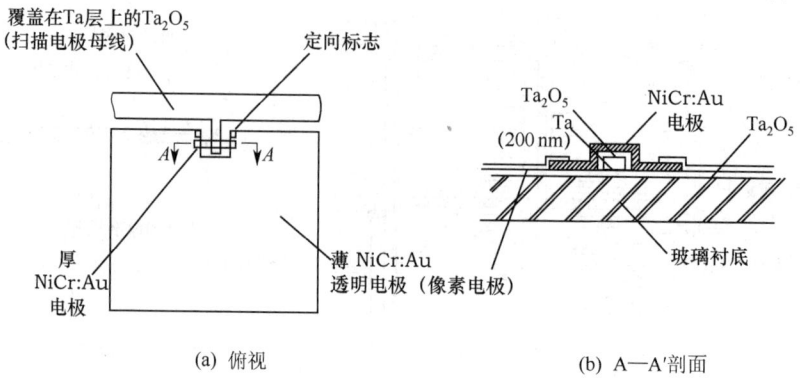

图 1.26 MIM 液晶显示器件结构

MIM 液晶显示器件电极排布如图 1.27 所示,图 1.28 所示为 MIM 液晶显示器件的等效电路。从图中可见,MIM 与液晶层呈串联电路。

MIM 的典型电压–电流特性如图 1.29 所示,其中,横坐标为加在 MIM 器件两端的电压,单位为伏(V),纵坐标为流过 MIM 器件的电流,单位为安(A)。此外,MIM 还具有如下性质:由于 MIM 面积相对于液晶面积很小,故 $C_{\min} \leqslant C_{\text{LC}}$,再则,MIM 与 TFT 或其他二端有源矩阵不同的是它没有光生电流,所以避免了光照引起的干扰和光屏蔽工艺。从等效电路图上可以看出,驱动电压主要是根据 MIM 和液晶两组串联网络进行分配的,当 R_{MIM} 为非线性且 $C_{\min} \leqslant C_{\text{LC}}$ 时,其通断电路比可以变得很大,从而实现无串扰矩阵显示和视频多路显示。有源矩阵比较彻底地解决了 LCD 的多路显示和视频显示,近年工艺技术已趋于成熟。目前彩色视频图形阵列(VGA)以上的手提电脑全部采用了有源矩阵液晶显示器件,而商品化的各种液晶电视则也全部采用了有源矩阵液晶显示器件。

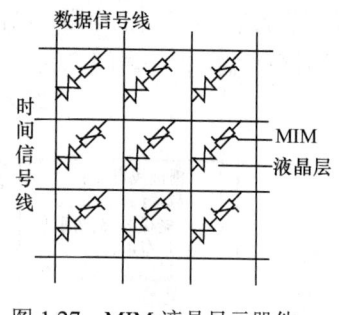
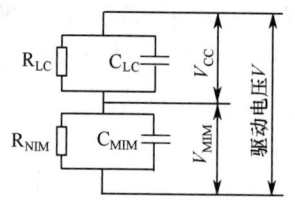

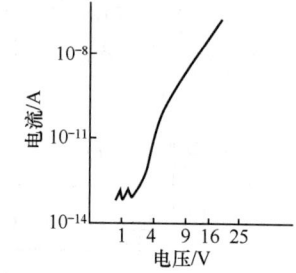

图 1.27 MIM 液晶显示器件电极排布　　图 1.28 MIM 液晶显示器件等效电路　　图 1.29 MIM 电压–电流特性

7. 液晶显示模块(liquid crystal module,LCM)

液晶显示模块是一种将液晶显示器件、连接件、集成电路、PCM(pulse code modulation,脉冲编码调制)线路板、背光源、结构件装配在一起的组件,英文名称叫"MCD module",简称"LCM",中文一般称为"液晶显示模块"。实际上它是一种商品化的部件,根据国家标准的规定:只有不可拆分的一体化部件才称为"模块",可拆分的叫作"组件",所以规范的叫法应称为"液晶显示组件"。由于长期以来已习惯称其为"模块",故沿用这一习惯称"液晶显示组件"为"液晶显示模块"。

1) 数显液晶显示模块

这是一种由段型具有一种完整功能的液晶显示器件与专用的集成电路组装成一体的功能部件,只能显示数字和一些标识符号。段型液晶显示器件大多应用在便携、袖珍设备上。由于这些设备体积小,所以尽可能不将显示部分设计成单独的部件,使其除具有显示功能外,还应具有一些信息接收、处理、存储传递等功能。

(1) 计数型液晶显示模块。该模块是一种由不同位数的七段型液晶显示器件(在显示口中必须有七段笔画处,还提供了小数点)与译码驱动器,或再加上计数器装配成的计数显示部件。它具有记录、处理、显示数字的功能。

(2) 计量型液晶显示模块。该模块是一种由多位段型液晶显示器件和具有译码、驱动、计数、A/D 转换功能的集成电路芯片组装成的模块。由于所用的集成电路中具有 A/D 转换功能,可以将输入的模拟量电信号转换成数字量显示出来。物理量和化学量(如酸碱度等)都可以转换为模拟电量,只要配上相关传感器,这种模块就可以实现任何量值的调节量和显示。

(3) 计时型液晶显示模块。计时型液晶显示模块用于计时历史最久,将一个液晶显示器件与一块计时集成电路装配在一起就是一个功能完整的计时器。由于不少计时型液晶显示模块还具有定时、控制功能,因此这类模块可广泛装配到一些家电设备上,如收/录音机、CD 机、微波炉、电饭煲等电器上。

2) 点阵字符型液晶显示模块

它是由点阵字符型液晶显示器件和专用的行/列驱动器、控制器,及必要的连接件、结构件装配而成的,可以显示数字和西文字符。这种点阵字符模块本身具有字符发生器,显示容量大,功能丰富。

3) 点阵图形液晶显示模块

这种模块也是点阵模块的一种,其特点是点阵像素连续排列,行和列在排布中均没有空格,因此可以显示连续、完整的图形。由于它也是由 *X-Y* 矩阵像素构成的,除显示图形外,也可以显示字符。这种模块又分为行、列驱动型,行、列驱动—控制型,以及行、列控制型三大类。

这种控制器是液晶驱动器与计算机的接口,它以最简单的方式受控于计算机,接收并反馈计算机的各种信息,经过自身独立的信息处理实现对显示缓冲区的管理,并向驱动器提供所需要的各种信号、脉冲,操纵驱动器实现液晶显示模块的显示功能。这种控制器具有一套自身专用的指令,并具有自身的字符发生器 CGROM。

1.4.3 STN-LCD 技术

下面对彩色 STN 技术做一简单叙述。

1) 反射式彩色 STN 技术

当前,便携式信息设备通常用的是 AA 型(5 号)干电池,为了节约能耗,要求液晶显示屏不能应用背光源,而用反射式液晶显示。图 1.30 所示为不同种类的反射式 LCD,主要可以分成高对比单色显示和反射式彩色显示两类[32]。

通常彩色显示主要有应用彩色滤光膜的 TFT-LCD 和 STN-LCD,以及不用彩色滤光膜的

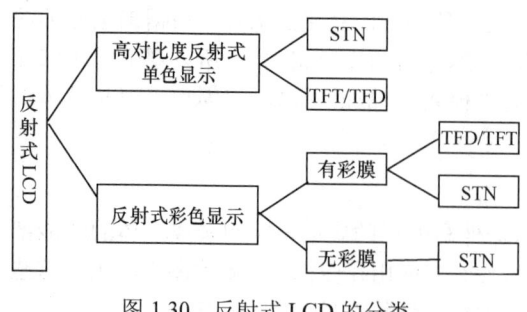

图 1.30 反射式 LCD 的分类

STN-LCD。用彩色滤光膜的显示是将 RGB 三个点作为一个像素点，会影响分辨率。当前不用彩色滤光膜的 STN-LCD，可以增加光的利用率，提高彩色显示的亮度，提高分辨率。不同波长的光在经过液晶盒时，由于液晶的双折射作用，将呈现不同的偏振态。不用彩色滤光膜的反射式彩色 STN-LCD 显示，在液晶盒外部加入补偿膜后，能使得因液晶双折射作用，偏振状态已经分开的不同波长的光尽可能地分开（如图 1.31 所示）。这种作用与同用彩色滤光膜的 STN-LCD 加入补偿膜的作用恰好是相反的，在那里补偿膜的作用是使不同波长的光的偏振态尽可能相同。不用彩色滤光膜的 STN-LCD，随着液晶盒上有效电压的增加，会呈现不同的颜色，颜色会由中性变成红色、蓝色和绿色。其在 CIE 色坐标上的表示如图 1.32 所示。在实际液晶模块驱动中，常利用调节驱动脉冲的高度和宽度，或利用帧调制技术来调整加在液晶屏上的有效电压，进而实现不同颜色的显示。

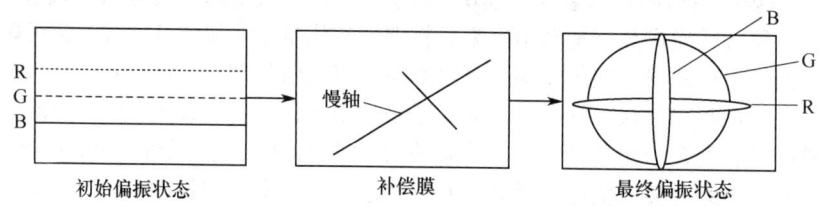

图 1.31 不用彩色滤光膜的彩色 STN-LCD 中补偿膜的作用

应用彩色滤光膜的彩色 STN-LCD 屏有两种结构，即所谓的外表面反射和内表面反射。图 1.33 是应用彩色滤光膜的反射式 STN-LCD 的基本结构。外表面反射液晶屏结构与通常的透射式显示屏结构基本上相同，不同的是在制作彩色滤光膜时，彩膜的厚度应比通常透射时的薄，见图 1.33（a）。这样，反射模式的彩色显示特性可以得到改善。在内表面反射屏中，反射片被做在液晶层一侧，所以制作起来更加困难。但是由于反射片同彩色滤光膜几乎在一个面内（中间隔着几微米的液晶），所以当一束光倾斜入射时，混色现象会得到显著改善，从而显示品质将比外表面反射方式好得多，见图 1.33（b）。在开发反射式彩色 STN-LCD 时，选择反射方式要考虑：外表面反射方式制作容易，而内表面反射方式图像质量更好。

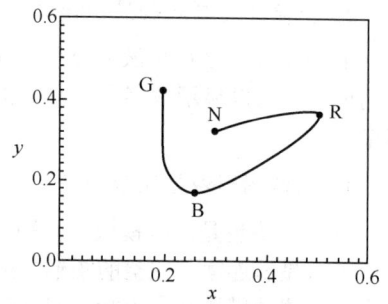

图 1.32 不用彩色滤光膜的 STN-LCD 颜色变化在 CIE 色坐标上的表示

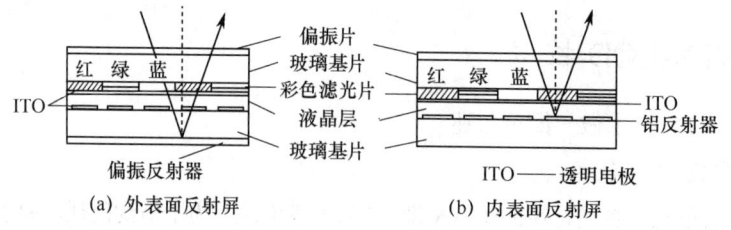

图 1.33 反射式 STN-LCD 的基本结构

2）彩色 STN-LCD 用液晶材料

彩色 STN-LCD 所用液晶材料与通常的 STN-LCD 没有差别。通常所需要的液晶材料特性是由液晶屏的性能决定的。笔记本电脑用液晶屏和便携式器件应用液晶屏的特性如表 1.6 所示。对于多驱动行数的 STN-LCD，驱动电压范围（$V_{on} \sim V_{off}$）通常由下式所决定：

$$\frac{V_{on}}{V_{off}} = \frac{\sqrt{\sqrt{N}+1}}{\sqrt{\sqrt{N}-1}} \qquad (1.25)$$

表 1.6 不同用途液晶屏的特性

应　用	笔记本电脑	便携式器件
驱动电压	28～35 V_{on}	4.5～12 V_{on}
驱动行数	240～384	16～200
电压调节	可以	固定
温度范围	+10～50℃	-20～+70℃
携带式	可以	可以放入衣袋内

由于随着驱动行数 N 的增加，驱动电压范围缩小，所以液晶材料的电光特性曲线要更加陡峭，以取得更高的对比度。然而随着陡度的增加，STN-LCD 的响应时间将增加，所以对于大显示容量应用，为了保证较快的响应速度，开发低黏度的液晶材料是十分必要的。

液晶材料的电光特性陡度有时用光的不同透过率时的驱动电压比值（V_{90}/V_{10}）来表示，其中 V_{90}、V_{10} 分别对应于器件处于常黑模式时，光透过率为 90% 和 10% 时的驱动电压。有时称 V_{90}/V_{10} 为电光响应特性的陡度（sharpness），即

$$\text{sharpness} = V_{90}/V_{10} \qquad (1.26)$$

图 1.34、图 1.35 给出了电光特性陡度同液晶材料各种参数的关系。驱动行数越多，所需要的电光特性陡度越趋近于 1。增加扭曲角是改善液晶电光特性陡度的最有效方法，另外减小预倾角、减小 $\Delta\varepsilon/\varepsilon_\perp$（$\Delta\varepsilon$、$\varepsilon_\perp$ 分别为介电各向异性和介电常数）、减小 d/p（d、p 分别为液晶盒厚度和液晶的螺距）值以及增大 K_{33}/K_{11} 都可以改善电光特性的陡度。表 1.7 给出用于分辨率 STN-LCD 的液晶材料性能参数。

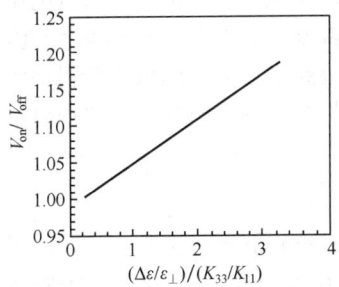

图 1.34 液晶材料介电常数、弹性常数与电光特性陡度的关系（实验统计值）

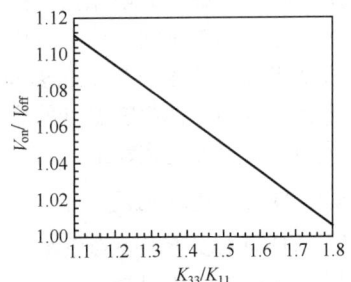

图 1.35 液晶弹性常数比率同电光特性陡度间的关系（实验统计值）

表 1.7 用于高分辨率 STN-LCD 的液晶材料性能参数

性能参数	液晶材料		
	M-1	M-2	M-3
清亮点温度（N→I）（℃）	102.5	102.4	100.5
结晶温度（N→K）（℃）	<40	<40	<40
旋转黏度（mPa·s）（+20℃）	138	139	137
Δn（589 nm）（+20℃）	0.127	0.135	0.146
$\Delta\varepsilon$（1 kHz）（+20℃）	9.04	8.97	9.25
$\Delta\varepsilon/\Delta\varepsilon$（1 kHz）（+20℃）	2.33	2.30	2.28
K_{11}（10^{-12} N）（+20℃）	13.1	13.4	13.4
K_{33}（10^{-12} N）（+20℃）	22.1	21.8	21.0
K_{33}/K_{11}（+20℃）	1.69	1.63	1.57
扭曲角/（°）	240	240	240
$\Delta nd/\mu m$	0.85	0.85	0.85
$V_{10,0,20}$/V	2.20	2.15	2.13
$V_{90,0,20}$/V	2.29	2.25	2.24

（续表）

性能参数	液晶材料		
	M-1	M-2	M-3
锐度（V_{90}/V_{10}）	1.043	1.048	1.051
占空比/偏压比	1：320/1：19	1：320/1：19	1.26
V_{op}/V（+20℃）	30.7	29.9	
响应时间/ms（+20℃）	328	277	238

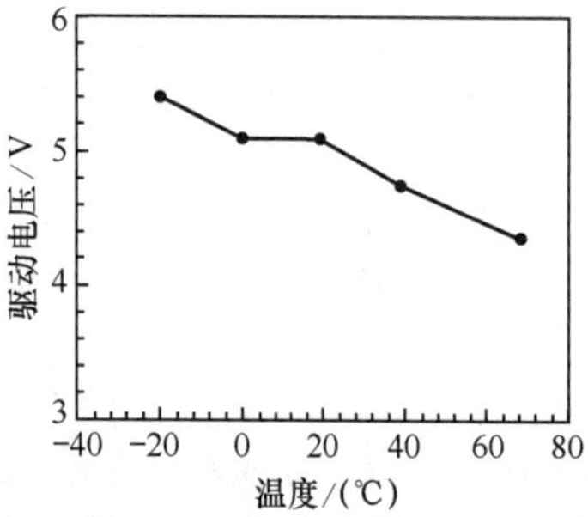

对于便携式显示，虽然它的驱动行数较低，但是由于其通常使用的是干电池，所提供的电压是固定的，调节的范围也是有限的，因此需要使用低阈值液晶。另外其使用的"随时随地"性，需要液晶材料特性随温度的变化要减小到最小。通常，STN-LCD 驱动电压的温度特性是随着温度的降低，驱动电压增加。作为一个示例，图 1.36 给出了驱动电压与温度的关系。液晶材料的阈值电压由下式决定：

图 1.36 驱动电压与温度的关系

$$V_c = \sqrt{\frac{K}{\varepsilon_0 \Delta \varepsilon}} \tag{1.27}$$

其中，$K = \pi^2 K_{11} + \varphi^2 (K_{33} - 2K_{22}) + 4\pi\varphi K_{22} d/p$，式中的 d 是盒厚；φ 是扭曲角；p 是液晶的螺距；K_{11}，K_{22}，K_{33} 是弹性常数；$\Delta \varepsilon$ 是介电系数各向异性。由于驱动电压的有效值是与阈值电压相关的，故可利用这 5 个参数来控制驱动电压。盒厚与扭曲角是液晶盒结构参数，暂不考虑与温度的关系。可以通过选择适当的手性掺杂剂（chiral dopant）来使液晶螺距对温度的依赖变得很小[33]。通常弹性常数和介电系数各向异性都随温度的增加而变小，这样恰当地调节弹性常数和介电系数各向异性以保持阈值电压对温度的依赖最小。

3) STN-LCD 用彩色滤光膜

制作彩色 STN-LCD 所用的彩色滤光膜[34]，可用各种材料和不同工艺。目前应用最广泛的是颜料分散法[35]，它通常要比染料的滤光膜具有更好的耐热、耐光和耐化学反应特性。图 1.37 给出了彩色滤光膜的基本结构。早期的彩色滤光膜要求最多的是色度，后来透过率成为要求最苛刻的参数。目前，色度和透过率都有很高的要求，色度纵坐标 Y 值要求大于 40。图 1.38 给出了目前普遍使用的透射式 STN-LCD 用彩色滤光膜的色度特性和透过谱特性，表 1.8 给出了它们在 CIE 色坐标上的取值（Y, x, y）。

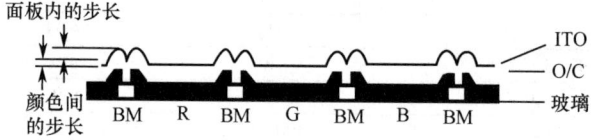

图 1.37 STN-LCD 用彩色滤光膜的基本结构

对于反射式彩色 STN-LCD，由于光要通过两次彩色滤光膜层，故彩色滤光膜的设计更加强调透过率。反射式彩色 STN-LCD 用彩色滤光膜的色度特性和透过谱特性如图 1.39 所示。在这个组合中，RGB 膜的透过率曲线相对于透射式显示用的滤光膜向上发生了移动。表 1.9 给出了这种彩色滤光膜在 CIE 色坐标上的取值。这种滤光膜色彩的再生性比较差，即色纯度较差。另外对于反射式应用的彩色滤光膜，为了增加亮度，经常不做黑矩阵（BM），而是直接在黑矩阵层制作内部反射层（通常用铝膜），甚至将铝膜直接用作驱动电极，这样也节省了 ITO 层。

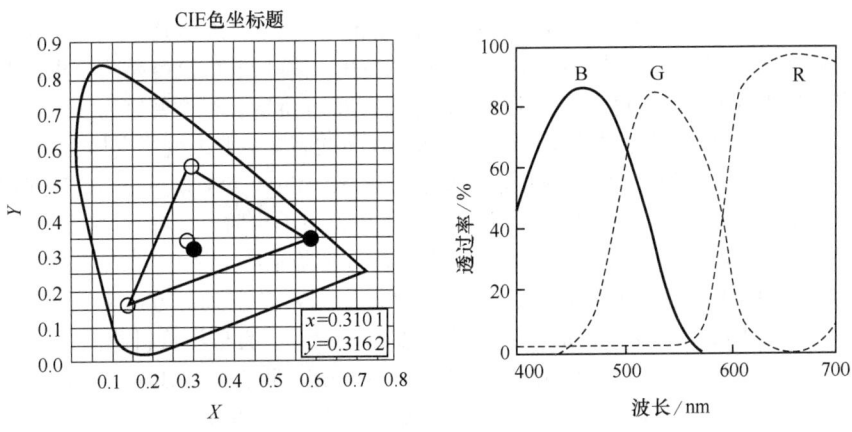

图 1.38 透射式彩色 STN-LCD 用彩色滤光膜色度特性和透过谱特性

表 1.8 透射式彩色 STN-LCD 用彩色滤光膜在 CIE 色坐标上的取值（C 光源下）

	Y	x	y
red	20.18	0.6064	0.3392
green	54.71	0.3099	0.5445
blue	19.69	0.1388	0.1572
white	31.52	0.2966	0.3316

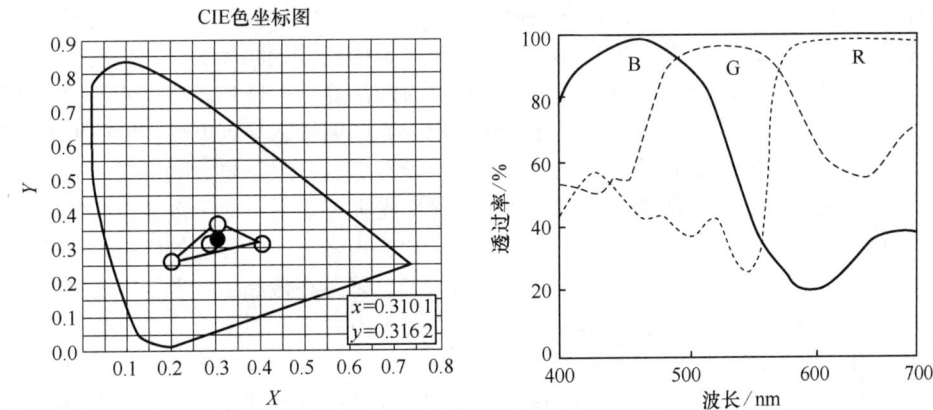

图 1.39 反射式彩色 STN-LCD 用彩色滤光膜的色度特性和透过谱特性

表 1.9 反射式彩色 STN-LCD 用彩色滤光膜在 CIE 色坐标上的取值（C 光源）

	Y	x	y
红色	47.40	0.3948	0.2978
绿色	91.02	0.3134	0.3471
蓝色	47.58	0.2092	0.2477
白色	62.00	0.3019	03032

黑矩阵技术（参见图 1.37）是彩色滤光膜中一项比较重要的技术[36]。早期更多应用铬或铬加氧化铬材料，由于降低成本要求，目前 STN-LCD 用的彩色滤光膜黑矩阵材料应用树脂聚合物材料。

树脂材料黑矩阵技术已经可以做到当膜厚在 0.8~1.0 μm 时，光学密度达到 2.0~2.5。如果要做到光学密度在 3.0 以上，则膜厚将超过 1.4 μm。由于 STN-LCD 对基板表面高度差的要求，膜厚大于 1.4 μm 对 STN-LCD 是不适合的。对于理想黑矩阵，厚度在 0.5 μm 时，光学密度为 3.0。另外，为了减少 LCD 的响应时间，减少了液晶盒厚，因此对基板表面的高度差要求变得更加苛刻。为了使彩色滤光膜表面平坦化，在彩色滤光膜基板上表面覆层（overcoating, O/C，见图 1.37）就变得十分重要。表面覆层主要作用是填平在彩色滤光膜加工过程中留下的台阶，一个是不同颜色层的高度差（图 1.37 中的 R，G，B），另外一个是颜色层同黑矩阵间的高度差（图 1.37 中的 BM）。

对于 STN-LCD 用彩色滤光膜，在其上面的 ITO 层通常是用溅射方法来制作的，有时会加上离子注入技术。对 ITO 层要求的最主要参数是表面电阻。一般与计算机相关的 LCD 应用，电阻值要求在 3~5 Ω。然而 ITO 层并不总是由表面电阻决定，也会考虑 ITO 层的光透过率。与在玻璃表面上的 ITO 制作相比，由于要考虑膜之间的黏着性和与可靠性相关的因素，在彩色滤光膜上制作低阻 ITO 具有更大的难度。

1.4.4 液晶光阀技术

液晶光阀（liquid crystal light valve，LCLV）是一种光寻址的空间光调制器，被用于光信息处理、大屏幕投影显示、光计算、神经网络、自动目标识别、非相干图像与相干图像的转换、机器人视觉等领域，是开展信息与激光技术领域科研工作的关键光电器件[37]。

1. 实验原理

液晶光阀的工作原理基于液晶的两种场效应——扭曲向列效应和场致双折射效应。在暗断态使用，通常是扭曲向列效应起作用；而在亮通态使用，则是场致双折射起作用。选用反射式交流 CdS 液晶光阀，其剖面结构如图 1.40 所示。在组成液晶盒的两玻璃间加上交流电时，液晶分子逐渐沿电场取向，使未加电场前沿面排列的分子变成垂直液晶盒表面排列。液晶分子的偏转程度与电场强度有关。当一束线偏振光通过液晶光阀时，出射光的偏振态受到电场强度的调制。当写入光为一幅图像时，对于图像上暗的像素位置，光导层没有受到光照，电导率很低，故外电压主要落在光导层上，液晶仍具有扭曲 45° 的排列结构，输出光强 I_0 为零。对于图像上亮的像素位置，由于内光电效应，光导层的阻抗急剧变小，外电压大部分降落在液晶上，于是，读出光强 I_0 为最大。对于不同亮度的像素，相应的 I_0 值在零和极大值之间。这样，读出光强度的空间分布被写入图像的空间分布所调制，实现了图像的非相干-相干转换。还可以从电学特性的角度考虑，将液晶层、介质高反膜、光阻隔层和光导层都相应地看作电阻和电容的组合。从电学的角度来分析，可以得出结论：LCLV 不能在直流状态下工作，也不能在高频下工作，对于一个特定的光阀存在一个最佳的工作点[38]。

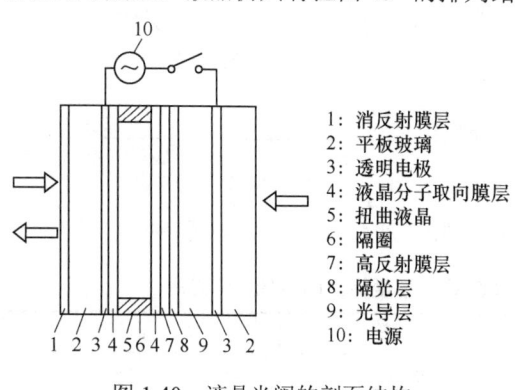

1: 消反射膜层
2: 平板玻璃
3: 透明电极
4: 液晶分子取向膜层
5: 扭曲液晶
6: 隔圈
7: 高反射膜层
8: 隔光层
9: 光导层
10: 电源

图 1.40 液晶光阀的剖面结构

2. 实验内容

1）确定液晶光阀的工作点

图 1.41 是实验光路图。以白光源为写入光源，He-Ne 激光器为读出光源（10 mW）。L_1 和 L_2 构成激光准直扩束系统，L_4 是焦距为 30 cm 的傅氏变换透镜，PBS 为偏振分光镜，透过 P 偏振光，反射 S 偏振光。在傅里叶变换透镜的焦点处放置光电池来接收输出光，在示波器上读出电压值。

分别测试液晶光阀的写入光与读出光,即输出光强与输入光强 I_O—I_i 关系曲线;输出光强与液晶扭曲角 I_O—Φ 关系曲线;不同频率下的输出光强与驱动电压 I_O—U 关系曲线[40]。

图 1.42 是在 LCLV 的驱动频率为 f_{Dri}=1 kHz、驱动电压为 U = 1.30 V 时得到的 I_O—I_i 关系曲线。由图 1.42 可见,当写入光强(电压)在 3.5~6.2 V 之间时,读出光强随写入光强近似线性变化。在实验中改变驱动频率测试 I_O—Φ 关系曲线,测试结果如图 1.43 所示。当扭曲角 $\Phi \approx 50°$ 时输出光强最大,与理论值 45° 存在偏差,原因来源于 LCLV 在制作过程中引入的误差。在以下实验中 LCLV 的工作角度始终置于 50°。

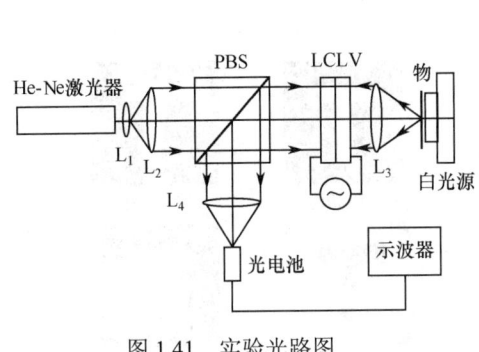

图 1.41 实验光路图

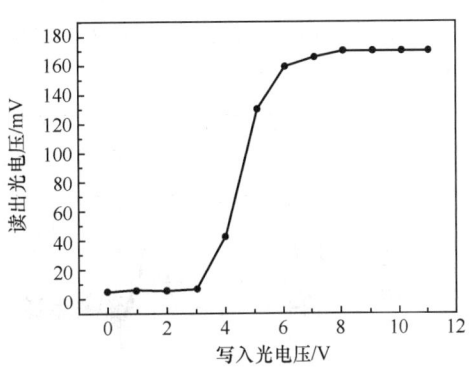

图 1.42 I_O—I_i 关系曲线

图 1.44 是在不同驱动频率条件下得到的 I_O—U 曲线,可见,I_O—U 曲线存在多峰。输出光强在 U 约为 0.5 V、1.3 V、2.7 V 时出现极小值;输出光强在 U 约为 1 V、1.8 V、5.5 V 时出现极大值。极小值处为正像工作点,极大值处为负像工作点。在做图像反转实验时,为了使得正负图像对比度最好,选择 2.7 V 和 5.5 V 作为图像反转实验的工作点。另外,驱动频率对 I_O—U 曲线不产生显著影响,因此,驱动频率的选择范围较大,依据图 1.42 的结果,选择 f_{Dri} = 1 kHz 为好。

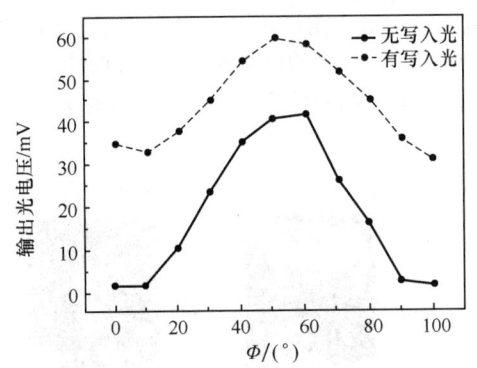

图 1.43 输出光强与液晶扭曲角关系曲线

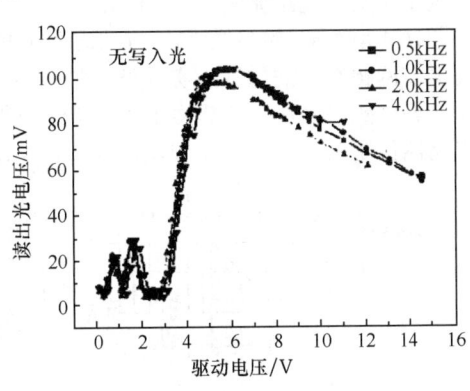

图 1.44 I_O—U 曲线

2)确定液晶光阀的对比度

LCLV 的对比度 C 是指最大透过率与最小透过率之比,又叫作反差。与对比度等效的指标是动态范围 R_D,它是对比度的对数,定义为 $R_D = 10 \lg C$ dB,通过测试 I_O—U 关系曲线可以求得对比度,从图 1.42 可知对比度为 34.25,由上式计算得到动态范围为 15.35 dB。

3)测试液晶光阀的响应时间

液晶光阀的响应时间取决于光导层和液晶层中响应慢的一个。光导层的响应速度与测试时的写入光强、工作频率和工作电压有关。液晶的响应时间取决于其黏度、厚度、弹性系数、驱动电压、各向异性值及定向层的预倾角[39]。在测试时，用斩波器对写入光进行低频（频率为 0.1 Hz）调制，将 LCLV 的工作点置于 f_{Dri} = 1 kHz，U = 1.30 V。图 1.45 是 LCLV 对标准方波的响应曲线，由曲线上测得上升时间为 40.0 ms，下降时间为 40.3 ms。

4）图像的实时反转和微分

在计算机中设计一张二维图片，其尺寸为 25 mm×40 mm，字母 T 为白色，背底为黑色，用透明胶片打印出来成为实验用的原始图像，如图 1.46（a）所示。选取 f_{Dri}=1 kHz，Φ≈50°，当 U = 2.7 V 时得到字母 T 的正像，如图 1.46（b）所示；当 U = 5.5 V 时得到负像，如图 1.46（c）所示；当 U=4.0 V 时得到边缘增强的微分图像，如图 1.46（d）所示。这一实验内容充分体现了液晶光阀对非相干图像的实时变换功能。

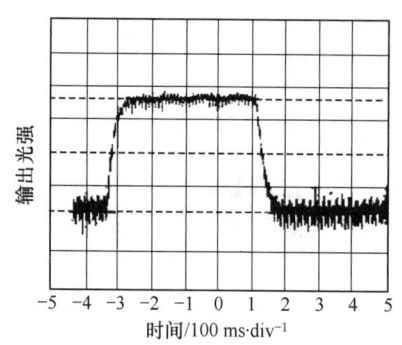

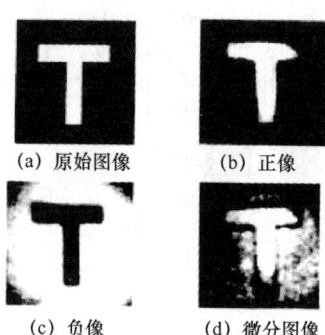

图 1.45　LCLV 对标准方波的响应曲线　　　　图 1.46　图像"T"的运算处理

5）图像的实时相减

两幅图像通过相减以后突出了二者的差别，这在光学信息处理中十分有用，通常用双光路 2 个 LCLV 来实现图像的实时相减[40]，也可用单光路图像实时相减实验系统，用 1 个 LCLV 就可以实现图像相减，光路如图 1.47 所示。

将图 1.48（a）的图像[制作方法同图 1.46（a）]置于物 1 处，图 1.46（a）的图像置于物 2 处，仔细调节两幅图像的位置，实验结果如图 1.48（b）所示[41]。从实验结果来看，得到的相减图像不是一条理想的竖线，这是由于光路调节不够好，使得光场不均匀造成的。这一实验结果证明了单光路图像实时相减实验系统在原理上是正确的。

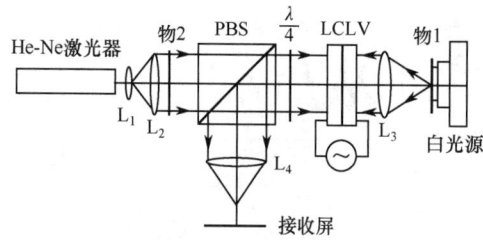

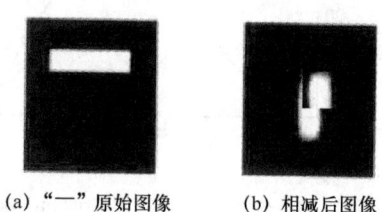

图 1.47　单光路图像实时相减实验系统　　　　图 1.48　"T"与"一"相减图像实验结果

3. 液晶光阀用于光学信息处理技术

液晶光阀在光学信息处理技术中，尤其是模拟量处理，有着多种应用，如光学数据处理[42]、高亮度投影显示[43]、液晶光阀用于动态全息记录[44]、光学神经网络中的光学联想存储[44]等。下面给出一个用于光学相关识别技术示例。

1）液晶光阀用于光学相关技术示例

光学相关识别具有大容量、并行性、高速度等优点，在机器人视觉、目标跟踪等技术中有着应用前景[45],而其中的联合变换相关器(JTC)具有结构简单、不需要制作匹配滤波器、可以进行实时相关运算等优势[46]。在实时光电混合联合变换相关过程中[47],为了提高光阀有效面积使用率和光能利用率,研制了透射式与反射式两种类型的光波前分割器[47],通过对波阵面进行分割,把单通道的光学运算系统扩展为四个通道的系统,提高了系统的处理容量和处理速度。用计算机控制把输入面分成大小相等的四个窗口,在每个窗口分别写入参考图像与目标图像,利用光波前分割器把不同窗口对应的光学信息,在空间域和频率域上完全分开,使其在第一个傅里叶平面上形成独立的联合功率谱,在输出平面上给出完全分开的相关输出,实现了四通道实时联合变换相关[48]。

2)四通道联合变换相关器系统结构

图 1.49 为把透射式光波前分割器用于单通道实时光电混合联合变换相关系统[47]实现的四通道实时相关系统原理图。对于四通道实时联合变换相关系统,监视器屏幕由计算机控制分为四个相等的窗口,在每个窗口实时写入参考与目标图像,而在单通道的情况,则是在整个屏幕上写入一个参考图像与一个目标图像。

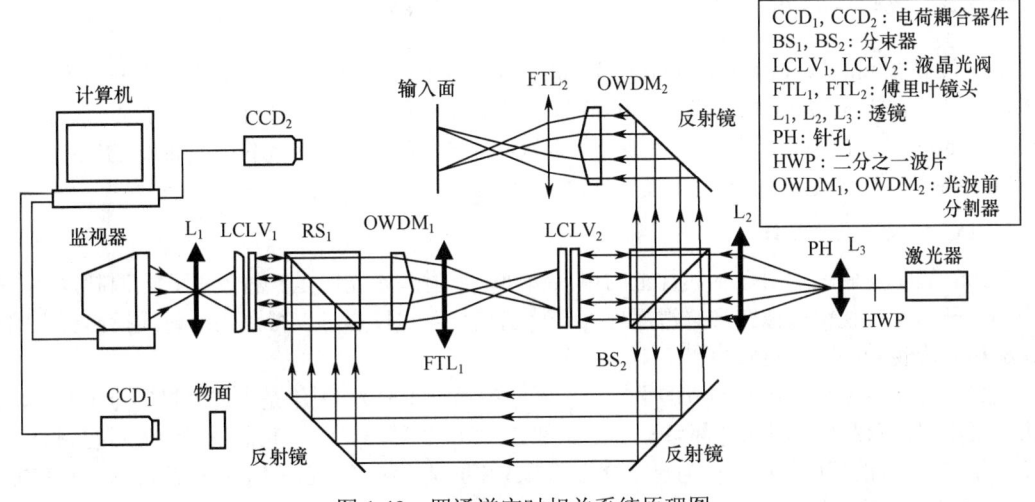

图 1.49 四通道实时相关系统原理图

在图 1.49 中,由 He-Ne 激光器输出的激光束 ($\lambda = 633$ nm) 经针孔滤波器 PH 后再经扩束准直系统被扩束为一束平行光,偏振分束镜 BS_2 将其分为两束(偏振方向不同)分别作为液晶光阀 $LCLV_1$ 和 $LCLV_2$ 的读出光,转动针孔滤波器前面的二分之一波片 HWP 可以改变两读出光的强度之比。系统中两傅里叶透镜 FTL_1 和 FTL_2 均为焦距 $f = 500$ mm 的傅里叶透镜组。监视器屏幕由计算机控制被分为相等的四个窗口,在每个窗口内分别实时地写入参考与目标图像,参考图像由参考图像数据库获得,目标图像由实时采样 CCD 获得,透镜 L_1 把显示于监视器整个屏幕上的图像成像到液晶光阀 $LCLV_1$ 上,用一束 He-Ne 光去读写 CLV_1 上的图像,读出光束经偏振分束 BS_1 后给出所需要的输出图像,完成非相干光学图像到相干光学图像的转换。读出图像经第一个光波前分割器 $OWDM_1$ 后,不同窗口的图像被分开,并沿不同的方向传播,经傅里叶透镜 FTL_1 变换后,不同窗口的图像在傅里叶平面上形成独立的联合变换功率谱,并被记录在第二块液晶光阀 $LCLV_2$ 上。用另一束光去读记录在 $LCLV_2$ 上的功率谱,读出光经偏振分束镜 BS_2 后给出所需要的信息,完成强度分布到振幅分布的转换;再经第二个光波前分割器 $OWDM_2$;对应不同窗口的联合功率谱被分开,并沿不同的方向传播;最后经傅里叶透镜 FTL_2 变换后,在输出面上给出完全分开的四组相关输出。

4. 实验结果与讨论

采用图 1.49 所示四通道实时联合变换相关系统，对二值参考与目标图像进行了实验。实验中监视屏幕由计算机控制分为大小相等的四个窗口，参考图像由参考图像数据库输入，目标图像由 CCD 摄像机和图像卡实时输入，两个波前分割复用器 $OWDM_1$ 和 $OWDM_2$ 均采用透射式 2×2 楔镜阵列结构。图 1.50 给出四个通道的参考图像为飞机、坦克、轿车和卡车目标图像时的实验结果。由图 1.50 可知，对于任一个通道，参考图像和目标图像相同时，在输出面上相应的位置给出相关输出，当参考图像和目标图像不同时，在输出面上相应的输出位置只有非常弱的负相关输出。

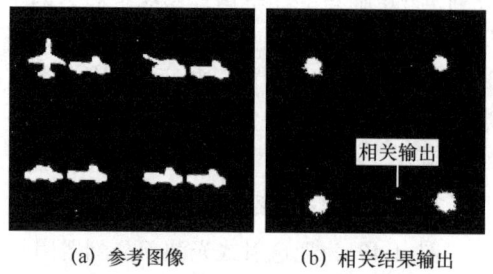

(a) 参考图像　　(b) 相关结果输出

图 1.50　四通道实时混合 JTC 实验结果

1.4.5　硅上液晶（LCoS）反射式显示器

硅上液晶（liquid crystal on silicon，LCoS）反射式显示器是半导体 VLSI 和液晶显示结合的技术，是基于常规 CMOS 硅加工工艺的液晶平板反射式显示技术，具有高分辨能力及高开口率（aperture ratio）（开口率是指在单元像素内，实际可透光区的面积与单元像素总面积的比率）等优点。LCoS 将是背投影技术发展的重要方向之一[49,50]。

1）LCoS 投影显示系统

LCoS 显示器通过使用显示芯片上的电极镜面来反射入射光，是一种反射式光调制器，具有相当高的开口率，使得成像图形平滑而连续，特别是反射式投影可以得到比透射式投影更大的亮度，栅格效应也减小到不可觉察[51]。

通常，以 LCoS 屏为核心构成的平板显示器（参考图 1.51），无论是大屏幕投影显示系统，还是头盔式微型显示器，整机系统都可设计为 4 部分：LCoS 屏、光源、光学系统和显示控制器。后 3 部分为 LCoS 屏的伺服结构。作为显示核心的 LCoS 屏是一种"夹心结构"：单晶硅基底片和镀有 ITO 膜的玻璃片"夹"（封装）一层液晶材料。把视频转换电路、行扫描驱动电路和像素矩阵制作在硅基底上，而 ITO 膜用作公共电极，液晶材料则工作在固定频率的交流信号下（场反转模式）。LCoS 设计成快速响应光阀，通过调制每个像素对入射光（来自时序光源）的反射程度（灰度）实现图像显示。图 1.52 所示是采用 0.6 μm 的 n-阱 CMOS 工艺设计的 LCoS 局部器件剖面示意图。

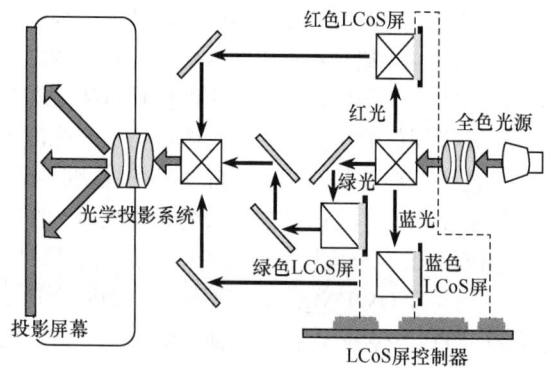

图 1.51　使用三片 LCoS 屏制作的背投电视结构

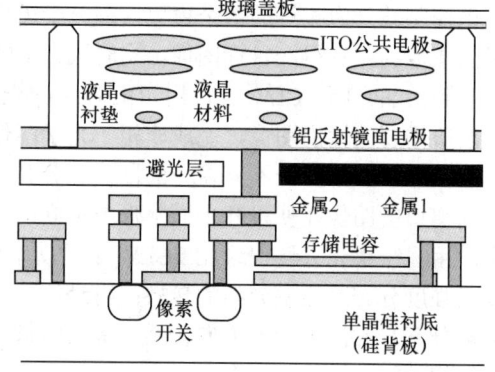

图 1.52　LCoS 局部器件剖面示意图

LCoS 屏对角线尺寸一般小于 1 英寸（1 英寸=25.4 mm），显示在芯片上的像素非常小（7～20 μm），因此多配置光学放大系统。这就导致 LCoS 显示技术向两个方向发展：直接投影到视网膜的方法产生了个人用虚拟成像平板显示技术，在屏幕上投影成像的方法导致了大屏幕平板显示技术，光学系统设计根据用途产生相应的虚像或实像。

投影光学系统多采用弧光灯（arc lump）作为光源，提供全色光或者时序强光脉冲。在投影显示系统中，除光学放大系统外，还要配置一些偏振转换（polarization-conversion device）、延迟片、反射镜面及分/合色棱镜等补偿光学部件。随着光学元件设计技术与制作工艺的进步，这些补偿光学部件不再是 LCoS 技术中的瓶颈[49]。

显示控制器是把需要显示的数字式或模拟式信号转换成与 LCoS 屏显示模式相匹配的时序串行信号，一般用 FPGA（现场可编程逻辑门阵列）构造逻辑作为 LCoS 显示控制器。由于能通过对 FPGA 进行逻辑编程实现液晶显示控制器的功能，于是可以根据不同的液晶材料提供相应 γ 校正*，根据不同的显示模式供给相应的多相时钟信号，以及提供足够功率的驱动信号等，而不需要额外的硬件。

LCoS 显示器主要使用两种彩色化方式：空间混色和时间混色[52]。参考图 1.51，在空间混色方式中，使用 3 块 LCoS 屏，分别调制红、绿、蓝光源，然后运用光学系统合成一幅彩色图像，其优势是容易得到高亮度显示。所谓时间混色法（又称时序彩色法）是将三基色光按一定比例轮流照射到同一屏幕上，由于人眼的视觉惰性，只要交替速度足够快，产生的彩色视觉就与三基色直接混合时一样。时间混色法具有最高的显示面积利用率，但要求作为光阀的液晶响应速度必须较快，驱动电路工作频率较高。

2）主要显示性能指标

LCoS 投影显示系统设计中参考了主流产品的显示性能参数，如表 1.10 所示。这样不会因为内外电路设计难度的大幅度增加而影响实现样品的过程。

表 1.10 投影用 LCoS 显示性能参数（逐行扫描模式）

主要规格	像素数目	800×600（480 000）	液晶材料性能	显示模式	反射型，常白模式
	像素单元尺寸	16 μm		对比度	>100∶1
	显示开口率	92%		视角	160°
	灰度	8 位 256 级		液晶工作电压	1～4V
电学性能	功耗（最坏情况）	20 mW	尺寸	像素显示矩阵	7.68 mm×5.76 mm
	视频信号输入	模拟式		芯片尺寸	17.00 mm×12.24 mm
	工作电压	5V，8V（双电源）		芯片质量	约 0.5g
	场频	50 Hz	环境温度	工作温度	0℃～55℃
				保存温度	−20℃～75℃

3）液晶工作模式

由于在投影机中使用窄带红、绿、蓝光源，通常不考虑波长的离散性。针对这些要求，将优先选用带有偏振波束分离器（PBS）的常白型（NW）工作模式。

---

* 伽马校正（γ 校正，Gamma correction）：数码图像中的每个像素都有一定的光亮程度，即从黑色（0）到白色（1）。这些像素值就是输入到电脑显示器里面的信息。但由于技术的限制，纯平（CRT）显示器只能以一种非线性的方式输出这些值，即：输出=输入×伽马。

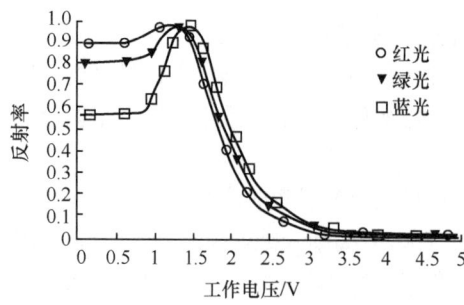

图 1.53　反射率与工作电压关系曲线

普通常白型模式有 ECB（electrically controlled birefringence），TN-ECB，MTN 和 SCTN 等[53]。所有这些 LCD 模式均能用扭曲角 φ、延迟度 $d\Delta n$ 和偏振角 α 这 3 个参数来表征[54]。通过（φ，$d\Delta n$，α）参数空间，可以用 100% 反射系数来定义一系列 LCD 模式，这些模式被称为混合扭曲向列型和双折射（MTB）模式。MTB 模式的优点是综合了扭曲向列型和双折射的光调制作用，因此，可以在低电压下实现高对比度显示[55]。图 1.53 是反射镜面的试验液晶盒在红、绿、蓝光照射下的反射率与工作电压的关系曲线。在 $V_{rms}=4.5$ V 处，红、绿、蓝光的对比度分别为 270∶1，190∶1 和 150∶1。对于白光照明的典型对比度为 200∶1。

1.4.6　光计算用 SLM

空间光调制器件的类型很多，各有特色及应用前景，上面叙述了主要的液晶显示器和光调制器，还有一些半导体或晶体光调制器，特别是要求用高速并行处理信号，可用响应快的半导体或晶体的 SLM[56]。使用量子斯塔克效应（quantum-confined Stark effect，QCSE）能构成二维光调制器件阵列，可能期待成为高速的光调制器件，QCSE 代表性器件是 SEED（self-electro-optic-effect device）[57]。在众多的光折变晶体中，软铋矿 BSO（bismuth titanate crystals，钛酸铋）晶体（$Bi_{12}SiO_{20}$）具有较好的光电及电光综合指标，适用于偏振态光学调制[58]。

在大多数苛刻环境条件下提供高质量的图像，大屏幕投影系统发展了数字式光处理（digital light processing，DLP）技术。DLP 是基于微机电系统（micro-electromechanical systems，MEMS）的器件，被称为数字微镜器件（digital micromirror device，DMD）[59]。另外，空间光调制器件还有如激子吸收反射开关（EARS）[60]、双稳空间调制器（BSLM）[61]，以及相位共轭器件[62]等 SLM。SLM 还具有在光神经网络和光散射等许多领域应用的可能，但是尚须提高某些性能，如灵敏度、分辨率、空间均匀性等。因此，还要加强 SLM 材料、器件等开发的基础和应用研究。

1.5　电光源和光电探测器

在《应用光学》中已对"光度学"和"色度学"做了叙述[1]。在实际应用研究和技术设计中还需要对电光源和光电探测器的性质和参数有所了解[63]。

1.5.1　电光源

光源包括自然光源（太阳、月亮、恒星和天空）和电光源（亦称"灯源"）等辐射源。自然光照度等级范围如图 1.54 所示[64]，照度坐标采用了对数分度。电光源自白炽灯诞生以来，已有百余年的历史，随着科学技术的不断发展，相继涌现出众多的电光源品种，以适应各种场合的照明需求。电光源大体上可分为以下几种[65]。

1）热辐射型电光源

热辐射型电光源主要有白炽灯、卤钨灯两种。白炽灯是电光源中制造工艺成熟、成本低、光色柔和及显色性好，显色指数（通常认为日光下物体的颜色"最真实"，在定义显色指数时，就把日光的显色指数定为 100，其他光源则是拿几种典型的物体色与日光进行比较）高达 95～99，近似为自然光，调光方便，且无启动时间，但发光效率较低，一般只有 5～20 lm/W，寿命通常只有 1 000 h 左右。

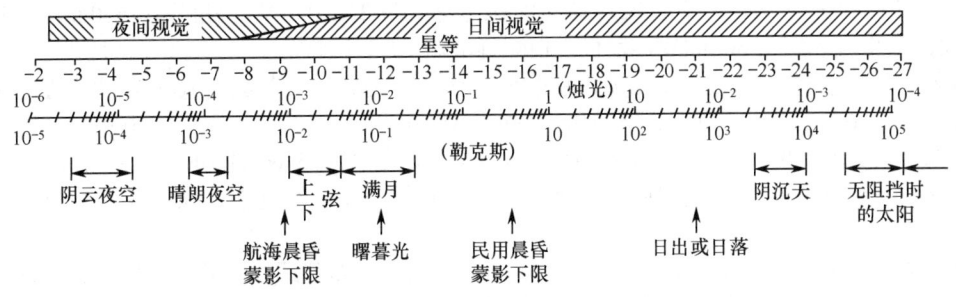

图 1.54 自然光照度等级范围

卤钨灯是继白炽灯之后改进而成的，它是在装有钨丝的灯管内，充入微量的卤素或卤化物构成的电光源。钨丝点亮后，在高温下能挥发出钨蒸气，在灯管内壁附近温度较低的区域与卤素化合成卤化钨，由于对流的作用，卤化钨又在钨丝表面的高温区分解出钨，再返回到钨丝表面。如此将不断地挥发、分解与返回，因此，钨丝不会很快变细，灯管也不会发黑，故卤钨灯具有寿命长（一般为 2 000h）、光效高（20～30 lm/W）的特点，具有体积小、亮度强、使用方便、价格便宜等优点。白炽灯和卤钨灯都是依靠电流通过灯内的钨丝产生热效应而发光的，钨丝属于金属导体，在电路中显示纯电阻性，不影响供电电源的交流参数，对电源质量不会产生危害，对电源设备不构成影响。

2）气体放电型电光源

气体放电型电光源主要有普通型（即标准型）荧光灯、节能型荧光灯、高压汞灯、高压钠灯、金属卤化物灯等品种。普通型荧光灯是诞生最早的气体放电型电光源，外形为直管状，且管径较粗（T12，ϕ38 mm）。它能够发出近似自然光的白光，光色好，显色指数高达 70～80，光线柔和，发光效率高（多为 40～70 lm/W），平均寿命为 2 000～3 000 h。

节能型荧光灯是 20 世纪 80 年代以后发展起来的，主要有细管径 T8 型（ϕ26 mm）和超细管径 T5 型（ϕ16mm）两种类型。T8 型的显色指数可达 60，发光效率高达 70lm/W；T5 型的显色指数提高到 80，发光效率更是高达 85 lm/W，性能优越。除了 T8、T5 型管状节能荧光灯外，还有细管 H 灯、U 型灯和双 D 灯，通常称它们为紧凑型节能灯。这些灯体积小、重量轻、亮度高、功耗低、寿命长。上述几种荧光灯在使用时，必须由镇流器和启辉器配合工作。高压汞灯是利用汞放电时产生的高气压获得可见光的电光源，它的发光效率较高，一般为 30～60 lm/W，使用寿命长达 2 500～5 000h。它的缺点是显色性差，显色指数为 30～40，而且不能瞬间启动，并要求电源的电压波动不能太大，还需要镇流器的配合方能工作。高压钠灯是一种高强度气体放电灯，它的发光效率高，可达 90～100 lm/W，寿命可达 3 000h，其光色柔和，透雾性强，唯独显色指数较低，只有 20～25，工作时需要镇流器、启辉器的配合。

金属卤化物灯集中了荧光灯、高压汞灯和钠灯的优点，是目前世界上最理想的气体放电型电光源，它的发光效率一般为 80 左右，显色指数高达 65～85，使用寿命多在 10 000h 以上，是名副其实的高效、节能、广用、长命灯。该灯在工作时也需要镇流器的配合。

3）白色发光二极管灯

发光二极管（LED）自从 1962 年开始生产以来，一直主要用作电子装置的显示和图像用光源。随着半导体工艺技术和纳米技术的发展，近几年来，以块状氮化镓（GaN）单晶基材的白色发光二极管，成为继白炽灯、各类气体放电型电光源之后的一项新光源。

单芯片白色发光二极管，是一种含 InGaN 活性层的 GaN 发光二极管，In 的高浓度扩散成为提高发光效率的主要手段，其白色光获取的机理分为两种：其一是结合蓝色 LED 和黄磷，通过蓝光和磷发射的黄光混合后产生白色光；其二是通过紫外线 LED 与红、蓝、绿磷的组合而产生白色光。白色 LED 的正向压降大多为 3.5 V 左右，额定电流为 2～20 mA，亮度高达 600 mcd（毫坎德拉），发光效率现已超过 60 lm/W，远优于白炽灯泡。

以氮化镓为基础而制成的高亮度白色发光二极管，是新一代节能高效环保型绿色光源，它的发光强度分别为荧光灯的 4～6 倍和白炽灯的 15～30 倍，能够连续工作 10 万小时，其寿命比普通白炽灯泡延长 100 倍。一种发光面积小于 1 cm^2、功耗为 3 W 的白色发光二极管，能产生相当于 60 W 白炽灯泡发出的光强。白色发光二极管体积小、亮度强、耗电低、寿命长，而且几乎无温升。

一些光源的光见度*（luminous efficacy of radiant flux）K 值或发光效率 η 值见表 1.11。对自然光源和全辐射体列出的是光见度，对人工光源（各种灯）列出的是发光效率。单位都是"流明/瓦"。表 1.12 列举了各种不同的连续光源的光学参数，包括短弧汞灯、短弧氙灯、锆弧灯、涡旋稳定的氩弧灯、钨丝灯、标准温白荧光灯、非转动式碳弧灯和转动式碳弧灯等。灯泡的种类远比表 1.12 列举的多。它可以有各种不同的光通量、光谱特性、外形尺寸、冷却要求等。有些光源还可以调制。图 1.55 和图 1.56 分别给出了 200 W 短弧汞灯和 150 W 短弧氙灯的光谱分布例子。对于荧光灯按荧光粉和所充气体的不同，可获得各种不同光谱分布的灯。

表 1.11　一些光源光见度 K 或发光效率 η 值

光源	K 或 η/（lm/W）	备注
太阳	100	—
全辐射体 6 500 K（开尔文）	93	—
碳电弧	45～50	效率随亮度增高
钠灯	50～75	效率随压强增高
贡灯	15～69	
荧光灯	36～51	效率随功率增高
萤火虫	600	
理想白光光源	200	

表 1.12　各种不同的连续光源的光学参数

灯　　型	直流输入功率/W	弧光尺寸/mm	光通量/lm	发光效率/（lm/W）	平均亮度/（cd/mm^2）
短弧汞灯（高压）	200	2.5×1.8	9 500	47.5	250
短弧氙灯（1）	150	1.3×1.0	3 200	21	300
短弧氙灯（2）	2×10^4	1.25×6	1.15×10^6	57	在 3mm×6mm 内为 3 000
锆弧灯	100	1.5（直径）	250	2.5	100
涡旋稳定的氩弧灯	2.18×10^4	3×10	4.22×10^5	17	1 400
钨丝灯炮	10	—	79	7.9	10～55
钨丝灯炮	100	—	1 630	16.3	10～55
钨丝灯炮	1 000	—	2.15×10^4	21.5	10～55
标准温白荧光灯	40	—	2 560	64	—
非转动式碳弧灯	2 000	≈5×6	3.68×10^4	18.4	175～800
转动式碳弧灯	1.58×10^4	≈8×8	3.5×10^5	22.2	175～800
太阳	—	—	—	—	1 600

---

* 光见度（辐射流的光效率）：在照明工程中，发光效率的概念是在已知辐射通量后计算光通量和照度。光通量 Φ_V 来自辐射通量 Φ_E，光效 K 定义为 $K=\Phi_V/\Phi_E$ 光通量与辐射通量的比。

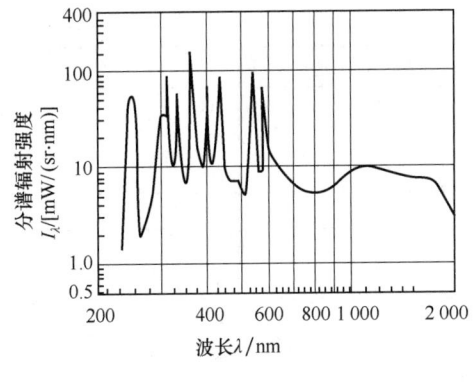

图 1.55 200 W 短弧汞灯的光谱分布

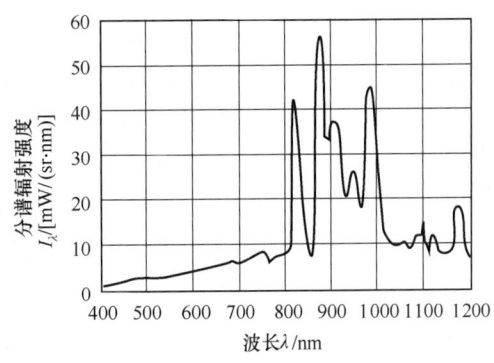

图 1.56 150 W 短弧氙灯的光谱分布

1.5.2 激光器

除自由电子激光器*外，各种激光器的工作原理基本相同，装置必不可少的组成部分包括激励（或称抽运）、具有亚稳态能级的工作介质和谐振腔部分。激励是工作介质吸收外来能量后激发到激发态，为实现并维持粒子数反转创造条件。激励方式有光学激励、电激励、化学激励和核能激励等。工作介质具有亚稳态能级使受激辐射占主导地位，从而实现光放大。谐振腔可使腔内的光子有一致的频率、相位和运行方向，从而使激光具有良好的定向性和相干性。

激光器在广义上也可属于"灯源"。在各种介质中，诸如结晶固体、玻璃、塑料、液体、气体和有机染料中，均发现可受激发。下面所介绍的激光器已被证明是实用的，或者是作为特殊波长范围内的幅射源。

选择激光器要考虑每一种类型的优缺点。锁模（mode locking）和腔倒空（cavity dumping）技术的发展，高光学质量、无损伤的非线性材料的进展，连续波半导体激光器和染料激光器的研制扩大了选择范围。绝缘的固态晶体或玻璃激光器的能量储存能力对于高峰值功率的应用是最佳的选择，由于这些激光器和染料激光器一样存在相当大线宽，对于超短（∼10 ps）脉冲的产生也是合适的选择。低功率气体激光器，在光谱可见范围内具有可靠工作的优点，特别是氦镉激光器对光阻材料的曝光是最佳的选择。红外 CO 和 CO_2 激光器是效率高的大功率源，它能够直接用于像焊接一类的应用，或者作为转变到较长的波长参量的辐射源。

1）晶体激光器

表 1.13 列举了主要晶体激光器及其参数。第 1 列中圆括号内是掺杂附加的杂质，该杂质吸收泵浦辐射，并且给激活离子传递能量。尽管多掺杂激光器在目前没有得到广泛使用，但它们中间有几种较单掺杂材料更为有效。

表 1.13 主要晶体激光器及其参数

基质/掺质	波长/μm	工作方式 [p（脉冲），cw（连续波）]	工作温度/K
Al_2O_3/Cr^3	0.692 9	p	350
	0.693 4	p	350

---

* 这是一种不属于气体、液体或固体中任何一类的激光装置。被电场加速的高能电子通过极性交替变换的磁场结构时发生振荡并产生激光辐射。辐射波长可以通过改变电子的速度（动能）和磁场极性变换的周期进行调谐，调谐范围原则上可以从远紫外到毫米波段，这是自由电子激光器最重要和最吸引人的特性。虽然目前尚没有一台装置可以覆盖上述整个谱区，但已实现的调谐范围（0.5～10 μm）是当今任何其他可调谐激光器远远不及的。

(续表)

基质/掺质	波长/μm	工作方式 [p（脉冲），cw（连续波）]	工作温度/K
$CaWO_4/Nd^3$	1.058 4	p, cw	300
	0.914 5	p	77
	1.339 2	p	300
$CaMoO_4/Nd^3$	1.067 3	p, cw	300
$YAlO_3/Nd^3$（偏振输出）	1.079 5	p, cw	300
	1.064 5	p, cw	300
$Y_3Al_5O_{12}/Nd^3/Nd^{3+}(Cr^{3+})$	0.946	p, cw	230
	1.051 9	p, cw	300
	1.061 3	p, cw	300
	1.064 0	p, cw	300
	1.073 6	p, cw	300
	1.319	p, cw	300
	1.338	p, cw	300
	1.338	p, cw	300
$Y_3Al_5O_{12}/Er^3(Yb^3)$	1.645 9	p	300
$YAlO_3Er^3$	1.663	p	300
$Y_3Al_6O_{12}/Tm^3(Cr^{3+})$	2.019	p	300
Ca_2MoO_4/Ho^{3+}	2.059	p	300
$Y_3Al_5O_{12}/Ho^{3+}(Er^{3+}, Tm^{3-})$	2.128 8	p	300
CaF_2/U^{3+}	2.57	p	300
	2.613	p	300
CaF_2/Er^{3+}	2.69	p	300

在表 1.13 中，比 0.690 μm 更短波长的激光器没有列入。其实，在这个范围内存在的晶体激光器，无论在输出功率上或在工作简易性上都不能和气体激光器或较长波长的晶体激光器相竞争。

如前言中所指出的，锁模和腔倒空是晶体激光器的两种新的运转方式。特别是 $Y_3Al_5O_{12}/Nd^{3+}$ 激光器适用于锁模技术，因为它有相当宽的频谱带宽（～0.1 nm）。

2）玻璃激光器

除晶体激光器外，在玻璃基质中也能够产生激光作用。特别有意义的两种激光器是 1.06 微米的 Nd^3 玻璃激光器和 1.54 微米的 Er_3^+ 玻璃激光器。这两种激光器均能在室温下以脉冲方式工作。在大功率脉冲方式应用中，Nd^{3+} 玻璃激光器是特别重要的。

3）气体激光器

表 1.14 所列举的是目前典型的气体激光器。表中包括了不同的运转方式下气体激光器输出功率的估值。按倒空技术的激光器的输出信息安排。

表 1.14 目前典型的气体激光器

气 体	主波长/μm	典 型 值	输出功率最大值	工作方式（cw-连续波，p-脉冲）
Xe（离子化的）	0.345 4	15 mW		cw
	0.378 1	50 mW		cw
	0.408 0	5 mW	1 W	cw
	0.421 4～0.427 2	50 mW		cw
	0.541 9～0.627 1	10 mW		cw

(续表)

气　体	主波长/μm	典　型　值	输出功率最大值	工作方式（cw-连续波，p-脉冲）
Xe（氙-氮）	2.026	—	1mW	cw
	3.507		1mW	cw
	5.575		1mW	cw
	9.007		1mW	cw
N_2（离子化的）	0.337 1	—	200kW	p
			100mW	cw
HeCd（离子化的）	0.325 0	4mW	40mW	cw
	0.441 6	20mW	200mW	cw
Ne（离子化的）	0.332 4	—	10mW	p, cw
Ne（中性的）	0.540 1	—	1kW	p
Cu（中性的）	0.510 6	—	40kW	p
Ar（离子化的）	0.351 1	5mW	0.35W	cw
	0.363 8	5mW	0.35W	cw
	0.457 9	0.1W	0.75W	cw
	0.465 8	0.1W	0.3W	cw
	0.472 7	50mW	0.4W	cw
	0.476 5	0.3W	1.5W	cw
	0.488 0	1.0W	5.0W	cw
	0.496 5	0.2W	1.5W	cw
	0.510 7	0.1W	0.7W	cw
	0.514 5	1.0W	6.0W	cw
He-Se（离子化的）	0.460 5～0.649 0（24 线）0.522 8	—	100mW	cw
			20mW	cw
Kr（离子化的）	0.350 7	20mW	—	cw
	0.356 4	20mW		cw
	0.476 2	50mW		cw
	0.482 5	30mW		cw
	0.520 8	70mW		cw
	0.530 9	200mW		cw
	0.568 2	150mW		cw
	0.647 1	50mW		cw
Kr（离子化的）	0.676 4	120mW		cw
	0.752 5	100mW		cw
	0.793 1	10mW		cw
	0.799 3	30mW		cw
He-Ne	0.632 8	2mW	150mW	cw
	1.152 3	2mW	25mW	cw
	3.391 3	1mW	10mW	cw
HF（化学的）	2.6～3.5	4 500W	—	cw
		1J		p
CO	4.9→5.7	—	100W	cw
CN	5.2	—	30mW	p
CO_2（流动的）10.6；9.6	100W	200kW	cw	—
	5 kW		p	

气　体	主波长/μm	典　型　值	输出功率最大值	工作方式（cw-连续波，p-脉冲）
HCN	126～134	0.5W	10W	p
	310	1W		p
	336	0.6W		p
	372	0.6W		p
H_2O	28	—	5kW	p

4）染料激光器

染料激光器的工作介质是由溶解在适当的溶剂中的强烈荧光有机化合物组成的。工作介质由闪光灯或激光器来抽运，并且通常以脉冲方式运转。近年来，使工作介质循环通过光学腔，并且用连续波激光器抽运，获得了连续运转。

激活分子在35到80毫微米带宽上发出荧光，在此范围大部分能够发生激光作用。对于特殊分子，波长的选择是借助于腔的反射镜（激光 $\Delta\lambda\sim 20$ nm），一个腔内光栅（激光 $\Delta\lambda\sim 0.05$ nm），或腔内光栅加标准具（$\Delta\lambda\sim 0.001$ nm）的组合来实现的。光栅或光栅加标准具的调谐可以对激活分子的荧光带宽范围进行扫描，使用几种不同的染料能够接连提供从350 nm 到750 nm 的可调输出。在750 nm之外，可用的激活分子是不稳定的，因此不是实用的光源。表1.15中列举了能提供可调输出的染料激光器的典型材料。除表中列举之外，也可以使用其他溶剂。但是必须指出，荧光谱带的位置与溶剂有关。

对于脉冲可见光染料激光器，其典型输出参数为0.1J的能量输出和每秒30脉冲的重复率，有2MW量级的输出功率。以连续波方式运转的1.0W的 Ar^+ 激光器在488 nm 或 514.5 nm 进行激光抽运，在具有小于0.001 nm带宽的流动的染料系统中可能获得50 mW的输出。

表 1.15　染料激光器的典型材料

染　料	溶　剂	可调谐范围（毫微米）
钙黄绿素蓝	乙醇	449～490
1，3 二苯基异苯并呋喃	乙醇	484～518
荧光素	水碱	520～570
若丹明 6G	乙醇	560～650
若丹明 B	乙醇	590～700
甲酚紫	乙醇	630～690

5）二次谱的产生和参量上、下转换

二次谐波产生和参量上、下转换在紫外到红外范围内提供了相干辐射的另一种辐射源。这些效应发生在非中心对称材料中，其非线性极化 P_i 可以写成下式：

$$P_i = \sum_{ik} d_{ijR} E_j E_R$$

而参量的上或下转换

$$\omega_{泵频} = \omega_{信号} + \omega_{开频}$$

$$\hat{k}_{泵频} = \hat{k}_{信号} + \hat{k}_{开频}$$

此处，ω 表示角频率；k 表示光波的动量因数。这些方程与非线性过程匹配条件的折射率有关。表 1.16 列举了常用的非线性材料。

表 1.16　谐波发生器激光器常用的非线性材料

材　料	波长/μm	非线性系数/（m/V）
$Ba_2NaNb_5O_{15}$	1.06	d_{15}, d_{24}, d_{31}, d_{32}, $d_{32}=15\times 10^{12}$
SiO_2	1.06	$d_{11}=0.4\times 10^{12}$

(续表)

材料	波长/μm	非线性系数/(m/V)
LiNbO$_3$	1.06	$d_{33}=40\times10^{12}$
LiTaO$_3$	1.06	$d_{33}=20\times10^{12}$
KDP	1.06	$d_{14}, d_{36}=0.50\times10^{12}$
KDP	0.694 3	$d_{14}, d_{36}=0.48\times10^{12}$
ADP	1.06	$d_{14}, d_{36}=0.55\times10^{12}$
ADP	0.694 3	$d_{14}, d_{36}=0.48\times10^{12}$
LiIO$_3$	1.06	$d_{31}, d_{23}=5\times10^{12}$
Te	1.06	$d_{11}=2\,000\times10^{12}\sim5\,000\times10^{12}$
GaAs	0.843 5~0.845	$d_{14}=137\times10^{12}$
GaAs	1.06	$d_{14}, d_{38}=250\times10^{12}$
GaAs	10.6	$d_{14}=250\times10^{12}$
Ag$_3$AsSa（淡红银矿）	1.15	$d_{31}=15\times10^{12}$
Ag$_3$AsSa（淡红银矿）	10.6	$d_{15}, d_{22}=28\times10^{12}$

对于二次谐波产生，非线性介质在低功率应用时，通常安放在激光腔内；而在循环功率能够损伤它时则放在腔外。倍频的例子是：Ar$^+$ 514.5 nm 到 257.2 nm 的腔内倍频和 Nd：YAG 在 1 060 nm 到 530 nm 的腔内倍频。对于可见光波段内，后一个例子是大功率重复 Q 开关或重复短脉冲（～50 ps）最好的辐射源。原则上，如果非线性系数足够大，在谐波处，像在基波处一样，能够在激光器共振腔外耦合出同样的功率。Ba$_2$NaNb$_5$O$_{15}$ 是用于 Nd：YAG 激光器的材料的一例。

在参量转换中，一种是将两种信号混和以得到和频或差频，另一种是将单一频率（泵源频率）转换为两种频率（信号频率和闲置频率）。典型的是光学参量振荡器，它在闲频处是一单独的共振腔，而信号频率是振荡器的输出。输出波长随非线性晶体的折射率变化而改变。随着外加电场、抽运辐射的入射角的变化，或者是随着非线性介质温度的变化，折射率亦随之改变。

参量振荡器的一个例子是 Q 开关 Nd：YAG 激光器输出借助于腔内 LiIO$_3$ 晶体倍频转换为可见光。铌酸锂晶体是温度调谐的，使得在 620 nm 到 3 500 nm 范围内提供一个可变的输出波长，输出波长是不连续的，是离散的，具体取决于抽运的波长和所用的反射镜。它可以得到几毫瓦的平均输出功率和 500 W 的峰值功率。在超过 750 nm 的波长范围内，这种器件提供了可调谐的相干辐射的辐射源。

6）p-n 结半导体光源

在半导体发光器件的正向偏压 p-n 结中，被注入的少数载流子穿过 p-n 结，是以发射光子的辐射复合，或是无辐射复合。在所谓"直接带隙"的材料如 GaAs 中，光子的能量接近于材料的禁带能量。在"间接带隙"的材料如 GaP 中，发光常常涉及杂质能级，它使所发出的辐射光子能量漂移到略低于禁带能量的值。

在大多数能制备 p-n 结的半导体中，很宽的范围内已经观察到复合辐射。当电致发光辐射是非相干的，二极管光源为发光二极管（LED）型；当辐射是相干的，光源为激光器型。对于这两类器件的应用，其结构和所需材料的性质不同。辐射输出的差别是产生激光的阈值电流 I_{th}，激光二极管发射变成定向发射，光谱宽度减小到几十毫微米，且微分效率急剧增加。

（1）p-n 结激光器。实用的激光二极管有两个基本要求：必须由直接带隙半导体构成；必须有一个法布里—珀罗腔，该腔包含两个反射镜表面以确定光子流的方向，形成限制辐射和注入载流子的区域。通常法布里—珀罗腔是通过沿着平行晶面破开材料所制备的。这两个平行晶面都被镀膜，反射率为 R_1 和 R_2，如图 1.57 所示。辐射限制到波导区域是在晶体生长期间通过构成横向介电常数 ε 来实现的。目前市场上的激光二极管是异质结型（也可表示为"闭合—限制"），结区内折射率的差别是利用（AlGa）As 和 GaAs 层来得到的。毗连 GaAs 产生激光的区域（AlGa）As，其较高的带隙能量也为载流子的限制作准备，因之，导致了阈值电流密度的下降，并且比无异质结的结构可能有更高的效率。

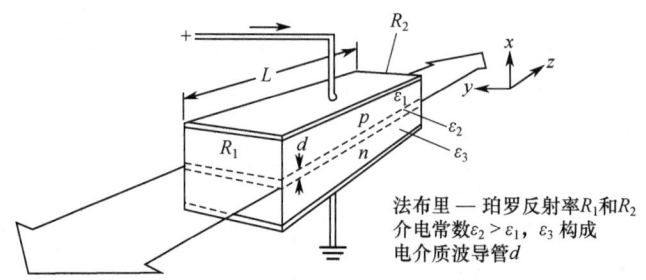

图 1.57　p-n 结激光器

几种类型的异质结激光器，各有其优点。有广泛使用价值的二极管是单异质结的"闭合—限制"（SH-CC）器件，在约 900 nm 处发射，如图 1.58（b）所示。在脉冲方式中，它能在相当高的负载循环（大约为 0.1%）下工作；对于单个二极管，其峰值功率为几瓦；而对于多个二极管阵列则超过几千瓦。在低温 77K[开尔文（K）=273.15+摄氏度（T）]或更低温度下，如果使用热壑（heat sink，散热器，热沉），闭合—限制激光器便能连续地工作。器件有进一步的发展，其辐射是通过两个（AlGa）As-GaAs 异质结来限制，如图 1.58（c）所示。较之单异质结型，这一类器件改进了辐射限制，而且，模导区域的宽度可以通过改变异质结之间的间隔来调整。当降低阈值电流密度到低于约 3 000 A/cm² 值时，在室温下可以获得连续波的工作。由于连续波激光器于室温工作的寿命不确定，这一类器件迄今未能大批投产。

如图 1.58（d）所示，大光学共振腔（LOC）激光二极管可使器件结构有相当宽且易于控制的模导区域，较之单异质结型二极管，LOC 激光二极管能以更高的效率，在更高的温度下工作。目前这种类型的研制器件，能在约为 1% 负载循环下工作。

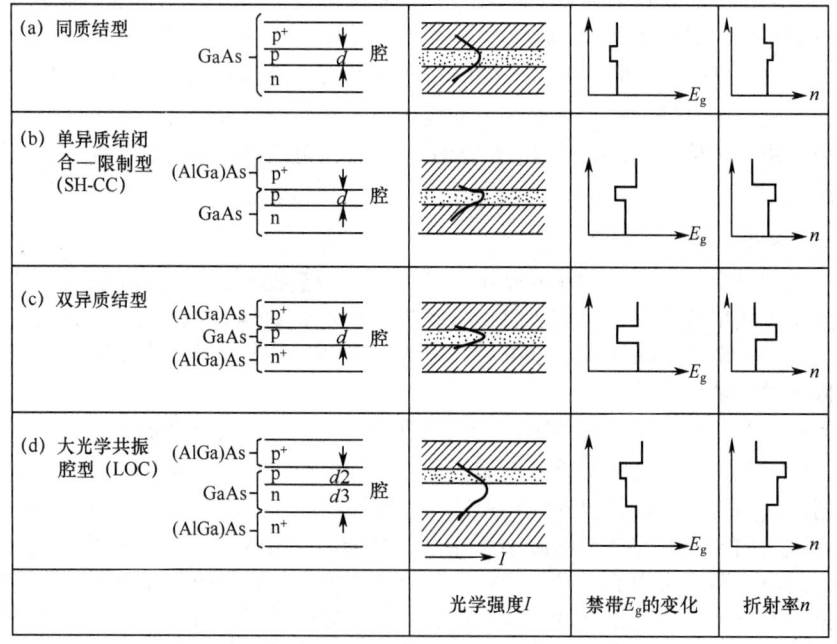

图 1.58　各种不同的激光器的光学强度 I、禁带 E_g 的变化和折射率 n 的示意图

通过改变器件成分，可改变 $Al_xGa_{1-x}As$ 激光器的波长。许多其他的III-V族、II-IV族和铅盐化合物作为激光器已经能够从近紫外到中红外（~10μm）波长范围内工作，特别是发射比 0.9 微米更长波长的器件，通常需要在低温下工作，故尚不能大批供应。

（2）发光二极管。现有的非相干的或自发射的器件覆盖光谱的范围比激光二极管更宽。在光谱可见区更高亮度光源已经由 $GaAs_{1-x}P_x$（红色），$InGa_{1-x}P_x$（红色），GaP（红、黄、绿色）和 GaN（蓝、绿、黄色）制成。在室温下由 GaN 还制成了近紫外直流电致发光光源。目前，$GaAs_{1-x}P_x$ 和 GaP 的发光二极管已是普遍生产的显示器件。由于在 GaP 材料中加入了不同的杂质，产生了从红到黄（红+绿）再到绿的颜色范围。表 1.17 给出了各种材料的激光和光发射作用。表 1.18 所示为通用的电致发光二极管的典型参数。

表 1.17 各种材料的激光和光发射作用

晶 体	波长/μm	晶 体	波长/μm
注入激光器光源		发光二极管光源	
PbSe	8.5	CdTe	0.855
PbTe	6.5	$(Zn_xCd1_{1-x})Te$	0.53→0.83
InSb	5.2	BP	0.64
PbS	4.3	Cu_2Se-AnSe	0.40→0.63
InAs	3.15	$Zu(Se_xTe_{1-x})$	0.627
$(In_xGa_{1-x})As$	0.85→3.15	ZnTe	0.62
$In(P_xAs_{1-x})$	0.91→3.15	CaP	0.565
GuSb	1.6		0.68
InP	0.91	SiC	0.456
Al_1Ga_{1-x}, As	0.90→0.62	GaN	0.34→0.7
$Ga(As_{1-x}P_x)$	0.55→0.90	—	—

表 1.18 通用的电致发光二极管的典型参数

	发光二极管（LED）			激光器		
				单异质结-闭合（SH-CC）		大光学共振腔（LOC）
晶体	GaAs	GaAsP	GaP	GaAs	GaAs	GaAs
温度/K	300	300	300	77	300	300
发射波长/μm	0.94	0.66, 0.61	0.69, 0.55	0.85	0.9	0.9
谱带宽度/μm	0.05	0.03	0.09, 0.03	0.015	0.015	0.015
典型驱动电流	<50mA	10~20 mA	10~20 mA	<5A	<30A	<15A
工作方式［脉冲（p）或连续波（cw）］	p, cw	p, cw	p, cw	p	p	p
最大脉冲持续时间	任意	任意	任意	2 μs	0.2 μs	0.1 μs
负载因数/%	任意	任意	任意	<2	<0.1	<1
上升时间/ns	<300	10	300	<1	<1	<1
典型输出	2.5 mW	1 700 尼特（500 呎朗伯）	600~3 500 尼特（175~1 000 呎朗伯）	—	—	—
峰值脉冲功率/W	—	—	—	5	12	5
功率效率/%	3	<1	3, 0.1	20~40	3~5	5~10
束扩展率	表面或边缘80°，圆顶180°			15°×25°		

1.5.3 光电导探测器

半导体光电探测器由于体积小、重量轻、响应速度快、灵敏度高,易于与其他半导体器件集成,是最理想探测器,可广泛用于自动化技术、信号处理、图像传感系统和测量系统。由于超高速系统需要超高速高灵敏度的半导体光电探测器,为此发展了谐振腔增强型(resonant cavity enhanced,RCE)光电探测器、金属半导体—金属行波光电探测器(metal semiconductor-metal traveling wave photodetector,MSM PD),以及分离吸收梯度电荷和信增(separate layer of absorption,grading,charge and multiplication,SAGCM)雪崩光电探测器(avalanche photodetector,APD)等。

1) HgCdTe 光电导探测器

HgCdTe 光电导探测器是本征激发的单晶探测器。它是 HgTe 和 CdTe 两种材料的固溶体。随材料中 Cd 的组分不同,禁带宽度可为 0~1.6 eV,可制成响应不同波长的探测器。常用的有 8~12 μm、3~5 μm 及 1~3 μm 的器件。HgCdTe 可做成普通单元探测器、多元探测器,还可做成夹层式器件以及扫描型探测器。

2) 金属—半导体—金属行波光电探测器

低温生长 GaAs(low-temperature growth,LTG-GaAs)基光电探测器(PD),由于其具有短的响应时间、高的电带宽、低的暗电流,以及能够与微波器件(如微波天线)集成的优势而受到关注。然而,LTG-GaAs 的宽吸收能隙(~800 nm)限制了它在长波长(1300~1500 nm)光通信领域的应用。在长波长制式 LTG-GaAs 基 PD 有几个皮秒(ps)的响应时间,但这比短波长制式的 LTG GaAs 基 PD 的亚皮秒响应时间长得多。近来,在长波长光通信制式使用垂直照射结构或边缘耦合行波结构,演示了 LTG-GaAs 基 p-i-n/n-i-n 和 MSM PD。通过使用内部能隙对导带的欠态跃迁,在 LTG-GaAs 中得到了低于带隙的光子吸收。然而,由于低于能隙的吸收系数比准能带——能带吸收系数小得多,用常规的垂直照射 PD 结构,得到的量子效率是极低的(约为 0.6 mA/W)。边缘耦合的 p-i-n/n-i-n 行波 PD 结构,低效率问题可以靠增加器件的吸收长度克服。虽然最大输出功率可随器件吸收长度而增加,但电带宽将严重地降低。

3) 谐振腔增强型(RCE)光电探测器

现代高性能的信息和测量系统,需要光电探测器具有高的响应速度和高的灵敏度。高带宽的光信号探测需要光电探测器的最佳典型结构是薄的光吸收区。薄的光吸收区将导致半导体材料在吸收系数比较短的波长的量子时,效率降低。虽然已研制成功带宽超过 200 GHz 的光电探测器,带宽效率积仍然受材料特性的限制。在肖特基光电探测器(Schottky photoelectric detector)中,金属接触的光损耗进一步受到顶部照射器件量子效率的限制,增加器件的响应度只靠采用半透明的肖特基接触。最近几年发展的光电子器件新种类——谐振腔增强型结构光电探测器,依靠有源器件结构内部的法布里—珀罗谐振腔(Fabri-Paro cavity),使器件的量子效率在谐振波长位置增强,带宽效率积明显改善,故允许制作薄的光吸收区。故 RCE 结构探测器方案对肖特基型光电探测器特别有吸引力。

RCE 肖特基光电探测器器件结构的各层用分子束外延生长在 GaAs 衬底上,剖面图如图 1.59 所示。谐振腔由 GaAs-AlAs 分布布拉格反射(distributed Bragg reflection,DBR)的底部反射器和半透明的顶部金(Au)接触形成。InGaAs 吸收层的 In 克分子数低于 10%,为了避免载流子俘获,两个异质结层都线性地形成 25 nm 的梯度。总的吸收区厚度为 130 nm 左右,用来消除腔中的持续波效应。通过耗尽区中吸收层位置的最佳化,得到电子和空穴的最小渡越时间。器件用光刻法制作,采用台面隔离和 Au 空桥连接顶部,接触到片上的微波共平面传输线。

Au 接触层厚度为 20 nm，Si$_3$N$_4$ 涂盖层厚度为 200 nm[67]。

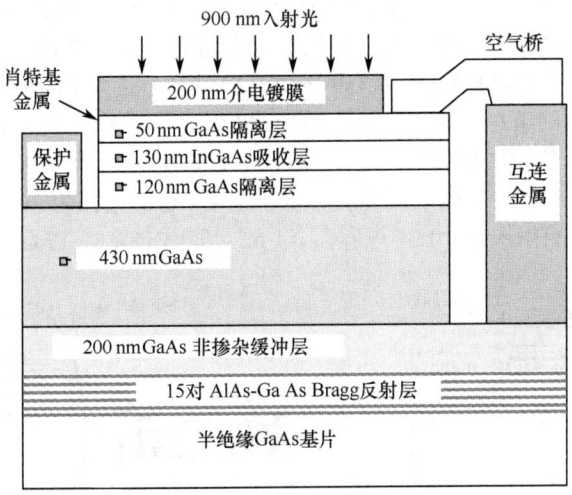

图 1.59　RCE 肖特基光电探测器剖面图

1.5.4　光伏探测器

1. GaN P-N 结 PD

GaN 本征探测器，室温带隙为 3.43 eV，可替代光电阴极应用于可见光—不可见光紫外探测。GaN P-N 结构为在蓝宝石衬底上淀积 1 μm 厚的非晶硅 n 型掺杂 GaN 层和 0.5 μm 厚的 Mg 掺杂 p 型 GaN 层。n 型和 p 型 GaN 层典型电阻率分别为 0.3 Ω·cm 和 5 Ω·cm。GaN P-N 结 PD 特性为在 360 nm 波长下测得 16 mm^2 台面形探测器的零偏压响应度达 0.09 A/W。在零偏压下测得 GaN 探测器的上升时间和下降时间为 0.4 ms，−10 V 偏压下为 0.3 ms。波长在 370 nm 时有一突变的长波限[69]。

2. 雪崩光电二极管（APD）

雪崩光电二极管（APD）（又称累崩光电二极管）是一种半导体光检测器，其原理类似于光电倍增管。在加上一个较高的反向偏置电压后（在硅材料中一般为 100～200 V），利用电离碰撞（雪崩击穿）效应，可在 APD 中获得一个约 100 的内部电流增益。硅 APD 采用了不同的掺杂技术，允许加上更高的电压（>1 500 V）而不致击穿，从而可获得更大的增益（>1 000）。一般来说，反向电压越高，增益就越大。

1）δ 掺杂 InGaAs SAGM-APD

δ 掺杂 InGaAs SAGM-APD 器件结构如图 1.60 所示。采用这种结构使倍增层内所有必须获得碰撞电离的掺杂电荷都集中在 30～50 nm 的区域内，而不需要整个倍增区均匀掺杂。消除了载流子浓度与倍增区厚度之间的相互影响。小倍增区提高了响应带宽。分析表明，随倍增宽度降至 0.2 μm，可获得 140 GHz 的增益带宽积，实际已达 86 GHz，通过引进表面反射器仅以 1.1 μm 厚吸收层获得了 67% 的高量子效率[70]。

在 APD 倍增区引进超晶格（super lattice，SL）有利于提高 GB（增益—带宽）乘积（gain-bandwidth product，GBP），故可讨论超晶格雪崩光电二极管。

2）超晶格 APD

增益带宽积是离化率比和倍增区载流子渡越时间的函数，倍增区渡越时间由倍增区厚度和载流子的速度决定。SL 引入倍增区，提高了电子与空穴的离化率比，增加了 GB 乘积并降低了倍增噪声。目前，超晶格 APD 的 GB 乘积普遍超过 100 GHz，最大已达 130 GHz。并且在 10 Gb/s 光传输系统中获得了 $-24\sim-27$ dBm（毫分贝）的最小接收灵敏度。说明超晶格是实现高速、高灵敏度 APD 的有效途径，也表明 SL-APD 在长距离、大容量光纤通信系统中的有效性[71]。

（1）InGaAsP/InAlAs SL-APD。InGaAsP/InAlAs SL-APD 器件结构如图 1.61 所示。晶体层包括薄至 0.299 μm 13 周期的 InGaAsP（11.5 nm）/InAlAs（11.5 nm）超晶格；光吸收层为 InGaAs 层；InP 电场分离层夹在倍增层与吸收层之间；P^+-InP 窗口层和 P^+-InGaAs 接触层生长于吸收层之上；在 P^+-InP 窗口层与 P^+ 电极间插入 SiN 层防止合金化。台面直径为 30 μm 的器件性能如下：暗电流为 $I_D = 0.7$ μA（倍增因子 $M=10$），电容为 0.1 pF，3 dB 带宽达 17 GHz，GBP = 110 GHz[72]。

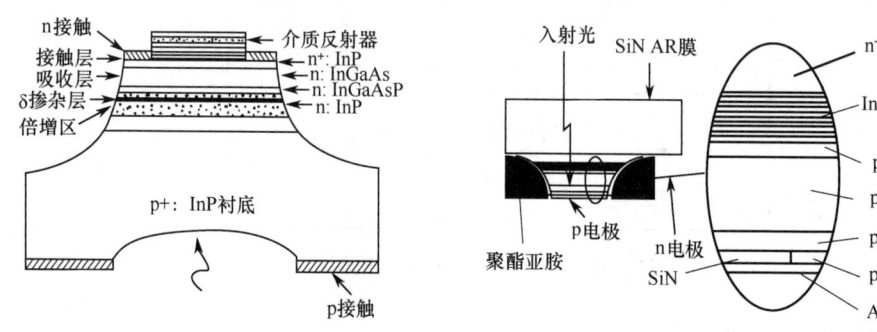

图 1.60　δ 掺杂 InGaAs SAGM-APD 器件结构　　图 1.61　InGaAsP/InAlAs SL-APD 器件结构

（2）InAlGaAs/InGaAs SL-APD。InAlGaAs/InGaAs SL-APD 器件结构如图 1.62 所示。衬底为（100）晶向的 n^+-InP，超晶格倍增层只有 0.231 μm，共 11 个周期，InAlAs 垒层厚为 12 nm，InAlGaAs 阱层厚为 9 nm，p^+-InGaAs 光吸收层厚为 0.9 μm，p^+-InP 电场分离层厚为 52 nm。器件特性为：台面直径为 40 μm，最大带宽为 15 GHz，GBP = 120 GHz，$I_D = 0.34$ μA（$M=20$），电容为 0.17 pF，量子效率为 65%[73]。

（3）InGaAs/InAlAs SL-APD。窄阱层 InGaAs/InAlAs SL-APD 器件结构如图 1.63 所示。减薄阱层不仅可减小暗电流，而且可增大倍增，另外，窄阱层的二维量子限制效应可增大带隙，使 1.55 μm 光能顺利通过，避免了倍增层的光吸收。图 1.63 所示结构中，超晶格倍增层有 10 个周期，阱厚（L_w）为 5 nm，垒厚（L_b）为 15 nm，总厚度（L_m）为 195 nm。该器件 GBP 达 130 GHz，最大截止频率为 12 GHz，最大倍增为 30，$I_D=2$ μA（$M=10$）[74]。

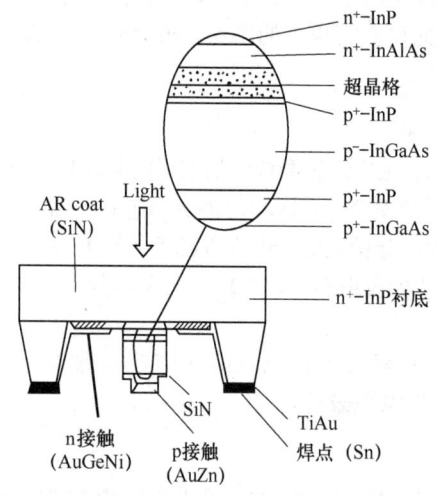
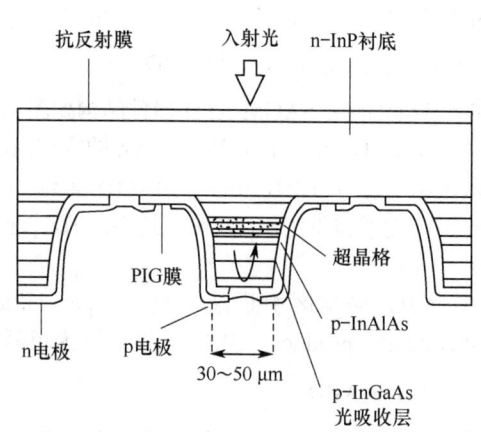

图 1.62　InAlGaAs/InGaAs SL-APD 器件结构　　图 1.63　窄阱层 InGaAs/InAlAs SL-APD 器件结构

（4）InAlGaAs 台阶型 SL-APD。InAlGaAs 台阶型 SL-APD 器件结构如图 1.64 所示。锯齿状超晶格倍增层有 10 个周期，每周期从 $In_{0.52}Ga_{0.48}As$ 线性渐变到可透过 1.3 μm 和 1.55 μm 波的 $In_{0.53}Al_{0.19}Ga_{0.28}As$（$Eg=1.0$ eV），厚为 20 nm。器件特性：倍增因子最大超过 100，击穿电压为 35 V，$I_D=230$ nA（$M=10$），$I_D=550$ nA（$M=20$），量子效率为 51%（$K=1.54$ μm），GBP 超过 100 GHz，最大截止频率约为 8 GHz，电容约为 0.8 pF[75]。

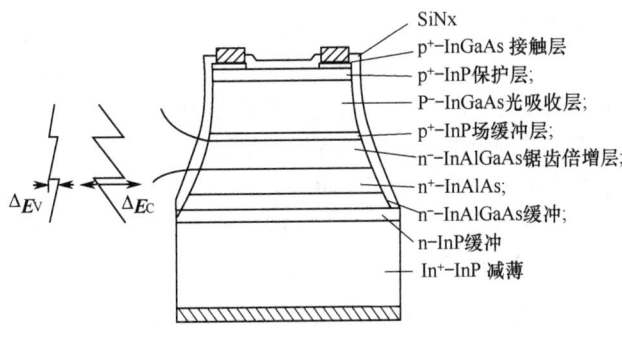

图 1.64　InAlGaAs 台阶型 SL-APD 器件结构

（5）分离吸收梯度电荷和倍增雪崩光电探测器（isolation and absorption gradient charge and multiplication avalanche photodetector）。雪崩光电二极管（APD）是 0.92～1.65 μm 波长范围工作的现代高比特速率光通信系统最广泛使用的光电探测器。在各种 APD 结构中，分离吸收梯度电荷和倍增（SAGCM）结构是最有前途的 APD 结构之一。它具有高的性能，例如高的内部增益、可靠性改善，以及超过 100 GHz 的高增益带宽积[76]。

3. PIN（光电二极管）PD

InGaAs/InP PIN PD 响应波长为 1.00～1.65 μm 范围，正好覆盖石英光纤的 1.3 μm 低色散和 1.55 μm 低损耗两个窗口，并且它具有低的暗电流，高的量子效率，宽的响应频带，所以，高速低噪声 InGaAs/InP PIN PD 得到了广泛的应用[76]。

（1）高速背照式平面 InGaAs/InP PIN PD。高速背照式平面 InGaAs/InP PIN PD 器件结构如图 1.65 所示。由 1 μm 厚 n-InP 顶层，1.4 μm 厚 n⁻-$Ga_{0.47}In_{0.53}As$ 吸收层和 1 μm 厚 n⁺-InP 接触层构成，由 Ar⁺ 束腐蚀制作微型透镜，等离子体淀积 SiN 作为增透膜。该器件电容率低，光纤容许耦合误差大，截止频率为 31 GHz，$I_D=3$ pA，在 1.55 μm 时量子效率达 74%。

（2）缓变双异质结 GaInAs/InP PIN PD。GaInAs/InP 异质结构由气体源分子束外延（gas source molecular beam epitaxy，GSMBE）在 Si-InP 衬底上生长。PIN 外延结构由 GaInAs 腐蚀终止层及后面的 n-InP、缓变带隙层（graded bandgap layer，GBL）、190 nm 厚掺杂 GaInAs 有源层、另一 GBL、p⁻-InP 层、p⁺-GaInAs 接触层组成，其中 GBL 由 4 周期超晶格组成。器件结构如图 1.66 所示。双异质结构减少了扩散电流，缓变带隙超晶格减少了 GaInAs/InP PIN PD 的载流子俘获效应，复合波导设计减少了分布电容，使 PD 的高性能达到最佳化。

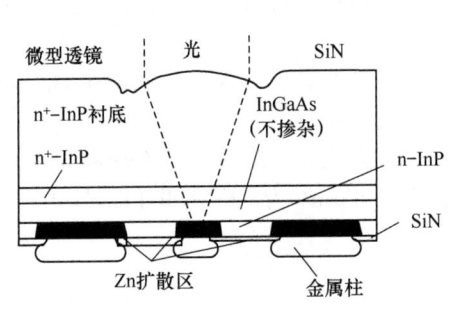

图 1.65　InGaAs/InP PIN PD 器件结构

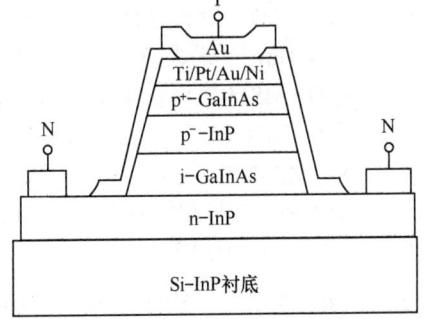

图 1.66　GaInAs/InP PIN PD 器件结构

（3）Ge_xSi_{1-x}/Si 超晶格 PIN 波导探测器。硅衬底上生长的 Ge_xSi_{1-x} 合金具有较窄的能隙，对 1.3 μm 波长的光波有一定响应，可用于光纤通信系统的硅基光探测器。为提高探测外量子效率，采用波导结构,将光波限制在 Ge_xSi_{1-x}/Si 多量子阱(MQW)波导层内传输。

Ge_xSi_{1-x}/Si 多量子阱波导探测器结构如图 1.67 所示。器件的输入端是宽度为 8 μm 的劈型波导,最后宽度为 3 μm,输入波导与环形波导相切连接。波导的横向限制依靠 Ge_xSi_{1-x}/Si 与空气的折射率差。这种新型的环形波导探测器结构有效地利用了半导体材料的高折射率特性,采用多次吸收的方法弥补了 Ge_xSi_{1-x}/Si MQW 材料对波长为 1.3 μm 光的弱吸收。器件可以同时具有高外量子效率和高响应速度。器件与 10 μm 单模光纤直接对接耦合时外量子效率可达 28%,而上升与下降时间仅为 110 ps[77]。

4. 金属—半导体—金属光电探测器

1)InGaAs MSM-PD

金属—半导体—金属光电探测器(MSM-PD)具有响应速度快、电容小、工艺简单、平面结构及容易集成等优点,它在光纤通信中有广泛的应用。普通的 MSM-PD 肖特基势垒高度低,导致大的暗电流和过剩噪声。下面介绍一种新型晶格匹配型的双重肖特基势垒增强层结构的新一代 MSM-PD。

MSM 结构本质上由两个背靠背相连的肖特基组成,为了减小暗电流,提高势垒高度,通过在半导体有源层和势垒金属间加入一层薄的宽禁带材料的界面层,就可以有效增加势垒高度。InGaAs MSM-PD 器件结构如图 1.68 所示。100 nm 的 InP 和 15 nm 的 p 型 InP 形成双重肖特基势垒增强层。电极图形为交叉指状,n 型 $In_{0.53}Ga_{0.47}As$ 本征光吸收层厚度为 1.2 μm。该器件实际测得暗电流最低达 4.7 nA(10 V),而且击穿电压大大提高。证明这是一种减小 MSM-PD 暗电流的有效途径。

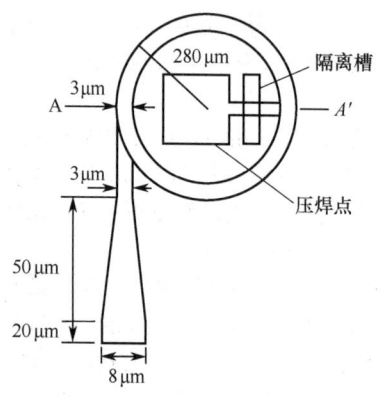

图 1.67 Ge_xSi_{1-x}/Si 多量子阱波导探测器结构

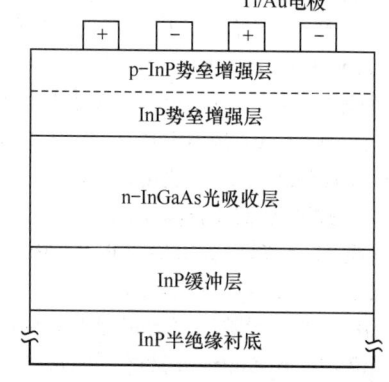

图 1.68 InGaAs MSM-PD 器件结构

2)其他类型 MSM-PD

- Si MSM-PD。用 p 型 Si,电子束蚀刻,蒸发和剥离技术形成 Ti/Au 电极。器件 3 dB 带宽为 32 GHz,半最大值全波 FWHM = 14 ps。
- HgCdTe MSM-PD。在半绝缘 GaAs 衬底上用 MOCVD 依次生长 1.5 μm 厚 $n-Hg_{1-x}Cd_xTe$ 吸收层和 CdTe 顶层;在器件 8 dB 最大损耗下,频率响应达 20 GHz。
- GaSb MSM-PD。MBE 生长,叉指结构由氮化硅介质层、Al 金属层势垒和 Ti/Pt/Au 互连金属组成。指长和指距为 1~4 μm,指宽为 50~90 μm。为器件在 300 K 时,$I_D = 10^{-6}$ A,带宽大于 1 GHz[78]。

5. 高速叉指式 Ge PIN 光电探测器

工作在 1.3 μm 波长,用于高速和长拖曳光传输的光电探测器是光传输系统。其多为Ⅲ-Ⅴ族化合物半导体的长波长光电探测器。Ge 被认为是代替材料,因为它有适合于 1.3 μm 波长的带隙,间接带隙为 0.67 eV,直接带隙为 0.81 eV。Ge 有达到高速性能的潜力,它在电信波长有高的电子迁移率和高的光吸收系数。Ge 可应用于微波和毫米波等需要高光电流和高线性度的光子系统。因为 Ge 易于与 Si 集成电路技术兼容,Ge 在 Si 衬底上外延层的沉积工艺技术使 Ge 更有实用价值,已有用在 Si 衬底外延生长的 Ge 制作金属—半导体—金属(MSM)光电探测器。为了得到高的响应度,使用叉指式的平面结构,如图 1.69 所示[79]。平面结构的 MSM 光电探测器已广泛应用,因为它比较容易制作和具有低电容。然而,MSM 探测器与 PIN 探测器比较,量子效率低,暗电流大。

6. GaAs/GaAlAs 红外量子阱探测器

随着分子束外延技术的发展和量子阱超晶格材料质量的提高,GaAs/GaAlAs 量子阱子带间跃迁红外探测器得到发展,其工作原理是:当受到红外辐射时,量子阱中的基态电子将跃迁至激发态,在外电场作用下,这些电子做定向运动,从而在外电路中形成与入射光强成正比的光电流。其响应峰值波长可通过改变量子阱的阱宽和势垒高度进行选择。

GaAs/AlGaAs 量子阱红外探测器单元器件结构如图 1.70 所示。用 MBE 技术生长,用 50 个周期的 4 nm GaAs 势阱和 50 nm $Al_{0.25}Ga_{0.75}As$ 势垒制成这种探测器。GaAs 势阱掺杂浓度为 $1.2\times10^{18} cm^{-3}$,顶部和底部 GaAs 接触层的掺杂浓度为 $1.2\times10^{18} cm^{-3}$,厚度分别为 0.5 μm 和 1 μm。探测器是一个直径为 200 μm 的台面结构。

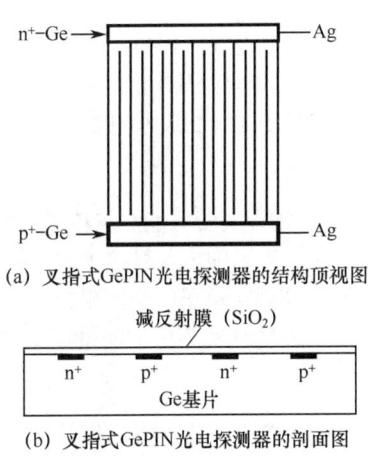

图 1.69 叉指式 GePIN 光电探测器结构

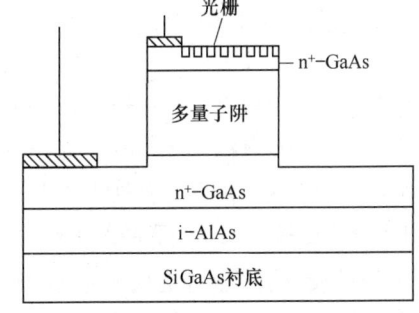

图 1.70 GaAs/AlGaAs 量子阱红外探测器单元器件结构

GaAs/AlGaAs 中红外 MQW-PD,探测峰值波长为 5.3 μm,85 K 下黑体探测率为 $3.0\times10^9 cm\cdot Hz^{1/2}\cdot W^{-1}$,峰值探测率达到 $5\times10^{11} cm\cdot Hz^{1/2}\cdot W^{-1}$,阻抗为 50 MΩ。

量子阱红外探测器(quantum well infrared detector,QWIP),大多数 QWIPs 是生长在 GaAs(GsAs-AlGaAs 材料系统)和 InP(InGaAsInP 材料系统)衬底上,基于这些 QWIPs 的大制式焦平面阵列(FPA)摄像机研制成功了。但是,FPA 的读出集成电路(readout integrated circuit,ROIC)是硅基的,倒装晶片焊接技术使 FPA 可与硅基 ROIC 混合集成。

2002 年 J. Jiang 等人用 Si 作为衬底研制了 InGaAs-InP 量子阱红外光电探测器。使用低温成核层技术在 Si 生长 InP。使用现场热循环退火技术减少 InP 在 Si 上的线错密度。使用这个方法,探测器的暗电流减小 2 个数量级,在 77 K 和 7~9 μm 波长范围,其探测灵敏度高达 $23\times10^9 cm\cdot Hz^{1/2}\cdot W^{-1}$。

1.5.5 位敏探测器

1. PSD 结构与工作原理

PSD 是一种非分割型器件,也是一种根据横向光电效应原理工作的半导体敏感元件。它可将

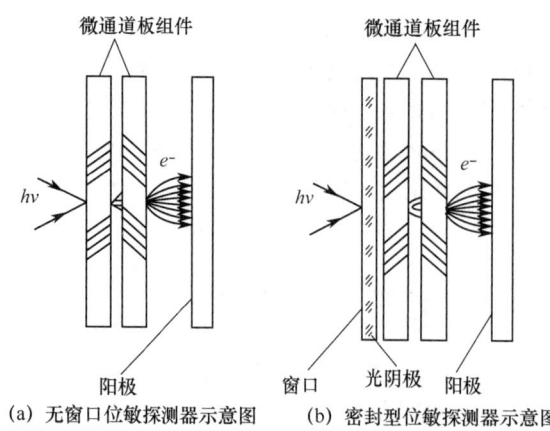

光源照射在敏感面上的光斑强度和位移量转换成电信号。它的基本结构如图 1.71 所示,在硅板的底层表面上以胶合的方式制成二片均匀的 P-N 电阻层,在 P-N 层间注入离子而产生 i 层(intrinsic layer),即本征层,以降低其晶体的缺陷和 P-N 层的物质不纯度,并使电极间的电阻得到控制。在 P 层表面电阻层的两端各设置一输出极,当入射光斑与两电极的间距发生变化时,两端输出极的输出电流也将随之而变。因而在应用过程中,当一束具有一定强度的光照射到 PSD 敏感面时,由半导体内部载流子浓度梯度的变化产生横向光电效应,致使 PSD 在同一面上的不同电极之间出现电压差,这些电极之间便有电流流过。这种电压和电流随着光斑位置而变化的现象即是半导体横向光电效应。基于这一效应,实现了 PSD 的位置坐际测量原理[80]。

图 1.71　微通道板位敏探测器的两种基本结构

PSD 探测器有两种形式,一种是一维矩形 PSD,另一种是二维正方形 PSD,二维 PSD 可实现二维入射光斑位置坐标的测试,通过电子线路的选通,它可在某一时刻只测其中的一维或一个方向,可以被认为在测试系统中能满足一维 PSD 稳态响应与入射光点位置之间线性关系的边界条件[80]。

2. 微通道板位敏探测器

早期研究粒子(离子、电子、中性原子、分子或光子)流的物理实验只能测量粒子的积分特性。直到电子倍增器出现之后才开始了记录单个粒子的历史。但是,为确定入射粒子的空间分布仍须借助于复杂的扫描方法或探测器阵列。位敏探测器不仅能精确地测定粒子的空间坐标,粒子的空间分布状况,甚至能标定粒子的时间特性,提高了与粒子流有关的物理实验中的测量速率和精度[81]。

1)微通道板位敏探测器的基本结构

微通道板位敏探测器有两种基本结构:无窗口位敏探测器和密封型位敏探测器。前者由微通道板组件和阳极组成,如图 1.71(a)所示。它利用微通道板在高能粒子作用下产生次级电子的倍增特性。如果在微通道板的输入面涂上一层对某个能量范围敏感的粒子材料,则可提高探测器的探测灵敏度。

密封型微通道板位敏探测器除了微通道板和阳极,还有一个通常与微通道板输入面组成近贴聚焦系统的透射式光电阴极,如图 1.71(b)所示。光子入射到光电阴极表面上,在它的另一侧发射光电子。在加速场的作用下,光电子轰击微通道板相对应的通道内壁,由于电子倍增作用,在其输出端输出一个电子数目足够多的电荷云。为了获得足够高的分辨率,不论是无窗口位敏探测器,还是密封型位敏探测器,一般都要求微通道板的增益大于 10^8。在电场作用下,电荷云落到阳极上,经过与阳极相连的信号电路处理,确定入射粒子的空间坐标。

2)微通道板位敏探测器判读方式

按照判读事件的空间坐标的方式,微通道板位敏探测器可以分为三类:数字读出、模拟读出及数字—模拟混合读出位敏探测器,主要区别在于读出阳极。下面分别介绍它们的结构和特点。

(1)数字读出位敏探测器的读出阳极。这种探测器的特点是以数字指示空间坐标。它的读出阳极有两种:分离式阳极和重叠式阳极。两者都是由相互电绝缘的像元(导电电极)组成的。分离式阳极的所有像元都制作在同一平面上,如图 1.72(a)所示,而重叠式阳极上的像元则分布在相互平行并绝缘的两层或多层平面上,如图 1.72(b)所示。为了防止由微通道板输出的电荷云尺寸横向展宽,阳极和微通道板组成一个近贴聚焦系统。电荷云尺寸应等于或小于像元尺寸,探测器的分辨率取决于像元尺寸的大小。

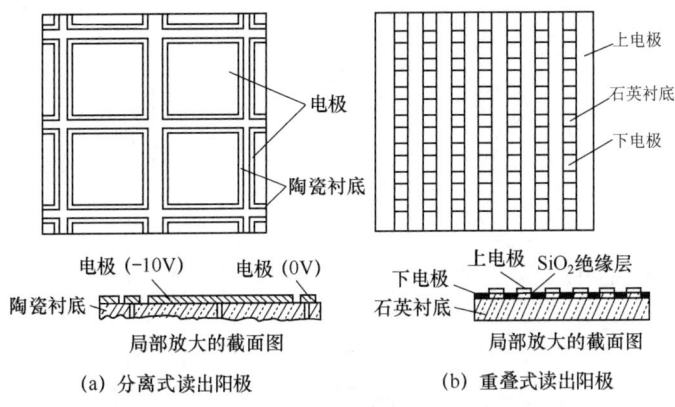

图 1.72 数字读出位敏测器的读出阳极

① 分离式读出阳极。这种阳极的每个像元单独连接一个判读电路。当电荷云落在某个像元上时,与它相连接的判读电路的终端即显示一个表示该像元特定空间坐标的数字。若电荷云落在两个像元的交界处,这两个像元的判读电路终端同时显示它们的坐标数值。由于每个像元都有单独的判读电路,分离式阳极位敏探测器的动态工作范围较大。

根据需要一维分离式阳极可以设计成各种形状,如由 50 个同心环(像元)组成的一维分离式阳极用于测量原子碰撞实验中的原子散射角。用于同样目的的扇形分离阳极由 64 个夹角为 36°的多个同心环组成。此外还有由 160 个线状像元(8 mm×100 mm)组成的分离式阳极,应用在高动态范围光谱探测器中。

图 1.72(a)示出的是一个由 2×2 方形像元组成的二维分离式阳极,其他还有 4×4、5×5 和 10×10 像元组成的二维阳极。较为复杂的是由 450 根直径为 0.3 mm、中心距为 0.7 mm 的金属针排列成面积为 12 mm×16 mm 的矩形阵列分离式阳极。目前制作像元密度高于 $10^3/cm^2$ 阳极已不成问题,但一个探测器要连接数以千计的判读电路是既不经济又十分费事的。因此,分离式阳极能利用的像元数仍受到限制。

② 重叠式读出阳极。图 1.72(b)是一个制作在石英衬底上的两层结构阳极,其特点为:首先,它的像元数目多($10^5 \sim 10^6$ 个),分辨率高;其次,相邻的像元分属不同的像元组,每个像元组共用一个判读电路。因此,它所需的判读电路比像元数少得多。例如,一个 1024 像元的线性阵列仅要求 32+32 = 64 个判读电路;而一个 1 024×1 024 像元的成像阵列也只需要 128 个判读电路。不过,它的动态工作范围也因此受到限制。重叠式阳极位敏探测器既能读出被记录的粒子的粗略位置,又能读出它的精确坐标。

目前已出现微通道板直径为 27mm,像元容量分别为 1×512、16×1 024、24×1 024、512×512 和 256×1 024 的各种位敏探测器,最小的像元尺寸仅为 0.025 mm×0.025 mm。像元容量为 2 024×1 024(微通道板直径为 40 mm)、2 045×2 045(微通道板直径为 75 mm)和 4 096×4 096(微通道板直径为 127 mm)的位敏探测器已列入研制计划。

(2)模拟读出位敏探测器。所谓模拟读出是利用阳极上的像元(或电极)分配到的电荷云的比例来确定被记录粒子的坐标。目前已出现的四种模拟读出位敏探测器的读出阳极:电阻阳极、四象限阳极、楔条形阳极和阻容耦合分离式阳极。下面介绍四象限阳极示例。

四象限阳极位敏探测器的示意图,如图 1.73 所示。由微通道板输出的电荷云被位于其后方的四象限阳极截获。各电荷放大器输出的幅值 V_1、V_2、V_3、V_4 与电极截获的成正比。每两个互成对角的放大器驱动一个模拟输入幅值电路,其输出电压正比于 $V_1/(V_1+V_3)$ 和 $V_2/(V_2+V_4)$。这两个比例电压偏转示波器的电子束,即能实时地显示粒子的空间位置。Lampton 等人曾报道一种用于探测离子、电子和紫外光的四象限位敏探测器,分辨率达到丝（10 μm）。

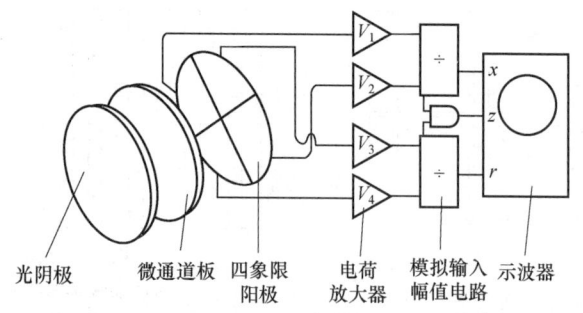

图 1.73　四象限阳极位敏探测器的示意图

在各种微通道板位敏探测器中,以分离式阳极和楔条形阳极位敏探测器最有发展前途。最初的阳极制作工艺和电路都比较简单,性能却很优良。分离式阳极位敏探测器具有中等程度分辨率,动态工作范围大,适合于记录高计数率的辐射以及几个同时发生的事件。楔条形阳极位敏探测器的计数率限制在 $10^4 \sim 10^6 \text{s}^{-1}$ 以下,但有较高的空间分辨率（20～30 μm）。

1.5.6　阵列型光电探测器

固体图像传感器是一种理想的光图像传感器,具有一系列优点:体积小,重量轻;无图像扭曲;光响应工作波段宽,可见光硅 CCD 和 CMOS 图像传感器的光谱响应可从紫外区延伸到红外区,而红外焦平面的光谱响应波段覆盖了从 1～14 μm 和远红外更宽的电磁波谱区;高分辨率,可在焦平面上集成数十万、数百万乃至数千万像元的大规模阵列,实现大视场空间传感器;采用混合式或单片集成方式把焦平面探测器阵列与信号处理电路集成为小的集成电路块,实现焦平面信号处理;电子自扫描或凝视工作模式工作,简化和完全取消机械扫描,实现系统小型化和微型化;低功耗工作,在数伏电压即可,高可靠性和低价格等。目前的 CCD 和 CMOS 图像传感器已从可见光和近红外波段器件发展到了短波、中波和长波红外焦平面阵列。

1. 可见光固体图像传感器

在多种固体摄像器件中,CCD 器件和 CMOS 图像传感器占据了该领域 95% 的份额,CMOS 是继 CCD 之后的后起之秀。

1) CCD 图像传感器件

像元集成度,摄像阵列像元的多少是摄像系统分辨率性能的关键性因素,目前的 CCD 器件已可根据系统应用要求同芯片集成或多芯片拼接,或多器件组合成任意像素数的器件。

常用线阵单芯片像元集成度为 512、1 024、2 045、4 096、5 000、7 450 和 8 000 等;多芯片像元集成是用两个或多个单线阵芯片组合起来形成数万像元的特长线阵列,常用作星载或机载多光谱传感器。时间延迟与积分（time delay and integration, TDI）阵列:常用的单芯片是 2 048×96、2 048×144 和 4 096×96 的阵列;多芯片是用多个单芯片拼合或镶嵌起来,常用作星载或机载扫描传感器。大规模阵列像元集成度为 1 024×1 024、2 048×2 048、4 096×4 096,少数如科学研究和天文应用方面阵列达 7 000×9 000、8 192×8 192 和 9 126×9 126 像元（美国 Farchild Imaging 公司研制的）;CCD 的像元尺寸不能太小,过小将影响曝光性能,目前的大规模阵列像元尺寸已达 7.0 μm×7.0 μm;其灵敏度通常为几 lx 至 0.1lx,加上增强器处于微光工作模式时为 10^{-3} lx,采取冷却时可达 $10^{-5} \sim 10^{-7}$ lx;大型阵列通常的电视分辨线大于 1 000×1 000 TV 线,根据系统要求可更高,光学尺寸通常为 2/3、1/2、1/3、

1/4 英寸,最小已做到 1/7 英寸。

2）CMOS 图像传感器件

由于 CMOS 图像传感器件与 CCD 相比功耗更低,成本仅为 CCD 的 1/4,因而发展极快,可能在某些技术中取代 CCD（如民用低端市场的 200 万与 300 万像素的数码相机和可拍照手机等）。其主要技术特性：像元集成度,目前的像元集成度常用的为几十万到 100 万像素,如 512×480 和 1 280×1 000,已能制出 4 096×4 096 和 6 144×6 144 的阵列；像元尺寸已可小到 3.3 μm×3.3 μm；高灵敏度,在近红外光谱区（900 nm）光电转换效率高达 50%；宽动态范围,CMOS 的动态范围通常为 60 dB 以上,已达到 170 dB,DALSACMOS-lM28/1M75 1 024×1 024 像元摄像机的动态范围也高达 1 000 000∶1；高帧速和超高帧速工作,DALSA（加拿大照相机公司）的 CMOS 图像传感器帧速高达 100 000 帧；低功耗,CMOS 最明显的特点是低功耗,目前高帧速工作时可低达 50 mW。

2. 红外焦平面阵列

从无限远处发射的红外线经过光学系统成像在系统焦平面处的红外焦平面探测器阵列上,阵列接收到光信号转换为电信号并进行积分放大、采样保持,通过输出缓冲和多路传输系统,最终送达监视系统形成图像[78]。

1）InGaAs 阵列

InGaAs 红外焦平面阵列是工作于 1～3 μm 的短波红外（SWIR）器件,其阵列达 320×240 像元,探测率为 $D^*>10^{-13}$ cm·Hz$^{1/2}$·W^{-1}（室温下）,如冷却到 250K 工作时,探测率为 $D^*>10^{-14}$ cm·Hz$^{1/2}$·W^{-1},其光响应峰值在 0.9～1.7 μm,量子效率接近 90%。可作为非致冷工作的高性能红外焦平面阵列,2～4 英寸 InGaAs 阵列已能批量投产。

2）PtSi 阵列

成熟的硅 MOS 工艺已使其形成大批量生产能力,典型阵列有 640×480,801×512,1 024×1 024,1 040×1 040,柯达公司新近推出的产品高达 1 968×1 968,像元尺寸为 20 μm×20 μm 和 17 μm×17μm。性能已明显提高,噪声等效温差（noise equivalent temperature difference,NETD）已优于 0.1 ℃,801×512 元阵列填充因子 61%,NEID 为 0.076 ℃,最小可分辨温差 MRT（minimum resolvable temperature difference）为 0.17 ℃,Sarnoff 的 640×480 阵列为 0.18 K（300 K,积分时间为 33 毫秒）,最小可分辨温差（MRT）MRT<0.04 K。

3）InSb 阵列

低背景天文应用阵列规模达 1 024×1 024,典型阵列还有 640×480 和 640×512。圣巴巴拉研究中心 InSb 640×512 阵列的 NEDT 优于 20 mK,1 024×1 024 天文应用的 InSb 阵列量子效率达 85%（0.9～5 μm）。

4）GaAlAs/GaAs 多量子阱阵列

GaAlAs/GaAs 阵列长波工作器件,最近几年来发展最快,目前的阵列尺寸已达到 640×484 和 1024×1024 的规模。近期在双色或多色红外焦平面阵列技术发展方面取得了进展,研制出的 8～9 μm 和 14～15 μm 的双色 640×486 GaAs/AlGaAs 量子阱红外焦平面阵列及其摄像机,像元工作率为 99.7%和 98%,无效像元还不到 50 个。但这种技术目前的工作温度尚不到 77 K,同时探测器像元要求两种工作电压,长波敏感区需极高的偏压（>8 V）实现长波红外探测,虽然电压可调,但不能同时提供两个波段的数据。目前,正在研制 1 024×1 024 像元的三色阵列。

5）HgCdTe 阵列

由于 $Hg_{1-x}Cd_xTe$ 材料的组分 x 是可调的,其光谱响应区可宽达 1～14 μm[82]。

1～3 μm 的短波阵列：过去这种材料的焦平面阵列技术的发展主要集中于中波和长波红外波段应

用，其主要目的是天文和低背景应用，在 90 年代中期已制出 1 024×1 024 像元阵列，和 2 048×2 048 像元阵列，平均量子效率 65.4%，光响应不均匀性为 4.3%。目前已研制成功 2 048×2 048 像元的阵列，这种焦平面阵列像元工作效率为 99.88%。

3～5 μm 的中波阵列：是红外焦平面中发展最快的，其阵列规模已达到 2 048×2 048 像元（400 万像元），已生产了 640×480 和 1 024×1 024 像元的天文应用阵列，准备提供 2 048×2 048 像元阵列，并正在采用拼接技术研制 4 096×4 096 像元的阵列。

8～14 μm 的长波阵列：国外已生产了 256×256 像元阵列，工作温度为 77～88 K，填充系数为 100%，量子效率为 70%～75%，NETD 为 13 mK；256×256 元阵列 NETD < 0.1 K 双波段工作阵列量子效率为 60%；

6）GeSi/Si 异质结构红外焦平面阵列

其工作机理类同于 PtSi 阵列。MBE 技术为 GeSi/Si 高性能大型阵列发展提供了制作技术。林肯实验室已制作了 320×240 和 400×400 的阵列，日本三菱电机公司的阵列规模已达到了 512×512，工作波长为 8～12 μm，填充因子为 59%，NETD 为 0.08 K（f/2.0），响应不均匀性为 2.2%，但工作温度低，为 43 K。

3. 非致冷红外焦平面热探测器阵列

该阵列主要用于 8～14 μm 的长波红外波段探测，目前常用阵列为 320×240 和 640×480 阵列。主要材料有 VO_x、Ti 金属、多晶硅、非晶硅和铁电材料，其中 VO 阵列的发展最快。有热敏电阻微测辐射热计、薄膜热释电和电堆几种阵列，已进入系统应用的阵列为 320×240 阵列，NETD 优于 0.1 K，最佳性能为 0.01 K～0.005 K（即 10 mK～5 mK），洛克希德马丁红外摄像系统公司的 640×480 阵列摄像机 NETD 为 100 mK，第二代摄像机，NETD 优于 50 mK。采用 Si_3N_4 作为绝缘层的阵列设计，NETD 可达 0.005 K，使用 SiC 时为 0.01 K。实现小型热成像应用，廉价是这种技术的主要优点之一。因为绝大多数非致冷红外焦平面阵列制作技术都与硅超大规模集成技术兼容，其 NETD 值也能满足商用和军用要求。不久将出现 1 024×1 024 像元的特大型阵列，NETD 为 0.1～0.005 K。

4. 阵列式光电探测器的发展趋势

（1）CCD。根据不同的应用目的和系统设计方案进行组合。由于 CCD 图像传感器技术极为成熟，可根据需要拼接或镶嵌成任何像元数的阵列[83]。

（2）CMOS。CMOS 图像传感器是目前正在发展中的技术，正在解决影响性能和图像质量的噪声问题，CMOS 将可能成为图像传感器中的极佳选择，在阵列像元集成方面正在接近 CCD 图像传感器[84]。

（3）新一代红外焦平面阵列。红外焦平面阵列的像元集成度和性能正在逼近先进的 CCD 图像传感器阵列水平，目前的 PtSi 和短波与中波 HgCdTe 阵列已达到 2 K×2 K 的水平，2005 年焦平面阵列集成规模可达 4 096×4 096，陆军研究实验室、雷声公司和洛克威尔国际科学中心采用分子束外延（MBE）工艺在 Si 片上生长制作 1 K×1 K 和 2 K×2 K 的阵列技术已取得了进展，非致冷工作红外焦平面阵列传感器仍是发展重点。

目前先进的红外焦平面阵列技术正处在从第二代向更为先进的第三代阵列技术的转变时期。2010 年已转向第三代红外焦平面阵列传感器的发展。表 1.19 列出了第三代红外焦平面阵列技术的特点[85]。

表 1.19 第三代红外焦平面阵列技术的特点

	高性能多色致冷传感器	高性能非致冷传感器	非致冷微型传感器
焦平面阵列格式	1 000×1 000 1 000×2 000 2 000×2 000 4 096×4 096	1 000×1 000	160×120 320×240

（续表）

	高性能多色致冷传感器	高性能非致冷传感器	非致冷微型传感器
像元尺寸	18 μm×18 μm	1 μm×1 μm	2 μm×2 μm
工作波段	双色或多色	8 μm×12 μm	—
封装真空	高真空	中等真空	中等真空
制冷器	机械或热电温差制冷器	非致冷	非致冷
工作温度	120~180 K	室温，无须温度稳定	室温，无需温度稳定

单芯片和多芯片线阵列和时间延迟与积分（TDI）阵列的芯片拼接和光学拼接或镶嵌，实现数千乃至数万像元的特长阵列空间传感器，如加拿大的 DLSA 公司制作的单个和多个 2048×96、2048×144 和 4096×96 的拼合的传感器。

已实现了特大型的大格式和大视场高分辨率的空间镶嵌式图像传感器，如 2048×2048、4096×4096 和 6144×6144 的阵列；已从可见光–近红外波谱区发展到了短波红外（SWIR）、中波红外（MWIR）和长波红外（LWIR）区，如可见光硅 CCD、CMOS 图像传感器阵列器件，InGaAs、PtSi、HgCdTe、InSb，以及 GaAlAs/GaAs 等近红外、短波红外、中波红外和长波红外焦平面阵列，甚至 HgCdTe 低背景阵列已达到了 2048×2048，预期会出现 4096×4096 的阵列。

目前的固体光谱图像传感器在国防军用、航天探测、国民经济和民生方面的应用是非常成功的，其星载商用传感器系统的分辨能力已逼近最先进的 10 cm 军用分辨能力。

1.6 波像差像质评价基础知识

光学像质评价的主要目的是确定光学元件或光学系统存在的像差。在以后各章节中多考虑光学像质评价，需要了解像差的形式，本节为叙述光学像差做必要的准备。包括光学系统像差的坐标及符号规则，无像差成像的概念和完善镜头聚焦的衍射模式，为后面讨论波像差做适当的准备[86]。

1.6.1 光学系统像差的坐标及符号规则

坐标系统的定义是右手坐标，如图 1.74 所示。z 轴为光传播方向，x 轴相当折射球面的径向（子午）或切向方向，y 轴为弧矢方向。坐标面 xz 定义为子午面，这个坐标系没有被普遍规定。在本文中以坐标面 xz 为子午面讨论有关光学问题。

光程差（optical path difference，OPD）被定义为有像差（或称"畸变"，是指"广义畸变"）的波前和理想的无像差波前（波阵面）之间的差异。OPD 的定义如图 1.75 所示。另外，

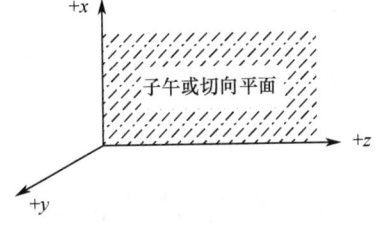

图 1.74 坐标系统

有像差波前（或称畸变波前）像差曲线比无像差波前曲线向右突起，OPD 为正值。一个负的焦移将产生负值的像差，正值像差聚焦的焦点在高斯图像平面之前，如图 1.76 所示。在干涉法光学测试时，被测试镜面突起（像差）将表示为 OPD 也是突起的。

定义角度是对应于正斜率则为正值。在 x-z 或 y-z 平面内相对于 z 轴逆时针旋转形成角度定义为正值，如图 1.77（a）所示。在光瞳平面，角度的定义如图 1.77（b）所示，极坐标用于大部分的像差公式。图 1.77（b）给出直角坐标和极坐标系之间的（在本文中采用的）关系。当从像平面观察光瞳平面时，沿 x 轴零度角时，角的正值按逆时针方向。这个定义是用于干涉图分析的透镜计算机辅助设计和波前分析程序。另一个常见的定义如图 1.77（c）所示（将不被使用在本书中），

该定义用于像差理论时，零度角沿 y 轴而不是 x 轴，在光瞳平面上顺时针方向形成正角。本文选择计算机程序中使用干涉图分析的角度符号规则。

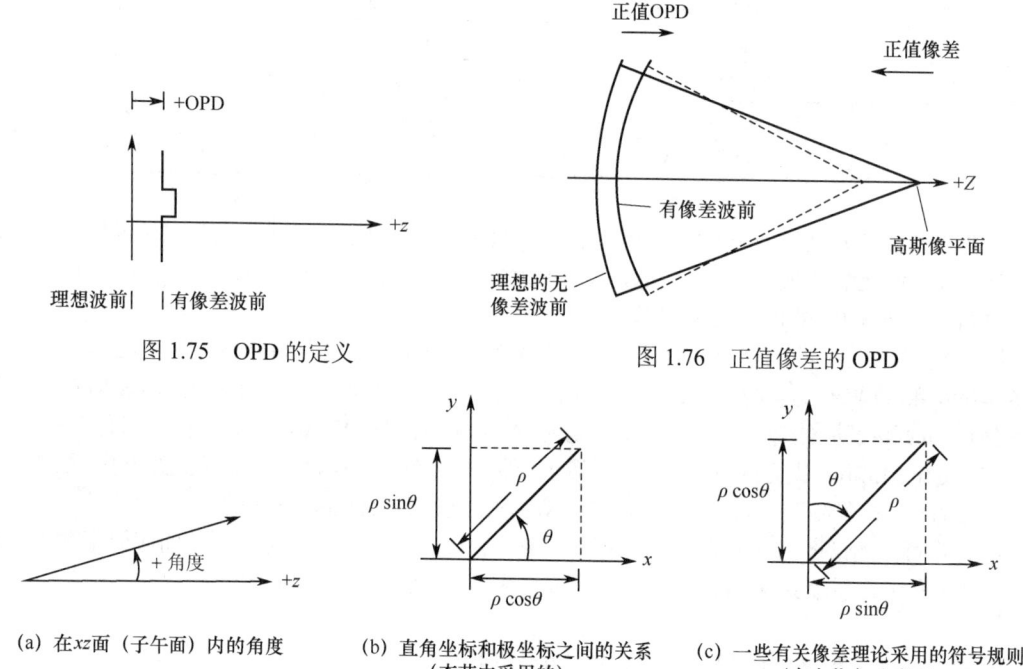

图 1.75　OPD 的定义　　　　图 1.76　正值像差的 OPD

(a) 在 xz 面（子午面）内的角度　(b) 直角坐标和极坐标之间的关系（本节中采用的）　(c) 一些有关像差理论采用的符号规则（在本节中不采用）

图 1.77　角度的符号规则

波前倾斜的影响将会引起高斯图像平面中心移动。倾斜引起沿 $+x$ 方向的正值的 OPD 变化从而引起图像沿 $-x$ 方向移动，如图 1.78 所示。

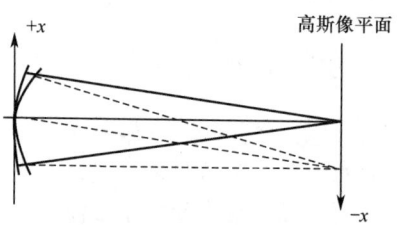

图 1.78　波前倾斜引起像的移动

1.6.2　无像差成像概念和完善镜头聚焦衍射模式

1）无像差成像概念

没有像差存在的点物的像（点扩散函数），将被看作一个像"点"，称为无像差的像。通常被称为衍射受限的像，严格来讲，没有像差存在的光学系统可称为"完善镜头"。

对于一个均匀的照射圆孔，在成像平面上每单位立体角内的功率可以用一阶贝塞尔函数 $J_1(\cdot)$ 表示：

$$E(d) = \frac{E_A(\pi d^2/4)^2}{\lambda^2} \left[\frac{2J_1(\pi d\alpha/\lambda)}{\pi d\alpha/\lambda} \right]^2 \tag{1.28}$$

此处，d 是出瞳直径；α 是测点和衍射中心之间的夹角，由圆孔中心起测；λ 是光的波长；E_A 是入射到孔径上的辐照度（功率/面积，或称为强度），$E_A d(\pi^2/4)$ 是入射到孔径上的总功率。

取代无像差衍射图形中每单位立体角内功率的分布，而用每单位面积上的功率表示的分布更方便。一个镜头的出瞳直径为 d，像平面到出瞳的距离为 L，衍射图案的每单位面积的功率（辐照度）为

$$E(r) = \frac{E_A(\pi d^2/4)^2}{\lambda^2 L^2} \left\{ \frac{2J_1[\pi dr/(\lambda L)]}{\pi dr/(\lambda L)} \right\}^2 \tag{1.29}$$

此处，r 为由衍射图形中心到测点的径向距离。

透镜的有效 F 数 $f^\#$ 可定义为 L/d。由此定义式（1.29）可写为

$$E(r) = \frac{E_A \pi^2 d^2}{16\lambda^2 (f^\#)^2} \left\{ \frac{2J_1[\pi r/(\lambda f^\#)]}{\pi r/(\lambda f^\#)} \right\}^2 \tag{1.30}$$

图 1.79 是均匀地照射圆孔的衍射图形归一化辐照度曲线，该衍射模式称为艾里（Airy）斑。曲线中心最大的两侧零强度点的距离称为艾里斑直径。用准直光照射一个透镜，其艾里斑直径是 $2.44\lambda f^\#$。对于可见光，λ 为 0.5 μm 量级，艾里斑直径 $2.44\lambda f^\#$ 约等于用微米表示的有效 F 数。例如，在可见光，一个 $F/5$ 镜头艾里斑直径约为 5 μm。

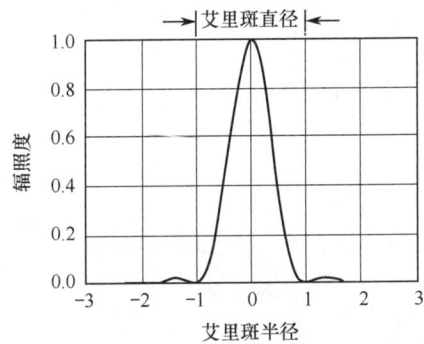

图 1.79　均匀照射圆孔的衍射图形归一化辐照度曲线

2）完善镜头聚焦衍射模式的能量分布

表 1.20 给出一个完善镜头聚焦衍射模式的能量分布，近 84% 的总能量包含在中央环内，衍射模式中心圆半径为 r 的总能量的份额表示为

$$\text{总能量的份额} = 1 - J_0^2\left(\frac{\pi r}{\lambda f^\#}\right) - J_1^2\left(\frac{\pi r}{\lambda f^\#}\right) \tag{1.31}$$

$J_0(\cdot)$ 为零阶贝塞尔函数，$J_1(\cdot)$ 是一阶贝塞尔函数。由式（1.30）绘制成无像差系统包围的能量曲线如图 1.80 所示。

表 1.20　完善透镜聚焦衍射模式的能量分布

环　号	$r/(\lambda f^\#)$	峰值辐照度	环中能量/%	环　号	$r/(\lambda f^\#)$	峰值辐照度	环中能量/%
中央最大	0	1	83.9	第 3 暗环	3.24	0	—
第 1 暗环	1.22	0	—	第 3 暗环	3.70	0.0016	16
第 1 暗环	1.64	0.017	7.1	第 4 暗环	4.24	0	—
第 2 暗环	2.24	0	—	第 4 暗环	4.72	0.000 78	1.0
第 2 暗环	2.66	0.004 1	2.8	第 5 暗环	6.24	0	—

通常，一个反射镜系统有一个中心遮拦。如果 ε 是中心遮拦直径与反射镜直径 d 的比值，称为"遮拦比（obscuration ratio）"，如果均匀照明直径为 d 的整个圆反射镜，每单位立体角内的功

率可表示为

$$I(R) = \frac{E_A(\pi d^2/4)^2}{\lambda^2} \left\{ \frac{2J_1(1.22\pi R)}{1.22\pi R} - \varepsilon^2 \left[\frac{2J_1(1.22\pi\varepsilon R)}{1.22\pi\varepsilon R} \right] \right\}^2 \tag{1.32}$$

其中，R 为等直径无遮拦孔径的艾里斑半径。式中其他量与上述定义相同。

式（1.31）表明，衍射图形的峰值强度为 $(1-\varepsilon^2)^2$ 和衍射图形中心的最大直径随着遮拦比 ε 增加。如果 β 表示为与艾里斑半径同单位的第一个零点的距离，β 可通过以下方程得到

$$\varepsilon J_1(1.22\pi\varepsilon\beta) = J_1(1.22\pi\beta) \tag{1.33}$$

图 1.81 给出衍射图形中与艾里斑半径同单位的第一个零值的半径与遮拦比的函数关系曲线。

当遮拦比增加时，衍射图形的核心尺寸降低，少量的光包含在核心中。图 1.82 给出无像差系统对不同遮拦比包围的能量曲线。曲线对于每一种情况归一化为通过孔径有相同总能量。

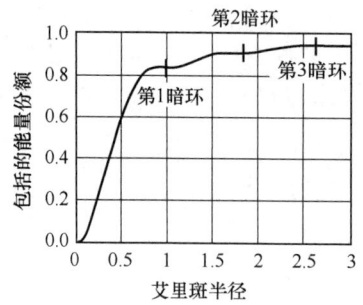

图 1.80　无像差系统包围的能量曲线　　图 1.81　第一个零值的半径与遮拦比的函数关系

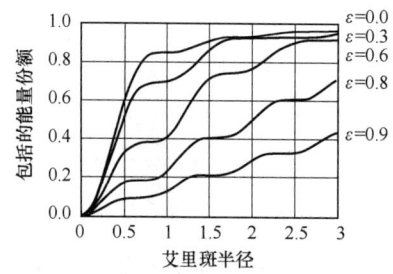

图 1.82　无像差系统对不同遮拦比包围的能量曲线

在现代光学像质评价中，通常在测试中用具有高斯强度分布的激光束照射光学系统。如果直径为 d 的透镜，遮拦比为 ε，用总功率为 P 的准直高斯光束照射时，衍射图形辐照度由下式给出：

$$E(r) = \frac{P\pi d^2}{2\omega^2 \lambda^2 (f^\#)^2} \left| \int_\varepsilon^1 e^{-\rho^2(d/2\omega)^2} J_0\left[\left(\frac{\pi r}{\lambda f^\#}\right)\rho\right] \rho d\rho \right|^2 \tag{1.34}$$

其中，$J_0[.]$ 是一的零阶贝塞尔函数，ω 是从轴线到 $1/e^2$ 强度点的距离。

为了便于比较，用总功率为 P 的均匀光束照射在一个直径为 d 圆形孔内的衍射图形的辐照度可以写为 $J_0[.]$

$$E(r) = \frac{P\pi}{\lambda^2(f^\#)^2} \left| \int_\varepsilon^1 J_0\left[\left(\frac{\pi r}{\lambda f^\#}\right)\rho\right] \rho d\rho \right|^2 \tag{1.35}$$

由式（1.33）和式（1.34）可知，用于无遮拦孔径，对高斯光束衍射图形的峰值辐照度与均匀光束的衍射图形峰值辐照度的比值由下式给出

$$\frac{E_G}{E_u} = \frac{2[1-e^{-(d/2\omega)^2}]^2}{(d/2\omega)^2} \qquad (1.36)$$

图 1.83 显示式（1.33）中不同高斯宽度的 $2\omega/d$ 曲线，以及式（1.34）中 $\varepsilon=0$ 的曲线。需要注意的是，如果 $1/e^2$ 强度点落在该孔径 $(d/2)$ $\omega=1$ 的边缘，在半径约等于 3/4 的艾里斑半径处衍射图形的强度下降到最大值的 $1/e^2$。图 1.84 是式（1.35）的不同 $2\omega/d$ 值曲线。关于波像差将在第 4 章中进一步讨论。

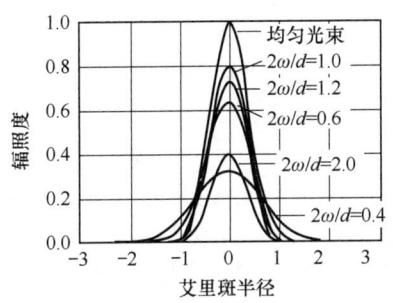

图 1.83　圆孔径高斯宽度衍射图形的峰值辐照度

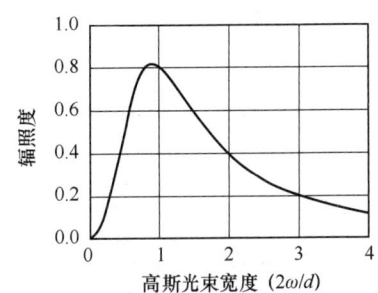

图 1.84　不同高斯宽度高斯光束和均匀光束峰值辐照度之比

参 考 文 献

[1]　张以谟. 应用光学（第三版）[M]. 电子工业出版社，2010, 6.
[2]　J. Vida, R.R. Martin and T. Varady, "A Survey of Blending Methods That Use Parametric Surfaces," Computer Aided Design, Vol. 26, No. 5（May 1994）: 341-365.
[3]　张国庆. 衍射光学元件的设计、制作和性能研究[D]. 北京：中国科学院物理研究所，1996.
[4]　金国藩，严瑛白，乌体敏贤. 二元光学[M].北京：国防工业出版社，1998.
[5]　Roland Winston et al. Nonimaging Optics，Academic Press，2004.
[6]　Kevin Thompson. Practical methods for the optical design of systems without symmetry. SPIE，1996，Vol. 2774：2-7.
[7]　Roger J R. Vector aberration theory and the design of off-axis systems. SPIE，Vol. 554：76-81.
[8]　S. Kwon，L.P. Lee，Micro Electro Mechanical Systems，2002. The Fifteenth IEEE International Conference on（Jan. 2002），20-24.
[9]　刘颂豪，李淳飞. 光子学技术与应用[M]. 广州：广东科学技术出版社，2006.9：23-156.
[10]　N B Robb，R I Mercado. Calculation of refractive indices using Buchdahl's chromatic coordinate. Applied Optics，1983，Vol. 22：1198-1125.
[11]　Schott Optical Glasses Catalog Schott Glass Technologies，Inc. 400 York Avenue，Duryea，PA 18642，Tel 717-457-7485，Fax 717-457-6960.
[12]　黄德群，单ね国，干福熹. 新型光学材料[M]. 北京：科学出版社，1991：72-80.
[13]　马文会，戴永年，杨斌，等. 加快太阳能级硅制备新技术研发促进硅资源可持续发展[J]. 中国工程科学，2005（S）：91-94.
[14]　王义杰，莫阳，刘威，等. 激光波长对镁钐铁铌酸锂的全息存储性能影响[J]. 压电与声光，Vol.33，No.5（Oct. 2011）：784-787.
[15]　朱企业，罗烽，潘龙法. 光盘存储技术[J]. 深圳大学学报（理工版），1986 年，第三期：57-95.
[16]　白永林. 超高密度光盘存储关键技术的研究[D].中科院西安光机所，2003.6.

[17] 阎永志. 光计算机的开拓现状与未来[J]. 压电与声光, Vol.15, No.2（April 1993）: 34-41.
[18] 李维民. 新型光学材料发展综述[J]. 光学技术, Vol.31 No.2（Mar.2005）: 208-213.
[19] 胡勇胜, 陈文, 徐庆. 新型光学纤维材料的研究[J]. 材料导报, 2000年10月, 第14卷, 第10期: 64-65.
[20] J. F. Tang, Q. Zheng. Automatic design of optical thin-film systems-merit function and numerical optimization method. J. Opt. Soc. Am., Vol. 72, No. 11（Nov. 1982）: 1522-1528.
[21] 张彤, 崔一平. 集成光学国际研究进展[J]. 电子器件, Vol.27, No.1（March.2004）: 196-200.
[22] Norbert Kaiser. Review of the fundamentals of thin-film growth. APPLIED OPTICS, Vol. 41, No. 16（June 2002）: 3053-3060.
[23] Nina G S ultanova, Ivan D Nikolov and Christo D Ivanov. Measuring the refractometric characteristics of optical plastics. Optical and Quantum Electronics, 2003. 35: 21-34.
[24] Kristen Carlson, Matthew Chidley, Kung-Bin Sung, et al. In vivo fiber-optic confocal reflectance microscope with an injection-molded plastic miniature objective lens. APPLIED OPTICS, Vol. 44, No. 10（April 2005）: 1792-1797.
[25] 李帅, 任培兵, 仲锡军, 等. 液晶材料[J]. 河北化工, Vol.31, No.9（Sep. 2008）: 28-30.
[26] 徐晓鹏, 底楠. 液晶材料的分类、发展和国内应用情况[J]. 化工新型材料, Vol. 134, No. 111（Nov. 2006）: 81-83.
[27] 王谦, 何赛灵. 液晶指向矢分布的模拟和比较研究[J]. 物理学报, 2001, 50(5): 936-932.
[28] 谢毓章. 单轴液晶连续体弹性形变理论[J]. 物理[D], 1980, 1: 51-55.
[29] 周清. 液晶空间光调制器在自适应光学图像信息处理中的应用. 重庆大学, 2013.4.
[30] 谢毓章. 晶体物理学[M]. 北京: 科学出版社, 1988.
[31] M. Hareng, S. Le Serre, and L. Thirant. Electric field effects on biphenyl smectic A liquid crystals. Applied Physics Letters, Vol. 25, No. 12（Dec. 1974）: 683-685.
[32] 李晓吉, 郑桂丽, 张志东. HAN 液晶盒中开关时间对形变场弛豫过程的影响[J]. 液晶与显示, Vol.28, No.1（Feb.2013）: 25-28.
[33] 凌志华. STN-LCD 技术的发展[J]. 液晶与显示, Vol.17, No.4（Aug. 2002）: 233-241.
[34] 杨海涛, 刘杰, 王兴涌. 苯基嘧啶类铁电液晶及手性掺杂剂的研究进展[J]. 液晶与显示, Vol.19, No.5（Oct. 2004）: 359-366.
[35] 李宏彦, 杨久霞, 吕艳英, 等. TFT-LCD 用彩色滤光片[J]. 现代显示, 总第 52 期（June 2005）: 41-44.
[36] 富淑清, 吴渊, 袁剑锋. STN-LCD 彩色滤光膜的制作及其性能研究[J]. 液晶与显示, Vol.11, No.2（June 1996）: 123-134.
[37] 杨小天. LCD 黑矩阵的激光制造技术[J]. 光机电信息, （Aug. 2008）: 15-21.
[38] 李海峰, 顾培夫, 刘旭, 等. CdS-CdSe 液晶光阀光电特性分析[J]. 光学学报, 1996, 16(7): 1006-1009.
[39] 康辉, 苏衡, 杨方正, 等. 利用液晶光阀实现实时图像微分[J]. 中国激光, 1994, A2(8): 657-660.
[40] 陈杰, 朱振才, 顾培夫, 等. 垂直定向液晶光阀及光电特性的研究[J]. 红外与毫米波学报, 1996, 15(4): 303-308.
[41] 孙萍, 杨文, 王延辉, 等. 液晶光阀实时图像变换实验[J]. 物理实验. 第22卷. 第11期: 10-13.
[42] 游明俊. 信息光学实验基础[M]. 北京: 兵器工业出版社, 1992. 177-179.
[43] 吴桂英, 译; 张宪英, 董玉芝, 校. 用液晶光阀进行实时光学数据处理. 光学精密工程, 1979年第5期: 25-38（译自 Optical Engineering, 1978, Vol.17, No.4: 371）.
[44] Kuniharu Takizawa, Takanori Fujii, et al. Spatial light modulators for high-brightness projection displays. Applied Optics, Vol. 38, No. 26（Sept. 1999）: 5646-5655.
[45] Yimo Zhang; Wei Liu; He-Qiao Li. Four-channel real-time holographic associative memory. International Conference on Holography and Optical Information Processing（ICHOIP' 96）, SPIE 2866（Dec. 1996）:

42-45.

[46] D L Flannery, J S Loomis, M E Milkovich, et al. Application of binary Phase-only correlation to machine vision. Opt. Eng., 1988, 27(4), 309-320.

[47] E C Tam, F T S Yu, D A Gragory, et al. Autonomous real-time object tracking with an adaptive joint transform correlator. Opt. Eng., 1990, 29(4), 314-320.

[48] 秦玉文, 黄战华, 张以谟. 实时光电混合联合变换相关器单元的实验研究[J]. 光学学报, 1994, 14(8): 829-833.

[49] 秦玉文, 黄战华, 张宏, 等. 四通道实时联合变换相关器. 光学学报, Vol. 15, No.6（June, 1995）: 728-733.

[50] Roben L ,Melcher, LCoS-Microdisplay Technology and Applications [J]. Information Display, 2000, 16(7): 20-23.

[51] 代永平, 耿卫东, 孙钟林. LCos 投影显示技术研究进展. 电视技术, 2003 年, 第 8 期, 总第 254 期: 34-38.

[52] Morrissy J H, Pfeiffer M, Schott D, et al. Reflective Micro-display for Projection or Virtual-View Applications[J].SID-99 Digest, 1999, 30(6)：180-183.

[53] 代永平, 孙钟林, 耿卫东. 彩色 LCoS 微型显示器设计[J]. 半导体技术, 2001, 26(10): 37-39.

[54] 范伟, 姜丽, 张志东, 等. 硅基液晶（LCoS）与电光特性[J]. 现代显示 Advanced Display, 总第 116 期（Sep. 2010）: 18-21.

[55] 解志良, 高鸿锦, 张百哲, 等. 对比度高及盒间隙大的双稳态扭曲向列相液晶显示[J]. 现代显示, 1999, 22(4): 8-15.

[56] Huang H C, Huang D D, Chen J. Optical Modeling of Small Pixel in Reflective Mixed Mode Twisted Nematic cells[J]. 99, Digest, 1999, 30(1): 18-22.

[57] Chee Howe Wong,1,2 Shau Poh Chong,2 Colin J. R. Sheppard,2,3 and Nanguang Chen1,2 Simple spatial phase modulator for focal modulation microscopy. APPLIED OPTICS, Vol. 48, No. 17 （June 2009）: 3237-3242.

[58] 陈宏达, 张以谟, 郭维廉. 多量子阱自电光效应器件及其负阻特性[J]. Vol. 31, No.2（Mar. 1998）: 211-214.

[59] Masahiko Mori, Yutaka Yagai, Toyohiko Yatagai, and Masanobu Watanabe. Optical learning neural network with a Pockels readout optical modulator. Applied Optics, Vol. 37, No. 14 （May 1998）: 2852-2857.

[60] Sampsell J B. An Overview of Texas instruments digital micromirror device （DMD）and its application to projection displays[J].Society for Information Display Internatl. Symposium Digest of Tech. Papers, 1993, 24: 1012-1015.

[61] Digital Free-Space Photonic Switch Structure Using （EARS）Arrays. IEEE Photonics Technology Letiers, VOL. 5, No. 10（Oct. 1993）: 1203-1206.

[62] Seiji Fukushima, Takashi KurKawa, and Shinji Matsuo. Bistable spatial light modulator using a ferroelectric liquid Crystal. OPTICS LETTERS, Vol. 15, No. 5 （March 1, 1990 ）: 285-287.

[63] P. V. Avizonis, F. A. Hopf, W. D. Bomberger, S. F. Jacobs, A. Tomita, and K. H. Womack. Optical phase conjugation in a lithium formate crystal. Applied Physics Letters. Vol.31. No.7.1（October 1977）: 435-427.

[64] 电光学手册. [美]无线电公司编,1978-09.

[65] D S Bond, and F P Henderson. The Conquest of Darkness, AD 346297, Defense Documentation Center-Alexandria, Va., 1963.

[66] 王水成, 李中新. 电光源的种类及特点. 现代商贸工业, 第 19 卷, 第 12 期（2007 年 12 月）: 280-281.

[67] Onat B M, GKkavas M, Ozbay E, et al. 100-GHz Resonant Cavity Enhanced Schottky Photodiodes. IEEE Photonics Technology Letters, VOL. 10, No. 5 （MAY 1998）: 707-7079.

[68] Q. Chen 等. 采用 GaN P-N 结制作的可见光-不可见光紫外线光电探测器半导体情报, Vol.33, No. 5（Oct.

1996）：46-47.

[69] 何兴仁. 下一代光通信用探测器[J]. 半导体情报, 1994, 3：16-25.

[70] 谭朝文. 10Gb/s 光通信系统用高速超晶格雪崩二极管[J]. 半导体情报, 1995, 4：20-26.

[71] Kagawa T, et al. A wide-bandwidth low-noise InGaAsP-InAlAs superlattice avalanche photodiode with a flip-chip structure for wavelength of 1.3μm and 1.55μm. IEEE JQE, 1993, 29（5）：1387-1392.

[72] High-speed and Low-Dark-Current Flip- Chip InAlAs/ InAlGaAs Quat ernary Well Superlattice APD's with 120 GHz Gain-Bandwidth Product. IEEE Photonics Technology Leters, VOL. 5, No. 6（JUNE 1993）：675-677.

[73] H. S. Kim, J. H. Choi, H. M. Bang, et al. 10-Gbps InAlAs/InGaAs Superlattice Avalanche Photodiodes. Journal of the Korean Physical Society, Vol. 39, No. 1（July 2001）：28-31.

[74] Masahiro Nada, Yoshifumi Muramoto,et al. Inverted InAlAs/InGaAs Avalanche Photodiode with Low–High– Low Electric Field Profile. Japanese Journal of Applied Physics 51（2012）02BG03-1-4.

[75] Yasser M. El-Batawy and M. Jamal Deen, Fellow, IEEE. Modeling and Optimization of Resonant Cavity Enhanced-Separated Absorption Graded Charge Multiplication-Avalanche Photodetector（RCE-SAGCM-APD）. IEEE Transactions on Electron Devices, VOL. 50, No. 3（MARCH 2003）：790-801.

[76] Jalali B, Naval L and Levi A F J. Si-based receivers for optical data links' J. Lightwave Technol., 1994, 12 (6)：930-935.

[77] 刘育梁, 杨沁清, 王启明. 新型结构的 1.3μm GeSi/Si MQW 波导探测器的优化设计[J]. 半导体学报, 1996,17(9)：667-673.

[78] Leech P W. Hg1-xCdxTe Metal-Semiconductor-Metal（MSM）Photodetectors. IEEE Trans. E. D., 1993, 40 (8)：1364-1369.

[79] C W Chen and T K Gustafson. A highspeed Si lateral photodetector fabricated over an etched interdigital mesa. Appt. Phys. Lett. Vol.37, No.11（Dec. 1980）：1014-1016.

[80] 袁雅珍. 位敏探测器 PSD 特性及其在三角测量中的应用. 光学精密工程, Vol．4，No.4（Aug. 1996）：116-120.

[81] 谈凯声. 微通道板位敏探测器[J]. 光电子学技术, 1990 年第 3 期：1-9.

[82] Kevin C. Liddiard. Extending the reach of mosaicpixel IR focal-plane arrays. SPIE Newsroom. DOI：10.1117/ 2.1201110. 003904（Nov. 2011）.

[83] K. Vural et a1. 2048×2048 HgCdTe focal plane arrays for astronomy applications, Proceedings of SPIE, Vol. 3698：24-35.

[84] 程开富. 新颖 CCD 图像传感器最新发展及应用[J]. 集成电路通讯. Vol. 24, No. 3（Sep. 2006）：30-38, 48-52.

[85] 曾凡平, 韩培德, 等. 与 CMOS 兼容的硅基波导型光电探测器的研究[J]. 光通信技术，2009 年第 5 期：38-41.

[86] 孙志君. 21 世纪红外焦平面阵列技术[J]. 传感器世界, 2001. 5：1-7.

[87] JAMES C. WYANT. Basic Wavefront Aberration Theory for Optical Metrology. Applied Optics and Optical Engineering, VOL. Xl, Copyright © 1992 by Academic Press, Inc.

第 2 章 光学非球面的应用

2.1 概述

光学仪器的应用日益广泛,在波段上可用于可见光、红外光和紫外光,以至 X 光;在光学面的性质上有反射系统和折射系统;从光学系统尺度上有巨型天文望远镜和微型光盘读写镜头等。鉴于计算机技术用于光学系统设计使得这些类型光学系统设计得到长足的发展。

光学系统设计面临越来越高的技术需求,比如提高系统相对孔径、扩大视场角、改善照明均匀性、简化系统结构以及提高成像质量等。采用传统的光学球面往往具有使镜头结构复杂、重量大、尺度大等局限性。由于现代精密加工工艺的进步,如超精密金刚石刀具用于面形直接切削等;新型光学材料的研发,如光学塑料研究取得的进展,种类不断增多,最常见的有 PMMA(聚甲基丙烯酸甲酯)、PC(聚碳酸酯)等。它们的光学性能不断提高,折射率范围不断扩大。发展和开发了光学非球面,光学衍射面和光学自由曲面等,可以在一定程度上解决上述局限性。

广义的非球面是指不能用球面定义描述的面形,即不能只用一个半径确定的面形。非球面就囊括了各种各样的面形。其中有旋转对称的非球面和非旋转对称的非球面[1,2],一般的非球面概念多是狭义的,主要指的是能够用含有非球面系数的高次多项式来表示的面形,其中心到边缘的曲率半径连续发生变化。在某些情况下,特指旋转对称的非球面面形[3]。

1638 年,Johann Kepler 把非球面面形用于透镜,分别在近、远距离获得无球差像面,奠定了非球面光学基础。在 17 世纪,非球面已经应用于反射式望远系统中来校正球差。之后,在一些像质要求不高的系统中,如照明器中的反射、聚光、放大等系统中也开始应用。近年来,超精密车削等加工工艺和光学检测水平不断提高,非球面的应用渐广,不仅用于成像质量要求不高的系统中,在照相摄影、广角、大孔径、变焦距等物镜中都有应用。

非球面光学与球面光学相比,在减少镜头片数、优化系统结构、提高成像质量等方面具有更好的表现。在光学系统中常引进旋转对称非球面校正除场曲外的各种单色像差。在光阑附近使用非球面可以校正各带的高级球差,在像面前或离光阑很远的地方用非球面可以校正像散和畸变。

2.2 非球面曲面方程

2.2.1 旋转对称的非球面方程

非球面可用 $f(x,y,z)$ 方程式表示[1,3],坐标原点与顶点重合。光学设计时常将光轴设为 z 轴,非球面的一般方程可表示为

$$px^2 + qy^2 = 2r_0 z - (1-e^2)z^2 + \alpha z^3 + \beta z^4 + \gamma z^5 + \cdots \tag{2.1}$$

式中,r_0 为曲面近轴部分的曲率半径,或称基准球面(辅助球面)的半径,其他均为系数。

在光学系统中主要采用旋转对称非球面。若 $p=q=1$,式(2.1)变为对于 z 轴旋转对称非球面方程。设子午截面坐标轴 $r\,(=\sqrt{x^2+y^2}\,)$ 方向,式(2.1)写为

$$r^2 = 2r_0 z - (1-e^2)z^2 + \alpha z^3 + \beta z^4 + \gamma z^5 + \cdots \tag{2.2}$$

二次圆锥曲面的子午截面方程可写为

$$r^2 = 2r_0 z - (1-e^2)z^2 \qquad (2.3)$$

式中，$-e^2$ 为二次非球面的变形系数，也可表示为 $k=-e^2$；e 称为偏心率（eccentricity）或离心率，标志与球面的偏离量。当 $e^2=0$ 时，上式就是标准的球面方程。

以椭圆为例说明非球面的偏心率的意义。椭圆结构如图 2.1 所示，其中 A_1，A_2，B_1，B_2 四点

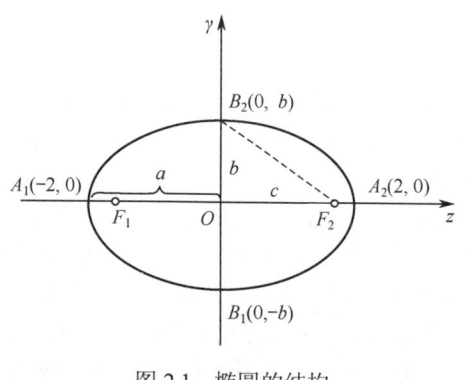

图 2.1 椭圆的结构

为椭圆的顶点，两轴的交点 $O(0,0)$ 为椭圆的中心，F_1 和 F_2 为椭圆的两个焦点，椭圆的焦距 $OF_1=OF_2=c$；长轴为 $2a$，短轴为 $2b$，椭圆可以看作是将半径为 a 的圆沿短轴方向按比例 $\mu=b/a$ 压缩得到的，故把 $\mu=b/a$ 称为压缩系数。从图 2.1 可以看到，压缩系数 b/a 的值越小，也就是 c 值越接近 a 值，椭圆就越扁平，可以用椭圆的焦距和长轴的比来表示椭圆的扁平程度，把这个比值叫作椭圆的离心率 e，即

$$e = \frac{c}{a} \qquad (2.4)$$

由于 $c<a$，所以椭圆的离心率小于 1。

2.2.2 圆锥曲线的意义[4]

式（2.2）包括了 z 的高次项，为无限项的曲面。即当式（2.2）中最高次项为 z 的二次项时，它表示的曲面称为二次曲面。各种二次曲面的区别在于 e^2 值不同。圆、椭圆、双曲线和抛物线的标准方程都是对于 z 坐标的二次方程，所以它们总称为二次曲线。这些曲线都可以看成是由不经过圆锥的顶点的平面截圆锥面而形成的，故称它们为圆锥曲线。在图 2.2 中，设圆锥的半顶角是 α，平面 M 和圆锥轴所成的角是 θ，用平面 M 截圆锥所得的曲线有下面的四种情况[1]：

（1）当 $\theta = \dfrac{\pi}{2}$ 时，平面 M 和圆锥的轴垂直，截得的一条封闭曲线是一个圆。

（2）当 $\alpha < \theta < \dfrac{\pi}{2}$ 时，平面 M 和圆锥的每一条母线都不平行，并且只和圆锥的一半相交，截得的一条封闭曲线是椭圆。

（3）当 $\theta = \alpha$ 时，平面 M 和圆锥的一条母线平行，且只和圆锥的一半相交，截得的一条曲线是抛物线。

（4）当 $0 < \theta < \alpha$ 时，平面 M 和圆锥的两条母线平行，并且和圆锥的上下两个面都相交，截成的两条曲线是双曲线。

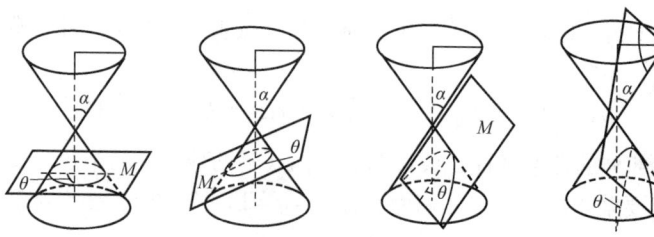

图 2.2 圆锥曲线

对应的二次曲面：

当 $e^2 < 0$ 时，扁球；

当 $e^2 = 0$ 时，圆；

当 $0 < e^2 < 1$ 时，椭圆；

当 $e^2 = 1$ 时，抛物；

当 $e^2 > 1$ 时，双曲。

参数 e^2 对应的曲面母线形状，如图 2.3 所示。二次非球面的变形系数 $-e^2$ 称为锥度系数或锥面度（conic constant），以 k 表示。

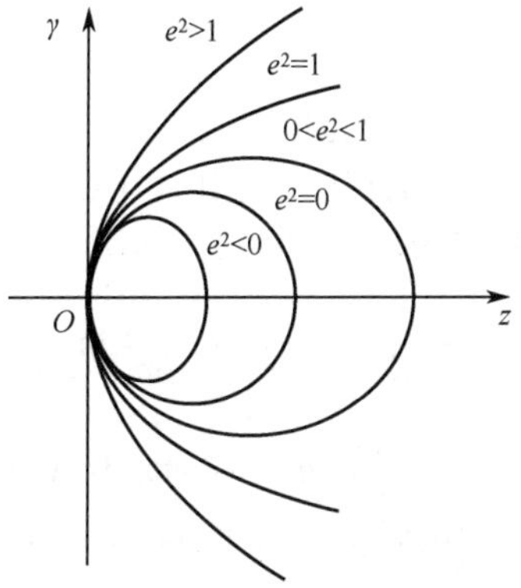

当非球面与二次圆锥曲面差别不大时，利用式（2.1）是方便的。因为在这种情形下，系数 α、β、γ 等较小，可以方便地确定曲面上各点的坐标，但上式不适用于具有多个拐点的面形。

将旋转对称非球面子午截线方程式的 z 表示为 r^2 的幂级数[5]

$$z = Ar^2 + Br^4 + Cr^6 + Dr^8 + Er^{10} + \cdots \quad (2.5)$$

在实际应用中，经常用的是这种形式，但它不适用于任意大孔径（当孔径超过某值时，r 可能很大，以至无实际意义）。另一个缺点是对于偏离于球面很小的非球面，用上式表示不方便，因为展开式的项次太多，需大量的计算机时。

图 2.3 参数 e^2 对应的曲面母线形状

式（2.5）的一般表示式可写为

$$x = \frac{cy^2}{1 + \sqrt{1 - (k+1)c^2 y^2}} + dy^4 + ey^6 + \cdots$$

或写为

$$x = \frac{cr^2}{1 + \sqrt{1 - kc^2 r^2}} + a_4 r^4 + a_6 r^6 + \cdots \quad (2.6)$$

式中，c 为顶点曲率（$1/r_0$）；k 为二次曲线常数；d、e、$\cdots$ 为系数。该表示式右侧的第一项是严格的二次曲线。由式（2.3）解出 x，得

$$x = \frac{r_0 - \sqrt{r_0^2 - (1-e^2)y^2}}{(1-e^2)} \quad (2.7a)$$

将上式化简，并令 $c = 1/r_0$，$k = -e^2$，得

$$x = \frac{cy^2}{1 + \sqrt{1 - (k+1)c^2 y^2}} \quad (2.7b)$$

式（2.7a）的第一项只和顶点曲率半径有关，适用于平板型非球面（plano-aspheric surface，如 Schmidt 校正板）；式（2.7b）以二次曲线为基础加高次项时很容易知道高次非球面偏离二次非球面的程度。

实际上，式（2.2）和式（2.3）是可以相互转换的，系数之间有一定关系：

$$z = \frac{r^2}{2r_0} + \frac{r^4}{8r_0^3}(1-e^2) + \frac{r^6}{16r_0^5}(1-e^2)^2 + \frac{5r^8}{128r_0^7}(1-e^2)^3 + \cdots \quad (2.8)$$

一般将式（2.8）表示成以下形式：

$$z = \frac{cr^2}{1 + \sqrt{1 - (1+k)c^2 r^2}} + a_2 r^2 + a_4 r^4 + a_6 r^6 + \cdots \quad (2.9)$$

式中，$c=\dfrac{1}{r_0}$；$k=-e^2$；a_2，a_4，a_6 等为多次项系数，多数情况下 a_2 取 0。c 为非球面的基准面或者辅助球面的曲率。可见，式（2.8）的第一项只和顶点曲率半径有关，适用于表示平板型非球面；可以推导得知式（2.9）的首项为

$$z=\frac{cr^2}{1+\sqrt{1-(1+k)c^2r^2}}$$

即表示二次曲面，式（2.9）在以二次曲线为基础加上高次项时，很容易理解高次非球面偏离二次非球面的程度。尤其是在加工检测时，式（2.9）以及衍生出来的各种非球面方程已成为标准形式。式（2.9）所表示的即偶次项非球面方程（even aspheric）。

2.2.3 其他常见非球面方程

1）奇次项非球面方程（odd aspheric equation）

由偶次项非球面定义，奇次项非球面方程为

$$z=\frac{cr^2}{1+\sqrt{1-(1+k)c^2r^2}}+a_1r^1+a_2r^2+a_6r^3+a_6r^4+a_5r^5+\cdots \tag{2.10}$$

2）柱面方程（cylinder）

式（2.1）中，若 $p=0$，$q=1$，即为母线在 x 方向的柱面方程

$$y^2=2r_0z-(1-e^2)z^2+az^3+\beta z^4+\gamma z^5+\cdots \tag{2.11}$$

若 $p=1$，$q=0$，即为母线在 y 方向的柱面方程

$$x^2=2r_0z-(1-e^2)z^2+az^3+\beta z^4+\gamma z^5+\cdots \tag{2.12}$$

3）超环面方程（toroid）

球面或非球面曲线作为母线绕一条在该母线平面内并垂直于该母线对称轴的直线旋转而形成的曲面称为超环面，如图 2.4 所示。

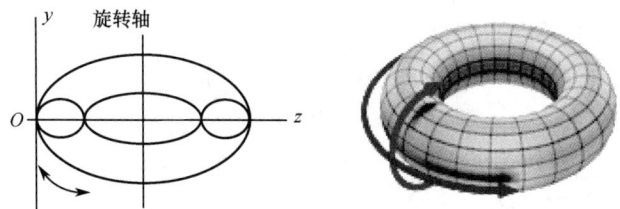

图 2.4 超环面示意图

以 z 轴对称的非球面曲线作为母线，绕平行于 y 轴的回转轴形成的超环面母线方程为

$$z=\frac{cy^2}{1+\sqrt{1-(1+k)c^2y^2}}+a_2y^2+a_6y^4+a_6y^6+\cdots \tag{2.13}$$

柱面是超环面方程的一种特例，若超环面轴向旋转半径无穷大即形成柱面镜。

4）复合曲面方程（Bi-conic）

复合曲面也叫双锥度系数曲面，是指曲面两个垂直方向（即 x,y 方向）的曲率半径不同，锥度常数也不同的曲面，其方程为

$$z=\frac{c_xx^2+c_yy^2}{1+\sqrt{1-(1+k_x)c_x^2x^2-(1+k_y)c_y^2y^2}}+\sum\alpha_ix^i+\sum\beta_ij^i+\sum A_iZ_i(\rho,\varphi)$$

式中，$c_x = \dfrac{1}{r_{x0}}$，$c_y = \dfrac{1}{r_{y0}}$。一般只应用不含后面求和项的复合曲面形式，即

$$z = \dfrac{c_x x^2 + c_y y^2}{1 + \sqrt{1 - (1+k_x)c_x^2 x^2 - (1+k_y)c_y^2 y^2}} \tag{2.14}$$

图 2.5 是这种复合曲面示意图。该非球面主要针对非对称系统，如半导体激光器的准直、整形、半导体激光耦合光纤等。超环面也是复合曲面的一种特殊情况。

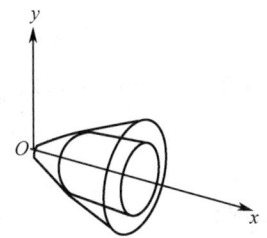
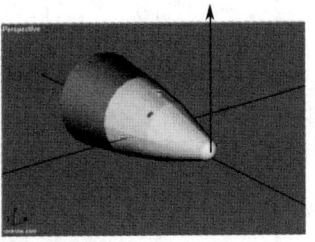

图 2.5　复合曲面示意图

2.2.4　非球面的法线和曲率

一般对称非球面的法线及其曲率半径可由数学公式求得。图 2.6 表示一个轴对称曲面的子午截线。

设光轴方向为 x，法线与光轴压缩间隔相交的夹角为 φ，光线在曲面上的折射点为 $P(x,y)$，通过该点的切线与 x 轴的夹角为 α，则

$$\tan\alpha = \dfrac{\mathrm{d}y}{\mathrm{d}x} = y' \tag{2.15}$$

式中，y' 为一阶导数。对于法线倾角 φ，显然有

$$\tan\varphi = \dfrac{\mathrm{d}x}{\mathrm{d}y} = \dfrac{1}{y'} \tag{2.16}$$

曲面的子午截线与弧矢截线的曲率中心为 C_t 和 C_s，其相应曲率半径分别为

$$r_t = -\dfrac{(1+y'^2)^{3/2}}{y''} \tag{2.17}$$

$$r_s = \dfrac{y}{\cos\alpha} = y\sqrt{1+y'^2} \tag{2.18}$$

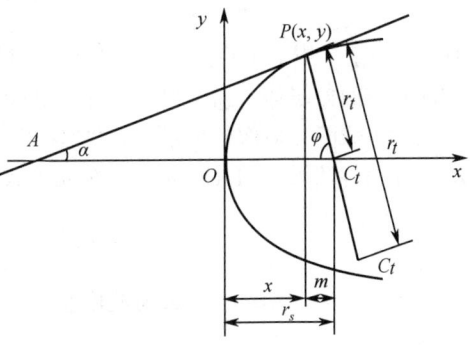

图 2.6　一个曲面的子午截线图

式中，y'、y'' 分别为一阶及二阶导数。比较式（2.17）和式（2.18），得

$$r_t = -\dfrac{r_s^3}{y^3 y''} \tag{2.19}$$

2.3　非球面的初级像差

2.3.1　波像差及其与垂轴像差的关系

（1）球面轴外点波像差表示式。轴外点光束经光学系统以后，一般已失去轴对称性质，故不能像轴上点那样仅用一个量来描述其像差。通常用光线的垂轴像差的两个分量，即用子午分量 $\delta y'$ 和弧

矢分量 $\delta z'$ 来描述。相应地，轴外点的波像差也将表示成与垂轴像差的这两个分量间的关系式。分别以出射光瞳中心 P' 和高斯像面中心 A' 为原点，出瞳面坐标系为 $P'(\xi',\eta',\varsigma')$ 和像面坐标系为 $A'(x',y',z')$，Σ_R 为轴外点 B 的实际波面，Σ 为以高斯像点 B_0' 为中心所作的在出瞳中心 P' 处与实际波面相切或相交的理想参考球面，半径为 R'。可导出波像差的一般表示式，取出其初级像差项[5,6]：

$$W(\eta',\xi') = -\frac{n'}{R'}\left[\frac{1}{4}b_1(\eta'^2+\varsigma'^2)^2 + b_2 y'\eta'(\eta'^2+\varsigma'^2) + \frac{1}{2}b_3 y'^2(\eta'^2+\varsigma'^2) + \frac{1}{2}b_4 y'^2(\eta'^2+\varsigma'^2) + b_5 y'^3\eta'\right] \tag{2.20}$$

式中，b_1、b_2、b_3、b_4 和 b_5 为波像差级数展开数第一项系数，它们分别是球差、彗差、像散、场曲和畸变的初级波像差系数。

在式（2.20）中可以得到球面各种单色像差的波像差表示式：

$$\begin{cases} W_{\delta L'} = -\dfrac{n'}{4R'}b_1(\eta'^2+\varsigma'^2) \\[6pt] W_{K_T'} = -\dfrac{n'}{R'}b_2 y'\eta'(\eta'^2+\varsigma'^2) \\[6pt] W_{x_{ts}'} = -\dfrac{n'}{2R'}b_3 y'^2(\eta'^2+\varsigma'^2) \\[6pt] W_{x_p'} = -\dfrac{n'}{2R'}b_4 y'^2(\eta^2+\varsigma^2) \\[6pt] W_{\delta Y_z'} = -\dfrac{n'}{R'}b_5 y'^3\eta \end{cases} \tag{2.21}$$

式中，$W_{\delta L'}$、$W_{K_T'}$、$W_{x_{ts}'}$、$W_{x_p'}$ 和 $W_{\delta y_z'}$ 分别是球差、彗差、像散、场曲和畸变的初级波像差。它们和几何像差类似，通常以子午面内波像差的最大值来衡量波像差。

（2）球面几何像差表示式。在赛得区（初级像差区），仅考虑子午面内情况，令 $\eta'=h$，$\varsigma'=0$，$R'=l'$，$y_z' \approx l_z' u_z'$，由几何光学近轴光公式：

$$y_z' = l_z' u_x' \approx l_z \frac{r i_z}{l^*-r} \approx l \frac{r}{l-r} i_z = l \frac{u}{i} i_z = h \frac{i_z}{i}$$

再考虑 b_1、b_2、b_3、b_4 和 b_5 为波像差级数展开数的第一项系数，以及以下赛得和数与初级像差的关系[5]

$$\begin{cases} -2n'u'^2\delta L' = \sum\limits_{i=1}^{k} S_{\mathrm{I}} = \sum\limits_{J=1}^{N} h_j P_j \\[6pt] -2n'u'K_s' = \sum\limits_{i=1}^{k} S_{\mathrm{II}} = \sum\limits_{j=1}^{N} h_{zj} P_j + J\sum\limits_{j=1}^{N} W_j \\[6pt] -n'u'^2 x_{ts}' = \sum\limits_{i=1}^{k} S_{\mathrm{III}} = \sum\limits_{j=1}^{N} \dfrac{h_{zj}^2}{h_j} P_j + 2J\sum\limits_{j=1}^{N} \dfrac{h_{zj}}{h_j} W_j + J^2\sum\limits_{j=1}^{N} \Phi_j \\[6pt] -2n'u'^2 x_p' = \sum\limits_{i=1}^{k} S_{\mathrm{IV}} = J^2\sum\limits_{j=1}^{N} \mu\Phi_j \\[6pt] -2n'u'\delta Y_z' = \sum\limits_{i=1}^{k} S_{\mathrm{V}} = \sum\limits_{j=1}^{N} \dfrac{h_{zj}^3}{h_j^2} P_j + 3J\sum\limits_{j=1}^{N} \dfrac{h_{zj}^2}{h_j^2} W_j + J^2\sum\limits_{j=1}^{N} \dfrac{h_{zj}}{h_j}\Phi_j(3+\mu) \end{cases} \tag{2.22}$$

可以导出各个单色像差的波像差表示式：

$$\begin{cases} W_{\delta L'} = -\dfrac{1}{4}n'u'^2\delta L'^2 = \dfrac{1}{8}S_{\mathrm{I}} \\ W_{K_t'} = -n'u'K_s' = \dfrac{1}{2}S_{\mathrm{II}} \\ W_{x_{ts}'} = -\dfrac{3}{4}n'u'^2x_{ts}' = \dfrac{3}{4}S_{\mathrm{III}} \\ W_{x_p'} = -\dfrac{1}{2}n'u'^2x_p' = \dfrac{1}{4}S_{\mathrm{IV}} \\ W_{\delta Y_z'} = -n'u'\Delta Y_z' = \dfrac{1}{4}S_{\mathrm{V}} \end{cases} \quad (2.23)$$

由上面各式可知 S_{I}，S_{II}，S_{III}，S_{IV} 和 S_{V} 也具有波像差的性质，二者之间只差一个比例因子。

2.3.2 非球面的初级像差

为导出非球面的初级像差公式[2,7]，采用非球面表示式（2.6）

$$z = \dfrac{cr^2}{1+\sqrt{1-(1+k)c^2r^2}} + a_4 r^4 + a_6 r^6 + \cdots \quad (2.24)$$

式中，$c = \dfrac{1}{r_0}$；$k = -e^2$ 为锥度常数，或称为 Schwarzschild 锥度常数；$r = \sqrt{x^2 + y^2}$；a_2，a_4，a_6 等为高次多项式系数，多数情况下 a_2 取 0。c 为非球面的基准面或者辅助球面的曲率。对该式的第一项分子与分母分别乘以（$1-\sqrt{1-kc^2r^2}$），则该式变为

$$z = \dfrac{1}{(1+k)c}\left(1-\sqrt{1-(1+k)c^2r^2}\right) + a_4 r^4 + a_6 r^6 + \cdots$$

将 $\sqrt{1-kc^2r^2}$ 展开为级数（$\sqrt{1+x} = 1 + \dfrac{1}{2}x - \dfrac{1}{2\cdot 4}x^2 + \dfrac{1\cdot 3}{2\cdot 4\cdot 6}x^3 + \cdots$），对初级像差只须取到 r^4 项，化简后可得

$$z = \dfrac{cr^2}{2} + \dfrac{(1+k)^2 c^3 r^4}{8} + a_4 r^4 + \cdots \quad (2.25)$$

非球面的 r^4 以上项也可略去。设非球面顶点的面形为球面，令 $k = 0$，$a_4 = 0$ 代入式（2.25）得

$$z = \dfrac{cr^2}{2} + \dfrac{c^3 r^4}{8} \quad (2.26)$$

设非球面和球面之间的 z 值之差为 Δz，图 2.7 所示球面和非球面之间的光程差为 $(n'-n)\Delta z$，即为波像差变化量 $\Delta W = \Delta n'\Delta z$。

略去式（2.24）的第二项，由式（2.24）和式（2.25）相减，得

$$\Delta z = -\dfrac{kc^3 r^4}{8} + a_4 r^4$$

用近轴光公式中的近轴高度 h 取代上式中的 r，得

$$\Delta z = -\dfrac{kc^3 h^4}{8} + a_4 h^4$$

将 Δz 代入 ΔW 的表示式中，得

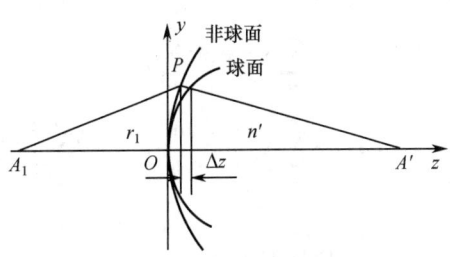

图 2.7 球面和非球面之间的光程差

$$\Delta W = -\frac{kc^3 h^4}{8}\Delta n + a_4 h^4 \Delta n$$

由波像差和赛得和数之间关系式（2.23）中的第一式

$$W_{\delta L'} = -\frac{1}{4}n'u'^2\delta L'^2 = \frac{1}{8}S_{\text{I}} \quad (2.27)$$

可得

$$\Delta W_{\delta L'} = \frac{1}{8}\Delta S_{\text{I}}$$

则

$$\Delta S_{\text{I}} = 8\Delta W = -kc^3 h^4 \Delta n + 8a_4 h^4 \Delta n$$

如果非球面的赛得和数以 S_{Iasph} 表示之，得

$$\begin{aligned}
S_{\text{Iasph}} &= S_{\text{I}} + \Delta S_{\text{I}} \\
&= hP - h\left[kc^3 h^3 \Delta n + 8a_4 h^3 \Delta n\right] \\
&= h\left[P - kh^3 c^3 \Delta n + 8a_4 h^3 \Delta n\right]
\end{aligned}$$

相应的非球面赛得和数中的 P 以下式所示的 P_{asph} 取代

$$\begin{aligned}
P_{\text{asph}} &= P - kh^3 c^3 \Delta n + 8a_4 h^3 \Delta n \\
&= n^2(hc-u)^2 \Delta\frac{u}{n} - kc^3 h^3 \Delta n + 8a_4 h^3 \Delta n
\end{aligned}$$

上面由第一赛得和数求得的非球面的 P_{asph} 量

$$P_{\text{asph}} = n^2(hc-u)^2 \Delta\frac{u}{n} - kc^3 h^3 \Delta n + 8a_4 h^3 \Delta n \quad (2.28)$$

把式（2.28）代入式（2.22）中的 P 量，即得非球面的初级像差系数。公式中 W 量不变，因为 JW 对应 h 的三次项，在展开式中不存在 h^3 项，其对球面和非球面的影响无差别。略去式（2.28）中最后一项，即

$$P_{\text{asph}} = P - c^3 kh^3 \Delta n \quad (2.29)$$

代入赛得和数和初级像差的关系式（2.22）[5]，得

$$\begin{cases}
-2n'u'^2\delta L' = \sum\limits_{i=1}^{k} S_{\text{I}} = \sum\limits_{j=1}^{N} h_j P_j + \sum\limits_{i}^{m} h^4 B \\
-2n'u'K'_s = \sum\limits_{i=1}^{k} S_{\text{II}} = \sum\limits_{j=1}^{N} h_{zj} P_j + J\sum\limits_{j=1}^{N} W_j + \sum\limits_{i}^{m} h^3 h_z B \\
-n'u'^2 x'_{ts} = \sum\limits_{i=1}^{k} S_{\text{III}} = \sum\limits_{j=1}^{N} \frac{h_{zj}^2}{h_j} P_j + 2J\sum\limits_{j=1}^{N} \frac{h_{zj}}{h_j} W_j + J^2\sum\limits_{j=1}^{N} \Phi_j + \sum\limits_{i}^{m} h^3 h_z^2 B \\
-2n'u'^2 x'_p = \sum\limits_{i=1}^{k} S_{\text{IV}} = J^2 \sum\limits_{j=1}^{N} \mu\Phi_j \\
-2n'u'\delta Y'_z = \sum\limits_{i=1}^{k} S_{\text{V}} = \sum\limits_{j=1}^{N} \frac{h_{zj}^3}{h_j^2} P_j + 3J\sum\limits_{j=1}^{N} \frac{h_{zj}^2}{h_j^2} W_j + J^2 \sum\limits_{j=1}^{N} \frac{h_{zj}}{h_j}\Phi_j(3+\mu) - J^3\sum\limits_{i=1}^{k}\frac{1}{h^2}\Delta\frac{1}{n^2} + \sum\limits_{i}^{m} h h_z^3 B
\end{cases}$$

$$(2.30)$$

其中，J 为拉赫不变量，

$$P = \sum_{i=1}^{k}\left(\frac{\Delta u}{\Delta \frac{1}{n}}\right)\Delta \frac{u}{n} \qquad W = -\sum_{k=1}^{k}\frac{\Delta u}{\Delta \frac{1}{n}}\Delta \frac{u}{n}$$

$$\sum_{i=1}^{k}\frac{n'-n}{n'nr} = \sum_{n=1}^{M}\frac{\varphi}{n} \qquad B = -e^2 c\Delta n = -\frac{e^2}{r_n}\Delta n$$

e 为二次曲面的偏心率，$r_0 = \frac{1}{c}$ 是为顶点曲率半径。

2.3.3 折射锥面轴上物点波像差

设折射锥面 CS 和折射球面 SS 的顶点曲率半径 r_0 相同，曲率中心为 C，比较它们产生的像差。一个物体通过折射面所成的高斯像的位置与其顶点的曲率半径有关。因此对于锥面和球面在图 2.8 中轴上物点 A_0 的高斯像和图 2.8 中的轴外物点 B 的高斯像分别成像在轴上像点 A_0' 和轴外像点 B'。由顶点曲率半径 r_0 决定的两个折射面高斯像点位置。

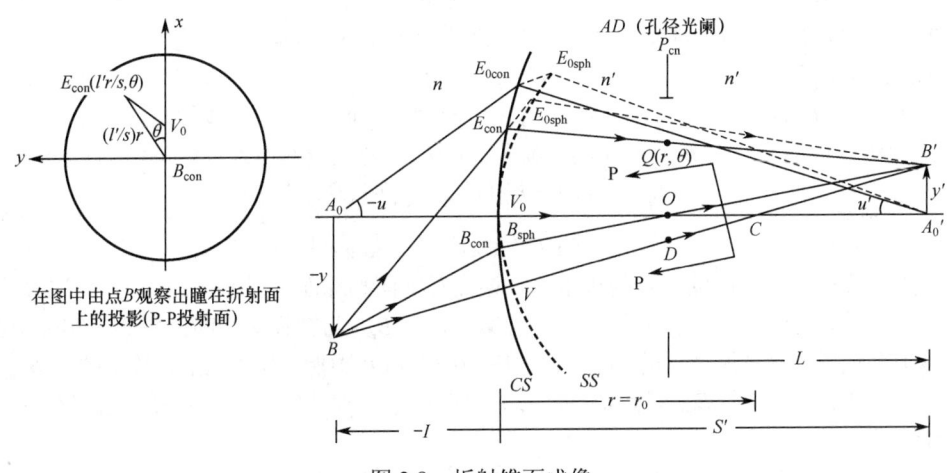

图 2.8 折射锥面成像

如图 2.8 所示，轴上物点 A_0 发出通过折射球面上点 $E_{0\text{sph}}$ 的光线在折射锥面上点 $E_{0\text{con}}$ 引入的附加像差 $\Delta W_{0\text{cone}}$ 为[8]

$$\Delta W_{0\text{cone}} \approx (n'-n) E_{0\text{con}} E_{0\text{sph}} \tag{2.31}$$

此处

$$E_{0\text{cone}} E_{0\text{sph}} \approx e^2 (V_0 E_{0\text{cone}})^4 \approx e^2 r_{\text{cone}}^4 / 8 r_0^3 \tag{2.32}$$

上式为顶点曲率半径近似相等的球面和锥面在距光轴的高度为 r_{cone} 处的垂度的高度差。光线段 $E_{0\text{cone}} E_{0\text{sph}}$ 对折射率为 n' 的是锥面，光线段 $E_{0\text{cone}} E_{0\text{sph}}$ 在折射率为 n 的是球面情况。在点 $Q(r, \theta)$ 折射光线 $E_{\text{cone}} A_0'$ 和 $E_{\text{sph}} A_0'$，实际上，$E_{0\text{cone}} E_{0\text{sph}}$ 可能只有几微米量级。按 Fermat 原理，任何几何路程 $E_{0\text{con}} E_{0\text{sph}} A'$ 和 $E_{0\text{cone}} A_0'$ 长度之差 $E_{0\text{cone}} E_{0\text{sph}}$ 为二级小量，因此可以忽略，即有 $V_0 E_{0\text{sph}} \approx V_0 E_{0\text{cone}}$。以 $V_0 E_{0\text{cone}}$ 取代式（2.32）中 r_{cone}，并代入式（2.31），可得

$$\Delta W_{\text{cone}}(E_{\text{cone}}) \approx (n'-n) e^2 (V_0 E_{\text{cone}})^4 / 8 r_0$$

式中，e 为偏心率，令 σ 为锥面的像差贡献系数，有

$$\sigma \approx (n'-n) e^2 / 8 r_0 \tag{2.33}$$

则
$$\Delta W_{\text{cone}}(E_{\text{cone}}) \approx \sigma(V_0 E_{\text{cone}})^4 \approx r^4 \quad (2.34)$$

当光阑与折射面重合时，出瞳平面上的高度为 r。当光阑与折射面不相重合时，出瞳平面上的高度应乘以比例因子 (l'/s)，l' 为折射面到像平面的距离，s 为出瞳到像平面的距离。出瞳平面上距离光轴为 r 处点的像差可由 $(l'/s)r \approx (l'/s)(O'Q)$ 取代 $r_{\text{cone}} \approx V_0 E_{0\text{cone}}$ 代入式（2.34）可得

$$\Delta W_{\text{cone}}(Q) = \sigma(l'/s)^4 OQ^4$$

或

$$\Delta W_{\text{cone}}(Q) = \sigma(l'/s)^4 r^4 \quad (2.35)$$

锥面的全部像差是把锥面的贡献加在通过出瞳面光线的波球差 $W_{\delta L'}(r) = b_1 r^4$ 中即可由下式得到

$$W_{\delta L'}(r) = (b_1 + \sigma)(l'/s)^4 r^4 \quad (2.36)$$

球差与点 Q 的极坐标 θ 无关。

2.3.4 折射锥面轴外物点波像差

图 2.8 中的轴外物点 B，锥面与球面的主光线的光程长度不同。对于边缘光和主光线的光程差，在锥面的情况 $E_{\text{con}}E_{\text{sph}}$ 和 $B_{\text{con}}B_{\text{sph}}$ 在折射率为 n' 的介质内，而在球面的情况则 $E_{\text{con}}E_{\text{sph}}$ 和 $B_{\text{con}}B_{\text{sph}}$ 在折射率为 n 的介质内。对于轴上光线的情况，两种光学面的折射光线的几何光线光路长度差 $E_{\text{cone}}E_{\text{sph}}$ 是二级小量。故由点 B 发出并通过锥面上点 E_{cone} 的光线的像差贡献可由下式给出：

$$W_{\text{cone}}(E_{\text{cone}}) \approx (n'-n)[(E_{\text{cone}}E_{\text{sph}})-(B_{\text{cone}}B_{\text{sph}})]$$
$$= \sigma[(V_0 E_{\text{cone}})^4 - (V_0 B_{\text{cone}})^4] \quad (2.37)$$

令 (r, θ) 为光线与出瞳平面的交点的极坐标。该点对锥面和球面是近似相同的。在图 2.9 中以点 B' 为投影中心把出瞳投影在折射面上。在主光线上的点 B_{con} 为被投影光瞳的中心。实际上图 2.8 的点 E_{sph} 和点 E_{cone} 彼此是很接近的。因此在上图中两个点是不能辨别的。主光线上的点 B_{cone} 成为出瞳的中心。图 2.8 中的点 E_{sph} 和点 E_{cone}，E_{sph} 和点 E_{cone}，彼此很接近。实际上它们在图中是不可分辨的，可知

$$(V_0 E_{\text{cone}})^2 = (E_{\text{con}}B_{\text{cone}})^2 + (V_0 B_{\text{cone}})^2 - 2(E_{\text{con}}B_{\text{cone}})(V_0 B_{\text{cone}})\cos\theta \quad (2.38)$$

由图 2.8 也可看出

$$(E_{\text{cone}}B_{\text{cone}}) \approx (l'/s)r \quad (2.39)$$

以及

$$V_0 B_{\text{con}} \approx gy' \quad (2.40)$$

此处，g 为光阑位置系数，即

$$g = \frac{l'-s}{s} \quad (2.41)$$

把式（2.37）至式（2.41）代入式（2.35）中，得

$$\Delta W_{\text{con}}(Q) = \sigma[(l'/s)^4 r^4 - 4(l'/s)^3 gy'r^3 \cos\theta + 4(l'/s)^2 g^2 y'^2 r^2 \cos^2\theta + 2(l'/s)^2 g^2 y'^2 r^2 - 4(l'/s)g^3 y'^3 r \cos^2\theta] \quad (2.42)$$

由式（2.42）给出的锥面像差贡献加到球面波像差的一般表示式[5]中去，只取其初级像差的各项，就得到出瞳平面上锥面上的初级像差函数，即

$$W_{\text{con}}(Q) = W_{\text{sph}}(Q) + \Delta W_{\text{con}}(Q)$$

或

$$W_{\text{con}}(r, \varphi, y') = b_{1\text{con}} r^4 + b_{2\text{con}} y'r^3 \cos\varphi + b_{3\text{con}} y'^2 r^2 \cos^2\varphi + b_{4\text{con}} y'^2 r^2 + b_{5\text{con}} y'^3 r \cos\theta \quad (2.43)$$

另外，由图 2.8 可知，出瞳中心 O' 与辅轴的距离为 DO'，设与像高 y' 的关系为

$$DO' = dy' \tag{2.44}$$

此处，d 为出瞳中心高度系数，即

$$d = \frac{r - l' + s}{l' + r} \tag{2.45}$$

孔径光阑与折射球面重合时的球差系数

$$\begin{aligned}
b_{1s} &= -\frac{1}{8}\left[\frac{n'}{l'}\left(\frac{1}{r} - \frac{1}{l'}\right)^2 - \frac{n}{l}\left(\frac{1}{r} - \frac{1}{l}\right)^2\right] \\
&= -\frac{n'(n'-n)}{8n^2}\left(\frac{1}{r} - \frac{1}{l'}\right)^2\left(\frac{n'}{r} - \frac{n'-n}{l'}\right) \\
&= -\frac{n'^2}{8}\left(\frac{1}{r} - \frac{1}{l'}\right)^2\left(\frac{1}{n'l'} - \frac{1}{nl}\right)
\end{aligned} \tag{2.46}$$

孔径光阑与折射球面不重合时的球差系数

$$b_{1ss} = (l'/s)b_{1s} \tag{2.47}$$

可解得式（2.43）中的锥面初级波像差系数为

$$\begin{cases}
b_{1\text{con}} = (l'/s)^4(b_{1s} + \sigma) = b_{1ss} + \sigma(l'/s)^4 \\
b_{2\text{con}} = 4\left[db_{1ss} - \sigma g(l'/s)^3\right] \\
b_{3\text{con}} = 4\left[d^2 b_{1ss} - \sigma g^2(l'/s)^2\right] \\
b_{4\text{con}} = 2\left[d^2 b_{1ss} - \frac{n'(n'-n)}{8\text{nrs}^2} + \sigma g^2(l'/s)^2\right] \\
\qquad = \frac{1}{2}\left[b_{3ss} - \frac{n'(n'-n)}{8\text{nrs}^2}\right] \\
b_{5\text{con}} = 4\left[d^3 b_{1ss} - \frac{n'(n'-n)d}{8\text{nrs}^2} + \sigma g^3(l'/s)\right]
\end{cases} \tag{2.48}$$

式中，$b_{1\text{con}}$、$b_{2\text{con}}$、$b_{3\text{con}}$、$b_{4\text{con}}$、$b_{5\text{con}}$ 分别表示折射锥面的初级波球差、彗差、像散、场曲和畸变系数。

式（2.48）第四式右边的第二项表示 Petzval 场曲系数由球面变为锥面时是不变的。孔径光阑与光学面重合时，由式（2.41）知，$s = l'$，则 $g = 0$。因此锥面像差与球面像差的不同仅在于 σr^4，即

$$W_{\text{con}}(r, \theta; y') = W_{\text{sph}}(r, \theta; y') + \sigma r^4 \tag{2.49}$$

当 $s = l'$ 时，通过顶点 V_0 的主光线的光程长度对于两种光学面是相等的，即点 B_{sph} 和 B_{con} 与顶点 V_0 重合，因此，$B_{\text{sph}}B_{\text{con}} = 0$。

2.4 微振（perturbed）光学系统的初级像差计算

光学系统的成像质量受限于旋转对称光学系统的固有像差，也要考虑元件制造和装配误差。当系统的元件彼此失调（misaligned）而失去旋转对称性时，其成为产生附加像差的所谓微振系统[8,9]。元件失调主要是顶点偏心或对光轴倾斜。元件的偏心（decentered）是其顶点在垂直于预定光轴的平面内错位。沿着光轴的偏心称为间隔失调（despaced），是两个元件之间的间隔失调。当系统的一个或多个元件偏心或倾斜，因为其不再有一个公共光轴。但是只有间隔失调，光学系

统仍保持公共光轴,仍然是旋转对称的。

下面将讨论一个正常光学系统成为微振光学系统的初级像差。系统的一个面离心或倾斜的一阶效应是由正常光学系统所成的像产生一个横向位移。其二阶效应是引入一些附加的像差。小的偏心或倾斜并不改变初级球差。然而如果正常光学系统的球差不为零,其将引入与像高无关的彗差,即与初级彗差相同的光瞳坐标相关的彗差。因为是轴上物点成像,称之为轴上彗差。其他初级像差的附加像差有其本身的光瞳坐标。例如,正常光学系统变成微振光学系统时将产生附加彗差、像散和场曲。相对于像高,光学系统的附加像差的尺度小于正常对应像差。这样,附加彗差与像高无关,附加像散变化与像高呈线性关系,附加畸变变化与像高呈二次方关系[9-11]。

计算元件失调光学系统的像差,必须假设元件有自己的规定形状。当元件制造时已稍微偏离了规定形状。这个偏差称为形状误差(figure error),一个元件的表面若有随机的变化,则将存在随机像差或随机波像差。比较折射面和反射面形状误差,尽管折射元件有两个折射面贡献像差,反射面引入的波像差比低折射率元件引入的像差大。

2.4.1 偏心(decentered)光学面

系统中一个面的偏心如图 2.9 所示。微振系统相对于正常系统的光轴沿 x 轴平移值为 Δ。微振系统中相对于正常系统光轴 VC 的物高 y 和像高 y' 顶点分别为点 B 和 B',点 V 和 C 分别为该面的顶点和曲率中心。两个高度的关系为

$$y' = My \tag{2.50}$$

此处,M 为成像的横向放大率。在微振位置,相对于新光轴 $V_\Delta C_\Delta$ 的物高 y_Δ 为

$$y_\Delta = y - \Delta \tag{2.51}$$

设 M 为成像倍率,则和像高 y'_Δ 为

$$y'_\Delta = My_\Delta = y' - M\Delta \tag{2.52}$$

图 2.9 中正常态的光学面曲率中心为 C。物点 B 位于相对于光轴 VC 下面高度 y(为负值)处。高斯像点高度为 y'。出瞳为 P_{ex},入瞳为 P_{en}。正常态入瞳中心为点 O,其像点为出瞳中心 O'。光学面(点线)沿 x 轴的偏心量为 Δ,偏心面曲率中心移动到 C_Δ,像点 B' 移动到 B'_Δ,微振态的物高和像高分别为 y_Δ 和像高 $y_{\Delta'}$。微振态的入瞳中心 O 的像位于点 O'_o。新光轴分别交入瞳和出瞳于点 O_Δ 和 O'_Δ。设原光学系统的入瞳和出瞳仍是微振前成像元件的光瞳。

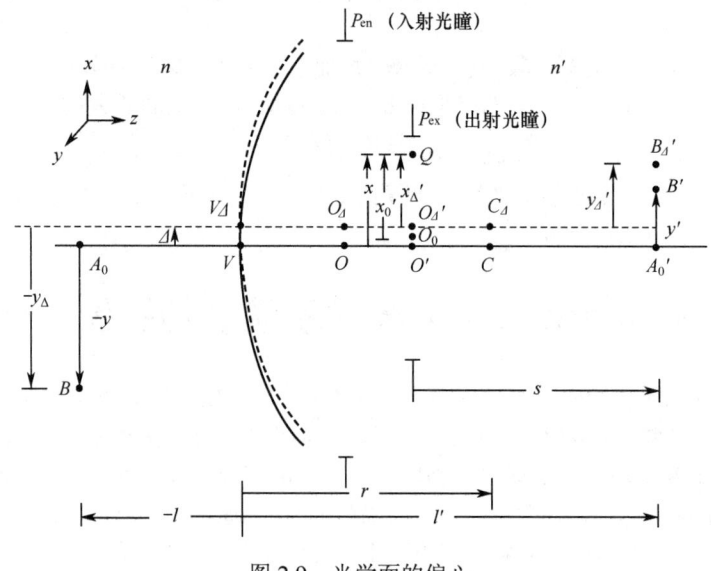

图 2.9 光学面的偏心

图 2.9 中 y 和 M 为负值，Δ 为正值，在子午面内（即 xz 面）。偏心面的像点为 B'_Δ。像的位移沿着 x 轴，由下式给出：

$$B'B'_\Delta = y'_\Delta + \Delta - y' = (1-M)\Delta \tag{2.53}$$

或

$$B'B'_\Delta = (1-M)\Delta_{\text{dece}} \tag{2.54}$$

此处，$\Delta_{\text{dece}} = \Delta$ 为由于偏心微振态面曲率中心的位移。

令 O_Δ 和 O'_Δ 为微振面相共轭的轴上点，其光轴分别与入瞳 P_{en} 和出瞳 P_{ex} 相交。如果所考虑的光学面对于像高为 y'（通过点 O' 的参考球面的曲率中心 B' 的高度）的初级像差贡献，以 y'_Δ 取代 $y'h'$ 也可写出像高 y'_Δ（通过点 O'_Δ 的参考球面的曲率中心 B'_Δ 的高度）。这样就得到以点 O'_Δ 为原点的定义的出瞳处的像差。然而，微振面的出瞳中心位于点 O'_o，是入瞳中心 O 的像。像差坐标系统的原点由点 O'_Δ 变到点 O'_o 将引起像差函数的变化，所给出的像差是新的出瞳中心 O'_o 对像点 B'_Δ 的像差。

孔径光阑在任意位置时，正常态的光学面的初级像差函数可在波像差的一般表示式中取其初级像差的五项，并取直角坐标形式[5]：

$$W(x,y;y') = b_{1ss}(x^2+y^2)^2 + b_{2ss}y'x(x^2+y^2) + b_{3ss}y'^2x^2 + b_{4ss}y'^2(x^2+y^2) + b_{5ss}y'^3x \tag{2.55}$$

此处

$$\begin{cases} b_{1ss} = (l'/s)b_{1s} \\ b_{2ss} = 4db_{1ss} \\ b_{3ss} = 4d^2b_{1ss} \\ b_{4ss} = 2d^2b_{1ss} - \dfrac{n'(n'-n)}{4nrs^2} \\ \quad = \dfrac{1}{2}\left[b_{1s} - \dfrac{n'(n'-n)}{2nrs^2}\right] \\ b_{5ss} = 4d^3b_{1ss} - \dfrac{n'(n'-n)}{2nrs^2} \end{cases} \tag{2.56}$$

式中，b_{1ss}、b_{2ss}、b_{3ss}、b_{4ss} 和 b_{5ss} 分别表示孔径光阑在任意位置时，正常态的光学面的初级波球差、彗差、像散、场曲和畸变系数，(x,y) 为以点 O 为原点光瞳面上点 Q 的坐标。由式（2.46）知孔径光阑与折射球面重合时的球差系数 b_{1s}；由式（2.45）得出瞳中心高度系数：$d = \dfrac{r-l'+s}{l'+r}$。

式（2.56）第四式右边的第二项可写为 $b_{4ss} - b_{1s}/2$，表示 Petzval 场曲系数。微振态像差函数为

$$W(x,y;y'_\Delta) = b_{1ss}(x^2+y^2)^2 + b_{2ss}y'_\Delta x(x^2+y^2) + b_{3ss}y'^2_\Delta x^2 + b_{4ss}y'^2_\Delta(x^2+y^2) + b_{5ss}y'^3_\Delta x \tag{2.57}$$

此处，(x'_Δ, y'_Δ) 为以点 O'_Δ 为原点光瞳面上点 Q 的坐标。(x'_o, y'_o) 为以点 O'_o 为原点光瞳面上点 Q 的坐标。在该坐标下，点 O'_Δ 的坐标为 $(m\Delta, 0)$，m 为出瞳处倍率为

$$(x'_\Delta, y'_\Delta) = (x'_o - m\Delta, y'_o) \tag{2.58}$$

把式（2.57）代入式（2.55），得以点 O'_o 为原点的微振态光学面的像差函数：

$$\begin{aligned} W_{\text{dec}}(x'_o, y'_o; y'_\Delta) = & b_{1ss}\left[(x'_o - m\Delta)^2 + y'^2_o\right]^2 + b_{2ss}y'_\Delta(x'_o - m\Delta)\left[(x'_o - m\Delta) + y'^2_o\right] + \\ & b_{3ss}y'^2_\Delta(x'_o - m\Delta)^2 + b_{4ss}y'^2_\Delta\left[(x'_o - m\Delta)^2 + y'^2_o\right] + b_{5ss}y'^3_\Delta(x'_o - m\Delta) \end{aligned} \tag{2.59}$$

式（2.59）描述了有微振面的光学系统的初级像差。设参考球面曲率中心为点 B'_Δ 并通过点 O'_o，现考虑出瞳面上点 Q 处的像差。每个像差项可写为正常态像差加附加项。以光瞳面的坐标某阶数

的像差量贡献给所有低阶的微振态像差。例如球差贡献给彗差、像散、场曲和畸变。相似地，彗差也贡献像散、场曲和畸变，以此类推。当 Δ 很小时一些像差项中包括 Δ^2 和 Δ^3 的项可以略去。光线通过点 O 和 O' 光程差存在的 Δ^4 也略掉。经过忽略后由于偏心引起像差函数的变化可写为

$$\delta W_{\text{dec}} = W_{\text{dec}}(x,y;y'_\Delta) - W(x,y;y')$$

或

$$\begin{aligned}\delta W_{\text{dec}}(x,y,y') = & -(Mb_{2\text{ss}} + 4mb_{1\text{ss}})\Delta x(x^2 + y^2) - 2(Mb_{3\text{ss}} + mb_{2\text{ss}})\Delta y'x^2 - \\ & (2Mb_{4\text{ss}} + mb_{2\text{ss}})\Delta y'(x^2 + y^2) - [3Mb_{5\text{ss}} + 2m(b_{3\text{ss}} + b_{4\text{ss}})]\Delta y'h'^2 x\end{aligned} \quad (2.60)$$

此处，$W_{\text{dec}}(x,y;y'_\Delta)$ 为偏心面的像差，是在式（2.59）中以 (x,y) 取代式中的 (x'_o,y'_o) 得到的。式（2.58）描述光学面由于偏心产生的在点 Q 处附加像差，为了方便，以点 O'_0 为坐标原点，取 (x,y) 是点 Q 的坐标，以 y' 取代式（2.52）中的 y'_Δ。

显然有偏心面的系统的球差是不变的。式（2.60）右边的第一项与光瞳坐标有关，与初级彗差相同。可是，不同于初级彗差，其与像高 y' 无关，即对于一个包括轴上像点 A_0 扩展物体的整个像，其为一个常数。因此称之为轴上彗差。其系数与正常态系统的彗差和球差有关。除非 $b_{2\text{ss}}$ 和 $b_{1\text{ss}}$ 为零，或者 $b_{3\text{ss}} = -4(m/M)b_{1\text{ss}}$，该系数值不小于零。由式（2.60）可以得到相似的结论。根据其与光瞳坐标的关系，第二项是像散，第三项是场曲，最后一项是畸变。像散和场曲随 y' 变化，畸变随 y'^2 变化。这样，每个像差引入的变数 y' 的幂次是一个在公式中小于其顺序的值。因此，每一个像差项的像或物及光瞳坐标的幂次为 3，即一个名义上幂次小于 4 的初级像差。注意到除球差外，每一种初级像差引入了其本身类型的附加像差。如彗差引入附加彗差，像散引入附加像散等。一般，一个正常系统的初级像差为零，则其面有小的偏心将不引入任何附加像差。

在一个多光学面系统中，一个光学面的微振不只影响其本身的像差贡献，也影响其后面的光学面的像差贡献。当像点和出瞳中心的位置因微振面变化时其像点和入瞳中心位置相对另一个面（即使另外一个面不是微振的）也变化，其后面各光学面可用相似方式计算。由上述可知，一个或多个元件的偏心对像高的影响是不变的。

2.4.2 光学面的倾斜

设顶点在其子午平面（tangential plane）内旋转一个小角度 β，其曲率中心由 C 移动到点 C_β，如图 2.10 所示，则物点 B 的高度 y 和其像点 B' 的高度 y' 分别变为 y_β 和 y'_β。倾斜光学面对物点 B 所成的像为 B'_β，入瞳中心 O 被倾斜光学面所成的像为 O'_{tilt}。

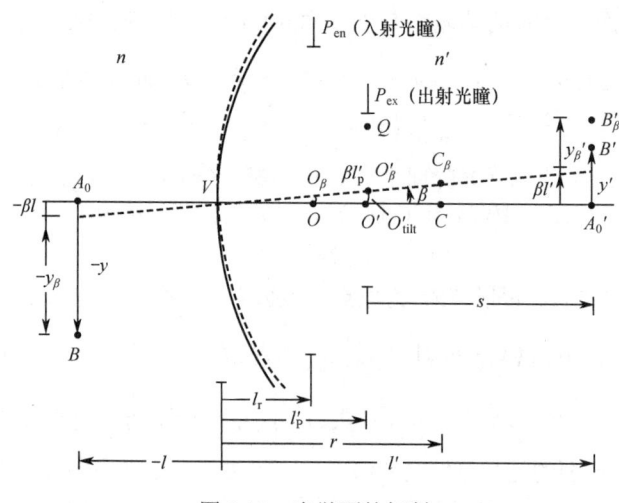

图 2.10　光学面的倾斜

在正常态位置物点 B 和其高斯像点 B' 相对于光轴 VC 的高度分别为 y 和 y'。当光学面倾斜时，点 B 的高斯像点移动到点 B'_β。相对于光学面的倾斜光轴，物点 B 的高度和像点 B'_β 的高度关系为

$$y_\beta = y - l\beta \tag{2.61}$$

以及

$$y'_\beta = My_\beta = y' - M\beta l \tag{2.62}$$

图 2.10 中 y 为负值，故 $y-\beta l$ 的高度小于 y；l 和 l' 分别为物距和像距；l_p 和 l'_p 分别为入瞳距和出瞳距。光学面偏心情况下像的位移为

$$B'B'_\beta = y'_\beta - (y' - l'\beta) = (l' - Ml)\beta \tag{2.63a}$$

由成像倍率公式 $M=nl'/n'l$ 高斯成像公式代入上式，可得

$$B'B'_\beta = (1-M)\beta r \tag{2.63b}$$

或

$$P'P'' = (1-M)\Delta_{\text{tilt-c}} \tag{2.63c}$$

此处，$\Delta_{\text{tilt-c}} = \beta R$ 是由于光学面的倾斜使曲率中心产生位移。

给定像高 y' 间隔时的光学面（参考球面中心位于 B'）对初级像差的贡献，用 y'_β 取代 y' 可得像高 y'_β（参考球面中心在 B'_β）对初级像差的贡献。这是以点 B' 为原点出瞳处的像差，点 O'_β 为微振光轴与入瞳的交点 O_β 的像点。点 O'_β 和点 O 是微振光学面轴上的共轭点。则微振面的出瞳中心位于 O_{tilt}，其为入瞳中心 O 的像。

设式（2.55）为正常光学面的初级像差函数，式（2.57）为以点 O'_β 为原点的倾斜面的像差函数，其中 y'_β 由式（2.62）给出。点 O'_β 相对于原点 O'_{tilt} 的坐标为 $(ml_p\beta, 0)$，l_p 为入瞳到光学面的距离，m 为光瞳之间的倍率。令入瞳上一点 Q 对于 O'_{tilt} 和 O'_β 为原点的坐标分别为 $(x'_{\text{tilt}}, y'_{\text{tilt}})$ 和 (x'_β, y'_β)。其间的关系为

$$(x'_\beta, y'_\beta) = (x'_{\text{tilt}} - ml\beta, y'_{\text{tilt}}) \tag{2.64}$$

把式（2.64）代入式（2.57），得到光学倾斜面相对于原点 A' 像差函数为

$$\begin{aligned} W_{\text{tilt}}(x'_{\text{tilt}}, y'_{\text{tilt}}; y'_\beta) &= b_{1ss}\left[(x'_{\text{tilt}} - ml\beta)^2 - y'^2_{\text{tilt}}\right]^2 + b_{2ss}y'_\beta(x'_{\text{tilt}} - ml\beta)\left[(x'_{\text{tilt}} - ml\beta)^2 - y'^2_{\text{tilt}}\right] \\ &= b_{3ss}y'^2_\beta(x'_{\text{tilt}} - ml\beta)^2 + b_{4ss}y'^2_\beta\left[(x'_{\text{tilt}} - ml\beta)^2 - y'^2_{\text{tilt}}\right] + b_{5ss}y'^3_{5ss}(x'_{\text{tilt}} - ml\beta) \end{aligned} \tag{2.65}$$

由于光学倾斜面的像差函数可写为

$$\delta W_{\text{tilt}}(x,y;y') = W_{\text{tilt}}(x,y;y'_\beta) - W(x,y;y') \tag{2.66}$$

此处，$W_{\text{tilt}}(x,y;y'_\beta)$ 为在式（2.64）中用 (x,y) 取代 $(x'_{\text{tilt}}, y'_{\text{tilt}})$。把式（2.55）、（2.62）和（2.65）代入式（2.66），略去 β 的高次项，得

$$\begin{aligned} \delta W_{\text{tilt}}(x,y;y') = &-(Mlb_{2ss} + 4ml_p b_{1ss})\beta x(x^2 + y^2) - 2(Mlb_{3ss} + ml_p b_{2ss})\beta y'x^2 - \\ &(2Mlb_{4ss} + ml_p b_{2ss})\beta y'(x^2 + y^2) - \left[3Mlb_{5ss} + 2ml_p(b_{3ss} + b_{4ss})\right]\beta y'^2 x \end{aligned} \tag{2.67}$$

比较式（2.67）和式（2.60）可得后者的结论能够用于此处。例如一个面的倾斜并不引入球差；引入的彗差与像高 y' 无关，即是轴上彗差；像散和场曲随 y' 变化，畸变随 y'^2 变化。显然，以 $Ml\beta$ 取代 $M\Delta$ 和 $ml_p\beta$ 取代 $m\Delta$，可以由式（2.60）得到式（2.67）。

2.4.3 间隔失调（despace）面

一个成像光学系统的光学面有纵向（longitudinal）位移，即沿着公共光轴移动。故物点移动了一定距离，像点也移动了相应的距离。设物点和像点的高度不变，而光瞳中心仍然在光轴上，光学面的

纵向移动为 Δ_d，像和出瞳分别移动了 $(1-n'M_2/n)\Delta_d$ 和 $(1-n'm^2/n)\Delta_d$，此处，n 和 n' 分别为该光学面物、像空间的折射率。光学面和出瞳到像平面的距离 l' 和 s 分别变为 $l'-(n'/n)M^2\Delta_d$ 和 $s-(n'/n)(M^2-m^2)\Delta_d$。以 l' 和 s 的新值取代正常面的像差式 (2.43) 中各个像差系数 (2.48) 中的 l' 和 s。可得到纵向位移或者是间隔失调面的像差。

在多光学面系统中，如一个面有位移，在该面后面的各个光学面入瞳到该面的距离均发生变化。每个面的像差贡献可以用与移动面相似的方式计算。在两镜系统中决定系统像差的面是不必计算的，可以由系统的像差决定间隔的变化。

2.5 两镜系统的理论基础

两镜系统主要是指两个反射镜组成的光学系统，其具有广泛的应用，反射镜比透镜容易得到大尺寸的材料；镀铝或介质膜的反射层，在很宽的波段范围内有很高的反射率；没有色差，因此，在大口径天文望远镜系统、红外或紫外光学系统中，两镜系统都有重要应用。在反射式天文望远镜的光学系统中，两镜系统占有重要地位。最早的是卡塞格林（Cassegrain）系统及格里高里（Gregory）系统。但两者都因为轴外像差没有校正，受到视场限制，为此，Chretien 提出了校正球差及彗差的改进的卡塞格林式系统。后来 Ritchey 予以实现，故称之均 R-C 系统。Makcytob 在稍后提出了校正球差及彗差的格里高里式系统。Schwarzschield 提出过同时消除球差、彗差及像面弯曲的系统。而 Cuder 提出了同时消除球差、彗差及像散的系统。

2.5.1 两镜系统的基本结构形式

两镜系统的基本结构如图 2.11 所示[12-14]，其中主镜是指面向平行光的镜面，实际上，主镜不一定是凹镜，次镜也不一定是凸镜，通过轮廓尺寸设计来决定。主镜和次镜都是二次曲面，其表达式可写为

$$y^2 = 2r_0x - (1-e^2)x^2$$

其中，e^2 为面形参数，是变量，可用于消像差；r_0 为镜面顶点的曲率半径。作为望远镜系统，应做两个假定：物体位于无限远，即 $l_1=-\infty$，$u_1=0$；光阑位于主镜上，即 $x_1=y_1=0$。

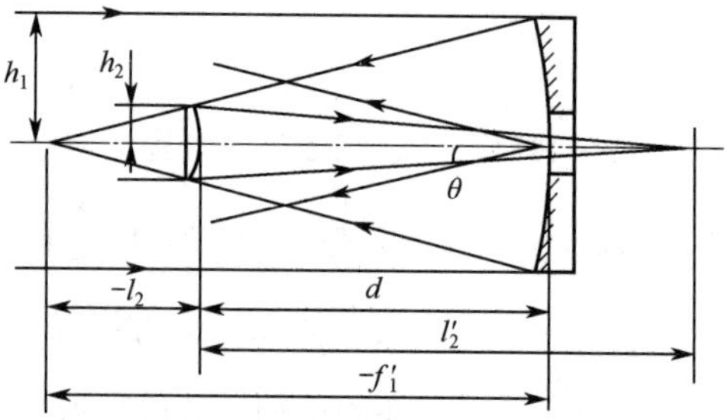

图 2.11 两镜系统的基本结构

再定义两个与轮廓尺寸有关的参数 α 及 β：

$$\alpha = \frac{l_2}{f_1'} = \frac{2l_2}{r_0} \approx \frac{h_2}{h_1} \qquad \beta = \frac{l_2'}{l_2} = \frac{u_2}{u_2'}$$

利用高斯光学公式还可以导出

$$r_{02} = \frac{\alpha\beta}{1+\beta}r_{01} \tag{2.68}$$

式中，r_{01} 为副镜离第一焦点的距离；α 表示副镜的遮光比；β 表示副镜的倍数；主镜的焦距乘以 β 即为系统的焦距，或主镜的 F 数乘以 β 的绝对值为系统的 F 数。

2.5.2 单色像差的表示式

球差、彗差、像散、像面弯曲及畸变这 5 种单色像差，其初级像差系数分别为 S_{I}、S_{II}、S_{III}、S_{IV} 及 S_{V}，初级像差理论给出单色像差和数的表示式为[5]

$$\begin{cases}\sum_{i=1}^{k}S_{\mathrm{I}}=\sum_{i=1}^{k}hP+\sum_{i=1}^{k}h^{4}B\\ \sum_{i=1}^{k}S_{\mathrm{II}}=\sum_{i=1}^{k}h_{z}P+J\sum_{i=1}^{k}W+\sum_{i=1}^{k}h^{3}h_{z}B\\ \sum_{i=1}^{k}S_{\mathrm{III}}=\sum_{i=1}^{k}\frac{h_{z}^{2}}{h}P+2J\sum_{i=1}^{k}\frac{h_{z}}{h}W+J^{2}\sum_{i=1}^{k}\frac{1}{h}\Delta\frac{u}{n}+\sum_{i=1}^{k}h^{2}h_{z}^{2}B\\ \sum_{i=1}^{k}S_{\mathrm{IV}}=\sum_{i=1}^{k}\frac{\varPi}{h}\\ \sum_{i=1}^{k}S_{\mathrm{V}}=\sum_{i=1}^{k}\frac{h_{z}^{3}}{h^{2}}P+3J\sum_{i=1}^{k}\frac{h_{z}^{2}}{h}W+J^{2}\sum_{i=1}^{k}\frac{h_{z}}{h}\left(\frac{3}{h}\Delta\frac{u}{n}+\frac{n'-n}{n'nr}\right)-J^{2}\sum_{i=1}^{k}\frac{1}{h^{2}}\Delta\frac{1}{n^{2}}+\sum_{i=1}^{k}hh_{z}^{3}B\end{cases} \quad (2.69)$$

其中，J 为拉赫不变量，且

$$P=\sum_{i=1}^{k}\left(\frac{\Delta u}{\Delta\frac{1}{n}}\right)^{2}\Delta\frac{u}{n} \quad W=-\sum_{k=1}^{k}\frac{\Delta u}{\Delta\frac{1}{n}}\Delta\frac{u}{n}$$

$$\sum_{i=1}^{k}\frac{n'-n}{hn'nr}=\sum_{n=1}^{M}\frac{\varphi}{nh}=\sum_{i=1}^{k}\frac{\varPi}{h} \quad B=-\frac{e^{2}}{r_{0}}\Delta n$$

e 为二次曲面的偏心率，r_0 是为顶点曲率半径。对于反射系统，$n_1=n_1'=1$，$n_1=n_2=-1$，令 $h_1=1$，$f'=1$ 及 $\theta=-1$，可得 $f'=1/\beta$，$u_1'=u_2=\beta$，$u_2'=1$，$J=1$，$y_2=-(1-\alpha)/\beta$，$r_{02}=2\alpha/(\beta+1)$。即两镜系统共有四个自由参数：e_1^2，e_2^2，α，β。由此得

$$P_1=-\frac{\beta^3}{4}, \quad P_2=\frac{(1-\beta)^2(1+\beta)}{4}; \quad W_1=\frac{\beta}{2}, \quad W_2=\frac{1-\beta^2}{2};$$

$$\varPi_1=\beta, \quad \varPi_2=-(1+\beta); \quad \phi_1=-\beta, \quad \phi_2=\frac{1+\beta}{\alpha};$$

$$B_1=\frac{e_1^2}{4}\beta^3, \quad B_2=-\frac{e_2^2(1+\beta^2)}{4\alpha^2}$$

将这些值代入像差和数表示式中得出

$$\begin{cases}S_{\mathrm{I}}=\left[\frac{\alpha(\beta-1)^2(\beta+1)}{4}-\frac{\alpha(\beta+1)^3}{4}e_2^2\right]-(1-e_1^2)\\ S_{\mathrm{II}}=\frac{1-\alpha}{\alpha}\left[\frac{\alpha(\beta+1)^2}{4\beta}e_2^2-\frac{\alpha(\beta-1)^2(\beta+1)}{4\beta^2}\right]-\frac{1}{2}\\ S_{\mathrm{III}}=\left(\frac{1-\alpha}{\alpha}\right)\left[\frac{\alpha(\beta+1)^2}{4\beta}e_2^2-\frac{\alpha(\beta-1)^2(\beta+1)}{4\beta^2}\right]-\\ \quad\frac{1}{2}\frac{(1-\alpha)(\beta+1)(\beta-1)}{\alpha\beta}-\frac{\alpha\beta-\beta-1}{\alpha}\\ S_{\mathrm{IV}}=\beta-\frac{1+\beta}{\alpha}\\ S_{\mathrm{V}}=\left(\frac{1-\alpha}{\alpha}\right)^3\left[\frac{\alpha(\beta+1)^3}{4\beta^3}e_2^2-\frac{\alpha(1-\beta)^2(\beta-1)}{4\beta^3}\right]-\\ \quad\frac{3}{2}\frac{(1-\alpha)^2(1+\beta)(\beta-1)}{\alpha^2\beta^2}-\frac{2(1-\alpha)(1+\beta)}{\alpha^2\beta}\end{cases} \quad (2.70)$$

2.5.3 消像差条件式

容易看到在 5 种像差和数表示式中共有 4 个自由参数，即 e_1^2，e_2^2，α，β；确定这种系统最多能同时消 4 种像差，可以解出消像差的组合有 29 组。

有 5 组可以单独消除一种像差。在有 4 个参数的情况可以自由决定的还有 3 个，这只对 $S_\mathrm{I}=0$ 的情况是正确的。因为当入瞳在第一镜面上时，该镜面的非球面化对轴外像差不起作用，故 e_1^2 就从这些条件式中消失，当要求 $S_\mathrm{IV}=0$ 时，只存在 α 与 β 的依赖关系，可得平像场条件：$r_{01}=r_{02}$。

有 10 组是联合消除两种像差，4 个变数应该同时满足各组中的两个方程。例如同时消球差与彗差，满足等晕条件的系统。如用式（2.70），令 $S_\mathrm{I}=S_\mathrm{II}=0$，则

$$\begin{cases} e_1^2 = 1 + \dfrac{2\alpha}{(1-\alpha)\beta^2} \\ e_2^2 = \dfrac{\dfrac{2\beta}{1-\alpha}+(1+\beta)(1-\beta)^2}{(1+\beta)^3} \end{cases} \quad (2.71)$$

有 6 组是联合消除三种像差的条件，其中 3 个变数的 α、e_1^2、e_2^2 都可用 β 的显函数表示。例如，令式（2.70）中 $S_\mathrm{I}=S_\mathrm{II}=S_\mathrm{III}=0$，则

$$\begin{cases} \alpha = 2\beta+1 \\ e_1^2 = 1 - \dfrac{2\beta+1}{\beta^3} \\ e_2^2 = \dfrac{\beta(\beta^2-\beta-1)}{(\beta+1)^3} \end{cases} \quad (2.72)$$

又如，令 $S_\mathrm{I}=S_\mathrm{II}=S_\mathrm{IV}=0$，则

$$\begin{cases} \alpha = \dfrac{\beta+1}{\beta} \\ e_1^2 = 1 - \dfrac{2(1+\beta)}{\beta^2} \\ e_2^2 = \dfrac{\beta^3-3\beta^2-\beta+1}{(1+\beta)^2} \end{cases} \quad (2.73)$$

还有 4 组可消除 4 种像差。假设入瞳在第一镜面上，根据像差理论[7]，当 $S_\mathrm{I}\neq 0$ 时，e_1^2 的变化不改变轴外像差而失去了作用。当要求 $S_\mathrm{I}=0$ 时，e_1^2 对应一定的值而得到四组同时消除 4 种像差的解。

（1）$S_\mathrm{I}=S_\mathrm{II}=S_\mathrm{III}=S_\mathrm{IV}=0$

$$\text{(a)}\begin{cases} \beta = 0.707\,11 \\ \alpha = 2.414\,21 \\ e_1^2 = -5.824\,8 \\ e_2^2 = -0.171\,6 \end{cases} \qquad \text{(b)}\begin{cases} \beta = -0.707\,11 \\ \alpha = -0.414\,21 \\ e_1^2 = -0.171\,6 \\ e_2^2 = -5.824\,8 \end{cases} \quad (2.74)$$

（2）$S_\mathrm{I}=S_\mathrm{II}=S_\mathrm{III}=S_\mathrm{V}=0$

$$\text{(a)} \begin{cases} \beta = 0 \\ \alpha = 1 \\ e_1^2 = -\infty \\ e_2^2 = 0 \end{cases} \quad \text{(b)} \begin{cases} \beta = -0.667 \\ \alpha = -0.333 \\ e_1^2 = -0.125 \\ e_2^2 = -2 \end{cases} \quad \text{(c)} \begin{cases} \beta = \pm\infty \\ \alpha = -0.333 \\ e_1^2 = 1 \\ e_2^2 = 1 \end{cases} \quad (2.75)$$

(3) $S_\text{I} = S_\text{II} = S_\text{IV} = S_\text{V} = 0$

$$\text{(a)} \begin{cases} \beta = 0.474 \\ \alpha = 3.110 \\ e_1^2 = -12.102 \\ e_2^2 = -0.013 \end{cases} \quad \text{(b)} \begin{cases} \beta = -0.685 \\ \alpha = -0.460 \\ e_1^2 = -0.343 \\ e_2^2 = -1.378 \end{cases} \quad \text{(c)} \begin{cases} \beta = -1.539 \\ \alpha = 0.350 \\ e_1^2 = 1.455 \\ e_2^2 = 52.622 \end{cases} \quad (2.76)$$

(4) $S_\text{I} = S_\text{III} = S_\text{IV} = S_\text{V} = 0$

$$\text{(a)} \begin{cases} \beta = -0.640 \\ \alpha = -0.562 \\ e_1^2 = -1.072 \\ e_2^2 = 0 \end{cases} \quad \text{(b)} \begin{cases} \beta = 0.390 \\ \alpha = 3.564 \\ e_1^2 = -30 \\ e_2^2 = 0 \end{cases} \quad (2.77)$$

(5) 参数 α 及 β。根据一个系统中 α 及 β 的数值的正负,可以判断其结构共有 8 种:如表 2.1 所示。由表可知,判断系统的会聚或发散,可以根据主镜焦距的正负号及 α 与 β 的正负号来定。当三者的乘积为正时为会聚系统,乘积为负时为发散系统。当主镜为凹面时,其焦距为负值,凸面时为正值,或者说,当主镜为凹面时,α 与 β 异号为会聚系统,同号为发散系统,当主镜为凸面时,α 与 β 异号为发散系统,同号为会聚系统。要注意,主镜为凸面时,副镜不可能小于主镜,因为这时主镜有虚焦点,副镜不可能置于主镜的右方。

表 2.1 根据 α 及 β 的正负号判断系统的 8 种结构

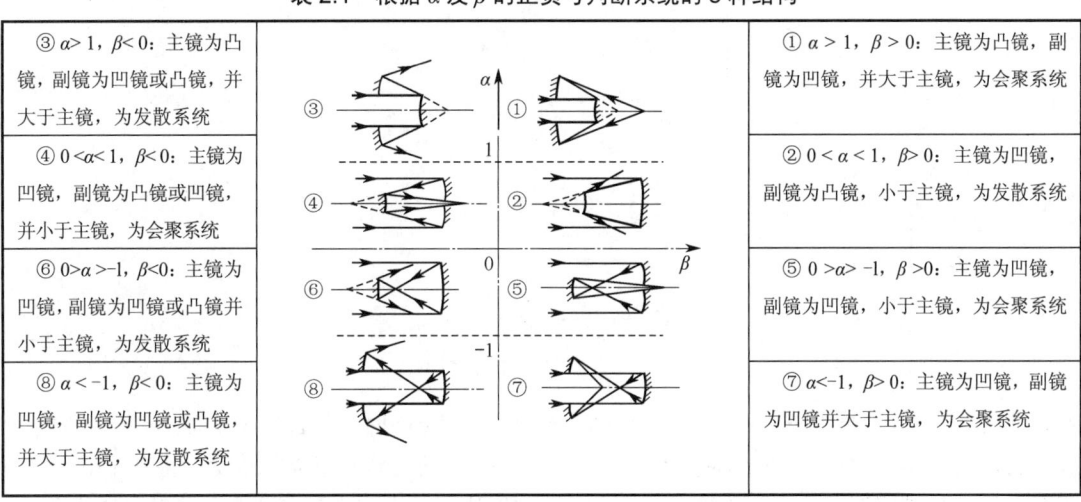

③ $\alpha > 1$,$\beta < 0$:主镜为凸镜,副镜为凹镜或凸镜,并大于主镜,为发散系统	① $\alpha > 1$,$\beta > 0$:主镜为凸镜,副镜为凹镜,并大于主镜,为会聚系统
④ $0 < \alpha < 1$,$\beta < 0$:主镜为凹镜,副镜为凸镜或凹镜,并小于主镜,为会聚系统	② $0 < \alpha < 1$,$\beta > 0$:主镜为凹镜,副镜为凸镜,小于主镜,为发散系统
⑥ $0 > \alpha > -1$,$\beta < 0$:主镜为凹镜,副镜为凹镜或凸镜并小于主镜,为发散系统	⑤ $0 > \alpha > -1$,$\beta > 0$:主镜为凹镜,副镜为凹镜,小于主镜,为会聚系统
⑧ $\alpha < -1$,$\beta < 0$:主镜为凹镜,副镜为凹镜或凸镜,并大于主镜,为发散系统	⑦ $\alpha < -1$,$\beta > 0$:主镜为凹镜,副镜为凹镜并大于主镜,为会聚系统

2.5.4 常用的两镜系统

可能构造出的消像差的两镜系统很多,但并不是都有实际意义。根据前人的分析在具有实用意义的两镜系统中,主要介绍如下几种:经典卡塞格林系统、格里高里系统、R-C 系统及马克苏托夫(Makcytob)系统、等晕系统、库特(Cuder)系统及同心系统,史瓦西尔德(Schwarzschild)

系统是一个无焦系统。

这里，先引进一个计算两镜之间距离 d 的公式：
$$d = f_1'(1-\alpha) \tag{2.78}$$

其中，f' 为主镜的焦距，在表 2.1 中，平行光从左边射向右边，d 总为负值，因为从主镜到副镜总是从右到左，分析式（2.78）也能得到同样的结论。

2.6 二次圆锥曲面及其衍生高次项曲面

二次圆锥曲面及其衍生高次项曲面光学元件是在非球面应用中比较广泛的一类，包括透镜、反射镜、校正器等。下面以等光程条件来分析。

2.6.1 消球差的等光程折射非球面

球面单透镜在空气中对物体成像，将产生一定的球差，如果采用非球面，则可以使球差得到消除。如图 2.12 所示，将光轴设为 x 轴，物体位于无限远，光线入射到曲面上的折射点为 $P(x,y)$，曲面要求消球差。根据费马原理，满足等光程的要求，即近轴光线的光程与远轴光线光程应恒等。显然这样的曲面方程为

$$n'f' = nx + n'\sqrt{(f'-x)^2 + y^2}$$

或

$$\left(1 - \frac{n^2}{n'^2}\right)x^2 + y^2 - 2\left(1 - \frac{n}{n'}\right)f'x = 0 \tag{2.79}$$

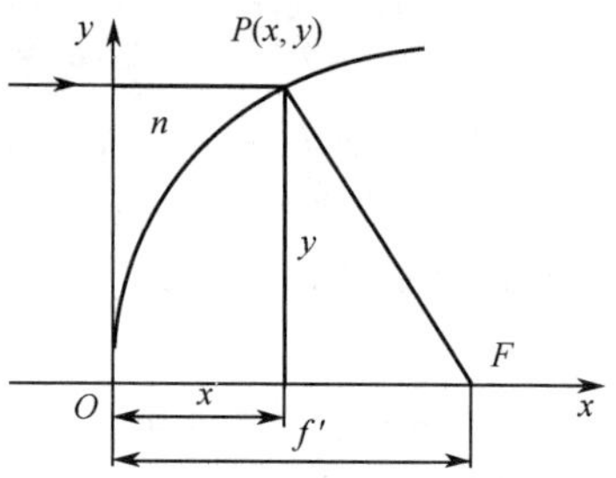

图 2.12 对无限远物消球差的等光程面示意图

经整理得

$$\left[x + \frac{f'}{\frac{n}{n'}+1}\right]^2 - \frac{y^2}{\frac{n^2}{n'^2}-1} = \frac{f'^2}{\left(\frac{n}{n'}+1\right)^2} \tag{2.80}$$

令 $x' = x + \dfrac{f'}{\frac{n}{n'}+1}$，则有

$$x'^2 - \frac{y^2}{\frac{n^2}{n'^2}-1} = \frac{f'^2}{\left(\frac{n}{n'}+1\right)^2} \tag{2.81}$$

由此可见，当 $f'>0$ 情况下：$n'>n$ 时，曲面为椭球面；$n'<n$ 时，曲面为双曲面；$n'=-n$ 时（反射情况），曲面为抛物面。由上述非球面与一个球心在 F 处的球面组成的透镜，将对无限远物体在 F 处成一个理想像。将光学系统的最后一面非球面化，可以校正系统球差，改善像点质量。

1）消球差等光程反射面

图 2.13 中，轴上物点 A，经反射面后成理想像于点 A'，按等光程原理有

$$a + a' = l + l'$$

即

$$\sqrt{(l-x)^2 + y^2} + \sqrt{(l'-x)^2 + y^2} = l + l'$$

展开后经整理得

$$y^2 = \frac{4ll'}{l+l'}x - \frac{4ll'}{(l+l')^2}x^2 \quad (2.82)$$

可见，消球差的等光程面仍是二次曲面。当物体在无限远时，曲面为抛物面 $y^2 = 4l'x$；当 $l = -l'$ 时，得到的是平面 $x^2 = 0$；当 $l = l'$ 时，曲面为球面 $y^2 = 2lx - x^2$；当 $l \neq l'$ 且同号时为椭球面，异号时为双曲面。

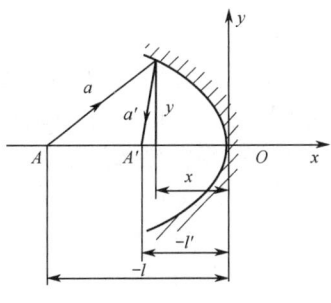

图 2.13　消球差等光程反射面

2）反射面应用

反射镜面多用二次圆锥曲面。其中，天文望远镜要求的视场比较小，主要观察对象基本上位于光轴上，所以大型天文望远镜多利用上述等光程反射面，构成对轴上点等光程的反射镜系统，在传统上有牛顿系统、格里高里系统和卡塞格林系统三种类型，分别如图 2.14（a）、（b）、（c）所示。牛顿系统由一个抛物面主镜和一块与光轴成 45°的平面反射镜构成。格里高里系统由一个抛物面主镜和一个椭球面副镜构成。卡塞格林系统由一个抛物面主镜和一个双曲面副镜构成。它的系统长度短，同时主、副镜的场曲符号相反，有利于扩大视场，目前卡塞格林系统应用较多。

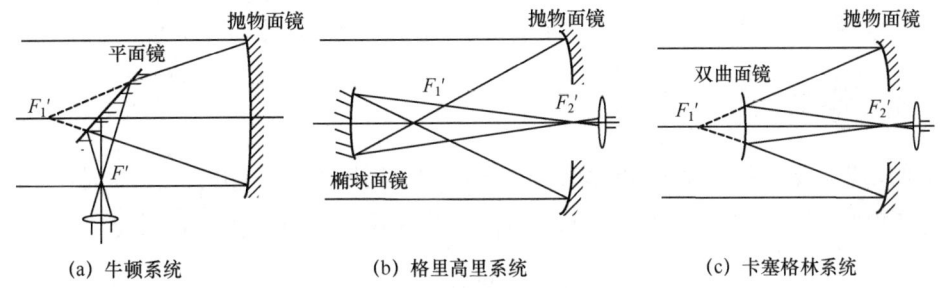

(a) 牛顿系统　　　　(b) 格里高里系统　　　　(c) 卡塞格林系统

图 2.14　三种传统的天文望远镜光学系统示意图

2.6.2　经典卡塞格林系统

1) 卡塞格林系统消像差要求

经典卡塞格林系统应用最广，其主要特点是只要求消除球差，主镜为抛物面，即 $e_1^2 = 1$。使式（2.70）第一式中令 $S_\mathrm{I}=0$，$e_1^2 = 1$，得

$$e_2^2 = \frac{(1-\beta)^2}{(1+\beta)^2} \quad (2.83)$$

即副镜的偏心率 e 只与副镜放大率有关，卡塞格林系统的副镜是凸面，其将主镜焦距放大，故 $\beta < -1$。从式（2.83）中可知，当 $\beta < -1$ 时，e_2^2 恒大于 1，故卡塞格林系统的副镜是凸的双曲面。将式（2.83）代入式（2.70）中的第二式，可得 $S_\mathrm{II}=1/2$ 即经典卡塞格林系统的彗差系数恒为 1/2，和单个抛物面相同，其子午彗差表达式为

$$\delta_g' = \frac{3}{16}A^2 f'\omega = \frac{3}{16}A^2 y' \quad (2.84)$$

其中，A 为相对口径，ω 为半视场角（弧度），f' 为系统焦距，y' 为像高。根据式（2.84）可以算出经典卡塞格林系统的子午彗差像斑尺寸。

2）高次曲面的应用

为了扩大系统的视场，可以把主镜和副镜做成高次曲面，代替原来的二次曲面。这种系统的缺点是主镜焦面不能独立使用，因为没有单独校正主镜焦点处像差，而是和副镜一起校正的。同时也不能用更换副镜来改变系统的组合焦距。这种高次非球面系统目前广泛地用在远红外激光的发射和接收系统，可以获得较大的视场。

例如，典型的卡塞格林系统主镜为抛物面，副镜为双曲面，只能校正球差。如果将主镜也改为双曲面，则可校正两种像差，如球差和彗差，视场就可增大。但为了进一步增大视场，则还须校正场曲、像散和畸变。这就需要在像方加一组至少由两片透镜组成的透镜组，称之为场镜。场镜的光焦度与主镜、次镜的光焦度匹配以校正场曲，利用镜面弯曲可以校正两种像差，主要是像散和畸变。但为校正高级轴外像差，主要是高级像散，而靠场镜的复杂化难以得到解决，则不得不在场镜上增加一个非球面。

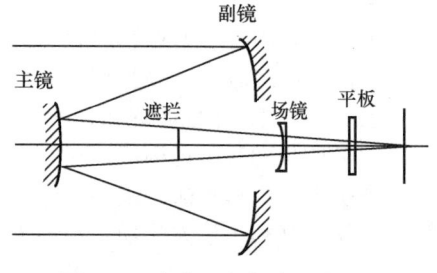

图 2.15 含有三个高次非球面的卡塞格林系统

图 2.15 所示是一种含有三个高次非球面的卡塞格林系统，焦距为 2.8 m，F/5.6，视场为 3.2°，总长约为 1 m，主镜、副镜为 6 次非球面镜，场镜最后一面为 4 次非球面，成像质量接近衍射极限，畸变也得到了校正。

2.6.3 格里高里系统

经典的格里高里系统主镜是凹的抛物面，即 $e_1^2 = 1$，副镜位于主镜焦点之后，是凹的椭球面，且将主镜焦距放大，即 $0 > \alpha > -1$，$\beta > 1$。将 $e_1^2 = 1$ 代入式（2.70）第一式得到

$$e_2^2 = \frac{(1-\beta)^2}{(1+\beta)^2}$$

因 $\beta > 1$，故 e_2^2 总小于 1 而大于 0，由式（2.68）知，当 α 是负值和 β 是正值时，r_2 与 r_1 异号，所以副镜是凹椭球面。再将 e_2^2 代入式（2.72）中 S_{II} 式，也得到 $S_{II} = -1/2$，所以格里高里系统的彗差系数与卡塞格林系统相同，为 -1/2，所不同的是，卡塞格林系统得到的是倒像，而后者因两次成实像而得到的是正像。

2.6.4 只消球差的其他特种情况

由式（2.72）中 $S_I = 0$ 的条件，有如下情况：

（1）若令 $e_1^2 = 0$，即主镜取球面，则有

$$e_2^2 = \frac{-\beta^3 + \alpha(1-\beta)^2(1+\beta)}{\alpha(1+\beta)^2} \tag{2.85}$$

令 $\beta = -3$，$e_1^2 = 0$ 计算不同 α 量时的 e_2^2，可得表 2.2。由表 2.2 可知，在比较合理的副镜遮光比时，副镜总是扁球面（$e_2^2 < 0$）。

（2）若令 $e_2^2 = 0$，即副镜取球面，则

$$e_2^2 = \frac{\beta^3 - \alpha(1-\beta)^2(1+\beta)}{\beta^3} \tag{2.86}$$

也令 $\beta=-3$,计算不同 α 值时的 e_1^2,得表2.3。从表2.3可知,在遮光比合理时,主镜总是椭球面。

(3) 由表2.2及表2.3知,在 $\alpha=0.843\,75$ 时,e_1^2 及 e_2^2 均等于零,即主、副镜都是球面。也可以从比较式(2.85)及式(2.86)看出,其分子只差一个符号,若令式(2.85)或式(2.86)的分子为零,则得到同一个 α 与 β 的关系式

$$\alpha = \frac{\beta^3}{(1-\beta)^2(1+\beta)} \tag{2.87}$$

所以可以得出结论:存在着一对 α 和 β,可以使 e_1^2 及 e_2^2 均等于零。根据式(2.87)计算不同 β 值所对应的 α 值,列于表2.4及表2.5。

表2.4表示主镜为凹面,副镜为凸面的情形,这时,当 $\beta=-3$,α 近于极小值,表2.5表示主镜为凸面,副镜为凹面,该系统有实焦点。

表2.2 $\beta=-3$, $e_1^2=0$ 情形		表2.3 $\beta=-3$, $e_2^2=0$ 情形		表2.4 $e_1^2=e_2^2=0$ 情形1		表2.5 $e_1^2=e_2^2=0$ 情形2	
α	e_2^2	α	e_1^2	β	α	β	α
0.1	−29.75	0.1	0.881 48	−1	∞	1	∞
0.2	−12.875	0.2	0.762 96	−2	0.888 89	2	2.666 67
0.3	−7.25	0.3	0.644 44	−2.9	0.843 94	3	1.687 50
0.4	−4.437 5	0.4	0.525 93	−3	0.843 75	4	1.422 22
0.5	−2.75	0.5	0.407 41	−3.1	0.843 91	5	1.302 08
0.6	−1.625	0.6	0.288 89	−4	0.853 33	6	1.234 29
0.7	−0.821 43	0.7	0.190 37	−5	0.868 06	7	1.190 97
0.8	−218 75	0.8	0.051 85	−6	0.881 63		
0.843 75	0	0.843 75	0				
0.9	0.25	0.9	−0.066 67				
1.0	0.625	1.0	−0.185 19				

如两镜系统只要求消球差,可以令主镜为球面,或令副镜为球面;也可以使二者都取球面。如主、副镜都取球面,而副镜又要小于主镜,则在 $\alpha=0.843\,75$,$\beta=-3$ 时有最小遮光比,并可算得 $S_{\text{II}}=-0.916$,比卡塞格林系统的彗差大了近一倍。这个系统避免了用非球面,口径不大,适用于不强调中心遮光,且视场很小的系统。

2.6.5 R-C(Ritchey-Chrétien)系统及马克苏托夫系统

1) R-C 系统

R-C 系统即卡塞格林型的等晕系统,根据 $S_{\text{I}}=S_{\text{II}}=0$ 的条件,即式(2.71),若其第一式中 $1>\alpha>0$,即副镜在主镜焦点之前,则 e_1^2 恒大于1,即总是双曲面,且 $|\beta|$ 越大,e_1^2 越接近于1。另外,$\beta<-1$ 时为卡塞格林型,e_2^2 也总是大于1,也是双曲面。所以说R-C系统的主、副镜都是双曲面镜,R-C系统如图2.16所示。

2) 马克苏托夫(Maksutov)系统

马克苏托夫系统即格里高里型的等晕系统,在式(2.71)的第一式中若 $0>\alpha>-1$,即副镜在主镜焦点之后。$\beta>1$ 时,则 e_1^2 小于1且大于0,则主镜是椭球面,计算式(2.71)的第二式可知,e_2^2 大于零而小于1,即副镜也是椭球面。表2.6和表2.7分别列出了设 $\alpha=-0.3$ 和 $\alpha=-0.4$ 时,不同 β 值对应的 e_2^2 值。马克苏托夫系统如图2.17所示。

表 2.6 $\alpha=-0.3$ 时不同 β 值对应的 e_2^2 值

β	e_2^2
1	0.192 31
2	0.225 07
3	0.322 12
4	0.409 23
5	0.480 06
6	0.537 12
7	0.583 53
8	0.621 82
9	0.653 85
10	0.680 98

表 2.7 $\alpha=-0.4$ 时不同 β 值对应的 e_2^2 值

β	e_2^2
1	0.178 57
2	0.216 93
3	0.316 96
4	0.405 71
5	0.477 51
6	0.535 19
7	0.582 08
8	0.620 62
9	0.652 86
10	0.680 15

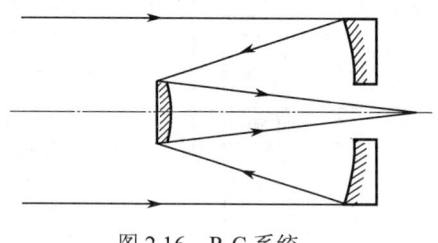

图 2.16 R-C 系统

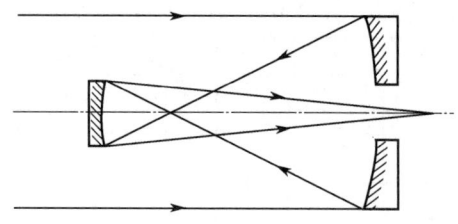

图 2.17 马克苏托夫系统

下面比较经典卡塞格林系统、格里高里系统与 R-C 系统、马克苏托夫系统的像散。将 $e_2^2 = \dfrac{(1-\beta)^2}{(1+\beta)^2}$ 代入式（2.70）中 S_{III} 的表达式，得经典卡塞格林系统及格里高里系统的象散系数

$$S_{\mathrm{III}} = -\frac{(1-\alpha)(\beta+1)(\beta-1)}{\alpha\beta} - \frac{\alpha\beta-\beta-1}{\alpha} \tag{2.88}$$

将

$$e_2^2 = \frac{\dfrac{2\beta}{1-\alpha}+(1+\beta)(1-\beta)^2}{(1+\beta)^2}$$

代入式（2.70）中 S_{III} 的表达式，得 R-C 系统及马克苏托夫系统的像散系数为

$$S_{\mathrm{III}} = -\frac{1-\alpha}{2\alpha\beta} - \frac{(1-\alpha)(\beta+1)(\beta-1)}{\alpha\beta} - \frac{\alpha\beta-\beta-1}{\alpha} \tag{2.89}$$

由式（2.88）及式（2.89）知，两者后两项相同。式（2.89）中的 $-(1-\alpha)/2\alpha\beta$ 对于一般的卡塞格林系统，即 $0<\alpha<1$，$\beta<-1$，此值总是正值。而式（2.88）总是正值时，等晕系统中的 S_{III} 比经典系统要增加一些，此量随 α 及 $|\beta|$ 增大而变小。以 $\alpha=0.3$，$\beta=-3$ 代入式（2.88）及式（2.89），得

$S_{\mathrm{III}}=2.55$（经典卡塞格林系统）

$S_{\mathrm{III}}=2.94$（等晕卡塞格林系统）

此时等晕系统的 S_{III} 比经典系统增加了 15.2%。

2.6.6 等晕系统的特殊情况

（1）令式（2.71）中 $e_1^2=0$，即主镜取球面，可得

$$\beta = \sqrt{\frac{2\alpha}{\alpha-1}} \qquad (2.90)$$

由此式可知：$0<\alpha<1$ 时，无解；$\alpha<0$ 时，β 有解；当 $-1<\alpha<0$，则 $|\beta|<1$，即副镜放大率一定小于 1。例如：

设 $\alpha=-0.2$，则 $\beta=0.577\,35$，$e_2^2=0.316\,99$；

设 $\alpha=-0.3$，则 $\beta=0.679\,37$，$e_2^2=0.257\,13$。

从以上的 e_2^2 值可知，副镜是一个偏离球面不大的椭球面，从加工角度看是有利的，但是要注意到 β 小于 1，系统焦点很靠近副镜，深藏在镜筒内是不方便的，按比例画出此系统如图 2.18 所示。

（2）若令式（2.71）中 $e_2^2=0$，即副镜取球面，可得

$$\alpha = 1 + \frac{2\beta}{(1+\beta)(1-\beta)^2} \qquad (2.91)$$

计算几个不同的 β 值对应的 α 值及 e_1^2 和 r_0，列于表 2.8。从表可知，这是一个副镜大于主镜的系统。最后一组表示主镜也是球面，且两个球面球心重合，并此时 S_{III} 也等于零，这个系统以后还要讨论到。这种系统如图 2.19 所示。

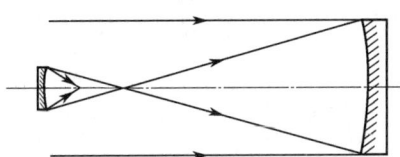
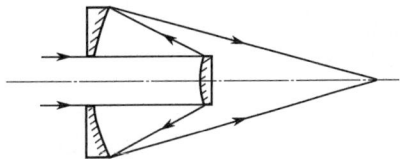

图 2.18　主镜为球面，副镜为近椭球面　　图 2.19　主镜和副镜均为球心重合的球面

表 2.8　$e_2^2 = 0$

β	α	e_1^2	r_{20}
3	1.375	0.185 18	$1.031\,25r_{10}$
2.5	1.634 92	0.176	$1.167\,80r_{10}$
2	2.333 33	0.125	$1.555\,6\,r_{10}$
1.618 034	4.236 07	0	$2.618\,03r_{10}$

（3）令式（2.71）中 $\beta=-1$，得

$$e_1^2 = 1 + \frac{2\alpha}{1-\alpha}, \quad e_2^2 = \infty, \quad r_{02} = \infty$$

$e_2^2=\infty$ 是一个极限情况的双曲面，似乎没有实际意义，但这时 r_2 也为 ∞，实际上副镜是一个"变了形"的平面镜。马克苏托夫第一次提到这种等晕反射系统[5]时说，它的主要缺点是副镜遮光比必须很大才能将焦点引出主镜背后，否则焦点只能缩在镜筒里面，以 $\beta=-1$ 代入式（2.70）中的 S_{III} 式，得 $S_{\text{III}}=1$，与 α 无关，它的像散比 R-C 系统及经典卡塞格林系统都要小很多，只要 $0<\alpha<1$，它的主镜总是双曲面。

2.6.7　库特（Cuder）系统及同心系统

（1）根据 $S_{\text{I}}=S_{\text{II}}=S_{\text{III}}=0$ 的条件，即式（2.72），由其中式 $\alpha=2\beta+1$ 可知，当 $0<\alpha<1$ 时，β 满足 $-1<\beta<0$。或者说副镜总是将主镜焦距缩短而物点和像点在副镜的两侧。再根据式（2.68），可知 r_{01} 与 r_{02} 必定异号，即两个都是凹镜（假定主镜是凹面）。以不同的 α 值代入式（2.72）的第一式求出 β 值，再计算副镜到系统焦点之距离 l_2' 及两镜间距离 d（见表 2.9）。为了分析方便，取

主镜焦距为单位，$f_1'=1$。

表 2.9 库特（Cuder）系统及同心系统有关参量

α	β	l_2'	d	α	β	l_2'	d
0.2	−0.4	−0.08	0.8	0.9	−0.05	−0.045	0.1
0.4	−0.3	−0.12	0.6	0.95	−0.025	−0.023 75	0.05
0.6	−0.2	−0.12	0.4	0.99	−0.005	−0.004 95	0.01
0.8	−0.1	−0.08	0.2	—	—	—	—

从表 2.9 可看到 d 值始终大于 l_2' 的绝对值，故可以得出结论：库特系统的焦点不可能引出至主镜后面。库特系统的一般形状如图 2.20 所示。

（2）若令式（2.72）中 e_1^2 及 e_2^2 均为 0，都可解出 $\beta=1.618\ 034$，这是一个巧合，主、副镜均为球面时有解，但这时对应的 $\alpha=4.236\ 068$，由此知副镜一定大于主镜，且两者同号。这个系统的形状如图 2.21 所示。将 α 及 β 之值代入式（2.68），得 $r_{02}=2.618\ 034\ r_{01}$，即 $r_{02}-r_{01}=1.618\ 034 r_{01}$。再根据式（2.78）可求得两镜间距离 $d= =1.618\ 034 r_{01}$，即 $d=-(r_{02}-r_{01})$，两镜间距离等于两镜曲率半径之差，即两镜的曲率中心相重合。这就是所谓同心系统，最早用作反射式显微镜物镜，后来在其他场合也有应用。

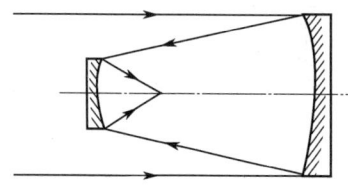
图 2.20 库特系统的一般形状

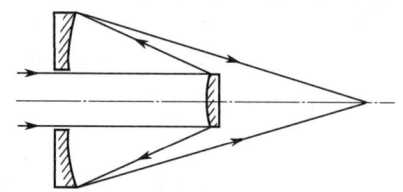
图 2.21 主、副镜均为球面的同心系统

2.6.8 史瓦希尔德（Schwarzschield）系统

根据 $S_{\text{I}}=S_{\text{II}}=S_{\text{IV}}=0$ 的条件，即式（2.73），以其第一式代入式（2.68），得 $r_{02}=r_{01}$，即所谓平像场条件，主镜与副镜曲率半径相等。若以主镜焦距为单位，即令 $f_1'=1$，从图 2.22 知，从主焦点到系统焦点之间的距离为 $\alpha-\alpha\beta$，此值若小于 1，则系统焦点在主镜与副镜之间（见表 2.10）。

表 2.10 史瓦希尔德（Schwarzschield）系统的有关参量

α	β	$\alpha-\alpha\beta$	α	β	$\alpha-\alpha\beta$
0.1	−1.11	0.21	0.4	−1.666 7	1.066
0.2	−1.25	0.45	0.45	−1.818 2	1.268 2
0.3	−1.428 6	0.728 6	0.5	−2	1.6

从表 2.2 可以看出，只有当副镜遮光比相当大时，才能将系统焦点引到主镜后面，这个系统实际上是 R-C 系统加一个 $S_{\text{IV}}=0$ 的条件，理应符合 R-C 的解，验证：以 $\alpha=0.4$，$\beta=-1.666\ 7$ 代入式（2.73）求得

$$e_1^2=1.48,\ e_2^2=34.749\ 997$$

代入式（2.71）可得

$$e_1^2=1.48,\ e_2^2=34.749\ 997$$

所以也可以说，这是一个平像场的 R-C 系统。

2.6.9 一个消四种初级像差 ($S_I = S_{II} = S_{III} = S_{IV} = 0$) 的系统

在式（2.74）的两组解中，第一组是一个副镜大于主镜的消球差、彗差和像散的平像场系统。按比例画出其结构如图 2.22 所示，可用作反射式显微镜头。式（2.74）中的第二组是发散系统。

2.6.10 无焦系统

式（2.75）的三组解中，前两组解没有实际意义。第三组解为无焦系统，以平行光射入和射出，其结构如图 2.23 所示，有实际用途，如用作激光扩束系统。它的主镜和副镜都是抛物面，副镜的口径及焦距为主镜的三分之一。

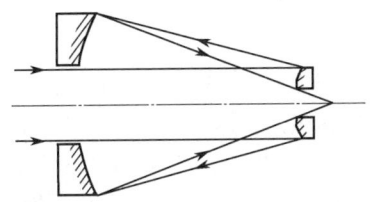

图 2.22 史瓦希尔德（Schwarzschield）系统结构

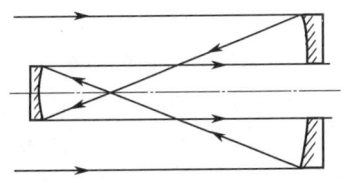

图 2.23 无焦系统光学结构

2.7 两镜系统的具体设计过程[15]

两反射镜系统的最大优点是：口径可做得较大；镀反射膜后，使用波段很宽，有铝、金、银等膜层可供选择，从紫外到远红外都能达到很高的反射率；采用非球面之后，有较大的消像差能力，光学系统结构简单，像质优良。两镜系统也存在一定的缺点，主要是：不易得到较大的、像质优良的视场；由副镜引起的中心遮光，有时占很大比例；非球面比球面难以制造，是可以用现代技术加以克服。用得最多的两镜系统是卡塞格林型 R-C 系统，以这种系统为例介绍设计过程。对于其他系统的设计，原则上是一样的。R-C 系统的光学结构示意图如图 2-24 所示。

2.7.1 R-C 系统的设计

1）设计步骤

（1）由仪器的总体设计提出光学系统的通光口径及相对口径。

（2）选择主镜的相对口径。主镜相对口径的选择和多种因素有关，在经典卡塞格林及 R-C 系统中主要和系统相对口径有关。若系统焦距较长，主镜相对口径可以取小一些。若系统焦距很短，则主镜焦距必须很短，相对口径就大。从缩短镜筒长度来说，主镜相对口径越大越有利，但加工难度增如，加工难度和相对口径立方成正比。综合考虑几方面的因素，相对口径一般取 1:3，很少用 1:4。大望远镜多采用 1:2 甚至更大的主镜相对口径。

（3）确定焦点的伸出量 Δ。消像差的独立变量中，与轮廓尺寸有关的是 α 及 β，在实际系统中，当要求 Δ 值很大，又要使 β 值不太大，则势必增大 α 值，从而中心遮光增大。如果不想增大中心遮光，只能增大主镜的相对口径，允许副镜放大率增加。

（4）确定 β 值。当主镜相对口径确定后，β 值就定了。β 等于系统焦距与主镜焦距之比。在 R-C 系统中 β 是负值。

（5）确定 α、Δ 及 β 值之后，如图 2.24 所示，副镜的位置（由 l_2 和 α 决定）也就定了。考虑

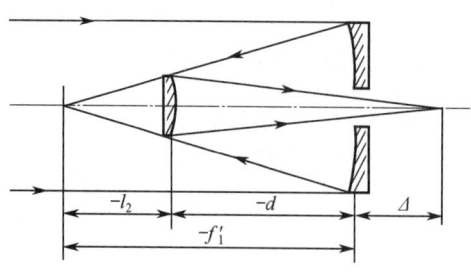

图 2.24 R-C 系统的光学结构示意图

到符号规则,有

$$l_2 = \frac{-f_1' + \Delta}{\beta - 1} \quad (2.92)$$

$$\alpha = \frac{l_2}{f_1'}$$

(6) 算出副镜顶点曲率半径 r_{02} 及两镜间距离 d:

$$r_{02} = \frac{\alpha\beta}{\beta + 1} r_{01} \quad (2.93)$$

$$d = f_1'(1 - \alpha)$$

主镜曲率半径为 r_{01},由主镜口径及相对口径决定,即

$$r_{01} = 2 \times \frac{\text{主镜口径}}{\text{主镜相对口径}} \quad (2.94)$$

(7) 算出主镜及副镜的面形系数 e_1^2 及 e_2^2。在四个独立变数中 α 及 β 已确定,只有 e_1^2 及 e_2^2 两个变量,故最多能够满足两个消像差条件。如经典卡塞格林系统,这两个条件:主镜取抛物面和系统消球差($e_1^2=1$,$S_I = 0$),或主镜取球面及系统消球差($e_1^2 = 0$,$S_I = 0$);或副镜取球面及系统消球差($e_2^2 = 0$,$S_I = 0$)。如要求同时消球差和彗差($S_I = S_{II} = 0$),则主、副镜面形不能任意确定,可用 R-C 系统。将上面求得的 α 及 β 代入式(2.71),即算出 e_1^2 及 e_2^2。

(8) 将以上初步结构参量用光学设计自动优化软件进行优化。对于该 R-C 系统以 e_1^2 及 e_2^2 作为优化变量,轮廓尺寸可以完全不变。

2) 设计示例

根据望远镜总体要求:系统口径为 $D = 2\,160$ mm,相对孔径为 1:9 的天文望远镜,采用 R-C 型系统结构,主镜相对孔径为 3:1,焦点伸出量为 $\Delta = 1\,250$ mm。由式(2.92)求解 l_2 和 α,得

$$l_2 = \frac{6\,480 + 1\,250}{-3 - 1} = -1\,932.5 \text{ mm}$$

$$\alpha = \frac{-1\,932.5}{-6\,480} = 0.298\,225\,3$$

代入式(2.71),得

$$e_1^2 = 1.094\,435\,3, \quad e_2^2 = 5.068\,719\,7$$

由式(2.94)得主镜顶点曲率半径为

$$r_{01} = 12\,960 \text{ mm}$$

由式(2.93)得副镜顶点曲率半径 r_{02} 及两镜之间的间隔 d 为

$$r_{02} = -5\,497.5 \text{ mm}$$

$$d = -4\,547.5 \text{ mm}$$

通过优化软件优化后的结果为

$$e_1^2 = 1.095\,134\,7, \quad e_2^2 = 5.077\,526$$

可见初级像差计算结果已有足够精度,其与检测精度处于同一精度量级。

2.7.2 格里高里系统与卡塞格林系统

格里高里型系统结构如图 2.25 所示,其给出正像,适于目视系统。格里高里型系统与卡塞格林系统的设计方法相类,前者副镜置于主焦点之后,即 α 为负值。当二者副镜放大率相同时,系统焦点不能引出到主镜背后。或者把系统焦点引出到主镜背后,增加副镜的放大率,即是减小系

统的相对孔径。在同样副镜中心遮光比条件下，主副镜之间的距离增加了 $2\alpha f_1'$。对于卡塞格林系统，保持同样的副镜放大率和焦点引出量，则副镜遮光比就会增加。

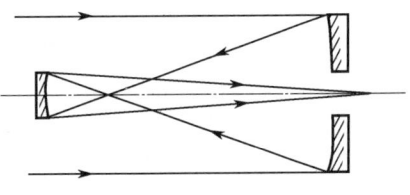

图 2.25 格里高里型系统结构

例：设计一个两镜系统，要求口径为 100 mm、焦距为 900 mm、主镜焦距为 $f_1' = -300$ mm，焦点伸出量为 $\Delta = 60$ mm。若为卡塞格林系统，取 $\beta = -3$，可得：$l_2 = -90$ mm，$\alpha = 0.3$。

若为格里高里系统有以下三种情况：

（1）使副镜的遮光比和放大率相同，即 $\alpha = -0.3$，$\beta = 3$，则

$$l_2 = \alpha f_1' = 90 \text{ mm}, \quad l_2' = 90 \times 3 = 270 \text{ mm}$$

两镜间的距离：

$$d = f_1'(1-\alpha) = -300 \times 1.3 = -390 \text{ mm}$$

焦点引出量：

$$\Delta = l_2' - (-d) = 270 - 390 = -120 \text{ mm}$$

即焦点在主镜之前 120 mm。

（2）若有相同的副镜遮光比和焦点引出量，即 $\alpha = -0.3$，$\Delta = -120$ mm，则有

$$l_2 = 90 \text{ mm}, \quad \beta = \frac{l_2 + f' + \Delta}{l_2} = \frac{90 + 300 + 60}{90} = 5$$

故系统的焦距为 1 500 mm，相对孔径变为 1:15。

（3）若保持副镜放大率为 3，焦点伸出量为 $\Delta = 60$ mm，由式（2.92）得

$$l_2 = 180 \text{ mm}, \quad \alpha = -0.6$$

则副镜遮光损失很大。

2.8 施密特光学系统设计

施密特光学系统的特点：可得到大的通光口径、较大视场和相对孔径。施密特光学系统为一球面反射镜，在其曲率中心设置孔径光阑，在初级像差理论上解决了轴外像差问题[1]。当通光口径和相对孔径较大时，球面镜的球差必须消除。在孔径光阑处设置一块消球差校正器可以对系统校正球差，校正器一面为平面，另一面是高次曲面，以补偿球面镜产生的球差，由于非球面量很小，对轴外像差影响不大。如果视场角较大，轴外像差特别是像散限制了系统的视场。若不加平场透镜，施密特光学系统的像面是弯曲的，曲率半径约等于焦距。

2.8.1 施密特光学系统的初级像差

1）经典施密特系统

经典施密特系统结构如图 2.26 所示，没有校正器时球面镜近轴焦点为 F_0'，边缘光与光轴的交点为 F_M'，球面镜的初级球差为 $\delta L_0' = \dfrac{h^2}{8f'}$ [5]。若有一个离焦量 Δ，则球差可以表示为

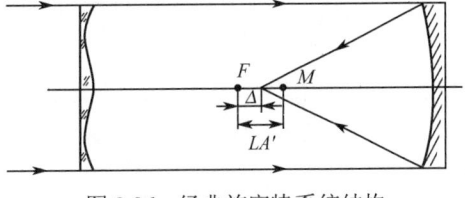

图 2.26 经典施密特系统结构

$$\delta L' = \frac{h^2}{8f'} - \Delta$$

角球差为

$$\theta_{\delta L'} = \delta L' \frac{h}{f'^2} = \frac{h^3}{8f'} - \Delta \cdot \frac{h}{f'^2}$$

波球差为

$$W'_{\delta L'} = \int_0^y \theta_{\delta L'} \mathrm{d}h = \frac{h^4}{32f'^3} - \frac{\Delta \cdot 16f'h^2}{32f'^3}$$

若校正器的折射率为 n，则其面形为

$$x = -\frac{W'_{\delta L'}}{n-1} = -\frac{1}{n-1} \frac{h^4 - \dfrac{\Delta \cdot 16f'}{h_m^2} h_m^2 h^2}{32f'^3}$$

其中，h_m 为边缘光的高度，设离焦量参量为 $a = \dfrac{\Delta \cdot 16f'}{h_m^2}$，得

$$x = -\frac{h^4 - a h_m^2 h^2}{32(n-1)f'^3} \tag{2.95}$$

或

$$x = -\frac{h_m^4 \left[\left(\dfrac{h}{h_m}\right)^4 - a\left(\dfrac{h}{h_m}\right)^2 \right]}{32(n-1)f'^3} \tag{2.96}$$

式（2.95）中，a 是与离焦量 Δ 有关的量，a 有光学特征意义的值是：

（1）$a = 0$，即 $\Delta = 0$，即是无离焦。由式（2.95）知面形曲线为四次抛物线。该校正器的作用是将 $y > 0$ 的各带光线产生偏折，是通过球面反射镜后会聚于近轴焦点。

（2）$a = 1$，即 $\Delta = \dfrac{h_m^2}{16f'}$，其以 $h = \dfrac{\sqrt{2}}{2}$ 带光线与光轴的交点为焦点。由式（2.95）知，当 $h = h_m$ 时，$x = 0$。

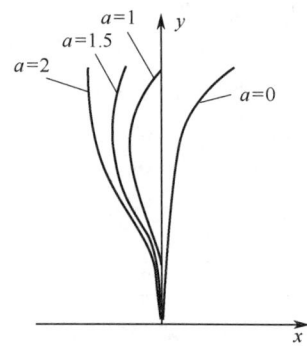

图 2.27　经典施密特板 4 个 a 值面形曲线

（3）$a = 1.5$ 为校正器色差最小条件，将在以后讨论。

（4）$a = 2$，即 $\Delta = \dfrac{h_m^2}{8f'}$，其以 $h = h_m$ 带的光线与光轴的交点为焦点，即边缘光线带光线通过校正器不发生偏折，经球面反射镜后会聚于该带的焦点。

以上 4 个值对应的面形曲线如图 2.27 所示。校正器上对平行光不发生偏折的区带称为中性带，以 h_{neu} 表示。对于上述四种情况，可由式（2.95）分别求出中性带的高度：

$$a = 0, \quad h_{\text{neu}} = 0; \quad a = 1, \quad h_{\text{neu}} = \frac{\sqrt{2}}{2};$$

$$a = 1.5, \quad h_{\text{neu}} = \frac{\sqrt{3}}{2}; \quad a = 1, \quad h_{\text{neu}} = h_m \text{。}$$

2）校正器的最小色差条件

由式（2.95）微分得曲线的斜率表示式为

$$\frac{\mathrm{d}x}{\mathrm{d}h} = \frac{4h^3 - 2a h_m^2 h}{-32(n-1)f'^3}$$

为讨论方便，令上式分母为1，则有

$$\frac{dx}{dh} = 4h^3 - 2ah_m^2 h \quad (2.97)$$

求二阶导数

$$\frac{d^2 x}{dh^2} = 12h^2 - 2ah_m h$$

令 $\frac{d^2 x}{dh^2} = 0$，斜率为极值的条件为

$$h = h_m \left(\frac{a}{6}\right)^{\frac{1}{2}} \quad (2.98)$$

最小色差应发生在边缘带 h_m 的斜率 $\frac{dx}{dh_m}$ 与中间带 h 的斜率 $\frac{dx}{dh}$ 数值相等而符号相反的情况，写出其方程式

$$h_m^3 - \frac{1}{2} a h_m^2 \cdot h_m = -h^3 + \frac{1}{2} a h_m^2 \cdot h$$

由以上二式即可解出

$$a = 1.5$$

3）对应相应值 a 的最大斜率 $\left(\frac{dx}{dy}\right)_{\max}$

（1） $a = 0$，由式（2.97）：斜率 $\frac{dx}{dh} = 4h^3$ 随 h 值增大，其极大值在 h_m 处，即 $\left(\frac{dx}{dh}\right)_{\max} = 4h_m$。

（2） $a = 1$，代入斜率极值式（2.98）：$h = h_m \left(\frac{a}{6}\right)^{\frac{1}{2}}$，可得 $h^2 = \frac{h_m^2}{6}$，代入式（2.97），得

$$\frac{dx}{dh} = \left(\frac{2}{3\sqrt{6}} - \frac{2}{\sqrt{6}}\right) h_m^3 = -0.544\,33 h_m^3$$

当 $h = h_m$ 时，$\frac{dx}{dh} = 4h_m^3 - 2h_m^3 = 2h_m^3$，故实际的最大斜率 $\left(\frac{dx}{dh}\right)_{\max} = 2h_m^3$。

（3） $a = 1.5$，代入式（2.97）得：$\frac{dx}{dh} = 4h^3 - 3h_m^2 h$，令 $\frac{d^2 x}{dh^2} = 12h^2 - 3h_m^3 = 0$，得 $h = \frac{1}{4} y_m$。代入式(2.97)得：$\frac{dx}{dh} = 4 \cdot \frac{1}{8} h_m^3 - 3h_m^2 \cdot \frac{1}{2} h_m = -h_m^3$；当 $h = h_0$ 时，$\frac{dx}{dh} = +h_m^2$，故最大斜率为：$\left(\frac{dx}{dh}\right)_{\max} = \pm h_m^3$。

（4） $a = 2$，代入式（2.97）得 $\frac{dx}{dh} = 4h^3 - 4h_m^2 h$，令 $\frac{d^2 x}{dh^2} = 12h^2 - 4h_m^2 = 0$，得 $h^2 = \frac{1}{3} h_m^2$。代入式（2.97），当 $h = h_0$ 时，$\frac{dx}{dh} = 4h_m^2 - 4h_m^2 = 0$，故最大斜率为：$\left(\frac{dx}{dh}\right)_{\max} = -1.539\,6 h_m^3$。

不同 a 值的最大斜率如表 2.11 所示，设所用消色差波长的折射率为 n_1 和 n_2，则施密特系统的角色散为

$$\theta_{\delta L'_{F-C}} = \frac{\left(\frac{dx}{dh}\right)_{\max}}{32(n-1)f'^3}(n_1 - n_2) \quad (2.99)$$

表 2.11　不同 a 值的最大斜率

a	0	1	1.5	2
$[(dx/dy)_{max}]/y_m^3$	4	2	±1	-1.5396

在焦平面上引起的色差斑为

$$2\rho_{\delta L'_{F-C}} = f\theta_{\delta L'_{F-C}} = \frac{\left(\dfrac{dx}{dh}\right)_{max}}{32(n-1)f'^2}(n_F - n_C) \quad (2.100)$$

例：一个施密特系统，口径为 $D = 200$ mm，F 数为 $F/2$，校正器材料为 K9 玻璃，令 $a = 1.5$，对 F 和 C 谱线的色差斑：$2\rho_{\delta L'_{F-C}} = 3$ μm。若取 $a = 1$，可得 $2\rho_{\delta L'_{F-C}} = 6$ μm。应使色差斑直径小于或接近于接收器像元尺寸。

2.8.2　施密特校正器的精确计算法

所谓精确计算法就是根据消除实际球差的要求来确定非球面方程[16,17]。如图 2.28 所示，校正器第一面为平面，第二面为非球面，坐标原点取在第一面和光轴的交点 O 处，球面反射镜的曲率中心为点 G。当入射光线的孔径角 U_1 为已知时，出射光线的孔径角 U_3 由消球差要求确定，即保证所有孔径的出射光线经球面反射后会聚于一点。由图可知

$$I_2 = \varphi - U_2$$
$$I'_2 = \varphi - U_3$$

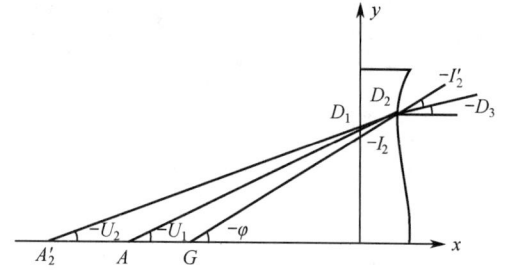

图 2.28　施密特校正器的精确计算

代入折射定律 $n\sin I_2 = n'\sin I'_2$ 可得

$$\tan\varphi = \frac{n\sin U_2 - n'\sin U_3}{n\cos U_2 - n'\cos U_3} \quad (2.101)$$

式中，φ 角为折射点处曲面的法线与光轴的夹角。当给定 U_1，通过平面折射可求得 U_2，按消球差要求可确定 U_3，便可按上式求得 $\tan\varphi$。

由物点出发的不同孔径角的光线，经过非球面折射和球面反射镜后均应汇交于一点，即在满足消球差的条件下求出相应的 $\tan\varphi$ 值，而 $\tan\varphi$ 与面形方程又有直接联系，因 $\tan\varphi$ 的符号决定于 y 的符号，$\tan\varphi$ 展开为奇次方级数：

$$\tan\varphi = \frac{dx}{dy} = 2Ay + 4By^3 + 6Cy^5 + 8Dy^7 + \cdots \quad (2.102)$$

这样，对于不同孔径角的光线可组成一组方程

$$\tan\varphi_1 = 2Ay_1 + 4By_1^3 + 6Cy_1^5 + 8Dy_1^7 + \cdots$$
$$\tan\varphi_2 = 2Ay_2 + 4By_2^3 + 6Cy_2^5 + 8Dy_2^7 + \cdots$$
$$\tan\varphi_3 = 2Ay_3 + 4By_2^3 + 6Cy_2^5 + 8Dy_3^7 + \cdots$$
$$\cdots\cdots$$

式中，y_1、y_2、y_3 为不同孔径角的光线入射高度。求解上述联立方程组即可求得系数 A、B、C、

$D\cdots$从而非球面的方程也就完全被确定了。

$$x = \int \tan\varphi dy = Ay^2 + By^4 + Cy^6 + Dy^8 + \cdots + x_0 \qquad (2.103)$$

式中，x_0 为常数，当 $y=0$ 时，$x=x_0$，故 x_0 即为校正器的中心厚度。

2.9 三反射镜系统设计示例

全反射光学系统（全部由反射元件构成的系统）具有无色差和二级光谱的特点，受到广泛重视。由于透射红外的材料较少，反射式光学系统特别在红外技术中有着重要的应用。共轴反射系统中心遮拦过大，影响了能量利用率，影响进入光学系统的能量利用，降低了光学系统的分辨率；且随着视场角的增大，遮拦越严重[18,19]。离轴反射光学系统可以避免中心遮拦，但是视场受到一定的限制。

三反射镜系统可优化的变量多于二反射镜系统，有利于满足大视场、大相对孔径的要求。离轴三反射镜光学系统具备与共轴全反射光学系统相同的优点，如无色差和二级光谱、使用波段范围宽、易做到大孔径、抗热性能好、结构简单、宜轻量化等，可成功解决系统中心的遮拦问题，且其系统优化变量多，在增大系统视场的同时能改善系统的成像质量[20,21]。

在近些年来，行业内设计出了多种不同结构形式的光学系统，大多数系统是采用凹—凸—凹结构形式的组合。美国 Santabra 研究中心所设计的离轴三镜系统就是采用的这种结构形式，其视场角达到了 15°×0.6°；法国 3S 项目中的一个光学系统也是采用这种结构形式，视场角为 8.4°。另外，我国一些科研院所也设计出了这种形式的光学系统[23,24]，最大视场达到了 16°×2°。

2.9.1 设计原则

在共轴三反射镜系统求得初始结构参数后，将光阑置于第一面，考虑适当离轴以避免中心遮拦，再对系统进行优化。利用非球面镜面，并对镜面实施离轴、倾斜，这都能有效地提高离轴三反镜系统的成像质量。

共轴三反镜系统具有三个半径、两个间隔、三个二次非球面系数共 8 个参数。在满足焦距、球差、彗差、像散及场曲的条件下，还剩余三个可变参数。离轴三反射镜系统解决中心遮拦问题，主要有两种方法：一是将光阑放在次镜上，通过视场的倾斜来避免中心遮拦，光阑不离轴；二是将光阑处于主镜上，光阑离轴。

下面以光阑离轴的三反射镜系统设计示例。示例中将各个反射镜及像面的离轴量、倾斜量设为变量，同时将表征镜面面形的非球面高次项系数也设为变量，引入更多的可变量来提高成像质量，缩短系统的长度。离轴三反射镜系统是在共轴三反射镜系统求得初始结构参数的基础上进行离轴、优化。首先由共轴三反射镜系统求解系统的初始结构参数。根据 3 个反射镜曲率半径的正负不同对结构进行分类，系统结构类型如表 2.12 所示。

表 2.12 系统结构类型

类型	r_1	R_2	R_3	类型	r_1	R_2	R_3
I	−	−	−	V	+	−	−
II	−	−	+	VI	+	−	+
III	−	+	−	VII	+	+	−
IV	−	+	+	VIII	+	+	+

2.9.2 设计过程分析

共轴三反射镜系统的结构如图 2.29 所示,光线从左方入射,依次经主镜、次镜和三镜的反射到达像面。系统的结构参数有[24]:三个面的曲率分别为 c_1, c_2, c_3;主镜到次镜的距离为 d_1;次镜到三镜的距离为 d_2;三个反射镜面的二次非球面系数分别为 $-e_1^2$, $-e_2^2$, $-e_3^2$。

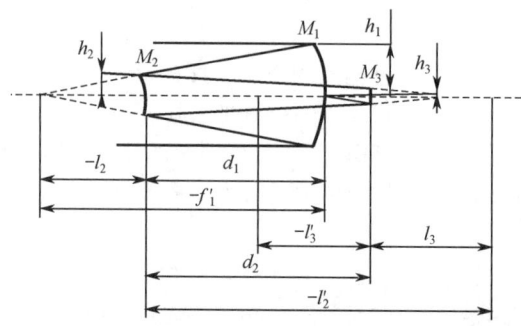

图 2.29 共轴三反射镜系统的结构(以中间不成实像系统初始结构为例)示意图

1)中间不成实像的系统间隔求解

初始结构如图 2.29 所示,假设物体无穷远,入瞳在主镜 1 上,2、3 分别为次镜和第三镜,同时引入有关参量:次镜对主镜的遮拦比为 $\alpha_1 = l_2/f_1' \approx h_2/h_1$;第三镜对次镜的遮拦比为 $\alpha_2 = l_3/l_2' \approx h_3/h_2$;次镜的放大率为 $\beta_1 = l_2'/l_2$;第三镜的放大率为 $\beta_2 = l_3'/l_3$。

共轴三反射镜系统在满足焦距及球差、彗差、像散、场曲的条件下剩余三个可变参数。如果给定有关结构方面的三个条件,则整个系统的结构就确定了。在设计中,系统的长度有一定的要求,便可给定系统结构与长度之间的关系,可以用两个间隔 d_1、d_2 和工作距离 d_3(第三镜到像面的距离)为给定的条件[25]。反射系统中 $n_1 = n_2 = n_3 = 1$, $n_1' = n_2' = n_3' = -1$。设 d_1、d_2 分别为主镜与次镜、次镜与第三镜间的距离,d_3 为后截距,规定光线的入射方向从左向右为正,则显然有 $d_1 < 0$,$d_2 > 0$,$d_3 < 0$。令 f' 为系统焦距,则给出下面三个等式:

$$\begin{cases} d_1 = (1-\alpha_1)f'/(\beta_1\beta_2) < 0 \\ d_2 = \alpha_2(1-\alpha_2)f'/\beta_2 > 0 \\ d_3 = \alpha_1\alpha_2 f' < 0 \end{cases} \quad (2.104)$$

设 r_1、r_2、r_3 分别为主镜、次镜和第三镜的半径,则[26]

$$r_1 = \frac{2f'}{\beta_1\beta_2} \quad (2.105)$$

$$r_2 = \frac{2\alpha_1 f'}{(1+\beta_1)\beta_2} \quad (2.106)$$

$$r_3 = \frac{2\alpha_1\alpha_2 f'}{1+\beta_2} \quad (2.107)$$

在实际的设计工作中,根据系统要求的球差 S_I、彗差 S_{II} 和像散 S_{III},对光学系统的长度有一定要求,以给定的三镜间隔 d_1、d_2 和后截距 d_3 为条件,可对系统结构参量完成确定。

2)三镜曲率求解

假设三镜的曲率分别为 c_1、c_2 和 c_3,由系统光焦度 φ 和场曲 $S_{IV}=0$ 得到[27,28]

$$S_{IV} = c_1 - c_2 + c_3 = 0 \quad (2.108)$$

$$\phi = 2c_3 d_3 \phi - 2c_2 + 2c_1 + 4d_1 c_1 c_2 \quad (2.109)$$

$$d_3\phi = 1 - 2d_1c_1 - 2d_2c_2 + 2d_2c_1 + 4c_1c_2d_1d_2 \tag{2.110}$$

进一步简化可得到：

$$\left(4d_1^2 - 4d_1d_2d_3\phi\right)c_1^2 + \left(4d_1d_3\phi - 2d_1d_2\phi - 4d_1\right)c_1 + \left(1 + d_2\phi - 2d_3\phi + d_3^2\phi^2\right) = 0 \tag{2.111}$$

$$c_3 = \frac{d_2\phi - d_3\phi + 1 - 2d_1c_1}{2d_2d_3\phi} \tag{2.112}$$

$$c_2 = c_1 + c_3 \tag{2.113}$$

当系统 φ 取负值时，系统中间不成实像；当 φ 取正值时，系统中间成一次实像。相对传统的确定初始结构的方法，此方法较简单，可根据系统结构确定系统参量，但在确定初始结构时增加了限制条件 $c_2=c_1+c_3$[28]。

根据系统要求的匹兹万和数 S_{IV}、光焦度数 φ 和给定的工作距离 d_3，以给定的两个间隔 d_1 和 d_2 作为已知量代入方程式（2.111），（2.112），（2.113）中，可以求出 c_1，c_2，c_3。由 c_1，c_2，d_1，d_2，φ 可以求出次镜对主镜的遮拦比 α_1，第三镜对次镜的遮拦比 α_2，次镜的放大率 β_1，第三镜的放大率 β_2。再由求出的 α_1，α_2，β_1，β_2，根据系统要求的球差 S_I、彗差 S_{II}、像散 S_{III} 的值，即可求得三个反射镜面的二次非球面系数 $-e_1^2$，$-e_2^2$，$-e_3^2$[1]。至此，系统的 8 个结构参数 c_1，c_2，c_3，d_1，d_2，d_3，$-e_1^2$，$-e_2^2$，$-e_3^2$ 就全部确定了。

离轴三镜非球面反射系统如图 2.30 所示[23]。在由上述步骤求解初始结构参数时，中间成像系统（如图 2.30（a）的结构，在最终成像之前，次镜和三镜之间有一像面），$\alpha_1>1$，$\alpha_2<0$，$\beta_1<1$，$\beta_2>0$，φ_2 为正值。中间不成像系统（类似于图 2.30（b）的结构），$\alpha_1>1$，$\alpha_2<0$，$\beta_1<1$，$\beta_2>0$，φ_2 为负值。

为了使系统的长度尽可能短，可以令 $|d_1|\approx|d_2|\approx|d_3|$，如图 2.31 所示，其光阑置于第一面上，选取合适的离轴量，避免中心遮拦。在保证焦距为定值的条件下，对系统的结构参数进行优化。完成上述步骤，可进一步提高二镜、三镜及像面离轴倾斜的成像质量。

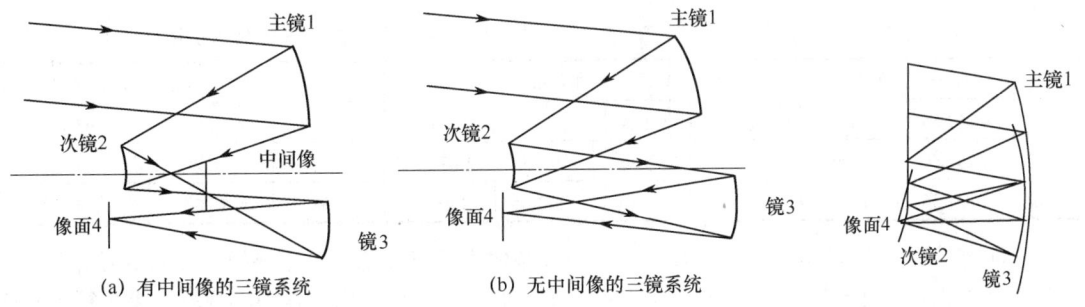

图 2.30　离轴三镜非球面反射系统　　　　　图 2.31　长度短的反射结构

2.9.3　设计示例[25]

1）中间不成实像三镜系统示例

焦距为 $f'=2\,000\,\text{mm}$，相对孔径为 $D/f'=1/8$，视场（矩形视场）为 5°×2°，工作波段为 0.486～0.7 μm。$d_1=-d_2=d_3=-1\,200\,\text{mm}$，取 $\alpha_1=0.41$，$\alpha_2=1.46$，$\beta_1=3.10$，$\beta_2=0.32$，对应表 2.12 中的 I 型。求得系统初始结构参量如表 2.13 所示，系统光阑设置在次镜上。

优化后的离轴三反射镜系统结构参量如表 2.14 所示。系统的 3 个反射镜均为 6 次的偶次非球面，系统在可见光波段的光学传递函数曲线如图 2.32 所示，可以看出，整个矩形视场（5°×2°）内的传递函数曲线接近衍射极限，像质良好。

表 2.13 初始结构参量(一)

	半径/mm	距离/mm	锥度系数
主镜	-2 606.33	-1 200	-0.13
次镜	-768.17	1 200	-1.16
三镜	-1 125.74	-1 200	-1.16

表 2.14 离轴三反射镜系统结构参量(一)

	半径/mm	距离/mm	锥度系数	偏心 Y/mm	倾斜 X/(°)
主镜	-2 611.32	-1 198.40	-0.90	3.96	-0.36
次镜	-809.23	1 199.17	-2.08	4.95	0.26
三镜	-1 126.12	-1 214.56	-0.10	9.88	1.21

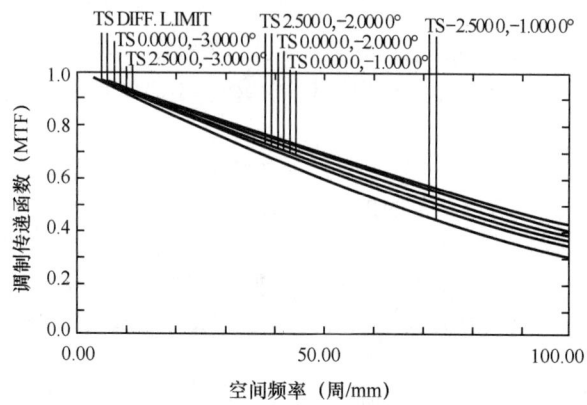

图 2.32 系统在可见光波段(0.486~0.7 μm)的光学传递函数曲线

2)双光谱带三镜系统示例

焦距为 $f'=2\,000$ mm,相对孔径为 $D/f'=1/4$,次镜和第三镜中间成一次实像,视场(矩形视场)为 5°×0.5°,工作波段为 3~5 μm 和 8~12 μm。仍然取 $d_1=-d_2=d_3=-1\,200$ mm,$\alpha_1=0.08$,$\alpha_2=-7.58$,$\beta_1=-1.36$,$\beta_2=1.13$,属于 I 型结构。系统初始结构参量如表 2.15 所示,优化后的结构参量如表 2.16 所示。

表 2.15 初始结构参量(二)

	半径/mm	距离/mm	锥度系数
主镜	-4 063.55	-1 200	-7.12
次镜	-1 257.66	1 200	-7.99
三镜	-1 821.36	-1 200	1.80

表 2.16 离轴三反射镜系统结构参量(二)

	半径/mm	距离/mm	锥度系数	偏心 Y/mm	倾斜 X/(°)
主镜	-4 169.38	-1 166.16	-27.71	43.33	-5.90
次镜	-1 288.30	1 032.28	8.49	53.89	5.24
三镜	-1 871.35	-1 289.31	0.58	-15.00	-2.41

不同于上例,这是一个相对孔径较大,视场角较大的设计示例。系统的 3 个反射镜采用了 8 次偶次非球面;采用无中间像结构,光阑置于第一面上,离轴使用。在中心视场光束平行于三镜公共轴的情况下,得不到满意的结果。必须在 Y 方向引入倾斜入射,使光阑离轴和视场离轴的相结合。在本例中,在对求出的初始结构和离轴后的结构进行优化的初始阶段,都不能将间隔 d_1, d_2, d_3 作为优化变量。否则,像差平衡的结果会明显增加 d_1, d_2, d_3,使系统总长度变大。针对此例给出设计结果。

当系统工作在 3~5 μm 波段时,系统各视场的传递函数曲线如图 2.33 所示,成像质量接近衍射极限,像质良好。当系统工作在 8~12 μm 波段时,系统各视场的传递函数曲线如图 2.34 所示,曲线达到了衍射极限。

上面求解了离轴三反射镜光学系统初始结构,给出了两种结构的设计示例。第一实例中为可见光波段的光学传递函数曲线,由第一实例给出的红外中波和长波的光学传递函数曲线可以看出,系统的成像质量良好,接近衍射极限,可证明离轴三反射光学系统能满足从可见光到红外的多个波段工作的需要。

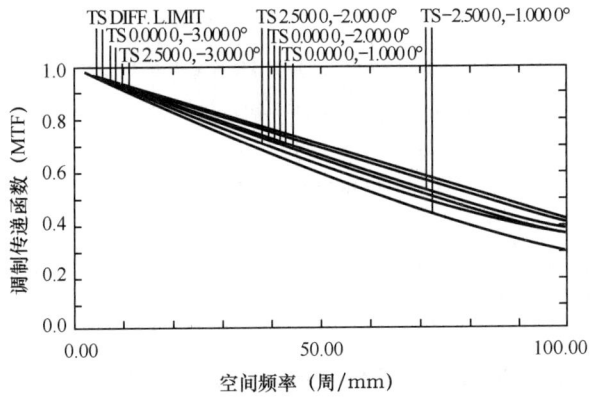

图 2.33 3~5μm 波段时系统传递函数曲线

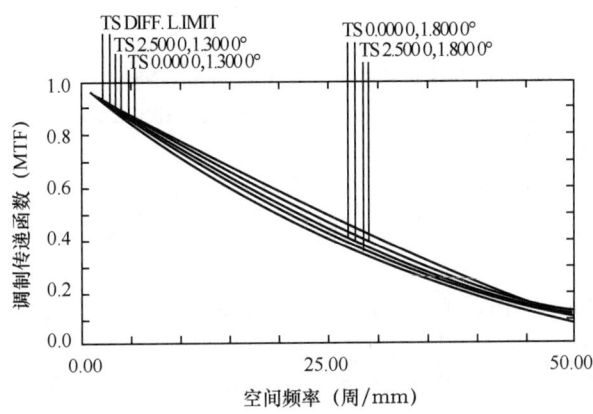

图 2.34 8~12μm 波段时系统传递函数曲线

总之,从上述举例中可以看到,尽管相对大孔径和大视场角的光学系统与相对孔径不大、视场角较小的光学系统在优化变量的选取上有所不同。但是镜面的离轴、倾斜及使用具有非球面高级项的镜面可以提高两种系统的成像质量。在提高成像质量的前提下,可以缩小总体长度,使结构更紧凑。

以上所有的结构优化都可在 ZEMAX 软件上进行。

参 考 文 献

[1] 潘君骅.光学非球面的设计、加工与检验（第二版）[M].苏州：苏州大学出版社，2004，12：73-77.

[2] E. H. Lingfoot. On some optical system employing aspherical surface. Royal Astronomical Society, Proved by NASA Astrophysics Data system, No. 4, 1943: 210-221.

[3] 勾志勇，王江，王楚，等. 非球面光学设计技术综述[J]. 激光杂志，27 卷第 3 期，2006：1-2.

[4] 郑世旺. 旋转二次曲面光学系统的成像理论[M]. 北京：兵器工业出版社，2006 年 7 月：20-35.

[5] 张以谟. 应用光学（第三版）[M]，电子工业出版社，2008 年 8 月：281-293.

[6] 沈为民，薛鸣球. 非球面眼镜片的像差分析和设计[J]. 光学学报，第 22 卷，第 6 期，2006 年 6 月：743-748.

[7] 刘钧，尚华，宋波[J]. 头盔式单目微光夜视仪中非球面物镜系统的设计[J]. 应用光学，第 27 卷，第 4 期，2006 年 7 月：308-311.

[8] Virendra. N. Mahajan. Optical Imaging and Aberrations: Part I. Ray Geometrical Optics，SPIE Press, 21 July

1998：247-291.

[9] Rimmer.Analysis of perturbed lens system, APPLIED OPTICS Vol. 9, No. 3, March 1970: 533-537.

[10] H. H. Hopkins，H. J. Tiziani.A theoretical and experimental study of lens centering error and their influence on optical image quality, BRIT. J. APPL. PHYS.,1966, VOL. 17: 33-55.

[11] Gavriel Catalan. Instrinsic and induced aberration sensitivity to surface tilt, APPLIED OPTICS, Vol. 27, No. 1, 1 January 1988 22-23.

[12] M Toyoda，M Yanagihara. Design study of two-aspherical-mirror anastigmat withreduced sensitivities to misalignments: correction of higherorder aberrations. Journal of Physics: Conference Series 186（2009）012076.

[13] Ren Tao, Chang Jun. Weng Zhi-cheng, Jiang Huilin, Cong Xiaojie. Compressed infrared mirror-lens system design. Proc. of SPIE Vol. 6624（2008），66241T 1-5.

[14] Gyeong-Il Kweon, Cheol-Ho Kim. Aspherical Lens Design by Using a Numerical Analysis. Journal of the Korean Physical Society, Vol. 51, No. 1, July 2007, pp. 93-103.

[15] L.G. Seppala. Improved Optical Design for the Large Synoptic Survey Telescope （LSST），Society of Photo-Optical Instrumentation Engineers Conference on Astronomical Telescopes and Instrumentation, Waikoloa, HI, August 22-28, 2002 .

[16] Marc R. Zawislak . Design Optimization Model for a Schmidt-Cassegrain Telescope. ME 590 Final Report, Optimal Design Laboratory, University of Michigan, Department of Mechanical Engineering, December 20, 2006.

[17] Anupam S. Garge and Kwang Jae LEE. Design optimization of a schmidt-cassegrain telescope. Winter 2007 Final Report, Optimal Design Laboratory.

[18] 史光辉. 含有三个非球面的卡塞格林系统光学没计[J]. 光学学报．1998．18(2)：238-24l.

[19] Gilberto Moretto. Ermonno F. Borra. A corrector design using Active vase mirrors that allows fixed telescope to access a large region of the sky. Center for optical, Photonics and laser, Phyxics Department, Laval University, Quebec, Canada.

[20] 刘琳，薛鸣球，沈为民. 提高离轴三反射镜系统成像质量的途径[J]. 光学技术，第 28 卷．第 2 期，2002 年 3 月：182-184.

[21] 卜江萍，田维坚，杨小君，等. 一种新型离轴三反式光学系统的设计[J]. 光子学报. 2006 年第 35 卷第 4 期，2006，35(4)：608-610.

[22] 杨建峰. 安葆青，薛鸣球. 大视场三反射面非共轴系统研究[J]. 光子学报. 1997，20：277-281.

[23] 郭永洪 沈忙作，陆祖康. 离轴三反射镜系统研究[J]. 光电工程. 1999，20：45-48.

[24] 宋岩峰，邵晓鹏，徐军. 离轴三反射镜光学系统研究[J]. 红外与激光工程，第 37 卷．第 4 期. 2008 年 8 月：706-709.

[25] 郭永洪. 现代红外光学系统研究[D]. 杭州：浙江大学．1999.

[26] 张亮，安源，金光. 大视场、长焦距离轴三反射镜光学系统的设计[J]. 红外与激光工程. 第 36 卷第 2 期，2007(4)：278-280.

[27] 丁学专，刘银年，王欣．兰卫华. 航天遥感反射式光学系统设计[J]. 红外技术.2007 年，第 29 卷，第 5 期，2007, 29(5)：253-256.

[28] 刘剑峰，龙夫年，张伟. 大视场航天遥感器的光学系统设计[J]. 光学技术. 2004，30(2)：187-188.

第 3 章 衍射光学元件

3.1 概述

近年来衍射光栅技术、全息术、傅里叶光学和计算全息等技术[1-4]推动了衍射光学理论[5]的发展。特别是在衍射光学元件方面的研究已达到实用化的水平。本章主要讨论与成像有关的衍射光学元件,包括菲涅耳波带元件,相息图*和二元光学元件等。

衍射光学元件(diffractive optical element,DOE)具有高衍射效率、独特的色散性能、更多的设计自由度、宽广的材料可选性,并具有特殊的光学功能,在光学成像技术、微光机电系统等领域中有重要的应用前景。

菲涅耳波带片是早期利用衍射原理的光学元件[6]。相息图元件[7]利用连续的浮雕结构,可以控制能量到某一衍射级次。这些元件的厚度是波长量级,工艺上难于实现精确面形控制。

二元(衍射)光学元件是多阶相位结构。对理想的连续相位轮廓以 2 为量化倍数,做成台阶状近似,故称为二元(衍射)光学元件[8]。如图 3.1 所示为一个折射透镜演变成为 2π 模的连续浮雕及多阶浮雕结构表面的二元光学的过程,二元光学元件具有体积小、重量轻、易于阵列集成和大量复制的特点[9]。

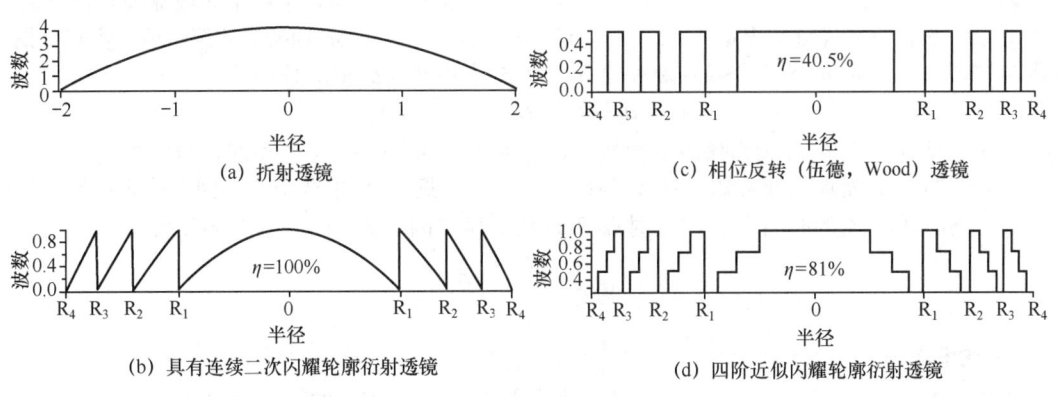

图 3.1 折射透镜演变为衍射透镜

二元成像光学元件具备任意相位分布,提供了更多的自由度来校正系统的像差。其主要特点有:(1)特殊色散性质[10],二元光学元件光焦度与光波长成正比,可见光波段的等效阿贝数约为 -3.452,而光学玻璃的阿贝数在 20 以上,故其与凸透镜组合可以消色差;(2)平像场性质,二元光学元件的场曲为零,单个二元光学元件不需要考虑校正场曲;(3)温度稳定[11],与普通透镜焦

---

* 近年来,全息术中出现的计算机产生全息图,发展很快具有广泛的应用前景。与计算机产生全息图相似的一种相位型再现元件——相息图,是一种不引入参考束,假设在整个记录平面内直接记录光波相位的元件。这样只需要计算记录平面内各点物光波的相位值,并且设法实现相位匹配。所谓相位匹配,就是一束平行光透过相息图后波前被调制成原物体光波的波前,即再现出原始的物体光波。这种相位型再现元件称为相息图(kinoform)。根据工作方式的不同,相息图可以制成反射式或者同轴透射式,并且可以用非相干(空间非相干)光再现。目前相位匹配难于直接用光学方法来实现,相息图是由计算机产生的,可以用于三维立体显示,对于复杂物体的数据计算会有一定难度。

限于篇幅,本文未对相息图进行叙述。

距组合有助于折/衍混合系统的温度稳定作用。此外,还有薄型元件等性质。

用 2 为量化倍数的多阶浮雕结构来表示连续浮雕结构的二元透镜,每一个周期相位分布为 0、π,其与相位型二元光学元件和相位型菲涅耳波带片相似。

3.1.1 菲涅耳圆孔衍射——菲涅耳波带法[12]*

菲涅耳衍射是菲涅耳近似条件成立的衍射现象。照射到衍射屏和离开衍射屏到达观察屏上的光波波面都不能作为平面波处理。运用菲涅耳—基尔霍夫衍射公式定量计算菲涅耳衍射,处理复杂;通常采用较简单的半定量处理、物理概念清晰的菲涅耳波带法(代数加法)或图解法(振幅矢量加法)。

1)菲涅耳波带法

圆孔衍射的波带法示意图见图 3.2,图中单色点光源 S 照射圆孔衍射屏,点 P_0 是过圆孔中心轴线上的点,其到圆孔屏的距离为 r_0,某时刻过圆孔的波面为 MOM',R 为半径。以点 P_0 为中心,以 r_1,r_2,…,r_N 为半径在波面上作一个圆,把波面 MOM' 分成 N 个环带所选取的半径为

$$\begin{cases} r_1 = r_0 + \dfrac{\lambda}{2} \\ r_2 = r_0 + \dfrac{2\lambda}{2} \\ \cdots \\ r_N = r_0 + \dfrac{N\lambda}{2} \end{cases}$$

相邻两环带上的相应两点到点 P_0 的光程差为 $\lambda/2$,该环带称为菲涅耳半波带(或菲涅耳波带)。

设 a_1、a_2、…、a_N 分别为第 1、2、…、N 个波带在点 P_0 产生光场振幅的绝对值,由惠更斯—菲涅耳原理知,点 P_0 的光场合振幅为各波带在点 P_0 产生光场振幅的叠加:

$$A_N = a_1 - a_2 + a_3 - a_4 + \cdots \pm a_N \tag{3.1}$$

a_N 取"+"或"-"号由 N 为奇数或偶数决定,是因相邻的波带在点 P_0 引起反号的振动相位。

由惠更斯—菲涅耳原理可知,各波带在点 P_0 产生的振幅 a_N 主要由三个因素决定:波带的面积 ΔS_N;波带到点 P_0 的距离 $\bar{r}_N$;波带对点 P_0 连线的倾斜因子 $K(\theta)$,有以下关系:

$$a_N \propto \frac{\Delta S_N}{\bar{r}_N} K(\theta) \tag{3.2}$$

2)波带面积 ΔS_N

在图 3.3 中,设圆孔对点 P_0 露出 N 个波带,这 N 个波带相应的波面面积是

$$S_N = 2\pi R h \tag{3.3}$$

式中,波面矢高 h 为 OO'。设 ρ_N 为波面孔径的半径:

$$\rho_N^2 = R^2 - (R-h)^2 = r_N^2 - (r_0 + h)^2$$

故

$$h = \frac{r_N^2 - r_0^2}{2(R + r_0)} \tag{3.4}$$

又由于距离 $r_N = r_0 + N\lambda/2$,故有

$$r_N^2 = r_0^2 + N r_0 \lambda + N^2 \left(\frac{\lambda}{2}\right)^2 \tag{3.5}$$

---

* 本书略去关于菲涅耳直边衍射。

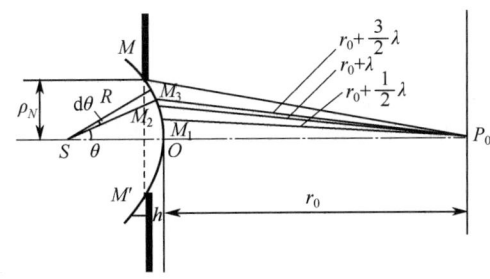 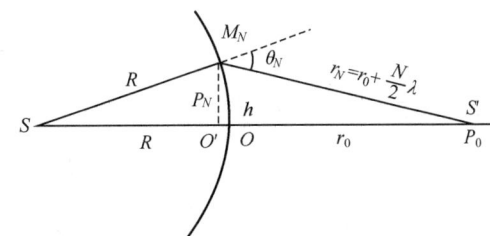

图 3.2 圆孔衍射的波带法示意图　　　　图 3.3 求波带面积

由式（3.3）、式（3.4）、式（3.5）可解得第 N 个波带的面积为

$$S_N = \frac{\pi R}{R + r_0}\left(Nr_0\lambda + N^2\frac{\lambda^2}{4}\right) \tag{3.6}$$

同样也可以求得第（N-1）个波带所对应的波面面积为

$$S_{N-1} = \frac{\pi R}{R + r_0}\left[(N-1)r_0\lambda + (N-1)^2\frac{\lambda^2}{4}\right] \tag{3.7}$$

两式相减，即得第 N 个波带的面积为

$$\Delta S_N = S_N - S_{N-1} = \frac{\pi R\lambda}{R + r_0}\left[r_0 + \left(N - \frac{1}{2}\right)\frac{\lambda}{2}\right] \tag{3.8}$$

即波带面积随 N 增大而增加。λ 相对于 R 和 r_0 很小，可略去 λ^2，则各波带面积近似相等。

3）各波带到点 P_0 的距离 $\bar{r}_N$

因为 r_N 和 r_{N-1} 是第 N 个波带的两个边缘到点 P_0 的距离，所以第 N 个波带到点 P_0 的距离可取两者的平均值：

$$\bar{r}_N = \frac{r_N + r_{N-1}}{2} = r_0 + \left(N - \frac{1}{2}\right)\frac{\lambda}{2} \tag{3.9}$$

这说明第 N 个波带到点 P_0 的距离随着序数 N 的增大而增加。

4）倾斜因子 $K(\theta)$

由图 3.3 可见，倾斜因子为

$$K(\theta) = \frac{1 + \cos\theta}{2} \tag{3.10}$$

将式（3.8）、式（3.9）和式（3.10）代入式（3.2），可以得到各个波带在点 P_0 产生的光振动振幅

$$a_N \propto \frac{\pi R\lambda}{R + r_0} \cdot \frac{1 + \cos\theta_N}{2} \tag{3.11}$$

各个波带产生的振幅 a_N 的差别只取决于倾角 θ_N。随着 N 增大，θ_N 也相应增大，则各波带在点 P_0 所产生的光场振幅将随之单调减小，即

$$a_1 > a_2 > a_3 > \cdots > a_N$$

又由于这种变化比较缓慢，所以近似有下列关系：

$$\begin{cases} a_2 = \dfrac{a_1 + a_3}{2} \\ a_4 = \dfrac{a_3 + a_5}{2} \\ \cdots \\ a_{2m} = \dfrac{a_{2m-1} + a_{2m+1}}{2} \end{cases}$$

于是，在 N 为奇数时有

$$A_N = \frac{a_1}{2} + \frac{a_N}{2}$$

在 N 为偶数时光场合振幅为

$$A_N = \frac{a_1}{2} + \frac{a_{N-1}}{2} - a_N$$

当 N 较大时，$a_{N-1} \approx a_N$，故有光场合振幅为

$$A_N = \frac{a_1}{2} \pm \frac{a_N}{2} \tag{3.12}$$

其中，N 为奇数取"+"号；N 为偶数取"-"号。由此可得：圆孔对点 P_0 露出的波带数 N 决定了点 P_0 衍射光的强弱。由图 3.3 可给出波带数 N 和圆孔半径 h_N 间的关系：

$$\rho_N^2 = r_N^2 - (r_0 + h)^2 \approx r_N^2 - r_0^2 - 2r_0 h$$

因为

$$r_N^2 = \left(r_0 + \frac{N\lambda}{2}\right)^2 = r_0^2 + Nr_0\lambda + \frac{N^2\lambda^2}{4}$$

将其代入式（3.4），可得波面矢高为

$$h = \frac{Nr_0\lambda + \frac{N^2\lambda^2}{4}}{2(R+r_0)}$$

所以

$$\rho_N^2 = Nr_0\lambda + \frac{N^2\lambda^2}{4} - 2r_0 \frac{Nr_0\lambda + \frac{N^2\lambda^2}{4}}{2(R+r_0)} = \frac{NR\lambda}{R+r_0}\left(r_0 + \frac{N\lambda}{4}\right)$$

一般情况下，均有 $r_0 \gg N\lambda$，故

$$\rho_N^2 = Nr_0 \frac{R\lambda}{R+r_0} \tag{3.13}$$

这就是圆孔半径 h_N 和露出的波带数 N 间的关系。或表示成 N 与 h_N 的关系为

$$N = \frac{\rho_N^2}{\lambda R}\left(1 + \frac{R}{r_0}\right) \tag{3.14}$$

3.1.2 菲涅耳圆孔衍射的特点

由以上讨论可知，菲涅耳圆孔衍射有如下特点。

1）r_0 对衍射现象的影响

由式（3.14）知，ρ_N 和 R 的值一定，露出的波带数 N 随 r_0 变化，点 P_0 的光强度也不同。由式（3.12）知，N 为奇数或偶数分别对应亮点或暗点。故当观察屏前后移动（r_0 变化）时，点 P_0 的光强将明暗交替地变化，这是典型的菲涅耳衍射现象。ρ_N 和 R 的值一定时，r_0 增大，N 减小，菲涅耳衍射效应显著。当 r_0 大到一定值时，可视为 $r_0 \to \infty$，露出的波带数 N 不再变化，即为 N_m

$$N = N_m = \frac{\rho_N^2}{\lambda R} \tag{3.15}$$

该波带数称为菲涅耳数，是描述圆孔衍射效应的参量。随着 r_0 增大，点 P_0 处光强不再有明暗交替，进入夫朗禾费衍射区。r_0 很小时 N 很大，衍射减弱。r_0 小到一定程度可视为光直线传播。

2）波带数 N 对衍射的影响

在 R 和 r_0 一定时，圆孔对点 P_0 露出的波带数 N 与圆孔半径 h_N 有关，$N \propto h_N$。孔大时露出的波带数多，衍射不显著；孔小露出的波带数少，衍射显著。当孔趋于无限大时，波带产生的振幅 $a_N \to 0$

$$A_\infty = \frac{a_1}{2} \tag{3.16}$$

说明孔很大时点 P_0 处光强不再变化，是光直线传播的特点。光的直线传播是透光孔径较大时的一种特殊情况。光波波前完全不被遮挡时，点 P_0 处光场振幅为 A_0，是第一个波带在点 P_0 处光场振幅 a_1 的一半。当孔小到只露出一个波带时，点 P_0 处的光强由于衍射效应，增为无遮挡时点 P_0 光强的四倍。

3）波长对衍射的影响

当波长 λ 增大时，N 减少。说明在 ρ_N、R、r_0 一定时，长波长光波的衍射效应更为显著，更能显示出其波动性。

4）轴外点的衍射

如图 3.4 所示，为了确定轴外点 P 的光强，可先设衍射屏不存在，以 M_0 为中心对点 P 作半波带，然后放上中心为 O 的圆孔衍射屏。这时由于圆孔和波面对点 P 的波带不同心，波带的露出部分如图 3.5 所示，为清楚起见，暗带表示偶数带。这些波带在点 P 引起振动的振幅取决于波带数目和每个波带露出部分的大小。精确计算点 P 的合成振动振幅是很复杂的，但当点 P 逐渐偏离点 P_0 时，有的地方衍射光会强些，有些地方会弱些。由于整个装置是轴对称的，在观察屏上离点 P_0 等距离的点 P 有同样的光强，故菲涅耳圆孔衍射图样是一组亮暗相间的同心圆环条纹，中心是亮点或是暗点。应当指出，上述的讨论仅对点光源成立，如果是有限光源，其每一个点源都产生自己的一套衍射图样，导致干涉图形变得模糊。

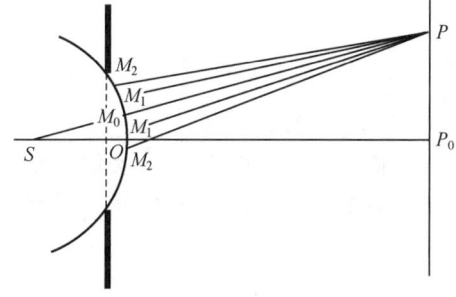

图 3.4 轴外点波带的分法

图 3.5 轴外点波带的分布

3.1.3 菲涅耳圆屏衍射

若用不透明的圆形板（或圆形的不透明障碍物）替代圆孔衍射屏。如图 3.6 所示，S 为单色点光源，MM' 为圆屏，点 P_0 为观察点。分析方法同前，仍由点 P_0 对波面作波带，圆屏挡住 N 个波带，第 $(N+1)$ 个以上的波带通光。点 P_0 的合振幅为

$$\begin{aligned} A_\infty &= a_{N+1} - a_{N+2} + \cdots + a_\infty \\ &= \frac{a_{N+1}}{2} + \left(\frac{a_{N+1}}{2} - a_{N+2} + \frac{a_{N+3}}{2}\right) + \\ &\quad \left(\frac{a_{N+3}}{2} - a_{N+4} + \frac{a_{N+5}}{2}\right) + \cdots = \frac{a_{N+1}}{2} \\ &= \frac{a_{N+1}}{2} \end{aligned} \tag{3.17}$$

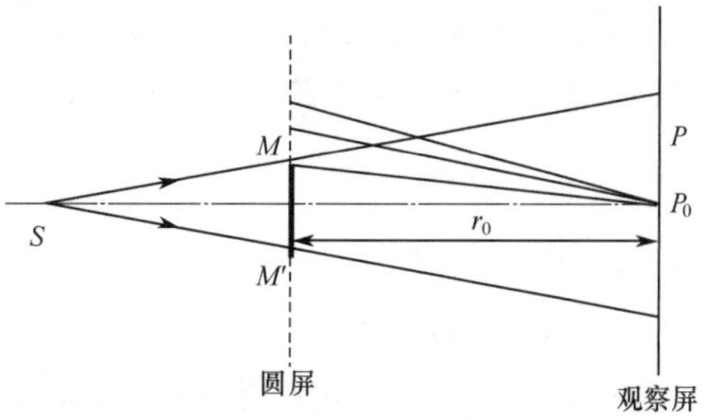

图 3.6 菲涅耳圆屏衍射

只要屏不大，($N+1$) 为不大的有限值，则点 P_0 的振幅是露出的第一个波带在点 P_0 处所产生的光场振幅的一半，即点 P_0 是亮点，所不同的只是光的强弱有差别。如果圆屏较大，点 P_0 离圆屏较近，N 是很大的数目，则被挡住的波带就很多，点 P_0 的光强近似为零，基本上是几何光学的结论：几何阴影处光强为零。

对于轴外点 P，圆屏位置与波带不同心，其合振动振幅随点 P 位置的不同而有起伏。考虑到圆屏的对称性，可以预计：圆屏衍射是以点 P_0 为中心，在其周围有一组明暗交替的衍射环。而在远离 P_0 的点，由于圆屏只挡住波带的很小一部分，衍射效应可忽略。其情况与几何光学的结论一致。

把圆屏和同样大小的圆孔作为互补屏来考虑，并不存在夫朗禾费衍射条件下得出的除轴上点外两个互补屏的衍射图样相同的结论。这是因为对于菲涅耳衍射，无穷大的波面将在观察屏上产生一个非零的均匀振幅分布，而不像夫朗禾费衍射，除轴上点以外处处振幅为零。

3.2 波带片

3.2.1 菲涅耳波带片

利用菲涅耳波带法讨论圆孔衍射时已知，由于相邻波带的相位相反，它们对观察点的作用相互抵消。当只露出一个波带时，光轴上点 P_0 的光强是波前未被阻挡时的四倍。对于一个露出 20 个波带的衍射孔，其作用结果是彼此抵消，点 P_0 为暗点。如果令其中的 1、3、5、⋯、19 等 10 个奇数波带通光，而使 2、4、6、⋯、20 等 10 个偶数波带不通光，则点 P_0 的合振幅为

$$A_N = a_1 + a_3 + a_5 + \cdots + a_{19} \approx 10 a_1$$

因波前完全不被遮住时点 P_0 的合振幅为

$$A_\infty = \frac{a_1}{2}$$

挡住偶数带（或奇数带）后，点 P_0 的光强约为波前完全不被遮住时的 400 倍。

将奇数波带或偶数波带挡住所制成的特殊光阑称为菲涅耳波带片。它类似于透镜，有聚光作用，又称菲涅耳透镜。图 3.7 给出奇数和偶数波带被挡住（涂黑）的两种菲涅耳波带片。

1）波带片对轴上物点的成像规律

设距离波带片为 R 的轴上点光源 S 照明波带片，由式（3.13）有

$$\frac{N\lambda}{\rho_N^2} = \frac{R + r_0}{R r_0}$$

经过变换可得

$$\frac{1}{R} + \frac{1}{r_0} = \frac{N\lambda}{\rho_N^2} \tag{3.18}$$

此式与薄透镜成像公式相似，可视为波带片对轴上物点的成像公式。R 相应于物距（物点与波带片间的距离），r_0 相应于像距（观察点与波带片间的距离），而焦距为

$$f_N = \frac{\rho_N^2}{N\lambda} \tag{3.19}$$

其相应的焦点为点 P_0。

2）波带片的焦距

折射透镜是利用光的折射原理聚光，从物点发出的光线到像点的光程相等，波带片利用光的衍射原理聚光，到达像点的相位差为 2π 的整倍数，产生相干叠加。另外，波带片中有多个焦距，

用平行光照射波带片时，除了点 P_0（主焦点）为亮点外，还有一系列光强较小的（次焦点）亮点。相应第 m 个亮点（焦点）的焦距为

$$f_m = \frac{1}{m}\left(\frac{\rho_N^2}{N\lambda}\right) \quad m\text{取奇数} \quad (3.20)$$

其表现如图 3.8 所示，若 F_1' 为上述焦点 P_0，因为半波带是以点 F_1' 为中心划分的，相邻两波带的振动到达点 F_1' 的光程差为 $\lambda/2$，而对于轴上的点 F_3'，相邻两波带的振动到达点 F_3' 的光程差是 $3\lambda/2$，由于奇数（或偶数）带已被挡去，故入射光波通过波带片的透光带后到达点 F_3' 时，相邻两透光带所引起的振动同相（光程差为 3λ），所以其也是一个焦点。同理，F_5'，F_7'，…均为焦点。由图 3.8 可见，分别有

$$\begin{cases} \rho_N^2 + f_1^2 = \left(f_1 + N\frac{\lambda}{2}\right)^2 \\ \rho_N^2 + f_3^2 = \left(f_3 + N\frac{3\lambda}{2}\right)^2 \\ \quad\quad \vdots \\ \rho_N^2 + f_m^2 = \left(f_m + N\frac{m\lambda}{2}\right)^2 \end{cases}$$

将上式展开，略去高次项，即得第 m 个焦点的焦距

$$f_m = \frac{1}{m}\left(\frac{\rho_N^2}{N\lambda}\right)$$

由图 3.8 还可看出，除了实焦点外，波带片还有一系列的虚焦点，它们位于波带片的另一侧，其焦距仍由式（3.20）计算。

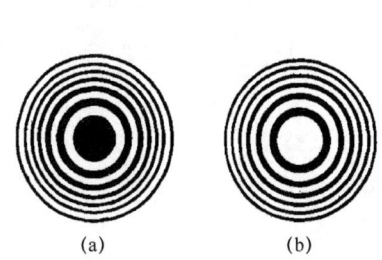

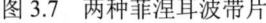

图 3.7 两种菲涅耳波带片

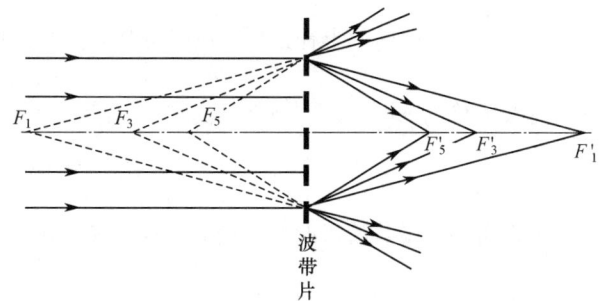

图 3.8 波带片的焦距

菲涅耳波带片与折射透镜的另一个差别：波带片焦距与波长相关，其值与波长成反比，波带片的色差比折射透镜大，是波带片的主要缺点。其优点是适应波段范围广。如用金属薄片制作的波带片，由于透明环带没有任何材料，可以从紫外到软 X 射线的波段内作为透镜用，而普通光学玻璃透镜只用于可见光区。波带片还可用于声波和微波。

3）菲涅耳波带片

菲涅耳波带片的结构可以从图 3.8 中看出，如果对偶数或奇数波带区域进行遮挡，只令奇数或偶数波带区域透光，则在点 P 处的光振幅为各透光波带在点 P 产生的振动避免了相消干涉。设计菲涅耳波带片时，其焦距由通光半径 ρ_N、半波带的数目 N 和设计波长 λ 决定[13]。

$$f_N' = \frac{\rho_N^2}{N\lambda} \quad (3.21)$$

距离波带片为 $f'/3$, $f'/5$, $f'/7$, … 处还有一系列次级焦点。

菲涅耳波带片的透过率函数表示为

$$t(\rho) = \begin{cases} 1 & \rho_{2m}^2 \leq \rho^2 \leq \rho_{2m+1}^2 \\ 0 & \rho_{2m+1}^2 \leq \rho^2 \leq \rho_{2m+1}^2 \end{cases} \quad m=1,2,3,\cdots \tag{3.22}$$

$$\rho_1^2 = \lambda f' \cdot 1 \tag{3.23}$$

此透过率函数为 ρ_N^2 的周期，其傅里叶级数展开式[14]为

$$f(x) = \sum_{N=-\infty}^{\infty} C_N \exp\left(i\frac{2N\pi}{p}x\right) \tag{3.24}$$

式中，系数 C_N 为

$$C_N = \frac{1}{T}\int_0^T f(t)\exp\left(-i\frac{2N\pi}{T}t\right)dt$$

T 为周期，$T = \rho_{m+2}^2 - \rho_m^2 = 2\lambda f'$，上式积分可得

$$C_0 = \frac{1}{2} \qquad C_N = \begin{cases} 0 & N=\pm 2,\pm 4,\cdots \\ -\dfrac{i}{N\pi} & N=\pm 1,\pm 3,\cdots \end{cases}$$

菲涅耳波带片透过率函数可以写为

$$t(\rho) = \frac{1}{2} + \sum_{N=-\infty}^{\infty} \exp\left(i\frac{N\pi}{\lambda f'}\rho^2\right) \tag{3.25}$$

此式表明，一个平面波经过菲涅耳波带片，以出射波为中心在光轴上会聚球面衍射波的一系列焦点位置为

$$f'_N = -\frac{f'}{N} = \frac{\rho_1^2}{N\lambda} \tag{3.26}$$

式中，ρ_1 为第一半波带的半径，N 为正或负分别为一系列发散或会聚球面波。焦距分别为

$$\pm f', \ \pm f'/3, \ \pm f'/5, \ \cdots$$

如入射光波为单位球面波，则波带片的±1 级衍射效率为

$$\eta = \left|-\frac{i}{\pi}\right| \approx 10\% \tag{3.27}$$

由以上分析可知波带片的衍射效率较低，存在多个焦点，限制了应用。

3.2.2 相位型菲涅耳波带片

对波带片的一个改进是将不透明区域变成厚度为光相位变化 π 的透明区域。该元件称为相位型菲涅耳波带片，其透过率函数 t 为

$$t(h) = \begin{cases} 1 & h_{2m}^2 \leq h^2 \leq h_{2m+1}^2 \\ -1 & h_{2m+1}^2 \leq h^2 \leq h_{2m+2}^2 \end{cases} \quad m=0,1,2,3\cdots \tag{3.28}$$

式中，h 为该元件的通光半径，相应的级数展开式为

$$t(\rho) = \sum_{N=-\infty}^{\infty} -\frac{2i}{N\pi}\exp\left(i\frac{N\pi}{\lambda f'}\rho^2\right) \tag{3.29}$$

此式表示的焦距值没有改变，但是衍射效率增加了

$$\eta = \left|-\frac{2i}{\pi}\right|^2 \approx 40\%$$

该法并没有消除菲涅耳波带片的多个焦点,相息图元件把波带的一个周期连接起来考虑,让光通过波带的相位在 0~2π 之间连续变化,这样每个波带的下边缘的光到参考点的光程和波带上边缘的光到参考点的光程相等,从而实现焦点数目的减少和衍射效率的提高。

3.2.3 条形或方形波带片

设平行光入射到波带片上,则波带的分法可以是圆形、条形或方形。条形波带片见图 3.9(a),其在焦点处会聚成一条平行于波带片条带的亮线;可用下式求出其各带的半径:

$$\rho_N = \sqrt{N\lambda f_N} \tag{3.30}$$

方形波带片的衍射图是十字亮线,适合于对准应用,见图 3.9(b)。对入射光波长和波带片的焦距,先求出方形波带各带边缘的位置:

$$x_N = \pm\sqrt{N\lambda f'_N}$$
$$y_N = \pm\sqrt{N\lambda f'_N} \tag{3.31}$$

然后,按上式的计算值画出波带图,将奇数带(或偶数带)涂黑,进行精缩,翻印在胶片或玻璃感光板上,亦可在金属薄片上蚀刻出空心环带,即可制成所需的波带片。

图 3.10 是一种衍射式激光准直仪原理图,方形波带片固定于该仪器的可调焦望远镜物镜外侧。由望远镜射出的平行光,经波带片后在其焦点处形成一个亮十字。微调望远镜使射出的光在光轴上波带片的焦距内成亮十字实像。装有波带片的激光准直仪可用于几十米至几百米,甚至几千米范围内的对准调节。在几十米范围内十字亮线的宽度可窄到 0.2 mm,所以对中误差可降到 10^{-5} 以下,而未装波带片的对中误差只能达到 10^{-4}。

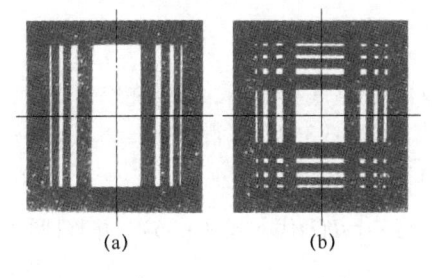

图 3.9 条形和方形波带片

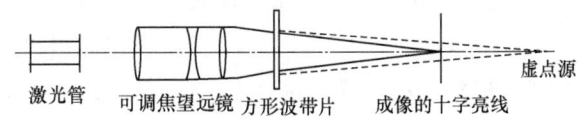

图 3.10 衍射式激光准直仪原理

3.3 衍射光学器件衍射效率

通常把衍射光学元件 m 级次的衍射效率定义为 m 级衍射光的能量 E_0 与入射到衍射光学元件上的总能量 E_0 之比,即[15]

$$\eta_m = \frac{E_m}{E_0} \tag{3.32}$$

衍射效率是二元光学中的关键性能指标。下面讨论相位轮廓量化以后的衍射效率。

3.3.1 锯齿形一维相位光栅的衍射效率[16]

如图 3.11 所示一维锯齿形相位光栅。周期为 T,锯齿深度为 d,材料折射率为 n,衍射级次为 m,工作光波长为 λ,其透射函数为

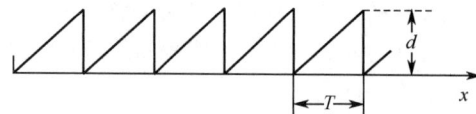

图 3.11 一维锯齿形相位光栅

$$t(x) = \sum_m \delta(x - mT) * \text{rect}\left(\frac{x}{T}\right) e^{i2\pi f_0 x} \quad (3.33)$$

式中，$f_0 = (n-1)d/\lambda T$（d 满足 $d = \lambda/(n-1)$ 时，$f_0 = 1/T$，f_0 为相位光栅的基频）；m 是整数。若单位振幅平面波垂直入射，由式（3.33）可知，透射的角谱是 $t(x)$ 的傅里叶变换，即

$$\mathcal{F}\{t(x)\} = \sum_m \delta\left(f - \frac{m}{T}\right) \frac{\sin[\pi T(f - f_0)]}{\pi T(f - f_0)} \quad (3.34)$$

式中，f 是 x 方向频率 f_x（因是一维省去了下标）。第 m 级的振幅为

$$a_m = \frac{\sin\left[\pi T\left(\frac{m}{T} - f_0\right)\right]}{\pi T\left(\frac{m}{T} - f_0\right)} \quad (3.35)$$

衍射效率 $\eta_m = a_m \cdot a_m^*$。将式（3.34）和 $f_0 = (n-1)d/\lambda T$ 代入，则有

$$\eta_m = \left\{\frac{\sin\left[\pi\left(m - \frac{n-1}{\lambda}d\right)\right]}{\pi\left(m - \frac{n-1}{\lambda}d\right)}\right\}^2 \quad (3.36)$$

设光栅第一级（$m = 1$）闪耀，即 $\eta_1 = 1$，则 d 应满足 $d = \lambda/(n-1)$。令 $\varphi(\lambda)$ 表示衍射元件在整个周期内的最大相位延迟，以波长为单位，可表示为

$$\varphi(\lambda) = \frac{d}{\lambda}(n-1) \quad (3.37)$$

式中，d 为光栅的最大高度；n 为衍射光学元件在波长为 λ 时的基底折射率，元件在空气中时，衍射光学元件之前的介质折射率为 $n_{\text{air}} = 1$。将式（3.37）代入式（3.36），可得[15]

$$\eta_m = \text{sinc}^2\{\pi[m - \varphi(\lambda)]\} \quad (3.38)$$

欲使式（3.38）中衍射效率达到 100%，只须满足 $m = \Phi(\lambda)$。将 $m = \Phi(\lambda)$ 代入式（3.36），并整理得

$$[n(\lambda) - 1]d = m\lambda \quad (3.39)$$

式（3.39）表明，当光束入射到单层衍射光学元件上时，所产生的光程差如果是波长的整数倍，即可获得最大的衍射效率。

3.3.2 台阶状（二元光学）相位光栅的衍射效率及其计算

由于制作锯齿形相位轮廓较为困难，多以二元光学技术的台阶状轮廓逼近锯齿形相位轮廓，多阶相位轮廓光栅如图 3.12 所示。其中图 3.12（a）、（b）、（c）分别对应 2、4 和 8 个台阶。一个周期中台阶数目越多，则越接近期望的相位轮廓。将锯齿形的相位轮廓量化成台阶状，形成了另一种光栅。其相位轮廓函数也不再是式（3.33）中的 $e^{i2\pi f_0 x}$。二元光学中所关注的衍射效率与台阶数目有关。设每个台阶的高度相同，台阶总数 $L = 2^N$（N 是正整数），令 n_s 是自左向右的台阶序号，相应的相位函数 φ_{n_s} 是

$$\varphi_{n_s} = \sum_{n_s=0}^{L-1} e^{i2\pi n_s f_0 T/L} \text{rect}\left(\frac{x - n_s T/L}{T/L}\right)$$

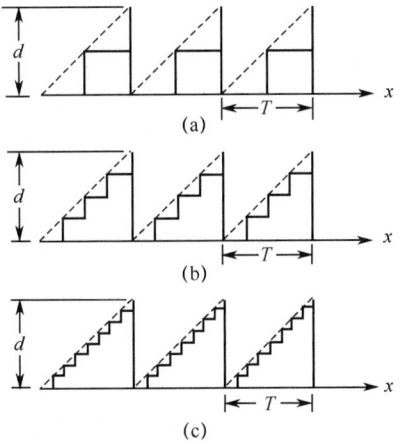

图 3.12 多阶相位轮廓光栅

此光栅的透射函数 $t_s(x)$ 可写成

$$t_s(x) = \sum_m \delta(x - mT) * \left\{ \text{rect}\left(\frac{x}{T}\right) \cdot \left[\sum_{n_s=0}^{L-1} e^{i2\pi n_s f_0 T/L} \cdot \text{rect}\left(\frac{x - n_s T/L}{T/L}\right) \right] \right\} \quad (3.40)$$

其角谱为

$$\mathcal{F}\{t_s(x)\} = \sum_m \delta\left(f - \frac{m}{T}\right) e^{-i2\pi fT/L} \cdot \frac{\sin(\pi fT/L)}{\pi fT/L} \sum_{n_s=0}^{L-1} e^{i2\pi n_s (T/L)(f_0 - f)} \quad (3.41)$$

对 $m = 1$,有频率 $f = 1/T$,则 1 级闪耀的衍射效率为

$$\eta_{s1} = a_{s1} \cdot a_{s1}^* = \left[\frac{\sin(\pi/L)}{\pi/L}\right]^2 = \left[\text{sinc}\left(\frac{1}{L}\right)\right]^2 \quad (3.42)$$

式(3.42)是二元光学器件衍射效率与台阶数目的关系公式,式中利用了 $d = \lambda/(n-1)$。由计算得不同台阶数台阶状相位光栅的一级衍射效率,见表 3.1[17]。

表 3.1 不同台阶数台阶状相位光栅的一级衍射效率

元件的台阶数	2	4	8	16
一级衍射效率	0.405	0.811	0.950	0.987

衍射效率随着台阶数的增多而增大,当台阶数 $L = 32$ 时接近于 1,但由于工艺比较复杂,设计时台阶数应视具体任务而定,实际应用中多是 8 或 16 台阶。

3.4 通过衍射面的光线光路计算

费马在 1679 年用光程的概念概括地将几何光学定律归结成费马(Fermat)原理。基于该原理,可构建适合于折射、衍射及折衍混合元件的统一的光程模型[18],并由此推出适于任意界面的广义斯涅耳公式。

A,B 两点间光线的实际路径定义为光程 (AB)(或者说所需的传播时间 τ_{AB}),其为平稳的路径,在光线的实际路径上光程的变分为零:

$$\delta(AB) = \delta \int_A^B n \mathrm{d}l = 0 \quad (3.43)$$

光程具有极值。

二元光学透镜（binary optical lens，BOL）的光线光路计算可以考虑：任意界面在物理上可以是折、反射面或衍射面，在几何形状上可以是平面、球面和非球面等任意面形。设任意界面的面形方程为 $f(\xi, w, l) = 0$，其上任意点 $P(\xi, w, l)$ 处的相位函数为 $\varphi_{DOE}(w, l)$。确定直角坐标系下衍射光学面光线光路，其示意图如图 3.13 所示。透镜中衍射光学面（DOS）的基面为曲面，其顶点为坐标原点 O，平面 yz 为其基面在原点的切平面，x 轴与该面的顶点法线重合。衍射面上任意点 $P(\xi, w, l)$ 的相位函数的一般表达式为

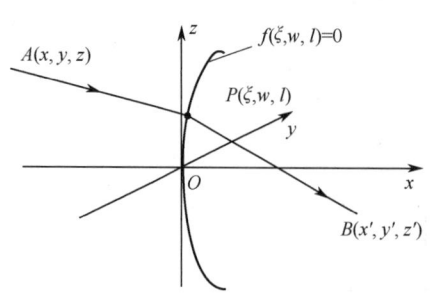

图 3.13　衍射光学面光线光路示意图

$$\phi(w, l) = \sum_{i=0}^{\infty} \sum_{j=0}^{\infty} C_{ij} w^i l^j \quad (C_{00} = 0) \quad (3.44)$$

式中，C_{ij} 为相位函数多项式的系数。界面之前、后介质的折射率分别为 n 和 n'，波长为 λ 的入射光线 AP 交 DOS 面于点 $P(\xi, w, l)$，DOS 在点 P 处的相位为 $\phi(w, l)$，PB 是 m 级衍射光线（出射光线）。$B(x', y', z')$ 是点 P 处第 m 级衍射方向上的像点。已知入射光线的方向余弦 (L, M, N) 及所在基面的面形方程为 $\xi = \xi(w, l)$。光线追迹的目的即在上述已知条件下确定 m 级出射光线 PB 的方向余弦 (L', M', N')。

由图知，对于设计波长 λ_0 光线 APB 的光程函数 F 如式（3.45）所示：

$$F = (AP) + (PB) + \frac{m\lambda}{\lambda_0} \phi \quad (3.45)$$

式中，(AP) 和 (PB) 分别是 AP 和 PB 路径上的光程长度，相位函数的设计波长为 λ_d。

由费马原理可知，光线由物点 A 到像点 B，无论中间经过多少次转折，A、B 间的光程为极值，即由式（3.45），有

$$\frac{\partial F}{\partial w} = 0, \quad \frac{\partial F}{\partial l} = 0 \quad (3.46)$$

由式（3.44）和式（3.45）得入射光线 AP 的方向余弦 (L, M, N) 与第 m 级衍射光线的方向余弦 (L', M', N') 间的关系式为

$$\frac{\partial F}{\partial w} = \left(nM - n'M' + m\frac{\lambda}{\lambda_0}\frac{\partial \phi_{DOE}}{\partial w} \right) + \left(nL - n'L' + m\frac{\lambda}{\lambda_0}\frac{\partial \phi_{DOE}}{\partial \xi} \right)\frac{\partial \xi}{\partial w} = 0 \quad (3.47)$$

$$\frac{\partial F}{\partial l} = \left(nN - n'N' + m\frac{\lambda}{\lambda_0}\frac{\partial \phi_{DOE}}{\partial w} \right) + \left(nL - n'L' + m\frac{\lambda}{\lambda_0}\frac{\partial \phi_{DOE}}{\partial \xi} \right)\frac{\partial \xi}{\partial l} = 0 \quad (3.48)$$

式中，

$$L = -\frac{x - \xi}{(AP)}, \quad M = -\frac{y - w}{(AP)}, \quad N = -\frac{z - l}{(AP)}$$

$$L' = -\frac{x' - \xi}{(PB)}, \quad M' = -\frac{y' - w}{(PB)}, \quad N' = -\frac{z' - l}{(PB)}$$

$$nL = (AP) = \sqrt{(x - \xi)^2 + (y - w)^2 + (z - l)^2}$$

$$n'L' = (QB) = \sqrt{(x' - \xi)^2 + (y' - w)^2 + (z' - l)^2}$$

且

$$M' + L' + N' = 1 \tag{3.49}$$

已知 BOL 的任意基面的面形方程为 $\xi=\xi(w,l)$，则点 P 法线的方向余弦（$\cos\alpha$，$\cos\beta$，$\cos\gamma$）为

$$\cos\alpha = \frac{1}{\sqrt{1+\left(\frac{\partial\xi}{\partial w}\right)^2+\left(\frac{\partial\xi}{\partial l}\right)^2}} \quad \cos\beta = \frac{-\frac{\partial\xi}{\partial w}}{\sqrt{1+\left(\frac{\partial\xi}{\partial w}\right)^2+\left(\frac{\partial\xi}{\partial l}\right)^2}} \quad \cos\gamma = \frac{\frac{\partial\xi}{\partial l}}{\sqrt{1+\left(\frac{\partial\xi}{\partial w}\right)^2+\left(\frac{\partial\xi}{\partial l}\right)^2}}$$

设

$$nL - n'L' = -T\cos\alpha \tag{3.50}$$

且

$$\frac{\partial \phi_{\mathrm{DOE}}}{\partial \xi} = 0$$

则由式（3.47）、式（3.48）可得

$$nM - n'M' + m\frac{\lambda}{\lambda_0}\frac{\partial \phi_{\mathrm{DOE}}}{\partial w} + T\cos\beta = 0 \tag{3.51}$$

$$nM - n'M' + m\frac{\lambda}{\lambda_0}\frac{\partial \phi_{\mathrm{DOE}}}{\partial l} + T\cos\gamma = 0 \tag{3.52}$$

定义色散系数 μ 和偏折系数 T 分别为

$$\mu = \frac{m\lambda}{\lambda_0}, \quad T = \frac{n'L' - nL}{\cos\alpha} \tag{3.53}$$

式中，m 为衍射级次，则由式（3.51）至式（3.53）可得到广义斯涅耳公式的标量形式为

$$\begin{cases} L' = L + T\cos\alpha \\ M' = M + T\cos\beta + \mu\frac{\partial\phi}{\partial w} \\ N' = N + T\cos\gamma + \mu\frac{\partial\phi}{\partial l} \end{cases} \tag{3.54}$$

其中

$$\begin{cases} T = -b + \sqrt{b^2 - c} \\ b = n(L\cos\alpha + M\cos\beta + N\cos\gamma) + \mu\frac{\partial\phi}{\partial w}\cos\beta + \mu\frac{\partial\phi}{\partial l}\cos\gamma \\ c = \mu^2\left[\left(\frac{\partial\phi}{\partial w}\right)^2 + \left(\frac{\partial\phi}{\partial l}\right)^2\right] + 2\mu\left(M\frac{\partial\phi}{\partial w} + N\frac{\partial\phi}{\partial l}\right) \end{cases} \tag{3.55}$$

式（3.53）的等号右边不仅表明了基底面形对光线偏折的贡献，而且反映了衍射面的相位分布对光线偏折的作用。若设入射光线单位矢量为 $AP=r$，出射光线单位矢量为 $BP=r'$，任意界面在点 P 处的法线单位矢量元为 n，其相位函数在点 P 处的法线单位矢量为 g，根据公式（3.53），则可得到广义斯涅耳公式的矢量形式为

$$n'(r \times n) + \mu g \times n \tag{3.56}$$

当已知入射光线的方向余弦（L,M,N）及衍射面的基面面形方程 $\xi=\xi(w,l)$ 时，可由式（3.54）和式（3.55）求出射光线方向余弦（L', M', N'），此计算过程与传统折射面的追迹类似。在传统光学设计软件中加入衍射面光线追迹子程序，即可进行混合光学系统像差计算和分析。

3.5 衍射光学系统初级像差

基于光的干涉和衍射原理的全息器件（HOE）曾用于成像系统，具有其色散显著、效率低、应用范围受限等[2,19]特点。体全息的衍射效率理论上可达 100%，曾用于平视显示器（head-up display），体全息材料重铬酸明胶易潮解，应用困难。1988 年，斯涅森（Swanson）和维尔得卡姆（Veldkamp）等人利用衍射光学器件的色散特性校正单透镜的轴上色差和球差，研制了新型的二元光学透镜（BOL）——多阶相位透镜[20]，从此，研究了衍射光学透镜在光学成像领域的应用：包括传统光学器件（如透镜、棱镜、反射镜等）及衍射光学器件（如 HOE、BOL 等）的混合光学成像系统；同时利用光折射和衍射性质的折衍混合光学成像系统。系统在增加光学设计自由度，改善系统像质和减小体积等方面都表现了优势，能使光学成像系统达到轻量化、小型化及高像质，加之微制造技术的发展加速了折衍混合成像系统的研究及实用。

3.5.1 衍射光学透镜的单色初级像差特性

衍射光学透镜可看成是同轴计算全息透镜，且做成多阶相位型，高衍射效率的衍射光学器件，其性质与分析方法类似全息光学器件。1977 年，斯维特（Sweatt）将平面基底的全息透镜模拟为普通薄透镜；克莱因汉斯（Kleinhans）研究了曲面波带片和菲涅耳透镜的薄透镜模型，并给出了这种模型下的初级像差公式[21]。由于薄透镜模型忽略衍射多级次共存的可能性，所以像差分析只考虑 BOL 的+1 级单一衍射级次的情况。

通常设旋转对称二元光学衍射面的相位函数表示形式为

$$\phi(r) = \frac{2\pi}{\lambda}(A_\lambda r^2 + G_\lambda r^4 + \cdots) \tag{3.57}$$

式中，A_λ 为二次相位系数，决定该面的傍轴光焦度，对于某一确定的 BOL，A_λ 与使用波长 λ 成正比，故此项一般用于校正系统色差；G_λ 为非球面相位系数，多用于校正系统的单色像差。

1）光阑密接于衍射透镜情况下的初级像差公式

图 3.14 表示光阑密接单薄透镜的近轴量。所有符号意义及正负号规定均按几何光学的约定[22]。设 y 为物高，ρ 和 θ 为光瞳面上的极坐标，S_i 为初级像差系数，则其初级波像差多项式为

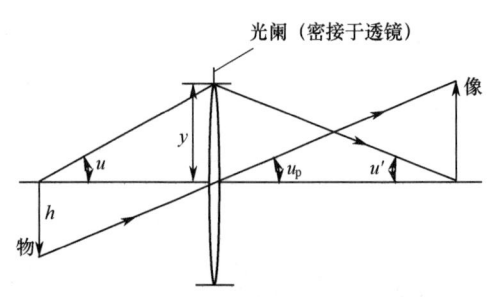

图 3.14 光阑密接单薄透镜的近轴量

$$-W(y,\rho,\cos\theta) = \frac{1}{8}\rho^4 S_\mathrm{I} + \frac{1}{2}y\rho^3\cos\theta S_\mathrm{II} + \frac{1}{2}y^2\rho^2\cos^2\theta S_\mathrm{III} + \frac{1}{4}y^2\rho^2(S_\mathrm{III}+S_\mathrm{IV}) + \frac{1}{2}y^3\rho\cos\theta S_\mathrm{V}$$

如图 3.14 所示，u_p 为主光线的入射角；u 和 u' 为边缘光线的入射角和出射角；h 是边缘光线与透镜的交点到光轴的距离。c_1 和 c_2 为透镜两表面的曲率，定义无量纲量：弯曲系数 B 和共轭系数 C 为

$$B = \frac{c_1+c_2}{c_1-c_2}, \quad C = \frac{u+u'}{u-u'} \tag{3.58}$$

令 φ 为薄透镜的光焦度，表示式为

$$\varphi = (c_1-c_2)(n-1)$$

设 J 为拉氏不变量，则普通薄透镜的初级像差系数 $S_\mathrm{I} \sim S_\mathrm{V}$ 分别为

$$\begin{cases} \text{球差系数} \quad S_{\mathrm{I}} = \dfrac{h^4\varphi^3}{4}\left[\left(\dfrac{n}{n-1}\right)^2 + \dfrac{n+2}{n(n-1)^2}B^2 + \dfrac{4(n+1)}{n(n-1)}BC + \dfrac{3n+2}{n}C^2\right] \\ \text{彗差系数} \quad S_{\mathrm{II}} = -\dfrac{h^2\varphi^2 J}{2}\left[\dfrac{n+1}{n(n-1)}B + \dfrac{2n+1}{n}C\right] \\ \text{像散系数} \quad S_{\mathrm{III}} = J^2\varphi \\ \text{匹兹万场曲系数}\, S_{\mathrm{IV}} = \dfrac{J^2\varphi}{n} \\ \text{畸变系数} \quad S_{\mathrm{V}} = 0 \end{cases} \quad (3.59)$$

若波长为 λ，衍射级次为 m（不特别指明时，取 $m=1$）设计二元光学器件，则其近轴光焦度由衍射级次和式（3.57）表示的相位函数中的二次项系数 A_λ 决定

$$\varphi = -2mA_\lambda \quad (3.60)$$

式（3.57）中非球面项 G_λ 在光阑密接透镜时只引入球差，即在 S_{I} 项中将引入附加项。取 BOL 基面的曲率为 c_1 和 $c_2 \to c_s$，则弯曲系数 $B \to \infty$，令 T 为

$$T = \dfrac{c_1 + c_2}{\varphi} = \dfrac{2c_s}{\varphi} = \dfrac{c_1+c_2}{(n-1)(c_1-c_2)} = \dfrac{B}{(n-1)} \quad (3.61)$$

当在式（3.59）中，取 $n \to \infty$，可得到 BOL 的初级像差系数

$$\begin{cases} S_{\mathrm{I}} = \dfrac{h^4\varphi^3}{4}\left[1 + T^2 + 4TC + 3C^2\right] - 8m\lambda G y^4 \\ S_{\mathrm{II}} = -h^2\varphi^2 J(T+2C)/2 \\ S_{\mathrm{III}} = J^2\varphi \\ S_{\mathrm{VI}} = 0 \\ S_{\mathrm{V}} = 0 \end{cases} \quad (3.62)$$

2）光阑远离衍射透镜时的初级像差系数

设光阑离透镜距离为 l_{p}，对于单片系统或密接的多片系统，有主光线在衍射透镜上的入射高度 $h_{\mathrm{p}} = l_{\mathrm{p}} u_{\mathrm{p}}$，各项系数（加上标"※"）变为

$$\begin{cases} S_{\mathrm{I}}^{※} = S_{\mathrm{I}} \\ S_{\mathrm{II}}^{※} = S_{\mathrm{II}} + \dfrac{h_{\mathrm{p}}}{h}S_{\mathrm{I}} \\ S_{\mathrm{III}}^{※} = S_{\mathrm{III}} + 2\dfrac{h_{\mathrm{p}}}{h}S_{\mathrm{II}} + \left(\dfrac{h_{\mathrm{p}}}{h}\right)^2 S_{\mathrm{I}} \\ S_{\mathrm{IV}}^{※} = S_{\mathrm{IV}} \\ S_{\mathrm{V}}^{※} = S_{\mathrm{V}} + 2\dfrac{h_{\mathrm{p}}}{h}(3S_{\mathrm{III}} + S_{\mathrm{VI}})3\left(\dfrac{h_{\mathrm{p}}}{h}\right)^2 S_{\mathrm{II}} + \left(\dfrac{h_{\mathrm{p}}}{h}\right)^2 S_{\mathrm{I}} \end{cases} \quad (3.63)$$

若对无限远物体（$u=0$）成像，则 $C=-1$；并设工作波长 $\lambda=\lambda_0$，BOL 基面为平面，即 $c_1=0$，$T=0$；非球面相位因子 $G=0$，则 $S_{\mathrm{I}}^{※} \sim S_{\mathrm{V}}^{※}$ 的表达式为

$$\begin{cases} S_{\text{I}}^{\circledast} = \dfrac{d^4}{f^3} \\ S_{\text{II}}^{\circledast} = \dfrac{d^3 u_p (l_p - f)}{f^3} \\ S_{\text{III}}^{\circledast} = \dfrac{h^3 u_p^2 (l_p - f)^2}{f^3} \\ S_{\text{IV}}^{\circledast} = 0 \\ S_{\text{V}}^{\circledast} = \dfrac{h^3 u_p^3 l_p (3f^2 - 3l_p f + l_p^2)}{f^3} \end{cases} \quad (3.64)$$

若将光阑放在透镜前焦面,即 $l_p = f$,则构成像方远心光路如图 3.15 所示。此时像差系数为

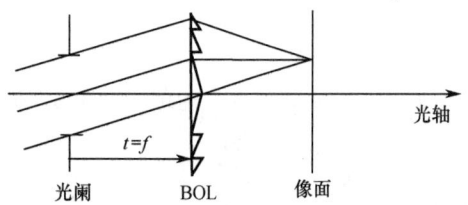

图 3.15 像方远心近轴衍射系统示意图

$$\begin{cases} S_{\text{I}}^{\circledast} = \dfrac{h^4}{f^3} \\ S_{\text{II}}^{\circledast} = S_{\text{III}}^{\circledast} = S_{\text{IV}}^{\circledast} = 0 \\ S_{\text{V}}^{\circledast} = h u_p^2 \end{cases} \quad (3.65)$$

由式(3.65)得到一个重要结论:像方远心系统中不仅初级彗差和像散为零,且匹兹万场曲为零,其弧矢面和子午面均为平面,但折射透镜只能使子午面为平面。

利用上述特性,布拉立(Buralli)等[23]设计了一个单片型衍射照相物镜,性能指标:焦距为 $f = 50$ mm,相对孔径为 F/5.6,半视场角为 $\omega = 9.0°$,对单色光波长为 $\lambda_0 = 0.587\ 6$ μm,调制传递函数 MTF 曲线(如图 3.16),已接近衍射极限。若设计波长为 $\lambda_d = 0.5\ 876$ μm,则衍射透镜的波带数为 2 659 个,难以加工实现。若波长为 $\lambda_{\text{IR}} = 10$ μm,则波带数为 156 个。故布拉立设计加工了 $\lambda_{\text{IR}} = 10$ μm,$f = 50$ mm,$\omega = 10°$,F/3.0 的红外衍射透镜,其参数见表 3.2。

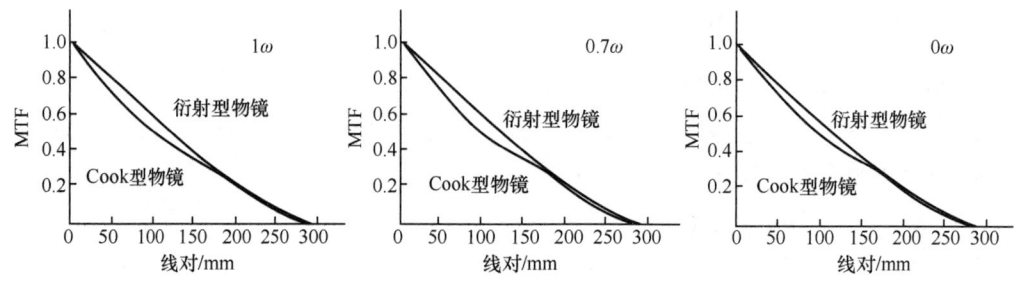

图 3.16 Cook 型及衍射型照相物镜(即人们熟悉的三片型照相物镜)的 MTF 曲线

表 3.2 宽视场衍射系统结构参数

面序号	曲率/mm^{-1}	厚度/mm	材料
1	0.000 000	43.112 883	空气
2	0.004 314	4.000 020	锗
3	-0.002 376	48.869 530	空气

光阑位于前焦面时为远心衍射系统,透镜的畸变无法消除,像高为 $y = f\sin\omega$,也符合傅里叶变换透镜的性能要求。由于畸变的存在,反而使远心衍射系统整个像面的照度较均匀,克服了普

通照相物镜的像面照度随视场角的增大按约 $\cos^4\omega$ 量级下降的特点。

3.5.2 折衍混合成像系统中衍射结构的高折射率模型及PWC描述[24]

由波动光学知,衍射结构和折射透镜都是通过对光程适当延迟实现光波波阵面的调制,因此衍射结构可以等效为折射透镜,即为 Sweat 最早提出了衍射透镜的概念,将衍射结构当作折射率无限大的薄透镜[25]。基于这种高折射率模型,Burallit[26]、Wenjun Li[27]等人分别采用 Welford[23] 或 Smith[28]描述建立了折衍混合光学系统的初级像差理论,从而有效地指导了折衍混合设计。基于衍射结构的高折射率模型,将薄透镜系统初级像差 PWC 表示推广到折衍混合光学系统中,形成折衍混合光学设计理论和方法。

1）衍射结构的高折射率模型

实际不可能对进入无穷大折射率光学材料的光线进行追迹,为此在保证高折射率模型的有效性和计算机数据处理能力范围内选取折射率的大小。衍射透镜的光焦度与波长成正比

$$\varphi(\lambda) = k\lambda \quad (3.66)$$

而折射透镜的光焦度与折射率成正比

$$\varphi(\lambda) = [n(\lambda) - 1]\Delta C \quad (3.67)$$

故衍射透镜的等效折射率可表示为

$$n(\lambda) = C\lambda + 1 \quad (3.68)$$

由于折射率 n 很大,可令 $C=10^S$,则 $n(\lambda) = \lambda \times 10^S + 1$。

一般在可见光光谱区内,$S \geq 7$ 可以保证高折射率模型的准确性。当 $S = 7$ 时,d 光的等效折射率为 $n_d = 5\,877$,放置衍射透镜前后光程差为一个波长时对应的衍射透镜厚度为 0.1 nm,这符合衍射透镜无限薄的要求。相应的 F 光折射率为 $n_F = 4862$,C 光折射率为 $n_C = 6564$。可按上述参数在 ZEMAX、CODE V 等光学软件的玻璃库中建立相应的 DOE 材料。

2）折衍混合单透镜的双胶合模型

衍射结构必须附着在基底上,基底可以是平板或透镜。双胶合透镜是常用的透镜组模型,单透镜可视双胶合模型取相同材料,故可将衍射透镜和基（为平板或折射透镜）当成双胶合透镜来处理。图 3.17（a）所示衍射结构在透镜前表面,图 3.17（b）所示衍射结构在透镜后表面。

在此模型中,衍射透镜的折射率远大于折射透镜的折射率,即 $n_d \gg n_r$；高折射面的曲率半径与附着面的曲率半径相差极小,图 3.17（a）中 $r_1 \approx r_2$,图 3.17（b）中,$r_2 \approx r_3$；衍射透镜无限薄,在顶点处,衍射透镜的厚度为 0。

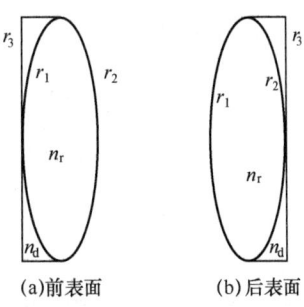

(a)前表面　(b)后表面

图 3.17　透镜的衍射结构

3）含球面衍射透镜的薄透镜系统的初级单色像差

根据一般球面薄透镜系统的初级单色像差公式,可推导出含球面衍射透镜的薄透镜系统的初级单色像差为

$$\begin{cases} 初级球差 & S_\mathrm{I} = \sum hP \\ 初级彗差 & S_\mathrm{II} = \sum h_2 P - J\sum W \\ 初级像散 & S_\mathrm{III} = \sum \dfrac{h_z^2}{h} P - 2J\sum \dfrac{h_z^2}{h} W + J\sum \varphi \\ 初级弧矢场曲 & S_\mathrm{IV} = J^2 \sum \varphi_r n_r \\ 初级畸变 & S_\mathrm{V} = \sum \dfrac{h_z^3}{h^2} P - 3J\sum \dfrac{h_z^2}{h^2} W - J^2 \sum \dfrac{h_z}{h}\left(3\varphi + \dfrac{\varphi_r}{n_r}\right) \end{cases} \quad (3.69)$$

式中，P、W 为光学系统的内部参量；h 为轴上点发出经过孔径边缘的第一辅助光线在各个透镜组上的投射高度；h_z 为视场边缘发出经过孔径光阑中心的第二辅助光线在各透镜组上的投射高度；φ 为各透镜组的光焦度；J 为拉格朗日不变量。

3.5.3 P_∞、W_∞、C 与折衍混合单透镜结构的函数关系

（1）折衍混合单透镜结构参量。

折衍混合单透镜结构参量为 r_1、r_2、r_3，当衍射结构在透镜的前表面时（图 3.17（a）），$n_1 = n_\mathrm{d}$、$n_2 = n_\mathrm{r}$；当衍射结构在透镜的后表面时（图 3.17（b）），$n_1 = n_\mathrm{r}$、$n_2 = n_\mathrm{d}$。规划透镜的光焦度为 1，即 $\varphi_1 + \varphi_2 = 1$，另 $\dfrac{\varphi_1}{v_1} + \dfrac{\varphi_2}{v_2} = C$，用 $Q = C_2 - \varphi_1$ 表示透镜弯曲，只要知道 n_1、n_2、φ_1、Q，就能计算 r_1、r_2、r_3：

$$\begin{cases} \dfrac{1}{r_1} = C_1 = \dfrac{n_1 \varphi}{n_1 - 1} + Q \\ \dfrac{1}{r_2} = C_2 = \varphi_1 + Q \\ \dfrac{1}{r_3} = C_3 = Q - \dfrac{1}{n_2 - 1} + \dfrac{n_2}{n_2 - 1} \varphi_1 \end{cases} \quad (3.70)$$

（2）P_∞、W_∞、C 与折衍混合单透镜结构的一般函数关系为

$$\overline{P}_\infty = a(Q - Q_0)^2 + P_0 \quad (3.71)$$

$$\overline{W}_\infty = -\dfrac{a+1}{2}(Q - Q_0) + W_0 \quad (3.72)$$

$$\overline{P}_\infty = P_0 + \dfrac{4a}{(a+1)^2}(\overline{W}_\infty - W_0)^2 \quad (3.73)$$

式中，

$$Q_0 = -\dfrac{b}{2a}, \quad P_0 = c - \dfrac{b^2}{4a}, \quad W_0 = \dfrac{1-\varphi_1}{3} - \dfrac{3-a}{6} Q_0$$

（3）当衍射面在前表面时，P_∞、W_∞、C 与衍射透镜结构的函数关系代入相应量，得

$$a + 1 + 2\dfrac{\varphi_r}{n_r}, \quad b = -\dfrac{3}{n_r - 1} \varphi_r^2 - 2\varphi_r, \quad c = \dfrac{n_r}{(n_r - 1)^2} \varphi_r^3 + \dfrac{n_r}{n_r - 1} \varphi_r^2$$

在可见光光谱区内，对中国玻璃库计算得到 $a \in [1.99, 2.26]$，平均值为 $a = 2.15$，$\dfrac{a+1}{2} = 1.576\,1$，$\dfrac{4a}{(a+1)^2} = 0.866\,4$；$W_0 \in [0.099, 0.12]$，平均值为 $\overline{W}_0 = 0.11$，则

$$\overline{P}_\infty = 2.15(Q - Q_0)^2 + P_0 \quad (3.74)$$

$$\overline{W}_\infty = -1.576\,11(Q - Q_0) + 0.11 \quad (3.75)$$

$$\overline{P}_\infty = P_0 + 0.866\,4(\overline{W}_\infty - 0.11)^2 \quad (3.76)$$

$$P_0 \in [0.7,\ 2.15] \quad Q_0 \in [1.07,\ 1.62]$$

由于 P_0 的取值范围很小，不能满足任意的 P_∞、W_∞、C 要求，为此应将衍射结构等效为非球面衍射透镜，分担部分 P_∞、W_∞。

（4）当衍射面在后表面时 P_∞、W_∞、C 与衍射透镜结构的函数关系。

同理可知

$$a+1+2\frac{\varphi_r}{n_r}, \quad b=-\frac{3}{n_r-1}\varphi_r^2-2(1-\varphi_r), \quad c=\frac{n_r}{(n_r-1)^2}\varphi_r^3+(1-\varphi_r)^2$$

在可见光光谱区内，对中国玻璃库计算得到 $a \in [1.98, 2.27]$，平均值为 $a = 2.15$，$\frac{a+1}{2}=1.5761$，$\frac{4a}{(a+1)^2}=0.8664$，$W_0 \in [0.146, 0.17]$，平均值为 $W_0 = 0.16$，则

$$\overline{P}_\infty = 2.15(Q-Q_0)^2 + P_0 \tag{3.77}$$

$$\overline{W}_\infty = -1.5761(Q-Q_0) + 0.16 \tag{3.78}$$

$$\overline{P}_\infty = P_0 + 0.8664(\overline{W}_\infty - 0.16)^2 \tag{3.79}$$

$$P_0 \in [0.83, 2.23], \quad Q_0 \in [-1.14, -0.7]$$

与衍射结构在前表面一样，由于 P_0 范围很小，不能满足任意 P_∞、W_∞、C 的要求，为此应将衍射结构等效为非球面衍射透镜，分担部分 P_∞、W_∞。

3.6 折衍光学透镜的色散性质及色差的校正*

3.6.1 折衍光学透镜的等效阿贝数 v

在可见光电磁波段，大部分光学材料（如玻璃、晶体等）的折射率都随波长增大而减小，从而使透镜的光焦度随波长变化。由于 BOL 的成像类似全息器件的再现[2,29]，其光焦度如式（3.81）所示。若设计波长为 λ_d，BOL 的焦距为 f_d，则对应于波长 λ_C 和 λ_F 的同一级焦距分别为

$$f_C = f_d\left(\frac{\lambda_d}{\lambda_C}\right), \quad f_F = f_d\left(\frac{\lambda_d}{\lambda_F}\right) \tag{3.80}$$

则

$$\varphi_C = \left(\frac{\lambda_C}{\lambda_d}\right)\varphi_d, \quad \varphi_F = \left(\frac{\lambda_F}{\lambda_d}\right)\varphi_d \tag{3.81}$$

而传统薄透镜在波长 λ 的材料折射率为 $n(\lambda)$ 的光焦度为

$$\varphi(\lambda) = \frac{1}{f(\lambda)} = [n(\lambda)-1]c_0 \tag{3.82}$$

式中，c_0 是透镜表面几何形状有关的常数。从而可得 BOL 在 λ_z 光下的等效折射率 n_z^{eff} 为

$$n_z^{\text{eff}} = 1 + \frac{1}{c_0 f_z} = 1 + \frac{\lambda_z}{c_0 f_d \lambda_d} \tag{3.83}$$

传统光学材料的阿贝数 v_d（色散的倒数）定义为

$$v_d = \frac{n_d - 1}{n_F - n_C} \tag{3.84}$$

由此可得 BOL 的等效阿贝数 v_d^B 为

$$v_d^B = \frac{\lambda_d}{\lambda_F - \lambda_C} = -3.452 \tag{3.85}$$

---

* 除非特别说明，本节中所指的玻璃牌号均为 Schott 牌号。

式中，λ_d，λ_F，λ_C 分别为 0.486 1 μm、0.656 3 μm、0.587 6 μm。

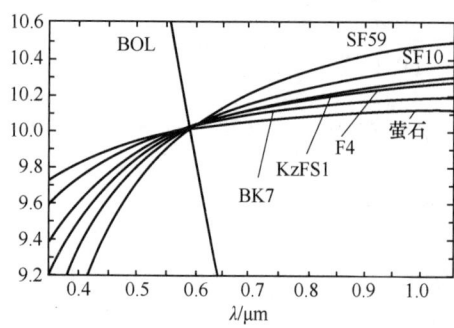

图 3.18　折射与衍射透镜的色散对比
（每个透镜在 λ_d 规划焦距 f=10 mm）

由式（3.84）及表 3.3 可知：BOL 的色散与材料无关，仅与波长有关，这是 BOL 的特点之一；DOL 的阿贝数 ν_d^B 与传统玻璃的阿贝数 ν_d 符号相反；且其绝对值较传统玻璃的小，表明 BOL 有较大的色散。图 3.18 所示为折射与衍射透镜的色散对比。折射透镜的光焦度随波长的增加而缓慢增加。以 BK7 玻璃为例，波长从 0.555 μm 增大到 0.645 μm，焦距由 9.96 增至 10.03，变化量仅为 0.07；而 BOL 的光焦度却随波长增大而减小：在同样的波长变化范围内，焦距由 10.6 降到 9.2，变化量为-1.4，约为折射透镜的 20 倍，反映出折射透镜与 BOL 光谱特性的差异，也是 BOL 不宜用于宽光谱成像的原因[29]。

表 3.3　折射透镜和衍射透镜的聚焦性能比较

特性	折射透镜	衍射透镜	特性	折射透镜	衍射透镜
光焦度	$\varphi=(n-1)\Delta C$	$\varphi=K\lambda$	部分色散	$P=\dfrac{n_1-n_3}{n_2-n_3}$	$P=\dfrac{\lambda_1-\lambda_3}{\lambda_2-\lambda_3}$
阿贝数	$V=\dfrac{n_1-1}{n_2-n_3}>0$	$V=\dfrac{\lambda_1}{\lambda_2-\lambda_3}<0$			

注：$\lambda_3>\lambda_1>\lambda_2$，$K$ 是常数

3.6.2　用 DOL 实现消色差

常规光学设计常根据光学材料的色散，使用双胶合透镜或三片透镜，通过分配光焦度来实现消色差，用曲率、厚度等作为校正其他像差的自由度。BOL 的色散特性与材料的无关和负向性有利于消色差。由 DOL 与传统折射透镜组合而成的折衍混合透镜 HL（hybrid lens）对消色差有应用价值。简单的混合透镜结构（图 3.19）为平凸透镜和基底为平面的衍射透镜的组合，即折射透镜与 DOL 密接，则混合透镜的总光焦度为式（3.86）。

图 3.19　简单的混合透镜结构

$$\Phi_{HL}(\lambda)=\varphi_{ref}(\lambda)+\varphi_{dif}(\lambda) \tag{3.86}$$

设 λ_d 为设计中心波长，λ_F、λ_C 为消色差波长，即按下式设计光焦度

$$\begin{cases} \dfrac{1}{f'_{dif}}+\dfrac{1}{f'_{ref}}=\dfrac{1}{f'} \\ \dfrac{1}{f^F_{dif}}+\dfrac{1}{f^F_{ref}}=\dfrac{1}{f^C_{dif}}+\dfrac{1}{f^C_{ref}} \end{cases} \tag{3.87}$$

式中，f' 为混合透镜在 λ_d 的目标焦距；f'_{dif} 和 f'_{ref} 分别为衍射透镜和折射透镜对 λ_d 的焦距。设 ν_{dif} 和 ν_{ref} 分别为衍射、折射透镜材料的阿贝数，则由式（3.87）可得到消色差混合透镜的焦距分配公式为

$$\begin{cases} f'_{\text{dif}} = f'\left(\dfrac{\nu_{\text{dif}} - \nu_{\text{ref}}}{\nu_{\text{dif}}}\right) \\ f'_{\text{ref}} = f'\left(\dfrac{\nu_{\text{ref}} - \nu_{\text{dif}}}{\nu_{\text{ref}}}\right) \end{cases} \tag{3.88}$$

由此,可将弱色散小光焦度($\nu = -3.45$, $f'_d = 92.3$)的 BOL 与火石玻璃 SF10 透镜($\nu = 28.4$, $f'_{\text{ref}} = 11.2$)组合为焦距为 $f' = 10$ mm 的混合消色差透镜。$f' = 10$ mm 的混合透镜还可由 BK7 玻璃的折射透镜($f'_d = 10.5$)和 BOL($f'_{\text{dif}} = 196$)组成。图 3.20 中曲线(c)即为此种混合透镜焦距随波长变化的曲线。图中还给出了单片折射透镜及传统双胶合透镜的焦距变化曲线对比。

由图 3.20 可见,以负透镜补偿正透镜色差的传统设计增加了正透镜的光焦度负担,加大了单色像差,限制了物镜孔径的增大。而正光焦度的 BOL 具有负向色散,为校正系统色差提供了条件,还分担了光焦度,有利于减小单色像差,且包含 BOL 的混合消色差透镜可以不使用那些大色散材料,对于红外波段的应用尤为有利,可以降低红外消色差透镜的成本。

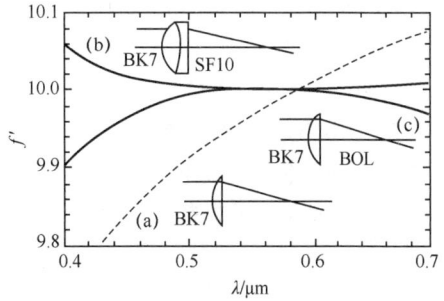

图 3.20 单透镜、传统及折衍混合透镜的 f'-λ 曲线

3.6.3 折衍光学透镜的部分色散及二级光谱的校正

1) 折衍光学透镜的等效相对部分色散

传统光学材料对于 C 光和 F 光折射率变化的相对部分色散如下式定义

$$P_{\lambda_1 \lambda_2} = \dfrac{n_{\lambda_1} - n_{\lambda_2}}{n_F - n_C} \tag{3.89}$$

BOL 的色散决定于波长,其对于 C 光和 F 光的等效部分色散为

$$P^B_{\lambda_1 \lambda_2} = \dfrac{\lambda_1 - \lambda_2}{\lambda_F - \lambda_C} \tag{3.90}$$

表 3.4[18]表明:DOL 的部分色散与折射透镜的部分色散不同。折射材料在蓝光波段表现出较大的部分色散,在红光波段逐渐减小;DOL 的色散变化情况恰好相反,利于二级光谱的校正。

表 3.4 折射材料与 BOL 的相对部分色散 $P_{\lambda_1 \lambda_2}$ 的比较

材料 $P_{\lambda_1 \lambda_2}$	萤石	BK7	KzFSl	F4	SF10	SF59	变化趋势	BOL 等效值	变化趋势
P_{st}	0.269	0.310	0.279	0.231	0.211	0.190	小	0.951 4	大
P_{r4}	0.361	0.382	0.360	0.326	0.309	0.290	↓	0.855 7	↑
P_{Cr}	0.173	0.178	0.171	0.162	0.157	0.151		0.295 3	
P_{CS}	0.534	0.561	0.530	0.489	0.467	0.441		1.151 0	
P_{dC}	0.304	0.308	0.301	0.294	0.289	0.283		0.403 8	
P_{ed}	0.239	0.239	0.238	0.237	0.236	0.235		0.243 8	
P_{Fe}	0.457	0.454	0.461	0.469	0.475	0.482		0.352 3	
P_{gF}	0.538	0.535	0.558	0.582	0.604	0.631		0.295 6	
P_{hg}	0.442	0.441	0.473	0.505	0.539	0.582	↓	0.183 2	↑
P_{lh}	0.742	0.748	0.830	0.913	—	—	大	0.233 0	小

金斯雷克（Kingslake）推出[5]，对 F、C 光消色差系统的近轴纵向色差为

$$\Delta l'_{\lambda F} = -f' \frac{P^a_{\lambda F} - P^b_{\lambda F}}{v^a_d - v^b_d} \tag{3.91}$$

式中，$\Delta l'_{\lambda F}$ 是波长为 λ 及 F 时的焦距差值；f' 是消色差透镜的焦距；$P^i_{\lambda F}$ 是 i（$i=a$ 或 b）透镜 λ 光到 F 光的相对部分色散；v^i_d 是 i 透镜的阿贝数。由式（3.91）可知，图 3.20 中传统消色差透镜（BK7/SF10）和混合消色差透镜（BK7/BOL）的二级光谱。设透镜 a 为 BK7 透镜（v^a_d=-62.4，$P^a_{\lambda F}$=0.535），若用 BOL（v^b_d=-3.45，$P^b_{\lambda F}$=0.296）取代 SF10（v^b_d=28.4，$P^b_{\lambda F}$=0.604）的负透镜，则因衍射器件在蓝光波段色散低而使式（3.91）中的分子增大，又因其阿贝数为负值，分母也增大，由式（3.91）计算得：折射型 $\Delta l'_{\lambda F}$=0.019，混合型 $\Delta l'_{\lambda F}$=-0.035，二级光谱被过校正。

2）混合复消色差系统

使三种波长的焦距相等，即校正了二级光谱。复消色差是长焦距望远物镜设计难题；对合成焦距为 f' 的复消色差系统，三个透镜的焦距 f'^a、f'^b、f'^c 分别为

$$\begin{cases} f'^a = f' \dfrac{E(v^a - v^e)}{(P^b - P^e) P^b} \\ f'^b = f' \dfrac{E(v^a - v^e)}{(P^c - P^a) P^b} \\ f'^c = f' \dfrac{E(v^a - v^e)}{(P^a - P^e) P^c} \end{cases} \tag{3.92}$$

式中，v^a、v^b、v^c，P^a、P^b、P^c 分别为三个透镜材料的阿贝值和部分色散，E 定义为

$$E = \frac{v^a (P^b - P^c) + v^b (P^c - P^a) + v^c (P^a - P^b)}{v^a - v^c} \tag{3.93}$$

任意波段的 P-v 图上，透镜 b 材料的点与 a、c 透镜对应点连线在 P 方向上的垂直距离 ΔP，透镜 b 对应点在此连线上方时 E 为正值，反之为负值。由式（3.92）和式（3.93）知，对一定总光焦度，E 绝对值越大，复消色差各透镜的光焦度越小，面形曲率也越小，有利于校正二级光谱。在光学设计中，一般尽量挑选 E 值大的材料组合。图 3.21 给出一些光学材料的相对部分色散与阿贝数的 P-v 图[22]，分布在一条起伏不大的曲线上，E 值较小；对应 BOL 的点与此曲线相距较远，E 值较大，利于二级光谱的校正。

图 3.22 分别给出了传统复消色差系统与折衍混合复消色差系统的 f'-λ 曲线。三片混合复消色差系统的折射面的光焦度显著降低，有利于单色像差的校正；在波长从 0.45 μm 到 0.7 μm 的可见光范围内，混合系统焦距变化虽比三胶合折射系统大，但不超过±0.01%。同消色差设计一样，BOL 的部分色散特性用于红外波段更有利，可减小折射面曲率，降低材料成本并校正了二级光谱，具有重要的实用价值。

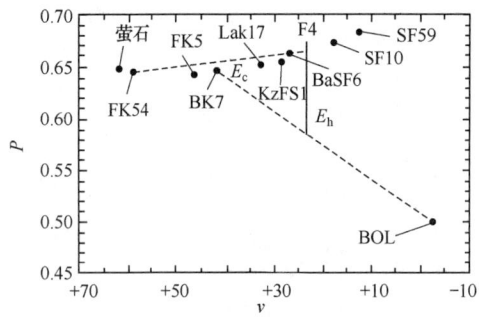
图 3.21 相对部分色散与阿贝数关系（P-v 曲线）

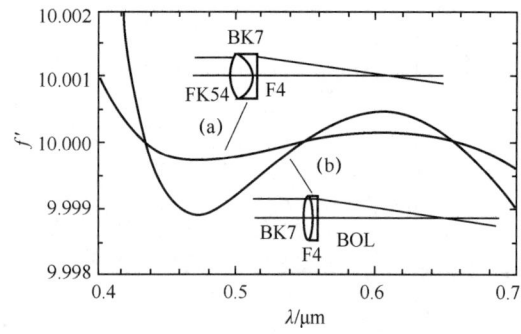
图 3.22 传统的和折衍混合复消色差的 f'-λ 曲线

3.7 衍射透镜的热变形特性

3.7.1 光热膨胀系数[30]

现代军事和空间应用设备要求在宽的温度环境中工作，典型范围是-30℃～+50℃。商用照相光学系统的通用经验数据为 20℉～90℉，这样，塑料有成本上的优势。如果按平均温度设计一个光学系统，则要求在±40℃范围内保持焦距和像差校正不变、温度变化梯度引起光学部件的应变，以及系统的像差。其温度影响难于预计，为此对通过光学系统的温度分布做简单的假设，即均匀温度变化和简单温度辐射梯度。均匀增加温度引起曲率半径、元件厚度和空气间隙的增加，光学元件折射率变化，标准大气中的光学折射率变化的表示，如表 3.5 所示。

表 3.5 温度变化引起透镜参数变化

透镜参数	温度变化引起的参数变化	透镜参数	温度变化引起的参数变化
曲率半径 r	$r+\mathrm{d}r = r(1+x_g)\mathrm{d}t$	材料折射率 n	$n+\mathrm{d}n = n+(\mathrm{d}n/\mathrm{d}t)\mathrm{d}t$
厚度 d	$d+\mathrm{d}d = d(1+x_g)\mathrm{d}t$	空气折射率 n_0	$N_0+\mathrm{d}n_0 = n_0+(\mathrm{d}n_0/\mathrm{d}t)\mathrm{d}t$
间隔 d_a	$d_a+\mathrm{d}d_a = d_a(1+x_m)$		

1) 单透镜光学热效应

以一个单透镜讨论光学热效应对结构参数的变化。光焦度 φ_r 为

$$\varphi_r = (n-n_0)(c_1-c_2) \tag{3.94}$$

式中，c_1 和 c_2 为折射面曲率，n、n_0 分别为透镜材料和空气折射率。上式对温度 t 微分，得

$$\frac{\mathrm{d}\varphi_r}{\mathrm{d}t} = \left(\frac{\mathrm{d}n}{\mathrm{d}t}-n\frac{\mathrm{d}n_0}{\mathrm{d}t}\right)(c_1-c_2)+(n-n_0)\left(-\frac{1}{r_1^2}\frac{\mathrm{d}r_1}{\mathrm{d}t}+\frac{1}{r_2^2}\frac{\mathrm{d}r_2}{\mathrm{d}t}\right) \tag{3.95}$$

式中，r_1 和 r_2 为折射面曲率半径。令 x_g 为玻璃热膨胀系数，可表示为与 r_1 和 r_2 的关系

$$\frac{1}{r_1}\frac{\mathrm{d}r_1}{\mathrm{d}t} = \frac{1}{r_2}\frac{\mathrm{d}r_2}{\mathrm{d}t} = x_g$$

则式（3.95）可简化为

$$\frac{\mathrm{d}\varphi_r}{\mathrm{d}t} = \varphi_r\left[\frac{1}{n-n_0}\left(\frac{\mathrm{d}n}{\mathrm{d}t}-n\frac{\mathrm{d}n_0}{\mathrm{d}t}\right)-x_g\right] \tag{3.96}$$

上式可转换为焦距 f_r' 的关系式：

$$x_{f_r'} = \frac{1}{f_r'}\frac{\mathrm{d}f_r'}{\mathrm{d}t} = x_g - \frac{1}{n-n_0}\left(\frac{\mathrm{d}n}{\mathrm{d}t}-n\frac{\mathrm{d}n_0}{\mathrm{d}t}\right) \tag{3.97}$$

可以认 $x_{f_r'}$ 为一个光热膨胀系数，其与透镜形式无关，仅是光学材料性质的函数。设给定温度变量而使透镜的总长度增加了 x_m，其焦距长度的总增加量为 $x_{f_r'}$。

光学材料的光热膨胀系数值的数据通常难于得到，Schott 公司给出有关数据表。列出不同波长的 $\mathrm{d}n/\mathrm{d}t$ 值。给出了 $\lambda = 546.1$ nm 在+20℃～+40℃温度范围内计算所得 x_f 值，可列成表格[30]以供选择玻璃之用。

2) 衍射透镜的光热膨胀系数

用焦距 f_r' 对式（3.97）中 $x_{f_r'}$ 进行归一化，可用于计算焦距长度的变化[31]

$$\Delta f_r' = f_r' x_{f_d'} \Delta t \tag{3.98}$$

衍射透镜的光热膨胀系数 $x_{f'_d}$ 可以用类似于消热折射系统的评估技术。

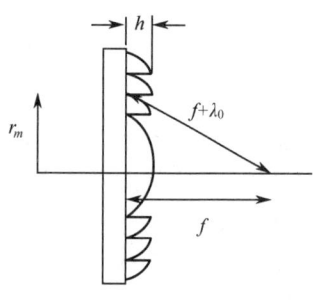

图 3.23 表面浮雕衍射透镜（h 为闪耀高度；f'_d 为焦距；λ_0 为设计波长）

衍射透镜可模型化为无损耗的相位体，表面浮雕衍射透镜如图 3.23 所示。波带间隔定义为从每个带的边缘到焦点的距离为设计波长 λ_0 的整倍数。对无限远物体，光聚焦在衍射透镜后的焦距 f'_d 处的像平面。第 m 带半径 r_m 为

$$r_m^2 = f'^2_d \left(f'^2_d + m \frac{\lambda_0}{n_0} \right) \tag{3.99}$$

此处，λ_0 为设计波长，f'_d 是透镜焦距，在近轴区内，$r^2 \ll (f/m)^2$，焦距可表示为波带半径的函数

$$f'_d = \frac{n_0 r_m^2}{2m\lambda_0}, \quad m=1,2,3\cdots \tag{3.100}$$

当温度变化时，波带间隔扩展或收缩。对于第 1 级衍射波带半径 r_m 可表示为

$$r_m(t) = r_m (1 + \alpha_g \Delta t) \tag{3.101}$$

另外，像空间折射率的变化如下式所示：

$$n_0(t) = n_0 + \frac{dn_0}{dt} \Delta t \tag{3.102}$$

焦距作为温度的函数可以写为

$$f'_d(t) = f'_d \left[1 + 2\alpha_g \Delta t + 2\alpha_g^2 (\Delta t)^2 + \frac{1}{n_0}\frac{dn_0}{dt}\Delta t + 2\frac{1}{n_0}\frac{dn_0}{dt}\alpha_g(\Delta t)^2 + \frac{1}{n_0}\frac{dn_0}{dt}\alpha_g^2(\Delta t)^3 \right] \tag{3.103}$$

对于多数材料 Δt 的第二和第三级项可以忽略（$\leqslant 10^{-11}$），可导出衍射透镜的光热膨胀系数 $x_{f'_d}$ 为

$$2\alpha_g + \frac{1}{n_0}\frac{dn_0}{dt} = \frac{1}{f'_d}\frac{\Delta f'_d}{\Delta t} = x_{f'_d} \tag{3.104}$$

衍射透镜的焦距变化决定于

$$\Delta f'_d = f'_d \left(2\alpha_g + \frac{1}{n_0}\frac{dn_0}{dt} \right) \Delta t \tag{3.105}$$

衍射透镜的焦距变化仅是 α_g 和像空间折射率变化的函数，与透镜材料因温度变化诱发的折射率变化无关。这是折射和衍射透镜的热行为间的差别。表 3.6[31]了说明几种材料的相关折射和衍射光热膨胀系数。像空间多是空气。Jamieson[32]给出了折射情况扩展表。由表 3.6 可知，折射镜的光热膨胀系数的区间宽，包括正值和负值。衍射透镜的光热膨胀系数的区间窄，均为正值。可使设计者对消热系统材料的选择具有灵活性。

表 3.6 折射和衍射光热膨胀系数（$x_{f'r}$ 和 $x_{f'd}$）

材料	n_d	α_g	dn/dT	$x_{f'r}$	$x_{f'd}$
FK5	1.487	9.2	−2.2	10.77	18.4
PK2	1.518	6.9	1.6	0.99	13.8
BK1	1.510	7.7	0.8	3.28	15.4
BK7	1.517	7.1	1.7	0.98	14.2
BaK1	1.573	7.6	1.3	2.68	15.2
LaKN16	1.734	5.3	4.9	−3.65	10.6
F1	1.626	8.7	2.3	2.52	17.4

（续表）

材料	n_d	α_g	dn/dT	$x_{f'r}$	$x_{f'd}$
LaSFN3	1.808	5.9	6.5	−4.30	11.8
SF1	1.717	8.1	6.4	−3.13	16.2
TiF6	1.617	13.9	−5.9	20.94	27.8
TiF4	1.584	8.9	−0.8	7.66	17.8
Si	3.420	4.2	162	−64.10	8.4
Ge	4.000	6.1	270	−85.19	12.2
ZnSe	2.400	7.7	48	−28.24	15.4
NaCl	1.490	44	−25	92.09	88
Acrylic	1.495	64.8	−125	315	129
polycarbonate	1.585	65.5	−107	246	131
silica	1.450	0.55	8.0	−20.33	1.1

注：α_g，dn/dT，$x_{f'r}$ 和 $x_{f'd}$ 的单位为 $(\times 10^{-6}\text{°C}^{-1})$

对于相同 F 数和焦距的铝制镜筒全折射单片透镜和消热差折衍混合透镜进行比较。折射单片透镜由 20℃被加热到 40℃时，焦距变化 0.6 mm。折衍混合系统的焦距变化在该温度区间是可忽略的。

3.7.2 消热变形光学系统的设计

现以消热差的两片型透镜为例。对于含更多元件的系统，可用类似方法设计。衍射透镜也可以用来对透镜消热差。消热差时必须考虑镜筒金属材料和透镜的热膨胀系数匹配。镜筒金属材料的膨胀和收缩将改变光学系统元件之间的间隔，影响光学性能和像差。空气中双片透镜的光焦度可表示为

$$\phi = \frac{1}{f'_{\text{doublet}}} = \frac{1}{f'_1} + \frac{1}{f'_2} \tag{3.106}$$

此处，f'_{doublet} 是双片透镜的焦距，f'_1 和 f'_2 分别是第 1 和第 2 透镜的焦距。双片透镜的光热膨胀系数 x_{f_s} 为

$$x_{f'_s} = \frac{f'_{\text{doublet}}}{f'_1} x_{f_1} + \frac{f'_{\text{doublet}}}{f'_2} x_{f_2} \tag{3.107}$$

式（3.107）中，x_{f_1} 和 x_{f_2} 为这些透镜的光热膨胀系数。

透镜材料为丙烯酸树脂（acrylic）。因丙烯酸树脂做成镜有一些优点，如价格便宜、重量轻和易于成型，用丙烯酸树脂制作非球面和衍射面已有成熟技术。在折射情况丙烯酸树脂有很高的光热膨胀系数和 dn/dt。在衍射情况光热膨胀系数也很高（$136\times10^{-6}/℃$），故丙烯酸树脂透镜难于结合在消热光学系统中。

如果设计丙烯酸树脂透镜进行消热差混合双片镜头：$f'/4$，焦距为 100 mm。用式（3.106）和式（3.107）可选择折射面和衍射面的光焦度，从而与金属镜筒的剩余光热膨胀系数 α_m 相匹配。一般透镜材料的色散用 Abbe 数 v。一个消色差的双片透镜必须符合

$$f'_2/f'_1 = -v_1/v_2 \tag{3.108}$$

丙烯酸树脂作为折射材料 Abbe 数 $v=52$，作为衍射面其 Abbe 数 $v=-3.45$。

可能设计一种折衍混和双片透镜校正色差和热差。必须合适地组合热膨胀系数和 Abbe 数，

而与镜筒的热膨胀系数 α_m 相匹配：

$$x_{f'_{sys}} = \alpha_m \tag{3.109}$$

消色差双片透镜的光热膨胀系数 $x_{f'_{sys}}$ 可表示为

$$x_{f'_{sys}} = \frac{\nu_1 x_{f1} - \nu_2 x_{f2}}{(\nu_1 - \nu_2)} \tag{3.110}$$

铝镜筒的双片透镜的消热差须保证消色差双片透镜的光热膨胀系数等于 23×10^{-6} /℃，这较难达到，因此选择适当的材料组合。如果镜筒材料是钛（titanium）（$\alpha_m = 8.82\ 10^{-6}$/℃），光热膨胀系数为 8.52×10^{-6}/℃ 的 TiF_4 将是一个接近的匹配。

衍射透镜等效阿贝数为负值，而所有光学材料的阿贝数均为正值，式（3.110）的分母值增大，通常情况下折衍混合系统的光热膨胀系数比折射光学系统的小；且在消热差要求最迫切的红外光谱区，对于常用的红外材料，折射元件与衍射元件的光热膨胀系数符号正好相反，式（3.110）的分子值减小，折衍混合系统的光热膨胀系数就更小，利于系统进行热平衡设计。

3.7.3 折衍混合系统消热差系统设计示例

1）折衍混合系统消热差系统设计原理

由式（3.104）可知折射元件的光热膨胀系数 x_{fr} 和材料的热胀系数 α_g 均与折射率温度系数 dn/dt 有关，而衍射元件的光热膨胀系数 $x_{f'd}$ 只与材料的热胀系数 α_g 有关。光学被动式无热化系统需要满足以下三个方程：

光焦度要求：

$$\sum_{i=1}^{n} h_i \phi_i = \phi \tag{3.111}$$

消轴向色差要求：

$$\Delta f_b^{(\lambda)} = \left[\frac{1}{h_1\phi}\right]^2 \sum_{i=1}^{n} h_i^2 \omega \phi_i = 0 \tag{3.112}$$

消热差要求：

$$\frac{df_b^{(\lambda)}}{dt} = \left[\frac{1}{h_1\phi}\right]^2 \sum_{i=1}^{n} h_i^2 \chi_i \phi_i = \alpha_b L \tag{3.113}$$

式中，h_i 为第一近轴光线在各个透镜的高度；Φ_i 为各个透镜组的光焦度；Φ 为系统的总光焦度；ω 为每个光学元件的色散因子，其值为阿贝数的倒数；χ_i 为光热膨胀系数；α_b 为机械结构的线性热胀系数；L 为机械结构件的长度。

2）设计方案

设计红外系统指标为：有效焦距为 90 mm，入瞳直径为 60 mm，F 为 1.5，视场角为 ±2°，工作波长为 8～12 μm。红外材料选用锗、硒化锌，镜筒材料为铝（线性热胀系数 α_h=23.6×10^{-6}/℃），系统采用三片式结构（如图 3.24 所示）。该系统用于非制冷红外焦平面探测器热像仪。

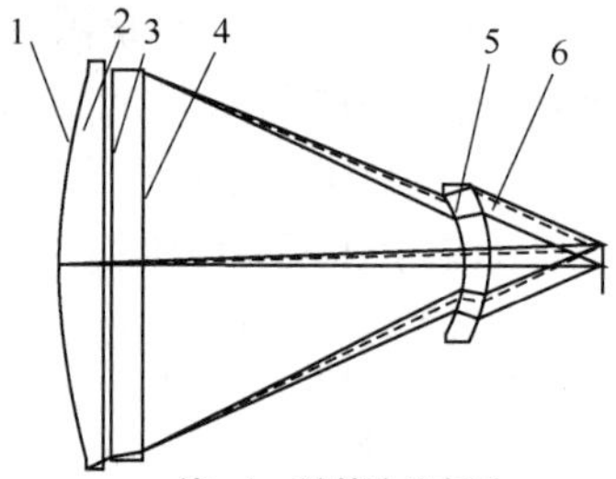

首先据上述消热差方程，计算出镜片的光焦度；利用 FOCUS 公司的 ZEMAX 光学辅助设计软件进行优化。优化过程为：在保

注：1～6为镜片的表面
图 3.24 某红外系统的光学系统结构图

持光焦度变化很小的条件下,通过改变透镜的曲率半径和镜间距离来消除系统的几何像差。图 3.24 中 3、5、6 采用二次非球面来消除球差、彗差、像散等几何像差。第 4 面为衍射面,基底为平面。表 3.7 给出了该系统的具体设计参数。

表 3.7 某红外系统的光学系统结构参数

序号	半径/mm	间距/mm	材料	二次系数	序号	半径/mm	间距/mm	材料	二次系数
1	8505	8	ZnSe	—	4	∞	5	Ge	-1.13
2	∞	234	Air	—	5	-13.90	5	Ge	-1.13
3	-490.74	5	Ge	934	6	-16.87	2 098	Air	-1.04

3) 结果讨论

由光学辅助设计软件可以得出系统在-40℃～80℃内的最大离焦量为-40℃时 37 μm,小于系统焦深 $\Delta x' = \pm 2\lambda \times (F)^2 = \pm 48$ μm,达到无热化设计效果。图 3.25 和图 3.26 分别为系统在-40℃和 80℃时的垂轴像差曲线和轴向色差曲线。可知系统的垂轴像差为 120 μm,轴向色差小于 0.1 mm,说明此系统达到了很好的校正色差效果。图 3.27 为系统分别在-40℃、20℃、80℃下的调制传递函数图,在整个工作温度范围内,传递函数下降得很小。20℃时在空间频率为 10 lp/mm 处,MTF 为 0.64。图 3.28 为系统衍射元件相位周期和径向距离的关系,结果表明此衍射元件的最大环带数为 33。在孔径边缘处,相位周期为 2.2,对应的最小周期线宽为 455 μm。当台阶数为 8 时,最小特征尺寸为 57 μm,完全可以用"金刚石切削工艺"加工此衍射面。

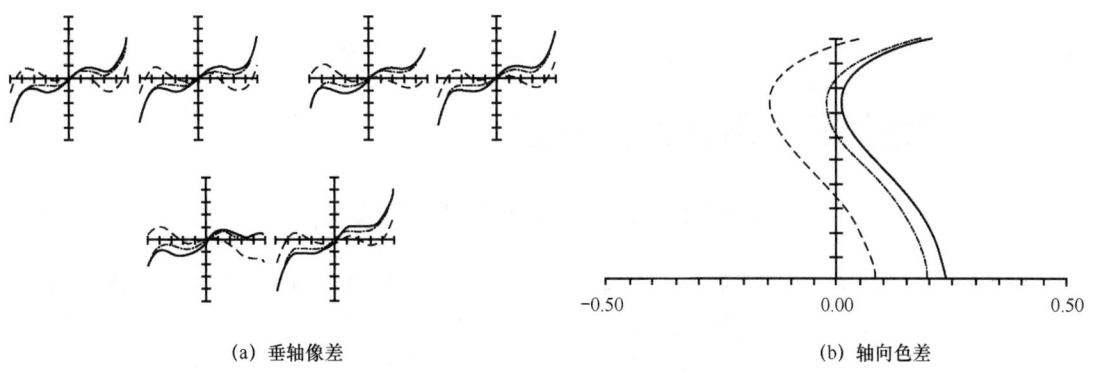

图 3.25 光学系统在-40℃时的像差曲线

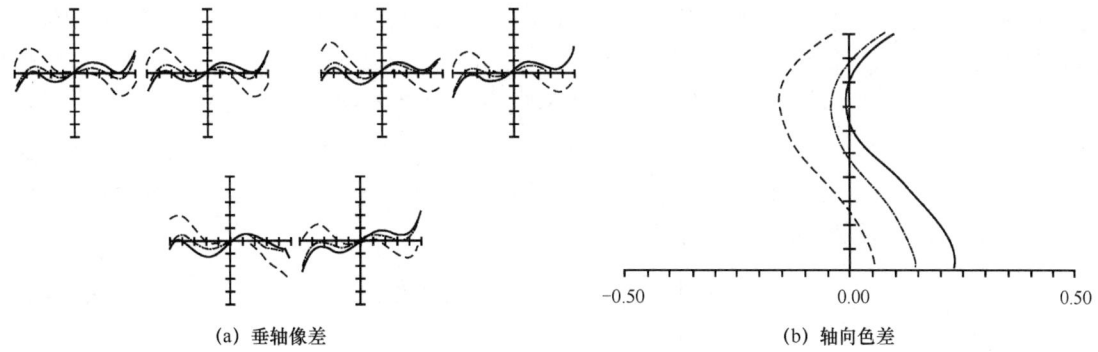

图 3.26 光学系统在 80℃时的像差曲线

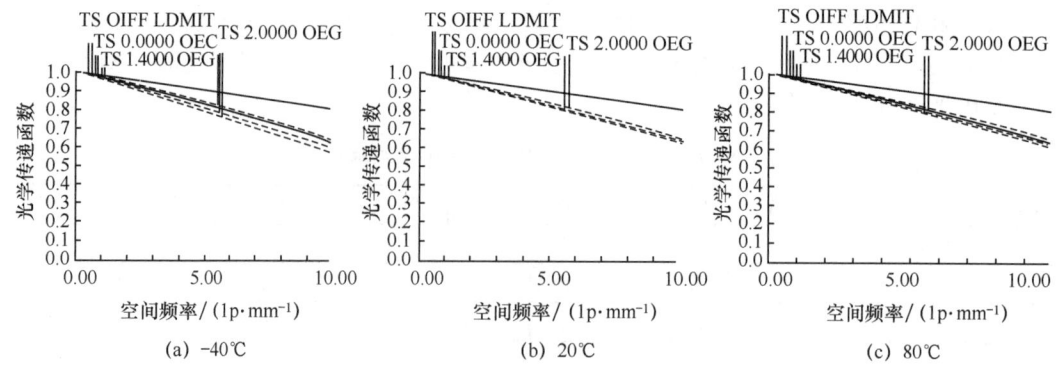

图 3.27 系统分别在-40℃、20℃、80℃下的调制传递函数图

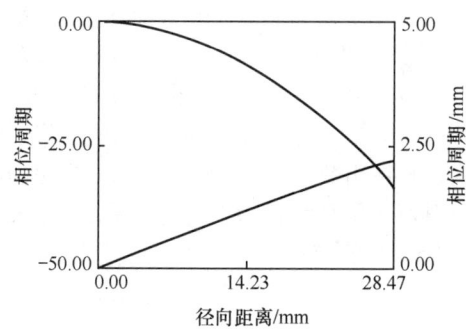

图 3.28 衍射元件相位周期和径向距离的关系

3.8 衍射面的相位分布函数

3.8.1 用于平衡像差的衍射面的相位分布函数

在设计中的衍射光学面常设置位于平面处，采用光学设计软件如 ZEMAX 中具有旋转对称相位分布的 Binary optic 面形，其对应的相位分布函数为[33]

$$\varphi(r) = \alpha_1 r^2 + \alpha_2 r^4 + \alpha_3 r^6 + \alpha_4 r^8 + \cdots \tag{3.114}$$

其中，r 为衍射面的归一化半径坐标；α_1 为二次相位系数，一般用来校正系统的色差；α_2，α_3，… 相当于非球面中的高次项系数，可以用来校正系统的其他单色像差。系统设计完毕后，实际加工光学元件以相位 2π 为模对此相位做量化，形成环状相位环带，当相位函数为 2π 的整倍数时相位环带半径为衍射光学元件的径向半径，即

$$\varphi(r) = \alpha_1 r^2 + \alpha_2 r^4 + \alpha_3 r^6 + \alpha_4 r^8 + \cdots = 2\pi i$$

式中，i =1、2、3 时，上式的解为第一环带的归一化半径 r_1、第二环带的归一化半径 r_2、第三环带的归一化半径 r_3 等；设 ZEMAX 中的标准半径为 r_0，实际半径为 $r_i \times r_0$。设 R 为衍射面的归一化半口径，R =实际半径最大值/r_0。总环带数为

$$k_{\max} = \text{Int}\left|\frac{\alpha_1 R^2 + \alpha_2 R^4 + \alpha_3 R^6 + \alpha_4 R^8 + \cdots}{2\pi}\right| \tag{3.115}$$

其中，Int = integer，即整数化。

普通二元光学元件浮雕结构的高度 d 为

$$d = \frac{\lambda_d}{n_d - 1} \tag{3.116}$$

式中，λ_d 为设计波长；n_d 为基底材料对设计波长的折射率。对于二元光学元件，当刻蚀台阶数为 N_{st} 时，每个台阶的深度为

$$d = \frac{\lambda_d}{N_{st}(n_d - 1)} \tag{3.117}$$

其中，n 为基底材料的折射率；λ_d 为工作波段的中心波长。

设选用的透镜材料为 K9 玻璃，n=1.516 30，工作波段为可见光波段，λ_d=587 nm。设计时 ZEMAX 中的标准半径为 r_0=100 mm，衍射面的半径为 6.7 mm，则衍射面的归一化半径为 0.067。衍射面的参数 α_1、α_2、α_3 和 α_4 分别为-1.091 62×10^6、3.293 04×10^{10}、-6.476 32×10^{10} 和 5.132 75×10^{12}。经过计算得到，台阶深度为 0.142 μm，总的环带数为 253，当刻蚀台阶数为 N_{st} = 8 时，最小特征尺寸为 3.31 μm，这对现有制作工艺来说并不是问题。

3.8.2 用于平衡热像差的衍射面的相位分布函数

研究衍射面的相位系数和其随温度的变化时，用透镜设计软件适当地选择这些系数，可以校正系统的像差和热差。故相位系数表示为与温度有关的项，可以较全面地评估透镜的质量[31]。

如果把 $2\pi/\lambda_0$ 从式（3.114）系数 α_1，α_2，α_3，… 中分离出来，则一个衍射面可以模型化为

$$\phi(r) = \frac{2\pi}{\lambda_0}\left[A_1 r^2 + A_2 r^4 + A_3 r^6 + \cdots\right] \tag{3.118}$$

此处，$\varphi(r)$ 是在点 r 处（第 m 带的半径 r_m）的相位，λ_0 为设计波长，(A_1，A_2，…) 是相位系数。如果相位函数不是辐射状对称的，多项式必须是 x 和 y 的函数。如果 r 表示为如下温度的函数：

$$r(t) = r(1 + \alpha_g \Delta t) \tag{3.119}$$

将与分析式（3.114）相似的方法用于式（3.118），得相位系数对温度 t 的微分为

$$\frac{dA_1}{dt} = -2\alpha_g A_1, \quad \frac{dA_2}{dt} = -4\alpha_g A_2, \quad \frac{dA_3}{dt} = -6\alpha_g A_3, \quad \cdots \tag{3.120}$$

式（3.118）和式（3.120）除可用于平衡衍射面的像差外，还可用于决定温度引入的像差量。

用 A_2 可以校正系统的球差，单片透镜的 A_2 值小于 A_1，即温度变化对球差有很小的影响，系数 A_2 的变化在应用试验中是有意义的。若系数 A_2 衍射透镜在光学实验中是无效的，可能因为 A_1 为零，系数 A_2 的变化是重要的。

3.9 多层衍射光学元件（multi-layer diffractive optical elements）

衍射光学元件衍射效率随成像光谱宽度的增加而下降。单层衍射光学元件只能应用于光谱范围很窄或对分辨率要求不高的系统。对于宽波段、高质量的成像光学系统就必须提高衍射光学元件在整个设计波长范围内的衍射效率。而一般的光学材料随着波长的增加，折射率呈非线性下降，对于单层衍射光学元件，式（3.39）在可见光范围内不可能都成立。利用两种基底材料分别构建两个相位高度的衍射光学元件，层叠后得到的多层衍射光学元件，亦称双层衍射光学元件（double-layer diffractive optical element），可以解决这个问题[2]。

3.9.1 多层衍射光学元件的理论分析

将复振幅（complex amplitude）透过率函数分别为 $t_1(x,y)$ 和 $t_2(x,y)$ 的两块衍射光学元件层叠在一起，设其入射场和出射场分别为 U_{in1}、U_{in2} 和 U_{out1}、U_{out2}。由于二者紧密贴合，可以认为第一块衍射光学元件的出射场 U_{out1}，直接成为第二块衍射光学元件的入射场 U_{in2}，即 $U_{out1}=U_{in2}$，则运用标量衍射理论，可以得到层叠后的衍射光学元件的总透过率函数 $t_{sum}(x,y)$ 为

$$t_{sum}(x,y) = \frac{U_{out2}}{U_{in1}} = \frac{U_{out2}}{U_{in2}} \cdot \frac{U_{out1}}{U_{in1}} = t_1 \cdot t_2 \tag{3.121}$$

式（3.121）表明：紧密贴合的两块衍射光学元件可以看作一个衍射光学元件，其等效透过率函数等于各个衍射光学元件的透过率函数的乘积。将多层衍射光学元件替代单层衍射元件用于折衍射混合型成像光学系统中，衍射光学元件主要是校正系统的像差，一般并不使其负担很大的光焦度，衍射光学元件的周期不宜很小，其衍射结构的最小周期宽度约为数十倍入射光波长，应用标量衍射理论是准确的。

3.9.2 多层衍射光学元件的结构

多层衍射光学元件是把两片光栅周期结构完全相同、相位高度不同的单层衍射光学元件相对同心配准，两片元件之间夹带空气层，相隔微米级贴合构成多层衍射结构，如图 3.29 所示[15]。当该层叠元件处于空气中时，$n_{air}=1$，则从式（3.113）可以得到光束垂直入射到多层衍射光学元件所产生的相位延迟为

$$\varphi(\lambda) = \frac{-[n_1(\lambda)-1]d_1 + [n_2(\lambda)-1]d_2}{\lambda} \tag{3.122}$$

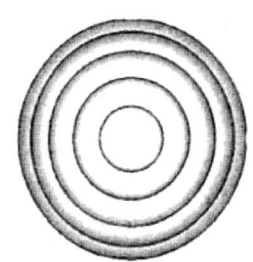

图 3.29 多层衍射光学元件结构

式中，$n_1(\lambda)$ 和 $n_2(\lambda)$ 分别为第一与第二片单层衍射光学元件当波长为 λ 时的折射率；d_1、d_2 分别为二片衍射光学元件的光栅最大高度。式（3.122）中括号前的符号决定于单层式衍射光学元件的凸凹形状。第一片单层衍射光学元件是衍射型凹镜片取符号为"−"；第二片为衍射型凸镜片取符号为"+"。

3.9.3 多层衍射光学元件材料的选择

与单层衍射光学元件的设计原理相似，为了使多层衍射光学元件在光束垂直入射时获得最大衍射效率，应使两个光栅之间的光程差之和为波长的整数倍，可用下式表示：

$$m = \phi(\lambda) = \phi_1(\lambda) + \phi_2(\lambda) = \frac{-[n_1(\lambda)-1]d_1 + [n_2(\lambda)-1]d_2}{\lambda} \tag{3.123}$$

欲使多层衍射光学元件在可见光范围内衍射效率最大，应使其在整个波段满足式（3.123），取 F(486.132 7 nm)、d(587.561 8 nm) 和 C（656.272 5 nm）光作为参考，则 $m_F = m_d = m_C$，且

$$\begin{cases} m_F = \phi(\lambda_F) = \phi_1(\lambda_F) + \phi_2(\lambda_F) = \dfrac{-[n_1(\lambda_F)-1]d_1 + [n_2(\lambda_F)-1]d_2}{\lambda_F} \\ m_d = \phi(\lambda_d) = \phi_1(\lambda_d) + \phi_2(\lambda_d) = \dfrac{-[n_1(\lambda_d)-1]d_1 + [n_2(\lambda_d)-1]d_2}{\lambda_d} \\ m_C = \phi(\lambda_C) = \phi_1(\lambda_C) + \phi_2(\lambda_C) = \dfrac{-[n_1(\lambda_C)-1]d_1 + [n_2(\lambda_C)-1]d_2}{\lambda_C} \end{cases} \tag{3.124}$$

式中，m_F、m_d 和 m_C 分别为多层衍射光学元件在 F、d、C 光下的层叠元件合成衍射级次，其值可取任意常量。将式（3.124）整理可得

$$\begin{cases} n_1(\lambda_F) = 1 + \dfrac{[n_2(\lambda_F)-1]d_2 - m_F \cdot \lambda_F}{d_1} \\ n_1(\lambda_d) = 1 + \dfrac{[n_2(\lambda_d)-1]d_2 - m_d \cdot \lambda_d}{d_1} \\ n_1(\lambda_C) = 1 + \dfrac{[n_2(\lambda_C)-1]d_2 - m_C \cdot \lambda_C}{d_1} \end{cases} \quad (3.125)$$

将式（3.125）代入光学材料阿贝数的表达式 $\nu_d = \dfrac{n_d - 1}{n_F - n_C}$，求得第一片单层衍射光学元件的阿贝数为

$$\nu_{d1} = \dfrac{[n_2(\lambda_d)-1]d_2 - m_d \cdot \lambda_d}{[n_2(\lambda_F) - n_2(\lambda_C)]d_2 - m_F \cdot \lambda_F + m_C \cdot \lambda_C} \quad (3.126)$$

当取 $m_F = m_d = m_C = 1$ 时，多层衍射光学元件的合成衍射级次相当于单层衍射光学元件的一级衍射。从式（3.126）中可知，第二片材料 $n_2(\lambda_d)$ 选定后，第二片单层衍射光学元件的高度参量 d_2 和第一片单层衍射元件材料的阿贝数 ν_{d1} 成对应的关系，即 $n_2(\lambda_d)$ 和 d_2 确定后，就可计算出第一片单层衍射光学元件的光栅材料的阿贝数 ν_{d1}，现选择光学塑料 PMMA 作为第二片单层衍射光学元件的光栅材料，则有 $n_2(\lambda_F) = 1.497\ 76$，$n_2(\lambda_d) = 1.491\ 76$，$n_2(\lambda_C) = 1.489\ 20$，$\nu_{2d} = 57.440\ 79$。

在加工中，d_2 越大，加工误差的影响越小。选取 $d_2 = 17\ \mu m$，由式（3.126）求得 $\nu_{d1} = 24.620\ 90$。最终选择接近此阿贝数的光学塑料 PC 作为第一片单层衍射光学元件的材料，即 $n_1(\lambda_F) = 1.599\ 53$，$n_2(\lambda_d) = 1.585\ 55$，$n_2(\lambda_C) = 1.579\ 96$，$\nu_{d1} = 29.930\ 91$。将以上数值代入式（3.126）中，求得 $d_1 = 13.273\ 71\ \mu m$。

3.9.4 多层衍射光学元件的衍射效率

由式（3.38）和式（3.121）可以得到光束垂直入射时双层型衍射光学元件的衍射效率表达式为

$$\eta_m(\lambda) = \mathrm{sinc}^2\left[m - \dfrac{-[n_1(\lambda)-1]d_1 + [n_2(\lambda)-1]d_2}{\lambda} \right] \quad (3.127)$$

材料为 PC 和 PMMA 的多层衍射光学元件，选择可见光波段中 d 光（587.561 8 nm）作为中心设计波长。调整此波长得到优化后的光栅高度为 $d_1 = 14.082\ 1\ \mu m$、$d_2 = 17.922\ 37\ \mu m$，从可见光波段中短波长 g 光（435.834 3 nm）到 C 光（656.272 5 nm）之间的波段上的衍射效率如图 3.30 所示，得到从 g 到 C 光范围内的衍射效率均达到 99% 以上，此种元件可应用在成像光学系统中。

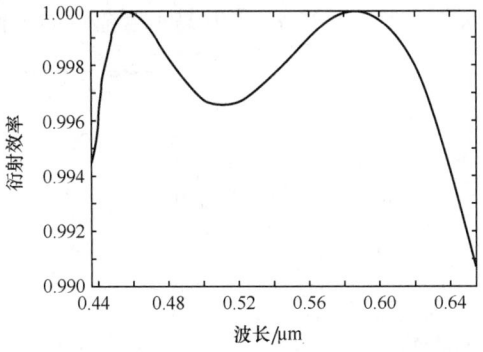

图 3.30　优化后多层衍射光学元件的衍射效率

3.9.5 多层衍射光学元件在成像光学系统中的应用举例

下面用上述多层型衍射光学元件设计一个折衍混合复消色差物镜[34]。技术指标：焦距 f'=1 000 mm，入瞳直径 D=100 mm，视场角 2ω =1°，设计波长为 d 光（587.561 8nm），工作波段从 g 谱线（435.834 3 nm）到 C 谱线（656.272 5nm）。用光学设计软件 ZEMAX 对该物镜进行模拟，校正像差后的折衍射混合物镜的结构参量如表 3.8 所示，垂轴像差曲线如图 3.31 所示，由图可知，系统复消色差后，校正了球差和彗差。图 3.32 为 MTF 曲线，轴上点的 MTF 值达到了衍射极限，由于该系统不具备校正像散能力，故轴外点 MTF 有所下降。

表 3.8 折衍射混合物镜的结构参量

R_1	R_2	R_3	R_4	A_1	A_2
469.70	283.67	283.67	-7 337.13	208.88	-11.47

注：密接的两个表面 R_2、R_3 为衍射面；A_1、A_2 为第一衍射面的相位系数，第二衍射面相位系数与第一衍射面的相位系数相比数值相等、符号相反

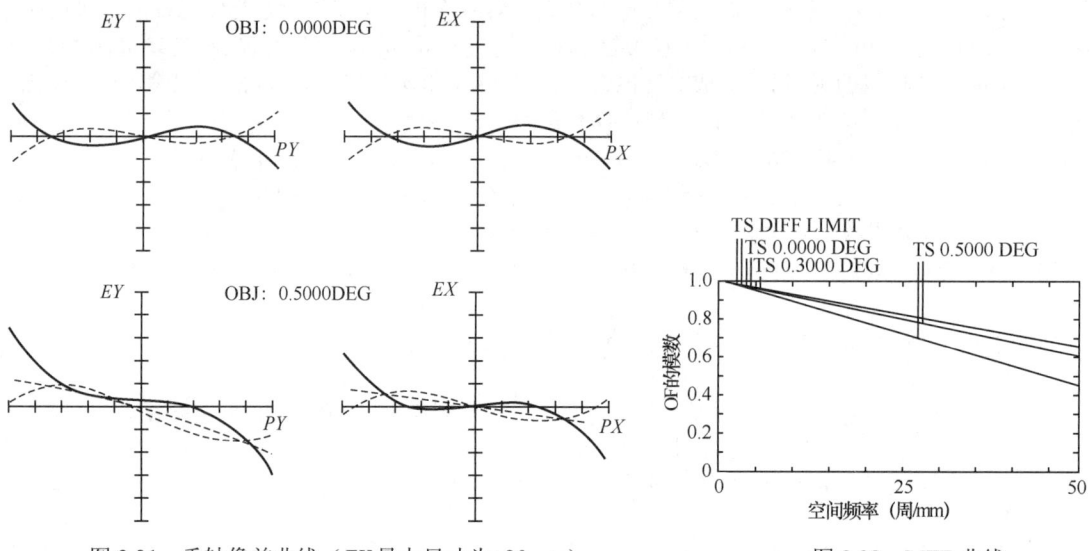

图 3.31 垂轴像差曲线（EY 最大尺寸为±20 μm）   图 3.32 MTF 曲线

图 3.33 为 ZEMAX 软件给出的两个衍射面第一周期的特征参数曲线，图中曲线 I 表示衍射面的相位随径向坐标的变化，以周期表示，曲线 II 表示衍射面每毫米的周期数随实际径向坐标的变化。由曲线 II 可知，随着径向坐标的增加，衍射面每毫米的周期数增大。在衍射面边缘处最大为 1.17 周期/mm，对应的最小周期宽度为 0.85 mm，其易于用金刚石车削加工。

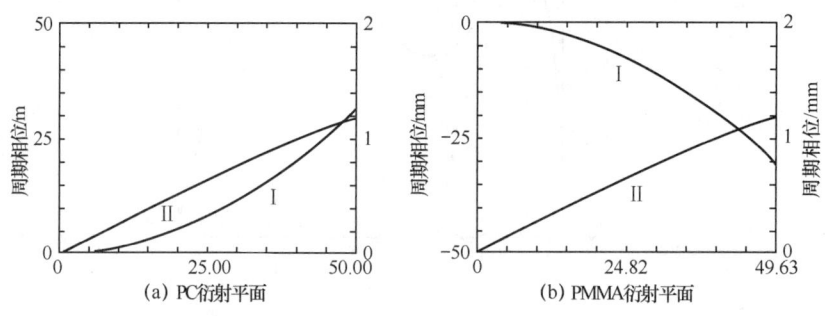

图 3.33 衍射面特征参数曲线

该衍射结构的最小周期宽度为入射光波长的数百倍,此时应用标量衍射理论是准确的,则光瞳面上点 (x,y) 处的带宽积分平均衍射效率 $\eta_{ave}(\lambda)$ 可以认为只与波长有关,即

$$\eta_{ave}(\lambda) = \frac{1}{\lambda_{max} - \lambda_{min}} \int_{\lambda_{min}}^{\lambda_{max}} \eta_m(\lambda) d\lambda$$

将式(3.125)代入上式,得到该多层衍射光学元件从 g 光到 C 光范围内 $\eta_{ave}(\lambda)$= 99.7%。

总之,多层衍射光学元件解决了单层衍射光学元件的衍射效率随成像光谱宽度增加而下降的问题,使折衍射混合型光学系统摆脱了衍射杂散光的影响,扩展了衍射光学元件在可见光波段范围上的应用,改善了光学系统的成像质量。

3.10 谐衍射透镜(HDL)及其成像特点

3.10.1 谐衍射透镜

色散是普通衍射成像器件的重要缺陷。一个焦距为 f' 的谐衍射透镜,在可见光区轴向色差约为 $f'/3$。1995 年斯维尼(Sweeney)和索马格林(Sommargren)及法克利斯(Faklis)和摩瑞斯(Morris)[34]分别提出了谐衍射透镜的概念,它可以在一系列分离波长处获得相同的光焦度,较好地克服了衍射器件存在色差的缺点。

谐衍射透镜(harmonic diffractive lens,HDL),也称为多级衍射透镜(multiorder diffractive lens),其特点是相邻环带间的光程差是设计波长 λ_0 的整数 p ($p>2$) 倍,在空气中透镜最大厚度为 $p\lambda_0/(n-1)$,是普通衍射透镜的 p 倍。如图 3.34[34]所示,其中左边为普通衍射透镜或称为 2π 模衍射透镜,右边为谐衍射透镜($p>2$)。

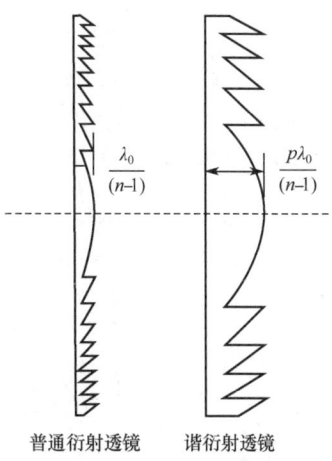

图 3.34 两类衍射透镜结构比较

3.10.2 谐衍射透镜的特点

衍射透镜焦平面上的能量分布可看作光线通过各闪耀环带后在焦平面干涉的结果。若使用波长为 λ,由式(3.80)知其焦距为

$$f'_\lambda = \frac{\lambda_0}{\lambda} f'_0$$

谐衍射透镜环带间程差为 $p\lambda_0$,称之为谐振波长,相当于设计波长为 $p\lambda_0$,焦距为 f'_0 的普通衍射透镜。若对波长 λ 的 m 级次成像,其焦距为

$$f'_{m,\lambda} = \frac{p\lambda_0}{m\lambda} f'_0 \tag{3.128}$$

要求 $f'_{m,\lambda}$ 与设计焦距 f'_0 重合,即应满足条件

$$\frac{p\lambda_0}{m\lambda} = 1 \tag{3.129}$$

由此,可得

$$\lambda = \frac{p\lambda_0}{m} \tag{3.130}$$

谐衍射透镜的波长满足式（3.43）的整数 m 所对应的谐振光波均将会聚到共同的焦点 f'_0 处。p 是在设计时已确定的结构参数。谐振波长可以由式（3.43）选取，p 越大，在确定光谱段内的谐振波长越多。故可认为 p 提供了另一个设计自由度，以控制在给定光谱范围内对若干波长的消色差，而谐振波长外的波长，其焦距与波长的关系如图 3.35[5]所示。取 λ_d=550 nm，p=15，谐衍射级次分别为 12～21。谐衍射透镜的色散介于普通衍射透镜与折射透镜之间，即谐衍射透镜在透镜厚度及色散性能间进行了折中，增加了厚度，减弱了色散。一定光谱范围内的消色差或复消色差成像，可以用单片谐衍射透镜实现。

用于可见光波段的谐衍射透镜，取 p=10，中心波长为 λ_D=550 nm，则谐振波长分别为 423 nm，458 nm，500 nm，550 nm，611 nm 和 687 nm，并分别对应衍射级次 m=13，12，11，10，9 和 8。其中 4 个级次的衍射效率如图 3.36[34]所示。

谐衍射器件的第 m 级衍射的衍射效率公式为

$$\eta_m = \mathrm{sinc}^2\left\{\frac{\lambda_0}{\lambda}\left[\frac{n_\lambda - 1}{n_{\lambda_0} - 1}\right]p - m\right\} \tag{3.131}$$

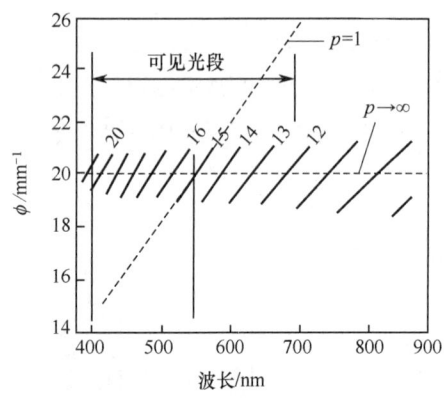

图 3.35 不同 p 值的焦距与波长的关系
注：图中粗实线表示 p=15 时的谐衍射透镜。
斜虚线表示 p=1 的普通衍射透镜；
水平虚线为 $p=\infty$，即折射透镜

对应曲线如图 3.37[34]所示，对于同一工作波段，以高衍射级次的谐衍射器件（$m=p>2$）的衍射效率与普通衍射器件（$p=m\geqslant 1$）不同：p 值增大时围绕给定级次的衍射效率覆盖的带宽变窄；由于厚度增加，材料的色散成为影响效率的重要因素。

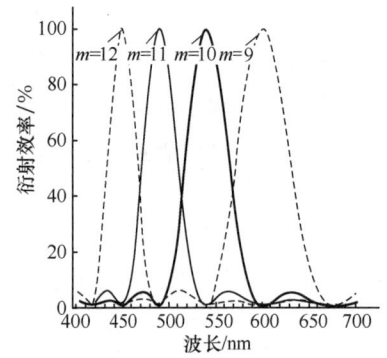

图 3.36 谐衍射透镜的 4 个谐衍射级次的衍射效率

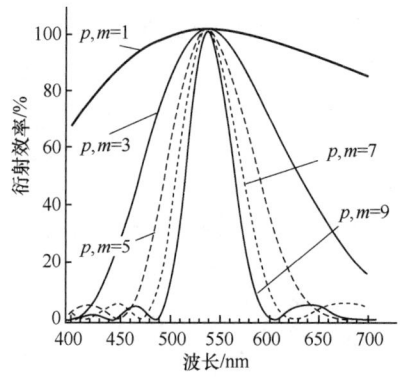

图 3.37 不同 p 值衍射效率覆盖的衍射级次（$p = m$）

由上述可知，谐衍射透镜可减小色散。决定普通衍射透镜与折射透镜性能的结构参数分别为参数 p 和透镜的厚度：p=1，即普通衍射透镜，几何外形为极薄的相位透镜，其衍射特性：色散不仅与波长有关，且与折射透镜的色散反号，焦距与波长成反比，材料不影响透镜的光谱特性。随 p 逐渐增大，透镜厚度增加，色散大小介于 BOL 与折射透镜之间，色散仍与折射透镜反号，衍射性能减弱；材料对光谱性能有影响，折射性能增强，此为谐衍射透镜。p 趋近无穷大即为折射透镜，体积与重量均增加，色散小，由材料决定，无明显衍射性能。故 HDL 兼具二者的优点，同时克服了二者的缺陷，具有很好的成像特性。

3.10.3 单片谐衍射透镜成像

D.Faklis 等人设计了可见光波段的谐衍射透镜[34]。设计波长为 640 nm，p=2，谐振级次为 m=2，

3，分别对应波长为 640 nm 和 427 nm。透镜直径为 4 mm，焦距为 60 mm，相对孔径为 $D/f=1/15$。实验测试透镜的 2、3 级的总衍射效率为 91%。两谐振波长传递函数 MTF 都近于理论值，达到衍射极限，见图 3.38。测出的艾里斑中心亮度接近理想斯特列尔（Strehl）判据（其比值大于 0.8，认为是完善成像），由图 3.39 所示的谐振射透镜的斯特利尔比值—波长曲线可知，由于离焦，非谐振波长艾里斑中心能量接近于零。

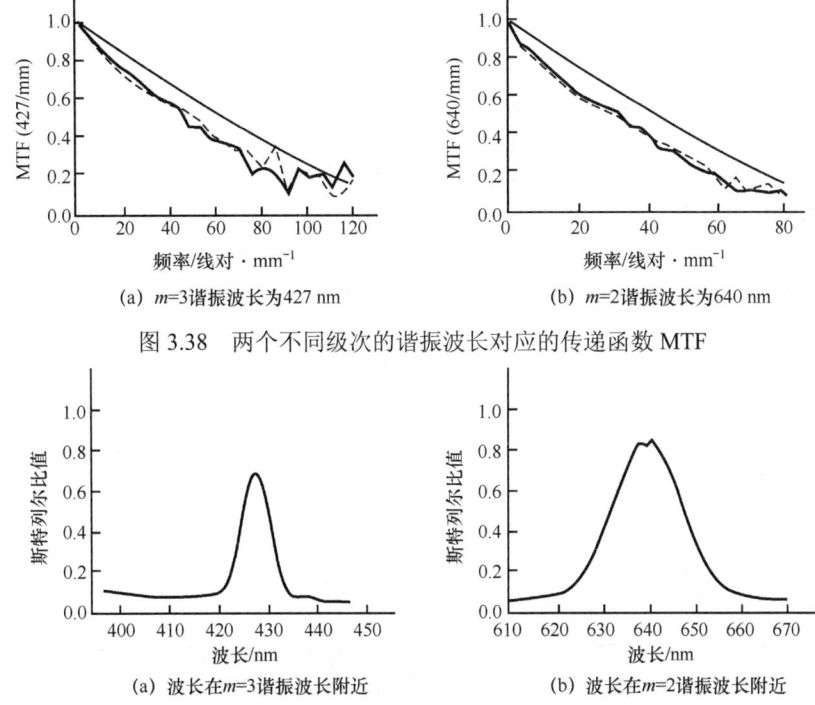

图 3.38 两个不同级次的谐振波长对应的传递函数 MTF

图 3.39 谐振射透镜的斯特列尔比值—波长曲线

总之，谐衍射透镜单色像差与普通衍射透镜类似，光谱特性介于折射透镜与衍射透镜之间，降低了工艺要求，可用在多光谱、宽视场及大数值孔径的光学成像系统中。

3.10.4 谐衍射/折射太赫兹多波段成像系统设计示例

太赫兹辐射[35]通常是频率在 0.1～10 THz 的电磁波，其频率范围处于电子学与光子学的交叉区域。太赫兹波表现出的特殊性质：带宽很宽，能量效率比可见光或近中红外光高；时域频谱信噪比高，适用于成像；可以探测比可见和中长波红外更远的信息；具有比微波雷达更精确的目标定位，并且有更高的分辨率和更强的保密性。

为了获取足够的目标信息，而又能避免宽光谱色差和结构的复杂性，1995 年 Sweeney，Sommargren，Faklis and Morris 等人[34,35]分别提出了谐衍射透镜（HDE）的概念，它可以在一系列分离波长处获得相同的光焦度，可用在多光谱、宽视场及大数值孔径的光学成像系统中。

含有 HDE 的多波段光学系统设计从变焦光学系统[26]的理论出发，设计了补偿多波段成像过程中的系统。混合光学系统在 15.8～16.2 μm，18.5～20 μm，23～25 μm，30.5～33.5 μm 和 46～50 μm 等 5 个谐振波段具有较大视场，成像质量接近衍射极限，满足多波段成像要求。而且，该光学系统具有体积小、结构简单、精度和分辨率高的优点。

1）谐衍射元件理论与色散原理

在谐衍射多波段成像方法中[30]，由式（3.128）知有色差谐衍射透镜的有效焦距同波长成反比。

与普通衍射透镜相比，其环带间光程差为 p_{λ_0}，相当于设计波长为 p_{λ_0}，焦距为 f_0' 的谐衍射透镜（HDE）。如果要求任意波长 λ 处的焦距 $f_{m\lambda}'$ 与设计焦距 f_0' 重合，即应满足式（3.130）。也就是 HDE 的波长满足式（3.130）的整数 m 所对应的波长均将会聚到共同焦点 f_0 处，把具有不同衍射级次而有相同焦距的各光波波长称为谐振波长。各谐振波段内波长依赖关系满足式（3.128），将该式代入衍射一级透镜公式则有：

$$\frac{1}{l_0} + \frac{1}{l_i} = \frac{1}{f'} \tag{3.132}$$

$$l_i(\lambda) = \frac{f' \cdot l_0}{l_0 - f'} = \frac{p\lambda f_0' l_0}{m\lambda l_0 - p\lambda_0 f_0'} \tag{3.133}$$

其中，l_0 和 l_i' 分别为物距和像距。p 为相位匹配因子，取整数，为最大相位调制（2π）整数倍（$p \geq 2$）；λ_0 为设计波长；m 为衍射级次。

由式（3.133）可知，谐衍射透镜用于成像时，各谐振波段内沿光轴方向的像距依赖于波长，当已知 l_0 和 l_i' 时，求出波长 λ，根据这一原理可设计在不同谐振波段同时探测目标的太赫兹多波段探测系统：

$$\lambda = \frac{p\lambda_0 f_0'}{m}\left(\frac{1}{l_0} + \frac{1}{l_i'}\right) \tag{3.134}$$

当材料的折射率为 n 时，普通衍射面和谐衍射面的最大相位深度分别为：

$$\begin{cases} h_{1\max} = \dfrac{\lambda_0}{n-1} & (\text{DOL}) \\ h_{2\max} = \dfrac{p\lambda_0}{n-1} & (\text{HDL}) \end{cases} \tag{3.135}$$

由式（3.135）可知，谐衍射面的最大相位深度 $h_{2\max}$ 是普通衍射面的最大相位深度 $h_{1\max}$ 的 p 倍。谐衍射透镜的单色像差与普通衍射透镜类似，色散特性介于折射透镜与衍射透镜之间，降低了对工艺水平的要求。

2）变焦光学系统设计

在谐衍射多波段成像系统中，谐衍射元件在各谐振波段内，波长的横向放大率为

$$m_{\text{HDE}}(\lambda) = \frac{l_{i\text{HDE}}'(\lambda)}{l_0} \tag{3.136}$$

其中，$l_{i\text{HDE}}'(\lambda)$ 和 l_0 分别为像距和物距。由式（3.135）可看出系统放大率是波长的函数，这将引起不同波长光谱图像像元配准误差。为此，可利用光学二组元法[36]设计的变焦系统来使系统的放大率保持恒定。在谐衍射多波段成像系统中，设光学二组元变焦系统由 3 片薄透镜构成，如图 3.40 所示。光学二组元系统中的第一组元为一片透镜的固定组，放大率为 M_1；第二与第三片透镜放大率分别为 M_2、M_3，组合成为第二光学组元，组合放大率为 M_{23}，物与像的距离为 T_{23}，光焦度为 K_{23}，且第三片

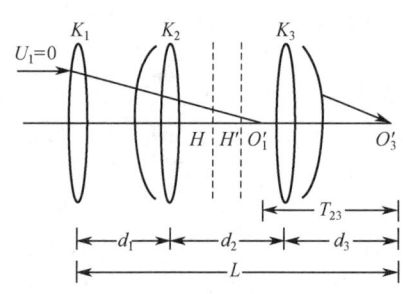

图 3.40 含谐衍射元件的 3 片透镜型变焦光学系统图

透镜为谐衍射透镜。整个系统的放大率为 M'，且为定值。

在图 3.40 中，$U_1 = 0$ 表示物体在无穷远处，K_1、K_2、K_3 分别为薄透镜 1、2、3 的光焦度；d_1、d_2、d_3 分别为薄透镜 1、2、3 与物面相互间的距离；L 是薄透镜 1 到像面的距离，在变倍过程中保持不变，保证像面的稳定；O_1' 是物体经薄透镜 1 后的像点，即第二光学组元的物点；O_3' 是第二

光学组元的像点,也是整个系统的像点。

通过物像关系的综合应用,可推得:

$$M_1 = 常量, \quad M = 常量$$
$$M_3 = m_{\text{HDE}}(\lambda) \tag{3.137}$$
$$M_{23} = M/M_1 = M_2 M_3$$

当波长 λ 一定时,M_3 为定值,M_2 为定值,则可求得该波长下的 d_2:

$$d_2 = \frac{-b \pm \sqrt{b^2 - 4ac}}{2a} \tag{3.138}$$

其中,

$$a = K_2 K_3$$
$$b = -T_{23} K_2 K_3$$
$$c = T_{23}(K_2 + K_3) - (2 - M_{23} - 1/M_{23})$$
$$T_{23} = (2 - M_{23} - 1/M_{23}) f_2' + (2 - M_3 - 1/M_3) f_3'$$

可求出 d_3:

$$d_3 = (1 - M_{23})/K_{23} - K_2 d_2 / K_{23} \tag{3.139}$$

其中,$K_{23} = K_2 + K_3 - d_2 K_2 K_3$,而且

$$L = d_1 + d_2 + d_3 = 常数 \tag{3.140}$$

因此,对于任意波长 λ 都能找到一组 d_1、d_2、d_3 值,使系统在该波长处的放大率与系统设定的放大率相同,从而达到系统的放大率恒定的目的。

3)设计实例与分析

(1)谐振波段的选择。

根据式(3.128),$p=2$,$\lambda_0=48\,\mu\text{m}$ 为设计波长,则在太赫兹波段 14~50 μm,谐振波长分别为 48 μm、32 μm、24 μm、19.2 μm、16 μm,对应衍射级次分别为 $m=2$、3、4、5、6,用 MATLAB 数学软件计算了各个谐振波长处的衍射效率,如图 3.41 所示。考虑到衍射效率对成像质量的影响,可利用各谐振级次覆盖的衍射效率大于 80%的频谱区作为所设计的太赫兹系统的波长范围,取 15.8~16.2 μm、18.5~20 μm、23~25 μm、30.5~33.5 μm 和 46~50 μm 等 5 个谐振波段为工作波段。

(2)设计实例及分析。

根据具体要求确定了谐衍射多波段成像系统的初始结构,利用光学设计软件(ZEMAX)对该系统进行优化。当系统工作时,光束通过整个系统,5 个谐振波段分别在像平面上成像,然后利用 ZEMAX 软件的多重结构重新进行优化,使系统在 5 个谐振波段内均能很好地消像差。当系统中的运动组元分别在轴上控制移动时,谐振波段中的各波长光线分别在像面上成清晰像。

谐衍射多波段成像系统的具体参数为:系统的总长为 274 mm,主设计波长为 48 μm,相位匹配因子为 $p=2$,入瞳直径为 100 mm,视场角为 2°,F 数为 2,在各谐振波段系统的像高均为 6.74 mm。系统的光路如图 3.42 所示,图中普通的折射透镜为固定组,光阑与其密结,其后表面为非球面,用于消系统球差;负透镜补偿组前表面加谐衍射面,由于谐衍射透镜的初级像差系数与光阑的相对位置有关,在镜片移动过程中,各谐振波段均能实现消像差。

利用光学设计软件(ZEMAX),确定了多重结构在各谐振波段内透镜间的距离,如表 3.9 所示。图 3.43 给出补偿系统中运动元件随各谐振波段内波长变化而移动的模拟曲线。从图 3.43 可

看到运动组元的移动平滑、无拐点，使系统具有像面稳定、结构简单的特点。

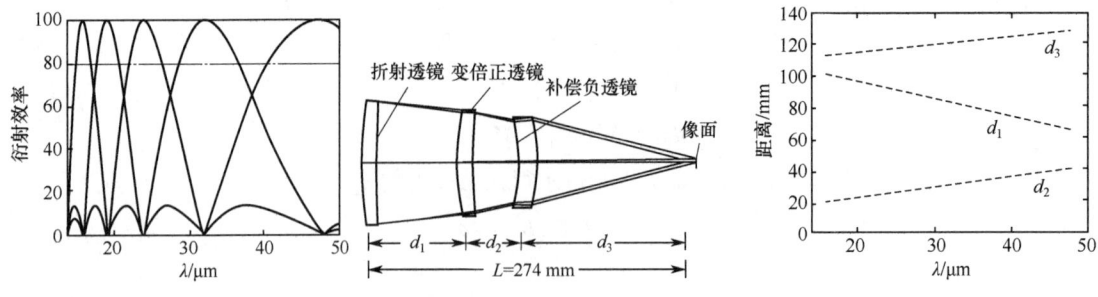

图 3.41　$p=2$ 时 HDE 不同级次的衍射效率

图 3.42　系统的光路图

图 3.43　补偿系统中运动元件随各谐振波段内波长变化而移动的模拟曲线

表 3.9　在各谐振波段内透镜间的距离

多重结构	1	2	3	4	5
谐振波长/μm	48	32	24	19.2	16
衍射级次	2	3	4	5	6
d_1/mm	64.82	82.66	91.58	96.93	100.5
d_2/mm	40.25	29.83	24.61	24.44	19.4
d_3/mm	129.3	114.65	117.1	114.62	113.1

图 3.44 为系统的各波段轴向像差宽度，从图中可以看出光学系统在 15.8～16.2 μm，18.5～20 μm，23～25 μm，30.5～33.5 μm 和 46～50 μm 等 5 个谐振波段的轴向色差均不超过 0.75 mm，实现了太赫兹波段宽光谱、大口径、小色差的要求。图 3.45 为该系统在各个谐振波段的光学传递函数曲线，从图中可看出系统在各谐振波段内，10 lp/mm 处对应的光学传递函数均接近衍射极限，因此这个系统是可用的。

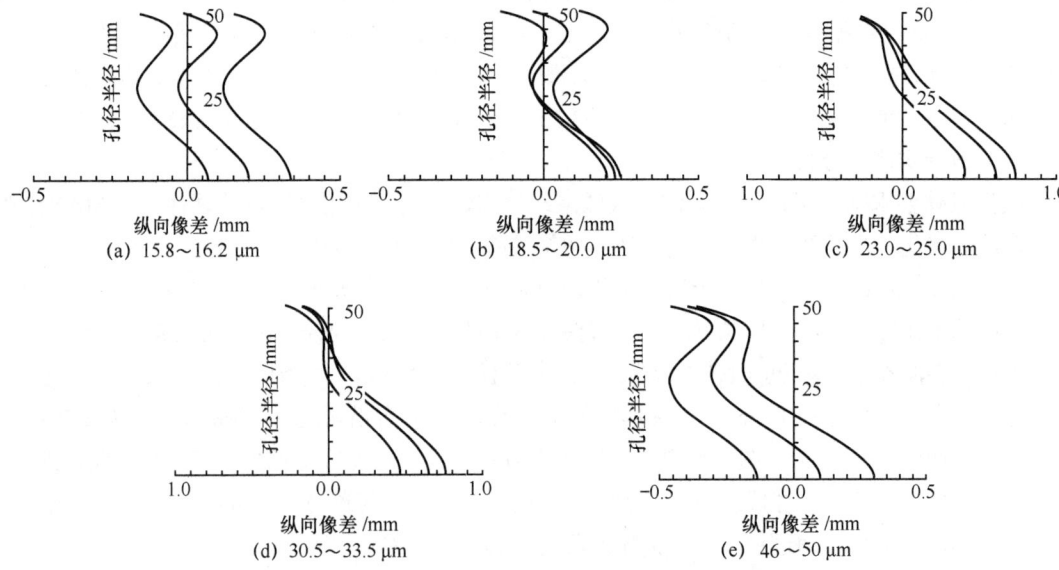

图 3.44　各波段的轴向像差宽度

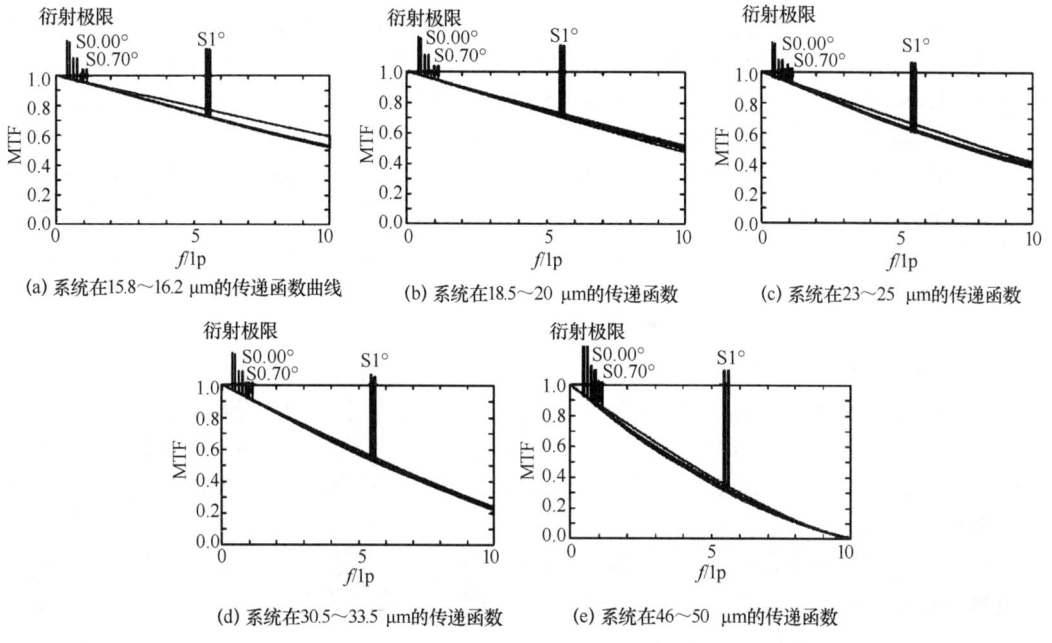

图 3.45 系统在各谐振波段处的传递函数曲线图

3.11 衍射光学轴锥镜（简称衍射轴锥镜）

3.11.1 衍射轴锥镜

1）衍射轴锥镜是衍射光学元件的一项典型发展

衍射光学元件具有高效、特殊的光学变换功能，显示出其广阔的应用前景。衍射光学技术的应用发展可概括为三代。

第一代主要采用衍射光学技术改进传统的折射光学元件，以提高它们的常规性能并实现某些特殊功能：消像差的各种透镜、畸变波面校正板、光束分裂器与光束合成器（或称光束的扇入与扇出元件）、光束的偏折与色散元件、波前取样器、光束高速扫描器、偏振面旋转器、多焦点透镜、光束变型器等。

第二代主要包括微光学元件和微光学阵列的应用。将多个衍射光学微透镜制作在一个片基上构成衍射光学微透镜阵列。

第三代是正在发展的多层或三维集成微光学，在成像和复杂光互连中进行光束变换和控制。多层微光学能够将光的变换、探测、处理集成在一起，构成一种多功能的集成化光电处理器。有两种途径可以实现多功能复用：分孔径法和衍射法。分孔径法只是简单地将大孔径分为一系列小孔径，每一孔径具有特定的功能；衍射法是在孔径上采用光栅和其他相位扰动把所需的光衍射到不同的功能级上[32]。

衍射轴锥镜适用于扩展焦深的光学转换（详见"第9章光学系统焦深的扩展与衍射极限的突破"）。

2）衍射轴锥镜的功能和特点

衍射轴锥镜与一般衍射光学元件相似，除具有体积小、重量轻、容易复制等优点外，还具有如下功能和特点：

（1）高衍射效率。纯相位的衍射光学元件，一般做成多相位阶数的浮雕结构，具有高衍射效率。如果使用 N 块模版可得到 $L = 2^N$ 个相位阶数，其衍射效率为：$\eta = \sin(\pi/L)/(\pi/L)^2$。由此计算，当 $L = 2$，4，8 和 16 时，分别有 $\eta = 40.5\%$，81%，94.9%，98.6%。利用亚波长微结构及连续相位面形，可达到接近 100% 的衍射效率。

（2）独特的色散性能。衍射光学元件多在单色光下使用，因为它具有不同于常规元件的色散特性，可在折射光学系统中同时校正球差与色差，构成混合光学系统，即以常规折射元件的曲面提供大部分的聚焦功能，再利用表面上的浮雕相位波带结构校正像差。这一方法已用于新的非球面设计和温度补偿等技术中。

（3）更多的设计自由度。在常规折射光学系统设计中只通过改变曲面的曲率或使用不同的光学材料校正像差，在衍射光学元件设计中，可通过波带片的位置、槽宽与槽深及槽形结构变化产生任意波面，增加了设计自由度，能设计常规折射光学系统难以实现的光学元件。

（4）特殊的光学功能。衍射光学元件可产生常规光学元件难以实现的光学波面，如非球面、环状面、锥面和镯面等，并可集成得到多功能元件。使用亚波长结构还可得到宽带宽、大视场、消反射和偏振等特性。

（5）材料选择性较宽具有制备重复性。衍射光学元件的制作是将理论设计的浮雕面形转移至玻璃、电解质或金属基片上，可用多种加工方法，如化学反应方法、离子束刻蚀方法、激光束直写方法等，故衍射光学元件可用材料范围较宽。

同时，衍射光学元件的另一个优点是便于采用复制技术：铸造法、模压法和注入模压法，其中电铸成型模压复制将是大规模生产的主要技术。还有其他一些新工艺，例如 LIGA（Lithographie, galuanoformung, abformung, 光刻, 电铸和注塑）、溶胶、凝胶、热溶及离子扩散等技术也被应用于加工当中，此外还可利用灰阶掩模及 PMMA 紫外感光胶制作连续相位元件[37]。

3）衍射轴锥镜（diffraction axicon）

微光学及衍射光学促进了衍射轴锥镜的发展。衍射轴锥镜是在传统轴锥镜的基础上利用衍射光学的设计制作方法实现的，其在应用上有代替传统轴锥镜的趋势。加工衍射轴锥镜时通常借助于衍射光学的加工方法，在轴锥镜表面上刻蚀两个或者多个以轴锥镜顶点为圆心的同轴圆形台阶形的浮雕结构，形成衍射轴锥镜，如图 3.46 所示，其中左图为块状轴锥镜与等价的 Fresnel 衍射轴锥镜，右图为通过 Fresnel 轴锥镜轴线的任意截面[38]。

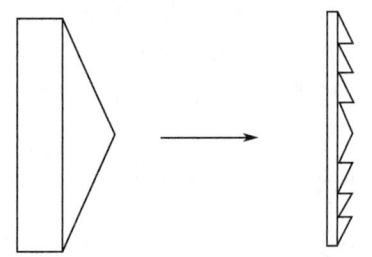

图 3.46　块状轴锥镜与等价的 Fresnel 衍射轴锥镜；右图为通过 Fresnel 轴锥镜轴线的任意截面

衍射轴锥镜具有体积小、重量轻、薄、适合于大批量生产等优点。在相位函数相同的情况下，衍射光学元件要比一般的折射光学元件体积小很多，而且设计的自由度比较大。从理论上说，可以用计算机设计出具有任意表面形貌的衍射轴锥镜来实现任意的光场分布。衍射轴锥镜的每个衍射部分都是相互分离的，可以单独编码，出现错误可以单独修正。但是由于衍射光学元件对光波的变换很大程度依赖于光波波长，因此衍射轴锥镜目前被限制应用在单色光照射的情况下。

3.11.2　设计原理和方法

1. 标量衍射理论基础

光在传播过程中，除反射和折射外，偏离直线传播的现象称为光的衍射，它是光的波动性的主要标志之一。标量衍射理论是把光场视为标量来处理[39]，即只考虑电场的一个横向分量的标量振幅，而假定任何其他有关分量都可以用同样方式独立处理，从而忽略电矢量和磁矢量的各个分量按麦克斯韦方程组的耦合关系。实验证明：当衍射孔径比照明光波长大得多，并且观察点离衍射孔不太近时，由这种近似处理的方法所得的结果是很精确的。

常见的标量衍射分析方法有：基尔霍夫衍射理论、瑞利—索末菲衍射理论和平面波角谱衍射理论，其中基尔霍夫衍射理论应用较为广泛。基尔霍夫从微分波动方程出发，利用场论中的格林定理，在惠更斯—菲涅耳原理的基础上，通过选择合适的格林函数，并结合假定的基尔霍夫边界条件，得到了基尔霍夫衍射公式

$$E(P) = \frac{1}{i\lambda} \iint E(Q) \frac{\exp(ikr)}{r} \left[\frac{\cos(\bm{n},\bm{r}) - \cos(\bm{n},\bm{R})}{2} \right] d\sigma$$

式中，$E(Q)$表示衍射屏Σ上任一点Q的复振幅；$E(P)$表示观察平面上任一点P的复振幅；λ为入射光波长；波数为$k = 2\pi/\lambda$，$\bm{r}$是观察平面上点P到衍射屏上点Q的矢量，且$r = |\bm{r}|$；$\bm{R}$是点光源S到衍射屏上点Q的矢量，$\bm{n}$为衍射屏Σ的外向法线，$\cos(\bm{n},\bm{r})$表示外向法线$\bm{n}$和矢量$\bm{r}$之夹角的余弦，$\cos(\bm{n},\bm{R})$表示外向法线$\bm{n}$和矢量$\bm{R}$之夹角的余弦，$d\sigma$表示点Q附近的小面元。

当入射光为垂直入射的平行光，且衍射屏为一平面时，$\cos(\bm{n},\bm{R}) = -1$，$\cos(\bm{n},\bm{R}) = \cos\theta$，$\theta$为入射光和衍射光之间的夹角，即衍射角。此时基尔霍夫衍射公式可表示为

$$E(P) = \frac{1}{i\lambda} \iint_\Sigma E(Q) \frac{\exp(ikr)}{r} K(\theta) d\sigma \tag{3.141}$$

倾斜因子为

$$K(\theta) = \frac{1 + \cos\theta}{2}$$

2. 设计衍射光学元件的基尔霍夫衍射积分模型

如图 3.47 所示，在衍射光学元件所在平面（输入平面）和观察平面（输出平面）分别建立直角坐标系xyz和$\xi\zeta z$。令入射光为垂直入射的光波$g_0(x,y)$，并令衍射光学元件的复振幅透过率为$t(x,y) = \exp[i\varphi(x,y)]$，$\varphi(x,y)$即为衍射光学元件的相位分布，则输入平面的光场分布为

$$g(x,y) = g_0(x,y) \exp[i\phi(x,y)]$$
$$r = \sqrt{(\xi-x)^2 + (\xi-y)^2 + z_d^2}$$

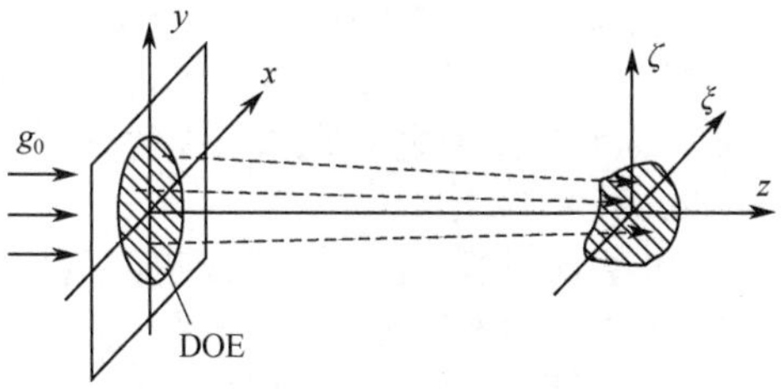

图 3.47　衍射光学元件的衍射场示意图

由式（3.141）可知输出平面的光场分布为

$$u(\xi,\zeta) = \frac{1}{i\lambda} \int_{-\infty}^{\infty}\int_{-\infty}^{\infty} g(x,y) \frac{\exp(ikr)}{r} K(\theta) dxdy$$

上式中光波传播距离为

$$r = \sqrt{(\xi-x)^2 + (\xi-y)^2 + z_d^2}$$

z_d是衍射元件到输出平面之间的距离，即所谓的衍射距离，倾斜因子为

$$K(\theta) = \frac{\sqrt{(\xi-x)^2 + (\xi-y)^2 + z_d^2} + z_d}{2\sqrt{(\xi-x)^2 + (\xi-y)^2 + z_d^2}}$$

若已知衍射场的光场分布为$u(\xi,\zeta)$，由逆向衍射公式可得输入平面的光场分布为

$$g(x,y) = \frac{1}{\lambda} \int_{-\infty}^{\infty}\int_{-\infty}^{\infty} u(\xi,\zeta) \frac{\exp(-ikr)}{r} K(\theta) d\xi d\zeta$$

当输出平面到衍射元件的距离满足一定条件时,可对格林函数做进一步近似,以减少数值计算量。比较典型的两种近似是菲涅耳近似与夫琅禾费近似。

(1) 菲涅耳近似。当满足菲涅耳近似条件

$$z_d \gg \sqrt{\frac{\pi}{4\lambda}[(\xi-x)^2+(\zeta-y)^2]_{\max}^2}$$

时,可得到菲涅耳衍射公式为

$$u(\xi,\zeta)=\frac{\exp(ikz_d)}{i\lambda z_d}\int_{-\infty}^{\infty}\int_{-\infty}^{\infty}g(x,y)\exp\left\{\frac{ik}{2z_d}[(\xi-x)^2+(\zeta-y)^2]\right\}dxdy$$

(2) 夫琅禾费近似。当满足夫琅禾费近似条件

$$z_d \gg \frac{\pi}{\lambda}(x^2+y^2)_{\max}$$

时,可得到夫琅禾费衍射公式为

$$u(\xi,\zeta)=\frac{1}{i\lambda z_d}\exp\left[ik\left(z_d+\frac{\xi^2+\zeta^2}{2z_d}\right)\right]\int_{-\infty}^{\infty}\int_{-\infty}^{\infty}g(x,y)\exp\left[-\frac{ik}{z_d}(\xi x+\zeta y)\right]dxdy \quad (3.142)$$

目前,在应用标量衍射理论设计衍射光学元件时,多采用菲涅耳近似或夫琅禾费近似的衍射积分模型,取得了较为满意的结果[39]。下面采用菲涅耳近似的衍射积分模型。

3. 基于标量理论的算法

已知成像系统中入射光场和输出平面上为理想光场分布,计算衍射光学元件的相位分布,使其正确地调制入射光场,高精度地给出预期输出图样。目前使用的几种优化算法为:盖师贝格—撒克斯通算法(Gerchberg-Saxton algorithm, GS)[40],杨顾算法(Yang-Gu algorithm, YG)[41],模拟退火算法(simulated annealing aigorithm, SA)[42],遗传算法(genetic algorithm, GA)[43]。

其中,GS 算法是 1971 年 Gerchberg 和 Saxton 首先提出的,用于解决相位恢复问题,此后,相继提出了其改进算法。GS 算法是在物平面和傅里叶谱平面之间来回迭代进行傅里叶变换,并在物平面和谱平面之间施加已知的限制,故也将此算法称为傅里叶迭代算法(iterative Fourier transform, IFTA)。

GS 算法的基本思路是已知初始相位和事先给定的入射光场分布,通过做正向衍射变换,得到输出平面光场分布;在输出平面引入限制条件,即以期望的光场振幅分布取代原光场振幅分布,同时保持相位不变;然后做逆向衍射变换,得到输入平面光场分布;在输入平面引入限制条件,即以给定的光场振幅分布取代原光场振幅分布,同时保持相位不变;接着再次做正向衍射变换,如此循环下去,直至得到满意结果或达到足够多的循环次数为止,即采用基于 GS 算法的一种串行迭代法。

4. 几何光学能量守恒(conservation of energy,CE)算法结合 GS 串行迭代(GS-serial iterative,GS-SI)算法(简称 CE-GS-SI 法)

下面所用的设计衍射轴锥镜的方法是将基于几何光学的能量守恒算法与以 GS 算法为内核的串行迭代算法相结合,简称 CE- GS-SI 算法。

1) 基于几何光学的能量守恒(CE)算法

参见图 3.48,轴锥镜的底面半径为 R。当用平行光入射时,入射光透过轴锥镜上距离原点为 r 处的 dr 圆环后,与光轴相交于 $z(z_1,z_2)$ 处。已知入射光在轴锥镜表面的光功率密度为 P_σ,光波场在轴上的光功率密度为 P_z,根据几何光学的能量守恒定律,透过该圆环的光能量与光轴上 dz 距离内聚集的光能量应该相等,即

$$2\pi \times P_\sigma(r)rdr = P_z(z)dz$$

即出射光的能量应该和入射光的能量相等。假设平行光通过光学元件后聚焦于光轴上的 d_1 和 d_2

点之间，可得

$$2\pi \int_0^R P_\sigma(r) r \mathrm{d}r = \int_{d_1}^{d_2} P_z(z) \mathrm{d}z \tag{3.143}$$

对轴锥镜，由图 3.49 可得

$$\frac{\mathrm{d}f(r)}{\mathrm{d}r} = -\sin\theta = -r\left[r^2 + z^2(r)\right]^{\frac{1}{2}} \tag{3.144}$$

当已知 P_σ 和 P_z，通过式（3.143）即可确定 z 与 r 的关系：$z = z(r)$，代入式（3.144），两边积分即可确定 $f(r)$ 的数学表达式。

以平面波入射为例，入射光在轴锥镜表面的功率密度 P_σ 为常量，即

$$P_\sigma(r) = P_\sigma = \mathrm{const}$$

如图 3.49 所示，平面波通过轴锥镜后在焦线 d_1、d_2 之间形成小焦斑长焦深的光场分布。则光波场的轴上的光功率密度亦为常量为

$$P_z(z) = \mathrm{const}$$

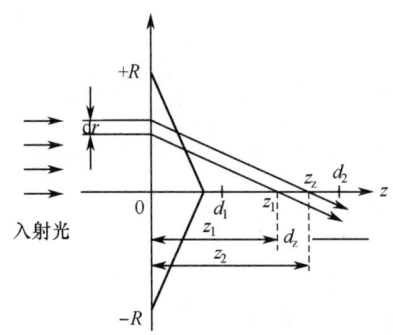

图 3.48　能量守恒法示意图

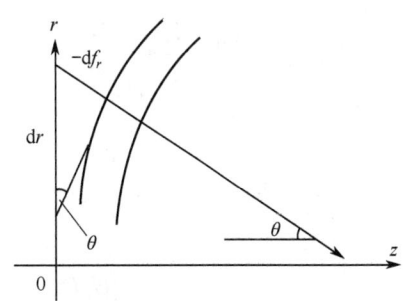

图 3.49　相位 f 与交角 θ 的关系

把 P_σ 和 P_z 代入式（3.143）可得

$$z(r) = d_1 + ar^2 \tag{3.145}$$

其中

$$a \approx \frac{d_2 - d_1}{R^2}$$

把式（3.145）代入式（3.144）并积分可得

$$f(r) = -\frac{1}{2a}\ln\{2a[a^2 r^4 + (1 + 2ad_1)r^2 + d_1^2]^{1/2} + 2a^2 r^2 + 1 + 2ad_1\} + \mathrm{const}$$

在近轴近似的条件下，上式可简化为[44]

$$f(r) = \frac{1}{2}\ln(d_1 + ar^2) + \mathrm{const} \tag{3.146}$$

当使用半径为 r_1 的强度为高斯分布的平行光束入射时，由上述能量守恒法可以计算出轴锥镜的相位分布函数

$$f(r) = \frac{1}{2a}\left\{-r^2 - \frac{r_1^2}{2}\ln\left[a + b\exp\left(\frac{-r^2}{r_1^2}\right)\right]\right\} \tag{3.147}$$

其中

$$b = (d_2 - d_1)\exp\frac{R^2}{r_1^2}$$

$$a = d_1 + b$$

由能量守恒法的过程可以看到，在设计中没有进行迭代运算或者退火算法等运算，因此计算量小，其缺点在于它基于几何光学理论，仅在输入函数变化缓慢（即满足稳相条件）时，才能求解高精度的解，否则计算精度不高。

2）GS 算法改进

Eismann M T、Fienup J R 和 Wyrowski F 等人分别对 GS 算法进行了改进[45]。他们在设计衍射轴锥镜时采用菲涅耳近似下的衍射积分模型，对 GS 算法稍做改进。设入射光场的实振幅分布为 $A_0(x_0,y_0)$，衍射轴锥镜的相位分布函数为 $f_0(x_0,y_0)$，则输入平面上的光场分布为

$$U_0(x_0,y_0) = A_0(x_0,y_0)\exp[\mathrm{j}f_0(x_0,y_0)]$$

经过衍射距离 d 之后其对应的焦平面（输出平面）上的光场分布为

$$U(x,y) = A(x,y)\exp[\mathrm{j}f(x,y)]$$

其中，A_0、A 为光强分布；f_0、f 为相位分布。在菲涅耳衍射条件下设计衍射轴锥镜，根据标量衍射理论，菲涅耳衍射表述如下：

$$U(x,y) = \frac{\exp(\mathrm{j}kd)}{\mathrm{j}\lambda d}\int_{-\infty}^{\infty}\int_{-\infty}^{\infty} U_0(x_0,y_0)\exp\left\{\frac{\mathrm{j}k}{2d}[(x-x_0)^2+(y-y_0)^2]\right\}\mathrm{d}x_0\mathrm{d}y_0 \quad (3.148)$$

式中，$\mathrm{j}=\sqrt{-1}$；$k=2\pi/\lambda$，λ 是波长，对上式两边做傅里叶变换并利用空域卷积定律得

$$F\{U(x,y)\} = F\left\{U_0(x_0,y_0)F\left\{\frac{\exp(\mathrm{j}kd)}{\mathrm{j}\lambda d}\exp\left[\frac{\mathrm{j}k}{2d}(x^2+y^2)\right]\right\}\right\}$$

$$= F\{U_0(x_0,y_0)\}\exp\left\{\mathrm{j}kd\left[1-\frac{\lambda^2}{2}(f_x^2+f_y^2)\right]\right\}$$

式中，f_x、f_y 是与空间坐标 x、y 对应的频域坐标。则输入平面上光波场的傅里叶变换为

$$F\{U_0(x_0,y_0)\} = F\{U(x,y)\}\exp\left\{-\mathrm{j}kd\left[1-\frac{\lambda^2}{2}(f_x^2+f_y^2)\right]\right\}$$

$$= F\{U(x,y)\}F\left\{\frac{\exp(-\mathrm{j}kd)}{-\mathrm{j}\lambda d}\exp\left[1-\frac{\mathrm{j}k}{2d}(x^2+y^2)\right]\right\}$$

上式两边做逆傅里叶变换即得到与式（3.148）形式十分对称的逆运算表达式

$$U_0(x_0,y_0) = \frac{\exp(-\mathrm{j}kd)}{-\mathrm{j}\lambda d}\int_{-\infty}^{\infty}\int_{-\infty}^{\infty} U(x,y)\exp\left\{-\frac{\mathrm{j}k}{2d}[(x_0-x)^2+(y_0-y)^2]\right\}\mathrm{d}x\mathrm{d}y \quad (3.149)$$

为便于讨论，将式（3.148）表征的菲涅耳衍射定义为菲涅耳衍射正变换，用符号 $F_{(d)}\{\}$ 表示，相应地，式（3.149）定义为菲涅耳衍射逆变换，简写为 $F_{(-d)}\{\}$，符号的下标（d）为菲涅耳衍射距离。于是菲涅耳衍射变换对可以简单地表示为

$$U(x,y) = F_{(d)}\{U_0(x_0,y_0)\}$$

$$U_0(x_0,y_0) = F_{(-d)}\{U(x,y)\}$$

上述菲涅耳正变换及菲涅耳逆变换均做适当的离散处理后就能通过 FFT 进行快速计算求解。另外，如果将式（3.148）、式（3.149）两式写为

$$U(x,y) = \frac{\exp(\mathrm{j}kd)}{\mathrm{j}\lambda d}\exp\left(\frac{\mathrm{j}k}{2d}x^2\right)\int_{-\infty}^{\infty}\int_{-\infty}^{\infty} U_0(x_0,y_0)\exp\left\{\frac{\mathrm{j}\pi}{\lambda d}[(x_0^2+y_0^2)]\exp\left[-\mathrm{j}2\pi\left(\frac{x}{\lambda d}x_0+\frac{y}{\lambda d}y_0\right)\right]\right\}\mathrm{d}x_0\mathrm{d}y_0$$

$$U_0(x_0,y_0) = \frac{\exp(-jkd)}{-j\lambda d}\exp\left(\frac{jk}{2d}x_0^2\right)\int_{-\infty}^{\infty}\int_{-\infty}^{\infty}U(x,y)\exp\left\{\frac{j\pi}{\lambda d}[(x^2+y^2)]\exp\left[j2\pi\left(\frac{x}{\lambda d}x_0+\frac{y}{\lambda d}y_0\right)\right]\right\}dxdy$$

两积分式进行合理的离散处理后，也可以用 FFT 直接进行快速计算。

如图 3.50 所示，用 GS 算法求解光学元件相位的步骤为：

步骤一，先给定一随机相位 $f_0(x_0,y_0)$，与 $A_0(x_0,y_0)$ 构成一光场函数 $U_0(x_0,y_0)$，对光场函数做菲涅耳正变换，获得输出平面上的光场分布 $U_1^{(1)}(x_0,y_0)$，保留其相位分布。用理想的实振幅分布 $A_1(x_1,y_1)$ 替换其振幅，即振幅约束。

步骤二，将 $U_1^{(1)}(x_0,y_0)$ 进行菲涅耳逆变换，获得入射光场 $U_0^{(2)}(x_0,y_0)$，用 $A_0(x_0,y_0)$ 替换其振幅，即保留 $U_0^{(2)}(x_0,y_0)$ 的相位信息 $f_0^{(2)}(x_0,y_0)$。

步骤三，用 $f_0^{(2)}(x_0,y_0)$ 替换 $f_0(x_0,y_0)$，代入步骤一，如此迭代。以振幅误差和控制所获得的 $f_1^{(n)}$，即为对于光学元件的相位 f_1 的逼近。其中误差控制和计算精度 SAE 定义为

$$\text{SAE} = \frac{\iint |A_1(x_1,y_1) - |F_{(d)}\{A_0(x_0,y_0)\exp[if_0^{(n)}]\}||dx_1dy_1}{\iint A_1(x_1,y_1)dx_1dy_1} < \varepsilon \qquad (3.150)$$

其中 ε 为一个给定的正小量，可以用 SAE 来表示计算达到的精度，决定是否跳出循环，当 SAE 小于设定的精度值 ε 时，跳出循环，输出设计结果。在迭代过程中，每一次循环，SAE 都将减少，至少也是保持不变，这就为循环运算的有效性提供了充分的证据。

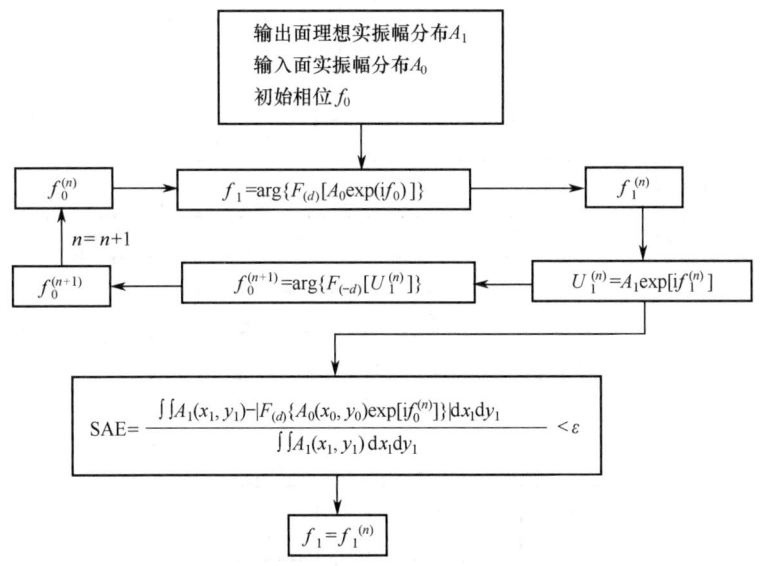

图 3.50　GS 算法流程图

在 GS 算法中，由于初始相位选择的随意性，故每次计算结果均有一定的差异，而且在 GS 算法收敛过程中，开始几次迭代收敛较快，之后收敛速度减慢，设计出的结果突出表现为局部偏差大。为了弥补 GS 算法的缺点，可以用能量守恒法设计出的相位代替随机相位作为初始相位，由此得到一种改进的 GS 算法，可以提高 GS 算法的运算速度和减小计算误差。

3）串行迭代法

下面以三个输出面为例叙述以 GS 算法为内核的串行迭代算法。如图 3.51 所示已知入射光波的实振幅分布 $A_0(x_0,y_0)$，光学元件的初始相位 $f_0(x_0,y_0)$ 以及光学元件后在 d_1、d_2、d_3 处衍射场上的理想实振幅分布 $A_1(x_1,y_1)$、$A_2(x_2,y_2)$、$A_3(x_3,y_3)$。以 GS 算法为内核的串行迭代算法计算出已知光场分布的光学元件的相位。图 3.52 为三个输出面时，以 GS 为内核的串行迭代法流程图（虚线框内

为 GS 算法)。

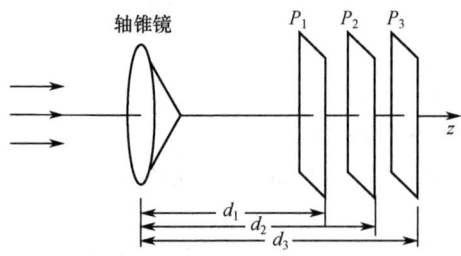

图 3.51 三个输出面的串行迭代法示意图

改进的 GS 算法为内核的串行迭代法分为以下步骤:

步骤一,已知 d_1 处的理想光强分布为 $A_1(x_1,y_1)$,用上述改进的 GS 算法,把 d_1 作为菲涅耳变换的参数,可以计算出光学元件的相位分布 f_1,同理,已知 d_2 处的理想实振幅分布 $A_2(x_2,y_2)$ 和 d_3 处的理想实振幅分布 $A_3(x_3,y_3)$ 也可以用 GS 算法分别以 d_2 和 d_3 为参数,计算出光学元件的相位分布 f_2、f_3。最后计算出光学元件的相位平均值 $f=(f_1+f_2+f_3)/3$。

步骤二,用光学元件的相位平均值 f 作为优化过的相位值代替光学元件的初始相位 f_0,重新用 GS 算法分别计算衍射距离为 d_1、d_2、d_3 时的相位分布 f_{11}、f_{22}、f_{33},并求出相位的平均值 $f'=(f_{11}+f_{22}+f_{33})/3$。

步骤三,用相位平均值 f' 作为优化过的相位分布代替 f,代入步骤二进行迭代。反复进行步骤二和步骤三多次,直到得出比较理想的结果。

当输出面大于三个的时候,也可以用以上的方法进行类似的串行迭代运算。

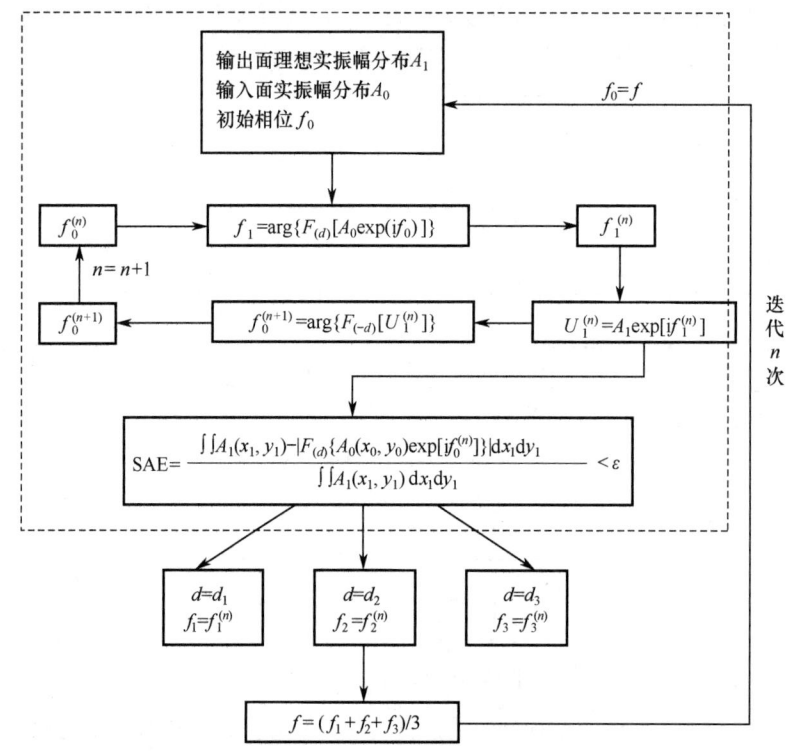

图 3.52 以 GS 算法为内核的串行迭代法流程图

参 考 文 献

[1] 祝兆基等. 衍射光栅[M]. 北京:机械工业出版社. 1986:82-101.
[2] 金国藩,严英白,邬敏贤等. 二元光学[M]. 北京:国防出版社,1998.
[3] 顾德门 J W. 傅里叶光学导论[M]. 詹达三,董经武等译. 北京:科学出版社,1976.
[4] 虞祖良,金国藩. 计算机制全息图[M]. 北京:清华大学出版社,1984.

[5] Max Born & Emil Wolf. 光学原理（上、下册）（第七版）[M]. 杨茵孙等译. 北京：电子工业出版社，2005.
[6] 陈锡坤，王志坚. 菲涅耳波带片成像及其频谱性质的研究[J]. 科技通报, 1998.
[7] L B Lesem, P M Hirch, The kinoform: a new wavefront reconstruction device，IBM J. Res. Dev. 1969 13(2): 150-155.
[8] Faklis D，Moeeis G M，Spectral properties of mulitorder diffractive lenses. Appl. Opt. 1995，34(14): 2462.
[9] G J. Swanson. Binary optics technology: Theoretical limits on the diffraction efficiency of multi-level diffractive optical elements. MIT Lincoln Laboratory Technical Report 914，1991.
[10] Y. Aredli，S. Ozeri，N. Eisenberg. Design of a diffractive optical element for wide spectral bandwidth. Opt. Lett. 1998，23(11): 823-824.
[11] G. P. Behrmmann，J. P. Bowen. Influence of temperature on diffractive lens performance. Appl. Opt.，1993，32(14): 2483-2489.
[12] J. Toussaint，C. Kimani，S. Park. et al. Generation of optical vector beams with a diffractive optical element interferometer. Opt. Lett.，2005，30(21): 2846-2848.
[13] J. Higbie. Fresnel zone plate: anomalous foci. Am. J. Phys.，1976, 44(10): 929-930.
[14] E. G. Steward. Fourier Optics，An Introduction，Elles Horwood，Chichester，England，2nded，1989: 67-72.
[15] 裴雪丹，崔庆丰，冷家开，等. 多层衍射光学元件设计原理与衍射效率的研究[J]. 光子学报, ACTA PH() T()N1CA S1N1CA。V01．38 No．5(May 2009)：1126-1131.
[16] Jurgen J. Walker S J. Two dimensional array of diffractive micro-lens fabricated by thin film deposition[J]. Appl. Opt.，1990, 29：931-938.
[17] 秦绪玲，孙炳全. 二元光学元件衍射效率的分析与计算[J]. 辽宁师专学报，第 4 卷第 3 期.
[18] 金国藩. 衍射光学元件的理论模型和优化设计[J]. 中俄衍射光学技术高端研讨会会议文集，2007：1-40.
[19] Tudorovsku A．An objective with a Phase plate．Optics and Spectroscopy, 1959, 6(2): 126-133.
[20] G. J. Swanson. W. B. Veldkamp. Diffractive optical elements for use in infrared systems. Opt. Eng., 1989, 28(6): 605-608.
[21] Kleinbans W. A.. Aberrations of curved zone plates and Fresnel lenses, Appl. Opt. 1977. 16: 1701-1704.
[22] 张以谟. 应用光学（第三版）[M]. 北京：电子工业出版社, 2009.
[23] WELFORD W T. Aberrations of optical Systems[M]. Bfisml：Adam Hilger Ltd Techno House，1986.
[24] 曾吉勇，金国藩，王民强，等. 含衍射光学元件的薄透镜初级像差的 PWC 表示[J].光学学报，Vol.26，No.1：96-100.
[25] SWEAT W C. Mathematical equivalence between a holographic optical element and an ultra-high index lens[J]. J opt Soc Am, 1979, 69(3)：486-487.
[26] BURALLI D A, MORRIS G M. Design of wide field diffractive landscape lens[J]. Appl. Opt, 1989, 28(18): 3950-3965.
[27] LI Wen-jun．Hybrid diffractive refractive broadband design in visible wavelength region[C]. Proceedings of SPIE, Diffractive and Holographic Optics Technology, 1996, 2689：101-111.
[28] SMITH W J. Modern Optical Engineering[M]. New York：McGraw-Hill Inc., 1990.
[29] Thomas Stone and Nicholas George, Hybrid diffractive-refractive lenses and achromats, APPLIED OPTICS, Vol. 27, No. 14, 15 July 1988：2960-2971.
[30] JAMIESON T H. Thermal effects in optical systems[J]. Opt. Eng., 1981, 20(2)：156-160.
[31] Gregory P. Behrmann and John P. Bowen, Influence of temperature on diffractive lens performance, APPLIED OPTICS, Vol. 32, No. 14(10 May 1993)2483-2489.
[32] Burval l A, Kolaez K, Jaroszewiez. Simple lens-Axicon. Applied Opties. 2004, 43(25)：116- 125.
[33] 张文, 安凯, 冯亚云, 等. 基于 LCoS 的头配显示器光学系统研究[J]. 液晶与显示,Chinese Journal of Liquid

Crystals and Displays，VoI. 21，No. 5（Oct.，2006）：478-481.

[34] Faklis D，Morris GM. Spectral properties of multiorder diffractive lenses [J]. Appl. Opt.，1995，34(14)：2462-2468.

[35] Sweeney DW，Sommargren G E. Harmonic diffractive lenses[J]. Appl opt，1995，34(14)：2469-2475.

[36] 于斌，于秉熙. 放大率恒定的二元光学超光谱成像仪光学系统设计[J]. 光学学报，2002，22(11)：1382-1386.

[37] 赵逸琼. 优化设计衍射光学元件用于矢量光束整形及其应用研究[D]. 中国科学技术大学，2005.

[38] Ilya Golub. Fresnel axicon. Optics Letters，Vol. 31，No. 12（June 2006）：1890-1892.

[39] Davidson N，Friesem A A，HasmanE. Holographic axilens：high resolution and long focal depth. Optics Letters.1991，16(7)：523-525.

[40] Gerchberg R W，Saxton W O. A practical algorithm for the determination of phase form image and diffraction plane pictures. Optik. 1972，35：237-246.

[41] Gu B，Yang G，Dong B. General theory for performing an optical transform，Appl. Opt. 1996，11(25)：3197-3206.

[42] Kirkpatriek S，Gelatt C D，Veeehi M P. Optimization by Simulated annealing. Seience. 1983，(220)：671-680.

[43] Goldbet D E. Genetic algorithm in seareh，optimization and machine learing Addison-Wesley. Mass. 1987.

[44] Soehaeki J，Jaroszeweez Z，Staronski L T，et al. Annular-aperture logarithmic Axicon. J. Opt. Soc. Am. A. 1993，10：1765-1768.

[45] Pu J，Zhang H，Nemoto S. Uniform-intensity Axicon：A lens coded with a synunetrieally Cubic Phase Plate. Optical and Quantum Eleetronics. 2001，33：653-660.

[46] 赵晔. 实现小焦斑长焦深激光焦点的衍射轴锥镜的设计研究[D]. 大连理工大学. 2007, 6.

第4章 非对称光学系统像差理论

4.1 波像差与 Zernike 多项式概述

4.1.1 波前像差理论概述

1. 球面波前

理想透镜在其出瞳处产生一个球面波,曲率中心与像面坐标系统(x_0, y_0, z_0)的原点重合,像和出瞳坐标系统的关系如图4.1所示。如果R是球面波前曲率半径,则出瞳中心是坐标系统(x, y, z)的原点为

$$x = x_0, \quad y = y_0 \tag{4.1a}$$

以及

$$z = z_0 - R \tag{4.1b}$$

球面波前在出瞳坐标系统(x, y, z)中表示为

$$x^2 + y^2 + (z - R)^2 = R^2 \tag{4.2}$$

若设x和y与R相比是一个小值(即出瞳尺寸和出射波曲率半径相比也是一个小值),因为球面的矢高z足够小,故z^2可以忽略,则出瞳处球面波前变为近似抛物线的公式

$$z = \frac{x^2 + y^2}{2R} \tag{4.3}$$

如出瞳出射波面在空气中的折射率为$n = 1$,透镜出瞳处的波前分布(光程差,OPD)为下式:

$$W(x, y) = \frac{x^2 + y^2}{2R} \tag{4.4}$$

上式表示球面波前在离出瞳为R处会聚为一点。

2. 出瞳发出的波前中心对高斯像面的偏离

球面波前焦点的移动如图 4.2 所示,距出瞳为R处为观测平面,设($\varepsilon_x, \varepsilon_y, \varepsilon_z$)为坐标系统($x_0, y_0, z_0$)的原点处的偏差量,故波前的曲率半径为$R + \varepsilon_z$,则有

$$W(x, y) = \frac{x^2 + y^2}{2(R + \varepsilon_z)} = \frac{x^2 + y^2}{2R} \left[\frac{1}{1 + \varepsilon_z/R} \right] \tag{4.5}$$

如果ε_z是一个小值,则式(4.5)可写为

$$W(x, y) = \frac{x^2 + y^2}{2R} - \varepsilon_z \frac{x^2 + y^2}{2R^2} \tag{4.6}$$

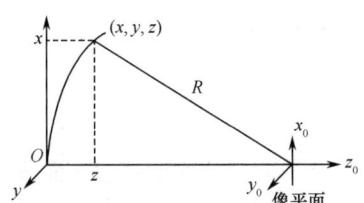

图 4.1 像和出瞳坐标系统的关系

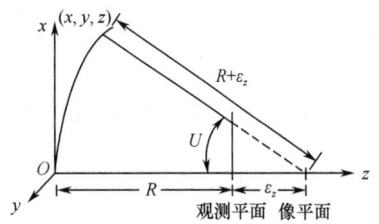

图 4.2 球面波前焦点的移动

3. 离焦项（defocus term）

设离焦项的 OPD 为 $A(x^2+y^2)$，如果加到曲率半径为 R 的球面波上，可给出焦移 ε_z 结果：

$$\varepsilon_z = -2R^2 A(x^2+y^2) \tag{4.7}$$

若像面沿光轴向着透镜移动一个量 ε_z（ε_z 为负值），波前相对于原始球面波前的变化给出焦点位置变化量为

$$\Delta W(x,y) = -\varepsilon_z \frac{x^2+y^2}{2R^2} \tag{4.8}$$

如果会聚光束为 F 数（$f^{\#}$）的最大半锥角，离焦在瞳边缘 OPD 变化量为

$$\Delta W_{\text{defocus}} = -\frac{1}{2}\sin^2 U = -\frac{1}{2}\varepsilon_z(\text{NA})^2 = -\frac{\varepsilon_z}{8(f^{\#})^2} \tag{4.9}$$

此处，NA 是数值孔径。

采用 Rayleigh 判断，对离焦在瞳边缘的 OPD 定为 $\lambda/4$，可建立一个焦深容差，得

$$\Delta W_{\text{defocus}} = \pm\frac{\lambda}{4} = \pm\frac{\varepsilon_z}{8(f^{\#})^2} \tag{4.10}$$

或

$$\varepsilon_z = \pm 2\lambda(f^{\#})2$$

对于可见光，$\lambda \cong 0.5\ \mu m$，故 $\varepsilon_z \cong \pm(f^{\#})^2$（单位为 μm）。

4. 球心（像位置）的横向移动

设球心沿 x_0 轴移动 ε_x，如图 4.3 所示，则出瞳处球面波前为

$$y^2 + (x-\varepsilon_x)^2 + (z-R)^2 = R^2 \tag{4.11}$$

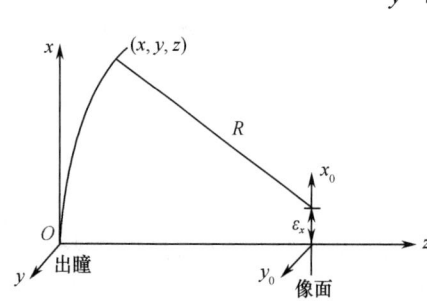

图 4.3 像位置的横向移动

设 ε_x 足够小，则 ε_x^2 可忽略，如果 z^2 也被忽略，则波前可以写为

$$W(x,y) = \frac{x^2+y^2}{2R} - \frac{x\varepsilon_z}{R} \tag{4.12}$$

设在出瞳处的波前分布中 OPD 展开式中项 B 乘以 x 表示焦点位置一个横向移动量为

$$\varepsilon_x = -RB \tag{4.13}$$

同样，在出瞳处的波前分布中一个 OPD 展开式中项 C 乘以 y 表示焦点位置沿 y 轴移动量为

$$\varepsilon_y = -RC \tag{4.14}$$

组合前述分析的结果，可看到在光学系统的出瞳处的波前分布表示为一个球面波

$$W(x,y) = \frac{x^2+y^2}{2R} - \varepsilon_z\frac{x^2+y^2}{2R^2} - \varepsilon_x\frac{x}{R} - \varepsilon_y\frac{y}{R} \tag{4.15}$$

其原点为距出瞳顶点为 R 的像面坐标系统 (x_0, y_0, z_0) 中的点 $(\varepsilon_x, \varepsilon_y, \varepsilon_z)$。

4.1.2 角向、横向和纵向像差

通常出瞳处的波前不是理想球面，不能聚焦在一点。常希望求得非理想球面波前 $W(x,y)$ 给出的函数 $(\varepsilon_x, \varepsilon_y, \varepsilon_z)$，其也是 (x,y) 的函数。横向和纵向像差如图 4.4 所示，图中给出球面参考波前和一个有像差的波前，前者焦点在坐标系统 (x_0, y_0, z_0) 的原点处，后者没有唯一的焦点，

但是，所有光线通过邻近光轴像面上 $x_0 = -\varepsilon_x$ 点处的一个小圆面积。设这些光线与光轴的夹角足够小，以角度弧度取代其正弦值，以 1 取代角度的余弦。

1. 角像差（angular aberration）

光程差（OPD）$\Delta W(x, y)$ 是参考波前和有像差波前之间的偏离。假设 $\Delta W(x, y)$ 足够小，在参考波前和有像差波前之间的夹角也很小，称之为角像差，可写为

$$\alpha_x = \frac{-\partial \Delta W(x, y)}{n \partial x} \tag{4.16}$$

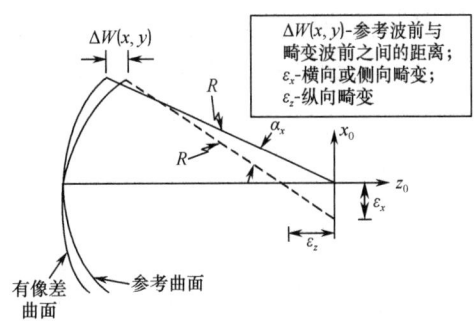

图 4.4 横向和纵向像差

2. 横向像差

设空气中折射率 n 等于 1，式（4.17）表示的距离 ε_x 为光线的横向像差

$$\varepsilon_x = R\alpha_x = -R\frac{\partial \Delta W(x, y)}{\partial x} \tag{4.17}$$

此处，折射率已设定为 1。对角度和横向像差的 y 分量有相似的公式。

3. 纵向像差

参照图 4.4，设有像差的光线和光轴相交，可以看出

$$\frac{\varepsilon_z}{\varepsilon_x} \approx \frac{R}{x - \varepsilon_x} \tag{4.18}$$

因为 $\varepsilon_x \ll x$，纵向像差可写为

$$\varepsilon_z \approx \frac{R}{x}\varepsilon_x = -\frac{R^2}{x}\frac{\partial \Delta W(x, y)}{\partial x} \tag{4.19}$$

此量称为光线的纵向像差。

4. 横向像差和纵向像差的波像差形式

在写出波前像差时，出瞳坐标表示为归一化形式，如在出瞳边缘处可表示为 $(x^2 + y^2)^{1/2} = 1$ 的情况下，横向像差和纵向像差变为

$$\varepsilon_x = -\frac{R}{h}\frac{\partial \Delta W}{\partial x}, \quad \varepsilon_z = -\frac{R^2}{xh^2}\frac{\partial \Delta W}{\partial x} \tag{4.20}$$

此处，h 是几何出瞳直径。

实际上，通过光学系统的个别光线的横向像差常由该光线通过系统的追迹来决定，并求得一组光线和像面的交点。这个结果是一个曲线图可用于评价几何像质量。

横向和纵向像差对称于光轴，只须计算子午面 xz 内的光线就可以决定 $\Delta W = \Delta W(x)$。在归一化坐标中

$$\Delta W = \Delta W(x) = -\frac{h}{R}\int_0^x \varepsilon_x \mathrm{d}x \tag{4.21a}$$

或

$$\Delta W = -\frac{h^2}{R^2}\int_0^x x\varepsilon_z \mathrm{d}x \tag{4.21b}$$

4.1.3 Seidel 像差的波前像差表示

实际透镜的波前形式是复杂的，通常在透镜设计、制造和装配中存在很多随机误差，而精细制造和装调的透镜，只近似保留某些设计像差。

1. 旋转对称系统的像差

如图 4.5 所示为一个旋转对称光学系统的像方空间，旋转对称轴即为光轴，是沿着直角坐标系统的 z 轴。设像点在垂直于光轴的像面 (x_0, y_0) 内的位置矢量为 $\boldsymbol{H}$。令 $\boldsymbol{\rho}$ 是垂直于光轴的出瞳面 (x, y) 内的位置矢量。设出瞳面坐标轴 (x, y) 和像面坐标轴 (x_0, y_0) 方向一致。

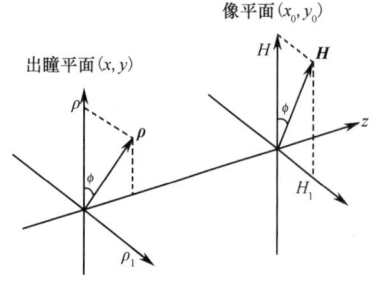

图 4.5 旋转对称光学系统的像方空间

一个特定像点的波前可以展开为四个变量 $x, y; x_0, y_0$ 的幂级数。L. Seidel 在 1986 年给出前五项三级像差的计算公式，故称之为 Seidel（赛德）像差。式中高级项包括五级和七级像差等。由于是旋转对称，x_0, y_0 和 x, y 相对于 z 轴的刚性旋转时，波前分布 W 必须是不变的。选择像点在 xz 平面（子午面）内，则 y 轴为零。故 W 可展开为[2,3]

$$W(x,y,x_0) = W(x^2+y^2, xx_0, x_0^2)$$
$$= a_1(x^2+y^2) + a_2 xx_0 + a_3 x_0^2 + b_1(x^2+y^2)^2 + b_2 xx_0(x^2+y^2) + \quad (4.22)$$
$$b_3 x^2 x_0^2 + b_4 xx_0(x^2+y^2) + b_5 xx_0^3 + b_6 x_0^4 + \cdots + \text{五级及高级项}$$

式（4.22）的第一项表示离焦（defocus），为参考球面中心的纵向移动，第二项表示参考球面中心的横向移动，也称为倾斜（tilt）。第三项为相移（phase shift），其在整个出瞳上是一个常量，不影响波前的形貌（像质）。考虑单色光时，这三项系数通常为零，即在宽带照明时为非零系数。在波前像差表示式中六个系数项 b_1 到 b_6 均为变量 x, y 和 x_0 构成的四阶项。当表示横向像差时为三阶项。

2. 旋转不变量

作为更一般形式，所考虑的物点通过光学系统的像差函数 $W(\boldsymbol{H}, \boldsymbol{\rho})$ 可以写为物面和瞳面上点的直角坐标的幂级数

$$W(x_o, y_0; x, y) = \sum_j (W_{\text{vtuw}}) \sum_{v=0}^{\infty} x_0^v \sum_{t=0}^{\infty} y_0^t \sum_{u=0}^{\infty} x^u \sum_{w=0}^{\infty} y^w \quad (4.23a)$$

此处，W_{vtuw} 是展开式系数。这些系数决定于系统的结构参数，如各折射面的曲率半径、其间的介质折射率及间隔等。式（4.23a）中的幂级数由四个直角坐标 x_0, y_0, x 和 y 组成。

因为光学系统的光瞳通常是圆形的，故用极坐标较为方便。令 (H, θ_0) 和 (ρ, ϕ) 分别对应于像面和瞳面的直角坐标 (x_0, y_0) 和 (x, y) 的极坐标

$$(x_0, y_0) = H(\cos\theta, \sin\theta)$$
$$(x, y) = \rho(\cos\phi, \sin\theta) \quad (4.23b)$$

光学系统对其对称轴的旋转不变量有三个无向量：$|\boldsymbol{H}|, |\boldsymbol{\rho}|$ 和 $\boldsymbol{H} \cdot \boldsymbol{\rho}$，此处

$$|\boldsymbol{H}| = H = (x_0^2 + y_0^2)^{1/2}$$
$$|\boldsymbol{\rho}| = \rho = (x^2 + y^2)^{1/2} \quad (4.23c)$$

和

$$\boldsymbol{H} \cdot \boldsymbol{\rho} = H\rho\cos(\phi-\theta) = x_0 x + y_0 y \quad (4.23d)$$

3. 幂级数展开式（power-series expansion）

为了使像差函数包括四个直角坐标 x_0, y_0, x 和 y 的非负整数幂次，必须采用 H^2 和 ρ^2。光学系统绕光轴旋转时，像差函数不变。x 和 y 在一个平面内，虽然 ϕ 和 θ 随旋转角变化，但是 H, ρ 和 $\phi-\theta$ 是不变的。由于旋转对称，决定于四个变量 (x_0, y_0) 和 (x, y) 的像差函数旋转对称只能通过

三个"旋转不变量" H^2, ρ^2 和 $H\rho\cos(\phi-\theta_0)$ 来表示。把这些不变量写入像差函数时，可用三个和数取代上式中的四个和数。

$$W(\boldsymbol{H},\boldsymbol{\rho}) = \sum_j\sum_{p=0}^{\infty}\sum_{n=0}^{\infty}\sum_{m=0}^{\infty}(W_{pnm})_j(H^2)^p(\rho^2)^n[H\rho\cos(\phi-\theta_0)]^l$$
$$= \sum_j\sum_{p=0}^{\infty}\sum_{n=0}^{\infty}\sum_{m=0}^{\infty}(W_{pnm})_j H^{2p-m}\rho^{2n-m}\cos(\phi-\theta_0) \quad (4.24\text{a})$$

此处，按极坐标 $\boldsymbol{H}=(H,\theta)$, $\boldsymbol{\rho}=(\rho,\phi)$, W_{pnm} 是展开式系数，这些系数决定于此系统的结构参数（各面的曲率半径，各折射面间的介质折射率，以及它们之间的间隔）。p,n,m 为包括零的正整数，j 是整个光学系统的光学面的总和。

设角 ϕ 和角 θ 在系统中均为定值，$\phi-\theta$ 也为定值，故可用角 ϕ 取代 $\phi-\theta$。实际上选择坐标轴 x_0 通过像点，则 $x_0=H$, $y_0=0$, 子午面是 xz 面。

讨论 Seidel 像差时，径向坐标 ρ 常被归一化为（出瞳半径）1。视场 $x_0=H$ 坐标在最大视场位置也常被归一化为 1。将式（4.24a）用极坐标波前像差系数 W_{klm} 展开

$$W(x_0,\rho,\phi) = \sum_j\sum_k\sum_l\sum_m (W_{klm})_j x_0^k \rho^l \cos^m\phi$$
$$= W_{200}x_0^2 + W_{111}x_0\rho\cos\phi + W_{020}\rho^2 + W_{040}\rho^4 + W_{131}x_0\rho^3\cos\phi +$$
$$W_{222}x_0^2\rho^2\cos^2\phi + W_{220}x_0^2\rho^2 + W_{311}x_0^3\rho\cos\phi \quad (4.24\text{b})$$
$$k=2p+m, \quad l=2n+m$$

式中，W_{klm} 是展开式系数；j 是整个光学系统的光学面的总和；k 和 l 为光学系统中旋转对称性的约束。式（4.24b）后五项也可写为 Seidel 像差系数 $S_{\text{I}\sim\text{V}}$:

$$W(x_0,\rho,\phi) = \frac{1}{8}S_{\text{I}}\rho^4 + \frac{1}{2}S_{\text{II}}x_0\rho^3\cos\phi + \frac{1}{2}S_{\text{III}}x_0^2\rho^2\cos^2\phi +$$
$$\frac{1}{4}(S_{\text{III}}+S_{\text{IV}})x_0^2\rho^2 + \frac{1}{2}S_{\text{V}}x_0^3\rho\cos\phi \quad (4.25)$$

式中，$W_{040}\rho^4 = W_{040}(x^2+y^2)^2$ 为球差；$W_{131}x_0\rho^3\cos\phi = W_{131}x_0x(x^2+y^2)$ 为彗差；$W_{222}x_0^2\rho^2\cos^2\phi = W_{222}x_0^2x^2$ 为像散；$W_{220}x_0^2\rho^2 = W_{220}x_0^2(x^2+y^2)$ 为场曲；$W_{311}x_0^3\rho\cos\phi = W_{311}x_0^3x$ 为畸变。

5. Seidel 像差的表示

波前像差系数与 Seidel 像差的关系如表 4.1 所示。其中相移（piston）、倾斜（tilt）和离焦（focus）为波前的一级性质，不属于 Seidel 像差范围。注意：平移、倾斜和离焦的一阶波前特性不是 Seidel 像差。图 4.6 表示五种 Seidel 像差的波前相对于理想球面波前之间的偏离 ΔW。

表 4.1 波前像差系数与 Seidel 像差的关系

波前像差系数	Seidel 像差系数	函数形式	名称
W_{240}	—	z_2^2	相移（piston）
W_{111}	—	$z_1\rho\cos\theta$	倾斜（tilt）
W_{020}	—	ρ^1	离焦（focus）
W_{040}	$=\frac{1}{2}S_{\text{I}}$	ρ^4	球差（spherical aberration）
W_{031}	$=\frac{1}{2}S_{\text{II}}$	$z_1^2\rho^2\cos^2\theta$	彗差（coma）
W_{222}	$=\frac{1}{2}S_{\text{III}}$	$z_1^2\rho^2\cos^2\theta$	像（astigmatism）
W_{220}	$=\frac{1}{2}(S_{\text{III}}+S_{\text{IV}})$	$z_1^2\rho^2$	场曲（field curvature）
W_{311}	$=\frac{1}{2}S_{\text{V}}$	$z_1^2\rho\cos\theta$	畸变（distortion）

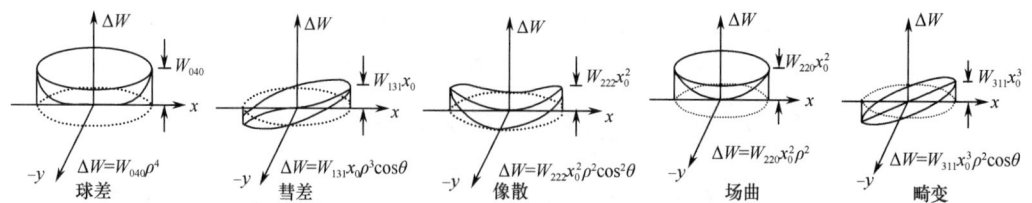

图 4.6 五种 Seidel 像差相对于理想球面波前的偏离 ΔW

1) 球差 ($\Delta W = W_{040}\rho^4 = W_{040}(x^2+y^2)^2$)

由于像场变量 x_0 不会出现在这个球差表示式中，球差不会受系统的场的影响。图 4.7 显示了常量初级球差值。从轴上物点发出光线与光轴成较大角度通过光学系统，将在高斯焦点的前面或后面与光轴相交。通过孔径边缘的光线（边缘光线）与光轴相交的点称为边缘焦点，球差的最小弥散圆如图 4.8 所示。从孔中心区域通过的光线（近轴光线）相交的点称为近轴（或傍轴）或高斯焦点。

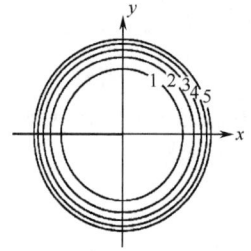

图 4.7 常量初级球差的水平（图中数字代表曲面在该环带的深度或高度）和轮廓

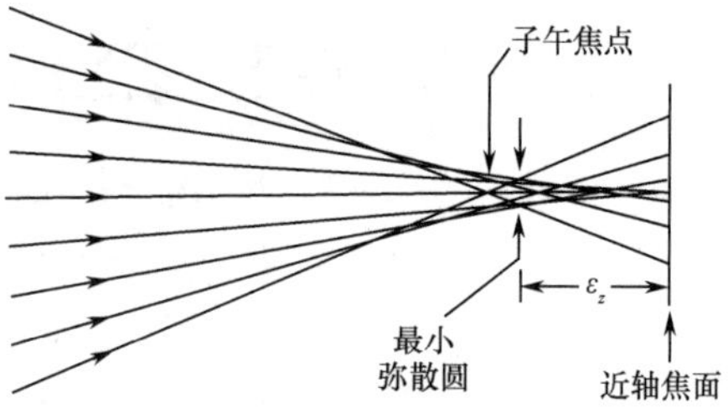

图 4.8 球差的最小弥散圆

考虑光线的横向像差表示式，从式（4.20）可知归一化坐标像差分量为

$$\varepsilon_x = -\frac{4RW_{040}}{h}x(x^2+y^2) \tag{4.26}$$
$$\varepsilon_y = -\frac{4RW_{040}}{h}y(x^2+y^2)$$

此处，h 也是几何光瞳的半径。由于像差对主光线是对称的，由于三级球差可以写为横向像差

$$\varepsilon_x = \varepsilon_y = -\frac{4RW_{040}}{h}\rho^3 \tag{4.27}$$

焦点位移改变像斑的尺寸。从式（4.27）知，如果观察平面移动一个距离，相对于新参考球面波像差为

$$\Delta W = W_{040}\rho^4 + \frac{\varepsilon_z h^2}{2R^2}\rho^2 \tag{4.28}$$

ε_z 如果移位沿 $+z$ 方向（即远离镜头），焦移对像点尺寸的影响相当于对横向像差式（4.27）增加一个线性项：

$$\varepsilon_x = \varepsilon_y = -\frac{4RW_{040}\rho^3}{h} - \frac{\varepsilon_z h\rho}{R} \tag{4.29}$$

当像平面移动时，有一个圆形像斑为最小的位置，这个最小的像称为最小弥散圆，对应最小弥散圆的焦移。焦移 ε_z 的横向像差具有相同的正、负偏移。如图 4.8 所示，该图像对应的位置符合瞳的边缘光线散焦的位置。它可以表明的最小弥散圆位置为从近轴焦点到边缘焦点距离的四分之三处，从式（4.28）知，最小弥散圆的半径为近轴焦点处弥散像半径的四分之一。由此导致的波前像差

$$\Delta W = W_{040}(\rho^4 - 1.5\rho^2)$$

图 4.9 显示了离焦球差有常量波前像差的轮廓。

一个旋转对称的像差如球差的衍射模式,可以使用 Hankel 变换计算。即用总功率为 P 的均匀光束照明旋转对称的瞳函数为 $\wp(\rho)$ 的圆形孔径,衍射模式的辐照度可以写为

$$E(r) = \frac{P\pi}{\lambda^2 (f\#)^2} \left| \int_0^1 \wp(\rho) J_0 \left[\left(\frac{\pi r}{\lambda f\#} \right) \rho \right] \rho \mathrm{d}\rho \right|^2 \tag{4.30}$$

对于球差

$$\wp(\rho) = \exp\left(\mathrm{i} \frac{2\pi}{\lambda} W_{040} \rho^4 \right) \tag{4.31}$$

如果包括了离焦,则

$$\wp(\rho) = \exp\left[\mathrm{i} \frac{2\pi}{\lambda} (W_{040} \rho^4 + W_{020} \rho^2) \right] \tag{4.32}$$

式(4.30)很好地符合用计算机计算的点扩散函数。图 4.10 至图 4.12 说明不同的三级球差和离焦归一化点扩散函数。

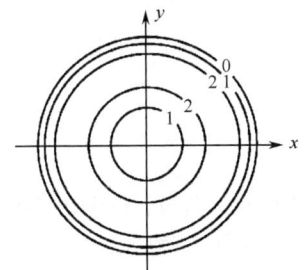

图 4.9 离焦球差有常量波前像差波面(图中数字代表曲面在该环带的深度或高度)轮廓

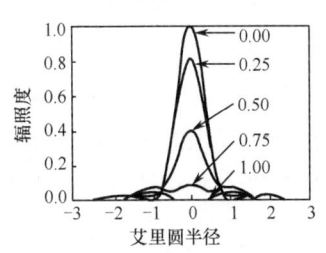

图 4.10 对不同值离焦的圆形光瞳的衍射模式(无球差存在)

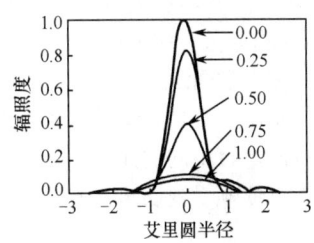

图 4.11 对不同值像差的圆形光瞳的衍射模式(无离焦存在)

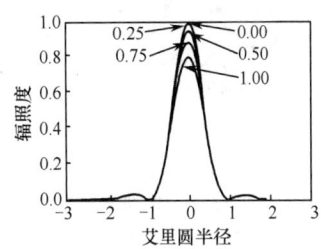

图 4.12 对于等值异号的三级球差 W_{040}/λ 和离焦 W_{020}/λ 的圆形光瞳的衍射模式

2)彗差($\Delta W = W_{1.31} x_0 \rho^3 \cos\theta = W_{1.31} x_0 x(x^2+y^2)$)

彗差在光轴上是不存在的,彗差值随视场角或垂轴距离而变大。图 4.13 为初级彗差的波前像差的波面轮廓。其横向像差分量为

$$\begin{aligned} \varepsilon_y &= -\frac{2R}{h} W_{131} x_0 xy = -\frac{R}{h} W_{131} x_0 \rho^2 \sin 2\theta \\ \varepsilon_x &= -\frac{R}{h} W_{131} x_0 (3x^2 + y^2) = -\frac{R}{h} W_{131} x_0 \rho^2 (2 + \cos 2\theta) \end{aligned} \tag{4.33}$$

彗差的横向光线像差如图 4.14 所示,如果 x_0 是固定的,对于一定的 ρ 值,图 4.14(a)表示出瞳,其上 A、B 两点的角 θ 分别为 0 和 π,其 $\cos\theta = 1$,故通过该两点的光线在像面上将会聚于点 A、B,

如图 4.14（b）所示，C、D 两点的角 θ 分别为 $\pi/2$ 和 $3\pi/2$，$\cos\theta=0$，故通过这两点的光线在像面上将会聚于点 C、D，同理，E、G 和 F、H 等各对点分别会聚于像面上点 E、G 和点 F、H。即在出瞳一个环带上发出的光线从 0 到 2π 旋转描绘一个圆的两圈。圆的半径是 $RW_{131}x_0\rho^2/h$，从高斯像计算圆中心的距离为 $2RW_{131}x_0\rho^2/h$。对于出瞳上不同的环带描绘的圆的尺寸不同，使圆与两条直线相切，两条直线通过高斯图像并和 x 轴成 30°角[1]。

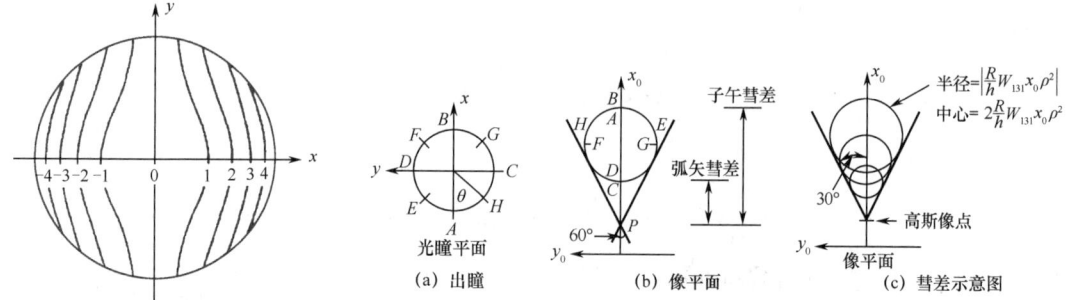

图 4.13 初级彗差的波前像差的波面（数字代表曲面该环带的深度或高度，负号表示曲面相反方向弯曲）轮廓

图 4.14 彗差的横向光线像差

3）像散（$\Delta W = W_{222}x_0^2\rho^2\cos^2\theta = W_{222}x_0^2x^2$）

在光学系统中含有光轴的平面称为子午（meridional）或切向（tangential）平面。而切向平面可以是通过光轴的任何平面，任何离轴物点可以包含在相应的切向平面内。位于切向平面内的光线称为子午或切向光线。通过入瞳中心的子午光线被称为主光线（见图 4.15）。弧矢平面包含主光线并垂直于切向平面。不位于子午和弧矢面内的光线为斜射线（skew ray）。

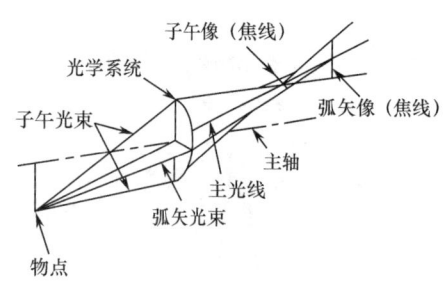

图 4.15 像散波前的子午和弧矢焦线示意图

对于像散，在弧矢面内无波前像差，但在子午或切向平面内有曲率增量，因此，像差取决于 x 的二次方，如图 4.16 所示。传统的像散，在 x 截面内的曲率增量取决于视场角的平方。在光学面制造中一种常见的误差是一个表面有轻微的圆柱状，而不是完善的球面，则波前通过表面将在两个正交方向上有不同的曲率半径，就是波前的像散，曲率差值可能不依赖于视场角平方。

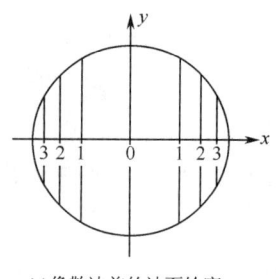

(a) 像散波前的波面轮廓   (b) 像散波前离焦弥散圆的轮廓

图 4.16 像散波前及其包括离焦弥散圆的轮廓（数字代表曲面在该环带的深度或高度）

对于像散像差的横向分量为

$$\varepsilon_y = 0 \tag{4.34}$$

$$\varepsilon_x = -\frac{2R}{h}W_{222}x_0^2 x = -\frac{2R}{h}W_{222}x_0^2 \rho\cos\theta$$

因此，在子午平面上形成一个长度为 $4RW_{222}x_0^2/h$ 的线状像。其波前像差为

$$\Delta W = W_{222}x_0^2 x^2 + \frac{\varepsilon_z h^2}{2R^2}(x^2+y^2) \tag{4.35}$$

横向像差变为

$$\varepsilon_y = -\left(\frac{\varepsilon_z h}{R}\right)y$$

$$\varepsilon_x = -\left(\frac{2R}{h}W_{222}x_0^2 + \frac{\varepsilon_z h}{R}\right)x \tag{4.36}$$

如果焦点移动选为

$$\frac{\varepsilon_z}{R} = -\frac{2RW_{222}x_0^2}{h^2} \tag{4.37}$$

一个长度为 $4RW_{222}x_0^2/h$ 的线状像在弧矢面上形成。因此，在成像区光线的三维分布是：它们都通过两个正交的线，如图 4.15 所示。图中从瞳孔的 y 截面内光线会聚的焦点为垂直线，可认为该焦点为零，瞳孔的 x 截面内光线会聚的焦点为水平线。垂直的线称为弧矢焦线，水平线称为子午或切向焦线。须注意：弧矢焦线在子午面内，而子午焦线在弧矢面内。

最好的像斑是沿主光线的子午和弧矢交线之间的像散焦点。在这个焦点位置，所有的光线通过圆形斑，其直径约为 $2RW_{222}x_0^2/h$，是焦线长度的一半，称该圆形斑为最小弥散圆。图 4.16 所示为波前离焦时最小弥散圆的轮廓。一个辐轮状物体被弯曲光学系统成像，在切向焦平面内轮缘像是清晰的，在弧矢焦平面内轮辐像是清晰的，如图 4.17 所示。

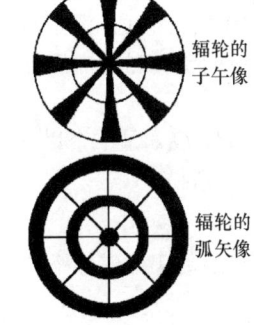

图 4.17 轮缘和轮辐的像散成像

4）场曲（$\Delta W = W_{220}x_0^2\rho^2 = W_{220}x_0^2(x^2+y^2)$）

第四 Seidel 像差具有与焦点偏移相同的光瞳依赖性，还依赖于视场高度的平方。如果没有其他像差存在，真实的像面是弯曲的，称为 Petzval 像面，曲率为 $4R^2(W_{220}/h^2)$，如图 4.18 所示。像散和场曲常同时存在，它们都依赖于视场高度的平方。

如果没有像散存在，弧矢像面和子午像面重合，并重合于 Petzval 像面。当初级像散存在时，子午和弧矢像面在 Petzval 像面同一侧，子午像面到 Petzval 像面的距离为弧矢像面到 Petzval 像面的距离的 3 倍，如图 4.19 所示。弧矢像面的曲率为 $4R^2(W_{220}/h^2)$，子午像面的曲率为 $4R^2(W_{220}+W_{222})/h^2$，Petzval 像面的曲率是 $4R^2(W_{220}-W_{222}/2)/h^2$。

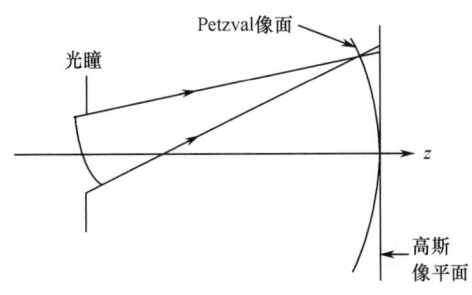

图 4.18 场曲像差示意图

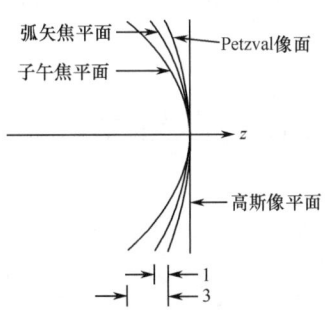

图 4.19 场曲和像散共存情况

5）畸变（$\Delta W = W_{311}x_0^3\rho\cos\theta = W_{311}x_0^3 x$）

最后一个 Seidel 像差是畸变，其影响是使像点位置移动一个距离，可表示为

$$\varepsilon_x = -\frac{R}{h}W_{311}x_0^3 \qquad (4.38)$$

像点位置移动与该点的高斯像高三次方成正比，称此像差为畸变。其效果是使图像的形状扭曲，亦称为失真。任何交于原点的直线仍成像为一条直线，其他方向的直线成像是弯曲的。对称地放置在光轴上一个方形，每一个点的径向移动量与其距中心距离的立方成正比，如图 4.20 所示。

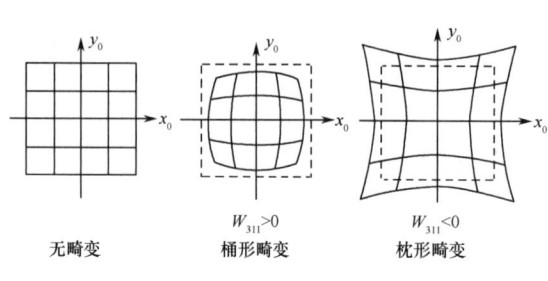

图 4.20　畸变像差示意图

4.1.4　泽尼克（Zernike）多项式

Zernike 多项式是 ρ 和 ϕ 两个实数的多项式在单位圆内的无穷数的正交连续的完备集，此处的 ρ 和 ϕ 是数学意义上的量，为了和以后有关像差系数一致也采用这两个符号。重要的是 Zernike 多项式在单位圆内只有连续方式的正交，不是在单位圆内离散集数据点的正交化。泽尼克多项式有三个不同于其他正交多项式集的性质。

第一个性质：泽尼克多项式 $Z(\rho,\phi)$ 可以分解为径向坐标 ρ 和角度坐标 ϕ 的函数；它们有一个简单的旋转对称性质导致多项式乘积如以下形式

$$G(\rho)G(\phi) \qquad (4.39a)$$

角度函数 $G(\phi)$ 是一个以 2π 弧度为周期的连续函数，且当坐标系旋转 α 角度后其形式不变，具有旋转不变性：

$$G(\phi+\alpha) = G(\phi)G(\alpha) \qquad (4.39b)$$

其三角函数集形式如下：

$$G(\phi) = e^{\pm im\phi} \qquad (4.39c)$$

式中，m 是任意正整数或 0。

第二个性质：径向函数 $G(\rho)$ 必须是 ρ 的 n 次多项式，且不包含 ρ 幂次低于 m 次方的项。

第三个性质：如果 m 为偶数，$G(\rho)$ 必然是偶次；如果 m 为奇数，$G(\rho)$ 也是奇次。

径向多项式 $R(\rho)$ 可看作 Jacobi 多项式的特例，记作 $R_n^m(\rho)$。它们的正交和归一化性质如下：

$$\int_0^1 R_n^m(\rho) R_{n'}^m(\rho)\rho\mathrm{d}\rho = \frac{1}{2(n+1)}\delta_{nn'} \qquad (4.40)$$

式中，$\delta_{nn'}$ 是 Kronecker delta 函数，当 $n = n'$ 时，$\delta_{nn'} = 1$，当 $n \neq n'$ 时，$\delta_{nn'} = 0$，且它具有归一化性质：

$$R_n^m(1) = 1 \qquad (4.41)$$

其可写成径向多项式的因子

$$R_{2n-m}^m(\rho) = Q_n^m(\rho)\rho^m \qquad (4.42)$$

此处，$Q_n^m(\rho)$ 是 $2(n-m)$ 次多项式，一般可写为

$$Q_n^m(\rho) = \sum_{s=0}^{n-m}(-1)\frac{(2n-m-n)!}{s!(n-s)!(n-m-s)!}\rho^{2(n-m-s)} \qquad (4.43)$$

实际上，用实数形式（正弦和余弦函数）的多项式来代替复杂指数多项式，则波前像差函数 $W(\rho,$

ϕ) 的泽尼克多项式有如下形式:

$$W(\rho,\phi) = \overline{\Delta W} + \sum_{n=1}^{\infty}\left[A_n Q_n^0(\rho) + \sum_{m=1}^{n} Q_n^m(\rho)\rho^m (B_{nm}\cos m\phi + C_{nm}\sin m\phi) \right] \quad (4.44a)$$

式中，$\overline{\Delta W}$ 是平均波前像差（OPD），A_n、B_{nm}、C_{nm} 是多项式展开系数。其"0级"项 $\overline{\Delta W}$ 是常数（或者叫相移项），且所有其他泽尼克项在单位圆区域上的平均值均为零，因波前像差函数 $W(\rho,\phi)$ 的平均值就是这个"0级"项的系数 A_0，则上式等价于：

$$W = A_0 + \sum_{n=1}^{\infty}\left[A_n Q_n^0(\rho) + \sum_{m=1}^{n} Q_n^m(\rho)\rho^m (B_{nm}\cos m\phi + C_{nm}\sin m\phi) \right] \quad (4.44b)$$

对于一个对称光学系统，只有 ϕ 的偶函数，能使波像差对称于子午面。一般情况下，波像差是不对称的，因此，包括两个三角函数项集。

Zernike 多项式可展开为 48 项和一个常数项。表 4.2 给出 Zernike 多项式的 36 项加常数项。表中各项不需要严格排列顺序，不同的应用和结构可采用不同的排列顺序。#0 项是个常数或是相移项（piston term），该项的系数代表了平均光程差；而#1 和#2 项分别是 x 和 y 方向的倾斜项（tilt terms），#3 代表了离焦项（focus），即代表了波前的高斯或者近轴特性；#4 和#5 代表像散和离焦，#6 和#7 项代表彗差和倾斜，#8 项代表三级球差和离焦，即#4 到#8 项为三级像差项；#9 到#15 项代表了五级像差，而#16 到#24 项代表了七级像差，#25 到#35 项代表了九级像差，#36 到#48 项代表十一级像差（表中没有列出）。

表 4.2　Zernike 多项式的 36 项加常数项

n	m	No.	多项式	n	m	No.	多项式
0	0	0	1	3	3	18	$(5\rho^2-4)\rho^3 \cos 3\theta'$
						19	$(5\rho^2-4)\rho^3 \sin 3\theta'$
1	1	1	$\rho \cos \theta'$	4	2	20	$(15\rho^4-20\rho^2+6)\rho^2 \cos 2\theta'$
		2	$\rho \sin \theta'$			21	$(15\rho^4-20\rho^2+6)\rho^2 \sin 2\theta'$
	0	3	$2\rho^2-1$		1	22	$(35\rho^6-60\rho^4+30\rho^2-4)\rho \cos\theta'$
						23	$(35\rho^6-60\rho^4+30\rho^2-4)\rho \sin\theta'$
2	2	4	$\rho^2 \cos 2\theta'$		0	24	$70\rho^8-140\rho^6+90\rho^4-20\rho^2+1$
		5	$\rho^2 \sin 2\theta'$				
	1	6	$(3\rho^2-2)\rho \cos \theta'$	5	5	25	$\rho^5 \cos 5\theta'$
		7	$(3\rho^2-2)\rho \sin \theta'$			26	$\rho^5 \sin 5\theta'$
	0	8	$6\rho^4-6\rho^2+1$		4	27	$(6\rho^2-5)\rho^4 \cos 4\theta'$
						28	$(6\rho^2-5)\rho^4 \sin 4\theta'$
3	3	9	$\rho^3 \cos 3\theta'$		3	29	$(21\rho^4-30\rho^2+10)\rho^3 \cos 3\theta'$
		10	$\rho^3 \sin 3\theta'$	5		30	$(21\rho^4-30\rho^2+10)\rho^3 \sin 3\theta'$
	2	11	$(4\rho^2-3)\rho^2 \cos 2\theta'$		2	31	$(56\rho^6-105\rho^4+60\rho^2-10)\rho^2 \cos 2\theta'$
		12	$(4\rho^2-3)\rho^2 \sin 2\theta'$			32	$(56\rho^6-105\rho^4+60\rho^2-10)\rho^2 \sin 2\theta'$
	1	13	$(10\rho^4-12\rho^2+3)\rho \cos \theta'$		1	33	$(126\rho^8-280\rho^6+210\rho^4-60\rho^2+5)\rho\cos\theta'$
		14	$(10\rho^4-12\rho^2+3)\rho \sin \theta'$			34	$(126\rho^8-280\rho^6+210\rho^4-60\rho^2+5)\rho\sin\theta'$
	0	15	$20\rho^6-30\rho^4+12\rho^2-1$		0	35	$252\rho^{10}-630\rho^8+560\rho^6-210\rho^4+30\rho^2-1$
4	4	16	$\rho^4 \cos 4\theta'$	6	0	36	$924\rho^{12}-2772\rho^{10}+3150\rho^8-1680\rho^6+420\rho^4-42\rho^2+1$
		17	$\rho^4 \sin 4\theta'$				

4.1.5 条纹(fringe)Zernike 系数

1970 年 Arizona 大学的 John Loomis 提出了条纹 Zernike 多项式的概念。条纹 Zernike 系数[4]在波前测量中已用于现代显微光刻镜头生产过程中的评价。Zernike 多项式[5]适合表示光瞳处的波前。通常情况下,波前测量结果是适合采用条纹 Zernike 多项式。前 9 项列于表 4.3。光瞳处的条纹 Zernike 系数也可用于镜头的成像性能分析,即条纹 Zernike 系数排列更适用于光学系统设计与检测。利用光学设计惯用系数级次,构成旋转对称光学系统场依存关系(见 4.2 节)的 Zernike 多项式集的表达式[6],即条纹(fringe)多项式集[7,8]。R.V. Shack 于 1977 年提出泽尼克场依存关系各项的具体表示式[9]。第一级波前性质(前四项)和三级波前像差系数可以由 Zernike 多项式系数得到。

表 4.3　前 9 项 Zernike 系数的像差

Z_0	相移	Z_3	焦点	Z_6	彗差和 x-倾斜
Z_1	x-倾斜	Z_4	在 0° 和焦点处的像散	Z_7	彗差和 y-倾斜
Z_2	y-倾斜	Z_5	在 45° 和焦点处的像散	Z_8	球差和焦点

用表 4.2 中前 9 项 Z_0 到 Z_8,波前可写为

$$W(\rho,\theta) = Z_0 + Z_1\rho\cos\phi + Z_2\rho\sin\phi + Z_3(2\rho^2-1) + Z_4\rho^2\cos(2\phi) + Z_5\rho^2\sin(2\phi) + \\ Z_6(3\rho^2-2)\rho\cos\phi + Z_7(3\rho^2-2)\rho\sin\phi + Z_8(6\rho^4-6\rho^2+1) \quad (4.45)$$

用 Zernike 系数表示三级像差如表 4.4 所示。用场无关(即把视场高度 x_0 归一化为 1,相应于式(4.24)中取指数 $k=0$)波前像差系数写出波前展开式(4.46)。

表 4.4　用 Zernike 系数表示三级像差

术语	名称	模量	角度	备注
W_{11}	倾斜(tilt)	$\sqrt{(Z_1-2Z_6)^2+(Z_2-2Z_7)^2}$	$\tan Z_6^{-1} \cdot \left(\dfrac{Z_2-2Z_7}{Z_1-2Z_6}\right)$	—
W_{20}	离焦(focus)	$2Z_3 - 6Z_8 \pm \sqrt{Z_4^2+2Z_5^2}$	—	符号的选择是模量的绝对值最小化
W_{22}	像散(astigmatism)	$\pm 2\sqrt{Z_4^2+2Z_5^2}$	$\dfrac{1}{2}\arctan\left(\dfrac{Z_5}{Z_4}\right)$	符号选择与离焦项相反
W_{31}	彗差(coma)	$3\rho^3\sqrt{Z_6^2+2Z_7^2}$	$\arctan\left(\dfrac{Z_7}{Z_6}\right)$	—
W_{40}	球差(spherical)	$6Z_8$	—	—

$$W(\rho,\theta) = W_{11}\rho\cos\phi + W_{20}\rho^2 + W_{40}\rho^4 + W_{31}\rho^3\cos\phi + W_{22}\rho^2\cos\phi \quad (4.46)$$

式中各项没有场依存关系,它们不是确切的 Seidel 像差。

在写出式(4.45)的 Zernike 展开式时,可以得到第一级和第三级独立波前像差项。把这些项组合起来使它们等于波前像差系数:

$$\begin{aligned}
W(\rho,\phi) = & Z_0 - Z_3 - Z_8 + & &\text{相移(piston)} \\
& (Z_1-2Z_6)\rho\cos\phi + (Z_2-2Z_7)\rho\sin\phi + & &\text{倾斜(tilt)} \\
& [2Z_3 - 6Z_8 + Z_4\cos(2\phi) + Z_5\sin(2\phi)]\rho^2 + & &\text{离焦+像散(focus+astigmastim)} \\
& 3(Z_6\cos\phi + Z_7\sin\phi)\rho^3 + & &\text{彗差(coma)} \\
& 6Z_8\rho^4 & &\text{球差(spherical)}
\end{aligned} \quad (4.47)$$

可以用以下恒等式

$$a\cos\alpha + b\sin\alpha = \sqrt{a^2+b^2}\cos\left[\alpha - \arctan\left(\frac{b}{a}\right)\right] \tag{4.48}$$

产生相应于场无关的波前像差系数，重新排列式（4.47），有

$$W(\rho,\theta') = Z_0 + Z_3 + Z_8 + \qquad\qquad\qquad\qquad\qquad\text{相移(piston)}$$

$$\rho\sqrt{(Z_1-2Z_6)^2 + (Z_2-2Z_7)^2}\cos\left[\theta' - \tan Z_6^{-1}\left(\frac{Z_2-2Z_7}{Z_1-2Z_6}\right)\right] + \quad\text{倾移(tilt)}$$

$$\rho^2\left(2Z_3 - 6Z_8 \pm \sqrt{Z_4^2 + Z_5^2}\right) \pm \qquad\qquad\qquad\text{像散(astigmastism)} \tag{4.49}$$

$$2\rho^2\sqrt{Z_4^2+Z_5^2}\cos^2\left[\theta' - \frac{1}{2}\arctan\left(\frac{Z_5}{Z_4}\right)\right] +$$

$$3\rho^3\sqrt{Z_6^2+Z_7^2}\cos\left[\theta' - \arctan\left(\frac{Z_7}{z_6}\right)\right] + \qquad\qquad\text{彗差(coma)}$$

$$6\rho^4 Z_8 \qquad\qquad\qquad\qquad\qquad\qquad\qquad\qquad\qquad\text{球差(spherical)}$$

这些场无关像差项的量值、符号和角度列于表 4.3。注意到离焦（focus）的符号选取系数的最小化数值，且像散所用的符号与离焦所选择的符号相反。

4.1.6 波前像差的综合评价指标

1. 峰谷值和 RMS 波前像差

如果波前像差可以用三级像差项描述，用每种波前的波数说明三级像差的波前像差的数值是方便的。特别是只有一种单一的三级像差，用波前描述的方法是特别方便的。对于更复杂的波前像差用峰-谷（peak to valley, P-V）值说明是很方便的，也称之为峰—峰值（P-P）波前像差。这是简单地用从实际波前的正负两个方向的最大偏离来描述。例如，如果在正方向的最大偏离是+0.2波，在负方向的最大偏离是-0.1 波，则 P-V 波前误差为 0.3 波。

利用 P-V 值表示波前误差是方便和简单的，但是，P-V 值只是简单说明最大的波前误差，没有说明该误差发生的区域。一个光学系统有大的 P-V 误差的可能比有一个小的 P-V 误差的系统更好一些。一般用 RMS 波前误差说明波前质量更有意义。式（4.50）定义了一个圆形光瞳的 RMS 波前误差σ以及方差σ^2。$\Delta W(\rho,\theta)$ 就是相对于最佳拟合球面波测量的，具有波的单位。$\overline{\Delta W}$ 是平均波前 OPD。

$$\begin{aligned}\sigma^2 &= \frac{1}{\pi}\int_0^{2\pi}\int_0^1\left[\Delta W(\rho,\theta) - \overline{\Delta W}\right]^2\rho\,\mathrm{d}\rho\,\mathrm{d}\theta = \overline{\Delta W^2} - \left(\overline{\Delta W}\right)^2 \\ &= \frac{1}{\pi}\int_0^{2\pi}\int_0^1\left[\Delta W(\rho,\theta)\right]^2\rho\,\mathrm{d}\rho\,\mathrm{d}\theta - \frac{1}{\pi^2}\left[\int_0^{2\pi}\int_0^1\Delta W(\rho,\theta)\rho\,\mathrm{d}\rho\,\mathrm{d}\theta\right]^2\end{aligned} \tag{4.50}$$

若波前像差用泽尼克多项式表示，波前方差可以利用泽尼克多项式正交关系以一个简单形式计算。整个单位圆的最终结果是

$$\sigma^2 = \sum_{n=1}^{\infty}\left[\frac{A_n^2}{2n+1} + \frac{1}{2}\sum_{m=1}^{n}\frac{B_{nm}^2 + C_{nm}^2}{2n+1-m}\right] \tag{4.51}$$

表 4.5 给出了 σ 和圆形光瞳三级像差与波前像差平均值之间的关系。而式（4.51）可以用来计算在表 4.5 中给定的 σ 值，使用的泽尼克多项式的线性组合表示三级像差，然后用式（4.51）更容易些。

表 4.5 σ和圆形光瞳三级像差与波前像差平均值之间关系

像差	ΔW	$\overline{\Delta W}$	σ	像差	ΔW	$\overline{\Delta W}$	σ
离焦	$W_{20}\rho^2$	$\dfrac{1}{2}W_{20}$	$0.289W_{20}$	像散和离焦	$W_{22}\left[\rho^2\cos^2\theta-\dfrac{1}{2}\rho^2\right]$ $=\dfrac{1}{2}W_{22}\rho^2\cos 2\theta$	0	$0.204W_{22}$
球差	$W_{40}\rho^4$	$\dfrac{1}{3}W_{40}$	$0.298W_{40}$	彗差	$W_{31}\rho^3\cos\theta$	0	$0.354W_{31}$
球差和离焦	$W_{40}[\rho^4-\rho^2]$	$-\dfrac{1}{6}W_{40}$	$0.075W_{40}$	彗差和倾斜	$W_{31}\left[\rho^3-\dfrac{2}{3}\rho\right]\cos\theta$	0	$0.118W_{31}$
像散	$W_{22}\rho^2\cos^2\theta$	$\dfrac{1}{4}W_{22}$	$0.250W_{22}$				

2. Strehl 比

光学系统消像差后，高斯像点的光强度为最大。如果有像差存在，通常高斯像点光强度将不再是最大。最大强度的点称为"衍射焦点"，通过求得适当量的倾斜和离焦量添加到波前使波前方差最小，可以得到小的像差。

有像差存在时，在高斯像点的强度比（基准球的原点在观察平面上是光强最大值的点）除以没有像差得到光强度，就是所谓 Strehl 比、Strehl 清晰度或 Strehl 强度。Strehl 比由下式给出

$$\text{Strehl ratio} = \frac{1}{\pi^2}\left|\int_0^{2\pi}\int_0^1 e^{i2\pi\Delta W(\rho,\theta)}\rho\,d\rho\,d\theta\right|^2 \qquad (4.52)$$

此处，ΔW（Strehl 比）是波前像点相对于参考球面衍射焦点的强度比，以波数为单位。可以用式（4.52）的形式表示：

$$\text{Strehl ratio} = \frac{1}{\pi^2}\left|\int_0^{2\pi}\int_0^1\left[1+i2\pi\Delta W+\frac{1}{2}(i2\pi\Delta W)^2+\cdots\right]\rho\,d\rho\,d\theta\right|^2 \qquad (4.53)$$

如果像差很小，三级和高级幂次 $2\pi\Delta W$ 可以忽略不计，式（4.53）可以写为

$$\begin{aligned}\text{Strehl ratio} &\approx \left|1+i2\pi\overline{\Delta W}-\frac{1}{2}(2\pi)^2\overline{\Delta W^2}\right|^2 \\ &\approx 1-(2\pi)^2[\overline{\Delta W^2}-(\overline{\Delta W})^2] \\ &\approx 1-(2\pi\sigma)^2\end{aligned} \qquad (4.54)$$

此处，σ 是以波数为单位。

当像差很小时，Strehl 比与像差性质无关，式（4.54）对低于约 0.5 的 Strehl 比是有效的。Strehl 比总是稍微大于式（4.54）预测的量。对于大多数类型的像差，更好的近似为

$$\text{Strehl ratio} \approx e^{-(2\pi\sigma)^2} \approx 1-(2\pi\sigma)^2+\frac{(2\pi\sigma)^4}{2!}+\cdots \qquad (4.55)$$

其对于 Strehl 比约小于 0.1 是有效的。

当归一化强度的衍射焦点已经确定，光学系统的质量可以使用 Maréchal 准则。Maréchal 准则表明一个像差校正很好的系统，如果衍射焦点的归一化强度大于或等于 0.8，这对应于一个 RMS 波前误差≤$\lambda/14$。

4.1.7 色差

由于折射率为光波长的函数,光学元件的特性随波长变化。色差有两种基本类型:在近轴成像系统属性的色变化,及单色像差的波长依赖性,即任何成像系统的高斯光学性质取决于主面、焦平面的位置。由于色差任何平面的位置均依赖于波长,其结果可能是沿轴线的成像距离变化,以及横向放大率变化。

纵向色差是焦点(或图像位置)随波长的变化。在一般情况下,光学材料的短波长折射率比长波长折射率大。因此,短的波长在透镜的每个表面的折射更强烈,如图 4.21 所示。在两个波长的焦点之间沿轴线的距离称为轴向或纵向色差。当短波长光线聚焦点比长波长光线聚焦点靠近透镜时,这个透镜可以说是未修正。因此,一个校正的目视仪器,成像有一个黄色的斑点(由橙色、黄色和绿色光线组成)和紫色光晕(由于红色和蓝色的光线合成)。如果屏幕被移向镜头,中心点变成蓝色;如果离开镜头,中央点变成红色。当一个透镜系统成像时对不同波长有不同尺寸的像,或把离轴点扩散成一个不同颜色的彩虹像,不同波长像的高度的差称为横向色差或倍率色差、放大率色差,如图 4.22 所示为一个简单的透镜的横向色差示意图。

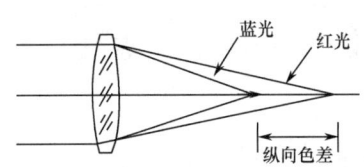
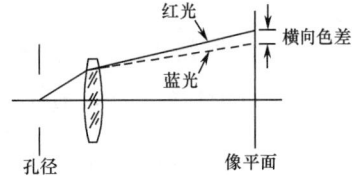

图 4.21 纵向色差(焦点位置随波长变化)　　图 4.22 横向色差(放大率随波长变化)

4.1.8 典型光学元件的像差特性

1. 平行平板引入的像差

通常,在一个光学测试装置中,球面波通过一个平面平行板传输时,将引起球面光束焦点的纵向和横向位移,以及像差[1]。通过厚度为 T 和折射率为 n 的平面平行板产生的纵向位移,由 Snell(折射)定律对小角度入射,易求得平行平板纵向位移

$$\Delta = \frac{(n-1)}{n}T \qquad (4.56)$$

平面平行板产生的像的纵向位移如图 4.23 所示,其在球面波中与平板的位置无关。平面平行板的等效空气厚度比实际厚度 T 小于其偏移量的实际值。平面平行板等效空气层厚度为

$$T - \frac{(n-1)}{n}T = \frac{T}{n} \qquad (4.57)$$

一个准直光束以角度 I 入射到平行平面板,如图 4.24 所示,光束的横向偏移量 D 为

$$D = T\cos I(\tan I - \tan I') = T\sin I\left(1 - \sqrt{\frac{1-\sin^2 I}{n^2-\sin^2 I}}\right) \qquad (4.58)$$

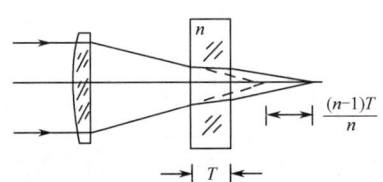
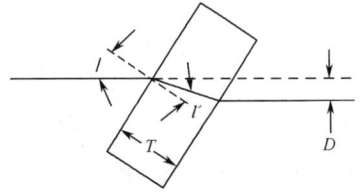

图 4.23 平面平行板产生的像的纵向位移　　图 4.24 平面平行板产生的光束横向位移

对于小角度，D 可近似写为

$$D \approx \frac{TI(n-1)}{n} \tag{4.59}$$

常常方便记为 $n \cong 1.5$ 和 $I \cong 45°$，D 近似为 $T/3$。

当用准直光照射平面平行平板时不会引入任何像差；然而，当用会聚或发散光束照射时，将引入像差。像差来源是由于入射光线对于平板有较大入射角，比较小入射角光线有大的位移。

1）平行平板的球差

设 U 是光线与光轴夹角，$\overline{U}$ 是平板的倾斜角，参见 4.25，则对于空气中折射率为 n 的平面平行板的纵向球面像差为

$$L' - l' = \frac{T}{n}\left[1 - \frac{n\cos U}{\sqrt{n^2 - \sin^2 U}}\right] \quad (\text{严格})$$
$$\approx \frac{TU^2(n^2-1)}{2n^3} \quad (3\text{阶}) \tag{4.60}$$

此处，L' 是边缘光线从平板到像点的距离，l' 是近轴光线从平板到像点的距离。

当出瞳半径 $\rho = 1$ 时球面三级波前像差由下式给出

$$\Delta W_{\text{sph}} = -\frac{TU^4(n^2-1)}{8n^3} = -\frac{T}{(f^\#)^4}\left[\frac{(n^2-1)}{128n^3}\right] \tag{4.61}$$

此处，在有效 F 数 $f^\#$ 等于 $1/2U$。注意在聚光束中 $f^\#$ 是负的。图 4.26 给出了三级球差的两个 ΔW 图，单位为微米，为 $f^\#$ 的函数；平面平行平板的厚度 T 单位为 mm，$n = 1.5$。

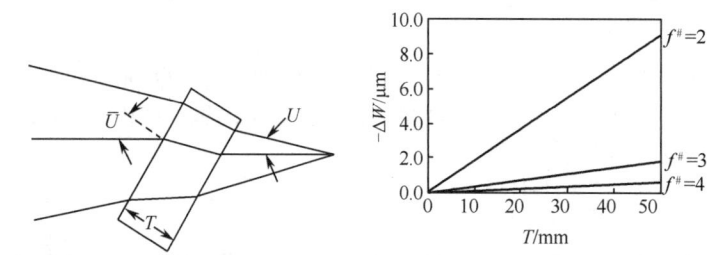

图 4.25 球面波前通过倾斜平行平板

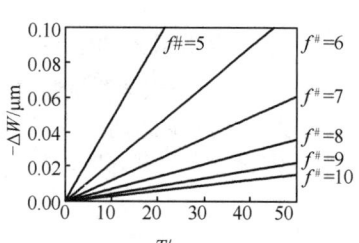

图 4.26 三级球差的两个 ΔW 图（$n = 1.5$）

从式（4.61）知：如果 T 和 $f^\#$ 保持固定，n 从 1 增加到 $\sqrt{3}$ 时所增加的三级球差量，而随着 n 超过 $\sqrt{3}$ 时的三阶球差将减小，而在极限 n 的球差量趋于零。虽然，折射率变得非常大而像差变小，这是因为当折射率变很大时，在平板中的折射角变小，平板内的光线行进几乎沿着表面的法线，即所有的光线都是大约相同参量。

2）平行平板的彗差

弧矢彗差等于 1/3 的子午彗差，即

$$\Delta W_{\text{coma}} = -\frac{TU^3\overline{U}(n^2-1)}{2n^3}\cos\theta = -\frac{T\overline{U}}{(f^\#)^3}\left[\frac{(n^2-1)}{16n^3}\right]\cos\theta \tag{4.62}$$

彗差在会聚光束中是正的。图 4.27 给出了折射率为 1.5，厚度为 10 mm 的斜平面平行平板产生的彗差由 0 到峰值的 4 个图，以及 $f^\#$ 和 $\overline{U}$ 的几个值。

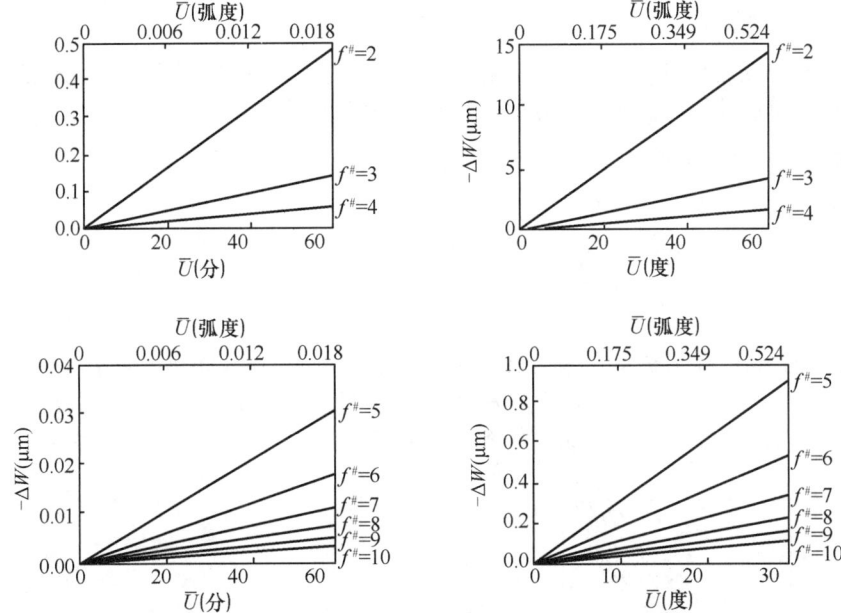

图 4.27 10 mm 厚（$n = 1.5$）的斜平面平行平板产生的彗差

3）平行平板的像散

纵向像散为

$$l'_s - l'_t = \frac{T}{\sqrt{n^2 - \sin^2 \overline{U}}} \left[\frac{n^2 \cos^2 \overline{U}}{n^2 - \sin^2 \overline{U}} - 1 \right] \quad \text{（严格值）}$$
$$\approx \frac{T\overline{U}^2(n^2 - 1)}{n^3} \quad \text{（三级球差值）} \tag{4.63}$$

在出瞳半径 $\rho = 1$ 和像的高度 $y_0 = 1$ 时，三级波前像散为

$$\Delta W_{\text{astig}} = -\frac{TU^2\overline{U}^2(n^2 - 1)}{2n^3}\cos^2\theta = -\frac{T\overline{U}^2}{(f^\#)^2}\left[\frac{(n^2 - 1)}{8n^3}\right]\cos^2\theta \tag{4.64}$$

图 4.28 给出折射率为 1.5 和 10 mm 厚的斜平面平行平板产生的不同值的 $\overline{U}$ 和 $f^\#$ 的三阶像散。

4）平行平板的色差

横向的色差为

$$h'_F - h'_C = \frac{T\overline{U}(n_d - 1)}{n_d^2 V_d} \tag{4.65}$$

此处，Abbe 数 V_d 为

$$V_d = \frac{n_d - 1}{n_F - n_C} \tag{4.66}$$

n_d，n_F 和 n_C 分别为氦 d 线（587.6 nm），氢 F 线（486.1 nm）和氢 C 线（656.3 nm）的折射率。

纵向色差由下式给出

$$l'_F - l'_C = -\frac{T(n_d - 1)}{n_d^2 V_d} \tag{4.67}$$

2. 单薄透镜的像差

通常，进行光线追迹以确定透镜或反射镜的像差。对于简单的薄透镜，光阑在透镜上，物像共轭在无限远，可以使用三阶像差的方程[1]计算出薄透镜的像差。

1）单薄透镜产生的球差

有下式：

$$\Delta W_{sph} = \frac{h^4 \Phi^3}{32 n_0} \left\{ \left(\frac{n}{n-1} \right)^2 + \frac{(n+2)}{n(n-1)^2} \left[B + \frac{2(n^2-1)}{n+2} C \right]^2 - \frac{n}{n+2} C^2 \right\} \quad (4.68)$$

此处，h 为光瞳的半径，n_0 为透镜周围的折射率，n 为透镜的折射率，光焦度为 $\Phi=(n-n_0) \cdot (C_1-C_2)$，$C_1$ 和 C_2 为两个面的曲率（与入射光相反方向者取为+号），形状因子为 $B=(C_1+C_2)/(C_1-C_2)$，共轭变量为 $C=(U_1+U_2')/(U_1-U_2')$，U_1 和 U_2' 的定义见图 4.29。

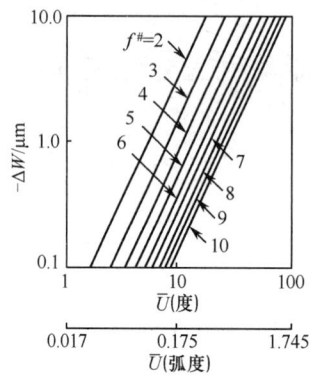

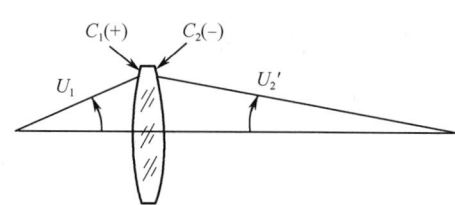

图 4.28 10 mm 厚（$n=1.5$）的斜平面平行平板产生的像散   图 4.29 光线入射到透镜和折射后射出的斜角

双凸透镜的形状因子 B 等于零，光线入射到凸表面，平凸透镜的 B 等于 1，光线入射到平凸透镜的平面，B 等于-1。等共轭的共轭变量 C 等于零。如果物在第一主焦点上，$C=1$，如果物在无限远，$B=-1$。

2）单薄透镜的最小球差

如果透镜弯曲为最小球差的形状因子

$$B = -\frac{2(n^2-1)}{n+2} C \quad (4.69)$$

如果透镜周围介质折射率为 $n_0=1$，最小球差为

$$\Delta W_{sph\text{-}min} = \frac{h^4 \Phi^3}{32} \left[\left(\frac{n}{n-1} \right)^2 - \frac{n}{n+2} C^2 \right]$$

$$= \frac{h}{256(f^\#)^3} \left[\left(\frac{n}{n-1} \right)^2 - \frac{n}{n+2} C^2 \right] \quad (4.70)$$

如果 $C=\pm 1$ 和 $n=1.5$，式（4.70）简化为

$$\Delta W_{sph\text{-}min} = \frac{0.033 h}{(f^\#)^3} \quad (4.71)$$

3）单薄透镜的彗差

空气中薄透镜对无限远共轭时的彗差为

$$\Delta W_{\text{coma. Thin lens in air}} = \frac{h^3\Phi^2\bar{U}}{4}\left[\frac{n+1}{n(n-1)}B + \frac{2n+1}{n}C\right] \tag{4.72}$$

此处，$\bar{U}$ 是视场角。

对于最小球差形式的透镜，彗差为

$$\Delta W_{\text{coma}} = \frac{h\bar{U}}{16(f^{\#})^2}\left(\frac{1}{n+2}\right) \tag{4.73}$$

4）单薄透镜的像散

空气中薄透镜在无限远共轭时的像散为

$$\Delta W_{\text{astig}} = \frac{1}{4}\left(\frac{h\bar{U}^2}{f^{\#}}\right) \tag{4.74}$$

3. 圆锥曲面

1）基本性质

圆锥面是具有特殊优异性质的旋转非球面[1]。定义圆锥面的方程为

$$s^2 - 2rz + (K+1)z^2 = 0 \tag{4.75}$$

此处，在 z 轴为旋转轴，r 是表面顶点的曲率半径。在这个方程中，当 $s^2 = x^2 + y^2$ 时，不归一化。s 用来代替 ρ，因为 ρ 通常是归一化的。当圆锥面常数 $K = -1$ 时，有

$$z = \frac{s^2}{2r} \tag{4.76}$$

另外，z 的解为

$$\begin{aligned} z &= \frac{r - \sqrt{r^2 - (K+1)s^2}}{K+1} \\ &= \frac{s^2/r}{1+\sqrt{1-(K+1)(s/r)^2}} \end{aligned} \tag{4.77}$$

此处，圆锥面常数为 $K = -\varepsilon^2$, 且 ε 是离心率。式（4.77）可写为

$$z = \frac{s^2}{2r} + \frac{(K+1)s^4}{2^2 2! r^3} + \frac{1\times 3(K+1)^2 s^6}{2^3 3! r^5} + \frac{1\times 3\times 5(K+1)^3 s^8}{2^4 4! r^7} + \frac{1\times 3\times 5\times 7(K+1)^4 s^{10}}{2^5 5! r^9} + \cdots \tag{4.78}$$

圆锥面的形式由 K 确定，如图 4.30 所示。

对圆锥面的焦点位置是 r 和 K 的函数，在式（4.79）中给出，并示于图 4.31。

$$\begin{cases} d_1 = \dfrac{r}{K+1} \\ d_2 = \dfrac{r}{K+1}(2\sqrt{K}) \\ d_3, d_4 = \dfrac{r}{K+1}(1 \pm \sqrt{-K}) \\ d_5 = \dfrac{r}{2} \\ d_6, d_7 = \dfrac{r}{K+1}(\sqrt{-K} \pm 1) \end{cases} \tag{4.79}$$

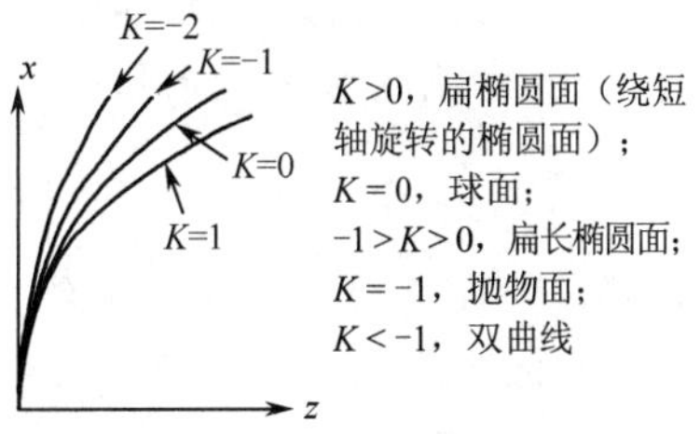
x
z
K=-2
K=-1
K=0
K=1
K>0，扁椭圆面（绕短轴旋转的椭圆面）；
K=0，球面；
-1>K>0，扁长椭圆面；
K=-1，抛物面；
K<-1，双曲线

图 4.30　圆锥面的形式

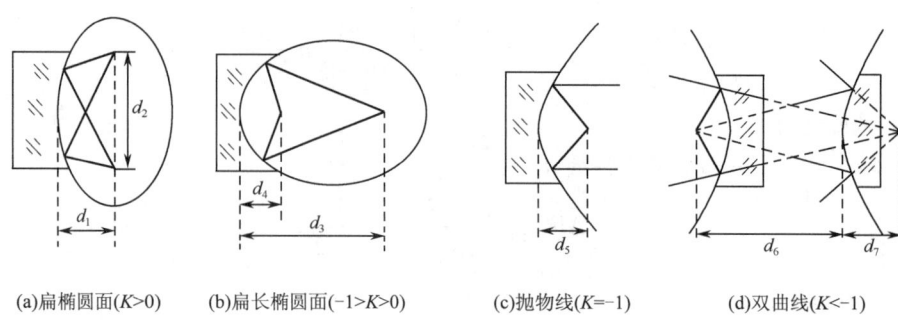

(a)扁椭圆面($K>0$)   (b)扁长椭圆面($-1>K>0$)   (c)抛物线($K=-1$)   (d)双曲线($K<-1$)

图 4.31 锥面的焦点

圆锥面与球面之间的差别（即对球面的偏离）由下式给出：

$$\Delta z = z(K) - z(0)$$

$$= \frac{[(K+1)-1]s^4}{2^2 2! r^3} + \frac{1 \cdot 3[(K+1)^2-1]s^6}{2^3 3! r^5} + \frac{1 \cdot 3 \cdot 5[(K+1)^3-1]s^8}{2^4 4! r^7} + \cdots \tag{4.80}$$

可以从图 4.32 了解圆锥表面法线的一些性质。圆锥的法线和 z 轴之间的夹角 α 由下式给出

$$\alpha = \arctan\left[\frac{-x}{r-(K+1)z}\right]$$

$$\sin\alpha = \frac{-x}{\sqrt{x^2 + [r-(K+1)z]^2}} \tag{4.81}$$

法线的纵向像差为

$$\delta z = -Kz \quad \text{(准确值)}$$

$$\approx -\frac{Ks^2}{2r} - \frac{K(K+1)s^4}{8r^3} \quad \text{(三级像差值)} \tag{4.82}$$

法线 R 的长度为

$$R^2 = r^2 - Ks^2 \quad \text{(精确值)} \tag{4.83}$$

2）球差

如果圆锥面用于适当的共轭，在焦点处将无球差产生。例如，抛物面在无穷远共轭时则无球差产生，球面用于无限远共轭而有球差产生。使用的球面对无限远共轭得到球差可从式（4.80）中得到

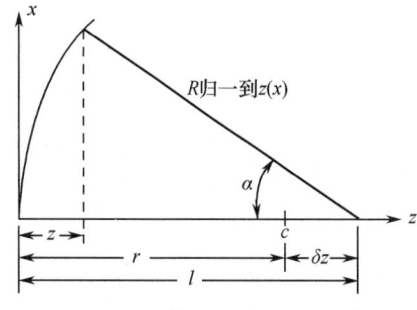

图 4.32 圆锥面法线的性质

$$\Delta W_{\text{sph}}(\mu m) = s(\text{cm})\left[\frac{10^4}{256(f^\#)^3} + \frac{10^4}{8192(f^\#)^5} + \frac{10^4}{2097152(f^\#)^7} + \cdots\right] \tag{4.84}$$

此处，ΔW 的单位为微米，$f^\#$ 定义为 $r/(2D)$，其中 D 是镜面直径。

也可以求取其他圆锥曲面反射镜的共轭球差波前像差，如一个扁长椭球体，由式（4.79）的第三式给出用 r 和 K 表示其到焦点的距离：

$$\text{到焦点的距离} = d_3, d_4 = \frac{r}{K+1}(1 \pm \sqrt{-K})$$

同样，由式（4.79）的第五式给定的双曲面的焦点距离是在曲面的右边，故为负值。求取 K，需求焦点的距离是 Nr，其中 N 可以是正或负值。从式（4.79）的第三式或第五式得

$$Nr = \frac{r}{K+1}(1 \pm \sqrt{-K}) \tag{4.85}$$

求解式（4.85），得扁长椭球体（$-1<K<0$）的 K 为

$$K = \frac{2N-1}{N^2} - 1 \tag{4.86}$$

因此，如果 K_c 为圆锥面的锥常数，圆锥面被用在 Nr 共轭，所产生的球差是

$$\Delta W_{\text{sph}} = 2[z(K_c) - z(K)]$$
$$= 2\left\{ \frac{[(K_c+1)-(K+1)]s^4}{2^2 2! r^3} + \frac{1\times 3[(K_c+1)^2 - (K+1)^2]s^6}{2^3 3! r^5} + \cdots \right\} \tag{4.87}$$

此处，K 是由式（4.86）求得的。

3) 彗差

光阑在反射镜上的三级彗差表示式与锥常数无关。如果反射镜工作在无限远共轭，三级彗差为

$$\Delta W_{\text{coma}} = \frac{s\overline{U}}{16(f^\#)^2} \cos\theta (106) \tag{4.88}$$

此处，$\overline{U}$ 是前述的视场角。如果使用反射镜在 1:1 的共轭，彗差是零。

4) 像散

如果光阑在反射镜上，三级像散与锥常数无关，由下式给出

$$\Delta W_{\text{astig}} = \frac{s\overline{U}^2}{4(f^\#)} \cos^2\theta \tag{4.89}$$

可用于所有的共轭。弧矢面永远是平面，子午面的曲率为 $-4/r$。

4. 一般非球面

许多非球面不是圆锥面。一个绕光轴旋转的曲面，可以写为

$$z = \frac{s^2/r}{1+\sqrt{1-(K+1)(s/r)^2}} + A_4 s^4 + A_6 s^6 + \cdots \tag{4.90}$$

其中，第一项是圆锥面。如果第一项是非零项，对于非球面有系数 A 的项是多余的，非球面要求有系数 A 的项具有零幂。对于三级像差，所有带有幂的非球面与圆锥面是难于区分的。圆锥面的高阶（>4）波前偏差只影响高阶像差。

1) 高次非球面

有一个非球面，通常被称为"土豆片"面，在 x 和 y 方向双边对称，但不一定旋转对称性。这样一个曲面的方程为

$$z = \frac{x^2/rX + y^2/rY}{1+[1-(1+KX)(x/rX)^2 - (1+KY)(y/rY)^2]} +$$
$$AR[(1-AP)x^2 + (1+AP)y^2]^2 + BR[(1-BP)x^2 + (1+BP)y^2]^3 +$$
$$CR[(1-CP)x^2 + (1+CP)y^2]^4 + DR[(1-DR)x^2 + (1+DP)y^2]^5 \tag{4.91}$$

rX 和 rY 分别是在 x 和 y 平面内的曲率半径，KX 和 KY 是在 x 和 y 平面内的圆锥常数。

注意，式（4.91）为一个标准的非球面方程，如果 $rX=rY$，$KX=KY$ 和 $AP=BP=CP=DP=0$。还要注意到，如果 $AP=BP=CP=DP=\pm1$，高次非球面化分别在 y 或 x 面内。AP，BP，CP 和 DP 代表非旋转组件，而 AR，BR，CR 和 DR 是高阶表达式的旋转对称的部分。

2) 轴锥面（axicon）

另一个重要的面是轴锥面。如图 4.33（虚线）所示，为一个圆锥形状，可用一个大曲率的双曲面（实线）来表征。

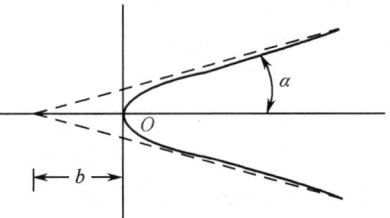

图 4.33 轴锥面及近似

按照图 4.33 中的符号有

$$K = -(1+\tan^2 \alpha) < -1 \quad (4.92)$$

和

$$r = (K+1)b \quad (4.93)$$

一类非线性轴锥面的轮廓将是一个通用的非球面或圆锥面，通常是一个抛物面。

4.2 非对称旋转成像光学系统中像差理论

4.2.1 重要概念简介

1. 像差场及有关像差理论

（1）像差场、场依存关系和像差场节点。光学系统的像差是在该系统的成像平面上存在的一个分布，称之为像差场。所谓"场"是指"设在空间的某个区域内定义了数量函数或矢量函数，则称该函数的空间区域为场。若是数量函数则称此场为数量场，若是矢量函数则称此场为矢量场。场论就是研究数量场或矢量场数学性质的一门数学分支"[10]。若能在空间中定义光学系统的像差函数，则定义了该光学系统存在像差场，常可理解为光学系统的物方视场或像方视场的函数关系。

在像差场上像差值随坐标位置不同而变化，即像差场上坐标位置与像差值之间存在函数关系，称之为像差的场依存关系，可理解为像差与物方视场或像方视场之间的函数关系。

根据像差理论，像差可分为几何像差、波像差等，将其分解为展开式，又可分为三级像差和高级（五级以上）像差。旋转对称光学系统的三级像差是逐面贡献的和（五级或更高级像差并不都如此）。

（2）矢量像差理论、节点像差理论。把常规像差展开式转换成矢量形式，即为矢量像差理论。光学系统各光学面矢量像差贡献的求和，即为节点像差理论。像差场为零值的点，称之为"节点"，是场的正值或负值的起始点。计算旋转对称光学系统的像差时，常只计算子午和弧矢两个截面中的像差值并绘成曲线，代表该系统的像质性质，像差的节点常重合于光轴上。

2. 局部光学系统（local coordinate system，LCS）

光学系统中存在倾斜或偏心光学面时，常规的光轴将产生偏折，故光学系统中光学面之间的光路过渡计算不能采用常规的计算方法。为此，采用倾斜或偏心光学面和被成像的物面（可能是前一光学面的像面）及通过该光学面所成的像，入射光瞳（可能是前一光学面的出瞳）及通过该光学面所成像的出瞳，构成一个"局部光学系统"，其相关的坐标系为"局部坐标系统"（LCS）。

为和传统"光轴"概念有所区别，局部光学系统利用"光轴光线（optical axis ray，OAR）"的概念来分析非轴对称系统的像差[11]。在倾斜和/或偏心的局部坐标空间中追迹一条近轴光线，当传递到另外一个光学面时，其倾斜和偏心再一次用于定位另一个面的局部坐标系统，即前一光学面的像面和出瞳面的偏心为下一光学面的物面和入瞳面的偏心，以此类推。每一个面作为光学成像系统的一个局部坐标系统，再建立其 OAR。

（1）倾斜和偏心光学系统、像差场旋转对称中心和光轴光线（optical axis ray，OAR）。在光学系统中存在一个或几个倾斜和偏心的光学面（包括球面和非球面），专门设计或因失调而成，称之为倾斜和偏心光学系统，整个系统可能没有对称轴，其三级像差仍然是单个光学面的贡献之和。在旋转对称系统中的各种像差场依存关系（常数球差、线性彗差以及平方的像散和场曲）相对于各倾斜和偏心光学面在高斯像平面上的旋转对称中心位于不同点[12]。该点是通过该光学面像差场对称轴在高斯像面上的投影。

在被装调后的旋转对称光学系统中，OAR 定义为一条光线连接物和像面的中心，并通过孔径光阑中心，同时交于单个光学面和非球面的曲率中心或顶点，包括倾斜和偏心的光学面、组件的光学系统像差场中心需要计算一条该光学系统的 OAR 光线追迹。由于近轴光线追迹公式的近似性，对失调引起小的倾斜和偏心是不灵敏的。

设通过失调的旋转对称光学面或一般的非对称光学系统的物面中心和光学系统孔径光阑中心的光线即为光轴光线 OAR。其可以用局部坐标系统（LCS）[11]近轴光计算，或者用基于 Snell 定律的实际光线（常称 OAR 为轴上场点的主光线）计算。

（2）全场显示（full field display，FFD）。由于非对称或失调光学系统不对称于光轴，只讨论常规光学系统的子午和弧矢面内的像差是不够的，常须对阵列点物计算通过该系统的形成像点的各种像差的场来评价该系统，即是"全场显示（FFD）"，常会观察到多节点现象的存在。讨论用节点概念分析光学系统的像差称为节点像差理论。在特定应用场合下，失调光学系统通过"全场显示"的节点像差结果也可能是高质量的。

在 20 世纪 80 年代中期，一种全场显示（FFD）的绘图方法用于预测非对称或失调光学系统性能，分别计算和显示一个场点阵列的网格图像[12]，图 4.34 所示为常规旋转对称光学系统的各种像差全场显示。球差是与视场无关的，彗差随着视场线性增加，像散和场曲（为最佳焦平面上）的增加分别正比于视场高度的平方，畸变的增加正比于视场高度的立方。通常畸变不影响成像的清晰度，只是影响场点像的位置。

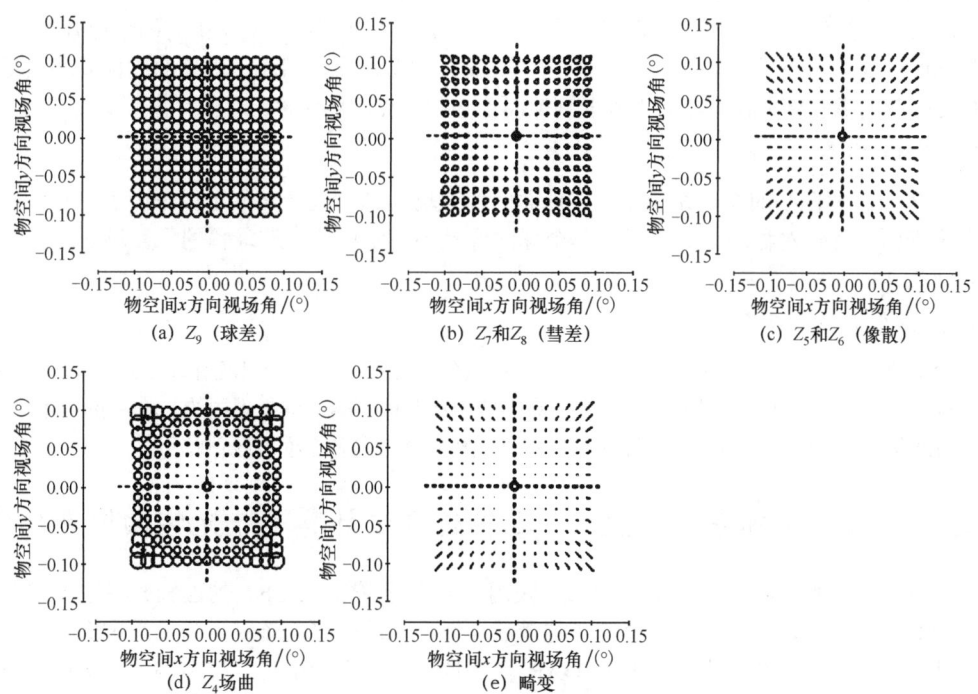

图 4.34 常规旋转对称光学系统的各种像差全场显示

全场显示可方便地显示非对称或失调光学系统的像差场节点性质[4]，基于实际光线计算的全场显示（FFD）适用于非对称系统的设计和分析。用光学设计界惯用旋转对称光学系统场依存关系的泽尼克多项式集的系数阶次[13]，提出了条纹（fringe）Zernike 多项式集[8]。是用 Zernike 系数表示三级像差场依存关系的基础。

（3）机械坐标轴（mechanical coordinate axis，MCA）和光学面贡献的像差场偏移量。结构为圆形的光学系统有一个公共轴线称为机械轴或机械坐标轴，相当于传统旋转对称光学系统的光轴。当光学系统的圆形孔径光阑中心为一个空间点，任意选定物场中心时，OAR 和像面的交点决定了像面相对于机械轴的位移，可定义为该光学面贡献的像差场偏移量（offset）。

4.2.2 倾斜非球面光学面处理

1）非对称结构型光学系统的三级（和高级）节点像差场

非对称结构光学系统的三级（和高级）节点像差场考虑两个基本概念。

（1）单个光学球面的光学特征点是其曲率中心，该点在局部光轴上。光学面的顶点可任意选定，其与曲率中心构成局部光轴。为了便于处理非球面，采用光学球面顶点的常规定义是球面和 OAR 的交点。参照此定义，光学非球面的偏心是由 OAR 定义的顶点和（偏离球面的）旋转对称非球面对称中心定义的顶点之间的偏移量（offset）。

（2）单个光学面与其像差族（初级和高级）的每一种像差有特殊的场依存关系，如对初级像差，分别为：常数、线性、平方和三次方关系。单个光学面的各种像差场相对于空间中同一轴线是旋转对称的，连接光学面的曲率中心、局部光学系统（入射或出射）光瞳（物理孔径光阑的像）中心的连线和像平面的交点，定位该光学面的场依存关系的旋转对称中心。

2）旋转对称非球面

旋转对称非球面的表示式是一个幂级数，在概念上该面可分解为两组分：一个是以球面为基础的曲面，另一个为偏离于球面的非球形"帽"（"cap"）。非球面在概念上为两个层叠的光学面，一层是球面的像差族贡献，另一层是非球垂度（sag）的像差族贡献。基础球面的像差场贡献与非球面垂度引起的像差场贡献均相对于投射到像面上的同一点旋转对称。

3）倾斜和偏心非球面

在一个倾斜和偏心的光学系统中，非球面的像差场贡献给旋转对称于像平面上的点，不同于球面在像平面上旋转对称的点。这样为单个球面像差场贡献和单个非球帽的像差场贡献提供了可行的处理方式。

4）三级像差场依存关系

单个球面或者旋转对称非球面"帽"的像差场族包括三级离焦、倾斜及五种三级像差。这些像差场分量显示出对一个公共点旋转对称的性质（对于球面和非球面的贡献是不同的）。在像平面中三级节点像差场是各个光学面的三级贡献连续求和，但是求和必须考虑各个面的场偏移量[14]。

4.2.3 局部坐标系统（LCS）近轴光方法计算单个光学面像差场中心

为简化计算有倾斜和偏心面的光学系统采用局部坐标系统（LCS）的近轴光追迹方法[11]，参数化 OAR 后，用近轴光追迹计算该连线与最后高斯面的交点。该交点为光学球面（非球面也将被分开处理）相关于整个光学系统的 OAR 像差场依存关系的旋转对称中心，亦称像差场中心（aberration field center，AFC）。推导可以从偏移（perturb，摄振，存在倾斜和偏心等）光学面点 C_{pert} 在像空间或物空间中进行。

1. 光学面的局部物/像和入瞳/出瞳平面的定义，光学面等价倾斜参数 $\beta_0^\#$

具有倾斜和/或偏心光学球面见图 4.35，图中 NOM 为名义光学系统（nomind systerm）可由机械参考轴（MCA）起算的单参数 $\beta_0^\#$ 定位曲率中心，该 MCA 与没有倾斜和/或偏心的旋转对称光学系统的光轴或 OAR 相一致。

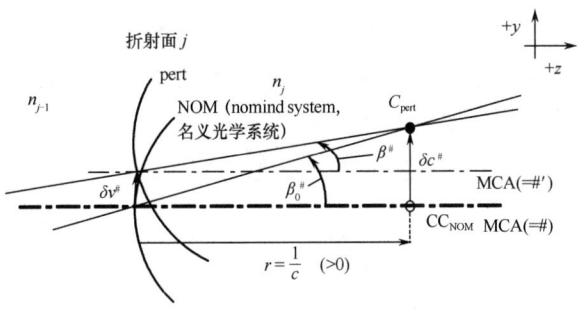

图 4.35 对球面定义一个相对于机械参考轴（MCA）的等价倾斜参数，并定义摄振曲率中心 C_{pert}

MCA 表示一个偏移（摄振，存在倾斜和偏心等）光学面的起算偏心和倾斜固定参考线，其倾斜和偏心等量均为矢量，即在 xz 面和 yz 面内有矢量分量。用由 MCA′ 起算的球面顶点的偏移量 $\delta v^{\#}$ 和 $\beta_0^{\#}$ 表示 MCA。在图 4.35 中（略去了矢量符号），MCA′是与偏心光学球面相交的平行于 MCA 的参考轴。与机械参考轴 MCA，MCA′的相关量分别注以符号#或#′。由参考轴 MCA 起算的球面中心的偏移量 $\delta c^{\#}$ 定位的点 C_{pert} 表示偏心和/或倾斜的光学面的曲率中心，则等价倾斜角 $\beta_0^{\#}$ 定义为

$$\beta_0^{\#} \equiv \beta^{\#} + c\delta v^{\#} = c\delta c^{\#} \tag{4.94}$$

注意：$\beta_0^{\#}$ 在 xz 面和 yz 面内有矢量分量；$c=1/r$ 表示偏心和/或倾斜的光学面的曲率，r 为该面沿 MCA 的曲率半径。

2. 光学面的局部物/像和入瞳/出瞳平面的定义

（1）OAR（optical axis ray）的定位。

每个面的像差场依存关系的对称中心为 OAR 与局部像平面的交点。此后，相关 OAR 的所有量都标以星号（*）。

（2）定位物/像点（Q, Q'）和入瞳/出瞳中心（E, E'）。

OAR 连接物场中心 Q 到像场中心 Q'，以及入瞳中心 E 到出瞳中心 E'，包括了所有的中间像。

（3）物/像和入/出瞳的局部位移。

参考图 4.36，设相对于 MCA 的物/像的局部位移为 $\delta Q^{\#}/\delta Q^{\#\prime\prime\prime}$，入/出瞳的局部位移为 $\delta E^{\#}/\delta E^{\#\prime\prime\prime}$（图中未绘出）。延长实线 QC_{pert} 的虚线部分 $C_{pert}Q'$ 连接了局部物场中心 Q、位移后的光学面曲率中心 C_{pert} 和局部像场中心 Q'。通过摄振面的曲率中心 C_{pert} 再画一个参考轴 MCA″平行于原来的 MCA。

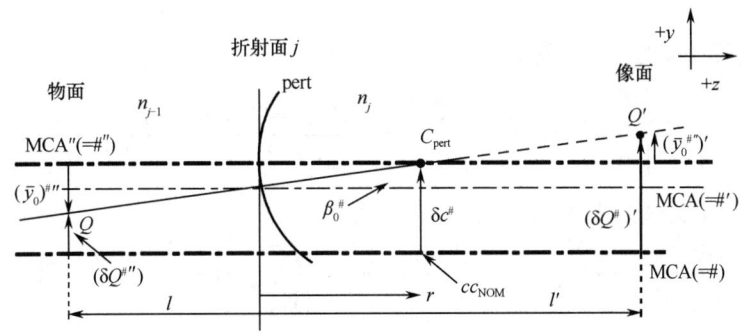

图 4.36 物、像移动量 $\delta Q^{\#}$、$(\delta Q^{\#})'$ 和入、出瞳位移量 $\delta E^{\#}$、$(\delta E^{\#})'$

（4）光学面的局部像面中心点 Q' 的计算。

光学面的局部空间中的像面中心 Q' 可以用图 4.36 所示的量 $(\overline{y}_0^{\#\prime\prime})$ 和 $(\overline{y}_0^{\#\prime\prime})'$ 以传统的近轴光

公式计算，令 $(\bar{y}_0^{\#})'$ 是 $(\bar{y}_0^{\#"})$ 乘以近轴倍率。以局部的入瞳像作为局部物，用相似方法计算出瞳中心。为了描述 OAR 光路，导出带有倾斜与偏心的光学系统中局部物，像和入瞳、出瞳中心位置的方程式。在图 4.36 中，由相似三角形可得

$$\frac{\delta Q^{\#'} - \delta c^{\#}}{l' - r} = \frac{\delta c^{\#} - \delta Q^{\#}}{r - l}$$

$$\delta Q^{\#'} = -\frac{l' - r}{l - r} \cdot \left(\delta c^{\#} - \delta Q^{\#} \right) + \delta c^{\#} \tag{4.95a}$$

此处，$\delta Q^{\#}$ 为指定光学面的局部系统物场中心的偏心，是由 MCA 起算的；$\delta c^{\#}$是由 MCA 起算的光学面曲率中心的偏心；r 是由光学面顶点起算的曲率半径；l 为由光学面顶点起算的局部物距；$\delta Q^{\#'}$为像面相对于 MCA 起算的偏心；l' 为由光学面顶点起算测的局部像距。

再写出笛卡儿（René. Descartes）成像方程

$$\frac{n'}{l'} = \frac{n}{l} + \frac{(n' - n)}{r}$$

整理后可得

$$\frac{l' - r}{l - r} = \frac{nu}{n'u'} = m_t = \frac{(\bar{y}^{\#"})'}{(\bar{y}^{\#"})} \tag{4.95b}$$

可写为

$$(\delta Q^{\#})' = m_t \cdot \delta Q^{\#} + (1 - m_t) \cdot \delta c^{\#} \tag{4.95c}$$

式（4.95c）右边第一项为旋转对称光学系统的局部物面位移 $\delta Q^{\#}$ 与其横向倍率 m_t 的乘积，再加上曲率中心移动。将式（4.95b）中的横向倍率 $m_t = \frac{(\bar{y}_0^{\#"})'}{\bar{y}_0^{\#"}}$ 代入式（4.95c）可得

$$(\delta Q^{\#})' = \frac{(\bar{y}_0^{\#"})'}{(\bar{y}_0^{\#"})} \cdot \delta Q^{\#} + \left(1 - \frac{(\bar{y}_0^{\#"})'}{(\bar{y}_0^{\#"})}\right) \cdot \delta c^{\#}$$

$$\frac{(\delta Q^{\#})'}{(\bar{y}_0^{\#"})'} = \frac{\delta Q^{\#}}{\bar{y}_0^{\#"}} + \left(\frac{1}{(\bar{y}_0^{\#"})'} - \frac{1}{(\bar{y}_0^{\#"})}\right) \cdot \delta c^{\#} \tag{4.95d}$$

为了简化光学系统摄振表示式，给出 Lagrange-Helmholtz 光学不变量 J

$$J = -nu\bar{y}_0^{\#"} = -n'u'\left(\bar{y}_0^{\#"}\right)'$$

式（4.95d）右边第二项的括弧可写为

$$\frac{1}{\left(\bar{y}_0^{\#"}\right)'} - \frac{1}{\bar{y}_0^{\#"}} = \frac{\bar{y}_0^{\#"} - \left(\bar{y}_0^{\#"}\right)'}{\left(\bar{y}_0^{\#"}\right)' \bar{y}_0^{\#"}} = \frac{-J/nu + J/n'u'}{J/nu \cdot J/n'u'} = \frac{-n'u' + nu}{J} \tag{4.95e}$$

通过取代，导出一个物/像位移的归一化方程

$$\frac{(\delta Q^{\#})'}{(\bar{y}_0^{\#"})''} = \frac{\delta Q^{\#}}{(\bar{y}_0)^{\#"}} + \left(\frac{-n'u' + nu}{J}\right)\delta c^{\#} = \frac{\delta Q^{\#}}{(\bar{y}_0)^{\#"}} + \left(\frac{-n'u' + nu}{J}\right)\gamma\beta_0^{\#} \tag{4.95f}$$

用折射面的近轴方程式

$$n'u' = nu - y\frac{(n' - n)}{r}$$

整理后可得

$$\frac{(\delta Q^{\#})'}{(\overline{y}_0')^{\#''}} = \frac{\delta Q^{\#}}{(\overline{y}_0)^{\#''}} + \left(\frac{y(n'-n)/r}{J}\right) r\beta_0^{\#} = \frac{\delta Q^{\#}}{(\overline{y}_0)^{\#''}} + \left(\frac{y(n'-n)}{J}\right)\beta_0^{\#}$$
(4.96)
$$\frac{(\delta Q^{\#})'}{(\overline{y}_0')^{\#''}} = \frac{\delta Q^{\#}}{(\overline{y}_0)^{\#''}} + \left(\frac{y\Delta n}{J}\right)\beta_0^{\#} \quad \Delta n = n'-n$$

此处，y 为光线在入瞳处的入射高度，$\frac{\delta Q^{\#}}{(\overline{y}_0')^{\#''}}$ 和 $\frac{(\delta Q^{\#})'}{(\overline{y}_0')^{\#''}}$ 为由近轴场高 $(\overline{y}_0)^{\#''}$ 和 $(\overline{y}_0')^{\#''}$ 所归一化的物场中心和像场中心的偏移量（见图 4.37 的下部）。为了后继的 C_{pert} 计算，每个面考虑为两个子系统，一个是描述摄振态，另一个是名义光学系统 (nominal system)（见图 4.35）与推导式 (4.96) 相同，可得到下式

$$\frac{\delta Q^{\#'}}{\overline{y}_0'} = \frac{\delta Q^{\#}}{\overline{y}_0} + \left(\frac{y\Delta n}{J}\right)\beta_0^{\#} \tag{4.97a}$$

$$\frac{\delta E^{\#'}}{\overline{y}_0'} = \frac{\delta E^{\#}}{\overline{y}_0} + \left(\frac{y\Delta n}{J}\right)\beta_0^{\#} \tag{4.97b}$$

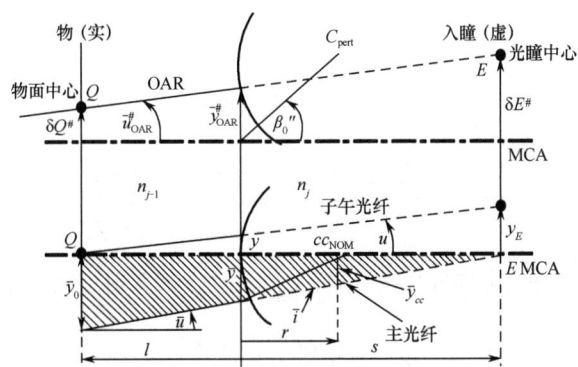

图 4.37 相对于 OAR 的摄振光学系统（上部），和名义上的光学系统的近轴边缘和主光线（下部）

相似地，$\frac{\delta E^{\#}}{\overline{y}_0}$ 和 $\frac{\delta E^{\#'}}{\overline{y}_0'}$ 为由瞳半径 $\overline{y}_0$ 和 $\overline{y}_0'$ 所归一化的入瞳和出瞳中心偏移量。注意到式 (4.96) 右边的第二项与式 (4.97) 相同，可得到坐标系统由 MCA 转移到 MCA" 的结果。为了简化上述推导，省略了光学面的下标 j。

4.2.4 OAR 的参数化

1. 倾斜和/或偏心的光学系统的 OAR 参数化

用定位物场中心点 (Q) 和像场中心点 (Q') 的横向位移的式 (4.96)，和定位入瞳中心点 (E) 和出瞳中心点 (E') 的横向位移的式 (4.40a,b)，可建立起通过系统的 OAR 光路。可用 OAR 相对于 MCA 截取的高度 $\overline{y}_{\text{OAR}}^{\#}$ 和 OAR 相对于 MCA 的转角 $\overline{u}_{\text{OAR}}^{\#}$ 对 OAR 进行参数化。

参照图 4.36 推导 $\overline{y}_{\text{OAR}}^{\#}$ 和 $\overline{u}_{\text{OAR}}^{\#}$ 的表示式，目的是通过 OAR 的局部光学系统 LCS 近轴光路追迹以计算倾斜和偏心，以便将近轴光追迹公式通过局部坐标变换被扩展到倾斜和偏心光学面的局部坐标系统中。OAR 的参数化需两个量：OAR 在光学面上的角度，OAR 在光学面上交点的高度（二者均参照于 MCA）。由图 4.37 可得 OAR 在局部物空间的角度为

$$\overline{u}_{\text{OAR}}^{\#} = \frac{\delta E^{\#} - \delta Q^{\#}}{s-l} \tag{4.98a}$$

为了得到近轴光追迹数据项中 OAR 倾斜角和物/瞳的位移的表示式，将 $1/(s-l)$ 写为

$$\frac{1}{s-l} = -\frac{\bar{u}}{\bar{y}_0} = -\frac{-J \ln y_E}{\bar{y}_0} = \frac{J}{ny_E \bar{y}_0}$$

此处，J 为 Lagrange-Helmholtz 不变量的表示式，在局部瞳空间中由下式给出

$$J = -ny_E \bar{u} = n\bar{y}_0 u$$

把上式代入式（4.98a），OAR 的角度 $\bar{u}_{OAR}^{\#}$ 可写为

$$\bar{u}_{OAR}^{\#} = \frac{J}{n\bar{y}_0} \cdot \frac{\delta E^{\#}}{y_E} - \frac{J}{ny_E} \cdot \frac{\delta Q^{\#}}{\bar{y}_0} = p\frac{\delta E^{\#}}{y_E} + \bar{u}\frac{\delta Q^{\#}}{\bar{y}_0} \tag{4.98b}$$

单独写出上式的右边，得

$$\bar{u}_{OAR}^{\#} = u\frac{\delta E^{\#}}{y_E} + \bar{u}\frac{\delta Q^{\#}}{\bar{y}_0} \tag{4.98c}$$

为了参数化通过摄振光学系统的 OAR 光路，必须决定 OAR 和光学面交点的高度，在局部物空间中

$$\bar{y}_{OAR}^{\#} = \delta Q^{\#} + (-l)\bar{u}_{OAR}^{\#} \tag{4.99a}$$

用近轴量取代物距

$$l = -\frac{y}{u}$$

代入方程式（4.99a）可得 $\bar{y}_{OAR}^{\#}$ 的表示式，有

$$\bar{y}_{OAR}^{\#} = \left(\frac{\delta Q^{\#}}{\bar{y}_O}\right)\left(\bar{y}_O + \bar{u}\frac{y}{u}\right) + y\left(\frac{\delta E^{\#}}{y_E}\right) \tag{4.99b}$$

确定 $\bar{y}_0 = \frac{\bar{u}lu}{u} = \bar{y} - l\bar{u} = \bar{y}$ 作为非摄振系统局部面上近轴主光线入射高度，可以写出 $\bar{y}_{OAR}^{\#}$ 表示式为

$$\bar{y}_{OAR}^{\#} = \bar{y}\frac{\delta Q^{\#}}{\bar{y}_0} + y\frac{\delta E^{\#}}{y_E} \tag{4.99c}$$

2. 等价倾斜角 $\beta^{\#\prime\prime}$

由图 4.38 可定义等价倾斜角 $\beta^{\#\prime\prime}$，该角根据式（4.94）可确定相位对于 MCA 的曲率中心，参照通过 OAR 与光学面交点并平行于 MCA 轴的 MCA″。用局部坐标系统的几何关系，可给出 $\beta^{\#\prime\prime}$

$$\beta^{\#\prime\prime} = \beta_0^{\#} - \bar{y}_{OAR}^{\#} c \tag{4.100}$$

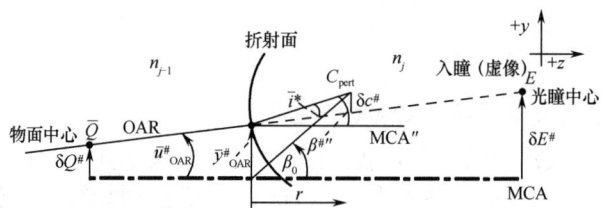

图 4.38 倾斜和偏心面的 OAR 参量

用 $\beta^{\#\prime\prime}$ 与 OAR 倾斜角 $\bar{u}_{OAR}^{\#}$，可以计算与光学面的曲率中心位置相关的量，OAR 在局部光学面上的入射角 $\bar{i}^*$ 为

$$\bar{i}^* = \bar{u}_{OAR}^{\#} - \beta^{\#\prime\prime} \tag{4.101}$$

参数化 OAR 也可以相对于延长通过折射面的虚线 OAR 导出曲率中心位移（δc^*）表示式：

$$\delta c^* = r\bar{i}^* = r\left(\bar{u}_{OAR}^{\#} - \beta^{\#\prime\prime}\right) = r\left(\bar{u}_{OAR}^{\#} + \bar{y}_{OAR}^{\#} \cdot c - \beta_0^{\#}\right) \tag{4.102}$$

4.2.5 倾斜和偏心的光学面的定位像差场对称中心矢量（像差场偏移量的推导）

1. 球面分量 σ_{sph}

（1）像差场轴（aberration field axis，AFA）。单个摄振光学面的像差场系的对称中心由 OAR 上延长线与局部物或像的交点来定位（然后进行归一化）。由图 4.39 可建立一个基点位于 OAR 上的组合因子（sigma）矢量，端点位于局部物/像面场的像差场对称中心。定义这样所构成的线为像差场轴（AFA）。

（2）指定光学面的像差场中心。由图 4.39 知曲率中心相对于 OAR 的位移 δ_C^* 是从 OAR 的延长线（通过点 E 的虚线）起算的。像差场轴 AFA 是连接入瞳中心 E 和摄振结构的曲率中心 C_{pert} 的连线，该曲率中心 C_{pert} 由 δ_C^* 定位在 AFA 上，再延长 AFA 将相交于指定光学面的局部物平面。对于小的摄振，δ_C^* 和 $\bar{y}_{cc}$ 的比值可用于表示归一化矢量 σ，用以定位给定光学面的像差场中心。下面将推导出单个光学面像差场中心偏移量。

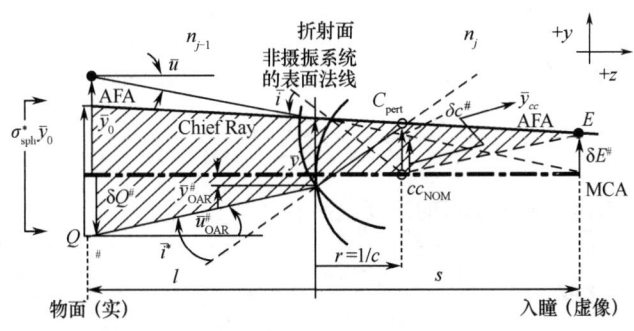

图 4.39 像差场轴

（3）球面组合因子（sigma）矢量 σ_{sph}。参照图 4.39 中的相似三角形，球面组合因子（sigma）矢量 σ_{sph} 可推导如下：

$$\frac{\sigma_{sph}\bar{y}_0}{\delta c^*} = \frac{\bar{y}_0}{\bar{y}_{cc}}$$

其可简化为

$$\sigma_{sph} = \frac{\delta c^*}{\bar{y}_{cc}} \tag{4.103a}$$

从图 4.39 中可直接得到

$$\bar{i} = \frac{\bar{y}_{cc}}{r}$$

相似地由图 4.39 可以写出

$$\bar{i}^* = -\frac{\delta c^*}{r} \tag{4.103b}$$

由式（4.104a）和式（4.104b）组合成 $\bar{i}^*$ 的表示式，球面因子矢量 σ_{sph} 如下：

$$\sigma_{sph} = -\frac{\delta c^*}{\bar{y}_{cc}} = -\frac{\bar{i}^*}{\bar{i}} = -\frac{\bar{u}_{OAR}^\# + \bar{y}_{OAR}^\# \cdot c - \beta_0^\#}{\bar{u} + \bar{y}c} \tag{4.104a}$$

或

$$\sigma_{sph} = -\frac{\overline{i}^*}{\overline{i}} \tag{4.104b}$$

球面组合因子矢量 σ_{sph} 可定位单个光学球面的像差场贡献的对称中心。

2. 非球面分量 σ_{asph}

非球面须分别计算两个组合因子矢量（sigma vectors），即基于球面和偏离球面的非球面。非球面对球面的偏离[18]可以看作一个零阶（zero-power）薄光学平板。其对像差场的贡献不依赖于入射角，而是依赖于 OAR 相对于非球面顶点的相交的高度。非球面分量 σ_{asph} 的推导如下。

由图 4.40 中阴影三角形可得光学非球面帽部分（aspheric cap portion）相关的 σ_{asph} 矢量：

$$\frac{\sigma_{asph}\overline{y}_0}{\delta v^*} = \frac{-l+s}{s}$$

由图 4.37 可以写出

$$\frac{-l+s}{s} = \frac{\overline{y}_0}{\overline{y}}$$

非球面对组合因子矢量 σ_{asph} 的贡献可以相对于 OAR 计算，如下式

$$\sigma_{asph} = \frac{\delta v^*}{\overline{y}} \tag{4.105}$$

式中，δv^* 见图 4.40，为倾斜面上交点的高度。

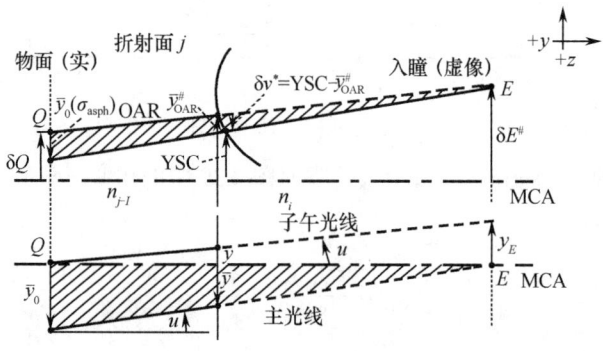

图 4.40　由球面到非球面的像差场中心移动（上图）和非摄振光学系统的局部空间（下图）

4.2.6　基于实际光线计算单个面的像差场中心

为了较好地解决在光学系统中引入倾斜和偏心的计算方法，采用基于实际光线计算处理非对称旋转光学系统中定位单个面像差场。

按照矢量叉积的性质，可以得到计算光学面 j 的矢量 σ_j。在推导过程中，设光线在非微振光学系统中沿 z 轴方向传输。参照图 4.41，对于光学面 j，令 N_j 的单位矢量垂直于局部物面，该物面在非摄振系统中垂直于 z 轴，N_j 的方向余弦为[0, 0, -1]，令 R_j 的单位矢量沿着入射光线（OAR）方向，归一化方向余弦为 L, M, N，单位矢量 S_j 沿局部光学面法线，以 SRL, SRM, SRN 为归一化方向余弦。R_j 和 S_j 的叉积为

$$\boldsymbol{R}_j \times \boldsymbol{S}_j = (M \cdot \text{SRN} - N \cdot \text{SRM})\hat{x} + (N \cdot \text{SRL} - L \cdot \text{SRN})\hat{y} + (L \cdot \text{SRM} - M \cdot \text{SRL})\hat{z} \quad (4.106)$$

光学面矢量 $\boldsymbol{\sigma}_j$ 在局部系统高斯像平面内。取在 xy 局部高斯像平面内叉积的投影（$\boldsymbol{R}_j \times \boldsymbol{S}_j$），再取该投影与 $\boldsymbol{N}_j$ 的叉积，可表示为

$$\boldsymbol{N}_j \times (\boldsymbol{R}_j \times \boldsymbol{S}_j) = (L \cdot \text{SRN} - N \cdot \text{SRL})\hat{x} + (N \cdot \text{SRM} - M \cdot \text{SRN})\hat{y} \quad (4.107)$$

式（4.107）提供了一种计算光学面矢量 $\boldsymbol{\sigma}_j$ 的公式。叉积可表示为

$$\boldsymbol{N}_j \times [(\boldsymbol{R}_{j,x-z} \times \boldsymbol{S}_{j,x-z})] = \sin\left(\overline{i^*_{j,x-z}}\right)(\boldsymbol{N}_j \times \hat{y}) = -\sin\left(\overline{i^*_{j,x-z}}\right)\hat{x} \quad (4.108\text{a})$$

以及

$$\boldsymbol{N}_j \times [(\boldsymbol{R}_{j,x-z} \times \boldsymbol{S}_{j,x-z})] = \sin\left(\overline{i^*_{j,x-z}}\right)(\boldsymbol{N}_j \times \hat{x}) = \sin\left(\overline{i^*_{j,x-z}}\right)\hat{y} \quad (4.108\text{b})$$

定义一个矢量 $\boldsymbol{t}^*_j$ 具有沿 x 和 y 方向数值分别为 $\sin\left(i^*_{j,x-z}\right)$ 和 $\sin\left(i^*_{j,x-z}\right)$ 的两个分量，则光学面 j 的矢量 $\boldsymbol{\sigma}_j$ 可表示为叉积：

$$\boldsymbol{\sigma}_j = -\frac{\boldsymbol{i}^*_j}{i_j} = -\frac{[\boldsymbol{N}_j \times (\boldsymbol{R}_j \times \boldsymbol{S}_j)]}{i_j} \quad (4.109)$$

式中，$\boldsymbol{N}_j$ 为局部物/像平面的法线矢量，矢量 $\boldsymbol{\sigma}_j$ 为矢量的叉积计算结果，矢量 $\boldsymbol{S}_j$ 为光学面与 OAR 交点处法线矢量。矢量 $\boldsymbol{R}_j$ 是 OAR 入射到光学面的方向矢量。此式表示用实际光线追迹数据来描述单个光学面像差场分量的位移。单个光学面 j 像差场贡献依存关系的旋转对称中心位于高斯像平面内矢量 $\boldsymbol{\sigma}_j$ 的端点，其起点为 OAR（通过物面中心和光学系统中物理孔径光阑中心的光线）和高斯像平面的交点。$\boldsymbol{\sigma}_j$ 是存在倾斜和偏心的单个光学面像场中心的一种简洁表示。

基于实际光线的方法可以扩展到用于非球面。非球面的 $\boldsymbol{\sigma}_{\text{asph}}$ 矢量如图 4.41 所示。

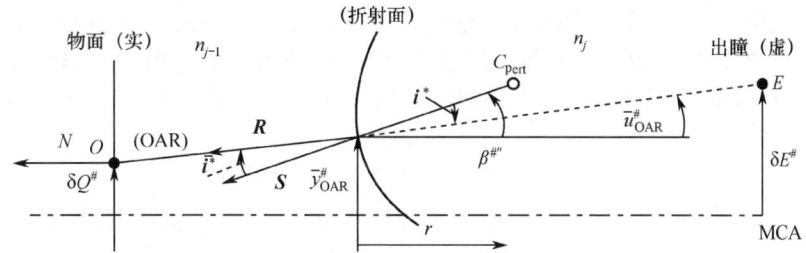

图 4.41　非球面的 σ_{asph} 矢量（带有 OAR 参数的光学面 j 的摄振光学系统，图中下标 j 已省略）

4.2.7　失调光学系统的波像差表示式[6, 14]

三级像差理论可以用于圆形光瞳（或近于圆形，包括渐晕大于30%）的非对称成像光学系统设计成像质量评估，并预测由于失调或者设计成偏孔径、偏视场，特别是不晕式光学形式（例如不限于小的摄振）全反射式系统。也可以用于评估光学系统的装调状态。采用 Zernike 多项式进行三级像差分析更为方便[4]。

1. 旋转对称光学系统的像平面波像差展开式

包括圆孔径光阑旋转对称光学系统的各个光学面贡献之和的像平面波像差展开式[16]，如式（4.110a）所示。设 j 是整个光学系统的光学面的总和，整个的波像差是各面贡献之和：

$$W(\boldsymbol{H},\boldsymbol{\rho}) = \sum_j W(\boldsymbol{H},\boldsymbol{\rho}) \qquad (4.110\text{a})$$

推导矢量形式波像差展开式首先是把场位置坐标和瞳位置坐标变为矢量。如图 4.5 所示，$\boldsymbol{H}$ 为在像场中的位置，用沿 $\hat{x}$ 和 $\hat{y}$ 的分量 H_x 和 H_y 表示，$\boldsymbol{\rho}$ 为瞳面中的位置，用沿 $\hat{x}$ 和 $\hat{y}$ 的分量 ρ_x 和 ρ_y 表示。

$$\boldsymbol{\rho} = |\boldsymbol{\rho}|\exp(\mathrm{i}\phi) = \rho_x\hat{x} + \rho_y\hat{y} \qquad (4.110\text{b})$$

$$\boldsymbol{H} = |\boldsymbol{H}|\exp(\mathrm{i}\theta) = H_x\hat{x} + H_y\hat{y} \qquad (4.110\text{c})$$

此处，ϕ 为从坐标 $\hat{y}$ 沿着顺时针方向转到 $\boldsymbol{\rho}$ 方向所形成的角度，θ 为在像场平面内从 $\hat{y}$ 沿须时针方向转到 $\boldsymbol{H}$ 方向所形成的角度。这两种情况为传统光学设计中采用的左手坐标系统。

推导非对称光学系统像差场，首先是把 Hopkins[16] 的波像差表示式转换为矢量形式[8]：

$$\begin{aligned} W &= W(\boldsymbol{H}\cdot\boldsymbol{H}),[(\boldsymbol{H}\cdot\boldsymbol{\rho}),(\boldsymbol{\rho}\cdot\boldsymbol{\rho})] \\ &= \sum_j\sum_P^\infty\sum_n^\infty\sum_m^\infty (W_{klm})_j(\boldsymbol{H}\cdot\boldsymbol{H})^P(\boldsymbol{\rho}\cdot\boldsymbol{\rho})^n(\boldsymbol{H}\cdot\boldsymbol{\rho})^m \end{aligned} \qquad (4.111)$$

式中，j 是整个光学系统的每一个光学面的总和，k 和 l 为光学系统中旋转对称性的约束。

2. 单个光学面的像差场中心的位移 σ_j

在失调的或非对称光学系统像平面像差场仍然是各个光学面（包括球形面或非球形面）Seidel 三级像差贡献之和[15]。非对称光学系统中球面像差场贡献的中心位于该面的光瞳中心（其参数决定于光学系统的结构）和该面曲率中心（其参数与系统无关，但与该面的失调/布置有关）的连线上。

综上所述，圆形孔径光阑的摄振或非对称光学系统没有新的像差产生，在像平面上像差特征场依存关系常变为多节点行为。在任意场点处的最后的出瞳像差函数将仍然是由已知像差种类组成，而且是各面贡献的总和，在计算每个面的像差场贡献后，其中心不再重合。

用近轴理论[19]处理实际光线等价方法定位各个面像差场中心。光学系统对称性不受限时也没有新的像差种类产生。Zernike 多项式仍适合于描述被测波前。相关于 Hopkins 的波像差和 Seidel 像差的 Zernike 多项式，基于 Snell 定律的实际追迹公式与 Zernike 多项式相结合也显示了节点行为[6,14]。

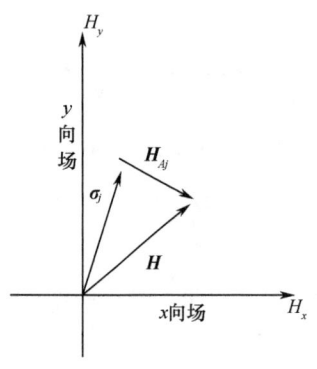

图 4.42 第 j 面有效像差场高度 $\boldsymbol{H}_{Aj}$ 定义

为了推导节点像差理论引入一个矢量 $\boldsymbol{\sigma}_j$，其指向相关球面像平面的像差场中心。该矢量由无摄振（unperturbed）场中心（Gaussian 像面中心）起算指向第 j 面像差场 W_j 中心的偏心，该偏心定位在光轴光线（OAR）上。在非对称系统中，每个面的像差场在像平面内由矢量 $\boldsymbol{\sigma}_j$ 定位中心于不同点。此点是光轴光线（OAR）在像平面上的交点。为了计算该光学面在整个像差场内的贡献值，定义第 j 面的有效像差场高度为

$$\boldsymbol{H}_{Aj} = \boldsymbol{H} - \boldsymbol{\sigma}_j \qquad (4.112)$$

表示光学面 j 的像平面内定位像差场对称中心的矢量 $\boldsymbol{\sigma}_j$，光学面 j 的有效像差场高度 $\boldsymbol{H}_{Aj}$ 和旋转对称光学系统的常规像平面高度矢量 $\boldsymbol{H}$ 间的关系，如图 4.42 所示。

3. 非对称光学系统像差场波像差展开式

光学系统中引入倾斜和偏心，引起单个光学面与像面上原来公共中心相符合的旋转对称像差场依存关系原点发生错位。单个光学面 j 像差场对称中心的位置以 σ_j 表示，如图 4.42 所示。与单个

光学面 j 的三级像差场，如三级球差、彗差、像散，场曲和畸变在场中由矢量 σ_j 指定的点分别以常数、线性、平方和立方场依存关系形成旋转对称中心。每一种像差场种类的场依存关系由像差场高度矢量 H_{Aj} 来说明其移动特性，仍如图4.42 所示。光学面的每种像差场依存分量与由矢量 σ_j 定位的点相吻合且保持原来的场依存关系。

为了得到单个光学面的像差场中心的位移 σ_j，考虑投射在像平面上合成像差场时，在式 (4.111) 波像差展开式中用单个光学面像差场矢量 H_{Aj} 替代原有像差场依存关系矢量 H。

$$W = \sum_j \sum_P^\infty \sum_n^\infty \sum_m^\infty (W_{klm})_j (H_{Aj} \cdot H_{Aj})^P (\rho \cdot \rho)^n (H_{Aj} \cdot \rho)^m$$

$$= \sum_j \sum_P^\infty \sum_n^\infty \sum_m^\infty (W_{klm})_j [(H - \sigma_j) \cdot (H - \sigma_j)]^P (\rho \cdot \rho)^n [(H - \sigma_j) \cdot \rho]^m$$

$$k = 2p + m, \quad l = 2n + m \tag{4.113}$$

式中，j 是整个光学系统光学面的总和，k 和 l 为光学系统中旋转对称性的约束。ρ 为光瞳面上的位置，$(W_{klm})_j$ 为第 j 面的像差系数，式 (4.113) 的波像差展开式可作为 Hopkins 的波像差方程的矢量形式[19]。矢量 σ_j 的起点是 OAR 与像平面的交点，端点表示单个光学面 j 的新的像差场中心。这个公式是推导非对称光学系统的像平面像差场的基础[3]。

4.2.8 举例：LCS 近轴计算与其实际光线等价计算的比较

用一个摄振形式的 Ritchey–Chrétien 望远镜为例来说明实际光线的叉积计算像差场中心，如图4.43 所示。为了比较给出了 LCS 近轴光追迹计算的矢量 σ_j。实际上该方法可用于任意的复杂光学系统。其已经用于带有小倾斜和偏心的摄振光学系统，以及用于全非对称和不晕 (unobscured) 孔径光学系统光学设计。

在表 4.6 至表 4.9 中包括光学参量，摄振参数 (x,y 和 z 方向的偏心；α,β 和 γ 分别为相对于 x,y 和 z 轴的倾斜)，近轴 OAR 追迹，以及实际光线 OAR 追迹。表 4.10 中提供主镜和次镜的像差场中心偏移矢量 σ_j 的比较，计算了 OAR 的 LCS 近轴光线追迹和 OAR 的实际光线追迹，后者采用了 4.3.5 节中的方法。

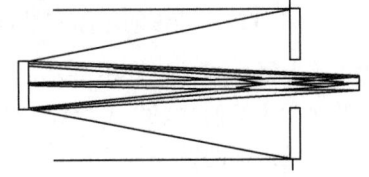

图 4.43 Ritchey–Chrétien 望远镜光学系统

表 4.6 Ritchey–Chrétien 望远镜的光学参量

面 号	面 型	半 径	厚 度	折射模式	锥度常数	半孔径
物面（object）	plane	—	∞	折射	—	1 981.20
主镜（primary）	conic	−21 335.137	−7 490.46	反射	−1.096 1	1 981.20
次镜（secondary）	conic	−9 576.712	9 441.833	折射	−5.162 8	636.25
像面（image）	plane	—	−2.323	反射	—	—

表 4.7 应用的失调摄振（量纲 mm/（°））

面号	x 向偏心/mm	y 向偏心/mm	z 向偏心/mm	α 倾斜/（°）	β 倾斜/（°）	γ 倾斜/（°）
主镜（primary）	0.000 000	0.000 000	0.000 000	0.017 991	−0.008 995	0.000 000
次镜（secondary）	0.000 000	0.000 000	0.000 000	0.008 618	−0.018 965	0.000 000

表 4.8　Ritchey–Chrétien 望远镜的近轴追迹数据（量纲 mm/rad）

面号	面形	半径	厚度	折射模式	锥度常数	半孔径
入瞳（EP）	1 081.200	0.000 0	—	0.000 0	0.005 812	
主镜	1 081.200	0.185 722	−0.092 861	0.000 0	−0.005 812	0.005 812
次镜	590.583	−0.062 496	−0.124 108	43.534 642	0.014 904	0.010 858
像面	0.312 989	−0.062 496	—	184.179 04	0.014 904	

表 4.9　摄振的 Ritchey-Chrétien 望远镜的实际光线追迹数据

面号	光线						光学面		
	X	Y	Z	L	M	N	L	M	N
物面（object）	0.000 0	0.000 0	−0.1E+14	0.000 0	0.000 0	1.000 0	0.000 0	0.000 0	−1.000 0
主镜（primary）	0.000 0	0.000 0	0.000 0	−0.000 313 98	−0.000 628 00	−0.999 999 75	−0.000 156 99	−0.000 314 00	−0.999 999 94
次镜（secondary）	−2.351 8	−4.704 0	−0.749E+0.4	−0.000 143 15	−0.001 372 40	0.999 999 05	−0.000 085 42	0.000 372 20	−0.999 999 93
像面（image）	−3.702 7	−17.7	0.195E+0.4	−0.000 143 15	−0.001 372 40	0.999 999 05	0.000 0	0.000 0	−1.000 0

表 4.10　主镜和次镜像差场中心偏移矢量 σ_j 的比较

面号	σ_{xj}^{sph}（实际光纤）	σ_{yj}^{sph}（实际光纤）	σ_{xj}^{asph}（实际光纤）	σ_{yj}^{asph}（实际光纤）	面号	σ_{xj}^{sph}（近轴光纤）	σ_{yj}^{sph}（近轴光纤）	σ_{xj}^{asph}（近轴光纤）	σ_{yj}^{asph}（近轴光纤）
光瞳	—	—	—	—	光瞳	—	—	—	—
主镜	0.020 711 7	0.054 264	0.000 0	0.000 0	主镜	0.020 711 7	0.054 264	0.000 0	0.000 0
次镜	0.022 067 0	0.096 564 3	0.054 023 4	0.108 052 9	次镜	0.022 088 9	0.096 608 2	0.054 034 2	0.108 097
像面	—	—	—	—	像面	—	—	—	—

球面和非球面分量的逐面矢量 σ_j 如图 4.44 所示。摄振 Ritchey–Chrétien 望远镜（S1-S2）的每个面的像差场中心 $\sigma_{s1,sph}=0$；在这个模型中光阑相对主镜是偏心的，即 $\delta v'=0$。图 4.45 中提供按旋转对称光学设计的常规公式对名义光学系统进行逐面的波像差系数计算。有了可用于坐标系统无关的形式中的逐面的组合因子矢量，可以理解失调态光学系统的每个面对最后成像质量的贡献。

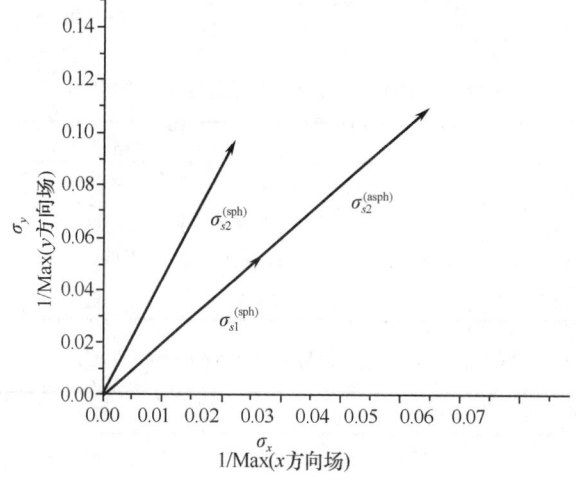

图 4.44　球面和非球面的逐面矢量 σ_j

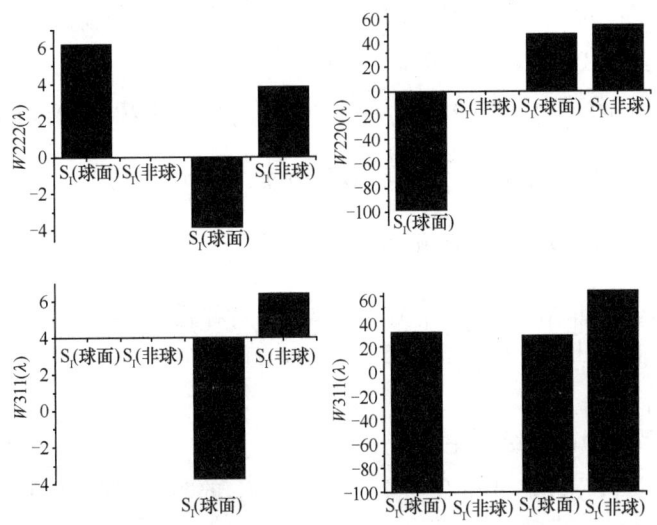

图 4.45 Ritchey-Chrétien 望远镜（S1-S2）波像差系数（表面贡献）

正如 Thompson 所提出的[14]处理过程的下一步是用逐面的组合因子矢量（σ）与图 4.45 中的逐面像差系数相结合，以预计最后像差平面上像差场的节点位置（见 4.3.3 节）。

4.3 近圆光瞳非对称光学系统三级像差的描述

4.3.1 光学系统的像差场为各个面的贡献之和

基于 Snell 定律的实际光线追迹结合常规的 Zernike 多项式，也可以显示节点行为，以及全场显示的模式。为此，引入矢量 σ_j[4]表示第 j 面的像差场 W_j 中心的偏心，这个偏心是相对于非摄振场中心（高斯像面的中心），由光轴光线定位。

非对称系统中各面的像差场中心位于各自像平面上的不同点，由矢量 σ_j 来确定其中心。是该光学面的瞳中心和该面曲率中心的连线的投影。为了计算该面对整个像差场贡献的数值，以式（4.112）定义第 j 面的有效像差场高度 H 可参照图 4.42。

每一个面产生旋转对称像差场，在像面上有一个旋转对称中心，现在将其写为倾斜和偏心不受限的波像差表示式。可用每个面的有效像差场高度 H_{Aj} 取代式（4.111）中旋转对称场矢量 H 即可得式（4.113），以决定每个三级像差系数的特征场行为。

4.3.2 带有近圆光瞳的非旋转对称光学系统中的三级像差

通过常规旋转对称像差展开式（4.114a）写出三级像差表示式，令 $\theta=0$，则 $x_0 = H$，得

$$W(H,\rho) = W_{040}\rho^4 + W_{131}H\rho^3\cos\phi + W_{222}H^2\rho^2\cos^2\phi + W_{220}H^2\rho^2 + W_{311}H^3\rho\cos\phi \tag{4.114a}$$

式中，H 为像高；ρ 为径向坐标；ϕ 为角度坐标；W_{040} 是三级球差系数；W_{131} 是三级彗差系数；W_{222} 是三级像散系数；W_{220} 是场曲的三级分量系数，W_{311} 是三级畸变系数。用式（4.110a）和式（4.114a）的矢量公式仍可用于旋转对称系统：

$$W = W_{040}(\boldsymbol{\rho}\cdot\boldsymbol{\rho})^2 + W_{131}(\boldsymbol{H}\cdot\boldsymbol{\rho})(\boldsymbol{\rho}\cdot\boldsymbol{\rho}) + W_{222}(\boldsymbol{H}\cdot\boldsymbol{\rho})^2 + W_{220}(\boldsymbol{H}\cdot\boldsymbol{H})(\boldsymbol{\rho}\cdot\boldsymbol{\rho}) + W_{311}(\boldsymbol{H}\cdot\boldsymbol{H})(\boldsymbol{H}\cdot\boldsymbol{\rho})$$

(4.114b)

为了把整个表示式转换为非对称光学系统三级像差表示式只须用 H_{Aj} 置换 H。再用式（4.112）可得式（4.113）的三级形式，得

$$W = \Delta W_{20}(\boldsymbol{\rho}\cdot\boldsymbol{\rho}) + \Delta W_{11}(\boldsymbol{H}\cdot\boldsymbol{\rho}) + \sum_j W_{040_j}(\boldsymbol{\rho}\cdot\boldsymbol{\rho})^2 + \sum_j W_{131_j}[(\boldsymbol{H}-\boldsymbol{\sigma}_j)\cdot\boldsymbol{\rho}](\boldsymbol{\rho}\cdot\boldsymbol{\rho}) +$$
$$\sum_j W_{222_j}[(\boldsymbol{H}-\boldsymbol{\sigma}_j)\cdot\boldsymbol{\rho}]^2 + \sum_j W_{220_j}[(\boldsymbol{H}-\boldsymbol{\sigma}_j)\cdot(\boldsymbol{H}-\boldsymbol{\sigma}_j)](\boldsymbol{\rho}\cdot\boldsymbol{\rho}) + \quad (4.115)$$
$$\sum_j W_{311_j}[(\boldsymbol{H}-\boldsymbol{\sigma}_j)\cdot(\boldsymbol{H}-\boldsymbol{\sigma}_j)][(\boldsymbol{H}-\boldsymbol{\sigma}_j)\cdot\boldsymbol{\rho}]$$

为了完整，式中包括了离焦 ΔW_{20} 和倾斜 ΔW_{11}。这是非对称光学系统的一个完全的波像差表示式。由式（4.115）可以导出非对称光学系统中三级像差的特征场行为，即每种像差有一个唯一的场行为[6]。

1. 非对称光学系统中的三级球差

三级球差与场矢量 H 无关，不受有效像差场高度 H_{Aj} 的影响。可以把非对称三级球差波像差项直接写为旋转对称三级球差波像差项：

$$W = \sum_j W_{040_j}(\boldsymbol{\rho}\cdot\boldsymbol{\rho})^2 \quad (4.116)$$

2. 非对称光学系统中的三级彗差

用干涉仪测量非对称光学系统时常显示轴上彗差。实际上该系统的视场内有一个点的彗差为零（节点），该点不在像场中心。用式（4.115）中的彗差项

$$W = \sum_j W_{131_j}[(\boldsymbol{H}-\boldsymbol{\sigma}_j)\cdot\boldsymbol{\rho}](\boldsymbol{\rho}\cdot\boldsymbol{\rho})$$
$$= \left\{\left[\left(\sum_j W_{131_j}\boldsymbol{H}\right) - \left(\sum_j W_{131_j}\boldsymbol{\sigma}_j\right)\right]\cdot\boldsymbol{\rho}\right\}(\boldsymbol{\rho}\cdot\boldsymbol{\rho}) \quad (4.117)$$

式中第一项给出旋转对称系统彗差总的贡献

$$\sum_j W_{131_j}\boldsymbol{H} = W_{131}\boldsymbol{H} \quad (4.118)$$

第二个项是该面彗差贡献位移矢量 $\boldsymbol{\sigma}_j$ 在像面上被相应光学面的三级彗差贡献加权的和数，是像面上非归一化矢量：

$$\boldsymbol{A}_{131} = \sum_j W_{131_j}\boldsymbol{\sigma}_j \quad (4.119a)$$

用文献[19]引入的球面和非球面因子矢量 $\boldsymbol{\sigma}_{131j}^{(\text{sph})}$ 和 $\boldsymbol{\sigma}_{131j}^{(\text{asph})}$ 的概念，彗差的数值和方向可表示为

$$\boldsymbol{A}_{131} = \sum_j \left(W_{131j}^{(\text{sph})}\boldsymbol{\sigma}_{131j}^{(\text{sph})} + W_{131j}^{(\text{asph})}\boldsymbol{\sigma}_{131j}^{(\text{asph})}\right) \quad (4.119b)$$

此处，$\boldsymbol{\sigma}_j^{(\text{sph})}$ 是第 j 面上组合因子矢量的球面分量，$\boldsymbol{\sigma}_j^{(\text{asph})}$ 是第 j 面上组合因子矢量的非球面分量，W_{131j}^{sph} 和 W_{131j}^{asph} 分别是基础球面和非球面"帽"的彗差贡献，即是该面相对于基础曲率的偏离。

定义归一化矢量

$$\boldsymbol{a}_{131} \equiv \boldsymbol{A}_{131}/W_{131} \quad (4.120)$$

此处，W_{131} 是整体波彗差。采用球面和非球面因子矢量的概念，彗差节点位移可以表示为

$$\boldsymbol{a}_{131} = \frac{1}{W_{131}}\sum_j \left(W_{131j}^{(\text{sph})}\boldsymbol{\sigma}_j^{(\text{sph})} + W_{131j}^{(\text{asph})}\boldsymbol{\sigma}_j^{(\text{asph})}\right) \quad (4.121)$$

此处，$\sigma_j^{(\text{sph})}$ 和 $\sigma_j^{(\text{asph})}$ 分别是第 j 面的球面和非球面因子矢量，W_{131j}^{sph} 和 W_{131j}^{asph} 分别是第 j 面的球面和非球面彗差的波像差分量。上式为非旋转对称光学系统的三级彗差的场依存关系。

彗差与视场有线性关系，除了偏心外像差场依存关系是不变的。在像场中的三级彗差场中旋转对称新中心点由彗差场位移矢量 a_{131} 决定，如图 4.46 所示。非对称系统中校正了（三级或高级）彗差时，将导致光学系统中三级彗差在整个视场内为常数。

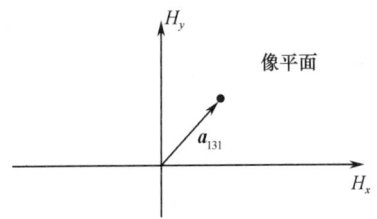

图 4.46 非对称光学系统中彗差特征场行为是由矢量 a_{131} 指定的像场中节点（零像差值点）

3. 非对称光学系统中的三级像散和场曲

在非对称光学系统中像散表现为平均像散量，类似于 Seidel 像差中 Petzval 面。为此，须在式（4.115）中寻求离焦、像散和场曲：

$$W = \Delta W_{20}(\boldsymbol{\rho}\cdot\boldsymbol{\rho}) + \sum_j W_{220j}[(\boldsymbol{H}-\boldsymbol{\sigma}_j)\cdot(\boldsymbol{H}-\boldsymbol{\sigma}_j)](\boldsymbol{\rho}\cdot\boldsymbol{\rho}) + \sum_j W_{222j}[(\boldsymbol{H}-\boldsymbol{\sigma}_j)\cdot\boldsymbol{\rho}]^2 \quad (4.122)$$

平均像散分量在 Hopkins 的符号中是 W_{220M}

$$W_{220M} = W_{220} + \frac{1}{2}W_{222} \quad (4.123)$$

在式（4.122）中以 $2\cos^2\varphi = \cos 2\varphi - 1$ 关系取代，得

$$\begin{aligned} W &= \Delta W_{20}\rho^2 + W_{220}H^2\rho^2 + W_{220}H^2\rho^2\left(\frac{1}{2}+\frac{1}{2}\cos 2\phi\right) \\ &= \Delta W_{20}\rho^2 + W_{220M}H^2\rho^2 + \frac{1}{2}W_{220}H^2\rho^2\cos 2\phi \end{aligned} \quad (4.124)$$

参照平均面上的像散波前表示式的矢量公式可用非传统数学运算"矢量乘法"来定义[14]。矢量乘法能够使 Hopkins 的波像差展开式由旋转对称光学系统扩展到非对称光学系统。用"矢量乘法"把式（4.124）写为矢量形式。

$$W = \Delta W_{20}(\boldsymbol{\rho}\cdot\boldsymbol{\rho}) + W_{220M}(\boldsymbol{H}\cdot\boldsymbol{H})(\boldsymbol{\rho}\cdot\boldsymbol{\rho}) + \frac{1}{2}W_{222}(\boldsymbol{H}^2\cdot\boldsymbol{\rho}^2) \quad (4.125)$$

这些方程式仍然可用于旋转对称系统。这就是用矢量乘法[14]来描述场行为：

如果考虑两个矢量 $\boldsymbol{A}$ 和 $\boldsymbol{B}$ 为

$$\boldsymbol{A} = a\exp(\mathrm{i}\alpha) = a_x\boldsymbol{i} + a_y\boldsymbol{j}, \quad a_x = a\sin\alpha, \, a_y = a\cos\alpha$$

$$\boldsymbol{B} = b\exp(\mathrm{i}\beta) = b_x\boldsymbol{i} + b_y\boldsymbol{j}, \quad b_x = b\sin\beta, \, b_y = b\cos\beta$$

这两个矢量之间的乘法可以定义为

$$\begin{aligned} \boldsymbol{AB} &= ab\exp[\mathrm{i}(\alpha+\beta)] = (a_yb_x + a_xb_y)\boldsymbol{i} + (a_yb_y + a_xb_x)\boldsymbol{j} \\ &= ab\sin(\alpha+\beta)\boldsymbol{i} + ab\cos(\alpha+\beta)\boldsymbol{j} \end{aligned}$$

1）非对称光学系统中的三级像散

在式（4.125）中以 $\boldsymbol{H}_{Aj}$，即以 $\boldsymbol{H}-\boldsymbol{\sigma}$ 替代 $\boldsymbol{H}$ 给出非旋转对称光学系统相对于像散平均面的场行为的表示式

$$\begin{aligned} W &= \frac{1}{2}\sum_j W_{222j}[(\boldsymbol{H}-\boldsymbol{\sigma}_j)^2\cdot\boldsymbol{\rho}^2] \\ &= \frac{1}{2}\left[\sum_j W_{222j}\boldsymbol{H}^2 - 2\boldsymbol{H}\left(\sum_j W_{222j}\boldsymbol{\sigma}_j\right) + \sum_j W_{222j}\boldsymbol{\sigma}_j^2\right]\cdot\boldsymbol{\rho}^2 \end{aligned} \quad (4.126)$$

与彗差相似，定义两个非归一化位移矢量

$$A_{222} \equiv \sum_j W_{222j} \sigma_j \quad B_{222}^2 \equiv \sum_j W_{222j} \sigma_j^2 \tag{4.127}$$

设定一个归一化矢量集

$$a_{222} \equiv A_{222}/W_{222} \tag{4.128a}$$

$$b_{222}^2 \equiv B_{222}^2/W_{222} - a_{222}^2 \tag{4.128b}$$

式（4.127）～式（4.129b）能够重新写为球面和非球面因子矢量如下：

$$a_{222} = \frac{1}{W_{222}} \sum_j \left(W_{222j}^{\mathrm{sph}} \sigma_j^{\mathrm{sph}} + W_{222j}^{\mathrm{asph}} \sigma_j^{\mathrm{asph}} \right) \tag{4.129a}$$

$$b_{222} = \frac{1}{W_{222}} \sum_j \left[W_{222j}^{\mathrm{sph}} \left(\sigma_j^{\mathrm{sph}} \right)^2 + W_{222j}^{\mathrm{asph}} \left(\sigma_j^{\mathrm{asph}} \right)^2 \right] - a_{222}^2 \tag{4.129b}$$

此处，$W_{222j}^{(\mathrm{sph})}$ 是基础球面的像散贡献，$W_{222j}^{(\mathrm{asph})}$ 是非球面或锥面"帽"产生的像散贡献，该非球面或锥面为相对于第 j 面的基础曲率的偏离。当与通常的旋转对称光学系统的像散场依存关系相比较时，式（4.126）证明了在失调存在时有两个附加的像散分量依存关系，一个是对场是线性的，另一个是对场为常量，当组合时，通常是显示一个双峰场依存关系。对场依存关系显示为两个节点，即在该两个位置处像散为零。这是一个失调的望远镜（或者一般的光学系统）的特有的像散场依存关系，即在名义上（nominal）设计为没有校正像散。这个结果有利于视场较大的望远镜。

非对称光学系统的像散特征场依存关系可以写为

$$\begin{aligned} W &= \frac{1}{2} \sum_j W_{222j} [(\boldsymbol{H} - \boldsymbol{\sigma}_j)^2 \cdot \boldsymbol{\rho}^2] \\ &= \frac{1}{2} \left[\sum_j W_{222j} \boldsymbol{H}^2 - 2\boldsymbol{H} \left(\sum_j W_{222j} \boldsymbol{\sigma}_j \right) + \sum_j W_{222j} \boldsymbol{\sigma}_j^2 \right] \cdot \boldsymbol{\rho}^2 \end{aligned} \tag{4.130}$$

这个像散场行为的表示式包括了"矢量乘法"意义上矢量平方[14]：

$$\boldsymbol{A}^2 = a^2 \exp(\mathrm{i}2a) = (A^2)_x \boldsymbol{i} + (A^2)_y \boldsymbol{j}$$

$$(A^2)_x = a^2 \sin 2a = 2a_x a_y$$

$$(A^2)_y = a^2 \sin 2a = 2a_y^2 - a_x^2$$

求解式（4.130）可得到非对称光学系统的像散像差场中像散为零的位置为

$$(\boldsymbol{H} - \boldsymbol{a}_{222}^2)^2 + \boldsymbol{b}_{222}^2 = 0 \tag{4.131}$$

如果是标量时将给出 $\boldsymbol{H}$

$$\boldsymbol{H} = \boldsymbol{a}_{222} \pm (-\boldsymbol{b}_{222}^2)^{1/2} \tag{4.132}$$

取负数的平方根给出像散为零的场点为

$$\boldsymbol{H} = \boldsymbol{a}_{222} \pm \mathrm{i}\boldsymbol{b}_{222} \tag{4.133}$$

如果

$$\boldsymbol{b}_{222}^2 = |\boldsymbol{b}^2| \exp(\mathrm{i}2\beta) \tag{4.134}$$

则

$$\boldsymbol{b}_{222} = |\boldsymbol{b}^2|^{1/2} \exp(\mathrm{i}\beta) = b_{222} \exp(\mathrm{i}\beta) \tag{4.135}$$

$$\pm \mathrm{i}\boldsymbol{b}_{222} = b_{222} \exp[\mathrm{i}(\beta \pm 90)] \tag{4.136}$$

式(4.133)给出在非对称系统的像散像差场中一般包括两个零点或节点[17]，其位置如图 4.47 所示，均不在光轴光线上。

2）非对称光学系统中的三级平均焦面（third-order medial focal surface）

为说明三级像差在非对称光学系统中产生的像质衰退，给出平均焦面的表示式为

$$-\Delta W_{20} = \sum_j W_{220_{M_j}}[(\boldsymbol{H}-\boldsymbol{\sigma}_j)\cdot(\boldsymbol{H}-\boldsymbol{\sigma}_j)]$$
$$= \sum_j W_{220_{M_j}}[(\boldsymbol{H}\cdot\boldsymbol{H}) - 2\boldsymbol{H}\cdot\left(\sum_j W_{220_{M_j}}\boldsymbol{\sigma}_j\right) + \sum_j W_{220_{M_j}}(\boldsymbol{\sigma}_j\cdot\boldsymbol{\sigma}_j)] \quad (4.137)$$

该项不要求用矢量乘法。再次定义非归一化位置矢量和一个标量项

$$\boldsymbol{A}_{220_M} \equiv \sum_j W_{220_{m_j}}\boldsymbol{\sigma}_j \quad (4.138)$$

$$B_{220_{M_j}} \equiv \sum_j W_{220_{M_j}}(\boldsymbol{\sigma}_j\cdot\boldsymbol{\sigma}_j) \text{ （标量）} \quad (4.139)$$

归一化等价式为

$$\boldsymbol{a}_{220_M} \equiv \boldsymbol{A}_{220_M}/W_{220_M} \quad (4.140)$$

$$b_{220_M} \equiv B_{220_M}/W_{220_M} - \boldsymbol{a}_{220_M}\cdot\boldsymbol{a}_{220_M} \quad (4.141)$$

导出非对称光学系统中三级平均焦面的表示式为

$$-\Delta W_{20} = W_{220_M}[(\boldsymbol{H}-\boldsymbol{a}_{220_M})\cdot(\boldsymbol{H}-\boldsymbol{a}_{220_M})+b_{220_M}] \quad (4.142)$$

式（4.142）说明：第一项意味着焦面位移是场的二次方，其二次方平均（medial）面顶点的偏离是由像场中心起算的横向位移。除了其顶点偏心外，还有纵向位移（焦移）加到顶点偏心处。其焦移量为

$$\delta z_{220M} = -8(f^{\#})^2 W_{220M} b_{220M} \quad (4.143)$$

图 4.48 中表示了这种行为。

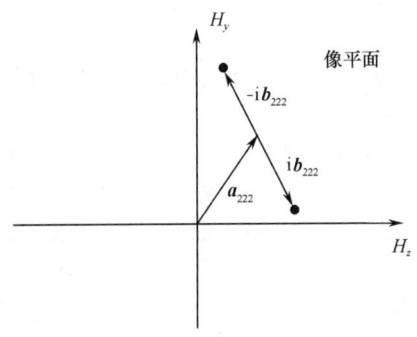

图 4.47　由对称矢量 $\boldsymbol{a}_{222}$ 的中心位移和两个节点分离矢量 $\pm\mathrm{i}\boldsymbol{b}_{222}$ 表明非对称光学系统的像散特征场行为

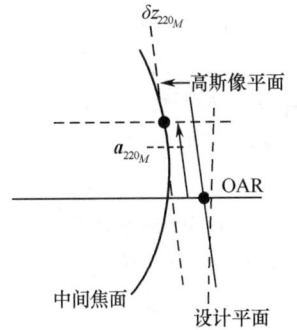

图 4.48　非对称光学系统场曲的特征场行为是由场曲平均面的顶点到 $\boldsymbol{a}_{222M}$ 定位的偏心点加上正比于 $\boldsymbol{b}_{222M}$ 离焦量

4.3.3　节点像差场

参看图 4.43 为 Ritchey-Chretien 望远镜系统。光学面的像差贡献分解为球面和非球面贡献分量，每个非球面的像差场偏心矢量可表示为非球面的顶点到光轴光线之间的距离，所有前述方程

式可以扩展到非球面系统。

三级像差显示为视场的函数（全场显示），图 4.49 所示为被装调后的飞行空间望远镜，其可验证球差特性，因为在制备时偶尔有残余失校正。图 4.49（a）中给出与视场无关的球差，图 4.49（b）为与视场成线性比例的彗差（因为 Ritchey-Chretien 望远镜的彗差完全被校正，其结果为显示空白），图 4.49（c）为像散比例于视场的平方，在这里没有明确图示，最好焦面是二次方离焦面。图 4.50 是同一系统次镜有偏心时的全场显示，通过实际光线追迹的结果，显示了节点行为。

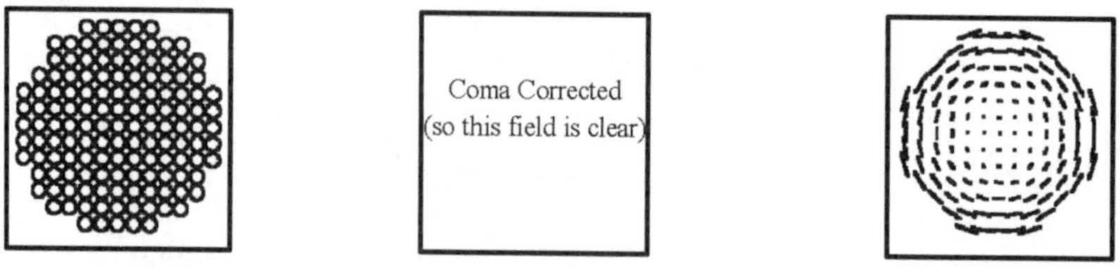

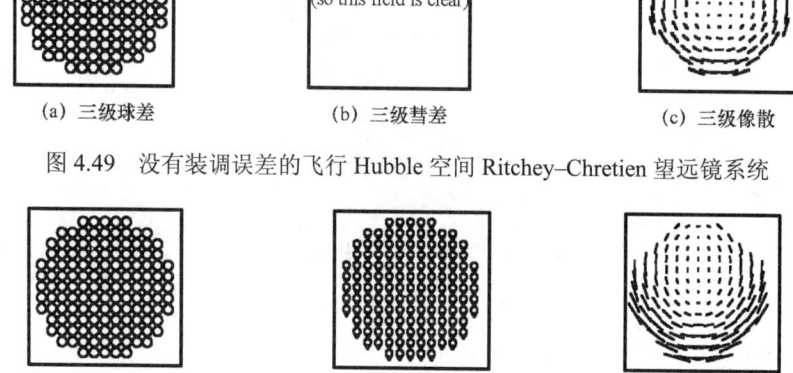

(a) 三级球差　　　(b) 三级彗差　　　(c) 三级像散

图 4.49　没有装调误差的飞行 Hubble 空间 Ritchey–Chretien 望远镜系统

(a) 三级球差　　　(b) 三级彗差　　　(c) 三级像散

图 4.50　Ritchey–Chretien 次镜存在偏心时的全场显示（球差没有变化，全场引入常数彗差（因初始系统是校正了彗差的），清楚地显示了双节点像散）

1. 两镜天文望远镜中失调引起的节点像差场[8]

节点像差理论提供了失调望远镜系统的 Seidel[14] 三级像差的数学表示。在失调望远镜中没有产生新的像差种类，而是已有的像差种类发展成特殊的场特性。下面描述了 Cassegrain、Gregorian 和 Ritchey–Chrétien 望远镜的失调影响对彗差场和像散场特性的行为。

近代天文望远镜 [直到三镜校正像散（TMAs）的出现] 完全能够用三级像差理论说明，单个面像差场中心移动的概念导致发生两镜天文望远镜节点像差[14-16]各种像差有旋转对称场依存关系的特性。球差是与视场无关的，彗差随着视场线性增加，像散和场曲（为最佳焦平面上）的增加均正比于视场高度的平方，畸变的增加正比于视场高度的立方。

用条纹 Zernike 系数依存关系[4]中可实现"全场显示"（full-field displays, FFDs）的模式，可方便显示失调像差场的节点性质。像差场的节点性质是基于实际光线的波前数据通过场点网格的 Zernike 多项式的拟合[9]。畸变不影响成像清晰度，只是影响其位置。一般情况下节点数正比于场依存关系，故可知畸变有三节点（trinodal）像差性质。其不是影响像质量的中心问题。

2. 望远镜失调对三级彗差场依存关系的影响

在已校准型的 Cassegrain 或 Gregorian 望远镜中，在视场中心（$H=0$）彗差为零，并随视场 H 做线性变化。图 4.51（a）表示校准型的 Cassegrain 或 Gregorian 望远镜跨越视场的典型彗差依存关系。当失调存在时，由式（4.62a）～式（4.64）求出的三级彗差波像差项（含球面或非球面的贡献）使像面内彗差节点位移量为 a_{131}。

当一个望远镜在初步校准时，可观察到在轴上彗差失调结果中存在的节点位移，如图 4.51（b）所示。在节点像差理论中的一个主要观念，除了节点相对于场中心有了移动[19]外，其彗差线性场依存关系本身保持与非摄振情况（unperturbed case）相同，如图 4.51（b）所示。

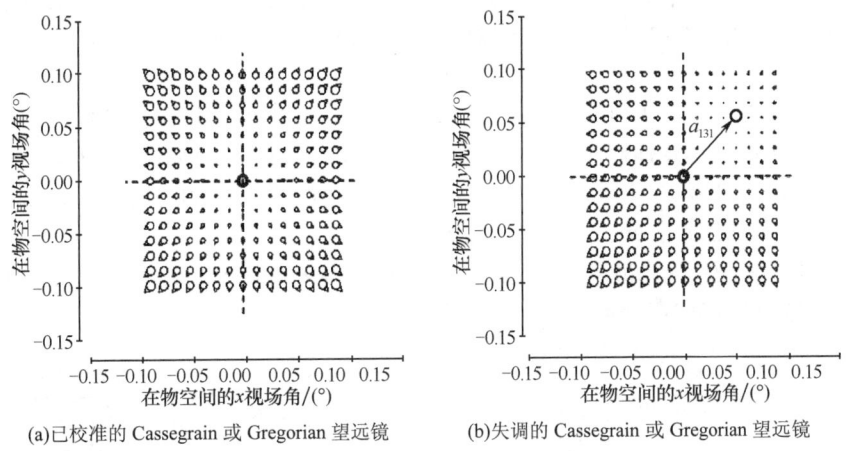

(a) 已校准的 Cassegrain 或 Gregorian 望远镜　　(b) 失调的 Cassegrain 或 Gregorian 望远镜

图 4.51　fringe Zernike 系数 Z_7 和 Z_8 的 FFDs

Mount Hopkins 望远镜的失调结构为一个常量彗差的例子，图 4.52（a）为其波像差三级彗差。因为孔径光阑位于主镜上，主镜的球面和非球面彗差波像差贡献如图 4.52（a）的左边所示，贡献为零，与主镜相应的（球面和非球面）组合因子矢量（sigma vectors）$\sigma_{PM}^{(sph)}$ 和 $\sigma_{PM}^{(asph)}$ 均为零。次镜的彗差波像差的贡献可由图 4.52（a）的右边所示。

用次镜的波像差贡献来描述因其失调引起的组合因子矢量 A_{131}，如式（4.119b）所示为球面 $W_{131}^{(sph)}\sigma^{(sph)}$ 和非球面分量 $W_{131}^{(asph)}\sigma^{(asph)}$ 的相加，如图 4.52（b）所示。矢量 A_{131} 决定了整个视场的常量彗差的数值和方向。为了比较整个视场的双条纹 Zernike 系数 Z_7 和 Z_8 的数值和方向，如图 4.52（c）所示。

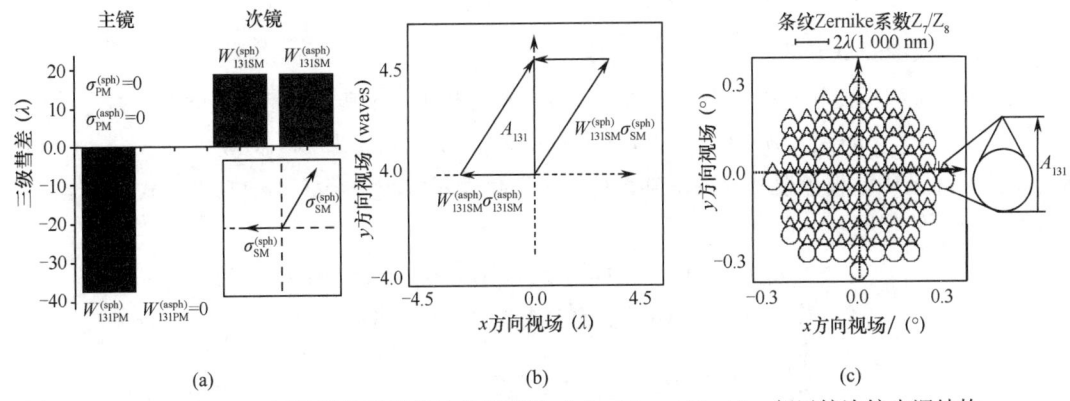

图 4.52　Mount Hopkins 望远镜的彗差的波像差系数（a）、Mount Hopkins 望远镜次镜失调结构（次镜的微振：x-偏心：−932 μm; y-偏心：0 μm; x-倾斜 6′; 以及 y-倾斜：−6′）的彗差的像差场矢量（b）和（c）双条纹 Zernike 系数 Z_7 和 Z_8 的 FFD（用实际光线追迹与条纹 Zernike 多项式波前拟合算法计算）

3. 望远镜反射镜失调对三级像散场依存关系的影响

失调存在时像散显示了一种唯一的、新的场依存关系[11,16,35]。可用于描述在 Cassegrain、Gregorian 或 Ritchey–Chrétien 等望远镜中失调对三级像散场的影响[14]。因为 Ritchey–Chrétien、Cassegrain 和 Gregorian 望远镜没有校正像散，即是 $W_{222} \neq 0$，可以用式（4.126）~式（4.129b）

求解其结果。设 W_{222} 是系统的三级像散波像差,W_{222j} 为第 j 面的三级像散的波像差,a_{222} 表示由场的中心到两个像散节点之间中点的矢量,$\pm ib_{222}$ 是由 a_{222} 矢量的端点指向两个像散节点的两个矢量。在式(4.122)和式(4.126)给出像散二次方的一般形式,其意味着有双节点解。

通过对式(4.122)、式(4.126)、式(4.127a)、式(4.127b)和式(4.128a, b)等进行矢量的乘法运算[4, 9, 17],仍以 Mount Hopkins 的带有圆形光阑主镜的 Ritchey–Chrétien 望远镜为例,得到失调结构像差场矢量,如图 4.53 所示。图 4.53(a)表明主镜和次镜像散的波像差的贡献,图 4.53(b)所示矢量 b_{222} 与虚数 $\pm i$ 的乘法等于矢量旋转了 $\pm 90°$。

为证实节点像差理论的像散节点性质,一个 FFD 的例子表明联合双条纹 Zernike 系数 Z_5 和 Z_6(由实际光线追迹得到)如图 4.54 所示。

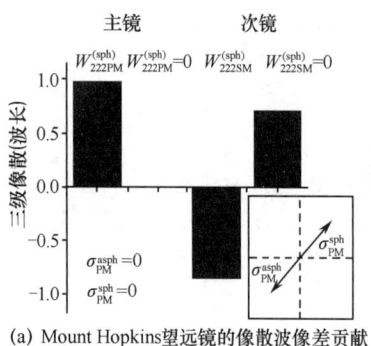
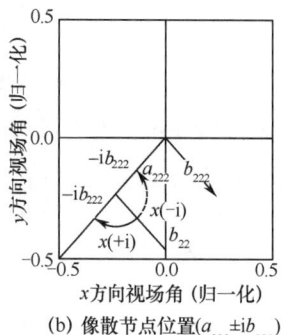
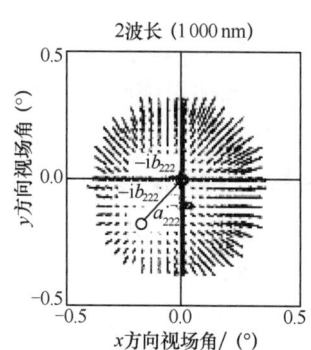

(a) Mount Hopkins望远镜的像散波像差贡献　　(b) 像散节点位置($a_{222} \pm ib_{222}$)

图 4.53　失调结构像差场矢量　　　　图 4.54　双条纹 Zernike 系数 Z_5 和 Z_6

4.3.4　波前误差以及光线的横向像差

1. 三级波像差展开式

式(4.114a)是旋转对称光学系统的三级波像差展开式。令其不包括三级畸变,得

$$W(H, \rho, \phi) = W_{040}\rho^4 + W_{131}H\rho^3\cos\phi + W_{222}H^2\rho^2\cos\phi + W_{220}H^2\rho^2 \tag{4.144}$$

因为上式是本节中波像差展开式的基础,可用于简化表示式。综合式(4.115)~式(4.141)可得非对称系统的相应表示式为

$$\begin{aligned}W =\ & \Delta W_{20}(\rho\cdot\rho) + W_{040}(\rho\cdot\rho)^2 + W_{131}[(H - a_{131})\cdot\rho](\rho\cdot\rho) + \\ & W_{220_M}[(H - a_{220_M})\cdot(H - a_{220_M}) + b_{220_M}^2](\rho\cdot\rho) + \\ & \frac{1}{2}W_{222}[(H - a_{222_M})^2 + b_{222}^2]\cdot\rho^2\end{aligned} \tag{4.145}$$

非旋转对称光学系统的三级波像差展开式的非归一化形式:

$$\begin{aligned}W =\ & \Delta W_{20}(\rho\cdot\rho) + W_{040}(\rho\cdot\rho)^2 + [(W_{131}H - A_{131})\cdot\rho](\rho\cdot\rho) + \\ & [W_{220_M}[(H\cdot H) - 2(H\cdot A_{220_M}) + B_{220_M}](\rho\cdot\rho) + \\ & \frac{1}{2}[W_{222}H^2 - 2HA_{222} + B_{222}^2]\cdot\rho^2\end{aligned} \tag{4.146}$$

定义一些简化符号

$$[]_{131} = W_{131}H - A_{131} \tag{4.147}$$

$$[]_{220_M} = W_{220_M}(\boldsymbol{H}\cdot\boldsymbol{H}) - 2(\boldsymbol{H}\cdot\boldsymbol{A}_{220_M}) + B_{220_M} \quad (4.148)$$

$$[]_{222}^2 = W_{222}\boldsymbol{H}^2 - 2\boldsymbol{H}\boldsymbol{A}_{222} + \boldsymbol{B}_{222}^2 \quad (4.149)$$

其将矢量波像差展开式推导成以下展开式：

$$W = \Delta W_{20}(\boldsymbol{\rho}\cdot\boldsymbol{\rho}) + W_{040}(\boldsymbol{\rho}\cdot\boldsymbol{\rho})^2 + ([]_{131}\cdot\boldsymbol{\rho})(\boldsymbol{\rho}\cdot\boldsymbol{\rho}) + []_{220_M}(\boldsymbol{\rho}\cdot\boldsymbol{\rho}) + \frac{1}{2}[]_{222}^2\cdot\boldsymbol{\rho}^2 \quad (4.150)$$

用这些简化符号可变为易于处理的表示式，特别是对于横向光线像差。

2. 三级横向像差展开式

在旋转对称光学系统中，横向光线像差由波像差展开式导出的波前表示式为

$$(n'u')\boldsymbol{\epsilon} = \boldsymbol{i}\frac{\partial W}{\partial x} + \boldsymbol{j}\frac{\partial W}{\partial y} \quad (4.151\text{a})$$

其等价于波前的梯度

$$(n'u')\boldsymbol{\epsilon} = \nabla W \quad (4.151\text{b})$$

此处，∇ (del)是梯度算子

$$\nabla \equiv \boldsymbol{i}\frac{\partial}{\partial x} + \boldsymbol{j}\frac{\partial}{\partial y} \quad (4.151\text{c})$$

通过普通矢量关系可以找到横向像差的方程式[14]：

$$\nabla[(\boldsymbol{H}^n\cdot\boldsymbol{\rho}^n)(\boldsymbol{\rho}\cdot\boldsymbol{\rho})^m] = 2m(\boldsymbol{H}^n\cdot\boldsymbol{\rho}^n)(\boldsymbol{\rho}\cdot\boldsymbol{\rho})^{m-1}\boldsymbol{\rho} + n(\boldsymbol{\rho}\cdot\boldsymbol{\rho})^m \boldsymbol{H}^n(\boldsymbol{\rho}^*)^{n-1} \quad (4.152)$$

引入一个共轭矢量 $\boldsymbol{\rho}^*$ 符号，再把梯度算子用于式（4.150），得非对称光学系统三级横向像差为

$$(n'u')\boldsymbol{\epsilon} = \nabla W = 2\Delta W_{20}\boldsymbol{\rho} + 4W_{040}(\boldsymbol{\rho}\cdot\boldsymbol{\rho})\boldsymbol{\rho} + 2([]_{131}\cdot\boldsymbol{\rho})\boldsymbol{\rho} + (\boldsymbol{\rho}\cdot\boldsymbol{\rho})[]_{131} + 2[]_{220_M}\boldsymbol{\rho} + []_{222}^2\boldsymbol{\rho} \quad (4.153)$$

4.3.5 非对称光学系统中的三级畸变

三级畸变作为横向像差处理比波前像差处理方便。畸变是场的立方关系，是最复杂的三级像差。非对称系统的波像差畸变展开式如下：

$$\begin{aligned} W &= \sum_j W_{311_j}[(\boldsymbol{H}\cdot\boldsymbol{\sigma}_j)\cdot(\boldsymbol{H}\cdot\boldsymbol{\sigma}_j)][(\boldsymbol{H}\cdot\boldsymbol{\sigma}_j)\cdot\boldsymbol{\rho}] \\ &= \sum_j W_{311_j}(\boldsymbol{H}\cdot\boldsymbol{H})\cdot(\boldsymbol{H}\cdot\boldsymbol{\rho}) - 2\left(\boldsymbol{H}\cdot\sum_j W_{311_j}\boldsymbol{\sigma}\right)(\boldsymbol{H}\cdot\boldsymbol{\rho}) + \\ &\quad \left[\sum_j W_{311_j}(\boldsymbol{\sigma}_j\cdot\boldsymbol{\sigma}_j)(\boldsymbol{H}\cdot\boldsymbol{\rho})\right] - (\boldsymbol{H}\cdot\boldsymbol{H})\left[\left(\sum_j W_{311_j}\boldsymbol{\sigma}_j\right)\cdot\boldsymbol{\rho}\right] + \\ &\quad 2\sum_j W_{311_j}(\boldsymbol{H}\cdot\boldsymbol{\sigma}_j)(\boldsymbol{\sigma}_j\cdot\boldsymbol{\rho}) - \left[\sum_j W_{311_j}(\boldsymbol{\sigma}_j\cdot\boldsymbol{\sigma}_j)\boldsymbol{\sigma}_j\cdot\boldsymbol{\rho}\right] \end{aligned} \quad (4.154)$$

在定义像面摄振矢量之前，因 $2\sum_j W_{311_j}(\boldsymbol{H}\cdot\boldsymbol{\sigma}_j)(\boldsymbol{\sigma}_j\cdot\boldsymbol{\rho})$ 项不能直接求和，为了实现求和，必须采用矢量恒等公式[14]：

$$2(\boldsymbol{A}\cdot\boldsymbol{B})(\boldsymbol{A}\cdot\boldsymbol{C}) = (\boldsymbol{A}\cdot\boldsymbol{A})(\boldsymbol{B}\cdot\boldsymbol{C}) + \boldsymbol{A}^2\cdot\boldsymbol{BC}$$

于是可得

$$2\sum_j W_{311_j}(\boldsymbol{H}\cdot\boldsymbol{\sigma}_j)(\boldsymbol{\sigma}_j\cdot\boldsymbol{\rho}) = \left[\sum_j W_{311_j}(\boldsymbol{\sigma}_j\cdot\boldsymbol{\sigma}_j)\right](\boldsymbol{H}\cdot\boldsymbol{\rho}) + \left(\sum_j W_{311_j}\sigma_j^2\right)\cdot\boldsymbol{H}\boldsymbol{\rho} \quad (4.155)$$

也有同样的瞳依存关系。用矢量关系公式来[14]处理上式中的第三项:

$$\boldsymbol{A}^2\cdot\boldsymbol{BC} = \boldsymbol{A}^2\boldsymbol{B}^*\cdot\boldsymbol{C}$$

可得到

$$\left(\sum_j W_{311_j}\sigma_j^2\right)\cdot\boldsymbol{H}\boldsymbol{\rho} = \left(\sum_j W_{311_j}\sigma_j^2\right)\boldsymbol{H}\cdot\boldsymbol{\rho} \quad (4.156)$$

定义像面摄动矢量

$$\boldsymbol{A}_{311} = \sum_j W_{311_j}\boldsymbol{\sigma}_j \quad (4.157)$$

$$B_{311} \equiv \sum_j W_{311_j}(\boldsymbol{\sigma}_j\cdot\boldsymbol{\sigma}_j) \quad (\text{标量}) \quad (4.158)$$

$$\boldsymbol{B}_{311}^2 \equiv \sum_j W_{311_j}\sigma_j^2 \quad (4.159)$$

$$\boldsymbol{C}_{311} \equiv \sum_j W_{311_j}(\boldsymbol{\sigma}_j\cdot\boldsymbol{\sigma}_j)\boldsymbol{\sigma}_j \quad (4.160)$$

给出摄振系统中畸变的非归一化方程

$$\begin{aligned}W &\equiv W_{311}(\boldsymbol{H}\cdot\boldsymbol{H})(\boldsymbol{H}\cdot\boldsymbol{\rho}) - 2(\boldsymbol{H}\cdot\boldsymbol{A}_{311})(\boldsymbol{H}\cdot\boldsymbol{\rho}) + 2B_{311}(\boldsymbol{H}\cdot\boldsymbol{\rho}) - \\ &\quad (\boldsymbol{H}\cdot\boldsymbol{H})(\boldsymbol{A}_{311}\cdot\boldsymbol{\rho}) + \boldsymbol{B}_{311}^2\boldsymbol{H}^*\cdot\boldsymbol{\rho} - \boldsymbol{C}_{311}\cdot\boldsymbol{\rho} \\ &\equiv []_{311}\cdot\boldsymbol{\rho}\end{aligned} \quad (4.161)$$

横向像差就是

$$(n'u')\epsilon = \nabla W = []_{311} \quad (4.162)$$

畸变的像位移可以用节点图来说明, 写成归一化表示式:

$$(n'u')\epsilon = \Delta W_{11}\boldsymbol{H} + W_{311}\{[(\boldsymbol{H}-\boldsymbol{a}_{311})^2 + b_{311}^2](\boldsymbol{H}-\boldsymbol{a}_{311}) + [2b_{311}\boldsymbol{H} - (c_{311}-b_{311}^2\boldsymbol{a}_{311}^*)]\} \quad (4.163)$$

此处

$$\boldsymbol{a}_{311} \equiv \boldsymbol{A}_{311}/W_{311} \quad (4.164)$$

$$b_{311} \equiv B_{311}/W_{311} - \boldsymbol{a}_{311}\cdot\boldsymbol{a}_{311} \quad (4.165)$$

$$\boldsymbol{b}_{311}^2 \equiv \boldsymbol{B}_{311}^2/W_{311} - \boldsymbol{a}_{311}^2 \quad (4.166)$$

$$\boldsymbol{c}_{311} \equiv \boldsymbol{c}_{311}/W_{311} \equiv (\boldsymbol{a}_{311}\cdot\boldsymbol{a}_{311})\boldsymbol{a}_{311} \quad (4.167)$$

用以下符号可以进一步简化其归一化形式

$$W_{111E} = \Delta W_{11} + 2W_{311}b_{311} \quad (4.168)$$

$$\boldsymbol{a}_{111_E} \equiv \frac{W_{311}}{W_{311_E}}(\boldsymbol{c}_{311}-\boldsymbol{b}_{311}^2\boldsymbol{a}_{311}^*) \quad (4.169)$$

$$\boldsymbol{H}_{311} \equiv \boldsymbol{H}-\boldsymbol{a}_{311}, \quad \boldsymbol{H}_{311_E} = \boldsymbol{H}-\boldsymbol{a}_{111_E} \quad (4.170)$$

给出最终的畸变表示式:

$$(n'u')\epsilon = W_{311}[(\boldsymbol{H}_{311}^2 + \boldsymbol{b}_{311}^2)\boldsymbol{H}_{311}^*] + W_{111_E}\boldsymbol{H}_{111_E} \quad (4.171)$$

为了构建三级畸变的节点像，必须分开考虑 W_{311}、W_{111E}。W_{111E}、H_{111E} 项给出一个沿着矢量 H_{111E} 的位移，其为场内由矢量 a_{111E} 指定沿辐射方向的第一级节点。这个位移分量的数值线性地决定于距离节点的距离。用计算得到的三级项 W_{311} 的节点，$H_{311E}^2 + b_{311E}^2$ 与 $H_{222}^2 + b_{222}^2$ 的形式相同，其引起了双节点像散，在位于 $H_{311}^2 + ib_{311}^2$ 和 $H_{311}^2 - ib_{311}^2$ 为零值处。这里有一个附加的零点，是由矢量 a_{311} 乘以 H_{311}^* 所决定的。在场中三级项在三个同线点上为零，如图 4.55 所示。由对称矢量 a_{311} 的像场中心位移实现的三节点，其也是一个基点位置和一个节点分离矢量 $\pm ib_{311}$。该项必须与场呈线性关系的第一级项组合，并且相对于 a_{311E} 定位的节点是辐射对称的。

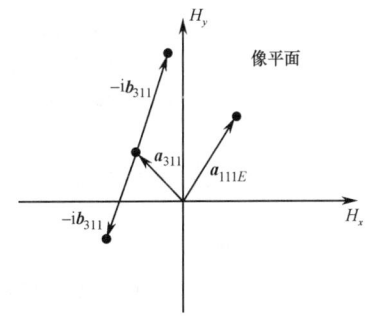

图 4.55　非对称光学系统中三级畸变特征场行为

本文讨论的像差场节点的概念，用于带有圆形或近圆形光瞳，渐晕达 30%的非对称光学系统的三级像差理论[19]。这个理论不限于小的摄振。

4.4　非旋转对称光学系统的多节点五级像差：球差

4.4.1　非旋转对称光学系统像差概述

全面描述圆形孔径光阑的非旋转对称成像光学系统的像差理论，其可通过[20]旋转对称的像差理论扩展五级形式[7]。

五级像差理论与三级像差相结合可用于非失真（non-anamorphic）成像光学系统设计，以预计由于失调和/或孔径偏轴（eccentric），或偏视场（bias-field），特别是全反射式，不晕的光学（不限于小的摄振）系统成像质量。

一个圆孔径成像光学系统多节点场依存行为的一个特征为其光学面顶点和曲率中心不在公共轴上或者孔径是偏离的。推导五级像差的目的是为了理解广角不晕反射式斜球差 W_{42}，Zernike 三叶差 W_{33} 或椭圆（elliptical）彗差。进行宽视场离轴反射式的光学设计时，这两个像差多节点场行为（W_{42}，W_{33}）成为重要的光学设计观念。

非对称或装配失调型光学系统的像差理论与传统旋转对称光学系统像差理论是相容的，该理论导出了传统旋转对称光学系统像差的场依存关系，说明光学系统中引入倾斜和偏心不会导致新的像差种类。偏离了对称性使每一种像差的场依存关系显示出更复杂的行为。多数像差场依存关系是多节点的，一种像差的节点数由系统的旋转对称性决定。

由 Seidel 和 Hopkins 旋转对称光学系统波像差理论扩展到圆孔径光阑非对称光学系统及装配失调的五级像差理论[8, 27]。其基于实际光线追迹计算的 Zernike 像差多项式讨论包括球差家族的像差 W_{060}（五级球差）、W_{240M}（斜球差分量之一）、W_{242}（斜球差分量之一）、W_{080}（七级球差）[20]。其场依存关系不受限于孔径是圆形的。可用式（4.56）决定每个常规像差的新的特征场行为，是通过三级像差场行为扩展为五级像差场行为[7]。所推导的方程式将决定于存在失调的、全偏孔径的或偏视场的成像系统中三级和五级像差场行为。事实上，节点像差理论公式是旋转对称成像光学系统的广义的光学像差理论。

旋转对称成像光学系统像差理论中所有像差场依存关系在场的中心为零，是一种多节点像差理论退化的特殊情况。Zernike 展开式形式适用于基于五级像差概念的矢量形式的 Hopkins 出瞳处波像函数表示式。基于单个面的局部光学（坐标）系统的像差场依存关系旋转对称中心位于连接入/出瞳和光学面上曲率中心的连线上[11, 14, 28]。节点像差理论对设计离轴反射式系统和理解光学系统失调是一个有效方法[28,29]。传统旋转对称像差理论是节点像差理论的特殊情况,即多节点零值退化为重叠在一个旋转对称系统的对称中心处。

4.4.2 非旋转对称光学系统的五级像差

多节点像差理论已推导了三级像差项[14],此处将提供带有圆形孔径光阑,且没有旋转轴或平面对称性成像光学系统的参数化五级像差分量节点矢量[6]:

$$\begin{aligned}
W_{klm} &= \sum_j (W_{klm})_j & \boldsymbol{H}_{klm} &= \boldsymbol{H} - \boldsymbol{a}_{klm} \\
\boldsymbol{A}_{klm} &= \sum_j (W_{klm})_j \boldsymbol{\sigma}_j & \boldsymbol{a}_{klm} &= \boldsymbol{A}_{klm}/W_{klm} \\
B_{klm} &= \sum_j (W_{klm})_j (\boldsymbol{\sigma}_j \cdot \boldsymbol{\sigma}_j) & b_{klm} &= \frac{B_{klm}}{W_{klm}} - \boldsymbol{a}_{klm} \cdot \boldsymbol{a}_{klm} \\
\boldsymbol{B}_{klm}^2 &= \sum_j (W_{klm})_j & \boldsymbol{b}_{klm}^2 &= \frac{\boldsymbol{B}_{klm}^2}{W_{klm}} - \boldsymbol{a}_{klm}^2
\end{aligned} \tag{4.172}$$

五级像差主要用于宽视场离轴反射镜系统设计,重要的是理解斜球差(oblique spherical aberration)或椭圆彗差(elliptical coma)(这二者很少在一个系统设计中同时存在)。像散像差平衡仍然是重要的。

带有圆孔径光阑非旋转对称成像光学系统的波像差扩展到五级项波像差的展开式为[14]

$$\begin{aligned}
W = {} & \Delta W_{020}(\boldsymbol{\rho}\cdot\boldsymbol{\rho}) + \Delta W_{111}(\boldsymbol{H}\cdot\boldsymbol{\rho}) + \sum_j W_{040_j}(\boldsymbol{\rho}\cdot\boldsymbol{\rho})^2 + \sum_j W_{131_j}[(\boldsymbol{H}-\boldsymbol{\sigma}_j)\cdot\boldsymbol{\rho}](\boldsymbol{\rho}\cdot\boldsymbol{\rho}) + \\
& \sum_j W_{220_j}[(\boldsymbol{H}-\boldsymbol{\sigma}_j)\cdot(\boldsymbol{H}-\boldsymbol{\sigma}_j)](\boldsymbol{\rho}\cdot\boldsymbol{\rho}) + \sum_j W_{222_j}[(\boldsymbol{H}-\boldsymbol{\sigma}_j)\cdot\boldsymbol{\rho}]^2 + \\
& \sum_j W_{311_j}[(\boldsymbol{H}-\boldsymbol{\sigma}_j)\cdot(\boldsymbol{H}-\boldsymbol{\sigma}_j)][(\boldsymbol{H}-\boldsymbol{\sigma}_j)\cdot\boldsymbol{\rho}] + \sum_j W_{060_j}(\boldsymbol{\rho}\cdot\boldsymbol{\rho})^3 + \\
& \sum_j W_{151_j}[(\boldsymbol{H}-\boldsymbol{\sigma}_j)\cdot\boldsymbol{\rho}](\boldsymbol{\rho}\cdot\boldsymbol{\rho})^2 + \sum_j W_{240_j}[(\boldsymbol{H}-\boldsymbol{\sigma}_j)\cdot(\boldsymbol{H}-\boldsymbol{\sigma}_j)](\boldsymbol{\rho}\cdot\boldsymbol{\rho})^2 + \\
& \sum_j W_{242_j}[(\boldsymbol{H}-\boldsymbol{\sigma}_j)\cdot\boldsymbol{\rho}]^2(\boldsymbol{\rho}\cdot\boldsymbol{\rho}) + \sum_j W_{331_j}[(\boldsymbol{H}-\boldsymbol{\sigma}_j)\cdot(\boldsymbol{H}-\boldsymbol{\sigma}_j)][(\boldsymbol{H}-\boldsymbol{\sigma}_j)\cdot\boldsymbol{\rho}](\boldsymbol{\rho}\cdot\boldsymbol{\rho}) + \\
& \sum_j W_{333_j}[(\boldsymbol{H}-\boldsymbol{\sigma}_j)\cdot\boldsymbol{\rho}]^3 + \sum_j W_{420_j}[(\boldsymbol{\sigma}-\boldsymbol{\sigma}_j)\cdot(\boldsymbol{H}-\boldsymbol{\sigma}_j)][(\boldsymbol{H}-\boldsymbol{\sigma}_j)\cdot(\boldsymbol{H}-\boldsymbol{\sigma}_j)](\boldsymbol{\rho}\cdot\boldsymbol{\rho}) + \\
& \sum_j W_{422_j}[(\boldsymbol{H}-\boldsymbol{\sigma}_j)\cdot(\boldsymbol{H}-\boldsymbol{\sigma}_j)][(\boldsymbol{H}-\boldsymbol{\sigma}_j)\cdot\boldsymbol{\rho}]^2 + \\
& \sum_j W_{511_j}[(\boldsymbol{H}-\boldsymbol{\sigma}_j)\cdot(\boldsymbol{H}-\boldsymbol{\sigma}_j)][(\boldsymbol{H}-\boldsymbol{\sigma}_j)\cdot(\boldsymbol{H}-\boldsymbol{\sigma}_j)][(\boldsymbol{H}-\boldsymbol{\sigma}_j)\cdot\boldsymbol{\rho}] + \\
& \sum_j W_{080_j}(\boldsymbol{\rho}\cdot\boldsymbol{\rho})^4
\end{aligned} \tag{4.173}$$

此处,ΔW_{020} 为离焦(focus)项;ΔW_{111} 为倾斜(tilt)项;W_{040} 为三级球差;W_{131} 为三级彗差;W_{222} 为三级像散;W_{220} 为一个三级场曲分量(Seidel/Petzval 分量);W_{311} 为三级畸变;W_{060} 为五级球差;W_{151} 为五级线性彗差;W_{240} 为五级斜球差分量之一;W_{242} 为五级斜球差分量之一;W_{331} 为椭圆彗差(三叶草,trefoil)分量,也可理解为五级场立方彗差;W_{333} 为五级椭圆彗差;W_{420} 为五级场曲的一个分量;W_{422} 为五级像散;W_{511} 为五级畸变;W_{080} 为七级球差。

上式为非对称光学系统波像差展开式,包括了离焦项 ΔW_{020} 和倾斜项 ΔW_{111}。利用式(4.173)将推导非对称系统的五级像差中球差族的多节点特征场行为[14]。球差族的各项如下:

第 4 章　非对称光学系统像差理论

$$W = \Delta W_{020}(\boldsymbol{\rho}\cdot\boldsymbol{\rho}) + \sum_j W_{040j}(\boldsymbol{\rho}\cdot\boldsymbol{\rho})^2 + \sum_j W_{060j}(\boldsymbol{\rho}\cdot\boldsymbol{\rho})^3 +$$
$$\sum_j W_{240j}[(\boldsymbol{H}-\boldsymbol{\sigma}_j)\cdot(\boldsymbol{H}-\boldsymbol{\sigma}_j)](\boldsymbol{\rho}\cdot\boldsymbol{\rho})^2 +$$
$$\sum_j W_{242j}[(\boldsymbol{H}-\boldsymbol{\sigma}_j)\cdot\boldsymbol{\rho}]^2(\boldsymbol{\rho}\cdot\boldsymbol{\rho}) + \sum_j W_{080j}(\boldsymbol{\rho}\cdot\boldsymbol{\rho})^4 \tag{4.174}$$

4.4.3　五级像差的特征节点行为：球差族包括的各项

1. 对称和非对称光学系统的五级像差 W_{060}

五级像差中第一项是不破坏旋转对称性的球差，其与场矢量 $\boldsymbol{H}$ 无关，且不受非旋转对称性 $\boldsymbol{H}_{Aj}$ 的影响。故五级球差非对称波像差项也是旋转对称项：

$$W = \sum_j W_{060j}(\boldsymbol{\rho}\cdot\boldsymbol{\rho})^3 = W_{060}(\boldsymbol{\rho}\cdot\boldsymbol{\rho})^3 \tag{4.175}$$

2. 五级斜球差（oblique spherical aberration）W_{240}/W_{242}

在式（4.173）中相关的斜球差项包括在下式中：

$$W = \Delta W_{20}(\boldsymbol{\rho}\cdot\boldsymbol{\rho}) + \sum_j W_{240j}(\boldsymbol{H}\cdot\boldsymbol{H})(\boldsymbol{\rho}\cdot\boldsymbol{\rho})^2 + \sum_j W_{242j}(\boldsymbol{H}\cdot\boldsymbol{\rho})^2(\boldsymbol{\rho}\cdot\boldsymbol{\rho}) \tag{4.176}$$

在校正型（aligned）的系统中斜球差的性质类似于三级球差和像散（在一定程度上考虑平均（medial）像平面）。为了和像散比较，须讨论斜球差的弧矢（sagittal）面，平均（medial）面和子午（tangential）面（即 SMT 面）内的情况。

3. 旋转对称光学系统中的五级斜球差

图 4.56 说明式（4.176）所描绘的一些斜球差的性质。斜球差焦散尺寸的变化是三级贡献加或减视场的平方，产生在 0.7 孔径带的光线到达焦面与视场相交的最小尺寸的点定义了平均焦面（medial focal surface）。这些像差的物理模型是强烈离轴光束与校正板（位于系统孔径处的一种球差发生器）相交引起的像差（有椭圆形足印）。光束在校正板上形成的椭圆界面在离轴面内比垂轴面上引起更多的球差。这种球差中的场依存关系的差别是五级斜球差。图 4.56（a）提供了一个 0.7 孔径带的光线投射到焦面处像平面上的映射图。光线集追迹的形状可由图 4.52（a）封闭型曲线说明。

由图可知用与三级（和高级）像散类似的方法考虑 SMT 面，任何孔径带的光线成像具有相同的映射（一一对应的）对称性，但是尺度正比于 ρ^3，且映射的聚焦位置将发生变化。每一带孔径光线有一组 SMT 面，曲面的曲率为孔径光线带的函数。图 4.56（b）表示了这些焦面，它们与像散焦面无关。图 4.56（b）中给出了曲面曲率的方程式，是斜球差量的函数。

如图 4.56（c）所示，跨越场的球差焦散面为孔径 ρ^4 的依存关系。对于球差，通过离焦使位于 0.7 孔径带光线在平均像面会聚到（最小几何尺寸）聚焦点处。斜球差就是定义在场中 $|\rho|=0.7$ 带孔径平均像面上。由图 4.56（a）可知，根据像斑图（spot diagram）的对称性可辨别弧矢（sagittal）和子午（tangential）焦面。

在摄振系统中可以用 SMT（sagittal, medial, tangential）面的定义来理解斜球差性质，斜球差和像散之间的主要区别是像散的弧矢焦点和子午焦点为线状像，且平均焦点为一个圆斑，与孔径无关，而斜球差则较复杂，如图 4.56（a）所示。

可参照平均面推导五级斜球差分量节点行为。定义平均面波像差系数为下式

$$W_{240M} = W_{240} + \frac{1}{2}W_{242} \tag{4.177}$$

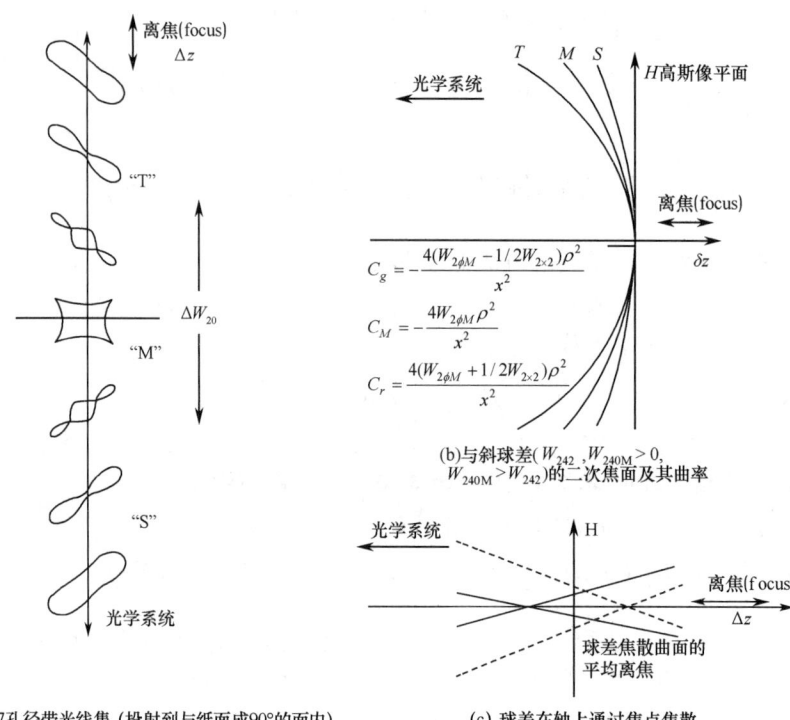

图 4.56 一些斜球差的性质

在式（4.176）中由 $\cos 2\varphi$ 和 $\cos\varphi^2$ 取代[$\cos 2\alpha = 2\cos^2\alpha - 1$; $\cos^2\alpha = (1/2)+(\cos 2\alpha)/2$]可给出

$$\begin{aligned}W &= \Delta W_{20}\rho^2 + W_{240}H^2\rho^4 + W_{242}H^2\rho^4\left(\frac{1}{2} + \frac{1}{2}\cos 2\varphi\right) \\ &= \Delta W_{20}\rho^2 + W_{240M}H^2\rho^4 + \frac{1}{2}W_{242}H^2\rho^4\cos 2\varphi\end{aligned} \tag{4.178}$$

参照平均面中的斜球差波前展开式的矢量公式可再一次采用"矢量乘法"（"vector multiplication"）[14]。用矢量乘法，式（4.178）可写为矢量形式

$$W = \Delta W_{20}(\boldsymbol{\rho}\cdot\boldsymbol{\rho}) + W_{240M}(\boldsymbol{H}\cdot\boldsymbol{H})(\boldsymbol{\rho}\cdot\boldsymbol{\rho})^2 + \frac{1}{2}W_{242}(\boldsymbol{H}^2\cdot\boldsymbol{\rho}^2)(\boldsymbol{\rho}\cdot\boldsymbol{\rho}) \tag{4.179}$$

这个方程式是用矢量乘法描述场行为，其仍可用于旋转对称系统。

4. 非旋转对称光学系统的五级斜球差 W_{242}

每种像差是在式（4.176）中以 $\boldsymbol{H}_{Aj}$ 取代 $\boldsymbol{H}$ 以用于非旋转对称系统，再用式（4.177）的结果参照平均面给出非对称光学系统的平均面的斜球差场行为表示式为

$$\begin{aligned}W &= \frac{1}{2}\sum_j W_{242j}[(\boldsymbol{H}-\boldsymbol{\sigma}_j)^2\cdot\boldsymbol{\rho}^2](\boldsymbol{\rho}\cdot\boldsymbol{\rho}) \\ &= \frac{1}{2}\left\{\left[\sum_j W_{242j}\boldsymbol{H}^2 - 2\boldsymbol{H}\left(\sum_j W_{242j}\boldsymbol{\sigma}_j\right) + \sum_j W_{242j}\boldsymbol{\sigma}_j^2\right]\boldsymbol{\rho}^2\right\}(\boldsymbol{\rho}\cdot\boldsymbol{\rho})\end{aligned} \tag{4.180}$$

定义两个非归一化（unnormalized）位移矢量

$$A_{242} \equiv \sum_j W_{242j} \sigma_j \tag{4.181a}$$

$$B_{242}^2 \equiv \sum_j W_{242j} \sigma_j^2 \tag{4.181b}$$

注意 B_{242}^2 是由 P_j^2 所产生的一个矢量平方。设光学设计不校正斜球差，即 $W_{242} \neq 0$，一组归一化特征矢量由下式给出

$$a_{242} \equiv A_{242}/W_{242} \tag{4.182a}$$

$$b_{242}^2 \equiv B_{242}^2/W_{242} - a_{242}^2 \tag{4.182b}$$

可以写出非对称光学系统中斜球差的特征场依存关系（characteristic field dependence）为

$$\begin{aligned} W &= \frac{1}{2} W_{242}([(H-a_{242})^2 + b_{242}^2] \cdot \rho^2)(\rho \cdot \rho) \\ &= \frac{1}{2} W_{242}([H_{242}^2 + b_{242}^2] \cdot \rho^2)(\rho \cdot \rho) \end{aligned} \tag{4.183}$$

此处，$H_{242}^2 \equiv (H - a_{242})^2$。上式为包括（在矢量乘法的意义上）矢量平方项的斜球差场行为的表示式。[14]

为了求解在非对称光学系统中的斜球差场，还要求解式（4.183）以定位场中斜球差项为零的位置。即求解 H

$$0 = (H - a_{242})^2 + b_{242}^2 \tag{4.184}$$

用矢量乘法的概念（或者是直接用复数），如果是标量，则可给出

$$H = a_{242} + (-b_{242}^2)^{1/2} \tag{4.185a}$$

用求出像散为零标准的方法求取负数平方根的场点为

$$H = a_{242} \pm ib_{242} \tag{4.185b}$$

如果

$$b_{242}^2 = |b_{242}^2| \exp(i2\beta) \tag{4.186a}$$

则

$$b_{242} = |b_{242}^2|^{1/2} \exp(i\beta) = |b_{242}| \exp(i\beta) \tag{4.186b}$$

和

$$\pm ib_{242} = |b_{242}| \exp[i(\beta \pm 90)] \tag{4.186c}$$

非对称系统的五级斜球差的像差场一般包括两个零点（或节点），并不是位于光轴光线上，其位置如图 4.57 所示。斜球差的这个性质是光学设计的优点。宽视场不晕的（unobscured）三或四反射镜光学系统的像质量常被椭圆彗差或者斜球差所限制。这些反射镜系统多是椭圆形（或更常用矩形）焦面。生成双节点的斜球差场的校正态以平衡矩形长轴方向的像质。

5. 在非对称光学系统中平均面的斜球差 W_{240M}

当非旋转对称系统时，由式（4.176）计算的斜球差的平均焦面的改进结果式（4.179）给出（推导过程类似于 4.3.2 节中"非对称光学系统中的三级平均焦面"）：

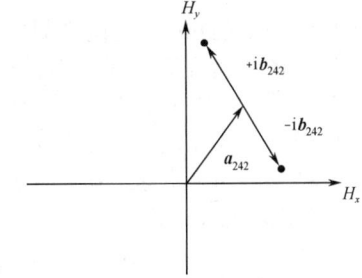

图 4.57 摄振系统中斜（OBSA）球差场的平均面的子午斜球差（TOBSA）有两个（节）点为 0

$$-\Delta W_{020} = \sum_j W_{240M_j}[(H-\sigma_j)]\cdot(H-\sigma_j)]$$
$$= \sum_j W_{240M_j}(H\cdot H) - 2H\cdot\left(\sum_j W_{240M_j}\sigma_j\right) + \sum_j W_{240M_j}(\sigma_j\cdot\sigma_j) \quad (4.187)$$

注意这项不要求矢量乘法。在定义一个非归一化的位移矢量和一个随之发生的标量项：

$$A_{240M} \equiv \sum_j W_{240M_j}\sigma_j \quad (4.188a)$$

$$B_{240M} \equiv \sum_j W_{240M_j}(\sigma_j\cdot\sigma_j) \quad (为标量) \quad (4.188b)$$

再设 $W_{240M} \neq 0$，归一化的等价量为

$$a_{240M} \equiv A_{240M}/W_{240M} \quad (4.189a)$$
$$b_{240M} \equiv B_{240M}/W_{240M} - a_{240M}\cdot a_{240M} \quad (4.189b)$$

其导致一个非对称光学系统中平均焦面（medial focal surface）上有关五级斜球差方程式

$$-\Delta W_{020} = W_{240M}[(H-a_{240M})\cdot(H-a_{240M}) + b_{240M}]$$
$$= W_{240M}[(H_{240M}\cdot H_{240M}) + b_{240M}] \quad (4.190)$$

同前

$$H_{240M} = H - a_{240M}$$

式（4.134）说明焦面仍然是场的二次方，其顶点偏离是从像场中心起算的（横向）位移。

除了斜球差的二次方平均面顶点的偏心，有一个纵向位移（即焦点移动）加到顶点偏心位置处。焦点移动量为

$$\delta z_{240M} = -8(f^{\#})^2 W_{240M} b_{240M} \quad (4.191)$$

这个行为由图 4.58 说明。

6. 七级球差 W_{080}

七级球差同样也不破坏旋转对称性，不依赖于场矢量 H，不受非旋转对称高度 H_{Aj} 取代的影响。七级球差非对称波像差项是旋转对称项

$$W = \sum_j W_{080_j}(\rho\cdot\rho)^4 = W_{080}(\rho\cdot\rho)^4 \quad (4.192)$$

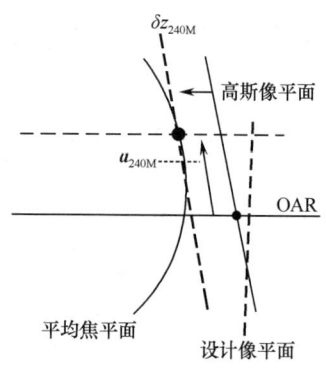

图 4.58 非对称光学系统中斜球差的平均焦面的特征场行为是：由矢量 a_{240M} 定位的二次偏心曲面的顶点，离焦量正比于 b_{240M}

在 Kitt Peak 的 60″望远镜检测中证明了双节点像散[14]。像散的校正在天文望远镜[如 Ritchey-Chrétien 和消像散（TMA）三镜]中用双节点像散平衡像差[29,32]。非对称光学系统的球差族五级像差理论[6]的观点再扩展到旋转对称像差理论，即只有一个像差场节点的概念。

限于式（4.174）中球差项（五级球差 W_{060}，五级斜球差分量之一 W_{240}，五级斜球差分量之二 W_{242}，七级球差 W_{080}）

$$W = \Delta W_{020}(\rho\cdot\rho) + \sum_j W_{040_j}(\rho\cdot\rho)^2 + \sum_j W_{060_j}(\rho\cdot\rho)^3 +$$
$$\sum_j W_{240_j}[(H-\sigma_j)\cdot(H-\sigma_j)](\rho\cdot\rho)^2 + \quad (4.193a)$$
$$\sum_j W_{242_j}[(H-\sigma_j)\cdot\rho]^2(\rho\cdot\rho) + \sum_j W_{080_j}(\rho\cdot\rho)^4$$

包含出瞳/像面参量的单个光学面的高级球差项方程式如下：

$$W = \Delta W_{020}(\rho \cdot \rho) + W_{040}(\rho \cdot \rho)^2 + W_{060}(\rho \cdot \rho)^3 + \\ W_{240M}[(H - a_{240M}) \cdot (H - a_{240M}) + b_{240M}] + \\ \frac{1}{2}W_{242}([(H - a_{242})^2 + b_{242}^2] \cdot \rho^2)(\rho \cdot \rho) + W_{080}(\rho \cdot \rho)^4 \quad (4.193b)$$

此处三级，五级和七级球差项（$W_{040}, W_{060}, W_{080}$）不受横向失调（倾斜和偏心）的影响，同时斜球差的这些项可由类似于三级像散的场特性来说明，如图4.53和图4.54所示[14]。

上述结果提供了非对称成像光学系统的像差场行为，证明了其为一种不受旋转对称限制的光学系统的完整像差理论。给出非对称光学系统的波像差展开式的三级像差加上五级像差项展开式(4.173)。其中还提及了高级彗差项($W_{151}, W_{331}, W_{333}$)和像散项($W_{420}, W_{422}$)。高级畸变项($W_{311}, W_{511}$)等[14]有待于进一步发展。

参 考 文 献

[1] JAMES C. WYANT. Basic Wavefront Aberration Theory for Optical Metrology. Applied optics and optical engineering, Vol. XI: 2-54（1992）.

[2] W. T. Welford, Aberrations of the Symmetrical Optical System（1974）, p. 87.

[3] W. T. Welford, Aberrations of Optical Systems（1986）, p. 107.

[4] Tomoyuki MATSUYAMA: Aberration Functions for Microlithographic Optics OPTICAL REVIEW（The Optical Society of Japan）Vol. 10, No. 4（2003）.

[5] Zernike: Physica I（1934）689.

[6] K. P. Thompson. Multinodal fifth-order optical aberrations of optical systems without rotational symmetry; the comatic aberrations. J. Opt. Soc. Am. A 27, 1490-1504, June（2010）.

[7] The fringe Zernike Polynomial was developed by John Loomis at the University of Arizona, Optical Sciences Center in the 1970s, and is described on page 10-23 of the CODE V Version 10. 0 Reference Manual published by Optical Research Associates.

[8] Tobias Schmid, Kevin P. Thompson, and Jannick P. Rolland. Misalignment-induced nodal aberration fields in two-mirror astronomical telescopes. Applied Optics / Vol. 49, No. 16 / 1 June 2010D：131-144.

[9] Kevin P. Thompson1, and Jannick P. Rolland，An Analytic Expression for the Field Dependence of Zernike Coefficients in Optical Systems without Symmetry，2010 OSA.

[10] 杨永发，徐勇. 向量分析与场论[M]. 天津：南开大学出版社，2006：34-66.

[11] R. A. Buchroeder. Tilted component optical systems. Ph.D. dissertation（University of Arizona, 1976）.

[12] K. P. Thompson. Beyond Optical Design: Interaction between the lens designer and the real world. Proc. SPIE 554（IODC）, p. 426（1985）.

[13] J. P. Rolland, C. Dunn, and K. P. Thompson. Field dependence of the Zernike polynomials for extending optical alignment. Proceedings of the SPIE Annual Meeting, 2010.

[14] Kevin Thompson. Description of the third-order optical aberrations of near-circular pupil optical systems without symmetry. J. Opt. Soc. Am. A，Vol. 22, No. 7，July 2005：1389-1401.

[15] R. Tessieres and J. Burge, manuscript available from the authors（Jim.Burge @opt-sci. arizona. edu）.

[16] H. H. Hopkins. The Wave Theory of Aberrations（Oxford on Clarendon Press, Oxford, UK, 1950）.

[17] R. V. Shack（personal communication, 1978）. Optical Sciences Center, University of Arizona, Tucson, Arizona 85721. Phone, 520-621-1356.

[18] C. R. Burch. On the optical see-saw diagram. Mon. Not. R. Astron. Soc. 103, 159-165 (1942).

[19] K. P. Thompson, T. Schmid, O. Cakmakci, and J. P. Rolland. A real-ray-based method for locating individual surface aberration field centers in imaging optical systems without rotational symmetry. J. Opt. Soc. Am. A-Vol. 26, No. 6/June 2009, 1503-1517.

[20] K. P. Thompson. Aberrations fields in tilted and decentered optical systems. Ph.D. dissertation (University of Arizona, 1980).

[21] K. P. Thompson. Reinterpreting Coddington, correcting 150 years of confusion. in Legends in Applied Optics, R. S. Shannon and R. Shack, eds., SPIE Monograph PM148 (SPIE, to be published).

[22] H. A. Unvala. The orthonormalization of aberrations. in Proceedings of the Conference on Lens Design with Large Computers (Institute of Optics, University of Rochester, Rochester, New York, 1976), pp. 16-1–16-27.

[23] E. J. Radkowski. Use of orthonormalized image errors in optical design. M. S. thesis (Institute of Optics, University of Rochester, Rochester, New York, 1967).

[24] G. E. Wiese. Use of physically significant merit functions in automatic lens design. M.S. thesis (Optical Sciences Center, University of Arizona, Tucson, Arizona, 1974).

[25] M. H. Kreitzer. Image quality criteria for aberrated systems. Ph.D. dissertation (Optical Sciences Center, University of Arizona, Tucson, Arizona, 1976).

[26] J. R. Rogers. Techniques and tools for obtaining symmetrical performance from tilted component systems. Opt. Eng. (Bellingham) 39, 1776-1787 (2001).

[27] L. Seidel. About the third order expansion that describes the path of a light beam outside the plane of the axis through an optical system of refracting elements. Sasian, available from jose.sasian@optics.arizona.edu (2007). Originally published in Astronomische Nachrichten, 1027, 1028, 1029 (1865).

[28] J. Figoski. Aberration characteristics of nonsymmetric systems. Proc. SPIE 554, 104-109 (1985).

[29] K. P. Thompson, T. Schmid, and J. P. Rolland. The misalignment induced aberrations of TMA telescopes. Opt. Express 16, 20345-20353 (2008).

[30] H. A. Buchdahl, Optical Aberration Coefficients (Oxford U. Press, 1954).

[31] M. C. Rimmer. Optical aberration coefficients. M.S. thesis (University of Rochester, 1963).

[32] B. A. McLeod. Collimation of fast wide-field telescopes. Publ. Astron. Soc. Jpn. 108, 217-219 (1996).

第 5 章　光学自由曲面的应用

5.1　光学自由曲面概述

光学自由曲面是根据现代光电系统的要求，包括不同于球面和非曲面的任意形状的光学表面的元件，称为光学自由曲面元件（free form optics）。该种光学自由曲面元件可认为是非球面的新发展。

从 20 世纪 50 年代开始，非球面在光学系统中的应用日益广泛。光学科技的进一步发展需要解决光学系统超薄、结构超简单等特殊要求，向着光学面的多元化、集成化、立体化方向发展，如光轴折叠、透镜—棱镜组合元件等，相应的光学元件向立体空间发展为复杂形状的自由曲面。

综上所述，光学自由曲面随着光学技术发展的需求应运而生，在设计手段、加工技术、检测技术、光学塑料等的发展支持之下，有着重要的产业化前景。

1. 光学自由曲面的概念

光学中的自由曲面是指不能用球面或非球面系数来表示的曲面，主要指任意非传统曲面、非对称曲面、微结构阵列曲面，而用参数向量表示的任何形状的曲面[1]。采用自由曲面面形的光学元件，使设计有更多的自由度和灵活性[2]。由于自由曲面灵活的空间布局和设计自由度，简化了光学系统的结构，提高了像质。

2. 超精密加工与微纳测量技术是实现光学自由曲面元件的基础

光学自由曲面元件多是复杂光学自由曲面（free form optical surface）和常规光学面（平面、球面等）组成的器件，以达到特殊的光学性能。由于形状复杂，常用直接超精加工设备成型，或采用复杂结构单点金刚石刀具机床切削制造超精密的注塑模具，注塑成型。

3. 聚合物光学材料的进展推动了光学自由曲面元件产业化

光学塑料为光学自由曲面元件的大批量注塑提供了优质材料。通过精密注塑工艺可以大批量生产自由曲面元件。光学塑料的种类不断增多，最常见的有 PMMA（聚甲基丙烯酸甲酯）、PC（聚碳酸酯）等，光学性能不断提高，折射率范围不断扩大。

4. 计算机图学曲线和曲面的生成手段[3]

我们通常可以由离散点来近似地决定曲线和曲面。在设计曲面外形时，可将外形曲面分块处理，块与块之间的连接曲线（边界曲线）以及各块曲面本身都是在模型上通过测量若干个点（称为型值点）来确定的。通过或者贴近给定型值点来构造曲线（曲面）的方法，被称为曲线（曲面）的拟合。求给定型值点之间在曲线（曲面）上的点称为曲线（曲面）插值。

自由光学曲面设计已被研究了多年[4]，取得了明显的进展。1963 年美国波音（Boeing）飞机公司的佛格森（Ferguson）最早引入参数三次曲线，将曲线、曲面表示成参数矢量函数形式，构造了组合曲线和由四角点的位置矢量、两个方向的切矢定义的佛格森三次曲面片。1964 年，美国麻省理工学院（MIT）的孔斯（Coons）用封闭曲线的四条边界定义一张曲面。同年，舍恩伯格（Schoenherg）提出了参数样条曲线、曲面的形式。1971 年，法国雷诺（Renault）汽车公司的贝济埃（Bézier）发表了一种用控制多边形定义曲线和曲面的方法。同期，法国雪铁龙（Citroen）汽车公司的德卡斯特里奥（de Castelijau）研究与 Bézier 类似的方法。1972 年，德布尔（de Boor）给出了 B 样条的标准计算方法。1974 年，美国通用汽车公司的戈登（Gorden）和里森费尔德（Ricsenfcld）将 B 样条理论用于形状描述，提出了 B 样条曲线和曲面，并开展了电脑辅助设计，使 B 样条理论成为曲面设计的重要方法。1975 年，美国锡拉丘兹（Syracuse）大学的佛斯普里尔（Versprill）提出了有理 B 样条方法。20 世纪 80 年代后期皮格尔（Piegl）和蒂勒（Tiller）将有理 B 样条发展成非均匀有理 B 样条（non-uniform rational B-splines, NURBS）方法，并已成为当前自由曲线和曲面描述的流行技术[5]。在 20 世纪 90 年代初期，许多学者以 NURBS 为基础推导了多种演算方法，如 β-spline 等，均没有广泛应用。1999 年 Chiew-Lan Tai 和 Kia-Fock Loe 发表了 α-spline，其结合了 NURBS 的特性，能有更多的设计方法应用于图形设计上，并将 NURBS 作为 α-spline 的一个特例[6]。

5.2 参数曲线和曲面

曲线和曲面可用显式、隐式和参数表示[4]，参数表示的曲线、曲面具有几何不变性等优点，计算机图形学中通常用参数形式描述曲线、曲面。

5.2.1 曲线和曲面的参数表示

给定曲线和曲面的具体参数方程，就是对该曲线和曲面参数化。

1. 显式、隐式和参数表示

曲线和曲面的表示方法又分为非参数表示和参数表示。

1）非参数表示

非参数表示是通过直角坐标表示，又分为显式表示和隐式表示。对于一个平面曲线，显式表示的一般形式是 $y=f(x)$。其中 x 值与一个 y 值对应，故显式方程不能表示封闭或多值曲线，如不能用显式方程表示一个圆。

如果一个平面曲线方程，表示成 $f(x,y)=0$ 的形式，称之为隐式表示，其优点是易于判断 $f(x,y)$ 是否大于、小于或等于零，易于判断点是落在所表示曲线上或在曲线的一侧。

非参数表示形式方程（无论是显式还是隐式）存在下述问题：与坐标轴相关；会出现斜率为无穷大的情形（如垂线）；对于非平面曲线、曲面，难以用常系数的非参数化函数表示；不便于计算机编程。

2）参数表示

在几何造型系统中，曲线、曲面方程通常表示成参数的形式，即曲线上任一点的坐标表示成给定参数的函数。假定用 t 表示参数，平面曲线上任一点 P 可表示为

$$P(t)=[x(t),y(t)]$$

空间曲线上任一三维点 P 可表示为

$$P(t)=[x(t),y(t),z(t)]$$

最简单的参数曲线是直线，端点为 P_1、P_2 的直线的参数方程可表示为

$$P(t)=P_1+(P_2-P_1)t,\ t\in[0,1]$$

圆在图形学中应用广泛，其在第一象限内的单位圆弧的非参数显示表示为

$$y=\sqrt{1-x^2},\ (0\leqslant 0\leqslant 1)$$

其参数形式可表示为

$$P(t)=\left[\frac{1-t^2}{1+t^2},\frac{2t}{1+t^2}\right],\ t\in[0,1]$$

在曲线、曲面的表示方式上，参数方程比显式、隐式方程有更多的优越性：可满足几何不变性

(geometric invariance),所谓几何不变性是指参数曲面不依赖于坐标系的选择,或者说在坐标旋转与平移下形状具有不变的性质),为了使理论设计轮廓与实测点达到最佳匹配状态,必须对测点进行平移、旋转坐标变换,由更大的自由度来控制曲线、曲面的形状。如一条二维三次曲线显式表示为

$$y = at^3 + bt^2 + ct + d \tag{5.1}$$

式中只有 4 个系数控制曲线的形状,而二维三次曲线的参数表示式为

$$\boldsymbol{P}(t) = \begin{bmatrix} a_1 t^4 + a_2 t^3 + a_3 t + a_4 \\ b_1 t^4 + b_2 t^3 + b_3 t + b_4 \end{bmatrix}, \quad t \in [0,1] \tag{5.2}$$

式中有 8 个系数可用来控制此曲线的形状;对非参数方程表示的曲线、曲面进行变换,必须对曲线、曲面上的每个型值点进行几何变换;而对参数表示的曲线、曲面可对其参数方程直接进行几何变换;便于处理斜率为无穷大的情形,不会因此而中断计算。由于坐标点各分量的表示是分离的,从而便于把低维空间中曲线、曲面扩展到高维空间中去。规格化的参数变换 $t \in [0,1]$,使得界定曲线、曲面的范围十分简单。易于用矢量和矩阵运算,从而简化了计算。

2. 位置矢量、切矢量、法矢量、曲率和挠率

一条用参数表示的三维曲线是一个有界点集,可写成一个带参数的、连续的、单值的数学函数,其形式为

$$x = x(t), \quad y = y(t), \quad z = z(t), \quad 0 \leqslant t \leqslant 1 \tag{5.3}$$

(1)位置矢量。参见图 5.1,曲线上任一点的位置矢量可表示为

$$\boldsymbol{P}(t) = [x(t), y(t), z(t)] \tag{5.4}$$

该式的一阶、二阶和 k 阶导数矢量可分别表示为

$$\boldsymbol{P}'(t) = \frac{\mathrm{d}\boldsymbol{P}}{\mathrm{d}t}, \quad \boldsymbol{P}''(t) = \frac{\mathrm{d}^2 \boldsymbol{P}}{\mathrm{d}t^2}, \quad \boldsymbol{P}^k = \frac{\mathrm{d}^k \boldsymbol{P}}{\mathrm{d}t^k} \tag{5.5}$$

(2)切矢量。若曲线上 R、Q 两点的参数分别是 t 和 $t+\Delta t$,矢量 $\Delta \boldsymbol{P} = \boldsymbol{P}(t+\Delta t) - \boldsymbol{P}(t)$,其尺度以弦长 RQ 表示,如果在 R 处有确定的切线,则当 Q 趋向于 R,即 $\Delta t \to 0$ 时,导数矢量趋向于该点的切线方向。如选弧长 s 作为参数,则

$$\boldsymbol{T} = \frac{\mathrm{d}\boldsymbol{P}}{\mathrm{d}s} = \lim_{\Delta s \to 0} \frac{\Delta \boldsymbol{P}}{\Delta s} \tag{5.6}$$

是单位矢量,因为,根据弧长微分公式有

$$(\mathrm{d}s)^2 = (\mathrm{d}x)^2 + (\mathrm{d}y)^2 + (\mathrm{d}z)^2 \tag{5.7}$$

引入参数 t,上式可改写为

$$\left(\frac{\mathrm{d}s}{\mathrm{d}t}\right)^2 = \left(\frac{\mathrm{d}x}{\mathrm{d}t}\right)^2 + \left(\frac{\mathrm{d}y}{\mathrm{d}t}\right)^2 + \left(\frac{\mathrm{d}z}{\mathrm{d}t}\right)^2 = |\boldsymbol{P}'(t)|^2 \tag{5.8}$$

考虑到矢量的模非负,所以

$$\frac{\mathrm{d}s}{\mathrm{d}t} = |\boldsymbol{P}'(t)| \geqslant 0$$

故弧长 s 是 t 的单调增函数,其反函数 $t(s)$ 存在,且一一对应,得

$$\boldsymbol{P}(t) = \boldsymbol{P}[t(s)] = \boldsymbol{P}(s) \tag{5.9}$$

于是

$$\frac{\mathrm{d}\boldsymbol{P}}{\mathrm{d}s} = \frac{\mathrm{d}\boldsymbol{P}}{\mathrm{d}t} \cdot \frac{\mathrm{d}t}{\mathrm{d}s} = \frac{\boldsymbol{P}'(t)}{|\boldsymbol{P}'(t)|} \tag{5.10}$$

即 $\boldsymbol{T}$ 是单位切矢量。

(3)法矢量。空间参数曲线上任一点,有一束垂直于切矢量 $\boldsymbol{T}$ 的矢量,且位于同一平面上,

称之为法平面,如图 5.2 所示。曲线上一点的单位切矢为 T,因为 $[T(s)]^2 = 1$,两边对 s 求导矢得:$2T(s)T'(s) = 0$。可见 dT/ds 是一个与 T 垂直的矢量。与 dT/ds 平行的法矢称为曲线在该点的主法矢,其单位矢量称为单位主法矢量,记为 N。矢量积 $B = T \times N$ 是第三个单位矢量,它垂直于 T 和 N。把平行于矢量 B 的法矢称为曲线在该点的副法矢,B 称为单位副法矢量。

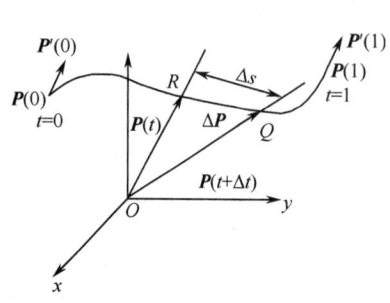

图 5.1 表示一条参数曲线的有关矢量

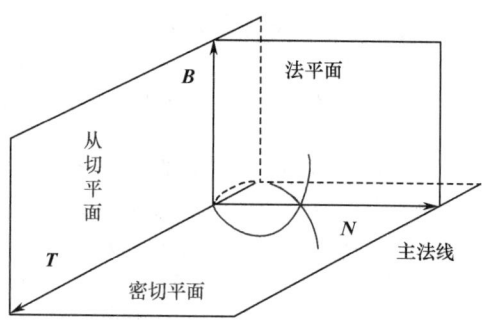

图 5.2 曲线的法矢量

对于一般参数 t,可以推导出

$$B = \frac{P'(t) \times P''(t)}{|P'(t) \times P''(t)|} \tag{5.11}$$

$$N = B \times T = \frac{P'(t) \times P''(t) \times P'(t)}{|P'(t) \times P''(t) \times P'(t)|} \tag{5.12}$$

T(切矢)、N(主法矢)和 B(副法矢)构成了曲线上的活动坐标架,且 N、B 构成的平面称为法平面,N、T 构成的平面称为密切平面。B、T 构成的平面称为从切平面。

(4)曲率和挠率。设参量为 s,T(切矢)、N(主法矢)和 B(副法矢)均为 s 的函数 $T(s)$~$B(s)$ 和 $N(s)$。已知 dT/ds 与 N 平行,令 $T'(s) = kN$,有

$$k = |T'(s)| = \lim_{\Delta s \to 0} \left|\frac{\Delta T}{\Delta s}\right| = \lim_{\Delta s \to 0} \left|\frac{\Delta T}{\Delta \theta}\right| \cdot \left|\frac{\Delta \theta}{\Delta s}\right| \tag{5.13}$$

即

$$k = \lim_{\Delta s \to 0} \left|\frac{\Delta \theta}{\Delta s}\right| \tag{5.14}$$

称为曲率。其几何意义是曲线的单位切矢对弧长的转动率(如图 5.3(a)),与主法矢同向,曲率的倒数 $\rho = 1/k$,称为曲率半径。

又 $B(s)T(s) = 0$,两边对 s 求导得:$B'(s)T(s) + B(s)T'(s) = 0$。将 $T' = kN$ 代入上式,并注意到 $B(s) \cdot T(s) = 0$,得:$B'(s) \cdot T(s) = 0$。因为 $[B(s)]^2 = 1$,两边对 s 求导得到:$B'(s) \cdot B(s) = 0$。$B'(s)$ 垂直于 $T(s)$ 和 $B(s)$,故 $B'(s) // N(s)$,再令 $B'(s) = -\tau N(s)$,τ 称为挠率。因为

$$|\tau| = \left|\frac{dB}{ds}\right| = \lim_{\Delta \to 0} \left|\frac{dB}{ds}\right| = \lim_{\Delta \to 0} \left|\frac{dB}{d\theta}\right| \left|\frac{d\theta}{ds}\right| \tag{5.15}$$

即

$$|\tau| = \lim_{\Delta s \to 0} \left|\frac{\Delta \theta}{\Delta s}\right| \tag{5.16}$$

即挠率的绝对值等于副法线方向(或密切平面)对于弧长的转动率(如图 5.3(b))。挠率大于 0、等于 0 和小于 0,分别表示曲线为右旋空间曲线、平面曲线和左旋空间曲线。

同样,对 $N(s) = B(s) \times T(s)$ 两边求导,可以得到:

$$N'(s) = -kT(s) + \tau B(s) \tag{5.17}$$

将 T'、N'、B' 和 T、N、B 的关系写成矩阵的形式为:

$$\begin{bmatrix} T' \\ N' \\ B' \end{bmatrix} = \begin{bmatrix} +0 & +k & +0 \\ -k & +0 & +\tau \\ +0 & -\tau & +0 \end{bmatrix} \begin{bmatrix} T \\ N \\ B \end{bmatrix} \tag{5.18}$$

对于一般参数 t,可导出曲率 k 和挠率 τ 的公式:

$$k = \frac{|P'(t) \times P''(t)|}{|P'(t)|^3} \tag{5.19}$$

$$\tau = \frac{[P''(t) \times P''(t) \times P'''(t)]}{[P'(t) \times P''(t)]^2} \tag{5.20}$$

3. 插值、逼近、拟合和光顺

(1) 插值、逼近和拟合。给定一组有序的数据点 P_i, $i = 0, 1, \cdots, n$,构造一条曲线顺序通过这些数据点,称为对这些数据点进行插值,所构造的曲线称为插值曲线。

(a) 线性插值。给定函数 $f(x)$ 的两个不同点 x_1 和 x_2 的值,用一个线性函数:$y = \phi(x) = ax + b$,近似代替 $f(x)$,称 $\phi(x)$ 为 $f(x)$ 的线性插值函数。其线性函数的系数 a,b 由下式条件来确定,如图 5.4(a)所示。

$$\begin{cases} \phi(x_1) = y_1 \\ \phi(x_2) = y_2 \end{cases} \tag{5.21}$$

(b) 抛物线插值。抛物线插值又称为二次插值。对 3 个互异点 x_1, x_2, x_3,对应已知 $f(x)$ 的函数值为 y_1, y_2, y_3,构造一个函数:$\phi(x) = ax^2 + bx + c$,使 $\phi(x)$ 在 $x_i(i = 1, 2, 3)$ 处与 $f(x)$ 在 x_i 处的值相等,如图 5.4(b)所示,由此可构造 $\phi(x_i) = f(x_i) = y_i (i = 1, 2, 3)$ 的线性方程组,求得 a,b,c,即构造了 $\phi(x)$ 的插值函数。构造一条曲线使之在某种意义下最接近给定的数据点,称为对这些数据点进行逼近,所构造的曲线为逼近曲线。插值和逼近则统称为拟合。

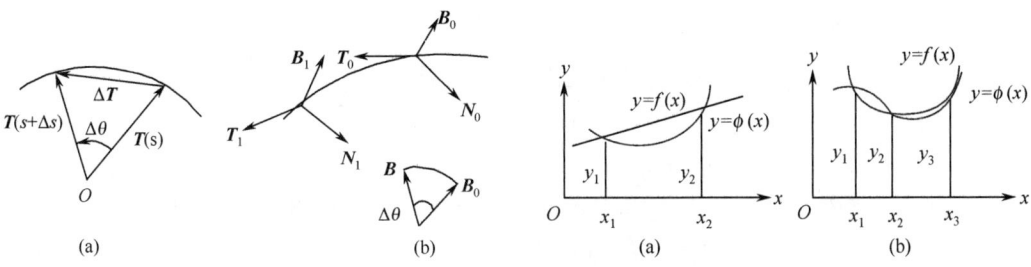

图 5.3 曲率和挠率   图 5.4 线性插值和抛物线插值

(2) 曲线的光顺(firing)。光顺的含义是指曲线的拐点不能太多,平面曲线光顺的条件是具有二阶几何连续性(G^2),不存在多余拐点和奇异点,曲率变化较小。

4. 曲线参数化

过三点 P_0、P_1 和 P_2 构造参数多项式插值抛物线可以有无数条,其原因是参数在[0,1]区间的分割可以有无数种。因为 P_0、P_1 和 P_2 可对应:

$$t_0 = 0, \quad t_1 = 1/2, \quad t_2 = 1; \quad t_0 = 0, \quad t_1 = 1/3, \quad t_2 = 1; \quad \cdots \tag{5.22}$$

每个参数值称为节点(knot)。对于一条插值曲线,型值点 P_0, P_1, P_2, $\cdots$, P_n 与其参数域 $t \in [P_0, P_1]$ 内的节点之间有一种对应关系。对于一组有序的型值点,确定一种参数分割,称之对这组型值点参数化。对于一组型值点（P_0，P_1，P_2，…，P_n）参数化常用方法有以下几种。

（1）均匀参数化（等距参数化）。各节点区间长度 $\Delta t = t_{i-1} - t_i =$ 正常数（$i = 0, 1, \cdots, n-1$），节点在参数轴上呈等距分布，$t_{i-1} = t_i +$ 正常数。

（2）累加弦长参数化。这种参数化法如实反映了型值点按弦长的分布情况，能够克服型值点按弦长分布不均匀的问题。

$$t_0 = 0, \quad t_i = t_{i-1} + |\Delta \boldsymbol{P}_{i-1}|, \quad i = 1, 2, \cdots, n \tag{5.23}$$

其中，$\Delta \boldsymbol{P}_i = \boldsymbol{P}_i - \boldsymbol{P}_{i-1}$，为向前差分矢量，即弦边矢量。

（3）向心参数化法。累加弦长法没有考虑相邻弦边的拐折情况，而向心参数化法假设在一段曲线弧上的向心力与曲线切矢从该弧段始端至末端的转角成正比，加上一些简化假设，得到向心参数化法

$$t_0 = 0; \quad t_i = t_{i-1} + |\Delta \boldsymbol{P}_{i-1}|^{i-2}, \quad i = 1, 2, \cdots, n \tag{5.24}$$

此法适用于非均匀型值点分布。

（4）修正弦长参数化法。设定

$$t_0 = 0; \quad t_i = t_{i-1} + K_i |\Delta \boldsymbol{P}_{i-1}|, \quad i = 1, 2, \cdots, n \tag{5.25}$$

其中

$$K_i = 1 + \frac{3}{2} \left[\frac{|\Delta \boldsymbol{P}_{i-2}| \theta_{i-1}}{|\Delta \boldsymbol{P}_{i-2}| + |\Delta \boldsymbol{P}_{i-1}|} + \frac{|\Delta \boldsymbol{P}_i| \theta_i}{|\Delta \boldsymbol{P}_{i-1}| + |\Delta \boldsymbol{P}_i|} \right] \tag{5.26}$$

$$\theta_i = \min[\pi - \angle \boldsymbol{P}_{i-2} \boldsymbol{P}_i \boldsymbol{P}_{i-1}, \pi/2], \quad |\Delta \boldsymbol{P}_1| = |\Delta \boldsymbol{P}_n| \tag{5.27}$$

弦长修正系数 $K_i \geq 0$。从公式可知，与前后邻弦长 $|\Delta \boldsymbol{P}_{i-2}|$ 及 $|\Delta \boldsymbol{P}_i|$ 相比，$|\Delta \boldsymbol{P}_{i-1}|$ 越小，且与前后邻弦边夹角的外角 θ_{i-1} 和 θ_i（不超过 $\pi/2$ 时）越大，则修正系数 K_j 就越大。

（5）参数区间的规格化。参数化区间一般是 $[t_0, t_n] \neq [0, 1]$；通常将参数区间 $[t_0, t_n]$ 规格化为 $[0, 1]$，只须对参数化区间做如下处理：

$$t_0 = 0, \quad t_i = t_i / t_n, \quad i = 0, 1, 2, \cdots, n \tag{5.28}$$

5.2.2 参数曲线的代数和几何形式

以三次参数曲线为例，讨论其代数和几何形式。

1. 代数形式

三次曲线的代数形式是

$$\begin{cases} x(t) = a_{3x} t^3 + a_{2x} t^2 + a_{1x} t + a_{0x} \\ y(t) = a_{3y} t^3 + a_{2y} t^2 + a_{1y} t + a_{0y} \\ z(t) = a_{3z} t^3 + a_{2z} t^2 + a_{1z} t + a_{0z} \end{cases} \quad t \in [0, 1] \tag{5.29}$$

方程组中 12 个系数唯一地确定了一条 3 次参数曲线的位置与形状。将上式写成矢量式：

$$\boldsymbol{P}(t) = \boldsymbol{a}_3 t^3 + \boldsymbol{a}_2 t^2 + \boldsymbol{a}_1 + \boldsymbol{a}_0 \quad t \in [0, 1] \tag{5.30}$$

其中，$\boldsymbol{a}_0$，$\boldsymbol{a}_1$，$\boldsymbol{a}_2$，$\boldsymbol{a}_3$ 为代数系数矢量，$\boldsymbol{P}(t)$ 是三次参数曲线上任一点的位置矢量。

2. 几何形式

描述参数曲线的条件有：端点位矢、端点切矢、曲率等。对三次参数曲线，若用其端点位（置）矢量 $\boldsymbol{P}(0)$、$\boldsymbol{P}(1)$ 和切线矢量 $\boldsymbol{P}'(0)$、$\boldsymbol{P}'(1)$ 描述。将 $\boldsymbol{P}(0)$、$\boldsymbol{P}(1)$、$\boldsymbol{P}'(0)$ 和 $\boldsymbol{P}'(1)$ 简记为 $\boldsymbol{P}_0$、$\boldsymbol{P}_1$、$\boldsymbol{P}'_0$ 和 $\boldsymbol{P}'_1$，代入式（5.30），得

$$\begin{cases} \boldsymbol{a}_0 = \boldsymbol{P}_0 \\ \boldsymbol{a}_1 = \boldsymbol{P}'_0 \\ \boldsymbol{a}_2 = -3\boldsymbol{P}_0 + 3\boldsymbol{P}_1 + 2\boldsymbol{P}'_0 - \boldsymbol{P}'_1 \\ \boldsymbol{a}_3 = 2\boldsymbol{P}_0 - 2\boldsymbol{P}_1 + \boldsymbol{P}'_0 + \boldsymbol{P}'_1 \end{cases} \tag{5.31}$$

将式（5.31）代入式（5.30）整理后得：
$$\boldsymbol{P}(t) = (2t^3 - 3t^2 + 1)\boldsymbol{P}_0 + (-2t^3 + 3t^2)\boldsymbol{P}_1 + (t^3 - 2t^2 + t)\boldsymbol{P}_0' + (t^3 - t^2)\boldsymbol{P}_1' \quad t \in [0,1] \quad (5.32\text{a})$$
令
$$F_0(t) = 2t^3 - 3t + 1$$
$$F_1(t) = -2t^3 + 3t^2$$
$$G_0(t) = t^3 - 2t^2 + t$$
$$G_1(t) = t^3 - t^2$$

将 F_0，F_1，G_0，G_1 代入式（5.32a），可将其简化为
$$\boldsymbol{P}(t) = F_0\boldsymbol{P}_0 + F_1\boldsymbol{P}_1 + G_0\boldsymbol{P}_0' + G_1\boldsymbol{P}_1', \quad t \in [0,1] \quad (5.32\text{b})$$

上式是三次 Hermite（Ferguson）曲线的几何形式，几何系数是 P_0、P_1、P_0' 和 P_1'，称为调和函数或混合函数（blending function），如图 5.5 所示。把 F_0、F_1、G_0、G_1 称为调和函数（或混合函数），即该形式下的三次 Hermite 基。它们具有如下性质：

$$\begin{cases} F_i(j) = G_i'(j) = \delta_{ij} = \begin{cases} 1, & i = j \\ 0, & j \neq j \end{cases} \\ F_i'(j) = G_i(j) = 0, \quad i,j = 0,1 \end{cases} \quad (5.33)$$

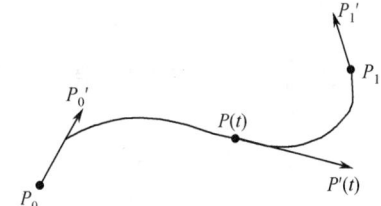

图 5.5 Ferguson 曲线端点位矢和切矢

F_0 和 F_1 专门控制端点的函数值对曲线的影响，而与端点的导数值无关，G_0 和 G_1 则专门控制端点的一阶导数值对曲线形状的影响，而与端点的函数值无关。或者说，F_0 和 G_0 控制左端点的影响，F_1 和 G_1 控制右端点的影响。图 5.6 给出了这四个调和函数的图形。

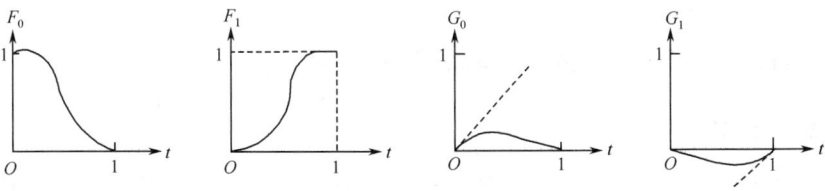

图 5.6 调和函数

调和函数不是唯一的，任何满足式（5.33）C^1 类多项式函数都可以作为调和函数，其中 F_0 和 F_1 必须是单调连续函数。$F_0(t) = 1-t$，$F_1(t) = t$ 是一次多项式调和函数。

3. 连续性

一条复杂曲线常通过多段曲线组合，这需要解决曲线段间的光滑连接过渡。曲线间连接的光滑度的度量有两种：一种是函数的可微性，使组合参数曲线在连接处具有直到 n 阶连续导矢，即 n 阶连接可微，这类光滑度称之为 C^1 或 n 阶参数连续性。另一种称为几何连续性，组合曲线在连接处满足不同于 C^n 的某一组约束条件，称为具有 n 阶几何连续性，简记为 G^n。曲线光滑度的两种度量方法并不矛盾，C^0 连续包含在 G^n 连续之中。对于两条曲线的连续，如图 5.7 所示，对于二次曲线 $P(t)$ 和 $Q(t)$，参数 $t \in [0,1]$。P 若要求在结合处达到 G^0 或 C^n 连续，即两曲线在结合处位置连续：

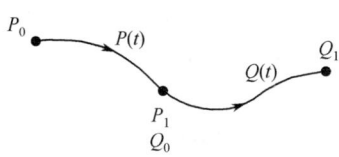

图 5.7 两条曲线的连续性

$$P(1) = Q(0) \quad (5.34)$$

若要求在两条曲线结合处达到 G^1 连续，即结合处在满足 G^0 连续条件下，并有公共的切矢：

$$Q'(0) = \alpha P'(1), \quad \alpha > 0 \tag{5.35}$$

当 $\alpha = 1$ 时，G^0 连续就成为 C^1 连续。若要求在结合处达到 G^2 连续，就是说两条曲线结合处在满足 G^1 连续的条件下，并有公共的曲率矢：

$$\frac{P'(1) \times P''(1)}{|P'(1)|^3} = \frac{Q'(0) \times Q''}{|Q'(0)|^3} \tag{5.36a}$$

代入式（5.35）得：

$$F'(1) \times Q''(0) = \alpha^2 P'(1) \times F''(1)$$

这个关系式为

$$Q''(0) = \alpha^2 P''(1) + \beta P'(1) \tag{5.36b}$$

β 为任意常数。当 $\alpha = 1$，$\beta = 0$ 时，C^1 连续就称为 G^2 连续。但反过来不行。即 C^{n-1} 连续的条件比 G^n 连续的条件要苛刻。

5.3 Bézier 曲线与曲面

1970 年 Bézier 提出曲面设计方法，该设计较为方便，只提供一组空间上的控制顶点，便可确定曲面的整体形状，除了四个角点（corner points）在曲面上，曲面通常不通过其余的控制顶点。当移动某个控制点时，会影响整个曲面的形状，因此，Bézier 曲面难于用于曲面形状的局部控制（local control），是其主要缺点。

1973 年 Riesenfeld 将 B-spline 基应用于电脑辅助设计，便成为曲面设计上最常用的方法。B-spline 曲面的形状也是由一组空间的控制顶点来决定，其优点是当移动某个控制顶点时，曲面的形状只有在受此控制顶点影响到的部分发生变化，其余部分则保持原来的形状，称为局部控制特性，该系统被投入了应用。Bézier 法将函数逼近同几何表示结合起来，在计算机上如同使用作图工具。

5.3.1 Bézier 曲线的数学描述和性质

1. Bézier 曲线的数学描述

设 t 为参量，$P(t)$ 为曲线上任一点的位置矢量，给定空间 $n+1$ 个控制点的位置矢量 P_i（$i = 0, 2, \cdots, n$），则 n 阶 Bézier 参数曲线上各点坐标的插值公式是[7]

$$P(t) = \sum_{i=1}^{n} P_i B_{i,n}(t), \quad t \in [0,1] \tag{5.37}$$

其中，P_i 构成该 Bézier 曲线的特征多边形的各个控制顶点，$B_{i,n}(t)$ 是 n 次 Bernstein 基函数第 i 个控制顶点所对应的调和函数：

$$B_{i,n}(t) = C_n^i t^i (1-t)^{n-i} = \frac{n!}{i!(n-t)} t^i \cdot (1-t)^{n-i}, \quad i = 0,1,2,\cdots,n, \quad 0° = 1, \quad 0! = 1 \tag{5.38}$$

式中，n 为调和函数的阶次（degree），亦即 Bézier 曲线的阶次，n 阶 Bézier 曲线定义 $n+1$ 个控制顶点，例如图 5.8 所示的三次 Bézier 曲线。

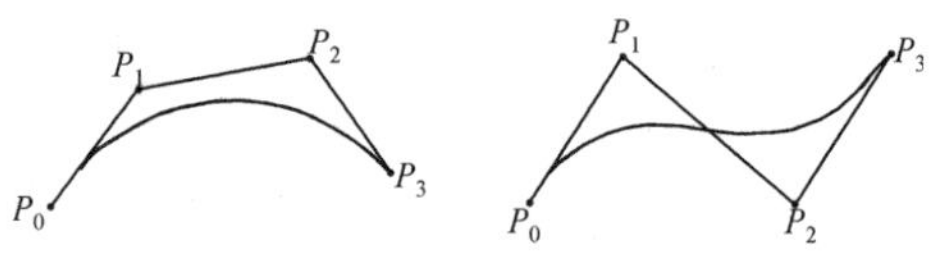

图 5.8 三次 Bézier 曲线

2. Bernstein 基函数的性质

（1）正性

$$B_{i,n}(t) = \begin{cases} = 0, & t = 0, 1 \\ > 0, & t \in (0,1), \quad i = 1, 2, \cdots, n-1 \end{cases} \tag{5.39}$$

(2)端点性质

$$B_{i,n}(0) = \begin{cases} 1, & (i=0) \\ 0, & \text{其他} \end{cases} \tag{5.40}$$

$$B_{i,n}(1) = \begin{cases} 1, & (i=n) \\ 0, & \text{其他} \end{cases}$$

(3)权性

$$\sum_{i=1}^{n} B_{i,n}(t) = 1 \quad t \in (0,1) \tag{5.41a}$$

由二项式定理可知:

$$\sum_{i=1}^{n} B_{i,n}(t) = \sum_{i=0}^{n} C_n^i t^i (1-t)^{n-i} = \left[(1-t)+t\right]^n = 1 \tag{5.41b}$$

(4)对称性

$$B_{i,n}(t) = B_{n-i,n}(t) \tag{5.42a}$$

因为

$$B_{n-i,n}(t) = C_n^{n-i}\left[1-(1-t)\right]^{n-(n-i)} \cdot (1-t)^{n-i} = C_n^i t^i (1-t)^{n-i} = B_{i,n}(1-t) \tag{5.42b}$$

(5)递推性

$$B_{i,n}(t) = (1-t)B_{i,n-1}(t) + tB_{i-1,n-1}(t) \quad (i=0,1,2,\cdots,n) \tag{5.43a}$$

即高一次的 Bernstein 基函数可由两个低一次的 Bernstein 调和函数线性组合而成。因为

$$\begin{aligned} B_{i,n}(t) &= C_n^i t^i (1-t)^{n-i} \\ &= \left(C_{n-1}^i + C_{n-1}^{i-1}\right) t^i (1-t)^{n-i} \\ &= (1-t)C_{n-1}^i t^i (1-t)^{(n-1)-i} + tC_{n-1}^{i-1} t^{i-1}(1-t)^{(n-1)-(i-1)} \\ &= (1-t)B_{i,n-1}(t) + tB_{i-1,n-1}(t) \end{aligned} \tag{5.43b}$$

(6)导函数

$$B'_{i,n}(t) = n\left[B_{i-1,n-1}(t) - B_{i,n-1}(t)\right] \quad i=0,1,2,\cdots,n \tag{5.44}$$

(7)最大值 $B_{i,n}(t)$ 是在 $t=\dfrac{i}{n}$ 处达到最大值。

(8)升阶公式

$$(1-t)B_{i,n}(t) = \left(1-\frac{i}{n+1}\right)B_{i,n+1}(t) \tag{5.45a}$$

$$tB_{i,n}(t) = \frac{i+1}{n+1}B_{i+1,n+1}(t) \tag{5.45b}$$

$$B_{i,n}(t) = \left(1-\frac{i}{n+1}\right)B_{i,n+1}(t) + \frac{i+1}{n+1}B_{i+1,n+1}(t) \tag{5.45c}$$

(9)积分

$$\int_0^1 B_{i,n}(t)\mathrm{d}t = \frac{1}{n+1} \tag{5.46}$$

3. Bézier 曲线性质

1)端点性质

(1)曲线端点位置矢量。由 Bernstein 基函数的端点性质可知,当 $t=0$ 时,$\boldsymbol{P}(0)=\boldsymbol{P}_0$;当 $t=1$ 时,

$P(1)=P_n$。则 Bézier 曲线的起点、终点与相应的特征多边形的起点、终点重合。

（2）切矢量。因为

$$P'(t) = n\sum_{i=0}^{n} P_i \left[B_{i-1,n-1}(t) - B_{i,n-1}(t) \right] = n\sum_{i=0}^{n} \Delta P_i B_{i,n-1}(t) \tag{5.47}$$

其中，$\Delta P_i = P_{i+1} - P_i$，则当 $t=0$ 时，$P'(0) = n(P_1 - P_0)$，当 $t=1$ 时，$P'(1) = n(P_n - P_{n-1})$，即 Bézier 曲线的起点和终点处的切线方向和特征多边形的第一条边及最后一条边的走向一致。

（3）二阶导矢。

$$P(t) = n(n-1)\sum_{i=0}^{n-2}(P_{i+2} - 2P_{i+1} + P_i)B_{i,n-2}(t) \tag{5.48}$$

上式表明：当 $t=0$ 时，$P''(0) = n(n-1)(P_2 - 2P_1 + P_0)$；当 $t=1$ 时，$P''(1) = n(n-1)(P_n - 2P_{n-1} + P_{n-2})$。二阶导矢只与相邻的 3 个顶点有关，事实上，$r$ 阶导矢只与 ($r+1$) 个相邻点有关，与更远点无关。将 $P'(0)$、$P''(0)$ 及 $P'(1)$、$P''(1)$ 代入曲率公式：

$$k(t) = \frac{|P'(t) \times P''(t)|}{|P'(t)|^3} \tag{5.49}$$

可以得到 Bézier 曲线在端点的曲率分别为

$$k(0) = \frac{n-1}{n} \cdot \frac{|(P_1 - P_0) \times (P_2 - P_1)|}{|P_1 - P_0|^3}$$
$$k(1) = \frac{n-1}{n} \cdot \frac{|(P_{n-1} - P_{n-2}) \times (P_n - P_{n-1})|}{|P_n - P_{n-1}|^3} \tag{5.50}$$

（4）k 阶导函数的差分表示。n 次 Bézier 曲线的 k 阶导数可用差分公式表示为

$$P^k(t) = \frac{n!}{(n-k)!}\sum_{i=0}^{n-k}\Delta^k P_i B_{i,n-k}(t), \quad t \in [0,1] \tag{5.51}$$

其中，高阶向前差分矢量由低阶向前差分矢量递推定义：

$$\Delta^k P_i = \Delta^{k-1} P_{i+1} - \Delta^{k-1} P_i \tag{5.52}$$

例如 $\Delta^0 P_i = P_i$，则有

$$\Delta^1 P_i = \Delta^0 P_{i+1} - \Delta^0 P_i = P_{i+1} - P_i$$
$$\Delta^2 P_i = \Delta^1 P_{i-1} - \Delta^1 P_i = P_{i+2} - 2P_{i+1} + P_i \tag{5.53}$$

2）对称性

由控制顶点 $P_i^* = P_{n-i}$，($i=0, 1, \cdots, n$)，构造出的新 Bézier 曲线，与原 Bézier 曲线形状相同，走向相反，因为

$$C^k(t) = \sum_{i=0}^{n} P_i^k B_{i,n}(t) = \sum_{i=0}^{n} P_{n-i} B_{n-i,n}(t) = \sum_{i=0}^{n} P_{n-i} B_{n-i,n}(1-t)$$
$$= \sum_{i=0}^{n} P_i B_{i,n}(1-t), \quad t \in [0,1] \tag{5.54}$$

这个性质说明 Bézier 曲线在起点和在终点处有相同的性质。

3）凸包性

凸包性或称控制网格，由于式（5.41a）

$$\sum_{i=0}^{n} B_{i,n}(t) = 1 \quad t \in (0,1)$$

且 $0 \leq B_{i,n}(t) \leq 1$（$0 \leq t \leq 1$，$i=0, 1, \cdots, n$），则说明当 t 在 [0,1] 区间变化时，对某一个 t 值，$P(t)$ 是特征多边形各顶点的加权平均，权因子依次是 $B_{i,n}(t)$。在几何图形上，意味着 Bézier 曲线 $P(t)$ 在 $t \in [0, 1]$ 中各点是控制点 P_i 的凸线性组合，即曲线落在 P_i 构成的凸包之中，如图 5.9 所示。

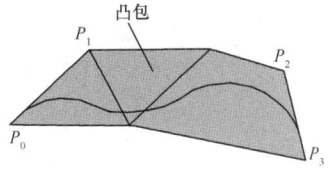

图 5.9 Bézier 曲线凸包性

4）几何不变性

几何不变性是指某些几何特性不随坐标变换而变化的特性。Bézier 曲线的位置和形状与其特征多边形顶点 P_i（$i = 0, 1, \cdots, n$）的位置有关，不依赖坐标系的选择，即

$$\sum_{i=0}^{n} P_i B_{i,n}(t) = \sum_{i=9}^{n} P_i B_{i,n}\left(\frac{u-a}{b-a}\right) \tag{5.55}$$

式中，参变量 u 是 t 的置换。

5）变差缩减性

若 Bézier 曲线的特征多边形 $P_0, P_1, \cdots, P_n$ 是一个平面图形，则平面内任意直线与 $P(t)$ 的交点数不多于该直线与其特征多边形的交点数，此性质称为变差缩减性质，其反映了 Bézier 曲线比其特征多边形波动小，即 Bézier 曲线比特征多边形折线更光顺。

6）仿射不变性

仿射变换可理解为对坐标进行放缩、旋转、平移后取得新坐标的值。对于任意的仿射变换 A：

$$A[P(t)] = A\left[\sum_{i=0}^{n} P_i B_{i,n}(t)\right] = \sum_{i=0}^{n} A[P_i] B_{i,n}(t) \tag{5.56}$$

即在仿射变换下，$P(t)$ 的形式不变。

4. Bezier 曲线特性概括

（1）曲线的多项式之次（阶）（degree）数，比控制顶点的个数少一个。
（2）曲线的形状随着定义控制顶点的不同而改变。
（3）曲线两边切线矢量的方向，即为前面两个控制顶点和后面两个控制顶点所决定的方向。如图 5.8，P_0P_1 和 P_3P_2 为曲线两端切线矢量的方向。
（4）曲线必落在控制顶点所构成的凸多边形（convex hull）内。如图 5.9，曲线必落在凸多边形 $P_0P_1P_2P_3$ 内。

5.3.2 Bézier 曲面

基于 Bézier 曲线的讨论，可以给出 Bézier 曲面的定义和性质，Bézier 曲线的一些算法也可以扩展到 Bézier 曲面[8]。

1. 定义

设 P_0（$i = 0, 1, \cdots, m$，$j = 0, 1, \cdots, n$）为 $(m+1) \times (n+1)$ 个空间点列，则 $m \times n$ 次张量积形式的 Bézier 曲线为：

$$P(u,v) = \sum_{i=0}^{m} \sum_{j=0}^{n} P_{ij} B_{i,m}(u) B_{j,n}(v), \quad u,v \in [0,1] \tag{5.57}$$

其中，$B_{i,m} = C_m^i u^i (1-u)^{m-i}$，$B_{j,n}(v) = C_n^j v^j (1-v)^{n-j}$ 是 Bernstein 基函数。依次用线段连接点列

P_{ij}（$i=0,1,\cdots,m$, $j=0,1,\cdots,n$）中相邻两点所形成的空间网格，称之为特征网格。Bézier 曲面的矩阵表示式为

$$\boldsymbol{P}(u,v) = [B_{0,m}(u) \quad B_{1,m}(u) \quad \cdots B_{m,m}(u)] \begin{bmatrix} P_{00} & P_{01} & \cdots & P_{0m} \\ P_{10} & P_{11} & \cdots & P_{1m} \\ \cdots & \cdots & \cdots & \cdots \\ P_{m0} & P_{mi} & \cdots & P_{mm} \end{bmatrix} \begin{bmatrix} B_{0,m}(v) \\ B_{1,m}(v) \\ \cdots \\ B_{n,m}(v) \end{bmatrix} \quad (5.58)$$

在一般实际应用中，n, m 不大于 4。

2. 性质

除变差减小性质外，Bézier 曲线的其他性质可推广到 Bézier 曲面：

（1）Bézier 曲面特征网格的四个角点正好是 Bézier 曲面的四个角点，即 $P(0,0) = P_{00}$，$P(1,0) = P_{m0}$，$P(0,1) = P_{0n}$，$P(1,1) = P_{mn}$。

（2）Bézier 曲面特征网格最外一圈顶点定义 Bézier 曲面的四条边界，Bézier 曲面边界的跨界切矢只与定义该边界的顶点及相邻一排顶点有关，且 $P_{00}P_{10}P_{01}$、$P_{0n}P_{1n}P_{0,n-1}$、$P_{nm}P_{m,n-1}P_{m-1,n}$ 和 $P_{m0}P_{m-1,0}P_{m1}$（图 5.10 中有阴影的三角形）；其跨界二阶导矢只与定义该边界的顶点及相邻两排顶点有关。

（3）此外 Bézier 曲面还有与 Bézier 曲线相类似的几何不变性、对称性、凸包性等性质。

3. Bezier 曲面片的拼接

如图 5.11 所示，设两张 $m\times n$ 次 Bezier 曲面片

$$\boldsymbol{P}(u,v) = \sum_{i=0}^{m}\sum_{j=0}^{n} P_{ij} B_{i,m}(u) B_{j,n}(v) \quad u,v \in [0,1]$$

$$\boldsymbol{Q}(u,v) = \sum_{i=0}^{m}\sum_{j=0}^{n} Q_{ij} B_{i,m}(u) B_{j,n}(v)$$

（5.59a）

分别由控制顶点 P_{ij} 和 Q_{ij} 定义。

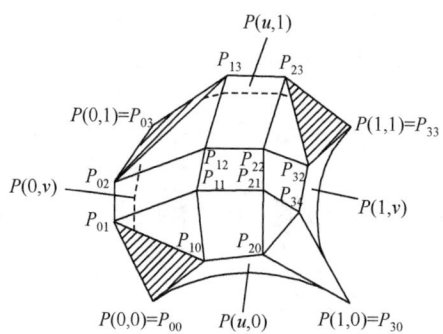

图 5.10 双三次 Bézier 曲面及边界信息图

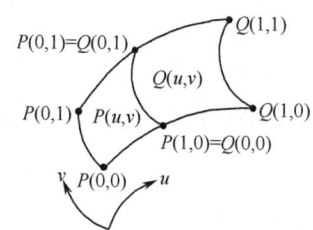

图 5.11 Bézier 曲面片的拼接

如果要求两曲面片达到 G^0 连续，则它们有公共的边界为

$$P(1,v) = Q(0,v) \quad (5.59b)$$

于是有 $P_{ni} = Q_{0i}$，$(i=0,1,\cdots,m)$。

如果要求沿该公共边界达到 G^1 连续，则两曲面片在该边界上有公共的切平面为

$$Q_u(0,v) \times Q_v(0,v) = \alpha(v) P_u(1,u) \times P_v(1,v) \quad (5.59c)$$

满足这个方程的两种方法。

（1）曲面上 v 为常数的所有曲线在跨界时有切向的连续性。

式（5.59c）的简单求解是：

$$Q_u(0,v)=\alpha(v)P_u(1,v) \tag{5.60}$$

这相当于要求合成曲面上 v 为常数的所有曲线在跨界时有切向的连续性。为了保证等式两边关于 v 的多项式次数相同，必须取 $\alpha(v)=\alpha$（α 为一个正常数），则有

$$Q_{1i}Q_{0i}=\alpha P_{ni}P_{n-1,j} \quad (\alpha>0, i=0,1,2,\cdots,m)$$

即

$$Q_{1i}-Q_{0i}=\alpha(P_{ni}-P_{n-1,i}) \quad (\alpha>0, i=0,1,2,\cdots,m)$$

（2）曲面边界的 u 向和 v 向的光滑连续性控制。

式（5.60）使得两张曲面片在边界达到 G^1 连续时，只涉及曲面 $P(u,v)$ 和 $Q(u,v)$ 的两列控制顶点，比较容易控制。用这种方法匹配合成的曲面的边界，u 向和 v 向是光滑连续的。实际上，该式的限制是苛刻的。

为了构造合成曲面时有更大的灵活性，Bézier 在 1972 年放弃把式（5.60）作为 G^1 连续的条件，而以下式来满足式（5.59c）

$$Q_u(0,v)=\alpha(v)P_u(1,v)+\beta(v)P_v(1,v) \tag{5.61}$$

式中，α 须为任意正常数；$\beta(v)$ 是 v 的任意线性函数，以保证等式两边关于 v 的多项式次数相同。这时，要求 $Q_u(0,v)$ 位于 $P_u(1,v)$ 和 $P_v(1,v)$ 所在的同一个平面内，即曲面片 $P(u,v)$ 边界上相应点处的切平面。这样就有了较多的余地，但跨界切矢在跨越曲面片的边界时就可能不再连续了。

总之，Bézier 曲线通常只通过第一个和最后一个控制顶点，而 Bézier 曲面只通过最外面的四个控制角点（corner points），其他的控制点则是用来决定曲线或曲面的整体形状。故可以利用改变控制顶点的位置或数目，来设计曲线或曲面。

4. Bézier 曲线及曲面的局部控制性能不理想的主要原因

（1）Bézier 曲线的阶次（degree）永远比控制顶点少一个。故当控制点个数增加或减少时，其连续性亦随之改变。如当插入一个控制顶点时，其连续性立即随之增加（阶次增加），使整个曲线变得更平顺，同时会使曲线各个控制顶点形成多边形。

（2）中间控制顶点所对应的调和函数值不等于零。曲线上除了第一个和最后一个插值点之外，每个控制顶点所对应的调和函数值都不等于零，即曲线上插值点的位置同时受到所有控制顶点位置的影响，当改变某控制顶点的位置时，整个曲线的形状会因重新调整而发生相应的变动。故 Bézier 曲面通常较适合做整体形状设计，而不太适合局部修改曲面的形状，这为其另一缺点。

5.4 B 样条（B-spline）曲线与曲面

以 Bernstein 基函数构造的 Bézier 曲线或曲面有许多优点[9,10]，也有不足：其一是 Bézier 曲线或曲面不能做局部修改；其二是 Bézier 曲线或曲面的拼接比较复杂。1972 年，Gordon、Riesenfeld 等人提出了 B 样条方法，保留了 Bézier 方法优点，克服了 Bézier 方法的弱点。

5.4.1 B 样条曲线的数学描述和性质

1. 数学描述

与 Bézier 曲线的定义方法类似，B 样条曲线方程定义为

$$P(t)=\sum_{i=0}^{n}P_iN_{i,k}(t) \tag{5.62a}$$

其中，P_i（$i=0,1,\cdots,n$）是控制多边形的顶点，$N_{i,k}(t)$（$i=0,1,\cdots,n$）称为 k 阶（k-1）次 B 样

条基函数，B 样条基函数是一个称为节点矢量的非递减的参数 t 序列 $T: t_0 \leq t_1 \leq t_2 \leq \cdots \leq t_{n+k}$ 所决定的 k 阶分段多项式，也即为 k 阶（k-1）次多项式。

设有 n 个控制顶点，阶数为 k，则节点矢量中节点的个数 m 可用下面的公式表示：$m = n + k$。只要控制顶点数目和曲线阶数确定，则节点数目就可决定。图 5.12 为不同数目控制点和不同阶数的比较。

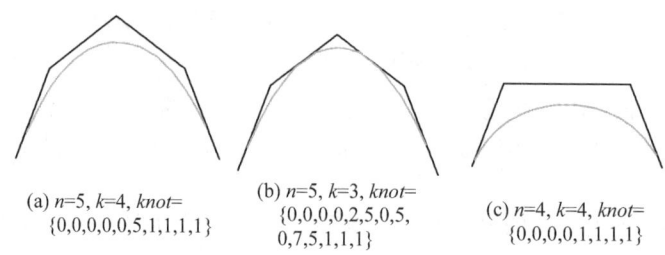

(a) n=5, k=4, knot=
{0,0,0,0,0.5,1,1,1,1}

(b) n=5, k=3, knot=
{0,0,0,0.2,5,0.5,
0.7,5,1,1,1}

(c) n=4, k=4, knot=
{0,0,0,0,1,1,1,1}

图 5.12　不同数目控制点和不同阶数的比较

B 样条有多种等价定义，在理论上较多地采用截尾幂函数的差商定义[11]。现只介绍作为标准算法的 de Boor-Cox 递推定义，又称为 de Boor-Cox 公式。约定 0/0 = 0，

$$N_{i,1}(t) = \begin{cases} 1, & t_i \leq x \leq t_{i+1} \\ 0, & \text{其他} \end{cases}$$
$$N_{i,k}(t) = \frac{t - t_i}{t_{i+k-1} - t_i} N_{i,k-1}(t) + \frac{t_{i+1} - t}{t_{i+k} - t_{i+1}} N_{i+1,k-1}(t) \quad (5.62b)$$

该递推公式表明，欲确定第 i 个 k 阶 B 样条 $N_{i,k}(t)$，需要用到 $t_i, t_{i-1}, \cdots, t_{i+k}$ 共 $k+1$ 个节点，称区间 $[t_i, t_{i+k}]$ 为 $N_{i,k}(t)$ 的支撑区间。曲线方程中，$n+1$ 个控制顶点 $P_i(i = 0, 1, \cdots, n)$，要用到 $n+1$ 个 k 阶 B 样条 $N_{i,k}(t)$。它们支撑区间的并集构成了这一组 B 样条基的节点矢量 $\boldsymbol{T} = [t_0 \ t_1 \cdots t_{i+k}]$，其中的节点是非递减序列。当节点沿参数轴均匀等距分布，即 $t_{i+1} - t_i =$ 常数时，则表示均匀 B 样条曲线。当节点沿参数轴的分布不等距时，即 $t_{i-1} - t_i \neq$ 常数时，则表示非均匀 B 样条曲线。

2. B 样条曲线性质

（1）局部支撑性

$$N_{i,k}(t) = \begin{cases} \geq 0, & t \in [t_i, t_{i+k}] \\ = 0, & \text{其他} \end{cases} \quad (5.63)$$

（2）权性

$$\sum_{i=0}^{n} N_{i,k}(t) = 1, \quad t \in [t_{k-1}, t_{n+1}] \quad (5.64)$$

（3）微分公式

$$N'_{i,k} = \frac{k-1}{t_{i+k-1} - t_i} N_{i,k-1}(t) - \frac{k-1}{t_{i+k} - y_{i+1}} N_{i+1,k-1}(t) \quad (5.65)$$

3. B 样条曲线类型的划分

曲线按其首末端点是否重合，分为闭曲线和开曲线。闭曲线又分为周期和非周期两种，前者在首末端点是 C^2 连续的，而后者一般是 C^0 连续的。非周期闭曲线可以认为是开曲线的特例，按开曲线处理。

B 样条曲线按其节点矢量中节点的分布情况，可划分为四种类型。假定控制多边形的顶点为 $P_i(i = 0, 1, \cdots, n)$，阶数为 k（次数为 k-1），则节点矢量是 $\boldsymbol{T} = [t_0 \ t_1 \cdots t_{i+k}]$。

1)均匀B样条曲线

节点矢量中节点为沿参数轴均匀或等距分布,所有节点区间长度 $\Delta_i = t_{i+1}-t_i$ =常数>0($i = 0, 1, \cdots, n+k-1$),这样的节点矢量定义了均匀的B样条基。图5.13是三次均匀的B样条曲线。

2)准均匀的B样条曲线

与均匀B样条曲线的差别在于两端节点具有重复度 k,这样的节点矢量定义了准均匀的B样条基。

均匀B样条曲线在曲线定义域内各节点区间上具有用局部参数表示的统一的表达式,使得计算与处理较方便。但用它定义的均匀B样条曲线没有保留Bézier曲线端点的几何性质,即样条曲线的首末端点不再是控制多边形的首末端点。采用准均匀的B样条曲线就是为了解决这个问题,使曲线在端点的行为有较好的控制,如图5.14所示。

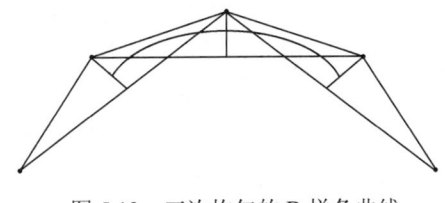
图5.13 三次均匀的B样条曲线

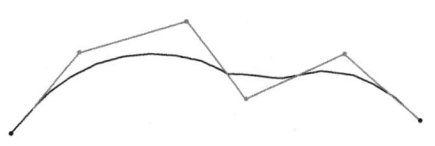
图5.14 准均匀三次B样条曲线

3)分段Bézier曲线

节点矢量中两端节点具有重复度 k,所有内节点重复度为 $k-1$,这样的节点矢量定义了分段的Bernstein基。

B样条曲线用分段Bézier曲线表示后,各曲线段具有相对独立性,移动曲线段内的一个控制顶点只影响该曲线段的形状,对其他曲线段的形状没有影响,并且Bézier曲线一整套简单有效的算法都可以采用。其他三种类型的B样条曲线可通过插入节点的方法转换成分段Bézier曲线类型,缺点是增加了定义曲线的数据,控制顶点数及节点数都将增加。分段Bézier曲线实例如图5.15所示。

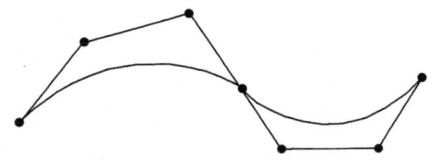
图5.15 三次分段Bézier曲线

4)非均匀B样条曲线

在这种类型里,任意分布的节点矢量 $T = [t_1\ t_2\ \cdots\ t_{n+k}]$,只要在数学上成立(节点序列非递减,两端节点重复度≤k,内节点重复度≤$k-1$ 都可选取。这样的节点矢量定义了非均匀B样条基。

5.4.2 B样条曲线的性质

(1)局部性。由于B样条的局部性,k 阶B样条曲线上参数为 $t\in[t_i, t_{i+1}]$ 的一点 $P(t)$ 至多与 k 个控制顶点 $P_j(j = i-k+1, \cdots, i)$ 有关,与其他控制顶点无关;移动该曲线的第 i 个控制顶点 P_i 至多影响到定义在区间 (t_i, t_{i+k}) 上部分曲线的形状,对曲线的其余部分不产生影响。

(2)连续性。$P(t)$ 在 r 重节点 $t_i (k \leq i \leq n)$ 处的连续阶不低于 $k-1-r$。整条曲线 $P(t)$ 的连续阶不低于 $k-1-r_{max}$,其中 r_{max} 表示位于区间 (t_{k-1}, t_{n+2}) 内的节点的最大重数。

(3)凸包性。$P(t)$ 在区间 (t_i, t_{i+1}),$k-1 \leq i \leq n$ 上的部分位于 k 个点 $P_{r-k+1}, \cdots, P_i$ 的凸包 C_r 内,整个曲线则位于各凸包 C_r 的并集 $\bigcup_{i=k-1} C_i$ 之内。

(4)分段参数多项式。$P(t)$ 在每一区间 (t_i, t_{i+1}),$k-1 \leq i \leq n$ 上都是次数不高于 $k-1$ 的参数 t 的多项式,$P(t)$ 是参数 t 和 $k-1$ 次分段多项式。

(5)导数公式。由B样条基的微分差分公式,有

$$P'(t) = \left(\sum_{i=0}^{n} P_i N_{i,k}(t)\right)' = \sum_{i=0}^{n} P_i N'_{i,k}(t) = (k-1)\sum_{i=1}^{n}\left(\frac{P_i - P_{i-1}}{t_{i+k-1} - t_i}\right)N_{i,k-1}(t), \quad t \in [t_{k-1}, t_{n+1}] \quad (5.66)$$

（6）变差缩减性。设平面内 $n+1$ 个控制顶点 P_0，P_1，…，P_n 构成 B 样条曲线 $P(t)$的特征多边形。在该平面内任一条直线与 $P(t)$的交点个数不多于该直线和特征多边形的交点个数。

（7）几何不变性。B 样条曲线的形状和位置与坐标系的选择无关。

（8）仿射不变性。对任一仿射变换 A：

$$A[P(t)] = \sum_{i=0}^{n} A[P_i] N_{i,k}(t) \quad t \in [t_{k-1}, t_{n+1}] \quad (5.67)$$

即在仿射变换下，$P(t)$的表达式具有形式不变性。

（9）直线保持性。控制多边形退化为一条直线时，曲线也退化为一条直线。

（10）造型的灵活性。用 B 样条曲线可以构造直线段、尖点、切线等特殊情况，三次 B 样条曲线的一些特例如图 5.16 所示。对于四阶（order）或三次（degree）样条曲线 $P(t)$，若要在其中得到一条直线段，只要 P_i、P_{i+1}、P_{i+2}、P_{i+3} 四点位于一条直线上，此时 $P(t)$对应的 $t_{i+3} \leq t \leq t_{i+4}$ 的曲线即为一条直线，且和 P_i、P_{i+1}、P_{i+2}、P_{i+3} 所在的直线重合。为了使曲线 $P(t)$和某一直线 L 相切，只要取 P_i、P_{i+1}、P_{i+2} 位于 L 上及 t_{i+3} 的重数不大于 2。

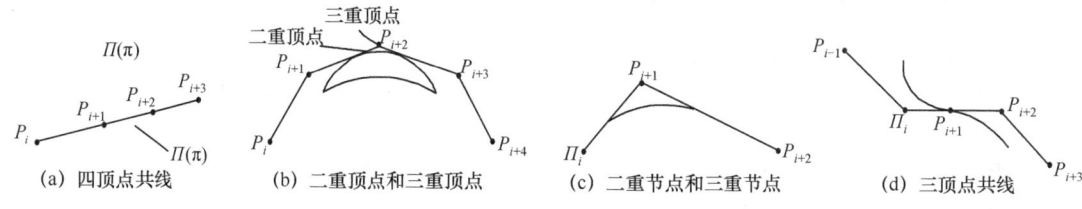

图 5.16　三次 B 样条曲线的一些特例

总之，B 样条的特性可简单归纳为：曲线最大阶(order)数为控制顶点的数目；阶数为 k 的曲线 $p(t)$即为 $k-1$ 次（degree）的多项式，并存在 $p(t)$的 $k-2$ 阶微分且连续；阶数为 k 的曲线必会落在由相邻 k 个控制顶点所构成的凸多边形内，故曲线的外形的改变由控制顶点的位置来决定；当一个控制顶点移动时，其影响曲线变动的范围只有 k 个节点区间。

由 B 样条的数学描述可知，影响曲线或曲面外形的因素有：一为节矢量，其对于 B 样条的基函数有重要作用，利用节矢量可决定某控制顶点影响曲线的范围，使每个控制顶点只影响某一范围内的曲线或曲面形状，而不影响其他部分的形状，此即为局部控制特性，为其重要优点。二为阶数和控制顶点，B 样条曲线或曲面的阶数和控制顶点数目可单独指定，而其阶数必须介于 2 到其控制顶点数目之间才有意义。这是因为 2 阶的 B 样条曲线为通过各控制顶点的直线段，故 B 样条的曲线的阶数不可低于 2。而 $n+1$ 个控制顶点所能定义的多项式的最高次数为 n 次，所以，B 样条曲线的阶数不可超过其控制顶点的数目。由上述可知，B 样条改进了 Bézier 曲线或曲面的阶数受限于控制顶点的数目的缺点，B 样条的优越的局部控制特性，使其在电脑辅助设计中使用很方便。

5.4.3　B 样条曲面的表示

参数轴 u 和 v 的节点矢量 $U = [u_0\ u_1\ \cdots\ u_{m+p}]$ 和 $V = [v_0\ v_1\ \cdots\ v_{n+q}]$，$p \times q$ 阶 B 样条曲面定义为

$$P(u,v) = \sum_{i=0}^{m}\sum_{j=0}^{n} P_{ij} N_{i,p}(u) N_{j,q}(v) \quad (5.68a)$$

式中，$P_{i,j}$（$i = 0, 1, \cdots, m$；$j = 0, 1, \cdots, n$)）是给定空间的 $(m+1) \times (n+1)$个控制顶点列，构成一张控

制网格,称为 B 样条曲面的特征网格。$N_{i,p}(u)$ 和 $N_{j,q}(v)$ 是 B 样条基函数,u, v 为矩形域两个方向的参数,其阶数和次数分别为 j 与 q。B 样条基函数分别由以下公式决定:

$$\begin{cases} N_{i,1}(u) = \begin{cases} 1, & x_i \leqslant u \leqslant x_{i+1} \\ 0, & \text{其他} \end{cases} \\ N_{i,p}(u) = \dfrac{(u-x_i)N_{i,p-1}(u)}{x_{i+p-1}-x_i} + \dfrac{(x_{i+k}-u)N_{i+1,p-1}(u)}{x_{i+p}-x_{i+1}} \\ N_{i,1}(v) = \begin{cases} 1, & y_j \leqslant u \leqslant y_{j+1} \\ 0, & \text{其他} \end{cases} \\ N_{j,q}(u) = \dfrac{(v-y_j)N_{j,q-1}(v)}{y_{j+q-1}-y_j} + \dfrac{(y_{j+1-v}-v)N_{j+1,q-1}(v)}{y_{j+q}-y_{j+1}} \end{cases} \quad (5.68b)$$

其中,x_i 和 y_j 分别为 U 方向及 V 方向节点矢量中的节点。如同 Bézier 曲面,B-spline 曲面的控制顶点形成一多边形网络,如图 5.17 所示。B-spline 曲面比 B-spline 曲线多一个方向的参数定义,故 B-spline 曲面的特性和前述 B-spline 曲线大致相同。

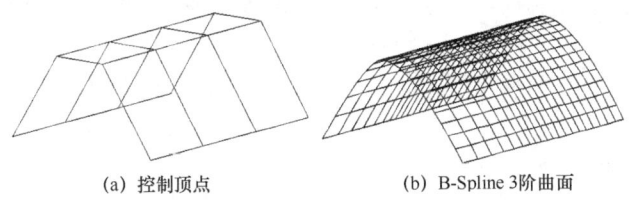

(a) 控制顶点　　　　　(b) B-Spline 3 阶曲面

图 5.17　B-spline 曲面

5.5　双三次均匀 B 样条曲面

在空间结构的曲面设计中,常使用初等解析曲面,例如平面、圆柱面、圆锥面、球面、抛物面等。随着自由曲面的应用,只用一些离散数据点来确定曲面,难以实现造型,给空间结构曲面设计带来困难,因此,研究构造自由插值曲面的方法是必要的。

在工业产品造型、机械设计制造等领域,计算机辅助几何设计(computer aided geometric design,CAGD)的 Bézier、B 样条、NURBS 等方法在自由曲线和曲面设计中得到广泛的研究和应用,其中双三次 B 样条插值曲面具有需要信息量少、计算简单、易于程序实现等优点,实践中较多地用到的 C^2 连续的双三次 B 样条插值曲面方法[12]。

5.5.1　B 样条曲面

在讨论 B 样条曲面理论之前,首先简述 B 样条曲线的基本概念。

1. 样条曲线的基本概念

(1) 自由曲线(曲面)。在结构初始设计阶段,描述其外形的曲线或曲面通常只有大致形状或只知道描述它的一些空间点列(型值点),这类没有数学表达式的曲线或者曲面称为自由曲线或自由曲面。

(2) 样条曲线。B 样条曲线是经过一系列给定点的光滑曲线,它不仅通过各有序数据点,并且在各数据点处一阶和二阶导数连续。即该曲线具有连续的、曲率变化均匀的特点。

(3) 控制点。控制多边形样条曲线是由一些折线组成的多边形构造出来的,即以数值计算的方法,用光滑的参数曲线段逼近该折线多边形,就构造出一条样条曲线。改变该多边形的顶点和个数,

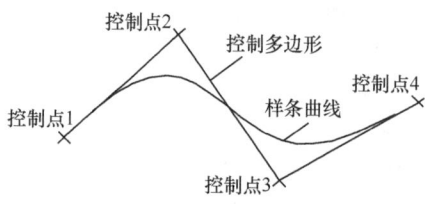

图 5.18 样条曲线的表示

会影响曲线的形状。这里所说的折线多边形就是样条曲线的控制多边形。构成控制多边形的各段折线的端点，就是控制点。样条曲线的表示如图 5.18 所示，只有特殊情况下，样条曲线才能通过控制点。

（4）型值点。所求的曲线（曲面）上给定的数据点。

（5）参数化。B 样条方法是用参数化分段有理多项式来表示曲线或曲面的。给定了一个具体的参数曲线方程，就是使该曲线参数化。它既决定了该曲线的形状，又决定了该曲线上的点与参数域内点之间的对应关系。

（6）B 样条曲线的次数。样条曲线的次数是由其数学定义中的基函数决定的。即样条曲线的一段光滑参数曲线段，由控制多边形的相邻连续的几段折线段决定，就是几次样条。二次样条的曲线段与相应的两段折线段及三个控制多边形顶点有关，改变其中一个顶点，将影响到样条曲线段形状。同样，对于三次样条曲线段由相应的三段折线段、四个控制点决定。

（7）B 样条曲线的阶数。样条曲线的阶数是次数加一。样条曲线的阶数越高，需要的控制点越多，如图 5.18 所示，四个控制顶点可以构造四阶三次的曲线。

（8）正算。由已知的控制顶点按照一定的算法构造曲线的过程。对于曲面来说就是由控制网格构造曲面。

（9）反算。控制顶点或网格并非由设计者事先确定，而是根据目标曲线或曲面上已知的有序型值点反求而得。

2. B 样条曲线的基函数

与式（5.62a）相似，假设：$N_{i,k}(t)$ 是相应于参数 t 轴上不均匀分割的 k 阶 B 样条基函数，则称

$$P(t) = \sum_{i=0}^{n} N_{i,k}(t) p_i \qquad t_k \leqslant t \leqslant t_{n+1}, n \geqslant k \tag{5.69a}$$

为相应于节点矢量 $\boldsymbol{T} = \{t_j\}_{j=-\infty}^{+\infty}$ 的 k 阶（$k-1$ 次）非均匀 B 样条曲线。p_i 即控制顶点，$p_1, p_2, \cdots, p_n$ 即为控制多边形。

上式中 k 阶即 $k-1$ 次非均匀 B 样条基函数 $N_{i,k}(t)$ 与式（5.62b）相似，定义如下：

$$\begin{cases} N_{i,1}(t) = \begin{cases} 1, & t \in [t_i, t_{i+1}] \\ 0, & 其他 \end{cases} \\ N_{i,k}(t) = \dfrac{t - t_i}{t_{i+k-1} - t_i} N_{i,k-1}(t) + \dfrac{t_{i+k} - t}{t_{i+k} - t_{i+1}} N_{i+1,k+1}(t), \quad k \geqslant 2 \end{cases} \tag{5.69b}$$

此处规定，凡出现 0/0 的项均认为是 0。$\boldsymbol{T}$ 称为节点序列或节点矢量，t_j 称为节点；且若 $t_{j-1} < t_j = t_{j+1} = \cdots = t_{j+l-1} < t_{j+l}$，则称 $t_j, t_{j+1}, \cdots, t_{j+l-1}$ 为 $\boldsymbol{T}$ 的 l 重节点。

3. B 样条曲面

首先必须了解曲面的造型过程。若给定 $(m+1) \times (n+1)$ 个控制顶点 $p_{i,j}$，（$i = 0, 1, \cdots, m$；$j = 0, 1, \cdots, n$）的阵列，就构成一张控制网络，即曲面的控制点；$P(u, w)$ 为 $m \times n$ 次 B 样条曲面片。其方程式与式（5.68a）相似[12]：

$$P(u, v) = \sum_{i=0}^{m} \sum_{j=0}^{n} N_{i,k}(u) N_{j,l}(v) p_{i,j}, \qquad u_k \leqslant u \leqslant u_{m+1}, v_l \leqslant v \leqslant v_{n+1} \tag{5.70}$$

其中，$N_{m,i}(u), i = 0, 1, \cdots, m$ 与 $N_{n,j}(v), j = 0, 1, \cdots, n$ 分别为 m、n 次 B 样条基函数；u, v 为矩形域两个方向的参数，其阶数和次数分别为 k 与 l。

将 $k=3, l=4$（阶数是 4，次数是 3）代入式（5.69a），式（5.69b），式（5.70）就是三次 B 样条曲线或曲面。图 5.19 所示是由一个 3×4 控制网格构造的 2×3 次的 B 样条曲面。

以上所述都是正算的过程，即从已知的控制点求出节点向量 T 和基函数 N，可得到曲面。设计中如果不满足要求，可以通过移动控制顶点、增删控制顶点以及改变曲线的次数来修改曲线形状，直到满意为止。有时得到的是已知目标曲面上的一些数据点，即以型值点反求控制顶点再得插值曲面的逆过程也是具有实际意义的。

图 5.20 所示为任意给定矩形域上的 4×4 数据点插值造型的曲面，类似马鞍曲面的数据点和造型结果，曲面的两端分别为相同或不同曲率圆弧或样条曲线。上图为数据点（型值点），下图为插值造型结果，该曲面是严格通过数据点生成曲面的示例。

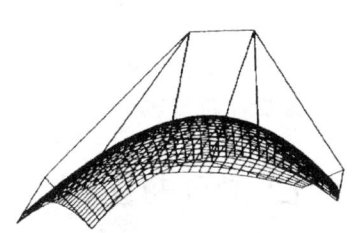
图 5.19 B 样条曲面（曲面不经过控制点）

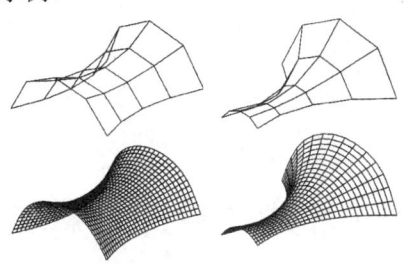
图 5.20 任意给定矩形域上的 4×4 数据点插值造型的曲面（两端相同和两端不同曲率的马鞍曲面的数据点和造型结果）

上面推导了通过型值点的双三次 B 样条插值曲面方程。通过算例可以看出，C^2 连续的双三次 B 样条插值曲面造形效果是令人满意的，而且它易于和现有空间结构软件结合，这一点有利于曲面的设计、修改和验证，因此适用于空间结构工程中的自由曲面造型设计要求。

5.5.2 双三次均匀 B 样条曲面的矩阵公式

双三次 B 样条曲面 $P(u,v)$ 由 4×4 控制点阵定义为

$$P = \begin{bmatrix} P_{0,0} & P_{0,1} & P_{0,2} & P_{0,3} \\ P_{1,0} & P_{1,1} & P_{1,2} & P_{1,3} \\ P_{2,0} & P_{2,1} & P_{2,2} & P_{2,3} \\ P_{3,0} & P_{3,1} & P_{3,2} & P_{3,3} \end{bmatrix} \quad (5.71a)$$

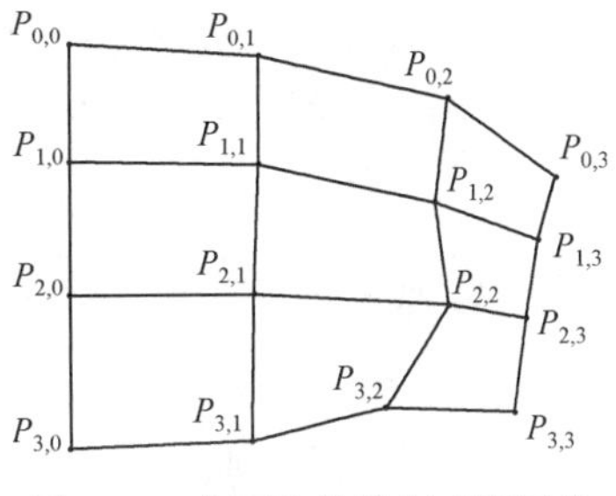

P 亦称为空间特征网格矩阵，由式中的 16 个控制顶点组成。曲面片的控制点阵网格如图 5.21 所示。此处，由式（5.70）可写出双三次均匀 B 样条曲面片的矩阵形式：

图 5.21 曲面片的控制点阵网格

$$P(u,v) = UMPM^\mathrm{T}V^\mathrm{T} \quad (5.71b)$$

式中，U 和 V 为参数矩阵：

$$U = \begin{bmatrix} u^3 & u^2 & u & 1 \end{bmatrix} \quad (0 \leqslant u \leqslant 1) \quad (5.71c)$$

$$V = \begin{bmatrix} v^3 & v^2 & v & 1 \end{bmatrix} \quad (0 \leqslant v \leqslant 1) \quad (5.71d)$$

对于双三次 B 样条曲面，常量矩阵 M 为 4×4 矩阵

$$M_\mathrm{B} = \frac{1}{6}\begin{bmatrix} -1 & 3 & -3 & 1 \\ 3 & -6 & 3 & 0 \\ -3 & 0 & 3 & 0 \\ 1 & 4 & 1 & 0 \end{bmatrix} \quad (5.71e)$$

故有

$$P(u,v) = \begin{bmatrix} 1 & u & u^2 & u^3 \end{bmatrix} MPM^{\mathrm{T}} \begin{bmatrix} 1 \\ v \\ v^2 \\ v^3 \end{bmatrix} \quad (5.71\mathrm{f})$$

当参数 u 和 v 在[0,1]之间遍历时，就可以得到一张双三次 B 样条曲面片。

双三次均匀 B 样条曲面便于精细化处理[13]，即是曲面细分，设其基于均匀 B 样条曲面的二元细分方法（即在每次细分处理时，把矩形域两个方向参数 u,v 各取一半进行计算处理）。通常，它们被初始的多角网格来定义，随着由多角网格给出的细分操作将产生一个有大量的多角形单元的新的网格，更有望接近最后的结果曲面。重复地对初始网格应用这些细分过程，可以产生一系列（有望）收敛于结果曲面的网格。事实证明，当网格有一个矩形结构和细分过程是均匀 B 样条曲面的二元细分扩展时，将可能导致更好的曲面细分方案，鉴于篇幅不再赘述[14]。

5.6 非均匀有理 B 样条（NURBS）曲线与曲面

5.6.1 NURBS 曲线与曲面

B 样条方法用于表示与设计自由曲线、曲面，而难于表示和设计解析形状，即所谓初等曲线、曲面，因为 B 样条曲线（包括其特例 Bézier 曲线）不能精确表示出除抛物线外的二次曲线，而只能近似表示。非均匀有理 B 样条（nonuniform rational B-spline，NURBS）方法主要是为了找到与描述自由曲线曲面的 B 样条方法既相统一，又能精确表示二次曲线与二次曲面的数学方法[7]。

1. NURBS 方法的主要优点

（1）为标准的解析形状（即前面提到的初等曲线、曲面）和自由曲线、曲面的精确表示与设计提供了数学形式。

（2）可修改控制顶点和权因子，为各种形状设计提供了充分的灵活性。

（3）与 B 样条方法一样，具有明显的几何解释和有力的几何配套技术（包括节点插入、细分、升阶等）。

（4）对几何变换和投影变换具有不变性。

（5）非有理 B 样条、有理与非有理 Bézier 方法可以作为 NURBS 的特例。

2. 应用 NURBS 方法的一些难以解决的问题

（1）比传统的曲线、曲面定义方法需要更多的存储空间。

（2）权因子选择不当会引起畸变。

（3）对搭接、重叠形状的处理很麻烦。

（4）反求曲线、曲面上点参数值的算法不稳定。

5.6.2 NURBS 曲线的定义

NURBS 曲线是由分段有理 B 样条多项式基函数定义的[15]：

$$P(t) = \frac{\sum_{i=0}^{n} w_i P_i N_{i,k}(t)}{\sum_{i=0}^{n} w_i N_{i,k}(t)} = \sum_{i=0}^{n} P_i R_{i,k}(t) \quad (5.72\mathrm{a})$$

$$R_{i,k}(t) = \frac{w_i N_{i,k}(t)}{\sum_{j=0}^{n} w_i N_{i,k}(t)} \tag{5.72b}$$

其中，$R_{i,k}(i = 0, 1, \cdots, n)$ 称为 k 阶有理基函数；$N_{i,k}(t)$ 是 k 阶 B 样条基函数；$P_i(i = 0, 1, \cdots, n)$ 是特征多边形控制顶点位置矢量；w_i 是与 P_i 对应的权因子，首末权 $w_1, w_n > 0$，其余 $w_i \geq 0$，以防止分母为零及保留凸包性质，曲线不因权因子而退化为一点；节点矢量为 $\bm{T} = [t_1\ t_2\ \cdots\ t_{n-k}]$，节点个数是 $m = n+k+1$，其中，n 为控制项的点数，k 为 B 样条基函数的阶数。

对于非周期 NURBS 曲线，常取两端节点的重复度为 k，即有

$$\bm{T} = [\underbrace{\alpha\cdots\alpha}_{k}\ t_{k-1}\cdots t_n\ \underbrace{\beta\cdots\beta}_{k}] \tag{5.72c}$$

在多数实际应用中，$\alpha = 0, \beta = 1$。$P(t)$ 在 $[t_{n-1}, t_{n+1}]$ 区间上是一个 $k-1$ 次有理多项式，$P(t)$ 在整条曲线上具有 $k-2$ 阶连续性，对于三次 B 样条基函数，具有 C^2 连续性。当 $n = k-1$ 时，k 阶 NURBS 曲线变成 $k-1$ 次有理 Bézier 曲线，k 阶 NURBS 曲线的节点矢量中两端节点的节点重复度取成 $k+1$ 就使得曲线具有同次有理 Bézier 曲线的端点几何性质。

1. k 阶有理基函数 $R_{i,k}(t)$ 具有 k 阶 B 样条基函数 $B_{i,k}(t)$ 类似的性质

（1）局部支撑性：$R_{i,k}(t) = 0$，$t \notin [t_i, t_{i-k}]$；

（2）权性：$\sum_{i=0}^{n} R_{i,k}(u) = 1$；

（3）可微性：如果分母不为零，在节点区间内是无限次连续可微的，在节点处 $(k-1-r)$ 次连续可微，r 是该节点的重复度。

（4）若 $w_i = 0$，则 $R_{i,k}(t) = 0$；

（5）若 $w_i = +\infty$，则 $R_{i,k}(t) = 1$；

（6）若 $w_j = +\infty$，且 $j \neq i$，则 $R_{i,k}(t) = 0$；

（7）若 $w_j = 1\ (j = 0, 1, \cdots, n)$，则 $R_{i,k}(t) = N_{i,k}(t)$ 是 B 样条基函数；$w_j = 1(j=0, 1, \cdots, n)$，且

$$\bm{T} = [\underbrace{0\cdots 0}_{k+1}\ \underbrace{1\cdots 1}_{k+1}] \tag{5.73}$$

则 $R_{i,k}(t) = B_{i,k}(t) = N_{i,k}(t)$ 是 Bernstein 基函数。

2. $B_{i,k}(t)$ 与 $N_{i,k}(t)$ 具有类似的性质

NURBS 曲线与 B 样条曲线具有类似的几何性质。

（1）局部性质：k 阶 NURBS 曲线上参数为 $t \in [t_i, t_{i-1}] \subset [t_{k-1}, t_{n+1}]$ 的一点 $P(t)$ 至多与 k 个控制顶点 P_j 及权因子 $w_j = 1\ (j = i-k+1, \cdots, i)$ 有关，与其他顶点和权因子无关；另一方面，若移动 k 次 NURBS 曲线的一个控制顶点 P_i 或改变所联系的权因子仅影响定义在区间 $[t_i, t_{i+k}] \subset [t_{k-1}, t_{n+1}]$ 上的部分曲线的形状。

（2）变差减小性质。

（3）凸包性：定义在非零节点区间 $t \in [t_i, t_{i+1}] \subset [t_{k-1}, t_{n+1}]$ 上曲线段位于定义它的 $k+1$ 个控制顶点 $P_{i-k+1}, \cdots, P_i$ 的凸包内，整条 NURBS 曲线位于所有定义各曲线段的控制顶点的凸包的并集内。所有权因子的非负性，保证了凸包性质的成立。

（4）在仿射与透射变换下的不变性。

（5）在曲线定义域内存在与有理基函数同样的可微性。

（6）如果某个权因子 w_i 为零，那么相应控制顶点 P_i 对曲线没有影响。

（7）若 $w_i \to \infty$，则当 $t \in [t_i, t_{i+1}]$ 时，$P(t) = P_i$。

(8) 非有理 B 样条曲线是 NURBS 曲线的特殊情况。

5.6.3 NURBS 表示

1. 齐次坐标表示

为便于讨论，考虑平面 NURBS 曲线。平面 NURBS 曲线齐次坐标表示如图 5.22 所示，如果给定一组控制顶点 $P_i=(x_i,y_i)$ ($i=0,1,\cdots,n$) 及对应的权因子 $w_i(i=0,1,\cdots,n)$，则在齐次坐标系 xyw 中的控制顶点为 $P_i^w=(w_ix_i,w_iy_i,w_i)(i=0,1,\cdots,n)$。齐次坐标下的 k 阶非有理 B 样条曲线可表示为：

$$P^w(t)=\sum_{i=0}^{n}P_i^w N_{i,k}(k) \quad (5.74)$$

若以坐标原点为投影中心，则得到平面曲线：

$$P(t)=\frac{\sum_{i=0}^{n}w_iP_iN_{i,k}(t)}{\sum_{i=0}^{n}w_iN_{i,k}(t)} \quad (5.75)$$

三维空间的 NURBS 曲线可以定义为：对于给定的一组控制顶点 $P_i(x_i,y_i,z_i)$ ($i=0,1,\cdots,n$) 及对应的权因子

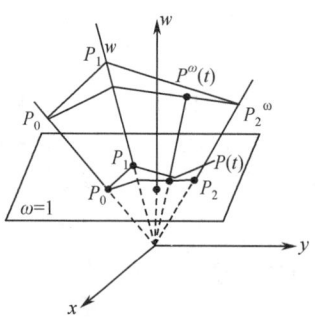

图 5.22 平面 NURBS 曲线齐次坐标表示

w_i ($i=0,1,\cdots,n$)，则有相应的带权控制点 $P_i^w=(w_ix_i,w_iy_i,w_iz_i,w_i)$ ($i=0,1,\cdots,n$)，定义了一条四维的 k 阶非有理 B 样条曲线 $P^w(t)$，然后，取它在第四坐标 $w=1$ 的超平面上的中心投影点，即得三维空间里定义的一条 k 阶 NURBS 曲线 $P(t)$。其包含了明确的几何意义，非有理 B 样条的算法可以推广到 NURBS 曲线，只是在齐次坐标下进行。

2. 权因子的几何意义[8]

由于 NURBS 曲线权因子 w_i 只影响在参数区间中定义在区间 $[t_i,t_{i+k}]\subset[t_{k+1},t_{n+1}]$ 上的那部分曲线的形状，故只须考察整条曲线的这一部分，如果固定曲线的参数 t，而使 w_i 变化，则 NURBS 曲线方程变成 w_i 为参数的直线方程，即 NURBS 曲线上 t 值相同的点都位于同一直线上，NURBS 曲线中的权因子作用如图 5.23 所示。把曲线与有理基函数的记号用包含其权因子 w_i 变量的记号替代。因为 $w_i\to\infty$ 时，$R_{i,k}(t,w_i\to\infty)=1$，故该直线通过控制顶点 P_i，B，N，B_i 分别是 $w_i=0$，$w_i=1$，$w_i\neq 0,1$ 时，对应曲线上的点，即为 $B=P(t,w_i=0)$，$N=P(t,w_i=1)$，$B_i=P(t,w_i\neq 0,1)$，$P_i=P(t,w_i\to\infty)$。令

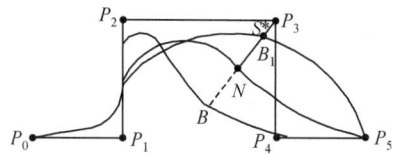

图 5.23 NURBS 曲线中的权因子作用

$$\alpha=R_{i,k}(t,w_i=1), \quad \beta=R_{i,k}(u) \quad (5.76a)$$

N，B_i 可表示为

$$\begin{aligned}N&=(1-\alpha)B+\alpha P_i\\B_i&=(1-\beta)B+\alpha P_i\end{aligned} \quad (5.76b)$$

用 α，β 可得到下述比例关系：

$$\frac{1-\alpha}{\alpha}:\frac{1-\beta}{\beta}=\frac{P_iN}{BN}:\frac{P_iB_i}{BB_i}=w_i \quad (5.77)$$

上式是 (P_i,B_i,N,B) 四点的交比（cross ratio，交比为射影几何学中的一个不变量；有四条线交于一点，则从一条线上的一点出发的截线所截点之间的交比相等。）[16]，由此式可知：若 w_i 增大或减小，则 β 也增大或减小，所以曲线被拉向或推离点 P_i；若 w_j 增大或减小，曲线被推离或拉向点 $P_j(j\neq i)$。

3. 圆锥曲线的 NURBS 表示[7]

若取节点向量为 $T = [0\ 0\ 0\ 1\ 1\ 1]$，则 NURBS 曲线退化为二次 Bézier 曲线，且

$$P(t) = \frac{(1-t^2)w_0 P_0 + 2t(1-t)w_1 P_1 + t^2 w_2 P_2}{(1-t^2)w_0 + 2t(1-t)w_1 + t^2 w_2} \tag{5.78}$$

设：C_{sf} 为形状因子，圆锥曲线的 NURBS 表示如图 5.24 所示。C_{sf} 的值确定了圆锥曲线的类型：

$$C_{sf} = \frac{w_1^2}{w_1 w_2} \tag{5.79}$$

$C_{sf} = 1$ 时，上式是抛物线弧。
$C_{sf} \in (1, +\infty)$ 时，上式是双曲线弧。
$C_{sf} \in (0, 1)$ 时，上式是椭圆弧。
$C_{sf} = 0$ 时，上式退化为一对直线段 $P_0 P_1$ 和 $P_1 P_2$。
$C_{sf} \to +\infty$ 时，上式退化为连接两点 $P_0 P_2$ 的直线段。

4. NURBS 曲线的修改

NURBS 曲线修改的常用方法有修改权因子、控制顶点和反插节点。

1）修改权因子

当保持控制顶点和其他权因子不变，增或减某个权因子时，曲线被推离或拉向相应顶点。设给定 k 阶 (k–1) 次 NURBS 曲线上参数为 t 的一点 S，欲将曲线把该点拉向或推离控制顶点 P_i 一个距离 d，以得到新点 S^*，与点 S^* 对应的权因子 w^* 可由下式计算得到：

$$w^* = w_i \left[1 + \frac{d}{R_{i,k}(t)(P_i S - d)} \right] \tag{5.80}$$

修改权因子如图 5.25 所示，$P_i S$ 表示 P_i 和 S 两点间的距离，曲线沿 $P_i S$ 移动的距离 d 有正负之分，若 S^* 在 P_i 和 S 之间，即曲线移向顶点 P_i 的距离 d 为正，反之为负。

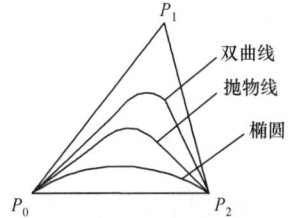

图 5.24 圆锥曲线的 NURBS 表示

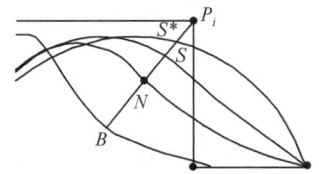

图 5.25 修改权因子

修改过程是先取曲线上一点 S，并确定该点的参数 $t \in [t_j, t_{j+1}]$，再取控制多边形的一个顶点 P_i，它是 $k+1$ 个控制顶点 $P_{j-k+1}, \cdots, P_j$ 中的一个，即 $j-k+1 \leq i \leq j$，便可算出两点间的距离 d。若在直线段 SP_i 上取一个点 S^*，就能确定替代老权因子 w_i 的新权因子 w_i^*，修改后的曲线将通过点 S^*。

2）修改控制顶点

若给定曲线上参数为 t_i 的一点 S，新点 S^* 与点 S 的距离为 d，点 S 指向点 S^* 方向矢量为 V，计算控制顶点 P_i 的新位置 P_i^*，以便曲线上点 S 沿 V 移动距离 d 到新位置 S^*。S^* 可表示为

$$S^* = \sum_{i \neq j=0}^{n} P_j R_{j,k}(t) + (P_i + \alpha V) R_{i,k}(t) \tag{5.81}$$

于是

$$|S^* - S| = d = \alpha |V| R_{i,k}(t) \Rightarrow \alpha = \frac{d}{|V| R_{i,k}(t)} \tag{5.82}$$

由此可得新控制顶点

$$P_i^* = P_i + \alpha V \tag{5.83}$$

3）反插节点

给定控制多边形顶点 P_i 与权因子 w_i ($i=0,1,\cdots,n$)、节点矢量 $\boldsymbol{T}=[t_1\ t_2\ \cdots\ t_{n-k}]$，定义了一条 k 阶 NURBS 曲线，现欲在该多边形的 P_iP_{i+1} 边上取一点 $\overline{P}$，使得点 $\overline{P}$ 成为一个新的控制顶点，这就是所谓反插节点。点 $\overline{P}$ 可按有理线性插值给出：

$$\overline{P} = \frac{(1-s)w_iP_i + sw_{i+1}P_{i+1}}{(1-s)w_i + sw_{i+1}} \tag{5.84a}$$

于是

$$s = \frac{w_i|\overline{P}-P_i|}{w_i|\overline{P}-P_i| + w_{i+1}|P_{i+1}-\overline{P}|} \tag{5.84b}$$

故有

$$\overline{t} = t_{i+1} + s(t_{i+k} - t_{i+1}) \tag{5.84c}$$

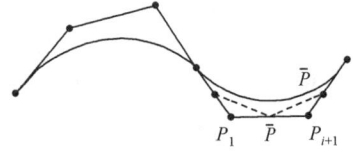

图 5.26 使点 $\overline{P}$ 成为新的顶点

$\overline{t}$ 是使 $\overline{P}$ 成为一个新控制顶点要插入的新节点。当插入新节点 $\overline{t} \in [t_j,\ t_{j+1}]$ 使点 $\overline{P}$ 成为新控制顶点时，将有 $k-2$ 个老控制顶点被包括点 $\overline{P}$ 在内的新控制顶点所代替，如图 5.26 所示。

5.6.4 非均匀有理 B 样条曲面

1. NURBS 曲面的定义

由双参数变量、分段有理多项式定义的 NURBS 曲面是

$$P(u,v) = \frac{\sum\limits_{i=0}^{m}\sum\limits_{j=0}^{n} w_{ij}P_{ij}N_{i,p}(u)N_{j,q}(v)}{\sum\limits_{i=0}^{m}\sum\limits_{j=0}^{n} w_{ij}N_{i,p}(u)_{j,p}(v)} \tag{5.85}$$

$$= \sum_{i=0}^{m}\sum_{j=0}^{n} P_{ij}R_{i,p;\,j,q}(u,v),\quad u,v\in[0,1]$$

式中，P_{ij} 是矩形域上特征网格控制点列，w_{ij} 是相应控制点的权因子，规定四角点处用正权因子，即 $w_{00},\ w_{mn},\ w_{0n},\ w_{nm} > 0$，其余 $w_{ij} \geqslant 0$。$N_{i,p}(u)$ 和 $N_{i,q}(v)$ 是 p 阶和 q 阶的 B 样条基函数，P_i、P_j、$q(u,v)$ 是双变量有理基函数：

$$R_{i,p,j,q} = \frac{w_{ij}N_{i,p}(u)N_{jq}(v)}{\sum\limits_{r=0}^{m}\sum\limits_{s=0}^{n} w_{irs}N_{r,p}(u)N_{s,q}(v)} \tag{5.86a}$$

节点矢量

$$\begin{aligned}\boldsymbol{U} &= \begin{bmatrix} u_0 & u_1 & \cdots & u_{m-p} \end{bmatrix} \\ \boldsymbol{V} &= \begin{bmatrix} v_0 & v_1 & \cdots & v_{n-q} \end{bmatrix}\end{aligned} \tag{5.86b}$$

按 de Boor 递推公式通常具有下面的形式：

$$\begin{aligned}\boldsymbol{U} &= [\underbrace{0\ 0 \cdots 0}_{p}\ u_p\ u_{p-1}\cdots u_{m-p}\ \underbrace{1\ 1\cdots 1}_{q}] \\ \boldsymbol{V} &= [\underbrace{0\ 0 \cdots 0}_{p}\ v_p\ v_{p-1}\cdots u_{n-q}\ \underbrace{1\ 1\cdots 1}_{q}]\end{aligned} \tag{5.86c}$$

2. NURBS 曲面的性质

有理双变量基函数 $R_{i,p;j,q}(u,v)$ 与非有理 B 样条基函数相类似的性质[17]。

（1）局部支承性质：$R_{i,p;j,q}(u,v)=0$，当 $u\in[u_i,u_{i-p}]$；

（2）权性：$\sum_{i=0}^{m}\sum_{j=0}^{n}R_{i,p;j,q}(u,v)=1$；

（3）可微性：在每个子矩形域内所有偏导数存在，在重复度为 r 的 u 节点处沿 u 向是 $p-r-1$ 次连续可微，在重复度为 r 的 v 节点处沿 v 向是 $q-r-1$ 次连续可微；

（4）极值：若 p，$q>1$，恒有一个极大值存在；

（5）双变量：$R_{i,p;j,q}(u,v)$ 是双变量 B 样条基函数的推广。

NURBS 曲面与非有理 B 样条曲面也有类似的几何性质，权因子的几何意义及修改、控制顶点的修改等也与 NURBS 曲线类似，这里不再赘述。

5.7 Coons 曲面

5.7.1 基本概念

1964 年，美国麻省理工学院 S.A.Coons 提出了一种曲面分片、拼合造型的思想，Bézier 曲面和 B 样条曲面的特点是曲面逼近控制网格，Coons 曲面的特点是插值，即通过满足给定的边界条件的方法构造 Coons 曲面。

假定参数曲面方程为 $P(u,v)$，$u,v\in[0,1]$，参数曲线 $P(u,0)$，$P(u,1)$，$P(0,v)$，$P(1,v)$ 称为曲面片的四条边界，$P(0,0)$，$P(0,1)$，$P(1,0)$，$P(1,1)$ 称为曲面片的四个角点。$P(u,v)$ 的 u 向和 v 向偏导矢为

$$P_u(u,v)=\frac{\partial P(u,v)}{\partial u}$$
$$P_v(u,v)=\frac{\partial P(u,v)}{\partial v}$$
(5.87a)

分别称为 u 线和 v 线上的切矢。边界线 $P(u,0)$ 上的切矢为

$$P_u(u,0)=\frac{\partial P(u,v)}{\partial u}\bigg|_{v=0}$$
(5.87b)

同理：$P_u(u,1)$，$P_v(0,v)$，$P_v(1,v)$ 也是边界线上的切矢。边界曲线 $P(u,0)$ 上的法向（指参数 v 向）偏导矢为

$$P_v(u,0)=\frac{\partial P(u,v)}{\partial v}\bigg|_{u=0}$$
(5.87c)

称为边界曲线的跨界切矢，同理，$P_u(u,1)$，$P_v(0,v)$，$P_v(1,v)$ 也是边界曲线的跨界切矢。

$$\begin{cases}P_u(0,0)=\dfrac{\partial P(u,v)}{\partial u}\bigg|_{\substack{u=0\\v=0}}\\[2mm]P_v(0,0)=\dfrac{\partial P(u,v)}{\partial v}\bigg|_{\substack{u=0\\v=0}}\end{cases}$$
(5.87d)

称为角点 $P(0,0)$ 的 u 向和 v 向切矢，在曲面片的每个角点上都有两个这样的切矢量。

$$P_{uv}(u,v) = \frac{\partial^2 P(u,v)}{\partial u \partial v} \tag{5.87e}$$

称为混合偏导矢或扭矢（twisting vectors），它反映了 P_u 对 v 的变化率或 P_v 对 u 的变化率。同样，

$$P_{uv}(0,0) = \frac{\partial^2 P(u,v)}{\partial u \partial v}\bigg|_{\substack{u=0\\v=0}} \tag{5.87f}$$

称为角点 $P(0,0)$ 的扭矢，显然，曲面片上的每个角点都有这样的扭矢。

5.7.2 双线性 Coons 曲面

设空间封闭曲边四边形的四条边界曲线 $P(u,0)$，$P(u,1)$，$P(0,v)$，$P(1,v)$，$u,v \in [0,1]$，如图 5.27 所示。构造一个以上述四条边界曲线为界的参数曲面 $P(u,v)$，$u,v \in [0,1]$。其解可有无穷多个，现在看一种最简单的情况。首先，在 u 向进行线性插值，可得以 $P(0,v)$ 和 $P(1,v)$ 为边界的直纹面 $P_1(u,v)$，如图 5.28(a) 所示。

$$P_1(u,v) = (1-u)P(0,v) + uP(1,v), \quad u,v \in [0,1] \tag{5.88}$$

在 v 向进行线性插值，可得以 $P(u,0)$ 和 $P(u,1)$ 为边界的直纹面 $P_2(u,v)$，如图 5.28（b）所示。

$$P_2(u,v) = (1-v)P(u,0) + vP(u,1), \quad u,v \in [0,1] \tag{5.89}$$

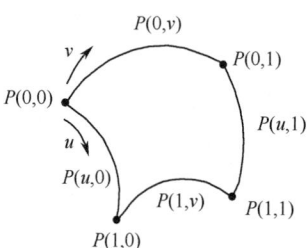
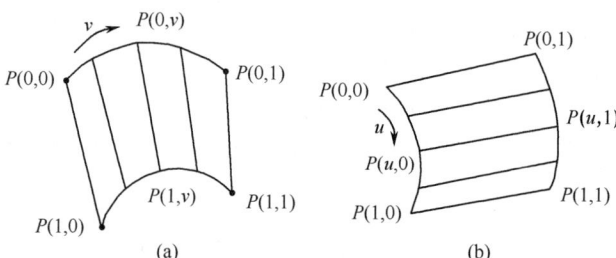

图 5.27 四条边界曲线　　　图 5.28 以两条给定曲线为边界的直纹面

若把 $P_1(u,v)$ 和 $P_2(u,v)$ 叠加，产生的新曲面的边界是除给定的边界外，叠加了一个连接边界两个端点的直边。为此，再构造分别过端点 $P(0,0)$、$P(0,1)$ 及 $P(1,0)$、$P(1,1)$ 的直线段：

$$\begin{aligned}(1-v)P(0,0) + vP(0,1),\\(1-v)P(1,0) + vP(1,1),\end{aligned} \quad v \in [0,1] \tag{5.90}$$

再以这两条直线段为边界，构造直纹面 $P_3(u,v)$：

$$\begin{aligned}P_3(u,v) &= (1-u)[(1-v)P(0,0) + vP(0,1)] + u[(1-v)P(1,0) + vP(1,1)]\\&= \begin{bmatrix}1-u & u\end{bmatrix}\begin{bmatrix}P(0,0) & P(0,1)\\P(1,0) & P(1,1)\end{bmatrix}\begin{bmatrix}1-v\\v\end{bmatrix}, \quad u,v \in [0,1]\end{aligned} \tag{5.91}$$

容易验证 $\boldsymbol{P}(u,v) = \boldsymbol{P}_1(u,v) + \boldsymbol{P}_2(u,v) - \boldsymbol{P}_3(u,v)$，$u,v \in [0,1]$ 便是所要求构造的曲面，称之为双线性 Coon 是曲面片。$\boldsymbol{P}(u,v)$ 可进一步改写成矩阵形式：

$$\boldsymbol{P}(u,v) = -\begin{bmatrix}-1 & 1-u & u\end{bmatrix}\begin{bmatrix}0 & P(u,0) & P(u,1)\\P(0,v) & P(0,0) & P(0,1)\\P(1,v) & P(1,0) & P(1,1)\end{bmatrix}\begin{bmatrix}-1\\1-v\\v\end{bmatrix} \tag{5.92}$$

右端的三阶方阵包含了曲面的全部边界信息，称之为边界信息矩阵，其右下角二阶子块的 4 个矢量是曲面边界的端点，称之为曲面的角点。上面即为双线性 Coons 曲面片，用它来进行曲面拼合

时,可以自动保证整张曲面在边界的位置连续。

5.7.3 双三次 Coons 曲面

双线性 Coons 曲面能够保证各曲面片边界位置连续,曲面片边界的跨界切矢的连续性,将式(5.92)对 v 求偏导后,代入 $v=0$,可得 $P(u,v)$ 的跨界切矢:

$$\boldsymbol{P}_v(u,v) = P(u,1) - P(u,0) + \begin{bmatrix} 1-u & u \end{bmatrix} \begin{bmatrix} P_v(0,0) + P(0,0) - P(0,1) \\ P_v(1,0) + P(1,0) - P(1,1) \end{bmatrix} \quad (5.93\text{a})$$

可知,跨界切矢不仅与该边界端点的切矢有关,还与该边界曲线有关。因此,双线性 Coons 曲面在曲面片的边界上,跨界切矢一般不连续,即不能达到曲面片的光滑拼接。

为了构造光滑拼接的 Coons 曲面,须给定边界信息和边界的跨界切矢,即构造出的 Coons 曲面片以给定的四条参数曲线为边界,还要保持四条曲线的跨界切矢。假定四条边界曲线为

$$P(u,0), \quad P(u,1), \quad P(0,v), \quad P(1,v), \quad u,v \in [0,1] \quad (5.93\text{b})$$

四条边界曲线的跨界切矢为

$$P_v(u,0), \quad P_v(u,1), \quad P_u(0,v), \quad P_u(1,v), \quad u,v \in [0,1] \quad (5.93\text{c})$$

取 Hermite 基函数 F_0、F_1、G_0、G_1 作为调和函数,以类似于双线性 Coons 曲面的构造方法,构造双三次 Coons 曲面。在 u 向可得曲面 $\boldsymbol{P}_1(u,v)$:

$$\boldsymbol{P}_1(u,v) = F_0(u)P(0,v) + F_1(u)P(1,v) + G_0(u)P_u(0,v) + G_1(u)P_u(1,v), \quad u,v \in [0,1] \quad (5.93\text{d})$$

在 v 向可得曲面 $\boldsymbol{P}_2(u,v)$:

$$\boldsymbol{P}_2(u,v) = F_0(v)P(u,0) + F_1(v)P(u,1) + G_0(v)P_v(u,0) + G_1(v)P_v(u,1), \quad u,v \in [0,1] \quad (5.93\text{e})$$

对角点的数据进行插值,可得曲面 $\boldsymbol{P}_3(u,v)$:

$$\boldsymbol{P}_3(u,v) = \begin{bmatrix} F_0(u) & F_1(u) & G_0(u) & G_1(u) \end{bmatrix} \begin{bmatrix} P(0,0) & P(0,1) & P_v(0,0) & P_v(0,1) \\ P(1,0) & P(1,1) & P_v(1,0) & P_v(1,1) \\ P_u(0,0) & P_u(0,1) & P_{uv}(0,0) & P_{uv}(0,1) \\ P_u(1,0) & P_u(1,1) & P_{uv}(1,0) & P_{uv}(1,1) \end{bmatrix} \begin{bmatrix} F_0(v) \\ F_1(v) \\ G_0(v) \\ G_1(v) \end{bmatrix},$$

$$u,v \in [0,1] \quad (5.94\text{a})$$

可以验证曲面 $\boldsymbol{P}(u,v) = \boldsymbol{P}_1(u,v) + \boldsymbol{P}_2(u,v) - \boldsymbol{P}_3(u,v)$,$u,v \in [0,1]$ 的边界及边界跨界切矢就是已经给定的四条边界曲线及其跨界切矢,称之为双三次 Coons 曲面片。$\boldsymbol{P}(u,v)$ 改成矩阵的形式为

$$\boldsymbol{P}_3(u,v) = -\begin{bmatrix} -1 & F_0(u) & F_1(u) & G_0(u) & G_1(u) \end{bmatrix} \cdot$$

$$\begin{bmatrix} 0 & P(u,0) & P(u,1) & P_v(u,0) & P_v(u,1) \\ P(0,v) & P(0,0) & P(0,1) & P_v(0,0) & P_v(0,1) \\ P(1,v) & P(1,0) & P(1,1) & P_v(1,0) & P_v(1,1) \\ P_u(0,v) & P_u(0,0) & P_u(0,1) & P_{uv}(0,0) & P_{uv}(0,1) \\ P_u(1,v) & P_u(1,0) & P_u(1,1) & P_{uv}(1,0) & P_{uv}(1,1) \end{bmatrix} \begin{bmatrix} -1 \\ F_0(v) \\ F_1(v) \\ G_0(v) \\ G_1(v) \end{bmatrix}, \quad u,v \in [0,1] \quad (5.94\text{b})$$

在式(5.94b)右边的五阶方阵(即边界信息矩阵)中,第一行与第一列包含着给定的两对边界与相应的跨界切矢,剩下的四阶子方阵的元素由四个角点上的信息组成,包括角点的位置矢量、切矢及扭矢。

观察方程式(5.94a)与式(5.94b),可以发现,对曲面片满足边界条件的要求提高一阶,曲面方程中的边界信息矩阵就要扩大二阶,并且要多用一对调和函数;边界信息矩阵的第一行与第

一列包含着全部给定边界信息;余下的子方阵则包含着角点信息。基于这些规律,就能容易地构造出满足更高阶边界条件的 Coons 曲面方程。

5.8 自由曲面棱镜光学系统

5.8.1 自由曲面棱镜概述

由于自由曲面棱镜光学系统具有体积小、像质高和视场大等优点。设计时将初始结构参数输入光学设计软件 ZEMAX 进行优化设计。设计结果验证了确定初始结构方法的可行性,表明头戴式显示器中自由曲面棱镜的设计方法可应用于具有倾斜曲面的光学系统设计。

1. 头戴式显示器

头戴式显示器(head mounted display,HMD)[18-20] 在多媒体、军事、工业、医疗等领域具有重要的应用。传统的共轴透镜组的目镜结构无法同时满足高像质、大视场和小体积的要求。Fergason J. 所提出的投影式头盔显示系统[21],采用投影物镜代替目镜,并在像空间中安置反射屏,利用投影物镜的对称性和反射屏将入射光线沿原路返回的作用,使系统结构简单,视场变大。

下面以 Koichi Takahashi 等提出的基于光学自由曲面(optical freeform surface,OFFS)佩戴式头戴双目显示器[22]为例来说明其原理。其水平视场角达到 45°,垂直视场角达到 34.5°。该光学自由曲面头戴显示器光学系统用两个成像显示器件,如图 5.29(a)所示为右眼用部件,其尺寸紧凑,重量轻,能够在整个大视场内观测到高清晰像。这个图像显示系统包括两个成像显示器件 1 和 2,两个光学自由曲面器件 1 和 2 使两个成像显示器件 1 和 2 形成放大虚像,由整个系统出射光瞳输出以供观察。光学自由曲面棱镜器件(OFFS 器件)1 和 2 均有一个凹半反射镜,如图 5.29(a)所示。反射面相对于观察者的视轴倾斜或偏轴,以便成像显示器件 1 和 2 在系统光路中互不干扰,如图 5.29(b)所示的成像显示装置的透视图。

在上述头戴显示器光学系统的光学自由曲面器件 2 的第二面设置为半透明面 2。在其后面装一个光开关器件,如图 5.30 所示。若将其设置为通光模式,则可以同时观察到两个成像显示器和外景的图像。若将光开关器件设置于阻光模式时,只能观察到两个成像显示器的显示像。若将光开关器件设置于通光模式,使两个成像显示器关闭,则只能直接观察到外景的图像。在这种结构中两个光学自由曲面器件的组合折射光焦度近于零,以便于外景光通过光开关器件后通过整个系统直接达到出射光瞳。

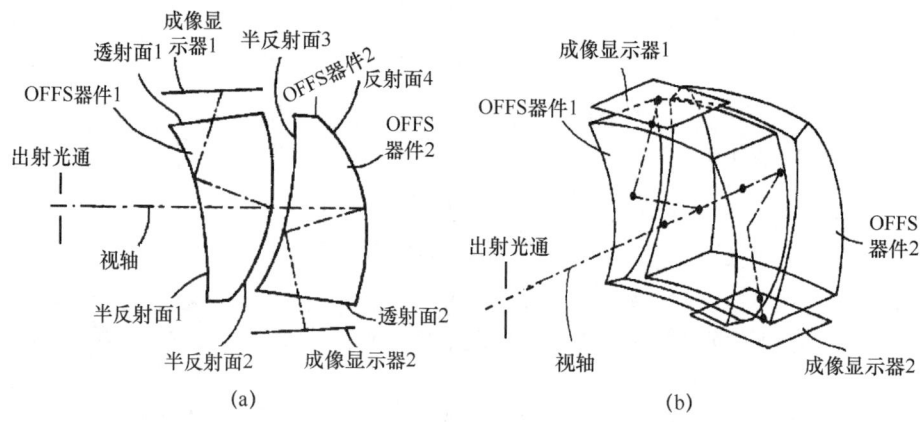

图 5.29 头戴显示器(右眼用部件)光学系统示意图

2. 单棱镜头戴双目液晶显示器

另外一种光学系统较为简单的单棱镜佩戴式头戴双目液晶显示器[23]如图 5.31 所示，图中所示为用于双眼之一的光学系统部件，包括液晶显示屏及发光的背光板，液晶显示屏被背光板照明显示图像，并通过自由曲面棱镜在出瞳处被观察，佩戴者可以观察到像空间中的放大投影像。

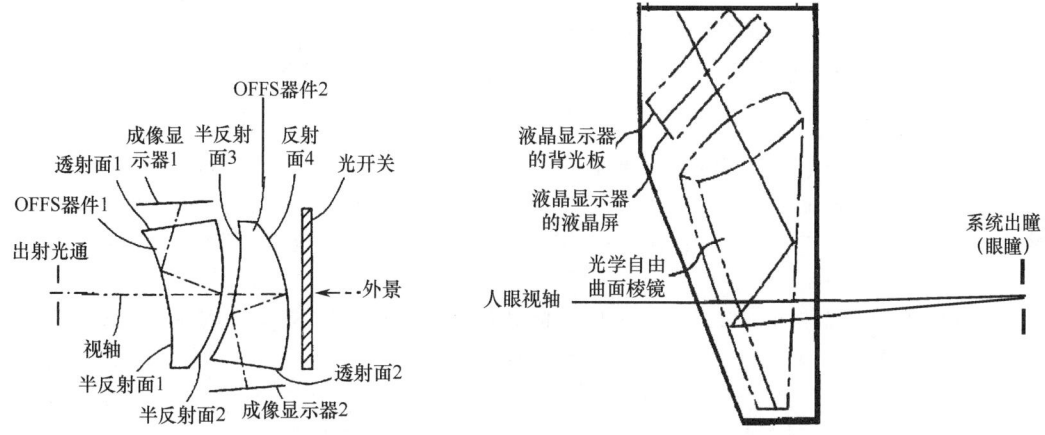

图 5.30　带光开关的头戴显示器（双眼之一部件）　　图 5.31　头戴液晶显示器的光学系统图

自由曲面棱镜可对光轴折叠，并利用自由曲面降低系统由于光路离轴引起的像差，尤其是自由曲面棱镜采用单个元件实现了传统多个透镜才能达到的光学质量，自由曲面棱镜的结构示意图如图 5.31 所示，包括：自由曲面棱镜、图像发生元件，可以是 LCD（liquid crystal display，液晶显示器）、OLED（organic light-emitting diode，有机电致发光二极管）或者微型 CRT（cathode ray tube，阴极射线管）等。虽然自由曲面棱镜结构具有上述优点，但由于光路离轴布置，因此难于采用初级像差理论设计初始结构，提高了光学系统设计难度。

单棱镜头戴式显示器（head mounted display，HMD）中的自由曲面棱镜的设计过程，对离轴面的光学系统设计也具有参考价值。

5.8.2　矢量像差理论及初始结构确定方法

共轴光学系统的初始值常可以通过初级像差特性求解，如用 PW 算法求解其初始结构。由于在自由曲面棱镜系统中引入了倾斜自由曲面，初级像差理论难于对系统像差进行准确描述，只有采用矢量像差理论才能描述其像差性。

偏心和非共轴光学系统设计比较困难，这是因为共轴光学系统设计的像差理论无法直接用于偏心和非共轴光学系统。设计者不能再期望利用像面上径向（子午方向）分布的几个取样场点来精确描述整个像面的成像质量，而必须对大量场点进行实际光线追迹。另外，像质评价函数也只有用均方根波前像差或点列图等。

美国 Perkin Elmer 公司光学设计部 Figoski[25]提出偏心或非共轴光学系统像差分析应采用全视场像差显式形式。在自由曲面棱镜设计中，并不是利用矢量像差理论来直接求解系统结构，而主要是利用矢量像差理论的近轴近似后所得到的成像公式 ABCD 矩阵。对矢量像差理论的近轴近似结果简述如下。

1. 非共轴光学系统近轴近似

非共轴光学系统可以利用 4.2 节中的"局部光学系统（local coordinate system, LCS）"和"光轴光线（optical axis ray, OAR）"的概念。如果光学系统为非共轴结构，OAR（亦称参考轴线）与该系统的对称轴（光轴）重合，相应地像差场也对称于此 OAR。

如果光学系统不存在对称轴线，这可对倾斜或偏心光学面构成局部光学系统（LCS），则光轴光线（OAR）定义为通过物面中心和孔径光阑中心的光线，或者定义为通过孔径光阑中心和像面中心的光线。OAR 与像面的交点即为系统像差场的对称中心，该对称中心已成为参考点。

非共轴光学系统中有的光学曲面不具备对称性，因此在非共轴光学系统中通常采用以参考点为坐标原点的两变量扩展多项式来描述如下[26]：

$$Z(x,y) = C_{20}x^2 + 2C_{11}xy + C_{02}y^2 + D_{30}x^3 + 3D_{21}x^2y + 3D_{12}xy^2 + D_{03}y^3 + \\ E_{40}x^4 + 4E_{31}x^3y + 6D_{22}x^2y^2 + 4E_{13}xy^3 + E_{04}y^4 + \Lambda \tag{5.95}$$

式中，系数 C 的下标表示变量 x 和 y 的阶数。

使多项式原点同曲面参考点一致，在改变多项式各项系数时可以改变面形，光学系统的结构形式不会同时改变。式（5.95）中前三项系数改变对系统焦距等参数有影响，当改变 3 阶以上的多项式系数时，仅改变像差特性，而不改变系统焦距等参数。

非共轴光学系统中，设参量 n 为入射方折射率；n' 为出射方折射率；成像公式表示为

$$\frac{n'A}{s'} - \frac{nD}{s} - \Phi = 0 \tag{5.96}$$

$$\begin{bmatrix} h' \\ u' \end{bmatrix} = \begin{bmatrix} A & 0 \\ \Phi & D \end{bmatrix} \begin{bmatrix} h \\ u \end{bmatrix}, \quad (h' = Ah, \quad u' = \Phi h + Du) \tag{5.97}$$

式中，A 和 D 是光学系统的非共轴参量，为 ABCD 传输矩阵对角量；当 $B=0$ 和 $AD=1$ 时，Φ 表示光焦度。在非共轴系统中，如图 5.32 所示，$\gamma = \cos\theta$，$\gamma' = \cos\theta'$，$\delta = \sin\xi$，$\delta' = \sin\xi'$，$\varepsilon = \cos\xi$，$\varepsilon' = \cos\xi'$，u、u'分别为入射光线和出射光线的孔径角，s、s'分别为物距与像距。

传输矩阵的分量表示为

$$A = \sqrt{\frac{\gamma'(\gamma'\varepsilon'\varepsilon + \gamma\delta'\delta)}{\gamma(\gamma'\delta'\delta + \gamma\varepsilon'\varepsilon)}} \tag{5.98a}$$

或

$$A = \sqrt{\frac{\cos\theta'(\cos\theta'\cos\xi'\cos\xi + \cos\theta\sin\xi'\sin\xi)}{\cos\theta(\cos\theta'\sin\xi'\sin\xi + \cos\theta\cos\xi'\cos\xi)}} \tag{5.98b}$$

$$D = 1/A = \sqrt{\frac{\gamma(\gamma'\delta'\delta + \gamma\varepsilon'\varepsilon)}{\gamma'(\gamma'\varepsilon'\varepsilon + \gamma\delta'\delta)}} \tag{5.99a}$$

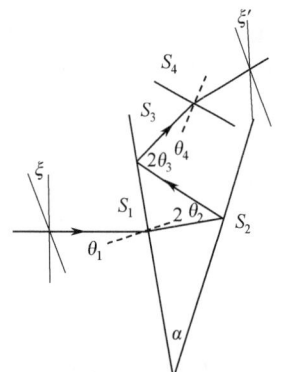

图 5.32 非共轴系统结构示意图

或

$$D = \frac{1}{A} = \sqrt{\frac{\cos\theta(\cos\theta'\sin\xi'\sin\xi + \cos\theta\cos\xi'\cos\xi)}{\cos\theta'(\cos\theta'\cos\xi'\cos\xi + \cos\theta\sin\xi'\sin\xi)}} \tag{5.99b}$$

$$\Phi = \frac{2(n'\gamma' - n\gamma)[\gamma\gamma C_{02} + (\gamma\delta'\varepsilon + \gamma\varepsilon'\delta)C_{11} + \gamma\gamma'\delta'\delta + C_{20}]}{\sqrt{\gamma\gamma'(\gamma\varepsilon'\varepsilon + \gamma\delta'\delta)(\gamma'\delta'\delta + \gamma\varepsilon'\varepsilon)}} \tag{5.100a}$$

或

$$\Phi = \frac{2(n'\cos\theta' - n\cos\theta)[\cos\xi'\cos\xi C_{02} + (\cos\theta'\sin\xi'\cos\xi + \cos\theta\cos\xi'\sin\xi)C_{11} +}{\sqrt{\cos\theta\cos\theta'(\cos\theta'\cos\xi'\cos\xi + \cos\theta\sin\xi'\sin\xi)(\cos\theta'\sin\xi'\sin\xi + }}$$

$$\frac{\cos\theta\cos\theta'\sin\xi'\sin\xi + C_{20}]}{\cos\theta\cos\xi'\cos\xi)} \tag{5.100b}$$

光学系统横向倍率为

$$\beta = \frac{u'}{u} = \frac{ns'D}{n's} \tag{5.101}$$

式中，θ 为曲面相对于参考轴入射角；θ' 为曲面相对于参考轴出射角；ζ、ζ' 分别为物和理想像的俯仰方位角；s、s' 为参考轴上的物距和像距。式（5.98）至式（5.100）是共轴光学系统的推广，当 $\theta = \theta' = 0$，$C_{11} = 0$，$C_{20} = C_{02} = 1/2r$（r 为曲面曲率半径）时，上述公式即是共轴光学系统的公式。

当系统中存在多个曲面时，要得到系统的传输矩阵需要用到由前一光学面到下一光学面之间的过渡矩阵：

$$\begin{bmatrix} 1 & -e \\ 0 & 1 \end{bmatrix} \tag{5.102}$$

式中，$e = d/n'$；d 为相邻两光学面之间的间隔；n' 为 d 所在空间的折射率。

2. 近轴追迹及初始结构的确定

根据上述公式可以对非共轴光学系统进行近轴追迹，步骤如下：

（1）确定待设计光学系统的初始值 s_1、h_1 和 u_1；
（2）确定近轴量 A_i、Φ_i 和 D_i；
（3）利用变换矩阵确定 h_i 和 u_i。如果需要，可确定 s_i 和 s_i' 和横向放大率，即

$$s_i = n_i \cdot \frac{h_i}{u_i} \tag{5.103a}$$

$$s_i' = n_i' \cdot \frac{h_i'}{u_i'} \tag{5.103b}$$

$$\beta_i = \frac{u_i'}{u_i} \tag{5.103c}$$

（4）如果第 i 面不是系统最后一面，利用传输矩阵式（5.97）确定 h_{i+1} 和 u_{i+1}；
（5）重复执行步骤（2）至（4）直到 i 为最后一面；
（6）计算整个光学系统的高斯变换矩阵：

$$\begin{bmatrix} h_k' \\ u_k' \end{bmatrix} = \begin{bmatrix} A & B \\ \Phi & D \end{bmatrix} \begin{bmatrix} h_1 \\ u_1 \end{bmatrix} \tag{5.104}$$

（7）由计算所求得的 A、B、Φ、D 计算光学系统参数：

$$f = 1/\Phi \tag{5.105a}$$

$$x_1 = \frac{(1-D)}{\Phi}, \quad x_{p1} = n_1 x_1 \tag{5.105b}$$

$$x_k' = \frac{(A-1)}{\Phi}, \quad x_{pk}' = n_k' x_k' \tag{5.105c}$$

$$s_k' = n_k' (f + x_k') \tag{5.105d}$$

$$\beta = \frac{u_k'}{u_1} \tag{5.105e}$$

式中，x_1，x_k' 可分别理解为物方焦点到物点的距离和像方焦点到像点的距离；x_{p1}，x_{pk}' 分别为 x 和 x' 的光程。由式（5.99）~式（5.101）可知，所有得到的光焦度等一阶量是参量 ζ 和各光学面结构的函数：

$$\Phi = \Phi(\zeta, C_{02}, C_{11}, C_{20}) \tag{5.106}$$

理想光学系统的光焦度 Φ 是确定值，与 ζ 无关。光学系统像差校正的目标是将系统性能尽

量校正到同理想光学系统一致,据此可以确定系统初始结构。具体算法如下:根据布局要求,确定各光学面的偏转角 θ;进行近轴追迹得到 Φ;计算 $\partial\Phi/\partial\xi$ 值,如果 $\partial\Phi/\partial\xi = 0$ 则结束,否则改变各面结构参数,并重复进行以上步骤。

5.8.3 自由曲面棱镜设计

按上述步骤确定初始结构,将其输入到光学软件进行优化,可取得较好性能的光学系统。下面以 KOPIN 公司所产 VGA 芯片为例进行自由曲面棱镜系统设计。

1. 系统参数确定

VGA 芯片的基本规格参数:分辨率为 640×480;像素大小为 15×15 μm²;像面大小为 9.0×6.8 mm²;对角线为 11.2 mm。

由于头戴显示器佩戴时与人头部的相对位置固定,只能靠人眼转动来观察不同视场,而不能转动头部观察不同视场,故不必设计过大的目标视场,根据经验,选取 36°对角视场。在该视场下单个像素对人眼的张角为 2.7′,与通常人眼的角分辨率 1′接近,且有利于形成大屏幕观感。系统焦距为

$$11.2\text{mm} / 2 / \text{tg}(36°/2) = 17.2 \text{ mm}$$

为留出调节余量,焦距取为 20 mm。出瞳孔径限制了人眼的活动范围,人双眼瞳距分布为 55 mm~75 mm,确定出瞳孔径为 6 mm,双目间距为 65 mm,无渐晕情况下可覆盖 59 mm~71 mm 的瞳距范围。为了适应佩戴眼镜人群,出瞳距应大于 10 mm。

2. 初始结构确定

系统结构如图 5.32 所示。入射光经过 4 个光学面作用,其中 S_1 和 S_4 为折射面,S_2 和 S_3 为反射面,S_1 和 S_3 是棱镜的一个面上分别镀了两种膜系。光线相对于各面的入射角分别为 θ_1、θ_2、θ_3 和 θ_4。设 α 为棱镜的折射角,有以下关系存在:

$$\theta_1' \approx \frac{\theta_1}{1.5} \tag{5.107a}$$

$$\theta_2 = \theta_1' + \alpha \tag{5.107b}$$

$$\theta_3 = 2\theta_2 \tag{5.107c}$$

由于 θ_3 必须大于全反射临界角(约 42°),从式(5.107a)~式(5.107c)可知,增大 θ_1 可以降低 α。α 较小使自由曲面棱镜的非对称性也小,从校正像差的角度,系统初始结构对称度越好越有利于校正像差,因此取适度的 θ_1(5°~20°)。α 根据材料临界角和光束张角选取,通常可选取 10°~25°,应与 θ_1 相等,这样折射面 S_1 和 S_4 的色散作用可以相互抵消。

由于在相同曲率下,材料折射率为 1.5 时,内反射面的光焦度约为折射面的 6 倍,而系统的像差随工作面曲率增加而加大。因此考虑系统光焦度主要分配于反射面。系统中存在 2 个反射面 S_2 和 S_3,由于 S_3 和 S_1 是同一曲面,S_3 和 S_1 面的参考点不一致,若分配给 S_3 过大的光焦度,对像差优化不利,因此初始值选取 S_3 负担系统光焦度,其余面选为平面。

因为初始结构中,仅有一个面的曲率需要确定,所以可以将上述初始结构确定方法进一步简化,具体方法如下所述。对于一个倾斜反射面,如图 5.33 所示。

曲面面形由式(5.95)表示。显然 $\theta = -\theta'$,如果曲面面形满足下述条件:

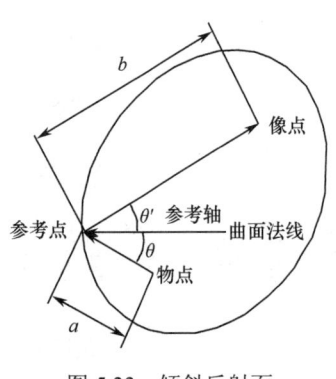

图 5.33 倾斜反射面

$$C_{11}=0, \quad C_{02}=C_{20}\cos^2\theta \tag{5.108}$$

根据式（5.100a），反射面光焦度可以表示为

$$\Phi = \frac{-4nC_{02}}{\cos\theta} \tag{5.109}$$

如果给定物距 a 和像距 b，可以求出满足此成像关系的反射面面形为

$$C_{02}=\left(\frac{1}{a}+\frac{1}{b}\right)\frac{\cos\theta}{4}, \quad C_{20}=\left(\frac{1}{a}+\frac{1}{b}\right)\frac{1}{4\cos\theta} \tag{5.110}$$

根据式（5.108）及定义曲面在 xz 平面内的曲率为 r_x，在 yz 平面内的曲率为 r_y，并有 $C_{20}=1/2\,r_x$，$C_{02}=1/2\,r_y$，可以得到下式：

$$\frac{r_x/r_y}{\cos^2\theta}=1 \tag{5.111}$$

由系统要求的焦距和初始面偏转角，根据式（5.109）确定 C_{02}，由式（5.111）可确定 r_x 和 r_y，然后将上述步骤所确定的初始结构参数输入光学设计软件进行优化设计。

3. 设计结果

本节根据上述步骤确定初始结构参数后，利用 CODE V 软件对自由曲面棱镜进行优化设计，取得的设计结果如图 5.34、图 5.35 和表 5.1 所示。

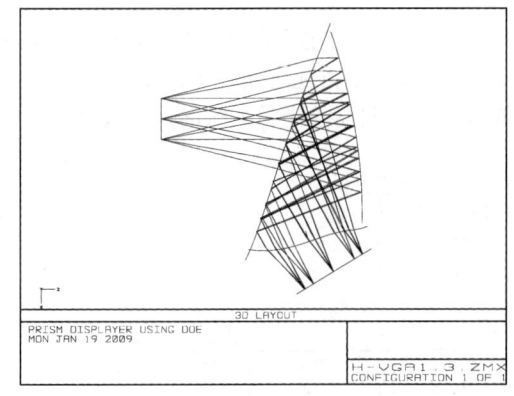

图 5.34　自由曲面棱镜结构图　　　　图 5.35　几何传递函数

根据近轴近似矢量像差理论，采用非共轴光学系统初始结构设计方法对自由曲面棱镜光学系统进行了设计。设计结果表明，利用所述初始结构确定方法可以得到一个较好像质的自由曲面棱镜。

表 5.1　分析结果

结　构	棱镜各面无交错
畸变	全视场 30°×22°下，畸变不超过 4.5%
点光斑	各视场点扩散光斑直径为：16.933 μm，20.231 μm，23.451 μm，9.973 μm，23.542 μm，27.256 μm，15.641 μm，24.590 μm，12.249 μm，25.230 μm，21.105 μm
几何传递函数	中心视场传函值＞0.1 的分辨率＞60 lp/mm 边缘视场传函值＞0.1 的分辨率＞48 lp/mm
中心视场色差	中心视场蓝色绿色光斑中心偏移＜15 μm 中心视场红色绿色光斑中心偏移＜15 μm
边缘视场色差	边缘视场蓝色绿色光斑中心偏差＜15 μm 边缘视场红色绿色光斑中心偏差＜15 μm

5.8.4 用光学设计软件设计含自由曲面的光学系统

本设计实例简单介绍了在光学设计软件 CODE V 中运用用户自定义面形（user defined surface，UDS）的功能和计算机动态链接库（dynamic link library，DLL）软件设计含有自由曲面光学系统设计方法。利用此方法设计的含有自由曲面的光学系统，达到了质量轻、体积小的设计目标[12]。

自由曲面采用的是参数向量表示，因为双三次 B 样条曲面具有直观、易于控制形状且具有网格顶点数与曲面阶数互相独立和便于局部修改的优点，故采用双三次 B 样条曲面来描述自由曲面。双三次 B 样条曲面的特征网格由 16 个控制顶点组成，其方程通常用式（5.71b）表示[27,28]；该式中，控制顶点矩阵式为式（5.71a）；U 和 V 为参数矩阵式（5.71c）和式（5.71d）；对于双三次 B 样条曲面，常量矩阵为式（5.71e）。当参数 u 和 v 在[0,1]之间变化时，就可以得到一张双三次 B 样条曲面片。

在一般的自由曲面设计中，常以一个原型曲面为基础设计一张新的曲面，即以该原型曲面为依据，反求多边形网格，然后逐次修正多边形网格，最终获得一张满意的曲面。

若没有现成的原型曲面，不须插值反算。在 CODE V 中描述自由曲面时，可直接给定控制顶点，并根据双三次 B 样条曲面的方程来直接模拟。为控制自由曲面的面形，设定 16 个控制顶点为可变参数来进行优化修改。

CODE V 中自由曲面的光线追迹是利用 CODE V 中用户自定义面形 UDS（user defined surface）的特点，按照链接路径，编写一定的程序链接到 CODE V，再通过此程序使用 CODE V 中的 UDS 功能进行自由曲面的光线追迹，以此来完成含有自由曲面的光学系统的光学设计结构框图，如图 5.36 所示。

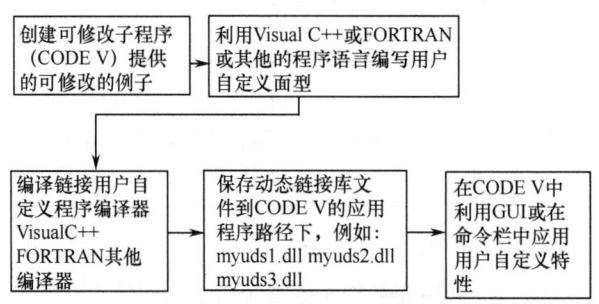

图 5.36 自由曲面的光线追迹框图

利用 CODE V 所支持的 Visual C++进行程序编写，采用包含有关参数[29,30]的 UDS 子程序来完成光线追迹过程。无数光线和自由曲面的交点的集合就构成了自由曲面；当追迹完所有光线时，构成了整个自由曲面，也完成了自由曲面的光线追迹过程。使用 CODE V 的链接路径将程序链接成动态链接库文件，产生于 CODE V 应用程序所在目录的 CVUSER 子目录下[31]。

使用 CODE V 设计含有自由曲面的光学系统时，在 surface properties 对话框的 surface type 列表栏中选择 UDS，并且在 user defined surface name 中输入面形名称（即编译好的 DLL 库文件名称），在逻辑磁盘管理（logic disk manager，LDM）的参数列表上输入所需的参数以及在附加参数列表中输入自由曲面所需附加的参数（设定了 16 个附加参数）。其他操作与普通面形一样。对于此程序的准确性和可靠性，在进行研究的初级阶段就进行了验证。用此方法可设计球面光学系统，其结果能够进行正确的光线追迹和优化设计，并可分别验证平面和锥面。

CODE V 中设计含有自由曲面的示例：含有自由曲面的目视放大显示系统。将小尺寸彩色图像放大,以虚像显示目前常采用凹面镜的光学系统,其中利用了半透半反射镜,传统的平板显示光学系统如图 5.37 所示。当采用含有自由曲面的光学系统后,系统结构实现了小型化,自由曲面棱镜光学系统如图 5.38 所示。

利用 CODE V 设计的含有自由曲面的非共轴平板显示光学系统如图 5.39 所示。其中,第 1 面和第 2 面是 CODE V 中内置面形为偏心和倾斜的球面,第 3 面为自由曲面,它们共同构成了一个自由曲面棱镜。

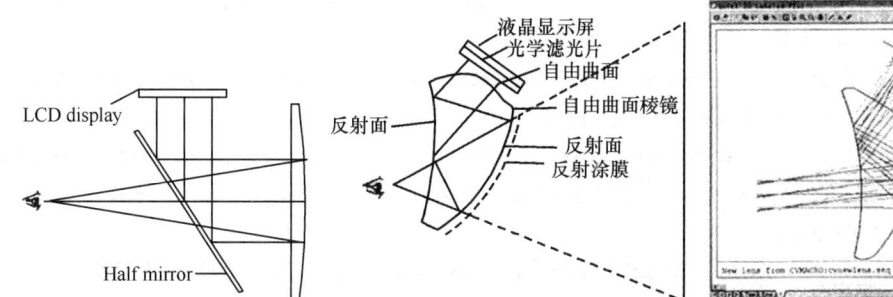

图 5.37 传统的平板显示光学系统　　图 5.38 自由曲面棱镜光学系统　　图 5.39 利用 CODE V 设计的含有自由曲面的光学系统

通过此种特殊面形的配合,可以获得大视场、小焦距、高倍率的效果。然而一般的光学设计软件,包括 CODE V 的内置面形,均不能采用双三次 B 样条曲面来模拟这种面形,并且在对自由曲面进行光线追迹中求光线和曲面的交点也比较困难。通过对自由曲面以及 CODE V 中用户自定义面形功能,可以使用 CODE V 对自由曲面进行光线的追迹,即求光线和自由曲面交点的同时把此面描述出来,完成含有自由曲面的光学系统的设计。

参 考 文 献

[1] 李荣彬,杜雪,张志辉,自由曲面光学设计与先进制造技术[M]. 香港:香港理工大学先进光学制造中心, 2005:25-39.

[2] 焦明印,衍射光学元件在红外成像系统中的应用[J],应用光学,2000,21(6):17-201.

[3] 吴庆标,韩丹夫. 计算机图形学. 杭州:浙江大学出版社. 2005, 6.

[4] J. Vida, R.R. Martin and T. Varady. A Survey of Blending Methods That Use Parametric Surfaces. Computer Aided Design, Vol. 26, No. 5, May 1994, pp. 341-365.

[5] L. Piegl. On NURBS : A Survey. IEEE Computer Graphics and Applications, Vol. 11, No. 1, Jan. 1991, pp. 55-71.

[6] Chiew-Lan Tai and Kia-Fock Loe. Alpha-spline: A 2 C Continous Spline with Weights and Tension Control. IEEE Shape Modeling and Application, 1999, pp. 138-145, 275.

[7] C. Blanc and C. Schlick. Accurate Parametrization of Conics by NURBS. IEEE Computer Graphics and Applications, Nov. 1996, pp. 64-71.

[8] B. K. Choi, W. S. Yoo and C. S. Lee. Matrix Representation for NURB Curves and Surfaces. Computer Aided Design, Vol. 22, No. 4, May 1990, pp. 235-240.

[9] David F. Rogers and J. Alan Adams, Mathematical Elements for Computer Graphics, 2nd ed., McGraw-Hill, inc., 1990.

[10] Les Piegl, Wayne Tiller. The Nurbs Book(2Edition). Springer, 1996.7.

[11] Hartmut Prautzsch, Wolfgang Boehm, Marco Paluszny: Bézier- and B-spline techniques, March 26, 2002.

[12] 何玉兰, 刘钧, 焦明印, 等. 利用 CODE V 设计含有自由曲面的光学系[J], 应用光学, Journal of App lied Optics, 2006, 27(2), 120-123.

[13] Kenneth I. Joy. On-Line Geometric Modeling Notes Bicubic Uniform B-Spline Surface Refinement, Visualization and Graphics Research Group, Department of Computer Science, University of California, Davis, 1996.

[14] Catmull, E., AND CLARK, J. Recursively generated B-spline surfaces on arbitrary topological meshes. Computer-Aided Design 10 (Sept. 1978), 350-355.

[15] W. Tiller. Rational B-Splines for Curve and Surface Representation. IEEE Computer Graphics and Applications, Vol. 3, No. 6, Sep. 1983, pp. 61-69.

[16] Semple J G. Kneebone G T. Algebraic projectlve geometry[M]. New York: Oxford University Press, 1998.

[17] T. Y. Yu and B. K. Soni. Application of NURBS in Numerical Grid Generation. Computer Aided Design, Vol. 27, No. 2, Feb. 1995, pp. 147-157.

[18] Rolland J P. Wide angle off axis see through head mounted display[J]. Opt. Eng., 2000, 39(7) l760-l767.

[19] Ferrin F J. An update on optical systems formilitary head mounted displays[J]. SPIE, 1999, 3689: 178.

[20] 王肇圻, 赵顺龙. 高清晰低畸变轻小型投影式头盔物镜设计[J]. 红外与激光工程, 2006, 35(5): 505-522.

[21] FERGASON J. Optical system for bead mounted display using retro-reflector and method of display an image: US5621572 [P]. 1997-04-15.

[22] United States Patent 5751494, Image display apparatus.

[23] Yonezawa Hiroki. US6727865.

[24] Rogers J R. Design techniques for systems containing tilted components[J]. SPIE, 1999, 3737: 286-300.

[25] 郑世旺. 旋转二次曲面光学系统的成像理论[M]. 北京: 兵器工业出版社, 2006 年 7 月: 33-35.

[26] 陈云亮, 李铁才, 邱祥辉. 头戴显示器中自由曲面棱镜的设计[J]. 应用光学, 2009, 30（4）: 552-557.

[27] 方逯. 双三次 B 样条插值曲面[J]. 数学理论与应用. 第 21 卷, 第 3 期.

[28] 吴宏斌, 石续年. 双三次 B 样条曲面与费格森曲面和双三次贝齐尔曲面的等价关系式[J]. 北京农业工程大学学报, 1993, 13（5）: 2-6.

[29] 郑阿奇, 丁有和, 郑进. Visual C++使用教程[M]. 北京: 电子工业出版社, 2000: 21-90.

[30] Optical Research Associates（ORA）Inc. ユーザー定義機能 CODE V, ユーザ定義関数っ名前, ユーザ定義面（UDS）[M]. California: Advanced Topics in CODE V Traning, 2003.

[31] Optical Research Associates （ORA） Inc. CODE V Transition Guide for current User Version 9. 5 [M]. California: Optical Research Associates 2004: 87-100.

第6章 共形光学系统

6.1 概述

共形光学系统（conformal optical system）除满足光学性质（如成像、对准等）外，其外形还要适应于周围环境的技术要求，即与环境的要求形成"共形"。例如空间光学飞行平台，其外形须与空气动力学规律形成共形，以降低风阻或空气阻力。光线通过共形光学窗口成像有严重像差，须用其第一面后面的光学结构进行校正[1]。有些光学仪器设备（特别是军用系统）由于恶劣环境而工作在非最佳状态，导致设备工作效率降低，需要对光学设备外观及光学系统窗口的结构优化调整到满足最佳工作效率，该设备的光学系统即为共形光学系统。

共形光学系统包括轴对称和非轴对称零件，以及与非球面、球面、圆柱面、圆锥面、平面和尖顶形状元件的组合[2]。

6.1.1 共形光学系统的一般要求

1. 共形光学系统的基本定义

共形光学系统最成功和最重要的应用是空中高速飞行平台前面的共形光学窗口元件，称为整流罩（也称头罩，conformal dome）[3]。共形光学窗口元件遵循空气动力学规律设计光学系统外部轮廓，起到保护光学设备的作用。光束透过飞行平台共形光学窗口投射到光电成像系统上，窗口保护成像系统不受空气流动和热的影响。理想的情况下，共形表面是空气动力学优化的飞行平台外部的无缝连接的一部分，共形导弹窗口的扫描光学系统如图 6.1 所示[1]。共形光学窗口的设计必须同时满足空气动力学、机械和光学要求：尽量减少飞行器的阻力；承受高速飞行时所产生的机械负荷和热负荷；降低透射光的光学像差和视轴误差。

共形窗口光学系统设计不单是光学设计问题[4,5]，而是空气动力学规律和光学成像性能的平衡，同时要考虑光学测试过程、光学制造工艺和成本效益。

共形窗口光学系统设计的重要光学参数是"局部视场（field-of-view，FV）"，也可称为瞬时视场或简称为视场，以及"扫描视场（field-of-regard，FOR）"，亦可称为凝视场或观察视场。共形窗口的关键参数如图 6.2 所示，局部视场是成像系统在任何瞬时所感知到的角度区间。扫描视场是成像系统在扫描时的总角度区间。设计共形窗口的形状须保证超过扫描视场，为了全方位扫描，常以整流罩后面的成像光学系统入瞳中心为任意方向的旋转中心，该点称为"万向节点"。该系统称为"万向支架扫描系统"，可以实现包括 y 方向和 x 方向的扫描视场，通常 y 方向扫描视场被称为扫描视场，x 方向扫描视场被称为"横跨视场（go across view，GAV）"。

2. 传统共形窗口技术

空中飞行平台上光电瞄准和成像所通过的观察窗口，在有些传统系统上为球形的窗口或由小面积平面组合成近似符合空气动力学规律的窗口，其空气动力学性能较差，飞行中空气阻力较大，所产生的光学像差也很大。

非对称和非球面形状的共形窗口可以用常规像差类型描述成像质量，对称的光学元件不可能完全校正万向节成像系统旋转引入的像差。共形窗口在扫描视场范围内，视场采样的不同部分具有连续变化的形状，即像差随扫描视场角变化。成像光学系统用一个或多个校正元件完成对整个扫描视场的像差校正，如柱形或环形元件、倾斜和/或偏心、变形非球面、衍射光学表面、光学自由曲面或其他辅助元件。整流罩的简单发展过程如下。

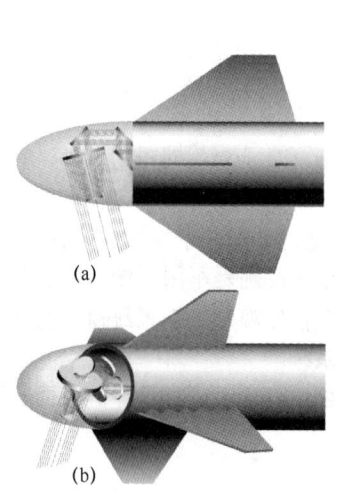

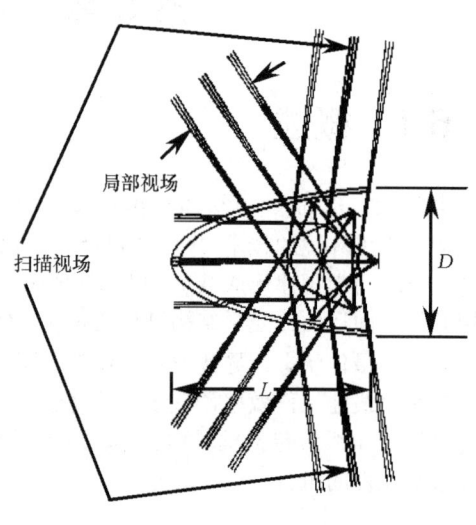

图 6.1　共形导弹窗口的扫描光学系统（光线可通过光学系统的显示进行侧视和斜视）

图 6.2　共形窗口的关键参数（局部视场、扫描视场和 L/D 比）

1）尖顶型整流罩

符合空气动力学性能的形状之一是尖顶类型（参照图 6.3），因有尖顶存在，表面上的斜率是不连续的，产生像差是难于校正的。尖顶型整流罩的一种替代是椭圆形的外表面，其突出部分的局部曲率半径是最小的，但不是尖顶形。为了补偿前表面的像差，必须适当地设计内表面和其后的成像光学系统。通常，内表面为类似于外表面的非球面形状，使扫描视场的波前误差最小化，窗口后的光学系统像差随扫描角改变（动态像差补偿），以校正残余像差。

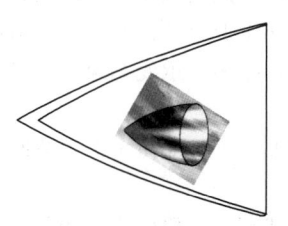

雷达天线罩（圆顶中使用的无线电频率）有一个尖形顶弧，是弧形旋转面的一部分[6]。其面形顶点的不连续性使得光学成像困难，故现代的共形整流罩多为椭圆形，以避免表面不连续。

图 6.3　尖顶型头罩窗口（中间为示意图）

2）同心球面整流罩

传统的技术之一是用同心球面整流罩[7,8]。它比平板窗口更符合空气动力学规律，能提供更大的观测角，且较容易制造，并对所有万向转角具有相同的透射特性。同心整流罩是一个单中心透镜，如图 6.4 所示，其前表面和后表面的曲率半径有一个共同的曲率中心。

同心整流罩是一个有几十个波长的球差和弱负光焦度的元件。其光焦度和球差由整流罩公共曲率中心万向节点处的成像系统进行校正或补偿。在整个扫描视场中，中心对称的圆形整流罩引起的像差保持不变。

3）偏心光瞳的同心整流罩

一个横向偏心（离轴）光瞳的旋转对称性的光学系统，其横向偏心光瞳（离轴）将呈现双侧对称性（bilateral symmetry）。在双侧对称的整流罩中的万向旋转光轴与其曲率中心不匹配。光瞳的位移如图 6.5 所示。

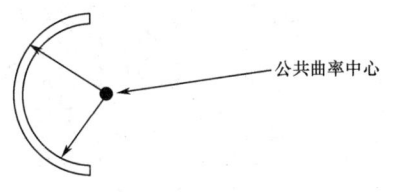
图 6.4 一个单中心透镜的同心整流罩

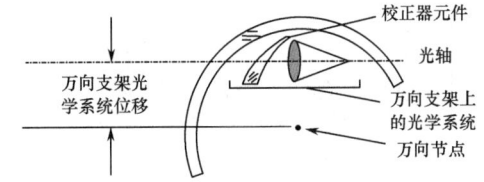
图 6.5 双侧对称整流罩的布局图

由于万向节光学元件有横向位移,整流罩引入大的彗差和像散。一个偏心的正光焦度校正器元件置于万向节点上以矫正整流罩像差。整流罩和校正器设计成有小像差和较低的总光焦度。用 CODE V 建模的一个例子,包含一个 F/4 理想成像镜头和一个同心整流罩。万向节点成像系统被横向位移 0″、0.25″和 0.5″,整流罩和校正器组合后的波前像差如图 6.6 所示。注意到像差也是双侧对称的,图 6.7 和图 6.8 分别是带有偏心成像系统的整流罩系统的整流罩、校正器及其组合 Zernike 像散和彗差。

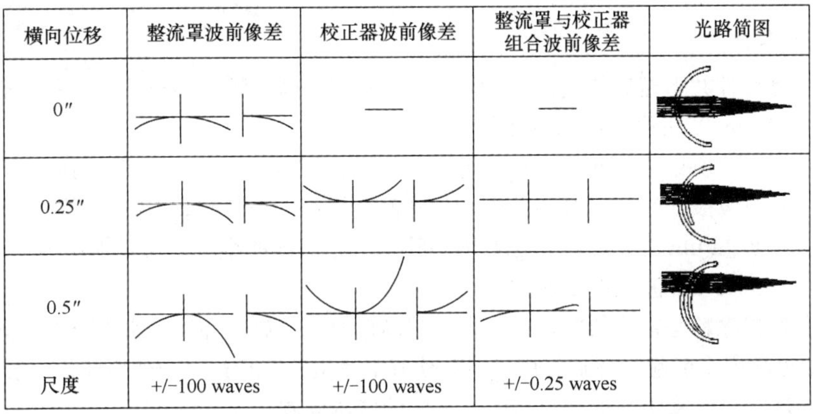

横向位移	整流罩波前像差	校正器波前像差	整流罩与校正器组合波前像差	光路简图
0″		—	—	
0.25″				
0.5″				
尺度	+/-100 waves	+/-100 waves	+/-0.25 waves	

图 6.6 双侧对称性整流罩、校正器组合后的波前像差

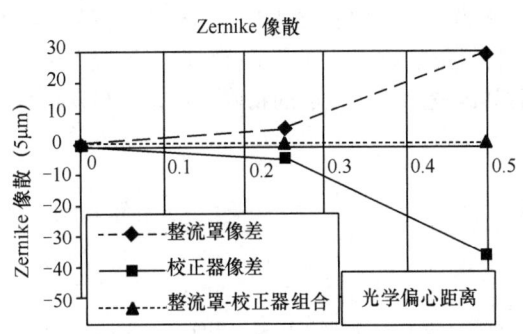

图 6.7 带有偏心成像系统的整流罩系统整流罩、校正器及其组合 Zernike 像散

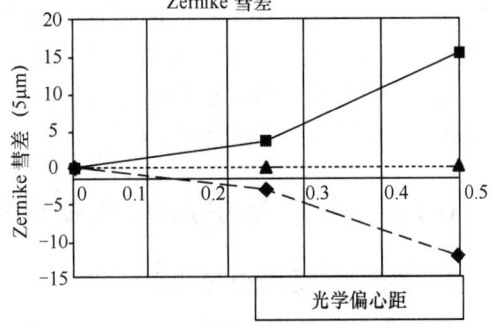

图 6.8 带有偏心成像系统的整流罩系统的整流罩、校正器及其组合 Zernike 彗差

4) 共形光学系统设计的成像性能

可以由横跨视场和扫描视场的像差显示全场特征,图 6.9 所示为通过扫描视场的最大 RMS 波前误差图,即横跨视场的各个视场波前误差的最大均方根(RMS)。图 6.10 所示为通过瞬时视场的 Zernike 三级彗图,显示了偏离窗口轴线中心 1°的整个视场的条纹泽尼克(fringe Zernike)三阶彗差项。

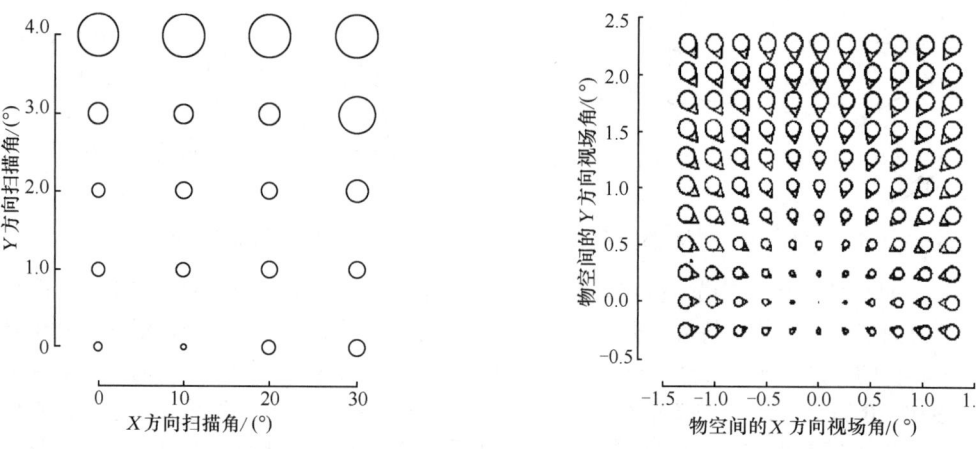

图6.9 通过扫描视场的最大RMS波前误差图
（表现为相对于 $X=0$ 和 $Y=0$ 对称）

图6.10 通过瞬时视场的Zernike三级彗图

5）材料和涂层

材料选择是红外共形窗口的关键，包括硬度、抗雨、固体颗粒和热冲击、所传输的红外波段（如 3～5 或 8～12 μm）折射率的温度变化。

在红外共形窗口所用短的和长的红外光谱带的候选材料[4]中，蓝宝石以其强度和化学稳定性，可做为 3～5 μm 波段很好的窗口材料。作为共形窗口的缺点是它的硬度高，难以成型。硫化物、锌、锗、硅是在 8～2 μm 光谱带的候选材料。化学气相沉淀的金刚石可以用作 8～14 μm 波段的窗口材料和作为 3～5 μm 波段的薄保护涂层。

增透膜和保护涂料是很重要的，窗口直接与高速空气接触，并受到水、灰尘和其他元素的冲击和损坏。如果涂层不能起到保护作用，则必须取下昂贵的窗口，除去被损坏的涂层，进行重镀，甚至再抛光。这对于非球面共形窗口是一个重要的成本问题。

6）热—光效应（thermo-optical effects）

通过窗口表面的高速气流的摩擦会增加温度，在窗口材料中建立非对称热梯度。折射率的热梯度（dn/dT）变化通过热膨胀系数（α, alpha）使材料形状改变，并由于材料的内部应力使折射率改变，在飞行中热梯度分布和数量级迅速地随时间改变。热光效应的精确建模是共形窗口分析的难题之一，需大量计算资源和理论知识。

6.1.2 共形光学系统的主要参量

1. 共形光学系统参量和定义

数学意义上的共形曲线（面）有多种形式[8]，可以是多项式型[9]、指数型[10]、贝济埃曲线型[11]或者样条曲线型[12]。实际应用中的整流罩结构可以为锥面[13]、双锥面[14]、球面、正切卵形面[15]、正割卵形面（secant ovaloid）[16]、椭球面、抛物面、幂级数面[17]等，通常外表面为抛物面的整流罩具有比椭球整流罩更好的气动性能，但其成像质量却非常差，系统的光学设计也要比椭球型整流罩困难，所以往往选择具有较多对称特性的椭球面作为共形整流罩设计的基本面形。此外，椭球整流罩的外表面顶点处具有连续性，其最大口径处表面倾斜度为零使得整流罩更容易与弹体衔接。下面将以图6.11和表6.1所示的应用于飞行平台系统中的椭球形整流罩结构来说明共形光学系统的特性。

1）长径比"L/D"

导弹整流罩（窗口）的一个关键参数是长径比"L/D"，以 F_a 表示（长度与直径的比值）。椭球形整流罩模型如图 6.11 所示，$F_a=1$ 的椭球整流罩导引头模拟光学系统设计参数如表 6.1 所示。对于球形窗口，最大的 L/D 为 0.5（半球状）。空气动力学分析表明，当长径比提高时，会使风阻更加减少。圆锥或其他非球面可以实现长径比大于 0.5。图 6.12 所示为飞行平台系统的风阻系数 [风阻系数或阻力系数（drag coefficient）按某一特征面积计算的单位面，是空气对前进中的飞行平台形成的一种反向作用力]。与飞行速度和整流罩结构长径比之间的关系曲线。由曲线可知，长径比大于 0.5 的非球形整流罩结构能明显地降低飞行器在飞行过程中所受到的空气阻力。此外，共形光学系统还具有外形曲面连续、热梯度小，并能够获得大于 90°的无渐晕扫描视场、雷达散射截面小等特点。

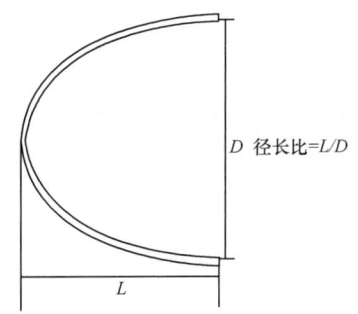

图 6.11 椭球形整流罩模型

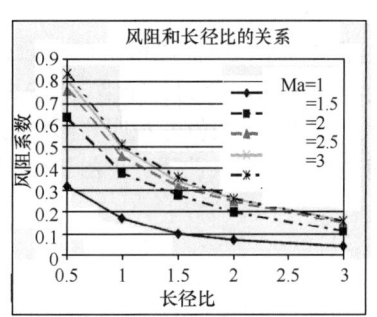

图 6.12 系统阻力系数不同飞行马赫数 Ma 下和长径比的关系曲线

表 6.1 $F_a=1$ 的椭球整流罩导引头模拟光学系统设计参数

整流罩材料	MgF_2	整流罩入瞳（D_p）	30 mm
整流罩长径比（F_a）	1	整流罩 F 数（F/D）	0.5
整流罩口径（D）	70 mm		

2）椭球面整流罩的长径比（fineness ratio）

长径比 F_a 与整流罩外表面相关，也称为气动长径比 F_a，椭球面整流罩的 F_a 为其外表面顶点到椭球体对称中心的长度 L 和整流罩口径 D（即椭球体短轴值的 2 倍）之比（$F_a=L/D$）。

在半径为 r 的球形整流罩中，$L=r$，$D=2r$，$F_a=0.5$；在共形整流罩中，F_a 通常要求大于 0.5。描述椭球面只须给出曲率（c）和锥形系数（k）两个参数，可求出轴向坐标 z 和径向坐标 ρ 的关系：

$$z = \frac{c\rho^2}{1+\sqrt{1-(1+k)c^2\rho^2}} \tag{6.1}$$

对式（6.1）微分可以得到椭球面上任意点处的斜率 $d\rho/dz$：

$$\rho = \sqrt{\frac{2z}{c} - z^2(1+k)} \tag{6.2}$$

$$\frac{d\rho}{dz} = \frac{1}{c\rho} - \frac{z}{\rho}(1+k) \tag{6.3}$$

整流罩的外表面可以用口径 D、边缘斜率 S_e 和长径比 F_a 来表示（用空气动力学理论解得的径长比），并且能够得到曲率 c 和锥形系数 k 同 D、S_e、F_a 的关系[17]如下：

$$k = \frac{1}{4F_a^2} - \frac{S_e}{F_a} - 1 \tag{6.4}$$

$$c = \frac{8L}{D^2 + 4L^2(1+k)} \tag{6.5}$$

在光学系统设计中,通常认为系统光轴通过光阑中心并垂直于光阑面。随着光阑面的转动,光轴和导引头对称轴之间存在一个夹角 θ,为扫描视场角。由于采用万向支架结构每个瞬时视场角都很小,同时受到最大扫描视场角的限制,最大扫描视场角可以决定与气动长径比相对应的光学长径比 F_a,即用于实际成像的整流罩结构的长度与口径之比。

上述公式同样可以用来描述整流罩结构的内表面,为了改善系统的成像质量,在设计的过程中通常将罩内表面面形作为自由变量,整流罩内表面又称为赋形面。共形光学系统设计过程中将系统光阑和整流罩后的成像光学系统置于万向节点上。设计过程中常用理想透镜代替实际成像系统的椭球形整流罩导引头模拟光学系统模型结构,长径比为1的椭球形整流罩导引头模型如图6.13所示。

3)等厚度共形整流罩

用于描述共形整流罩的纵横比(aspect ratio)参数为长径比,大致与空气动力学阻力成反比[6],图6.11所示半球形整流罩的长径比只是0.5。

以长径比等于1.0为例,说明共形整流罩的行为和校正技术。除非另有说明,不使用高阶非球面,所有表面均为圆锥曲线。可由长径比决定曲率半径和圆锥常数[18]:

$$k = \frac{1}{4F_a^2} - 1 \tag{6.6}$$

$$R = \frac{D}{4F_a} \tag{6.7}$$

其中,F_a 为长径比;k 为锥度常数;D 为共形整流罩外径;R 为共形整流罩前表面顶部曲率半径。

设选择导弹的外直径为2英寸,整流罩前表面的半径和圆锥度常数由式(6.6)和式(6.7)给出,分别是0.5英寸和-0.75。对应于蓝宝石或锗光学材料的整流罩的折射率取为1.7。整流罩折射率和整流罩的前表面将设为常量。整流罩的中心厚度选择为0.08英寸。选择整流罩的底部边缘厚度等于中心厚度,称之为"等厚度"整流罩,等厚度共形整流罩如图6.14所示。后表面曲率半径是0.440 83英寸,锥度常数为-0.770 40。

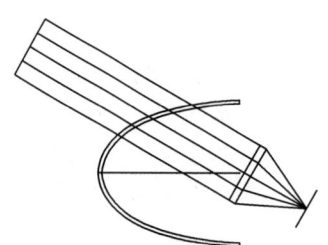
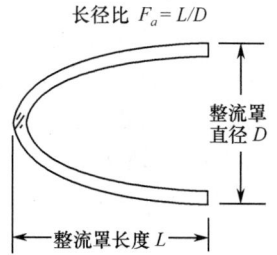

图6.13 长径比为1的椭球形整流罩导引头模型　　图6.14 等厚度共形整流罩

设万向节转角成像光学元件最大扫描视场(FOR)取为55°,对于该系统需要了解整流罩系统相对万向节转角的像差。令光学系统的入射光瞳直径除以整流罩直径称为"孔径比",设取为0.5。万向节光学系统通常有小于0.6[26]的孔径比。一个理想透镜被用来模拟F/1.25万向节成像系统。带有Zernike像差的锗板放置在理想透镜的前面以模拟成像系统的球差。通常,同心整流罩的球差由成像系统补偿,因此,把共形整流罩的球差校正为零是不重要的。波长为5.0 μm的衍射极限光点尺寸为0.000 6英寸(15 μm),共形整流罩系统成像的几何光斑尺寸应校正到小于或等于衍射光斑尺寸。

万向节点置于整流罩中心线上前表面后约为1英寸处。对所有共形系统万向节点保持不变,以比较性能校正技术。此处不考虑视线相对于万向角的偏差。图6.15所示为等厚度整流罩及其成像系统的示意图。图6.15(a)是万向节转角为0°时的情况;图6.15(b)是系统在不同万向节转角的模拟。

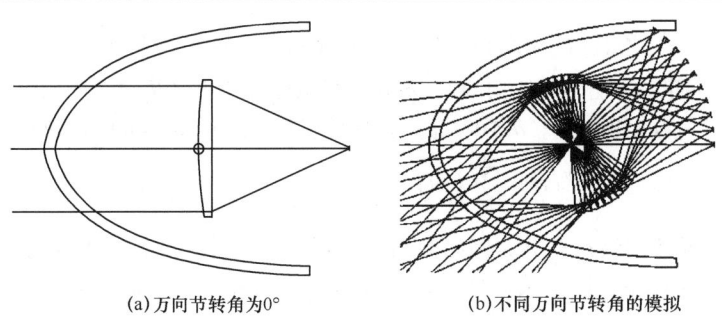

(a) 万向节转角为0°　　　　　　　(b) 不同万向节转角的模拟

图 6.15　等厚共形整流罩及其成像系统的示意图

等厚共形整流罩的 RMS 光斑尺度曲线如图 6.16 所示。其几何光斑尺寸约为衍射极限的光斑尺寸的 20~50 倍。为了更好地表征整流罩像差，用 Zernike 多项式前 16 项表示波阵面，大像差与万向节转角的关系曲线见图 6.17。在该系统中占主导地位的像差是近似于 10 倍波长的像散和 10 倍波长的离焦，同时也有大量的彗差和三叶草。

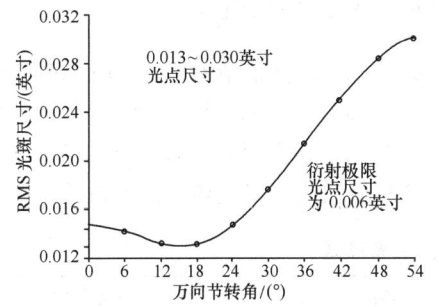
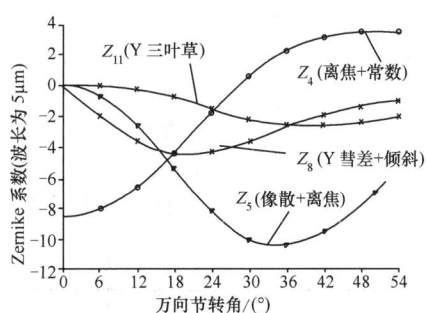

图 6.16　等厚共形整流罩的 RMS 光斑尺度曲线　　图 6.17　一个等厚共形整流罩的 Zernike 像差

2. 共形整流罩的像质特点

为了说明共形整流罩的像差性质，采用理想近轴透镜代替整流罩后面的实际成像系统，在设计中需要考虑光阑前的共形结构和光阑后的成像系统间像差的补偿和分配。在该结构的所有非零观察视场中用于成像的整流罩部分失去旋转轴对称特性，光阑在物空间的像即为入瞳，其存在光阑球差、光阑彗差等多种光阑像差。而光阑及其后面的成像系统仍保持旋转轴对称特性，所以可将系统光阑口径固定，在出瞳面上利用泽尼克多项式进行出射波前拟合，并用泽尼克多项式系数描述系统的成像性能。

1）泽尼克多项式同波像差之间的关系

泽尼克多项式[19]已广泛用于光学系统设计和检测工作。泽尼克多项式是定义在圆形光瞳上的完备正交多项式*，并可以分解为径向函数和方位函数的乘积：

---

* Zernike 多项式是描述干涉图的波前像差的常用方法：多项式的形式为 $r^n\cos(m\theta)$ 和 $r^n\sin(m\theta)$，是以半径和方位角定义的极坐标形式表示的多项式。Zernike 多项式之所以适合用来表示波前，是因为它在定义的单位圆上相互正交。因此，所处理的数据(由干涉仪测得或分析计算的面形变化)应该转换到单位圆内，然后进行处理。多项式拟合系数可以通过对数据进行最小二乘法拟合得到。理论上讲，项数越多拟合误差越小。

Zernike 多项式具有如下两个主要特点，在单位圆上正交，即有如下关系

$$\int_0^1 \int_0^{2\pi} U_n^l(\rho,\theta) \cdot U_m^k(\rho,\theta) \rho \mathrm{d}\rho \mathrm{d}\theta = \begin{cases} \dfrac{\pi}{\pi-2}\delta & (n=m, l=k) \\ 0 & (n \neq m \text{ 或 } l \neq k) \end{cases} \tag{1}$$

式中 $U_n^l(\rho,\theta)$ 和 $U_m^k(\rho,\theta)$ 为 Zernike 多项式。当 $l=0$ 时 $\delta=1$，当 $l \neq 0$ 时，$\delta=0.5$。对于具有圆形光瞳镜面的系统，可将其归一化为单位圆。函数系的正交使不同多项式的系数相互独立，有利于消除偶然因素的干扰。

$$Z_n^l(\rho,\theta) = R_n^l(\rho)B_l(\theta) = R_n^l(\rho)e^{il\theta}, n \geq l, n-l=\text{偶数} \qquad (6.8)$$

其中，$R_n^l(\rho)$ 是与径向坐标 ρ 有关的径向函数，$B_l(\theta)$ 是与坐标旋转角度 θ 有关的周期为 2π 的方位函数；n 是多项式阶次，l 为方位角频率；$n \geq 0$，$m=0$ 或任意整数。当 $n-2m \geq 0$ 时，径向函数可以表示为

$$R_n^{n-2m}(\rho) = \sum_{s=0}^{m}(-1)^s \frac{(n-s)!}{(m-s)!(n-m-s)!s!} \cdot \rho^{n-2s} \qquad (6.9)$$

R 的级次 n 同系统像差的级次有关。例如，$R_4(\rho)$ 表示四阶波前形变，或者称为三级球差。泽尼克多项式是圆域内的完备正交函数系，故任意波前都可以表示为具有实系数的泽尼克多项式 U_{nm} 的线性组合形式：

$$W(\rho,\theta) = \sum_{n=0}^{k}\sum_{m=0}^{n}A_{nm}U_{nm} = \sum_{n=0}^{k}\sum_{m=0}^{n}A_{nm}R_n^{n-2m}(\rho)\begin{Bmatrix}\sin\\\cos\end{Bmatrix}(n-m)\theta, m=\frac{n-l}{2} \qquad (6.10)$$

其中，$n-2m>0$ 时取正弦函数，$n-2m \leq 0$ 时取余弦函数。像差函数也可以直接表示为正交泽尼克圆多项式 $Z_j(\rho,\theta)$ 的线性组合：

$$W(\rho,\theta) = \sum_{j=1}^{\infty}z_j Z_j(\rho,\theta) \qquad (6.11)$$

其中，j 为多项式阶数，其值与 n 和 m 的取值有关；j 为偶数时，$Z_j(\rho,\theta)$ 中含有方位角 θ 的余弦项，j 为奇数时，$Z_j(\rho,\theta)$ 中含有方位角 θ 的正弦项；z_j 为像差系数。在圆形出瞳面上建立图 6.18 所示坐标系，表 6.2 为前 16 项泽尼克条纹多项式的具体表达形式及其所代表的像差意义。

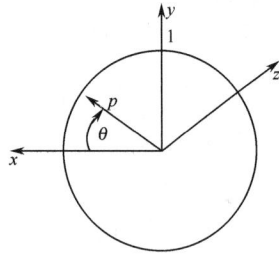

图 6.18　出瞳面坐标系

表 6.2　前 16 项泽尼克多项式

j	n	m	$n-2m$	$Z_j(\rho,\theta)$	像差名称
1	0	0	0	1	平移或常数项
2	1	1	−1	$\rho\cos(\theta)$	相对 x 轴的倾斜
3	1	0	1	$\rho\sin(\theta)$	相对 y 轴的倾斜
4	2	1	0	$2\rho^2-1$	焦点移动
5	2	2	−2	$\rho^2\cos(2\theta)$	二次像散方程，x
6	2	0	2	$\rho^2\sin(2\theta)$	二次像散方程，y
7	3	2	−1	$(3\rho^3-2\rho)\cos(\theta)$	线性彗差，x
8	3	1	1	$(3\rho^3-2\rho)\sin(\theta)$	线性彗差，y
9	4	2	0	$6\rho^4-6\rho^2+1$	三级球差
10	3	3	−3	$\rho^3\cos(3\theta)$	三叶草，x
11	3	0	3	$\rho^3\sin(3\theta)$	三叶草，y
12	4	3	−2	$(4\rho^4-12\rho^2)\cos(2\theta)$	斜球差，x
13	4	1	2	$(4\rho^4-3\rho^2)\sin(2\theta)$	斜球差，y
14	5	3	−1	$(10\rho^5-12\rho^3+3\rho)\cos(\theta)$	椭圆彗差，x
15	5	2	1	$(10\rho^5-12\rho^3+3\rho)\sin(\theta)$	椭圆彗差，y
16	6	3	0	$(20\rho^6-30\rho^4+12\rho^2-1)$	五级球差

利用泽尼克多项式来表示光学系统的像差时要求系统具有无遮拦的圆对称的光瞳，非圆对称或者有遮拦的光瞳面上的泽尼克圆多项式将失去正交对称性，需要重新构建多项式形式。在共形整流罩中除了在 0° 观察视场中导引头光学成像系统能保持轴对称特性外，系统在其余各观察视场中都存在非轴对称光学成像，入瞳也将失去圆对称性。而光阑经其后的实际成像系统成像后仍保持圆对称性，故对共形光学系统的波前分析可以在系统出瞳面上进行。

泽尼克正交多项式共有 37 项，能够描述波前的一阶、三阶、五阶和其他高阶像差。对于长

径比不是很大的共形光学系统,前 16 项泽尼克条纹多项式足以描述系统的低阶成像性能。由于泽尼克多项式只能够描述单一视场中的波前形变,所以需要将不同视场中项数足够多的泽尼克系数进行插值拟合处理才能够描述光学系统中与视场有关的像差特性。在研究万向支架式共形光学系统特性时仅考虑轴上视场像质随观察视场变化的情况。

利用泽尼克多项式进行波前拟合的过程是为了获取最小波前变形,所以多项式中的某些高阶项中通常带有低阶项,泽尼克多项式系数与波像差系数之间没有直接对应关系,两组低阶像差系数间的对应关系如下[20]:

$$W(\rho,\theta) = z_1 + z_2\rho\cos(\theta) + z_3\rho\sin(\theta) + z_4(2\rho^2-1) + z_5\rho^2\cos(2\theta) + z_6\rho^2\sin(2\theta) + \\ z_7(3\rho^2-2)\rho\cos(\theta) + z_8(3\rho^2-2)\rho\sin(\theta) + z_9(6\rho^4-6\rho^2+1) \quad (6.12)$$

$$W(\rho,\theta) = W_{11}\rho\cos(\theta) + W_{20}\rho^2 + W_{40}\rho^4 + W_{31}\rho^3\cos(\theta) + W_{22}\rho^2\cos^2(\theta) \quad (6.13)$$

$$W(\rho,\theta) = (z_1-z_4+z_9) + (z_2+z_7)\rho\cos(\theta) + (z_3+2z_8)\rho\sin(\theta) + (2z_4-6z_9)\rho^2 + \\ [z_5\cos(2\theta) + z_6\sin(2\theta)]\rho^2 + 3[z_7\cos(\theta) + z_8\sin(\theta)]\rho^3 + 6z_9\rho^4 \quad (6.14)$$

式中,

$$\begin{cases} 常量(\text{piston}) = z_1 - z_4 + z_9 \\ 离焦 = 2z_4 - 6z_9 - \sqrt{z_5^2 + z_6^2} \\ 倾斜\begin{cases}量级 = \sqrt{(z_2-2z_7)^2 + (z_3-2z_8)^2} \\ 角度 = \arctan\left[\dfrac{z_3-2z_8}{z_2-2z_7}\right]\end{cases} \\ 像散\begin{cases}量级 = 2\sqrt{z_5^2+z_6^2} \\ 角度 = \dfrac{1}{2}\arctan\left(\dfrac{z_6}{z_5}\right)\end{cases} \\ 彗差\begin{cases}量级 = 3\sqrt{z_7^2+z_8^2} \\ 角度 = \dfrac{1}{2}\arctan\left(\dfrac{z_8}{z_7}\right)\end{cases} \\ 球差 = 6z_9 \end{cases} \quad (6.15)$$

2)椭球形整流罩光学系统的泽尼克像差特性模拟

由于椭球整流罩在非零观察视场中不具有旋转对称性,传统的 Seidel 像差理论无法准确描述共形光学系统的成像质量,只能利用泽尼克圆多项式分解的方法来描述整流罩的波前相位分布。图 6.19 为理想透镜位于椭球体对称中心且长径比为 1 的 MgF_2 整流罩导引头模拟光学系统在中波红外段的像差曲线,可以看到该整流罩在大观察视场处存在十几个波长的离焦(Z_4)和像散(Z_5)。由于离焦不影响成像本质,所以像散将是影响该共形结构成像性能的主要因素。共形结构中像散随着观察视场的变化具有如此大的动态变化特性是因为位于小视场内的整流罩具有接近于球形的旋转轴对称结构,系统轴外像差不明显;而位于较大观察视场的整流罩结构仅具有面对称特点,完全失去了旋转轴对称特性,逐渐向

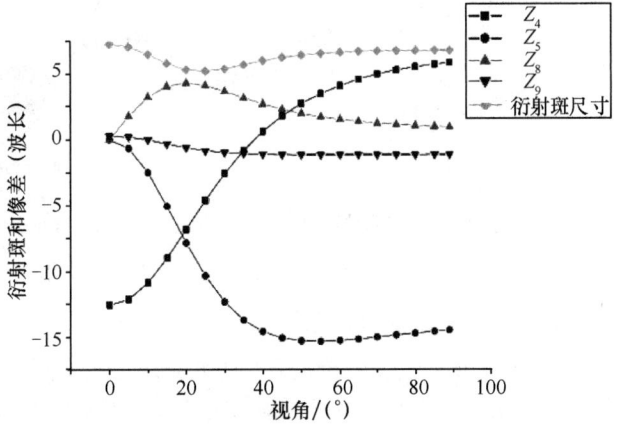

图 6.19 椭球整流罩导引头模拟光学系统像差曲线

柱面结构过渡，不规则的柱面结构使得波前产生了严重的渐变像散。

6.1.3 共形光学系统中的像差校正

为了将共形光学系统用于实际，PCOT（precision conformal optics technology program，精密共形光学技术项目）组织设计了利用固定校正板和弧形校正板，以及采用相位板、柱面镜、泽尼克楔和可变形反射镜等结构的多种系统动态像差校正方案。下述几种校正方案都能够在很大程度上改善共形整流罩的成像质量，但各自的像差校正能力仍有差别，结构设计和控制的难易程度也有所不同。

1. 固定校正板像差校正法

所谓的固定校正板[21]是指位于共形整流罩后部某一位置处用来校正像散等像差的轴对称光学元件。图 6.20 所示为带有固定校正板的椭球形整流罩导引头模拟成像光学系统。

固定校正板能在一定程度上减小随视场变化的动态像差，其后面的成像系统（图 6.20 中未画出）可以用来校正系统残余球差和离焦等像差。材料不同的校正板组合对于改善共形整流罩的热稳定性和色差校正有一定的帮助。采用带有固定校正器的共形整流罩来代替传统的整流罩不须改变原有系统的成像系统部分。为校正动态像差，固定校正板采用复杂面形结构设计，以及

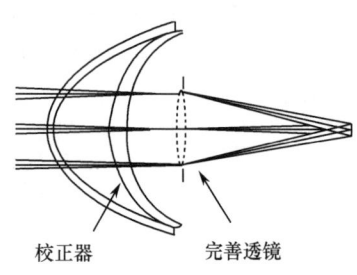

图 6.20 固定校正板像差校正方式

多种材料完成像差校正任务，增加了导引头结构的重量，有限的工作口径也限制了实际成像系统的工作视场范围。

2. 弧形校正板像差校正法

弧形校正板[8]呈条状，其宽度由其后的实际成像系统的口径决定。该元件采用了自由曲面面形，有利于对共形整流罩大视场像差的校正，其结构如图 6.21 所示。弧形校正板工作时需要一个双向旋转的节点结构与成像系统连接在一起，使校正结构随节点的双向运动改变方位角和俯仰角，最终达到校正动态像差的目的。相对于固定校正板而言，这种方法有利于减小整流罩结构的重量，但动态控制精度要求严格。

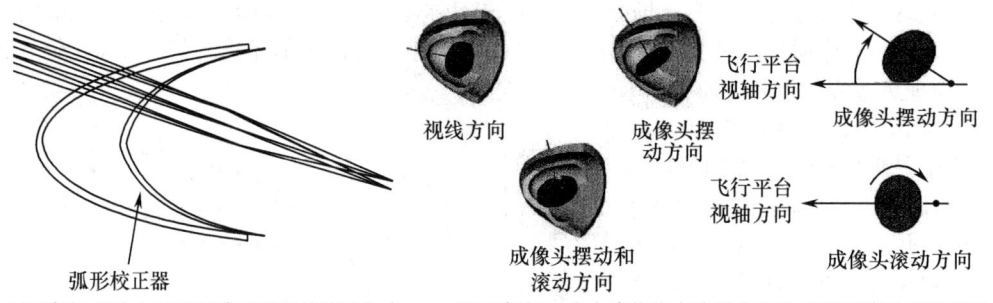

(a) 飞行导引头中用弧形校正板像差校正方式　　(b) 飞行导引头中成像头在滚动和摆动用弧形校正板校正方式

图 6.21 飞行导引头中成像头用弧形校正板像差校正方式

3. 泽尼克楔像差校正法

图 6.22 所示的像差校正方法主要是通过改变两个 Risley 棱镜[22]在不同观察视场中的相对位置调节透射波前形状，最终达到平衡共形整流罩像差的目的。Risley 棱镜的外形可以用泽尼克多项式来描述，这种方法被称为泽尼克楔校正法。采用泽尼克楔校正像差的方法限制了系统的有效

观察视场范围,该结构的一个显著优点是其后的成像系统是固定的,不需要用万向支架结构改变扫描视场,还可将固定校正板和泽尼克楔联合使用来进行共形光学系统像差校正。

4. 变形反射镜像差校正法

图 6.23 所示的变形反射镜校正法[23]是根据自适应光学原理,利用电子设备控制反射镜的面形变化,实现对通过共形整流罩的透射波前进行像差补偿和校正。该方法精度高,能够校正静态方法所不能够校正的像差,但其造价高,实际应用有困难。

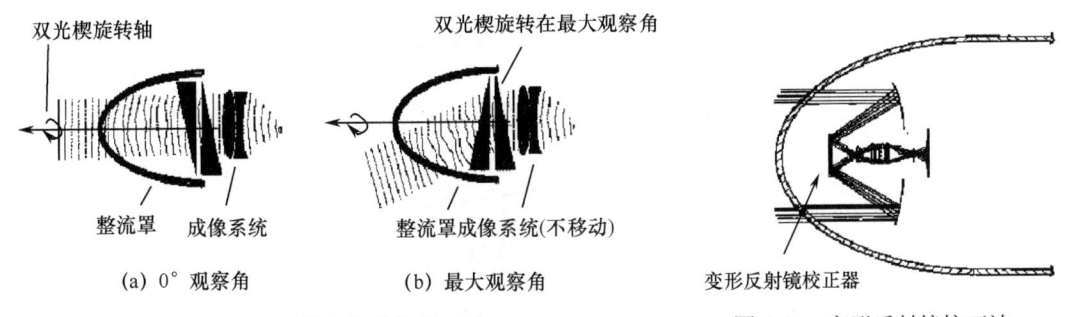

图 6.22 泽尼克楔像差校正法

图 6.23 变形反射镜校正法

5. 轴向移动相位板或对向旋转的相位板像差校正法

图 6.24 和图 6.25 所示的像差校正方法,是将两个非球面相位板相结合,改变两者间的轴向间距或者通过旋转改变两相位板的相对空间位置[24]可以获得一定量的像差补偿,最终达到动态校正共形整流罩像差的目的。这种方法类似于泽尼克楔校正方法,可以与固定校正板结合来进一步改善共形光学系统的成像质量,但对机械结构的控制精度要求严格。

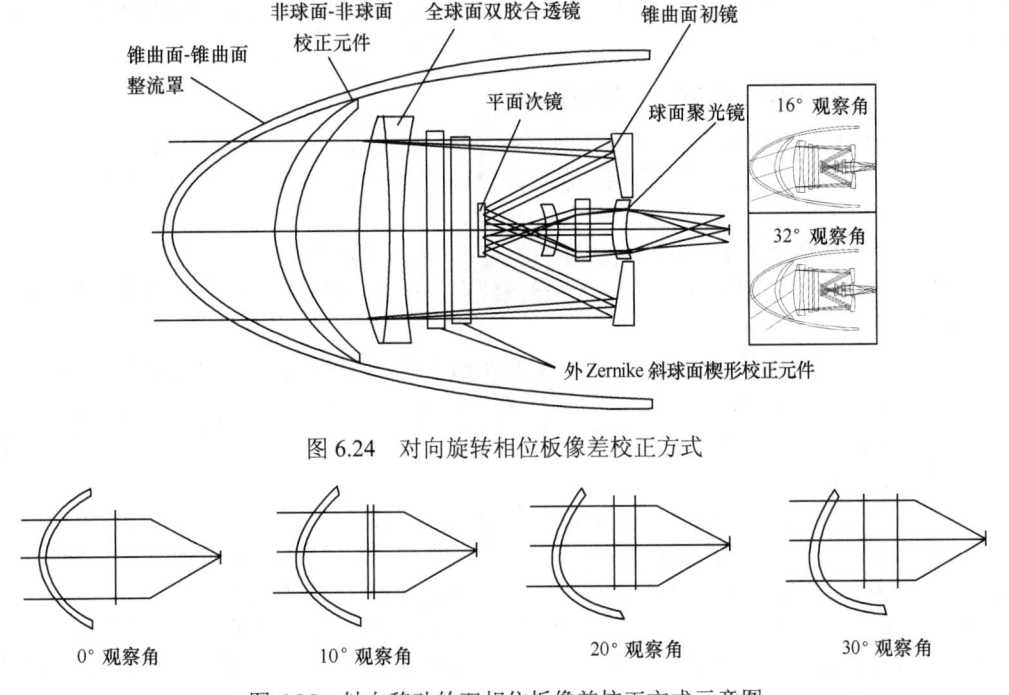

图 6.24 对向旋转相位板像差校正方式

图 6.25 轴向移动的双相位板像差校正方式示意图

6. 轴向移动的柱形元件用于像差校正

由于柱形元件只在某一轴向具有光焦度,故可以利用这一特点来平衡共形整流罩的像散[25]。在共形系统中,观察视场不同,所需要的像散补偿量也不同。故通过改变相互垂直的柱形补偿器的间距可以实现光焦度的动态调节,其结构如图 6.26 所示。适当调节两个柱形补偿正器的间距使得子午和弧矢这两个面上的焦线重合在探测面上,达到校正共形导引头任意视场中的像散的目的。

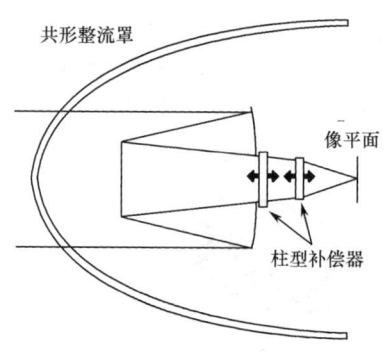

图 6.26 轴向移动双柱面镜像差校正方式

6.1.4 共形光学系统实际应用须考虑的问题

1. 精密共形光学技术项目(PCOT)研究组在改善设备性能和开发新设备上的进展

Rohm and Hass 公司采用化学气相沉淀法(chemical vapor deposition,CVD)做出了 ZnS 整流罩及校正器[26];Raytheon 公司侧重对利用单点金刚石车削法(diamond point turning,DPT)制造共形整流罩的研究,并设计了计算机自动控制的 Nanotech 500FG 精细研磨机和磁流变抛光机[27];亚利桑那光学中心利用 Shack-Hartmann 干涉仪来检验共形整流罩[28];Raytheon 公司提出了利用透射式零位干涉检测法(见第 14 章)来检测共形整流罩的方法[29]等工作对于共形光学系统的实际应用起到推动作用。

2. 研究和开发共形光学系统须考虑的问题

(1)采用万向支架结构扩大扫描视场的共形光学系统的设计、加工制备及检测、装调都提出了严格的要求。万向支架式共形光学系统在设计上存在的困难也决定了此类系统的加工制备和检测装调过程的复杂性。

(2)由于非零扫描视场中具有面对称性的整流罩,使透射波前的子午和弧矢焦面出现不重合,且系统像散随着观察视场而变化,故共形光学系统在设计上同时要处理系统中存在大像散和像散动态变化的问题。

(3)经过柱面结构后的透射波前校正,尤其在该系统中连续的校正板面形结构能够同时校正观察视场中的所有像差的问题。

(4)在二次曲面中,能够完全消除各种像差的光阑位置并不存在,但能够实现完全消像散的光阑位置却有两个。

(5)椭球整流罩结构中也存在两个消像散的万向节点位置,一个靠近整流罩顶端,一个距离椭球对称中心太远,都不具有实际应用的价值。这说明共形光学系统中注定存在随扫描视场不断变化的各种像差,若要达到理想的成像质量,系统中就必须有动态像差校正结构。

(6)整流罩除了应该具有优良的光学性能外,还必须能够在高温的环境中仍保持高机械强度、高热导率、低弹性模量和低热扩散性等特性[30],然而材料的最佳光学性能和最佳热力学性能是矛盾的,红外材料的选择非常困难。多晶氟化镁是目前整流罩结构中应用最多的晶体材料。热压多晶氟化镁在 3~7 μm 范围内透过率大于 80%,在可见波段也有一定的透过率。然而共形整流结构中所采用的是非球面度极大的二次曲面面形,其非球面度往往是几英寸而不是波长量级,所以共形光学系统实际应用中最重要的任务是加工制备过程。虽然目前国内采用热压的方法已能制备直径约为 300 mm 的球形整流罩结构,但大口径的非球面整流罩结构对于现有的加工设备和加工工艺都是一种严峻的考验。

6.2 椭球整流罩的几何特性及消像差条件在共形光学系统中的应用

根据光学系统的一阶（几何）特性，不仅能够确定系统像面的位置和大小，而且也是利用光线计算方法评价光学系统像差特性的理论基础。因而充分了解椭球面和椭球罩的几何特性对共形光学系统的整体设计有很大的帮助。下面在分析椭球面和椭球罩几何模型某些特性的基础上，利用矢量像差理论和特征函数法分析万向支架式导引头整流罩中像差产生的原因及其特点，也将是像差校正方案的重要依据[11]。

6.2.1 椭球面几何特性分析

椭球整流罩的气动性能主要决定于整流罩的长径比以及外表面的面形选择，内表面的面形选择具有一定的任意性，为了简化对其性能分析的复杂程度，故建立内外表面同心的等厚整流罩模型

$$\frac{x^2+y^2}{b^2}+\frac{z^2}{a^2}=1 \tag{6.16}$$

上式表示直角坐标系中长轴在 z 轴上的椭球面，如图 6.27 所示，其中长轴长度为 $2a$，短轴长度为 $2b$，取该椭球面的 yz 坐标系截面作为椭球整流罩外表面的子午截面。由椭球整流罩参量定义分析可知在椭球面中存在下面的关系：

$$L = a \tag{6.17}$$
$$D = 2b \tag{6.18}$$
$$k = \frac{1}{4F^2} - \frac{S_e}{F} - 1 \tag{6.19}$$
$$c = \frac{8L}{D^2 + 4L^2(1+k)} \tag{6.20}$$

式中，c 为椭圆顶点的曲率，k 为椭圆的锥度系数。

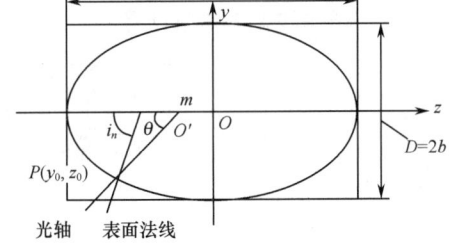

图 6.27 椭球面几何模型

1. 曲面法线

空间曲面 $f(x,y,z)=0$ 上任意一点处的法向量表示为

$$\boldsymbol{n} = \nabla f = \left(\frac{\partial f}{\partial x}, \frac{\partial f}{\partial y}, \frac{\partial f}{\partial z}\right) \tag{6.21}$$

椭球面上任意点 $P(x_0, y_0, z_0)$ 处的法向量为

$$\boldsymbol{n}(x_0, y_0, z_0) = \left(-\frac{2x_0}{b^2}, -\frac{2y_0}{b^2}, -\frac{2z_0}{a^2}\right) \tag{6.22}$$

设导引头中万向支点 O' 位于椭球面对称轴上距对称中心 m 的位置处。在子午面内，光阑旋转 θ 时，光轴同椭球罩外表面交点 $P(y_0, z_0)$ 处曲面法线同系统对称轴即 z 轴间的夹角为 i_n：

$$\frac{y^2}{b^2}+\frac{z^2}{a^2}=1 \tag{6.23}$$

$$\tan(i_n) = \frac{\partial f}{\partial y} \bigg/ \frac{\partial f}{\partial z} = \frac{a^2}{b^2} \cdot \frac{y_0}{z_0} = 4F^2 \cdot \frac{y_0}{z_0} \tag{6.24}$$

$$\tan(\theta) = \frac{y_0}{z_0 - m} \tag{6.25}$$

$$\left(\frac{\tan^2 i_n}{16b^2 F^4} + \frac{1}{a^2}\right) \frac{16m^2 F^4 \tan^2 \theta}{(4F^2 \tan\theta - \tan i_n)^2} = 1 \tag{6.26}$$

椭球面上任意点 P 处曲面法线同系统观察视场光轴之间的夹角及椭球面相对于观察视场光轴的相对倾斜可以用$(i_n - \theta)$来表示。对于$b = 35$ mm，$F = 1$ 和 $F = 1.5$ 的椭球面，$(i_n - \theta)$值随万向节点位置和实际成像系统旋转角度的变化趋势如图 6.28 所示。从图中可以看到曲面法线和系统光轴之间的夹角随着观察视场的不同而逐渐变化，而且其值会受到节点位置的影响。万向节点位置处于椭球的旋转对称中心附近时，夹角$(i_n - \theta)$呈二次曲线变化方式，椭球表面的相对倾斜先增加后减小，在最大观察视场处取得最小值；节点处于椭球面顶点附近时，夹角$(i_n - \theta)$随观察视场增大而呈现负线性增长趋势；且椭球面的相对倾斜在万向节点距椭球面顶点 25～35 mm 附近时的绝对变化范围最小。

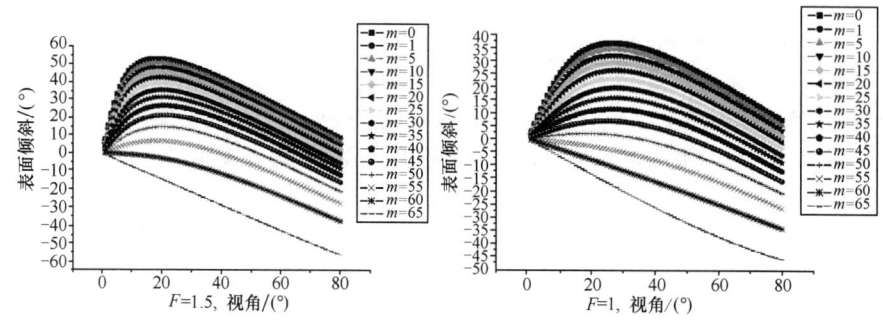

图 6.28　$F = 1.5$ 和 $F = 1$ 时$(i - \theta)$关系曲线

2. 子午和弧矢曲率计算

首先将椭球面顶点置于坐标原点，旋转对称的实际成像系统置于节点位置在 O' 点的万向支架结构上，O' 与椭球面对称中心 O 点相距 m，建立图 6.29 所示的坐标系。空间椭球面方程为

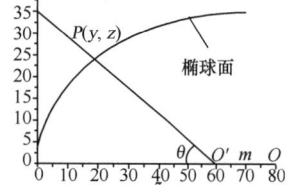

图 6.29　椭球面坐标系

$$\frac{x^2 + y^2}{b^2} + \frac{(z - a)^2}{a^2} = 1 \tag{6.27}$$

某观察视场的光轴方程为

$$y = (z - a + m)[-\tan(\theta)] \tag{6.28}$$

由光轴和椭球面交点 $P(0, y_0, z_0)$ 的坐标可求

$$\begin{cases} y_0 = -m\tan(\theta) + \dfrac{a^2 \tan(\theta)\left[m\tan^2(\theta) + \sqrt{\tan^2(\theta)b^2 - \dfrac{b^2}{a^2}m^2\tan^2(\theta) + \dfrac{b^4}{a^2}}\right]}{\tan^2(\theta)a^2 + b^2} \\[2ex] z_0 = a - \dfrac{a^2\left[m\tan^2(\theta) + \sqrt{\tan^2(\theta)b^2 - \dfrac{b^2}{a^2}m^2\tan^2(\theta) + \dfrac{b^4}{a^2}}\right]}{\tan^2(\theta)a^2 + b^2} \\[2ex] y_0 = \dfrac{-mb^2\tan(\theta) + a^2 b\tan(\theta)\sqrt{\tan^2(\theta) - \dfrac{m^2\tan^2(\theta)}{a^2} + \dfrac{b^2}{a^2}}}{\tan^2(\theta)a^2 + b^2} \\[2ex] z_0 = a - \dfrac{a^2 m\tan^2(\theta) + a^2 b\sqrt{\tan^2(\theta) - \dfrac{m^2\tan^2(\theta)}{a^2} + \dfrac{b^4}{a^2}}}{\tan^2(\theta)a^2 + b^2} \end{cases} \tag{6.29}$$

相对于实际成像系统光轴而言,椭球面的子午截线 $f(y,z)$ 的子午曲率可以表示为

$$\frac{y^2}{b^2}+\frac{(z-a)^2}{a^2}=1 \tag{6.30}$$

子午曲率为

$$C_t=\frac{1}{\rho_t}=\frac{|y''|}{(1+y'^2)^{\frac{3}{2}}}\bigg|_{y=y_0,z=(z_0-a)}=\frac{\left|-\frac{b^2}{a^2 y_0}-\frac{b^4(z_0-a)^2}{a^4 y_0^3}\right|}{\left[1+\frac{b^4(z_0-a)^2}{a^4 y_0^2}\right]^{\frac{3}{2}}}=\frac{\left|-a^4 b^2 y_0^2-a^2 b^4(z_0-a)^2\right|}{(a^4 y_0^2+b^4(z_o-a)^2)^{\frac{3}{2}}} \tag{6.31}$$

子午曲率半径为

$$\rho_t=\frac{[a^4+(b^2-a^2)(z_0-a)^2]^{\frac{3}{2}}}{a^4 b}$$

将式(6.29)代入上式,整理后,可得

$$\rho_t=\frac{a^2}{b}\left\{1+(b^2-a^2)\left[\frac{m\tan^2(\theta)-\sqrt{\tan^2(\theta)b^2-\frac{b^2}{a^2}m^2\tan^2(\theta)+\frac{b^4}{a^2}}}{\tan^2(\theta)a^2+b^2}\right]^2\right\}^{\frac{3}{2}} \tag{6.32a}$$

与子午截线不同,相对于系统光轴的椭球面弧矢截线 $f(x,y,z)$ 随着系统光轴倾角 θ 的变化而不断变化,可以将弧矢截线表示为

$$\begin{cases}\frac{x^2+y^2}{b^2}+\frac{(z-a)^2}{a^2}=-1\\ y=(z-a+m)[-\tan(\theta)]\end{cases} \tag{6.32b}$$

$$x^2+(z-a+m)^2\tan^2(\theta)+\frac{b^2}{a^2}(z-a)=b^2$$

点 $P(y_0,z_0)$ 处沿光轴向弧矢曲率半径为

$$\rho_t=\sqrt{[-\tan(\theta)]^2 b^2-\frac{b^2}{a^2}m^2[-\tan(\theta)]^2+\frac{b^4}{a^2}\cos(\theta)} \tag{6.33}$$

沿曲面法线方向,椭球面子午和弧矢方向上的曲率半径可分别表示为

$$\rho_t'=\frac{[a^4+(b^2-a^2)(z_0-a)^2]^{\frac{3}{2}}}{a^4 b} \tag{6.34a}$$

$$\rho_t'=\left[b^2+\left(\frac{b^4}{a^4}-\frac{b^2}{a^2}\right)(z_0-a)^2\right]^{\frac{1}{2}} \tag{6.34b}$$

由 Yong 氏细光束焦点位置求解方法可知,法线向的弧矢曲率半径对弧矢焦线求解有助。

图 6.30 给出的是万向节点位于飞行体轴线上不同空间位置时,子午和弧矢曲率半径差随观察视场的变化趋势。由图可知,子午和弧矢曲率半径差受到节点位置的影响,而且随着观察视场的增大该插值逐渐增大,但当其到达某一峰值后会逐渐降低并向负值转化。而沿法线向的子午和弧矢曲率半径差随空间位置呈逐渐增大的趋势,在椭圆半短轴位置处取得最大值。

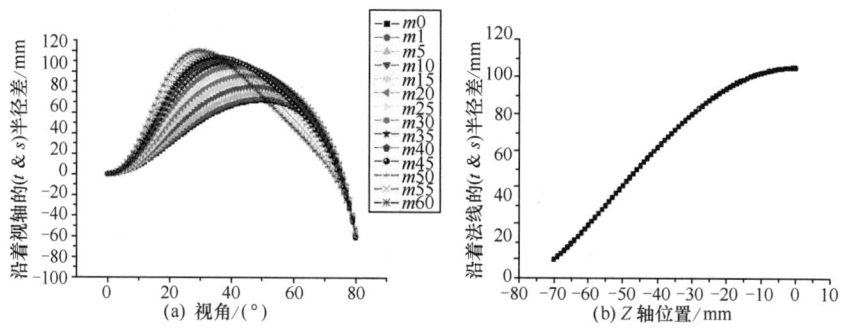

图 6.30　子午和弧矢曲率半径差

图 6.31 为沿法线向和沿光轴向弧矢曲率半径之间的差异,除万向节点位于椭球面对称中心的结构外,该组曲线随观察视场而变化的趋势相同,均呈现先增大再减小而后增大的趋势。曲线幅值大小受万向节点位置的影响,且拐点均出现在 30°和 70°观察视场附近,这与图 6.28 所示的椭球面相对于实际成像系统的相对倾斜量的变化趋势略有不同。

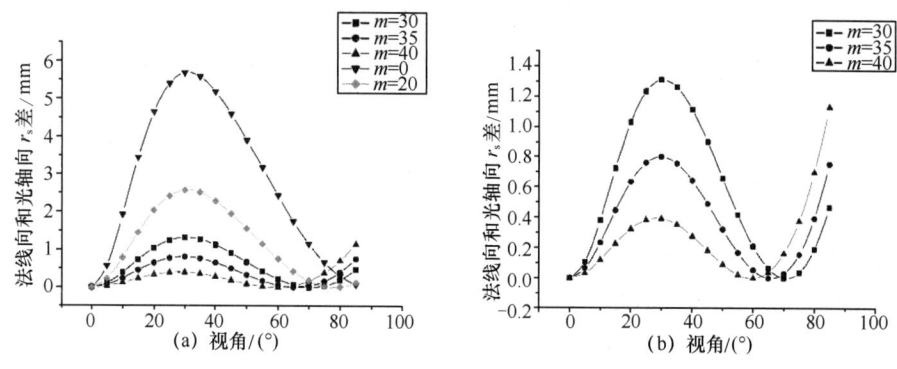

图 6.31　法线向和光轴向弧矢曲率半径差

将图 6.28 和图 6.31 综合分析后可以知道,椭球面的相对倾斜造成子午和弧矢曲率的不同,这也使得成像光束到达像面时具有严重的像散,且系统像质校正时的难点主要在于 30°观察视场中的像散校正。对于总观察视场小于 60°的共形系统,各观察视场的像质平衡应以 30°观察视场为基准。

6.2.2　椭球整流罩的几何特性

在万向支架结构旋转的过程中,椭球形整流罩表现出不同于球形结构的特性:首先,由于每个子观察视场中用于实际成像的整流罩结构同光阑的间距并不是固定的,故各子观察视场的入瞳位置、主节点位置以及有效焦距这些一阶特性也不是固定不变的,即各子观察视场中的近主光线光学特性均不相同;其次,共形结构的非零观察视场中还存在目标方位偏移以及整流罩面倾斜造成的近轴光线同罩内外表面法线夹角不同等问题[26]。

1. 目标方位偏移

瞄准误差是指在整流罩外气动光学效应的影响下,目标图像中心的位置差值,也就是由测量得到的目标位置与实际目标位置的差别。在利用万向支架结构进行搜索观察的导引头光学系统中,光轴通常定义为通过光阑中心并垂直于光阑面的对称轴。对于球形结构,随着万向支架结构的转动,每个子观察视场的光轴及 0°瞬时视场的主光线都垂直于整流罩的内外表面和光阑面,即各观察场的成像特性完全相同,而在椭球形结构中,每个子观察视场中用于实际成像的整流罩曲面是不相同的。从光阑中心反向追迹 0°瞬时视场的主光线时，我们可以看到在整流罩外该主光线将不再与光轴重合，而且二者间的夹角随着观察视场而变化。这种影响主要是由相对倾斜的整流罩结构的折射作用造成的，称之为目标方位偏移即瞄准误差，如图 6.32 所示，这也就意味着共形光学系统在确定目标具体方位时要充分考虑气动光学效应和整流罩自身所造成的瞄准误差[31]。

2. 整流罩内外表面的相对倾斜

由椭球面几何特性的分析可知，在非零观察视场中椭球面及内表面相对于系统光轴存在不同程度的倾斜，且由于整流罩面结构对光线的偏折作用，非零观察视场中的整流罩内外表面也将失去同心特性。图 6.33 为主光线分别经过没有折射能力（空气）的等厚椭球罩结构和 MgF_2 整流罩内外表面时入射角大小随空间位置的变化曲线，两入射角之差同样会受到万向节点位置选择的影响：在一定观察视场内其值先增加后减小至零，然后反向增加。即整流罩内外表面先正向相对倾斜，随后沿主光线向再次取得相对平行，主光线入射角保持不变，而后整流罩内外表面反向相对倾斜。

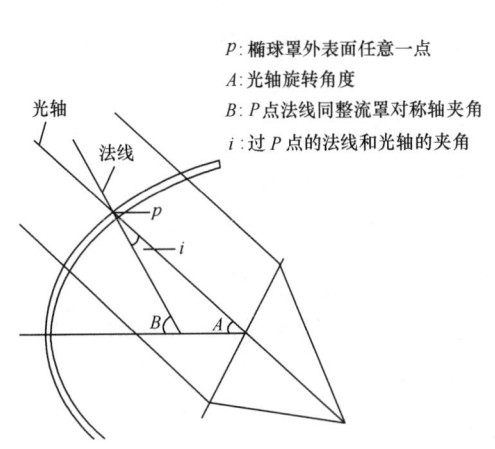

图 6.32 共形整流罩一阶特性分析

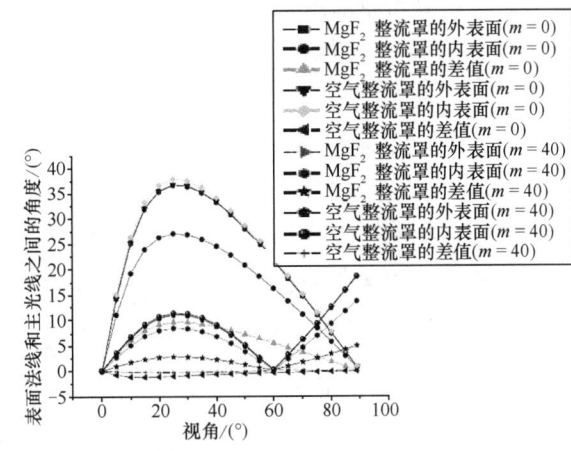

图 6.33 主光线在等厚椭球整流罩内外表面的入射角及偏转角度

3. 光阑像差

椭球形整流罩除了在 0°观察视场内子午截线和弧矢截线具有轴对称特性外，其余视场都仅具有面对称性，即弧矢截线相对于子午面具有对称性，但子午截线不具有任何对称性，使得像面上子午焦线出现弥散。也正是因为共形结构的上述特点，光阑在物空间所成的像即入瞳将存在球差、彗差、像散等光阑像差[32]。图 6.34 为 10°观察视场中 0°瞬时视场的瞳像差曲线，从曲线中可以看到入瞳面内存在严重的像差，这将在一定程度上影响对系统成像性能的评定。由于光阑经其后的轴对称实际成像系统所成的像不存在光阑像差的问题，故通常利用 Zernike 系数来描述每个子观察视场出瞳面上的波前特性，并以此来评定共形整流罩的成像质量。

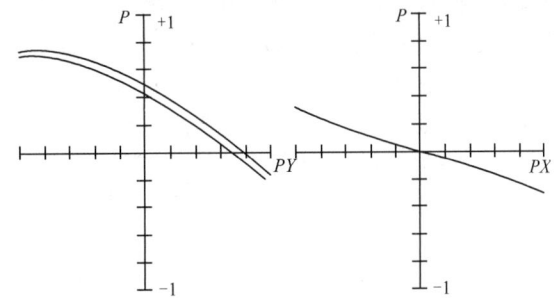

图 6.34 共形系统 10°观察视场内 0°瞬时视场的瞳像差曲线

6.2.3 利用矢量像差理论分析椭球整流罩结构的像差特性

随着观察视场的增大,椭球整流罩外表面任意点 P 处的子午截线和弧矢截线曲率半径之比迅速增大,所以根据几何光学很容易理解椭球罩为何在大观察视场中存在严重的像散和彗差。在一阶特性分析中可知,在每个子观察视场中应是垂直光轴的罩结构,在椭球整流罩中却有了一定的倾斜。子午截线的倾斜非对称特性使子午焦线偏离光轴并失去对称性,所以通常将像平面放在弧矢焦平面上。由矢量像差理论可知,光学系统中存在的倾斜和偏心对系统像面上像差的分布有一定的影响,下面利用矢量像差理论(参见第5章)[33]来分析倾斜对整流罩初级像差的影响。矢量形式表示的单折射面 (i) 的波像差为:

$$W_i = W_{040i}(\boldsymbol{r} \cdot \boldsymbol{r})^2 + W_{131i}(\boldsymbol{H} \cdot \boldsymbol{r})(\boldsymbol{r} \cdot \boldsymbol{r}) + W_{222i}(\boldsymbol{H} \cdot \boldsymbol{r})^2 + W_{220i}(\boldsymbol{H} \cdot \boldsymbol{H})(\boldsymbol{r} \cdot \boldsymbol{r}) + W_{311i}(\boldsymbol{H} \cdot \boldsymbol{H})(\boldsymbol{H} \cdot \boldsymbol{r}) \tag{6.35}$$

式中,$\boldsymbol{r}$、$\boldsymbol{H}$ 分别表示光线在光瞳面和像面上交点的高度,W_{040}、W_{131}、W_{222}、W_{220}、W_{311} 分别表示球差、彗差、像散、场曲和畸变初级像差系数。单折射面 (i) 本身具有旋转对称性但对称轴与光轴有一定夹角的倾斜单折射面的波像差为:

$$\begin{aligned}W_i = &W_{040i}(\boldsymbol{r} \cdot \boldsymbol{r})^2 + W_{131i}[(\boldsymbol{H}-\boldsymbol{s}_i) \cdot \boldsymbol{r}](\boldsymbol{r} \cdot \boldsymbol{r}) + W_{222i}[(\boldsymbol{H}-\boldsymbol{s}_i) \cdot \boldsymbol{r}]^2 + \\ &W_{220i}[(\boldsymbol{H}-\boldsymbol{s}_i) \cdot (\boldsymbol{H}-\boldsymbol{s}_i)](\boldsymbol{r} \cdot \boldsymbol{r}) + W_{311i}[(\boldsymbol{H}-\boldsymbol{s}_i) \cdot (\boldsymbol{H}-\boldsymbol{s}_i)][(\boldsymbol{H}-\boldsymbol{s}_i \cdot \boldsymbol{r})]\end{aligned} \tag{6.36}$$

其中,$\boldsymbol{s}_i$ 为倾斜造成的像面对称中心的偏移量。则带有倾斜元件的系统总像差为:

$$\begin{aligned}W = \sum W_i = &\sum W_{040i}(\boldsymbol{r} \cdot \boldsymbol{r})^2 + \sum W_{131i}[(\boldsymbol{H}-\boldsymbol{s}_i) \cdot \boldsymbol{r}](\boldsymbol{r} \cdot \boldsymbol{r}) + \sum W_{222i}[(\boldsymbol{H}-\boldsymbol{s}_i) \cdot \boldsymbol{r}]^2 + \\ &\sum W_{220i}[(\boldsymbol{H}-\boldsymbol{s}_i) \cdot (\boldsymbol{H}-\boldsymbol{s}_i)](\boldsymbol{r} \cdot \boldsymbol{r}) + \sum W_{311i}[(\boldsymbol{H}-\boldsymbol{s}_i) \cdot (\boldsymbol{H}-\boldsymbol{s}_i)][(\boldsymbol{H}-\boldsymbol{s}_i) \cdot \boldsymbol{r}]\end{aligned} \tag{6.37}$$

其中第一项为系统球差,倾斜对球差不存在任何影响。第二项为彗差:

$$\begin{aligned}W = \sum W_i &= \sum W_{131i}[(\boldsymbol{H}-\boldsymbol{s}_i) \cdot \boldsymbol{r}](\boldsymbol{r} \cdot \boldsymbol{r}) \\ &= \sum W_{131i}[(\boldsymbol{H} \cdot \boldsymbol{r}_i)](\boldsymbol{r} \cdot \boldsymbol{r}) - \sum W_{131i}[(\boldsymbol{s}_i \cdot \boldsymbol{r})](\boldsymbol{r} \cdot \boldsymbol{r})\end{aligned} \tag{6.38}$$

可以看到单节点线性彗差在像面上的对称中心受到倾斜的影响:随着倾斜量增大,节点将可能移出像面,像面残留彗差也会随之增大。第三项为像散:

$$\begin{aligned}W = \sum W_i &= \sum W_{222i}[(\boldsymbol{H}-\boldsymbol{s}_i) \cdot \boldsymbol{r}]^2 \\ &= \sum W_{222i}(\boldsymbol{H} \cdot \boldsymbol{r})^2 - 2\sum W_{222i}(\boldsymbol{s}_i \cdot \boldsymbol{r})(\boldsymbol{H} \cdot \boldsymbol{r}) + \sum W_{222i}(\boldsymbol{s}_i \cdot \boldsymbol{r})^2\end{aligned} \tag{6.39}$$

像散呈现双节点特性,节点间为线性像散,节点外为平方增加的像散,同彗差一样,双节点的位置会受到倾斜的影响。最后两项分别为场曲和畸变。

上述理论是对旋转对称元件在其对称轴同光轴具有一定夹角的情况下的波像差分析,可以看到倾斜为零时,像散的两个节点将重合在一起,并与彗差节点重合于像面中心。共形结构除零度观察视场中的罩结构仍保持旋转对称性外,在其余各观察视场中都已失去对称性。倾斜非对称的罩面结构使像散零值节点偏离光轴,并呈现双节点特性,两节点外像散平方量增加,两节点内像散线性非对称增加。在小观察视场中,倾斜量较小,在像面上容易观察到像散的双节点特征,随着倾斜的增大另一个节点将移出像平面,此时在像面上只能观察到单节点像散。图 6.35 为几个典型观察视场中像散矢量图,从中不仅可以看到像散节点随观察视场的变化在像面上的偏移,而且可以观察到系统像散由线性像散到平方性像散的转化情况。矢量图法还可以用来分析系统中彗差等像差,从而指导共形光学系统的整体设计过程。

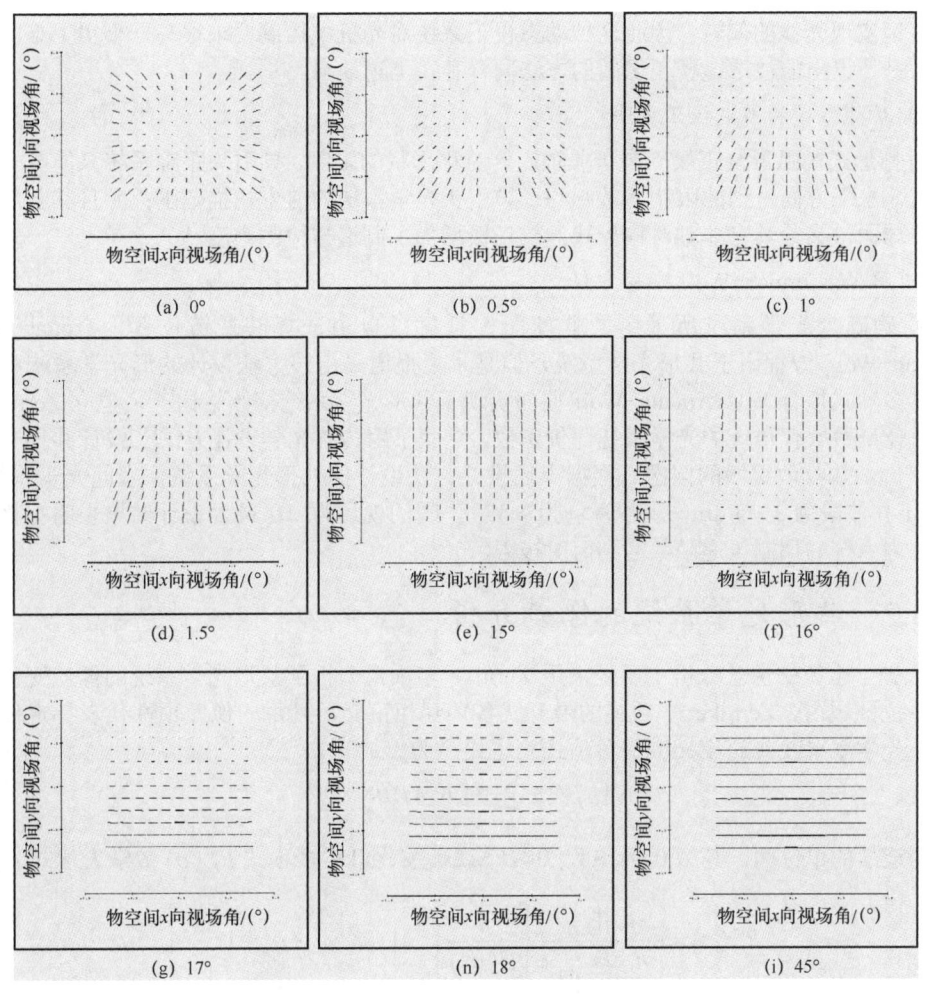

图 6.35 几个特征视场中的矢量像散

6.3 基于 Wassermann-Wolf 方程的共形光学系统设计

根据 Mills[34] 对共形光学的定义,共形光学是指用具有流线形几何外观的椭球、抛物面、双曲面或者多项式形式的一些特殊表面取代传统的平板、球形整流罩,减少飞行中导弹的空气阻力,提升飞行体的性能。因为球形整流罩产生的空气阻力占整个机身产生空气阻力的50%[35],故整流罩几何外观对减少飞行平台的空气阻力尤为重要。与传统球形整流罩相比,共形整流罩能够显著减小空气阻力[36]。

6.3.1 共形光学系统解决像差动态变化的方法概述

共形光学系统优先确保飞行平台的空气动力学性能,其次考虑光学系统设计。与球形整流罩相比,共形整流罩引入的像差通常高达几十甚至上百个波长量级[37]。球形整流结构是不具备点对称性质的共形光学系统,所引入的像差随目标视场的变化而变化,增加了共形光学系统的设计难度。以下是几种现有的解决像差动态变化的方法。

1)利用具有 Zernike 形式的两个相位板的旋转或相对平移运动校正方法

补偿共形整流罩引入的随观察视场变化像差[24]。相位板只能具有单一的 Zernike 形式的表面类型(在表面上形成符合像差校正的凸凹结构),校正与之对应的特定像差,而且还需要借助

Risley 棱镜实现光线的偏转。因此这种动态校正系统对光机电控制要求很高,事实上难以真正实现。Whale[25] 提出的柱透镜校正像散的方法同样具有上述缺点。

2) 非对称形式的固定校正方法

非对称形式的弧形校正板受自身非轴旋转对称形状的限制,导引头跟踪系统只能取上下扫描工作方式,水平方向受到的限制严重制约了导引头光学系统的前方扫描范围;并且其前后表面都是高次非球面,又给具有非轴对称形式的校正板增加了制造与检测难度[7]。

3) 求解 Wasserman-Wolf 微分方程

可精确确定光学系统所采用的非球面,且可以自由选择其透镜位置。Trotta[18] 提出把 Wasserman-Wolf 方程用于共形光学系统,但是未见报道采用该方法设计共形光学系统和相应结果。通过多项式拟合 Wassermann-Wolf 曲面实现了共形光学系统初始结构[36],建立 Zernike 多项式特殊优化函数取代传统的光学系统评价函数,克服了用传统光学设计方法[38]设计共形光学系统时系统评价函数收敛缓慢的问题。根据上述设计方法设计的共形光学系统像空间光学系统的 $F^\#$ 为 1.0,工作波段为 3~5 μm,观察视场为 ±33°,瞬间视场为 ±0.3°。设计结果表明在整个目标视场范围内系统的调制传递函数达到衍射极限。

6.3.2 共形光学系统的像差分析

共形光学系统的像差分析主要是采用 Zernike 多项式分析了共形光学系统的像差变化特性。因为在单位圆域内,Zernike 多项式的展开式各项互相正交,且每一像差项都代表特定种类、特定级次。光学系统波前的 Zernike 多项式表达式[39]为

$$\phi(\rho,\theta) = \sum_{n,m}^\infty c_n^m R_n^m(\rho)\cos m\theta \tag{6.40}$$

定义域为连续的单位圆,其中 $0 \leqslant \rho \leqslant 1$,$0 \leqslant \theta \leqslant 2\pi$。Zernike 多项式 $R_n^m(\rho)$ 数学表达式为:

$$\begin{aligned} R_n^m(\rho) &= \frac{1}{\left(\frac{n-m}{2}\right)!\rho^m}\left[\frac{d}{d(\rho^2)}\right]^{\frac{n-m}{2}}\left[(\rho^2)^{\frac{n+m}{2}}(\rho^2-1)^{\frac{n-m}{2}}\right] \\ &= \sum_{s=0}^{\frac{n-m}{2}}(-1)^s\frac{(n-s)!}{s!\left(\frac{n+m}{2}-s\right)!\left(\frac{n-m}{2}-s\right)!}\rho^{n-2s} \end{aligned} \tag{6.41}$$

其中,m、n 为整数,$n-m$ 为偶数,且 $n-m \geqslant 0$。条纹(fringe)Zernike 多项式展开式中 Z_5,Z_8,Z_9 分别对应 45° 初级像散、初级彗差和初级球差项。用 ZEMAX 光学设计软件对整流罩为椭圆旋转面、$(F^\#)=1.0$ 的理想薄透镜组成的共形光学系统分析了像差变化特点,并给出 Zernike 像差系数随观察视场变化特性。图 6.36 表示共形光学系统示意图,图 6.37 为条纹 Zernike 像差系数随观察视场变化曲线,表 6.3 给出了上述共形光学系统主要参数。

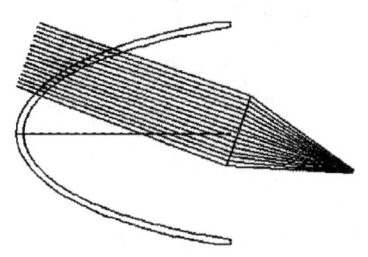

图 6.36 旋转到目标视场 35° 时共形光学系统结构示意图

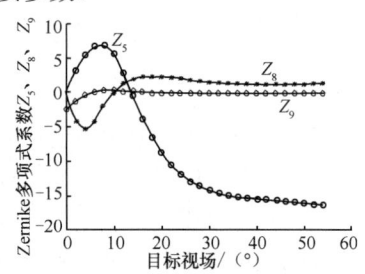

图 6.37 条纹 Zernike 像差系数 Z_5、Z_8、Z_9 随目标视场变化曲线

表 6.3 理想薄透镜构成的共形光学系统参数

光学系统参数	设计值	光学系统参数	设计值
像空间 $F^{\#}$	1.0	整流罩直径/mm	100
出瞳直径/mm	30	长径比 F_a	1.5
工作波长/μm	3~5	整流罩材料	ZnS
目标视场/(°)	±55	整流罩厚度/mm	3.0
瞬间视场/(°)	±0.1		

从图 6.37 中可以看出,随着目标视场的变化,初级彗差项 Z_8 和初级像散项 Z_5 是影响系统成像质量的两个主要像差,其中像散的影响大于彗差项。相对于彗差和像散,本例中球差项的影响要小很多,这主要与具体选定的光学系统光束口径有关。这与 Crouther 等利用 CODE V 分析的结果一致[10]。由以上分析可知,校正初级彗差、初级像散及其高阶项成为设计共形光学系统中首要解决的问题。

6.3.3 Wassermann-Wolf 非球面理论

Born[39]指出:若把光学系统中的一个面做成非球面,就能够实现轴上点无像散。现在考虑设计两个非球面,要求它们不仅确保轴上无像散,而且保证满足正弦条件[40]。

1. 实现轴上无像散和满足正弦条件

设 S 和 S' 是两个非球面,其表面形状有待确定。假定 S 和 S' 是系统中相邻的两个面(推广到 S 和 S' 不是光学相邻面的光学系统,可参看 E. M. Vaskas, J. O. Soc. Amer., 47(1957):669),但它们与物点或像点之间可隔着任意数目的折射面或反射面。仍然考虑整个系统的最后校正,并假定除 S 和 S' 的表面形状外,所有设计数据均为已知。引入两组笛卡儿直角坐标轴,令其原点分别在 S 和 S' 的极点 O 和 O',其 Z 轴都沿着系统的轴。S 和 S' 面分别以 O 和 O' 处的坐标轴为参考系。

轴上物点 P 发出的光锥,现在考虑 S 面前面空间中的光学几何关系(见图 6.38),即由 U 表示光线与光轴的夹角,以及由 H 表示光纤与折射面的交点的高度

$$U=U(t), \quad H=H(t) \tag{6.42}$$

在 S' 面的像空间(在已校正的系统中),光锥将由类似的关系式来确定。

$$U'=U'(t'), \quad H'=H'(t') \tag{6.43}$$

从选定的轴上的像点 P 进行反向光线追迹,就可得到式(6.43)的表格形式。

若物距和像距都有限值,取物空间和像空间中的对应光线与系统轴夹角正弦值为参量:

$$t = \sin U_0, \quad t' = \sin U_1 \tag{6.44}$$

如果物在无限远,则取面 S 的物空间中相应光线入射高度 H_0 为参量 t;如果像在无限远,则取 $t'=H_1$,H_1 是面 S' 像空间中相应光线出射高度。对于 t 和 t' 如果希望(除了轴上无像散以外)满足赫谢耳条件而不是满足正弦条件,则应取 $t=\sin U_0/2$,$t'=\sin U_1/2$ [41]。在上述情况下,正弦条件都要求

$$\frac{t}{t'} = 常数 \tag{6.45}$$

给出式(6.42)和式(6.43)后,要找出两个面 S 和 S',它们应保证光锥(U, H)在这两个面上依次折射后变为光锥(U', H');而且这两个光锥中的对应光线必须满足关系式(6.45)。

设 n 是 S 面前空间的折射率,n' 是 S' 面后空间的折射率,n^* 是介于这两个面的空间的折射率。又设 s 是沿点 $T(Z,Y)$ 入射光线方向的单位矢量,s^* 是沿其折射光线方向的单位矢量(见图 6.38)。

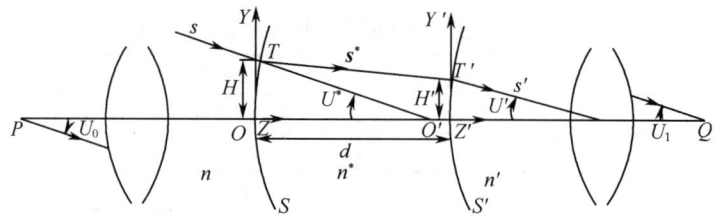

图 6.38 Wassermann-Wolf 曲面光学系统示意图

根据折射定律,矢量 $\boldsymbol{N}=n\boldsymbol{s}-n^*\boldsymbol{s}^*$ 必在 T 处的面法线方向上。设 $\boldsymbol{\tau}$ 是此面的子午截线在 T 处的单位切线矢量,则有

$$(n\boldsymbol{s}-n^*\boldsymbol{s}^*)\cdot\boldsymbol{\tau}=0 \tag{6.46}$$

矢量 $\boldsymbol{s}$, $\boldsymbol{s}^*$ 和 $\boldsymbol{\tau}$ 的分量是

$$\begin{cases} \boldsymbol{s}:0, & -\sin U, & \cos U \\ \boldsymbol{s}^*:0, & -\sin U^*, & \cos U^* \\ \boldsymbol{\tau}:0, & \dfrac{Y}{\sqrt{Y^2+Z^2}}, & \dfrac{Z}{\sqrt{Y^2+Z^2}} \end{cases} \tag{6.47}$$

其中, U^* 是折射光线 TT' 与系统轴的夹角。式(6.46)变成

$$n\left(\frac{\mathrm{d}Z}{\mathrm{d}t}\cos U-\frac{\mathrm{d}Y}{\mathrm{d}t}\sin U\right)=n^*\left(\frac{\mathrm{d}Z}{\mathrm{d}t}\cos U^*-\frac{\mathrm{d}Y}{\mathrm{d}t}\sin U^*\right) \tag{6.48}$$

设 D 是从 T 到 T' 的距离, D_Y 和 D_Z 是 D 在 Y 轴和 Z 轴上的投影, d 是从 O 到 O' 的轴上距离,则有

$$\cos U^*=\frac{D_z}{D},\quad \sin U^*=\frac{D_y}{D} \tag{6.49}$$

其中,

$$\begin{cases} D_Y=Y-Y' \\ D_z=d+Z-Z' \\ D=\sqrt{D_Y^2+D_z^2} \end{cases} \tag{6.50}$$

$$Y=H-\tan U \tag{6.51}$$

$$Y'=H'-\tan U' \tag{6.52}$$

式(6.48)中的 $\cos U^*$ 和 $\sin U^*$,用式(6.49)代入。Y 用式(6.51)代入,得出

$$\frac{\mathrm{d}Z}{\mathrm{d}t}=\left(\frac{nD\cos U-n^*D_z}{nD\sin U-n^*D_y}-\tan U\right)^{-1}\times\left(\frac{\mathrm{d}H}{\mathrm{d}t}-Z\frac{\mathrm{d}}{\mathrm{d}t}\tan U\right) \tag{6.53}$$

与此类似

$$\frac{\mathrm{d}Z'}{\mathrm{d}t'}=\left(\frac{n'D\cos U-n^*D_z}{n'D\sin U-n^*D_y}-\tan U'\right)^{-1}\times\left(\frac{\mathrm{d}H'}{\mathrm{d}t'}-Z'\frac{\mathrm{d}}{\mathrm{d}t'}\tan U'\right) \tag{6.54}$$

边界条件:

$$t=t'=0 \text{ 时},\quad Z=Z'=0 \tag{6.55}$$

正弦条件:

$$\sin U'/\sin U=C \tag{6.56}$$

或是

$$H''/H = C \quad (C\text{ 为常数}) \tag{6.57}$$

由式（6.51）～式（6.55），加上条件（6.44）和边界条件，就能完全算出两个校正面。

图 6.38 中从物点 P 发出的光线经前方光学系统，曲面 S、S' 和后方光学系统会聚于像点 Q。光轴沿 Z 轴正方向；n、n''、n' 分别为 Wassermann-Wolf 曲面前方、中间、后方的介质折射率；H、H' 和 U、U' 分别为 Wassermann-Wolf 前、后表面坐标系下的入射高度和入射角；Z、Z' 为曲面矢高；Y、Y' 为对应纵坐标。

令 $t = t(Y)$，$t' = t'(Y')$，根据式（6.54）、式（6.55）和式（6.58）得

$$\frac{dZ}{dY} = \left(\frac{nD\cos U - n''D_z}{nD\sin U - n''D_y} + \tan U \right)^{-1} \times \left(\frac{dH}{dt}\frac{dt(Y)}{dY} - Z\frac{d}{dt}(\tan U)\frac{dt(Y)}{dY} \right) \times \frac{dt(Y)}{dY} \tag{6.58}$$

$$\frac{dZ'}{dY'} = \left(\frac{n'D\cos U' - n''D_z}{n'D\sin U' - n''D_y} + \tan U' \right)^{-1} \times \left(\frac{dH'}{dt'}\frac{dt'(Y)}{dY'} - Z'\frac{d}{dt'}(\tan U')\frac{dt'(Y')}{dY'} \right) \times \frac{dt'(Y')}{dY'} \tag{6.59}$$

2. Wassermann-Wolf 曲面

根据不同的入射光束、曲面参数、正弦条件和式（6.58）、式（6.59），对共形光学系统，Wassermann-Wolf 曲面可分为以下类型：

（1）多值型。在以下条件成立时，Wassermann-Wolf 曲线出现拐点。

$$\left[\frac{d^2Y}{dZ^2}\right]_{z=z_0} = 0 \text{ 或 } \left[\frac{d^2Y'}{dZ'^2}\right]_{z=z_0} = 0$$

（2）拐点型。在以下条件成立时，Wassermann-Wolf 曲线为多值型曲线。

$$\left[\frac{dY}{dZ}\right]_{z=z_0} = \infty \text{ 且 } \left[\frac{dY}{dZ}\right]_{z=z_0-\varepsilon} \times \left[\frac{dY}{dZ}\right]_{z=z_0+\varepsilon}$$

其中 $Z_0 \neq 0$，$\varepsilon \in \forall R$（$R$ 为实数），同样对式（6.58）存在类似结论。

（3）多项式拟合型[42]。

以上多值型和拐点型 Wassermann-Wolf 曲线不适合设计具有大观察视场共形光学系统。在光学系统设计中，利用单个的非球面可以使入射光束精确地会聚于像点，但不能保证满足正弦条件。而采用两个连续非球面的 Wassermann-Wolf 曲面则克服了上述缺点。图 6.39 表示了采用多值型 Wassermann-Wolf 透镜时轴上一对共轭点成像情况。

采用商业光学设计软件的宏语言编写 Wassermann-Wolf 方程求解程序和 Runge-Kutta 程序，通过反复迭代计算得出两组坐标和矢高数据，然后采用曲面拟合算法程序，可以将这两组点拟合成最佳的曲面。算法实现流程图如图 6.40 所示[42]。

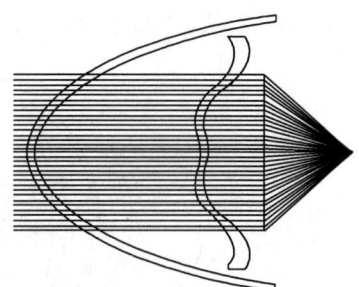

图 6.39 多值型 Wassermann-Wolf 曲面的光学系统光路图

3. 设计实例

基于上述方法，设计了椭圆形整流罩长径比为 1.0，像空间 $F^\#$ 为 1.0，工作波段为 3～5 μm，观察视场为 ±33°，瞬间视场为 ±0.3°，光阑口径为 30 mm 的共形光学系统。整个系统由三块固定折射透镜和两镜反射系统组成，如图 6.41 所示。其中第一块为多项式拟合 Wassermann-Wolf 透镜。第三块透镜前、后表面都采用了高次非球面。反射系统的主、次镜均为二次曲面，并承担了大部分系统光焦度。在保证一定的后焦距和遮挡比条件下，根据初级像差理论，反射系统初始结构留有一定的剩余像差，用于补偿前方系统残留的各种轴外像差。

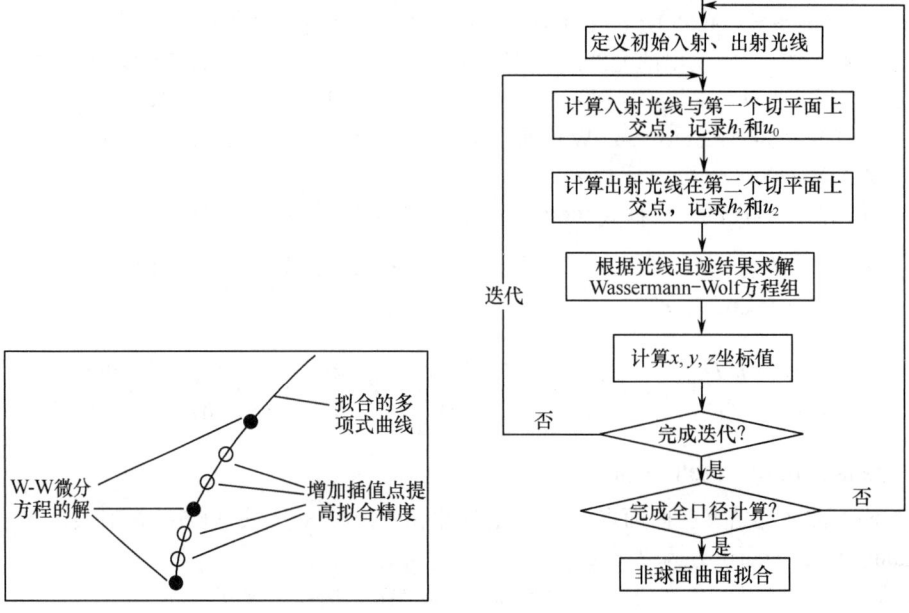

图 6.40 Wassermann-Wolf 算法流程图

共形光学系统具有较大目标视场、瞬间视场情况下，采用传统的优化方法时，光学系统评价函数收敛缓慢。为此，引入了 Zernike 多项式形式的像质评价函数。光学系统评价函数的一般形式为

$$(MF)^2 = \sum_i W_i(V_i - T_i)^2 \Big/ \sum_i W_i \tag{6.60}$$

其中，i 为评价选项，V_i 为系统当前评价选项值，T_i 为相应的目标值，W_i 为权重。结合共形光学系统像差分析结果，用式（6.60）构造 Zernike 多项式评价函数。

通过选取适当的权重，反复优化之后，系统的球差、彗差以及像散均明显地减小。其中，初级像散项 Z_5 从 5.0 减小到 0.5 以下，如图 6.42 所示。

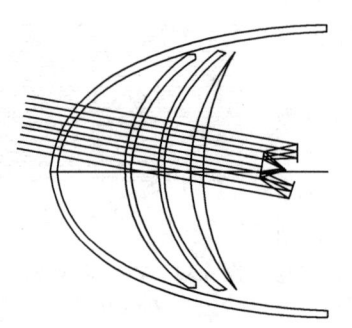

图 6.41 折-反混合式共形光学系统示意图

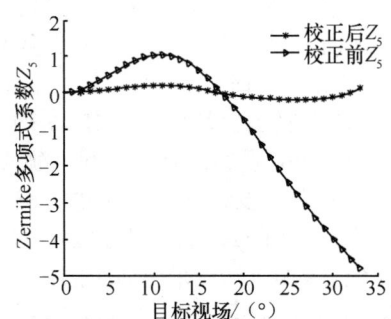

图 6.42 系统优化前、后像散项 Z_5 随目标视场变化曲线

系统调制传递函数在整个目标视场范围内接近衍射极限，如图 6.43 所示。为了平衡边缘目标视场处像差，系统在 0°目标视场调制传递函数有所下降，但是其 30 线对的 MTF 值仍然保持大于 0.14，此外在±3°瞬间视场范围之内，系统的成像质量均得到较好的结果。

采用多项式拟合 Wassermann-Wolf 曲面设计方法，通过 Zernike 多项式优化函数，初步设计了共形光学系统。整个共形光学系统在较大的观察视场范围内达到衍射极限。由于共形光学系统主要受到光学元件的几何外形限制，利用传统的光学设计方法难以获得合适的初始结构，系统

的评价函数收敛缓慢。上述设计结果表明，多项式拟合 Wassermann-Wolf 曲面为共形光学系统提供了很好的设计起点。

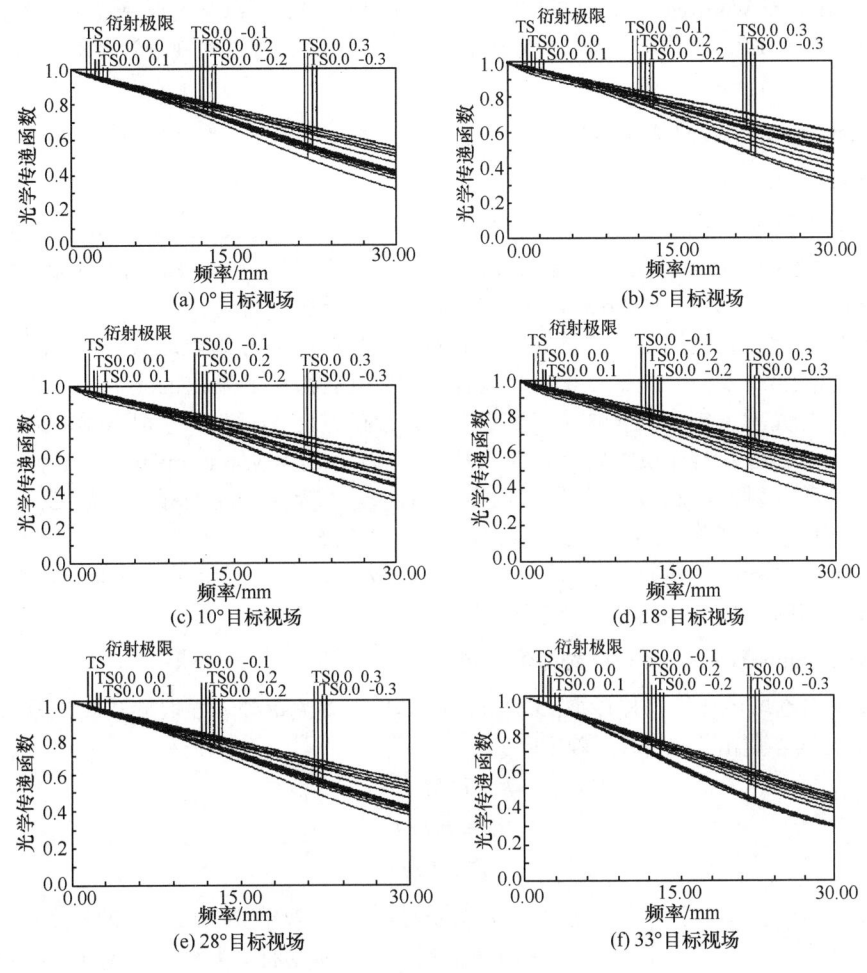

图 6.43 不同目标视场下系统调制传递函数

6.3.4 利用 Wassermann-Wolf 原理设计共形光学系统

基于 Wassermann-Wolf 曲面原理，研究者设计了一套共形光学系统。该系统的设计方法与传统光学系统不同，具有随目标视场变化的动态像差特性。设计结果表明，在整个目标视场系统成像质量达到较好水平[43]。

共形光学系统通常用流线型非球面几何表面代替传统球形整流罩，以减少整流罩引起的空气阻力[35]，进一步提高其飞行性能。按照 Jams P. Mills 对共形光学的定义[43]，共形光学首要考虑空气动力学性能，其次考虑光学系统设计。因此共形光学系统能显著减小空气阻力，提高导弹飞行速度和半径，但是也增加了光学系统设计难度。与一般光学系统不同，共形光学系统引入随目标视场变化而动态变化的复杂像差。James P. Mills[44]等人提出了 Zernike 相位板校正方法。这些方法都是基于单一的 Zernike 表面类型，校正与之对应的特定的像差类型，所以与系统引入的复杂像差种类相比，还没有达到校正所有像差的目的，并且由于 Zernike 相位板的旋转、平移运动特性，对光机电控制要求很高。Michael R. Whalen[25]提出的柱透镜动态校正同样存在上述类似问题。Scott W. Sparrold[32]提出的弧形校正方法，虽然能够克服上述缺点，由于本身的非旋转对称性质，其在水平方向扫描视场受限很大。Patrick A. Trotta 提出 Wasserman-Wolf 方程可用于共形光学系统设计[18]，但是没有给出进一步的设计与讨论。下面讨论 Wassermann-Wolf 曲面的目标视场像差特性，并基于 Wassermann-Wolf 曲面原理设计共形光学系统[42]。设计的共形光学系统主要参量 f' 为 30 mm，像空间 $F^{\#}$ 为 1.0，工作波长为 3～5 μm，HFOR 为 24°（半观察视场），HFOV 为 1.0°（半瞬间视场）。

1. Wassermann-Wolf 曲面原理

1）Wassermann-Wolf 曲面方程

导引头光学系统的重量、稳定性是重要指标之一。采用 Wassermann-Wolf 曲面能使光学系统结构简单，系统重量减轻。两个连续的 Wassermann-Wolf 曲面不仅保证光束的无像散性，而且满足正弦条件，其光线光路如图 6.38，图中符号含义与文献[13]相同。

应用折射定律和光线追迹公式，Wassermann-Wolf 微分方程组表达式[39]可得式（6.53）和式（6.54），以及式（6.61）～式（6.65）。由图 6.38 中从物点 P 发出的光线经前方光学系统、曲面 S、S' 和后方光学系统会聚于像点 Q。光轴沿 Z 轴正方向，n、n''、n' 分别为 Wassermann-Wolf 曲面前方、中间、后方的介质折射率，H、H' 和 U、U' 分别为 Wassermann-Wolf 前、后表面坐标系下的截距和入射角，Z、Z' 为入射点曲面矢高，Y、Y' 为对应纵坐标，常数 C_1（或 C_2）称为正弦比，其他参量见图 6.38 以及式（6.64）～式（6.65）。

Wassermann-Wolf 曲面针对的是一对共轭点成像，为了校正所有轴外像差，必须把 Wassermann-Wolf 扩展、优化至整个观察视场范围。

2）Wassermann-Wolf 曲面目标视场像差特性

整流罩材料选取硫化锌，厚度取 3.8 mm（等厚）。整流罩外表面取椭圆旋转面，长径比为 $F=1.0$，表面几何参量由式（6.61）确定[32]：

$$k = 1/4F^2 - 1 \qquad (6.61)$$
$$r = D/4F \qquad (6.62)$$
$$F = L/D \qquad (6.63)$$

式中，F 为长径比，L、D 分别为整流罩的长度和口径；k 为二次曲面常数；r 为顶点曲率半径，如图 6.44 所示。由式（6.50）～式（6.57）可以看出，该微分方程组没有解析解，故不能以显函数来表征像差特性。表 6.4 给出了求解后的 Wassermann-Wolf 前表面各离散数据点，其正弦比为 0.94，Y 轴坐标等间隔，步长为 0.318 963 mm。

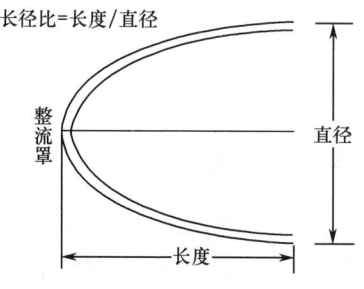

图 6.44 共形整流罩几何结构

取入射光束直径为 60 mm（入瞳面过整流罩外表面顶点且垂直于对称轴），Wassermann-Wolf 曲面距离整流罩外表面顶点 30 mm，厚度为 3 mm，正弦比从 1.0 至 0.9，则 Wassermann-Wolf 透镜形状如图 6.45 变化。由图可以看出，在正弦比为 1.0 时，透镜向左弯曲且弯曲程度适中。此后逐渐伸展，在正弦比为 0.96 附近时接近平板。如果正弦比 $\left(\mathrm{sinc}(x) = \dfrac{\sin(x)}{x}\right)$ 继续减小，则透镜转变为向右弯曲，且弯曲程度越来越强烈。

表 6.4 Wassermann-Wolf 曲面数据

Z	Z	Z	Z	Z
0.001 622 03	0.006 487 78	0.014 596 17	0.025 945 44	0.040 533 14

（续表）

Z	Z	Z	Z	Z
0.058 356 09	0.079 410 36	0.103 691 27	0.131 193 37	0.619 10 48
Z	Z	Z	Z	Z
0.195 835 65	0.232 961 15	0.273 278 35	0.316 777 92	0.363 449 63
Z	Z	Z	Z	Z
0.413 282 29	0.466 263 77	0.522 380 99	0.581 619 95	0.643 965 70

Wassermann-Wolf 曲面后接像空间 $F^\#$ 为 3.0、口径为 10 mm 的理想薄透镜，光阑与理想薄透镜重合，其他参量与上述系统相同。目标视场从 0° 到 30° 范围内，像点 RMS 半径变化如图 6.46 所示（图中 s0p90 表示正弦比为 0.90，其他与此类似）。从图 6.46 中可以看出，在 0° 至 20° 范围内，正弦比为 1.0、0.98、0.96，RMS 半径曲线位于 0.90 下方，而在 25° 以后曲线直线上升，直到 30° 附近超过了正弦比为 0.90 的曲线。正弦比为 0.92 和 0.94 的曲线介于两者之间，在 25° 至 30° 之间向下平缓回落。正弦比为 1.0 时曲线到达 23° 目标观察视场附近之后，便偏离入射光束。因此在小目标视场大正弦比 Wassermann-Wolf 透镜具有小 RMS 半径，而在大目标视场小正弦比具有小 RMS 半径。由此可以看出，在上述参量选定条件下，正弦比介于 0.92 和 0.94 之间的 Wassermann-Wolf 透镜在整个目标视场范围内具有较好的像差特性。

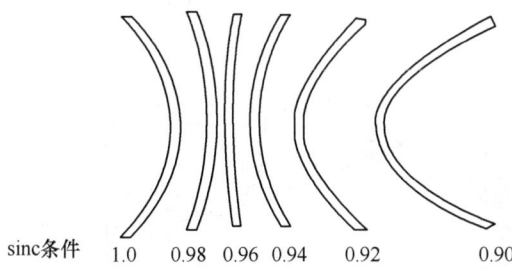

图 6.45 Wassermann-Wolf 透镜随正弦比变化

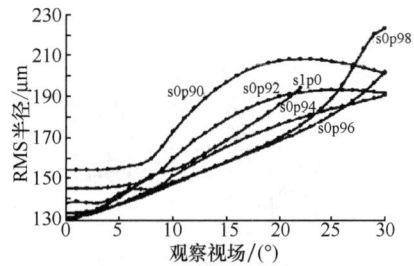

图 6.46 像点 RMS 半径随目标视场变化图

2. 设计实例

1）光学系统参量与结构选择

两块固定校正板均选氟化钙材料，取正弦比为 0.92，工作波长为 3~5 μm，像空间 $F^\#$ 为 1.0，光阑直径为 30 mm，光阑取在理想薄透镜处，HFOR 为 24°，HFOV 为 1.0°，其他参量与上述系统相同，光学系统光路如图 6.47 所示。系统采用固定校正方式，由两块透镜补偿目标视场范围的像差变动。图中第二块为 Wassermann-Wolf 透镜，第三块透镜前、后两表面均为非球面，后接 $F^\#$ 为 1.0 的理想薄透镜。

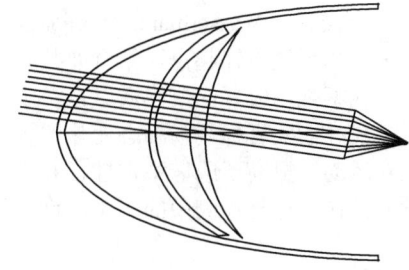

图 6.47 双固定校正板共形光学系统光路

2）样条表面优化

Wassermann-Wolf 曲面不仅与自身参量的选取有关，而且还与入射光束结构、正弦条件相关，因此只能以数值解形式算出。所以不同于球面和标准非球面表达方式，曲面没有半径、各阶次项系数的显式表达式，而且当共形光学系统处于非 0° 目标视场时，系统为非共心倾斜系统。主光线是一个折线，故不能用通常的几何参量和像差系数之间的简单对应关系来优化，并且不能忽略曲线陡峭处曲率方向、大小变化对像差的影响，这需要实际光路追迹。设光阑中心位于椭圆中心，根据式（6.60）~式（6.62），90° 目标视场子午、弧矢面整流罩外表面曲率半径之比为

$$S = \frac{a^2}{b} \times \frac{1}{b} = \frac{a^2}{b^2} > 1 \tag{6.64}$$

式中，a、b 分别为椭圆长、短半轴长。又当曲面与球面偏差不大时，轴外细光束光线近似表达为

$$\frac{n'\cos^2 I'}{t'} - \frac{n\cos^2 I}{t} = \frac{n'\cos^2 I' - n\cos I}{r_t} \tag{6.65}$$

$$\frac{n'}{s'} - \frac{n}{s} = \frac{n'\cos I' - n\cos I}{r_s} \tag{6.66}$$

式中，I、I' 为入射角和反射角；t、s、t'、s' 分别为子午、弧矢面内入射点与会聚点离折射点距离；r_t、r_s 为折射点处子午、弧矢面曲率半径。由式（6.64）～式（6.66）可以看出，入射光束在子午、弧矢面内受不同曲率半径影响，且子午面光线对像差影响比弧矢面更大，尤其是大目标视场像散[37]。离散点数据以三次样条插值形式形成光滑表面，每个数据点对应一个优化变量，所以优化过程中可以更为细致地控制表面形状变化，为系统优化增加了自由度。

3）设计结果

随后对整个光学系统进行了优化，优化结果表明，4°～8°和20°～24°目标视场 MTF 有所下降，但是其 30 lp/mm 处各瞬间视场 MTF 值仍介于 5.0～6.5 之间，其中 24°边缘目标视场 MTF 值在 4.5～6.0 之间，其他目标视场 MTF 曲线接近衍射极限。图 6.48 表示 16°、24°目标视场下系统 1.0°×（±1.0°）瞬间视场 MTF 曲线，分别对应接近衍射极限与最差像质情况。由此可以看出系统整体像质良好。

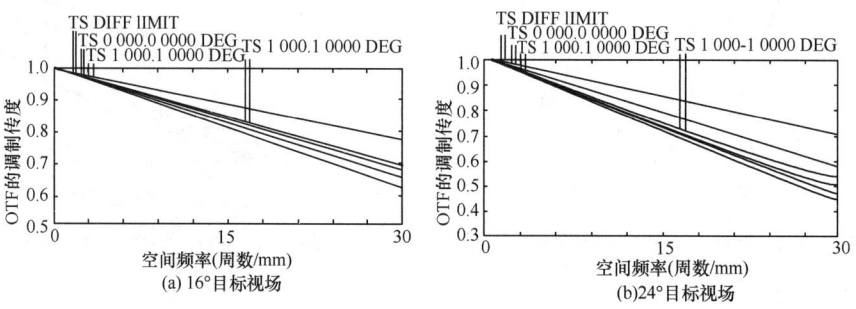

图 6.48 16°和 24°目标视场系统调制传递函数曲线

上文基于 Wassermann-Wolf 原理，依据不同条件下 Wassermann-Wolf 曲面目标视场像差特性，合理选择系统设计起点，结合非共心、倾斜光学系统光束像差分析和样条函数类型表面优化，获得了观察视场较好的成像质量，实现了共形光学系统的设计。整个系统只采用了两片透镜，以固定方式补偿随目标视场动态变化的各种像差，不但消除了平移、旋转等光学系统内部元件之间的相对运动，提高了成像稳定性，并且用轴旋转对称透镜代替弧形校正板，克服了非轴旋转对称光学元件在制造与检测中的困难。设计结果表明，成像质量达到较好的水平。

6.4 折/反射椭球形整流罩光学系统的设计

该设计是一种可用于非旋转对称、折—反射式光学系统设计的 Wasserman-Wolf 曲面设计方法，将其用于设计椭球形整流罩光学系统，具有结构尺寸小的优点[45]。在设计过程中，利用最小二乘拟合的方法使系统初始结构兼顾各个扫描视场的像差校正。同时，从平面对称的矢量像差理论出发，分析了平面对称反射镜的像差特性，阐述了在不同扫描视场中，利用反射镜倾斜来进行动态像差补偿的原理。设计了工作波段为中波红外的椭球形整流罩光学系统，调制传递函数（MTF）在整个观察视场内接近衍射极限。

6.4.1 折/反射椭球形整流罩光学系统的设计原则

传统飞行器前端的光学整流罩多是一个同心的球面罩或一个半球罩，它除了对飞行器进行保护以外，也是整个成像光学系统的一个组成部分。这种整流罩在不同的观察视场中给后续成像系统引入的像差具有一致性，其设计、制造和检测难度低，应用较为成熟。然而，当飞行器以极高的速度飞行时将遇到严重的空气阻力，此时同心球面罩并不理想，形状与飞行器气动外形一致，且长径比大于 0.5 的尖拱形整流罩更能符合空气动力学的要求[46]。美国在 2001 年成功地将长径比为 1.5 的椭球面整流罩应用于红外成像导引头，并且飞行速度为 33 倍声速，椭球形整流罩的阻力约为球形整流罩的一半[34]。椭球形整流罩与传统结构相比，其雷达散射截面也较小，易获得大于 90°的无渐晕扫描视场[18]。但是，此种整流罩用于实际成像系统随着观察视场的变化将失去旋转对称特性，引入大量动态像差变化，给成像质量带来严重影响的是球差、彗差和像散，像散的影响尤为恶劣，给后续光学系统的设计带来困难。目前用于飞行器整流罩内部的红外成像系统受到结构尺寸的严格限制[47]，如完全使用折射式系统，能够得到好的成像效果，但需要 4 片以上透镜，且很难将系统总长控制在整流罩总长度之内[48]。因此，有必要使用折/反射结构设计此类成像系统。根据以上设计原则给出椭球形整流罩及后续光学系统的实例。

6.4.2 椭球形整流罩像差分析

为了分析整流罩引入的像差，利用光学设计软件模拟了一个等厚椭球形整流罩，材料为氟化镁，最大口径为 100 mm，厚度为 4 mm，长径比为 1.0。如图 6.49 所示为整流罩后面成像系统扫描视场变化范围为 0°～42°所对应的透射式校正器的示意图。由于整流罩光焦度很小，为分析准确，将一个理想透镜放在光阑处代替实际成像系统。以理想透镜的中心作为整流罩旋转的万向节点，旋转步进角为 5°。依照惯例，采用条纹 Zernike 多项式对椭球形整流罩光学系统的出瞳处波面进行拟合[33]，直观地展示其主要波像差。图 6.50 显示了主要影响系统成像质量的初阶球差 Z_9、彗差 Z_8 和像散 Z_5 随观察视场的变化曲线。由图可知，随着观察视场的变化，初级像散项 Z_5 和初级彗差项 Z_8 是影响系统成像质量的主要因素，其中像散的峰谷值最大。这是由于随着观察视场的增大，椭球形整流罩的对称性逐渐退化，其面形接近于柱面，所以引入较大的像散。

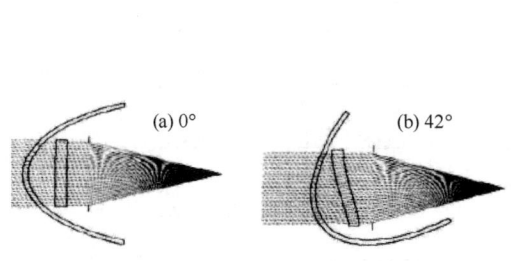

图 6.49 不同扫描视场所对应的透射式校正器

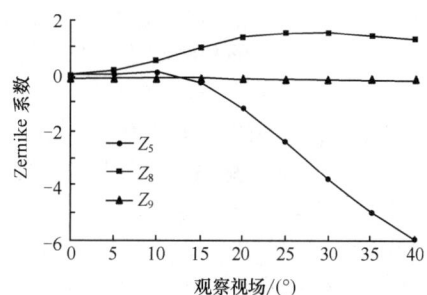

图 6.50 整流罩主要像差项所对应的泽尼克系数随扫描视场的变化曲线

6.4.3 两镜校正系统初始结构设计原理

Born[39]曾指出，对于任意的旋转对称光学系统，均可利用两个相邻且满足正弦条件的非球面消除其像散和彗差，这两个面即为 Wasserman-Wolf（W-W）曲面，可用于建立椭球面整流罩光学系统的固定校正元件的初始结构[49]和非旋转对称光学系统的设计。

图 6.51 中，S 为一反射面，t 为反射面切向量，n 为法向量，e 代表光线入射方向的单位向量，e' 是光线出射方向的单位向量[45]。由反射定律易知，e 和 e' 两个向量与法向量 n 的夹角相等。因此

$$e - e' = C \cdot n \tag{6.67}$$

其中 C 为一个常数。由于

$$n \cdot t = 0 \tag{6.68}$$

将式（6.68）代入式（6.67）

$$(e - e') \cdot t = C \cdot n \cdot t = 0 \tag{6.69}$$

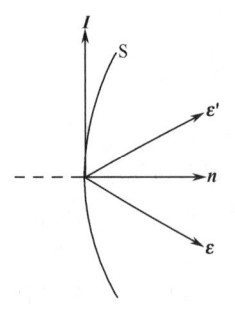

图 6.51 矢量形式反射定律示意图

设光线和曲面 S 的交点为 (x, y, z)，令

$$\begin{aligned} x &= x(f) \\ y &= y(f) \\ z &= z(f) \end{aligned} \tag{6.70}$$

则曲面的切向量 t 可写成：

$$t = \left(\frac{\frac{dx}{df}}{\sqrt{\left(\frac{dx}{df}\right)^2 + \left(\frac{dy}{df}\right)^2 + \left(\frac{dz}{df}\right)^2}} \quad \frac{\frac{dy}{df}}{\sqrt{\left(\frac{dx}{df}\right)^2 + \left(\frac{dy}{df}\right)^2 + \left(\frac{dz}{df}\right)^2}} \quad \frac{\frac{dz}{df}}{\sqrt{\left(\frac{dx}{df}\right)^2 + \left(\frac{dy}{df}\right)^2 + \left(\frac{dz}{df}\right)^2}} \right) \tag{6.71}$$

令光线入射和出射方向向量表示为：

$$\begin{aligned} e &= \cos\theta_x, \cos\theta_y, \cos\theta_z \\ e' &= \cos\theta'_x, \cos\theta'_y, \cos\theta'_z \end{aligned} \tag{6.72}$$

将式（6.71）、（6.72）代入式（6.69）并整理，得到：

$$\frac{dz}{df} = -\frac{\frac{dx}{df}(\cos\theta_x - \cos\theta'_x) + \frac{dy}{df}(\cos\theta_y - \cos\theta'_y)}{\cos\theta_z - \cos\theta'_z} \tag{6.73}$$

在图 6.52 中，$(h_{x1}, h_{y1}, 0)$ 是入射光线的延长线与第一个反射面的切平面的交点，$(h_{x2}, h_{y2}, 0)$ 是经过第二个面反射后的光线与第二个反射面切平面的交点。(x_1, y_1, z_1) 和 (x_2, y_2, z_2) 是光线与两个反射面的交点。其中，$(h_{x1}, h_{y1}, 0)$ 和 (x_1, y_1, z_1) 的坐标系，其原点位于第一反射面的顶点处，$(h_{x2}, h_{y2}, 0)$ 和 (x_2, y_2, z_2) 的坐标系，其原点位于第二反射面的顶点处。这两个坐标系的 z 轴方向水平向右，x 轴垂直纸面向里，y 轴在纸面上，垂直于 z 轴向上。d 为负值，令

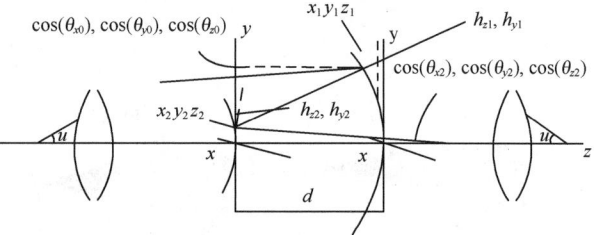

图 6.52 折反射式 Wasserman-Wolf 曲面光学系统示意图

$$\begin{aligned} R_x &= x_2 - x_1 \\ R_y &= y_2 - y_1 \\ R_z &= d + z_2 - z_1 \\ R &= \sqrt{R_x^2 + R_y^2 + R_z^2} \end{aligned} \tag{6.74}$$

在图 6.52 中，$[\cos(\theta_{x0})\ \cos(\theta_{y0})\ \cos(\theta_{z0})]$ 为第一反射面的入射光的方向矢量，$[\cos(\theta_{x2})\ \cos(\theta_{y2})\ \cos(\theta_{z2})]$ 为经第二反射面反射后最终出射的光的方向矢量。设 $[\cos(\theta_{x1})\ \cos(\theta_{y1})\ \cos(\theta_{z1})]$ 为光线经第一反射面反射后的方向矢量，则可知

$$\begin{aligned}\cos(\theta_{x1}) &= \frac{R_x}{R} \\ \cos(\theta_{y1}) &= \frac{R_y}{R} \\ \cos(\theta_{z1}) &= \frac{R_z}{R}\end{aligned} \tag{6.75}$$

由于

$$\begin{aligned} x_1 &= h_{x1} + z_1 \cdot \frac{\cos\theta_{x0}}{\cos\theta_{z0}} \\ y_1 &= h_{y1} + z_1 \cdot \frac{\cos\theta_{y0}}{\cos\theta_{z0}} \\ x_2 &= h_{x2} + z_2 \cdot \frac{\cos\theta_{x2}}{\cos\theta_{z2}} \\ y_2 &= h_{y2} + z_2 \cdot \frac{\cos\theta_{y2}}{\cos\theta_{z2}} \end{aligned} \tag{6.76}$$

式（6.76）的两边对 f 求导数，得到：

$$\frac{dx_1}{df} = \frac{dh_{x1}}{df} + z_1 \cdot \frac{d\left(\frac{\cos\theta_{x0}}{\cos\theta_{z0}}\right)}{df} + \frac{dz_1}{df} \cdot \left(\frac{\cos\theta_{x0}}{\cos\theta_{z0}}\right)$$

$$\frac{dy_1}{df} = \frac{dh_{y1}}{df} + z_1 \cdot \frac{d\left(\frac{\cos\theta_{y0}}{\cos\theta_{z0}}\right)}{df} + \frac{dz_1}{df} \cdot \left(\frac{\cos\theta_{y0}}{\cos\theta_{z0}}\right) \tag{6.77}$$

$$\frac{dx_2}{df} = \frac{dh_{x2}}{df} + z_2 \cdot \frac{d\left(\frac{\cos\theta_{x2}}{\cos\theta_{z2}}\right)}{df} + \frac{dz_2}{df} \cdot \left(\frac{\cos\theta_{x2}}{\cos\theta_{z2}}\right)$$

$$\frac{dy_2}{df} = \frac{dh_{y2}}{df} + z_2 \cdot \frac{d\left(\frac{\cos\theta_{y2}}{\cos\theta_{z2}}\right)}{df} + \frac{dz_2}{df} \cdot \left(\frac{\cos\theta_{y2}}{\cos\theta_{z2}}\right) \tag{6.78}$$

将式（6.78）改写为针对光线在第一个反射面的情况：

$$\frac{dz_1}{df} = -\frac{\frac{dx_1}{df}(\cos\theta_{x0} - \cos\theta_{x1}) + \frac{dy_1}{df}(\cos\theta_{y0} - \cos\theta_{y1})}{\cos\theta_{z0} - \cos\theta_{z1}} \tag{6.79}$$

将式（6.75）代入式（6.78），得：

$$\frac{dz_1}{df} = -\frac{\left[\frac{dh_{x1}}{df} + z_1 \cdot \frac{d\left(\frac{\cos\theta_{x0}}{\cos\theta_{z0}}\right)}{df} + \frac{dz_1}{df} \cdot \left(\frac{\cos\theta_{x0}}{\cos\theta_{z0}}\right)\right](\cos\theta_{x0} - \cos\theta_{x1}) + \left[\frac{dh_{y1}}{df} + z_1 \cdot \frac{d\left(\frac{\cos\theta_{y0}}{\cos\theta_{z0}}\right)}{df} + \frac{dz_1}{df} \cdot \left(\frac{\cos\theta_{y0}}{\cos\theta_{z0}}\right)\right](\cos\theta_{y0} - \cos\theta_{y1})}{\cos\theta_{z0} - \cos\theta_{z1}}$$

$$\tag{6.80}$$

令

$$A_1 = -\frac{\cos\theta_{x0} - \cos\theta_{x1}}{\cos\theta_{z0} - \cos\theta_{z1}}$$
$$B_1 = -\frac{\cos\theta_{y0} - \cos\theta_{y1}}{\cos\theta_{z0} - \cos\theta_{z1}}$$
(6.81)

将式（6.75）代入式（6.81）整理后，得：

$$A_1 = \frac{R \cdot \cos\theta_{x0} - R_x}{-R \cdot \cos\theta_{z0} + R_z}$$
$$B_1 = \frac{R \cdot \cos\theta_{y0} - R_y}{-R \cdot \cos\theta_{z0} + R_z}$$
(6.82)

故式（6.80）可以改写为：

$$\frac{dz_1}{df} = A_1 \cdot \left[\frac{dh_{x1}}{df} + z_1 \cdot \frac{d(\cos(\theta_{x0})/\cos(\theta_{z0}))}{df} + \frac{dz_1}{df} \cdot \left(\frac{\cos\theta_{x0}}{\cos\theta_{z0}}\right)\right] + B_1 \cdot \left[\frac{dh_{y1}}{df} + z_1 \cdot \frac{d(\cos(\theta_{y0})/\cos(\theta_{z0}))}{df} + \frac{dz_1}{df} \cdot \left(\frac{\cos\theta_{y0}}{\cos\theta_{z0}}\right)\right]$$

整理后，得：

$$\frac{dz_1}{df}\left[1 - A_1 \cdot \frac{\cos\theta_{x0}}{\cos\theta_{z0}} - B_1 \cdot \frac{\cos\theta_{y0}}{\cos\theta_{z0}}\right] = A_1 \cdot \left[\frac{dh_{x1}}{df} + z_1 \cdot \frac{d(\cos(\theta_{x0})/\cos(\theta_{z0}))}{df}\right] + B_1 \cdot \left[\frac{dh_{y1}}{df} + z_1 \cdot \frac{d(\cos(\theta_{y0})/\cos(\theta_{z0}))}{df}\right]$$

即

$$\frac{dz_1}{df} = \frac{A_1 \cdot \left[\frac{dh_{x1}}{df} + z_1 \cdot \frac{d(\cos(\theta_{x0})/\cos(\theta_{z0}))}{df}\right] + B_1 \cdot \left[\frac{dh_{y1}}{df} + z_1 \cdot \frac{d(\cos(\theta_{y0})/\cos(\theta_{z0}))}{df}\right]}{\left[1 - A_1 \cdot \frac{\cos\theta_{x0}}{\cos\theta_{z0}} - B_1 \cdot \frac{\cos\theta_{y0}}{\cos\theta_{z0}}\right]}$$
(6.83)

其中

$$A_1 = \frac{R \cdot \cos\theta_{x0} - R_x}{-R \cdot \cos\theta_{z0} + R_z} \quad R_x = x_2 - x_1$$
$$\qquad\qquad\qquad\qquad\qquad R_y = y_2 - y_1$$
$$B_1 = \frac{R \cdot \cos\theta_{y0} - R_y}{-R \cdot \cos\theta_{z0} + R_z} \quad R_z = d + z_2 - z_1$$
$$\qquad\qquad\qquad\qquad\qquad R = \sqrt{R_x^2 + R_y^2 + R_z^2}$$

再将式（6.83）改写为针对第二个反射面，用同样的方法，可得到：

$$\frac{dz_2}{df} = \frac{A_2 \cdot \left[\frac{dh_{x2}}{df} + z_2 \cdot \frac{d(\cos(\theta_{x2})/\cos(\theta_{z2}))}{df}\right] + B_2 \cdot \left[\frac{dh_{y2}}{df} + z_2 \cdot \frac{d(\cos(\theta_{y2})/\cos(\theta_{z2}))}{df}\right]}{\left[1 - A_2 \cdot \frac{\cos(\theta_{x2})}{\cos(\theta_{z2})} - B_2 \cdot \frac{\cos(\theta_{y2})}{\cos(\theta_{z2})}\right]}$$
(6.84)

其中

$$A_2 = \frac{R \cdot \cos\theta_{x2} - R_x}{-R \cdot \cos\theta_{z2} + R_z} \qquad R_x = x_2 - x_1$$

$$B_2 = \frac{R \cdot \cos\theta_{y2} - R_y}{-R \cdot \cos\theta_{z2} + R_z} \qquad R_y = y_2 - y_1$$

$$R_z = d + z_2 - z_1$$

$$R = \sqrt{R_x^2 + R_y^2 + R_z^2}$$

在含椭球形窗口的系统中，只能够设计透射式的固定校正器结构，并且每个结构只针对单一的观察视场才能有效减小像差。对视场角相差较多的观察视场点，解算出的透射式的校正器表面形状有较大不同，如图 6.52 所示（为了显示校正效果，光阑处加有理想透镜）。因此，通常只针对零视场解算出校正元件，对其他视场点的像差补偿作用完全依靠软件优化来实现，导致一旦扩展至整个观察视场，优化评价函数就会收敛缓慢或难以收敛。

W-W 曲面既可以是一对透射面，也可以是反射面。应用折射、反射定律和光线追迹公式推导了一对 W-W 反射面的微分方程，最后将式（6.83）和式（6.84）再写为以下两个方程式（式中各变量的物理含义见图 6.52）即

$$\frac{dz_1}{df} = \frac{A_1 \left[\dfrac{dh_{x1}}{df} + z_1 \dfrac{d(\cos\theta_{x0}/\cos\theta_{z0})}{df} \right] + B_1 \left[\dfrac{dh_{y1}}{df} + z_1 \dfrac{d(\cos\theta_{y0}/\cos\theta_{z0})}{df} \right]}{\left[1 - A_1 \dfrac{\cos\theta_{x0}}{\cos\theta_{z0}} - B_1 \dfrac{\cos\theta_{y0}}{\cos\theta_{z0}} \right]} \tag{6.85}$$

$$\frac{dz_2}{df} = \frac{A_2 \left[\dfrac{dh_{x2}}{df} + z_2 \dfrac{d(\cos\theta_{x2}/\cos\theta_{z2})}{df} \right] + B_2 \left[\dfrac{dh_{y2}}{df} + z_2 \dfrac{d(\cos\theta_{y2}/\cos\theta_{z2})}{df} \right]}{\left[1 - A_2 \dfrac{\cos\theta_{x2}}{\cos\theta_{z2}} - B_2 \dfrac{\cos\theta_{y2}}{\cos\theta_{z2}} \right]} \tag{6.86}$$

$$A_1 = \frac{R\cos\theta_{x0} - R_x}{-R\cos\theta_{z0} + R_z}, \quad A_2 = \frac{R\cos\theta_{x2} - R_x}{-R\cos\theta_{z2} + R_z}, \quad B_1 = \frac{R\cos\theta_{y0} - R_y}{-R\cos\theta_{z0} + R_z}, \quad B_2 = \frac{R\cos\theta_{y2} - R_y}{-R\cos\theta_{z2} + R_z}$$

式中，$R_x = x_2 - x_1$，$R_y = y_2 - y_1$，$R_z = z_2 - z_1 + d$，$R = \sqrt{R_x^2 + R_y^2 + R_z^2}$，此外，还须满足正弦条件：

$$\frac{\sin u}{\sin u'} = \beta \quad (\beta 为常数) \tag{6.87}$$

通常令经过校正器出射的光线与光轴平行，并由后续元件承担绝大部分系统光焦度[34]。为了减小系统总长，拟使经过两镜系统后出射的光线直接会聚于一点并成像。选择适当的焦距和次镜口径，求解式（6.85）和式（6.86）两个微分方程，可得到图 6.53 所示系统，其中两反射镜的面形均为仅含平面对称项的泽尼克标准多项式。令整流罩旋转达到所需要的目标视场。针对 0°～35°之间共 8 个视场点解微分方程，为了便于分析，将所有的系统画在一起，如图 6.54 所示。可看出，视场变化时两镜面形变化不大，通过编写的一个最小二乘法面形拟合程序，将不同视场时的多个两镜校正器整合为一个通用的两镜校正器，并将此两镜系统作为整流罩后续光学系统的优化起点。此时系统的初始结构综合各个视场像差的校正需求。优化后得到新系统的像差曲线，如图 6.55 所示。

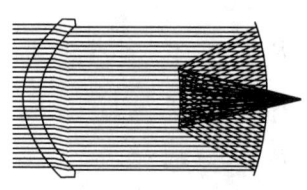
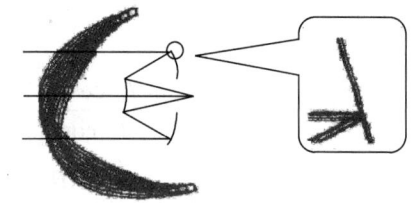

图 6.53 解折反射式 W-W 方程得到的光学系统　　图 6.54 对 0°～35°之间的 8 个视场点解折反射式 W-W 方程得到的系统

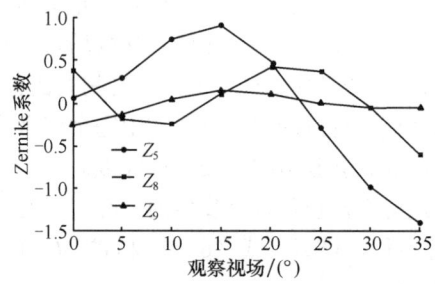

图 6.55 优化后系统泽尼克系数随扫描视场的像差变化曲线

6.4.4 用平面对称矢量像差理论分析光学系统像差特性

目前已有报道[51]将矢量像差理论用于椭球形整流罩的像差特性分析。Sasian[52]对矢量波像差理论进行修正，用于分析平面对称光学系统的波像差，这一理论可用于分析包含离轴高次非球面、超环面、仅含平面对称项的自由曲面等面形的系统。

根据 Sasian 的理论，矢量形式表示的平面对称系统的波像差为

$$W(\boldsymbol{H},\boldsymbol{\rho},\boldsymbol{i}) = \sum_{k,m,n,p,q}^{\infty} W_{2k+n+p,2m+n+q,n,p,q} \times (\boldsymbol{H}\cdot\boldsymbol{H})^k (\boldsymbol{\rho}\cdot\boldsymbol{\rho})^m (\boldsymbol{H}\cdot\boldsymbol{\rho})^n (\boldsymbol{i}\cdot\boldsymbol{H})^p (\boldsymbol{i}\cdot\boldsymbol{\rho})^q \quad (6.88)$$

式中，$\boldsymbol{H}$ 为归一化视场坐标；$\boldsymbol{\rho}$ 为归一化光瞳坐标；$\boldsymbol{i}$ 为对称平面的单位法向量。类似于旋转对称系统，当平面对称系统中某一表面存在倾斜时，其像差贡献中心不再重合于光轴，而是相对原有的像差中心偏移了 σ_j，系统总体像差依然为各表面像差贡献之和[53]。由于对称平面是统一的，省略了下标 i，随观察视场变化量最大的初级彗差和像散项表达式为

$$W_{\text{coma}} = [W_{\text{lc}}(\boldsymbol{H}-\boldsymbol{\sigma}_j) + W_{cc}\boldsymbol{i}]\cdot\boldsymbol{\rho}(\boldsymbol{\rho}\cdot\boldsymbol{\rho}) \quad (6.89)$$

$$W_{\text{asti}} = [W_{\text{qa}}(\boldsymbol{H}-\boldsymbol{\sigma}_j)^2 + W_{\text{la}}(\boldsymbol{H}-\boldsymbol{\sigma}_j)\boldsymbol{i} + W_{cc}\boldsymbol{i}^2]\cdot\boldsymbol{\rho}^2 = W_{\text{qa}}[\boldsymbol{H}^2 + a\boldsymbol{H} + b]\cdot\boldsymbol{\rho}^2 \quad (6.90)$$

式中

$$a = \frac{-2A_{\text{qa}} + W_{\text{la}}\boldsymbol{i}}{W_{\text{qa}}}, \quad b = \frac{A_{\text{qa}}^2 - A_{\text{la}}\boldsymbol{i} + W_{\text{ca}}\boldsymbol{i}^2}{W_{\text{qa}}}, \quad W_{\text{lc}} = \sum_j W_{13100j}, \quad W_{cc} = \sum_j W_{03001j}, \quad W_{\text{qa}} = \frac{1}{2}\sum_j W_{22200j},$$

$$A_{\text{qa}} = W_{\text{qa}}\boldsymbol{\sigma}_j, \quad A_{\text{qa}}^2 = W_{\text{qa}}\boldsymbol{\sigma}_j^2, \quad W_{\text{la}} = \frac{1}{2}\sum_j W_{12101j}, \quad A_{\text{la}} = W_{\text{la}}\boldsymbol{\sigma}_j, \quad W_{\text{ca}} = \frac{1}{2}\sum_j W_{02002j},$$

令式（6.89）和式（6.90）右边等于 0，求解得到彗差和像散在视场内的节点：

$$H_{\text{coma}} = -\frac{W_{cc}}{W_{\text{lc}}}\boldsymbol{i} + \boldsymbol{\sigma}_j \quad (6.91)$$

$$H_{\text{asti}} = -\frac{a \pm \sqrt{a^2 - 4b}}{2} \quad (6.92)$$

由以上推导可知，对于平面对称光学系统，在整个视场范围内，初级彗差具有单节点特性，

且与视场呈线性关系,初级像散具有双节点特性,与视场呈二次函数关系。当系统中存在偏心倾斜的元件时,像差场中心与像面中心发生移动,节点个数不变。以上结论证明,由整流罩倾斜引起的动态像差可由后面的平面对称反射镜进行适当的倾斜来补偿。因两次倾斜导致像差场中心向不同方向偏移,从而使整流罩与反射镜单独引起的、像面上能观察到的像差相互抵消。下文以具体实例定性分析折射面倾角与引入像差大小的关系。

反射面可以看成折射面的特例。由于椭球形整流罩具有较小负光焦度,平行光线入射后呈发散状态,应考虑反射镜在发散光路中进行倾斜后的像差特性,采用光学设计软件分别建立了一个单反射镜和一个两镜成像系统,物点设在有限远,入瞳口径为 40 mm。反射镜面形均为泽尼克多项式表面(用 Zernike 多项式表达的自由曲面面形),仅含关于 yoz 面平面对称项,对各项系数无特殊要求。令单倾斜角度在±1.6°内变化,两镜系统主镜无倾斜量,次镜倾斜角度在±4.5°之间变化。图 6.56 表示随反射镜倾斜角度变化的初级像散和彗差量。由图可知,倾斜角在较小范围内(文中不超过 ±4.5°)时,单镜和两镜系统的彗差大小与倾斜角近似呈线性关系,而像散大小与倾斜角近似成二次函数关系。在保持反射镜面形不变情况下,连续改变反射镜倾斜角度,即可平滑改变产生的彗差和像散,从而补偿不同观察视场中整流罩引入的动态像差。

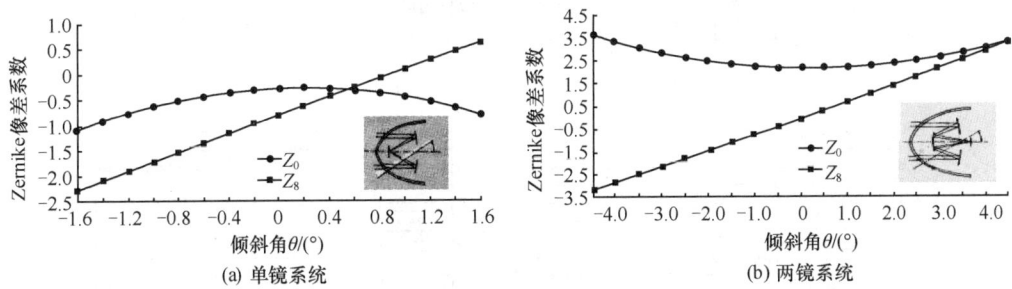

图 6.56 单镜和两镜系统的泽尼克像差系数随镜子倾斜角的变化曲线

6.4.5 设计结果

基于以上设计原理,设计了头罩直径为 100 mm,长径比为 1.0,入瞳口径为 40 mm,像空间 $F^{\#}$ 为 1.5,工作波段为 3~5 μm,观察视场为±35°,瞬时视场为 0.6°的椭球形整流罩光学系统。整个系统仅由前方整流罩和后续两反射镜系统以及一片锗镜组成。其中,两镜系统的面形均为泽尼克多项式表面,系统中心遮拦比为 0.37,锗镜后表面为高次非球面,系统总长(从整流罩前表面到像面)为 77.9 mm,头罩总长度在 100 mm 以内,结构简单、紧凑。在使用软件优化过程中,将两镜系统的主镜和次镜倾斜角设为变量,令其在 yoz 平面内绕 x 轴转动。对每个视场点,控制投射到最后一片锗镜上的光线高度和像高,以避免二次反射后的光线被主镜所阻挡或是成像在探测器以外。图 6.57 为处于各典型观察视场中的系统。

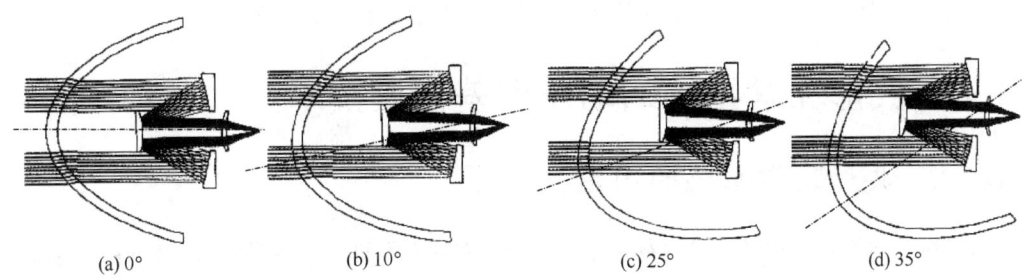

图 6.57 各典型观察视场中的椭球形整流罩光学系统

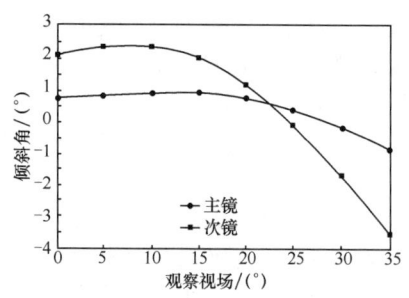

图 6.58 主镜和次镜的倾斜角随观察视场的变化曲线

图 6.58 以直观的方式展示了主镜和次镜随观察视场变化的倾斜角。在视场扫描过程中，可采用凸轮机构实现两镜倾斜角的非线性变化。微型电机旋转驱动凸轮转动，凸轮通过一定的传动机构，带动主镜和次镜绕镜面的水平轴（x 轴）转动，完成主次镜倾斜调节过程[54]。图 6.59 为椭球形整流罩光学系统在不同观察视场中的光学系统调制传递函数（MTF）。系统在整个观察视场和瞬时视场范围内子午、弧矢的 MTF 均接近衍射极限。

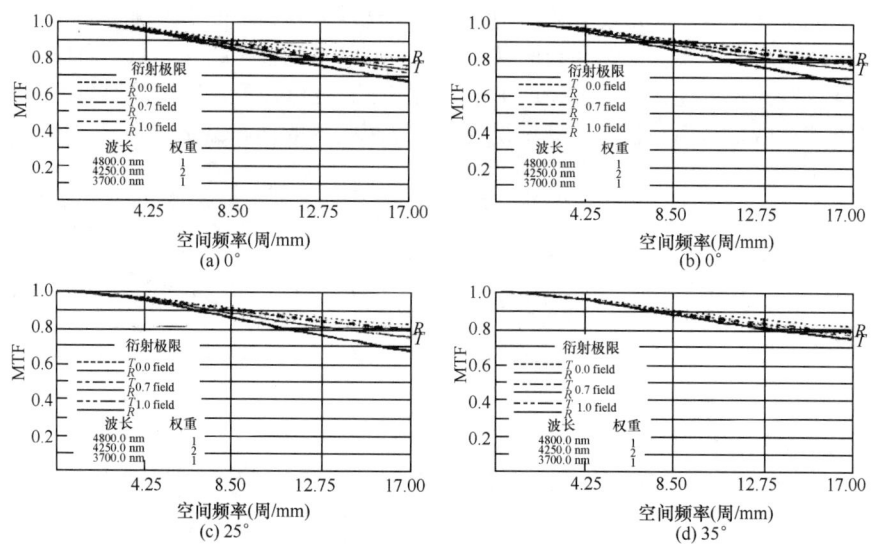

图 6.59 椭球形整流罩光学系统在不同观察视场中的光学系统调制传递函数（MTF）

以往采用折/反射设计的椭球形整流罩光学系统，其遮拦比在 0.35 左右或更高[55]。由于双镜系统采用了主、次镜倾角动态变化的补偿方式，系统遮拦比为 0.37，使中频处 MTF 值稍有下降，但各视场的 MTF 实际值仍在 0.668 以上。为了进一步改善成像质量，拟将光学系统的基本形式由同轴两反射镜改为离轴且无中心遮拦的两反或三反射镜[56]。

总之，采用了折/反射 Wasserman-Wolf 曲面设计椭球形整流罩光学系统，克服了以往采用 Wasserman-Wolf 方法仅能设计透射式校正元件，使系统长度偏长且只针对单一观察视场建立初始结构的问题。同时基于平面对称的矢量像差理论阐述了在不同观察视场中，利用反射镜倾斜进行前方头罩动态像差补偿的原理。利用以上原理设计了一个中红外椭球面整流罩光学系统，系统结构简单、紧凑，整个系统在±35°观察视场时成像质量接近衍射极限。

6.5 共形光学系统的动态像差校正技术

6.5.1 共形光学系统的固定校正器

"弧形校正器"是一种非旋转对称校正器，能够对左右滚动—上下摆动（roll-nod）整流罩导引头进行像差校正，用像差与万向转角的关系来描述这种方法[7]。飞行体的整流罩有两个功能：可以保护光学系统不受环境影响和提供一个低空气动力学阻力结构，实际上，这两个要求是矛盾的，高长径比整流罩可以改进飞行体速度和射程[6]。万向支架导引头的共形整流罩有大量随万向角变化的动态像差[37]，这些成像像差是难以校正的。

1. 共形滤波罩特性

雷达天线罩（圆顶中使用的无线电频率）有一个尖形顶弧，是一个弧形旋转面的一部分[6]。这些形状顶点的不连续性使得光学成像困难，故现代的共形整流罩多为椭圆形，以避免表面不连续。用于描述共形整流罩的纵横比（aspect ratio）参数为长径比（fineness ratio），大致与空气动力学阻力成反比。长径比是整流罩的长度与直径的比值，如图 6.14 所示。一个半球形整流罩的长径比只能是 0.5。整流罩的万向节转角成像光学元件最大观察视场以（FOR）表示。为了更好地表征整流罩像差，用 Zernike 多项式前 16 项表示波阵面；在系统中占主导地位的相差是近于 10 倍波长的像散和 10 倍波长的离焦。

2. 共形整流罩的校正技术

1）共形整流罩的内表面优化

基于长径比求解椭圆的外表面，整流罩内表面也有待优化。使用 CODE V 默认的 Zernike 像差的评价函数，RMS 光斑尺度在优化后的减少因子约为 2（参见图 6.60）。结果的光斑尺度仍然是衍射极限光斑尺寸的 50～25 倍以上，但是等厚整流罩由峰值到峰值的像散从由-10 倍波长经过优化后减少到约-7 倍波长。由图 6.61 知，像散与万向节转角的关系从零到正再到负值内变化。

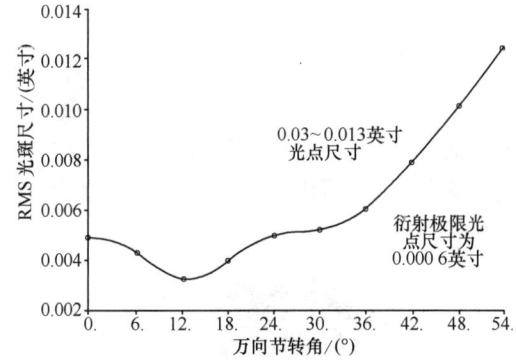

图 6.60　内表面优化后的共形整流罩的 RMS 光斑尺度和方向转角的关系

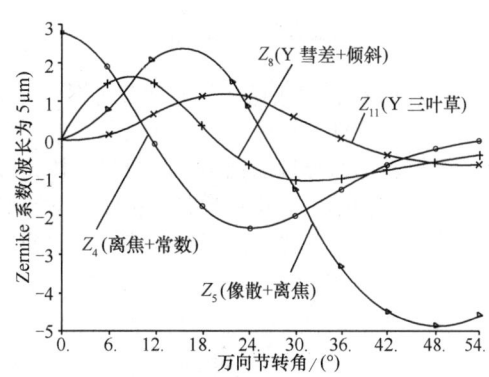

图 6.61　内表面优化后的共形整流罩的 Zernike 像差

优化后的内表面不能校正为一个具有衍射极限成像的共形光学系统，需要额外校正措施。由于像差随万向节转角变化，开发一种动态校正技术是合适的。由于在导弹的导引头中空间有限，校正技术采用额外的电机和运动部件是不可取的。

2）固定校正器

固定校正技术源自用于光瞳孔偏心（参考图 6.5）的同心整流罩校正元件。把一个正光焦度偏心透镜的一部分安装在万向节点光学系统前以校正整流罩的像差。用静态元件来校正所有万向节转角的整流罩像差，这个解决方案是简洁的。

"固定校正器"是一个旋转对称的光学元件，其被安装并固定到整流罩内，不移动，只允许成像系统左右转动、上下摆动，或方位和高度的万向节转动，如图 6.62 和图 6.63 所示。固定校正器方法的研究显示了像差校正随折射率提高而有改善，因此使用了高折射率为 2.25 的材料。整流罩的后表面和校正器的前/后表面的半径、圆锥常数（conic constant）在优化过程中作为固定校正器优化导致成像结果的改进，但几何光斑尺度仍然是高达 8 倍的衍射极限。像散仍然是主导像差变量，达到 2.5 波长的振幅峰—峰值，如图 6.64 和图 6.65 所示。

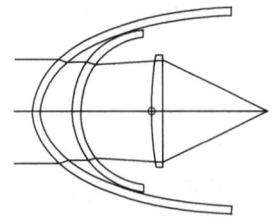
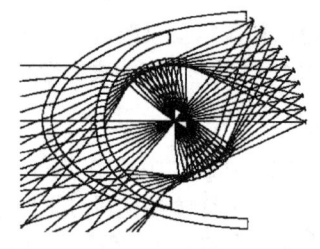

图 6.62　在视轴上设置固定校正器的共形整流罩　　图 6.63　对所有万向转角设置固定校正器的共形整流罩

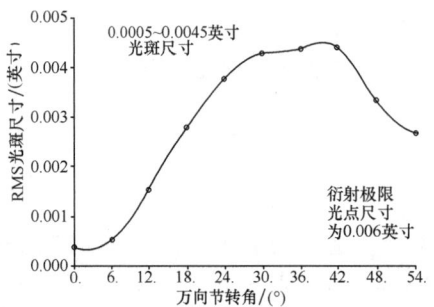
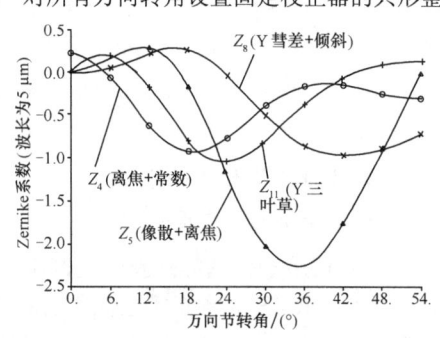

图 6.64　固定校正器共形整流罩 RMS 光斑尺度　　图 6.65　固定校正器共形整流罩 Zernike 像差

6.5.2　弧形校正器

"弧形校正器"（也称为滚动校正器）是一个固定校正器概念的扩展，突破了旋转对称结构。由于其非对称性，将使校正元件只做左右滚动。由图 6.66 可知，其中垂直于飞行体轴线的横截面显示了校正器对称性的突破。相反地，固定校正器的横截面在前一个横截面将显示 4 个同心圆，每个表面的曲率中心均在导弹轴线上。对于任何给定的横截面，弧形校正器的背面对飞行体轴线将不是同心的，其横截面半径作为一个进行优化的自由变量。

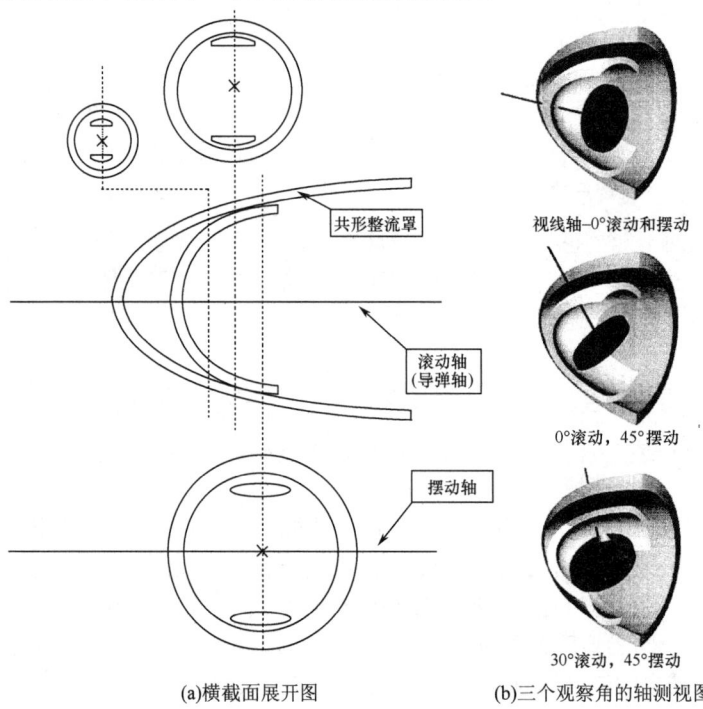

(a) 横截面展开图　　(b) 三个观察角的轴测视图

图 6.66　整流罩，非轴对称（横截面夸大了）弧形校正器和成像系统

图 6.67 显示了从"侧"视图与万向节光学元件滚动轴运动的校正元件。如果飞行体必须查看纸平面外的靶,弧形元件将要在纸面外滚动。图 6.68 所示为共形整流罩的侧视图和顶视图。弧形元件不同于整流罩的圆形通光孔径,而是矩形的孔径。

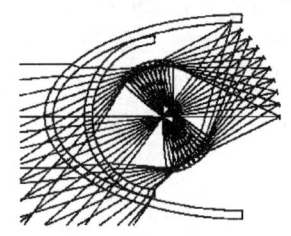 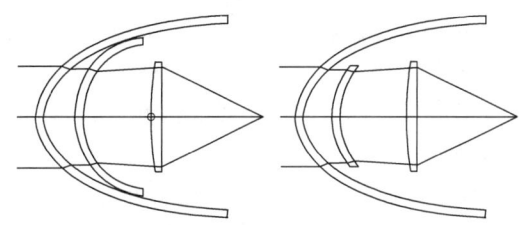

图 6.67 共形整流罩和所有万向转角的弧形元件的横截面

图 6.68 共形整流罩和弧形校正器垂直于视轴线的侧视图(左)和上视图(右)

从定性来看,弧形元件在尖端为零像散。当光瞳移向弧形元件的边缘时,曲面设计给出正像散,以抵消共形整流罩的负像散。图 6.69 的曲线图是弧形校正器引起的像差为万向节转角度的函数。

共形整流罩和弧形校正器的最大 RMS 光斑尺寸为近似 0.000 9 英寸或 1.5 倍的衍射极限的光点尺寸,如图 6.70 所示。典型的中波红外成像系统(MWIR imaging system)必须为 0.75~1.7 倍光点尺寸的衍射极限。弧形校正器和共形整流罩的性能是很好的,共形整流罩有大于 10 倍波长的像差(参见图 6.71),系统的像散已经减少到 0.2 个波峰-峰值。弧形校正器还成功地校正一些大振幅像差,例如认为不能纠正的弧形元件彗差,本文给出了在共形整流罩中一个弧形元件校正随万向节角变化的彗差的实例。

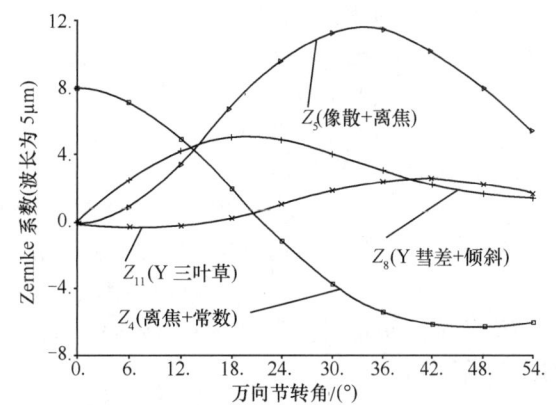

图 6.69 不考虑共形整流罩时,弧形元件本身的 Zernike 像差

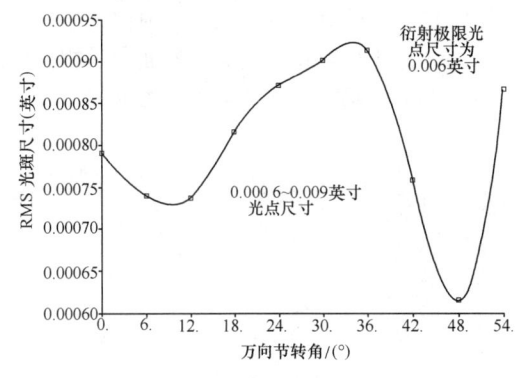 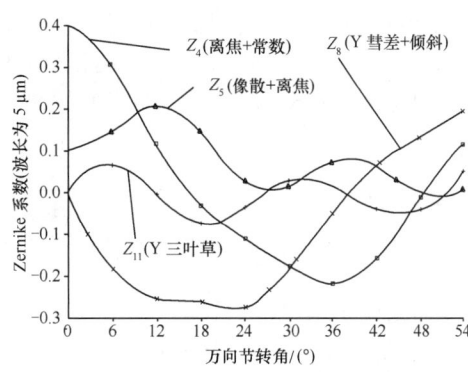

图 6.70 带有弧形校正器共形整流罩的 RMS 光点尺寸

图 6.71 带弧形校正器共形整流罩的 Zernike 像差

总之,共形整流罩将在速度及其范围增加了飞行体的性能。光学设计是解决大长径比的导弹整流罩整个观察视场内的动态像差。最好的解决办法将是结构紧凑和具有尽量少的运动部件。

上文讨论了早期飞行器共形整流罩校正技术,包括优化共形整流罩的内表面,或用一个固定校正器解决系统的衍射极限成像。弧形校正器提供了一个解决方案,使系统达到近衍射极限性能。当前,这种新型校正元件质量依赖于光学加工。

6.5.3 基于轴向移动柱面—泽尼克校正元件的动态像差校正技术

椭球形窗口光学系统最显著的特点是依赖观察视场的动态像差变化特性，像散和彗差成为影响光学系统成像质量的主要因素，其中像散的影响最为突出。为解决这一难题，采用柱面—泽尼克元件动态像差校正方法，此元件的外表面为一对母线互相垂直的圆柱面，对应的两个内表面为泽尼克边缘像差矢高表面。随观察视场变化实时地调整一对柱面—泽尼克校正元件间距以动态校正椭球形窗口引入的像差[58]。

1. 轴向移动泽尼克相位板像差校正原理

Sparrold 和 Mills 等人曾对反向旋转泽尼克相位板产生的像差特性进行过分析[59]。在其分析基础上引入轴向移动泽尼克 Coma 面形相位板并对其产生像差进行分析。选取两块相位板内表面为互补（如图 6.72 所示）。

设两个相位板厚度为 a，折射率为 n，内表面面形分别为 $T(y_1)$ 和 $T(y_2)$，两个相位板之间的间距为 Δt，坐标系如图 6.72 所示。则光线经过相位板时的光程为：

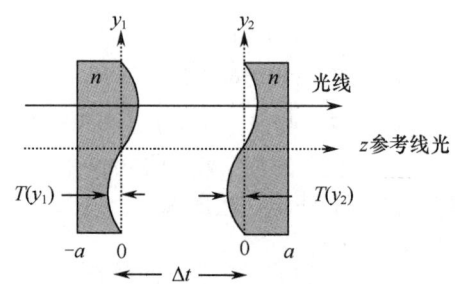

图 6.72 透过轴向移动泽尼克 Coma 相位板的光路图

$$\mathrm{OPL} = 2an + \Delta t + \Delta n[T(y_1) - T(y_2)] \quad (6.93)$$

其中，$\Delta n = n-1$；对于参考线，$T(y)=0$，故对应的光程为：

$$\mathrm{OPL}_{\mathrm{ref}} = 2an + \Delta t \quad (6.94)$$

相位板内表面面形选用二维坐标 (x, y) 代替坐标 y，根据公式（6.95）～式（6.96），可以得到对应的光程差：

$$W_{(x,y)} = \mathrm{OPL} - \mathrm{OPL}_{\mathrm{ref}} = \Delta n[T_{(x_1,y_1)} - T_{(x_2,y_2)}] \quad (6.95)$$

由于椭球形窗口具有较小负光焦度，平行光线入射通过窗口后呈现发散状态。所以应考虑轴向平移相位板在发散光路中的像差特性，如图 6.73 所示。为分析方便，设相位板表面对入射光线引起的折射角远小于入射光线的入射角，即忽略相位板表面的折射效应，光线折射前、后均沿一条直线传播。图 6.73 中，虚线画出的相位板作为参考面，光线与前相位板、参考面和后相位板的交点依次为 ρ_b、ρ 和 ρ_a，与光线发散点距离依次为 t_b、t 和 t_a，光线发散半孔径角为 u。

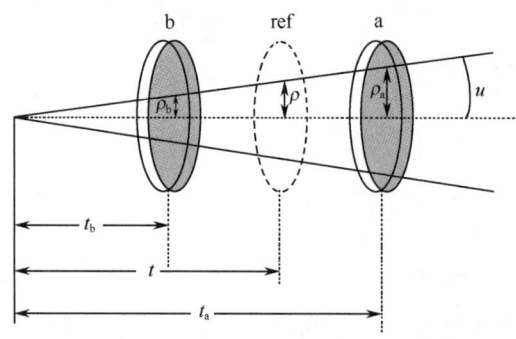

图 6.73 发散光线与轴向移动相位板交点示意图

当相位板 a 和 b 从虚线参考位置移动到图示位置时，根据几何关系可以得到：

$$\rho_a = \frac{t_a}{t}\rho = m_a\rho, \quad \rho_b = \frac{t_b}{t}\rho = m_b\rho$$

其中

$$m_a = \frac{t_a}{t}, \quad m_b = \frac{t_b}{t} \tag{6.96}$$

如图 6.73 中建立的极坐标系,光线与相位板 a 和 b 的交点坐标分别为 $(m_a\rho,\theta)$ 和 $(m_b\rho,\theta)$,则引入的波像差为:

$$W_{(\rho_1,\theta)} = \Delta n[T_{(\rho_2,\theta)} - T_{(\rho_b,\theta)}] \tag{6.97}$$

以泽尼克 Coma 面形应用为例来说明相位板轴向平移时产生的像差特性。泽尼克 Coma 表面表达式为:

$$T_{(\rho,\theta)} = Z(3\rho^3 \cos\theta) \tag{6.98}$$

将式 (6.98) 代入式 (6.97),得到相应的波像差为:

$$W_{(\rho,\theta)} = 3\frac{\Delta nZ}{t^3}(t_a^3 - t_b^3)\rho^3 \cos\theta \tag{6.99}$$

假设相位板 a、b 以参考面对称分布,简化式 (6.99) 可以得到:

$$W_{(\rho,\theta)} = 3\Delta n(\Delta t/t)Z(3\rho^3 \cos\theta) + (1/4)\Delta n(\Delta t/t)^3 Z(3\rho^3 \cos\theta) \tag{6.100}$$

式 (6.100) 表明:选取相位板内表面为泽尼克 Coma 表面时,相位板轴向平移产生的波像差类型仍为彗差,并且随相位板轴向平移距离 Δt 线性变化。应用波像差理论,变化为

$$W_{(3,1)} = 3\frac{\Delta nZ}{t}\Delta t + 1/4\frac{\Delta nZ}{t^3}\Delta t^3 \tag{6.101}$$

式 (6.101) 代表轴向移动相位板产生的彗差与间距 Δt 的变化关系。为了验证以上结论,采用光学设计软件建立一对泽尼克相位板,为了简化,平行平板中心厚度设置为零;为了不引入额外像差,验证系统采用理想透镜作为成像系统;模拟光线通过椭球形窗口后呈发散状态,物点设置在有限远距离;平行平板内表面采用 Z=0.01 泽尼克 Coma 面形。图 6.74 显示了随校正器相位板间距变化的彗差量,与相位板间距保持三次方关系,这与分析结果一致。

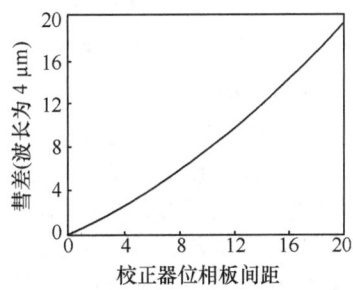

图 6.74 泽尼克表面彗差与相位板间距的关系

图 6.74 所示的 Zernike 像差结果表明:轴向移动相位板能校正椭球形窗口引入的彗差,泽尼克 Coma 表面校正元件横向移动所产生的彗差量与式 (6.101) 预计的关系一致。

2. 母线垂直的一对柱透镜像差特性

像散是由于子午和弧矢两方向光焦度的差别而产生的,导致系统不能成像在高斯像面上。如将柱面元件引入到光学系统中以便提供单方向的光焦度补偿来平衡系统像散。然而在椭球形窗口光学系统中,柱面补偿量必须随万向架的观察视场变化。因此在系统中需要引入一种动态光焦度调整以校正椭球形窗口引入的动态像散,可以通过两个正交的柱面元件的轴向平移来完成。选择适当的校正元件的面形结构和相对位置,椭球形窗口固有随观察视场变化的像散可得以校正[44]。

仿效轴向移动相位板的像差分析方法,对母线垂直的一对柱透镜像差特性进行数学描述,求出柱透镜轴向移动距离与产生像散量的关系。设圆柱面在一个方向(y 轴)是球面,另一个方向是常量(x 轴),其表面可以用方程 $y^2+(z-R)^2 = R^2$ 来描述。这里的 R 为曲率半径。

表面经过二项式扩展可以表示为:

$$T_{(x,y)} = \frac{y^2}{2R} \quad Ky^2 \quad T_{(\rho,\theta)} = k\rho^2 \sin^2\theta \quad k = \frac{1}{2R} \tag{6.102}$$

第一个柱面镜产生会聚光束,无论位置如何,其表面都为参考平面。因此其轴向移动只影响光线

在第二个柱面镜上交点的坐标,需要对式(6.96)进行少量修改。这里:

$$\rho_a = \frac{t_a}{t_a}\rho = \rho \quad \rho_b = \frac{t_b}{t_b}\rho = m\rho \quad m = \frac{t_b}{t_a} \tag{6.103}$$

此时引入波像差:

$$W_{(\rho,\theta)} = \Delta n[T_{a(\rho,\theta)} - T_{b(m\rho,\theta)}] \tag{6.104}$$

对于分别位于第一块柱面镜和第二块柱面镜上的 y 轴和 x 轴的柱面,式(6.102)和式(6.104)组合得到波前像差表达式为

$$W_{(\rho,\theta)} = \frac{\Delta n}{2}(K_a - K_b m^2)(\rho^2) - \frac{\Delta n}{2}(K_a + K_b m^2)(\rho^2 \cos 2\theta) \tag{6.105}$$

K_a、K_b 为两柱面曲率。式(6.105)表达了柱透镜轴向移动距离引起像散的变化量关系。

为说明系统的轴向移动特性,可以近似认为 $K_a=K_b=K$(即两柱面曲率相同)。同样,因为元件分离的距离相对于从第一个元件到光束会聚点的距离要小($\Delta t \ll t_a$),波前像差可以简化为

$$W_{(\rho,\theta)} = \Delta n K(\rho^2) - \frac{\Delta n K}{t_a}\Delta n(\rho^2 \cos 2\theta) \tag{6.106}$$

应用波像差理论,式(6.106)可转化成如下形式:

$$W_{(2,2)} = -2\frac{\Delta n K}{t_a}\Delta t \tag{6.107}$$

这说明当 K 为负值时,像散量与元件分开距离成正比。采用光学设计软件建立母线垂直的一对柱透镜,取 K 值为 -0.2,并采用理想透镜作为成像系统。图 6.75 绘制出像散量随校正元件分开距离的关系曲线。关系图与公式(6.107)分析结果一致。

3. 设计实例

基于上述校正方式,此例所设计系统依然采用如上节分析所用的长径比为 1.0 的 ZnS 椭球形等厚整窗口,两块校正元件所采用的材料为锗,外表面采用一对母线垂直的柱面镜表面,内表面刻画泽尼克边缘矢高表面。为了验证校正元件的校正效果,成像系统依然使用一个理想透镜。首先将校正元件两个外表面设为 y-柱面,x-柱面,柱面的曲率半径是 500 mm,两个元件的中心厚度是 3.8 mm,轴向间隔是 5 mm。另外在内表面设置为泽尼克多项式 Coma 表面,$Z = 0.02$,并将上述参数设置为变量。

系统中定义工作波段为 4 μm,并用 12 个变焦位置以便随 0~55°(其角增量为 5°)观察视场进行分析。优化过程中椭球形窗口参数保持不变,因此优化过程只是改变了校正元件的设计。系统采用缺省的优化函数进行优化,该优化函数包括像差控制和几个用户固定的厚度约束以满足机械和安装方面的要求。厚度约束包括正的轴向间隔以防止元件间重叠,最小 25 mm 的后截距以留下探测器的安装空间,并且固定成像系统的总长度以便控制离焦和避免光学系统硬件在万向架上旋转时与头罩内表面相接触。初步优化后,光学系统的泽尼克像差系数随观察视场的变化如图 6.76 所示。

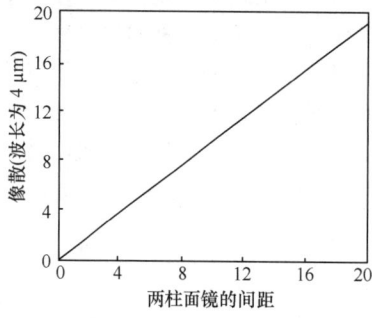

图 6.75 柱面镜像散与其间距的关系

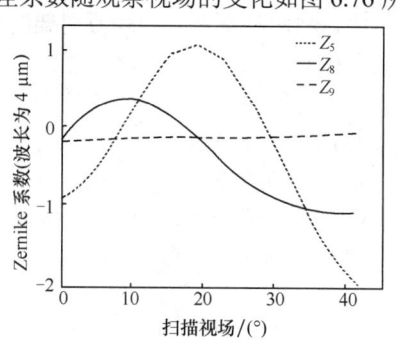

图 6.76 初校后系统像差随扫描视场变化

在校正元件的曲率和间隔得到优化之后绘出 Zernike 系数 Z_5、Z_8、Z_9 与观察视场的曲线图。校正后像散 Z_5 项的 P-V 值已由原来的 15 个波长减小到了 3 个波长,彗差 Z_8 项的 P-V 值已由原来的 3 个波长减小到了 0.6 个波长,球差 Z_9 项的 P-V 值已由原来的 1.6 个波长减小到了 0.5 个波长。

由图 6.76 可以看到,虽然光学系统的像散和彗差得到了明显的校正,但是椭球形窗口光学系统的主要像差像散 Z_5 和彗差 Z_8 的 P-V 值仍较大,因此将泽尼克内表面 Z_9 项设为变量,选择 (Z_5+Z_8) 复合表面形式。并且考虑在椭球形窗口光学系统非零度观察视场轴外像差如彗差、像散相对主光线并不存在对称关系,因此在进一步设计过程中不再要求两个泽尼克内表面始终为互补及柱面镜曲率半径相同的关系,对剩余的像散和彗差优化。经过反复的优化,最终的光学系统如图 6.77 所示。

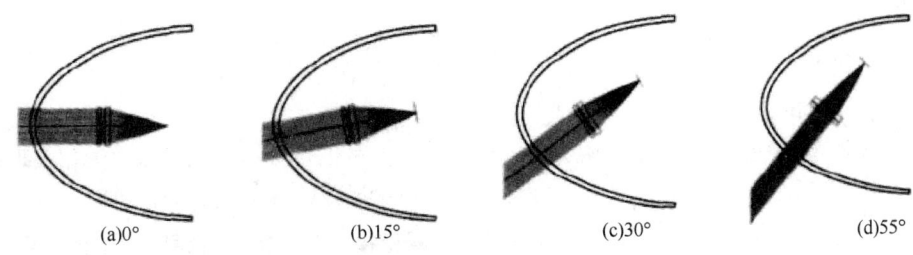

图 6.77　不同观察视场下的椭球形窗口光学系统

图 6.78 表示了校正元件的轴向移动量。图 6.79 绘制了经过反复优化后系统的 Zernike 系数 Z_5、Z_8、Z_9 项,作为观察视场曲线图。由图 6.79 知,在主波长为 4 μm 时,系统的主要像差像散 Z_5 和彗差 Z_8 的泽尼克像差系数 P-V 值均校正到±0.8 个波长以内。当系统的像空间 F/2.0 保持不变,其他像差均得到明显校正,椭球形窗口光学系统的成像质量得到了明显的提高。

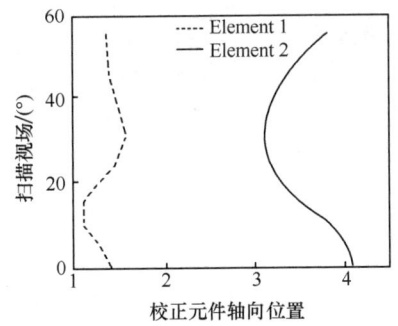 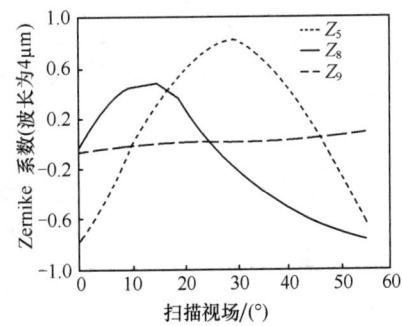

图 6.78　校正元件随扫描视场的轴向移动量　　　图 6.79　系统最终像差与扫描视场关系曲线

由于椭球形窗口面形具有非中心对称性,使成像系统动态扫描目标时引入随 FOR 变化幅度较大的动态像差。文中采用了一对内表面为泽尼克边缘矢高表面、外表面为一对母线相互垂直的圆柱表面的透镜作为校正元件来解决此难题,并采用 Zernike 多项式进行椭球形窗口光学系统的像差特性分析,校正元件将系统的主要像差像散项 Z_5 和彗差项 Z_8 的泽尼克像差系数 P-V 值均校正到了±0.8 个波长以内,其他像差项同时得到了较好的校正。设计实例验证了该校正方法的有效性,为椭球形窗口光学系统的工程应用奠定了一定基础。

6.6　二元光学元件在椭球整流罩导引头光学系统中的应用

基于二元光学元件的折/衍混合光学成像系统同时利用了光在传播过程中所具有的折射和衍射两种性质。与传统的几何光学成像系统相比,它不仅可以增加光学设计自由度,而且能够突破传统光学系统的许多局限性,在改善系统像质、减小体积、减轻重量等方面都表现出传统光学系统不可比拟的优势。下面在分析二元光学元件工作原理的基础上,研究了其对共形光学系统中的大像差校正潜力。

6.6.1 二元光学元件的光学特性

二元光学[60]是指基于光波的衍射理论，利用计算机辅助设计，并用超大规模集成电路制作工艺，在片基上刻蚀产生两个或多个台阶深度的浮雕结构，形成纯相位，具有极高的衍射效率的一类衍射光学元件。它可以产生一般传统光学元件所不能实现的光学波面，如非球面、环状面、锥面和镯面等。下式为二元衍射面产生的相位变化 $\phi(x,y)$，其中相位系数 a_{nm} 可以通过光学设计软件优化后得到。

$$\phi(x,y) = (2\pi/\lambda)\sum_{n,m} a_{nm} x^n y^m \tag{6.108}$$

二元光学元件可以看作一种全息透镜，其性质和分析方法与全息光学元件类似。从数学角度而言，二元光学透镜等效于折射率无限大的薄透镜，因而可以直接运用几何光学的相关理论对二元衍射元件单级成像的像差特性进行研究。

1. 光阑密接于二元衍射透镜时的单色初级像差

图 6.80 为具有密接光阑的单透镜近轴成像结构。u_p 为主光线入射角；u 和 u' 为边缘光线入射角和出射角；y 是边缘光线与透镜的交点到光轴的距离。其三阶波前像差可以极坐标形式 Seidel 多项式描述：

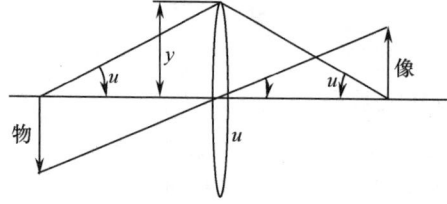

图 6.80 密接光阑的单透镜近轴成像

$$W(h,r,r\cos\theta) = \frac{1}{8}r^4 S_{\text{I}} + \frac{1}{2}hr^3\cos\theta S_{\text{II}} + \frac{1}{2}h^2 r^2 \cos^2\theta (S_{\text{III}} + S_{\text{IV}}) + \frac{1}{2}h^3 r\cos\theta S_{\text{V}} \tag{6.109}$$

式中，h 为物高，r 和 θ 为光瞳面上的极坐标，$S_{\text{I}} \sim S_{\text{V}}$ 为初级像差系数。

设 H 为拉氏不变量，c_1 和 c_2 为透镜两个表面的曲率，分别定义弯曲系数 B 和共轭参数 C 为

$$B = \frac{c_1 + c_2}{c_1 - c}, \quad C = \frac{u + u'}{u - u'}$$

令 φ 为薄透镜的光焦度，由透镜的结构参数可知：

$$\varphi = (c_1 - c_2)(n - 1)$$

进而推导出普通薄透镜的初级像差系数 $S_{\text{I}} \sim S_{\text{V}}$ 如下。

球差系数：

$$S_{\text{I}} = \frac{y^4 \varphi^3}{4}\left[\left(\frac{n}{n-1}\right)^2 + \frac{n+2}{n(n-1)^2}B^2 + \frac{4(n+1)}{n(n-1)}BC + \frac{3n+2}{n}C^2\right] \tag{6.110}$$

彗差系数：

$$S_{\text{II}} = \frac{-y^2 \varphi^2 H}{2}\left[\frac{n+1}{n(n-1)}B + \frac{2n+1}{n}C\right] \tag{6.111}$$

像散系数：

$$S_{\text{III}} = H^2 \varphi \tag{6.112}$$

场曲系数：

$$S_{\text{IV}} = \frac{H^2 \varphi}{n} \tag{6.113}$$

畸变系数：

$$S_{\text{V}} = 0 \tag{6.114}$$

对于设计波长为 λ 的二元衍射光学元件，其极坐标形式的相位函数为

$$\phi(r) = \frac{2\pi}{\lambda}(A_1 r^2 + A_2 r^4 + \cdots) \tag{6.115}$$

傍轴光焦度由衍射级次 m 和相位函数中的二次项系数 A_1 决定：

$$\varphi = -2mA_1$$

相位函数中的高次项在光阑密接于透镜时只引入球差，即在 S_I 项中引入附加项。

取 c_1 和 c_2 为 c_s（c_s 为衍射元件所在基面的曲率），因而弯曲系数 $B\to\infty$，令 T 为

$$T = \frac{c_1 + c_2}{\varphi} = \frac{2c_s}{\varphi} = \frac{c_1 + c_2}{(n-1)(c_1 - c_2)} = \frac{B}{n-1} \tag{6.116}$$

让薄透镜像差系数中 $n\to\infty$，并引入上式，可以得到二元衍射元件的初级像差系数为

$$\begin{cases} S_\mathrm{I} = \dfrac{y^4 \varphi^3}{4}(1 + T^2 + 4TC + 3C^2) - 8mA_2 y^4 \\ S_\mathrm{II} = \dfrac{-y^2 \varphi^2 H}{2}(T + 2C) \\ S_\mathrm{III} = H^2 \varphi \\ S_\mathrm{IV} = 0 \\ S_\mathrm{V} = 0 \end{cases} \tag{6.117}$$

由上面的分析可以知道，二元衍射元件的 Petzval 场曲系数为零，因此如果一个光学系统仅由一个二元衍射元件构成，则它可在保持一定的光焦度的同时获得平像场。

2. 光阑远离二元衍射透镜时的单色初级像差

设光阑和透镜之间的距离为 t，在单片系统或密接的多片系统中 $y = tu$，于是各像差系数变为

$$\begin{cases} S_\mathrm{I}^* = S_\mathrm{I} \\ S_\mathrm{II}^* = S_\mathrm{II} + \dfrac{\bar{y}}{y} S_\mathrm{I} \\ S_\mathrm{III}^* = S_\mathrm{III} + 2\dfrac{\bar{y}}{y} S_\mathrm{II} + \left(\dfrac{\bar{y}}{y}\right)^2 S_\mathrm{I} \\ S_\mathrm{IV}^* = S_\mathrm{IV} \\ S_\mathrm{V}^* = S_\mathrm{V} + \dfrac{\bar{y}}{y}(3S_\mathrm{III} + S_\mathrm{IV}) + 3\left(\dfrac{\bar{y}}{y}\right)^2 S_\mathrm{II} + \left(\dfrac{\bar{y}}{y}\right)^3 S_\mathrm{I} \end{cases} \tag{6.118}$$

当二元光学元件的基面为平面（即 $B=0$），非球面相位因子为 $A_2=0$，并对无限远物体（$u=0$）成像，则 $C=-1$；$S_\mathrm{I}^* \sim S_\mathrm{V}^*$ 的表达式为

$$\begin{cases} S_\mathrm{I}^* = \dfrac{y^4}{f^3} \\ S_\mathrm{II}^* = \dfrac{y^3 \bar{u}(t-f)}{f^3} \\ S_\mathrm{III}^* = \dfrac{y^2 \bar{u}^2 (t-f)^2}{f^3} \\ S_\mathrm{IV}^* = 0 \\ S_\mathrm{V}^* = \dfrac{y^2 \bar{u}^3 (3f^2 - 3tf + t^2)^2}{f^3} \end{cases} \tag{6.119}$$

式中，f 为透镜焦距。

若光阑放在透镜前焦面处，即 $t = f$，则该像方远心系统的像差系数为

$$\begin{cases} S_{\mathrm{I}}^* = \dfrac{y^4}{f^3} \\ S_{\mathrm{II}}^* = S_{\mathrm{III}}^* = S_{\mathrm{IV}}^* = 0 \\ S_{\mathrm{V}}^* = y^2 \bar{u}^3 \end{cases} \quad (6.120)$$

所以像方远心傍轴衍射系统中初级彗差和像散为零，而且 Petzval 场曲也为零，系统弧矢面和子午面均为平面，但对折射透镜而言，只能够使子午面为零。

6.6.2 二元衍射光学元件在椭球形整流罩导引头光学系统中的应用

在二元光学元件的众多应用中，利用其对激光器出射光束进行波面校正和光束整形是目前半导体激光器领域的研究热点[59]。椭球形整流罩本身具有旋转对称特性，只是在采用万向支架结构的导引头结构的非零观察子视场中的罩面结构失去了旋转对称性，因而共形光学系统设计的首要任务就是平滑经过椭球形整流罩后的透射波前，使不同的观察视场具有尽可能相似的波前特性。

为验证像差校正效果，在上述等厚椭球整流罩模型和理想透镜之间加入一个固定校正板，如图 6.81（a）和图 6.81（b）所示。校正板位置要适当，要为实际成像系统留有一定的转动空间。为了对元件的像差校正能力进行对比分析，校正板采用了球形校正板、二次曲面校正板、带有六次非球面项的校正板，以及分别在球形校正板的前后表面和整流罩的内表面加入衍射面的几种结构，优化过程以降低像散获得小的 RMS 点斑半径为目标。图 6.82、图 6.83、图 6.84 和图 6.85 为经优化后的 RMS 点斑半径和以泽尼克系数形式表示的低阶像散 Z_5、彗差 Z_8、球差 Z_9 随观察视场的变化情况，图 6.86、图 6.87、图 6.88 分别为几种结构中所加入的衍射面的相位曲线。

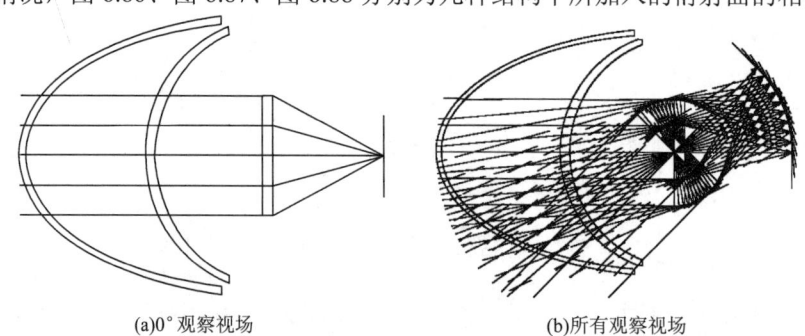

(a) 0°观察视场　　　　　　　　　(b) 所有观察视场

图 6.81　固定校正板椭球形整流罩导引头光学系统观察视场的模拟

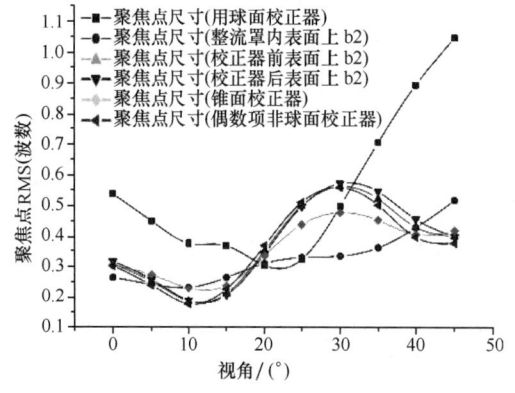

图 6.82　RMS 点半径的比较

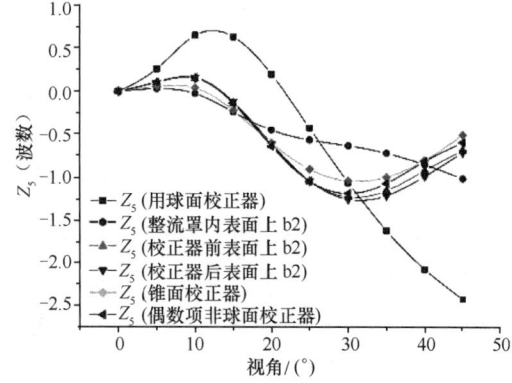

图 6.83　Zernike 系数 Z_5 的比较

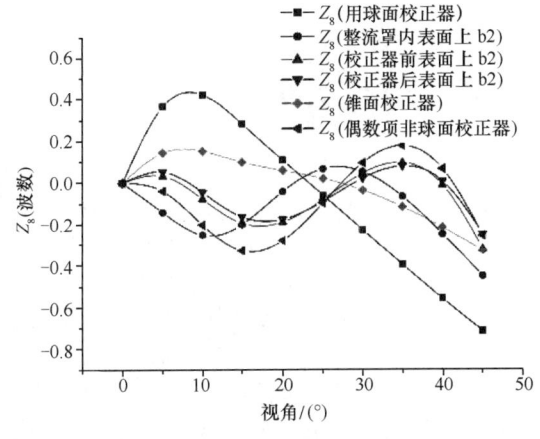
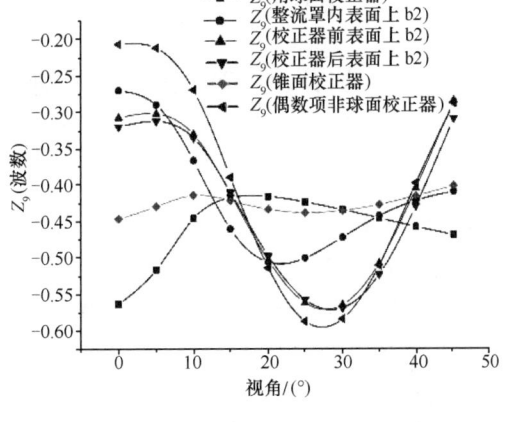

图 6.84 Zernike 系数 Z_8 的比较

图 6.85 Zernike 系数 Z_9 的比较

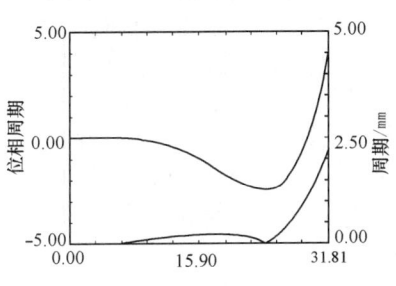
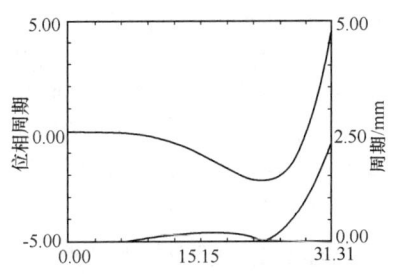

图 6.86 位于固定校正板第一表面的二元面的相位曲线

图 6.87 位于固定校正板第二表面的二元面的相位曲线

从像差曲线中可以看到，同上文不带校正板的椭球形整流罩导引头模拟光学系统相比，带有固定校正板的结构有利于大观察视场中的像差校正，而且衍射面位置的不同对于像差校正的影响也不同。其中在第一个校正板的前表面加入了二元面的结构在整个观察视场中能够获得比其他结构动态范围要小得多的像散和彗差，其均方根点斑半径在大观察视场中也几乎为不带衍射面的结构的二分之一。除此之外，较为平滑的球差曲线也表明这样的结构

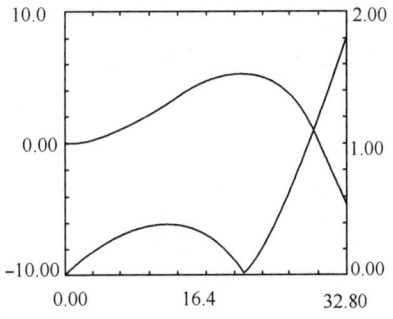

图 6.88 位于椭球整流罩内表面的二元面的相位曲线

有利于减轻罩后实际成像系统像差校正压力。同时由于二元面的引入不会增加校正板重量和大小，还可以将衍射面应用在动态校正板结构中，以进一步改善共形整流罩的成像质量。

光学设计的一个基本原则是要尽可能早地消除各种影响成像质量的像差。由上文分析可知：越接近整流罩的衍射面波前校正作用越明显。从软件模拟结果来看，直接将二元衍射面制作于整流罩内壁的方法更有利于平滑通过椭球形整流罩的透射波前，像差的动态范围能够很好地控制在一个波长范围内。与固定校正板和折衍混合固定校正板的像差校正方法相比，这样的结构更容易减少导引头结构的重量和体积，也是能够替换现有装备中球形整流罩结构的理想方案，只是在非球面度较大的基底上制作这种较大口径的衍射面同共形整流罩的加工制作一样仍然需要考虑加工检测水平，将其应用于实际还有很多的困难。

总之，二元衍射元件能够突破传统光学系统的局限性，在改善系统像质、减小体积、减轻重量等方面都表现出相对的优势。上文中在分析二元衍射元件光学特性的基础上，用软件模拟证明了其在椭球形整流罩导引头光学系统中的应用。该设计方案体现了二元衍射面的波前校正，对共

形整流罩光学系统的应用有重要意义。

6.6.3 利用衍/射光学元件进行共形整流罩像差校正的研究

1. 折/衍混合光学元件进行共形整流罩像差校正

建立共形整流罩的模型结构，采用了加入衍射元件的方法来设计共形整流罩后的校正板，软件模拟结果表明带有衍射面的校正板能够改善共形整流罩成像质量[61]。共形整流罩能够解决空气阻力系数随着长径比的增大而降低[21]。共形整流罩的另一个特点是它能够获得比球形结构更大的无渐晕观察视场。球形结构由于边缘的限制其观察视场往往小于 60°，而在共形结构中由于头罩内表面和可旋转的成像系统的轴向间距是可以自由调节的，易于设计出观察视场大于 90° 的整流罩。

共形光学系统设计首先要满足飞行器好的空气动力学性能，采用非球面的结构设计代替球面或平板结构设计降低阻力的同时，这种非球面结构引入了随着观察视场变化的严重的非轴对称像差。为了校正共形整流罩随观察视场变化的动态像差，美国的精密共形光学协会（PCOT）设计了在共形整流罩后面加入固定校正板、弧形校正板[7]、对旋的相位板[24]、轴向移动的相位板[62]、柱面透镜[33]等多种方式。除了固定校正板结构外，其他的校正器都能够对观察视场提供不同的像差动态校正补偿量。

固定校正板是固定于整流罩和成像系统之间某位置处的像差校正板，不能够动态校正像差，对于观察视场中的像差有一定的补偿作用，通常将这种结构同其他的动态校正板相结合实现改善共形整流罩的成像质量。折衍射混合形式的固定校正板在不增加校正板重量和尺度的前提下能够进一步改善共形整流罩的成像特性，而且衍射面也可以用在上述各种动态校正板结构中[30]。

2. 共形整流罩模型及像差分析

共形曲线有多种形式：多项式型、指数型、贝济埃曲线型或者样条曲线型等。考虑旋转对称结构及顶点处连续性，通常选择椭球面作为共形整流罩的基本面形，如图 6.14 所示。

1）主要参量

描述椭球面只需要给出曲率半径（c）和锥形系数（k）两个参数[63]：

$$Z = \frac{c\rho^2}{1+\sqrt{1+(1+k)c^2\rho^2}} \tag{6.121}$$

其中，Z 为轴向坐标；ρ 为径向坐标。整流罩的内、外表面都以名义口径 D 表示；L 为整流罩长度，边缘倾斜度 S_e 和长径比 $F_R=L/D$。曲率 c 和锥形系数 k 与 D、S_e、F_R 的关系为

$$k = \frac{1}{4F_R} - \frac{S_e}{F_R} - 1, \quad c = \frac{8L}{D^2 + 4L^2(1+k)} \tag{6.122}$$

2）成像质量分析

为了分析共形整流罩的成像质量及验证像差校正效果，用软件模拟了一个如图 6.89（a）所示 $F_R=1$ 的等厚共形整流罩，参数如表 6.5 所示。在整流罩后 4.85 英寸处用 $F^\#$ 为 1.5 的理想透镜来代替实际成像系统，并将理想透镜设为孔径光阑。理想透镜的瞬时视场取为±2°，以理想透镜的中心为旋转节点，旋转步进角为 5°，整个系统的最大观察视场取为 45°，如图 6.89（b）所示。

表 6.5 共形整流罩设计参数

外表面口径 D_0/cm	7.0	内表面口径 D_I/cm	8.7
边缘倾斜度 S_e	0.001 7	内表面长径比 F_R	1.02
外表面长径比 F_R	1	内表面锥形系数 k_I	-0.76
厚度 T/cm	0.15	内表面半径 R_I	6.7
外表面锥形系数 k_0	-0.75	孔径光栏口径 D/cm	3
外表面半径 R_0/cm	1.74	材料	ZnSe

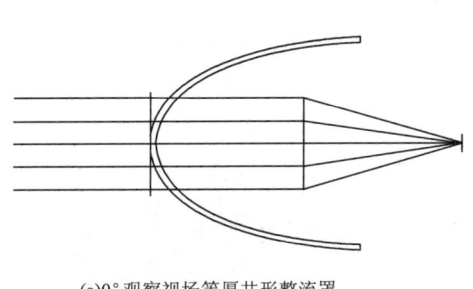

(a) 0°观察视场等厚共形整流罩　　　　(b) 45°观察视场中的共形整流罩

图 6.89　等厚共形整流罩的观察视场

共形整流罩具有连续的外表面，其位于罩后节点处的成像系统的观察视场远大于传统结构，而尖拱顶式的造型在降低了空气阻力的同时也引入了许多非轴对称的动态像差。图 6.90 和图 6.91 为该共形整流罩轴上视场的 RMS 半径和泽尼克系数表示的各类像差随着观察视场的变化情况。

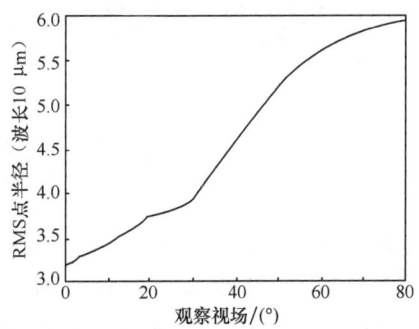
图 6.90　等厚共形整流罩的 RMS 点斑尺寸

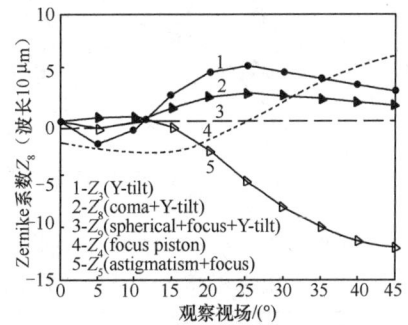
图 6.91　等厚整流罩的 Zernike 像差

该整流罩在观察视场边缘处存在严重的离焦和像散，由于离焦易于补偿，所以像散将是影响该共形结构成像性能的主要因素。共形结构中像散随着观察视场变化具有大的动态变化特性，是因为整流罩在小视场时具有近于球形的旋转对称结构，而当在较大观察视场时就失去了该种对称特性，逐渐转化为类似于柱面的结构，不规则柱面结构使波前产生严重的像散。

3. 采用二元光学元件的像差校正方法

上述各种校正板结构的折射率固定，光学吸收为常量。若能使这些校正器在不同的空间位置对入射波前引入不同的相位变化，就可以用这些波前变形量来补偿共形整流罩的像差。基于上述设想可以利用带有衍射面的校正板[64]或者采用具有渐变折射率的光学材料来制作校正板，以达到改善罩后成像系统的波前形状的目的。

二元光学是基于光波的衍射理论，利用计算机辅助设计，并用超大规模集成电路制作工艺，在片基上刻蚀两个或多个台阶的浮雕结构。形成纯相位，具有高的衍射效率的衍射光学元件。它可以产生与一般传统光学元件不同的光学波面，如非球面、环状面、锥面和镯形面等。二元面产生的相位变化 $\phi(x,y)$ 为

$$\phi(x,y) = (2\pi/\lambda) \sum_{n,m} a_{nm} x^n y^m \tag{6.123}$$

其中相位系数 a_{nm} 可以通过光学设计软件优化后得到。

为了验证像差校正效果，在模拟的等厚共形整流罩和理想透镜之间加入两个固定校正板，如图 6.92 和图 6.93 所示。校正板位置要为实际成像系统留有转动空间。根据共形头罩的特殊需求，校正板的面形通常选择为带有高次项的非球面。由于衍射面的位置不同对于像差校正影响也不同，在模拟时分别在第一个校正板的前后表面和第二个校正板的第一表面加入了二元面。优化过

程以降低像散获得小的 RMS 点半径为目标，图 6.94～图 6.97 为在不同位置处加入了二元面的校正板结构，经优化后的 RMS 点半径，和以泽尼克系数形式表示的低阶像散 Z_5、彗差 Z_8、球差 Z_9 随观察视场的变化，图 6.98～图 6.100 分别为几种结构中加入的二元面的相位曲线。

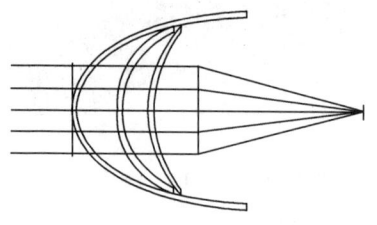

图 6.92　带有校正板的 0° 观察视场共形整流罩

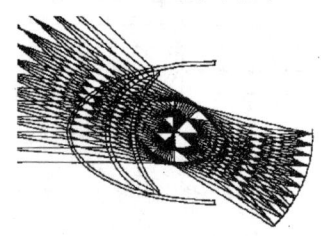

图 6.93　带校正板的全观察视场中共形整流罩

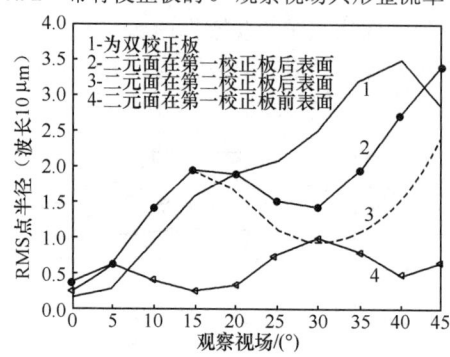

图 6.94　带有或无二元面校正板共形系统的 RMS 点半径曲线的比较

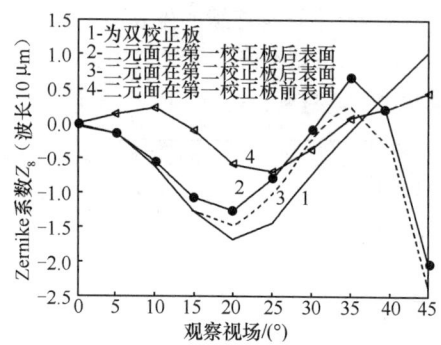

图 6.95　带有或无二元面校正板共形系统的 Zernike 系统 Z_5 曲线的比较

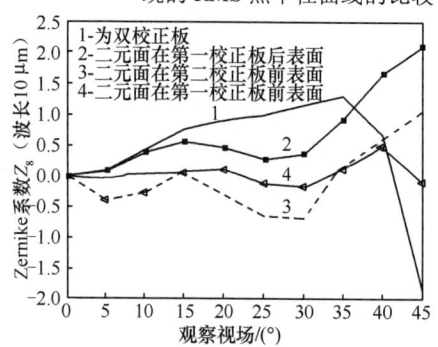

图 6.96　带有或无二元面校正板共形系统的 Zernike 系数 Z_8 曲线的比较

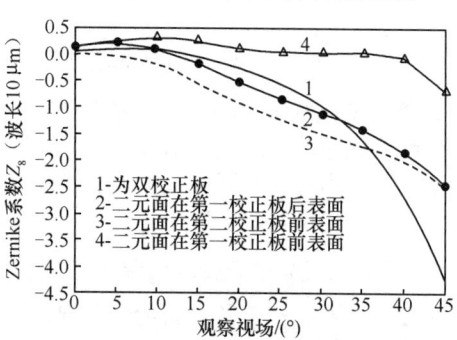

图 6.97　带有或无二元面校正板共形系统的 Zernike 系数 Z_9 曲线的比较

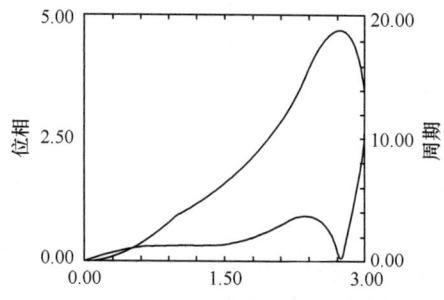

图 6.98　位于校正板 1 第一表面的二元面的相位曲线

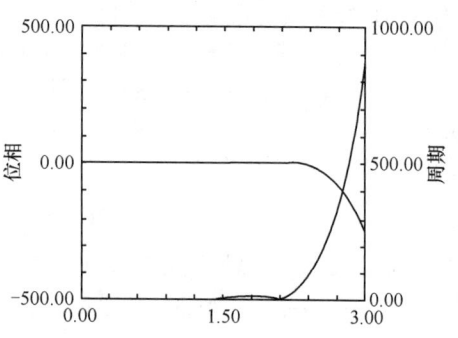

图 6.99　位于校正板 2 第一表面的二元面的相位曲线

从这些图中可以看到，与不带校正板的整流罩相比固定校正板结构有利于大观察视场中的像差校正，而且衍射面位置的不同对于像差校正的影响也不同。其中在第一个校正板的前表面加入了二元面的结构，在整个观察视场中能够获得比其他结构动态范围要小得多的像散和彗差，其 RMS 点半径在大观察视场中几乎是不带衍射面的结构的二分之一。

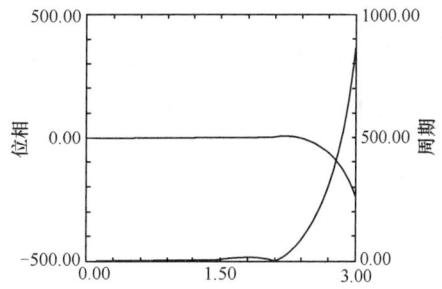

图 6.100　位于校正板 2 第二表面的二元面的相位曲线

此外，较为平滑的球差曲线也表明这样的结构有利于减轻罩后实际成像系统像差校正。同时由于二元面引入不会增加校正板的重量和尺度，还可以将衍射面应用在动态校正板结构中，来进一步改善共形整流罩的成像质量。

总之，在共形整流罩设计中，通常采用非球面的固定校正板来校正大观察视场中头罩的像差。在传统的固定校正板上加入了衍射面，软件模拟结果表明这样的结构有利于改善共形整流罩的成像质量。在实际应用中一个非球面校正板是无法完全校正头罩中的各种像差，一般需要采用几个固定校正板或者固定校正板与动态校正器相结合的方法来完成像差校正，因而在整个校正结构的适当位置处加入衍射面将会获得更好的像差校正效果。

6.6.4　折/衍混合消热差共形光学系统的设计

1. 共形整流罩系统中消热差要求

为了满足共形整流罩光学系统无热化（athermal）的要求，基于硅、锗和硒化锌 3 种材料制作整流罩内壁的衍射面，折/衍混合消热差的红外成像共形光学系统[65]被设计出来。与飞行器主体共形的整流罩不仅气动阻力小，雷达散射截面小、易获得大于 90° 的无渐晕观察视场，还有利于改善飞行器头部附近的热流特性[18]。但是整流罩的非球面特性及非零观察视场的非轴对称性使得该系统的设计、加工及检测都存在很大的困难。由于飞行器上的红外成像光学系统具有较宽的工作温度范围，环境和气动产生的热效应会影响光学材料的折射率、元件的面形和厚度等，系统焦距和成像质量也会随之改变，探测系统输出信号质量下降。故红外成像方式的共形整流罩光学系统在设计过程中还需要进行消热差处理。目前，光学系统消热差方法主要有机电主动式、机械被动式和光学被动式 3 种[66]，其中折/衍混合被动消热差光学系统充分利用了衍射光学元件所特有的温度和色散特性，具有结构简单、稳定性良好等优点。下面利用硅、锗和硒化锌 3 种材料以及制作为 MgF_2 整流罩内壁的衍射面设计了一种折/衍混合消热差中波红外成像共形光学系统，该系统的方向支架在-40°～70° 的转角范围能够较好地保证±20° 观察视场中的成像质量，整个观察视场中的 MTF 值均大于 0.43。

2. 共形整流罩结构像差特性

万向支架式共形整流罩结构外形虽然具有旋转对称性，但其设计已经超出了旋转轴对称光学系统的设计范围。与采用捷联方式*的结构相比，万向支架结构能够在扩大系统搜索范围

---

* 自 20 世纪 70 年代初开始，捷联寻的制导技术得到发展。捷联寻的器（Strap down Seeker）是一种全部硬件结构，包括探测器在内，刚性地直接固定在弹体上的目标探测系统，捷联（Strap-down）的英语原义是"捆绑"，捷联寻的制导系统是引导和控制一体化的系统。寻的器技术已发展到使导引头的视场有可能增大到可以取消惯性稳定平台的程度。导弹寻的器的测量系统将直接固定在弹体上。这类寻的器包括光学、雷达相似仪、带有全息透镜的激光探测器、采用象限元件及线串或面阵的激光寻的器和具有相控阵天线的雷达寻的器。此类寻的器取消了机械运动部分增加了系统可靠性；由于万向支架的撤除，明显节省了费用。使导弹有可能在更大程度上向数字化和智能化发展。捷联寻的器与传统寻的器相比，具有无可比拟的优势：凝视大视场，使用方便、技术简单、低成本、高效费比。捷联寻的器和继而出现的捷联寻的制导技术自 20 世纪 60 年代末起，一直是美国防御工业界和军方关注和致力开发研究的领域。微光电器件的创新和微处理机的迅速发展，增强了这一领域的发展。（参阅：苏身榜. 捷联寻的制导技术及其在国外的发展. 航空兵器，1994 年，第 2 期：45-50）

的同时降低轴外像差对成像质量的影响,可提高系统的搜索跟踪精度。然而,万向支架式共形整流罩光学系统在非零观察视场中的成像质量却不尽如人意。图 6.101 为万向节点位于 MgF_2 椭球整流罩对称中心的共形光学成像系统结构示意图,图 6.102 为利用 Zernike 系数对经整流罩后的波前进行分析的结果。从曲线中可以看到,系统中除初级球差 Z_9 外的所有低阶像差都存在着明显的波动性。其中像散曲线 Z_5 的变化尤为恶劣,–6~0.5 个波长的动态变化超出实际成像系统的像差校正能力。因此,共形光学系统在设计过程中主要有两个设计重点[52]:降低系统中存在的大像差;校正系统中残留的动态像差。实际上对于口径较小的共形光学系统结构,通过合理选择万向节点位置[67]以及采用固定校正板[46]等方式对系统进行像差校正后的残余动态像差已处于成像探测要求范围之内,避免了在系统中应用动态校正板[68],有利于共形光学成像系统稳定性的提高。

图 6.101 万向支架式椭球整流罩光学系统

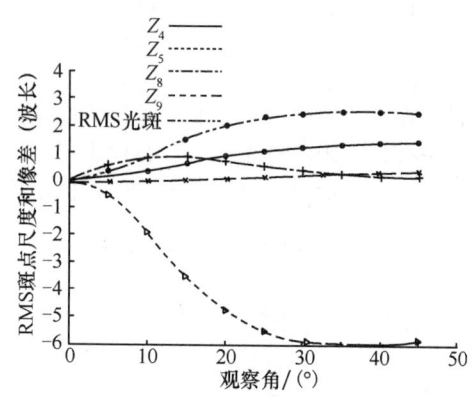
图 6.102 万向支架式椭球整流罩光学系统像差曲线

3. 衍射光学元件的像差、温度及色散特性

固定校正板是位于整流罩和实际成像系统之间的波前补偿元件。为了平衡所有观察视场中经整流罩后的透射波前,共形光学系统设计过程中不得不采用多个固定校正板[61]的设计方案,此时系统体积和重量也会随之增大。上述问题即二元光学元件设计中的相位恢复问题[60]:设已知成像系统中入射场和输出面内的光场分布,计算相位调制元件的相位分布,使它正确地调制入射场,高精度地给出预期输出图样。基于上述,可以利用带有衍射面的固定校正板或者制作于整流罩内壁的衍射面结构来进行共形整流罩光学系统中的大像差校正。旋转对称衍射面的相位分布函数为

$$\phi(r) = \left(\frac{2\pi}{\lambda} \sum A_i r^{2i}\right) \tag{6.124}$$

其中,A_i 为衍射相位系数。由于相位分布函数与空间位置间存在对应关系,因而采用足够数目的阶梯状相位补偿结构就能在空间不同位置给出要求的相位补偿量,从而获得预期输出波前[70]。衍射光学元件除具有像差补偿特性外,还具有不同于折射元件的温度及色散特性。光学元件的温度特性由光热膨胀系数表示,定义为透镜温度变化引起的焦距变化量[71]:

$$X_f = -\frac{\Delta\phi}{\phi} = \frac{1}{f} \cdot \frac{df}{dT} \tag{6.125}$$

在薄透镜模型结构中,折射元件和衍射元件的光热膨胀系数可以分别表示为

$$X_{f,r} = \frac{1}{f} \cdot \frac{df}{dT} = \alpha_g - \frac{1}{n - n_0}\left(\frac{dn}{dT} - n\frac{dn_0}{dT}\right) \tag{6.126}$$

$$X_{f,d} = 2\alpha_g - \frac{1}{n_0} \cdot \frac{dn}{dT} \tag{6.127}$$

式中，α_g 为光学元件的线膨胀系数；n 为光学元件的折射率；n_0 为环境介质的折射率；dn/dT 为材料的折射率温度系数。比较后可知，折射元件的温度特性由材料的膨胀系数和折射率温度系数决定，而衍射元件的温度特性仅由材料的膨胀系数决定。

衍射元件中利用阿贝数表示的色散特性如下：

$$v_d = \frac{\lambda_d}{\lambda_F - \lambda_C} \tag{6.128}$$

式中，λ_F 为波长下限；λ_C 为波长上限；λ_d 为中心波长；v_d 与材料折射率无关，因此在中红外波段常用衍射元件的负色散特性进行消色差设计。

鉴于上述，在共形系统中采用折/衍混合的设计方案能够充分利用衍射元件的特性进行波前校正和温度、色差补偿等。

4．设计实例

设计工作温度为-40℃～70℃，工作波长为 3.7～4.8 μm 的折/衍混合消热差共形光学系统，其镜筒采用热膨胀系数为 23.5×10⁻⁶（℃）的铝材料，系统包括椭球整流罩和其后面的成像系统。成像系统由 4 片透镜组成，所用材料分别为硅、锗、硒化锌，用于波前校正的衍射面附着在 MgF₂ 整流罩的内表面。系统设计参数如表 6.6 所示。图 6.103 为消热差椭球整流罩光学成像系统像差曲线，从图中可以看到系统残余初级像差小于 0.5 个波长，各观察视场中的动态像差平衡较好。图 6.104 和图 6.105 分别为处于 0°和 20°两典型观察视场中的系统及其在-40°～70°转角间的调制传递函数比较。

表 6.6 共形导引头光学系统设计参数

整流罩材料	MgF₂	$F^{\#}$	2
整流罩长径比	1	瞬时视场	10°
整流罩口径	70 mm	总观察视场	±20°
入瞳大小	30 mm		

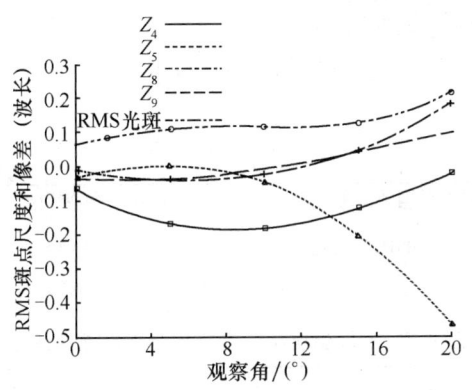

图 6.103 消热差椭球整流罩光学成像系统像差曲线

图 6.106 为不同瞬时视场中 MTF 值随温度的变化趋势比较，表 6.7 为不同温度不同观察视场下的像面离焦量。此系统工作温度为-40℃～70℃，所有观察视场中的 MTF 值均大于 0.43，具有较好的成像质量，且系统最大离焦量为 33.512 μm，处于系统焦深可控范围之内，达到了消热差设计要求。

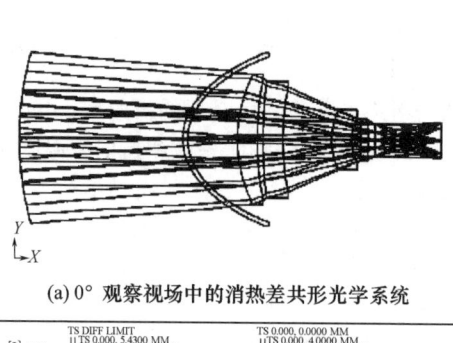
(a) 0°观察视场中的消热差共形光学系统

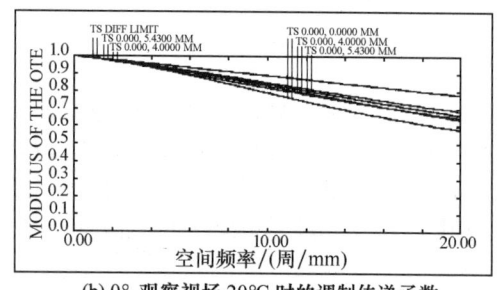
(b) 0°观察视场20℃时的调制传递函数

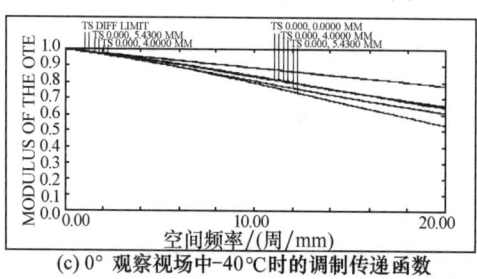
(c) 0°观察视场中-40℃时的调制传递函数

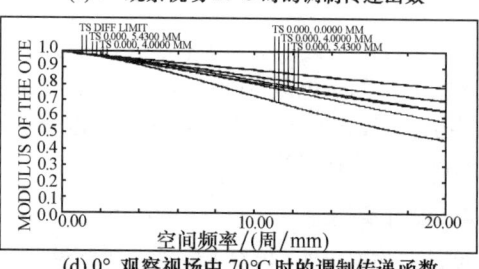
(d) 0°观察视场中70℃时的调制传递函数

图 6.104　处于0°观察视场中的消热差共形光学系统及其在-40℃～70℃间的调制传递函数

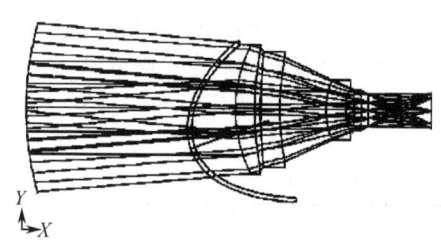
(a) 20°观察视场中的消热差共形光学系统

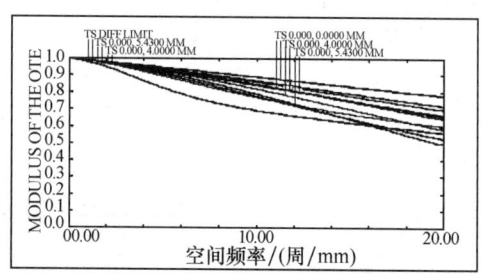
(b) 0°观察视场中20℃时的调制传递函数

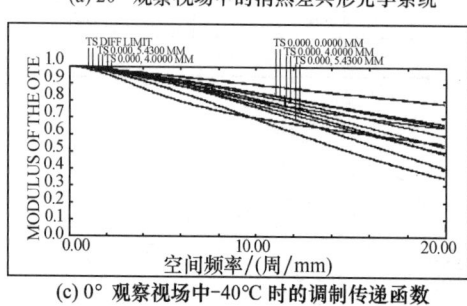
(c) 0°观察视场中-40℃时的调制传递函数

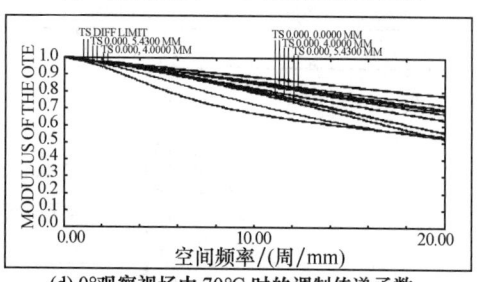
(d) 0°观察视场中70℃时的调制传递函数

图 6.105　处于20°观察视场中（TS·DIEF·LIMT——子午（T）—弧矢（S）像点位置差值极限）的消热差共形光学系统及其在-40℃～70℃间的调制传递函数

表 6.7　不同温度不同观察视场下像面离焦量

FOR	I		
	-40℃	15℃	70℃
0°	-33.512	-2.889 27	29.322
5°	-33.506	-2.888 83	29.318
10°	-33.498	-2.888 18	29.310
15°	-33.477	-2.886 36	29.292
20°	-33.452	-2.884 31	29.271

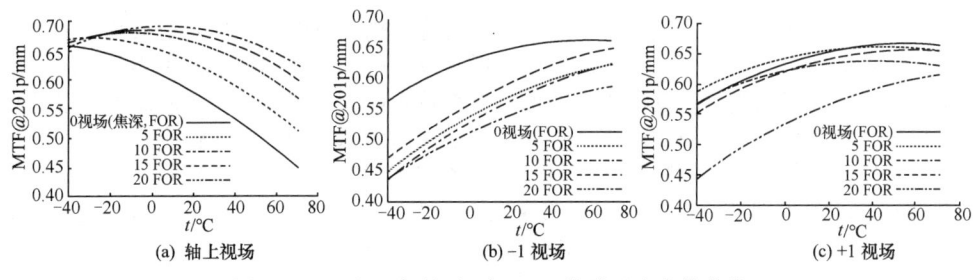

图 6.106 不同瞬时视场中 MTF 值随温度变化曲线

6.7 利用自由曲面进行微变焦共形光学系统设计

6.7.1 自由曲面进行微变焦共形光学系统的特点

1. 利用自由曲面进行像差平衡

为使万向支架式共形导引头（其寻的光学系统可绕节点旋转任一给定角度）光学系统获得更大的无渐晕观察视场，利用自由曲面进行像差平衡补偿的方法可以设计折/反射微变焦共形导引头光学系统[72]。其与飞行器主体共形的整流罩气动阻力和雷达散射截面均较小，可以获得大于 90°的无渐晕观察视场，并有利于改善飞行器头部附近的热流特性[18]。但整流罩的非球面特性以及非零观察视场的非旋转轴对称特性使得该系统的设计、加工及检测都存在很大的困难。在口径或观察视场较小的共形光学系统中通过合理选择万向节点位置[67]，以及采用旋转轴对称式固定校正板[47]等方式进行像差校正后的残余动态像差已能处于成像要求范围之内，也可避免在系统中应用动态校正板[73]，有利于导引头成像系统稳定性。使用旋转轴对称的固定校正板限制了系统的搜索观察视场，且固定校正板片数越多，成像系统的旋转空间越小，系统的搜索观察视场也越小。为平滑各观察视场中的动态像差，采用自由曲面校正板和微变结构相结合的共形光学系统设计方案可获得大的无渐晕观察视场[51]。

2. 共形整流罩结构像差特性分析

与万向支架导引头结构相比，捷联导引头结构能够在扩大系统搜索范围的同时降低轴外像差，从而提高系统的搜索跟踪准确度。万向支架式共形导引头整流罩结构外形虽然具有旋转对称性，但在非零观察视场中系统仅具有面对称性，子午和弧矢曲率半径的不同使系统在各观察视场中具有不同的近主光线特性，其设计已经超出了旋转轴对称光学系统的设计范围。图 6.107 为长径比为 1、口径为 70 mm 的椭球面沿法线向子午和弧矢曲率半径的偏差曲线，该曲线表明沿子午方向椭球面逐渐向柱面过渡，对光

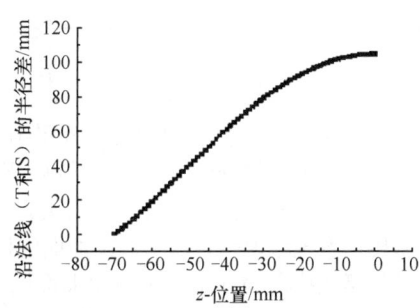

图 6.107 子午和弧矢曲率半径差

线的会聚能力逐渐减弱，所以共形光学系统中除初级球差外的所有低阶像差都会存在明显的波动性，其中像散的动态变化范围最大。

6.7.2 利用自由曲面的像差校正方法

共形光学系统非零度视场观察中的像差主要来自于整流罩子午面的不对称性以及子午和弧矢面间的失对称，这些特性对系统像质有严重影响，是目前尚无法估量的高级像差。倘若子午面内的整流罩结构也具有面对称特性，系统将变成双曲率的变形光学系统，则子午焦面和弧矢焦面的不重合可以利用柱面镜结构来调节。然而共形整流罩在非零观察视场中的子午面不具有任何对

称性,若要校正子午光束的像差就必须用非旋转轴对称结构,所以在共形光学系统中最有效的校正板结构应该是双曲率校正板[73]。前置固定校正板是以零度搜索观察视场为中心逐渐扩展其在非零度观察视场中的面形自由度,受限于非球面的像差校正能力,该结构难于满足50°以外观察视场的像差校正。为使系统具有更大的观察视场,用自由曲面弧形校正板使整流罩在零度观察视场失去旋转轴对称性,使各观察视场具有尽可能相似的波前特性,以减轻成像系统的设计压力。

以蓝宝石椭球整流罩在中波段的红外成像光学系统为例,验证自由曲面弧形校正板的像差校正作用,系统设计参量如表 6.8,光线系统基本面形参量如表 6.9。

表 6.8　共形导引头光学系统设计参量

材料	蓝宝石(sapphire)	相关视场(ROF)	±80°
长径比	1.0	像素尺度	30 μm
整流罩口径	70 mm	像素数	128×128
$F/\#$	2		

表 6.9　共形导引头光学系统面形参量

	面 型	曲率半径	厚　度	玻　璃	锥度系数
1	锥面	17.5	2	蓝宝石	-0.75
2	锥面	16.347 3	11.036 6	—	-0.762 5
3	xy-多项式面	20.357 0	1.2	硒化锌	
4	xy-多项式面	19.446 8	31.963 4		
5	锥面	-47.949	-16.327	反射镜	-0.875 5
6	球面	415.608	12.321 4	反射镜	—
7	偶次非球面	-11.710 5	2.111 8	硅	-1.154 5
8	球面	-8.658 5	0.522 5	—	
9	偶次非球面	10.418 6	3.122 4	锗	0.430 4
10	偶次非球面	9.665 3	3.609 2	—	1.972 1
11	xy-多项式面	9.188 3	2.551 3	硒化锌	
12	xy-多项式面	37.103	11.048 8		
13	球面	—	1	硅	
14	球面		19		

整流罩后的自由曲面校正板采用硒化锌材料,实际成像系统采用折/反射二次成像结构,二次成像光路由三片透镜组成,其材料分别为硅、锗、硒化锌。图 6.108 所示为处于 0°和 80°观察视场中的万向支架式椭球整流罩导引头光学系统结构图,其中锗透镜前表面带有旋转轴对称的衍射面用以校正系统色差[67],由于自由曲面的校正板使各观察视场均不具有旋转对称性,所以二次成像系统中的硒化锌透镜亦采用了自由曲面面形来平衡所有观察视场中的形变波前。图 6.109 为该系统在 0°、20°、40°和 80°观察视场中的调制传递函数曲线,可以看到系统子午和弧矢方向的传递函数相差不大,非零观察视场中的像散得到了抑制,这也充分证明了利用自由曲面校正板使小观察视场具有偏离旋转轴对称性,使各观察视场具有尽可能相似的形变波前这一设计思想的可行性。

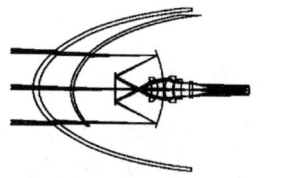
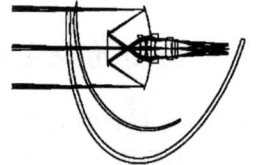

(a) 0°观察视场　　　　　　　　(b) 80°观察视场

图 6.108　处于 0°和 80°观察视场中的万向支架式椭球整流罩导引头光学系统

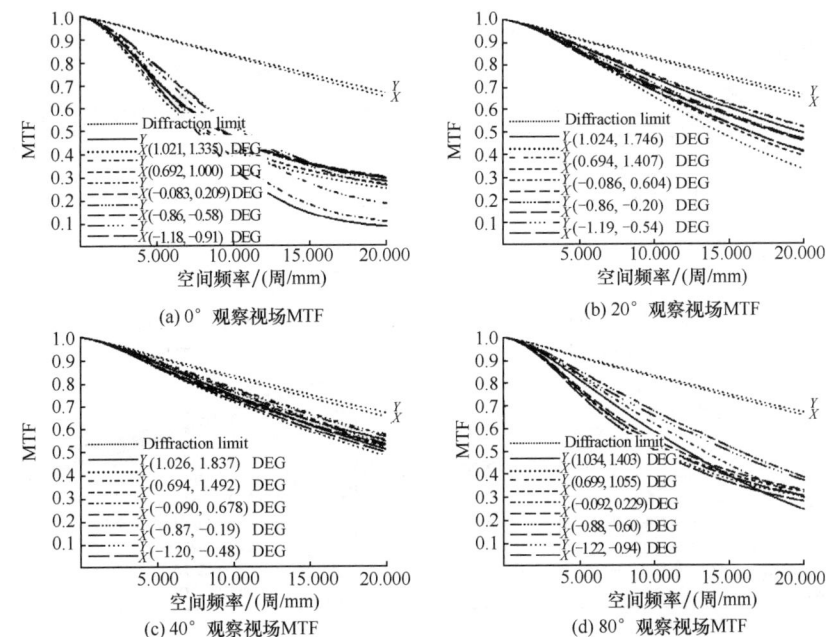

图 6.109 共形导引头光学系统的 0°、20°、40° 和 80° 观察视场调制传递函数

由于椭球整流罩沿法线向子午和弧矢曲率半径的不同,使各观察视场具有不同的近主光线光学特性。考虑弧矢方向的面对称性,共形光学系统应以近主光线弧矢焦平面为参考面。就长径比为 1、口径为 70 mm 的椭球面而言,椭圆半短轴向的弧矢曲率半径是椭球面顶点处的 2 倍,所以椭球整流罩在各观察视场中对光线的会聚能力不同,但其光焦度变化范围不大。

基于上述特点将实际成像系统中的锗透镜作为系统微变焦元件,其与硅透镜之间的空气间隔随观察视场的变化曲线如图 6.110 所示。图 6.111 为系统轴上视场的均方根点斑直径变化曲线,经变焦补偿后的共形导引头光学系统在 0°、20°、40° 和 80° 观察视场中的调制传递函数曲线如图 6.112 所示,可以看到经微变焦后的共形导引头系统在所有观察视场中的频率传递特性都得到了增强,且在非零观察视场中都达到了接近衍射极限的像质。

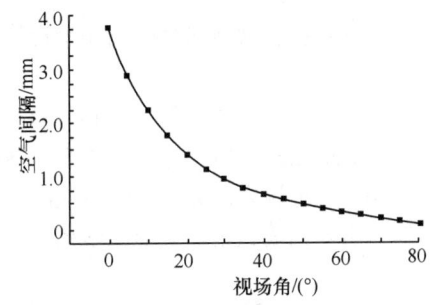

图 6.110 微变焦锗透镜的空间位置变化曲线

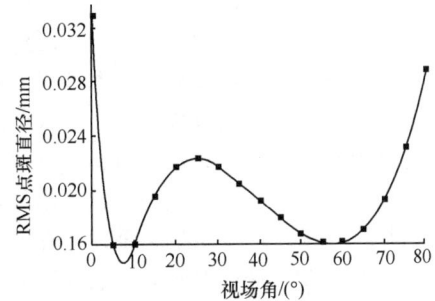

图 6.111 微变焦共形导引头光学系统的轴上视场均方根点斑直径变化

零度观察视场附近虽然没有获得接近衍射极限的频率传递特性,但像面处的均方根点斑直径仍满足探测器成像要求。

总之,利用自由曲面设计的微变焦中波红外共形光学系统利用了自由曲面在非旋转轴对称光学系统中的像差校正作用,使系统在非零搜索观察视场中均具有接近衍射极限的成像质量。该设计方案能够解决旋转轴对称固定校正板的视场限制,使获得较大无渐晕观察视场成为可能,但这种随弹体旋转的校正板和微变焦结构对导引头光学系统的稳定性会有一定影响。

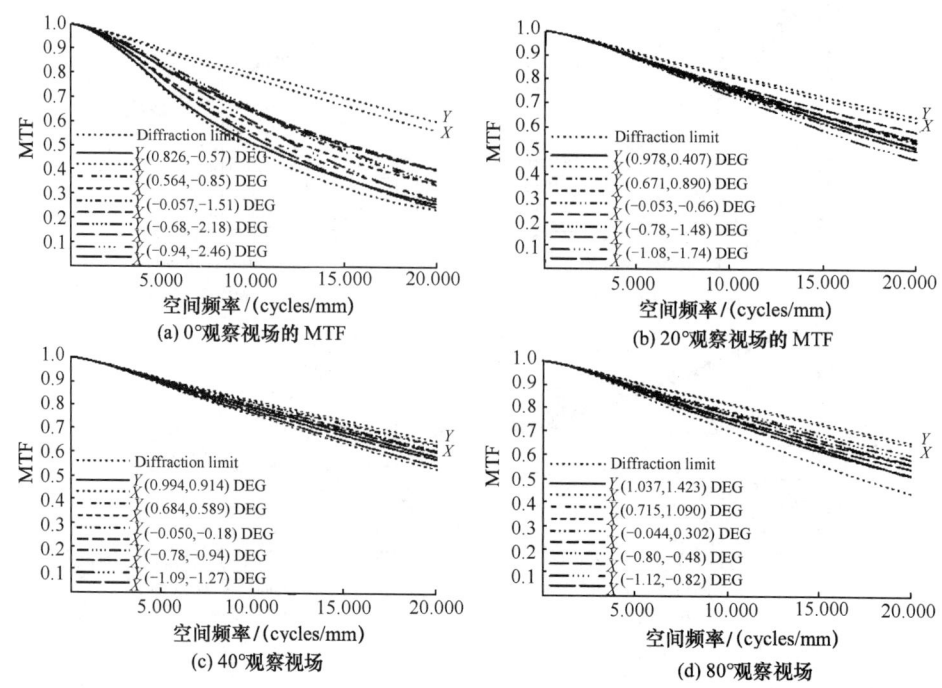

图 6.112 微变焦共形导引头光学系统在 0°、20°、40°、80° 观察视场中的调制传递函数

6.8 基于实际光线追迹的共形光学系统设计概述

6.8.1 实际光线追迹设计方法可在共形光学系统整个观察视场内得到较好像质

共形光学系统不具有点对称特性[34],故须用两个视场参量来描述:用于描述万向节搜索区域变化的观察视场;用于描述导引头光学系统本身成像范围的瞬时视场。

1998 年,美国精密共形光学技术协会(PCOT)主要从事军事领域共形光学的光学设计、检测、到制造的各个环节,攻克了一系列相关难题[18]。

使用 Zernike 多项式系数评价光学系统像差特性的方法不受光学系统倾斜和偏心影响,且分析方便,故共形光学系统设计多以该方法评价像差特性[74]。Zernike 多项式方法是基于出瞳处波前的 Zernike 多项式拟合,仅与出瞳面的矢径、方位角有关,故用该方法评价光学系统时无法洞察像差特性的细节,进行光学系统设计有一定局限性。基于实际光线追迹的共形光学系统设计方法,可在整个观察视场内得到较好的成像质量。

1. 共形光学系统相关视场

当用共形光学元件取代球形整流罩时,将对导引头光学系统造成两方面影响:使系统失掉点对称特性,故引入关联视场和瞬时视场两个视场。前者导致共形光学系统倾斜、偏心;后者导致像差随关联视场呈现动态变化特性。图 6.113 所示为进行光线追迹的共形光学系统导引头示意图。

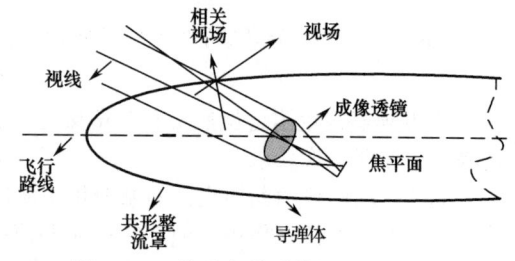

图 6.113 共形光学系统导引头示意图

2. Zernike 多项式方法的局限性

在单位圆域内，Zernike 多项式展开式各项互相正交。光学系统波前的 Zernike 多项式表达式为[74]

$$\phi(\rho,\theta) = \sum_{n,m} \alpha_n^m R_n^m(\rho)\cos m\theta \tag{6.129}$$

定义域为连续的单位圆，其中 $0 \leqslant \rho \leqslant 1$，$0 \leqslant \theta \leqslant 2\pi$。Zernike 多项式 $R_n^m(\rho)$ 数学表达式为

$$R_n^m(\rho) = \frac{1}{\left(\frac{n-m}{2}\right)!\rho^m}\left[\frac{d}{d(\rho^2)}\right]^{\frac{n-m}{2}}\left[(\rho^2)^{\frac{n+m}{2}}(\rho^2-1)^{\frac{n-m}{2}}\right]$$

$$= \sum_{s=0}^{\frac{n-m}{2}}(-1)^s\frac{(n-s)!}{s!\left(\frac{n+m}{2}-s\right)!\left(\frac{n-m}{2}-s\right)!}\rho^{n-2s} \tag{6.130}$$

式中，m、n 为整数，$n-m$ 为偶数，且 $n-m \geqslant 0$，s 为展开式项数。由亚利桑那大学开发的条纹 Zernike 多项式（fringe Zernike polynomial）展开式中 Z_5+Z_6、Z_7+Z_8 和 Z_9 分别对应初级像散、彗差和球差。从上述公式可以看出，像差仅由出瞳处 ρ，θ 两个参量表示，限制了对像差更为详细的分析。

6.8.2 实际光线追迹方法概述

1. 实际光线追迹像差模型

共形光学系统的倾斜、偏心特性直接导致其像质评价方法的困难。如用 Seidel 像差系数或 Tompson[75] 矢量形式的波像差理论都不能充分分析、评价该系统。

应用共轴光学系统 5 种初级像差系数的前提是：薄透镜共轴光学系统和傍轴空间。共形光学系统不满足其中任一条件，且具有两个视场参量。系统设计时要同时考虑到各类像差随这两个视场的变化情况，而它们之间又存在着复杂、隐性的非线性依赖关系，不能像一般光学系统那样简单地以某一像差系数来描述。当关联视场 θ、瞬时视场 φ 作为自变量时，从各类像差定义出发进行光线追迹，按下面的函数关系式可以得到各类像差对这两个视场的依赖关系。

$$\begin{cases} SA_\mathrm{I} = SA_\mathrm{I}(\theta,\varphi) \\ CA_\mathrm{II} = CA_\mathrm{II}(\theta,\varphi) \\ AA_\mathrm{III} = AA_\mathrm{III}(\theta,\varphi) \\ FCA_\mathrm{IV} = FCA_\mathrm{IV}(\theta,\varphi) \end{cases} \tag{6.131}$$

式中，SA 为球差；CA 为彗差；AA 为像散；FCA 为场曲。可以根据光线追迹结果直观地表示它们之间的响应关系曲线。利用数值拟合，可以进一步对数据列表提取出表达式系数，供分析像差系数或优化评价函数时使用。

2. 曲线拟合与曲线积分优化方法

通常情况下，光学系统设计都是利用像差系数，如式（6.131）所示。这是因为本质上这些像差系数代表相应的像差曲线（傍轴空间内），优化像差系数就是对相应的像差曲线进行优化。按照这一思想，利用最小二乘法对所绘制的曲线进行多项式拟合，从中提取各阶次系数，用此系数来表征该曲线。拟合系数直接用于分析和优化光学系统。

在系统初始设计阶段，拟合精度比较高，用此拟合系数来表示系统像差特性能得到较好的效果，但是设计越往后拟合精度越差，以至于拟合精度超出误差允许范围。这与系统校正初级像差后残留的高级像差有关。为此，进一步提出了曲线积分优化方法，即利用曲线所围成的面积表示

像差大小,以积分值正负号代表像差正负,据此将积分值引入到评价函数中,并在优化过程中优化该参数。设某一像差在关联视场 θ 时数值为 $f(\theta)$,则对应的积分评价函数为

$$M = \sum_{i=1}^{n} \Delta_i \times f(i \times \Delta_i) \tag{6.132}$$

式中,i 为采样点序列;Δ_i 为采样点间距。因系统优化的动态特性,并不需要严格的计算精度。优化时应注意积分值可正可负,评价函数为零时并不意味着像差值为零,并且积分值与积分曲线最大值无关。

3. 共形光学系统总体设计

综合上述设计方法和思路,基于实际光线追迹的共形光学系统设计如图 6.114 所示。

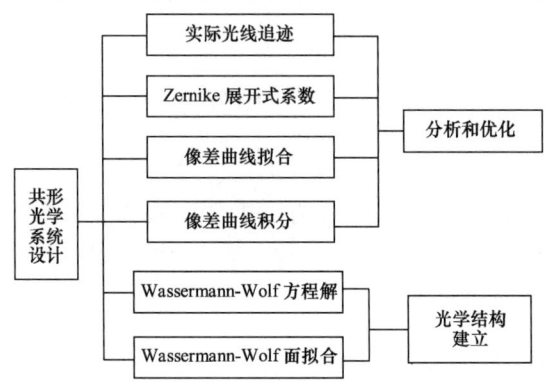

图 6.114 共形光学系统总体设计

4. 设计实例

针对共形光学系统像差随目标视场动态变化的特性,可用的设计方法包括:相位板的反向旋转法、横向移动法、径向移动法;一对母线互相垂直的柱透镜移动法;固定方式的弧形校正方法等。相位板法和柱透镜法须动态地移动光学元件;弧形校正方法水平视场受限。考虑到非球面的加工、装调等实际工艺,采用固定方式校正方法设计共形光学系统。固定式补偿用的透镜表面一般采用球面或非球面,不使用弧形等特殊表面类型。共形光学系统参数如表 6.10 所示,光学系统示意图如图 6.115 所示。

表 6.10 共形光学系统主要参数

参　量	数字或类型	参　量	数字或类型
导引头外表面	椭圆面	视场(FOV)	±1°
导引头材料	ZnS	关联视场(FOR)	±30°
导引头厚度	5 mm(等厚)	孔径	30 mm
导引头直径	160 mm	像方 $F/\#$	1.4
工作波长	3~5 μm	探测器	非制冷

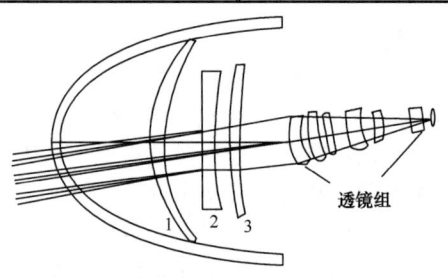

图 6.115 共形光学系统示意图

图 6.115 中第 1、2、3 块透镜与整流罩一起固定；后面的透镜组为成像系统，随万向节一起旋转并对各关联视场成像。系统设计须注意以下问题：

(1) 共形整流罩本身为二次非球面，所以 3 块固定透镜表面尽量避免选用高次非球面，不会使加工、装调难度进一步增大。图中第二个透镜前后表面为高次非球面，其余各表面为球面或二次曲面。

(2) 为校正大关联视场色差，应合理选择透镜材料。系统采用了一个二元衍射面，位于透镜组第一个透镜的前表面，与孔径光阑重合。其目的首先是不引入场曲和畸变；其次该折射面的光焦度较小，引入的像散小；先校正色差，有利于随后的单色像差校正。

(3) 不论成像系统随万向节旋转到哪一关联视场，入射到成像系统的光束几乎通过各透镜中心部分。这意味着成像系统轴外像差校正能力有限，所以固定式透镜部分应充分校正各类轴外像差，留少量剩余像差供成像系统最后阶段补偿时使用。

(4) 共形光学系统属离轴、动态光学成像系统，系统结构应尽量简单，便于安装、控制。

(5) 系统瞬时视场较小，在设计过程中只考虑 0° 瞬时视场，即式 (6.131) 中 $\varphi=0$。

根据系统参数，通过共形光学系统设计包可以得到适当的初始结构[77]。优化阶段可采用前述的像差曲线拟合和像差曲线积分方法，并配合使用 Zernike 多项式方法。前者可提供分析所需的细节内容，后者可提供宏观的像差特性，两者互相补充。当像差曲线拟合时，因整流罩为旋转对称表面，关联视场正负对称，拟合形式采用偶次多项式，即

$$A_{\text{aberration}} = A_1\theta^2 + A_2\theta^4 + A_3\theta^6 + \cdots + A_n\theta^{2n} \tag{6.133}$$

式中，A_1, $\cdots$, A_n 为系数；θ 为关联视场。取设计、优化系统时的中间过程，以彗差为例，最高拟合阶次为 4，拟合系数与拟合误差如表 6.11 所示。表中，9、10、11 依次表示为关联视场 24°、27°、30°，其他关联视场省略；cc2、cc4 分别表示多项式 2 次项系数和 4 次项系数；0.90、0.95、1.00 表示归一化入瞳半径，计算单位为微米。

表 6.11 彗差拟合系数与拟合误差

结构	入瞳（归一化）	彗差/μm	cc2	cc4	误差
9	—	—	79.194 2	−32.402 9	—
	0.90	43.667 6			0.779 8
	0.95	45.090 3			−0.009 9
	1.00	45.299 4			1.491 9
10	—	—	85.920 7	−13.313 6	—
	0.90	61.291 6			−0.430 9
	0.95	66.729 4			−0.030 0
	1.00	71.805 7			0.801 4
11	—	—	125.734 1	−12.650 5	—
	0.90	94.133 0			−0.588 4
	0.95	103.220			−0.049 7
	1.00	111.999 1			1.084 5

从表中可以看出，关联视场越大，彗差抛物线特性越明显。说明彗差在低关联视场和高关联视场呈现出对低阶次和高阶次系数不同变化特性。同理，其他如球差、像散等像差对各关联视场做类似详细分析。

通过上述对系统像差的分析与反复优化，最终得到了较好的成像质量。图 6.116 为以像面为参考点，按照球差定义，经实际光线追迹后作出的子午轴向球差曲线图，3 条曲线分别代表 3、4、5 μm 波长。纵坐标表示归一化入瞳半径，横坐标表示轴向球差，单位为微米。图 6.116 (a)、(b)、(c) 分别为 0°、9°、27° 关联视场。从图中可以明显地看出，球差和轴向色差已得到充分校正。

图 6.117 为 Zernike 多项式系数随关联视场变化曲线（对主光线 4 μm 波长）。对比图 6.116 可以看出，球差、彗差、像散均得到较好的校正。图 6.118 为调制传递函数曲线，图 6.118（a）、（b）、（c）分别为 0°、9°、27°的关联视场，可以得到结论，系统在整个关联视场范围内成像质量良好，达到设计预期值。

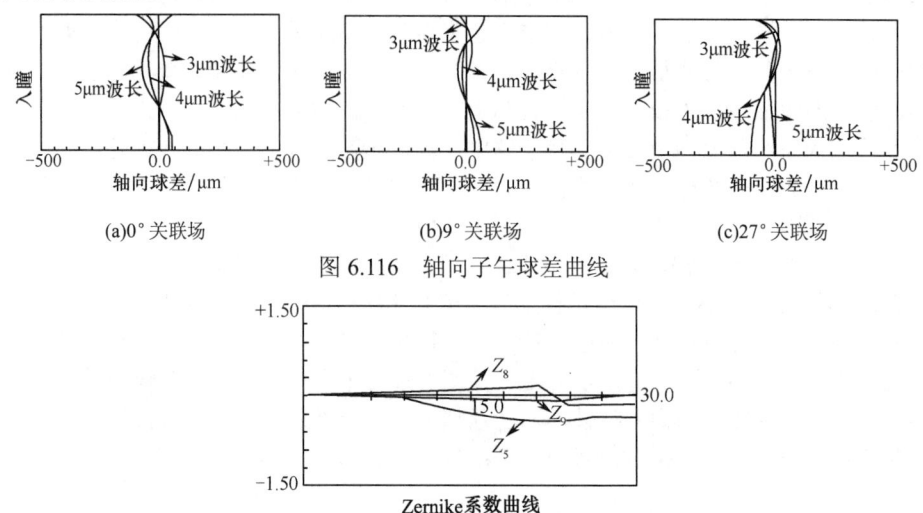

图 6.116　轴向子午球差曲线

图 6.117　Zernike 多项式系数 Z_5、Z_8、Z_9 随关联视场变化曲线

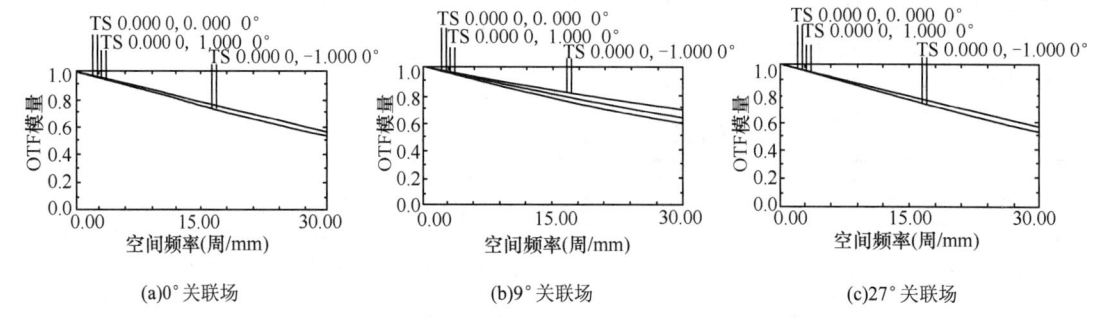

图 6.118　调制传递函数曲线

总之，共形光学系统是大偏心、大倾斜系统，与一般光学系统显著不同，致使分析、设计、评价方法遇到较大困难。虽然 Zernike 多项式系数方法简单、方便，但是其本身的缺点是难以克服的。相反，实际光线追迹方法虽然追迹数据量多、表现形式烦琐，但是却可以从中获取更多有关光学系统信息，为分析、设计、优化光学系统提供有效的理论依据。两种方法各有优、缺点，互为补充，在设计过程中可有机结合。设计实例表明，实际光线追迹方法能够有效进行共形光学系统设计，成像质量可达到设计预期值。

捷联式光学系统设计可参照上述共形光学系统方法进行设计。

参 考 文 献

[1] Conformal optics. Sci-Tech Encyclopedia; McGraw-Hill Science & Technology Dictionary; http://www.answers.com/topic/conformal-optics.

[2] http:///www.zhidao.baidu.com/question/13659284.html 2008-12-16.

[3] Kevin P. Thompson and J. Micheal Rodgers. Conformal optics·Key Issues in a developing technology. Optics &

Photonics News, October 29, 1997.

[4] Kevin P. Thompson and J. Micheal Rodgers. "Window and Dome Technologies and Materials" contain information relevant to all windows, including conformal. SPIE Proceedings, volumes 1326 (1990), 1760 (1992), 2286 (1994), and 3060 (1997).

[5] J. Kunick, U.S. Patent 5, 526, 181 (1996).

[6] R. Fischer et al. New developments in optical correction for nonspherical windows and domes. SPIE Proceedings 2286 (SPIE, Bellingham, Wash., 1994) p. 471.

[7] Walton, J.D. Editor, Radome Engineering Handbook-Design and Principles, Marcel Dekker mc, New York, 1970.

[8] Scott W. Sparrold. Arch Corrector for Conformal Optical Systems. Part of the SPIE Conference on Window and Dome Technologies and Materials VI Orlando, Florida, April 1999 SPIE Vol. 3705: 189-200.

[9] Sparrold, S.W.. Correcting Dynamic Third-order Astigmatism in Conformal Missile Domes with Gimbaled Seekers. Master's Thesis, Department of Optical Sciences, University of Arizona, 1997.

[10] Crowther, B.G., McKenney, D.B. and J.P. Mills. Aberrations of Optical Domes. in International Optical Design Conferance, OSA Technical Digest (Optical Society of America, Washington DC, 1998) pp. 1 1-13.

[11] Born M, And Wolf E. Principles of Optics, 5, Ed., Ch. IX, Pergammon Press, Oxford, 1975.

[12] Shannon R.R, Wyant J C. Applied Optical and Optical Engineering. Vol. XI, Academic Press, 1992, [7] Mills JP, Sparrold SW, Mitchell TA, Ellis K S, Knapp.

[13] Mills J P, Sparrold S W, Mitchell T A, Ellis K S, Knapp DJ and Manhart P K. Conformal dome aberration correction with counter-rotating phase plates. Proceeddings of the SPIE International Symposium on Aero-Sense, Window and Dome Technologies and Materials VI, Orlando, FL, April 1999.

[14] 孙金霞, 方伟, 孙强. 椭球整流罩导引头光学系统像差校正设计[D]. 中国科学院研究生院, 2011,5.

[15] 梁锡坤. 基于多项式[n／n]型混合函数的插值曲面[J]. 合肥工业大学学报(自然科学版), 2001, 24(5): 972-975.

[16] 杜艳红, 魏毅强. 一类指数型分型插值函数[J]. 太原理工大学学报, 2011, 5.

[17] 维基百科, 自由的百科全书, http://zh.wikipedia.org/ wiki/%E8%B2%9D%E8%8C%B2%E6%9B%B2%E7%B7%9A.

[18] 吕勇刚, 汪国昭. CAGD 自由曲线曲面造型中均匀样条的研究[D]. 浙江大学, 2002,5.

[19] 锥面 http://baike.baidu.com/view/112705.htm.

[20] 邱清盈, 舒勤业, 冯培恩, 等. 双锥面二次包络环面蜗杆传动多目标优化设计[J]. 哈尔滨工程大学学报, Vol. 33, NO. 7 (July 2012): 869-874.

[21] 刘莹, 柴瞬连等. 变厚度非平面介质罩发散系数的计算—几何光学发[J]. 电子科学学刊, Vol. 20, No. 5(Sept. 1998): 689-693.

[22] Nicola Durante, Domenico Olanda. A characterization of the family of secant or external lines of an ovoid of PG (3, q). Bull. Belg. Math. Soc. 12 (2005), 1-4.

[23] Nose Cone Design[J]. from Wikipedia, the free encyclopedia.

[24] Patrick A. Trotta. Precision conformal optics technology program [C]．Proc. SPIE 4375, Window and Dome Technologies and Materials VII, 96 (September 7, 2001): 96-107.

[25] Notes from private correspondence from J.M. Rodgers to J.M. Sasian November 26th.

[26] Miller, J.L. & Friedman, E., Photonics Rules of Thumb, McGraw Hill, New York, 1996.

[27] 王永仲. 鱼眼镜头光学. 北京: 科学出版社, 2006.

[28] Mahajan V N. Zernike Polynomials and Aberration Balancing[C]. Proc. SPIE. 2003, 5173: 1-17.

[29] Tyson R K. Conversion of Zernike Aberration Coefficients to Seidel and Higher-Order Power-Series

Aberration Coefficients[J]. Optocs Letters, 1982, 7(6): 262-264.

[30] Braat J J M, Dirksen P, Janssen A J E M, et al. Extended Nijboer–Zernike Approach to Aberration and Birefringence Retrieval in a High-Numerical-Aperture Optical System[J]. J. Opt. Soc. Am. A, 2005, 22(12): 2635-2650.

[31] Mahajan V N. Strehl Ratio of a Gaussian Beam[J]. J. Opt. Soc. Am. A, 2005, 22(9): 1824-1833.

[32] Lundström L, Unsbo P. Transformation of Zernike Coefficients: Scaled, Translated, and Rotated Wavefronts with Circular and Elliptical Pupils[J]. J. Opt. Soc. Am. A, 2007, 24(3): 569-577.

[33] Dai G-m. Zernike Aberration Coefficients Transformed to and from Fourier Series Coefficients for Wavefront Representation[J]. OPTICS LETTERS, 2006, 31(4): 501-503.

[34] Mahajan V N. Zernike Polynomials and Optical Aberrations[J]. Engineering & laboratry notes, 1995, 6(2).

[35] Malacara D. Optical Shop Test[M]. 1992.

[36] Thompson K. Description of the Third-Order Optical Aberrations of near-Circular Pupil Optical Systems without Symmetry[J]. J. Opt. Soc. Am. A, 2005, 22(7): 1389-1401.

[37] Schwiegerling J. Scaling Zernike Expansion Coefficients to Different Pupil Sizes[J]. J. Opt. Soc. Am.A, 2002, 19(10): 1937-1945.

[38] Tyson R K. Conversion of Zernike Aberration Coefficients to Seidel and Higher-Order Power-Series Aberration Coefficients[J]. OPTICS LETTERS, 1982, 7(6): 262-264.

[39] Conforti G. Zernike Aberration Coefficients from Seidel and Higher-Order Power-Series Coefficients[J]. Optics Letters, 1983, 8(7): 407-408.

[40] Knapp D J. Fundamentals of Conformal Dome Design[C].Proc. SPIE.2002, 4832: 394-409.

[41] Marshall G F. Risley Prism Scan Patterns[C]. Proc. SPIE. 1999, 3787: 74-86.107；Weber D C, Trolinger J D, Nichols R G, et al. Diffractively Corrected Risley Prism for Infrared Imaging[C]. Proc. SPIE. 2000, 4025: 79-86.

[42] 谢苏隆. Zernike 多项式拟合曲面中拟合精度与采样点数目研究[J]. 应用光学, 2010, 31(6): 943-949.

[43] Knapp D. Fundamentals of Conformal Missile Dome Design[C]. OSA. 2002.

[44] Sweatt W C. Reduction of Zernike Wavefront Errors Using a Micromirror Array[J]. Opt. Eng., 2005, 44(9): 098001-098006.

[45] Sparrold S W, Mills J P, Knapp D J, et al. Conformal Dome Correction with Counterrotating Phase Plates[J]. Opt. Eng., 2000, 39(7): 1822-1829.

[46] Thomas A. Mitchell ; Jose M. Sasian. Variable aberration correction using axially translating phase plates. Proc. SPIE 3705, Window and Dome Technologies and Materials VI, 209 (July 26, 1999) : 209-220.

[47] Whalen M R. Correcting Variable Third Order Astigmatism Introduced by Conformal Aspheric Surfaces[C]. Proc. SPIE. 1998, 3482: 62-73.

[48] Goela J S, Askinazi J. Fabrication of Conformal Zns Domes by Chemical Vapor Deposition[C]. Proc. SPIE. 1999, 3705: 227-236.

[49] Goela J S, Askinazi J, Robinson B. Mandrel Reusability in Precision Replication of Zns Conformal Domes[C]. Proc. SPIE. 2001, 4375: 114-127.

[50] Mills J P. Conformal Optics: Theory and Practice[C]. Proc. SPIE. 2001, 4442: 101-107.

[51] Funkenbusch P D, Takahash T, Gracewski S, et al. Non-Dimensional Parameter for Conformal Grinding, Combining Machine and Process Parameters[C]. Proc. SPIE. 1999, 3782: 11-21.

[52] Fess E, Ruckman J. Deterministic Contour Grinding of Conformal Optics[C]. in: OSA, 2000.

[53] Shorey A, Kordonski W, Tricard M. Deterministic, Precision Finishing of Domes and Conformal Optics[C]. Proc. SPIE. 2005, 5786: 310-318.

[54] Ruckman J L, M. Fess E, M. Pollicove H. Deterministic Process for Manufacturing Conformal (Freeform) Optical Surfaces[C]. Proc. SPIE. 2001, 4375: 108-113.

[55] Smith D G, Greivenkamp J E, Gappinger R, et al. Infrared Shack-Hartmann Wavefront Sensor for Conformal Dome Metrology[C]. 2000.

[56] Ronald G. Hegg C B C. Testing and Analyzing Conformal Windows with Null Optics[C]. Proc. SPIE. 2001, 4375: 138-145.

[57] 李洪生, 李尔龙. 整流罩用红外材料研究进展[J]. 2002, 23(3): 70-72.

[58] 钟任华. 飞航导弹红外导引头[M]. 北京: 中国宇航出版社, 1995.

[59] Ellis K S. The Optics of Ellipsoidal Domes[D]: The University of Arizona, 1999.

[60] 李东熙, 卢振武, 孙强, 等. 基于 Wassermann-Wolf 方程的共形光学系统设计研究[J]. 物理学报, Vol. 56, No. 10, (Oct, 2007): 5766-5771.

[61] Joseph R I, Thomas M E. Ray Path Deviation in a Non-Hemispherical Dome[C]. Proc. SPIE. 2001, 4375: 160-170.

[62] David J. Knapp; James P. Mills; Ronald G. Hegg; Patrick A. Trotta; Christopher B. Smith. Conformal Optics Risk Reduction Demonstration. Proc. SPIE 2001, Volume 4375, 146-153.

[63] Iwonka A. Palusinski; Jose M. Sasian; John E. Greivenkamp. Lateral shift variable aberration generators. Proc. SPIE 3482, International Optical Design Conference 1998, 90-96 (September 21, 1998).

[64] 谢本超, 卢振武, 李凤有. 近柱面中频面形检测中曲面拟合法精度问题研究[J]. 物理学报, Vol. 54, No. 7, (July, 2005): 3144-3148.

[65] Rainer Jetter, Harald Ries. Optimized tailoring for lens design, Proc. SPIE 5875, Novel Optical Systems Design and Optimization VIII, 58750A (August 31, 2005).

[66] 王方, 朱启华, 蒋东镔, 等. 多程放大系统主放大级光学优化设计[J]. 物理学报, 2006 Vol. 55, No. 10, P. 5277-5282.

[67] G. D. Wassermann, E. Wolf. On the Theory of Aplanatic Aspheric Systems, Proc. Phys. Soc. B 62(1), 2-8 (1949).

[68] 常军, 刘莉萍, 程德文, 等. 含特殊整流罩的红外光学系统设计. Vo.l 28, No. 3. (June, 2009): 204-206.

[69] 李东熙, 卢振武, 孙强, 等. 利用 Wassermann-Wolf 原理设计共形光学系统. 光子学报[J], Vol. 37 No. 4(April 2008).

[70] SPARROLD S W. Arch correct or for conformal optical systems[C]. SPI E, 1999, 3705: 189-200.

[71] 李东熙, 卢振武, 孙强, 等. 利用 Wassermann-Wolf 原理设计共形光学系统[J]. 光子学报, Vol. 37, No. 4(April 2008).

[72] 王超, 张新, 曲贺盟, 等. 新型折/反射椭球形整流罩光学系统的设计[J]. 光学学报, Vol. 32, No. 8, (Aug. 2012): 0822002-1-7.

[73] Knapp D J. Fundamentals of conformal domes design[C]. SPIE, 2002, 4832: 394-409.

[74] 曲贺盟, 张新, 王灵杰, 等. 大相对孔径紧凑型无热化红外光学系统设计[J]. 光学学报, 2012, 32(3): 032200.

[75] 耿亚光, 张明谦. 红外成像导引头双视场光学系统小型化技术[J]. 红外与激光工程, 2007, 36(6): 887-890.

[76] Song Da-Lin, Chang Jun, Wang Qing-Feng, He Wu-Bin and Cao Jiao. Conformal optical system design with a single fixed conic corrector [J]. Chin. Phys. B Vol. 20, No. 7 (2011) 074201.

[77] 曲贺盟, 张新, 王灵杰. 基于固定校正元件的椭球形窗口光学系统设计[J]. 光学学报, 2011, 31(10): 1022003.

[78] Whalen M R. Correcting variable third-order astigmatism introduced by conformal aspheric surfaces [C].

SPIE, 1998, 3482: 62-73.

[79] David James Knapp. Conformal optical design [D]. Tucson: The University of Arizona, 2002: 133-150.

[80] 王超, 张新, 曲贺盟, 等. 新型折/反射椭球形整流罩光学系统的设计[J]. 光学学报, Vol. 32, No. 8, (Aug. 2012): 0822002-1-7.

[81] 李东熙, 卢振武, 孙强, 等. 基于 Wasserman-Wolf 方程的共形光学系统设计研究[J]. 物理学报, 2007, 56(10): 5766-5771.

[82] 孙金霞, 孙强, 卢振武, 等. 共形整流罩像差特性分析及校正方法[J]. 应用光学, 2008, 29(5): 713-718.

[83] Sasian Alvarado Jose Manuel. Imagery of the Bilateral Symmetrical Optical System [D]. Tucson: The University of Arizona, 1988: 22-24.

[84] Jose M. Sasian. Design of a Schwarzschild flat-field, anastigmatic, unobstructed, wide-field telescope [J]. Opt. Eng. 29(1), (Jan 01, 1990): 1-5.

[85] Lori B. Moore, Anastacia M. Hvisc, and Jose Sasian. Aberration fields of a combination of plane symmetric systems[J]. Optics Express, Vol. 16, No. 20(2008): 15655-15670.

[86] 王平, 张葆, 程志峰, 等. 变焦距镜头凸轮结构优化设计[J]. 光学精密工程, 2010, 18(4): 893-898.

[87] 刘峰, 徐熙平, 孙向阳, 等. 折/衍射混合红外目标搜索/跟踪光学系统设计[J]. 光学学报, 2010, 30(7): 2086-2088.

[88] Li Yan, Li Lin, Huang Yi-Fan and Liu Jia-Guo. Conformal optical design with combination of static and dynamic aberration corrections[J]. Chinese Physics B Volume 18 Number 2(Feb. 2009): 565-570.

[89] Morgan Darcy J, Cook, Lacy. Conformal window design with static and dynamic aberration correction[P]-US6018424 (2000).

[90] 薛庆生, 黄煜, 林冠宇. 大视场高分辨率星载成像光谱仪光学系统设计[J]. 光学学报, 2011, 31(8): 0822991.

[91] 张庭成, 王涌天, 常军, 等. 三反变焦系统设计[J]. 光学学报, 2010, 30(10): 3034-3038.

[92] Shannon R.R, Wyant J C. Applied Optical and Optical Engineering. Vo1 XI, Academic Press, 1992.

[93] 曲贺盟, 张新, 王灵杰. 基于轴向移动柱面—泽尼克校正元件的动态像差校正技术[J]. 红外与激光工程, 2012 年 5 月(Mav. 2012): 1294-1299.

[94] Mills J P. Conformal dome correction with counter –rotating phase plates [C]//SPIE, 1999, 3705: 201-208.

[95] 黄玮. 柱面系统无畸变指纹采集仪的光学设计[J]. 光学精密工程, 2007, 15(5): 646-650.

[96] 维克多. 索菲尔. 衍射光学元件的计算机设计方法[M]. 天津: 天津科学技术出版社, 2007.

[97] 金国藩等. 二元光学[M]. 北京: 国防工业出版社, 1998.

[98] 孙金霞, 孙强, 李东熙, 等. 利用衍射光学元件进行共形整流罩像差校正的研究[J]. 物理学报, 第 56 卷第 7 期, 2007 年 7 月: 3900-3905.

[99] B. G. Crowther, D. B. McKenney, and J. P. Mills. Aberrations of optical domes. Proc. SPIE 3482, 48-61 (1998).

[100] 孙强, 于斌, 王肇圻, 等. 谐衍射双波段红外超光谱探测系统研究[J]. 物理学报, 2004 (53): 756-761.

[101] 董科研, 孙强, 李永大, 等. 折射/衍射混合红外双焦光学系统设计[J]. 物理学报, 2006(55): 4602-07.

[102] 孙金霞, 刘建卓, 孙强, 等. 折/衍混合消热差共形光学系统的设计[J]. 光学精密工程, Vol. 18, No. 4, Apr. 2010: 792-796.

[103] 李林, 王煊. 环境温度对光学系统影响的研究及无热系统设计的现状与展望[J]. 光学技术, 1997, 23 (5): 26-29.

[104] 孙金霞, 刘建卓, 孙强, 等. 消像差条件在共形光学系统中的应用[J]. 光子学报, 2010, 39(2): 223-226.

[105] SPARROLD S W, KNAPP D J, MANHART P K, et al. Capabilities of an arch element for correcting conformal optical domes[J]. SPIE, 1999, 3779: 434-444.

[106] 李岩, 李林, 黄一帆, 等. 基于反转光楔和泽尼克多项式的共形光学设计[J]. 光子学报, 2008, 37(9): 1788-1792.

[107] 董科研, 潘玉龙, 王学进, 等. 谐衍射红外双波段双焦光学系统设计[J]. 光学精密工程, 2008, 16(5): 764-770.

[108] Behrmann G P, Bowen J P. Influence of temperature on diffractive lens performance[J]. Applied Optics, 1993, 32(14): 2483-2489.

[109] 孙金霞, 潘国庆, 孙强. 利用自由曲面进行微变焦共形光学系统设计[J]. 光子学报, Vol. 41, No. 7, (July 2012): 575-761.

[110] Scott W Sparrold, David J Knapp, Paul K Manhart, Kevin W Elsberry. Capabilites of an arch element for correcting conformal optical domes. Proc. SPIE 3779, Current Developments in Optical Design and Optical Engineering VIII, (October 5, 1999): 434-444.

[111] 孙金霞, 潘国庆, 孙强. 利用自由曲面进行微变焦共形光学系统设计[J]. 光子学报, Vol. 41, No. 7, (July 2012): 575-761.

[112] 苏身榜. 捷联寻的的制导技术及其在国外的发展[J]. 航空兵器, 1994, (2): 45-50.

[113] 孙金霞, 刘建卓, 孙强, 等. 折/衍混合消热差共形光学系统设计[J]. 光学精密工程, 2010, 18(4): 792-797, 760.

[114] 李东熙, 卢振武, 孙强, 等. 基于实际光线追迹的共形光学系统设计[J]. 红外与激光工程, VOl. 07, NO. 5, (Oct. 2008): 834-838.

[115] MILLS J P, SPARROLD S W, Mitchel T A l, et al.. Conformal dome aberration correction with counter-rotating phase plates[C]. II Proceedings of SPIE, Window and Dome Technologies and M aterials VI. 1999, 3705:201-208.

[116] TOM PS0N K P. Aberation fields in tilted and decentered optical system[D]. Arizona: University of Arizona, 1980.

[117] 张以谟. 应用光学(第三版)[M]. 北京: 电子工业出版社, 2008: 265-293.

[118] 张亮, 安源, 金光. 大视场、长焦距离轴三反射镜光学系统的设计[J]. 红外与激光工程, 2007, 36(2): 278-280.

[119] 程德文, 王涌天, 常军, 等. 轻型大视场自由曲面棱镜头盔显示器的设计[J]. 红外与激光工程, 2007, 36(3): 309-311.

[120] 孙强, 唐同斌, 董国才, 等. 红外场景产生器折射/衍射准直光学系统设计[J]. 红外与激光工程, 2007, 36(6): 881-883.

第 7 章　非成像光学系统

7.1　引言

非成像光学是太阳能利用和 LED 照明技术的应用技术基础,已发展成为一个光学分支。

7.1.1　太阳能热发电技术简介

太阳能热发电(concentrating solar power,CSP)具有技术相对成熟、发电效率高、成本低、电能质量好、环境友好、对电网冲击小等优点,近年来发展迅猛,是最有前途的发电方式之一。CSP 技术按聚光方式通常分为槽式[1,2]、塔式和碟式[3]三种。表 7.1 列出了 3 种太阳能热发电系统的性能比较情况[4]。

表 7.1　几种太阳能热发电系统的性能对比

发电方式	槽式系统	塔式系统	碟式系统
规模/MW	30~320	10~20	5~25
运行温度/℃	390/734	565/1 049	750/1 382
年容量因子/%	23~50	20~77	25
峰值效率/%	20	23	24
年净效率/%	11~16	7~20	12~25
商业化情况	可商业化	示范	实验模型
技术开发风险	低	中	高

由表 7.1 可知,槽式太阳能热发电系统的装容规模最大、效率较高,已具商业化规模且技术要求相对较低,是一种比较实用的发电技术[5],与其他两种发电系统相比较最为成熟,其发电站也是目前所有太阳能热发电试验电站中功率及年效率最高的。

1. 槽式太阳能热发电系统

槽式太阳能热发电系统结构紧凑,其太阳能热辐射收集装置占地面积比塔式和碟式系统的要小 30%~50%,且槽形抛物面集热装置所需的构件形式不多,易于标准化和批量生产。抛物面场每平方米面积仅需 18 kg 钢和 11 kg 玻璃,耗材最少[6]。

槽式太阳能热发电主要是采用槽形抛物面聚光器将太阳光反射聚焦到接收聚热管上,通过管内热载体将水加热成蒸汽,推动汽轮机发电[7]。槽式太阳能热电站主要包括:大面积槽形抛物面聚光器、太阳跟踪装置、热载体、蒸汽产生器、蓄热系统和常规 Rankine 循环(在这种简单的循环里,将水泵入锅炉,进行加热使之转变成蒸汽;经过汽轮机使蒸汽膨胀,带动发电机;然后将汽轮机排出的废汽冷凝浓缩并泵回锅炉完成这个循环)。在太阳能热电系统中配置高温蓄热装置是为解决太阳能的间歇不稳定性而设计的,它可以在太阳光充裕的时候把热能存储下来,当太阳光不足时再放出热能,实现电厂的持续发电。吸收器、聚光器以及跟踪系统构成槽式太阳能热发电系统的集热装置,其结构如图 7.1(a)所示[8]。

吸收器一般采用双层管结构,被置于抛物面聚光器焦线上,内侧为热载体,外侧为真空,以防热流失。热载体可以是水蒸气、热油或熔盐。温度一般在 400℃左右，属于太阳热能的中低温利用。聚光器是表面上涂有聚光材料的抛物镜面，其可将分散的低密度太阳光聚焦到吸收器上以产生高温，一般的太阳能发电站都采用单轴跟踪方式使抛物面对称平面围绕南北方向的纵轴转动。与太阳照射方向始终保持 0.04°夹角，以便能有效地反射太阳光。图 7.1（b）所示为多槽式太阳能热发电系统的系统图[7]。

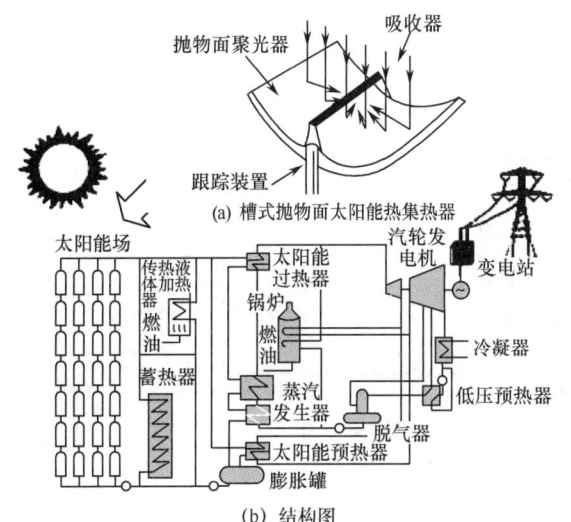

图 7.1 槽式太阳能热发电站系统示意图

由多个抛物面聚光器组成的太阳能场将太阳光聚焦到吸收器，将冷管中的熔盐热载体加热到 385℃并储存到蓄热器中，当系统发热完毕后，热的熔盐载体被送往传热液体加热器，与来自动力系统热管的熔盐热载体进行换热。热管中的热载体一般为水，水被加热至 300℃以上后再送回动力系统，同时冷管中的熔盐也再次被送回太阳场以吸收热能。

2. 塔式太阳能热发电系统

塔式 CSP 系统首先由大量跟踪太阳聚光器（定日镜）组成聚光场，聚光场将阳光会聚到塔顶接收器的聚光器上，将太阳辐射转化为传热工质的热能，再利用热功转换进行发电。如图 7.2 所示，塔式系统主要包括聚光过程、吸热与热传递过程、蓄热与换热过程、热功转换过程。

美国 Solar Two 和 PS10 电站聚光器面形采用球面，均采用大尺寸的聚光器（面积为 95 m² 和 120 m²），以减少聚光器的使用数量。聚光器在全年工作时间内入射角变化范围很大（0°～40°），在大角度入射时像散严重，导致光斑在吸热器采光口处的能量损失严重，且随着聚光器与吸热器距离的增大，能量损失加剧。为了解决这一问题，需要研究基于非成像光学的聚光器设计理论，减小聚光器光斑有效能量区面积及其变化范围，从而减少能量损失。

聚光器与吸热器的距离较远（最远达 1 000 m），对聚光器的跟踪精度和面形精度均要求较高，限制了聚光器加工成本的降低。塔式太阳能热发电站可采用单塔式结构，随着发电容量的扩大，塔高增加，建设难度和成本增大。解决这一问题的途径是采用多塔式阵列结构[9]。

3. 碟式太阳能热发电技术

碟式太阳能热发电技术有很高的光电转换效率，它通过旋转抛物面碟形聚光器将太阳辐射聚集到接收器中，接收器将能量吸收后传递到热电转换系统，实现了太阳能到电能的转换。碟式太阳能热发电系统包括聚光器、接收器、热机、支架、跟踪控制系统等主要部件。工作时，聚光器反射太阳光聚焦在接收器上，热机的工作介质流经接收器吸收太阳光转换成的热能，使介质温度升高，即可推动热机运转，并带动发电机发电。由于碟式太阳能热发电系统聚光比（聚光器的输入、输出面的面积的比值）可达到 3 000 以上[3]，一方面使得接收器的吸热面积可以很小，达到较小的能量损失，另一方面可使接收器的接收温度达 800℃以上[10]，故碟式太阳能热发电效率很高，最高光电转换效率可达 29.4%[11]。碟式太阳能热发电系统单机容量较小，一般在 5～25 kW 之间[11]，适合建立分布式能源系统。

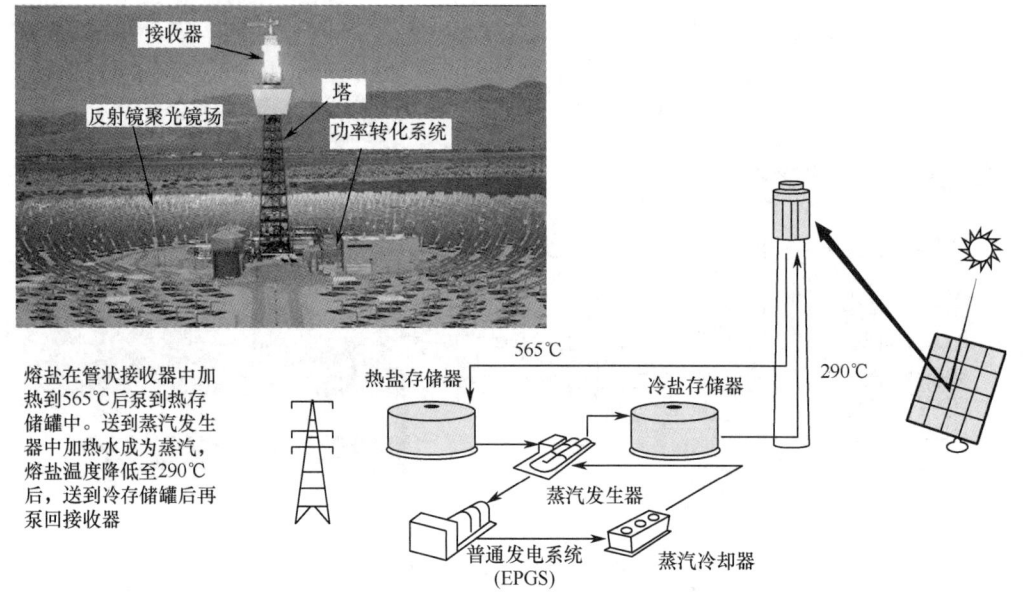

图 7.2　塔式太阳能热（熔盐）发电站系统示意图

目前研究和应用较多的碟式聚光器主要有玻璃小镜面式、多镜面张膜式、单镜面张膜式等[12-14]。在碟式太阳能热发电热机中，斯特林循环是目前碟式太阳能热发电技术中研究和应用最多的一种[15]。用于太阳能热发电的斯特林发动机有联动式和自由活塞式两种结构，前者通过与活塞连接的旋转曲轴输出能量[16]；而后者则没有旋转曲轴的结构，直接通过活塞的运动输出能量。采用斯特林发动机的碟式太阳能热发电系统已在美国、西班牙、德国等多家科研机构运行成功，其最高热电转换效率可达 40%[12]。

图 7.3 所示为一个蝶式斯特林循环系统示意图[17]。碟式收集器跟踪太阳并且使入射阳光聚焦到接收器上。水被泵到储水罐中经过水管与蒸汽管一起到达接收器。在接收器中水被加热变为蒸汽。蒸汽通过蒸汽管送到蒸汽发动机提供给一个交流发电机产生电能。膨胀以后，蒸汽在凝聚器中凝聚并且送回到储水罐中。在实际的 SG3 系统中，还有其他部件，例如，旁路阀门、旋转连接器、冷却塔和控制器。

另外还有布雷顿循环，理想的布雷顿循环由绝热压缩、等压加热、绝热膨胀和等压冷却 4 个过程组成。高温高压循环工质在燃气轮机内膨胀做功，把热能转化为机械能做功后的工质在回热器中将热量传递给压缩机送出的高压工质，预热后的高压工质即进入接收器，至此则完成了一个循环（见图 7.4）。透平（指燃气轮机）、压缩机和发电机同轴布置，即由高温高压循环工质推动燃气轮机运转带动发电机发电，实现了光热电的转换。碟式太阳能热发电系统采用布雷顿循环的相对较少，但是，也证明了这种热力循环方案的可行性[18]。

由于斯特林发动机使用的是外部热源，其推动力并不仅限于燃烧热、地热、太阳能等可再生能源作为斯特林发动机的热源，因此避免了环境污染问题。目前，采用碟式/斯特林循环的碟式太阳能热发电系统占多数，是未来碟式太阳能热发电系统的主要发展趋势。

 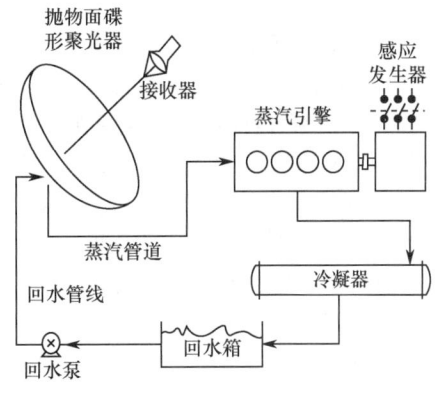

图 7.3 碟式斯特林循环系统示意图

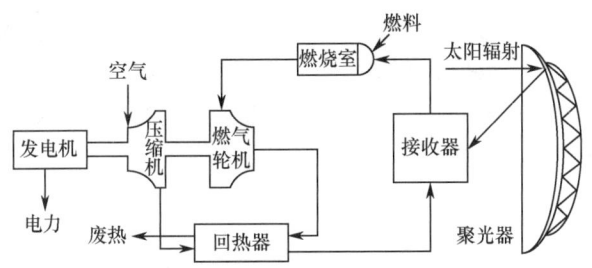

图 7.4 碟式布雷顿循环系统

7.1.2 太阳能光伏发电

III-V族半导体太阳电池转换效率高，该种太阳电池的聚光光伏发电系统需要高倍均匀聚光器，大体有三种类型[19]。

1. 高倍反射式聚光器

其反射面主要是镀银面和镀铝面，也有采用高分子材料的高反射率薄膜制作的反射面。反射聚光的优点是无色散现象，光斑辐照分布均匀，反射效率接近100%。缺点是常规反射聚光器由于需要在反射面上固定太阳电池，电池安装要比折射聚光器复杂，而且固定装置会在反射面和太阳电池表面产生阴影。另外，如果反射面受到污损，反射率会急剧衰降。一个聚光光伏（photo voltaic，PV）模块提供两个电池位置。使用一个卡塞格林反射镜结构设计如图 7.5 所示。该结构利用二向色性的（dichroic）双曲面次镜（镀有 21 层的 TiO_2/SiO_2 介电镜反射膜）将太阳光谱聚焦为近可见光和红外光（IR）两个焦点。InGaP/GaAs 电池位于靠近可见光焦点，一个 GaSb 红外增压单元（GaSb IR booster）或一个 LnGaAsP/LnGaAs 晶格匹配的光伏电池位于红外（IR）焦点。JX Crystal 公司的研究集中在用效率为 33%的 Cassegrainian 光伏聚光器板制造效率达到 40%的混合 InGaP/GaAs-GaSb 多结太阳电池。目前，试验得出 InGaP/GaAs 二结电池的效率为 30%，结合 25 cm×25 cm 分色 Cassegrainian 模型的 GaSb 红外线电池的效率为 8%[20]。

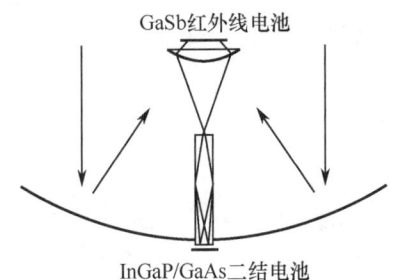

图 7.5 Cassegrainian PV 模块的概念，采用分色双曲面次镜频谱分割成近可见光和红外光波段聚焦成两个焦点

2. 高倍折射式聚光器

高倍折射聚光器的典型代表是菲涅耳透镜,目前主要采用 PMMA 材料制成,其原理如图 7.6 所示。菲涅耳透镜具有质量小、成本低、应用结构简单的优点。菲涅耳透镜又可分为弓形和完全平面形两种。弓形菲涅耳透镜具有更好的光学性能,但是加工难度相对较高。

就目前情况看,聚光光伏系统多采用菲涅耳透镜式的日光会聚方式,主要优点是用 PMMA 材料压铸成型,降低制造成本。缺点是会聚后光束光强呈高斯分布。目前解决这一问题的主要方法是采用二次光学元件会聚技术。菲涅耳透镜的聚光倍数已达 1 000 以上。高倍折射聚光器(如菲涅耳透镜)的不足之处是聚光不均匀,按照 IEC60904-9 国际标准所规定的光斑照度 E 分布的均匀性 ΔE 表达公式

$$\Delta E = 1 - \frac{E_{\max} - E_{\min}}{E_{\max} + E_{\min}} \times 100\% \tag{7.1}$$

菲涅耳聚光器的聚光强度分布只有约 90% 的均匀性,而在太阳光束偏离垂直入射和菲涅耳透镜存在加工误差都会导致聚光性能的大幅度降低。另外,以上反射式和折射式聚光器都需要精确跟踪太阳,聚光比会随着阳光入射角(入射太阳光线与聚光器对称轴的夹角)的增大而迅速下降。

3. 高倍复合式聚光器

复合式聚光器综合了折射式和反射式聚光器的优点,它需要二次光学元件进行聚光,二次光学元件可以增强太阳电池表面的光强分布均匀性。如西班牙 Isofoton 公司开发的复合式聚光器(原理见图 7.7),可以有效提高聚光效率,该聚光器聚光比为 1 000。但是复合式聚光器一般结构比较复杂,制作难度相对较大。

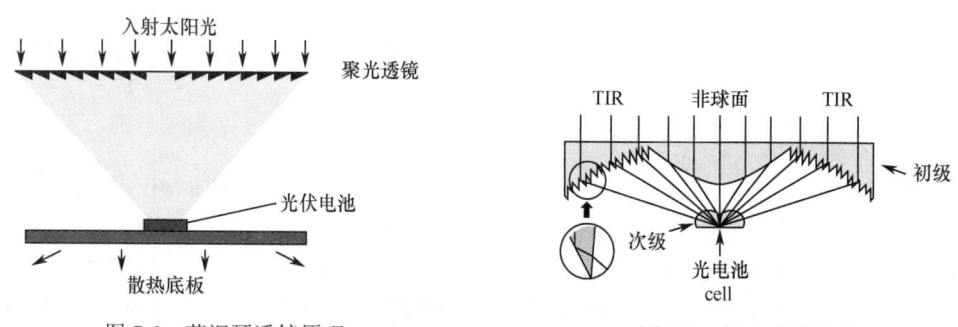

图 7.6 菲涅耳透镜原理　　图 7.7 复合式聚光器

我国太阳能热发电研究始于 20 世纪 70 年代末。"十五"期间(2000—2005 年),中科院电工研究所研制成功了 1 kW 碟式斯特林太阳能热发电系统,至今仍在运行。2005 年,河海大学在南京江宁建立了太阳能与燃气联合的 70 kW 塔式发电系统[21]。

7.1.3　照明非成像光学

从 1962 年至今,发光二极管(LED)经历了 50 年的高速发展,封装后的 LED 器件的亮度以每 18~24 个月翻一番的速度增长。1992 年,红光 LED 的效率超越了白炽灯而进入了汽车尾灯和交通灯市场;1993 年,氮化镓(GaN)基 LED 在材料和器件研究上取得了突破性的进展,不仅使蓝/绿光 LED 器件的性能有了本质的提高,同时也使大功率紫外 LED 成为可能。由于具有耗能小、寿命长、器件体积小、工作电压低、环保无污染等诸多优点,功率型 GaN 基 LED 成为备受瞩目的下一代照明光源[22]。

1. LED 照明光源的特点[23]

根据用途的不同，照明光源分为室外景观照明灯、室内照明灯、路灯等，不同用途对照明光源的光强分布以及光学性能指标有着不同的要求，LED 光源在不同照明领域内得到了大规模的应用。作为半导体照明光源的核心，LED 芯片本身是近似的朗伯（Lambertian）光源，即 LED 芯片的光分布是以垂直于 LED 发光面的轴线方向为零度角的余弦分布。

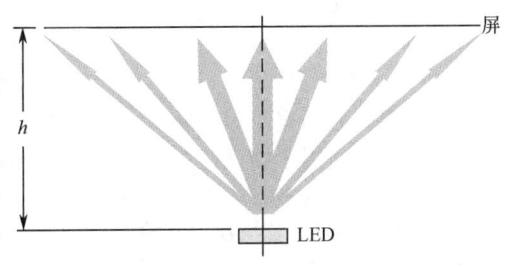

图 7.8 LED 芯片（朗伯光源）照明示意图

图 7.8 为直接使用 LED 芯片作为光源的照明效果示意图，其光强分布沿其发光的旋转对称轴成余弦分布为

$$I(\phi) = I_0 \cos\phi \tag{7.2}$$

式中，I_0 为 LED 沿轴线方向的光强；ϕ 为出光方向与轴线之间的夹角。若忽略 LED 芯片的面积，则容易得到距离 h 的屏幕上的照度分布为

$$P(\phi) = \frac{I_0 \cos^4(\phi)}{h^2} \tag{7.3}$$

从式（7.3）可以看出，LED 所发出的光线在屏幕上形成的照度随出射角 ϕ 的增大而迅速衰减，很难满足各种照明用途的需求。因此，必须根据不同的应用场合和需求，对 LED 光源设计不同的光学系统，对其发出的光进行整形，改变其光强分布，称为对 LED 光源的二次光学设计。这样的光学设计问题属于非成像光学的范畴。

2. 半导体照明中的非成像光学

相比于传统的成像光学，非成像光学所关心的不是在目标平面的成像以及成像质量，而是关注光源的能量利用率以及能量分布情况。图 7.9 示意了成像光学与非成像光学系统之间的区别。如图 7.9（a）所示，两个物点 S_1、S_2 发出的光经过成像光学系统传输，在屏幕上得到了其像点 S_1'、S_2'；而图 7.9（b）中经过非成像光学系统，则在屏幕上得到了某种特定的照度分布。成像光学系统传递了物点的位置信息和光强度信息，而非成像光学系统则是对能量进行了重新分配和组合。

以阅读灯为例，通常出于对人眼健康的考虑，要求阅读灯在一个给定距离平面上的给定范围内，其照度不低于某一个特定值，一般为 300 lx。图 7.10（a）给出了一个没有适当光学系统的 LED 阅读灯使用情况示意图。根据式（7.3），其在屏幕上形成一个沿径向迅速衰减的圆形光斑：中心亮度最大而边沿最暗。由于没有对光源的发光角进行有效控制，在给定的照明区域范围之外存在相当多的无效光。与之形成对比的是带有非成像光学系统的 LED 阅读灯，如图 7.10（b）所示。通过非成像光学系统对 LED 光场的整形和控制，在给定照明区域内形成均匀照度，节约了能源。

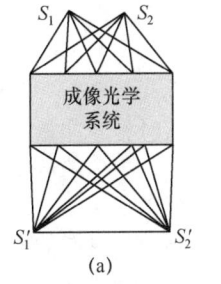

图 7.9 成像光学系统与非成像光学系统的对比示意图

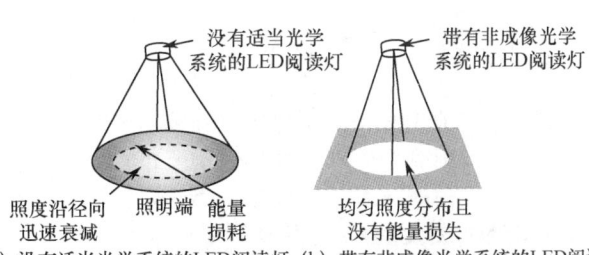

图 7.10 LED 阅读灯使用示意图

7.2 非成像光学概述

7.2.1 非成像会聚器特性

非成像光学（nonimaging optics）旨在进行光学能量传递或者光能的再次分布，并不关注成像质量。非成像光学主要通过设计折射和反射表面"有序"控制光线的光学系统，从而提高能量的传输效率。非成像光学并不试图在目标面上构建清晰的光源像，而是试图在光源与目标面间找到一种经过优化的光线传递路径。

非成像会聚器（聚光器）和照明器在太阳能发电和均匀照明等方面有实际的应用。非成像光学最早兴起于太阳能收集器件的设计[25]。非成像会聚器的基本概念适用于强光照射，主要用于太阳能。在地球表面上接收到的辐射功率密度较低，为了提高光能接收效率，增加单位面积上的光照强度，高效的会聚器设计成为研究的重点。常设 $E \approx 1\text{kW} \cdot \text{m}^{-2}$ 表示峰值，其值决定于会聚器结构、镀层材料，太阳跟踪精度等诸多因子。如果试图用黑体吸收来收集这些功率，黑体的平衡温度由下式给出（忽略了传导、接触损耗（conduction losses）及在低效发射率时的辐射等各种因子）。

$$\sigma T^4 = E \tag{7.4}$$

式中，σ 是 Stefan Boltzmann 常数，$\sigma = 5.67 \times 10^{-8} \text{W} \cdot \text{m}^{-2} \cdot \text{K}^{-4}$。在上式中，平衡温度 T 为 364 K，略低于水的沸点，基于这个原理可以实现热水系统。然而，为了实现大尺寸的目的或者是产生可实用的电功率，一个 364 K 的热源应具有低热动态效率，因为其不能实现在任一种工作流体中有很高的温差。不小于 300℃ 是一个对产生机械功率有用的温度，则必须在式（7.4）中乘以约 6~10 倍的会聚度（亦称聚光度，参阅 7.2.3 节）C，因子的黑体吸收功率密度为 S（单位：W/m²）。会聚器主要的用途之一是增加太阳能功率密度。用一个透镜成像系统简单地聚焦太阳光也将增加功率密度。

会聚器主要解决以下几何光学问题。首先是最大聚光度：如何得到理论上的最大 C 值和实际上能达到的最大聚光度。这与会聚器所用的材料、工艺和非成像光学设计技术有关。

传统物理学方法常把其认为是一个大数值孔径光学成像系统。实际上的重要结果是在非成像光学领域中形成一类很有效的会聚器，这种非成像系统相当于成像系统有很大的像差。然而，作为会聚器比成像光学系统有更高的效率，而且可设计为符合或接近理论极限，称为非成像会聚收集器（nonimaging concentrating collector），或简称为非成像会聚器（nonimaging concentrator）。这些系统不同于成像光学系统，它们有光管的和一些成像光学系统的某些性质，但是有很大的像差。

太阳能的利用推动了会聚器的设计和开发[25]，随后采用了红外探测的概念[26]。另外一种是可见光接收器的会聚器，人类视网膜锥形接收器（cone receptors）的形状近似于非成像会聚器，故在非成像会聚器设计时常参考视网膜暗适应条件下眼睛瞳孔会聚角[27]。

非成像会聚器也可用于照明。源（灯丝、LED 等）是一个通用的在很宽角度范围内低强度扩散源，类似于设计一个准直辐射的光学系统，使其在给定角度内发射，其比低强度源的角度发射范围要小，类似于会聚器反向的应用。

7.2.2 光学扩展不变量

非成像光学最初始于太阳能应用领域，这里假设一辐射源（如太阳），通过辐射传递能量，经过光学系统照射到黑体上，如果不考虑光学系统的能量损失，黑体达到热平衡时，黑体的温度小于或者等于辐射源（太阳）的温度，这表明光学系统存在一个能量最大收集比率[35]。

会聚器的主要参量有：会聚器所用材料的折射率为 n_1，a、a' 分别表示会聚器第一个表面的入射半径和接收器的接收半径，α、α' 分别表示会聚器第一个表面的入射半角和接收器接收半角，下式表示入射与出射方光学扩展不变量（Etendue，简称光学扩展量）相等：

$$2a \times 2\sin\alpha = 2a' \times 2\sin\alpha' \tag{7.5}$$

当接收器浸没在折射率为 n' 的介质中时，上式出射方乘以 n'。

7.2.3 会聚度的定义

会聚度通常指为几何会聚度。如图 7.11 所示，二维情况下几何会聚度为系统入射口径与接收器口径（常称为出射口径）的比值：

$$C_{2D} = a/a' = \sin\alpha'/\sin\alpha \tag{7.6}$$

三维情况下为二者比值的平方[26]。聚光比是评价会聚器的重要参量。软件模拟均为三维情况，几何聚光比即为

$$C_{3D} = (a/a')^2 = (\sin\alpha'/\sin\alpha)^2 \tag{7.7}$$

接收器浸没在折射率为 n' 的介质中时，上式出射方相应乘以 n'

$$C_{3D} = (a/a')^2 = (n'\sin\alpha'/\sin\alpha)^2 \tag{7.8}$$

设光学系统的输入面横截面面积为 A，输入光光线的方向为 L，光线出射处的横截面面积为 A'，输出方向为 L'，假设光学系统无反射、折射、吸收等能量损失，则由式（7.5）可写为能量守恒形式。

$$A \times 2\sin^2\alpha = A' \times 2\sin^2\alpha' \tag{7.9}$$

利用输入、输出面的面积或接收角平方的比值，也可定义会聚度 C 为

$$C = A/A' = \sin^2\alpha'/\sin^2\alpha \tag{7.10}$$

当出射半角即接收器接收面接收角 α' 达到 $90°$ 时，理论上会聚度比（聚光比）达到极值

$$C_{max} = \frac{\sin^2\left(\frac{\pi}{2}\right)}{\sin^2\alpha} = \frac{1}{\sin^2\alpha} \tag{7.11}$$

$\sin^2\alpha'/\sin^2\alpha$ 也可写为输入面立体角 Σ 及输出面立体角 Σ' 的比值，当 α' 等于 $90°$ 时，也有理论最大会聚度 C_{max}。大角度接收将会造成接收器光电转换效率急剧下降，故通常接收角 α' 为 $70°$ 左右。

设 h 为非成像会聚器沿光轴方向的总体长度，比值（$h/2a$）定义为会聚器长度与口径直径比，用来表征会聚器的总体结构，称为会聚器的长宽比，一般在 0.3~0.4 之间为佳，会聚器厚度适中，如果长宽比较小，则聚光器相对轻薄，不易制作和维护，如果长宽比较大，则聚光器相对厚重，耗费材料和增加材料吸收损失。

如图 7.12 所示为简易能量收集系统的凸透镜系统，口径为 $2a$，光束入射孔径角为 2θ，透镜焦距为 f，忽略材料的吸收、散射等能量损失，考虑光能密度，由式（7.9），可获得能量守恒公式

$$E\pi a^2 \sin^2\theta = E'\pi(f\theta)^2\sin^2\theta' \tag{7.12}$$

其中 2θ 为光学系统出射光的孔径角，E_1 为入射光能量密度，E_2 为出射光能量密度，单位为 W/m^2。

同样由式（7.7）可以获得会聚度为

$$C = \frac{\pi a^2}{\pi(f\theta)^2} = \frac{E_2\sin^2(\theta')}{E_1\sin^2(\theta)} = \frac{a^2}{(f\theta)^2} \tag{7.13}$$

设太阳能收集系统的半孔径角 θ 约为 0.005 弧度（$\approx 0.25°$）。若在太阳能系统中令入射角 θ 固定，透镜口径一定，由式（7.13）知，短焦距凸透镜能够更有效地提高会聚度。

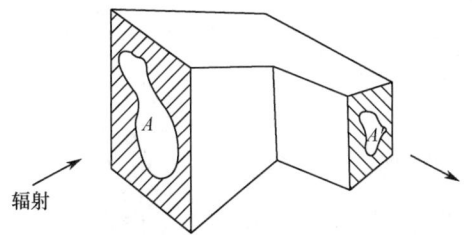

图 7.11 聚光器模型会聚度示意图

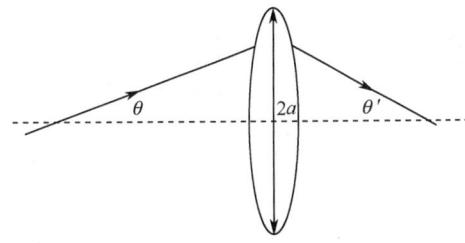

图 7.12 简单能量收集系统的凸透镜系统示意图

对于轴旋转对称 3D 设计（旋转聚光器）。设输入和输出介质的折射率均为 1 单位，令辐射源在无限远，为圆形光源，入射的包角的一半为 θ_i。对于旋转聚光器理论上最大的会聚度由式（7.11）给出

$$C_{max} = 1/\sin^2\theta_i \tag{7.14}$$

此式表明：出射面的出射半角 θ' 内的光线在 $\pi/2$ 以下所有角度内出现，如图 7.13 所示。

一种槽形会聚器系统中只有一个柱状（一般不是圆柱面）工作面（反射面和折射面），带有平行发电器（generator）。其典型结构示意图如图 7.14 所示，吸收体沿槽放置。这种长槽形会聚器（collector）的优点一般是不需要随太阳移动，常称为线性（有时也称为两维或 2D）会聚器。线性会聚器的会聚度通常是横向输入和输出的比值，该值是在垂直于槽中的直线型发电器的方向测量的，线性聚光器会聚度为 $1/\sin\theta_i$。

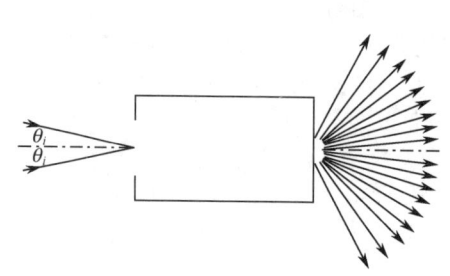
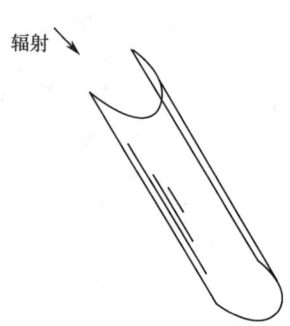

图 7.13　轴旋转对称理想 3D 会聚器入射光和出射光路（在孔径的全出射角 $\pm\theta'$ 内以小于 2π 立体角内光线出射）

图 7.14　一个槽形会聚器（吸收处出射单元没有绘出）示意图

7.3　会聚器理论中的一些几何光学概念

7.3.1　光学扩展量的几何光学概念

会聚器理论中的基本概念之一包括光束直径和角度范围，如图 7.15 所示。光束直径是指透镜的直径为 $2a$，角度范围是 2θ。这两个量的乘积通常只考虑半孔径和半角，故略去系数 4，写为 $a\theta$，这个量有不同的名称：光束范围（extent）、光学扩展量（etendue）、接收量（acceptance）和拉格朗日不变量（Lagrange invariant or the Smith-Helmholz invariant），或拉赫不变量[28]。它是通过光学系统的一个不变量*，忽略材料性质产生的某些损耗。例如，在像平面变为像高 $f\theta$ 乘以成像光线的会聚角 a/f，再次给出 θ_a。对于 3D 系统，如在图 7.15 中的透镜，通常取其平方值 $a^2\theta^2$ 定义为光学扩展度（etendue）。或写为

---

* 在应用光学的"球面和共轴球面系统"一章中，对拉格朗日不变量 J，简称拉氏，考虑物、像空间的折射率 n_1 和 n'_k，定义如下

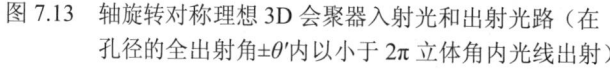

$$J = n_1 u_1 y_1 = \cdots = n'_k u'_k y'_k$$
$$J = n_1(l_{Z1} - l_1) u_{Z1} u_1 = \cdots = n'_k(l'_{Zk} - l'_k) u'_{Zk} u'_k$$

或
$$J = n_1 h_1 u_1 = \cdots = n'_k h'_k u'_k$$

式中，第一辅助光线的有关量：

$u_1, u'_1, \cdots, u_k, u'_k$——分别表示第 1, 2, $\cdots$, k 个折射面物，像空间的孔径角。

$y_1, y'_1, \cdots, y_k, y'_k$——分别表示第 1, 2, $\cdots$, k 个折射面物，像空间的物高和像高。

第二辅助光线（相当于主光线的近轴光线）的有关量：

$u_{Z1}, u'_{Z1}, \cdots, u_{Zk}, u'_{Zk}$——分别表示第 1, 2, $\cdots$, k 个折射面物，像空间的孔径角。

$u_{Z1}, u'_{Z1}, \cdots, u_{Zk}, u'_{Zk}$——相当于本文的 $\theta_1, \theta'_1, \cdots, \theta_k, \theta'_k$。

$l_{Z1}, l'_{Z1}, \cdots, l_{Zk}, l'_{Zk}$——分别表示第 1, 2, $\cdots$, k 个折射面物，像空间的物距和像距。

$h_1, h'_1, \cdots, h_k, h'_k$——分别表示第 1, 2, $\cdots$, k 个折射面物，像空间的入射孔径半径和出射孔径半径。

$h_1, h'_1, \cdots, h_k, h'_k$——相当于本文的 $a_1, a'_1, \cdots, a_k, a'_k$。

$$\text{etendue} = a^2\theta^2 \tag{7.15}$$

下面主要讨论 3D 形式会聚器。设在透镜焦距处放置一个直径为 $2f\theta$ 的孔径,如图 7.16 所示。则这个系统只接收直径为 $2a$ 和角度 $\pm\theta$ 范围内的光束。设一个辐射为 $B\text{W}\cdot\text{m}^{-2}\cdot\text{sr}^{-1}$(瓦/每平方米·每球面立体角)的流量从透镜的左边入射。该系统实际接收的总流量为 $B\pi^2\theta^2a^2\text{W}$,这样光学扩展度或接收量 θ^2a^2 是一个通过系统的功率流量值。

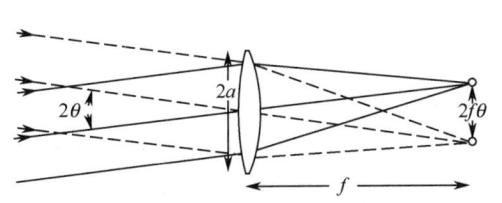
图 7.15 一个位于无限远的物体对边角为 2θ,焦距为 f 的透镜所成的像为 $2f\theta$

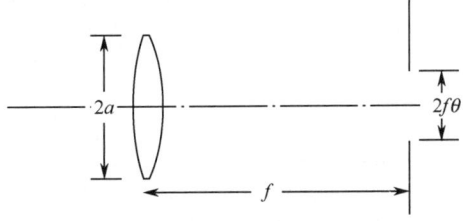
图 7.16 一个光学系统的接收量、通量,或能量扩展量 $a^2\theta^2$

用上述传统光学的观点也可讨论系统的会聚度 C。如图 7.16 所示,假设通过像差校正后,孔径 $2a$ 所接收的功率从系统右边的直径为 $2f\theta$ 孔中流出。这个系统输入半角为 θ 作为会聚器时,可得会聚度为 $C=(a/f\theta)^2$。对于太阳能收集,设光源在无限远,其收集角为 $\theta\approx0.005$ rad(0.25°)。很明显,对于固定透镜直径可以通过减少透镜焦距来提高会聚度 C。

7.3.2 在成像光学系统中像差对会聚度的影响

假设图 7.16 中的简单会聚器在极端角度 θ 的光束中有一些光线由直径 $2f\theta$ 的孔径中射出。用一个点列图表示该会聚器的像差,在像平面上用点表示光束中不同光线的交集。如图 7.17(a)所示为有球差的透镜在焦点处的光线,图 7.17(b)所示为极端角度 θ 时光束的点列图。通过透镜中心的光线(在透镜理论中的主光线)交于被定义的收集孔径的边缘,有相当多的流量没有被通过。

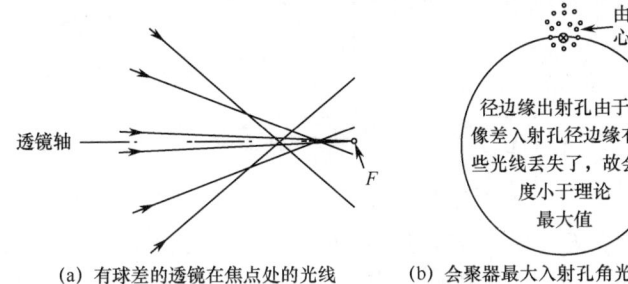
图 7.17 用一个点列图表示该会聚器的像差

相反地,也可以看到有一些大于角 θ_{max} 的光束的部分流量也会被收集。在图 7.18 中所示为由小角度 θ 到最大角度 θ_{max} 所收集的光流量的曲线图。实线表示理想会聚器的行为,即能收集在 θ_{max} 角内的所有的光流,没有溢出。

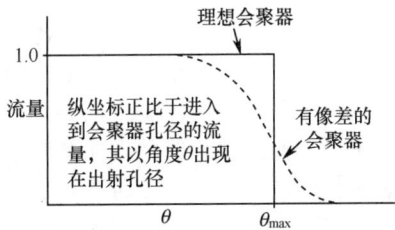
图 7.18 会聚度—角度的曲线

在几何光学中讨论的像差问题,用于照相物镜等成像质量高的光学系统。但是这些成像系统不能用于大的会聚角(即图 7.15 中 a/f)以达到最大理论会聚度。如果用一个常规成像系统作为达到最大理论会聚度的会聚器,发现像差很大,压低了会聚度。

7.3.3 光学扩展量（拉氏不变量）和相空间的广义概念

1. 光学扩展量的近轴性质

式（7.15）中的光学扩展量 $a^2\theta^2$ 表示系统所接收的功率，此处 a 是入射孔径的曲率半径，θ 是光束的接收半角。在一个轴对称系统的近轴近似中，$a^2\theta^2$ 是一个通过光学系统的不变量。如果考虑折射率 n，该不变量可写为 $n^2a^2\theta^2$。因为光束以极限角入射到折射率为 n 的玻璃平行平板，在玻璃中角度为 $\theta' = \theta/n$，按折射定律的近轴性质，在这个区间的可写为

$$\text{etendue} = n^2a^2\theta'^2 \tag{7.16}$$

用 etendue 可以得到系统会聚度的上限。设有一个由多个光学元件的轴对称光学系统（不是图 7.16 所示的简单系统），入射孔径半径为 a，可以是前面透镜的边缘，或者如图 7.19 所示在系统中设置光阑。入射平行光束是否产生出射平行光束，并不影响结果。为了简化讨论，设出射平行光束半径为 a'，会聚度为 $(a/a')^2$。设系统最初和最后的介质为空气或真空，由式（7.16）可得会聚度为 $(\theta'/\theta)^2$。从几何光学考虑，θ' 值不能超过 $\pi/2$，故会聚度理论上限也可写为

$$C_{\max} = [\pi/(2\theta)]^2 \tag{7.16a}$$

按定义 etendue 本质上是一个近轴量。没必要对于大角度 $\theta/2$ 形成不变量，所以会聚度的准确上限实际意义不明显。

2. 广义光学扩展量及其在相空间中的表示

如图 7.20 (a) 所示，系统两边的折射率分别为 n 和 n'，并设在输入和输出介质中的点 P 和点 P' 之间进行准确的光线追迹。考虑点 P 的微小位移，以及通过点 P 的光线微小角度的变化，这些变化可定义某个截面的光线束和角度的扩展。为此，在输入和输出介质中分别建立一个笛卡儿坐标系 $Oxyz$ 和 $O'x'y'z'$。坐标系统的坐标原点的位置和轴的方向是任意的。

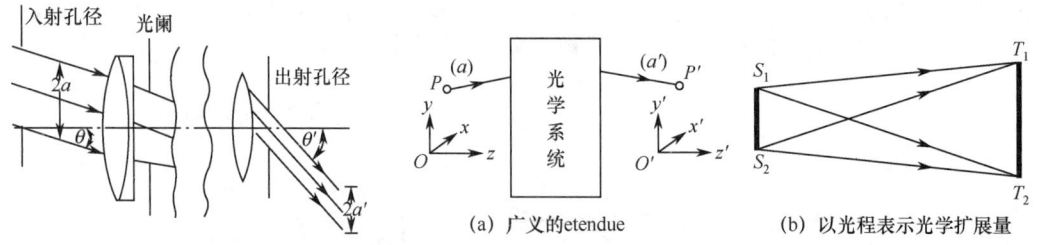

图 7.19 设置孔径光阑的多元件系统的 etendue

(a) 广义的etendue (b) 以光程表示光学扩展量

图 7.20 光学扩展量概念的示意

由点的坐标 $P(x, y, z)$、$P'(x', y', z')$ 和光线的方向余弦 (L, M, N)、(L', M', N') 来确定输入光线、输出光线。用增量 dx、dx 和 dy、dy' 表示点 P 和点 P' 的微小位移，并以方向余弦的增量 dL、dL' 和 dM、dM' 表示光线方向的微小变化。因此产生 $dxdy$ 定义的微面积和由 $dLdM$ 定义的微角度范围。相应增量 dx'、dy'、dL' 和 dM' 将发生在输出光线位置和方向。不变量转化为 $n^2 dxdydLdM$，即有

$$n'^2 dx'dy'dL'dM' = n^2 dxdydLdM \tag{7.17}$$

式（7.17）的物理意义是给出一定孔径的光束经光学系统后其光线方向和角度的变化。若在输入空间中有一个孔径，而在系统的其他空间没有孔径限制光束，即为一个受限 etendue，在输出空间介质中被接收的光功率即为该光学扩展量（etendue）。第一个值得注意的是坐标系的原点和方向的选择是任意的。当计算广义光学扩展量时与坐标平移和旋转是无关的，而其光学意义是在理想光学系统中，无反射、折射、散射、吸收等能量损失，则在面元为 $dxdy$ 和立体角元为 $dLdM$ 的范围内，光辐射通量在传播过程中能量保持不变。则对该不变量用系统的光学扩展

量 $\breve{E}$（etendue）来定义。

$$\breve{E} = \iiiint n^2 \mathrm{d}x\mathrm{d}y\mathrm{d}L\mathrm{d}M = \iiiint n'^2 \mathrm{d}x'\mathrm{d}y'\mathrm{d}L'\mathrm{d}M' \tag{7.18}$$

式中，$p=nL$，$q=nM$，其中 n 为光束所在介质的折射率，L 和 M 为光线的方向余弦。光学扩展量与光线的 4 个参数相关，4 个参数的每一种组合可定义一条光线。在图 7.20 的例子中，4 个参数为 x, y, L, M（或 x', y', L', M'），4 个参数描述同一光束有多种可能组合。

广义光学扩展量以光学方向余弦 $p=nL$，$q=nM$ 表示，写为以下形式

$$n^2 \mathrm{d}x\mathrm{d}y\mathrm{d}p\mathrm{d}q = n'^2 \mathrm{d}x'\mathrm{d}y'\mathrm{d}p'\mathrm{d}q' \tag{7.19}$$

把 (x, y, p, q) 看作 4-维空间，这相当于 Hamiltonian 力学多维相空间，简称为相空间。光束的所有光线的积分可得到总的光学扩展量。

$$\breve{E} = \iiiint n^2 \mathrm{d}x\mathrm{d}y\mathrm{d}p\mathrm{d}q = \iiiint n'^2 \mathrm{d}x'\mathrm{d}y'\mathrm{d}p'\mathrm{d}q' \tag{7.20}$$

令 U 为这个空间中任何封闭体积。则 U 可给出整个体积如下。

$$U = \int \mathrm{d}U = \iiiint n'^2 \mathrm{d}x'\mathrm{d}y'\mathrm{d}p'\mathrm{d}q' = \text{étendue} \tag{7.21}$$

在相空间中光学系统的 étendue 不变量也可描述为：入射光束经光学系统后，出射光束在相空间的形状，包括面积、空间角度，甚至相空间坐标都可能发生改变，但相空间体积保持不变。光学扩展量通过理想光学系统保持不变是基于系统能量守恒定律的。光学扩展量其实是通过光学系统的一个横截面和一个空间角度的 étendue 的光通量来描述的。

3．用光程概念描述光学扩展量

光学扩展量描述了光学系统传输光能的能力，光束的光学扩展量等于光束在其角度和位置区域内的积分。在三维坐标 z 等于常数的平面内，光束的光学扩展量为式（7.20）[29]。图 7.20（b）表示从光源 S_1S_2 出射后入射到目标 T_1T_2 上的光程关系，其二维光学扩展量 E_{2D} 为

$$E_{2D} = 2 \times (S_1T_2 - S_1T_1) \tag{7.22a}$$

式中，S_1T_2 和 S_1T_1 表示光程。对应三维下的光学扩展量 E_{3D} 为

$$E_{3D} = \frac{\pi^2}{4} \times (S_1T_2 - S_1T_1)^2 \tag{7.22b}$$

光束经理想光学系统作用后，其光学扩展量不变，系统所接收的光束将全部传输至目标面[30]。

4．2D 结构的光学扩展量

在 2D 光学结构中，只考虑一个平面中的光线时，应采用两个参数来定义光线束的光学扩展量。如包含所有光线的平面是 $x=$ 常数，则由式（7.20）的光学扩展量的微分写为 $\mathrm{d}\breve{E} = n\mathrm{d}y\mathrm{d}M$，也是一个不变量。例如，其可在 $z'=$ 常数的条件下计算：$n'\mathrm{d}y'\mathrm{d}M' = n\mathrm{d}y\mathrm{d}M$，或用光学方向余弦 $\mathrm{d}y'\mathrm{d}q' = \mathrm{d}y\mathrm{d}q$。

用光学扩展量不变量计算 2D 会聚器的理论最大会聚度，如图 7.21 所示。有

$$n\mathrm{d}y\mathrm{d}M = n'\mathrm{d}y'\mathrm{d}M'$$

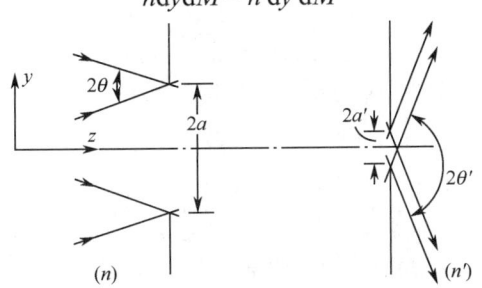

图 7.21　2D 光学系统率的理论最大值

对 y 和 M 积分可得

$$4na\sin\theta = 4n'a'\sin\theta' \tag{7.23}$$

故会聚度为

$$\frac{a}{a'} = \frac{n'\sin\theta'}{n\sin\theta} \tag{7.24}$$

或写为

$$na\sin\theta = n'a'\sin\theta' \tag{7.24a}$$

这也可理解为广义光学扩展量。若出射孔径 $2a'$ 足够大，能够使所有的光线通过，对于所有出射光线中 θ' 不能超过 $\pi/2$，故理论上最大的会聚度为

$$C_{\max} = \frac{n'}{n\sin\theta} \tag{7.25}$$

相似地，3D 的轴对称会聚器的理论最大会聚度为

$$C_{\max} = \left(\frac{a}{a'}\right)^2 = \left(\frac{n'}{n\sin\theta}\right)^2 \tag{7.26}$$

此处，θ 是入射半角。式（7.25）和式（7.26）的结果是理论最大会聚度值，实际会聚器由于设计缺陷、工艺误差，以及吸收、不能完全反射等损耗，不能达到该理论值。因此，式（7.25）和式（7.26）给出了会聚器功能的理论上限。

此结果可用于矩形入射和出射孔径的线性会聚器[式（7.25）]，也可用于有圆形入射和出射孔径[式（7.26）]的旋转会聚器。任何形状入射孔径的轴对称会聚器，其光学系统把入射孔径成像在出射孔径处，且使它们的形状相似。对于一个理想的会聚器，入射角为 $\pm\theta_i$，出射孔径的面积必须等于入射孔径面积乘以 $\sin^2\theta_i$。

光学扩展量既可以评价光学系统对能量利用率的影响，也可以描述光束本身。光学扩展用其四维空间的体积描述了一束光的几何性质，而对于光学器件，光学扩展量则代表了光学系统收集光束和能量的能力。如果光束的光学扩展量小于或等于光学系统的光学扩展量，则光束可以完全通过该光学元件；相反，部分光束将被光学系统拦截。对于光源，光学扩展量越小越好，而光学元件系统的光学扩展量越大越好。

7.3.4 斜不变量

旋转对称系统中的斜守恒和线性对称系统的线性动量守恒可用哈密尔顿方程得到。基于哈密尔顿（Hamilton）方程的莫佩尔蒂（Maupertuis）原理（最小作用原理）[31]与费马原理相似，可用于光学系统分析[32]。用其可以辨别一些光学不变量[33]。作为结果的哈密尔顿公式组[34]为

$$\begin{aligned}
\frac{\mathrm{d}i_1}{\mathrm{d}s} &= \frac{\partial H}{\partial u_1} & \frac{\mathrm{d}u_1}{\mathrm{d}s} &= \frac{\partial H}{\partial i_1} \\
\frac{\mathrm{d}i_2}{\mathrm{d}s} &= \frac{\partial H}{\partial u_2} & \frac{\mathrm{d}u_2}{\mathrm{d}s} &= \frac{\partial H}{\partial i_2} \\
\frac{\mathrm{d}i_3}{\mathrm{d}s} &= \frac{\partial H}{\partial u_3} & \frac{\mathrm{d}u_3}{\mathrm{d}s} &= \frac{\partial H}{\partial i_3}
\end{aligned} \tag{7.27}$$

式中，s 是参数，光线轨迹上的每一点均有一个 s 值；设 $x_1\text{-}x_2\text{-}x_3$ 是笛卡儿坐标，t 是时间。变数 p_1、p_2、p_3 为光线的方向余弦，即 p_1、p_2 和 p_3 为 $n(x_1, x_2, x_3)$ 乘以角度的余弦，是由轨迹的切线相对于 x_1 轴、x_2 轴和 x_3 轴形成的角度。当把变量 x_1、x_2、x_3 改变为一个新的正交坐标集 i_1、i_2、i_3。这个变换称为正则变数变换，对于点 x_1、x_2、x_3 给出坐标值 i_1、i_2、i_3；u_1、u_2、u_3 为 i_1、i_2、i_3 的

共轭变量。最后得到哈密尔顿函数是

$$H = u_1^2 a_1^2(i_1,i_2,i_3) + u_2^2 a_2^2(i_1,i_2,i_3) + u_3^2 a_3^2(i_1,i_2,i_3) - 1 \quad (7.28)$$

此处，a_1、a_2 和 a_3 分别是矢量 i_1、i_2 和 i_3 的折射率为 n 时的系数（即 $a_j=|\nabla i_j|/n$）。折射率 n 是 i_1、i_2、i_3 的函数。

一个新的相空间的点 i_1、i_2、i_3、u_1、u_2、u_3 表示相对于三个正交矢量 l_1、l_2、l_3（$\nabla i_1, \nabla i_2, \nabla i_3$）的方向余弦 $a_1 u_1$、$a_2 u_2$、$a_3 u_3$ 的一条光线通过点 i_1、i_2、i_3。图 7.22 表示三个正交矢量和一条任意光线。通过点 i_1 的各线由方程 $i_2 =$ constant，$i_3 =$ constant 求得。i_2、i_3 的各线用相似方法定义。

对于正交坐标的 l_1、l_2、l_3 系统，式（7.27）给出哈密尔顿系统。对于旋转对称系统，设 θ 是对称坐标，即 $\partial n/\partial \theta = 0$，$n$ 是折射率分布函数。把 θ 看成与式（7.27）中 i_2 一样。则有

$$\frac{di_1}{ds} = \frac{\partial H}{\partial u_1} \quad \frac{du_1}{ds} = \frac{\partial H}{\partial i_1}$$

$$\frac{d\theta}{ds} = \frac{\partial H}{\partial h} \quad \frac{dh}{ds} = \frac{\partial H}{\partial \theta}$$

$$\frac{di_3}{ds} = \frac{\partial H}{\partial u_3} \quad \frac{du_3}{ds} = \frac{\partial H}{\partial i_3} \quad (7.29)$$

此处，哈密尔顿函数是

$$H = u_1^2 a_1^2(i_1,i_3) + h^2 a_2^2(i_1,i_3) + u_3^2 a_3^2(i_1,i_3) - 1 \quad (7.30)$$

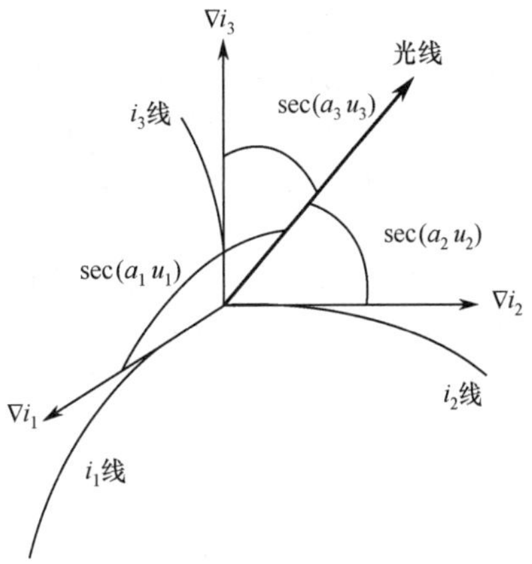

a_1、a_2 和 a_3 分别是通过介质折射率 n（即 $a_j=|l_j|/n$）的 l_j、θ 和 l_3 的梯度（gradient）的模数（modulus）。折射率 n 一般是 l_1、l_2 的函数，而且与 θ 无关。h 是 θ 的共轭变量，通常称之为斜变量（skew）。

图 7.22 共轭变量 u_i 的物理意义

$\partial|\nabla i_1|/\partial \theta = \partial|\nabla i_3|/\partial \theta = 0$，因为 i_1、θ、i_3 是三重正交坐标系，又因为旋转对称，则有 $\partial|l_1|/\partial \theta = \partial|l_3|/\partial \theta = 0$。因而，正如其在式（7.29）中，$a_1$、$a_3$ 与 θ 无关。a_2 是 $a_2=|\theta|/n$，可以写为 $a_2=1/(\theta n)$，此处，θ 是点 i_1、θ、i_3 到旋转对称轴的距离，即 θ 是一个柱面坐标。θ 是 l_1、l_3 的单独函数。

可以看到是一个沿光线的不变参数：由式（7.29）建立了系统的一个方程。

$$\frac{dh}{ds} = -\frac{\partial H}{\partial \theta} = 0 \quad (7.31)$$

通过一个轴对称光学系统的相关于斜光线的光程也有一个不变量。令 S 为光线和轴之间的最短距离，即是公共的垂线，令 γ 是光线和轴之间的夹角。则该量为

$$h = nS\sin\gamma \quad (7.32)$$

如果介质有连续变化的折射率，h 是通过整个系统的不变量。

总之，本节中用会聚度概念建立了 2D 和 3D 系统的会聚度上限，这个上限只与输入角和输入与输出空间的折射率有关，称这些表示式为理论最大会聚度。

其次，设一个实际的系统有入射和出射孔径，分别为 $2a$ 和 $2a'$，无论出射孔径是否通过射来的全部光线，在任何情况下，比值 (a/a') 或 $(a/a')^2$ 定义为几何会聚度。

再次，已知一个实际系统，对其通过光线追迹决定其在收集角内入射光线均由该系统的出射孔径射出。这个过程会产生一个会聚度。

最后，可以在会聚器计算会聚度中给出反射损失、散射损失、制造误差和吸收损失的允差，称之为光学会聚度的损耗允差。这个光学会聚度永远小于或等于理论最大会聚度值。几何会聚度可以有任何值。

7.4 非成像光学的边缘光线原理

7.4.1 边缘光线原理

边缘光线原理可描述为：系统入瞳处的边缘入射光线经过系统后在出瞳处仍为边缘光线，即保证了系统的传递率在理论上可达到100%。

边缘光线原理[35]是非成像光学中基本的设计理论工具。边缘光线原理的主要内容：理想光学系统（无反射、折射、散射等能量损失）中以最大入射角入射的所有边缘光线，都必须从出射孔径的边缘出射，或者说入射光束的边缘光线也应是出射孔径的边缘光线。其意义在于：设计具有特定出射光分布的光学系统时，只须考虑光源或入射光束的边缘光线即可，边缘光线满足此出射光分布，所有光线亦能满足，不必再处理光源或入射光束的内部光线，该原理简化了非成像光学系统的设计。

光学扩展量的相空间表述也能理解边缘光线原理。几何光学中的任何一条光线都可以用此光线与参考平面的交点坐标 (x, y) 和传播方向余弦 (L, M) 来表示，后者写为 $(p = nL, q = nM)$。因此在 (x, y, p, q) 构成的一个四维相空间中，每个点都对应着三维空间中的一条光线。可以看到扩展光源发出的光在这个四维空间中可表述为一个闭合体积，如式（7.33）所示。

$$U = \int du = \iiint dxdydpdq = 光学扩展量 \tag{7.33}$$

这个体积的大小便是此光源的光学扩展量。以二维相空间为例，先设 $y=0$，$q=0$。如图 7.23 所示，左侧的矩形 M 表征相空间坐标系中的光源，光源发出的所有光线都可以在 M 所包围面积上找到与之对应的点；右侧矩形 M' 表征二维相空间中的出射光束，入射光束 M 经过光学系统转变为出射光束 M'。非成像光学的设计目标就是要找到这样一个光学系统：经过此系统，M' 的面积应尽可能地等于 M 的面积，这样光源所发出的光能才不会有损失。如果把 M 的边缘点转化为 M' 的边缘点，则在 M 内的所有光线都会和 M' 内的光线对应，这就是边缘光线原理。设计时不须关心光束 M 内部的光线传播，而只需考虑入射光束 M 的边缘光线到出射光束 M' 的边缘光线的转化即可。

图 7.23 所示为边缘光线原理分别在物像相空间内的对应关系。边缘光线原理基于费马原理，即要求边缘点物像之间满足等光程。在边缘光线原理中，首先定义所涉及的参量：M_i 表示系统入射光束，M_o 表示系统出射光束，∂M_i 表示边缘入射光线，∂M_o 表示边缘出射光线，∂M_i^+ 表示边缘正角度入射光线，∂M_i^- 表示边缘负角度入射光线，同理，∂M_o^+ 表示边缘正角度出射光线，∂M_o^- 表示边缘负角度出射光线。按边缘光线原理传递边缘光线的原则：$\partial M_i^- = \partial M_o^-$，$\partial M_i^+ = \partial M_o^+$，并且有 $\partial M_i = \partial M_i^+ + \partial M_i^-$，$\partial M_o = \partial M_o^+ + \partial M_o^-$，传递率 $T_t = E(M_o)/E(M_i) \leqslant 1$。

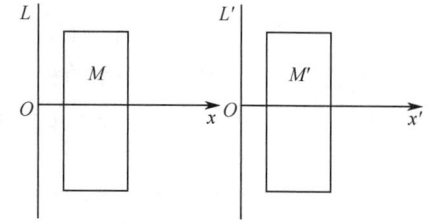

图 7.23 相空间中边缘光线原理对应关系

7.4.2 边缘光线原理应用——"拉线"方法

图 7.23 表示在相空间中传输容器（container）的边缘光线的概念。这是非成像光学的主要概念：边缘光线的传输不考虑光束内部光线顺序，可以达到会聚度极限的正弦定律（sine law of concentration limit）。

非成像光学设计方法也符合成像光学的费马（Fermat）原理，设由物点到像点所有光线的光程长度是相同的（见图 7.24（a）），费马（Fermat）原理指出[36]：若光线通过连续变化的非均匀介质，即介质为折射率 n 的位置函数 $D(n)$，则光线实际所走过的路程为一空间曲线，光由点 A 传到点 B，则光程 s 可表示为

$$s = \int_{P \to P'(L)} D(n)\mathrm{d}l = \text{constant}$$

式中，L 为光线在介质中走过的实际路程，即光路长度。费马原理还指出：光线由点 P 传到点 P' 经过任意次折射和反射，其光程为极值（极大或极小），可用光程的一次变分为零表示。

$$\delta s = \delta \int_{P}^{P'} D(n)\mathrm{d}l = 0$$

这就是费马原理的数学描述，故又称为"极值光程定律"。其给出了非成像光学的边缘光线原理算法（图 7.24（b））："拉线（string）"算法[37]，其表示式为

$$s = \int_{P \to P'(\text{string})} n\mathrm{d}l = \text{constant}$$

式中，n 为常数折射率。其原理是用"拉线（string）"取代光线，图 7.25 是平板吸收器的拉线结构。将入射波前 $A'C$ 看作一直杆，当线的一端系在点 C，另一端系在点 B' 时，当点 C 沿波前逐渐移向点 A' 时，始终保持 AC 段垂直于入射波前 $A'C$，则点 A 所经过的曲线轨迹为 AB，即聚光器的面形。波前上两边缘点 A' 和点 C 到达底部点 B' 的光程相等。应用聚光比公式，入射口径与出射口径的比值满足理论极值，证明弧线 AB 为面形的非成像会聚器可以达到理论极值：$BB' = AA' \sin\theta$。

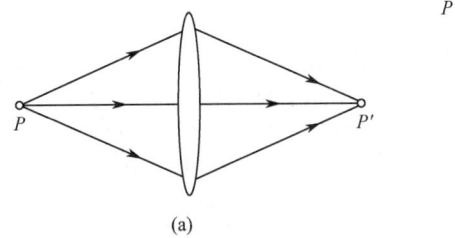 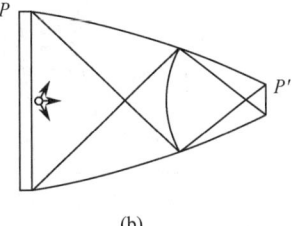

图 7.24 光线的费马原理和拉线方法

用拉线方法可以给出复合抛物面会聚器（compoud parabolic concentrator，CPC）的轮廓，相对于对称轴旋转 CPC 轮廓可得 3D CPC。2D CPC 会聚器具有理想性质，是在接收角 θ 以内的所有光线符合边缘光线原理。3D CPC 也是很接近于理想几何结构[38]，几何关系如下。

$$\int_{W}^{B'} n\mathrm{d}l = \text{const}$$

$$AC + AB' = A'B + BB'$$
$$AC = AA' + \sin\theta$$
$$AB' = A'B$$
$$AA' \sin\theta = BB'$$
$$AA'/BB' = 1/\sin\theta$$

平板吸收器相对于轴旋转是一个方便的选择，因为直径平方率（$BB' = AA' \sin\theta$）^{2} 与最大会聚度（会聚度的正弦定律极限）相一致。拉线方法设计会聚器是有一定通用性的。图 7.26 表示适于太阳热会聚器管状吸收器。这时 $2\pi a = BB' \sin\theta$，此处，a 是柱形吸收器的半径[39]。其几何关系为

$$\int_{W}^{D} n\mathrm{d}l = \text{constant}$$

$$AC + AB' + B'D = A'B + BD + 2\pi a$$

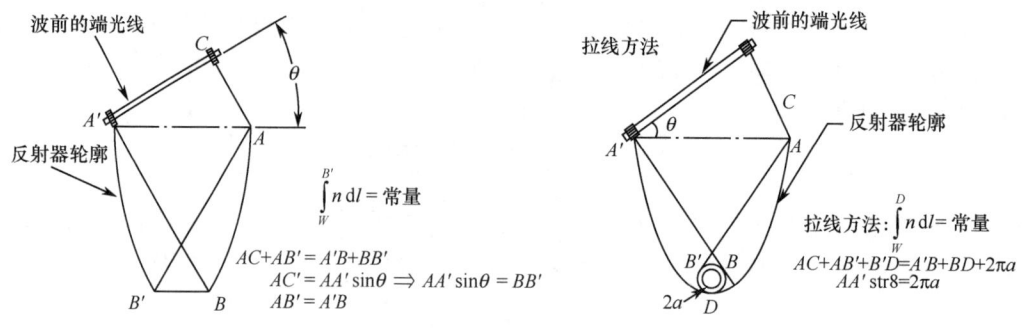

图 7.25　平板吸收器的拉线结构　　　　图 7.26　管状吸收器的拉线结构

7.5　复合抛物面会聚器（CPC）

7.5.1　光锥会聚器

光锥（light cone）会聚器如图 7.27 所示，是一个非成像会聚器的基本形式[39]。光锥的半角为 γ，极端输入角为 θ_i，$2\gamma=(\pi/2)-\theta_i$，则被指定的光线将在一次反射后就通过了。

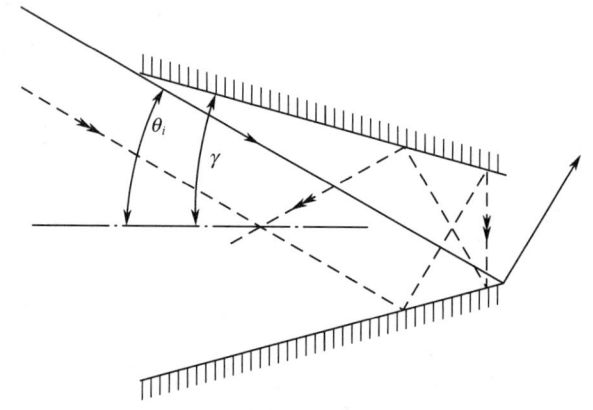

图 7.27　光锥会聚器

给定入射孔径直径后，易于导出光锥长度的表示式，也易于看到沿着角度 θ_i 还有一些其他的光线入射，如双箭头表示的光线，将被光锥反射回来。若用一个有更多反射光的更长的光锥，仍然有一些沿着角度 θ_i 的光线被反射回来。很明显，光锥偏离了理想的会聚器[40]。

7.5.2　复合抛物面会聚器（CPC）概述

光锥会聚器用边缘光线原理进行改进，可以达到近于理想的最大理论会聚度的非成像会聚器系列的原型，即复合抛物面聚器（CPC）[41]。"复合会聚器"的含义可以是折射—反射的复合，或者是不同结构的复合。

对一个光锥会聚器，见图 7.28，若按边缘光线原理要求进入到极端收集角 θ_i 的所有光线将出现在出射孔径的边缘点 P' 处。由子午面内光线可知是无解的，因为已知只有抛物面形状反射器，对于和轴成角 θ_i 的光线在点 P' 处有焦点，如图 7.29 所示。这从另外一方面说明光锥远远偏离理想的会聚器。复合抛物面会聚器（CPC）等可归类为光锥类会聚器。

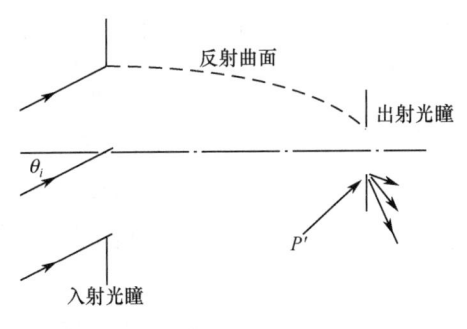
图 7.28 抛物面符合边缘光原理

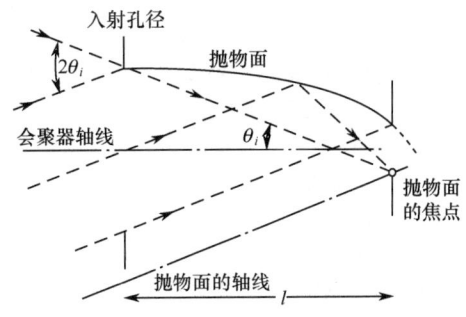
图 7.29 按边缘光线原理的 CPC 剖面构造

一个 3D 会聚器有一个对称轴，相对于轴旋转可以得到反射曲面（不一定与抛物线会聚口同轴），对称性决定了整个长度。图 7.29 示出角度为 θ_i 的光束中的两条极端光线，会聚器的长度必须能保证这两条光线通过。由图 7.29 可知用出射孔径直径 $2a'$ 和最大输入角 θ_i 便可决定 CPC 的形状。抛物面的焦距为

$$f = \frac{a'}{1+\sin\theta} \tag{7.34}$$

整个长度为

$$L = \frac{a'(1+\sin\theta_i)\cos\theta_i}{\sin^2\theta_i} \tag{7.35}$$

入射孔径半径为

$$a = \frac{a'}{\sin\theta_i} \tag{7.36}$$

同样，由式（7.35）和式（7.36）或直接由图 7.29 得到

$$L = (a+a')\cot\theta_i \tag{7.37}$$

带有不同收集角的 CPC，在入射孔径边缘处会聚器壁是零倾斜的，如图 7.30 所示。这些 CPC 会聚器符合式（7.36），有最大理论会聚度

$$\frac{a}{a'} = \frac{1}{\sin\theta_i} \tag{7.38}$$

其表示在收集角 θ_i 内的所有光线均在出射孔径中出现；但是实际并非如此，3DCPC 有多次反射，实际上进入最大会聚角内的光线有部分返回的光线。光束传输率和光束入射角之间的关系称为传输—角曲线，用光线追迹方法计算的传输—角曲线很接近于正方形，图 7.31 表示一个 $\theta_i = 16°$ 的 CPC 典型的传输—角曲线，截断发生在 1° 的范围[37]。

CPC 接近于理想，对所有波长可进行设计，而不要求材料有特殊性质。其缺点是长度/直径比太大，如式（7.35）所示。如果在基本设计结构中组合折射元件是可以克服长度/直径比太大的问题。

2D CPC 或槽型会聚器在太阳能应用中是很重要的，其并不要求日间导向。2D CPC 有最大的理论会

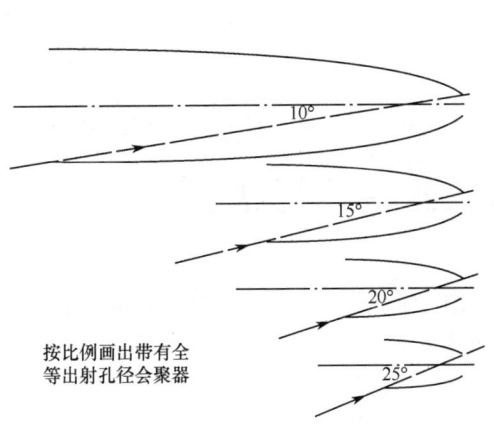
图 7.30 一些带有不同收集角的 CPC

聚度，即在最大的收集角内没有光线被返回。为此，须找到判断经过若干次内反射后被返回的光线。这个判断方法还用于所有带有内反射的轴对称锥形会聚器。该方法如图 7.32 所示，可以通过

所指出的方向进行反向光线追迹，这些光线应出现在入射孔径的边界处某个区域内，并画出它们和入射孔径平面的交点。这些光线可以按照在会聚器中的反射次数分类。

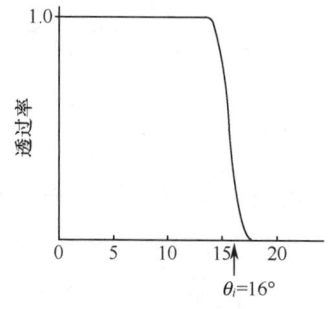

图 7.31 带有接收角 $\theta_i = 16°$ 的 CPC 的传输—
角曲线（截断发生在 1° 的范围）

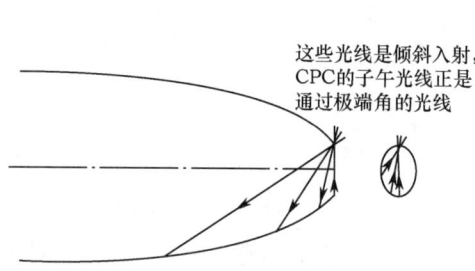

图 7.32 在光锥类会聚器中
判断返回的光线

图 7.33 表示一个槽的长度方向垂直于图平面的 2D CPC，所有光线只考虑它们在纸面上的投射方向。现在判别被返回的光线。按此设计在角度 θ_{max} 内入射到入射孔径的所有光线是没有返回的。2D CPC 有最大理论会聚度，传输—角曲线有理想的性质，如图 7.34 所示。

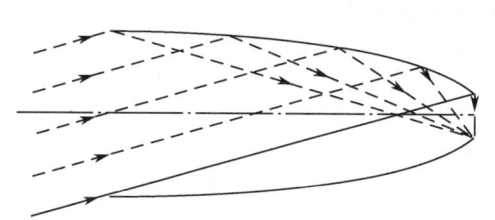

图 7.33 2D CPC（图中光线表示图平面外光线的投影）

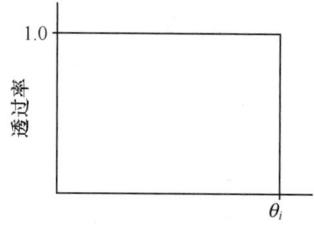

图 7.34 2D CPC 的传输—角曲线

在 3D CPC 中，不同入射角的光线在它们由出射孔径再现（或不再现）之前有不同次数的反射，因有返回光线产生非理想性能。

7.5.3 复合抛物面会聚器的性质

1. CPC 的方程式

现写出轴旋转对称和原点移动的 CPC 的子午截面方程。设出射孔径直径为 $2a'$，最大接收角为 θ_{max}，则方程式如下：

$$(r\cos\theta_{max} + z\sin\theta_{max})^2 + 2a'(1+\sin\theta_{max})^2 r - 2a'\cos\theta_{max}(2+\sin\theta_{max})^2 z - a'^2(1+\sin\theta_{max})(3+\sin\theta_{max}) = 0 \tag{7.39}$$

此处，坐标如图 7.35 所示，相对 z 轴的旋转对称面在三维中有 $r^2 = x^2 + y^2$，式（7.39）表示一个第 4 度曲面（fourth-degree surface，除了 x,y,z，还有一个第 4 度参量 r）。

用抛物线的双参量方程式可以得到更紧凑的函数形式。图 7.36 表明可求得边缘角 ϕ，根据这个边缘角和坐标 (r, z) 给出子午截面。

$$r = \frac{2f\sin(\phi - \theta_{max})}{1 - \cos\phi} - a', \quad z = \frac{2f\cos(\phi - \theta_{max})}{1 - \cos\phi} \tag{7.40}$$

$$f = a'(1 + \sin\theta_{max})$$

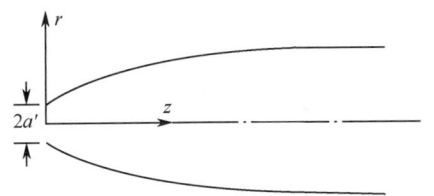

图 7.35 CPC 的 r-z 方程式的坐标系统

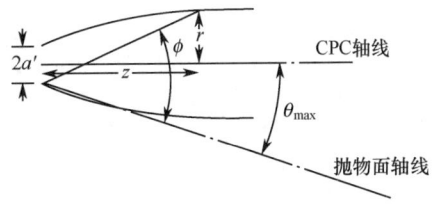

图 7.36 参数化的 CPC 方程式中的角度 ϕ

如果引入方位角 ψ 可得完全的参数方程

$$x = \frac{2f \sin\psi \sin(\phi - \theta_{\max})}{1 - \cos\phi} - a'\sin\psi$$

$$y = \frac{2f \cos\psi \sin(\phi - \theta_{\max})}{1 - \cos\phi} - a'\cos\psi \quad (7.41)$$

$$z = \frac{2f \cos(\phi - \theta_{\max})}{1 - \cos\phi}$$

2. 面的法线

为了光线追迹,需要知道 CPC 内表面法线的方向余弦。如果以 $r = (x^2 + y^2)^{1/2}$ 置换式(7.39)中的 r,结果可以写为以下形式:

$$F(x,y,z) = 0 \quad (7.42)$$

方向余弦 p 可由下式给出

$$p = (F_x, F_y, F_z)/(F_x^2, F_y^2, F_z^2)^{1/2} \quad (7.43)$$

为简化参数公式的复杂性。定义两个矢量

$$\boldsymbol{a} = (\partial x/\partial\phi, \partial y/\partial\phi, \partial z/\partial\phi), \quad \boldsymbol{b} = (\partial x/\partial\psi, \partial y/\partial\psi, \partial z/\partial\psi) \quad (7.44)$$

可以给出法线

$$\boldsymbol{n} = \boldsymbol{a} \times \boldsymbol{b}/(|\boldsymbol{a}|^2|\boldsymbol{b}|^2 - |\boldsymbol{a}\cdot\boldsymbol{b}|^2)^{1/2} \quad (7.45)$$

显然这个法线公式有些不清晰[42],其可以由图 7.29 中的轮廓结构看到在入射端法线垂直于 CPC 轴,即其内壁与柱面相切。

3. CPC 的传输—角曲线

为了计算 CPC 的传输性质,在入射孔径上以 1/100 孔径直径的间隔分成网格,在每个网格点以收集角 θ 追迹光线。由 CPC 在收集角 θ 传输的光线与 CPC 最大收集角 $\theta_{\max}$ 时传输的光线的比值为传输率 $T(\theta,\theta_{\max})$。$T(\theta,\theta_{\max})$—θ 绘成曲线即为传输—角曲线,如图 7.37 所示。它们均接近于理想的矩形截止(cutoff)线,这是会聚器处于最大理论会聚度时所必须有的。

在所设计的接收角 $\theta_{\max}$ 内传输的总能通量 Φ_{total} 也是很重要的,有

$$\Phi_{\text{total}} = \int_0^{\theta_{\max}} T(\theta,\theta_{\max})\sin 2\theta \, d\theta \quad (7.46)$$

如果用下式除之

$$\int_0^{\theta_{\max}} \sin 2\theta \, d\theta$$

可得到半角内传输的能通量。这个计算结果如图 7.38 所示,表示 3D CPC 不能给出理论最大会聚度。例如,10° CPC 的理论最大会聚度为 $\csc^2 10° = 33.2$,但是在图上的实际值为 32.1。当然,这个损耗是因为斜光线在 CPC 内部多次反射后被反射回去。

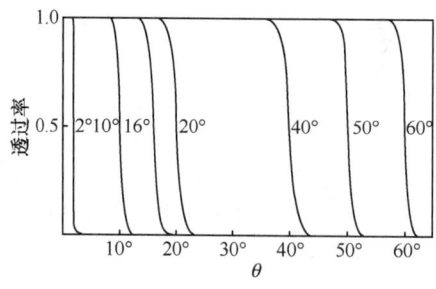 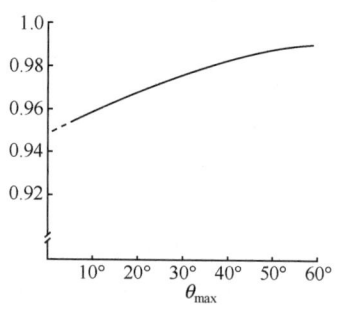

图 7.37 θ_{max} 为 2°~60° 时的 3DCPC 传输—角曲线　　图 7.38 3DCPC 在 θ_{max} 内可全传送

这些损耗的产生可以理解为：用固定入射角的光线追迹，在入射孔径上可以绘出光线在各区域的情况。图 7.39 表示 $\theta_{max}=10°$ 设计的 CPC 对 θ 为 8°、9°、9.5°、10°、10.5°、11°、11.5° 时反向追迹的光线分区图。

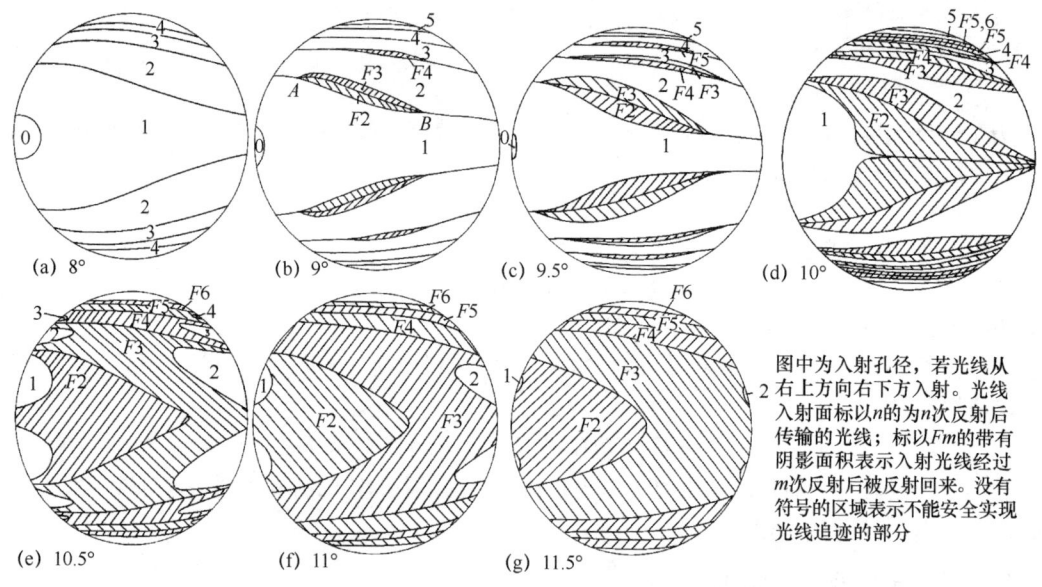

图 7.39　10° CPC 在入射孔径面接收的光线和被拒绝的光线的模式（$\theta_{max}=10°$）

在入射孔径面上标号为 0, 1, 2, … 的区域为入射光线在 CPC 中经过 0 次、1 次、2 次…反射后传输的光线；F2, F3 … 表示光线入射到这些区域中经过 1 次、2 次…反射后被反射回去。在空白区域中的光线经 5 次反射后仍然射向出射孔径，计算结果被省略了。在 $T(\theta, \theta_{max})$ 的计算中角度差 $\theta_{max}-\theta$ 中的许多光线被遗漏了，图 7.39 不能判定这些光线是否被通过。这样在角度差 $\theta_{max}-\theta$ 范围内的光线在图 7.37 曲线中清楚地表示了其传输情况。

在图 7.39 中，各区域之间的边界是出射孔径上多次反射后的畸变像，可以看到光线返射回来的区域被边界分开。例如，在光线入射角为 9° 时，经过 2 和 3 次反射后被返回来的区域与经过 1 和 2 次反射后通过的区域分开了。

7.5.4　增加复合抛物面会聚器的最大会聚角[43]

复合抛物面会聚器（聚光器）是一种非成像低聚焦度的聚光器。其优点之一是有较大的接收角，在运行时不需要连续跟踪太阳，只需每年按季节调整倾角若干次就可有效地工作。因其最大会聚角 θ_{max}（θ_{max} 为太阳直射或经 1 次反射到 CPC 装置底部的最大入射角）而提高了使用价值[44]。

θ_{max} 较小的 CPC 装置的实际应用价值受限。为此，研究增加复合抛物面聚光器（CPC）最大聚焦角 θ_{max} 具有重要的实际意义。

1. 传统 CPC 的结构及其最大聚光角

复合抛物面会聚器（CPC）的结构及设计思想如图 7.40（a）所示[45]。设计中，抛物面 A 的焦点在抛物面 B 的下端点处，抛物面 B 的焦点在 A 的下端点处。最大会聚角 θ_{max} 可以简单定义为两个抛物面的上下端点连线夹角的一半。定义任意入射光线与 CPC 轴线的夹角为入射角 θ_i，图 7.40（b）中，当 $\theta_i < \theta_{max}$ 时，入射光线可以被反射到出射孔径（出光口）；当 $\theta_i = \theta_{max}$，即入射光线平行于抛物面 A 的轴线时，则将被反射到抛物面 A 的焦点，即是抛物面 B 的下端点；在图 7.40（c）中，当 $\theta_i > \theta_{max}$ 时，入射光线不能通过出光口，而是从进光口被反射回去。因此，最大会聚角 θ_{max} 是 CPC 设计的一个关键因素。根据边缘光线原理，传统二维 CPC 的最大会聚角一般用式（7.47）计算。

$$\theta_{max} = \arctan \frac{a + a'}{h} \tag{7.47}$$

式中，a 和 a' 分别为 CPC 的入射孔径和出射孔径的半径，h 为 CPC 的高度。

2. 增加 CPC 最大聚光角的方法

1）截断反射面底部

对二维的 CPC（当光平行 CPC 对称轴入射时，三维情况类似），从下端将其截断，截断长度为 x。为得到截底后的 θ_{max}，须求出其出光口宽度值 $N'P'$，如图 7.41 所示。

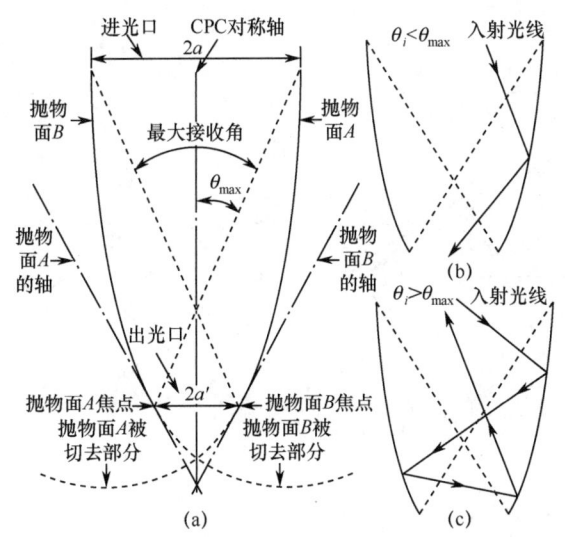

图 7.40 复合抛物面会聚器 CPC 光路图

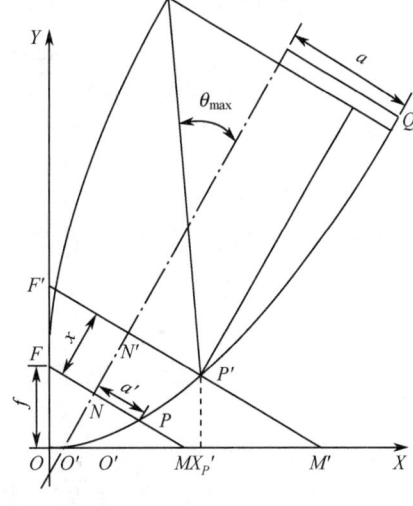

图 7.41 截底法计算示意图

推导如下

$$M'N' = (O'N + x)\cot\alpha = (|MN|\tan\alpha + x)\cot\alpha$$
$$= f/\sin\alpha - a' + x\cot\alpha$$

将上式和抛物线方程 $Y = X^2/4f$ 联立，可得

$$X_{P'} = 2f(\sqrt{x/f\cos\alpha + \sec^2\alpha} - \tan\alpha)$$

$$M'P' = \frac{(OM' - X_{P'})}{\cos\alpha} = \frac{OF'\cot\alpha - X_{P'}}{\cos\alpha}$$

$$N'P' = M'N' - M'P'$$

$$\tan\theta_{\max} = \frac{a+N'P'}{h-x} = \frac{C \cdot a' + N'P'}{h-x}$$

其中，C 为原 CPC 会聚度；a 为原 CPC 最大聚光角；h 为原 CPC 高度。

整理后得截底后的最大聚光角 $\theta_{\max}$ 与原始聚光比 C 及截断长度 x 的关系。

$$\theta_{\max} = \arctan \frac{\dfrac{2a'}{C-1}\left(C \cdot \sqrt{1+\dfrac{x}{a'} \cdot \sqrt{\dfrac{C-1}{C+1}}} - 1\right) - \dfrac{x}{\sqrt{C^2-1}} + (C-1)a'}{a'(C+1)\sqrt{C^2-1} - x} \tag{7.48}$$

2）反射面向远离对称轴方向平移

将二维的 CPC 反射面向远离对称轴方向平移距离 x，平移后的最大聚光角 $\theta_{\max}$ 与原 CPC 聚光比 C 及平移距离 x 的关系为

$$\theta_{\max} = \arctan \frac{a+a'+2x}{L} = \arctan \frac{(C+1)a'+2x}{a'(C+1)\sqrt{C^2+1}} \tag{7.49}$$

3）反射面向对称轴旋转

将一个二维 CPC 反射面向对称轴旋转一定角度 β，如图 7.42 所示，旋转后点 Q 转变为点 Q''，改变后的进光口宽度为线段 $Q'Q''$ 在线段 QQ' 上的投影。令线段 QQ'' 与 QQ' 的夹角为 γ，线段 PQ 与点 Q 切线的夹角为 φ，见式（7.50）。

$$\gamma = \varphi - \beta/2 \tag{7.50}$$

由边缘光线原理得

$$\tan\theta_{\max} = \frac{a - QQ''\cos\gamma + a'}{h + QQ''\sin\gamma} \tag{7.51}$$

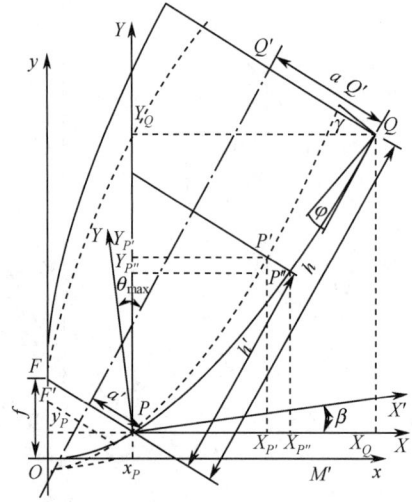

图 7.42 旋转法计算示意图

在坐标系 Oxy 中，求得点 P 坐标 (x_P, y_P)，并把 Oxy 平移至点 P，得到新坐标系 PXY，可求得点 Q 新坐标 (X_Q, Y_Q)。将 PXY 旋转 β 角，得到新坐标系 $PX'Y'$，利用坐标旋转公式，可得坐标系 PXY 下 Q'' 点坐标 $(X_{Q''}, Y_{Q''})$。

$$QQ'' = \sqrt{(Q_{Q''}-X_Q)^2 + (Y_{Q''}-Y_Q)^2} \tag{7.52}$$

联立式（7.50）、式（7.51）和式（7.52），即求得旋转后的最大聚光角 $\theta_{\max}$。但旋转角度也要受一定限制，因全尺寸 CPC 很高，若旋转角度过大，将使进光口宽度缩小，从而减小了会聚度。

因此须对旋转后全尺寸 CPC 从上端截断,截断后 CPC 形面上端点 P' 的切线与 CPC 对称轴平行,如图 7.43 所示。

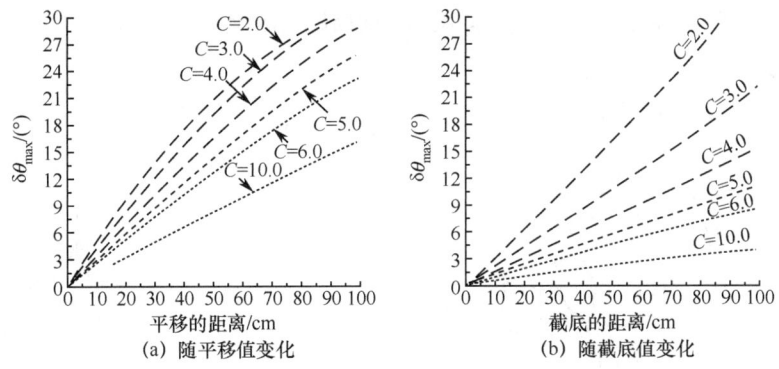

图 7.43 最大会聚焦增量

由边缘光线原理知,β 较小时,经旋转、截短后的 CPC 最大会聚角 θ_{max} 为

$$\theta_{max} = \alpha + \beta \tag{7.53}$$

实际上,经旋转、截短后的 CPC 相当于一个经过截底得到的标准 CPC,这个标准 CPC 进光口半宽度为 a_1,出光口半宽度为 $a_1'=2a'\cos\beta-a'$,截底的高度为 $2a'\cos\beta$。因此实际 CPC 的 θ_{max} 要大于 $\alpha+\beta$,可由式(7.48)求得。

3. 最大会聚角增量 $\delta\theta_{max}$ 随几何变量的变化

为了给出改变尺寸对 CPC 性能影响的直观印象,图 7.43 给出了 CPC 进光孔半径为 60 cm,出光孔半径分别为 6 cm、10 cm、12 cm、15 cm、20 cm、30 cm 时,即会聚度分别为 10.0、6.0、5.0、4.0、3.0、2.0 时,$\delta\theta_{max}$ 与平移、截底尺寸变量之间的关系。两个分图表明在上述六种尺寸的 CPC 中,随着平移、截底的距离的增大,最大聚光角增量 $\delta\theta_{max}$ 也随之增大,并且,当聚光比 C 越小,$\delta\theta_{max}$ 增大的速度越快;图 7.43(a)说明随着平移距离的增大,$\delta\theta_{max}$ 增大的速度趋于缓和;图 7.43(b)说明随着截底距离的增大,$\delta\theta_{max}$ 增大的速度趋于加剧;因此,为了使得最大会聚角尽可能地增大,平移与截底的距离越大越好,不过这会受到 CPC 尺寸的限制。全尺寸 CPC 高度较大时,截底往往更实用。

当平移与截底的距离相同时,平移法比截底法有更大的 $\delta\theta_{max}$,但是这种差距随着聚光比 C 的增大而减小,并且随着平移与截底的距离的增大(如当 $C=10.0$,$x>90$ cm 时),截底法对应的 θ_{max} 要大于平移法。

由式(7.53)知两种旋转方法对应的最大聚光角增量近似等于旋转角 β,即

$$\delta\theta_{max} \approx \beta \tag{7.54}$$

因此,可以把旋转法对最大会聚角的影响看成线性的,并且与原始 CPC 会聚度 C 无关。

上述增大最大聚光角 θ_{max} 的方法,实际上是对原 CPC 形面抛物线焦点的改变,只要改变后使抛物线焦点在出射表面内(平移法)或在出射表面下(截底法、旋转法),都可增大 θ_{max}。实际应用中,为了使 CPC 全天接收太阳能最大,可综合考虑其设计尺寸、会聚度等因素,采用上述多种方法,使得原 CPC 变化最小而 θ_{max} 增加最大。

7.6 同步多曲面设计方法

7.6.1 SMS 方法设计会聚器概述

下面主要讨论 2D 几何结构同步多面设计法[24]。令 Σ_i 和 Σ_o 分别为光学系统的入射和出射孔径,

其可为实的或虚的。设入射和出射孔径位于 z 为常数的平面，并设光源发出的光线射向输入孔径形成输入束，由出射孔径照射接收器上每一点的光线形成输出束。图 7.44（a）表示带有输入孔径、输出孔径、光源和接收器的 3D 会聚器。讨论 2D 的问题局限于坐标面 x-z 内[见图 7.44（b）]。

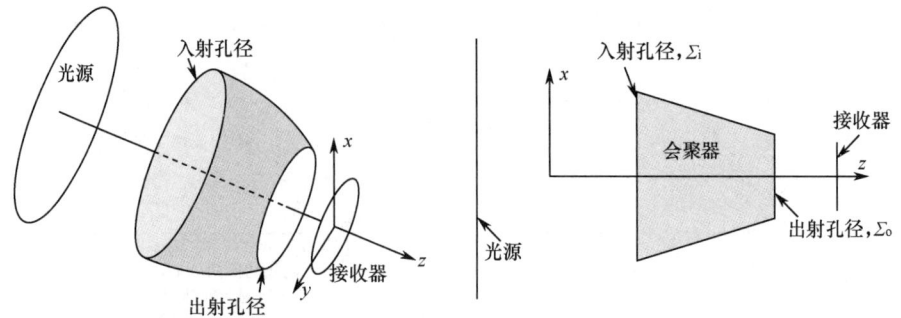

(a) 光源发出的光线射向入射孔径形成输入束，由出射孔径照射接收器上每点的光线形成输出束

(b) 光源、入射孔径、接收器和出射孔径的2D几何结构

图 7.44　同步多曲面法设计的会聚器示意图

令 n_i 为源和输入孔径之间的折射率，n_o 为出射孔径和接收器之间的折射率。通常设 $n_i=1$ 和 $n_o=1$，或者是在 1.4～1.6 的范围内。令 p 为相对于 x 轴的光线方向余弦。$p=n_i\cos(\alpha)$，α 为光线和 x 轴之间的夹角，这是在源和入射孔径之间光线轨迹上的一点上计算的；$r=n_o\cos(\alpha)$是在出射孔径和光源之间光线轨迹上的一点上计算的。则 $p^2+r^2=n^2$，n 是被计算的点 p 和点 r 处的折射率。

2D 几何结构中入射孔径 Σ_i 的每条光线可以用两个参数表示：光线和入射孔径交点的坐标为 x，该交点处光线的方向坐标为 p。同样，由出射孔径 Σ_o 发出的光线可以用另外一对参数说明，光线和接收器交点的坐标 x，在这个交点处的方向余弦为 p。相空间 x-p 的区间表示光源和入射孔径相联系的光线集，称之为输入束 M_i。相同的输出束 M_o 是相空间 x-p 区间的各点表示光线束 M_o 和接收器的连接。

本节的目的是设计一个光学系统，其中 M_i 的光线离开系统作为 M_o 的光线。即 $M_i=M_o$，M_i 和 M_o 分别代表光学系统的入射和出射孔径 Σ_i 和 Σ_o。如果 M_o 包括了到达接收器的所有光线，这种特殊情况称为最大会聚度。

要求光学系统 $M_i=M_o$，即 M_i 和 M_o 在 Σ_i 和 Σ_o 两个面上为同一光束，实际光学系统通常是达不到这个要求的。通过光学系统连接光源和接收器的光线束 M_c 与 M_i 或 M_o 相符合，即 M_c 分别是 M_i 和 M_o 的子集。

如果 M_i 和 M_o 是同一个光线集（$M_i=M_o$），则 M_i 和 M_o 的光学扩展量 E（étendue）相同。

$$E(M_i) = \int_{M_i} \mathrm{d}x\mathrm{d}p = \int_{M_o} \mathrm{d}x\mathrm{d}p = E(M_o) \tag{7.55}$$

这个过程就是边缘光线原理，对 $M_i=M_o$ 有其边缘光线集 $\partial M_i=\partial M_o$，即被设计的光学系统必须把 ∂M_i 的光线变换为 ∂M_o 的光线，反之亦然。实际上，∂M_i 的光线不一定能够全变换为 ∂M_o 的光线。

7.6.2　一个非成像透镜的设计：RR 会聚器

最简单的例子是一个非成像 RR 会聚器，RR 会聚器是指两次折射构成的会聚系统。运用边缘光线原理及 SMS 方法进行会聚器的设计，所用镜面表示符号为：折射（refraction, R），反射（reflection, X），设计的会聚器类型为折射型（RR）和折反射型（RX）两种。

1. 同步多曲面 SMS 设计 RR 会聚器过程

对 RR 结构建模之前需要确定初始参量，包括：材料折射率、入射角度及口径、镜面与接收器的距离、透镜边缘厚度等。以下设计过程中用 S_1S_2 表示光源的截面边缘两点，R_1R_2 表示接收器截面边缘位置，两条曲线所围图形表示非成像会聚器的截面图。理论上保证了透过率为 100%。设计时光源位置可根据情况看作有限远或无限远[46]。设计过程为：

（1）根据初始条件确定透镜上、下表面的边缘部分，均可为一段卵形线，目的是将子午面光源的两个边缘点理想成像于接收器的两个边缘点；

（2）根据已知的上表面的一段弧，利用光源 S_2 经透镜成像在 R_1 点，光程相等及反向运用折射定律得出法线值，进而求出下表面新的一点 P，同理对于下表面，S_1 和 R_2 互为对应点，光程相等，由法线可得到上表面上新一点 Q；

（3）重复（2）所述步骤，直至追迹出上下表面与光线的交点到达纵轴的距离，计算法线方向是否与纵轴平行，若不平行，改变初始值，重复计算；

（4）负半轴的相应点由对称得到，根据追迹出的上下表面的点进行曲线拟合，得到二维情况下的会聚器面形，设计完成。

以上为 RR 型会聚器的设计过程，RR 型单透镜会聚器设计原理图如图 7.45 所示。

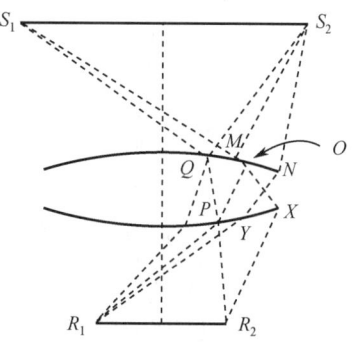

图 7.45　RR 型单透镜会聚器设计原理

2. 同步多曲面 SMS 设计 RR 会聚器方法描述

同步多表面设计方法是一种有效的非成像光学设计方法。该方法可以分为应用于二维（SMS 2D）和三维（SMS 3D）系统的设计方法。SMS 设计方法的基本设计理论是非成像光学中的边缘光线原理。设选择两个折射曲面作为光学系统，在二维系统中所有面形称为轮廓曲线。一般情况下，对于给定的两个光束可用两个曲面，使入射光束变换成对应的出射光束[34]。

在二维系统设计中，可利用同步多曲面方法求解两个曲面对应的轮廓曲线。所谓同步多曲面方法是通过逐点求解的方式求解轮廓曲线，后一条轮廓曲线上的一点可以通过前一条轮廓曲线上已求出的点求得，如此反复便可同时求得两条轮廓曲线。现以两个折射曲面实现对源出射光的定向控制为例来阐述同步多曲面方法，如图 7.46 所示[47]。曲线 AB 和曲线 CD 为 2D 几何结构设计的轮廓曲线，通过轴对称旋转曲线 AB 和曲线 CD 分别为 3D 几何结构设计中曲面 AB 和曲面 CD。介质 n 和介质 n_1 为两种不同的介质。点 S_1 和点 S_2 为光源 S_1S_2 的两个边缘点，由点 S_1 和点 S_2 出射的光束经曲线 AB 和曲线 CD 折射后分别对应波前 W_1 和波前 W_2。波前 W_1 和波前 W_2 的夹角应为出射光束的发散角。波前 W_1 和波前 W_2 为所要求的波形是已知的，其可以是会聚的或发散的波形。已知其中一条轮廓曲线上的一点和曲线在该点的法线（如点 P_0 和曲线 AB 在点 P_0 处的法线），以及点 S_1（点 S_2）到波前 W_1（波前 W_2）的光程 l。

边缘光线 S_1P_0 经曲线 AB 折射后，折射光线为 P_0P_1，根据已知条件可求得点 P_1 及曲线 CD 在点 P_1 的法线。边缘光线 S_2P_2 经曲线 AB 折射后，折射光线为 P_2P_1，根据已求点 P_1、曲线 CD 在点 P_1 的法线以及光程可求得点 P_2 及曲线 AB 在点 P_2 的法线。如此反复，便可同时求得曲线 AB 和曲线 CD 上的各点，然后拟合已求得的各点可得曲线 AB 和曲线 CD。在利用同步多曲面方法求解轮廓曲线时，应考虑源的所有边缘光线，并要求轮廓曲线上除端点之外的每个点仅有两条边缘光线通过。图 7.46 中，光线 1 和光线 2 分别对应边缘光线 S_2P_2 和边缘光线 S_1P_0。根据边缘光线原理，位于边缘光线 S_1P_0 和边缘光线 S_2P_2 之间源的所有出射光，经曲线 AB 和曲线 CD 折射后将分布于光线 1 和光线 2 之间。因此，利用同步多曲面方法设计的光学系统能有效收集和调整扩展光源的出射光。

3. 对旋转对称会聚器三维光学特性分析

下面给出几种旋转对称 RR 会聚器（RRC）结果分析。其对称轴为 z 轴。2D 几何结构可以验

证其 $M_i=M_o$，即照射到透镜的入射孔径的任何子午光线 AB 以 $-\sin(\theta_a) \leq p \leq \sin(\theta_a)$ 关系到达接收器 RR'；连接透镜 CD 出射孔径和接收器 S_1S_2 的任何子午光线以 $-\sin(\theta_a) \leq p \leq \sin(\theta_a)$ 关系通过入射孔径 AB。

图 7.47 表示 3D 光线追迹分析结果（既不考虑吸收也不考虑菲涅耳损失（Fresnelloss））。所谓菲涅耳损失是当光线从介质（塑胶或玻璃）入射到空气时，边界处会产生因反射所造成的损失）。图 7.47 中曲线为 RRC 传输—角曲线，透镜的其他性质见表 7.2。

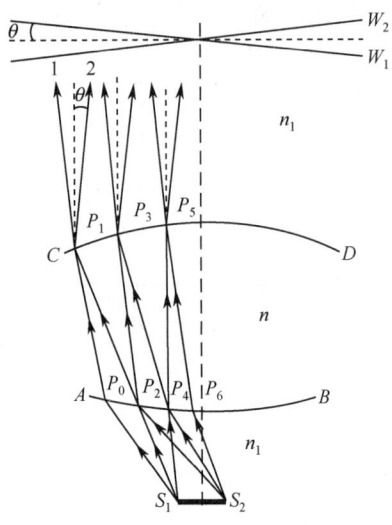

图 7.46 同步多曲面方法原理

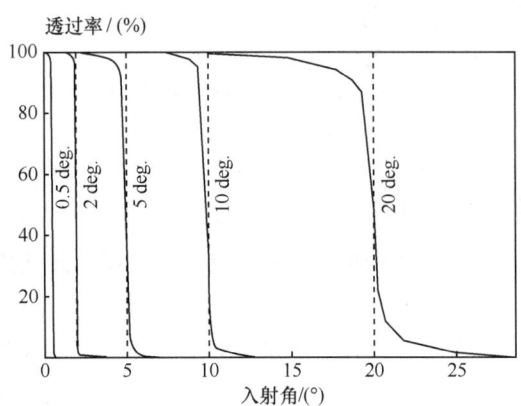

图 7.47 源设计为无限远的几种三维 RRC 传输—角曲线，每条曲线标上了接收角的数值

表 7.2 几种 RR 会聚器的几何特性（透镜折射率为 1.483；接收器半径为 1 单位）

$\theta_a/(°)$	0.5	2	5	10	20
几何会聚度，C_{g3D}	3 600	225	36	12.25	2.25
总传输率，$T(\theta_a)/\%$	97.5	98.0	96.9	96.6	95.9
分离角扩散 $\Delta\theta/(°)$	0.04	0.065	0.5	0.6	2
中心厚度	101.5	25.65	9.5	3.99	1.33
长度/入射孔径直径 f	1.161	1.16	1.161	1.036	1.073
出射孔径半径 R_0	20	5	2.5	2.5	1.2
出射孔径到接收器的距离 z_R-z_X	32.53	8.09	3.98	3.16	1.81
入射孔径到接收器的距离 z_R-z_N	72.35	17.95	7.84	4.28	2.27

图 7.48 表示 $\theta_a=10°$ 的 RRC 的横截面（见表 7.2 中 $\theta_a=10°$ 的数据）。图中虚线表示（full-load current 全负荷电流，FLC）RRC-FLC，其会聚度有所提高，达到 33.2。传输—角函数 $T(\theta,\theta_a)$ 表示在入射角为 θ 时透过入射孔径投向接收器的光线的百分比。用于入射角度为 θ 的 9 000 条追迹光线。在 $\theta=\theta_a$ 邻近对函数 $T(\theta,\theta_a)$ 进行试探性计算以保证 $T(\theta_i,\theta_a)-T(\theta_{i+1},\theta_a)<0.1$（$\theta_i$ 和 θ_{i+1} 是计算函数 $T(\theta,\theta_a)$ 的 θ 的两个连续值）。

只考虑子午光线时，如果 $\theta\leq\theta_a$，传输—角曲线为 $T(\theta,\theta_a)=1$，如果 $\theta>\theta_a$，传输—角曲线为 $T(\theta,\theta_a)=0$。然而，这些会聚器不是理想的 3D 几何结构（一些 $\theta\leq\theta_a$ 的斜光线没有被送到接收器，一些 $\theta>\theta_a$ 的斜光线可能被送到接收器），传输—角函数由 $T(\theta,\theta_a)=1$ 到 $T(\theta,\theta_a)=0$ 不是逐步变换的。换言之，在 3D 几何结构中，投向会聚器入射孔径角 $\theta\leq\theta_a$（M_i 光线集）的光线集不能符合由会聚器出射孔径和接收器光线集（M_o）之间的连接。因为用于构建会聚器的方法使这两个 E_{3D} 集的光学扩展量是相同的。如图 7.48 所示，由式（7.22）、式（7.23）可得入射孔径或出射孔径处光学扩展量[30,48]为

$$E_{3D} = \pi A_e \sin^2 \theta_a = \frac{\pi^2}{4}(X'R - XR)^2 \quad (7.56)$$

此处，A_e 是会聚器入射孔径的面积（$A_e = \pi x_N^2$，x_N 是点 N 的 x 坐标，$X'R$ 和 XR 均为光程）。

因为 $M_i \neq M_o$，不是理想的 3D 会聚器。称 M_c 为被采集的光线集，即 M_c 是在由角 θ_a 定义的锥面内射向入射孔径，最后到达接收器。明显地，M_c 是 M_i 和 M_o 的子集。

4. 会聚器几何特性

总传输率 $T(\theta_a)$ 是在设计接收角 θ_a 内被传输的总流量，表示为

$$T(\theta_a) = \frac{A_e \pi}{E_{3D}} \int_0^{\theta_a} T(\theta, \theta_a) \sin 2\theta d\theta \quad (7.57)$$

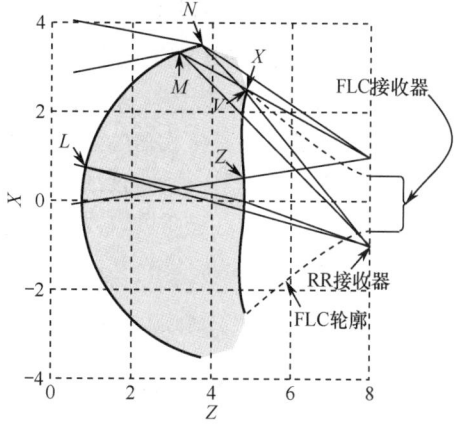

图 7.48 带有 10°接收角和几何会聚度为 33.2 的 RRC-FLC 组合。MN 和 XY 部分为笛卡儿卵形面（见图 7.45）

也可以定义为 M_c 的光学扩展量和 E_{3D} 的比值，故 $T(\theta_a) \leq 1$。

$T(\theta_a)$ 是会聚器的一个质量因子（一个理想的 3D 会聚器必须在 $\theta = \theta_a$ 处有一个直角的截止，则 $T(\theta_a) = 1$）。另一个轮廓形式表现为传输—角曲线是角度差 $\Delta\theta = \theta_9 - \theta_1$，此处，$\theta_9$ 和 θ_1 完全满足 $T(\theta_9, \theta_a) = 0.9$ 和 $T(\theta_1, \theta_a) = 0.1$。

表 7.2 给出了整个的传输特性，以及由图 7.47 所示传输—角曲线的 RRC 的 3D 光线追迹的定点（cut-off）角扩散 $\Delta\theta$。表中还给出了 RRC 的其他特性：几何会聚度 C_{g3D}（入射和出射孔径面积的比值）、会聚器的长度（在接收器的 z-轴坐标和透镜最左边的面的中心之间的差值）和透镜直径的比值 f、透镜中心的厚度（厚度）、出射孔径半径 R_o，以及点 X 和点 N 相对于接收器平面 RR' 的 z-坐标（分别为 $z_R - z_X$ 和 $z_R - z_N$）。接收器半径永远为 1 单位，透镜折射率为 $n = 1.483$。用 RR 会聚器是难于达到最大会聚度的，用相同方法设计的器件（RX，XR，RXI，XX）是能达到或接近最大会聚度的。

7.6.3 XR 会聚器

1. XR 会聚器设计原则

由一个反射面（X）和一个折射面（R）取代 RR 的两个折射面可构成 XR 会聚器。入射光线先射向反射面后被反射到折射面。若接收器浸没在折射率 $n > 1$ 的介质中（光线只通过折射面一次），此时，达到的最大几何会聚度 C_g 比接收器内介质折射率为 1 的介质中大 n^2 倍。

图 7.49 表示源在无限远时所设计的会聚度最大化的会聚器。到达会聚器的光线并不全包括在 M_o 光线集中。点 N 和 X 的位置如图 7.50 所示，考虑光学扩展度守恒定理，点 X 必须在双曲线 $X'R - XR = E/2$ 上，点 N 在双曲线 $|NS'| - |NS| = E/2$ 上（设点 R 和 R' 在坐标 $z = 0$ 的 $x = \pm 1$ 处）。此处，光程 XR' 和 XR 为相应长度乘以折射率 n。选择点 N 和点 X，轮廓的设计从透镜的 XY 部分开始，是对点 N 和点 R' 成像的笛卡儿卵形面。因为点 N、X 和 R' 的位置是已知的，这个笛卡儿卵形面容易构成。点 Y 可以由来自 S 和反射面上的点 N 发出的光线和笛卡儿卵形面交点得到。

反射镜的 NM 是椭圆成像器件的一部分，其使点 S' 成像为点 X。由点 R 发出的通过点 X 的光线和椭圆交于点 M。在 XR 型的 XY 和 NM 部分与 RR 型的相应部分处理方法相似（见图 7.45 和图 7.50）。

设计可以从 XY 部分开始：（1）光线通过 XY 以及反射镜的一部分，由点 R 追迹要求这些光

线会聚到点 S';(2)由点 S 发出的光线被上面计算的反射镜部分反射,使这些光线聚焦到点 R'。重复这个过程直到求得 $x=0$ 处的值。如果希望曲面在 $x=0$ 处和 z-轴垂直,则通常对不同点 X 和 N 反复这个计算过程,直到垂直。

2. XR 会聚器的三维追迹

3D 会聚器是对 z-轴旋转对称的结构,通过出射孔径到达接收器的光束的 3D 光学扩展量为 $E_{3D}=\pi n^2 A_r$,此处,A_r 是接收器的面积。图 7.51 所示为不同入射角的 XRC 的传输—角曲线,这些曲线中的一个是图 7.51 所示的会聚器(相应于接收角 $\theta_\alpha=1°$),其他数据见表 7.2。对于大的 θ_α 值(大于 $10°\sim15°$),这个分析方法不适用。

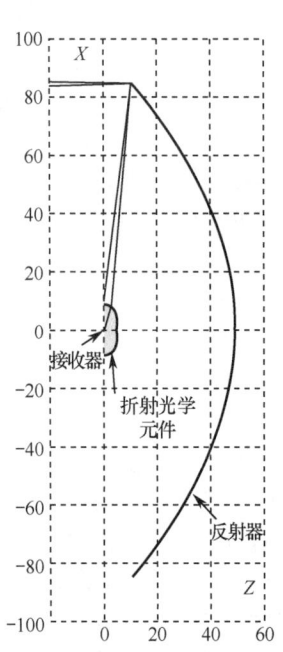

图 7.49 源在无限远的 XRC,对轴包角为 1°

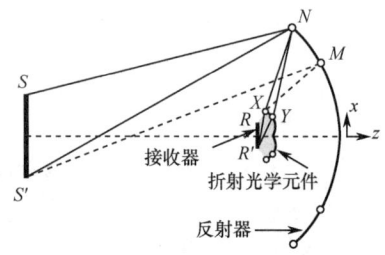

图 7.50 XRC 会聚度分别在透镜和反射镜极端点 X 和点 N 开始

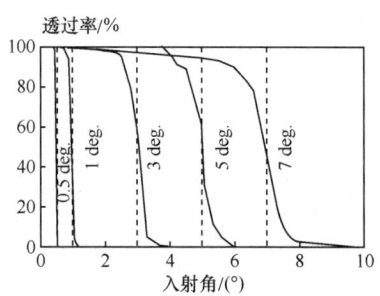

图 7.51 对于源在无限远和接收角为 θ_α 的几种 3D XRC 设计的传输—角曲线[曲线的编号是接收角(见表 7.3)]

表 7.3 中包括了两个总传输率 $T(\theta_\alpha)$。第一个考虑了介电介质在反射镜上的阴影,或者说,光投射到介电介质(或者是接收器)背时,在出射孔径处造成损耗。第二种情况是不考虑阴影问题。介电介质厚度在其中心测量。z_N-z_R 是从出射孔径平面到接收器平面的距离。当 θ_α 很小时,该距离可以是负值。在反射镜和出射孔径之间充以介电介质,并固定接收器。

表 7.3 若干种 XR 会聚器的几何性质和 3D 光线追迹结果(折射率为 1.483,接收器半径归一化为 1 单位)

$\theta_\alpha/(°)$	0.5	1	3	5	7
几何会聚度 C_{g3D}	28 889	7 221	802.9	289.5	148
整个传输率 $T(\theta_\alpha)$ / (%)	94.43	94.62	90.22	90.03	80.74
无阴影的总传输率 $T(\theta_\alpha)$ / (%)	98.67	95.64	92.38	93.9	88.18
分离角扩散	0.05	0.15	0.65	1.0	1.5
会聚器深度/入射孔径直径	0.257	0.287	0.313	0.356	0.348
介电介质中心厚度	13.56	4.56	2.57	2.57	2.33
介电介质半径	35	8.5	4	3	3
入射孔径到接收器的距离 z_N-z_R	-5.42	10.08	5.88	5.91	3.77

7.6.4 RX 会聚器

1. RX 会聚器设计原则

RX 会聚器是从源发出的光线先被折射（R）再被反射（X）（见图 7.52），其与 XR 相似。然而 RX 可以制成为固体单片，且其介电常数比 XR 大，用一个折射面和一个反射面取代了 RR 结构的两个折射面。

图 7.53 表示被设计的会聚器的输入和输出光束。输入光束（M_i）连接 SS' 和 AA'，输出光束（M_o）连接 OO' 和 RR'。这些线段平行于 x-轴并且对称于 z-轴。如果 OO' 和 RR' 是重合的，则输出光束是 M_o 射向接收器 RR' 的所有光线。如果 OO' 远离 RR'（设其向着正轴的负方向），则出射光束用出射角照明接收器。如果 SS' 在无限远（例如向着 z 轴的正方向），则无限远处的源发出的是输入光束。设光线由 SS' 射向 AA' 和由 OO' 射向 RR'，如果接收器位于 RR' 处，其接收器工作面是图 7.53 中的右边的面。

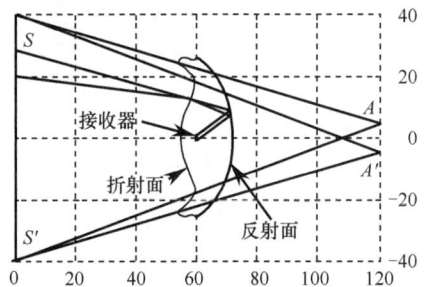 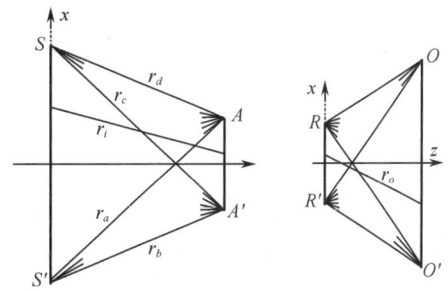

图 7.52　RX 会聚器结构原理（线段 SS' 向线段 AA' 发射光线是由会聚器 RX 会聚到接收器上，这种方法是接收器的背向照明输入光束）

图 7.53　RX 会聚器 2D 几何结构的输入和输出光束（输入光束连接 SS' 和 AA'，输出光束连接 OO' 和 RR'）

因为要求 $M_i = M_o$，设计的必要条件是保证两个光束的光学扩展度相同，即在相空间 x-p 中表示两光束区域的面积是相同的。光学扩展度 $E(M_i) = E(M_o)$，由式（7.22）可得

$$SA' - SA = n(RO' - RO) \quad (7.58)$$

此处，SA 表示由点 S 到点 A 的距离。式（7.58）可用于计算 M_i 和 M_o 的光学扩展度[49]。

2. RX 型会聚器的设计过程[48]

建模之前首先需要确定初始参量，包括：材料折射率、入射角度及口径大小、镜面与接收电池的距离和透镜边缘厚度等。设计过程用 S_1S_2 表示光源的截面边缘两点，R_1R_2 表示光伏电池的截面边缘位置，两条曲线所围图形表示非成像会聚器的截面图，如图 7.54 所示。RX 型会聚器的光伏电池浸没在镜片中，并且电池的有效光电转换吸收面背朝光源方向。入射与出射光束的光学扩展不变量匹配是设计的前提条件。理论上保证了透过率为 100%，设计时光源位置可根据情况看作有限远或无限远。

图 7.54 中，S_1S_2 为有限远光源，R_1R_2 为光伏电池，d_0 为会聚器上表面的中心顶点，m_1 为下表面最低点，已知量为：S_1S_2 与 R_1R_2 的口径大小及位置，R_1R_2 与 S_1S_2 的距离，R_1R_2 和所求会聚器上下表面之间的距离，透镜折射率 n_1。编程设计过程如下。

（1）确定会聚器光程 L，如图 7.55（a）所示。根据边缘光线原理，S_2 成像于 R_1 点，连接 S_2d_0，设 d_0 处法线方向为 z 轴方向，计算出 S_2d_0 经 d_0 点折射后的光线 d_0m_1 的斜率，在直线 d_0m_1 上距 R_1R_2 为 h_2 处取一点 m_1，近似作为会聚器的下表面最低点，连接 R_1m_1。点 m_1 为下表面镜面反射点，入射光线和反射光线分别为 d_0m_1 和 m_1R_1，根据这两条光线的斜率，计算出 m_1 点处的法线方向，即

二者角平分线方向，则光程为

$$n_1\left[\sqrt{(z_R-z_{m_1})^2-(x_R-x_{m_1})^2}+\sqrt{(z_{m_1}-z_{d_0})^2+(x_{m_1}-x_{d_0})^2}\right]+\sqrt{(z_{d_0}-z_{s'})^2+(x_{d_0}-x_{s'})^2}=L \quad (7.59)$$

在整个编程计算过程中为一定值，即 S_2 点成像至 R_1 点及 S_1 点成像至 R_2 点的所有边缘光线的光程均为 L。

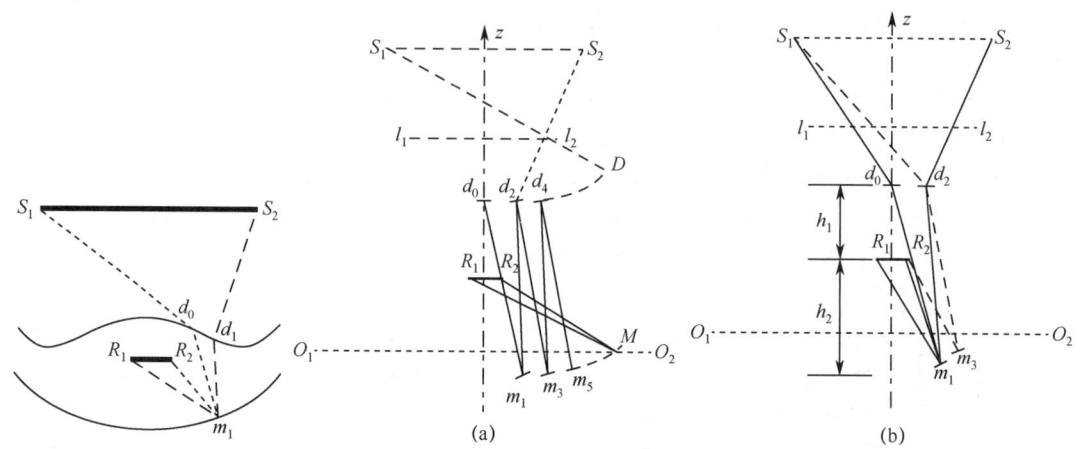

图 7.54　RX 型会聚器设计原理　　　　图 7.55　RX 型会聚器设计过程

（2）采用 SMS 方法追迹上下表面，由步骤（1）计算出点 m_1 处法线后，连接 R_2m_1，根据法线方向计算出反射光线 m_1d_2 斜率为 $K_{m_1d_2}$，上表面新点 d_2 为未知，设为 $d_2(x_{d_2},z_{d_2})$，满足

$$\frac{z_{d_2}-z_{m_1}}{x_{d_2}-x_{m_1}}=K_{m_1d_2} \quad (7.60)$$

$$n_1\left[\sqrt{(z_{R'}-z_{m_1})^2-(x_{R'}-x_{m_1})^2}+\sqrt{(z_{m_1}-z_{d_2})^2+(x_{m_1}-x_{d_2})^2}\right]+\sqrt{(z_{d_2}-z_s)^2+(x_{d_2}-x_s)^2}=L \quad (7.61)$$

求出点 d_2 坐标，连接 d_2S_1，因为点 R_2 与 S_1 点互为物像点，满足折射定律，在 d_2 点处反向运用折射定律求出点 d_2 的法线值。设下表面新点 m_3 坐标为 $m_3(x_{m_3},z_{m_3})$，连接 S_2d_2，利用已求出的法线值计算折射光线的斜率为 $K_{d_2m_3}$，仍然满足

$$\frac{z_{d_2}-z_{m_3}}{x_{d_2}-x_{m_3}}=K_{d_2m_3} \quad (7.62)$$

$$n_1\left[\sqrt{(z_R-z_{m_1})^2-(x_R-x_{m_1})^2}+\sqrt{(z_{m_1}-z_{d_2})^2+(x_{m_1}-x_{d_2})^2}\right]+\sqrt{(z_{d_2}-z_{s'})^2+(x_{d_2}-x_{s'})^2}=L \quad (7.63)$$

通过两个方程求出点 m_3 的坐标值，同上利用入射和反射光线求出 m_3 处法线值。

（3）重复上述步骤直至上下表面达到口径目标大小值，即相空间边缘光线处。

（4）如图 7.55（b）所示，分析终止点 D、M 是否会聚，或是否到达已知口径前就会聚，适当改变图 7.55（b）中接收器位置的初始值 h_1 或 h_2，重新计算。

（5）当 D、M 点呈会聚趋势且达到最大接收角时停止。

（6）对称得到负半轴面形曲线设计结束，旋转得到三维曲面，设计结束。

3. 设计结果

利用计算软件 Matlab，根据上述原理编写了设计软件，设计出理想的 RX 型会聚器结果见图 7.56。设计参量为：上表面有效口径为 35 mm，光伏电池 R_1R_2 口径为 2 mm，RX 会聚器厚度为 H=20 mm，电池距会聚器上表面距离为 h_1=8 mm，所用材料折射率为 n_1=1.491 756，模拟几何聚光比为

(S_1S_2/R_1R_2)=306.25,当入射半角为 5°时理论聚光比为 ($1.491\ 756/\sin5°$)^2=292.96。

RX 型会聚器的优点是由于接收器浸没在折射率为 n_1 的材料中,相比于 RR 型二维和三维会聚度分别相应扩大了 n_1 和 n_1^2 倍,并且元件可以铸造成一个整体,易于封装集成。缺点是电池的有效接收面背向光源,电池对会聚器上表面入射光线有遮挡作用,并且当接收角度增大时影响严重。RX 型会聚器接收角度较小,通常小于 7°。

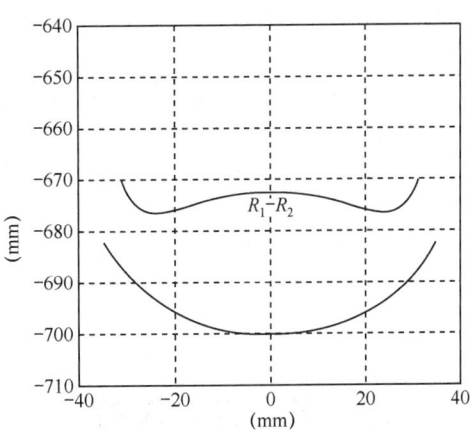

图 7.56 RX 型聚光器的设计结果

4. RX 型会聚器的三维参量

图 7.57 和图 7.58 表示几种会聚器的横截面。RX 型会聚器的 3D 光线光路如图 7.57 所示,光线由盘状源 SS' 射向接收器 AA'。M_0 包含了到达接收器的所有光线。M_i 的光线不是来自无限远距离,长度单位是接收器的半径(即 $RR'/2$),介电介质的折射率为 $n=1.483$。

这些会聚器的输入光束是相同的:$|SS'|=80$,SS' 和 AA' 沿 z 轴方向的差值为 $H=120$。AA' 可以用式(7.58)来导出。表 7.4 表明 #1~#4RX 会聚器的一些几何性质。当考虑到接收器的阴影时,表中的第二行表示考虑阴影损耗的总传输率 T_t 值。折射面到反射面之间的光线轨迹中,反射面拦截了一些光线。当考虑了反射镜的反射损失(反射系数为 0.91)和介电界面上的菲涅耳损耗(折射率 $n=1.483$)时,第三行表示了阴影反射和菲涅耳损耗值。

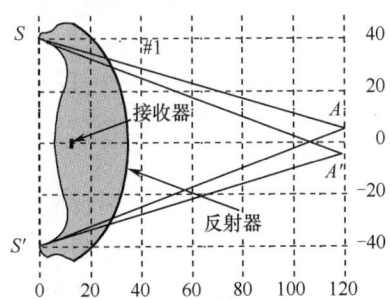

图 7.57 RX 型会聚器的#1(输入光束包含由盘状源 SS' 向 AA' 发射的光线。输出光束包含投射到接收器的所有光线。其他数据如表 7.4 所示)

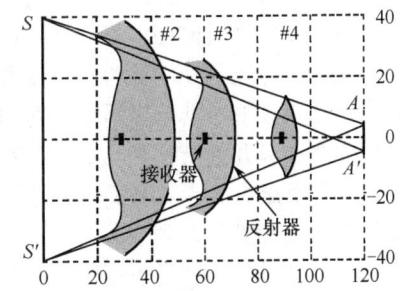

图 7.58 RX 会聚器的#2、#3 和#4(其输入和输出光束与图 7.57 相同。这些会聚器的其他数据如表 7.4 所示)

表 7.4 所选择的 RX 会聚器的几何性质和 3D 光线追迹结果

会聚器特性	会聚器编号			
	#1	#2	#3	#4
总传输率 T_t/(%)	99.4	98.2	98.3	95.7
考虑阴影损耗的总传输率/(%)	99.4	98.2	97.8	94.3
考虑阴影反射和菲涅耳损耗/(%)	84.9	84.5	85.2	82.6
会聚器孔径直径/mm	91.9	77.5	51.8	28.6
介电介质中心厚度/mm	28.5	24.0	17.0	11.0
由 SS' 平面到会聚器底部的距离/mm	34.5	49.0	72.0	101.0

会聚器参数:折射率为 $n=1.483$;接收器半径为 1;输入到 SS' 的光束直径为 80;输出到 AA'

的光束直径为 9.38；由 SS'到 AA'的距离为 120；使出射光束产生最大会聚度。

会聚器#5（如图 7.59 所示）的输入光束的点 S 和点 S'在无限远处。点 A 和点 A'不与点 D 和点 D'相重合。

RX 比等同的 XR 会聚器更多地采用介电材料，RX 可以制成一个单片，而 XR 至少设计为两片装配。在 RX 和 XR 两种会聚器中，接收器背向会聚器入射孔径。在光伏发电中，太阳能电池的槽在电池的背面，因为其阴影挡光，引入附加损耗。

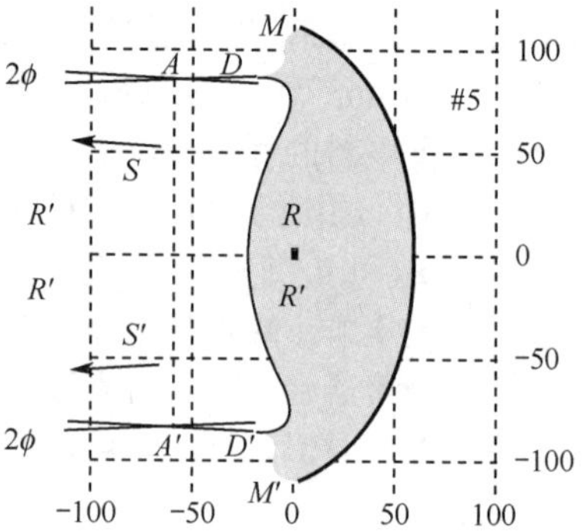

7.7 XX 类会聚器

7.7.1 XX 类会聚器的原理

图 7.59 RX 会聚器#5（其输入光束的点 S 和点 S'在无限远处）

会聚器的两个面也可以设计为反射面，而不产生阴影效应。其原理结构是基于薄层低折射率材料（n_l）浸没在高折射率层（n_S）中（见图 7.60）的多层结构[50]。其可理解为光线由高折射率介质中射向低折射率材料的界面时，当入射角大于临界角[28]

$$\sin\theta_m = \frac{n_S}{n}\sin 90° \geqslant \frac{n_S}{n} \qquad (7.64)$$

则光线发生全反射，即大于投射角 arcsin（n_l/n_h），则层的行为类似于反射器。光线投射到界面上的角度小于 arcsin（n_l/n_h），就不改变光线的轨迹，层的行为类似于薄的平行平板，因其很薄，光线在临界角以内通过薄层，不改变光线方向。

当设计一个实际的会聚器时，浸没在较大折射率介质中的薄层的反射和透射与入射角的关系实际上不是连续的。其与介质对辐射的折射率、波长和偏振态和介质的厚度等有关。这个会聚器的折射率分布和几何结构是从 2D 会聚器结构设计方法[51]开始的。

XX 会聚器的设计采用了低折射率薄层。光线以小的角度通过该薄层，可以搜集最多的光线。若光线以大的角度投射到该薄层上，该薄层就起反射镜作用。图 7.61 表示一个 XX 型的例子，在图左边的中心部分为普通反射镜，这样，因为阴影会产生一些损耗，对于小于±8°的会聚度和准直无限远的源，设计的损耗可控制在 5%以内。

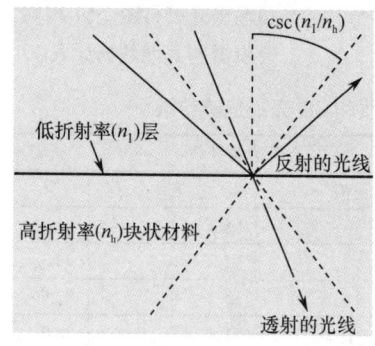

图 7.60 浸没在高折射率材料中的薄层是一个有掠射角的反射镜，且不改变光线的轨迹

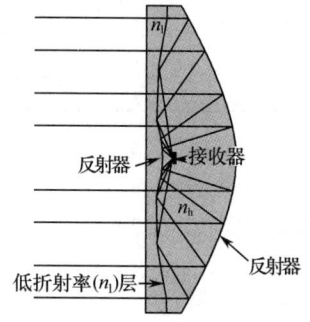

图 7.61 XX 型会聚器（高折射率层（n_h = 1.5），低折射率层（n_l=1.33），半接收角为 1.5°，几何会聚度为 3 283

7.7.2 RX1 会聚器

XR 和 RX 接收器的（发射器）工作面均背向出射孔径，一个实际问题是热接收器（sinks）的电连接是在其背面。一种称为 RXI 光学会聚器（相当于 RX 集成化（integration））的会聚器在接收角内射向聚光器孔径的光线，通过一次折射、一次反射和一次全内反射直接射向接收器。会聚器是一个纵横比（厚度/孔径）接近 1/3 的电介质片状体，接收器浸没在其中向着出射孔径[52]。旋转对称 RXI 的光线追迹分析表明，当入射光接收角很小（小于 3°）和接收面积也很小（会聚度增大）时，总传输率（不考虑吸收或反射损失）大于 94.5%。

最初的 RXI 会聚器设计是为了解决这个问题。RXI 也可以制成介电介质单片，接收器浸没在介电介质单片当中。

RXI 会聚器和其他相关会聚器 RR、XR、RX 的差别是后三种会聚器都是由两个光学面构成。由源发出的光线射到接收器前先依次射向两个面。RXI 也有两个光学面，光线首先被折射再被第二个面反射，最后被第一个面完全内反射，并投射到接收器（见图 7.62）。该会聚器的一个重要特点是光线与第一个面相互作用两次。完全内反射的条件并不能都在入射孔径的每一个点上实现，故入射孔径面的一小部分必须是普通反射镜。

设计 RXI 会聚器主要是为了得到最大会聚度和紧凑结构，其入射光束 M_i 有一个小的扩散角；总透射率 T_t（类似于 XR 和 RX）为高值；在一个固体片状体中安装会聚器（类似于 RX），使其接收器的工作面向着会聚器的孔径。

在设计时，光束 M_i 和 M_o，以及介电材料的折射率 n 是已知的。M_i 和 M_o 必须实现 $E(M_i)=E(M_o)$。在图 7.62、图 7.63 和图 7.64 的例子中为三个不同的 RXI 设计（入射角分别为±1°，±3° 和±5°），M_i 是源在无限远的入射光束，M_o 是产生了最大会聚度的出射光束。

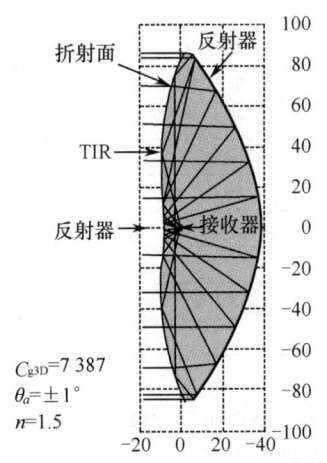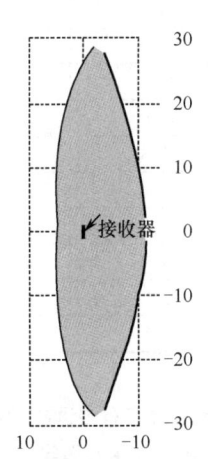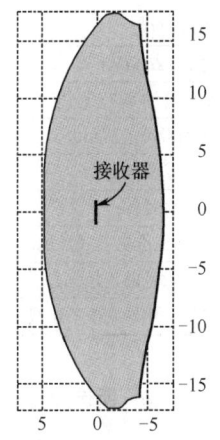

图 7.62 入射角为±1°的最大会聚度 RXI 会聚器　　图 7.63 入射角为±3°的最大会聚度 RXI 会聚器　　图 7.64 入射角为±5°的最大会聚度 RXI 会聚器

7.7.3 RX1 会聚器的三维分析

下面给出旋转对称于 z 轴的无限远源和有限远源的两种 3D RXI 的分析结果。其一，无限远源的 RXI 会聚器，包含了所有投射到会聚器孔径上的光线，其与对称轴的夹角不大于给定值 θ_i。其二，RXI 会聚器由直径为 AA' 的盘向直径为 BB' 的盘发射光线（见图 7.65）。对于两种型式的 RXI 会聚器的输出光束包含了所有到达接收器的光线。盘中心在对称轴上并与其垂直。

图 7.66 表明源在无限远和有不同接收角的几种 RXI 的传输—角曲线。这些 RXI 中的三种横

截面表示在图 7.62、图 7.63 和图 7.64 中。这些曲线并没有考虑前面金属反射镜的阴影，也没有考虑接收器背面产生的阴影。考虑到阴影效应总传输率见表 7.4 和表 7.5，即计算两个表中的总传输率时，考虑了光线交于孔径平面反射区之外，或交于接收器的背面，该光线就丢失了。

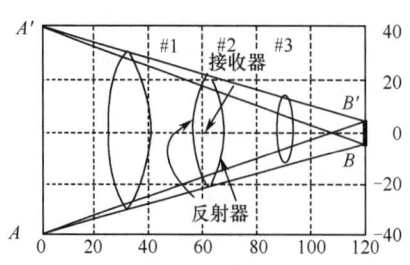

图 7.65 RXI 会聚器输入光束是由 AA' 的任一点向着 BB' 的任一点发射；输出光束包含所有到达接收器的光线

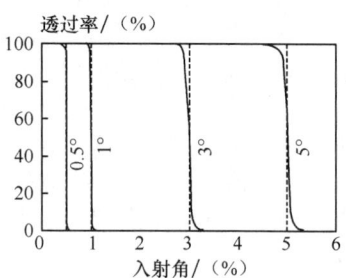

图 7.66 源在无限远和角 θ_a 的几种 3D RXI_c 传输—角曲线；传输率包括了上面反射镜的阴影

表 7.5 给出了源在无限远的旋转对称 3D RXI 会聚器分析的结果。几何会聚度 C_G 定义为 $C_G=A_e/A_r$，其中，A_e 是会聚器入射孔径在对称轴的正交面上的投影，A_r 是接收器的面积。表 7.6 给出横截面如图 7.62 所示的旋转对称 3D RXI 会聚器的分析结果。

表 7.5 所选择的具有最大会聚度和源在无限远的 RXI 会聚器的几何特性和 3D 光线追迹结果
（折射率为 $n=1.5$，长度单位为接收器半径）

会聚器特性	接收角 $\theta_i/(°)$			
	1	2	3	4
几何会聚度 C_G	29 546	7 387	821.5	296.2
总传输率 $T_t(\theta_i)/(\%)$	96.9	97.3	94.5	86.9
无阴影总传输率 $T_t(\theta_i)/(\%)$	97.4	97.7	96.6	96.7
厚度/入射孔径直径/mm	0.278	0.279	0.289	0.332
介电介质厚度/mm	95.6	47.9	16.6	11.4
入射孔径直径/mm	343.8	171.9	57.3	34.4
由 SS' 平面到会聚器底部的距离/mm	34.5	49.0	72.0	101.0
前金属反射镜的直径/mm	23.2	11.2	8.2	10.8
接收器到会聚器底部的距离/mm	76.0	38.6	11.6	6.5

表 7.6 所选择的具有最大会聚度和源在有限远的 RXI 会聚器的几何特性和 3D 光线追迹结果
（折射率 $n=1.5$；长度单位为接收器半径；输入光束 AA' 的直径为 80；
输入光束的 BB' 的直径为 9.5；从 AA 到 BB' 的距离为 120）

参 数	会聚器编号		
	1	2	3
总传输率 $T_t/(\%)$	96.0	93.2	86.7
无阴影总传输率 $T_t(\theta_i)/(\%)$	97.8	96.8	95.1
（厚度/入射孔径直径）/mm	0.252	0.256	0.226
介电介质厚度/mm	15.4	11.2	6.1
入射孔径直径/mm	61.2	43.6	26.8
前金属反射镜的直径/mm	7.9	7.2	5.6
接收器到会聚器底部的距离/mm	11.3	8.2	4.0

7.8 非成像光学用于 LED 照明

1. 非成像光学用于照明系统

20 世纪三四十年代在美国的一些生产光学产品的公司中已经出现了非成像光学器件,但直到 70 年代非成像光学理论才逐渐成为一个体系[49],并随着对太阳能收集等问题研究的深入[55],逐渐成为一门新兴的光学分支。非成像光学系统简洁、能量利用率高,逐渐被照明领域所关注。根据设计要求,非成像光学问题可以分为两类:光线耦合问题和给定光分布问题。

2. 非成像光学设计中的光线耦合与给定光分布

1) 光线耦合

光线耦合主要存在于收集利用太阳能和设计准直透镜等方面。图 7.67 所示为一种太阳能收集系统结构示意图。图 7.67 (a) 给出了系统的三维视图,图 7.67 (b) 为其 x-y 平面的剖面图。由图可知,系统结构沿着 z 轴方向为全等平移延伸,光学系统设计等同于在 x-y 平面的二维设计。从图 7.67 (b) 可以看到,设计目标是使在一定角度范围内入射到该光学系统的光线,最多经过一次反射就能入射到光学系统下部出口处的接收器,以达到高效收集太阳能的目的。在这种设计中,应用了边缘光线理论[56],根据这种理论设计的二维方案,如果不考虑反射面的吸收损耗,其光的收集效率将接近 100%。类似的具有旋转对称性的太阳能收集系统[44,75]如图 7.68 所示。其设计方法与图 7.67 相同,都是应用边缘光线理论获得二维轮廓线,如图 7.68 (a) 所示。与图 7.67 不同的是,最后的收集系统是二维轮廓线绕其对称轴 R 旋转获得的反射面,如图 7.68 (b) 所示。

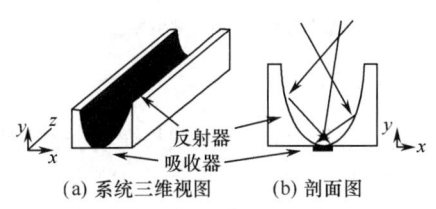

图 7.67 太阳能收集系统结构示意图

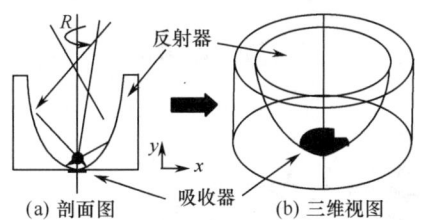

图 7.68 旋转对称的太阳能收集系统示意图

相关的模拟和实际结果表明,相比于一个方向上全等延伸的光会聚器,旋转对称的光会聚器的收集效率有所下降。比较合理的解释为[57]:平面的二维设计只能考虑子午面内的光线的反射和传播,但在实际旋转对称系统中,存在大量不在二维设计面内的旋进光线,而平面二维设计无法有效考虑到这些光线,从而造成了收集效率下降。而在全等延伸的系统中,由于收集器也一并延伸,因而对于旋进光仍然具有极强的收集能力。如图 7.67 所示的沿一个方向全等延伸的系统在设计上可以等同于一个二维系统;但对于图 7.68 所示的旋转对称系统,不能等同于二维系统,其精确设计要相对复杂得多。因此,通常称图 7.67 为二维设计,而图 7.68 则称为旋转对称三维设计或者旋转对称设计。

2) 给定光分布

光线耦合问题关心的是光的收集问题,但将非成像光学引入到照明领域后,对于设计具有给定光分布的照明光学系统,逐渐得到了解决[35]。根据光源尺寸的不同,给定光分布问题可以分为面向点光源的设计(即光源尺寸对于光学系统可以忽略不计)和面向扩展光源的设计(即光源的尺寸相对于光学系统不可忽略)。按设计的维度,给定光分布也可以分为二维设计(即设计的光学系统具有旋转对称性或者平移对称性)和三维自由设计问题(即设计的光学系统不具有旋转对称性或者平移对称性)。对于 LED 光源,由于其芯片尺寸小(目前功率型芯片的典型尺寸约为 1 mm×1 mm，小功率芯片的尺寸更小），在很多情况下常忽略其尺寸对光学设计的影响。

7.8.1 边缘光线扩展度守恒原理和控制网格算法[58]

LED 模块设计采用了边缘光线扩展度守恒原理[59]建立了一套自由曲面控制网格的节点矢量的计算方法（参阅第 5 章光学自由曲面），可以优化出自由曲面光学元件。

边缘光线的扩展度守恒原理如图 7.69 所示，它结合了边缘光线原理[46]及光源的扩展度守恒原理。光源经过光学系统到达目标是个数学映射关系，通过自由曲面边缘部分光线，光学系统的扩展度守恒经过映射后，也对应于目标的边缘，自由曲面中间连续的部分经过映射后，也在目标中间形成连续的分布。如果光学系统没有损耗，其光源及目标的扩展度是守恒的。

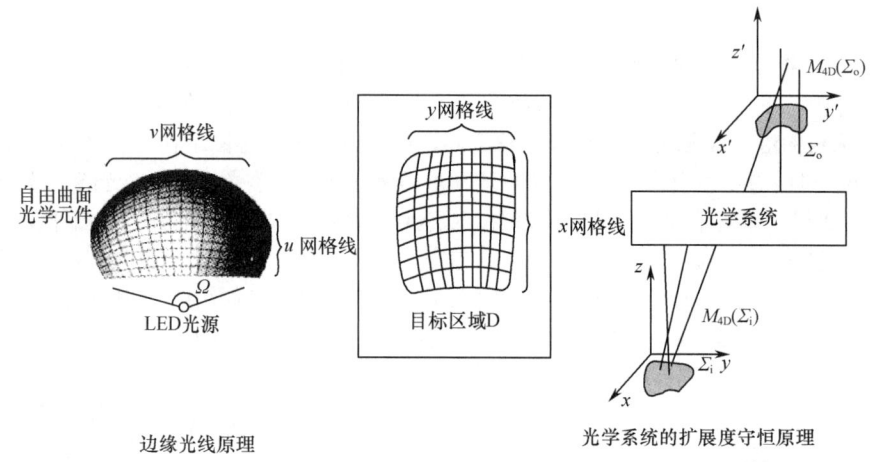

图 7.69 边缘光线的扩展度守恒原理

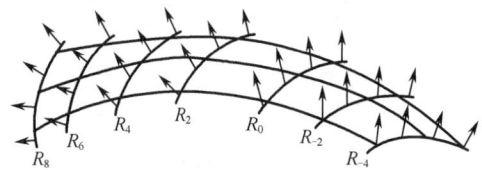

图 7.70 自由曲面上筋和肋的节点法线矢量

扩展度为光源或目标的面积与光线会聚角所形成的立体角的乘积。根据这一原理，可将目标及自由曲面分割成等量的网格（见图 7.69 中的 v 和 u 网格及 y 和 x 网格），目标的网格节点与自由曲面的网格节点形成一一对应，再根据目标节点的位置及法矢量，就可以对应地计算出图 7.70 所示的自由曲面的控制网格节点法矢量，生成所需要的自由曲面。

边缘光线的扩展度守恒原理可以由下式表示

$$E = n^2 \iint \mathrm{d}A\cos\theta\mathrm{d}\Omega$$

$$E = n^2 A_0 \Omega_{\mathrm{proj}} = \pi n^2 A_0 \sin^2\theta$$

$$E[M_{4\mathrm{D}}(\Sigma_\mathrm{o})] = E[M_{4\mathrm{D}}(\Sigma_\mathrm{i})]$$

$$= n^2 \iint \mathrm{d}A\cos\theta\mathrm{d}\Omega$$

$$= \int_{M_{4\mathrm{D}}(R)} \mathrm{d}x\mathrm{d}y\mathrm{d}p\mathrm{d}q + \mathrm{d}x\mathrm{d}z\mathrm{d}p\mathrm{d}r + \mathrm{d}y\mathrm{d}z\mathrm{d}p\mathrm{d}r \qquad (7.65)$$

式中，E 为光束扩展度；Ω 为立体角；$M_{4\mathrm{D}}(\Sigma_\mathrm{o})$ 为输出光束的扩展度；$M_{4\mathrm{D}}(\Sigma_\mathrm{i})$ 为输入光束的扩展度。

这种设计方法可用来设计 LED 路灯的自由曲面透镜，路灯安装高度为 12 m，路灯间隔为 40 m，路面宽为 12 m，即路灯需要在路面上产生 40 m 长、12 m 宽的方形光斑。根据这个要求，需要设计在 x 方向产生±60°内均匀分布的配光，在 y 方向产生±30°内均匀分布配光的方形光斑的自由曲面透镜。

透镜的控制网格的节点法线，如图 7.71 所示，根据边缘光线扩展度守恒原理，以及斯涅耳（Snell）折射定律，有以下的关系：

$$N = N_x \boldsymbol{i} + N_y \boldsymbol{j} + N_x \boldsymbol{k}$$

$$A = A_x \boldsymbol{i} + A_y \boldsymbol{j} + A_z \boldsymbol{k} = B_x \boldsymbol{i} + B_y \boldsymbol{j} + B_z \boldsymbol{k}$$

$$\begin{cases} N_x = \dfrac{A_x - B_x}{\sqrt{2}\sqrt{|A| - A \cdot A'}} \\ N_y = \dfrac{A_y - B_y}{\sqrt{2}\sqrt{|A| - A \cdot A'}} \\ N_z = \dfrac{A_z - B_z}{\sqrt{2}\sqrt{|A| - A \cdot A'}} \end{cases} \quad (7.66)$$

$$|A|^2 = A_x^2 + A_y^2 + A_z^2$$

$$A \cdot A' = A_x B_x + A_y B_y + A_z B_z$$

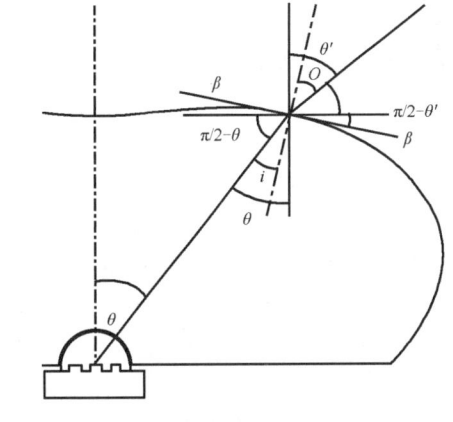

图 7.71 透镜控制网格的法线及入射出射光线

式中，N 为法线矢量；A 为入射光线矢量；A' 为出射光线矢量。

将透镜曲面和目标光照面积分成等量的网格，根据入射光线及出射光线的 Snell 方程，将网格的节点矢量一一对应，整个曲面的控制网格由计算机迭代法算出，最后将控制网格形成透镜模型。整个路灯的光效模拟由光线追迹软件 LightTools 进行光线追迹。模拟结果如图 7.72 所示，当路灯高度为 12 m 时，在 40 m×12 m 的路面上产生均匀的配光。路灯的远场角度分布为蝙蝠翼形，如图 7.73 所示，辐射强度 X 方向的峰值光强的一半约为±60°，辐射强度 Y 方向的峰值光强的一半约为±30°。路灯的光型如图 7.74 所示，路灯光型测试结果可通过国家城市道路照明设计标准 CJJ45—2006。

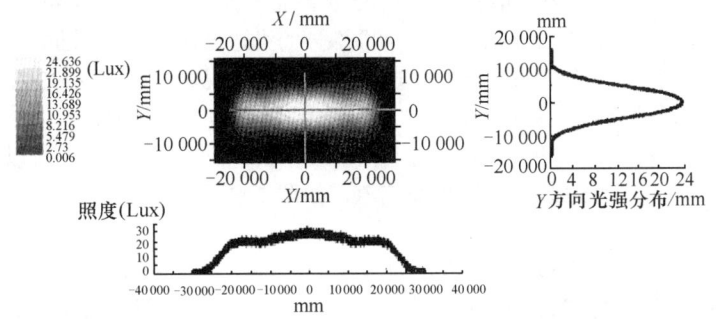

图 7.72 12 m 远处的照度分布模拟结果

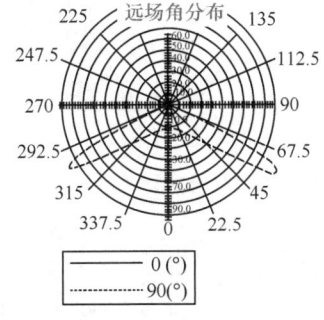

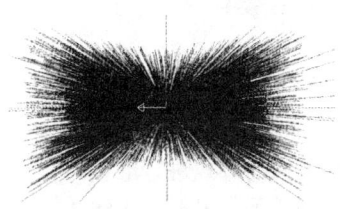

图 7.73 LED 路灯光强的远场角度分布　　图 7.74 LED 路灯光型图

7.8.2 LED 的非成像光学系统设计实例

1. 非成像光学设计流程图

图 7.75 为常见的 LED 非成像光学设计流程图，大体上可以分为确定设计条件和要求、理论计算设计模型、系统仿真模拟结果以及反馈数据修改设计等几个环节。

设计中，首先要确定设计的条件和要求，如光学系统的结构、材料、要求的光分布等。据此确定其属于二维系统、旋转对称系统还是三维自由设计，按不同设计确定设计方法。通常芯片的尺寸相比于系统往往可以忽略，但是在实际设计中，忽略点光源带来的误差可能无法忽视，需要进行模拟仿真反馈数据以修正设计参数和设计方案，直至符合要求。仿真通常采用的是蒙特卡罗光线追踪法[60]。

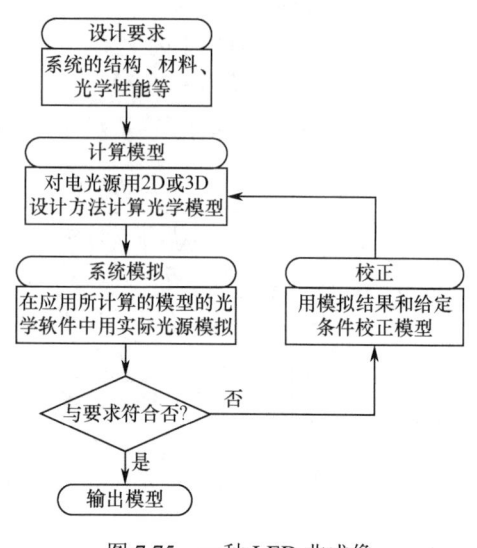

图 7.75 一种 LED 非成像光学设计流程示意图

2. 准直光源系统设计（光线耦合系统设计）

在投影仪光源、投射灯、夜景照明灯等实际应用中常需要一个准直投射的面光源[61]，LED 芯片近似于一个朗伯光源，其发散角大、远场分布不满足要求；并且，单颗功率型 LED 芯片的输出光能量远达不到要求的亮度。因此 LED 准直光学系统不仅要实现 LED 芯片的光在大面积内准直输出，而且还要容易扩展。为实现准直光源，一些设计方案采用二次光学元件，即准直透镜与封装后的 LED 配合使用，以达到准直的目的，采用轴对称的透射——全反射组合结构，如图 7.76 所示。透镜中间部分为一平凸非球面透镜，将从 LED 出射的与光轴夹角±64°内的光均匀分布在±30°范围之内。剩余 64°～90°部分的光透过透镜内部侧面的柱面之后，由外边倾斜的曲面进行全反射，这部分的反射光再经过上表面的锥面透射后也形成±30°范围内的分布。透镜的透射部分和全反射部分的光束经叠加后，最后形成一个±30°范围内较均匀的光束分布。

这种结构使得封装 LED 与准直透镜之间存在空气隙而带来额外损耗。可以设想采用一个准直透镜直接对 LED 芯片进行封装，不产生空气隙，如图 7.77 所示。

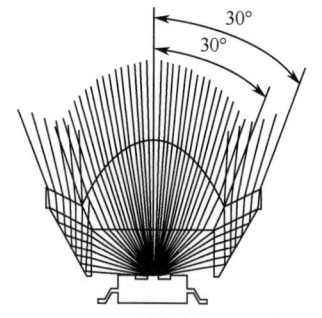

图 7.76 发散角为 60°的 LED 全反射透镜设计

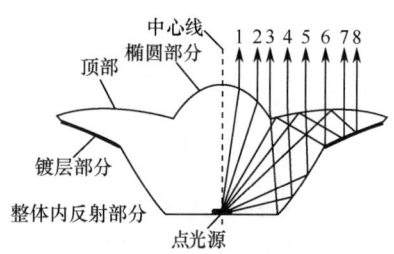

图 7.77 帽形封装透镜的结构和原理示意图

图 7.77 所示的帽形封装透镜具有旋转对称特性，LED 芯片作为光源浸没在透镜中，LED 发出的光通过三种不同的方式进行准直，光线轨迹为：光线 1、2 与轴线夹角较小，通过透镜的中心表面折射后与轴线平行出射；光线 3、4、5 与轴线夹角较大，通过全内反射侧面反射后再从边缘扩展表面折射，与轴线平行出射；光线 6、7、8 与轴线的夹角适中，先通过边缘扩展表面全内

反射，再通过蒸镀反射膜侧面反射，最后从边缘扩展表面折射，与轴线平行出射。因此，帽形封装透镜的二维曲线计算原理可以分为四个步骤：①确定中心表面曲线；②预设边缘扩展表面曲线；③逐点计算全内反射侧面曲线；④逐点计算蒸镀反射膜侧面曲线。

计算过程要点：

(1) 通过设定的透镜高度以及折射定理计算中心表面曲线，其最大光源光线角取决于折射时的菲涅耳损耗；

(2) 在确定中心表面曲线后，根据全内反射要求和最终出射要求确定边缘扩展表面曲线；

(3) 根据大角度光线发生全内反射的要求逐点计算图内反射侧面，并且保证图内反射后的光线经过边缘扩展表面的折射平行出射；

(4) 其次确定蒸镀反射膜侧面，最后通过旋转二维曲线获得最终模型；

(5) 为了实现大面积准直光源，设计要求透镜具有可扩展性，为此将透镜上表面修正为正六边形，获得的透镜模型如图 7.78 所示。

帽形透镜极坐标表示的光场远场分布如图 7.79 所示，可以看到封装后的 LED 光场集中在较小的发射角内，基本实现了准直光源的要求。

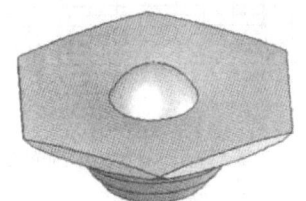
图 7.78 六边形准直 LED 模型

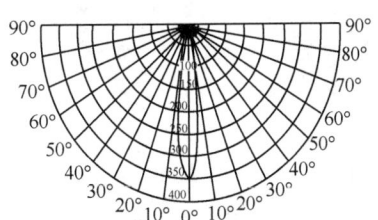
图 7.79 帽形透镜极坐标表示的光场远场分布

7.8.3 大范围照明光源设计（二维给定光分布设计）

室内照明光源易被人眼直视，照明范围大，通常发散角要大于 120°。为实现这些要求，同时保证光源光能的充分利用，必须使 LED 发出的光均匀发散到发光面上，而且发光区域没有突出的亮点才可以[60]。

大范围光场形状通常具有旋转对称性或者具有平移对称性；在光强方面，要求在规定角度内具有均匀强度。图 7.80 给出了二维光分布的旋转对称系统图，在给定光分布的设计中，需要对光线出射角和光源的能量传输进行控制。

以图 7.80 (a) 为例，设给定光分布为 $P_R(r)$，朗伯光源的中心光强为 $I_{O,R}$，已知与对称轴夹角为 ϕ_1 的光线入射到屏幕上半径为 r_1 的位置；考虑另一角度 ϕ_2 的光线，入射位置为 r_2。根据能量守恒定理，有

$$2\pi \int_{r_1}^{r_2} P_R(r) r \mathrm{d}r = 2\pi \int_{\phi_1}^{\phi_2} I_{O,R} \cos\phi \sin\phi \mathrm{d}\phi \tag{7.67}$$

写出微分形式，得到 ϕ，r 的表达式，有

$$\mathrm{d}r_R = \frac{I_{O,R}}{P_R(r)} \frac{\sin\phi \cos\phi}{r} \mathrm{d}\phi \tag{7.68}$$

在设计中，规定了光线角度范围和屏幕范围之后，给定一个初始的 ϕ_0 入射到 r_0 的光线，则可考虑角度为 $\phi_0+\mathrm{d}\phi$ 的光线，根据式（7.68）就可以获得其入射位置为 $r_0+\mathrm{d}r_0$，并依次类推获得所有光线角度与入射到屏幕上位置。根据光线出射角和最终入射位置的对应关系，可以计算旋转对称光学系统的二维轮廓线，最后通过旋转对称性获得最终模型。与此相比，二维系统的模型则可以通过先计算二维轮廓线，然后平移获得光学系统模型。图 7.81 给出了利用折射实现均匀光强

分布的 LED 旋转对称透镜模型及其效果图。由图可知，采用这种设计方案所设计的透镜使光源出光角度被控制在±60° 内，并且远场光强实现了均匀分布。

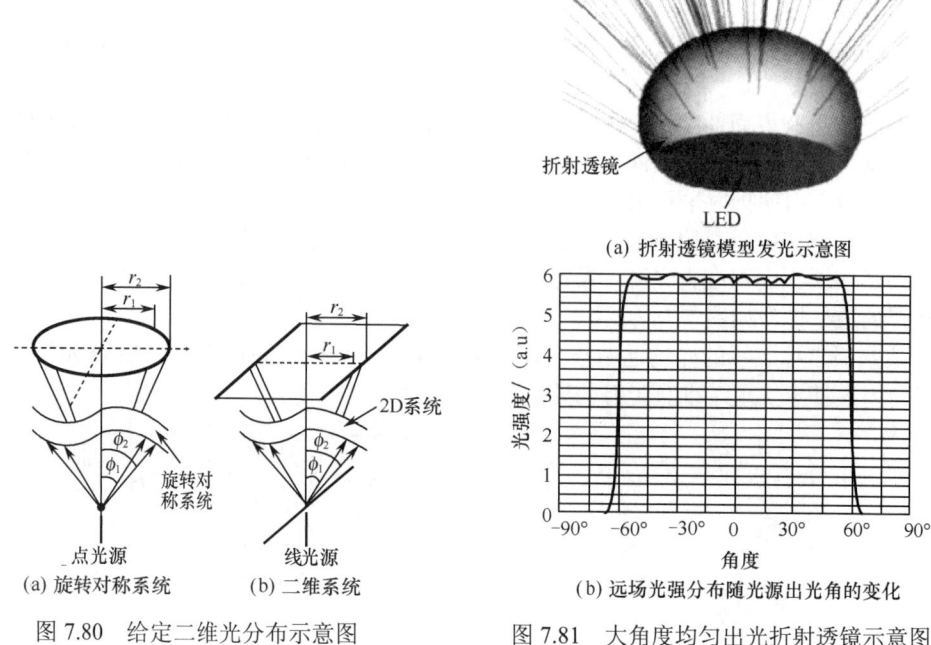

(a) 旋转对称系统　(b) 二维系统

图 7.80　给定二维光分布示意图

(a) 折射透镜模型发光示意图

(b) 远场光强分布随光源出光角的变化

图 7.81　大角度均匀出光折射透镜示意图

7.9　非成像光学用于 LED 均匀照明的自由曲面透镜

7.9.1　均匀照明的自由曲面透镜概述

本节将叙述用于发光二极管均匀照明的自由曲面折射透镜的一种设计方法。根据 Snell 定律给出自由曲面的法线和输入输出光线矢量之间关系的微分方程，可用 Runge-Kutta 公式*[62]计算。此外，讨论均匀照明的两个光学模型。在这个过程中，模型达到了均匀的、窄发散半角的、在常用的给定面积上照明的要求。

LED 是有重要应用和开发前途的一种固态光源[63]。基于成像光学原理的照明装置既复杂又低效，不宜于在 LED 照明系统中使用。非成像光学可以提供一些解决方法。

非成像光学以最大光能利用率为目的，在设计中采用了如“均匀 B 样条曲面方法”[64]和“剪裁自由曲面方法”[65]等。更多的研究是基于自由曲面形反射器[66]，在理论上，基于把光源浸没于折射或全内反射透镜中，其可能提供约为 100%的光利用率。

这些器件设计也有一些近似的方法[97]，但是靶平面上光强度均匀性不够。在器件的轴向长度不受限制时，混合聚光器[68]是一个可选择的方案。

以一个抛物面作为全内反射面，并把 LED 浸没于透镜中，由 LED 发出的所有光线能够照射到靶面上。这些结果可以由 ASAP 软件（ASAP 软件是一款通用、精确度高以及功能强的软件，可支持光学领域中照明、车灯、LED、LCD、杂散光分析、光通信等）通过用蒙特-卡罗方

* 工程中常用到 Runge-Kutta 公式求解微分方程的数值解。龙格-库塔（Runge-Kutta）方法是一种在工程上应用广泛的高精度单步算法，常用于模拟常微分方程的解的重要的一类隐式或显式迭代法。这些技术由数学家 C.Runge 和 M.W.Kutta 于 1900 年左右发明。由于此算法精度高，采取措施对误差进行抑制，所以其实现原理也较复杂。该算法是构建在数学支持的基础之上的。

法光线追迹。

7.9.2 LED 浸没式自由曲面透镜设计方法

设待设计的照明系统为轴对称，光轴通过光源和靶面中心，LED 的发光强度分布可近似表示为[69]

$$I(\varphi) = I_0 \cos^m \varphi \tag{7.69}$$

此处，φ 为视场角；I_0 是在光源面的法线方向的发光强度。m 由角度 φ 给定（典型值是由制造者给出，其定义类似于视场角为 0° 值时辐照度（irradiance）的半角）。

$$m = \frac{-\ln 2}{\ln(\cos \varphi^{1/2})} \tag{7.70}$$

则光源的发光通量为

$$\phi = \int I(\varphi) d\Omega = \frac{4\pi I_0}{m+1}(1 - \cos^{m+1} \varphi_{\max}) \tag{7.71}$$

典型情况为：如果 $m=1$，或者认为 LED 光源是完善的 Lambertian 光源，其表示式为

$$\varphi = \int I(\varphi) d\Omega = 2\pi I_0 \sin^2 \varphi_{\max} \tag{7.72}$$

此处，$\varphi_{\max}$ 是最大发散半角。

如图 7.82 所示，以光源为坐标原点 O；最大发光强度（I_0）的方向定义与 Z 轴重合。首先考虑两维（2D）模式。取其平面包括 $+X$ 和 $+Z$ 轴（见图 7.82）。

由 Snell 定律可写为

$$[1+n^2 - 2n(\boldsymbol{R}_{\text{out}} \cdot \boldsymbol{R}_{\text{in}})]^{1/2}, \quad \boldsymbol{N} = \boldsymbol{R}_{\text{out}} - \boldsymbol{R}_{\text{in}} \tag{7.73}$$

图中，n 为透镜介质折射率，$\boldsymbol{N}$ 为在自由曲面点 A 处法线，$\boldsymbol{R}_{\text{in}}$ 为输入光线，$\boldsymbol{R}_{\text{out}}$ 为输出光线。如果点 A 位于 $(x, 0, z)$，靶面上点 B 的坐标为 $(x_d, 0, H)$，可得

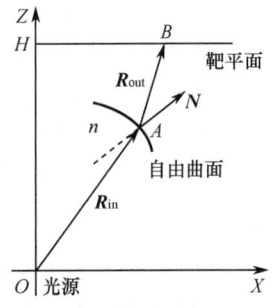

图 7.82 自由曲面和光线的几何关系

$$\begin{cases} \boldsymbol{R}_{\text{out}} = (x_d - x, H - z) \\ \boldsymbol{R}_{\text{in}} = (x, z) \\ \boldsymbol{N} = (-dz, dx) \end{cases} \tag{7.74}$$

此处，dx 和 dz 分别为 x 和 z 的微分，H 是光源到靶面之间的距离。把式（7.74）用于式（7.73）得到

$$\frac{dz}{dx} = f(x, z, x_d) = \frac{(nD - B)}{(A - nC)} \tag{7.75}$$

此处

$$A = \frac{H - z}{\sqrt{(x_d - x)^2 + (H - z)^2}}$$

$$B = \frac{x_d - x}{\sqrt{(x_d - x)^2 + (H - z)^2}}$$

$$C = \frac{z}{\sqrt{x^2 + z^2}}$$

$$D = \frac{x}{\sqrt{x^2 + z^2}}$$

为了求解式（7.75），需要一个附加的方程，即靶面上照明半径 $x_d=g(x,z)$。靶面的照度 E 可认为是常数，有

$$\phi' = ES \tag{7.76}$$

此处，Φ 是发光通量；S 是靶面的面积；E 是靶面的照度。为了得到最大光的利用率，必须满足下式

$$\phi' = \phi \tag{7.77}$$

均匀的照明意味着照明靶面上在半径为 x_d 的圆内的部分光通量可简化为 (x_d^2/R^2)。此处，R 是靶面的半径，如图 7.83 所示。另一方面，由光源发出射入到发散半角为 ϕ 的锥形立体角的光有 $(1-\cos^{m+1}\phi)/(1-\cos^{m+1}\phi_{max})$[69]的部分光通量，用两个模型描述它们之间的关系。

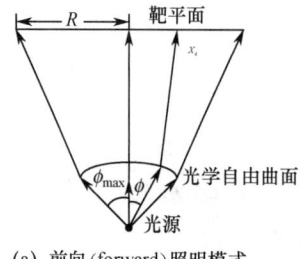
(a) 前向（forward）照明模式

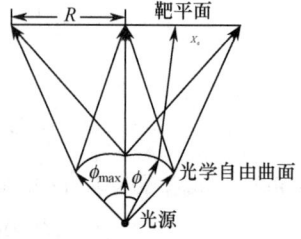
(b) 转向（reverse）照明模式

图 7.83　两个不同的照明的模式

图 7.83（a）中的布置为"前向（forward）照明模式"。在这个模型中，由光源发出沿 Z 轴的光线（称之为"中心光线"）的方向仍通过靶面中心，只是各光线有发散半角 ϕ_{max}（这些光线称为"边缘光"）将在自由曲面上折射成为靶面的边缘光线。在此种情况，方程式 $x_d=g(x,z)$ 可写为

$$x_d = \frac{R(1-\cos^{m-1}\phi)}{1-\cos^{m-1}\phi_{max}} \tag{7.78}$$

此处，$\cos\phi = z/\sqrt{x^2+z^2}$。

相比之下，如图 7.83（b）所示的"转向（reverse）照明模式"中的光照明是转向的：中心光线最后成为靶面的边缘光线，边缘光线被自由曲面集中到靶面的中心。则等式变为

$$x_d = R\sqrt{1-\frac{1-\cos^{m-1}\phi}{1-\cos^{m-1}\phi_{max}}} \tag{7.79}$$

此处，$\cos\phi = z/\sqrt{x^2+z^2}$。

按照所选择的照明模式，用式（7.78）或式（7.79）代入式（7.75），得到 $dz/dx=f(x,z)$。取 $x=0,z=1$ 为初始值条件，然后用 Runge–Kutta 公式，解该式可以得到 2D 自由曲面的轨迹。Runge–Kutta 公式[62]是基于 Taylor 方程，用相邻点的值来解释指定点的导数。Runge-Kutta 公式有不同级的表示式，级次越高，精度也高，但是表示式越复杂，需要用更多时间求解最终结果。前人的经验说明 4 级 Runge-Kutta 公式是在精度和计算时间之间的折中。4 级 Runge-Kutta 公式可写为

$$u_{k+1} = u_k + (K_1 + K_2 + k_3 + K_4)h/6 \tag{7.80}$$

式中

$$K_1 = f(t_k, u_k)$$
$$K_2 = f(t_k + h/2,\ u_k + hK_1/2)$$
$$K_3 = f(t_k + h/2,\ u_k + hK_2/2)$$
$$K_4 = f(t_k + h/2,\ u_k + hK_3)$$

上式中，t_k 是独立变数，u_k 是非独立变数，h 是步长。

一个可选择的方法是用 Euler 公式来提高计算速度，但是精度降低，使轨迹绕 Z 轴旋转一周所设计的透镜就完成了。

7.9.3 设计示例

用上述方法讨论自由曲面透镜的设计。第一个透镜是发散半角为 90°朗伯（Lambertian）光源的准直透镜；需要附加一个 TIR（total internal reflection，完全内反射）反射器来完成这个系统。下面将用此法设计其他轴对称系统。

1. 用于整角（90°）的透镜

在图 7.84（a）中表示了自由曲面透镜设计方案图。图 7.84（b）为自由曲面 S1 的局部放大图。由光源发出的光线被分束器把半角 ϕ 分为两部分：$0° \leqslant \phi \leqslant 45°$ 和 $45° \leqslant \phi \leqslant 90°$。对于 $0° \leqslant \phi \leqslant 45°$ 部分的光线，采用"反转照明模式"即可计算其轮廓轨迹；$45° \leqslant \phi \leqslant 90°$ 部分的光线较为复杂，将如下所述。

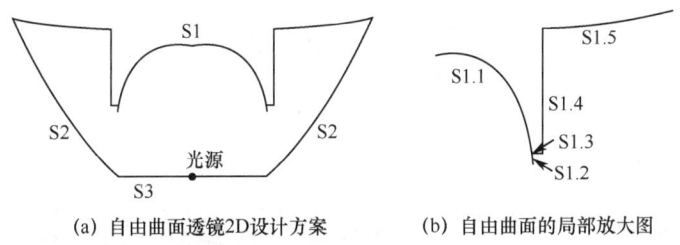

(a) 自由曲面透镜2D设计方案　　(b) 自由曲面的局部放大图

图 7.84　自由曲面透镜设计方案图

在光线离开自由曲面透镜之前，这部分光线将首先达到 S2，在此处产生 TIR（全内反射）。S2 是抛物面，其焦点为原点，或者是光源的位置。由 S2 反射的光线将平行于 Z 轴到达 S1.3 或 S1.5。S1.3 和 S1.5 的位置被安排得比 S1.1 高一些以使所有的光线首先到达 S2。S1.3 和 S1.5 的轮廓轨迹用"前向照明模式"计算。在上一例中，这两个面设计为一致，但在这种情况下一些光线的发散半角小于 45°，可能由 S1.1 退回后再射入透镜，则使靶面上环面积的照明比所期望的低一些，这有些类似于前面"反转照明模式"，而不是"前向照明模式"。把该设计初始结果输入到 ASAP 软件中，进行蒙特-卡罗光线追迹，检查是否达到所期望的表现。图 7.85 说明这个结果：在软件调节中这个例子的光利用效率为 97.4%，均匀度为 92%。此处的均匀度定义为靶面上最小和最大照度之比值。

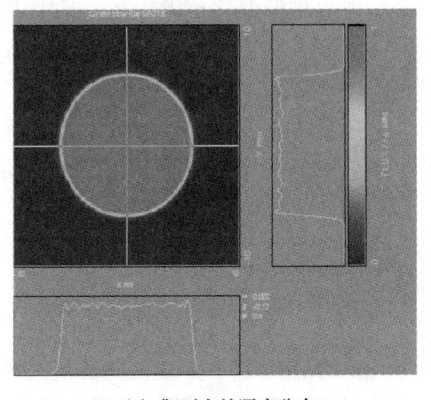
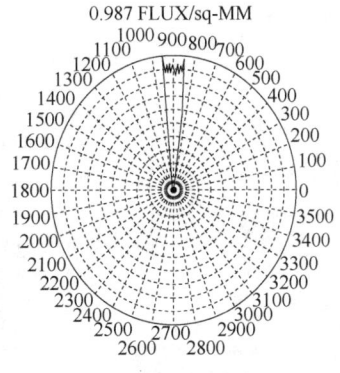

(a) 靶面上的照度分布　　(b) 角度能量分布

图 7.85　被 ASAP 计算照明的分析结果

上面是由微分方程求解的结果。在光源和靶面之间数学上的适应性保证了设计结果的性能和精度。靶面原始位置的偏差将影响性能，必须要分析"场的深度"。图 7.86 说明了这个结果，两条曲线的趋势是偏差导致光能利用率和均匀性的降低。如果 $z>z_0$（z_0 是在设计中指定的距离，z 是实际距离），均匀性减少不严重，但是系统有降低效率的危险。通常，如果 $0.95z<z_0<1.07z$，这个系统可用于严格的要求，如投影器的照明模式。

在实际应用中，高亮度 LED（high brightness light emitting diode，HB-LED）的外壳不能认为小到为点光源。多数商业的 HB-LED 的外壳尺寸为 1mm×1mm，甚至更大，故在扩展光源对靶面上将用另一种方式来评估强度分布。这个模拟说明光源直径不大于自由曲面厚度的 1/10，强度分布仍然是可以接受的，如图 7.87 所示；但是如果光源尺寸再增大，将在靶面中心出现一个"热点"。

2. 透镜用于其他轴对称情况

上述方法也可以用于其他轴对称情况，如靶面是圆环形、半圆形或半圆环形，这种方法也被证明是有效的，如图 7.87 所示。这种情况，须对式（7.75）进行必要的转换。设靶面为圆环形时，照明在半径 x_d 为 $(x_d^2/(R^2-r^2))$ 的部分通量可以用 x_d^2/R^2 取代，R 是外径，r 是内径。如果此处采用前向照明模式，式（7.75）改用如下表示式

$$x_d = \frac{1-\cos^{m-1}\phi}{1-\cos^{m-1}\phi_{\max}}\sqrt{R^2-r^2} \tag{7.81}$$

用式（7.81）取代式（7.78）并把其代入式（7.75）后，其解是用于圆环形靶面照明的设计参数。其结果如图 7.87（a）所示。

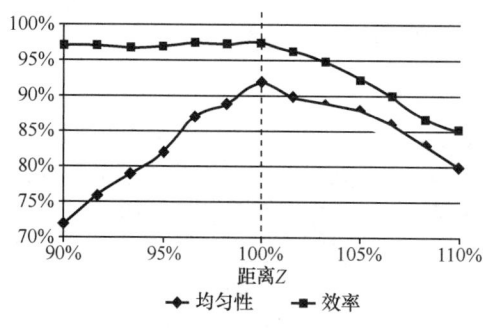

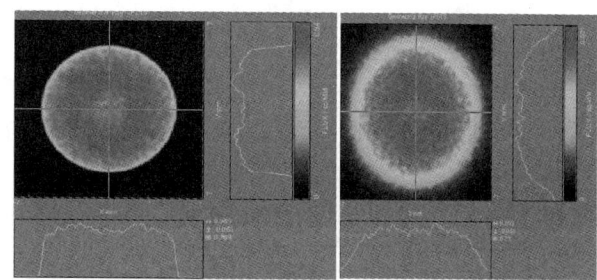

图 7.86　靶面的偏差的影响　　　　图 7.87　扩展光源的靶面强度分布

如果靶面是一个半圆形或半圆环形的，如图 7.88（a）所示，整个照明系统不再定义为轴对称。设照明面积位于正轴（positive axis），设计方法是把有光源发出的光线分为两部分。对于偏转向正轴的光线，计算过程与以前相同；对于偏转向负轴的光线，须在表示式中 x_d 前面加一个负号。故 x_d 的表示式变为

$$\begin{aligned} x_{d-semi} &= x_d, & \theta \in [0,\pi/2] \\ x_{d-semi} &= -x_d, & \theta \in [0,\pi/2] \end{aligned} \tag{7.82}$$

在光学中，如果光功率原始属于负轴面积，现在将被折叠到正面积，整个照明面积仍保持为均匀。透镜模拟结果如图 7.88（b）和图 7.88（c）所示。

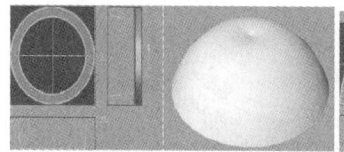  

(a) 靶面是圆环的结构　　　　(b) 半圆的结构　　　　(c) 半圆环形的结构

图 7.88　照明分布的模拟相应透镜的几何结构

上面叙述了均匀照明靶面的一个折射式自由曲面透镜的设计方法。讨论了两种照明模式，给出了用这种方法设计的示例。用一个商用软件 ASAP（advanced system analysis program）来进行分析，可以期待一个好的结果：均匀照明分布、窄角度分布和高光利用效率。实际制造过程中须进一步讨论误差容限的分析，期待着更多的优化模式。

参 考 文 献

[1] Mohammed S. Al-Soud, Eyad S. Hrayshat. A 50MW concentrating solar power plant for Jordan. Journal of Cleaner Production(2008): 1-11.

[2] Medioambientales Y. Advances in Parabolic Trough Solar Power Technology. Journal of Solar Energy Engineering. MAY 2002, Vol. 124-109.

[3] Jaffe L D. Test results on parabolic dish concentrators for solar thermal power system[J]. Solar Energy, 1989(42): 173-187.

[4] 罗智慧，龙新峰. 槽式太阳能热发电技术研究现状与发展[J]. 电力设备, 2006, 7(11): 29-32.

[5] 赵玉文. 太阳能利用的发展概况和未来趋势[J]. 中国电力. 2003, 38(9)：63-69.

[6] 胡其颖. 太阳能热发电技术的进展及现状[J]. 能源技术,2005,26(5)：200-207.

[7] Ulf herrmann，Bruce Kelly，Henry Price. Two-tank molten storage for parabolic trough solar power plants[J]. Energy. 2004，29：883-893.

[8] Halmut KlaiB，Rainer Kfihne，Joachim Nitsch & Uwe Sprengel. Solar Thermal Power Plants for Solar Countries-Technology，Economics and Market Potwnial[J]. Applied Energy，1995，52：165-183.

[9] SCHRAMEK P and MILLS D R, 2003. Multi-tower solar array [J], Solar Energy, 75:249-260.

[10] Andraka C E，Rawlinson K S，Moss T A，et al. Solar Heat PFipe Testing of the Stirling Thermal Motors 4-120 Stifling Engine[A]. Proceedings of the 31th Intersociety Energy Conversion Engineering Conference[C]. Washington D.C. 1996. 1295-1300.

[11] Bean J R，Kubo I. Development of The CPG 5 kW Dish/Stirling System[A]. Proceedings of the 25th Intersociety Energy Conversion Engineering Conference[C]. AIChE，New York，1990，61 298-302.

[12] West C D. Principles and Applications of Stirling Engines[M]. Van Nostrand Reinhold Company，New York，NY，1986.

[13] Schiel W. Schweitzer A，Stine WB. Evaluation of the 9-kW dish/Stirling system of Schlaich Bergermann and Partner using the proposed IEA dish/Stifling pedormance analysis guidelines[R]. Journal of the AIAA. 1994: 1725-1729.

[14] Keck T，Seheil W，Benz IL. An Innovative Dish/Stirling System[A]. Proceedings of the 25th Intersociety Energy Conversion Engineering Conference[C]. AIChE，New York. 1990, 6:317-322.

[15] Stine W B，Diver R B. A Compendium of Solar Dish/Stirling Technology[R]. Sandia National Laboratories，Report SAND 93-7026，Albuquerque，NM，1994.

[16] Mahkamov K. An Axisym metric Computational Fluid Dynamics Approach to the Analysis of the Working Process of a Solar Stirling Engine[J]. Journal of Solar Energy Engineering，2006，128(2)：45-53.

[17] P. Siangsukone and K. Lovegrove. Modeling of a 400 m2 steam based paraboloidal dish concentrator for solar thermal power production. 26-29（Nov. 2003）.

[18] Gallup D R，Kesseli J B. A Solarized Brayton Engine Based on Turbo-Charger Technology and the DLR Receiver[A]. Proceedings of the 29th Intersociety Energy Conversion Engineering Conference[c]. Monterey, CA, 1994: 1719-1725.

[19] 刘华, 卢振武, 朱瑞, 等.聚光光伏系统的发展及未来趋势[J]. 中国光学与应用光学, 第 1 卷, 第 1 期, 2008(12): 48-56.

[20] 郁济敏, 付文莉. 美国聚光太阳电池技术进展[J]. 电源技术, Vol. 33 No. 9, 2009. 9: 828-930.

[21] 张耀明, 张文进, 刘德有, 等. 70kW 塔式太阳能热发电系统研究与开发（上、下）[J]. 太阳能. 2007 年 11 期: 太阳能系列文章: 16, 17.

[22] 罗毅, 张贤鹏, 王霖, 等. 半导体照明中的非成像光学及其应用[J]. 中国激光, 第 35 卷, 第 7 期,2008 年 7 月: 963-971.

[23] T. Mukai. M.Yamada, S. Nakamura. Characteristics of InGaN-based UV/blue/green/ amber/red light-emitting diodes[J].Japanese Journal of Applied Physics Part 1— Regular Papers Short Notes & Eoleol Review Papers. 1999, 38(7A): 3976-3981.

[24] High efficiency non-imaging optics. United States Patent 6639733.

[25] R Winton. Princinples of solar concentrators of a novel design[J]. S01. Energy, 1974, 16: 89-95.

[26] Harper, D. A., Hildebrand, R. H., Pernic, R., and Platt, S. R.（1976）. Heat trap: An optimised far infrared field optics system. Appl. Opt. 15, 53-60.

[27] Winston, R., and Enoch, J. M.. Retinal cone receptor as an ideal light collector. J. Opt. Soc. Am. 61,（1971）1120-1121.

[28] 张以谟. 应用光学（第三版）[M]. 北京: 电子工业出版社, 2010,6: 18-27.

[29] Scott A Lemer, Brett Dahlgrenn. Etendue and optical design[J]. Proceedings of SPIE, 2006, 6338: 1-4.

[30] Bart Van CAel, Youri Meuret, Hugo Thienpont. Design of axisymmetrical for LED light 80urce applications [J]. Proceedings of SPIE, 2006, 6196: 1-10.

[31] A V TSIGANOV. The Maupertuis Principle and Canonical Transformations of the Extended Phase Space. Journal of Nonlinear Mathematical Physics, 2001, Vol.8, No. 1, 157-182.

[32] 张慧鹏. 物理学中的一个普遍原理——最小作用量原理[J]. 物理通报, 2009 年, 第 5 期: 16-18.

[33] R. K. Luneburg. Mathematical Theory of Optics. 1964: Univ. California Press.

[34] Roland Winston, Juan C. Miñano and Pablo Benítez. Nonimaging optics. Elsevier Academic Press, 2005.

[35] Ries H, Winston. 1L Tailored edge-ray reflectors for illumination[J]. Opt. Soc. Am. A. 1994, 11(4): 1260-1264.

[36] Harald Ries, Ari Rabl. Edge-ray principle of nonimaging optics. J. Opt. Soc. Am, A, 994, V01. 11. No. 10: 2627-2632.

[37] Winston, R.. Light collection within the framework of geometrical optics. J. Opt. Soc. Am. 60,（1970）: 245-247.

[38] Winston, R., and Hinterberger, H.. Principles of cylindrical concentrators for solar energy. Sol. Energy 17,（1975）: 255-258.

[39] Holter, M. L., Nudelman, S., Suits, G. H., Wolfe, W. L., and Zissis, G. J. Fundamentals of Infrared Technology. Macmillan,（1962）. New York.

[40] Williamson, D. E.（1952）. Cone channel condenser optics. J. Opt. Soc. Am. 42, 712–715; Witte, W.（1965）. Cone channel optics. Infrared Phys. 5, 179-185.

[41] Baranov V K. Parabolotoroidal mirrors as elements of solar energy concentrators. Appl. Sol. Energy 2, 9-12.

[42] Weatherburn, C. E.（1931）. Differential Geometry of Three Dimensions. Cambridge Univ. Press, London.

[43] 郑宏飞, 陶涛, 何开岩, 等. 增加复合抛物面聚光器（CPC）最大聚光角的几种方法及结果比较[J]. 工程热物理学报, 2008, 29(9): 1067-1070.

[44] 虞秀琴, 朱亚军, 李钐. 复合抛物面形集光器的设计[J]. 上海交通大学学报, 1998, 32(3): 82-86.

[45] 葛新石, 叶宏. 复合抛物聚光器（CPC）特性[J]. 太阳能, 2001, 4(11): 20-21.

[46] 朱瑞, 卢振武, 刘华, 等. 基于非成像原理设计的太阳能聚光镜[J]. 光子学报, 2008, 31(8): 45-47.

[47] 吴仍茂, 屠大维, 黄志华, 等. 一种基于同步多曲面方法的 LED 定向照明设计[J]. 光学技术, 2009, 35(4): 561-565.

[48] 刘华, 卢振武, 朱瑞, 等. RX 型非成像太阳能聚光镜的设计[J]. 光子学报, 2008, 37（增刊 2）: 194-198.

[49] Welford, W. T., and Winston, R.. High Collection Nonimaging Optics. Academic Press（1989）, New York.

[50] Juan C. Mifiano. New family of 2-D nonimaging concentrators: the compound triangular concentrator. APPLIED OPTICS / Vol. 24, No. 22 / 15 November 1985: 3872-3876.

[51] J. C. Mihano, Two-Dimensional NonImaging Concentrators with Inhomogeneous Media: A new lK. J. Opt. Soc. Am. A（Jan. 1986）: 1826-1831.

[52] Miñano, J. C., González, J. C., and Benítez, P.（1995）. RXI: A high-gain, compact, nonimaging concentrator. Applied Optics, Vol. 34, 34, 7850-7856.

[53] Daniel A. Steigerwald，Jerome C．Bhat，Dave Collins et. al. Illumination with solid state lighting technology[J]. IEEE J. Sel. Top. Quantum Electron., 2002, 8(2): 310-320.

[54] P. T. Ong, J. M. Gordon, A. Rabl. Tailored edge-ray designs for illumination with tubular sources[J]. All. Opt., 1996, 35(22): 4361-4371.

[55] A. Rabl, R.Winston. Ideal concentrators for finite sources and restricted exit angles[J]. Appl. Opt.. 1976, 15: 2880-288.

[56] B. Parkyn. F. Munoz, J. C. Minano et.al.. Edge-ray design of compact etendue-limited folded-optic collimators[C]. SPIE, 2004, 5185: 6-17.

[57] D.G. Pelka, K. Patel. An overview of LED applications for general illumination[C]. SPIE. 2003, 5186: 15-26.

[58] 蒋金波, 杜雪, 李荣彬. 自由曲面的 LED 路灯透镜的设计[J]. 液晶与显示, 2008, 23(5): 589-594.

[59] Xutao Sun et al. Etendue analysis and measurement of light source with elliptical reflector. Displays 27（2006）: 56-61.

[60] Y. Yang, K. Y. Qian, Y. Luo. Design of a rotational three-dimensional nonimaging device by a compensated two dimensional design process[J]. Appl. Opt., 2006. 45: 5154-5159.

[61] Edward H. Stupp, Matthews. Brennesholtz. Projection Displays[M]. John wiley & sons Ltd, 1999.

[62] Dromand J R 1980 A family of embedded Runge–Kutta formulae. J. Comput. Appl. Math. 6, 19-26.

[63] Bullough J D. Lighting Answers: LED Lighting Systems. New York: Rensselaer Polytechnic Institute, 2003.

[64] Yang B and Wang Y. Computer aided design of free form reflector. Acta Opt. Sin. 24（2004）: 721-4.

[65] Pohl W, Anselm C, Knoflach C, Timinger A L, Muschaweck J A and Ries H.. Complex 3D-tailored facets for optimal lighting of facades and public places. Proc. SPIE 5186（2003）: 133-142.

[66] Zhao F.. Practical reflector design and calculation for general illumination Proc. SPIE 5943（2005）179-87.

[67] Huang B. 2003 Design of Lens for Large Area, High Brightness LEDs（Taiwan: National Central University）.

[68] Kudaev S and Schreiber P. 2005 Optimization of symmetrical free-shape non-imaging concentrators for LED light source applications. Proc. SPIE 5942 594209-15.

[69] Parkyn W A and Pelka D. G 1996 Auxiliary lens to modify the output flux distribution of a TIR lens. US Patent Specification 5577493.

第 8 章 光电光学系统中紧凑型照相光学系统设计

8.1 概述

1839 年法国物理学家达盖尔发明了世界第一台照相机,1969 年 10 月 17 日,美国贝尔研究所的鲍尔和史密斯宣布发明 CCD(charge coupled device,电荷耦合元件)。1973 年 11 月,索尼公司开始了 CCD 的研究工作,于 1981 年推出了全球第一台电子相机,采用 10 mm×12 mm 的 CCD 器件的静态视频"马维卡(MABIKA)"(一款用磁记录方式的相机样品),分辨率为 570×490(27.9 lp/mm)像素,这就是当今数码相机的雏形。1997 年 9 月,索尼公司发布了 MVC FD7 数码相机,这是世界上第一款使用常规 3.5 英寸软盘作为存储介质的数码相机。同年 11 月柯达公司发布了 DC210 数码相机,这款数码相机使用了 110 万的正方形像素 CCD 图像传感器,而且还开始在数码相机上采用变焦镜头,使数码相机的发展有了新突破。2000 年 5 月,佳能推出新单反数码相机 EOS D30,使用 CMOS 代替 CCD。2000 年 9 月,柯达正式对外公布了高达 1600 万像素的 CCD,800 万像素已得到推广。在 2005 年佳能推出了全幅准专业单反数码相机 EOS 5D,采用了 1280 万像素 CMOS[1,2]。

8.1.1 数码相机的组成

图 8.1 所示为数码相机的内部结构示意图。在最前方的是数码相机的前面板,前面板上有一个镜头罩。在前面板的后面就是数码相机的支架以及电池仓[3]。

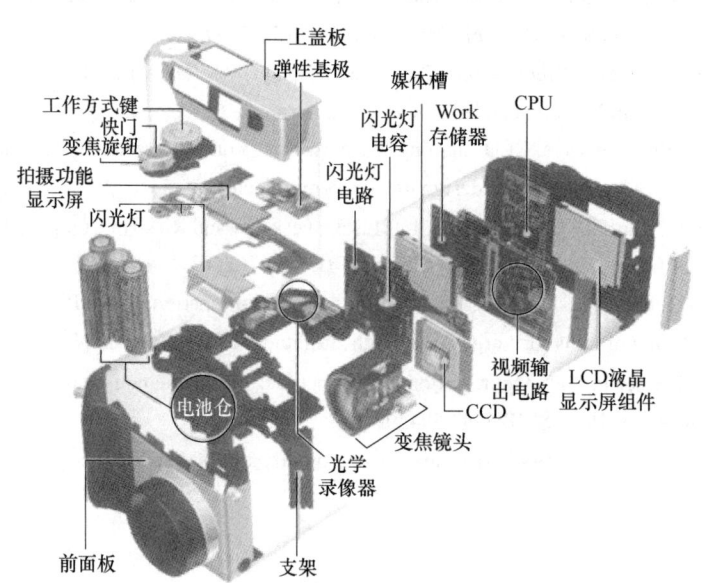

图 8.1 数码相机的内部结构示意图

位于镜头罩里面的就是数码相机的镜头,它具有变焦功能。变焦是由电机驱动的,同时,它还具有自动调焦的功能,也是由电机驱动的。用两个电机分别控制镜头的变焦和调焦。

镜头成像面与CCD图像传感器感光面重合，景物通过镜头成像到CCD图像传感器的感光面上。CCD图像传感器是一个集成电路，它通过同步驱动信号，将光图像转换成电信号经过输出电路输出到信号处理电路中。信号处理电路主要是由数字图像信号处理电路构成。这台数码相机具有视频输出电路，除可以拍摄静止画面外，还可以拍摄动态的画面，在主电路板上还有一个存储器，数码相机先将处理好的数字图像存储到存储器里，然后送到存储媒体（存储卡）上。

相机里有一个媒体槽，在拍摄时，将存储卡放入媒体槽中，就可以通过接口插件，将处理好的数码图像信息存储到存储卡上。整个相机的工作是由控制电路来完成的，其中主要的电路就是微处理器，它通过接收按键上的人工指令，对数码相机的各个部分进行控制。

在摄取图像时，通过数码相机背面的液晶显示屏来观察所要拍摄的图像画面。数码相机的液晶显示屏尺寸都比较大，可以清楚地显示所要拍摄的图像。

在数码相机上还设有光学取景器，是将镜头所摄取的图像，在送到CCD图像传感器的同时，经过反光镜分出一部分送到取景器上，以供摄像者进行选取。

在数码相机的上面设有闪光灯、拍摄功能显示屏以及操作电路。闪光灯有专门的电源供电电路，它是在被拍摄物体比较暗的情况下使用的。拍摄功能显示屏可以显示相机的工作状态、拍摄数码以及日期等数据。

操作电路可以将人工输入的按键信号变成电信号，然后送到相机里面的微处理器上。在操作电路上面设有操作键钮，例如，变焦键钮、快门以及工作方式选择键等。由于工作方式选择键是旋转式的，在它的下面有扇形触点，当它旋转到不同角度就是选择不同的功能。

用上盖板将闪光灯、拍摄功能显示屏以及操作键钮等器件盖在里面，形成一个结构完整、精巧的整体。

8.1.2 数码相机中图像传感器CCD和CMOS的比较

20世纪60年代末美国贝尔实验室开发出固态成像器件和一维CCD模型器件；70年代初国外开发出CMOS（complementary metal-oxide semiconductor）图像传感器，但成像质量不如CCD；90年代初期，随着超大规模集成技术的发展，CMOS图像传感器可在单芯片内集成A/D转换、信号处理、自动增益控制、精密放大和存储等功能，减小了系统复杂性，降低了成本。此外，它还具有低功耗、单电源、低工作电压（3～5V）、成品率高，可对局部像元随机访问等优点。目前已占据低、中分辨图像传感器领域。现在，CMOS图像传感器的一些参数性能指标已达到或超过CCD。

1. CCD与CMOS的比较

1）成像过程

CCD和CMOS使用相同的光敏材料，但是读取过程不同：CCD是在同步信号和时钟信号的配合下以帧或行的方式转移，电路复杂，读出速率慢；CMOS则以类似DRAM的方式读出信号，电路简单，读出速率高。

2）集成度

CCD是集成在半导体单晶材料上，而CMOS是集成在金属氧化物的半导体材料上。CCD读出电路比较复杂，很难将A/D转换、信号处理、自动增益控制、精密放大和存储功能集成到一块芯片上，一般需要3～8个芯片组合实现，同时还需要一个多通道非标准供电电压。借助于大规模集成制造工艺，CMOS图像传感器能把上述功能集成到单一芯片上，多数CMOS图像传感器同时具有模拟和数字输出信号。

3）电源、功耗和体积

CCD需多种电源供电，功耗较大，体积也较大。CMOS只需一个单电源（3～5V）供电，功耗相当于 CCD 的 1/10，高度集成 CMOS 芯片可做得相当小。

4）性能指标

CCD 技术已经相当成熟，而 CMOS 正处于发展时期，虽然目前高端 CMOS 图像质量暂时不如 CCD，但有些指标（如传输速率等）已超过 CCD。

2．CMOS 技术概述

CMOS 图像传感器的迅速发展并商业化得益于成熟的 CMOS 工艺，目前国外诸多公司和科研机构已经开发出不同光学格式、多种类型的 CMOS 图像传感器，并将其应用于光谱学、X 射线检测、天文学（观测研究）、空间探测、国防、医学、工业等不同的领域。

美国 Foveon 公司于 2003 年推出了产品代号分别为 F7X3-C9110、F19X3-A50 的全色 CMOS 图像传感器。F7X3-C9110 的像素为 2 268×1 512，具有像素可变、超低功耗（50 mW）、低噪声、抗模糊等特点。该传感器已被用在日本 SIGMA sd10 单反数码相机上，该相机在低照度条件下积分时间可达 30 s。F19X3-A50 除具有上述特点外，片上还具有高达 40 MHz 的 12 位 A/D 转换器和集成数字处理器。由于采用"×3 技术"（根据 Foveon 专利描述，硅片对光线的吸收与光谱和硅片吸收深度有关。其中蓝色光在离硅片表面 0.2 μm 处开始被吸收，绿色光在离硅片表面 0.6 μm 处被吸收，红色光在离硅片表面 2 μm 处被吸收。这种光线吸收特性与银盐彩色胶片的感色涂层是相同的）[*]，该 CMOS 图像传感器感光阵列可在一个像元位置同时获得红、绿、蓝三种颜色信号。美国 foveon 和国家半导体公司合作，采用 0.18 μm CMOS 工艺开发成功了 1 600 万像素（4 096×4 096）的 CMOS 图像传感器。

美国 SiliconVideo（SVI）公司使用 PVS（photon vision systems）公司的有源传感专利技术（active column sensor，ACS）制造出 LIS-1024、ELIS-1024 及 SLIS-2048 线阵 CMOS 图像传感器和具有低暗电流、高灵敏度和扫描速度的 3 840×2 192 像素面阵单片 CMOS 成像系统。有源传感专利技术（ACS）可降低放大器固定图案噪声，增加填充系数，提高灵敏度、动态范围及扫描速度。SLIS-2048 线阵 CMOS 图像传感器灵敏度为 5 μV/e，扫描频率为 60 MHz，填充系数大于 99，动态范围为 63 dB。该公司还开发了便携设备的超低功耗 RPLIS-2048 线阵 CMOS 图像传感器。

美国 Micro 公司推出像素分别为 252×288、640×480、382×288 和 1 280×1 024 的面阵光敏二极管图像传感器，其中像素为 1 280×1 024 的 MT9M413 的读出速率达 660 Mb/s，可用于高级机器视觉系统及高速成像系统。

瑞士 STmicro-electronics（ST）能提供 352×288 的 VV5411/VV6411 和 640×480 的彩色 VV6501、VV6502、VS6552 光敏二极管 CMOS 图像传感器，其图像质量、噪声和灵敏度接近或超过相应像素的 CCD，在反光晕、体积、功耗方面优于 CCD。

比利时的 Fillfactory 公司已开发出 1 280×1 024 像素的 IDIS4-1300、2 210×3 002 像素的 IDIS46 600、1 280×1 024 像素的 IDIS14 000、1 280×1 024 像素的 IDIS5-1 300、1 280×1 024 像素的 FUGA1 000、1 280×1 024 像素的 LUPA1 300、2 048×2 048 像素的 LUPA4 000、512×512 像素的 STAR250、1 024×1 024 像素的 STAR1 000 单色 CMOS 图像传感器。由于采用 n 阱像素结构（美国专利 6225670），提高了传感器的灵敏度，传感器动态范围达到 76 dB，可用于高速成像领域。国内西安交通大学开元微电子科技有限公司已研制成功了 369×287、768×574、640×480、512×512 像素 CMOS 图像传感器，北京中星科技有限公司在推出 30 万像素 CMOS 数码相机的基础上，2001 年 3 月开发出百万级 CMOS 数码图像处理芯片"星光一号"。

---

[*] 美国 Foveon 公司 2002 年 2 月 11 日公布 Foveon ×3 技术。这是一种用单像素提供三原色的 CMOS 图像感光器技术。与传统的单像素提供单原色的 CCD/CMOS 感光器技术不同，×3 技术的感光器与银盐彩色胶片相似，由三层感光元素垂直叠在一起。Foveon 声称同等像素的×3 图像感光器比传统 CCD 锐利两倍，提供更丰富的彩色还原度。另外，由于每个像素提供完整的三原色信息，把色彩信号组合成图像文件的过程简单很多，降低了对图像处理的计算要求。采用 CMOS 半导体工艺的×3 图像感光器耗电比传统 CCD 的小。

近年来,台湾联华电子公司以 0.35 μm 工艺生产 1 664×1 286 像素,以 0.25 μm 工艺生产 1 728×1 296 像素,应用于高端数码相机的 CMOS 图像传感器。

总之,上述只是 CMOS 产品的一小部分。CMOS 图像传感器正向着高分辨率(4 096×4 096)、高动态范围(120 dB)、高灵敏度、超微型化、低功耗、数字化、多功能化、高度集成化的方向发展。同时,CCD 将以其高质量的图像仍在工业、科学研究及医学领域中应用,而 CMOS 则以其高集成度、低功耗、体积小、成本低、对紫外到近红外光有很好的响应、近于 100 的填充系数、非破坏性读出、高动态范围、自扫描、单片相机系统、随机访问,有的甚至对 X 射线也有较好的响应等技术特点而得到广泛应用。

8.1.3 数码相机的分类[4]

按功能可以简单分为专业型数码相机,以单镜头反光相机(简称单反机)为代表;民用型数码相机以轻型相机和卡片机为主。

1. 数码相机的主要结构形式

按照数码相机的结构特点,其可分为以下几类。

1)单镜头反光式数码相机

一般单镜头反光式数码相机多是专业型的。在现成的 35 mm 单反相机的机体上加上 CCD 等相关部件组成一个整体,它们的分辨率一般为 500 万像素左右,可以采用传统相机的专业镜头。目前数码单反相机所拍摄的照片已基本上能与卤化银照片相比拟。

单反数码相机可表示为 DSLR(digital single lens reflex),工作原理如图 8.2 所示。在单反数码相机的工作系统中,光线透过镜头①到达转动反光镜②后,成像在对焦屏⑤上,起到观景窗的作用,通过场镜⑥和五棱镜⑦,由接目镜⑧可取景和调焦。用 DSLR 拍摄时,按下快门钮反光镜便会向上弹起,感光元件(CCD 或 CMOS)④和前面的快门幕帘③同时打开,通过镜头所呈的像便投射到感光元件④上曝光,然后快门幕帘③和反光镜②便立即恢复原状,观景窗中再次可以看到景像。单镜头反光相机的这种构造是完全透过镜头对焦拍摄的,使观景窗中所看到的影像和 CCD 上一致,取景范围和实际拍摄范围基本一致,失真很小。

单反数码相机的一个重要优点是可以更换不同规格的镜头,这是普通数码相机不能相比的。专业型单反数码相机多定位于高端数码相机,单反数码相机摄影质量的感光元件(CCD 或 CMOS)的面积较大,每个像素点的感光面积也较大,能表现出更加灵敏的亮度和色彩范围,使单反数码相机的摄影质量明显较高。

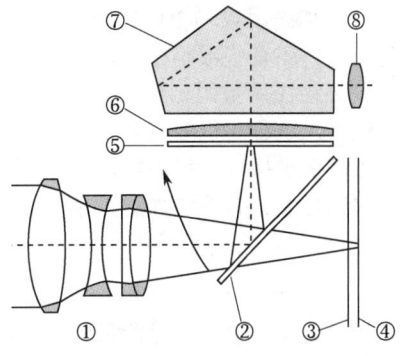

图 8.2 单反数码相机工作原理图

2)单镜头电子取景数码相机(digital single lens electronic viewfinder,DSLE)

这是上述光学取景数码单反相机的一种改进和发展趋势,光学取景数码单反相机的取景、测光和传统单反一脉相承,透过光学取景器看到的景物和曝光与 CCD 上的影像常有出入,由于反光镜抬起前 CCD 不感光,因此不能预览影像、不能记录活动影像。如果取景器无封闭,从取景器反射的杂散光线也能干扰测光。在安静环境按下快门,反光镜会抬起,产生了震动和声响。单镜头反光相机用五棱镜折射取景,增加了制造难度、成本和体积[5]。

单镜头电子取景数码相机如图 8.3 所示,图 8.3(a)和(b)分别为单镜头电子取景数码相机的取景和曝光示意图。图 8.3(a)是 LCD 取景的普通数码相机的成像原理,在电子取景器(EVF)或 LCD 显示屏上看到的景物,是由 CCD 接收到的图像经相机处理器处理后,输出到电子取景器或 LCD

显示屏上，曝光系统的任何调节，都会由 CCD 接收后反映在电子取景器和 LCD 显示屏中，按下快门后，CCD 将先前接收到的景物存于存储器中。这个过程将获得一张与景物基本相同的影像。

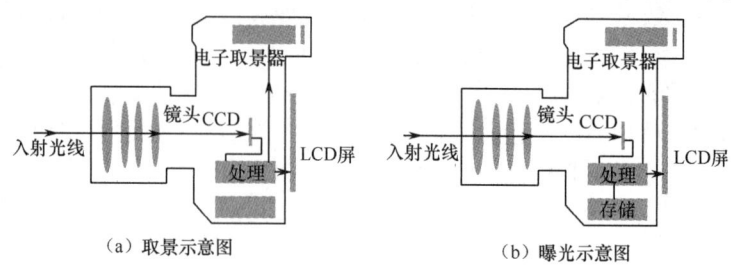

图 8.3　单镜头电子取景数码相机

电子取景技术通过调节曝光系统，能得到和看到与实景相同的、曝光后的预览影像；光学取景数码单反在曝光前人眼看到自然景象，曝光后看到的是经处理后的影像，人眼与 CCD 的光线感不相同，且幅面大小也有差异。这是电子取景数码相机和光学取景数码单反相机的区别之一。同时电子取景数码相机的取景屏可以多角度翻转，便于各种情况的取景，这是电子取景数码相机和光学取景数码单反相机的区别之二。

当前使用数码单反光学取景器观察到的景物较电子取景器的清晰，但后者可改进，尤其是大尺寸 LCD 显示屏和高精度 EVF 已经出现在数码相机上，取景和预览都很清楚和方便。

3）轻型数码相机

这一类型属民用数码相机，主要特点是结构紧凑、重量轻，便于使用和携带，大致分为高、中、低三档。

低档民用数码相机结构紧凑，分辨率一般在 80 万～130 万像素之间，多不具有光学变焦而采用约 2 倍的数码变焦，功能属于"傻瓜机"系列，目前这类数码相机所摄数码照片只有制成 7～13 cm 以下的照片才能有较好的质量。

中档民用数码相机的分辨率一般在 150 万～210 万像素之间，有 2.5 倍的数码变焦和 3 倍光学变焦。还有些数码相机，能拍摄一段较短的录像（只有几秒钟）而不仅仅是单幅的静止图像。

高档民用数码相机的分辨率在 210 万像素以上，目前数码相机的分辨率已经达到 300 万～400 万像素，这种相机多具有 3 倍以上光学变焦，再加上数码变焦，总的变焦范围在 7.5 倍以上。功能上越来越接近传统相机，如光圈/快门优先、感光度调节、手动调焦、快速连续拍摄、可外接同步闪光灯等。有的还加上了录音、动态图像等功能。

4）卡片相机

卡片相机属民用数码相机，其特点为时尚外观、大液晶屏幕、小巧纤薄机身，操作便捷、重量轻及美观的设计等是衡量此类数码相机的主要标准。其体积可方便地随身携带。数码相机诞生以来，光学技术有许多新的进步，包括镜头设计、精密光机制备工艺、光学材料的研发等。传统的光学镜头多为"直筒式"，变焦镜头更是如此。常见的问题：光轴和焦平面呈 90°，镜头较长，成了照相机小型化设计的瓶颈，伸出镜头之外。另外，变焦时电路软带往复运动，容易疲劳损坏，造成变焦系统易发故障。具有里程碑意义的当数"潜望镜式变焦镜头"的研发，其推动了卡片式数码相机的发展，为缩小照相机体积起到重要作用。

对于卡片相机，索尼和蔡司官方网站称"潜望镜式变焦系统"为"折叠光学（folded-optics）系统"，佳能称"直角光学（right angle lens）系统"。图 8.4 为典型 3 倍变焦潜望式镜头光学结构示意图[6]。

三倍光学变焦镜头（相当于 35 mm 相机的 28～70 mm 或 35～105 mm）功能覆盖广角、标准和中焦镜头，而且光圈比较大的镜头能够保证在室内和暗光线条件下的适应能力。对于小巧的卡片数码相机，为与变焦功能取得平衡，只能选取 2 倍或 3 倍变焦或定焦镜头。

卡片数码相机是不能更换镜头的，主要有两种形式：伸缩式[7]和潜望式。伸缩式镜头在相机外伸缩达到变焦的目的。潜望式镜头的镜片组在相机机身内部活动完成变焦，外部看不到变化。

2005 年 7 月首架光学防抖卡片机柯美 Dimage X1 发表，提升了镜头的性能，仍是 3 倍光学变焦（等效焦距为 37～111 mm），采用 10 组 12 片光学结构的著名 GT 镜头。最大光圈 F 数为 F3.5～F3.8，最近对焦距离在广角端为 10 mm、长焦端为 40 mm，超级微距最近对焦距离为 5 cm。这款镜头在分辨率、色彩饱和度等方面控制得较好，图 8.5 为柯美 Dimage X1 数码相机。CCD 的有效像素为 510 万。图 8.7 为索尼 T9 的潜望式变焦镜头光学结构，为了适应新加入的防抖动功能，光学结构中设计了一枚可移动的镜片。徕卡和松下发表了 500 万像素，采用了 10 倍光学变焦，相当于 35 mm 相机的 35～350 mm，F2.8～4.2 潜望镜式光学系统。松下称为"折叠光学"系统潜望式变焦镜头，图 8.6 为 DMC-TZ1 10 倍光学变焦的潜望式镜头光学结构。

 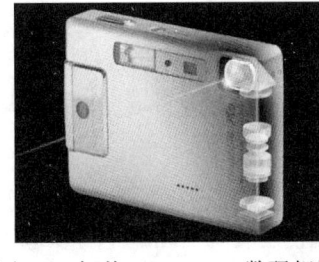 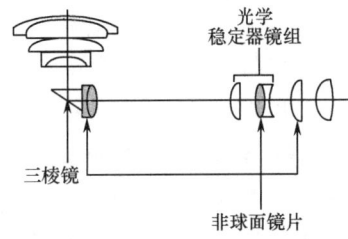

图 8.4　一种典型 3 倍变焦潜望镜光学结构　　图 8.5　柯美 Dimage X1 数码相机　　图 8.6　松下 DMC-TZl 10 倍光学变焦的潜望式镜头光学结构

2. 变焦数码相机

专业型数码相机和部分民用型数码相机均有变焦功能，而光学变焦倍数越大，能拍摄的景物就越远。长焦数码相机主要是通过镜头内部镜片的移动而改变焦距。当拍摄远处的景物时，长焦的好处就发挥出来了。

数字变焦可以说是数字相机所专有的概念。基本原理是通过数字相机里的运算器对所拍摄的景物数据进行插值计算来对被摄物放大，达到变焦的效果。这种变焦方式只是对原先所拍摄影像进行单纯的放大，并不会增加图像的清晰度。数字相机的数字变焦现在市场上多见的是 2 倍、3 倍或 4 倍。

现在的数字相机强调其产品的变焦能力常常是光学变焦与数字变焦相乘，如 6 倍变焦的数字相机是 3 倍光学变焦乘以 2 倍数字变焦的结果；12 倍变焦相当于 3 倍光学变焦乘以 4 倍的数字变焦，画面的确可以达到放大 6 倍或 12 倍的效果，但影像的实际清晰度还是依赖于 3 倍的光学变焦能力。

如今数码相机的光学变焦倍数大多在 3～12 之间，如图 8.8 所示[11]。民用摄像机的光学变焦倍数为 10～22，如果光学变焦倍数不够，可以在镜头前加一增倍镜，把一个 2 倍的增倍镜套在原来 4 倍光学变焦数码相机上，光变焦倍数为这台数码相机的光学变焦倍数乘以增倍镜的倍数。

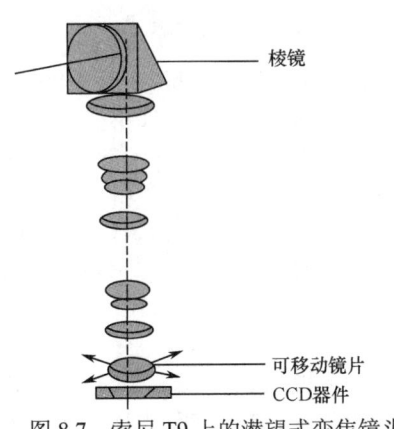 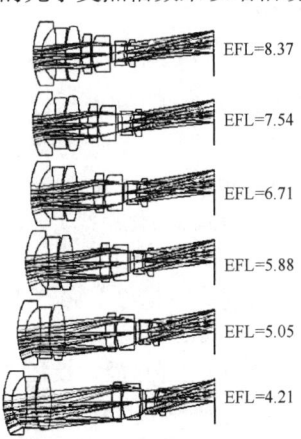

图 8.7　索尼 T9 上的潜望式变焦镜头光学结构以及陀螺防抖系统　　图 8.8　变倍镜头变倍过程

镜头的实际变焦范围越大,镜头的像差也越差。10倍超大变焦镜头最常遇到的问题就是畸变和色散。紫边情况都比较严重,大变焦的镜头很容易在广角端产生桶形变形,而在长焦端产生枕形变形,好的镜头会将变形控制在允许范围内。设计者常在镜头里加入非球面镜片来减少这种变形。

有10倍以上光学变焦镜头的超大变焦数码相机,存在着一些不足:①长焦端对焦较慢。对于10倍变焦相机的长焦端的自动对焦常表现在对焦不准确,或者是不能对焦,这在光线比较暗的地方尤为明显。②手持时候的抖动。摄影时有"安全快门速度"这个概念。安全快门速度就是焦距的倒数,也就是所使用的快门速度要高于安全快门速度,拍摄的照片基本不会因为手的抖动而变得模糊,如果低于这个速度就不"安全"了。由于10倍光学变焦的数码相机的焦距很长,就要求拍摄时要保证较高的快门速度。有的专业型相机通过光学系统将对人手晃动予以修正的机构和软件处理相结合,使数码相机自动弥补摄影时手动所产生的摇晃。目前市场上的超大变焦数码相机,它们的画面质量严格来说不是很好,特别是在长焦端。③重量与体积。10倍变焦镜头的镜片多,镜头口径、体积都较大,导致相机的体积与重量也会相应增加。

3. 数码相机背(digital cameraback)

与普通数码相机相比,数码机相背(简称数码背)没有镜头及快门等装置,只能附加于其他传统相机机身上才能拍摄使用,使原本使用胶片的相机也可以进行数字化拍摄。这可方便地将现有大、中幅相机数字化,在机身上装卸也很方便,可进行数码照相与传统照相方式的转换。数码机背可获得超过600万像素的极高分辨率,有的像素水平达3000万,所摄数字图像足以放大到A0幅面以上的高质量图像,或放大到大幅面报纸照片水平的画面。相机背有两种:一种是由液晶显示器(LCD)显示的数码相机背;另一种是由掌上电脑(pocket PC)显示的数码相机背,如图8.9所示[9,10]。

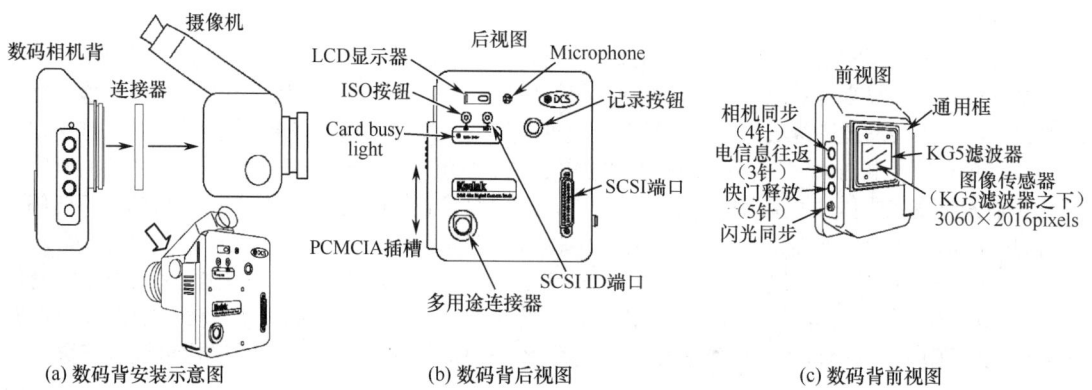

(a) 数码背安装示意图　　(b) 数码背后视图　　(c) 数码背前视图

图8.9　由电脑掌上电脑显示的数码相机背组合示意图

图8.9(a)表示数码相机背通过连接器与摄像机相连接。图8.9(b)所示为数码背的后视图,其上有LCD微型显示屏,显示充电情况、拍照帧数及控制信息 SCSI ID(小型计算机系统接口标志符,small computer system interface identification)和 ISO(international organization for standardization,国际标准化组织开放系统互连)。SCSI端口连接数码背和计算机之间的通信。数码背由可再充电的镍氢电池供电。有录音按钮和麦克风,SCSI端口连接数码背和计算机,并可立即在计算机上显示图像,数码背不是终端设备。PCMCIA(personal computer memory card international association)卡支持 ATA(AT bus attachment,ATA可以使用户方便地在PC上连接硬盘)协议等。多用途连接器可接插打印机电缆、计算机电缆、显示屏电缆等。

图8.9(c)表示数码背的前视图,其通用框用来与摄像机连接和固定。用四个螺钉通过固定玻璃框压紧KG5红外截止滤光片,其光谱透过率曲线如图8.10所示。在KG5滤光片后面为CCD图像传感器,其具有3 060×2 016像素。闪光同步(flash sync)可连接闪光同步电缆。快门释放连接快门释放电

缆。电信息往返连接数据处理存储中心和电力供应中心。数码背同步连接相机本体,以实现曝光同步。

在新型数码背系统中内建了蓝牙无线传输技术,使得数码背与相机之间、数码背与图像显示控制单元之间的数据通信更加便捷。图像显示控制单元基于掌上电脑,可以在上面任意缩放即时捕获的图像、调焦、调整相机参数。

数码背有一块超大面积 CCD 传感器,CCD 表面覆盖红外线截止滤镜。数码相机背装有一个小型风扇,两侧有窗口进行通风散热之用。因为温度每升高 8°,CCD 产生的噪声点就会增加 1 倍。将数码背对齐相机安装妥后,相机会自动为快门上弦。

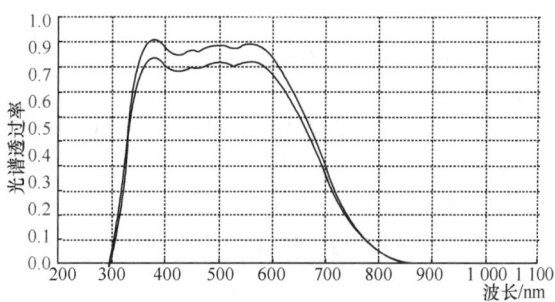

图 8.10　KG5 滤光片光谱透过率曲线

把掌上电脑与数码背连接后,通过软件使掌上电脑对拍摄的图片进行浏览、删除、编辑,并对后背的参数进行设置。因为一个大尺寸 LCD 的发热量比较高,容易影响 CCD 的成像,故不直接在数码相机背上安装 LCD,而要使用掌上电脑进行浏览,另外,掌上电脑的显示屏面积要比在机背上安装的 LCD 大得多,查看起来更方便。

为避免连线拍照的麻烦,数码背可以选配蓝牙接口。此外,还可以脱离移动硬盘,直接将数码背通过电缆接到笔记本电脑上,把图片存储到电脑硬盘,并可浏览图片。

表 8.1 为丹麦飞思(Phase One)数码背系列产品的主要参数。

表 8.1　丹麦飞思(Phase One)数码背系列产品的主要参数

品　名	像素数	CCD 尺寸	每像素尺寸/μm	拍摄速度	色彩深度	感光度
light phase	630 万像素	36.9mm×24.6 mm	12	40 张/min	14 bit 每色	100
H5	630 万像素	36.9mm×24.6 mm	12	40 张/min	14 bit 每色	100
H10	1 100 万像素	36.9mm×24.6 mm	12	33 张/min	16 bit 每色	50~400
H20	1 700 万像素	36.9mm×24.6 mm	9	20 张/min	16 bit 每色	50~100
H25	2 200 万像素	36.9mm×24.6 mm	9	25 张/min	16 bit 每色	50~400
P20	1 700 万像素	36.9mm×24.6 mm	9	50 张/min	16 bit 每色	50~800
P21	1 800 万像素	33.1mm×44.2 mm	9	60 张/min	16 bit 每色	50~800
P25	2 200 万像素	48.9mm×36.7 mm	9	35 张/min	16 bit 每色	50~800
P30	3 100 万像素	33.1mm×44.2 mm	6.8	45 张/min	16 bit 每色	50~800
P45	3 900 万像素	49.1mm×36.8 mm	6.8	35 张/min	16 bit 每色	50~400

4.数码相机的其他分类方式

划分数码相机的类型可以根据价位或其他特性。前几年,已有两种类型:一种是全集成式数码相机,镜头和机身集成在一起;另一种是非全集成式数码相机,采用了传统镜头的数码相机。按图像传感器分类,数码相机可以分为线阵 CCD 相机、面阵 CCD 相机和 CMOS 相机;根据对计算机的依附程度分类有脱机型相机和联机型相机;按结构分类,数码相机有简易型相机、单反型相机和后背型相机;根据价位来分类,可分为低档相机(分辨率较低,一般只有 400×300 或者更低,功能较少)、中档相机(分辨率可达到 640×480、1 024×768 或更高,功能较多,比如:有伸缩镜头、支持 PCMICA 存储卡、有 LCD 显示屏)和高档相机(专业级的数码相机,分辨率可达 4 096×4 096 或者更高);根据接口分类,有 USB 相机、PCI 相机;依据使用对象来分类,有家用型相机、商用型相机和专业型相机等。

8.1.4 数码相机的光学性能

数码相机镜头的基本结构如图 8.11 所示[10]，包括：镜头保护玻璃、透镜部件、光学低通滤光器、红外截止滤光器以及 CCD 保护玻璃和 CCD 影像传感器等。快门放在透镜组件中间或前面。镜头组件由透镜、电子快门、透镜组 1、透镜组 2 以及 CCD 组成。组件中的焦距调节系统和快门系统是由透镜组 1 和电子快门构成的，二者连接在一起。在电机的带动下，透镜组 1 和电子快门可以前后移动进行调焦，以获得清晰图像，由电子快门控制曝光。多组透镜是为保证成像质量，CCD 把光信号转换为电信号。

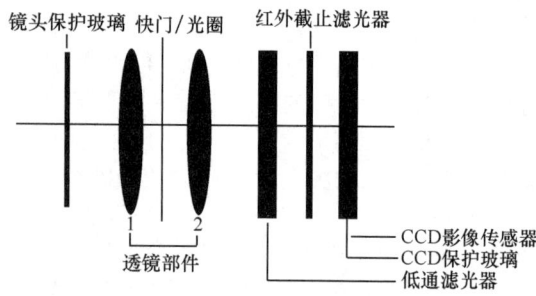

图 8.11　数码相机镜头基本结构

相机的镜头是相机成像的关键。影响镜头质量的因素包括：数字相机的镜头的材质、光学玻璃和透明塑料等。数字相机镜头结构复杂，所采用的透镜组合、设计方案及制作工艺才是镜头质量优劣的关键。

镜头光学性能包括焦距、变焦、光圈和快门等。

1. 焦距

按镜头焦距的固定和可以调节分为定焦镜头和变焦镜头。照相机镜头的焦距与其视场角相关。对于传统的 135 相机，镜头焦距为 50 mm 左右的视场角与人眼接近，称为标准镜头，包括 40～70 mm 的范围；18～40 mm 的镜头被称为短焦镜头或称广角镜头；70～135 mm 称为中焦镜头；135～500 mm 称为长焦镜头；500 mm 以上称为摄远镜头；18 mm 以下则称为超广角镜头或鱼眼镜头，视场角约为 180°。这种范围的划分只是人们的习惯，并没有严格的定义。

数码相机的 CCD 一般比 135 相机的胶片小得多，故在相同视角下，镜头焦距也短很多，如使用 0.33 英寸 CCD 的数码相机，使用焦距约为 13 mm 的镜头，视场角相当于 135 相机 50 mm 的标准镜头。由于各数码相机生产厂商所采用的 CCD 规格型号不同，都采用"相当于 35 mm 相机（即 135 相机）焦距"的说法。

通常，在数码相机的技术参数中，常以 F 代表最大光圈值，f 代表镜头焦距。例如，标有 $f=8$～24，相当于 35 mm 相机的 38～115 mm。根据用途的不同，照相机镜头的焦距相差非常大，有短到几毫米，十几毫米的，也有长达几米的，较常见的有 8 mm、15 mm、24 mm、28 mm、35 mm、50 mm、85 mm、105 mm、135 mm、200 mm、400 mm、600 mm、1 200 mm 等，还有长达 2 500 mm 超长焦望远镜头。

2. 变焦

数字相机的变焦分为光学变焦和数字变焦。光学变焦和传统镜头一样，通过镜头透镜间的间隔变化来实现变焦，数码变焦镜头多为二组元变焦镜头。这也是真正意义上的变焦。如图 8.8 所示是光学变焦的原理图[11,12]。

3. 快门和光圈

摄影技术中，影像的质量决定于曝光量的控制，其受光圈和快门的双重影响。曝光是使光线照射到 CCD 上，将图像记录下来。曝光量即是在照相感光材料的感光面上照度的时间积分。如果曝光过度，会使拍出来的影像变得很亮，失掉了许多细节和色调；而如果曝光不足，相片的色调则会非常暗，仍然分不清所拍摄的景物影像细节。

4. 快门

快门（shutter）用来调节、控制光束透过镜头到达感光面的时间，决定了曝光的时间。快门速度是指快门打开的时间，通常相机的快门速度范围有：4 秒、2 秒、1 秒、1/2 秒、1/4 秒、1/8 秒、1/15 秒、1/30 秒、1/60 秒、1/125 秒、1/500 秒和 1/1 000 秒。

快门速度过慢更容易使相机产生晃动。因此，快门速度有一个安全快门的概念。选择快门速度一般不可慢于安全快门，安全快门定义为 $1/f'$（f' 为镜头像方焦距）。例如镜头的焦距是 50 mm，安全快门就是 1/50 秒，即要选 1/60 秒以上的快门速度才可避免因手震而造成影像模糊，当然安全快门是一个仅供参考的参数。快门速度范围也是越大越好，相机就能适应更多的拍摄范围。

5. 光圈（aperture）

如图 8.11 所示，光圈在光学中称为孔径光阑，用来控制透过镜头的光能量，被其前面镜头部分所呈的像称为入射光瞳，以 D 表示，通常称为镜头孔径。D/f'' 称为相对孔径，其倒数为光圈数或光圈值（常以 $F^{\#}$ 表示，称为 F 数）。当外界光线较弱时，就将光圈开大；反之，就将光圈关小。完整的光圈数由小到大依次为：F1、F1.4、F2.8、F4、F5.6、F8、F11、F16、F22、F32、F44 和 F64。

光圈数 F 值越小，光圈开得越大，在同一单位时间内的进光量便越多，而且上一级的进光量刚好是下一级的一倍，例如光圈从 F8 调整到 F5.6，进光能量便多 1 倍，也可以说光圈开大了一级。对于普及型的数字相机 F 常介于 F2.8～F16 之间，此外许多数字相机在调整光圈时，可以做 1/3 级的调整。

相机的光圈数越大，适应不同光照环境的拍摄能力越强。但通常比较注意最大光圈数，如果拍摄环境的光线太强，除了收小光圈外，也可以把快门速度加快，缩短曝光时间。如果拍摄环境的光线太弱时，不能够把快门速度随意减慢，一旦快门速度低于安全快门速度，容易因手的震动造成影像模糊。

由此可以看出，快门和光圈直接影响曝光量，是衡量镜头优劣的重要因素，同样也是衡量数字相机的一项重要参数指标。

8.1.5 数码相机镜头的分类和特点

数码相机镜头品种繁多，基本型式如下[13]。

1. 标准镜头

标准镜头的视场角为 40°～60°，其 F 数为 F2.8～F3.5，若增加相对孔径，可提高成像质量。固定焦距的标准镜头在摄影中应用得最多、最广泛。标准镜头在拍摄中像差较小，成像质量优于一般同档次的镜头，最大相对孔径较一般同档次的镜头大，如有的数码相机，采用固定焦距的标准镜头的最大相对孔径（F 数）达到了 F0.9、F1、F1.2 等，从而保证了在低照度的照明条件下有足够的光圈数。同时，标准镜头体积小、携带方便。

2. 广角镜头

广角镜头的视场角为 60°～80°，单镜头反光数码相机的广角几乎都采用反摄远型结构，后截距有可能等于或者超过系统的焦距。广角镜头与标准镜头相比，是一种焦距短、视角大、焦距长于鱼眼镜头、视角小于鱼眼镜头的摄影镜头。广角镜头又分为普通广角镜头和超广角镜头两种。135 照相机普通广角镜头的焦距一般为 38～24 mm，视角为 60°～84°；超广角镜头的焦距为 20～13 mm，视角为 94°～118°。在使用广角镜头拍摄时，会产生明显畸变。

3. 长焦距镜头和远摄镜头

长焦距镜头是比标准镜头的焦距长的摄影镜头。长焦距镜头分为普通远摄镜头和超远摄镜头两类。普通远摄镜头的焦距长度接近标准镜头，而超远摄镜头的焦距却远大于标准镜头。镜头焦距为 85~300 mm 的摄影镜头为普通远摄镜头，300 mm 以上的为超远摄镜头。长焦距镜头按其结构的不同，又可分一般远摄镜头、反远摄镜头和反射式远摄镜头三种。在一般情况下拍摄，为了保持照相机的稳定，最好将照相机固定在三脚架上。用这种镜头景深小，拍摄时调焦困难。

4. 鱼眼镜头

鱼眼镜头是一种短焦距（$f=6$~16mm）、大视场（视场角约为 180°甚至 230°）的摄像镜头，其前面的透镜似鼓起的鱼眼。由于鱼眼镜头的焦距很短，视场角大，拍摄的画面呈圆形或矩形，画面中心与四周的感光不均匀，影像变形严重，景物的透视点得到极大的夸张，一般用于特效画面的拍摄。

5. 变焦距镜头

数码相机的数码变焦功能并不是光学变焦（尽管它能在一定程度上提升数码相机的变焦效果），而是采用在原有视角成像基础上将成像后的影像截取一部分（局部影像）进行放大，造成一种"拉近"被摄物的错觉。这种数码变焦放大后，影像的质量会下降，甚至会出现轻微的"马赛克"现象。真正起作用的还是光学变焦，在选择时重点应放在光学变焦范围、光圈、孔径等光学参数上，不必过多考虑数码变焦功能。

光学变焦的作用是将远处的景物放大（而数码变焦只是将像素点放大），能够拍摄远处景物。光学变焦是以镜头最小焦距的倍数来度量的，称为变焦倍率。

6. 附加镜头

（1）近摄镜。近摄镜为凸凹形正透镜。在标准镜头前附加近摄镜，其焦距就会变短，近摄镜微凹的背面可以一定程度地减少像场弯曲。通常近摄镜按屈光度标定，如+1、+2 和+3 等。屈光度数值越大，放大倍率也就越高。

（2）中空镜。中空镜中心是一块透明的玻璃，周围有使影像朦胧的条纹。使用这种镜片拍摄的效果是中间呈现的景物清晰，四周景物模糊，使照片显示出艺术效果。根据最终拍摄效果的不同可以分为中空雾化镜、中空柔焦镜和中空近摄镜等多种不同类型。用这种滤镜拍摄能够将主体突出，但是不能把光圈收得过小，否则会使四周模糊部分和中间清晰部分出现严重的边缘分界。

（3）偏振镜。偏振镜的镜片呈深灰色，由两块平行的玻璃片构成。在玻璃片之间有一层经过定向处理的晶体薄膜，从外形上看它比一般的滤镜略显厚一些。在摄影过程中，偏振镜可能使用最多，它的两片镜片可以相对旋转，从而逐渐削除反射光和光斑，常用来滤掉天空中的偏振光，使天际间的对比更加清晰、真实。此外，还常用偏振镜消除金属表面的炫光和反射光。如果使用单反式数字相机，由于 CCD 尺寸的限制，使用焦距为 20 mm 以下的超广角镜头时，镜头四周会出现暗角的现象。配备超薄型偏振镜可以保证画面的完整性。

（4）半近摄镜。半近摄镜一半是近摄镜片，而另一半是空的。有近摄镜片的一半可将近处的画面拍摄清楚，另一半却是正常的，可以对远处的拍摄主题正常对焦，从而保证一个很近的物体同时在一个画面上都是清晰的，造成一种超大景深的效果。使用半近摄镜还可以使另一半画面完全不合焦，通常配合大光圈可以产生特殊的景深效果。

（5）色彩增强镜。色彩增强镜可以使色彩饱和度和反差增强，尤其对红色、橙色和褐色 3 种颜色效果十分明显。缺点是增强镜的使用会降低成像的分辨率，因此当需要得到高分辨率的照片时，应该拆下镜头前所有的滤镜。

8.2 数码相机镜头设计示例

8.2.1 球面定焦距镜头设计示例

CCD 及 CMOS 等图像传感器使得数码相机体积减小，镜头也减小。数码相机进一步和手机结合形成多功能的手机相机[11,12]。

1. 定焦镜头设计

传统 135 相机底片为 36 mm×24 mm，比数码相机的图像传感器 CCD 或 CMOS 面积大得多，故数码相机镜头比传统相机镜头尺寸小很多。另外，传统底片是化学原料分子感光，所形成的颗粒也可以感应高频信号，有很高的分辨率。数码相机感光元件的单一像素尺寸为微米量级，一般的 CCD 或 CMOS 只能读取到比较低频率的信号，分辨率较低。

2. 镜头初始值选取

用初级像差求初始解的方法在《应用光学》中已做了讨论，此处采用经验设计方法，选用一组参考结构，用其作为初始结构进行像差校正以达到设计要求。现以 200 万像素数码相机设计为例，采用 SONY 公司的 CCD 感光元件 ICX434AQ（1/3.2 英寸）[14]，其有效像素为 1 636（H）×1 236（V），总像素数约为 200 万。单一像素尺寸为 2.8 μm×2.8 μm，CCD 的有效面积为 4.58 mm×3.46 mm，对角线长度是 5.74 mm。通常感光元件上加入一个平板保护玻璃，取对角线的一半作为系统的像高，取其正向像高。镜头物、像方均为空气，其折射率为 $n=n'=1$ 时，节点与主点重合[12]。

设该系统主面与其入瞳面重合，由几何光学可得像方视场半角 u_z'、像高 y' 与焦距 f' 的关系如式（8.1）所示。

$$\tan u_z' = \frac{y'}{f'} \tag{8.1}$$

预设像方视场半角为 25°，像高为 2.87 mm，由式（8.1）可计算出系统的有效焦距为 6.15 mm，相当于传统相机标准镜头焦距为 46 mm。利用美国专利（U.S.2 744 447）的五片球面透镜结构作为初始值[15]，数据见表 8.2。用 ZEMAX 软件模拟该系统，如图 8.12 所示，其最大半视角为 25°。

表 8.2　五片球面透镜系统数据

No.	r	D	玻璃牌号
物距 l	∞	−∞	—
1	0.333 31	0.074 3	SK16（ZK9）*
2	0.832 74	0.001	空气
3	0.305 74	0.062 9	SF14（ZF12）
4	0.211 83	0.148 3	空气
5（光阑）	−∞	0.09	空气
6	−0.222 77	0.013 3	SF1（ZF3）
7	1.769 6	0.092	LaK5(LaK2)
8	−0.316 94	0.001	空气
9	−2.928 26	0.061	SF4（ZF6）
10	−0.528 26	0.734 536	
像面	−∞	—	

$f=1, f/D=4$，*为相应的中国玻璃牌号

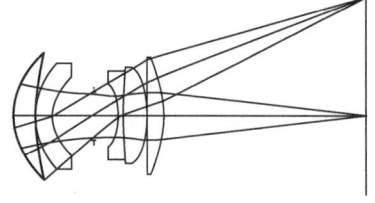

图 8.12 US Patent 球面透镜系统

将焦距缩放到[12] f'=6.15 透镜系统主要数据：系统 F 数为 f'/D=4，最大视场为 ω'=25°，主波长为 λ_D=0.597 561 8。

利用以上数据可以进行优化。优化变数通常以曲率半径优先，其次为透镜厚度，然后是透镜材料，最后是优化镜头整体像质。优化顺序要视镜头结构和像质要求而定。

还要设定评价函数（merit function）[12]，包括所要达到的目标值（target）与权重（weight）；还要确定目标值占整体评价函数的比重，称为贡献值（contribution）[16]，以 contrib.表示。整体评价函数的贡献值为 100，若设定的权重大，或目标值与实际值差异大，会使该项的贡献值有较大的比重，在优化时贡献值大的项会优先考虑。

人工改变镜头数据不宜变化太大，否则，系统中有的光线入射高度可能高于某面的曲率半径不能通过系统而成为消失光线（missing ray）或者光线由透镜中射向空气中时，入射角大于临界角将发生全反射，优化过程将被中止。人工改变镜头数据宜进行微调。

3．设计结果与像质分析

设计结果：焦距为 6.15 mm，相当于传统标准镜头的焦距为 45.6 mm，最大视场角为 50°，光线通过透镜的最大口径为 7.74 mm，光学长度约为 11.97 mm。镜头各折射面皆为球面并采用国产玻璃，其最后一片 CCD 的平板保护玻璃为 K9 玻璃，且其像方视场最边缘的远心（telecentricity）光线与光轴的夹角约为 6°，设计结果如表 8.3 所示，而其光学系统如图 8.13 所示。该镜头数据还是一个有待进一步校正和优化的结构。如为保证透镜的强度，根据规范（手册），凹透镜的中心厚度不能小于 0.8 mm，凸透镜边缘厚度约为 1.2 mm。

表 8.3 设计结果

No.	r	d	玻璃	No.	r	d	玻璃
l_1	∞	∞	—	8	4.813	0.76	ZF2
1	10.143	1.20	ZBAF1	9	−2.471	0.17	ZBAF11
2	−7.161	0.34	ZBAF13	10	10.931	0.57	
3	−127.08	2.10		11	−6.050	2.80	LAF2
4	2.402	0.53	ZF12	12	∞	0.56	—
5	2.093	0.26	—	13	∞	2.18	K9
光阑	∞	0.51	—	像面	∞	11.98	
7	−2.048	0.20	—				

镜头的成像质量须首先考虑相对照度（relative illumination）及畸变（distortion）。而畸变又分为光学畸变（optical distortion）$\delta Y'_z$ 或 q'（%表示）和视讯畸变（TV distortion）。相对照度是指视场边缘照度与视场中心照度之比值，通常较为合理的相对照度大于 60%。光学畸变是因物高不同而倍率不同，使影像扭曲。视讯畸变是像面上不同视场的光学畸变的差异，如式（8.2）与图 8.14 所示。通常光学畸变要求小于 2%，视讯畸变要求小于 1%。视讯畸变严重，会使影像中的直线有弯曲的感觉。水平视讯畸变 q'_{TVH} 与垂直视讯畸变 q'_{TVV}，可由下式表示[12]

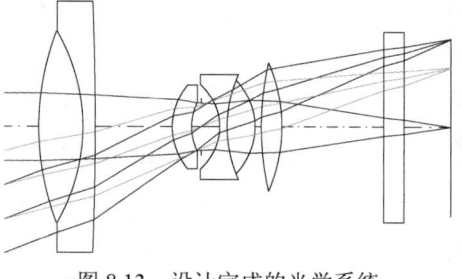

图 8.13 设计完成的光学系统

$$\delta Y'_z = Y'_z - y'$$
$$q' = \frac{Y'_z - y'}{y'} \times 100\%$$

$$q'_{\text{TVV}} = \frac{\Delta Y'_1 + \Delta Y'_3}{H_{\text{AC}} + H_{\text{BD}}} \times 100\%$$
$$q'_{\text{TVH}} = \frac{\Delta Y'_2 + \Delta Y'_4}{W_{\text{AB}} + W_{\text{CD}}} \times 100\%$$
(8.2)

式中，Y'_z 和 y' 分别是实际像高和理想像高；$\Delta Y'_2$、$\Delta Y'_4$ 分别是像的宽度 W_{AB} 和 W_{CD} 上的不同视场的光学畸变的差；$\Delta Y'_1$、$\Delta Y'_3$ 分别是像的高度 H_{AC} 和 H_{CD} 上的不同视场的光学畸变的差。

一般光学系统是对称于光轴的，不需要进行平均计算，如式（8.3）所示。

$$q'_{\text{TVV}} = \frac{\Delta Y'_1}{H_{\text{AC}}} \times 100\% = \frac{\Delta Y'_3}{H_{\text{BD}}} \times 100\%$$
$$q'_{\text{TVH}} = \frac{\Delta Y'_2}{W_{\text{AB}}} \times 100\% = \frac{\Delta Y'_4}{W_{\text{CD}}} \times 100\%$$
(8.3)

设计结果的相对照度大于 65%，如图 8.15 所示。而在考虑主波长时，光学畸变小于 1.5%，视讯畸变小于 0.5%，如图 8.16 所示，纵坐标为像高，横坐标为畸变值。图中三条曲线分别表示可见光三个波长的畸变值，其中心波长为 D 线。

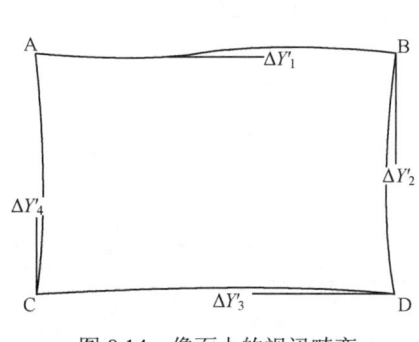

图 8.14　像面上的视讯畸变

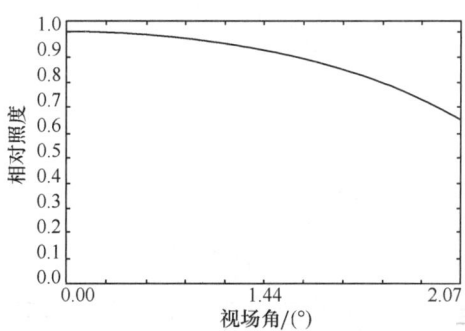

图 8.15　相对照度

CCD 单一像素尺度为 2.8 μm×2.8 μm，即 2 lp=11.2 μm，如图 8.17 所示。其对应的空间频率即两个线对的宽度取倒数 89 lp/mm。CCD 要求在 MTF 值大于 30%时[17]，可以辨别 89 lp/mm。图 8.18 为该镜头的 MTF 值，横坐标为空间频率，纵坐标为 MTF 值。图上的曲线表示像面上每个视场的子午和弧矢方向的 MTF 值。零视场的子午和弧矢方向的 MTF 曲线重合。图中的黑色虚线是衍射极限的 MTF 值。镜头视场中心的 MTF 值为 67%，像高边缘处的值为 43%。

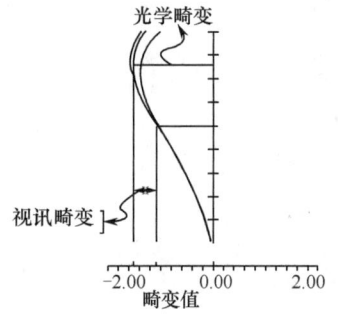

图 8.16　光学畸变与视讯畸变

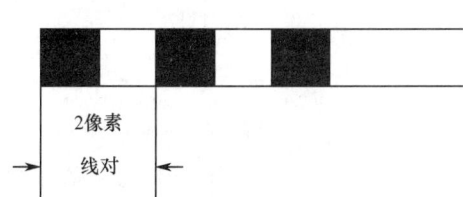

图 8.17　CCD 上的一维像素分布

为了控制像散差，同一个视场的子午和弧矢 MTF 值差异应控制在 10%以内。图 8.19 为视场与 MTF 的关系曲线，横坐标为像高视场，纵坐标为 MTF 值。图中不同空间频率的曲线，实线为子午方向的 MTF 值，虚线为弧矢方向 MTF 值。在 89 lp/mm 处的子午和弧矢方向的最大的差异在像高边缘处大约为 6%。

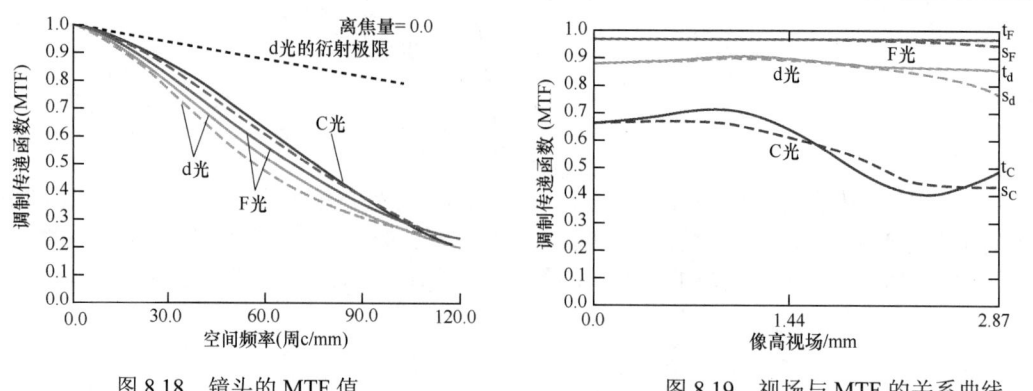

图 8.18　镜头的 MTF 值　　　　　图 8.19　视场与 MTF 的关系曲线

镜头要考虑可见光的三个波长（d 光、C 光和 F 光），图 8.20 所示为此镜头的色差、单色像散和场曲、畸变曲线。图 8.21 为此镜头的色光像散和场曲、畸变曲线，其纵坐标表示视场角，横坐标不同灰度的表示横向像差，其三条曲线表示不同波长，最大差异在 0.6~0.7 视场之间。

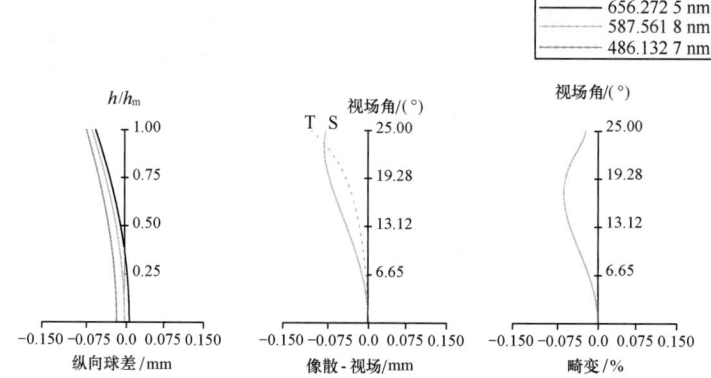

图 8.20　镜头的色差、像散和场曲、畸变曲线

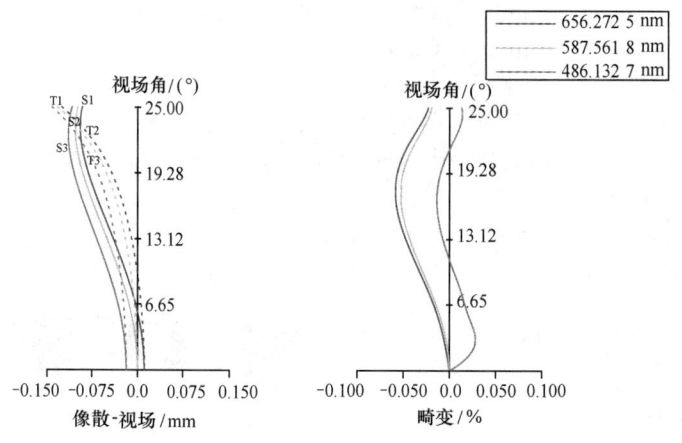

图 8.21　镜头的色光像散和场区、畸变曲线

8.2.2　非球面定焦距镜头设计示例[18,19]

设镜头图像传感器阵列对角线长度为 6.36 mm。其一半 3.18 mm 作为像高（线视场）。取 $2\omega=60°$，由式（8.1）计算出 $f'=5.5$ mm，对应于传统相机的焦距为 37.4 mm。取 F 数为 2.8。初始值为台湾专利 M287943[20]。镜头由四片透镜组成，第一片为玻璃球面透镜，可在一定程度上起

保护作用,其余三片为光学塑料非球面透镜。采用偶次项非球面公式,如式(8.4)所示[12]。

$$z = \frac{ch^2}{1+\sqrt{1-(1+k)c^2r^2}} + A_2h^2 + A_4h^4 + A_6h^6 + \cdots \tag{8.4}$$

其中,z 为镜面深度,h 为镜面上任意点到光轴的垂直高度,c 为镜面顶点曲率,k 为二次曲面系数(锥度常数),$k=-e^2$,各种二次曲面的区别在于 e^2 值不同,当 $e^2<0$ 时为扁球面;当 $e^2=0$ 时为球面;当 $0<e^2<1$ 时为椭圆面;当 $e^2=1$ 为抛物面;A_2,A_4,$\cdots$,A_j 为非球面系数。

第一片使用玻璃是为了与外界环境接触,光学材料 L-BAL42 为 OHARA 公司的产品,是一种低温压磨材料,其中心厚度不能小于 0.4 mm。第二片透镜用光学塑料 OKP4,第三和第四片透镜均用光学塑料 E48R。镜头数据如表 8.4 所示,光学系统如图 8.22 所示。光学系统全长约为 7.13 mm。其非球面参数如表 8.5 所示,其二次曲面系数 k 均取为 0,折射面近轴曲面均为球面。光学系统的相对照度如图 8.23 所示,像高边缘处为 55%,不足 60%,处于四个角落,不会对整个画面有太大影响。

表 8.4 镜头结构数据

	r	d	Glass	$D/2$
物面	∞	∞	—	
光阑	2.593 7	0.867	BAL42	0.98
2	31.890 1	0.393	—	1.08
3	-3.051 3	0.200	OKP4	1.14
4	15.744 2	0.364	—	1.24
5	4.601 4	1.362	E48R	1.52
6	-3.355 8	2.423	—	1.78
7	-2.486 9	0.581	E48R	2.07
8	11.343 2	0.136	—	2.75
9	∞	0.300	B270	3.00
10	∞	0.124	—	3.10
像面	∞	0.000	—	3.17

表 8.5 非球面参数

	k	A_2	A_4	A_6	A_8
3	0	0.080 620 20	-0.018 882 90	-0.002 307 91	0.001 391 45
4	0	0.053 894 48	0.002 455 64	-0.005 678 23	0.001 331 42
5	0	-0.041 549 91	0.013 419 89	-0.003 215 85	0.000 420 95
6	0	-0.006 319 21	-0.003 417 83	0.000 936 51	-0.000 163 30
7	0	-0.021 173 45	0.000 236 72	0.001 428 19	-0.000 131 95
8	0	-0.020 968 04	-0.000 246 47	0.000 394 07	-0.000 026 59

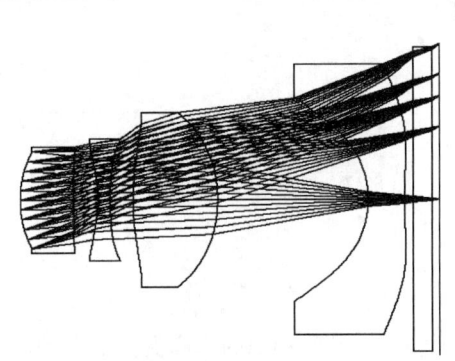

图 8.22 镜头光学系统结构图

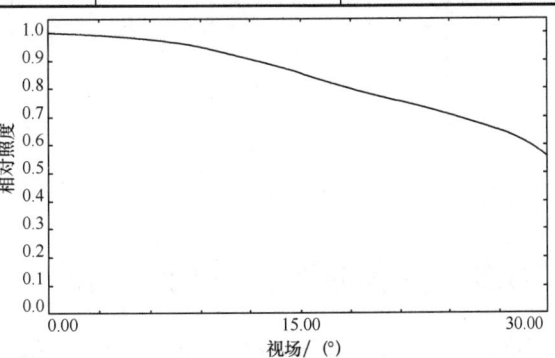

图 8.23 镜头的相对照度曲线

图 8.24 为色光球差、像散、场曲和主波长的畸变曲线。图 8.25 为镜头的视讯畸变，如果记中心点为 $O(0,0)$，A、B 和 C 三点的坐标分别为：$A(0, 1.791\,361)$，$B(2.443\,106, 1.782\,934)$，$C(2.442\,299, 0)$，根据对称性可知

$$q'_{TVV} = \frac{\Delta X(BC)}{2\Delta Y(BC)} \times 100\% = \frac{(2.443\,106 - 2.442\,299)}{2 \times 1.782\,934} = 0.023\%$$

$$q'_{TVH} = \frac{\Delta Y(AB)}{2\Delta X(AB)} \times 100\% = \frac{(1.791\,361 - 1.782\,934)}{2 \times 2.443\,106} = 0.172\%$$

式中，$\Delta Y(BC) \approx \Delta Y'_2$，$\Delta X(AB) \approx \Delta Y'_1$。

CCD 的一个像素为 2.2 μm，一个线对为 4.4 μm。考虑全彩色画面时，空间频率单元对应两个线对，则系统的空间频率为 115 lp/mm，其 MTF 曲线如图 8.26 所示，像高边缘处的 MTF 约为 42%。考虑离轴像散、子午和弧矢 MTF 之间的差异须控制在 10%内。图 8.27 为 MTF-视场关系曲线，横坐标为像高或视场角，纵坐标为 MTF。图中曲线表示不同空间频率，实线表示子午 MTF，虚线表示弧矢 MTF。在 115 lp/mm 处的子午与弧矢方向最大差异在 10° 和 30° 视场处约为 8%。

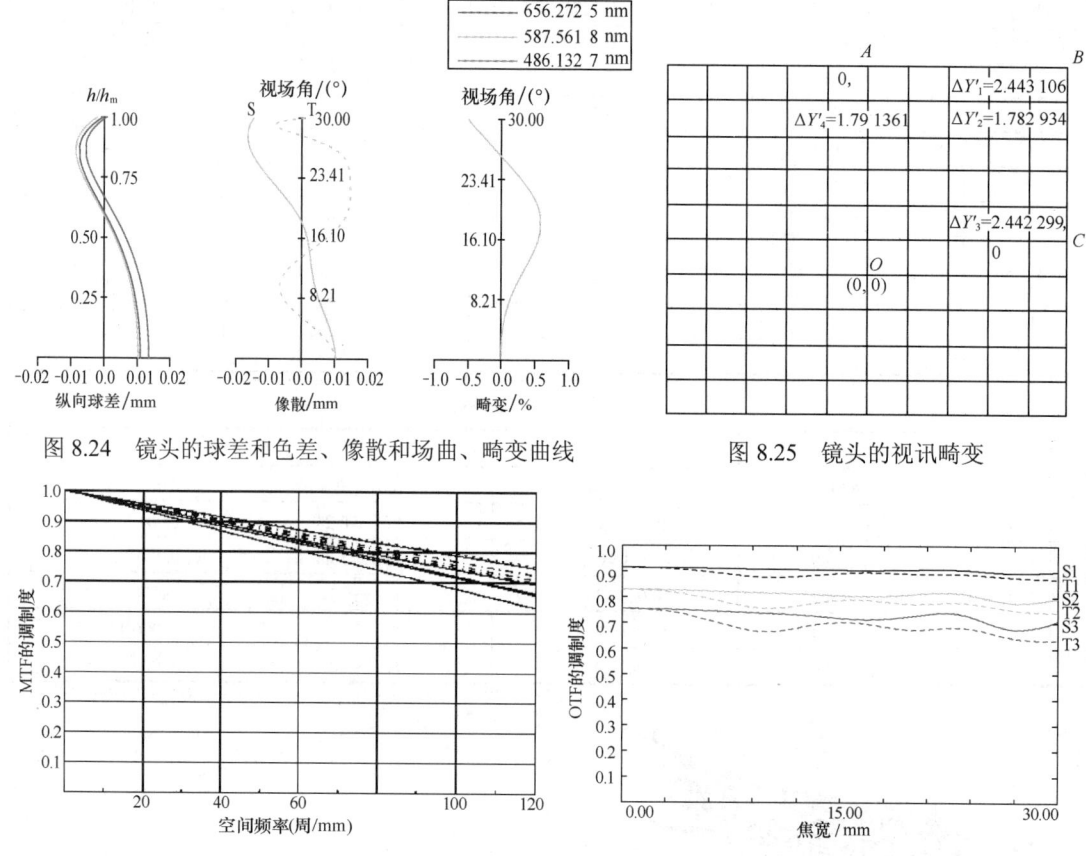

图 8.24 镜头的球差和色差、像散和场曲、畸变曲线

图 8.25 镜头的视讯畸变

图 8.26 镜头的 MTF 曲线

图 8.27 MTF-视场关系曲线

8.3 变焦距镜头设计示例

在变焦（zoom）透镜组中通过设定的透镜组移动进行变焦，使物和像的距离保持不变[12]。变焦方法分为光学和机械变焦法，光学变焦主要通过使系统中变倍透镜组做线性移动来实现，会对

物像距离引起微量移动,常用最后一个透镜组的微量移动进行补偿,镜头系统机械结构较为简单。常规的机械变焦法是通过系统中变倍透镜组做非线性移动实现的,不存在物像距离的微量移动,由补偿透镜组的移动进行了补偿。

8.3.1 变焦透镜组原理[11,12]

变焦系统以改变变焦组内透镜组间的间距来实现变焦,设变焦组由两个透镜组构成,每个透镜组包括若干透镜进行像差校正。变焦系统的光学长度(由变焦系统的第一面到总焦平面的距离)为 L_0,总光焦度为 φ_{12},总焦距为 f'_{12}。其中两个透镜组的光焦度分别为 φ_1 和 φ_2;物、像方焦距分别为 f_1、f'_1、f_2、f'_2,两个透镜组之间的间距为 d_1。如图 8.28 所示,设光线通过每个镜组时在物方和像方主面 H_1、H'_1、H_2、H'_2 上的入射高度分别为 h_1、h_2,物像方孔径角分别为 u_1、u'_1、u_2、u'_2;物、像方截距分别为 l_1、l'_1、l_2、l'_2。

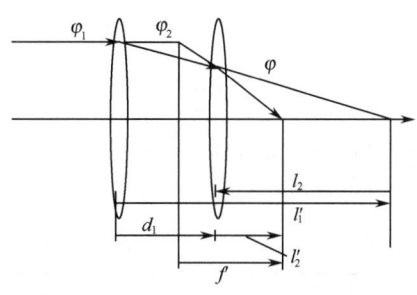

图 8.28 变焦透镜组原理

设物体在无限远时 $l_1 = -\infty$,孔径角 $u_1=0$,$l'_1=f'_1$,$u'_1=h_1/f'_1$。由几何光学可得以下各式[12]。

$$d_1 = l'_1 - L_0 \tag{8.5}$$

已知 $u_1=0$,有

$$u'_1 = u_2 = u_1 - h_1\varphi_1 = -h_1\varphi_1 \tag{8.6}$$

$$h_2 = h_1 - d_1 u'_1 = h_1 + d_1 h_1 \varphi_1 = h_1(1 + d_1\varphi_1) \tag{8.7}$$

$$u'_2 = u_2 - h_2\varphi_2 = -h_1\varphi_1 - h_2\varphi_2 \tag{8.8a}$$

$$f'_{12} = -\frac{h_1}{u'_2} = -\frac{h_1 u_2}{u_2 u'_2} = f'_1 \beta_2 = \frac{1}{\varphi_1 + \dfrac{h_2}{h_1}\varphi_2} \tag{8.8b}$$

式中,$\beta_2 = -\dfrac{u_2}{u'_2}$,为第二透镜组横向倍率。变倍组的第一透镜组焦距通过第二透镜组变倍。

$$f'_{12} = \beta_2 f'_1 \tag{8.8c}$$

$$\varphi_{12} = \frac{1}{f'_{12}} = \varphi_1 + \varphi_2 - d_1\varphi_1\varphi_2 \tag{8.9}$$

由式(3.9)和式(3.5)可得两镜组之间的间距为

$$d_1 = \frac{\varphi_{12} - \varphi_1 - \varphi_2}{\varphi_1\varphi_2} = l'_1 - L \tag{8.10}$$

可以看出,改变第二镜组的物距,即是改变其横向倍率以达到变倍目的,可将式(8.8c)中的 f'_{12} 写为 f',β_2 写为焦距变化倍率 M,可得

$$f' = Mf'_2 \tag{8.11}$$

上式可以表示变焦镜组的移动规律。

8.3.2 非球面变倍镜头初始数据

光学系统的设计参数为 $f'=6\sim36$ mm,视场角为 $2\omega=60°\sim11°$,F 数为 F2.8~F3.5,镜头的变倍比为 $M=3$。采用"经验设计"方法,初始数据参考专利 US7468845,其光学系统结构如图 8.29

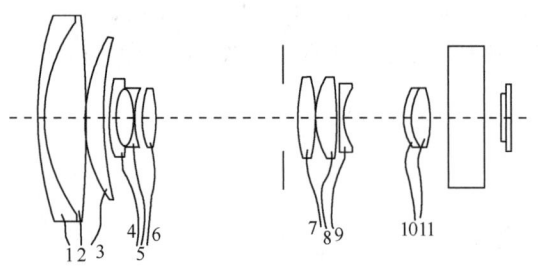

图 8.29 初始光学结构示意图

所示。经过优化后的光学结构示例数据如表 8.6 所示。在#列中，1 为物面，2 表示该光学系统第一透镜组为前固定组，有正光焦度；3 和 5 为第二和第三透镜组构成变倍组，前者为负光焦度，后者为正光焦度；4 为光阑，随第三透镜组移动，和第三透镜组间的间隔有微小变化；在变焦时孔径光阑随第三透镜组移动。6 为第四透镜组，为正光焦度，其可以移动，起调焦作用。7 为红外截止滤光片，对图像传感器所接收的红外光起截止作用，以保证成像质量；8 为图像传感器的保护玻璃；9 为图像传感器的曝光面。为了增加校正像差的参数，对像差较为灵敏的面采用非球面形式，如表 8.6 中标有"*"号的 5 个面。

表 8.6 优化后的光学结构示例数据

#	面号	半径 r	厚度 d	玻璃
1	物面	∞	∞	
2	1	−304.989 7	1.000 0	QK3
	2	87.557 7	3.905 6	PK2
	3	−58.148 7	0.400 0	—
	4	22.087 7	2.832 2	TAF5N
	5	46.365 4	1.150 9～15.440 2	—
3	6	106.326 7	5.683 4	ZLAF3
	7	8.923 3	3.764 0	—
	8	−10.599 9	1.000 0	ZK3
	9	18.478 9	0.593 7	—
	10*	24.902 2	2.294 3	QK3
	11	−28.104 0	22.052 0～0.400 0	—
4	光阑	∞	0.400 0～0.245 5	—
5	13*	8.832 1	6.261 1	ZK8
	14*	33.179 8	0.400 0	—
	15	21.371 5	1.005 0	QK3
	16	7.643 5	2.726 9	K13
	17	−10.984 1	0.400 0	—
	18	−32.759 8	1.028 0	LAF16
	19	141.847 2	0.400 0～16.131 8	—
6	20*	10.295 3	6.410 1	ZK9
	21*	13.154 6	3.403 6～2.431 4	—
7	22	∞	0.850 0	BAF1
	23	∞	0.500 0	—
8	34	∞	0.500 0	K9
	25	∞	0.590 0	—
9	像面	∞	0.000 0	—

图 8.30 为该镜头光学系统变焦过程示意图，图 8.30（a）、（b）和（c）分别表示广角（短焦）

位置、中角（中焦）位置、摄远（长焦）位置。表 8.7 为变焦镜头系统的间隔变焦参数，其中 d_5、d_{11}、d_{12} 和 d_{19} 是变倍组在变倍时的移动量，d_{21} 是第四透镜组调焦的移动量。表 8.8 为 5 个非球面的非球面系数。

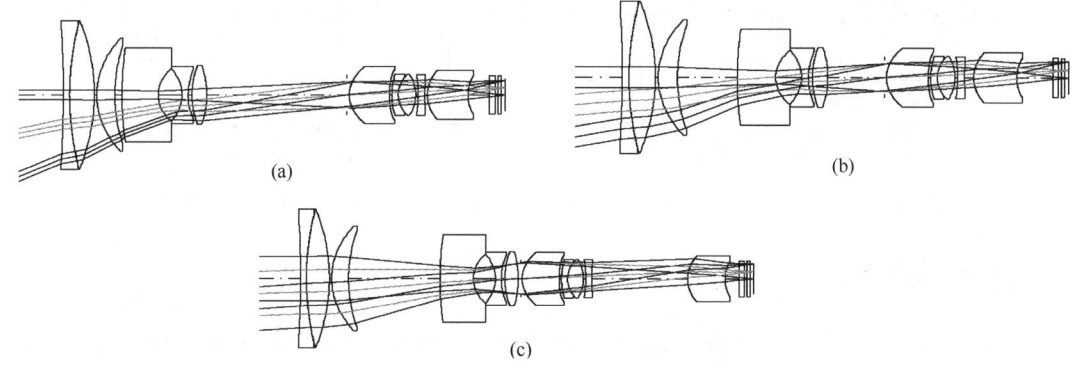

图 8.30　变倍镜头光学系统变焦过程

表 8.7　镜头系统的变焦间隔参数

	d_5	d_{11}	d_{12}	d_{19}	d_{21}
短焦	1.150 9	22.052 0	0.400 0	0.400 0	3.403 6
中焦	8.974 2	8.567 9	0.289 8	1.361 4	5.508 3
长焦	15.440 2	0.400 0	0.245 5	16.131 8	2.431 4

表 8.8　5 个非球面的非球面系数

	10	13	14	20	21
K	0.000 0e+00	0.000 0e+00	0.000 0e+00	0.000 0e+00	0.000 0e+00
A	3.217 1e-05	-7.203 5e-05	3.243 3e-04	6.649 0e-05	4.389 0e-04
B	-3.644 2e-07	-5.098 2e-07	1.118 8e-06	-1.272 8e-06	1.900 5e-06
C	-7.555 8e-09	-2.624 0e-10	4.742 3e-09	1.094 6e-07	3.967 8e-08
D	1.395 2e-10	6.145 9e-11	1.041 8e-09	-2.126 1e-09	1.279 6e-08

变焦镜头系统的像差特性如下：图 8.31 和图 8.32 分别为变焦镜头在短焦、中焦和长焦位置时的调制传递函数及其相关畸变曲线。由三个图可知，对于空间频率为 100 cycles/mm 的 MTF 均大于 0.6。

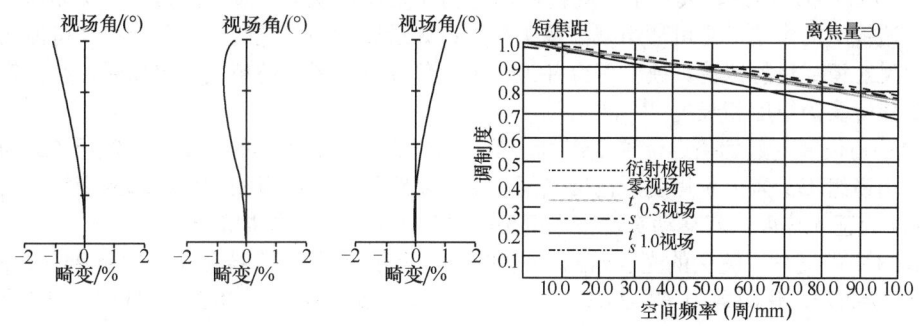

图 8.31　三个变焦位置的畸变曲线

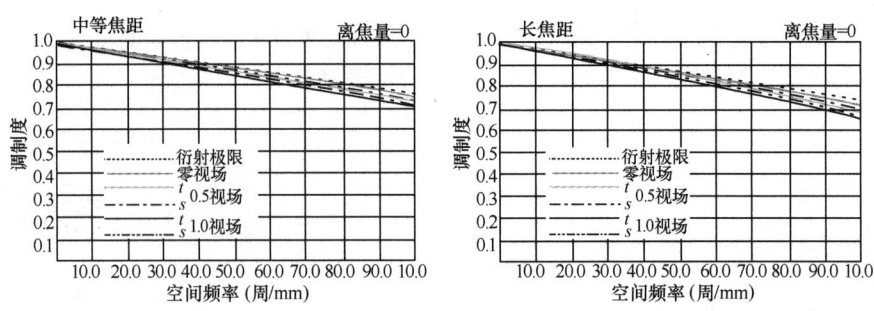

图 8.32 变焦镜头在短焦、中焦和长焦位置时的调制传递函数及其相关畸变曲线

8.3.3 折叠式（潜望式）变焦镜头示例

折叠式（潜望式）变焦镜头属于紧凑变焦镜头的一个典型例子，是内变焦型和一个折叠型镜头的结合，如图 8.33 所示。一般来说其包括了四个透镜组，第一透镜组包括一个反射光学元件（r3 和 r4 表示一个反射棱镜），在变焦时，第一透镜组固定不动。第二透镜组有负光焦度，变焦时起到变倍组的作用。第三透镜组有一个正光焦度，包括一个孔径光阑（r11（ST）），在变焦时移动起到补偿组的作用。在变焦或变倍时第四透镜组的结构移动起附加补偿器的功能[12,17]。ST_3 是第三镜组由广角位置向摄远位置移动的距离 d11，L 是整个变焦镜头系统的全长。这种折叠型内变焦系统可以减少变焦镜头系统的厚度和长度，以适应数码相机和个人移动设备应用此系统。

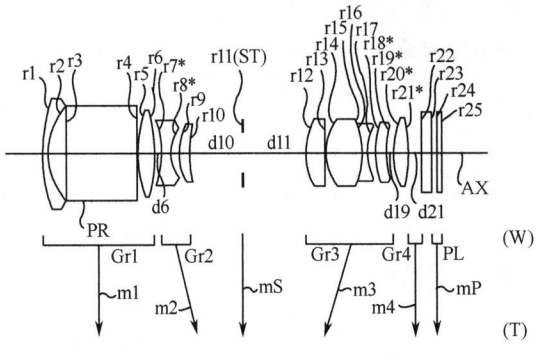

图 8.33 折叠式变焦镜头示意图

由广角位置到摄远位置变焦时，紧凑型变焦镜头变焦时第二、第三和第四镜组均要移动。第二和第三镜组间的间隔增加时，第三和第四镜组间的间隔减少。第三镜组中的光阑直径变大，光阑随第三镜组移动。第四镜组有正光焦度，移动完成调焦。

变焦镜头系统的变倍比为

$$M = f'_t / f'_w \tag{8.12}$$

式中，f'_t 和 f'_w 分别为变焦镜头系统长焦位置和短焦位置的焦距。

图 8.34 为一种较为简化的变焦镜头镜组的广角位置、中角位置和远摄位置方案。第一镜组 G1 有一个弯月形负透镜，其对于扩展视场角有利（见鱼眼镜头一节）；其有一个非球面，便于校正第一透镜组的像差，还可适当减小镜头尺寸；该透镜组还包括两个反射元件（可能实现全转像），为反射镜或反射棱镜。通常可合并为一个直角棱镜，形成潜望式变焦物镜，在一定程度上减小了变焦镜头的厚度和长度[21]。

当由广角位置变焦到摄远位置变焦时，第一透镜组 G1 是固定的；第二透镜组 G2 为负光焦度，第三透镜组 G3 为正光焦度，包括光阑，第二镜组和第三镜组相对移动起到变焦作用；第四透镜组 G4 为正光焦度，其移动实现整个镜头的调焦，还有一个保护玻璃 C。

图 8.34 中的变焦距镜头的光学结构数据如表 8.9 所示。该镜头系统焦距为 $f' = 4.94 \sim 13.64$ mm，变倍比为 $M = 2.77$，焦距数为 $F^{\#} = 3.63 \sim 7.12$，视场角为 $2\omega = 61.6° \sim 38.3° \sim 23.6°$，ST 表示孔径光阑。折射面近轴面形均为球面，二次曲面系数 k 取为 0；非球面方程式为式（8.4），A_4、A_6、A_8、A_{10} 和 A_{12} 表示非球面系数，如表 8.10 所示，表 8.11 给出了图 8.34 中变焦镜头在广角位置、中角位置和摄远位置的可变间隔 d_5、d_8、d_{14} 和 d_{16}，孔径光阑直径也分别变为 2.78、2.88 和 3.08。

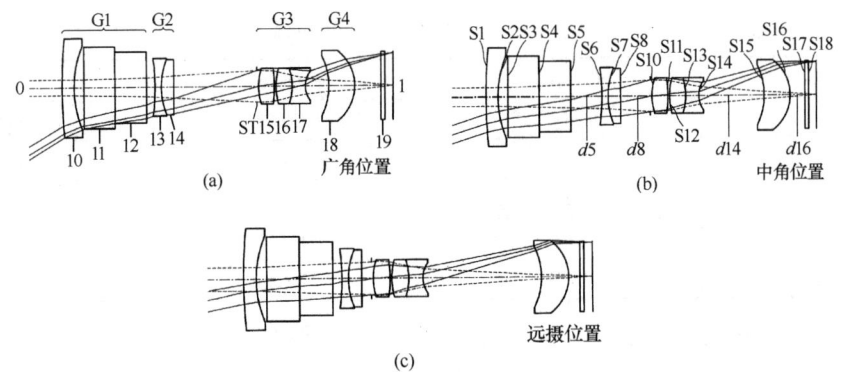

图 8.34 折叠型变焦距镜头镜组系统图

表 8.9 变焦距镜头的光学结构数据

	No.	r	d	n_d	ν_d	Gl.
	物面	∞	∞	—	—	—
	1*	900.000 0	1.050	1.851 35	40.1	—
	2*	13.279 2	0.767	—	—	—
G1	3	∞	2.650	1.744 00	48.0	—
	4	∞	2.650	1.744 00	48.0	—
	5	∞	可变	—	—	—
	6	−14.144 0	0.500	1.625 88	35.7	—
G2	7	7.046 0	1.030	1.846 66	23.8	—
	8	66.122 0	可变	—	—	—
	光阑	∞	0.100	—	—	—
G3	10*	4.815 7	1.330	1.693 50	53.2	—
	11	−10.664 0	0.114	—	—	—
	12	5.164 0	1.390	1.693 50	53.2	—
G3	13	−5.164 0	1.160	1.903 66	31.3	—
	14	2.700 0	可变	—	—	—
G4	15*	−9.401 7	2.130	1.544 10	56.1	—
	16*	−3.684 8	可变	—	—	—
C	17	∞	0.300	1.516 80	64.2	—
	18	∞	—	—	—	—
	像面	—	—	—	—	—

表 8.10 非球面的非球面系数

非球面	S1	S2	S10	S15	S16
k	173 00.419 117	−1.377 582	−0.488 971	−45.601 584	−0.029 718
A_4	−0.000 254 577	−6.265 89e−005	−0.00 102 198	−0.00 814 296	0.00 244 019
A_6	0.000 110 315	0.000 166 424	0.000 278 872	0.000 446 354	−0.000 320 971
A_8	−4.265 31e−006	−7.401 28e−006	−0.000 164 698	−2.844 11e−005	5.563 39e−005
A_{10}	8.677 98e−008	4.895 38e−007	3.290 98e−005	−6.680 66e−006	−6.048 59e−006
A_{12}	−8.963 59e−010	−1.362 08e−008	0	2.156 09e−007	2.142 3e−007

表 8.11 变焦镜头的可变间隔

可变间隔	广角位置	中角位置	摄远位置
d_5	0.761 15	2.599 82	0.760 00
d_8	6.950 47	2.479 79	0.800 00
d_{14}	1.920 69	5.442 62	9.339 76
d_{16}	2.167 44	1.277 51	0.900 00
光阑直径	2.78	2.88	3.08

图 8.35 和图 8.36 分别表示图 8.34 中变焦镜头广角位置和摄远位置的垂轴球差、像散和场曲（T 表示子午场曲，S 表示弧矢场曲）、畸变曲线。

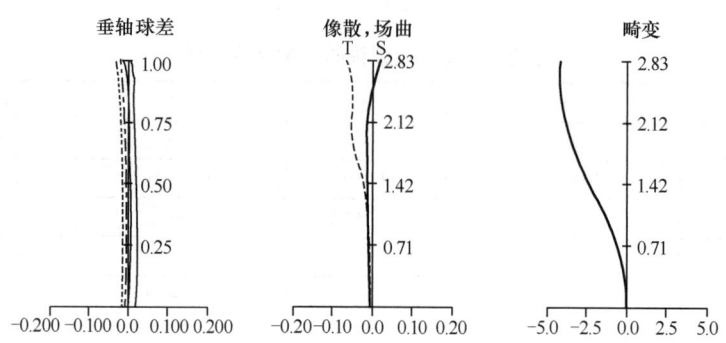

图 8.35 变焦镜头系统广角位置的垂轴球差、像散和场曲、畸变曲线

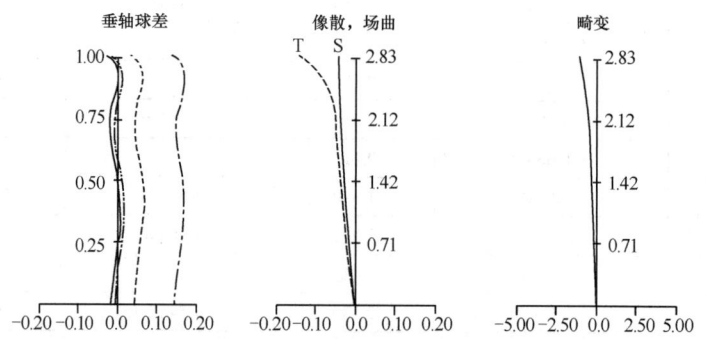

图 8.36 变焦镜头系统摄远位置的垂轴球差、像散和场曲、畸变曲线

8.4 手机照相光学系统

8.4.1 手机照相光学系统概述

具有照相功能的手机可拍镜头的研发工作是在 20 世纪 90 年代末期开始的，世界第一款照相手机是由夏普 J-PHONE（现在的日本沃达丰）在 2001 年合作推出的 J-SH04 手机，它只装备了一个 11 万像素的 CMOS 数码相机镜头，仅有 74 克的质量。J-SH04 的液晶显示屏采用的是 256 色的 STN 彩色液晶，并且屏幕尺寸的实测值是 25 mm×34 mm，分辨率为 96 像素×130 像素[22]。

在 2003 年 5 月 22 日夏普制造的 J-SH53（有效像素数为 100 万，最高记录分辨率为 98 万个像素）研制成功，随之而来的是 1.3M+AF、2M+AF（AF 是 Automatic Focus，自动对焦的缩写），目前照相手机在市场的占有率几乎是 100%；高画素 2M、3M、5M 镜头就成了镜头研发的热点。

手机多采用 CMOS 镜头，少数也采用了 CCD 摄像头[23]。目前 CMOS 芯片的尺寸越做越小，相应的像素尺寸也越来越小，解像力越来越高，如表 8.12 所示。

表 8.12 手机相机模组的发展历程

年份	传感器	像素	厂商
2001	1/7 CMOS	CIF	SHARP
2002	1/7~1/4COMS	VGA	SANYO
2003	AF 1/4CCD	1.3M	KYOCERA
2004	1/4.5 1/4 2X zoom 1MCMOS	1.3M,2M	SANYO，SEIKO
2005	1/4CCD	2M	Matsushita
2006	1/4~1/3	2~5M	SAMSUNG

镜头的尺寸与像素之间存在一定的关系，如表 8.13 所示[24]。镜头的规格为了配合高解像力传感器的要求，也越来越严格，现以 2M 镜头为例，如表 8.14 所示。

表 8.13 镜头尺寸与像素的等级关系

等级	镜片大小（英寸）	镜头模组长×宽×高/（m×m×m）
CIF	1/7,1/9	6×6×3.5
VGA	1/4,1/5,1/6,1/7	8×8×6,8×8×5
1MEGA	1/3,1/3.5,1/4	9×9×6.5,8×8×6
2MEGA	1/2.7,1/3	11×11×7

表 8.14 2M 镜头模组的发展历程简介

	年度/年	2003	2004	2005	2006
薄型化	2M 定焦模组高度	9.7	~7.0	6.5~7.0	6.5~7.0
	画素大小/μm	2.8	2.2	1.6	1.6
高性能	有效画素/M	2	3	4	4
	动画摄影	QVGA	QVGA	VGA	VGA
	光学变焦	无	2 倍	3 倍	3 倍

由于数码照相镜头的图像传感器（CCD 或 CMOS）是分立式取样，根据取样原理，图像传感器所能显示的最大的空间频率受 Nyquist 取样频率所限，即一个空间周期至少要有 2 个像素，如像素间距为 3.6 μm，光学镜头需要能解析 1 mm/（2×3.6 μm）= 1 000/（2×3.6）= 140 lp/mm 的空间频率[25]。视场角为

$$\omega = \arctan(y'/f') \tag{8.13}$$

如 $2y'=2'$ mm，焦距为 $f'=2.4$ mm，则最大视场角为

$$\omega = \arctan(1.0/2.4) = 22.5°$$

视场角增大会影响轴外像差变大，会使光学设计有一定难度。

8.4.2 两片型非球面手机物镜设计示例

低端手机镜头有使用单片型的，例如传感器为 10 万像素的 1/10 英寸的 CCD 或 CMOS 器件。单片式镜头主要取决于光学设计，图像传感器的保护玻璃可以矫正一部分的像差，必须对单片物镜和保护玻璃组合考虑像差校正。单透镜自身不能消色差，但不能选择阿贝系数过低的材料，阿贝系数低，折射率会比较高，对分辨率会有帮助，像面光照度可能降低，须考虑在光照度和分辨

率之间取得平衡。为达到分辨率要求，单片式镜头宜采用非球面透镜，设计单片式镜头多采用光学塑料（如 PMMA、ZEONEX）非球面模压成型（注射成型法是将经过加热成流体的定量的光学塑料注射到不锈钢模具中，在加热加压条件下成型，经冷却固化后，打开模具便可获得所需要的光学塑料零件的一种非球面光学塑料透镜加工技术），成本较低，分辨率较好；对于模压玻璃，其像质好但价格较昂贵，除非有特殊品质要求，很少采用。下面将不再讨论单片型手机镜头。其设计方法可参考后面非球面手机镜头的讨论。

1．双高斯两片型手机镜头示例

两片型手机物镜主要应用于 VGA（video graphics array，视频图形阵列）（30 万像素）的镜头，采用光学塑料非球面模压成型。对于两片型的双高斯物镜是使光阑在两片镜片中间形成对称型结构，可以使垂轴像差得到自动校正或减少，但是对轴向像差却是两倍的叠加[12]。设计时将物平面设置为无穷远处，然后对镜头矫正球差、像散、场曲、轴上色差，两片型手机物镜的设计所采用的非球面可有效地校正球差和像散。这种对称式的设计主要应用于视场角较大，但总长要求不宜很短的场合，图 8.37 给出其光学结构图。设 $f'=3.83$ mm，相对孔径为 $D/f'=3$，最大视场角为 $2\omega=60°$。其光学数据列于表 8.15 中[26]。

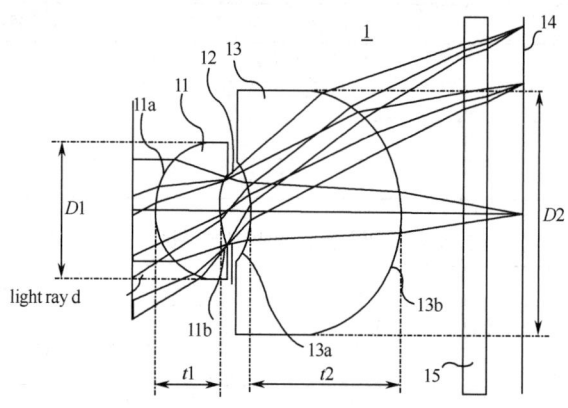

图 8.37　双高斯两片型镜头结构图

表 8.15　双高斯两片型手机镜头光学数据

面号 No.	r_i	d	n, v	玻璃
1	0.919	0.84	1.531 1, 55.7	ZEONEX E48R
2	1.46	0.10	—	—
stop	∞	0.28	—	—
4	−1.605	1.95	1.531 1, 55.7	ZEONEX E48R
5	−1.747	0.80	—	—
6	∞	0.30	—	—
7	∞	0.46	1.516 3, 64.1	CHINA K9

取该镜头的 4 个折射面均为非球面，设非球面顶点与坐标原点重合，光轴沿着 z 轴方向。其非球面表示式如下：

$$z = \frac{c \cdot h^2}{1+\sqrt{1-(1+k)c^2 \cdot h^2}} + \sum_{i=2}^{M} A_{2i} \cdot h^{2i} \tag{8.14}$$

式中，z 表示一个垂度（sag），表示坐标原点处折射面的切面到透镜面上光线入射高度为 h 的点之间沿光轴的距离；c 表示透镜折射面在光轴处的曲率，$c=1/r$；k 表示锥度常数；$A_4 \sim A_{16}$ 分别表示 4~16 阶非球面系数。设折射面处于最小球差结构，由式（8.14）求出各面的偏心率 e，则可求出该非球面的形状系数（旋转二次曲面的锥度系数）$k=-2e$。在非球面表示式中取到 16 阶项，通过初步优化计算，表 8.16 为双高斯镜头各折射面的非球面系数。通过光路计算，可以得到球差、像散和畸变曲线，如图 8.38 所示。这只是一个双高斯手机镜头光学系统的初始数据，通过焦距的缩放，进一步优化便可以得到可用的光学数据。

表 8.16 双高斯镜头各折射面的非球面系数

	折射面 1	折射面 2	折射面 4	折射面 5
k	0.199 27	7.487 19	0.098 77	0.303 09
A_4	−5.871 38e−2	1.026 35e−3	−4.238 16e+1	1.673 43e−2
A_6	4.372 03e−1	−1.566 78e−1	2.857 88	−6.301 39e−2
A_8	−2.526 01	−1.055 78e+1	−3.096 80e+1	9.022 56e−2
A_{10}	8.545 03	6.884 10e+1	1.416 94e+2	−7.939 22e−2
A_{12}	−1.740 19e−1	−1.866 08e+2	−2.683 39e+2	4.144 86e−2
A_{14}	1.926 56e+1	−3.020 71e−2	−1.102 29e−1	−1.178 06e−2
A_{16}	−8.987 63	2.823 31e+2	7.027 77e+2	1.376 78e3

图 8.38 双高斯手机镜头光学系统球差、像散和畸变曲线

2. 光阑在镜片前面的两片型手机物镜结构

与上述双高斯两片型手机镜头相似，该结构主要应用于 VGA 的镜头。图 8.39 列出了两片型手机光学系统图[27]。孔径光阑置于光学镜头第一面的前面，沿光轴的距离尽可能小，只要不与第一透镜边缘相冲突即可，暂取 0.3 mm；由于孔径光阑位于镜头的前焦点附近，可以使像方出射主光线对图像接收器有远心光路的特点。S 表示图像接收器（CCD 器件）。

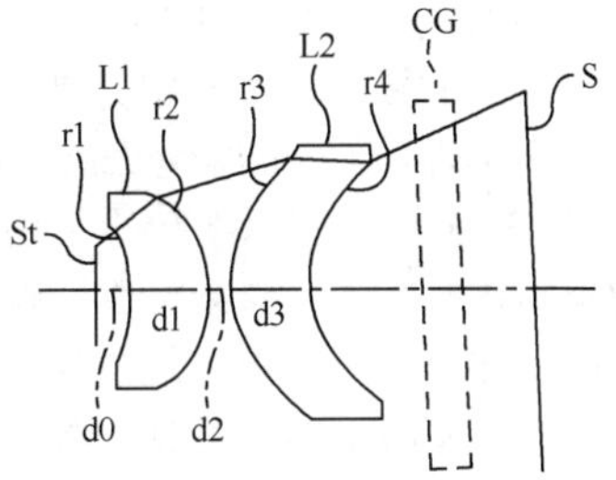

设镜头的光学参数为 $f'=2.450$ mm，总光学长度为（有光阑到像平面）$L=3.772$ mm，$F=2.8$，后工作距为 $l'=1.872$ mm，全视场角为 $2\omega=67°$，分辨率适用于 VGA（30 万像素），保护玻璃厚度取 0.35 mm，用 K9 玻璃，其光学数据列于表 8.17。为了有足够的校正像差的参数，取两个透镜 L1 和 L2 的 4 个面均为非球面，其满足公式（8.14），求出各面的偏心率 e（参照本书第 2 章光学非球面的应用），则可求出该非球面的形状系数 k。在非球面表示式中取到 10 阶项，通过初步优化计算，表 8.18 为两片型手机物镜各折射面的非球面系数。通过光路计算，可以得到球差、像散、畸变曲线和横向色差，如图 8.40 所示。

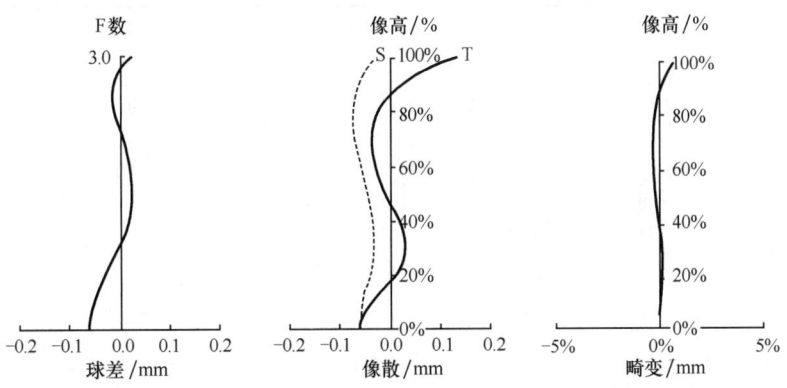

图 8.39 两片型手机光学系统图

表 8.17　两片型手机物镜光学数据

	r	d	n_d, v_d	Glass
Stop	∞	0.30	—	—
1	−1.711 8	0.70	1.5311, 55.7	E48R
2	−1.177 1	0.20		
3	1.054 6	0.70	1.491 0, 57.2	PMMA
4	1.215 1	1.0		
5	∞	0.35	1.5163, 64.1	K9
6	∞	0.55	—	—

表 8.18　两片型手机物镜各折射面的非球面系数

No.	K	A_4	A_6	A_8	A_{10}
1	5.462 36	3.161 67e−2	−3.147 87e−2	−5.875 70e−1	−2.216 97
2	1.843 82	−1.552 26e−2	−9.666 62e−2	7.296 96e−2	0.0
3	2.301 37e−1	1.857 19e−2	−4.175 06e−2	−4.834 49e−3	0.0
4	1.083 70	2.109 20e−1	−1.727 99e−1	−4.544 05e−2	0.0

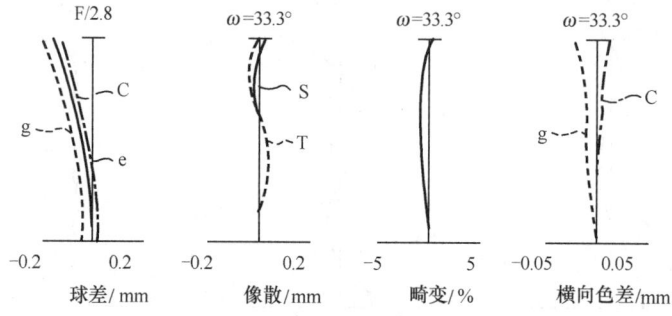

图 8.40　光阑在 L1 和 L2 之间三片型镜头的球差、像散和场区和横向色差

8.4.3　三片型手机物镜设计[28]

现行的 2.0M、1/4″照相镜头，较多采用是三片镜头结构形式，各面均用非球面，这样可以达到高像素的要求，也能很好地校正像差；另外采用三片镜头结构价格也较便宜。根据 Nyquist 取样频率定理，该种光学镜头需要能分辨 220 lp/mm 的空间频率。三片型镜头的三个透镜分别以 L1、L2、L3 表示，有以下初始结构组合：正负正、正正负、负正正和正负负；也可以根据光阑位置的不同进行分类：光阑可以在镜头第一面之前、在 L1 和 L2 之间、在 L2 和 L3 之间，或在镜头的后面，作为最后一面。这里只介绍其中两种初始结构形式。三片非球面镜头材料选用光学塑料很少。有 PMMA 类如 ZEONEX、APEL、ARTON 等；有 PC 类如 POLYCARB、OKP4 等。一般三片型镜头结构的中间负片会采用 PC 类，L2 和 L3 可以采用 PMMA 类。

1. 光阑在 L1 和 L2 之间三片型镜头

三片镜头结构可以对 SXGA（super extended graphics array，其显示分辨率为 1 280×1 024≈1.3 mega pixels）和 UXGA（Ultra XGA，1 600×1 200≈2.0 mega pixels）高质量成像。图 8.41 给出了该镜头的光学结构示意图。第一个正弯月形透镜有较大的正光焦度；第二透镜为负透镜，主要起到校正轴外色差的作用；孔径光阑 P 置于第一和第二透镜之间，有助于平衡轴外像差；第三透镜为负透镜，主要用来校正轴外像差。所有透镜材料均为光学塑料。设镜头焦距为 f'=3.653 mm，F=2.8，物

方视场角为 $2\omega=61°$ [29]。

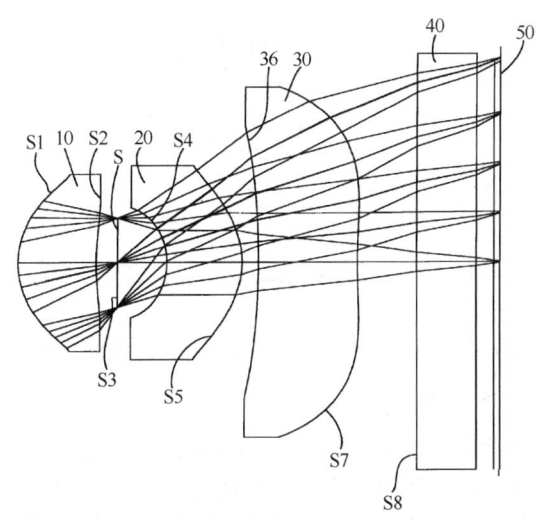

图 8.41 光阑在 L1 和 L2 之间三片型镜头的光学结构示意图

表 8.19 为该光学系统的光学参数。鉴于所能选择的光学材料有限，该系统只用两种有机光学材料，为增加校正像差的参数，光学系统的 6 个折射面均取为非球面。另外加一块图像传感器的保护玻璃，采用 K9 光学玻璃。6 个非球面均要满足式（8.14），求出各面的偏心率 e（参照本书第 2 章），进而可求出该非球面的形状系数 k。在非球面表示式中取到 12 阶项，通过初步优化计算，表 8.20 为一种三片型式手机物镜各折射面的非球面系数。通过光路计算，可以得到球差、像散、畸变曲线和横向色差，如图 8.42 所示。

表 8.19 三片型镜头光学系统的光学参数

	r/mm	d/mm	n_d, ν_d	玻璃
1	0.933 7	0.726	—	
2	2.759 7	0.133	1.514 6, 56.96	PMMA
Sto.	∞	0.421	—	
4	−0.738 5	0.59	1.585 4, 29.9	PC
5	−8.934 4	0.10	—	
6	−8.934 4	0.907	1.514 6, 56.96	PMMA
7	14.95	0.68	—	
8	∞	0.50	1.516 3, 64.1	K9
9	∞			

表 8.20 光阑在 L1 和 L2 之间的三片型手机物镜各折射面的非球面系数

No.	K	A	B	C	D	E
1	−2.716 889	0.405 953	−0.188 334	0.397 581	−0.316 209	0.026 571
2	16.325 236	−0.085 681	−0.582 083	0.147 439	0	0
4	0.738 850	0.068 129	−1.863 102	15.080 392	−47.161 189	0
5	17.712 992	−0.003 459	0.037 883	−0.02 289	−0.000 912	0
6	−0.246 528	0.068 129	−1.863 102	15.080 392	−47.161 189	0
7	−50.613 236	−0.108 108	0.027 554	−0.010 052	−0.002 145	0.002 452

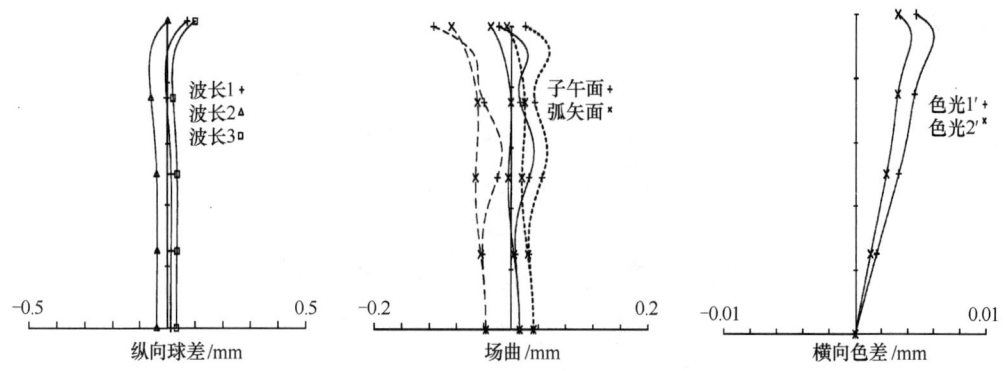

图 8.42 光阑在 L1 和 L2 之间三片型镜头的球差、像散、场曲和横向色差

2. 光学玻璃和塑料混合的三片型镜头

三片型手机物镜特别是非球面镜头,由于其结构的校正像差的参数较多,光学系统的形式较多,如上面所述光阑在 L1 和 L2 之间的三片型非球面光学系统,也有光阑在镜头前面的三片型非球面光学系统[30]等。下面介绍一种光学玻璃和塑料混合的三片型镜头[29],其结构与上述的三片型非球面光学系统相类似,如图 8.43 所示,该镜头第一透镜为正光焦度,由光学玻璃制成的球面凸平透镜,孔径光阑贴近于其平面,第二和第三透镜均由塑料制备的非球面透镜。

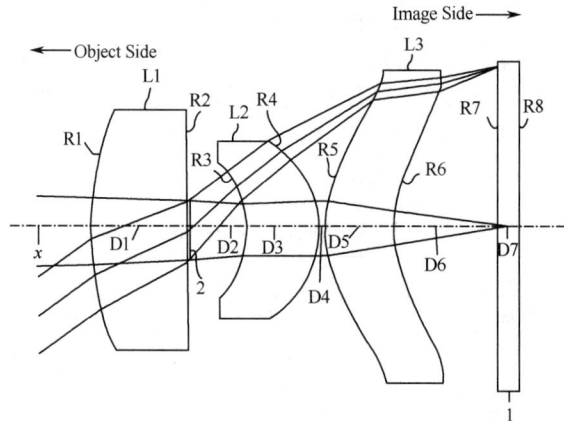

图 8.43 光学玻璃和塑料混合的三片型镜头

表 8.21 玻璃—塑料混合镜头的光学结构参数

No.	r/mm	d/mm	n_d,v_d	玻璃
1	4.306	1.30	1.688 93,31.1	ZF10
2	∞	0.85	—	—
Stop	∞	0.1	—	—
4	−1.254	1.10	1.490 20,57.5	PMMA
5	−1.450	0.10	—	—
6	1.503	1.05	1.490 20,57.5	PMMA
7	1.803	1.56	—	—
8	∞	0.50	—	K9
9	∞			

设镜头焦距为 f'= 3.6 mm,F = 3.5,视场角为 2ω= 64.4°。该镜头的光学结构参数列于表 8.21,其四个非球面满足式(8.14),非球面系数取到 10 阶,并求出各面的偏心率 e(参照第 2 章),

进而可求出该非球面的形状系数 k。通过初步优化计算，表 8.22 所示为一种混合三片型手机物镜各折射面的非球面系数。通过光路计算，可以得到球差、像散、畸变曲线，如图 8.44 所示。

表 8.22 玻璃—塑料混合镜头光学结构非球面系数

No.	k	A_4	A_6	A_8	A_{10}
3	−2.780 2	1.497 4e−1	−1.159 0e−2	−1.303 7e−2	8.873 1e−5
4	9.340 4e−1	−3.263 7e−2	2.487 5e−2	−8.737 7e−3	2.421 3e−3
5	−3.113 9	4.023 3e−2	−1.473 7e−2	3.466 5e−3	−3.919 2e−4
6	1.720 5e−1	−2.327 3e−2	1.338 1e−4	9.871 0e−4	−2.327 5e−4

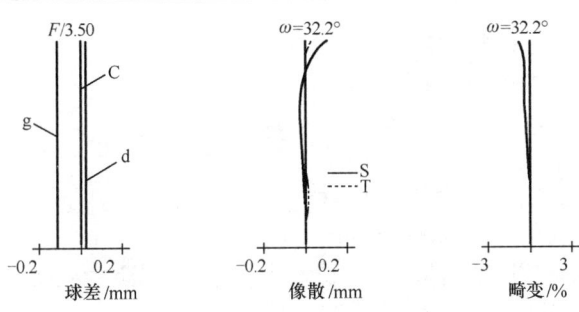

图 8.44 玻璃—塑料混合镜头球差、像散、畸变曲线

以上各手机镜头的光学结构均可视为初始结构，应参考给定的光学材料，进一步进行优化，使系统达到可用结果。

8.5 手机镜头新技术概述

8.5.1 自由曲面在手机镜头中的应用

自由曲面的特点是光学面形多元化、集成化、立体化，如光轴折叠、折、反、衍射混合等形成的光学元件称为自由曲面光学元件。自由曲面光学随着光学技术发展的需求在设计手段、加工技术、检测技术、光学塑料的发展支持之下，有着重要的产业化前景。

自由曲面光学元件常是各种变异的透镜、棱镜、反射镜及其组合体，难以用少量参数确定其外形，常以一系列离散点集合来表示其外形，多用 NURBS 造型方法描述[12]。

自由曲面手机镜头利用光轴折叠、离轴的自由曲面，可以使系统更紧凑、更好地控制像差。自由曲面与棱镜组合构成了一个自由曲面棱镜[31]。用两个自由棱镜离轴串接而成小型化手机成像模块，视场角为 60°，镜头高度约为图像传感器的对角线长度。如图 8.45 所示，自由棱镜模块包括第一自由曲面棱镜（10），第二自由曲面棱镜（20），低通滤波器（LPF）（4）成像面（3）（该种镜头已由日本 Olympus 开发为手机镜头）。

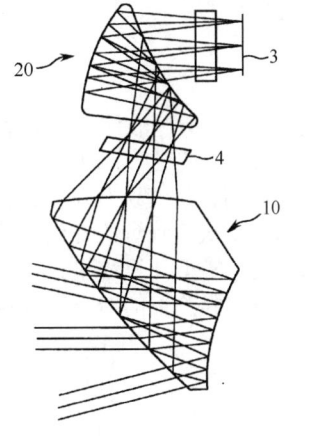

图 8.45 自由曲面手机镜头示意图

8.5.2 液体镜头

1. 概述

液体透镜是使用一种或多种液体制作而成的、通过控制液面形状改变光学参数的透镜。液体

透镜主要有两种类型：反射式和透射式。反射式液体透镜是一个焦距可变的镜面。当装有液体（这里一般用的是水银）的容器旋转的时候，离心力的作用将使液体表面形成一个正好符合望远镜要求的理想凹面。通常要制造这样一个天文望远镜需要耗费大量的资金和繁琐的加工过程。反射式的液体透镜只须改变旋转速度，就能使液面的形状改变成需要的形状（美国哥伦比亚大学的直径为 6 m 的液体反射式望远镜的制作成本仅是传统同规格望远镜的 1%）[32]。

透射式液体透镜是由两种互不相溶且具有不同折射率的液体组成，制成具有高光学性能的可变焦距的透镜。有两种方法控制这种透镜的焦距，分别是电力和机械力。这两种方法都是利用液体的表面张力来达到控制目的的。电力的方法是利用一种新特性叫作"电润湿"[33]，来改变液体的表面张力，机械力的方法是通过在透镜体上加力使透镜形状产生物理形变。

2. 机械驱动式液体可变焦透镜

这种液体可变焦透镜采用机械驱动的方式使液体在腔体内的分布发生改变，从而实现变焦。腔体结构如图 8.46 所示，腔体 2 下表面为一层透明光学玻璃平板基片 4，上表面固定有一层透明弹性薄膜 1，选用 2# 热塑性聚氨酯（thermoplastic polyurethane，TPU）薄膜，选取厚度为 $\delta=0.04$ mm，折射率为 $n\approx1.48$；充满腔体 2 的液体 5 选用水（$n=1.333\,3$）或杉木油（cedar wood oil，$n=1.514\,8$）进行试验；利用步

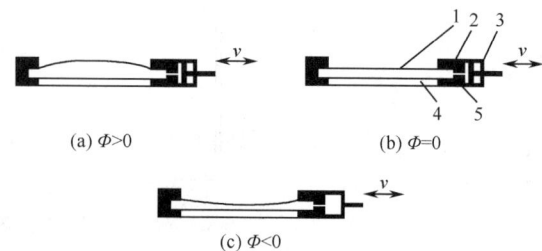

(a) $\Phi>0$ (b) $\Phi=0$

(c) $\Phi<0$

1—薄膜；2—腔体；3—活塞泵；4—玻璃基片；5—液体

图 8.46　机械驱动式液体可变焦透镜原理图

进电机控制腔体侧面的密封活塞泵 3。可变焦液体透镜有效通光口径为 $d_0=15$ mm，透镜厚度为 $H=5$ mm[34]。

在保证液体体积不变的条件下使得透镜表面曲率半径发生变化，实现光焦度从正到负的变化。当步进电机带动密封活塞时，体积的变化满足下式

$$\Delta l \cdot S' = \Delta V = \frac{1}{3}\pi(R-\sqrt{R^2-r_0^2})^2 \cdot (2R+\sqrt{R^2-r_0^2}) \tag{8.15}$$

式中：Δl 是活塞移动距离；S' 是活塞端面表面积；R 是透镜上表面的曲率半径；r_0 是透镜的有效通光口径的半径。若将透镜按空气中的薄透镜模型考虑，曲率半径 R 与透镜光焦度 Φ 有如下关系

$$\Phi = \frac{1}{f} = \frac{n-1}{R}$$

式中：n 为所选液体的折射率。上式表明所选液体的折射率 n 越大，在曲率半径改变相同的情况下，透镜的光焦度越大。

利用该透镜进行试验，在保证液体体积不变的条件下，使得透镜表面曲率半径发生变化，实现光焦度从正到负的变化。活塞运动引起的体积变化与透镜焦距的变化如图 8.47 所示，其中有理想薄透镜模型计算结果、利用 CODE V 计算的实际透镜模型结果和实际测量结果曲线。可以看出计算与实际测量的结果符合得较好，具有较强的变焦能力。

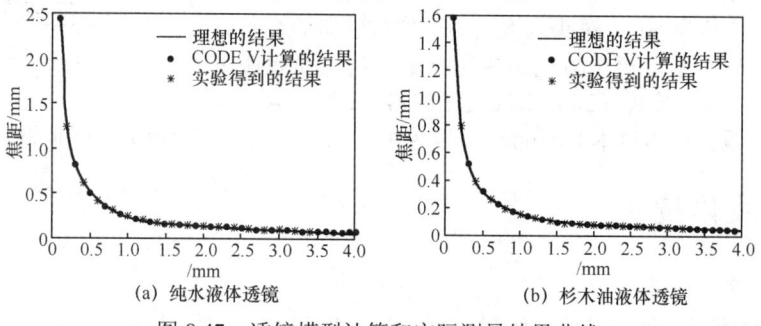

(a) 纯水液体透镜   (b) 杉木油液体透镜

图 8.47　透镜模型计算和实际测量结果曲线

由于液体透镜校正像差能力不足，一般可与不同透镜系统组合。

3. 电润湿原理双液体的液体透镜

1936 年，Froumkin 对电润湿现象进行了研究。放置在金属基板上的水滴在未加电时呈球状，加电后电场改变了水滴的形状，把水滴拉向金属板，使水滴与金属板的接触面积增加[35]。1995 年，Gorman 等人利用电润湿现象，将液体置于透明电极之上，通过外加电压改变了液滴表面形状，首次实现了基于电润湿效应的变焦液体透镜[36]。2000 年，法国的 Bruno erge 等人改进了 Gorman 的设计，用一个绝缘膜覆盖透明电极，并增加了定位水滴中心的方法[37]。2004 年 5 月 5 日，在 CeBIT 博览会上，Philips 公司展出了利用 Fluid Focus 技术开发出新的双液体透镜，如图 8.48 所示，加在电解液和金属导电型无机机械活动部件的变焦液体透镜上。法国 Vari Optic 公司于 2006 年推出两款液体透镜 Arctic320 及 Arctic416，实现了商品化的液体透镜，可应用于手机以及数字摄影市场。VariOptic 公司制成的液体透镜使用的最高电压为 60 V，消耗电流约为 120 mA，功耗不到 1 mW，变焦响应速度快，抗震性好，成像性能稳定。

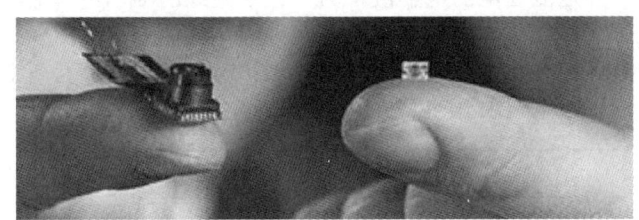

图 8.48　Philips 公司在 CeBIT 博览会上展示的液体透镜

1）电润湿原理双液体透镜的原理和结构

电润湿原理双液体透镜的关键因素：两种液体的密度应基本相同，以保证液体间的界面不受重力影响保持球面形状；导电液体必须总是与外加电压的电极直接接触；透镜的光轴必须固定在整个装置的中心，不受外加电压变化的影响。这就是"电润湿"现象的机理。Philips 和 VariOptic 公司正是利用这种办法，通过改变外加电压引起两种液体界面弯曲度的变化，做到在凹凸透镜两种形式间无缝地相互转换[38,39]。

Philips 公司的液体透镜把两种互不相溶的导电水溶液和不导电的油装在一个短的透明腔体中。腔体内壁和另一端的盖板上都涂有疏水性层［hydropgotobiccoating，如 TeflonAF160（特氟纶，聚四氟乙烯），对水排斥结合膜层］，这使得水溶液由于表面张力的作用向没有疏水性材料的一端弯曲成为一个半球状，在两片电极上加直流电压使液面曲率发生改变，从而改变透镜焦距，图 8.49 为其示意图[40]。

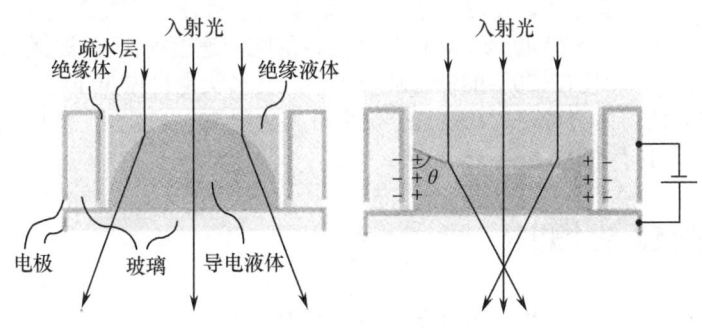

图 8.49　Philips 公司液体透镜的结构和工作原理

Philips 公司的液体透镜的直径只有 3 mm，长度为 2.2 mm，可以安放在细微光路中。透镜的优点主要包括：变焦速度快，聚焦范围可以从 5 cm 到无穷远快速改变，其响应时间约为 100 ms；

耗电量小,由于直流电压相当于加载在一个电容器两端,只需要 1 μJ 的能量足以改变其焦距,适合应用于电池供电的袖珍产品中;寿命较长,经 100 万次操作对其性能无影响;适当的冲击和震动都不会影响它的正常使用,工作温度范围宽;由于该透镜两种液体在变焦过程中基本保持平面平行板的外形,像差较小,成像的质量较好。然而,Philips 公司的这种液体透镜也存在一些不足,主要是制作工艺复杂、驱动电压高、光轴难以稳定。

2)稳定光轴结构的液体透镜

法国 VariOptic 公司的液体透镜采用的也是"电润湿"原理,光轴的稳定性有所改进,其结构和工作原理如图 8.50 所示。该液体透镜的组成包括:在玻璃底板上放置一个金属圈作为液体透镜的一个电极,把电解液滴放在玻璃底板上金属圈中间;另一个玻璃底板上放置一个圆锥形金属圈,构成另一个电极,在金属圈上附着一层绝缘层,再在绝缘层和玻璃底板上均涂一层疏水性材料。在这样形成的圆锥形容器里面放置不导电的油性液体,最后把两部分合起来,两电极之间用绝缘介质隔开,之后封装。这就是 VariOptic 公司的液体透镜。透镜所用的液体是两种等密度的液体。其中一种是能导电的电解液,另一种是绝缘的油。电解液与油之间界面的形状依靠加在电极上的电压来控制。不同的电压引起两种液体界面弯曲度的变化,从而导致透镜焦距的变化。当用施加电压的方法来改变这个界面的形状时,就可以获得所期望的焦距,不施加电压时界面是稍微凹的;当电压加至 40V 时,界面就变成凸起的形状[41,42]。

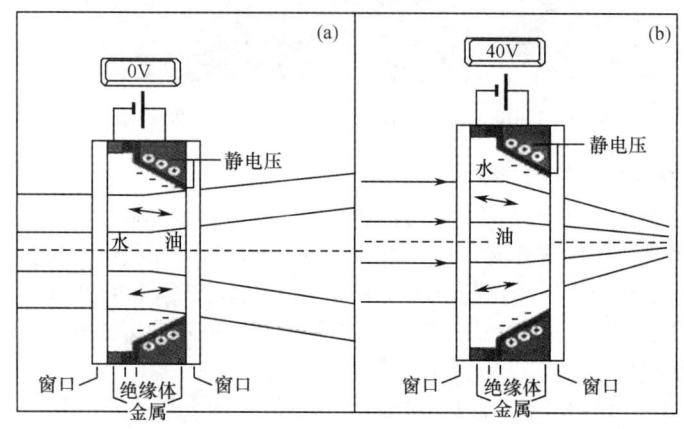

图 8.50 VariOptic 公司液体透镜的结构和工作原理

液体透镜保持光轴的稳定性是一个问题,变焦时由于液体与器壁及液体之间的黏滞作用,液体对称部分的变化步调不完全一致,从而使光轴在变焦过程中会发生偏离,把透镜腔设计成锥形结构,对光轴具有自动调节作用,使液体透镜的光轴稳定性有较大的提高。

VariOptic 公司的液体透镜厚度为 2 mm,液体透镜的响应速度很快。与被摄物体的距离从 5 cm 拉到无穷远需要 20 ms,即使在 -20℃ 的低温环境中,改变形状也仅需 30 ms 左右。在常温环境下液体透镜与普通质量的固体透镜相配合,其分辨率可以达到 500 万像素。液体透镜驱动电压最高可达 60 V,消耗电流小于 120 μA。

8.6 鱼眼镜头概述

8.6.1 鱼眼镜头是"仿生学的示例"

2001 年美国国防部《基础研究计划》关于仿生学可理解为:将生物的表现以光学技术原理、材料科学和工程技术综合而构成的一个研究领域。水下鱼眼仰视半球空域的功能通过工程模仿,出现了鱼眼镜头。把鱼眼及其前方的水介质考虑为一个整体光学结构，则其外凸的眼球前表面与水平面构成一个以水为介质的负透镜，此透镜可认为是鱼眼的前置透镜，如图 8.51（a）所示[43]。

由于鱼眼前表面曲率甚大，故此前置透镜通常具有绝对值很大的负光焦度。若用光学材料替代水介质，并构成与上述前置透镜等效的光学透镜，则有可能在脱离鱼眼所处自然水环境的条件下，实现水下鱼眼仰视半球空域的功能，如图 8.51（a）所示。

但对半视场角为 $\omega=\pm90°$ 的物点来说，图 8.51（b）的这种结构只允许图中射线 A 这样的光线进入系统，相应的像点就没有足够的光能流密度，肯定不能引起视觉（或探测器）感知。若把上述前置透镜的第一表面由平面改为凸面，以纳入更多的入射光线，并适当增大第二面的曲率绝对值，以维持前置透镜的原有光焦度。这就成为形状如图 8.51（c）所示的第 1 透镜。

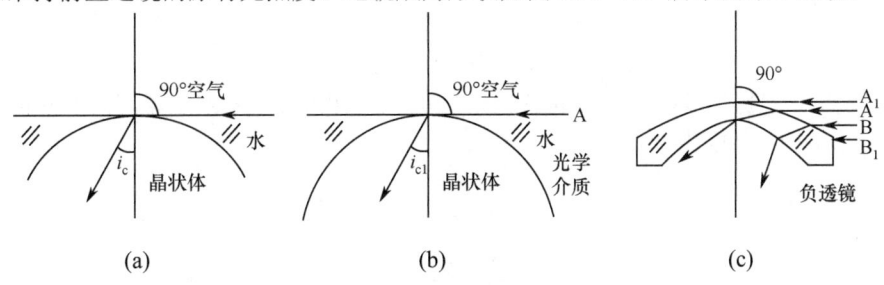

图 8.51 鱼眼仰视的启示

鱼眼镜头的第一透镜都是强烈向内弯曲的负弯月形透镜（俗称"帽形"透镜），这可从以上演化结果得到解释。恰当选择第一透镜的结构参数，保证 $\omega=\pm90°$ 的物点有足够多的光线通过第一透镜，通过整个系统成像。

镜头第一透镜具有外凸的前表面，从外形上提供了使$|\omega|>90°$ 的可能。在第一透镜后再设置若干个透镜或透镜组，模拟鱼眼的屈光过程，保证由第一透镜射出的光束能顺利通过全系统并有良好的聚焦质量。在可见光谱区，已出现了不少$|\omega|>90°$ 的鱼眼镜头，如$|\omega|=105°$、$110°$、$135°$等，它们在视角方面都超过了生物鱼眼。

鱼眼镜头的共同特征是第一透镜具有很大的负光焦度，决定了它们具有反摄远型物镜的基本特征，即前组为负光焦度，后组为正光焦度，系统简化如图 8.52 所示。使其后工作距离比具有同样焦距的其他类型镜头大，同时也比其自身的焦距大。这正好符合它的实用需要，因为鱼眼镜头视场角特别大，焦距很短，但实际应用要求它具有足够大的后工作距离。

反摄远型结构还有一个重要优点，即其像

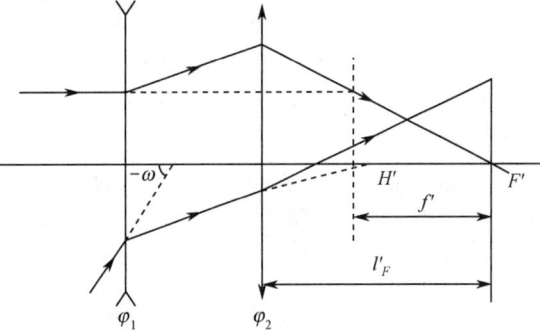

图 8.52 反摄远型物镜基本结构

方半视场角 ω' 比物方半视场角 ω 小得多，有利于提高像面照度的均匀性。普通照相物镜轴上像点的照度[12]为

$$E_0' = K\pi L'\sin^2(U') \cdot \frac{n'^2}{n^2} \tag{8.16}$$

式中，L' 为像面元 dS' 的光亮度；U' 为像方最大孔径角；光学系统的通过系数为 K，即轴上像点照度与相对孔径平方成正比，设 $n=n'$。轴外像点的照度[12]有

$$E'(\omega) = E_0\cos^4\omega' \tag{8.17}$$

式中，$E'(\omega)$ 是轴外像点的照度，ω'是相应的像方视场角。轴外像点的照度也受相对孔径平方的调制。

式（8.17）表示这种余弦四次方的下降律[12]，曾给广角镜头的设计带来严重困难，对鱼眼镜头则更是致命的威胁。充分利用反摄远型结构的上述优势，为保证像面照度均匀性创造了条件。

8.6.2 鱼眼镜头基本结构的像差校正

1. 场曲

根据初级像差理论，图 8.52 所示的双组元互相远离的薄透镜系统是能校正场曲的结构。按薄透镜系统初级场曲公式有[12]

$$S_{\mathrm{IV}} = J^2 \sum_i \frac{\varphi_i}{n_i} \tag{8.18}$$

$$J = nuy = n'u'y' \tag{8.19}$$

式中，J 是拉赫不变量；φ_i 是系统中薄透镜的光焦度；n_i 是相应的材料折射率。由消场曲条件 $S_{\mathrm{IV}}=0$ 和图 8.52 所示结构得（因为 $J \neq 0$）

$$\sum_i \frac{\varphi_i}{n_i} = 0 \tag{8.20}$$

$$\frac{\varphi_1}{n_1} + \frac{\varphi_2}{n_2} = 0 \tag{8.21}$$

恰当选择透镜组元的材料和光焦度，就能保证式（8.21）成立，即满足消除初级场曲的条件。

2. 色差

按薄透镜系统的初级色差公式[12]

$$C_{\mathrm{I}} = h_1^2 \frac{\varphi_1}{v_1} + h_2^2 \frac{\varphi_2}{v_2} \tag{8.22}$$

$$C_{\mathrm{II}} = h_1 h_{z1} \frac{\varphi_1}{v_1} + h_2 h_{z2} \frac{\varphi_2}{v_2} \tag{8.23}$$

式中：C_{I}、C_{II} 分别为轴向色差系数和倍率色差系数；h_1、h_2 分别是轴上物点边缘光线在第一、第二透镜上的投射高度；h_{z1}、h_{z2} 是主光线在第一、第二透镜上的投射高度；v_1、v_2 是第一、第二透镜材料的阿贝数。

由图 8.52 可知，在此类系统中，轴向光线在负透镜上的投射高度 h_1 总小于其在正透镜上的高度 h_2。由此联立求解式（8.22）和式（8.23），即能同时满足消除初级场曲和轴向色差的要求。另由初级像差理论可知，在 $C_{\mathrm{I}}=0$ 的前提下，C_{II} 与光阑位置无关，于是可假定光阑与第一透镜镜框重合，即

$$h_{z1} = 0 \tag{8.24}$$

使式（8.22）右边第 1 项为零。因式（8.22）中 h_2、h_{z2}、φ_2 均不为零，故

$$C_{\mathrm{II}} \neq 0 \tag{8.25}$$

可见，这种结构不能消除倍率色差。为了同时校正这两种色差，可采用双胶透镜（或双分离透镜）分别取代图 8.52 中的两个单透镜（见图 8.53），并令每个双胶合（或双分离）透镜各自独立地校正色差，这样，全系统也就消除了色差。

3. 其他色像差

由初级像差理论可知，一个薄透镜组可以消除两种单色像差和色差，上述两个互相远离的薄透镜系统可以校正包括场曲的五种单色像差，是能校正全部初级像差的基本结构。鱼眼镜头视场角和相对孔径都很大，保证其初级像差得到全面校正即意味着它对小视场和小相对孔径范围内的光束具有优良的成像质量，显然，这是保证鱼眼镜头像质优良的必要条件。因此，图 8.53 所示的

系统可作为鱼眼镜头的基本结构。

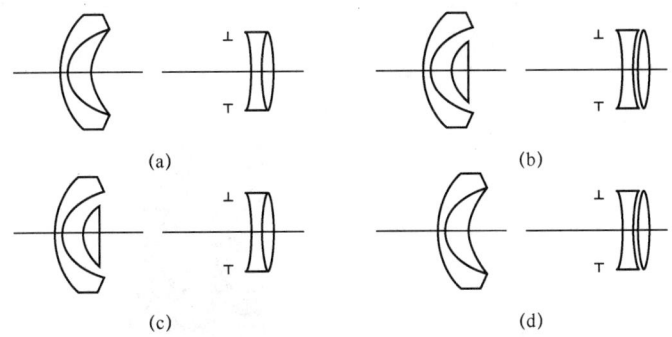

图 8.53 能消除初级像差的反摄远型系统

8.6.3 鱼眼镜头基本光学结构的演变

为减小大视场反摄远物镜的前组负透镜对全系统设计的影响,宜使前组具有绝对值不太大的光焦度。为保证预定的后工作距离,须使后组远离前组,这会造成全系统轴向尺寸拉大,前组透镜的通光口径也会相对增大。为满足大视场、较大相对孔径和结构紧凑的要求,就要加大前组光焦度的绝对值,使其结构复杂化,后组光学结构也将相应地趋于复杂化。鱼眼镜头基本光学结构复杂化途径如下:

(1) 用两个或多个透镜取代单透镜。这种取代可使高级像差减小,像差校正更容易;透镜折射面数增加使校正像差的变数增多,有利像差校正。

(2) 引入符号相反的高级像差,可部分抵消基本结构的高级像差。常用的方法是:引入曲率绝对值很大的胶合面;在单透镜中引入曲率相近、空气间隔很小的分离曲面;加入光焦度数值较小但强烈弯曲的单透镜。这样可以引入预定高级像差而初级像差的变化量不大。

(3) 正透镜选用高折射率、低色散的材料。在光焦度不变的条件下,折射率的提高使透镜曲率绝对值变小,这对降低高级像差有利。另外,按校正初级场曲的条件(以图 8.52 所示的双组元为例)有

$$\sum \frac{\varphi_i}{n_i} = \frac{\varphi_1}{n_1} + \frac{\varphi_2}{n_2} = 0 \tag{8.26}$$

式中,φ_1、φ_2 分别为负、正透镜的光焦度,n_1、n_2 为相应的材料折射率。当 n_2 增大时,假定 φ_2 不变,为满足式(8.26),则$|\varphi_1|$必然变小。由于系统总光焦度为确定值,$|\varphi_1|$的减小就带动 φ_2 相应变小。$|\varphi_1|$、φ_2 同时减小也有利于减小系统的高级像差。

(4) 在光阑附近引入一定厚度的平行平板。这种平板产生的光阑球差可以部分抵消系统的轴外高级球差和高级像散,并有利于系统色差的校正。一般来说,前组的复杂性决定了系统的视场角,后组的复杂程度则决定了系统的相对孔径。

鱼眼镜头的结构演变就是遵循上述规则。现在有的鱼眼镜头光学系统,甚至已经很难区分前组和后组,并且还在继续演变下去。

8.6.4 鱼眼镜头的发展

1. 对水下鱼眼的最简单模仿

1919 年 R.W.Wood 利用逆全反射原理进行尝试,在一个装满水的容器上盖一个玻璃板并构成一个针孔相机,用以实现超广角摄影。图 8.54(a)为其示意图。1922 年,W. N. Bond 改进了 Wood 的装置,用一个半球状玻璃透镜取代上述"水箱",并在其平面上覆盖一片中央有小孔的

屏。如图 8.54（b）所示。用于拍摄天空的云层，可以"凝视"覆盖近乎半球空域（$2\pi sr$）。用小孔光阑以使宽光束像差的影响可以不计，但像面照度可能很低，且没有考虑像面照度的均匀性，在视场边缘照度极低，其可用半视场角必小于 90°[33,44]。

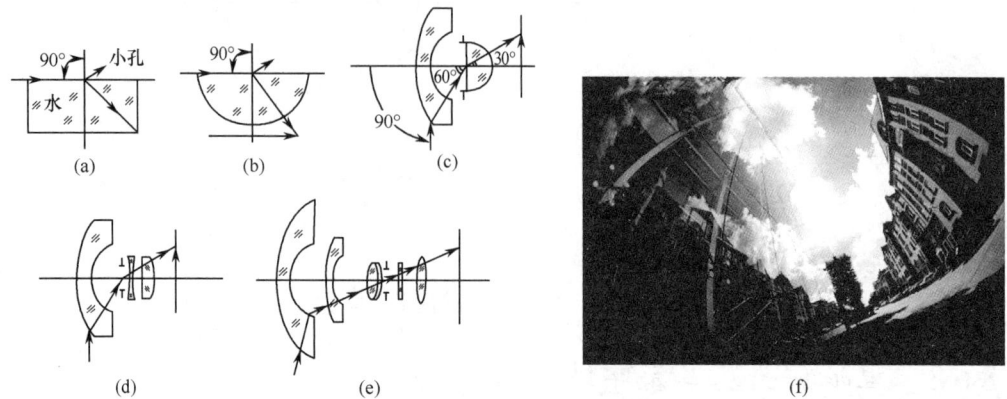

图 8.54 鱼眼镜头光学结构的发展

2．鱼眼镜头的雏形

在 1923 年，R. Hill（希尔）改进了 Bond 的设计，在前面引入一个光焦度绝对值较大的负弯月形透镜，如图 8.54（c）所示。该负弯月形透镜使半视场角 ω 为 90° 的入射光线"发散"，其以 60° 的入射角在平面中央与半球形透镜相交。系统的孔径光阑与该平面重合，上述光线与该平面的交点即为孔径光阑中心。

半球形平凸透镜光学材料的折射率约为 1.73，则 ω_1=90° 的主光线在像空间与光轴的夹角 ω' 约为 30°。而负弯月形透镜的引入使系统的 Petzval 场曲明显减小，色差也将降低，成像质量比上面的结构有显著改善。希尔用这种光学结构得到了较好的半球空域的云层照片，故称之为希尔天空镜头（Hill sky lens）。该镜头已不是最简单地模仿水下鱼眼，而是考虑了像质量的改善，具备了朴素的像差设计理念。在追溯鱼眼镜头的起源时，通常把 1923 年由希尔提出的上述结构作为鱼眼镜头的雏形。

相比之下，图 8.54（a）、（b）两种结构还不能算作鱼眼镜头。因为未考虑宽光束像差的校正，希尔天空镜头的相对孔径很小，像面照度低。希尔对发展鱼眼镜头的贡献是引入具有负光焦度的第一透镜，后来的鱼眼镜头设计都沿用了这种构思。

3．希尔镜头的改进

1924 年，Conrad Beck（康拉德·贝克）改进了希尔的设计，用两块分离的单透镜取代半球形平凸透镜，如图 8.64（d）所示，其优点是增加了结构参数自变量，场曲和像散可以被较好地校正，成像质量有明显提高。这种结构相对孔径达到 1/22，像面照度也比希尔镜头有改善，如采用滤光片减小色差，系统像质又有所提高。

4．鱼眼镜头的发展

1932 年，H.Schulz（舒尔茨）设计了如图 8.54（e）所示的鱼眼镜头。其前两个透镜均为负弯月形，强化了对大视场角主光线的"发散"作用，使主光线在通过它们后与光轴形成更小的夹角。另外，孔径光阑前增加一个双胶透镜；光阑后用一平行平板和一双凸透镜取代半球形平凸透镜。参数自变量增多，结构更合理，镜头成像质量比上述结构更好。图 8.54（f）为一张典型的鱼眼镜头所拍摄的 180° 照片，保持了清晰度和影像畸变，将在下文中有所解释。

20 世纪 60 年代以来光学自动设计技术的应用，出现了不少像质优良的鱼眼镜头，如 1964 年由 K.Miyamoto 设计的鱼眼镜头，2ω=180°、D/f=1/8，f'=8 mm。系统像差得到了良好校正，像面照度均匀性有明显改善。日本尼康的一种鱼眼镜头，$2\omega=180°$，$D/f'=1/2.8$，$f'=16$，成像效果已经很好。有的镜头具有 220°的视场和 1/5.6 的相对孔径，有的还具有 270°的视场，也出现了 $2\omega=180°$，$D/f'=1/1.8$ 的结构。

8.6.5 鱼眼镜头的光学性能

1. 关于光学性能

鱼眼镜头光学系统的主要光学性能：焦距 f'、相对孔径 D/f' 和视场角 2ω。由于鱼眼镜头成像原理与普通照相物镜不完全相同，故须重新考虑其光学性能[44]。

1）垂轴放大率公式

在普通照相物镜中，依据相似三角形原理导出了牛顿公式：

$$\beta = \frac{y'}{y} = -\frac{f}{x} = -\frac{x'}{f'} \tag{8.27}$$

当物在无限远时，

$$y'_0 = f'\tan\omega \tag{8.28}$$

物距确定后，垂轴放大率由焦距 f' 决定。式（8.27）成立的前提是"相似成像准则"，即像与物大小不同，形状是相似的。

鱼眼镜头的焦距是决定系统空间分辨率的重要因素。焦距越长，空间分辨率越高。实际鱼眼镜头的焦距通常都很短，为几毫米到十几毫米。增大焦距相当于使光学系统像差校正的难度增大和系统复杂化，尺寸和重量也增加。鱼眼镜头常与光电探测器合用，目前的焦平面阵列（FPA）器件尺寸很小，为了覆盖半球空域（2πsr），鱼眼镜头的焦距必然很短。如用 1 024×1 024 像元的 FPA，其像元尺寸为 0.02 mm×0.02 mm，要覆盖 2πsr 空域，鱼眼镜头的焦距小于 10 mm。

鱼眼镜头的短焦距特征将导致很大的景深，甚至不经调焦就对不同距离的物体获取清晰图像。例如，Minolta 7.5 mm F/4 MD 鱼眼镜头，在光圈数分别为 4、5.6、8、11、16 和 22 时，能获取清晰图像的物距范围依次为（m）0.40～∞、0.33～∞、0.27～∞、0.22～∞、0.19～∞、0.16～∞。按高斯光学[12]可导出景深的公式：

$$\Delta \approx 2l^2 Fz'/f'^2 \tag{8.29}$$

式中：Δ 为景深；l 为物距；F 是光圈数；z' 是允许的光斑直径；f' 为焦距。由此式可知，景深与焦距的平方成反比。随着焦距的缩短，景深会按焦距的平方律增加。式（8.29）是按高斯光学导出的，不完全符合鱼眼镜头的成像情况，只用它来近似解释鱼眼镜头大景深的现象。

2）相对孔径 D/f'

由于普通照相物镜轴上像点照度和轴外像点照度受相对孔径平方调制[12]，设计时须保证鱼眼镜头的相对孔径足够大。相对孔径还决定鱼眼镜头视场中央衍射分辨率，按理想光学系统圆孔衍射分辨极限为[12]

$$R = \frac{0.61\lambda}{n'\sin U'_m} \tag{8.30}$$

式中：λ 为波长；n' 为像方介质折射率；U'_m 为像方半孔径角。因 $\sin U'_m \approx 0.5 D/f'$，则有

$$R = \frac{1.22\lambda}{n'(D/f')} \tag{8.31}$$

相对孔径越大，则衍射分辨率越好。

3）视场角 2ω

在讨论反摄远物镜时[45]，把 $2\omega \geqslant 140°$ 的都归入鱼眼镜头。工程上有下面的分类方式：

$2\omega>120°$ 鱼眼镜头

$80° \leqslant 2\omega \leqslant 120°$ 　　　　超广角镜头
$60° \leqslant 2\omega \leqslant 80°$ 　　　　广角镜头
$45° \leqslant 2\omega \leqslant 60°$ 　　　　标准镜头（normal lenses）

水下鱼眼仰视水面上方的真实有效角空域为122°～156°（180°只是一个理论上的极限值）。鱼眼镜头的视场边缘照度如遵循$\cos^4\omega$下降律（轴外点照度公式），则难以应用。鲁沙超广角镜头利用"像差渐晕"效应把这种下降律减缓至$\cos^3\omega'$，使视场达120°，相对孔径只有1/8。鱼眼镜头更须充分发挥"像差渐晕"的作用，以改善像面照度分布的均匀性。由于鱼眼镜头视场达到180°，相对孔径须足够大，故其光学系统都很复杂，且焦距也很短。

2. 鱼眼镜头的典型视场角是180°

典型视场角有的超过180°，达到220°甚至270°。当鱼眼镜头视场达到180°时，物面实际为半球面，球心在鱼眼镜头的入瞳中心，此时是将半球面场景成像在平面底片上。已不完全符合普通光学系统成像遵循的"相似"成像准则，光学设计就是为了保证这种相似性。当物在有限距离时，理想像高公式为

$$y_0' = \beta y \tag{8.32}$$

当物在无限远时，理想像高公式为

$$y_0' = f \tan\omega \tag{8.33}$$

式中：y_0'为理想像高；f为光学系统物方焦距；β为光学系统横向倍率；ω为光学系统的视场半角。当$|\omega| \geqslant 90°$时，"相似"成像准则下的理想成像公式便不能采用。

"非相似"成像准则在工程上实现角空域场景成平面像，其过程是对物空间实行"变形压缩"，即在像面上引入大量"桶形"畸变，选择恰当的"理想成像公式"以取代"相似成像准则"的理想成像公式（8.33）。所选用的公式的条件如下：以鱼眼镜头的成像视场范围为定义域时，"理想成像高度"为连续、可导函数。它所描述的"理想成像高度"比式（8.33）对应的要小。这符合所要引入的"桶形"畸变的要求，它保证对物方角空域实现覆盖，如下诸式[33, 46]。

体视投影方法（stereographic projection）为

$$y_0' = \alpha f' \tan(\omega'/\beta) \tag{8.34}$$

式中，α、β为大于1的常数，如

$$y_0' = 2f' \tan(\omega'/2) \tag{8.34a}$$

$$y_0' = 3f' \tan(\omega'/3) \tag{8.34b}$$

等距离投影方法（equidistance projection）为

$$y_0' = f\omega' \tag{8.35}$$

等立体角投影方法（equi-solid projection）为

$$y_0' = 2f \sin(\omega'/2) \tag{8.36}$$

正交投影方法（stereographic projection）为

$$y_0' = f' \sin\omega' \tag{8.37}$$

与高斯光学中的理想成像公式（8.33）相比，上述方法外形相仿，都能提供相应的"桶形"畸变量，但畸变大小不相同，图8.55表现了这种情况[46]。

选用不同的物—像映射关系可以引入数值相异的"桶形"畸变。对同样的视场角，选用等距投影方法所引入的桶形畸变量与等立体角投影方法相比，后者的作用就明显一些。故在设计一般民用系统时，采用后者更能保证像面照度均匀一致。

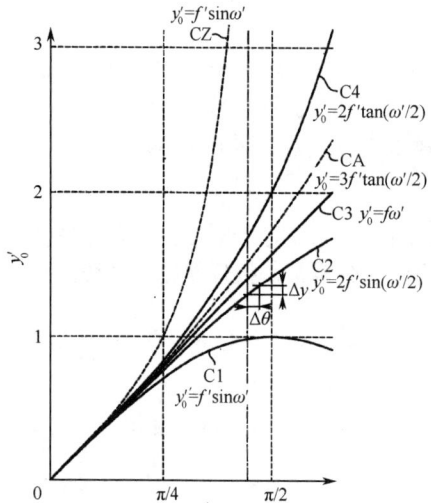

图8.55　成像公式的比较

在许多工程应用中，采用前者是最方便的。但它引入的畸变量数值偏小，像面照度均匀性稍差。为此，引入以下公式：

$$y_0' = kf'\omega' \quad (0 < k < 1) \tag{8.38}$$

显然，k 值越小，则光学设计所引入的桶形畸变量越大，相应 ω' 值就越小，从而也容易保证像面照度的均匀性。

图 8.55 中曲线 C1 表示高斯光学的理想成像关系，曲线 C2、C3、CA、C4、CZ 依次表示式（8.34）～式（8.37）关系；在同一 ω' 处，它们与曲线 C1 的差值就表示各自所能引入的"桶形"畸变量的大小，曲线产生的畸变逐次增大，它们所代表的 4 种物—像映射关系表示对图像实现不同程度的"变形压缩"，以保证在物空间实现预期的立体角覆盖。

光学系统的畸变由主光线的光路决定，只造成图像的变形，并不会使图像模糊[12]，即不影响图像的清晰度。尽管有明显的变形，但从"物"空间到"像"空间，二者之间仍然存在着对应的"映射"关系。同时，只要从式（8.34）～式（8.38）中选定了所用的公式，则这种"映射"关系便被唯一地确定，而且是可逆的。这就从原理上保证了"非相似"成像准则。

在上述各种"非相似"成像方法中，"桶形"畸变已不作为像差对待，而作为预期的成像效果，如实际主光线在像面上的投射高度与新"基准"的差值就是当前意义下的"畸变"。在鱼眼镜头中，"基准"变了，像差的计算方法与普通照相物镜相同。

3. 孔径光阑与光瞳的"共轭"关系

限制轴上物点光束横截面尺寸的实际光孔为孔径光阑，通过其前方光学系统所成的像为入瞳；通过其后方光学系统所成的像为出瞳。入瞳与出瞳对于整个光学系统互为共轭。大视场光学系统由于存在光阑球差，使孔径光阑在不同的视场角下对应着不同轴向位置的入瞳，光阑球差随着视场角增加而不断变大。

鱼眼镜头与一般照相物镜相同，孔径光阑在光学系统内部，且与光轴正交。如果鱼眼镜头的入瞳平面也与光轴正交，则在半视场 $\omega \geq \pm 90°$ 时，光束就不可能进入光学系统，但是鱼眼镜头的确能对 $|\omega| \geq 90°$ 成像。在视场角很大时，镜头的入瞳平面相对于光轴倾斜，倾斜的方向系趋于能够纳入实际光线；倾斜角（入瞳平面法线与光轴的夹角）随 $|\omega|$ 增加而变大。故与光轴正交的孔径光阑便"共轭"于相对光轴倾斜的入瞳。这显然有别于传统共轭关系。

鱼眼镜头前面负透镜组件（帽形透镜）与整个光学系统有同一个光轴，对于很大视场角 $|\omega|$ 的轴外物点发出的斜光束通过鱼眼镜头时，在子午面内可以理解为斜光束只通过前面有负透镜组件轴外孔径的一部分，该部分孔径起到了光束偏转器的作用，其逆过程是使入射光瞳围绕着光轴上一点偏转。

由于光阑球差的存在，将孔径光阑与光瞳的"共轭"关系的"假设"归纳如下：孔径光阑的中心点成像为入瞳和出瞳的中心点，且都在光轴上。入瞳中心的轴向位置随视场角而变化：当半视场角 ω_i 很小时，该位置由近轴光学来描述；当 $|\omega_i|$ 增大时，实际入瞳相对于近轴入瞳向左移动，移动量为光阑球差，对于任何 $|\omega_i|$ 值，出瞳中心与入瞳中心均对应于整个光学系统互为"共轭"。鉴于上述，当 $|\omega_i| \neq 0$ 时，与光轴正交的孔径光阑平面"共轭"于相对光轴倾斜的入瞳，倾斜方向系趋于能够纳入实际成像光束。半视场角 $\pm\omega_i$ 各自对应于倾斜角为 ω 和 $-\omega$ 的入瞳平面。图 8.56 表示一个鱼眼镜头（$2\omega=180°$），图中表示了孔径光阑及 $\omega_i=0$（轴上点）、$\omega_i=\pm45°$ 和 $\omega_i=\pm90°$ 时的入瞳与主光线。

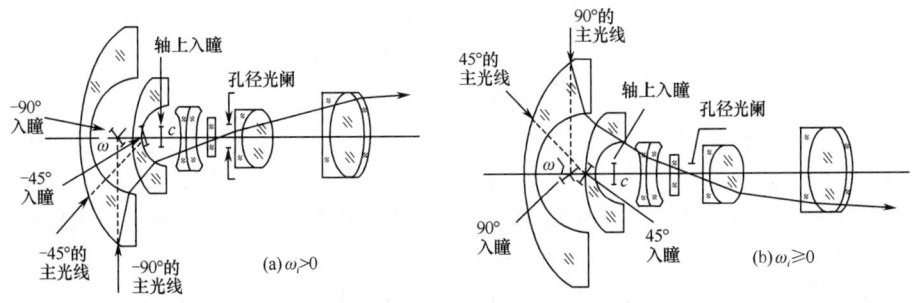

图 8.56 孔径光阑与入瞳

8.6.6 光阑球差与入瞳位置的确定

1. 光阑球差

光学系统视场角超出近轴光范围时,轴外物点的入瞳位置将偏离近轴入瞳。两者中心沿光轴方向的位移称为光阑球差,也称为入瞳位移(entrance pupil shift)[47],如图 8.56 所示。点 c 是入瞳轴上光线的入瞳中心。虚线表示入瞳中心位置的主光线的角度变化轨迹曲线。点 ω 是实际光线(表示由每 $10°\sim100°$)和光轴的交点。

广角镜头的光阑球差更加明显,为得到通过光阑中心的真正主光线,以近轴入瞳中心为起始点,设定"主光线"的位置进行尝试,称之为"尝试主光线",并进行光路计算,经过若干次试算和插入,可得到真实主光线。有时采用由光阑中心以预计的角度通过其前面的光学系统进行倒描光路计算,也能确定实际入瞳中心和真正的主光线。

鱼眼镜头的视场角接近或超过 180°,光阑球差显著,按上述广角镜头的方法已不能奏效。对于可见光和短波红外波段的鱼眼镜头,当其半视场角为 $\omega \geqslant 54°\sim60°$(与所用的光学材料有关)时,上述以近轴入瞳中心为起点实施迭代逼近计算的方法常受挫;采用的"尝试主光线"不能顺利到达孔径光阑平面,而是在光路中某个光学面发生了光线"溢出"(即光线在折射面上出现"全反射"或"无交点"),由于严重的光阑球差,其值可能比鱼眼镜头的焦距大得多。

为求取鱼眼镜头真实主光线,前人已研究了多种方法[43,45,48]。

2. 迭代法寻求入瞳中心

光阑在光学系统中间时,先确定其面号,由此面分别向前和向后面进行近轴光线光路计算,得到相应的入瞳和出瞳。此谓"光阑逆向追迹"或"光阑倒描",由于光阑球差的影响,通过上述求得的入瞳中心进行实际主光线光路计算,发现其并不通过光阑中心,即通过近轴光瞳中心的光线并非真正的主光线[39]。

为求取真正的主光线,如图 8.57 所示,OP 为孔径光阑,O_1P_1 为近轴入瞳面。进行光线光路计算,求取 O_1A_1 在 OP 上投影高度为 y_1'。设 O_1A_2 平移为 O_2A_2,且 $O_1O_2=\Delta_1$。光线 O_2A_2 在 OP 上投影高度为 y_2',即向点 O 靠近了 $(y_1'-y_2')$。设光线 O_3A_3 通过点 O,则只要求出 O_2O_3 就可求得该视场的实际入瞳位置 O_3。由于 OP 和 OP_1 是近轴共轭关系,其间的倍率关系为

$$\beta=-\frac{(y_1'-y_2')}{\Delta y_1}$$

其中,Δy_1 是光线 O_2A_2 在 O_1P_1 面上的投射高度。由图 8.57 知

$$-\Delta y_1=\alpha\Delta_1$$

则有

$$\begin{aligned}\Delta_2&=\Delta y_2/\alpha\\&=y_2'/(\beta\cdot\alpha)\\&=y_2'(-\alpha\Delta_1)/\alpha(y_1'-y_2')\\&=-y_2'\Delta_1/(y_1'-y_2')\end{aligned}$$

通过两次光线追迹,把光线和光阑面上的交点高度记录下来,就可预计下一次迭代所追迹的光线可以更接近光阑中心。进行多次迭代,只要光线在光阑面上投射高度小于某一偏差值 δ,便可认为主光线已通过光阑中心。这个偏差值可设为 $0.01\sim0.03$ mm。根据镜头设计要求,可减少偏差值 δ。

求得实际入瞳后便可进行实际主光线计算,计算各项轴外像差。

图 8.57 求取真正的主光线

3. 光阑球差的级数公式

用幂级数表示光阑球差 $\Delta L_p(\omega)$ 比较合理。因为 $\pm\omega$ 对应于同值光阑球差,故 $\Delta L_p(\omega)$ 必定是 ω 的偶函数。当 $\omega=0$ 时,$\Delta L_p(\omega)=0$,故级数式中没有常数项,于是可写出

$$\Delta L_p(\omega) = a\omega^2 + b\omega^4 + c\omega^6 + d\omega^8 + \cdots \tag{8.39}$$

式中,a、b、c、$d\cdots$为待定系数。

只要合理取定最高幂次并用数值方法算出待定系数,即可计算各视场样点的光阑球差,进而确定其实际入瞳位置。经过摸索和尝试,最高幂次可取为 8 次或 6 次。

$$\Delta L_p(\omega) = a\omega^2 + b\omega^4 + c\omega^6 + d\omega^8 \tag{8.40}$$

采用如下方法求取系数:程序自动取定 4 个较小的半视场角($\omega_i<40°$,$i=1, 2, 3, 4$),计算其光阑球差 $\Delta L_p(\omega_i)$。建立方程组求解 a、b、c、d。以式(8.40)作为该鱼眼镜头光阑球差的(近似)通用表达式,预报各视场样点的入瞳起始位置,进入迭代过程。实践证明,这样计算的光阑球差已很准确,其与实际值的相对误差不大于 0.3%。同时也发现求得的系数 d 很小,几乎与计算机的舍去误差大体相当,故将其舍去,取至 6 次幂,即

$$\Delta L_p(\omega) = a\omega^2 + b\omega^4 + c\omega^6 \tag{8.41}$$

实际计算表明,式(8.41)所预报的光阑球差与真值的相对误差为 1%~2%,还可能降低幂次至 4 次。

$$\Delta L_p(\omega) \approx a\omega^2 + b\omega^4 \tag{8.42}$$

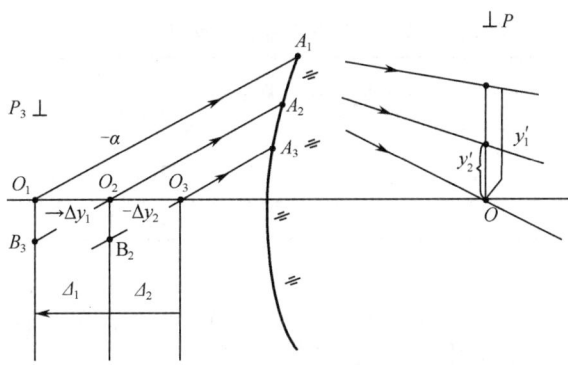

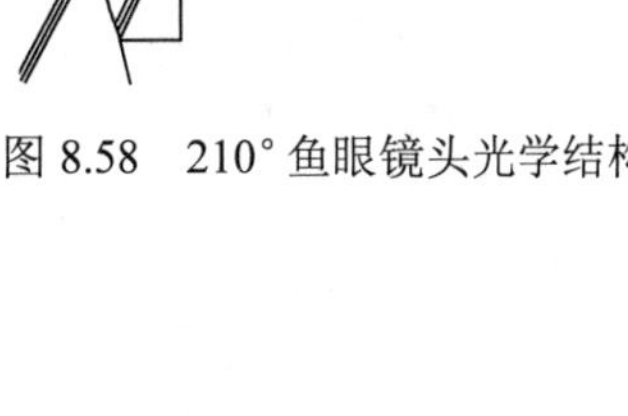

图 8.58 210°鱼眼镜头光学结构

从而使计算量进一步减小。下面实例证明式(8.42)的精度已经够用。有关长度量单位,除特别说明外均为毫米。

图 8.58 为一个美国放映用的鱼眼镜头光学系统,其 $f'=19.30$,$2\omega=210°$,$D/f'=1/2$(光学结构参数略)[50]。其几个视场 ω 的光阑球差 $\Delta L_p(\omega_i)$ 和像高尺寸 y',如表 8.23 所示[51]。采用式(8.42)对此镜头进行计算,其数值拟合结果为

$$a=-2.50\times10^{-4},\quad b=-1.163\times10^{-8}$$

由此得预报值为

$$\begin{aligned}\Delta L_p(85°) &= -63.805 \\ \Delta L_p(105°) &= -105.918\end{aligned} \tag{8.43}$$

与表 8.23 中的真值相比,其相对误差分别为 0.59%和 8.10%。用式(8.43)的预报值计算各自的实际入瞳距离,取"尝试主光线"进入迭代过程,能很快确定实际入瞳位置。证明式(8.42)的精度可行,计算量小,且具有足够的精度。

表 8.23 210°鱼眼镜头光阑球差和像

ω_i	$\Delta L_p(\omega_i)$	y'_i	D_t/D_0
-30°	-5.944	9.78	0.921
-60°	-26.645	17.78	0.692
-85°	-64.186	22.02	0.387
-105°	-115.265	23.47	0.101

注：D_t为子午光束宽度，D_0为入瞳直径。

这是鱼眼镜头设计软件曾经采用的基本公式。只须取两个较小的视场角进行实际计算，能足够准确地预报各视场样点的光阑球差，故计算量小得多。

4. 幂级数微分方法

该方法还将进一步减小计算量。将式（8.42）微分

$$\delta[\Delta L_p(\omega)] = (2a\omega + 4b\omega^3)\delta\omega \tag{8.44}$$

令其与式（8.42）组合，也同样可以解算系数 a、b。直接从最小的视场样点入手，即取

$$\omega_1 = k\omega_m \tag{8.45}$$

式中，$k=0.3$（采用传统取点系数 0.3、0.5、0.707、0.85、1.0）。ω_m是最大半视场角，并取

$$\delta\omega = 0.01\omega_m \tag{8.46}$$

直接以近轴入瞳（近轴入瞳距离为 L_{p0}）为起点，计算实际主光线和入瞳距离 $L_p(\omega_1)$，即使 $2\omega_m=270°$，其 ω_1 只有 40.5°；再以入瞳距离 $L_p(\omega_1)$ 为起点，可求得与 $(\omega_1+\delta\omega)$ 对应的入瞳距离 $L_p(\omega_1+\delta\omega)$，于是有

$$2a\omega_1 + 4b\omega_1^3 = [L_p(\omega_1+\delta\omega) - L_p(\omega_1)]/(\delta\omega) \tag{8.47}$$

按式（8.42）有

$$A\omega_1^2 + b\omega_1^4 = L_{p0} - L_p(\omega_1) \tag{8.48}$$

联立式（8.47）、式（8.48）可求解系数 a、b。此系数 a、b 对后续各视场样点均适用。

常规光路计算中必须计算一个视场样点的数据，只是多追迹一条视场角为 $(\omega_1+\delta\omega)$ 的主光线便可解算 a、b，从而使计算量更小，仍保持了精度。则入瞳距离为

$$L_p(\omega) = L_{p0} + \Delta L_p(\omega) \tag{8.49}$$

上述方法只对轴外物点提供了一个近似入瞳位置，不能以此进行实际主光线的光路计算。为寻求真正的主光线，可采用迭代法寻求入瞳中心的方法进行迭代逼近。其迭代的起点可用上述方法计算的近似位置，迭代逼近的精度判据应比普通光学系统的高，暂定为 0.001，即实际光路计算选定的主光线应该穿过孔径光阑中心，其偏差为 $\delta<0.001$。

8.6.7 光阑彗差与像差渐晕

1. 光阑彗差

光阑球差[12]是沿光轴方向上位置的差异，光阑彗差则是像差在与光轴正交方向上的表现。图 8.59 所示为光阑彗差。图 8.59 中 A、B 是近轴入瞳的上、下边缘，A'、B'是孔径光阑的上、下边缘。A 与 A'、B 与 B'分别为共轭关系。对于半视场角 ω 超出近轴范围的轴外物点，由于光阑彗差的存在，擦过近轴入瞳边缘的光线在光阑面上的投射高度几何量却小于孔径光阑直径，其投射点如图 8.59 中 A''、B''所示。即光阑彗差使充满近轴入瞳的轴外光束在孔径光阑上的投影宽度比轴上点的相应宽度小。如果能保证轴外光束充满孔

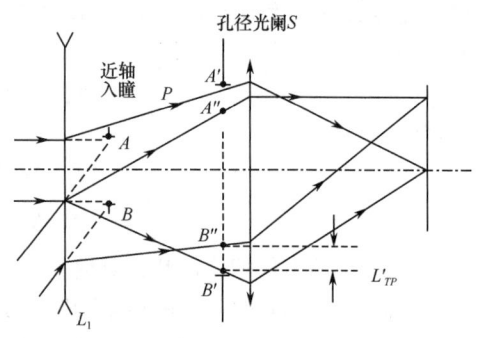

图 8.59 光阑彗差

径光阑，则其在近轴入瞳面上的实际宽度必定大于轴上点的光束宽度。这显然有利于提高轴外像点的照度，改善像面照度分布的均匀性，对鱼眼镜头有特别的意义。随着鱼眼镜头半视场角 ω 绝对值的增大，光阑彗差现象更明显，这对提高像面照度是有利的。

在一般系统设计中，为了整个光学系统横向尺寸的匀称和保证成像质量，人为地拦截一部分轴外物点的边缘光线。在像差校正时，将轴外部分光线拦截以提高轴外像点质量，即"几何渐晕"[12]。

2. 像差渐晕

鱼眼镜头设计中保证轴外光束充满孔径光阑，意味着轴外物点实际成像光束在近轴入瞳面上的投射宽度大于轴上点光束宽度，光阑彗差绝对值增大可解决这个难题，这就是"像差渐晕"。利用像差渐晕可提高轴外像点照度，改善像面照度分布的均匀性。鲁沙物镜（$\omega=\pm60°$，$D/f'=1/8$）是利用像差渐晕设计超广角镜头的示例。鱼眼镜头$|\omega|\geqslant90°$，更须利用像差渐晕，就是保证轴外物点的成像光束尽可能充满孔径光阑。

鱼眼镜头是一种反摄远光学系统，具有负光焦度的前组，第一负透镜[44]光焦度绝对值越大，光阑彗差越显著。鱼眼镜头前组负透镜也是大量"桶形"畸变的发生器，既保证鱼眼镜头能实现半球或超半球空间的凝视成像，同时使轴外物点主光线在像空间对应的视场角减小，这也有利于改善像面照度的均匀性。

3. 像面照度分布

在普通光学系统中，即使没有斜光束渐晕存在，像面上的照度也是不均匀的，按 $\cos^4\omega'$ 规律下降。当存在斜光束渐晕时，若轴外斜光束截面积与轴上点光束截面积之比为 K_a，则由式（8.17）可写出

$$E'_m = K_a E'_0 \cos^4\omega' \tag{8.50}$$

由式（8.50）知：引入"桶形"畸变量越大，与物方半视场角 ω 对应的 ω' 越小，即使轴外像点照度按 $\cos^4\omega'$ 下降，像面照度也不会表现出明显的不均匀。充分利用像差渐晕来扩大轴外物点成像光束的横截面积，使式（8.50）中 K_a 值尽可能增大，以抵消 $\cos^4\omega'$ 的影响。

8.6.8 鱼眼镜头示例与投影方式比较

1. 鱼眼镜头示例

图 8.60 表示鱼眼镜头成像系统的光学结构，包括鱼眼镜头、固态成像器件，如 CCD 器件，在鱼眼镜头单元和固态成像器件之间有一个光学滤波器，以及固态成像器件的保护玻璃。鱼眼镜头单元包括：镜组 1 使光束弯向按近与光轴平行，并把光束投向镜组 2，并通过镜组 2 成像到固态成像器件的像平面（imaging surface, IS），使主光线尽可能地平行于光轴（像方准远心光路），并达到预订的像高。鱼眼镜头单元像差见图 8.61~图 8.63。

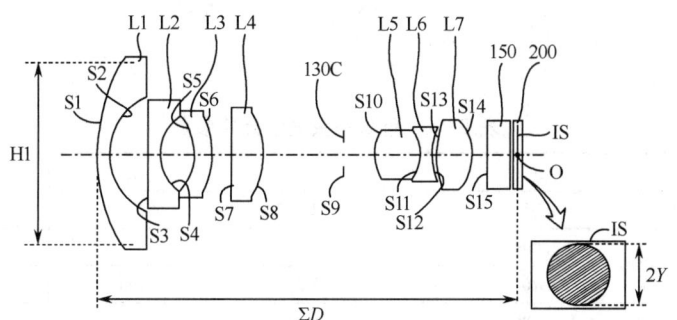

图 8.60 鱼眼镜头成像系统光学结构

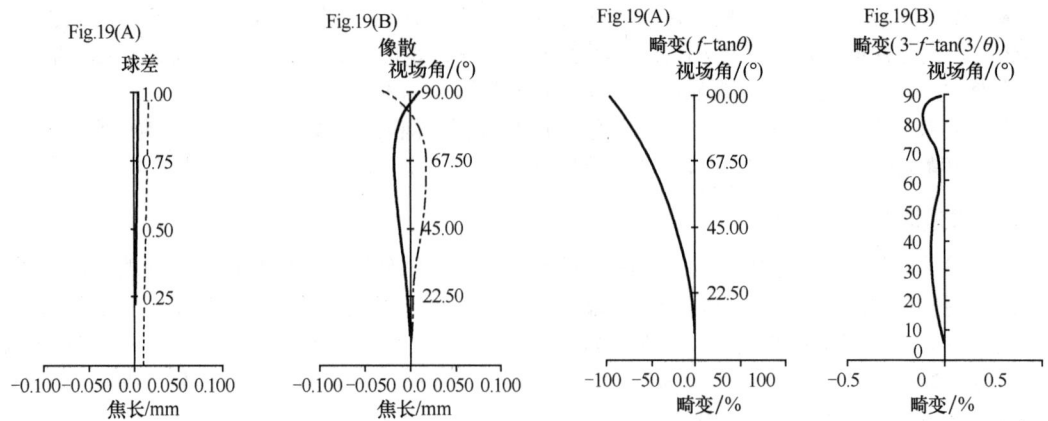

图 8.61 鱼眼镜头的纵向像差　　　　图 8.62 鱼眼镜头的畸变

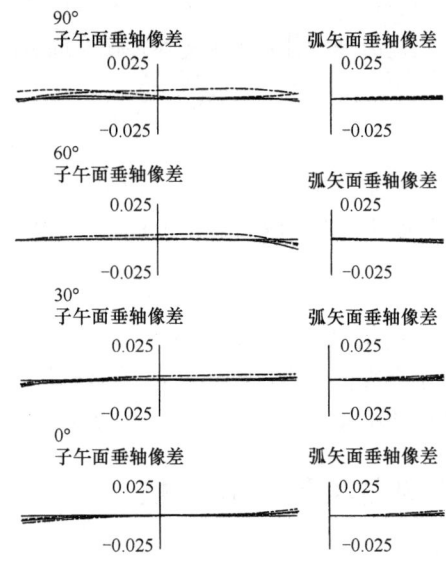

图 8.63 鱼眼镜头的横向像差

鱼眼镜头光学数据见表 8.24，其中带*号的 i 号面有非球面。表 8.25 为第 6、11、12 面的非球面系数。图 8.61 非球面参数关系如下

$$X = \frac{\dfrac{H^2}{R}}{1+\sqrt{1-(1+K)\cdot\left(\dfrac{H}{R}\right)^2}} + A_4 \cdot H^4 + A_6 \cdot H^6 + A_8 \cdot H^8 \tag{8.51}$$

表 8.24　鱼眼镜头光学结构参数

r	d	n_d	v_d	玻璃[①]
17.769	0.95	1.772 5	49.6	N-LAF34
5.377	2.756	—	—	—
64.919	0.76	1.772 5	49.6	N-LAF34
4.231	4.528	—	—	—
-5.614	2.6	1.833 5	24.0	SF57H

(续表)

r	d	n_d	v_d	玻璃①
-5.328*	6.402	—	—	
Stop	0.894	—	—	
2.973	3.04	1.516 3	64.1	BAK7
-2.284	0.76	1.672 7	32.1	N-SF5
3.835*	0.238	—	—	
3.085*	2.6	1.550 0	75.0	Ultran30
-2.640	0.861	—	—	
∞	2.5	1.516 3	64.1	BAK7

注：①此栏玻璃牌号由本书作者提供参考

表 8.25 第 6、11、12 面的非球面系数

	S6	S11	S12
K	0.000 000 e+00	-3.337 709 e+00	-9.654 421 e-01
A_4	-4.114 687 e-0.6	-3.132 327 e-03	4.263 829 e-03
A_6	1.349 338 e-0.5	3.728 470 e-04	-3.809 879 e-04
A_8	-1.611 533 e-0.7	-1.699 890 e-04	0

2. 投影方式比较

下面对于式(2.12)～式(2.16)中的高斯光学像高 $y_0' = f'\tan\omega$，体视投影方法 $y_0' = 3f'\tan(\omega/3)$ 和等距投影方法 $y_0' = f\omega$ 进行比较，如表 8.26 所示，表中曲线图表示畸变 $\{[(y-y_0)/y_0]\times 100\%\}$，$y'$ 为实际像高，y_0' 为理想像高，所用谱线为 d 光（波长 $\lambda = 546.07$ nm）。

表 8.26 部分投影方式对畸变影响的比较

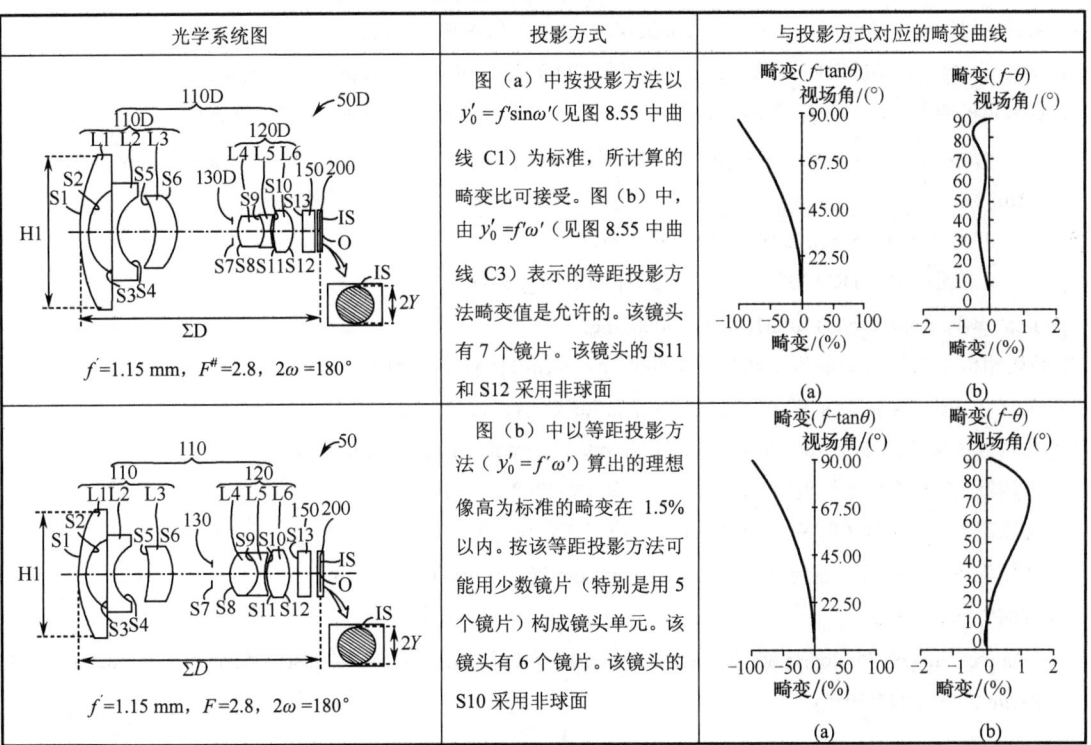

（续表）

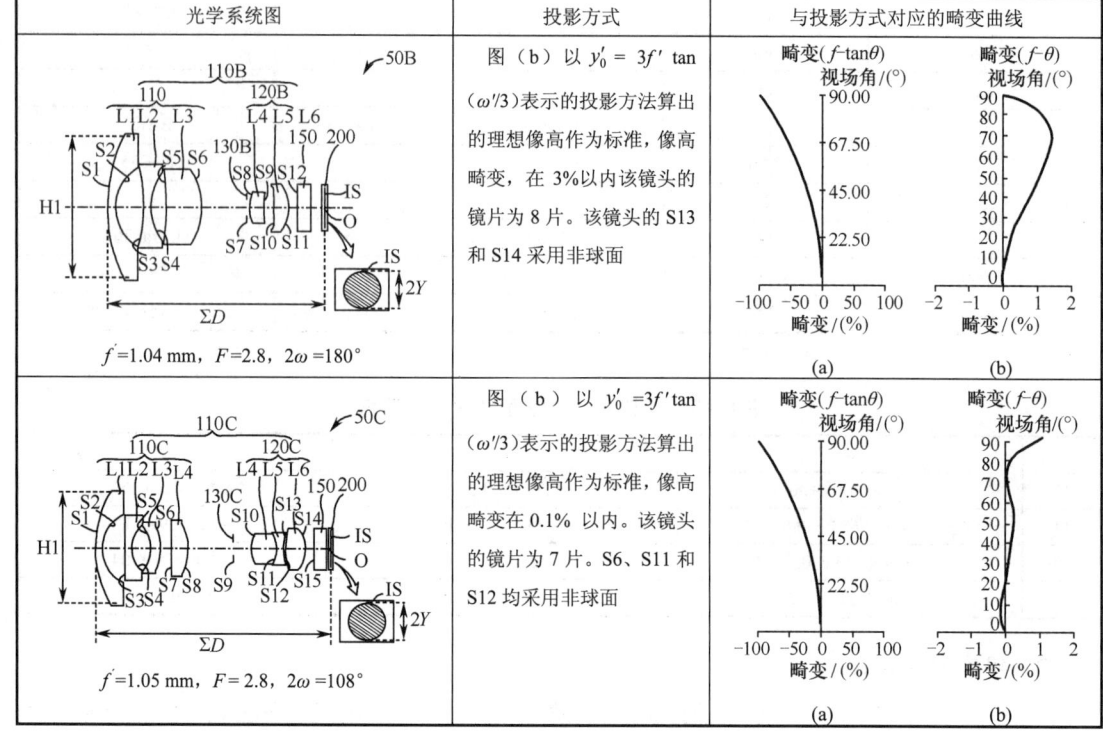

参 考 文 献

[1] 数码相机发展史. http://digi. it. sohu. com/20071120/n253358031. shtml.
[2] 高宝昌. 数字相机的发展新机遇[J]. 中国摄影, 2003 年 8 期, 76-77, http://www. cqvip. com.
[3] 数码相机的各组成部分及基本功. http://www. impn. cn/tech/2006/1209/article_276. html.
[4] http://dc. pconline. com. cn/jiqiao/jq/0701/952579. html][http://www. leaderdc. com/ instructor/. instructor_03-1. htm.
[5] http://digi. tech. qq. com/a/20060113/000079. htm.
[6] 潜望镜式变焦镜头DC探密. 照相机, 12 期(2006. 10), 36-37.
[7] http://www. ishare. cc/d/1506616-2/ DC0008. jpg.
[8] 数码相机镜头分类. http://www. 51766. com/img/cstrip/1148716284801.
[9] KODAK Professional DCS 465 Digital Camera Back, Eastman Kodak Company, 1995.
[10] 数码像镜头性能. http://detail. zol. com. cn/product_param/index220. html.
[11] 罗翊戬. 数相位机之镜头设计[D]. 中央大学（93226025），2006, 7.
[12] 张以谟. 应用光学（第三版）[M]. 北京：电子工业出版社, 2008.
[13] 从镜头谈数码相机的选购. http://www. yesky. com/20030210/1651400. shtml.
[14] SONY, http://products. sel. sony. com/semi/ccd. html.
[15] Johannes Berger. Photographic Objective Comprising Four Air Spaced Meniscus Shaped Compnents. U. S. Patent 2, 744, 447(1956).

[16] ZEMAX 光学设计使用手册. ZEMAX Development Corporation, (2003).
[17] Yoshito Iwasawa. Imaging sensing apparatus. US 20040105020.
[18] Wen-Hsin Sun. Lens System for Digital Camera. US 7212354 B2
[19] Chun-Yu Lee, Ming-Chiang Tsai, Tsung-Wei Chiang. US7079330 Lens having Aspherical Surface.
[20] Focus Software, Inc., ZEMAX optical design program user's guide. 2003.
[21] Kim, Sung-woo, Kim, Yong-nam. Compact zoom lens, US 20080062531.
[22] 照相手机发展历史. 鸿信通手机网, 2004. http://www.247cn.com/module/news/nview.php?aid=502.
[23] 手机摄像头 sensor 基础知识. 中国通讯技术网, 2006. http://www.ci800.com/news/html/ 2006-11/5293. html.
[24] 柯维华. 国内外光学镜头厂与相机手机之发展指标与现状[J]. 手机行动通讯: 自然科学学报, 2004, 7.
[25] 林世穆. 电子设计资源网. 应用文章/设计论坛. 2005.http://www.eedesign.com.tw/article/forum/fo855.htm.
[26] US 2009/0040630 A1.
[27] US 20030197956.
[28] 王之江, 等. 实用光学技术手册[M]. 北京: 机械工业出版社, 2007: 350-352, 1124.
[29] Chen-cheng Liao. Compact Imaging Lens System. US20080225401 A1.
[30] Sato, Kenichi US 20070070527.
[31] 何玉兰, 刘钧, 焦明印, 等. 利用 CODE V 设计含有自由曲面的光学系统[J]. 应用光学, 2006, 27(2), 120-123.
[32] 周慧源. 液体透镜的现状和发展前景. 光机电信息, 2008(5): 23-28.
[33] Pollack M. et al. Electrowetting-based actuation of liquid droplets for microfluidic applications. Applied Physic Letters, 77(2000), 1725-1726,
[34] 张薇, 张宏建, 田维坚. 一种机械驱动式液体可变焦透镜的设计. 应用光学, 2008, 29(增刊): 59-63.
[35] Froumkine A. Couche Double, Electroc apillarite, Surtensio. A ctualites sclentifiques et industrielles, 1936, 373(1): 5-36.
[36] Gorman B, Biebuyck H, Whitesides G. Control of the Shape of Liquid Lenses on a Modified Gold Surface Using an Applied Electrical Potential across a Self-Assembled Monolayer. Langmuir, 1995, 11: 2242.
[37] Berge B, Peseux J. Variable Focal Lens Controlled by an External Voltage: An Application of Electrowetting[J]. Eur Phys J E, 2000, 3: 158.
[38] 康明, 等. 基于 EWOD 的锥形管状结构液体变焦透镜[J]. 传感技术学报, 2005, 19(5): 1768-1774.
[39] 祝澄, 彭润玲, 陈家璧. 基于电湿效应的双液体透镜[J]. 大学物理, 2007, 26(6): 57-62.
[40] 绳金侠, 彭润玲, 陈家璧. 电湿效应双液体变焦透镜性能的分析[J]. 光学仪器, 2007, 29(4): 23-26.
[41] 郑浩斌, 何焰蓝, 丁道一. 液体透镜的诞生和发展[J]. 物理与工程, 2008, 18(4): 42-47.
[42] 彭润玲, 陈家璧, 庄松林. 电湿效应变焦光学系统的设计与分析[J]. 光学学报, 2008, 28(6): 1141-1146.
[43] 陈晃明. 鱼眼镜头光学设计[J]. 兵工学报, 1989, 9(3): 35-42.
[44] 王永仲. 鱼眼镜头光学[M]. 北京: 科学出版社, 2006: 1-25.
[45] Smoth Warren J.. Modern lens design, Mc Graw-hill, 1992.
[46] US 200.7/0139793 A1.
[47] Donald B. Gennery. Generalized Camera Calibration Including Fish-Eye Lenses, International Journal of

Computer Vision 68(3), 239-266, 2006.

[48] Laikin M., Lens Design, Marcel Dekker, Inc., 1991.

[49] 王永仲. 光学系统设计与微型计算机[M]. 长沙: 国防科技大学出版社, 1986.

[50] Milton Laikin, Lens Design (Third Edition), Marcel Dekker, Inc., 2000, 105-120.

[51] Malarcara D.. Handbook of lens design, Marcel Dekker, Inc., 1994.

第 9 章 光学系统焦深的扩展与衍射极限的突破

9.1 概述

本章将讨论增强光学系统性能中的三个部分：光学系统焦深扩展、超衍射极限近场显微术、超衍射极限远场显微术。下面将概述这三方面的主要概念和特性[1]。

9.1.1 扩展焦深概述

焦深是指光学系统成清晰像所允许的焦面或像面位置的变化范围，在光学调焦系统中特别需要长焦深组件[2]。如在光刻中，需要曝光厚胶，此时只能在有足够长度的焦深时才能提高光刻质量；而当成像系统处于各方面因素变化的环境中，如太空中用的星敏感器，需要系统具有较长的焦深来降低调焦伺服系统的复杂性，以减轻系统的重量和节约成本。此外，随着激光技术、电子技术和精密机械技术的发展，激光扫描和光电检测技术需要克服由于系统加工制作或装配误差等导致的聚焦光斑的位置变化，也要求扫描光束具有一定长度的焦深。另外，在大型乃至巨型的机电设备的安装测量中需要提供一条长距离准直线[3]，也可以用长焦深组件来实现。

普通的薄透镜由瑞利（Rayleigh）判据决定其焦深 Δz 和光束的束宽 δx 之间的关系：$\Delta z = 4(\delta x)^2/\lambda$，这里 λ 是照射光波的波长。由于受到瑞利判据的限制，制造能够产生小焦斑和长焦深的光学组件比较困难，一般在焦深不变的情况下提高组件的横向分辨率。目前，已经发展了多种实现长焦深的方法，并拓展了应用领域。

1. 无衍射光束

所谓无衍射光束是指中心光斑尺寸不随传播距离的增加而扩大的光束。无衍射光束具有主光斑尺寸小（约为波长量级）、强度高、方向性好、传输距离远等特点，使其在长焦深组件的研究中具有重要的价值[4]。无衍射光束可用于高精度定向或准直光学系统等[5]。

Durnin 由自由空间标量方程中得到了这类无衍射光场[6]，并给出了它的数学表达式

$$E(r,t) = \exp[i(\beta z - \omega t)] \frac{1}{2\pi} \int_0^{2\pi} \exp[i a(x\cos\phi + y\sin\phi)] d\phi \\ = \exp[i(\beta z - \omega t)] J_0(ap) \tag{9.1}$$

式中，

$$a^2 + \beta^2 = \left(\frac{\omega}{c}\right)^2 = \left(\frac{2\pi}{\lambda}\right)^2$$

a 为横向波数，是一个常数；$P = \sqrt{x^2 + y^2}$ 是光场中任一点距光轴的距离；z 为传播距离，有

$$I(x, y, z \geq 0) = I(x, y, z = 0) = J_0^2(ap)$$

因而无衍射光束也称为 J_0 光束，具有无限的传播范围，然而光学系统的有限孔径使其只能近似地保持这一特性，即在有限范围内传播，中心光斑尺寸和光强基本不变。模拟计算表明，在孔径为 $D = 4$ mm 情形下，光束仍能传播相当远的距离（$z > 0.8$ m），中心光斑约为 200 μm；而同样口径

高斯光束在传播中光斑中心能量快速衰减。图9.1 显示了光束的中心强度沿轴向分布的情形。

无衍射光束的轴向传播距离一般可用几何光学的方法估算。

$$z_{max} = \frac{R}{\tan\theta}$$

式中，R 是形成无衍射光束组件的孔径半径；θ 为光束与光轴的夹角。以 Axicon（轴锥镜）为例

$$z_{max} = \frac{R}{(n-1)\gamma}$$

式中，R 和 γ 分别是 Axicon 的半径和锥角；n 为折射率。通过恰当地选择 R 和 γ 值可以灵活控制传播距离 z_{max}，并且 z_{max} 很容易超过普通透镜的焦深范围 z_D。

$$z_D = \frac{\lambda}{(NA)^2}$$

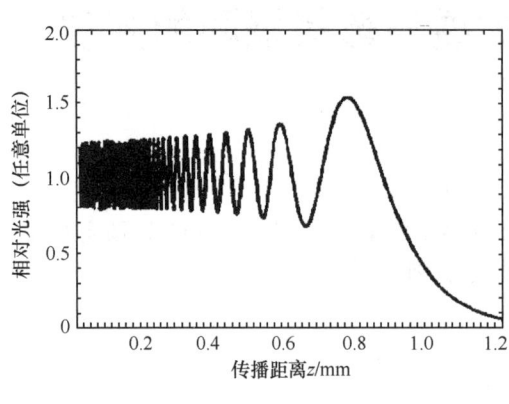

图 9.1　光强的轴向分布

式中，NA 表示数值孔径。此外，无衍射光束还较普通球面透镜有更高的分辨率，其中心光斑直径 ρ 由 J_0 函数的第一个零点值限定。

$$p = \frac{2.408}{k\sin\beta} = \frac{0.766\lambda}{NA}$$

式中，$k = 2\pi/\lambda$；λ 为波长。而对普通球面透镜

$$P = \frac{1.22\lambda}{NA}$$

无衍射光束较小的中心光斑和无扩散传播两个特性，使其在长距离准直及长焦深的获取等方面有着广泛的应用前景[4,7]。

2. 实现长焦深的几种方法

1986年，Durnin 提出了无衍射光束[6]，为实现长焦深建立了坚实的理论基础，高速计算机与有效计算方法的发展为分析三维空间光场的分布提供了手段[2]，使得长焦深的研究有了长足的进步。实现长焦深的方法主要有以下几种。

1）改变数值孔径扩展焦深方法

扩展焦深（景深）的传统方法是通过控制光学系统孔径光阑的尺寸来实现的，根据瑞利判据的焦深公式[8]

$$\Delta z = k_1\lambda/(NA)^2 \tag{9.2}$$

其中，Δz 为焦深；NA 为数值孔径；λ 为波长；k_1 为光学系统性能和工艺因子。从式（9.2）可以看出，通过减小数值孔径，可得到较长的焦深。但是根据瑞利判据与分辨率有关的公式：

$$\delta x = k_2\lambda/NA \tag{9.3}$$

其中，δx 为零级衍射斑的大小，δx 越小表示分辨率越高；k_2 为光学系统分辨率相关性能和工艺因子。从式（9.3）也可看出减小数值孔径会使分辨率减小，而且在减小孔径的同时也降低了系统的光通量造成图像的细节模糊。因此，这种传统的扩大焦深的方法不能满足加工和应用的需求，寻求实现长焦深的方法也更加迫切。

2）多焦点光学组件法

基于多聚焦概念，采用具有系列焦点的光学组件可实现焦深延拓，包括：双折射透镜、折—衍混合成像透镜和透镜阵列等。

(1）双折射透镜扩展焦深法。由于双折射透镜具有寻常光和非寻常光两种偏振状态，因此它具有双焦距。通过设计可以使聚焦范围得到扩展[9]。但使用中装配方法复杂，价格昂贵。

从概念上讲，双折射透镜就是可以将聚焦和扩展焦深两个作用结合在一起的光学组件。其简化原理如图 9.2 所示。普通光学透镜起到光学聚焦的作用，放置在成像透镜和探测器之间的偏振片（双折射平板）起到扩大焦深的作用。实际上系统有两个成像平面，一个是寻常光成像面，另一个是非寻常光成像面。如果设计双折射平板的厚度，使得系统对远距离物体成像的寻常光（或非寻常光）像面与对近距离物体成像的非寻常光（或寻常光）像面发生重叠，则置于此重叠区域的探测器就可以对远距离物体和近距离物体成像。由于存在正交偏振图像的轻微离焦，图像的整体质量有所下降，但成像系统的焦深得到了拓展。根据光学成像公式（高斯公式）

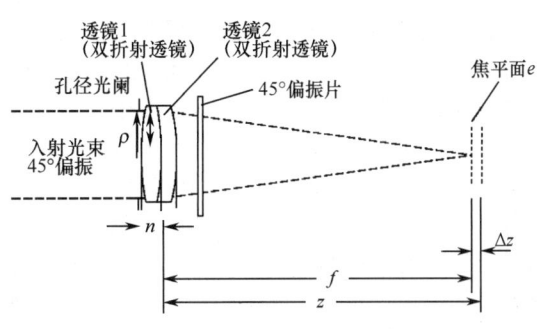

图 9.2　双折射透镜扩展焦深法示意图

$$\frac{1}{l'} - \frac{1}{l} = \frac{1}{f'}$$

式中，l、l'分别为物距和像距，f'为成像透镜的焦距。当物距l发生较大变化时，像距l'只变化一个很小的量就可实现重新对焦，因此探测器在两段成像重叠区域相应于物距变化需要调整的位置变动很小，约只需几十微米即可。为了补偿这个位置变动量，在透镜和探测器之间放置一个偏振片（双折射平板），其厚度设计能够使得一个偏振态下（如寻常光）折射率产生的有效光程对应系统远场成像时的探测器放置位置，同时另一个偏振态下（如非寻常光）折射率产生的有效光程对应系统近场成像时的探测器放置位置。这样来自近场和远场（对应不同偏振态）图像会有层次地重叠在探测器上。

（2）折—衍混合扩展焦深方法。折—衍混合系统是将常规成像光学与衍射光学技术结合的一种光学系统[10]。折—衍混合单透镜是在折射组件的平面上加工衍射组件的相位表面而形成的透镜。通过衍射组件对光波进行调制、转换，这种混合组件能够扩大系统的焦深，而且还能达到消除像差、色差等效果。基于衍射光学组件能够产生大范围伪非衍射光（pseudo-non-diffractive rays）及折射和衍射组件色散相反而形成一个消色差复合透镜的共同作用。能够在拓展光束景深的同时保持横向分辨率和全孔径通光能力。但是衍射面的加工精度要求较高。

3）轴向多幅图像综合扩展焦深法

采用分时获得全焦深范围内的图像，又可分变焦法和共焦扫描法。在 CCD 相机出现之前，Häusler 就提出了一种拓展焦深的二步方法[11]：第一步在相机快门开启的情况下连续调焦获得一系列沿轴综合图像；第二步利用系统的传递函数反解卷积求图像。已经证明只要调焦范围大于物体厚度的 2 倍，传递函数就不再随物体的焦深部分大小或离焦路径而变化，即有效传递函数是一个离焦不变量，而且它没有零值点，为单步解卷积求图像提供了可能。该方法可以较容易地用现代显微镜实现[12]。但平滑改变焦点需要显微镜内部的光学件移动，实现中耗时较多，与快速图像获取的目标相矛盾。在这种方法中，聚焦点在整个曝光过程中不断变化，因此不能保证实用性[13]。

一种相近的方法是通过共焦的步进扫描，获得样品每个面的单一图像，然后通过取 3D 图像系列轴向平均，或对每一个横向点选取最优像素的方法重构 3D 图像。例如共焦显微镜中，光学层析像可以直接构建 3D 图像[14]。但共焦扫描和多面图像的获取是最终图像获取速度的主要限制。Potuluri 等人提出了一种旋转剪切干涉方法[15]，该技术使用非相干光，结构复杂，信噪比较低。

但它有有效的无限景深。主要缺陷是焦深范围内放大率有变化,而且离开成像焦面的对比度迅速降低。

4) 光瞳调制扩展焦深法(纯光学方法)

光瞳调制可分为振幅调制(非均匀透过率滤波器、光学切趾法)、纯相位调制(环形光瞳)、振幅相位混合调制三种。

(1) 光学切趾扩展焦深法。采用遮挡或有规律地改变光瞳面上透过率的方式,改变光学系统光瞳面上的复振幅分布,以改变像斑的衍射图样光强分布,达到改变成像性质或改善成像质量目的的方法被称为光学切趾,通常通过在孔径光阑处加振幅型掩膜板来实现[16]。其设计的基本原理是通过合适的孔径切趾函数,改变像斑的衍射光强分布,降低光束的衍射效应,从而拓展景深。根据系统设计要求,增加适当约束条件,便可获得合适的切趾函数,常用的有高斯光瞳、环形光瞳等。光学系统中使用切趾术来扩大景深是在光瞳处加入一个相位为±π 的吸收型相位板[17]。所有基于切趾的方法都有两个缺陷:一是像面光能量减少,二是有图像分辨率降低。在光瞳上加入振幅型相位板,能够有效地扩大景深,通过光瞳的光能量急剧减少。用于切趾和高分辨率场合的振幅调制性滤波器拓展焦深,光能损失较大。

(2) 环形孔径扩展焦深法。薄环形孔径能够扩大景深是由于所有孔径部分在像空间任意光轴位置相位贡献相同。将环形孔径和二元相位板结合[18],与单独的环形相位板相比通过光瞳的光能量有所提升,它能提高景深10倍。这也可认为是一种特殊的切趾术。环形光瞳(光瞳中心被遮拦)能够同时拓展焦深和提高分辨率,但会由于增加旁瓣而损失光能。

(3) 菲涅耳波带扩展焦深法。菲涅耳波带的孔径上每个波带等价于一个环形面,相当于组合透镜,其不同波带到轴上位置都是同相位的[19]。得到的扩展景深范围比环形孔径小,但图像强度和对比度都能得到提高。具有一系列特定焦点的波带片能够在一定范围内获得满足瑞利极限分辨率的沿轴向不连续的焦深。

5) 波前编码技术扩展焦深方法

1995 年,Dowski E. R.提出采用波前编码技术扩大成像系统的焦深[20]。其原理是将相当于三次相位掩模板 CPP(cubic phase plate,以三次因子为主导的非球面波前编码光学组件)置于传统光学系统孔径光阑处,对非相干光波前进行编码,形成一个对离焦不敏感的中间像,再用数字图像处理技术对中间像进行解码,从而得到清晰像,达到增大焦深的目的,系统原理如图9.3 所示。该方法能够在不降低系统分辨率和入射光能量的情况下扩大非相干光学成像的焦深,而不过多增加光学系统的复杂度,焦深扩大范围小于 10 倍。

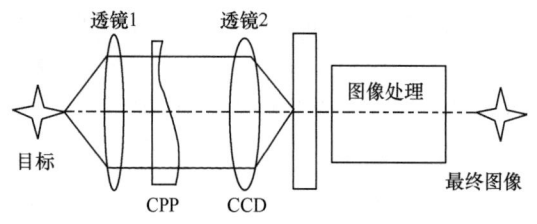

图 9.3 波前编码实现长焦深系统示意图

6) 轴锥体(Axicon)扩展焦深方法

轴锥体(Axicon)是 J. H. McLeod 在 1954 年提出来的一种可实现长焦深功能的光学组件,它可以将入射的平行光变换为沿 Axicon 光轴呈线性分布的光束。1986 年 Durnin 提出无衍射光束并利用 Axicon 等组件从实验上得到一种零阶贝塞尔光束[6]。轴锥体具有多种型式,线性 Axicon 是其中结构最简单的一种,它所产生的光束轴上光强线性变化。为了得到轴上光强分布均匀的长焦深光场分布,在传统轴锥体和衍射光学的基础上发展出衍射轴锥体,有利于实现长焦深[21]。

3. 长焦深组件的应用

近年来长焦深组件在生物医学成像、光学遥感、激光加工、激光扫描、光学测量、原子捕获和诱导等方面都有应用。下面简单介绍几种长焦深组件的应用。

(1) 生物医学成像。普通光学显微镜、内窥镜、光学相干层析成像（OCT）等设备所成的像包含焦深范围内所有断面，由于焦深一般较小，观察有一定深度的物体时，不能观察到清晰的像。传统的解决方法是将样品切片或者牺牲系统的分辨率，但在许多场合都要求系统具有高的分辨率，而且须对样品无损观察或者检测。应用长焦深元件可能解决以上难题。

(2) 光学遥感。在光学遥感中，由于环境的变化（温度变化、震动、冲击等）会引起光学系统的像面离焦，致使光学系统的调制传递函数（MTF）下降，使系统的成像质量恶化。通常采用自动焦面补偿装置或在密封舱内加装温度控制系统以补偿环境变化引起的像面离焦，这会增加整个系统的重量和功耗，不利于遥感系统的小型化、轻量化。在遥感系统中采用长焦深组件，能够满足光学遥感器在各种环境下都能在较大范围内有很好的成像质量。

(3) 激光加工。自 1960 年激光器问世以来，激光在加工方面的应用不断拓展，如在激光打孔、切割、光刻等。在加工过程中光束需要通过组件聚焦来得到更大的功率。一般光学组件的焦深范围有限，将影响打孔和切割的深度以及光刻的槽深，或者影响加工效率，故长焦深组件在激光加工领域中也有重要应用。

9.1.2 超衍射极限近场显微术概述

1. 超衍射极限近场显微术简况

传统光学显微镜利用光学系统将物体成放大像，是辅助人眼观测微小结构的唯一手段。光衍射效应的瑞利分辨率极限限制了光学系统进一步提高分辨率。

1982 年，瑞士苏黎世 IBM 的 G. Binning 和 H. Rohrer 等发明了扫描隧道显微镜（STM）[22,23]，明显地提高了观测灵敏度，其横向分辨率达到 0.01 nm，纵向分辨率为 0.001 nm。以后相继出现了同 STM 技术相似的新型扫描探针显微镜（SPM）。

SPM 不采用物镜成像，而用探针的针尖在样品表面上方扫描来获得样品表面的信息。不同类型的 SPM 主要表现在针尖的特性不同、针尖与样品之间的相互作用性质不同。以原子力显微镜（AFM）为代表的扫描力显微镜（SFM）通过控制、检测针尖与样品间的相互作用力（如原子间的斥力、摩擦力、弹力、范德华力、磁力和静电力等），分析研究样品表面的性质。AFM 的横向分辨率可达 2 nm，纵向分辨率为 0.01 nm，超过了普通扫描电子显微镜的分辨率，而 AFM 对工作环境和样品制备的要求却低于普通扫描电子显微镜。

扫描隧道显微镜（STM）被应用于光学领域，推动了近场光学显微镜（SNOM）的发展。1984 年，瑞士苏黎世 IBM 的 D.Pohl 等人利用微孔径作为微探针制成了第一台近场光学显微镜[24]。同时，美国康奈尔大学的 E. Betzig 等也制成了用微管（micropipette）做探针的近场光学显微镜[25]。随后，出现了多种近场光学显微镜应用于表面超精细结构的光学检测。

在一个世纪以前就知道近场光学包含两个分量：一个分量能够传播，另一个分量局限于表面且急剧衰减，被称为倏逝波（evanescent wave）。后一个分量是非均匀波，其性质不仅与物体的表面，更与物体的材料紧密相关。它因物体的存在而存在，不能在自由空间存在。

2. 传统光学显微镜概述

传统的光学显微镜由光学透镜组成，受到光学衍射极限的限制，不能任意增大放大倍数，德国物理学家阿贝（E. Abbe），用衍射理论预言了分辨率极限的存在。通用的标准是瑞利（L. Rayleigh）在 1879 年提出的：从物理光学的角度看，当来自相邻两物点光强相等时，一个点物的衍射光斑主极大和另一个点物的衍射第一极小值重合时，两个点物刚好被分辨开，即为极限分辨率。由此判据可推导出望远、照相和显微三种典型系统的极限分辨率，见表 9.1。

表 9.1 望远、照相和显微系统的分辨率

系统	工作条件	分辨率表示	公式
望远	对无限远物体成像	用恰好刚刚能够分辨的两物点对望远镜的张角 α 表示,单位 rad	$\alpha=1.22\lambda/D$,D 为物镜的通光孔径
照相	对无限远或准无限远物体成像	用能够分辨的最靠近的两直线在感光底片上的距离的倒数,即线对数 N 来表示,单位 lp/mm	$N=\dfrac{D}{1.22\lambda f'}$,$f'$ 为物镜焦距
显微	对近距离微小物体成像	用能够分辨的最靠近两物点之间的近距离表示,单位 mm,σ 为显微镜分辨率	$\sigma=\dfrac{0.61\lambda}{N}$,$NA=n\sin u$ 为数值孔径

由表 9.1 中公式可知:通常提高分辨率的方法有:减小光波长,增大物镜的通光孔径(数值孔径)。由于一般液体的折射率不超过 1.5(可见光范围),对于非浸液显微镜系统,最大数值孔径只能达到 0.95 左右,故浸液显微物镜的分辨率 σ 为

$$\sigma=\frac{0.61\lambda}{1.5\times 0.95}\approx\frac{\lambda}{2} \tag{9.4}$$

其中,λ 为光束波长,n 为介质折射率,物镜数值孔径为 $NA = n\sin\alpha$,α 为将光束收集和聚焦到探测器的物镜的半孔径角(全孔径角为 2α)。它规定了两个点被分辨的最小距离,该量由成像系统参数所决定。由上式可知,显微镜的分辨极限约为工作波长的 1/2。在可见光范围内,显微镜的分辨极限约为 0.2 μm。

物体成像是通过仪器变换为光强度信息分布。成像系统的信息变换可由一个表征物体特征函数与表征仪器性质的仪器函数之乘积表示。物体特征函数表示物体的空间频率,仪器函数表示对物体空间频率的变换系数。物体特征函数在低空间频率变换系数接近于 1,高空间频率时就下降到接近于 0。由仪器光学特性可以确定仪器的截止频率,超过它的物体信息不能被传输。仪器函数即为传递函数,任何成像系统结构及照明方式,传递函数是唯一的和确定的。即知道了物体结构和传递函数就可能精确地预言像的强度分布。

3. 近场光学显微镜原理

1)近场与远场

光学系统成像过程可以理解如下:光源发射的光子或电子投射到目标物体后,经过反射,被接收器所俘获或接收。由于反射粒子的轨迹和数量与物体性质有关,粒子束就携带了物体特性的信息(光强分布或光场),在接收器上的投影为"目标物的像"。在物理意义上,物体一般是三维的,记录介质是二维的,故成像通常是物体结构的二维投影。到目前为止,所有的观察、分析和测量都是远离物体而做出的(至少大于几个波长的距离)。所以,应该区分两个不同的场:从物体表面到几个纳米的距离叫作近场;近场以外到无穷远的区域叫作远场。远场是常规探测仪器如显微镜、望远镜以及其他仪器所能探测的光场。

2)突破分辨率衍射极限的途径

在量子力学中,共轭动力学变量,如坐标 r 和动量 p,不能同时准确测定。它们在测量中的不确定度由海森伯测不准关系[*]约束:

---

[*] 维尔纳·海森堡(Werner Heisenberg,1901 年 12 月 5 日至 1976 年 2 月 1 日),德国物理学家,量子力学的创始人之一,海森堡测不准原理又名"测不准原理"、"不确定关系",英文"Uncertainty principle",是量子力学的一个基本原理,由德国物理学家海森堡于 1927 年提出。该原理表明:一个微观粒子的某些物理量(如位置和动量,或方位角与动量矩,还有时间和能量等),不可能同时具有确定的数值,其中一个量越确定,另一个量的不确定程度就越大。测量一对共轭量的误差的乘积必然大于常数 $h/2\pi$(h 是普朗克常数),它反映了微观粒子运动的基本规律,是物理学中又一条重要原理。

$$\Delta r \cdot \Delta p \geqslant h \qquad (9.5)$$

式中，Δr 和 Δp 分别是 r 和 p 的测量不确定度，h 为普朗克常数。其分量也满足关系

$$\begin{cases} \Delta x \cdot \Delta p_x \geqslant h \\ \Delta y \cdot \Delta p_y \geqslant h \\ \Delta z \cdot \Delta p_z \geqslant h \end{cases} \qquad (9.6)$$

考虑到普朗克—爱因斯坦关系式* $p = h\boldsymbol{k}$（$\boldsymbol{k}$ 为波矢，其方向代表光波的传播方向，大小为 $k=1/\lambda$ 为波数），上述测不准关系又可表示为

$$\Delta r \cdot \Delta k \geqslant 1 \text{ 或 } \Delta x \cdot \Delta k_x \geqslant 1 \qquad (9.7)$$

由测不准原理可知：位置和动量不可能同时精确测定，但是如果对 Δk 的测量精度不做要求，就可使 Δx 的测量精度不受限制，这就是突破分辨率衍射极限的途径。

由测不准原理有

$$\Delta x_{\min} \cdot \Delta k_{x\max} \geqslant 1 \qquad (9.8)$$

所以要使 $\Delta x_{\min} < \lambda/2$，即要使分辨率突破衍射极限，就应使 $\Delta k_x \geqslant 2/\lambda = 2k$。又因为

$$k^2 = k_x^2 + k_y^2 + k_z^2 \qquad 即 \qquad k_x = \left(k^2 - k_y^2 - k_z^2\right)^{1/2} \qquad (9.9)$$

所以只有当 k_y 和 k_z，或两者之一为虚数时，上式才能成立，这时，突破分辨率的衍射极限才有可能。这说明，只有在局域场条件下，才可能突破衍射极限。因为在局域场中，波矢 $\boldsymbol{k}$ 为虚数。

3）超分辨近场结构

一般情况下，空间任一点的光波场 $U(r,t)$ 的表达式为

$$U(r,t) = U(x,y,z) \exp\left\{\mathrm{i}\left[\omega t - \left(k_x x + k_y y + k_z z\right)\right]\right\} \qquad (9.10)$$

式中，r 为空间坐标，t 为时间坐标，$U(x,y,z)$ 为振幅。若光波场中 $k_z = \mathrm{i}k_j$ 为虚数，即

$$U(r,t) = U(x,y,z) \exp\left\{\mathrm{i}\left[\omega t - \left(k_x x + k_y y\right)\right] + k_j z\right\} \qquad (9.11)$$

显见这是一列沿 x、y 方向传播，沿 z 方向指数衰减的非均匀波，即沿 z 方向衰减的倏逝场。由于倏逝场（evanescent field）沿 z 方向按指数衰减，所以它只存在于临近 (x,y) 面的近场区。由此可知：突破分辨率衍射极限的超分辨成像探测的信息，只能从倏逝场中获得，即分辨率突破衍射极限只能在近场区的倏逝场中实现。

（1）全反射中的倏逝场。当光从光密介质（折射率为 n_1）入射到光疏介质（折射率为 n_2）的分界面上，入射角大于临界角时，将产生全反射。这时分界面附近的第二介质内，存在倏逝场，其中 $\boldsymbol{k}$ 为虚数。如图 9.4 所示，设 xz 平面为入射面，入射波表示为

$$E_1 = A_1 \exp\left\{\mathrm{i}\left[\omega t - k_1\left(x\sin\theta_1 + z\cos\theta_1\right)\right]\right\} \qquad (9.12)$$

其透射波可表示为

$$E_2 = A_2 \exp\left\{\mathrm{i}\left[\omega t - k_2\left(x\sin\theta_2 + z\cos\theta_2\right)\right]\right\} \qquad (9.13)$$

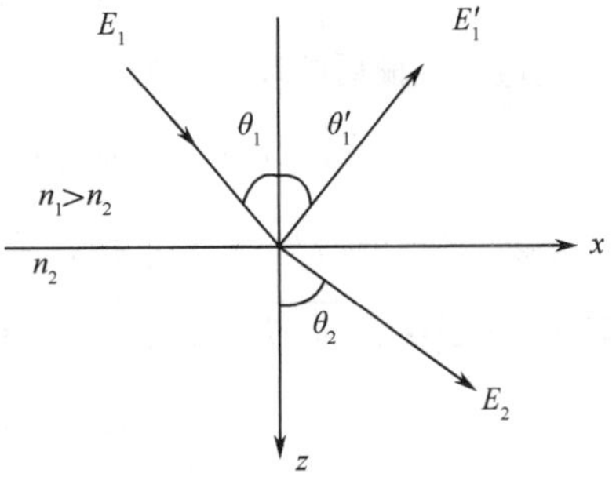

图 9.4 平面波在界面上的反射和折射

设 $n = n_2/n_1 < 1$，并将 $\sin\theta_2 = \sin\theta_1/n$，$\cos\theta_2 = -\mathrm{i}\sqrt{(\sin\theta_1/n)^2 - 1}$ 和 $k_2 = nk_1$ 代入上式，得

$$E_2 = A_2 \exp\left[-k_1 z\sqrt{\sin\theta_1^2 - n^2}\right]\exp\left[\mathrm{i}(\omega t - k_1 x\sin\theta_1)\right] \qquad (9.14)$$

式中，k_1、k_2 分别为介质 1 和介质 2 中的波数。上式表明透射波是一个沿 x 方向传播，沿 z 方向指

---

* 普朗克—爱因斯坦关系式[26]是描述量子能量和频率之间关系的一个物理学方程。

数衰减的非均匀波。其等相位面是 x 为常数的平面，等振幅面是 z 为常数的平面，两者互相垂直，且振幅随透射深度 z 的增加急速下降。通常定义振幅减少到界面处（$z=0$）振幅的 1/e 时的深度为穿透深度 z_0，则

$$z_0 = \frac{\lambda_1}{2\pi\sqrt{\sin^2\theta_1 - n^2}} \tag{9.15}$$

（2）光栅衍射中的倏逝场。光栅是常用的光学组件之一，光通过光栅后，其前进方向发生偏折，并按波长分开。光栅的特性参数是栅距 d，或称光栅常数。理论和实验表明，当栅距 $d \gg \lambda$ 时，光波通过光栅后的场为行波场；当 $d \ll \lambda$ 时，光波通过光栅后的场为倏逝场。

平面光波的复振幅可以表示为

$$\begin{aligned}E &= E_0 \exp\left\{i\left[\omega t - |k|(x\cos\alpha + y\cos\beta + z\cos\gamma)\right]\right\} \\ &= E_0 \exp\left\{i\left[\omega t - 2\pi\left(f_x x + f_y y + f_z z\right)\right]\right\}\end{aligned} \tag{9.16}$$

式中

$$\begin{cases} f_x = \cos\alpha/\lambda = 1/d_x \\ f_y = \cos\beta/\lambda = 1/d_y \\ f_z = \cos\gamma/\lambda = 1/d_z \end{cases} \tag{9.17}$$

$\cos\alpha$、$\cos\beta$、$\cos\gamma$ 是波矢 $\boldsymbol{k}$ 的方向余弦，f_x、f_y、f_z 是此平面波的空间频率分别表示沿波矢 $\boldsymbol{k}$ 传播的平面波在 x、y、z 三个方向上的单位长度内变化周期数。由于 $\cos^2\alpha + \cos^2\beta + \cos^2\gamma = 1$，平面波复振幅可以表示为

$$E = E_0 \exp\left[-ikz\sqrt{1-\cos^2\alpha-\cos^2\beta}\right]\exp(i\omega t)\exp\left[-i2\pi\left(f_x x + f_y y\right)\right] \tag{9.18}$$

上式表明，此平面波在不同 z 处，只是相位不同，其相位变化由下式决定。

$$\eta(z) = \exp\left[-ikz\sqrt{1-\cos^2\alpha-\cos^2\beta}\right] \tag{9.19}$$

若有一平面光栅，设其光栅周期为 d，沿 x、y 方向的周期分别为 d_x 和 d_y。平面光波入射到光栅上的场分布为

$$E = E_0 \exp\left[-i2\pi\left(f_x x + f_y y\right)\right]\exp(i\omega t) \tag{9.20}$$

通过光栅后的场分布为

$$E = E_0 \exp\left[-ikz\sqrt{1-\cos^2\alpha-\cos^2\beta}\right]\exp\left[-i2\pi\left(f_x x + f_y y\right)\right]\exp(i\omega t) \tag{9.21}$$

当 $d \ll \lambda$ 时，有 $f_x^2 + f_y^2 > 1/\lambda^2$，故 $\cos\alpha^2 + \cos\beta^2 > 1$，$\cos\gamma^2 < 1$，则 $\sqrt{1-\cos^2\alpha-\cos^2\beta}$ 为虚数，$ik\sqrt{1-\cos^2\alpha-\cos^2\beta}$ 为实数，式（9.21）即可以表示为

$$E = E_0 \exp[-\mu z]\exp\left[-i2\pi\left(f_x x + f_y y\right)\right]\exp(i\omega t) \tag{9.22}$$

式中，

$$\mu = \frac{2\pi\sqrt{\cos^2\alpha + \cos^2\beta - 1}}{\lambda}$$

这是一个按指数规律衰减的场。此衍射光场沿 (x,y) 平面传播，沿 z 方向迅速衰减。通常定义振幅减少到界面处（$z=0$）振幅的 1/e 时的距离为衰减长度 R_0，则

$$R_0 = \frac{1}{\mu} = \frac{\lambda}{2\pi\sqrt{\cos^2\alpha + \cos^2\beta - 1}} \tag{9.23}$$

由于一般物体可以看成由许多小的元光栅构成，这些元光栅的周期反映了该物体的精细结构。从上面分析可知，对于小于光波长的精细结构，只能在很靠近物体精细结构的倏逝场中探测到。在光波的远场没有反映物体精细结构的信息。

（3）倏逝场的特点及其探测原理。倏逝场具有以下特点：局限性，倏逝场只存在于尺寸小于波长的区域，能够携带被照明目标的精细结构；衰减性，倏逝场是一个空间急剧衰减的场；封闭性，所有倏逝场都不能向外辐射或输送能量，所以倏逝场是非辐射场或非传播场。但是，它们都存在瞬时能流。

注意到瑞利判据是建立在传播波的假设下，如果能够探测非辐射场，那么就能期望规避瑞利判据而且突破衍射壁垒的限制。即是要突破光学系统的分辨衍射极限，只能在靠近物体的倏逝场中进行。同时，还应考虑到倏逝场是非传播场，需要把倏逝场中探测到的精细结构信息传送到位于远场的光探测器中显示出来。在近场探测中需要满足以下基本条件：

（a）探针尖端直径的尺寸应小于一个波长，才有可能分辨物体小于波长的精细结构，且探针尺寸越小，分辨率越好。探针的作用是将倏逝场的非传输波转换为可传输光波，使大体积的光电探测器可以在远场采集近场空间的超衍射极限分辨尺度的倏逝场信息。探测尖有多种形式，主要有光纤尖、金属尖、四面锥尖等。按探针技术可以开发出多种突破光学衍射极限的探针显微镜。

（b）探针与被测对象之间的距离 ε 越小，分辨率越高，且 ε 应比波长小很多。

（c）在近场探测中必须采用扫描方式。

为实现（b）和（c）两个基本条件，探测中需设置扫描与控制系统，一方面控制探测尖在样品表面相对做二维逐点扫描，同时通过一定模式的反馈控制探针尖端与样品表面距离，以实现三维超衍射极限精度扫描成像。

4）近场探测原理

把近场区域分成传播和非传播两个分量，并不意味着物理上能够分离这两个分量。非传播分量是因传播分量存在而存在，反之亦然。因为光子不能像电子那样被储存起来，非传播分量的能量必然会从表面逃逸而导致传播场的存在。因此，如果微扰非辐射分量，远场必定会受到影响。非辐射场的一个典型数学形式可表述如下。

$$U(x, y, z, t) = A(x, y, z)^* \exp[-j(k_x^* x + k_y^* y)]^* \exp(-az)^* \exp[j(\omega t)] \quad (9.24)$$

其中，A 是场在点 (x, y, z) 处的振幅；$\exp[-j(k_x^* x + k_y^* y)]$ 是波在 (x, y) 平面中的传播项；$\exp(-az)$ 表示场沿 z 轴的衰减。系数 a 依赖于材料的性质及其空间结构。空间结构越精细，系数 a 越大，在表面周围局域场分量就越强。$\exp[j(\omega t)]$ 表示场的时间相关性。在物理上，场以光频率振荡，沿 (x, y) 方向传播，并在 z 方向衰减。因此，光束不能传播出去，只存在于物体的表面。

近场探测意味着探测过程本身是一种干扰，探测器不像通常那样放在远离物体的位置上，必须将探测器放在距物体小于半波长处。探测器应在场传播以前将它俘获，故探测器必须位于距离物体纳米量级的位置上，它应该既能移动又不碰到样品，目前常用压电马达。压电马达的结构形式较多，工作原理多有相同，都是利用压电体在电压作用下发生振动，驱动运动件旋转或直线运动。由于样品和探测器的距离极小，目前还没有一种成像系统可用于其间，只能使用点状探测器：它能局域地接收光，并将光转换成电流，或再发射到自由空间，或通过一个合适的光导器件将信号传输到光电管或光电倍增管。目前，该种探测器还不可能是一种光—电转换器，只能用被动的简易光收集器，如锥形光纤的尖端。因为局域探测，不能直接得到图像。为了产生一个图像结构，探测器必须沿着物体表面扫描。

5）光学隧道效应

因为非辐射分量与倏逝波有相同的结构，探测非辐射场是利用光学隧道效应。三个世纪以前牛顿做的棱镜全反射实验，棱镜表面未镀反射膜，光束以大于临界角入射时仍会被棱镜的内表面全反射。他企图用另一块斜面为弯月面的棱镜与第一块棱镜接触去"扰动"（frustrate）全反射时，发现两个棱镜间的透射面却大于它们的接触区域，这说明将一个光学组件引入到不可见的辐射区域中去干扰全反射是可能的。这就是光学扰动（optical frustration）。利用棱镜表面边界条件的连续性能够解释光学扰动，由于在棱镜的内部（棱镜的下表面）存在一个场，在其外部（棱镜的上表面）必亦存在一个场。这个场沿着表面传播且在垂直方向衰减为零。如果一个适当的电解质材料浸没在倏逝场中，根据连续性条件的要求，在界面处倏逝场将被转换成传播场。这就是光学或光子隧道效应，它可用经典的麦克斯韦方程组解释。

6）具有超精细结构的物体附近微小区域中的倏逝场

在近场显微镜中，不能使用传统的光学组件，所用的探针尖端必须极其小（半径约为几个纳米）。还必须考虑针尖端的衍射效应。描述衍射物体与倏逝场相互作用最简单的方法是假设针尖的行为像一个偶极子，它是一个基本的散射源。当偶极子位于非辐射场中时，它被激发，从而产生前述的包含传播和非传播分量的电磁场。只有传播分量能被远处的光电转换器所探测。Wolf 和 Nieto-Vesperinas[27]从理论上研究了这个过程，得出如下定理：入射到一个有限物体的一束光必然被转换成传播场和倏逝场。这里，入射场既可以是传播场也可以是倏逝场。

一个受限物体（limited object）是一种结构严重不连续的物体。用空间频率解释：包含从零到无限所有的空间傅里叶频谱分量。不透明屏幕中的一个小孔、一个小球、一个灰尘粒子等都是受限物体的例子。一个扩展物体（extended object）可以认为由具有突变边缘的小受限物体排列组成，例如：一片玻璃的粗糙表面。故对于扩展物体，可以应用 Wolf-Nieto 定理得出如下结论：一束光入射到具有超精细结构（精细尺度小于 $\lambda/2$）物体上，被转换成一个能够传播到探测器的传播波分量和一个局域于表面的倏逝波分量。传播波分量与物体的低频分量相联系，倏逝波分量与高频分量相联系。

近场显微学的基本原理可由这条定理总结归纳如下：一个高频物体，无论它被传播波还是被倏逝波照射，都会产生倏逝波；产生的倏逝场不服从瑞利判据，它在小于一个波长的距离范围内呈现强烈的局域振荡；根据互易性原理，借助于小的有限物体，可将倏逝场转换成新的倏逝场和传播场；新的传播场能被远处的探测器所探测。倏逝场—传播场的转换是线性的：被探测的场正比于倏逝场中确定点处的坡印亭矢量。新的传播场如实地再现倏逝场局域的剧烈振荡特性。为产生二维图像，须用一个小的有限物体（实际上是锥形光纤的针尖）在样品表面上方扫描。

据此，近场显微镜是一系列转换的结果：由于物体本身的结构，从入射光束到倏逝波的转换；由纳米收集器使倏逝场到传播场的转换。

4．近场光学显微镜的成像原理及结构

1）成像原理

近场光学显微镜的成像原理不同于传统的光学显微镜，它是由探针在样品表面逐点扫描，逐点记录后并进行数字成像[28]。图 9.5 是一种近场光学显微镜的成像原理图[23]。采用 x, y-z 以粗调方式在几十纳米的精度范围调节探针—样品间距；而 x-y 扫描及 z 方向可在 1 nm 精度控制探针扫描及 z 方向的反馈随动。图中的入射激光通过光纤引入探针，并可以根据实验要求改变入射光的偏振态。当入射激光照射样品时，探测器可分别采集被样品调制的透射信号和反射信号，由光电倍增管放大，可以直接由模数转换后经计算机采集或者通过分光系统进入光谱仪以得到光谱信息。整个系统的控制、数据的采集、图像的显示和数据的处理均由计算机完成。由以上成像过程可知，近场光学显微镜可以同时采集到三类不同的信息：样品的表面形貌、近场光学信号及光谱信号。

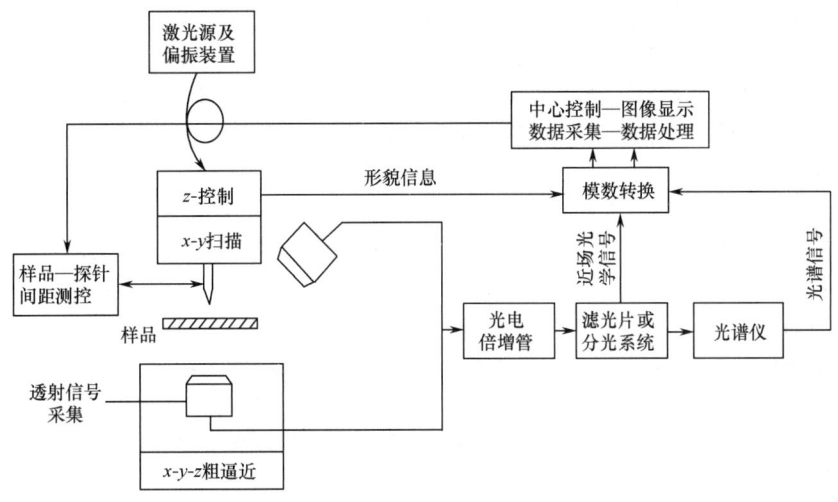

图 9.5 近场光学显微镜的成像原理图

2）近场光学显微镜结构

（1）光学探针。

传统光学显微镜的关键部件是物镜，其放大倍数和数值孔径决定了显微镜的分辨率。近场光学显微镜的核心部件是孔径小于波长的小孔装置，如光纤探针，它的几何孔径类似于显微物镜的数值孔径。在光纤探针至被照明样品距离一定时，光学探针透光孔径的尺度对近场光学显微镜的分辨率起着关键作用。

近场光学显微镜为获得较高分辨率，使通过光学探针的光束在横向上受到严格限制；也要使通过限制区域的光流量尽可能大，以提高信噪比。实际的光学探针均按照上述要求进行设计和制作，目前已设计和制作了 4 种不同类型的探针，它们分别是小孔探针、无孔探针、等离子和混合光学探针。其中小孔探针是应用较为广泛的光学探针，它既可以用光纤制成，也可以不用光纤制造，它们分别称为光纤导光型探针和非光纤导光型探针。光纤导光型探针用单模或多模光纤制成，常简称为光纤探针。

根据波导原理，通过探针窗口的光流量与探针的几何形状有关，从而分辨率也与几何形状有关[29]。为进一步提高近场光学显微镜的分辨率，必须同时优化针尖的几何形状。另外探针顶端锥体的角度及其变化越大越光滑，光的传输效率越高[30]。对于光纤探针，拉伸法可以制造出传输效率高的抛物线型尖锥体，而化学腐蚀法则可得到尺寸小于 30 nm 的窗口。但当窗口尺寸小于 30 nm 时，光传输效率急剧下降[31]。因此，为了得到性能良好的光纤探针，必须同时兼顾探针的窗口尺寸和锥体形状。理论计算表明，具有 3°~6° 尖锥角的探针将同时具有较好的窗口尺寸和传输效率。

光纤探针比较成熟且用得较多，其根本性缺点[27]：光纤抗热性能差，不能传输高功率激光，限制了信噪比的提高；光纤脆性大，极易因与样品碰撞而损坏。为进一步改进近场光学显微镜的性能，必须兼用其他形式的探针。

（2）探针与样品间距的测控。

近场光学显微镜是利用纳米量级的高度局域的近场光获得物体形貌像，它要求采用网格状逐点扫描技术来获取样品的形貌像。在扫描过程中，必须使探针与样品间的距离控制在近场（几纳米至几十纳米）尺度范围内并保持某一恒定值。因此，精确测控探针与样品间的距离是近场光学显微镜中的重要环节，目前，已发展了几种控制探针与样品间距的测控技术，如：切变力强度测控技术、接触型测控技术、隧穿电流强度测控技术、近场光强度测控技术等。下面将对其中的两种做简要介绍。

（a）切变力强度测控技术。切变力强度测控技术是 Betzig 等人提出的，是利用探针针尖与样品间的横向切变力控制探针与样品间距[32]。当使探针平行于样品表面的方向以机械共振频率颤动方式向样品表面接近,在探针垂直接近到样品表面几十纳米高度时,探针与样品间的相互作用将产生横切变力。此时,探针的颤动幅度会因受切变力的阻尼而减小,即探针颤动幅度的大小就反映了针尖至样品的距离。因此,用反馈方法维持针尖颤动的幅度,就能使针尖至样品的距离保持在某一恒定值。

(b) 接触型测控技术。在切变力测控技术中,探针和样品之间是非接触式的。Lapshin 等人引入一种接触型测控技术[27]。在这种技术中,探针粘在作为传感器的音叉上,传感器以使探针垂直于样品表面保持 0.1~10 nm 的幅度振荡。当探针接近样品表面并彼此接触时,振荡电流减小,结果在扫描过程中,探针与样品将永久保持接触状态。这种技术可应用于从单个荧光中心直接转移能量的近场光学显微镜,其有利于改善其分辨率和灵敏度。

(3) 近场光学显微镜光路。

光路是近场光学显微镜的另一主要结构部件,它主要包括光源和照明光路以及收集光路和光探测器两大部分。

(a) 光源和照明光路。近场光学显微镜中的光源不能采用传统光学显微镜中的扩展白光光源,而是采用激光单色光源,并通过光纤输送照射样品。为使激光至光纤的耦合更好和通过光纤的传输效率更高,必须使用单模激光器和单模光纤;由于光纤的耐热性低,大功率激光容易损伤探针,故必须限制激光输出功率,光纤探针一般能承受约 50 nW 的传输功率。

(b) 收集光路和光探测器。近场光学信号强度一般较弱,故应最大限度地提高光的收集效率。近场光学显微像是由局域光信号进行网格状扫描,应采用灵敏度高且采集信号快速的光电探测器,如光电倍增管和电荷耦合探测器等。

(c) 几种典型光路。图 9.6(a)~(d)是 4 种典型的近场光学显微镜的光路图[32]。图中的探针一般是采用单模光纤,其端部为锥形,口径在 50 nm 左右,即亚波长尺度。由于针尖的尺度和形状直接影响近场光学显微镜的分辨率及波导性能,必须优化设计针尖的尺寸和形状。为了避免环境杂散光的影响,需要将针尖做金属化处理,即镀上 10 nm 左右厚的铝膜或金膜。图 9.6(a)和(b)是透射方式,适用于观察透光性好的样品;图 9.6(c)和(d)是反射方式,适用于观察不透明样品和进行光谱研究。在图 9.6(a)中,当入射光在衬底表面发生全反射时,在 z 方向的倏逝场被样品调制后由光纤探针在近场范围导出;在图 9.6(b)中,光纤用来提供近场光源,来自样品的光信号再由光学系统(镜头)传到探测器;图 9.6(c)采用外部光照射,而光纤探针收集来自样品表面反射产生的散射光;而图 9.6(d)是由光纤提供入射光,并由一个环型收集器,如反光镜将较大立体角范围的散射信号收集并送至探测器。以上四种光路从本质上可以分为两类:一类是入射光为远场提供,而采集倏逝场信号,如图 9.6(a)和(c);另一类是探针提供近场光源,用普通光学系统收集信号,如图 9.6(b)和(d)。

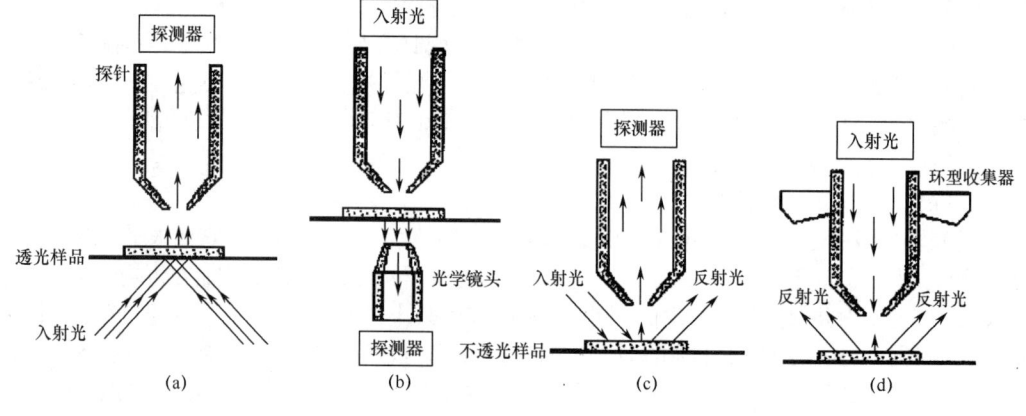

图 9.6 四种典型的光路图

5. 近场光学显微镜的应用

由于近场光学显微镜能克服传统光学显微镜低分辨率以及扫描电子显微镜和扫描隧道显微镜对生物样品产生损伤等缺点，得到了广泛的应用，特别是在生物医学以及纳米材料和微电子学等领域。

1) 超分辨成像

近场光学显微镜的重要应用之一是获得样品精细结构的图像，由于其成像过程是利用极细的小孔探针逐点扫描样品，以获取其强度信息，最终得到的图像是各点亮暗不同（即对比度不同）的像素组合。目前，使用近场光学显微镜已经实现了单分子、单层分子膜、微器件等超分辨成像。已在生物学研究所涉及的许多领域展开了工作，不仅有静态的形貌像的观察研究，如细胞的有丝分裂，染色体的分辨与局域荧光，原位 DNA、RNA 的测序，基因识别等，还有利用观察形貌像随时间变化的动力学过程的研究。由于近场光学显微镜的分辨率与探针针尖开孔尺寸、探针到样品之间的距离、所用光波波长、光波偏振态等多种因素有关，对于同一样品，用近场光学显微镜得到的图像可能与其他方法得到的图像有显著的差别，因此对近场图像的解释应十分仔细，这也限制了近场光学显微镜的使用。

2) 高密度信息存储研究中的应用

信息技术的核心是信息的高密度存储。由于近场光学显微镜对环境条件要求低，以及已有的成熟的光盘技术，提高信息存储密度是科研和工业界的重大问题[33]。目前的光学及磁光读写方式采用的是远场技术，由于受衍射极限的限制，读写斑点尺寸被控制在 1 μm 左右，存储密度约为 55 Mbit/cm^2，并且使用较短的激光波长对存储密度提高不大。而近场光学能突破衍射极限，可明显地提高存储密度。采用近场技术，读写斑点的尺寸可以减小到 20 nm，存储密度可以提高到 125 Gbit/cm^2。按此密度计算，一张直径为 30 cm 光盘的总容量可以达到 10^{14} bit，接近人脑的总存储能力（10^{15} bit）。Betzig 等人已演示了使读写斑的尺寸减小到 60 nm，存储密度达到 7 Gbit/cm^2 的实验。由此可见，近场光学显微镜在提高信息存储密度方面，也有着巨大的潜力。

为使近场存储技术更加接近实用，最具前途的固体浸没透镜（solid immerging lens，SIL）和近场超分辨结构（super resolution near-field structure，Super-RENS）技术被提出来。固体浸没透镜（SIL）是一种齐明透镜（即消球差、正弦差和色差的透镜），通常有两种几何形状：半球形和超半球形。固体浸没透镜与油浸透镜在原理上并无区别，都是通过提高物空间的材料折射率来增大透镜的数值孔径，但固体浸没透镜由于不和物体直接接触，更适用于光存储。SIL 的底面与存储介质之间的间距要保持在近场距离之内，所以固体浸没透镜存储方式通常也被认为是一种近场方法。B. D. Terris 等[27]利用近场光学，结合固体浸没式透镜技术，能实现 125 nm 大小记录点的刻写，并借助于飞行头的设计（见第 13 章）提高了刻写速度，但是高速运动过程中飞行头与记录介质间距离的精确控制问题仍未解决，难以在光存储中实际应用。

1998 年，日本的 Junji Tominaga 等人[32]在传统光盘结构的基础上引进了介质保护层/非线性材料掩膜层/介质保护层的三层超分辨近场结构（super-resolution near-field structure，super-RENS）解决了上述难题。其主要特点在于利用可精确控制厚度的薄膜结构，实现了探针和飞行高度控制器的功能，解决了近场高速扫描中光头—盘片间距的控制问题，同时解决了 SNOM、SIL 等近场存储方式中数据存取速率问题。2002 年以来发展起来的 PtO_x 型 super-RENS 光盘已可记录和读出 100 nm 以下信息点。super-RENS 光盘不仅具有超过光衍射极限的分辨率，而且结构简单，制作、记录和读出与通常的光盘一样，可使用现有的光盘制造设备和播放刻录机，是一种非常实用化的方案。

3）超分辨近场结构（super-RENS）在光刻研究中的应用

super-RENS 结构突破了传统远场光学衍射极限的限制，除在高密度存储中得到应用外，还在纳米光刻领域展现出应用前景[34]。Kuwahara 等人[35]采用玻璃/SiN(170 nm)/Sb(15 nm)/SiN (20nm)/有机光刻胶（OFPR-800，TSMR-8900，120 nm）多层膜结构，利用红光的高斯分布在掩模层 Sb 上突破衍射极限实现纳米尺寸的光孔径的可逆转变；利用 I 线（λ=365 nm）通过光孔径近场曝光的方式曝光 10 s，显影后得到线宽 180 nm、深 35 nm 的微结构；利用蓝光（λ=440 nm）曝光 1s/15，显影后得到线宽为 140 nm、深为 75 nm 的微结构。Kuwahara 等人通过采用抛光石英玻璃改善基底的粗糙度，在有机光刻胶 TSMR-8900（120 nm）上可获得半宽为 95 nm、深 20 nm 的槽结构；同时研究还发现，红光激光束自聚焦引发的热效应对槽的表层宽度和深度均有影响。相比于传统的基于近场扫描光学显微镜的光刻技术，基于超分辨近场结构的光刻技术有着较大的加工范围（前者加工范围为 100 μm×100 μm），而且其刻写速度可获得 10^6 倍的提高，最快加工速度达 3 m/s。但是该技术获得的微结构中有限的高度将限制其应用，因此如何在获得高分辨率的同时有效提高微结构的精度将是该技术获得实际应用的技术瓶颈。

4）近场光谱成像

近场光谱成像是光谱术和近场光学显微术有机结合的技术。由此构成的近场光谱仪是近场光学显微镜和光谱仪的结合。

该技术的原理是：利用光谱仪把光学探针采集到的样品每一点信息按光谱展开，由此不仅能获得样品的形貌像，而且可获得此像每点的光谱，这对研究物质的超精细结构十分有益。在技术上，近场光谱仪比近场光学显微镜的制造难度更大，主要在于弱光光谱的检测。从近场光学显微镜输出的图像光强极弱，把这种弱光按波长展开成相应的光谱，难度更大。另外，近场光谱不是由样品本身性质唯一决定的，还与光探针与样品间的相互作用等因素有关。

目前的各类光谱测量方法大都在宏观平均值水平，即使用微区光谱也只限于微米尺度观察。对于介观*物理体系的器件，如量子线、量子点，其特征尺度为 10 nm 左右，传统的光谱方法难于分辨诸如纳米尺度的发光区域与本征频谱等。而与近场光学显微镜联用的近场光谱则填补了这一空缺。用低温近场光谱研究 GaAs/AlGaAs 单量子线、多量子线的光致发光现象，可以在纳米尺度揭示不同光谱的来源及其本征值[36]。由于量子线的尺度是已知的，因而可以准确地测定分辨率而无须用附加的校正方法来确定仪器的响应函数。

以上所举的只是近场光学显微镜的几个典型应用，除此之外，它还被应用于近场光刻/光写、近场光电导等。总之，近场光学显微镜已广泛应用于各个领域，同时，也推动了它自身的理论和实验研究的发展。

9.1.3 远场超分辨成像

现代生物医药领域的研究受到显微镜分辨率的限制。如需要了解各种微小形态物质的三维结构，而传统白光和激光共聚焦显微镜的光斑尺寸无法达到这样的分辨率。电镜和原子力显微镜虽然可以提供更高的分辨率，但是只能局限于提供表面图像，对于活细胞分析无法提供帮助。

单分子研究是为了研究有关细胞内的化学变化，绝大多数都是集团（系）平均的结果，把处于不同能级状态的分子活动平均起来，显示不出个别分子活动的状态。开展单分子研究就是要研究和发现个别分子的活动特征，以便更深入地揭示生命活动中分子活动的过程和本质，而这是以前集

---

* "介观（mesoscopic）"词汇是由 VanKampen 于 1981 年所创，指介于微观和宏观之间的尺度。介观体系有微观属性，表现出量子力学的特征。介观物理学是物理学中一个分支学科。介观物理学研究的物质尺度和纳米科技研究尺度有很大重合，所以这一领域的研究常被称为"介观物理和纳米科技"。

团平均研究所不可能提供的[37]。

近年来，单分子研究有了明显的进展[38, 39]。主要表现在活细胞单分子成像研究方面，由于技术的改进，如采用全内反射（TIRF）、荧光共振能量转移（FRET）、原子力显微镜技术（AFM）等方法研究了活细胞表面的单分子活动，取得了许多新结果。结合活细胞生命活动的离体单分子研究，远场超分辨显微镜技术有重大进展，其中受激发射损耗（stimulated emission depletion，STED）显微技术的发明就是一个例子。STED 技术也有不足，如高强度激光可能对组织有损伤[40]，除了 STED 方法，也还有一些其他技术，如基于随机光学重建显微术（stochastic optical reconstruction microscopy，STORM）的亚衍射极限成像就是其中之一[41]。

1）经典的超分辨——多光子吸收超分辨

一般圆形光斑的光强分布是高斯型的，中心光强度大，即光子密度高。若荧光产生过程是多光子吸收过程，则可激发出荧光的光斑区只能是中间的大光强区，据此可实现简单有效的超分辨成像，目前最成功的应用是双光子扫描荧光显微镜[42]。

2）受激发射损耗显微技术（stimulated emission depletion，STED）

该成像理论源于爱因斯坦的受激辐射理论，Stefan Hell 把该理论应用于荧光成像系统[43]。STED 是利用激发光使基态粒子跃迁到激发态，随后用整形后 STED 环形光照射样品，引起受激辐射，消耗了激发态（荧光态）粒子数，导致焦斑周边上那些受 STED 光损耗的荧光分子失去发射荧光光子能力，而剩下的可发荧光区域被限制在小于衍射极限区域内，就获得一个小于衍射极限的荧光发光点，再利用扫描即可获得亚衍射分辨率成像，结合 4pi 技术（详见 9.8 节远场超高分辨率显微术）可实现三维超分辨成像。2002 年，Hell 研究组通过 STED 与 4Pi 技术结合，实现了 33 nm 轴向分辨率；2003 年，Hell 研究组获得 28 nm 的横向分辨率[44]。该方法目前因有望实现实时活体成像，应用前景明显。Hell 已经实现了视频级的成像速度。

3）随机光学重建显微技术（stochastic optical reconstruction microscopy，STORM）

该方法基于光子可控开关的荧光探针和质心定位原理，在双激光激发下荧光探针随机发光，通过分子定位和分子位置重叠重构形成超高分辨率的图像，其空间分辨率目前可达 20 nm。STORM 虽然可以提供更高的空间分辨率，但成像时间需要几分钟，还不能满足活体实时可视成像的需要[45]。

4）直接随机光学重建显微技术（direct stochastic optical reconstruction microscopy，DSTORM）

DSTORM 和 STORM 原理类似，只是将分子进行明态和暗态之间转换的机制不同。DSTORM 是直接利用荧光分子的闪烁性质，选择暗态寿命非常长的荧光分子，使得即使在高浓度标记的情况下，每次成像时处于亮态的分子也是极少数，可以进行单分子成像和精确定位，同样经过许多次反复成像，重新构造高分辨的荧光图像[46]。

5）饱和激发结构光照明显微技术（saturated structured illunination microscopy，SSIM）

该技术是一种宽场成像方法，荧光分子在高强度激光照射下产生饱和吸收，通过求解图形中的高频信息获得样品的纳米分辨图像，已经实现了几十纳米的横向空间分辨率。由于 SSIM 是两维并行测量，因此可以实现很高的成像速度，但实时性较差[47]。

6）荧光激活定位显微镜技术（fluorescence photoactivation localization microscopy，FPALM）

荧光显微镜下只能得到一个衍射极限大小的光斑。如果可以控制每次成像时只有一个分子发光，其他分子处于暗态，则可以对其进行精确定位。经过多次成像后，即可以得到精确定位的分子位置。Betzig 和 Lippincott-Schwartz 利用相同的原理提出了 PALM 技术（光激活定位显微镜）。其基本原理与 STORM 稍有不同：他们利用一种绿色荧光蛋白作为标记，这种荧光蛋白在未激活状态下没有荧光发生。当选用特定波长的激光（波长 1）将其激活后，蛋白分子在另一个较长波长的激光（波长 2）下可以进行荧光成像。如果波长 1 的激光能量非常低，每次只能随机激活几个分子,在后来的荧光成像时可以利用精确定位原理得到较高分辨率的分子位置。此后将波长2的激光能量增高,使所有被激活分子发生淬灭,不再影响后来的成像。再重新用波长1的激光激活另外几个分子,如此反复,最终得到高分辨的荧光成像[48]。

9.2 光学成像系统景深的延拓

9.2.1 景深延拓概述

1. 延拓景深(extend the depth of field 或 field depth extending)的概念

景深是指在固定像平面上成清晰像对应的物方空间深度范围。通常的光学成像系统的景深范围是有限的,通过某种方法使得成像系统的景深增大,被称为延拓景深成像系统,该系统具有大景深的特性。在像方空间与景深相共轭的空间称为焦深,或成像深度[1]。

2. 延拓景深光学成像系统的应用

经典光学成像系统的景深受到瑞利极限的约束,在一些应用领域中要求成像系统有大的景深,以达到普通光学成像系统难于实现的应用。

(1) 生物或医学样品的三维显微成像。在生物或医学研究领域,常需要观察样品的三维结构,而某些样品厚度大于显微成像系统的景深。延拓景深成像系统可以避免通常显微成像系统对于样品厚度单次成像得到的不够清晰的整体图像[49]。

(2) 机器视觉系统。该系统包括如人体生物特征(指纹、虹膜、人面等)识别系统、IC芯片实时检测系统、工业零件的机器视觉检测系统等。最简单增大机器视觉系统景深的方法是缩小系统的孔径光阑,这会造成输出图像的光能量平方倍地衰减,虽然可以增大成像光强。但是,缩小孔径光阑会造成成像分辨率以及信噪比的下降,这是普通光学成像系统无法弥补的。延拓景深的成像系统可以对超过传统景深范围的被检测物体实现实时检测[50,51]。

(3) 红外光学成像系统。红外成像光学组件的折射率随温度变化较严重。在实际应用中的红外光学成像系统都需要提供焦面补偿或温度控制装置。折射率的变化造成的主要像差是离焦,而延拓景深成像技术则完全可以消除离焦的影响[52]。从而可以取消机械补偿或者温度控制环节,降低系统的重量、简化结构、降低成本。

(4) 空间光学成像系统。对于空间光学遥感成像系统,环境变化如温度变化、大气变化会引起光学系统的像面离焦,使光学系统的调制传递函数(MTF)下降,恶化了成像质量。目前通常采用温控系统或自动焦面补偿装置,这会增加系统的重量和功耗[53]。延拓景深成像技术应用于空间光学成像系统可以简化系统结构,降低系统重量和使系统更小型化、轻型化。

(5) 微小光学成像系统。在手机摄像头、数码相机及内窥成像系统等[54]传统的微小光学成像系统成像时,需要花费时间进行对焦操作,可能丧失"重要瞬间"成像的机会。采用延拓景深成像技术,将普通光学成像系统的机械式调焦过程转换成非机械式的编码和数字信号处理过程,使成像视场中的物体图像随时都是清晰的,没有调焦延迟,实现瞬时的成像操作。西班牙巴塞罗那CMOSOmniVision图像传感器公司在2005年收购了CDM Optics公司取得波前编码(wavefront coding,WFC)专利技术(增大光学系统的景深的研究),大幅减少了照相模块尺寸和自动对焦的复杂性。OmniVision公司已将大景深成像技术用于移动电话,利用True Focus技术可以实时获取看到的图像,而不须等待镜头调焦而失去重要瞬间。Olympus公司已经将大景深成像技术用于内窥镜系统。

3. 国内外研究及现状

1) 传统的增大景深的方法——缩小孔径

普通光学成像系统最方便的增大景深的方法是缩小孔径光阑的通光口径。随着孔径的缩小,成像光能量衰减,系统的截止频率也会随之下降,导致成像质量下降。图 9.7 所示为普通的圆形孔径成像系统在缩小孔径过程中不同离焦条件所对应的点扩散函数(PSF)以及调制传递函数 MTF 曲线。图中的 W_{20} 是离焦参量,单位为波长 λ,$W_{20}=0$ 代表系统良好聚焦,其中的点扩散函数 PSF 曲线均以全口径(系统孔径光阑直径最大时)良好聚焦时中心光强作为归一化因子,并对系统 MTF 的空间频率进行了归一化处理。从点扩散函数可知,当孔径变为最大值的 0.75 倍时,良好聚焦位置对应的中心光强变为原来的 0.32 倍;孔径变为原来一半时,对焦面中心光强已经变为 0.06。并且,随着孔径的缩小,弥散斑的尺寸也在不断增大。从 MTF 曲线可以看到,随着孔径的缩小,最大截止频率从全口径时的 2 降到了 0.5 口径时的 1。

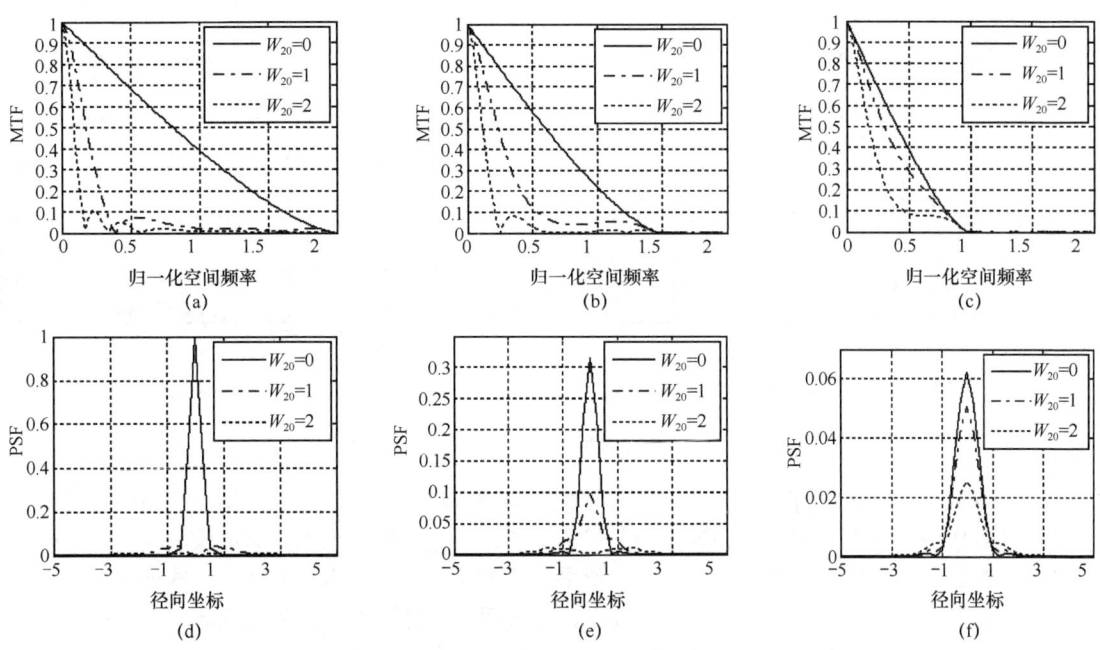

图 9.7 普通光学成像系统缩小孔径增大焦深时对应的特性曲线

2)国外研究及现状

延拓景深成像系统在国外的研究起步比较早。以下介绍几种典型的增大景深的方法。

(1)环形孔径增大景深。1960 年 W. T. Welford 研究了用环形孔径增大照相物镜景深的可能。利用像方轴上点的光强与环形孔径参数的关系,得出了景深与环形孔径参数的关系。与通常的缩小孔径增大景深方法进行了对比,指出在相同的景深增大情况下,成像所需的曝光时间相同,也即为成像光强的衰减近似相同。不同的是,环形孔径所对应的孤立物点的弥散斑直径要小于缩小孔径时对应的孤立点的弥散斑直径,这也就意味着环形孔径系统具有更高的成像分辨率[18]。

图 9.8 为环形孔径的示意图,其中阴影区域表示孔径光阑被遮挡的部分,周围部分是通光环带。最大半径为 1,阴影区域半径为 ε。

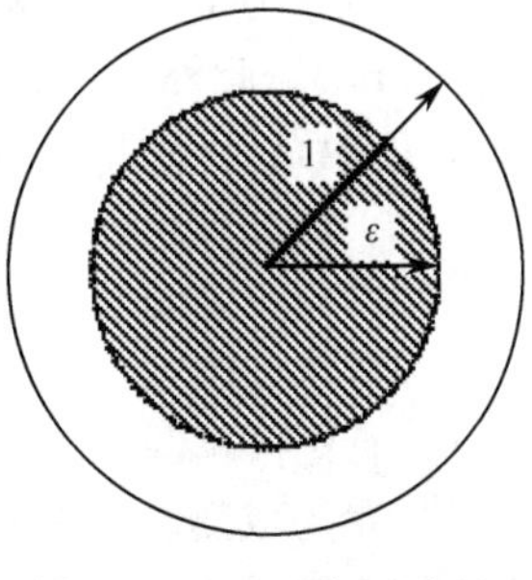

图 9.9 给出了环形孔径对应的各种曲线。同样可以看出光强的衰减、景深的增大。注意到环形孔径的弥散斑的中心斑尺寸要小于缩小孔径时弥散斑的中心斑尺寸,意味着环形孔径系统具有更高的成像分辨率。这同样可以从 MTF 曲线上看出,较高的分辨率对应于较高的截止频率。当 ε 值接近 1,不同离焦的 MTF 曲线变得具有离焦不变特性,意味着可以通过数字滤波器对所得到的图像进行对比度增强。此时的

图 9.8 环形孔径示意图

MTF 值很低,造成较低的信噪比。

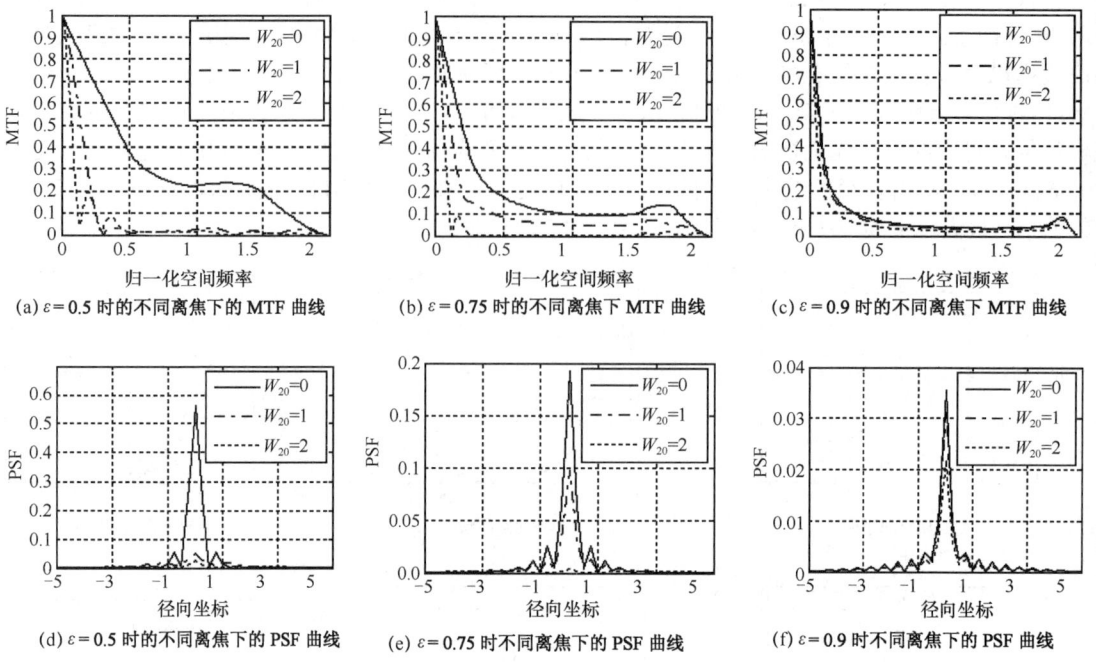

图 9.9 环形孔径对应光学成像系统的特性曲线

(2) 图像融合增大景深。图像融合分为空域和频域两种方法。空域方法是把序列图像中的每一幅图像看成由良好聚焦部分和非聚焦部分组成,通过确定良好聚焦部分图像像素灰度所具有的特性作为判据,最后把聚焦部分进行叠加。所采用的方法有基于像素点处理、区域处理等。当序列图像中成像的效果相差过大,或离焦比较大,融合后的目标图像会产生块状效应,有时在物体四周产生模糊的边缘和重影;而且对于透明的显微图像融合,块状效应和重影现象更严重[55]。频域方法则是从图像良好聚焦时所具有的高频信息来进行图像融合。此外,还可以从小波域进行图像融合。图像融合方法在显微成像方面有广泛的应用[56]。如果样品是静态的,并对处理时间没有苛刻要求时,完全能够满足要求。但是,对于某些随时间改变的物体无实效。此外,当物体的厚度需要进行很多切片图像融合时,处理时间会变长,导致图像融合方法无法应用。

(3) 光瞳函数复振幅切趾法波前编码。该方法是通过改变光瞳函数的复振幅,即通过对孔径光阑的透光率和相位进行一定的调制以实现增大景深。1988 年 J. Ojeda-Castalieda 等人根据延拓景深成像系统具有的离焦不变性质,模糊函数对离焦参量求导应该为零的条件,理论近似推导出的调制传递函数应该满足的性质[57]:函数必须为实偶函数;函数的自相关不变;在出瞳边界处透过率为 0。以此为基础给出了 5 种切趾器:$\text{sinc}(u)$、$\text{sinc}^2(2u)$、$\text{sinc}^2(4u)$、$\exp(-\pi u^2)$、$\exp(-3\pi u^2)$。此外,还有高斯型切趾器[58]、环带型切趾器[59]等。振幅切趾法的缺点同样是会衰减成像光强,不适用于低光照成像条件[60]。

(4) 纯相位模板(phase-only mask)波前编码结合数字图像处理方法延拓景深。这是一种将光学技术与图像处理相结合实现延拓景深的技术[61],其基本思想是在传统光学成像系统的光瞳或者孔径光阑处放置一块专用相位模板来对成像波前进行调制,以得到与离焦程度无关的图像,再对其进行图像解调,最后得到物体的延拓景深的清晰图像。其中以波前编码(wavefront coding)技术[62]最为成熟,是 1995 年由科罗拉多大学的 Dowski 和 Cathey 提出的,采用一块三次相位模板。波前编码增大景深的原理如图 9.10 所示。

第 9 章 光学系统焦深的扩展与衍射极限的突破

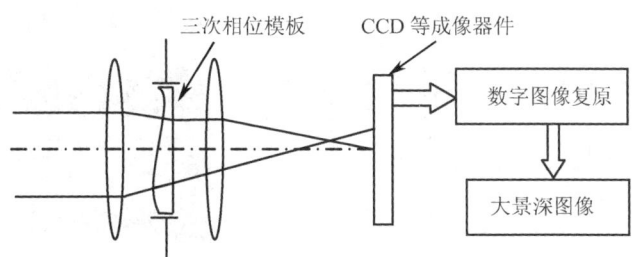

图 9.10 波前编码增大景深的原理方框图

三次相位模板（cubic phase mask，CPM）的推导是基于可分离的方形孔径，把二维成像系统简化成一维形式。假设相位模板的函数表达式为 αu^{γ} 形式，然后利用所对应的模糊函数对离焦的不变性，推导出 γ 为 3，也就是所谓三次相位模板 CPM。图 9.11（a）为相位函数的三维图示。CPM 模板所对应系统的 MTF 曲线如图 9.11（b）所示，其中是 3 种不同离焦条件下得到的 MTF 曲线（图中三条曲线重合在一起），可以看出具有很好的离焦不变性，即系统具有较大景深，可以达到原来景深的 10 倍以上。系统的 MTF 曲线也没有出现奇异点（MTF 零值点），意味着不会丢失任何频率信息，可以通过图像复原得到清晰的物体图像。

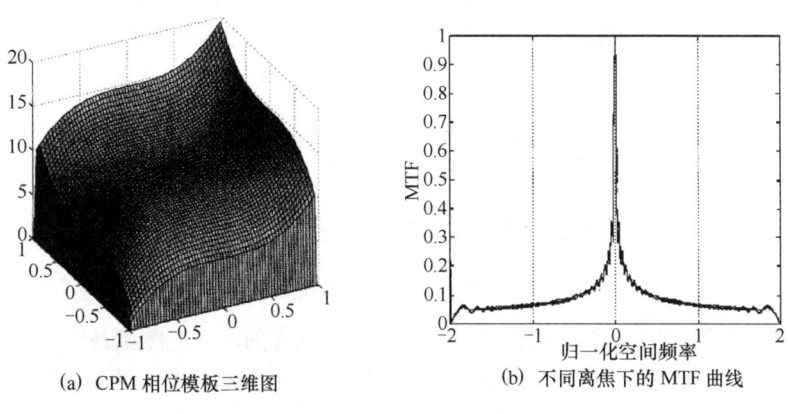

(a) CPM 相位模板三维图　　(b) 不同离焦下的 MTF 曲线

图 9.11 波前编码技术所采用的相位模板及其相应系统的 MTF 特性曲线

波前编码技术将延拓景深分为光学成像以及数字图像处理两个过程，降低了系统实现的难度。随着数字信号处理技术硬件的发展，成像模块和图像复原处理模块可以集成在同一片芯片中，得到微型高性能成像系统。所采用的 CPM 模板属于光学自由曲面，当非批量生产时，制作成本较高；同时，波前编码成像系统中得到的中间图像是模糊和无法识别的，必须进行图像复原处理才能得到清晰的延拓景深图像。除了立方相位模板 CPM 之外，还有其他纯相位模板，如对数型相位模板[61]、多元相位随机分布组成的相位模板[63]、对三次相位模板的扩展[64]等。

（5）圆对称透镜焦距随径向半径连续变化的波前编码结合图像处理。该方法的原理如图 9.12 左图所示，目的是设计一个圆对称的焦距随透镜径向半径连续变化的特殊透镜。对于所设计景深范围 s_2-s_1 内任意物距 x_n 都在透镜上面有一个相应的圆环 r_n 与之对应，使得 x_n 的像方共轭点为点 P。所采用的理论是基于几何光学中光线传播的费马原理，即光从一点传播到另一点，其间经过任意多次折射或反射，其光程为极值。可以得出光程 SOP 关于透镜径向半径 r 的导数为 0。通过求解微分方程得到透镜每个环带所对应的相位函数 $\Phi(r)$。然后在石英基底上加工得到对数型非球面透镜[65]。通过测量该系统的点扩散函数 PSF，采用 Wiener–Helstrom 逆滤波图像复原算法，可以大于普通光学系统景深的 10 倍。

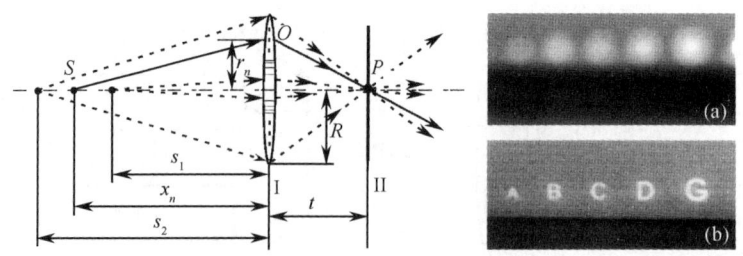

图 9.12 对数非球面透镜增大景深原理图及与传统成像的对比

图 9.12 右图的（a）是由普通的 Nikon 相机得到的图像，（b）是在相同成像条件下，由成像系统得到经过复原的最终图像，实现了延拓景深。由于得到的非球面透镜是圆对称的，比立方相位模板更容易加工。此外，由于图像的组成是由良好聚焦图像与模糊成像的叠加，所以得到的中间图像也是必须要进行图像复原操作的。

除以上延拓景深方法之外，还有准双焦距透镜[66]、折衍混合组件[10]、微透镜序列[67]、数字全息[68]、偏振编码[69]、衍射组件[70]以及其他方法[71,72]等。

4. 基于光瞳调制方法延拓景深光学成像系统的基本理论

下面以普通光学成像系统的光瞳或者孔径光阑处放置专用相位模板来调制成像波前，使光学成像系统的光学传递函数体现出离焦不变性，对 CCD 等成像器件得到的数字图像进行图像复原处理，从而得到延拓景深的较清晰图像，原理方框图如图 9.13 所示。

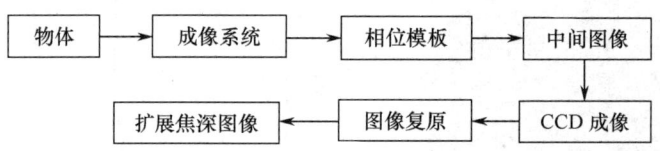

图 9.13 大景深光学成像系统原理框图

光学成像系统的性质由出射光瞳函数决定。即通常意义的广义光瞳函数[71]，包括透射率、各种像差在出射光瞳处相应相位因子及相位模板在出射光瞳处产生的相位因子，表达式为

$$\tilde{p}(x,y) = p(x,y)\exp\left[jkW(x,y)\right] \tag{9.25}$$

其中，$p(x,y)$ 表示光瞳透射率函数，$kW(x,y)$ 为各种相位因子。几种初级像差的相位因子如表 9.2 所示[8]，其中场曲和离焦是完全相同的相位因子 $W_{20}\rho^2$。

表 9.2 初级像差的相位表达式

初级像差类型	相位因子表达式 $W(x,y)$-极坐标形式	初级像差类型	相位因子表达式 $W(x,y)$-极坐标形式
离焦	$W_{20}\rho^2$	像散	$W_{22}\rho^2\cos^2\theta$
球差	$W_{40}\rho^4$	场曲	$W_{20}\rho^2$
彗差	$W_{31}\rho^3\cos\theta$	畸变	$W_{11}\rho\cos\theta$

此处所述延拓景深是针对衍射受限的普通光学成像系统实现延拓景深成像，即将专门设计用于延拓景深成像的相位模板放置在出射光瞳处，并设所产生的相位为 $\varphi(x,y)$，则延拓景深光学成像系统所对应的广义光瞳函数表示为

$$\tilde{p}(x,y) = p(x,y)\exp\left\{j\left[kW(x,y) + \varphi(x,y)\right]\right\} \tag{9.26}$$

该广义光瞳函数仅包括离焦二次因子和相位模板所带来的相位因子。延拓景深光学成像系统的成像光路示意如图 9.14 所示。其中 CCD 成像芯片所在像面的像距为 d_i，CCD 的共轭物距为 d_o，d_a 为物方轴上某点所对应的物距。这里的 d_o，d_a 和 d_i 没有考虑符号问题。规定离焦量 $\delta_z = d_o - d_a$。$\delta_z < 0$ 表示物点所对应物距要比 CCD 的共轭物距大，称之为远离焦。类似地，把 $\delta_z > 0$ 称之为近离焦。设相位模板的表达式为 $\varphi(x,y) = k f(x,y)$，则带有相位模板的离焦广义光瞳函数为

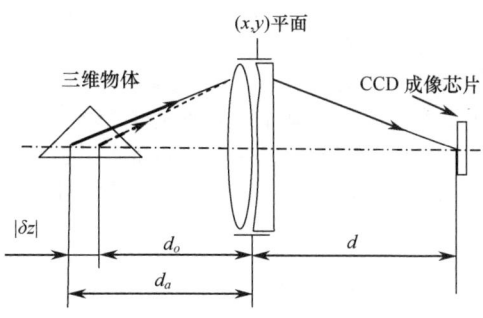

图 9.14 大景深成像系统光路示意图

$$\tilde{p}(x,y) = p(x,y)\exp\left[jkW_{20}(x^2+y^2)\right]\exp[jkf(x,y)] \tag{9.27}$$

其中，$p(x,y)$ 为普通的光瞳函数（可以为方形或者圆形），$\exp[jkW_{20}(x^2+y^2)]$ 为离焦产生的相位因子，且离焦参量为

$$W_{20} = \frac{1}{2}\left(\frac{1}{d_a} + \frac{1}{d_i} - \frac{1}{f}\right) = \frac{1}{2}\left(\frac{1}{d_a} - \frac{1}{d_o}\right) \approx \frac{\delta_z}{2d_o^2} \tag{9.28}$$

在设计延拓景深相位模板及其光学成像系统时，常要给出其点扩散函数和光学传递函数。为此，仅须把广义光瞳函数取为式（9.28），就可以得到相应系统的特性。

PSF 表达式为

$$\left|\tilde{h}(x_i,y_i)\right| = \left|\frac{1}{\lambda^2 d_i^2} F\{\tilde{P}(x,y)\}\left|_{f_x=\frac{x_i}{\lambda d_i}, f_y=\frac{y_i}{\lambda d_i}}\right.\right|^2 \tag{9.29}$$

OTF 表达式为

$$H(f_x,f_y) = \frac{\iint_{-\infty}^{\infty}\left|\tilde{h}(x_i,y_i)\right|^2 \exp[-j2\pi(f_x x_i + f_y y_i)]dx_i dy_i}{\iint_{-\infty}^{\infty}\left|\tilde{h}(x_i,y_i)\right|^2 dx_i dy_i} \tag{9.30}$$

延拓景深光学成像系统是在普通光学成像系统的光瞳处增加专门设计的相位模板来实现的，将相位模板带来的相位因子引入到普通光学成像系统成像解析表达式中，就表示延拓景深光学成像系统的理论基础。

9.2.2 延拓景深的方形孔径相位模板

延拓景深相位模板的设计，首先对方形孔径相位模板对应系统进行分析。对于每个实际应用的成像系统而言都有不同的景深、分辨率要求，应该根据具体要求对相位模板参数进行优化选择，并对方形孔径相位模板的优缺点给以归纳。

1. 延拓景深相位模板设计出发点

延拓光学成像系统的景深，就是使成像系统对于物方更大的空间范围内的物体都能清晰成像。在频域中，就是相应系统对于景深范围内物体的频率信息都能够通过成像系统，体现在调制传递函数 MTF 上，就是在所需的空间频率范围内具有可以接受的 MTF 响应值或通过图像处理系统的总体 MTF 值满足要求。

传统光学成像过程可看成是图像退化过程，其退化函数是依赖于物距的光学传递函数。对于退化的图像，可以通过图像复原操作来最大程度改善成像系统的图像质量，图像复原函数的选取基于退化函数。普通光学成像系统在不同物距处的光学传递函数是不同的，这就要求对于景深范围内不同物距的物体成像需要不同的图像复原函数，通常情况下，并不知道实际的物距大小，从

而图像复原工作将无法有效地改善景深范围内的所有物距对应的图像。

如果在传统光学成像系统光路中增加一块专门设计的相位模板，使图像退化的过程在景深范围内是一致的或者近似一致的，就可以利用单一的图像复原函数来对景深范围内对应的所有图像进行有效的图像复原，从而使得光学—数字处理混合成像系统变成可能。即由光学和图像处理结合的延拓景深光学成像系统的特点是加载了相位模板的光学成像系统具有离焦不变性。例如，系统的光学传递函数不再依赖于物距（相对于高斯物面的离焦程度），可用以下数学表示式

$$\frac{\partial H(f_x, f_y; W_{20})}{\partial W_{20}} \tag{9.31}$$

其中，$H(f_x, f_y; W_{20})$ 表示不同离焦（物距）条件下系统的光学传递函数。

设计的相位模板也就是利用延拓景深光学成像系统所具有的离焦不变性来设计相位模板的具体形式。离焦不变性可以通过系统的特性函数来表达：除式（9.31）中的光学传递函数 OTF 外，还有点扩散函数 PSF、调制传递函数 MTF、轴上点的高斯像点与离焦后像点在轴上强度之比还有 Strehl 比[73]、Fisher 信息[74]、希尔伯特（Hilbert）角度[75]模糊函数（ambiguity function，AF）[76]等与离焦有关的函数。

2. 波前编码成像系统立方相位模板（cubic phase mask，CPM）及其他相位模板

首先设相位模板为方形孔径模板，相位函数形式为 αx^γ，再利用模糊函数对于离焦不变性进行解析推导，使用了稳相法对积分进行近似计算，得出满足离焦不变时的 γ 值应为 3，从而得到了 CPM 相位模板。

1）模糊函数定义以及与 OTF 的关系

模糊函数 AF 是由 Papoulis 引入光学领域用于研究菲涅耳衍射理论和相干成像理论[77]。为运算方便，对规范化方形孔径相位模板进行了研究，加载了相位模板的系统无离焦像差的相干传递函数。

$$P(u) = \begin{cases} \dfrac{1}{\sqrt{2}} \exp[j\theta(u)] & |u| \leqslant 1 \\ 0 & \text{其他} \end{cases} \tag{9.32}$$

在式（9.32）中仍采用光瞳函数的符号为 P，这是因为衍射受限相干系统的传递函数就是光瞳函数经过适当坐标缩放后得到的，即 u 与光瞳平面坐标 x 的关系为 $u=\lambda d x_0 \exp[j\theta(u)]$ 为相位模板产生的相位因子，相位因子前面的系数是为了使得规范化 OTF 表达式中的分母为 1，即系统具有单位能量。

模糊函数 AF 对于 $P(u)$ 的定义为

$$A(u, y) = \int_{-\infty}^{\infty} p(v+u/2)\, p^*(v-u/2) \exp(j2\pi v y)\, \mathrm{d}v \tag{9.33}$$

其中，* 表示函数的复数共轭；y 为规范化空间坐标；u 为规范化空间频率。

二维光学传递函数 OTF 的定义为

$$H(f_x, f_y) = \frac{\iint_{-\infty}^{\infty} |\tilde{h}(x_i, y_i)|^2 \exp[-j2\pi(f_x x_i + f_y y_i)] \mathrm{d}x_i \mathrm{d}y_i}{\iint_{-\infty}^{\infty} |\tilde{h}(x_i, y_i)|^2 \mathrm{d}x_i \mathrm{d}y_i} \tag{9.34}$$

根据自相关定理[78]

$$F\{|g(\xi,\eta)|^2\} = \iint_{-\infty}^{\infty} G(\xi, \eta) G^*(\xi+f_x, \eta+f_y) \mathrm{d}\xi \mathrm{d}\eta \tag{9.35}$$

其中，F 代表傅里叶变换算子，G 是 g 的傅里叶变换。由于相干传递函数 $\tilde{p}$ 即为 $\tilde{h}$ 的傅里叶变换，故可把式（9.34）进一步表示为

$$H(f_x, f_y) = \frac{\iint_{-\infty}^{\infty} \tilde{p}(\xi', \eta') \tilde{p}^*(\xi'+f_x, \eta'+f_y) \mathrm{d}\xi' \mathrm{d}\eta'}{\iint_{-\infty}^{\infty} |p(\xi', \eta')|^2 \mathrm{d}\xi' \mathrm{d}\eta'} \tag{9.36}$$

做变量代换

$$\xi = \xi' - \frac{f_x}{2}, \quad \eta = \eta' - \frac{f_y}{2} \quad (9.37)$$

可以得到

$$H(f_x, f_y) = \frac{\iint_{-\infty}^{\infty} \tilde{p}\left(\xi + \frac{f_x}{2}, \eta + \frac{f_y}{2}\right) \tilde{p}^*\left(\xi - \frac{f_x}{2}, \eta - \frac{f_y}{2}\right) d\xi d\eta}{\iint_{-\infty}^{\infty} |\tilde{p}(\xi, \eta)|^2 d\xi d\eta} \quad (9.38)$$

其中，$\tilde{p}(u)$ 为包含离焦相位因子的相干传递函数，根据方形孔径的可分离性，将式（9.38）表示成一维形式，并且将 $\tilde{p}(u) = p(u)\exp(jkW_{20}u^2)$ 代入，可以得到

$$H(f_x) = \frac{\int_{-\infty}^{\infty} P\left(\xi + \frac{f_x}{2}\right) \exp\left[jkW_{20}\left(\xi + \frac{f_x}{2}\right)^2\right] P^*\left(\xi - \frac{f_x}{2}\right) \exp\left[-jkW_{20}\left(\xi - \frac{f_x}{2}\right)^2\right] d\xi}{\int_{-\infty}^{\infty} |P(\xi)\exp(jkW_{20}\xi^2)|^2 d\xi}$$

$$= \int_{-\infty}^{\infty} P\left(\xi + \frac{f_x}{2}\right) P^*\left(\xi - \frac{f_x}{2}\right) \exp(j2kW_{20}\xi f_x) d\xi \quad (9.39)$$

对比模糊函数的定义式（9.33）以及光学传递函数式（9.39），可得光学传递函数和模糊函数之间的关系为

$$H(u) = A\left(u, \frac{2W_{20}}{\lambda}u\right) \quad (9.40)$$

式（9.40）表示离焦量为 W_{20} 时，用模糊函数投影图中过原点且斜率为 $2W_{20}/\lambda$ 的直线在频率轴上的投影来表示 OTF。如果在模糊函数投影图中画定一条一定斜率的直线，通过观察这条直线上对应的模糊函数的取值，就可以研究相应的离焦条件下光学传递函数。图 9.15（a）为传统方形孔径对应系统的模糊函数曲线图，其中模糊函数函数值较大的部分用暗区域表示，模糊函数函数值较小的一部分用亮区域表示。其中的黑色虚线的斜率为 0.5π，对应的离焦参量 W_{20} 为 $\pi\lambda/4$。图 9.15（b）为离焦为 $\pi\lambda/4$ 时的调制传递函数 MTF 曲线图。事实上，模糊函数 AF 可以看作光学传递函数的一种极坐标表示形式。模糊函数在光学成像系统中应用时，又称作离焦传递函数 DTF（defocus transfer function）。

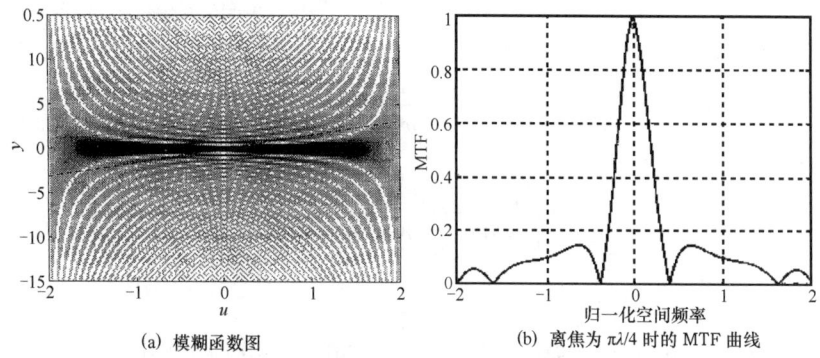

(a) 模糊函数图　　　　　(b) 离焦为 $\pi\lambda/4$ 时的 MTF 曲线

图 9.15　传统方形孔径对应系统的模糊函数与 MTF 关系

2）CPM 相位模板的获得

设相位模板产生的相位因子中的函数 $\theta(x)$ 表达式为

$$\theta(x) = \alpha x^\gamma, \quad \gamma \neq \{0, 1\} \text{ 且 } \alpha \neq 0 \quad (9.41)$$

将 $\theta(x)$ 表达式代入式（9.33），有

$$A(u,y) = \frac{1}{2}\int_{-(1-|u|/2)}^{1-|u|/2} \exp\left[j\alpha\left(x+\frac{u}{2}\right)^\gamma\right]\exp\left[-j\alpha\left(x-\frac{u}{2}\right)^\gamma\right]\exp(j2\pi yx)dx \quad (9.42)$$

$$= \frac{1}{2}\int_{-(1-|u|/2)}^{1-|u|/2} \exp[j\varphi(x)]\exp(j2\pi yx)dx$$

其中

$$\varphi(x) = \alpha\left[\left(x+\frac{u}{2}\right)^\gamma - \left(x-\frac{u}{2}\right)^\gamma\right] \quad (9.43)$$

对于式（9.42）相类的积分式，只有其稳相点（鞍点）周围临近区域对积分结果有显著作用[8]。稳相点简单理解就是相位不随 x 值变化的点，稳相点 x_i 满足

$$\frac{d[2\pi yx + \varphi(x)]|_{x=x_i}}{dx} = 0 \quad (9.44)$$

将式（9.43）代入式（9.44）并求导得到

$$2\pi y + \gamma\alpha\left(x_i+\frac{u}{2}\right)^{\gamma-1} - \gamma\alpha\left(x_i-\frac{u}{2}\right)^{\gamma-1} = 0 \quad (9.45)$$

因为积分的主要贡献来自于稳相点附近小区域，故式（9.42）可表示为

$$A(u,y) \approx \frac{1}{2}\int_{x_i-\xi}^{x_i+\xi}\exp\{j[\varphi(x)+2\pi yx]\}dx \quad (9.46)$$

其中，2ξ 代表 x_i 附近很小的邻域。

在点 x_i 展开式（9.46）中的相位部分，略去大于二次方项（因为函数稳相点附近变化很小）有

$$\varphi(x) + 2\pi yx \approx \varphi(x_i) + 2\pi yx_i + [\varphi'(x_i)+2\pi y](x-x_i) + \frac{1}{2}\varphi''(x_i)(x-x_i)^2 \quad (9.47)$$

由式（9.44）知，$\varphi'(x_i)+2\pi y = 0$。则式（9.46）可以表示为

$$A(u,y) = \frac{1}{2}\int_{x_i-\xi}^{x_i+\xi}\exp\{j[\varphi(x_i)+2\pi yx_i]\}\exp\left[j\frac{1}{2}\varphi''(x_i)(x-x_i)^2\right]dx \quad (9.48)$$

令 $\psi=x-x_i$，则

$$A(u,y) = \frac{1}{2}\exp\{j[\varphi(x_i)+2\pi yx_i]\}\int_{-\xi}^{\xi}\exp\left(\frac{-\psi^2}{2\sigma^2}\right)d\psi \quad (9.49)$$

其中

$$\sigma^2 = \frac{j}{\varphi''(x_i)} \quad (9.50)$$

由高斯函数

$$\int_{-\infty}^{\infty}\exp\left(\frac{-\psi^2}{2\sigma^2}\right)d\psi = \sqrt{2\pi}\sigma \quad (9.51)$$

得到

$$A(u,y) = \frac{1}{2}\exp\left(j\frac{\pi}{4}\right)\frac{\sqrt{2\pi}}{\sqrt{|\varphi''(x_i)|}}\exp\{j[\varphi(x_i)+2\pi yx_i]\} \quad (9.52)$$

式（9.44）两边先对 x 求导，再对 x_i 求导，得

$$2\pi\frac{\partial y}{\partial x_i} + \varphi''(x_i) = 0 \quad (9.53)$$

由此可知

$$\frac{\sqrt{2\pi}}{\sqrt{|\varphi''(x_i)|}} = \sqrt{\left|\frac{\partial x_i}{\partial y}\right|} \tag{9.54}$$

于是，有

$$A(u,y) = \frac{1}{2}\sqrt{\left|\frac{\partial x_i}{\partial y}\right|} \exp\{j[\varphi(x_i) + 2\pi y x_i]\} \tag{9.55}$$

其中略去了常数相位因子 exp（jπ/4）。

由式（9.55）可以看出，要使模糊函数的模（对应于所有离焦条件下的调制传递函数的极坐标表示）与离焦无关，则应使 x_i 随 y 线性变化。由式（9.45）可以看出，当 $\gamma=3$ 时三次相位函数满足此条件。至此，得到了立方相位模板 CPM，此时有

$$P(u) = \begin{cases} \dfrac{1}{\sqrt{2}}\exp(j\alpha u^3) & |u| \leq 1 \\ 0 & \text{其他} \end{cases} \tag{9.56}$$

其中，α 为相位模板的可调参数，通过调节 α 值可以得到满足要求的成像特性。将 $\gamma = 3$ 代入式（9.45），从而稳相点 x_i 满足关系式 $2\pi y+3\alpha(2x_i u)=0$，得出

$$x_i = -\frac{\pi y}{3\alpha u} \quad (u \neq 0) \tag{9.57}$$

此时

$$\varphi(x_i) = \alpha\left[\left(-\frac{\pi y}{3\alpha u} + \frac{u}{2}\right)^3 - \left(-\frac{\pi y}{3\alpha u} - \frac{u}{2}\right)^3\right] = \frac{\alpha u^3}{4} + \frac{\pi^2 y^2}{3\alpha u} \tag{9.58}$$

将式（9.57）和式（9.58）代入式（9.55）可得

$$A(u,y) = \sqrt{\frac{\pi}{12|\alpha u|}} \exp\left(j\frac{\alpha u^3}{4}\right) \exp\left[-j\left(\frac{\pi^2 y^2}{3\alpha u}\right)\right] \tag{9.59}$$

利用模糊函数与光学传递函数的关系式（9.40），得到近似的光学传递函数为

$$H(u) = \sqrt{\frac{\pi}{12|\alpha u|}} \exp\left(j\frac{\alpha u^3}{4}\right) \exp\left(-j\frac{k^2 W_{20}^2 u}{3\alpha}\right) \quad (u \neq 0) \tag{9.60}$$

从式（9.60）可知，光学传递函数的相位包括两部分，前面一个因子与离焦无关，而第二个因子受离焦的影响。离焦可以通过选择较大的 α 值来控制离焦的影响，从而忽略离焦相关项，使得光学传递函数具有离焦不变性。

3）CPM 相位模板对应成像系统的特性

成像系统的特性可以通过点扩散函数 PSF、光学传递函数 OTF 以及 Spoke 成像（辐射状等角图形）表示。图 9.16 给出了 CPM 相位模板取不同参数时对应的成像系统的特性。

物体为一个脉冲点通过成像系统后可以得到一个弥散斑。图 9.16 给出了 CPM 对应成像系统得到的弥散斑。其中的"正常聚焦"是指加载相位模板之前的普通光学成像系统对应的高斯物面位置。从中可以看出 CPM 模板对应的成像系统的弥散斑不同于普通方形孔径光学成像系统的方块型弥散斑，而是一个主要向第四象限弥散的直角型弥散斑。随着模板参数 α 从 10 变化到 90，弥散斑的尺

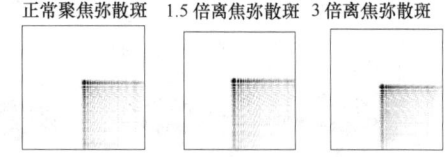
(a) CPM 模板 α=10 时对应的弥散斑

(b) CPM 模板 α=30 时对应的弥散斑

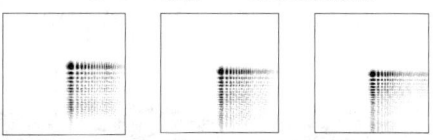
(c) CPM 模板 α=90 时对应的弥散斑

图 9.16 不同参数 CPM 模板对应的弥散斑

寸也随着增大。弥散斑范围的扩展意味着成像得到的图像更加不易被观察，这也是 CPM 模板对应成像系统得到的中间图像必须要经过图像复原才能用于后续的处理操作。此外，在模板参数为 10 时，随着离焦的增大，弥散斑的扩展是不同的，也就是说此时的成像系统对于离焦还是比较敏感的，不具有良好的离焦不变性，此时对应的景深范围较小。当模板参数为 90 时，不同离焦时对应的弥散斑几乎是不变的，系统在更大的景深范围内具有良好的离焦不变性，故使得利用单一图像复原滤波器对景深范围内的中间图像进行复原变成可能。

从弥散斑可以直观地看到点扩散函数的大致形状，在这里有两种 PSF 形式，一种是整体归一化 PSF，是把所有离焦条件下的 PSF 都以 0 倍离焦位置所对应的 PSF 的最大值作为归一化因子进行整体归一化得到的 PSF 曲线；二是局部归一化 PSF，是指不同的离焦条件下得到 PSF 曲线以此时离焦条件下的 PSF 的最大值作为归一化因子进行各自归一化。从整体归一化 PSF 曲线可以看出随着离焦的变化，不同离焦时的光强变化情况。而从局部归一化 PSF 曲线可以看出各种离焦条件下的不同位置处的相对光强情况，也就是对比度情况。从两种 PSF 曲线均可以看出点像的光强分布，以及系统的 PSF 的离焦不变特性。图 9.17 给出了相应的 PSF 轴上截面曲线，其他处的 PSF 可以从直角可分离性计算得出。还可看出，PSF 的不对称性以及振荡特性，预示着得到的物体图像将不易辨别。此外也能看出随着模板参数的增大，相应的 PSF 特性体现出较好的离焦不变性。

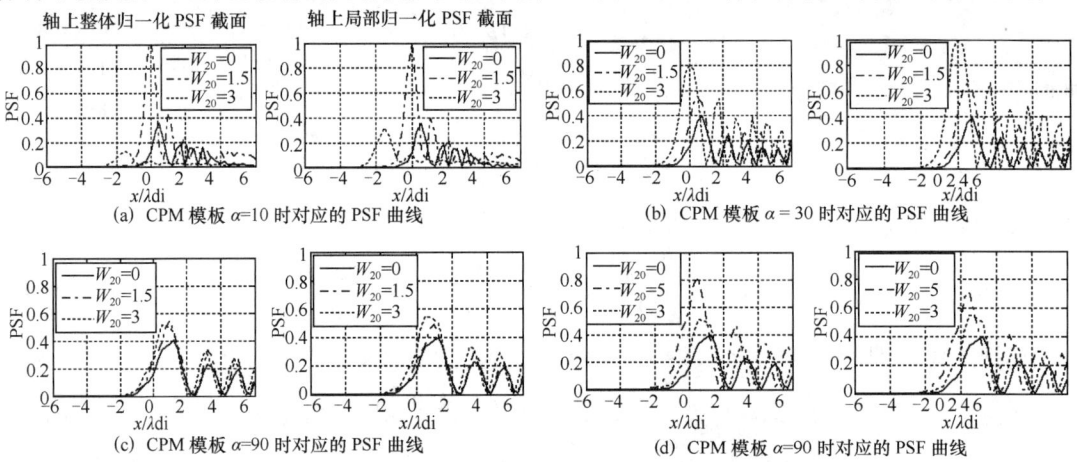

图 9.17 不同参数 CPM 模板对应的 PSF 曲线

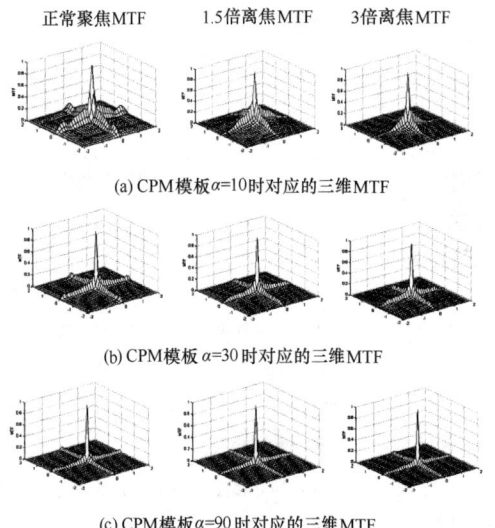

图 9.18 不同参数 CPM 模板对应的三维 MTF

在频域全面评价光学成像系统的重要工具就是光学传递函数 OTF，其模也就是幅度传递函数 MTF，它的幅角为相位传递函数 PTF。MTF 体现了频率信息通过成像系统前后的幅度变化，而 PTF 则表示了频率的信息通过成像系统后的相位变化。普通的圆形孔径所对应的成像系统的 MTF 具有圆对称性，但是对于方形孔径对应成像系统的 MTF 却不具有圆对称性，这是由方形的非圆对称性所决定的。在图 9.18 中给出了空间频率面所对应的 MTF 响应图。

从图中可以看出，方形孔径所对应的 MTF 在空间频率轴上的响应要大于其他频率的响应，这可以从方形孔径对应系统的 MTF 可分离性得出：由于某频率的 MTF 响应值是由该频率在两个频率轴上的频率分量的 MTF 响应值乘积得到的。当模板参数为 10 时,从不同离焦条件下的三维 MTF 可以看出其形状的变化,体现了在 0~3 倍波长范围内的离焦不变性并不理想,也意味着此时对应的景深范围较小。随着模板参数 α 的增大,系统的 MTF 具备了良好的离焦不变性,同时系统的景深范围也在扩大。当模板参数 α 增大时,还可以看到系统的 MTF 响应值在中低频部分变小,但在高频部分却有所提高,也就是意味着成像系统对于更大的空间频率范围都具有一致的响应。

图 9.19 给出了不同模板参数不同离焦条件下频率轴上的 MTF 曲线和 PTF 曲线。模板参数为 10 时,在 0 和 1.5 倍离焦时,MTF 曲线的截止频率可以达到 2,3 倍离焦时截止频率已经降到 1.5,也就是说 3 倍离焦时成像分辨率较低。随着模板参数的增大,可以看到在相同离焦条件下的整个频率范围内 MTF 响应值都没有零值,即成像系统可以传递物体的所有空间频率信息。但是,也可以看到 MTF 响应值变得较小,尤其是非频率轴上的 MTF 响应会变得更小,从而导致成像系统的抗噪声能力下降。从 MTF 曲线来看成像系统的离焦不变性,可知模板参数越大,MTF 在更大的范围内具有良好的离焦不变性。为了全面分析成像系统的特性,需要分析 MTF 特性和考虑频率空间的相位传递,因为频域的相位会影响物体成像。为了能够用单一的复原滤波器对所有的中间图像实现良好的复原,就需要 PTF 曲线也具有良好的离焦不变性。从图中可以看出,当模板参数为 10 时,PTF 对离焦的变化比较敏感。当模板参数变成 30 时,PTF 曲线在 0 倍离焦和 1.5 倍离焦具有较好的离焦不变性。当模板参数变为 90 时,此时的 PTF 曲线的离焦不变范围进一步扩展,0 倍离焦、1.5 倍离焦和 3 倍离焦对应的曲线已非常接近,意味着此时的景深范围变得更大,更容易设计复原滤波器。

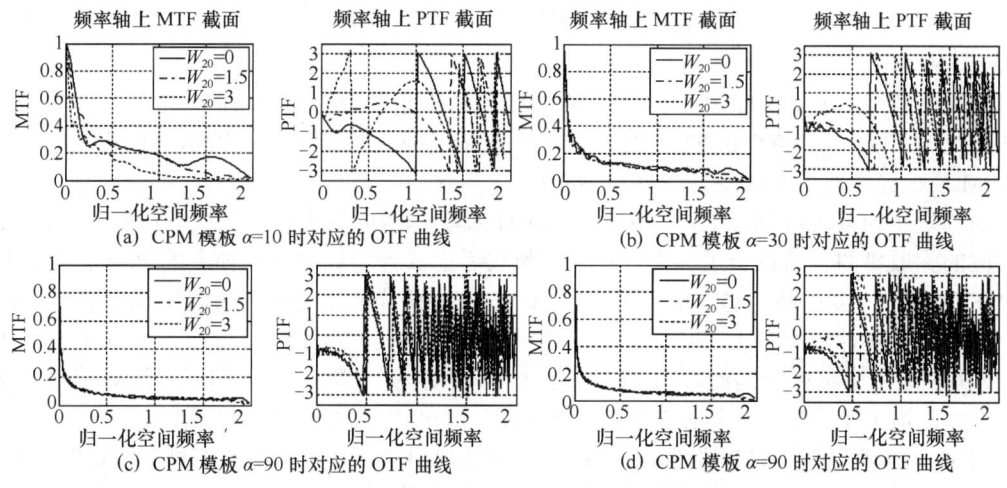

图 9.19 不同参数 CPM 模板对应的 OTF 曲线

图 9.20 给出了普通方形孔径成像系统和方形孔径 CPM 模板成像系统对 Spoke 成像。可以看到普通光学成像系统在良好聚焦时得到的 Spoke 像,但是随着离焦的增大,出现了某些频率信息的丢失和对比度反转现象,并且离焦程度越大,相应的 Spoke 像丢失的信息会更加严重而无法应用。如果基于成像系统特性来设计复原滤波器,将由于系统特性不具有离焦不变性而无法利用单一的复原滤波器来实现离焦范围内中间图像的复原。对于 CPM 模板对应的成像系统,当模板参数为 10 时,虽然正常聚焦和 1.5 倍离焦 Spoke 图像的轮廓还可以看出,但是已经变得模糊。随着模板参数的进一步增大,景深范围内的 Spoke 图像将变得模糊而无法直接用于后续的处理,其包括了正常聚焦位置处的 Spoke 图像。由于 CPM 模板对应成像系统的特性具有较好的离焦不变性,故可以通过设计单一的复原滤波器来对景深范围内的离焦图像进行复原。

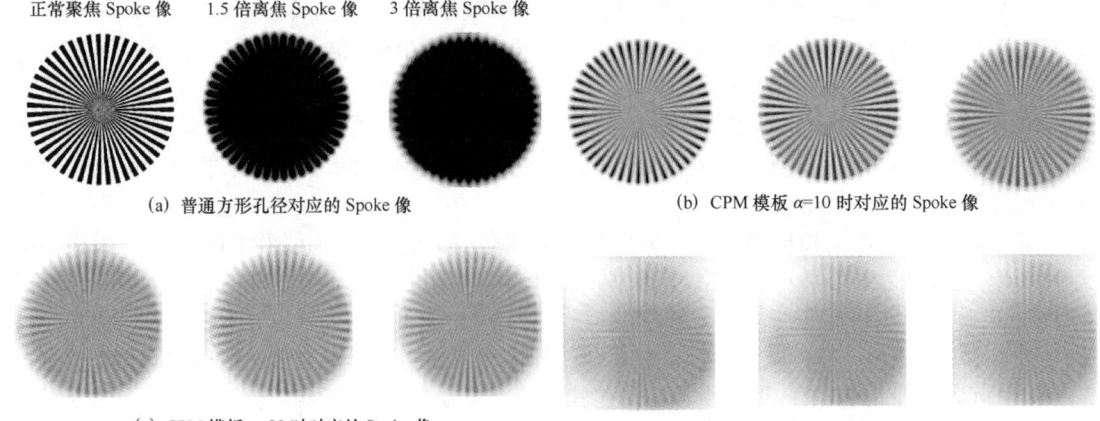

图 9.20 不同参数 CPM 模板对应的 Spoke 像

从上面的曲线和图形可以看出,CPM 模板的光学成像系统具有延拓景深特性,只要根据实际需要选择合适的模板参数值,就可以在较大的景深范围内得到具有离焦不变特性的中间图像,再利用复原滤波器就可以得到延拓景深图像。

4)方形孔径的指数型纯相位模板(exponential pure phase mask,EPM)

可表示为

$$P(u)=\begin{cases} \dfrac{1}{\sqrt{2}}\exp[j\alpha u\exp(\beta u^2)] & |u|\leqslant 1 \\ 0 & 其他 \end{cases} \quad (9.61)$$

采用模板参数为:$\alpha=37.41$,$\beta=1.53$[71]。图 9.21 给出了指数型相位模板的特性图:弥散斑、整体归一化 PSF 曲线、MTF 和 PTF 曲线,以及 Spoke 模拟成像结果。从弥散斑的形状,可以看出 EPM 模板光学成像系统良好的离焦不变性。

由弥散斑的分布可以看到,其位置与 CPM 模板对应的模板位置相比有所变化,EPM 模板对应的弥散斑的直角点较远离中心点。如果仅考虑成像坐标的坐标轴上的 PSF 曲线,得到的 PSF 数值可能会很低,这在图 9.21(b)中的 PSF 曲线并不是像方空间坐标轴上的 PSF 曲线,相应离焦条件下的最大 PSF 值,然后绘制以此为中心的平行于某空间坐标轴的直线上的 PSF 分布。从图中可以看到此时的 PSF 在很大的范围内都有所扩展,并且与 CPM 模板对应的 PSF 类似,均主要分布在一侧振荡衰减,此外在另一侧也有很小幅度的振荡。

EPM 对应系统的 MTF 曲线和 PTF 曲线均体现出了很好的离焦不变性质。EPM 对应的 MTF 响应随空间频率的增大而逐渐衰减,而 CPM 对应的 MTF 的衰减过程较 EPM 对应的 MTF 的衰减过程缓慢,CPM 对应 MTF 在高频处的响应值要优于 EPM 对应的 MTF。对比 EPM 和 CPM 对应的 PTF 曲线,可以发现二者是存在着较大差别的,尤其在低频部分,CPM 对应的 PTF 是缓慢变化的曲线,而 EPM 对应的 PTF 的变化速度很快。

观察 Spoke 模拟成像得到的结果,在右侧和下侧 Spoke 图案的部分被截去,这说明了 EPM 对应系统所成像的空间移动量要大于 CPM 对应系统所成像的空间移动量。从 Spoke 像同样也可以看出系统所具有的良好的离焦不变性。

5)方形孔径相位模板的扩展——多项式型相位模板

在前面讨论了经典的 CPM 和 EPM 两种相位模板,此外,还有 log 型相位模板[20]等。这些相位模板有多种相位表达式。基于一个函数可以由多项式逼近的思想。可以把相位模板表达式直接表示成多项式形式，再根据延拓景深光学成像系统的具体特性对多项式的系数进行优化，把这种更具一般性的相位模板称作多项式型相位模板。CPM 相位模板为一个只含有三次项的多项式型相位模板，而指数型相位模板将 exp 函数展开，也将变成一个多项式型相位模板，只要将展开式余项选取得足够小，多项式型相位模板将可以用来表示指数型相位模板。

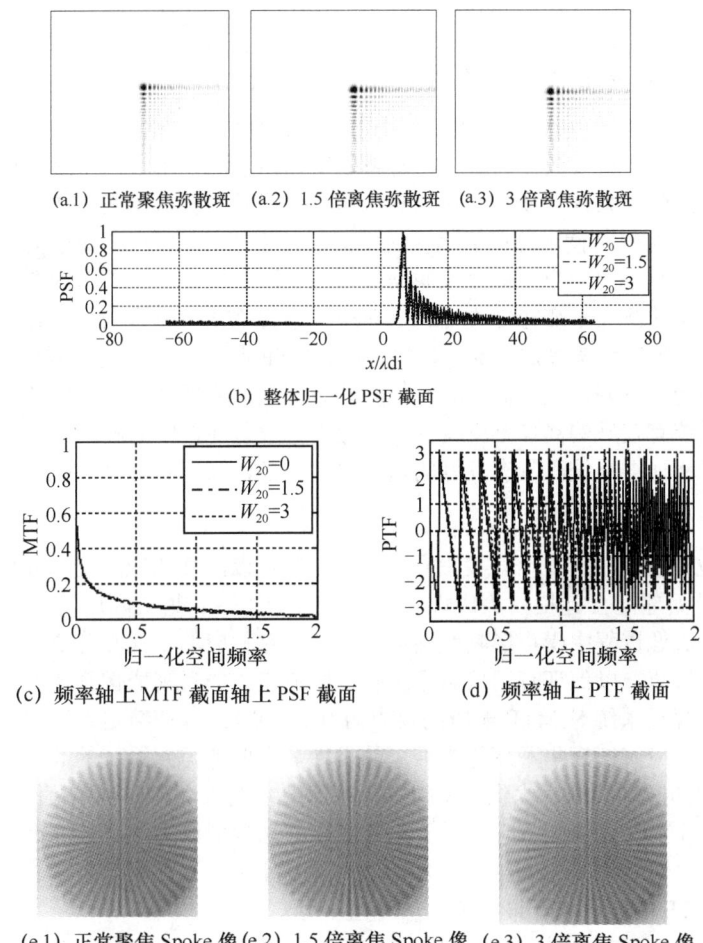

图 9.21 EPM 模板对应系统的特性

多项式型相位模板对应的光瞳函数可以表示为

$$P(u)=\begin{cases}\dfrac{1}{\sqrt{2}}\exp\left(j\sum_{k=0}^{n}a_k u^k\right) & |u|\leqslant 1 \\ 0 & \text{其他}\end{cases} \quad (9.62)$$

其中，n 为多项式的最高次数，a_k 为各次项的系数。通过选择合适的最高次数以及各项系数，可以得到一个理想的延拓景深相位模板。

如果所考察的光学成像系统的景深范围不要求相对于原光学成像系统的高斯物面对称，则可以直接从式（9.62）出发进行相位模板参数的选择。如果景深的增大范围对于原光学成像系统的高斯物面对称，则要求 OTF 对高斯物面也是对称的，即 OTF 表达式满足

$$H(u,-W_{20})=H(u,W_{20}) \quad (9.63)$$

易于证明当 $P(u)$ 满足关系式 $P(u)=P^*(-u)$ 时，也能满足式（9.63）。此时，光瞳函数的相位部分应该满足奇对称条件，即

$$P(u) = \begin{cases} \dfrac{1}{\sqrt{2}} \exp\left(j\sum_{k=0}^{n} a_k u^k\right) & 0 \leqslant u \leqslant 1 \\ \dfrac{1}{\sqrt{2}} \exp\left(j\sum_{k=0}^{n} (-1)^{k+1} a_k u^k\right) & -1 \leqslant u < 0 \\ 0 & \text{其他} \end{cases} \quad (9.64)$$

3. 基于 OTF-Fisher 信息量*的个性化相位模板优化设计

前述相位模板所使用的模板参数均能增大原光学成像系统的景深。可用数学上的优化理论得到理想的模板参数。首先将模板参数待定,再将表征延拓景深光学成像系统特性的函数作为目标函数,并选择合适的限制条件,通过优化选择一组满足要求的模板参数[73,74]。

延拓景深成像系统中所使用的相位模板通常需要使系统的 MTF 离焦不变并且无零值,以便在后续图像复原部分利用同一个图像复原滤波器即可实现不同离焦条件下的图像复原。如果以延拓景深光学成像系统的离焦不变特性作为目标对模板进行优化,将得到一个具有良好离焦不变特性的相位模板。也注意到系统离焦不变特性极佳时,MTF 曲线的响应值变得较低,而这将使得系统的抗噪声干扰的能力下降,或者需要具有更高动态范围的成像器件来获取图像,则系统的实用性降低。在保证系统有较好的离焦不变特性的前提下,改善 MTF 的响应值,并以此为目标对模板进行优化设计,将使得系统既具有良好的延拓景深特性,又能够有好的抗噪声干扰能力。

1) 优化模型

延拓景深相位模板至少有一个可变参数,通过调整可以改变相应系统的成像特性。一个实用的光学—数字信号处理混合延拓景深成像系统要求:①能够满足实际所需要的景深和分辨率要求;②考虑到实际成像过程中噪声影响及图像的用途,对相应的景深和分辨率,系统的 MTF 应该保证大于某个最低值,以保证有用信息不被噪声所掩盖;如目视成像系统要求 MTF 响应值大于 0.03,某些机器视觉系统对 MTF 响应的要求为 0.08~0.1;③在给定景深和分辨率上具有良好的离焦不变性。故不应该把离焦不变作为唯一的目标,也要考虑到系统的 MTF 响应值大小。

(1) 优化模型的限制条件。优化模型把实际系统要求的景深和分辨率范围内的 MTF 必须大于某个最小响应值作为优化限制条件。对于一个实际的光学成像系统,景深可以用最大可允许的离焦参数 $\varphi_{\max}$ 表示,分辨率要求对应于频域的规范化频率 $u_{\max}$。在相应的景深和分辨率要求范围内,保证系统的 MTF 响应值大于最小值 $V_{\min}$,也即为

$$|H(u, W_{20})| \geqslant V_{\min}, \quad \forall u \in [-u_{\max}, u_{\max}], W_{20} \in [-\varphi_{\max}, \varphi_{\max}] \quad (9.65)$$

进一步表示为

$$I_{\text{con}}(X, u_{\max}, \varphi_{\max}) = \int_{-\varphi_{\max}}^{\varphi_{\max}} \int_{-u_{\max}}^{u_{\max}} V(u, W_{20}) - |V(u, W_{20})| \, du \, dW_{20} = 0 \quad (9.66)$$

其中,X 为系统所采用的相位模板的参数向量。对于 CPM 相位模板,$X_{\text{CPM}} = \alpha$;对于 EPM 相位模板,$X_{\text{EPM}} = [\alpha, \beta]$;并且,

$$V(u, W_{20}) = |H(u, W_{20})| - V_{\min} \quad (9.67)$$

(2) 优化模型的目标函数。保证成像系统景深、分辨率条件下的 MTF 响应的要求后,再来考虑满足延拓景深光学成像系统的离焦不变特性,以便在后续图像复原过程中,仅使用一个复原滤波器就能够实现对景深范围内的所有图像的复原。为了表达上述景深、分辨率要求的光学传递函数(OTF)离焦参量 W_{20} 的敏感程度,可以采用 Fisher 信息 $J(W_{20}, u_{\max})$[73, 74],即

---

* Fisher 信息是测量信息量的一种方法,可观察到的携带一个未知参数 θ 随机变量 X,X 的概率取决于参量 θ。X 的概率函数为 $f(X, \theta)$,也是 θ 似然函数(likelihood function),其为随机变量 X 的概率密度(probability mass 或 probability density),在一定条件下决定于 θ 值。相对于似然函数的自然对数 θ 的偏导数称为评价(score)(详见 http://en.wikipedia.org/wiki/Fisher_information)

$$J(W_{20},u_{\max})=\int_{-u_{\max}}^{u_{\max}}\left|\frac{\partial}{\partial W_{20}}H(u,W_{20})\right|^2 du \qquad (9.68)$$

对应于某个离焦参量 W_{20} 的 Fisher 信息值越小，就表明相应的 OTF 有较好的离焦不变性。一个理想的离焦不变成像系统，所有离焦量的 Fisher 信息值均为 0。可以采用 Fisher 信息在景深范围内的积分

$$I(\boldsymbol{X},\varphi_{\max})=\int_{-\varphi_{\max}}^{\varphi_{\max}}J(W_{20},u_{\max})dW_{20} \qquad (9.69)$$

作为相位模板离焦不变的优化目标函数。延拓景深成像系统相位模板的优化模型可表述为

$$\begin{cases}\min\limits_{X} f(\boldsymbol{X})=I(\boldsymbol{X},\varphi_{\max}) \\ I_{\mathrm{con}}(\boldsymbol{X},u_{\max},\varphi_{\max})=0 \\ \boldsymbol{X}\geqslant\boldsymbol{X}_0\end{cases} \qquad (9.70)$$

2）CPM 和 EPM 相位模板的优化设计

把上述优化模型用到前述 CPM 和 EPM 相位模板，得到了表 9.3 中的几组优化结果。优化中保证的最小 MTF 响应值 $V_{\min}$ 为 0.1。并且，要求矢量 $\boldsymbol{X}$ 的每个元素都大于 0。下面通过 OTF 曲线分析优化得到的相位模板光学成像系统的性质。图 9.22 对应着第一组优化数据，图 9.23 对应着第三组优化数据。由 MTF 响应曲线可以看出，使用了优化参数的相位模板都满足了所达到的景深和分辨率范围内，MTF 响应值大于 0.1，并保持了良好的离焦不变性，说明了该优化模型的实用性。

表 9.3 相位模板的几组优化结果

$u_{\max}$	$\varphi_{\max}$	CPM 优化参数	EPM 优化参数
1.2	2λ	15.889	[34.098, 0.373]
0.9	3λ	32..451	[109.532, 0.209]
0.7	5λ	32.451	[111.13, 0.25]

图 9.22 和图 9.23 中的 PTF 差值曲线是当前离焦条件下的 PTF 曲线与正常聚焦位置处的 PTF 曲线的差值，体现了离焦时 PTF 偏离正常聚焦 PTF 的变化量。各条 PTF 差值曲线存在着较大的差异，但是这种差异在有些实际应用中影响不大，甚至可以忽略。从图 9.22（a）可以看出，在所要求的分辨率范围内，PTF 差值曲线近似为对频率轴的线性曲线，这意味着不同离焦条件下得到的图像仅发生了一个空间平移。

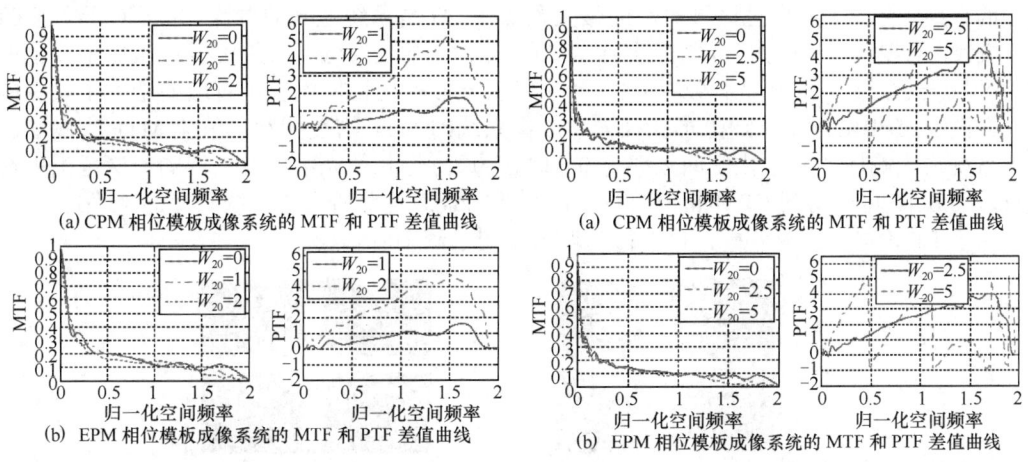

图 9.22 CPM 模板和 EPM 模板对应系统特性（第一组优化数据）　　图 9.23 CPM 模板和 EPM 模板对应系统特性（第三组优化数据）

如果考察的是三维物体，如倾斜的条形码，则不同离焦的程度平移不同，并不会造成明显影响，

通过图像复原得到的图像可以用于后续的识别任务。如果考察的是一个平行于像面的平面物体，由于平面物体的像是近似整体平移的，所以通过图像复原可以得到良好的延拓景深图像。如果物体是三维精细物体，由于不同厚度的物体切面对应着不同的平移或扭曲，复原得到的图像将无法达到理想的延拓景深效果，会有部分细节是扭曲的或者模糊的。图 9.23 所示的 PTF 差值更加严重。

上述问题是由于选择的 MTF 最小响应值偏大，若把 MTF 的最小响应值设小一些，就可以得到具有很好离焦不变特性的 PTF 曲线（参考前面章节内容），可避免上述对三维精细物体成像时遇到的问题。此时的 MTF 响应值会偏低，意味着对比度较低，需要尽量提高成像系统的信噪比。

4. 方形孔径相位模板对应成像系统的优缺点

上面叙述了两种延拓景深光学成像系统的方形孔径相位模板。下面对相应的成像系统的优缺点进行归纳。

1）方形孔径相位模板对应系统的优点

方形孔径相位模板光学成像系统的主要优点是有较高的延拓景深倍数。成像系统景深是在满足成像分辨率（空间频率）时系统的最大离焦范围，在小于该空间频率范围内，系统的 MTF 要大于设定的值。确定成像系统的景深采用 MTF 密度图，图 9.24 所示为 CPM 相位模板在参数为 32.451 时的 MTF 密度图。密度图的横坐标为离焦参量的数值，单位为波长，纵轴为归一化空间频率，图形的灰度值代表相应的 MTF 响应值，白色表示响应值大，黑色代表响应值很小。图 9.24（a）不容易观察出景深范围，故给出如图 9.24（b）所示的二值化 MTF 密度图。其中二值化阈值为 0.1，即保证 MTF 最小响应值为 0.1，图中黑色区域表示响应值小于 0.1，白色区域为 MTF 响应值大于等于 0.1 的区域，从白色区域就可以确定成像系统的景深大小。

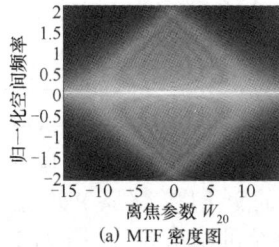
(a) MTF 密度图

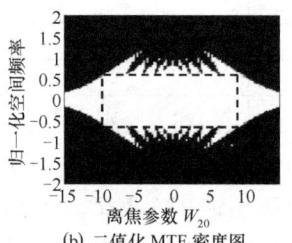
(b) 二值化 MTF 密度图

图 9.24　CPM 的 MTF 密度图和二值化 MTF 密度图

由图 9.24 确定景深的方法：首先，确定须达到的归一化空间频率，由该点画一条平行于横轴的直线，直线下的白色区域对应的最大离焦量，即是系统达到的景深范围。对于上述 CPM 相位模板，若要求系统的归一化空间频率为 0.6，则系统的景深可以由图 9.24（b）中虚线框所围成的区域表示，景深范围为 $[-9\lambda, 9\lambda]$。为了表明方形孔径相位模板所对应的增大了景深的程度，在图 9.25 中给出了普通方形孔径光学成像系统的 MTF 密度图和二值化 MTF 密度图。当要求系统最大响应的归一化空间频率为 0.6 时，普通方形孔径光学成像系统的景深范围大约为 $[-0.6\lambda, 0.6\lambda]$。可以得到 CPM 相位模板成像系统的景深是普通成像系统景深的 15 倍。将上述方法用于 EPM 相位模板分析，也能得到增大系统景深 10 倍以上。

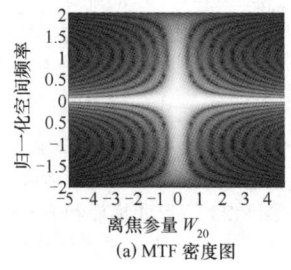
(a) MTF 密度图

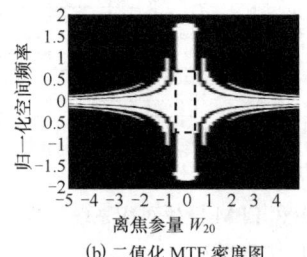
(b) 二值化 MTF 密度图

图 9.25　普通方形孔径系统的 MTF 密度图和二值化 MTF 密度图

注意：①方形孔径相位模板增大景深倍数不能直接和圆形孔径相位模板增大景深倍数进行比较，因为方形孔径相位模板的 OTF 不具有旋转对称性，且其非频率轴上的 MTF 响应值偏低；②景深的增大依赖于相位模板的参数选择。方形孔径相位模板光学成像系统的另一个优点是 MTF 响应值在很大的归一化空间频率范围内（甚至整个频率范围内）不出现零值响应点，意味着延拓景深成像系统可以得到较高分辨率的图像。如图 9.26 所示，CPM 和 EPM 相位模板系统的轴上 MTF 响应值都非零，故根据方形孔径系统的可分离性得知，所有空间频率点的响应值均非零。由于所有的空间频率信息没有损失掉，若系统的成像条件较好，且成像器件的信噪比可以达到很高，则方形相位模板对应的延拓景深成像系统能够得到较高分辨率的延拓景深图像。

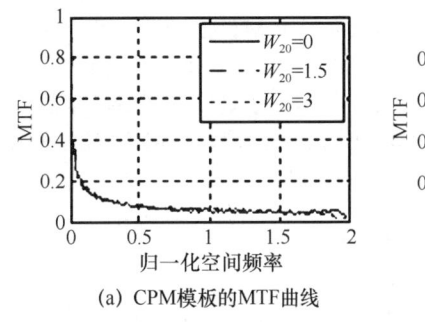
(a) CPM模板的MTF曲线

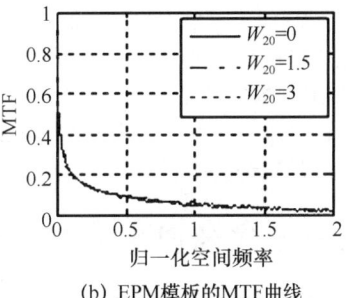
(b) EPM模板的MTF曲线

图 9.26　CPM 模板和 EPM 模板系统的 MTF 曲线

2）方形孔径相位模板对应系统的不足

方形孔径对应光学成像系统的第一个不足是 MTF 响应具有选择性，对于频率轴上的频率点具有很好的响应，但是对于非频率轴上的响应偏低，这也是由方形孔径系统自身的方形可分离性决定的。表 9.4 给出 CPM 相位模板（模板参数为 32.451）所对应的成像系统的 MTF 抽样矩阵，第一行和第一列对应着频率轴上的 MTF 响应值，其他数据为非频率轴上的 MTF 响应值。从中可以看到频率轴上的响应值要远大于非频率轴上的响应值，这一点也可以从图 9.27 中更加直观地认识。这会造成对于某些空间频率分量的响应偏低，比如归一化空间频率平面上的点

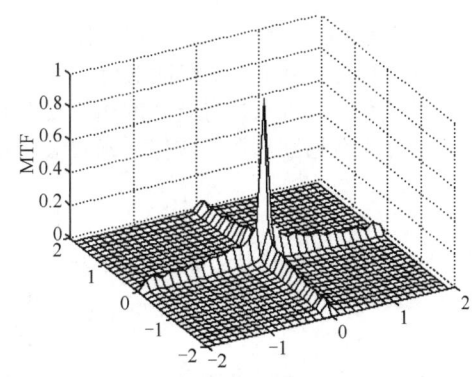

图 9.27　CPM 模板所对应的三维 MTF

(0.5, 0.5) 对应的 MTF 响应值仅为 0.02，这种对比度对于成像系统都不能接受，考虑到通常成像过程中有噪声的影响，系统将得不到用于后续的处理实用化的图像。

方形孔径光学成像系统的另一个不足：相应的 PTF 曲线是连续变化的数值，不是 0 和 π 的相移（图像复原时必须要考虑 PTF 的影响），当系统要求的 MTF 响应值较大时，由于相同频率信息在不同离焦时的相位差值不满足严格线性关系，造成空间像的扭曲或错位模糊。这对图像复原算法提出了更高要求，需要分别考虑到 MTF 响应和 PTF 响应的不一致性。图 9.27 给出了 CPM 相位模板（模板参数为 32.451）对应成像系统在 3 倍波长离焦条件下经过图像复原得到的最终图像，复原滤波器采用方形孔径衍射受限系统的 OTF 与 CPM 相位模板系统良好聚焦时的 OTF 的比值，从中可以看到由于 OTF 相位差异造成的复原后得到的图像模糊现象。

表 9.4 CPM 相位模板对应的 MTF 抽样矩阵

1	0.216 71	0.176 1	0.143 54	0.113 69	0.106 62	0.095 049
0.216 71	0.046 964	0.038 163	0.031 107	0.024 638	0.023 105	0.021 598
0.176 1	0.038 163	0.031 012	0.025 277	0.020 021	0.018 775	0.016 738
0.143 54	0.031 107	0.025 277	0.020 604	0.016 319	0.015 304	0.013 643
0.113 69	0.024 638	0.020 021	0.016 319	0.012 925	0.012 121	0.010 806
0.106 62	0.023 105	0.018 775	0.015 04	0.012 121	0.011 367	0.010 134
0.095 049	0.020 598	0.016 738	0.013 643	0.010 806	0.010 134	0.009 034

方形孔径相位模板的第三个不足是由于该相位模板曲面上每一个点的厚度不同造成较大的加工难度。方形孔径相位模板加工属于自由曲面加工，根据相位的要求逐点进行加工。

为了适应不同光学成像系统对景深、分辨率以及对最小 MTF 响应的要求，采用基于 OTF-Fisher 信息量的个性化相位模板优化模型。在设计景深、分辨率范围内保证系统的 MTF 值大于设定的最小 MTF 响应值为优化限制条件，以不同离焦对应的光学传递函数 OTF 的 Fisher 信息的积分作为优化目标函数，并将优化模型用于对立方相位模板 CPM 和指数相位模板 EPM 参数的优化。结果表明，得到的相位模板能够满足系统的实际需求。

9.2.3 增大景深的圆对称相位模板

通常光学成像系统的出瞳是圆（旋转）对称的，通过理论分析得出两种延拓光学成像系统景深的圆对称相位模板：四次多项式型相位模板和多环分区圆对称相位模板，并分析了其特性及优缺点。

1. 四次多项式型圆对称相位模板

1）理论推导

圆形孔径相位模板也可以采用类似于方形孔径相位模板的方法进行设计，即利用延拓景深光学成像系统具有的离焦不变特性求得。利用圆对称性相位模板延拓景深光学成像系统的点扩散函数 PSF 的离焦不变性来推导合适的相位模板的表达式。

设放置于普通圆形孔径成像系统的出瞳处的圆对称相位模板的函数表达式为

$$P(r) = \begin{cases} \exp[jk\theta(r)] & 0 \leqslant r \leqslant 1 \\ 0 & 其他 \end{cases} \quad (9.71)$$

其中，r 为光瞳平面坐标；k 为波数 $2\pi/\lambda$，$k\theta$ 圆对称光学成像系统的脉冲响应函数表达式为[78,8]

$$\tilde{h}(x_i, y_i) = \frac{2\pi}{\lambda^2 d_i^2} \int_0^{r_{max}} r\tilde{P}(r) J_0\left(\frac{2\pi r\rho}{\lambda d_i}\right) dr \quad (9.72)$$

其中，d_i 为像距；$\tilde{P}(r)$ 为包含有离焦相位因子的广义光瞳函数；ρ 为像面的极坐标半径，$J_0(x)$ 为第一类零阶贝塞尔函数。该系统的点扩散函数 PSF 可以表示为

$$|h(\rho, w_{20})|^2 = \left| c\int_0^1 \exp\{jk[\theta(r) + W_{20}r^2]\} J_0\left(\frac{k\rho r}{d_i}\right) r dr \right|^2 \quad (9.73)$$

可以利用稳相法[8]对式（9.73）进行渐进逼近。相应的稳相点 r_s 满足微分方程 $\frac{d}{dr}[\theta(r) + W_{20}r^2]\Big|_{r=r_s} = 0$，即为

$$\theta'(r_s) + 2W_{20}r_s = 0 \quad (9.74)$$

把 $\theta(r) + W_{20}r^2$ 在 r_s 点处进行 Taylor 级数展开，并进行二阶近似，得到

$$\theta(r) + W_{20}r^2 \approx [\theta(r_s) + W_{20}r_s^2] + [\theta'(r_s) + 2W_{20}r_s](r - r_s) + \frac{1}{2}[\theta''(r_s) + 2W_{20}](r - r_s)^2$$

$$=[\theta(r_s)+W_{20}r_s^2]+\frac{1}{2}[\theta''(r_s)+2W_{20}](r-r_s)^2 \tag{9.75}$$

从而

$$h(\rho,W_{20})=c\int_0^1 \exp\left\{jk[\theta(r_s)+W_{20}r_s^2]+j\frac{k}{2}[\theta''(r_s)+2W_{20}](r-r_s)^2\right\}J_0\left(\frac{k\rho r}{d_i}\right)r\mathrm{d}r$$

$$=c\exp\{jk[\theta(r_s)+W_{20}r_s^2]\}r_s J_0\left(\frac{k\rho r_s}{d_i}\right)\int_{r_s-\varepsilon}^{r_s+\varepsilon}\exp\left\{j\frac{k}{2}[\theta''(r_s)+2W_{20}](r-r_s)^2\right\}\mathrm{d}r \tag{9.76}$$

$$=c\exp\{jk[\theta(r_s)+W_{20}r_s^2]\}r_s J_0\left(\frac{k\rho r_s}{d_i}\right)\sqrt{2\pi}\sigma$$

其中

$$\sigma^2=\frac{j}{k[\theta''(r_s)+2W_{20}]} \tag{9.77}$$

可以得出点扩散函数表达式为

$$|h(\rho,W_{20})|^2=c\lambda\frac{r_s^2 J_0^2\left(\frac{k\rho r_s}{d_i}\right)}{|\theta''(r_s)+2W_{20}|} \tag{9.78}$$

如果对像面光轴附近的点进行考虑，此时 $J_0\left(\frac{k\rho r_s}{d_i}\right)\approx 1$，从而得到

$$|h(\rho,W_{20})|^2=\frac{c\lambda r_s^2}{|\theta''(r_s)+2W_{20}|} \tag{9.79}$$

对于大景深成像系统，要求系统的点扩散函数对离焦参数 W_{20} 离焦不变，即

$$\frac{\mathrm{d}}{\mathrm{d}W_{20}}|h(\rho,W_{20})|^2=0 \tag{9.80}$$

从而得到

$$2\frac{\mathrm{d}r_s}{\mathrm{d}W_{20}}[\theta''(r_s)+2W_{20}]-r_s\left[\theta''(r_s)\frac{\mathrm{d}r_s}{\mathrm{d}W_{20}}+2\right]=0 \tag{9.81}$$

把式（9.74）两边对 W_{20} 求导，得到

$$\theta''(r_s)\frac{\mathrm{d}r_s}{\mathrm{d}W_{20}}+2r_s+2W_{20}\frac{\mathrm{d}r_s}{\mathrm{d}W_{20}}=0 \tag{9.82}$$

联立式（9.81）和式（9.82），消去 W_{20}，得

$$r_s^2\theta'''(r_s)-3r_s\theta''(r_s)+3\theta'(r_s)=0 \tag{9.83}$$

解微分方程得

$$\theta(r)=ar^4+br^2+c \tag{9.84}$$

至此，得到了四次多项式圆对称型相位模板，其光瞳函数可以表示为

$$P(r)=\begin{cases}\exp[jk(ar^4+br^2+c)] & 0\leqslant r\leqslant 1\\ 0 & \text{其他}\end{cases} \tag{9.85}$$

模板中有三个参数需要具体给出。通过把相位模板函数表达式代入点扩散函数的表达式（9.73）很容易发现常数相位并不改变点扩散函数的分布。所以，仅需要对参数 a、b 进行选择，参数 c 的选择根据模板各处的厚度需要大于 0 来确定。

2）相位模板参数的优化

前面已经得出了圆对称相位模板的函数形式，不过具体的两个模板参数还需要设定。在 9.2.2

节中,对方形孔径相位模板建立了基于 OTF 的 Fisher 信息的优化模型。对圆形孔径相位模板同样可采用类似于方形孔径相位模板参数优化的方法。

在方形孔径相位模板的优化模型中,设景深范围的远近两边界是对于正常聚焦物面对称的,这是由相位模板的相位因子是奇函数所决定的。对于四次多项式型相位模板而言,可以任取几组模板数据,绘制相应的 MTF 密度图,从中很容易看到关于正常聚焦物面的对称性,结果表明对于四次多项式型相位模板,景深范围一般不相对于正常聚焦物面对称。因此,优化模型中的景深范围就不能用对称于正常聚焦物面形式,而可以根据实际需要设定景深范围,即把优化模型中的 W_{20} 的取值范围从 $[-\varphi_{max}, \varphi_{max}]$ 修改为 $[\varphi_{min}, \varphi_{max}]$ 即可。表 9.5 给出了几组优化结果。注意:在优化的过程中得到的优化参数并不是唯一的,选择模板参数的依据是尽量满足限制条件,然后在此基础上使得离焦不变性更好些。对于圆对称型相位模板是要保证最小 MTF 响应值,就可以在后续的图像处理中对结果进行改善,甚至只需要简单的图像增强操作即可以得到理想的大景深图像。

表 9.5 相位模板的几组优化结果(V_{min} = 0.05)

u_{max}	$[\varphi_{min}, \varphi_{max}]/\lambda$	优化参数 ka
0.8	[0,2]	11.94,-13.63
0.7	[0.5,2.5]	[14.879,-17.462]
0.7	[-2.5,-0.5]	[-14.879,-17.462]
0.8	[-2,0]	[-11.94,13.63]

由表 9.5 可知,当把景深范围取为对称于正常聚焦物面时,如果归一化空间频率不变,则此时的优化参数均为原来的相反数。也就是说如果把相位模板参数取相反数,那么就可以得到一个对称于正常聚焦物面的景深范围,这也就给出一种启示:如果把相位模板设计成类似于显微镜上物镜的切换形式,当需要一种景深范围时,利用相应的相位模板;需要另一种景深范围时,切换为另一块相位模板。从而可以达到不同的景深范围,但是单个相位模板景深扩大的程度受模板参数及其特性限制。还可以把圆形孔径分成几个部分,不同部分采用不同参数的相位模板,选择合适的组合能够增大景深范围。

2. 相位模板对应系统的特性

前面两节确定了圆对称相位模板的函数形式以及相应的模板参数。下面对四次多项式相位模板的光学成像系统的特性进行分析,主要考察对应系统的 OTF、PSF 以及 Spoke 模拟成像。设采用的相位模板参数为 [11.94, -13.63]。

圆形孔径相位模板光学成像系统的三维 MTF 响应具有圆对称性,如图 9.28 所示,由图可知,该相位模板光学成像系统的 MTF 的离焦不变性并不好,但是,如图 9.29 所示,由于四次多项式圆对称相位模板对应系统的 PTF 有 0 和 π,所以只要系统的 MTF 响应在要求的景深和分辨率范围内满足大于后续图像处理要求的最小 MTF 响应值即可。

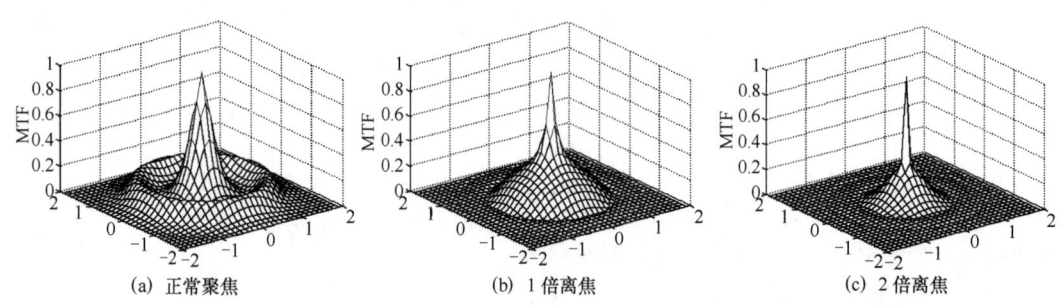

图 9.28 四次多项式相位模板对应系统的三维 MTF

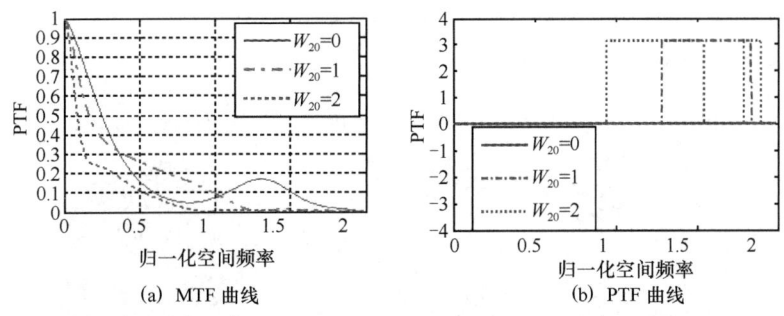

图9.29 四次多项式圆对称相位模板对应系统的OTF曲线

与方形孔径相位模板光学成像系统相似,可以绘出普通圆形孔径光学成像系统和四次多项式圆对称型相位模板光学成像系统的MTF密度图以及二值化密度图,取二值化的阈值为0.05。由普通圆形孔径对应系统的二值化密度图可知景深为[-0.5λ, 0.5λ],当要求归一化空间频率不低于0.7时,该模板对应系统的景深范围为[0, 1.9λ],故景深增大为原系统的1.9倍。但是,景深范围与分辨率(对应于归一化空间频率)相关,当要求最小归一化空间频率为0.5时,系统的景深范围为[-0.2λ, 2.3λ],景深增大为原系统的2.5倍。

与方形孔径相位模板不同,图9.29所示四次多项式圆对称相位模板光学成像系统的OTF曲线(MTF和PTF),由于圆对称性,其是任意方向截面的特性曲线。从图9.29(b)中可知,在要求达到的最小归一化空间频率范围内,各种离焦条件下的PTF均为0,也就是没有相移,而不是方形孔径相位模板系统的连续变化的相移,这将为后续的图像处理提供了方便,甚至无须方形孔径相位模板系统所必须的图像复原操作,只需对得到的图像进行简单的图像增强即可。同时,由于不存在不同离焦时的PTF差别,也就不会出现由于图像复原滤波器在不同离焦条件下,PTF不一致导致图像扭曲的情况。

图9.30给出了四次多项式圆对称相位模板系统的整体归一化PSF曲线和局部归一化PSF曲线。普通光学系统随着离焦的增大,光强急剧下降,光斑强度分布也偏离了理想情况。对四次多项式型圆对称相位模板成像系统,由图9.30(a)可知,在更大的离焦范围内保持了点像光斑的分布以及其强度,并且PSF的形式和普通光学系统景深内的PSF相似。虽然在离焦程度较大时,光斑的中心强度衰减较大,而如图9.30(b)所示,中心斑的强度大于旁瓣最大强度,即此时得到的图像虽然背景偏暗,但是对比度仍较高,物体细节尚可分辨。而从空域的角度看,四次多项式圆对称相位模板成像系统在景深范围内得到的图像,可以直接或者简单对图像增强即可用于后续的工作。

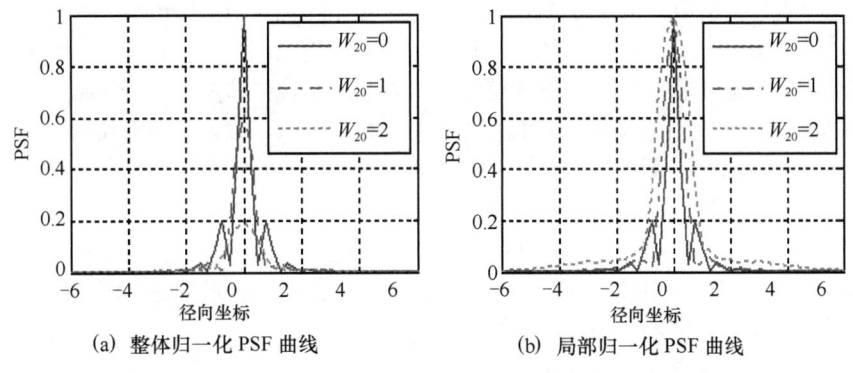

图9.30 四次多项式圆对称相位模板对应系统的PSF曲线

图9.31给出了普通圆形孔径光学系统和四次多项式圆对称相位模板成像系统对Spoke成像的仿真结果,其中图像均未进行图像复原操作,只是进行了简单的图像增强。可以看出该模板系统

具有良好的成像特性,并且不会出现方形孔径相位模板系统的中间的模糊图像,而是直接得到对比度良好的延拓景深图像。

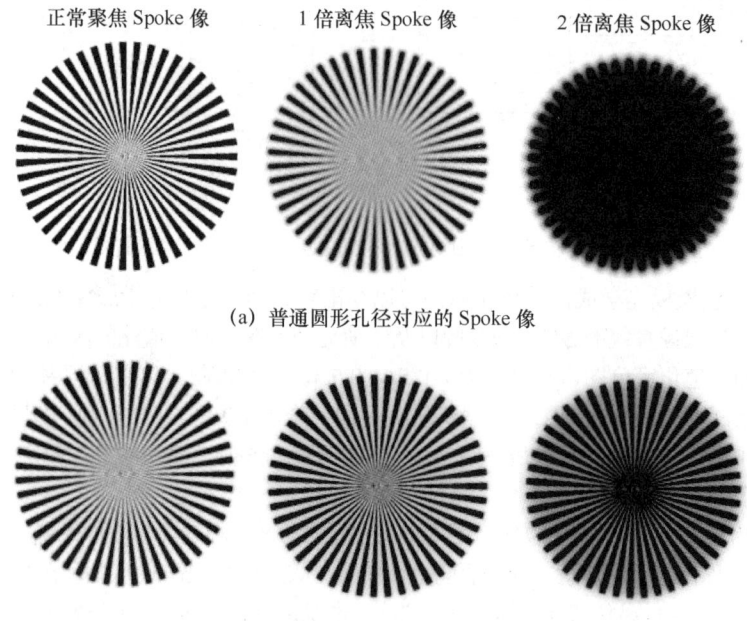

(a) 普通圆形孔径对应的 Spoke 像

(b) 四次多项式圆对称相位模板对应的 Spoke 像

图 9.31　普通系统和四次多项式圆对称相位模板光学成像系统的 Spoke 像

9.3　多环分区圆对称相位模板设计

9.3.1　多环分区圆对称相位模板的概念

1. 多环分区圆对称相位模板设计原理

相位模板的离焦广义光瞳函数[71]的表达式为

$$\tilde{P}(x,y)=P(x,y)\exp[jkW_{20}(x^2+y^2)]\exp[jkf(x,y)] \quad (9.86)$$

其中,$kf(x,y)$ 为相位模板引入的相位,$P(x,y)$ 为普通的光瞳函数,并且离焦参量 $W_{20}=\delta_z/2d_0^2$。

从式(9.86)可以得出,对于固定离焦距离 δ_z,如果相位模板满足 $f(x,y)=-W_{20}(x^2+y^2)$,此时的系统将成为衍射受限成像系统,系统能够得到清晰的理想像。即相位因子 $\exp[-jkW_{20}(x^2+y^2)]$ 可以消除 δ_z 的离焦。由于 δ_z 存在着正负,相应地 W_{20} 也存在正负,故为了消除高斯物面前后两侧的离焦,$f(x,y)$ 的表达式也有正负之分。如果将相位模板按照某种原则分成多个区域,每个区域对不同的离焦进行补偿,即

$$f(x,y)=m\alpha(x^2+y^2) \quad (9.87)$$

其中,m 取整数值,对应于各个不同的分区,α 是离焦补偿常数。通过这些区域的共同作用以及对中间图像的复原将有可能增大系统的景深[1]。

2. 多环分区圆对称相位模板的结构

常见的光学成像系统的孔径光阑是圆形的,如果把圆形孔径按照一定原则分成多个区域,可以有很多分法。比如按照径向划分、按照角度划分;按照每个小区域的尺寸相同划分,按照每个小区的面积相同划分等。图 9.32 给出了两种基本的分法,图 9.32(a)为半径方向分区,图 9.32(b)为

按照角度方向分区。图 9.32（a）为旋转对称型相位模板的结构原型。角度方向的分区也能够达到增大景深的目的，但是不具有旋转对称性。另外，将多分区增大景深的思想扩展到方形孔径，也能够得到很多类型的增大景深的相位模板结构原型[63]。

将圆形相位模板按照图 9.32（a）中所表示的形式进行分区也有两种形式：①每个环形区域的径向尺寸相同；②每个环形区域的面积相等。对于每个不同的分区，可以用来补偿不同程度的离焦，从而又会得到很多类型。如把靠近圆心的一半区域用于消除远离焦，另一半用来消除近离焦（或者取相反情况），相邻环带用来交替消除远近离焦的影响等。下面对几种形式的相位模板进行简单的分析。在下面的讨论中把圆形孔径的半径归一化。

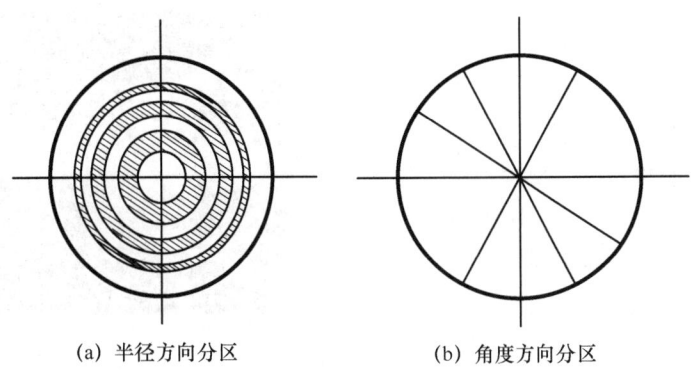

(a) 半径方向分区　　　　(b) 角度方向分区

图 9.32　圆形孔径的分区形式

1)"等面积分区—单侧离焦补偿"相位模板

等面积分区域的相位模板的表达式

$$f(x,y)=i\alpha\rho^2 \quad (\frac{i}{n}\leq\rho^2<\frac{i+1}{n}) \tag{9.88}$$

其中，i 的取值范围为 $0\sim n-1$，n 为相位模板的分区数，$\alpha=1/k$，$\rho^2=x^2+y^2$。该相位模板的环带采用了等面积分区域方法。把相位模板看成是相位变换器[78]，则模板厚度可以由模板的相位分布计算得到。取 $n=20$ 时，相位模板沿半径方向的截面轮廓图如图 9.33（a）所示，图中纵轴中的 n_0 为模板材料的折射率，d 为模板的厚度，λ 为系统的工作波长。其相应的成像系统无像差时的 MTF 密度图如图 9.33（b）所示。

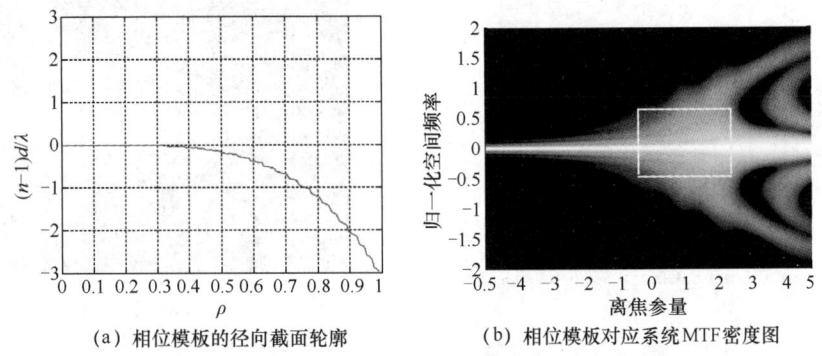

(a) 相位模板的径向截面轮廓　　　(b) 相位模板对应系统MTF密度图

图 9.33　相位模板（9.88）径向截面轮廓及其对应系统 MTF 密度图

由图 9.33（b）可知，此相位模板对应的系统的景深范围处在高斯物面的一侧。并且随着离焦参数的变大，系统的最大空间归一化响应频率变大。景深增大的程度取决于要求达到的最大归一化空间频率，如该频率为 0.5，最小的 MTF 响应值为 0.05 时，景深范围为 [0，2.5λ]，为普通圆形孔径相位模板景深的 2 倍多。如令景深范围 [0, 2.5λ] 相对于高斯物面是对称的，可以在相位模板整体基底上增加适当的常数相位。如果将相位模板表达式（9.88）中的相位因子取相反数，即

$$f(x,y)=-i\alpha\rho^2 \quad (\frac{i}{n}\leqslant\rho^2<\frac{i+1}{n}) \tag{9.89}$$

其中，i 的取值范围仍然为 $0\sim n-1$。当 $n=20$ 时，相位模板沿半径方向的截面轮廓如图 9.34（a）所示，其相应的成像系统无像差时的 MTF 密度图如图 9.34（b）所示。从图可知，此相位模板系统的 MTF 密度图与上述取相反数之前相位模板系统的 MTF 密度图相对于 $W_{20}=0$ 轴对称。景深范围处在高斯物面的另一侧。

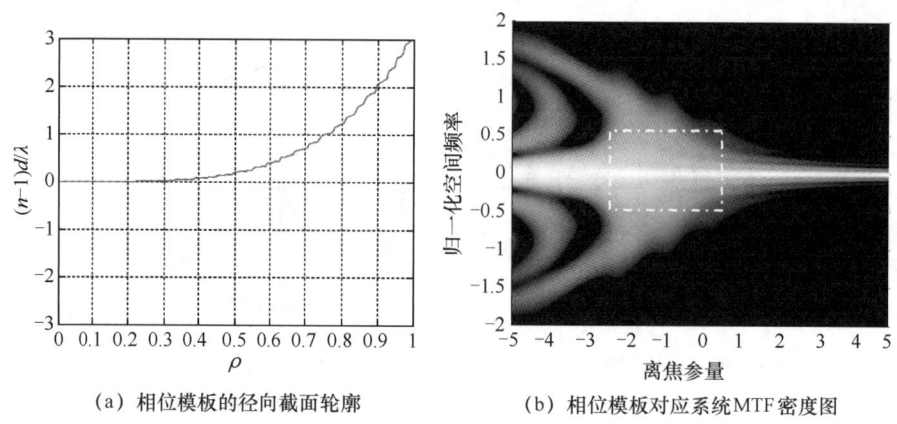

(a) 相位模板的径向截面轮廓　　(b) 相位模板对应系统MTF密度图

图 9.34　式（9.89）相位模板径向截面轮廓及其对应系统 MTF 密度图

2）"等长度分区——单侧离焦补偿"相位模板

等长度分区相位模板的表达式也为

$$f(x,y)=i\alpha\rho^2 \quad (\frac{i}{n}\leqslant\rho<\frac{i+1}{n}) \tag{9.90}$$

其中，i 取值为 $0\sim n-1$，其他参数同式（9.88）。该相位模板的环带采用了等长度分区方法。当 $n=20$ 时，相位模板沿半径方向的截面轮廓如图 9.35（a）所示，其成像系统无像差时的 MTF 密度图如图 9.35（b）所示。

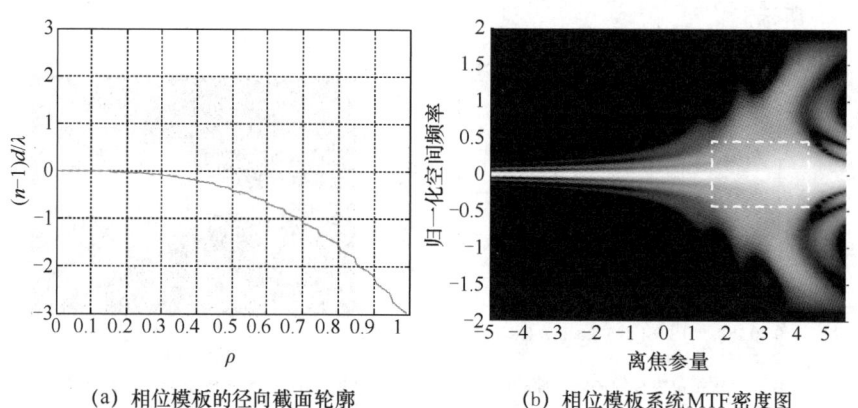

(a) 相位模板的径向截面轮廓　　(b) 相位模板系统MTF密度图

图 9.35　相位模板式（9.90）径向截面轮廓及其对应系统 MTF 密度图

从图可知，此相位模板系统的景深范围同样在高斯物面的一侧。如果要求最大归一化空间频率为 0.5，最小的 MTF 响应值为 0.05 时，景深范围为[λ, 3.7λ]，为普通圆形孔径相位模板景深的 2 倍多。

与"等面积分区——单侧离焦补偿"相位模板的 MTF 密度图对比，可以看出等长度分区时，景深范围更加远离高斯物面位置。这是因为采用等长度环形分区，外环的面积将大于内环的面积，而此时的外环补偿较大的离焦，从而对较大程度的离焦具有较好的补偿效果。除了景深范围有所平移之外，系统的 MTF 密度图没有发生显著变化。

3）Ⅰ型"等面积分区——双侧补偿"相位模板

该相位模板的表达式为：

$$f(x,y)=(-1)^i i\alpha\rho^2 \quad \left(\frac{i}{n}\leqslant\rho^2<\frac{i+1}{n}\right) \tag{9.91}$$

其中参数仍然不变。对应的径向截面轮廓以及 MTF 密度图如图 9.36 所示。

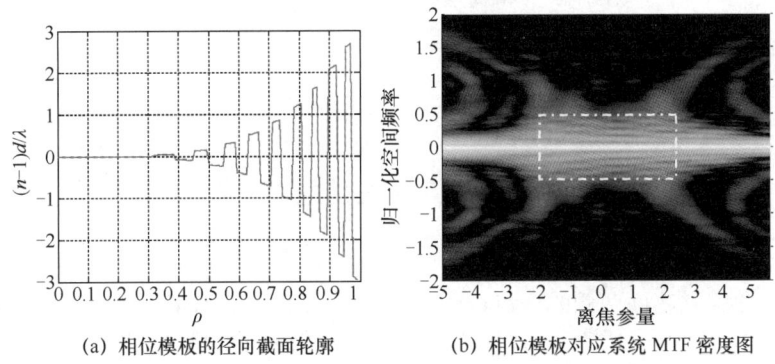

(a) 相位模板的径向截面轮廓　　(b) 相位模板对应系统 MTF 密度图

图 9.36　式（9.91）相位模板径向截面轮廓及其对应系统 MTF 密度图

从图 9.36（a）可以看到此时的相位模板已经不再是单侧离焦补偿，而是对高斯物面两侧离焦交替补偿。每个环带的相位因子的绝对值仍然是唯一的。观察图 9.36（b）可以看到，对应系统的景深范围得到了较大的改善。如果要求最大归一化空间频率为 0.5，最小的 MTF 响应值为 0.05 时，景深范围为[-2.1λ, 1.8λ]，为普通圆形孔径相位模板景深的 4 倍；这比前面提到的单侧补偿模板的系统景深都要大。不过从 MTF 密度图的灰度值可以看到，随着景深的增大，系统的 MTF 响应值下降了，即信噪比不如前面几个模板系统的 MTF 响应值高。如果系统要求的对比度不高，该相位模板可以满足要求。可以通过改变相位模板的分区以及离焦补偿常数 α 来调整系统的景深范围，相应地调整系统的最大归一化空间频率以及 MTF 响应值。

4）Ⅱ型"等面积分区——双侧补偿"相位模板

该相位模板的表达式为

$$f(x,y)=\begin{cases} i\alpha\rho^2 & \left(\dfrac{i}{n}\leqslant\rho^2<\dfrac{2i+1}{2n}\right) \\ j\alpha\rho^2 & \left(\dfrac{-2j+1}{2n}\leqslant\rho^2<\dfrac{-j+1}{n}\right) \end{cases} \tag{9.92}$$

其中，i 的取值为 $0\sim n-1$，j 的取值为 $-n+1$ 到 0，此时的相位模板分区数为 $2n$，$\alpha=1/k$，$\rho^2=x^2+y^2$。该相位模板的环带采用的为等面积分区域方法，相邻两环带分别用于补偿高斯物面两侧的离焦。和式（9.91）表示的相位模板不同的是对高斯物面两侧相同程度的离焦都有相应的相位因子进行补偿，相位因子的绝对值不再是唯一的。当 $n=10$ 时，相位模板沿半径方向的截面轮廓以及 MTF 密度图如图 9.37（a）和图 9.37（b）所示。从图可知，相位模板的景深范围为[-1.7λ, 1.7λ]，景深增大 3.4 倍。在和式（9.91）相位模板相同分区条件下，系统在景深范围内的最大归一化空间频率为 0.65，并且从灰度值可以看出 MTF 响应值也较大，在要求的景深范围内有较好的特性。

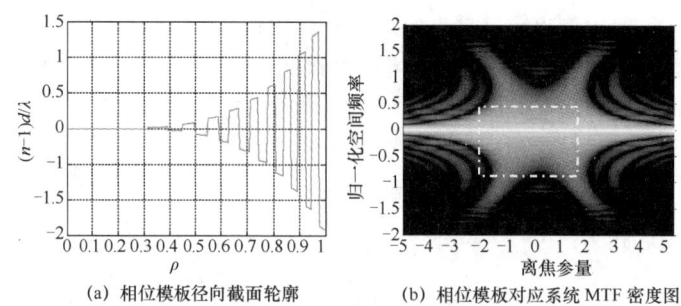

(a) 相位模板径向截面轮廓　　(b) 相位模板对应系统 MTF 密度图

图 9.37　式 (9.92) 相位模板径向截面轮廓及其对应系统 MTF 密度图

5) "等长度分区——双侧补偿"相位模板

该相位模板的表达式为

$$f(x,y)=\begin{cases}i\alpha\rho^2 & \left(\dfrac{i}{n}\leqslant\rho<\dfrac{2i+1}{2n}\right)\\ j\alpha\rho^2 & \left(\dfrac{-2j+1}{2n}\leqslant\rho<\dfrac{-j+1}{n}\right)\end{cases} \tag{9.93}$$

其中的参数与式 (4.22) 相位模板相同,该相位模板的环带采用的为等长度分区域方法,相邻两环带分别用于补偿高斯物面两侧的离焦。当 $n=10$ 时,相位模板沿半径方向的截面轮廓以及 MTF 密度图如图 9.38 (a) 所示。从图 9.38 (b) 中可以看出,采用等长度分区时,系统在离焦范围[-2λ, 2λ]内,最大归一化空间频率小于 0.5,MTF 响应值也较低。

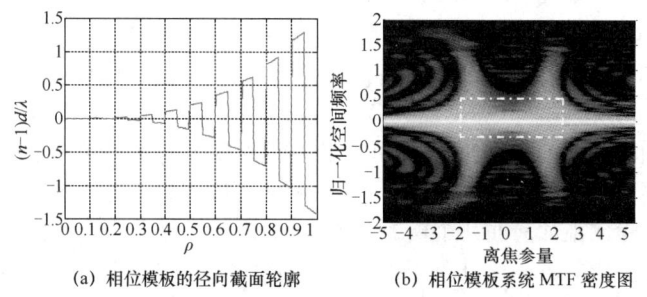

(a) 相位模板的径向截面轮廓　　(b) 相位模板系统 MTF 密度图

图 9.38　式 (9.93) 相位模板径向截面轮廓及其对应系统 MTF 密度图

本节对几种圆形分区相位模板进行了简单分析。在相同的分区数量以及离焦补偿常数下,单侧补偿型的相位模板景深增大程度较小,且景深范围的两个边界对应的最大空间频率存在着较大差别,不过此时的 MTF 响应值较大;双侧补偿型相位模板景深范围对高斯物面近似对称,景深范围为单侧补偿型相位模板对应景深的 2 倍左右。尤其是采用等面积分区式 (9.92) 相位模板系统的 MTF 密度图呈现出较好的特性。具体应用中可设置不同的分区数量和离焦补偿因子。

3. 多环分区圆对称相位模板的简化

上述等面积分区双侧补偿的相位模板,每个环带的相位随着半径的不同而连续变化,将对相位模板加工造成困难。若能对相位模板设计进行简化,将每个环带的渐变型相位变成固定相位值,会适当降低加工难度。如果将每个环带的渐变型相位用原来相位模板在相应环带的内环处的相位值替代,即

$$f(x,y)=\begin{cases}i\alpha\dfrac{i}{n} & \left(\dfrac{i}{n}\leqslant\rho^2<\dfrac{2i+1}{2n}\right)\\ j\alpha\dfrac{1-2j}{2n} & \left(\dfrac{-2j+1}{2n}\leqslant\rho^2<\dfrac{-j+1}{n}\right)\end{cases} \tag{9.94}$$

其中，i 的取值范围为 $0\sim n-1$，j 的取值范围为 $-n+1$ 到 0，$\alpha=1/k$，$\rho^2=x^2+y^2$。当 $n=10$ 时，相位模板沿半径方向的截面轮廓以及 MTF 密度图如图 9.39 所示。

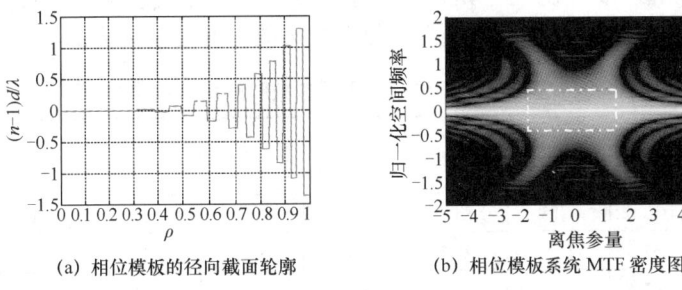

图 9.39　式（9.94）相位模板的径向截面轮廓及其对应系统 MTF 密度图

对比图 9.38（b）和图 9.37（b）可知，二者的 MTF 密度图相近。为进一步对两种相位模板进行对比，在图 9.40 中给出了两相位模板对应系统的 MTF 曲线，可以看出简化后的台阶型相位模板系统和简化前的渐变型相位模板系统的 MTF 很近似。由于圆对称型相位模板衍射受限系统的 PTF 均为 0 和 π，并且景深范围内的 PTF 为 0，故 MTF 曲线就可以全面地表达系统在景深范围内的成像特性。考虑到台阶型相位模板的加工更加方便，后面将对台阶型多环分区相位模板进行研究。

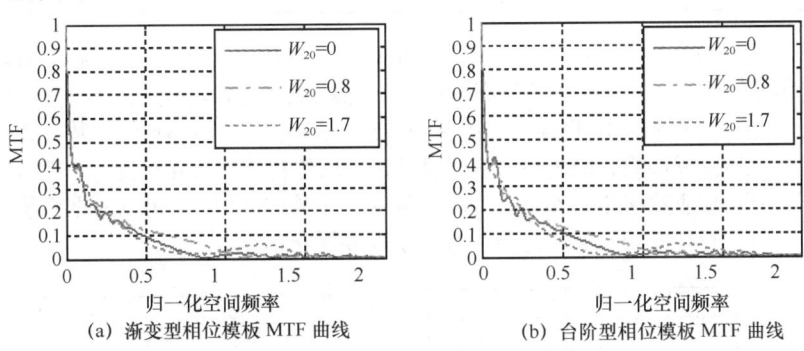

图 9.40　渐变型和台阶型相位模板的 MTF 曲线对比

4．多环分区圆对称相位模板的参数分析

多环分区圆对称相位模板具有两个可变参数，一是圆环分区数 n，另一个是离焦补偿常数 α。下面分析两个模板参数对成像系统特性的影响。离焦补偿常数 α 决定了相位模板的每个环形分区所补偿的离焦范围，如果取较大值，则每个环形分区将能补偿较大离焦范围，对一定的景深，分区数可以尽量减少。

圆对称型延拓景深成像系统可以用两个重要特性表示：最大归一化空间频率和景深范围，二者可以从二值化 MTF 密度图中得出，如图 9.41 中用虚线方框围成的区域，系统可以响应的最大归一化空间频率为虚线所围方框区域的上边界对应的纵轴坐标，图中即为 0.67。景深范围是指在系统的最大归一化空间频率时系统所对应的景深范围，为虚线所围区域在横轴上的投影，图中为 $[-1.6\lambda, 1.6\lambda]$。图 9.41 所示的二值化 MTF 密度图的二值化阈值为 0.05。

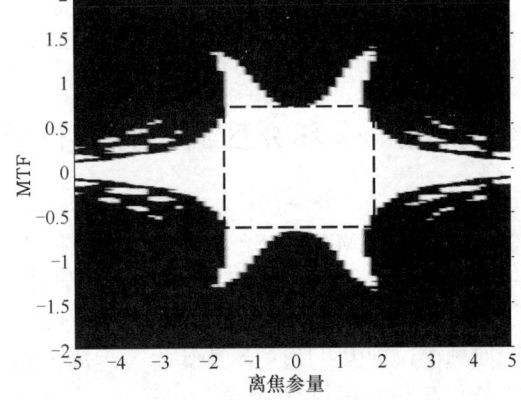

图 9.41　相位模板对应系统的二值化 MTF 密度图

改变多环分区圆对称相位模板的两个参数，并分析对应系统的二值化 MTF 密度图，可以得到在不同的模板分区数和离焦补偿常数条件下，系统"可以响应的最大归一化空间频率"和系统景深范围，如表 9.6 和表 9.7 所示。其中，第一行数据代表模板参数 n，$n=1$ 时即为普通的圆形孔径成像系统。第一列数据 a 为离焦补偿常数，其单位为 $\lambda/2\pi$。

表 9.6　多环分区相位模板不同参数时的系统景深 DOF

n α	1	3	5	7	9	11	13	15	17	19
0.7	1.0	1.12	1.75	2.07	2.39	2.79	3.03	3.34	3.50	3.66
1	1.0	1.67	1.99	2.55	2.95	3.34	3.46	3.42	3.90	4.14
1.3	1.0	1.67	2.27	2.87	3.34	3.34	3.74	3.98	4.30	4.46

表 9.7　多环分区相位模板取不同参数时的系统最大归一化响应频率 $U_{\max}$

n α	1	3	5	7	9	11	13	15	17	19
0.7	1.7	1.4	1.06	0.75	0.73	0.75	0.7	0.59	0.56	0.54
1	1.7	1.2	0.76	0.75	0.7	0.64	0.6	0.56	0.52	0.5
1.3	1.7	1.11	0.75	0.7	0.59	0.58	0.56	0.48	0.47	0.45

为了直观表达模板参数对系统特性的影响，将表 9.6 和表 9.7 中的数据绘制成曲线。图 9.42（a）表示在不同离焦补偿常数条件下，景深与模板参数 n 的关系。由图可知，在离焦补偿常数 α 不变时，随着 n 的增大，系统的景深 DOF 也增大。图 9.42（b）为在不同的离焦补偿常数 α 条件下，最大归一化空间响应频率与模板参数 n 的关系。从图可知，在离焦补偿常数 α 不变时，随着 n 的增大，系统的最大归一化空间响应频率 $U_{\max}$ 变小。多环相位模板在具体应用时，可以根据系统所要求达到的景深范围和归一化空间频率响应值，选择合适的模板参数 α 和 n。

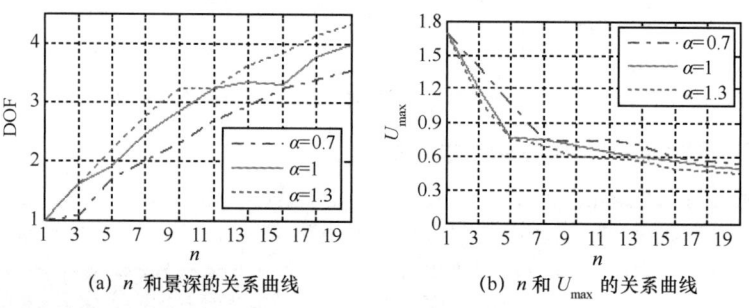

(a) n 和景深的关系曲线　　(b) n 和 $U_{\max}$ 的关系曲线

图 9.42　多环相位模板不同参数时的景深和 $U_{\max}$

9.3.2　多环分区圆对称相位模板对应系统的特性

前面讨论涉及一些模板系统的特性，如景深增大的程度、MTF 密度图信息。下面将对模板成像系统的 MTF、PSF 以及 Spoke 模拟成像情况进行分析。此处使用的相位模板参数为 $\alpha = \lambda/2\pi$ 和 $n=9$（分区数为 18）。多环分区圆对称相位模板光学成像系统的 MTF 曲线如图 9.43 所示。为了对比，也给出相应的普通圆形孔径衍射受限系统的 MTF 曲线。由图可知，在归一化空间频率范围[0, 1]内，系统在正常聚焦高斯物面到 1.5 倍离焦时的 MTF 曲线近似一致，并且也具有良好的 MTF 响应值。而普通光学系统的 MTF 曲线在 0.75 倍离焦时的截止频率已经衰减到 0.5，到 1.5 倍离焦时出现了对比度反转现象，并且截止频率仅为 0.25。

第 9 章 光学系统焦深的扩展与衍射极限的突破

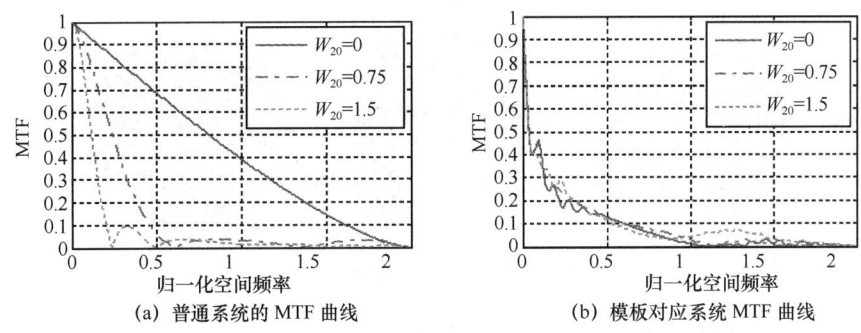

(a) 普通系统的 MTF 曲线 　　　　(b) 模板对应系统 MTF 曲线

图 9.43　普通系统和多环分区圆对称模板系统的 MTF 曲线

普通圆形孔径衍射受限系统和多环分区圆对称相位模板系统的整体归一化 PSF 曲线和局部归一化 PSF 曲线如图 9.43 所示。由图可知,普通光学系统随着离焦的增大,光强急剧下降,并且光斑光强分布偏离了理想的分布。而多环分区圆对称相位模板的成像系统在更大离焦范围内保持了点像光斑的光强分布,PSF 的形式和普通光学系统景深内的 PSF 相似,只是弥散斑半径稍大于衍射受限系统正常聚焦时的弥散斑半径。从图 9.44 (a.2) 和图 9.44 (b.2) 都可以看到,中心斑的强度要远大于旁瓣最大强度。从而多环分区圆对称相位模板成像系统在景深范围内得到的图像可以直接或者简单对图像增强即可用于后续工作。

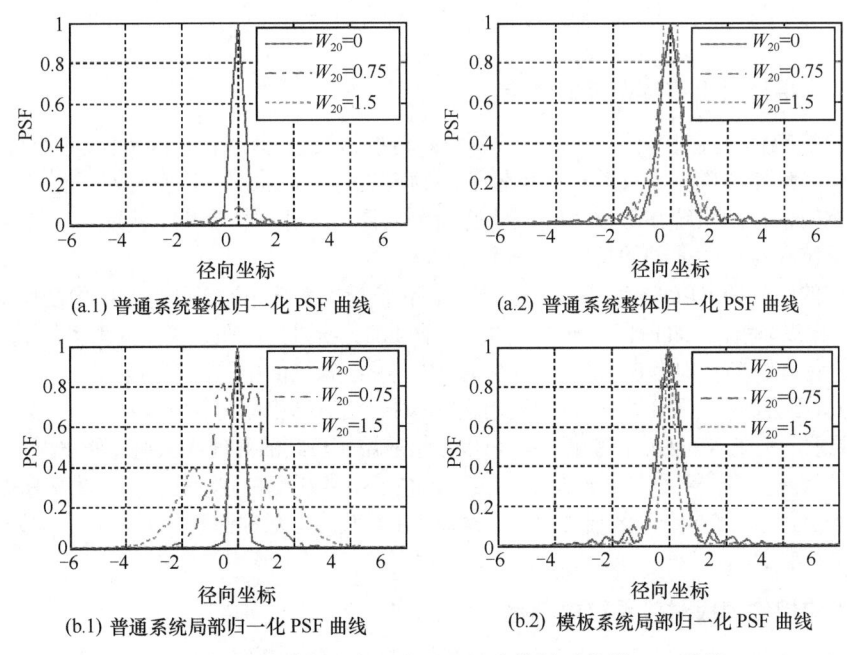

(a.1) 普通系统整体归一化 PSF 曲线　　　(a.2) 普通系统整体归一化 PSF 曲线

(b.1) 普通系统局部归一化 PSF 曲线　　　(b.2) 模板系统局部归一化 PSF 曲线

图 9.44　普通系统和多环分区圆对称模板系统的 PSF 曲线

图 9.45 给出了普通圆形孔径光学系统和多环分区圆对称相位模板成像系统对 Spoke 成像的仿真结果,其中图像均未进行图像复原操作。仔细观察 Spoke 图案的边缘会看到,普通光学成像系统在 0.75 倍离焦时 Spoke 像的边缘已经变得模糊,而多环分区圆对称相位模板成像系统得到的 Spoke 像的边缘仍具有较好的清晰度。当离焦进一步增大到 1.5 倍离焦时,可以看到多环分区圆对称相位模板成像系统的良好成像特性,一方面体现在边缘的清晰程度,另一方面为系统可以响应的频率更高,这可以从 Spoke 像的中心区域清晰程度看出。此外,模板对应系统未出现普通系统 1.5 倍离焦时的对比度反转现象。

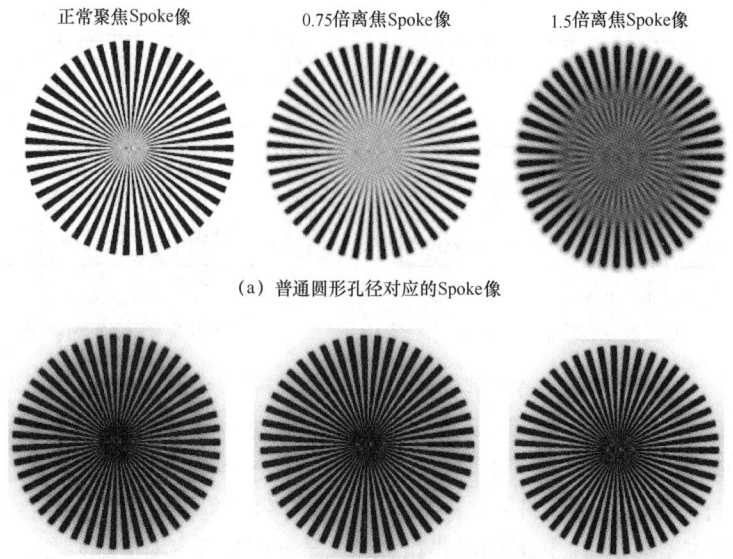

(a) 普通圆形孔径对应的Spoke像

(b) 多环分区圆对称相位模板对应的Spoke像

图 9.45 普通系统和多环分区圆对称相位模板系统的 Spoke 像

9.3.3 圆对称相位模板成像系统的优缺点

1. 圆对称相位模板成像系统的优点

（1）OTF 响应具有圆对称性。如果将频率空间转换为极坐标，相同极径对应的 OTF 响应值完全一致。即圆对称相位模板不仅对于频率轴上的频率具有较好的响应，而且对于任意方向的频率都有较好的响应值。故系统在除频率轴之外的频率上具有较好的抗噪声干扰能力，这优于立方相位模板成像系统在频率轴之外的抗噪声干扰能力。

（2）系统的中间像可以直接应用。与方形孔径相位模板系统相比无须进行图像复原操作，这是由圆对称相位模板系统的 OTF 特性所决定的。由前面的分析可知，在景深和分辨率范围之内，系统频域的相位传递函数 PTF 均为 0。相应地，在空域中，系统得到的中间像就不会发生不同频率信息的位移现象。也就不会出现由 PTF 引起的模糊现象。对于圆对称相位模板成像系统，只要系统的 MTF 响应值满足要求，系统得到的中间图像完全可以直接应用到后续的处理或识别过程中。

（3）相位模板具有圆对称性结构易于加工。该系统不需渐变型方形孔径相位模板所要求的逐点加工。尤其是对于台阶型多环分区圆对称相位模板，由于具有圆对称性且每个环带的厚度相同，这进一步降低了加工难度。

2. 圆对称相位模板对应系统的不足

（1）景深增大倍数较小。上面提到的两个相位模板系统的景深增大倍数一般在 4 倍左右。远小于方形孔径相位模板系统 10 倍的景深增大倍数。但是前已提及，方形孔径相位模板系统景深增大倍数不能直接与圆对称相位模板系统的景深增大倍数相比，这是由方形模板成像系统 OTF 频率响应的选择性决定的。

（2）归一化空间频率低于方形孔径相位模板系统。在景深范围内可以响应的最大归一化空间频率达不到方形孔径相位模板系统在频率轴上的最高响应频率。

上述圆对称相位模板系统的两个不足是将圆对称相位模板系统特性与方形孔径相位模板系统在频率轴上的系统特性进行比较得出的结论。上述结论并不适用于非频率轴上的频率响应，一般来说，在非频率轴上的系统响应，圆对称相位模板系统的特性优于方形孔径相位模板系统的特性。

9.3.4 初级像差的影响以及延拓景深图像的复原

延拓景深成像系统的实现是基于实际光学成像系统的，有必要研究像差对系统特性的影响。下面分析所得到的几种相位模板延拓景深成像系统的初级像差影响：球差、彗差、像散、畸变和场曲。

前面已提及，圆形孔径相位模板的中间图像可以直接应用，但是方形孔径相位模板系统的中间图像则必须要经过图像复原才能够使用。故下面还将讨论延拓景深成像系统的图像复原。

1. 初级像差相位因子及其像差的容限条件

瑞利（Rayleigh）最早开始用衍射理论来研究像差的影响，对成像系统可容许的球差给出了一个定量判据，该项瑞利判据对目视光学系统定为 1/4 波长，即所谓像差容限。表述为当波阵面形变小于 1/4 波长时，像的质量未受到严重影响。但是，将瑞利 1/4 波长定则应用到不同类型的像差时，所得到的衍射焦点强度值差异较大。所以，更为合适的做法是使容限判据的表达对应于衍射焦点强度规定一个值。Marechal 指出，当一个光学系统衍射焦点处的归一化强度大于或等于 0.8 时，该系统可以看作已校正的系统[93]。

上述实现延拓景深的方法是在一个实际成像镜头的出瞳（孔径光阑）处放置一块专门设计的延拓大景深相位模板。原始的成像镜头是经过良好设计的，满足初级像差容限条件。初级像差的类型包括球差、彗差、像散、畸变和场曲，产生的相位表达式[79]及其容限条件如表 9.8 所示。根据位移定理[8]，即一个像差函数，加上一项 $a\rho^2 + b\rho\cos\theta + c\rho\sin\theta + d$ 时，其中 a、b、c、d 均为 λ 量级的常数，结果并不改变衍射焦点附近三维强度分布的形态，而仅是使该分布整体上产生位移。从而可以得出畸变和场曲产生的相位因子并不改变衍射焦点附近的三维强度分布的形态，只是将分布进行位移。所以，仅考虑球差、彗差和像散三种初级像差对系统的影响。同时，也注意到场曲产生的相位因子和离焦相位因子都是二次相位因子，由于延拓景深成像系统对离焦不敏感，故延拓景深成像系统对于场曲具有很好的补偿效果。

表 9.8 各种初级像差的相位表达式及容限条件

初级像差类型	相位因子表达式 $W(x,y)$	容限条件
球差	$W_{40}\rho^4$	$|W_{40}| \leq 0.94\lambda$
彗差	$W_{31}\rho^3\cos^2\theta$	$|W_{31}| \leq 0.60\lambda$
像散	$W_{22}\rho^2\cos^2\theta$	$|W_{22}| \leq 0.35\lambda$
场曲	$W_{20}\rho^2$	—
畸变	$W_{11}\rho\cos\theta$	—

按照光学原理中有关像差容限的结论，在像差容限范围内考虑像差对系统成像特性的影响。无像差系统表示系统没有任何像差；一半球差表示在没有其他像差影响下，球差值为球差容限值一半；最大球差表示在没有其他像差影响下，球差值为球差容限值。一半彗差、像散和最大彗差、像散的情况与一半球差、最大球差情况类似。

2. 初级像差对 CPM 相位模板成像系统的影响

设 CPM 相位模板参数为 32.451。

1) 球差对 CPM 相位模板成像系统的影响

由于球差的相位因子是圆对称的，从而在两个频率轴上产生的影响是一致的，只需要对一个频率轴上的 OTF 曲线进行研究。图 9.46 给出了普通方形孔径衍射受限系统受球差的影响曲线，图 9.47 给出了 CPM 相位模板受球差影响的 OTF 曲线。由图可知，球差会使得不同离焦条件下的 MTF 响应值有所下降，相应地在高频处的截止频率也有所降低。对比普通方形孔径系统和 CPM 成像系统的 MTF 变化,可以看到 CPM 相位模板受球差的影响较小。由 CPM 模板系统的 PTF 差值曲线可知,随着球差的增大,PTF 差值也随之有所增加,不过曲线在低频部分基本上保持了线性关系。由于 MTF 响应值的降低以及 PTF 差值的增大,球差会使得景深范围有所缩减。但是,这只需要在最初选择模板参数时适当增大系统的设计景深就可以避免。此外,由于常用的延拓景深成像系统分辨率不需要、也不可能达到理论最高频率,在通常应用条件下,球差的影响可以接受。

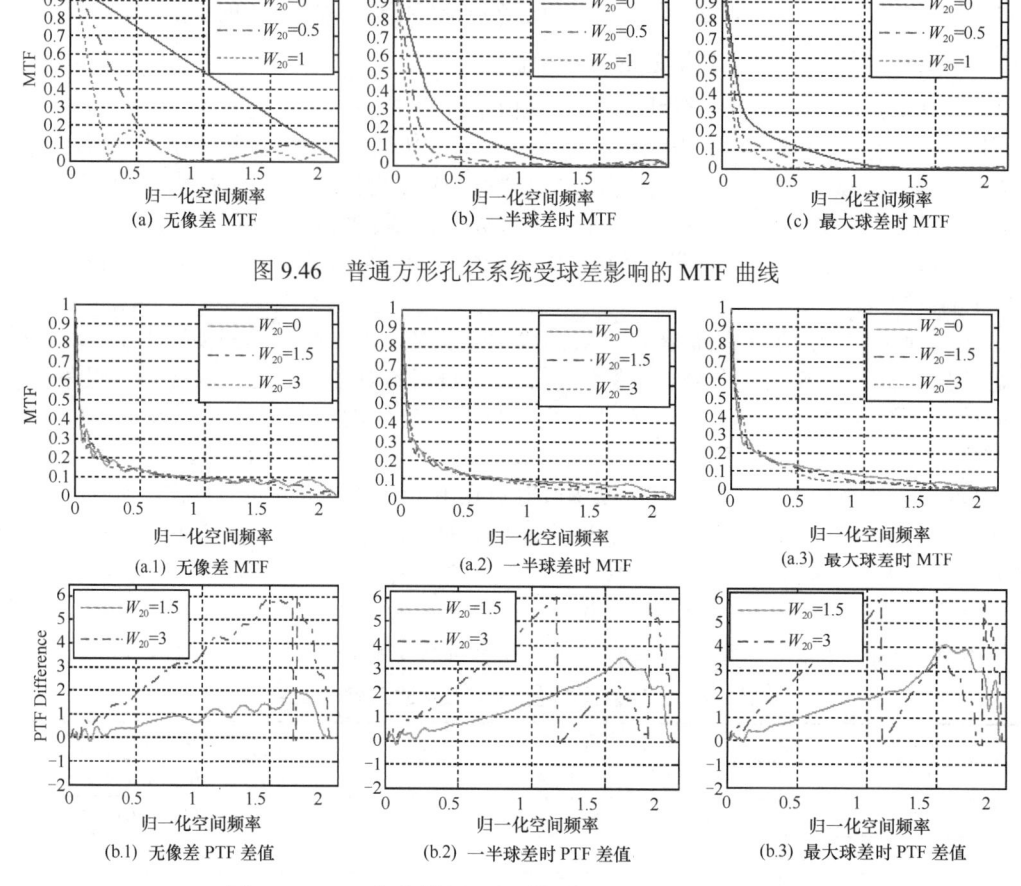

图 9.46 普通方形孔径系统受球差影响的 MTF 曲线

图 9.47 CPM 相位模板对应系统受球差影响的 OTF 曲线

由于球差的相位因子是极坐标半径的四次方,故对于整个频率平面上的 MTF 响应值会有所影响。图 9.48 给出了 CPM 相位模板在最大球差影响下 3 倍离焦时对应的三维 MTF 图。可以看到,虽然轴上 MTF 响应值有所降低,但是在非频率轴上的响应值有所增加。

2) 像散对 CPM 相位模板成像系统的影响

像散产生的相位因子为 $kW_{22}\rho^2\cos^2\theta$,

图 9.48 CPM 相位模板最大球差时离焦三维 MTF 图

最大容限为 0.35λ,最大像散时产生的相位因子为 $2.2x^2$,和 CPM 相位模板的 $32.451 x^3$ 相比,像散产生的相位在孔径的绝大多数位置远小于 CPM 相位模板的相位。从而,像散的影响很小,并且此时系统的广义光瞳函数为方形可分离的,从而空间坐标 y 轴对应的频率轴 v 上的 MTF 响应值将不受任何影响,在空间坐标 x 轴对应的频率轴 u 上的 MTF 响应值有较小变化。图 9.49

给出了 CPM 相位模板在无像差以及最大像散影响下两个频率轴上的 OTF 曲线,从中可以看到频率 v 轴 OTF 响应和无像差时完全一致;u 轴 MTF 响应值的变化非常小,同时 PTF 变化也较小,这和前面的理论分析一致。从而在像差容限范围内的像散对 CPM 相位模板成像系统的影响可以忽略。

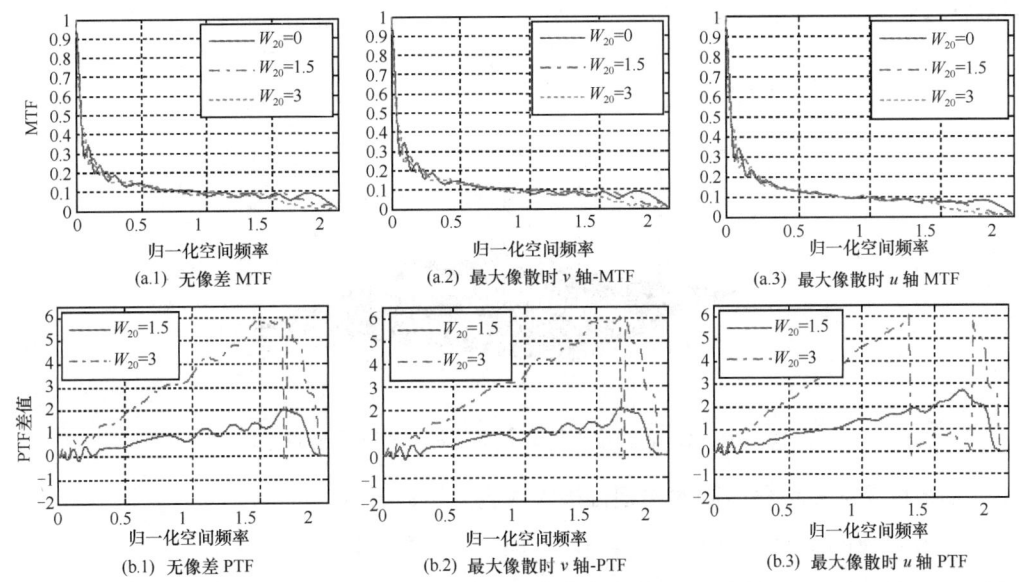

图 9.49 立方相位模板对应系统受像散影响的 OTF 曲线

3) 彗差对 CPM 相位模板对应系统的影响

彗差产生的相位因子为 $kW_{31}\rho^3\cos\theta$,转换成直角坐标即为 $kW_{31}(x^3+xy^2)$。此时相位模板对应的光瞳函数中的相位因子增加了两项内容,一项是增加了 CPM 相位模板的系数;另一项增加了相位因子 $kW_{31}xy^2$,它既不是圆对称型也不具有方形可分离性,故会影响系统的特性。图 9.50 给出了 CPM 相位模板系统在一半彗差和最大彗差时,系统在两个频率轴上的 MTF 曲线和 PTF 差值曲线。观察系统的 MTF 曲线的变化,可以看到 v 轴 MTF 响应值受彗差的影响较小,只是在最大彗差、较大离焦时的高

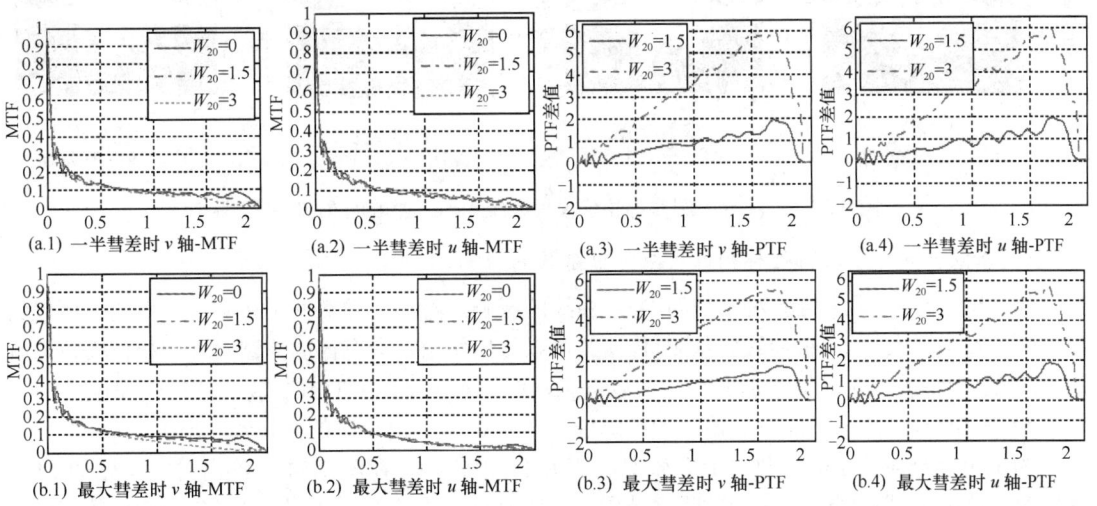

图 9.50 CPM 相位模板对应系统受彗差影响的 OTF 曲线

频 MTF 响应值有所衰减；u 轴 MTF 受彗差的影响较大，可以看到随着彗差的增大，MTF 响应值衰减程度较大，这并不意味着系统的 MTF 特性已经变得很差。这可以从图 9.51 中看到，彗差使得以前的频率轴上的 MTF 响应特性稍微偏离频率轴。从 PTF 差值曲线可以看出，彗差会使得 PTF 差值变得比无像差时的 PTF 差值更小。故像差容限范围内的彗差对 CPM 相位模板成像系统的影响可以忽略。

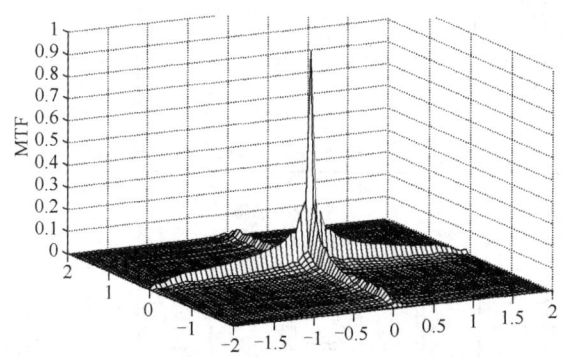

图 9.51　CPM 相位模板最大彗差时离焦三维 MTF 图

3. 初级像差对多环分区圆对称相位模板对应系统的影响

此处所使用的相位模板的参数 a 为 $\lambda/2\pi$，n 为 9（分区数为 18）。

1) 球差对多环分区圆对称相位模板对应系统的影响

由于球差带来的相位因子具有圆对称性，同时模板也具有圆对称性，故球差的影响可以从一个频率轴上 MTF 的变化进行分析。图 9.52 给出了模板对应系统在一半球差和最大球差时得到的 MTF 密度图。可以看到，球差使得景深范围不再对于高斯物面对称，并且景深范围随着球差的增大有所缩小。而在小于归一化空间频率 0.5 范围内，系统仍然呈现出良好的大景深特性。

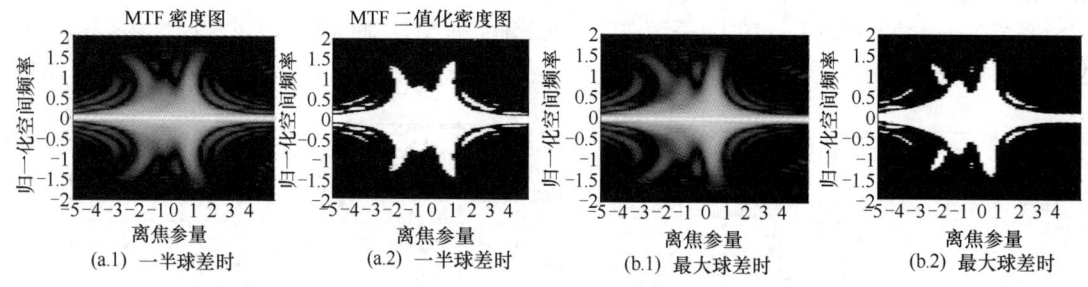

图 9.52　多环分区圆对称相位模板系统受球差影响的 MTF 密度图

2) 像散对多环分区圆对称相位模板对应系统的影响

图 9.53 给出了最大像散对系统的 OTF 曲线的影响。考虑到像散并不是圆对称性的，所以给出了两个频率轴上的 OTF 曲线。从 PTF 曲线可以得出结论，带有像散的圆对称型相位模板系统的 PTF 仍然保持 0 和 π。从 MTF 曲线可以看到，像散对于 v 轴 OTF 曲线没有影响，但是对于 u 轴的 MTF 曲线，1.5 倍离焦时的截止频率降低，同时 0.75 倍离焦时的截止频率增大。

为了更加全面地了解像散对于 u 轴对应的 MTF 的影响，在图 9.54 中给出对应 u 轴的 MTF 密度图。从中可以看到 u 轴对应的景深范围发生了平移，这就是 u 轴对应 MTF 的截止频率变化的原因。从而，像散的引入会稍微影响系统的景深范围。

第 9 章 光学系统焦深的扩展与衍射极限的突破

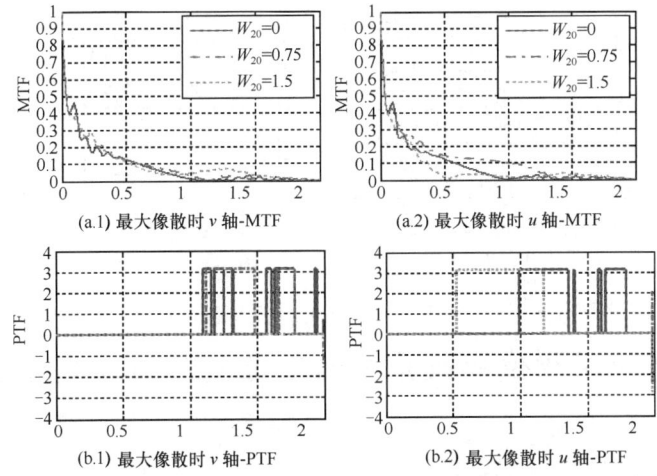

图 9.53 多环分区圆对称相位模板系统受像散影响的 OTF 曲线

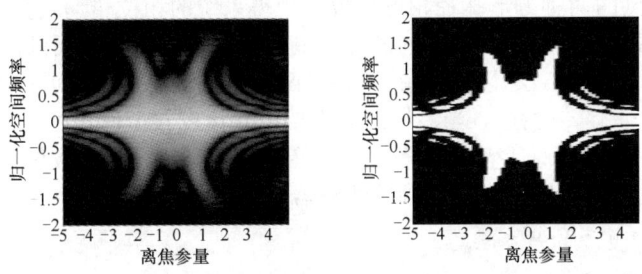

图 9.54 多环分区圆对称相位模板系统受像散影响的 u 轴 MTF 密度图

3) 彗差对多环分区圆对称相位模板对应系统的影响

图 9.55 给出了系统在一半彗差和最大彗差影响下的频率轴上的 OTF 曲线。对于频率 v 轴，PTF 取值在彗差影响下仍保持为 0 和 π，MTF 仅在较大彗差、较大离焦时有所衰减；对于频率 u 轴而言，彗差使得 PTF 数值变成了渐变型，随着彗差增大，PTF 差异也随着增大，不过在小于归一化频率 0.5 的范围内，PTF 的差值变化是线性的。u 轴 MTF 在较大彗差时，截止频率有所降低，但是在小于归一化频率 0.5 的范围内，具有良好的 MTF 响应。因此在像差容限范围内，彗差的影响在一定的空间频率范围内可以忽略。

上面分析了几种初级像差对多环分区圆对称相位模板系统的影响，都考虑了在最大像差极限条件时系统特性的变化。特别是前面分析的 u 轴 OTF 的变化，它对应着系统整个频率平面上 OTF 变化最大的方向。对于非频率轴上其他方向的 OTF 特性变差的程度相对较小。由于实际应用的成像系统的像差小于最大像差容限，并且可以通过选择良好的原型系统来尽量避免像差的影响，从而多环分区圆对称相位模板系统在一定的景深和分辨率范围内可以忽略像差的影响。

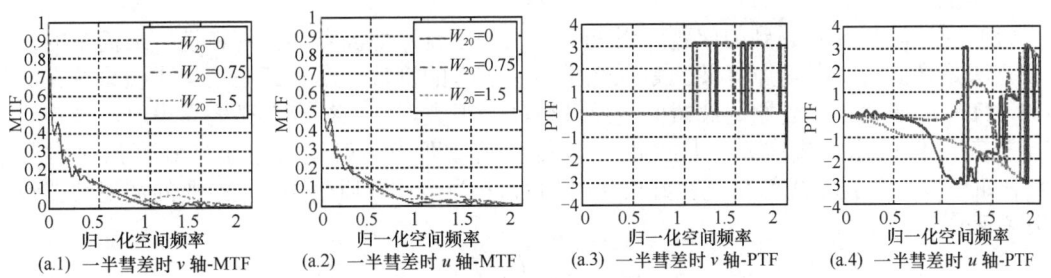

图 9.55 多环分区圆对称相位模板对应系统受彗差影响的 OTF 曲线

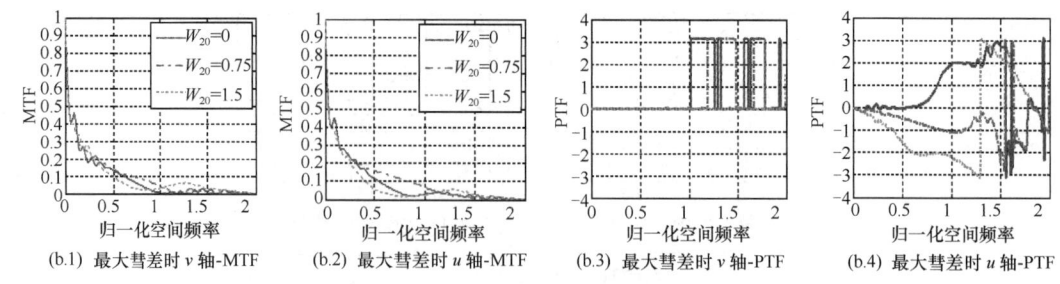

图 9.55 多环分区圆对称相位模板对应系统受彗差影响的 OTF 曲线（续）

9.3.5 延拓景深相位模板系统的图像复原与其光学成像系统的光学设计

1. 延拓景深图像复原

在 9.2.2 节中提到的两种方形孔径相位模板会使得系统的相位传递函数表现出非线性性质，从而使得模板大景深成像系统得到的中间图像模糊而无法直接应用于后续的处理，为此，必须进行图像复原操作。对于圆对称性相位模板大景深成像系统得到的中间图像，由于不存在相位传递函数的非线性（非旋转对称），当后续的处理要求对比度较低时，可以直接应用，若对比度要求较高，可以采取图像复原或者增强算法来改善对比度。从大景深成像系统景深范围内的光学传递函数出发，设计其中间图像复原频域滤波器[1]。

1）延拓景深图像复原的基本思路

图像复原是[80]去除或者减少在图像获取过程中发生的图像质量下降（"退化"），图像复原过程就沿着退化的逆过程来重现原图像。对于延拓景深成像系统得到中间像过程即为图像复原"退化"过程，在频域内延拓景深成像系统成像的退化模型为

$$G(f_x, f_y) = F(f_x, f_y) H(f_x, f_y) \tag{9.95}$$

其中，$G(f_x, f_y)$ 为系统成像的规范化频谱；$F(f_x, f_y)$ 为物体的规范化频谱；$H(f_x, f_y)$ 为成像系统的光学传递函数 OTF。频域的图像复原过程就是利用光学传递函数来设计复原滤波器并用于中间图像，以得到最终的延拓景深图像。延拓景深图像复原滤波器的设计要考虑对景深范围内所有中间图像都能用一个复原滤波器实现复原操作。同时要考虑到系统的景深范围需有较一致的光学传递函数曲线，在不同离焦时的 MTF 曲线存在着微小的差别。

2）方形孔径相位模板对应系统的图像复原

仍以 CPM 相位模板作为研究对象，从前面的讨论中，可知 EPM 相位模板在相同的景深和分辨率设计要求下优化得到的系统的 OTF 离焦不变性要优于 CPM 相位模板系统。故针对 CPM 相位模板系统设计的复原滤波器可以应用于 EPM 相位模板等方形孔径相位模板系统。下面仍取 CPM 相位模板参数为 32.451。

（1）逆滤波复原时遇到的问题。用 $R(f_x, f_y)$ 表示复原滤波器的频率特性。最简单的复原滤波方法是逆滤波，即复原滤波器是原光学传递函数的倒数，由于延拓景深成像系统在高频处的 MTF 响应较小，复原滤波器的复原参数就会很大，当系统存在微弱噪声时，噪声将会完全掩盖图像信息。成像系统最佳的光学传递函数即为衍射受限系统良好聚焦时对应的 OTF，如果以方形孔径成像系统良好聚焦时的 OTF 为最佳复原效果，从经典的逆滤波器设计方法着手[81]，则有

$$R(f_x, f_y) = \frac{H_c(f_x, f_y)}{H_0(f_x, f_y)} \tag{9.96}$$

其中，$H_c(f_x, f_y)$ 为延拓景深成像原型系统良好聚焦时的光学传递函数，$H_0(f_x, f_y)$ 为延拓景深成像系统的光学传递函数，由于该系统具有较好的离焦不变性，故取 $H_0(f_x, f_y)$ 为延拓景深成像系统高斯物面对应的光学传递函数。图 9.56 给出了延拓景深成像系统光学部分的 MTF 曲线、相应的复原滤波器曲线以及系统总 MTF 曲线。其中，系统的总 MTF 曲线是指光学部分的 MTF 响应与复原滤波器相乘得到的 MTF 响应值。

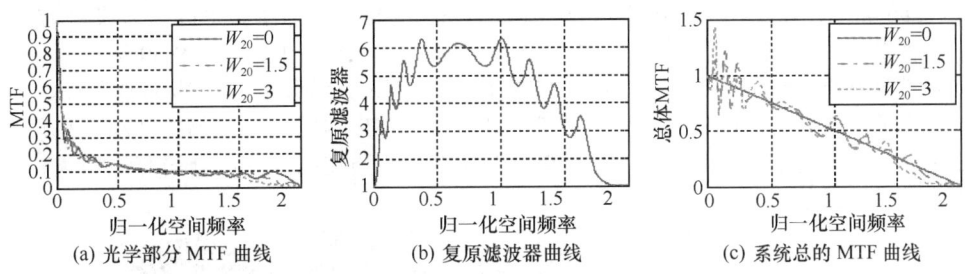

图 9.56　CPM 位模板对应系统的图像复原相关曲线

由系统总 MTF 曲线可知，在高斯物面之外的其他离焦条件下的总 MTF 曲线和衍射受限 MTF 曲线之间有较大偏差，这是由不同离焦时的 MTF 响应之间的微小差异决定的。对于图 9.56 中的总 MTF 曲线大于 1 的峰值出现在低频部分，所以对系统的复原影响并不大。如果取 $H_0(f_x, f_y)$ 为延拓景深成像系统在 3 倍离焦时对应的光学传递函数，所得到的复原滤波器曲线和系统总体 MTF 曲线如图 9.57 所示。

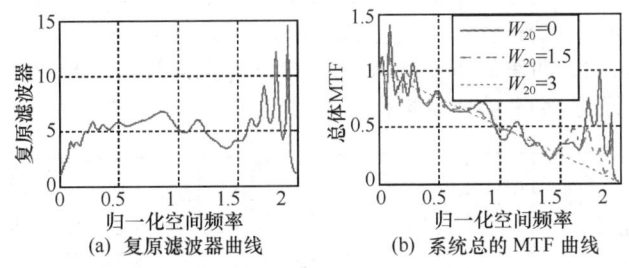

图 9.57　CPM 相位模板系统的直接逆滤波复原滤波器及总体 MTF 曲线

从图 9.57 可知，由于 0、1.5 倍离焦时在高频处的 MTF 响应值和 3 倍离焦时的 MTF 响应值都偏小，并且存在差异，从而使得系统总体 MTF 在高频处的响应偏大，这会在直接逆滤波时出现噪声掩盖图像信息的现象，如图 9.58 所示，给出了系统在高斯物面处的复原结果，可以看出复原得到的图像已经基本被噪声掩盖。为了避免由于 MTF 曲线的差异造成的总体 MTF 曲线出现较大波动，必须对复原滤波器进行修正，以适应延拓景深成像系统在不同离焦条件下的 MTF 曲线的微小差别。

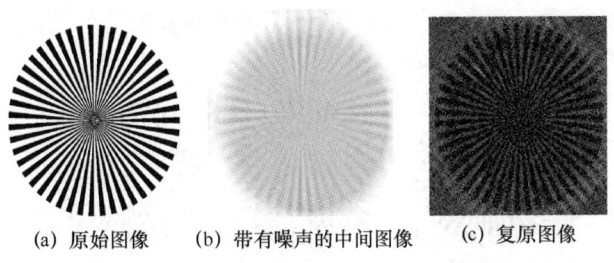

图 9.58　直接逆滤波的图像复原结果

（2）延拓景深图像复原滤波器。为了对不同离焦情况下的中间图像都具有较好的复原结果，对 $R(f_x, f_y)$ 滤波器进行了修正，得到了延拓景深图像复原滤波器函数为

$$\tilde{R}(f_x, f_y) = \frac{H_0(f_x, f_y)}{a|H_0(f_x, f_y)| - b} \exp\{-\mathrm{j}, \mathrm{angle}[H_0(f_x, f_y)]\} \tag{9.97}$$

其中，a 和 b 是两个常数，并且 $a+b=1$，适当选择 a 和 b 的数值就可以避免不同离焦时 MTF 响应的差异。angle 函数为光学传递函数 $H_0(f_x, f_y)$ 中的相位传递函数 PTF。如果取 $H_0(f_x, f_y)$ 为延拓景深成像系统在 3 倍离焦时的光学传递函数，对应于图 9.57。图 9.59 给出了修正后的延拓景深图像复原滤波器以及系统总体 MTF 曲线，延拓大景深复原滤波器中的常数 a 为 0.97。可以看到此时的系统总 MTF 响应在高频部分避免了 MTF 响应差异引起的波动，呈现出良好的衍射受限性质。对应于图 9.58，图 9.59(c)为复原滤波器在高斯物面处的复原结果，该结果已经可以用于后续的处理。

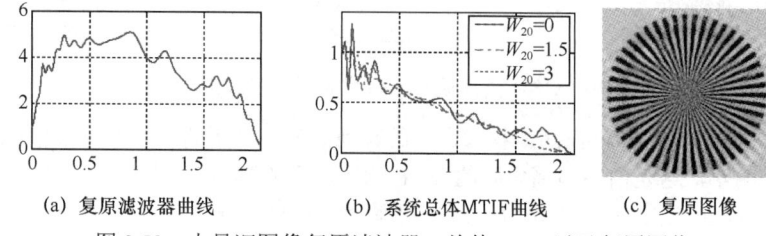

(a) 复原滤波器曲线　　(b) 系统总体MTIF曲线　　(c) 复原图像

图 9.59　大景深图像复原滤波器、总体 MTF 以及复原图像

（3）延拓景深图像复原滤波器的应用。上述得到了延拓景深图像复原滤波器，下面将利用该滤波器对 CPM 相位模板系统中间图像进行复原。取 $H_0(f_x, f_y)$ 为延拓景深成像系统高斯像面处的光学传递函数。应用延拓景深复原滤波器，并取参数 α 为 0.97。则此时系统的复原滤波器以及系统总体 MTF 曲线如图 9.60 所示。可以看出系统总体 MTF 曲线仅在低频处有所波动，基本保持了良好的 MTF 响应特性。

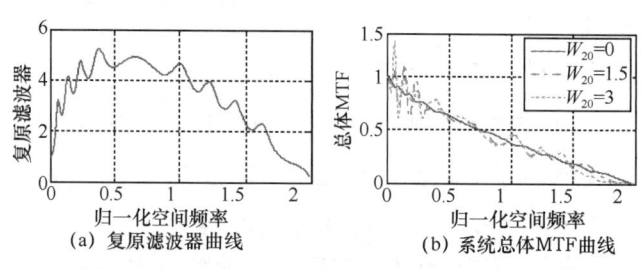

(a) 复原滤波器曲线　　　　　(b) 系统总体MTF曲线

图 9.60　CPM 系统复原滤波器及总体 MTF 曲线

下面将延拓景深图像复原滤波器用于 CPM 模板系统得到的中间图像的复原。首先对系统得到的 Spoke 像进行复原，在 9.2.2 节中已经给出了普通方形孔径系统以及 CPM 相位模板系统在不同离焦时得到的图像，在这里只给出复原后的 Spoke 图像，如图 9.61 所示。由图可知，在高斯像面处（也即 0 倍离焦）得到的复原图像很好，背景也呈现出良好的特性，在其他离焦条件下，系统的背景出现了一些假轮廓，这是由于不同离焦时相位传递函数之间差值的非线性造成的。此时得到的复原图像已经可以用于后续的处理。

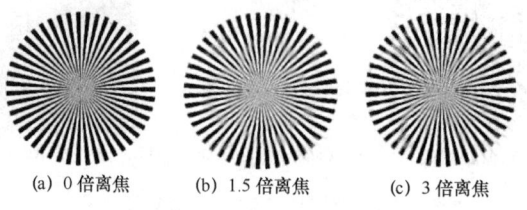

(a) 0 倍离焦　　(b) 1.5 倍离焦　　(c) 3 倍离焦

图 9.61　CPM 系统得到的 Spoke 中间图像的复原

考虑到延拓景深成像系统在机器视觉中的应用，这里给出 CPM 相位模板系统在条码识别应用中的例子，如图 9.62 所示，同时给出了普通方形孔径系统在相同离焦条件下得到的图像。其中第一行代表普通系统在 0 倍、1.5 倍以及 3 倍离焦时得到的图像，第二行为延拓景深成像系统复原后得到的最终图像，在较大离焦条件下也能够获得较清晰的复原成像。

(a) 普通方形孔径系统在不同离焦时得到的图像

(b) CPM 对应大景深成像系统在不同离焦时得到的图像

图 9.62　CPM 对应系统在条码识别中的应用

2. 圆对称型相位模板成像系统的图像复原

以多环分区圆对称相位模板的延拓景深成像系统为例进行图像复原。如前所述，由于圆对称型相位模板不会使相位传递函数出现非线性现象，故系统得到的中间像在对比度要求不严格时是可以应用的，这从 4.2 节中介绍多环分区圆对称模板系统特性可知。若将退化的图像进行复原，同样可以采用延拓景深图像复原滤波器。

下面设相位模板参数 n 为 9 和 a 为 $\lambda/2\pi$。由系统的 MTF 曲线可知，景深范围内高频处的 MTF 响应值近于 0，故可以将频域的复原限制在一定频率之内，此处选择归一化空间频率 1。采用的延拓景深图像复原滤波器的常数 a 为 0.9。如图 9.63 给出了成像系统的光学部分的 MTF 曲线、相应的复原滤波器曲线及系统总体 MTF 曲线。从中可知系统总体 MTF 具有较好的响应。

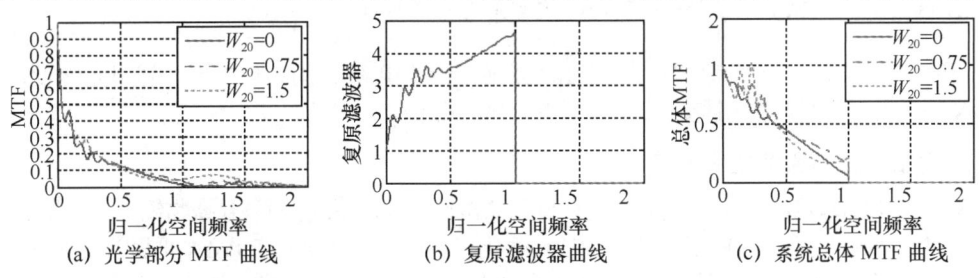

(a) 光学部分 MTF 曲线　　(b) 复原滤波器曲线　　(c) 系统总体 MTF 曲线

图 9.63　多环分区圆对称型相位模板系统的图像复原相关曲线

图 9.64 给出了上述图像复原滤波后的 Spoke 中间图像的复原结果，经复原的最终图像有更好的对比度。

(a) 0 倍离焦　　　　(b) 0.75 倍离焦　　　　(c) 1.5 倍离焦

图 9.64　多环分区圆对称相位模板系统复原的 Spoke 中间像

图 9.65 给出了多环分区圆对称相位模板延拓景深成像系统识别条码的例子。上图为普通圆形孔

径系统在 0 倍、0.75 倍以及 1.5 倍离焦时的图像，下图为延拓景深成像系统复原后的最终图像。从图中可知，多环分区圆对称相位模板延拓景深成像系统在较大离焦条件下也能够实现较清晰的成像质量。得到的图像没有频域相位传递函数的非线性影响，图像质量也优于方形孔径相位模板系统复原后得到的图像。

(a) 普通圆形孔径系统在不同离焦时得到的图像

(b) MA 模板对应大景深成像系统在不同离焦时得到的图像

图 9.65　多环分区圆对称相位模板延拓景深成像系统用于识别条码

9.3.4 节讨论了处于普通成像系统像差容限之内的初级像差（球差、彗差、像散、畸变和场曲）对大景深成像系统的影响。由于畸变和场曲产生的相位因子并不改变衍射焦点附近的三维强度分布形态，仅考虑球差、彗差和像散对系统的影响。由于实际应用成像系统的像差小于像差容限，从而使相位模板成像系统在一定的景深和分辨率范围内可以忽略像差的影响。

系统景深范围内的不同 MTF 曲线的差异会导致传统复原方法在对大景深成像系统的中间图像复原时失效，通过选择合适的滤波器参数，修正传统图像复原方法的大景深图像复原滤波器可以消除 MTF 响应差异造成的影响。大景深成像系统在条码识别中的应用表明了复原滤波器的有效性和大景深成像系统的成像结果。

9.3.6　延拓景深光学成像系统的光学设计

本节基于一个传统成像系统原型，在孔径光阑位置加以优化的相位模板，利用光学设计软件 ZEMAX[82]，对相位模板延拓景深光学成像系统进行分析。

1. 延拓景深的原型成像系统

设对一个 10 倍显微物镜进行优化改造成延拓景深原型成像系统。对该显微物镜进行了如下改造：去掉载玻片，不限共轭距，在孔径光阑位置加一块厚 2 mm 的有机玻璃 PMMA 平板[83]。其目的是作为相位模板的设计基底。优化后的镜头基本参数如表 9.9 所示，相应光路如图 9.66 所示。

表 9.9　EDOF 系统的原型成像系统基本参数

面号	曲率半径（r）	厚度（d）	玻璃牌号	半通光孔径（$D_a/2$）
物面	∞	−152.000（物距）	—	8.00
1	∞	2.000	PMMA	3.79
2	∞（光阑）	2.000	—	3.75
3	13.086 080	3.531	K5	4.95
4	−9.377 680	1.168	F2	4.95
5	−112.246 00	8.513	—	4.95
6	11.483 340	3.353	K5	4.19
7	−6 007 200	0.975	F2	4.19
8	−21.252 180	7.669	—	4.19
像面	∞	—	—	0.81

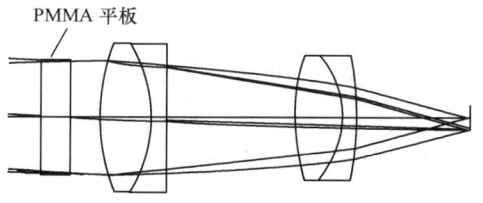

图 9.66　EDOF 系统原型成像系统光的路图

该系统的焦距为 15 mm，入瞳直径为 7.5 mm，出瞳直径为 44.5 mm，放大倍率为 0.101 344，物距为 162.7 mm，像距为 16.5 mm。物方视场设置为 0 mm、5.6 mm 和 8 mm，波长设置为 0.486 μm、0.587 μm 和 0.656 μm。对应于高斯像面及其前后各 3 mm 处的 MTF 曲线和 PTF 曲线，如图 9.67 所示，其中的 MTF 曲线和 PTF 曲线包括了不同视场、不同波长在子午和弧矢两个方向的 MTF 信息。当物体成像偏离高斯像面一个小量时，系统的 MTF 响应值出现零值点，以及对比度反转现象。如果要求在 200 线对/mm 的频率范围内 MTF 响应值不出现零值点，则系统的景深范围大约为从高斯像面前 0.8 mm 到其后 2.6 mm 处，共 3.4 mm。此外，在高斯像面中心视场的 PTF 曲线有零值，边缘视场的 PTF 有较小的相位变化。离焦较大时，某些视场处如高斯像面后 3 mm 处的最大视场的 PTF 曲线出现了较大的差异。

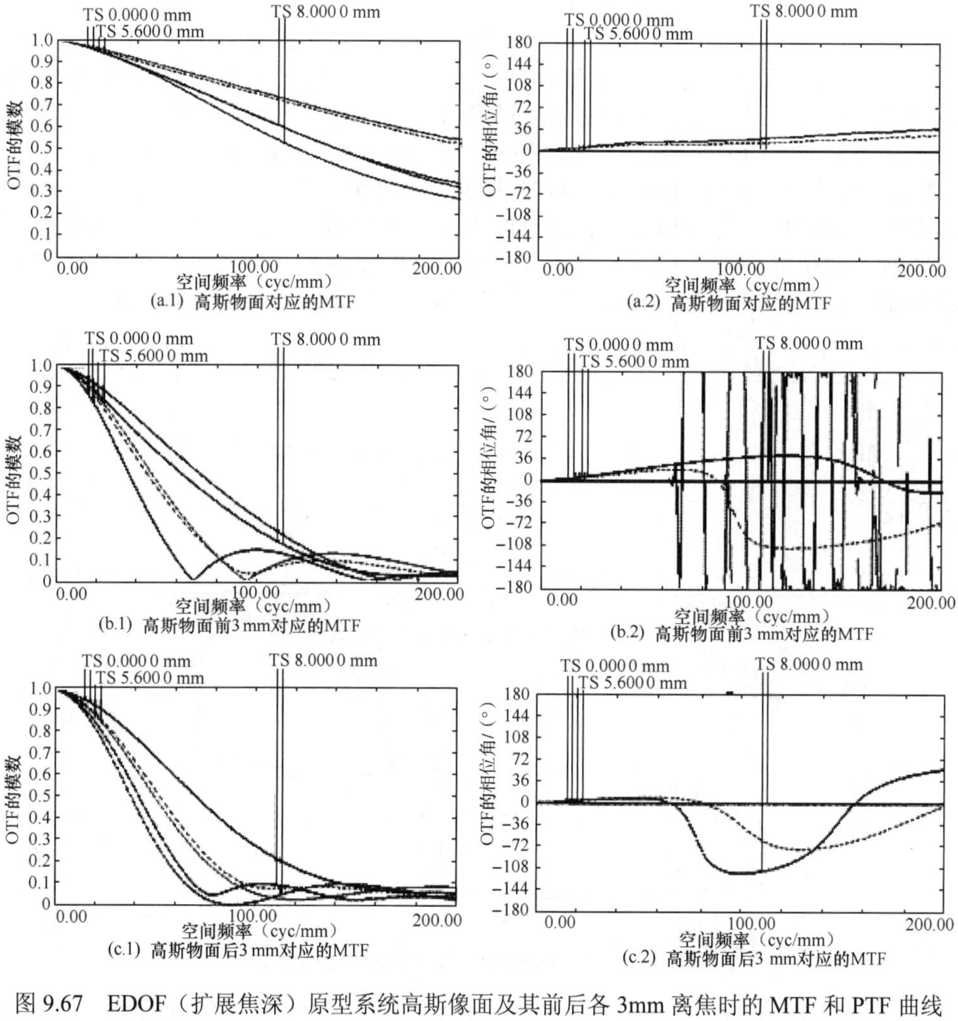

图 9.67　EDOF（扩展焦深）原型系统高斯像面及其前后各 3mm 离焦时的 MTF 和 PTF 曲线

2. 方形孔径相位模板大景深成像系统

为了适应方形孔径相位模板,将圆形孔径光阑修改为方形孔径,将 9.2.2 节中的两种方形孔径相位模板加载到系统中,进行分析。

1)立方相位模板大景深成像系统(CPM-EDOF)

CPM 相位模板系统的光瞳函数为

$$P(x,y)=\begin{cases}\dfrac{1}{\sqrt{2}}\exp\left[j\alpha\left(x^3+y^3\right)\right] & |x|\leqslant 1 \quad |y|\leqslant 1 \\ 0 & \text{其他}\end{cases} \quad (9.98)$$

为了将 CPM 加入到光学成像系统光路中,须将 CPM 相位模板的光瞳函数转换成光学组件的曲面表达式。CPM 相位模板产生的相位表示式为 $\alpha(x^3+y^3)$。将相位模板看成是相位变换器[84],则相位模板的曲面表达式 $d(x, y)$ 应满足

$$d(x,y)=\dfrac{\alpha}{k(n-1)}\left(x^3+y^3\right) \quad (9.99)$$

其中,α 为 CPM 相位模板光瞳函数中的参数;k 为波数;n 为所用材料的折射率。计算中考察的主要波长为 0.587 μm,PMMA 材料的折射率 n_d 为 1.492。取模板参数为 90,通过计算可以得到曲面表达式 $d(x, y)$ 中 (x^3+y^3) 的系数为 0.02。

确定了相位模板的曲面表示式就可将相位模板加入到成像系统的光路中,将相位模板的曲面部分设置在原型系统的孔径光阑位置。CPM 相位模板的面形可以利用 ZEMAX 中提供的 Extended Polynomial 面形求解,将计算得到的参数输入到对应的多项式系数,得到相应的系统。为了验证加载 CPM 相位模板后的成像系统具有延拓景深成像特性,类似于原型系统分析,求出高斯像面及其前后 3 mm 像面处的 OTF 曲线,如图 9.68 所示。可以看出,在小于 200 线对/mm 空间频率范围内,不同视场、波长的 MTF 曲线有好的离焦不变性,且没有出现 MTF 零值点。此时的 PTF 曲线也保持了较好的离焦不变性。系统的 OTF 均保持了良好的离焦不变特性,意味着在高斯像面前后 3 mm 范围内,可以用同一个复原滤波器实现所有中间图像的复原处理。

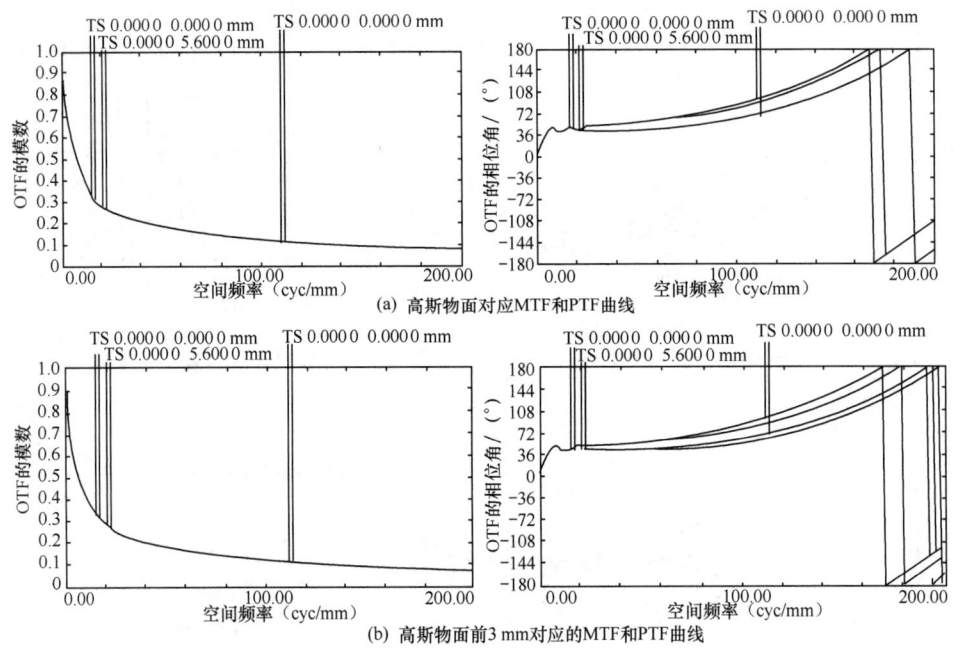

图 9.68 CPM-EDOF 系统高斯物面及其前后 3 mm 离焦时对应的 OTF 曲线

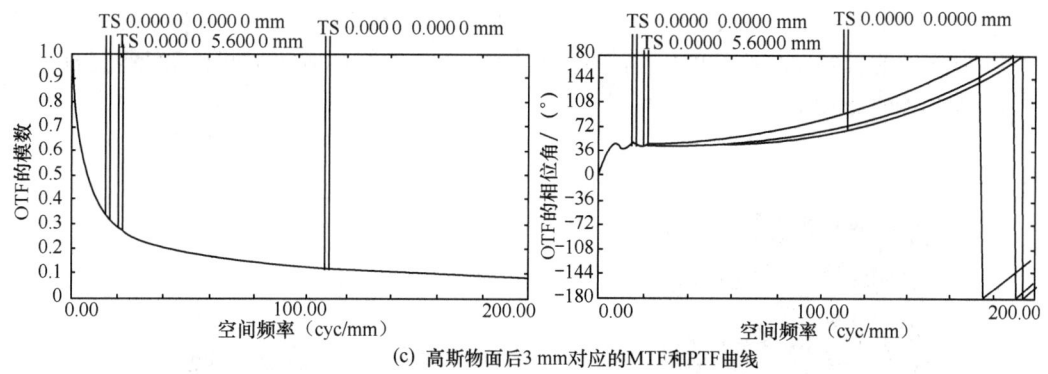

(c) 高斯物面后 3 mm 对应的 MTF 和 PTF 曲线

图 9.68　CPM-EDOF 系统高斯物面及其前后 3 mm 离焦时对应的 OTF 曲线（续）

继续增加离焦量，当实际像面偏离高斯像面 40 mm 时，对应的 MTF 曲线和 PTF 曲线如图 9.69 所示。从图 9.69（a）中可知，系统的 MTF 曲线仍然保持了良好的响应，只是 MTF 响应值有所降低，如 200 线对/mm 处的响应值从以前的 0.08 降低到 0.05，并且同样没有出现 MTF 响应零值。由图 9.69（b）所示的 PTF 曲线可知，两种情况下的 PTF 曲线已经发生了很大变化，这意味着仅利用基于频域的逆滤波器难于完成图像复原，即滤波器必须要考虑相位的变化，否则，不同离焦时的中间像经过复原后得到的像会变模糊。平面物体成像在不同离焦时的 PTF 差值为线性关系，可以通过复原得到较好的图像，而在空域会产生一个平移。但是对于三维物体成像，PTF 的差异过大将会导致复原图像模糊。

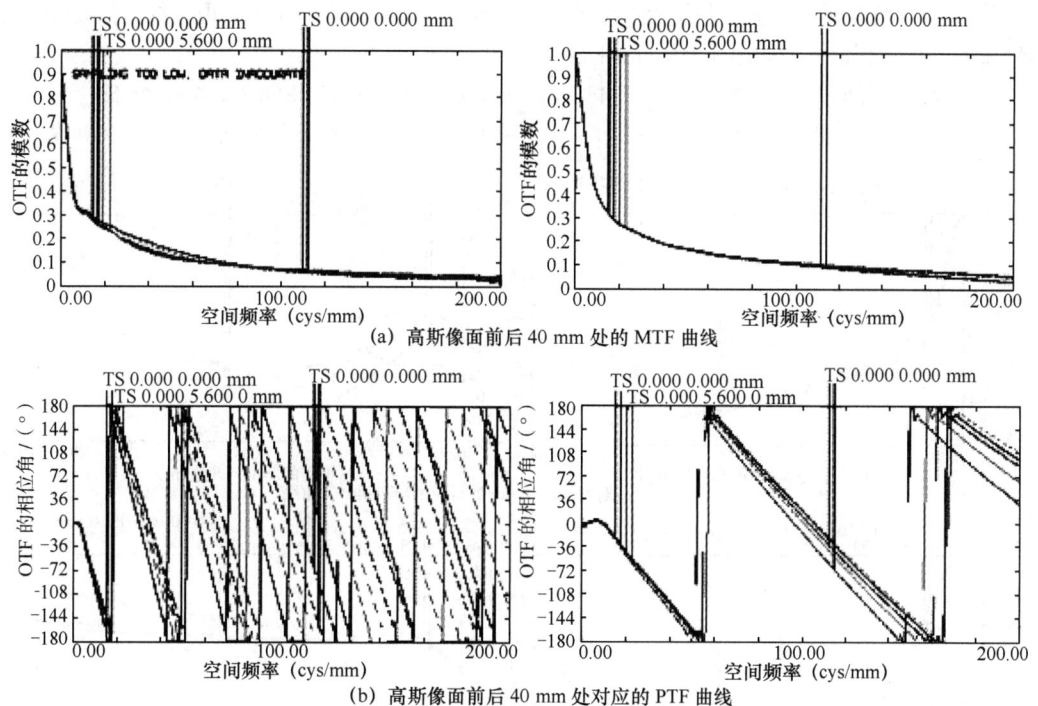

(a) 高斯像面前后 40 mm 处的 MTF 曲线

(b) 高斯像面前后 40 mm 处对应的 PTF 曲线

图 9.69　CPM-EDOF 系统离焦时的 OTF 曲线

对景深范围不仅要注意 PTF 曲线的离焦不变特性，还要注意方形孔径相位模板系统的频率选择性，在频率轴上具有很好的响应，而在非频率轴上的 MTF 响应值很低。图 9.70 给出了三维 MTF 图。

前面从频域角度分析了成像系统的特性,下面从空域来分析成像系统特性。图9.71给出了系统在高斯物面及其前后20 mm处的PSF图。图中所示PSF分布表明CPM相位模板系统得到的中间像必须经过复原才能够使用。

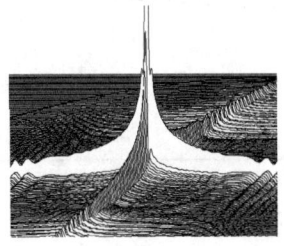

图9.70 CPM-EDOF系统高斯物面及高斯像面处的三维MTF图

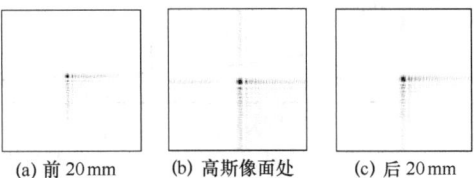

(a) 前20mm　　(b) 高斯像面处　　(c) 后20mm

图9.71 CPM-EDOF系统图其前后20 mm处对应的PSF图

2)指数相位模板延拓景深成像系统(exponential phase mask-extended depth of field, EPM-EDOF)

EPM相位模板系统的光瞳函数

$$P(x,y)=\begin{cases}\dfrac{1}{\sqrt{2}}\exp\left\{j\alpha\left[x\exp(\beta x^2)+y\exp(\beta y^2)\right]\right\} & |x|\leqslant 1 \quad |y|\leqslant 1 \\ 0 & \text{其他}\end{cases} \quad (9.100)$$

类似于CPM相位模板,同样需要将相位表示成曲面的表示式。首先,将相位模板的相位因子展开成泰勒级数,再根据相位因子与模板厚度的关系,得出相应的曲面表示式。取模板参数 $\alpha=109.532$ 和 $\beta=0.209$,得到相位模板曲面在 x 坐标上的表示式 $d(x)$:

$$d(x) = 0.206\,893\,777\,8\mathrm{e}\text{-}1\times x+0.432\,407\,995\,6\mathrm{e}\text{-}2\times x^3+0.451\,866\,355\,4\mathrm{e}\text{-}3\times x^5+ \\ 0.314\,800\,227\,6\mathrm{e}\text{-}4\times x^7+0.164\,483\,118\,9\mathrm{e}\text{-}5\times x^9+O(x^9) \quad (9.101)$$

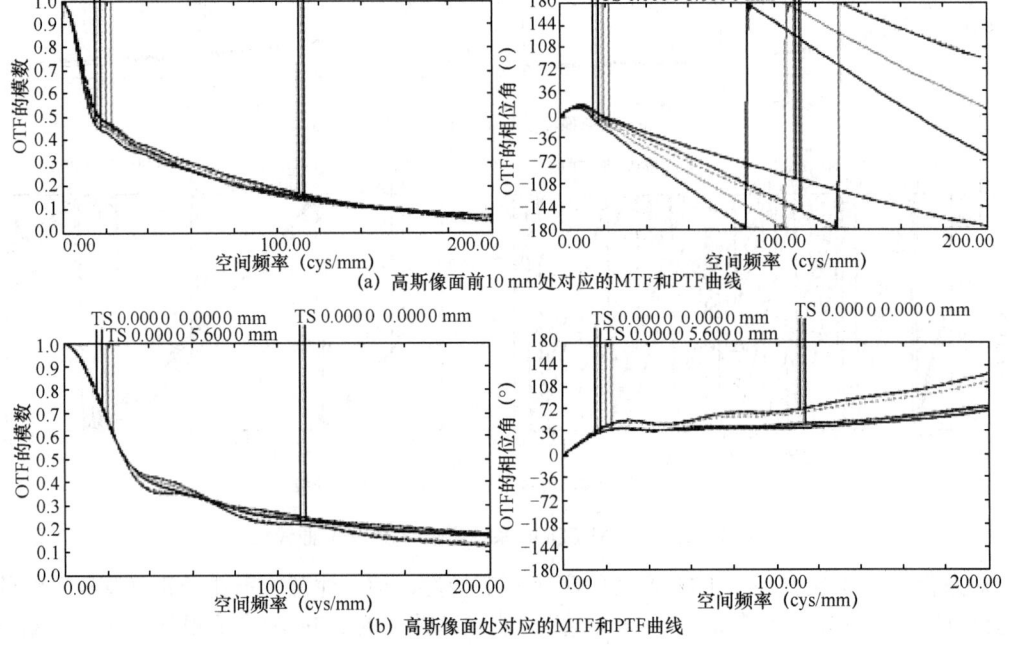

(a) 高斯像面前10 mm处对应的MTF和PTF曲线

(b) 高斯像面处对应的MTF和PTF曲线

图9.72 EPM-EDOF系统在不同物距时的OTF曲线

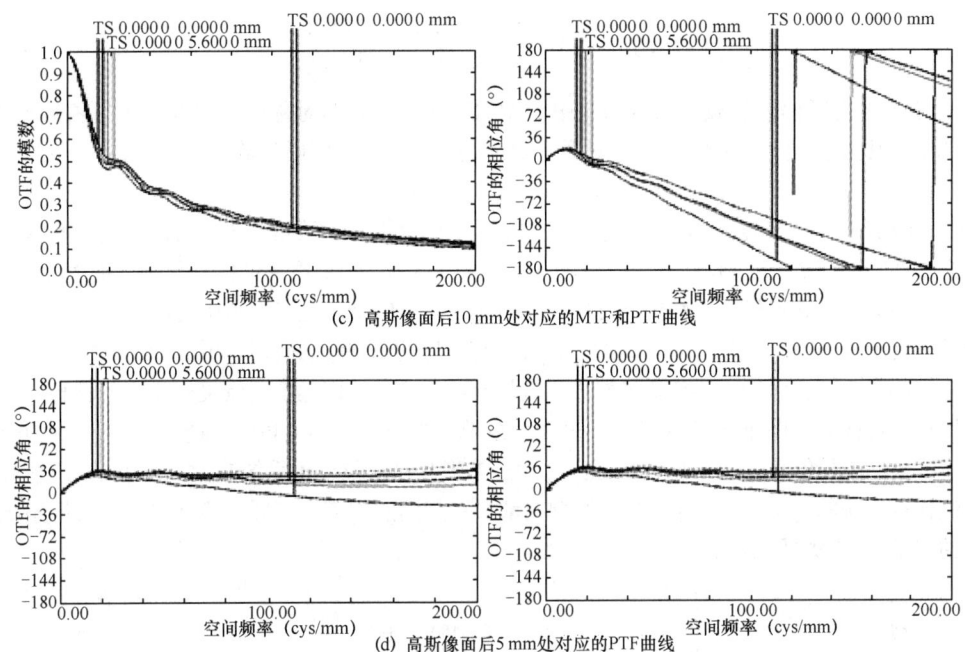

图 9.72 EPM-EDOF 系统在不同物距时的 OTF 曲线（续）

y 坐标上的系数与 $d(x)$ 表示式的系数完全相同。类似于 CPM 加载方式，将相位模板表面函数输入 ZEMAX 参数中，得到了指数型相位模板延拓景深成像系统 EPM-EDOF。

图 9.72 给出了物体处在高斯像面及其前后 10 mm 处对应的 MTF 曲线和 PTF 曲线，以及高斯像面前后 5 mm 处的 PTF 曲线。从中可知，MTF 曲线呈现出良好的延拓景深特性。离焦 PTF 与高斯像面对应的 PTF 的差异随着离焦的增大而变大，当频域对应的相位差异在空间发生的位移能够忽略时，可以认为复原后得到良好的延拓景深图像。

图 9.73 给出了系统在高斯像面前后 10 mm 处的 PSF 图。从中可知，系统在不同离焦时点扩散函数位置和尺寸有所不同，但是其形状有很高的相似性，即表明系统的离焦不变性，而尺寸以及位置的不同，表明频域中相位传递函数 PTF 的不同造成的影响。

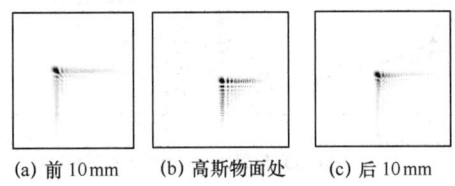

(a) 前 10mm　　(b) 高斯物面处　　(c) 后 10mm

图 9.73 EPM-EDOF 系统高斯像面及其前后 10 mm 处的 PSF 图

对于 CPM-EDOF 系统和 EPM-EDOF 系统，通过调整模板参数，可以明显改善系统 OTF 的离焦不变特性，同时也会造成子午和弧矢方向的 MTF 的响应值降低。或者通过调整模板参量来满足系统对 MTF 响应值的要求，这又会降低系统的离焦不变性。实际设计系统时，要结合系统对景深、分辨率以及 MTF 的响应值进行综合考虑。

3. 圆形孔径相位模板延拓景深成像系统

1）四次多项式圆对称相位模板延拓景深成像系统（quadruplicate polynomial phase mask-extended depth of field，QPPM-EDOF）

四次多项式圆对称相位模板系统的光瞳函数为

$$P(r)=\begin{cases}\exp[j(ar^4+br^2)] & 0\leqslant r\leqslant 1\\ 0 & 其他\end{cases} \quad (9.102)$$

类似于方形孔径模板加载到成像系统中所做的工作,计算圆对称相位模板的表面函数表达式,输入 ZEMAX 中提供的 Extended Asphere 面形对应的参数,再对模板参数 $a = 11.94$,$b = -13.63$ 对应的相位模板系统进行研究。

图 9.74 给出了系统景深边界对应的 OTF 曲线和原型系统高斯物面处的 OTF 曲线。系统的景深范围约为高斯物面前 2 mm 到高斯物面后 6 mm,总共 8 mm,为原型系统的 2 倍多,而 MTF 曲线的离焦不变性不如方形孔径模板系统的 MTF 离焦不变性好。但是,在景深范围内,小于 200 线对/mm 的空间频率范围内 MTF 没有出现零值点,并且具有较好的 MTF 响应值。更好的是对于中心视场的 PTF 在考察范围内一直保持为零值,虽然边界视场有相位变化,但是变化幅度较小,并且和原型系统在良好聚焦时对应的 PTF 曲线非常相似,故可以忽略其影响,从而 QPPM-EDOF 系统得到的中间图像无须进行复原就能够直接用于后续处理。区别于方形孔径相位模板系统的 MTF 的频率选择性,圆对称相位模板系统的 MTF 对于各个方向的频率都具有相同的响应值,四次多项式相位模板系统高斯像面处的三维 MTF 如图 9.75 所示。

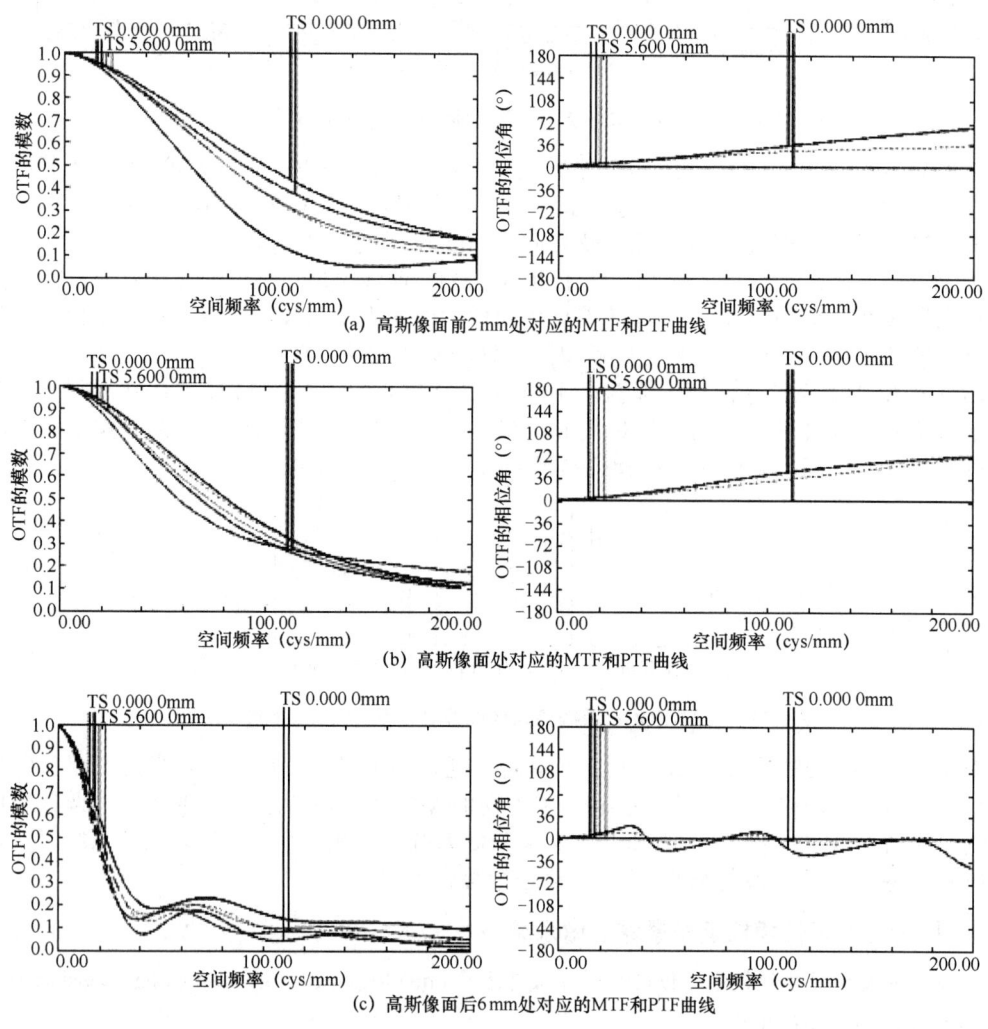

图 9.74 QPPM-EDOF 系统不同物距时的 OTF

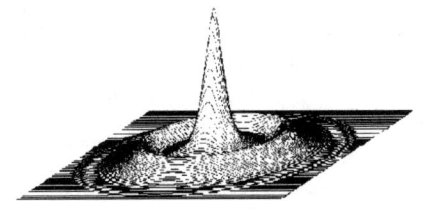

图 9.75　QPPM-EDOF 系统高斯像面处的三维 MTF 图

2）多环分区圆对称相位模板大景深成像系统（multi annular phase mask extended depth of field，MAPM-EDOF）

多环分区圆对称相位模板对应系统的光瞳函数为

$$P(x,y)=\begin{cases}\exp\left(\mathrm{j}k\times i\alpha\dfrac{i}{n}\right)\left(\dfrac{i}{n}\leqslant\rho^2<\dfrac{2i+1}{2n}\right)\\ \exp\left(\mathrm{j}k\times j'\alpha\dfrac{1-2j'}{2n}\right)\left(\dfrac{-2j'+1}{2n}\leqslant\rho^2<\dfrac{-j'+1}{n}\right)\end{cases} \quad (9.103)$$

其中，j 代表虚数符号；j' 为整数变量；取值范围为 $-n+1\sim 0$；i 的取值范围为 $0\sim n-1$。将光瞳函数表示式转换成相位模板曲面函数表示式，输入 ZEMAX 提供的 Zone Plate 面形参数，实现多环分区圆对称相位模板延拓景深成像系统。取模板参数 α 为 $\lambda/2\pi$ 和 n 为 10。

图 9.76 给出了系统景深边界的 OTF 曲线和高斯像面处的 OTF 曲线。系统的景深范围大致为高斯像面前 3 mm 到高斯像面后 4 mm，总共为 7 mm，约为原型系统景深的 2 倍。在景深范围内，小于 200 线对/mm 的空间频率范围内 MTF 没有出现零值点。中心视场的 PTF 在考察范围内保持为零值，边界视场相位变化幅度较小，可以忽略其影响。以 10 倍显微物镜作为原型成像系统，再将相位模板表示式转换成模板的厚度表示式，加载到光学成像系统的光瞳面处，可得到延拓景深成像系统。ZEMAX 得出的光学传递函数曲线表明，四种相位模板均能在保持一定的成像分辨率条件下，有效地延拓原型成像系统的景深。

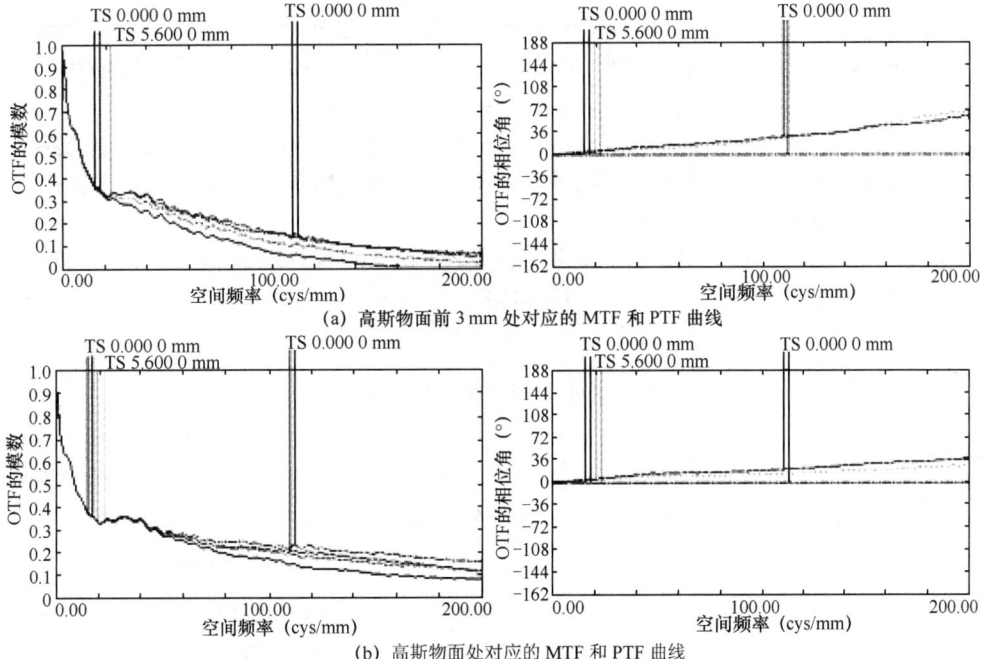

(a) 高斯物面前 3 mm 处对应的 MTF 和 PTF 曲线

(b) 高斯物面处对应的 MTF 和 PTF 曲线

图 9.76　MAPM-EDOF 系统不同物距时的 OTF 曲线

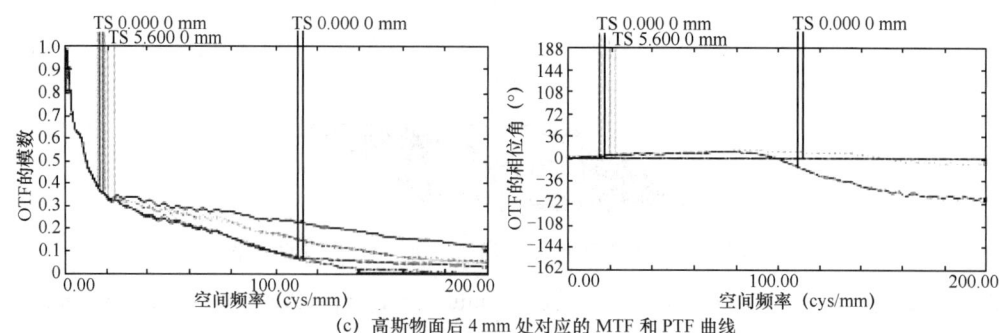

(c) 高斯物面后 4 mm 处对应的 MTF 和 PTF 曲线

图 9.76　MAPM-EDOF 系统不同物距时的 OTF 曲线（续）

9.4　轴锥镜（axicon）扩展焦深

9.4.1　轴锥镜

1. 传统轴锥镜

传统轴锥镜是由 J. H. Meleod 在 1954 年命名和提出的[90]。轴锥镜（axicon，或称轴锥体）是一种可实现长焦深功能的光学组件，它可以将入射的平面波变换为光强沿光轴呈线性分布的光束。1987 年 Durnin 提出无衍射光束，并利用轴锥镜等组件从实验上得到了无衍射光束最简单的零阶贝塞尔光束，这也为轴锥镜的设计提供了理论基础[6]，发展了多种轴锥镜及其应用。线性轴锥镜结构最简单，所产生的横向光斑大小也很均匀，但其轴上光强线性变化。1992 年 J. Sochacki 采用几何追迹和能量守恒法设计了对数型轴锥镜，克服了线性轴锥镜的轴上光强不均匀性，但它的横向光场均匀性不如线性轴锥镜[91]。Z. Jaroszewicz 于 1993 年提出了采用中心切趾来进一步改善对数型轴锥镜的长焦深性能[92]。1998 年 Z. Jaroszewicz 在此基础上提出采用非球面透镜同样实现对数型轴锥镜的长焦深性能[93]。虽然对数型轴锥镜的长焦深性能比较突出，但非球面结构加工困难，制作费用昂贵，限制了对数型轴锥镜的实际应用。普通球面透镜加工制作技术成熟，但长焦深与高分辨率存在制约关系。

2001 年，白临波博士提出采用普通透镜和一个衍射组件集成的折—衍混合组件来实现对数型轴锥镜的长焦深性能[94]，也遇到了衍射组件加工困难的问题。2008 年 P. Mouroulis 提出用球面透镜系统来实现长焦深性能，其加工难度有所降低[95]。

下面以线性轴锥镜为例，来分析其聚焦特性及光强分布。线性轴锥镜的相位函数为

$$f(r)=\begin{cases}(n-1)\varphi r & r\leqslant R\\ 0 & r>R\end{cases}$$

其中，φ 为轴锥镜的锥面底角；r 为极坐标下的圆锥底面半径。

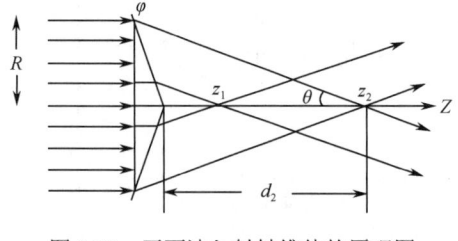

图 9.77　平面波入射轴锥体的原理图

平面波通过图 9.77 所示的轴锥镜后由位于同一锥面上平面波的叠加产生贝塞尔光束，由线性轴锥镜产生的光场分布为

$$E(r,z)=J_0(ar)\mathrm{e}^{r\beta z}$$

当轴锥镜的底角 φ 较小时，贝塞尔光束的 α 参数和准直距离 $z_{\max}$ 可由简单的几何分析得出。

$$a = k\sin\theta = \frac{2\pi}{\lambda}\sin(n-1)\varphi = \frac{2\pi}{\lambda}(n-1)\varphi$$

$$a^2 + \beta^2 = k^2$$

$$z_{\max} = \frac{R}{\tan\theta} = \frac{R}{(n-1)\varphi}$$

式中，k 为波数；J_0 为零阶贝塞尔函数；λ 为波长；n 为轴锥镜的介质折射率；φ 为轴锥镜的底角；R 为轴锥镜通光孔的半径；r、z 分别为径向和轴向坐标；从贝塞尔函数得到中心亮斑直径 D[96]

$$D = \frac{4.18}{\alpha} = \frac{0.766\lambda}{(n-1)\varphi}$$

线性轴锥镜产生的光强分布可以用几何光学的分析方法得到。通过线性轴锥镜的光线以相同的角度 θ 和光轴相交，见图 9.77，由于距离轴锥镜远的轴上点的光强由入射到轴锥镜的外环光线会聚而成，而靠近轴锥镜的轴上点光强由入射到轴锥镜内环的光线会聚而成，等宽度的外环比内环包含更多的能量，因此在距离轴锥镜的最远处，也就是 d_2 处出现强度的最大值[97]。

传统轴锥镜中还有环形线性轴锥镜，环形对数轴锥镜等。图 9.78 所示为环形轴锥镜的示意图，式（9.104）和式（9.105）分别是环形线性轴锥镜，环形对数轴锥镜的相位分布函数。

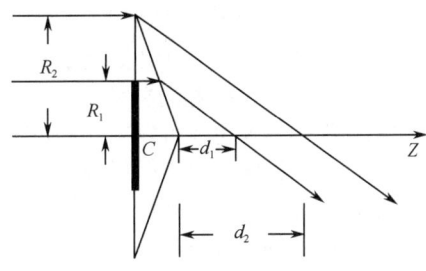

图 9.78 环形轴锥体示意图

（1）环形线性轴锥镜

$$f(r) = -\frac{\left[(1+a)r^2 + d_1^2 - aR_1^2\right]^{1/2}}{(1+a)} \qquad R_1 \leqslant r \leqslant R_2 \qquad (9.104)$$

（2）环形对数轴锥镜

$$f(r) = -\frac{1}{2a}\ln\left[1 + a(r^2 - R_1^2)/d_1\right] \qquad R_1 \leqslant r \leqslant R_2 \qquad (9.105)$$

其中

$$a = \frac{R_2 - R_1}{d_2^2 - d_1^2}$$

总之，传统轴锥镜可以用于产生无衍射光束，也可用于几何光学测量、激光分束、光束转换及激光束的能量集中等方面。但是，传统轴锥镜形成的光场的强度分布比较单一，不能够进行复杂的光束的波前整形，且大孔径的轴锥镜在实际加工中难以实现。这些都限制了传统轴锥镜的发展。近年来，轴锥镜与衍射光学相结合而产生了衍射轴锥镜。

2. 衍射轴锥镜（diffraction axicon）

衍射轴锥镜是在传统轴锥镜的基础上利用衍射光学的设计、制作方法实现的光学组件，其在应用上有可能代替传统轴锥镜。

由几何光学分析可知，传统轴锥镜并不能在焦线范围内产生均匀平顶的光强分布。衍射轴锥镜对入射光束可以用透过率函数来描述。产生小焦斑长焦深激光焦点的轴锥镜的设计就是对衍射轴锥镜透过率函数的设计。当透过率函数仅是相位函数而和振幅无关时，称该种衍射轴锥镜为纯相位轴锥镜，其透过率函数称为相位分布函数。衍射轴锥镜设计都采用光学组件设计方法，有两个好处：同样的相位函数，衍射光学组件有更小的表面形貌；衍射光学组件的各个部分有自己的相位，与其他的部分互不相干，局部的小错误不会影响整体。

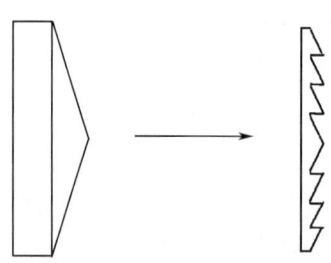

图 9.79 块状轴锥体与等价 Fresnel 衍射轴锥镜（右图为通过 Fresnel 轴锥镜轴线的任意截面）

加工衍射轴锥镜时通常借助于衍射光学的加工方法，在轴锥镜表面上刻蚀两个或者多个以轴锥镜顶点为圆心的同轴圆形台阶形的浮雕结构，形成衍射轴锥镜，图 9.79 所示为块状轴锥镜与等价的 Fresnel 衍射轴锥镜，右图为通过 Fresnel 轴锥镜轴线的任意截面[98]。

传统轴锥镜与其他产生小焦斑长焦深的光场的方法相比，具有通光口径大，传播距离远等优点，而其加工比较困难，不能形成平顶的小焦斑长焦深光场分布，根据要求的像光场分布计算出的轴锥镜的相位分布函数复杂，与之对应的表面形貌在加工中难于实现。衍射轴锥镜有可能解决加工困难，可以把连续的相位分布函数进行量化后用衍射光学加工方法加工，以实现与连续相位分布函数相同的功能。

衍射轴锥镜具有体积小、重量轻、薄、适合于大批量生产等优点。在相位函数相同的情况下，衍射光学组件要比折射光学组件体积小很多。而且设计的自由度较多，能够实现不同于折射光学组件的功能。在理论上可以用计算机设计出具有任意表面形貌的衍射轴锥镜，来实现任意的光场分布。衍射轴锥镜的每个衍射部分都是相互分离的，可以单独编码，出现错误可以单独修正。但是由于衍射光学组件对光波的变换在很大程度依赖于光波波长，因此衍射轴锥镜目前被限制应用在单色光照射的情况下。

3. 衍射光学组件的设计原理及方法

1）标量衍射理论基础

光在传播过程中，除反射和折射外，偏离直线传播的现象称为光的衍射，它是光的波动性的主要标志之一。标量衍射理论是把光场视为标量来处理[78]，即只考虑电场的一个横向分量的标量振幅，而假定任何别的有关分量都可以用同样方式独立处理，从而忽略电矢量和磁矢量的各个分量按麦克斯韦方程组的耦合关系。实验证明：当衍射孔径比照明光波长大得多，并且观察点离衍射孔不太近时，由这种近似处理的方法所得的结果是精确的。

常见的标量衍射分析方法有：基尔霍夫衍射理论、瑞利—索末菲衍射理论和平面波角谱衍射理论，其中基尔霍夫衍射理论应用较为广泛，该理论从微分波动方程出发，利用场论中的格林定理，在惠更斯—菲涅耳原理的基础上，通过选择合适的格林函数，并结合假定的基尔霍夫边界条件，得到了基尔霍夫衍射公式

$$E(P)=\frac{1}{j\lambda}\iint_{\Sigma}E(Q)\frac{\exp(jkr)}{r}\left[\frac{\cos(n,r)-\cos(n,R)}{2}\right]d\sigma$$

式中，$E(Q)$ 表示衍射屏 Σ 上任一点 Q 的复振幅，$E(P)$ 表示观察平面上任一点 P 的复振幅，λ 为入射光波长，波数 $k=2\pi/\lambda$，r 是观察平面上点 P 到衍射屏上点 Q 的矢量，且 $r=|r|$，R 是点光源 S 到衍射屏上点 Q 的矢量，n 为衍射屏 Σ 的外向法线，$\cos(n,r)$ 表示外向法线 n 和矢量 r 之夹角的余弦，$\cos(n,R)$ 表示外向法线 n 和矢量 R 之夹角的余弦，$d\sigma$ 表示点 Q 附近的小面元。

当入射光为垂直入射的平行光，且衍射屏为一平面时，$\cos(n,R)=-1$，$\cos(n,R)=\cos\theta$，θ 为入射光和衍射光之间的夹角，即衍射角。此时基尔霍夫衍射公式可表示为

$$E(p)=\frac{1}{j\lambda}\iint_{\Sigma}E(Q)\frac{\exp(jkr)}{r}k(\theta)d\sigma \qquad (9.106)$$

倾斜因子

$$k(\theta)=\frac{1+\cos\theta}{2}$$

2）设计衍射光学组件的基尔霍夫衍射积分模型

如图 9.80 所示，在衍射光学组件所在平面（输入平面）和观察平面（输出平面）分别建立直角坐标系 xyz 和 $\xi\zeta z$。令入射光为垂直入射的光波 $g_0(x,y)$，并令衍射光学组件的复振幅透过率为 $t(x,y) = \exp[j\phi(x,y)]$，$\phi(x,y)$ 即为衍射光学组件的相位分布，则输入平面的光场分布为

$$g(x,y) = g_0(x,y)\exp[j\phi(x,y)]$$

$$r = \sqrt{(\xi-x)^2 + (\zeta-y)^2 + z_d^2}$$

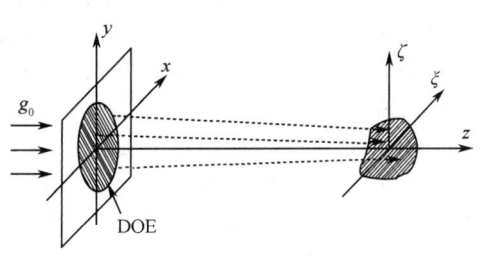

图 9.80 衍射光学组件的衍射场示意

由式（9.106）可知输出平面的光场分布为

$$u(\xi,\zeta) = \frac{1}{j\lambda}\int_{-\infty}^{\infty}\int_{-\infty}^{\infty}g(x,y)\frac{\exp(jkr)}{r}k(\theta)dxdy$$

上式中光波传播距离为

$$r = \sqrt{(\xi-x)^2 + (\zeta-y)^2 + z_d^2}$$

式中，z_d 是衍射组件到输出平面之间的距离，即所谓的衍射距离；倾斜因子为

$$k(\theta) = \frac{\sqrt{(\xi-x)^2 + (\zeta-y)^2 + z_d^2} + z_d}{2\sqrt{(\xi-x)^2 + (\zeta-y)^2 + z_d^2}}$$

若已知衍射场的光场分布 $u(\xi,\zeta)$，由逆向衍射公式可得输入平面的光场分布。

$$g(x,y) = \frac{j}{\lambda}\int_{-\infty}^{\infty}\int_{-\infty}^{\infty}u(\xi,\zeta)\frac{\exp(-jkr)}{r}k(\theta)d\xi d\zeta$$

当输出平面到衍射组件的距离满足一定条件时，可对格林函数做进一步近似，以减少数值计算量。比较典型的两种近似是菲涅耳近似与夫琅禾费近似。

（1）菲涅耳近似。当满足菲涅耳近似条件

$$z_d \gg \sqrt[3]{\frac{\pi}{4\lambda}\left[(\xi-x)^2 + (\zeta-y)^2\right]^2_{\max}}$$

时，可得到菲涅耳衍射公式

$$u(\xi,\zeta) = \frac{\exp(jkz_d)}{j\lambda z_d}\int_{-\infty}^{\infty}\int_{-\infty}^{\infty}g(x,y)\exp\left\{\frac{jk}{2z_d}\left[(\xi-x)^2 + (\zeta-y)^2\right]\right\}dxdy$$

（2）夫琅禾费近似。当满足夫琅禾费近似条件

$$Z_d \gg \frac{\pi}{\lambda}(x^2+y^2)_{\max}$$

时，可得到夫琅禾费衍射公式

$$u(\xi,\zeta) = \frac{1}{j\lambda z_d}\exp\left[jk\left(z_d + \frac{\xi^2+\zeta^2}{2z_d}\right)\right]\int_{-\infty}^{\infty}\int_{-\infty}^{\infty}g(x,y)\exp\left[-\frac{jk}{z_d}(\xi x + \zeta y)\right]dxdy \qquad (9.107)$$

目前，在应用标量衍射理论设计衍射光学组件时，多采用菲涅耳近似或夫琅禾费近似的衍射积分模型，且取得了较为满意的结果[99]。下面采用的是菲涅耳近似下的衍射积分模型。

3）基于标量理论的算法

已知成像系统中入射光场和输出平面上理想光场分布，计算衍射光学组件的相位分布时，其正确地调制入射光场，给出预期输出图样。目前有以下几种优化算法：盖师贝格—撒克斯通算法

（Gerchberg-Saxton algorithm，GS 算法[100]）、杨顾算法（Yang-Gu algorithm，YG 算法）[101]、模拟退火算法（simulated annealing algorithm，SA 算法）[102]、遗传算法（genetic algorithm，GA 算法）[103]。其中，GS 算法是 1971 年 Gerchberg 和 Saxton 提出用于解决相位恢复问题的，此后，提出改进算法。GS 算法是在物平面和傅里叶谱平面之间迭代进行傅里叶变换，并在物、谱平面之间施加限制，也称此算法为傅里叶迭代算法（iterative Fourier transform，IFTA）。

GS 算法的基本思路是：已知初始相位和设定的入射光场分布，做正向衍射变换得到输出平面光场分布；在输出平面引入限制条件，以期望的光场振幅分布取代原光场振幅分布，同时保持相位不变；然后进行逆向衍射变换，得到输入平面光场分布；在输入平面引入限制条件，即以给定的光场振幅分布取代原光场振幅分布，并保持相位不变；再次进行正向衍射变换，如此循环下去，直至得到满意结果或达到足够多的循环次数为止。即采用基于 GS 算法的一种串行迭代法。

4）基于几何光学的能量守恒（CE）算法结合 GS 串行迭代（GS-SI）算法

下面设计衍射轴锥镜的方法是将基于几何光学的能量守恒（conservation of energy，CE）法与 GS 算法为内核的串行迭代（GS-serial iterative，GS-SI）算法相结合，简称 CE- GS-SI 法。

（1）基于几何光学的能量守恒（conservation of Energy，CE）法。如图 9.81 所示，轴锥镜的底面半径为 R，当用平行光入射时，入射光透过轴锥镜底面上距离原点为 r 处的 dr 圆环后，与光轴相交于点 z（z_1，z_2），已知入射光在轴锥镜表面的光功率密度为 P_σ，光波场在轴上的光功率密度为 P_z，根据几何光学的能量守恒定律，透过该圆环带的光能量与光轴上 dz 距离内聚集的光能量应该相等，即

$$2\pi \times P_\sigma(r)rdr = P_z(z)dz$$

即出射光的能量应该和入射光的能量相等。假设平行光通过光学组件后聚焦于光轴上的 d_1 和 d_2 点之间，可以得到

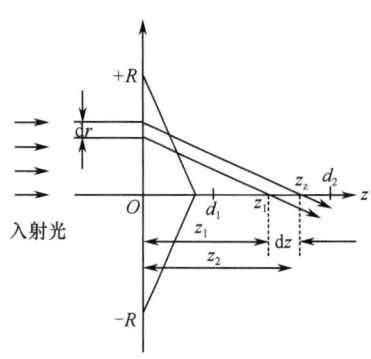

图 9.81 能量守恒法示意图

$$2\pi \int_0^R P_\sigma(r)rdr = \int_{d_1}^{d_2} P_z(z)dz \quad (9.108a)$$

对轴锥镜，由图 9.82 可得

$$\frac{df(r)}{dr} = -\sin\theta = -r\left[r^2 + z^2(r)\right]^{-\frac{1}{2}} \quad (9.108b)$$

当已知 P_σ 和 P_z，通过式（9.108a）即可确定 z 与 r 的关系：$z=z(r)$。代入式（9.108b），两边积分即可确定 $f(r)$ 的数学表达式。

以平面波入射为例，入射光在轴锥镜表面的功率密度 P_σ 为常量，即

$$p_\sigma(r) = p_\sigma = \text{const}$$

如图 9.81 所示，平面波通过轴锥镜后在焦线 d_1、d_2 之间形成小焦斑长焦深的光场分布，则光波场的轴上光功率密度可以用下式表示。

$$p_z(z) = \text{const}$$

把 P_σ 和 P_z 代入式（9.108a）可得

$$z(r) = d_1 + ar^2 \quad (9.109a)$$

其中

$$a \approx \frac{d_2 - d_1}{R^2}$$

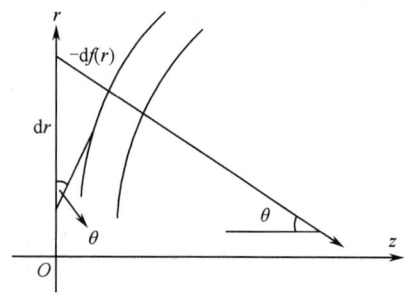

图 9.82 相位 f 与交角 θ 的关系

把式（9.109a）代入式（9.108b）并积分可得

$$f(r)=-\frac{1}{2a}\ln\{2a[a^2r^4+(1+2ad_1)r^2+d_1^2]^{1/2}+2a^2r^2+1+2ad_1\}+\text{const}$$

在近轴近似的条件下，上式可简化为[104]

$$f(r)=-\frac{1}{2a}\ln(d_1+ar^2)+\text{const} \tag{9.109b}$$

当使用半径为 r_1、强度为高斯分布的平行光束入射时，由上述能量守恒法可以计算出轴锥镜的相位分布函数

$$f(r)=\frac{1}{2a}\left\{-r^2-\frac{r_1^2}{2}\ln\left[a+b\exp\left(\frac{-r^2}{r_1^2}\right)\right]\right\} \tag{9.110}$$

其中

$$b=(d_2-d_1)\exp\frac{R^2}{r_1^2}$$

$$a=d_1+b$$

由能量守恒法的过程可以看到，在设计中没有进行迭代运算或者褪火算法等运算，因此计算量小，其缺点在于它是基于几何光学理论，仅在输入函数的变化缓慢（即满足稳相条件）时，才能求得高精度的解，否则计算精度不高。

（2）以 GS 算法为内核的串行迭代（GS-serial iterative，GS-SI）法。

（a）GS 算法及改进。由 Gerchberg 和 Saxton 在 1972 年提出的迭代傅里叶变换算法，称为 Gerchberg-Saxton 算法，简称 GS 算法。随后，Eismann M. T.、Fienup J. R. 和 Wyrowski F. 等人分别对 GS 算法进行了改进[105]。GS 算法适合于设计纯相位型衍射光学组件，可以得到较高的衍射效率。GS 算法设计衍射光学组件类似于光学成像系统中的相位恢复问题：已知成像系统中输入平面上的光场分布和输出平面上的光场分布，计算光学系统的相位分布，使之正确地调制入射光波场[85]。

在设计衍射轴锥镜时采用的是菲涅耳近似的衍射积分模型，对 GS 算法稍做改进。设入射光场的振幅分布为 $A_0(x_0,y_0)$，衍射轴锥镜的相位分布函数为 $f_0(x_0,y_0)$，则输入平面上的光场分布为

$$U_0(x_0,y_0)=A_0(x_0,y_0)\exp[jf_0(x_0,y_0)]$$

经过衍射距离 d 的衍射之后其对应的焦平面（输出平面）上的光场分布为

$$U(x,y)=A(x,y)\exp[jf(x,y)]$$

其中，A_0、A 为光强分布，f_0、f 为相位分布。在菲涅耳衍射条件下设计衍射轴锥镜，根据标量衍射理论，菲涅耳衍射表述如下。

$$U(x,y)=\frac{\exp(jkd)}{j\lambda d}\int_{-\infty}^{\infty}\int_{-\infty}^{\infty}U_0(x_0,y_0)\exp\left\{\frac{jk}{2d}[(x-x_0)^2+(y-y_0)^2]\right\}dx_0 dy_0 \tag{9.111}$$

式中，$j=\sqrt{-1}$，$k=2\pi/\lambda$，λ 是波长，对上式两边做傅里叶变换并利用空域卷积定律得

$$F\{U(x,y)\}=F\{U_0(x_0,y_0)\}F\left\{\frac{\exp(jkd)}{j\lambda d}\exp\left[\frac{jk}{2d}(x^2+y^2)\right]\right\}$$

$$=F\{U_0(x_0,y_0)\}\exp\left\{jkd\left[1-\frac{\lambda^2}{2}(f_x^2+f_y^2)\right]\right\}$$

式中，f_x、f_y 是与空间坐标 x、y 对应的频域坐标。则输入平面上光波场的傅里叶变换表示为

$$F\{U_0(x_0,y_0)\}=F\{U(x,y)\}\exp\left\{-jkd\left[1-\frac{\lambda^2}{2}(f_x^2+f_y^2)\right]\right\}$$

$$=F\{U(x,y)\}F\left\{\frac{\exp(-jkd)}{-j\lambda d}\exp\left[-\frac{jk}{2d}(x^2+y^2)\right]\right\}$$

上式两边进行逆傅里叶变换即得到与式（9.111）形式十分对称的逆运算表达式

$$U_0(x_0,y_0)=\frac{\exp(-jkd)}{-j\lambda d}\int_{-\infty}^{\infty}\int_{-\infty}^{\infty}U(x,y)\exp\left\{-\frac{jk}{2d}\left[(x_0-x)^2+(y_0-y)^2\right]\right\}dxdy \quad (9.112)$$

为便于讨论，将式（9.111）表征的菲涅耳衍射定义为菲涅耳衍射正变换，用符号 $F_{(d)}\{\}$ 表示，相应地，式（9.112）定义为菲涅耳衍射逆变换，简写为 $F_{(-d)}\{\}$，符号的下标 d 为菲涅耳衍射距离。菲涅耳衍射变换对可以简单地表示为

$$U(x,y)=F_{(d)}\{U_0(x_0,y_0)\}$$

$$U_0(x_0,y_0)=F_{(-d)}\{U(x,y)\}$$

上述菲涅耳正变换及菲涅耳逆变换均做适当的离散处理后就能通过 FFT 进行快速计算求解。另外，如果将式（9.111）、式（9.112）两式写为

$$U(x,y)=\frac{\exp(jkd)}{j\lambda d}\exp\left(\frac{jk}{2d}x^2\right)\int_{-\infty}^{\infty}\int_{-\infty}^{\infty}U_0(x_0,y_0)\exp\left[\frac{j\pi}{\lambda d}(x_0^2+y_0^2)\right]\exp\left[-j2\pi\left(\frac{x}{\lambda d}x_0+\frac{y}{\lambda d}y_0\right)\right]dx_0dy_0$$

$$U_0(x_0,y_0)=\frac{\exp(-jkd)}{-j\lambda d}\exp\left(\frac{jk}{2d}x_0^2\right)\int_{-\infty}^{\infty}\int_{-\infty}^{\infty}U(x,y)\exp\left[\frac{j\pi}{\lambda d}(x^2+y^2)\right]\exp\left[j2\pi\left(\frac{x}{\lambda d}x_0+\frac{y}{\lambda d}y_0\right)\right]dxdy$$

两积分式进行合理的离散处理后，也可以用 FFT 直接进行快速计算。

如图 9.83 所示，用 GS 算法求解光学组件的相位分为以下步骤。

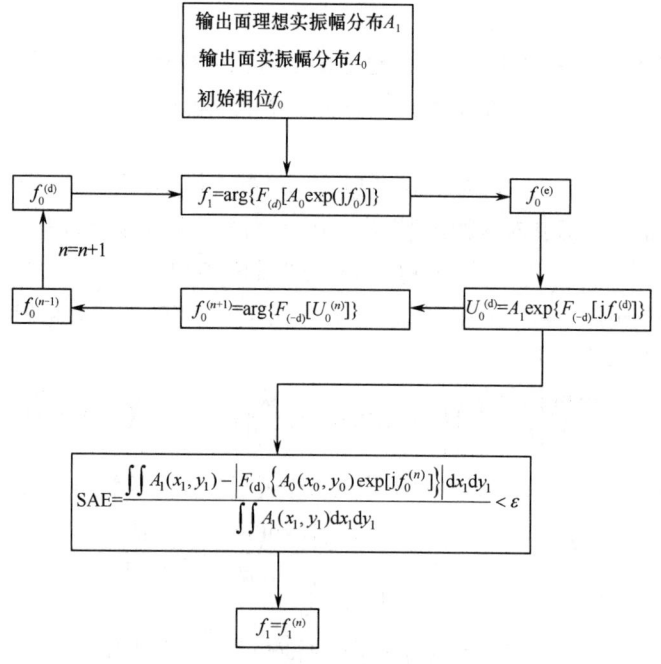

图 9.83　GS 算法流程图

步骤一，先给定一随机相位 $f_0(x_0, y_0)$，与 $A_0(x_0, y_0)$ 构成一光场函数 $U_0(x_0, y_0)$，对光场函数进行

菲涅耳正变换，获得输出平面上的光场分布 $U_1^{(1)}(x_0, y_0)$，保留其相位分布。用理想的实振幅分布 $A_1(x_1, y_1)$ 替换其振幅，即振幅约束。

步骤二，将 $U_1^{(1)}(x_0, y_0)$ 进行菲涅耳逆变换，获得入射光场 $U_0^{(2)}(x_0, y_0)$，用 $A_0(x_0, y_0)$ 替换其振幅，即保留 $U_0^{(2)}(x_0, y_0)$ 的相位信息 $f_0^{(2)}(x_0, y_0)$。

步骤三，用 $f_0^{(2)}(x_0, y_0)$ 替换 $f_0(x_0, y_0)$，代入步骤一中。如此迭代，以振幅误差和控制所获得的 $f_1(n)$，即为对于光学组件的相位 f_1 的逼近。其中误差控制和计算精度 SAE 定义为

$$\text{SAE} = \frac{\iint \left| A_1(x_1, y_1) - \left| F_{(d)}\{A_0(x_0, y_0) \exp[jf_0^{(n)}]\} \right| \right| dx_1 dy_1}{\iint A_1(x_1, y_1) dx_1 dy_1} < \varepsilon$$

ε 为一个给定的正小量。可以用 SAE 来表示计算达到的精度，决定是否跳出循环，当 SAE 小于预设精度 ε 时，跳出循环，输出设计结果。在迭代过程中，每一次循环，SAE 都将减少，至少也是保持不变，这就为循环运算的有效性提供了充分的证据。

在 GS 算法中，由于初始相位选择的随意性，每次计算结果均有一定的差异，而且在 GS 算法收敛过程中，开始几次迭代收敛较快，之后收敛速度减慢，设计出的结果突出表现为局部偏差大。为了弥补 GS 算法的缺点，可以用能量守恒法设计出的相位代替随机相位作为初始相位，由此得到一种改进的 GS 算法，可以提高 GS 算法的运算速度和减小计算误差。

（b）串行迭代法*。下面以三个输出面为例叙述 GS 算法的串行迭代算法。如图 9.84 所示，已知入射光波的实振幅分布 $A_0(x_0, y_0)$，光学组件的初始相位 $f_0(x_0, y_0)$ 以及光学组件后在 d_1、d_2、d_3 处衍射场上的理想实振幅分布 $A_1(x_1, y_1)$、$A_2(x_2, y_2)$、$A_3(x_3, y_3)$。以 GS 算法的串行迭代算法计算出已知光场分布的光学组件相位。改进的 GS 算法的串行迭代法分为以下步骤。

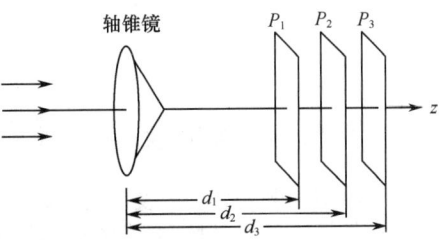

图 9.84　三个输出面的串行迭代法示意图

步骤一，已知 d_1 处的理想光强分布为 $A_1(x_1, y_1)$，用上述改进的 GS 算法，把 d_1 作为菲涅耳变换的参数，可以计算出光学组件的相位分布 f_1，同理，已知 d_2 处的理想实振幅分布 $A_2(x_2, y_2)$ 和 d_3 处的理想实振幅分布 $A_3(x_3, y_3)$，也可以用 GS 算法分别以 d_2 和 d_3 为参数计算出光学组件的相位分布 f_2、f_3。最后计算出光学组件的相位平均值 $f = (f_1 + f_2 + f_3)/3$。

步骤二，用光学组件的相位平均值 f 作为优化过的相位值代替光学组件的初始相位 f_0，重新用 GS 算法分别计算衍射距离为 d_1、d_2、d_3 时的相位分布 f_{11}、f_{22}、f_{33}，并求出相位的平均值 $f' = (f_{11} + f_{22} + f_{33})/3$。

步骤三，用相位平均值 f' 作为优化过的相位分布代替 f，代入步骤二进行迭代。反复进行步骤二和步骤三多次，直到得出比较理想的结果。

当输出平面大于三个的时候，也可以用以上的方法进行类似的串行迭代运算。图 9.85 所示为三个输出面时，GS 算法的串行迭代法流程图，虚线内为 GS 算法。

---

* 串行迭代算法：GS 算法是由 Gerchberg R W, Saxton W O. 于 1972 年在他们的文章中首先采用的算法："Gerchberg R W, Saxton W O. A practical algorithm for the determination of phase from image and diffraction plan pictures. Optik, 1972,35: 237-246 ."因为得到了广泛的应用，如用于相位恢复，数字傅立叶变换，计算全息，二元光学元件的设计，云计算技术和雷达技术等，都称之为"GB 算法"。国内杨国桢教授和顾本源教授提出的"杨-顾算法"是 GS 算法的带有根本性的重大推广。GB 算法属应用数学门类，在运算过程中多用迭代算法。可参考论文："Di Leonardo, Roberto, Francesca Ianni, and Giancarlo Ruocco. Computer generation of optimal holograms for optical trap arrays. Optics Express 15.4 (2007): 1913-1922."

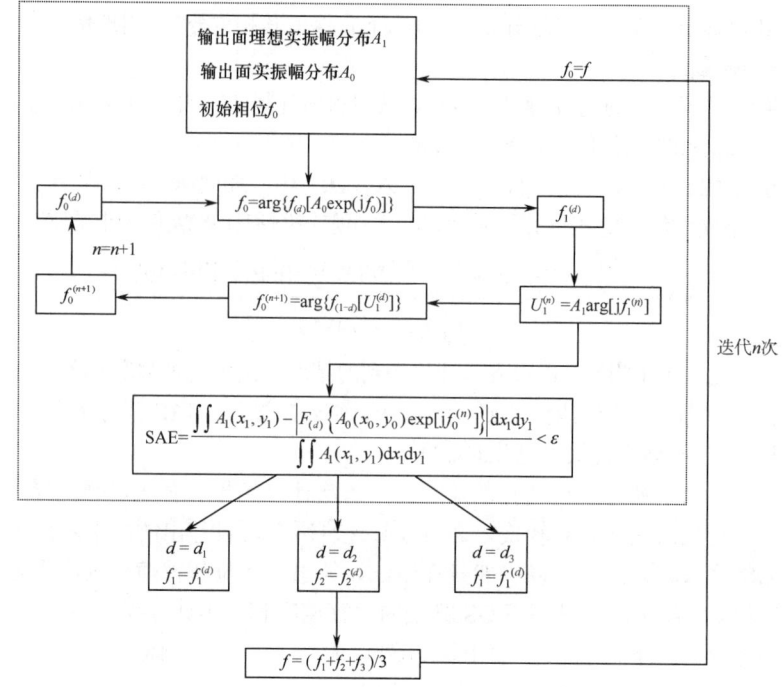

图 9.85 以 GS 算法为内核的串行迭代法流程图

9.4.2 小焦斑长焦深激光焦点的衍射轴锥镜的设计

利用串行迭代算法来设计衍射光学组件,是基于菲涅耳衍射理论,通过迭代算法求出合适的相位分布[101]。其设计原则:已知焦深范围内各个输出面具有相同的光强分布,均具有恒定的小焦斑,因此在输入光强已知的条件下,可求得组件的相位分布。

下面以 GS 算法的串行迭代法设计衍射轴锥镜,用 MATLAB 编写串行迭代法程序。所设计的衍射轴锥镜焦距 f 等于 200 mm,孔径 D 等于 10 mm。与设计的衍射轴锥镜具有相同口径和焦距的普通光学透镜的焦深可以用下式求得

$$\Delta=\pm\frac{\lambda}{2n'u'^2}=\pm\frac{0.000\,63}{2\times\left(\frac{5}{200}\right)^2}=\pm 0.504 \text{ mm}$$

如果按焦深计算,允许的弥散斑直径为:

$$\Delta H=\frac{10\times 0.504}{200}=0.025\,2 \text{ mm}$$

以波长为 632.8 nm 的 He-Ne 激光器为例,用扩束器将其扩束成直径为 10mm 的光束,作为入射光。入射光束如图 9.86 所示。

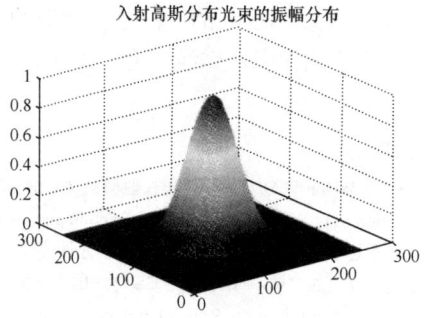

图 9.86 入射的高斯分布光束

入射的高斯光束分布振幅为

$$U_0(x,y) = A_0(x,y)\exp\frac{-(x^2+y^2)}{r^2} \tag{9.113}$$

只要知道高斯分布光束强度的相对大小就可以了，因此取上式中的常数 $A_0(x,y)=1$，式中的 r_1 为入射的高斯分布光束的光斑半径。

设取三个输出面的设计：为了设计衍射轴锥镜的相位分布，建立一个有三个输出面的菲涅耳衍射模型。强度分布由式（9.113）决定的平行光束照射到轴锥镜上，在轴锥镜后的空间中发生菲涅耳衍射。为了得到小焦斑长焦深的光场分布，在距离轴锥镜为 d_1、d_2、d_3 处的三个输出面上的理想光斑都设为直径等于 0.020 mm 的光斑。

设计焦深取为 ±1 mm，当焦距为 $f = 200$ mm，用上述 GS 算法的串行迭代法进行计算。三个输出面到轴锥镜的距离分别设为 199 mm、200 mm、201 mm。把用能量守恒法得出的轴锥镜相位分布函数式（9.110）作为迭代时的初始相位。计算时，迭代次数为 50 次。

图 9.87 所示为当入射光束为高斯分布，设计焦深结果为 ±1 mm，能够产生小焦斑长焦深光场分布的衍射轴锥镜的相位分布为 f_1。下面对轴锥镜后形成的光波场进行模拟分析。高斯分布光束入射到相位分布为 f_1 的轴锥镜表面时，在其后焦点处及距离焦点±1 mm 处形成的剖面光强分布如图 9.88 所示，横坐标的单位都为 μm。图 9.89 所示为这三个输出面上的立体光强分布。

由图 9.88 和图 9.89 可以看出当设计焦深为 ±1 mm 时，各个输出面上的光斑均为直径约 0.020 mm 的圆形光斑；各个输出平面的光强分布变化较小；而当设计焦深为 ±2 mm 时，各个面上的光强分布变化较大，光斑尺寸也有明显的变化。因此设计焦深为 ±1 mm 时得到较好的设计结果。

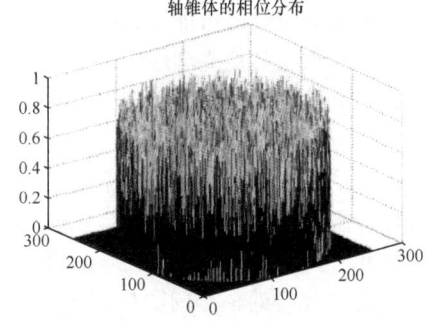

图 9.87　轴锥体的相位分布 f_1

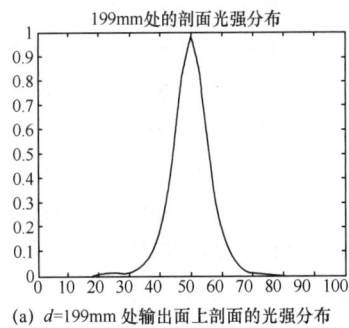

(a) $d=199$mm 处输出面上剖面的光强分布

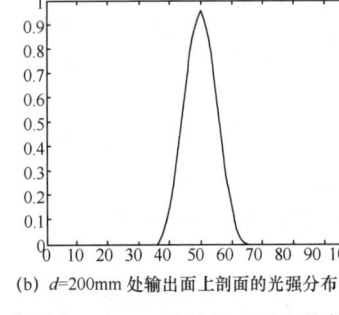

(b) $d=200$mm 处输出面上剖面的光强分布

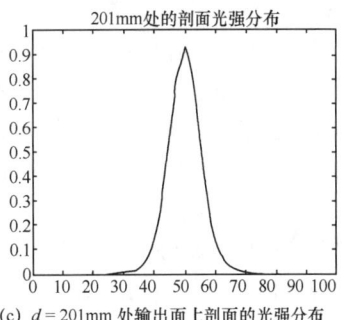

(c) $d=201$mm 处输出面上剖面的光强分布

图 9.88　焦深为 ±1 mm 时各输出面上的剖面光强分布

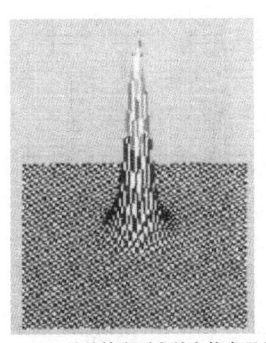

(a) 199mm 处的输出面上的立体光强分布

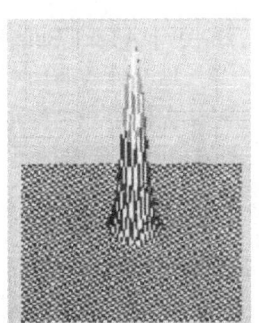

(b) 200mm 处的输出面上的立体光强分布

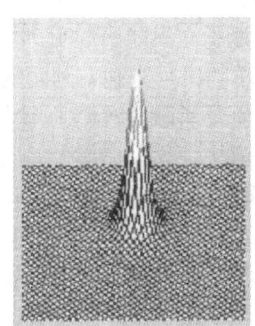

(c) 201mm 处的输出面上的立体光强分布

图 9.89　焦深为 ±1 mm 时各输出面上的立体光强分布

由以上的分析可得结论，取 ±1 mm 为设计焦深，此时设计的衍射轴锥镜可实现小焦斑长焦深的光场分布。当设计焦深都为 ±1 mm 时，当参加迭代的输出面的数量较多时，各个输出面上光强分布变化较小，光斑较为集中，而且边缘光强下降得较为迅速，因此设计的效果更好，但同时程序运行的时间就要有所增加。

9.5 近场光学与近场光学显微镜

9.5.1 近场光学概念

1. 近场光学的发展

20 世纪 80 年代以来，在光学领域中发展了一个交叉学科——近场光学。所谓近场光学，是相对于远场光学而言，即研究距离光源或物体一个波长范围内的光场分布。在近场光学中，传统光学中的衍射极限可能被突破，分辨率极限在原理上不再受限制，从而基于近场光学原理可以提高显微成像与其他光学应用时的光学分辨率，达到纳米量级。

在传统光学（如几何光学、物理光学等）中，通常只研究远离光源或者远离物体的光场分布，统称为远场光学，探测组件（如镜头）被置于远大于波长的远场中。由于衍射效应，光斑的尺寸随距离增加而扩大，常规显微镜最高能获得大于辐射场波长一半（$\lambda/2$）的结构信息，即受到衍射极限的限制。在 1981 年扫描隧道显微镜（scanning tunneling microscopy，STM0）出现时[23]，科学界几乎同时提出了近场光学显微镜的设想[25,106]。

近场光学的核心问题是探测束缚在物体表面近场区域包含物体结构细节（$\ll \lambda$）信息的非辐射场，其强度随着离开表面距离呈指数式衰减，不能在自由空间存在，因而被称为倏逝波（evanescent wave）。在远场的传统光学观察中无法探测到非辐射场（倏逝波）。探测非辐射场的概念在 1928 年由 Synge 提出[107]：用入射光透过孔径为 10 nm 的小孔照射到相距为 10 nm 的样品后，以 10 nm 的步长扫描并且收集微区的光信号，可能获得超高分辨率。到 1970 年，Ash 和 Nicholls 应用近场的概念[108]，在微波波段（$\lambda=3$cm）实现了分辨率为 $\lambda/60$ 的二维成像。1983 年，IBM 苏黎世研究中心在金属镀膜的石英晶体尖端制备了纳米尺度的光孔[110]。利用隧道电流作为探针和样品间距的反馈，获得 $\lambda/20$ 的超高光学分辨率的图像。在同一时期，Cornell 大学将微毛细管拉伸成为极细的光孔作为探针，也获得了类似的成功。而 Fischer 则自 1981 年起提出一系列实现近场观察的方案：如金属模板与单层感光染料膜密接的能量转换[112]、反射方式、单粒子等离子法、同轴探针法[109]。在最近采用的四面体探针法[110]中，用 STM 进行调控，达到的分辨率优于 3～5 nm。

近场光学能引起更广泛关注来自于 1991 年 AT&T Bell 实验室 Betzig 等人用光学纤维制成高通光率的锥形光孔，侧面蒸镀金属薄膜[30]，加上独特的切变力探针—样品间距调控法[32]，不但使透过的光子通量增加了几个数量级，同时又提供了一种稳定、可靠的调控方法，推动了近场光学显微镜在生物、化学[111]、磁光畴与高密度信息存储器件[33]、量子器件[36]等高分辨光学技术的一系列研究。另一个特殊运用是近场光学技术与近场光谱及时间分辨的荧光谱[113]。与超快脉冲激光结合，可以得到纳米尺度空间（10^{-9} m）—飞秒尺度时间（10^{-15} s）相结合的介观体系信息[114]。下面将简述近场光学的主要特性。

2. 光学衍射极限与分辨率

这里从光学分辨极限出发，讨论近场中光的传播行为及非辐射场的关系。用平面波展开法及偶极子*的辐射进一步阐述近场光学突破衍射极限的原因。传统光学系统对可见光成像直接被人眼睛所接收，如光学显微镜可以将被观察物体放大至上千倍以获得细节信息。同时还可以利用光的偏振、吸收、反射、光谱特性等进行综合性研究。

然而，如果光学成像的放大倍率任意提高时将受到一个严重的障碍，即光学衍射极限。由于光波的衍射效应，传统光学显微镜的分辨率不能超过光波长的一半。这是一个世纪前德国科学家阿贝（Ernst Abbe）根据衍射理论推导出来的[115]，而后，瑞利（Rayleigh）归纳为一个瑞利判据公式

$$R \geqslant \frac{1.22\lambda}{2n \cdot \sin\theta} \tag{9.114}$$

这个判据说明，当光的波长为 λ，物空间折射率为 n，孔径角为 θ 的镜头观察相距为 R 的两个点物时，仅当满足式（9.114）时才能分辨它们。使用高数值孔径（数值孔径 NA = $n \cdot \sin\theta$）的镜头时（NA = 1.3~1.5），分辨率 R 的上限约为波长的一半，不可能分辨比 $\lambda/2$ 更小的两个点物。通过选用短波长 λ（如紫外光），物空间使用高折射率 n 材料，如浸液镜头并增加孔径角 θ 能够提高分辨率。近年来研制的共焦式显微镜，使用 λ= 325 nm 时，分辨率可达 100 nm。双光子照明显微镜或 4π 共焦显微镜使光学分辨力略有提高[116]。

3. 近场中光的传播行为与非辐射场

通常观察一个物体只能通过它的像（记录在底片上或视网膜上），物体一般是三维的，而其成像是二维的投影。物体发射的光场分布主要参与成像过程，物体结构与其发射的光场相关联，Maxwell 方程提供了物体内部电子流动或电子密度与外部电磁场的关系[117]。发光体的光发射过程是：物体内部的电荷，电流的振荡引起电磁场的变化，能够从物体表面向自由空间传播。观察距离在物体较远（$\gg \lambda$）的位置，探测到的最小细节总是大于波长的一半。物体表面外的场分布可以划分为两个区域：一个距物体表面仅有 λ 量级的区域，称为近场区域；另一个从近场区域外至无穷远，称为远场区域。近场的结构复杂，包括向远处传播的分量，以及被限于物体表面 λ 以内的成分。近场的特征是"依附"于物体表面，就是倏逝波。在没有观察工具探测近场中倏逝波所携带的物体精细信息之前，只能在远场观察物体，分辨本领受衍射极限的限制。

20世纪初期，Sommerfeld、Ehrenfest 已经演示非辐射场的概念，在有限的小物体内振荡的载荷电流有可能不向外辐射。其后，Schott 提出一种能实现这种非辐射源的设想。显然，在探测非辐射的电流分布时，远场得到的数据不包括与非辐射场（近场）有关的信息，仅根据远场信息不能重构物体的细节。对于近场光学显微镜，最基本的问题是非辐射场的探测，这也是唯一能够突破衍射极限的光学观察技术[118]。

4. 辐射场和非辐射场的傅里叶光学分析

下面从波动光学成像的角度，分别讨论辐射场与非辐射场。在光学显微过程中，照射光与样品相互作用后，通过散射、衍射、折射和透射的光，或者被样品吸收再重新发射（荧光）的光被镜头收集、聚焦而成像。电磁波与样品的相互作用是不能用几何光学来解释的，常用的方法是用物体表面场分布的衍射波以及这些波的传导过程来描述，即光的角分布谱及传播过程。考虑在 $z = 0$ 的平面上一个复杂场分布为 $U(x, y, 0)$：由于其衍射及传播，在距离为 z 的位置上形成一个新场分布为 $U(x, y, z)$。由傅里叶变换可知[78]，$U(x, y, 0)$ 可以写成其角谱分布 $A_0(m, n)$ 的傅氏逆变换，即

$$U(x,y,0) = \iint_\infty A_0(m,n) \exp[2\pi j(mx+ny)] \mathrm{d}m \mathrm{d}n \tag{9.115}$$

$A_0(m, n)$ 为 $U(x, y, 0)$ 的傅氏变换

---

* 在电磁学里，有两种偶极子（dipole）：电偶极子是两个分隔一段距离、电量相等、正负相反的电荷。磁偶极子是一圈封闭循环的电流，例如一个有定常电流运行的线圈，称为载流回路。偶极子的性质可以用它的偶极矩描述。

电偶极矩由负电荷指向正电荷，大小等于正电荷量乘以正负电荷之间的距离。磁偶极矩的方向，根据右手法则，是大拇指从载流回路的平面指出的方向，而其他手指则指向电流运行方向，磁偶极矩的大小等于电流乘以线圈面积。

$$A_0(m,n) = \iint_\infty U(x,y,0)\exp[-2\pi j(mx+ny)]\mathrm{d}x\mathrm{d}y \tag{9.116}$$

式中，m，n 均为角空间频率，其量纲为长度的倒数。可以直观地看出，傅里叶空间中的高频率对应于实空间（样品空间）中的微小间距。利用单位强度的平面波在空间方向 $k=(k_x, k_y, k_z)$ 传播后的强度 $B(x,y,z)$ 的表达式为

$$B(x,y,z) = \exp(jk \cdot R) = \exp[j(k_x x + k_y y + k_z z)] \tag{9.117}$$

这里

$$k^2 = \left(\frac{2\pi}{\lambda}\right)^2 = k_x^2 + k_y^2 + k_z^2 \tag{9.118}$$

物体在 $z=0$ 处场的分布是由无穷组平面波在 $k(m,n)=(2\pi m, 2\pi n, 2\pi[(1/\lambda)^2-m^2-n^2]^{1/2})$ 方向上传播的叠加，每一组平面波的复数振幅为 $A_0(m,n)$。

类似地，在距离源为 z 处的场分布，即经过扰动后的源的分布 U 可以表示为

$$U(x,y,z) = \iint_{-\infty}^{\infty} A(m,n,z)\exp[2\pi j(mx+ny)]\mathrm{d}m\mathrm{d}n \tag{9.119}$$

而 $A_0(m,n)$ 与 $A(m,n,z)$ 的关系则可以用来描述受扰动的 $U(x,y,z)$ 的角谱分布的传播过程。可以用标量的 Helmholtz 波动方程来描述这种关系

$$\nabla^2 U + k^2 U = 0 \tag{9.120}$$

当讨论沿 z 方向传播距离足够小时，这个微分方程的解的形式为

$$A(m,n,z) = A_0(m,n,)\exp\left[\frac{2\pi j}{\lambda}\sqrt{1-(m\lambda)^2-(n\lambda)^2}\cdot z\right] \tag{9.121}$$

这样就得到 $A_0(m,n)$ 与 $A(m,n,z)$ 的关系，它指出经过传播的波与方向 m，n 直接相关。有两种不同的情况。

（1）$(m\lambda)^2+(n\lambda)^2 < 1$，式（9.121）变为

$$A(m,n,z) = A_0(m,n)\exp\left[\frac{2\pi j}{\lambda}\sqrt{1-(m\lambda)^2-(n\lambda)^2}\cdot z\right] \tag{9.122}$$

其指数部分的宗量为虚数。这样，角谱分布中的每一分量都可以由样品向探测器传播，而其相位也随之变化。换言之，在位于 $z=0$ 处的空间频率中，相当于低空间频率的传播波，即角谱分布中的远场分量。

（2）$(m\lambda)^2+(n\lambda)^2 > 1$，式(9.122)变为

$$A(m,n,z) = A_0(m,n)\exp\left[-\frac{2\pi j}{\lambda}\sqrt{1-(m\lambda)^2-(n\lambda)^2}\cdot z\right] \tag{9.123}$$

其指数部分的宗量为实数，这样它的振幅随 z 方向增加而呈指数迅速衰减。

这些分量相当于高空间频率 m 与 n，对应于物体结构中小的尺度，由于它们具有随着物体距离增大而幅度迅速衰减的特点。即倏逝波（evanescent wave，曾译作衰逝波、迅消波、隐失波等），仅存在于物体最表面，而不能向远处传播。即物体中细微结构的信息不能传递到远处，而被限制在接近物体表面的近场区域。作为衡量这一区域尺度的量——衰减长度 d 定义为

$$\frac{1}{d} = \frac{2\pi}{\lambda}\sqrt{(m\lambda)^2+(n\lambda)^2-1} \tag{9.124}$$

可以看出高阶的衍射波具有与波长 λ 相当、较短的 d 值。

由倏逝波构成的非传播场一般表达为

$$U(x,y,z,t)=A(x,y,z)\cdot\exp\left[-j(k_xx+k_yy)\right]\cdot\exp\left(-\frac{z}{d}\right)\cdot\exp(j\omega) \tag{9.125}$$

这里 A 是在点(x, y, z)场的振幅，$\exp[-j(k_xx+k_yy)]$ 表示波在 $x+y$ 平面传播的特性，而 $\exp[-z/d]$ 则表示场沿 z 方向的衰减，d 与样品特性及结构细节有关。最后，$\exp(j\omega t)$表示场与时间的关系。

从物理上讲，这个场的特点是可以沿 x-y 方向传播，而沿 z 方向迅速消失，并且以光的频率振荡，因其不能向外辐射故被称为非辐射场。

从以上分析中可以看到，在衍射过程中，传播波与倏逝波总是共存的。它们所占的比例则取决于被观察物体的结构细节。对于主要包含式(9.125)所示的高空间频率时，倏逝波占主导地位。比如，当观察发出可见光（$\lambda = 550$ nm）的周期性物体，如果周期小于 300 nm，则不可能通过传播波被观察到。

普通光学显微镜的镜头都放在远场（$z \gg \lambda$）中，仅有符合条件：$(m\lambda)^2 + (n\lambda)^2 < NA^2$ 的传播波才可以被接收到（NA 为镜头的数值孔径）。即收集到的关于 $U(x, y, 0)$的信息中只包含空间频率 m，$n<NA/\lambda$ 的信息。即相当于横向分辨率 $\delta R<\lambda/NA$，这个分辨率判据即是 Abbe 提出的衍射极限[115]。

要达到这一极限，就要探测非辐射场，必须把探头放在距离样品 λ 量级以内。即在场尚未传播之前用探头捕捉它。探头必须能准确地放在物体表面纳米尺度而又不碰撞，这可以采用扫描探针显微镜常用的压电调节方案。其次，由于探头与样品间距如此之近，没有任何常规的成像系统可以成像，只能采用逐点成像的方法。即首先将纳米尺度的局部光信号收集，将其转变为电流；或者再发射到自由空间，或者以波导的方式将其传播到探测系统（如光电倍增管或光电二极管），最后将逐点采集的信息扫描成为二维图像。

5. 基于光学隧道效应非辐射场的探测

由于非辐射场分量具有倏逝波的特点，探测方法可基于光学隧道效应。

1）光学隧道效应

探测倏逝场是所谓"光学扰动"(optical frustration)。当光线以大于临界角度射入一个反射表面没有反射涂层的棱镜时，光束不会从棱镜表面折射，而是形成全反射现象，在全反射面外表层即有倏逝场即非辐射场存在。牛顿首先设计将倏逝场转换为传播场的实验，将探头引入非辐射场内，产生光学扰动（如在全反射面上置以微小细节物体），可以把局限在物体近邻的信息转换出来，称为光学隧道效应，或光子隧道效应（photon tunneling effect，PTE）。

这个效应可以用 Maxwell 方程来解释，也可以直观地用棱镜表面边界条件的连续性解释。在棱镜反射面的内表面与其相邻的外表面均有场存在，这个场在垂直方向迅速消失。如果用合适的介电探针"浸入"倏逝场，由于同样的连续性边界条件，探针会将倏逝场转变为传播场，在光子隧道显微镜中应用了这个原理[119]。

在描述衍射物体和倏逝场相互作用的方法中，可假设探针的顶端相当于一个偶极子，即一个基本的散射源，当把其放入非辐射场中，它被激发而产生包括传播分量和非传播分量的电磁场，其传播分量可以被远处的探头探测到。这个过程被从理论上总结成一个定理："射入一个有限物体的光线总可以转换为传播场和倏逝场"[120]。

在近场光学中，具有结构突变的物体，用空间频率描述，这个物体相应的傅里叶频谱分量是无穷多的。如在不透光屏中的小孔或小球，它们所包含的空间频率从零到无穷大。鉴于上述，近场光学可描述为：射入到具有结构细节小于 $\lambda/2$ 物体的光，可以被转换为包含物体的低频信息的传播分量，以及限制在物体表面与高频信息相关的倏逝场分量。

2）倏逝场与超微结构近场探测原理

由上述可以看到近场光学探测是由一系列转换完成的：

（1）当用传播波或倏逝波照射高空间频率物体时，均产生倏逝波；

（2）倏逝场不服从瑞利判据，它们能够在远小于波长的距离上显示局部的强烈变化；

（3）根据互易原理，这些不可探测的高频局域场可以通过采用一个小的有限物体（如有孔径或者无孔径探针）、通过转换设备（如光子隧道显微镜），将倏逝场转换成传播场和倏逝场，使这种不可探测的高频局部场转换成传播场；

（4）使上述已转换的传播场被适当的远距离探头所记录。

由倏逝场到传播场的转换应是线性的，即探测到的场强与相应倏逝场中的 Poynting 矢量*成比例，因此探头获得的信息准确反映了精细结构的局部变化，当用一个微小物体（如光纤探针的尖端）进行平面扫描时，就可以得到二维图像。

9.5.2 近场扫描光学显微镜（NSOM）

1. 近场光学显微镜的构成与工作原理

近场光学显微镜由探针、信号传输器件、扫描控制、信号处理和信号反馈等系统组成。近场产生和探测原理：入射光照射到由多个微小结构组成的物体，这些微小结构被入射场激发而重新发光，产生的反射波包含限制于物体表面的倏逝波和传向远处的传播波。倏逝波来自于物体中小于波长的微细结构，而传播波则来自于物体中大于波长的粗糙结构，后者不含物体细微结构的信息。如果将一个非常小的散射中心作为纳米探测器（如探针），放在离物体表面足够近处，将倏逝波激发，使它再次发光。这种被激发而产生的光同样包含倏逝波和可探测的传播波，这个过程便完成了近场的探测。倏逝场（波）与传播场（波）之间的转换是线性的，传播场准确地反映出倏逝场的变化。如果散射中心在物体表面进行扫描，就可以得到一幅二维图像。根据互逆原理，将照射光源和纳米探测器的作用相互调换一下，采用纳米光源（倏逝波）照射样品，因物体细微结构照射场的散射作用，倏逝波被转换为可在远处探测的传播波，其结果完全相同。

近场光学显微镜是由探针在样品表面逐点扫描和逐点记录后数字成像的。图 9.90 是一种近场光学显微镜的成像原理图[121]。图中 x-y-z 粗逼近方式可以用几十纳米的精度调节探针至样品的间距；而 x-y 扫描及 z 控制可用 1 nm 精度控制探针扫描及 z 方向的反馈随动。图中的入射激光通过光纤引入探针，并可根据要求改变入射光的偏振态。当入射激光照射样品时，探测器可分别采集被样品调制的透射信号和反射信号，并由光电倍增管放大，然后由模/转换后经计算机采集或通过分光系统进入光谱仪，以得到光谱信息。系统控制、数据采集、图像显示和数据处理均由计算机完成。由以上成像过程可以看出，近场光学显微镜可同时采集 3 类信息，即样品的表面形貌、

---

* 坡印矢量（Poynting vector）定义：在电磁场内一给定点上的电场强度 E 与磁场强度 H 的矢量积。穿过一个闭合面的坡印亭矢量的通量等于穿过该面的电磁功率；对于周期性电磁场，坡印亭矢量的时间平均值是一个矢量，可有些保留地认为该矢量的方向是电磁能传播的方向，其数值是平均电磁功率通量密度。矢量，符号"S"。

坡印亭矢量为电磁场中的能流密度矢量。电磁波在空间传播，任一处的能流密度 S 等于该处电场强度 E 和磁场强度 H 的矢积，即 $S=E\times H$，坡印亭矢量 S 的方向是电磁波传播的方向，即电磁能传递的方向，E、H、S 彼此垂直构成右手螺旋关系；S 代表单位时间流过与之垂直的单位面积的电磁能，单位是瓦/米^2。

电磁波中 E、H 都随时间迅速变化，S 是电磁波的瞬时能流密度。它在一个周期内平均值称为平均能流密度，对于简谐波，其中 E_0、H_0 分别是 E、H 的振幅，即电磁波的平均能流密度正比于电场或磁场振幅的平方。

根据能量守恒定律，某体积内电磁能的减少（电磁场的能量密度为（$S=E\times H$），其体积分就是电磁能），一部分转化为其他形式的能量，另一部分为通过界面流出去的电磁能。这也正是麦克斯韦方程组的结果。电磁场的能量密度和能流密度对于空间分布的电磁场处处贮存着的电磁能及其流动提供完整的描述。

近场光学信号及光谱信号。

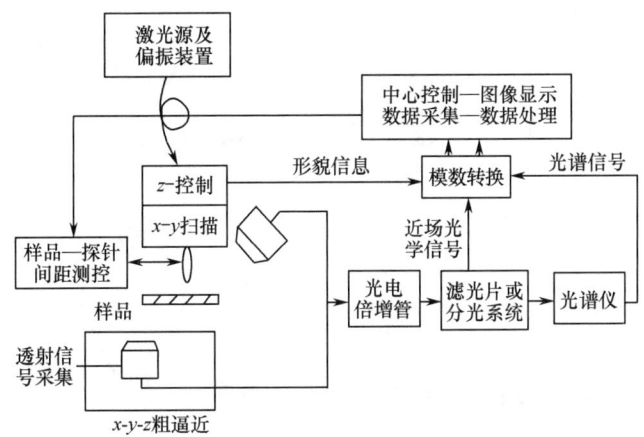

图 9.90 近场光学显微镜成像原理

2. 纳米级探针的制作

利用探针尖端收集光场信息，探针尖越细，探测到的精细结构越丰富，分辨率也越高；但是探针尖端越细，光通过率越小，灵敏度越低。需要根据要求制作合适的纳米级探针。与 STM 中的金属探针和 AFM 的悬臂探针不同，一般采用介电材料探针，可以发射或接收光子，尖端尺度在 10～100 nm，将收集到的光子传送到探测器，探针可用拉细的锥形光纤[32]、四方玻璃尖端[109]、石英晶体[122]等制成，探针要求是小尺度和高光通过率。国内外一般采用光纤做亚微米级探针，需要解决探针削尖化和亚波长孔径的制造[123]。

1) 探针削尖化

一般有两种方法。

(1) 腐蚀法：利用 HF 酸和氨水对光纤芯与包层具有不同的腐蚀速度来削尖。该方法应用极为广泛，能根据需要制造出不同种类的光纤尖，如采用多步腐蚀法即得到笔型、弯曲型光纤尖等。探针的圆锥角可由缓冲腐蚀液中的氨水与 HF 酸的比例 ($X:1$) 改变，当 X 由 0.5 增大到 1.5 时，针尖的圆锥角由 15°增大到 30°。但此种方法得到的光纤尖常有腐蚀坑和毛刺，形成分散的散射中心。有一种不去掉光纤保护套对其进行腐蚀的方法，用该方法制得的针尖比裸露纤芯腐蚀法所得的针尖光滑。

(2) 熔拉法：这种方法是利用 CO_2 激光使光纤熔融后，在其两端施以较小的力，使其成丝形，再以较大的力迅速将其拉断，断面自然形成锥面。这种方法形成的锥面比较光滑，然而在相同锥长和针尖相对孔径相同的条件下，腐蚀法比熔拉法具有更高的传输效率。

两种方法相比，熔拉的针尖尺寸一般为 50～200 μm，而腐蚀的针尖可小于 50 μm。腐蚀的针尖圆锥角也较大，所以透过率常比熔拉法的高出两三个数量级。但实验表明，对于尺寸相同的针尖，熔拉法制作的抛物形的透过率比腐蚀法制作的锥形针尖透过率高。腐蚀法简单实用，但较难以改变针尖的形状，而熔拉法可较为容易地制作不同形状的针尖，只是设备复杂昂贵。

2) 亚波长孔径的制造

亚波长孔径的制造有两种方法。一种方法是对所制作的光纤尖先镀一层金属膜，然后用 KI 等溶液进行化学腐蚀。对已镀有保护层的光纤尖，利用纳米光刻法得到亚波长孔径。还有一种方法是对光纤尖进行真空蒸镀铝，在其顶端腐蚀掉膜层形成一个光孔，制成探针。第二种方法比第一种方法制作精细，控制也更精确一些，其过程如图 9.91 所示，包括五个步骤：①光纤有机包层在氢氟酸 (HF) 蚀刻；②在氢氟酸中选择性蚀刻纤芯并锐化处理；③锥角在 HF 的水溶液中钝化；④通过真空镀膜涂敷金属膜；⑤用化学抛光除去尖区的金属层。α 是包层的锥角；θ 和 θ_B 是纤芯的锥角，用真空蒸发，使纤维镀成倾斜角度 φ。

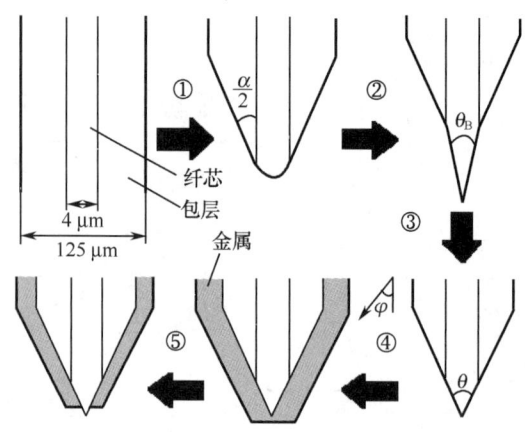

图 9.91　光纤探针的制造方法示例

还有一种将熔拉法和腐蚀法结合的两步探针制造法：首先以 CO_2 激光加热单模光纤，经熔拉形成一个其顶端具有细纤丝的抛物面形传输尖，然后以 5% 的 HF 进行腐蚀，这样形成一个抛物面尖锥。这种探针的尖端尺寸大小和传输光效率都较适合近场探测。

3. 纳米级样品—探针间距的控制

有一种是倏逝场调控的方法，利用倏逝场强度随 z 值增加而呈指数下降的关系，将探针放入倏逝场里，控制范围 0 ～ λ（30～40）。在这种方法中，探测光信号与调控信号有较强相互作用。探针—样品间距控制的理想调控方法应当是与光信号完全独立的机制，以使待测信号不与光信号相互作用，避免引入互干扰。而实际方案中，则难于避免这一问题，目前常用的是切变力调控方法。

1）切变力调控方法原理

当以本征频率振荡的探针靠近样品表面时（大于 50 nm），由于振荡的针尖与样品间的作用力（毛细力、表面张力等），其振荡幅度及相位均会有较大变化，利用这个变化可以将探针控制在 z = 5～20 nm 范围。比较成熟的方案有切变力方式、双束干涉、垂直振荡和超声共振方式[124]等。超声共振式近场光学显微镜非光学的距离调控方法特别适合微弱信号的近场光谱研究[125]。

2）音叉探针—样品间距离控制原理

剪切力模式近场扫描光学显微镜（near-field scanning optical microscopy，NSOM）的音叉探针间距控制系统中，用相位反馈控制和检测剪切力，同时采用比例+积分（PI）技术[126]实现对音叉探针振幅的反馈控制，使探针振幅在扫描过程中保持为恒定值。用相位信号作为探针与样品间距控制信号，分别在无振幅反馈和有振幅反馈两种情况下，以不同速率扫描得到标准 CD-RW（CD-RW 是 CD-Re-Writable 的缩写，为一种可以重复写入的技术，而将这种技术应用在光盘刻录机上的产品即称为 CD-RW）光栅的两组图像，并进行了比较分析。实验表明，恒振幅反馈电路的引入有助于提高探针系统的响应速度和灵敏度，并改善所得图像的质量及分辨率。

近场扫描光学显微镜（NSOM）用一个孔径小于光波长的探针作为光源或探测器，在距样品表面小于一个波长的近场内以光栅扫描的方式进行成像，其分辨率主要取决于探针的孔径以及探针—样品间距，而不受衍射极限的限制[111]。NSOM 中的关键，是探针制作和探针—样品间距控制。音叉有极高的力的灵敏度，用于制作音叉探针，作为探针—样品间距的传感器。其自身的高 Q（品质因子）值（100～1000）决定了反馈系统具有高的灵敏度，而高 Q 值同时限制了系统瞬时响应速度[127]。而且，如果在真空的环境中使用 NSOM，其 Q 值增加 10 倍以上；由于音叉响应速度的影响使 NSOM 有低扫描速度将会限制应用，故采用反馈控制和检测剪切力，同时利用 PI 技术[126]，实现了探针的横幅反馈控制。

为获得高的空间分辨率，采用剪切力模式控制探针—样品间距[128]。制作 NSOM 音叉光纤探针组件[129]，如图 9.92 所示，把光纤探针粘在音叉的一个臂上，用信号发生电路产生频率为 33 kHz 左右、振幅值为 1~20 mV 的振荡电压，使音叉探针以共振频率在平行于样品表面的方向上振动。当探针逐渐逼近到离样品表面一定距离（0.3~0.5 nm）时，振动的探针会受到一个横向的阻尼力，即剪切力的作用，此时探针的振幅和相位将开始随针尖—样品间距的大小而改变。在 NSOM 中以探测相位的改变量作为控制信号，通过相位反馈回路 PI 控制器，控制样品台做 z 向移动以实现探针—样品间距的控制。

在以相位信号作为反馈控制电路信号的控制系统[130]中，并未对音叉探针的振幅进行限制。一旦音叉探针输出的振幅信号减小时，检测到的相位信号的信噪比将下降，从而影响音叉探针—样品间距反馈控制的响应速度。如果在音叉探针的激励信号和振幅输出信号两端加上一个振幅反馈控制回路，通过调节其中设置的参考振幅值和比例加积分(PI)放大器的参数，可以使探针在整个扫描过程中保持振幅恒定。对于 Q 值较高的音叉探针采用相位和振幅双反馈回路，可获得较高的探针—样品间距反馈控制的动态响应，提高音叉探针扫描速度。

3）恒振幅控制的原理和实现

PI 控制器又称 PI 调节器，它由比例积分(PI)电路组成。根据需要适度调节它的比例（P）和积分（I）两个参量，可以使反馈回路输出保持在设定的参考值。为了使探针具有高灵敏度，首先通过扫频找到音叉探针在自由状态下的谐振频率，然后将激励频率设置在略低于该谐振频率的某一点，逐渐靠近样品，再设定在近场某一点进行扫描，可以使探针系统达到最佳的响应[131]。

为了在等相位扫描成像同时实现恒振幅反馈控制，相位和振幅双反馈控制电路原理如图 9.92 所示，其中有相位与振幅两个反馈回路。DDS*信号发生器输出正弦信号加在音叉一端电极的探针谐振，从音叉另一端电极上获得音叉输出信号，通过幅度检测芯片得到振幅信号，将其连接到振幅反馈回路；同时，使用相位比较器将音叉输出信号与激励源参考信号比较，得到音叉探针相位信号，用来反映探针与样品间作用力的大小，并将其连入相位反馈回路。

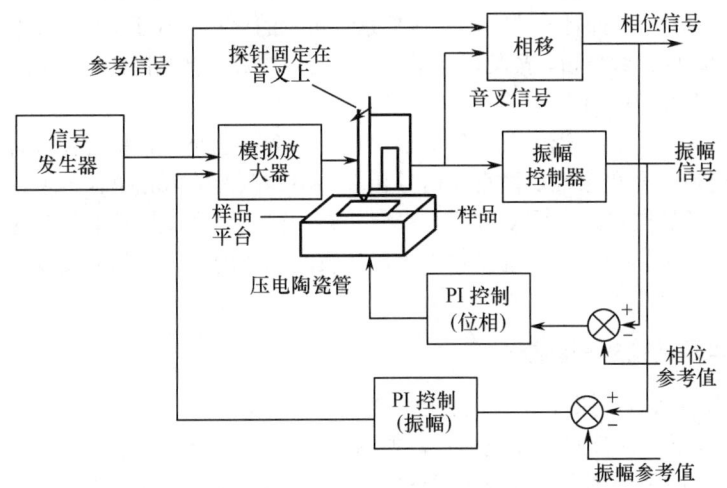

图 9.92　相位和振幅双反馈电路控制原理

在相位反馈回路中设置一个参考相位值信号，与相位比较器输出的相位信号进行差值，实时得到的音叉相位信号减去这个参考相位值获得相位偏差信号，再将其输入比例积分（PI）相位控

---

* DDS：直接数字合成（direct digital synthesizer），将一个完整周期的模拟信号采样、量化，以数据点的形式存储在信号源内部存储器中。输出时，抽取数据点经过低通滤波器还原成模拟信号，就是一个模拟信号以数字方式存储再还原成模拟信号的过程。

制器，通过相位反馈电路转化为探针—样品间距控制信号，并通过高压放大驱动压电陶瓷管做 z 向伸缩，控制样品台的纵向移动，实现探针与样品间距的控制。

同时，在振幅反馈回路中，将音叉输出端通过幅度检测芯片解调出来的振幅信号与设置的参考振幅值进行差值，获得振幅偏差信号。此振幅偏差信号通过比例积分（PI）振幅控制器送入乘法器输入端，与信号发生器输出的初始激励信号相乘，然后送入音叉输入端。用乘法器的目的是，当音叉探针输出振幅值偏离参考振幅控制值时，特别是偏离太小时，用来提高音叉探针输入信号的振幅，保证输出相位信号有较高的幅度和信噪比（不改变输入信号的频率和相位），保证音叉探针—样品间距调控有很好的动态响应速度。当反馈平衡建立时，输入音叉端的信号振幅与上一个扫描点的平衡状态保持近似恒定。

音叉探针在每一个扫描点，当压电陶瓷管获得探针—样品间距控制信号时实现伸缩，通过两个闭环反馈控制最终使探针—样品系统达到稳态平衡状态。此时探针—样品系统输出的振幅和相位值均与参考值保持一致，而压电陶瓷管的伸缩长短就间接反映了样品表面的起伏变化（样品表面形貌图像）。由于探针系统采用逐点扫描的方式扫描样品，为了获得好的图像精度和分辨率，XY 平面压电平台移动的速度不能太快，必须等到压电陶瓷管实现伸缩并且探针达到或接近稳态平衡状态时才能开始下一点的扫描，否则将会使得探针系统的响应速度跟不上 XY 平面样品台的平面移动速度，将影响图像质量和分辨率。因此，为了提高系统整体的扫描速度，必须首先要提高探针—样品间距调控系统的动态响应速度，才能保证扫描图像的质量和分辨率。

影响探针—样品间距调控系统动态响应速度的因素主要包括音叉探针系统响应、电子学回路反馈速度以及压电陶瓷管机械系统响应三个部分。音叉探针系统瞬时（衰减）响应的时间常数 $\tau=\sqrt{3Q}/\pi f_0$，其中品质因子 $Q=f_0/\Delta f$，f_0 为探针振动频率，Δf 为谐振峰的半宽。例如 $Q=1\,000$，$f_0=33$ kHz 时，系统衰减的时间常数为 $\tau=16.7$ ms。音叉探针系统衰减到 1% 的时间约为 $5\tau=83.5$ ms，即音叉探针系统瞬时（衰减到 1%）响应的时间约在 100 ms 量级。电子学回路反馈系统的时间常数为 0.02 ms 量级（带宽 50kHz），压电陶瓷管机械系统经过优化后响应的时间常数最快达到 20~30 ms 的量级[132]，探针—样品间距调控系统带宽的增加受限于系统中最慢的组件。根据上述三个系统响应的时间常数分析，音叉探针系统的响应对探针—样品间距调控系统的响应和扫描速度的提高将起着关键性的作用。

加入恒振幅反馈电路后，当音叉探针的输出信号振幅特别小时，将会加大音叉输入信号的振幅（乘法器用于交流信号和振幅反馈直流信号相乘，不会改变输入相位信号），使探针激励信号幅度加大，探针能够比较迅速地回复到稳态平衡状态，提高了音叉探针的响应速度。当样品台的移动速度适量增大以后，探针系统也能够跟上样品表面起伏的变化，从而实现提高系统扫描速度的目的。

4. 近场光学显微镜的探测模式

近场光学显微镜按照其探针工作方式分为 3 种。

（1）C-mode 模式。该模式即收集模式，如图 9.93（a）所示，传输光以全反射角照射到样品基底上，在样品表面上产生倏逝波，被处于样品表面距离一个波长内的探针所探测。该倏逝波光功率的一维分布包含有样品的三维特征信息，也可显示探针的位置函数。C-mode 模式的优点是入射远场光的极化状态可根据需要调整，且倏逝波功率沿垂直于样品表面迅速衰减，所以可以控制样品—探针间距，使探测到的光功率为常数。这种方法是等强度测量。

（2）I-mode 模式。该模式即照明模式如图 9.93（b）所示，处于样品表面纳米处的探针尖端微波长孔径产生的倏逝波照向样品，在样品表面上产生新的倏逝波及传播波；处于样品下面的光电探测器（光电倍增管，photo-multiplier tube，PMT）探测到新的传播波，可得到探针位置函数及样品精细结构信息。这种模式的优点是可选择性地照明样品,从而实现最佳对比度,但该模式的入射光极化强度难以依据需要来调整。

(3) I-C-mode 模式。该模式即照明—收集混合模式如图 9.93(c)所示,由探针尖端微波长光孔产生的倏逝波照向样品,再由同一探针探测产生于样品的倏逝波与传播波,从而得到探针位置函数及样品精细结构信息,但这种方法信噪比较低。

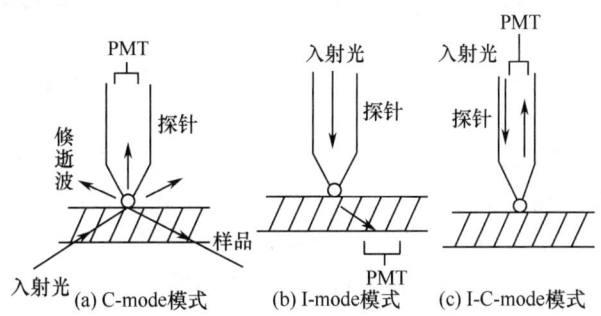

图 9.93　近场光学显微镜的工作方式(PMT—光电倍增管)

以上三种模式,由于探测光功率随孔径的减小而减小,探测灵敏度与分辨率之间存在一定的矛盾。为此,一种探测灵敏度较高的光波相变探测法被提了出来。由于物体内部和外部结构存在微小变化,当光照射到样品上时,光的折射特性与散射特性均发生微小变化;通过探测透射光和折射光等相位的微小变化,再经过分析处理,可以得到样品内部和表面的精细结构。该方法分辨率高,目前已得到应用。

5. 近场光学显微技术中的衬度*问题

NSOM 的工作方式,通常采用非光学信息与光学信息同时成像的方法。非光学信息的衬度反映表面局域电子态密度、探针与样品的 Vander Waals 力、剪切力(shear force)及毛细力(capillary forces)等*的变化,为相应区域的光学分析提供空间定位。而光学信息的衬度直接反映局域光的反射、吸收、折射率变化、荧光激发、偏振及局域光致发光或电致发光等[111]。涉及近场光学成像的衬度类型主要有以下 4 种:

(1) 光强衬度——直接来源于样品的反射或透射,是目前各类 SNOM 中采用最广泛的衬度方式。光强信号直接反映局域反射率、透射率或折射率的变化。但由于探针与样品相互作用、散射、多重反射等,使近场图像的解释复杂化。当探测光发射时,光强衬度则给出发光强度的空间分布。

---

* 所谓衬度,即像面上相邻部分间的黑白对比度或颜色差,或其他相关物理量,如光强、相位、偏振和频谱等之差。

* 范德华力(Van Der Waals Force):分子间作用力又被称为范德华力,按其实质来说是一种电性的吸引力,产生于两个分子或原子之间的静电相互作用。因此考察分子间作用力的起源就得研究物质分子的电性及分子结构。范德华力又可以分为三种作用力:诱导力、色散力和取向力。诱导力(induction force)在极性的分子和非极性分子之间以及极性分子和极性分子之间都存在诱导力。色散力(dispersion force 也称"伦敦力"(所有分子或原子间都存在,是分子的瞬时偶极间的作用力,即由于电子的运动,瞬时电子的位置对原子核是不对称的,也就是说正电荷重心与负电荷重心发生瞬时的不重合,从而产生瞬时偶极。取向力(orientation force)发生在极性分子与极性分子之间。由于极性分子的电性分布不均匀,一端带正电,一端带负电,形成偶极。当两个极性分子相互接近时,由于它们偶极的同极相斥,异极相吸,两个分子必将发生相对转动。

剪切力(shear force):为获得高的空间分辨率,可采用剪切力模式控制探针样品间距。把光纤探针粘在音叉的一臂上,用信号发生电路产生频率为 33 kHz 左右、振幅值为 1~20 mV 的振荡电压,使音叉探针以共振频率在平行于样品表面的方向上振动。当探针逐渐逼近到离样品表面一定距离(0.3~0.5 nm)时,振动的探针会受到一个横向的阻尼力,即剪切力的作用,此时探针的振幅和相位将开始随针尖—样品间距的大小而改变。

毛细力(capillary forces):类似于毛细光对液体的作用,在近场扫描显微镜的探针中对光子的吸力和阻力作用。

（2）相位衬度——由于折射率的实部变化而影响探测光束相位所引起的衬度[111]。在远场光学中，这种衬度效应较小；而在近场观察中，由于折射在实部的微小局域变化引起的相位衬度足够大，所以可以用来观察低衬度的生物样品、相位调制光栅以及微加工工艺中的微结构检测。利用这种相位衬度可以直接研究局域折射率的微小变化。

　　（3）偏振衬度——来源于样品内部对称性对线偏振或圆偏振光的响应[33]。在 NSOM 中，与样品相互作用后光的偏振状态可由反射光的偏转角（Kerr 效应）或透射偏转角（faraday 效应）测得。通过探针的光偏振性，应与入射束相同，但研究结果表明，在探针处的消光比（表明偏振程度）仍可高达 2 000∶1。偏振衬度主要应用于磁光存储器件的检测以及具有偏振效应的单分子与半导体器件测量[133]。

　　（4）频谱衬度，与近场信号中不同波长有关系。样品的激发产生光致发光、荧光等频率响应光谱。近场光学和远场光学一样也可以用滤色片、双色镜或其他分色装置获得频谱衬度。事实上，特定波长的强度成像技术已经用于如扫描电镜中的元素特征 X 射线成像等技术中。SNOM 涉及的频谱范围可能由微波波段至可见光，直到紫外波段，相应的近场光谱涉及高空间分辨率的光致荧光、激发光致发光及拉曼光谱等。

　　另外还有一种 NSOM 衬度方式是时间衬度，即样品结构的光学响应随时间而变化。这种衬度方式随时间的响应能够提供样品中的一些动态信息，如半导体中载流子的产生、迁移、扩散或弛豫过程。由于这些过程往往发生在极短时间（飞秒—皮秒）的瞬态，故可将 NSOM 纳米尺度空间分辨率和飞秒时间分辨率的结合称为第四度空间的研究[114]。

9.6　扫描探针显微镜

　　早在 1982 年，Binnig 和 Rohrer 等[23]发明了扫描隧道显微镜（STM）——扫描探针显微镜（SPM）家族的第一位成员。它可在原子级分辨率水平上测量材料的表面形貌，使得对材料表面的定域表征成为可能。由此，发明者被授予 1986 年的诺贝尔物理奖。随着 STM 在表面科学和生命科学等研究领域的广泛应用，相继出现了许多同 STM 技术相似的新型扫描探针显微镜（SPM）。主要有扫描力显微镜（SFM）、扫描隧道电位仪（STP）、弹道电子发射显微镜（BEEM）、扫描离子电导显微镜（SICM）、扫描热显微镜、光子扫描隧道显微镜（PSTM）和扫描近场光学显微镜（SNOM）等[134]，它们弥补了 STM 只能直接观察导体和半导体的不足，可以极高分辨率研究绝缘体表面。SPM 不采用物镜来成像，相反，利用尖锐的传感器探针在表面上方扫描来检测样品表面的一些性质。不同类型 SPM 间的主要区别在于针尖的特性及相应针尖—样品间相互作用的不同。其中，对 STM 最重要的发展就是，1986 年原子力显微镜（AFM）的出现[135]，其横向分辨率可达 2 nm，纵向分辨率为 0.1Å。这样的横向、纵向分辨率都超过了普通扫描电镜的分辨率，但 AFM 对工作环境和样品制备的要求比电镜的要求少得多。以 AFM 为代表的 SFM 是通过控制并检测针尖—样品间的相互作用力，例如，原子间斥力、摩擦力、弹力、范德华力、磁力和静电力等，来分析研究表面性质的。相应的扫描力显微镜有原子力显微镜（AFM）、摩擦力显微镜（LFM）、磁力显微镜（MFM）和静电力显微镜（EFM）等，它们统称为 SFM，下面将讨论 SFM 的基本原理和针尖—样品的相互作用[136]。

　　扫描探针显微镜是以锐利的针尖通过栅格图案扫描与被测面的相互作用，记录每个像素中由相互作用形成的图像。在 SPM 中有多种模式使针尖与被测面相互作用，主要概括为前述三种显微镜为代表的三种模式类别，如图 9.94 所示[137]。

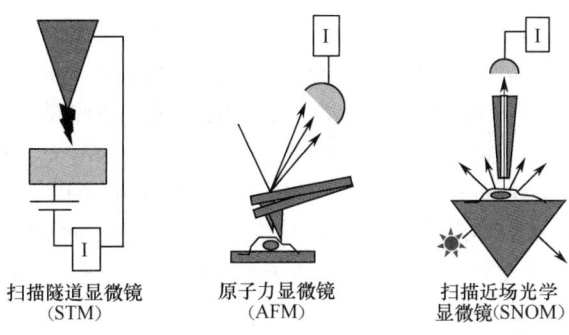

图 9.94 扫描探针显微镜（SPM）

扫描探针显微镜的主要类型如下：

（1）扫描隧道显微镜（STM）。在扫描隧道显微镜（STM）中，用原子尺度锐利的导电金属针尖，其最外层原子以原子尺度量级的距离和被测面之间产生电子流，记录针尖和被测面之间的瞬时隧道电流 I，绘出样品形貌和电气性能。因为针尖非常接近被测面，以致电子可以在其间流动。

（2）原子力显微镜（AFM）。用一个带有锐利针尖的微悬臂梁来扫描被测面，用针尖与样品之间的范德华力或接触力测量样品形貌或机械性能。

（3）扫描近场光学显微镜（SNOM）。一个带有小孔的探针扫描被测面，通过亚波长孔径的衍射光成像，在被测面表面小于波长的近场内收集光线（如倏逝波）。

20 世纪 80 年代初期，在 IBM 公司苏黎世实验室诞生了一种全新的表面分析仪器——扫描隧道显微镜（scanning tunneling microscope，STM）[23]，其在表面科学、材料科学及生命科学等研究领域中获得应用。STM 仪器本身及其相关仪器也获得了发展，出现了一系列在工作模式、组成结构及主要性能与 STM 相似的显微仪器，用来获取采用 STM 不能获取的表面结构的各种信息。目前被称为"扫描探针显散镜（scanning probe microscope，SPM）"的显微仪器家族还在不断发展，成为认识微观世界的有力工具[138]。

9.6.1 与隧道效应有关的显微镜

扫描隧道显微镜（STM）的工作原理是基于量子的隧道效应。压电陶瓷扫描控制器、电子反馈回路以及图像显示器是 STM 的基本组成部分。

1. 扫描噪声显微镜（scanning noise microscope，SNM）

SNM 是 STM 的改进，除了在隧道结上没有偏压外几乎和 STM 没有差别[139]。

SNM 通过在很宽的带宽上检测来自隧道结上的均方噪声电压，并利用反馈回路控制探针和样品间隙，进而使均方噪声电压恒定。由于均方噪声电压和隧道间隙电阻成比例关系，因此控制均方噪声电压恒定也就控制了间隙电阻恒定。SNM 不仅可用于观测表面形貌，而且提供了一种控制隧道间隙的新方法，可进行隧道结（由探测针尖、间隙和被测物构成的微区）的其他测量，如热电子电压测量等。目前，SNM 存在的问题是控制回路的信噪比取决于测量噪声电压所用的频带宽和控制回路的频带宽之比。测量噪声电压所用的最大频带宽为 100 kHz，则 SNM 的信噪比劣于 STM。对于一些特殊用途，如在电化学中需要零平均电流，SNM 则有其优势。

SNM 实验装置如图 9.95 所示是基于导电原子力显微镜（conducting AFM）的。在导电原子力显微镜上安装铂（Pt）针尖直接与石墨条表面接触以测量电流噪声谱（current noise spectrum)。为了实现稳定的电接触，使用 Pt 探针针尖取代常用的金属镀层的针尖，因为在扫描时针尖的金属镀层容易剥落。Pt 针尖与被测表面接触后，将样品的偏置电压施加在 Au 电极和铂针尖之间，并测量铂针尖与石墨烯条之间的电流。被测量的电流由低噪声前置放大器转换电压信号并被放大。其后，由 FFT 网络分析仪（FFT network analyzer）测量噪声功率谱密度（noise power spectral density，NPSD）。最后，被测量的噪声谱用一个经验模型（empirical model）求得石墨烯条通道的噪声特性。由 Pt 针尖在石墨烯条表面上的 x 和 y 方向扫描得到石墨烯条的噪声特性图。由于 SNM 方法与导电原子力显微镜模式兼容，操作 SNM 的同时得到了形貌图和电流像（current images）。

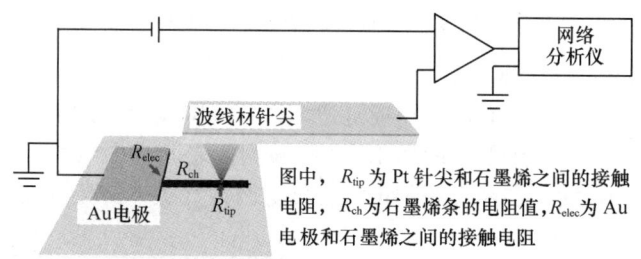

图 9.95　扫描噪声显微镜（SNM）实验装置示意图，以求得石墨烯条通道的噪声特性

2. 扫描隧道电位计（scanning tunneling potentiometry，STP）

扫描隧道电位计（STP）与 STM 的不同之处在于样品表面又加了一个电极（一共有两个电极），在样品与探针之间加交流电压，反馈系统利用由其产生的交流隧道电流来控制隧道间隙的恒定。当探针在样品表面扫描时，用另一控制回路通过探针上的电压连续跟踪样品上的电压，使隧道电流中的直流分量为零。因此探针上的电压等于样品表面上每一点的电压。STP 可用来测量纳米尺度的电位变化，如肖特基势垒、p-n 结等，其电压分辨率为几个毫伏[140]。

3. 弹道电子发射显微镜（ballistic electron emission microscope，BEEM）

金属/半导体的界面特性如电子穿透性是半导体物理中的一个重要问题。传统的界面探测方法具有很低的空间分辨率，只能得到界面特性的平均信息。弹道电子发射显微镜（BEEM）是在 STM 的基础上发展起来的，它能直接对界面进行实时无损探测并具有纳米级分辨率[141]。

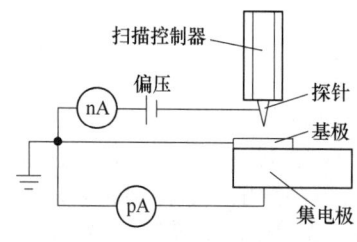

图 9.96　BEEM 的原理示意图

图 9.96 是 BEEM 的原理示意图。它是在 STM 基础上发展起来的，但又不同于 STM 的三电极系统。STM 探针位于样品表面并处于隧道状态，作为发射弹道电子的发射极。被测样品由基极（如金属膜等）和集电极（如半导体等）构成，二者形成被探测的界面。基极通常很薄，应该小于低能电子的衰减长度。以金属/半导体界面系统为例，金属膜的厚度应在 10 nm 左右。当探针与基极之间施加一定偏压时，探针发射出的隧道电子进入基极，其中有一部分电子成为没有能量损失的弹道电子而达到界面层。当探针上的偏压 V 大于界面势垒 V_b 时，弹道电子有足够的能量穿过势垒进入集电极形成电流 I_c。如果 V 小于 V_b，电子将不能穿过势垒，而从基极的地线流出；集电极收集不到电流，I_c 为零。由此可见，集电极电流反映了电子穿越界面势垒的过程。如果保持隧道电流恒定，并且固定探针在样品表面某一位置，在扫描 V 的同时收集 I_c，就能够获得界面的 I_c-V 谱，得到界面势垒的高度和电子的传输特性。如果探针以恒流模式扫描样品表面，

在采集表面 STM 形貌像的同时收集电流 I_c，又可获得界面图像。

9.6.2 原子力显微镜（atomic force microscope，AFM）

1. 原子力显微镜（atomic force microscope，AFM）

基于量子的隧道效应，STM 及以上介绍的仪器工作时要监测探针和样品之间的隧道电流，因此只限于直接观测导体或半导体的表面结构。对于非导电材料须在其表面覆盖一层导电膜。导电膜的存在掩盖了表面结构的细节，而使 STM 失去了能在原子尺度上研究表面结构的优势。即使对于导电样品，STM 观测到的是对应于表面费米能级*处的态密度。当表面存在非单一电子态时，STM 得到的是表面形貌和表面电子性质的综合结果。为了弥补 STM 的不足，1986 年 Binnig 等发明了原子力显微镜（AFM）[135]。

第一台 AFM 的工作原理如图 9.97 所示，它是通过用隧道电流检测力敏组件的位移来实现力敏组件探针尖端原子与表面原子之间的排斥力（$10^{-8} \sim 10^{-10}$ 牛顿）的监测，进而得到表面形貌像。由于不需要在探针与样品间形成电回路，突破了样品导电性的限制，因而有更加广泛的应用领域。

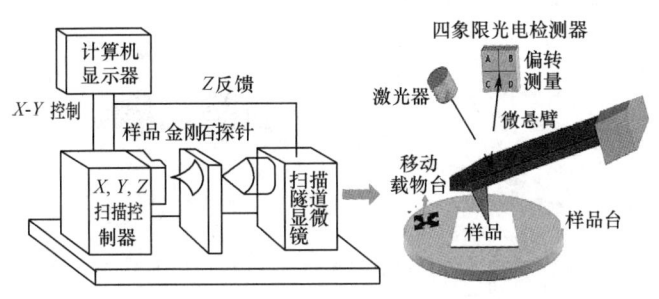

图 9.97　AFM 的工作原理图及微悬臂偏转检测

Binnig 等人研制的第一台 AFM 只有 3 nm 的横向分辨率。1987 年斯坦福大学 Quate 等人报道了他们的 AFM 达到了原子级分辨率。1988 年年底中科院研制成功国内首台具有原子分辨率的 AFM。在此基础上，又研制成功激光检测 AFM[142]。与此同时，还对金红石、有机磁体、生物样品等进行了观测研究。

2. AFM 对样品形貌的成像模式

探针与样品被测面之间相互作用的方式称为工作模式，如图 9.98 所示为 AFM 对样品形貌成像的工作模式，因工作模式的差异，扩展为扫描力显微镜家族（因篇幅关系，只简述了特点和给出参考文献）[143]。

（1）接触模式（contact mode）。针尖与基片相接触，给出较高的分辨率，但是对脆软的被测面可能有损坏。

（2）轻敲（tapping）/断续接触模式（intermittent contact mode，ICM）。针尖振荡并轻敲被测面。

---

* 费米能级，对一个由费米子（可以是电子、质子、中子）组成的微观体系而言，每个费米子都处在各自的量子能态上。现在假想把所有的费米子从这些量子态上移开；之后再把这些费米子按照一定的规则（例如泡利原理等）填充在各个可供占据的量子能态上，并且在这种填充过程中每个费米子都占据最低的可供占据的量子态；最后一个费米子占据着的量子态即可粗略理解为费米能级。

(3) 非接触模式（non-contact mode，NCM）。

针尖振荡并不接触样品。

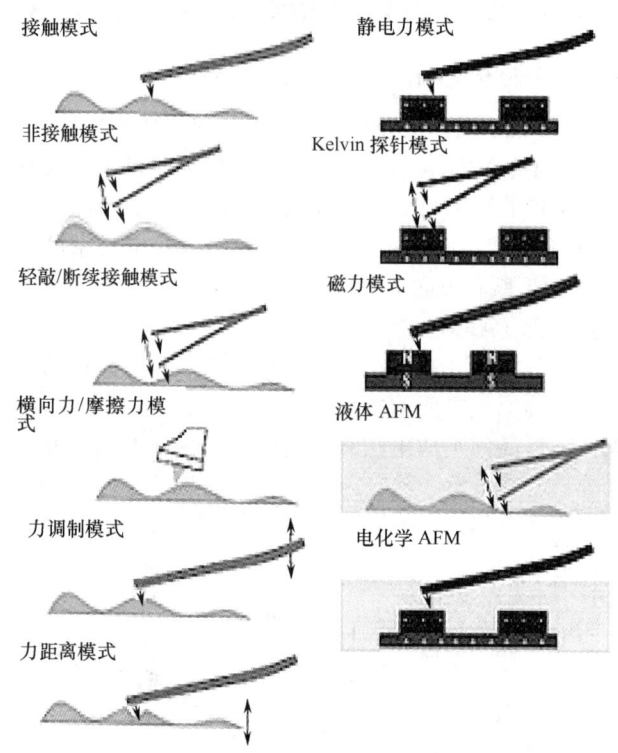

图 9.98　用于 AFM 在纳米尺度上测量形貌和研究表面力（surface force）的多种技术

3. AFM 对被测面性质的测量（对其成像）

包括：纳米尺度上测量摩擦力、被测面硬度和机械性能、静载荷变形、电荷感应等。

（1）横向力显微镜（或摩擦力显微镜，lateral force microscopy，LFM）。针尖斜着扫描，其倾斜并可被光电探测器测量。这种方法可以在纳米尺度上测量摩擦力[144]。

（2）力调制显微镜（force modulation microscopy，FMM）。高速上下移动针尖压入到样品，使之可能测量被测面硬度和机械性能[145]。

（3）电力显微镜（electrical force microscopy，EFM）。如果在被测面上有电荷变化量存在，当微悬臂被吸引和排斥时将发生偏移。Kelvin 探针显微镜（kelvin probe force microscopy，KPFM）通常对测量静载荷变形更灵敏[146]；它对一个振荡的微悬臂用一个振荡的电压，以非接触模式测量电荷感应的振荡[147]。双扫描方法（dual scan method）为另一种 Kelvin 探针方法[148]。

（4）磁力显微镜（magnetic force microscopy，MFM）。如果悬臂被磁化，其将依赖于样品的磁化而偏移[149]。

（5）力谱仪（force-spectroscopy）或力—距离曲线（force-distance curves）使微悬臂针尖上下移动接触并压入样品，可以测量作为距离函数的力[150]。

（6）液体样品 AFM（liquid sample AFM）。把微悬臂浸没在液体中，可以在液体中对样品成像。开始时其难于达到良好的激光准直[151]。

（7）静电力显微镜（electrostatic force microscopy，EFM）[140]。静电力显微镜（EFM）是 SPM 家族中的一个成员，通过检测探针和样品之间的静电作用力使样品表面电势、电荷分布、接触电位差等可视化。如对聚合物薄膜表面电荷进行观察,这被认为是导致目前 EFM 技术原创性工作。

(8) 门扫描显微镜(scanning gate microscopy)[152]。门扫描显微镜(SGM)是一种带导电针尖的扫描探针显微镜技术,探针作为一个活动门与样品进行电容耦合,探针以纳米尺度做电输运。典型样品通常是基于半导体异质结构的介观器件,如量子点、碳纳米管等。在 SGM 中一个测量样品的电导率是针尖位置和针尖势能的函数。与其他显微镜技术相比,探针被用做传感器,如用于力学传感。SGM 于 20 世纪 90 年代末从原子力显微镜(AFM)开发而来的。重要的是,这些显微镜适合在低温下使用,如 4K 以下。

4. 其他扫描力显微镜(scanning force microscope,SFM)

AFM 探针与样品表面相互作用力主要是短程*的原子间斥力。如果将探针离开表面 10~100 nm 时,将存在磁力、静电力和范德华力等长程**作用力。利用 AFM 工作原理,采用监控被测表面性质对受迫振动的力敏组件产生影响的方法,这些力的测量都是可行的。因此在 AFM 基础上,根据所测力的不同,相继发展起来了磁力显微镜(magnetic force microscope,MFM)[153]、静电力显微镜(electrostatic force microscope,EFM)[154]、激光力显微镜(laser force microscope,LFM)[155]等。它们可统称为扫描力显微镜 SFM,主要由以下几部分组成:带探针的力敏组件、力敏组件位移检测装置、电子反馈回路、压电陶瓷扫描控制器、图像显示系统等。由此可见,除了力敏组件上探针的性质不同外,其余部分与 AFM 基本一致。

5. 扫描离子电导显微镜(scanning Ion- conductance microscope,SICM)

扫描离子电导显微镜的原理如图 9.99 所示,将一个充满电解液的微型管作为扫描探针,非导电样品放在一个电解液存储池底部,将滴管探针调节到样品表面附近,监测滴管内电极和在电解池中另一电极之间电导变化。由于当滴管接近表面时,允许离子流过的空间减小,离子电导也随之减小。在滴管探针扫描时,通过反馈电路使探针上下移动以保持电导守恒,则可获得样品表面的形貌。由于 SICM 在电解液中工作,很适用于进行生物学和电生理学的研究,其分辨率在亚微米量级[156]。

6. 扫描热显微镜(scanning thermal microscope,SThM)

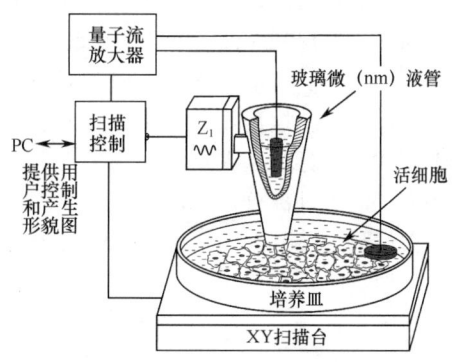

图 9.99 扫描离子电导显微镜原理图

扫描热显微镜所用的探针是一根表面覆盖有镍层的钨丝。镍层与钨丝之间有一绝缘层,只是在探针尖端两种金属才结合在一起,如图 9.100 所示,左图为 SThM 原理图,右图为探针结构示意图,微管黏结在针尖中间的截面图。在内部的钨丝和外部的金膜之间建立起热电电压(thermoelectric voltage)。在样品和接地金膜之间加以隧道电势。这一钨/镍结点起热电偶的作用,它产生一个与温度成正比的电压。首先将探针稳定在样品表面;并向结点通直流电来加热,当探针散失到空气中的热量等于电流提供的能量时,尖端的温度就稳定下来。这时探针比环境温度高几度。当探针接近样品时,热量向样品流失。由于样品是固体,其传热性

---

* 短程力:该力的作用范围很小,影响力随距离的增加而急速减小。如核子间的核力,在 10~13 厘米的距离内,作用力很强,超过该距离后即可忽略。

** 长程力:随距离的增加而缓慢减少。如静电力、万有引力等平方反比力。

比空气好。探针的热量散失速率将增加，于是探针尖端开始冷却，热电偶结上的电压也随之下降，通过用反馈回路调节探针与样品间隙，从而控制恒温扫描，可获得表面起伏情况。用该方法已经获得了红血细胞的表面形貌[157]。

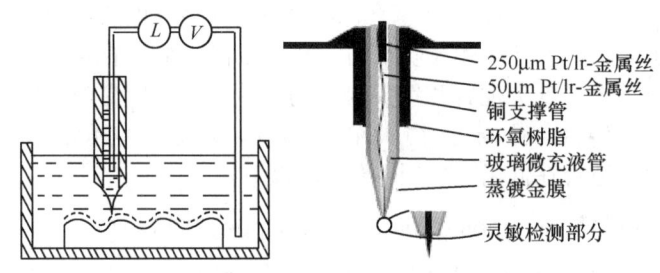

图 9.100　扫描热显微镜（SThM）原理图即探针结构示意图

7. 光子扫描隧道显微镜（photon scanning tunneling microscope，PSTM）

光子扫描隧道显微镜是用光学探针探测样品表面附近由全反射所激励的倏逝场，从而获得表面结构信息。其分辨率远小于入射光的半波长。

PSTM 的原理和工作方式在许多方面和 STM 相似。STM 利用电子隧道效应，而 PSTM 则是利用光子隧道效应，如图 9.101 所示。当界面两边物质的折射率满足一定条件时，一束内全反射光会导致界面的另一侧产生一个倏逝场。其强度与离开界面的距离成指数关系。将一光学探针调节到样品表面的倏逝场内，入射光的一些光子会穿过界面和光学探针之间的势垒，即产生光子隧道效应，产生的光子经过光导纤维传到光电倍增管并转换成电信号。至此，PSTM 以后的工作情况和 STM 一样。目前，研究者用 PSTM 已观测到了波导倏逝场的衰减长度和表面形貌，对石英表面、光学光栅等的观察也取得了一些初步结果。另一种具有亚波长分辨率的光学显微镜是扫描近场光学显微镜（scanning near-field optical microscope，SNOM），对这种显微镜不详细介绍，可参阅有关书籍[158]。总之，以上对扫描探针显微镜进行了简要介绍。表 9.10 列出了国内外部分产品，包括厂商、型号及性能等。用 SPM 可以获得物质表面物理的、化学的有关信息，随着时间的推移，SPM 将会得到不断发展完善，在探索微观世界的奥秘中发挥更大的作用。

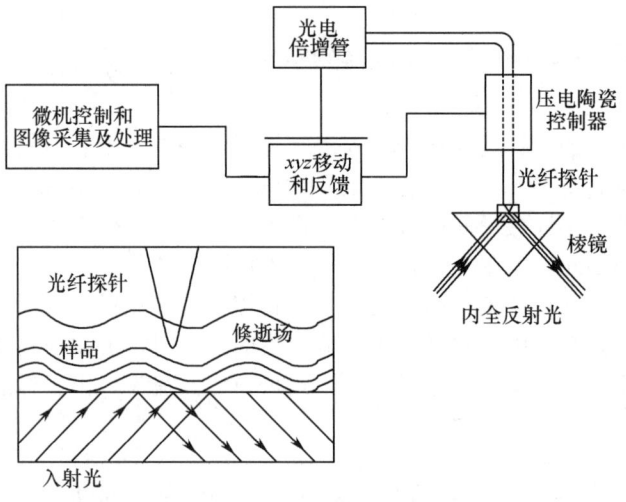

图 9.101　光子扫描隧道显微镜（PSTM）原理图

表 9.10　国内外部分扫描探针显微镜

国别	厂商	型号	工作环境	性能
美国	Drkita Iostrututoente Ioc	Nanoscope Ⅰ	空气	原子分辨率
		Nanoscope Ⅱ Nanoscope Ⅲ	空气	原子分辨率 计算机控制 图像处理
		Nanoscope AFM (原子力显微镜)	空气	原子分辨率 计算机控制 图像处理
英国	VG 公司	STM 2000	超高真空	原子分辨率
美国	Park Sebentafie toatruoneets ine	STM U2	超高真空	原子分辨率
		PST Probe (原子力显微镜)	空气	原子分辨率
中国	中国科学院 化学研究所,本源仪器 公司	CSTM-9000	空气	原子分辨率 计算机控制
		CSPM-930 (原子力显微镜)	空气	
德国	Oenriee Iee	UHVSTM	超高真空	原子分辨率
—	JEOL	ISTM-4000XV	超高真空	原子分辨率
丹麦	Darasb Mneto-EnRioeering	Reslerscope 3000	空气	原子分辨率

9.6.3　扫描力显微镜（the scanning force microscopy，SFM）

SFM 是通过控制并检测针尖—样品间的相互作用力,例如,原子间斥力、摩擦力、弹力、范德华力、磁力和静电力等,来分析研究表面性质的。相应的扫描力显微镜有原子力显微镜（AFM）、摩擦力显微镜（LFM）、磁力显微镜（MFM）和静电力显微镜（EFM）等,它们统称为 SFM,下面将讨论 SFM 的基本原理和针尖—样品相互作用[136]。

1. SFM 的工作原理和操作模式

SFM 是使用一个一端固定而另一端装有针尖的弹性微悬臂来检测样品表面形貌或其他表面性质的。当样品在针尖下面扫描时,同距离有关的针尖—样品间相互作用力（既可能是吸引的也可能是排斥的）,引起微悬臂的形变,该微悬臂的形变可作为样品—针尖相互作用力的直接度量。将一束激光照射到微悬臂的背面,微悬臂将激光束反射到一个四象限光电检测器阵列（简称检测器）,检测器不同象限接收到的激光强度的差值同微悬臂的形变量形成一定比例,见图 9.102。如果微悬臂的形变小于 0.01 nm,激光束反射到光电检测器后变成了 3～10 nm 的位移,产生可测量电压差。反馈系统根据检测器电压变化调整针尖或样品 z 轴方向的位置,保持针尖—样品间作用力恒定不变。

SFM 有三种不同的扫描模式：接触式（contact mode）、非接触模式（non-contact mode）和轻敲式（tapping mode）。图 9.103 比较了 SFM 的不同操作模式。

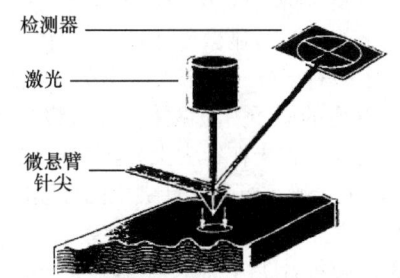

图 9.102　SFM 中微悬臂进行力检测的示意图

2. 摩擦力显微镜（横擦力显微镜，lateral force microscope，LFM）

LFM 是在 AFM 表面形貌成像基础上发展的技术之一。材料表面中的不同组分很难在形貌图中区分开，而且污染物也可能覆盖样品的真实表面。LFM 恰好可以研究那些形貌上较难区分，而又具有相对不同摩擦特性的多组分材料表面。

图 9.104 示出了 LFM 扫描及检测的示意图。一般在接触模式 AFM 中，探针在样品表面进行 x、y 光栅型扫描（或样品在探针下扫描）。聚焦在微悬臂上的激光反射到光检测器，表面形貌引起的微悬臂摆动是通过计算激光束在检测器四个象限中的强度差值 $(A+B)-(C+D)$ 得到的。反馈回路通过调整微悬臂高度来保持样品上力的恒定，即使微悬臂变动量恒定，得到的结果是样品表面上的三维图像。而在横向摩擦力扫描技术中，探针在垂直于其长度方向上扫描。检测器是根据激光束在四个象限中 $(A+C)-(B+D)$ 强度差值来检测微悬臂扭转弯曲的程度。而微悬臂的扭转弯曲程度是随着表面摩擦特性的变化而增减的（增加摩擦力导致更大的扭转）。激光检测器的四个象限可以实时分别测量并记录形貌和横向力数据。

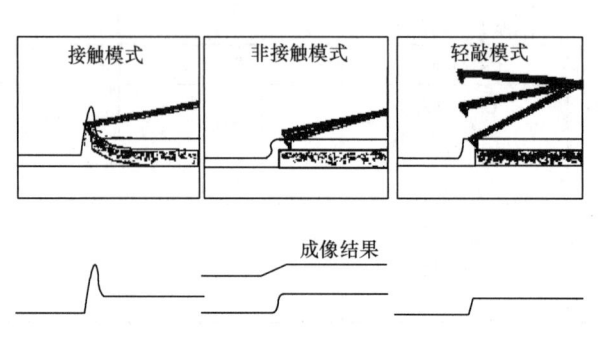 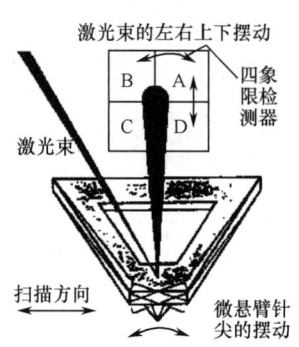

图 9.103　SFM 三种扫描（接触、非接触和轻敲）模式成像比较　　图 9.104　摩擦力显微镜（LFM）原理示意图

LFM 是检测不同表面组成变化的 SFM 技术。可以识别聚合混合物、复合物和其他混合物的不同组分，鉴别表面有机和其他污染物以及研究表面修饰层和其他表面层覆盖程度。

3. 化学力显微镜（chemical force microscopy，CFM）

LFM 的一个新的应用是作为化学力显微镜（CFM），针尖用一种化学物质功能化并在样品上扫描，用来检测探针上物质同样品表面上物质间的黏附性质的变化。Frisbie 等[159]利用一般的 SFM，改变针尖的化学修饰物质，对同一扫描区间进行扫描得到了反转的表面横向力图像。

化学研究领域中，使用扫描探针显微镜时，针尖和试样的相互作用产生物质微观信息。如对扫描探针显微镜的针尖做化学修饰，进行分子功能设计，则形成化学力显微镜（CFM）[160]。

针尖修饰有多种技术，如自组装单分子膜修饰扫描探针显微镜针尖。近年来，分子自组装技术已经发展得较成熟[161]。尤其是利用 An-S 之间的共价键合力，能将带 -SH 基团的分子自组装于镀金的原子力显微镜针尖表面[162]和金丝材料的扫描隧道显微镜针尖表面[163]。因为带 -SH 基团的分子多种多样（如链长、分支、功能基团），可制得各种富有化学特色的扫描探针显微镜针尖。

普通的原子力显微镜探针材料为 Si_3N_4，为了能在针尖上修饰一层自组装膜，需要对针尖进行预处理，首先在针尖上先沉积一层厚度约为 5~10 nm 的钛或铬，再沉积一层厚度约为 50~70 nm 的金膜。沉积在针尖上的金膜应避免淬火，因为淬火过程会有损于针尖微悬臂。化学修饰过的原子力显微镜针尖能用来定量测量基底和针尖自组装膜的化学基团之间的黏滞力和摩擦力[164]。若采用超细针尖（曲率半径约 2 nm）还可能测量单个分子与针尖的相互作用力。纳米范围内的化学反应也可以用此种针尖实现检测。

在检测分子团之间相互作用的扫描力显微镜系列需要一个合适的方法把分子装饰在探针针

尖上[165]。在镀金的 Si_3N_4 探针针尖上自组装功能化的有机巯基（functionalized organic thiols）已是一个成功的方法[159]，能够做到稳定和牢固的单层的烷基巯基(alkyl thiols)或者包含多种原子团的二硫化物（disulfides），并可研究在探针针尖上的化学原子团与修饰样品镀金面。带有巯基和反应硅烷（silanes）共价修饰扫描力探针可研究黏附力（adhesion）[166]和接触电势[167]。另外，非特定的吸收以用于研究在蛋白质培养基底对[168]和恐水面之间的长程力[169]。

图 9.105 为 CFM 装置示意图。样品置于沿 x、y 和 z 方向精密移动的压电管上。激光束被针尖背面反射到光电二极管，可以测量两种典型的针尖面的互动作用：当样品接近和接触针尖时，并在针尖下扫描，针尖将上、下移动，表面形貌的反应转换为原子力信号。针尖由于摩擦产生前、后摆动，产生横向力（或摩擦力）信号。图中给出特定的化学相互作用，一个镀金针尖的装饰 COOH 尖端接触装饰 CH_3 和 COOH 的样品面的边界。此外还有多种针尖修饰技术：自组装单分子膜修饰扫描隧道显微镜针尖[164]、生物分子修饰原子力显微镜针尖[170]、电化学方法修饰扫描隧道显微镜针尖[171]、纳米碳管修饰原子力显微镜针尖[172]等。该技术在化学工程中的应用与本书的理论基础有差别，故本书只给出参考文献。

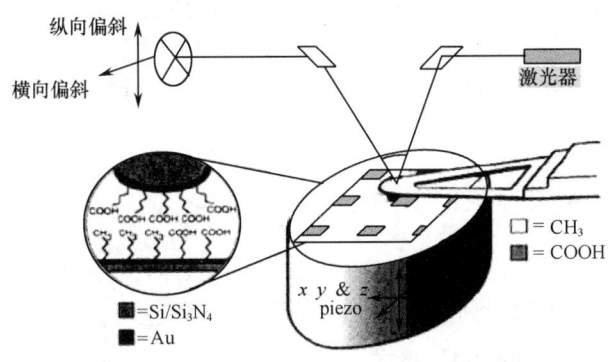

图 9.105 CFM 装置示意图

上面介绍了几种化学力显微镜针尖的修饰技术和应用，以及化学力显微镜/化学力显微法的概念。在传统的扫描探针显微镜探测的物理量为力场、电场、磁场等的基础上，加入了"化学场"的因素，提高和改善了扫描探针显微镜的空间分辨率和物质识别能力。以新的手段、新的材料修饰扫描探针显微镜针尖，将进一步拓宽化学力显微镜的应用。

4．磁力显微镜（magnetic force microscope，MFM）和静电力显微镜（electronic force microscope，EFM）

由 AFM 发展起来的 MFM，对于研究磁性物质是一种很有力的实验技术。它具有高分辨率、不破坏样品及样品无需特别制备等特点。近年来，在研究磁记录体系、磁性薄膜磁畴结构以及铁磁学基本现象等[173]，MFM 显示出其重要性和优越性。

AFM 针尖在与样品表面接触时，相互作用力主要是短程的原子间斥力，而将针尖离开样品表面一段距离时，磁力和静电力等长程作用力就可能被检测出来。MFM 的工作原理同非接触模式的 AFM 相似，只是 MFM 采用磁性针尖；操作时针尖与样品间距要比 AFM 非接触模式中的间距（5～20 nm）大，一般为 10～200 nm。磁针尖与样品所产生的漏磁场（或是样品中的磁畴结构）相互作用而感受到磁力，改变了微悬臂的弯曲程度并使得微悬臂的共振频率发生变化，并改变其振幅和相位。微悬臂振荡的振幅或相位角同对应的微悬臂压电驱动器信号，同时被扩展电子模块（extender electronics module，EEM）记录，它们之间的差值变化用来表征样品的磁结构。实验过程中一般将针尖在其长度方向磁化，因为在这种条件下，样品与远离针尖尖端部分的相互作用力是小的，微悬臂只对样品与针尖尖端部位磁荷之间的相互作用做出单极响应，能获得分辨率较高的图像。

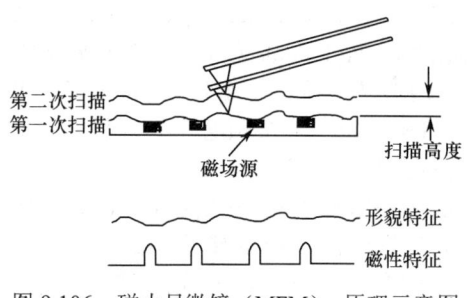

图 9.106 磁力显微镜（MFM）原理示意图

当振动的磁性针尖在样品表面扫描时，采用隔行扫描的方法（见图 9.106）。探针首先同样品表面接触进行第一次扫描。这时，力检测器检测的是针尖和样品间的短程原子间斥力。在这条表面 AFM 形貌扫描线被记录后，磁针尖在第一次扫描时的位置进行第二次扫描，此时针尖离开样品表面一定的距离，一般为 100 nm 左右，并在第二次扫描时保持不变，力检测器检测的是作用在针尖上的长程磁力。因此，对应扫描样品的位置，就可同时获得样品表面的形貌图及其磁力图像。由于 MFM 可同时获得样品表面的 AFM 形貌图和磁力梯度图，因而可直接观察样品表面结构与磁畴结构的对应关系。同其他表征样品磁畴结构的方法相比，MFM 具有更高的分辨率，能够观察到样品表面的微磁结构。

EFM 同 MFM 类似，使用带电荷的探针，也是采用隔行扫描。由于样品上方电场梯度的存在，探针与表面电场间的静电力会引起受迫振动的探针的共振频率发生变化，反馈装置根据探针尖端振动情况的变化而改变加在 z 轴压电控制装置上的电压，从而使微悬臂共振频率保持恒定，用 z 驱动电压的变化来表征样品表面电场分布的信息。EFM 已应用到半导体器件的分析和设计研究领域中。

9.6.4 检测材料不同组分的 SFM 技术

在 SFM 形貌成像的基础上发展起来多种特殊 SFM 技术，利用不同的表面性质，能够区分开在形貌上差别很小或是不可检测的材料表面上的不同组分。

1. 力调制（force modulation）技术

力调制成像是研究表面上的不同硬度（刚性）和弹性区域的 SFM 技术[174]，可以验明复合物、橡胶和聚合物混合物中不同组分间的转变，测定聚合物的均匀性，对硬基底上的有机材料的成像，检测集成电路上的剩余感光树脂以及验明不同材料的污染情况等。图 9.107 给出力调制成像示意图。探针在扫描时垂直方向有一小的振荡（调制），比扫描速度快很多。作用在样品上力的大小被调制在设置点附近，作用在样品上的平均力同简单接触模式是相等的。当探针与样品接触时，表面阻止了微悬臂的振荡并引起它的弯曲。在相同作用力条件下，样品上的刚性区域比柔性区域的形变小很多。也就是说，对于垂直振荡的探针，刚性表面对其产生更大的阻力，微悬臂的弯曲就较大。微悬臂形变幅度的变化就是对表面相对刚性程度的测量。形貌信息（直流或非振荡形变）与力调制数据（振荡形变）是同时采集的。

早期的力调制是在压电扫描器 z 方向加一调制信号来诱导垂直振荡。该技术也有一些缺点，额外的高频调制信号加到压电扫描器上后，能激发扫描器的机械共振，可能降低形貌和力调制图像的质量。新的力调制系统包含一个额外的压电调制控制器来分别独立调制针尖位置，减少了扫描器共振的无效激发。结合隔行扫描，力调制技术对样品刚性的鉴别具有相当高的灵敏度，并且减少了调制和形貌中假象存在的可能性。使用力调制技术在形貌特征差别不明显的表面上进行表面相对弹性的研究，在聚合物、半导体、材料组成和其他领域有着应用前景。

2. 相位成像（phase imaging）技术

相位成像技术的发展促进了 AFM 轻敲模式的应用，可提供其他 SFM 技术所不能揭示的表面结构纳米尺度的信息。它是通过轻敲模式扫描过程中振动微悬臂的相位变化来检测表面组分、黏附性、摩擦、黏弹性和其他性质的变化。对于识别表面污染物、成像复合材料中的不同组分以及区分表面黏性或硬度不同的区域都是有效的。同使用轻敲模式的 AFM 成像技术一样快速、简便，并具有对柔软、黏附、易损伤或松散结构样品进行成像的优点。轻敲模式 AFM 中，微悬臂被压电驱动器激发到共振振荡。振荡振幅用来作为反馈信号去测量样品的形貌变化。在相位成像中，微悬臂振荡的相角和微悬臂压电驱动器信号，同时被扩展电子模块（EEM）记录，它们之间的差值用来测量表面性质的不同（如图 9.108 所示）。可同时观察到轻敲模式形貌像和相位图像，并且分辨率与轻敲模式 AFM 相当。相位图也能用来作为实时反差增强技术，可以更清晰地观察表面结构并不受高度起伏的影响。

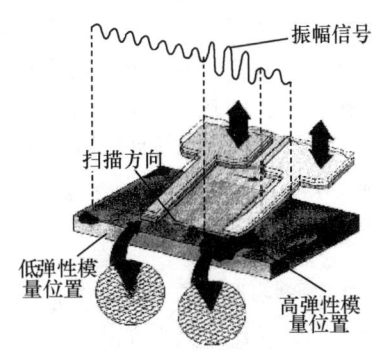 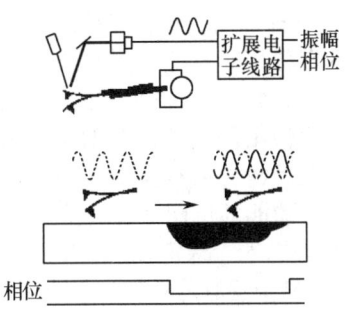

图 9.107　力调制技术原理示意图　　　图 9.108　相位成像原理示意图

实验结果表明，相位成像对相对较强的表面摩擦和黏附性质变化很灵敏[174]。目前，虽然还没有明确的相位反差与材料单一性质间的联系，但是实例证明，相位成像在较宽的应用范围内可给出有价值的信息。它弥补了力调制和 LFM 方法中有可能引起样品破坏和产生较低分辨率的不足，提供更高分辨率的图像细节，有时能提供其他 SFM 技术难于揭示的信息。相位成像技术在复合材料表征、表面摩擦和黏附性检测以及表面污染发生过程的观察研究中的应用表明，相位成像在纳米尺度上研究材料性质起到作用。

总之，以上对 SFM 成像模式和技术上的新进展做了简要介绍。SFM 同其他分析技术相比较，不仅可以进行高分辨的三维表面成像和测量，还可以对材料的各种不同性质进行研究。同时，轻敲模式的发展为在许多表面上进行弱相互作用力和更高分辨成像提供了可能。随着 SFM 的不断发展和完善，SFM 在科学技术研究领域将发挥重要作用。

9.6.5　光子扫描隧道显微镜（PSTM）

1. 光子扫描隧道显微镜（PSTM）的发展

自 1986 年诺贝尔物理学奖获奖成果——电子扫描隧道显微镜（ESTM）诞生以来，导致了多种用探针在物体表面上扫描，且具有不同"扫描探针"的扫描隧道显微镜（STM）的出现。它们是能够以纳米级空间分辨率获得实空间中表面结构的三维图像，实现了电子显微学者长期追求的直接观察试样中单个原子像的目标。光子扫描隧道显微镜（PSTM）就是这类新装置中的一种。其成像技术国外早在 1989 年就提出了，至今已有美国、法国、日本先后报导了应用 PSTM 的研究结果和专利。

PSTM 的工作原理是基于扫描隧道显微镜（electric scanning tunneling microscopy，ESTM）技术的量子隧道效应，ESTM 将原子线度的极细针尖作为一个电极，样品表面作为另一个电极。当两者的距离小于 10Å 时，在外加偏压下产生的 nA 级隧道电流对距离十分敏感。通过电子反馈线路控制探针与样品间距离不变，则针尖在扫描时的运动轨迹就直接表征了样品表面形貌[175]，PSTM 的特点是采用不导电的光纤光学探针。

2．光子扫描显微镜（PSTM）成像工作原理

PSTM 光纤探针扫描显微成像的工作原理如图 9.109 所示。激光器输出的单色平面光波以满足全内反射的条件入射，在样品表面的空气隙内产生倏逝场。光纤探针是以不同材料的光纤为原料，如国内采用单模或多模石英光纤，由计算机控制其在酸池中做往复运动，制成具有一定形状、立体角、精细程度的探针。光纤探针固定在压电陶瓷管上，在纵向（即 z 方向）附加直流电压，使其可做纵向伸缩，即可电动调整光纤探针与样品表面之间的距离。陶瓷管、样品及棱镜样品台均安装在扫描工作头上，其上设置了两个超精螺杆并配合杠杆减距原理来手动调节针尖与样品之间的距离。整套探针系统安装在双目显微镜的观察台上，由变焦镜头来监视整个实验操作过程[176]。

微机的图像采集及处理系统通过反馈线路使光纤探针保持纵向等幅值扫描，横向（即 x、y 方向）的扫描频率由微机控制陶瓷管的横向伸缩带动光纤探针完成横向扫描动作。纵向为保持等幅扫描而做出的反馈调节增量即为图像数据由微机控制采集，可在高分辨图像终端上实时显示或存入磁盘。所得到的即是样品表面放大了的三维图像，输入图像处理系统可完成原始图像的多种功能的后期处理。

在 PSTM 中，样品表面在全内反射的平行光束照射下，在另一个表面上形成倏逝波，如图 9.109 中插图所示。光子隧道是从 TIR 表面（即受抑全内反射）到针尖，并把光强沿着光纤送到探测器以转换为电信号。在 PSTM 中用一个反馈系统控制光子信号强度来调节针尖—样品的间隔，以保持样品—针尖的接触状态。倏逝场强度的空间变化为样品形貌成像的基础。由压电换能器（压电体）来完成光纤探针针尖的扫描和垂直运动，并由 PSTM（见图 9.109）形成图像的三维数据。利用光纤探针针尖在样品表面进行近场光子隧道信息等强度扫描，产生空间各点的光纤探针高度反馈增量，即直接构成 PSTM 图像，其中包含样品的表面形貌和光学参数等特征量。PSTM 也可以用来测量 TIR 表面倏逝场强度与探针 z 向移动距离的函数以获取倏逝场的属性。

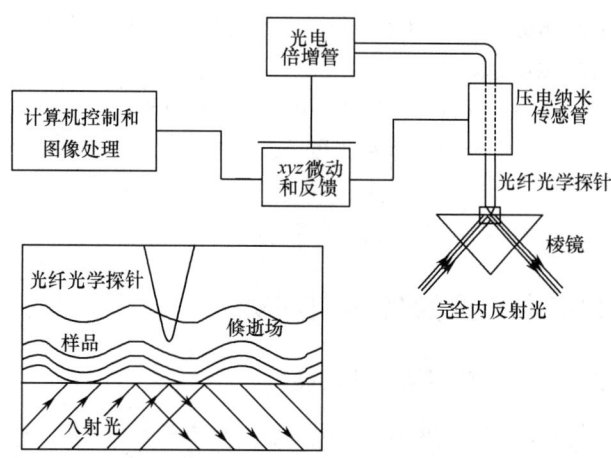

图 9.109　PSTM 示意图（一个 TIR 光束产生一个被样品所调制的倏逝场（见插图）。一个磨尖的光纤光学探针针尖接收倏逝场中的光，倏逝场强度的空间变化是成像的基础）

3．光子扫描隧道显微镜 PSTM 的物理基础

1）倏逝波的应用

PSTM 的物理基础是光学中的受抑全反射理论。如果光波从光密介质射向光疏介质，所有的光全部反射回第一介质，称之为全内反射。发生完全内反射时光波将透入第二介质很薄的一层表面（深度约为光波波长），并沿界面流动约半个波长再返回第一介质。透入第二介质表面的波称为倏逝波（其特性可参考第 13 章）。

介质 1 和介质 2 的折射率分别为 n_1 和 n_2，并且 $n_2<n_1$，波长为 λ 的光束由介质 1 射到两个介质的界面上时，当入射角 θ_i 大于临界角时，形成完全内反射（TIR）。则在介质 2 中产生按垂直于界面指数衰减的倏逝场。

$$I \sim \exp(-\gamma z)$$

此处，z 表示垂直于界面的距离，衰减常数 γ 为

$$\gamma = 2k_2(n_{12}^2 \sin^2\theta_i - 1)^{1/2}$$

此处，n_{12} 为界面的相对折射率（$n_{12}=n_1/n_2$）[119]。定义光强的衰减长度为 $d_1=1/\gamma$，d_1 绘成不同 n_{12} 的 θ_1 值的曲线，如图 9.110 所示。

2）探针耦合倏逝场

如果使另一个光学组件（探针）与 TIR 表面接近（实际上在表面上 λ 距离以内），光可以耦合进这个组件，则内反射将小于完全内反射。这种情况称为受抑全内反射。如果有第二界面在折射率为 n_2 的介质 2 和折射率为 $n_3>n_2$ 的介质 3（探针）之间，并接近于第一界面，光从介质 1 中以大于临界角的光束入射到该系统上，在透过该系统将有一个非零的透过率。间隔为 h_z 的两个并行界面在折射率为 $n_1>n_2<n_3$ 的三种介质之间。

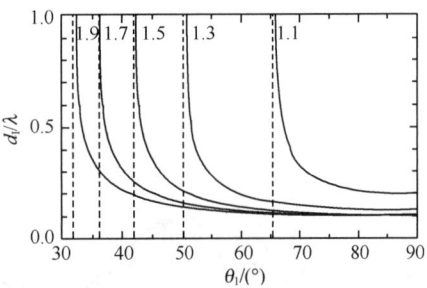

图 9.110　倏逝场强度的衰退长度 d_1 对不同相对折射率 n_{12} 值的入射角 θ_1 的函数曲线，虚线是对给定 n_{12} 值的临界角

为计算实际针尖表面 S 系统的透射率，设定到探针表面上各点处小面积 dA 的每一距离为一个透过率 $t(h_z)$ 的平板厚度，在针尖面积 S 上积分 $t(h_z)$，定义有效透射率 $T(h_z)$ 为

$$T(h_z)=\int_S t(h_z)dAS$$

例如一个半径为 a 的柱形针尖的有效传输率为 $T(h_z) = na^2 t(h)$。

图 9.112 为在图 9.111（a）（具有 $n_3=n_1$）平面系统中对于 TIR 光束在石英—空气界面上，分别用 45° 和 60° 的入射角时的有效透射率 $T(h_z)$（已归一化），可作为间隔 h_z 的函数。有效透射率 $T(h_z)$ 有明显的偏振依赖性。当光线以非垂直角度穿透光学组件（如分光镜）的表面时，反射和透射特性均受偏振现象*的影响，图 9.112 所示，故 PSTM 应用须注意偏振依赖性。

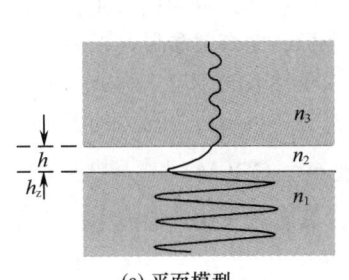　　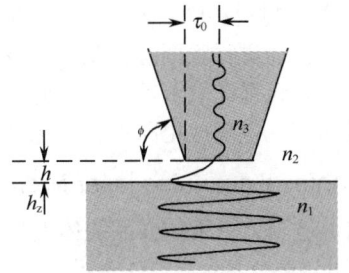　　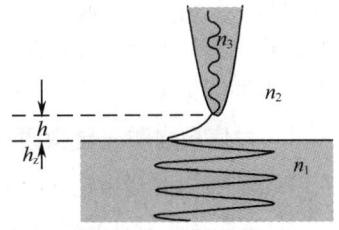

(a) 平面模型　　　　　　　　(b) 截锥模型（truncated cone model）　　　　(c) 抛物面模型（paraboloid model）
　　　　　　　　　　　　　　截锥侧角为ϕ，r_0为针尖工作面积的半径

图 9.111　PSTM 探针针尖的三种模型及其参量：倏逝波传播正交于介质中示意的平面界面

图 9.111（b）所示截锥体针尖和图 9.111（c）所示的抛物面形针尖，如果也采用适应材料制备，其有效透射率曲线示于图 9.113（为便于比较，有效透过率已被归一化），从图 9.113（a）和（b）中有效透射率曲线可知，针尖形状的影响是不可以忽略不计的，特别是在最接近样品表面的区域。图中

---

* 偏振光：这种情况下，使用的坐标系是用含有输入和反射光束的那个平面定义的。如果光线的偏振矢量在这个平面内，则称为 P 偏振，如果偏振矢量垂直于该平面，则称为 S 偏振。任何一种输入偏振状态都可以表示为 S 和 P 偏振分量的矢量和。

所示的这些针尖模型的透过率与 PSTM 直接测量的倏逝场强度很好地吻合。

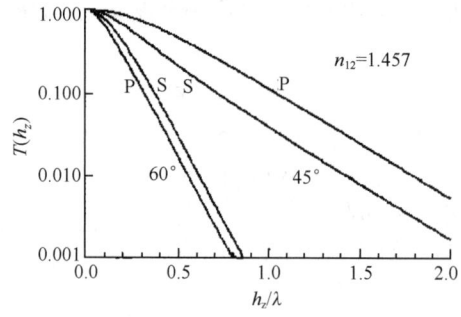

图 9.112　在石英—空气界面上，用 45°和 60°的 TIR 光束入射角的
有效透射率 $T(h_z)$（已归一化）与间隔 h_z 的关系

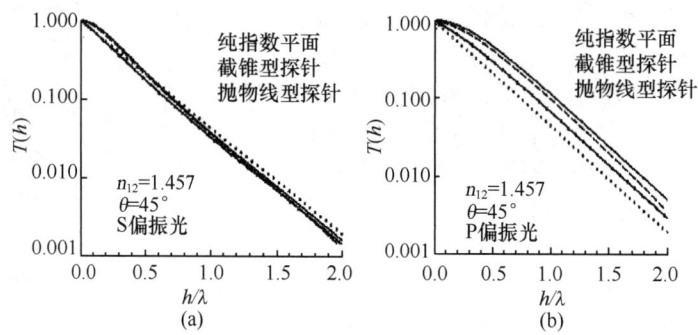

图 9.113　不同探针模型的有效透过率 T 对间隔 h_z 关系的计算结果。(a) S 和 (b) P 偏振光以 45°入射石英—空气界面。设探针是石英制作的，截锥模型侧角 $\varphi=80°$ 和针尖工作面积半径为 $r_0=0.5\lambda$

总之，光纤探针是 PSTM 区别于其他 STM 的重要标志，也是决定整个 PSTM 系统分辨率的根本因素之一[176]。目前，成型的 PSTM 可进行样品表面三维立体全成像，放大倍率超过万倍，分辨极限可优于 $\lambda/60$；可认为 PSTM 在光学显微学发展中是一个突破。相对于扫描电镜，PSTM 具有可用于不导电样品的观测、不需要真空工作条件、使用成本和维护费用均较低等优势。

国际上已开展 PSTM 在生物科学、材料科学、表面科学、光学等学科和产业中的应用。如对光学材料、生物样品、薄胶片等多种样品进行表面性征观测；检测光栅表面有关参量，以助于光栅标准化；精加工透明材料表面轮廓、粗糙度观测等。尤其适合于光学领域的应用，弥补扫描电镜在这方面的不足。预计这项新技术在光电集成电路检测、光谱分析等领域将成为得力的工具。

4．共焦扫描激光显微镜（confocal scanning laser Microscopy，CSLM）

共焦扫描激光显微镜（CSLM）适于采集生物样品的体积数据，具有光学切片的能力。切片后的 2D 数据耦合到计算机系统，可以建立样品的 3D 表示。

共焦扫描显微镜在研究生物组织识别技术中，其分辨率在传统光学显微镜极限分辨率和电子显微镜的超分辨率之间。共焦显微镜有两个优点：①在自然状态，甚至是活体下研究生物体，避免了电子显微镜必需的形态学准备技术（化学固定、脱水、植入和切片等）的负面影响。在电子显微镜超分辨必须采用薄切片技术取得深度信息，共焦技术是光学切片，则可直接得到深度信息。②激光共聚焦显微镜能够研究材料体积的结构，而检测后的试件基本完好。

共焦显微镜的基本原理如图 9.114 所示，由激光照明针孔后发出的光束被聚焦在物体上的一点，该点被精确地成像在探测器的针孔。"共焦"的概念是在成像光路中的照明针孔和检测针孔在试样上有一个共同的焦点。该装置可用于荧光共聚焦显微镜的操作。Brakenhoff（1979）和

Wilson (1984) 对于图像形成的理论进行了研究[177]。如果该三维分布是衍射受限的最佳重叠,表明与传统显微镜相比较取得的成像结果有明显改进,如对于点目标的横向和轴向分辨率改善的因子为 1.38,为了使非共聚焦显微镜获得绝对增益,光学系统采用大数值孔径:NA = 1.3~1.4。良好的光学系统性能也可预期共焦成像的改善,在实践中证明实现被观测点分辨率可达到 130~140 nm。

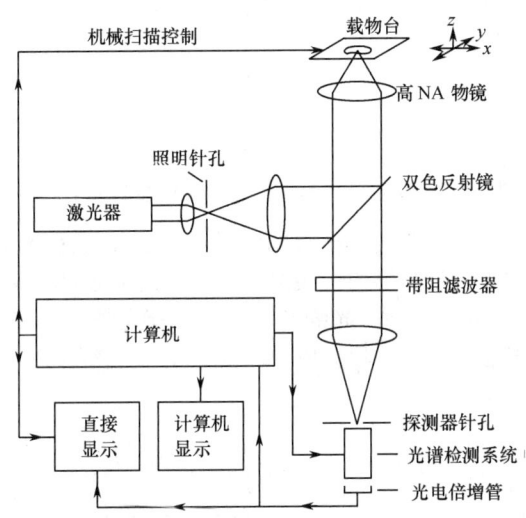

图 9.114 共焦扫描激光显微镜的原理

图 9.114 所示为共焦扫描荧光显微镜的试样通过共聚焦点的机械扫描得到图像数据,并被存储在计算机系统。在光路布置中安排了荧光显微镜中常用的二向色分束器*带阻滤波器。光谱检测系统由计算机系统控制,能够从荧光辐射中选择成像的特定波段。

在共聚焦显微镜中可以用光束扫描试样或移动试样进行扫描以取得试样数据。如图 9.114 所示为后一种类型的扫描,由计算机控制仪器的操作和 3D 的数据采集。3D 图像采集借助于软件程序从一系列不同高度的 2D 图像自动采集数据,并将这些数据存入内存。这种 3D 的数据集即为 3D 图像数据。通常,典型的数据采集是 16 个切片,每个切片为 256×256 像素网格。采集 1 兆字节的 3D 图像数据通常需要 1 分钟。为了处理这些数据,采用适用于 3D 数据集的过滤图像处理程序。

5. 光纤光学共焦扫描显微镜(fiber-optical confocal scanning microscope,FCSM)

FCSM 使用的光纤组件,包括光纤、梯度折射率棒透镜等,系统结构紧凑。在材料加工和生物医学行业中有多种用途。在该新型显微镜中,光源被聚焦进光纤,光纤前端可视为点光源,收集的试样信号由另一光纤传递到探测器[178]。图 9.115 所示为光纤共焦扫描显微镜示意图,由于照明光不是透过试样,而是由试样反射,故称之为反射模式共焦扫描显微镜。这种反射式显微镜的照明光束由光纤 F_1 传送,以光纤 F_1 的前端作为点光源。透镜 L_1 把光准直到带有光瞳函数 P_1 的物镜 O_1。振幅反射率为 r_f 的物体置于物镜的焦平面。扫描点得到的物体信号由物镜和透镜 L_2 聚焦到另外一个光纤 F_2 的前端,其把信号传送到比光纤直径大一些的探测器 D 的中心。

---

* 此分色镜/分光镜在其设计波长(即通常所说的截止波长)处具有 50:50 的分束器功能。高通二向色镜对低于截止波长的光束具有高反性,且对于高于截止波长的光束具有高透性。而低通二向色镜对低于截止波长的光束具有高透性,且对高于截止波长的光束具有高反性。

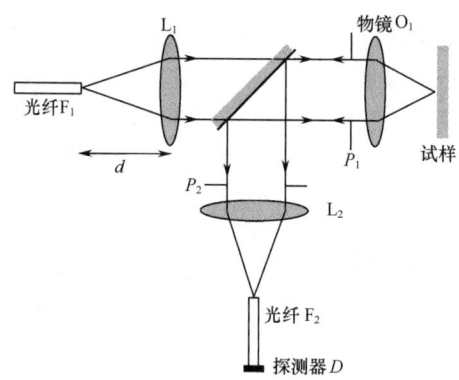

图 9.115 反射模式的光纤光学共焦显微镜示意图

为了分析该系统的成像过程，先考虑一维的情况。假设 x 表示光轴垂直的平面上的变量，z 为光轴方向的变量。镜片和光纤是圆形的，显微系统是圆柱对称的，故可认为 x 是径向的尺寸，可用 $r=(x^2+y^2)^{1/2}$ 来替换 x。此外，两个光纤 F_1、F_2 为单模光纤。设 $U_1(x_0)$ 是光纤 F_1 的输出端上电场的振幅分布，通过成像系统后，根据成像原理[116]，在光纤 F_2 的输入端的点 x_2 处的场振幅可以表示为

$$U_2(x_s,x_2)=\iint_{-\infty}^{\infty}U_1(x_0)h_1\left(x_0+\frac{x_1}{M_1}\right)r_f(x_s-x_1)\times h_2\left(x_1+\frac{x_2}{M_2}\right)\mathrm{d}x_0\mathrm{d}x_1 \qquad (9.126)$$

其中，x_s 表示在试样上的扫描位置，h_1 和 h_2 是物镜和聚焦器的振幅点扩散函数[116]，分别对应于光瞳函数 P_1 和 P_2 的傅里叶变换。（在通常的推导中使用 P_1 和 P_2 分别表示物镜和聚焦器的瞳函数。）参数 $M_1=f/d$ 和 $M_2=d/f$ 分别表示透镜 L_1 和 L_2 的放大倍率，其中 f 和 d 分别表示物镜的焦距，以及透镜和光纤前端之间的距离。

9.7 原子力显微镜

扫描隧道显微镜（tunneling microscopy，STM）和原子力显微镜（atomic force microscopy，AFM），它们可以统称为扫描探针显微镜（scanning probe microscopy，SPM），原子力显微镜（AFM）是表面成像技术中的重要进展[179]，是 1986 年由 G. Binnig 等首先发明的[135]，与扫描隧道显微镜相同，采用压电陶瓷驱动器作为位移驱动组件，所不同的是采用近场力作为检测对象。原子力显微镜诞生的最初期间，在电化学领域里得到应用，但没有在生物医学领域里得到认可，与传统的电子显微镜，特别是与扫描电子显微镜相比，它具有非常高的横向分辨率和纵向分辨率。横向分辨率达到 0.1～0.2 mm，纵向分辨率高达 0.01mm，这是其他显微镜难以达到的。

9.7.1 原子力显微镜的基本组成

扫描隧道显微镜的工作原理是当一个原子尺度的针尖与试样表面非常接近时，且进行扫描，并在两者之间施加一定的电压时，由于量子隧道效应而产生扫描隧道电流信号，即可获得反映试样表面原子形态和原子排列或其结构的图像。原子力显微镜的工作原理是利用激光束偏转法，将针尖制作在一个对微弱力极敏感的 V 字形的微悬臂上，固定住微悬臂的一端，使针尖趋近样品表面并与表面轻轻接触，由于针尖尖端原子与样品表面原子之间存在着微弱的排斥力，当针尖进行扫描时，可通过反馈系统控制压电陶瓷管伸缩来保持原子间的作用力恒定，带有针尖的微悬臂将随着样品表面的起伏而颤动，利用光学检测方法得到样品表面形貌的信息，工作原理见图 9.116[180]。典型的原子力显微镜系统可分成四个部分：探针—样品子系统、光检测系统、压

电扫描器和控制系统（见图 9.117）[181]。

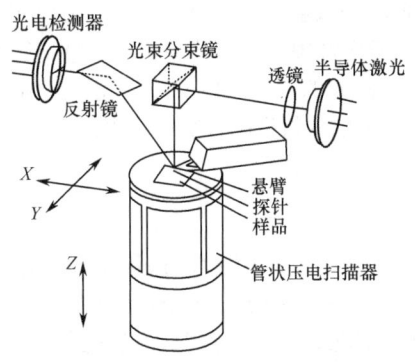

图 9.116　原子力显微镜基本构造

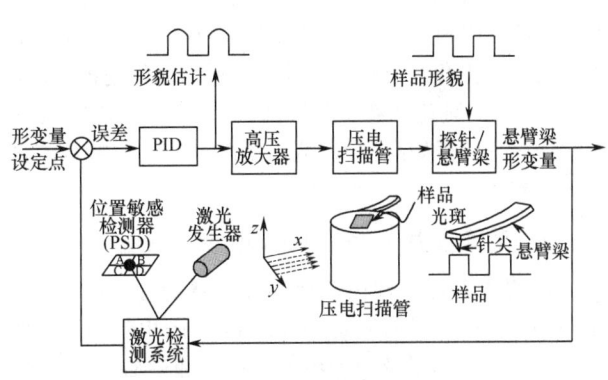

图 9.117　原子力显微镜接触模式示意图

为了检测近场力，将一微小的测针（长度为几个微米，针尖半径 10 nm 左右（安装在一个微悬臂的自由端）微悬臂的弹性系数在 0.1～1.0 N/m 间，1N = 1kg·m/s² 为力学单位，测针长度为 100～200 μm，见图 9.118，目前一般用制造集成电路的方式制造一体化的测针—微悬臂）。当测针与被测表面接近或接触时，所产生的作用力会使微悬臂产生弯曲，弯曲量与表面和针尖的距离有关，微悬臂的弯曲量由微悬臂位置探测器测出。测量时，扫描器水平移动使得针尖与样品表面产生相对位移，连续检测微悬臂位置，获得样品表面形貌信息。

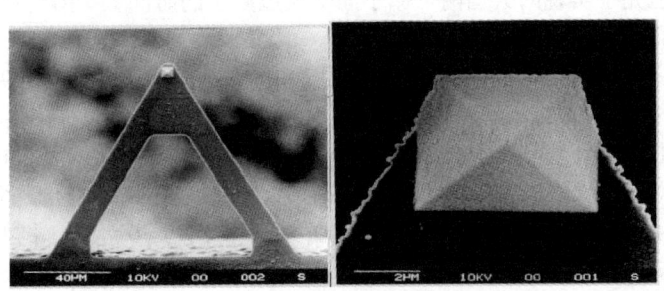

图 9.118　原子力显微镜悬臂与针尖结构

9.7.2　近场力

近场力包括[182]：离子排斥力（接触力）、范德华力、静电力、磁力、表面张力、微弹塑力、摩擦力等。其中，微弹塑力、摩擦力与具体测量状态有关，其他几种近场力分布及距离的关系如图 9.119 所示。

1. 离子排斥力

当两个物体接近到几个埃的距离时，在两个物体最接近的部分，表面离子的电子云开始相互交叠，从而在两物体之间产生了迅速增加的离子斥力，这就是通常所谓的接触力。两离子间的势能场可用 Lennard-Jones 势能公式描述。

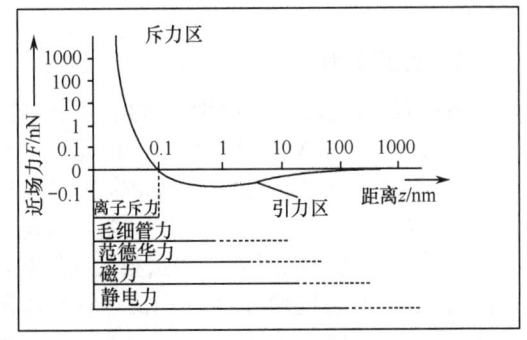

图 9.119　各种近场力分布

$$W(r)=4\varepsilon\left[\left(\frac{\sigma}{r}\right)^{12}-\left(\frac{\sigma}{r}\right)\right] \tag{9.127}$$

其中，r 为两离子间的距离；ε 为介电常数；σ 为常数。该式表明，当两个离子或原子接近时，首先有微弱的吸引力，然后在很短距离内有强大的斥力。对于 AFM 的接触测量状态，由于针尖顶部与被测表面不止有一个原子对处于排斥力的作用范围，需要综合考虑针尖顶部与被测表面的电子云的分布，但是，理论和实验分析都表明，AFM 的接触势场确实与距离的 $-10\sim-12$ 次方成正比。由于接触势场变化得如此剧烈，从而使得 AFM 在接触测量状态时，可以获得极高分辨率的表面图像（原子级分辨率）。

2. 范德华力（Van Der Waals force）

范德华力是一种在任何物体间普遍存在的力，包括一个偶极子与一个感应偶极子间的作用（感应力），两个具有固定指向的偶极子间的作用（指向力）以及感应偶极子间的作用（弥散力）。由于原子中的电子及原子核的电荷分布中心间的距离服从于统计波动，这一统计波动导致了电偶极子矩的存在。这个偶极子矩使邻近原子的电荷分布也感生了偶极子矩。这些感生的偶极子矩进一步与原来的偶极子矩发生作用。导致了力的产生。虽然还有其他机制的作用，但偶极子与偶极子间的作用是产生范德华力的主要原因。计算表明，偶极子的势能场在短距离内服从

$$W(d) = -\frac{A}{d^6} \tag{9.128}$$

其中，A 为 Hamaker 常数，d 为两个偶极子间的距离。超过一定的距离后，$W(d)$ 与距离的 -7 次方成正比。前者称为非延迟作用区，后者称为延迟作用区。实际上，这种偶极子间的相互作用可以考虑为通过交换虚光子实现的。当两个原子间交换虚光子的时间大于瞬时偶极子矩的波动时，这种作用开始变得微弱起来。

AFM 的测针与被测表面之间的范德华力一般估计为 $1\sim20$ nN 之间，当针尖与表面的距离为几个纳米（小于 10 纳米）时，范德华力为针尖与表面之间的主要作用力（非磁性和无静电的表面），因此应用范德华力进行测量时，AFM 处于非接触状态。但是，对于针尖与表面间的作用必须考虑针尖与表面的几何形状，理论研究表明范德华力对距离的依赖关系与两个物体的几何形状有关，总体说来，在各种形状的两个物体间的范德华力与距离的函数关系均小于 -6 次方，例如原子与半无限平面间的范德华力场与距离的 -3 次方成正比，而球体与半平面仅与距离的 -1 次方成正比。因此，范德华力的作用范围较大，衰减较慢。这意味着使用范德华力进行非接触测量的 AFM，其分辨率比用接触模式进行测量时的分辨率要低得多。同时，上式中的 A 称为 Hamaker 常数，不同材料有着不同数值，对于硅为 30×10^{-20} J，因此，范德华力与被测表面的材料有关。对于由多种材料构成的被测物体，难于用非接触测量得到表面真实的几何性状，但正是因为范德华力与材料有关，可以用范德华力获得表面的分子结构。

3. 表面张力

表面张力由被测表面所吸附的水分子和其他液体所产生的，它是 SPM 测量中的一个问题，当测针遇见液体分子时，会产生很强的引力（约 10^{-8} N）将测针拉向被测表面，对于平整的表面，可能会形成一层均匀的液体膜，对于接触测量不会造成很大的影响，但当表面的几何形状比较陡峭时，在不同的位置液体膜的厚度不同，在一些区域甚至液体为零。当测针进入和退出时会使微悬臂的平衡状态发生变化，而且这一过程具有滞后性，因此会造成测量误差。表面张力对非接触测量的影响更大。图 9.120 是测针接近和离开表面时的力—距离的变化，横坐标为针尖与表面的距离。可以看出，

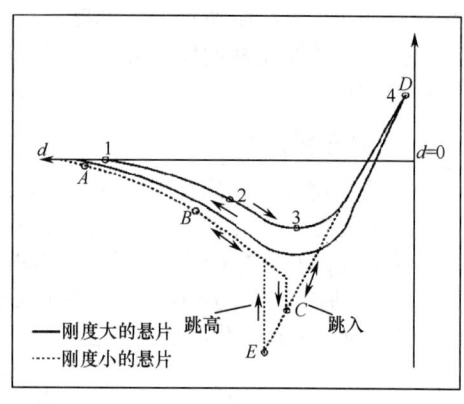

图 9.120 表面张力对针尖进入及退出的影响

对于弱刚度的微悬臂,在其接近和离开表面时,力—距离曲线均有一个跳变。

4. 微弹塑形变与摩擦力

对于接触测量的 AFM,由于针尖对表面的压力(约 $10^{-6} \sim 10^{-10}$ N),表面的微量弹性形变和摩擦力总是存在的,在测量时,应针对被测表面的材料特性,选择合适的测量力,避免出现过大的塑性形变,而摩擦力是造成针尖磨损的主要原因,摩擦力的大小取决于垂直测量力的大小、表面的材料性质和几何形状。另外,可以利用针尖对表面的压力研究表面的微观弹塑性的性质,一种可能的应用是将 AFM 的针尖作为微型硬度压头使用,测量表面的微观硬度。另外一种是采用力调制模式,这种方法采用常力模式的接触测量方法,同时在针尖或被测物上施加一个固定的周期振动信号(信号的频率为几百千赫兹,大于 z 向反馈控制回路的响应频率),从微悬臂位置检测器上获得的信号幅度与表面的弹性模量有关,在弹性模量高的地方,信号幅度大,而在弹性模量低的区域,信号幅度小,这种方法可以同时获得表面轮廓和弹性模量的分布图像。通过对摩擦力进行测量可以获得原子级的表面摩擦特性,这种测量显微镜称为横向力显微镜,它通过测量微悬臂的扭摆获得有关摩擦力的信息,同时与普通显微镜一样通过常力模式获得表面轮廓信号。

5. 磁性力和静电力

如果用磁性材料制作 AFM 的针尖,则 AFM 可用于检测被测物表面的杂散磁场,因此,可以用于表面磁结构的测量,这就构成了磁力显微镜(MFM)。为了取得良好的测量效果,针尖的磁结构应越简单越好,例如,为球型单一磁畴或涂敷一层铁磁薄膜。MFM 采用非接触测量,测量时应避免范德华力的影响。因此 MFM 的针尖—表面距离一般应大于 10 nm。目前 MFM 已成功地用于磁光盘、磁薄膜、坡莫合金磁畴结构等的测量。通过给磁记录头施加不同的电流,可以用 MFM 测量出不同磁场状态下的表面磁结构。

如果表面存在静电荷,在针尖和被测表面之间会产生静电力,AFM 的微悬臂会因此产生附加的弯曲,这会影响到几何轮廓测量的准确性。对于高绝缘性表面和接地不好的微悬臂,由于静电荷很难放掉,影响更大,因此静电力是几何形状测量中的误差来源之一。可以利用 AFM 对静电力的敏感性开展其他的测量应用,其中一种应用是在微悬臂和被测表面间加一电压,采用非接触测量方式,这样可以针对被测表面局部充电,形成极化,而由于静电力的影响使微悬臂产生弯曲,可以检测表面电荷的分布状况,构成静电力显微镜。例如,可以用其分别测量集成电路在开关状态下的静电场分布,这是一种在亚微米级水平下测量工作状态的微处理器工具。其他与 AFM 有关的 SPM 测量技术包括相位测量 AFM、扫描电容显微镜、扫描热显微镜等。

9.7.3 微悬臂力学

图 9.121 为 AFM 微悬臂的典型结构,设 AFM 微悬臂的主要尺寸:w 为微悬臂的宽度,t 为厚度,L 为长度,h 为针尖的高度:由微悬臂中心到针尖的距离[143]。当针尖上在 z 方向受力 F_N 使微悬臂弯曲,其将从没有加载的位置沿着 x 轴偏移距离 $z(x)$[1]。

$$z(x) = \frac{1}{2} \cdot \frac{1 F_N L}{EI} \left(x^2 - \frac{1}{3L} x^3 \right)$$

微悬臂长度为 L,杨氏模量(Youngs modulus)为 E,转动惯量为 I。针尖偏移为

$$\Delta_z = z(L) = \frac{1}{3} \frac{FN}{EI} L^3$$

下式中为弹性(刚度)常数 k_N

$$F_N = k_N \Delta_z$$

故

$$k_N = 3\frac{EI}{L^3}$$

微悬臂针尖在 x-z 面内的转角 θ_N，其将给出的转角 θ_N 及激光束偏移 $z'(x)$ 和 $z'(L)$。

$$\theta_N = z'(L)$$

$$z'(x) = \frac{1}{2}\frac{FL}{EI}\left(2x - \frac{1}{L}x^2\right)$$

$$z'(L) = \frac{1}{2}\frac{F}{EI}L^2 = \frac{3}{2}\frac{z(L)}{L}$$

在带针尖的微悬臂装铰链（hinged）和固定基部的激光束偏转角之间的转角差值相比，固定基部微悬臂的反射激光光束将给出大一些的偏移信号，如图 9.122 所示。在针尖偏移距离和针尖偏移角度的关系式如下。

$$\theta_N = \frac{3}{2}\frac{\Delta_z}{L} \tag{9.129}$$

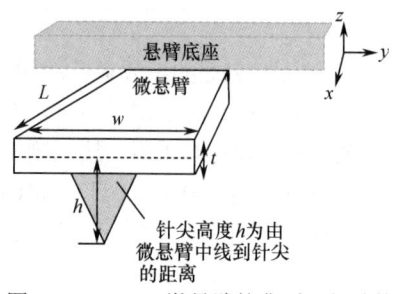
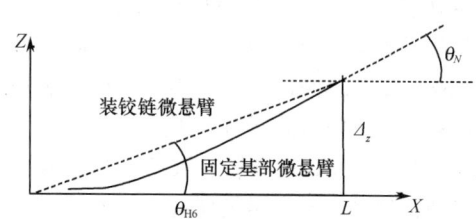

图 9.121　AFM 微悬臂的典型几何结构　　图 9.122　在带针尖的微悬臂装铰链和固定基部的反射激光束偏转角的差值

如果微悬臂用铰链固定在基部，因子 3/2 大于所期望的结果，表明当微悬臂是弯曲的和直的相比，激光束有一个大的偏移。

如图 9.123 所示，由于样品的 z 向形貌产生的 z 向偏移将在 xz 平面内给出该偏移信号，并由上/下部探测器进行测量。作用在微悬臂的横向力给出扭转（由左/右部探测器给出 xz 平面内的信号），在 xy 平面内的横向偏移不能由探测器测量。

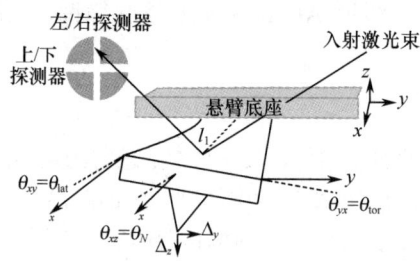

图 9.123　带有激光偏转偏移和探测器结构的 AFM 微悬臂

9.7.4　AFM 探测器信号

微悬臂有多种弯曲方式，由装置在 AFM 上的四象限光电探测器检测。标准形貌图信号由微悬臂针尖在 x-z 方向"标准的"（normal）偏移给出，$\theta_{xz} = \theta_N$ 被四象限光电探测器的左右（或 A-B）探测器检测。

$$V_{LR}=V_1+V_3-V_2-V_4 \tag{9.130}$$

横向力作用于针尖将使微悬臂在 x-y 和 x-z 平面内弯曲。横向偏移不能被四象限探测器检测,因为其不能改变激光束偏移,而且偏移量也很小。横向力也以角度 $\theta_{yz} = \theta_{tor}$ 扭曲微悬臂针尖在 y-z 方向产生扭转性偏移,其将转换为横向力信号,可由上/下探测器测量 $V_{LR} = V_1 - V_2 - V_3 - V_4$。

对于 z 方向的偏移,"标准的"弹性常数 R_N 与力和偏移 $F_N = k_N \Delta_z$ 关系为

$$k_N = \frac{1}{4} Y \frac{wt^3}{L^3}$$

表示为偏移角

$$\theta_N = \frac{3}{2} \cdot \frac{\Delta_z}{L},$$

用角度表示的弹性常数

$$F_N = c_N \theta_N$$

其中

$$c_N = \frac{2}{3} k_N L$$

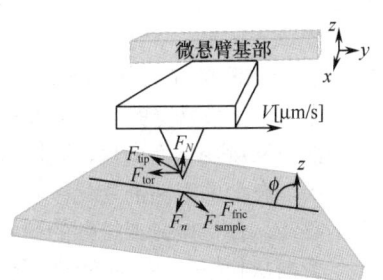

图 9.124 显示了微悬臂固定的基部,针尖、样品被测面位置和所受力的示意图。其中 φ 为样品被测面相对于 z 轴倾斜的角度。针尖所受的合力 F_N 包括针尖所受斜向力 F_{tip}、扭转力 F_{tor}。样品所受的合力 F_{sample} 包括摩擦力 F_{fric}、表面法向压力 F_n。

图 9.124 AFM 微悬臂和作用在针尖和样品之间的力

9.7.5 原子力显微镜的测量模式

根据扫描成像时针尖—样品间的距离以及其主要作用力性质的不同,原子力显微镜主要有 3 种成像工作模式:接触模式(contact mode)、非接触模式(noncontact mode)和接触共振模式或轻敲模式(tapping mode)[183]。

1. 接触测量模式

接触测量模式是准静态测量模式,接触模式的探针针尖与样品间的作用力处在原子间排斥力区域,扫描成像时针尖与样品基本上是紧密接触的,并在样品表面上滑动。针尖与样品之间的相互作用力是两者相接触原子间的排斥力,约为 $10^{-8} \sim 10^{-11}$ N。正是凭借这种库仑排斥力,接触模式可获得稳定、高分辨样品表面形貌图像。但此模式在扫描成像过程中由于针尖在样品表面上的拖拽而产生横向剪切作用力以及受在大气环境下样品表面吸附层的存在而对针尖产生的表面张力(黏附力)影响等,对柔软、易脆及黏附力较强的生物及高分子样品成像会造成较大破坏,故其应用受到一定的限制。此模式通常包括恒力和恒高两种操作模式。与非接触模式和轻敲模式相比,接触模式的扫描速度一般较快。

(1)恒力模式(constant force mode)。微悬臂的偏摆被用作扫描器 z 向反馈控制的输入信号,根据表面的高低变化,控制扫描器在 z 向前进后退,以保持微悬臂的偏摆恒定,施加到表面的力也是恒定的,并且是可控的,表面轮廓由扫描器的运动产生。由于微悬臂的偏摆恒定,扫描速度受到 z 向反馈回路响应频率的限制,仍是目前广泛采用的测量模式。

(2)恒高模式(constant height mode)。在恒高模式中,表面轮廓直接用微悬臂的偏摆得到,扫描器在 z 向保持恒定,这种模式主要用于原子级分辨率的表面测量,要求被测表面相当平整,测量范围也不能大,保证微悬臂的弯曲和测力变化都非常小。这种模式的测量速度快,可用于表面实时变化的测量。

2. 非接触测量模式

AFM 采用非接触测量模式时，针尖—样品间的作用力是处在吸引力区域内较弱的长程范德华力。为了提高信噪比，在针尖上施加一微小的高频振荡信号来检测的针尖—作用力。通过保持微悬臂共振频率或振幅恒定来控制针尖与样品之间的距离，使探针针尖在样品表面上方 5～20 nm 距离处扫描，此时针尖与表面的作用力仅为 10^{-12} N 左右，另外微悬臂的刚度要较大，以保证探针始终不与样品表面接触，不会对样品造成污染或产生破坏，避免了接触模式中遇到的一些问题。该模式虽增加了仪器的检测灵敏度，但相对较长的针尖—样品间距使得其实际分辨率要比接触模式低。由于探针针尖很容易被表面吸附层的表面吸引到样品表面造成图像反馈数据不稳定和对样品的破坏。因此，非接触模式在实际操作上比较困难，且不适合于在液体环境下成像，从而使其应用受到了限制。

在动态测量方法中，微悬臂以接近其谐振频率的频率振动（典型为 100～400 kHz），幅度为几个纳米。由于微悬臂的谐振频率与其弹簧系数的开方成正比，而微悬臂的弹簧系数随测针所处的近场力的力梯度变化而变化，近场力的力梯度与针尖与表面的距离有关，因此谐振频率的变化就反映了针尖与表面的距离的变化。测量时系统检测振频或振幅的变化，通过反馈回路控制扫描器在 z 向前后移动，保持振频或振幅的恒定，以保持针尖与被测表面的距离的恒定。与常力接触模式一样，测量数据从扫描器在 z 向的移动获得。由于空气中样品表面水薄膜的影响，非接触式 AFM 一般只有约 50 nm 的分辨率，不过原子分辨率却可在真空中得到，但由于作用半径增大，其水平分辨率比接触测量要差。非接触测量由于测量力很小，可以用于柔软表面的测量，另外磁力显微镜，静电力显微镜、电容显微镜等也主要采用这种测量模式。

3. 轻敲模式

轻敲模式是介于接触模式和非接触模式之间的一种成像工作模式[184]。其特点是扫描过程中微悬臂进行高频振荡，并具有比非接触模式更大的振幅（在空气中自由振动时通常大于 20 nm），测量时，针尖从远离样品表面（大约几百纳米）处向样品逼近，微悬臂进行高频振荡，频率接近其固有振动频率。让针尖在振荡期间间歇地与样品表面接触。由于针尖同样品接触，分辨率几乎与接触模式一样好；同时又由于针尖与样品接触时间非常短暂，由剪切力引起的对样品的破坏几乎消失，克服了常规扫描模式的局限性。由于是垂直作用力，样品表面受横向摩擦力、压缩力及剪切力的影响较小。与非接触模式相比，轻敲模式的另一优点是它具有较大的线性操作范围，使得其垂直反馈系统稳定，可对样品进行重复测量。另外，在液体环境中进行轻敲模式操作还可进一步减小作用在样品上的横向摩擦力和与表面张力，避免了接触模式中经常引起的样品损伤，其可测量的稳定成像力可低至 200 pN 以下，适用于在接近生理条件下的生物大分子样品高分辨成像观察。轻敲模式的主要缺点是其扫描速度一般比接触模式扫描速度要慢。

图 9.125 显示了在空气的环境下，用压电晶体微悬臂的共振频率或接近这一频率来振荡悬臂实现轻敲模式的成像原理。针尖未与表面接触时，压电电晶的运动产生了悬臂大振幅的振荡（"自由空气"振幅，典型值大于 20 nm）。振荡的针尖朝向样品表面运动直到针尖开始轻轻地敲击到表面，微悬臂的振幅就会由于针尖与表面接触引起的能量损失使振幅下降，这种振幅交替下降被检测。监测器测量到这些交替变化的振幅值，再通过反馈回路，调整针尖与样品之间的距离，保证振幅恒定在某一个恒定值，这样针尖在扫描过程中的运动轨迹就反映了样品的表面形貌。与恒力接触模式一样，测量数据从扫描器 z 向移动过程中获得。由于针尖与表面轻敲接触，控制垂直接触力很小，同时消除了横向摩擦力，从而克服了传统的接触模式 AFM 中针尖被简单地拖拉跨过样品而受到相关联的摩擦力、黏滞力、静电力等的影响，以及划伤样品的弊病，因此具有接触测量和非接触测量的优点，并克服了这两种测量模式的不足，是 AFM 测量技术的一个重要发展。

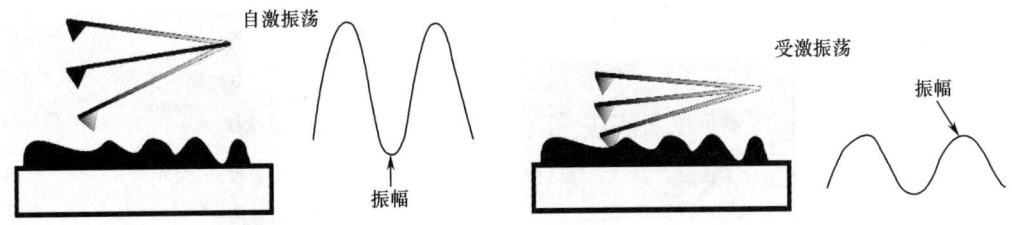

图 9.125 轻敲模式成像原理

综上所述：根据作用力随针尖—样品间距的变化情况可以将其概括为短程排斥力和长程吸引力。作用力与针尖—样品间距的关系如图 9.126 所示[185]。非接触式在测量中对样品没有损伤，适用于除原子斥力之外各种力的检测，但其一般只有约为 50 nm 的垂直分辨率，精度不高，主要用于静电力显微镜、磁力显微镜等非几何轮廓测量中。接触式的探针与样品间的作用力是原子间的排斥力（repulsive force）。由于排斥力对距离非常敏感，所以接触方式较容易得到具有 Å 级的垂直分辨率，水平分辨率可达亚纳米水平。接触测量时，探针与样品间的作用力约为 $10^{-6} \sim 10^{-10}$ N，由于接触面积极小，过大的作用力仍会损坏样品，尤其是软性材料，不过较高的作用力通常会得到较好的分辨率，故要选择适当的作用力，为此，必须取得力—距离曲线（force-distance curve）。

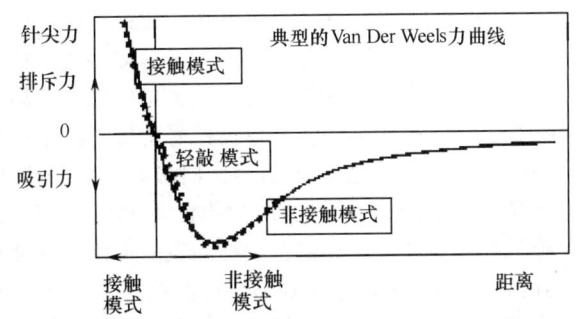

图 9.126 当针尖接近于样品时为发生排斥力和吸引力的物理条件，
作用力与针尖—样品间距的关系

轻敲式工作模式的扫描探针显微镜，优点是不会划伤样品，避免了在扫描过程中带来的横向摩擦力，图像较接触式更真实地反映了样品特性。能有效地检测生命科学领域的活细胞、大分子团、蛋白质、人体遗传基因等。破坏样品的概率大为降低，同时也不受摩擦力的干扰。不过由于高频轻敲的影响，对很硬的样品，探针针尖可能受损，而对很软的样品，尤其是生物活体，则样品仍可能遭破坏。这种方式的垂直测量分辨率可以达到 5~10 nm，水平分辨率也可达到接触测量的水平。

原子力显微镜除了对样品表面进行形貌观测之外，还可进行力对针尖—样品间距离的关系曲线的测量。原子力显微镜能够记录探针针尖在接近，甚至压入样品表面，然后脱离样品表面过程中，微悬臂所受力的大小，得到力—距离曲线。图 9.127 给出了典型的力曲线（force-separation curve）特征。它表示微悬臂自由端在垂直接近样品之后又离开样品表面的过程中，微悬臂固定端（探针针尖）发生形变的情况。这一过程是通过在扫描器 z 轴电极上施加三角波形电压来完成的，电压引起扫描器在垂直方向进行伸展和收缩，从而使微悬臂和样品间产生相对位移。首先使扫描器 z 轴伸展，让微悬臂接近样品表面，然后通过扫描器 z 轴的收缩使探针离开样品表面。与此同时，测量微悬臂自由端在探针接近和离开样品表面过程中的形变。对应一系列针尖不同位置和微悬臂形变量作图，就可得到力曲线。

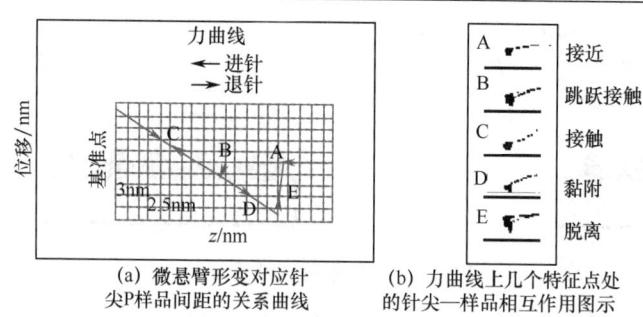

图 9.127 原子力显微镜力曲线图

9.7.6 原子力显微镜检测成像技术

1. 相位成像（phase imaging）技术

相位检测成像是指在轻敲模式扫描过程中通过记录驱动微悬臂周期性振荡的信号与微悬臂响应信号的相位差值，即相位滞后角的变化来对所观察样品表面进行成像的一种新的成像检测技术。它是 tapping mode AFM 应用技术的一种突破，能够提供其他模式所不能揭示的有关样品表面结构在纳米尺度的变化信息，如表面组分、黏附性、摩擦、黏弹性的变化等。该项技术可与轻敲模式（TMAFM）、磁力模式（MFM）、力调制模式（FMM）等多种工作模式一起使用，同时获得有关样品表面形貌、结构及其他各种表面性质等多方位的大量信息。例如，在轻敲模式中，微悬臂被压电驱动装置激发至共振振荡，振荡振幅作为反馈信号可用于测量样品的形貌变化。在相位成像中，微悬臂振荡的相角与微悬臂压电驱动器信号同时被扩展电子模块（extender electronics module，EEM）记录，其相位差用来测量表面性质的不同。可以选取高度、振幅以及相位成像等成像方式，同时观察表面形貌和相位图像，获得有关样品表面形貌、硬度及黏弹性等信息。相位成像还可作为实时反差增强技术，可以更清晰地观察表面结构并不受高度起伏的影响。研究表明，相位成像对于较强的表面摩擦和黏附性变化反应很灵敏，它可在较宽的应用范围内给出有价值的信息。弥补了力调制和 LFM 方法中有可能引起样品破坏和产生较低分辨率的缺陷，可提供更高分辨率的图像细节，在复合材料表征、表面摩擦和黏附性检测以及表面污染发生过程研究方面已得到了应用，将在纳米尺度上对材料性能的研究发挥作用[136]。

2. 隔行扫描/抬高模式（interleave/lift mode）成像技术

interleave/lift mode 技术是在检测成像较弱的长程作用力如磁力、静电力等基础上发展起来的一种成像操作技术。其工作原理同非接触模式有些相似，但探针针尖有所不同，测量磁力的磁力显微镜（MFM）须采用磁性针尖，测量电场力（静电力）的电场力显微镜（EFM）要使用导电性针尖（表面有一层导电涂层，通常须在针尖或样品上施加一定电压）。而且操作时，针尖与样品间距要比非接触模式间距（5～20 nm）大，一般为 10～200 nm。进行成像操作时，每条扫描线上都进行 2 次扫描测量（每 1 次又都包括 trace 和 retrace）。首先，第 1 次扫描测量的形貌数据采用一般的轻敲模式获得，使探针与样品表面接触进行扫描。这时，力检测器检测的是针尖和样品间的短程原子间斥力。在这条表面形貌扫描线被记录后，针尖在第 1 次扫描时的位置进行第 2 次扫描，此时针尖将抬起并离开样品表面一定距离，一般为 100 nm 左右，并在第 2 次扫描时保持不变。力检测器检测的是作用在针尖上的长程作用力如磁力、静电力等。因此，对应样品的扫描位置可同时获得样品表面的形貌图及其磁力或静电力图像。该技术在进行磁性材料等研究方面是一种有力的实验技术，它具有高分辨率、不破坏样品及样品无须特别制备等特点。由于它能同时获得样品表面的 AFM 形貌图和磁力梯度图，因而可直接观察样品表面结构与磁畴结构对应关系，同其他磁畴结构表征方法相比,它具有更高的分辨率(空间分辨率可达 10 nm),能观察到样品表面的微磁结构。近年来,在研究磁记录体系、磁性薄膜磁畴结构以及铁磁学基本现象等方面,MFM 显示出重要性和优越性。与 MFM 相似,interleave/lift mode 的另一重要应用是用于电场力梯度的成像检测,即静电力显微镜(EFM)。它对于电场力梯度有较大反差、由材料或者性质上的不同导致电势不同(表面上有 1 V 左右电压)且表面形貌相当平滑的样品,具有捕获电荷的样品以及导电区域上部具有绝缘层(不利因素)的样品比较适合[186]。

除上面介绍的成像技术外,还有力调制(force modulation)成像[187]、快速扫描(fast scan)成像[188]以及 Q-control 相位增强(phase control enhancement)等成像技术[189],不再赘述。

9.7.7 AFM 的优点和正在改进之处

AFM 的优点在于它的检测对象是近场力,通过测量不同的近场力可以构成不同的扫描显微镜,如磁力显微镜、静电力显微镜、电容力显微镜、横向力显微镜等,且可测量导体和绝缘体表面。根据力和距离的变化关系也可用 AFM 进行表面微弹塑性和硬度测量等。由于微悬臂的谐振频率在 10~500 kHz 之间,AFM 对低频噪声不敏感,测量速度可以比较高。基于这些优点,AFM 成为在工业测量领域得到应用的 SPM。目前世界上主要的 SPM 生产厂家如 DI、PARK、TOPMATRIX 等生产的 SPM 产品均是以 AFM 为主体,占世界 SPM 销售量 60% 以上的 DI 公司用于集成电路生产车间使用的 Dimension 7000 Autowafer SPM(可以在生产现场对直径为 200 mm 的芯片进行测量)以及用于计量室测量的 Dimension 5000SPM(可以测量直径 350 mm 的芯片),其主体结构均是 AFM 形式。

原子力显微镜系统相关理论和技术尚在发展中,具体待解决的问题如下[181]:操作较复杂,原子力显微镜需要一系列复杂的光路调节操作,常需要对控制器参数进行相应调整以得到更好的样品形貌图像,增加了操作的困难程度;系统带宽较窄,扫描速度较慢,由于原子力显微镜采用 PI(proportional integral)控制算法,难于有效抑制压电扫描管的振动模态,这使得系统带宽低于扫描器自然频率的 1/10;对于噪声敏感,实验室中的一些声响干扰可能导致扫描图像发生畸变;系统内部的作用力非常复杂,在 STM 中,由于隧道电流和针尖—样品间的距离成单调的负指数函数,所以只需要将隧道电流进行对数放大器反馈,就能保证误差信号与距离之间的线性关系,但是在 AFM 中,针尖—样品间的作用力复杂,包括长程吸引力和短程排斥力,还可能有黏附力、化学作用力等,因此这些作用力和距离之间不是单调的函数关系,可能发生针尖被样品表面吸附(接触模式)或者出现双稳态现象(轻敲模式)。

9.7.8 电力显微镜(EFM)

电力显微镜(electrical force microscopy,EFM)是以原子力显微镜为主体,在其针尖和被测面之间有不同加电压方式,形成不同的电力显微镜(EFM)工作模式。根据测量被测面和加偏压的 AFM 微旋臂之间的静电力分布,所形成的 EFM 可绘制样品表面的电工性质。EFM 图像包含电工性能的信息,如导电材料的表面电势、绝缘材料的电荷分布、铁电材料的电畴(electric domains)*。现只以 Kelvin 探针显微镜(Kelvin probe microscopy)方法和双扫描(dual scan method)方法为例,用一个 AFM 在被测面上绘出电场轮廓[190]。

1. Kelvin 探针显微镜方法(Kelvin probe microscopy method)

图 9.128 为 Kelvin 探针显微镜(KPM)的原理。锁定放大器(lock-in amplifier)在针尖上发

---

* 电畴(electric domains):具有自发极化的晶体中存在一些自发极化取向一致的微小区域,称为电畴。

出一个信号,针尖—被测面静电相互作用由适当调整激光和锁定放大器读出。

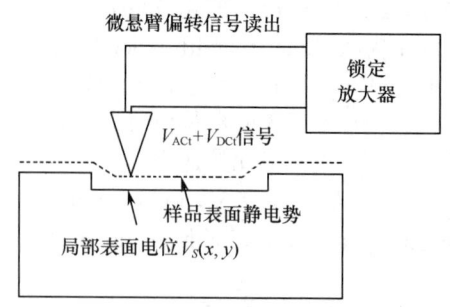

图 9.128　Kelvin 探针显微镜（KPM）示意图

在 Kelvin 探针显微镜（KPM）操作中,在针尖和被测面之间加一个电压。设 DC 和 AC 的两种电压加到针尖上,则针尖和被测面之间的总电位差 V_{tot} 为

$$V_{tot}=-V_s+V_{DCt}+V_{ACt}\cdot\sin(\omega\cdot t) \tag{9.131}$$

此处,$V_s = V_s(x, y)$ 是局部表面电位,x,y 是针尖的位置,V_{DCt} 是针尖上的 DC 信号,V_{ACt} 是 AC 信号的振幅,ω 是 AC 信号的频率。AC 信号的频率比微悬臂（因子为 10）的共振频率稍低,这两个信号可以由锁定放大器分开。该装置通过静电力可以测量表面电位,如果设针尖和被测面之间的静电力 F（electrostatic force）为[191]

$$F=\frac{\frac{\partial C}{\partial z}\cdot V_{tot}^2}{2}$$

其中,C 为电容,间距为针尖和被测面之间的距离。（ε_0 是真空介电常数）设平行板电容为

$$C=\frac{A_c\varepsilon_0}{z}$$

其中,A_c 是针尖的面积。电容 C 对坐标 z 的偏导数为

$$\frac{\partial C}{\partial z}=-\frac{A_c\epsilon_0}{z^2}$$

组合力（F）和 V_{tot} 得

$$F=\frac{\frac{\partial C}{\partial z}}{2}\cdot\left(-V_s+V_{DCt}+V_{ACt}\cdot\sin(w\cdot t)\right)^2$$

$$=\frac{\frac{\partial C}{\partial z}}{2}\left((V_{DCt}-V_s)^2+V_{ACt}^2\cdot\sin(w\cdot t)^2+2\cdot(V_{DCt}-V_s)\cdot V_{ACt}\cdot\sin(w\cdot t)\right)$$

用 Pythagorean 恒等式

$$\cos(x)^2+\sin(x)^2=1$$

和 de Moivre 公式

$$\left[(\cos(x)+i\cdot\sin(x))^n=\cos(n\cdot x)+i\cdot\sin(n\cdot x)\right]$$

可得

$$V_{ACt}^2\cdot\sin(w\cdot t)^2=V_{ACt}^2\cdot(1-\cos(w\cdot t)^2=$$
$$\frac{1}{2}\cdot V_{ACt}^2\cdot(2-2\cdot\cos(w\cdot t)^2)=\frac{1}{2}V_{ACt}^2-\frac{1}{2}V_{ACt}^2\cdot\cos(2\cdot w\cdot t)$$

插入到力 F 的方程式中,得[192]:

$$F = \left(\frac{\frac{\partial C}{\partial z}}{2} \cdot ((V_{DCt} - V_s)^2 + \frac{1}{2} \cdot V_{ACt}^2) + 2 \cdot (V_{DCt} - V_s) \cdot V_{ACt} \cdot \sin(wt) - (\frac{1}{2} \cdot V_{ACt}^2) \cdot \cos(2wt) \right) \quad (9.132)$$

或

$$F = k_1 + k_2 \cdot \sin(wt) + k_3 \cdot \cos(2wt)$$

此处

$$k_1 = \frac{\frac{\partial C}{\partial z}}{2} \cdot ((V_{DCt} - V_s)^2 + \frac{1}{2} \cdot V_{ACt}^2),$$

$$k_2 = (2 \cdot (V_{DCt} - V_s) \cdot V_{ACt}),$$

以及

$$k_3 = -\frac{1}{2} \cdot V_{ACt}^2$$

频率 ω 是外部振荡器建立的，可以由锁定放大器锁定。由锁定放大器（k_2 部分）检测的这个信号被 V_{DCt} 不断变化而最小化。当这个信号接近零时，相当于 $V_{DCt} = V_s$，V_{DCt} 映射到样品表面点（x, y）给出了 $V_s(x, y)$。

2. 双扫描（dual scan，DS）模式

双扫描有时称为抬高模式方法（lift-mode method），在该模式中，如图 9.129 所示，首先使 AFM 针尖或样品不加电位时用轻敲或非接触模式进行线扫描。另外，在这个高度进行一次新的扫描，此时对样品加一个电位，也可以用非接触模式。在所要扫描的面积上面重复以上所述双扫描直到整个面积被扫描完成。为了对被测面电位成像，微悬臂振动的相位轮廓被绘出。图 9.129 中给出了原理，首先做一个形貌图的线扫描，然后抬高距离 d 启动源漏电压源作另一个线扫描。其中 d 是针尖和被测面之间在第二次扫描的距离。这个相位移动依赖于作用在针尖上的力（F）[193]。

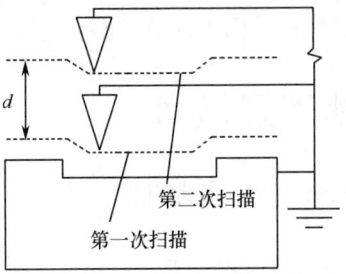

图 9.129 双扫描模式原理

$$\phi = \arctan\left(\frac{k}{Q \cdot \frac{\partial F}{\partial z}} \right)$$

此处，Q 是微悬臂的品质因子；k 为弹性参数；z 为针尖到被测面的距离。对于小的相移，相位可写为

$$\phi \approx \frac{Q \cdot \frac{\partial F}{\partial z}}{k}$$

力的偏导数可写为

$$\frac{\partial F}{\partial z} = \frac{1}{2} \frac{\partial^2 C}{\partial z^2} \cdot V_s^2$$

此处，V_s 是被测面电位；C 为针尖和被测面之间的电容[143]。电容的二次导数为

$$\frac{\partial^2 C}{\partial z^2} = \frac{2A c \varepsilon_0}{z^3}$$

相位和力的导数的组合方程式使相移有相位依赖性。

$$\phi \approx \frac{Q \cdot \frac{\partial^2 C}{\partial z^2} \cdot V_s^2}{k \cdot 2}$$

为求得被测面电位，必须估算相位方程式的其他项。如果知道微悬臂的尺寸（一个合格的微悬臂）和材料就可以决定弹性常数（k）。

$$k = \frac{E \cdot w \cdot h^3}{4 \cdot L^3}$$

此处，E 是杨氏模量（Young modulus）；ω 是微悬臂的宽度；h 是高度；L 是长度。微悬臂的品质因子（Q）可以由谐振（曲线）峰的形状决定。假设 AFM 的针尖镀上一个半径 r，则电容的二次偏导数为

$$\frac{\partial^2 C}{\partial z^2} = \frac{2 \cdot \pi \cdot r^2 \cdot \varepsilon_0}{z^3} \tag{9.133}$$

此处，ε_0 是真空介电常数（vacuum permittivity）。这个方法估算相位方程式的其他项是有精确根据的[194]。也可以在被测面上通过已知电位并在已知的不同高度的测量来估算这些量，然后估算特定的 AFM 针尖。

DS 和 KPM 有它们的优点和缺点：DS 方法易于操作，因为其只有少数相关联参量需要调整。KPM 方法比较快，因为其不要求两次扫描（DS 方法成像分辨率为 512×512 pixels，扫描频率为 0.8Hz，这需要半小时）。与 KPM 方法相比，DS 方法在电位像中通常有较好的横向分辨率。这是因为信号依赖于电容的二次偏导数，转而依赖于 $1/r^3$ 的距离，与 KPM 方法相比，KPM 仅依赖于 $1/r^2$。KPM 方法具有更好的灵敏度，因为针尖工作更接近被测面。

9.8 远场超高分辨率显微术

9.8.1 远场超高分辨率显微术概述

基于电子束和扫描探针技术的显微成像技术，如扫描电子显微镜（SEM）和原子力显微镜（AFM）等，可以对分子和原子量级的物体细节进行清晰地观察，拓展了对微观世界的认识。而在生物、化学和医学等多个领域，以透镜为基础的光学显微镜仍占有重要的地位，主要是因为与基于电子束和扫描探针技术的显微成像技术相比，光学显微镜具有明显的优势：使用可见光作为信息载体，观测图像更为直观；可以透过表面深入观察样品内部；并借助荧光标记等其他技术手段对于样品内部的结构和生化反应进行针对性的观察。事实上，如果光学显微镜能够具有可见光波亚波长分辨率，借助光学层析技术，光学显微镜便可以对样品内部结构进行三维重构。然而，由于衍射极限的存在，以透镜和可见光作为媒介进行亚波长观察是难于达到的[195]。

衍射极限于 18 世纪由德国科学家 Abbe 首次提出[196]。进一步研究表明，对于一般透镜，其聚焦光斑的大小用半峰全宽（full width at half maximum，FWHM）可以近似表述为[117]：径向约为 $\lambda/2$、轴向约为 λ，其中 λ 为工作波长，另外还与透镜的数值孔径（NA）相关，透镜的极限分辨率由其聚焦光斑的点扩散函数（Point spread function，PSF）决定，较小的聚焦光斑意味着较高的分辨率。为使光学显微镜获取亚波长分辨率，早期根据衍射极限公式的分析，减小工作波长、

增大数值孔径以压缩聚焦光斑。对于前者的研究直接导致了各种电子束显微镜的诞生，而后者则将光学显微镜推向了新的发展。共焦显微镜[116]是最早提出的通过小孔直接限制聚焦光斑尺度来达到消除杂散光、提高系统分辨率的方法。随后，通过相对放置的共轭双镜头模式[197]，对光学显微镜系统的有效孔径角进行扩展，提高了相对较差的光学系统轴向分辨率，其典型代表如 4Pi（封闭空间中有 4pai（π）个立体弧度（sr））显微镜。与 4Pi 显微镜相类似的有非相干照明干涉图像干涉显微镜（incoherent illumination interference image interference microscope，I5M）[198]和驻波显微镜（stationary waves microscopy，SWM）[199]。

一种更为直接有效的方法是提高透镜的物方折射率。现在，使用折射率为 n=1.518 的浸没油来将数值孔径提高至 1.4 的浸没式显微物镜已成为通用大数值孔径显微物镜的典型代表。一般而言，液体自身的折射率有限，因此一种更有效的办法是使用固体浸没式透镜（solid immersion lenses，SIL）[200]。然而，使用上述的方法虽然可以有效地减小透镜聚焦光斑的 PSF，但仍然受限于经典的衍射极限理论，当使用可见光工作时，其分辨率的提升是有限的，很难获得小于 100nm 的分辨率。

研究表明，在远场无法获得亚波长分辨率的主要原因在于远场一般只能收集传导波信号，而携带高频信息的倏逝波，由于其电场强度随传输距离的增加而呈指数衰减，因此被严格限制在近场区域。直接的思路是进入近场收集倏逝波提高系统的整体分辨率。这种思路导致了近场光学和近场扫描光学显微镜（NSOM）[24]的诞生。NSOM 使用光探针探测样品表面的近场光学信号，其分辨率由光探针开口大小及与样品表面的距离决定。当使用无孔径场增强型光探针时，可以获得小于 25 nm 的分辨率[201]。另一种思路用（负折射率）超材料制造透镜，被称为完美透镜理论[202]。该理论从物理上证明了当光波通过负折射率材料后，可以获得无衍射效应的聚焦光斑，从而达到完美成像的作用。该理论在 2000 年被首次提出后，进一步发展为超透镜（superlens，SL）理论并得到了实践应用[203]。在理论上，SL 的分辨率是没有极限的。但在实际中，由于几乎所有的负折射率材料都为金属而存在一定的吸收，因此限制了实际可以获得的分辨率的下限。SL 的另一种实现方式则摒弃了原有的负折射率模型，使用微米量级的介质小球作为中间媒介成功获得了 50nm 的分辨率[204]。但是，不管是 NSOM 还是 SL，为了能够获取倏逝波信号，都必须将工作器件贴近样品表面，这就极大地限制了它们的应用范围。同时，也使得这些方法仅仅能获得样品表面的观测信息而无法深入样品内部进行三维观察。

鉴于现有超分辨显微系统的不足，在继续对上述系统进行改进的同时，荧光激发与淬灭过程的非线性特点提供了新的思路，基于荧光的超分辨显微技术逐渐成为研究热点。下面简述常见的几种远场超分辨显微镜。

9.8.2 4Pi 显微镜

1971 年 Christoph Cremer 和 Thomas Cremer 提出了完美全息摄影的概念[205]，Stefan W. Hell 于 1994 年成功设计出 4Pi 成像系统，在实验中证实了 4Pi（π）成像。采用方向相对放置的共轭双镜头模式，扩展了光学显微镜系统的有效孔径角。4Pi 显微镜也是激光扫描荧光显微镜，但它的轴向分辨率更高，轴向分辨率从 500～700 nm 到 100～150 nm，它的球形聚焦点的体积比共聚焦小 5～7 倍[206]。

目前生物医药研究达到了分辨率限制，从了解微小物质的 3D 结构，传统的白光和激光共聚焦显微镜的光斑尺寸难于达到这样高的分辨率。电镜和原子力显微镜虽可提供更高的分辨率，只能提供局限于表面的图像，无法对活细胞分析，4Pi 共焦显微镜解决了这个问题。

由瑞利数据可知，增加物镜的接收角（等效于增加 NA），可以减小 PSF 的尺寸，提高分辨率。4Pi 显微镜利用这一概念，通过样品前后双物镜的接收角接近 4Pi，提高 NA 值，如图 9.130 所示。4Pi 显微镜结构的特点：基于宽场共聚焦显微镜平台，采用相对放置

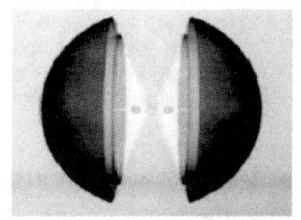

图 9.130　4Pi 空间立体角结构

的两个相同物镜,形成 4Pi 共焦荧光显微镜,如图 9.131 所示。将轴向分辨率由 500 nm 提高到 110 nm,为固定样品或活细胞等的观察提供了 3D 效果。系统采用 63×水镜或油镜,或 100×的油镜或甘油镜;有 100 nm 的 z 轴分辨率。

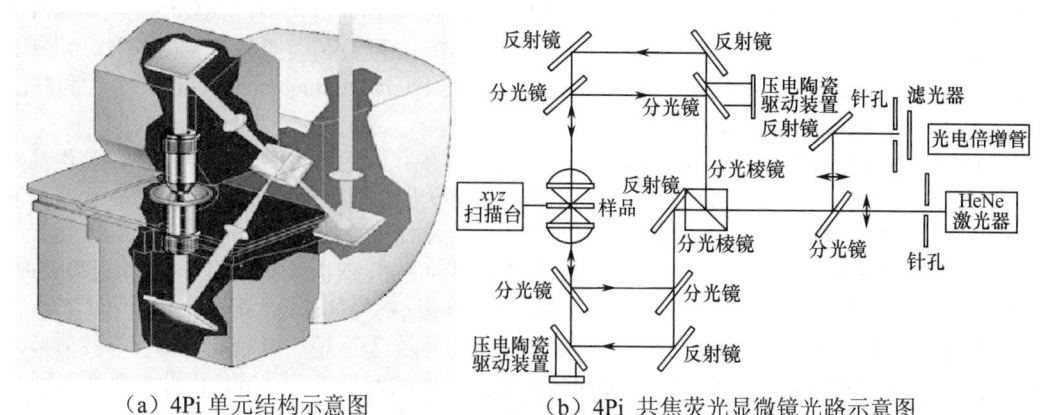

(a) 4Pi 单元结构示意图　　　(b) 4Pi 共焦荧光显微镜光路示意图

图 9.131　4Pi 共焦荧光显微镜示意图

4Pi 共焦荧光显微镜分为:单光子 4Pi 共焦扫描显微镜,双光子 4Pi 共焦扫描显微镜,可以得到好的三维光学效果;多焦点多光子 4Pi 显微镜(MMM-4Pi)的扫描速度更快。MMM 采用微透镜装置将一束激光分为若干子束,以获得多点信息,扫描获得全场图像,缩短了整幅图像的获取时间。采用快速 CCD,还可进一步缩短时间,提高图像处理速度。图 9.132(a)为 MMM-4Pi 设置,微透镜(ML)阵列把脉冲激光束分成子光束阵列,聚焦到针孔(PH)之内。被针孔滤波之后,子束被扫描镜偏转并导向 4Pi 单元,其中通过分束器(BS)在试样内部产生了反向传播的照明多焦点阵列。荧光斑点阵列由左物镜成像并返回到针孔阵列。该空间滤波后的荧光被二向色反射镜(DM)从激光中分离并射入 CCD 扫描相机。通过移动样品来完成轴向 z 扫描。通过平移的针孔阵列和微透镜阵列进行 y 方向扫描。在 y 方向子束的扫描是通过平移互锁的微透镜与针孔阵列来实现的。荧光是由左物镜采集,由振镜(galvo mirror)使之偏转,并且反方向成像到针孔阵列[207]。图 9.132(b)所示为 Nipkow 共聚焦扫描仪(Nipkow confocal scanner,NCS),用于多焦点多光子显微镜(MMM):在 NCS 中,一个微透镜阵列旋转盘将锁模激光器光束分割成多个子光束,在样品中产生的衍射受限多焦点阵列,激发的荧光信号被成像到 CCD 摄像机;为此,将二向色反射镜置于针孔阵列和微透镜之间。微透镜增强的激光透过率不参与成像过程[208]。

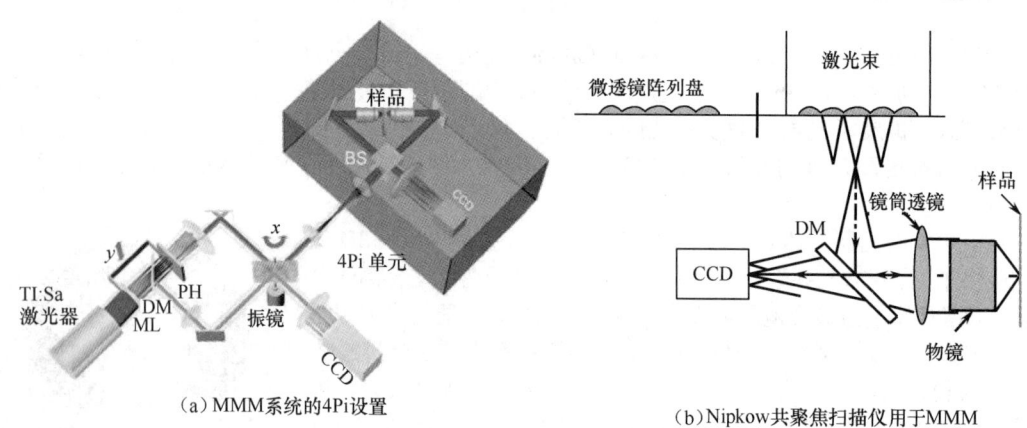

(a) MMM 系统的 4Pi 设置　　　(b) Nipkow 共聚焦扫描仪用于 MMM

图 9.132　MMM 扫描系统示意图

9.8.3 3D 随机光学重建显微镜(stochastic optical reconstruction microscopy,STORM)

随机光学重构显微镜(STORM)由华裔学者庄小威发明。在远场荧光显微镜的最新进展已经导致图像分辨率明显改善,实现了 20~30nm 的两个横向尺寸的近分子尺度分辨。三维(3D)目标内的纳米级的分辨率成像仍然是一个挑战。利用光学散光(optical astigmatism)以纳米精度来确定个别荧光团(fluorophore)的轴向和横向位置,证明了 3D 随机光学重建显微镜(STORM)的可行性。反复地随机激活光子开关*控制的探针(分子),高精度的三维目标内定位每个探头,即可构建一个三维图像结构,而无须扫描样品。使用这种方法,在轴向尺寸的横向尺寸分别达到 50~60nm 和 20~30nm 的图像分辨率[209]。

在整个三维目标内不借助样品或光束的扫描,证明了 3D STORM 成像的空间分辨率比衍射极限高 10 倍。STORM 和 PALM(光激活定位显微技术 photoactivated localization microscopy,PALM)依靠单分子检测[211]和利用某些荧光团的光子开关性质在时间上分开不同空间中多分子的重叠图像,因而可以高精度地定位单个分子[48])。对于单一荧光染料在横向尺寸实现定位精度高达 1 nm,仅由光子的探测数量限制[212],在一定环境条件下是可以达到的[213]。不仅粒子的横向位置可以由其图像[19,20]的质心确定,图像的形状也包含粒子位置的轴向(z)信息。在图像中引入离焦(defocusing)[214]或散光[215],在 z 维实现纳米级定位精度,而基本上不影响横向定位能力。在这项工作中,使用了散光成像(stigmatism imaging)方法实现 3D STORM 成像。为此,一个弱柱面透镜引入到成像光路中,形成 x 和 y 方向的两个焦平面(图 9.133(a))略微不同[215]。其结果是荧光团图像的椭圆度和方向的变化随其沿 z(图 9.133(a))的位置变化:当荧光团在平均焦平

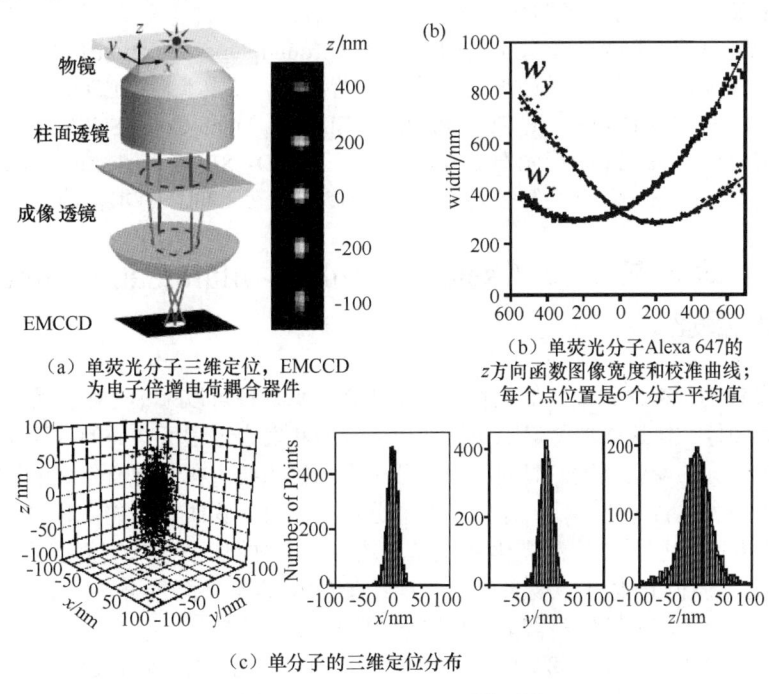

(a)单荧光分子三维定位,EMCCD 为电子倍增电荷耦合器件

(b)单荧光分子Alexa 647的 z 方向函数图像宽度和校准曲线;每个点位置是6个分子平均值

(c)单分子的三维定位分布

图 9.133 3D-STORM 原理图

---

* 菁染料光子开关家族(Cy5,Cy5.5,Cy7,及 Alexa 647),Irie 等人[210]开发了第一个室温下基于荧光能量共振能量转移对的光可控单分子光子开关 Cy5。在 488 nm 和 532 nm 波长光激发下,这种荧光染料色团可以在荧光和暗状态之间用不同波长的光激发,发生可逆循环。

面内时（在 x 和 y 焦平面之间约一半处，其点扩展函数 PSF 在 x 方向和 y 方向有等宽度），图像出现圆形；当荧光团位置高于平均焦平面，其图像在 y 方向上聚焦强于 x 方向上，形成长轴沿 x 的椭圆；反之，当荧光团位置低于平均焦平面，形成长轴沿 y 的椭圆。通过用一个二维椭圆高斯函数拟合的图像，得到峰值位置的 x 和 y 坐标，以及峰的宽度 W_x 和 W_y，可以确定荧光团的 z 坐标。

通过实验产生的校准曲线 W_x 和 W_y 为 z 的函数，在玻璃表面上固定 Alexa647-标记的抗生蛋白链菌素（streptavidin）分子或量子点，当样品沿 z 方向扫描时（图 9.133（b））对单个分子成像来确定 W_x 和 W_y 值。在 3D STORM 分析中，通过所测得图像的 W_x 和 W_y 值与校准曲线比较，确定每个光点激发荧光团的 z 坐标。STORM 的 3D 分辨率是由整个三维空间内个别光点激发荧光团在一个光子开关周期内的定位精度所限制。

图 9.133 为 3D STORM 的方案。图 9.133（a）表示个别荧光团的三维定位原理[209]，在成像光路中引入柱面透镜，从其荧光体成像的椭圆率来确定荧光物体 z 坐标。右图显示荧光体在不同 z 轴位置的图像。图 9.133（b）从单一的 Alexa 647 分子得到作为 z 的函数的图像宽度 W_X 和 W_Y 的校准曲线。每个数据点为对 6 个分子测得的平均值。对数据进行拟合，如上文[209]所述的离焦函数（defocusing function）（W_y 曲线）。图 9.133（c）为单一分子三维定位分布。由于同一分子的重复激发，每个分子给出一个定位的集群。由质心排列成的定位分布的 145 个集群定位（图 9.133（c）左图）是整体 3D 表示。在 x, y 和 z（图 9.133（c）右）方向分布的直方图均符合高斯函数，得到沿 x 为 9 nm、沿 y 为 11 nm，以及沿 z 为 22 nm 的标准偏差。

直接随机光学重建显微镜（direct stochastic optical reconstruction microscopy，DSTORM）[216]和 STORM 原理类似，只是将分子进行明态和暗态之间转换的机制不同。DSTORM 是直接利用荧光分子的闪烁性质，选择暗态寿命非常长的荧光分子，即使在高浓度标记的情况下，每次成像时处于亮态的分子也是极少数，可以进行单分子成像和精确定位，同样经过许多次反复成像，重新构造高分辨的荧光图像。

相类似的原理有基态损耗—单分子返回显微镜（ground state depletion followed by individual molecule return，GSDIM）[217]及其改型的一系列荧光超分辨显微术。STED 的多功能化先后出现了如 STED-FCS[218]、STED-4Pi[219]、Two Photo-STED[220]、Dual Color-STED[221]、STED-FLIM（fluorescence lifetime imaging，荧光寿命成像）[222]、STED-SPIM（selective plane illumination microscopy，选择照明显微术）[223]等多种多功能型 STED，使 STED 有丰富的功能。

9.8.4 平面光显微镜（selective plane illumination microscopy，SPIM）基本原理

平面光显微镜的优势是快速、低损伤的三维成像，每秒钟可以采集一个三维图像，每毫秒可以采集一个二维图像。快速成像是追踪快速变化的细胞和发育过程所必需的，因此成像技术的时间分辨率应大于细胞的变化速度。时间与空间分辨率同等重要，在考虑超分辨率显微镜技术时总是讨论它们的水平和垂直分辨率，但忽略了时间分辨率，对生物研究来说，时间可能更重要。

SPIM 的基本原理是一个检测光学系统（见图 9.134）的焦平面从侧面照射样本[224]。照明和探测路径不同，但彼此垂直，被照射的平面检测物镜的焦平面重合。样品被放置在照明的交点和检测轴上。照明光片激发样品中的荧光，它由检测光学系统收集，并在摄相机中成像。对单一的 2D 图像是没有扫描必要的。为了在样本范围内三维成像，将样品沿检测轴逐步移动，并且获取系列图像。

图 9.134 为典型的 SPIM 组件，包括照明、检测和（可选）光控制单元。（A）荧光照明：是由一个或多个激光器的光被光学系统收集和聚焦，成为在检测透镜焦平面上的光片。一种声光可调谐滤波器（acousto-optic tunable filter，AOTF）用来精确地控制样品的曝光。（B）透射光：红色发光二极管（LED）阵列提供了均匀的、对样品无漂白化的透射光。（C）荧光检测：来自样

品的荧光成像到一个或多个摄像机。如图 9.134 所示，两个摄像机同时用于记录由二向色分光镜分开的绿色和红色荧光的成像。该系统的倍率由物镜、摄像机调焦器和任意倍率变换器给出。激光束，它可以用来选择性地光致漂白、光子转换或解剖，通过检测透镜引导和聚焦在样品上，光束照射到样品中的多个点或区域。

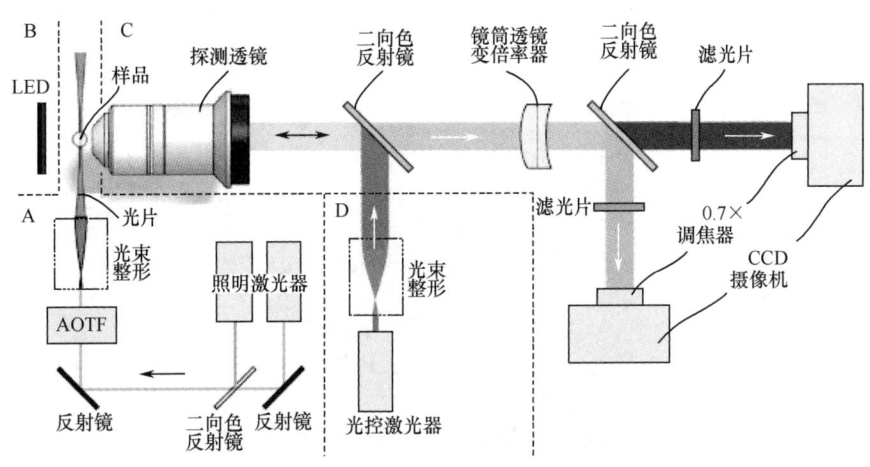

图 9.134　典型的 SPIM 组件

9.8.5　福斯特共振能量转移显微镜（FRETM）

使用福斯特共振能量转移（Förster resonance energy transfer，FRET）*的光声图像可在生物组织深部高分辨率图像，能够克服成像的光散射效应[225]。FRET 是一个物理过程，在其中能量从被激发供体荧光团（donor fluorophore）非辐射地转移到相邻的受体发色团（chromophores）[226]。由于传输速率对供体和受体间的距离敏感，FRET 提供了一种分子"规"（molecular "ruler"），用于测量生物分子之间的距离。这个过程有助于理解蛋白质相互作用及成像变化，可以用它探索体内的蛋白酶活性、蛋白质错折叠和细胞内钙离子等。

FRET 通过供体荧光发射的减少作为非辐射能量转移到受体的结果，故荧光成像非常适合于产生 FRET 图像。然而，超出几百微米深度的强光散射会妨碍 FRET 的更大深度和高空间分辨率的荧光成像。在深度生物组织中 FRET 的高分辨率光声显微镜[228]已经开发出来光声成像是基于超声波检测非辐射衰减过程。当荧光团被激发时，该荧光团经历荧光发射的转换，或者经历快速非辐射衰减到基态。FRET 提供第三种激发态衰变机制，其中能量从供体荧光团通过非辐射偶极—偶极耦合转移到受体发色团。如果选择一个非荧光受体，所有能量转移必须通过受体的非辐射途径衰减。非辐射衰减使被激发分子态能量转化为热并最后为热塑性膨胀，在介质中产生声波（光声信号）。因此，当发生荧光共振能量转移（FRET）时，伴随着供体荧光猝灭增加了光声信号强度。荧光成像可同时观察到在供体荧光减少或受体荧光增加，光声成像可视化增加了受体产生的压力。

光声成像能够深层透射，因为声散射在生物组织中的幅度为光散射的 1/3。此外，光声成像

---

* 荧光共振能量转移：Förster resonance energy transfer，fluorescence resonance energy transfer（FRET），resonance energy transfer（RET），electronic energy transfer（EET），这一机理被称为福斯特共振能量转移，以德国科学家特奥多•福斯特命名[227]。当一个荧光分子（又称为供体分子）的荧光光谱与另一个荧光分子（又称为受体分子）的激发光谱相重叠时，供体荧光分子的激发能诱发受体分子发出荧光，同时供体荧光分子自身的荧光强度衰减。FRET 程度与供、受体分子的空间距离紧密相关，一般为 7～10 nm 时即可发生 FRET；随着距离延长，FRET 显著减弱。供体和受体之间 FRET 的效率，可以由 $E=1/1+(R/R_0)\exp 6$ 反映，其中 R 表示供体和受体之间的距离，R_0 表示福氏半径，依赖供体发射谱和受体激发谱的重叠程度，以及供体和受体能量转移的偶极子的相对方位。

可用光学照明和超声波检测来缩放。它可以在 1cm 的深度提供亚微米级分辨率,保持了高深度分辨率。荧光共振能量转移(FRET)的光声成像方案中采用了双模式光声和荧光共聚焦显微镜(见图 9.135)[229]。

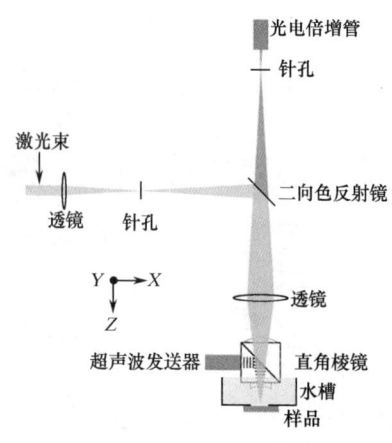

图 9.135　双模式荧光和光声显微镜示意图

光声—荧光成像系统如图 9.135 所示,其为光声—荧光共焦显微(photoacoustic fluorescence confocal microscopy,PAFCM)系统的实验装置。PAM 子系统如先前描述[230],简要来说,由 Nd:YLF 激光器(INNOSLAB,Edgewave)泵浦的可调谐染料激光器(Pyrromethene 597,Exciton,CBR-D,Sirah)用作照射源。通过激励针孔(针孔的直径约 25μm)后的激光束(脉冲持续时间为 7 ns),由物镜(倍率为 13.3,NA = 0.2)聚焦到样品上。通过物镜后的激光脉冲能量约为 100 nJ。生成的光声波(photoacoustic,PA)由一个声光分束器(acousticoptical splitter)反射到 75 MHz 的超声换能器(V2022 BC,奥林巴斯 NDT)。PAM 与 FCM (fluorescence confocal microscopy)子系统共享同一个物镜。一个二向色反射镜(DMLP605,Thorlabs 公司(能够透过从样品发射的荧光(605 nm)。两个辐射光滤波器(FF01-624/40-25,Semrock)进一步消除被反射的激发光。荧光通过检测针孔(针孔的直径为 50 μm)是由一个光电倍增管模块(H6780 -20,浜松)收集。检测针孔直径的选择近似地使物体一侧的针孔直径像(检测针孔直径除以物镜放大倍数后为 3.8 μm)与 1 Airy 单元(1.22λ/NA = 3.5 μm)匹配。这种方法是常用于提高 FCM 的信噪比,同时充分地屏蔽从焦面外发来的散射光[231]。被放大后的光声(PA)光信号和荧光信号由数字采集卡(CS 14200,gage applied)数字化。样品沿着横向的 x-y 平面内的二维光栅扫描提供自动显示 PA 和荧光图像。

9.8.6　全内反射荧光显微镜(total internal reflection fluorescence microscope,TIRFM)

TIRFM 的局限性是只能研究表面状态,对于细胞内部却无法观察。TIRFM 利用光线全反射后在介质另一面产生倏逝波的特性,激发荧光分子以观察荧光标定样品的极薄区域,观测范围通常在 200 nm 以下。因为激发光呈指数衰减的特性,只有极靠近全反射面的样本区域会产生荧光反射,降低了背景光噪声干扰观测标本,故此项技术广泛应用于细胞表面物质的动态观察[232]。

全反射荧光显微镜是为了降低激发光干扰的一种显微镜。如果图 9.136(a)所示[233],激发光通过棱镜发生全反射,由于物镜在该镜面下方,几乎没有激发光被收集,因此降低了由于激发光造成的背景光。附着在该镜面上的样品受到激发光照射被激发到激发态,从而产生荧光发射。荧光可以通过物镜收集后被探测器检测。这种全反射荧光显微镜具有非常低的激发光干扰,但是由于染料分子的荧光发射并非在三维空间上均匀分布,在不同折射率材料界面上的荧光发射,将投向于高折射率的介质,因此荧光收集效率很低。

另外一种全反射荧光显微镜如图 9.136(b) 所示,激发光和荧光收集通过同一物镜实现。激发光从物镜的边缘透过物镜并聚焦在样品上,在物镜数值孔径足够大的情况下,激发光与样品平面可以呈较大角度,从而实现全反射。反射的激发光通过物镜的另一边缘沿原光路返回。样品荧光则通过同一物镜进行收集,在透镜后需将发射激发光挡住。这种全反射荧光显微镜不仅降低了激发光的干扰,同时对荧光收集效率影响较小。为了实现激发光的全反射,对物镜的数值孔径要求较高,理论上数值孔径的增大有利于荧光收集以及提高分辨率,但是对于需要研究荧光偏振性质可能会造成影响,因为入射角度较大的情况下,激发光的偏振已经不仅仅局限在样品平面,而影响到所发射荧光的偏振。

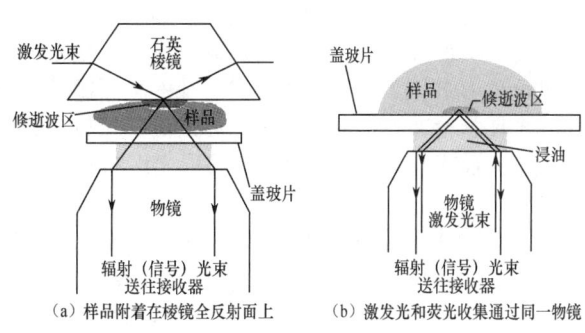

图 9.136　全反射荧光显微镜(TIRFM)原理示意图

下面简述一个 W 型锥棱反射镜(W-shaped axicon mirrors,WSAM)的全内反射荧光显微镜(total-internal-reflection fluorescence microscopy,TRFM)。这种基于 WSAM 的全内反射荧光显微镜可表示为 WSAM-TIRFM。W 型锥棱反射镜分为外锥棱反射镜($WSAM_{out}$)和内锥棱反射镜($WSAM_{in}$)两个部件,WSAM 的横截面类似于字符"W",其中,$WSAM_{in}$ 可以相对于 $WSAM_{out}$ 滑动。该 WSAM-TIRFM 有以下优点:高光输出效率,照明区域可调节,在宽视场和 TIRF 成像模式间可切换,全内反射荧光图像无阴影和干涉条纹。

降低"背景"(背景杂散光)是荧光显微镜的一个重要问题。通常,由焦外激发和被探测面积产生的(自发)荧光为背景的主要来源,故从共聚焦显微镜和全内反射荧光显微镜(TIRFM)[234]中可以消除背景并改善信号的信噪比和空间分辨率。

TIRFM 使用 W 型锥棱反射镜(WSAM)是一对同心的具有无光焦度的锥形反射镜,可以用来产生一个近于 100%透射率的环形光束。W 型锥棱反射镜首先由 Sincerbox 等人提出用于暗场显微镜[235]。图 9.137 为多方向照明的 TIRFM 方案[236],用 WSAM 确保了高光输出效率。由 50 m 长多模光纤作为混模器提供消除激光束干涉效应,确保了激发光被均匀地分布在样品上。

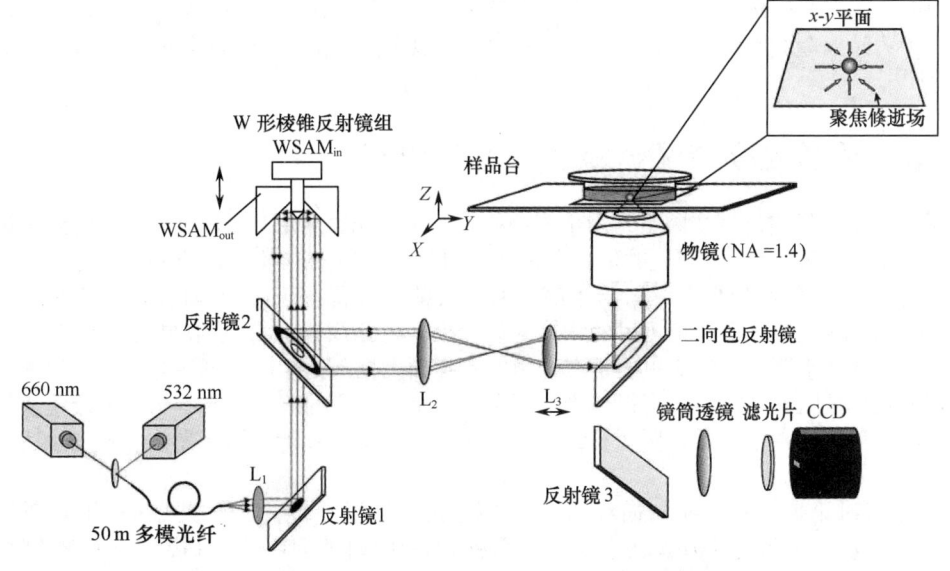

图 9.137　用 W 型锥棱反射镜的 TIRF 显微镜的实验装置示意图

图 9.137 也是 WSAM-TIRFM 系统的示意图。一个 532 nm 波长的 Nd:VO$_4$ 激光器与一个 660 nm 波长的二极管激光器作为激发源。两个光束组合成一个共线光路，耦合到 50 m 的多模光纤，并通过透镜 L$_1$ 准直。准直光束穿过有孔的平面镜投射到 WSAM，并由 WSAM$_{in}$ 和 WSAM$_{out}$ 反射后产生一个环状轮廓的光束[235]。WSAM$_{in}$ 的尖端与 WSAM$_{out}$ 的边缘共中心线，WSAM$_{in}$ 在 WSAM$_{out}$ 中心孔中向前或向后滑动，可调节环形光束的直径，改变 WSAM 的光路，实现从 TIR 到一个宽视场的激励模式。

环形光束通过由 L$_2$ 和 L$_3$ 构成的望远镜，反射到 63×镜的后光瞳（或其光阑）。理想情况下，为了获得大面积的倏逝场照明，L$_3$ 应聚焦在物镜的后焦平面上一个环状光阑上。根据在物镜后焦平面的环形光阑的尺度，决定了入射极限角的范围。在实验中，该环形光阑的尺度可以通过 L$_2$ 和 L$_3$ 构成的望远镜调整到可接受的程度。一个 CCD 相机获取二维 TIRF 图像，用一个物镜（f = 50 mm，F = 1.8）作为镜筒透镜，使 L$_2$ 通过 63×镜所成的像与其后光瞳重合，并可调整其尺度。一个带通和两个长（波）通滤波器置于激发激光束光路中，使用的最大激光功率为 20 mW。

总之，进入 21 世纪后，从原理上打破了原有的光学远场衍射极限对光学系统极限分辨率的限制，在生物、化学、医学等多个学科有广泛的应用前景。远场光学显微镜促进了人类对微观世界的理解，并将伴随生物学领域的科研发展。

本节对几种远场超分辨显微镜做了说明和介绍，由于科学研究的使用条件要求多种远场超分辨显微镜，例如，结构照明显微镜（structured illumination microscopy）[237]、直接随机光学重构显微镜（direct stochastic optical reconstruction microscopy, dSTORM）[216]、受激拉曼散射显微镜（stimulated raman scattering microscopy, SRS Microscopy）[238]、光激活定位显微技术（photoactivated localization microscopy, PALM）[239]、荧光光活化定位显微镜（fluorescence photo-activativable localization microscopy 或 F-PALM）[48]、正交面荧光光学切片显微镜（orthogonal plan fluorescence optical sectioning）[240]、反斯托克斯拉曼散射显微镜（coherent anti-stokes Raman spectroscopy, CARS Microscopy）[241]、贝塞尔光束照明显微镜（bessel beam illumination microscopy）[242]等。限于篇幅不再详述，只给出相关参考文献。

9.9 衍射光学组件用于扫描双光子显微镜的景深扩展

本节介绍二元纯相位衍射光学组件的设计和实现，其可把激光束转换成圆形环，总功耗低于25%。使用环状照明可获得增加显微镜物镜的轴向扩展点扩散函数而不影响横向分辨率，该系统可使双光子荧光成像扩展景深的同时，组合两个不同视差的扩展景深，可以生成高分辨率的双光子体视对[243]。

9.9.1 远场超分辨显微镜扩展焦深概述

光学显微镜成像的最重要因素是用于探测样品的聚焦光斑的形式，通过调整入射到物镜光瞳的光场可控制点扩散函数（PSF）的形式。具体应用包括：超分辨率[244]、自适应光学[245]、极化焦点[246]的控制和介观光学领域[247]。一个简单和有意义的应用是产生一个轴向延伸的 PSF 而不牺牲横向分辨率。通过用环形光束照射的物镜的后孔径，将导致 PSF 有大的轴向延伸[248]。有很多方法可以产生圆环形照明，最简单的是在物镜的入瞳面上插入一个圆环形透光模板。通常不希望大部分入射光能被阻塞掉，而只有很少光能可用。一个可选择的方法是用一个锥形透镜或是轴锥镜（axicon）[249]。9.9.2 节将叙述圆对称二元纯相位透光模板的设计，用高光效方式产生适于显微镜的环形照明方式。

9.9.3 节将讨论扩展焦深在扫描双光子显微镜中的应用[250]，该成像模式是由于其产生荧光固有光学切片效应的非线性方式。意味着一系列聚焦所成的图像未经拼接为一个整体时，其不可能对整体试样完整成像，除非使用相当长度的轴向点扩散函数。将证明二元相位模板可以方便地生成对焦影像的双光子扩展焦深。如果只是简单地采用一个物理圆环光阑产生环形照明是不实用的,要求设计的系统总激光能量损失小于 25%,并能调整 PSF 的形状在大于 10 μm 范围内基本上是单调均匀的。该方法的另一个优点是沿着被扩展焦深方向调整该系统,可能得到高分辨率双光子荧光体视成像对。

9.9.2 扩展焦深显微光学系统设计

1. 系统的初始结构

系统方案如图 9.138 所示。一个高斯激光束:$E \propto \exp(-r^2/w^2)$,其中,r 为径向坐标,w 是光束宽度,照明在振幅透过率为 $T(r)$ 的光学组件上,该组件置于焦距为 f 的透镜的前焦面上。

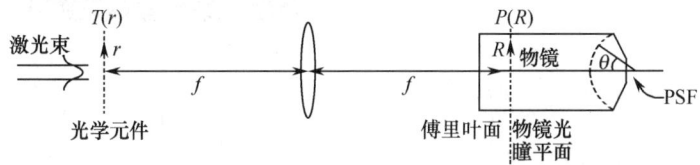

图 9.138 扩展焦深显微光学系统的示意图

振幅透射率 $T(r)\exp(-r^2/w^2)$ 的傅里叶变换在透镜傅里叶面,写为场 $P(R)$,圆对称形式[78]为

$$P(R)\int_0^\infty T(r)\exp(-r^2/w^2)J_0\left(\frac{2\pi rR}{\lambda f}\right)2\pi rdr \tag{9.134}$$

此处,R 表示透镜傅里叶面的径向坐标,J_0 为第一类零级贝塞尔函数,λ 为波长。设置透镜光瞳平面与第一个透镜的傅里叶平面重合,则式(9.134)或 $P(R)$ 即为物镜的有效光瞳函数。在低数值孔径情况下,物镜焦点区的场由光瞳函数 $P(R)$ 的傅里叶变换给出;由于波阵面的主要部分通过大角度折射,光的矢量性质变得重要。高 NA 物镜产生的场的正规表达式已有报道[251]。对于 x 方向偏振光均匀照明时,给出的场为

$$E(r,\phi,z)=\frac{\pi i}{\lambda}\begin{pmatrix} I_0+I_2\cos2\phi \\ I_2\sin2\phi \\ -2iI_1\cos\phi \end{pmatrix} \tag{9.135}$$

此处,括号中表示三个列向量。积分 I_0、I_1 和 I_2 定义为

$$\begin{aligned} I_0 &= \int_0^\alpha P(\theta)\cos^{1/2}\theta\sin\theta(1+\cos\theta)J_0(kr\sin\theta)e^{-ikz\cos\theta}d\theta \\ I_1 &= \int_0^\alpha P(\theta)\cos^{1/2}\theta\sin^2\theta J_1(kr\sin\theta)e^{-ikz\cos\theta}d\theta \\ I_2 &= \int_0^\alpha P(\theta)\cos^{1/2}\theta\sin\theta(1-\cos\theta)J_2(kr\sin\theta)e^{-ikz\cos\theta}d\theta \end{aligned} \tag{9.136}$$

式中,J_1 和 J_2 分别表示第一类第一和第二级贝塞尔函数,ϕ 是在焦点区的方位角,α 是物镜的最大会聚角。$P(\theta)$ 是在式(9.134)中由变换 $R=f_0\sin\theta$ 求取的瞳函数,式中,f_0 是物镜的有效焦距。注意到光瞳被切趾的情况,光瞳函数可以被一个无限的窄环来描述,$P(\theta)=\delta(\theta-\alpha)$,场为下式中的 Bessel 函数和焦点光强。

$$\begin{aligned} |E|^2 \propto &[1+\cos\alpha]^2 J_0^2(kr\sin\alpha)+[1-\cos\alpha]^2 J_2^2(kr\sin\alpha)+ \\ &\left[2\sin^2\alpha J_0(kr\sin\alpha)J_2(kr\sin\alpha)\cos2\phi\right]+4J_1^2(kr\sin\alpha)\cos^2\phi \end{aligned} \tag{9.137}$$

在低孔径限制时,方程式的结果 $|E|^2 \propto J_0^2(k_r\sin\alpha)$ 与贝塞尔光束相似。虽然这种情况在实际上是难于实现的,该例证明了作为环形照明的一个直接结果,PSF 延长是可以达到的。产生环

形照明光的有效方法中用二元相位模板可能得到满意结果。轴锥镜（Axicon）为引入径向位置的线性函数相位变化的锥形透镜，如图 9.139 所示，轴锥镜有正和负两种结构。可以用 $T_{pos}(r)$ 和 $T_{neg}(r)$ 分别描述正的和负的轴锥镜组件透过率函数。

$$T_{pos}(r)=e^{j2\pi tr}$$
$$T_{neg}(r)=e^{-j2\pi tr}$$
（9.138）

此处，t 是描述轴锥镜斜率的参量。

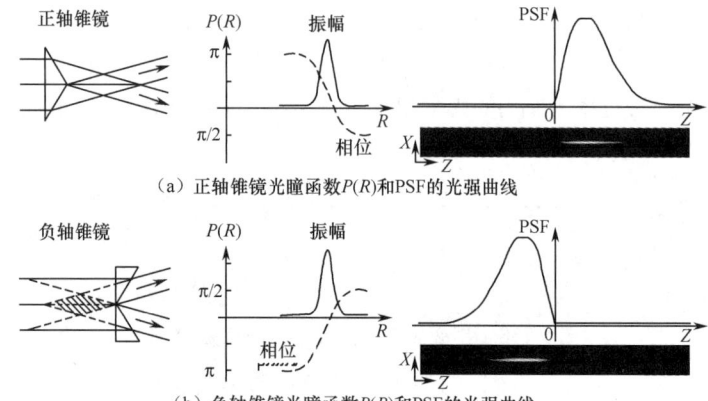

(a) 正轴锥镜光瞳函数$P(R)$和PSF的光强曲线

(b) 负轴锥镜光瞳函数$P(R)$和PSF的光强曲线

图中参量：$w=0.5$ Mm，$t=25$ mm^{-1}，$\lambda=750$ nm，$f=106.66$ mm，$NA=1.4$ 油浸

图 9.139　光瞳函数 $P(R)$ 和 PSF 相应的光强曲线

2. 正的和负的轴锥镜组件透过率函数组合

如果用图 9.138 中所示轴锥镜系统的光学组件，则有效光瞳函数是圆形的，在物镜焦点区沿光轴（$r=0$）的光强为 $|E|^2 \propto |I_0|^2$。这些结果的曲线见图 9.139。正的和负的轴锥镜产生的环形照明导致了 PSF 轴向延长。因为有效光瞳函数是复杂的——强度足够大的区域中相位变化大致呈线性——其分布对于焦面是非对称的。

这两个 PSF 曲线相对于焦平面（$z=0$）的非对称性，可采用一个具有等同于正的和负的轴锥镜重叠的相位变化，产生一个更加大的焦深轴向扩展。正的和负的轴锥镜产生的光瞳函数相位数值相等而符号相反，重要的是能控制这些组件之间的相对相位，使它们在物镜焦面处有利于 PSF 组合。式（9.138）所示的是用二次元纯相位模板控制透过率函数组合的相对相位，透过率函数如图 9.140 所示。在数学上可用傅里叶级数表示。

$$T(r)=\frac{4}{\pi}\sum_{N=0}^{\infty}\frac{(-1)^N}{2N+1}\cos[(2N+1)(2\pi tr-\beta)]$$
$$=\frac{4}{\pi}\left\{\cos[2\pi tr-\beta]-\frac{1}{3}\cos[3(2\pi tr-\beta)]+\frac{1}{5}\cos[5(2\pi tr-\beta)]\cdots\right\}$$
（9.139）

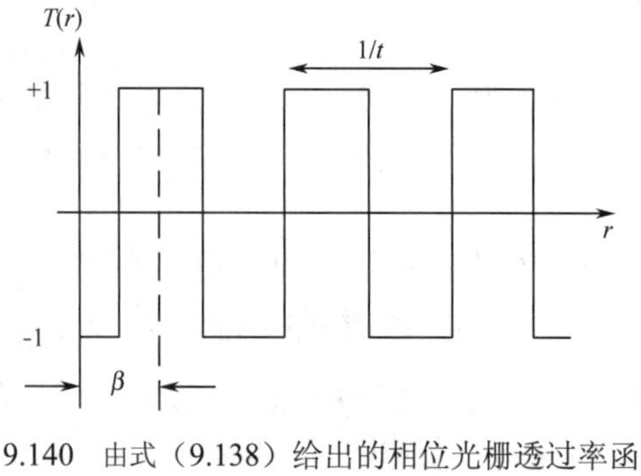

图 9.140　由式（9.138）给出的相位光栅透过率函数

重要的是注意函数 $T(r)$ 的平均值是零，因此傅里叶展开式中不存在零空间频率项。在物理上，这意味着没有光被导向第零衍射级，它在该方法中导致高的通量效率。

明显地看出使式（9.139）中的第一项 $\beta = 0$，则变为 $\cos[2\pi tr] = \frac{1}{2}\left[e^{-i2\pi tr} + e^{-i2\pi tr}\right]$，等同于一个正的和负的轴锥镜的叠加。这就导致了一个振幅是纯实数的圆环形，因此得到 PSF 是两个轴锥镜的 PSF 叠加，并对称于焦平面。由于物镜的孔径所限，高衍射级次的光是不能通过的，由于其所含能量远小于第一级，故对成像影响不大，第一级光的总流量效率的计算数值为 81.0%。

3. 切趾模板（apodization mask）用于焦面内的光强下降

选择非零值的 β 的效果是叠加两个轴锥镜与相对相移 2β。对于 $\beta = 0$ 和 $\beta = \pi/4$ 的情况如图 9.141 所示。在两种情况的焦面上 PSF 光强有不良的下沉（dip）。这些下降可能由环形照明物镜光瞳结构的影响。从图 9.141 所示的有效光瞳函数可以看出，有一个重要区域的光瞳函数为负值。例如，选择 $\beta = \pi/4$ 的结果是为了产生所希望的锐利的环形照明，在两边带着两个（不良的）负旁瓣。这些负旁瓣将引起焦面内光强下沉，引入一个切趾模板可以消除这种光强下沉。

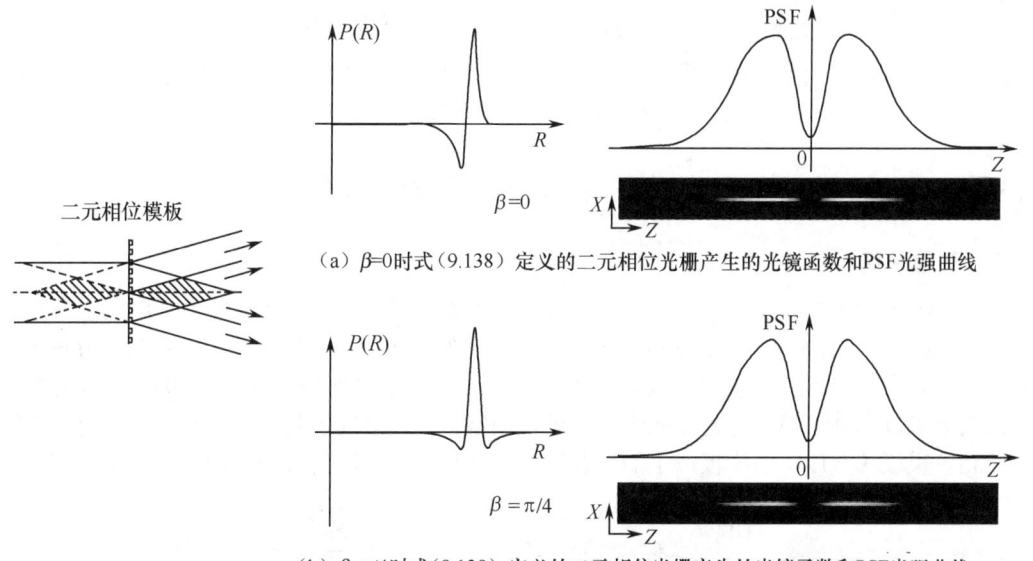

(a) $\beta = 0$ 时式（9.138）定义的二元相位光栅产生的光镜函数和PSF光强曲线

(b) $\beta = \pi/4$ 时式（9.138）定义的二元相位光栅产生的光镜函数和PSF光强曲线

图 9.141　$\beta = 0$ 和 $\beta = \pi/4$ 时式（9.138）定义的二元相位模板产生的光瞳函数和 PSF 的光强曲线（注意在光瞳面上不存在由每一个轴锥镜产生的相位变化，而生成一个完全是实数的光瞳函数）

图 9.142 说明 $\beta = \pi/4$ 的光瞳平面场以及在轴向光强曲线处插入一个宽度为 $2d$ 的切趾模板。把式（9.139）的相位光栅透过率函数代入到式（9.134）~式（9.136）进行数值计算。为了计算切趾模板的效果，以模板边缘的角度极限 α 对式（9.136）积分。由这个斑点可以看到 d 值减少是以整个 PSF 长度为代价，能减少 PSF 分布的中心下沉（dip）。在特定情况下的波动减小到零（$d^2I/dz^2(0)=0$）被突出显示在图上。在 XZ 面内更多的 PSF 斑的优化情况如图 9.142（d）所示。

实际上，选择了一个比优化值更大的 d 值，是考虑了其对扩展 PSF 比完全消除波动更有实际意义。

最后，切趾光瞳函数不可避免地阻止某些入射光的能量，因此降低了光强透过效率。然而，计算表明，入射激光束仍然有 77.3% 进入到最后 PSF。在双光子荧光方法成像时，这种高效率透过光强是很重要的。

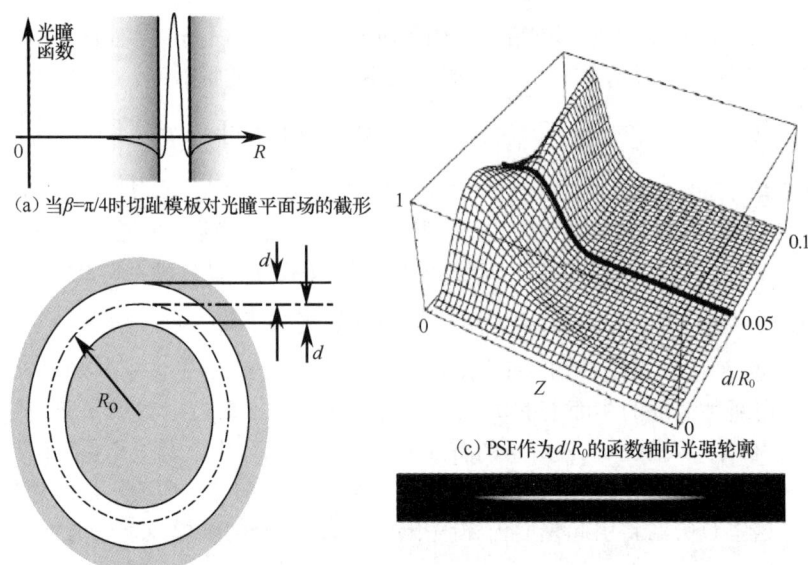

图 9.142 当 $\beta=\pi/4$ 切趾模板对光瞳平面场的截形、2D 表示和参数 d 和 R_0，PSF 函数的轴向光强轮廓，优化 PSF 的 XZ 光强轮廓（注意 $R_0 = t\lambda f$ 给出近似环形峰的正值）

9.9.3 扫描双光子显微成像系统的扩展景深实验

1. 实验系统

图 9.143 所示为扩展景深扫描双光子显微镜的实验系统示意图。在实验中采用钛宝石激光器（Ti:spphire laser）（tunami，sectra pysics），波长调整到 750 nm，最大可用功率为 630 mW。对于双光子成像，激光器工作在锁模机制，产生长度为~100fs 的脉冲，在 80 MHz 的重复频率下操作。功率可以由外部的中性密度滤光片组进行调整。一个望远镜装置（未示出）被用来调节光束照明相位模板的宽度，由模板产生的衍射模式必须与切趾模板的（固定的）宽度相匹配。

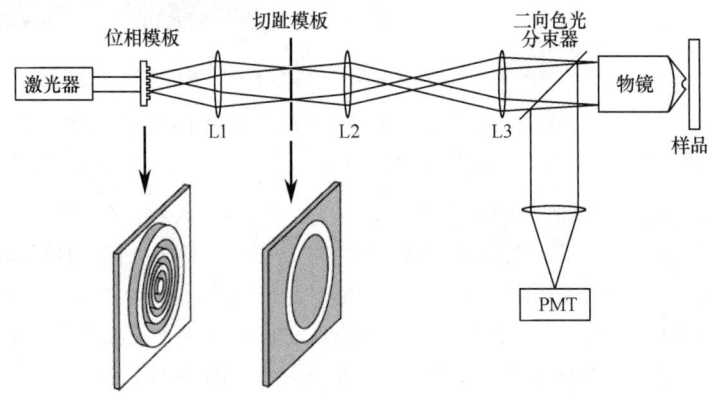

图 9.143 实验装置简图（相位板放置在透镜 L1 的前焦面、切趾模板置于后焦面；透镜 L2 和 L3 构成一个 4f 系统，其成像是切趾的，环形照明到物镜的光瞳平面）

二元相位模板的制备过程：首先是玻璃镀铬光刻模板，包括一组空间频率为 $t = 25$ mm^{-1} 的具有相等标记—空间比率（曲面结构与其间的间隔相等）的同心环，然后在模板玻璃基板上旋涂一层光致抗蚀剂对标记进行曝光。此后，除去未曝光的光致抗蚀剂区域，留下透明玻璃表面。玻璃镀铬光刻模板图形的膜厚选择以确保 $\lambda=750$ nm 的光通过这些相同相位部分（相当于图 9.140 中的透过率函数）。切趾模板也用相同技术制造[252]。

这些光学组件由消色差双镜片链接构成光路。与图 9.138 相比较，实验装置图 9.143 中包含一个额外的 $4f$ 成像部分。其作用为：高 NA 物镜的光瞳面位于透镜体内，因此这将不可能在物理上把切趾模板放在这个位置；有一个额外的成像环节，使物镜的不同瞳孔大小与固定直径的圆环形照明相匹配，具有某些灵活性。

样品安装在高精度的扫描平台上，在所有三维方向上提供了 $100\ \mu m$ 的扫描范围，并可能使 XY 和 XZ 扫描之间容易地重新配置。一个大面积的光电倍增管提供了信号的检测，通过一个二向色分束器使该光电倍增管耦合到物镜。通过测量照明所得到的 PSF 表征系统的成像特性。可以用多种方式来完成系统成像特性的测量，最直接的方法是使用一个亚分辨散射体。该方法的优点是产生的数据有很好的信噪比，故能够显示 PSF 的精细形状结构和取向，用于校正照明光学部件。

2．系统的实验

选用公称直径为 100 nm（british biocell international）胶体金粒子，是很好的近似偶极子散射体。偶极子散射的假设能够写出系统成像的表达式（本质上是一个传统的显微镜）为[253]

$$I(r,\phi,z)=(|I_0|^2+(I_0I_2^*+I_0^*I_2)\cos 2\phi+|I_2|^2)(f_0+f_2)+16|I_1|^2 f_1\cos^2\phi \quad (9.140)$$

式中，I_0、I_1 和 I_2 再一次由式（9.136）给出。这个表达式再次假定输入光瞳平面的照明光为沿 x 方向线偏振光。常量 f_0、f_1 和 f_2 都与散射光检测效率有关，假设充分扩展了收集光的物镜孔径，其表示式为

$$\begin{aligned}
f_0 &= \int_0^x (1+\cos\theta)^2 \sin\theta \cos^{1/2}\theta\,d\theta \\
f_1 &= \int_0^x \sin^2\theta \cos^{1/2}\theta\,d\theta \\
f_2 &= \int_0^x (1-\cos\theta)^2 \sin\theta \cos^{1/2}\theta\,d\theta
\end{aligned} \quad (9.141)$$

此处，α 是物镜的最大会聚角。图 9.144 表示成像的数值模拟，成像是扫描在 XY 和 XZ 面内的有孔金珠（gold head），测头是 1.4 NA，63×Zeiss 油浸物镜，其参数为：$w = 0.8$ mm，$t = 25$ mm^{-1}，$\lambda = 750$ nm，$R_0 = 3.33$ mm（在物镜光瞳面内测得），$d/R_0 = 0.05$。

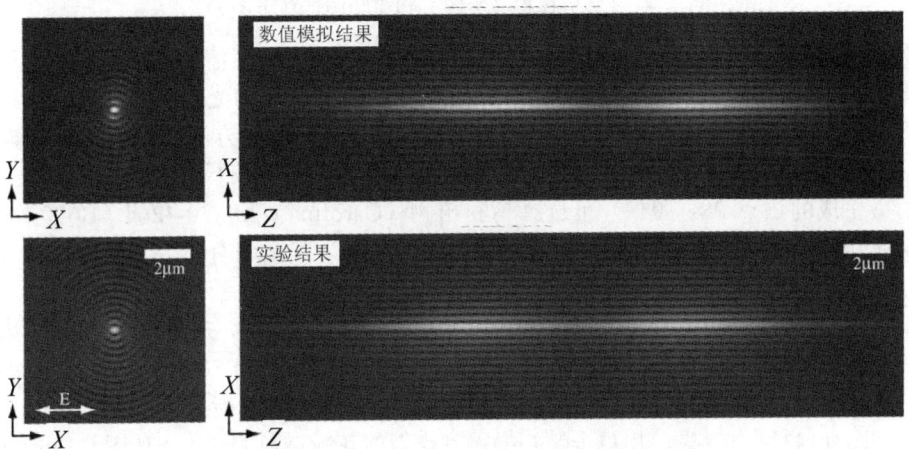

图 9.144　用环形照明在 XY 和 XZ 平面中反射模式扫描亚分辨率微金珠产生的结果：
（数值模拟（顶部）和相应的实验结果图像（底部））

该实验中样品是由稀释的金珠悬浮液，将一滴该溶液置于盖玻片上并使之干燥，然后将浸没油滴到显微镜载玻片上。图 9.144 所示为用实验系统摄取一个金珠的像，图中所示为理论与模拟结果能

够满意匹配。不用金珠可直接用荧光聚合物微珠测量双光子荧光 PSF。

由于整体的 PSF 强度是 PSF 照度的平方，可以从图 9.144 中看到，在图的中间 PSF 的有效照度有相对较小的下降，当平方时这一下降将更突出。因此，须选择一组较好深度延伸的照明参数，以平坦化所产生的 PSF 结果。假设亚分辨荧光物体各向同性地发出荧光辐射的平方与照明强度成正比，则可以写出图像强度为

$$I(r,\phi,z) \propto \left\{ |I_0 + I_2 \cos 2\phi|^2 + |I_2 \sin 2\phi|^2 + |2I_1 \cos \phi|^2 \right\}^2 \tag{9.142}$$

此处，I_0、I_1 和 I_2 再一次由式（9.136）给出。所用的参数组为 $w = 0.5$ mm，$t = 25$ mm^{-1}，$\lambda = 750$ nm，$R_0 = 3.33$ mm，$d/R_0 = 0.05$，NA = 1.4 油浸物镜，数值模拟结果如图 9.145 所示。

这个实验样品为荧光聚合物微珠（分子探针 fluosphere 505/515 直径 $\approx$ 200 nm，molecular probes fluosphere 505/515 dia $\approx$ 200 nm），当该样品成像时，在检测路径中使用一个二色性分束器和带通滤波器，以从反射的激光束混合光中分离出双光子荧光信号，聚合物微珠图像的例子如图 9.145 所示，试验结果与理论曲线相符。

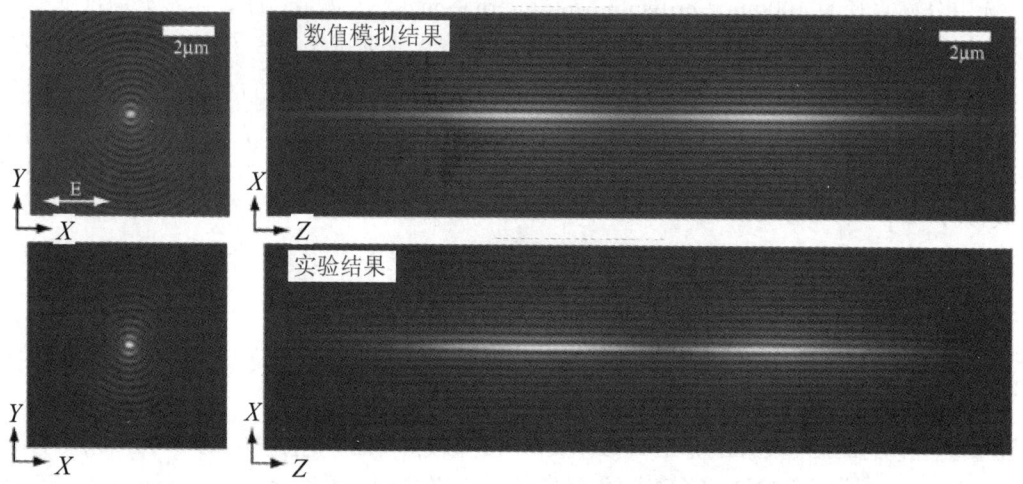

图 9.145　用圆环形照明在双光子荧光模式下，在 XY 和 XZ 面内扫描亚波长荧光聚合物微珠给出的结果：（数值模拟（上图）和实验图像（下图））

尽管微珠尺寸相比于以前使用的 100 nm 微珠增大近一倍，其信号在图 9.145 中所示信噪比仍然比图 9.144 所示明显恶化。由于微珠的成像是伴随着严重的光漂白，这个信噪比是经过进一步折中的，故有信噪比平均化的不利因素。看来这可使衍射方法更为可靠和准确地探测双光子显微镜的成像特性[253]。现在给出的例子是使用二元相位模板-切趾模板，用扩展焦深的系统拍摄生成的焦点 PSF 图像。可选择菊科植物（Carolina w. m. 30-4264（B690））特定类型的花粉粒作为测试样品。这个样品直径约为 20 μm，因为其微刺有研究意义。这对证明系统的横向分辨率是有用的。

为了拍摄样品切片图像而修改实验系统，移开光路中的所有模板，并扩大光束以填满物镜的后孔径，使之能够获得标准、非扩展焦深、双光子荧光图像。用单一 XY 方向扫描拍摄样品图像，如图 9.146（a）所示，表明了 PSF 中受限的轴向长度双光子系统的切片能力。

返回到图 9.143 中的装置，用单个帧扫描得到类似的花粉微粒的图像，如图 9.146（b）所示，清楚地证明了扩展 PSF 焦深的效果。在这种情况下，很显然同时呈现了整个焦深度范围内的信息。从广义上讲，这相当于用正规双光子显微镜做多次扫描，并将它们彼此叠加。它可以被看作在共聚焦荧光显微镜[116]的扩展焦深成像模式的双光子效应。此外，可以看出，在该图像中横向分辨率再没有办法被折中。

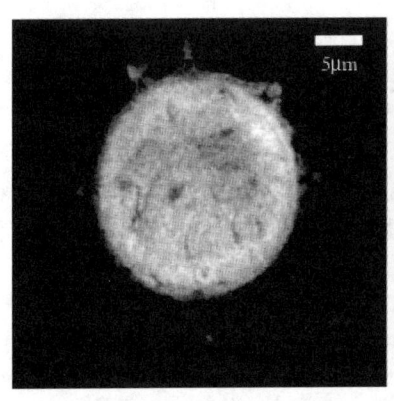
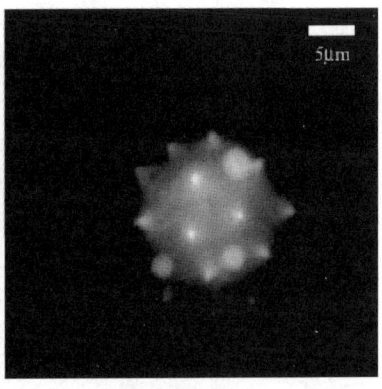

(a) 典型花粉微粒显示切片的双光子荧光像　　(b) 扩展焦深单次扫描得到的典型花粉的双光子荧光像

图 9.146　双光子荧光扩展焦深的实验效果（为提高 SNR，对图像中每一扫描行测量 4 次，平均后取得最终结果）

3. 用扩展 PSF 焦深的高分辨率双光子体视显微镜获得深度感

最后给出扩展 PSF 焦深的高分辨率双光子显微镜在体视的进一步应用。在一个传统的体视显微镜中，每个眼睛通过一个略微不同的角度[254]观看物体。这将使每个对物点的左眼中和右眼中观察的图像有横向分离，这取决于焦平面的轴向距离。以这种方式，观察者可获得图像的深度感觉。

从图 9.146（b）明显看出，系统拍摄的图像须沿着一个特定的方向来观察。这个方向其实是由 PSF 的方向定义的，改变这个方向可以改变有效观察点。图 9.147 所示为通过对环形照明引入一个横向偏移来改变 PSF 方向。图 9.148 所示的例子中的两个图像是 PSF 在 ±6° 取向摄取的，产生一个高分辨率体视图像对。环形照明横向偏移为 Δ，从几何学上考虑可写出视差角 δ。

$$\Delta = \delta f_0 \cos\gamma \tag{9.143}$$

其中，当环形照明与物镜光瞳同心时，γ 是对焦点的会聚角。须强调的是扩展焦深成像和产生高分辨率体视图像有着内在的联系。体视成像依赖于视差效应，当观察点变化时，即是焦平面外物体的各部分的表观横向偏移。在扩展焦深成像失焦的特点是模糊（如在传统的显微镜），或是看不见（在共聚焦或双光子显微镜），因此基于视差立体显微镜扩展焦深的一个必要的先决条件为高分辨率。

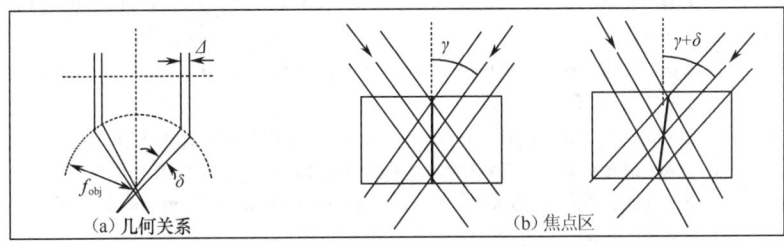

图 9.147　对于扩展的 PSF，环形光瞳函数的横向位移改变视角

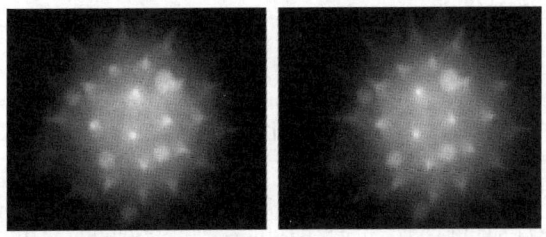

图 9.148　在双光子模式下用扩展焦深 PSF 摄取的一对体视图像对（在每个图像中为改进 SNR 采用了线平均方法）

总之，上文描述使用一个二元纯相位模板产生环状光分布作为扫描显微镜产生高 NA Bessel 光束的一个中间步骤。这种简单的衍射组件是能够产生所需效率超过 75％的光束。获得了双光子荧光图像景深扩展多于一个数量级的延长。

此外，在傅里叶面引入了空间滤波模板，能够微调照明 PSF 的轴向光强分布轮廓，在整个景深范围内实现了接近恒定的图像强度。这是在不影响显微镜横向分辨率条件下的焦深扩展。这种方法的潜在应用是扩展体视成像能力。采用倾斜的 PSF，调整合适的视差角可以获得一对扩展视场的深度图像对。

参 考 文 献

[1] 莫绪涛. 大景深光学成像系统的研究[D]. 天津大学精密仪器与光电子工程学院, 2008, 5.
[2] Zeev Zalevsky. Extended depth of focus imaging: a review. SPIE Reviews, Vol. 1(Jan. 2010): 018001-1-11.
[3] Cox A J, Joseph A. Constant-axial-intensity nondiffracting beam. Optics letters. 1992, 17(4): 232-237.
[4] 吴健. 一种新的光束概念-无衍射光束[J]. 强激光与粒子束. 1992, 4(1)：148-151.
[5] 顾本源, 杨国桢, 张国庆, 等. 无衍射光束的特性和生成方法[J]. 光学学报. 1996, 25(7): 409-413.
[6] J. Durnin, J.J. Miceli, Jr., and J. H. Eberly.Diffraction-free beams. Phys. Rev. Lett. 58, 1499-1501 (1987).
[7] Yanzhong Yu, and Wenbin Dou. Pseudo-Bessel Beams in Millimeter and Sub-millimeterRange. www.intechopen.comAdvanced Microwave and Millimeter Wave Technologies Semiconductor Devices Circuits and Systems, INTECH Open Access Publisher + 2010.
[8] M.波恩, E.沃尔夫. 光学原理[M]. 北京：科学出版社, 1978.
[9] X. Liu，X. Cai, S. Chang and C. Grover.Cemented doublet lens with an extended focal depth.Opt.Express 13, 552-557 (2005).
[10] Angel Flores, Michael R. Wang, and Jame J. Yang. Achromatic hybrid refractive–diffractive lens with extended depth of focus. APPLIED OPTICS, Vol. 43, No. 30(Oct. 2004): 5618-5630.
[11] Häusler. A method to increase the depth of focus by two step image processingOpt 1972, 6（38）.
[12] R. Jŭskaitis, M. A. A. Neil, F. Massoumian, T. Wilson.'Strategies for wide-field extended focus microscopy'. In: Focus on microscopy conference (Amsterdam, 2001).
[13] Jorge Ojeda-Castaneda and L. R. Berriel-Valdos. Zone plate for arbitrarily high focal depth. APPLIED OPTICS / Vol. 29, No. 7 / 1 March 1990.
[14] C. J. R. Sheppard, D. K. Hamilton.I. J. Cox.Optical Microscopy with Extended Depth of Field. Proc. R. Soc. Lond. A A387, 171 (1983).
[15] P. Potuluri, M. Fetterman, D. Brady: High depth of field microscopic imaging using an interferometric camera. Opt. Express 8, 624 (2001).
[16] H. Wang and F, Gan.Phase-shifting apodizers for increasing focal depth.Appl. Opt. 41, 5263–5266 _2002.
[17] W.T. Welford. Use of annular apertures to increase focal depth. J. Opt. Soc. Amer. 50, 794 (1960).
[18] J. Ojeda-Castenada and L.R. Berriel-Valdos. Zone plate for arbitrarily high focal depth. Appl. Opt. 29, 994 (1990).
[19] Guy Indebetouw and Hanxian Bai. Imaging with Fresnel zone pupil masks: extended depth of field. Applied optics, 23(23): 4299-4302, (1984).
[20] Dowski. E. R, CatheyJ W T. Extended depth of field throught wave-front coding. App. Opt. 1995, 34(10): 1859-1866.
[21] Rieko Arimoto, Caesar Saloma, Takuo Tanaka, and Satoshi Kawata. Imaging properties of axicon in a scanning optical system. 1 November 1992 / Vol. 31, No. 31 / APPLIED OPTICS 6653-6657.
[22] 祝生祥. 传统光学显微镜与近场光学显微镜[J]. 光学仪器, Vol.22, No.6(Dec., 2000): 34-41.
[23] G Binning, H Rohrer. Scanning Tunneling Microscopy. Helv. Phys. Acta, 1982, 55: 726-735.
[24] D W Pohl, et al. Optical stethoscopy: image recording with resolution $\lambda/20$. Appl. Phys. Lett., 1984, 44: 651-653.
[25] Betzig E, Lewis A, Harootunian A, et al. Near-field Scanning Optical Microscopy (NSOM). Biophys J, 1986,

49: 269-279.
- [26] Maugin, G. A. Nonlinear wave mechanics of complex material systems, Estonian Academy Publishers; (2003).
- [27] 张树霖. 近场光学显微镜及其应用[M]. 北京: 科学出版社, 2000.
- [28] 葛华勇. 近场光学显微镜及其应用[M]. 激光与光电子学进展, Vol. 39, No.6(June 2002): 8-12.
- [29] S. Bozhevolnyi, S. Berntsen, E. Bozhevolnaya. Extension of the macroscopic model for reflection near-field microscopy: regularization and image formation. J. Opt. Soc. Am., 1994, B11(2): 609-617.
- [30] E. Betzig, J. K. Trautman, T. D. Harris et al. Breaking the Diffraction Barrier: Optical Microscopy on a Nanometric Scale. Science, 1991, 251(5000):1468-1470.
- [31] L. Novotay, D. W. Pohl, B. Hecht. Scanning near-field optical probe with ultrasmall spot size. Opt. Lett., 1995, 20(9):970-972.
- [32] E. Betzig, P. L. Finn, J. S. Weiner. Combined shear force and near-field scanning o tical microscopy. Appl. Phys. Lett., 1992, 60(20): 2484-2486.
- [33] E. Betzig, J. K. Trautman, R. Wolfe et al. Near-field magneto-optics and high density data storage. Applied Physics Letters, 1992, 61(2):142-144.
- [34] 刘前, 曹四海, 郭传飞. 超分辨近场结构的研究进展及其应用[J]. 物理, 38 卷（2009 年）11 期: 804-804.
- [35] Kuwahara M, Nakano T, Tominaga J, et al. A new lithography technique using super-resolution near-field structure. Microelectronics Engineering, 1999, 53: 535-538.
- [36] H F Hess, E Betzig, T D Harris, et al. Near-Field Spectroscopy of the Quantum Constituents of a Luminescent System. Science, 1994, 264(5166):1740-1745.
- [37] 陈宜张. 近年细胞单分子研究的重要进展[J]. 生命科学, Vol. 20, No. 1(Feb., 2008).1-2.
- [38] Single molecule biophysics [EB/OL]. (An EMBO workshop) tours, France, 1999, July 8-15. (WWW. lps.fr/Vincent/smb).
- [39] Uppenbrink J, Clery D. Single molecules. Science, 1999, 283: 1667-1669.
- [40] Rust M J, Bates M, Zhuang X. Sub-diffraction-limit imaging by stochastic optical reconstruction microscopy. Nat Methods, 2006, 3: 793-795.
- [41] Hell S W. Far-field optical nanoscopy. Science, 2007, 316:1153-8.
- [42] Jörg Bewersdorf, Alexander Egner, and Stefan W. Hell. Multifocal Multi-Photon Microscopy. Handbook of Biological Confocal Microscopy. third edition, edited by James B. Pawley, Springer Science+Business Media, New York, 2006: 550-560.
- [43] Stefan W. Hell and Jan Wichmann. Breaking the diffraction resolution limit by stimulated emission: stimulated-emission-depletion fluorescence microscopy. OPTICS LETTERS, Vol. 19, No. 11 (June, 1994): 780-782.
- [44] Stefan W Hell. Toward fluorescence nanoscopy. NATURE BIOTECHNOLOGY Vol. 21 No. 11(Nov. 2003): 1347-1355.
- [45] Michael J Rust, Mark Bates, & Xiaowei Zhuang1, 3, 4. Sub-diffraction-limit imaging by stochastic optical reconstruction microscopy (STORM(. NATURE METHODS | ADVANCE ONLINE PUBLICATION)2006(1- 3).
- [46] Van de Linde S, Löschberger A, Klein T, Heidbreder M, Wolter S, Heilemann M, Sauer M.. Direct stochastic optical reconstruction microscopy with standard fluorescent probes. Nature Protocols 6(2011): 991–1009.
- [47] Dror Fixler, Aviram Gur, Zeev Zalevsky. Super-resolution saturated structured illumination microscopy system: theoretical aspects and real life. Proc. of SPIE Vol. 7905(2011) 790513-1-11.
- [48] Samuel T. Hess, Thanu P. K. Girirajan, and Michael D. Mason. Ultra-High Resolution Imaging by Fluorescence Photoactivation Localization Microscopy. Biophysical Journal Vol. 91 (Dec.2006): 4258–4272.
- [49] William E. Ortyn, David J. Perry, Vidya Venkatachalam, et al. Extended depth of field imaging for high speed cell analysis, Cytometry PART A, 2007, 71A(4): 215-231.
- [50] Narayanswamy R, Johnson GE, Silveira PEX.et al. Extending the imaging volume for biometric iris recognition, Applied Optics, 2005, 44(5): 701-712.
- [51] Daniel L. Barton.Wavefront Coded Imaging System for MEMS Analysis, International Society for Testing and Failure Analysis Meeting, Phoenix, AZ, 2002.
- [52] Edward R. Dowski, Jr., Kenneth S. Kubala, Modeling of Wavefront Coded Imaging Systems, Proceedings of

SPIE, 2002, 4736: 116-126.
[53] Porras R., Vazquez S., Castro J.Wavefront coding technology in the optical design of astronomical instruments, Proceedings of SPIE, 2004, 5622: 796-800.
[54] 张薇, 田维坚. 大焦深内窥镜光学系统设计[J]. 光学技术, Vol.35, No. 4(July 2009): 558-565.
[55] 姜志国, 韩冬兵, 薛斌党, 等. 基于区域小波变换的序列显微图像融合[J]. 北京航空航天大学学报, 2006, 32(4): 399-403.
[56] Brigitte Forster, Dimitri Van De Ville.Jesse Berent, et al. Complex Wavelets for Extended Depth-of-Field: A New Method for the Fusion of Multichannel Microscopy Images, Microscopy Research and Technique, 2004, 65(1): 33-42.
[57] J. Ojeda-Castañeda, L. R. Berriel-Valdos.Ambiguity function as a design tool for high focal depth, Applied Optics, 1988, 27(4): 790-795.
[58] Ting-Chung Poon.Alexander Kourakos, Difference-of-Gaussian annular pupil for extended depth-of-focus three-dimensional imaging, Proceedings of SPIE, 2000, 4082: 61-70.
[59] Indebetouw. G., H. Bai.Imaging with Fresnel zone pupil masks: extended depth of field.Applied Optics, 1984, 23(23): 299-302.
[60] Qingguo Yang, Liren Liu, Haitao Lang.Enlarging the depth of focus by filtering in the phase-space domain.2005, 44(32): 6833-6840.
[61] Sherif S. Sherif, W. Thomas Cathey, Ed R. Dowski.Phase plate to extend the depth of field of incoherent hybrid imaging systems.Applied Optics, 2004, 43(13): 2709-2721.
[62] W. T. Cathey, E. R. Dowski, New Paradigm for Imaging Systems.Applied Optics, 2002, 41(29): 6080-6092.
[63] Eyal Ben-Eliezer, Emanuel Marom, Naim Konforti, et al. Experimental realization of an imaging system with an extended depth of field. APPLIED OPTICS, Vol. 44, No. 14(May 2005): 2792-2798.
[64] Muyo Gonzalo, Harvey Andrew R., Singh Amritpal.High-performance thermal imaging with a singlet and pupil plane encoding, Proc. SPIE, 2005, 5987: 162-169.
[65] Nicholas George, Wanli Chi.Extended depth of field using a logarithmic asphere.Journal of Optics A: Pure and Applied Optics, 2003, 5(5): S157-S163.
[66] Zeev Zalevsky, Shai Ben-Yaish.Extended depth of focus imaging with birefringent plate.Optics Express, 2007, 15(12): 7202-7210.
[67] Manuel Martínez-Corral, Bahram Javidi, Raul Martínez-Cuenca, et al. Integral imaging with improved depth of field by use of amplitude-modulated microlens arrays.Applied Optics, 2004, 43(31): 5806-5813.
[68] Pietro Ferraro, Simonetta Grilli, Domenico Alfieri.Extended focused image in microscopy by digital holography.Optics Express, 2005, 13(18): 6738-6749.
[69] Wanli Chi, Kaiqin Chu, Nicholas George.Polarization coded aperture.Optics Express, 2006, 14(15): 6634-6642.
[70] Mikula, G., Kolodziejczyk, A., Makowski, M. , et al. Diffractive elements for imaging with extended depth of focus.2005, 44(5): 058001-7.
[71] G. Mikuła, Z. Jaroszewicz, A. Kolodziejczyk, et al. Imaging with extended focal depth by means of lenses with radial and angular modulation.Optics Express, 2007, 15(15): 9184-9193.
[72] Albertina Castro, Yann Frauel, Bahram Javidi.Integral imaging with large depth of field using an asymmetric phase mask.Optics Express, 2007, 15(16): 10266-10273.
[73] Wenzi Zhang, Yanping Chen, Tingyu Zhao, et al. Simple strehl ration based method for pupil phase mask's optimization in wavefront coding system.Chinese optics letters, 2006, 4(9)515-517.
[74] Yang Qingguo, Liu Liren, Sun Jianfeng.Optimized phase pupil masks for extended depth of field.Optics Communications, 2007, 272(1): 56-66.
[75] K. H. Brenner, A. W. Lohmann, J. Ojeda-Castañeda.The ambiguity function as a polar display of the OTF.Opt. Commun., 1983, 44(2): 323-326.
[76] Athanasios Papoulis.Ambiguity function in Fourier optics.Journal of The Optical Society Of America, 1974, 64(6): 779-788.
[77] 顾德门, 詹达三, 董经武, 著. 傅里叶光学导论[M]. 顾本源, 译. 北京: 科学出版社, 1976.
[78] Samir Mezouari, Gonzalo Muyo, Andrew R. Harvey, Circularly symmetric phase filters for control of primary

third-order aberrations: coma and astigmatism.J. Opt. Soc. Am. A, 2006, 23(5):1058-1062.
[79] 姚敏, 等.数字图像处理[M].北京: 机械工业出版社, 2007, 89-111.
[80] E. Marom, E. Ben-Eliezer, L. Yaroslavsky, et al. Two methods for increasing the depth of focus of imaging systems,Proceedings of SPIE , 2003, 5227: 8-15.
[81] Focus Software Inc. ZEMAX optical design program user's guide 6.0,Arizona: Focus Software Inc. 2005.
[82] 陈燕平. 景深延拓波前编码系统理论及其应用研究[D]. 浙江大学, 2007.
[83] Gracht Joseph, Dowski Jr, Edward R., Cathey Jr, et al. Aspheric optical elements for extended depth-of-field imaging.Proceedings of SPIE, 1995, 2537: 279-288.
[84] 赵晔. 实现小焦斑长焦深激光焦点的衍射轴锥镜的设计研究[D]. 大连理工大学, 2007.6.
[85] 张慧娟. 折/衍混合目视光学系统设计研究[D]. 南开大学, 2003.
[86] 金国藩, 严瑛白, 邬敏贤. 二元光学[M]. 北京: 国防工业出版社, 1998.
[87] Burval l A, Kolaez K, Jaroszewiez. Simple lens-Axicon. Applied Opties. 2004, 43(25): 116- 125.
[88] 赵逸琼. 优化设计衍射光学组件用于矢量光束整形及其应用研究[D]. 中国科学技术大学, 2005.
[89] Meleod J H. The Axieon: a new type of optical element. J. Opt. Soc. Am. 1954, 44: 592-597.
[90] Jacek Sochacki Zbigniew Jaroszewicz, Leszek Rafal Staroiski, and Andrzej Kolodziejczyk. Annular-aperture logarithmic axicon. JOSA COMMUNICATIONS, J. Opt. Soc. Am. A/Vol. 10, No. 8(August 1993): 1765-1768.
[91] Z Jaroszewicz, J Sochacki, A Kolodziejczyk, and L R Staronski.Apodized annular-aperture logarithmic axicon smoothness and uniformity of intensity distributions. Opt. Lett. 18(1993), 1893-1895.
[92] Z. Jaroszewicz and J. Morales. Lens axicon: system composed of a diverging aberrated lens and a perfect converging lens.J. Opt. Soc. Am. A 15 (1998), 2383-2390.
[93] 白临波, 李展, 陈波, 等. 折衍混合系统实现长焦深方法研究[J]. 光电工程, Vol.28, No.3(June 2001): 1-5.
[94] Pantazis Mouroulis. Depth of field extension with spherical optics. OPTICS EXPRESS, Vol. 16, No. 17 (Aug. 2008(12995-1300).
[95] 吕百达, 张彬, 蔡邦维. 有限束宽无衍射光束特性的研究[J]. 科学通报. 1994, 39(2): 125-128.
[96] 冯国英, 吕百达, 蔡邦维. 轴棱锥光学系统对激光束的变换及应用[J]. 激光技术. 1996, 20(3): 138-143.
[97] Ilya Golub. Fresnel axicon. OPTICS LETTERS, Vol. 31, No. 12 (June 2006): 1890-1892.
[98] Davidson N, Friesem A A, HasmanE. Holographic axilens: high resolution and long focal depth. Optics Letters.1991, 16(7): 523-525.
[99] Gerchberg R W, Saxton W O. A practical algorithm for the determination of phase form image and diffraction plane pictures. Optik. 1972, 35: 237-246.
[100] Gu B, Yang G, Dong B. General theory for performing an optical transform, Appl. Opt. 1996, 11(25): 3197-3206.
[101] Kirkpatriek S, Gelatt C D, Veeehi M P. Optimization by Simulated annealing. Seience. 1983, (220) 671-680.
[102] Goldbet D E. Genetic algorithm in seareh, optimization and machine learing Addison-Wesley. Mass. 1987.
[103] Soehaeki J, Jaroszeweez Z, Staronski L T, et al. Annular-aperture logarithmic Axicon. J. Opt. Soc. Am. A. 1993, 10: 1765-1768.
[104] Pu J, Zhang H, Nemoto S. Uniform-intensity Axicon: A lens coded with a synunetrieally Cubic Phase Plate. Optical and Quantum Eleetronics. 2001, 33: 653-660.
[105] 朱星. 近场光学与近场光学显微镜[J]. 北京大学学报(自然科学版), 第 33 卷, 第 3 期(1997 年 5 月): 394-407.
[106] Synge E H. A Suggested Method for Extending the Resolution into the Ultra-microscopic Region. Phil Mag, 1928, 6: 356-362.
[107] Ash E A, Nicholls G. Super-resolution Aperture Scanning Microscope. Nature, 1972, 237: 510-512.
[108] Fischer U C, The Tetrahedral Tip as a Probe for Scanning Near-field Optical Microscopy. In: Pohl D W, Courjon D, eds. Near Field Optics, Netherland: Kuwer Academic Publ, 1993, 255-262 .
[109] Fischer U C, Koglin J, Fuchs H. The Tetrahedral Tip as a Probe for Scanning Near-field Optical Microscopy at 30 nm Resolution. J Biomed Optics, 1996, 1:7.

[110] Betzig E, Trautman J K. Near-field Optics: Microscopy, Spectroscopy, and Surface Modification Beyond the Diffraction Limit. Science, 1992, 257(5067): 189-195.

[111] Fischer U Ch, Zing sheim H P. Submicroscopic Contact Imaging with Visible Light by Energy Transfer. Applied Physics Letters, 1982, 40(3): 195-197.

[112] Trautman J K, Macklin J J, Brus L E, et al. Near-field Spectroscopy of Single Molecules at Room Temperature. Nature, 1994, 369(6475): 40-42.

[113] Lewis A, Ben-Ami U, Kuck N, et al. NSOM the Fourth Dimension: Integrating Nanometric Spatial and Femtosecond Time Resolution. Scanning, 1995, 17(1): 3-13.

[114] H. Volkmann. Ernst Abbe and His Work. Applied Optics / Vol. 5, No. 11 (Nov. 1966): 1720-1731.

[115] Wilson T, Sheppard C J R. Theory and Practice of Scanning Optical Microscopy. London: Academic Press, 1984, 15.

[116] M. Born, E. Wolf. Principle of Optics[M]. Cambridge: Cambridge University Press, 2002.

[117] Courjon D, Bainier C, Girard C, et al. Near-field Optics and Light Confinement. Annalender Physik, 1993, 2(2): 149-158.

[118] Reddick R C, Warmack R J, Ferrell T L. New Form of Scanning Optical Microscopy. Physical Review, 1989, B39(1): 767-770.

[119] Wolf E, Nieto-Vesperinas M. Analysis of the Angular Spectrum Amplitude of Scattered Fields and Some of its Consequences. J Opt Soc Am, 1985, 2: 886-889.

[120] 王海潼, 刘斐. 近场光学显微技术[J]. 应用光学, 26(3)(May 2005): 36-40.

[121] Durig U, Pohl D W, Rohner F. Near-field Optical Scanning Microscopy. J Appl Phys, 1986, 59(10): 3318-3327.

[122] Motoichi Ohtsu, Shuji Mononobe and R. Uma Maheswari. Fabrication of a pencil-shaped fiber probe with a nanometric protrusion from a metal film for near-field optical microscopy[J]. OPTICS EXPRESS, Vol. 1, No. 8(13 October 1997): 299-233.

[123] 朱星. 纳米尺度的光学成象与纳米光谱— 近场光学与近场光学显微镜的进展[J]. 物理, 1996, 25 卷, 8 月号, 458-661.

[124] Xing ZHU, Gui-Song HUANG, He-Tian ZHOU, Xiao YANG, Zhe WANG, Yong LING, Yuan-Dong DAI and Zi-Zhao GAN.Ultrasonic Resonance Regulated Near-Field Scanning Optical Microscope and Laser Induced Near-Field Optical-Force Interaction, OPTICAL REVIEW Vol. 4, No. 1B (1997) 236-239.

[125] 张晨, 江晓, 蔡文奇, 等. 用于激光稳频系统的比例加积分控制器. 核电子学与探测技术, Vol.30, No.2(Feb. 2010): 232-235.

[126] SEO Y H, PARK J H, MOON J B, et al. Fast-scanning shear force microscopy using a high- frequency dithering probe[J]. Appl. Phys. Let t, 2000, 77(26): 4274-4276.

[127] 范晓明, 王克逸. 剪切力模式近场扫描光学显微镜的恒幅反馈控制方法研究[J]. 光子学报, Vol. 37 No. 8(Aug. 2008): 1585-1588.

[128] 王学恩, 范兆忠, 张禄, 等. 金属覆层光纤探针近场特性研究. 光子学报, 2004, 33(8): 912-915.

[129] FERRARA M. Amplitude controlled oscillator for lateral force microscopy: high sensitivity and cheap and compact design without the use of lock-in detection systems [J]. Nanotechnology, 2003, 14(4): 427-432.

[130] JAHNCKE C L, HUERTH S H, CLARK B, et al. Dynamics of the tip – sample interaction in near- field scanning optical microscopy and the implication s for s hear force as an accurate distance measure[J]. Appl. Phys. Lett, 2002, 81 (21): 4055-4057.

[131] 刘国华, 王艳菊. 压电陶瓷式执行器的动态特性的改善研究[J]. 压电与声光, 2000, 22(4): 243-248.

[132] 汤鸣, 蔡生民, 刘忠范, 等. 利用扫描近场光学显微镜的偏振衬度对各向异性微晶的观察[J]. 高等学校化学学报, Vol.19, No.7(1998 年 7 月): 1045-1048.

[133] 白春礼. 扫描隧道显微术及其应用[M]. 上海: 上海科技出版社. 1992 年 9 月.

[134] G Binnig, C F Quate and C Gerber. Atomic Force Microscope. Phys. Rev. Lett., 56 (1986): 930-933.

[135] 白春礼, 田芳. 扫描力显微镜[J]. 现代科学仪器, 1-2, (1998)79-82.

[136] Nanotechnology/Scanningprobemicroscopyhttp://en.wikibooks.org/wiki/ Nanotechnology/ Scanning_probe_microscopy.

[137] 白春礼, 商广义. 扫描探针显微镜[J]. 现代科学仪器, 1994, 4: 3-5.

[138] Moon Gyu Sung, Hyungwoo Lee, Kwang Heo, Kyung-Eun Byun, Taekyeong Kim, David H. Seo, Sunae Seo and Seunghun Hong. Scanning Noise Microscopy on Graphene Devices. Acsnano. Vol.5, No.11(2011): 8020-8028.
[139] M. Rozler and M. R. Beasley. Design and performance of a practical variable-temperature scanning tunneling potentiometry system. Rev. Sci. Instrum. 79, 073904 (2008).
[140] C. Tivarus and J. P. Pelz.Spatial resolution of ballistic electron emission microscopy measured on metal/quantum-well Schottky contacts. APPLIED PHYSICS LETTERS 87, 182105-1-3 (2005).
[141] 吴浚瀚, 成英俊, 戴长春, 等. 激光检测原子力显微镜的研制. 科学通报, 第 3 卷, 第 9 期(1993 年 5 月): 790-792.
[142] Nanotechnology/AFM.http://en.wikibooks.org/wiki/Nanotechnology/AFM.
[143] Yihan Liu, Tong Wu, and D. Fennell Evans. Lateral Force Microscopy Study on the Shear Properties of Self-Assembled Monolayers of Dialky lammonium Surfactant on Mica. Langmuir, Vol. 10, No. 7 (Oct. 1994, 10): 2241-2245.
[144] Fritz, M.; M. Radmacher, N. Petersen, H. E. Gaub (1994-05). Visualization and identification of intracellular structures by force modulation microscopy and drug induced degradation. The 1993 international conference on scanning tunneling microscopy 12. Beijing, China: AVS. pp. 1526-1529.
[145] Weaver J M R.; David W Abraham. High resolution atomic force microscopy potentiometry. Journal of Vacuum Science and Technology B9 (3) (1991): 1559–1561.
[146] M. Nonnenmacher, M. P. O'Boyle, and H. K. Wickramasinghe. Kelvin probe force microscopy. Applied Physics Letters (1991) 58 (25): 2921–2923.
[147] Chao-Wei Tsai, Chau-Hwang Lee, and Jyhpyng Wang. Deconvolution of local surface response from topography in nanometer profilometry with a dual-scan method. Optics Letters, Vol. 24, No. 23 (Dec. 1999): 1732-1734.
[148] Hartmann, U. Magnetic force microscopy: Some remarks from the micromagnetic point of view. Journal of Applied Physics (1988). 64 (3): 1561-1564.
[149] Wenhai Han, Agilent Technologies F. Michael Serry .Force Spectroscopy withthe Atomic Force Microscope Application Note. Agilent Technologies, (2007): 1-8.
[150] M J Doktycz, C J Sullivan, P R Hoyt, D A Pelletier, S Wu, D P. Allison. AFM imaging of bacteria in liquid media immobilized on gelatin coated mica surfaces. Ultramicroscopy 97 (2003) 209-216.
[151] Eriksson, M. A.; R. G. Beck, M. Topinka, J. A. Katine, R. M. Westervelt, K. L. Campman, A. C. Gossard (1996-07-29). Cryogenic scanning probe characterization of semiconductor nanostructures. Applied Physics Letters69 (5): 671-673.
[152] J. A. Sidles, et al. Magnetic resonance force microscopy. Reviews of Modern Physics, Vol. 67, No. 1, January 1995: 265-268.
[153] Paul Girard. Electrostatic force microscopy: principles and some applications to semiconductors. Nanotechnology, 12 (2001) 485-490.
[154] E. L. Adams, and K. J. Czymmek. The combined application of AFM and LSCM: Changing the way we look at innate immunity. Modern Research and Educational Topics in Microscopy (2007): 68-76.
[155] Johannes Rheinlaender, Nicholas A. Geisse, Roger Proksch, and Tilman E. Schäffer. Comparison of Scanning Ion Conductance Microscopy with Atomic Force Microscopy for Cell Imaging. Langmuir 2011, 27 (2), 697-704.
[156] Achim Kittel, Wolfgang Muller-Hirsch, Jurgen Parisi, Svend-Age Biehs, Daniel Reddig, and Martin Holthaus. Near-Field Heat Transfer in a Scanning Thermal Microscope. Physical Review Letters, Vol. 95, 224301 (Nov. 2005): 224301-1-4.
[157] P. Scott Carney and Richard A. Frazin. Computational Lens for the Near Field. Physical Review Letters, Vol.92, No.16 (APRIL 2004): 163903-1-4.
[158] C. Daniel Frisbie, Lawrence F. Rozsnyai, Aleksandr Noy, Mark S. Wrighton, Charles M. Lieber. Functional group imaging by chemical force microscopy. Science 30, Vol. 265, No. 5181 (Sept. 1994): 2071-2074.
[159] 彭章泉, 唐智勇, 汪尔康. 化学力显微镜针尖修饰技术的新紧张[J]. 分析化学评述与进展, 第 28 卷, 第 5 期 (2000 年 5 月): 644-648.

[160] Noo Li Jeon and Ralph G. Nuzzo. Patterned Self-Assembled Monolayers Formed byMicrocontact Printing Direct Selective Metalization by Chemical Vapor Deposition on Planar and Nonplanar Substrates. Languir, 1995, 11: 3024-3026.

[161] K. Sasaki, Y. Koike, H. Azehara, H. Hokari, M. Fujihira. Lateral force microscope and phase imaging of patterned thiol self-assembledmonolayer using chemically modified tips. Appl. Phys. A, 1998, 66: S1275-S1277.

[162] A. J. Nam, A. Teren, T. A. Lusby and A. J. Melmed. Benign making of sharp tips for STM and FIM: Pt, Ir, Au, Pd, and Rh. J. Vac. Sci. Technol. B 13, 1556-1559 (1995); http://dx.doi.org/10.1116/1.588186.

[163] Dmitri V. Vezenov, Aleksandr Noy, Lawrence F. Rozsnyai, and Charles M. Lieber.Force Titrations and Ionization State Sensitive Imaging of Functional Groups in Aqueous Solutions by Chemical Force Microscopy. J. Am. Chem. Soc., 1997, 119: 2006-2015.

[164] Aleksandr Noy, C. Daniel Frisbie, Lawrence F. Rozsnyai, Mark S. Wrighton, and Charles M. Lieber. Chemical Force Microscopy: Exploiting Chemically-Modified Tips To Quantify Adhesion, Friction, and Functional Group Distributions in Molecular Assemblies. J. Am. Chem. SOC. 1995, 117, 7943-7951.

[165] Green J-B D.McDermott M T.Porter M D.Siperko L M Nanometer-Scale Mapping of Chemically Distinct Domains at Well-Defined Organic Interfaces Using Frictional Force Microscopy. J. Phys. Chem. 1995, 99, 10960-10965.

[166] Thomas R C, Tangyunyong P, Houston J E, Michalske T A, Crooks R M. Chemically- Sensitive Interfacial Force Microscopy: Contact Potential Measurements of Self- Assembling Monolayer Films. J. Phys. Chem. 1994, 98, 4493-4494.

[167] Florin E L, Moy V T, Gaub H E. Adhesion forces between individual ligand-receptor pairs. Science 1994, 264, 415.

[168] Tsao Y-H, Evans D F, Wennerstrom H. Long-range attractive force between hydrophobic surfaces observed by atomic force microscopy.Science, Vol. 262 no. 5133(Oct. 1993): 547-550.

[169] Takashi Ito, Philippe Bu1hlmann, and Yoshio Umezawa. Scanning Tunneling Microscopy Using Chemically Modified Tips. Anal, Chem. 1998, 70: 255-259.

[170] K. L. Johnson, K. Kendall and A. D. Roberts. Surface Energy and the Contact of Elastic Solids. Proc. R. Soc. London, 1971, A324: 301-313.

[171] Stanislaus S. Wong, Adam T. Woolley, Ernesto Joselevich, Chin Li Cheung, and Charles M. Lieber. Covalently-Functionalized Single-Walled CarbonNanotube Probe Tips for Chemical Force Microscopy. J. Am. Chem. Soc., 1998, 120, 8557-8558.

[172] Stephen Jesse, Sergei V. Kalinin, Roger Proksch, A.P. Baddorf, and B.J. Rodriguez. The Band Excitation Method in Scanning Probe Microscopy for Rapid Mapping of Energy Dissipation on the Nanoscale. Nanotechnology, 18 (2007): 435503-1-8.

[173] P Maivald, H J Butt, S A C Gould et al. Using force modulation to image surface elasticities with the atomic force microscope. Nanotechnology, 2 (1991), 103-106.

[174] Bining G, Rohrer H, Gerber C, Weibel E. Scanning tunneling Microscopy. Phys. Rev. Lett., 1982, 49 (1):57-60.

[175] R. C. Reddick, R. J. Warmack, D. W. Chilcott, S. L. Sharp, and T. L Ferrell. Photon scanning tunneling microscopy. Rev. ScI, instmm. 61 (12), December 1990: 3669-3677.

[176] G J Brakenhoff, H T Van der Voort, E A der Spronsen, and N Nanninga. Confocal scanning laser microscopy: from 3-D data collection to 3-D image visualization and analysis. Science on form: Proceedings of the Second International Symposium for Science on Form, Editor: S Ishizaka: 39-46.

[177] Min Gu, C. J. R. Sheppard, and X. Gan. Image formation in a fiber-optical confocal scanning microscope.J. Opt. Soc. Am. A, Vol. 8, No. 11 (November 1991): 1755-1761.

[178] 高思田, 胡小唐. 计量型原子力显微镜的研究[D]. 天津大学精密仪器与光电子工程学院, 2007, 4.

[179] 张德添, 何昆, 张飒, 等. 原子力显微镜发展近况及其应用[J]. 现代仪器, 2003, 第三期: 6-9.

[180] 周娴玮, 方勇纯. 原子力显微镜系统及纳米操作研究[D]. 南开大学, 2009 年 4 月.

[181] I. Yu. Sokolov, G. S. Henderson, F. J. Wicks. Theoretical and experimental evidence for "true" atomic resolution under non-vacuum conditions . J. Appl. Phys., 1999, 86 (10), 5537-5540.

[182] 李晓刚. 原子力显微镜(AFM)的几种成像模式研究[D]. 大连理工大学, 2004.
[183] 王艳霞, 胡小唐, 等. 基于 AFM 的振幅曲线研究探针一样品间的相互作用[J]. 仪器仪表学报, 2003, 24(z1): 216-218.
[184] 葛小鹏, 汤鸿霄, 王东升, 等. 原子力显微镜在环境样品研究与表征中的应用与展望[J]. 环境科学学报, Vol. 25, No. 1 (Jan. 2005): 5-17.
[185] 白春礼, 田芳, 罗克. 扫描力显微术[M]. 北京: 科学出版社, 2000.
[186] Force Modulation Imaging with Atomic Force Microscopy. Veeco Probes www.veecoprobes.com.
[187] FastScan scanner - CMI, http://cmi.epfl.ch/metrology/files/AFM/fastscan.pdf.
[188] Tomás R. Rodríguez and Ricardo García. Theory of Q control in atomic force microscopy.APPLIED PHYSICS LETTERS. Vol. 82, No. 26 (JUNE 2003): 4821-4823.
[189] A. Bachtold, M. S. Fuhrer, S. Plyasunov, M. Forero, E. H. Anderson, A. Zettl, and P. L. McEuen. Scanned Probe Microscopy of Electronic Transport in Carbon Nanotubes. Physical Review Letters, 2000, 84 (26), 6082-6085.
[190] G. Koley and M. G. Spencer. Cantilever effects on the measurement of electrostatic potentials by scanning Kelvin. Applied Physics Letters 79 (4), 545-547 (2001).
[191] T. S. Jespersen and J. Nygård. Charge Trapping in Carbon Nanotube Loops Demonstrated by Electrostatic Force Microscopy.Nano Letters 5 (9), 1838-1841 (2005).
[192] V. Vincenzo, and M Palma, and P. Samorí. Electronic Characterization of Organic Thin Films by Kelvin Probe Force MicroscopyAdvanced Materials 18, 145-164 (2006).
[193] D Ziegler and A Stemmer. Force gradient sensitive detection in lift-mode Kelvin probe force microscopy. Nanotechnology 22, 075501 (2011): 1-9.
[194] 郝翔, 匡翠方, 李旸晖, 等. 可逆饱和光转移过程的荧光超分辨显微术[J]. 激光与光电子学进展, 49, 030005-1-9.
[195] Barry R. Masters. Ernst Abbeand the Foundationof Scientific Microscopes. OPN (Feb. 2007): 19-23.
[196] Matthias Nagorni and Stefan W. Hell. Coherent use of opposing lenses for axial resolution increase in fluorescence microscopy. I Comparative study of concepts. J. Opt. Soc. Am. A, Vol. 18, No. 1(Jan. 2001): 36-47.
[197] George H. Patterson. Fluorescence microscopy below the diffraction limit. Semin Cell Dev Biol. 2009 October; 20 (8) 886–893.
[198] BRENT BAILEY, DANIEL L FARKAS, D LANSING TAYLOR & FREDERICK LANNI. Enhancement of axial resolution in fluorescence microscopy by standing-wave excitation. Nature366, 44 - 48 (Nov. 1993).
[199] Daniel R Mason, Mikhail V Jouravlev, and Kwang S Kim. Enhanced resolution beyond the Abbe diffraction limit with wavelength-scale solid immersion lenses. OPTICS LETTERS, Vol. 35, No. 12 (June 2010): 2007-2009.
[200] Alpan Bek, Ralf Vogelgesang, and Klaus Kern. Apertureless scanning near field optical microscope with sub-10nm Resolution.Rev. Sci. Instrum. (2006):043703-1-11.
[201] J B Pendry. Negative Refraction Makes a Perfect Lens. Physical Review Letters, Vol. 85, No. 18 (OCT. 2000): 3966-3969.
[202] Nicholas Fang, Hyesog Lee, Cheng Sun, Xiang Zhang. Sub–Diffraction-Limited Optical Imaging with a Silver Superlens. 22 SCIENCE, Vol. 308(APRIL 2005) 534-537.
[203] Zengbo Wang, Wei Guo, Lin Li, Boris Luk'yanchuk, Ashfaq Khan, Zhu Liu, Zaichun Chen&Minghui Hong. Optical virtual imaging at 50 nm lateral resolution with a white-light nanoscope[J]. Nature Communication2, Article number: 218: 1-6.
[204] 4Pi microscope.http://en.wikipedia.org/wiki/4Pi_microscope.
[205] Karsten Bahlmann and Stefan W. Hell. Polarization effects in 4Pi confocal microscopy studied with water-immersion lenses. APPLIED OPTICS, Vol. 39, No. 10(April 2000): 1652-1658.
[206] Egner A, Jakobs S, and Hell S W.Fast 100-nm resolution 3D microscope reveals structural plasticity of mitochondria in live yeast.Proc.Natl. Acad. Sci. USA 99(March 2002): 3370-3375.
[207] Egner A, Andresen V, and Hell S W. Comparison of the axial resolution of practical Nipkow-disk confocal fluorescence microscopy with that of multifocal multiphoton microscopy: Theory and experiment.Journal of

Microscopy, Vol. 206, Pt 1 (April 2002): 24-32.
[208] Bo Huang, Wenqin Wang, Mark Bates, Xiaowei Zhuang. Three-Dimensional Super-Resolution Imaging by Stochastic Optical Reconstruction Microscopy. SCIENCE, VOL. 3198 (FEB. 2008): 810-813.
[209] Irie M, Fukaminato T, Sasaki T, et al. A digital fluorescent molecularPhotoswitch[J]. Nature, 2002, 420: 759-761.
[210] W. E. Moerner, M. Orrit.Illuminating Single Molecules in Condensed Matter.Science 283, 1670 (1999).
[211] R. E. Thompson, D. R. Larson.W. W. Webb, Precise Nanometer Localization Analysis for Individual Fluorescent Probes. Biophys. J. 82, (2002): 2775.
[212] A Yildiz, et al. Myosin V Walks Hand-Over-Hand: Single Fluorophore Imaging with 1.5-nm Localization. Science 27, Vol. 300, No. 5628, (June 2003): 2061-2065.
[213] M. Speidel, A. Jonas, E. L. Florin.Three-dimensional tracking of fluoroscent nanoparticles with subnanometer precision by use of off-focus imaging. Opt. Lett. 28, (2003): 69.
[214] H P Kao, A S Verkman.Tracking of Single Fluorescent Particles in Three Dimensions: Use of Cylindrical Optics to Encode Particle Position. Biophys. J. 67, 1291 (1994).
[215] Mark Schüttpelz, Steve Wolter, Sebastian van de Linde, Mike Heilemann, Markus Sauer. dSTORM: real-time subdiffraction- resolution fluorescence imaging with organic fluorophores(Invited Paper). Proc. SPIE 7571, Single Molecule Spectroscopy and Imaging III, 75710V (Feb. 2010): 1-7.
[216] Jonas Fölling, Mariano Bossi, Hannes Bock, Rebecca Medda, Christian A Wurm, Birka Hein, Stefan Jakobs, Christian Eggeling & Stefan W Hell. Fluorescence nanoscopy by ground-state depletion and single-molecule return. nature methods, VOL.5 NO.11 (Nov. 2008) 943-494.
[217] Lars Kastrup, Hans Blom, Christian Eggeling, and Stefan W Hell. Fluorescence Fluctuation Spectroscopy in Subdiffraction Focal Volumes. PHYSICAL REVIEW LETTERS, (May 2005) 94, 178104-1-4.
[218] Marcus Dyba and Stefan W. Hell. Focal spots of size $\lambda/23$ open up far field florescence microscopy at 33nm axial resolution. PHYSICAL REVIEW LETTERS. Vol. 88, No.16(April 2002)163901-1-4.
[219] Stefan W. Hell, Gottingen (DE). Katrin Willig.Gottingen (DE) STED-Fluorescent Light Microscopy with two-Photon Excitation – Patent US 7863585.
[220] Lars Meyer, Dominik Wildanger, Rebecca Medda. Dual-Color STED Microscopy at 30-nm Focal-Plane Resolution. Small, 2008, 4, No. 8, 1095–1100.
[221] M. O. Lenz; A. C. N. Brown; E. Auksorius; D. M. Davis; C. Dunsby; M. A. A. Neil; P. M. W. French. A STED- FLIM microscope applied to imaging the nature killer cell immune synapse. Proc. SPIE, 2011, 7903: 79032D.
[222] STED-SPIM: Stimulated Emission Depletion Improves Sheet Illumination Microscopy Resolution. Biophysical Journal Volume 100 (April 2011): L43–L45.
[223] Jan Huisken* and Didier Y. R. Stainier. Selective plane illumination microscopy techniques in developmental biology. REVIEW, Development 136 (12): 1963-1975.
[224] Yu Wang and Lihong Wang. Photoacoustic microscopy using Forster resonance energy transfer (FRET), SPIE 2012: 1-3, DOI: 10.1117/2.1201211.004595.
[225] Ammasi Periasamy, Steven S. Vogel, Robert M. Clegg. FRET 65: A Celebration of Förster. J. Biomed. Opt., 2012, 17 (1), p. 011001.
[226] Förster T, Zwischenmolekulare Energiewanderung und Fluoreszenz, Ann. Physik1948, 437, 55.
[227] Y Wang and L V Wang. Förster resonance energy transfer photoacoustic microscopy.Journal of Biomedical Optics 17 (8), (Aug. 2012): 086007-1-5 .
[228] L V Wang and S Hu. Photoacoustic tomography: in vivo imaging from organelles to organs, Science 335 (6075), pp. 1458–1462, 2012. doi:10.1126/science.1216210.
[229] K. Maslov, H. F. Zhang, S. Hu, and L. V.Wang.Optical-resolution photoacoustic microscopy for in vivo imaging of single capillaries. Opt.Lett., MO, 2008, vol. 33, 929–931.
[230] C. Guy and J. R. S. Colin.Practical limits of resolution in confocal and non-linear microscopy. Microsc. Res. Tech., 2004, vol. 63: 18-22.
[231] R FIOLKA, Y BELYAEV, H EWERS and A STEMMER. Even Illumination in Total Internal Reflection Fluorescence Microscopy Using Laser Light. Microscopy research and technique (2007) 1-6.

[232] Totalinternal reflection fluorescence microscope. http://en.wikipedia.org/wiki/Total_internal_reflection_fluorescence_microscope.
[233] J. Pawley.Handbook of Biological Confocal Microscopy, 3rd ed. (Springer, 2006).
[234] G T Sincerbox, H W Werlich, and B H Yung.Brightfield/darkfield microscope illuminator. U.S. patent 4, 585, 315(April 29, 1986).
[235] Ming Lei and Andreas Zumbusch. Total-internal-reflection fluorescence microscopy with W-shaped axicon mirrors. Optics letters, Vol. 35, No. 23 (Dec. 2010): 4057-4059.
[236] Lingjie Kong, Minbiao Ji, Gary R. Holtom, Dan Fu, Christian W. Freudiger, and X. Sunney Xie. Multicolor stimulated Raman scattering microscopy with a rapidly tunable optical parametric oscillator. Optics letters, Vol. 38, No. 215(Jan. 2013): 145-147.
[237] Hari Shroff, Helen White, and Eric Betzig. Photoactivated Localization Microscopy (PALM) of Adhesion Complexes. Microscopy, UNIT 4.21.3-27.
[238] Hari Shroff, Catherine G Galbraith, James A Galbraith & Eric Betzig. Live-cell photoactivated localization microscopy of nanoscale adhesion dynamics. NATURE METHODS, Vol.5 No.5 (MAY 2008) 417-423.
[239] Jan A N Buytaert, Emilie Descamps, Dominique Adriaens and Joris J J Dirck. The OPFOS microscopy family: High-resolution optical-sectioning of biomedical specimens. Anatomy Research International, 1-9.
[240] Nirit Dudovich, Dan Oron, and Yaron Silberberg. Single-pulse coherent anti-Stokes Raman spectroscopy in the fingerprint spectral region. Journal of chemical physics, Vol. 118, No. 20 22 (MAY 2003): 9208-9215.
[241] Thomas A Planchon, Liang Gao, Daniel E Milkie, Michael W Davidson, James A Galbraith, Catherine G Galbraith & Eric Betzig. Rapid three-dimensional isotropic imaging of living cells using Bessel beam plane illumination. nature methods, Vol.8, NO.5 (MAY 2011)417-425.
[242] E.J. Botcherby, R. Juškaitis, T. Wilson. Scanning two photon fluorescence microscopy with extendeddepth of field. Optics Communications 268 (2006): 253–260.
[243] Z. Zalevsky, D. Mendlovic.Optical Superresolution[M].Springer, 2004.
[244] Martin J.Booth, Mark A. A. Neil, and Tony Wilson. New modal wave-frontsensor:application to adaptive confocal fluorescence microscopy and two-photon excitation fluorescence microscopy.J. Opt. Soc. Am. A, Vol. 19, No. 10(Oct. 2002): 2112-2120.
[245] T. Wilson, in: H. Masuhara, S. Kawata (Eds.).Nanophotonics[M], Elsevier, 2004.
[246] L.M. Soroko, Meso-Optics[M], World Scientific, 1996.
[247] C.J.R. Sheppard, T. Wilson.Imaging properties of annular lenses[J].Appl. Opt., Vol. 18, No. 22(1979) 3764-3769.
[248] K.B. Rajesh, Zbigniew Jaroszewicz, P.M. Anbarasan, T.V.S. Pillai, N. Veerabagu Suresh. Extending the depth of focus with high NA lens axicon. Optik, 122 (2011): 1619-1621.
[249] W.J. Denk, J.P. Strickler, W.W. Webb.Two-photon laser scanning fluorescence microscopy[J]. Science 248 (1990) 73-76.
[250] E. Wolf, B. Richards.Electromagnetic Diffraction in Optical Systems. II. Structure of the Image Field in an Aplanatic System；I. An integral representation of the image field. Proc. Roy. Soc. A 253 (1959): : 349-357; 358-377.
[251] T. H. Bett, C. N. Danson, P. Jinks, 6 D. A. Pepler, I. N. Ross, and R. M. Stevenson. Binary phase zone-plate arrays for laser-beam spatial-intensity distributionconversion. APPLIED OPTICS, Vol. 34, No. 20(July 1995): 4025-36.
[252] T. Wilson, R. Juškaitis, P. Higdon.The imaging of dielectric point scatterers in conventional andconfocal polarisation microscopes[J]. Opt. Commun. 141 (1997): 298-313.
[253] D. Birchon, Optical Microscopy Technique[M], Newnes.London.1961.

第 10 章 自适应光学技术应用概述

10.1 引言

天文望远镜从小型的伽利略望远镜发展到由计算机控制的庞大复杂仪器,围绕着提高聚光能力和角分辨率(图像的清晰度)这两个与望远镜口径有关的参数,经历了被动光学、主动光学到目前的自适应光学三个发展阶段[1]。

在光束的产生和传输过程中,有许多扰动因素造成波前畸变。探测仪器、观测目标、光波传输通道和工作环境中任何一个环节都存在扰动因素而导致波前像差,特别是在恶劣条件下工作的大型光学系统,这些扰动因素会降低传输光束的质量或图像的清晰度。传统的光学技术只能通过提高光学设计、加工或装校技术指标来降低光学系统的自身像差,选择合适的工作时间和环境来减小光束通道引入的像差。使光学系统处于恒温中工作来减小温度变化的影响,减轻光学系统自身重量来减小重力变化的影响,但都不能适应主客观条件的动态变化。对随时间变化的动态扰动因素,如大气湍流、温度和重力变化等,无法从根本上加以消除[2]。在许多应用领域,例如在高能激光器、高功率激光传输、大型天文望远镜及其他许多光学系统的应用中,都需要实时检测和补偿光束的波前畸变,因此,自适应光学技术成为当前光学领域的前沿研究方向之一。

10.1.1 自适应光学技术的发展

天文望远镜的发展过程是为了提高两个重要参数:聚光能力和角分辨率(图像的清晰度),而这两个参数都与望远镜的口径有关。聚光能力与像面照度有关,如式(10.1)所示。

$$E_0' = \frac{1}{4}\tau \pi L \left(\frac{D}{f'}\right)^2 \cdot \frac{1}{\beta^2} \tag{10.1}$$

式中,E_0' 为像面照度;τ 为光学系统透过率;β 为望远镜放大率;(D/f') 为系统相对孔径,表征系统的聚光能力。望远镜的角分辨率与物镜口径成反比,可以通过扩大物镜口径来提高角分辨率,尽量接近衍射极限

$$\alpha = \frac{1.22\lambda}{D} \tag{10.2}$$

式中,α 为衍射角分辨率;λ 为成像光波长;D 为物镜口径。

1. 被动光学

大口径物镜可提高系统的聚光能力和角分辨率,但带来了严重的重力、温度、风力等影响,使成像质量降低或不稳定,故采用许多方法来提高成像质量。

提高系统像质设计指标;改进光学玻璃的研磨技术,提高加工质量;采用低膨胀系数的玻璃来减小温度对镜面面形的影响;设计坚固的结构来消除重力造成镜面面形的变形;尽量在夜间使用,因为发动机和电子器件的热耗散在夜晚被减到最小;圆形屋顶使望远镜免受风吹造成震动,并在白天得到冷却。以上技术措施被称为被动光学,其特征是提高望远镜的静态技术指标和使用条件,而没有动态校正装置在观测过程中实时改善像质。这样的设计用于中小型望远镜,成像质量仍然不能得到切实保证,角分辨率比衍射极限低一个数量级[3]。

2. 主动光学

目前天文望远镜主镜的口径多在 4m 以上，使用被动光学技术受到结构和重量的限制，所以在观测过程中由内置的修正部件对主镜面形进行自动调整，称为主动光学系统[3]。主动光学（亦称"能动光学"）系统可以让望远镜主镜时刻保持最佳状态，克服由主镜面形影响像质的因素。

主动光学系统设有波前传感器。从图 10.1 可以看出，波前传感器测得的波前变形由物镜面形变化以及信道干扰两部分组成。同时在薄型主镜后方设有上百个计算机控制的微驱动器，由微驱动器的动作来控制波前变形状况，达到实时监测并抵消重力变形、风力干扰和温度波动对镜面面形的影响。因此主动光学的技术特征是通过内置的"改正系统"在观测过程中主动改变主镜面形来达到改善像质的目的。

微驱动器工作频率较低，为 0.01～1 Hz。主动光学可以将镜面精度保持在 10 nm 或更高的量级，用于大中型望远镜上。成像质量比被动光学系统提高了许多，但仍然远低于衍射极限分辨率。这是由于微驱动器工作频率低，对大气湍流的动态扰动会使大口径望远镜所观测到的星像不断抖动而且不断改变成像光斑的形状，即信道干扰的动态性能不能灵敏地随动，因此主动光学只能解决主镜面形变化而不能解决信道干扰的问题。

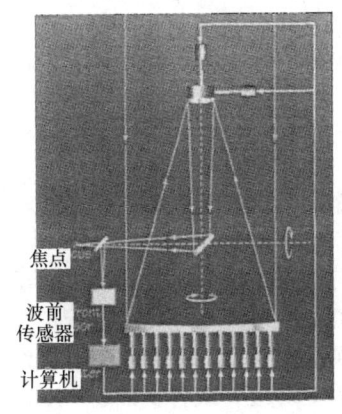

图 10.1 主动光学系统原理图

3. 自适应光学（adaptive optics）

主动光学要针对大口径主镜面形进行校正，微驱动器分布不可能很密集，对微小局部的波前变形校正不足，直接影响到分辨率的进一步提高，而且不能解决信道干扰。随着应用领域的拓展，对成像质量、工作频率和系统小型化的要求更高，而微光学器件设计和加工水平以及高速运算计算机技术的提高，形成具有更高成像质量、更高工作频率和系统微型化的自适应光学技术。

自适应光学是电子学和光学相结合的光电技术，能够实时探测并实时校正波前误差，使光学系统具有自动适应自身和外界条件变化而保持最佳工作状态的能力，改善成像系统的分辨力和激光系统的光束质量[4]。自适应光学系统的技术特征是：具有波前探测器、波前控制器，还有波前校正器用来校正波前变形，而且这些器件都是微型化的，在很高的频率下工作。使用自适应光学技术的空间探测望远镜的分辨率可以提高 10 倍左右，达 0.09″（角秒）[3]。

图 10.2 是自适应光学系统原理图，平面波经过信道传输和物镜接收后，波前产生畸变，由波前探测器测得变形量；波前控制器是一台高速计算机，进行数据处理，得到驱动波前校正器的模拟量来驱动其变形反射镜。校正畸变后的波前，由物镜在焦平面上理想成像。

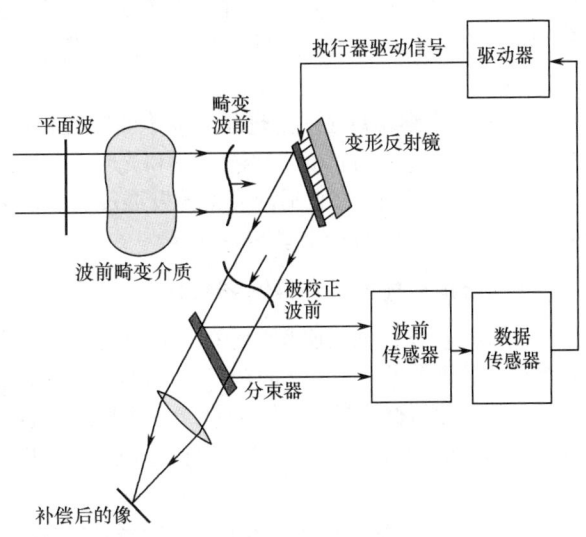

图 10.2 自适应光学系统原理图

10.1.2 自适应光学系统

1. 自适应光学系统的特点

自适应光学的主要特点：①具有补偿光波受动态干扰造成波前畸变的能力；②实时性，自适应光学系统能实时测量出光波波前受动态干扰造成的畸变，并将测量到的信息加到波前校正元件上，使波前畸变得到实时校正，使望远镜实时获得接近衍射极限像质的目标图像；③现代高新技术的综合性，特别是电子技术和计算机技术方面的成果等。

2. 自适应光学系统的主要技术要求

自适应光学的原理是由动态波前误差的特性所决定的，其是时间—空间变量，特性决定了对自适应光学系统的主要技术要求。

自适应光学技术难点之一是光波波前动态扰动的时空特性对自适应光学系统各种参数的要求非常高。校正由温度、重力变化造成的波前误差变化比较缓慢，可以用较低的速度进行校正。而校正大气湍流等变化迅速的系统则要求很高的控制带宽，由几十到上百赫兹，采样频率要达到几百到上千赫兹。对于一般的成像光学系统，其残余波像差应控制在几分之一或者十分之一波长以下才能具有良好的成像质量，因此自适应光学系统的校正精度应该至少达到几分之一波长。此外，由于系统要从极微弱的光信号中探测光波波前的动态畸变，故其探测能力需要达到光子散粒噪声所制约的物理极限。在自适应光学系统中，光学、机械、电子以及其他技术必须紧密结合，因此系统的精度要求高，难度大。

自适应光学难点之二是信标问题。自适应光学系统需要从目标或目标附近的光源发出的光探测光波波前的动态畸变信息。由于采样时间内所能探测的光能非常有限，必须用光子计数技术才能实现波前探测。用于波前畸变探测的光源称为信标，如被探测的目标足够亮，目标本身就可以作为信标。如目标亮度不够时，就须在目标附近有一个足够亮的信标光源。对于天文望远镜系统，由于天空中亮星的数目有限，因此不可能为所有的空间观测提供信标光源。激光导引星（laser guide star）技术为自适应光学系统在星体观测和空间观测提供了一个解决信标问题的方案。其原理是发射一束激光到天空，利用该激光在平流层所产生的后向瑞利（Rayleigh）散射或者在散逸层中的钠层所产生的共振荧光散射作为信标。但要实现以激光导引星作为信标的自适应光学系统，技术难度相当大。

自适应光学难点之三是理论还需不断完善和发展。自适应光学系统除了本身的技术复杂性之外，其工作性能还与目标、传输介质和光学系统有密切关系。因此自适应光学理论涉及目标和大气特性等许多学科。在自适应光学的发展过程中，提出了许多理论问题。只有解决这些理论问题，才能使自适应光学有一个坚实的基础。

3. 自适应光学波前探测器技术

对随时间变化的波前畸变进行实时校正，必须用波前传感器对其进行实时探测。波前传感器对不断变化的波前畸变进行实时校正，必须对波前畸变进行实时探测，其利用从观测目标本身或其附近的自然亮星或激光导引星发出的光，探测动态波前畸变信息，经波前处理系统处理后得到控制波前校正器的驱动信号。波前传感器的空间分辨率和时间分辨率应分别与波前扰动的空间尺度和时间尺度相匹配。

动态波前传感器需要用光电探测器将光信号转变成电信号，采样频率和量子效率要高、噪声小。自适应光学控制系统一般要求传感器的采样频率要超过系统带宽的 10 倍以上，在校正大气湍流时需要上百乃至上千赫兹的采样频率。因此，波前传感器要同时具有高速、高精度和弱光探测能力。

动态波前畸变探测的另一特点是无法提供一个与探测光相干的平面波前作为参考基准，因此不能用光学检验中常用的一般干涉方法直接测量波前相位。自适应光学技术中通常用的方法是探测波前畸变的一阶导数（即波前斜率）或二阶导数（即波前曲率），再通过波前复原算法计算出波前相位。斜率法中比较成功用于自适应光学望远镜系统的有两种：一种是动态交变剪切干涉法，如美国 Maui 岛空军光学站的 1.6 m 补偿成像系统和中国科学院光电技术研究所的 21 单元星体成像补偿系统中都采用了这种方法[5,6]。另一种是哈特曼—夏克法，如美国林肯实验室的 SWAT 系统、欧洲南方天文台的 Come-On 系统和我国建造的 61 单元自适应光学系统中都采用了这种方法[7-9]。曲率法在美国夏威夷大学的自适应光学系统中得到了采用[10,11]。另外还有像清晰化波前传感等间接的波前相位畸变探测技术[12]等。

4. 波前校正器

在自适应光学系统中，波前误差的补偿由波前校正器完成的[13-15]，它能在外加控制下，实现高速和高精度的光学镜面面形变化、平移或转角，从而改变光学系统的波前相位。正是由于这种特殊光学器件应用到光学系统中，从根本上改变了传统光学技术对外界动态干扰无能为力的状态。波前校正器的发展水平能够表征自适应光学技术的发展水平。

波前相位的变化可以通过透射元件的折射率改变或者反射面位移产生光程改变来实现，因此波前校正器可以分为透射式和反射式两类。在透射式波前校正器中，工作介质在电压控制下局部改变折射率从而使透过的光束引入波前校正量。某些液晶元件具有这种性能，但动态范围和响应速度有限，能承受的光功率较低。自适应光学技术中目前使用最多的是反射式波前校正器，它具有高的响应速度、大的校正动态范围、光程校正量与波长无关，并能承受较大的光功率。

反射式波前校正器分为变形反射镜和高速倾斜反射镜两类。变形反射镜（简称变形镜）在工作时能够实时可控地改变镜面面形，用以校正波前误差。高速倾斜反射镜（简称倾斜镜）的功能是使反射镜产生整体倾斜，用于校正波前整体倾斜误差。

5. 波前控制器

自适应光学技术是光学技术与控制技术的有机结合。自适应光学在传统光学中引入了实时探测和实时校正的自动控制原理，构成以光学波前为对象的自动控制系统。波前控制部分的任务是根据波前传感器测量的波前误差信号，经过变换和控制计算，驱动波前校正器进行波前校正，实现整个系统的闭环控制，所以波前控制部分是联系整个自适应光学系统各个部分的枢纽。

自适应光学技术中波前控制部分的技术难点主要体现在计算量巨大和实时性要求高。自适应光学系统是几十路至几百路的并行控制系统，波前探测的输出结果是若干路波前斜率信号，而波前校正器的输入信号是若干路的驱动器控制电压。从波前斜率到控制电压的变换处理一般是用计算机或模拟电路网络实现的。要求波前计算机准确地把几十至上百路波前斜率信号复原为波前相位，对每路都要施加一定的控制算法，然后计算出这些驱动器上的控制电压，其计算量巨大。并且要求计算在短的时间内完成，以保持波前探测和波前控制的实时性，保证系统达到一定的控制带宽。根据自适应光学系统数据处理的特点研制专用的高速波前计算机，是波前控制技术的主要难点。其次，采用合理的波前控制算法，能够充分发挥出整个自适应光学系统的潜能。

10.1.3 自适应光学应用技术

1953 年美国天文学家 Babcock 提出了用实时测量和实时校正来克服动态干扰的设想，随着大型激光工程和光学系统的发展，对克服动态误差的需求日益迫切，也由于支撑技术日益成熟，20 世纪 70 年代国外便发展成为自适应光学[4]。目前，自适应光学技术日趋成熟，世界上许多大型天文望远镜都装备了自适应光学系统，而且应用领域正在从大型望远镜和激光工程扩展到民用领域[16]。

1. 自适应光学在空间探测中的应用

1972 年，美国研制出第一台实时大气补偿成像实验系统。这个系统在 300 m 水平光路上成功地对大气湍流效应进行了补偿，经补偿后的图像分辨率接近衍射极限。1982 年在夏威夷附近的美国空军毛伊（Maui）岛光学站上，安装了世界上第一台实用的 1.6 m 自适应光学望远镜，用于对空间目标的监测。该系统在可见光波段（0.4～0.7 μm）工作，在 805 km 的距离上系统的分辨率可达 0.3 m，即 0.07″，表明该系统在 1.6 m 口径和 0.6 μm 工作波长的情况下达到衍射极限的成像质量[17]。

20 世纪 80 年代末期，欧洲南方天文台在法国空间研究院和莱塞多特（Laserdot）公司的协助下，进行了称为 COME-ON 的自适应光学计划。1989 年该系统被装到位于法国普洛旺斯天文台的 1.52 m 天文望远镜上进行实验，成功地在红外波段实现了校正。在波长大于 2.2μm 的波段内，星像接近衍射极限，在波长较短时望远镜的像质也有很大改善。由于所用的像增强器噪声大，系统所能观测的极限星等只有 3 等。1990 年系统运到智利，安装到拉—西拉（La-Sila）的欧洲南方天文台 3.6 m 望远镜上进行实验时，改用了低噪声的 CCD 探测器，使系统的探测能力明显提高，达 11.5 星等[18]。这两次实验是自适应光学技术在天文上第一次取得的成功应用，被认为是天文观测技术发展的里程碑。

我国的自适应光学技术研究起步于 20 世纪 70 年代末，中国科学院成都光电技术研究所于 1980 年建立了全国第一个自适应光学研究室，开展了自适应光学望远镜原理和技术研究，使我国自适应光学技术研究水平跃居世界先进行列。于 1990 年 9 月在云南天文台首次实现对星体目标的大气湍流校正成像。清楚地分辨出未校正前不能分辨的"双星"，使我国成为继美国和法、德联合研究之后，世界上第三个实现星体目标实时校正成像的国家。

2. 自适应光学在空间光通信中的应用

无线激光通信是指利用激光束作为载波在陆地或外太空直接进行语音、数据、图像信息双向传送的技术，又称为"自由空间激光通信（free space optics—FSO）"、"无线光通信"或"无线光网络（wireless optical network）"。在双向通信系统中，自适应光学系统需要纠正接收的光束波前，改善成像清晰度，提高通信质量，而且同时需要预变形发射机输出光束的波前，用以纠正光束在已知的大气中的变形，从而消除漂移和起伏，以光束可以锁定目标。

3. 自适应光学在星载对地望远镜中的应用

用于对地观测的星载光学系统受空间环境及相机内环境的影响而存在波前畸变。星载光学系统的畸变主要源于温度场和重力场的影响。由于卫星内部设备发热（内热源）及从太阳、地球和其他天体吸收的辐射热量和深层太空的热辐射，使光学零件产生热致变形，包括倾斜、平移、表面畸变等；由于空间的微重力环境及卫星发射时带来的过载和冲击振动使光学零件产生变形。这些影响综合表现为波前畸变，进而恶化成像质量。为了获得衍射极限分辨率水平的图像，必须对这种波前畸变进行校正。美国的摄像侦查卫星 KH-12，口径 2.4 m，由于采用了自适应光学技术，在 160 km 的轨道高度上用可见光成像，地面分辨率可达 8～10 cm[19]。

4. 自适应光学在激光核聚变装置中的应用

核聚变（nuclear fusion）是指由质量小的原子，如氘与氚，在一定条件下（如超高温和高压），发生原子核互相聚合作用，生成新的质量较大的原子核，并伴随着巨大的能量释放的一种核反应形式。1983 年，中科院上海光机所建立了我国第一套激光核聚变装置"神光 I"，并于 1985 年将自适应光学波前校正系统用于该装置上。该装置由一个功率不大的激光器发出一个激光脉冲，经过多级氙灯泵浦的放大器逐级放大，到光路末端形成口径达 200 mm 的高功率激光，其脉冲功率可达 10^{12} W。将这束激光引入一个真空靶室并聚焦到靶室中央的靶球上引发核聚变。在激光放大过程中随着功率的增加,光束口径也要逐渐增大,在各个放大器之间还要用光学系统扩大光束口径。因此整个系统庞大复杂,每条光路总长度达到几十米,有100多个光学表面。激光传输中通过的光学材料的总厚度超过3 m。尽管已经在光学材料、光学加工和装调方面采取了许多措施来保证精度,但由于光路长、光学表面多、光学表面加工误差和材料不均匀性的积累仍然使激光产生较大的静态波前误差,使聚焦光斑弥散,靶面上能量集中度降低。为了校正这一套庞大系统的光学误差,成都光电所专门研制了一套"高频振动波前校正系统"于1985年应用于该装置中,校正后激光能量提高3倍,接近衍射极限[20]。

5. 自适应光学在高能激光武器中的应用

激光防空武器具有极高的激光能量,以直接摧毁敌方各种制导武器为目的。除了要求更高的激光功率以外,对跟瞄系统的精度要求也更高。所有地基和空基激光武器都需要解决的一个难题就是光束的大气效应。光束通过大气传输时,除了要被各种大气粒子和气溶胶吸收和散射外,还会被激光导致的温度起伏产生畸变,而使波前失真(聚焦光斑弥散)和闪烁(焦斑无规则地抖动),这会严重影响整个系统的效能,故有必要引入自适应大气波前畸变校正。在高能激光系统中,自适应光学技术具有两方面的作用,即成像补偿和强激光传输补偿。成像补偿的目的是提高图像清晰度和分辨率,从而提高跟踪精度。这种成像补偿的作用主要是校正大气湍流对目标光造成的畸变。强激光传输补偿的目的是缩小和稳定光斑,提高靶斑能量集中度。这种强激光传输补偿的作用,既包括校正大气湍流对强激光造成的畸变,又包括校正由大气热晕效应引起的强激光畸变。激光功率高热晕效应越严重,当激光功率增大到某个临界值 P_C 后,光斑功率密度不再增加反而下降。用自适应光学系统可以提高临界功率值,使其更接近衍射极限值[21]。

6. 自适应光学在视网膜检测中的应用

1994年,美国首先将自适应光学技术引入视网膜成像,观测到活体人眼视网膜细胞。它为从细胞水平上研究活体疾病早期变化、发病机制等提供了新的方法,为视觉生理研究和疾病的早期诊断提供了强有力的工具。中科院成都光电所1997年开始在国内首先开展了人眼视网膜高分辨率成像自适应光学技术研究工作,先后突破了微小变形反射镜原理及制造、人眼像差波前传感器原理与人眼像差测量和重构等关键技术。2000年,该所研制出微变形反射镜的人眼视网膜高分辨率观察自适应光学系统,获得了视细胞和眼底微血管的高分辨率图像[22]。

10.1.4 自适应光学在相控阵系统中的应用

1. 光纤激光相控阵系统

高功率高亮度光纤激光在工业加工、材料处理、激光雷达、光电对抗、定向能技术等领域有着广泛的应用[23]。由于热损伤、非线性效应等因素的限制,单根光纤激光的输出功率有限[24]。一个有效的选择方案是光纤激光相控阵系统[25,26],以多个中等功率激光器组成阵列,采用相干合成方法提高激光输出功率,成为高能激光系统。

与微波相控阵相比,由于激光波长(微米量级)较微波波长(毫米~米量级)短得多,由此带来的单光束波前控制、阵列光束锁相控制、阵列光束大气湍流补偿等问题,是微波相控阵中考虑较少而光学相控阵中必须解决的问题。

2. 自适应光学分类简述

自适应光学根据相位共轭原理对畸变波前进行实时相位共轭补偿。一束理想平面波经过波前畸变介质后,光场表示为 $E(x,y,t) = A(x,y,t)e^{-j\varphi(x,y)}$,其中 A 为振幅,$\varphi(x,y)$ 是由传输介质引起的波前畸变。自适应光学的作用是运用自适应补偿元件产生与入射光场共轭的附加波前 $-\varphi(x,y)$,

补偿由介质引起的畸变波前 $\varphi(x,y)$，消除光束的像差，提高光束质量。

按照共轭波前的产生和补偿原理，自适应光学系统可以分为校正式和非线性光学式两类[27]。校正式自适应光学系统利用能动光学元件（变形镜、倾斜镜等）产生共轭波前，同时通过伺服机构的闭环控制实现波前校正。非线性光学式自适应光学基于非线性相位共轭原理产生共轭波前以实现波前校正。

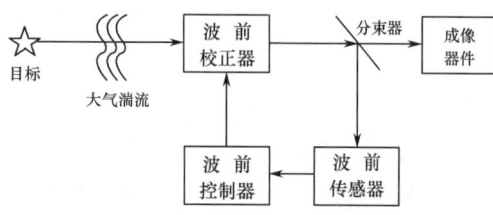

图 10.3 共轭式成像自适应光学系统

在校正式自适应光学中，按照实现方式，可以分为基于波前传感的共轭式自适应光学和基于优化算法的无波前传感自适应光学（wavefront sensorless adaptive optics，WFSLAO）[7]。共轭式成像自适应光学系统原理如图 10.3 所示，主要由波前传感器、波前校正器和波前控制器三部分组成。波前传感器用于测量波前信息，目前主要有基于斜率传感的 Hartmann 传感器、剪切干涉仪和基于曲率传感的波前曲率传感器等几类[27]。波前校正器用于波前误差实时校正，目前主要有基于机械变形的各类变形镜（压电陶瓷驱动变形镜、微机电变形镜、薄膜变形镜等）和基于折射率调制的液晶空间光调制器等[21,24]。波前控制器将波前探测器探测到的信号转化为波前校正器的控制信号，驱动波前校正器改变波前形状，产生与畸变波前共轭的补偿波前，从而有效地校正各种扰动对成像质量的影响，得到接近衍射极限的成像。波前控制器可以由高速计算机、专用高速数字信号处理器件实现。根据上述分析，共轭式自适应光学系统的波前校正过程可以看作一个波前测量—波前复原—波前补偿的反馈控制过程。

3. 无波前传感自适应光学（WFSLAO）

系统如图 10.4 所示，由性能评价模块（性能评价函数传感器）、波前校正器和算法控制器组成。性能评价模块获取代表当前系统波前信息的性能评价函数。算法控制器根据当前输出到波前校正器上的控制信号和系统性能评价函数，通过优化算法的迭代，更新输出到波前校正器的控制信号，在性能评价函数的极值寻优过程中，实现波前畸变的补偿。WFSLAO 不需要进行波前测量，可不受大气闪烁效应等畸变的限制，能够避免共轭式自适应光学系统在波前畸变严重时波前测量误差带来的补偿困难[28-30]。同时，由于无须进行复杂的波前测量和波前重构，WFSLAO 计算量小、结构紧凑，便于向空间高分辨率扩展[31,32]。

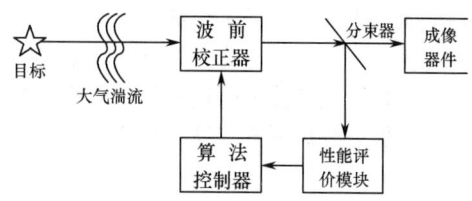

图 10.4 无波前传感自适应光学（WFSLAO）系统

按照校正波前的特性，自适应光学可以分为对连续波前畸变补偿的整束（单束）光束自适应光学和对平移(piston)相位校正的阵列光束自适应光学。一般情况，光束波前畸变可以利用 Zernike 多项式来描述[27]。

$$\varphi(x,y) = \sum_{k=1}^{N_Z} a_k Z_k(x,y) = a_1 Z_1(x,y) + \sum_{k=2}^{N_Z} a_k Z_k(x,y) \qquad (10.3a)$$

其中 $Z_k(x,y)$ 为 Zernike 多项式；N_Z 为 Zernike 多项式的阶数；a_k 为 Zernike 多项式的系数。根据式（10.1），光束的波前 $\varphi(x,y)$ 可表示为平移相位（一阶 Zernike 多项式，$Z_1(x,y)=1$）和倾斜像差以上波前（二阶以上 Zernike 多项式 $Z_k(x,y)$，$k>1$）的组合。传统的整束光束自适应光学中，主要研究工作集中在对倾斜及其连续波前畸变的补偿，由于平移相位一般不影响系统光束质量或成像性能，对其关注较少[21]。因此，通常意义上的自适应光学都是指对连续波前畸变进行补偿的整束光束自适应光学。

然而，在激光相控阵等阵列相干光束应用场合，除了需要对各个单元光束内部的连续波前畸变进行补偿外，还必须对各个光束之间的平移相位进行控制。在这类阵列光束应用中，连续波前畸变可以利用传统的整束光束自适应光学技术予以解决，而对于平移相位的控制，传统整束光束自适应光学技术则无能为力。设阵列光束中平移相位表示为

$$\varphi(x,y) = \sum_{k=1}^{N} a_k Z_1(x,y) \tag{10.3b}$$

其中，N 为阵列中单元光束数目，a_k 为各光束平移相位的大小。在阵列光束平移相位控制中，其波前探测方法和锁相机理与传统整束光束自适应光学系统有较大的区别，称这类波前控制技术为阵列光束自适应光学技术。目前研究较多的阵列光束相干合成[33-35]，主要是实现各路激光之间的相位平移锁定，可以看成是阵列光束自适应光学的研究范畴。根据上述，自适应光学分类如图 10.5 所示。

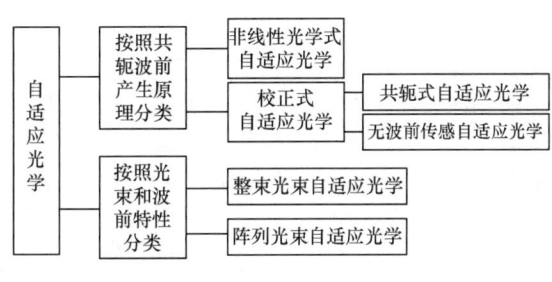

图 10.5　自适应光学的分类

10.1.5　高能激光相控阵系统简介

1. 高能激光相控阵主要技术

光学相控阵是微波相控阵在光波频段的扩展，其基本思想是以多个小口径光束定向器阵列实现光束发射、接收和高精度探测，以声光和电光器件为基础完成激光束阵列的无惯性扫描。这种全电控制的光束定向技术，摆脱了机械式光束扫描方式，能够实现快速、精确的光束控制，体积小、重量轻[36]，在激光雷达、激光通信、光电对抗、定向能技术等领域有着应用前景[37]。

自从 20 世纪 60 年代微波相控阵技术问世之后，就试图将相控阵的概念延伸到光波频段，并对光学相控阵（optical phased array，OPA）中的相关技术进行了研究[38-40]。但是，由于光波波长较微波波长短，带来一系列问题，使得光学相控阵变得相当复杂和难以实现：由于光波波长光学移相器件的制作工艺难度较大，光束扫描的空域范围相对较小；受限于激光波长较短和移相器件的制作与实现，光学相控阵的波前控制和相位锁定技术较为复杂[41]；在微波相控阵中微波波长（毫米～米量级）较长，大气对微波传输的影响可以忽略，但是在光学相控阵中光波波长短，大气效应（湍流、热晕等）对光束传输的影响相当严重。为了解决光学相控阵中的移相器问题，先后研制了一维[42]、二维光束移相器[43,44]，包括各种类别的相位平移调制器[42]、光纤延迟器件[45,46]，一维和二维液晶空间光调制器等[47]。在激光主动相位锁定与控制方面，以主动相位控制相干光束合成[48]为光学相控阵的相位控制技术提供了参考。对光束传输的大气影响补偿，主要利用各类自适应光学技术对大气湍流进行补偿[49,50]。

光学相控阵的一个典型应用是高能激光系统。传统的高能激光系统一般由激光器和光束定向器组成，如图 10.6 所示。考虑到光束在大气中的传输，高能激光系统涉及三项关键技术：高能激光器技术、光束定向技术、自适应光学技术。传统高能激光器一般是单台大功率激光器，由于其体积庞大、运行成本高、机动性较差，难以适合于机动性要求高的使用场合。在传统的光束控制技术中，发射望远镜系统重量正比于 $D^{2.7}$（D 为发射镜直径）增长，发射系统的功耗随 D^5 增长，并且需要相应的万向伺服机械装置，由于机械传动的速度相对较慢，

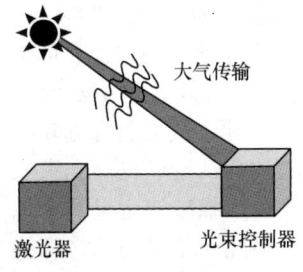

图 10.6　高能激光系统结构

难以实现快速有效的光束扫描。传统的共轭式自适应光学系统是基于波前测量的，在较强湍流情况下，振幅起伏及光束波前的不连续性给波前探测带来较大误差，其补偿效果受限。由以上限制，传统的高能激光系统在高速机动使用场合遇到了一定的问题[28]。

近年来，随着高功率光纤激光器、光学移相器件、无波前传感自适应光学等相关领域技术的进步，上述几个问题得到了一定程度的缓解。首先，光纤激光器固有的低阈值、高效率、小体积、热管理简单、光束质量好、运行成本低等优点[51]。单台光纤激光器输出功率的快速提升[23]和阵列光纤激光相干光束合成技术的发展[52]，给光纤激光器阵列用于高能激光系统带来了前景。其次，各类光学移相器件的研制和实现[44]，推动了光学相控阵技术的发展[53]，并使得高能激光系统有望实现高精度、任意角度的快速光束指向。光学相控阵技术利用多个小口径发射望远镜替代大口径发射望远镜（如图10.7所示），利用全电控制的方式实现光束扫描，光束定向器的重量、体积和功耗与发射口径D^2成正比，降低了系统的体积和重量，提高了系统的反应速度[41]。基于并行梯度下降优化算法的无波前传感自适应光学技术[32]，使得自适应光学系统可不受大气闪烁效应等条件的限制，一定程度上弥补了传统基于波前传感的自适应光学技术的缺点。

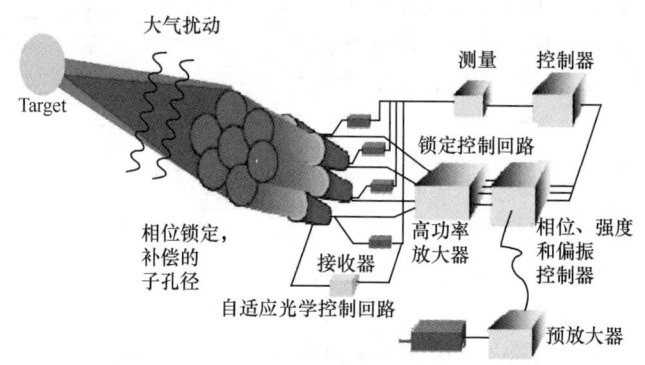

图 10.7 高能激光相控阵—APPLE 系统结构

如果用相干光束合成的光纤激光源替代传统的单台高能激光源，用基于光学相控阵的全电光束控制方法取代传统的机械转动控制方式，用无波前传感自适应光学技术代替传统的基于波前传感的自适应光学技术，将对高能激光系统的性能提升产生较大的影响[56]。基于类似的设想，美国军方的研究人员提出了基于上述技术的新结构高能激光相控阵系统——自适应光子相位锁定单元（adaptive photonic phase locked elements，APPLE）[25,26]。APPLE 系统结构如图 10.7 所示，种子激光器经过预放后被分为多路光束，各光束依次经过控制器件、级联放大器后由分立的阵列发射望远镜发射。控制器件用于对光强、相位、偏振特性进行控制；放大器对各路激光进行功率放大。发射望远镜在发射激光的同时，从目标获取性能评价函数，送入控制器中。控制器利用无波前传感自适应光学技术，同时实现光强均衡、相位锁定和偏振锁定，在目标处得到高功率密度相干合成激光。

高能激光相控阵系统具有以下特性：采用多个中等功率激光阵列合成提高激光输出功率，采用全电光束扫描技术提高光束控制速度和精度，利用模块化的结构设计提高系统的稳定性和可维护性。该系统具有可定标放大属性、多光束扫描能力，是下一代高能激光系统的有效选择方案[25,26]。在激光相控阵系统中，主要研究对象包括：大功率光纤激光器/放大器阵列；用于提高目标处功率密度的自适应光学技术：包括整束光束净化（是校正激光口出射光束的波前畸变以提高光束质量）、阵列光束合成、大气湍流补偿自适应光学）；用于实现快速大角度跟踪瞄准的全电光束偏转控制技术等。与微波相控阵相比，由于激光波长较微波波长短得多，由此而带来的单光束波前控制、阵列光束相位锁定、阵列光束大气湍流补偿等问题，是微波相控阵中考虑较少而光学相控阵中必须解决的问题。研究光学相控阵中的自适应光学，以期在目标处获得高功率密度的激光。

2. 激光束相干合成技术

单路二极管抽运固体激光器和光纤激光器，由于激光介质和光学器件的功率负载能力的限制，在高功率下的非线性效应和热效应，使其输出功率有限。为满足军事应用对高能激光的要求，需要把多束激光相干合成为一束光，获得高功率、高光束质量的激光束。实现光束的相干合成就要使各光束的相位一致。如对多路 MOPA（master oscillator power amplifier）激光器输出光束进行相干合成时，一个主振荡激光器（MO）分光输入到多路激光功率放大器（PA），对每路激光实施相位控制，使各路输出激光束（称为子光束）的相位一致，再把各子光束拼接在一起，经聚焦系统聚焦在焦平面上产生相干合成焦斑。相位控制量由测量各放大器输出光束间的相位差信息得到，转换为电信号来控制放大器前的相位调制器，通过反馈闭环控制使所有光束相位一致。除了主动相位控制实现光束相干合成，研究者正在探索被动相干合成方法。诺斯罗普·格鲁曼公司用衍射光学元件实现了低功率光束的相干合成。要得到好的相干合成效果，各路子光束应满足以下要求[54]。

（1）各路子光束的光束质量应优于对总输出光束质量的要求，近场光强分布应均匀。合成束的光束质量不可能高于子光束，子光束的波面畸变会严重影响合成效果。要对各子光束应用自适应光学技术进行闭环校正，以得到高质量光束。诺斯罗普·格鲁曼公司 15 kW 的单路放大器链输出光束质量达到 1.5 倍衍射极限（DL），7 路放大器链相干合成获得 100 kW 输出，但光束质量仅为 3DL，还没能达到要求的 2DL。

（2）各路子光束应有高偏振消光比及其高稳定性，应是窄带线偏振光，并且各路子光束偏振态一致，要使主振荡器、分光光路和功率放大器保偏。这就是诺斯罗普·格鲁曼公司使单路放大器输出光束的偏振消光系数要做到 50∶1 的原因。

（3）各路子光束应有低的相位噪声及高稳定性，才能保证相位测量和闭环控制的效果，否则会对测量和控制的动态范围和闭环带宽提出难以实现的要求，产生较大的相位校正残差。光束相干合成要对各光束相位闭环控制，由于相位调制器是较成熟的器件，所以研究的主要问题是获得相位调制器的控制量。一类方法是如上所述，即测量子光束间相位差，得出使相位差为零的各路调制器的控制量。现在较成熟的相位测量方法是外差法[55]和 RF 射频标记法[56]。另一类方法是直接用远场光斑的最佳化作为获得控制量的选择判据，不需要进行相位测量。首先对各相位调制器施加随机扰动电压，由远场光斑变化经计算机产生新的扰动量，直到获得最佳远场光斑。与原有的爬山法不同之处在于采用新的远场评价函数和高速随机并行梯度下降算法（SPGD），简化了电子学系统，关键在于算法的快速收敛。

外差法测量相位原理如图 10.8 所示。主振荡器输出分光后进入功率放大器，单独有一路作为参考光束，用移频器（FS）将使其成为一射频范围的频移 ΔX。通过相位测量系统，各路子光束分光后分别通过透镜聚焦到光电探测器上，与参考光重叠产生频率为 ΔX 的拍频光，各光电探测器分别测量出各路拍频信号。用参考光移频器的驱动电源信号作为参考信号，提取出拍频信号与参考信号的相位差，转换为电压作为放大器前相位调制器的控制信号，形成对各子光束相位的闭环控制，使所有子光束相位一致。

外差法需要单独的参考光束，分别测量各子光束的拍频信号，用与子光束相同数量的光电探测器。在合成子光束非常多时，系统变得复杂而不适用。一种叫作射频标记法的相位测量方法可以克服外差法的缺点。射频相位调制标记法原理如图 10.9 所示。不用单独的参考光束，而是用合成子光束中的一路作为参考光束，因此也称为自参考相位锁定。在各放大器前的相位调制器上加不同频率的射频源进行相位调制，参考光束不加射频相位调制。各子光束通过分束镜分光后，用一块透镜把所有子光束聚焦并叠加到一个探测器上。探测器测量到的光信号是各子光束与参考束以及子光束间相干结果的叠加。由于已对各子光束做了射频相位调制的标记，就可以采用锁相放大器等电子学方法提取出各子光束与参考光的相位差，从而为相位调制器提供控制信号。射频标记法简化了相位探测光路，仅用一个光电探测器，利用电子学方法检出各路光的相位差。外差法是用机械方法分离各子光束光路，子光束间距不能太小，限制了光束合成的填充因子。由于射频标记法在相位探测光路中只用一个聚焦镜和一个探测器，对于较多的子光束合成，射频标记法相对外差法更有优势。

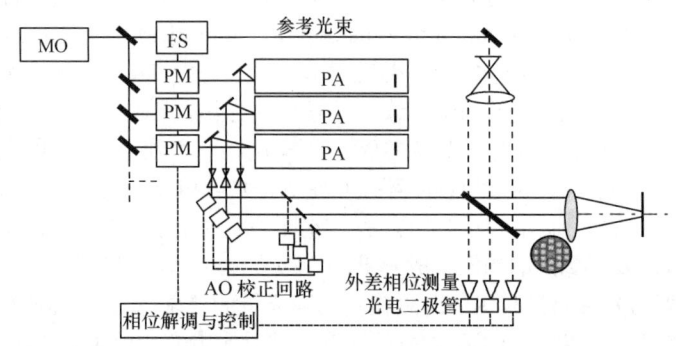

图 10.8　外差法测量相位原理（MO 为主振荡器，PA 为功率放大器，
PM 为相位调制器，AO 为自适应光学，FS 为移频器）

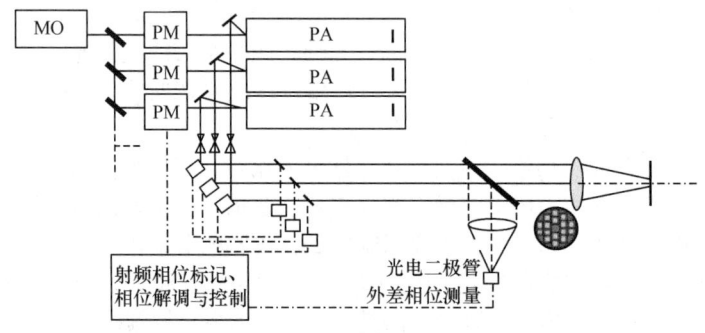

图 10.9　射频相位调制标记法原理图

3. 关于光束质量评价方法的比较

有多种激光光束质量评价方法。针对不同的光束种类和应用目的，对光束质量评价方法有光束质量因子 β、斯特列尔比 SR、M^2 因子、环围功率比 BQ 等，所有方法都是以理想光束为评价标准。在高能激光应用中，重要的是打到靶上的激光功率密度，即在有效损伤尺度内的功率。斯特列尔比 SR 定义为实际光束焦斑峰值功率与理想光束焦斑峰值功率之比，它比较直观地反映了激光在远场的峰值强度，不能说明光斑主瓣所占能量，而且未考虑整体倾斜的影响。M^2 因子能较好地反映光束质量的实质，但只适合高斯光束质量的评价（理想高斯光束 TE00 的 M^2 因子为 1）。光束质量因子 β 定义为测量的实际光束的远场发散角与同样尺度的理想光束的远场发散角之比。实际光束的远场发散角是指焦斑中一个环围的角半径，其环围内功率与总功率之比等于理想光束焦斑半径内的环围功率比（即理想光束衍射极限角内环围功率占总功率的份额）。这是一个非常直观的量，对已知功率和口径的激光束，测出光束质量因子 β，很容易计算焦斑尺度和功率密度。环围功率比 BQ 是理想光束的环围功率比与实际光束焦斑在理想衍射角内的环围功率比相比较得到的量。环围功率比与 β 因子的区别在于：β 因子是先定出功率百分比再测量其相应半径，与理想光束比较后得出的量；环围功率比则是先定出角半径，再测量其中功率百分比，与理想光束比较后得到的。在 BQ 实际测量中，光斑半径的选取是个固定值，可用

一个小孔遮拦光束,测量小孔后的激光功率即可得出 BQ 值;而在 β 因子的测量中,一定功率比下的焦斑半径会产生较大的误差。由于实际光束的焦斑半径总要大于理想光束的光斑半径,BQ 测量的环围尺度要小于功率比 β 因子测量的环围尺度,所以对较小尺度的靶,更适合用 BQ 计算靶上功率密度。

在高能激光的军事应用中,采用卡塞格林光学系统发射激光,要求激光是环形束。高能激光器就要采用非稳腔,或者在光束相干合成时采用拼接法拼出环形束。在环形光束的光束质量测量中,以有相同遮拦比的理想环形束作为评价标准。遮拦比严重影响焦斑主瓣能量,遮拦比越小,主瓣能量越小。对不同遮拦比的环形束给出同样光束质量时,实际的聚焦能力是不同的。这样的光束质量只表明系统的技术水平,不能反映系统的打靶能力。需要用一个与遮拦比无关的评价标准,如用理想实心束作为评价标准给出环形束光束质量,可方便地比较系统的打靶能力。这样,对于光束合成的子光束和合成束,就可应用一样的光束质量判据。

10.2 自适应光学系统原理

自适应光学通过对动态波前误差的实时探测—控制—校正,使光学系统能够自动克服外界扰动及仪器本身的某些不稳定性,保持系统良好的性能。下面将说明自适应光学技术的基本原理,并介绍由中国科学院光电技术研究所研制的三套自适应光学系统及其使用结果:1.2 m 望远镜天体目标自适应光学系统、"神光 I"激光核聚变波前校正系统和人眼视网膜高分辨力成像系统[4]。

10.2.1 自适应光学概念

1. 光学波前误差的自动校正

从 1608 年利普赛(Lippershey)发明光学望远镜,1609 年伽利略(Galileo)第一次用望远镜观察天体以来已经过去了近 400 年,望远镜提高了人类观察遥远目标的能力,之后,就发现大气湍流的动态干扰对光学望远镜观测有影响。大气湍流的动态扰动会使大口径望远镜所观测到的星像不断抖动而且不断改变成像光斑的形状。1704 年牛顿(I. Newton)写的《光学》[8]中,就描述了大气湍流使像斑模糊和抖动的现象,他认为难以克服这一现象,他认为:"唯一的良方是寻找宁静的大气,云层之上的高山之巅也许能找到这样的大气"。但即使在地球上最好的观测站,大气湍流仍然是一个制约观测分辨率的重要因素。无论多大口径的光学望远镜通过大气进行观察时,因受限于大气湍流,其分辨力并不比口径为 0.1~0.2 m 的望远镜高。从望远镜发明到 20 世纪 50 年代的 350 年中,天文学家和光学家创造了 Seeing 这个名词来描述大气湍流造成星像模糊和抖动的现象,但是对 Seeing 的影响还是无能为力。

流体的运动主要分为层流和湍流,层流属于规则运动,湍流则属于不规则运动。大气湍流是大气中一种不规则的随机运动,湍流每一点上的压强、速度、温度等物理特性的随机涨落。自适应光学的概念首先来源于天文望远镜观测中遇到的大气湍流扰动问题。自适应光学系统的性能参数主要是由被校正动态波前误差的空间—时间特性决定的,即由于大气湍流使光束波前在空间内随时间发生变化。自适应光学最初主要用来克服大气湍流对光波传输造成的影响,即光在大气传输过程中与大气相互作用产生的物理过程。

由于大气湍流随时间、地点的变化很大,描述大气湍流的模型很多。其中描述白天湍流的有 HV 模型、SLC-day 模型等,用于描述夜晚湍流的有修正 HV 模型等。如修正 HV 模型-1、修正 HV 模型-2 等[8,57]。各种模型的折射率结构常数 C_n^2 随海拔高度 h 变化,各种模型的差异如图 10.10 所示。可见各种模型的规律是相似的,都是在近地面 $C_n^2(h)$ 值最大,即湍流最强,海拔越高 C_n^2 值越小。多数模型在 2 km 高空有一个湍流较弱的区域,在 5~10 km 处有一个湍流较强的区域。

两种修正的 HV 模型在大部分高度基本重合，只是在近地面区域有所差别。

大气湍流的时间特性与各湍流层风速的变化有关。风速随大气层高度的变化通常采用巴夫顿风速模型。图 10.11 是标准巴夫顿模型中风速随大气层高度的变化曲线[58]。

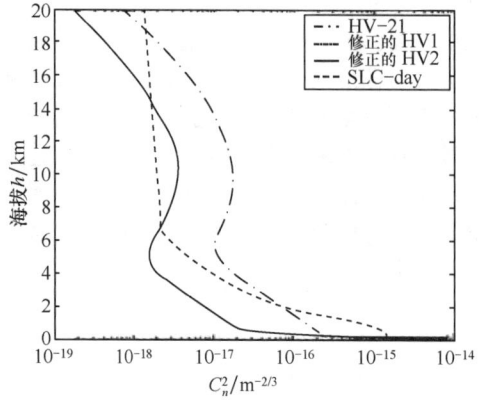 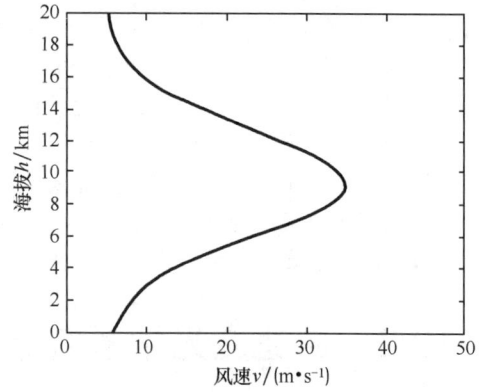

图 10.10　各大气折射率结构常数随海拔变化的模型　　图 10.11　巴夫顿模型中风速随大气高度的变化曲线

2. 大气湍流对成像光学系统的影响

从点源发出的电磁波，以球面波的形式向外传播，具有相同相位的点组成的波阵面（波前）是以点源为中心的球面。从无限远点光源来的平行光，其波前是平面。球面波或平面波聚焦后生成的像，受接收孔径衍射的影响生成衍射光斑。图 10.12（a）是口径为 D 的圆形孔径对波长为 λ 的点光源生成的衍射光斑，没有波前误差时的衍射极限光斑由一个中心光斑和一系列逐渐减弱的同心环组成，称为艾利（Airy）斑。对圆形口径，83.4%的光能集中在中心斑内，其余 16.6%的能量分布在周围的各个环带（旁瓣）内。艾利（Airy）斑直径为 $2.44\lambda/D$。常用 $1.22\lambda/D$ 来表示理想光学系统可以分辨的最小角距离或分辨能力，称为瑞利准则：波长越短，口径越大，其分辨能力越高。

(a) 没有波前误差时圆形孔径产生的衍射光斑

(b) 波前误差均方根值为 ±0.56 波长时弥散光斑

图 10.12　波前误差对成像光斑能分布的影响

图 10.12（b）给出±0.56 波长（均方根）波前误差时，点光源成像的光斑三维图，光斑显著扩散。对于大气湍流这样的动态干扰，扩展的光斑将不断改变形状，且成像位置不断漂移。

光学系统本身的误差和光波传输介质的任何扰动都可以使波前偏离球面或平面，产生波前畸变。成像分辨率对波前畸变十分敏感，几分之一波长的波前畸变就足以使像点弥散，成像质量下降。

类似大气湍流的动态干扰使光波波前产生动态畸变,点光源所成的像扩展成为不断晃动和闪烁的模糊斑,而使目标的形态细节分辨不清,定位精度下降,对目标的探测能力也因光能的弥散而下降。图 10.12(b)是望远镜口径对点光源成像光斑受大气湍流影响的三维图。图 10.12 中成像光斑的光学传递函数(OTF)如图 10.13 所示。

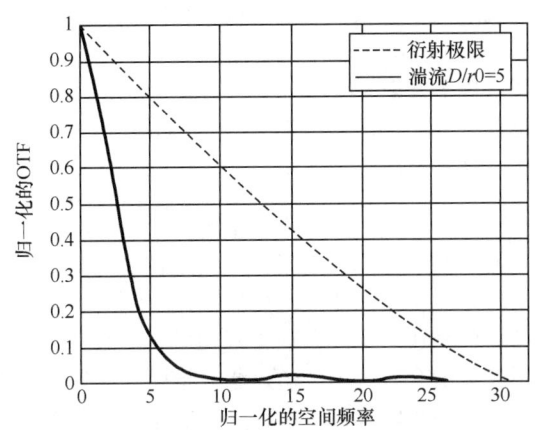

图 10.13　图 10.12 对应的 OTF

3. 自适应光学系统的特点

自适应光学最主要的特点如下:

(1)具有补偿光波受动态干扰造成波前畸变的能力。这赋予了光学系统能动可变的特性。

(2)补偿光波波前畸变的实时性。自适应光学系统能实时测量出光波波前受动态干扰造成的畸变信息,并加到波前校正元件上,波前畸变得到实时校正,使望远镜实时获得接近衍射极限像质的目标图像。而对强激光发射系统实时补偿动态干扰造成的波前畸变,将激光能量有效地聚焦到目标上。

(3)自适应光学是高度综合性技术。自适应光学综合应用了现代高新技术:电子技术和计算机技术方面的成果,还在不断发展。

4. 自适应光学的一些技术关键问题

将自适应光学付诸实用却须解决一些关键问题,这是由动态波前误差的特性决定的。动态波前误差是时间—空间变量,其特性决定了对自适应光学系统的要求。

1)光波波前动态扰动的时—空特性控制

其对自适应光学系统各种参数的要求很高,如波前传感器的子孔径大小和波前校正器中的驱动器单元之间的距离要与波前误差的空间变化的尺度相匹配。根据校正对象的不同,自适应光学系统的单元数可以从最简单的两个自由度(只校正两个正交方向的波前倾斜)到几十乃至几百单元。另外控制系统的响应时间要小于波前误差变化的时间。由于温度、重力变化造成波前误差的变化比较缓慢,因而校正时外控制系统可以用较低的速度。而校正大气湍流等变化迅速的系统则要求很高的控制带宽,常要求几十到上百赫兹,采样频率要达到几百到上千赫兹。对于一般的成像光学系统,其残余波像差应控制在几分之一或者十分之一波长以下才能具有良好的成像质量,因此自适应光学系统残余波像差的校正精度应该至少达到几分之一波长。由于系统要从极微弱的光信号中探测光波波前的动态畸变,其探测能力需要达到光子散粒噪声所制约的物理极限。

2)自适应光学的信标

自适应光学系统需要利用从目标或目标附近的光源发出的光探测光波波前的动态畸变信息。

由于每一子孔径每一采样时间内所能探测的光能非常有限，已不能用通常方法，而必须用光子计数技术才能实现波前探测。用于波前畸变探测的光源称为信标，如被探测的目标足够亮，目标本身就可以作为信标。如目标亮度不够时，就需在目标附近有一个足够亮的信标光源。由于大气湍流的等晕角反映了光波波前动态干扰的角度相关性，因此信标光和被补偿光之间的夹角不能大于等晕角。对于天文望远镜系统，由于天空中亮星的数目有限，因此不可能为所有的空间观测提供信标光源。激光导引星（laser guide star）技术为自适应光学系统在星体观测和空间观测提供了一个解决信标问题的方案。其原理是发射一束激光到天空，利用该激光在平流层所产生的后向瑞利（Rayleigh）散射或者在散逸层中的钠层所产生的共振荧光散射作为信标。但要实现以激光导引星作为信标的自适应光学系统，技术难度较高。

3）自适应光学理论还须不断完善和发展

自适应光学系统除了本身的技术复杂性之外，其工作性能还与目标、传输介质和光学系统有密切关系。因此自适应光学理论涉及目标和大气特性等许多学科，同时自适应光学的发展也推动了相关科学的发展。目前虽然已经建立了一套理论基础，但仍然有许多问题有待在理论上给出回答。例如，克服等晕角限制以扩大有效视场，通过激光导引星提取波前扰动的整体倾斜信息，根据扰动特性的变化进行系统自身参数的优化，用较简单的系统实现有效的校正等。随着自适应光学的新问题不断提出，自适应光学理论将继续发展。

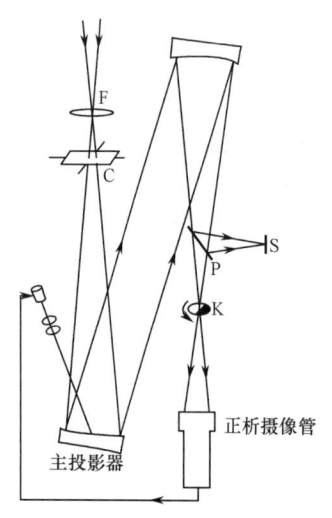

图 10.14　1953 年天文学家 Babcock 提出的实时补偿波前误差的原始设想

（1）实时补偿波前误差的原始设想。1953 年美国天文学家 Babcock 发表了"论补偿天文 Seeing 的可能性"[6]的论文，第一次提出用闭环校正波前误差的方法来补偿天文 Seeing。他建议在焦面上用旋转刀口切割星像，用析像管探测刀口形成的光瞳像来测量接收到的光波波前畸变，得到的信号反馈到一个电子枪，电子轰击艾多福（Eidopher）光阀上的一层油膜，使油膜改变厚度来补偿经其反射的接收光波的相位（见图 10.14）。这一设想当时并未实现，但用测量—控制—校正的反馈回路来校正动态波前畸变的思想，成为自适应光学的创始设想。

（2）自适应光学系统的基本组成。20 世纪 70 年代由于高分辨力成像观测和高集中度激光能量传输等方面对克服动态干扰的需求更趋迫切，自适应光学的设想才得以实现。此后 20 余年，自适应光学技术日趋成熟，世界上许多大型天文望远镜都装备了自适应光学系统，而且应用领域正在从大型望远镜和激光工程扩展到民用领域。

自适应光学技术是以光波前为对象的自动控制系统[57-59]（见图 10.15）。自适应光学系统包括 3 个基本组成部分：波前探测器、波前控制器和波前校正器。波前探测器实时测量从目标或目标附近的信标发来的光波前误差。波前控制器把波前探测器所测到的波前畸变信息转化成波前校正器的控制信号，以实现对光学波前的闭环控制。波前校正器是可以快速改变波前相位的能动光学器件，将波前控制器提供的控制信号转变为波前相位变化，以校正波前畸变。

（3）哈特曼传感器。由于很难直接测量波前相位误差，在自适应光学系统中常先测量波前斜率或曲率，再用波前复原算法计算出波前相位。在各种测量方法中，以测量波前斜率的哈特曼（Hartmann）传感器（见图 10.16）最为常用，其用一个透镜阵列对波前进行分割采样，每个子孔径范围内的波前倾斜将使单元透镜的聚焦光斑产生横向漂移，测量光斑中心在两个方向上相对于用平行光标定的基准位置的漂移量,可以求出各子孔径范围内的波前在两个方向上的平均斜率。

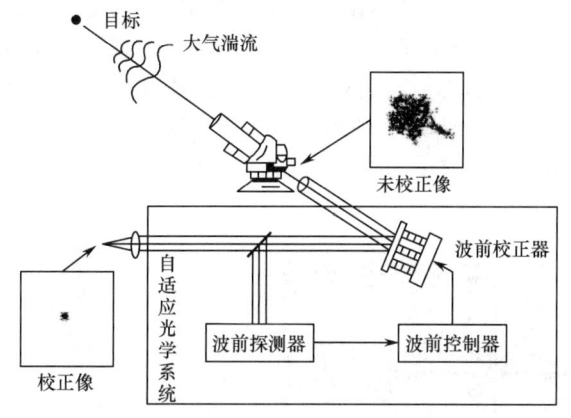
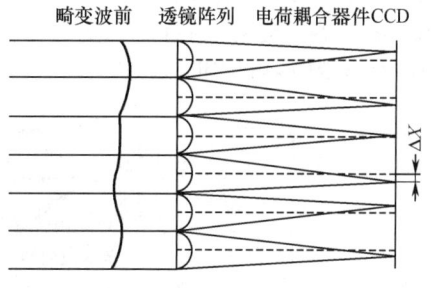

图 10.15　自适应光学系统的基本组成　　　　图 10.16　哈特曼传感器

（4）波前校正器。波前相位校正器有两类：变形反射镜和校正波前整体倾斜的高速倾斜镜。变形反射镜（见图 10.17）是在刚性的基板上固定多个用压电陶瓷（PZT 或 PMN）制成的驱动器,驱动柔性的镜面,使镜面产生所需要的微小变形,使镜面反射的光束波前产生变化。高速倾斜镜是用压电驱动器推动刚性的镜面,产生两轴的倾斜,从而改变反射光束的方向。自适应光学系统中的波前校正器要求有很高的分辨力（10 nm 或 10 nrad 量级）和很快的响应速度（毫秒量级）。

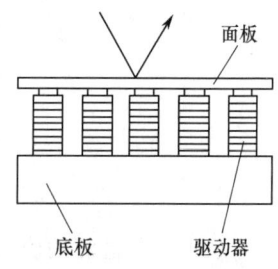

图 10.17　变形反射镜

（5）自适应光学控制系统。该控制系统是将反馈控制用于光学系统内部。该控制系统有如下特点：控制对象是光学波前,控制的目标是达到良好的光学质量,控制精度为 1/10 光波波长即数十纳米量级,控制通道数从几十到上百个,控制带宽达几百赫兹,可利用的光能可能非常弱,要用光子计数的方式进行波前探测。

10.2.2　共光路/共模块自适应光学原理及衍生光路

1999 年由 Kenneth W. Binman 首次发表了共光路/共模块（common path/common mode adaptive optics,CP/CM）自适应光学[60],是针对常规的自适应光学系统[61]的弱点：只能对大气湍流或激光器自身所造成的位相畸变进行分别校正,使得系统庞大而复杂、稳定性差,而 CP/CM 技术能实现自适应光学系统对全光路像差的校正,可提高系统的集成性和可靠性[62]。在共光路/共模块自适应光学原理基础上有四种衍生 CP/CM 光路,给出了相应的应用条件分析。

1. CP/CM（common path/common mode）自适应光学主要作用

在利用自适应光学技术进行光束大气传输波前畸变校正时,系统的主要像差来源分为：内光路像差,激光器内腔镜的制造误差及热变形和工作介质的不均匀性、分光镜及其他光学元件的制造误差和热变形、内部光路气体的扰动；外光路像差,包括外部发射通道中大气湍流和热晕。通常,内光路和外光路的像差需要两套自适应光学系统分别校正,增加了系统的复杂性,体积庞大且成本很高。

共光路/共模块技术将两套系统组合,系统原理示意图如图 10.18 所示[60],主要由高能激光器（high energy laser,HEL）、共模块哈特曼-夏克（Hartmann-Shack,H-S）波前传感器、波前校正器件变形镜（deformation mirror，DM）、相位共轭器件（phase conjugator）、外光路信标光路（beacon path）、控制系统等组成。其中共模块 H-S 波前传感器中包括两个 H-S 传感器，一个用于探测内光路的波前像差，另一个用于探测外光路信标光的波前像差。波前校正器件包括两块变形镜，一个用于光束净化（beam clean DM），一个用于大气补偿（atmosphere correction DM）。该系统同时具有光束净化、校正大气湍流、自准直、校正分光镜热变形、校正由光路内的扰动引起的像差和降低光学元件制造精度要求等功能。分孔径单元（aperture sharing element，ASE）包括 ASE 基片、HEL 激光器、抗反射（anti-reflection，AR）镀层、反射镀层，其使激光发射和信标光接收同路。下面对系统的功能实现原理进行叙述分析[61,62]。

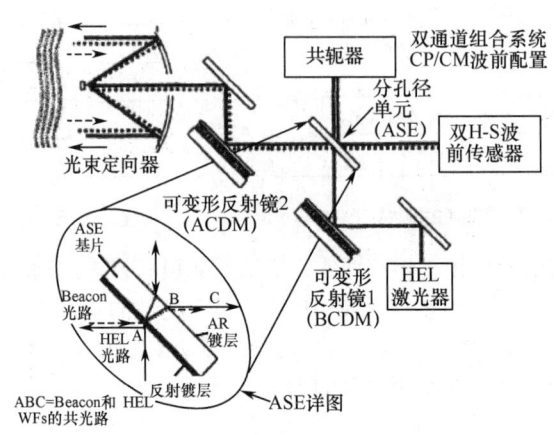

图 10.18　共光路/共模式自适应光学系统原理

（1）大气湍流的校正。

在图 10.18 中用一个变形镜系统表示所有波前校正器件。大气湍流对发射光束的影响通过目标处返回的外光路信标光得到测量，共模块哈特曼传感器中外光路信标哈特曼信号作用于变形镜，可以使得系统具有校正大气湍流的作用。

（2）光束净化功能的实现。

当仅存在内光路像差时，主激光通过分光镜，大部分的能量被反射后发射出去，少量的能量透过形成内光路信标，经角反射器阵列沿原路返回，再次经分光镜反射进入共模块哈特曼传感器中，经内光路信标哈特曼传感器探测可以得到主激光的波前畸变。共模块波前传感器中内光路信标哈特曼传感器信号形成相应的信号控制变形镜，从而达到光束净化的目的。

当存在大气湍流扰动和主激光本身的波前畸变时，外光路信标和内光路信标进入共模块波前传感器中，通过波前控制器进行数据融合，能同时校正所有像差的变形镜控制信号。

（3）光路内部的波前畸变校正。

光路内部由于光学元件或者光路中的气体扰动所带来的波前畸变都会被内光路信标光或外光路信标光所携带，在实现大气湍流的校正和光束净化时，也就实现了光路内部的波前畸变校正。这样增加了系统对于光学元件的制造和调整误差的冗余度，同时系统对于恶劣环境的适应性也得到了提高。

（4）分光镜热变形的校正。

分光镜由于受到高能激光的辐照，镜面发生热变形。分光镜的热变形曾是激光发射中难以克服的波前畸变因素。在 CP/CM 自适应光学系统中这一像差也是可以得到探测与校正的，内光路信标透过分光镜，经角反射器阵列沿原路返回，再次经分光镜反射进入共模块哈特曼传感器中时，实现了对分光镜热变形的探测，于是通过控制变形镜可以得到相应校正。

（5）共光路部分波前畸变的自动消除。

共光路部分,即分光镜到共模块波前传感器的光路上,如果存在波前畸变 Δw,会同时影响外光路和内光路信标光,当实现闭环控制时,由于所进行的运算为 $(W_1 + \Delta w) - (W_2 + \Delta w)$,$W_1$ 和 W_2 分别表示外光路和内光路信标光波前,因此实现了 Δw 的自动消除,这也是把两个哈特曼波前传感器集成为共模块波前传感器的原因所在。

(6)相位共轭器件分光路的波前畸变自动校正。

在实际系统中,相位共轭器件是用一个角反射器阵列实现的。利用其反射特性作为伪相位共轭器件早在 20 世纪 70 年代末 80 年代初就有实验验证[60],伪相位共轭波有较好的波前畸变校正效果。虽然角反射器阵列所形成的伪相位共轭波与相位共轭波[63]也有不同,但伪相位共轭波在一定条件下能有效校正大部分的波前畸变,且其响应速度很快。相位共轭器件的反射波是入射波的相位共轭波,因此经过相同的扰动,相位共轭器件的分光路上的波前畸变可以得到自动校正。

使用相位共轭器件的另一目的是使得两个哈特曼波前传感器的数据融合的基本计算为 $(W_1 - W_2)$。减法运算为上述共光路部分波前畸变 Δw 的自动消除提供了保证,如果不使用相位共轭器件,而是平面镜,分光镜之前的内部光路的像差和外部信标光的像差虽然也同样可以得到探测,但是数据融合的基本计算为 $(W_1 + W_2)$,共光路部分波前畸变 Δw 得不到自动消除,而分别被加入到内部和外部光路的探测结果中,从而被误认为是光束传输通道上的像差,使变形镜双倍校正,最后发射光束就会携带这些像差到达目标;另外,如果分光镜的变形量也将以错误的顺序叠加于内光路信标光原像差中,不能得到正确的校正,还有可能使得发射光束质量变差。

(7)基于 CP/CM 原理的自适应光学系统的衍生光路。

共光路/共模块自适应光学系统以相位共轭器件和共模块波前传感器为基本特点,实现了全光路的波前畸变的探测与校正。CP/CM 系统实现了全光路像差的探测与校正,可灵活简化或改动 CP/CM 光路,得到适用于不同环境应用的系统,提出了基于 CP/CM 原理的自适应光学系统不同结构的衍生光路。

下面仅以全光路光束稳定系统[64]为例,介绍一种基于 CP/CM 原理的衍生光路。光束稳定系统是一种实时校正光束整体漂移的光学系统,一般包括光束倾斜传感器、倾斜镜和电控系统,由光束倾斜传感器(一般可以采用四象限探测器或哈特曼波前传感器)实时探测得到光束倾斜像差值,计算得到倾斜镜所需电压,实时控制倾斜镜进行补偿,实现对光束整体漂移的控制,使得光束的传播方向保持稳定不变。

现有的典型光束稳定系统中光束倾斜传感器用于探测光束漂移情况时,通常总是针对光路中某一扰动源进行。实际上除了外部的扰动,激光器本身的光束漂移现象也需要克服,且在很多情况下外部的扰动源也有可能不止一个,现有光束稳定系统不能同时兼顾进行全光路倾斜像差校正,只能使用多套系统,导致多扰动源多系统的现象,系统庞大,资源浪费,而且在有震动的情况下工作时,器件之间产生相对位移,难于实现系统自动准直,系统之间易存在重复校正,影响精度。

如果在 CP/CM 系统中,角反射器阵列由一个角反射器代替,共模块哈特曼由共模块的两个光束倾斜探测器取代,用于分别探测内外光路的光束倾斜像差,实现对全光路的光束漂移的校正,达到光束的稳定,称之为全光路光束稳定系统。如图 10.19 所示,主激光经倾斜镜和分光镜反射出去,少部分能量进入共模块光束倾斜传感器,用于探测激光器自身的光束漂移情况,外光路信标光也同时进入了共模块光束倾斜传感器,二者信号经合成得到倾斜镜的控制信号,实时校正激光器本身以及外部扰动带来的全部倾斜像差。

共模块光束倾斜探测器可以用常规的光束倾斜探测器构成,也可以用专门设计的多目标光束倾斜探测器[60,65]代替,它可用于多个像差扰动源产生的倾斜像差探测,其结构如图 10.20(a)所示。多目标光束倾斜传感器包括光束分离器件、透镜和光电探测器,光电探测器可以是 n 个四象限探测器或一个 CCD 或 CMOS 探测器。光电探测器靶面上按照相应目标数划分为 n 个区域,如图 10.20(b)所示,不同波长的光束通过光束分离器件,以不同角度出射,经过透镜,聚焦光斑成像于相应的一个区域内,图内"+"表示标定原点位置。区域划分可以是单列或单行或阵列形式。光束分离器件可以通过合成闪耀光栅、全息光栅或镀膜劈板分束技术等相应实现。通过计算每一个区域内光斑质心的偏移情况可以得到相应光束的倾斜像差。

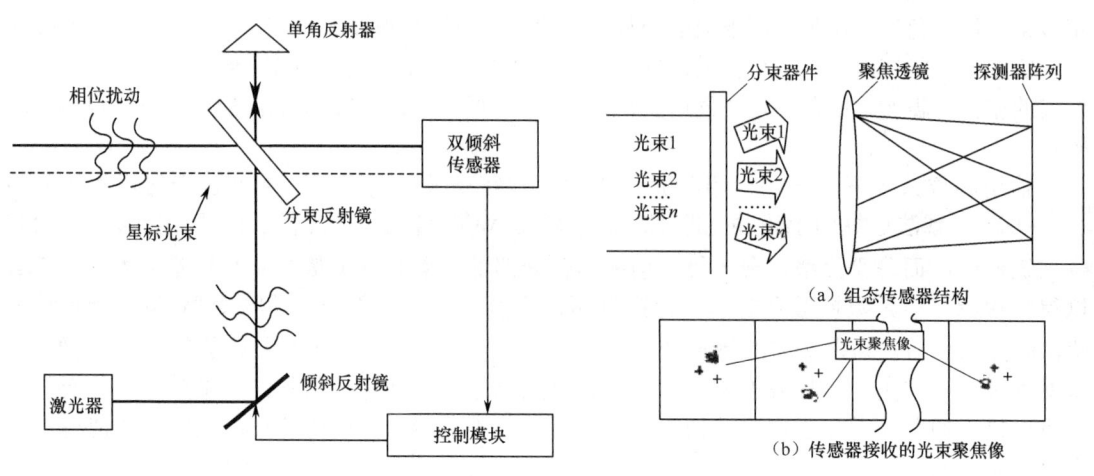

图 10.19　CP/CM 光束稳定系统原理图　　　　图 10.20　多靶光束倾斜传感器

全光路光束稳定系统利用一块倾斜镜能进行全光路倾斜像差校正,采用 CP/CM 的原理同样能克服光路内部各个器件发生偏移或振动产生的倾斜像差,系统能在较恶劣条件下工作,也可应用于自适应光学系统作为辅助系统。此外,还可提出几种基于 CP/CM 原理的自适应光学系统衍生光路[62]。如 CP/CM 单波前校正器件系统,当变形镜的行程能同时满足内、外光路的像差校正需求时,在 CP/CM 系统中的波前校正器件可以简化为一个倾斜镜和一个变形镜。单波前校正器件 CP/CM 系统中,共模块波前探测器件仍包括两套哈特曼传感器,分别用于探测内、外光路的像差扰动,波前控制器将两路数据进行融合得到统一的波前校正控制信号。CP/CM 单哈特曼传感器系统在自适应光学的应用环境中,除了类似于大气湍流的快速变化像差扰动源外,还会有变化缓慢或准静态甚至静态的像差,CP/CM 单哈特曼传感器系统光路能针对不同的像差变化特性进行采样调整,分时利用一台哈特曼传感器,保证全光路的像差探测与校正,实现 CP/CM 的各项功能。简化 CP/CM 系统,如果在 CP/CM 自适应光学系统中,分光镜的变形不是主要校正量,系统能进行大气湍流校正、光束净化和内部光路通道扰动校正即能满足要求,则可以对 CP/CM 系统进行简化。将内光路哈特曼波前传感器直接置于角反射器阵列的位置进行探测。与上述单哈特曼传感器 CP/CM 系统相同,波前校正器件可以是两套或一套。该光路能同时进行光束净化和大气校正,且能校正大部分内部光路的像差,不考虑分光镜的变形像差,光路简单、易于调整是该光路的优点。

2. 角反射器阵列作为伪相位共轭器件的保真度分析

在上一节中介绍的 CP/CM 系统中,角反射器阵列作为相位共轭器件使用,但它并非真正意义的相位共轭器件,其形成的也只能称为伪相位共轭波。下面将对角反射器阵列展开 Zernike 各阶像差的多项式,分析其相位共轭波的保真度(有效性)对伪相位共轭波波面的影响。

1)角反射器阵列作为伪相位共轭器件的原理

角反射器具有空间定向反射特性,以任意方向入射的空间光线经过理想角反射器的三个反射面相继反射后，仍以入射光线严格平行的方向返回。如图 10.21（a）所示，从棱镜的底面可以看到三条棱线和其像将底面分割为六个区域。按照入射光线所处区域的不同，可以有六种不同的反射顺序。对于单一的理想角反射器，出射波面是入射波面相对于角反射器中心的完全倒置，即其所成像左右、上下都是反向的[66,67]。设入射光波为 $E_1 = \exp[j\Phi(x,y)]$，如表 10.1 所示，对于有奇函数相位因子的入射光波，出射光波 E_2 是入射光波的共轭。

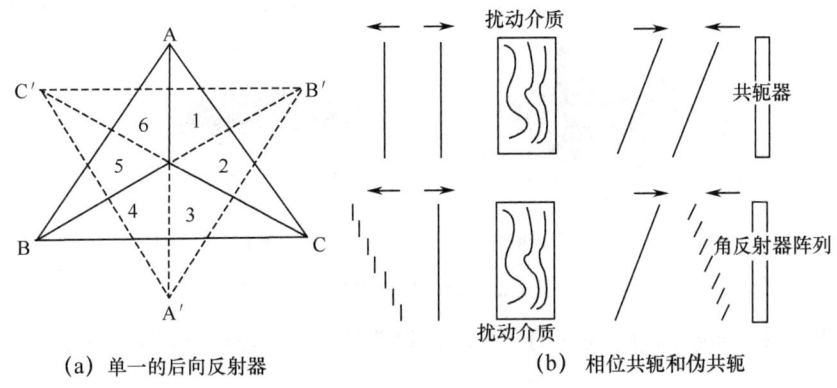

(a) 单一的后向反射器   (b) 相位共轭和伪共轭

图 10.21　后向角反射器

表 10.1　角反射器反射特性

入射波 E_1	E_1 的相位因子 $\Phi(x,y)$	出射波 E_2	E_2 的相位因子 $\Phi(-x,-y)$
平面波	$\Phi(x,y) = k_1 x + k_2 y$	$E_2 = E_1^*$	$\Phi(-x,-y) = -\Phi(x,y)$
任意波	$\Phi(x,y)$ 奇函数	$E_2 = E_1^*$	$\Phi(-x,-y) = -\Phi(x,y)$
	$\Phi(x,y)$ 偶函数	$E_2 \neq E_1^*$	$\Phi(-x,-y) = \Phi(x,y)$

任何有像差的波面均可以划分为许多小的区域，在每一个小区域上可以近似认为是只有倾斜误差的平面波，因而用单元尺寸足够小的角反射器阵列可以在每个局部小区域形成其相位共轭波。但角反射器阵列的实质还是反射型的器件，每个单元都是一个波面分割元件，单元内的出射波前和入射波前是转置关系，而单元与单元之间存在由原像差和光程决定的位相延迟，如图 10.21（b）所示，称之为"平移效应"，经整个角反射器阵列反射后的出射波应是

$$E_2 \approx E_1^* P(x,y) \tag{10.4}$$

其中，

$$P(x,y) = \sum_{i=1}^{n} \exp\{i[2\Phi(x_0^i, y_0^i)]\} t(x - x_0^i, y - y_0^i)$$

式中，(x_0^i, y_0^i) 是第 i 个角反射器单元的中心位置，$t(x,y)$ 是角反射器单元的孔径函数[68]。如果忽略"平移效应"，则有 $E_2 \approx E_1^*$，E_2 被称为伪相位共轭波。

2) 保真度分析

任意光波 E_1 的理想相位共轭波的波面与之有相同波面变形，如图 10.22（a）所示。不考虑"平移效应"，由角反射器阵列形成的伪相位共轭波的波面如图 10.22（b）、（d）所示，其中，图 10.22（b）角反射器阵列单元数为 5×5，图 10.22（c）给出了图 10.22（d）角反射器阵列单元数为 10×10，单元尺寸缩小一半。图 10.22（c）和（e）分别给出了两种情况下伪相位共轭波的残余误差。可见单元数越多，单元尺寸越小，伪相位共轭波越接近理想相位共轭波，残余误差越小[69]。

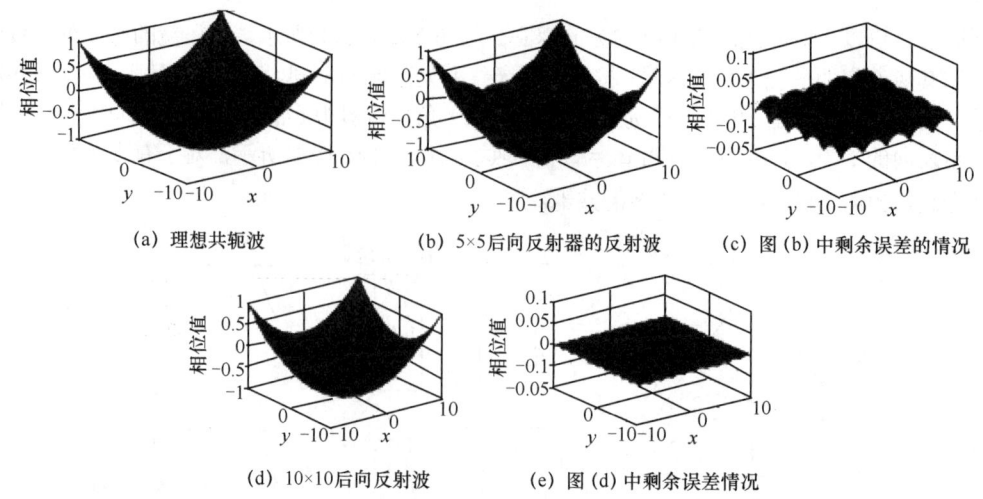

图 10.22 后向反射器的反射

为了比较角反射器阵列对于形成有不同阶次像差的波面的伪相位共轭波的能力（有效性），定义为

$$R = \frac{\sqrt{\iint [\Phi(x,y) - \Phi_0(x,y)]^2 \mathrm{d}x\mathrm{d}y}}{\sqrt{\iint \Phi_0^2(x,y)\mathrm{d}x\mathrm{d}y}} \quad (10.5\mathrm{a})$$

其中，$\Phi(x,y)$ 为伪相位共轭波的相位因子，$\Phi_0(x,y)$ 为相位共轭波的相位因子。保真度估算因子 R 越小越好，所形成的伪相位共轭波越接近于相位共轭波。

对前 65 阶 Zernike 多项式表示的像差情况进行计算，结果如图 10.23 所示，其中分别对阵列数为 1×1、5×5、10×10、20×20 的角反射器阵列进行了计算，单元形状为正方形。可以看出：

（1）阵列数为 1×1 是原理分析中的单个角反射器的情况。对于奇函数形式的像差波面，伪相位共轭波与理想相位共轭波完全相同，$R=0$；偶函数的情况。

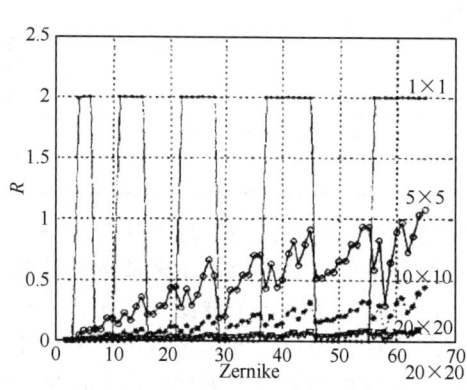

图 10.23 估算因子 R 与 Zernike n 模式关系

$$R = \frac{\sqrt{\iint [2\Phi_0(x,y)]^2 \mathrm{d}x\mathrm{d}y}}{\sqrt{\iint \Phi_0^2(x,y)\mathrm{d}x\mathrm{d}y}} = 2 \quad (10.5\mathrm{b})$$

（2）Zernike 多项式阶数等于 2、3 时为倾斜像差与阵列数无关，伪相位共轭波都能与理想相位共轭波相同，因为在任意大小的单元尺寸内倾斜像差都近于平面波。

（3）对于任意阶像差，随着阵列单元数的增加，伪相位共轭波与理想相位共轭波越逼近，角反射器阵列的保真度越高。

（4）角反射器阵列形成伪相位共轭波保真度的高低，不遵循像差阶数越高保真度越低的规律。阵列数大于 1 时，保真度的高低与像差函数的奇偶性质无关，仅取决于在单元尺寸内波面与平面波近似的程度。

（5）按相位共轭原理，相位共轭波再次通过同样的扰动介质，波前畸变将得到补偿。角反射器阵列形成伪相位共轭波的保真度反映了利用伪相位共轭波进行波前校正与补偿的能力,角反射器阵列进行波前校正的剩余残差是指其伪相位共轭波和理想相位共轭波的波面差值。在设计与制造角反射器阵列时,除了考虑光学加工常规要求以外,还需要考虑阵列单元形状的选择[67]、衍射效应、单个角反射器二面角误差、各反射面面形误差累积的影响等[70]。

3. 角反射器阵列与哈特曼波前传感器的匹配

在 CP/CM 系统中,外光路哈特曼传感器探测经过角反射器阵列反射回来的光波用以控制变形镜,因此角反射器阵列与哈特曼传感器的匹配直接关系到系统对于外光路像差的探测和校正的有效性[71]。

1) 角反射器阵列与哈特曼—夏克(Hartmann-Shack,H-S)波前传感器的单元数目的匹配

如前所述,对于单一角反射器的入射波为 $E_1(x,y)$,出射波面是入射波面相对于中心的完全倒置。

$$E_2(x,y) = E_1(-x,-y) \tag{10.6}$$

对于角反射器阵列出射波 $E_2(x,y)$,则可近似认为是入射波的相位共轭波,称为伪相位共轭波。

$$E_2(x,y) \approx E_1^* P(x,y) \tag{10.7}$$

其中

$$P(x,y) = \sum_{i=1}^{n} \exp\{i[2\Phi(x_0^i,y_0^i)]\} t(x-x_0^i,y-y_0^i)$$

式中,(x_0^i,y_0^i) 是第 i 个角反射器单元的中心位置,$t(x,y)$ 是角反射器单元的孔径函数。

H-S 传感器是利用微透镜阵列将被测波前细分为许多子波前,每一子波前可视为平面波,经微透镜会聚于 CCD 上,便可从光斑质心的位置计算出子波前的平均斜率,然后进行波前复原。如果用 H-S 传感器探测伪相位共轭波,则所得信号并不是在任何条件下都与理想相位共轭波相同,只能在特定匹配条件下,才能与理想相位共轭波的探测结果相同。

(1)角反射器阵列单元和 H-S 传感器的子孔径数目相同并且布局对应。每一个角反射器所反射的光波由相应的微透镜接收。当被测波面是理想相位共轭波时,由傅里叶光学可知,接收面上的光强分布为 $I_1(\xi,\eta) \propto |F[E_1^*(x,y)]|^2$;当被测波面是伪相位共轭波时,由式(10.6),接收面上的光强分布为 $I_2(\xi,\eta) \propto |F[E_1(-x,-y)]|^2$,由傅里叶变换的性质可知

$$I_1(\xi,\eta) = I_2(\xi,\eta) \tag{10.8}$$

此时,伪相位共轭波和相位共轭波经微透镜阵列后,在焦面上形成的各光斑光强分布完全相同,光斑质心位置一定也相同,则计算出的子波前斜率也相同。故从原理上讲,对于任何像差,当角反射器阵列单元与 H-S 传感器微透镜阵列子孔径一一对应时,角反射器阵列的使用不会给波前探测带来明显的误差。

(2)角反射器阵列单元数目大于哈特曼—夏克传感器的子孔径数目。当被测波面是理想相位共轭波时,接收面上的光强分布为 $I_1(\xi,\eta) \propto |F[E_1^*(x,y)]|^2$。当被测波面是伪相位共轭波时,角反射器阵列单元数目与 H-S 传感器的子孔径数目的关系是 $n:1$ 时,接收面上的光强分布为 $I_2(\xi,\eta) \propto |F[E_1(-x,-y)]|^2$,由式(10.7)可得

$$I_2(\xi,\eta) \propto |F[E_1(x,y) * F[P(x,y)]|^2 \tag{10.9}$$

则 $I_1(\xi,\eta)$、$I_2(\xi,\eta)$ 的不同由 $F[P(x,y)]$ 引起。

$$F[P(x,y)] = \sum_{i=1}^{n} \exp\{i[2\Phi(x_0^i,y_0^i)]\} \exp[-i(k_x x_0^i + k_y y_0^i)] T(k_x,k_s) \tag{10.10}$$

其中，$T(k_x,k_y) = F(t(x,y))$。

由式（10.9）可知，$I_2(\xi,\eta)$ 是由 $F[E_1^*(x,y)]$ 和 $F[P(x,y)]$ 卷积的结果，若 $F[E_1^*(x,y)]$ 的非零区域为 τ_1，$F[P(x,y)]$ 的非零区域为 τ_2，$I_2(\xi,\eta)$ 的非零区域为 $\tau_1+\tau_2$，因此 H-S 传感器中 CCD 所探测到每个子孔径的伪相位共轭波的光斑较理想相位共轭波一定有所弥散，从 $P(x,y)$ 可知每个子孔径上光斑的弥散情况不仅与所对应的角反射器的数目和结构有关，而且和像差本身性质有关，计算仿真结果如表 10.2 和图 10.24 所示。

表 10.2　角反射器阵列单元与 H-S 传感器子孔径为 $n:1$ 时质心坐标

n	x	y
1×1	0.139 6	0.136 5
2×2	0.147 3	0.145 5
5×5	0.149 3	0.151 5
10×10	0.152 1	0.152 6
20×20	0.154 2	0.158 0

图 10.24 和表 10.2 中假设 H-S 传感器的每一微透镜的孔径为方形，入射光波的位相畸变为任取的倾斜和二次像差之和，角反射器阵列的单元孔径函数 $t(x,y)$ 也为方形的，其他形状的孔径函数也应有类似的结论。可见，$n>1$ 时，$I_2(\xi,\eta)$ 由一系列的光斑阵列构成，但其光强分布的主趋势还是与 $n=1$ 时的 $I_1(\xi,\eta)$ 光强分布一致，但是有所弥散，计算出的光斑质心位置也有较大差异，如表 10.2 所示。因此，角反射器阵列单元数目大于 H-S 传感器的子孔径数目时，引起的光斑质心误差较大，实际应用中以角反射器阵列单元与 H-S 传感器微透镜阵列子孔径一一对应为最好。

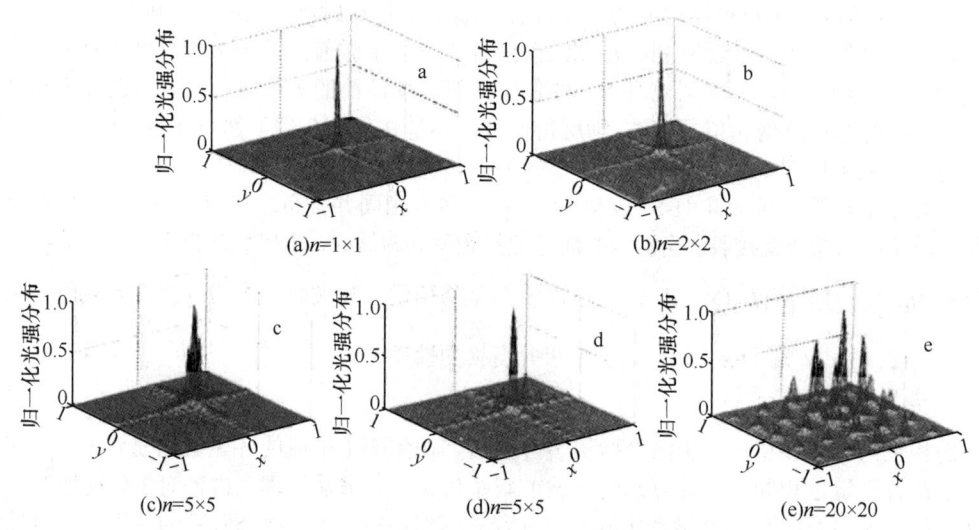

图 10.24　后向反射器和微透镜数目为 $n:1$ 时的光强分布

2）角反射器阵列单元和哈特曼—夏克传感器的子孔径位置的对应

如果角反射器阵列单元和 H-S 传感器的子孔径排列位置严格对准，每一个 H-S 传感器的微透镜能形成很好光斑；如果排列位置有一定的偏移量 d（对应到 CCD 光敏面，以像素（pixel）为单位），如图 10.25（a）所示，每一个微透镜所形成的光斑都会因探测到非对应角反射器反射的光波而产生误差。以 37 单元系统中的 H-S 波前传感器为例计算该误差，首先仿真了角反射器阵列所形成的伪相位共轭波，并计算经微透镜阵列后，CCD 光敏元上的光强分布，最后得到各光斑质心位置，比较严格对准和有偏移情况得到误差的大小。用光斑阵列的光斑质心偏差的均方根值作为判据，如图 10.25（b）所示，该误差因对准偏移量越大，引入的光斑质心探测误差越大。

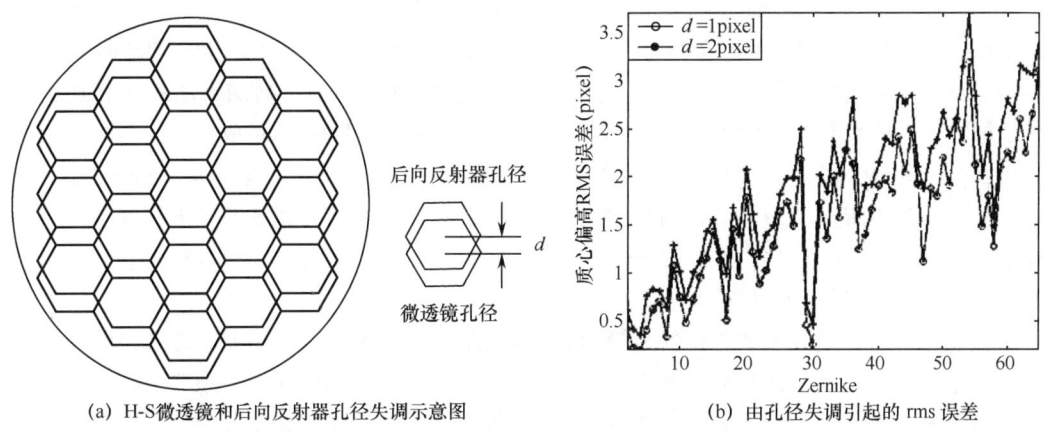

(a) H-S 微透镜和后向反射器孔径失调示意图　　　　(b) 由孔径失调引起的 rms 误差

图 10.25　H-S 中的微透镜和后向反射器阵列的失调误差

角反射器阵列作为伪相位共轭器件，与 H-S 传感器必须在数目、排布上严格匹配，且单元位置对齐，其探测结果才能作为相位共轭波的信息使用。在自适应光学系统中，H-S 传感器子孔径数目须满足入射波面在每一单元上可近似为平面波，而角反射器阵列与 H-S 传感器严格匹配后，则自动满足了角反射器阵列形成伪相位共轭波的要求。

4. 双哈特曼数据融合方法

在 CP/CM 自适应光学系统中，共模块的哈特曼由两套 H-S 传感器构成，分别用于探测内部光路波前像差和探测外光路的波前像差，它们的数据如果用于对一套波前校正器的控制，双哈特曼数据融合将是 CP/CM 自适应光学中一个重要的问题，它将直接影响到系统的校正能力。

下面介绍的双哈特曼数据斜率融合（其中包括直接斜率融合和加修正因子斜率融合）、波面融合和电压融合的方法，它们在不同的数据级别对两套 H-S 传感器的数据进行处理，得到波前校正器件的控制电压。稍后将对双哈特曼数据融合特性指标进行分析。

1）斜率融合

此处提出的斜率融合也基于直接斜率法[72,73]。如前所述，直接斜率法中的波前复原矩阵直接反映了波前校正器件控制电压和 H-S 传感器测量的斜率向量之间的关系，实际系统中通常是通过逐一给驱动器施加测试电压测量 H-S 传感器各子孔径斜率变化量得到，故也称实测矩阵为斜率响应矩阵 R。斜率响应矩阵 R 不仅与变形镜的驱动器布局、响应函数以及 H-S 传感器的结构有关，而且还同二者在实际光路中的对应关系有关，因此在每一次相关光路调整结束后，都会进行斜率响应矩阵 R 的重新测定[74]。

斜率融合是分别将探测到的内光路信标和外光路信标得到的原始光斑图像的斜率计算后，进行数据的融合，再进行波前复原和控制电压计算。斜率级别的融合可以分为直接斜率融合和加修正因子斜率融合。

假设两套 H-S 波前传感器的结构布局完全一致，且与变形镜的对应关系也一致，则斜率响应矩阵 R 也应该是一致的。直接斜率融合步骤如下：①测定某一台 H-S 传感器的斜率响应矩阵 R 作为系统的斜率响应矩阵；②在系统工作过程中，得到两台 H-S 传感器的光斑阵列图后，分别计算出斜率 G_1 和 G_2 后，计算出 $G=G_1-G_2$；③通过 $V=R^+G$ 计算出 V。该方法也可以在斜率数据融合后，应用模式法得到控制电压。

实际上，两套 H-S 波前传感器总是存在结构或是与变形镜的对应关系的差异，导致由两套 H-S 波前传感器测得的斜率响应矩阵不同。加修正因子斜率融合步骤如下：①分别对两套 H-S 波前传感器测定斜率响应矩阵，计算出不同 H-S 传感器之间的斜率转换矩阵 $R=R_1R_2^+$；转换矩阵的推导过程如下，假设其中一台 H-S 传感器的斜率数据为 G_2，有 $V=R_2^+G_2$ 成立，而对另一套 H-S 波前传感器有 $G=R_1^+V$ 成立。将前式代入 $G=R_1^+V$ 即有转换后的斜率数据 $G'_2=R_1V=R_1R_2^+G_2$，因此斜率转换矩阵为 $R_1R_2^+$。②在系统工作过程中，得到两套 H-S 波前传感器的光斑阵列图后，分别计算出斜率 G_1 和 G_2 后，计算出 $G=G_1RG_2$，这一步实际是实现了不同 H-S 波前传感器之间的数据传递。③通过 $V=R_1^+G$ 计算出 V。

直接斜率融合是进行斜率数据的直接运算，故要求两套 H-S 波前传感器的微透镜阵列的子孔径数目和布局完全一致，且对于二者调整要求一致，以及与变形镜的对应关系要求一致；而加修正因子的斜率融合以同一个变形镜为桥梁实现了不同 H-S 传感器之间的数据传递，两套 H-S 波前传感器的微透镜阵列的子孔径甚至可以是不同数目与布局，仅要求二者是与变形镜驱动器布局匹配，都可以进行相互之间的数据转换。如设一台 H-S 传感器有 37 个子孔径，另一台有 48 个子孔径，变形镜的驱动器数目是 56 个，则 R_1 和 R_2 分别为 74×56 和 96×56 的矩阵，$R=R_1R_2^+$ 即为 74×96 的矩阵，G_1 和 G_2 分别为 74×1 和 96×1 的向量，则计算出 $G=G_1-RG_2$ 为 74×1 的向量，$V=R_1^+G$ 为 56×1 的向量。

通过引入 $R=R_1R_2^+$ 这个修正因子，可以在考虑两套 H-S 波前传感器不同的情况下，实现数据转化，因此两套 H-S 传感器的微透镜阵列的子孔径可以是不同数目与布局，仅要求二者是与变形镜驱动器布局匹配，对于 H-S 传感器调整一致性要求以及与变形镜的对应关系一致性要求都降低了。直接斜率融合和加修正因子斜率融合都是斜率级别的融合方法，其波前处理器的工作流程图如图 10.26 所示。

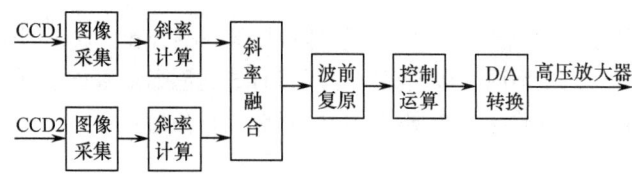

图 10.26　波前处理器的工作流程图

2）波面融合

波面融合是分别将探测主激光的信标和探测大气信标时得到的光斑图像的斜率矩阵计算出来并复原出波面后，进行数据的融合，然后计算控制电压。具体步骤如下：①测量变形镜与 H-S 波前传感器的响应函数，得到控制电压与斜率向量的比例解耦矩阵 C；矩阵 C 反映了控制电压与斜率向量的关系 $V=CA$[75]；②在系统工作过程中，得到两套 H-S 波前传感器的光斑阵列图后，分别计算出斜率 $G1$ 和 $G2$；③利用事先计算出的波前复原矩阵 D_1 和 D_2 计算模式系数 $A_1=D_1+G_1$，$A_2=D_2+G_2$ 以及 $A=A_1-A_2$；④计算控制电压 $V=CA$。其波前处理器的工作流程图如图 10.27 所示。

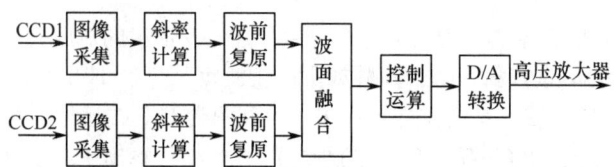

图 10.27　波面融合波前处理器的工作流程图

在这种方法中，所选波前复原模式可以是 Zernike、K-L 模式或是变形镜本征模式，每一台 H-S 波前传感器所选多项式阶数和复原精度都可以根据实际情况有所不同。但这种方法由于变形镜的控制电压和两套 H-S 波前传感器的斜率向量的比例解耦矩阵 C 采用相同的矩阵，因此也是基于两套 H-S 波前传感器的结构布局完全一致，且与变形镜的对应关系也一致的基础上的。

3）电压融合

电压级别的数据融合是分别将探测主激光的信标和探测大气信标时得的光斑图像的斜率计算出来，复原出波面并计算出控制电压后，再进行控制电压的融合。该方法是最高层次的数据融合，数据融合时，可以有不同的子孔径数目与布局，但仍需与变形镜匹配；系统的容错性较高。电压融合步骤如下：①分别对两套 H-S 波前传感器测定斜率响应矩阵 R_1 和 R_2；②在系统工作过程中，得到两套 H-S 波前传感器的光斑阵列图后，分别计算出斜率 G_1 和 G_2 后，计算出 $V_1=R_1^+G_1$；$V_2=R_2^+G_2$；③通过 $V=V_1-V_2$ 计算出 V。其中，R_1 和 R_2 也可以是通过模式法计算或测量得到的矩阵。可以证明，虽然融合级别不同，但控制电压的电压融合与加修正因子斜率融合完全等价。只是方式不同，波前处理机的设计是不同的。电压融合波前处理器的工作流程图如图 10.28 所示。

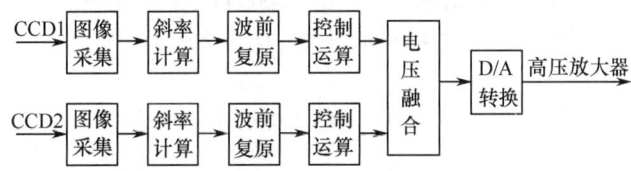

图 10.28　电压融合波前处理器的工作流程图

4）双 H-S 波前传感器数据融合特性指标分析

在自适应光学系统中，从 H-S 波前传感器的子孔径斜率与变形镜驱动器控制电压的关系可以写为

$$G = DV \tag{10.11}$$

矩阵 D 的条件数定义为矩阵的最大奇异值 $\delta_{\max}$ 与最小奇异值 $\delta_{\min}$ 之比[76]。

$$\text{Cond}(D) = \frac{\delta_{\max}}{\delta_{\min}} \tag{10.12}$$

通常将 Cond（D）作为一种特性指标，因为它既是描述方程病态程度的重要参数，也反映了斜率余量和误差之间的关系。斜率测量误差与噪声对控制电压复原结果的影响程度矩阵 D 的条件数来描述，复原电压的抖动与子孔径斜率的抖动之间有如下关系[27]。

$$\frac{\|\Delta v\|_2}{\|v\|_2} \leq \text{Cond}(D) \frac{\|\Delta G\|_2}{\|G\|_2} \tag{10.13}$$

其中，$\|\cdot\|_2$ 表示欧氏范数。子孔径斜率的抖动和复原电压的抖动一般情况下是由噪声引起的。复原矩阵的条件数越大，斜率噪声对复原计算的影响就越大。

这里对双 H-S 波前传感器数据融合时斜率余量、矩阵 D 的扰动和误差之间的关系进行分析。在 CP/CM 自适应光学系统中，有两套哈特曼传感器，分别有各自测得的斜率数据 G_i 和斜率矩阵 D_i，其中 $i=1$，2，且满足 $G_1=D_1V_1$，$G_2=D_2V_2$。经过双 H-S 波前数据融合后，再求得的总控制电压为 $V=V_1+V_2$。

设 G_i 的扰动为 δG_i,相应 V_i 的扰动为 δV_i,有 $G_i+\delta G_i=D_i(V_i+\delta V_i)$,则 $\delta G_i=D_i\delta V_i$,所以有 $V_1+V_2=D_1^+G_1+D_2^+G_2$,$\delta V_1+\delta V_2=D_1^+\delta G_1+D_2^+\delta G_2$,由范数的性质,得到

$$\|\delta V_1+\delta V_2\|=\|D_1^*\delta G_1+D_2^*\delta G_2\|\leqslant\|D_1^*\|\|\delta G_1\|+\|D_2^*\|\|\delta G\| \tag{10.14}$$

$$\frac{\|\delta V_1+\delta V_2\|}{\|V_1+V_2\|}\leqslant\frac{\|D_1^*\|\|\delta G_1\|+\|D_2^*\|\|\delta G\|}{\|D_1^*G_1+D_2^*G_2\|}=\frac{\|D_1^*\|\|D_1^*\|\|\delta G_1\|}{\|D_1^*\|\|D_1^*G_1+D_2^*G_2\|}+\frac{\|D_2\|\|D_2^*\|\|\delta G_2\|}{\|D_2\|\|D_1^*G_1+D_2^*G_2\|}$$

$$\leqslant\mathrm{Coud}(D_1)\frac{\|\delta G_1\|}{\|G_1+D_1D_2^*G_2\|}+\mathrm{Cond}(D_2)\frac{\|\delta G_2\|}{\|D_2D_1^*G_1+G_2\|} \tag{10.15}$$

利用条件数定理:$\mathrm{Con}(D)=\|D\|\|D^+\|$,令 $GT_1=G_1+D_1D_2^+G_2$ 和 $GT_{21}=D_2D_1^+G_1+G_2$,有

$$\frac{\|\delta V_1+\delta V_2\|}{\|V_1+V_2\|}\leqslant\mathrm{Cond}(D_1)\frac{\|\delta G_1\|}{\|GT_1\|}+\mathrm{Cond}(D_2)\frac{\|\delta G_2\|}{\|GT_2\|} \tag{10.16}$$

GT_1 和 GT_2 的物理意义分别是将斜率数据传递到第一个哈特曼和第二个哈特曼时的总的斜率数据。

实际上,不仅是斜率数据 G 会发生扰动,矩阵 D_i 也会因为各种因素发生变化 δD_i,考虑 D_i 的扰动时,有 $G_i=D_iV_i$ 和

$$G_1=(D_1+\delta D_1)(V_1+\delta V_1)$$

则

$$\delta V_1=-D_1^*\delta D_1V_1-D_1^*\delta D_1\delta V_1$$

其中,i=1,2,由范数的性质得到

$$\frac{\|\delta V_1+\delta V_2\|}{\|V_1+\delta V_1+V_2+\delta V_2\|}=\frac{\|-D_1^*\delta D_1V_1-D_1^*\delta D_1\delta V_1-D_2^*\delta D_2V_2-D_2^*\delta D_2\delta V_2\|}{\|V_1+\delta V_1+V_2+\delta V_2\|}$$

$$\leqslant\frac{\|V_1+\delta V_1\|}{\|V_1+\delta V_1+V_2+\delta V_2\|}\|D_1^*\|\|\delta D_1\|+\frac{\|V_1+\delta V_1\|}{\|V_1+\delta V_1+V_2+\delta V_2\|}\|D_2^*\|\|\delta D_2\| \tag{10.17}$$

$$\leqslant M_1\cdot\mathrm{Cond}(D_1)\frac{\|\delta D_1\|}{\|D_1\|}+M_2\cdot\mathrm{Cond}(D_2)\frac{\|\delta D_2\|}{\|D_2\|}$$

其中

$$M_1=\frac{\|V_1+\delta V_1\|}{\|V_1+\delta V_1+V_2+\delta V_2\|}$$

表明了各 H-S 数据占总数据大小的比例。

明显地,通过双 H-S 数据融合后,复原电压的误差与抖动就会和两套 H-S 波前传感器子孔径内的斜率误差与抖动有关,两套哈特曼波前传感器的斜率响应矩阵也会同时影响系统。条件数 $\mathrm{Cond}(D_i)$ 是反映系统控制电压方程病态程度的重要参数,同时也反映了斜率测量值 G_i 的扰动 δG_i 和矩阵 D_i 的扰动 δD_i 引起控制电压的相对误差的变化上限值。

综上所述,本节讨论了双 H-S 数据融合方法,其中直接斜率融合由于建立在两套 H-S 波前传感器的结构布局完全一致,且与变形镜的对应关系也一致的假设基础上,而实际 CP/CM 系统中,除了上述的 CP/CM 单哈特曼系统外,对于其他系统这样的要求近乎苛刻,因此直接斜率融合的误差将会随着实际情况偏离假设程度越大而不断增加。波面融合的误差在于算法的误差,总的误差是两套 H-S 波前传感器波前复原误差的线性叠加,关于波前复原算法[77]及其误差分析的研究有很多[78],这里不再叙述。

由于加修正因子斜率融合和电压融合对于控制电压是等价的，因此误差传递的过程也是一致的。比较各种双 H-S 数据融合方法，如表 10.3 所示，可认为在现有工程技术条件下，加修正因子斜率融合和电压融合是可行的方法。

表 10.3 双哈特曼数据融合方法比较

融合方法	斜率融合		电压融合	波面融合
	直接斜率融合	加修正因子斜率融合		
双 H-S 的结构	要求	不要求	不要求	不要求
双 H-S 与变形镜对应关系一致性要求	高	两哈特曼布局都要与变形镜布局匹配		
		低	低	低
算法复杂度	低	较高	较高	高
工程可行性	差	好	好	较差

5）哈特曼波前传感器自身调整误差分析

从实际应用中，哈特曼波前传感器的误差来源主要有以下几种：

（1）光斑位置的计算误差。质心算法的误差以及 CCD 探测器件的各种噪声、像素的分离采样、灰度级别的离散化、光电转换误差等。

（2）参考平面波的不理想带来的误差。作为基准的参考波不是理想平面波导致标定文件中的标准质心位置的误差。

（3）传感器光学部件的设计、加工及调节误差。

（4）波前复原算法的误差。例如，有限的采样点、模式法中的模式混淆与耦合问题等。

（5）微透镜阵列与 CCD 的位置调整误差，包括两个器件的相对横向平移、轴向平移、旋转等。

对于前 4 种误差，文献[79]已经有了分析；而文献[80]对于 CCD 的位置调整误差进行了研究。

10.3 自适应光学系统的基本组成原理和应用

在前述自适应光学原理中已提及自适应光学系统主要由波前传感器、波前校正器和波前控制器组成。本节将对自适应光学系统中波前传感器、波前校正器和波前控制器原理的应用分别进行简要说明[81]。

10.3.1 波前传感器

自适应光学系统要对不断变化的波前畸变进行实时校正，必须对波前畸变进行实时探测。波前传感器在系统中的作用是利用从观测目标本身或其附近的自然亮星或激光导引星发来的光，探测动态波前畸变信息，经波前处理系统处理后得到控制波前校正器的驱动信号。

自适应光学中被测波前畸变是随机变化的，动态波前误差测量的难度要大得多。如前所述，描述波前扰动的空间尺度（相干长度 r_0）和时间尺度（时间常数 τ_0），分别只有几到十几厘米量级和几毫秒量级。波前传感器的空间分辨率和时间分辨率应分别与波前扰动的空间尺度和时间尺度相匹配，因此传感器的子孔径大小和积分时间都不能太大。另外，波前探测所利用的光源为星体或激光导引星的弱光目标，在有限的子孔径尺寸和很短的测量时间内接收到可用于波前探测的光能量十分有限。

动态波前畸变探测的另一特点是没有与探测光相干的平面波前作为参考基准，不能用光学干涉方法直接测量波前相位，通常是探测波前畸变的一阶导数（即波前斜率或斜率法）或二阶导数（即波前曲率或曲率法），再通过波前复原算法计算出波前相位。用于自适应光学望远镜系统的斜率法有两种：动态交变剪切干涉法和哈特曼—夏克法，国内外对探测波前畸变已取得实用性成果[72,82-84]。下面分别介绍这些波前传感方法，以及相应的波前复原方法，并简单分析这些波前传感器的噪声特性。

1. 剪切干涉波前传感器技术

剪切干涉波前传感器的基本原理是利用光栅衍射效应波前剪切元件将入射光分成完整的两束光，并互相错开一段距离，产生的波前横向剪切干涉测量波前的相位分布[85]。如图 10.29 所示，在两束光重叠区域内的每一点都分别与两个错开波前上相距为 s 的两点相对应。对于没有波前畸变的光束，各对应点间的相位差都是相同的，故重叠区内两束光相互干涉产生的光强分布是均匀的。如入射波前有相位畸变，各对应点间的相位差不同，就会产生明暗干涉条纹。干涉条纹所反映的相位差 θ 就对应于入射波前中相距 s 的两点间的波前差值 Δw，它等于该两点间的波前平均斜率乘以剪切距离 s。

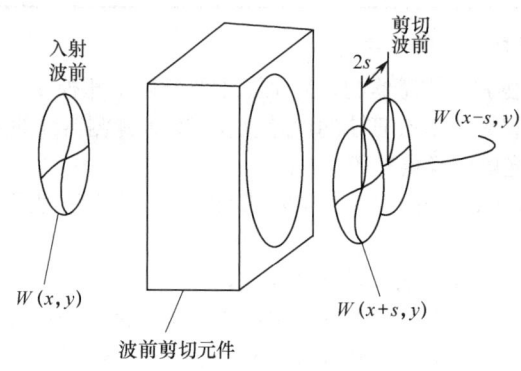

图 10.29 波前剪切干涉原理

测量随时间变化的波前误差（波像差），可采用动态交变剪切干涉法，其基本原理如图 10.30 所示。当入射光束用透镜会聚到周期为 d_0 的明暗宽度相同的径向光栅（也称径向朗奇光栅）上时，由于光栅的衍射作用，经过光栅后的光束就被衍射成不同级次的波前形状相同的多个光束，其零级与正负一级衍射光束之间的夹角是 λ/d_0，剪切距离则为 $f\lambda/d_0$。在光束重叠部分同样会出现干涉条纹。这种方法可直接用于静态入射波前波像差检验，为了能实现动态波前检测，还须旋转光栅，这时干涉场的光强分布将受到旋转光栅的调制。如果在干涉场内放置一组（面阵）光电探测器就可以得到一组被调制的光电信号，其基频等于旋转光栅切割聚焦光束的频率，而相位正比于对应各光电探测器受光面的子孔径内波前的平均斜率，只要调制光电信号的相位就可以实现波前斜率探测。

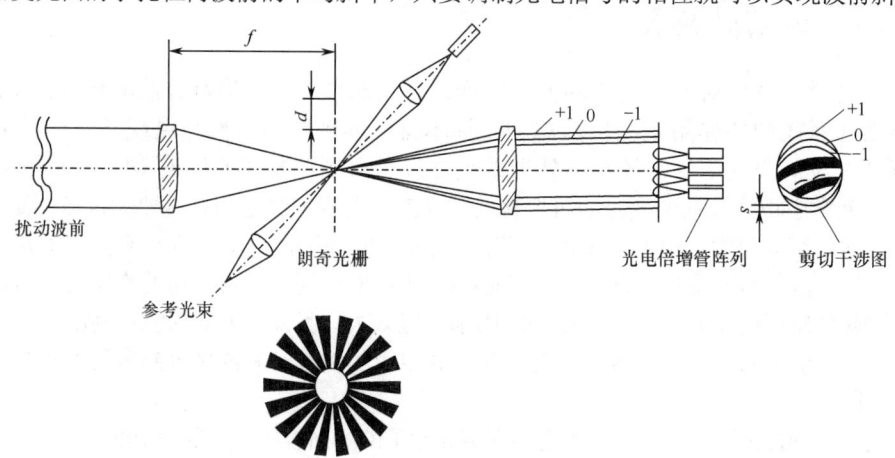

图 10.30 动态交变剪切干涉波前传感器原理

通常在光束重叠区域内放一个阵列透镜，每个透镜设定一个子孔径，并将调制的光强分别会聚到各自对应的光电倍增管的光阴极面上，就可以探测到被调制的各子孔径的光电信号。为了获得绝对相位值，在剪切干涉光路中还引入了另外一束稳定的无波前畸变的参考光束，并投射在与信号光相同的光栅区域，经光栅调制后，用一个光电倍增管接收，此信号经放大选频后所得到的正弦信号可以用作相位基准信号。用这一基准信号与各子孔径的光电信号进行相位比较，得到的相位差信号就对应于各个子孔径的平均波前斜率。对于星体目标，可用于波前探测的光能量有限，光以离散的光子形式到达探测器。光电倍增管也以光子脉冲序列的形式输出脉冲信号。

在动态交变剪切干涉波前传感器中，每个子孔径的光电倍增管接收到的调制光强基频信号为

$$i(x,y,t) = i_0[1 + \gamma \sin(\omega t + \theta)] \tag{10.18}$$

式中，ω 为调制频率；γ 为调制信号的对比度；θ 为相位角，其正比于入射波前斜率。为了实现波前相位角的测量，通常把参考信号的一个周期分成 A、B、C、D 四个相等的时间段，用光子计数器分别计数，得

$$A = \int_{-T/8}^{T/8} i\mathrm{d}t/e,\ B = \int_{T/8}^{3T/8} i\mathrm{d}t/e, C= \int_{3T/8}^{5T/8} i\mathrm{d}t/e, D = \int_{5T/8}^{7T/8} i\mathrm{d}t/e \tag{10.19}$$

一个周期的总光子计数为

$$p = A + B + C + D \tag{10.20}$$

式中，e 为电子电荷，将式（10.19）代入式（10.20）中可以得到

$$A = p\left(\frac{1}{4} + \frac{\sqrt{2}\gamma}{2\pi}\sin\theta\right) \tag{10.21}$$

$$B = p\left(\frac{1}{4} + \frac{\sqrt{2}\gamma}{2\pi}\cos\theta\right) \tag{10.22}$$

$$C = p\left(\frac{1}{4} - \frac{\sqrt{2}\gamma}{2\pi}\sin\theta\right) \tag{10.23}$$

$$D = p\left(\frac{1}{4} - \frac{\sqrt{2}\gamma}{2\pi}\cos\theta\right) \tag{10.24}$$

根据以上 4 式可以推出

$$\tan\theta = (A-C)/(B-D) \tag{10.25}$$

即

$$\theta = \arctan[(A-C)/(B-D)] \tag{10.26}$$

一个方向的波前剪切只能探测到波前在一个方向的斜率分布，为实现两个方向的波前斜率探测，需要分别在相互正交的两个方向实现波前剪切和斜率探测，以获得波前相位分布的全部信息。

探测器的噪声是制约自适应光学系统对弱光目标探测能力的主要因素。噪声由两部分组成：①探测器本身的噪声，如光电倍增管的暗噪声或 CCD 的读出噪声等；②光子离散噪声。光信号极其微弱时是以离散光子的形式到达光电探测器，探测到的光电子也是离散的。光子计数是服从泊松分布的随机量。如探测时间内探测到的平均光子数为 N，则其起伏方差是 $\sqrt{N}$，因此信噪比也是 $\sqrt{N}$。显然光强愈弱，在探测时间内探测到的光子数越少，则信噪比就越低。探测器的读出噪声可以用改善读出电路、降低工作温度等措施降低，而光子离散噪声却是无法逾越的物理限制。在目标光强很弱的情况下，由于信噪比太低，将使自适应光学系统不能正常工作。

光电器件的量子效率是激发出的光电子数与到达探测面上的光子数之比，自适应光学系统要

求光电探测器应具备尽可能高的量子效率。在单元探测器中,光电倍增管是最常用的探测器,但其量子效率比较低,一般在10%以下。雪崩二极管利用硅的高量子效率和雪崩内增益放大,量子效率较高(高于50%)。

光子计数式剪切干涉波前探测器的主要噪声源为光子离散噪声。如果A、B、C、D测量中带有噪声ΔA、ΔB、ΔC、ΔD,则对应的相位角均方误差为

$$(\Delta\theta)^2 = \left[\frac{B-D}{(A-C)^2+(B-D)^2}\right]^2[(\Delta A)^2+(\Delta C)^2] + \left[\frac{A-C}{(A-C)^2+(B-D)^2}\right]^2[(\Delta B)^2+(\Delta D)^2] \quad (10.27)$$

因为光子离散噪声服从泊松分布,因此有

$$(\Delta A)^2 + (\Delta C)^2 = A + C = p/2 \quad (10.28)$$
$$(\Delta B)^2 + (\Delta D)^2 = B + D = p/2 \quad (10.29)$$

将以上两式代入式(10.27)中,可以得到波前相位角均方根误差为

$$\Delta\theta = \pi(2\gamma p^{1/2})^{-1}, \text{ rad} \quad (10.30)$$

动态交变剪切干涉波前传感器于1976年首次在自适应光学系统中成功地应用于大气补偿成像,并在以后的一些自适应光学系统中继续得到采用。

剪切干涉波前传感器的主要优点是:由于对光信号进行了时间调制,提高了光电探测系统的信噪比;由于剪切干涉图的相位分布与波长无关,可以在白光条件下工作;对振动和光学系统调整误差等有较强的抗干扰能力。也存在一些缺点,如交变剪切干涉波前传感器一般只能探测一个方向的波前斜率,故需两套剪切干涉传感器才能实现两个方向的探测。由于光栅的作用,每路探测光束只有一半能到达光电倍增管,另一半则被光栅反射回去,故每路探测信号只能利用入射光能的1/4,光能利用率低。由于旋转光栅进行调制,存在运动部件,不可能用于脉冲激光导引星。这些缺点限制了剪切干涉波前传感器的应用范围。

2. 动态哈特曼—夏克波前传感器技术

哈特曼—夏克波前传感器(简称哈特曼传感器)目前应用最广,通常由微透镜阵列和CCD光电器件组成,是一种以波前斜率测量为基础的波前测试仪器[86,87]。能以高的时间和空间分辨率探测光束相位和振幅(光强)的动态时间—空间分布。哈特曼传感器具有以下优点:一个探测器可以同时测量两个方向的波前斜率,光能利用率较高;结构简单,没有运动部件,加上选通的门控措施,可以对连续脉冲的激光信标进行探测,在连续或脉冲激光方式下都能工作。

哈特曼传感器的核心是微透镜阵列。动态哈特曼—夏克波前传感器的原理如图10.31所示。用一个阵列透镜对波前进行分割采样,每个子透镜通过子孔径将子光束聚焦成一个光斑,整个阵列透镜将光束聚焦成一个光斑阵列。用一个阵列光电探测器分别测出各光斑的质心坐标。先用标准的平行光照明阵列透镜,测出每个子孔径对应的光斑质心坐标作为参考基准。当入射光束有波前畸变时,子孔径范围内的波前倾斜将使光斑横向漂移,测量光斑质心在两个方向上的漂移量$(\Delta X, \Delta Y)$,就可以求出各子孔径范围内的波前在两个方向上的平均斜率。

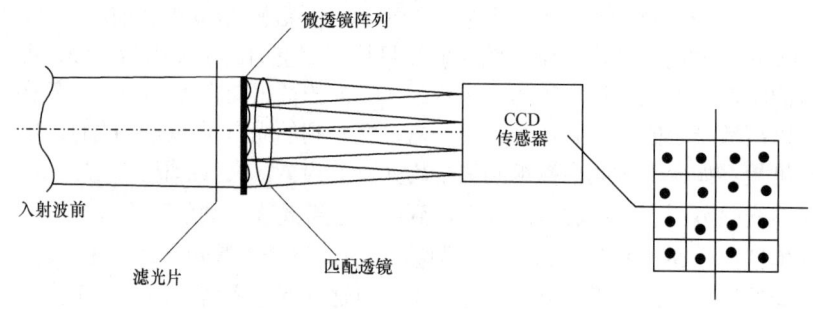

图10.31 动态哈特曼—夏克波前传感器原理

$$\Delta x = \frac{\sum X_i, I_i}{\sum I_i} - X_0 = \frac{\lambda f}{2\pi S} \iint_S \frac{\partial \Phi(x,y)}{\partial x} dxdy = \frac{\lambda f}{2\pi} G_x$$

$$\Delta x = \frac{\sum Y_i, I_i}{\sum I_i} - Y_0 = \frac{\lambda f}{2\pi S} \iint_S \frac{\partial \Phi(x,y)}{\partial y} dxdy = \frac{\lambda f}{2\pi} G_y$$

(10.31)

式中，f是微透镜焦距；I_i是像素i接收到的信号；X_i、Y_i是第i个像素的坐标；(X_0', Y_0')为用平面波标定的质心坐标；(G_x, G_y)为子孔径范围内波前的平均斜率；S为子孔径面积。得到子孔径斜率数据后，通过波前复原计算可以得到波前相位畸变或波前校正器的控制电压。现在动态哈特曼传感器常用CCD器件作为光电探测器。采用CCD器件时，哈特曼子孔径光斑质心的探测误差可简化表述为[86]

$$\sigma_{x_c}^2 = \frac{\sigma_A^2}{V} + \frac{\sigma_r^2}{V^2} ML \left(\frac{L^2 - 1}{12} + x_c^2 \right), \quad \text{像素}^2 \quad (10.32)$$

式中，σ_A是光斑的等效高斯宽度；σ_r是CCD的读出噪声；V是探测到的总光子数；x_c是光斑质心坐标；ML是探测窗口内的像素数。式中第一项是光子离散噪声引起的误差，第二项是在窗口范围内CCD像素读出噪声引起的误差。目标光产生的光电子数多，CCD噪声低，窗口小，光斑越接近坐标原点，测量噪声也低。

光电传感器噪声引起的测量误差的方差与每一子孔径探测窗口内的CCD像素数成正比。但减少每一子孔径参与探测的像素数受限于：①探测波前斜率的动态范围和精度的限制，哈特曼传感器工作时，光斑不能落入相邻子孔径的范围，因而探测窗口不能过小，信标的扩展度（如激光导引星，或近地卫星目标的扩展度）较大时，探测窗口更不能太小；②缩短阵列透镜焦距又受到像素对光斑离散采样造成质心测量误差的限制。通常使光斑的等效高斯宽度小于0.5个像素时，由于离散采样造成的质心测量误差超过0.02像素的光斑宽度，则光斑的全宽要达到1.8个像素以上。美国林肯实验室的短波长自适应光学系统（SWAT）中每子孔径仅用4个像素，焦斑尺寸为1.8像素，最大允许斜率测量范围±1.6倍波长。

在弱光探测时为增加信噪比，在CCD前面加像增强器将图像增强后再耦合到CCD（intensified charge-coupled device，ICCD），这时量子效率将取决于像增强器的光阴极。ICCD的噪声源比较多，如CCD读出噪声、像增强器光阴极暗电子发射引起的雪花现象以及增益起伏等。美国林肯实验室为其SWAT计划研制了专用的CCD，峰值量子效率达85%。该CCD有64×64像素，在每秒5M像素的读出时钟频率下，所用背照明CCD探测器，对500 nm光波有85%量子效率，700帧/秒，读出噪声水平为25电子[*]rms是一种较好的波前传感器件[87]。

3. 波前曲率传感技术

波前曲率传感法是洛迪埃（F. Roddier）在1987年提出的。这种方法测量的是波前的曲率分布，其原理如图10.32所示[72]。入射到波前曲率传感器的波前经聚焦后，用阵列光电探测器分别在焦平面前后相同距离处测出光强分布。如果入射波前是一个理想平面波，则S_1面上和S_2面上的光强分布是相同的和均匀的。如果入射波前有畸变，则波前上的曲率变化将改变光强分布，使

---

* 在林肯实验室的研究人员梯队建立了一个先进的241通道wave&ont的自适应光学系统，用于短波自适应技术（SWAT）传感器实验。该传感器测量脉冲或连续光源的可见光的相位。该仪器采用二元光学透镜阵列在林肯实验室产生16×16个子孔径的中心焦点是定制的64×64像素的电荷耦合器件（CCD）摄像机测量。背照明（backilluminated）CCD探测器在500 nm处的有85%量子效率；相机有一个读出噪声为25电子RMS在7000帧/秒。一个特殊的流水线处理器将CCD相机数据在1.4 jisec波前梯度。该传感器在输入光光子的每个子孔径2000 A./精度15。

一个面上某点的光强增加，而另一个面上对应点的光强则减弱。于是两个面上对应点光强差的分布提供了波前曲率分布的信息。根据衍射理论可以证明，前后两面上的光强分布的归一化差值与波前曲率变化量成正比。实际上是利用薄膜式变形镜的特殊性能，将由曲率波前传感器探测的信号经适当放大后直接加到这种变形镜上来自动求解泊松方程，无需耗时的计算过程。这也是曲率波前传感技术最吸引人的特点之一。

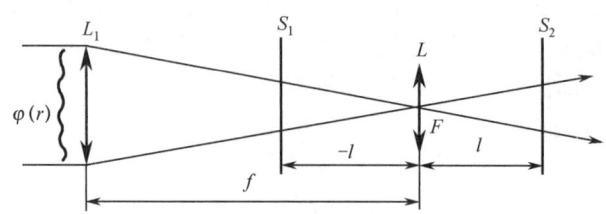

图 10.32　波前曲率传感原理

4．像清晰化波前传感技术

像清晰化波前传感技术是一种间接的波前相位畸变探测技术，它不是探测入射光束波前的斜率或曲率，而是探测波前相位扰动对像质的影响，即所谓的像清晰度函数。当波前相位误差为 0 时，像清晰度函数达到极值。有多种方法可定义像清晰度函数，最简单的像清晰度函数是通过焦面上小孔的光能量。对于点目标成像系统，显然波前畸变愈小，焦斑的能量愈集中，通过焦斑中心一定直径小孔的能量也愈大。另一种适合于扩展目标的像清晰度函数定义是：像面上每一点光强的平方（或高次方）之和值越高，成像越清晰。还有其他多种像清晰度函数的定义。像清晰化波前探测技术一般适用于爬山法控制的自适应光学系统，对每一个可控自由度（单元）施加试验扰动，同时测量像清晰度函数，判断使该函数优化的方向，在这个方向上施加校正，直到像清晰度函数达到极大值。试验扰动一般是高频振动，所以也称为高频振动法。

中国科学院光电技术研究所在 1985 年为我国"神光 I"激光核聚变装置建立的自适应光学系统就采用了高频振动方法。在激光核聚变装置长达几十米的激光放大光路中设置一个 19 单元变形反射镜，在该装置末端聚焦后的焦点上设置小孔，用光电倍增管探测小孔后的能量，在变形镜每个驱动器上依次施加高频振动，实现爬山法优化[84]。

由于爬山法和多元高频振动法对系统的带宽要求高、信噪比低且硬件电路复杂，基于像清晰化的自适应光学技术在随后十多年很少应用。20 世纪 90 年代后期出现了一些新的优化控制方法，如随机并行梯度下降算法[88]（stochastic parallel gradient descent，SPGD）、模拟退火算法[89]（simulated annealing，SA）、遗传算法[90]（genetic algorithm，GA）等。这些算法和多元高频振动及爬山法比起来，具有实现容易、多路并行计算、全局收敛等特点。其中应用最广的是 SPGD 算法，最早由美国陆军研究实验室的 Voronstov 等人于 1997 年提出并实现[88]。SPGD 算法首先对波前校正器的所有通道并行施加一组统计独立的随机扰动信号，然后测量扰动对于性能指标函数的影响，并根据性能指标函数的变化趋势和变化量对波前校正量进行叠加修正，如此反复迭代，最终使性能指标函数达到极值。中国科学院光电技术研究所在国内较早开展了 SPGD 控制算法的理论和应用研究[91]。SPGD 算法的典型优势是利用 VLSI 硬件电路实现，提高了运行速度和控制带宽。目前 SPGD 算法已经应用到激光光束净化、人眼像差校正、空间光通信、激光相控阵等诸多领域，但 SPGD 算法的收敛速度和动态校正能力还有待继续改进和提高。

5．波前复原算法

为了将波前传感器所测的量转化为波前相位误差或驱动器上的校正量，必须用一种波前复原算法来建立测量值和校正值之间的联系。该算法主要有区域法、模式法和直接斜率法等算法。前两种是复原出波前误差,而直接斜率法则是直接求出每个驱动器上应施加的电压。

1)区域波前复原算法

自适应光学系统中有确定的波前传感器的子孔径布局和变形反射镜驱动器的布局,两者有一定的对应关系。图 10.33 是几种较早研究的对应关系[ZMO]。在每一种布局中,对每一子孔径都可以建立一个表示该子孔径内波前斜率与相邻驱动点上波前相位之间的关系方程式。

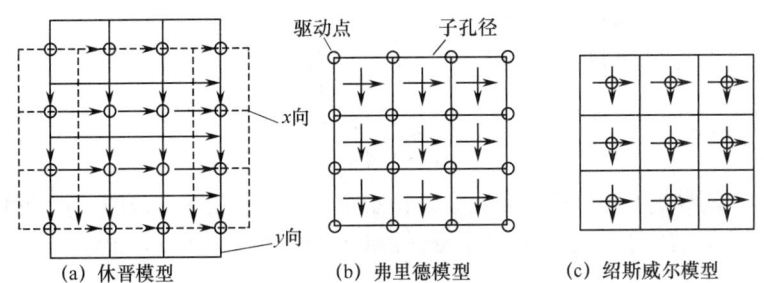

图 10.33 波前传感器子孔径和波前校正器驱动器的几种布局

(其中,○表示驱动点,→表示斜率测量的位置和方向)

对于 m 个子孔径可以建立 $2m$ 个方程,通过解方程求出 n 个驱动点的波前误差。一般 n 小于 $2m$,这些方程构成一个超定联立方程组,可以表达为矩阵的形式

$$S = AW \tag{10.33}$$

式中,S 是 $2m$ 元的波前斜率向量;W 是 n 元的波前相位向量;A 是 $2m \times n$ 的系数矩阵,它的每一个元素表示相应的子孔径的波前斜率和驱动点波前相位之间的关系。显然一个子孔径的波前斜率只与相邻几个驱动点的波前相位有关,而与距离较远的驱动点无关,因此矩阵 A 的许多元素的值是零。建立了矩阵 A 之后,就可以用线性代数方法求出其逆矩阵 A^{-1},从而得到复原波前

$$W = A^{-1}S \tag{10.34}$$

根据测量的各个子孔径斜率值组成的斜率向量 S,可以计算出各个子孔径处的波前误差向量 W。这就是用区域法复原波前误差的基本原理。

2)模式波前复原算法

被测波前限于圆域内时,通常可用一组泽尼克多项式来描述

$$\Phi(x, y) = a_0 + \sum_{k=1}^{n} a_k Z_k(x, y) + \varepsilon \tag{10.35}$$

式中,a_0 为平均相位波前;a_k 为第 k 项泽尼克多项式系数;Z_k 为第 k 项泽尼克多项式;ε 为波前相位测量误差。通过斜率测量值求出波前误差的各个模式系数后[92],就可以得到整个波前的表达式,进而求出每个控制点的波前误差。例如,对于哈特曼传感器,子孔径内的斜率数据与泽尼克多项式系数的关系为

$$\left. \begin{array}{l} G_x(i) = \sum_{k=1}^{n} a_k \dfrac{\iint_{S_i} \dfrac{\partial Z_k(x,y)}{\partial x} dxdy}{S_i} + \varepsilon_x = \sum_{k=1}^{n} a_k Z_{xk}(i) + \varepsilon_x \\ G_y(i) = \sum_{k=1}^{n} a_k \dfrac{\iint_{S_i} \dfrac{\partial Z_k(x,y)}{\partial y} dxdy}{S_i} + \varepsilon_y = \sum_{k=1}^{n} a_k Z_{yk}(i) + \varepsilon_y \end{array} \right\} \tag{10.36}$$

式中,ε_x、ε_y 为波前位相测量误差;n 为模式阶数;S_i 为子孔径的归一化面积。m 个子孔径斜率与

n 项泽尼克系数的关系用矩阵表示为

$$\begin{bmatrix} G_x(1) \\ G_y(1) \\ G_x(2) \\ G_y(2) \\ \vdots \\ G_x(m) \\ G_y(m) \end{bmatrix} = \begin{bmatrix} Z_{x1}(1) & Z_{x2}(1) & \cdots & Z_{xn}(1) \\ Z_{y1}(1) & Z_{y2}(1) & \cdots & Z_{yn}(1) \\ Z_{x1}(2) & Z_{x2}(2) & \cdots & Z_{xn}(2) \\ Z_{y1}(2) & Z_{y2}(2) & \cdots & Z_{yn}(2) \\ \vdots & \vdots & & \vdots \\ Z_{x1}(m) & Z_{x2}(m) & \cdots & Z_{xn}(m) \\ Z_{y1}(m) & Z_{y2}(m) & \cdots & Z_{yn}(m) \end{bmatrix} \begin{bmatrix} a_1 \\ a_2 \\ \vdots \\ a_n \end{bmatrix} + \begin{bmatrix} \varepsilon_1 \\ \varepsilon_2 \\ \varepsilon_3 \\ \varepsilon_4 \\ \vdots \\ \varepsilon_{2m-1} \\ \varepsilon_{2m} \end{bmatrix} \quad (10.37)$$

记为

$$G = DA + \varepsilon \quad (10.38)$$

由于泽尼克多项式的导函数不完全正交，以及由于采样点数有限而造成的非正交性，都有可能使矩阵 D 的秩不完备，且方程的条件数也不一样。对于任意的 $2m$ 和 n，上述方程的最小二乘解可用广义逆 D^{-1} 表示。

$$A = D^{-1}G + (I - D^{-1}D)Y \quad (10.39)$$

式中，Y 是任意向量，当 $Y=0$ 时，方程在最小二乘 $\|D^{-1}D - A\| = \min$ 和最小范数 $\|A\| = \min$ 意义上的解为

$$A = D + G \quad (10.40)$$

其中，$\|\cdot\|$ 表示欧几里得范数。这样，只要求出 D 的逆矩阵 D^{-1}，即可求出泽尼克系数 a_k，计算出波前相位。计算 D 的逆矩阵 D^{-1} 的方法有最小二乘法、Gram-Schmidt 正交化法和奇异值分解法。其中奇异值分解法是一种数值稳定性相当好的算法，不管矩阵条件数如何，用奇异值分解方法得到的广义逆求解方程，在最小二乘最小范数意义下都能得到稳定解。

由于泽尼克偏导函数的不完全正交性，以及有限的斜率采样点，当模式阶数增大时，都将使复原矩阵 D 的秩不完备，导致模式像差间的耦合[93]。输入由 N_f 阶模式系数组成的像差，计算出每个子孔径内的平均波前斜率，选取不同的模式阶数 N_s 进行最小二乘最小范数波前重构。当 $N_s < N_f$ 时，即重构模式阶数少于实际模式阶数时，模式像差之间出现耦合，某些高阶模式像差被解释成低阶的模式像差；当 $N_s = N_f$ 时，这种耦合现象消失；当 $N_s < N_f$ 时，矩阵 D 中增加了某些列与前面的某些列线性相关，重构得出的像差出现混淆，低阶模式的像差被解释成高阶模式的像差，大于 N_f 阶的像差原本为 0，但重构结果并不完全为 0。

N_f 阶模式像差的波前斜率表示为 $G_f = D_f A_f$，若用 N_s 阶模式像差重构波前误差，则重构的模式系数为

$$A_s = (D_s^{-1} D_f) A_f = C_{s \cdot f} A_f \quad (10.41)$$

式中，$C_{s \cdot f} = D_s^{-1} D_f$，它表示用 N_s 阶模式重构 N_f 阶模式像差的耦合矩阵，模式系数误差为

$$\Delta A_s = A_f - A_s = (I - C_{s \cdot f}) A_f \quad (10.42)$$

$$\frac{\|\Delta A_s\|_2}{\|A_f\|_2} \leqslant \|I - C_{s \cdot f}\| = \sigma_{\max}(I - C_{s \cdot f}) \quad (10.43)$$

定义矩阵 $(I - C_{s \cdot f})$ 的最大奇异值为耦合系数 $C_s = \sigma_{\max}(I - C_{s \cdot f})$，$C_s$ 定量地描述了在模式重构中模式像差之间的耦合与混淆程度。

3）直接斜率波前复原算法

通常自适应光学系统中不须知道波前相位值，只须得到波前校正器各个驱动器所需的控制电

压。当哈特曼传感器单独使用时，可以用前面介绍的两种波前复原算法：区域波前复原算法和模式波前复原算法，从测量的子孔径斜率得到畸变波前。而采用直接斜率波前复原算法[20]可以免去上述两种方法中的两次矩阵运算，以各个驱动器的控制电压作为波前复原的计算目标。可以根据各个驱动器施加单位电压时对各个子孔径斜率的影响，建立驱动器电压与子孔径斜率之间的关系矩阵，用这个矩阵的逆矩阵就可以直接从斜率测量值求出控制电压，这样计算的工作量比前两种方法少。

设输入信号 V_j 是加在第 j 个驱动器上的控制电压，由此产生的哈特曼传感器子孔径内的平均波前斜率为

$$\left. \begin{array}{l} G_x(i) = \sum_{j=1}^{t} V_j \dfrac{\iint_{S_i} \dfrac{\partial R_j(x,y)}{\partial x} \mathrm{d}x\mathrm{d}y}{S_i} = \sum_{j=1}^{t} V_j R_{xj}(i) \\ G_y(i) = \sum_{j=1}^{t} V_j \dfrac{\iint_{S_i} \dfrac{\partial R_j(x,y)}{\partial y} \mathrm{d}x\mathrm{d}y}{S_i} = \sum_{j=1}^{t} V_j R_{yj}(i) \end{array} \right\} \quad i = 1,2,3,\cdots,m \quad (10.44)$$

式中，$R_j(x,y)$ 为变形镜第 j 个驱动器的影响函数；t 为驱动器个数；m 为子孔径个数；S_i 为子孔径 i 的归一化面积。控制电压在合适的范围内时，变形镜的相位校正量与驱动器电压近似线性，并满足叠加原理，子孔径斜率量也与驱动器电压呈线性关系，满足叠加原理。上式写成矩阵表示为

$$\boldsymbol{G} = \boldsymbol{R}_{xy}\boldsymbol{V} \quad (10.45)$$

其中，$\boldsymbol{R}_{xy}$ 为变形镜到哈特曼传感器的斜率响应矩阵，可以通过理论计算求得，但实验测得的斜率响应矩阵更能准确反映系统的真实情况。

设 $\boldsymbol{G}$ 是需要校正的波前像差斜率测量值，用广义逆可得到使斜率余量最小且控制能量也最小的控制电压为

$$\boldsymbol{V} = \boldsymbol{R}_{xy}^{-1}\boldsymbol{G} \quad (10.46)$$

由于传递矩阵 $\boldsymbol{R}_{xy}$ 随时可由哈特曼传感器测量，而求其逆矩阵的方法也较容易，这种方法在实际自适应光学系统中很实用，效果也较好。目前国内自适应光学系统常采用的就是直接斜率波前复原算法。自适应光学系统的工作稳定性和误差传递与所采用的波前复原算法相关，而波前复原算法又以系统布局为基础。故系统布局和复原算法常决定自适应光学的校正效果。

4) 波前复原算法的特性指标

在泽尼克模式波前复原算法中，由于泽尼克多项式的导函数不是正交函数，在波前复原结果中会出现各阶像差交叉耦合，而且展开多项式的数目是有限的，故复原计算中得到的泽尼克系数所反映的波前只是实际波前的一个估计，与实际波前还有差距。波前复原误差的另一个来源是子孔径斜率测量误差，如 CCD 的读出噪声、信标光的光子离散噪声、模数转换的有限位数以及背景杂光等都将影响到子孔径光斑质心测量的准确性，从而造成子孔径斜率测量的误差。在自适应光学系统中，实时波前复原算法将根据测量的子孔径斜率计算所需的控制电压，子孔径斜率的测量噪声和测量误差将经过波前复原算法传递到控制电压。过大噪声传递将引起闭环系统不稳定，另外，在波前复原过程中有可能引入原理性的误差，如用泽尼克模式法时，可能会引入模式间混淆和耦合。为此，采用如下几个特性指标对波前复原方法进行评价[20]：

(1) 复原矩阵的秩。自适应光学系统中哈特曼传感器的子孔径斜率数一般都大于波前校正器的驱动器个数，复原矩阵不是方阵，驱动器控制电压的解不具有唯一性，通常用最小方差等指标求取一个合适的近似解。这时如果复原矩阵的秩等于驱动器个数即矩阵满秩，方程求解过程奇异性小。复原矩阵不满秩时方程的解过程就是病态的，解的奇异性大。

(2) 复原矩阵的条件数。任意一个矩阵 $\boldsymbol{B}$ 的条件数定义为

$$\mathrm{cond}(\boldsymbol{B}) = \sigma_{\max}(\boldsymbol{B})/\sigma_{\min}(\boldsymbol{B}) \quad (10.47)$$

式中，σ_{max} 与 σ_{min} 分别表示矩阵 B 的最大与最小奇异值，它们的比值表征外来扰动对方程求解过程影响程度的相对大小。当条件数增大时，测量误差与噪声对系统的影响也将变大，这样将会造成系统的不稳定。

（3）复原矩阵的残余梯度系数。一个复原过程 $A=D^{-1}G$，残余梯度系数矢量为

$$\Delta g = G - DA = (I - DD^{-1})G \tag{10.48}$$

其中残差之和满足关系：

$$\|\Delta g\|_2 \leqslant \|I - DD^{-1}\|_2 \|G\|_2 \tag{10.49}$$

定义残余梯度系数为

$$R_g = \|I - DD^+\|_2 = \sigma_{max}(I - DD^+) \tag{10.50}$$

式中，$\sigma_{max}(I-DD^{-1})$ 是矩阵 $(I-DD^+)$ 的最大奇异值。用 R_g 评价波前复原过程梯度精度。

（4）复原矩阵的误差传递系数。如果子孔径斜率测量误差 ε 的协方差矩阵为 $D_g=\varepsilon\varepsilon^T$，则测量误差引起的复原系数误差的协方差矩阵为

$$D_a = (D^{-1}\varepsilon)(D^{-1}\varepsilon)^T = D^{-1}\varepsilon\varepsilon^T(D^{-1})^T \tag{10.51}$$

设各个测量误差是相对独立的，且方差同为 σ^2，那么 $D_g=\sigma^2 I$，代入上式有

$$D_a = D + \sigma^2 I(D^{-1})^T = \sigma^2 D + (D^{-1})^T \tag{10.52}$$

复原系数误差的方差是 $(\sigma_a^2 = \sigma^2 \mathrm{tr}(D^{-1}D^{-1})^T)$ 其中 tr 为矩阵的迹。定义波前复原矩阵的误差传递系数为

$$E_a = \sigma_a^2 / \sigma^2 = \mathrm{tr}(D^{-1}(D^{-1})^T) \tag{10.53}$$

误差传递系数越小表明复原过程对测量噪声越不敏感，系统就越稳定。

10.3.2 波前校正器

在自适应光学系统中，波前校正器能在外加控制下，实现高速、高精度的光学镜面面形变化、平移或转角，从而改变光学系统的波前相位[13,14]。波前校正器分为透射式和反射式两类。反射式波前校正器可以分为变形反射镜和高速倾斜反射镜两类。

1. 变形反射镜

一块平面反射镜要求有足够大的面形精度和表面粗糙度和稳定性，表面上镀的反射膜在工作波段有足够高的反射率；自适应光学波前校正器的变形反射镜除了具有普通反射镜的性能外，还要求其面形能在外加控制下迅速而准确地改变，而且在停止工作后仍要保持原始的状态，即变形反射镜应有一系列动态性能。变形反射镜按镜面结构可分为分块镜面变形镜和连续镜面变形镜两类。这些变形反射镜的动作都是靠驱动器的推动来实现，故驱动器的作用在很大程度上决定了变形反射镜的性能。变形镜驱动器的数目越多，对波前畸变的补偿能力也越高。

1）驱动器

波前校正器的驱动器要求其位移分辨率至少要达到 10 nm 的量级，而响应速度要适合系统工作速度的要求，一般自适应光学系统的响应时间应在毫秒量级或更小。驱动器有压电式、磁致伸缩式、电磁式和液压式等类型。由于压电陶瓷（PZT）和电致伸缩陶瓷（PMN）的位移分辨率高、控制方便，多数波前校正器都是用这两种驱动器。

压电陶瓷驱动器利用逆压电效应产生位移。当一个厚度为 t 的压电陶瓷片在极化方向上施加电压 V 时，由于材料内电畴电压的转动，就会产生微小的变形，从而在电场方向上产生变形 $\delta=d_{33}V$，而在与之垂直的方向上产生变形 $\delta=d_{31}V(L/t)$。其中 L 是陶瓷片的长度（图 10.34（a）），t 是陶瓷片的厚度，d_{33} 和 d_{31} 是材料的压电常数。通常一个压电陶瓷片在几百伏的电压下只能产生 0.1～0.2 μm

的变形，这对波前校正器是不够的，故采用将多片压电陶瓷层叠起来（图10.34（b）），各个陶瓷片在电路上是并联的，变形是叠加的，因此 n 片压电陶瓷组成的层叠式驱动器的变形量将是 $nd_{33}V$。

压电陶瓷的电压—变形曲线如图 10.34（c）所示，若反向施加电压，压电陶瓷驱动器可以产生负变形，它可以使变形镜产生正负波前校正量。但变形曲线中存在一个滞后现象，即增加电压和减小电压时，变形并不完全重合。不同的材料配方滞后量也不同，可以在 2%～3%到 20%～30%之间变动。在闭环控制系统中，这一滞后只是对控制性能有影响，而控制精度由波前传感器决定，影响可能不严重。但对开环控制，这种滞后将影响精度，须有另外的传感器或电路加以校正。

电致伸缩陶瓷（PMN）也可以用作驱动器材料，其优点是可以在较低的电压（100～200 V）范围工作，但在正负电压下都只产生正变形，见图 10.34（d），对于需要产生正负变形的波前校正器，须设置偏置电压，使其在控制电压为 0 时就已经有了一定的变形。

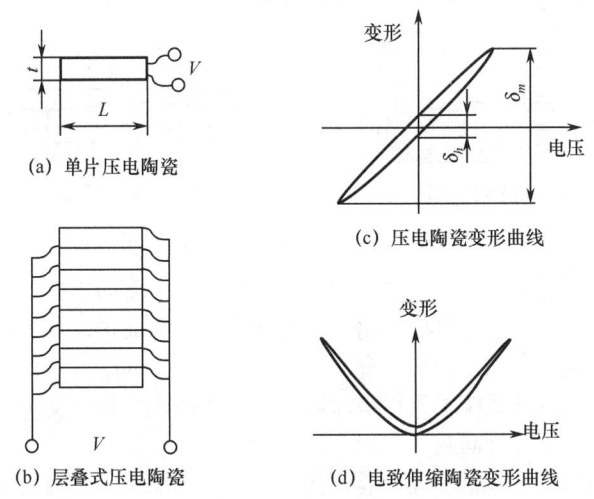

图 10.34 压电陶瓷驱动器及其变形特性

2）分块镜面变形镜

分块镜面变形镜由多个可单独平移或平移加倾斜的小块镜面排列而成，其基本结构如图 10.35 所示，小块镜面通常为平面，几何形状有正方形、矩形和六角形。与连续镜面变形镜相比，分块镜面变形镜具有波前校正动态范围大，易于装配、更换和维修等优点。但波前拟合误差大，各镜面间存在的间隙将造成能量损失和衍射效应，在红外波段工作时接缝处产生的热辐射将影响成像探测。要使分块镜面相互间保持其相对位置，以构成接近连续的表面而不在接缝处产生台阶，这在波前探测和控制中都较困难。

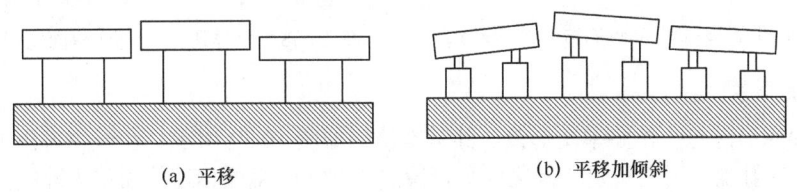

图 10.35 分块镜面变形镜基本结构示意图

分块镜面变形镜适用于要求控制单元数多、通光口径大和动态校正范围大的自适应光学系统。用拼接方式形成的大型光学望远镜的能动光学镜面，也是一种分块式反射镜，在每个接缝处要用特殊的传感器来探测相邻镜面的相对位置，以保持组合镜面的平滑连续。

3) 连续镜面变形镜

连续镜面变形镜是在一块薄反射镜下面连接各种类型的驱动器,通过对驱动器的控制使反射镜面产生局部变形。图 10.36 是连续镜面变形镜的几种驱动方式示意图。连续镜面变形镜具有拟合误差小、光能损失少、能保持相位连续等优点,但也存在波前校正动态范围有限,驱动器单元数和通光口径受限,装配、维修较困难等缺点。对于要求控制单元数在几百以内,通光口径不太大的自适应光学系统,连续镜面变形镜是首选的波前校正器。目前应用较广、技术发展较成熟的波前校正器则是分立压电式连续镜面变形镜。

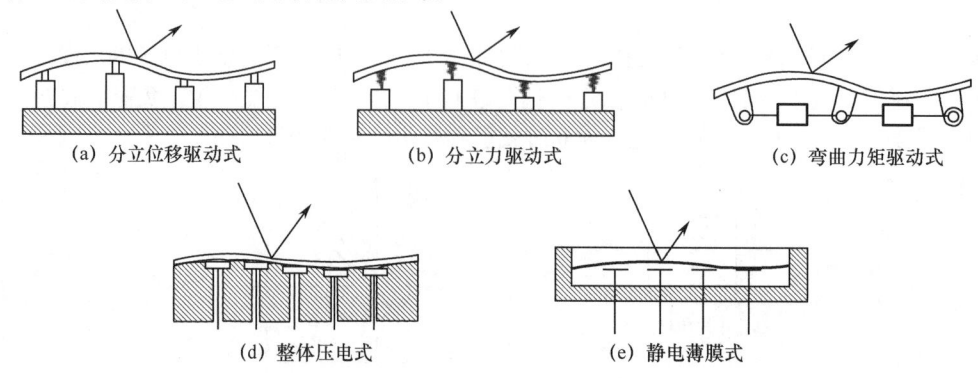

图 10.36 连续镜面变形镜的几种驱动方式示意图

分立压电式连续镜面变形镜的基本结构见图 10.37。多个驱动器的一端与刚性基底相连,另一端与薄镜片相连。驱动器在外加电压作用下产生轴向伸缩从而推动薄镜片产生局部变形。分立压电式连续镜面变形镜的特点是变形灵敏度高,动态范围大。驱动器与薄镜片之间还能根据需要设计各种结构,如在高能激光系统中采用冷却结构以避免薄镜片受热变形甚至破坏。但其制造工艺复杂,面形稳定性的保持是个问题。

整体压电式连续镜面变形镜的基本结构见图 10.38。在整块压电陶瓷上加工多个通孔,将寻址电极埋入上表面,并在上表面黏结一块薄镜片,压电陶瓷的下表面作为公共电极。在寻址电极上施加双极性的电压。压电陶瓷在寻址电压作用下产生变形以带动薄镜片局部变形。

图 10.37 分立压电式连续镜面变形镜的基本结构　　图 10.38 整体压电式连续镜面变形镜的基本结构

4) 曲率变形镜

压电膜片变形镜是一种曲率变形镜,其基本结构如图 10.39 所示。在一块薄压电陶瓷片上黏结一块薄平面反射镜,压电陶瓷片极化取垂直镜面方向,与镜面相连的面作为连续公共电极,另一面制成多个独立的寻址电极,当在公共电极与寻址电极间施加电压时,压电陶瓷片的横向尺寸的变化使镜面产生局部弯曲。此类变形镜与波前曲率传感器相配合,可免去波前复原的计算而简化控制器结构,适用于大动态范围和低阶像差的校正。

图 10.39 是压电厚膜式微变形镜的结构示意。微变形镜由弹性支撑层、压电层与镜面反射层组成。当压电材料上下电极之间施加电压,受逆压电效应的影响,压电材料横向收缩。由于压电材料

与其下的硅片薄膜黏结在一起，因此横向的收缩会导致二者向下弯曲变形。这种弯曲变形通过同样固结其上的凸台支柱传递给镜面，从而使镜面也产生变形。通过对各电极施加独立的电压信号，可控制制动器产生相应的变形，从而在反射镜面形成不同曲面形状，进而对波前畸变进行校正。

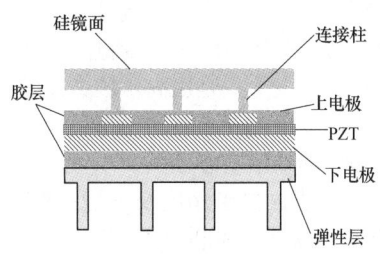

图 10.39　压电厚膜式微变形镜的结构示意图

5）微小型变形镜

限制自适应光学应用的一个重要因素是它的复杂性和成本。为此采用微电子、微机械和微光学技术制造小型或微型的单元器件。如微机械薄膜变形镜、表面微机械变形镜以及液晶变形镜等。微机械薄膜变形镜（MMDM）是利用微机械加工在基片上产生一个或几个电极，在基片上方设置一个导电薄膜，导电薄膜与基板电极间形成电场。随着不同电极上电压的变化，导电薄膜在电场力的作用下产生变形，就可以对入射到导电薄膜上的波前产生校正作用，如图 10.40 所示。这种变形镜制作较简单，但对高阶波前误差的拟合能力差，薄膜强度也较差。

表面微机械变形镜是用微机械加工方式在硅片上生成多个单元，并分别驱动的镜面结构，利用各个可动镜面与基板之间的电场力驱动，使这些可动镜面分别控制镜面一部分的位移，成为一种微型变形反射镜，典型结构如图 10.41 所示。这种变形镜制作难度较大，有可能制作成连续镜面或分块镜面。

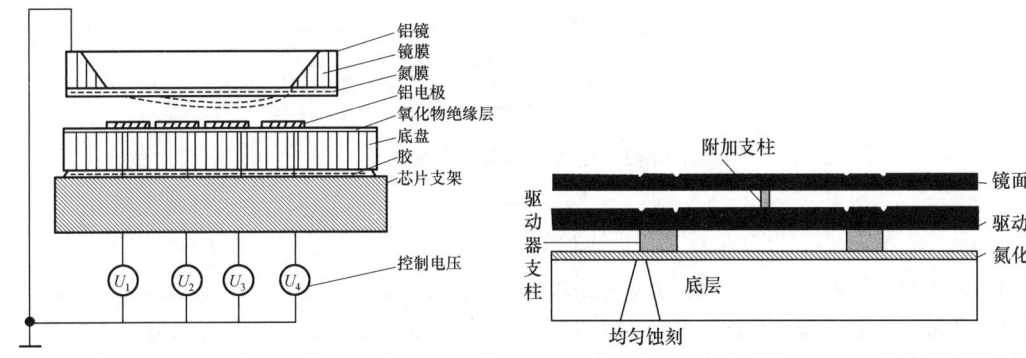

图 10.40　微机械薄膜变形镜的原理和结构　　图 10.41　表面微机械变形镜的原理和结构

用两片压电陶瓷片叠合起来，加上镜面可构成双膜片变形镜（bimorph），可以用不同布局的驱动电极，分别产生不同的校正模式，适用于需要控制不同模式波前误差的场合[94]。

向列型液晶器件在电压的作用下折射率会发生变化，对定方向的偏振光透射光束波前相位产生空间调制，可在自适应光学系统中作为波前校正器件。液晶器件的优点是体积小、单元尺寸小、单元数多、成本低、可以批量生产，但有响应速度较慢，光能利用率低，对宽波段光有色散等缺点[88]。

2．变形反射镜的主要性能参数

对变形反射镜有一系列性能要求，主要有如下要求：

（1）校正单元数。校正单元数即控制镜面变形的驱动器数量，其决定系统对波前误差的拟合能力或空间带宽。单元数较少的变形镜，对被校正波前的拟合误差较大，对阶次较高的波前校正能力极弱。单元数增多增加了变形镜本身和整个自适应光学系统的复杂性，故必须根据实际使用要求确定适当的单元数。

（2）最大变形量、灵敏度和滞后。根据系统需校正的波前误差特性确定变形镜的最大变形量。

对于望远镜除校正大气湍流外，还应校正光学系统的静态误差，即变形量应考虑所有被校正误差的总和；增大变形镜的变形量将降低其面形稳定性；灵敏度是指单位电压产生的变形。一般变形镜的最小可分辨变形量是由高压放大器的纹波和噪声以及波前控制器的输出电压分辨率决定的，因此变形量大的变形镜要求驱动变形镜的高压放大器具有较高的增益和很小的纹波和噪声，波前控制器应有相适应的输出动态范围。

（3）表面面形精度及其稳定性。变形镜结构复杂，要保证表面的光学质量十分困难。低阶的面形误差，可以在系统工作时自行校正，但尺度小于驱动器间距的面形误差不可能被校正，将影响校正效果。变形镜在长期工作之后以及在与制造时的温度不同的工作温度下，都可能使面形产生变化。保持其面形精度是变形镜制造中的一个关键，它与结构、材料和工艺等一系列因素有关。

（4）面形影响函数和交连值。面形影响函数是指在变形镜的一个驱动器上施加电压时，引起镜面变形的分布函数。图10.42是一个实测的镜面变形曲线。可以看到驱动器中心处变形最大，到边缘时变形量逐渐降低。变形镜驱动器的光学影响函数一般近似为高斯或超高斯函数形式。

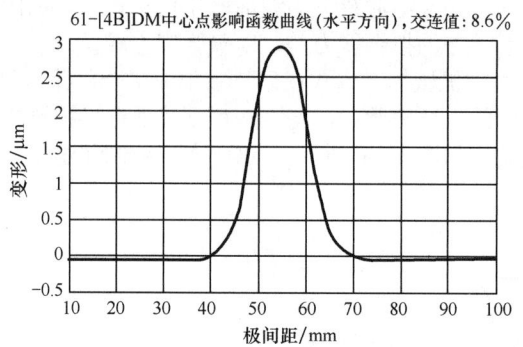

图 10.42　变形镜的面形影响函数

$$V_{i(x,y)} = \exp\left[\ln\omega\left(\sqrt{(x-x_i)^2+(y-y_i)^2}/d\right)^a\right] \quad (10.54)$$

式中，(x_i,y_i)为第i个驱动器的位置；d为驱动器间距；a为高斯函数指数；ω为驱动器交连值。交连值的定义为一个驱动器工作时，相邻驱动器中心的变形量与工作驱动器中心的最大变形量的比值。交连值和面形影响函数会影响系统工作稳定性和对波前的拟合能力。宽的影响函数和大的交连值会使控制系统各通道间产生耦合，必须在控制算法中进行解耦。窄的影响函数和小的交连值则造成拟合不足。通常认为合理的交连值在5%～12%。影响函数和交连值是由镜面和驱动器的耦合方式及其刚度决定的，在变形镜设计中要用有限元分析等方法加以分析计算，并在实际制造中通过试验加以调整。

变形镜的驱动器数目从几十到几百不等，在弹性范围内，当各个驱动器都施加工作电压时，所产生的面形变化是

$$\varphi(x,y) = \sum_{i=1}^{n} v_j V_j(x,y) \quad (10.55)$$

式中，v_j是第j个驱动器的控制电压，$V(x,y)$为驱动器施加单位控制电压后对光束波前的响应函数，n是变形镜的驱动器个数。

（5）频率响应特性。变形镜是由驱动器、镜片、基板及胶粘剂等多种材料组成的，构成一个多自由度的机械振动系统，存在着一系列的振动模式。最低的基模谐振频率是对自适应光学系统的工作带宽的一个限制，因为当工作到接近谐振频率时，振幅会突然加大，同时产生相位突变。控制系统的工作带宽要避开这一谐振区。图10.43是实测的变形镜频率响应曲线。可以看到，谐

振频率处的振幅和相位响应都有急剧的变化。一般压电变形反射镜的谐振频率都在几千赫兹以上，对一般带宽在几百赫兹以下的自适应光学系统不构成主要限制。

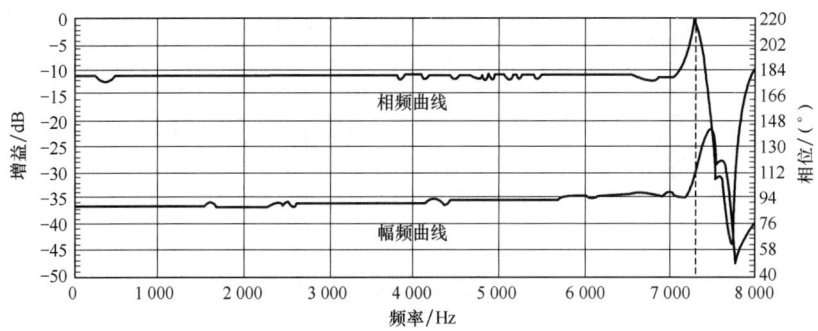

图 10.43 变形镜的频率响应曲线

此外，对驱动变形镜的高压放大器也有一系列要求，如电压范围及分辨率、负载能力、稳定度及纹波系数等。

3. 高速倾斜反射镜

自适应光学系统要完成的最简单的波前校正是对光束到达方向整体变化的校正，即波前畸变的整体倾斜校正。由于倾斜校正要求波前校正动态范围大，方式简单，通常可用单独的高速倾斜反射镜完成，用分辨率达纳米量级的微位移驱动器驱动一块较小反射镜，能使光束产生快速、小角度的倾斜变化。与传统的电机驱动机构相比，高速倾斜反射镜具有运动惯性小、响应速度快、角分辨精度高等优点。在自适应光学系统中，使用单独的倾斜镜控制回路校正整体倾斜可以减小对变形反射镜校正动态范围的要求。除自适应光学外，高速倾斜反射镜还用于目标指向、捕获跟踪、空间或机载光学系统的视轴稳定、激光束的方向稳定等。

常用的倾斜镜由两个驱动器分别驱动镜面产生两维转动，其基本结构如图 10.44 所示，其驱动器除压电或电致伸缩驱动器外，还有音圈电机驱动器（voice coil actuator/voice coil motor）[95]等。

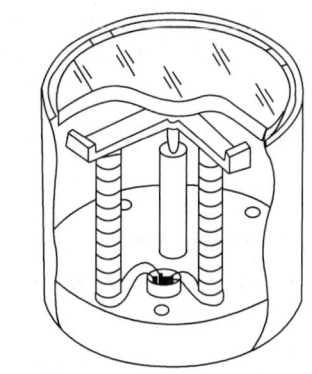

图 10.44 高速倾斜反射镜的基本结构

高速倾斜镜的工作方式是通过驱动器推动反射镜片做快速整体偏转。与变形镜相比，高速倾斜镜镜面质量较大，工作过程中存在较大的惯性力，由驱动器和整体镜面构成的弹性—惯性系统的谐振频率一般比变形反射镜低。根据镜面尺寸、行程和结构的不同，谐振频率在一百到几百赫兹，远低于变形反射镜的谐振频率。因此在倾斜镜的结构设计中应把提高最低谐振频率和减小反作用力矩作为重点考虑的因素。

倾斜反射镜一般由一个镜座基底，有一定的厚度和刚度的镜面，两个直角排列的压电驱动器 X、Y 和一个固定支柱 O 组成，其弹性结构如图 10.45 所示。倾斜反射镜的镜面可以看作支撑在一个弹性结构上的刚体。根据力学分析，这个弹性系统将存在多个谐振模式，但对倾斜镜控制稳定性影响最大的是机械谐振频率最低的一个，其谐振角频率为

$$\omega = \frac{8k}{D^2}\left(\frac{SL}{\theta h}\right)^{1/2} \tag{10.56}$$

式中，$\omega=2\pi f$，时间频率 f 的单位是 Hz。可以看出，谐振频率主要与镜面直径 D、镜面厚度 h、

镜面的倾斜角 θ、驱动器间距 L、驱动器面积 S 和所用材料的特性常数 k 等参数有关。一般取 $k>D/10$，所以镜面直径越大谐振频率越低。

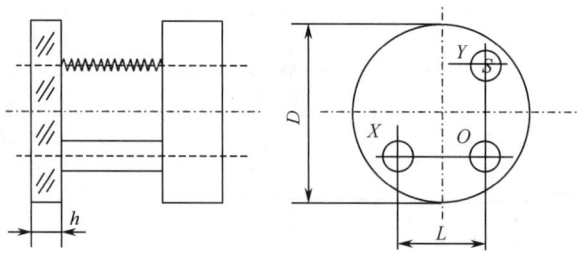

图 10.45　高速倾斜反射镜弹性结构示意图

倾斜镜的机械谐振现象表现为：在正常工作状态下，倾斜镜的响应量与控制信号呈线性关系；倾斜镜处于谐振频率时，实际响应量比相应的控制信号放大或缩小很多，在频率响应特性上存在的每一对峰谷值，对应倾斜镜的一个机械谐振模式，式（10.56）仅分析了最低频率的谐振模式。对频率响应特性的测量和分析表明，倾斜镜的第 k 个机械谐振模式的传递函数为

$$F_k(S) = \frac{S^2 + 2\xi_{zk}\omega_{zk}S + \omega_{zk}^2}{S^2 + 2\xi_{pk}\omega_{pk}S + \omega_{pk}^2}, \quad k = 1, 2, \cdots \quad (10.57)$$

式中，$S=j\omega$ 是拉普拉斯算子；ξ_{zk} 和 ξ_{pk} 分别是传递函数零点和极点的振荡因子；ω_{zk} 和 ω_{pk} 分别是传递函数零点和极点的振荡角频率，它对应机械谐振的峰谷值频率。振荡因子越小，机械谐振峰谷值越大，式（10.57）分母二次项的极小值对应谐振峰值，分子二次项的极小值对应谐振谷值。整个倾斜镜的振荡特性是各个振荡模式的综合效果。

$$F_{\text{FSM}}(S) = F_1(S)F_2(S)F_3(S)\cdots \quad (10.58)$$

自适应光学系统中，一般对倾斜镜采用负反馈积分控制。系统的开环带宽，即开环传递函数的增益过零频率越大，对整体倾斜误差的校正效果越好。保证倾斜镜控制稳定性的条件有两个：一是在开环带宽处有足够的相位裕量，保证闭环控制不会发生振荡；另一个是达到开环带宽后，开环传递函数的相位达到反相时，即系统从负反馈变为正反馈，系统开环传递函数的增益应低于 0dB，否则信号将发生激烈的振荡直到饱和使系统不能工作。对于没有机械谐振的系统，一般第一个条件满足后第二个条件也能满足；但存在机械谐振时情况就不同了。如果在谐振频率处存在机械谐振峰值过大，将使增益曲线上抬，使倾斜镜控制系统的控制带宽受到限制，所以在实际工作中必须采取措施抑制倾斜镜的机械谐振现象。

10.3.3　波前控制器及控制算法

自适应光学技术的目的是根据波前传感器测量的波前误差信号，经过变换和控制计算，驱动波前校正器进行波前校正，实现整个系统的闭环控制。所以，波前控制部分是联系整个自适应光学系统各个部分的枢纽。

如前所述，自适应光学系统是一个几十至几百路的并行控制系统，波前探测的输出结果是若干路波前斜率信号，而波前校正器的输入信号是若干路的驱动器控制电压。从波前斜率到控制电压的变换处理一般是用计算机或模拟电路网络实现的。这要求波前计算机准确地把几十甚至上百路波前斜率信号复原为波前相位，对每路都要施加一定的控制算法，再计算出这些驱动器上的控制电压，并要求计算在极短的时间内完成，保持波前探测和波前控制的实时性，保证系统达到一定控制带宽。

波前控制的计算量和计算速度对波前处理控制计算机的性能提出严格的要求,必须根据自适应光学系统数据处理的特点研制专用的高速波前计算机。其次,采用合理的波前控制算法,能够充分发挥出整个自适应光学系统的潜能,使控制带宽达到最优状态。

1. 高速波前处理计算机

自适应光学中波前控制技术的发展大概可以分为两个阶段。初始阶段用复杂的模拟电路网络构成波前处理控制电路,实现波前处理和控制算法。模拟电路的优点是速度快、实时性好;缺点是调整困难、灵活性和精度差,只用于自适应光学较小规模的系统。由于数字信号处理(DSP)技术的发展,在波前控制技术中普遍采用易调整、通用性和灵活性高、精度高的高速数字波前处理计算机[96]。

对于一个采用动态哈特曼传感器、变形反射镜和高速倾斜反射镜的自适应光学系统,系统的工作过程是:哈特曼传感器输出图像信号,经波前处理机处理后,得到波前校正器所需的控制电压。波前处理机是自适应光学系统运算的核心,其任务概括为:采集哈特曼传感器输出的图像信号,并完成波前斜率、波前复原和控制运算,得到并输出多路控制电压,经 D/A 转换后送到高压放大器,输出到波前校正器(变形镜、倾斜镜)进行波前校正。其工作流程如图 10.46 所示。

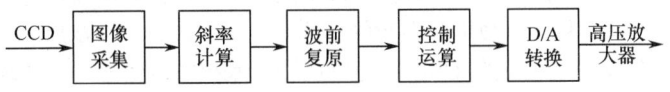

图 10.46 波前处理机的工作流程

下面分别介绍各部分的功能。

(1)图像采集部分。实时采集波前传感器中 CCD 相机输出的数据,完成 A/D 转换,并将有效子孔径的数据分配到波前处理机中对应的波前斜率计算单元。

(2)斜率计算部分。实时计算所有子孔径的波前斜率,得到几路至几百路的斜率向量。

(3)波前复原部分。实时完成波前复原运算,得到波前误差矢量。波前复原运算一般都体现为一个矩阵运算形式。

(4)控制运算部分。实时完成控制算法,得到几路至几百路的控制电压向量。控制运算的具体过程将在"控制器及控制算法"中介绍。

(5)D/A 转换部分。D/A 转换部分将控制运算得到的多路数字信号并行转换为模拟信号,将控制电压输出到高压放大器,并将控制电压保持到下一帧数据输入前不变。

系统对波前处理机的实时性要求是:一帧图像输出完后,经图像采集、斜率计算、波前复原、控制运算,最后输出控制电压的过程必须在尽可能短的时间内完成。这一时间延迟越小,自适应光学系统的响应速度越快,控制带宽也可以越高。

在波前处理任务中,图像采集、斜率计算、波前复原、控制运算、D/A 转换各部分是相互独立、顺序进行的,因此可以分别作为独立的功能模块。波前处理机的大量运算集中在斜率计算和波前复原部分,而它们都是基本的矩阵运算,有着很好的并行性。因此,如果采用流水处理和并行处理的方法,就可以提高实时性。流水处理就是把输入任务分解成一系列子任务,再利用功能部件分离与时间重叠的办法,使每个子任务处于整个操作流程的不同功能部件中,在不同的阶段内完成,以达到操作级的并行处理。并行处理就是把一个任务划分成几个可以同时执行的、互不相关的子任务,通过硬件资源重复技术,采用多个处理单元同时执行各个子任务,从而达到芯片级的并行处理。流水处理和并行处理技术的结合是目前研制高速波前处理机的特点,也是保证系统实时性的前提。

处理机采用流水和并行的工作方式后,CCD 相机的图像输出和斜率计算并行进行,波前复原运算、控制运算和下一帧图像的斜率计算并行进行，这样可以满足系统的实时性要求。波前处理机流水和并行工作方式的时序如图 10.47 所示。

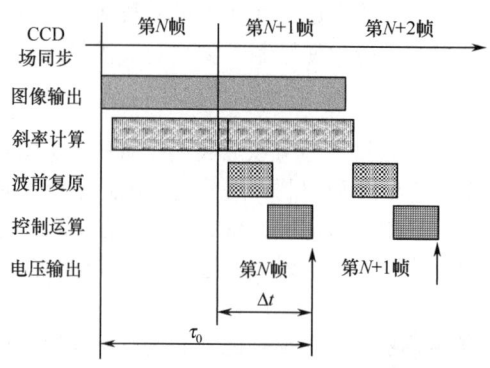

图 10.47 波前处理机流水和并行工作方式的时序

波前处理机首先是硬件实现，波前处理机一般由与主控通用微型计算机的接口功能板、图像采集功能板、斜率计算功能板、波前复原功能板、D/A 转换功能板等组成。其次是波前处理机的软件实现，它们可分为两类：一类是在主控计算机上运行的用于处理机管理和自适应光学系统监测的软件，用高级语言编写，具有程序、数据和参数的加载、显示和修改，以及启动、停止波前处理机工作等功能；另一类是在波前处理机的 DSP 上运行的用于系统实时信号处理的软件，用汇编语言编写，具有计算光斑质心、波前斜率、波前复原、控制运算、电压输出、信息存储等功能。下面将是在波前处理机上实现控制算法。

2. 控制器及控制算法

自适应光学系统可以看作连续系统（模拟系统）与离散系统（数字系统）的结合。系统控制器一般是用数字控制器的方法设计的，有多种算法，如比例积分、希望特性和最小拍等方法都是自适应光学系统中常用的控制算法[97]。不同的控制算法要求满足没有阶跃响应静态残差，尽可能大的带宽，闭环系统稳定，不产生振荡等要求。

1）自适应光学系统的控制模型

自适应光学系统通常在负反馈的方式下闭环工作，哈特曼传感器测量的是变形镜校正后的波前误差。这种闭环负反馈工作方式可以降低对哈特曼传感器动态范围的要求，克服系统中的变形镜滞后等非线性效应，保证系统的稳定工作。一个典型自适应光学系统的信号流程方框图如图 10.48 所示。波前传感器（WFS）测量波前畸变，在高速数字计算机中进行波前复原计算（WFC）和控制计算（CC），得到的控制电压信号经过数模转换（DAC）和高压放大器（HVA），使变形镜（DM）和倾斜镜（TM）产生需要的补偿波前。整个自适应光学系统是一个数字—模拟混合控制系统。波前控制运算的目的是把复原出的残余电压经过控制算法，得到驱动器控制电压。

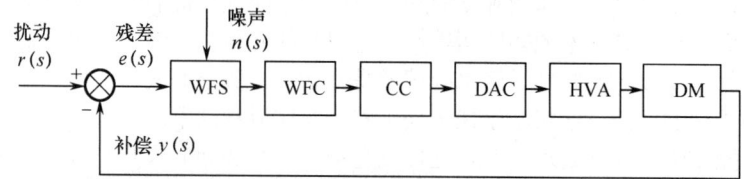

图 10.48 典型自适应光学系统的信号流程方框图

在自适应光学系统的控制器设计和分析中，使用 3 种传递函数来全面表示系统的控制特性和控制带宽大小，即开环传递函数、闭环传递函数和误差传递函数。令 $r(s)$ 表示受动态扰动的光学波前信号，$y(s)$表示波前补偿信号，$e(s)$表示补偿后残余波前信号，$n(s)$表示各种系统内部噪声在波前传感器上的综合响应信号，$G_0(s)$表示自适应光学系统自身的传递函数，$C(s)$表示控制器的传递函数。其中 s 是拉普拉斯算子。3 种传递函数分别定义如下：

开环传递函数是反馈信号与残余误差信号的比

$$G(s) = \frac{y(s)}{e(s)} = G_0(s)C(s) \tag{10.59}$$

闭环传递函数是反馈信号与动态扰动信号的比

$$H(s) = \frac{y(s)}{r(s)} = \frac{G(s)}{1+C(s)} \tag{10.60}$$

误差传递函数是残余误差信号与动态扰动信号的比

$$E(s) = \frac{e(s)}{r(s)} = \frac{1}{1+C(s)} \tag{10.61}$$

误差传递函数直接反映自适应光学控制系统对动态误差的抑制能力。开环传递函数和闭环传递函数也从不同方面反映了控制器的质量。在自适应光学控制技术中，相应地使用开环带宽、误差带宽和闭环带宽这 3 种带宽指标来全面表示控制器的水平。

闭环带宽 f_{3dB} 定义为控制系统的闭环传递函数增益为 3dB 时的频率，即

$$|H(f_{3dB})|^2 = 1/2 \tag{10.62}$$

开环带宽 f_g 和误差带宽 f_e 分别定义为控制系统的开环传递函数和误差传递函数增益为 0dB 时的频率，即

$$|G(f_g)|^2 = 1, \quad |E(f_e)|^2 = 1 \tag{10.63}$$

3 种传递函数和 3 种控制带宽的示意图如图 10.49 所示。

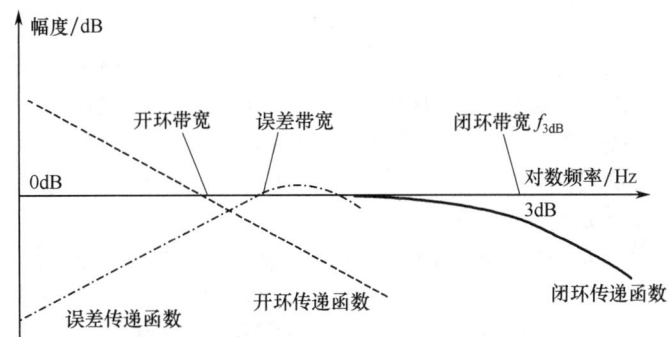

图 10.49　3 种传递函数和 3 种控制带宽示意图

对用 CCD 读出的哈特曼传感器，系统中 CCD 的光能积分、信号读出和波前处理器的计算时间造成的延迟大致为 3 倍 CCD 采样周期，即时间延迟 $\tau \approx 3T$。当采用简单比例—积分控制器时，自适应光学系统的开环带宽 f_g、误差带宽 f_e 和闭环带宽 f_{3dB} 与采样频率和系统等效时间延迟和采样频率 f_s 的关系约为[97]

$$f_g \leqslant \frac{1}{12\tau} \approx \frac{f_s}{36}, \quad f_e \leqslant \frac{1}{10.6\tau} \approx \frac{f_s}{31.8}, \quad f_{3dB} \leqslant \frac{1}{5.7\tau} \approx \frac{f_s}{17.1} \tag{10.64}$$

即系统的有效控制带宽主要与时间延迟有关。当时间延迟 $\tau = 3T$ 时，系统的闭环带宽约是采样频率的 1/20，而开环带宽和误差带宽约是采样频率的 1/30。误差传递函数反映自适应光学系统对波前误差的抑制能力，故自适应光学系统带宽应该是误差抑制带宽 f_e。

2）控制算法概述

自适应光学系统控制器设计的难点是解耦时间延迟问题。由波前传感器输出的上百路信号与施加到波前校正器上的上百路信号并不是对应的，它们之间存在耦合。在有的系统设计中，如用直接斜率法[99]的波前复原计算中就已经解耦了，这给控制器的设计带来方便。由于自适应光学系统中的波前探测和波前处理中间存在一定的时间延迟，使得控制器的相位滞后随着频率加大而增加，很快就使校正信号的相位与扰动信号的相位同相，控制系统的负反馈结构被破坏，进入正反馈而振荡崩溃。为避免正反馈的出现，必须使控制器有一定的相位稳定裕量，但这使系统的控制带宽受到限制。采用高帧频 CCD 作为波前传感器的光电探测器和高速处理机等的目的，是为了减小时间延迟以提高带宽。在时间延迟一定的情况下，要求系统采用合理的控制算法以减小这种对带宽的限制[98]。

目前常用模拟补偿器法或数字补偿器法设计控制器。设计的控制器最终都要转化成数字控制计算机上所用的差分方程的形式。控制器设计要求满足：闭环稳定，避免闭环控制超调引起振荡；系统开环低频增益足够高，以充分抑制动态扰动的低频部分；误差带宽高，在较大频率范围内，使系统校正后的残余误差尽量小；闭环带宽与误差带宽之比不要太高，以尽量减少控制系统引入的高频探测噪声。

积分—比例—微分（PID）控制算法[99]，设计思想明确，仪器设计简单，只是调整起来较困难。自适应光学系统的控制模型近似一个纯延迟过程，是难以控制的对象，只要采用简单的比例—积分型控制器[100]，可基本满足控制要求。比例—积分型控制器传递函数为

$$C(s) = \frac{K_c}{s} \tag{10.65}$$

比例—积分型控制器可以满足准确跟踪的要求。用直接 Z 变换法[101]将控制器 $C(s)$ 离散化为适合于数字处理机上实现的形式 $C(z)$。

$$C(z) = \frac{P}{1-z^{-1}} \tag{10.66}$$

控制器在 z 平面上有一个零点 $z=0$，一个极值点 $z=1$。与连续比例—积分型（PI）控制器的情况一样，这一个零极点对将造成 90°的相位滞后。根据实际的实验情况，适当调整比例—积分控制器的增益 P，可以使得控制系统的校正带宽达到最大并且满足稳定性要求。目前多数自适应光学系统都采用这种简单的控制算法。但这种简单的积分控制器的相位滞后较大，加剧了自适应光学系统稳定相位裕量不足的矛盾。

另一类经典控制算法是相位超前—滞后校正控制算法，即所谓希望特性控制算法[102]。它是在简单的积分器的基础上加入相位超前—滞后校正器。该控制算法能够在保留积分控制器优点的基础上，对控制器的相位做一定调整，以减小相位滞后，提高稳定相位裕量。一个补偿器不够时，可以加入两个以上的超前校正环节。一般没有理论解析解，只能凭经验选取，并且要在实际现场确定。设计的连续控制器 $C(s)$ 要离散化为 $C(z)$ 才能在数字计算机上实现。常用的连续—离散法有双线性（预畸变）变换法[103]、直接 Z 变换法[101]、零阶保持器变换法[104]等。采用这些控制算法后，控制器的带宽能够比简单比例—积分控制算法有所提高。另外还有一种纯滞后补偿控制算法[105]，可以减小相位滞后对闭环控制带宽的影响。常规的纯滞后补偿控制器的结构如图 10.50 所示。控制器 $C(s)$ 可以按照没有纯延迟的情况设计，如常用的 PID 控制器。这种纯滞后补偿控制算法设计较复杂，对控制器的结构有严格要求，使用不方便，并且应用在具体的控制对象上时必须加以调整，才可以收到较好的效果。以上介绍的几种连续域控制器必须采用连续域到离散域的变换，得到离散域的控制器形式后，才能应用到数字控制计算机上。由于变换后都有一定的误差，最后得到的离散控制器与设计的连续控制器有一定的差异，故采用离散域数字控制器直接设计的方法，如最小拍控制器设计法等。

最小拍控制器[106]设计法是一种面向闭环传递函数的直接数字控制器设计法。对有纯延迟的控制对象，要求控制器输出在延迟之后，以最小的控制次数（拍）跟踪输入信号。这种控制器也称为大林（Dahlin）控制器，对纯延迟的系统有较好的校正能力。控制器在 z 平面上有 3 个极点和 3 个零点 $z=0$。其中零极点对 $z=1$，$z=0$ 保证控制器中含有一个积分环节，保证了高的低频增益，能有效抑制大气湍流扰动。两个靠近虚轴的复极点与 $z=0$ 的零点组成了相位超前校正器，提供相位补偿。

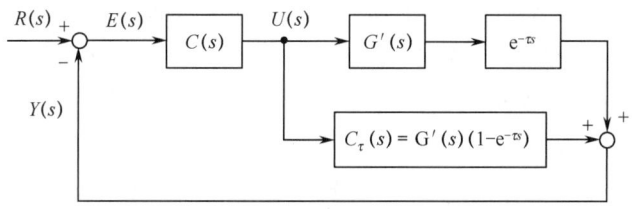

图 10.50　常规纯滞后补偿控制器结构

离散域数字控制器直接设计方法还有自适应控制算法[107]、自寻优控制算法[108]等。这些控制算法利用数字控制计算机灵活、智能、快速的特点，与自适应光学系统结构复杂、存在非线性和时变部分、校正对象复杂多变的特点十分符合。但因为算法的复杂性等，目前这种控制算法还没有应用到实际的自适应光学系统中。

10.3.4　激光导星原理及系统

1. 激光导星原理

激光导引星（简称激光导星）的工作原理是将一束激光发射到要补偿的大气光路中，利用大气层中的分子、原子和汽溶胶等粒子对光产生的后向散射，在返回途中携带波前误差信息，通过自适应光学系统的波前传感器测量出所需的误差信号，使自适应光学系统可以闭环工作，实现大气湍流等环境因素对光学系统造成不利影响的补偿[81]。

激光导引星有瑞利散射和钠共振散射两种实现机理。瑞利散射是利用大气中分子对光的散射作用，其强度与大气密度成正比，因此，只有高度较低的大气（10～15 km 以下）才能提供足够亮度的光斑。钠共振散射利用 90 km 高空由流星所形成的钠离子层对 589 nm 波长激光共振散射，产生足够亮的光斑。图 10.51 是大气对激光的散射强度随高度的变化曲线。其中低层大气散射是瑞利散射，对不同波长的激光都有一定散射强度，90 km 附近的散射是钠共振散射，只能用波长为 589 nm 的激光激发。

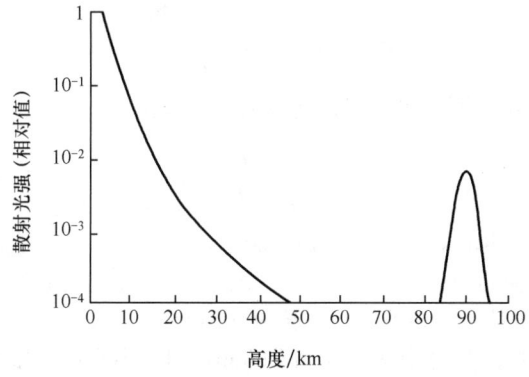

图 10.51　大气散射强度随高度的变化

利用大气散射，就可以通过在任意观测方向上发射激光形成所需要的信标。但是激光导引星技术也有局限性，就是非等晕性问题和整体倾斜提取问题。等晕性描述的是激光导星在多大程度上代表系统光路的像差信息，即两者共光路的程度。对天文观测用的激光导星有两种非等晕性误差：一种为观测目标与导星角度偏差引起的角度非等晕性误差，通过减少夹角可以降低其影响；另一种为有限的导引星高度对无限远目标的聚焦非等晕性误差，只能通过提高导引星高度来减少其影响。

产生聚焦非等晕性误差的原因如下：对激光导星所测量的波前误差仅是一定高度上的亮斑（激光导星）到达望远镜口径这一段锥形光路中的波前畸变（见图10.52）。它不包含这个高度以上的大气湍流所造成的波前畸变，与从更远目标射来的接近于平行的光束所经过的路径也是不同的。

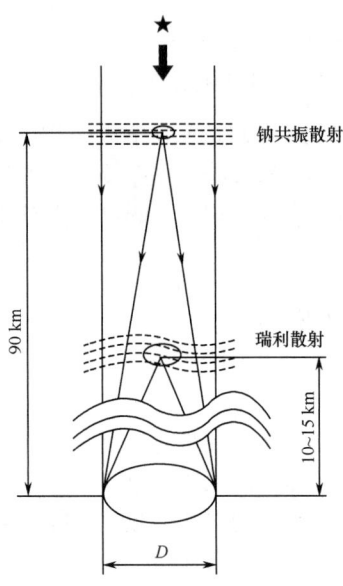

图 10.52 导引星的聚焦非等晕性示意图

泰勒等引入了有效口径变量的 d_0 对焦距非等晕误差进行研究，对于科尔莫哥洛夫湍流，信标高度为 H 时的有效口径 d_0 可表示为

$$d_0 = \lambda^{6/5} \cos^{3/5}(\zeta) \left[\int C_n^2(h) F(h/H) \mathrm{d}h \right]^{-3/5} \quad (10.67)$$

其中，

$$F(h/H) = 19.8 \left(\frac{h}{H} \right)^{5/3} \quad (10.68)$$

对口径为 D 的光学系统，由焦距非等晕误差造成的波前误差为

$$\sigma_{\mathrm{focus}}^2 = \left(\frac{D}{d_0} \right)^{5/3} \quad (10.69)$$

显然，激光导星的高度越高，望远镜的口径越小，则波前测量误差越小。故对一定高度的激光导星只能对小于一定口径的望远镜有效。钠共振信标由于高度比瑞利信标高得多，能适合更大的口径。例如，用 HV 大气湍流模型计算，波长为 0.7 μm 时，天顶方向 10 km 高度的瑞利信标和 90 km 高度的钠信标对应的 d_0 值分别是 0.84 m 和 3 m。但是由于钠共振散射的波长要求严格，对激光器的要求十分苛刻。

激光导引星技术的另一个困难是由于发射激光和激光导星提供的信标光（即上行光束和下行光束）都经过相同的路径，因此激光导星不能提供波前整体倾斜信息。事实上，如果发射光路与接收光路重合，不论大气湍流造成多大的光斑抖动（即整体倾斜），由于往返光路重叠，从望远镜看到的激光导引星都是不动的，即不能探测波前整体倾斜。因此波前整体倾斜的探测仍需要用目标或目标附近的自然信标的光。

除了以上的问题，激光导引星还需要满足光强条件。自适应光学系统要达到一定的补偿精度，信标必须有一定的亮度，才能保证自适应光学系统波前探测器的每个子孔径在每个采样周期中接收到足够多的光子。尽管如此，利用激光导星可以测量出波前高阶畸变，而且如高度和口径匹配适当，其精度也足够用于波前校正。不论观测目标在哪里，只要将望远镜对准它就可以在它附近产生激光导星。如果用几个激光导星，还可以用多层共轭技术或层析技术得到波前畸变随高度的分层分布信息，并借以控制两个或多个变形反射镜分别校正不同高度的波前畸变。这样就有可能扩展校正视场，减小激光导引星的非等晕性误差。

用地基天文望远镜可以得到补偿很好的像，条件是测量目标足够亮，典型条件是相应于 $1\times10^7/(m^2\cdot s)$ 的入射光子流密度。如果是对可见光进行观测，则相当于 7 等星，大量实际的星体只相当于 8 等星以下，难于用普通自适应光学望远镜进行观察[109]。于 1982 年提出[110]用高能激光照射天空，将散射光作为人造参考信标的激光导星技术，稍后，林肯（Lincoln）实验室[111]菲利普（Phillps）实验室[112]报导了激光导星补偿的实验数据。

早期的人造导星方案基于空气中氮或氧的后向瑞利（Rayleigh）或拉曼（Raman）散射，即所谓瑞利导星。这种导星的优点是所需要的激光器比较容易实现，而缺点是由于大部分空气处于地球表面 10 km 以内，返回信号的点源也在相同高度范围，这样，来自瑞利后向散射波将不同于大气顶部理想参考源产生的波。弗雷德（Fried）称其为聚焦非等晕性[113]。如果由更高的大气层来产生后向散射，回波可用于探测高层湍流。但是，大气密度随高度迅速减小，高层大气瑞利散射返回信号太弱。为得到足够强的信号需要极高激光功率，是非常困难的，故这种导星已逐渐不被采用。另一种导星技术基于 90~100km 高度的钠层对照射激光共振散射，称之为钠激光导星技术，它可以克服瑞利导星的困难。其缺点是所需激光器不易制造，近年这一问题逐步趋于解决。

2. 钠导星产生原理

钠原子最强的谐振散射是波长分别为 589.2 nm 和 589.6 nm 的 D_2 线和 D_1 线，相应的跃迁分别为 $3^2S_{1/2} \rightarrow 3^2P_{3/2}$ 和 $3^2S_{1/2} \rightarrow 3^2P_{1/2}$（如图 10.53 所示）*。

光子散射截面 $\sigma(v)$ 由下式给出：

$$\int_0^z \sigma(v)dv \approx \sigma_p \Delta v \qquad (10.70)$$

其中，σ_p 为散射截面值，典型值为

$$\sigma_p = 8.8 \times 10^{-12} \text{cm}$$

Δv 为有效线宽，由谱线超精细分裂和多普勒（Doppler）加宽两部分组成，典型值为

$$\Delta v = 2 \times 10^9 S^{-1}$$

---

* 在原子中，由核磁矩与电子磁矩之间的耦合引起的能级和谱线的微小分裂，称为原子的超精细结构。如果原子核的自旋量子数为 I，电子总角动量量子数为 J，则可以耦合成下列状态：$F = I+J, I+J-1,\ldots, F$ 称为总角动量量子数。对于 Na^{23}，$I = 3/2$，钠原子基态 $S_{1/2}$ 的 $J=1/2$，因此，可以形成两个超精细能级：$F=1$ 及 2。$3^2P_{1/2}$ 和 $3^2P_{3/2}$ 为 Na^{23} 激发原子态，也会有超精细能级分裂，但裂距很小。Na^{23} 的超精细分裂使其两条精细结构谱线 D_1 及 D_2 各自又分裂为两条很近的超精细结构谱线。
可参看: The Hyperfine Structure of the 3-$P_{3/2}$ State of Sodium and the Quadrupole Moment of ^{23}Na. 1960 Proc. Phys. Soc. 75 51 (http://iopscience.iop.org/0370-1328/75/1/309)

调谐在 D_2 线中心并垂直向上传播的激光束中，约有 $\xi=6\%$ 的光子被钠层吸收，则有相应数量的钠原子由 $3^2S_{1/2}$ 态激励到 $3^2P_{1/2}$ 态。这些原子返回 $3^2S_{1/2}$ 态，发射光的自然寿命 τ_m 的典型值为 16 ns；而在 90 km 的高度上，钠原子与空气分子（主要是氮分子）相邻两次碰撞的时间间隔 τ_c 则长达 140 μs，因而，后者对 τ_m 基本没有影响。可以认为由钠原子散射的光子数等于被其吸收的激光光子数。设每个激光脉冲发射的光子数为 N，则由钠原子散射的光子数为 $N\xi$。假定散射是各向同性的，则在地面处接收散射光子的面密度为

$$\Delta N_t = \frac{N\xi}{\pi H^2}$$

其中，H 为钠层的高度。而在相干区 $\pi(r_0/2)^2$ 接收到的光子数则为

$$\Delta N_t = N\xi \frac{r_n^2}{4H^2} \tag{10.71}$$

其中，r_0 为大气相干长度。

在好的能见度条件下，$r_0=10$ cm，取 $H=90$ km，于是得到

$$\Delta N = 0.06N \frac{0.1^2}{4\times(9\times10^4)^2} = 1.85\times10^{-14} N \tag{10.72}$$

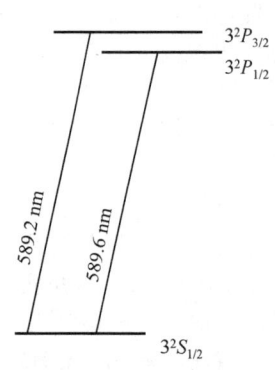

图 10.53　上大气层钠原子的共振跃迁能级

如果设接收信噪比由光子计数统计决定，且电压信噪比为 100，则

$$\sqrt{\eta\Delta N} = 100 \tag{10.73}$$

其中，η 为光探测器的量子效率。将式（10.72）代入式（10.73），取 η 为 0.1，得到每个脉冲应含光子数

$$N = 5.4\times10^{18}$$

由于波长为 589.2 nm 的单光子能量为

$$h\nu = 3.38\times10^{-19} \text{ J}$$

则每个激光脉冲的总能量应为

$$E = Nh\nu = 1.83 \text{ J} \tag{10.74}$$

式（10.74）的条件是假定散射光各向同性的，事实上沿前向和后向的散射要比其他方向的散射更强些，故为达到一定信噪比所需光子数或激光能量会更小些。设想探测激光聚焦在 90 km 处的钠中心，由于大气湍流的作用，激光被破碎成若干柱状小斑块，斑块数近似为[114]

$$M \approx \left(\frac{D}{2r_0}\right)^2 \tag{10.75}$$

其截面半径由下式决定

$$a = \frac{H\lambda}{D} \tag{10.76}$$

而斑块长度为

$$L = \frac{2H^2\lambda}{D^2} \tag{10.77}$$

式中，D 为激光发射孔直径。设 $D=1.8$ m，则式（10.75）~式（10.77）分别给出

$$M \approx 81, a = 2.94 \text{ cm}, L = 3.1 \text{ km}$$

故实际激励光的几何形状如同 81 根长 3.1 km，截面半径约 3 cm 的细长光柱束，这些光柱都处在以下角度的范围内

$$\Delta\theta \approx \frac{\lambda}{r_0} \approx 5\times10^{-6}\,\text{rad}$$

在中等能见度条件下,此角小于大气等晕角,故其后向散射光可用作大气湍流的探测光。

3. 激光与钠层作用的非线性效应

钠层散射所特有的非线性光学现象有如下两种:光散射的饱和现象,在圆偏振光子的泵浦下钠原子的自旋极化现象。它们都可由能量很小的探测脉冲引起。

钠层原子与激光束作用时表现出的第二种非线性效应,即圆偏振光泵浦引起原子自旋极化,进而导致光散射截面按一定几率发生变化。光子反复散射最终将所有基态原子带到塞曼(Zeeman)能级。自旋极化的原子对 D_1 光完全不散射,而对调谐在 D_2 线的光则比未极化原子多散射 50%,完全极化一个钠原子所需的光子数 n 可由原子的角动量选择定则计算,对 D_1 泵浦,$n\approx 3.52$。对圆偏振光,自旋极化漂白之前的每个钠原子只能散射约 3.52 个光子,探测脉冲穿过钠层后,将留下一组自旋极化钠原子子束。泵浦钠原子所需的最小脉冲长度 τ_m,是激发态自发辐射寿命 16 ns 与完全极化所需光子数 3.52 之积,即 $\tau_m \approx 56$ ns。

4. 带有导星的自适应系统聚焦非等晕误差

下面讨论两个问题:人造信标产生的聚焦非等晕误差;使用激光导星的望远镜系统与使用天然导星的望远镜系统性能之比较。

1) 人造信标产生的聚焦非等晕误差

现讨论只有一颗激光导星的情况,最后给出多颗导星的相应结果。正如前述,用激光导星作为参考光源,当成像物光的传播路径与测量湍流的路径不相吻合时,就会有非等晕误差产生。如图 10.54 所示,来自无穷远处待测物体的光平行照射到接收孔径上,而实际测量累积相位畸变的波则由有限高度处的人造导星产生,并以某一角度到达接收器。对接收孔平面上的相位结构函数求系统平均,可以得到方差的表达式为[115]

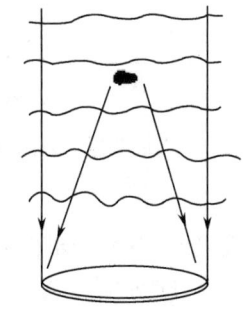

图 10.54 由人造信标产生非等晕误差

$$\sigma^2 = 0.207k^2 \int_0^\infty C_n^2(Z)\left[\int_{(A)} f(\rho)g(\rho,z)\mathrm{d}\rho\right]\mathrm{d}z \tag{10.78}$$

其中,Z 是沿接收器到物体的路径积分变量;ρ 是孔平面上的二维积分变量;$f(\rho)$ 是湍流谱;$g(\rho,z)$ 是表示湍流传感特性的滤波函数。例如,考虑孔径平均倾斜已去除的系统的相位误差时,直径为 D 的孔面上 x 和 y 倾斜的滤波函数为

$$g(\rho) = 1 - \left[\frac{2J_1(\rho D/2)}{\rho D/2}\right]^2 - \left[\frac{4J_2(\rho D/2)}{\rho D/2}\right]^2 \tag{10.79}$$

式中,J 是整数阶贝塞尔(Bessel)函数,下标表示阶数。由式(10.78)给出

$$\sigma^2 = 1.30k^2 \int_0^\infty C_n^2(z)\mathrm{d}z \int_{(A)} \rho_P^{-8/3}\left\{1 - \left[\frac{2J_1(\rho D/2)}{\rho D/2}\right]^2 - \left[\frac{4J_2(\rho D/2)}{\rho D/2}\right]^2\right\}\mathrm{d}\rho \tag{10.80a}$$

不难看出,这项误差由两部分组成,其中一部分由导星上方未被采样的湍流引起,并可表示为

$$\sigma_a^2 = 0.057D^{5/3}k^2\sec(\xi)\int_H^\infty C_n^2(z)\,\mathrm{d}z \tag{10.80b}$$

式中，ζ 为导星对接收孔面的天顶角。

σ_a^2 随导星高度 H 的增大而减小，一个典型例子如图 10.55 所示，这里取望远镜直径 $D=4$ m，工作波长 $\lambda=0.55$ μm，天顶角 $\zeta=45°$。由图知，当导星高度在 10 km 以下时，这部分误差是相当大的；而当导星在 10 km 以上时，随着 H 的增加，σ_a^2 迅速下降，H 接近 20 km 时，σ_a^2 基本上可忽略。这正是预期的，因为 20 km 以上大气密度趋于零，自然就没有湍流存在。

σ_a^2 的另一部分是由导星下方大气湍流对来自不同路径的光产生的影响，一般比较复杂，在导出式（10.80b）的条件下这部分误差为

$$\sigma_a^2 \approx D^{5/3} k^2 \sec(\xi)[0.500 H^{-5/3} \int_0^H Z^{-5/3} C_n^2(z)\mathrm{d}z - 0.452 H^{-2} \int_0^H Z^2 C_n^2(z)\mathrm{d}z]$$

σ_a^2 随导星高度的变化曲线如图 10.56 所示。由图可知，对钠激光导星，聚焦非等晕误差只由导星下方的湍流引起。

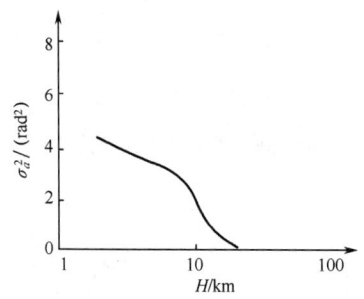
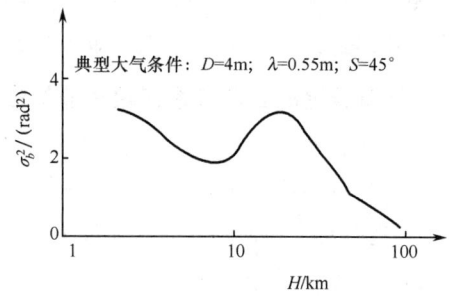

图 10.55 人造信标下方湍流引起的相位方差随信标高度的变化

图 10.56 人造信标下方湍流引起的湍流方差随导星高度的变化

如果采用 Ng 颗导星作为信标光源，为了得到同样的校正效果，理想情况下子孔径直径可增大 $(Ng)^{1/2}$ 倍，则 σ_b^2 减小为

$$\sigma_b^2 \approx N_R^{-5/f} D^{5/3} k^2 \sec(\xi)[0.500 H^{-5/3} \int_0^H Z^{5/3} C_n^2(x)\mathrm{d}z - 0.452 H^{-2} \int_0^H Z^2 C_n^2(z)\mathrm{d}z]$$

2）使用激光导星和天然导星望远镜系统性能比较

图 10.57 表示一个例子，分别采用激光导星和天然导星作为参考源时，望远镜系统预期斯特列尔比 S 随观察波长的变化。图中的点画线相应于天然 11 等星，虚线相应于天然 12 等星，而中间的实线则相应于激光导星 9 等星。表明激光导星为 9 等星的情况下，对长于 1 μm 的观察波长，斯特列尔比可大于 0.3。

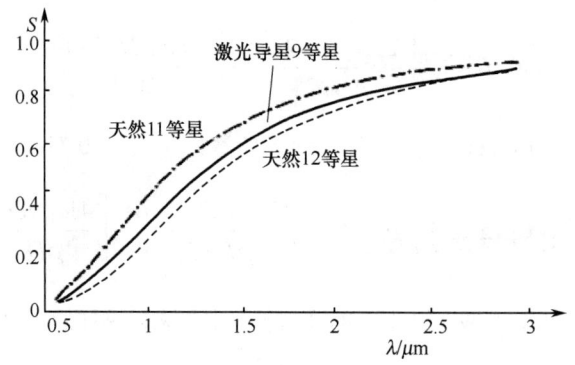

图 10.57 对三种参考信标斯特列尔比作为观察波长的函数

观察波长在 2 μm 以下时,用激光导星做参考源的自适应光学系统的性能受聚焦非等晕的限制,对小于 1 μm 的波长,用多颗导星可使斯特列尔比增大 1.5～2 倍。图 10.57 还表明,用亮度较低的天然参考星,即可得到与亮度较高的激光导星相同的斯特列尔比;由于天然参考星亮度较低,随着天空覆盖区的增加,相应的斯特列尔比以更快的速度下降。图 10.58 是一个例子,其中 N 是望远镜子孔径数。

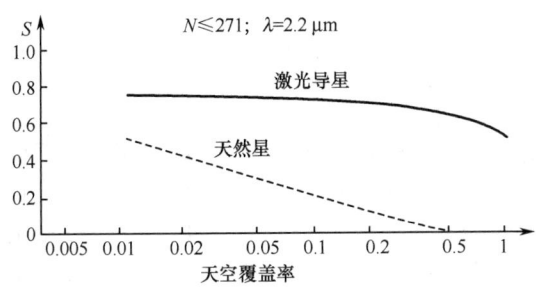

图 10.58　最佳斯特列尔比作为天空覆盖区的函数

5. 天文观测中的激光导星及用作导星的激光系统

1）天文观测中的激光导星

激光导星用于天文测量的一种方式如图 10.59 所示。大气相关时间不超过几个毫秒。对能见度非常好的观察站,则可达几十乃至上百毫秒,激光在光源和钠层之间的往返时间为 0.6 ms。而激光脉宽一般小于 0.1 ms。光源发出的光经 0.6 ms 后,由钠层返回并被望远镜主反射镜接收,由旋转调制光盘使来光信号偏转到波前传感器中,观察到钠层散射光后几十毫秒,将开关转向待观察星体。原则上每一大气相关时间 τ 内只进行一次波前校正,由于在好的大气能见度条件下 τ 可长达 20～100 ms,而观察导星的时间则非常短,因而只有很少光子损失掉。

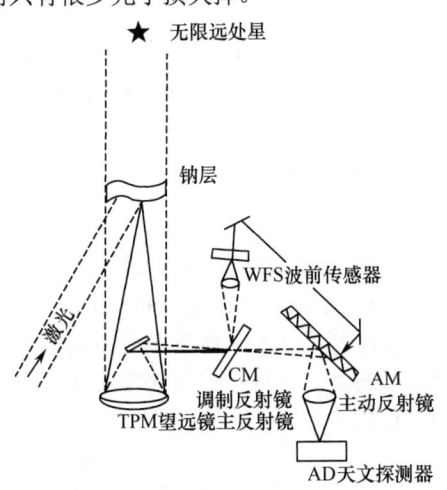

图 10.59　用于地基天文望远镜的人造信标大气补偿系统

2）几种可用于导星的激光系统

由美国劳伦斯利物摩国家实验室（LLNL）建造的、William Keck 命名的 Keck 大型望远镜,Keck I 于 1993 年在 W. M. Keck 观察站首次用于科学观测;1996 年完成 Keck II,其上安装了钠激光导星系统。LLNL 考虑了以下三种可供选用的激光系统[116]:

（1）CW 运转环形染料激光器。用 25 W 氩离子激光泵浦,单纵模输出 2 W。若用两个同样的氩离子泵浦,则染料激光器的输出功率可加倍。

（2）CW 运转驻波染料激光器。由 25 W 氩离子激光泵浦，激励 2～3 个纵模，总输出功率为 5 W。

（3）脉冲工作染料激光器。与大气钠层线宽为 2 GHz 的 D_2 谱线匹配，通过光纤由腔内倍频 Nd：YAG 泵浦。脉冲染料激光系统工作在主振—放大模式，通过增加功放级数使平均功率达到数十至数百瓦。

3）用于人造导星的脉冲染料激光系统

由 LLNL 设计制造的钠导星激光系统的自适应光学系统，在中等大气能见度条件下，如果校正系统具有足够的驱动单元数和带宽，则可使 3 m 直径望远镜的斯特列尔比达到 0.5 左右。该系统是由两个倍频 Nd：YAG 泵浦的脉冲染料激光器，原理性框图如图 10.60 所示。其中虚线框表示望远镜室。为了避免大量余热影响望远镜性能，泵浦光源和染料激光主振级（dye laser main oscillation，DMO）安置在另一房间，只有染料激光放大级与望远镜在一起。

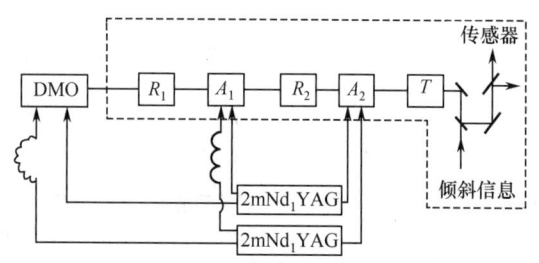

图 10.60　钠导星用脉冲颜料激光器系统框图

Nd：YAG 激光器各由两部分组成，一部分是电源和调 Q 控制单元，另一部分是激光头。每个激光器消耗约 8 kW 功率，大量余热由冷却水带走。每个激光头有三根光纤输出，一根接同一房间的 DMO；而另外两根则分别导引前置放大级和功率放大级。每根光纤长 70 m，芯径为 600 μm，对波长为 532 nm 的激光，插入损耗小于 1 dB。激光输出功率基本恒定，脉冲重复率在 5～25 kHz 之间变化，脉冲宽度为 150～500 ns。用较大的 YAG 棒、泵浦灯及 KTP 晶体，可得到 70 W 以上的 532 nm 波长输出。DMO 单元包括染料激光腔、模式和频率选择元件及相位调制器，DMO 通过两根光纤由 YAG 激光泵浦，其中一根相对另一根有大约 100 ns 的延迟，这样可以扩展脉宽以便与末级放大的时间增益分布相匹配。

DMO 的输出通过单模光纤馈给染料前置放大器，后者是与 DMO 相同的染料盒，但不含任何频率控制装置。来自 DMO 的几毫瓦的激光被放大到几百毫瓦，并耦合到功率放大级，后者可输出 25 W 的激光。若欲得到百瓦级输出，则需再加一级染料放大，且需要更多的 YAG 泵浦激光。导星输出望远镜由负透镜和正透镜组成，其相当一个瞄准镜。

4）钠谐振辐射的固体器件

麻省理工学院林肯实验室研制了一种全固化装置。调谐两个 Nd：YAG 的和频恰好可与钠 D_2 线的发射波长谐振。这两个 YAG 激光器分别运转在 1.06 μm 和 1.32 μm 波长，所得到的钠谐振源与染料激光系统相比有明显的优点：两个 YAG 激光器均为固体激器，体积小，易调节，可靠性好，输出高峰值功率等，和频辐射的谱分量可更均匀地覆盖钠多普勒加宽吸收。此外，和频可以通过调谐注入种子二极管激光进行微调。

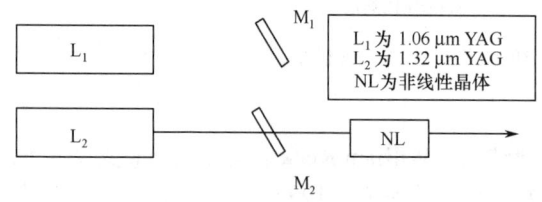

图 10.61　钠谐振辐射和频的原理性框图

钠谐振辐射和频的原理性框图如图 10.61 所示。两个 Nd：YAG 激光器的输出通过二色镜共轴传播，并聚焦到 5 cm 长的 $LiNbO_3$ 晶体上，相位匹配温度为 224 ℃。晶体中产生的和频辐射直接进入钠蒸汽盒。波长为 1.06 μm 和 1.32 μm Nd：YAG 激光发射由腔内可倾斜标准具调谐，调谐曲线如图 10.62 所示，1.06 μm 和 1.32 μm 的调谐范围分别约为 0.6 nm 和 0.5 nm，将其调谐到中心附近（1.064 591 μm 和 1.319 250 μm）时，便可产生钠谐振辐射（0.589 159 μm）。

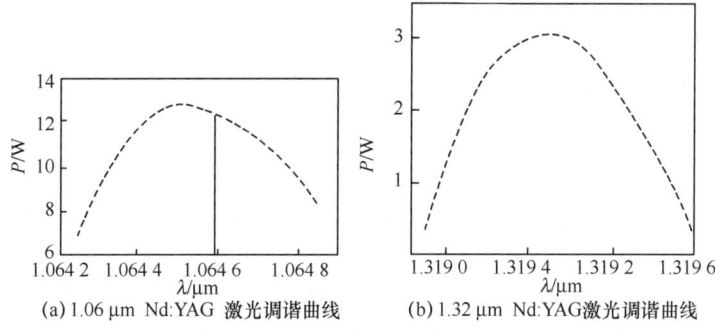

图 10.62　1.06 μm 和 1.32 μm Nd：YAG 激光调谐曲线

Nd：YAG 激光及和频发射谱分量可由法布里—伯罗（Fabry-Peror）谱分析仪监控。1.06 μm 和 1.32 μm Nd：YAG 激光一般工作在三个纵模上，其和频包括 9 个不同的频率，均处于 Nd：YAG 的谱范围内，在此范围内的频率密度大于单独激光输出，这对多普勒加宽钠谱的均匀覆盖是重要的。

除 LiNbO$_3$ 外，还可用 KTP 和 LilO$_3$ 进行混频。其中 KTP 转换效率更高，但生长大尺寸晶体比较困难，且价格昂贵；LilO$_3$ 有高的损伤阈值，且转换效率较低，此外，相位匹配只在非常小的角度内发生。总体来说，LiNbO$_3$ 是比较合适的材料，而存在的问题如下：

（1）LiNbO$_3$ 对温度极为敏感，因此需要仔细控制晶体温度。图 10.63 表示最佳和频发生在 224℃ 邻域 0.1℃ 范围。最佳温度两侧和频功率按 $[(\sin x/x)]^2$ 规律下降。

（2）LiNbO$_3$ 的光损伤阈值较低，不能用于功率较高的场合。

将 GalnAsP/lnP 二极管激光注入 1 kHz 调 Q Nd：YAG 中。其和频的波长和谱可以得到控制。图 10.64 是二极管激光注入 Nd：YAG 的实验装置。GalnAsP/lnP 激光器在彼此间隔为 1 nm 的三个纵横上工作，总输出功率为 3 mW。由于上述模间距大于 1.32 μm Nd：YAG 的增益带宽，只有一个模落在其增益范围内。腔内无须插入任何选频元件，注入二极管激光就可使调 Q Nd：YAG 激光谱范围由大于 8 GHz 变窄到约 340 MHz。通过改变电流或温度，二极管激光的工作频率可以在 16 GHz 范围内调谐。

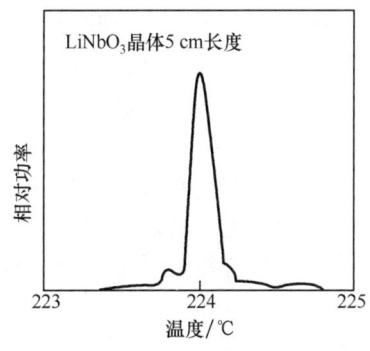

图 10.63　钠谐振辐射和频对温度的依赖性

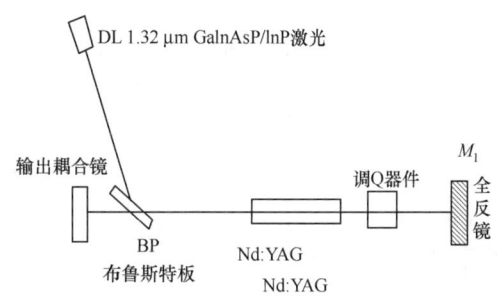

图 10.64　二极管激光注入 Nd：YAG 的实验装置

同样的光源也用于观察地球钠层的谐振荧光。平均功率为 300 mW、重复频率为 1 kHz、脉宽为 100 ns 的激光与望远镜视场同轴向大气中发射，地球大气的散射光由望远镜收集，并通过 8 nm 带宽的干涉滤波器和偏振器以减小背景光，由光电倍增管探测。多通道计数器记录的光电倍增管读数是钠谐振辐射向大气发射后所经历时间的函数。图 10.65 是接收到的由地球上方大气层返回的信号，较早的信号是大气瑞利散射的结果，而 600 μs 处的峰相应于钠层的后向谐振散射，这是由美国麻省理工学院林肯实验室于 1987 年 8 月 25 日晚测得的这组数据。

6. 钠激光导星的实验结果

钠激光导星从 1982 年提出后，经过十年左右构建成实验装置，并在闭环自适应光学系统中进行了实验，下面介绍 LLNL 的主要实验结果。

1）实验装置

实验系统所用导星源是由铜蒸汽激光器泵浦的主振—功率放大染料激光系统，调谐在 589.2 nm 的钠 D_2 线上，最大输出功率超过 1.4 kW，在导星检测站可产生 1.1 kW 的功率发射，检测站距激光室 100 m，脉冲宽度为 32 ns FWHM 的激光以 26 kHz 重频工作，大气透过率为 0.6，导星辐射直径为 2.0 m，在钠层处的峰值强度为 25 W/cm^2，超过了钠层约 5 W/cm^2 的饱和强度。为了增加返回信号，可以采用脉宽展宽装置将峰值功率降到饱和强度（钠散射可以被激励光饱和，即散射速率可以达到在受激态钠原子的自发辐射寿命 τ_m 期间必散射一个光子）以下，并使激光线宽和脉冲形状与钠原子吸收线匹配，这样就能使导星等提高。图 10.66 中上面的曲线相应于上述参数的激光脉冲；下面的曲线相应于激光脉冲被展宽 15 倍的情况。

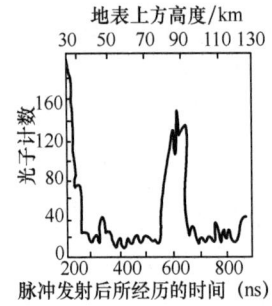

图 10.65 地球大气钠谐振辐射

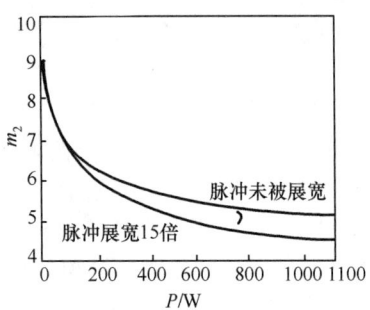

图 10.66 激光导星的表观目视星等 m_2 随功率 P 的变化

观察导星的望远镜距离激光发射管 5 m，如图 10.67 所示。实验中光束指向天顶方向，由于钠层具有 10 km 左右的厚度，当发射系统与接收系统不共轴时，发射的圆形光束将表现出拉长效应。将衍射角较小的长轴方向对准激光与望远镜的连线，在观察望远镜处可以得到近似圆斑。实验中采用两种望远镜，一个是 50.8 cm 口径的里奇—契瑞廷（Ritchey-Chretien）卡塞格林（Casseg-rain）系统，另一个是口径为 27.9 cm 的施密特（Schmidt）卡塞格林系统，在以下讨论中，前者被称为半米望远镜，后者简称为 1/4 米望远镜。

成像、测光和分析导星运动的实验系统如图 10.68 所示，在 1/4 米望远镜测光实验中所用的 CCD 摄像机具有 1 035×1 320 像素，像素尺寸为 6.8 μm，摄像机工作在三分门模式以减小曝光时间。为分析导星运动，采用半米望远镜和具有 192×239 像素的高帧频（100 帧/秒）CCD 摄像机，摄像机带两级像增强，其门控允许曝光时间从 10 μs 到 5 ms。

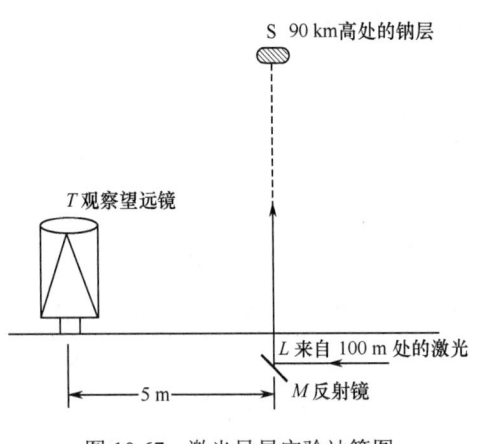

图 10.67 激光导星实验站简图

图 10.69 是半米望远镜和 CCD 摄像机进行波前测量的实验原理图。其中哈持曼（Hartmann）波前传感器由中心间距为 474 μm 的微透镜阵列构成。图 10.68 和图 10.69 中进行控制、显示和存储的都是太阳工作站的计算机系统。

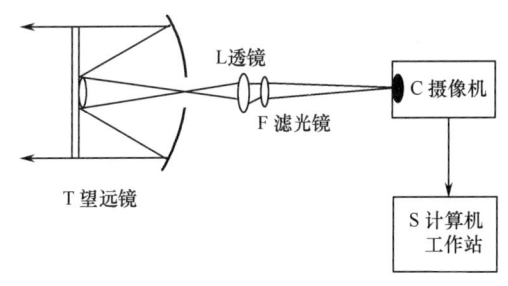
图 10.68 成像和 1 导星运动分析装置

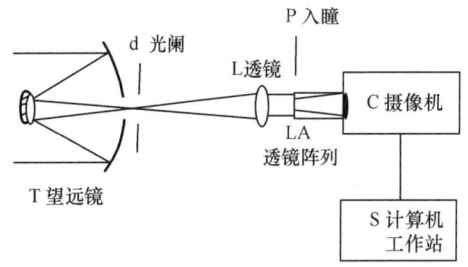
图 10.69 波前传感光学原理图

2）导星成像和运动分析

进行过程的动态模拟必须知道实际辐射光斑的大小。当成像是在长曝光时间积分时，由于在曝光期间内光束移动，观察到的瞬时发射光斑会大于实际辐射的光斑。工作在 125 帧/秒的像增强 CCD 摄像机可以在 5 ms 曝光时间内得到激光导星的像，该摄像机用于比较在瞬时和时间积分的光斑大小，并对光斑的运动进行测量。导致光斑运动的因素包括激光束本身的跳动、传输路径上大气对它的影响，以及观察望远镜的运动。

为防止对像增强器造成损伤，在光阴极表面放置一个薄的中性滤光片，以阻隔明亮的瑞利后向散射光。对功率为 1.1 kW 的激光，半米望远镜所得到的像用光子数分布表示如图 10.70 所示，所用 CCD 的帧频为 125 帧/秒，其中图 10.70（a）是 100 帧的平均，表示总曝光时间为 100/125=0.8(s)；而图 10.70（b）是只采一帧的结果，二者在边缘表现出明显的差别。对 1 s 量级的曝光时间，光斑大小受光束运动的影响不明显。

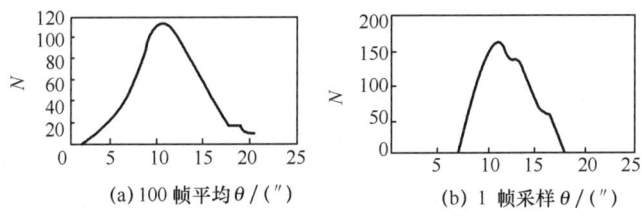

图 10.70 导星的光子分布

3）返回信号光子测量

测光时应用具有好的稳定性、线性响应及较小像素的 CCD 摄像机比高帧频像增强器件更适宜。然而，为了获得激光导星的像，低灵敏度的测光摄像机将要求数秒乃至更长的曝光时间。在 LLNL 的实验中，发射激光的功率低至 7 W 时仍能观察到来自 90 km 高空钠层的返回信号，发射激光能量越小，所需曝光时间越长。表 10.4 所列即用低灵敏度摄像机观察不同激光功率（P）的导星像时相应的时间（τ）。

由表中数据可知，激光发射功率为 7.1 W 时，仍可探测到返回信号，但要求摄像机曝光时间长达 48 s，这远超过一般天文观察站的大气的相关时间，因而无法用于闭环自适应光学系统，而只能在开环实验中观察返回信号。图 10.71 给出在望远镜孔径处测得的来自钠导星的光子流密度随激光发射功率的变化。实验以织女星为标准参考星，用测光 CCD 摄像机在 1/4 米望远镜上探测。摄像机带有中心频率为 500 nm，通带宽度 40 nm FWHM 的滤光镜。图中数据点表示独立测量值，而连续曲线则是根据原子物理模型，用 24 阶布洛赫（Bloch）矩阵方程模拟计算的结果。计算时采用了与实验所用

表 10.4 激光发射功率与低灵敏度摄像机的曝光时间

P/W	7.1	32	230	658	1 100
τ/s	48	12	6	3	3

激光束接近的参数：线偏振 32 ns FWHM 高斯脉冲；线宽调谐得可以覆盖钠原子光谱多普勒加宽超精细结构的 D_2 谱。此外，还假定 90 km 高处导星为 2.0 m 直径的圆斑，光强按高斯分布，钠的光柱密度为 $4.1 \times 10^4 \text{ cm}^{-2}$。

4）波前测量和系统性能

考虑波前测量的结果和含激光导星的自适应光学系统的性能，用哈特曼波前传感器进行探测，每帧采集时间内在单个探测器子孔径中探测到的光子数表示为

$$N = FAt\eta_1\eta_2 \quad (10.81)$$

式中，F 为导星辐射的光子流密度；A 是传感器子孔径的面积；t 是每帧图像积分时间；η_1 为光学系统的效率；而 η_2 是像增强器的效率。对 1.1 kW 的激光功率，$F=10 \text{ cm}^{-2}\cdot\text{ms}^{-1}$。设子孔径直径为 $d_s=7.6$ cm，$t=5$ ms，$\eta_1=0.6$，$\eta_2=0.05$，将这些数据代入式（10.81），即可得到 $N=68$（光子）。假定上述条件的照明光点尺寸（FWHM 值）为像素的 1.5 倍，基于实验室测量，质心误差约为像素的 0.08 倍。由于激光发射功率为 1.1 kW 时测量光斑的角尺寸为 7″FWHM，则每个像素探测的尺度为 7″/1.5=4.7″。而 rms 倾斜误差则为

$$Q_{\text{rms}} = 4.7'' \times 0.08 = 0.38'' \quad (10.82)$$

探测器每一子孔径截面上相位误差的均方根值可表示为

$$\varphi_{\text{rms}} = kd_s\theta_{\text{rms}} \quad (10.83)$$

其中，$k=2\pi/\lambda$ 为波数，d_s 和 θ_{rms} 的意义与前面相同。将式（10.82）代入式（10.83），并注意到 $d_1=7.6$ cm 和 $\lambda=589.2$ nm，最终得出

$$\varphi_{\text{rms}} = 1.5 \text{ rad} = \lambda/4$$

这给出了一个闭环运转的自适应光学系统所能允许的开环误差。

对于高峰值功率的发射激光，散射背景光引起的噪声将使测量误差增大。适当展宽使钠层饱和的激光脉冲，以降低其峰值功率，对导星辐射不会有很大影响，背景噪声将明显减小，从而可使系统总体性能得到显著改善，如图 10.72 所示。图中曲线（a）相应于激光脉冲未被展宽的情况，所用的钠导星返回光子流来自实验数据，每一功率点上的波前传感采样速率都已最佳化（使斯特列尔比 SR 最大），曲线（b）则相应于脉宽扩展 16 倍的情况，其中导星返回光子流密度是根据原子物理模型而预先确定的，而波前采样频率为 220 Hz。在两种情况下，都假定采样速率 f_s 是系统闭环带宽 f_c 的 10 倍。中间虚线（c）表示两种情况下斯特列尔比之差。其表明发射激光功率越高，扩展脉宽所导致的系统性能改善就越明显。

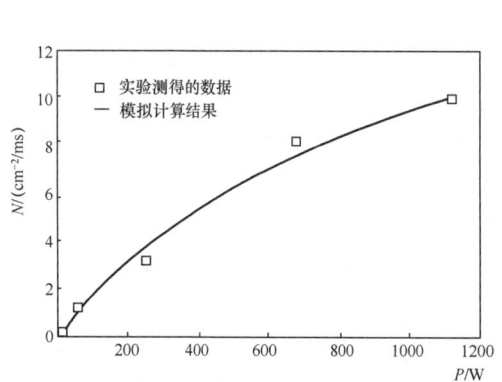

图 10.71　地面测得的光子流密度随发射激光功率的变化

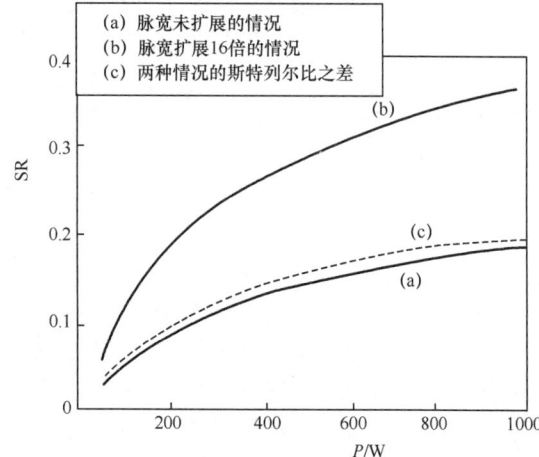

图 10.72　脉宽扩展对系统性能的影响

10.4 天文望远镜及其自适应光学系统

自适应光学技术已经成为现代地基天文光学望远镜的重要部分,在世界各地的大型光学望远镜的自适应光学系统正在建造,不少的系统已经投入使用,自适应光学正在接近成熟并向天文实际应用阶段转化[116]。目前自适应光学望远镜的分辨率在红外波段已基本达到光学衍射极限,在可见光波段正在接近这一水平,与传统的天文光学望远镜相比,其分辨率提高了近十倍。近年来激光人造引导星等关键技术的突破性进展,使得自适应光学在其等晕区和可观测对象星等的主要指标上有很大的提高[117]。

1989年美国 Phillips 实验室在其 1.5 m 望远镜上配置 Rayleigh 激光引导星的自适应光学系统是最早投入使用的自适应系统,它取得了一系列军事和天文方面的成果[118],随后又在其 3.5 m 望远镜上建成新的自适应系统[119]。ESO 1.52 m 望远镜的 Come-On 自适应系统是最先报道取得天文观测结果的天文应用系统[120],目前在 ESO 的 3.6 m 望远镜上加装了名为 ADONIS 自适应光学系统,即自适应系统配合上星冕仪[121]。另外正在运行的自适应光学系统还有:CFHT 3.6 m 望远镜上的 PUEO 系统;Hawaii 大学的 Hokupa 自适应系统;Lick 天文台在其 3 m 望远镜上加装的带钠层激光引导星的自适应系统等。正在建造或接近完成的自适应光学系统有:Keck II 10 m 望远镜的自适应系统;Gemini 项目的 2 台 8 m 望远镜的自适应系统;日本 8.2 m Subaru 望远镜的自适应系统;ESO 的 4 台 8 m 望远镜,即 VLT 的自适应系统等。而在原 6.5 m MMT 改换为单块主镜后进行的自适应副镜的项目则代表了自适应光学技术的新发展[122]。

下文将以我国自行研制的三款天文望远镜为例说明自适应系统在地基天文望远镜中的应用。

10.4.1 2.16 m 望远镜及其自适应光学系统

1. 2.16 m 望远镜概述

我国自行研制的 2.16 m 望远镜的主光路系统如图 10.73 所示,主镜通光口径为 2.16 m,焦比(f/D)为 3,设有 Cassegrain、折轴和主焦点三个工作焦点。Cassegrain 系统根据使用要求是最重要的工作焦点,采用了 Ritchey-Chretien(R-C)系统,焦比为 9,有不加和加校正器(亦称改正器)两种工作方式[123]。

(1) 不加校正器情况。R-C 系统的严格定义是对一切高度的光线消球差和满足正弦条件,主、副镜的截面形状是复杂的曲线。实际的天文望远镜常近似地取圆锥曲线,对像差的要求近似地取为消除初级球差和彗差,即 $S_I=0$,$S_{II}=0$,可推得圆锥面偏心率 e 的表示式为

$$\begin{cases} e_A^2 = 1 + \dfrac{2\left(\dfrac{1+mb}{f}\right)}{m\left(1-\dfrac{b}{f}\right)} \\ e_B^2 = \dfrac{(m+1)\left[m^2\left(1-\dfrac{b}{f}\right)+1+\dfrac{b}{f}\right]}{(m-1)^2\left(1-\dfrac{b}{f}\right)} \end{cases} \quad (10.84)$$

$$\begin{cases} S_{\text{III}} = \dfrac{2m+1+\dfrac{b}{f}}{2\left(1-\dfrac{mb}{f}\right)} \\ S_{\text{IV}} = \dfrac{m^2\left(1-\dfrac{b}{f}\right)-m-1}{1+\dfrac{mb}{f}} \end{cases} \quad (10.85)$$

式中，e^2 为偏心率的平方，即负的圆锥常数值；下标 A、B 分别代表主镜和副镜；f 为系统焦距；m 为副镜放大率（设 Cassegrain 系统的 f 和 m 都为正）；b 为主镜顶点到 Cassegrain 焦点的位移，焦点在外为正；S_{III}、S_{IV} 为初级像散和场曲系数。在 Gauss 平面上，轴外像斑呈椭圆形，其对称轴沿子午和弧矢方向，这两个方向的直径分别记为 θ_1 和 θ_2，有

$$\begin{cases} \theta_1 = |3S_{\text{III}} + S_{\text{IV}}|\dfrac{w^2}{2F} \\ \theta_2 = |S_{\text{III}} + S_{\text{IV}}|\dfrac{w^2}{2F} \end{cases} \quad (10.86)$$

式中，w 为视角；F 为焦比；θ_1、θ_2 和 w 都以 rad（弧度）为单位。若采用最佳焦面（与最小弥散圆位置一致的焦面），则轴外像斑呈圆形，其直径记为 θ，有

$$\theta = |S_{\text{III}}|\dfrac{w^2}{2F} \quad (10.87)$$

θ 也以 rad 为单位，最佳焦面的曲率半径 R 为

$$R = -\dfrac{f}{2S_{\text{III}} + S_{\text{IV}}} \quad (10.88)$$

对于 2.16 m 的望远镜，f=19 440 mm，F=9，m=3，b=1 250 mm，得 e_A^2=1.094 435 3，e_B^2=5.0 68 7 191，S_{III}=2.961，S_{IV}=3.706，θ_1=0.699w^2，θ_2=0.370 4w^2，长径沿子午方向，θ = 0.1645w^2，R = -2 019 mm，最佳焦面凹向副镜。若要求像斑小于 0″.5，采用平焦面，最大视场 $2w$=18′.1（焦平面已平移到使视场中心和边缘像斑均为 0″.5），对于最佳焦面，最大视场 $2w$=26′.4，若要求更大的视场，须加入校正器。以上的讨论仅考虑到初级像差，但空间光线追迹表明，高级像差较小，故不再列出空间光线追迹所得的点图。虽然仅考虑初级像差，为了得到更好的结果，在 2.16 m 的设计中镜面仍取为圆锥曲面，以 e_A^2 和 e_B^2 为变量，根据边缘光与近轴光消球差和视角 w =10′处消彗差两个条件，得 e_A^2=1.951 347，e_B^2=1.077 526 0，这样的解比 S_{I}=0，S_{II}=0 解更好，但两者差别很小，系统的像差和最佳焦面半径仍可足够好地用式（10.85）~式（10.88）来描述，θ_1、θ_2、θ 和 R 的数值和前面的几乎一样。表 10.5 列出了 Cassegrain 系统（R-C 系统）的结构。

图 10.73 中，主镜 A 的通光口径为 2 160 mm，副镜 B 的通光口径为 717 mm，C 表示折轴中继镜，通光口径为 401 mm；1、2、3 表示椭圆形通光口径平面镜，长轴和短轴列于表 10.6；F_1 表示主焦点，F_2 表示 Cassegrain 焦点，F_3 表示折轴焦点。

（2）加校正器的情况。经典的卡塞格林系统视场受限于彗差，R-C 系统消除了初级彗差，但由于像散未消，视场仍不能很大。为了进一步扩大视场，在像面之前加上透射的视场校正器。在进行照相观测时，要求在像面直径 300 mm（角直径 53′）中获得优良像质，必须加校正器。对 2.16 m 望远镜采用由两片熔石英球面透镜组成的校正器，在 R-C 的情况下，像质即已十分满意。表 10.7

所示是为 2.16 m 望远镜设计的校正器结构。视场直径为 53′，在同一个固定的像平面上，波段 3 650~14 000 Å，像斑总的弥散小于 0″.32。

表 10.5　2.16m 望远镜 Cassegrain（R-C）系统结构（焦比为 9，长度以 mm 为单位）

半径 r	e^2	间隔 d（至焦平面）
-12 960	1.095 134 7	-4 347.5
-5797.5	5.077 526 0	5 787.5

表 10.6　平面镜 1，2，3 的通光口径

平面镜/mm	长轴 2a	长轴 2b
1	400	283
2	65	46
3	168	168

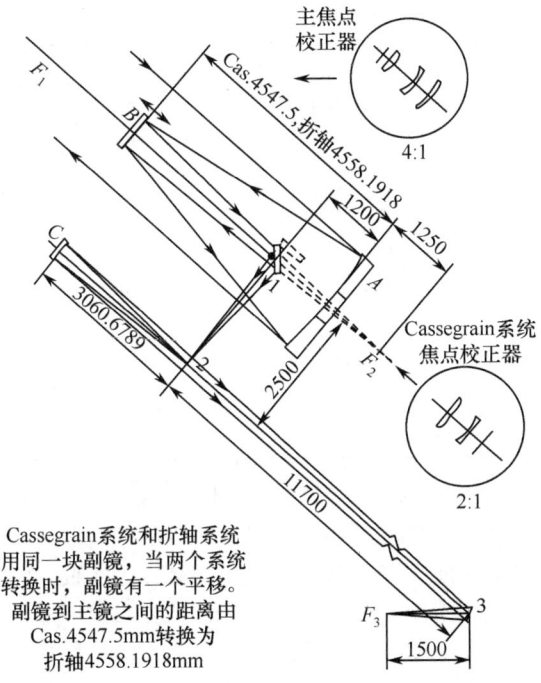

图 10.73　2.16 m 望远镜的主光路系统

表 10.7　为 2.16 m 望远镜设计的校正器结构

（焦比为 9.003 8，视场直径为 53′，全部球面，长度以 mm 为单位）

R	D	介质	通光口径
-6 726.291 8	5 423.788 7（副镜至校正器）	空气	—
-1 661.308 3	186.433	熔石英	326
-627.052 7	18	空气	—
-1 864.726 9	130.976 3（至焦平面）	熔石英	301
像平面	—	—	302.3（视场线直径）

2.16 m 望远镜主镜是双曲面镜，其焦点即为主焦点，即使只用其轴上点，也要加校正器，由三片透镜组成的校正器，视场定为 $2w = 50'$，在 4047～10140Å 波段范围设计三个校正器：4047～4561Å、4861~6563Å、6563～10140Å，互换进行工作。校正器各面都是球面，自变量共 9 个：三片透镜的 6 个曲率半径和 3 个位置，表 10.8 列出了所设计的三个校正器中 4047～4861Å 校正器的结构。考虑到滤光片和探测器的窗，校正器设计中包括了一个 4 mm 厚的玻璃平板，视场

角直径为 50′，在同一个固定的像平面上，波段为 4047~4861Å，像斑总的角弥散小于 0″82，达到了满意的结果。由于像质很好，实际上在 4047~10140Å 整个波段，只要用两个校正器就可以了。

2. 2.16 m 望远镜红外自适应光学系统

1）2.16 m 望远镜红外自适应光学系统原理框图

在地面对天体（自然的或人工的）进行观测时，由于大气湍流的影响，望远镜的角分辨率只能达到几角秒（″）。自适应光学技术[124]的发展，为克服地基望远镜的这一限制提供了一个强有力的手段。

表 10.8　2.16 m 望远镜主焦点校正器（4 047~4 861Å）的结构

（主镜参数见表 10.5，焦比为 3.147 3，视场直径为 50′，全部球面，长度以 mm 为单位）

r	d	介质	通光口径
−365.151	−6 230.555 1（主镜至校正器）	空气	123
8	−13.765 0	UBK7	136
−1 939.116 7	−62.576 6	空气	123
−465.707 3	4	UBK7	122
−117.899 3	−115.455 8	空气	101.7
−180.661 2	−15.768 0	UBK7	（视场线直径）
−1 581.042 0	0	空气	—
∞	−4	—	—
∞	−50.344 3（至焦平面）	—	—

在实际系统中，自适应光学系统的响应时间受到波前探测器的采样周期、波前重构和控制算法的运算时间以及驱动器的响应时间的限制。此外，有限的驱动器间距和波前探测器的采样间隔也限制了变形镜的空间带宽。自适应光学闭环系统的总体误差主要由系统的噪声水平、未完全补偿湍流所引起的误差以及变形镜的拟合误差等三部分组成。自适应光学闭环系统对大气湍流的响应是抑制低频成分的高通滤波器，对波前探测器的噪声是抑制高频成分的低通滤波器。

以一套 21 单元自适应光学系统与 2.16m 望远镜对接，用来进行自适应光学红外成像观测，是一个闭环控制系统，主要由波前探测器（wave front sensor，WFS）、波前校正器（deformable mirror，DM）（主要是指可变形反射镜），以及波前处理器（wave front processor，WFP）组成。图 10.74 是 2.16 m 望远镜红外自适应光学系统原理框图[125]。波前探测器主要用来进行波前测量。波前处理器依据波前探测器探测到的波前进行斜率计算（GC）、波前重构（WFR）以及控制算法（CC），最后通过 D/A 转换（DAC）输出控制信号，波前校正器根据波前处理器发出的控制信号经高压放大器（HVA）放大产生变形，以校正湍流波前。

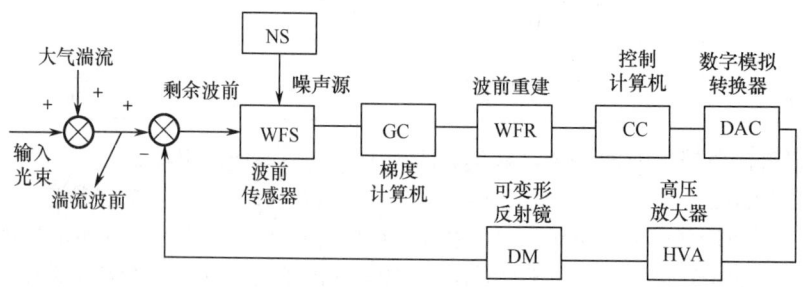

图 10.74　2.16 m 望远镜红外自适应光学系统原理框图

2) 2.16 m 望远镜中的 21 单元自适应光学系统

在 1995 年 4 月,21 单元自适应光学系统集成在北京天文台（Beijing Astronomical Observatory, BAO）2.16 m 望远镜上并进行了性能评估。在 1998 年 7 月,一个 PtSi 红外 CCD 相机与系统整合后,得到在 K 波段成像的补偿结果。

（1）系统的描述。AO（adaptive optical）系统安装在 2.16 m 望远镜折轴（coude）室。该系统的原理图如图 10.75 所示。从望远镜输出的光是由两个电机驱动的倾斜反射镜调整以匹配带有变形镜 DM 的望远镜的共轭孔径,并使望远镜和 AO 系统的光轴相匹配。入射光被离轴准直镜 M2 准直,从跟踪反射镜 TM 和可变形镜 DM 反射,并由分束器 S1 分束。透射的红外光由反射镜 M3 聚焦到 IR CCD 上,其是放在杜瓦瓶中的 512×512 像素的 PtSi CCD,在 K 波段进行成像检测。反射镜 M5 可以插入到光路中以反射光束到可见光相机 ST7 实现可见光波段成像。从 S1 发出的反射可见光由分束器 S2 分束。10%的光被聚焦到 ICCD,作为一个星跟踪器,90%进入剪切干涉仪（SI）,它是由两个类似零件在 X 和 Y 方向检测波前斜度。

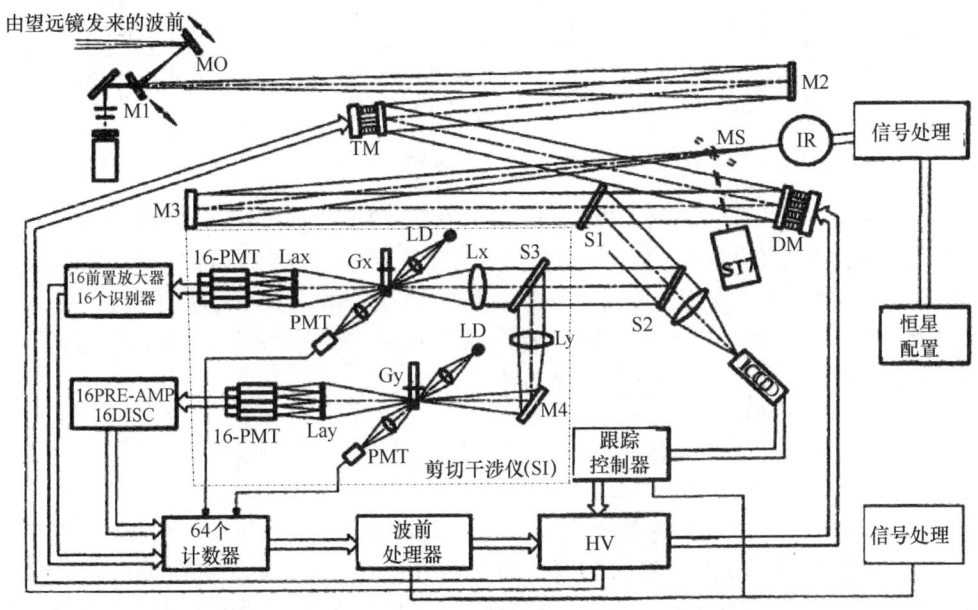

图中：跟踪反射镜 TM,可变形镜 DM,可见光相机 ST7,光电倍增管(PMT),小透镜阵列 Lax 和 Lay,透镜 Lx 和 Ly,高压放大器 HV,红外探测器 IR,光电倍增管 PMT, 反射镜 S1-S5,分束器 S1,S2 和 S3,旋转光栅 Gx 和 Gy,激光二极管 LD

图 10.75　2.16 望远镜的 21 单元自适应光学系统示意图

（2）波前传感器。在自适应光学系统以光子计数式动态交变剪切干涉仪作为波前传感器,是以光栅做剪切元件的横向剪切干涉仪。光栅用一块圆盘玻璃基,其上的沿径向分布刻线呈辐射状,并和精密轴承、电机、光子计数器及电子学系统连接,可以做周期性的圆周运动,用于动态交变测量[126],构成光子计数式动态交变剪切干涉仪。基于光学测试技术中的横向剪切干涉仪,它能够实时地进行光子计数水平的动态波前扰动测量,其原理如图 10.75 中点画线所包括的范围[127]。它主要由横向交变剪切干涉仪、阵列透镜、32 通道光子计数器阵列和斜率处理器四部分组成[128]。

横向交变剪切干涉仪利用旋转光栅对入射波前实现两个正交方向的横向剪切,并对产生的干涉图形进行调制。阵列透镜对波前进行分割或采样,并将调制后的光强信号会聚到光电倍增管（PMT）的光阴极面上。32 通道光子计数器阵列实现弱光信号的高信噪比测量。每路光子计数系统都含有光子计数型光电倍增管（PMT）、低噪声前置放大器（PRE-AMP）、鉴别器（DISC）和计数器（counter）。斜率处理器进行数字相敏检测，从检测到的光信号中提取 32 个子孔径的波前斜率信息。参考信号由参考光路和旋转光栅产生。

在剪切干涉仪中的光由分束器 S3 分束，并由透镜 Lx 和 Ly 分别聚焦到旋转 Ronchi 光栅 Gx 和 Gy。由微透镜阵列 Lax 和 Lay 聚焦干涉场集中在光电倍增管（PMT）阵列上。该微透镜阵列与 DM 相共轭，决定了波前探测的子孔径。每个小透镜阵列包含 16 个透镜。剪切干涉仪 SI（shearing interferometer）的子孔径的排列和 DM 的执行器的排列如图 10.76 所示。每个光栅用一个光路以提供斜度探测参考信号。从激光二极管 LD 发出的光聚焦在 Ronchi 光栅，由其调制的光由 PMT 检测。

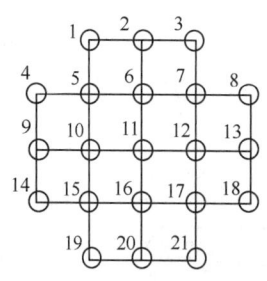 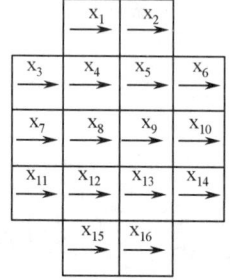 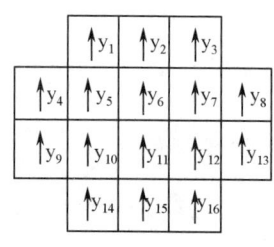

(a) 可变形反射镜中的执行器的布置　　(b) x 方向子孔径的布置　　(c) y 方向子孔径的布置

图 10.76　可变形反射镜的执行器和剪切干涉仪的子孔径波前斜度方向的检测

放大后，从参考光路传送的 PMT 信号周期分为四个象限。PMT 阵列的光子计数脉冲，经前置放大和识别后，由 64 个可逆计数器计数，其选通信号是从参考路径传送的象限信号。计数器的输出分别为 $N_{i1}-N_{i3}$ 和 $N_{i2}-N_{i4}$，其中 N_{i1}、N_{i2}、N_{i3} 和 N_{i4} 是 i^{th} 子孔径的每个象限中的光子计数。输入到数字处理器的计数和各通道中的相位角计算如下

$$\theta_i = \arctan \frac{N_{i1} - N_{i3}}{N_{i2} - N_{i4}}$$

θ_i 是正比于 i^{th} 子孔径的波前斜度。处理器完成波前重构算法，用 32 个单元的斜率向量与 23×32 个单元重构矩阵相乘。所得到的矢量的 23 单元是在 21 个执行器和在 x 及 y 方向收集波前倾斜的波前误差。误差矢量由控制算法进一步处理，且控制电压信号是波前处理器的输出。由高电压放大器放大后，将电压施加到 DM 和 TM 的执行器。该处理器是由主计算机控制，它对处理器、监视器加载波前重构和控制算法的代码，监控其工作过程，并实时选择显示每个信道的光子计数、执行器的波前误差和电压。

(3) 波前校正器 DM 及跟踪反射镜 TM。系统中波前校正器及一个可变形反射镜 DM，其为一个连续的面板变形反射镜，用来校正由大气湍流引起的高阶波前像差。可变形反射镜的面板是由 21 个分离控制的压电执行器，其安排如图 10.76(a) 所示。图 10.77 给出了镜面平整度的干涉图显示。21 单元的 DM 最大变形量是 ±2.5 μm。共振频率大于 3 kHz。响应时间小于 100 μs。滞后和非线性小于 ±3%。快速转向镜的最大行程为 ±135″/±700 V，共振频率为 350 Hz[129]。

图 10.77　可变形反射镜干涉图

跟踪反射镜 TM 即为一个高速倾斜反射镜，利用分辨率达纳米量级的压电驱动器驱动一块小面积反射镜，能使光束产生快速、小角度的倾斜变化。与传统的电机驱动机构相比，高速倾斜反射镜具有运动惯性小、响应速度快、角分辨精度高等优点[130]。倾斜反射

镜在自适应光学中用于校正畸变波前的整体倾斜相位差，当波前的畸变速度较快时，对倾斜反射镜的控制带宽要求也很高[131]。一般情况下，自适应光学系统的控制带宽是由采样频率和信号处理速度决定的。由于倾斜反射镜固有的弹性结构，当控制信号的频率较高时，反射镜的镜面会发生机械谐振现象，严重时将影响控制系统的稳定性，限制了控制带宽。根据机械谐振现象发生的频率、大小相对固定的特点，运用滤波方法来控制全部或部分抑制倾斜镜的机械谐振[132]。倾斜镜 TM 是用于校正由大气湍流引起的波前整体倾斜像差，并且跟踪望远镜的误差变化。倾斜反射镜一般由一个大的镜座基底、有一定的厚度和刚度的镜面、两个直角排列的压电驱动器 x/y 和一个固定支柱 O 组成。倾斜反射镜的镜面可以看作支撑在一个弹性结构上的刚体。

3）2.16 m 望远镜红外自适应光学系统的主要特性

（1）频率响应。改变控制参数可使开环频率调整到 5~40 Hz 之间。误差抑制带宽和闭环与开环带宽 3 dB 频率变化。图 10.78 为一组开环、闭环和错误拒绝率的 AO 系统的频率响应。

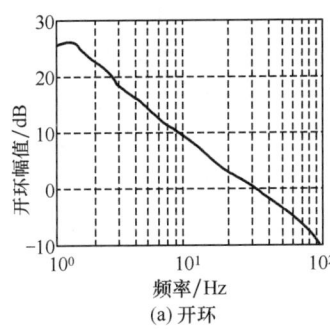
(a) 开环

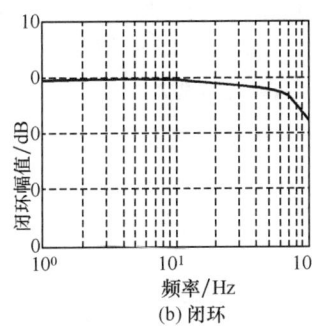
(b) 闭环

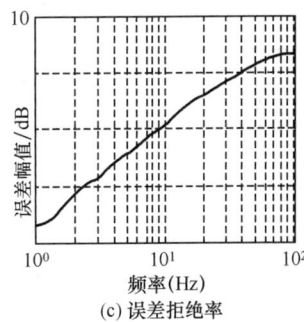
(c) 误差拒绝率

图 10.78 AO 系统的频率响应

（2）最佳的带宽和极限光强。光学系统的波前残余误差随光子计数率和控制带宽的变化而不同[126]。校正后的波前误差包括三个主要部分：①用 AO 系统对传感器噪声低通滤波；②AO 系统的抑制误差带宽限制了大气湍流的残余误差；③由于 DM 的有限执行器的数目拟合误差。一定的光子计数率，传感器噪声的贡献越来越大，对大带宽湍流的残余变得更小。显然，存在一个最佳的带宽对于一个光子计数率的残余误差最小。图 10.79 显示了最佳的闭环带宽对应于光子计数率，图 10.80 表示校正前和校正后波前误差变化率的改进量。只有改善量大于 1 单位时成像质量可以改善。从图 10.80 中可以看到，光子计数率大于 1 200 cps（cycles per second，周/秒）时，具有最佳带宽的改进量大于 1 单位。当光强度弱于 1 200 cps 时，成像质量将不会有任何改善。

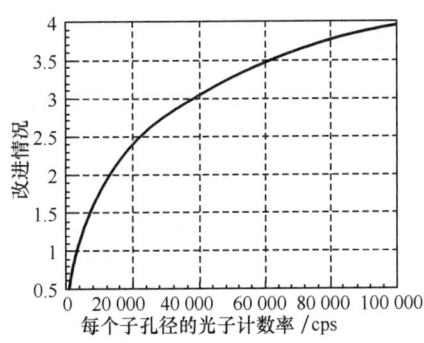

图 10.79 对应于光子计数率的优化闭环带宽

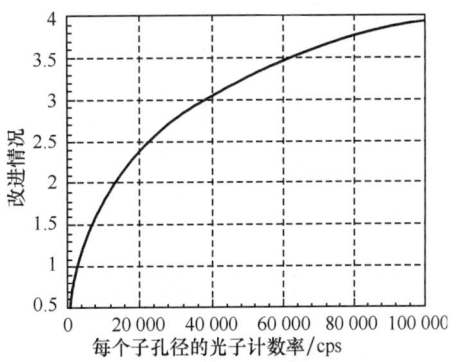

图 10.80 优化带宽的改善因子

（3）跟踪环路。跟踪环路包括一个 ICCD 传感器、一个数字处理器和一个快速转向反射镜。图 10.81 为对跟踪误差和不同光子计数率测量的结果。

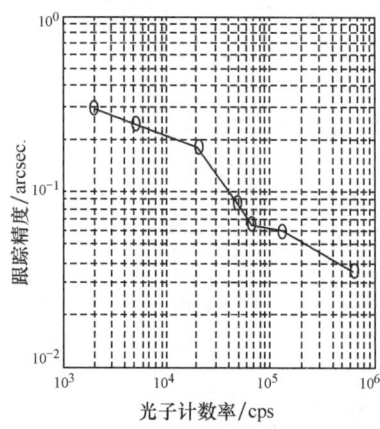

图 10.81　跟踪环路的 RMS 误差对应的光子计数率

总之，21 单元自适应光学系统已经成功集成于北京天文台的 2.16 m 望远镜。观察结果表明：可以实现的分辨率，在可见光波段为 0.13 弧秒，在 K 波段为 0.25 秒；极限星等是 $9^m.2$（目视星等 9.2 等。目视星等是指在地球上肉眼观测的光度等级。）

10.4.2　37 单元自适应光学系统

结合湍流强度可控的湍流池建立了一套 37 单元自适应光学系统，并用两种波前重构算法对不同强度的湍流进行了校正。

1．系统组成

37 单元自适应光学系统的结构如图 10.82 所示。由激光器发射的平行光经湍流池，由倾斜镜反射，经变形镜和分光镜后由 H-S（Hartmann-Shack）波前传感器接收，传感器的输出由波前处理机处理；即完成波前斜率计算、波前重构和系统控制算法，波前处理机的输出由高压放大器放大后加到倾斜镜和变形镜上。波前处理机由主控计算机管理，CCD 相机用来检测系统的成像质量。变形镜的通光口径为 100 mm，变形量为 ±1.5 μm/±400 V，非线性滞后小于 ±4%，谐振频率大于 2 kHz。倾斜镜的通光口径为 120 mm，倾斜量为 ±15″，谐振频率大于 200 Hz。

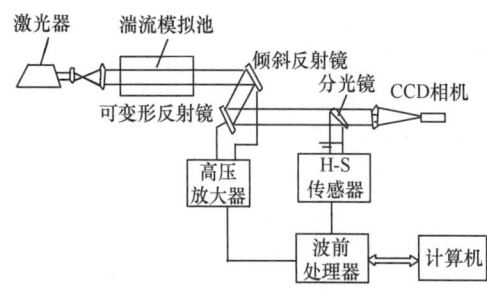

图 10.82　37 单元自适应光学系统结构框图

（1）波前校正器。波前校正器包括变形镜和倾斜镜。倾斜镜用于校正湍流造成的整体倾斜，变形镜用于校正系统的高阶像差。图 10.83 所示为变形镜的执行器和 H-S 波前传感器子孔径的布局关系。变形镜共 55 个执行器，37 个执行器排在内 3 圈，外圈是 18 个辅驱动器。辅驱动器用于改善变形镜外圈主驱动器的影响函数，其上所加电压是相邻两个主驱动器电压的平均值。

（2）波前传感器。系统采用 Hartmann 波前探测法，H-S 波前传感器主要由一个分割镜和一个 CCD 相机构成。分割镜是由 37 个 6 边形的带有不同楔角的透镜组成的，焦距为 1 250 mm。经波前传感器输出的图像由 CCD 探测，系统中 CCD 采用 MC-9128 相机，面阵为 128×128 像素，帧频为

380帧/秒,输出为视频信号,输出方式为逐像素行顺序输出。图 10.83 中的黑色矩形显示了 H-S 传感器检测到的子光斑的有效区域——子孔径,大小为 16×14 像素。

(3)波前处理器。根据 H-S 波前传感器输出的子孔径排布和 CCD 相机的图像输出方式,一个多处理器并行的数字处理系统——波前处理器[13]结构如图 10.84 所示。它充分利用了 CCD 相机的图像输出时间,用 4 片高速 DSP 芯片 TMS320C25 计算子孔径的斜率,用 1 片 DSP 芯片 TMS320C25 作为通信模块,这些模块用三条总线连接:通信、图像采集和程序,完成波前复原和系统控制算法。其峰值运算速度达 1 亿次/秒,实现了 CCD 相机的图像输出与 37 个子孔径斜率计算和波前复原、系统控制并行流水作业,而减少了系统延时,只用了 3.4 ms 便完成了从一帧图像的采集到控制电压输出的整个过程。

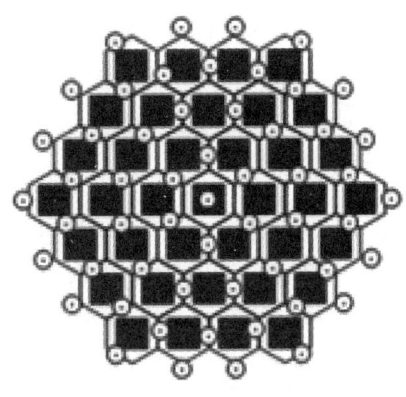

图 10.83 变形镜执行器与子孔径布局

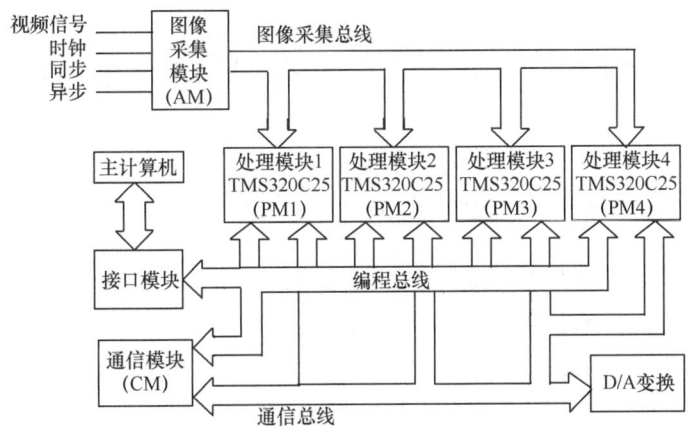

图 10.84 波前处理器的结构

波前处理机的功能如下:A/D 转换,实时采集 CCD 相机输出的视频信号并数字化,转换位数为 8 bit,转换速度为 8 MHz;波前斜率计算,计算每个子孔径内光斑质心与系统标定时该子孔径内光斑质心的偏移量,得到斜率向量为 G,波前重构为向量 G 与波前重构矩阵 M 相乘:

$$E = M \cdot G$$

E 是 39 维向量,其中两维是用来控制倾斜镜的,其他 37 维是用来控制变形镜的;控制算法为把前几帧的控制电压与向量 E 一起处理,进行控制回路参数修正,D/A 转换为将数字控制电压转换为模拟信号以输出到高压放大器。

2. 波前重构算法

系统中由 H-S 波前传感器获得的信号是各子孔径对应的子光斑能量中心偏移量,该信号反映的是输入像差光波在各子孔径内的平均波前斜率或相位差值。为了获得变形镜上每个驱动器的控制电压,系统中使用了两种重构算法。

1)模式波前重构法

模式波前重构有以下两个步骤。

(1)通过斜率数据重构出驱动器所在位置处的波前相位误差。

全孔径波前相位探测中,可以用一组在单位圆内正交的 Zernike 多项式来拟合不同模式的像差，而 Zernike 函数的偏导数代表了波前斜率。于是采样点 $(x, y)_i$ 处的波前斜率可用下式表示。

$$G_x(x,y)_i = \sum_{k=1}^{n} a_k \frac{\partial Z_k(x,y)_i}{\partial x} + u_i$$
$$G_y(x,y)_i = \sum_{k=1}^{n} a_k \frac{\partial Z_k(x,y)_i}{\partial y} + \upsilon_i$$
(10.89)

式中，m 为采样个数，n 为模式阶数，u_i、υ_i 为测量误差，$i=1, 2, 3, \cdots, m$，由于 H-S 波前传感器测得的是子孔径内的平均斜率，因此对子孔径 i 上的面积 S_i，式（10.89）改为

$$G_x(i) = \sum_{k=1}^{n} a_k \frac{\iint_{S_i} \frac{\partial Z_k(x,y)_i}{\partial x} \mathrm{d}x \mathrm{d}y}{S_i} + u_i = \sum_{k=1}^{n} a_k Z_{xk}(i) + u_i$$
$$G_y(i) = \sum_{k=1}^{n} a_k \frac{\iint_{S_i} \frac{\partial Z_k(x,y)_i}{\partial y} \mathrm{d}x \mathrm{d}y}{S_i} + \upsilon_i = \sum_{k=1}^{n} a_k Z_{yk}(i) + \upsilon_i$$
(10.90)

用矩阵表示为

$$\begin{bmatrix} G_x(1) \\ G_y(1) \\ G_x(2) \\ G_y(2) \\ \cdots \\ G_x(m) \\ G_y(m) \end{bmatrix} = \begin{bmatrix} Z_{x_1}(1) & Z_{x_2}(1) & \cdots & Z_{x_m}(1) \\ Z_{y_1}(1) & Z_{y_2}(1) & \cdots & Z_{y_m}(1) \\ Z_{x_1}(2) & Z_{x_2}(2) & \cdots & Z_{x_m}(2) \\ Z_{y_1}(2) & Z_{y_2}(2) & \cdots & Z_{y_m}(2) \\ \cdots & \cdots & \cdots & \cdots \\ Z_{x_1}(m) & Z_{x_2}(m) & \cdots & Z_{x_m}(m) \\ Z_{y_1}(m) & Z_{y_2}(m) & \cdots & Z_{y_m}(m) \end{bmatrix} \begin{bmatrix} a_1 \\ a_2 \\ \cdots \\ a_n \end{bmatrix} + \begin{bmatrix} \sigma_1 \\ \sigma_2 \\ \sigma_3 \\ \sigma_4 \\ \cdots \\ \sigma_{2m-1} \\ \sigma_{2m} \end{bmatrix}$$
(10.91)

记为

$$\boldsymbol{G} = \boldsymbol{D} \cdot \boldsymbol{A} + \boldsymbol{\varepsilon} \tag{10.92}$$

由奇异值分解法（SVD）可以得到逆矩阵 $\boldsymbol{D}^+$。进而得到 Zernike 系数的最小二乘解。

$$\boldsymbol{A} = \boldsymbol{D}^+ \boldsymbol{G} \tag{10.93}$$

于是利用式（10.93）求得 Zernike 系数，可以重构出在变形镜各个驱动器处的相位，即

$$\boldsymbol{\Phi} = \boldsymbol{Z} \cdot \boldsymbol{A} = \boldsymbol{Z} \cdot \boldsymbol{D}^+ \boldsymbol{G} \tag{10.94}$$

式中，$\boldsymbol{G}$ 是由波前传感器实际测出的子孔径平均斜率，矩阵 $\boldsymbol{Z}$ 的元素是 Zernike 多项式的第 k 项在第 i 个驱动器处的值 $\boldsymbol{Z}$。

（2）由波前相位误差计算驱动器的控制电压。

变形镜的驱动器灵敏度可以通过测量变形镜上的波面在每个驱动器所加单位电压时的响应得到，即

$$\boldsymbol{\Phi} = \boldsymbol{P} \cdot \boldsymbol{V} \tag{10.95}$$

将式（10.94）代入式（10.95）即得到波前传感器测得的平均斜率与驱动器控制电压的关系

$$\boldsymbol{V} = \boldsymbol{M} \cdot \boldsymbol{G} \tag{10.96}$$

式中，$\boldsymbol{M}$ 是与 $\boldsymbol{P}$、$\boldsymbol{Z}$、$\boldsymbol{D}$ 相关的矩阵。

2）直接波前斜率控制法

这是一种在原理上较为简单的控制方法，其控制对象不是波前相位误差 $\Phi(x,y)$，而是 H-S 波前传感器输出的波前斜率 $G_x(i)$、$G_y(i)$。由于波前斜率直接反映波前相位，若变形镜驱动器上所加电压使波前斜率最小，则此时的波前误差应最小。

变形镜驱动器 j 所加控制电压对子孔径 i 平均斜率的影响可用下式表示

$$G_{cx}(i) = \sum_{j=1}^{i} V_j \frac{\iint_{S_i} \frac{\partial R_j(x,y)}{\partial x} dxdy}{S_i} = \sum_{j=1}^{N} V_i R_{xi}(i)$$

$$G_{cy}(i) = \sum_{j=1}^{i} V_j \frac{\iint_{S_i} \frac{\partial R_j(x,y)}{\partial y} dxdy}{S_i} \sum_{j=1}^{i} V_i R_{yi}(i)$$

(10.97)

式中，$R_j(x,y)$ 是变形镜的相位响应函数；$R_{xj}(i)$，$R_{yj}(i)$ 是第 j 个驱动器对第 i 个子孔径的斜率响应函数，可由理论计算求得或由实验测得，$i=1,2,3,\cdots,m$，用矩阵表示记为

$$G = R \cdot V \quad (10.98)$$

由奇异值分解法（SVD）可以得到逆矩阵 R^+，于是对 H-S 波前传感器测量的一组斜率向量 G，得到 V 的最小二乘最小范数解为

$$V = M \cdot G \quad (10.99)$$

式中，M 是与 R 相关的矩阵。

3）控制算法

自适应光学系统是多变量的实时反馈控制系统，实质是控制像光波面达到参考光波面。它可以被看作一个数字多输入/输出调节系统。图 10.85 是控制系统的模块图。开环和闭环传递函数控制执行器被定义为

$$G(s) = K_0 \cdot \frac{1-e^{-Ts}}{s} \cdot e^{-\tau s} \cdot \frac{1-e^{-Ts}}{s} \cdot \frac{K}{T_s+1} G_C(s) \quad (10.100)$$

式中，T 和 τ 分别是 CCD 相机的采样周期和计算延时，第 1 项 K_0 是环路增益。第 2 项是 CCD 相机电荷积累和 A/D 转换的积分时间，第 3 项是计算延迟的效果，第 4 项是 D/A 转换的效果，相当于时间 T 内的采样保持器，第 5 项是高压放大器和变形镜驱动器的 Laplace 变换式。$G_C(s)$ 是数字滤波控制参数调节。

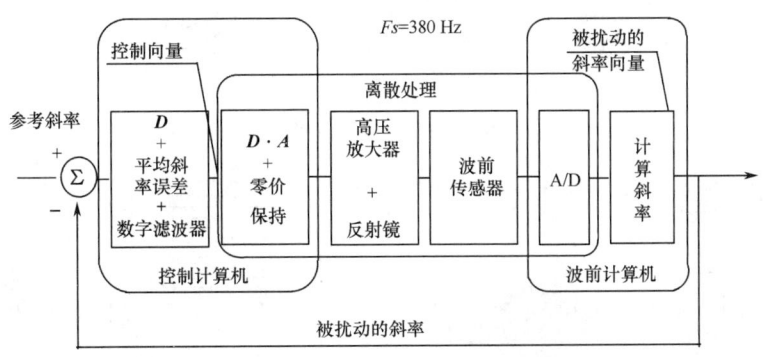

图 10.85 控制系统模块图

4）系统工作时序及控制带宽

系统的工作时序如图 10.86 所示，波前处理机对子孔径斜率的计算充分利用了 CCD 相机的图像输出时间，即 CCD 相机在输出第 n 行子孔径图像时，波前处理机进行第 n-1 行子孔径斜率的计算。这样 CCD 相机输出最后一行子孔径图像时，只剩下一行子孔径的斜率还没有计算，这行子孔径斜率的计算是利用 CCD 像面上的剩余像素行

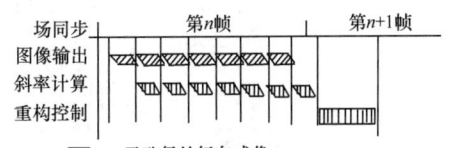

图 10.86 系统工作时序

和下一帧图像的第一个子孔径行的图像输出时间进行的。子孔径斜率计算完后，斜率数据交给第 5 片 TMS320C25 进行波前复原和控制运算，同时波前计算机继续计算下帧图像的子孔径斜率。可见子孔径斜率计算、波前复原和控制算法是并行流水作业的，这样系统延时减到最小。系统闭环带宽为 40～45 Hz，由系统的工作时序可以看到带宽主要受限于 CCD 相机的采样频率。

5）实验结果

对闭环系统采用了波前重构算法对湍流进行校正的实验结果如下：图 10.87 由 H-S 传感器测得的开环和闭环的波前轮廓，并给出了低阶像差。图 10.88 为由焦平面光强分布处理得到的 MTF。图 10.89 和图 10.90 分别表示了由 H-S 传感器测得的并由处理器重建的开环和闭环的波前图形，即开环和闭环时远场能量分布、Strehl 比和三维能量图。远场能量是由图 10.75 中的 CCD 相机测得。

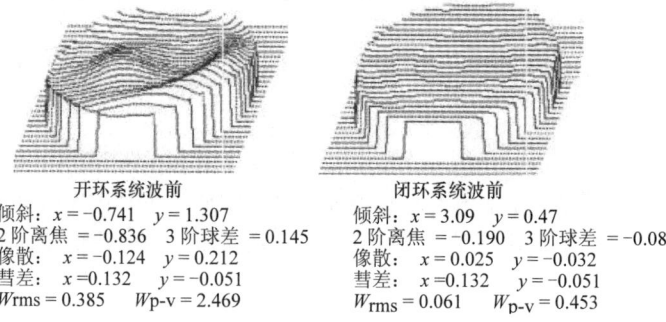

开环系统波前　　　　　　　　　　闭环系统波前
倾斜：$x = -0.741$　$y = 1.307$　　　倾斜：$x = 3.09$　$y = 0.47$
2 阶离焦 $= -0.836$　3 阶球差 $= 0.145$　　2 阶离焦 $= -0.190$　3 阶球差 $= -0.080$
像散：$x = -0.124$　$y = 0.212$　　　像散：$x = 0.025$　$y = -0.032$
彗差：$x = 0.132$　$y = -0.051$　　　彗差：$x = 0.132$　$y = -0.051$
$W_{rms} = 0.385$　$W_{p-v} = 2.469$　　　$W_{rms} = 0.061$　$W_{p-v} = 0.453$

图 10.87　由 H-S 传感器测得的开环和闭环的波前轮廓

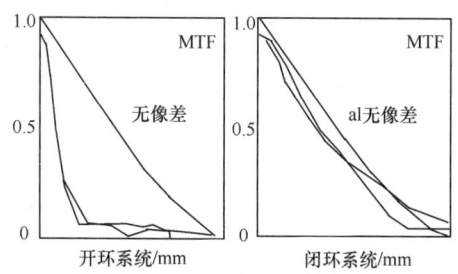

图 10.88　焦平面光强分布处理得到的 MTF

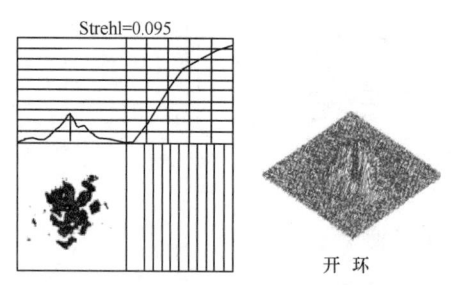

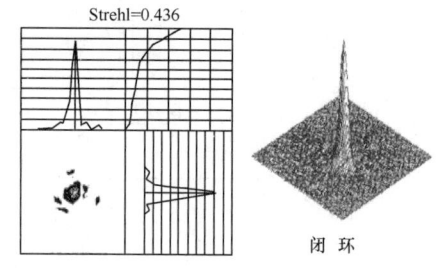

图 10.89　系统开环时远场能量分布、Strehl 比、三维能量图　　　图 10.90　系统闭环时远场能量分布、Strehl 比、三维能量图

10.4.3　1.2 m 望远镜 61 单元自适应光学系统

云南天文台 1.2 m 望远镜 61 单元自适应光学系统已经完成升级改造并投入使用。该自适应光学系统主要由倾斜跟踪控制回路、高阶校正回路以及高分辨力成像系统组成。为了提高系统的跟踪精度，倾斜跟踪控制回路由两级倾斜校正回路串联而成，用于校正望远镜的跟踪误差和大气湍

流引起的倾斜跟踪误差。高阶校正回路由一套哈特曼波前传感器、一块 61 单元变形反射镜以及一套高速数字波前处理机组成。其哈特曼（Hartmann）波前传感器工作波段为 400 nm、700 nm，系统成像波段为 700 nm、900 nm[134]。

2004 年由中国科学院光电技术研究所完成了对该系统的升级改造，在该自适应光学系统[135]中，哈特曼波前传感器子孔径采用正六边形排布方式，探测器采用高量子效率背照式 CCD，其帧频可以在 500 Hz、1 000 Hz 和 2 000 Hz 之间选择。下面对改造后的自适应光学系统进行介绍，并给出了几颗恒星目标的成像观测结果。

1. 1.2 m 望远镜 61 单元自适应光学系统概述

云南天文台的 1.2 m 望远镜采用地平式机架结构，主镜的面形为旋转抛物面，有效通光口径为 Φ 1.06 m，焦距为 1.8 m。次镜也是旋转抛物面，有效通光口径为 Φ 150 mm，焦距为 240 mm，次镜及机械外壳对主镜的中心遮拦为 Φ 180 mm。望远镜主镜和次镜构成共焦系统，倍率为 7.5×。

自适应光学系统布置在 Coude 光路上（Coude 光路是全反射光路，是将主望远系统的光束传递到机下的光学实验室，为相应子光学系统提供良好质量的对接光束），如图 10.91 所示。自适应光学系统的校正口径为 Φ 1.06 m 全口径，在 0.4 μm、0.7 μm 波段进行波前探测，在 0.7 μm、0.9 μm 波段进行成像观测。自适应光学系统由高帧频弱光夏克—哈特曼波前传感器、与之相匹配的 61 单元变形镜，以及实时波前处理机组成自适应光学校正回路，用于校正由大气湍流产生的高阶像差和望远镜的静态像差；由成像探测系统进行高分辨力成像观测。

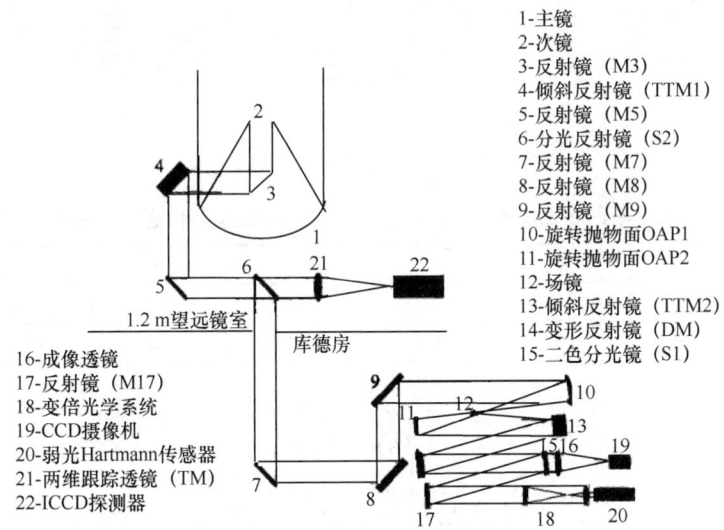

图 10.91 升级后的 61 单元自适应光学系统光学布置图

在该系统中，由望远镜采集的目标光经主镜 1、次镜 2 和 3、第一级精跟踪倾斜镜 4 和 5 后，到达分光反射镜 S2 进行分光，一小部分光进入第一级精跟踪探测系统（21、22），其余大部分光经反射镜 7 导入库德房中的自适应光学系统。目标光进入库德房后，首先经过引导反射镜 7，再经反射镜 8 导入到 16×缩束系统中。16×缩束系统主要由一对口径分别为 Φ190mm 和 Φ110mm 的离轴抛物 10、11（OAP1、OAP2）镜组组成，其作用是将望远镜出射光束口径 Φ140mm 压缩到与变形镜口径相匹配，并且使望远镜主镜和变形镜满足物像共轭关系。弱光哈特曼-夏克波前传感器 20 由 6.93×缩束变倍系统、9×9 阵列透镜、高帧频背照明减薄 CCD 探测器组成。成像系统由焦距可调的成像物镜和高量子效率成像 CCD 探测器组成。在自适应光学系统的光学布局中，采用二色分光镜 15（S1）将变形反射镜反射的光分成两路。二色分光镜 15（S1）将 0.4 μm、0.7 μm 波段的光能反射到哈特曼-夏克波前传感器；0.7 μm、0.9 μm 波段的光能透射给成像系统。

2. 变形反射镜的驱动器布局优化

变形反射镜驱动器的布局及其与哈特曼波前传感器子孔径的对应关系对系统的校正效果和闭环的稳定性有重要影响。该系统设计根据变形反射镜的拟合误差和复原矩阵条件数等建立了校正效果和闭环稳定性的判据，分别用计算机仿真了图 10.92 所示的 7 种布局和子孔径对应关系，仿真结果见表 10.9。结果表明，驱动器三角形布局和正方形子孔径匹配有较小的拟合误差和复原矩阵条件数。经优化，选定的系统布局如图 10.93 所示[72]。

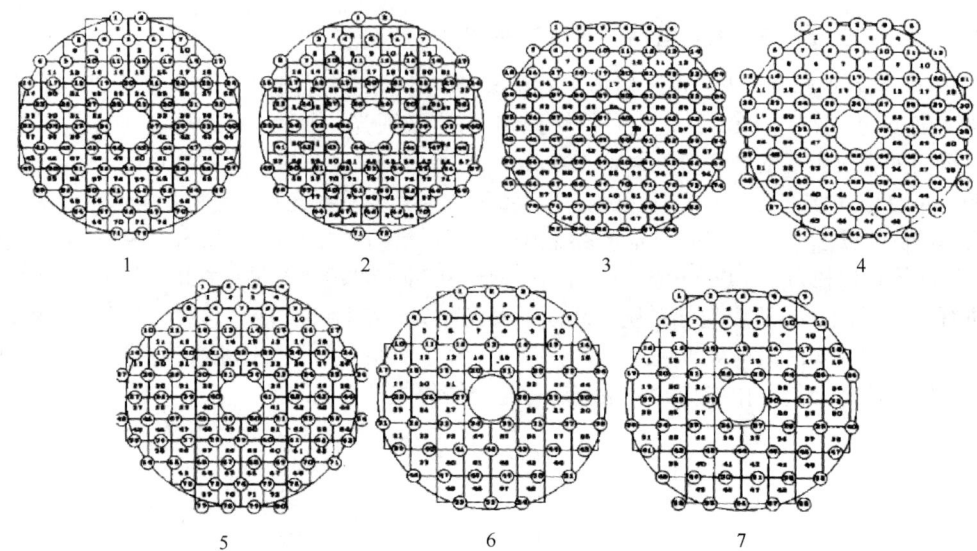

图 10.92　7 种子孔径和驱动器布局

表 10.9　不同布局关系对 Kolmogorov 湍流校正残差和复原矩阵条件数

布局	1	2	3	4	5	6	7
拟合残差/%	10.3	8.0	4.7	6.2	5.4	5.2	5.9
矩阵条件数	6.15	8.01	131.04	1 028.64	19.81	48.27	12.56

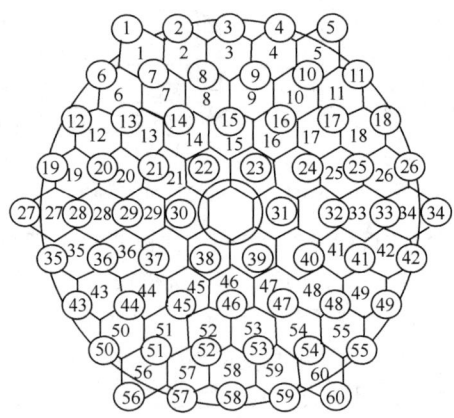

图 10.93　波前传感器子孔径和变形镜驱动器的匹配布局对应关系图

1) 改造后的哈特曼波前传感器

改造后的自适应光学系统将原正方形子孔径排布改为正六边形排布。图 10.93 为改造后的自适应光学系统波前传感器（WFS）子孔径和变形镜（DM）驱动器布局匹配关系，其中圆圈是变形镜驱动器排布，正六边形是子孔径排布。

哈特曼波前传感器的组成如图 10.94 所示，它主要由缩束变倍系统、阵列透镜、耦合物镜以及背照明减薄 CCD 组成。缩束变倍系统的作用是将自适应光学系统的光束口径 $\Phi 88$ mm 缩小到与阵列透镜匹配的光束口径 $\Phi 12.7$ mm；阵列透镜的作用是实现波前分割；耦合物镜用于将阵列透镜的汇聚子光斑耦合到高帧频 CCD 的光敏面上。系统中所用的高性能 CCD 的工作频率可以软件控制，帧频有 500 Hz、1 000 Hz 和 2 000 Hz 三档可选。

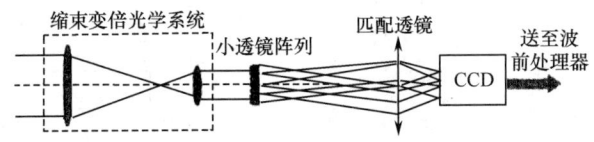

图 10.94　Hartmann-Shack 波前传感器的结构

哈特曼波前传感器工作时，高帧频 CCD 相机的输出信号由高速数字波前处理机接收处理。如图 10.95 所示，波前处理机主要进行图像预处理、哈特曼传感器子孔径光斑质心运算、波前复原运算，以及波前控制算法运算等，并输出变形镜的控制电压，实现自适应光学系统闭环校正。自适应光学系统中微光哈特曼—夏克波前传感器的主要性能参数为：子孔径数为 9×9，子孔径大小为 12.5 cm×10.8 cm，光电转换器为背照明减薄 CCD，波前采样率为 500 Hz、1 000 Hz、2 000 Hz 可选，波前探测动态范围约为 1 511×1 511。

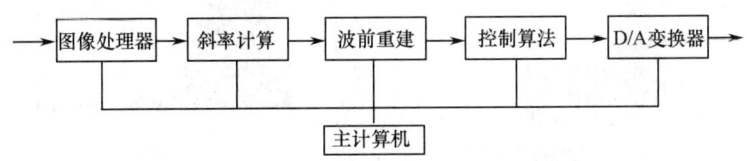

图 10.95　数字波前处理器框图

2）跟踪系统

在本系统中，为了提高系统的跟踪精度，倾斜跟踪控制回路由两级倾斜校正回路串联而成，用于校正望远镜的跟踪误差和大气湍流引起的倾斜跟踪误差。

第一级精跟踪系统主要由第一级精跟踪倾斜镜、精跟踪探测器和精跟踪处理机组成。精跟踪探测器由跟踪物镜、像增强器、耦合物镜和高帧频 CCD 组成，如图 10.96 所示。精跟踪处理机完成精跟踪探测器的图像接收、预处理、质心计算、控制运算等任务，并输出控制电压到第一级精跟踪倾斜镜，实现第一级跟踪回路闭环。第一级精跟踪回路的主要参数为：采样率为 200 Hz 以下可调，视场为 4′2，像元灵敏度为 1″/pixel，倾斜镜行程为±6′，最大电压为±600 V，非线性小于±5%，谐振频率大于 250 Hz。

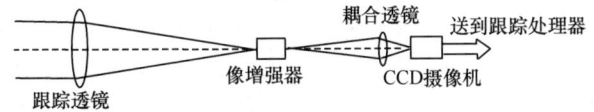

图 10.96　第一级精跟踪探测系统

为了充分利用光能，减小分光，第二级跟踪回路的控制信号来自于哈特曼波前传感器所测量得到的整体倾斜信号。第二级精跟踪倾斜镜的主要参数为：有效口径为 $\Phi 95$ mm，角行程为±2′，最大电压为±500 V，非线性小于±5%，谐振频率大于 400 Hz。

3）成像系统

在改造后的自适应光学系统中，重新研制了一套成像系统，其工作波段为 700～900 nm。该成像系统的主要性能参数：成像波段为 700 nm、1 000 nm，焦距为 42 100 mm，探测器为 EMCCD，像元数为 653×492，像素大小为 7.4 μm×7.4 μm。

4）系统性能

（1）第一级精跟踪系统性能。图 10.97 给出了帧频为 200 Hz 时第一级精跟踪系统开环和闭环时两个方向上的倾斜功率谱。从图中可知第一级精跟踪系统对于频率小于 10 Hz 以下的低频扰动具有校正作用。图 10.98 给出了对恒星目标观测时第一级精跟踪系统开环和闭环时的跟踪精度对比直方图，开环时的望远镜跟踪精度为 rms 0.3″，第一级精跟踪系统闭环时的跟踪精度为 rms 0.086″。

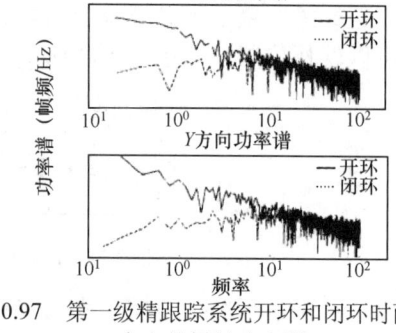

图 10.97　第一级精跟踪系统开环和闭环时两个方向上的倾斜功率谱

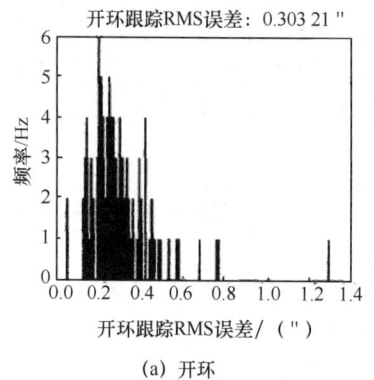
(a) 开环

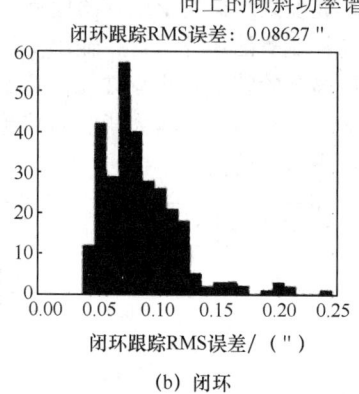
(b) 闭环

图 10.98　第一级精跟踪系统开环和闭环时的跟踪精度对比直方图倾斜残余误差

（2）第二级精跟踪系统性能。图 10.99 给出了哈特曼传感器工作帧频为 1 000 Hz 时第二级精跟踪系统开环和闭环时两个方向上的倾斜功率谱。由图可知，第二级精跟踪系统对于频率小于 30 Hz 的低频扰动具有校正作用。图 10.100 给出了对恒星目标观测时第二级精跟踪系统开环和闭环时的整体倾斜时间序列图，第二级精跟踪系统开环时 X 和 Y 方向上的倾斜跟踪误差分别为 rms 0.19″ 和 rms 0.26″，两个方向上的闭环跟踪精度均达到 rms 0.03″。

（3）哈特曼波前传感器性能。哈特曼波前传感器性能在室内测试，图 10.101 和图 10.102 分别给出了哈特曼波前传感器子孔径斜率以及复原后的波前噪声测量结果。从图中可知，要达到 0.1λ 波前测量精度，子孔径入射光子数须达到每帧 4 000 个以上。

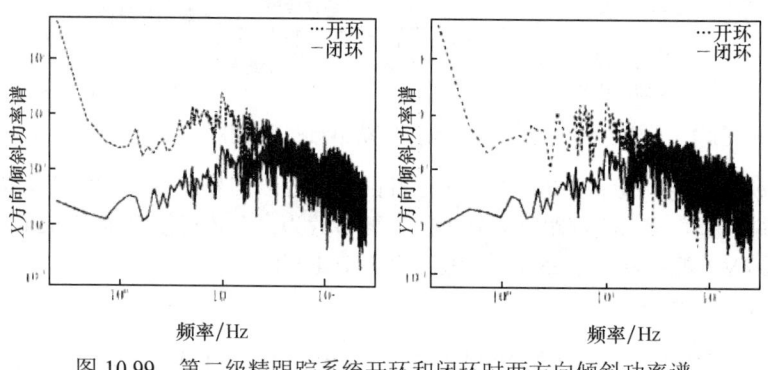

图 10.99　第二级精跟踪系统开环和闭环时两方向倾斜功率谱

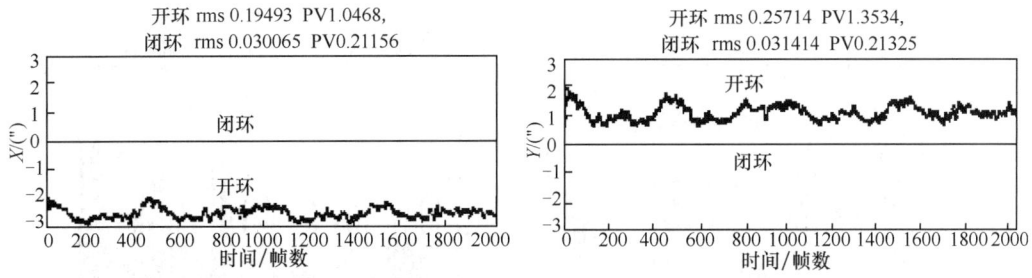

图 10.100 第二级精跟踪系统开环和闭环的倾斜信号

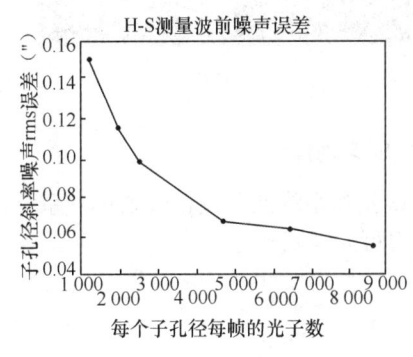

图 10.101 子孔径斜率的噪声误差

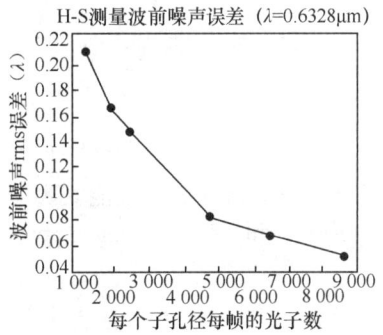

图 10.102 波前的噪声误差

图 10.103 给出了自适应光学系统开环和闭环时哈特曼波前传感器所测量的 X 和 Y 方向上的子孔径斜率平均功率谱。从图中可以看出，自适应光学系统对于 60 Hz 以下的波前扰动具有校正作用。图 10.104 给出了自适应光学系统开环和闭环时哈特曼波前传感器所测量到的波前误差。自适应光学系统开环和闭环时的波前误差平均值分别为 1.26λ 和 0.06λ。

（4）性能分析。在自适应光学系统中，倾斜镜通常用来校正大气湍流引起的波前扰动中的倾斜部分；变形镜用来校正大气湍流引起的高阶波前扰动。对于系统中变形镜回路，其校正残差主要由三部分组成：①由于系统有限校正带宽引起的未完全补偿湍流校正误差；②由波前探测器引入的系统闭环噪声；③变形镜拟合误差。倾斜镜回路校正残差主要由两部分组成：一是由于系统有限校正带宽引起的未完全补偿湍流倾斜校正误差；二是由波前探测器引入的系统倾斜闭环噪声。

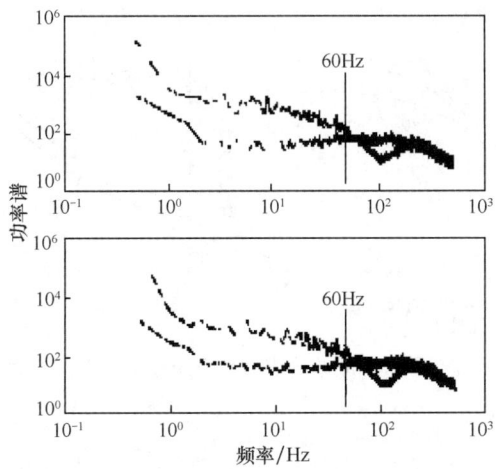

图 10.103 AO 系统 X 和 Y 方向开环和闭环的子孔径斜率平均功率谱

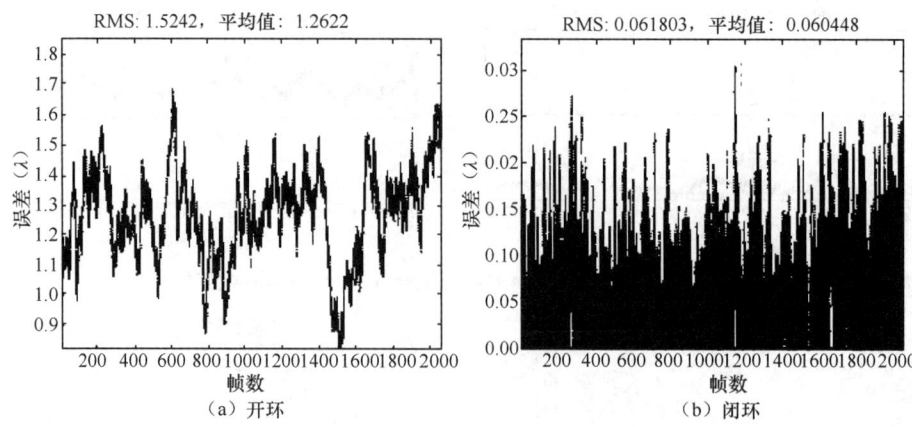

图 10.104 测得的 AO 系统开环和闭环的波前误差

自适应光学系统的成像性能取决于倾斜跟踪残余误差和系统波前校正残余误差系统短曝光（short exposure）和长曝光（long exposure），成像分辨力可分别表示为

$$\mathrm{RES_{SE}} = \left(1.22\frac{\lambda}{D}\right) \bigg/ \sqrt{\exp(\sigma_{\mathrm{fig}}^2) + \frac{1-\exp(\sigma_{\mathrm{fig}}^2)}{1+(D/r_o)^2}} \quad (10.101)$$

和

$$\mathrm{RES_{SE}} = \left(1.22\frac{\lambda}{D}\right) \bigg/ \sqrt{\frac{\exp(\sigma_{\mathrm{fig}}^2)}{1+5(D/\lambda)^2\,\sigma_{\mathrm{tilt}}^2} + \frac{1-\exp(\sigma_{\mathrm{fig}}^2)}{1+(D/r_o)^2}} \quad (10.102)$$

其中，r_o 为大气湍流相干长度，σ_{tilt} 和 σ_{fig} 分别表示倾斜残余误差和系统高阶校正残余误差。

图 10.105（a）给出大气湍流相干长度分别为 5 cm、10 cm 和 15 cm 时自适应光学系统短曝光像的分辨力与系统波前校正残余误差的关系曲线。图 10.105（b）给出大气湍流相干长度为 10 cm 时不同倾斜跟踪误差所对应的自适应光学系统长曝光像分辨力与系统波前校正残余误差的关系曲线。从图中可以看出：大气湍流相干长度越大、系统倾斜跟踪误差和波前校正残余误差越小，系统成像分辨力越高。

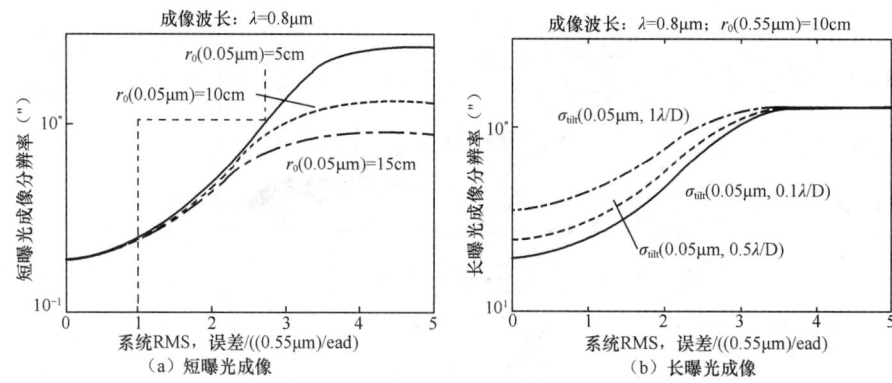

图 10.105 自适应光学系统成像分辨力与系统 rms，不同 r_0 和倾斜残余误差

3. 恒星观测实验结果

2004 年 5 月，对 61 单元自适应光学系统完成了更新改造的云南天文台 1.2 m 望远镜进行了恒星观察实验。图 10.106～图 10.107 给出了五组星等分别为 1.^{m}3、3.^{m}3、3.^{m}8、4.^{m}35 和 4.^{m}9 的

恒星自适应光学校正前后的图像。从图中可以看出，自适应光学系统对于大气湍流引起的波前扰动和望远镜的静态像差具有显著的补偿校正作用，自适应光学系统校正后的成像分辨力已经达到或接近系统的衍射极限分辨力。图10.107给出了一组角间距为0.3″的双星自适应光学校正前后的图像。自适应光学系统闭环校正后，可以将该双星清晰地分辨出来。实验结果表明，改造后的自适应光学系统能够显著改善1.2 m望远镜的成像分辨率达到或接近系统的衍射极限[136]。

此外，国内还研制了一个137单元分立执行器的连续镜面式变形镜，用于自适应光学相关技术的研究[137]，以及一个961单元的变形镜及其控制系统[137]。

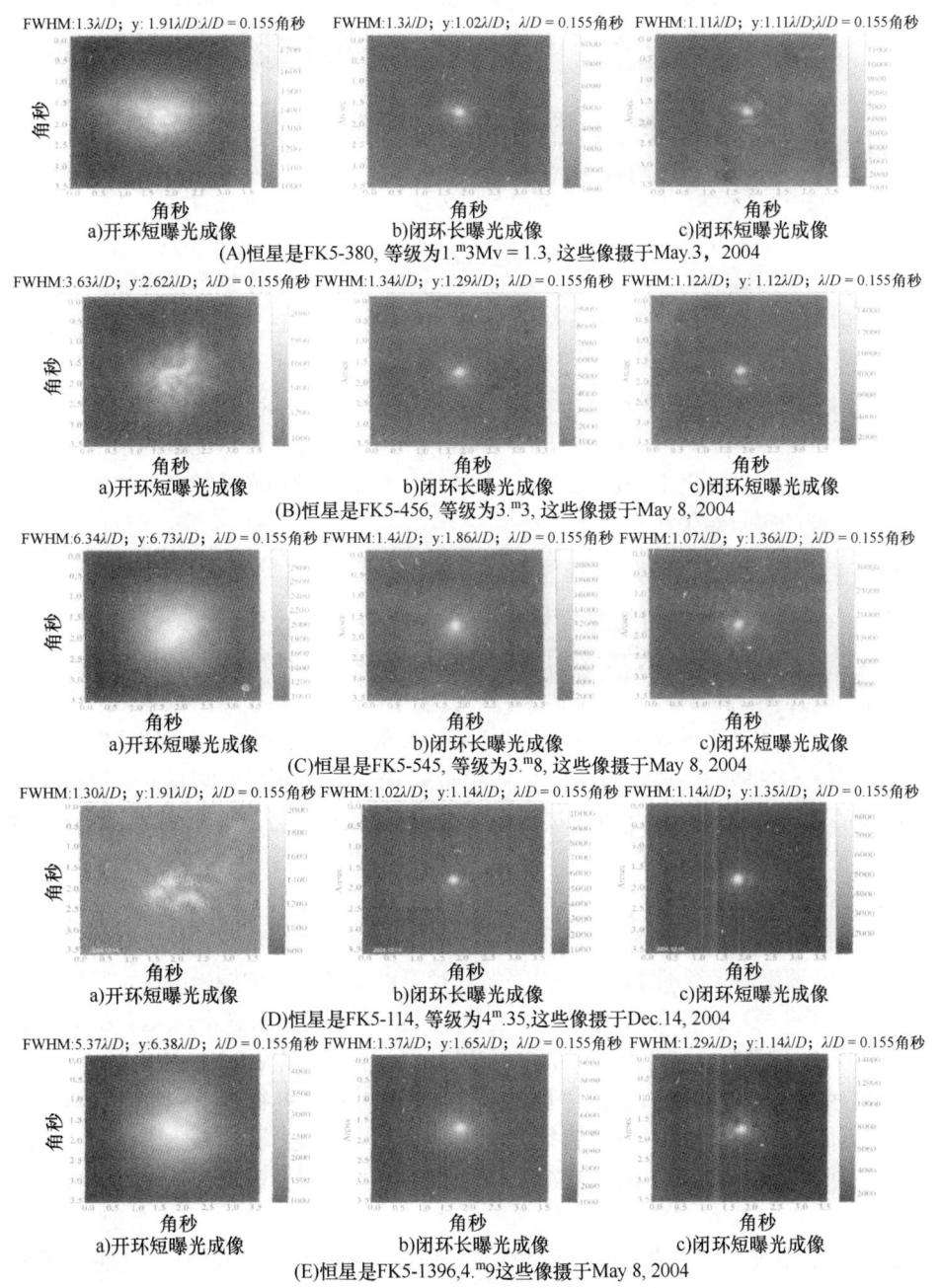

图10.106 恒星观察结果（恒星是FK5-114，等级为4.^{m}35，这些像摄于Dec.14，2004）

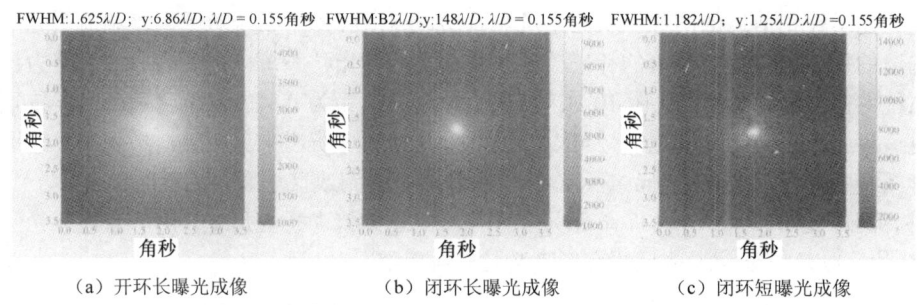

(a) 开环长曝光成像　　　(b) 闭环长曝光成像　　　(c) 闭环短曝光成像

图 10.107　双星 HE142 观察结果（摄于 May 8，2004，等级分别为 $2.^m41$ 和 $3.^m76$，分离角为 $0.3''$）

10.5　锁相光纤准直器的自适应阵列实验系统

10.5.1　概述

本节将叙述密集封装的光纤准直器组成的相干光纤阵列系统，在每个光纤准直器内置自适应波前相位平移和两个方向的倾斜（piston and tilt）[138]，分别为 Zernike 像差展开式中的前三项控制功能。在该系统中，多路集成光纤相移器（phase shifter）用于七个光纤准直器锁相，对实验产生的湍流引起的相位畸变进行了预补偿。可控光纤准直器阵列中的光纤前端 x 和 y 位移提供倾斜像差成分的附加自适应补偿。一个额外的控制系统用于均衡各光纤准直光束的强度。所有这三个控制系统是基于随机并行梯度下降优化技术的，给出了自适应锁相光纤准直器阵列系统的自适应动态相位畸变补偿的实验结果[139]。

1. 光纤准直器的自适应阵列系统原理

近年来，各种大气光学应用的激光发射器系统，也称为激光束赋形望远镜（beam forming telescopes）或导向器，可用于主动成像、远程光谱，对远程目标的光束投射、自由空间激光通信、激光目标跟踪和辨别等。目前，激光发射器系统在大气中的传播距离可从数米达数百公里，相应地需要不同孔径尺寸的光束赋形望远镜，有用于短距离的几厘米口径，到大空间内使用的大口径望远镜。中等和大口径望远镜通常装备有复杂的伺服系统用于出射激光束导向。根据应用要求提高光束导向器的孔径直径 D 尺寸接近于按指数增加。在用模块化方法开发激光发射器系统中[140]，传统用的单片光学元件的光束赋形望远镜，通常包括图 10.108（a）中的初级和次级反射镜，可能替换为图 10.108（b）中的小尺寸光纤准直器阵列。

为了牢固性，用六边形阵列光束导向器，是基于直径为 d 的圆形子孔径以及相邻的子孔径中心之间的距离为 l 透镜型光纤准直器。整个系统孔径可以由直径 D 的圆来限定，其包含该纤维阵列的所有 N_{sub} 个子孔径，如图 10.108（b）中左图所示。光纤阵列的总孔径尺寸 D 的增加不会改变系统轴向长度 h，其取决于光纤准直器的准直透镜的焦距 f，近似为 $h \approx f$。假设 $f \approx 6d$，以及 $d \ll D$（纤维阵列的子孔径为一个大数值 N_{sub}），系统长度 h 可以小于总孔径直径：$h \approx 6d \ll D$。鉴于此，光纤准直器阵列系统也称为共形光束赋形系统或短共形孔径系统。为了减少出射光束发散，对光纤准直器发射的光束（子束）必须锁定位相，须配置锁相光纤准直器阵列系统，也被称为相控光纤阵列[141]。

共形光束赋形系统与传统的单片反射镜光束导向器相比具有的主要优点：①便于组装任意孔径尺寸的共形激光发射器，不同孔径尺寸的共形激光发射器可以使用相同的组合进行组装光纤准直器。②用相对较小尺寸的光纤准直器构成大口径共形光束导向器系统可以比基于单片光学元件的常规激光发射器显著轻便。故光纤准直器阵列系统可以集成在更轻便、更精确的万向节上用于光束指向和目标跟踪。③在传统的波束赋形望远镜中,出射光束聚焦(投射)是使用光学元件(通常望远镜次镜)沿着光轴进行机械位移。这将导致发射机系统重新聚焦相对较慢(从数百毫秒到数秒,取决于望远镜的尺度)。在光纤阵列系统中,出射光束再聚焦可以通过倾斜光纤准直仪系统光瞳的出射子束波前相位,如图10.108(c)所示。在每个光纤准直器子孔径处有一位相倾斜控制,如图10.108(c)所示,通过移动一个纤维尖端,约在一个毫秒时间内实现。④相控阵的光纤准直器的光束导向器体系结构的元件不易发生故障,在危险环境中系统的操作尤为重要。⑤在光纤阵列激光发射器系统中,大气湍流引起的相位畸变可以用自适应光学(AO)元件(具有传感和控制系统的波前校正器)直接集成到光纤准直器上进行预补偿。在这种AO系统体系结构中,波前相位控制功能是分布在子孔径上[142],故被称为分布式AO(DAO)。在DAO系统中,集成光纤的移相器不仅用于子束之间的相位锁定,也为湍流引起的平移(子孔径平均值)相位像差作补偿。由于这些移相器可以快速操作,平移式相位畸变可以使用超过100 kHz的闭环带宽AO控制系统来补偿。

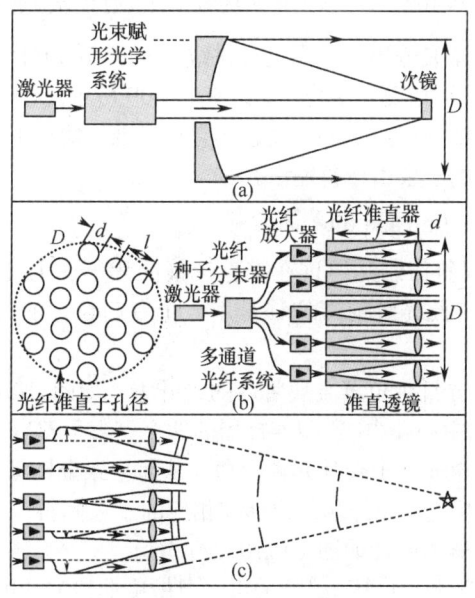

(a)在常规望远镜系统和(b)一个阵列光纤放大器和锁相光纤准直器与一定焦距 f,直径为 d,以及中心到中心的距离为 l 的阵列的激光发射器的系统配置;(c)为原理图示出由纤维尖端以适当的离轴位置的位移的光纤阵列实现光束聚焦

图10.108 激光传输系统结构

2. 光纤准直器阵列结构

1)多通道光纤系统

图10.109描述了以光纤阵列为基础的激光束发射系统原理图。光纤阵列包括七个光纤准直器和基于偏振保持(PM)的单模光纤元件的多通道光纤系统。用 $\lambda=1.06\ \mu m$ 波长的种子激光器产生输入相干光束,输出功率可达 $P_0=150\ mW$,谱线宽度 $\Delta f=30\ MHz$。激光束被耦合到模场直径为 $d_{MFD}=6.6\ \mu m$ 的单模PM光纤,发送到一个8通道的集成固态相位和强度调制器[143]。输入光束被分成功率相等的8束,其中每个光束通过一个铌酸锂(LiNbO₃)移相器和强度(功率)调制器顺序传播。由集成光纤马赫—曾德尔(Mach-Zehnder)干涉仪实现强度调制器。每个通道中改变相

移和强度衰减系数是通过在移相器和强度调制器的电极（$j=1,\cdots,7$）上施加控制电压$\{v_j(t)\}$和$\{p_j(t)\}$来实现的。在该光纤系统中移相器用于输出子束的相位锁定和平移相位畸变的补偿，强度调制器的控制用于均恒光纤准直器子孔径的子束功率。

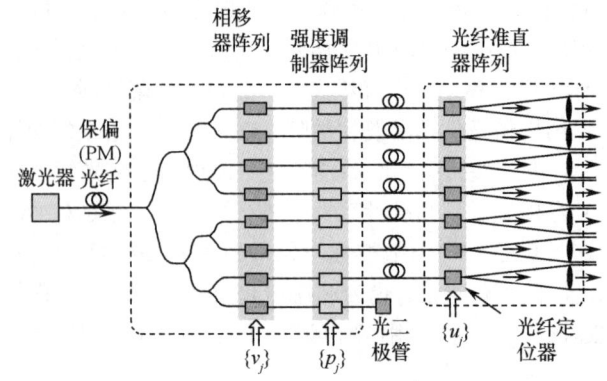

图 10.109　基于光纤阵列的激光束发射系统原理图

相位和强度调制器的 7 个光输出端口用光纤跳线（patchcord）相连到光纤准直器。第 8 个输出端口用光纤耦合到光探测器，监测功率电平，如图 10.109 所示。光纤准直器的每个光纤端部（光纤头）精确地定位在准直透镜的焦点附近。理想（完全对准）情况下，纤维端部的位置与准直透镜焦点重合，将有一个准直的子束由透镜输出。

2）在光纤准直器中倾斜（tip and tilt）的控制

输出子束的波前相位倾斜控制是通过在准直透镜的焦平面上光纤前端的 x 和 y 方向的位移，如图 10.110（a）所示。此光纤前端位移是用一个专门设计的光纤定位器光学机械装置实现的[144]。

激光束被输送到固定在光纤定位器金属管内的光纤中，如图 10.110（b）所示。金属管与光纤端部固定在 X 型连接器的中心孔内。X 型连接器的四个支架与双压电晶片元件（双晶片执行器）连接。把电压平行地加到压电元件上会使元件弯曲，从而导致金属管移动，使光纤端部在两个正交方向发生位移 Δx 和 Δy。反之，光纤端部位移使相应的子束倾斜，如图 10.110（a）所示。光纤阵列系统中使用的光纤定位器的照片如图 10.110（c）所示。

光纤端部位移量 Δx 与所施加电压 u_x^0 的关系（灵敏度曲线）如图 10.110（d）所示。控制电压范围为±50V，光纤端部位移量 $\Delta x=(\Delta x^2+\Delta y^2)^{1/2}$ 约±30 μm。注意，灵敏度曲线呈现滞后。该位移量 Δx 不仅取决于所施加的电压值 u_x^0，而且取决其频率 v。光纤端部位移 Δx 对正弦电压 $u_x(t)=u_x^0\sin(vt)$ 的频率 v 的关系——光纤定位器的传递函数，以对数标度示于图 10.110（e）。传递函数 $0\leqslant v\leqslant v_{BW}$ 显示了幅值 Δ 小于 3 dB 变化的相对平坦部分，定义了光纤定位器的工作带宽。用特殊被动抑制（阻尼）机械共振的方法来实现图 10.110（c）中的光纤定位器带宽频率 $v_{BW}\approx 4.0$ kHz。注意，不存在阻尼时，带宽频率 v_{BW} 在 500～800 Hz 范围内（在图 10.110（e）给出该光纤定位器使用和不使用阻尼时，传递函数比较）。

从光纤端部位移得到的子束传播方向的偏角 α（波前倾斜角）可由式 $\alpha=\Delta/f$ 给出。设 $f/d=6$，可得到偏角 $\alpha=\Delta/(6d)$。因此，对于光纤定位器的固定位移值 Δ，相位倾斜控制的动态范围与子孔径直径 d 成反比。因此，光纤准直器的 N_{sub}（子孔径）数值增加，则相应 d 要减小（设共形孔径 D 是固定的），因为它导致相位倾动控制有较大动态范围，用于抖动和湍流引起的相位倾斜像差的补偿，具有明显的优势。

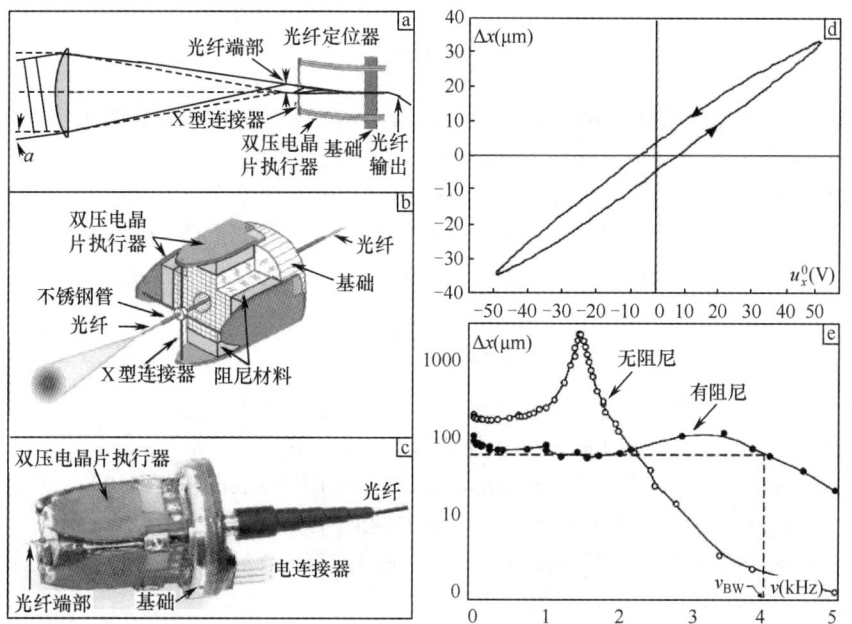

(a) 用光纤定位使光纤前端位移实现波前相位倾动控制。(b) 光纤定位器工作原理示意图。(c) 光纤定位器装置。(d) 由所施加固定频率 $v=0.2$ Hz 的谐波信号引起的光纤维前端部位移幅值 Δx (e) 带阻尼和不带阻尼是所得固定振幅值 $u_x^0=70\mathrm{V}$

图 10.110　用基于双压电晶片执行器（piezoelectric bimorph actuators）光纤定位器装置的光纤准直器中波前相位倾动控制

实际上，光纤准直器孔径减少有局限性，光纤定位器的直径不能任意减小，否则，其特性（光纤端部位移范围和工作频率带宽）将会劣化。此外，光纤定位器本身的精确对准，光纤定位器的加持器之间需要一定的空隙，相邻元件的中心间距 l 不能任意地减少。七个光纤定位元件（光纤定位器阵列）设计组装如图 10.111（a）所示，距离 l 可减小到 $l=37$ mm。

3）光纤准直器孔径对大气湍流的影响

众所周知，大气湍流使焦斑质心的随机位移（焦斑漂移）与该光波进入镜头孔径的随机波前倾斜相关联，为了完整地预补偿湍流引起的波前相位倾斜型畸变（相位倾斜），光纤端部位移值 Δ 应该超过焦斑漂移的范围。设该焦斑位移仅由光纤准直器子孔径波前的角度波动引起，在弱波动状态中焦斑位移波动的标准偏差 σ_F 可表示为[145]

$$\sigma_F = 0.42 f \left(\frac{5}{r_0}\right)^{5/6} \left(\frac{\lambda}{d}\right) \tag{10.103}$$

其中，$r_0=1.68(C_n^2 k^2 L)^{-3/5}$ 是平面波在统计学上均匀传播的特性——Fried 参数，L 为各向同性湍流通过的距离。此处，C_n^2 是折射率结构参数，$k=2\pi/\lambda$。

光纤尖端位移 Δ 的动态范围应足够大，以提供完整的预补偿波前倾斜和波束指向一个远处的目标（共形光束聚焦）。为了补偿湍流引起的标准偏差为 σ_F 的相位倾斜，光纤尖端位移 Δ 应超过 σ_F（至少两倍）。设光纤端部位移范围的相等分量是由共形束聚焦所选定的，相应得到 $\Delta=4\sigma_F$。把 $f=6d$ 和 $\sigma_F=0.25\Delta$ 代入式（10.103），可得

$$\Delta = 10.08 \left(\frac{d}{r_0}\right)^{5/6} \lambda \tag{10.104}$$

光纤定位器设计中定义 Δ 为固定值，由式（10.104）可以得到下面准直透镜的直径值

$$d \leqslant d_{\max} = 0.06\left(\frac{\Delta}{\lambda}\right)^{6/5} r_0 \qquad (10.105)$$

对于上述的光纤定位器，从式（10.105）可得 $d \leqslant d_{\max} = 3.55 r_0$。在剧烈湍流的条件下，Fried 参数 r_0 可小于 1.0 cm[146]。假设 $r_0 = 1.0$ cm，可得准直透镜直径：$d \leqslant d_{\max} \approx 36$ mm。

现在来估计残留相位误差，设湍流引起的平移和倾斜像差分量均用集成光纤移相器和光纤端部定位器阵列进行完全补偿。对于 Kolmogorov 湍流模型[147]，共形孔径的相位平移和倾斜像差的均方残留相位误差 $\langle \varepsilon_C^2 \rangle$ 的补偿只依赖于每个子孔径的相位误差，并且由下式给出：

$$\langle \varepsilon_C^2 \rangle = 0.134 \left(\frac{d}{r_0}\right)^{5/3} \qquad (10.106)$$

其中，符号 $\langle \rangle$ 定义为对湍流引起的折射率波动的总效果进行统计平均。

残余相位误差通常可以使用 Maréchal 判据的下列不等式评估：$\varepsilon_C = \langle \varepsilon_C^2 \rangle^{1/2} \leqslant \varepsilon_{th}$，其中所述相位误差阈值 $\varepsilon_{th} \approx \pi/7$（即，约等于 $\lambda/14$）。Maréchal 判据对应于 Strehl 比 $St > 0.8$，其在这里被定义为实现相位像差预补偿的远程目标与对应的衍射限制值的最大强度之比。

使用 Maréchal 判据估算子孔径直径为 $d = d_{\max}$ 的光纤准直器阵列的残留相位误差。在式（10.105）中以 $d = d_{\max}$ 代入式（10.106）得到下面的计算结果：

$$\langle \varepsilon_C^2 \rangle_{\max} \approx 1.2 \times 10^{-3} \left(\frac{\Delta}{\lambda}\right)^2 \qquad (10.107)$$

对于上述光纤定位器装置，基于此式计算所得残余误差：$\varepsilon_C \approx 1.0$ rad，其值过大而不能接受。可以通过使用 $d < d_{\max}$ 的较小的准直透镜直径减小残留相位误差，或者通过在每个光纤阵列的子孔径处附加的 AO（adaptive optical）元件。

要计算减小残留相位误差的光纤准直器孔径直径 $d = d_{pt}$，使该直径用纯相位平移和倾斜畸变分量的补偿到满足 Maréchal 判据。对式（10.106）用 $\langle \varepsilon_C^2 \rangle = \varepsilon_{th}^2$，有

$$d = d_{pt} \approx 1.28 r_0 \qquad (10.108)$$

所得到的子孔径直径 d_{pt} 比在光纤尖端位移实际范围计算的准直透镜最大直径约缩小 2.8 倍。为了进行比较，注意到纯平移像差补偿的光纤阵列系统中，相应的光纤准直器孔径直径为 $d = d_p \approx 0.38 r_0$，即约缩小 3.35 倍。

现在考虑一个预补偿前 10 个 Zernike 像差（包括球差）的光纤阵列系统。在这种情况下，残存误差是由 $\langle \varepsilon_C^2 \rangle_{sp} = 0.0377 (d/r_0)^{5/3}$ 给出[147,148]，并且光纤准直孔径直径为 $d = d_{sp} \approx 2.7 r_0$ 能满足 Maréchal 判据。类似计算表明，补偿前 20 项 Zernike 像差（包括五叶草，Pentafoils）可使子孔径直径进一步增加，使 $d = d_{pent} \approx 3.9 r_0$。注意所得到的 d_{pent} 值略超过基于光纤端部偏转范围 Δ 估算的最大子孔径直径 $d_{\max}$。

在图 10.111 的光纤阵列的系统中，准直透镜的通光孔径为 $d = 26$ mm。即在这种光纤阵列系统中，纯平移和倾斜像差的预补偿可用于 Fried 参数 $r_0 \geqslant 2$ cm 的大气湍流条件下是足够的（按照与 Maréchall 判据）。更严重的湍流条件则要求附加的低阶像差相位补偿。例如，在前 10 项低阶 Zernike 像差包括球面像差的预补偿，用 Fried 参数 $r_0 \geqslant 1$ cm 来满足 Maréchall 判据。

4）光纤准直器透镜的焦距和子孔径填充因子

考虑的另一个重要参数是准直透镜的焦距 f，用光纤的固定模场直径 d_{MFD} 和子孔径直径 d，焦距 f 唯一地定义出准直高斯光束（子束）的半径 a_0，并因此也定义了子束发散和由透镜孔径被拦截所导致的能量损失。注意，这两个因子影响了强度分布和共形光束聚焦到靶上的功率。在所描述的系统中，焦距 f 是通过计算输出子束半径 a_0 选择的，最大限度地提高了共形光束聚焦到真空中靶面上的轴上光强度 I_T。

对于 $N_{sub} \geq 7$ 和聚焦距离 $L \geq 0.01kD^2$ 的光纤阵列系统，最优（子孔径填充因子）比率 $f_{sub}=2a_0/d$ 与子孔径的数量 N_{sub} 和聚焦距离 L 无关，近似得到 $f_{sub}=0.89$，故出射的准直高斯子束的最佳直径为 $2a_0=0.89d\approx23$ mm。对于从光纤端部测得的光束发散角为 78.3 mrad（半锥角），这个子束直径对应于焦距 $f=147.9$ mm。在所描述的光纤阵列系统中使用的镜头焦距为 $f=149$ mm，这些镜头子孔径接近最佳值的填充因子为 $f_{sub}=0.9$。

5）光纤阵列孔径

在光纤准直器阵列系统中，准直透镜被装在有通孔的铝盘上的透镜导管内，如图 10.111（a）和（b）所示。将镜片（用干涉仪）仔细对准，使透镜光轴角偏差最小化。使用六个不锈钢辊棒使镜头导管连接在有通孔的基板上。光纤定位器安装在基板背面的加持器中，如图 10.111（a）和（c）所示。光纤定位器加持器设计有 6 个自由度，使用一组校准螺钉使光纤端部对准，见图 10.111（c）。

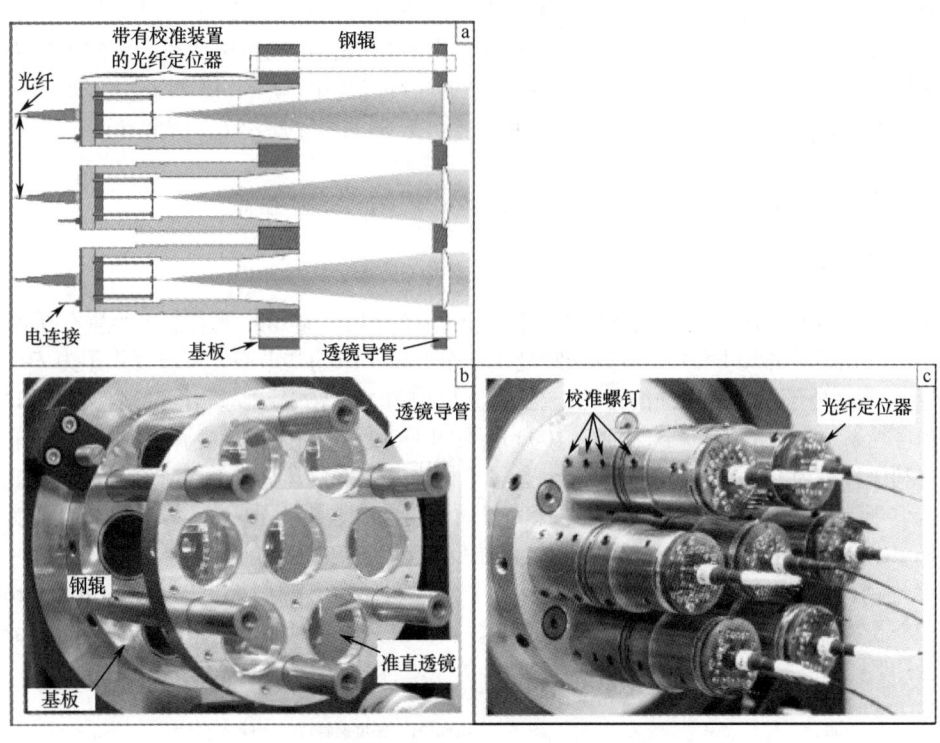

(a) 横截面示意图 (b) 前面 (c) 背面照片

图 10.111　光纤准直器阵列组件

对于未校准的光纤阵列，光纤端部将对准直透镜焦点产生移位。光纤端部的沿光轴（z 方向）位移导致产生发散子束，而光纤端部在正交平面（xy）内的位移导致子束传播角偏差。除了 x-y-z 位移，光纤端部表面切割相对于光轴正交平面倾斜，导致准直透镜和子束中心之间在透镜光瞳面内的偏移。调整光纤端部角度加持器实现非正交光纤端部切割角度的补偿。因此，该光纤阵列孔径需要仔细对准光纤定位加持器内所有 7 个纤维端部，以及子束的偏振态的取向（旋转光纤定位加持器底板）。

光纤阵列孔径发射的强度模式的例子示于图 10.112（a）。虽然子束被准确地对准，从不同孔径传出子束功率不同，可能因在光纤通道中功率损耗不相等所致。各子孔径输出功率的变化具有稳定状态和相对缓慢变化状态。用多通道光纤系统的强度调制器阵列反馈控制来实现系统子孔径的光功率均衡。功率均衡的结果示于图 10.112（b）和（c）。

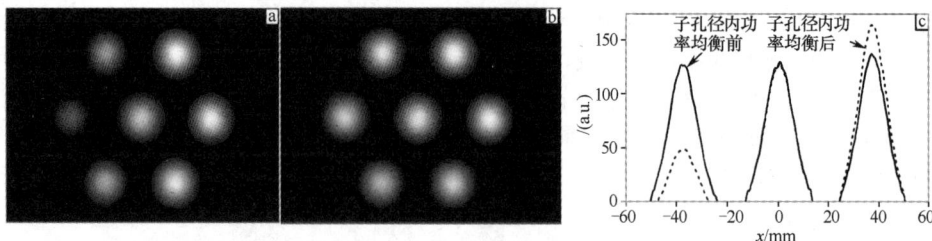

图 10.112 （a）和（b）为光纤阵列孔径发射强度分布模式，并且通过基于强度调制器的控制，在光纤准直器阵列的光瞳平面的前（a）和后（b）子孔径内功率均衡对应的横截面强度分布轮廓为（c）

在光纤阵列的设计中，特别重视通过降低相邻子孔径中心之间的距离 l 来优化共形孔的填充因子 $f_C=l/d$，因为其能使共形光束聚焦旁瓣上显著降低能量集中度[7]。减少共形孔的填充因子 f_C，就可以减少相邻的子孔径之间的距离 l，允许更宽范围的共形光束的聚焦。事实上，容易证明，最小聚焦距离 L_{min} 是由条件 $L_{min}=l\ (f/\Delta)$ 所定义，即距离 L_{min} 正比于子孔径之间的距离 l 和准直透镜的焦距 f，反比于光纤端部位移值 Δ。在上述的光纤阵列中，$f_C=1.42$ 和 $L_{min}=184$ m。考虑取光纤端部位移范围 Δ 的一半被分配给该共形束聚焦，预期的最小距离 $L_{min}=368$ m。

10.5.2 光纤准直器的自适应阵列中的反馈控制

1. 实验系统

自适应光纤准直器阵列的相位平移和倾斜（piston and tip and tilt）反馈控制性能分析的实验装置如图 10.113 所示。在光纤准直器阵列光瞳处由七个准直子束的共形激光束通过焦距为 $F=1.9$ m 的聚焦透镜 L_1 到达位于透镜焦平面的针孔。在图 10.113 中的折叠式反射镜 M_1 和 M_2 被用于对准的目的。针孔直径 b_{ph} 为 20 μm，小于直径 $D=100$ mm 的共形束孔艾利斑直径为 $b^D_{Airy}=49$ μm。单个子束相应的艾利斑直径为 $b^d_{Airy}=190$ μm。0.5 mm 直径单像素光电探测器用于测量通过针孔的光功率。光电检测器位于针孔后面大约 2 mm。光电探测器的输出信号（电压）J_{PIB}，称之为桶内式功率量度（power-in-the-bucket metric），被送到 3 个不同的控制器驱动 7 个移相器和多通道光纤系统（相位锁定和功率均衡控制器）的强度调制器，以及 7 个光纤定位器（倾斜控制器，tip-tilt controller）。总数为 28 个控制通道的三个反馈控制系统是基于随机并行梯度下降（SPGD）J_{PIB} 量度最大化优化算法[31,88]。

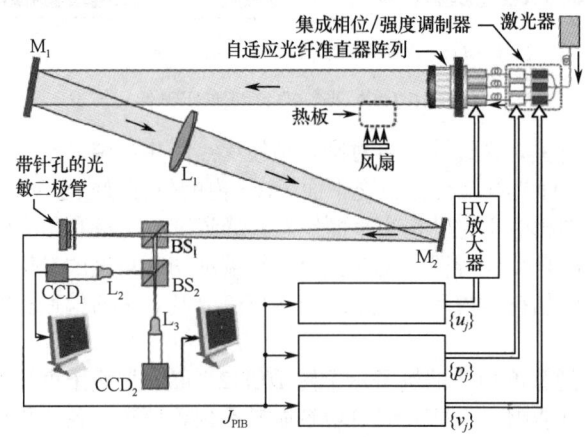

图 10.113　自适应光纤准直器阵列性能评价实验系统原理图

使用两个分束器（BS_1 和 BS_2）和显微镜物镜（L_2 和 L_3），如图 10.113 所示，共形光束的焦点被重新成像到电荷耦合器件摄像机 CCD_1 和 CCD_2 上。用不同的焦斑倍率对透镜 L_1 焦平面（视场）重新成像，可以提供宽的和窄的成像视场。

宽视场成像系统的目的是使用定位螺钉对子束快速对准，如图 10.111（c）所示。共形光束焦平面强度分布的窄视场成像使用高分辨率 1024×1024 像素和 12 位灰度阶分辨率的 CCD，并且得到 100% 的填充系数。用该相机获得的图像数据作为自适应系统性能评价的一个独立的信息源。

2. 控制系统体系结构

光纤准直仪阵列的控制系统由以下三个控制器组成：

（1）锁相控制器——专门的快速 SPGD（随机平行梯度下降法，stochastic parallel gradient descent）相位锁定控制器用于驱动 7 个基于铌酸锂（$LiNbO_3$）相移控制器阵列。

（2）强度调制器——基于 PC 的 SPGD 控制器驱动 7 个强度调制器（波导集成 Mach-Zehnder 干涉仪）阵列，用于均衡化子束的功率。

（3）倾斜控制器——基于 PC 的 SPGD 控制器驱动 7 个光纤定位器对每个子孔径波前相位倾斜（tip and tilt）像差的预补偿（SPGD 倾斜控制器）。

对所有三个控制器使用以下 SPGD 迭代算法实现电压修正的控制[149]。

$$a_j^{(n+1)} = a_j^{(n)} + \gamma^{(n)} \delta a_j^{(n)} \delta J_{PIB}^{(n)}, \quad j=1,\cdots,N, \quad n=1 \tag{10.109}$$

其中，$a_j^{(n)}$ 是在第 n 次迭代的控制电压（控制），或用于移相器阵列（在此情况下 $a_j^{(n)} \equiv v_j^{(n)}, j=1,\cdots,7$），以及强度调制器阵列（在此情况下 $a_j^{(n)} \equiv p_j^{(n)}, j=1,\cdots,7$），或用于光纤尖端定位器（在这种情况 $a_j^{(n)} \equiv u_j^{(n)}, j=1,\cdots,14$）的第 j 个电极。注意，一个光纤定位器需要两个控制通道，以提供光纤端部在 x 和 y 方向上的位移。

在式（10.109）中，$\delta a_j^{(n)} = \kappa^{(n)} \delta p_j^{(n)}$ 是一个小幅度的电压扰动（通常为控制信号全动态范围的 3%~5%）在第 n 次迭代中施加到第 j 个电极，$\kappa^{(n)}$ 是扰动幅度，$\gamma^{(n)}$ 为增益系数，以及 $\delta J_{PIB}^{(n)}$ 是量度扰动。在扰动的表示式中，$\{\delta p_j^{(n)}\}$ 是一个预先计算的随机数集合，具有零平均值（zero mean）的预定义概率分布。对于每个 SPGD 控制系统中，扰动被同时施加到控制系统的所有电极，用于计算相应的量度扰动 $\delta J_{PIB}^{(n)}$。式（10.109）中增益系数 $\gamma^{(n)}$ 和扰动幅值 $\kappa^{(n)}$ 是当前量度值函数[149-151]

$$\gamma^{(n)} = \gamma_0 \left(\frac{J_{opt}}{J_{opt}+J^{(n)}} \right)^p, \quad k^{(n)} = k_0 \left(\frac{J_{opt}}{J_{opt}+J^{(n)}} \right)^q \tag{10.110}$$

其中，J_{opt} 是一个预期最大度量值；γ_0 和 k_0 是增益和扰动振幅系数；p 和 q 为控制功能变化率。式（10.110）中参数 p、q、γ_0 和 k_0 分别为每个控制系统所选用。

所有这三个 SPGD 控制系统使用相同的量度信号进行异步操作（异步 SPGD 控制[152]），但是有显著不同的迭代速率。锁相 SPGD 控制器的最大迭代速率是近似于每秒 18 万次。倾斜 SPGD 控制系统的迭代速率每秒约 3 000 次。第三个 SPGD 反馈控制系统工作在每秒约 50 次。这个系统用于均衡光纤准直子束的相对缓慢变化的功率电平。

3. 位相锁模 SPGD 控制器

锁相控制系统基于微处理器可在实验中以每秒 180 000 次 SPGD 迭代，实际使用每秒 100 000 次的迭代速率，这在量度测量中提供较高的信噪比和更稳定的自适应过程的收敛。为估算相位锁定控制器的闭环带宽，多通道光纤系统已被修改为包括 7 个移相器的额外阵列。这些移相器（与相位锁定系统的移相器相同）被用来注入正弦信号 $\{a_{noise} \sin(2\pi f_i)\}$ 形式的平移型相位畸变（相位噪声），其中 a_{noise} 是相位噪声幅值，以及 $\{f_j\}$ 是一组不同的频率。相位锁定系统性能评估利用桶中功率量度（power-in-the-bucket metric）的测量比 $\eta_{PL}=<J_{PIB}>/<J^0_{PIB}>$，其中，存在相位噪声的相位锁定系统估算的时间平均值 $<J_{PIB}>$，有相位噪声幅值组平均为零的量度值 $<J^0_{PIB}>$。比值 η_{PL} 是噪声幅值 a_{noise} 和频率 $\{f_j\}$ 的两者的函数。为减少参数的数量，频率 $\{f_j\}$ 选择的形式为 $f_j=f_{max}(1-0.1j)$，其中 $j=1,\cdots,7$。这种情况下，性能量度 η_{PL} 是两个参数的函数：$\eta_{PL}=\eta_{PL}(a_{noise},f_{max})$。

相位锁定控制系统的闭环带宽频率是 f_{BW} 从条件 $\eta_{PL}(a_{noise},f_{BW})=0.5$ 定义的，这相当于根据 3 dB 补偿效率下降所定义的。测得的闭环带宽的频率 f_{BW} 对相位噪声幅值 a_{noise} 的关系示于图 10.114。从这种关系可以看出，闭环带宽频率随相位噪声振幅值的增加而减小。结果表明，对于具有每秒 100 000 迭代运算速度的相位锁定控制器，与 1.5π rad 的振幅值不相关平移相位畸变可以用一个超过 1.0 kHz 闭环带宽频率补偿。当前的电子系统可以进一步提高到近两倍运行速度和达到大于 1.0 kHz 的闭环带宽，在 2π rad 的幅值范围内补偿平移像差。在图 10.114 中的照片示出相位锁定控制系统可以工作在有相位噪声的情况下。图 10.114（a）显示没有相位锁定反馈控制的焦面光强分布模式（共形束焦斑），而图 10.114（b）中则有。

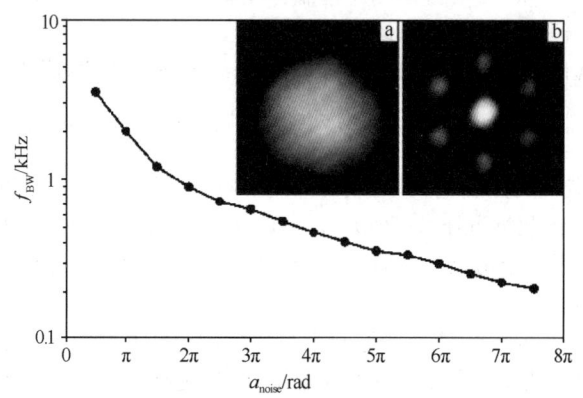

（a）为关闭（b）为开启相位锁定控制器的共形光束的长曝光焦平面成像

图 10.114 相位锁定控制器的闭环带宽频率 f_{BW} 为相位噪声振幅 a_{noise} 的函数

4. 倾斜控制系统

该 SPGD 倾斜（tip-tilt）控制系统，采用了 3.2 GHz PC 配备了模拟输入和输出卡来实现。一组 14 个高电压放大器是用于放大控制信号 $\{u_j(t)\}$，$(j=1,\cdots,14)$ 的范围 $[-70\text{ V}, 70\text{ V}]$。被放大的控制电压加到光纤定位器的电极，导致光纤准直器的光纤端部的 x 和 y 位移。虽然用 PC 控制器所能达到的最大运行速度约为每秒 10 000 次 SPGD 迭代，迭代速率降低到每秒 5 000 次以保持反馈控制回路在宽范围稳定运行式（10.110）中的参数 p、q、γ_0 和 κ_0。由于迭代速率的增加，该纤维定位器的高阶机械谐振存在，对应于稳定系统操作的 SPGD 控制参数的范围将变小。

5. 功率均衡控制系统

在实验的过程中使用了自适应光纤准直器阵列，观察到有光纤准直器阵列发射的总功率，以及在每个光纤准直器的输出端相对功率的缓慢变化。这些变化通常是 10%~15% 的数量级，发生在 0.5～10 秒的时间内。似乎引起这些变化的主要因素与集成的强度控制器阵列（Mach–Zehnder interferometers）中的相位差的趋向有关。

对于均衡的子束的功率电平，使用具有类似于倾斜控制器基于 PC 的 SPGD 控制器的体系结构以较慢的速度操作。利用相同的桶内功率（power-in- the-bucket，PIB）量度优化，功率均衡控制器对集成光纤的强度调制器的 7 个电极提供电压。实验结果表明，主动功率稳定（active power stabilization）能使输出子束的功率波动减少到 1.5% 以下。*

1) 实验中的动态相位像差

在锁相和倾斜 SPGD 控制系统达到了高的自适应率，从电加热器和风扇引起的湍流能够对动态相位像差进行补偿实验。这些实验的目的是分析光纤准直器阵列系统中波前相位平移和倾斜型相位畸变的自适应预补偿的效率。

实验装置如图 10.113 所示，电加热器（加热板）位于共形束下面约 20 厘米，以及 10 厘米的光轴偏移。气流是由位于加热板后面一个小风扇产生。垂直于光束传播方向将空气流引向光纤准直器阵列。共形激光束，加热器和风扇的相互位置示于图 10.113。

湍流强度的控制是通过旋钮改变加热板表面温度控制，依次切换在位置为 0（关闭电源）和对应于的加热板表面约 180℃ 的位置为 6。这样，在加热板上按钮的位置可以与湍流强度相关联，相应于湍流 1（第 1 位置的按钮），相应于湍流 6（第 6 位置的按钮）。

2) 自适应校核

动态相位畸变补偿性能用下列称为自适应校核（adaptation trial）的程序估算。每次自适应校核大约持续 7 秒时间，并包括以下四个相序阶段：

（1）关态（OFF）。在此阶段，相位锁定和倾斜 SPGD 控制器均为关态，并使移相器和光纤定位器的电压为固定值。这些控制电压被称为初始条件。

（2）仅相位锁定（PL-ONLY）。在此阶段中，只有相位锁定控制回路被关闭，同时光纤定位器的控制电压是固定值。

（3）相位锁定和倾斜（PL&TT）。在此阶段，相位锁定和倾斜 SPGD 控制器均为开启。

（4）仅倾斜（TT-ONLY）。在此阶段中，只有前端倾斜 SPGD 控制器工作，且移相器的电压是固定值。

在自适应校核中，量度值 $J_{PIB}(m)$（$m=1,\cdots,M$）在约为 5kHz 速率下记录的，能够获得优化度量 $J_{PIB}(t)$ 的时间行为。在自适应校核中的变化导致湍流连续变化。为了减小补偿性能上对随机变化条件的依赖性，顺序记录大量（通常为 100）自适应校核并进行平均。

3) 自适应（AO）补偿结果

一个平均时间演变关系 $<J_{PIB}(t)>$ 的例子示于图 10.116 中湍流 4。用 SPGD 锁相控制系统（参见在关态（OFF）和 PL-ONLY 之间的过渡）补偿平移像差使平均量度曲线取得显著改善。还要注意相位锁定系统开启后自适应过程的快速收敛。波前倾斜像差用倾斜控制系统的额外预补偿和导致优化的量度的进一步增加（参见 PL-ONLY 和 PL&TT 相之间的过渡），虽然性能改善稍差，且与锁相控制相比有较长的收敛时间。注意，在每个自适应阶段的开始，使用在前述自适应校核 PL&TT 阶段中每个通道得到的一组控制电压，由控制电压平均值作为初始条件。

从图 10.115 中的平均自适应曲线看出，只有当相位锁定系统是闭态（参见阶段 TT-ONLY 和 OFF 之间过渡）时，在每个子孔径预补偿倾斜像差导致相对较小的量度改进。

在自适应试验中，对应于每四个操作阶段计算量度直方图。对大量自适应校核取平均值并归一化，这些直方图表示量度值的概率分布 $p(J_{PIB})$。通过不同湍流条件下得到的一套 100 次自适应校核量度平均值的直方图，如图 10.116 所示。图中的每一个分图表示对应于前面描述的 4 个自适应阶段的直方图，其中图（a）中灰阶图像对应于焦平面光强分布 A 为无锁相控制，B 锁相控制为开态（ON）。直方图宽度表征量度波动水平，而质量的直方图曲线中心（第一时刻，first moment）的位置对应于平均量度值。直方图曲线描述自适应控制同时达到的平均度量值和度量波动水平。

---

* 根据远场合成光斑发散角的变化，自适应地调节桶中功率（PIB）的"圆桶"区域，使其能始终"覆盖"合成光斑，并以自适应 PIB 作为盲优化算法的评价函数，有效地解决了当前光束合成技术中倾斜控制策略的局限性。

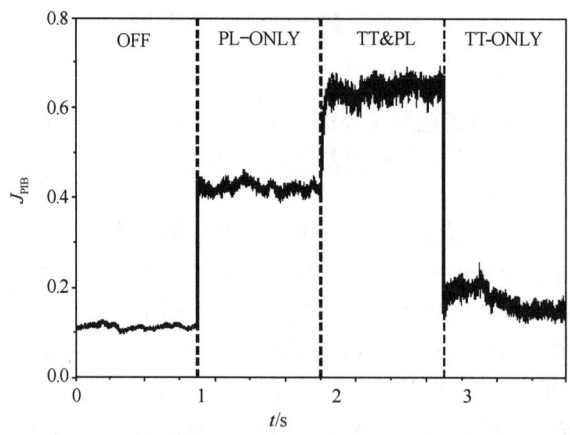

OFF——锁相和倾斜控制器均为闭态（OFF）；PL-ONLY——只有锁相控制器为开态（ON）；
TT&PL——倾斜和相位锁定控制器均为开态（ON）；TT-ONLY——只有倾斜控制为开态(ON)

图 10.115 桶内功率量度用四种不同的操作阶段得到自适应校核的平均估算曲线 $<J_{PIB}(t)>$：

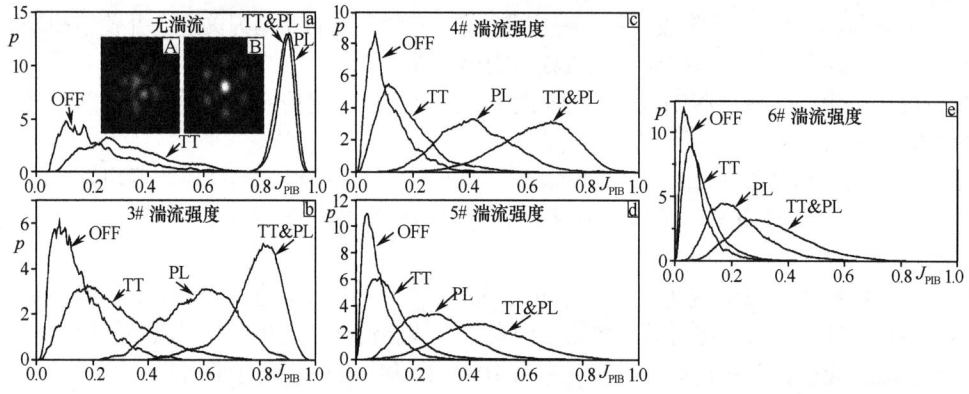

OFF——曲线上的标签对应于所有反馈控制器为闭态（OFF）；TT——只有倾斜控制器为开态（ON）；
PL——只有相位锁定控制器为开态（ON）；TT 和 PL——倾斜和相位锁定控制器为开态（ON）

图 10.116 在不同的湍流条件下获得的直方图（概率密度分布 p）的度量值 J_{PIB}：
(a) 没有波动；(b) ～ (e) 有波动

首先考虑不存在湍流见图 10.116 (a) 所得到的度量直方图。OFF 直方图（所有控制系统都处于闭态，OFF）相当宽，而且不平直。这表明共形光束焦平面的焦斑是不稳定的。这种不稳定性起源于光纤系统，随时间变化随机相移。图 10.116 (a) 中的插图照片 A 为相位锁定控制系统开态（OFF）的典型焦平面强度图。用闭环倾斜控制（TT 直方图）中获得的直方图向着更大量度值趋向移动，但是仍然被更宽地展开，其表示较高水平的量度波动。用操作锁相控制系统（PL 直方图）获得的直方图被进一步移向更大的度量值范围。不过，直方图的形状发生了最显著的变化。PL 直方图显著较窄——指示相位锁定导致了一个稳定的聚焦平面图案，如图 10.116 (a) 所示（照片 B）。波前倾斜像差（PL & TT 直方图）的附加补偿，导致直方图向着更小的度量值的一个小位移，该度量值表示平均量度值的减少（<3%）。这种效应可以通过倾斜控制系统引起的扰动导致平均量度值减少来解释。在不存在湍流时，波前倾斜的预补偿是不必需的。

现在考虑在图 10.116 (b) 的中度湍流等级（湍流强度 3）。在这种情况下，TT 直方图最大值相对于 OFF 直方图向着更大量度值偏移，这表明，倾斜控制仅导致了平均量度值的增加。然而，在这一等级中的量度波动是相当高，而 TT 的直方图是相当的宽。在图 10.116 (b) 所示的 PL 直方图中，相位锁定控制导致了性能显著改善（较高的平均量度值和较小的波动）。在相位锁定系统中倾斜像差附加的预补偿产生一个相当大的性能改进，见图 10.116（b）中曲线 PL&TT，这是接近于不存在湍流的性能。

在湍流强度等级为 4 的情况下，没有补偿和预补偿平移（锁相）再加上额外的波前倾斜像差之间的区别是重要的。这一案例说明在湍流条件含有倾斜补偿能力的自适应补偿引入光纤准直器阵列给出了显著的性能改善。随着进一步增加湍流强度，如图 10.116（d）和（e）中所示，OFF 和 TT 直方图彼此很接近。这意味着，湍流是如此强烈，以致倾斜补偿的效率不高。另外，PL 和 PL&TT 直方图更接近于 OFF 曲线，即使对于如图 10.116（e）所示的最强湍流，用同时锁相与倾斜控制与未补偿情况相比较，有一个大约 4 倍量度的改善。

10.6 阵列光束优化式自适应光学的原理与算法

10.6.1 光学相控阵技术基本概念

光学相控阵技术[153]，利用其工作材料的电光特性，实现光束指向的电控，且可通过模块复用，实现在军用及民用领域中的应用前景[154]。

1. 光学相控阵技术基本原理

光学相控阵名称的由来是源于微波相控阵技术，又与微波相控阵不同，是一种光束指向控制技术[155]。称其为光学相控阵，是由若干个相控阵单元组成，每个相控阵单元都以电光材料作为工作物质，利用其电控双折射特性，通过改变加载在不同单元的电压，可以改变通过不同单元光波的光学特性，如相位、光强等，实现对每个单元光波的独立控制，通过调节各个相控阵单元辐射出的光波之间的相位关系，在设定方向上产生相互加强的干涉。干涉结果是在该方向上产生一束高强度光束，而在其他方向上从各相控单元射出的光波彼此相消，从而实现光束的偏转[156]。

设光学相控阵为 M 个间距为 d 的相控阵单元构成的一维阵列（见图 10.117），相邻单元之间具有相同的相位差，以零号单元为参考相位时，其他相元的变化与坐标成正比。若光束偏转 θ 角，相邻单元的相位差为 $\phi = 2(\pi/\lambda)\sin\theta$，则第 i 个单元的相位为 $\phi_i = [2\pi(i-1)d/\lambda]\sin\theta$，$\lambda$ 是入射光的波长。分别控制每个单元的相位来调整相位波前，从而达到控制入射光束的偏转。

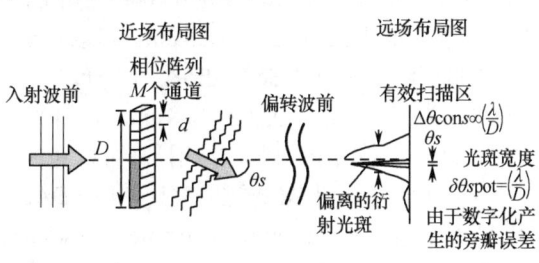

图 10.117 光学相控阵工作原理示意图

设入射光为等幅单色光束，不同单元发射光束的复振幅分布为

$$U_1(t) = |U|\exp(j\phi_1)\exp(j\omega t)$$
$$U_2(t) = |U|\exp(j\phi_2)\exp(j\omega t) \tag{10.111}$$

忽略时间因子，只考虑合成后振幅和光强，平行光通过 M 个单元的相控阵后的合振动为

$$U(\theta) = |U|\sum_{i=0}^{M-1}\exp(j\frac{2\pi}{\lambda}id\sin\theta) \tag{10.112}$$

光强分布为

$$I = U(\theta) = U(\theta) = |U|\frac{\sin^2[\pi(d/\lambda)M\sin\theta]}{[\pi(d/\lambda)\lambda\sin\theta]^2} \tag{10.113}$$

当光束偏转角 θ 比较小时，光强分布可近似表示成 $\sin x/x$ 的形式

$$I = |U|^2 \frac{M^2 \sin^{2a}[\pi(a/\lambda)\sin\theta]}{[\pi(a/\lambda)\sin\theta]^2} \qquad (10.114)$$

式中，有效口径为 $a=Md$，此时波瓣仅有一个最大值，而且不重复出现。在相控阵中，控制加在每个相控阵单元两端的电压，根据双折射效应，可以对相位波前进行调整，从而达到控制波束的目的。

2. 基于不同工作材料光学相控阵技术

自 20 世纪 60 年代微波相控阵技术问世以来，人们就试图将相控阵的概念延伸到光波频段，由于光波波长较微波波长短得多，故相应器件的单元尺寸很小，为光波长量级，制造工艺难度很大。直到 1972 年，随着制造工艺的进步，Meyer 用钽酸锂移相器制成了第一个一维光学相控阵[42]。它由 46 个光移相器组成，每个光移相器由独立的电极控制，进而实现对光束的相位控制，验证了光学相控阵技术的基本理论。

1995 年，美国加州大学圣迭戈分校的 Thomas 提出了基于压电陶瓷 PLZT 的光学相控阵[157]。PLZT 是一种透明的压电陶瓷，在外加电场的作用下，其折射率的变化与电场强度 E 的平方成正比。Thomas 的装置以 350 μm 厚的 PLZT 晶片为工作物质[158]，有 32 个单元，孔径尺寸为 12.8 mm×10.0 mm，工作波段从可见光到近红外，响应速度高达 1 μs。波导光学相控阵是利用金属有机物化学气相淀积（MOCVD）技术外延生长的一维等间距、单模的 PIN 型光波导构成的，以本征半导体 GaAs 为光波导芯层，掺杂半导体层 AlGaAs 为光波导包层。同时，光波导包层外加电压起到电极层的作用。1993 年，Vasey 等人设计了具有 43 单元锯齿状电极结构的 AlGaAs 波导基光学相控阵[159]。1996 年，美国空军研究实验室（air force research laboratory，AFRL）的 Mc Manamon 等人报道了液晶基光学相控阵技术的相关理论及研究进展[160]。报道指出，早在 1991 年雷声（Raytheon）公司就制作出了液晶光学相控阵列芯片，并采用多级控制方式实现了波束偏转。该阵列孔径为 4 cm×4 cm，多达 43 000 个相位调制器，分成 168 个子阵列，每个子阵列含 256 个相位调制器。阵列工作波长为 1.06 μm，可以实现±2 mrad 角度范围内的精确波束指向偏转。

2005 年，Rockwell Scientific 公司设计、制作了 4 cm×4 cm 孔径的透射式一维光学相控阵[161]，其工作波长为 1.55 μm，单元间距为 8 μm，共 5120 个单元，扫描角度超过 2.5°，有 4 个 1 cm×4 cm 的独立寻址区。级联两个一维光学相控阵可以实现二维扫描。

自 20 世纪末，国防先进研究计划局（DARPA）启动了"灵巧控制光束"项目（STAB）和"自适应光学锁相元件（adaptive photonics phase-locked elements，APPLE）"项目[25,162]，进行基于光学相控阵技术的激光武器方面的研究。其中，"自适应光学锁相元件"（APPLE）项目，主要研究目标是通过全电子多模块集成实现相干、波束合成及控制。这是一种将低功率模块综合成高功率激光器的可行途径。其中的光学相控阵器件可以进行方位和俯仰的区域选择及区域填充功能。该器件工作在 1.06 μm，光束直径为 1.2 cm，光束发散角为 105 μrad，可在 4 ms 时间内实现 45° 的关注区域。

3. 光学相控阵技术的应用及其展望

目前光束扫描（指向）控制技术存在以下问题：扫描的准确性、稳定性必须要求快速和精确的机械转动，这会导致系统庞大和复杂的电路控制、大的体积和质量，机械扫描系统响应速度慢、扫描精度较低。光学相控阵作为一种新的光束扫描器件，采用非机械电控扫描的光束指向控制方式，与机械偏转器相比具有结构简单、质量小、稳定性高、随机的角度偏转、动态实时控制等特点，兼备高分辨率、高准确度、电控可编程多光束控制等功能优点。

由于光学相控阵具有上述优点，逐渐应用于军用及民用领域。军用方面，包括激光雷达、激光制导、导弹拦截、激光通信、激光定向能等领域。民用方面，可用于激光显示、激光照排、激

光打印、空间光通信等领域，带来了经济效益及社会效益。光学相控阵技术也存在一些问题。由于光波长较短，光学相控阵器件单元尺寸很小，工艺难度大，制作成本高；此外，电场的边缘效应及光学衍射效应使得现有器件的光学效率偏低。为此，宜进一步发展微机电技术和系统，减小相控阵单元尺寸，提高衍射效率，减小器件尺寸；材料研究方面除可开发快速响应液晶材料外，还应开发工作在中波红外、长波红外、紫外波段的液晶材料，以及继续寻求具有大双折射、响应速度快、热稳定性高、耐强激光的高性能电光材料，同时发展对中长波和紫外波段具有高透过率的电光材料，以扩展光学相控阵器件的应用领域。

10.6.2 优化算法自适应光学

1. 优化算法自适应光学概念

近年来，随着高功率光纤激光器、光学移相器件、基于优化算法的无波前传感自适应光学（简称优化算法自适应光学）[7]等技术的进步，为高能激光系统提供了优质的激光源。光纤激光器固有的低阈值、高效率、小体积、热管理简单、光束质量好、运行成本低等优点[51]，能够在较大程度上弥补传统高能激光器的不足。单台光纤激光器输出功率的提升[23]和阵列光纤激光合成技术的发展[52,162]，给光纤激光器用于高能激光系统带来了可行性。另外，各类光学移相器件的研制和实现[47,53]，推动了光学相控阵技术的发展[42,160]，并使得高能激光系统有望实现高精度、任意角度的快速光束指向。光学相控阵技术利用多个小口径发射望远镜替代大口径发射望远镜，利用全电控制方式实现光束扫描，降低了系统的体积和重量，提高了反应速度[41]。基于优化算法的无波前传感自适应光学技术的提出[32]，使得自适应光学系统可不受大气闪烁效应等的限制，一定程度上弥补了传统基于波前传感的自适应光学技术的不足，做到结构紧凑，不需复杂的波前探测和波前重构，计算量较小，有望满足高能激光系统的实时性要求。

用相干光束合成的光纤激光源替代传统的单台高能激光源，用基于光学相控阵的全电光束控制方法取代传统的机械转动控制方式，用优化算法自适应光学技术代替传统的波前传感的自适应光学技术，将对高能激光系统的性能提升产生较大的影响[41]。美国军方提出了基于上述技术的新结构高能激光相控阵系统——自适应光子相位锁定单元[25,26]。发射望远镜在发射激光的同时，从目标获取性能评价函数，并送入控制器中。控制器利用优化算法自适应光学技术实现光强均衡、相位锁定和偏振锁定，从而在目标处得到高功率密度的相干光束合成激光。

2. 自适应光子相位锁定单元

以 APPLE[25,26]（adaptive photonics phase-locked element，自适应光子相位锁定单元）系统为代表的高能激光相控阵系统具有以下特性：采用多个中等功率激光器阵列相干合成方法提高激光输出功率，采用全电光束扫描技术提高光束控制速度和精度，利用模块化的结构设计提高系统的稳定性和可维护性。该系统具有多光束扫描能力，是下一代高能激光系统的有效选择方案。在激光相控阵系统中，主要研究对象包括：大功率光纤激光器或激光放大器阵列；用于提高目标处功率密度的自适应光学技术（包括整束光束净化、阵列光束相干合成、大气湍流补偿自适应光学）；用于实现快速大角度跟踪瞄准的全电光束偏转控制技术等。与微波相控阵相比，由于激光的波长较微波波长短得多，由此带来的单光束波前控制、阵列光束相位锁定、阵列光束大气湍流补偿等问题，是微波相控阵中考虑较少而光学相控阵中必须解决的问题。

自适应光学技术作为高能激光系统中的一个研究内容，是补偿单光束波前畸变、实现阵列光束锁相控制、获得高功率密度激光的有效手段。无波前传感的优化算法自适应光学技术[162-164]能够避免基于波前传感的共轭式自适应光学在波前畸变严重时，波前测量误差带来的补偿困难[28-30]，具有系统简单、结构紧凑的优点，在高能光纤激光相控阵系统中能够同时实现整束光束波前控制和阵列光束锁相控制，并有望实现阵列光束的大气湍流补偿。在高能激光相控阵系统中，整束光束优化算法自适应光学和阵列光束相干合成在控制算法和硬件实现上有着一定的相似之处。阵列光束相干合成受到热效应等因素的影响，单元光束的质量将会下降，严重时将有可能得不到相干光束合成的效果，可能利用整束光束净化（主要是指对光束质量的优化）的方式提高各路合成光束的光束质量[7]，并研究光束净化对相干合成光束的影响。在全光纤激光放大器阵列相干合成方面，目前公开报道的最高功率是基于被动锁相实现的[166]，这是由于单频激光的功率限制在数百瓦量级[167,168]。

优化算法自适应光学不需要进行波前测量，而是将施加在波前校正器上的控制信号作为优化参量，通过选择适当的性能评价函数和优化算法，进行极值寻优的过程中实现波前校正。为了实现快速有效的闭环控制，性能评价函数和优化算法的选择至关重要。性能评价函数的形式决定优化算法自适应光学系统的计算量、系统的收敛速度。1974 年，加州大学伯克利分校的 Muller 等人对自适应光学系统中几种常用的性能评价函数（包括中心光强、斯特列尔比、像清晰度评价函数、环围能量、点积函数、平均半径、转动惯量函数、信息熵函数、误差函数等）进行了研究[168]，分析了系统性能评价函数与波前畸变的关系；从数学上证明了当光波中不存在相位畸变时，各性能评价函数均能达到唯一极值，为优化式自适应光学奠定了理论基础。在常用的性能评价函数中，除了中心光强和斯特列尔比外，其他上述性能评价函数都需要进行复杂的矩阵运算，不同程度地影响了系统收敛速度。对于环围能量和桶中功率（p-in-the-bucket）性能评价函数，除了利用相机成像需要进行复杂的矩阵运算外，由于可以利用在小孔光阑后放置探测器的方式来获取环围能量，能够减少性能评价函数的获取时间。在整束光束优化式自适应光学系统中，常用的优化算法有爬山法、遗传算法、模拟退火算法、随机并行梯度下降算法、多抖动法等。在阵列光束优化算法自适应光学系统中，见诸报道的主要有爬山法、多抖动法、随机并行梯度下降算法、模拟退火算法、双边扰动随机近似逻辑比较算法等。

10.6.3 阵列光束优化式自适应光学的原理与发展

阵列光束相干合成（简称相干合成）是激光相控阵系统中提高输出功率的有效手段。区别于整束自适应光学，相干合成主要对各路激光的平移相位进行控制，其波前测量、控制方式较传统整束自适应光学有一定的区别，下面首先简单介绍相干合成的原理与分类，以及阵列光束优化式自适应光学的发展。

1. 阵列光束相干合成原理与分类

为突破单台激光器的功率极限，多光束合成按照合成前后光束特性分类，光束合成主要有相干合成[168]、谱合成[169]、偏振合成[170]、非相干合成[171]等。按照输出形式，光束合成分为两类：基于公共输出端口的单端口输出合成[33,172]；多端口输出合成[34]。一般而言，谱合成、偏振合成都是基于单端口输出的合成，由于单端口承受所有合成激光的功率，随着路数增加和单路激光功率提高，单端口输出合成方案对输出端口器件提出了高的要求[173]。对于相干合成而言，也有单端口和多端口两类输出方案。单端口输出相干合成主要包括基于功率合束器的相干合成方案[174]、多芯光纤自组织技术[175]、外腔耦合相干合成技术[176]。与单端口输出方式相比，多端口输出相干合成不仅能够降低高功率输出时输出端口的功率压力，还能够在提高总输出功率的同时保证良好的光束质量，并将合成光束中心主瓣功率密度提高为单路光束功率密度的 M^2 倍（M 为合成光束数目），故该类方案得到了重视[177]。与自适应光学的波前畸变补偿类似，相干光束合成是实现各路激光稳定的相位锁定。按照锁相的实现方式，相干合成可以分为被动锁相相干合成[178]和主动锁相相干合成[179]。被动锁相相干合成类似于传统自适应光学中的基于非线性效应的波前补偿，它不需要进行主动相位测量和控制，而是通过多个激光器光场相互注入或者非线性相互作用，实现各个激光器的相位锁定[178]。

目前基于被动锁相的相干合成主要包括外腔耦合相干合成技术[176]、多芯光纤自组织相干合成技术[52]、非线性相位共轭技术[76]、单模光纤滤波环形腔技术[180]、全光纤耦合自组织相干合成技术[181]等。该类方案不需要主动相位控制，结构简单，实现较易。但是，该类方案对环境较为敏感，锁相的稳定性易受外界干扰[182]；同时，除了单模光纤滤波环形腔方案[180]外，该类方案中一般没有功率放大器，要提高合成输出功率，对方案中各个器件的功率阈值提出了较高的要求。

2. 主振荡功率放大器（master oscillator power amplifier，MOPA）相干光束合成方案

方案的主要思想是将低功率、高光束质量和窄线宽的种子激光进行分束，分别进行功率放大，然后相干合成（如图 10.118 所示）。由于受光纤放大器内部温度起伏等原因的影响，输出光束中存在相位噪声，致使合成后的光束相干度降低，光束质量变差。为了提高合成光束的相干度，加入了相位控制器，对各放大器输出光束的相位噪声进行补偿，使其相位趋于一致，以保证合成光束具有良好的相干性和光束质量。

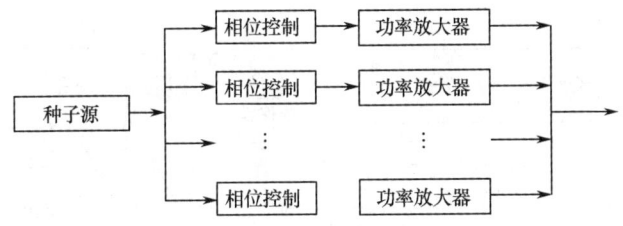

图 10.118　MOPA 相干合成方案原理图

MOPA 方案的难点是对参与相干合成的光束相位进行控制，目前主要有以下几种方法来实现 MOPA 方案的相位控制：外差探测法、并行梯度下降（SPGD）算法和多抖动法等。

虽然相干合成并不能增大远场光斑的能量，但可以改变远场光斑的能量分布，即在较小的空间范围内集聚较多的能量。理论上 N 路光强相等的光束相干合成时的峰值光强是非相干合成时的 N 倍。光路中存在各种干扰因素，故出现非相干合成的情况，引起光束间相位差的频繁改变，致使远场光斑条纹频繁抖动，其平均结果便是非相干合成光斑。如果能够合理控制光束间的相位差，使其长期保持稳定，就可以实现光束的相干合成。

通常有两种方法来判断相干合成效果，一是用合成光束的相位差均方根值，该值越小，合成效果越好，当该值为 0 时，远场的峰值光强达到理想值，实现完全相干合成[183]。另一种是远场光斑的峰值光强和条纹可见度，可见度越大，合成效果越好，当可见度为 1 时，远场峰值光强达到理想值，实现完全相干合成[184]采用了这一评价标准，也可同时采用上述两种评价标准[5]。从理论上看，两种标准在评价合成效果上是等价的。下文采用第二种评价标准。

基于 MOPA 结构的多端口输出主动锁相相干合成是目前公认的向高功率扩展的最佳合束方案之一，目前最高功率的相干合成是基于 MOPA 结构主动锁相实现的[185]。为了实现主动相位锁定，通常有三种相位控制方法：外差法[186]、多抖动法[187]、优化算法[187,188]。此外，峰值比例算法[189]和条纹提取算法[190]也属于主动相位探测和控制方法。以上几种算法中，外差法、峰值比例算法和条纹提取法通过平移相位检测来实现锁相，可以看作基于波前传感的自适应光学；多抖动法和优化算法则不需要进行波前测量，可以看作无波前传感器的自适应光学。

10.6.4　阵列光束优化式自适应光学算法

1. 外差法（heterodyne phase detection technique）实现耦合高功率相干阵列示例

外差法利用参考光（频移后的种子光）与各路放大光进行外差检测，从而获取各束激光的平移相位起伏（称之为相位噪声）情况，将测得的相位反向施加到各光束的相位控制器上，实现单路光束相位噪声的补偿，从而实现各路激光相位的同步[177,185]。外差法相干合成系统结构如图 10.119 所示，主振荡激光器（master-oscillator，MO）输出的光束经分束器分为 $N+1$ 路。其中一路光经过移频器移频后作为参考光，其余 N 路先后经过相位调制器和光纤激光放大器。放大器输出光由准直器阵列输出。准直输出光经过分束镜后，一部分与参考光干涉，用于平移相位检测；另一部分作为主激光输出。将探测器阵列置于参考光和信号光的干涉平面获取外差信号。外差处理电路通过对外差信号的处理，解调出各路光束的相位噪声，并反相施加到对应的相位调制器上，实现各路相位的同步。该方法能够实现准确、高速的相位噪声检测与补偿，但由于需要参考光和多个探测器，随着合成路数的增加，系统变得较为复杂。

该方法原理可见图 10.119[91]，主振荡激光器（MO）输出激光被分为五路，其中四路经光纤放大器进行放大，参与相干合成；而另外一路经过频移和扩束后作为参考光。利用外差探测法检测各光纤放大器的输出光与参考光的相位差，将之作为相位补偿信号反馈给相位控制器，形成闭环控制，达到锁相的目的。

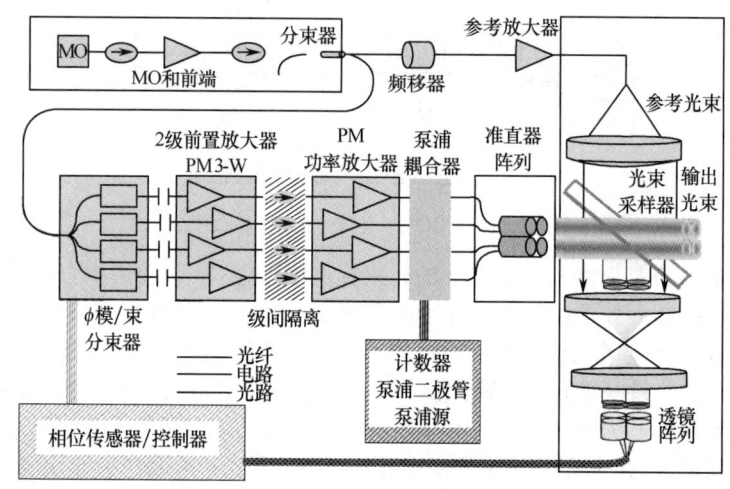

图 10.119　外差探测法实现四路光纤放大器相干合成原理图

美国 Northrop Grumman 公司采用该方法于 2003 年实现了四路光纤放大器的相干合成[191]。采用同样方法，于 2006 年获得了 470 W 的相干合成输出功率，其中，每一路光纤放大器的输出功率为 161 W。2008 年，又用此方法在两路板条的相干合成中获得了 30 kW 的激光输出[181]。

该方法的主要缺点是需要额外的参考光束，且要求参考光束具备较高的能量和较大的光束半径，以实现和其他所有光束的合成。另外，这种方法对光纤准直器阵列和光电探测器阵列的排列精度也有较高要求。

2. 多抖动法（multi-dither technique）光纤放大器阵列的相干合成示例

多抖动法用于相干合成是从传统自适应光学借鉴而来的，其基本原理是利用不同频率的高频振荡信号对相位调制器进行小幅度相位调制，这个调制信号作为相位噪声的载波，在性能评价函数分析模块处利用带通滤波器和锁相检测对相位噪声进行解调，获得各路激光的相位噪声并用于相位噪声补偿，实现各路激光的相位锁定[188-192]。该方法的原理如图 10.120 所示[193]，种子源（laser signal source）输出激光被分为若干路（图中给出了七路），每路分别经过光纤放大器进行功率放大，但对各路光纤放大器的泵浦激光器电源进行不同频率（1～20 kHz）的小信号调制，泵浦电流的变化会引起泵源输出功率的变化，从而导致放大器光纤折射率的变化，实现对光束相位的调制，这样在各光束合成后，可利用电学相关检测的方法从探测器的输出电流中分离出各光束间的相位误差,作为相位控制信号反馈给相位控制模块,实现锁相输出。采用该方法,美国 HRL 实验室于 2000 年首次实现了五路光纤放大器的相干合成[194],2004 年又实现了图 10.120 所示的七路 1W 光纤放大器的相干合成,将闭环时的峰值光强提高到开环时的 5～6 倍。

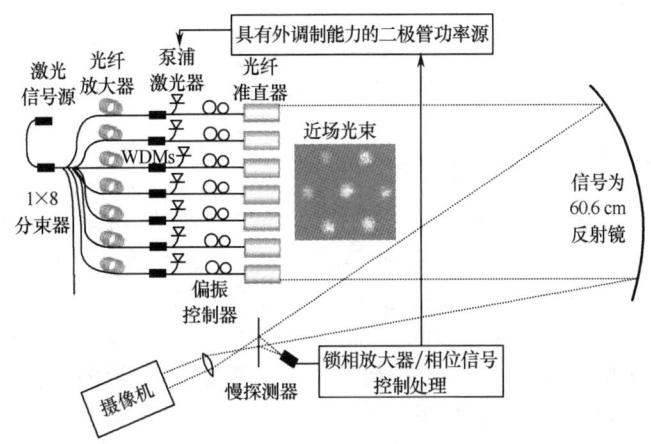

图 10.120　多抖动法实现七路光纤放大器相干合成原理图

与外差探测法相比,该方法有和 SPGD 算法相同的优点。与 SPGD 算法相比,其对信号处理电路运算速度要求较低。由于受光纤自身性质的限制[195],泵源调制信号的频率不能太高(小于 33 kHz),因此所能校正的相位噪声带宽较窄,有待进一步完善。

2004 年,美国空军研究实验室对多抖动法进行了改进[196],采用了专门的相位调制器,调制频率明显提高,合成效果更好。该方法的原理如图 10.121 所示[183],除了相位调制方法改变以外,其他部分和上一实验相同。采用该方法,M. Shay 等人于 2006 年实现了图 10.121 中的九路光束的相干合成,合成后光束的相位差均方根值小于 $\lambda/20$,输出总功率达到百瓦量级。2008 年,法国空间实验室的 Pierre Bourdon 等人采用该方法实现了对大气湍流引起的相位噪声的补偿,取得了较好效果[197]。

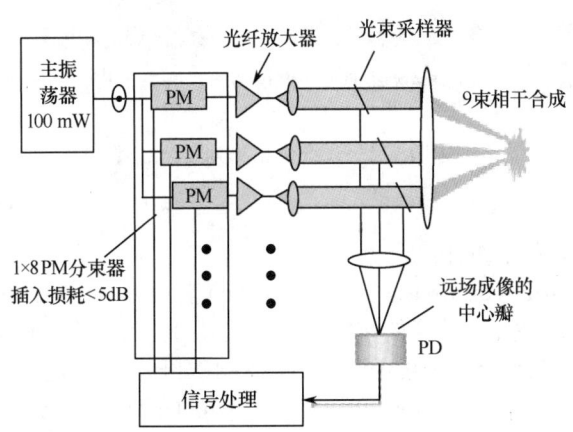

图 10.121　多抖动法实现九路光纤放大器相干合成原理图

在图 10.121 中,主振荡激光器(MO)输出光束通过分束器后被分为多路,每一路依次经过相位调制器(PM)、光纤激光放大器和准直器。信号处理电路通过相位调制器对各路光束施加小幅的高频振荡信号。准直输出的阵列光束经过分束镜(光束采样)后被分成两路,一路通过透镜成像后模拟远场；另一路经透镜聚焦，进入小孔后的光电探测器（PD）。小孔用于提取干涉图样主瓣的光强，探测器探测到的光电信号包含了各路激光的振荡信号和噪声信号。信号处理电路通过滤波、锁相检测从光电探测器中分离出每一路光束的相位误差信号，将这些误差信号作为控制信号反馈到相位调制器，实现各光束激光相位锁定。该方法只需要一个探测器，系统结构简单，控制带宽主要由处理电路的速度决定，有望成为一种有效的相干合成方案。在多抖动法的基础上，基于时分复用的单抖动法[198]被提出。单抖动法与多抖动的工作原理类似，不同之处在于单抖动法中利用同一振荡频率的信号在不同时间对不同路激光施加高频振荡。

3. 较大规模 PM 光纤相干合成示例

相控阵结构中的激光器/放大器的相干光束合成，可以提高整体的输出功率[199]。该技术已经应用于激光雷达、定向能和 MIMO（multi-input multi-output）激光通信。光纤激光器/放大器适合光束合成，因为其固有的紧凑尺寸，以及激光器/放大器的输出通过光纤传输能使大量单元汇集在一个紧凑的封装（光纤阵列）中。多光纤单元的相干合成已有一些报道[141,150,200]，而大规模光纤相干合成鲜有报道，对于某些应用（如 2D 光束转向），大规模光纤是必要的。下面以 48 条 PM 光纤使用二维 PM 光纤阵列以该方法扩展到更多光纤合成光束光束。实验装置如图 10.122 所示[204]。

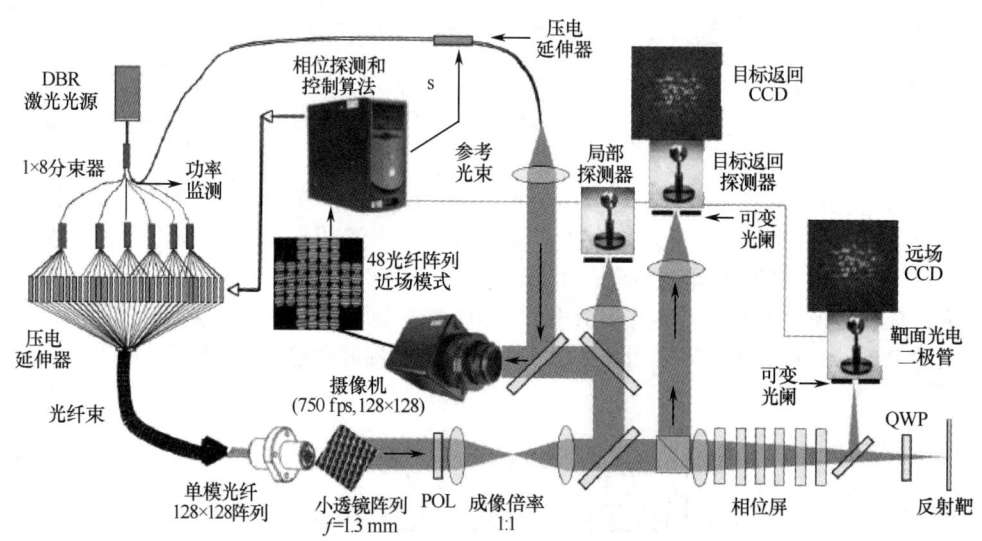

图 10.122　光纤位相阵列实验装置

1）系统构成

该实验装置主要包括如下组件：

（1）光纤组件。从 DBR（distributed bragg reflective）激光器（λ=785 nm）的输出首先通过一个分束耦合器，以分出一束参考光；剩余的光被分为 48 路，每路后面的压电纤维拉伸器提供所需的相移。48 条光纤连接到一个 250 μm 间距的光刻腐蚀的 8×8 光纤阵列加持器中，如图 10.123（a）所示。其输出准直照射到一个焦距为 f=1.28 mm 和间距为 250 μm 的灰阶小透镜阵列上，如图 10.123（b）所示。阵列上透镜直径大于 240 μm，面形为圆形非球面。该光纤加持器的 4 个角是空白的，形成近似 8×6 光束的圆形模式。48 单元阵列的波束轮廓示于图 10.123（a）。光纤部件采用 Fujikura Panda 光纤。光纤阵列间距误差测量结果为 0.4 μm RMS。光纤与光纤之间的转动对准误差小于 3°，小透镜阵列焦距变化小于 1%。图 10.124 显示了由于对准确的 250 μm 的间距偏差，以及小透镜阵列焦距误差引起的 Strehl 退化[201]。

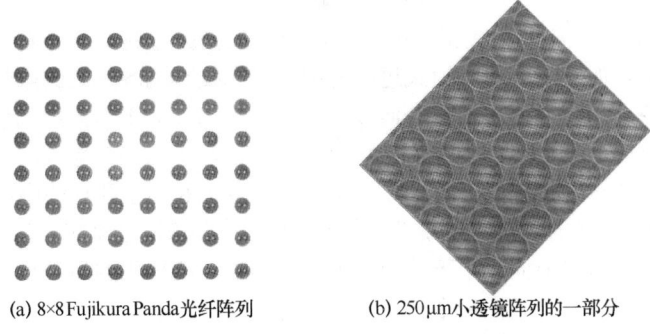

(a) 8×8 Fujikura Panda 光纤阵列　　(b) 250μm 小透镜阵列的一部分

图 10.123　光纤阵列组件

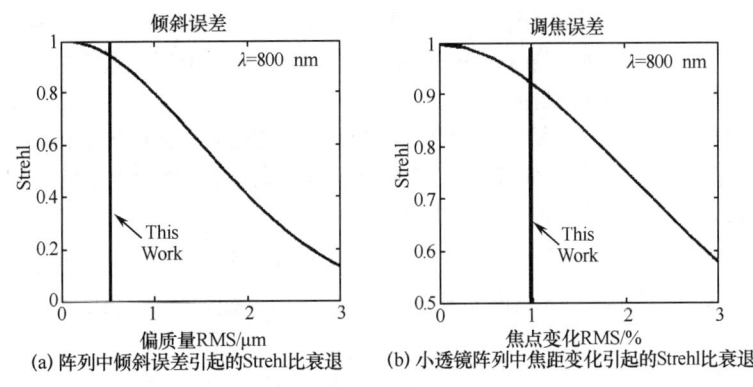

(a) 阵列中倾斜误差引起的 Strehl 比衰退　　(b) 小透镜阵列中焦距变化引起的 Strehl 衰退

图 10.124　由光纤阵列不完善而引起的 Strehl 衰退

（2）干涉仪。由一个准直非球面透镜（$f=18$ mm）照明小透镜阵列，使其以 1∶1 光学成像到 CCD 照相机。未补偿倾斜像差时 48 条光纤输出在 CCD 上产生条纹，即对光纤阵列非锁相的条纹。

（3）相位反馈环路。光纤相控是通过任一基于条纹跟踪的近场干涉技术，或远场在环路内目标点（target-in-the-loop，TIL）锁相技术[202-203]。当反馈环路中存在误差信号源时，用工作在 750 帧/s 的 128×128 的 8 位 CCD 相机测量近场干涉锁相 2D 条纹。远场环路中目标点锁相采用 8 kHz 的多抖动爬山算法（multi-dither hill-climbing algorithm），通过三个光电二极管中的任一个最大限度地测量桶中通量（flux in bucket）。三个光电二极管的位置可以测试三种不同的 TIL 模式：局部环路 TIL、目标平面 TIL 和目标回转（target-return）TIL。反馈信号源的选择决定了伺服环路是否补偿光纤阵列的相位误差、大气相位误差，或两者兼而有之。

（4）相位屏。MIT 林肯实验室先进概念实验室（MIT Lincoln laboratory advanced concepts laboratory）提供了模拟大气湍流特征环境[205]的设计，用设置在光路中的数个有多个旋转方位的相位屏来模拟湍流连续轮廓。

2）检测诊断

用 CCD 相机记录目标的远场光束分布，以确定光束的 Strehl 比作为系统性能的测量量值；第二诊断用的 CCD 摄像机观察来自目标的光反向散射，并用该传感器研究背散射光的斑点效应。

3）光纤阵列的锁相方法

该控制系统采用以下两种方法之一来执行光纤相控：

（1）干涉相控。参考光束倾斜的结果使光纤输出有一个相移，使该子孔径的条纹模式产生横向平移。干涉相控是由近场CCD摄像机测量的条纹用于控制每个光纤通道的相移。

① 标准化：为使条纹移动得到很好的测量，控制系统首先使记录的光纤阵列输出和参考光束强度分布的非相干叠加测量的条纹模式进行标准化。光纤阵列各单元的限幅高斯束轮廓是产生非均匀性的主要来源，标准化用来消除任何光强度的非均匀性对干涉条纹的影响。

② 质心：系统的光学几何结构为一个光纤阵列单元跨越 16×16 像素的空间范围。由于参考光束的倾斜，16×16 的子孔径约有三个波长的倾斜。在 16×16 的子孔径的中心有一个 4×4 像素的小区域，用于一个单轴质心计算，结果馈送到伺服环路，控制压电纤维延伸器。每个像素对应 3/16 个波长，则 4×4 的质心窗口横向小于干涉模式的一个周期。闭环伺服环路导致在光纤阵列中驱动压电延伸器使中心亮条纹处于子孔径中心。

③ 相位偏置：在光束控制或自适应光学系统时，常需要非零相位偏移，4×4 像素的质心窗口产生移动，质心计算的坐标系也相等地移动。由于质心窗口的单个像素移位偏移量是 3/16 波长，导致输出的相位偏置。为了实现在相位控制中更精细的分辨率，相移和质心偏移量之间校准标度为条纹对比度的函数，可用来确保精确的子像素移位。作为概念验证，采用质心偏移技术使任意倾斜和焦点偏移都能在光束上被操控。

（2）环路中目标点（TIL）的相控。在环路中目标点（TIL）自适应光学的实现中，使用了随机并行梯度下降法的变种[32]。首先定义一组 N 个元素抖动向量。在每个时间步骤 k 中，从该组中选择一个单个矢量 D_k，光纤阵列 N 个单元的驱动指令 A_k。由一个光电二极管和光阑的组合记录了一个 λ/D 尺寸的桶中通量的测量，以获得系统性能的量度 S_k^+。然后应用了逆抖动 $-D_k$，以及再次测量所述量度 S^k。用所得到的这两次测量值，从现有的状态通过伺服定率更新为集成光纤阵列指令。

$$A_{k+1} = g_{leak}A_k + g_{df}\frac{S_k^+ - S_k^-}{S_k^+ + S_k^-}D_k \tag{10.115}$$

其中，g_{df} 表示在一个简单的积分器中阶梯式的增益，$g_{leak} \leqslant 1$ 表示阶梯式的漏损。常量 g_{df} 和 g_{leak} 允许对系统的时间响应有控制。改变上述伺服法行为的其他手段是抖动 D 的选择和通过该度量 S 测量的手段。

在实验结果中漏损设定为 0.000 1 和增益变化为 1～25。抖动设置或者是一个 48×1 024 阵列，在每个 48 单元向量中删除了平移的均匀随机数，或者设计为速度收敛的一个 48×47 单元正交归一阵列。

上面用实验证明了大规模 PM 光纤相干组合的可行性。有两种不同的技术对 48 PM 光纤锁相。锁相干涉方式的 Strehl 比为 0.82。环路中目标点（TIL）的相控多抖动方法的 Strehl 比为 0.69。环路中目标点（TIL）相控技术的模拟与实验吻合得较好。

4. 随机优化算法（stochastic optimization algorithm，SA）

基于随机优化算法的相干合成将各激光束的平移相位作为控制变量，通过优化算法对控制变量进行优化，使得以平移相位误差信息构成的系统性能评价函数达到极值，以实现各激光束的平移相位锁定。图 10.125 为基于优化算法的 MOPA 结构相干合成的系统原理图。主振荡激光器（MO）经过预放后，利用分束器（BSO）分为 M 路，每一路先后经过相位调制器（PM）和光纤激光放大器链路（AI,AII,…,AK）。放大后的各路光束经过准直器（CO）输出，由合束器（BC）按一定的方式排布成阵列光束。阵列光束经过分束镜（BS1）后被分成两束，其中透射光（包含绝大部分输出功率）送入发射装置或者功率计。反射光通过透镜后被分束镜（BS2）分为两束，一束光用红外相机观察远场干涉图样；另一束通过小孔后进入光电探测器，光电探测器放置于透镜的后焦平面上，小孔光阑紧贴于探测器前端放置。小孔直径以小于干涉图样主瓣尺寸为宜，光电探测器探测到的光强作为系统评价函数。将该性能评价函数分别送入示波器和算法控制器的模数（AD）转换器，算法控制器利用 AD 采样的数据，根据算法原理，对相位调制器施加相应的控制信号，实现锁相控制。这里选择了合成光束的主瓣能量作为性能评价函数，实际上，也可以选择平均半径、误差函数等其他性能评价函数。对于算法的选择，整束光束优化式自适应光学系统中的所有算法都能够用于相干合成的相位控制。目前，公开报道用于相干合成的算法主要有 SPGD 算法[206]、爬山法[207]、模拟退火算法[208]和双边扰动随机近似逻辑比较算法[209]等。

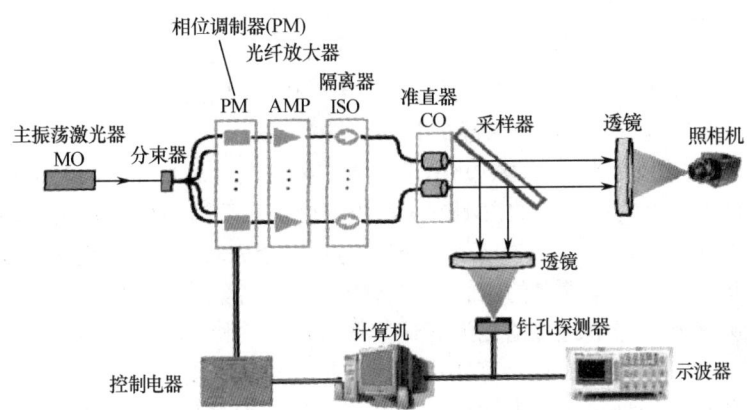

图 10.125　利用随机优化算法实现光纤放大器相干合成的系统结构

1）并行梯度下降（stochastic parallel gradient descent，SPGD）算法多路光束的相干合成示例

该方法的原理如图 10.125 所示[210]，主振荡激光器（MO）输出的激光被分为 N 路，每一路均含有一个相位调制器（PM）和一个光纤放大器（AMP）。相位调制器和光纤放大器分别起到相位控制和功率放大的作用。合成光束的一部分经光电探测器转换为电信号输入到计算机，计算机上执行并行梯度下降（SPGD）算法，并将计算得到的相位控制信号经后级电路处理后施加到相位调制器上进行相位控制，使各光束的相位趋于一致，实现相干合成。利用此方法，美国马里兰大学的 Ling Liu[211]和麻省理工学院的 Jan E Kansky[195]等已经分别实现了多路光束的相干合成。

与外差探测法相比，此方法不需要额外的参考光束，且由于只需要一个光电探测器，对光纤准直器和光电探测器阵列的排列精度要求较低，实验操作相对容易。但由于该方法在相位校正时需要多次迭代[210]，所以对算法的执行效率和计算机的运算速度有较高的要求，并且随着合成光束数目的增加，迭代次数越来越多，对计算机运算速度的要求也越来越高。

2）模拟退火（stimulated annealing，SA）算法光纤放大器相干合成结构

利用模拟退火算法实现 N 路光纤放大器相干合成的系统结构亦如图 10.125 所示（图中以两路光纤激光为例）[212]。主振荡激光器（MO）发出的光束通过分束器后被分为 N 路，每一路均含有一个相位调制器（PM）和光纤放大器（AMP）模块。放大器的后端接隔离器（ISO）加以保护。各路光束经过准直器（CO）后形成阵列光束，其经过分光镜后被分成两部分，一部分光束经透镜聚焦，光电探测器放置于透镜后焦平面上，紧贴于探测器前端放置小孔光阑，光阑半径以小于或等于理想相干合成光束的主瓣宽度为宜[210]，探测器探测到的信号经 AD 转换后输入到计算机和示波器，计算机上执行 SA 算法并将计算得到的相位控制信号经 DA 转换和放大电路后施加于相位调制器，示波器用于观察目标圆孔内部包含的能量随时间的变化关系；阵列光束经过分光镜的另一部分光束再经过透镜聚焦，用置于透镜后焦平面的照相机来观察光束的远场图样及相干合成的效果。

系统的工作过程为：将探测器探测到的能量取反号，定义为评价函数 J，由系统主动向各路相位调制器施加扰动电压，观察扰动电压带来的评价函数变化量 δ，通过运行 SA 算法得到下一时刻施加在相位调节器上的电压信号 u 并作用于相位调制器，如此进行迭代，直至 J 不再变化，算法收敛。

为了验证基于 SA 算法多路光纤放大器相干合成的有效性，对该算法的执行过程进行了数值模拟。考虑 4 路、9 路、16 路光纤激光参与相干合成，取单元子光束的腰斑半径为 5 mm，光束中心的间距为 15 mm，激光波长为 1.06 μm，透镜焦距为 1 m，小孔半径为远场主瓣半径的 50%。在理想情况下，每个激光器单元的输出保持相位一致，合成光束的大部分能量集中在中央主瓣内。实际情况是，由于光纤激光器的热效应导致的折射率变化等因素造成激光器单元输出光束的相位不一致，使得远场光斑能量弥散到周围旁瓣中。

总之，主振荡功率放大器（MOPA）相干合成方案是获得高功率、高光束质量激光输出的一条重要途径。根据光束间相位差的探测方法和相位校正原理的不同，分为外差探测法、SPGD 算法和多抖动法等多种方法[233]。当有 N 路光束参与相干合成时，外差探测法需要多个光电探测器和一路参考光束，随着光束数量的增大，实验操作和探测器阵列排列难度增大。而 SPGD 算法对算法的执行效率和信号处理电路的运算速度要求较高。相比之下，多抖动法只需要一个光电探测器，不需要参考光束，而且对算法执行效率和信号处理电路的运算速度也要求较低，它在 20 世纪 70 年代作为一种自适应光学技术提出[212]，由于对器件响应频率的要求很高，所以没有得到实际应用。随着光学技术的不断发展，多抖动法逐渐走向了实用。2000 年，美国 HRL 实验室首次采用该方法实现了 5 路光纤放大器的相干合成，2004 年又实现了 7 路 1 W 光纤放大器的相干合成[150]。同年，美国空军实验室采用相同原理，但相位调制方法不同，实现了 4 路光纤激光器的相干合成[196]，2006 年又实现了 9 路光纤激光的相干合成[183]，输出总功率达 100 W 量级。2008 年，法国空间实验室采用该方法对大气湍流引起的噪声进行补偿，取得了较好效果[197]。在国内，国防科学技术大学于 2007 年开展了多抖动法相干合成的理论和实验研究[213]，实现了 2 路和 3 路 W 级光纤放大器的相干合成。

10.7　自适应光学技术在自由空间光通信中的应用

10.7.1　自由空间光通信概述

目前较为成熟的干线通信有微波、光纤等，微波通信不需要铺设电缆、光缆等，易于跨越复杂地形，可以灵活地组成点、线结合的通信网。但相对于光纤通信系统，其信道容量小、频带窄、传输码率低，尚有许多不足之处。光纤系统的线路容量大，不易受外界干扰，但必须有安装光缆用的公用通道，不利于恶劣地形条件。提高无线通信系统流量、扩充网络带宽资源已成为当前通信行业必须面对的重要课题[236]。光无线通信（optical wire-less，OW）也被称为大气激光通信或自由空间光通信（free space optical-communication，FSO），它是利用激光束作为信息传输的载体，以大气为传输媒介在空间中直接进行语言、数据、图像等信息传输的通信方式，它结合了微波通信与光纤通信的特点，是目前通信领域的前沿。自由空间光通信可概括为地面站之间、地面站与空中飞行物之间、卫星与地面站之间、卫星与深空间飞行器之间、卫星间激光通信等。

与无线微波通信相比，大气光通信系统有如下优点[214]：①频谱宽、通信容量大、潜在的传输速率高，激光的频率比微波高 3~5 个数量级（其相应光频率为 10^{13}~10^{17}Hz），作为通信的载波有更大的利用频带。现有的光纤通信技术可以部分移植到空间通信中来，目前光纤通信每束波束光波的数据率可达 20 Gbps 以上，并且可采用波分复用技术使通信容量上升几十倍，因此，在通信容量上，自由空间光通信 FSO 具有较大的优势；②无需频谱认证，抗电磁干扰能力强，目前 FSO 工作在不需要管制的光谱（THz）段，无需发放许可证，采用射频波段的无线接入受到了无线电频谱拥挤的严重制约，电磁环境越来越恶劣，而光谱频段的资源丰富，也不会造成电磁污染；因此，FSO 系统具有抗强电磁干扰的优点，具有较强的军事应用价值；③天线尺寸小、端机体积小重量轻，根据电磁理论中的同比定理，由于电磁波发射、传输及接收的器件尺寸与波长成正比；由于激光的波长短，在同样的发散角和接收视场角要求下，发射和接收望远镜的口径都可以减小；并且大气激光通信的能量利用率高，使得发射机及其供电系统的重量减轻；因此，FSO 端机更能满足空间卫星通信对于星上有效载荷小型化、轻量化、低功耗的要求，在卫星通信领域中具有一定的优势；④保密性强、设备间相互干扰少，由于激光束宽远小于微波束宽，具有高度的定向性，发散角通常为 mrad（毫弧度）量级。这使光通信具有高度的保密性，可有效地提高抗干扰与防窃听的能力。

与光纤通信相比，大气光通信系统有造价低、施工简单、方便迅速等优势，同时也有着其独特的应用场所：①适宜于卫星—卫星、卫星—地面、卫星—飞机、飞机—飞机、飞机—地面等空间通信网络；②在山峰之间、海岸岛屿或是舰船等场合实现短距离通信，也可作为接入网解决"最后一公里"的瓶颈问题；③一些临时性的场所，如展览厅短期租用的商务办公室或临时野外工作环境等。

自由空间光通信（FSO）系统具有优势的同时，也面临着一些挑战。例如：光学探测器的效率要低于射频接收机的探测效率；增加了跟踪和瞄准 TAP（tracking and pointing）的难度；容易受到天气及大气信道的影响等。根据传输信道的不同，无线光通信可分为星间通信、星地通信、近地大气通信等。因此，覆盖地球外表面的湍流大气层是星地和近地激光通信信道不可回避的问题。光束以空间大气为传输媒介，大气特性对光束传播的影响主要表现为：大气分子及悬浮微粒对光束的吸收与散射，大气湍流运动对光束的扰动。前者主要导致光束能量损失，通常称为"大气衰减"；后者则引起光束的强度闪烁、光束漂移扩展与到达角起伏等现象，即所谓"大气湍流效应"。

大气湍流效应是阻碍大气光通信实用化的最主要因素之一[215]，当激光束在湍流大气中传输时，大气湍流效应造成的折射率起伏会破坏光束的相干性，削弱光束质量。随之而至的光强起伏、光束漂移、相位畸变等现象给光通信系统的接收带来困难，制约了大气光通信系统的性能。自适应光学技术是缓解大气湍流的影响，改善光束在湍流大气中传输特性的主要手段。自适应光学技术利用光电子器件对波前动态误差进行实时测量，用快速的电子系统计算所需的控制电压，用能动的光学器件对畸变波前进行实时校正，使光学系统具有适应外界条件变化、保持良好工作状态的能力。自适应光学技术在高分辨率地基天文成像观测、大气激光通信、激光雷达和激光能量传输等军用和民用系统中都具有重要的应用。

10.7.2 自由空间光通信系统概述

1. 光通信系统简介

1）非相干光通信与相干光通信系统

常见的数字通信系统有三种基本调制方式：幅移键控（amplitude shift keying，ASK）、频移键控（frequency - shift keying，FSK）和相移键控（phase shift keying，PSK）。数字调制的过程就是一个映射过程[216]，它将符号"1"和"0"映射到载波的幅度、频率或相位参量上，经传输后，在接收端再将载波的幅度、频率或相位参量重新映射成"像"的信息数据。由于采用的调制解调方式不同，又可将光通信系统分为非相干光通信和相干光通信两种。典型的非相干光通信系统采用开关键控(on-off keying, OOK)、光强调制/直接检测(intensity modulation/direct detection, IM/DD)的方式,是ASK的一种特例。这种检测方式设备简单、经济实用、容易实现,是当前光通信系统中采用较多的方式。但是这种方式没有利用光载波的频率和相位信息,限制了系统性能的进一步提高。相干光通信可在发射端对光载波进行幅度、频率或相位调制,在接收端则需要一个本振光和一个光混频器来完成对信号光的检测和解调,一般采用零差或外差这两种相干检测的方式。和IM/DD相比,相干检测设备相对复杂,并且要求激光源频率稳定,相位和偏振方向可控且线宽很窄。但相干光通信系统具有更高的传输速率,且可以有效提高接收机灵敏度,是发展中的一种通信方式。

目前在光通信系统中使用的调制解调方式主要有:非相干OOK、相干的二进制频移键控(binary frequency shift keying, BFSK)、差分二进制相移键控(differential binary phase shift keying, DPSK)、二进制相移键控(binary phase shift keying, BPSK)等。图10.126是对各种不同调制方式的抗噪声性能进行对比[238]。由图可知,在相同的系统信噪比下,零差BPSK系统的误码率最低,非相干OOK系统的误码率最高。也就是说,在抗加性高斯白噪声方面,零差BPSK性能最好,非相干OOK最差。

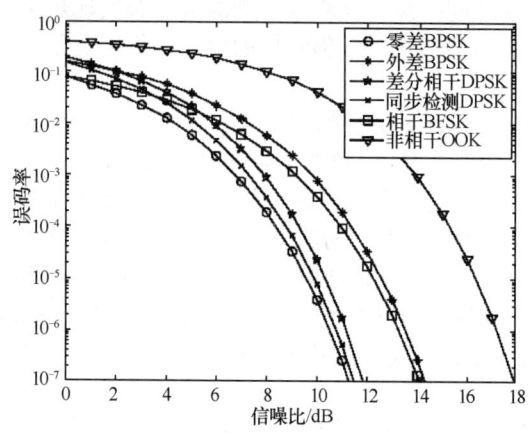

图10.126 光通信系统中各种调制方式的抗噪声性能对比

2)通信系统评价标准

在数字通信系统中能够表征信号质量的关键参数包括信噪比、眼图、星座图等,而误码率是最终表示系统质量的指标[217]。眼图可以直观地估价系统的码间干扰和噪声的影响,是通信中的一种常见的测试手段。从眼图中,可以直观地得到最佳抽样时刻、最佳判决门限和噪声容限等重要信息。星座图是一个信号的复矢量在同相—正交平面的位置。星座图的作用是在信号空间展示信号所处的位置,为系统的传输特性分析提供直观、具体的显示结果。信噪比(SNR)是指接收端输出的信号平均功率与噪声平均功率之比,是评价通信质量的常用手段之一。在相同条件下,系统的输出信噪比较高,则认为该系统的通信质量较好,或称该系统抗噪声(或干扰)的能力较强。误码率(BER)是数字通信中重要的性能指标,是码元在传输系统中被传错的概率,是指错误接收的码元数在传输总码元数中所占的比例。误码率是衡量数字光纤通信系统传输优劣的重要指标,它反映了在数字传输过程中信息受到损害的程度。此外,在相干光通信系统中,还有两个常用的评价方式——相干混频效率和信噪比增益,具体定义及公式将在后面的分析中给出。

3)自由空间光通信系统的国内外进展

(1)近地激光通信系统。

20世纪60年代就开始对自由空间光通信系统进行研究,当时主要用于军事及实验目的,一些发达国家在十年前已经陆续开始试用这种系统。1999年，实现了波长为1 550 nm、速率为2.5 Gbit/s、传输距离为2.4 km的无线光通信实验；2000年做了40 Gbit/s密集波分复用4.4 km无线光通信实验；2001年采用光纤放大器完成在200 m的通信距离内的FSO通信系统试验，实现了20～160 Gbit/s速率的数据通信。2000年，在悉尼奥运会期间美国的Terabeam公司使用FSO设备进行图像传送，运行期间始终保持畅通，效果良好[218]。2005年Light Pointe公司推出的Fight Lite Flight Stratal 100XA，是首款集以太网无线链路和5.8 GHz RF技术的FSO产品[218]。Astro-Terra公司实现了TERRALINK系列产品、英国PAV Data公司实现了SKY系列产品等[219]。

近几年，基于相干检测的FSO系统得到了较快的发展。2006年，Tesat公司将通信终端置于西班牙两岛——La Palma（发）和Tenerife（收）之间进行了142 km的长距离近地光通信测试。两终端采用的是零差二进制频移键控（BPSK）的通信方式，传输速率为5.625 Gbps，预备发射到Terra SAR-X、NFIRE两颗卫星上[220]。同年美国的DISCOVERY公司推出了2.5 Gbps和10 Gbps的外差相干光接收机，当误码率为10^{-9}时带宽为10 Gbps的接收机灵敏度可达-30 dBm[221]。2010年1月，德国高速光器件生产商U^2T公司推出速率为100 Gbps的相干光接收机，可用于子系统及设备生产的系统级测试中[222]。

在国内，中国电子科技集团第34研究所早在1971年就着手进行FSO技术相关研究[216]，已成功开发出了一系列的FSO设备，如专用网接入系列、以太网专用系列、图像传输专用系列、GSM（global system for mobile communication，全球移动通信系统）信号传输系列等，工作波长有850 nm和1 550 nm，传输速率从2 Mbps～2.5 Gbps，通信距离可达4 km。2000年，中国科学院上海光机所试验了自制的通信速率为155 Mbps的大气传输光通信系统，波长为1 300 nm，传输距离为2 km，发射孔径为50 mm，接收孔径为150 mm[223]。2005年，中科院光电技术研究所研制出传输速率为10 Mbit/s，工作波长为850 nm，可以传输距离为1 km、4 km的两款产品[224]。深圳飞通有限公司开发了FSO多种样机，其速率为155、622 Mbps等，最远通信距离达4 km[225]。

2007年1月，武汉大学采用自行研制的便携式大气光通信机实现了距离为2.3 km、传输速率为1.25 Gbit/s的大气激光通信实验[226]。实验在两栋高楼间进行单向高速图像传输。系统采用OOK、IM/DD的通信方式，通信波长为1 550 nm，天线口径为40 mm，光终端重量为3.5 kg。2008年，该团队与合作公司利用自行研制的新型WD-08-2500激光通信机进行了速率为2.5 Gbps，传输距离为16 km的近地面大气激光通信实验[227]。此通信端机波长为1 550 nm，由焦距为2.5 m、口径为203 mm的卡塞格林望远镜接收。

（2）星地激光通信系统。

目前，日本、欧洲和美国在星地激光通信的研究上处于优势地位。从1995年首次建立星地激光通信实验链路以来，各国相继推出多条星地激光通信链路，且传输速率不断提高，传输机制也从OOK非相干光通信模式逐渐转向相干光通信模式。

欧洲主要的光通信研究机构是欧洲空间局（ESA）。ESA从1985年起开始实施了SILEX（LEO卫星SPOT 4与GEO卫星ARTEMIS之间的通信）计划，是世界上首次试验成功的星间激光通信链路。此后，ARTEMIS又多次与地面站进行星地激光通信实验演示。2008年，ESA完成基于零差BPSK模式的星地光通信实验，成功建立了世界上第一条星地相干光链路，与此同时，准备在其中加入自适应光学模块来进一步提高系统性能[228]。

美国在星地激光通信进展中从20世纪80年代中期到1993年间，林肯实验室建立LITE相干激光通信装置，采用FSK外差接收，2.5 cm口径望远镜，码率为220 Mbps，通信距离为40 000 km，计划用于美国国家航空航天局ACTS卫星，因投资力度等问题终止了该实验[229]。美国在2000—2005年进行过多次试验[230,231]。2009—2011年，NASA、JPL开始了深空光终端（DOT）的研究，报道已研制成功，旨在实现地球与深空（例如火星）的双向通信[232]。波长为1 550 nm，设计要求是下行（火星到地球）码率大于0.25 Gbps，上行码率为0.3 Mbps。

国内的星地激光通信链路的研究相对起步较晚,目前也取得一些成果[233]:2011 年发射的"海洋二号"载有星地激光通信终端,2011 年成功进行了星地激光链路捕获跟踪实验,同年成功进行了中国首次星地激光通信链路数据传输试验,下传速率为 20 Mbps。该激光通信端机是由哈尔滨工业大学负责研制的。据不完全统计,国内还有高校、中科院系统、电子科技集团系统等科研单位对卫星激光通信技术和系统进行了研究,在系统设计和关键技术上也取得了丰富的成果。

2. 自由空间光通信系统光束控制

目前广泛认为缓解大气湍流较好的解决方法是在光通信系统中应用自适应光学(AO)技术,控制通信光束的质量(湍流、闪烁、漂移等影响)。自适应光学技术能够实时探测畸变波前并施以实时校正,使光学系统具有适应自身和外界条件变化的能力,保持最佳工作状态,以此改善成像系统的分辨率,提高激光系统的光束质量。

1)自适应光学技术相位共轭原理

自适应光学系统通常由三个基本单元构成:波前探测单元、波前控制单元和波前校正单元,系统结构示意图如图 10.127 所示。来自探测目标的光束受大气湍流的影响,使望远镜空间分辨率降低;波前探测器实时探测因湍流等引起的波前畸变信息,由计算机控制系统计算出需要加载到波前校正器上的控制电压;波前校正器用来实时补偿湍流引起的误差,使望远镜达到接近衍射极限的分辨率。

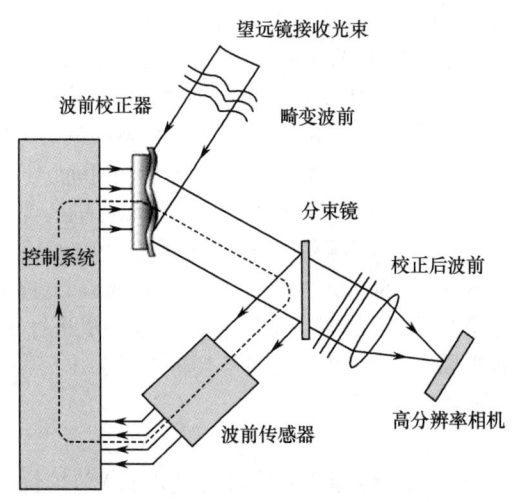

图 10.127 自适应光学系统结构示意图

自适应光学的基本原理是相位共轭(phase conjugation)[8],针对存在相位误差的光场。

$$E_1 = Ae^{i\varphi} \tag{10.116}$$

式中,A 为光场振幅;φ 是由大气湍流引起的光束波前畸变。自适应光学系统的作用是产生与之共轭的调制光场

$$E_2 = Ae^{-i\varphi} \tag{10.117}$$

两个光场叠加就使得相位误差得以补偿。根据光学原理,一束无像差的平面波经理想光学系统后,可以成像达到衍射极限分辨率[234]。自适应光学通常仅校正相位误差,对原始光场的振幅没有影响,在某些振幅误差较大时校正效果受到一些影响。在多数应用中,仅校正相位误差就足够了。

2)像差的 Zernike 多项式描述方法

波前畸变通常可以用一系列的正交多项式的线性组合来表示。在波前分析中把多项式的每一

项称为波前模式。当被测波前在圆域内时，通常可用一组相互正交的 Zernike 多项式来描述[167]，其极坐标下的表达式为

$$\phi(\rho,\theta) = a_0 + \sum_{k=1}^{n} a_k Z_k(\rho,\theta) + \varepsilon \qquad (10.118)$$

其中，a_0 为平均相位波前，对应整体平移像差；a_k 为第 k 阶 Zernike 多项式系数；Z_k 为第 k 阶 Zernike 多项式；ε 为波前相位测量误差。

下面给出 Zernike 多项式 Z_k 在极坐标下的定义：

$$\left. \begin{array}{ll} Z_k = \sqrt{(n+1)}R_n^0(\rho), & m=0 \\ Z_{\text{even}k} = \sqrt{2(n+1)}R_n^m(\rho)\cos m\theta, & i=2j \\ Z_{\text{odd}k} = \sqrt{2(n+1)}R_n^m(\rho)\sin m\theta, & i=2j-1 \end{array} \right\} \quad m \neq 0 \qquad (10.119)$$

其中，$m \leq n$ 且 $n-m$ 为偶数，m、n 分别为多项式的角向频率数和径向频率数，是反映 Zernike 多项式空间频率的重要参数；径向多项式 R_n^m 的表达式为

$$R_n^m(\rho) = \sum_{s=0}^{\frac{n-m}{2}} \frac{(-1)^s (n-s)!}{s!\left(\frac{n+m}{2}-s\right)\left(\frac{n+m}{2}-s\right)!} \rho^{n-2\delta} \qquad (10.120)$$

表 10.10 中给出了前几阶 Zernike 多项式的系数表，图 10.128 中以前 35 阶为例给出各阶 Zernike 像差形状图。本书后面的分析中采用 Zernike 模式法进行波面拟合以及校正，将直接用到这些定义和表示方法[235]。

表 10.10 Zernike 模式阶数排列表

径向频率数（n）	角向频率数（m）							
	0	1	2	3	4	5	6	7
1	—	1.2	—	—	—	—	—	—
2	3	—	4.5	—	—	—	—	—
3	—	6.7	—	8.9	—	—	—	—
4	10	—	11.12	13.14	—	—	—	—
5	—	15.16	—	17.18	—	19.20	—	—
6	21	—	22.23	—	24.25	—	26.27	—
7	—	28.29	—	30.31	—	32.33	—	34.35

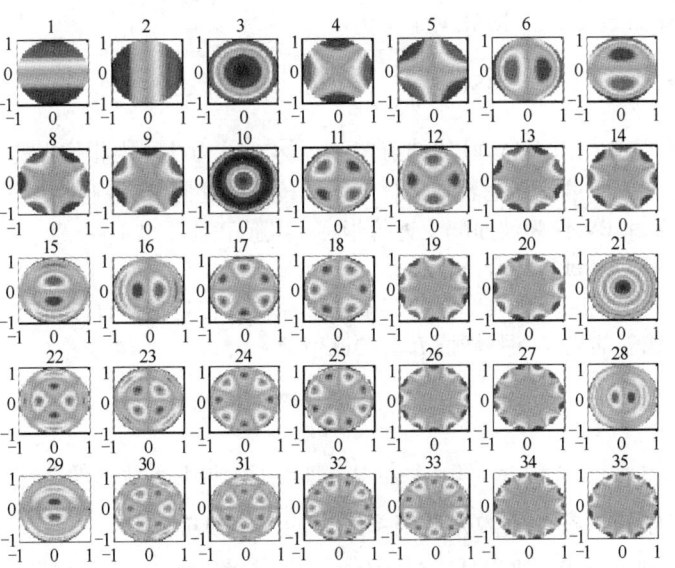

图 10.128 前 35 阶 Zernike 模对应的像差形状式

3）变形镜的工作原理

在自适应光学系统中对波前相位的补偿是由波前校正器来完成的。现在常用的波前校正器有高速倾斜反射镜（简称倾斜镜 TM）和变形反射镜（简称变形镜 DM）两种。倾斜镜的功能是使反射镜产生整体倾斜，用于校正波前整体倾斜误差；变形镜的功能是根据控制电压实时改变镜面面形，以校正整体倾斜像差以外的波前像差。

变形镜驱动器的数目是衡量自适应光学系统的复杂程度和技术水平的重要指标之一。变形镜的驱动器数量决定了系统对波前误差的拟合能力或空间带宽。变形镜驱动器的数目越多，对波前畸变的补偿能力越强。随着单元数的增加，变形镜的复杂性也随着增加，同时也增加了整个自适应光学系统的复杂性，因此必须根据使用要求选择适当的单元数。

面形影响函数是指在变形镜的第 j 个驱动器上施加电压时，引起镜面变形的分布函数。变形镜驱动器的光学影响函数一般近似为高斯或超高斯函数形式

$$V_j(x,y) = \exp[\ln\omega\sqrt{(x-x_j)^2 + (y-y_j)^2}\,/\,d^\alpha] \tag{10.121}$$

其中，(x_j, y_j) 为第 j 个驱动器的位置；d 为驱动器间距；α 为高斯函数指数；ω 为驱动器交联值。通常认为合理的交联值在 5%～12%之间。由多个驱动器共同作用后产生的面形变化为

$$\varphi(x,y) = \sum_{j=1}^{n} v_j V_j(x,y) \tag{10.122}$$

其中，v_j 是第 j 个驱动器的控制电压；V_j 为第 j 个驱动器施加单位控制电压后对光束波前的影响函数；n 为变形镜的驱动器个数。

4）光束质量评价

为了描述光学系统中成像光束的质量，需要定义一些直观的评价标准，在大气光学和自适应光学研究中常用的光束质量评价标准比较多，下面仅介绍几个与大气光通信研究相关的评价标准。

（1）波前均方根（RMS）和波前峰谷值（peak-to-valley，PV）。

由下式表示：

$$\text{RMS} = \sqrt{\frac{1}{S}\iint_s (\varphi(x,y))^2 \mathrm{d}x\mathrm{d}y} \tag{10.123}$$

$$\text{PV} = \max[(\varphi(x,y))] - \min[\varphi(x,y)] \tag{10.124}$$

均方误差（mean-squared-error，MSE）定义为

$$\text{MSE} = \sqrt{\frac{1}{S}\iint_s (\varphi(x,y) - \bar{\varphi})^2 \mathrm{d}x\mathrm{d}y} \tag{10.125}$$

其中，$\varphi(x,y)$ 为有效孔径内点 (x,y) 的波前相位；$\bar{\varphi}(x,y)$ 为孔径内相位点的平均值；S 为孔径面积。在自适应光学中，一般不考虑整体平移像差的校正，此时 RMS 也相当于均方误差（MSE）。下文中将使用 RMS 和 PV 作为波面畸变评价指标，其值正比于波面畸变。

（2）斯特列尔比（strehl ratio，SR）。

SR 是自适应光学中应用比较广泛的定量评价标准；它是指含有像差的波前远场光斑光强峰值 $I_{\max}$ 与理想无波像差的光斑光强峰值 $I'_{\max}$ 的比值：

$$\text{SR} = \frac{I_{\max}}{I'_{\max}} \tag{10.126}$$

也称为峰值斯特列尔比。SR 值介于 0～1 之间，越接近 1 说明系统的像差越小[236]。

3. 自适应光学技术在大气激光通信系统中的应用研究现状

理论上，可以利用自适应光学技术修正传输波前像差，提高光通信系统的耦合效率，并缓解

由于大气湍流效应所导致的激光光束相干性退化,提高大气激光通信链路质量。尤其是对于大气湍流信道中长距离、高码率激光通信链路,自适应光学技术显得非常必要和有效。

评估自适应光学技术对于降低大气湍流效应对通信系统性能的影响,理论分析和仿真方面,以美国的 Tyson 为主要代表[30,237],给出了开关键控(OOK)、光强调制/直接检测 IM/DD 模式下光强起伏与误码率的理论关系式。仿真结果表明:星地激光通信系统中使用自适应光学技术可以降低大气湍流所造成的信号衰减和起伏,使通信系统的误码率提高几个数量级。西班牙的 Aniceto Belmonte 等人则针对相干光通信中的相移键控 PSK 外差接收机建立了激光大气通信数学模型[238]。当接收孔径较小时,闪烁影响为主,大气湍流像差的 Zernike 模式补偿对通信质量的提高效果不大;当接收孔径较大时,闪烁影响较小,进行像差模式补偿对提高通信质量是有效果的。

10.7.3 一些自由空间光通信的示例

1. 用低阶自适应光学对激光通信误码率降低的间接测量

1)误码率评价激光通信系统

激光通信系统误码率的测量实验表明用低阶(倾斜)自适应光学系统可改进自由空间链路性能。自由空间光通信系统通过大气传播,大气湍流引起沿路径的相位变化[239]表现在光束强度变化(闪烁)[240]。这些变化是一个噪声源,降低了接收器判断调制中信息的能力[241]。评估发射器用的低阶(倾斜)自适应光学系统对减少闪烁的影响,可以提高系统的性能。

计算该系统误码率(BER)可以预测激光通信系统性能,误码率表达式取决于调制格式,它是误码(bit error)的概率,设噪声是一个高斯分布[242]

$$P(s,\text{SNR}) = \frac{1}{2}\text{erfc}\left(\frac{i_s}{2\sqrt{2}\sigma_N}\right) \quad (10.127)$$

此处,erfc 是互补误差函数[243];i_s 是信号的瞬时电流;σ_N 是噪声的标准偏差;SNR 为信噪比。开关键控(on-off-keying)调制的 BER 是一个给定的概率分布 $p_I(s)$ 所有可能的信号的平均值。$\langle i_s \rangle$ 是平均电流信号,开关键控方法 OOK 的误码率变为[244]

$$\text{BER(OOK)} = \frac{1}{2}\int_0^\infty p_I(s)\text{erfc}\left(\frac{\langle \text{SNR}\rangle_s}{2\sqrt{2}\langle i_s\rangle}\right)ds \quad (10.128)$$

在式(10.128)中,概率分布是光强度噪声,误差函数描述接收器的电子噪声。误码率与探测器接收的可能强度的这两个函数积分相关。为了进行理论分析,设概率分布是基于 Nakagami[245]的 Γ-Γ 分布[244]

$$P_I(s) = \frac{2(\alpha\beta)^{(\alpha+\beta)/2}}{\Gamma(\alpha)\Gamma(\beta)\langle i_s\rangle}\left(\frac{s}{\langle i_s\rangle}\right)^{\frac{\alpha+\beta}{2}-1} K_{\alpha-\beta}\left(2\sqrt{\frac{\alpha\beta s}{\langle i_s\rangle}}\right) \quad (10.129)$$

这种分布和 Hill 和 Frehlich[242]给出在各种条件下与 Γ-Γ 分布吻合良好[246]。式(10.129)的参数 α 和 β 相对于小和大的散射尺寸为

$$\alpha = 1/\sigma_x^2;\quad \sigma_x^2 = \exp(\sigma_{\text{Inx}}^2)-1;\quad \sigma_{\text{Inx}}^2 = \frac{0.20\sigma_1^2}{(1+0.19\sigma_1^{12/5})^{7/6}} \quad (10.130)$$

$$\beta = 1/\sigma_y^2;\quad \sigma_y^2 = \exp(\sigma_{\text{Iny}}^2)-1;\quad \sigma_{\text{Iny}}^2 = \frac{0.20\sigma_1^2}{(1+0.23\sigma_1^{12/5})^{5/6}} \quad (10.131)$$

此处,σ_1 是 Rytov 参数[241]。对于弱湍流,对数正态分布是一个很好的近似[240],虽然这两个分布很容易计算。在实验中,一个周期的时间内测量的强度,产生一个归一化强度值的直方图,然后

计算直方图的斜率,给出测量的概率密度函数(PDF),$p_l(s)$用在式(10.128)中。

在实验中,设有一个水平的 1.55 μm 红外链路,虽然实验是用可见光波长。对于 10 公里或更少,将设定 C_n^2 是一个常数,为一个平面波,自适应光学校正的 Rytov 参数为

$$\sigma_1^2 = \frac{2.606}{2\pi} k^2 C_n^2 \int_0^{2\pi} \int_0^{\infty} \left[L - \frac{k}{K^2} \sin\left(\frac{L\kappa^2}{\kappa}\right) \right] \kappa^{-8/3} \left[1 - \sum_{i=1}^{N} F_i(\kappa, D, \phi) \right] \mathrm{d}\kappa \mathrm{d}\phi \quad (10.132)$$

此处,L 是传播路径长度。

在这个积分中有自适应光学滤波器 $[1 - \sum_{i=1}^{N} F_i(\kappa, D, \phi)]$,用其处理横向空间谱($\kappa$ 依赖关系),并用自适应光学相位共轭去除空间模式[115]。自适应光学滤波器函数是从泽尼克多项式的傅里叶变换导出。D 是接收孔径直径,$J_{n+1}()$ 是贝塞尔函数,滤波器函数由下式[247]导出

$$F_{\text{even } m,n}(\kappa, D, \phi) = 2(n+1) \left[\frac{2J_{n+1}(\kappa D/2)}{\kappa D/2} \right]^2 \cos^2(m\phi) \quad (10.133)$$

$$F_{\text{odd } m,n}(\kappa, D, \phi) = 2(n+1) \left[\frac{2J_{n+1}(\kappa D/2)}{\kappa D/2} \right]^2 \sin^2(m\phi) \quad (10.134)$$

$$F_{m=0,n}(\kappa, D, \phi) = (n+1) \left[\frac{2J_{n+1}(\kappa D/2)}{\kappa D/2} \right]^2 \quad (10.135)$$

在这个实验中,只比较倾斜校正性能。不进行校正时,滤波器函数就是一个单位,单轴校正时,其滤波器变为

$$\left\{ 1 - 2 \times 2 \times \left[\frac{2J_2(\kappa D/2)}{\kappa D/2} \right]^2 \cos^2(\phi) \right\} \quad (10.136)$$

双轴校正时滤波器变为

$$1 - 2 \times 2 \times \left[\frac{2J_2(\kappa D/2)}{\kappa D/2} \right]^2 \quad (10.137)$$

观察到的孔径平均在计算和实验中的影响。对于测量,设控制带宽无限且等晕误差最小化[8]。假设没有吸收对波长的依赖,发射器功率和探测器响应的调整达到指定的电子信噪比。也就是说,研究集中在自适应光学系统像差模式的去除在空间相位控制的影响。

2)激光通信系统"闪烁"的实验系统

实验系统如图 10.129 所示,模拟了激光通信系统接收孔径和大气传播路径[247]。实验中使用一

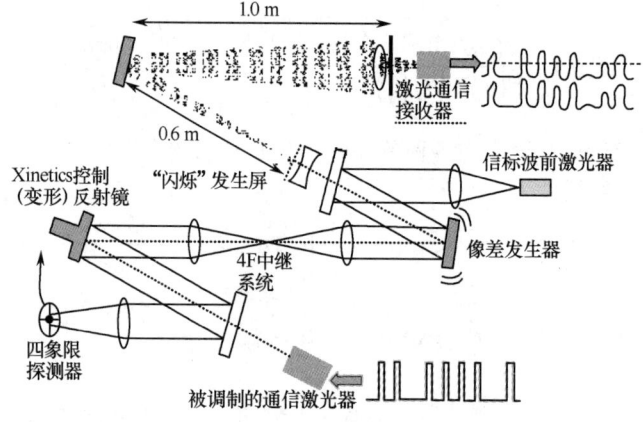

图 10.129 自适应光学激光通信实验原理图

个 10 mW 激光器（635 nm），可以调节到 450 MHz 的激光通信信道，并用一个 5 mW 激光二极管（635 nm）的信标（beacon）波前，可以改变信号强度以控制信号的信噪比（SNR）；探测器是一个上升时间为 0.35 ns 的硅 PIN 光电二极管。输入的"大气"倾斜扰动是用一个有不同的振幅和频率的双轴压电倾斜镜。并设波前信标没有等晕误差，可用以校准通信路径。一个 Xinetics（公司）双轴光束转向镜用于波前控制，实验不直接模拟 Kolmogorov 湍流的水平传播的路径，因为模拟人工产生的闪烁是在单一的平面内，而不是沿传播路径的集成。图 10.130 中长程传播路径模拟是通过一个发散透镜和一个半透明的屏在接收器孔径处提供适当大小的闪烁散斑束。屏幕接近于"产生散斑"的倾斜光束传播路径上的像差发生器，该光束离接收器约 1.6 m 的 4-F 光瞳中继透镜消除在倾斜镜上的光束变换。

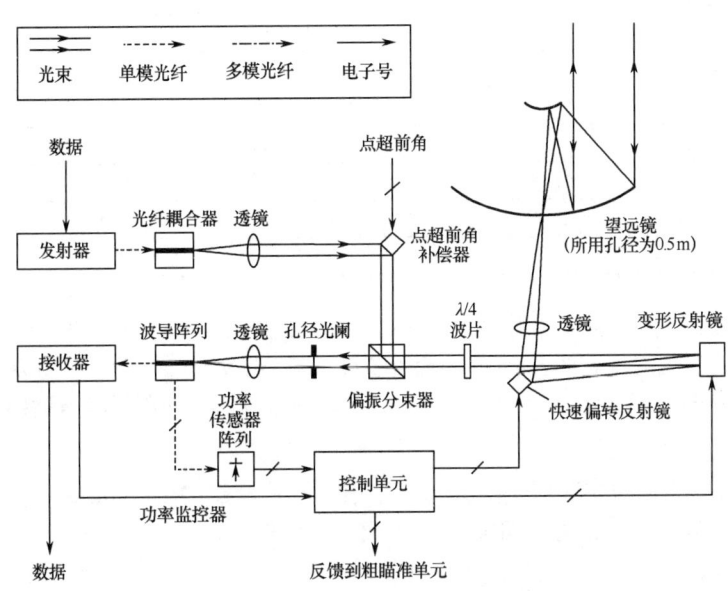

图 10.130　自适应光学激光通信系统的框图

3）激光通信系统的"误码率"的间接测量

虽然对激光器和探测器速度的调制带宽没有限制，而模拟采集板数据采集率的带宽是受限的。目前的配置在合理的时间内不能收集到足够的数据来检测 10^{-8} BER。为此，采用间接测量 BER。用式（10.127）建立的校准信号值测量该探测器—接收机噪声，然后，由式（10.129）建立概率分布，再比较开环传输和闭环自适应光学系统操作强度模式的结果。运用式（10.128）间接计算 BER。

比较 BER 的理论改进和闭环自适应：光学系统的 BER 改进，对于 6 km，$C_N^2=5\times10^{-15}$ 的情况下，理论的倾斜校正会导致孔径平均强度方差减少 30%，误码率改善了 220 倍，从 7.1×10^{-10} 到 3.2×10^{-12}。使用图 10.129 的配置从探测器—接收器在一个周期时间内收集数据。实验中重要的问题只是间接测量 BER，使光束不被调制的情况下测量接收器上的可变强度。在光束中引起的倾斜（扰动）是由像差发生器反射镜的两个相互独立轴上约 1 Hz 周期内产生对高斯噪声的控制。自适应光学系统对闭环的倾斜模式会有约三分之一的残留 RMS 波前误差未校正[148]。

2. 自适应光学系统用于地—空实验系统

1）地—空激光通信演示实验系统

在东京的通信研究实验室和国际空间站之间的激光通信演示实验（LCDE）使用低阶自适应光学系统对下行激光束耦合一个单模掺铒放大器，并降低上行链路光束漂移（wander）和闪烁（scintillations）[248]。

为证明自由空间激光通信的优点,通信研究实验室(communications research laboratorg, CRL)在位于东京西郊的光学地面站和国际空间站的日本实验模块(Japanese experimental module, JEM)之间实现一个实验链路[249]。该项目的目的是使用配备了自适应光学(AO)的地面站演示空间—地面链路的可行性。表 10.11 总结了通信链路的关键参数。为了最大化地利用陆地光纤技术,上行链路和下行链路的波长选择 1.5 μm 波带。掺铒光功率和预放大器将用于上行链路和下行链路的两种终端。另外,调制方案与地面系统兼容。

表 10.11 激光通信验证实验(LCDE)的关键参数

参量	上行链路	下行链路
波长	1.552 μm	1.562 μm
数据率	2.5 Gbit/s	1.2 Gbit/s
输出功率	0.4 W	1 W
发射望远镜口径	1.5 cm	10 cm
接收望远镜口径	50 cm	15 cm
调制方案	强度调制	
探测方案	直接探测	
灵敏度(误码率:10^{-9})	90 光子/bit	

在地面站由 JEM 接收到光辐射送入光前置放大器。因此,要求光学系统达到衍射极限。用 $\lambda=0.8$ μm 对大气湍流的测量表明,Fried 的相干长度 r_0 在 5~9 cm 之间[250]。用 $\lambda=1.55$ μm 和接收望远镜口径为 $D_r=50$ cm 可计算出 $2.5 \leq D_r/r_0 \leq 4.5$,在该范围内可使用低阶自适应光学。

2)自适应光学系统的应用

图 10.130 所示为自适应光学系统的概略框图。接口的一侧是 CRL1.5 m 望远镜,另一侧为光纤耦合的发射器/接收器。获取信号与粗瞄将由分开的子系统处理。

下行光束通过望远镜(子孔径为 0.5 m,放大倍数为 20)并由一个快速转向反射镜和 13 电极的双压电晶片反射镜(CILAS 型 BIM-I3)反射。用四分之一波片把圆偏振光转换成线偏振光,然后光束通过加于上行链路光束中的偏振分束器,最后,用一个直径为 2.5 cm 透镜接收光束,并耦合到一个偏振保持单模波导。

用快速转向反射镜和变形镜使自适应光学系统能够校正 5 种光学像差:倾斜(2 种)、离焦(1 种)和像散(2 种)。使用"多抖动算法"[251]估计和补偿流动波前的参数:每一个参数做正弦型抖动,使由此产生的振荡量最大化(即光功率耦合到接收器),并同步解调。然后,误差增益信号送入环路滤波器,并进入积分器。积分器的输出最终加入到抖动信号,以及由此产生的信号驱动各相应的执行器。

为使控制回路锁相入射波的角度必须在望远镜的视场以内,约为 $\lambda/D_r \approx 3.1$ μrad。然而,望远镜的粗瞄单元误差的 RMS 值较大。一种采集的角平均值需要另行提供。为此,开发一个基于多层聚合物光波导的器件[252]:在接收透镜焦平面内,名义上携带的通信信号单模波导是由四个紧密相间的矩形芯多模波导所围绕。在最初的获取数据期间,耦合到这些波导中的光功率由光功率传感器进行测量并由控制单元评估(见图 10.130)。此器件的功能为一个四象限探测器,无需额外的调整。控制单元由一个现成的 DSP 系统完成下行光束数据的采集和跟踪。

从一个偏振保持单模光纤的一端发出的上行信号,被透镜准直再由一个可操控的反射镜偏转。该反射镜是用来设定点提前角(point-ahead angle),即发送和接收光束方向之间的角度,这对快速移动的目标是必要的。下行链路和上行链路光束在偏振分束器处最终叠加。

3)下行链路性能

在理想的情况下,自适应光学系统将完全消除随机波前像差,光接收器将被输入恒定的光功率。然而，在现实中残余像差，即系统不能校正的或不能完善校正的像差，导致接收光功率的减少。在不能完全校正像差的情况下，功率传感器噪声、控制回路的有限带宽和抖动信号将影响着各像差的变化。

为有效地表达 AO 系统性能，在湍流存在并由 AO 控制时，要求光学发射功率达到的误码率（BER）为 10^{-9}，并和衍射受限系统所需的功率比较。在 Monte-Carlo 分析中，10 000 种不同条纹状的相位屏横向移过接收机孔径。这个 Kolmogorov 统计相位屏是使用 Winick 提出的方法生成[253]。移动每个相位屏时，进行了在前述的一个完整的多抖动控制算法的时域仿真，得到被接收功率对时间的跟踪。由跟踪数据，光功率的分布函数是可以导出的。最后，运用光学预放大检测接收器的误码率公式确定平均 BER。

在图 10.131 和图 10.132 中目前获得 $D_r/r_0=2.5$ 和 $f_n D_r/v=4$ 的结果（f_n 为控制回路的固有频率，v 为有效风速）。多抖动系统的性能几乎和"理想"的二阶 AO 系统相同，其可完全消除倾斜、离焦、像散。所接收的功率比降低大于 3.5 dB 时，概率为 10^{-3}。存在湍流时，保持 BER 为 10^{-9}，发送功率只须增加 2.3 dB。相比之下，如果只有波前倾斜被补偿，功率必须增加 14.7 dB。

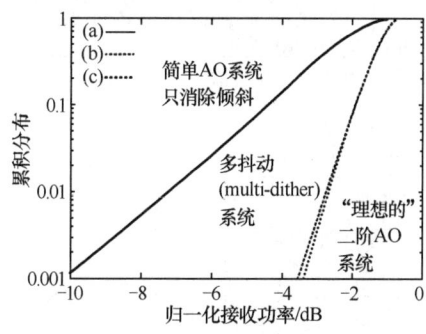
图 10.131　归一化累积分布的接收功率

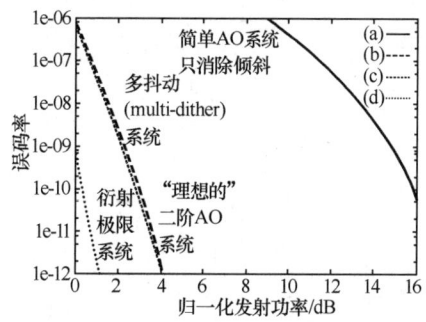
图 10.132　误码率为归一化发射功率函数

设计表明，一个简单的安装在光学地面站的低阶自适应光学系统，可提高 JEM 演示实验的链路优势。该系统采用了波前追踪的多抖动算法和焦平面波导阵列的采集[254]。实验结果表明安装在地面站的自适应光学系统仅校正低阶像差（倾斜、离焦、像散）就可以在很大程度上改进下行链路中的耦合效率和抑制上行链路中的光束漂移，可提高通信质量。

10.7.4　自适应光学结合脉冲位置调制（PPM）改善光通信性能

自由空间光通信的优点是安全，在非常大的距离有大链路带宽。地基甚至星间链路会通过大气湍流，导致波前倾斜、闪烁和光束漂移。这些均对所接收信号造成模糊，当在一个衍射受限望远镜的接收孔径有大于 Fried 相干长度 r_0 时，使接收到的能量有损耗[254]。

1. 自适应光学（AO）校正改进误码率（BER）

自适应光学（AO）已被证明通过校正波前畸变和衍射极限性能使对星体成像和自由空间通信等应用的影响减轻[255]。最近的研究结果表明用（AO）校正改进误码率（bit error rate，BER），在一个有限的范围内只有一个固定的调制格式[256]。由于链路的光子饥饿性质（photon starved nature，造成光子不足伪影或欠采样伪影），深空光通信到地基接收器采用脉冲位置调制（pulse position modulation，PPM）格式，其中的脉冲到达时间间隔由 bit 决定。这种格式比相移键控（OOK）格式更有效，在数字接收器中由一个简单阈值确定 1 或 0 的。

在前人的工作[257]中，用光子计数探测器和雪崩光电二极管（APD）分析了 PPM 性能。对光信号扰动的影响是通过一个简化的大气模拟建模，随后用 BER 数值评价。性能用执行器数目的函数 BER 或 AO 的复杂性,以及不用 AO 补偿时的 AO 系统的增益来表征。在实验中,一个单一的大面积的圆形探测器用于分析。用 APD 和不同调制格式实现 AO 增益的测量。APD 噪声限制了带有光子饥饿的深空链路的信噪比(SNR),从而限制由 AO 对 PPM 格式实现的增益。这已被实验验证。

2. 实验

美国的 JPL 于 2005 年建立了大气激光通信 AO 实验平台[258],利用模拟大气湍流做测试。在图 10.133 中给出了该 AO 光通信实验平台。该 AO 系统设计是基于用一个接收孔径为 D 的探测器收集通信信号封闭能量的 80%。不用任何 AO 校正时,未补偿的平均时间接收功率的长曝光图像的角 FWHM 光斑直径为 $\sim\lambda/r_0$。当 AO 校正增强时,能量进入衍射极限中心为 λ/D 的宽度,剩余的能量围绕该中心点形成光晕。

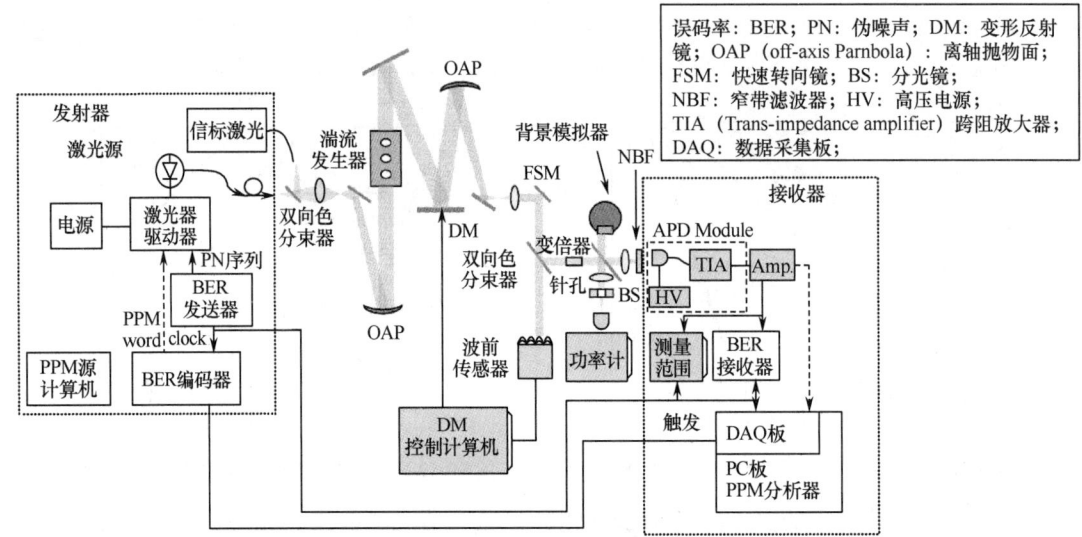

图 10.133 AO 试验台的实验室设置

当深空激光发射波长为 1 064 nm 时,1 m 接收机孔径的典型相干长度为 $r_0\approx 7$ cm。在这些条件下,在 1 m 口径内约有 30×30 执行器阵列,在直径为 0.7″光斑中的能量为 80%,湍流引起的残余波前误差(wavefront error,WFE)rms 为 30 nm。上述分析不包括望远镜经贡献的 WFE、带宽的限制、拟合误差、测量误差、等晕(anisoplanatism)和其他校准误差。分析表明,当 1 m 口径地面接收器跟踪的深空探测约 3°太阳角(deg from the sun)时,这种 WFE 校正的水平足以达到所需的波前校正和背景抑制。

为了验证理论模型,采用 7 mm 网格间距的 97 个执行器阵列的 Xynetics 变形镜。经分析表明,用 r_0=7 cm,能够实现残差 WFErms≈160 nm,并在一个 4″光斑尺寸中包含了 80%能量。虽然不用 AO 时,只有 20%的改善模糊斑大小的结果,图像清晰地显示 Strehl 比的提高,以及通信的实验结果表明 BER 性能显著提高。

AO 校正是通过倾斜反射镜和 97 个执行器变形反射镜(DM),从波前传感器用 2 kHz 反馈驱动有 6 μm 冲程的执行器。用一个封闭的、多孔的、加热的铝盘放置在扩展光束路径生成热空气均匀柱以产生湍流。在 60 cm 的光束路径末端有一个 7 cm 孔径屏。输入激光光束通过光纤射出,使在湍流器和 DM 处有均匀的光束轮廓。用一个均匀的光束轮廓模拟平面波,在校正时噪声可最小化。用一个夏克—哈特曼型(shack-hartmann type)波前传感器。传输信道由一个 1 064 nm 波长的 10 mW 的平均功率光纤耦合的激光源,被调制到超过 100 Mbit/s;瞄准的设计是从火星上的采样器获取预期的数据率;并有一个 635 nm 的信标模拟器。接收通道包括一个自由空间耦合 APD

模块，以及分析摄像机监测已校正和未校正的光束光斑尺寸，还包括一个积分球产生适当的信号模拟星空背景。变焦用于改变接收信号光斑尺度及其功率，通过调节激光的偏置电流和调制电流或在光路中放置可变中性密度（ND）滤光片来改变发射功率。接收路径中的分束器是用一个单独的功率计独立地校准接收功率。对数据探测器的接收功率是通过对应于探测器直径进行测量和校正的 FWHM 高斯光斑。通信信道的典型传输是用一个二向色分束器来分选 20%量级信标信号用于波前传感器相机。由字长 PN7OOK 调制的伪随机比特序列（pseudo random bit sequence，PRBS）模式提供发射器耦合逻辑（emitter coupled logic，ECL）被调制的信号。该探测器是一个 500 μm IR-增强 APD 探测器，在一个标准模块中集成一个跨阻放大器（transimpedance amplifier，TIA）和高压电源。调整 APD 高压增益以优化给定装置的 BER。

由于未知的 APD 的增益值和输出信号的交流耦合，对 APD 探测器实际入射功率难以确定。如一个 500 μm 针孔和一个同尺寸的探测器放在功率计测量位置的前面，用 APD 测量功率。不仅是功率监测，还可以采样时间跟踪以了解湍流信道特性的退化。退化的深度和持续时间的最小化是提高自由空间光通信的通信性能的关键。虽然时间的反应是相当缓慢的（亚千赫，subkilohertz），人工改变入射信号显示出接收器的响应衰退近于毫秒，当没有 AO 校正测量衰退时，足以提供准确的功率测量。考虑在光学系统所接收光束的散射，在被接收光束轮廓基底杂散光强的升高信号，可通过针孔来校准。

3. BER 性能

把发射器和接收器放置在 AO 试验台上，在受控方式下引入湍流和背景光。光路校准，特别是光斑尺寸的接收和缩放装置[258]；可以引入入射到探测器上的 40 nW 最大背景信号。对 100 μM 的光点尺寸，把 1 064 nm 中心波长的 25 nm 带通滤波器放在探测器前面，BER 通常降低了一个数量级。设在 50%透过率的 1 m 望远镜的探测器视场为 200 μrad，这对应于天空辐射度约为 9×10^4 μW(srnm)或升日探测角度（sunearth-probe angle）≈2°。通常，用光子计数探测器时宜取足够小视场，以减轻背景影响。

图 10.134 为在湍流存在时的光斑尺寸，图 10.134（a）为 BER=0.2 和光斑尺寸的 FWHM=1.3mm；图 10.134（b）为 BER=0.8×10^{-4} 和光斑 FWHM=250 μm；其中 $r_0\approx 9$ mm。注意：图 10.134 是由相机的自动增益控制缩放，其彼此相对强度水平没有进行缩放。

保持背景光水平在最大，用一个较小的接收信号功率水平-40 dBm 逐渐引入湍流到光路中。由于湍流器升温，热空气形成对流模式，导致光束中产生闪烁。对于在光路

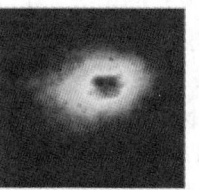 

(a) 无AO校正　　　(b) 采用AO校正

图 10.134　在湍流存在时的光斑尺寸

中 $r_0\approx 9$ mm 或用 1 m 望远镜观察天空中为 13 cm 时，误码率的影响和光斑尺寸如图 10.134 所示。较大光斑是在几秒的时间内大约 30 Hz 每帧的平均值。通过激活的 DM 和倾斜反射镜的 AO 校正，给出了约 220 μm FWHM 的光点尺寸。给出的 500 μm 探测器直径和模拟用 FWHM 直径表示的高斯湍流光束，降低接收功率与 BER 减少相关得很好。AO 校正提高 BER 超过两个数量级。然而，仍然有一些未被 DM 和倾斜反射镜校正的残余 WFE。这种残余波前误差是由于波前传感器的相机和分析相机光学通道之间非共路径误差引起的，可以通过改进的校准方法减少。一个较大的闭环带宽和更快的波前重构器也将用于此系统跟踪湍流效应，具有更快的响应时间和提高 AO 校正。

总之，通过建成自由空间光通信测试台并测试了一个大气湍流模拟器，包括多孔的加热板和一个 AO 校正系统。通过控制 97 个执行器变形反射镜和快速倾斜反射镜，波前传感器检测并校正光束畸变和光束轮廓。用一个 100 Mbit/s OOK 或 PPM 数据流入射到 Si APD 进行验证通信性能的增益。实验安排在深空间光通信实验室测试台上，并证明有一个固定的 BER 时，超过 5dB 的信

号增益,与数值模拟结果吻合。在 AO 校正下改进的 BER 性能也显示了信号衰退水平的降低。

10.7.5 无波前传感自适应光学(AO)系统

无波前传感自适应光学(AO)系统不依赖波前传感器,可直接对系统性能进行优化。下面基于随机并行梯度下降(SPGD)算法,用 32 单元变形镜、CCD 成像器件等建立了无波前传感自适应光学系统实验平台。实验结果表明,参量选取合适时,系统对畸变波前具有较好的校正能力,但受限于较低的 CCD 采样频率,仅能校正静态或缓慢变化的像差。

常规自适应光学(AO)技术采用波前传感器探测畸变波前相位信息,由波前控制器根据畸变波前相位信息重构出波前,再使用波前校正器校正畸变波前[30]。常规自适应光学技术在较强的振幅起伏情况下,光束波前产生不连续性,给波前探测带来很大误差,基于相位共轭的补偿效果显著受限。无波前传感自适应光学技术可不受闪烁效应等畸变条件的限制,把波前校正器所需控制信号作为优化参量,以成像清晰度、接收光能量等系统性能指标作为优化算法的目标函数,优化得到接近理想的校正效果。与常规自适应光学技术相比,无波前传感自适应光学系统复杂性降低,且由于无须进行波前测量,比较适用于闪烁效应较为严重的大气光通信等应用领域。无波前传感自适应光学系统技术早期采用的多元高频振动法[202]对系统的带宽要求高、信噪比低且硬件实现复杂,而爬山法[84]收敛速度太慢。随机并行梯度下降(SPGD)算法[31]适用于自适应光学技术在强闪烁条件下的应用,它并行控制波前校正器各个通道,使得收敛速度提高。

下文叙述了无波前传感自适应光学系统实验平台,根据实验结果分析基于随机并行梯度下降控制算法的无波前传感自适应光学技术在大气光通信中的应用方法和可能性。

1. 实验装置

图 10.135 为实验光路及系统控制图,主要由激光器、扩束系统、CCD 探测器、计算机、高压放大器及变形镜(DM)组成。其中计算机内的软件、图像采集卡和模数(D/A)转换卡共同完成随机并行梯度下降控制算法。光源从激光器发出,经反射镜 M_1、M_2,透镜 L_1,棱镜,反射镜 M_3、M_4,由透镜 L_2 扩束成为 ϕ 20 mm 的平行光束,像差光束传输到变形镜后返回,经 L_2、M_4、M_3、棱镜、放大镜 L_3 至 CCD 成像。图像采集卡从 CCD 探测器采集畸变波前对应的光强信号,系统根据随机并行梯度下降控制算法计算出控制变形镜面形变化的电压信号。控制电压通过一个 32 通道的扩展接口总线数模转换卡并行输出,电压范围为±5 V,经过高压放大到±500 V 驱动 32 单元变形镜各执行器。再次由 CCD 探测经变形镜面形校正后的残余畸变波前,进入下一个控制循环。系统以上述迭代方式对变形镜进行控制,校正像差,使成像 CCD 上最终得到接近衍射极限的成像效果[28]。

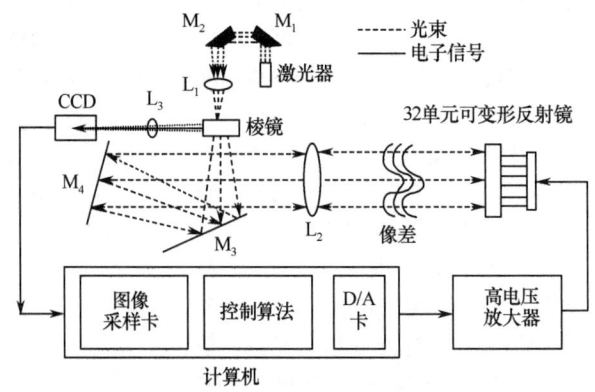

图 10.135 实验光路及系统控制回路

用 VC++6.0 编程环境，采集卡的图像信息处理、控制算法的实现以及整个校正过程的监控都在计算机上实现。再经测量定标，成像系统在所使用光源波段等效焦距为 8.86 m，理论极限半峰全宽（FWHM）为 4.57 pixel。以 CCD 像面质心为中心截取 256 pixel×256 pixel 像面，把所有像素点的灰度值 I 分别平方然后求和时，就可得到实验采用的性能指标 J

$$J = \sum_{x=1}^{256}\sum_{y=1}^{256} I^2(x,y) \tag{10.138}$$

2. 算法实现

随机并行梯度下降算法利用性能指标测量值的变化量 ΔJ 与控制参量的变化量 Δu 进行梯度估计，以迭代方式在梯度下降方向上进行控制参量的搜索。第 k 次迭代时，电压向量为 $u(k) = \{u_1, u_2, \cdots, u_n\}$（$n$ 为波前校正器单元数）的计算公式为

$$u^{(k)} = u^{(k-1)} + \gamma \Delta u^{(k)} \Delta J^{(k)} \tag{10.139}$$

式中，$\Delta u^{(k)} = \{\Delta u_1, \Delta u_2, \cdots, \Delta u_n\}^{(k)}$ 为第 k 次迭代时施加的扰动电压向量，单位为 V，各 Δu_i 相互独立且同为伯努利分布[259]，即各分量幅值相等 $|\Delta u_j| = \delta$，$\Pr(\Delta u_j = \pm\delta) = 0.5$；$\gamma$ 为增益系数，实验中性能指标向极大方向优化，γ 取正值。性能指标 J 的变化量 $\Delta J^{(k)}$ 为

$$\Delta J^{(k)} = J_+^{(k)} - J_-^{(k)} \tag{10.140}$$

式中

$$\begin{aligned} J_+^{(k)} &= J[u^{(k)} + \Delta u^{(k)}] \\ J_-^{(k)} &= J[u^{(k)} - \Delta u^{(k)}] \end{aligned} \tag{10.141}$$

随机并行梯度下降算法（第 k 次迭代时）的执行过程：①随机生成扰动向量 $\Delta u^{(k)} = \{\Delta u_1, \Delta u_2, \cdots, \Delta u_n\}^{(k)}$；②分别将 $u^{(k)} + \Delta u^{(k)}$ 和 $u^{(k)} - \Delta u^{(k)}$ 施加到变形镜驱动器，测量 $J_+^{(k)}$ 和 $J_-^{(k)}$。根据式（10.140）计算目标函数的变化量 $\Delta J^{(k)}$；③利用过程②更新控制参量，进行第 $k+1$ 次迭代，直至满足算法结束条件。影响随机并行梯度下降控制算法校正效果和收敛速度的主要参量为扰动幅度 δ 和增益系数 γ。像差变化不大时，只须把 δ 和 γ 中的一个固定在合适的范围内，调整另外一个[241]。经过参量优选，把 δ 定在 0.1 V，γ 取 1.2。

3. 实验结果

图 10.136 为算法迭代 1 000 次的性能指标 J 变化曲线。J 初始值为 0.2×10^5，校正结束后为 10.6×10^5，增大了 53 倍。图 10.137 为相应的峰值变化曲线，初始峰值为 23，校正结束后为 234。图 10.138 为校正前后 CCD 像面光强分布对比。

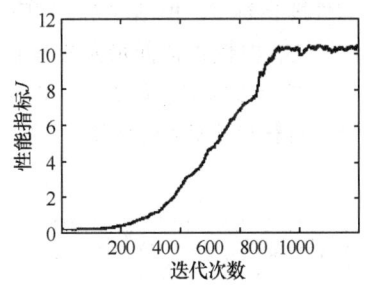
图 10.136 性能指标 J 与迭代次数的曲线

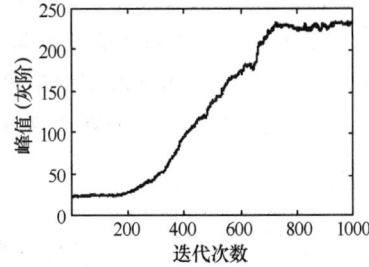
图 10.137 峰值随迭代次数的变化曲线

从图 10.136～10.138 可以看出，性能指标、光强峰值及整个靶面光强分布校正后均有明显改善。实验系统的理论极限半峰全宽为 4.57 pixel，校正后半峰全宽为 5.74 pixel，因此可得到 5.74/4.57 = 1.25 倍衍射极限的校正效果。

为便于分析，把扰动电压施加到变形镜、图像采集、数据处理这样一个流程，称为一个扰动过程。实验完成一次电压扰动实际用时约为 50 ms，即扰动频率为 20 Hz。采集卡的采样频率为 25 Hz，一次图像采集约需 40 ms，这样对 CCD 采样时间便占去一次扰动时间的 80%，可见采样频率太低是系统时间上的限制，因此，仅能校正静态或缓慢变化的像差。根据文献，为了校正大气湍流动态像差，随机并行梯度下降控制算法所需扰动频率大约为 20~40 倍的 Nf_G，N 为校正器单元数，f_G 为大气湍流动态像差的格林伍德（Greenwood）频率，这样扰动频率才能跟得上变化着的波前扰动[260]。如果 f_G=10 Hz，采用实验中的 32 单元变形镜，则需要的扰动频率应为 6 400 Hz。所以随机并行梯度下降算法的校正速度要适用于大气湍流的动态像差，很有必要提高扰动频率。

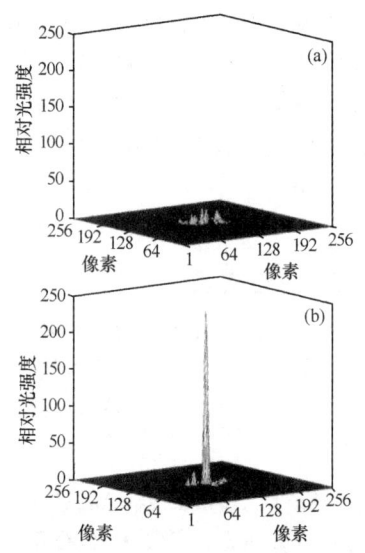

图 10.138　校正前（a）与迭代 1000 次后；（b）CCD 像面的光强分布对比

4. 无波前传感自适应光学技术在大气光通信中的应用

当信号光在近地面水平长程传输时，即使是弱湍流条件，随着传播距离的增加，信号光到达接收孔径时依然会产生较强闪烁效应，而闪烁效应相当于一个随机噪声源，可能会导致通信突发性错误，甚至中断，严重影响通信质量[261]。Weyrauch 等[150]的无波前传感自适应光学系统实验平台把接收器接收到的信号强度作为优化性能指标，在中等闪烁条件下使用自适应光学技术时的性能指标大约是不使用时的 2 倍。注意到电压扰动频率受限于变形镜的响应时间，而不是随机并行梯度下降算法所能达到的迭代速度。采用高速的光电探测器件、高速数据处理以及响应速度高的波前校正器与自适应光学算法相配合可用于补偿大气光通信中的大气湍流扰动。如高速的光电探测器件采用针孔，高速的数据处理采用超大规模集成电路，响应速度高的波前校正器基于微机电（MEMS）技术则可组成低成本、低复杂度的自适应光学系统[262]，其电压扰动频率可达波前校正器的工作频率。基于随机并行梯度下降算法的自适应光学系统不但能够工作在常规自适应光学技术的弱、中等湍流情况下，且有可能适应强湍流环境。

无波前传感器的自适应光学技术与大气光通信的结合可采用多种方式。图 10.139 中把自适应光学部分放置在接收端，受大气扰动的光信号经接收天线后进入自适应光学校正器，其把光电探测器的探测信息作为随机并行梯度下降控制算法优化的性能指标 J，根据 J 计算出波前校正器所需的控制信号 $\{u_1, u_2, \cdots, u_n\}$ 并送到波前校正器各执行器，使波前校正器面形发生变化补偿畸变波前。自适应光学校正后的信号再送解调电路解调出通信数据。为增强通信系统吞吐率，需要把接收到的光束耦合到单模光纤中，可把耦合效率作为随机并行梯度下降控制算法优化的性能指标，从而提高耦合效率。

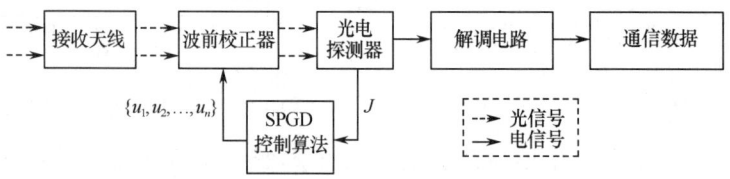

图 10.139　在接收端使用自适应光学技术的大气光通信系统模型

如果仅在接收端进行补偿,只能补偿已进入接收孔径内的光波畸变,补偿能力有限。为使接收孔径上接收到的光强最大,可以在发射端使用基于随机并行梯度下降控制算法的自适应光学技术对发射光束进行预补偿,如图 10.140 所示,把接收端接收的光强信号反馈回发射端作为随机并行梯度下降控制算法优化的性能指标。随机并行梯度下降控制算法根据 J 的变化计算出波前校正器所需控制信号并加到其各驱动器,这样便把预补偿信息添加到了调制后的发射光波上,再经发射天线发射出去。其中,反馈信号可以通过时分或波分方式与通信信息一起从接收端发送回发射端。另外,还可使用来自信标光的信息作为随机并行梯度下降控制算法优化的系统性能指标,这些信息中含有传播路径上的光波畸变信息,其补偿原理类似于常规自适应光学技术。当路程远时,在发射端使用自适应光学技术会存在一定的延时。

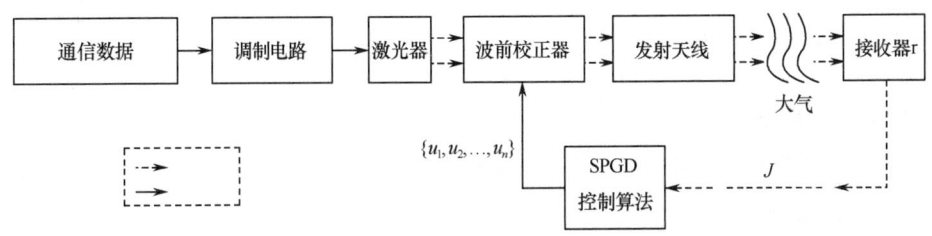

图 10.140　在发射端使用自适应光学技术的大气光通信系统模型

实验结果表明,在参量选取合适的情况下,系统对畸变波前具有较好的校正能力,但受限于较低的 CCD 采样频率,仅能校正静态或缓慢变化的像差。基于随机并行梯度下降控制算法的无波前传感自适应光学技术在大气光通信的应用中,采用高速的光电探测器件、高速的数据处理、响应速度高的波前校正器与随机并行梯度下降算法相配合可用于补偿大气光通信中的大气湍流扰动。

10.8　自由空间激光通信终端系统原理

自由空间(含星载)激光通信系统由多个子系统构成,其结构及工作原理叙述如下[263]。

10.8.1　终端系统结构和工作原理

1. 终端系统结构

终端系统组成原理框图如图 10.141 所示,可分为三部分:激光收发子系统,捕获跟踪瞄准(ATP)子系统,光学平台子系统。光学平台子系统包括激光准直系统、光学天线、中继光学系统等。

2. 终端系统工作原理

卫星光通信系统主要由激光发射系统和激光接收系统构成:在激光发射信道中,终端系统使用两个不同的激光器产生信号光和信标光,发射激光由准直系统准直后,具有合适的发散角,再经合束镜、预瞄准装置、分色镜和光学天线后,将激光束射向目标卫星终端。在激光接收信道中,目标卫星发射过来的激光束由激光接收机的光学天线收集,经分色镜后信号光和信标光被分开,信标光入射到粗瞄准探测器;信号光经过分束镜后被分为两部分,一部分聚焦到精瞄准探测器上,一部分聚焦到通信探测器上。

星载激光通信终端系统分为三部分,如图 10.142 所示。

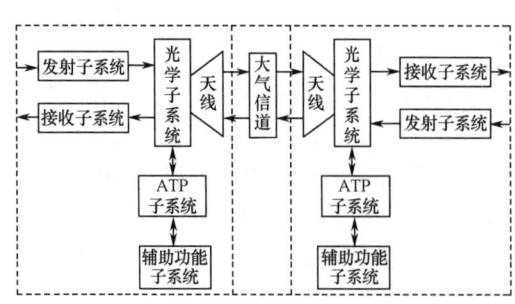

图 10.141 激光通信终端系统组成原理框图

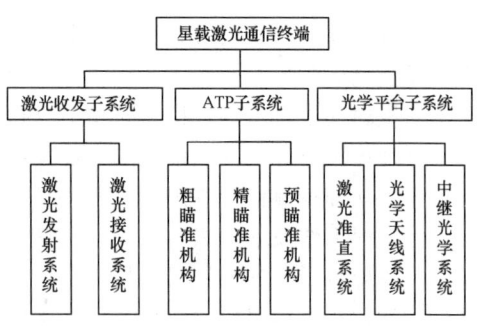

图 10.142 星载激光通信终端系统结构

10.8.2 激光收发子系统

1. 激光发射系统

该系统主要由激光器、调制器、准直系统和光学发射天线组成[264]。

1）激光器的选择

在星载激光通信系统中，应用较多的激光器主要有 850 nm、1 064 nm 及 1 550 nm 三个波段，不同波段的应用特点如下[264]：850 nm 波段多使用半导体激光器如 AlGaAs 激光器，所用设备相对便宜，缺点是发射光功率较小，需用多个激光器才能实现远距离激光传输。1 064 nm 波段多使用固体激光器，波长稳定性好、发射功率大，特别是 Nd∶YAG 固体激光器，能够在 1 064 nm 波段发出大功率激光，也能发出 532 nm（倍频输出）激光，具有良好的时间、空间相干性，且输出光束质量较高，光束发散角与光谱线宽比半导体激光器小几个数量级，比较适合空间应用。不足之处在于激光器光电转换效率低。1 550 nm 波段多使用光纤激光器，可通过波分复用技术提高空间激光通信的通信容量。目前光纤激光器需要解决的是光纤的耦合问题。

半导体激光器泵浦 Nd∶YAG 激光器适合作为星地光通信链路中的发射光源：通信光源用于传输信息，应该具有较好的光束质量和较高的频率响应，由于信号光的发散角通常很小，光能损耗较小，故对激光器功率要求相对较低。

信标光源的主要功能是实现卫星终端捕获、跟踪及瞄准，为了使通信双方快速准确地相互瞄准，信标光源应该具有较大的光束发散角，光能损耗较大，同时要保证激光接收系统能接收到足够能量的光信号，所以信标光源要具有足够大的发射功率。在星载激光通信系统中，信号光源与信标光源的中心波长应该有所区别，这样有利于隔离信号光与信标光，从而避免相互之间的干扰。

2）光束发散角

由于通信终端之间距离遥远，故对激光束的发散角有严格的限制。通信终端系统要求光束的发散角通常在 50~1 000 μrad 之间，可以减小光学接收端的损耗，保证远距离光信号传输。激光器发射的光束一般是高斯光束，在空间传播过程中逐渐发散展宽。所以设计时必须对高斯光束发散角进行压缩，使得接收端聚焦光斑尺度在通信要求范围内。

3）发射天线口径的选择

选择发射天线口径的原则是使激光发射系统的增益最大。理论上，天线口径越大，增益越大。但是天线口径的增大使光学天线的体积和质量相应增大。故发射天线孔径的选择在理论上根据限制光束衍射的发散角，可以用圆孔衍射的艾利斑第一个暗环确定衍射角 θ，发射天线孔径可由式（10.2）表示[265]

$$\theta = 1.22\lambda/D$$

其中，D 为光学天线直径。显然波长越短，光束的衍射角越小。若取天线口径 D=100 mm，几个典型波长（λ=530 nm、850 nm、1 064 nm、1 550 nm）对应的衍射角分别为：$\theta \approx$7、11、13、19 μrad。要维持一定的发散角，对于较长波长就要采用较大的望远镜孔径。根据能量和质量要求，可以对光学天线孔径选择时采取孔径与工作波长折中的方法设计。如选择 1 064 nm 作为系统工作波长，光束发散角要满足 0.05～1.0 mrad 条件，同时考虑接收效率和加工难度，可将发射天线的口径设计为 200 mm。

2．激光接收系统

激光接收系统用于收集入射光场，并处理恢复传输的信息。光接收器子系统由光学接收天线、光滤波器、探测单元和解调器组成，如图 10.143 所示。

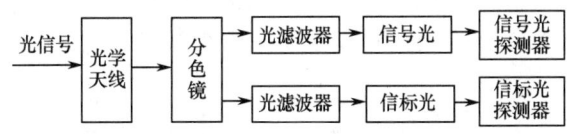

图 10.143　激光接收系统原理框图

1）探测器的选择

在星载激光通信应用中，对于接收到的光波波长，光电探测器应该具备较高的灵敏度探测微弱信号，还要有足够宽的带宽以适应接收光信号的带宽。在卫星光通信终端系统中，捕获跟踪瞄准单元（ATP）功能的实现离不开光电探测器。终端光学系统的设计基于满足 ATP 功能的实现，终端系统设计中考虑应用四个探测器：粗瞄准探测器、精瞄准探测器、预瞄准探测器、通信探测器。粗瞄准探测器接收信标光，用于捕获和粗跟踪；精瞄准探测器和预瞄准探测器接收信号光，用于实现精跟踪；通信探测器接收信号光，用于完成通信任务。

针对不同用途选择探测器的类型：粗瞄准探测器要求能迅速获取光斑偏移误差信号，国外卫星光通信系统试验方案多采用电荷耦合器件（CCD）作为粗对准单元探测器，这是由于 CCD 阵列视场大，可以实现对较大区域内目标的快速捕获与粗跟踪。精瞄准探测器要求能精确获得光斑偏离中心的误差信号，四象限探测器（QD，quadrant detector）能满足要求。该探测器视场较小，光灵敏度很高，响应速度很快，采样频率可达千赫兹以上，是精瞄准探测器的一种理想选择。通信接收机在特定波长范围内必须有高灵敏度和低动态范围，在这方面性能最为突出的是雪崩光电二极管（APD），该类探测器灵敏度高，适合作为通信探测器。

2）光学滤波器的应用

光学滤波器对波长具有选择性，能够减小背景辐射光，提高接收系统的信噪比。其性能要求如下：

（1）中心波长。与激光器发射波长相适应，光学滤光器的基本类型有吸收滤光器、干涉滤光器、双折射滤光器和新型的原子共振滤光器等。吸收型滤光器一般是与透镜或探测器表面喷涂涂层材料，对入射光中某些波长吸收，而允许其他波长的光通过。干涉型滤光器是利用反射波振幅的相长或相消来提供选择性滤波。双折射型滤光器是利用光波通过双折射晶体时所产生的偏振态的改变。原子共振滤光器是利用某些材料的原子与输入光场发生谐振作用，产生原子谱线线宽量级的通带宽度，理论上其有可能实现几分之一埃的带宽。在激光通信中，对光学滤波器的选择考虑下述几个主要参数：像元尺寸为 10 μm×10 μm，属于帧转移型面阵 CCD，具有光敏区、帧存储区、放大输出单元、水平移位寄存器等主要结构。具有光积分时间可调节及快速清除残余电荷的功能。跟踪探测器采用四象限探测器 Q-PIN，响应速度快，采样频率在千赫兹以上，灵敏度很高，但视场较小，因此用于精瞄准和精跟踪阶段。通信探测器采用灵敏度更高的 APD 探测器，如 Hamamatsu 公司的 Si-APD。峰值波长为 850 nm，光敏面积为 0.2 mm^2，增益可以达到 100，光电灵敏度为 0.5 A/W。

（2）希望透过率较高，损失小。

（3）带外透过率越小越好。

（4）通带宽度。理论上应尽量窄，但由于激光器的波长随温度的升高有一定范围的波动，所以光滤波器的通带也不宜过窄。

10.8.3 捕获跟踪瞄准（ATP）子系统

1. 基本原理

捕获跟踪瞄准（ATP）系统的工作原理：在接收端探测发射端发出的信标光，并对之进行捕获、跟踪，然后返回信标光到发射端，以完成点对点的锁定，在两端之间建立通信链接。之后，双方用通信光束开始传输数据，实现通信。在整个通信过程中，这一链接需要一直保持。为此，可考虑通信通道与信标信道合一，维持跟踪，直到通信结束。

2. 组成结构

ATP系统主要包括三部分：粗瞄准机构、精瞄准机构、预瞄准机构。此外，一个完整的ATP系统还应包括捕获探测器、跟踪探测器及其电子系统、控制计算机及其输入输出接口等。

粗瞄准机构主要包括一个万向转台以及安装在上面的望远镜、一个中继光学机构、一个捕获传感器、一套万向转台角传感器设备，以及万向转台伺服驱动电机。在捕获阶段，粗瞄准机构工作在开环方式下，它接收命令信号（该命令信号由上位机根据已知的卫星运动轨迹或星历表给出），将望远镜定位到对方通信终端的方向上，以便来自对方的信标光进入捕获探测器的视场（FOV）。在粗跟踪阶段，它工作在闭环方式下，根据目标在探测器上的位置与探测器中心的偏差来控制万向架上的望远镜，它的跟踪精度必须保证系统的光轴处于精跟踪探测器的视场内，以确保入射的信标光在精跟踪瞄准控制系统的动态范围内。另外，由于粗跟踪环的带宽比较低，一般只有几赫兹，它只能抑制外部干扰的低频成分。在跟踪过程中，粗瞄准一般要求视场角为几 mrad，灵敏度约 10 pW，跟踪精度几十 μrad。

10.8.4 光学平台子系统

该平台主要由激光准直子系统、光学天线子系统、中继光学系统等空间光学器件构成。

1. 激光准直子系统

激光通信系统要实现与远距离目标通信，首先依赖于激光发射系统出射的激光束质量。要求通信激光束的发散角非常小，故须对光束进行准直。激光器发射的光束大多属于高斯光束，而其传输规律不同于几何光束的透镜变换规律，故在设计激光准直系统之前，须根据高斯光束的透镜变换规律对准直系统进行分析。

1）高斯光束的透镜变换理论

高斯光束的透镜变换特性通过光斑半径 $\omega(z)$ 和波前半径 $R(z)$ 来解释，表示为[234]

$$\omega(z)=\omega_0[1+(\frac{\lambda z}{\pi \omega_0^2})^2]^{1/2} \tag{10.142}$$

$$R(z)=z[1+(\frac{\pi \omega_0^2}{\lambda z})^2] \tag{10.143}$$

式中，z 定义为在光束传输方向上以光束束腰位置为原点的坐标；$\omega(z)$ 表示 z 处的光斑半径（光强下降到光斑中心光强的 $1/e^2$ 处的光斑半径）；$R(z)$ 表示距束腰 z 处光束等相位面的曲率半径；ω_0 表示高斯光束的束腰半径。由式（10.142）和式（10.143）可知，只要确定了束腰半径和位置，该高斯光束就被唯一确定。为便于处理高斯光束的传播和变换问题，引入高斯光束参数 $q(z)$，高斯光束的光束参量 $R(z)$ 和 $\omega(z)$ 可通过 $q(z)$ 来代替，表示成

$$\frac{1}{q(z)} = \frac{1}{R(z)} + i\frac{\lambda}{\pi\omega^2(z)} \tag{10.144}$$

$$q(z) = q_0 + z \tag{10.145}$$

式中，$q(z)$ 表示坐标 z 处的光束复参数；q_0 表示束腰处的光束复参数，$q_0 = i\pi\omega_0^2/\lambda$。如图 10.144 所示，$q(z)$ 满足几何光学的近轴成像关系。

$$\frac{1}{q_2} = \frac{1}{q_1} = \frac{1}{f'} \tag{10.146}$$

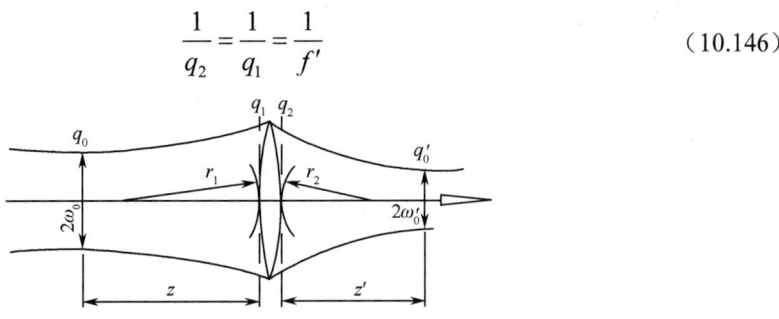

图 10.144 高斯光束的透镜变换原理图

由式（10.142）~式（10.145）可得

$$\begin{cases} z' = f'\dfrac{z(z-f') + (\dfrac{\pi\omega_0^2}{\lambda})^2}{(z-f')^2 + (\dfrac{\pi\omega_0^2}{\lambda})^2} \\ \\ \omega_0'^2 = \dfrac{f'^2\omega_0^2}{(z-f')^2 + (\dfrac{\pi\omega_0^2}{\lambda})^2} \end{cases} \tag{10.147}$$

式中，f' 为透镜焦距；λ 为激光波长；ω_0、ω_0' 分别为物方和像方束腰处的光斑半径；z、z' 分别是物方和像方的束腰位置到透镜的距离；q_0、q_0' 分别是高斯光束在透镜物方和像方束腰处的复参数；q_1、q_2 分别是透镜两镜面处的复参数。q_0'、q_2 分别是 q_0、q_1 的像。对式（10.147）进行分析可知，当 $z \gg f'$ 时

$$\begin{cases} z' \approx f' \\ \omega_0'^2 = \dfrac{\lambda}{\pi\omega(z)}f' \end{cases} \tag{10.148}$$

当 $z = f'$ 时

$$\begin{cases} z' \approx f' \\ \omega_0' = \dfrac{\lambda}{\pi\omega_0}f' \end{cases} \tag{10.149}$$

因此，当入射高斯光束的束腰与透镜的距离远大于透镜焦距时，则光束的束腰聚焦在透镜的像方焦点附近；当入射高斯光束的束腰与透镜的物方焦面重合时，光束在像方的束腰半径将得到最大值，并且与像方焦面重合。

2）高斯光束的准直原理

实际工作中常用的激光束准直方法为倒置望远镜法。假设高斯光束的物方光束腰斑半径为 ω_0，则其远场发散角 θ_0 可表示为[266]

$$\theta_0 = \frac{\lambda}{\pi\omega_0} \tag{10.150}$$

由上式可知，远场发散角 θ_0 与光束腰斑半径 ω_0 成反比关系。若光束腰斑半径 ω_0 增大 M 倍，则远场发散角 θ_0 缩小为原来的 $1/M$，从而达到对光束进行准直的目的，可以借助透镜来改善高斯光束的方向性。同时，式（10.150）也说明要得到发散角为零的高斯光束或者实现理想的光束准直是不可能达到的，因为要得到零发散角的条件是光束在物方的束腰半径为无穷大，显然这不可能实现。

由上述可知，若束腰半径增大，则远场发散角将会减小。这就是准直系统的优点之一，既实现了对激光束的准直目的，同时扩大了光束束宽，正好满足卫星光通信中激光准直和扩束的要求。假设光束腰斑半径为 ω_0 的高斯光束入射到焦距为 f' 的透镜上，由公式（10.147）可知，当 $z = f'$ 时，ω_0' 达到极大值。

$$\omega_0' = \frac{\lambda}{\pi \omega_0} f' \tag{10.151}$$

此时，θ_0' 有极小值

$$\theta_0' = \frac{\lambda}{\pi \omega_0'} = \frac{\omega_0}{f'} \tag{10.152}$$

由此可见，在满足 $z = f'$ 的条件时，像方高斯光束的方向性与腰斑 ω_0 的大小有直接联系。腰斑 ω_0 越小，像方高斯光束的方向性越好。若腰斑 ω_0 一定时，焦距 f' 越大，像方高斯光束的方向性越好。将这两个结论结合起来考虑，可采用二次透镜变换形式实现激光准直，先用一个较短焦距的透镜将高斯光束聚焦，由此获得极小的腰斑，再用一个较长焦距的透镜来改善其方向性，这样便可实现对激光束的准直目的，前提是两个透镜共焦点。该准直系统形式与倒置的望远镜系统相同。

3）准直系统结构的选择

下面针对伽利略式准直镜和开普勒式准直镜进行分析。

（1）伽利略式准直镜。伽利略准直镜通常由正负光焦度组合而成，有一个公共的虚焦点。该类型准直镜球差较小，波前畸变小，有消色差的优势，其局限性是不能实现空间滤波。

（2）开普勒式准直镜。开普勒准直镜通常由两个正光焦度透镜组合而成，有一个公共的实焦点。可以在共焦点上放置小孔来实现空间滤波。在需要空间滤波或者进行大倍率压缩光束时，常使用开普勒式准直镜。不足之处是该系统不适用与强激光准直扩束，因为强脉冲激光过度聚焦时将会出现空气击穿现象。

为避免空气击穿现象，准直系统可采用伽利略式正负透镜的组合。不但可以避免高度聚焦造成空气击穿现象，同时也缩短了系统的工作距离，对校正系统球差也更有利。

2．光学天线子系统

在星载激光通信应用中，光学天线发挥着重要作用。透射式、反射式和折反射组合式等都可作为光学天线的设计类型[267]。

1）透射式光学天线

对于透射式系统，加工球面透镜较容易，通过增加镜片易消除各种像差，缺点是存在残余色差、光能量损失较大、口径不能太大。这类天线的基础结构分为伽利略望远镜和开普勒望远镜。

2）反射式光学天线——反射式望远镜

反射式望远镜与透射式相比具有大口径、重量轻、光能损失小、无色差、传输效率高等优点。不足之处是存在中心遮拦现象。典型反射式系统包括牛顿望远镜、格里高里望远镜和卡塞格林望远镜。

由于终端光学系统只用于探测信号，并不要求成像分辨率很高，但要求光束传输性能必须要好，在光束控制方面要求较严。发射系统的激光发散角必须通过透镜整形，压缩发散角到吉度量级。可对发射光束实现二级准直,即预准直单元和光学天线的二次准直。在强激光的传输中,避免产生实际的会聚点,采用伽利略系统和无焦卡塞格林系统。如图 10.145 所示,二次准直系统由一个伽利略型准直望远镜和一个卡塞格林望远镜组成[268]。

3)折反射组合式天线

折反射组合式光学系统如图 10.146 所示。该系统由反射镜和透镜构成,用补偿透镜来校正球面反射镜的像差,具有集光力强、像差小的优点。缺点是系统体积较大,加工困难,成本较高。

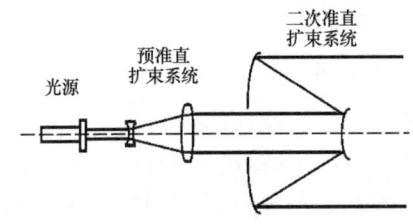

图 10.145 二次准直系统示意图

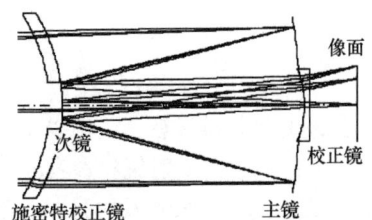

图 10.146 折反射组合式系统

对比透射式和反射式系统,透射式光学系统需要使用多种材料、多片镜片,难以满足轻型化的要求。另外,大型玻璃镜片难于加工和装调,且受其自身重力等因素的影响会产生形变,从而影响系统的成像质量。所以透射式系统逐渐无法满足空间应用中所需的小型化、轻量化的要求。反射式系统已成为大口径空间光学系统的首选类型,国外已研制的终端系统光学天线也多选卡塞格林反射式[269]。

系统中的准直系统、光学天线系统、中继光学系统设计的性能评价可取像面上三个点,如 $A(0°,0°)$、$B(0°,0.04°)$、$C(0°,0.05°)$ 作为评价系统成像性能的视场点。通过光学设计计算其调制传递函数 MTF 曲线、点列图和点扩散函数(PSF)等。

3. 光轴校准系统

设计目标是实现双方终端精瞄准,实现超前角补偿(即精跟踪)。光轴校准系统功能的实现可分两个步骤,先实现精瞄准,后实现超前角补偿。

1)精瞄准过程

发射信号光与接收信号光同时聚焦至位置探测器上,探测器上的聚焦光斑位置差异可判别收发光束的对准情况。利用光斑中心位置差异可以求得收发光轴的角度偏差。将该差值反馈至精瞄准控制系统,调节精瞄准镜的偏转角度,使发射光轴和接收光轴重合。当发射信号光和接收信号光束的聚焦光斑中心重合时,说明发射信号的光轴精确指向目标卫星,实现对目标的精对准。精确对准过程完成,就可以启动通信过程。

2)超前角补偿过程

在通信过程中,通信双方位置都在发生变动,对准的两个终端之间会产生一定瞬时超前角,如图 10.147 所示。光轴校准系统根据预先计算的出射光束与入射光束之间的瞬时超前角,通过实时角度控制信号来调节预瞄准镜的转动方向,补偿瞬时超前角,保持跟踪和瞄准状态,以维持激光通信链路。

假定瞬时超前角很小时,其值可用一个简化表达式计算求得。设 L 为两卫星间的距离,t 为光速往返弛豫时间,则有 $t=2L/c$,其中 c 为光速。卫星沿轨道运行的距离为 vt,v 为卫星运行速度。对于瞬时超前角 θ_L 可近似表示为

$$\theta_L \approx \frac{2v}{c} \tag{10.153}$$

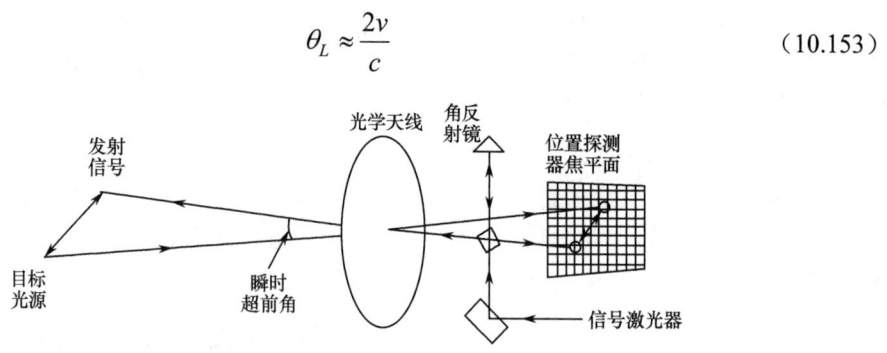

图 10.147 超前角补偿原理示意图

基于上述光轴校准过程,采用以下步骤:利用偏振分光镜将发射信号光分离出一部分作为光轴校准参考光;利用角反射镜将参考光反射进入四象限位置探测器实现对目标位置的锁定。

根据上述原则,将激光发射光路、激光接收光路、光轴校准光路三个信道整合为一体,形成对星载激光通信终端的光学系统方案,如图 10.148 所示。该终端系统方案的主要特点:收发一体化终端系统,采用偏振镜实现收发光束隔离,简化了系统结构。光轴校准系统可实现精对准和超前角补偿,可提高接收和发射激光波束的共轴度,提高跟踪精度。

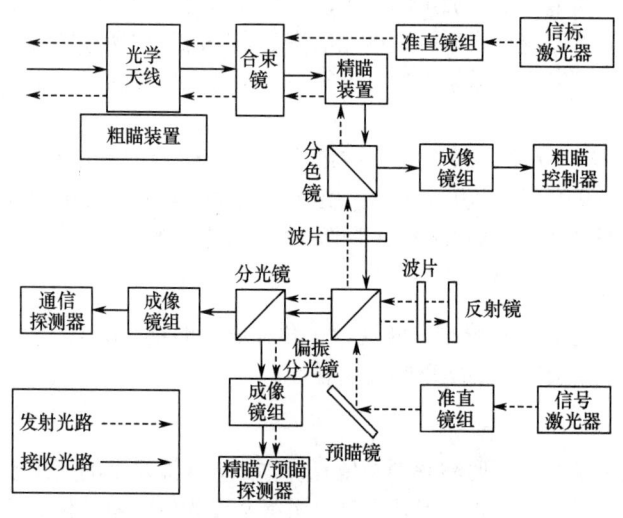

图 10.148 终端光学系统方案框图

10.8.5 卫星终端系统概述

1. 激光通信演示系统(OCD)

由喷气动力实验室(JPL)研制的激光通信演示系统(OCD)主要用于低轨卫星与地面站的连接。该终端系统主要由电荷耦合器件(CCD)阵列、直径为 10 cm 的光学天线、高带宽的跟瞄装置和光纤耦合装置等构成。该实验室先后研制了 OCD I 和改良型 OCD II 两款 OCD 激光通信终端,两者的具体性能参数见表 10.12[270]。OCD I 终端的光学系统如图 10.149 所示,包括发射信道、接收信道和光轴校准信道,具有捕获和跟踪、发射/接收、光轴的对准、超前瞄准等功能[271]。该激光通信终端为收发一体型,其光学天线采用无焦的卡塞格林型,主次镜的口径比为 10∶1。

表 10.12 OCD Ⅰ 与 OCD Ⅱ 的参数对比表

参数	OCD Ⅰ	OCD Ⅱ
波长	信号发射 844 nm；信标接收波长 780 nm	信号发射 1 550 nm；信标接收波长 780 nm
输出平均功率	60 mW	60 mW
天线口径	10 cm	10 cm
光束发散角	22 μrad	200 μrad
万向架	无	有粗对准方向架
跟踪视场角	1×1 mrad	3.25×2.45 mrad

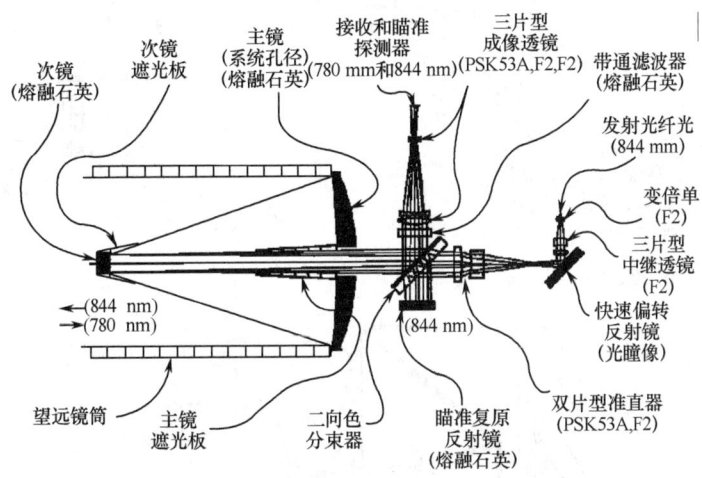

图 10.149 OCD Ⅰ 激光通信终端光学系统

2. STRV-2 激光通信终端——LCT

空间技术研究卫星（STRV-2）计划由美国弹道导弹防御组织发起，试验目的是建立低轨卫星上的激光通信终端（lasercom terminal，LCT）与地面站之间的激光通信连接。该终端系统的特点是发射单元和接收单元单独设计，以减小发射光束和接收光束之间的相互干扰。该系统采用了多望远镜发射系统和多望远镜接收系统，其光学天线前视图如图 10.150 所示，光学系统特性参数见表 10.13[272]。发射系统如图 10.151 所示，其中信号发射激光器用了 8 支，信标发射激光器用了 2 支。发射系统前端带有微柱面镜的激光器，非球面准直透镜，用于产生圆偏振光的 1/4 波片，用于优化远场发散角的精密聚焦透镜，以及用于校准不同发射孔径的相位控制透镜[294]。

表 10.13 LCT 光终端系统特性参数

光学天线		信号发射系统		信标发射
发射天线	透射式	激光器	AlGaAs×8	AlGaAs×2
发射天线口径	1 inch	输出功率	62.5 mW×8	62.5 mW×2
接收天线	反射式	波长	810 nm	852 nm
接收天线口径	5.4 inch	光束发散角	67 μrad	500 μrad，1 500 μrad

接收系统由主接收系统和次级接收系统两部分构成。主接收系统结构如图 10.152 所示，光学天线为施密特—卡塞格林望远镜，口径为 137 mm。光束先入射到主接收天线上，经分色镜后分离出信号光和信标光。信号光由分色镜反射后依次通过光阑、偏振分束镜后，由光纤耦合到信号探测器上；信标光依次透过分色镜、滤波器、成像透镜组后，聚焦至光电位置探测器上。次级接

收系统如图 10.153 所示,结构较简单,主要用于信标光束跟瞄,光学天线为透射型,口径为 38 mm。入射光束进入次级接收系统,依次通过干涉滤波片、整形透镜、成像透镜组后,聚焦至光电探测器 CCD 上[272]。

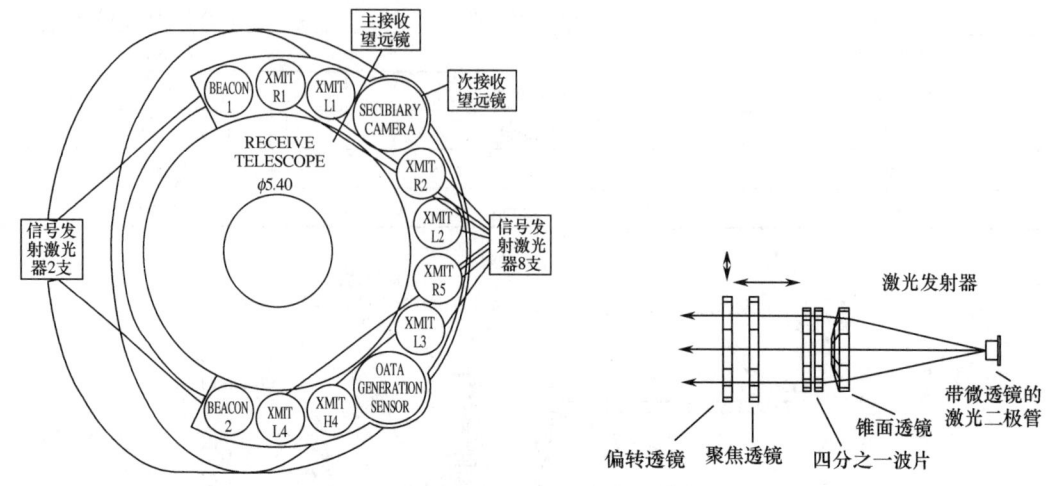

图 10.150　LCT 终端光学天线前视图　　　　图 10.151　LCT 终端发射系统

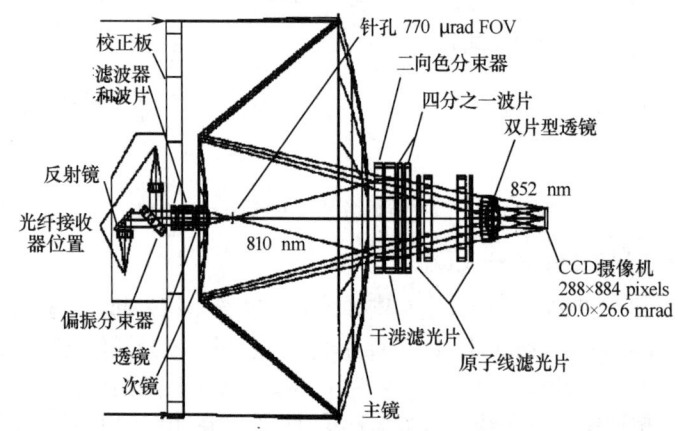

图 10.152　LCT 终端的主接收光路

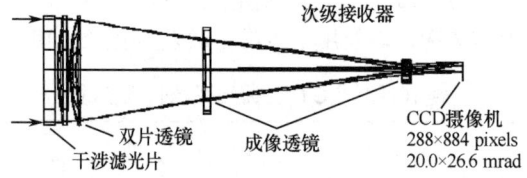

图 10.153　LCT 终端的次接收光路

3. ETS-Ⅵ 卫星激光通信终端——LCE

1995 年日本工程试验卫星(ETS-Ⅵ)装载的激光通信终端 LCE 实现了与地面站间激光通信,为国际上首次成功完成的星地激光通信。系统主要包括二维转台、光学天线、精瞄准装置、预瞄准装置、光束准直器、通信激光器等。LCE 终端的光学天线为收发一体透射型,口径为 75 mm,压缩比为 15,如图 10.155 所示。LCE 终端系统具体技术参数见表 10.14[273]。

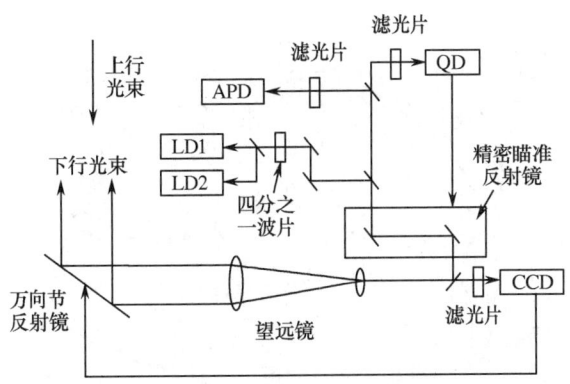

图 10.154 激光通信终端 LCE 光学系统框图

表 10.14 激光通信终端 LCE 光学子系统参数

光学天线		预瞄准探测器	
天线型式	透射式，收发一体	探测器	Si-QD
口径	75 mm	探测范围	>±100 μrad
压缩比	15	精度	<2 μrad
信号发射系统		捕获和粗瞄准探测器	
激光器	LD（AlGaAs）	探测器	CCD
波长	833 nm（LD1）/836 nm（LD2）	视场角	8 μrad
输出功率	13.8 mW	扫描范围	±1.5
光束发散角	30 μrad（LD1）/60 μrad（LD2）	控制装置	两轴转镜
数据率	1 Mbps	精度	32 μrad
调制方式	强度调制	精跟综探测器	
信号接收系统	—	探测器	Si-QD
通信探测器	Si-APD	视场角	0.4 mrad
波长	510 nm	跟踪范围	±0.4 mrad
接收视场角	0.2 marad	控制装置	FPA
误码率	10^{-6}（-62 dBm）	精度	2 μrad

与 LCE 终端实现通信的地面站终端光学系统结构如图 10.155 所示，激光发射系统为离轴卡塞格林望远镜，主镜口径为 20 cm，缩放比为 10 倍。激光接收系统也是为卡塞格林系统，主镜口径为 1.5 m，焦距为 2.25 m。精瞄准/预瞄准精度均为 1 mrad，跟踪精度为 1′。

4. OICETS 卫星激光通信终端（日本）——LUCE

LUCE 终端与 ESA 的 OPALE 终端系统进行光通信实验，用于实现对捕获、跟踪和瞄准等关键技术的验证。该终端的光学系统如图 10.156 所示，主要由光学天线、激光发射装置、激光接收装置、粗瞄准装置、精瞄准装置、预瞄准装置及中继光学系统组成，具体光学特性参数见表 10.14[274]。

除以上四种星载激光通信终端外，国际上尚有多种星载激光通信终端，如欧洲 SILEX 激光通信终端——OPALE 和 PASTEL。SILEX 计划包含两个激光通信终端：OPALE 终端和 PASTEL 终端，分别装载于欧洲航天局（ESA）的高级中继技术任务卫星（ARTEMIS）和法国的地球观测卫星（SPOT-4）上[275]。两系统结构基本相同，不同的是：OPALE 终端装载了信标光发射系统（19 支 AlGaAs 激光二极管），而 PASTEL 终端上没有装载信标光发射系统。该计划成功地解决了激光通信终端的精密光学瞄准捕获跟踪这一主要关键技术，所研制的复合轴的粗/精瞄系统已经应用于新一代的高码率 OPTEL（由瑞士研制）和 TSX-LCT（由德国研制）等激光通信终端中。

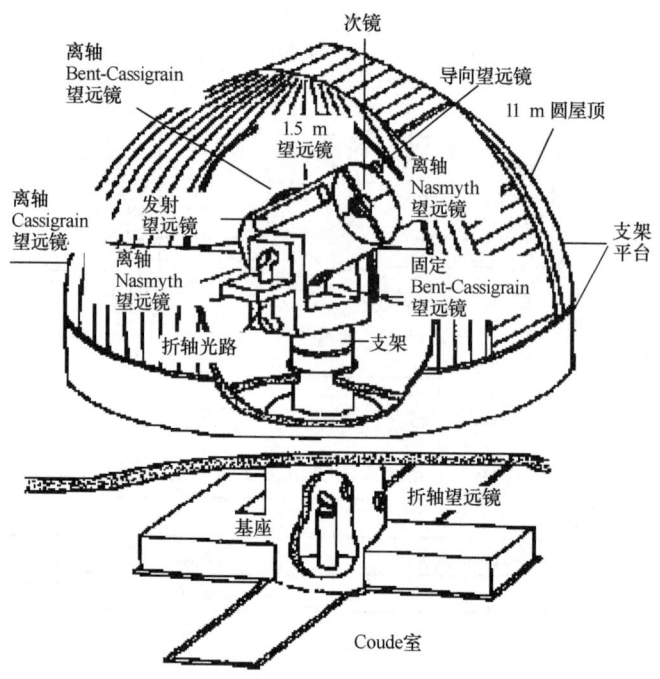

图 10.155　地面站通信终端系统

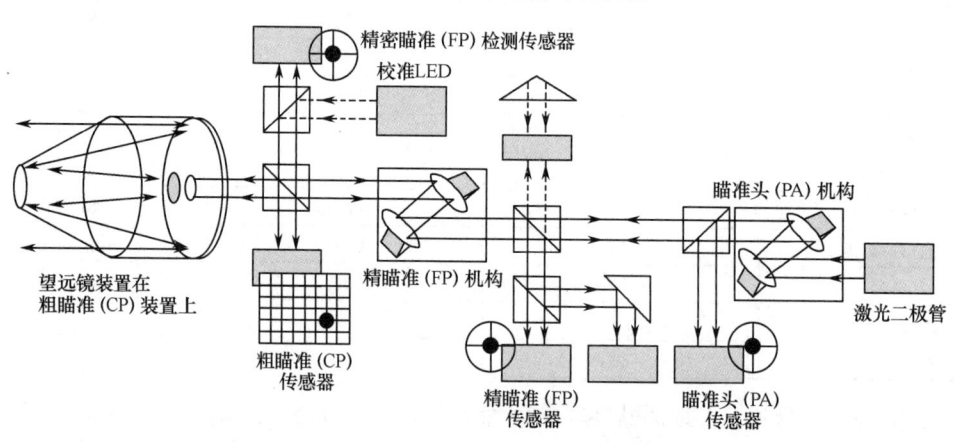

图 10.156　LUCE 激光通信终端的光学系统示意图

瑞士 Contraves 空间中心设计了 OPTEL 系列激光通信终端。其中，OPTEL-25 是典型代表，属于高性能激光通信终端，所解决的主要关键技术是高码率、零差、相干光通信技术[276]。该终端系统性能的实现已基本达到高码率、小型化、轻量化和低能耗要求。与国外相比，国内对星载激光通信的研究起步较晚。但已有诸多单位开展空间激光通信方面的工作，目前有中科院光电所、长春光机所、哈尔滨工业大学、电子科技大学等科研院所对星载激光通信系统进行了不同程度的研究[277]。

表 10.15　LUCE 终端光学特性参数

光学天线		精瞄准探测单元	
天线型式	反射式，收发共体	探测器类型	四象限探测器
天线口径	260 mm	视场角	±200 μrad
放大倍数	20	扫描范围	±500 μrad

(续表)

信号发射系统		粗瞄准探测单元	
激光器	LD（AlGaAs）	探测器类型	CCD
波长	847 nm	像素尺寸	430×350
输出功率	100 mW	视场角	±0.2°
光束发散角	9.4 μrad	跟踪精度	±0.01°
光束宽度	120 mm	预瞄准探测单元	
波前误差要求	<λ/20	探测器类型	四象限探测器
调制模式	NRZ	扫描范围	>±75 μrad
传输数据率	50 Mbps	瞄准精度	±2.85 rad
信号接收系统		通信探测单元	
波长	815 nm～824 nm	探测器类型	Si-APD
传输数据率	2.048 Mbps	探测器尺寸	200 μm
调制方式	2-PPM	接收灵敏度	−71.4 dBm（BER=10^{-6}）

5. 星载激光通信终端光学系统性能对比

各国目前研制的卫星光通信系统性能情况详见表 10.16。星载激光通信终端光学系统性能的主要特点：①多采用 800～850 nm 的 AlGaAs 半导体激光器作为光源。半导体激光器的缺点是发射功率低，需要采用多发射激光器才能满足长距离空间传输，如 SILEX 系统中信标光使用了 19 支半导体激光器，STRV-2 系统中信标光和信号光都使用了多支激光器；②光学系统多采用收发一体型设计，也有收发分离型，收发一体型的优点是光终端体积小，便于实现跟瞄功能，不足是使用分光器件造成光能损耗较多；收发分离型可降低损耗，不足是造成终端体积增大；③技术指标高。星载激光通信终端光学系统设计达到衍射极限，发射波前误差（RMS）要求在 λ/30～λ/10 之间，发散角在 μrad 量级，光束跟瞄精度为亚角秒量级，这对系统的设计、装调有较高的要求。

表 10.16 典型卫星光通信系统性能对比表

项目名称	OCD	STRV-2	SILEX	OPTEL	LCE	LUCE
国家	美国	美国	欧空局	法国	瑞士	日本
搭载卫星	—	TSX-5	ARTEMIS	SPOT-4	OPTEL-25	ETS-VI	OICETS
应用范围	LEO-地	LEO-地	CEO-LEO		星间	CEO-地	LEO-GEO
研制时间（年）	1994—	1994—2000	1989—2001	1989—1998	2007	1990—1994	1995—2005
天线类型	收发一体反射式	收发分离反射式	收发一体反射式		收发一体离轴-四反	收发一体透射式	收发一体反射式
发射天线口径	10 cm	10 inch	12.5 cm	25 cm	13.5 cm	7.5 cm	26 cm
接收天线口径		5.5 inch	25 cm				
激光器	AlGaAs	AlGaAs	AlGaAs		Nd:YAG	AlGaAs	AlGaAs
工作波长	860 nm	810 nm	819/801 nm	847 nm	1064 nm	830/510 nm	847/819 nm
最大码率	250 Mbps	1.2 Gbps	50 Mbps		5.6 Gbps	1.024 Mbps	50 Mbps
发射功率	100 mW	360 mW	37 mW	30 mW	0.7 W	13.8 mW	100 mW
系统质量	21 kg	14.3 kg	157 kg	32 kg	32 kg	22.4 kg	140 kg
平均功耗	50 W	62.5×4 W	160 W	120 W	120 W	90 W	130 W
通信距离	—	1 800 km	45 000 km	25 000 km	25 000 km	40 000 km	30 000 km

6. 通信距离计算

1）卫星激光通信的通信距离计算

设发射天线的辐射功率为 P，而最大的传输距离为 z，接收天线半径为 a，接收灵敏度 S 可用接收系统正常工作时接收天线最小的接收功率 P_1 表示，接收天线处高斯光束的光斑半径为 $\omega(z)$，接收天线的面积为 πa^2，设光束横截面内能量分布为均匀的，光束外能量为零，则接收功率为

$$P_1 = \left[\frac{a}{\omega(z)}\right]^2 P \tag{10.154}$$

可得

$$a = \omega(2)\sqrt{\frac{P_1}{P}} \tag{10.155}$$

根据高斯光束在自由空间的传输规律为

$$\omega(z) = \omega_0\left[1+\left(\frac{z}{f}\right)^2\right]^{1/2} = \omega_0\left[1+\left(\frac{\lambda z}{\pi \omega_0^2}\right)^2\right]^{1/2} \tag{10.156}$$

其中，$f = \pi\omega_0^2/\lambda$ 称为高斯光束的共焦参数，λ 为光波长，ω_0 为基模高斯光束的腰斑半径，将式（10.156）代入式（10.155）后，整理可得

$$\frac{a^2}{A} - \frac{B}{A}z^2 = 1 \tag{10.157}$$

其中

$$A = \frac{P_1}{P}\omega_0^2, \quad B = \frac{P_1}{P}\left(\frac{\lambda}{\pi\omega_0}\right)^2 \tag{10.158}$$

根据卫星光通信的一般情况[278]，可设 $P=0.1$ W，$P_1=1\times10^{-9}$ W，$\lambda=1\,064$ nm，$\omega_0=100$ mm，则由上式可推出 $A=1.56\times10^{-6}$，$B=1.15\times10^{-21}$，由 $a^2 \gg A$ 可得

$$z = \left(\frac{a^2-A}{B}\right)^{1/2} \approx \frac{a}{\sqrt{B}} \tag{10.159}$$

由上式可知 z 与 a 近似呈线性关系，B 值代入后得 $z \approx 2.95a \times 10^4$ km，计算得出最大传输距离约为 2.95×10^6 km。由于光束在空间传输过程存在各种损耗，使实际传输距离减小。

2）光束扩展损耗对通信距离的制约

当光束传输几十公里以后，在远场会形成一个大的光斑。如果接收光学系统的孔径小于此光斑直径，信号光束不能全部被探测器接收，产生光束扩展损耗，限制了通信距离。

考虑激光器和光电探测器的局限性，设通信距离为 10 km，发射端光束经准直扩束后发散角为 0.1 mrad，发射激光束直径为 150 mm，由图 10.157 可知光束传输到光学接收天线处光斑的直径为

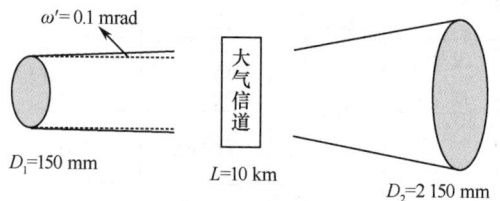

图 10.157 激光通信中的光束扩展

$$D_2 = 2(\mathrm{tg}\omega_0) + D_1 = 2(10\,000 \times \mathrm{tg}0.1\mathrm{rad}) + 150\text{ mm} \approx 2\,150\text{ mm} \tag{10.160}$$

可见，随着通信距离的增加，光斑增大，光束扩展损耗也随之增加。显然，激光发散角越小，光束扩展损耗就越小。所以，要保证一定距离的两个终端能收发信号须严格控制光束发散角。

3) 卫星激光通信系统的光学损耗

终端系统包含了多个分光元件，简化了系统结构，也带来一定的光能损耗。光线在两个折射率不同的介质的交界面发生折射现象时，会产生菲涅耳反射，被反射回原介质中的光能可以通过下式计算求得

$$R = \frac{(n_1 - n_2)^2}{(n_1 + n_2)^2} \tag{10.161}$$

其中，R是反射系数，n_1、n_2分别是两种介质的折射率。设光由空气（$n_1=1$）射入折射率接近1.5的玻璃，即将$n_1=1$、$n_2=1.5$代入上式，则玻璃反射系数为

$$R = \frac{(n_1 - n_2)^2}{(n_1 + n_2)^2} = \frac{(1-1.5)^2}{(1+1.5)^2} = 0.04 \tag{10.162}$$

玻璃与空气的交界面对每一次发射将会产生4%的光学损耗。当采用的透镜组的面数较多时，这种损耗也会很大，可以通过镀增透膜将每个面由菲涅耳反射引起的损耗减小至0.1%，这样一个包含x个透镜的系统的损耗η为

$$\eta = 10\lg(0.999^{2x}) \quad (\text{dB}) \tag{10.163}$$

采用窄带滤波器来降低背景噪声，这也会引起光学损耗，根据光学系统的复杂性不同，光学损耗在2～5 dB之间变化。光束扩展损耗和对准误差引起的传输损耗等都会引起激光束在传输过程中的能量损耗。对光学系统总体光学损耗进行估算，各个光学元件引起的损耗分别为：①卡塞格林系统中心遮拦引起的透过率95%，主次镜镀金属膜反射率为99.8%。②分光镜镀增反膜或增透膜透过率可达98%；③K9和SF5玻璃吸收系数为1%～2%。④反射镜反射率为99.8%；⑤偏振片透过率为98%；⑥窄带滤光片综合透过率约为90%。则通过计算各光路光能利用率可得：

通信光接收系统

$$T_{\text{CR}} = 0.95 \times 0.998^2 \times (0.98^3)^4 \times 0.9 \times 0.99^3 \approx 0.648\ 4$$

信标光接收系统

$$T_{\text{RR}} = 0.95 \times 0.998^2 \times (0.98^3)^2 \times 0.9 \times 0.99^3 \approx 0.731\ 9$$

通信光发射系统等

$$T_{\text{CT}} = 0.99^3 \times 0.98 \times 0.998 \times (0.98^3)^3 \times 0.998^2 \times 0.95 \approx 0.748\ 5$$

信标光发射系统

$$T_{\text{RT}} = 0.99^3 \times 0.998 \times 0.98^3 \times 0.998^2 \times 0.95 \approx 0.862\ 3$$

为了提高终端光学系统的光能利用率，可以采取下列措施：①选择适当的光学材料，镀增透膜及增反膜，并提高光学镜片的表面质量，降低透镜的反射和吸收损耗、平面镜的吸收损耗；②严格控制安装精度，减小安装误差引起的像差和光束遮挡等；③优化光路设计，减小系统像差；④透镜通光孔径须大于透射到透镜表面的光束孔径。此外，光通信收发端系统一体化采用多光路共轴设计方案，将发射系统、接收系统及光轴校准系统进行整合，利用偏振分光镜实现了收发光束隔离，有效减小了系统体积和重量，有利于应用在太空环境中。

10.8.6 基于自适应光学技术的星载终端光学系统方案示例

1. 自适应光学系统

自适应光学系统综合了波前误差检测、波前控制和波前校正技术，通常包括波前探测器、波前控制器和波前校正器[379]。自适应光学系统是通过哈特曼—夏克波前传感单元检测光束波前畸变

动态误差,把检测到的波前误差信息传送给波前控制单元;再由波前控制单元进行波前重构,即由波前传感器探测出波前畸变的斜率或曲率信息,通过波前重构算法进一步转化为畸变前的相位分布,以产生控制信号;驱动波前校正单元校正和补偿波前相位畸变,通常采用变形反射镜通过改变光路长度进行相位校正,由多个执行器单元控制变形反射镜镜面产生所需的变形量,用以校正波前相位扰动中的高阶成分。由于变形反射镜具有较高的时间—空间带宽、大的校正动态范围、校正性能与入射光波长无关等优点,故在自适应光学系统中得到广泛应用。达到实时补偿大气湍流影响的目的[280]。其能够实时检测光束波前误差并及时校正光束波前畸变,使得光学系统能自动适应外界条件变化。

2. 基于自适应光学的星载终端光学系统结构

在星地通信链路中,激光束在大气传输过程中,大气湍流会导致光束波前发生畸变。自适应光学技术应用于通信光学系统中,可以精确校正波前误差、提高终端系统的跟踪精度、加强通信稳定性、改善系统的光学性能等。

将自适应光学子系统引入星地通信光路中,实现星载终端光学系统的自适应校正,可使双方终端通信变得更加可靠和稳定。在光路中整合自适应光学子系统、自适应变形镜、微透镜阵列、探测器阵列、波前控制器。自适应变形镜具有三阶自由度(平移、倾斜、离焦)调整,该器件采用压电陶瓷驱动,精度可达 μrad 量级,响应频率接近 1 kHz,通过平移、倾斜、离焦对畸变波前同时校正。基于自适应光学技术的星载终端光学系统光路如图 10.158 所示。

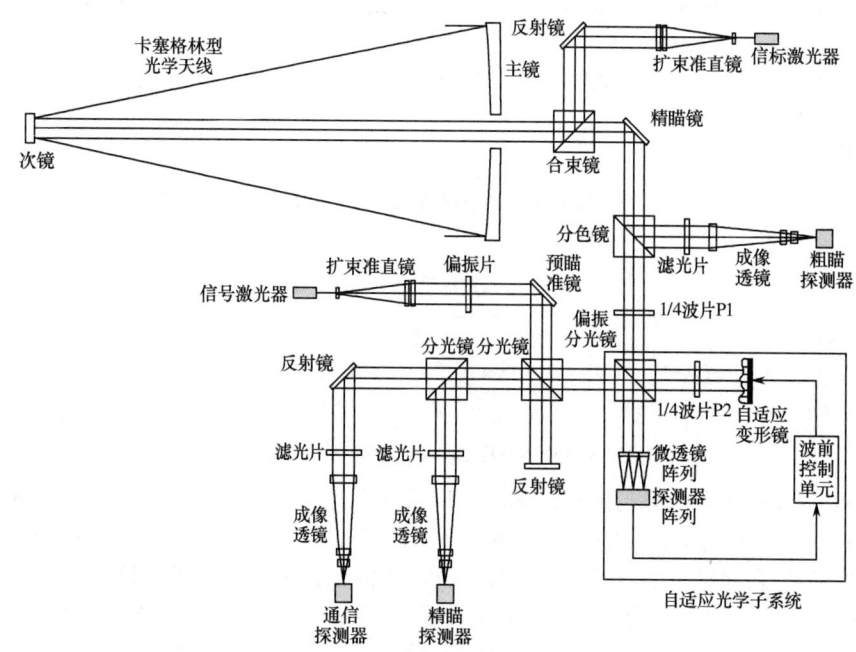

图 10.158 基于自适应光学技术的星载终端光学系统光路示意图

在图 10.158 的发射信道中,由激光器发射的水平线偏振激光束经预准直透镜准直后,由分光镜分为两路,一小部分激光反射进入光轴校准信道后入射至精瞄准/预瞄准探测器上作为光轴校准光线用于精瞄准和超前角补偿。大部分光能量透射进入自适应光学子系统。

在自适应光学部分,光束通过 1/4 波片 P2,由于 1/4 波片的附加相位差为 $\pi/2$ 的奇数倍,光束变为右旋圆偏振光。再被自适应变形镜反射,发生半波损失,变为左旋圆偏振光,然后第二次经过 1/4 波片 P2,光束变为垂直线偏振光,被偏振分光镜反射,通过 1/4 波片 P1,相位改变 $\pi/2$,

变为左旋圆偏振光,经光学天线扩束后发射出去。

在该系统的接收信道中,受大气湍流影响的入射光束失真波前首先由光学天线接收,接收的光束失真波前先透过 1/4 波片 P1,分为 o 光和 e 光,进入自适应光学子系统中。在自适应光学部分,失真波前经过偏振分光棱镜,小部分水平分量偏振光经过偏振分光棱镜透射,送至波前误差传感器,大部分垂直线偏振光波被反射至变形镜以校正波前畸变。

自适应光学子系统的三个职能单元协同工作,波前检测单元将检测到的波前起伏信息送至波前控制单元,经控制器处理后转变为控制信号,直接控制变形镜的形变来补偿和校正失真波前,这就实现了在激光通信过程中对畸变波前的自适应校正。

校正后的垂直线偏振光再次通过 1/4 波片 P2,变为水平偏振光进入信号光接收单元,最后被分束镜分为两路,一部分被聚焦到通信探测器上用于通信;一部分被聚焦到精瞄准/预瞄准探测器上,可提高测量精度,亦可以提高跟踪精度,实现精瞄准和跟踪功能。该系统利用偏振镜控制光束的作用方向,收发隔离度较高;存在的缺点是分光器件造成的光能损耗较多。

10.9 自适应光学技术的其他典型应用举例

10.9.1 自适应光学技术在惯性约束聚变技术中的应用概述

在惯性约束聚变(inertial confinement fusion,ICF)大规模高功率固体激光装置中,有很多因素导致系统输出的激光光束质量下降,其中有静态波前畸变,也有动态相位变化。ICF 执行器的激光系统中具有多个大口径光学元件,静态波前畸变主要来源于光学元件的加工误差、材料的非均匀性等缺陷以及光学装校过程带来的元件面形变化等;动态波前畸变与激光系统工作过程和工作参数有关,主要来源于激光抽运过程中产生的元件热变形,包括由工作环境所带来的畸变。激光光束质量下降给 ICF 激光系统带来光束聚焦特性下降,焦斑上的能量发散,进而导致系统工作过程中的等离子体堵孔问题,较大的像差还可能进一步带来系统的三倍频系统的效率下降。随着激光装置规模的升级,光束质量问题也将表现得更为突出。

采用自适应光学(AO)技术的主动波前控制是解决 ICF 激光系统中光束质量问题的根本途径。国际上,自适应光学系统在 ICF 激光装置中已经成为这些系统的基本组成部分。在美国国家点火装置(NIF)[281]中,采用了一块 400 mm×400 mm 的大口径变形镜(DM)来控制光束质量;在 OMEGAEP[282]装置中,采用了两块 400 mm×400 mm 的大口径变形镜来控制激光波前;而在日本的 GEKKO XII[273]中,则采用了两块小口径变形镜和一块大口径变形镜来对系统中的波前分段进行精密控制。

在国内,中国科学院光电技术研究所于 1985 年将自适应光学技术用于 ICF 执行器的波前控制[284]。在"神光 I"系统上建立了基于 19 单元变形镜并采用了远场焦斑优化控制技术(爬山法)的自适应光学系统[84],将激光器输出光束远场峰值能量提高了 3 倍;从 1999 年开始,又开始为"神光III"原型装置的多程放大系统研制了一套基于近场相位控制技术的自适应光学系统,用于 ICF 激光装置上波前控制技术的原理性研究[285]。该系统采用了一块 45 单元的 75 mm×75 mm 的变形镜,用哈特曼传感器作为波前探测器件,将系统的像差由 13.79λ 校正到 2.87λ,实现了超过 10λ 的波前校正[286];在随后建立的"神光III"原型装置的第一路上,实现了对激光器主放大系统中动态波前的校正,将主激光动态发射时的远场焦斑峰值能量提高了 3 倍。随着 8 路"神光III"原型装置的建成,2007 年为该系统建立了 8 路高度工程化的自适应光学系统,并集成到激光系统中,对主放大系统输出光束的静态和动态波前进行控制。2008 年,又对该自适应光学系统进行了升级,将波前校正范围延伸到了靶点。8 套工程化自适应光学系统在"神光III"原型装置上实现了到靶点的全系统静态像差校正,改善了靶点焦斑能量分布。为适应 ICF 系统发展的需要,对可拆卸变形镜的制备取得了显著进展。

1. "神光Ⅲ"原型装置中 8 套工程化自适应光学系统最新研究进展

1）系统结构

"神光Ⅲ"原型装置由 8 束激光构成，8 路自适应光学系统作为激光器的一部分嵌入到系统中，参与系统运行。整个自适应光学系统由 8 块变形反射镜及高压放大系统、8 套闭环哈特曼波前传感器、1 套测量哈特曼传感器、衰减系统，以及基于网络的远程和本地控制系统等组成。图 10.159 显示了单路自适应光学系统的结构。每路自适应光学系统包括各自独立的变形镜、闭环传感器（哈特曼传感器Ⅰ）和控制系统，每路自适应光学系统既可以独立运行，又可以由远程控制系统根据装置上实验的需要统一调度运行。所有 8 路自适应光学系统共用一台位于靶场的测量传感器（哈特曼传感器Ⅱ）。

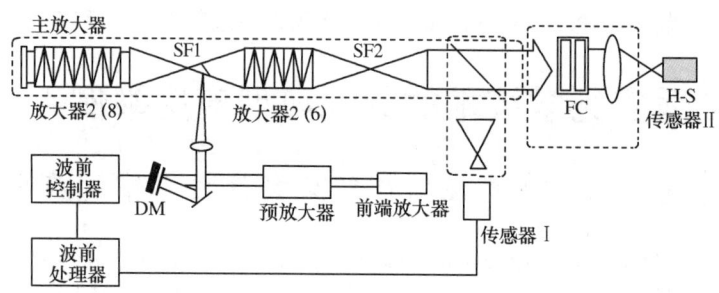

图 10.159 "神光Ⅲ"原型装置单路自适应光学系统示意图

每一路激光系统由前端及预放级、注入光学系统、主放大系统、光束取样及缩束系统、光束传输变换及靶场光学系统组成。自适应光学系统主要用来校正主放大系统输出端之前的系统中的像差，以满足系统对光束质量的要求。由于靶场光学系统中还有多个大口径光学元件，也是重要的波前畸变来源，因此将校正范围延伸到靶场。

根据"神光Ⅲ"原型装置靶场系统的特殊结构以及靶场光学系统相对稳定的特点，自适应光学系统中采用了一套锥光入射的哈特曼传感器（见图 10.159 中的哈特曼传感器Ⅱ）在靶场对所有 8 路激光系统的静态像差进行测量，然后将测量数据传递给每一路自适应光学系统的闭环波前传感器（图 10.159 中为哈特曼传感器Ⅰ），从而实现对全系统像差的校正。

2）变形镜及哈特曼传感器系统

"神光Ⅲ"原型装置自适应光学系统中采用了 8 套高精度面形、高损伤阈值变形反射镜。变形镜和哈特曼传感器之间的匹配关系如图 10.160 所示。每块变形镜包括 45 个基于 PZT 的执行器，其有效工作行程为 $\pm 4\lambda$，极限工作行程为 $\pm 5\lambda$，根据对原型装置波前特性的研究，$\pm 4\lambda$ 的行程已能满足系统像差校正的需要。哈特曼传感器Ⅰ包括 22×22 的微透镜阵列，有效子孔径数为 484 个，动态范围为不小于 $\pm 5\lambda$。哈特曼传感器Ⅰ的参数要考虑满足波前控制系统的要求，以及对波前特性研究时较高空间采样率的需要。位于靶场的共用哈特曼传感器Ⅱ包括 20×20 的微透镜阵列。

用于"神光Ⅲ"原型装置的变形反射镜有效通光口径为 70 mm×70 mm，最大通光口径为 80 mm×80 mm。经过干涉仪测试，每块变形镜的静态面形精度均方

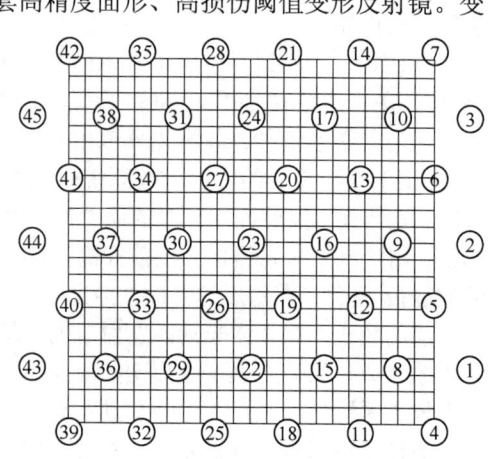

图 10.160 变形镜和哈特曼传感器布局

根（RMS）都不超过 0.03λ；在 1 ns 脉冲光下，变形镜膜系损伤阈值不小于 5 J/cm²。这些变形镜要求满足原型装置对膜系高损伤阈值和高精度的镜面面形。

用于闭环控制的 8 套哈特曼传感器不仅设计参数完全一致，在精密装校后经过比对测试，传感器之间的差异在系统的 λ/10 测量精度要求时可以忽略，满足了原型装置对传感器一致性、互换性的要求。图 10.161 显示了 8 套哈特曼传感器对同一像差进行测量的结果。

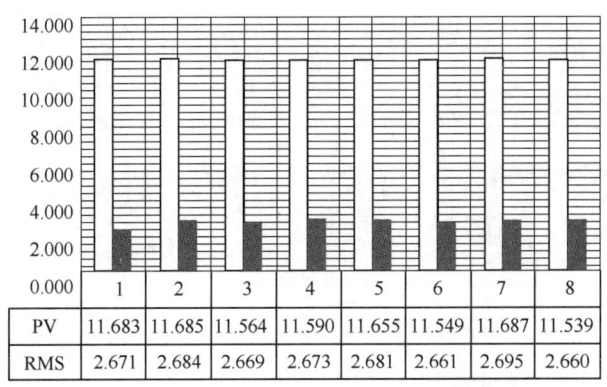

图 10.161　用于闭环控制的 8 套哈特曼传感器比对

3）波前控制系统方案

在图 10.160 中，全系统静态像差由前端及注入光学系统、主放大系统、传输变换及靶场光学系统的像差组成；对哈特曼传感器 I 还包括取样光学系统的像差。动态像差主要是主放大系统中由于氙灯抽运带来的热畸变。主激光发射时产生的动态波前畸变由哈特曼传感器 I 测量，全系统静态像差由哈特曼传感器 II 测量。位于靶点的哈特曼传感器 II 测量到的全部 8 束激光的静态波前，系统静态像差在 2.9λ～5.9λ 之间，从空间分布上看，像差仍然以像散为主要特征，通过像差校正完全能满足对光束质量的要求。

通过上述过程，将在靶点测量到的全系统像差由哈特曼传感器 I 来完成闭环校正。在"神光Ⅲ"原型装置中，系统整体光路是相对稳定的，只要靶场光学系统不发生调整或变化，其像差将保持相对稳定，从而不需要在采用传感器 I 闭环过程中实时测量系统像差，而一旦系统出现大的变化（比如更换光学元件、系统大规模调整等），或者校正结果表明效果明显下降，则可以重新对系统静态像差进行测量，并更新这些数据即可。由于系统对主放大系统之前的像差是闭环校正的，即使这一部分光路发生了变化，其变化将被实时控制，不影响系统的校正结果。

2. 全系统静态波前校正实验结果

基于上述校正原理，对原型装置上所有 8 束激光的静态波前进行了校正。图 10.162 为对北 2 路校正的结果。结果表明，70% 的能量范围缩小了一半，焦斑形态显著改善。

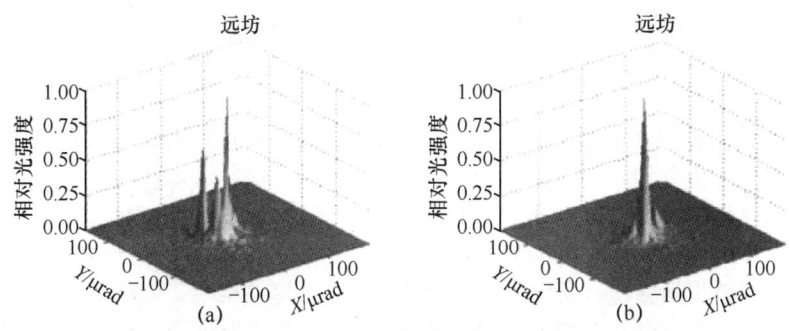

图 10.162　原型装置北 2 路校正前(a)后(b)的远场光斑

自适应光学校正前后，"神光Ⅲ"原型装置上 8 路远场光斑分布如图 10.163 所示。通过自适应校正，所有各路像差均得到有效的校正，提高了通过孔的透过率。

还利用 8 路工程化自适应光学系统进行 ICF 装置的激光物理打靶实验。在校正实验中，在"神光Ⅲ"原型装置上首次验证了校正对打平面靶实验，结果表明，采用自适应光学技术可以使靶上 X 射线的分布得到很大改善，提高了整个 ICF 系统的效能。

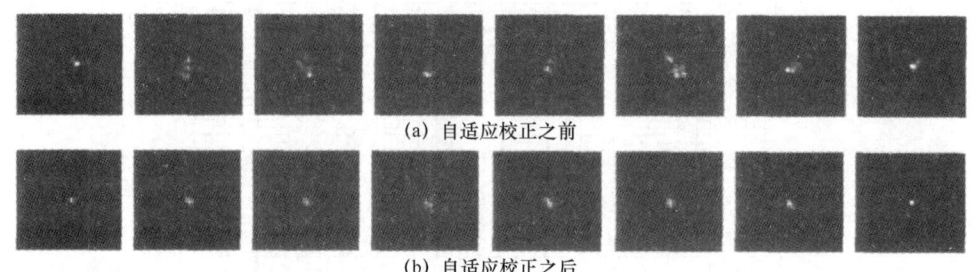

图 10.163 "神光Ⅲ"原型装置南北 8 路校正前后的远场光斑

3. 大口径可拆卸变形镜简述

为适应未来 ICF 系统发展的需要，对可批量化生产的大口径可拆卸变形镜的研究取得了显著进展。与 ICF 原型装置所采用的变形反射镜相比，在 ICF 领域所需的大口径变形反射镜存在以下特点和难点：①随着变形反射镜口径的增加，变形反射镜结构设计、研制工艺会变得复杂，比如因极间距、变形量的增加，给变形反射镜影响函数的设计带来困难；②随着变形反射镜口径的增加，变形反射镜薄镜面（展弦比达 40）的光学加工难度大大增加，同时也对变形反射镜目前所采用的整体镀膜方式提出了挑战；③点火工程所使用的大口径变形反射镜数量通常达百块以上，要求变形反射镜这一特殊工艺的器件能够进行批量化生产，且在使用中能够方便维护。基于上述，提出了一种可拆卸大口径变形反射镜的技术方案，并且研制了一块 17 单元可拆卸大口径变形反射镜样镜。

1) 可拆卸大口径变形镜结构

图 10.164 为常用的分立式压电变形镜连接示意图，压电执行器按一定布局排布在刚性基座上，连续薄镜面与执行器阵列黏结，当执行器沿轴向伸缩时，带动薄镜面产生形变。这种结构的变形镜性能稳定、结构紧凑，但工艺复杂、镀膜难度大、制造周期长、可维护性差，较适用于口径相对较小、单元数密度大的变形反射镜。

图 10.165 为一种可拆卸大口径变形反射镜连接示意图，其结构特点：弹性片与镜面为无应力黏结，弹性片与压电执行器间不连接但有预紧力，压电执行器就可以更换，变形反射镜维护容易，预紧力能实现镜面的负变形，同时，受弹性片预紧力的压电执行器，能实现±20 μm 以上变形，提高了大口径变形反射镜的变形量；精密螺纹调节件与执行器黏结为一体，通过螺纹调节，可以实现大口径变形反射镜原始面形的波长级精度调节。该结构适用于激光核聚变装置中的大口径变形反射镜。

在变形镜样镜结构设计中，主要解决镜面刚度、弹性片刚度、变形镜影响函数的参数设计，其都可通过有限元分析得到。

17 单元可拆卸变形镜样镜的实验测试结果验证了该结构的可行性，可用在 ICF 系统的更大口径可拆卸变形镜（如有效口径为 360mm×360mm），具有以下优点：①该结构中压电执行器与镜面不直接连接，执行器更换容易、变形反射镜维护方便；②该结构中镜面、执行器不直接连接，镜面光学加工、镀膜可与执行器的加工并行，能缩短变形反射镜制造周期；③该结构镜面镀膜是在与执行器组装前完成的，不受压电执行器居里温度点限制，可降低变形镜镀膜技术难度。

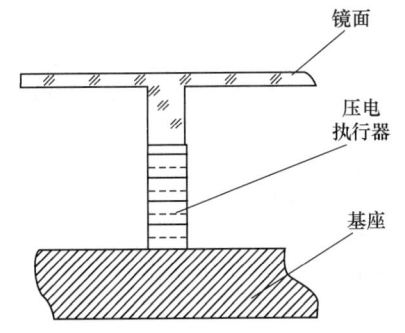
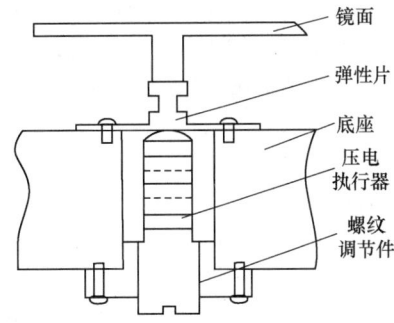

图 10.164　常用分立式压电变形镜连接示意图　　图 10.165　可拆卸压电变形镜连接示意图

2）基于 SPGD 算法的 ICF 装置波前校正原理概述

为了验证 SPGD 算法在 ICF 装置波前校正的可行性[91]，在实验室中采用自适应光学系统装置的配置，如图 10.166 所示，模拟了 SPGD 算法对这几种不同的波前校正方式的效果。光路描述如下：从光源发出的光束经像差板后带像差的光束进入变形镜，经变形镜校正后的光束透过半反镜和像差板进入反射镜；反射出来的光束再先后经过像差板和半反镜反射进入平行光管，并最终在 CCD 上成像。

实验求取远场光斑平均半径（MR）的优化指标随迭代次数的变化结果，如图 10.167 所示。此时半反镜移动到光源出口处，光束经反射镜反射后两次经变形镜进入平行光管，变形镜获得 4 倍校正行程。校正前后的结果见图 10.167，图中左上角的插图为校正前的结果，右下角为校正后的结果。校正前远场光斑 84% 的能量半径为 2.85 倍的衍射极限，校正后相应的 84% 能量半径为 1.15 倍的衍射极限；归一化峰值能量从 85 上升至 250；MR 指标从 34 下降至 17。

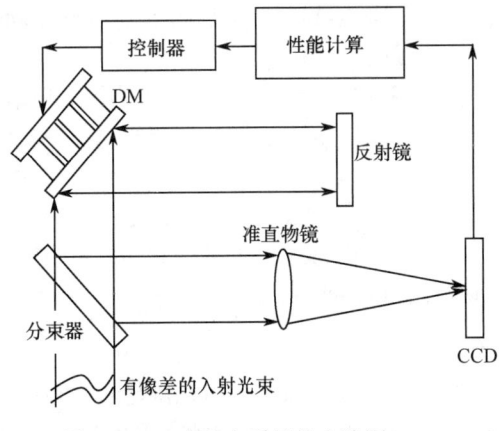
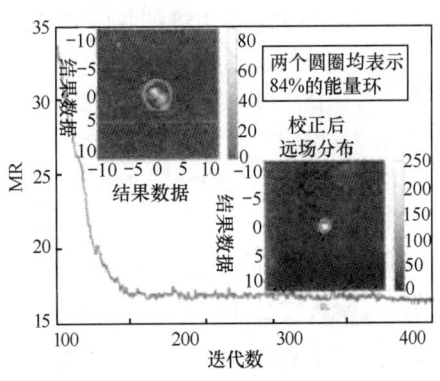

图 10.166　实验中采用的光路图　　　　　图 10.167　SPGD 算法的迭代曲线图

10.9.2　自适应光学用于月球激光测距

1. 月球激光测距技术基本原理

在 1960 年首先由 C. Alley、P. Bender、R. Dicke 等人提出月球激光测距（lunar laser ranging, LLR）技术，将激光后向反射器放置于月球表面，通过测量激光发射和接收的时间间隔来精确测定月地距离，从而探求引力常数 G 可能存在的缓慢变化[287]。1969 年 7 月 21 日 Apollo 11 登月成功，宇航员 N. Armstrong 将激光后向反射器阵（100 个直径为 3.8 cm 的圆形后向反射镜的组合）放置于月面上预定的位置。8 月 1 日，美国 Lick 天文台用 3 m 望远镜观测到来自 Apollo 11 反射器的激光测距回波信号[288]；8 月 20 日，美国 McDonald 天文台的 2.7 m 望远镜亦收到回波讯号[289];随后对 Apollo 11 反射器进行成功的测距试验的还有:美空军在 Arizona 的 Cambridge research laboratory、法国的 Pic du Midi 天文台、日本的东京天文台[290],开创了对地月间距离的精确测量。除了 Apollo 11 反射器阵外,月面上现在还有后来放置的 Apollo 14, Apollo 15 等,其中 Apollo 15 反射器阵面积最大,为主要测距目标。由于月地距离太远(约为 384 000 km)且发射激光存在一个发散角,当激光束到达月面时扩展成尺度相当大的光斑(1″的发射激光发散角对应月面扩展光斑的直径为 1.86 km),而月面反射器的面积相对太小(见表 10.17),只能接收并反射回有限的激光能量,造成地面望远镜收到的回波很少,仅在亚单光子水平(0.002~0.01 photon/pulse),这使月球激光测距成为一项具有挑战性的研究。目前,进行常规观测的台站只有美国的 McDonald 天文台和法国的 Grasse 观测站[291]。

表 10.17 月面激光反射器阵列参数

反射器阵	放置时间	有效反射面积/cm^2	月面经度/(°)	月面纬度/(°)
Apollo 11	1969.7	1134	23.450 0	0.693 5
Apollo 14	1971.2	1134	−17.500 4	−3.623 2
Apollo 15	1971.7	3402	3.607 0	26.155 3
Lunakbod 2	1973.1	734	30.905 3	25.851 1

2. 月球激光测距的意义

月球探测是一个国家综合国力和科学技术水平的全面体现,必将带动和促进一系列科学技术的发展。同时,月球上特有的矿产和能源,是对地球资源的重要补充。我国开展月球探测、参与月球能源与资源的开发利用可为人类社会的可持续发展做出贡献。此外,开展月球探测工程,具有科学性、探索性、开放性和全球性,国际合作范围也极广泛。我国月球探测工程必将有利于在国际外空事务中维护我国的权益及推进航天领域的国际合作。

本世纪月球探测的战略目标是建设月球基地,开发和利用月球的资源、能源与特殊环境,旨在为未来月球资源开发、利用打下基础。各方的月球探测器多采用环月极轨卫星探测,是新世纪开始时月球探测的共同趋势[292]。

通过对 LLR 数据的分析,可以增加对月球内部结构的认识,得出月球的核是流动的,半径约为月球半径的 25%,只有一个小的密度较大的内核,可能是富铁和一些硫元素,月球的旋转显示了一个强的能量耗散源,这和月球中心是流动的说法是符合的[293]。

3. 云南天文台 1.2 米望远镜激光测距系统构想

云南天文台的 1.2 米地平式望远镜于 1984 年安装,经过检测及改造后可以满足激光测距任务的要求。1996 年对其建立高精度人造卫星激光测距系统,1998 年成功取得测地卫星 Lageos 的测距资料,1999 年正式参加国际及国内卫星激光测距网的联测,测距精度平均为±3 cm。2005 年完成系统的升级,其性能得到进一步提高。图 10.168 为改造后的部分光路图,整个测距系统由望远镜、激光器、计时设备、接收器、收发转换装置、导星装置、图像处理、61 单元自适应光学系统、计算机控制系统和数据处理系统组成。为了提高光学系统的稳定性和准直度,并使系统结构更为简洁,采取发射和接收共光路形式,激光器、收发转换装置及接收器安放在净化的库德房内以减少大功率使用造成器件的破坏。改造后的系统配有自适应光学和激光测距两套系统,通过切换镜 Mm 的切换功能来进行激光测距和自适应光学系统的切换[291]。

61 单元自适应光学系统(可参阅图 10.91),该系统由 1.2 m 口径望远镜、两级精跟踪系统、变形镜、哈特曼—夏克探测器及运算控制系统组成。望远镜有效口径为 1 114 mm,望远镜主镜与次镜构成共焦系统,其倍率为 7.5×。第一级精跟踪系统包括快速倾斜镜、跟踪透镜、ICCD 探测器及跟踪处理器。目标经跟踪透镜成像于ICCD探测器，跟踪处理器对探测器所测得的目标强度利用质心算法进行目标偏移计算，根据结果计算驱动倾斜镜所需电压，驱动高速倾斜镜进行校正。61单元自适应光学系统采用的波前探测器为哈特曼—夏克探测器，它主要由微透镜阵列、匹配透镜和CCD相机组成，其原理是通过在阵列透镜的焦面上测出畸变波前所成像斑的质心坐标位置与参考波前质心位置之差，按几何关系求出畸变波前上被各阵列透镜分割的子孔径范围内波前的平均斜率，以求得全孔径波前相位分布。

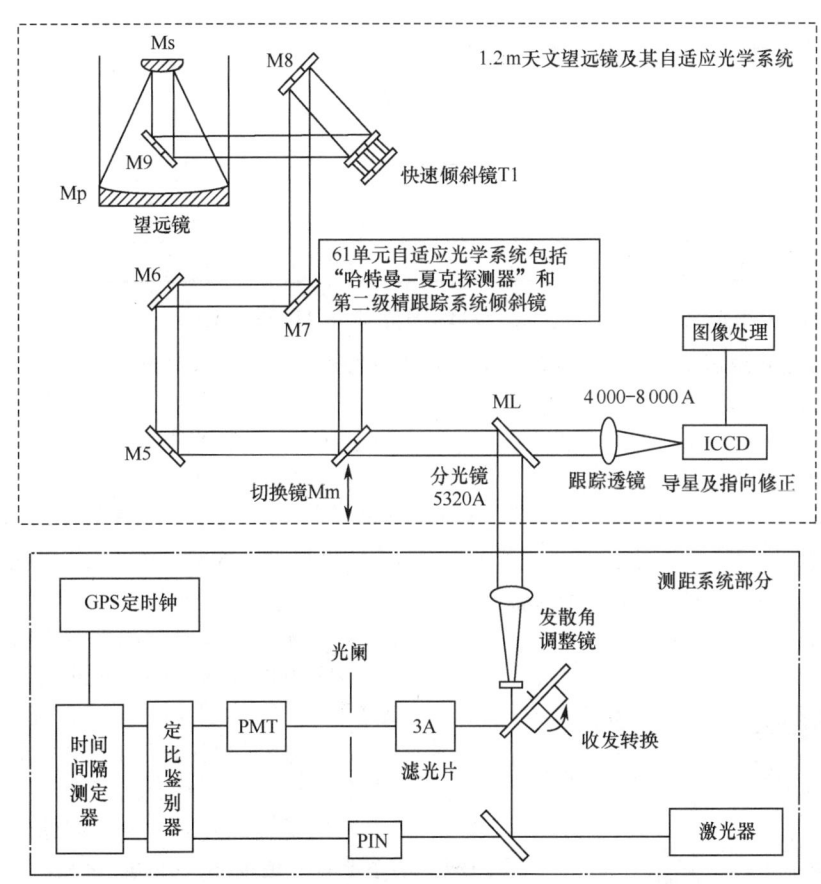

图10.168 云南天文台1.2m望远镜激光测距光路图

1.2m天文望远镜系统中第一级精跟踪系统倾斜镜（具有两个PZT执行器）、第二级精跟踪系统的误差信号来源于变形镜的整体波前倾斜计算，其精跟踪系统倾斜镜（包括在61单元自适应光学系统中）、哈特曼—夏克探测器部分、61单元自适应光学系统所采用的变形镜由61个分立压电陶瓷驱动器驱动，其性能参数如表10.18所示[294]。61单元自适应光学系统配备在1.2m地平式望远镜上，在天文观测方面取得了很好的效果，通过对恒星FKS-380的自适应观测，在开环和闭环的情况下，FWHM分别为2.3″和0.23″（系统衍射极限为0.12″），Strehl比由开环的0.05提高至闭环的0.31。

自适应光学技术应用于月球激光测距中是实时提取大气波前倾斜量，可用反射器附近被照亮的月面特征（如殒击坑）作为信标。针对月面为低对比扩展光源的特点，取某时刻CCD所采集月面反射器附近的月面特征作为参考图像，大小为16×16像素或者32×32像素，用绝对差分算法或互相关函数法[295]在所采集的一系列图像中寻找该参考图像的位置，由位置坐标与参考图像的原始位置的偏移量可得出大气波前倾斜量，为倾斜镜的实时校正提供信号。

表 10.18　1.2 m 天文望远镜系统中主要测控部件的性能参数

第一级精跟踪系统	第二级精跟踪系统
• 倾斜镜口径：170 mm	• 倾斜镜口径：95 mm
• 最大倾斜角：±6′	• 最大倾斜角：±2′
• 驱动电压：±60 V	• 驱动电压：±500 V
• 滞后与非线性：<±5%	• 滞后与非线性：<±5%
• 谐振频率：>200 Hz	• 谐振频率：>400 Hz
哈特曼—夏克探测器部分	61 单元自适应变形镜
• 阵列透镜：9×9，六角形	• 孔径：88 mm
• 子孔径尺寸：12.5 cm×10.8 cm	• 驱动器间距：9 mm
• 子孔径动态范围：15″	• 驱动电压：±700 V
• 子孔径像素数：9×7	• 滞后与非线性：<±3%
• 帧频：500 Hz，1 000 Hz，2 000 Hz 可调	• 谐振频率：>200 Hz

4. 倾斜校正自适应光学系统应用于月球激光测距的光路构想

在月球激光测距试验中，由于大气湍流、月面反射器预报误差及光学系统的不完善性等因素的影响，造成到达月球表面反射器的激光束产生抖动与扩展，严重影响了测月的回波光子的数量。为了校正大气湍流等因素对测月激光束的影响，保证到达月面的激光束一直对准月面反射器，达到提高回波光子数的目的，将自适应光学技术用于月球激光测距试验中。针对云南天文台 1.2 米地平式望远镜的特点，对激光束进行倾斜校正的光路如图 10.169 所示。该布局简洁实用，保持并充分利用自适应光学系统的原有器件，在 M6 镜后安排器件进行数据采集及处理并将驱动信号送至快速倾斜镜 T1 进行实时校正，该快速倾斜镜的性能能满足激光测月的需要。

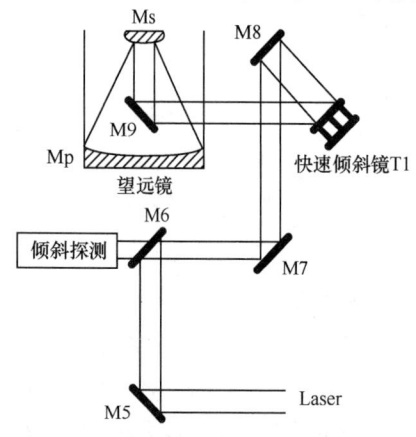

图 10.169　61 单元自适应光学系统应用于月球激光测距光路

自适应光学系统用于月球激光测距的目的是实时校正由于大气湍流或其他原因引起的到达月球表面的激光束的抖动效应。大气湍流的冻结时间一般是几个毫秒，自适应光学系统必须在这几个毫秒的时间内完成数据采集、数据处理、驱动倾斜镜进行校正等几个步骤，这对于以低对比扩展的月貌为参考信标的倾斜校正自适应光学系统有一定难度。由上述可知，对于绝对差分算法，一帧图像的运算量为 $M2(N-M+1)2$，取 $M=32$，$N=64$，则大约需要进行 $3.34×106$ 次加法，存取 $6×106$ 次操作数，假设存取一次操作数的周期为 30 ns，则共需耗时 180 ms，远超过实时性的要求[296]，这就需要研制相应的高速并行处理机，通过并行技术减少处理时间，以满足实时性的要求。

10.9.3　自适应光学系统在战术激光武器中的应用简介

自 1960 年世界上第一台激光器问世以来，激光武器便成为国际上先进国家研究的重点战略项目。激光武器的主要优点：激光束以光的速度传播、瞄准目标时无需提前量。激光束传播一公里只需三十万分之一秒，而两倍于声速的超声速飞机在这么短的时间内仅飞行约 2.3 毫米。所以，即使对使用其他防御手段已失去瞄准和攻击机会的漏网目标，激光武器仍可多次进行拦截，直到摧毁。效价比高，一枚导弹，少则一万美元，多则几十万美元，而且闲置时，维护费用高昂。相反,激光武器发射一次仅花几百到二千美元[297],故此,激光武器在未来战争中的作用是不容置疑的。但是,在激光武器研制中的主要难题是:大功率激光器、大气传输、精密跟踪和瞄准技术、强脉冲激光对靶材的烧蚀机理、破坏靶材所需能量密度等问题。

目前的大功率激光器已可实现,强脉冲激光对靶材的烧蚀机理和破坏靶材所需能量密度的研究也有成效。现在最感迫切的、也是研制实战用激光武器所必须解决的是光在大气中的传输和跟踪瞄准精度问题。由于大气湍流和大气中含有不少水蒸气,使激光束在大气中传输时能量减少。因此,尽管地基激光武器在发射时能量很大,在穿过大气之后到达目标时就所剩无几了。解决办法有:选用波长接近大气窗口或波长可以调谐的激光器,例如二氧化碳激光器、DF(氟化氘)激光器或自由电子激光器等,但这还不能彻底解决问题。国际上多年研究发现,解决激光束在大气中传输问题的最好办法,是采用相干光学自适应技术[298]对大气干扰导致激光束产生的畸变加以补偿,从而使激光能量在传输中的损失减少,这样可以增大激光武器的作用距离和它对靶材施加的破坏能量密度。

1953年,美国科学家巴布科克(Babcock)就提出了用动态修正系统探测和修正相位误差的设想。由于当时还缺乏能完成相位补偿的适当自适应光学元件,致使他的建议仅停留在设想上。1970年前后,由于科学技术的飞跃发展,自适应光学所需的各种高灵敏度器件相继问世。例如,休斯研究实验室(Hughes Research Lab.)研制了18单元无修正装置和可变形反射镜(其面板为金属钼,背板为派勒克斯玻璃,执行器为压电陶瓷)。同时,Perkin-Elmer公司研制成厚为0.25微米、直径达125毫米的薄膜反射镜。而作为自适应光学关键的波前相位探测和实时相位校正所赖以进行的电子控制技术也日趋成熟。由于自适应光学技术在军事方面,特别是在激光武器、卫星侦察中具有明显的潜在用途,因此国际上国防研究单位一直把自适应光学作为重点加以研究,并取得了重大进展[297]。

1. 相干光学自适应技术概念简介

相干光学自适应技术(coherent optIcal adaptive technique,COAT)是20世纪70年代以来发展起来的,主要用于克服高能激光在大气中传输时湍流和热晕的有害影响,造成空气密度变化,使激光通路上的折射率变化,造成激光散射。激光辐射加热光束通路中的空气形成热晕,亦使折射率变化而产生传输效应。热晕不仅导致光束扩散,还会使光束偏斜。

图10.170为COAT系统的基本工作原理。在理想情况下,可以用发射光学系统将相干激光束聚焦在远处的一点上。但在实际大气中,湍流、热晕使大气折射率发生少量变化,造成传输波前畸变,因为光束发散,减弱了发送到这一点上的光束强度。COAT系统接收从目标返回的光束,进行分析,确定大气导致的波前相移,通过移相器的调节,使发射光束的波前预先产生相应的(共轭)畸变。光束通过大气后,正好补偿了大气造成的波前畸变,于是再次聚焦在该点上。这种修正是随时间变化的,以适应随时间变化的大气湍流,故采用"相干光学自适应技术"这个概念。

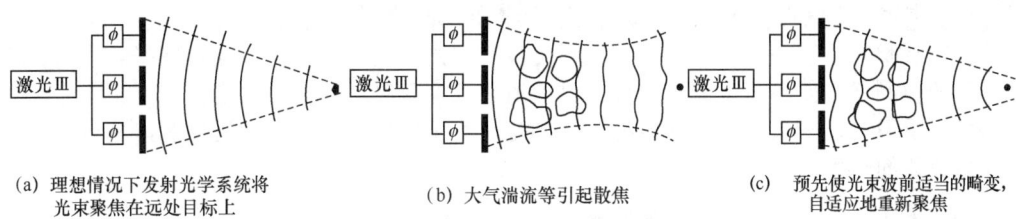

(a) 理想情况下发射光学系统将光束聚焦在远处目标上　(b) 大气湍流等引起散焦　(c) 预先使光束波前适当的畸变,自适应地重新聚焦

图10.170　COAT系统的基本工作原理示意图

2. 自适应光学系统在固体战术激光武器中的应用

建立一套有效的固体高能武器系统需要解决许多难题:产生足够的激光功率排除废热、精确识别和跟踪目标,以及武器系统的整合和命令控制等。地基和空基激光武器都需要解决

的一个主要难题就是光束的大气效应[21]。光束通过大气传输时，除了要被各种大气粒子和汽溶胶吸收和散射外，还会由于激光导致的温度起伏产生畸变，造成波前失真和闪烁（焦斑无规则地抖动），严重影响了整个武器系统的效能，所以有必要引入自适应大气波前畸变校正。2001 年美国在"白沙"靶场成功将 10 kW 级车载固体战术激光武器系统用于导弹拦截试验，并用自适应光学子系统对大气引起的波前畸变进行了补偿。图 10.171 即为其战术固体激光武器系统示意图。它包括1个主激光器、4 个跟踪补偿用激光器（15 W）、精确跟踪瞄准系统和自适应光学系统。其中自适应光学系统由一个 10×10 的哈特曼波前传感器和一个可变形反射镜（由 121 个执行器组成，伺服带宽为 400 Hz）组成。试验得出，通过自适应光学系统校正后，目标靶上的光强增加了 15 倍，目标的抖动则降低了 4/5，提高了武器系统的效能。

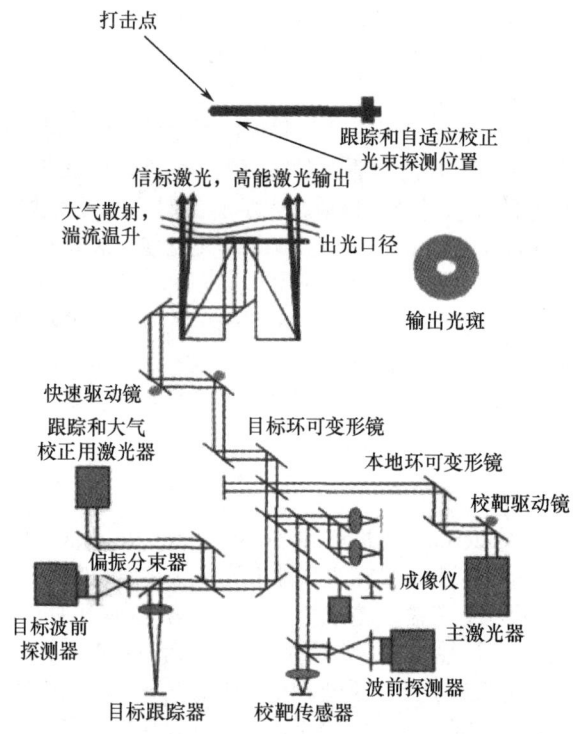

图 10.171　高能固体战术激光武器演示系统示意图

目前固体战术激光武器自适应光学子系统还存在着精度不高，实时性不够强的缺点。其发展方向主要有：高精度的波前传感器，微透镜阵列像差要尽可能小，焦距精度高；阵列探测器的动态范围尽可能大。提高可变形镜的动态范围和精度，目前用的几种变形镜校正单元数较少，波前变形动态范围较小等缺点，所以有必要提高变形镜的动态范围。

高光束质量的照明激光器，要求照明激光器的出光强度分布均匀，稳定性好。提高自适应光学子系统控制器的闭环带宽和稳定性，目前所用的控制算法存在着稳定性差、相位滞后大等缺点。可以采用自适应控制算法，自适应控制是在一定约束条件下的最优控制，具有主动适应外界环境变化的能力。

3. 自适应光学用于反卫星激光武器

1）反卫星激光武器发展现状与动态

迄今为止，世界各国共向太空发射了 6 000 多颗卫星，由于卫星具有观察点高、范围大、速度快、不受国界地理甚至时间和气象条件限制等特点，因此是现代战争和未来信息战中获取空间信息，实施全天候、全天时、全方位作战支援的主要手段。鉴于卫星在未来战争中的地位和作用，国际上军事大国争相制订军事航天发展战略，一方面积极发展卫星技术、增强军用卫星系统的作战支援能力。另一方面大力发展反卫星武器，主要包括反卫星导弹、反卫星卫星、反卫星及反弹道导弹动能武器平台和定向能武器平台等。目前，较有效和成熟的要属定向能武器之一的反卫星激光武器[299]。

反卫星激光武器能将能量高度集中在很小的面积上，与目标作用产生高热、电离、冲击和辐射等综合效应，用以击毁卫星。它具有如下优势：攻击目标速度快、移动火力快、抗干扰性强、价效比高、杀伤效率高、没有后坐力、不产生空间垃圾等，主要用于攻击卫星上的特定目标（传感器、太阳能电池板等），使卫星失效。

2）反卫星激光武器的作用原理

反卫星激光武器主要由高能激光器、目标监视系统（目标瞄准、捕获与跟踪系统）和光束定向器三大硬件组成，如图10.172所示。其工作原理是由目标监视系统探测到目标，给出目标信息来引导激光武器的精密跟踪系统捕获并锁定目标，引导激光发射系统使发射望远镜对准目标发射信标激光，精确测量目标距离，根据目标反射回的激光进行大气畸变预补偿。当目标处于适当位置时启动光束定向器发出极细、极强的激光束（或借助卫星上的反射镜，也叫中继镜/轨道镜）对空间卫星或轨道上的目标实施打击。

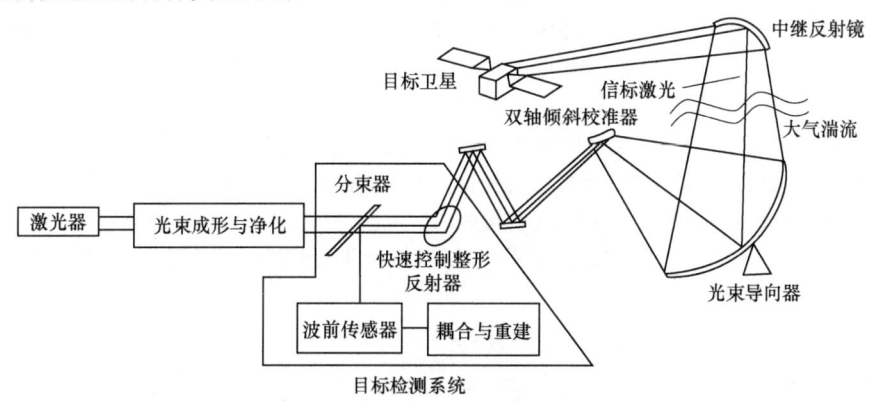

图 10.172　反卫星激光武器工作原理

反卫星激光武器的基础是激光器。激光器按产生激光的机理不同分为 CO_2 激光器、HF 化学激光器、DF 化学激光器、COIL（chemical oxygen-iodine laser，化学氧碘激光器）、自由电子激光器、核激励激光器和半导体泵浦固体激光器等。其中已接近实用的有氟化氘和氧碘激光器两种，发展方向是半导体激光二极管泵浦的固体激光器。氟化氘激光器的工作原理是：氟原子和氢的同位素氘在腔体内发生化学反应，生成受激的氟化氘分子，产生的光束波长较长（3.5～4 μm）。缺点是由于波长较长，光束聚焦所需的光学系统尺寸较大，且通过大气层时能量损耗较大。氧碘激光器是一种新型化学激光器，其工作原理是：利用氯和过氧化氢进行化学反应产生受激氧分子，氧分子通过碰撞将能量传递给碘原子，使其处于受激状态，产生波长为 1.3 μm 的光束。这种激光器的主要优点是波长短、要求的光学系统尺寸小，且光束经过大气层时的损耗小，因此发展较快，前景看好。

由于卫星的脆弱性，且暴露时间长，卫星上的可见光、红外和微波等传感器以及太阳能电池属于敏感器件，未设计任何防护措施。侦察卫星的光电探测器的损伤阈值为 4 J/cm^2，星载相机光学系统的增益约为 10^5 数量级，故探测器是比较容易被损伤的，目前各国反卫星激光武器都是基于低能致盲毁伤机理。

4. 自适应光学的激光谐振腔

相干光自适应技术（COAT）可用来对发射或接收的激光信号中的波前畸变进行补偿，即

COAT 可用来对位于激光腔外部的相位畸变进行补偿，包括外部光学系统误差、大气湍流和近场热晕引起的像差。通过调整衍射极限激光输出光束的近场相位，就可获得良好的远场光束质量。

这种调整实际上是通过在激光腔外设置一个移相可变形反射镜完成的。但是，这种设置在激光腔外的自适应光学系统却无法校正谐振腔内的光学畸变。腔内的相位畸变是由反射镜变形、腔内光学系统失调以及腔内激光介质的不均匀性产生的。这些畸变不仅影响激光腔输出光束的相位（即影响激光腔输出光束的质量），而且影响激光器的总输出功率。为了从根本上改进激光器输出光束质量及总输出功率，宜从激光腔内着手。美国联合技术公司（United technologies corporation）、休斯研究实验室（Hughes research Lab.）等单位采用在激光腔内设置可变形反射镜来校正腔内的相位误差，使之不影响输出光束的质量及功率。由于自适应可变形反射镜可以有效地恢复衍射极限近场功率分布并提供较好的远场校正，再加上腔内自适应反射镜也可使激光输出产生相移，因此它也可用来对外部相位畸变进行校正。这样，自适应反射镜就可同时用来对影响远场强度的外部和内部相位误差进行校正。

下面简述有关自适应激光谐振腔的示例。

1）5单元自适应谐振腔

高能激光谐振腔结构的基本要求是在近衍射极限光束中有效地提取功率的能力。模式识别与光束质量往往是折中的结果，增益介质内随时间变化的折射率扰动，光腔失调、制造公差导致的反射镜面形误差和热致反射镜变形。这些效果引起波前畸变折中远场辐射。

在发送或接收到激光信号时，自适应光学技术已被用来弥补波前畸变。这些概念在激光谐振腔外部运用自适应光学，已在可见光[251]和红外[300]波段被实验证明。证实一种闭环自适应谐振腔内引入一个变形反射镜并采用闭环伺服系统控制反射镜的表面结构，通过监测激光输出的相位和强度分布，可以实时补偿在谐振器内不期望的扰动[301]。一个典型的自适应谐振腔实验配置的示意图如图10.173所示。图中显示了可变形反射镜，可以作为非稳腔的一个端镜或作为腔内折叠镜（谐振腔曲折）。

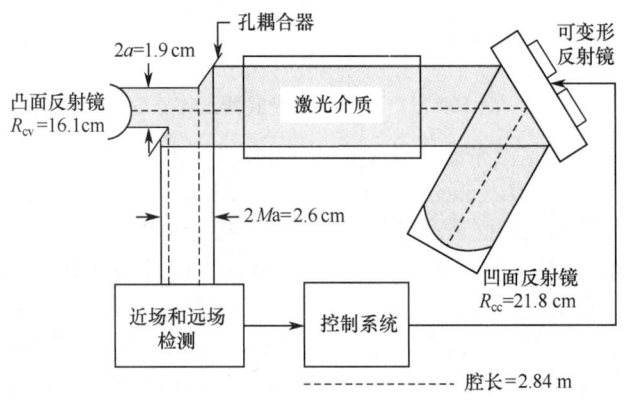

图 10.173　自适应谐振腔实验结构

在该实验中，一个连续 CO_2 放电激光器采用 7.6 cm 直径稳定的、均匀的激活介质。正支共焦非稳腔（positive branch confocal unstable resonators）是由一个几何放大率为 1.35，准直光束的直径为 2.6 cm，和一个腔长为 2.84 m 作为特性参量。凹凸反射镜曲率半径分别为 21.8 m 和 16.1 m。可变形反射镜是一个连续表面，并被冷却，其中有九个执行器形成 3×3 方形阵列，如图 10.174 所示。只有居中的五个执行器被用来校正在增益介质内或在谐振腔光学系统中引起的相位扰动。可用 1 000 V 电压驱动每个压电执行器产生 40 μm 表面移动。腔内光束对变形镜的照明面积是椭圆形的，长轴和短轴分别为 3 m 和 2.6 cm。图 10.174 也示出了由腔内光束照明的面积和各个执行器的位置。

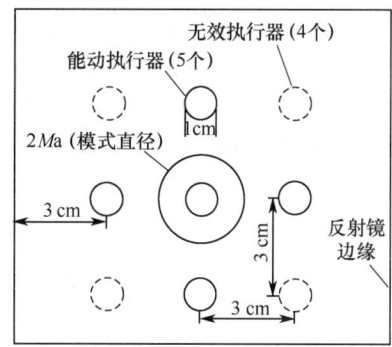

图 10.174　谐振腔光束在可变形反射镜上的照明面积

利用多抖动系统实现远场光束质量的实时优化，所采用的爬山法（hillclimbing）伺服技术类似于各种腔外相干自适应光学技术（COAT）系统[295]。实验中用可变形反射镜的执行器提供相位抖动和相位校正功能。虽然 9 个通道在优化远场能够闭环，只有中心部分的 5 个执行器被利用，4 个角上的执行器对整个镜面是非常弱的耦合（<5%），因其离光束对可变形反射镜照明的椭圆形面积相对较远，故它们是近于无效的操作。

实验中使用的多抖动系统，在 300～900 Hz 范围内的 5 个抖动频率相关于建立 5 个位相或延迟控制点的设置，以形成爬山伺服系统的远场光束质量最优化[202]。使用 Hg–Cd–Te 探测器对远场光强分布进行采样，同步检测各种抖动频率，以使远场光强最大化。该系统的闭环带宽为 65 Hz。

2）18 单元自适应谐振腔

采用 18 单元变形镜和多抖动相干光学自适应技术（COAT）伺服系统的内腔自适应光学系统，其目的是校正由于谐振腔失调、谐振腔反射镜面形误差，或激光介质的不均匀性影响的内腔相位畸变[302]。

早期的 COAT 研究趋向于在激光谐振腔外面进行相位畸变补偿[303]。近年来，研究工作已集中在自适应光学校正腔内扰动[301]。腔内畸变比腔外畸变将造成更严重的问题，因为它们会影响激光器的功率输出特性以及相位。这些像差会严重降低总的输出功率，显著改变近场输出功率密度分布。由于外部相移反射镜不能改变激光器的输出特性，可以通过谐振腔内部可变形反射镜进行补救，自适应反射镜可以有效地恢复衍射受限的近场功率分布，从而提供更好的远场校正。由于内腔反射镜也能使激光输出产生相移，它可以用来校正外腔相位畸变。自适应谐振腔可以用来校正内部和外部的相位误差，同时对远场强度的影响。

当与非稳腔协同使用时，内腔配置比外腔配置有一个附加的优势。对于一个给定的相位误差，内腔反射镜需要较小的表面冲程来改正，这是由于一个不稳定的谐振器将放大位于腔内的相位扰动。

相位扰动位于一个正支共焦非稳谐振腔*中的反射镜上，其相位乘法因子被证明为 $F=2M^n/(M^2-1)$。这里 M 是谐腔振放大率，$n=1$ 用于倾斜，$n=2$ 用于像散，$n=3$ 用于彗差等误差。在低倍率谐振器内的低阶畸变，这一因子可能是重要的。例如，$M=1.414$（几何输出耦合=50%）和 $n=1$（倾斜误差），因子 $F=6.9$。将可变形反射镜放在谐振器内可以明显减少所需的反射面的冲程。

---

* 正支共焦非稳腔是气体和化学激光技术研究中常用的腔型之一，是由两个曲率半径不同的球面镜按虚共焦方式组合而成的凹凸非稳腔[304]。光场理论分析表明，具有大 Fresnel 数（菲涅耳数（Fresnel number）：利用等价共焦腔的概念并引入有效菲涅耳数，可以近似地计算一般稳定球面镜的衍射损耗。）共焦腔的菲涅耳数正比于镜的表面积与镜面上基模光斑面积之比。比值越大，单程损耗越小。

非稳腔能使最初在共振腔中心附近发生的辐射充满整个激光介质，而其相位控制发生在共振腔中心部分，容易鉴别和控制横模而得到单模运转，且能获得单端输出的均匀平面波。但是腔内的各类像差扰动会在得到高功率输出的同时难以获取高光束质量[305]。由于目前采用正支共焦非稳结构的激光器的工作波长一般都在红外区域，谐振腔在工作之前的调腔共轴问题就变得十分关键，这是保证谐振腔输出较好光束质量的重要前提。目前对非稳腔模式特性问题研究得较多[306]，但对其调腔共轴问题及检测手段的研究却少有报道。

实验装置如图 10.175 所示。平面变形镜作为改进的正支共焦非稳谐振腔的腔端反射镜。在腔内用一个因子约为 3 的扩束器以扩大谐振腔模式，使 18 个能动变形镜单元被照明，并改善了被变形镜反射的波前，它来自一个凹面镜（如图 10.175 中的虚线）。由虚线表示的反射镜定义了谐振器，放大率为 1.21 倍，Fresnel 数为 6.4，等效 Fresnel 数为 0.5，几何输出耦合为 32%。名义尺寸 2.86 cm 的外径环形光束是从连续波 CO_2 纵流放电激光器中发射的。

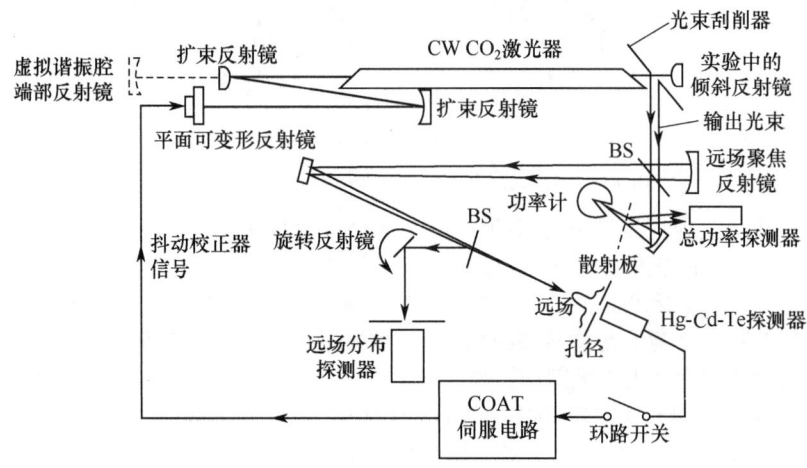

图 10.175　自适应激光谐振腔性能评估的实验

输出光束的一部分由凹面反射镜聚焦到远场处，由一个 Hg–Cd–Te 探测器进行监测（见图 10.175）。检测器提供的抖动信号输入到控制带宽为 400 Hz 的标准设计的多抖动 COAT 伺服电路[251]。一个小孔的直径小于探测器前面的远场衍射极限光斑的中心瓣。COAT 伺服系统通过调整可变形反射镜[202]，使之通过小孔的功率为最大。在这个过程中使远场峰值强度最大化，从而优化了激光器的输出光束。

可变形反射镜已由 Pearson 等人进行了详细叙述[307]。其是由镀钼耐热玻璃背板（molybdenum with a Pyrex backplate）构成。由谐振腔模式对可变形反射镜的照明如图 10.176 所示。19 个执行器中的 18 个被加于抖动和校正—驱动信号。标有×的一个是无效的。两个大圆之间的环形面积表示模式的部分，其在一个精轧孔后面通过 CO_2 增益介质的激光器耦合输出。小圆圈对应位置下各影响函数衰落到峰值的一半。图 10.176 的插图给出了影响函数的形状和重叠。

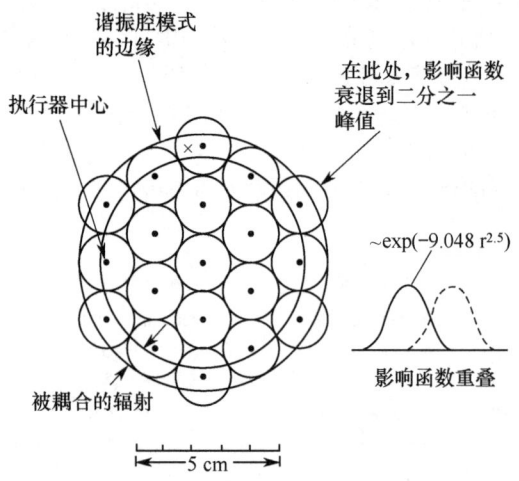

图 10.176　谐振腔模式对可变形反射镜的照明

在每个执行器位置，峰值表面的冲程为±1 μm。该反射镜的最大冲程从反射镜的中心到边缘作为一个整体，测量值为±2 μm。在 CO_2 激光波长时，对应于中心到边缘相移为±0.8π。最大倾斜量是±25 μrad。

此处只有小的腔内相位误差存在。这些包括小于 $λ/20$ 的 CO_2 波长谐振腔的制造误差，由于使用离轴光扩束器产生像散，其从模式中心到边缘顺序测量为 $λ/40$ 量级，以及反射镜的振动，足以产生远场光束抖动约四分之一的光束直径全宽半最大值（HWHM）。该电子设备在处理输入信号之后发出指令，驱动反射镜后面的 18 个能动元件来控制反射镜变形，从而达到校正腔内反射镜目的，这台二氧化碳激光器总功率增加大约 60%，即从 6.5 W 增加到 10.5 W，峰值远场强度大约增加 11 倍。

另外，休斯研究实验室还研制了一种相位共轭谐振腔[308]，腔内装有相位共轭反射镜，它具有补偿腔内畸变和使腔内增益介质的能量输出达到最佳的功能。与普通谐振腔相比，这种装有相位共轭反射镜的谐振腔不仅特别稳定，而且它还具有内在的自动对准特性。对于只有一个相位共轭反射镜的谐振腔来说，不存在纵模情况。这意味着谐振腔是连续可调的（通过调谐泵浦光即可）。在相位共轭反射镜尺寸足够大时，相位畸变也可消除。

10.9.4 自适应光学在医学眼科成像中的应用

自适应光学技术在地基天文望远镜的大气湍流校正和激光大气传输等方面取得了重要进展[309]，但由于系统复杂、尺寸庞大、成本高昂，前期的自适应光学系统主要用于大型科学工程。近年来由于自适应光学技术的快速发展，成本逐渐降低，其开始在医学和工业领域中探索和应用。

1. 自适应光学在视网膜成像中的应用

人眼视网膜是结构复杂的人体组织，不仅眼睛本身的疾病而且人体的其他疾病（如糖尿病等）也可以在眼底反映，故眼睛是人体的一个窗口，视网膜是可以实现无损观察的人体结构之一。眼底镜早已是常用的医学检查仪器。但是由于人眼本身的误差（像差），用通常的眼底镜很难实现视网膜细胞层次精细结构的高分辨力观察，这种视网膜细胞层次的观察只能采用病理切片的方法用显微镜实现，显然这就排除了应用于活体人眼的可能性。限制常规眼底镜分辨能力的主要因素是人眼波前误差，其大小和形式因人因时而变，不可采用施加固定校正的方法解决。自适应光学技术具有实时校正动态波前误差的能力，用于人眼误差的校正，就有可能克服这一限制，实现接近衍射极限的活体人眼高分辨力观察。波前探测器、波前校正器和波前控制器是自适应光学系统的基本组成部分。Liang 等[310]首先将哈特曼—夏克传感器用于人眼波前误差的探测，接着 Liang 和 Williams[311]采用天文观测用的 37 单元可变形反射镜和哈特曼—夏克传感器建立了人眼观察用自适应光学系统，实现活体人眼视觉细胞的成像。采用的可变形反射镜尺寸较大，以致整个系统要一个大型光学平台才能放下。为此 Love 和 Vargas-Martin[312]分别试验采用液晶空间光调制器（LC SLM）、Zhu[313]试验用薄膜式变形反射镜。Iglesias[314]采用解卷积的方法实现视网膜高分辨力的成像，但这是一种事后处理的方法，不能实时成像。

1) 小型可变形反射镜

变形反射镜是自适应光学系统的核心器件，决定系统的波前校正能力和系统总体尺寸。1999 年研制了 19 单元小型变形反射镜[315]，2002 年又研制了 37 单元变形反射镜。这两种变形反射镜的性能如表 10.19 所示[316]。当执行器上施加电压时，就推动镜面产生变形。当一个执行器产生单位变形时，相邻执行器中心的变形称为交连值，交连值与变形反射镜产生一定面形表面的拟合精度有关。图 10.177 是 19 单元变形镜内外三个执行器产生镜面变形的影响函数图。根据图 10.177，变形反射镜中心和内外两圈执行器的交连值分别为 7.5%、10%和 15%。

表 10.19 可变形反射镜的性能指标

执行器数目	19	37
可变形反射直径/mm	24	48
通光孔径/mm	20	40
最大变形量/μm	±1	±1
最高电压/V	±700	±700
滞后量/%	<±4	<±4
谐振频率/kHz	>30	>30

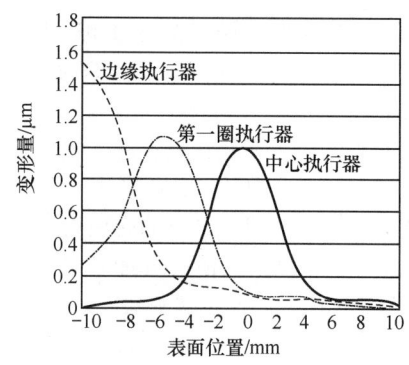

图 10.177 中心、中间圈和外圈执行器的变形影响函数

2）两套小型可变形反射镜自适应光学成像系统

用 19 和 37 单元变形反射镜分别研制了两套人眼视网膜高分辨力成像自适应光学系统（见图 10.178）。为测量人眼波前误差，必须在眼底形成一个发光点（信标），从这一信标发出经瞳孔出射的光束的波前误差即是被测人眼的像差。用半导体激光器（LD）产生这一信标，激光器的输出经空间滤波器和扩束镜后准直成平行光，再经反射镜和分光镜后入射进被测人眼（在 19 单元系统中，还经过调焦望远镜），经人眼聚焦后在眼底形成信标光点。

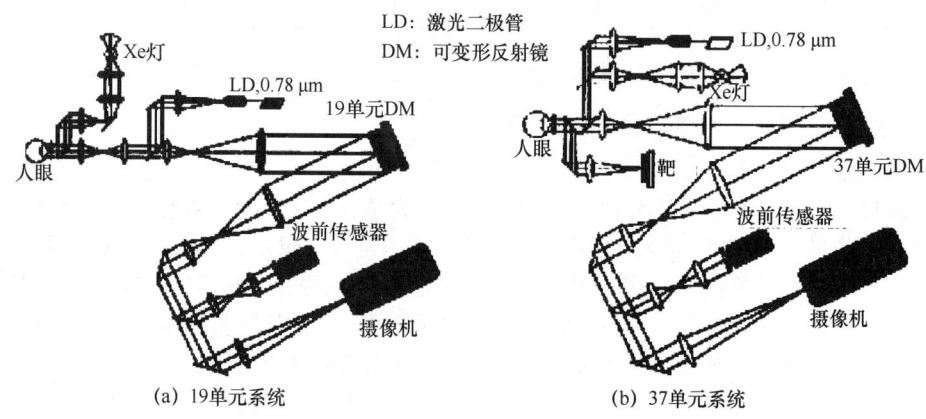

图 10.178 人眼视网膜成像的自适应光学系统

经眼底视网膜后向反射的信标光再由瞳孔出射，带有眼睛像差的信息，经分光镜、扩束望远镜、变形反射镜（DM）、缩束望远镜，再经分光镜反射后，进入 HS 波前传感器。HS 波前传感器由微透镜阵列将孔径分割成许多子孔径，并将子孔径内光束聚焦到 CCD 相机的像面上。子孔径焦斑中心相对于用标准平行光标定的焦斑中心基准位置的位移正比于波前斜率。

波前传感器的 CCD 相机测出子孔径光斑位置，由计算机采集并计算出每一子孔径的波前斜率，再经波前复原和控制算法的计算[316]，得到可变形反射镜每一执行器的控制信号。这一控制信号由高倍放大器放大后驱动变形反射镜实现波前校正的闭环控制。经过 20～30 次迭代，残余波前误差经校正达到极小，系统实现稳定校正。此时计算机触发闪光灯（Xe 灯）经光学系统照明视网膜成像区域。视网膜后向反射的照明光沿信标光同一光路并通过分光镜到达成像 CCD 相机，摄取视网膜图像。

两套自适应光学系统采用的变形反射镜执行器和波前传感器子孔径的布局见图 10.179。在 19 单元系统（见图 10.179（a））中，52 个子孔径按 8×8 阵列正方形排布，与 19 个执行器相匹配。在 37 单元系统（见图 10.179（b））中，97 个子孔径排成 11×11 阵列，与 37 个执行器匹配。对这两套系统校正不同阶次波前的能力进行仿真研究，给定某一个泽尼克（Zernike）模式波前误差，其均方根值为 1 个波长（λ），仿真计算波前传感器对这一波前进行探测，经波前复原算法计算出执行器上加的电压，与执行器的影响函数相乘，即可得到由可变形反射镜产生的拟合波前，与给定波前之差即为校正残余误差。残余误差均方根值是表征自适应光学系统对给定波前模式（均方根值为1λ）的拟合校正能力。图 10.180 是两套系统对前 35 阶不同泽尼克模式校正残余误差的仿真结果，表明 19 单元系统对前 9 阶泽尼克像差有一定校正能力（残差均方根值小于 1λ），而 37 单元系统的校正能力扩大到前 20 阶。由于波前传感器的子孔径数量大于可变形反射镜的单元数，对波前误差高频成分的校正能力主要受限于变形反射镜。

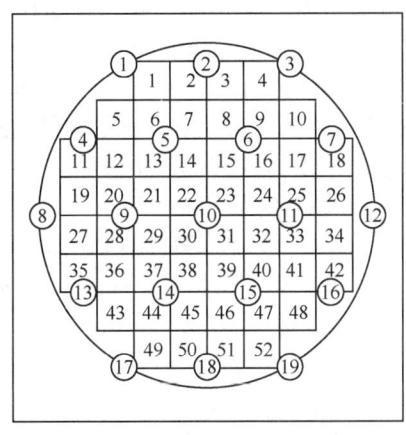 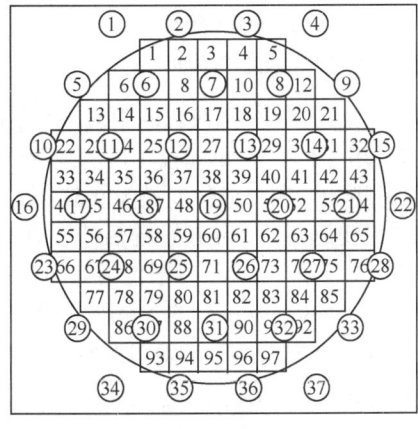

(a) 19 单元系统　　　　　　　　(b) 37 单元系统

图 10.179　可变形反射镜执行器和波前传感器子孔径的布置

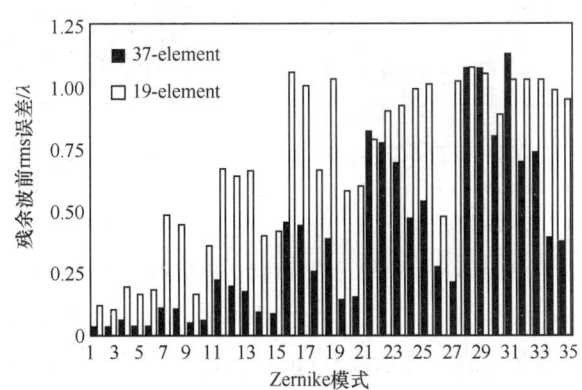

图 10.180　两个系统对 Zernike 模式前 35 项
匹配的 rms 误差，每种模式给定波前为 1λ（rms）

视网膜是由多层组织构成的，厚度为几百微米，为获取不同层次组织的图像，CCD 相机可沿轴向调焦，使 CCD 成像面共轭于不同深度的视网膜组织上。37 单元系统除了具有校正更高阶模式波前误差能力之外，（为获取离人眼视网膜中心凹不同横向距离上的视网膜图像）设置了一块带有小孔阵列的靶板，不同位置的小孔可以单独照明，被测者凝视被照明小孔时，中心凹对准此小孔，眼球产生对仪器光轴不同的偏转，而 CCD 拍摄的是光轴区域，这样就可以获取视网膜不同横向位置的图像。靶板的视场为（±6°）×（±6°）。此外，37 单元自适应光学系统采用 16 位输出的背照明减薄的 CCD 相机，比 19 单元采用的 12 位 CCD 相机有较高的灵敏度，并采用多种滤光片，可以选择多个不同的成像波长。

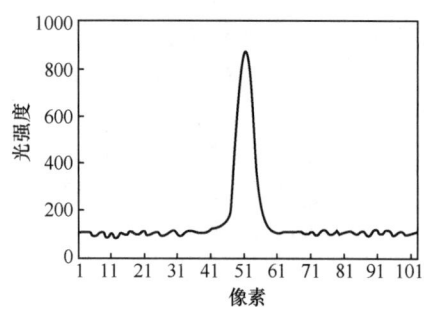

图 10.181 由 19 单元自适应系统校正了静态误差的焦斑强度的横截面

由于采用了小型可变形反射镜，整个系统尺寸较小，两套系统的外形尺寸分别为 81 cm×47.5 cm×18.3cm 和 120cm×57cm×31cm。

3）两种自适应光学系统实验结果

为验证自适应光学系统校正能力，在人眼位置放置一块平面反射镜，利用平面镜反射的信标光使系统闭环，并测量成像相机处焦斑尺寸。图 10.181 是 19 单元系统的焦斑截面。其半峰全宽（FWHM）以角度表示为 $1.3f/D$，其中 f 为焦距，口径 $D=5$ mm，成像波长为 0.78 μm。对 37 单元系统，校正后的半峰全宽为 $1.2f/D$，口径 $D=6$ mm，相当于视网膜上分辨力分别为 3.4 μm 和 2.6 μm。

在人眼观测实验中，先用散瞳滴眼液进行散瞳。自适应光学系统校正前的视网膜图像模糊，不能分辨细节。用 19 和 37 单元校正后的视网膜图像，圆形的视觉细胞清晰可见，且用 37 单元系统校正的图像更为清晰。成像波长为 0.65 μm，像位置调焦到视网膜内 140 μm。

图 10.182 是用这两套系统校正前后的波前误差前 35 阶泽尼克系数的示例，校正前波前误差的峰谷值分别为 4.4λ 和 3.1λ，均方根值为 0.54λ 和 0.50λ，校正后波前误差峰谷值为 0.86λ 和 0.47λ，均方根值 0.16λ 和 0.08λ，校正后的残余波前误差均方根值分别小于 $\lambda/6$ 和 $\lambda/10$，且 37 单元系统的校正能力好于 19 单元系统，特别是对 9 阶以上校正残差明显较小。

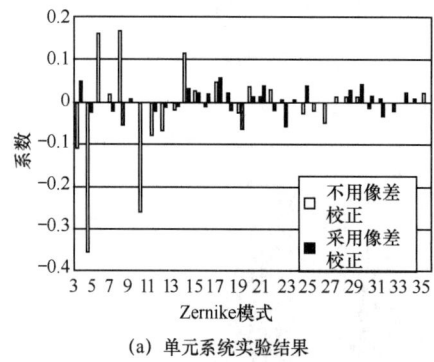
(a) 单元系统实验结果

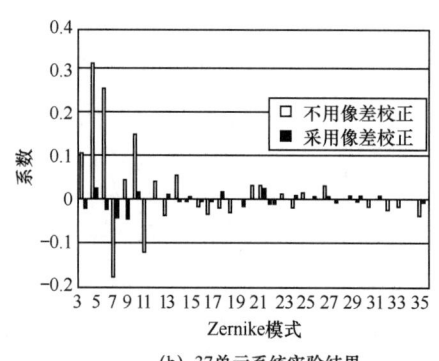
(b) 37单元系统实验结果

图 10.182 分别由 19 和 37 单元系统校正和非校正人眼波前误差的前 35 个模式系数

测量了同一受试者离视网膜黄斑中心凹不同距离的区域内视觉细胞的密度，中心凹和偏离中心凹 2° 和 4° 区域的视觉细胞，直径分别为 3.3 μm、5.1 μm 和 6.9 μm，离中心凹越近，视觉细胞越小，分布越密。

采用自适应光学技术建立两套小型人眼视网膜高分辨力成像系统，实时测量和校正活体人眼像差，对视网膜成像的分辨力接近衍射极限。由于研制了小型可变形反射镜，使系统体积缩小，可以实现仪器化。用这种成像系统可以观察到活体人眼视网膜的视觉细胞，已经获取接近衍射极限分辨力的视觉细胞图像。观察到视觉细胞密度随着与离中心凹的距离增加而降低。试验表明，将自适应光学技术应用到视网膜观察，可以克服人眼像差，提高观察分辨力。

2. 自适应光学用于医学眼科

1）自适应光学用于医学眼科的作用

人眼是不完善的光学系统，波前误差大小和形式因人因时而变[310]，自适应光学（adoptive optics，AO）技术[309]对于人眼的特殊光学系统可以校正时间和空间上都随机变化的活体人眼像差，横向空间分辨率可达到 2 μm 左右，接近人眼衍射极限，这就使得细胞尺度的高分辨率成像成为可能[316]，同时由于自适应光学系统可以独立地受控产生各种特定的像差[317]。但由于自适应系统结构复杂、尺寸庞大、成本高昂，前期的自适应光学系统主要应用在天文。近年来开始应用于眼科医学成像和视觉科学中，并取得了一定的成果。

中国科学院光电技术研究所早在 1998 年就已开展自适应光学技术在人眼光学成像方面的研究，于 2000 年建立了世界上首台基于整体集成式微小变形镜的 19 单元轻小型人眼视网膜成像自适应光学系统[316]。为提高自适应光学系统的像差校正能力，于 2001 年又建立起一套基于 37 单元微小变形镜的国内第二代活体人眼视网膜高分辨率成像实验装置，成功研制了可进入临床试验的活体人眼视网膜自适应光学成像仪，首次在国际上进行了活体细胞水平的眼底视网膜疾病和异常的初步成像观测[318]。

2）自适应光学相干层析技术（optical coherence tomography，OCT）

光学相干层析技术（OCT）是在 20 世纪 90 年代开始发展起来的成像技术[319]，类似于 B 型超声成像，但它采用的是低相干光源而不是超声波，它将低相干干涉仪和共焦扫描显微术结合在一起，滤掉物镜焦点之外的散射光，加上现代计算机图像处理技术，发展成层析成像技术。它具有较高的纵向分辨率，达到 1～15 μm，比传统超声波探测技术高 1～2 个数量级，且具有非接触性。由于人眼像差的存在，眼检用 OCT 系统的横向分辨率很低（≥20 μm），难于实现对眼底视网膜三维细胞尺度分辨成像。AO 与 OCT 的结合可能实现三维细胞分辨视网膜成像[316]。

（1）光学相干层析系统。图 10.183 为光纤型光学相干层析成像系统布局：2×2 宽带光纤耦合器（50/50，λ_0=840 nm，$\Delta\lambda$=±30 nm）把经由隔离器（OFR）出射的宽带光源光束（λ_0=842 nm，$\Delta\lambda$=±25 nm）分成两路，分别称为参考臂和样品臂。进入参考臂光纤经过偏振控制器，然后进入由准直镜、光栅、Fermi 透镜、振镜和反射镜组成的双通频域快速扫描延迟线（Fourier domain rapid scan optical delay line）。其能够实现群延迟和相延迟分离控制的目标，用于系统同时实现纵向扫描和相位调制。入射到样品臂的光经准直镜、横向 X-Y 扫描装置和聚焦物镜投射到待测样品，对样品实现横向扫描。当从参考臂和样品臂返回光的光程差在光源的相干长度内时发生干涉，干涉信号经探测器和前置运放器输入到数据采集卡，并由计算机进行后续处理和图像重建。

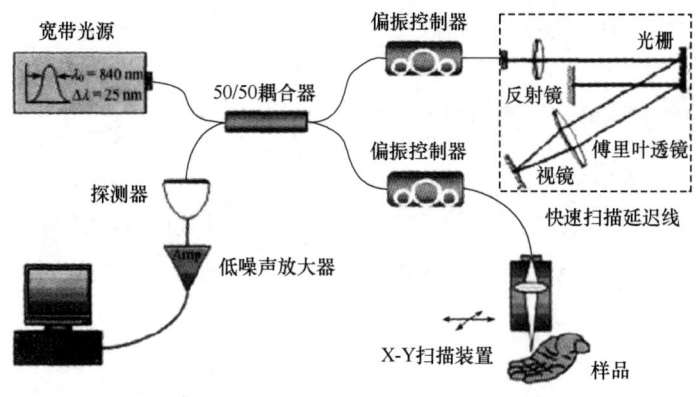

图 10.183　光纤型光学相干层析系统布局图

为了提高系统的信噪比和探测灵敏度以达到光量子探测极限，采用外差探测技术。本系统利用频域快速扫描延迟线实现位相调制，通过改变其中的振镜转轴相对于光轴的偏移量 x，在参考光和样品光之间引入高频位相调制，改变系统干涉信号的中心频率，以实现干涉信号的载频。实验中振镜转轴偏移量设为 x=3 mm，则相应干涉信号载频为 f_0=500 kHz，该频率能够保证信号与低频的 $1/f$ 噪声在频率域分开。应用两个偏振控制器是为了消除系统的偏振模式色散，保证参考臂和样品臂之间只有同一偏振态光束能实现干涉,以提供系统的分辨率。此外,还利用低噪声前置运放和软件数字信号处理实现滤波,提高系统的信噪比。

(2) 包括光纤型光学相干层析系统(OCT)的自适应光学系统。图 10.184 为该自适应光学系统的布置图,主要由哈特曼—夏克波前传感器(子孔径数为 16×16)、信标光源(LD)、37 单元可变形反射镜、X-Y 扫描振镜组成。LD 发出的光束经过整个自适应光学系统之后被聚焦到眼底,在眼底视网膜上形成一个发光点(信标),从这个信标反射出的光束就带有了眼睛波前像差,信标反射光束最终被哈特曼—夏克波前传感器接收。波前传感器测得每个子孔径的光斑位置,通过计算机计算出波前斜率和相应的波前控制信号,这个控制信号由高压放大器放大后驱动可变形反射镜,使变形镜产生能够抵消眼睛波前像差的表面面形,从而实现对波前的实时闭环校正。

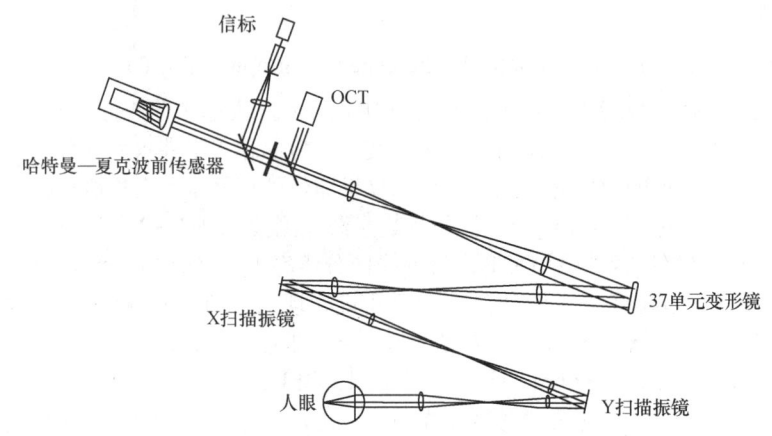

图 10.184　光纤型 OCT 自适应光学系统布局

OCT 系统样品臂中从光纤准直出射的平行光通过半透半反镜被反射进入自适应光学校正系统,由于可变形反射镜能够对眼睛波前像差的实时校正,因此该成像光束会聚在眼底时是一个理想的光点,从而使得 OCT 系统的横向分辨率接近衍射极限。

(3) 自适应光学相干层析系统实验结果。目前自适应光学系统尚未实现与光学相干层析系统对接,因此只给出 OCT 独立实验结果,以及自适应光学系统像差校正实验结果。

从离体兔子视网膜的 OCT 图像(700 μm×2 000 μm)中可以清晰地记录兔子视网膜的分层结构,以及视网膜中的血管。用示波器记录的系统干涉信号,计算该信号的半高全宽(FWHM)得到实际干涉信号的纵向分辨率为 6.7 μm,接近于系统的理论分辨率(6.23 μm)。系统中的横向分辨率由样品臂中的物镜决定,该物镜的焦距为 18 mm,数值孔径为 0.11,则系统的横向分辨率为 4.7 μm。

在自适应光学系统的人眼位置加入像差片和反射镜,用以模拟人眼像差(整个系统的光学像差也包含在内),通过自适应闭环校正之后可以近似认为整个系统已经达到衍射极限。

3) 自适应光学视觉仿真器

人眼像差可以用 Zernike 多项式[317]描述低阶像差(离焦、像散)及多种高阶像差。由于高阶像差对视觉影响的研究尚处于初步。故在研究人眼像差对视觉的影响时,可先针对单一像差组分来分析其对成像质量的影响,再逐项叠加,从而研究叠加后对视觉的综合影响。完成该研究内容须建立具有校正和产生高阶像差双重功能的视觉分析系统,AO 技术可提供适当的解决途径。

(1) 基本原理。人眼高阶像差校正和视觉分析系统主要分为:人眼像差测量系统,包括视(信)标发射装置、哈特曼波前测量装置、人眼像差校正系统(变形反射镜、口径匹配系统)、视标观察系统、控制系统等,系统布局如图 10.185 所示。半导体激光器发出的激光准直后(视标发射系统)经分光镜聚焦到被测者眼底,形成弥散光斑,此光斑的后向反射光经过被测者眼睛的屈光系统后从瞳孔射出,经过可变形反射镜、口径匹配系统,成像在哈特曼波前传感器上。由该传感器可以测出整个人眼的波像差,控制系统据此像差数据控制可变形反射镜校正人眼波前像差。同时根据不同被测者的像差在波前传感器上的反映,给定不同的控制斜率,由变形镜产生特定面形变化,从而校正被测者人眼特定的某一阶或某几阶的像差,模拟了人眼具备不同像差的情况。并通过让被测者观察大小、对比度不同的视标来进行人眼视锐度、对比敏感度等特性的测量,故可以实现具有不同像差的人眼屈光系统的视功能评价。

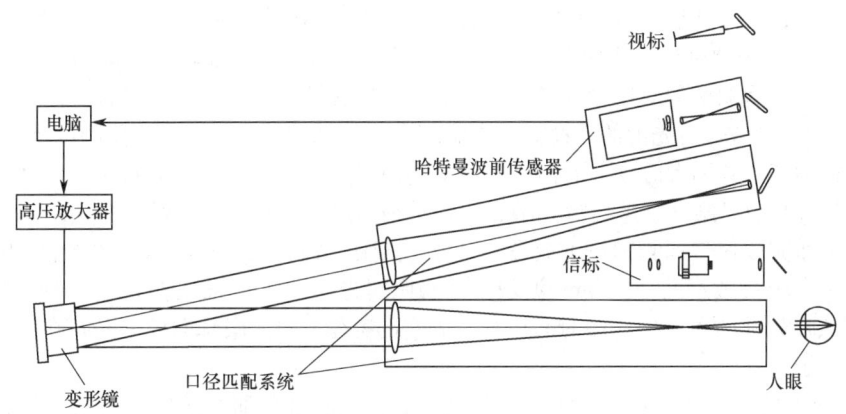

图 10.185 人眼高阶像差校正和视觉分析系统示意图

(2) 实验结果。自适应系统先在闭环时校正光路中像差(残余像差 RMS<$\lambda/10$),然后在视标观察光路中给定一个视标,在眼睛的位置放置 CCD 来记录系统模拟的不同像差下的视标图像,来验证系统的拟合效果。此时在 CCD 上观察到一个近似理想的视标,然后,利用变形镜产生一个 RMS=0.5λ 的彗差,在 CCD 上接收的图像就是带有彗差的视标。通过不同的像差叠加,可以进行不同像差对视功能影响的测试和分析。实验中采取了完全校正人眼像差和部分校正人眼像差两种方案,这就实现了让被测者观测理想状态下与带有像差情况下的视标,完成了对人眼具备不同像差的模拟。通过让被测者观察大小、对比度不同的视标来进行人眼视锐度检测,同一大小的视标,可以实现各个方向的旋转,只要被测者能分辨其中一个方向的视标,就可以认为被测者实现了对此空间频率视标的分辨。

图 10.186(a) 为全校正人眼像差的小样本实验结果,可以看到人眼像差全部校正时,每个被测者的视锐度都有不同程度的提高。图 10.186(b) 为单个被测者的实验结果。在测试中,分别采取了 4 种像差校正方案,可以看到完全校正情况下的视锐度是最好的;校正低阶(Zernike 波像差前两项,即离焦和像散)之后,视锐度变化不明显;而校正高阶像差之后,视锐度提高明显。此结果只是单个样本情况,由于人眼像差的个体差异性及视觉感受的主观性,需要做大样本实验才能获取不同像差与视锐度间的统计规律。

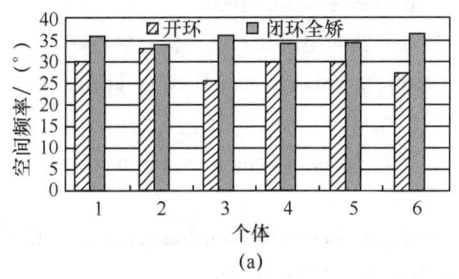
(a)

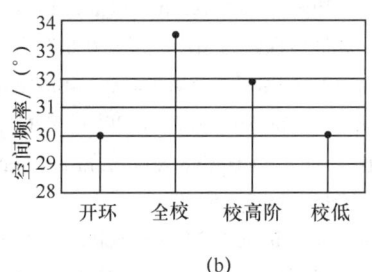
(b)

图 10.186 完全校正情况的小样本实验结果和部分校正情况单个被测者的结果

3. 高分辨率开环液晶自适应光学视网膜成像系统

医学研究表明，很多眼科疾病以及全身的系统性疾病（例如糖尿病、高血压和动脉硬化等）都在视网膜上有相应表征，故眼底检测对疾病早期诊断具有重要意义[316]。由于人眼像差的影响，常规眼底成像设备的分辨率无法满足对早期微小病变检测的要求。自适应光学（AO）技术能实时测量和补偿系统像差来提高光学系统的成像分辨率[321]，已被应用于各类眼底成像系统中[322]。利用哈特曼—夏克波前传感器（SH-WFS）和液晶空间光调制器（LC-SLM）[523]分别作为波前传感器和校正器，搭建了开环液晶自适应视网膜成像系统[324]，获得了清晰视网膜细胞图像。

该系统的不足主要体现在普适性，即并不是对所有的测试者都能得到清晰的视网膜细胞图像。一些测试者细胞图像的对比度较低，难以满足临床诊断的要求。造成图像不清晰的原因主要是不同人之间的个体差异。先前的系统是以人眼屈光-5D基准设计的[325]，即在测试者眼前200 mm处放置一个视标，当被测者盯视并看清视标时，利用人眼的视度调节能力将屈光度调节至-5D并保持稳定。此时照明光刚好能够聚焦到眼底的视觉细胞层，而从眼底反射回的光在SH-WFS上刚好无离焦，进而完成像差探测和校正成像。另外，人眼的轴向色差对照明光焦面的影响也不可忽略。视标光为人眼最敏感的550 nm波段，其与照明光808 nm波段在人眼中的轴向色差约为-1D[326]。虽然在先前的系统中已经对其进行了固定的补偿，但人眼轴向色差是存在明显的个体差异的，其值大于0.2D[327]。

采用人眼屈光0D基准对光路进行了设计，使人眼在睫状肌处于完全放松的状态下进行测试，采用动态视标代替静止视标，更利于人眼的稳定，有效降低了个体差异对系统的影响。使用补偿镜补偿人眼的低阶像差，配合照明光源焦面的轴向微调功能，并以SH-WFS上光点的能量集中程度作为判断依据，使照明光会聚在眼底视觉细胞层，保证像差探测精度和成像质量。另外，系统采用双光源偏振光照明的方式，进一步提高了系统的能量利用率并简化了系统控制流程[328]。

参 考 文 献

[1] 朱林泉，牛晋川，朱苏磊. 主动光学与自适应光学[J]. 仪器仪表学报，2008，29(4)：103-106.

[2] 杨玉胜. 自适应光学原理及其应用[J]. 武警学院学报，1996，4(60).

[3] ESO，比邻星译.主动光学和自适应光学介绍. http：//www.qiji.cn/abs/2072.html.

[4] 姜文汉. 自适应光学技术[J]. 自然杂志，2006，28(1).

[5] 王仕璠. 信息光学理论与应用[M]. 北京：北京邮电大学出版社，2004.

[6] Babcock H W. The Possibility of Compensating Astronomical Seeing[J]. Publ. Astron. Soc. Pac.，1953，65(386)：229-236.

[7] 王三宏. 随机并行梯度下降自适应光学技术在光束净化中的应用[D]. 国防科技大学，2009.

[8] Tyson R K. Principles of Adaptive Optics[M]. Boston：Academic Press，1997.

[9] 杨慧珍. 无波前探测自适应光学随机并行优化控制算法及其应用研究[D]. 中国科学院研究生院，2008.

[10] Vorontsov M A，Kolosov V. Target-in-the-loop beam control：basic considerations for analysis and wave-front sensing[J]. J. Opt. Soc. Am. A，2005，22(1)：126-141.

[11] Vorontsov M A. Adaptive wavefront correction with self-organized control system architecture[J]. Proc. of SPIE，1998，3432：68-72.

[12] Dawson J W，Messerly M J，Beach R J，et al. Analysis of the scalability of diffraction-limited fiber lasers and amplifiers to high average power[J]. Opt. Express，2008，16：13240-13266.

[13] 马剑强，李保庆，许晓慧，等. 压电厚膜驱动的高刚度微变形镜的制备[J]. 纳米技术与精密工程，2011，

9(5): 427-431.

[14] 凌宁. 微位移驱动器[J]. 光学工程，1988，5(5): 39-43.

[15] Hardy J W. Active Optics: A new technology for the control of light [J]. Proc. IEEE 66，1978: 651.

[16] 薛忠晋，杨敏，朱林泉. 自适应光学应用技术[J]. 仪器仪表学报，Vol. 29，No. 4(April 2008): 107- 110.

[17] J. W. Hardy. Real-time wavefront correction system. U. S. Patent 3，923，400，I975.

[18] E. Merkle and N Hubin. Adaptive Optics for the European Very large telescope [J]，Proc. SPIE，VoI. 1542，1991: 283-292.

[19] 姜文汉，汤国茂，张学军，等. 自适应光学系统对实际大气湍流波前的时域校正效果[J]. 光学学报, 2001，8(21).

[20] JIANG W，et al. Hartmann Shack wavefront sensing and wavefront control algorithm [C]. SPIE Proc. 1990: 312-321.

[21] 胡绍云，钟鸣，左研等. 自适应光学在固体战术激光武器中的应用[J]. 激光与光电子进展. 2006，43(2): 25-28.

[22] 凌宁，张雨东. 用于活体人眼视网膜观察的自适应光学成像系统[J]. 光学学报，VoI.24，No.9，1153-1158.

[23] Richardson D J，Nilsson J，Clarkson W A. High power fiber lasers: current status and future perspectives[J]. J. Opt. Soc. Am. B，2010，27(11): B63-B92.

[24] Dawson J W，Messerly M J，Beach R J，et al. Analysis of the scalability of diffraction-limited fiber lasers and amplifiers to high average power[J]. Opt. Express，2008，16: 13240-13266.

[25] Vorontsov M. Adaptive Photonics Phase-Locked Elements(APPLE): System Architecture and Wavefront Control Concept [C]. Proc. of SPIE，2005，5895(589501): 1-9.

[26] Dorschner T A. Adaptive Photonic Phase Locked Elements - An Overview [C]. DARPA/MTO symposium，2007.

[27] 周仁忠，阎吉祥，俞信，等. 自适应光学[M]. 北京: 国防工业出版社，1996.

[28] 杨慧珍，蔡冬梅，陈波，等. 无波前传感自适应光学技术及其在大气光通信中的应用[J]. 中国激光，2008，35(5): 680-684.

[29] Primmerman C A，Price T R，Humphreys R A，et al. Atmospheric compensation experiments in strong scintillation conditions[J]. Appl. Optics，1995，34(12): 2081-2088.

[30] Tyson R K. Bit-error rate for free-space adaptive optics laser communications[J]. J. Opt. Soc. Am. A，2002，19(4): 75758.

[31] Vorontsov M A，Sivokon V P. Stochastic parallel-gradient-descent technique for high-resolution wave-front phase-distortion correction[J]. J. Opt. Soc. Am. A，1998，15(10): 274-2758.

[32] Vorontsov M A，Carhart G W. Adaptive phase-distortion correction based on parallel gradient-descent optimization[J]. Opt. Lett.，1997，22(12): 907-909.

[33] Liu Y，Chen Y，Xu L，et al. Mutual injection-locking of two individual double-clad fibre lasers[J]. Electron. Lett.，2009，45(8): 399-400.

[34] He B，Lou Q，Zhou J，et al. High power coherent beam combination from two fiber lasers[J]. Opt. Express，2006，14(7): 2721-2726.

[35] Jolivet V，Bourdon P，Bennai B，et al. Beam Shaping of Single-Mode and Multimode Fiber Amplifier Arrays for Propagation Through Atmospheric Turbulence[J]. IEEE J. Sel. Top. Quantum Electron.，2009，15(2): 257-268.

[36] 董鸿. 光控相控阵雷达用光纤延迟技术[D]. 电子科技大学，2010.

[37] 朱颖. 激光雷达液晶相控阵波控技术研究[D]. 电子科技大学，2009.

[38] Meinel A B，Meinel M P. Optical phased array configuration for an extremely large telescope[J]. Appl. Optics，

2004, 43(3): 601-607.

[39] Xiao F, Hu W, Xu A. Optical phased-array beam steering controlled by wavelength[J]. Appl. Optics, 2005, 44(26): 5429-5433.

[40] Tsui J M, Thompson C. Optical phased array power penalty analysis[J]. Opt. Express, 2007, 15(8): 5179-5190.

[41] 周朴, 许晓军, 刘泽金, 等. 高能激光系统的新技术与新结构[J]. 激光与光电子学进展, 45(1): 37-42.

[42] Meyer R A. Optical beam steering using a multichannel lithium tantalite crystal[J]. Appllied Optics, 1972, 11(3): 613-616.

[43] Wang X, Wang B, Pouch J, et al. Liquid Crystal on Silicon(LCOS)Wavefront Corrector and Beam Steerer[C]. Proc. of SPIE, 2003, 5162: 139-146.

[44] Stockley J, Serati S, Xun X, et al. Liquid crystal spatial light modulator for multispot beam steering[C]. Proc. of SPIE, 2004, 5160: 208-215.

[45] 邱志成. 高精度光纤延时技术研究[D]. 电子科技大学, 2009.

[46] 徐磊. 光控相控阵天线光纤实时延时线设计与测试[D]. 大连理工大学, 2009.

[47] 董光焰, 郑永超, 张文平等. 相控阵激光雷达技术[J]. 红外与激光工程, 2006, 35(Supplement): 289-293.

[48] Vorontsov M A, Lachinova S L, Beresnev L A, et al. Obscuration-free pupil-plane phase locking of a coherent array of fiber collimators[J]. J. Opt. Soc. Am. A, 2010, 27(11): A106-A121.

[49] Vorontsov M A, Carhart G W, Gowens J W. Target-in-the-Loop Adaptive Optics: Wavefront Control in Strong Speckle-Modulation Conditions[C]. Proc. of SPIE, 2002, 4825: 67-73.

[50] Buffington A, Crawford F S, Muller R A, et al. Correction of atmospheric distortion with an image-sharpening telescope[J]. J. Opt. Soc. Am., 1977, 67(3): 298-303.

[51] Galvanauskas A. High Power Fiber Lasers[J]. Optics & Photonics News, 2004, 15(7): 42-47.

[52] Bochove E J, Cheo P K, King G G. Self-organization in a multicore fiber laser array[J]. Opt.Lett., 2003, 28(14): 1200-1202.

[53] Mcmanamon P F. Agile Nonmechanical Beam Steering[J]. Optics & Photonics News, 2006, 17(3): 24-29.

[54] 苏毅. 高能激光技术进展与面临的挑战. 物理, 第40卷, 第2期（2011年）: 107-111.

[55] Marmo J, Injeyan H, Komine H, et al. Joint high power solid state laser program advancements at Northrop Grumman[C]. Proc. of SPIE 2009, 7195(7): 1-6.

[56] Shay T M, Benham V et al. Self-referenced locking of optical coherence by single- detector electronic-frequency tagging[C]. Proc of SPIE. 2006, 6102: 61020V-1～61020V-5.

[57] Hardy J W. Adaptive optics for astronomical telescopes [M]. New York: Oxford University Press, 1998.

[58] 吴健, 杨春平, 刘建斌. 大气中光传输理论[M]. 北京: 北京邮电大学出版社, 2005: 127-184.

[59] 王大珩. 现代仪器仪表技术与设计[M]. 北京: 科学出版社, 2002: 1049-1112.

[60] Kenneth W. Billman. Airborne Laser System Common Path/Common Mode Design Approach. SPIE Vol. 3706, 196-203(1999).

[61] 姜文汉. 光电技术研究所的自适应光学技术[J]. 光电工程, Vol. 22, No. l(1995), 1-13.

[62] 侯静, 姜文汉, 陆启生. 自适应光学波前探测新概念研究[D]. 国防科学技术大学, 2002年10月.

[63] 郝光生. 强光光学[M]. 北京: 科学出版社, 2011.

[64] 侯静, 姜文汉, 凌宁. 全光路光束稳定系统. 国家专利.

[65] 侯静, 凌宁, 姜文汉. 多目标光束倾斜传感器. 国家专利.

[66] H. H. Barren, S. F. Jacobs. Retroreflective arrays as approximate phase conjugators. Optics Letter, Vol.4, No.6, 190-192(1979).

[67] Stephen F Jacobs. Experiments with retrodirective arrays. Optical Engineering, Vol. 21, No. 2(1982): 281-283.

[68] Russel A. Chipman, Joseph Shamir. Wavefront correcting properties of corner-cube arrays. Applied Optics,

Vol. 27, No.15(1988): 3203-3209.

[69] 侯静, 姜文汉, 凌宁. 角反射器阵列作为伪相位共轭器件的保真度分析[J]. 强激光与粒子束, 2001, Vol.13(3).

[70] Hwi Kim, Byoungho Lee. Optimal design of retroreflection vorner-cube sheet by geometric optics analysis. Opt. Eng. 46(9)094002(Sept. 2007).

[71] 侯静, 姜文汉, 凌宁. 共光路共模块自适应光学系统中赝相位共轭器件应用分析. 光学学报, Vol. 21, No. 11(Nov, 2001): 1326-1330.

[72] 姜文汉, 王春红, 凌宁, 等. 61单元自适应光学系统[J]. 量子电子学报, 1998, 15(2): 193-198.

[73] Jiangwenhan, et al. A 37 element adaptive optics system with H-S wave front sensor, Proc. ICO-16 Satellite Conference On Active and Adaptive Optics, ESO Conference and Workshop, Vol. 48(1993): 127-135.

[74] 鲜浩, 姜文汉. 直接斜率法边界条件研究[C]. 98中国青年学者技术科学学术讨论会, 乐山, 1998.

[75] 姜文汉, 王春红, 吴旭斌, 等. 37单元自适应光学系统[J]. 光电工程, Vol. 22, No.1(Feb. 1995): 38-45.

[76] 程云鹏. 矩阵论[M]. 西安: 西北工业大学出版社, 1999; 数学手册, 高等教育出版社, 1979.

[77] P C McGuse, T A Rhoadarmer. Construction and testing of the wavefront sensor camera for the new MMT adaptive optics system. part of the SPIE Conference on Adaptive optics Systems and technology Denver, Colorado, SPIE, Vol. 3762(1999): 269-28.

[78] R G Lane, M Tallon. Wavefront reconstruction using a Shack-Hartmann sensor. Applied Optics, Vol.31, No.32(1992): 6902-6908.

[79] 沈峰, 姜文汉. 夏克—哈特曼波前传感器的波前相位探测误差[J]. 光学学报, 2000, Vol.20, No.5: 666-671.

[80] Johannes Pfund, Norbert Lindlein, Johannes Schwider. Misalignment effects of the Shack-Hartmann sensor. Applied Optics, Vol. 37, No. l(1998): 22-27.

[81] 李景镇. 光学手册[M]. 西安: 陕西科学技术出版社, 2010.7: 1917-1956.

[82] Jiang Wenhang, Tang Guomao, Li Mingquan, et al. 21- element infrared adaptive optics system at 2.16m telescope [J]. Proc. SPIE, 1999, 3762: 142-147.

[83] Roddier F. Curvature sensing and compensation: a new concept in adaptive optics [J]. Appl. Opt., 1998, 27(7): 1223-1225.

[84] 姜文汉, 黄树辅, 吴旭斌. 爬山法自适应光学波前校正系统[J]. 中国激光, 1988, 15(1): 19-22.

[85] 李明全等. 剪切干涉仪光子计数法动态波前探测[J]. 光电工程, 1990, 17(1): 9-18.

[86] Jiang Wenhan, Xian Hao, Shen Feng. Detecting error of Shack-Hartmann wavefront sensor [J]. Proc. SPIE, 1997, 3126: 534-544.

[87] Barclay H T, et al. The SWAT wavefront sensor [J], The Lincoln Laboratory Journal, 1992, 5(1):115-130.

[88] M A Vorontsov, G W Carhart. Adaptive phase-distortion correction based on parallel gradient descent optimization [J]. Optics Letters, 1997, 22(2): 907-909.

[89] 杨慧珍, 李新阳, 姜文汉. 自适应光学系统几种随机并行优化控制算法比较[J]. 强激光与粒子束, 2008, 20(1):11-16.

[90] Yang Ping, Ao Mingwu, Liu Yuan, Xu Bing, Jiang Wenhan. Intracavity transverse modes control by an genetic algorithm based on Zernike mode coefficients [J]. Optics Express, 2007, 15: 17051-17062.

[91] 杨慧珍, 陈波, 李新阳, 等. 自适应光学系统随机并行梯度下降控制算法实验研究[J]. 光学学报, 2008, 28(2): 205-210.

[92] Southwell W H. Wavefront estimation from wavefront slope measurements [J]. Opt. Soc. Am. A., 1980, 70: 998.

[93] 李新阳, 姜文汉. 哈特曼传感器的泽尼克模式波前复原误差[J]. 光学学报, 2002, 22(10): 1236-240.

[94] Ning Yu, Jiang Wenhan, Ling Ning, Rao Changhui. Response function calculation and sensitivity comparison

analysis of various bimorph deformable mirrors [J]. Optics Express, 2007, 15(9): 12030-12038.

[95] 王大彧, 郭宏, 于凯平, 等. 基于 FPGA 的直接驱动阀用音圈电机功率驱动器[J]. 北京航空航天大学学报, Vo.l 36, No. 8(Aug. 2010): 953-956.

[96] 王春红, 李梅, 李安娜. 帧频 838Hz 的高速实时波前处理机[J]. 量子电子学报, 1998, 15(2): 212-217.

[97] Li Xinyang, Jiang Wenhan. Control Bandwidth analysis of an adaptive optical system [J]. Proc. SPIE, 1997, 3126.

[98] 严海星 张德良 李树山. 自适应光学系统的数值模拟:直接斜率控制法[J]. 光学学报. Vol. 17, No. 6(June, 1997): 758-765.

[99] 王东风. 基于遗传算法的统一混沌系统比例 P 积分 I 微分 D 控制是一种经典的控制算法[J]. 物理学报, Vol. 54, No. 4(April, 2005):1495-1499.

[100] 杨汾艳, 徐政, 张静. 直流输电比例－积分控制器的参数优化[J]. 电网技术, Vol. 30, No. 11(Jun. 2006): 15-20.

[101] Z-transform. http://en.wikipedia.org/wiki/Z-transform.

[102] 汪纪锋, 李元凯. 分数阶 P(ID)u 控制器和分数阶超前滞后校正器的设计[J]. 电路与系统学报, Vol.11, No.5(October, 2006): 21-25.

[103] 贾景惠. 基于双线性变换法的 IIR 滤波器的设计[J]. 数字技术与应用, 2012 年 5 期: 130-131.

[104] 王春侠. 零阶保持器频率特性的仿真研究[J]. 电气电子教学学报, Vol.34, No.1(Feb. 2012): 40-42.

[105] 潘晓鸥. 自适应滞后补偿控制的研究[D]. 黑龙江大学, 2002 年.

[106] 陈兆宽. 控制幅值受限下定常离散线性系统最小拍控制序列的一种综合方法[J]. 自动化学报, Vol.21, No.5(Sep., 1995).

[107] 李新阳, 姜文汉, 王春红, 等. 自适应光学系统中的自适应控制算法研究[J]. 光学学报, Vol.21, No.3(March, 2001): 284-289.

[108] -Ing. Jürgen Gausemeier Dipl.-Wirt.-Ing. Sascha Kahl, et al. Architecture and Design Methodology of Self-Optimizing Mechatronic Systems. www.intechopen.com.

[109] 周仁忠. 自适应光学理论[M]. 北京：北京理工大学出版社. 1996.

[110] Fein Jeib J. Proposal 82-P4 Adaptive Optics Associates, 1982.

[111] Primmerman C A. Compensation of atmospheric optical distortion using a synthetic beacon. Nature(London)353:141-143.1991.

[112] Fugate R Q. Measurement of atmospheric wavefront distortion using scattered Light from a laser guide star. Nature(London), 353:144-146, 1991.

[113] Fried D L. Varieties of anisoplanatism. SF1E, 75: 20-29, 1976.

[114] Happcr W. Atmospheric - turbulence compensation by resonant optical backscattering from the sodium layer in the upper atmosphere. JOSA, A, 11: 263 - 276 .1994.

[115] Saiela R J and Shelton J D. Transverse spectral filtering and Mellin transform technique applied to the effect of outer scale on tilt and tilt anisoplanatism. JOSA, A, 10: 646- 660, 1993.

[116] 熊耀恒, 白金明. 应用自适应光学望远镜所取得的天文观测成果[J]. 云南天文台台刊, 2000 年, 第 2 期: 48-57.

[117] Ridgway S T. Scientific Programs in AO an Overview and Commentary [C]. Proc. SPIE., 1998, 3353: 428.

[118] McCullough P R, Fugate R Q, Christou J C, et al. Photoevaporating Stellar Envelopes Observed with Rayleigh Beacon Adaptive Optics [J]. ApJ., 1995, 438: 394.

[119] Spinhirne J M, Allen J G, Ameer G A et al. Starfire Optical Range 3. 5m Telescope AO System [C]. Proc. SPIE., 1998, 3353: 22.

[120] Rousset G. First Diffraction-Limited Astronomical Image with AO [J]. Astron. Astrophys, 1990, 230: L29.

[121] Beuzit J L, Mouillet D, Lagrange A M, et al. Coupling AO and Coronography: the ADONIS Coronograph [C]. Proc. SPIE., 1998, 3353: 233.

[122] Barrett T K, Bruns D G, Brinkley T J et al. Adaptive Second Mirror for the 6.5m MMT [C]. Proc. SPIE., 1998, 3353: 2.

[123] 苏定强,周必方,俞新木. 中国 2.16m 望远镜的主光路系统[J]. 中国科学,第 11 期(Nov. 1989): 1187-1196.

[124] 姜文汉,严佩英,李明全,等. 自适应光学实时大气湍流补偿实验. 光学学报, 1990, 10(6): 558-564.

[125] 饶长辉,姜文汉. 2.16m 望远镜红外自适应光学系统的误差和性能分析[J]. 天体物理学报, Vol. 1, 16 No, 4(Oet. 1996): 428-437.

[126] 江荣熙,周晨波. 用于实时大气补偿的径向光栅剪切干涉仪[J]. 光学仪器, 8 期, 7 卷: 50-60.

[127] Wenhan Jiang, et al. Adaptive optics image compensation experiments for star objects. Optical Engineering, 1995, 34(1): 15-20.

[128] 饶长辉,姜文汉,李明全. 光子计数式动态交变剪切干涉仪噪声分析[J]. 光电工程, Vol. 23, No.4(Aug. 1996): 10-15.

[129] Wenhan Jiang, Mingquan Li, Guomao Tang. Adaptive optics image compensation experiment for star objects. 1995, SPIE Vol. 1920: 381-391.

[130] 凌宁,陈东红,余继龙,等. 大口径大角位移的两维高速压电倾斜反射镜[J]. 量子电子学报, 1998, 15(2): 206-211.

[131] Tyler G A. Bandwidth consideration for tracking through turbulence. J Opt Soc Am, 1994, 11(1): 358-367.

[132] 傅承毓,姜凌涛,任戈,等. 快速反射镜成像跟踪系统[J]. 光电工程, 1994, 21(3): 1-8.

[133] 饶长辉,姜文汉,张雨东,等. 云南天文台 1.2m 望远镜 61 单元自适应光学系统[J]. 量子电子学报, Vol. 23, No. 3(May 2006): 295-302.

[134] Rao Changhui, Jiang Wenhan, Zhang Yudong, et al. Performance on the 61-element upgraded adaptive optical system for 1.2m telescope of the Yunnan Observatory[C]. Proc. SPIE. Int. Soc. Opt. Eng., 2004, 5639: 11.

[135] 王欣,潘君骅. 2.4m 天文望远镜光学系统的设计及副镜检验的几种可能方案[J]. 云南天文台台刊, 2002 年,第 2 期: 41-49.

[136] 林旭东,刘欣悦,王建立,等. 137 单元变形镜的性能测试及校正能力实验[J]. 光学精密工程, Vol.21, No.2(Feb. 2013): 267-273.

[137] 林旭东,刘欣悦,王建立,等. 961 单元变形镜研制及性能测试[J]. 光学学报, Vol. 33, No.6(June, 2013): 0601001-1-6.

[138] Tilt(optics)http://en.wikipedia.org/wiki/Tilt_(optics).

[139] Mikhail A. Vorontsov, Thomas Weyrauch, Leonid A. Beresnev, Gary W. Carhart, Ling Liu, and Konley Aschenbach. Adaptive Array of Phase-Locked Fiber Collimators: Analysis and Experimental Demonstration(Invited Paper). IEEE journal of selected topics in quantum electronics, Vol. 15, NO. 2(MARCH/APRIL 2009): 269-280.

[140] H. Bruesselbach, S. Wang, M. Minden, D. C. Jones, and M. Mangir. Power-scalable phase- compensating fiber-array transceiver for laser communications through the atmosphere. J. Opt. Soc. Amer. B, Vol. 22, No. 2(Aug. 2008): 347-353.

[141] M A Vorontsov and S L Lachinova. Laser beam projection with adaptive array of fiber collimators. I. Basic consideration for analysis. J. Opt. Soc. Amer. A, Vol. 25, No. 8, 1949–1959.

[142] M A Vorontsov. Decoupled stochastic parallel gradient descent optimization for adaptive optics: Integrated approach for wave-front sensor information fusion. J. Opt. Soc. Amer. A, Vol. 19, No. 2(Feb. 2002): 356-368.

[143] (2007). [Online]. Available: www.eospace.com.

[144] L A Beresnev and M A Vorontsov. Compact fiber bimorph positioner with wide frequency bandwidth. Patent Disclosure, Army Research Lab., Adelphi, MD, Oct. 30, 2007.

[145] M Vorontsov and A Kohnle. Optical waves in atmospheric turbulence. FGAN-FOM, Ettlingen, Germany, Rep. FOM 2005/17, Dec. 8, 2005.

[146] A Tunick. Optical turbulence parameters characterized via optical measurements over a 2.33 km free-space laser path. Opt. Exp., Vol. 16, No. 19(Sep. 2008): 14645–14654.

[147] S L Lachinova and M A Vorontsov. Laser beam projection with adaptive array of fiber collimators. II. Analysis of atmospheric compensation efficiency. J. Opt. Soc. Amer. A, vol. 25, no. 8(Aug. 2008): 1960–1973.

[148] R. J. Noll. Zernike polynomials and atmospheric turbulence. J. Opt. Soc. Amer., Vol. 66, No. 3(Mar. 1976): 207–211.

[149] M. Vorontsov, J. Riker, G. Carhart, V. S. Rao Gudimetla, L. Beresnev, T. Weyrauch, and L. Roberts. Deep turbulence effects compensation experiments with a cascaded adaptive optics system using a 3.63 m telescope. Appl. Opt., Vol. 48, No. 1(Jan. 2009): 47–57.

[150] T. Weyrauch and M. A. Vorontsov. Atmospheric compensation with a speckle beacon under strong scintillation conditions: Directed energy and laser communication applications. Appl. Opt., Vol. 44, No. 30(Oct. 2005): 6388–6401.

[151] T. Weyrauch, M. A. Vorontsov, T. G. Bifano, J. Hammer, M. Cohen, and G. Cauwenberghs. Micro-scale adaptive optics: Wavefront control with a μ-mirror array and a VLSI stochastic gradient descent controller. Appl. Opt., Vol. 40, No. 24(Aug. 2001): 4243–4253.

[152] M. A. Vorontsov and G. W. Carhart. Adaptive wavefront control with asynchronous stochastic parallel gradient descent clusters. J. Opt. Soc. Amer. A, vol. 23, no. 10, pp. 2613–2622, Oct. 2006.

[153] 倪树新. 新体制成像激光雷达发展评述[J]. 激光与红外, 2006, 36(增刊): 732-736.

[154] 梁鸿秋, 杨传仁. 电光材料在光学相控阵技术中的应用[J]. 电工材料, 2007, 2:32-34.

[155] A Linnernberger, S Serati, J Stockley. Advanced in Optical Phased Array Technology[C]. Proc. SPIE, 2006, 6304:1-9.

[156] 李曼, 许宏. 光学相控阵技术进展及其应用[J]. 光电技术应用, Vol. 26, No.5(Oct., 2011): 8-10.

[157] James A Thomas, Yeshaiahu Fainman. Programmable diffractive optical element using a multichannel lanthanum-modified lead zirconate titanute phase modulator [J]. Optic. letter, 1995, 20: 1510-1512.

[158] J A Thomas, Y Fainman. Optimal cascade operation of optical phased-array beam deflectors [J]. Appl. Opt., 1998, 37(26): 6196-6212.

[159] F Vasey, F K Reinhart, R Houdre, et al. Spatial beam steering with an AlGaAs integrated phased array [J]. Appl. Opt., 1993, 32(18): 3220-3232.

[160] Paul F Mcmanamon. Optical Phased Array Technology[J]. IEEE, 1996, 84(2): 268-298.

[161] Yu-Hua Lin, Milind Mahajan. Compact 4cm aperture transmissive liquid crystal optical phased array for free-space optical communications[C]. Proc. of SPIE, 2005, 5892: 58920C-1- 58920C-10.

[162] Cheo P K, Liu A, King G G. A high-brightness laser beam from a phase-locked multicore Yb-Doped fiber array[J]. IEEE Photon. Technol. Lett., 2001, 13(5): 411-439.

[163] Tarighat A, Hsu R C J, Sayed A H, et al. Digital Adaptive Phase Noise Reduction in Coherent Optical Links[J]. J. Lightwave Technol., 2006, 24(3): 1269.

[164] Planchon T A, Amir W, Field J J, et al. Adaptive correction of a tightly focused, high-intensity laser beam by use of a third-harmonic signal generated at an interface[J]. Opt. Lett., 2006, 31(14): 2214-2216.

[165] Dolne J J, Vorontsov M A, Roggemann M C, et al. Wavefront Sensing, Imaging, and Image Enhancement: introduction to the feature issue[J]. Appl. Optics, 2009, 48(1): S1.

[166] Thomas H L, Alison M T, Marc N, et al. Four-Channel, High Power, Passively Phase Locked Fiber Array[C].Advanced Solid-State Photonics, 2008, WA4.

[167] Gray S, Liu A, Walton D T, et al. 502 Watt, single transverse mode, narrow linewidth, bidirectionally pumped Yb-doped fiber amplifier[J]. Opt. Express, 2007, 15(25): 17044-17050.

[168] Muller R A, Buffington A. Real-time correction of atmospherically degraded telescope images through image sharpening[J]. J. Opt. Soc. Am., 1974, 64(9): 1200-1210.

[169] Fan T Y. Laser beam combining for high-power, high-radiance sources[J]. IEEE J. Sel. Top. Quantum Electron., 2005, 11(3): 567-577.

[170] Uberna R, Bratcher A, Tiemann B G. Power scaling of a fiber master oscillator power amplifier system using a coherent polarization beam combination[J]. Appl. Optics, 2010, 49(35): 6762-6765.

[171] Sprangle P, Ting A, Peñano J, et al. Incoherent Combining and Atmospheric Propagation of High-Power Fiber Lasers for Directed-Energy Applications[J]. IEEE J. Sel. Top. Quantum Electron., 2009, 45(2): 138-148.

[172] Khajavikhan M, John K, Leger J R. Experimental Measurements of Supermodes in Superposition Architectures for Coherent Laser Beam Combining[J]. IEEE J. Quantum Electron., 2010, 46(8): 1221-1231.

[173] 王小林, 周朴, 许晓军, 等. 脉冲光纤激光相干合成技术[J]. 激光与光电子学进展, 2009, 46(5): 13-23.

[174] Wang B, Mies E, Minden M, et al. All-fiber 50 W coherently combined passive laser array[J]. Opt. Lett., 2009, 34: 863-865.

[175] Vogel M M, Abdou-Ahmed M, Voss A, et al. Very-large-mode-area, single-mode multicore fiber[J]. Opt. Lett., 2009, 34(18): 2876-2878.

[176] Wang J, Duan K, Zhao Z, et al. Phase-locking of two photonic crystal fibre lasers by mutual injection scheme[J]. Electron. Lett., 2008, 44(23): 1347-1349.

[177] Goodno G D, Mcnaught S J, Rothenberg J E, et al. Active phase and polarization locking of a 1.4 kW fiber amplifier[J]. Opt. Lett., 2010, 35(10): 1542-1544.

[178] Wu T, Chang W, Galvanauskas A, et al. Model for passive coherent beam combining in fiber laser arrays[J]. Opt. Express, 2009, 17(22): 19509-19518.

[179] Zhou P, Liu Z, Wang X, et al. Coherent beam combintion of two-dimensional high power fiber amplifier array using stochastic parallel gradient descent algorithm[J]. Appl. Phys. Lett., 2009, 94: 231106-231108.

[180] Lhermite J, Desfarges-Berthelemot A, Kermene V, et al. Passive phase locking of an array of four fiber amplifiers by an all-optical feedback loop[J]. Opt. Lett., 2007, 32(13): 1842-1844.

[181] Chen Z, Hou J, Zhou P, et al. Mutual Injection-Locking and Coherent sharpness maximisation[C].Opto-Ireland 2005: Imaging and Vision, 2005, 40-47.

[182] Wang X, Zhou P, Ma H, et al. Synchronization and coherent combining of two pulsed fiber ring lasers based on direct phase modulation[J]. Chin. Phys. Lett., 2009, 26(5): 54211-54212.

[183] T M Shay, V Benham, J T Baker, et al. First experimental demonstration of self- synchronous phase locking of an optical array. Opt. express, 25(14): 12015-12021.

[184] Stuart J M, Hiroshi K, S B W, et al. 100 kW Coherently Combined Slab MOPAs[C].Lasers and Electro-Optics/International Quantum Electronics Conference, 2009, CThA1.

[185] Goodno G D, Asman C P, Anderegg J, et al. Brightness-Scaling Potential of Actively Phase-Locked Solid-State Laser Arrays[J]. IEEE J. Sel. Top. Quantum Electron., 2007, 13(3): 460-472.

[186] Liu L, Loizos D N, Vorontsov M A. Coherent combining of multiple beams with multi-dithering technique:

100 kHz closed-loop compensation demonstration[C]. Proc. of SPIE, 2007, 6708(67080D): 1-9.

[187] Pu Z, Xiaolin W, Yanxing M, et al. Stable coherent beam combination by active phasing a mutual injection-locked fiber laser array[J]. Opt. Lett., 2010, 35(7): 950-952.

[188] Vorontsov M A, Weyrauch T, Beresnev L A, et al. Adaptive Array of Phase-Locked Fiber Collimators Analysis and Experimental Demonstration[J]. IEEE J. Sel. Top. Quantum Electron., 2009, 15(2): 269-280.

[189] Yang P, Yang R, Shen F, et al. Coherent combination of two ytterbium fiber amplifier based on an active segmented mirror[J]. Opt. Commun., 2009, 282(7): 1349-1353.

[190] 杨若夫. 基于自适应光学的光束相干合成研究[D]. 中国科学院研究生院, 2009.

[191] J Anderegg, S Brosnan, M Weber, et al. 8-watt coherently phased 4-element fiber array. Proc. of SPIE 4974: 1-5.

[192] Shay T M. Theory of electronically phased coherent beam combination without a reference beam[J]. Opt. Express, 2006, 14(25): 12188-12195.

[193] Hans Bruesselbach, M. L. Minden, Shuoqin Wang, D. Cris Jones, and M. S. Mangir. A coherent fiber array based laser link for atmospheric aberration mitigation and power scaling. Proc. of SPIE 5338(SPIE, Bellingham, WA, 2004): 90-101.

[194] M. Minden. Coherent coupling of a fiber amplifier array. Thirteenth Annual Solid State and Diode Laser Technology Review(SSDLTR), June 5-8, 2000.

[195] M. Minden. Phase control mechanism for coherent fiber amplifier arrays. U. S. Patent 6400871, June, 2002.

[196] T. M. Shay, V. Benham. First experimental demonstration of phase locking of optical fiber arrays by RF phase modulation. Proc. of SPIE 5550:313-319.

[197] Pierre Bourdon, Veronique Jolivet, Baga bennai, et al. Coherent beam combining of fiber amplifier arrays and application to laser beam propagation through turbulent atmosphere. Proc. of 6873:687316-1-9.

[198] Ma Y, Zhou P, Wang X, et al. Coherent beam combination with single frequency dithering technique[J]. Opt. Lett., 2010, 35(9): 1308-1310.

[199] R Butts, et al. Phasing concept for an array of mutually coherent laser transmitters. Opt. Eng. 26, 553-558(1987).

[200] A. Weeks et al. Experimental verification and theory for an 8-element multiple-aperture equal-gain coherent laser receiver for laser communications, Appl. Opt., 37, 4782-4788(1998).

[201] C D Nabors. Effects of phase errors on coherent emitter arrays. Appl. Opt., 33, 2284-2289(1994).

[202] T O Meara. The Multidither principle in adaptive-optics. J. Opt. Soc. Am. 67 306(1977).

[203] R.C. Lawrence et al. Thermal-blooming compensation using target-in-the-loop techniques. Proceedings of SPIE - The International Society for Optical Engineering, Vol. 5895, 2005.

[204] Jan E Kanskya, Charles X Yu, Daniel V. Murphy, Scot E.J. Shaw, Ryan C. Lawrence, Charles Higgs. Beam control of a 2D polarization maintaining fiber optic phased array with high-fiber count. Proc. of SPIE Vol. 6306 63060G-1-11.

[205] M H Fields et al. Initial results from the advanced-concepts laboratory for adaptive optics and tracking. Proceedings of SPIE - The International Society for Optical Engineering, Vol. 4034, 2000: 116-127.

[206] Liu L, Vorontsov M A, Polnau E P, et al. Adaptive Phase-Locked Fiber Array with Wavefront Phase Tip-Tilt Compensation using Piezoelectric Fiber Positioners[C]. Proc. of SPIE, 2007, 6708(67080K): 1-12.

[207] 肖瑞. 主振荡功率放大器方案光纤激光相干合成技术[D]. 国防科技大学, 2007.

[208] 周朴, 马阎星, 王小林, 等. 模拟退火算法光纤放大器相干合成[J]. 强激光与粒子束, 2010, 22(5): 973-977.

[209] Li X, Ma Y, Zhou P, et al. Coherent beam combining with double stochastic approximation based on logic

comparison algorithm[J]. Opt. Express, 2009, 17: 385-394.

[210] 周朴, 刘泽金, 马阎星, 等. 随机并行梯度下降算法两路光纤放大器相干合成的模拟与实验研究[J]. 光学学报, Vol.29, No.2(Feb., 2009): 431-436.

[211] Pu Zhou, Zejin Liu, Xioalin Wang, Yanxing Ma, et al. Coherent beam combining of fiber amplifiers using stochastic parallel gradient descent algorithm and its application. IEEE journal of selected topics in quantum electronics.

[212] 马阎星, 王小林, 周朴, 等. 光纤激光器阵列的多抖动法相干合成[J]. 强激光与粒子束, Vol.22, No.12(Dec., 2010): 2803-2806.

[213] Ma Yanxing, Liu Zejin, Zhou Pu, et al. Coherent beam combining of three fiber amplifier with multi-dithering technique[J]. Chin Phys Lett, 2009, 26: 044204.

[214] 武云云. 自适应光学技术在大气光通信中的应用研究[D]. 光电技术研究所, 2013 年 05 月.

[215] 饶瑞中. 光在湍流大气中传播[M]. 合肥: 安徽科技出版社, 2005: 4.

[216] Le Nguyen Binh. Digital Optical Communications. Taylor & Francis Groups CRC, 2011.

[217] 郑勇刚, 李博. 自由空间光通信技术的应用与发展[J]. 光通信技术, 2006, 7: 52-53.

[218] Leitget E, Muhammad S S, Chlestil C. Reliability of FSO links in next generation optical networks. ICTON, 2005, 1: 394-401.

[219] 雷震洲. 宽带接入新技术 —— 自由空间光通信系统[J]. 现代电信科技, 2001, 5: 1-6.

[220] Robert Lange, Berry Smutny, and Bernhard Wandernoth. 142 km, 5.625 Gbps Free–Space Optical Link based on homodyne BPSK modulation. Tesat-Spacecom, Free-Space Laser Communication Technologies XVIII. Proc. of SPIE 2006, 6105.

[221] 赵春英. 相干光通信的外差异步解调技术的研究[D]. 长春理工大学, 2010.

[222] http://wave.lusterinc.com/news/article_1651.html.

[223] 蔡燕民, 陈刚. l55 Mbits/s 大气传输光通信系统及其测试[J]. 中国激光, 2000, 27(11): 1040-1044.

[224] 谭大川, 史清白, 范天泉. 大气激光通信机的设计[J]. 光电工程, 2005, 32(11): 84-86.

[225] 柯熙政, 等. 无线激光通信系统中的编码理论[M]. 北京: 科学出版社, 2009:6.

[226] 艾勇, 陈晶. 2.3 km 距离 1.25Gb/s 速率自由空间光通信实验[J]. 光通信技术, 2007, 9: 55-57.

[227] 陈晶, 艾勇. 16 km 水平激光链路孔径接收条件下信号衰落规律[J]. 半导体光电, 2008, 26(6): 928-931.

[228] Robert Lange, Berry Smutny. Optical inter-satellite links based on homodyne BPSK modulation: Heritage, status and outlook. Free-Space Laser Communication Technologies XVII, Proceedings of SPIE, 2005, 5712.

[229] Don M. Boroson. An overview of Lincoln Laboratory development of lasercom technologiesfor space. SPIE, 1993, 1866:31-39.

[230] Mark Gregory, Frank Heine. Inter-Satellite and Satellite-Ground Laser Communication Links Based on Homodyne BPSK. Tesat Free-Space Laser Communication Technologies XXII, Proc. of SPIE, 2010, 7587.

[231] Isaac 1. Kim, Brian Riley. Lessons learned from the STRV-2 satellite-to-ground lasercom experiment. Free-Space Laser Communication Technologies XIII, Proceedings of SPIE Vol. 4272(2001).

[232] A Biswas. Mars Laser Communication Demonstration: What it would have been. Free-Space Laser Communication Technologies XVIII, Proc. of SPIE, 2006, 6105, 610502.

[233] http://news.stnn.cc/c6/2012/0302/3824986777.html.

[234] Born and Wolf. Principles of Optics: Electromagnetic Theory of Propagation, Interference and Diffraction of Light. Cambridge University Press, 1999.

[235] 杨华锋. 用于提高自适应光学系统空间校正能力的组合变形镜波前校正技术[D]. 中科院光电技术研究所, 2008.

[236] 姜文汉, 凌宁, 侯静. 像差与斯特列尔比的极限曲线[J]. 光学学报, 2001, 21.

[237] R. K. Tyson. Adaptive optics and ground-to-space laser communications. Applied Optics, 1996, 35(19):3640-3646.

[238] Aniceto Belmonte. Influence of atmospheric phase compensation on optical heterodyne power measurements. Optics Express, 2008, 16(9).

[239] H T Yura and W G McKinley. Optical scintillation statistics for IR ground-to-space laser communication systems. Appl. Opt. 22(1983): 3353 - 3358.

[240] L C Andrews, R L. Phillips, and P T Yu. Optical scintillations and fade statistics for a satellite-communication system: errata. Appl. Opt. 36(1997): 606.

[241] L C Andrews, R L Phillips, and C Y Hopen. Scintillation model for a satellite communication link at large zenith angles. Opt. Eng. 39, (2000): 3272 - 3280.

[242] R. J. Hill and R. G. Frehlich. Probability distribution of irradiance for the onset of strong scintillation. J. Opt. Soc. Am. A 14(1997): 1530 - 1540.

[243] R. M. Gagliardi and S. Karp, Optical Communications. 2nd ed._Wiley, New York, (1995).

[244] L C Andrews, R L Phillips and C Y Hopen. Laser Beam Scintillation with Applications. SPIE Press, Bellingham, Wash., (2001).

[245] M. Nakagami. The m distribution — a general formula of intensity distribution of rapid fading. in Statistical Methods in Radio Wave Propagation, W. C. Hoffman, ed.(Pergamon, New York, 1960): 3 - 30.

[246] M A Al-Habash, . C Andrews, and R L Phillips. Mathematical model for the irradiance probability density function of a laser beam propagating through turbulent media. Opt. Eng. 40(2001): 1554 - 1562.

[247] Robert K. Tyson and Douglas E. Canning. Indirect measurement of a laser communications bit-error-rate reduction with low-order adaptive optics. Applied optics, Vol. 42, No. 21(July 2003): 4239-4243.

[248] K H Kudielka, Y. Hayano, W Klaus, K Araki. Low-order adaptive optics system for free-space lasercom: design and performance analysis. International Workshop on AO. For Industry and Mesicine, Durham, 1999.

[249] Y. Arimoto. Study on high-speed space laser communications using adaptive optics and the demonstration experiment on International Space Station. In Proe. CRL Intern α tional Symposium on Optic α l Communications and Sensing toward the next Century, pages 72-77, March 1999.

[250] Y. Hayano et al. Ground-to-satellite laser communication program at CRL using adaptive optics. In Proc. SPIE, volume 3126, pages 208-211, 1997.

[251] J E Pearson et al. Coherent optical adaptive techniques: design and performance of an 18-element visible multidither COAT system. Appl. Opt., 15(3): 611-621, 1976.

[252] M. Hikita et al. Fabrication of multi-layer polymeric optical waveguides for space laser communication. In Proc. IEICE General Conference, March 1999. Paper C-3-95(in Japanese).

[253] K A Winick. Atmospheric turbulence-induced signal fades on optical heterodyne communication links. Appl. Opt., 25(11):1817-1825, 1986.

[254] Malcolm W Wright, Jennifer Roberts, William Farr, Keith Wilson. Improved optical communications performance combining adaptive optics and pulse position modulation. Optical Engineering 47(1), (January 2008): 016003-1-8.

[255] C. A. Thompson, M. W. Kartz, L. M. Flath, S. C. Wilks, R. A. Young, G. W. Johnson, and A. J. Ruggiero. Free space optical communications utilizing MEMS adaptive optics. Proc. SPIE 4821, 129 - 138(2002).

[256] R. K. Tyson, J. S. Tharpe, and D. E. Canning. Measurement of the bit error rate of an adaptive optics, free space laser communications system. Part 2: multichannel configuration, aberration characterization, and closed loop results. Opt. Eng. 44, 096003(2005).

[257] M W Wright, M Srinivasan, and K Wilson. Improved communication performance using adaptive optics with

an avalanche photodiode detector. JPL IPN Progress Report 42-161(2005); www.tmo.jpl. nasa.gov.

[258] Jennifer Roberts, Mitchell Troy et, al. Performance of the Optical Communication Adaptive Optics Testbed. SPIE Free-Space Laser Communications V, 2005, 589212.

[259] J C Spall. Multivariate stochastic approximation using a simultaneous perturbation gradient approximation [J]. IEEE Trans. Automatic Control. 1992. 37(3): 332-341.

[260] A. J. Masino. D. J. Link. Adaptive optics without a wavefront sensor [C]. SPIE, 2005. 5895, 58950TI-58950T9.

[261] 丁涛, 许国良, 张旭弹, 等. 空间光通信中平台摄动对误码率影响的抑制[J].中国激光. 2007. 34(4), 409-502.

[262] 李捷, 陈海清, 吴鹏. 热畸变激光光束的闭环自适应补偿[J]. 中国激光, 2006. 33(12), 1605-1608.

[263] 程彦彦. 星载激光通信终端光学系统研究[D]. 中国科学院西安光学精密机械研究所, 2012. 5.

[264] G. Baister, P. Gatenby, J. Lewis, M. Wittig. The SOUT Optical Intersatellite Communication Terminal. Optoelectronics, IEEE Proceedings. 1994, 141(6): 345-355.

[265] 王红亚. 大气激光通信系统及其主要部件的研究[D]. 天津大学, 2005.

[266] David O Caplan. Laser communication transmitter and receiver design. J. Opt. Fiber. Commun, 2007, 4:225-362.

[267] H Yang, Y Hu, et al. Optimum Design for Optical Antenna of Space Laser Communication System [J]. IEEE, 2006: 2016–2019.

[268] D T Ma, et al. Design and analysis of the optical transceiver for mobile atmospheric laser communication, Chinese Optics Letters, 2003, 1(8):455-458.

[269] 田继文. 空间光通信小型化光学系统的设计[D]. 长春理工大学, 2009.

[270] H Hemmati. Overview of Laser Communications Research at JPL. Proc. of SPIE, 2001, 4273: 190-193.

[271] N A Page. Design of the Optical Communications Demonstrator Instrument Optical System. SPIE, 1994.

[272] A Biswas, G Williams, K E Wilson. Results of the STRV-2 Lasercom Terminal Evaluation Tests. Proc. of SPIE. 1998, 3266: 2-13.

[273] K. Araki, Y Arimoto, M Shikatani, et al. Performance Evaluation of Laser Communication Equipment Onboard the ETS-VI Satellite. Proc. SPIE.1996, 2699: 52.

[274] T Jono, Y Takayama, K Shiratama, I Mase, et al. Overview of the inter-orbit and orbit-to-ground laser communication demonstration by OICETS, SPIE, 2007, 6457.

[275] 刘华, 胡渝. 欧洲卫星间光通信发展现状[J]. 电子科技大学学报, 1998, 27(005):552–556.

[276] G Baister, T Dreischer, E Fischer. OPTEL Family of Optical Terminals for Space Based and Airborne Platform Communications Links. Proc. of SPIE. 2005, 5986.

[277] 谭立英, 马晶. 卫星光通信技术[M]. 北京科学出版社, 2004, 11-7.

[278] Allen Panahi, Alex A. Kazemi. High Speed Laser Communication Network for Satellite Systems, SPIE, 2011: 8026.

[279] Barbier, et al. Performance improvement of a laser communication link incorporating adaptive optics, Proc. SPIE, 1998, 3432: 93-102.

[280] 李祥之. 空间光通信扰动补偿技术研究[D]. 哈尔滨工业大学, 2010.

[281] R Saeks, J Auerbaeh, E Blieset al. Application of adaptive optics for controlling the NIF laser performance and spot size [C]. SPIE, 1999, 3492:344-354.

[282] J Waxer Leon, J Guardalben Mark, H Kelly John et al. The OMEGA EP high-energy, short-pulse laser system[C]. CLEO, 2008 paper: JThBJ.

[283] J D Zuegel, S Borneis, C Barty et al. Laser challenges for Fast ignition [J]. Fusion science and Technology,

2006，49：453-482.

[284] 姜文汉，杨泽平，官春林，等. 自适应光学技术在惯性约束聚变领域应用的新进展[J]. 中国激光，Vol. 36, No. 7(July, 2009): 1625-1634.

[285] Wenhan Jiang, Yudong Zhang, Hao Xian, et al. A wavefront Correction system for inertial confinement fusion[C]. Proc. Second International Workshop on Adaptive Optics for Industry and Medicine, 1999, Durham, England.

[286] Yudong Zhang, Zeping Yang, Chunlin Guan, et al. Dynamic aberration correction for ICF laser system[J]. Springer Proceedings in Phyesies, 2005, 102: 261-271.

[287] Alley C O, Bender P L. Dieke R H, J. E. Faller, P. A. Franken, H. H. Plotkin, D. T. Wilkinson. Optical Radar Using a Corner Reflector on the Moon. J. Geophys. Res. 1965, Vol. 70, No. 9, 2267-2269.

[288] James Faller, Irvin Winer, Walter Carrion, Thomas S. Johnson, Paul Spadin, Lloyd Robinson, E. Joseph Wampler, Donald Wieber. Laser Beam Directed at the Lunar Retro-Reflector Array: Observations of the First Returns. Science 3 October 1969: Vol. 166 no. 3901 pp. 99-102.

[289] Alley C O, Chang R. F., Currie D.G., et al. Laser Ranging Retro-Reflector: Continuing Measurements and Expected Results. Nature 1970, Vol. 167, 458.

[290] Bender P L, Currie D G, Dieke R H, et al. The Lunar Laser Ranging Experiment. Nature 1973, Vol. 182, 229.

[291] 郭锐. 自适应光学在月球激光测距中的应用研究[D]. 中科院国家天文台云南天文台，中科院研究生院，2007.7.

[292] 欧阳自远，李春来，邹永廖，等. 深空探测的进展与我国深空探测的发展战略. 中国航天，2002 年，第 12 期：28-32.

[293] 欧阳自远，竹李春，邹永廖，等. 月球探测的进展与我国的月球探测[J]. 中国科学基金，2003 年，第 4 期：193-197.

[294] Rao C H, Jiang W H. Performance on the system for 1.2m telescope of Yunnan 61-element upgraded adaptive observatory. 2004, Proc. of SPIE, Vol. 5639, P.11-20.

[295] 彭晓峰，李梅，饶长辉. 基于绝对差分算法的相关 HS 波前处理机设计[J]. 光电工程，Vol.35, No.12(Dec. 2008): 18-22.

[296] 饶长辉，姜文汉，凌宁，等. 低对比度扩展目标跟踪算法[J]. 天文学报，Vol.42，No.3(Aug. 2001).

[297] 白德开，陈伯平. 自适应光学在美国激光器和激光武器等方面的应用情况[J]. 应用光学，1982 年 06 期 36-41.

[298] W. B. Bridges, P. T. Brunner, S. P. Lazzara, T. A. Nussmeier, T. R. O'Meara, J. A. Sanguinet, and W. P. Brown, Jr. Coherent Optical Adaptive Techniques. APPLIED OPTICS, Vol. 13, No. 2(Feb. 1974): 291-300.

[299] 程勇，郭延龙. 反卫星激光武器发展现状与动态[J]. 光学与光电技术. Vol.1, No.3(Aug. 2003): 1-11.

[300] W. T. Cathey, C. L. Hayes, W. C. Davis. Compensation for Atmospheric Phase Effects at 10.6 μ. Appl. Opt. 9, 701(1970).

[301] R. H. Freeman, R. J. Freiberg, and H. R. Garcia. Adaptive laser resonator. Optics Letters, Vol. 2, Issue 3(1978): 61-63.

[302] Ronald R Stephens and Richard C Lind. Experimental study of an adaptive-laser resonator. Optics Letters, Vol. 3, Issue 3, pp. 79-81(1978).

[303] J. E. Pearson. Thermal blooming compensation with adaptive optics. Opt. Lett. 2, (1978): 7-9.

[304] 张翔，向安平. 基于 H-S 波前传感器的正支共焦腔准直技术研究[J]. 红外与激光工程，Vol.36 Supplement(Jun. 2007): 162-165.

[305] 田来科，姚合宝，杨志勇，等. 热畸变对正分支非稳腔的影响及补偿[J]. 光子学报，2002,31(6): 754-757.

[306] ANAFI D, SPINHIRNE J M, FREEMAN R H, et al. Intracavity adaptive optics. 2: Tilt correction performance[J]. Applied Optics, 1981, 20(11): 1926-1932.

[307] J E Pearson and S Hansen. Experimental studies of a deformable mirror adaptive optical system. J. Opt. Soc. Am. 67(1977): 325.

[308] Juan F. Lhm and Wilbur P. Brown. Optical resonators with Phase-conjugate mirrors. Optics Letters, Vol. 5, No. 2, PP. 61-63.

[309] Jiang Wenhan, Li Mingquan, Tang Guomaoet al. Adaptive optical image compensation experiments on stellar objects. Opt. Engng., 1995, 34(1): 7-14.

[310] Liang J, Grimm B, Goelz S, et al. Objective measurement of the wave aberration of human eye with the use of a Hartmann-Shack wave-front sensor. J. Opt. Soc. Am.(A), 1994, 11(6): 1949-1957.

[311] Liang J, Williams D R, Miller D T. Supermormal vision and high-resolution retinal imaging through adaptive optics.J. Opt. Soc. Am.(A), 1997, 14(11): 2884-2892.

[312] Vargas-Martin F, Prieto P, Artal P. Correction of the aberrations in the human eye with liquid crystal spatial light modulators: limits to the performance. J. Opt. Soc. Am.(A), 1998, 15(9): 2552-2562.

[313] Zhu L, Sun P C, Bartsch D U, et al. Adaptive control of a micromachined continues membrane deformable mirror for aberration compensation. Appl. Opt., 1999, 38(1): 168-176.

[314] Ignacio Iglesias, Pablo Artal. High-resolution retinal images obtained by deconvolution fromwave-front sensing. Opt. Lett., 2000, 25(24): 1804-1806.

[315] Ling Ning, Rao Xuejun, Wang Lan, et al. Characteristic of a novel small deformable mirror. Proc. of the 2nd International Workshop on Adaptive Optics for Industry and Medicine, G. Love ed. World Scientific, 1999, Durham., 129-136.

[316] Robert J, Zawadzki Steven, et al. Adaptive-optics optical coherence tomography for high-resolution and high-speed 3D retinal in vivo imaging [J]. Opt. Express, 2005, 13(21): 8532-8546.

[317] Ling N, Zhang Y D, Rao X J, et al. Measurement and correction in time of high order aberrations [J]. Optics and Optical Engineering－Proceeding of Congratulation for Wang Daheng Academician's 90 Birthday, Publishing House of Science, 2005, 73-89.

[318] 张雨东, 姜文汉, 史国华, 等. 自适应光学的眼科学应用[J]. 中国科学 G 辑: 物理学 力学 天文学, 2007 年第 37 卷 增刊: 68-74.

[319] Huang D, Swanson E A, Lin C P, et al. Optical coherence tomography [J]. Science, 1991, 254(5035): 1178-1181.

[320] K E Talcott, K Ratnam, S M Sundquist, et al. Longitudinal study of cone photoreceptor during retinal degeneration and on response to ciliary neurotrophic factor treatment[J]. Investigative Ophthalmology & Visual Science, 2011, 52(5): 2019-2226.

[321] J W hardy, J E Lefebvre, C L Koliopoulos. Real-time atmospheric compensation[J]. J. Opt. Soc. Am., 1977, 67(3): 360-369.

[322] J Rha, R S Jonnal, K E Thom, et al. Adaptive optics retinal imaging [J]. Opt. Express, 2006, 14(10): 4552-4569.

[323] 蔡东梅, 姚军, 姜文汉. 液晶空间光调制器用于波前校正的性能[J]. 光学学报, 2009, 29(2): 285-291.

[324] 孔宁宁, 李大禹, 夏明亮等. 开环双脉冲液晶自适应光学视网膜成像系统[J]. 光学学报, 2012, 32(1): 9111992.

[325] Chao Li, Mingliang Xia, Baoguang Jiang, et al. Retina imaging system with Adaptive optics for the eye with or without myopia[J]. Opt. Commun., 2009, 282(7): 1496-1500.

[326] J Wang, T R Candy, D F W Feel. et al. Longitudinal chromatic aberration of the human infant eye [J]. J. Opt.

Soc. Am. A, 2008, 25(9): 2263-2270.

[327] E J Fernandez, A Unterhuber, P M Prieto, etal.. Ocular aberrations as a function of wavelength in the near infrared measured with a femtosecond laser[J]. Opt. Express, 2005, 13(2): 400-409.

[328] 齐岳, 孔宁宁, 李大禹, 等. 高分辨率开环液晶自适应光学视网膜成像系统[J]. 光学学报 Vol. 32, No. 10(Oct. 2012): 1011003-1-8.

第 11 章 微纳投影光刻技术导论

11.1 引言

在过去几十年中光刻技术一直是半导体产业的关键手段。光刻技术的改进主要是为了提高集成电路（integrated circuit，IC）技术性能[1]。推动半导体技术发展的根本原因是在光刻晶片的费用几乎不变的情况下，一个晶片上的晶体管数目急剧增加。集成电路技术一直采用短波长光刻技术，同时还采用改进镜头和成像材料技术。

1. Moore 定律

1965 年 Intel 的创始人之一 Goden Moore 在论文[2]中提出集成电路的发展趋势："集成电路上的晶体管数目将在 24 个月内翻一番（the number of transistors that can be placed inexpensively on an integrated doubled approximately ever two years）"（1975 年 Moore 将 24 个月更改为 18 个月，芯片上的器件数翻一番），即为著名的 Moore 定律。这个预言被验证准确以至成为研究和开发集成电路的法则，引导着半导体产业规划和目标[3]。

图 11.1 表示每个芯片上元件的数量的趋势，虽然实际的晶体管数目可能不是正在这条线上，这条线表示了这个趋势。为了符合这个趋势微光刻物镜技术必须发展增大数值孔径（NA），减小波长，扩展曝光视场和减少像差值的方法。使 IC 工业发展速度保持 30 年以上，有三个主要技术因素：光刻、增加晶片尺寸和设计方法，密度改进几乎主要是靠光刻。这将导致半导体器件在每年约减少 30%的成本[4]。这个经济引擎正在被光刻中的先进技术驱动，采用先进的纳米光刻技术主要受经济模型的制约。

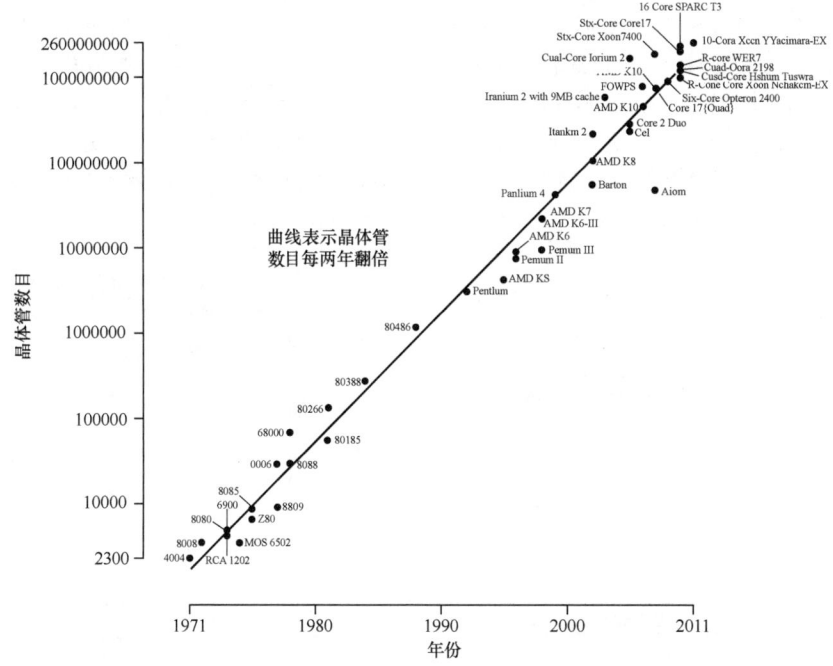

图 11.1 单个 CPU 所包含的晶体管数目与 Moore 定律的验证

改善光刻和 Moore 定律后面的推动力一般是经济学。前提是当在一个芯片上电路单元的数目每 18 个月增加一倍时,生产晶片的成本大体保持不变,这意味着光刻性能改善了。光刻是生产过程中最关键的步骤,因为加工晶片设备成本资金的一半在光刻中。

在估计每片晶片级光刻成本的第三项是工序。这包括抗蚀剂的应用和研制的成本。今天,基于单层抗蚀剂工序的成本与工具和掩模相比是比较小的。增透膜(antireflection coating,ARC)经常被用于抑制抗蚀剂干涉的影响。ARC 具有完善控制线宽和芯片的性能,增加到工序的成本中。短波长、高 NA 光学光刻降低了 DOF 可能需要新类型表面成像抗蚀剂材料。然而,额外的图形转移步骤必须考虑额外的成本。

任何光刻技术必须解决工具成本、吞吐量、掩模成本和工序成本的问题,涉及可行性,也是 Moore 定律的经济驱动力,只有找到经济的解决光刻的方案,历史的趋势才会继续。

2. 光刻集成电路的极限

光刻多采用光学投影印刻方法,常以 Rayleigh 衍射极限[5]乘以工序因子来表示光刻系统的分辨率。系统的工作是把掩模的像(通常缩小至 1/5~1/4)投影到涂有光敏材料(抗蚀剂)的晶片基片上。图 11.2 所示为光刻系统的示意图,掩模上的图案,通常为一个(或几个)芯片的图案。掩模图案被投影在晶片上,然后晶片被移动到一个新的位置,并重复这个过程直到整个晶片上完全被曝光。实际投影光学系统有 25 个或更多的镜片单元,以达到像差补偿、视场平化以及衍射极限。抗蚀剂的溶解度因曝光而变,在显影后图形显示出来。留下来的抗蚀剂图形被用于后继的工序,如刻蚀等。当前用的光学投影系统多是很复杂的多单元透镜结构,很好地校正了像差,并且达到衍射极限。

1)分辨率

光刻系统的分辨率 R_{es} 通常用波长和数值孔径表示:

$$R_{es} = k_1 \frac{\lambda}{NA} \tag{11.1}$$

式中,常数 k_1 决定于工序过程,称为工艺因子。在 IC 制造中 $k_1=0.5\sim0.8$ 或更大范围。

当前光刻机的 NA=0.5~0.6 时,其受限于可以投影的最小特征尺寸,约等于所用的波长。从历史上看,IC 光刻的改进是由光刻波长来推动,如图 11.3 所示。照明光源最初使用对不同谱线滤波的汞弧灯。图中给出由波长为 435 nm 的 g 线到波长为 365 nm 的 i 线,接下来为波长为 248 nm 的 KrF 准分子激光光源,以及近年来的波长为 193 nm 的 ArF 准分子激光光源[6]。目前最先进的 IC 制造技术 2001 年开始引入 ArF 机器。从图上可以看出 IC 的特征尺寸曲线比光刻波长曲线更倾斜。在 1999 年已引入 80 nm 技术,其特征尺寸远小于波长(248 nm)。

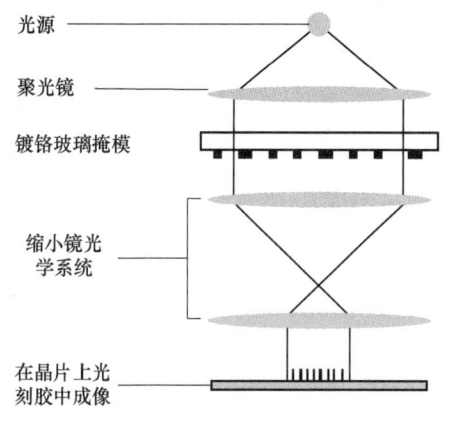

图 11.2 光刻系统的示意图

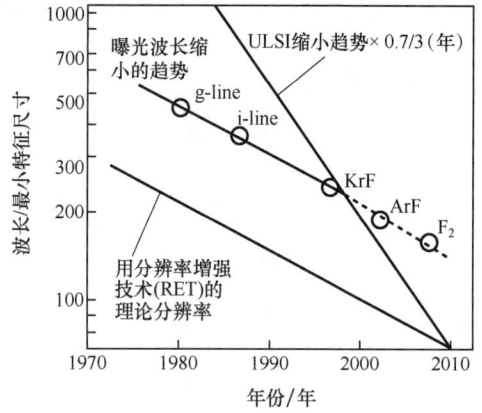

图 11.3 光刻波长趋势与特征尺寸趋势的比较

2)数值孔径与焦深

增加数值孔径(NA)是改进光刻分辨率的另一个途径。借助于计算机模型能够设计较大 NA 的透镜。NA=0.7 的 KrF 系统即可以用了,NA=0.85 的系统正在设计中。很高 NA 的系统带来的不利于成本和焦深(DOF,depth of focus)。透镜的成本即印刻的晶片用的光刻系统与 NA 的立方成比例(镜头材料的体积)。这些大 NA 的镜头在重量和尺寸实现方面也给出了许多实际难题。系统的 DOF 也可以用波长和 NA 表示:

$$\mathrm{DOF} = k_2 \frac{\lambda}{\mathrm{NA}^2} \tag{11.2}$$

此处,k_2 也是工序相关参数,一般取与 k_1 相同的值,说明高 NA 系统在 DOF 上的不利。DOF 的减少要求很严格地控制晶片平面度的加工。即使一个适度的 NA(0.6)系统其 DOF 也只有几百纳米。合用的 NA 将受限于 DOF,考虑大角度光线折射的影响而小于 NA=1 的理论极限,以及抗蚀剂膜层的偏振效应的影响。现在考虑的实际最大值为 NA=0.85。

3. 光刻的"节点"

用单个晶体管的最小特征尺寸(smallest feature size)更能反映集成电路性能的水平,最小特征尺寸亦称为关键线条(critical dimension,CD)或节点(node),其定义为

$$\mathrm{CD} = \mathrm{pitch}/2 \tag{11.3}$$

式中,pitch 为集成电路的最精细结构的周期,也称为间距,如图 11.4 所示。

半导体国际技术路线图(international technology roadmap for semiconductors,ITRS)用节点作为集成电路的主要指标。美国半导体制造技术战略联盟 SEMATECH(semiconductor manufacturing technology)是这一活动的全球交流中心,每年更新发布一次新的 ITRS。由表 11.1 可知节点尺度随年份的变化规律,也是 Moore 定律的另一种表现形式:约 3~4 年节点尺度减小一半,意味着晶体管的数目增大 3~4 倍。

表 11.1 给出各年份集成电路节点尺度

节点大小	年份/年	节点大小	年份/年	节点大小	年份/年	节点大小	年份/年
10 μm	1971	800 nm (0.80 μm)	1989	130 nm (0.13 μm)	2000	32 nm	2010
3 μm	1975	600 nm (0.60 μm)	1994	90 nm	2002	22 nm	2011
1.5 μm	1982	350 nm (0.35 μm)	1995	65 nm	2006	16 nm	约 2013
1 μm	1985	250 nm (0.25 μm)	1998	45 nm	2008	11 nm	约 2015

4. 投影光刻的主要步骤

如图 11.5 所示,步骤包括:基片预处理,涂胶,前烘,对准和曝光,显影,后烘,刻蚀、掺杂,去胶。整个过程如表 11.2 所示[7]。

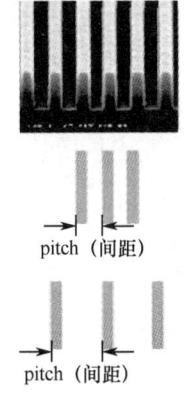

图 11.4 间距(pitch)的定义

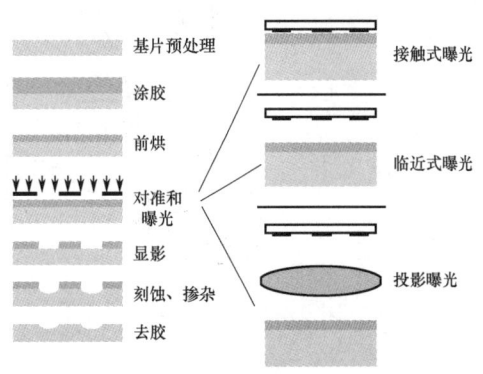

图 11.5 光刻的基本步骤和三种曝光方式

表 11.2 典型光刻步骤

	光刻步骤	简要说明
1	基片预处理（substrate preparation）	主要是改善光刻胶和硅基片之间的附着力
2	涂胶（photoresist spin coat）	在硅片表面涂上一层特定厚度的光刻胶
3	前烘（pre-bake）	消除光刻胶中的多余的溶剂，增强光刻胶和基片之间的附着力，使光刻胶更稳定
4	对准和曝光（align and exposure）	使透过掩模的（紫外光）光波有选择地照射到基片的光刻胶上，被照射的光刻胶部分起化学变化，去除（或保留）该光化学反应区就可获得与掩模相同（或类似）的图案。制作集成电路通常需要多种不同的图案的组合，用对准来保证各图案之间的严格位置关系
5	显影（development）	把经过曝光的硅基片置于特定的显影液中，去掉不需要的部分图案（可能是光化学反应区或非光化学反应区）
6	后烘（postbake）	后烘用来固化光刻胶形成的图案，固化后的图案就可以经受住掺杂或刻蚀工艺等过程和环境，故后烘也称为坚膜
7	刻蚀、掺杂（ecth、implant）	此过程是对硅晶片上无光刻胶遮蔽的区域进行刻蚀、掺杂、沉积，形成特定功能的区域，即将光刻胶图案转移到硅基片上，这个过程也称为图案转移（pattern trsansfer）
8	去胶（resist strip）	将刻蚀、掺杂后的硅基片上的光刻胶去除干净，并为后继工艺做准备

经过多次重复完成以上工序过程，进行测试符合要求后，即可切割硅片形成单独的集成电路晶片单元（die），然后进行封装、检测和验收，最后成为集成电路芯片。

5. 光刻技术的开发

对准和曝光是集成电路制造中最重要的工艺，提高曝光图案的精细度和图案间的对准精度是极大规模集成电路制备的关键。在过去近 50 年中，光刻技术已经开发了很多种模式，如图 11.6 所示[8]。

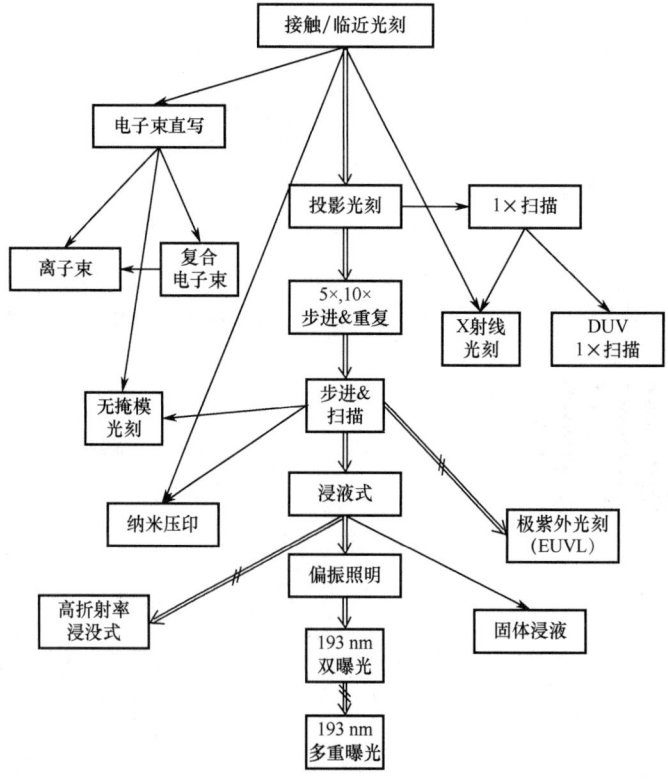

图 11.6 光刻技术的开发（⇒表示主流，⇸表示潜在发展方向）

如图 11.5 所示，光刻技术按工作性质可分为三类：

（1）投影光刻：从图 11.6 中可看出投影光刻（optical projection lithography）是制造及大规模集成电路的主流方法。

（2）直写光刻：因其效率较低，主要用于掩模制备。电子束直写包括离子束、x-射线光刻，也用于集成电路制造，其不需要另外的掩模，通常用于制备投影光刻的掩模。其制造集成电路的效率和经济效益远低于投影光刻。

（3）接触/临近光刻：多为早期的光刻方法。投影光刻的原理多是紫外光照射到掩模上，光刻投影物镜将掩模上的电路图案分布重复或扫描成像到硅片上的光刻胶层，曝光后经过对硅片处理，制成半导体芯片单元。为使光刻达到小的曝光节点，关键是高质量投影光刻物镜，其将掩模上的巨量信息（大视场、高分辨率）传输到硅片上。

下一代光刻技术（next generation lithography）：Intel 公司在 2003 年推出世界上第一块 90 nm 工艺制造的芯片，使芯片制造工艺进入纳米时代。用于替代光刻的节点在 0.1 μm 之下的微制造技术，被称为下一代光刻技术（NGL），主要有极紫外线（extreme ultraviolet lithography，EUVL）、X 射线光刻（X-ray lithography，XRL）、电子束直写 EBDW（E-Beam direct write），电子束光刻（electron projection lithography，EPL），离子束光刻 IPL（ion projection lithography）等。传统的光学曝光技术和 NGL 可达到的分辨率如图 11.7 所示[9]。由于光学光刻的不断突破，NGL 一直处于"候选者"的地位，并形成竞争态势。这些技术能否在生产中取得应用，取决于技术成熟程度、设备成本和生产效率等因素。

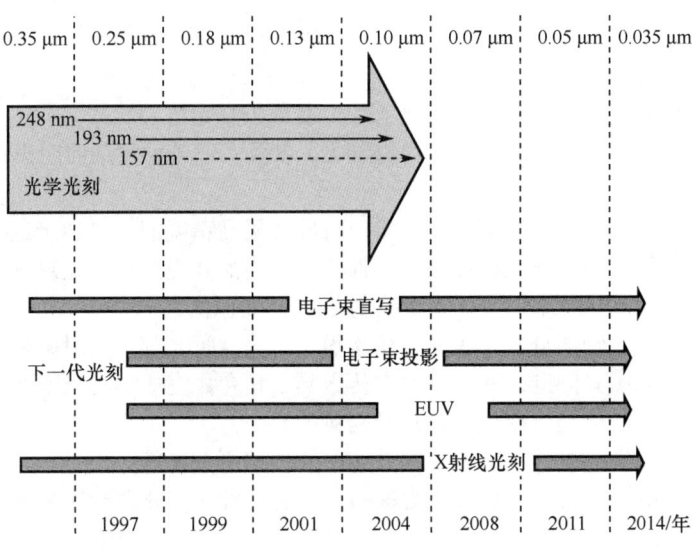

图 11.7　各种光刻技术可达到的分辨率示意图

6．光刻机概述

从 1984 年至今，现代光刻机（工作波长小于 248 nm）已经发展了近 30 年。目前实现工业化生产应用的是 KrF（248 nm）、ArF（193 nm）光刻技术，以及 Immersion ArF（浸液 193 nm）的光刻技术。高 NA、液浸式、193 nm 投影光刻机是目前最先进的光刻机。目前主要生产投影光刻机的国家是荷兰（ASML 公司）和日本（Cannon 公司和 Nikon 公司）。ASML 公司的光刻机中的投影光刻物镜是由德国 Zeiss 公司生产研制的[10]，由 ASML 公司进行系统集成。

在专用制造设备中，按重要性和制造难度、复杂程度评判，投影光刻机是处于高端地位的核心设备。图 11.8 所示为一个 i 线（365 nm）光刻机曝光系统的组成示意图。

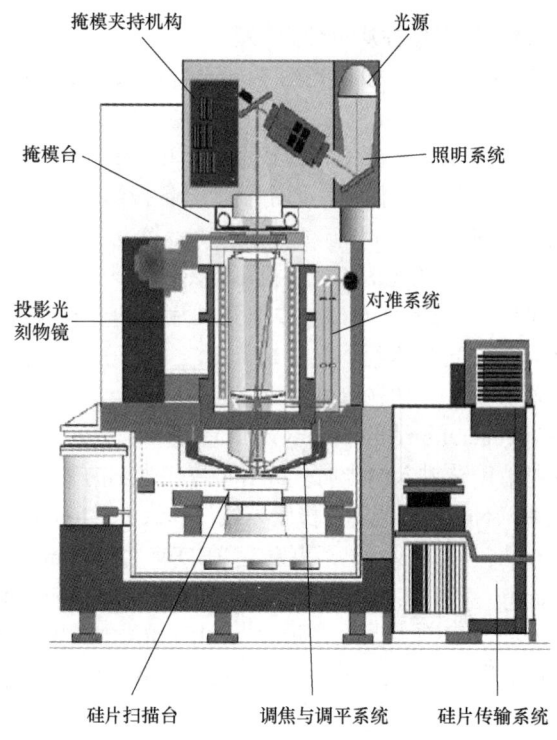

图 11.8　一个 i 线（365 nm）光刻机曝光系统

曝光系统通常分为 8 个分系统：

（1）光源：主要是高功率紫外光源，如汞灯、准分子激光器。

（2）照明系统：其功能是实现掩模的均匀照明，以及实现各种复杂照明模式，如偶极照明和部分相干照明等。

（3）掩模台：用以夹持和固定掩模，并实现对硅片极高精度的扫描和步进。

（4）投影光刻物镜：为曝光系统的核心部件，有严格的环境控制如充氮气、水冷、防震等。物镜内部温度波动控制在 0.01℃，气压波动控制在 100 Pa 以内。

（5）调焦调平系统：物镜分辨率极高而焦深很小，每次曝光都需要对硅片调焦调平。

（6）硅片台：将未曝光的硅片从存储盒中传送到工作台，完成后将已曝光硅片传回存储盒。

（7）对准系统：其功能是将掩模和硅片准确对准。

（8）其他：包括掩模和硅片夹持和传输系统，软件控制系统等。

以上 8 个组成部分中，投影光刻物镜为核心，占光刻机约三分之一的成本，其光学设计过程中必须保证所要求的成像质量。

7．光致抗蚀剂

光致抗蚀剂（photo resist），又称光刻胶，指光照后能改变抗蚀能力的高分子化合物，是由感光树脂、增感剂（见光谱增感染料）和溶剂三种主要成分组成对光敏感的混合液体。感光树脂经光照后，在曝光区能很快地发生光固化反应，使得这种材料的物理性能，特别是溶解性、亲合性等发生变化。经适溶剂处理，溶去可溶性部分，得到所需图像。

1）光蚀剂分类

（1）正性光致抗蚀剂：受光照部分发生降解反应而能被显影液所溶解，留下的非曝光部分的图形与掩模板一致。正性抗蚀剂具有分辨率高、对驻波效应不敏感、曝光容限大、针孔密度低和无毒性等优点，适合于高集成度器件的生产。

(2) 负性光致抗蚀剂：受光照部分产生交链反应而成为不溶物，非曝光部分被显影液溶解，获得的图形与掩模板图形互补。负性抗蚀剂的附着力强、灵敏度高、显影条件要求不严，适于低集成度的器件的生产。

2) 光刻胶主要技术参数

(1) 分辨率 (resolution)：区别硅片表面相邻图形特征的能力。一般用关键尺寸 (critical dimension, CD) 来衡量分辨率。形成的关键尺寸越小，光刻胶的分辨率越好。

(2) 对比度 (contrast)：指光刻胶从曝光区到非曝光区过渡的陡度。对比度越好，形成图形的侧壁越陡峭，分辨率越好。

(3) 灵敏度 (sensitivity)：光刻胶上产生一个良好的图形所需一定波长光的最小能量值（或最小曝光量）。单位为毫焦/平方厘米或 mJ/cm^2。光刻胶的敏感性对于波长更短的深紫外光 (DUV)、极深紫外光 (EUV) 等尤为重要。

(4) 黏滞性/黏度 (viscosity)：衡量光刻胶流动特性的参数。黏滞性随着光刻胶中的溶剂的减少而增加；高的黏滞性会产生厚的光刻胶；越小的黏滞性，就有越均匀的光刻胶厚度。光刻胶的比重 (specific gravity, SG) 是衡量光刻胶的密度的指标，它与光刻胶中的固体含量有关。较大的比重意味着光刻胶中含有更多的固体，黏滞性更高、流动性更差。黏度的单位是泊 (poise)，光刻胶一般用厘泊 (cps，厘泊为1%泊) 来度量。百分泊即厘泊为绝对黏滞率；运动黏滞率定义为：运动黏滞率=绝对黏滞率/比重。单位：百分斯托克斯(cs)=cps/SG。

(5) 黏附性 (adherence)：表征光刻胶黏着于衬底的强度。光刻胶的黏附性不足会导致硅片表面的图形变形。光刻胶的黏附性必须经受住后续工艺（刻蚀、离子注入等）的影响。

(6) 抗蚀性 (anti-etching)：光刻胶必须保持它的黏附性，在后续的刻蚀工序中保护衬底表面。使之具有耐热稳定性、抗刻蚀能力和抗离子轰击能力。

(7) 表面张力 (surface tension)：液体中将表面分子拉向液体主体内的分子间吸引力。光刻胶应该具有比较小的表面张力，使光刻胶具有良好的流动性和覆盖能力。

(8) 存储和传送 (storage and transmission)：能量（光和热）可以激活光刻胶，应该存储在密闭、低温、不透光的盒中。同时必须规定光刻胶的闲置期限和存储温度环境。一旦超过存储时间或较高的温度范围，负胶会发生交联，正胶会发生感光延迟。

3) 光致抗蚀剂的光刻品质

投影小特征尺寸与曝光辐射波长决定于成像抗蚀剂品质。现代抗蚀剂显示了很高的成像对比度，在空气中光学系统成像有一个阈值函数，即使成像的光强度低于最小特征尺寸的整个调制度，高对比度成像材料和好的处理过程（曝光过程）仍能可靠地产生半波长特征尺寸。此时，成像抗蚀剂有低的 k_1 值。当前的光刻波长为248nm，意味着除非有波长为193nm和157nm（F_2准分子激光）的抗蚀剂材料，才能显影出性能水平等于或优于248nm材料的结果，单纯通过减小波长来连续缩小特征尺寸是不可行的。

由式 (11.1) 和式 (11.2) 可知，曝光波长的缩短可以使光刻分辨率线性提高，但同时会使焦深线性减小。由于焦深与数值孔径的平方成反比，增大投影物镜的数值孔径，在提高光刻分辨率的同时会使投影物镜的焦深减小。由于硅片平整度误差、胶厚不均匀、调焦误差以及视场弯曲等因素的限制，投影物镜必须具备足够的焦深。因此在一定波长情况下，为保持有足够大的焦深，通常采用光刻分辨率增强技术，即降低工艺因子 k_1、提高工艺因子 k_2。

11.2 光刻离轴照明技术

照明方法的改进也可以改善光刻功能。由分辨率极限表示式 (11.1) 可知，第一级衍射必须由镜头接收，并由光学系统传输成像信息。

1. 离轴照明

光刻分辨率增强技术之一为离轴照明技术，图 11.9 所示为常规照明光阑和几种离轴光阑示意图[11]。离轴照明是采用一个孔状光阑使照明激光束相对于光刻系统的光轴成一定角度倾斜地照明光掩模，可改进在给定波长下密集特征的成像。倾斜照明可使第一级衍射中的一个，同时使零级通过。从原理上讲分辨率功能可以提高一倍，传统的系统的孔径覆盖了–1 到+1 级。实际上，离轴照明必须适合掩模图形，不同的掩模图形衍射模式也不同，选择特定的照明模式，如环形或四极对称（annular or quadrupole symmetry）[12]，以增强其特征，如线距—间隔光栅。现代光刻系统中可内置不同的照明选项，其缺点是增加了等密度线邻近效应（iso-dense-proximity effect），离轴照明通常组合了一些形式的光学临近照明。

常规照明　四极照明　环形照明　双极照明

图 11.9　常规照明光阑和几种离轴光阑示意图（黑色区域是不透明的，其他区域是透明的）

2. 双极照明离轴光刻

离轴照明技术早在 1989 年就被提出[13,14]，现在已得到了广泛应用[15-20]。如图 11.10 所示，在离轴照明曝光系统中，掩模上的照明光线与投影物镜主光轴有一定的夹角。入射光经掩模发生衍射，左侧光源的 0 级、−1 级衍射光与右侧光束的+1 级、0 级衍射光参与成像。环形照明、四极照明和二极照明都属于离轴照明方式，图 11.11 给出投影物镜光瞳上相关的光强分布示意图。离轴光刻线条有后相移性质如图 11.12 所示。离轴照明技术用于改进密集间距模式的分辨率[21]，如图 11.13 所示[22]。

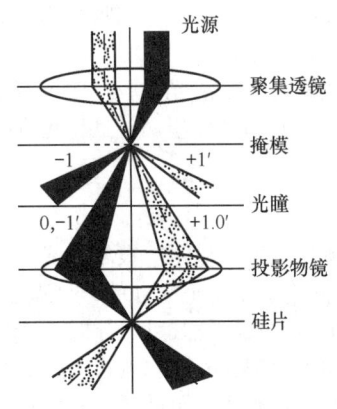

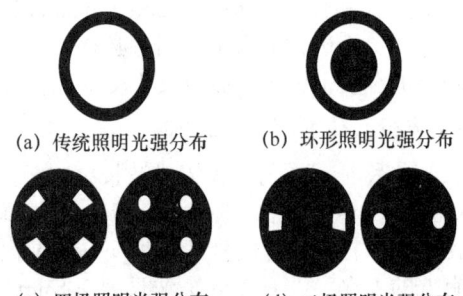

图 11.10　离轴照明

图 11.11　不同照明方式下投影物镜光瞳上光强分布示意图

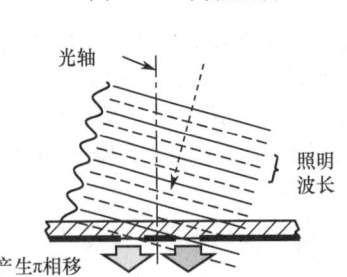

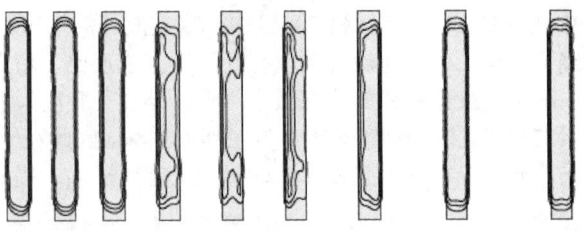

图 11.12　离轴光刻线条有 π 相移性质

图 11.13　被离轴双极光照明的线—间隔图形的模拟

当一个传统的掩模被相对于光轴倾斜一个角度的斜光束照明时，光束前面的相位沿着掩模变化。由离轴角和波长决定一个虚拟的掩模孔径间隔，掩模下面的透镜接收的光将在 0° 和 180° 间交替地变换相位。图 11.13 中表示线间隔图形的双极离轴照明的模拟，优化间隔的密集线成像很好，孤立线能被分辨。而关键线（critical line）在某个间隔宽度时，或是在死区（dead zone），将不能被印制，必须在设计布线图中避免（见后面"光刻散射条技术"部分）。

3. 离轴照明可以提高光刻分辨率和焦深

考虑掩模图形为一维密集线条的光栅，光栅衍射方程为[18,23]：

$$\sin\theta - \sin\theta_i = \frac{m\lambda}{P}, \ m = 0, \ \pm1, \ \pm2, \ \pm3, \cdots \tag{11.4}$$

式中，P 是光栅周期，θ_i 为入射角。由式（11.4）可知，对于相同波长 λ，光栅周期 P 越小，衍射角 θ 越大。数值孔径一定的投影物镜，当光栅周期太小时，在同轴照明情况下，会出现图 11.14（a）所示的情况，±1 级以及更高阶衍射光都被物镜的光阑遮挡，只有 0 级衍射光进入物镜。0 级衍射光是一个不包含空间结构信息的平面波，在硅片面上不能形成掩模图像。如图 11.14（b）所示，对投影物镜考虑离轴照明的光线，0 级衍射光和 1 级衍射光都可能进入成像系统的光瞳，1 级衍射光包含了掩模图形的空间结构信息，就能在硅片上得到掩模的图像。在传统照明与离轴照明方式下，系统的理论分辨率分别由式（11.5）和式（11.6）决定[24]。

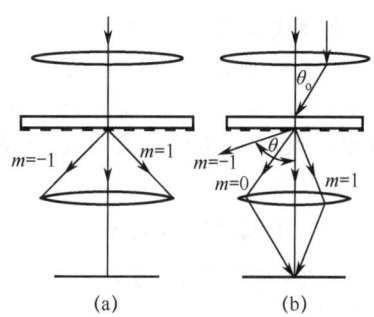

图 11.14　传统照明与离轴照明

$$R_{\text{conventional}} = \frac{\lambda}{2\text{NA}(1+\sigma)} \tag{11.5}$$

$$R_{\text{off-axis}} = \frac{\lambda}{2\text{NA}(1+\sigma) + 2\theta_i} \tag{11.6}$$

其中，σ 为曝光系统的部分相干因子（见光刻照明仿真）；θ_i 为离轴照明光束的入射角。由式（11.5）和式（11.6）可知，与传统照明相比，离轴照明提高了分辨率。当 $\theta_i = \text{NA} \times (1+\sigma)$ 时，式（11.6）变换为

$$R_{\text{off-axis}} = \frac{\lambda}{4\text{NA}} \tag{11.7}$$

与 $\sigma = 0.5$ 的传统照明相比，分辨率从 $\lambda/(3\text{NA})$ 提高到 $\lambda/(4\text{NA})$。

从图 11.14（a）还可以看到，离轴照明时，参与成像的 0 级衍射光与 1 级衍射光的夹角小于传统照明条件下成像的±1 级衍射光之间的夹角。因此，要实现相同的光刻分辨率，离轴照明需要较小的 NA。由焦深式（11.2）可知，与传统照明相比，离轴照明提高了焦深。

4. 离轴照明可以提高成像对比度

掩模图形经投影光刻物镜成像时，由于其数值孔径有限，高频部分不能进入光瞳，对成像无贡献，并使硅片面上的掩模像的对比度降低。在投影光刻系统中，掩模图形空间像的对比度依赖于通过投影物镜的 1 级衍射光的比例，离轴照明技术通过提高成像光束中高频成分在总光强中的比例，从而提高了空间像的对比度。

照明方式必须根据掩模图形进行相应设置。环形照明通常对固定栅距、任意方向的密集线条有利。对于单一方向的密集线条，双极照明是理想的。如果掩模图形是两个相互垂直方向上的线条，四极照明是理想的。

5. 部分相干因子及光源参量照明仿真

对于线空比（$L:S$）为 1:1，线宽为 100 nm 的常规掩模，在不考虑像差的条件下，用 Prolith 8.0 软件进行了仿真分析。光刻仿真中照明方式的设置如表 11.3 所示。

表 11.3 光刻仿真中照明方式的设置

照明方式	λ/nm	NA	δ	照明方式	λ/nm	NA	δ
传统照明	193	0.75	$\delta = 0.82$	二极照明	193	0.75	$\delta_c = 0.7, \delta_i = 0.12$
环形照明	193	0.75	$\delta_c = 0.7, \delta_w = 0.24$	四极照明	193	0.75	$\delta_o = 0.82, \delta_i = 0.58, \text{OPA} = 30°$

1) 部分相干因子 σ

σ 为曝光系统的部分相干因子，σ_o、σ_i、σ_c、σ_r、σ_w 的意义如图 11.15 所示。σ_o 和 σ_i 分别为环带的外相干因子和内相干因子，σ_w 为环带宽度，并且存在下面的关系，$\sigma_w = \sigma_o - \sigma_i$，$\sigma_r = (\sigma_o + \sigma_i)/2$，$\sigma_c = (\sigma_o + \sigma_i)/2$。OPA（opening angle）为四极或二极照明的照明极的开孔角度。

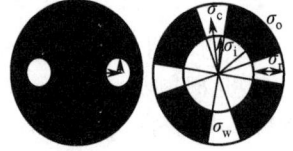

图 11.15 光刻仿真中的参量说明（σ，OPA）

2) 图像边缘对数斜率 NILS（the normalized image log-slope）

在光刻仿真中，通常用归一化的图像边缘对数斜率 NILS 来评价空间像的像质。NILS 由式（11.8）确定[25]：

$$\text{NILS} = \frac{u' dI}{I dx} = u' \frac{d \ln(I)}{dx} \tag{11.8}$$

其中，I 和 dI/dx 分别为线条空间像边缘的强度及强度梯度，w 为期望线宽。为了使光刻工艺有足够的宽容度，通常限定 NILS 的最小值。根据现有的光刻胶工艺水平，一般规定 NILS$\geqslant$1.5。

3) 对比度

通常还用对比度来衡量空间像的质量，对比度的定义为

$$C = \frac{I_{max} - I_{min}}{I_{max} + I_{min}} \tag{11.9}$$

式中，I_{max} 和 I_{min} 分别为像面上光强的最大值与最小值。

4) 照明光源参量仿真

图 11.16 为在上述照明设置下的仿真结果。图 11.16（a）和（b）分别给出不同照明方式下 NILS 与对比度随离焦量的变化曲线。表 11.4 列出了各种照明方式下满足 NILS$\geqslant$1.5 的焦深，以及在离焦量为 0.2μm 时的 NILS 与对比度。

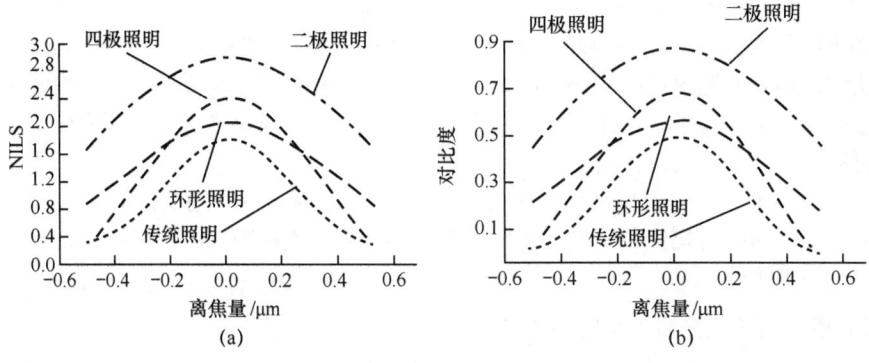

图 11.16 传统照明、环形照明、四极照明及二极照明方式下的 NILS 和对比度

表 11.4　各种照明方式的焦深、NILS 与对比度

照明方式	传统照明	环形照明	四极照明	二极照明
DOF(NILS≥1.5)	0.12	0.44	0.46	0.96
NILS(defocus=0.2 μm)	1.02	1.56	1.66	2.55
contrast(defpous=0.2 μm)	0.32	0.50	0.53	0.81

可以看出，传统照明满足 NILS≥1.5 要求的焦深仅为 0.12 μm，此焦深值对实际生产没有实用价值（在实际生产中，一般取焦深应大于 0.4 μm）。与传统照明相比，各种离轴照明方式下的焦深都有了明显的提高，其中环形照明的焦深最小，二极照明的焦深最大。离轴照明把焦深提高到可用的焦深范围内。离轴照明方式的 NILS 与对比度都比传统照明的有了不同程度的提高，其中二极照明的 NILS 和对比度都是最大的，这说明对于单向密集线条的掩模图形，二极照明效果最佳，其次是四极照明与环形照明。

上面分析了离轴照明技术增强光刻分辨率，并用光刻仿真软件模拟分析了离轴照明技术对密集线条光刻性能的提高，得到以下结论：离轴照明可以提高光刻分辨率，增大焦深，提高空间像的对比度。不同的离轴照明方式对分辨率的改善、焦深与对比度的提高程度不同，因此，在实际使用中照明方式必须根据具体的掩模图形进行设置。

11.3　投影光刻掩模误差补偿

为提高和保证投影光刻分辨率，分辨率增强技术（resolution enhancement technology，RET）应运而生，包括离轴照明，以及下述改善邻近图形的辅助特征、光学邻近校正和相移掩模[26]等。

1. 光学邻近修正（optical proximity correction，OPC）

由于衍射使像质衰退的补偿可对掩模特征进行预置畸变。例如对一个由截线围成的角度，附加准分辨率特征以改善晶片上相应位置成像质量，要求在掩模上附加相应的校正特征，这增加了复杂性和成本。如用截线改善图 11.17 所示模式的印刻保真度，该方法称为光学邻近修正（OPC）[27]。

1990 年，最小芯片特征尺寸达到投影光刻的波长，而以前的形状畸变忽视了邻近效应引起的超过典型公差±10%的尺寸变化。邻近效应的一个成分是相邻的特征像之间的光学相互作用，其他成分是在抗蚀剂和刻蚀过程中由相似机理形成的缺陷。为了保持对特征尺寸的控制，OPC 是光刻

设计图形　　带OPC的掩模　　晶片上的光刻结果

图 11.17　OPC 抵消光刻畸变

工序中必要的因素[28,29]。OPC 在光刻工序中修改掩模的布线设计以抵消预知的畸变（见图 11.17）[22]，获取可复验性的变化。

均匀密度线—邻近效应（iso-dense-proximity effect）如图 11.18 所示，特征间距（特征线宽加上相邻特征之间的间隔）减小造成对比度的损失。当光掩模上相同尺寸的密集的和孤立的特征在晶片上成像为不同尺寸时，就是这种效应。由于投影光刻镜头的有限带宽，则发生了空间频率效应。透镜系统的行为就像一个空间频率低通滤波器作用在光掩模的特征上；高阶空间频率不能通过投影物镜，结果在抗蚀剂上图形模式发生了畸变——使锐利的角特征被圆化（角度圆化），窄线端部被缩短（线端缩进）。

为补偿这些效应，图 11.19 表示的光学邻近效应校正（optical-proximity-correction）方法被采用，包括在掩模上附加校正特征，如缺口（mousebites）、锤头（hammerheads）、衬线（serifs）和散射条（scattering bar），则图形成像在光抗蚀剂上接近于所需要的模式。当所要求的特征

尺寸小于成像波长时,校正特征变得复杂,在光掩模上的模式与晶片上所需要的图形具有较小类同。

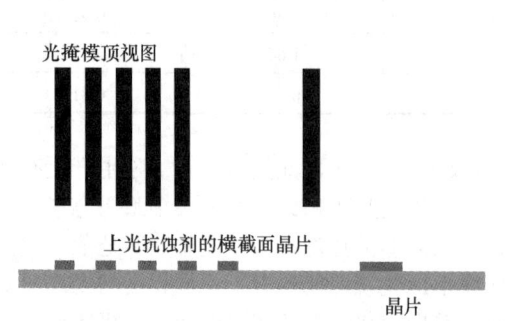
图 11.18 等密度曲线邻近效应的举例（一组相同尺寸的特征在光抗蚀剂上成像,与同尺寸孤立特征不同）

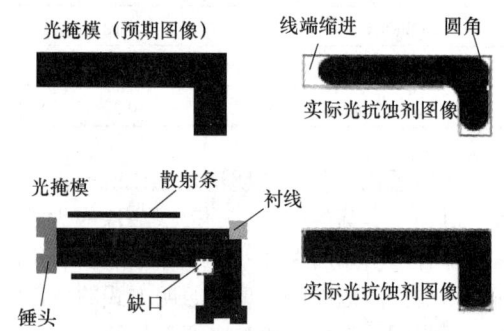
图 11.19 光学邻近效应的示意图（空间频率效应改变了光抗蚀剂上图形,圆化了锐利的角特征,缩进了窄线端部。附加的光掩模校正特征有缺口、锤头、衬线和散射等产线接近目标的结果）

校正光掩模特征可以用校正软件设计,可能使光掩模变得难于制造。由于光学邻近校正在改善光刻工艺中的有效性,OPC 得到了广泛的应用。

2. 光刻散射条技术

1) 改善邻近图形的辅助特征（散射条）[30]

辅助特征是置于掩模上以改善邻近图形的成像。辅助特征本身必须比光学系统的分辨极限小,使之不能被印制到晶片上。图 11.20（a）中的模拟表示辅助特征增强技术用于一个孤立线,其端点（endpoint）成像用离轴照明。主要优点是线条形状能够适应工艺的变化,如图 11.20（b）所示为调焦窗口轮廓。辅助特征能够减少线条端部的缩减。由邻近效应引起的 CD 变化也可以用辅助特征减小,一般的选择是对主特征用 OPC 技术匹配辅助特征[31]。

辅助特征的优化位置决定于被修正的关键特征的形状和宽度,以及结构之间的间隔。布线图的理想结构是避免间隔宽度不能安排或限制了辅助特征的位置,如图 11.20（b）所示。理想的布线图规定每一个关键特征位置可以有一个或两个邻近辅助特征,或者有至少三倍的关键间隔宽度。辅助特征是一种散射条技术。

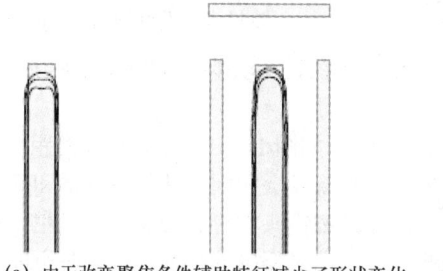
(a) 由于改变聚焦条件辅助特征减少了形状变化

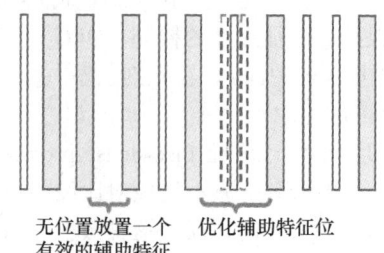
(b) 为了用辅助特征,布线图的间隔宽度要加大

图 11.20 改善邻近图形的辅助特征（散射条）

2) 光刻散射条

离轴照明已经成为实用的分辨率增强技术,与高 NA 透镜系统相结合,以提高光刻机的分辨率。尽管离轴照明和高 NA 透镜系统可以提高密集图形的焦深,但却会降低孤立图形的焦深,为

此，提出使用散射条技术。其原理是在孤立图形的周围添加亚分辨率辅助图形，使其具有密集图形的特性，改善其光强分布，提高成像质量。散射条技术不仅能进行邻近效应校正、提高工艺焦深，而且能降低掩模误差因子、减小光学透镜色差的影响[32]。散射条技术将孤立图形和半密集图形变为密集图形，使其与密集图形的工艺窗口（包括曝光能量、对焦和光学邻近效应允差）相匹配。

（1）投影光刻系统图形转移和频谱。

投影光刻系统成像过程如下：聚光镜聚焦的光照射到掩模上发生衍射，由于出射透镜尺寸的限制，只有部分低阶衍射光被出射透镜收集。出射透镜将收集到的衍射光聚焦在硅片上，形成类似掩模图形的像，实现了图形的转移。

投影光刻系统[33]掩模上点(x,y)的电场透射率为$m(x,y)$，对于普通二元掩模，镀铬处不透光，m值为0；无铬处透光，m值为1。因此，用$m(x,y)$可以描述掩模上的图形。函数$M(f_x,f_y)$描述出射透镜光瞳平面上衍射光的电场，f_x和f_y为该平面上衍射图形的空间频率。函数$E(x,y)$表示硅片上的电场强度分布。

对掩模和光瞳平面上衍射图形的空间频谱特性进行分析，可以帮助理解散射条的工作原理[34,35]。根据傅里叶光学原理，可得[36]

$$M(f_x,f_y) = F\{m(x,y)\} = \int_{-\infty}^{+\infty}\int_{-\infty}^{+\infty} m(x,y)e^{-2i\pi(f_xx+f_yy)}dxdy \quad (11.10)$$

式中，F表示傅里叶变换。

（2）散射条的频谱分析。

掩模上的孤立线条可以简化为图11.21所示的一维结构，将函数$m(x,y)$简化为一维函数$m(x)$。s为孤立线条的宽度。式（11.10）简化为一维傅里叶变换$M(f_x)$，可由式（11.11）求出，得到孤立线条的衍射图形为 sinc 函数，如图11.22所示。

$$\begin{aligned}M(f_x) = F\{m(x)\} &= \int_{-\infty}^{+\infty} m(x)e^{-2\pi if_xx}dx \\ &= \int_{-\infty}^{+\infty}[1-m'(x)]e^{-2\pi if_xx}dx \\ &= \delta(f_x) - \int_{-s/2}^{+s/2} m'(x)e^{-2\pi if_xx}dx \\ &= \delta(f_x) - \frac{\sin(\pi f_x)}{\pi f_x}\end{aligned} \quad (11.11)$$

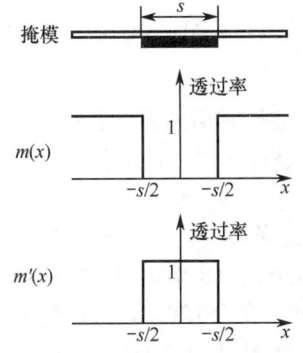

图11.21 掩模上孤立线条电场透射函数$m(x)$, $m'(x)$

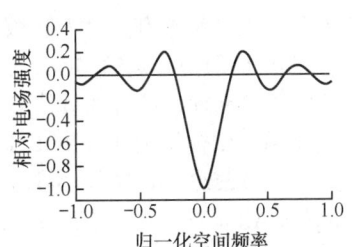

图11.22 孤立线光瞳平面上衍射电场$M(f_x)$的频谱特性

添加散射条后的孤立线如图11.23所示。散射条的关键参数为宽度和位置。b为散射条的宽度，D为散射条边界到主图形边界的距离。此时，光瞳平面上的衍射电场$M(f_x)$为主图形和辅助散

射条的傅里叶变换之和,可由式(11.12)计算出:

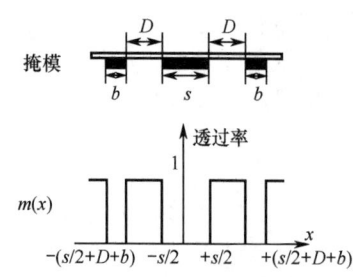

$$M(f_x) = F\{m(x)\} = F\{P(x) + F\{A(x)\}\}$$
$$= \delta(f_x) - [s \cdot \text{sinc}(\pi f_x s) + b \cdot e^{-\pi i f_x d}(\pi f_x b)]$$
$$= \delta(f_x) - [s \cdot \text{sinc}(\pi f_x s) + 2b \cdot \cos(\pi f_x D)\text{sinc}(\pi f_x b)]$$

(11.12)

式中,$d = (2D + s + b)/2$。

图 11.24 所示为主图形和主图形加辅助图形的衍射电场强度,相对于归一化空间频率的对比图。其中,主线条的宽度为 100 nm,散射条宽度为 60 nm,D 为 190 nm。

图 11.23 添加散射条后的孤立线剖面图及掩模电场透射函数 $m(x)$

可以看出,$F\{P(x) + A(x)\}$ 在空间频率为零附近有最大值,在两侧有两个对称的旁瓣。其特性很像图 11.22 所示密集线条衍射图形的频谱特性,即散射条使孤立图形具有密集图形的频谱特性。将 $F\{P(x) + A(x)\}$ 取平方,则可以更明显地看出这一特性。

另一方面,尽管散射条改变了孤立线的衍射图形的频谱特性,它仍然具有 sinc 函数的特性,即孤立线所具有的频谱特性。因此,仍能在硅片上形成孤立图形,散射条则不能在硅片上成像,这样,就保证了辅助图形不会在光刻胶上形成图形。

图 11.25 给出添加散射条前后硅片上光强分布的对比。由图可知,添加散射条后,光强分布仍具有孤立线的特征,且 NILS(the normalized image log-slope,图像边缘对数斜率)的值增大,成像质量改善。

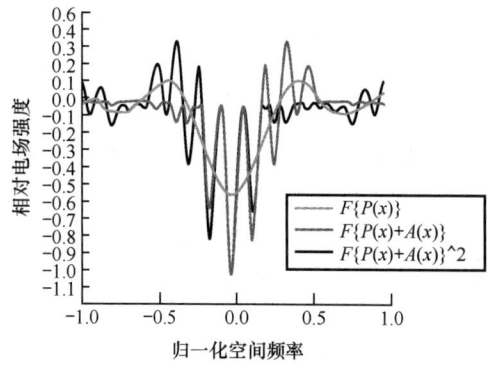

图 11.24 加散射条前后的频谱特性对比

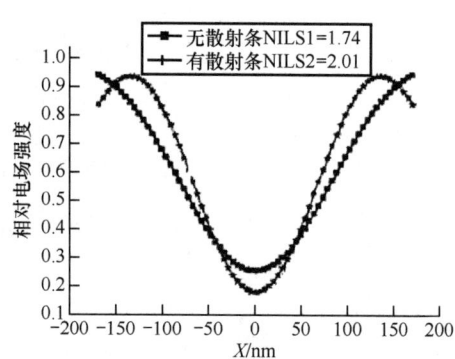

图 11.25 加散射条前后硅片表面光强分布对比

(3)散射条参数的优化。

散射条的关键参数有宽度 b 和散射条的边界到主图形边界的距离 D,这对散射条效果的影响很大。通过软件模拟可以在特定工艺条件下对这两个参数进行优化,找出散射条的最佳宽度 b,再变换散射条的位置,可得到最佳 D 值范围。

下面采用光刻模拟软件 PROLITH 8.0 进行模拟。工艺条件为:193 nm ArF 紫外光源,环形照明 $\sigma_{in}/\sigma_{out} = 0.55/0.75$,NA = 0.65;光刻胶为 ArF Sumitomo PAR 810,厚度为 350 nm;抗反射层 Shipley AR2,厚度为 45 nm;前烘时间为 60 s,前烘温度为 120℃,显影时间为 60 s;孤立线宽度为 100 nm。线宽取胶膜图形底部尺寸,误差大于 10% 被认为是失焦。

图 11.26 显示了散射条宽度和散射条的边界到主图形边界的距离对孤立线焦深的影响。理论上,散射条宽度越大,对孤立线工艺焦深的提高越大[37],如图 11.26(a)所示。然而,作为辅助图形,散射条的宽度越大,也越容易在硅片上成像。散射条的位置对工艺焦深影响很大,如果位置不合适,则反而会降低主图形的焦深,如图 11.26(b)所示。通过对不同 D 值的模拟,

可以得到最佳 D 值范围。

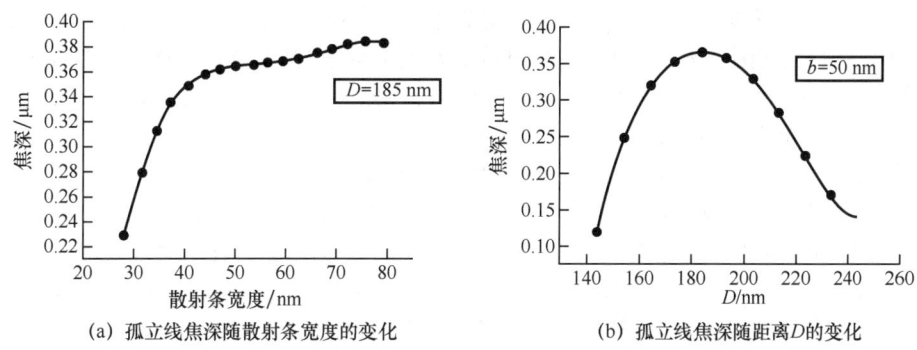

(a) 孤立线焦深随散射条宽度的变化　　(b) 孤立线焦深随距离 D 的变化

图 11.26　散射条参数对孤立线焦深的影响

由于这两个参数与主图形的尺寸无关[38]。因此，通过对一定宽度主图形的模拟，可以总结出特定工艺条件下散射条参数的取值范围。通过对 100 nm 线宽线条主图形的模拟，得到在 193 nm 和 NA 为 0.65 的散射条宽度的规则：在常规照明方式下，孤立线散射条宽度可选为 70 nm；在离轴照明方式下，散射条的宽度选为 60 nm，即约为 $(0.2 \sim 0.22)\lambda/\mathrm{NA}$；散射条的最佳位置为 $D = 170 \sim 200$ nm，即约为 $(0.53 \sim 0.63)\lambda/\mathrm{NA}$。

(4) 散射条对孤立线焦深的提高。

表 11.5 为 100 nm 孤立线添加 60 nm 散射条前后，在不同照明方式下焦深和曝光宽容度的对比。可以看出，散射条在传统照明和离轴照明下，孤立线条的焦深均得到提高。

表 11.5　不同照明方式下添加散射条前后孤立线焦深的对比

照明方式	焦深/μm	曝光宽容度/(mJ·cm^{-2})	照明方式	焦深/μm	曝光宽容度/(mJ·cm^{-2})
传统照明	0.25/0.26	2.11/2.18	四极照明	0.20/0.39	1.94/2.10
环形照明	0.22/0.37	1.92/2.01	两极照明	0.12/0.39	1.23/1.65

散射条是一种分辨率增强技术，主要用于孤立线条和半密集图形，使其具有密集图形的特征，能从离轴照明中获益。重要的是，它能使孤立图形的工艺窗口与密集图形相匹配，使整个图形更容易加工。下面对 193 nm 光刻中散射条的参数进行优化，并总结出散射条参数的优化方法。

3) 掩模误差增强因子 (mask error enhancement factor，MEEF)

光刻是减小图形尺寸的重要手段。掩模的像被印制在晶片上时，通常被缩小 1/5～1/4 倍。掩模图案制备主要是用电子束刻蚀或激光束直写。图形发生器的分辨率和定位精度是基于光学印制系统的精度。缩小成像可放宽图形发生器的要求，这可使晶片上图形尺寸规格优于掩模上的图形约 4 或 5 倍。被印刻时，在要求特征尺寸小于曝光波长的规范下，在掩模上要引入一个复杂结构，称为掩模误差增强因子 (MEEF)[39]，此过程是高度非线性的。被印制的特征尺寸要小于投影光刻用波长（即 $k_1 < 0.5$），掩模产生较少的衍射光被入射此光瞳接收，而对比度会有损失。这个非线性成像机制的一个结果是改进印制不可避免地要控制掩模上线宽的误差。虽然从掩模到晶片成像的缩小可以是 4 或 5 倍，掩模上小误差仍然不能用倍率来抑制。MEEF 被定义为晶片上的临界尺寸 (critical dimension，CD) 派生出模板上的临界尺寸（由倍率来校正）

$$\mathrm{MEEF} = \frac{\partial \mathrm{CD}_{\mathrm{wafer}}}{\partial \mathrm{CD}_{\mathrm{mask}}} \tag{11.13}$$

例如，取该因子为 0.35，对于相等的线数和空间，掩模误差约被提高了 2.5 倍。这意味着在掩模上特征尺寸控制的要求提高了 2.5 倍，比预期实现大一些的光刻要更严格地减小。这样，当光刻推向波长以下时，这个掩模制备要求成本和难度增加了。

器件技术节点的缩小，掩模误差增强因子（MEEF）[39]应最小化。MEEF 被定义为晶片上曝光的关键尺度（CD）和掩模上的目标关键尺度的比值。图形密度影响着 MEEF 值的变化。在光刻分辨率中，缩小工艺因子 k_1，MEEF 变为更重要的光刻概念[40-43]。通常，MEEF 受图形类型（线/间隔、接触孔）、偏置、节距、功率比（duty ratio）、掩模类型（二元或位相型）、照明条件（孔径、数值孔径和部分相干性）等的影响[44,45]。

（1）掩模误差增强因子（MEEF）——尺度误差（dimensional error）。

光掩模的尺度误差是掩模特征尺寸与设计尺寸之间的偏差。在掩模制造时，掩模尺度误差由波动（fluctuations）和内在变化构成（inherent variations）。为讨论方便，掩模尺度误差分量只考虑为波动。当图形尺寸很大时，除了投影光学系统倍率 M 放大的常数偏差 b_0 外，像的尺寸比例是正确的。晶片上像的尺寸 w_0 相对于掩模的名义尺寸 d_0 的变化是线性的，其斜率等于倍率 M：

$$w_0 = Md_0 + b_0 \qquad (11.14)$$

掩模的尺寸 d 相对于名义尺寸 d_0 的偏差为 Δd，导致按比例的晶片上线宽误差 Δw 为：

$$\begin{aligned}\Delta w &= w - w_0 \\ &= M(d - d_0) \\ &= M\Delta d\end{aligned} \qquad (11.15)$$

掩模尺寸较大时，成像尺寸的变化对应于掩模尺寸的变化，其比例为曝光系统（图 11.27）的倍率 M。掩模尺寸误差在倍率缩小的曝光系统中被减少了。

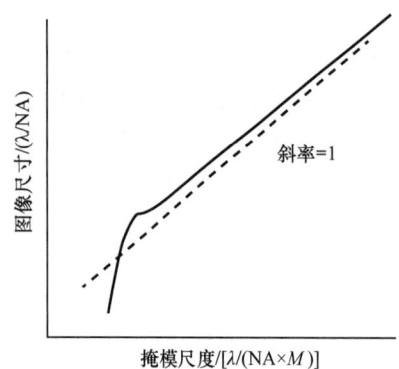

图 11.27 大特征尺寸图形变化与掩模尺寸呈线性关系，小特征尺寸掩模像变化的灵敏度增加了

投影系统倍率常数偏差 b_0 的变化称为成像灵敏度（image sensitivity），通常随着特征尺寸减小而增加。当物体尺寸很小时，有效的掩模尺寸误差 $M\Delta d$ 可能被放大。扩大的波动程度用 MEEF 来描述。则掩模尺寸误差和成像尺寸波动间的关系为

$$\Delta w = \text{MEEF} \times M\Delta d \qquad (11.16)$$

即 MEEF 被定义为晶片上得到的 CD 变化与掩模上目标 CD 的变化的比值[46]：

$$\text{MEEF} = \frac{\Delta w}{M\Delta d} = \frac{\Delta \text{CD}_{\text{wafer}}}{\Delta \text{CD}_{\text{mask}} \times M} = \frac{\text{晶片上线宽偏差}}{\text{掩模上线宽偏差} \times \text{投影系统倍率}} \qquad (11.17)$$

此处，Δd 为掩模线宽 d 的偏差；Δw 为晶片上线宽误差；M 为投影系统倍率，通常为 1/4。

（2）扩散长度（diffusion length）。

MEEF 还包括：当曝光后烘干时光致酸扩散开的平均距离是扩散长度，其可增加线宽和降低分辨率。分子扩散由 Fick 扩散第二定律支配，其在一维时规定

$$\frac{\partial C_A}{\partial t} = D \frac{\partial^2 C_A}{\partial t^2} \qquad (11.18)$$

此处，C_A 是溶质（species）A 的浓度；D 为在某个温度 T 时的扩散系数；t 为在温度 T 时的烘干时间。设扩散系数与浓度无关，这个微分方程可以用给定的边界条件和 A 的初始分布状态求解。一个可能的初始条件是在一些点 x_0 处有 N 摩尔的物质 A，在其他点没有物质 A。当给定这个初始分布状态时，Fick 扩散第二定律的解是高斯分布函数[47]

$$C_A(x) = \frac{N}{\sqrt{2\pi\sigma^2}} e^{-r/2\sigma} \qquad (11.19)$$

其中，$\sigma = \sqrt{2Dt}$ 是扩散长度；$r = x - x_0$[48]。

(3) 模拟和结果讨论。

下面在相同条件下模拟三种图形：密集线（dense line/space）、3 线/间隔（3 line/space）和孤立线（isolated line）。采用 ArF 双极照明（dipole illumination）扫描器实现曝光。NA 为 0.75，抗蚀剂厚度为 2 400 Å，采用 Sigma-C 公司的 Solid-E 软件进行模拟。用 90 nm 和 65 nm 器件的单元图形（cell pattern），透过率为 6%的衰减；包括带线偏置（biases）和间隔的图形；孤立线的图形须用 OPC 得到目标 CD；用散射条（辅助特征，the assist feature）和偏置实现 OPC。

优化散射条线宽、间距、位相和透过率，对 3L/S（3 line/space）图形得到间距的 MEEF 值。OPC 方法因 L/S 图形的不同，而有区别。用掩模线条加偏置和散射条得到晶片目标 CD。图 11.28（a）和图 11.28（b）分别表示 90 nm 和 65 nm 目标 CD 的 MEEF 值。

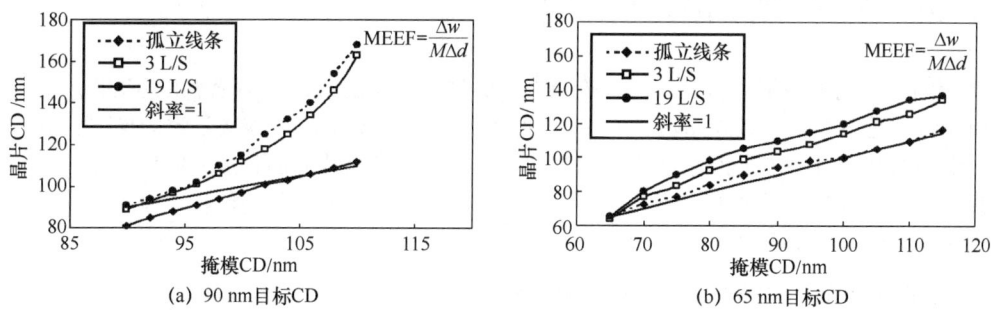

图 11.28 模拟了孤立、3 L/S 和密度 L/S(19 lines)不同图形密度目标 CD 的 MEEF 值

还可看出 3 L/S 图形 90 nm CD 线簇的 CD 值的变化。当功率比很大时侧壁角接近于 90 度，图形锐度（shape）较好。如果间隔宽度大，被曝光区间也大，侧壁角度有一个较好值时，CD 值小于所期望的 90 nm CD（表 11.6）。按密度比较 MEEF 值，对于一个密集的掩模，掩模 CD 越大，晶片 CD 变化也大，即对稀疏的图形 MEEF 值是小的。

表 11.6 3 个 L/S 图形的侧壁角
（间距越大侧壁角越小）

间距 LS	侧壁角度
1∶1	87.9°
1∶1.5	88.8°
1∶2	89.2°

图 11.29（a）表明对于 3 L/S 图形和 90 nm 目标 CD 按线簇的 MEEF。可看到 MEEF 值对 1∶1 线簇是最大的。对于 1∶1.5 和 1∶2 线簇的 MEET 值接近于 1.5。图 11.29（b）表示 65 nm 目标 CD 的 3 L/S 图形线簇值的 MEEF 值。相似地，可以知道间隔宽度增加，MEEF 值减小，图像锐度就改善了。可是，与 90 nm L/S 图形相比，65 nm L/S 图形是密集的。

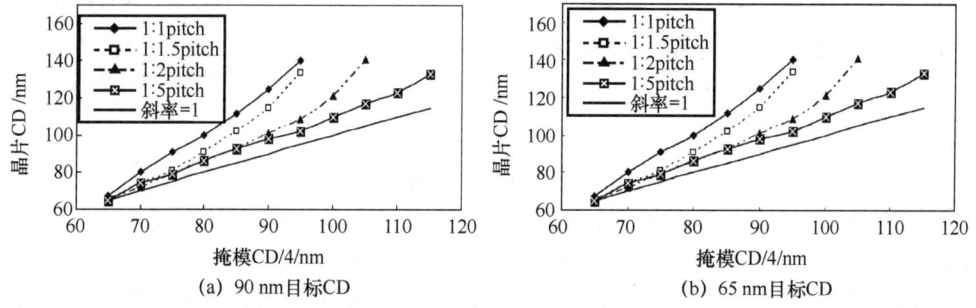

图 11.29 90 nm 和 65 nm 目标 CD 的 3L/S 图形的不同线簇值的 MEEF 值

当 65 nm 图形的功率比大于 90 nm 图形时，MEEF 值接近于 1。因为它们的功率比不是单一的，对于密集的和孤立的图形要有不同的 OPC 方法。如果散射长度小，图形表示有较好的锐度。

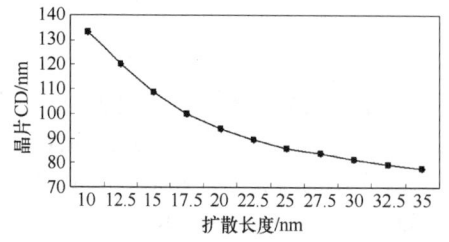

图 11.30 加上扩散长度的 CD 值（扩散长度为 22.5 nm 适合 90 nm 目标线条）

对于 90 nm 目标节点曝光后 125 ℃烘干 25 s 时散射长度为 22.5 nm（图 11.30）。

对于 193 nm 波长，我们研究由 90 nm 和 65 nm 的三种图形晶片 CD 随着掩模 CD 变化的 MEEF 趋势。为得到期望的 CD 采用了散射条 OPC 和掩模偏置。结果如所期望的一样，密集图形 MEEF 越大，MEEF 受功率比的影响也越大；如果线/间隔图形的间隔宽度大，MEEF 就小，并且侧壁角度接近于 90 度，但是散射长度却很小，与其他模拟的结果不同。

11.4　投影光刻相移掩模

传统的光学掩模常用衍射受限二元掩模[49]，所生成的像的对比为不透明和透明的。大多数光学掩模制备用透明石英（人造熔融硅），基片用金属层（通常为 Cr）构成吸收图形[50]。这种二元掩模图形的光强透过率为全部通过或者零通过。光学系统在晶片表面生成空间像，是一个投影光刻物镜点扩散函数与二元强度图形的卷积。一个改善分辨率的方法是把位相调制附加到振幅调制构成成像系统的掩模图形[51,52]。

1. 相移光掩模（phase-shift mask，PSM）

相移光掩模是在亚波长应用中[51,53]的分辨率改善方法。该法采用了相消干涉现象产生比照明光源波长窄的暗线特征，如图 11.31 所示。

1）无铬相移光掩模

如图 11.32 所示，在该方法中特征在玻璃面上被刻蚀为特定照明光半波光程差为 D 的深度。对于 248 nm 光刻系统，在石英中这个深度为 244 nm。当照明光通过位相条的边缘时，相消干涉在光刻蚀剂上形成暗线特征。一些最简单型式的相移掩模包括无铬相移光掩模，最终的光掩模图形是在玻璃上刻蚀的，在关键区域不镀铬。

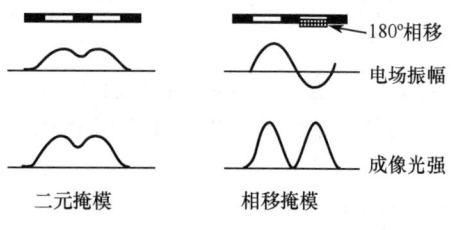

图 11.31　衍射受限的二元掩模和相移掩模相比较的示意图

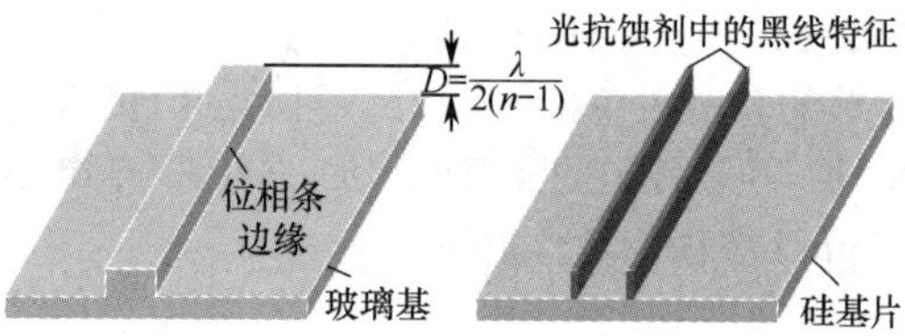

图 11.32　无铬相移光掩模（左）及其在光刻蚀剂上形成的特征（右）

相移掩模特征的深度为

$$D = \lambda/2[(n-1)] \tag{11.20}$$

式中，λ 是照明光波长，n 是玻璃对λ的折射率；D 是对应于照明光的半波光程差。注意到玻璃光掩模上简单的浮雕，在光抗蚀剂上沿着浮雕边缘产生两条暗线特征。

相移光掩模分辨率的改善如图 11.33 所示，镀铬玻璃衬底光掩模和相移掩模暗线特征成像为光抗蚀剂上的窄的暗线[54]。用相移掩模对暗线特征的成像色深且窄，其在光抗蚀剂上特征尺寸的像与照明波长相比是足够小的。因为所有的边缘特征产生暗线，故只有封闭图形可以用相移掩模，要求两次曝光。第二次擦除曝光是为了去除不需要的特征。

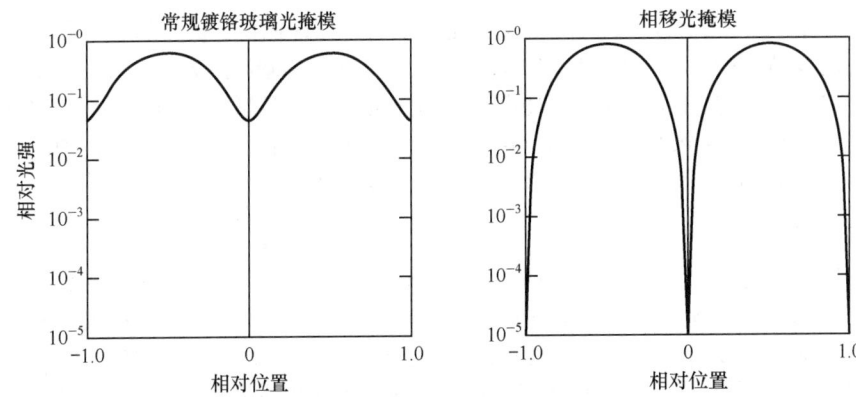

图 11.33 模拟窄条强度曲线的横截面（用镀铬玻璃光掩模（左）和
相移光掩模（右），相移形成的暗线足够深且窄）

位相调制和相移通过增强干涉和/或去干涉附加到振幅调制，可以改善系统的有效分辨率。相移掩模（PSM）有多种实现方法，但是最早的是交替孔径 PSM[49, 55-58]。图 11.31 是其在原理上与二元掩模的比较。在线条和间隔模式（栅型）情况下，二元掩模包括了透明面积和不透明面积的交替。在交替孔径 PSM 中，每隔一个透明面积设计成当光透过时位相移 180°。交替孔径 PSM 被限于用在重复特征的图形，较难直接用于电路设计。实际的实现方法包括如何结束特征的相移和非相移面积的端部的双掩模方法。

2）交替性相移掩模

按照 Moore 定律，芯片特征尺寸减小的步伐快于光刻设备[4]中波长减小的计划。不过光刻技术通过 70 nm 工序节点将是可行的。除了在设备、材料和工序方面有许多改善必须达到性能规定外[59]，新的光掩模技术和掩模布线设计方法也将要求解决特征尺寸远小于照明波长的问题。这些技术中的大部分是 1872 年发明的交替性相移掩模的变种[51]。相移掩模的原理如图 11.34 所示。

依赖波长和其他光学参量用常规掩模光刻线达到某个尺寸以下是做不到的（图 11.34（a））。用透明区域厚度的调制透射（光亮）区，位相掩模相对于相邻区域移动透明光 180°位相形成窄线条（图 11.34（b））。

在位相变化了的各区域投射到晶片上的光强度像上有一个刻痕，这足以解决细线的问题。而且，PSM 线的成像尺寸免于在聚焦高度上的变化。

3）符合相移掩模的布线图

布线图设计要求如图 11.35 所示。相移掩模 PSM 绘制图形是一个综合操作，由布线图得到位相掩模图的形状和位置。交替 PSM 要求在每个关键线条对应一侧有一个反向的位相区。然而，每个位相区必须不小于制定的最小尺寸。

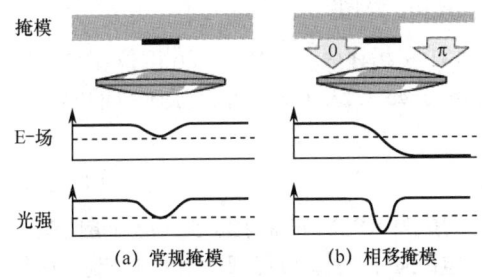

图 11.34 交替性相移掩模可以解决比
常规相移掩模更细的线条

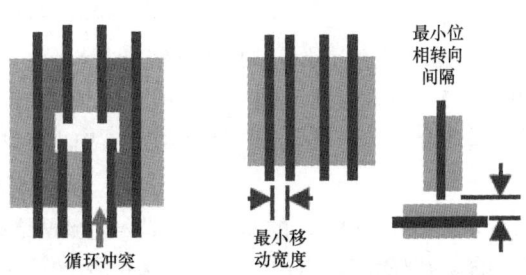

图 11.35 交替型 PSM 的布线图设计的规则

有一些构造如图 11.35 所示的环形图形关键特征，不允许在特征的一边有位相交互映射以提供位相面积所要求的最小尺寸。PSM 布线图设计中不可以存在循环冲突（cyclic conflict），可以用绘图技术在布线图优化设计中移掉循环冲突[60]。最重要的改进是增加任何一个线对之间的间隔，故可以在它们之间放置两个适当尺寸的位相区。如果可能，一个可选择的方案是使一个线成为非关键性的（non-critical），尺寸可以大一些，则其可以安全成像而不需要相移效应。

2．凸缘相移器（rim shifter）

有一些 PSM 的变种，包括所谓凸缘相移器（rim shifter）[61]，其把 180°相移面积置于图形边缘以改进分辨率，以及无铬相移器只通过位相调制产生线的图形[62]。相移掩模的开发拓展了常规光刻的范围。相移光刻是基于相反位相的入射光波的相消干涉。入射光波的一个区域相对于入射光波的相邻区域相移 180°，由于相消干涉在相移掩模下面生成锐利的暗线，定义了亮区和暗区的分界线，即相移掩模下面抗蚀剂层的曝光与非曝光区之间的分界线。

凸缘型位相光刻掩模（rim-type phase-shift mask，RPSM）简称凸缘相移掩模[63]，其在阻光图形边缘形成相消干涉，改善不透明图形区的对比度，因此改善了半导体晶片抗蚀剂上相应特征的分辨率和边界[64]。

凸缘型位相光刻掩模结构如图 11.36 所示。掩模的基片是用透过光刻所用的入射电磁辐射材料制备的。基片上形成凸台分开的凹槽部分。凸台侧壁定义了凹槽和凸台之间的边界。凸台的顶表面覆盖光阻层图形（类似于二元掩模图形），如铬层，电磁波不能通过。光阻层的边缘相对于相邻的侧壁缩进，因此露出基片凸台的部分顶面，形成所谓"凸缘（rim）"结构。侧壁高度是凸台顶面到凹槽底部之间的距离。掩模基片背面的入射电磁辐射（光波，如宽带 UV）转换为掩模下面，反映了掩模图形的出射电磁辐射的光场。

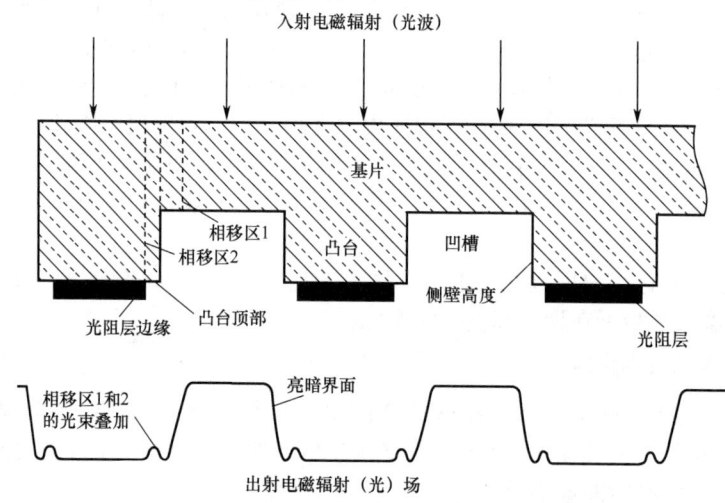

图 11.36　凸缘型位相光刻掩膜结构示意图

电磁辐射通过基片同时通过图 11.36 中表示的相移区 2 和相移区 1，产生 180 度位相差。在相移区 2 和相移区 1 之间形成相消干涉（destructive interference），表现为一个近于垂直的辐射强度的锐利的亮暗界面。相移区 1 的厚度由下式决定

$$d=\lambda/[2(n-1)] \tag{11.21}$$

式中，d 为第一相移区的厚度，λ 是入射到凸缘型相移光刻掩模 RPSM 的辐射波长，n 为透明基片折射率。在亮暗界面的阻光层的一边出现一个相对高强度电磁辐射突起。通过曝光量的控制，使其不致强度过高导致激活抗蚀剂层，否则将导致后继工序中抗蚀剂层中形成不希望的结构。RPSM 的基片顶面和底面是平行的平面。石英是制造基片的优选材料，即透过波长区间为 200～400nm，还

可选择有合适折射率和不同性质的其他材料。基于设计考虑确定基片厚度，通常为 2~7mm。

例如一个准备用于深紫外（DUV，248nm 波长）凸缘型相移掩模，可选择折射率为 1.62 的石英基片，厚度为 2.25 mm，在其顶面涂一层厚度为 100 nm 的铬层，用各向同性反应离子刻蚀（reactive ion etching，RIE）工艺使铬层形成图形，非图形部分露出基片顶面。

掩模曝光的光刻设备仍可用图 11.8 中的光学分步重复光刻机的原理示意图，只是把玻璃镀铬掩模（Cr on glass mask）换为凸缘型位相光刻掩模（RPSM）。

3. 双 PSM 方法

1）双 PSM 方法原理

PSM 的一个实用的方法是用两个掩模[65]。在这个方法中，二元掩模按照常规设计规则用于印刻电路的门级。然后，第二个掩模用于对同一个抗蚀剂进行再曝光。这个"修剪"（trim）掩模的作用是减小门的尺寸，在原理上可以达到用传统掩模达到的线宽的一半。"修剪"（trim）掩模使用软件生成，其与门级模式比对，置于薄氧化层之下以隔离模式数据中的门特征，这个 PSM 模式就自动生成了。用此法已经光刻了 3M 晶体管的数字信号处理器（DSP）芯片的门级，用 248 KrF 产生了 120 nm 的门宽（gate length）。

双掩模 PSM 方法和其他分辨率改进技术（resolution enhancement technology，RET），用其在印刻最小特征尺寸时，并不能改善常规二元掩模光刻[66-69]。相移方法用隔离门的特征线以改善印刻技术，但是不能改善图形中的最小间距（half pitch，半间距）。根据 IC 的性能，门尺寸越小越可以改善电路的速度和功率消耗，由此过去几年在工业实施中导致一个分支。这主要是存储应用的线路单元的半间距或密度，以及继续按照 Moore 定律趋势加速改善抗蚀剂和 NA。其间，因为微处理器速度要求驱动最小特征尺寸已经是更强烈的趋势。通常，门的尺寸作为 RET 结果是电路密度或最小半间距一代的前沿。

2）修剪掩模（trim mask）

在晶片曝光后不需要的暗线和区域可以用一个常规的修剪掩模（trim mask）进行二次曝光将其移掉。设计布线图时必须预见到位相变换的发生，并在其位置提供足够的空间以解决剪切特征和对准问题。

图 11.37 给出双曝光 PSM "门缩短"的例子，位相掩模成像在晶体管的门区域，剪修掩模去掉残存的非关键特征[70]。要求两个掩模有图形相关的布线图，可以用自动工具软件来生成[22]。

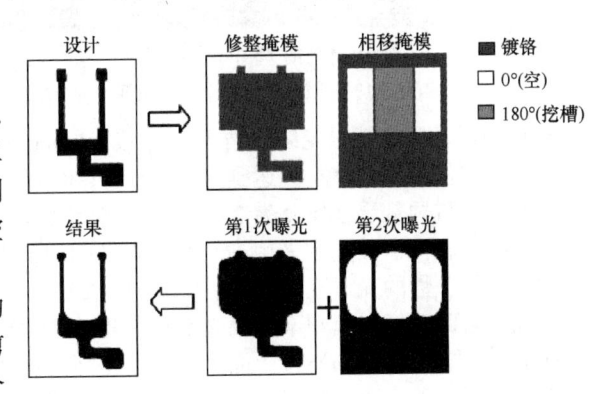

图 11.37 门缩短的 PSM 光刻

3）无铬相移掩模制备补偿金属氧化物半导体器件

Lincoln 实验室进行了门宽（gate length）为 25nm 系列晶体管的制造，提出用无铬相移掩模制备补偿金属氧化物半导体器件（applying chromeless phase-shift photomasks to complementary metal-oxide semiconductor）光刻技术，是 DARPA（defense advanced research projects agency）资助的项目"补偿金属氧化物半导体器件（complementary metal-oxide semiconductor，CMOS）"[53]。

这种相移光刻方法[71]采用如图 11.38 表示的双曝光基本原理，把集成电路特征模式分解为两个光掩模模式。最小的线宽特征主要置于不透明（暗场）的相移掩模上，互连和修剪特征主要置于透明（亮场）镀铬光掩模上。第一次曝光是在晶片上成像为窄特征，第二次曝光是互连特征和修剪不需要的相移边缘特征。在光抗蚀剂的前两次曝光被显影并校验两次曝光相移光掩模组中的典型电路模式。

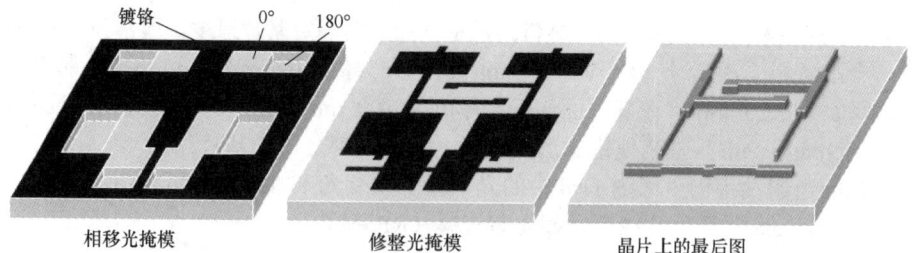

图 11.38 双曝光相移光刻工艺的方案图（相移和修剪光掩模在晶片上同一个区域顺序曝光，最后在晶片上光抗蚀剂的图形是两次曝光的组合）

双曝光相移技术可以达到刻印的 25 nm 最小特征尺寸，其为 248 nm 照明波长的 10%。实验中用 Canon EX-4 248 nm 步进重复光刻机，根据 1999—2000 年的工业标准，采用 0.6 的 NA 和可变照明，与单次曝光相比，该方法刻制晶片产品时间长一些，但是被改进的图形在许多应用中是值得的。图 11.39 表示 25 nm 多晶硅门长的环形振荡器电路电子显微镜图像[72]。从放大图看，很小的多晶硅特征的平滑侧壁表明图形转移刻蚀工艺的优良设计。

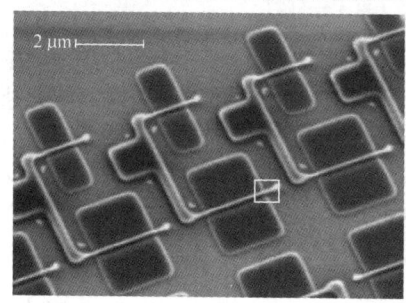 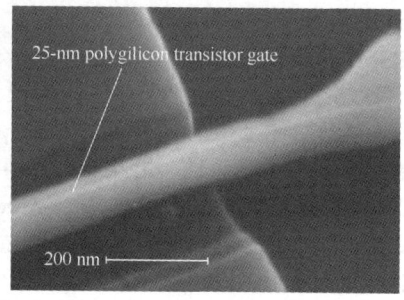

图 11.39 包括 25 nm 多晶硅门长特征的硅隔离器（silicon-on-insulator）电路
（右边是一个晶体管片段，表明这些窄晶体管门的侧壁的平滑度令人满意）

这些器件用全耗尽绝缘硅技术[73]制成，Lincoln 实验室研究了这种先进的 CMOS 技术。这个结果是通过优化了相移工艺达到的。如图 11.38 所示，在双曝光工艺中的相移部分是无铬的，采用超薄的光抗蚀剂层（厚度为 255 nm）实现超曝光（overexposed）。

最后，在两次曝光中采用高空间相干性的相干光进行相移曝光可达到最有效的照明，以及适度的空间相干性的光对互连曝光。图 11.40 表示双曝光相移光刻技术的工艺宽容度。图 11.40（a）中的曲线表示特征尺寸和不同曝光剂量调焦关系曲线。在抗蚀剂特征尺寸为 40 nm 时焦深可保持 0.5 μm[74]。图 11.40（b）为特征尺寸和曝光剂量关系曲线，表示曝光宽容度和相移光刻工艺对曝光剂量的灵敏度。这些数据表示在无铬相移工艺中，特征尺寸主要由曝光剂量建立，而不全是由掩模特征尺寸决定。

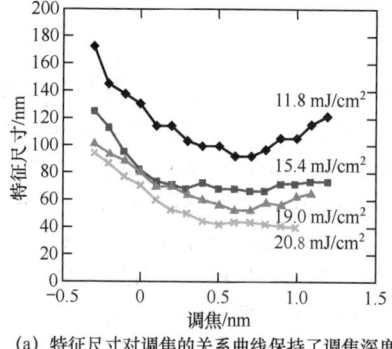 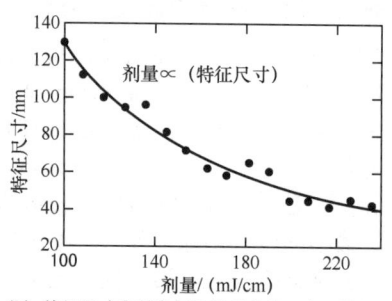

(a) 特征尺寸对调焦的关系曲线保持了调焦深度超过 0.5 μm，此时抗蚀剂特征尺寸为 40 nm

(b) 特征尺寸和曝光剂量关系曲线，表示特征尺寸是由曝光剂量建立而不是由光掩模特征尺寸决定

图 11.40 双曝光相移光刻技术工艺宽容度

4. IDEAL(先进光刻的新双曝光技术,innovative double exposure by advanced lithography)成像系统

现在已能生产相移掩模,而 PSM 成本至少为常规掩模的 3 倍,减少 PSM 费用的方法之一是在多个设计中重复使用这些掩模。Canon 研究所开发了 IDEAL 成像系统[75],在第一次曝光中采用了一个周期线阵列构成的可重复使用的位相掩模(见图 11.41),在第二次曝光中用一个常规的掩模勾画出特殊的电路图形。

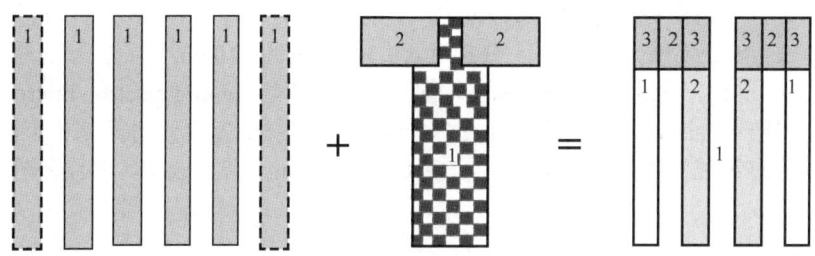

图 11.41　IDEAL 成像的原理

常规的掩模有透明区、不透明区,以及有半色调模式的传输区。PSM 掩模成像为 0—1 光强水平的精细光栅模式,以及常规掩模成像为 0—1—2 光强水平,可能合成曝光为 0—1—2—3。如图 11.41 所示,粗黑线的图在合成曝光后达到印刻曝光水平 2 以上[22]。

在设计布线图时有两个限制:①所有的关键线条的方向必须是沿着一个轴线;②关键特征的布置必须规定在一个横跨芯片的完整的格子内。

5. GRATEFUL(超大规模集成电路相移光刻的规则阵列光栅和修剪曝光,gratings of regular arrays and trim exposures for ultralarge scale integrated circuit phase-shift lithography)

近几年,亚波长趋势[68](成像特征尺寸小于曝光波长)已成为共同的要求。为了实现亚波长成像,光学分辨率增强技术(optical resolutionenhancement technology)得到了研究和发展,如邻近校正技术,离轴照明或相移技术[76]。已证明相移方法[52]用 248 nm 步进光刻机[77]提供的最高的分辨率改善为 25 nm 门宽(gate length)绝缘硅(silicon on insulator,SOI)器件。图 11.42 所示为用相移掩模(PSM)制备的 9~90 nm 门宽的 SOI 晶体管截面图系列的 SEM 照片。9 nm 的门宽为 18 个晶格常数的宽度。这些门用同一个无铬 PSM 成像只是增加了感光剂量值。曝光工具是 Canon EX-4 248 nm,NA=0.6,σ=0.3 的步进光刻机。在 LAM9400 高密度等离子体刻蚀机上用干法刻蚀。

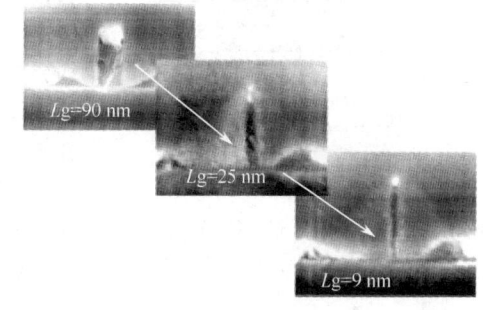

图 11.42　多晶硅门宽(Lg)为 90、25 和 9 nm 的 SOI 晶体管横截面 SEM 照片

大规模应用相移技术的困难主要有掩模成本、周转时间和检查/修理。相移中用相干成像需校正光学邻近效应,解决方法是在掩模上设计光学邻近校正(OPC)特征[78]。

1) GRATEFUL 相移技术

一种新的相移方法 GRATEFUL[77]用于超大尺寸集成电路的规则阵列光栅和修剪曝光(GRATEFUL)。这种方法用于多次曝光相移成像[71,79]。在 GRATEFUL 方法中 PSM 为一个小间距的规则光栅。这种形式的掩模的制造和检验比交替孔径掩模(alternating-aperture mask)要简单[75]。在 GRATEFUL 方案中要订制镀铬修剪掩模。电路设计由 PSM 光栅定义的规则的栅格来完成,初始的密集的光栅 PSM 可重复与不同的镀铬修剪掩模联合使用[80]。因为在 GRATEFUL 中只对密集特征

高分辨成像,几乎没有光学邻近效应,没必要在掩模上设计复杂的 OPC 特征。

2) 方法的描述

GRATEFUL 的图案要求如图 11.43 所示。最小宽度的门特征必须落在有最小可分辨的位相间距决定的格栅上。格栅必须指定在设计规则以内。对于所有最小宽度特征方向相同的情况,相移主掩模可以是简单的一维(1D)光栅。不同方向的特征可以用更复杂的主光栅或多次曝光来达到。下面讨论其实现方法。

现有的结果已表明密集光栅结构 $k_1 = 0.27$,此处,分辨率为 $k_1\lambda/NA$,可以很好地说明无铬 PSMs[53]。这和 Rayleigh 判断 $k_1 = 0.25$ 十分接近。图 11.44 说明 210 nm 间距密集光栅用无铬 PSM 和 248 nm、NA = 0.65 的重复步进机成像的横截面扫描电镜(scanning electron microscope,SEM)照片。根据这些结果推断,其最高水平是在 NA=0.75、248 nm 重复步进光刻机上能达到 90 nm 线宽和间隔。这有可能用改进的 248 nm 光刻达到 100 nm 节点成像,甚至不在 2000 ITRS Roadmap 中[4]。

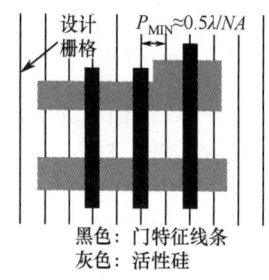

图 11.43　GRATEFUL 图案设计规则中要求的格栅的示意图(无格栅的间距由最小可分辨的位相间距决定)

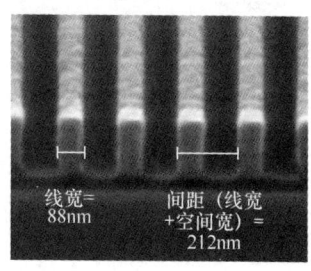

图 11.44　无铬相移 212 nm 间距密集光栅 SEM 成像的横截面照片

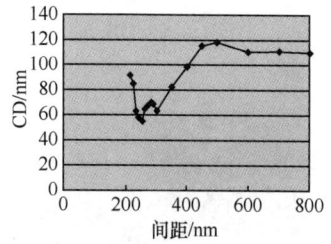

图 11.45　门关键尺寸(CD)对光学邻近效应存在的关系曲线

这个分辨率改进技术实际应用的挑战是控制光学邻近效应。这些效应如图 11.45 中概括的,即无铬相移光栅的关键尺寸对特征间距的关系曲线。注意到有很强的邻近效应发生在间距值为 500 nm 以下,可是事实上缩小到 210 nm 间距的光栅有很好的分辨率。补偿这些效应的典型方法是在掩模上附加一个 OPC 特征,这会增加掩模复杂性和制造难度。这些形式的校正方法也很难接近 Rayleigh 判断极限。在格栅上设置最小宽度特征,即使间距值达到 Rayleigh 极限,GRATEFUL 可保证避免邻近效应。

3) GRATEFUL 成像方法举例

Lincoln Laboratory's Advanced Concepts Committee 资助开发出 GRATEFUL 相移光刻的手段,解决了光掩模的高成本和邻近效应畸变[77]。图 11.46 所示为 GRATEFUL 成像方法方案图。这个方法定义为规则光栅阵列和修剪曝光超大尺寸集成光刻,表征了超大尺寸集成光刻规则光栅阵列和修剪曝光,所有关键线路特征用简单的一维相移光栅样板光掩模成像,随后用订制的剪修光掩模曝光。

这个光掩模与剪修光掩模组合可以进行宽范围的多样化设计。简单的光栅相移掩模图形比任意几何图形的掩模易于制造和检验,因而降低了其成本并改善了质量。另外,所有的精细特征成像,用密纹光栅连同一个复杂特征的光掩模可以有效地排除邻近效应。该方法的限制:所有精细特征必须置于设计的光栅格以内,以及所有的间距值必须是最小可分辨间距的整倍数。

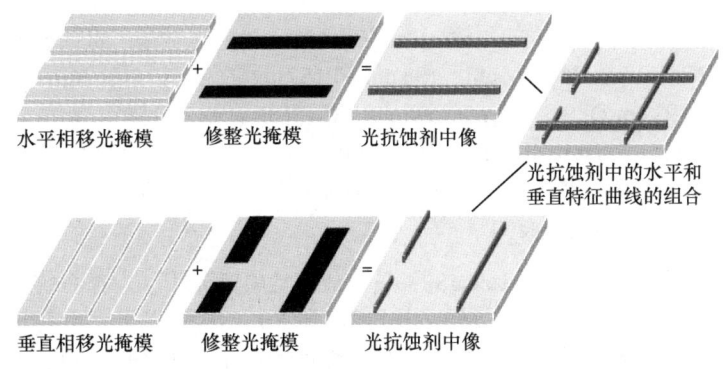

图 11.46 GRATEFUL 成像方法方案图

GRATEFUL 成像方法的第一步，是用一个沿 x 方向的一维光栅和一个剪修曝光形成一系列沿 x 方向的窄线特征；然后烘干抗蚀剂使其对进一步显影不灵敏，在其上涂第二层光抗蚀剂；用 y 方向相移光栅和剪修重复以上工序；最后得到的结果是一个有两个方向关键特征的复杂模式。这种方法限定特征几何形状为正交方向（x 方向和 y 方向）。图 11.47 所示是一个 GRATEFUL 方法的例子[77]。电路模式只有 x 方向的窄线特征。一个简单的一维相移光栅和一个常规的修剪掩模曝光便产生了精细线条。较大的互连特征加在第二层光抗蚀剂中，通过一个大的间距范围，没有等密度线的邻近效应。

图 11.48 表示第二个 GRATEFUL 的例子。此处，x 方向和 y 方向的精细特征在光抗蚀剂的分开的层中形成。每个方向用不同的辐射剂量，导致不同的特征尺寸。因为在两层光抗蚀剂中完成成像，空间频率角度圆整（spatial-frequency corner-rounding）效应被有效地消除，显现出清晰的角度。图 11.49 给出一个在 x 和 y 两个方向有精细特征的电路模式。生成这个模式的相移光掩模均为简单的一维光栅。

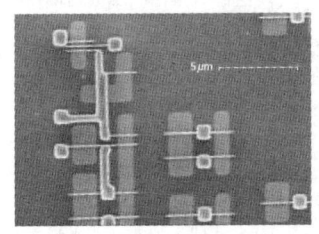 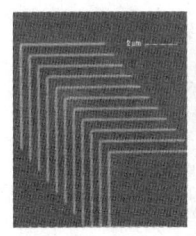 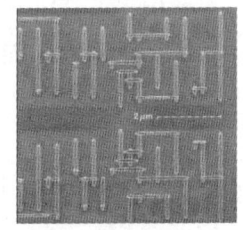

图 11.47 GRATEFUL 成像方法实验例子（其用于只有在方向有精细特征的电路图形。间距值有变化，好的特征尺寸控制，没有等密度曲线（isodense），邻近效应也不存在）

图 11.48 用于两个方向精细特征的 GRATEFUL 方法试验的两个例子的放大图（在图形中产生了明显的角度特征，在右边的放大视图中表现出很小的空间频率效应）

图 11.49 用于带有 x 和 y 两个方向精细特征的电路模式（基本间距为 280 nm，该系统 k_1 = 0.34，不存在光学邻近效应）

11.5 电子投影光刻（EPL）

1. 电子束曝光技术

1）光刻曝光技术与分辨率增强技术（Resolution Enhancement Technology，RET）

光刻曝光技术中芯片集成度的提高和特征尺寸的减小，促进了曝光技术的发展。光学曝光技术的传统光学曝光从接触式发展到投影式，分辨率从几微米发展到 100 nm 左右，突破预期的曝光极限，已成为当前光刻曝光技术的主流。为了提高分辨率，光学曝光机的光源波长从 436 nm、365 nm 的近紫外（NUV）进入到 246 nm、193 nm 和 157 nm 的 VUV（vacuum ultraviolet 真空紫外线）。利用 248 nm、193 nm DUV（deep ultraviolet 深紫外线）加上分辨率增强技术可达到 0.13 μm 的分辨率；利用 193 nm、157 nm 加上 RET 可达到 0.1 μm 分辨率。此处的 RET 是指近年来发展的移相掩模（PSM）和光学邻近效应修正（OPC）等技术[81]。

2）电子束曝光技术的发展简况

1970 年法国汤姆逊公司（Thomson CSF）首先成功地将激光干涉定位系统应用于电子束曝光系统，组成了一台电子束曝光机。20 世纪 70 年代到 80 年代开发了一系列新技术，成形电子束、可变矩形电子束、光栅扫描曝光技术等一批高性能的电子束曝光机。由于电子束曝光技术具有极高分辨率和灵活性，在亚微米和纳米器件的研制和生产中发挥重要作用。又由于电子束曝光具有制作周期短，版图易修改等特点，在掩模版制作方面具有优势。

我国在电子束曝光技术方面开发起步并不晚。1964 年中国科学院科仪厂、电工研究所等单位首先开发了电子束加工机，该机既可以完成电子束热加工，也可以进行电子束曝光。

3）电子束光刻曝光系统的分类

电子束曝光系统按照曝光方式可分为扫描电子束曝光系统和投影电子束曝光系统。扫描电子束曝光系统是在工件面上逐点扫描而描画出图形；该曝光系统是目前电子束曝光机的主要类型，其工作原理如图 11.50 所示。投影电子束曝光系统是用大直径电子束照射并穿透特制的掩模，形成掩模图形的电子像，成像在涂有电子光刻胶的晶片上。其工作原理如图 11.51 所示，既有高的分辨率，又有高的生产率，而投影系统在掩模制作和对准技术方面何时进入市场，仍是一个挑战。

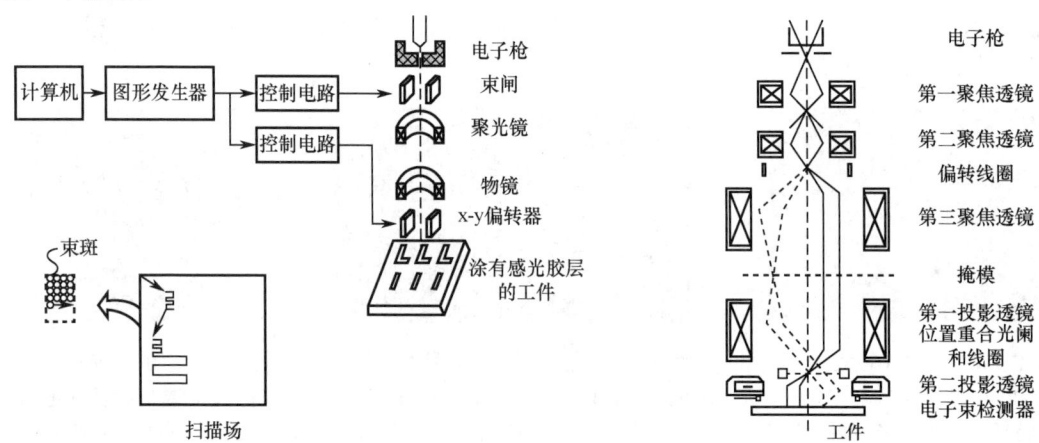

图 11.50　扫描电子束曝光机工作原理图　　图 11.51　缩小投影电子束曝光系统工作原理图

2. 电子束扫描曝光系统

电子束光刻曝光是利用电子束在涂有感光胶的晶片上描绘或投影图形的技术，其特点是分辨率高，利用计算几何图形发生器使图形产生与修改容易、制作周期短[82,83]。主要电子束光刻曝光系统如下[84]。

1）基于改进扫描电镜（SEM）的扫描式电子束曝光系统

由于 SEM 工作方式与电子束曝光机相近，最初的电子束曝光机是从 SEM 基础上改装发展起来的[76]。对 SEM 进行改装时，应考虑 SEM 偏转系统的带宽以及工作台移动精度等对曝光图形误差和图形畸变的影响。目前，高档 SEM 改装系统的功能接近于专用电子束曝光机，但由于受到视场小、速度低及自动化程度低等限制，在生产率上不可能与专用电子束曝光系统相比。表 11.7

列出几种 SEM 改装型电子束曝光系统的主要性能指标。

表 11.7 以 SEM 为基础改装的电子束曝光系统

厂商	Jc Nabity	Raith Gmbh	Raith Gmbh	Leica
型号	NPGS	Elply-plus	Raith 150	EBL Nanowriter
最细线宽/μm	根据 SEM	根据 SEM	5	—
最小束斑/μm	根据 SEM	根据 SEM	2	—
扫描场/μm	可调<100	可调<100	1~800	可达 2mm
加速电压/kV	0~40	0~40	0.2~30	10~100
速度/MHz	0.1	2.6	10	1
对准方式	自动、手动	手动	手动	自动
控制机	PC	PC	PC	PC

(1) 电子束扫描方式。扫描电子束曝光系统按照电子束扫描方式，可分成矢量扫描和光栅扫描两种。矢量扫描方式如图 11.52（a）所示。电子束从原点沿某一矢量方向偏转到第一个单元图形的起始点上，开始在这一单元图形里逐点曝光，一直到"充"满这一单元图形。然后，电子束又沿另一矢量方向偏转到第二个单元图形的起始点上，再"充"满第二个单元图形。如此继续进行，直到扫描场内的所有单元图形全部曝光完毕。光栅扫描方式如图 11.52（b）所示。电子束在扫描场范围内或在规定的范围内做光栅式连续扫描，由束闸根据图形要求控制电子束的通断，从而形成所需图形。一般认为，矢量扫描方式可以跳开扫描场中的非图形部分（占总面积的 60%~80%），因此，从理论上分析，它的曝光生产率高于光栅扫描法。但是，由于光栅扫描时扫描途径简单划一，数据传输简单、迅速，因此在很多情况下光栅扫描的曝光生产率高于矢量扫描法。而且，矢量扫描的曝光效率受图形密度影响，而光栅扫描不受图形密度影响，这也是它的优点之一[85,86]。

图 11.50 是基于改装 SEM 设计的电子光刻曝光机示意图，包括计算机、图形发生器和数模转换电路等，计算机通过图形发生器和数模转换电器驱动扫描线圈使电子束偏转。同时通过图形发生器控制束闸的通断，最终在晶片上描绘出所要求的图形。通常采用矢量扫描方式描绘图形，即在扫描场内以矢量方式移动电子束，在单元图形内以光栅扫描填充，其曝光方式示意图如图 1.53 所示。

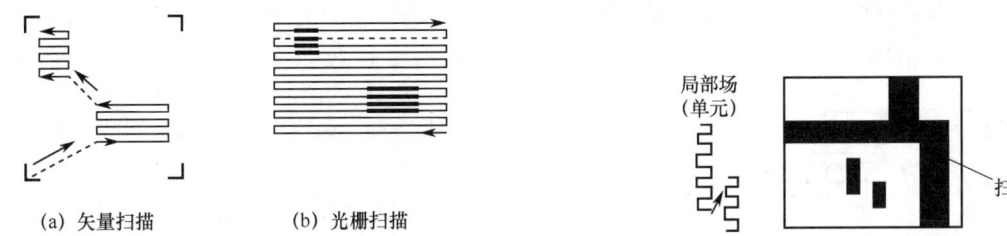

(a) 矢量扫描　　(b) 光栅扫描

图 11.52　矢量扫描与光栅扫描示意图　　图 11.53　扫描式电子束曝光系统的曝光方式示意图

(2) 扫描电子束曝光技术。电子束扫描曝光机集电子光学、精密机械、激光干涉测量、计算机控制、真空系统等为一体，结构复杂、虽类型不统一，但基本组成部分大体一致。典型的扫描电子束曝光系统方框图如图 11.54 所示[87]。电子枪的阴极发射电子经阳极加速汇聚后，穿过阳极孔，由聚光镜汇聚成极细的电子束，再由电子透镜将它投射到晶片上。电子束斑在晶片上的位置由电子束偏转器来移动，其通断由束闸控制。计算机将需要描绘的图形数据送往图形发生器，控制电子束偏转器和束闸使电子束在晶片上描绘图形。由于电子光学像差和畸变的限制，电子束每次扫描的扫描场尺寸不能太大，因此，在描绘完成一个扫描场后，由计算机控制工件台移动一个扫描场的距离，再进行第二个扫描场的描画，这样对逐个场进行描画，直到完成整个工件面的曝光。工件台移动时由激光干涉仪实时检测工件台的位置，其测量分辨率可达到 0.6 nm。由于工件台存在着定位误差，当工件台进入预置位置的允许误差范围内时，通过激光干涉仪在比较工件台预置位置和实测位置后,输出数字量的位置误差值,再通过数模转换器驱动束偏转器,移动束斑位置,对工件台位置误差进行实时修正。

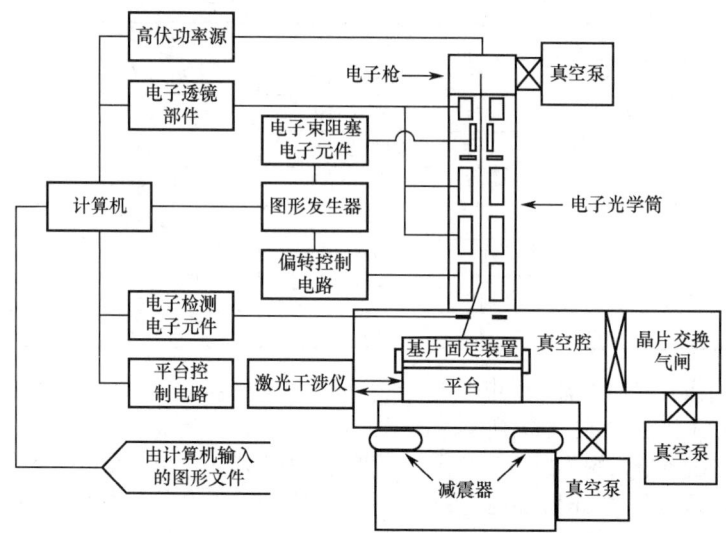

图 11.54 典型的扫描电子束曝光系统方框图

2) 高斯电子束扫描系统

扫描电子束曝光系统按照电子束斑的形状可分为高斯圆形束、固定成形束和可变成形束。常规的电子光学镜筒产生的圆形束斑其电流密度呈高斯分布,故称高斯圆形束,高斯圆形束斑直径可以制作成小到几个纳米的线条。

(1) 矢量扫描方式。曝光时,先将单元图形分割成场,工件台停止时电子束在扫描场内逐个对单元图形进行扫描,并以矢量方式从一个单元图形移到另一个单元图形;完成一个扫描场描绘后,移动工件台再进行第二个场的描绘,直到完成全部表面图形的描绘。

由于只对需曝光的图形进行扫描,没有图形部分快速移动,故扫描速度较高。同时为了提高速度和便于场畸变修正,有部分系统将扫描场分成若干子场,电子束偏转分成两部分:先由 16 位数模转换器(DAC)将电子束偏转到某子场边缘,再由高速 12 位 DAC 在子场内偏转电子束扫描曝光,如图 11.55 所示。系统的特点是采用高精度激光控制台面,分辨率可达 1 nm 以下,但生产率远低于光学曝光系统,并随着图形密度增加而显著降低,因此难以进入大规模集成电路(LSI)生产线[88]。表 11.8 给出了几种典型高斯扫描系统的型号和主要技术指标。

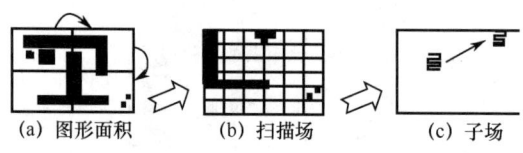

(a) 图形面积　　(b) 扫描场　　(c) 子场

图 11.55 高斯矢量扫描电子束曝光系统曝光方式

表 11.8 几种高斯矢量模扫描电子束曝光系统

厂商	JEOL	Leica	Leica	IBM
型号	JBX6000FS	Vectorbeam	LION-1v1	FELS
最细线宽/nm	20	30	5	75
最小束斑/nm	5	8	2	12
扫描场/nm	80,800	可调	可调	可调
加速电压/kV	25, 50, 100	10~100	1~20	1~20
速度/MHz	12	25	10	2.6
对准方式	自动、手动	自动	自动	手动
控制机	VAX VMS	VAX VMS	PC	PC

(2)光栅扫描系统。采用高速扫描方式对整个图形场扫描,利用快速束闸控制电子束通断,实现选择性曝光。载片台在 X 方向做连续移动时,电子束在 Y 方向做短距离重复扫描,从而形成一条光栅扫描图形带。随后载片台在 Y 方向步进,再描绘相邻的图形带。激光干涉仪对载片台位置进行实时监测并补偿行进中载片台的位置误差。采用载片台连续移动、大束斑快速充填、高亮度热场致发射阴极等技术,提高了扫描系统生产率,且生产率不受图形密度的影响。

3)写入方案和结构

(1)载片台动作。固定载片台的方法是当图形写入操作时使载片台固定。通过光束扫描在曝光场范围内曝光图形的所有部分,曝光场范围是用光束偏转寻址达到的。当曝光场被完成曝光后,写入暂停,载片台步进到下一个曝光场位置,这个过程不断重复。曝光区域是方形的,全部图形曝光时是沿两个坐标轴移动曝光场拼接而成(如图 11.56 所示)。

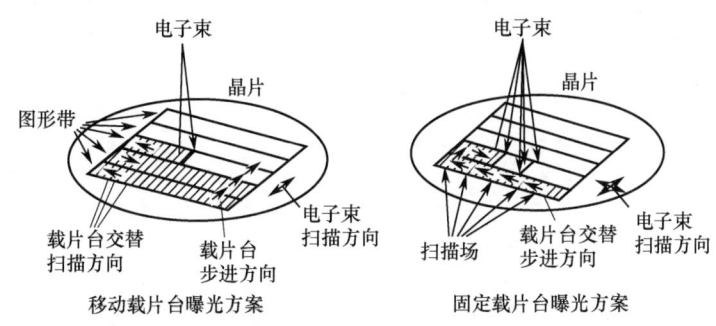

图 11.56 固定—移动载片台曝光方案

(2)偏转系统。偏转系统或子系统可用矢量扫描或光栅扫描图形进行曝光。光栅扫描系统的光束沿着栅格路径寻址二维曝光网格中的所有点,用图形数据根据栅格路径排序,并馈送到束波抑制器用电子束偏转扫描图形形状。矢量扫描系统中光束只寻址在该图形内的点,用图案数据来控制确定电子束阻塞和偏转。矢量和光栅扫描的混合组合是可能的,其中的曝光区域的参考点被定位为矢量方式和包含在栅格方式曝光范围中的形状。覆盖整个偏转范围的栅格扫描(raster scan)简化载片台移动曝光,每单位面积偏转覆盖率与图形无关,并允许载片台以近于恒定的速度移动。

4)成型电子束扫描系统

为了提高电子束曝光的效率,开发了一种产生高电流密度的方形电子束斑的电子光学镜筒。在由这种固定形状的方斑去逐块拼接成所需图形。固定成形束系统提高了曝光效率,但牺牲了图形分辨率。另一种可变成形束系统的电子光学镜筒产生的矩形束斑尺寸可以按曝光图形的需要随时变化,它具有较高的分辨率,被广泛用于掩模版制作和器件直接光刻曝光。

上述三种不同类型束斑的曝光方法示意图如图 11.57 所示,从图中可以看出三种不同曝光方式的区别。图形需要的曝光次数分别为 90、10、2,这也表示了三者曝光效率,即可变矩形束的效率最高,固定成形束次之[81]。

固定成形束系统在曝光时束斑形状和尺寸始终不变;可变成形束系统在曝光时束斑形状和尺寸可不断变化。按扫描方式,成形电子束曝光系统也分为矢量扫描型和光栅扫描型。图 11.58 所示为一种尺寸可变的矩形束斑的形成原理,电子束经上方光阑后形成一束方形电子束,照射到下方方孔光阑上。对偏转器加上不同的电压,就能改变穿过下方孔光阑的矩形束斑尺寸,形成可变的矩形束斑;采用特殊设计的成形光阑,还可形成三角形、梯形、圆形及多边形等成形电子束。成形束的最小分辨率一般大于 100 nm,但曝光效率高,用于微米、亚微米及深亚微米的光刻曝光,如用于掩模板制作和小批量器件生产等。表 11.9 中列出了几种典型成形束系统的主要技术指标。

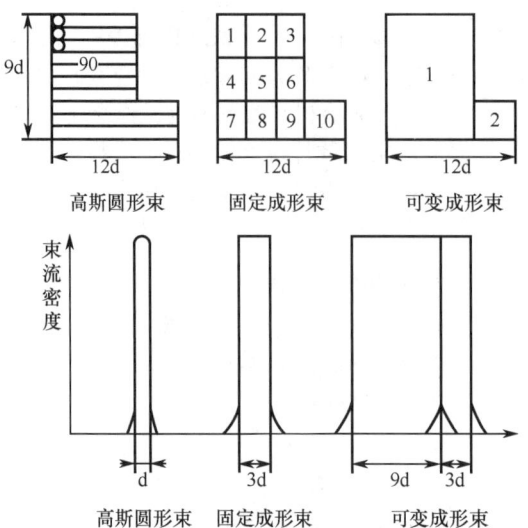
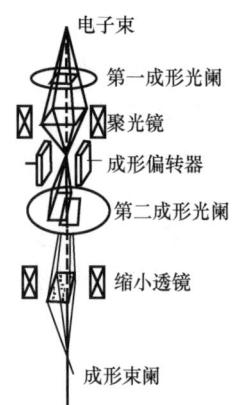

图 11.57 高斯圆形束、固定成形束和可变成形束曝光方法示意图　　图 11.58 可变矩形束班形成原理

（1）电子束直写式曝光技术。电子束直接光刻技术多是采用以上扫描曝光系统。结合刻蚀和沉积工艺，利用直写式曝光技术可以制备尺寸为 20 nm 及以下的图形，最小尺寸达 10 nm 的原理型纳米电子器件也已经制备出来[89]。直写式曝光技术具有超高分辨率，无需昂贵的投影光学系统和掩模制备，在微纳加工方面有着明显的优势。由于直写式曝光过程是将电子束斑在表面逐点扫描，须在图形的每个像素点停留一定时间，限制了图形曝光的速度。直写式电子束光刻在微电子工业中一般只作为辅助技术，主要用于掩模制备、原型化、小批量器件的制备和研发。但直写式电子束曝光系统在纳米物性测量、原型量子器件和纳米器件的制备等科研应用方面已显示出重要的作用。

表 11.9　几种成形束斑电子束曝光系统

厂商	JEOL	Etec	Leica	IBM
型号	JBX-7000MV Ⅱ	Excaiber	IBA31/32	FELS
分辨率/μm	0.2～0.5	0.12	0.2	0.15
扫描场/nm	1.5	1	1.3	10(max)
加速电压/kV	20	100	520	1～20
扫描方式	矢量	光栅	光栅	光栅

（2）电子束源。有两种电子束源，分别是热电子源和场发射源。前者是将灯丝加热到足够高温度，使电子有足够大的能量越过电子枪金属功函数的势垒发射出来形成电子源。而场发射源是利用足够强的电场使电子隧穿势垒形成电子源。电子源应该满足：亮度高、源斑小、能量发散小、稳定性强和长寿命。表 11.10 为不同电子束源主要特性的比较。直写式曝光机主要使用热场发射源（表面镀 ZnO 的钨金属针尖），工作温度在 1 800 K，和冷场发射源相比可以有效地防止针尖的污染并提供稳定的光源。

表 11.10　电子束曝光中常用的几种电子束源

源类型	亮度/（A·cm^{-2}/sr）	源尺寸	能量展宽/eV	真空度/Pa
钨	～10^5	25 μm	2～3	10^{-2}
LaB$_5$	～10^8	10 nm	2～3	10^{-6}
热场发射	～10^8	20 nm	0.9	10^{-2}
冷场发射	～10^9	5 nm	0.22	10^{-8}

5)电子束扫描对准技术

电子束扫描对准是采用电子束扫描标记边缘,用标记边缘位置信息确定对准位置。其方法是控制电子束对掩模或硅片上已制作好的对准标记扫描,检测器探测到背散射电子(back-scattered electron,BE)信号,经过电路处理,由计算机计算出标记的位置信息来修正扫描场,实现精确对准。一般探测器布置在四个象限内,将探测器所得的 BE 信号进行处理,求得与标记边缘位置相对应的窄信号。信号尖峰与标记边缘位置更能互相对应,尖峰与电子束穿过标记边缘的位置趋于一致[83]。

探测器输出的标记信号值,取决于电子束流值,束流小时电压幅值小,噪声大,必须经过模拟信号处理,如放大、滤波、幅值和基准电平变化的补偿等。用阈值检测得到的模拟脉冲信号,产生数字脉冲信号,可以设定扫描到标记边缘的幅值,当数字脉冲达到设定幅值时即可认为已经扫描到标记的边缘,向控制计算机发出中断请求,根据系统采样时钟确定标记边缘的位置,由此确定对准位置。电子束扫描对准原理如图 11.59(a)所示。

标记的检测过程如图 11.59(b)[90]所示,位于(A, B)点的电子束斑,在计算机控制下,分别沿 x 向和 y 向扫描工作台上十字标记的两臂。当束斑碰到标记时,由它激发出的背散射电子随标记材料的不同和形貌的改变,在数量上产生强弱变化。此变化被置于标记上方的检测器检测出来,送入计算机进行处理,确定出从点(A,B)到标记两臂的距离,有了这两个值,十字标记交叉点的坐标点就被确定了。

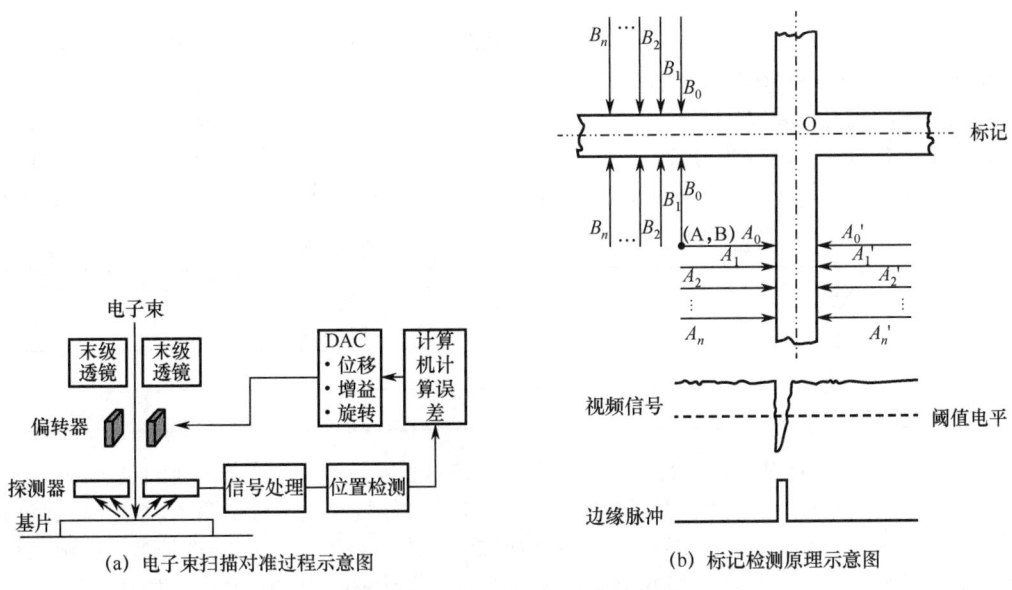

(a)电子束扫描对准过程示意图　　(b)标记检测原理示意图

图 11.59　电子束扫描对准示意图

3. 投影电子束扫描系统

扫描式电子束曝光系统可以得到极高的分辨率,但其生产率较低,成形束系统效率有所提高,但其分辨率一般在 0.2 μm 左右,难以制作纳米级图形。投影电子束曝光系统既能使曝光分辨率达到纳米量级,又能提高效率。

1)散射角受限电子投影光刻(scattering with angular limitation in projection electron beam lithography,SCALPEL)系统曝光原理

目前投影式电子束曝光系统主要有两种:一种是 Lucent 公司的 SCALPEL 系统,称为散射角受限电子投影光刻系统,如图 11.60 所示,平行电子束照射到 SiN_x(氮化硅)薄膜构成的掩模上,薄膜上的图形层材料为 W/Cr(钨/铬)。当电子穿透 SiN_x 和 W/Cr 两种原子序数不同

的材料时,产生大小不同的散射角。在掩模下方微缩电子透镜焦平面上设置一个小的光阑,通过光阑孔的主要是小散射角电子,而大散射角的电子多数被遮挡,则在晶片面上得到了缩小的掩模图形,再将缩小图形逐块拼接成所要的图形。采用散射型掩模取代了吸收型镂空掩模,以及采用角度限制光阑技术使 SCALPEL 技术得到迅速发展,电子束投影扫描系统极可能成为 0.1 μm 以下器件规模生产的主要光刻手段[91]。

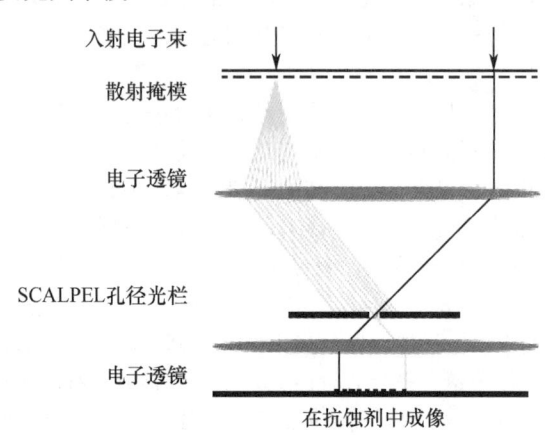

图 11.60　SCALPEL 系统曝光原理图

另一种是 Nikon 公司和 IBM 公司合作研究的下一代投影曝光技术 PREVAIL（projection reduction exposure with variable axis immersion lens），其实质是采用可变轴浸没透镜,对以硅为支架的碳化硅薄膜进行投影微缩曝光。由于将大量平行像素投影和扫描探测成形相结合,得到较高的曝光效率,并对像差进行实时校正[92]。通过这项技术科技界可望研制出高分辨率与高生产率统一的电子束步进机,用于 100～50 nm 电子束曝光。几种电子束扫描系统对比与应用见表 11.11。

表 11.11　几种电子束扫描系统的主要性能特点

曝光系统	改装 SEM 曝光系统	高斯束曝光系统	成形电子束扫描系统	投影电子束扫描系统
分辨率	低	高	低	高
生产率	低	较高	高	很高
自动化程度	低	较高	高	高

（1）SCALPEL 方法原理。EPL（electron projection lithography）不是全新的设想,过去曾用镂空掩模（stencil mask）技术[93-95]。掩模是一种带孔的固体膜,根据镂空图形,电子束通过孔时被固体部分（掩模）吸收,把图形通过电子束传递给光刻胶。这种方法的困难是电子被蜡吸收后,有大量能量沉积,产生热量而使蜡变形。光刻技术都是要求精确的图像位置,制造一个芯片须多次光刻层套刻在一起。如 70 nm 的 NGL（next generation lithography）节点,每层的套刻公差约为最小特征尺寸的三分之一,约 23 nm。掩模发热和后继的套刻误差妨碍了这项技术的推广。

散射角受限电子束投影光刻技术（SCALPEL）[96-99]是用散射对比来克服掩模发热和在蜡掩模技术中多次曝光的问题。图 11.61 表示系统照明曝光方法的示意图。掩模是低原子数的薄膜（例如 1 000 Å 的 SiN_x 薄膜,1 Å = 0.1 nm）,其对电子束（典型的是 10^5 eV）是透明的。图形的形成是高原子数材料薄层（250 Å 钨膜）,对电子束也是透明的,但是将散射电子。

薄膜厚度通常是三个平均自由程长度*或以上。(通过掩模以后,由一个在成像系统的后焦平

---

* **平均自由程**　根据导电的微观机理,电子在导电时并不是沿电场直线前进,而是不断和晶格中的原子产生碰撞（又称散射）,每次散射后电子都会改变运动方向,总的运动是电场对电子的定向加速与这种无规则散射运动的叠加,称电子在两次散射之间走过的平均路程为平均自由程（通常为几 Å 到几十 Å）。

面上的孔径产生对比,其阻塞散射光束,而允许非散射光束通过。)由常规的热离子发射(thermionic emission)和磁透镜聚焦形成这个光束。掩模的像投影 1/4 缩小到有抗蚀剂膜层的晶片上。用于 SCALPEL 的抗蚀剂与深紫外 (DUV) 光刻有相同的化学平台。在一些情况下,同样材料可用于电子和 DUV 曝光。

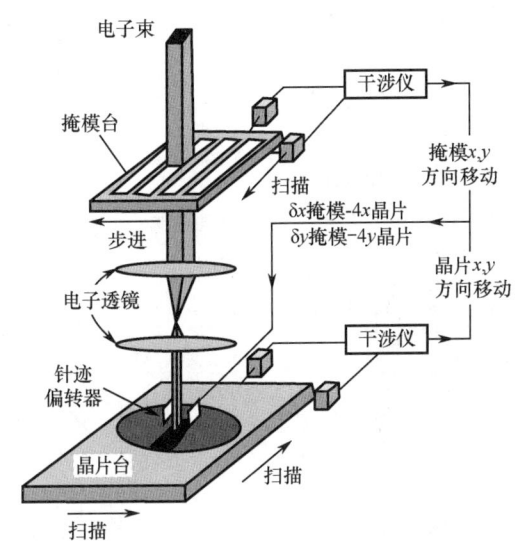

图 11.61 SCALPEL 系统曝光方法的示意图

SCALPEL 的掩模是相对简单的,是在薄的图形层上的镂空的结构,用湿化学蚀刻,可以达到 100nm 特征尺寸,并且用现有的基础设备制备掩模。SCALPEL 是 4 倍微缩成像技术,不需要任何形式的 RET,掩模成本较低。

(2) SCALPEL 电子束的产生。SCALPEL 是电子束投影曝光,要求电子经磁透镜聚焦后穿过角度限制光阑,而当电子束通过掩模中的高原子序数层时,该层散射出电子束在硅片平面上形成高反差图形,因此电子产生的阴极受温度限制(即热电子发射)。

早期的 SCALPEL 电子枪是一个大而扁平的 LaB_6 单晶,它被加热到 1 250 K,产生 10 μA 的电流,该电流在 1 mm 直径上均匀性很高,并具有 1 000 $A/(cm^2·sr)$ 的亮度。因为与 LaB_6 的均匀性和稳定性问题,所以 SCALPEL 系统现已改换成只有 250 $A/(cm^2·sr)$ 亮度的 Ta(钽)盘状阴极[91]。与电子束直写技术有所不同,SCALPEL 技术需要大面积、高均匀度、低亮度的投影电子束光源,并获得高的总发射度。由于使用电磁透镜聚焦像差较差,故用大视场电磁透镜显然不切实际。SCALPEL 系统有小曝光面积,典型值为每边 1 mm 量级,故掩模、圆片室和束流通道的真空压力保持在 $133.322×10^{-7}$ Pa,同时 Ta 热阴极枪保持 $133.322×10^{-8}$ Pa 的压力。通过对掩模图形和晶片同步辐射扫描的方式曝光,这时工作台按给定曝光缩小量以 4∶1 的速度比移动。

2) 电子束投影曝光对准技术

(1) 电子束 1∶1 投影曝光对准方法。图 11.62 所示为孔形电子束自动对准系统示意图,与掩模图形一起,在光电阴极边缘制作两个对准标记,同时在被曝光硅片的相应位置制作两个对准孔。在紫外光照射下,对准标记发射对准光电子束,被检测器接收对准信号。对准电子束透过对准孔的束流大小与光电阴极和硅片的相对位置有关。主机聚焦线圈外部安装的两只偏转线圈和偏转电流放大器组成 x、y 方向的偏转系统,在其作用下,对准电子束扫描过对准孔时,可得到图 11.62(b)所示对准信号曲线。曲线幅值大小代表了光电阴极和硅片的相对位置偏差,在每次硅片装入曝光机之后,要求其初始位置要落入偏转范围之内。对准时,计算机不断地通过数模转换器、偏转系统使对准电子束发生一定偏转,并通过检测器、模/数转换器测试对准信号以判断硅片的相对位置,随后进一步调节对准电子束的相对位置。由位置偏差曲线可以看出,对准信号越大,相对位置越近;对准信号最大时,相对位置偏差为零,对准电子束中心和对准孔中心重合,即已完成 x 和 y 平面位置坐标的对准。利用这种对准方法,可获得平面位置坐标对准重复精度为 $0.2\sim0.3~\mu m$。

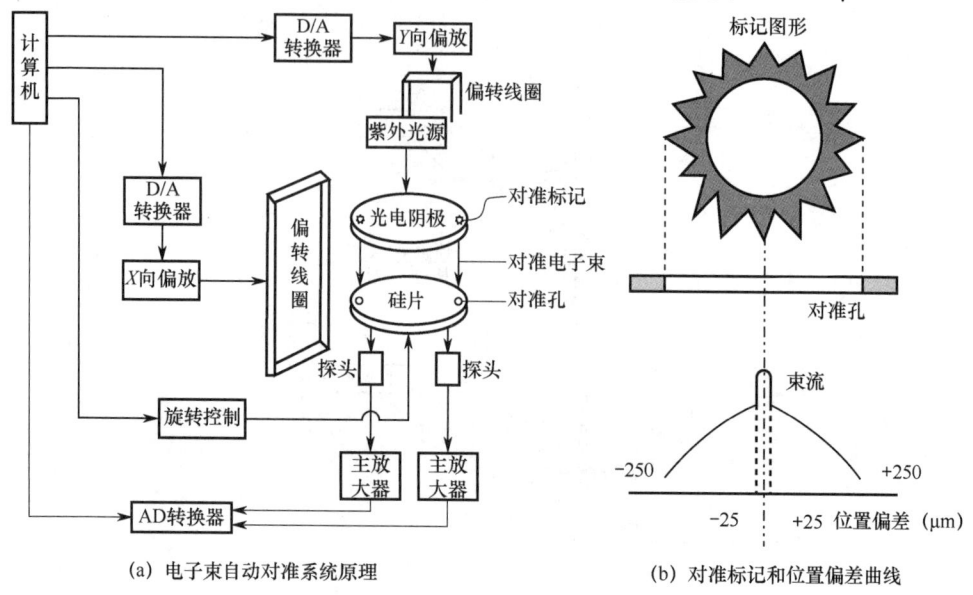

图 11.62　孔形电子束自动对准系统示意图

(2) X 射线对准方法。该方法是在硅片上刻有重金属标记,其在电子束的轰击下将产生较强的 X 射线,同时在掩模上也制作相同的标记图形,在掩模和硅片重合对准过程中,如果掩模和硅片上的标记未完全重合,则掩模标记图形上发生的光电子,一部分将打在硅片标记上,另一部分则打在硅片标记外。由于硅材料产生 X 射线能力很低,因此被检测的 X 射线信号就比较弱。随着标记的进一步重合,被检测的 X 射线信号将随之增强。当掩模和硅片上的标记完全重合时,被检测 X 射线信号达到最大。这样就可以根据被检测的 X 射线信号的强弱,调节偏转系统来完成掩模和硅片的重合对准。这种重合对准方法可靠性高,对准精度可达 $0.1~\mu m$。

(3) 电子束缩小投影曝光系统对准方式。电子束缩小投影曝光技术对准是很重要的,要使掩模图形准确地转印到抗蚀剂上,通过拼接和套刻成一副完整的 IC 图形,对系统的对准精度提出更高的要求[100]。

在已有的电子束缩小投影对准系统中,一种方式是采用改变系统工作模式的方法来实现掩模标记和硅片标记的精密重合对准,即同时带有曝光和对准两套模型。当系统工作在对准模型时,二级聚焦系统改变成大视场扫描电子显微镜,电子束形成细束探针。在偏转系统作用下,探针扫描掩模标记,同时经投影磁透镜的作用,在硅片上形成第二探针,扫描硅片上的标记。这样,通过检测系统,就可以在 CRT 屏幕上同时观察到掩模和硅片的反射像。根据这两个标记图像的重合情况,调节载片台和投影系统内的重合偏转系统,就可以实现掩模和硅片的精密重合。这种重合对准技术由于系统不改变,仅改变其工作模式,操作方便且具有较高的对准精度。但这种曝光和对准集于一身的结构对电子光学系统设计要求非常高。

3) 投影缩小曝光可变轴浸没物透镜 (projection reduction exposure with variable axis immersion lense, PREVAIL)

IBM 微电子部探索了投影缩小曝光可变轴浸没透镜的方法[101]。Lucent Technologies 发明的

SCALPEL[102] 和 IBM 发明的 PREVAIL[103,104]，实现了电子投影光刻（EPL）在 IC 生产中得到使用。SCALPEL 的概念验证系统[105]是电子束缩小投影系统中用电子束以 4∶1 的较低速率对掩模和晶片进行机械扫描，结合电子束扫描与连续的载片台运动，提供了较大的有效扫描场，提高了产率。其中，变轴镜头（variable axis lens，VAL）[106,107]在 20 世纪 80 年代用于电子束光刻系统的 EL 系列；浸没透镜是指磁浸没透镜，其阴极浸没于磁场中，在这种成像系统中，电子不是朝着公共轴而是朝着局部磁力线附近聚焦，避免了物与像平面之间形成电子束的束腰和与之相关联的随机库仑力相互作用。有助于解决投影式电子束曝光系统中束腰处存在的库仑力相互作用问题。在 EL-3 电子束光刻系统中实现了尺寸为 10 mm × 10 mm 包含 10^{10} 个像素的场[108]。用该技术实现了生产级的 Alpha（测试版）系统。

（1）镜筒（column）的概念。电子光学系统单次曝光[109]投影对较小的图形区（<1 mm^2）曝光，多次曝光后在晶片上把图形拼接在一起。图 11.63 所示[110,111]为远心非对称双片（telecentric antisymmetric doublet，TAD）透镜系统，其有较小的几何像差[112,113]。电子透镜、偏转器和校正器对电子束均用磁场成形和定位，通过系统时用高速电偏转器移动或关闭光圈来控制曝光。在照明和成像部分之间的微动台上定位安装掩模，晶片安装在成像部分下方的另一个相似微动载片台上。镜筒是在真空条件下，并有掩模和晶片加载/卸载系统。

（2）电子光学系统。为提高产率，设计 PREVAIL 光学系统要求：实现光束的扫描范围尽可能大，尽量

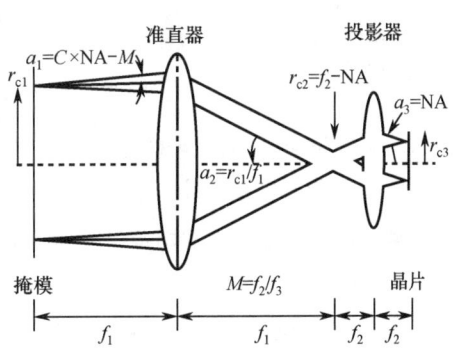

图 11.63　远心非对称双片透镜系统的数值孔径为 NA，倍率为 M

减少载片台转向或每个芯片的扫描带数目；投影每个子场尺度最大化，每次拍摄尽可能多的像素；电子束电流最大化，对于一定的灵敏度抗蚀剂保持尽可能低的曝光时间；还必须满足在所有位置同时保持图形分辨率和形状不失真，子场符合 CD 规格。大扫描范围需要先进的电子控制功能、速度和精度。

在 PREVAIL 中不采用单个透镜，而是使用一个双片可变轴透镜（VAL），在系统物方透镜的轴线必须被转移到光束的入射位置，在像方透镜的轴线移到光束射出的位置（与电子光学系统的图像缩小相对应的位置）。偏转器需要控制这些轴，即保持沿这些轴行进的偏转电子束。优化在透镜场内波束轴的弯曲，如图 11.64 所示[114-118]，弯曲的电子束路径称为曲线可变轴（curvilinear variable axis，CVA）及相应的系统为曲线可变轴透镜系统 CVAL（curvilinear variable axis lens）。概念验证（POC）系统[117]中 CVAL 在径向平面要遵循特定的路径。测试版（alpha）系统镜筒优化造成了电子束路径弯曲，提高了 CVAL 性能，足以满足投影 100 nm 节点的要求。

（3）扫描方案。图 11.65 描述每个芯片在晶片上曝光过程中电子束和载片台的移动。每个芯片在晶片上由曝光后的 0.25 mm×0.25 mm 子场拼接而成。CVAL 磁偏转步进扫描 20 个子场，形成 5 mm×0.25 mm 的扫描面积。由掩模和载片台机械移动使扫描场被叠加成带状。由多个 5 mm 宽的带组装成一个芯片。由图 11.65 知，子场顺序是由左到右写入的"迂回曲折"形式，掩模和晶片在电子束下移动。

测试版（Alpha）电子束投影系统采用步进技术，而不是从一个子场移动到下一个子场连续的迅速扫描，在子场上保持曝光位置。由于掩模和载片台在电子束下连续移动，偏转系统必须跟踪这个移动，在曝光过程中保持电子束在掩模和晶片子场对应位置。这导致在一个"阶梯"状图案。

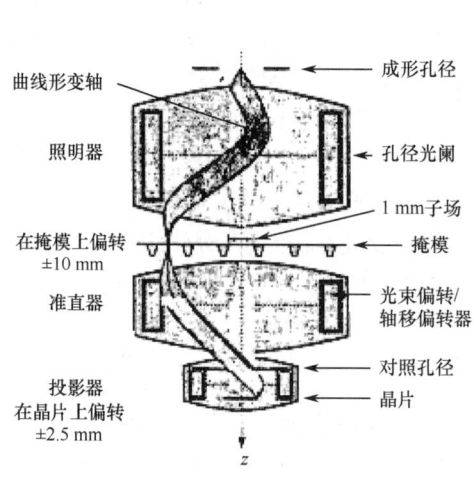

图 11.64　曲线的可变轴的镜头（CVAL）的 PREVAIL 电子光学系统

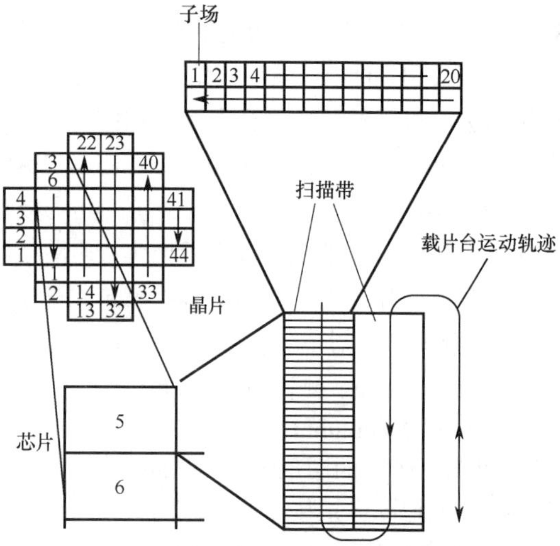

图 11.65　测试版（alpha）系统中晶片写入方案，表明电子束和载片台运动及子场拼接

4. 电子束曝光中的相关材料与工艺

1）电子束光刻胶

电子束光刻胶[87]用于涂在晶片表面实现图形传递，通过电子束曝光在光刻胶层上形成图形。电子束光刻胶分为正性胶和负性胶：光刻胶在曝光后，其聚合物发生化学键断裂，而分裂为容易溶于显影液的分子，为正性光刻胶；反之，曝光后的光刻胶难溶解于显影液，则为负性光刻胶。当光刻胶显影后，通过金属化/剥离或刻蚀/去胶工艺，就可以将图形转移到晶片上。

2）金属化/剥离工艺

电子束光刻中最重要的工艺之一是金属化/剥离（lift-off）。该工艺过程主要由涂胶、曝光、显影、金属化（淀积）、剥离等步骤组成，如图 11.66 所示（用负光刻胶）。图 11.66（a）所示是电子束在光刻胶表面扫描得到需要的图形；图 11.66（b）将已曝光图形显影，然后去除未曝光的部分；图 11.66（c）在形成的图形上沉积金属；图 11.66（d）将曝光部分的光刻胶去除，剩下的是衬底上的金属图形。在金属化/剥离工艺中，决定图形转移质量关键为光刻工艺的胶型控制。光刻胶宜用厚胶，同时形成底切（undercut）的结构，这样有利于去胶剂的渗透，形成良好的形貌。

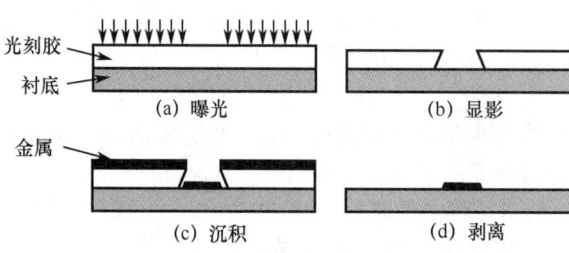

图 11.66　金属化/剥离工艺流程图

3）邻近效应

目前高质量的电子源和电子光学系统能将电子束聚焦成尺寸小于 2 nm 的束斑。故理论上电子束曝光的极限分辨率可达纳米量级[118]。但高能入射电子在抗蚀剂中的散射和在晶片上的反射以及背散射引起的邻近效应使曝光图形模糊，影响分辨率[119]。电子散射的最大距离可达数微米，对抗蚀剂中任一点所储存的总能量会产生影响，即抗蚀剂中给定点所吸收的能量受到相邻曝光区"邻近效应"的影响[120]。

（1）内部邻近效应和相互邻近效应。在较大曝光面积中心部分，如图 11.67 中的点 A，接收到来自周围入射电子的很多散射分量，然而在曝光图形的拐角和边缘处没有接收到相同的总剂量，如边缘点 B 接收附加的剂量为点 A 的一半，而拐角外点 C 的附加剂量则为点 A 的四分之一。图 11.67 中有阴影线的面积表示显影图形，其拐角处均未显影出所要求的形状。这称之为内部邻近效应，即曝光区域内各点上的吸收能量密度不均匀，降低了图形的保真度。内部邻近效应的另一个例子可以用该图左边的窄线条来说明，而在窄线上的曝光将是不充分的，而且显影之后，线条图形变窄。

由于背散射电子扩展的范围较大，当相邻的图形相距很近时，其间会产生共同的曝光效应，使相邻图形之间彼此向对方凸出和延伸，严重时，这种延伸就可以形成桥连现象，如图 11.67 所示，称为相互邻近效应。邻近效应的作用距离是电子能量的函数，尤其是在高能量情况下，得到的图形具有较大的曝光延伸，约等于晶片内电子射程。当图形的间隔距离小于晶片内电子射程时，将会出现共同曝光效应。根据晶片内电子射程能量，可以计算邻近效应（主要是相互邻近效应）的最大影响距离，如图 11.68 所示。在 10^4 eV、25×10^3 eV 的电子束能下，硅中电子射程最大距离分别约为 1.0 μm 和 1.7 μm。共同曝光效应主要是曝光图形间距离的函数。

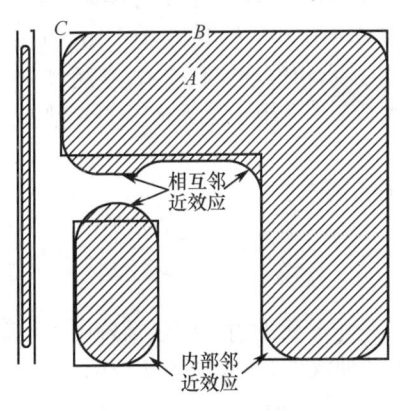

图 11.67 邻近效应示意图

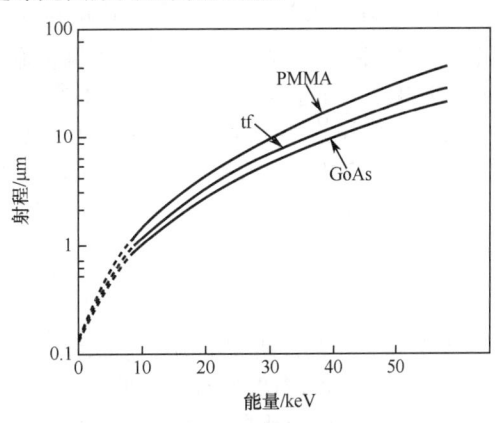

图 11.68 贝赛射程与入射电子能量的关系

（2）邻近效应修正。原则上，邻近效应难于完全校正，因为电子束不能直接控制未寻址（未曝光）区的散射电子曝光，但对实际邻近效应可进行适当补偿。根据不同版图设计，有多种方法减小邻近效应，如用薄晶片来减少背散射电子，使用厚的光刻胶来减少前散射电子的影响[121]。若图形密度和线宽都较一致，可以简单地通过调整整体剂量曝光出合适尺寸的图形。选用高对比胶也可以减小线宽的变化，同时用多层胶也可以减小前散射电子，用高的加速电压，如从 50 kV 到 100 kV 甚至更高，也可以减小前散射电子，但有时会增加背散射电子。

目前常用的一种技术称为抗蚀剂曝光剂量自动协调邻近效应修正技术（self-consist proximity effect correction technique for resist expose）[122,123]简称 SPECTRE。这是一种对内邻近效应和相互邻近效应都能进行校正的技术，其目的是给予图形的不同部位赋予不同的曝光剂量，显影时，各部位达到同样的显影程度。该方法对邻近效应修正较好，一般由专用软件包完成。结合 SPECTRE 可采用下述方法也可以减少邻近效应对图形分辨率的影响[120]。

① 设计图形尺寸修正术。在一定的曝光、显影和刻蚀条件下，改变图形形状，使显影后的图形达到所希望的尺寸，由于邻近效应的影响随距离呈指数衰减，图形尺寸有微小变化就能起到有效的修正作用。

② 大小图形分割和剂量分配。由 CAD 设计的版图经电子束曝光系统格式转换软件切割成适用于电子束描绘的基本图素，一般可归纳为矩形和梯形两类。矩形图素分别以两边的边长为变量，梯形图素分别以上下边长和的 1/2 与高为变量，根据剂量调整的需要，分别把矩形的两个边（对梯形可定义上下边均值的和与高）各分成 8 个尺寸段。不同的长、短边长共同组成 64 类图形。分别给每一类图形分配一个剂量调制号，显然形状尺寸对称的图形类应给予同一剂量调制号，在

曝光控制文件中对不同的剂量调制号给予相应的曝光剂量调制（按标准剂量的百分数比例赋予调制数值）。

③ 图形分层和大小电流混合曝光。在 CAD 设计时，将细线条图形分割成一层，粗线条图形分割成另一层，两层之间有 0.5~1.0 μm 的搭接。编辑曝光文件中，将粗、细图形放在不同层中，选用不同剂量和不同电子束流分别对粗、细线条图形进行曝光。这种方法简单易行，对某些有规律的图形是一种较好的办法。

5. 多电子束无掩模直写光刻

光学光刻技术的掩模制造困难且价格昂贵，如 ArF 浸没式光刻和极紫外线光刻（EUVL），低于 32 nm 半间距（HP）节点[124,125]时其价格难以承受。电子束直写（electron beam direct writing，EBDW）为无掩模光刻提供了一个解决途径，但传统的单电子束系统效率低下，经过 30 年的发展还难于大规模制造。

1）多电子束无掩模的光刻方法（multiple electron beam maskless lithography，MEBML）

电子束光刻技术效率较低，长期用于制备掩模，为了使其产率至少应达到每小时 10 片（wafers per hour，WPH），要求提高 3 个量级以上的产率。使用 MEMS 技术和电子控制技术，使超过 10 000 个电子束并行写入是可能的解决方案。学术业已提出了几种[126-129]多电子束无掩模的光刻方法，采用多束高斯束或变形束或单元投影提高产率[130]。

在一个 EBDW 系统中，可用下式计算 WPH 表示的平均产量

$$\text{WPH} = \frac{3600}{t} = \frac{3600}{t_w + t_m + t_0} \tag{11.22}$$

式中，t 是处理一个晶片所需平均总时间；t_w 是写入时间；t_m 是电子束发射之间包括转向的移动平均总时间；t_0 是晶片加载和卸载、对准、校准和写入之前的其他操作时间，单位均为 s。

缩短这些时间可导致高产率。可以由电子束流的剂量计算写入时间：

$$t_w = \frac{Q}{I} = \frac{\text{Dose} \times \text{Ared}}{n \times i} \tag{11.23}$$

式中，Q 为沉积在晶片上的总电荷量；n 为平行的子电子束数量；i 为每个子电子束的电流。在晶片上使较低的电子束流剂量或高的全部电子束总电流减少写入时间，但考虑到引起线宽粗糙度（line width roughness，LWR）的射束噪声效应，最低的剂量促使 LWR 小于 1 nm 或全部电子束总电流高于 30 μC/cm^2。产率提高 3 个量级可采用超过数万子波束达到，但是这受限于电子源的亮度和光斑尺寸。电子束的平行性可以使多个子电子束在一列中，并在一个腔室中有多列。由于电子源的亮度或库仑效应等物理限制，每个多波束单个列的产率被限于 1~20WPH。一个 MAPPER（maintaining，preparing and processing executive report）技术（高产率无掩模多电子束光刻）的 MEBML2 机器包含 13 000 个电子束聚焦在晶片上，由 MEMS 静电透镜阵列聚焦，用高速光开关阵列控制写入，如图 11.69 所示。每个电子波束有自己的光学镜筒，以避免电子波束交叉。多个腔室集合，可以进一步增加产率，在 32 纳米 HP 节点可能高于 10 WPH 产率。

2）MEBDW（多电子束直写）机群系统

没有掩模的限制，载片台扫描速度低于 40 mm/s 时，达到 20 WPH 的产率，当达到最新的扫描器的扫描速度 600 mm/s 时，可达到高于 145 WPH 的产率。在一个 1×1 m^2 的腔室内，装备一个电子束列和一个 300 mm 的载片台，其成本和占用空间用于实现机群概念的最小化。为了实现大于 100 WPH 的产率，一个 6 腔室的机群，每室 20 WPH，或者是 10 个腔室，每室 10 WPH，由于所需净室面积较小，该 MEBDW（多电子束直写）机群系统就可以配置在传统净室布局和操作流程中，图 11.70 为其示意图[125]。

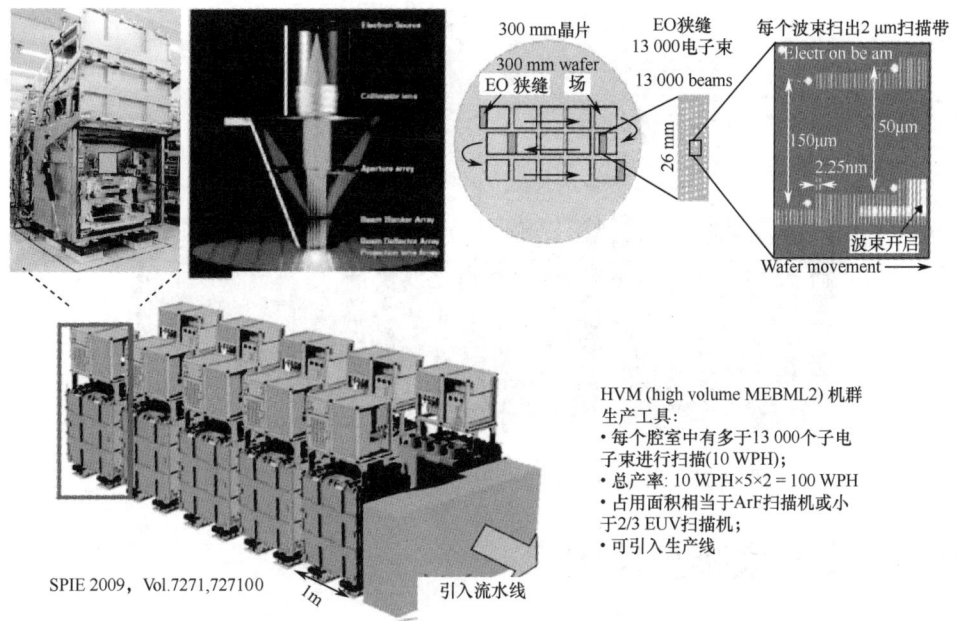

图 11.69 MAPPER 技术原理示意图

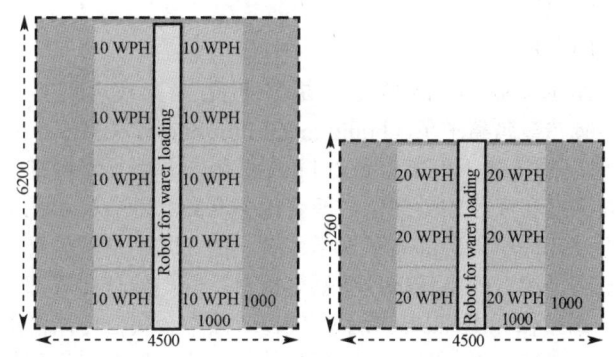

图 11.70 MEBML2 的两种机群：10×10 WPH 和 6×20 WPH 示意图

3）分辨率和邻近效应校正

电子束光刻的电子束聚焦为一个极小的光斑，分辨率不是问题。在一个 MEMS 制作的静电光学系统中，根据电磁原理基本原则，电子束电流与光斑尺寸可以取得折中；使用相对较大的光斑尺寸写入图形可提高产率；用一个 SEM 改装的扫描器，Elionix ESM9000，在 $5×10^3$ eV 时分辨率为 30 nm 的 HP 和 25 nm 的光点大小，采用 30 nm 厚的氢化硅倍半氧烷*（hydrogen silisesquioxane，HSQ）光刻胶，这是一个负色调非化学放大型抗蚀剂，如图 11.71 中所示[125,131]。高能量的电子束，使抗蚀剂材料有宽的选择范围，HSQ 已被证实为超高分辨率。此超薄抗蚀剂宽高比低于 3。基于边缘的邻近效应校正（PEC），类似传统的基于模型的 OPC，也被证明是可行的，消除了电子散射效应。从模拟可得，$5×10^3$ eV 的 MEBML2 是可能用 20 纳米束尺寸和 20 纳米光刻胶厚度，进一步下降到 22 nm 的 HP。

---

* 硅倍半氧烷：silsesquioxane 通式为 $(RSiO_{1.5})_n$，为多环状、直链状和梯型结构的混合体。用 $RSiX_3$（R 为烃基、X 为 Cl 或 OR）为原料水解缩聚生成完全缩聚型和不完全缩聚型。这类化合物因高度交联有较高耐热性。早期出现的苯基-T(phenyl-T)是用苯基三氯硅烷作为原料水解缩聚而成的，可制得耐热的薄膜。不完全缩聚的倍半物上剩余羟基可以接上各种基团或与其他化合物反应生成多面体低聚硅倍半氧烷的各种聚合物，都有较高的熔化温度和分解温度，可制取耐热耐磨涂料、介电材料、耐烧蚀材料、陶瓷纤维和碳化硅的前驱体等。

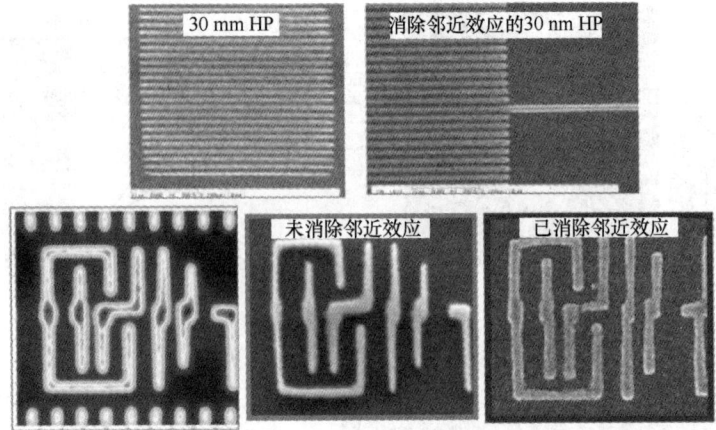

图 11.71 用 5×10^3 eV EBDW 和 HSQ 光刻胶的成像结果

11.6 离子束曝光技术

由于离子束曝光是可以不用掩模的曝光方式，因此近年来这一技术成为继 0.1 μm 后，50 nm 以下光刻技术一个被关注的焦点[132]。

1. 聚焦离子束技术概述

聚焦离子束（focused ion beam，FIB）技术是 20 世纪 70 年代后期在美国问世的[133]，1975 年美国阿贡实验室首先将液态金属离子源（liquid metal ion source，LMIS）实用化。1979 年美国休斯实验室将 LMIS 发射出的镓离子束聚焦到 0.1 μm 量级，并用于直接描绘图形。聚焦离子束技术的关键是实现源的高亮度和束径的微细化，即获得亮度高、寿命长和稳定性好的离子源，以及在一定束流强度条件下设计最小束斑的离子光学系统。图 11.72 是聚焦离子束模型机的离子光学镜筒示意图，它主要由离子源、静电透镜、质量分析器、静电偏转器等部分组成。

产生离子束的离子源结构如图 11.73 所示，气体或液态金属在电离区电离成离子后，经离子提取区对离子进行分离并加速，形成具有一定能量的离子流。按发射机理的不同，离子源可分为三大类，如表 11.12 所示。

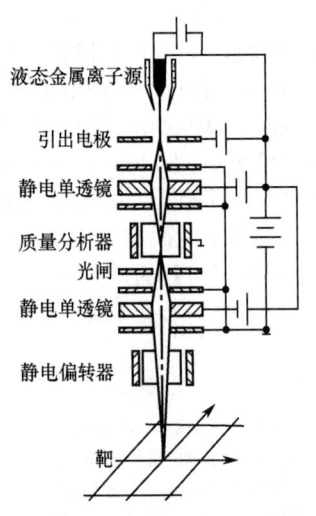

图 11.72 聚焦离子束模型机离子光学镜筒示意图

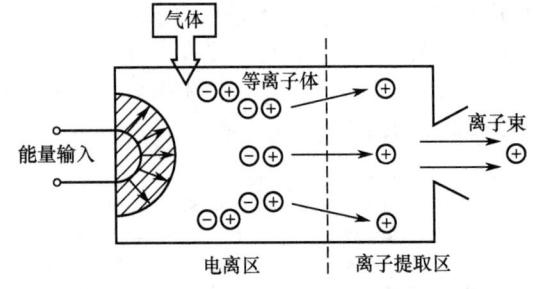

图 11.73 离子源结构示意图

表 11.12 离子源分类及其特点

按发射机理分类	细分类	离子种类	特点	适用范围
固体表面离子源	热离子发射源、场致电离源、火花电离源、表面碰撞电离源溅射离子源、激光离子源、电子束离子源	碱金属离子、稀土金属离子、铝硅酸碱离子：W、Pt、Au 等金属离子	高亮度、发射束斑大	适用于投影离子束曝光
气体和蒸汽离子源（等离子体型离子源）	射频离子、冷阴极放电潘宁离子源、热阴极放电潘宁离子源、依次电子碰撞或弧放电离子源、磁控管型离子源、等离子管型离子源、高温中空阴极离子源	H^+、Be^{++}、Li^+、He^+	通常亮度为 $10\sim100$ A/(cm²·sr)，有效源尺寸为 10^5 nm 量级，上靶束流密度在 mA/cm² 量级	适用于投影离子束曝光
液态金属离子源（LMIS）	单体液态金属离子源、共晶合金离子源	Ga^+	高亮度、小发射束斑，通常亮度为 $10^6\sim10^7$ A/(cm²·sr)，有效源尺寸为 $5\sim500$ nm，上靶束流密度为 $0\sim10$ A/cm²	由于 LMIS 是近似点发射，一般适用于聚焦离子束曝光

静电透镜的作用是聚焦离子束，并对离子进一步加速。为了实现将离子源产生的离子聚焦到纳米数量级，通常采用双透镜系统来聚焦离子束。在 FIB 中，由于离子质量比较大，几乎全采用静电透镜，而不用磁透镜。目前使用静电透镜的离子光学镜筒可获得 6 nm 束径的离子束。质量分析器用于屏蔽不需要的离子，通过需要的离子。通常的质量分析器有 E×B 质量分析器和磁质量分析器两种。静电偏转器是用来偏转离子束，使其能够在二维靶平面上扫描，并对扫描范围之间的任意位置进行各种微加工。静电偏转器有平行板偏转器、多极偏转器和电阻盒式偏转器。

2. 离子束曝光技术

离子束曝光是在聚焦离子束技术基础上将原子被离子化后形成的离子束能量控制在 $10^4\sim2\times10^5$ eV[134]范围内，对抗蚀剂进行曝光，以获得微细线条的图形。其曝光机理是离子束照射抗蚀剂并在其中沉积能量，使抗蚀剂起降解或交联反应，形成良溶胶或非溶凝胶，再通过显影，获得溶与非溶的对比图形。

离子束曝光技术是通过离子束扫描晶片表面的加工方法，它具有离子注入、图形描画和形成蚀刻图形等功能。通过聚焦离子束照射，能够进行特定的离子注入和杂质选择掺杂。此外，离子束直接照射晶片上，在描绘图形的同时也能进行蚀刻。加入不同化学气体进行离子束曝光，称为反应离子束蚀刻方法。

1) 反应离子刻蚀（reactive ion etching，RIE）概念

反应离子刻蚀系统包含了一个高真空的反应腔，腔内有两个平行板电极。其中一个电极与腔壁接地，另一个电极则接在射频产生器上，反应离子刻蚀机如图 11.74 所示[135]。由于此种刻蚀系统用存在于电极表面及等离子间的电位差来加速离子，使其产生方向性并撞击待刻蚀物表面，刻蚀过程中包含了物理及化学反应[136]。

反应离子刻蚀（RIE）简要过程为：反应气体通过顶电极的喷淋头进气口被注入到反应室；底电极上形成了负的自偏压；单个射频等离子体元决定了离子密度和能量；晶片通常被放置在石英或石墨盖板上，

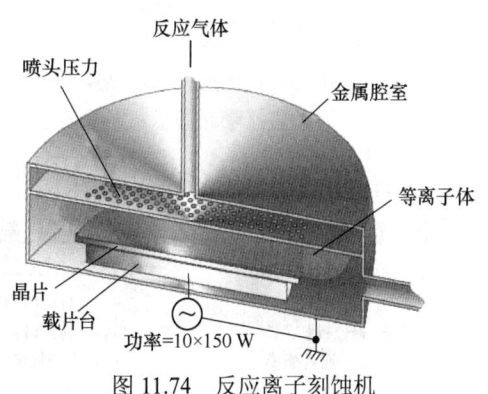

图 11.74 反应离子刻蚀机

以避免电极材料的溅射/二次沉积；工作压强为 5～500 Pa。

反应离子刻蚀机理表现在 RIE 过程中，既有辉光放电条件下活性气体粒子与固态 Si 表面的化学反应过程，也有这些能量很大的粒子轰击溅射 Si 表面的物理过程。后一过程有助于清除表面吸附物，并引起固体表面晶格损伤，在表面几个原子层内形成激活点，这些活性点便于游离基的化学反应，增加蚀速。同时这种轰击剥蚀作用有助于提高刻蚀侧壁的垂直性。当反应室压强较低（6.65Pa 以下），施加功率密度较大（大于 0.44 W/cm² 时），这种物理溅射作用更加明显。

反应离子刻蚀 Si 时，采用氟化物或氯化物气体，在辉光放电中分解出氟原子或氯原子，同 Si 表面原子反应生成气态产物，达到刻蚀目的。常用的气体为 NF_3、CF_4、SF_6、CHF_3、CCl_2F_2、C_2ClF_5、$C_2Cl_2F_4$、Cl_2、BCl_3、$SiCl_4$、CCl_4 等。一般是在 13.3～0.133 Pa 真空条件下，通过高频强电场的作用，使极易吸收能量的电子（1～10 eV）（密度为 10^9～10^{12} cm^{-3}）与通入反应室的气体分子碰撞引起电离。在气体辉光放电中直接引起的电离比较弱，约只有 10^{-4}～10^{-7} 大气压的气体分子被电离，因此通过多次碰撞，使数量越来越多的气体分子被激发、活化和电离。

反应室几何尺寸固定，外加功率密度恒定，通入气体的种类、流量、反应室压力、晶片温度保持不变时，会产生均匀的动态平衡的气体等离子体辉光放电。当反应室通入 NF_3 或 SF_6 时，在辉光放电中生成的 F 原子到达 Si 表面时，发生反应 $Si + 4F \rightarrow SiF_4$。当气态 SiF_4 不断被排到反应室外，可以实现对没有掩膜 Si 表面的刻蚀。

2）离子束曝光技术的两种形式

在形成图形过程中，不需要掩模板和光刻胶，不能获得足够高亮度和稳定的束流，故生产率还不高。离子束曝光技术有扫描式和投影式两种。

（1）扫描离子束曝光技术（scanning ion beam lithography technology）。图 11.75 是扫描离子束在晶片上直接曝光的示意图，其特点是直接将聚焦离子束作用在涂有抗蚀剂的硅片上，按设定的程序描画图形。这种方式曝光的图形边缘陡直、纵横比大、质量好，实验研究已获得 10 nm 的分辨率，但生产效率比较低，目前主要用作掩模修补工具和特殊器件的修整。

（2）离子束投影曝光技术（ion beam projection lithography technology，IPL）。按有否静电离子投影镜，可分为有掩模 1∶1 的离子束曝光（见图 11.76）和缩小投影曝光（见图 11.78）两类。图 11.77 所示为有掩模离子束曝光示意图，它包括离子源、离子束照明系统、镂空掩模和载片台等。将平行离子束照射在镂空掩模上，使图像直接映在晶片面上，产生曝光图形。

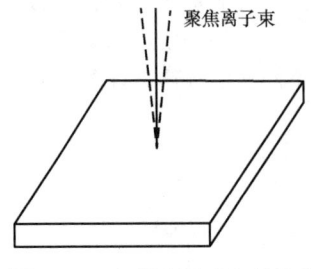

图 11.75 扫描离子束在晶片上
直接曝光的示意图

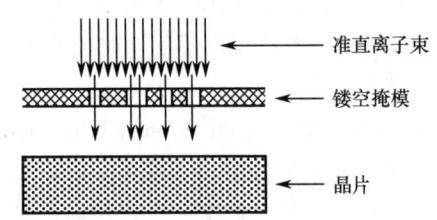

图 11.76 有掩模的离子束曝光示意图

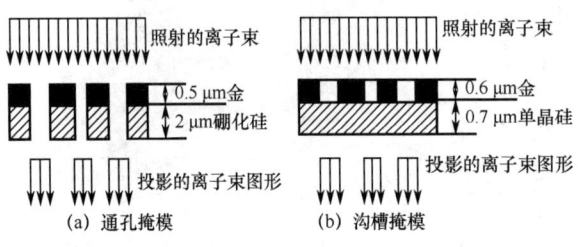

图 11.77 用于离子束投影曝光的掩模图形示意图

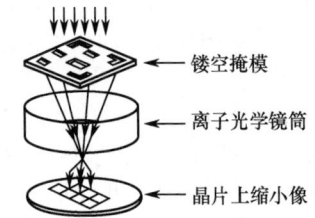

图 11.78 缩小离子束投影曝光原理

离子束投影曝光的掩模有通孔掩模和沟槽掩模两种。通孔掩模是由一层金属薄层和一层非金属薄层紧贴构成自支承的通孔掩模图形，如图 11.77（a）所示。掩模图形中的金属区域能阻止离子束通过，通孔区域让离子束畅通而到达硅片表面上。通孔掩模图形的金属层一般采用金，厚度为 0.3～1 μm。非金属层的厚度一般为 2～5 μm。沟槽掩模是在一层平整的非金属薄层上制作一层沟槽金属图形，如图 11.77（b）所示，图形中的金属区域能阻止离子束通过，通过沟槽区域的离子束则能穿过非金属薄层到达晶片表面。一般采用 0.1～1 μm 厚的金薄层，而非金属层一般采用单晶硅，厚度为 0.1～6 μm。

通孔掩模的优点是离子束通过通孔掩模时不产生散射，也没有离子能量损失。故采用通孔掩模能获得优良的分辨率和复制图形。但是通孔掩模的制作比较困难，特别是当通孔掩模图形含有与其他部分不相连接的图形（例如圆环形或矩形通孔图形里面的图形）时，此部分图形就无法被固定住。在这种情况下不能只采用一个通孔掩模图形，而需要采用两个互补的通孔掩模图形[138]分两次投影曝光而达到原来一个通孔掩模图形的投影曝光效果，这为通孔掩模制作添加了困难。沟槽掩模同通孔掩模相比，比较容易制作和获得掩模的平整度，但是离子束通过沟槽掩模时会产生散射，分辨率降低，而且离子束能量也会有一部分损失。

3）缩小离子束投影曝光原理

图 11.78 是有掩模离子束缩小投影曝光原理的示意图[139]，包括离子源、离子束照明系统、镂空掩模、静电离子束投影镜和载片台等。它是在掩模和工件间加一个静电离子束投影镜，使通过掩模的图像按比例缩小到工件面上，从而使曝光图形的线宽得到进一步的缩小，同时也缩小了掩模制作上的缺陷，降低了掩模制作难度。而这种掩模存在应力和使入射离子发热等问题，可采用以下措施，如对掩模掺杂、对膜增加保护层、设计掩模冷却系统及通过有限元分析改进掩模框架的设计，避免气流引起掩模震动等。

由于离子束投影曝光技术是大面积的掩模图形转印，必须具有束流密度均匀、束径大的离子束源，一般采用气体离子源。离子束投影曝光就是将气体离子源（通常是 H^+ 或 He^+）的发射能量控制在 7×10^4～1.5×10^5 eV[140]，使离子通过多级静电透镜照射掩模，并将图像缩小后聚焦于涂有抗蚀剂的晶片上，进行曝光和步进重复操作。IPL 具有分辨率高、焦深长、视场大、衍射效应小和生产率高等特点，而且它对抗蚀剂厚度变化不敏感，工艺成本低。

3. 离子束曝光的特点及关键技术

1）离子束曝光的特点

（1）离子束曝光可获得极高的分辨率。由于离子质量比电子质量大，离子射线波长比电子射线波长短，产生衍射现象可以忽略不计，故离子束曝光可获得高分辨率。

（2）离子在抗蚀剂中的散射可忽略不计。由于离子的质量大，射入抗蚀剂后受到的阻挡作用大，在抗蚀剂内的射程比电子的短，离子能量可被抗蚀剂充分吸收。使用相同的抗蚀剂时，离子束曝光的灵敏度比电子束曝光的要高出一到两个数量级，曝光时间可缩短。

（3）离子束曝光中的邻近效应可忽略不计。在离子束曝光中，离子的质量越大，在固体中的射程越短（通常为零点几微米），很少能进入抗蚀剂下面的晶片。离子在抗蚀剂和晶片中的散射和作用范围也很小。经测定，其活动距离不到 10 nm，邻近效应对图形影响完全可以忽略不计。

（4）离子束可以不用任何有机抗蚀剂而直接曝光。离子束曝光可以完全使用电子抗蚀剂，不须再研制、生产专用抗蚀剂，且电子抗蚀剂对离子束曝光的灵敏度很高。它不但可以对有机抗蚀剂进行曝光，而且多种材料在离子束照射下，产生增强性腐蚀，这样离子束曝光就可直接采用非常薄的介质薄膜或金属薄膜作为无机正性抗蚀剂。

（5）投影离子束每次曝光的面积大、速度快，每小时可生产 70 个晶片（200 mm）以上。

(6) 可进行无掩模曝光。

2) 离子束曝光的关键技术

(1) 稳定可靠的离子源。如果在离子束曝光中采用普通液态金属离子源，通常这些金属离子的质量都较大，使得离子束偏转扫描的速度低于电子束偏转扫描的速度，即在偏转速度上受到损失；虽然离子束靶电流密度比电子束大，但还是会影响曝光时间。

如果采用轻离子源曝光，则可提高偏转速度，但轻离子的金属都是活泼金属，易于与 LMIS 的容器产生反应，使尖端遭破坏，从而影响离子源的寿命和可靠性。

(2) 离子束曝光中的对准技术。在离子束曝光中，通过离子束扫描标记检测背散射电子信号，寻找标记相对位置，获得对准结果。但在驱动离子束扫描标记时，由于离子在固体中的射程短、散射小，很难穿越标记上面的抗蚀剂，即使到达标记，由于离子在标记中很难产生背散射电子，不容易获得来自标记的信息。虽然检测二次电子作为标记信息是可以的，但要求抗蚀剂很薄，离子才能穿越标记上方的抗蚀剂，轰击标记产生二次电子，而太薄的抗蚀剂对后续加工又不利，因为在刻蚀和离子注入中都要利用抗蚀剂掩模进行加工，太薄的抗蚀剂其掩模作用很差，甚至起不到掩模的作用。

(3) 掩模技术有待进一步提高。镂空掩模会使许多特征很难实现，一般需要 2~3 次才能完成一个图形的曝光；另外掩模在受到离子束照射后，它本身会发热，这种热效应将使掩模变形，从而影响硅片上的曝光图形精度。在这种情况下，要对掩模加冷却环或其他冷却装置，以控制掩模的温度。

(4) 使用负离子抗蚀剂需考虑的问题。当使用负离子抗蚀剂时会出现抗蚀剂膨胀现象，从而影响分辨率。

11.7 纳米压印光刻（NIL）技术

在现有技术条件下提高光学光刻分辨率设备制造的成本将以指数形式增长。为了避免使用昂贵的光源和投影光学系统，提出和发展纳米压印光刻（NIL）图形转移技术[141]是必要的。NIL 技术研究始于 Stephen Y. Chou[142]，较现行的投影光刻具有高分辨率、低成本和高生产率等特点，已被纳入 2005 版的国际半导体线路图，列在 16 nm 节点。纳米压印技术因其发展潜力和应用前景，现已被国际上半导体科技界所关注。

1. 纳米压印技术的基本原理和工艺

纳米压印是将纳米级尺寸图形的模板在机械力的作用下压到涂有抗蚀剂的晶片上，进行等比例压印复制的工艺。其实质就是抗蚀剂的塑性变形和流动对模板结构腔体的填充过程。填充过程中在压力作用下使抗蚀剂继续减薄到后续工艺允许设定的留膜厚度，停止下压并进行固化抗蚀剂脱模过程[143]。与传统光刻工艺相比，压印技术图形传递与模板等尺度，不是通过改变抗蚀剂的化学特性，而是通过抗蚀剂的受力变形实现的。纳米压印有 3 种典型技术：热压印光刻技术、紫外常温压印光刻技术、微接触压印技术，基于此发展出诸多纳米压印新工艺。其加工分辨率只与模板图形特征尺寸相关，而不受光学光刻曝光波长的物理限制。目前实验室环境下使用 NIL 技术已经制作出线宽在 5 nm 以下的线条，是一种较低成本的下一代光刻技术[144]。

1) 热压印技术

纳米热压印技术（hot embossing lithograph, HEL）是在压力作用下使硬模板上图形转移到已加热至玻璃态的热塑性聚合物中的压印技术，其流程如图 11.79 所示。主要步骤为利用电子束直写技术（EBDW）制作具有纳米尺寸图案的 Si 或 SiO_2 材料模板，在晶片上均匀涂覆一层热塑性高分子光刻胶（通常以 PMMA 为主要材料），将衬底上的光刻胶加热到玻璃态转换温度以上（110℃）；利用机械力将模板图形压入高温软化的光刻胶层内；并且维持高温、高压一段时间，使热塑性高分子光刻胶填充到模板的纳米结构内；待光刻胶固化成形之后，释放压力并使模板与衬底脱离。热压印技术需要加热，且压印力很大，使整个压印系统产生很大的变形；同时，该工艺采用的是硬质模具，无法消除模具与晶片之间的平行度误差及两平面的平面度误差；此外，模板在高温条件下，表面结构和热塑性材料有热膨胀行为，将导致转移图形尺寸的误差且增加了脱模的难度，这是热固化压印的缺点之一[145]。热压印技术的微结构制造具有广泛的应用，如制备微电子器件、光器件和电子器件等，目前采用该技术制造能达到的最小图形特征尺寸为 5～30 nm[146]。

2）紫外光固化纳米压印技术（ultra violet nanoimprint lithography，UV-NIL）

该工艺技术是在常温下进行的，不需要加热，故又称为常温纳米压印技术或冷压印技术。该技术的压印模具采用透明的石英板材料；模具图形转移过程中在压印成形后不是利用聚合物材料的热固化成型或冷却固化成形，而是通过紫外光辐射成形，减少了晶片的变形概率。紫外光固化纳米压印技术工艺的主要步骤：一般采用石英（SiO_2）制备高精度的透明掩模板，在 Si 等晶片材料上涂覆一层厚度为 400～500 nm 的低黏度、流动性好、对紫外光敏感的光刻胶，将模板压在光刻胶上，使光刻胶充分填充模板空隙后用紫外光照射模板背面，使光刻胶固化，脱模后利用等离子体刻蚀技术将残留胶去除。图 11.80 所示为紫外光固化纳米压印技术的工艺流程示意图。采用紫外光对光敏聚合物抗蚀剂进行固化，在成形过程中，外在机械应力很小，其应力主要产生在固化中的液体收缩上。另外，这种技术具有自清洁功能，模板上的微小颗粒，在固化过程中被聚合物固联剥离。掩模板透明易于实现层与层之间对准，对准精度可达到 50 nm。但紫外固化纳米压印技术设备昂贵，对工艺和环境要求高，且无加热的过程，光刻胶中气泡难以排出，会对细微结构造成缺陷。该工艺目前具有的复型能力可达到 10 nm。

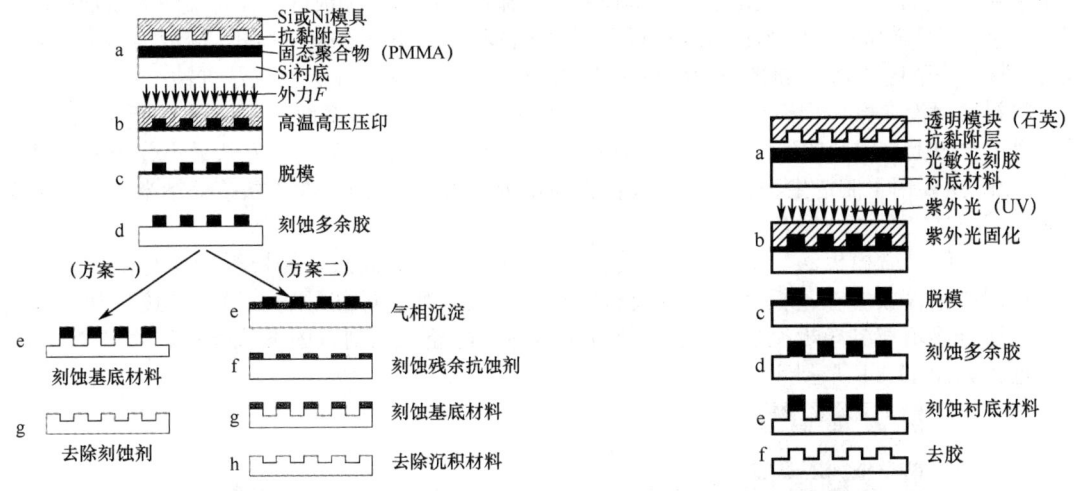

图 11.79　热纳米压印工艺流程图　　图 11.80　紫外光固化纳米压印技术工艺流程示意图

3）步进闪烁纳米压印技术

步进闪烁压印光刻技术采用紫外固化纳米压印技术和步进技术相结合，形成步进式闪烁纳米压印技术[147]，原理示意如图 11.81 所示[148]。该方法采用小模板分步压印紫外固化的方式，提高在晶片上大面积压印转移的能力，降低了掩模板制造成本，也降低了采用大掩模板带来的误差，但此方法对位移定位和驱动精度的要求很高。

在该工艺过程中，采用刚性好的透明材料（如石英）硬模板与低黏度、光固化的有机预聚合物（液体状）接触[149,150]，如图 11.82 所示。为了便于脱模，氟化硅等涂层材料被用于降低模板表面的表面能。液体的预聚合物和硬模板确保采用轻微的压力即可使得特征间的残留膜变得很薄，采用紫外光对预聚合物进行固化，在成形过程中，外在的机械应力很小，其应力主要产生在固化中的液体收缩上。

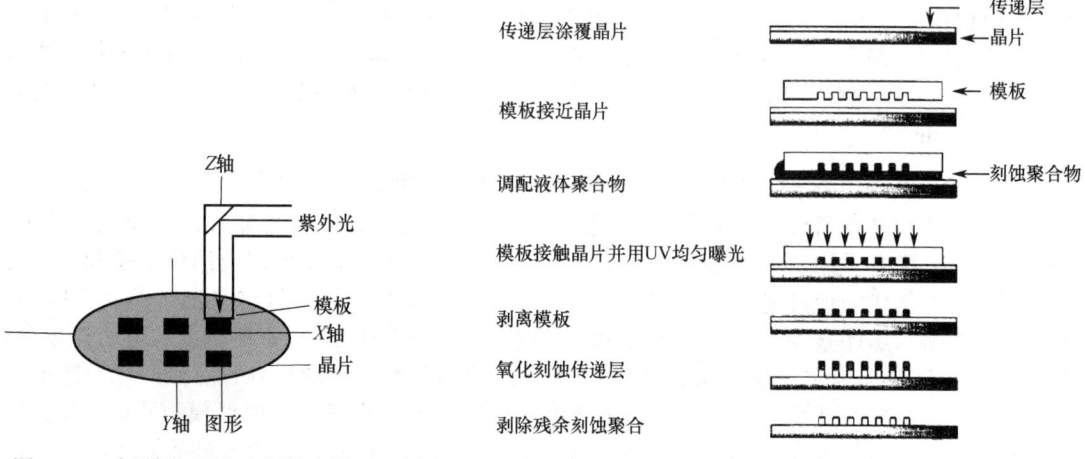

图 11.81　步进闪烁压印光刻技术原理示意图　　　图 11.82　步进闪烁压印光刻技术流程图

4）微接触压印技术

微接触压印技术（micro contact printing，μCP）是从纳米压印技术派生出来的一种技术，因该技术使用的模具是软模，故又称之为软印模技术。微接触压印是一种在大面积功能材料表面成形的微接触压印技术，有两种实现方式，分别为微接触纳米压印技术和毛细管微模板法。

（1）微接触纳米压印技术的工艺流程为：使用聚二甲基硅氧烷（PDMS）等高分子聚合物作为掩模制作材料，采用光学或电子束光刻技术制备掩模板；将掩模板浸泡在含硫醇的试剂中，在模板上形成一层硫醇膜，再将 PDMS 模板压在镀金的衬底上 10～20 s 后移开，硫醇会与金反应生成自组装单分子层 SAM，将图形由模板转移到晶片上。后续处理工艺为湿法刻蚀：

将衬底浸没在氰化物溶液，使未被 SAM 单分子层覆盖的金溶解，实现图案的转移；另一种是通过金膜上自组装的硫醇单分子层来链接有机分子实现自组装。此方法最小分辨率可以达到 35 nm，主要用于制造生物传感器和表面性质研究等方面。图 11.83 为微接触纳米压印技术工艺流程。

（2）毛细管微模板法。此法由微接触纳米压印技术发展而来，掩模板制作与微接触压印技术相同；模板放置在基板之上，将液态聚合物（聚甲基丙烯酸）滴在模板旁边，利用虹吸作用将聚合物填充到模板空腔；聚合物固化后脱模，再经过蚀刻将图案从模板转移到基板上。工艺过程如图 11.84 所示[151]。

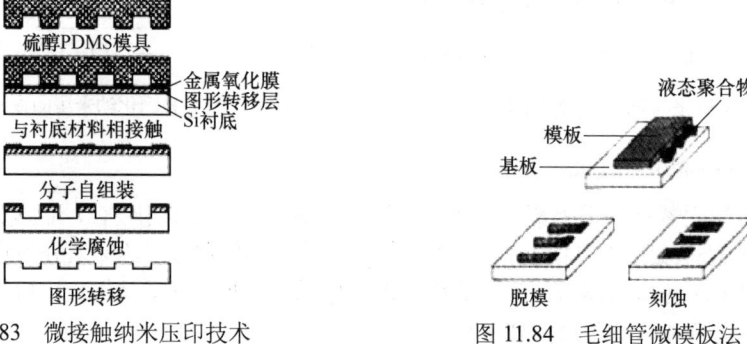

图 11.83　微接触纳米压印技术　　　图 11.84　毛细管微模板法

微接触纳米压印技术的优势是比其他压印技术模具尺寸大、生产效率高，其使用聚二甲基硅氧烷（PDMS）作为压印模具能有效解决压印模具和硅片之间的平行度误差以及两者表面的平面度误差的问题。因为 PDMS 模具具有良好的弹性，在将涂于模具表面的硫醇转移到抗蚀剂表面时会发生模具和抗蚀剂之间的相对滑动，导致被转移图形变形和缺损。

2．纳米压印技术的新进展

自纳米压印技术提出以来，以上述 4 种传统工艺技术为基础进行改进，从而又衍生出多种纳米压印新技术。

金属薄膜直接压印技术是 Si 基板上利用离子束溅射技术产生一层 Cu、Al 和 Au 等金属薄膜，直接用超高压在金属薄膜上压印出图案。但由于压印所需要的力太大，高达几百兆帕（MPa），可能会将基板压坏，为此对金属压印进行了改进，在金属薄膜和基板之间加入一层缓冲层，从而将压印力降低至原来的 1%，只需要 2~40 MPa[148]。同时使用尖锐的掩模板，以增强对薄膜的压力，如图 11.84 所示。为了解决纳米压印加热过程影响效率的问题，采用激光辅助纳米压印技术[152]，用高能准分子激光透过掩模板直接熔融基板，在基板上形成一层熔融层，取代传统光刻胶，然后将模板压入熔融层中，待固化后脱模，将图案从掩模板直接转移到基板之上。该技术是对热压印固态光刻胶加热的改进技术。利用激光融化 Si 基板进行压印工艺可以实现小于 10 nm 的特征线宽，工艺流程如图 11.86 所示。

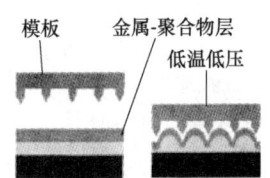

图 11.85　改进的金属压印技术

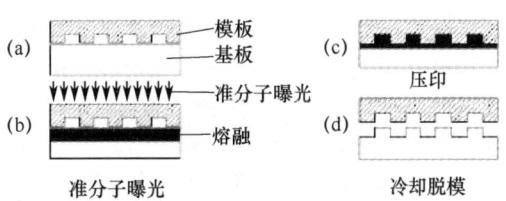

图 11.86　激光辅助压印技术

纳米压印技术多是不连续的生产工艺过程，难以进行大规模的生产。为了进行量产，采用一种连续的滚轴式纳米压印技术[153]，具有可连续压印、产量高、成本低和系统组成简单等特点，尤其是对于具有周期性纳米结构的加工，具有优势。滚轴式压印现有两种实现工艺：一种是将掩模板直接制作到滚轴上，通过在金属滚轴进行压印；另一种是利用弹性掩模套在滚轴上，滚轴转动将图形连续地压入已旋涂好光刻胶（温度达到玻璃化温度以上）的基板上，滚轴的滚动实现了压入和脱模两个步骤，如图 11.87 所示。

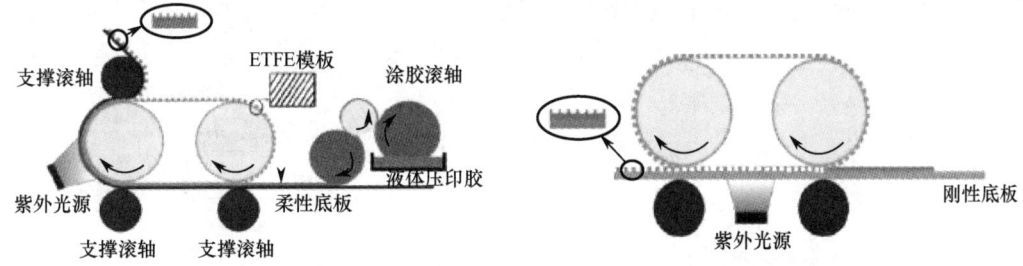

图 11.87　滚轴式压印原理

此外，其他的压印技术也都是在传统技术工艺基础上对某些方面进行的改进。如电磁辅助纳米压印和气压辅助纳米压印[154]都是对压印工艺中压印压力的施压环节进行改进，提高压力作用的均匀性，延长掩模板的使用寿命。从压力作用分布和载片台自适应要求来看，气压辅助纳米压印技术较有优势。超声波辅助是对热压印进行的改进[155]，为解决纳米压印中热循环问题提出了溶剂辅助压印（solvent-assisted micromolding）[156]等技术，此外还有诸如纳米转移印刷（nanotransfer printing）[157]、逆压印技术（reverse imprint）[158, 159]、光刻诱导自组装印刷技术[160]、静电力辅助印刷技术（electrostatic force laser-assisted nanoimprint）[161, 162]等。

3．纳米压印的关键性技术

纳米压印技术工艺过程大致可分为压印模具的制备、光刻胶抗蚀剂、高精度压印过程控制和精确蚀刻技术等一系列关键技术。如图 11.88 所示为纳米压印技术所面临的主要工艺过程及相对比例。以下介绍纳米压印的关键技术。

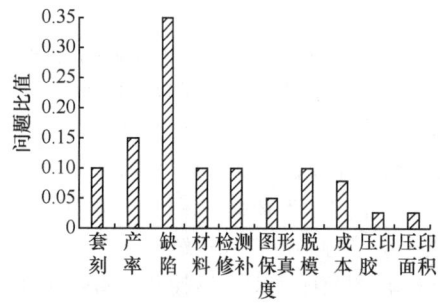

图 11.88　纳米压印技术的主要问题

1）纳米压印模具制作技术

纳米压印图形复制技术是实现图形等比例高质量压印复型，必须有高质量压印模具。制备高分辨率高质量的模板要求模板材料具有硬度高、压缩强度大、抗拉强度大、热膨胀系数小、抗腐蚀性能好等特点，确保模板耐磨、变形小，以保证压印图形精度和模板自身寿命。常用的压印模具材料有 Si、SiO_2、Ni、石英玻璃（硬模材料）和聚二甲基硅氧烷 PDMS（软模材料）。压印模具制备主要有以下几种技术。

（1）电子束直写压印模具技术。电子束直写也称电子束曝光，是制作硬模或软模母版的最常用的方法。该工艺不需要光掩模，先在经过清洗的模具材料表面进行匀胶，所用抗蚀剂一般为 PMMA，厚度为 0.3～1.0 nm，然后通过高能电子束曝光，经过显影、去胶工艺，再以 PMMA 为掩蔽层进行反应离子刻蚀，将图形转移到 Cr 层上，然后以 Cr 层为刻蚀掩蔽层，将图形转移到 Si 或者 SiO_2 等模具衬底层上，完成特征直写，得到硬模具或软模具复制需要的母版[145]。

电子束直写技术的分辨率可达几个纳米，能保证模具的高精度。但是高能电子束存在散射，邻近效应明显，产生的二次离子会导致分辨率下降，不利于制作大深宽比的特征，且电子束直写加工效率低，设备昂贵，进行大面积纳米结构的加工，成本难以控制。

（2）蘸水笔直写压印模具技术。蘸水笔直写技术是一种较新的图形赋形技术，它是由扫描探针赋形技术演化而来。其基本原理是在扫描探针的针尖上蘸上聚合物溶液，然后将探针接近底板，通过底板与聚合物之间的化学或物理吸附力，将聚合物转移到底板上从而形成图形，赋形过程如图 11.89 所示[163]。

（3）聚合物探针阵列技术。聚合物探针阵列技术是由蘸水笔直写技术的进一步改进而来。该技术用弹性聚合物探针阵列代替普通探针装在探针悬臂上，利用聚合物探针阵列蘸上聚合物溶液，将图形直写到基底材料表面，通过控制探针尖与基底表面之间的接触压力来控制图形点阵的特征尺寸，从而实现用同一个探针针尖阵列进行纳米微米图形的快速直写，其工艺过程如图 11.90 所示[164]。

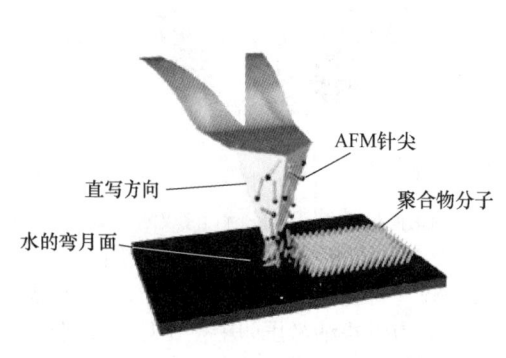

图 11.89　蘸水笔纳米赋形技术

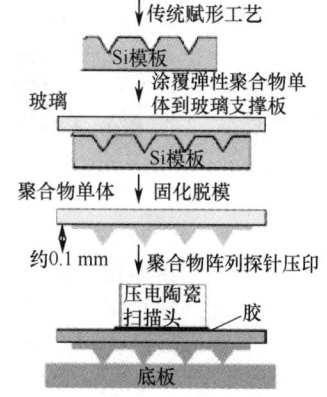

图 11.90　聚合物探针阵列技术

(4) 喷墨直写技术。喷墨直写技术也是在蘸水笔直写技术基础上衍生的一种图形赋形技术。其区别在于聚合物溶液不是附着在探针上，而是直接从探针的腔体中挤出，这种成型方式不仅能够形成聚合物点阵图（图 11.91（a）），还可以形成连续的聚合物线图（图 11.91（b））甚至是 3D 结构图（图 11.91（c））[165]。

(a) 点状结构　　(b) 线状结构　　(c) 3D结构

图 11.91　喷墨直写技术

压印模具的制作，除以上几种外还有电铸、硅横向氧化、化学汽相沉积、玻璃湿法刻蚀、单层纳米球赋形技术及嵌段聚合物赋形技术等[166]。压印模具制作仍面临着挑战，如三维模具、大面积模具和高分辨率模具的制作、模具缺陷的检查和修复、模具表面处理工艺、模具变形的研究等[145]。

2）纳米压印抗蚀剂的选择

(1) 纳米压印抗蚀剂。纳米压印抗蚀剂聚合物不同于传统光刻所用的光刻胶，除要求易处理性和与衬底结合良好外，还要求具有良好的热稳定性、低黏度、易于流动及良好的抗干法刻蚀性能。不同压印工艺对刻蚀剂性能有不同要求。纳米压印抗蚀剂主要可分为热压印抗蚀剂和紫外固化刻蚀剂。

热压印抗蚀剂主要有热塑性和热固性两类。热塑性抗蚀剂在压印时发生物理变化，随着升温降温，聚合物由固态变为液态再变为固态。该类抗蚀剂多为高分子材料，在玻璃化温度附近都会发生这种变化。由于该加工工艺需升温降温两个过程，因此压印周期较长。但此类高分子材料的分子量通常比较大，通过加热升温软化压印时其黏度和模量依旧很大，压印所需的温度和压力均较高，其热稳定性也较差。常见的用作热塑性聚合物的抗蚀剂有聚甲基丙烯酸甲酯（PMMA）[167,168]、聚苯乙烯（PS）[169]、聚碳酸酯（PC）[170,171]和有机硅材料[172]。

热固性抗蚀剂在压印时为化学固化，在压印的过程中发生热聚合反应。发生聚合反应前黏度较低、流动性好，在较低压力下就可以快速填充模板腔体结构中，且固化后不需要冷却就可以脱模。这种热固化材料能提高生产率，其主要成分为聚合物本体、催化剂和交联剂等，常用的材料有快速固化聚二甲基硅氧烷 PDMS。

(2) 紫外固化抗蚀剂主要用于紫外固化纳米压印中，要求抗蚀剂具有光敏特性，在紫外光的照射下能够进行光致反应。紫外光敏抗蚀剂主要由 4 部分组成：树脂型聚合物主体、溶剂、光活性物质、添加剂。树脂聚合物是该光刻胶抗蚀剂的主体，具有抗刻蚀性能，它决定光刻胶固化后的硬度、强度、韧性及抗蚀性；溶剂是聚合物保持液体状态以利于聚合物的填充，光活性物质主要控制聚合物对某一特定波长的感光度；添加剂主要用于控制抗蚀剂的光吸收率和溶解度。常用的光敏抗蚀剂主要有正型胶和负型胶两种。正型胶聚合物的长链分子因为光照而被截断成短链分子，溶解于显影液中。正性抗蚀剂具有分辨率高、对驻波效应不敏感、曝光容限大、针孔密度低和无毒性等优点，适合于高集成度器件的生产。负型胶则是聚合物的短链分子因光照而发生交联反应变成长链分子，在显影液的作用下不会溶解而被保留下来获得的图形与掩模版图形互补，负性抗蚀剂的附着力强、灵敏度高、显影条件要求不严，适于低集成度的器件的生产。如图 11.92 所示为正性和负性抗蚀剂在均等曝光情况下显影。在紫外压印中常用的光刻胶抗蚀剂有甲基丙烯酸酯体系、有机硅改性的丙烯酸或甲基丙烯酸酯体系、乙烯基醚体系和环氧树脂体系等[173]。

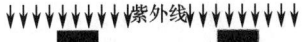

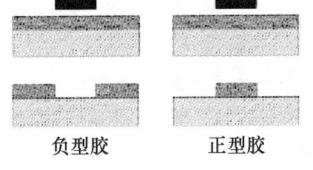

图 11.92　紫外固化光刻胶

3）蚀刻技术

纳米压印技术也是一种图形转移技术，而在纳米压印流程中用压印使刻蚀剂发生流变成型，重要的环节是利用刻蚀技术将抗蚀剂上的图形转移到晶片上。刻蚀工艺是利用化学或物理方法，将抗蚀剂薄层未掩蔽的晶片表面或介质层材料除去，在晶片表面或介质层上获得与抗蚀剂薄层图形完全一致的图形。刻蚀技术分为湿法刻蚀和干法刻蚀两类。

（1）湿法刻蚀。采用液体腐蚀剂，通过溶液和材料间的化学反应将暴露的材料腐蚀掉，又称为化学刻蚀或化学腐蚀。湿法刻蚀是各向同性刻蚀，即图形横向和纵向的刻蚀速率相同。用不同腐蚀液对硅进行腐蚀表现出不同的刻蚀特性，使用碱性腐蚀液，如 KOH EDP（ethylenediamine pyrocatechol）和 TMAH（trimethyl ammonium hydroxide）会使硅表现出各向异性；使用酸性腐蚀液，如 HF、HNO_3、CH_3COOH 等会使硅表现出各向同性[174]。

压印是要通过腐蚀以图形化的抗蚀剂为掩模将模板上的图形转移到晶片上。横向腐蚀会导致转移图形的分辨率下降，因此具有各向异性的干法刻蚀对加工高分辨率的微纳结构是很好的选择。

（2）干法刻蚀。该技术不涉及化学腐蚀液体并将材料通过逐层剥离的方法实现设计的图形或结构的刻蚀技术。狭义的干法刻蚀主要是指利用等离子体放电产生的物理与化学过程对材料表面加工；广义的干法刻蚀除了等离子体刻蚀外还包括物理和化学加工方法，例如激光加工、电火花放电加工、化学蒸汽加工，以及喷粉加工、反应气体刻蚀、在等离子体刻蚀等。等离子体的加工中，反应离子刻蚀技术应用广泛，也是微纳加工的关键技术[174]。

4）抗黏附技术

纳米压印则是利用模板和基底材料之间的杨氏模量差，通过机械接触并在外力作用下实现图形转移。当图形特征尺寸达到纳米和亚纳米级时，模具的抗黏附性将变得很重要。通常，特征尺寸越小，集成度越高，模板与聚合物之间的黏合力越大，脱模越困难。模具与抗蚀剂之间的黏附力太强会导致模板与压印胶难于分离，在压印后的图形中引入缺陷，此外，在一次压印完成后还要增加模板的清洗工序，降低生产效率和模板的使用寿命。

理想情况下光刻胶抗蚀剂与晶片材料应有足够强的结合力以防止脱胶，同时光刻胶抗蚀剂与模板的结合力小以便于脱模。现有的纯有机的碳氧主链材料都具有较高的表面能，通常易于黏附晶片材料，同时也易于粘连模具，而有机硅和氟聚合物虽然表面能低，容易脱模，但对晶片黏着力小，压印后容易脱胶。

解决上述问题宜通过合成新的杂化物材料，这种材料具有上述两种材料共同的优点。新材料的一端为高表面能碳氧基团，一端为低表面能硅氧或者氟碳基团，旋涂制膜时使高表面能基团向高表面能的晶片（如硅、金属和石英等）表面富集，而低表面能的硅氧或氟碳基团向空气富集，这种微相分离效应很好地解决了双表面能的需求。另一种解决方式为向碳氧主体材料中添加硅氧或氟碳类添加剂，其作用类似于表面活性剂，有利于表面性能的降低，达到顺利脱模的目的。

此外，改进抗蚀剂本身的方法外，还可在模具表面涂覆一层很薄的抗粘连层，用来降低表面能，表面能主要决定于表面粗糙度、涂层材料化学结构以及涂层的质量[175]。在压印中常用的两种防粘连剂是 $CF_3(CF_2)_5(CH_2)_2SiCl_3$ 和 $CF_3CH_2CH_2SiCl_3$，-CF_3 功能团是单分子膜具有最低的表面能，是一种良好的脱模剂，经过处理后模具表面亲水性变为疏水性，表面能显著减小[145]。另外，还可以用等离子聚合或离子溅射的方法在模具表面沉积一层聚四氟乙烯（PTFE）薄膜用作防粘连层。

4. 纳米压印技术尚待克服的问题

纳米压印的模板是等比例的，现在电子束直写技术理论上的最小特征尺寸能达到 10 nm 以下，但所加工的多为点线结构，对于占空比为 1：1 的光栅结构制造仍存在问题；在加工 32 nm 以下结构时，电子束曝光邻近效应明显，须消除小尺度加工的电子束邻近效应；在制作大面积压印模板时可能会产生局部欠刻蚀或过刻蚀缺陷，虽然可以采用超短脉冲激光沉积、聚焦离子束沉积和电子束沉积以生长的方式进行模板精确的修补[143]；模板的使用寿命决定着压印光刻的成本和效率；（紫外固化压印技术应避免模板在 UV 光照射下的发热变形以及循环加热的疲劳破坏问题，使用的压印模具材料一般为紫外（UV）光透射性能良好的石英材料；）蒸镀在模具表面的抗黏附材料与固化后的聚合物图形发生摩擦，容易从模板上脱落；纳米压印转移图形的质量还受压印过程中模板纳米腔体内气泡转移、脱模过程的阻蚀胶粘连、模板与基板不平行等因素的影响；纳米压印多层结构的对准套印问题,多层结构套刻精度为最小特征尺寸线宽的 1/5~1/3,目前应用莫尔条纹对准方法可获得的对准精度为 20 nm[176]。

总之,纳米压印光刻技术突破了传统光刻存在的光学衍射限制,使得图形复制能力提高,最小特征尺寸可以达到 5 nm,且具有高效率、低成本、高分辨率的优点,因此可以说压印技术属于 IC 制造中的下一代光刻技术之一。

参 考 文 献

[1] lloyd R Harriott. Limits of Lithography(Invited Paper). Rroceeding of the IEEE, Vol. 89, No. 3, MARCH 2001.
[2] Moore Doden. Cramming more components onto integrated circuit[C]. 1965 Electronics 38:114-117.
[3] http://en. wikipedia. org/wiki/Semiconductor_device_fabrication.
[4] Semiconductor Industry Association. International Technology Roadmap for Semiconductors: 1999. International Technology Roadmap for semiconductors 2000 Update.
[5] 张以谟. 应用光学(第三版)[M]. 北京:电子工业出版社,2008.
[6] 游利兵,周翊,梁勖,等. 近期光刻用 ArF 准分子激光技术发展[J]. 量子电子学报,Vo1. 27 No. 5(2010. 9):522-527.
[7] Chirs Mack, http://www. lithoguru. com/index. himl.
[8] Donis G Fllagello. Evolution as applied to optical lithography[C]. 2007, Proceedings of SPIE Vol. 6827: 68271N-1-11.
[9] 顾文琪. 电子束曝光微纳加工技术[M]. 北京:北京工业大学出版社,2004. 07:11-17.
[10] 德国 Zeiss 公司, http://www. zeiss. Com.
[11] Scotten W. Jones. Photolithography. IC Konwledge LLC, Feb. 2008: 83-85.
[12] 罗先刚,陈旭南,姚汉民,等. 离轴照明研究[J]. 光电子·激光,Vo1. 9, No. 6, Dec. 1998.
[13] FEHRS D L, LOVERiNG H B, SCRUTON R T. Illuminator Modification of all Optical Aligner[J]. KT1 Microeleetmnles Seminar, 1989, 217-230.
[14] MACK C A. Optimum Stepper Performance Through Image Manipulation[J]. KTI Microelectronics Seminar, 1989, 209-216.
[15] Kamon K, Miyanotot, Yasuhiii M, et a1. Photolithography system Using Annular Illumination[J]. Jpn. J. Appl. Phys. , 1991, 30 (11B): 3012-3029.
[16] Shiraishi N, Hirukawa S, Takeuchi V, et a1. New imaging technique for 64M- DRAM[J]. Proceedings of SPIE, 1992, 1674:741-752.
[17] Partlow N, Thonpkinsp J, Dewa PG, et a1. Depth of focus and resolution enhancement for i-line and deep-UV lithography using annular illumination[J]. Proceedings of SPIE, 1993, 1927:135-157.
[18] TOUNAI K, TANABE H, NOZUE H. Resolution improvement with annular illumination [J]. Proceedings of SPIE, 1992, 1674:753-764.
[19] Horiuchi Toshiyuki, Takbuchi Yoshinobu, Tanechika Emi, et al. Patterning Characteristics of Obulique Illumination Optical lithography[J]. Jpn. J. App1. Phys. , 1994, 33(5A):2779-2788.
[20] KANON K, MIYANOTO T, YASUH1TO M, et a1. Photolithography systern using modified illumination[J]. Jpn. J. App1 Phys. , 1993, 32 (1A): 239-243.
[21] Kim S M, Kim S J, Bang, CJ, Ham Y M, Baik K H, Optimization of Dipole Off-Axis Illumination …, Japan J. Appl. Physics, vol. 39, Part 1, No. 12B (2000).
[22] Michael L. Rieger, Jeffrey P. Mayhew, Sridhar Panchapakesan. Layout Design Methodologies for Sub-Wavelength Manufacturing. DAC 2001, June 18-22, 2001, Las Vega, Nevada, USA.

[23] Born M, Wolf E. Principle of Optics: 7th edition[M]. 1980, 446-449.
[24] LUENRMANN Paul, OORSCHOT Peter Vail, JASPER Hans, et al. 0. 35μ Lithography Using Off-axis Illumination[J]. Proceeding of SPIE, 1993, 1927: 103-l24.
[25] Mack Chris A. Lithography Expert[EB/OL]. http://www. Kla-ten-cor. com/news/promotion/ lithobook asp, September 2001.
[26] A. K. -K. Wong. Resolution Enhancement Techniques in Optical Lithography (SPIE Press, Bellingham, Wash, 2001).
[27] Allan Gu and Avideh Zakhor, Fellow, IEEE. Optical Proximity Correction with Linear Regression. Department of Electrical Engineering and Computer Sciences, University of California at Berkeley, CA 94720, USA. December 2, 2007.
[28] Yen A, Tritchkov A, Stirniman J P, Vandenberghe G, Jonckheere R, Ronse K, Vandenhove L, Characterization and correction of optical proximity effects in deep‐ultraviolet lithography using behavior modeling, J. Vac. Sci Technol. B 14(6), Nov/Dec 1996: 4175–4178.
[29] Park C H, Kim Y H, Lee H J, Kong J T, Lee S H. A practical approach to control full chip level gate CD in DUV lithography, SPIE Vol. 3334 (1998): 215.
[30] 康晓辉, 张立辉, 范东升, 等. 193 nm 光刻散射条技术研究[J]. 微电子学, Vol. 35, No. 4, 2005. 8: 360-363.
[31] Rieger M, Stirniman J. TCAD physical verification for reticle enhancement techniques, Solid State Technology, Vol. 43, No. 7, July 2000.
[32] Petersen J S. Analytical description of anti-scattering and scattering bar assist features [J]. Proc SPIE, 2000, 4000: 77-89.
[33] Mack C A. Inside PROLIH: a comprehensive guide to optical lithography [Z] Austin, Texas: FINLE Technologies, Inc. 1997.
[34] Smith B W. Mutually optimizing resolution enhancement techniques: illumination, APSM, assist feature OPC, and gray bars[J]. Proc SPIE, 2001, 4346 : 471-485.
[35] Brueck S R J, Chen X L. Spatial frequency analysis of optical lithography resolution enhancement techniques [J]. Proc SPIE. 1999. 3679: 715-725.
[36] Goodman J W. Introduction to Fourier Optics [M]. New York: McGraw Hill, 1968.
[37] Lai C M, Liu R G, Gau T S, et al. Optimal positions for SB assignment and the specification of SB width variation [J]. Proc SPIE, 2001, 4346 : 1443-1445.
[38] MaskTools Company Scattering bars [EB/OL]. http:// www. Masktools. com/ content/ scat_bars pdf.
[39] Hye-Young Kang, Chang-Ho Lee, Sung-Hyuck Kim and Hye-Keun Oh. Mask Error Enhancement Factor Variation with Pattern Density for 65 nm and 90 nm Line Widths. Journal of the Korean Physical Society, Vol. 48, No. 2, February 2006: 246-249.
[40] C Y Jeong, Y H Lim, H I Kim, J L Park, J S Choi and J G Lee. The study of contact hole MEEF and defect printability. SPIE 5377, 930 (2004).
[41] F M Schenllenberg and Chris A Mack. MEEF in theory and practice. SPIE 3873, 19 (1999).
[42] S K Tan, Q Lin, G S Chua, C Quan and C J Tay. MEF studies for attenuated phase- shift mask for sub-0. 13 μm technology using 248 nm. SPIE 4691, 1366 (2002).
[43] T E Brist and G E Bailey. Reticle process effects on OPC models, SPIE 4691, 1373 (2002).
[44] M –A Ha, D -S Sohn, J -Y Yoo I, An and H -K Oh J. Lithography Process Optimization Simulator for an Illumination System. Korean Phys. Soc. 42, S276 (2003).
[45] C H Lee, S. Han, H Y Kang, H W Oh, K S Park, J E Lee, K M Kim, Y H Kim and H K Oh. ArF photoresist parameter optimization for mask error enhancement factor reduction. SPIE 5753, 1150 (2005).

[46] A K-K Wong. Optical Imaging in Projection Microlithography. SPIE Press, Bellingham, Washington, 2005.

[47] 朱亮, 闻人青青, 阎江, 等. 基于多光刻胶有效扩散长度的光学临近效应修正模型校准方法(English)[J]. 半导体学报, Vol. 29, No. 12, 2008. 12: 2346-2352.

[48] C A Mack. Inside PROLITH: A Comprehensive Guide to Optical Lithography Simulation. FINLE Technologies, Austin, Texas, 1997.

[49] Xu Ma and Gonzalo R Arce. Binary mask optimization for forward lithography based on boundary layer model in coherent systems: erratum. J. Opt. Soc. Am. A/Vol. 27, No. 1/January 2010: 82-84.

[50] 杨雄, 金春水, 曹健林, 等. 极紫外投影光刻掩模技术[J]. 微细加工技术, No 3, Sep. 2003: 16-21.

[51] M D Levenson, N S Viswanathan, and R A Simpson. Improving resolution in photolithography with a phase-shifting mask. IEEE Trans. Electron Devices, vol. ED-29(1982), 1828-1982.

[52] Na Yao, Zian Lai, Liang Fang, Changtao Wang, Qin Feng, Zheyu Zhao, and Xiangang Luo. Improving resolution of superlens lithography by phase-shifting mask. OPTICS EXPRESS, Vol. 19, No. 17 (15 August 2011): 15982-15989.

[53] Michael Fritze, Brian M Tyrrell, David K Astolfi, Renée D Lambert, Donna-Ruth W Yost, Anthony R Forte, Susan G Cann, and Bruce D Wheeler. Subwavelength optical lithography with phase-shift photography. LINCOLN LABORATORY JOURNAL, VOLUME 14, NUMBER 2, 2003: 237-250.

[54] M D Levenson. Extending the Lifetime of Optical Lithography Technologies with Wavefront Engineering. Jpn. J. Appl. Phys. 33 (12B, pt. 1), 1994, 6765-6773.

[55] Wei-Feng Hsu, and Yuan-Hong Su. Implementation of far-field phase-shift lithography using diffractive optical elements. Micromachining Technology for Micro-Optics and Nano-Optics V and Microfabrication Process Technology XII, Proc. of SPIE Vol. 6462, 64621C, (2007): 1-8.

[56] D. Van Steenwinckel, H. Kwintena, S. Locorotondob and S. Beckx. Overbake: sub-40nm gate patterning with ArF lithography and binary masks. Philips Research Leuven, IMEC. 2004.

[57] Xu Ma and Gonzalo Arce. Binary mask optimization for inverse lithography with partially coherent illumination. J. Opt. Soc. Am. A/Vol. 25, No. 12/December 2008: 2960-2970.

[58] Michael Sanie, Michel Côté, Philippe Hurat, Vinod Malhotra. Practical Application of Full-Feature Alternating Phase-Shifting Technology for a Phase-Aware Standard-Cell Design Flow. Numerical Technologies, Inc. 70 West Plumeria Drive, San Jose, CA 95134(2001).

[59] Wagner C, Kaiser W, Mulkens, J, Flagello D, Advanced Technology for Extending Optical Lithography, SPIE Microlithography, Vol. 4000, (2000): 344.

[60] A B Kahng, S Vaya and A Zelikovsky. New Graph Bipartizations for Double-Exposure, Bright Field Alternating Phase-Shift Mask Layout, Proc. Asia and South Pacific Design Automation Conf. , Jan. 2001: 133-138.

[61] Z Cui, P D Prewett, B Martin. Optimisation of rim phase shift masks for contact holes. Microelectronic Engineering 27 (1995) 331-334.

[62] Ingo Höllein, Silvio Teuber, Karsten Bubke. Determination of mask induced polarization effects on chromeless phase-shifting mask structures and AltPSM mask structures for 50 nm lithography. Advanced Mask Technology Center GmbH & Co. KG, Raehnitzer Allee 9, D-01109 Dresden, Germany(2006), US20040101764.

[63] US5484672: Method of making a rim-type phase-shift mask.

[64] US6797440: Method of forming a rim phase shifting mask and using the rim phase shifting mask to form a semiconductor device.

[65] A O Adeyeye, and N Singh. TOPICAL REVIEW Large area patterned magnetic nanostructures. J. Phys. D: Appl. Phys. 41 (2008) 153001: 1-29.

[66] M D Levenson. Wavefront engineering from 500 to 100 nm CD. Proc. SPIE. vol. 3051, 2, 1997.

[67] Multiple Mask Step And Scan Aligner (US20030142284).

[68] Andrew B Kahng and Y C Pati. Subwavelength Lithography and its Potential Impact on Design and EDA, DAC 99, Proc. Of the 36th annual ACM/IEEE Design Automation Conf. : 799-804.

[69] Duffey T Embree, T Ishihara, R Morton, W N Partlo, T Watson, R Sandstrom. ArF Lasers for Production of Semiconductor Devices with CD < 0. 15 mm. Proceedings of SPIE Vol. 3334 (1998): 1014-1020.

[70] H-Y Liu, L. Karklin, Y. -T. Wang, and Y. C. Pati. The Application of Alternating Phase- Shifting Masks to 140nm Gate Patterning: Line Width Control Improvements and Design Optimization, in SPIE 17th Annual BACUS Symposium on Photomask Technology, SPIE 3236, 1998, 328- 337.

[71] H-Y Liu, L. Karklin, Y. -T. Wang, and Y. C. Pati. "The Application of Alternating Phase- Shifting Masks to 140 nm Gate Patterning (II): Mask Design and Manufacturing Tolerances, " SPIE 3334, 1998, pp. 20-14.

[72] M Fritze, J Burns, P W Wyatt, C K Chen, P Gouker, C L Chen, C Keast, D Astolfi, D Yost, D Preble, A Curtis, P. Davis, S Cann, S Deneault, and H Y Liu, "Sub-100 nm Silicon on Insulator Complementary Metal-Oxide Semiconductor Transistors by Deep Ultraviolet Optical Lithography, " J. Vac. Sci. Technol. B 18 (6), 2000: 2886-2890.

[73] J M Burns, C. L. Keast, J M Knecht, R R Kunz, S C Palmateer, S Cann, A Soares, and D C Shaver. Performance of a Low Power Fully-Depleted Deep Submicron SOI Technology and Its Extension to 0.15 μm. Proc. 1996 Int. SOI Conf. , 30 Sept. –3 Oct. , Sanibel Island, Fla. 102-103.

[74] M Fritze, J M Burns, P W Wyatt, D K Astolfi, T Forte, D Yost, P Davis, A Curtis, D M Preble, S Cann, S Deneault, H-Y Liu, J C Shaw, N T Sullivan, R Brandom, and M Mastovich, Application of Chromeless Phase-Shift Masks to Sub-100 nm SOI CMOS Transistor Fabrication. SPIE 4000, pt. 1, 2000, 388-407.

[75] Suzuki A, Saitoh K, Yoshii M, Multilevel imaging system realizing k_1=0. 3 lithography, SPIE vol. 3679 (1999): 396-407.

[76] Handbook of Microlithography. Micromachining and Microfabrication. edited by P. Rai Choudhury (SPIE), Bellingham, WA, (1997), Chap. 1.

[77] M. Fritze et al. Gratings of regular arrays and trim exposures for ultralarge scale integrated circuit phase-shift lithography. J. Vac. Sci. Technol. B **19**, 2366-2370 (2001).

[78] O. Toublan, E. Sahouria, N. Cobb, T. Don, T. Donnelly, Y. Granik, F. Schellenberg, and P. Schiavone. Phase aware proximity correction for advanced masks. Proc. SPIE 4000, 160 (2000).

[79] C M Wang, C. W. Lai, J. Huang, and H. Y. Liu, Patterning 80-nm gates using 248-nm lithography: an approach for 0. 13-μm VLSI manufacturing. Proc. SPIE 4346, 452(2001).

[80] M D Levenson, J S Petersen, D G Gerold, and C A Mack, Phase Phirst! An Improved Strong-PSM Paradigm. 20th Annual BACUS Symposium on Photomask Technology. Proc. SPIE 4186, 395 (2000).

[81] 李晨菲. 扫描电子束曝光机背散射电子检测与对准技术的研究(博士论文). 中科院电工研究所, 2005,5.

[82] Broers A N, Hoole A C F, Ryan J M. Electron beam lithography-resolution limits [J]. Microelectronic Engineering, 1996, 32(1-4): 131-142.

[83] 吴克华. 电子束扫描曝光技术[M]. 北京：宇航出版社, 1985.

[84] 王振宇, 成立, 祝俊, 等. 电子束曝光技术及其应用综述[J]. 半导体技术, 第31卷, 第6期(2006年6月): 418-422.

[85] 顾文琪. 电子束曝光技术的发展方向[C]. 第十二届全国电子束、离子束、光子束学术年会, 2003. 10.

[86] 赵育清. 电子束离子束技术[M]. 西安：西安交通大学出版社, 2002. 03.

[87] John N Helbert. Handbook of VLSI Microlithography (second edition). William Andrew Publishing, LLC, Norwich, New York, U. S. A. 2001：670-755.

[88] Ohta H, Matsuzaka T, Saiton N. New optical column with large field for nano-meter e-beam lithography system [A]. 1995, Proc. SPIE 2437 [C]: 185.

[89] Maroun K, Ferry D K. Effect of molecular weight on poly (methyl methacrylate) resolution. J. Vac. Sci. Technol. B, 1996, 14: 75-79.

[90] 武丰煜, 张福安. 电子束曝光机用背散射电子检测电子装置的研制及应用[J]. 电工电能新技术, 1989（2）: 46-49.

[91] 成立, 赵倩, 王振宇, 等. 限散射角电子束光刻技术及其应用前景[J]. 半导体技术, 2005, 30(6): 18-22.

[92] DHALIWAL R S, ENICHEN W A, DGOLLADAY S, et al. PREVAIL: electron projection technology approach for next-generation lithography[J]. IBM J of R&D Advanced Semiconductor Lithography, 2001, 45(5): 615- 638.

[93] A. R. Champagne, A. J. Couture, F. Kuemmeth, and D. C. Ralph, S. J. Rehse, A. D. Glueck, S. A. Lee, A. B. Goulakov, C. S. Menoni, D. C. Ralph, K. S. Johnson and M. Prentiss, Nanometer-scale Scanning Sensors Fabricated Using Stencil Lithography. Appl. Phys. Lett. 82, 7(2003): 1111-1113 .

[94] S. J. Rehse, A. D. Glueck, S. A. Lee, A. B. Goulakov, C. S. Menoni, D. C. Ralph, K. S. Johnson, and M. Prentiss. Nanolithography with metastable neon atoms: Enhanced rate of contamination resist formation for nanostructure fabrication. Appl. Phys. Lett. 71, 10 (1997): 1427-1429 .

[95] United States Patent 6770402.

[96] Ampere A Tseng, Kuan Chen, Chii D Chen, and Kung J Ma. Electron Beam Lithography in Nanoscale Fabrication: Recent Development. IEEE TRANSACTIONS ON ELECTRONICS PACKAGING MANUFACTURING, Vol. 26, No. 2, APRIL 2003: 141-149.

[97] W K Waskiewicz, L R Harriott, J A Liddle, S T Stanton, S D Berger, E Munro and X Zhu. Electron- Optics Method for High-Throughput in a SCALPEL System: Preliminary Analysis. Microelectronic Engineering 41/42 (1998) 215-218.

[98] C Grant Willson, and Bernard J Roman. The Future of Lithography: SEMATECH Litho Forum 2008 Nano Focus, Vol. 2, No. 7, 1323-1328.

[99] 杨清华, 陈大鹏, 叶甜春, 等. 电子束散射角限制投影光刻掩模研制[J]. 光电工程, Vol. 31, No. 4, Apr. 2004: 13-16.

[100] 靳鹏云. 电子束投影曝光机的标记检测系统研究[C]. 第十三届全国电子束离子束光子束学术年会, 北京, 2003.

[101] R S Dhaliwal, W A Enichen, S D Golladay, M S Gordon, R A Kendall, J E Lieberman, H C Pfeiffer, D J Pinckney, C F Dobinson, J D Rockrohr, W Syickrl, E V Tressler. PREVAIL: Electron projection technology approach for next-generation lithography. IBM Journal of Research and Development, Volume 45 Issue 5(Sep. 2001): 615-638.

[102] L. R. Harriott. SCALPEL projection electron beam for sub-optical lithography. J. Vac. Sci. Technol. B 15, No. 6, 2130(1997).

[103] H C Pfeiffer and W Stickel. Electron beam lithography system. US Parent 5, 466, 904.

[104] H C Pfeiffer and W Stickel. PREVAIL- An e-beam stepper with variable axis immersion lenses. Microelectron. Eng. Vol. 27, No. 1-4, (Feb. 1995): 143-146.

[105] W K Waskiwicz, S D Berfer, L R Harriott, M M Mkrtchyan. Electron-Optical Design for the SCALPEL Proof-of Concept Tool, Proc. SPIE 2522, 13(1995).

[106] H C Pfeiffer, G O Langner, and M S Sturans, "Variable axis lens for electron beams, " Appl. Phys. Lett. 39, No. 9, 775(1981).

[107] H C Pfeiffer, and G O Langner. Advanced deflection concept for large area, high resolution E-beam

lithography. J. Vac. Sci. Technol. 19, No. 4, 1058(1981).

[108] M A Sturans, P F Petric, H C Pfeiffer, W Sticlel, and M S Gordon, "Optimization of variable axis immersion lens for resolution and normal landing, " J. Vac. Sci. Technol. B8, No. 6, 1682(1990).

[109] H C Pfeiffer, and W Sticlel, "Large field electron optics – Limitation and enhancement, " Proc. SPIE 2522, 23(1995).

[110] W Stickel. Simulation of Coulomb Interaction in Electron Beam Lithography Systema—A Comparision of Models. J. Vac. Sci. Technol. B 16, No. 6, 3211(1998).

[111] W. Stickel, and G. O. Langner, Application of the generalized Curvilinear variable axis concept to electron projection. J. Vac. Sci. Technol. B 18, No. 6, 3029(2000).

[112] M B Heritage. Electron-projection micrefabrication system. J. Vac. Sci. Technol. 12, No. 6, 1135 (1975).

[113] X Lischke, K Anger, W Muenchmeyer, et al. Investigation about high performance electron-microprojection system. Proceedings of the Symposium on Electron and Ion Beam Science and Technology, English International Conference, 1978, p. 160.

[114] H C Pfeiffer, R S Dhaliwal, S D Golladay, et al. Projection exposure with variable axis immersion lenses: Next generation lithography. J. Vac. Sci. Technol. B 17, No. 6, 2840(1999).

[115] W. Stickel and G. O. Langner. PREVAIL – Evolution and properties of large area reduction Projection electron optics. Microelectron. Eng. 53, 283(2000).

[116] H. C. Pfeiffer. PREVAIL: Proof-of-Concept System and Result. Microelectron. Eng. 53, 61(2000).

[117] M S Gordon, J E Liebermann, P F Priteic, et al. PREVAIL: Operation of the Electron Optical Proof-of-Concept System. J. Vac. Sci. Technol. B 17, No. 6, 2871(1999).

[118] Chang T H P, Kerm D P, Murray L P. Arrayed miniature electron beam columns for high throughput[J]. J. Vac. Sci. Technol. , 1992, B10: 2754.

[119] Chang T H P. Proximity effects in electron beam lithography[J]. J Vac Sci Technol, 1975, 12: 12711.

[120] 刘明, 陈宝钦, 张建宏, 等. 电子束曝光中的邻近效应修正技术[J]. 微细加工技术, 2000(1): 16-20.

[121] Broers A N, Harper J M E, Molzen W W. 250 A° linewidths with PMMA electron resist. Appl. Phys. Lett. , 1978, 33: 392-394.

[122] Parikh M. Self-consistent-proximity effect correction technique for resist exposure (SPPECT RE)[J]. J Vac Sci Technol, 1978, 15(3) : 931.

[123] Eisenmann H, Waas T, Hartmann H. PROXECCO-proximity effect correct ion by convolution[J]. J Vac Sci Technol, 1993, B11(6): 274.

[124] T H Ning, IBM, Thomas J. Watson Research Ctr. Future directions for CMOS device technology development from a system application perspective (Invited Paper). Proc. of SPIE 6520-02 (2007).

[125] Jack J H Chen, S J Lin, T Y Fang, et al. Multiple electron beam maskless lithography for high-volume manufacturing. 978-1-4244-2785-7/09, 2009 IEEE: 96-97.

[126] M J Wieland, G de Boer, G F ten Berge, et al. MAPPER: high- throughput maskless lithography. Proc. of SPIE 76370F-1 (2010).

[127] Paul Petric, Chris Bevis, Alan Brodie, et al. REBL nanowriter: Reflective Electron Beam lithography. Proc. of SPIE, 727107 (2009).

[128] Elmar Platzgummer. Maskless lithography and nanopatterning with electron and ion multibeam projection. Proc. of SPIE 763703 (2010).

[129] Matthias Slodowski, Hans-Joachim Doring, Ines A Stolberg, et al. Multi-shaped-beam(MSB): an evolutionary approach for high throughput e-beam lithography. Proc. of SPIE 78231J (2010).

[130] Jack J H Chen, Faruk Krecinic, Jen-Hom Chen. Future Electron-Beam Lithography and Implications on Design and CAD Tools. 978-1-4244-7516-2/11/2011 IEEE: 403-404.

[131] S J Lin, W C Wang, P S Chen, C Y Liu, T N Lo, Jack J H Chen, Faruk Krecinic, and Burn J Lin, Characteristics performance of production-worthy multiple e-beam maskless lrthograph. Proc. SPIE 763717 (2010).

[132] J Gierak, C Vieu, M Schneider, et al. Optimization of experimental operating parameters for very high resolution focused ion beam applications[J]. J Vac Sci Technol, 1997, B15(6): 2373-2378.

[133] 蒋欣荣. 微细加工技术[M]. 北京: 电子工业出版社, 1990.

[134] Yong Chen, Anne Pepin. Nanofabrication: conventional and nonconventional methods[J]. Electrophoresis, Jan. 2001, 22(2): 187-207.

[135] http://open.jorum.ac.uk/xmlui/bitstream/handle/123456789/1022/Items/T356_1_section 31.html.

[136] http://www.wdzjs.com/article-986-1.html.

[137] 游本章. 离子束投影曝光技术[J]. 电工电能新技术. 1985年02期: 32-37.

[138] Bohlen H, et al. Electron-Beam Proximity Printing—A New High-Speed Lithography Method for Submicron Structures. IBM Journal of research and development, Vol. 26, No. 5, 1982, pp. 568-579.

[139] 马向国, 顾文琪. 聚焦离子束曝光技术[J]. 电子工业专用设备, 总第131期, (Dec. 2005): 56-58.

[140] Melng ailis J, Mondelli A A, Berry and R. Mohondro. A review of ion projection lithography[J]. J Vac Sci Technol, 1998, B16(3): 927-957.

[141] 魏玉平, 丁玉成, 李长河. 纳米压印光刻技术综述[J]. 制造技术与机床, 2012(8): 87-94.

[142] Piaszenski G, Barth U, Rudzinski A, et al. 3D structures for UV-NIL template fabrication with grayscale e-beam lithography[J]. Microelectronic Engineering, 2007, 84: 5-8.

[143] 丁玉成. 纳米压印光刻工艺的研究进展和技术挑战[J]. 青岛理工大学学报, 2010, 31(1): 9-15.

[144] Guo L J. Recent progress in nanoimprint technology and its applications[J]. J. Phys. D: Appl. Phys., 2004, 37: R123-R141.

[145] 兰洪波, 丁玉成, 刘红忠, 等. 纳米压印光刻模具制作技术研究进展及其发展趋势[J]. 机械工程学报, 2009, 45(6): 1-13.

[146] Zhang W, Chou S Y. Fabrication of 60 nm transistors on 4 in. Wafer Using nanoimprint at all lithography levels[J]. Appl. Phys. Lett, 2003, 83 (8): 1632-1634.

[147] Colburn M, Johnson S, Damle S et al. Step and flash imprint lithography: a new approach to high-resolution patterning [J]. Proceeding SPIE, 1999: 379-389.

[148] 罗康, 段智勇. 纳米压印技术进展及应用[J]. 电子工艺技术, 第30卷, 第5期(2009年9月): 253-257.

[149] Smith B J, Stacey N A, Donnelly J P, et al. Employing Step and Flash Imprint Lithography for Gate Level Patterning of a MOSFET Device[C]. Proc. SPIE, 2003, 5037: 1029-1034.

[150] Johnson S C, Bailey T C, Dickey M D, et al. Advances in Step and Flash Imprint Lithography[C]//Proc. SPIE, 2003, 5037:197-202.

[151] Wilbur J L, Kumar A-Biebuyek H A, James L Wilbur, et al. Microcontact printing of self-assembled monolayers: applications in microfabrieation [J]. Nanotedmology, 1996(7): 452-457.

[152] Chou Stephen Y, Keimel Chris, Gu Jian. Ultrafast and direct imprint of nanostructure in silicon[J]. Nature, 2002, 417: 835-837.

[153] Lan Shuhuai, Lee Hyejin, Ni Jun, et al. Survey on roller-type nanoimprint lithography(RNIL)process[J]. International Conference On Smart Manufacturing Application, Gyeonggi-do, Korea, 2008.

[154] 段智勇, 罗康. 电磁辅助纳米压印[J]. 电子工艺技术, 第31卷第3期（2010年5月）: 132-140.

[155] 王良江, 罗怡. 聚合物微结构超声波压印工艺研[D], 大连理工大学, 2012, 6.

[156] 韩璐璐, 周晶, 龚晓, 等. 溶剂辅助聚合物微成型[J]. 科学通报, 第54卷, 6(3): 696-706.

[157] 陈强. 微纳米压印技术及应用[J]. 中国印刷与包装研究, Vol. 03, No. 6, (2011. 12): 1-8.

[158] Bao L R, Cheng X, Huang X D, et al. Nano-imprinting Over Topography and Multilayer 3D Printing[J]. J. Vac. Sci. Technol. , 2002, B20(6): 2881-2886.

[159] H L Chen, S Y Chuang, H C Cheng, et al. Directly patterning metal films by nanoimprint lithography with low-temperature and low-pressure. Microelectronic Engineering 83 (2006) 893-896.

[160] Stephen Y Chou and Lei Zhuang. Lithographically induced self-assembly of periodic polymer micropillar Arrays. J. Vac. Sci. Technol. B 17. 6. , Nov/Dec 1999: 3197-3202.

[161] Xiaogan Liang, Wei Zhang, Mingtao Li, et al. Electrostatic Force-Assisted Nanoimprint Lithography (EFAN). Nano Lett. , Vol. 5, No. 3, 2005: 827-830.

[162] Chao Wang, Keith J Morton, Zengli Fu, et al. Printing of sub-20 nm wide graphene ribbon arrays using nanoimprinted graphite stamps and electrostatic force assisted bonding. Nanotechnology 22 (2011)) 445301: 1-6.

[163] Nie Z H, Kumacheva E. Patterning surfaces with functional polymers[J]. Nature Materials, 2008, 7(4): 277-290.

[164] Huo F, Zheng Z, Zheng G, et al. Polymer pen lithography[J]. Science, 2008, 321(5896): 1658-1660.

[165] Li X L, Wang Q K, Zhang J, et al. Large area nano-size array stamp for UV-based nanoimprint lithography fabricated by size reduction process[J]. Microelectronic Engineering, 2009, 86 (10): 2015- 2019.

[166] 王合金, 费立诚, 宋志棠, 等. 纳米压印技术的最新进展[J]. MEMS 器件与技术, 2010, 47(12): 725- 726.

[167] Scheer H-C, Hoffmann T, Sotomayor Torres C M, Pfeiffer K, Bleidiessel G, Grutzner G, Cardinaud Ch, Gaboriau F, Peignon M-C, Ahopelto J, Heidari B. New polymer materials for nanoimprinting[J]. Journal of Vacuum Science & Technology B: Microelectronics and Nanometer Structures, 2000, 8(4): 1861- 1865 .

[168] Gourgon C, Perret C, Micouin G. Electron beam photoresists for nanoimprint lithography[J]. Microelectromic Engineering, 2002(61/62): 385- 392.

[169] Hu W, Crouch A S, Miller D, et al. Inhibited cell spreading on polystyrene nanopillars fabricated by nanoimprinting and in situ elongation[J]. 2010 Nanotechnology 21 385301: 1- 6.

[170] Harutaka M, Toshihiko N, Hiroshi G, et al. Nanoimprint lithography combined with ultrasonic vibration on polycarbonate[J]. Japanese Journal of Applied Physics, 2007, 46 (9B): 6355- 6362.

[171] Yu C C, Chen Y T, Wan D H, et al. Using one-step, dual-side nanoimprint lithography to fabricate low - cost, highly flexible wave plates exhibiting broadband antireflection [J]. Journal of the Electrochemical Society, 2011, 158 (6): 195- 199.

[172] Choi P, Fu P F, Guo L J. Siloxane copolymers for nanoimprint lithography[J]. Advanced Functional Materials, 2007, 17(1) : 65-70.

[173] 霍永恩, 贾越, 王力元. 纳米压印抗蚀剂研究进展[J]. 影像科学与光化学, 2008, 6 (2):148-156.

[174] 崔铮. 微纳米加工技术及其应用[M]. 北京: 高等教育出版社, 2005.

[175] Tsibouklis J, Nevell T G. Ultra- low surface energy polymers: the molecular design requirements[J]. Advanced Materials, 2003, 15(7/8): 647- 650.

[176] 周伟民, 张静, 刘彦伯. 纳米压印技术[M]. 北京: 科学出版社, 2012.

第 12 章 投影光刻物镜

12.1 概述

12.1.1 光刻技术简介

光刻工艺用曝光的方法将掩模上的图形转移到涂覆于硅片表面的光刻胶上，然后通过显影、刻蚀等工艺将图形转移到硅片上。光刻工艺直接决定了大规模集成电路的特征尺寸，是大规模集成电路制造的关键工艺。

不断减小曝光波长，增大投影物镜的数值孔径，并采用分辨率增强技术降低光刻工艺因子 k_1[1,2]。光刻机的曝光波长已经从 436 nm（g 线）、365 nm（i 线）、248 nm（KrF）减小到目前的 193 nm（ArF）。干式光刻机投影物镜的数值孔径从 0.4 增大到目前的 0.93，浸没式光刻机投影物镜的数值孔径将达到 1.3，甚至更高[3]。

光刻机的发展历程包括：接触式光刻机、接近式光刻机、全硅片扫描投影式光刻机、分步重复投影式光刻机到目前普遍采用的步进扫描投影式光刻机等。步进扫描投影式光刻机解决了数值孔径增大带来的视场变小的问题[4]。由于高端芯片尺寸增大要求增大硅片尺寸，同时为了提高产率，避免频繁更换硅片，光刻机使用的硅片直径从 150 mm、200 mm 增大到目前的 300 mm。

根据最新的国际半导体技术蓝图 ITRS 2005，半导体制造技术将在 2007 年达到 65 nm 节点，套刻精度达到 11 nm，2010 年可达到 45 nm 节点[5]，套刻精度达到 8 nm。国际上用于 65 nm 节点的主流光刻机将是 193 nm 的 ArF 干式步进扫描投影光刻机和 193 nm 的浸没式光刻机；用于 45 nm 节点的主流光刻机将是 193 nm 的 ArF 浸没式光刻机。

12.1.2 提高光刻机性能的关键技术

行业内接受的光刻机三项性能参数：光刻分辨率、套刻精度和产率。为提高这些指标主要依赖于提高光刻机性能的 4 种国际主流技术[6]。

1. 双工件台技术

随着特征尺寸的减小和投影物镜数值孔径的增大，光刻面临焦深不断减小的挑战。调焦调平和对准精度的提高是以花费更多的测量时间为代价的，故提出了双工件台技术[7]，图 12.1 所示为双工件台系统中硅片的操作流程图。两个工件台分别位于测量位置和曝光位置，独立地工作，一个工件台上的硅片进行曝光的同时，另一个工件台上的硅片可以进行上片、对准、调焦调平、下片等操作。当两个工件台上的硅片分别完成了测量和曝光，将两个工件台交换位置和任务。双工件台系统的产率相比单工件台系统可以提高 35%左右。

193 nm 浸没式光刻技术是将 193 nm 光刻技术延伸到 65 nm 和 45 nm 节点的重要技术。将浸没式光刻技术和双工件台技术结合应用，具有很强的性能优势[8,9]。曝光在"湿"环境下进行，对准和调焦调平在"干"环境下进行，因此可以沿用现有的对准和调焦调平技术。

2. 偏振光照明技术

分析大数值孔径光刻系统成像质量问题时，需考虑[10]照明光偏振态。离轴照明方式结合偏振光照明设置可以对各种不同的图形实现高对比度成像。在数值孔径大于 0.8 的光刻机中，应该使用成像对比度较高的 s 偏振光照明[11]。另外，使用偏振光照明可以获得更好的光刻工艺窗口和更低的掩模误差增强因子（mask error enhancement factor，MEEF）[12]。

图 12.2 列举了几种偏振光离轴照明方式。其中（a）表示 y 方向振动线偏振光结合 x 方向二极照明，适用于垂直方向的密集线成像；（b）表示 x 方向振动线偏振光结合 y 方向二极照明，适用于水平方向的密集线成像；（c）表示环形照明结合方位偏振光照明；（d）表示四极照明结合方位偏振光照明。图 12.2（c）、（d）主要用于二维图形成像。当使用偏振光照明时，光刻机的照明系统中存在诸多因素如光学材料的本征双折射及应力双折射、光学薄膜的偏振特性等影响着光的偏振态。为了使成像光束保持较高的偏振度，需要整个照明系统进行偏振控制。采用偏振保持光束传输系统和无损偏振控制系统，保证偏振光束的无损传输和控制[13]。

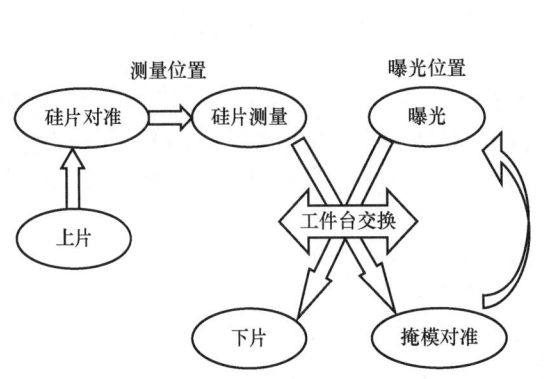

图 12.1 双工件台系统中硅片操作流程图

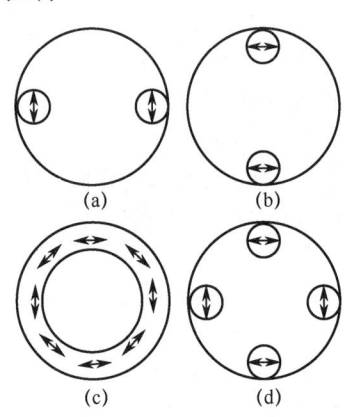

图 12.2 几种偏振光离轴照明方式

偏振光照明系统应实时检测照明光的偏振态。无损偏振照明系统采用偏振在线监控器和偏振计对照明光的偏振度进行监测。前者的作用是实时监测从无损偏振控制器输出激光的偏振度，然后反馈给控制旋转波片，保证高偏振度的线偏振光输出。后者是在便携式相位测量干涉仪基础上，加上 1/4 波片和偏振分光器等偏振光学元件构成的[11]，在光刻机装校和维护时用于偏振照明检测。在偏振照明系统中，1/4 数值孔径成像偏振检测系统用来测量照射光在掩模位置的偏振性能，而照明光在硅片位置的偏振性能是由基于剪切干涉原理的 ILIAS（integrated lens interferometer at scanner，扫描式透镜干涉仪）系统测量的[14]。

3. 大数值孔径投影物镜

投影物镜是光刻机中最昂贵、最复杂的部件之一，提高光刻机分辨率的关键途径之一是增大投影物镜的数值孔径。随着光刻分辨率和套刻精度的提高，投影物镜的像差和杂散光对成像质量的影响变得突出。浸没式物镜的轴向像差，如球差和场曲较干式物镜增大了 n 倍（n 为浸没液体的折射率）[15]。

在引入偏振光照明后，投影物镜的偏振控制性能变得很重要。在数值孔径不断增大的情况下，保持视场大小及偏振控制性能，并严格控制像差和杂散光，是设计投影物镜必须认真处理的问题。传统光刻机的投影物镜多采用全折射式设计方案，即物镜全部由旋转对称且在同一光轴上对准装校的透射光学元件组成。其优点是结构相对简单，易于加工与装校，局部杂散光较少。然而，大数值孔径全折射式物镜设计较复杂。为了校正场曲，须使用大尺寸正透镜和小尺寸负透镜以满足 Petzval 条件（控制ΣIV），即投影物镜各光学表面的ΣIV 数为零，小尺寸的负透镜使控制像差困难[15]。已有全折射式浸没物镜，数值孔径 1.1[16]、1.07[17]等。

为了实现更大的数值孔径，近年来普遍采用折反式设计方案。反射镜的 Petzval 和数为负，不再依靠增加正透镜的尺寸来满足 Petzval 条件，使投影物镜在一定尺寸范围内获得更大的数值孔径成为可能，折反式投影物镜主要有多轴和单轴两种设计方案（见 12.9 节）。

4．浸没式光刻技术

浸没式光刻技术是近年来提出的延伸 193 nm 光刻的关键技术之一[4]。浸没式光刻技术需要在投影物镜最后一个透镜的下表面与硅片上的光刻胶之间充满高折射率的液体（目前多为水）。

目前的浸没式光刻机主要采用局部浸没装置，在投影物镜最后一个透镜的下表面和硅片光刻胶之间的空间内注入或排出浸没液体。在扫描、曝光、液体供给及回收等过程中，浸没液体中可能产生气泡，溶解在水中的光刻胶物质以及曝光后硅片上残留的液体都可能导致污染。为了排除气泡和污染物对光刻的影响，目前的解决方案是在局部浸没装置中保持浸没液体稳定流动。如前所述，在浸没式光刻机中运用双工件台技术，可以沿用现有的对准和调焦调平系统，避开了浸没状态下的检测难题。为实现 45 nm 的分辨率，浸没式投影物镜的数值孔径一般大于 1.2，因此在浸没式光刻机中采用偏振光照明技术以保证较高的成像对比度。

ArF 浸没式光刻技术不需要研发新的掩模、透镜和光刻胶材料，甚至还可以保留现有 ArF 干式光刻机的大部分组件，仅需对部分系统改进设计。ArF 浸没式光刻机将是 65 nm 和 45 nm 节点的主流光刻设备，且有潜力延伸到更小的节点。

12.1.3 ArF 光刻机研发进展

1．干式 ArF 光刻机

干式 ArF 光刻机正在 90 nm 节点的制造工艺中发挥着重要作用[18,19]，使用偏振光照明技术，在大数值孔径成像时仍然可以保持较高的对比度。另外，浸没式技术推动干式 ArF 光刻机继续发展。

2．浸没式 ArF 光刻机

浸没式 ArF 光刻机的液体浸没装置设计及温度控制、大数值孔径浸没物镜设计、偏振光照明系统、气泡排除、浸没光刻缺陷控制、污染控制等难题都找到了相应对策。面向 45 nm 节点工艺制造的浸没式光刻机[20]陆续推出。表 12.1 所示为目前各公司的 ArF 光刻机型号的基本性能参数。

表 12.1 为目前各公司最新型号的 ArF 光刻机的基本性能参数

干式 ArF 光刻机					
公司	型号	数值孔径	分辨率/nm	套刻精度/nm	产率/wph
ASML	TWINSCANXT:1250	0.6～0.85	70	8	114
ASML	TWINSCANXT:1400	0.65～0.93	65	8	133
Nikon	NSR-S307E	0.55～0.85	80	10	112
Nikon	NSR-S308F	0.55～0.92	65	8	145
Canon	FPA-6000AS4	0.55～0.85	80	12	140
浸没式 ArF 光刻机					
公司	型号	数值孔径	分离率/nm	套刻精度/nm	产率/wph
ASML	TWINSCANXT:1400i	0.65～0.93	65	<8	85
ASML	TWINSCANXT:1700i	0.75～1.2	45	<7	122
Nikon	NSR-S609B	0.73～1.07	55	7	130
Nikon	NSR-S610C	1.3	45	<7	130

12.1.4 下一代光刻技术的研究进展

目前用于大规模集成电路生产的主流光刻技术仍是光学光刻技术，浸没式光刻技术的发展，使光学光刻技术延伸到 45 nm 甚至更小节点成为可能。针对 32 nm 以下节点，下一代光刻技术的主要研究方向是应用极紫外光刻技术、纳米压印技术和无掩模光刻技术。

1. 极紫外光刻技术（EUVL）

极紫外光刻技术一直是最受关注且有可能达到量产化要求的光刻技术[21,22]，其使用波长为 13.5 nm 的极紫外光，几乎所有材料对这个波段都是强吸收的，因此只能采用反射投影光学系统。极紫外光线经过由 80 层 Mo-Si 结构多层膜反射镜组成的聚光系统聚光后，照明反射式掩模，经缩小反射投影光学系统，将反射掩模上的图形投影成像在硅片表面的光刻胶上。目前，极紫外光刻技术研究面临的主要难题包括低缺陷密度掩模的制备，高输出功率、长寿命极紫外光源的研发，反射式投影光学系统中污染的有效控制，适用于量产的反射式投影光学系统的制造，低线条粗糙度和低曝光剂量极紫外光刻胶的研发，保护反射式掩模免受微粒污染等[5]。

2. 纳米压印光刻技术

纳米压印光刻技术是华裔科学家周郁在 1995 年首先提出的[23]。采用高分辨率电子束等方法将纳米尺寸的图形制作在"印章"上，然后在硅片上涂上一层聚合物（如聚甲基丙烯酸甲酯，PMMA），在一定的温度（高于聚合物的玻璃转化温度）和压力下，用已刻有纳米图形的硬"印章"压印聚甲基丙烯酸甲酯涂层使其发生变形，从而实现图形的复制。纳米压印光刻技术主要包括热压印、紫外压印和微接触压印三种技术。基于紫外压印技术的步进闪光压印（step and flash imprint lithography，SFIL）技术，可达 10 nm 的分辨率，有可能达到集成电路量产[24]。目前商业化系统用于压印 50 nm 以下的图形[25]，微接触压印将"墨材料"（含硫醇的试剂）转移到图案化的金属基表面上，再进行刻蚀工艺（见 11.7 节）。

3. 无掩模光刻技术

随着光刻分辨率的提高，掩模的成本直线上升，因此无掩模光刻技术成为研究的又一热点，主要分为基于光学的无掩模光刻技术[26]和非光学无掩模光刻技术[27]（如电子束无掩模光刻技术和离子束无掩模光刻技术）两大类（见 11.5 和 11.6 两节）。

综上所述，在 65 nm 节点，主流光刻设备将是 ArF 干式光刻机和 ArF 浸没式光刻机；用于 45 nm 节点的主流光刻设备将是 ArF 浸没式光刻机，该浸没式光刻技术仍然有潜力向更小的节点延伸。为了继续增大数值孔径，要用折射率更高（$n≈1.65$）的第二代浸没液体取代水浸没液，并采用更高折射率（$n>1.65$）的材料制造投影物镜底部透镜。同时，需要进一步提高套刻精度、解决曝光工艺中的缺陷、抑制气泡、控制液体流场稳定性、抑制残留液体和污染。另外，将现有的光刻设备与双曝光技术有效结合，是提高光刻分辨率的有效手段[28]。

极紫外光刻、纳米压印光刻、无掩模光刻等下一代光刻技术的研究也取得了进步。在 193 nm 浸没式光刻技术达到极限后，极紫外光刻将最有可能成为主流的光刻技术，纳米压印光刻和无掩模光刻也将是极有竞争力的下一代光刻技术。本章主要讨论投影光刻物镜的光学特征及设计原则和方法[29]。

12.2 投影光刻物镜的光学参量

12.2.1 投影光刻物镜的光学特征

1. 投影光刻物镜的分辨率

衡量投影光刻物镜的性能最重要的指标是分辨率，即曝光复制的最小节点。光刻节点不断缩

小，要求物镜的分辨率不断提高，其分辨率为

$$R = k_1 \frac{\lambda}{\mathrm{NA}} = \mathrm{pitch}/2 \tag{12.1}$$

即刻线间距（pitch）半宽度（特征尺寸或节点），其中 k_1 为与光刻工艺过程相关的工艺因子，λ 为投影光刻物镜的工作波长，NA 为投影光刻物镜的像方数值孔径[30]。

由式（12.1）可知，增大物镜的数值孔径 NA，减小工艺因子 k_1 和工作波长 λ，是减小节点尺寸、提高物镜分辨率的直接手段。物镜还有其他参数：投影倍率，视场大小（扫描方式）也在发展和变化。总之，投影光刻物镜的发展趋势是传输更多的信息。

2. 通过投影物镜的信息量

用扩展 Lagrange 不变量（H）表示通过物镜的信息量来解释物镜的性能可能是方便的。H 是由追迹两条近轴光线定义的[31]：

$$H = n(uh_p - u_p h) = n'(u'h_p' - u_p'h') \tag{12.2a}$$

式中，n 为折射率，u 为第一近轴光线的孔径角，h 为第一近轴光线在折射面上的入射高度[32]。相对于第二近轴光线的有关量为 h_p，u_p。n'，u'，η' 为像空间中的基本量。在像面上第一近轴光线的相交高度为零，第二近轴光线与像面的相交高度等于像面半径 η'。则 Lagrange 不变量可简化为

$$H = n_1 u_1 \eta_1 = n_2 u_2 \eta_2 = \cdots = n_n u_n \eta_n = n'u'\eta' \tag{12.2b}$$

由上式知：Lagrange 不变量 H 在物镜中是守恒的，是近轴光学中最重要的概念之一。Lagrange 不变量的平方正比于物镜所通过的总信息量。这个概念可以扩展到实际投影物镜。因而，物镜所通过的总信息量（total transmitted information，TTI）按其几何定义为

$$\mathrm{TTI}_{\mathrm{geometric}} = (\mathrm{NA} \times y_{i,\max})^2 \tag{12.3}$$

式中，NA 是数值孔径，$y_{i,\max}$ 为最大像面半径。

透过信息的总量用波动光学表示：

$$\mathrm{TTI}_{\mathrm{wave}} = \left(\frac{\mathrm{NA} \times y_{i,\max}}{\lambda}\right) \tag{12.4}$$

括号中的量便是设计物镜规格要求，包括波长 λ、NA 和 $y_{i,\max}$ 等物镜固有性能。

3. 物镜的工作波长的缩短—深紫外（deep ultraviolet，DUV）光源

投影光刻物镜的工作波长已由 436 nm 缩短到 193 nm 和 EUV（13.5 nm），如表 12.2 所示。减短波长是缩小光刻节点最有效的方法，这意味着光源、光学材料、光刻胶和光刻工艺等一系列的改变。

表 12.2 投影光刻物镜的工作波长

	中心波长	通 称	波 段	使用年份	说 明
汞弧灯 （mercury-arc lamp）	436 nm	g 线	可见	1970s	汞弧灯及辐射光谱波段分布 汞弧灯大部分波长的线宽为 4~6 nm
	405 nm	h 线	可见	—	
	365 nm	i 线	可见	1984	
	240~255 nm	DUV	深紫外	—	
准分子激光器 （excimer laser）	248 nm	KrF	深紫外	1989	工作物质是氪气（Kr）、氟气（F_2）、氖气（Ne）的混合气体
	193 nm	ArF	深紫外	1999	工作物质就是氩气（Ar）、氟气（F_2）、氖气（Ne）的混合气体
极紫外（EUV）	13.5 nm	EUV	极紫外	1986 年提出	EUV 光刻技术推后至 10 nm 节点（2015 年）

浸液技术也是一种缩短波长的方法，其特点是光波长在液体中缩短，光的频率未发生变化，浸液的优势之一是保留原有的光源、光学材料和大部分工艺，193 nm 浸液式光刻技术是取得成功的重要原因。与 157 nm 光刻相比，当波长短到 157 nm 时，大多数的光学镜头材料都是高吸收态，易将激光的能量吸收，受热膨胀后而造成球面像差。目前只有氟化钙为低吸收材料，可供 157 nm 使用。氟化钙材料在双折射等技术问题方面尚无法解决，加之产量需求少，而投入非常大，成本昂贵[33]。

目前绝大部分深紫外曝光系统都是用准分子激光器作为光源，依据工作介质的不同，它们的辐射中心波长也不同，如 KrF（氟化氪）准分子激光器的主要工作物质是氪气（Kr）、氟气（F_2）、氖气（Ne）的混合气体，辐射的中心波长为 248 nm；ArF（氟化氩）准分子激光器的主要工作物质是氩气（Ar）、氟气（F_2）、氖气（Ne）的混合气体，辐射的中心波长为 193 nm。当然还有 F_2（157 nm）准分子激光器，但目前已经失去了商业市场。

通常由于准分子激光器体积庞大，为了节省超净间建设和运行费用，通常将准分子激光器放置于超净间之外（距离超过 20 m），然后使用一套光束传输系统（可采用空间通道、光纤或对 EUV 采用由反射镜组成的通道）连接激光器与照明系统[34]。

目前商业提供的准分子激光器的波长线宽已经小于 1 pm（1 pm=10^{-12}m，比弧汞灯线宽减小了 3 个数量级以上），以 ArF 准分子激光器为例，不同公司产品线宽和其他指标如表 12.3[34]所示。

表 12.3 不同公司生产的 ArF 激光器的参数比较

	Cymer（XL-100）	Lamda-physik	Gigaphoton（GT40A）
重复频率	4 kHz	4 kHz	4 kHz
脉冲能量	10 mJ	>12.5 mJ	>15 mJ
功率	40 W	>50 W	>60 W
线宽（FWHM）	≤0.25 pm	≤0.25 pm	≤0.18 pm
线宽（E95）	≤0.65 pm	≤0.55 pm	≤0.5 pm

注：线宽（FWHM, Full-Width-at-Half-Maximum）为常用的半高全宽，E95 线宽为包含 95%能量的线宽，显然 E95 线宽是一个更加严格的指标

12.2.2 工作波长与光学材料

1. 紫外光波段的光学材料

对于光刻投影物镜，特别是节点小于或等于 65 nm 的成像的物镜，为保证良好透过率镜头所用的材料需有高透过率。大部分光学材料的透过率会随着波长的缩短而降低，为了提高分辨率，投影曝光系统的工作波长绝大部分都属于紫外光谱段，光学玻璃多是强烈吸收紫外光谱段，各种类型的光学材料透过率特性[34]如图 12.3 所示[35-37]。

投影光刻物镜中使用的光学材料除透过率外，还有其他光学性能，如折射率均匀性、双折射，抗辐射性能等都严重制约了投影光刻物镜在材料上的选择。

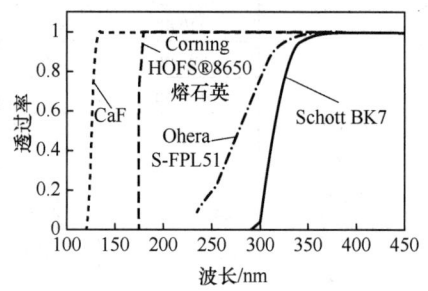

图 12.3 几种光学材料对不同波长的透过率

在使用 i 线（365 nm）时必须用专门的 i 线光学玻璃；而在 248 nm 和 193 nm 波长时，能够使用的光学材料仅有熔石英（fused silica）和氟化钙（CaF_2）[38]；对于 157 nm 波长，则仅有氟化钙可供使用。

2. 几种 i 线光学材料

光刻物镜在较宽波段上色差校正是很困难的，常以减小光源的线宽来减轻色差校正的压力。图 12.4 所示为一些常用的光学材料：i-线玻璃、氟化钙、熔石英的折射率和阿贝数[39]。近年在 Ohara 和 Schott 公司生产了几种 i-线玻璃[40,41]可用于微光刻物镜制造。图 12.4（a）应为材料其中有 13 种 Schott i-线（λ=365 nm）玻璃，包括两种极短波长玻璃（ULTRANS：ULT20 和 ULT30）和 13 种 Ohara i-线玻璃。氟化钙和熔石英材料也可以用于 i 线物镜（这两种材料主要用于准分子激光曝光系统）。在 365 nm 时，i-线玻璃具有较高的折射率均匀性和透射率（厚度 10 mm 材料大于 98.5%），低的热致双折射满足过度曝光（solarization）标准。高折射率玻璃在超短光谱区间透过率低，故微光刻物镜设计只能用低折射率玻璃。透镜元件用来达到衍射极限外，还要考虑透镜单元公差，并控制光线在透镜表面的入射角符合光学镀层的优化设计。i 线光学材料（365 nm 波长）折射率与相应阿贝（Abbe）数的函数关系如图 12.4（b）所示。因为 i 线投影物镜常对 365 nm±3 nm 光谱带宽进行设计，图 12.4（b）中的 Abbe 数用下式计算。

$$v_i = (n_i - 1) / (n_{i\text{-}3\,nm} - n_{i+3\,nm}) \tag{12.5}$$

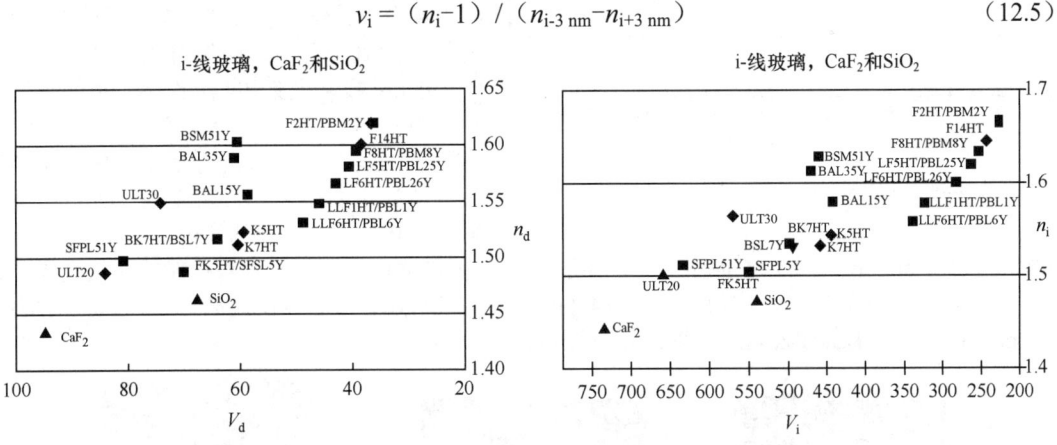

（a）微光刻物镜的光学材料　　（b）图（a）中光学材料对 365 nm 波长折射率与相应 Abbe 数的函数关系

图 12.4　常用光学材料的折射率和阿贝数

■、♦分别表示 Ohara 和 Schott 公司生产的 i-线玻璃；▲表示晶体材料

DUV 光刻光源的波长很短，如准分子激光曝光系统，只有熔石英和氟化钙是可用的材料，因为这些材料透过率符合要求。这两种材料的折射率和 Abbe 数也如图 12.4（a）所示。图中可以看出，相比熔石英，氟化钙的折射率小，阿贝数大（色散小），故二者组合可以在一定程度上校正色差。熔石英主要用于设计 KrF（λ=248 nm）准分子激光微光刻物镜，因为激光光谱带宽很窄（≤0.8 pm FWHM）且物镜系统不要求校正色差，还能提供大尺寸直径的材料产品。对于 ArF（λ=193 nm）准分子激光曝光系统，熔石英和氟化钙是适用的并能提供材料产品。而这两种材料的寿命受限于过度曝光（solarization）和 ArF 准分子激光照射引起的压缩（compaction）。过度曝光使物镜材料的内透过率（internal transmittance）衰退，增加吸收导致了热像差。压缩破坏了材料的品质，增加了材料的折射率。为了补偿和控制这两种主要的危害，Matsumoto 和 Mori[42]讨论了将开发采用一种更先进 ArF 曝光系统的。

3. 熔石英和氟化钙的光学特性

对于 193 nm 投影光刻物镜，能够使用的光学材料仅有熔石英和氟化钙，实际上对于光刻等级的熔石英，目前仅有德国 Schott 公司、Heraeus 公司、美国 Corning 公司等数家光学材料公司能够生产。对于氟化钙材料，由于价格昂贵并且存在本征双折射，故在投影光刻物镜中的使用量已

1）常规光学特性

193 nm 投影光刻物镜对熔石英和氟化钙有苛刻的性能要求，不仅要求常规的光学特性、如透过率（包含吸收与散射）、折射率均匀性、双折射和条纹、气泡度、杂质含量、应力双折射等，还要考虑材料的抗激光辐射性能。对于光刻等级熔石英，其金属杂质含量已经低于 10 ppb（10^{-9}, percent per billion），OH（羟基）含量小于 1ppm（10^{-6}, percent per million）。由于杂质含量极低，高纯度熔石英在 193 nm 波段的透过率也非常高，图 12.5 展示了 2 块光刻等级熔石英样品在不同波长的透过率。

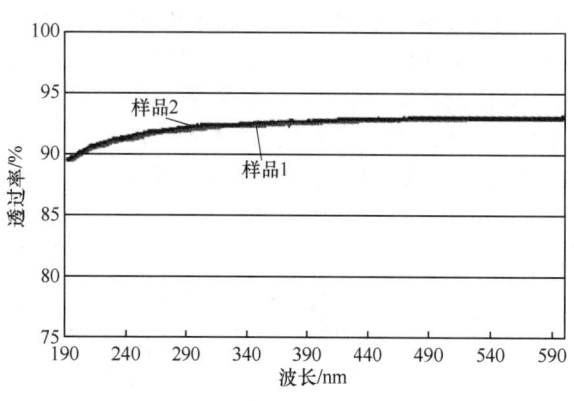

图 12.5 熔石英的透过率（Heraeus 公司）

图 12.5 中样品厚度为 4 cm，结果包含了表面反射损失以及材料体吸收和散射。结果显示在 193 nm 波长熔石英样品的透过率大于 79.7%/cm。材料的吸收会使材料升温并改变折射率分布，会引起系统的额外的波像差[43]。材料的散射则会引起成像对比度的损失。对于 193 nm 投影光刻物镜，设熔石英的平均透过率为 79.5%/cm，用于系统总透过率的计算。

材料均匀性和双折射是影响投影光刻物镜性能的主要因素，目前光刻等级熔石英折射率不均匀性要求小于 1 ppm，而应力双折射则要求小于 1 nm/cm。图 12.6 展示了一块熔石英样品折射率均匀性和应力双折射的测量结果[44]。

结果显示该样品折射率均匀性小于 0.4 ppm（采用 Zygo 公司干涉仪测量），应力双折射小于 0.19 nm/cm（采用 Hinds 公司双折射测量仪测量）。

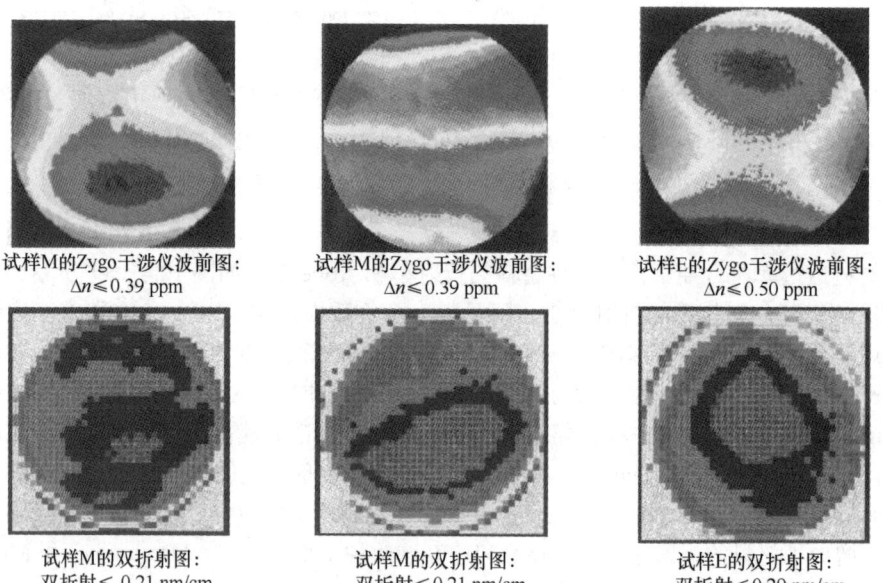

图 12.6 熔石英样品折射率均匀性和应力双折射的测量结果

2）抗激光特性

193 nm 投影光刻所用的光学材料由于长期处于较强的深紫外激光辐射下，材料的特性可能发生改变，主要会引起折射率变化，透过率降低。如图 12.7 所示，图中给出不同牌号熔石英在受到激光辐射时，由于材料质密度的收缩或膨胀引起折射率的改变。

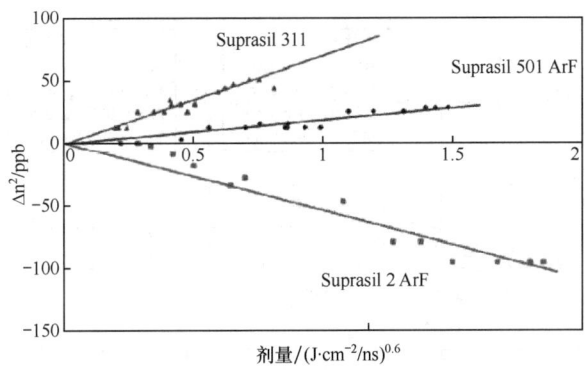

图 12.7　不同辐射剂量下材料折射率的改变（Heraeus 公司）

材料质密度收缩时，折射率变大的现象称作"压实（compaction）效应"。材料质密度膨胀时，折射率变小的现象称作"疏松（rarefaction）效应"[45]。发生"压缩效应"还是"稀疏效应"主要取决于熔石英的生产工艺和辐射剂量大小，图 12.7 中 Suprasil 311 和 Suprasil 50l 发生了压缩，而 Suprasil 2 ArF 则产生了稀疏，即折射率变小，材料折射率的变化会引起系统波像差的变化，可以通过调节系统工作波长和元件间隔进行补偿，但理想情形是材料产生压缩或稀疏尽可能的小，通常会要求折射率的长期变化小于 0.5 ppm。

已发表的压实效应模型的公式为[46]：

$$\partial n = \left[k_2 \frac{NI^2}{t_{is}} \right]^b \tag{12.6}$$

式中：∂n 是折射率变化；k_2 是材料依赖常数，设 k_2 单位为一；N 是脉冲数，I 是单脉冲的能量密度（mJ/cm²）；t_{is} 是积分平方脉冲宽度（integral square pulse width）（ns），其定义为[47]

$$t_{is} = \frac{\left[\int T(t) \mathrm{d}t \right]^2}{\int T^2(t) \mathrm{d}t}$$

其中 $T(t)$ 是时间脉冲形状。基于早期的研究，折射率变化与曝光的关系在饱和疏松效应（激光照射剂量继续增加而疏松效应不再增强）模型中是脉冲数和能量密度的函数：

平衡的样品的折射率变化曲线

$$\partial n = \Delta n_{\mathrm{sat}} \left[1 - \mathrm{e}^{-\frac{NI}{D_0}} \right] \tag{12.7}$$

式中，Δn_{sat} 是饱和折射率变化，D_0 是疏松效应的 e-乘方因子中的剂量。

材料的疏松效应和压实效应之间平衡例的折射率变化测量结果如图 12.8 所示。当曝光在 0.087 mJ/cm²（小于 100 亿个脉冲）和积分平方脉冲宽度（t_{is}）持续时间为 18.2 ns 时，折射率变化为 10e⁻⁹ 左右。压实效应和疏松效应的组合模型如下：

$$\partial n = \Delta n_{\mathrm{sat}} \left[1 - \mathrm{e}^{-\frac{NI}{D_0}} \right] + \left[K_2 \frac{NI^2}{t_{is}} \right]^b \tag{12.8}$$

在一些情况下，e-乘方因子（e-folding）中的剂量 D_0 很大，折射率变化的疏松效应部分较好地符合单一线性函数。可简单与压实效应模型相结合：

$$\partial n = \frac{\Delta n_{\mathrm{sat}}}{D_0} + \left[k_2 \frac{NI^2}{t_{is}} \right]^b \tag{12.9}$$

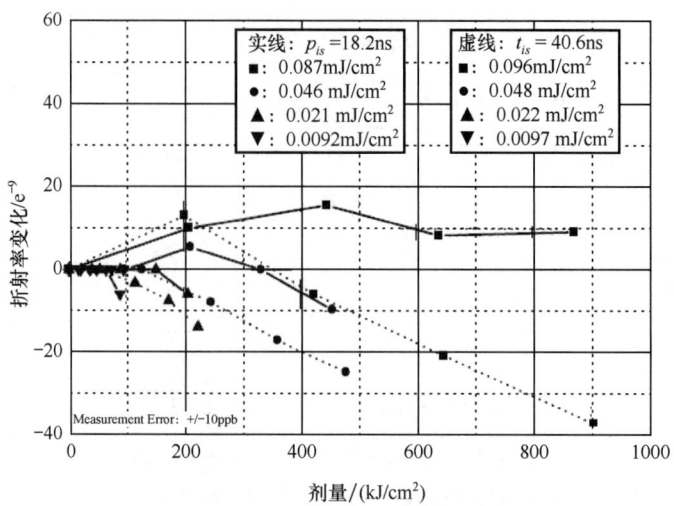

图 12.8 在压实和疏松效应间平衡的样品的折射率变化曲线

继续曝光这些样品达到积聚 400 亿次脉冲以后，所有样品将显示出折射率变化的饱和稀松效应，能够使样品符合组合模型。为验证这些组合模型的准确度，图 12.9 表示样品测量折射率变化对模型预期的折射率变化之间的符合情况。这些数据点近似在一条直线上，表明了模型能够达到预期的性能。

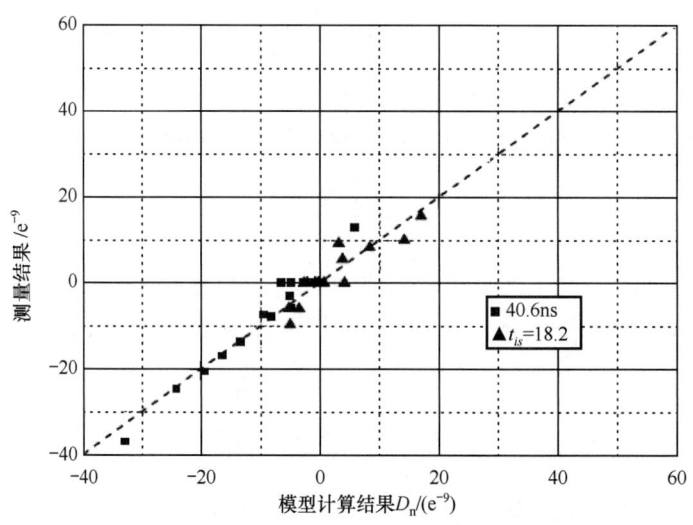

图 12.9 样品#3 的测量数据比较对照预期模型的散射曲线图

前面引用的熔石英高能量密度曝光[46]工作中的压实效应，如果使参数 $b=0.6$，将得到一个重要的结果。对于不同样品的 k_2 值之间是一个有意义的比较[48]，取固定的 b 值是必要的，因为 b 值的很小变化将引起 k_2 值的很大变化。b 值固定，所有样品的 k_2 值接近于相同，相对平均值只有 2.4% 的差别。从这些符合的结果可推断，所有样品有接近于相同的压实效应性质，在这些实验中是由于疏松效应的行为导致了不同的折射率变化。

3）初始的和诱发吸收的研究

材料透过率也会随着激光辐射剂量的不同而发生改变，且通常是透过率降低，这种现象称作过度曝光（solarization）。低于氟化钙材料在不同照射剂量时透过率的变化[49]：在 193 nm 和 157 nm

波长区间的材料表面污染降低透过率并导致吸收系数提高。抛光过程的粗糙度也导致透过率的降低[50]，称为初始吸收（initial absorption），其表示抛光和清洁后的表面质量。初始吸收由"同一材料厚度序列（thickness series）"来测量，其过程是测量同一材料不同厚度（厚度序列）的吸收。图 12.10 所示为样品和厚度的关系的线性衰退曲线，由线性吸收曲线的斜度与纵坐标（=零厚度）的交点求得表面的损耗，可估计表面的吸收，得到表面损耗的量化。同样清洁处理过程的 193 nm 和 157 nm 的纵坐标值不同，这是因为表面粗糙尺度 λ^{-2} 不同[51]。

激光诱导吸收（laser induced absorption，LIA）是研究 193 nm 和 157 nm 激光束通过材料的原位透过率（in-situ transmission）。LIA 测量的结果如图 12.11 所示。对 193 nm 以及 157 nm 辐照的原位测量透过率时，CaF_2 表现出一个典型的快速损伤效应（rapid damage effect）（即减少透过率）特点。在能量密度为 10 mJ/cm² 的 5 000～10 000 个脉冲后，透过率降低 2%～3%，是由于形成相关的杂质的原因。获得不同能量密度（脉冲数）LIA 合格条件值的持续时间是 2～3 小时。所谓快速损伤效应（rapid damage effect）只有在增强清洁和抛光的面（小于 1 nm rms 的粗糙度）才显示出来。

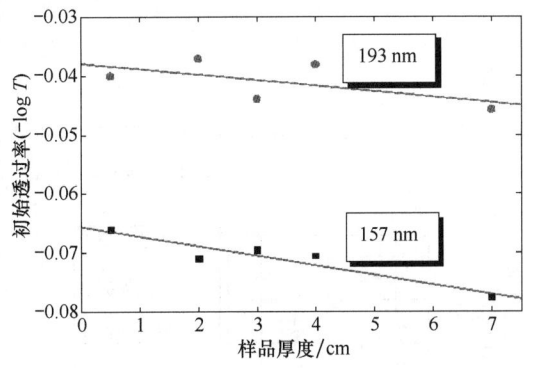
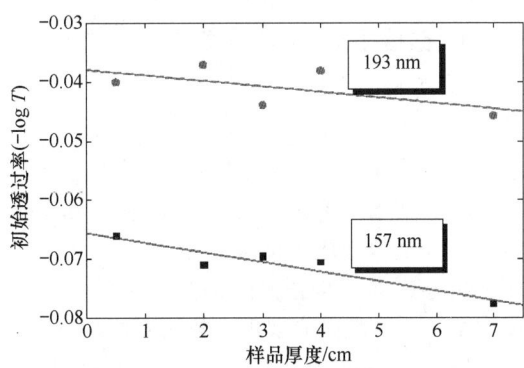

图 12.10　用同一材料厚度序列的线性吸收曲线测量初始透过率

图 12.11　在 100 mm 厚的 CaF_2（氟化钙）样品测定 193 nm 和 157 nm 激光原位诱导吸收。接受 20 000 个约为 10 mJ/cm² 脉冲后达到饱和，透过率下降几个百分点

图中展示了一块厚度为 100 mm 的氟化钙样品在 193 nm 和 157 nm 激光器的辐射下（辐射强度大约为 10 mJ·cm⁻²/pulse），整个样品透过率下降了 2%～3%。透过率的降低首先会引起系统产率的降低，其次透过率降低意味着材料光能吸收的增大，热吸收就会引起系统的热像差，所以通常也会要求材料产生尽可能小的 Solarization，光刻等级熔石英的长期透过率下降程度能够低于 0.5%。

4）光学材料的设计输入参数

NA 0.75 投影光刻物镜的光学元件采用熔石英和氟化钙，物镜循环气体是氮气、氦气、氮氦混合气体。初始光学设计的光学材料基本设计输入参数为熔石英、氟化钙、氮气的绝对折射率与色散系数。这里不用阿贝数来表示色散，因为阿贝数主要表征可见光范围内的色散，这里采用折射率对波长的导数表示色散，折射率的表达公式有多种，这里采用 GMS（glass manufacture's sellmeier）公式：

$$n^2(\lambda) = 1 + \frac{B_1\lambda^2}{\lambda^2 - C_1} + \frac{B_2\lambda^2}{\lambda^2 - C_2} + \frac{B_3\lambda^2}{\lambda^2 - C_3} + \frac{B_4\lambda^2}{\lambda^2 - C_4} + \frac{B_5\lambda^2}{\lambda^2 - C_5} + \frac{B_6\lambda^2}{\lambda^2 - C_6} \quad (12.10)$$

式中，B_1 至 B_6，C_1 至 C_6 均为常数，通常材料生产厂家仅给出 B_1，B_2，B_3，C_1，C_2，C_3。对公式中波长求导即为色散大小，色散表达式如下：

$$\frac{dn}{d\lambda} = -\frac{\lambda}{n}\left[\frac{B_1 C_1}{\lambda^2 - C_1} + \frac{B_2 C_2}{\lambda^2 - C_2} + \frac{B_3 C_3}{\lambda^2 - C_3}\right] \qquad (12.11)$$

同时材料折射率和色散系数还与环境的温度和压强有关。参考材料厂家和手册资料，用以上折射率和色散公式选定光学材料折射率和色散如表 12.4 所示。

表 12.4 材料的绝对折射率与色散

波长：193.3680 nm		
温度：20 ℃		
气压：1.01325 MPa（标准大气压）		
	绝对折射率	色散（193 nm 附近）
熔石英	1.560 601	-1.6 ppm/pm
氟化钙	1.501 835	-1.0 ppm/pm
氮气	1.000 322	-0.001 ppm/pm

4．数值孔径（NA）的提高

1）高 NA 成像

改善物镜 NA 对分辨率有明显的影响。另外，分辨率改善技术（Resolution enhancement technology，RET）可以用控制照明光瞳形状来提高分辨率。解决方法之一是高 σ（sigma）多极照明的高 NA 光刻工具。在高 NA 成像的情况下，偏振效应不能被忽略[52]。为此，在像平面上提供 s 偏振光的偏振照明[13]，对于高 NA 光刻工具是必要的，特别是浸液光刻。

图 12.12 说明基于光刻胶内空间像模拟的曝光离焦分析[54]，偏振光照明对水浸液 0.92 NA ArF（193 nm）成像系统的影响。在这个模拟中设定 65 nm L/S（线条和空间）图形和离心 $\sigma=0.95$ 的偶极照明（Dipole illumination）。焦深（DOF）是由有±3%掩模 CD 的临界衰退误差定义的。由图可知：偏振光照明能有效地扩展剂量范围；浸液出现的效果是在扩展 DOF 方向；同时采用浸液和偏振光照明可增加处理窗口。

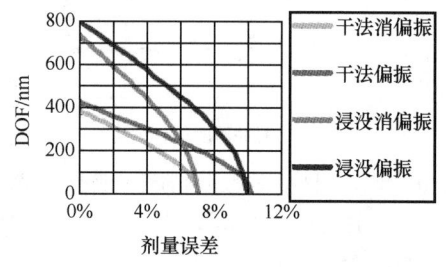

图 12.12 基于抗蚀剂内光学成像模拟的分析。
条件：65 nm L/S，6% PSM，ArF（193 nm），
NA=0.92，$\sigma=0.95$，偶极照明，
掩模误差=±3% CD，CD 误差=±10%

图 12.13 表示在出瞳不同场位置上交叉极照明（cross-pole illumination）光源偏振态的测量结果。照明器偏振的质量被有效偏振比 RSP（ratio of specific polarization）量化，其定义为

$$\text{RSP}_v = \frac{I_y}{I_x + I_y} = -\frac{1}{2}\frac{S_1 - S_0}{S_0} \qquad (12.12)$$

和

$$\text{RSP}_h = \frac{I_x}{I_x + I_y} = \frac{1}{2}\frac{S_1 + S_0}{S_0} \qquad (12.13)$$

分别用于水平偏振光和垂直偏振光。此处，I_x 是通过沿光瞳的 x 轴方向完善的线性偏振器的光强，I_y 是通过沿光瞳的 y 轴方向完善的线性偏振器的光强，S_1 和 S_0 是 Stokes 参量（Stokes parameter）。基本的 RSP 的最大值等于 1.0。图 12.13 中的测量结果用绝对值和通过光瞳场的变化说明了现代

偏振照明器有很好的质量。

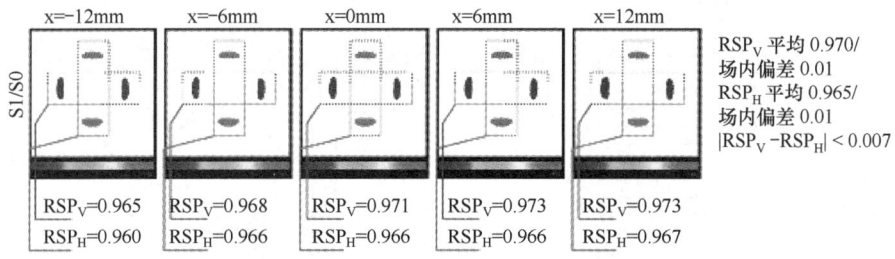

图 12.13　0.92NA 成像系统 ArF 偏振照明，交叉极方位角偏振设置

在干性系统中，由于 Fresnel 损耗（对于 0.9 NA 近于 10%）在抗蚀剂面上 s 偏振光的反射率比消偏振光的反射率要大。这个能量损失在浸液的情况（~1%）将有很好地恢复。因而浸液和 s 偏振照明组合可以有效地增强对比度和产量。

2）偏振像差

当 NA 增大时，无论是偏振化光照明或去偏振化照明成像，光的矢量性质对于决定成像性能变得更重要。故标量波前像差已不再足够说明投影光刻物镜成像功能的特点。用光的矢量性质描述透镜的像差函数是投影光刻物镜的另一个主题[55,56]。两个主要方法说明透镜函数：Jones 矩阵表示式

$$\boldsymbol{J}(p) = \begin{bmatrix} J_{xx} & J_{xy} \\ J_{yx} & J_{yy} \end{bmatrix} \tag{12.14}$$

和 Pauli 矩阵表示式

$$\boldsymbol{J}(p) = a_0\sigma_0 + a_1\sigma_1 + a_2\sigma_2 + a_3\sigma_3 \tag{12.15}$$

$$\sigma_0 = \begin{bmatrix} 1 & 0 \\ 0 & 1 \end{bmatrix} \quad \sigma_1 = \begin{bmatrix} 1 & 0 \\ 0 & -1 \end{bmatrix} \quad \sigma_2 = \begin{bmatrix} 0 & 1 \\ 1 & 0 \end{bmatrix} \quad \sigma_3 = \begin{bmatrix} 0 & -1 \\ 1 & 0 \end{bmatrix}$$

这两个式子在物理上是相同的，可能 Pauli 矩阵更便于直觉理解，且更容易测量。

对于这两个矩阵，现在已经结合了 Zernike 像差表示式。因此，由于在光瞳上相位不连续，需要一个实部和虚部表示式。这不同于以前的标量波前表示式。

3）数值孔径（NA）提高对物镜结构有明显的影响

投影物镜的数值孔径不断地提高，如图 12.14 所示。在 NA 较小时（<0.7），提高物镜 NA 的主要方式是采用数量更多、口径更大的光学元件，随着物镜数值孔径的进一步增大，物镜元件孔径将按指数增大。为此，采用一些新措施来增大投影光刻物镜数值孔径：非球面的应用，像方浸液和采用反射元件[57]。这些措施与物镜元件口径的关系大致如图 12.15 所示。上述增大数值孔径的方式可以任意组合，图中比较了四种方案：传统（全部球面元件）折射式，含非球面元件的折射式，含非球面元件的浸液折射式，含反射元件（通常也含有非球面元件）的浸液折射式。采用非球面可以减小投影光刻物镜的体积和复杂度，并可提高像质，使畸变、远心度等指标有明显改善，但是其加工和检测复杂。①浸液技术：可增大 NA，由于系统工作波长未改变，材料、加工、镀膜、光刻工艺和检测均有很好的继承性。缺点是增加了工作台的复杂度，需采用新的光刻胶。②反射元件的采用可减小系统的复杂程度（减少光学元件数量），降低激光器的线宽要求，可能提高系统的稳定性。但是与折射元件相比反射元件制造工艺要求更高，系统可能出现"遮拦"现象，反射元件多为非对称式，机械支撑结构设计有难度。

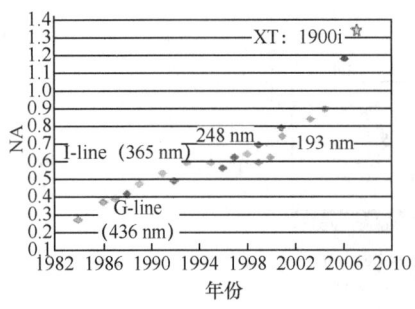

图 12.14 数值孔径的提高（ASML 公司）

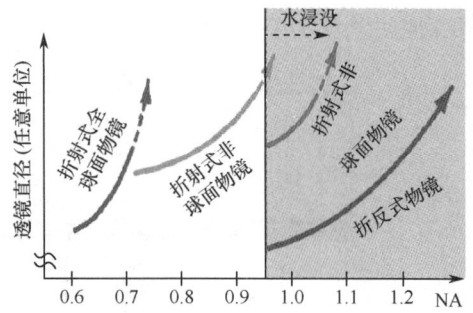

图 12.15 高 NA 物镜的实现方法，其中 Dioptric 为折射式，Catadioptric 为折反射式

同一工作波长的投影光刻物镜，在不同数值孔径时的外形及特点可参照表 12.5 Zeiss 公司的 193 nm 投影光刻物镜的发展，从早期的 Starlith^{TM}900，NA 0.63，增大至 Starlith^{TM}1900i，NA 1.35，节点由 130 nm 减小到 45 nm。从 NA 0.75 的 Starlith^{TM}1100 开始使用非球面元件，从 Starlith^{TM}1700i 开始使用像方液浸和反射光学元件。

表 12.5 Zeiss 公司的 193 nm 投影光刻物镜

光刻物镜型号（Starlith^{TM}）	900	1 100	1 150	1 200	1 250	1 400	1 700	1 900
节点/nm	130	100	90	85	70	65	50	45
NA$_{max}$	0.63	0.75	0.75	0.85	0.85	0.83	1.20	1.20
曝光视场/mm^2	26×33	26×33	26×33	26×33	26×33	26×33	26×33	26×33
k_1 因子	0.42	0.39	0.37	0.35	0.31	0.31	0.31	0.31

决定投影光刻物镜系统性能的因素主要是光瞳函数（pupil function），它包含相位和振幅。使用标量和矢量的区别在于描述光瞳函数振幅和相位的方式不同，标量显然方便简洁，但计算精度会有所牺牲。如图 12.16 所示，当数值孔径增大时，偏振状态对成像光强分布的影响明显，在数值孔径为 0.95 时，成像光强已经严重偏离了圆对称分布（圆对称分布是标量成像理论的推导结果），成为非圆对称的椭圆形。这会导致不同方向的分辨率不同，即在沿着偏振方向和垂直该方向上的分辨率不同。

另外，物镜像平面位于光刻胶层中，故要考虑到光刻胶折射率的作用，实际数值孔径变小，如图 12.17 所示：光刻胶的折射率 $n_r \approx 1.7$，对于 NA 0.75 物镜，孔径角约为 26°，此时可忽略偏振态对成像的影响，用标量场理论也是可行的。

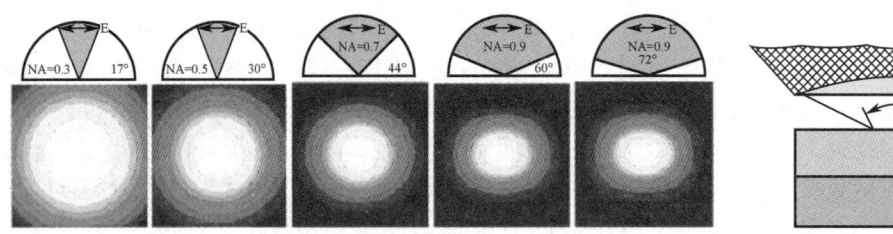

图 12.16 在不同数值孔径值时，线偏振光照明下的成像光强分布　　图 12.17 数值孔径角与光刻胶

4）工艺因子 k_1 的减小

k_1 是常数，表示按规格要求进行光学设计的难度。因为物镜的分辨率 R_{es} 由式（11.1）定义，式中 k_1 是常数工艺因子，通过物镜的信息总量反比于 k_1。减小式（11.1）中因子 k_1 有两个含义，假设在同样的成像条件，如 NA、照明部分相干因子 σ（sigma）等，可以产生一个低一些对比的

较小半间距的图形。这种情况下,透镜像差必须减小,因为低对比成像更容易受像差影响。第二个因子是分辨率增强技术(RET),如相位测量干涉仪 PMI(phase measurement interferometer)、离轴照明等的采用,对较小的半间距得到高的对比度。通常,衍射光位于或近于光瞳边缘,光瞳边缘的像差更为重要。这也表示在光瞳所有位置的波前必须是平的,因为局部的波前突起是高级像差,也是不允许的。因此,k_1 因子也表示像差水平。如果考虑 k_1,透过的信息量变为

$$\text{TTI}_{k1} = \left(\frac{\text{NA} \cdot y_{i,\max}}{\lambda \cdot k_1}\right)^2 \tag{12.16}$$

式(12.15)的括号中的量可以认为是物镜的性能,包括规格要求和物镜的残余像差,表示物镜设计和制造过程的难度水平,该量即为"扩展 Lagrange 不变量"。物镜 NA、k_1 因子和扩展 Lagrange 不变量如图 12.18 所示(最大像高和扩展 Lagrange 不变量是归一化的量)。可以看出扩展 Lagrange 不变量的趋势是按指数增加的。这表示物镜开发难度和成本快速地增加。

微光刻物镜的 TTI_{k1} 逐年变化曲线和 Moore 定律趋势较一致,其间有偏离,特别是在 1995 年以后。这个偏离可以用扫描式曝光技术减少。用一个矩形像场的扫描曝光,扫描面积扩大因子近于 4。这就要求开发一个高功率的、高重复频率的准分子激光器的扫描曝光工具。该种扫描曝光工具所通过的信息总量为

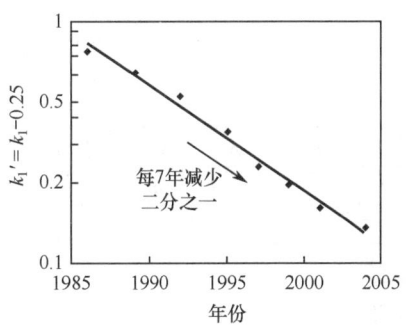

图 12.18 k_1 因子随时间的变化

$$\text{TTI}_{\text{tool}} = \left(\frac{\text{NA} \times y_{i,\max}}{\lambda k_1}\right)^2 \cdot s \tag{12.17}$$

式中,s 为扫描因子,由物镜的矩形像场面积和扫描曝光场的比值定义。

从分辨率公式可知,减小 k_1 因子也可有效地提高分辨率,图 12.18 为近 20 年来 k_1 因子的变化情况[34]。图中显示的是 k_1 因子与 0.25(k_1 的最小极限)之差的变化,其值约为每 7 年减少一半,k_1 因子不断逼近于最小极限 0.25。k_1 因子与光刻工艺过程相关的因素相关联,对于光刻物镜,k_1 因子与其波像差的关联最紧密,k_1 因子的减小实质上是提高了投影光刻物镜的像质,即减小波像差,但是二者不是严格的线性关系。

早期的投影光刻物镜像差虽远小于非光刻物镜,像差仍然偏大。当时的投影光刻物镜的 RMS 波像差约为 0.1λ($\lambda=436$ nm),而现代投影光刻物镜的波像差已经小于 0.005λ($\lambda=193$ nm),波像差减小到原来的 1/40,可是在进行更密集线条(更小节点)的曝光复制时,仅仅是物镜像质的进一步提高,才能使物镜成像性能更逼近其衍射极限(矢量衍射极限)。即在以前波像差是工艺窗口量值降低的主要原因,但是波像差提高到一定程度后,工艺窗口就是衍射受限了,如图 12.19 所示[34]。

图 12.19 所示为节点向无限小的收敛和向衍射极限(约 40 nm,目前利用双曝光技术,该极限节点有望达到十几纳米)收敛速度的比较。可见在早期,减小物镜波像差是减小光刻节点的主要手段,但是对于目前的投影光刻物镜波像差即使减小到原来的 1/40,光刻技术提高也达不到 40 倍。虽然物镜像质还会提高,但不是提高光刻技术的主导因素,需从其他技术领域拓展光刻水平。

5. 物镜的视场和倍率

投影光刻系统按工作方式分为步进式(stepper)和扫描式(scanner)。早期的步进式方形视场通常为 22 mm×22 mm,后期对视场(芯片尺寸)要求为 26 mm×33 mm。物镜难以实现该尺寸的静态视场,随即开发了扫描式,将 26 mm×8 mm 条形视场扩展成 26 mm×33 mm,如图 12.20 所示:投影光刻物镜的倍率是像方视场与物方视场的比值,缩微倍率亦称投影倍率与倍率成倒数关系,表 12.6 所

示为投影光刻物镜倍率数值的变化。

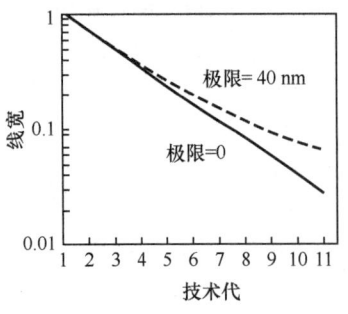

图 12.19　收敛速度的比较

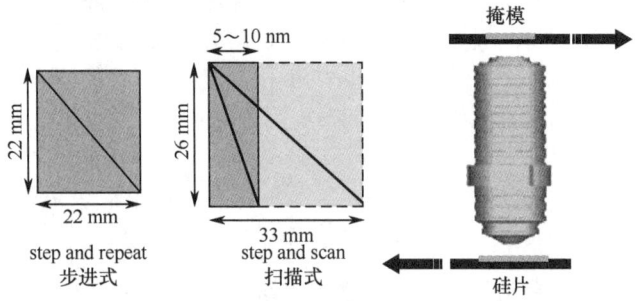

图 12.20　步进式和扫描式光刻的视场示意图

表 12.6　投影光刻物镜的倍率的变化

微缩倍率（reduction）	倍率（magnification）	说　　　明
14X	0.07	早期的步进式光刻机，20 世纪 70 年代早期
10X	0.1	GCA 公司的步进式光刻机，20 世纪 70～80 年代
5X	0.2	现在大部分的步进式光刻机
4X	0.25	步进-扫描式光刻机（目前的主流）
1X	1	Perkin Elmer 公司的 Micralign 扫描式光刻机，20 世纪 70～90 年代

12.3　投影光刻物镜结构形式

12.3.1　折射式投影物镜结构形式

投影光刻物镜结构的发展主要是增大视场和提高数值孔径，在硅片上实现高分辨首先要校正场曲，1980 年 Glatzel 提出使用"凹凸"（waist 应译为"腰"，有的文献译为"腰肚"，本书采用"凹凸"）来实现大视场光刻物镜后，光刻物镜就不断地发展，现代折射式投影光刻物镜都会使用复杂的"凹凸"结构来实现大视场、双远心（减少物方和像方的对准误差[32]）、高 NA 的要求。

Glatzel 使用"凹凸"结构来实现场曲校正是把物镜系统看作由一系列薄透镜组成[58]，如图 12.21 所示，就是这种传统结构的示意图[59]。

传统投影光刻物镜系统由 5 个镜组构成，从掩膜至硅片，依次为正光焦度、负光焦度、正光焦度、负光焦度、正光焦度，形成"双腰"结构。由于光刻物镜的视场较大，物方视场（掩膜）直径可达 152 mm，掩膜和像面的硅片均为平面，对场曲的校正是第一步。而"双腰"结构能够合理地满足场曲的校正，系统的场曲与各元件的光焦度之和成正比[60]。

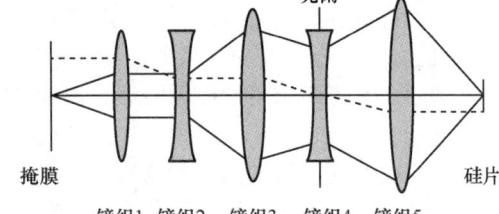

图 12.21　传统投影光刻物镜系统结构示意图

$$\sum_i \frac{\varphi_i}{n_i} = 0 \qquad (12.18)$$

式中，i 为表面数量，φ_i 为透镜元件光焦度，n_i 为材料折射率。考虑到物镜系统各透镜单元的折射率相同，场曲校正的条件简化为

$$\sum_i \varphi_i = 0 \tag{12.19}$$

系统的光焦度为

$$\sum_i h_i \phi_i = \phi \tag{12.20}$$

式中，h_i 正比于边缘光线的在每个透镜单元上的入射高度。很明显，系统的总光焦度 ϕ（规划为 1 单位）为正，而各透镜单元加权（乘以透镜的入射高度 h_i）光焦度 $h_i\phi_i$ 之和为 1.0，这时就需要边缘光线在正光焦度元件上的入射高度大（该透镜的光焦度的权重大），而在负光焦度元件上入射高度小（权重小），这样正光焦度元件比负光焦度元件对系统有更大的光焦度贡献。从图 12.22 能明显看出这样光线走向[61]。

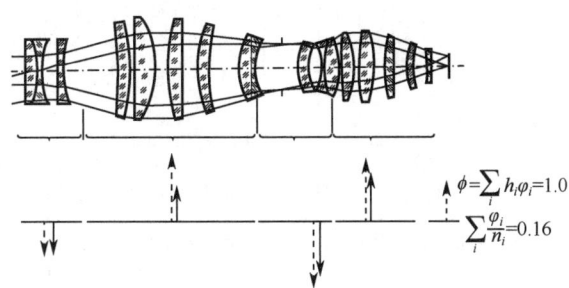

图 12.22 Glatzel 早期提出的投影光刻物镜（S-Planare 37 mm，f/1.44，λ=365 nm）设计方案

图中虚线表示元件组对系统贡献的光焦度，实线表示元件组对系统贡献的场曲，系统场曲之和近于零，总光焦度却不为零。"凹凸"结构奠定了折射式投影光刻物镜的基础结构[62,63]。

12.3.2 折射式光刻投影物镜

折射式投影光刻物镜的光学设计是始于对"Ultra Micro Nikkor"投影光刻物镜的改进设计。第一代折射式投影光刻物镜有一个约 600 mm 共轭距离。最大透镜直径约为 100 mm。其初始结构如图 12.23 所示。1981 年 Nikon 研制了一个同规格的物镜。在第一代物镜中只有在晶片面（像方）是远心的，在这一代物镜的倍率或畸变要求不是很严格。

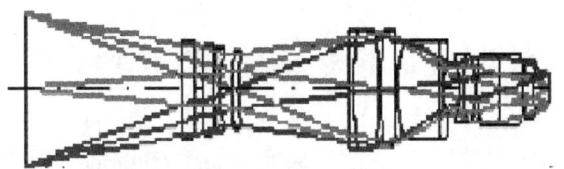

图 12.23 Nikon 的第一代折射式投影光刻物镜：NA=0.3，y_{max}=10.6 mm，λ=436 nm（g-线）

图 12.24 表示第二代折射式投影光刻物镜，从这一代开始，在物方（掩模版）也是远心的。光学系统要求高 NA，宽视场，$1/5^\times \sim 1/4^\times$ 的倍率，以及相对小的剩余像差。这个设计成为"正，负，正，负，正"光焦度分配的原始结构[64]。虽然对每一代投影物镜中进行了不同程度的修改和缩放，第一代的初始结构的设计理念延续使用到了 1987 年。

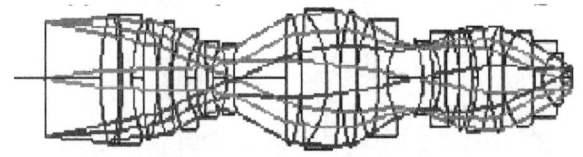

图 12.24 Nikon 的第二代折射式投影光刻物镜：NA=0.54，y_{max}=10.6 mm，λ=436 nm（g-线）

后来，折射式投影光刻物镜所用波长移到 i 线（365 nm），像场尺寸扩展到 17.5 mm 方形（图 12.25（a））和 22 mm 方形（图 12.25（b））。由于波长短了，要求宽像场和小像差容限，物镜尺寸变得比前一代大。

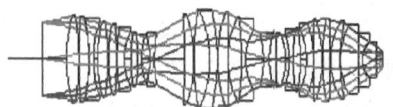

(a) NA=0.54, y_{max}=12.4 mm, λ=365 nm(i-线)

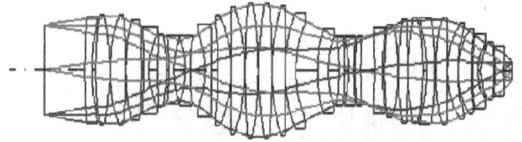

(b) NA=0.57, y_{max}=12.4 mm, λ=365 nm(i-线)

图 12.25　用于 i 线（365 nm）波长的投影光刻物镜，像场尺寸：(a) 17.5 mm 方形；(b) 22 mm 方形

对于 i 线和 g 线的折射式投影光刻物镜，可以采用多种常规光学玻璃材料。这些光学玻璃的折射率在不同种类玻璃制造批号或炉号之间有很小的区别。对于每一炉（或批）的再设计，以补偿由于材料参数的差异导致的设计性能衰退。因此，每一次再设计都会使像面曲率半径，以及透镜单元的厚度产生较小的差异。

对于汞灯照明的 i-线和 g-线的物镜设计布局要求校正单色像差，且必须校正几个 nm 带宽的色差。相比于准分子激光器，如氟化氪（krypton fluoride，KrF）和氟化氩（argon fluoride，ArF），其谱线带宽更大一些。因此，特殊色散的玻璃第二种颜色的校正是一个挑战。对于宽像场物镜，如图 12.26 所示例子，三级横向色差也必须校正。

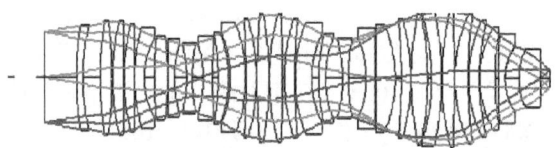

图 12.26　全球面 KrF 投影光刻物镜：NA = 0.55，y_{max} = 15.6 mm，λ= 248 nm（KrF）

12.3.3　深紫外（DUV）投影光刻物镜设计要求

对于深紫外（DUV）物镜设计不需要考虑第二种颜色，因谱线宽度为皮米（pm）级或亚皮米级的窄带宽。而实际用的透镜材料限于萤石（CaF_2, calcium fluoride）和硅玻璃。因为这些材料较 i 线和 g 线的材料有相对低的折射率，几乎是同样数目的透镜单元和透镜尺寸，折射光焦度必须分裂为更多透镜单元以达到较低像差。图 12.27（a）所示是 1997 年设计的 KrF 投影物镜的例子。

由于受到熔融硅尺寸和材料成本的限制，进一步增加 NA 实际上难于实现。这推动了扫描曝光系统的应用，扫描一个矩形的像场比静态曝光工具（stepper）有更小的像高，可以得到 36 mm×25 mm 或 36 mm×26 mm 的曝光场。该技术可以使光学设计减小最大成像高度。图 12.27（b）所示为 1999 年 KrF 扫描曝光工具的设计例子。从这一代开始，因为进入低工艺因子 k_1 的光刻范围波前像差控制变得更重要。

12.3.4　深紫外（DUV）非球面的投影光刻物镜

这是一个具有非球面的 0.75NA、KrF 物镜示例，采用了非球面，达到了图 12.23 和图 12.26 中的 KrF 光刻物镜（0.68 NA）同样尺寸和较短的总长度以及共轭长度。这个设计中用了两个非球面，其结构可想象为图 12.24 的改进，也可认为是另一种物镜型式。双"凹凸"结构变为单"凹凸"结构。在先进 ArF 微光刻物镜中，采用几个凹非球面以使扩展 Lagrange 不变量有较大数值。此种结构的像差补偿概念不同于常规的球面光学设计。常规的光学设计通常是预防每个面像差，特别是低级像差的发生，剩余像差可以用不同面的像差平衡来补偿。在非球面物镜设计时，一些面的残余像差，甚至是低级像差，需要用几个非球面来补偿。因此，物镜光焦度分配不同于常规像差补偿设计理论，与不用非球面相比，物镜的尺寸能够减小。图 12.28 所示为 0.85NA、ArF 物镜的例子。

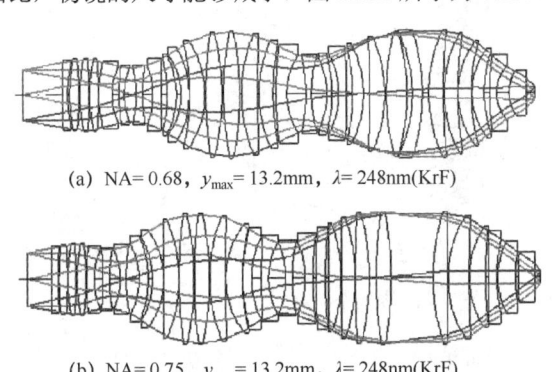

(a) NA= 0.68，y_{max}= 13.2mm，λ= 248nm(KrF)

(b) NA= 0.75，y_{max}= 13.2mm，λ= 248nm(KrF)

图 12.27 全球面 KrF 扫描曝光投影物镜：λ=248 nm（KrF），y_{max}=13.2 mm

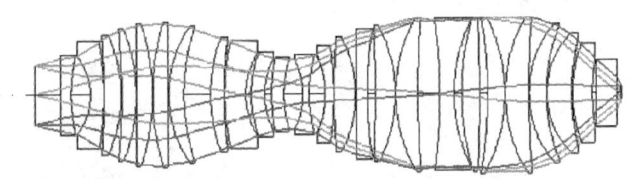

图 12.28 采用非球面的投影光刻物镜：NA=0.85，y_{max}=13.8 mm，λ=193 nm（ArF）

由上述可知，投影光刻物镜结构不断发生变化：像方远心光路变为双远心光路，双"凹凸"结构变为单"凹凸"结构。对于 g 线（436 nm）和 i 线（365 nm）光刻物镜要校正单色像差和对 nm 量级（比 KrF 和 ArF 准分子激光器的线宽要宽得多）校正色差，可以采用一些胶和元件或准胶和元件来校正色差。对于 DUV 物镜就不需要考虑二级光谱，因为 DUV 激光器（224.3 nm 和 248.6 nm 两种波长，线宽小于 3 GHz 或 0.000 5 nm）线宽窄，小于 1 pm。能够使用的材料仅限于熔融石英和氟化钙，这两种材料的折射率较低，故系统采用的元件数量也多，以使光焦度分配到更多的元件上而产生更小的像差。KrF（248 nm）投影光刻物镜已用于扫描曝光系统，通过扫描一个长方形小视场（比 Stepper 静态视场小）来实现 26×33 mm^2 曝光视场。利用视场的减小来增大物镜 NA，获得很好的成像性能。对于 NA=0.85 的 ArF（193 nm）投影光刻物镜，采用含有大矢高的非球面元件的单"凹凸"结构。

12.3.5 光阑移动对投影光刻物镜尺寸的影响

投影光刻物镜的"双凹凸"结构能很好地平衡全视场畸变与双远心之间的矛盾，同时保持系统元件尽可能小，因为系统的 NA 与孔径角是正弦函数关系，系统元件口径就会增大，为增大 NA，使光阑距像面越远，靠近像方的光学元件口径越大。将光阑向靠近像方移动，可适当增大 NA，如图 12.29 所示。图 12.29 镜头 A 的 NA=0.6，镜头 B 和镜头 C 的 NA=0.68。改变光照位置后，系统最大元件口径从 271 mm 减小到 251 mm。但是当 NA 进一步增大时，则需要采用非球面元件、浸液、反射元件来提高系统数值孔径。

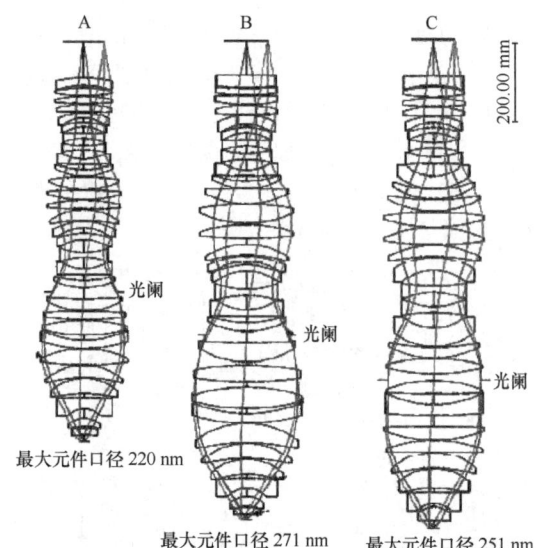

图 12.29 光阑位置变化对数值孔径的影响

12.4 光刻物镜的像质评价

通常一个投影曝光系统包含照明系统和投影光刻物镜两个主要部分,照明系统主要性能指标是照度的均匀性、多种照明模式的实现、总的照射强度等;光刻物镜的主要性能指标是视场大小和成像分辨率、套刻精度、透过率。

大视场和高分辨率意味着系统传输的信息量很大,投影光刻物镜是传输信息量最大的光学系统,信息传输量越大,系统也就越复杂。大视场和高分辨率要求投影光刻物镜校正所有种类的像差,特别是要求系统严格校正场曲(掩模板与硅片都是平面)。

高透过率意味着系统在硅片处的高曝光强度,这样就能提高单位时间内完成曝光硅片的数量。设计高透过率投影光刻物镜的主要措施是尽量减少系统元件数量,使用高透过率的光学材料,提高元件表面镀膜的透过率。透过率的提高还意味着降低系统的能量吸收,这有助于提升投影光刻物镜的工作稳定性,并延长投影光刻物镜工作寿命。

高套刻精度主要是为满足硅片套刻时的对准精度需求,目前曝光系统的套刻精度优于 10 nm,设计投影光刻物镜需要校正光刻物镜的畸变(通常小于 5 nm),同时严格控制系统远心度(远心度小于 17 mrad)和投影倍率(倍率要求控制在 0.001% 以内)。

12.4.1 波像差与分辨率

分辨率表征着投影光刻物镜曝光复制的最小刻线宽度(节点),是衡量投影光刻物镜最重要的性能指标。在给定投影光刻物镜的工作波长和数值孔径后,应用傅里叶成像理论(标量衍射),像面形成的脉冲点扩散函数强度就是其光瞳的夫琅禾费衍射图案,也可以认为是光瞳函数傅里叶变换的振幅平方。折射式投影光刻物镜的光瞳形状通常是圆形,且没有遮拦。不考虑光学系统像差时,像面点扩散函数的强度分布是理想的艾里斑形状,强度分布式如下:

$$I(r;\ z=0)=\left[\frac{2J_1\left(2\pi r\dfrac{\mathrm{NA}}{\lambda}\times\mathrm{NA}\right)}{2\pi r\dfrac{\mathrm{NA}}{\lambda}}\right]^2 \quad (12.21)$$

式中，r 为沿垂直光轴方向到光斑中心的距离，z 为沿光轴到像面的距离（$z=0$ 表示像上面的光强分布），NA 为光刻物镜像方数值孔径，λ 是系统工作波长，J_1 是一阶贝塞尔函数。

同样还能得到在像面附近，光强沿光轴的分布式：

$$I(r=0;\ z) = \left[\frac{\sin\left(\frac{\pi z}{2} \cdot \frac{\mathrm{NA}^2}{\lambda}\right)}{\frac{\pi z}{2} \cdot \frac{\mathrm{NA}^2}{\lambda}}\right]^2 \tag{12.22}$$

式中，r 为沿垂直光轴方向到光斑中心的距离（$r=0$ 表示距离光轴为 0，即光斑中心沿光轴的光强分布），z 为沿光轴到像面的距离，NA 为光刻物镜像方数值孔径，λ 是系统工作波长。

从式（12.22）知，在无波像差的条件下，投影光刻物镜的光强分布仅与系统的 NA 和 λ 有关。由于未考虑矢量衍射效应，故光强分布是沿光轴旋转对称分布，图 12.30 是在不同工作波长（193 nm；248 nm）、不同数值孔径（NA=0.4；NA=0.6）时，像面附近的光强分布，参照瑞利判据重新定义了投影曝光系统的分辨率和焦深，见式（11.1）和式（11.2）[65-67]。

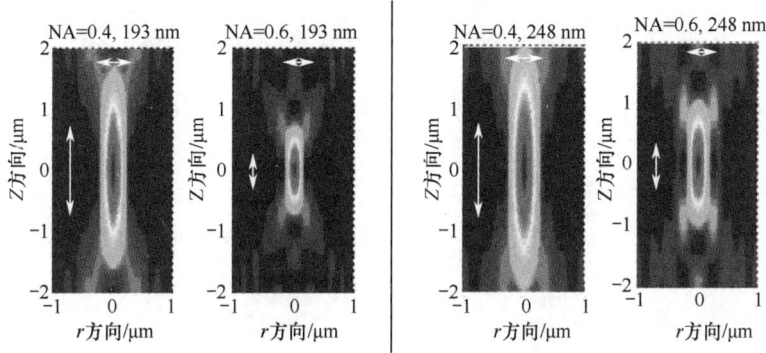

图 12.30 投影光刻物镜在不同波长和数值孔径的仿真成像（aerial image）

光刻物镜存在像差时，光瞳函数的相位不为 0。定义系统复数振幅的光瞳函数如下：

$$P(x,y) = p(x,y)\exp[\mathrm{i}kW(x,y)] \tag{12.23a}$$

式中，x 和 y 是在出射光瞳上的坐标，$k=2\pi/\lambda$，$P(x,y)$ 即为光瞳函数的振幅，$W(x,y)$ 是光瞳函数的相位。$p(x,y)$ 表征着出射光瞳上各点的透过率（切趾），$W(x,y)$ 为出射光瞳上各点相对于参考球面的相位偏差，即系统的波像差，如图 12.31 所示。对于大部分光学系统，包括投影光刻物镜，出射光瞳上各点的透过率都相差不大，即可忽略光瞳函数的振幅变化，令切趾 $p(x,y)=1$。此时光瞳函数为

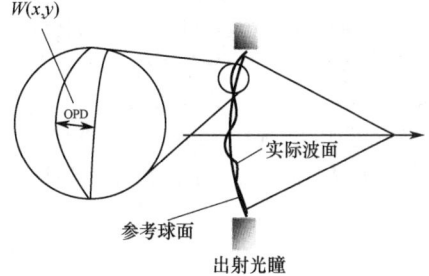

图 12.31 波像差 $W(x,y)$（可用光程差 OPD 表示）的定义

$$P(x,y) = \exp[\mathrm{i}kW(x,y)] \tag{12.23b}$$

同样依据傅里叶光学成像原理，一个有像差的投影光刻物镜的脉冲点扩散函数仍然是其光瞳函数傅里叶变换振幅的平方。对于实际光刻成像，影响像面的光强分布的因素很多，而投影光刻物镜的波像差决定着成像光强分布。实际上，波像差大小很大程度上决定着 k_1 能够达到的最小值，即在给定 NA 和 λ 的条件下，波像差决定着投影光刻物镜的分辨率。

因此，相比分辨率、点扩散函数、斯特尔比等像质评价手段，波像差可认为是投影光刻物镜最直接和有效的像质评价手段。波像差在图中是一个二维函数，为方便比较，通常使用波像差方差的平方根，即波像差 RMS 作为投影光刻物镜关键性指标：

$$W_{\text{rms}} = \sqrt{\langle W^2(x,y) \rangle - \langle W(x,y) \rangle^2} \tag{12.24}$$

$$\langle W^2(x,y) \rangle = \frac{1}{\pi} \int_0^1 \int_0^{2\pi} W^2(\rho,\theta) \rho \, d\rho \, d\theta \tag{12.25}$$

$$\langle W(x,y) \rangle^2 = \left[\frac{1}{\pi} \int_0^1 \int_0^{2\pi} W(\rho,\theta) \rho \, d\rho \, d\theta \right]^2 \tag{12.26}$$

将式（12.25）和式（12.26）代入式（12.24）即可得到

$$W_{\text{rms}} = \sqrt{\frac{1}{\pi} \int_0^1 \int_0^{2\pi} W^2(\rho,\theta) \rho \, d\rho \, d\theta - \left[\frac{1}{\pi} \int_0^1 \int_0^{2\pi} W(\rho,\theta) \rho \, d\rho \, d\theta \right]^2} \tag{12.27}$$

使用式（12.27）可方便计算确定分布形式波像差的 RMS 值，如将波像差分布为 $W(\rho,\theta)=A\rho^4$（即球差）代入式（12.27），得

$$W_{\text{rms}} = \sqrt{\frac{1}{\pi} \int_0^1 \int_0^{2\pi} (A\rho^4)^2 \rho \, d\rho \, d\theta - \left[\frac{1}{\pi} \int_0^1 \int_0^{2\pi} A\rho^4 \cdot \rho \, d\rho \, d\theta \right]^2} \approx 0.298A \tag{12.28}$$

图 12.32 是 Nikon 公司的不同型号光刻物镜的波像差 RMS 值的比较，图中给出的是各视场点中最差的波像差 RMS 值[68]。

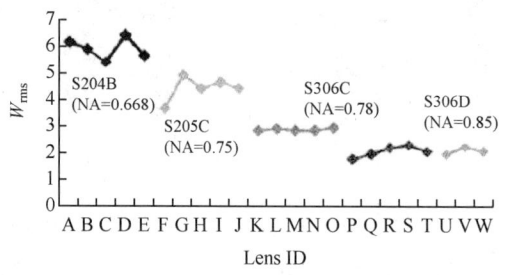

图 12.32　Nikon 公司生产的投影光刻物镜的波像差 RMS 值

图 12.32 中的每一点表示一台实际的光刻物镜。S204B 和 S205C 是工作波长为 248 nm 的 KrF 投影光刻物镜；S306C 和 S306D 则是工作波长为 193 nm 的 ArF 投影光刻物镜，它们的生产年份也是依次排列，从图中可以明显看出，尽管四种投影曝光系统 NA 的增加，物镜的 RMS 波像差却不断地减小，即投影光刻物镜的成像性能在不断提高。

以 Nikon 公司 S306D 为例，分辨率达到了 75 nm（周期为 150 nm 的密集线条），数值孔径为 0.85，工作波长为 193 nm，依据投影光刻物镜分辨率公式：

$$k_1 = \frac{R \times \text{NA}}{\lambda}$$

$$= \frac{75 \text{ nm} \times 0.85 \text{ nm}}{193 \text{ nm}} \approx 0.33 \tag{12.29}$$

可见 k_1 值已经接近于其理论极限值 0.25[69]，意味该投影光刻物镜的成像性能和光刻工艺优良，事实上，投影光刻物镜的 RMS 波像差越小，能够达到的工艺因子 k_1 值就越小。图 12.33 清楚地显示了 k_1 值和物镜 RMS 波像差的这种联系[70]。

图 12.33 中的横坐标为 RMS 波像差，纵坐标为节点宽度的不均匀性，节点宽度的不均匀性为实际刻线宽度偏差与理想刻线宽度的比值。节点宽度的不均匀性越大，光刻结果越不理想。从图中可见，当 k_1 值减小时，RMS 波像差对节点宽度不均匀性就越大，为保证理想的光刻结果就必

然要求 RMS 波像差越小。据此 Christopher Progler 提出一个"黄金法则"[71]，即从高到低三种不同水平的 RMS 波像差要求，如图 12.34 所示。

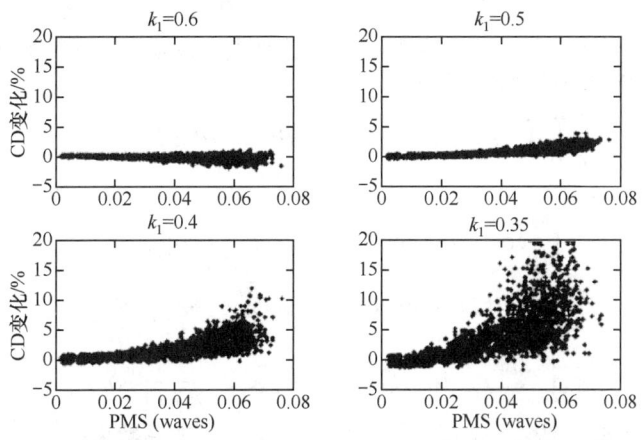

图 12.33 不同的波像差对刻线宽度均匀性的影响

RMS 波像差（单位为波长）

gold	silver	bronze
<0.025	<0.04	<0.06

图 12.34 三种不同水平的 RMS 波像差要求

表中数值单位为波长，"gold、silver、bronze"即为"金、银、铜（高、中、低）"三种波像差要求。这三种 RMS 波像差都小于传统衍射极限 0.07λ（13.5 nm RMS）。对于 193 nm 工作波长，"黄金法则"意味着 RMS 波像差小于 4.8 nm。目前实际 ArF 投影光刻物镜的波像差已经小于该"黄金法则"，如 Nikon 公司 8306D 的 RMS 波像差约为 2.5 nm。

总之，提高光刻投影物镜分辨率，从光学设计角度来说就是缩短工作波长，增大数值孔径，减小物镜 RMS 波像差。

12.4.2 基于 Zernike 多项式的波像差分解

将光瞳函数相位—波像差进行多项式拟合有助于数值计算和分析。Zernike 多项式在 1934 年由 F. Zernike 提出，Nijboer 随后将 Zernike 多项式用来描述像差的衍射理论，即对于圆形出射光瞳的光学系统的波像差可以扩展成为一系列的 Zernike 圆孔多项式[72]

$$W(\rho, \theta) = \sum_{n=0}^{\infty} \sum_{m=0}^{n} c_{mn} Z_n^m(\rho, \theta) \tag{12.30}$$

式中，c_{mn} 为 Zernike 多项式各项系数，n、m 为正整数或 0，$n-m \geq 0$ 且为偶数，这样即可得到正交 Zernike 多项式如下：

$$Z_n^m(\rho, \theta) = \left[\frac{2(n-1)}{(1+\delta_{m0})}\right]^{\frac{1}{2}} R_n^m(\rho) \begin{Bmatrix} \cos(m\theta) \\ \sin(m\theta) \end{Bmatrix} \tag{12.31}$$

其中，δ_{m0} 为 Kronecker 函数，满足

$$\delta_{m0} = \begin{cases} 1, & m=0 \\ 0, & m \neq 0 \end{cases} \tag{12.32}$$

且有

$$R_n^m = \sum_{s=0}^{(n-m)/2} \frac{(-1)^s(n-s)!}{s!\left(\frac{n+m}{2}-s\right)!\left(\frac{n-m}{2}-s\right)!}\rho^{n-2s} \tag{12.33}$$

即关于 ρ 的多项式包含 ρ^n，ρ^{n-2}，…，直到 ρ^m。也就是说，多项式 ρ 的阶数或全是奇数，或全是偶数，这依赖于 n 是奇数还是偶数，依据以上定义，则有

$$\frac{1}{\pi}\int_0^1\int_0^{2\pi} Z_n^m(\rho,\theta) Z_{n'}^{m'}(\rho,\theta)\rho \cdot d\rho d\theta = \delta_{mm'}\delta_{nn'} \tag{12.34}$$

将多项式 ρ 与 θ 分离，

$$\int_0^{2\pi}\cos(m\theta)\cos(m'\theta)d\theta = \pi(1+\delta_{m0})\delta_{mm'} \tag{12.35}$$

$$\int_0^{2\pi}\sin(m\theta)\sin(m'\theta)d\theta = \pi(1+\delta_{m0})\delta_{mm'} \tag{12.36}$$

$$\int_0^1 R_n^m(\rho,\theta) R_{n'}^{m'}(\rho,\theta)\rho d\rho = \frac{1}{2(n+1)}\delta_{nn'} \tag{12.37}$$

可见 Zernike 多项式在圆域上是正交的，Zernike 多项式的系数为

$$c_{nm} = \frac{1}{\pi}[2(n+1)(1+\delta_{m0})]^{\frac{1}{2}}\int_0^1\int_0^{2\pi} W(\rho,\theta) Z_n^{m'}(\rho,\theta)\rho d\rho d\theta \tag{12.38}$$

即对给定的波像差函数 $W(\rho,\theta)$，利用上述公式可确定多项式的每个系数。对于每个 Zernike 波像差，有

$$W_n^m(\rho,\theta) = c_{nm} Z_n^m(\rho,\theta)$$

除非 $m=n=0$，否则有

$$\langle W_n^m(x,y)\rangle = \frac{1}{\pi}\int_0^1\int_0^{2\pi} W_n^m(\rho,\theta)\rho d\rho d\theta = 0 \tag{12.39}$$

$$\langle [W_n^m(x\cdot y)]^2\rangle = \frac{1}{\pi}\int_0^1\int_0^{2\pi}[W_n^m(\rho,\theta)]^2\rho d\rho d\theta = c_{mn}^2 \tag{12.40}$$

则依据式（12.24）RMS 波像差公式

$$W_{\text{rms}} = \sqrt{\langle W^2(x,y)\rangle - \langle W(x\cdot y)\rangle^2}$$

得到单项 Zernike 波像差的均方根值为

$$W_n^m(\rho,\theta)_{\text{rms}} = \sqrt{c_{nm}^2 - 0^2} \tag{12.41}$$

这样，对整个拟合波像差

$$W(\rho,\theta) = \sum_{n=0}^{\infty}\sum_{m=0}^{n} c_{nm} Z_n^m(\rho,\theta) \tag{12.42}$$

则有以下公式：

$$W_{\text{rms}} = \sqrt{\sum_{n=0}^{\infty}\sum_{m=0}^{n} c_{nm}^2} \tag{12.43}$$

即出瞳波像差的均方根值与 Zernike 多项式之间有着简洁的关系，实际上对有小像差的投影光刻物镜，其脉冲点扩散函数的斯特尔比也和 Zernike 多项式有着简明的关系：

$$S = \exp(-W_{\text{rms}}^2) \approx 1 - W_{\text{rms}}^2 = 1 - \sum_{n=0}^{\infty}\sum_{m=0}^{n} c_{nm}^2 \tag{12.44}$$

W_{rms} 采用相位单位。应用瑞利判据，$S=0.8$ 时，

$$W_{\text{rms}} = \sqrt{1-0.8} \approx 0.447 \tag{12.45}$$

换算成波长单位，则 RMS 波像差为

$$\frac{\lambda}{2\pi} \times 0.447 \approx 0.07\lambda \tag{12.46}$$

这正是传统衍射极限所对应的 RMS 波像差（Marechal 定理）。Zernike 多项式与 RMS 波像差

以及斯特尔比之间直接和简明的数学关系正是 Zernike 多项式的优点之一（条纹 Zernike 多项式展开见 4.1 节）。

早期用扫描电镜（SEM）观测曝光光刻线条来衡量物镜的成像性能。在光刻物镜的波像差测量设备——PMI（phase measure interferometre）出现以后，通过波像差来衡量投影镜头性能的方法开始普及，每个投影光刻镜头的波像差都是唯一的。用 Zernike 多项式表示波像差，在结合曝光图案（二元的还是相移掩模），照明方式（传统的还是离轴的），可以通过仿真来预知光刻结果。图 12.35 展示了一个 5-bar 图案在理想情形（无像差时）和有像差时通过模拟仿真给出的光刻成像结果[73]。

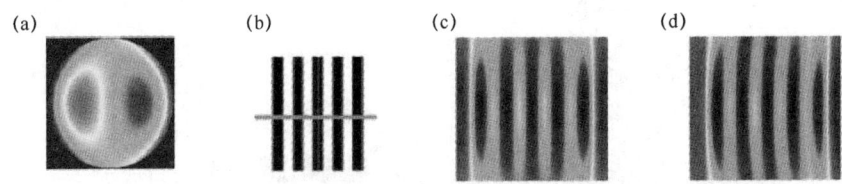

图 12.35　(a) 0.1λ 的彗差；(b) 线宽为 100 nm、周期为 200 nm 的 5 线（Bar）图案；(c) 无像差条件下的仿真成像；(d) 加入 0.1λ 的彗差后的光刻仿真成像

不同 θ 角的 Zernike 多项式对投影光刻成像的影响也不相同，据此可以认为是按照 θ 角来划分光瞳波像差，不同的 θ 分量波像差影响着不同光刻工艺性能，如表 12.7 所示。不同 θ 角的像差对投影光刻成像的影响不相同，已通过光刻仿真软件和实际光刻工艺得到了证实[74,75]。

表 12.7　不同 θ 分量的 Zernike 的像差对投影光刻成像的影响

光瞳波像差分类	对应 seidel 像差	对成像性能的主要影响
0θ 分量	球差	最佳焦面偏差，导致可用的有效焦深减小
1θ 分量	彗差	L1-L5 节点偏差（线宽不对称）套刻误差
2θ 分量	像散	最佳焦面偏差 VS 线条方向导致可用焦深减小
3θ 分量	3 叶像差	L1-L2 节点偏差（线宽不对称）套刻误差
4θ 分量 5θ 分量	4 叶和 5 叶像差	影响 CD 均匀性

即使在 RMS 波像差和斯特尔比相同的情况下，由于 Zernike 多项式的各分量不同，光刻物镜波像差对光刻成像的影响也不同。高质量投影光刻物镜不仅需要将 RMS 波像差作为像质评价指标，还把波像差的各种 θ 分量作为像质评价指标，将它们控制在特定指标范围。下面给出基于 RMS 的几种评价方式：

$$\text{RMS}_{z6-z37} = \sqrt{\frac{1}{6}Z_5^2 + \frac{1}{6}Z_6^2 + \cdots + \frac{1}{11}Z_{36}^2 + \frac{1}{13}Z_{37}^2} \qquad (12.47)$$

$$\text{RMS}_{\text{spherical}} = \sqrt{\frac{1}{5}Z_9^2 + \frac{1}{7}Z_{16}^2 + \cdots + \frac{1}{9}Z_{25}^2 + \frac{1}{11}Z_{36}^2} \qquad (12.48)$$

$$\text{RMS}_{\text{coma}} = \sqrt{\frac{1}{8}Z_7^2 + \frac{1}{8}Z_8^2 + \cdots + \frac{1}{12}Z_{14}^2 + \frac{1}{12}Z_{15}^2} \qquad (12.49)$$

$$\text{RMS}_{\text{astigmatism}} = \sqrt{\frac{1}{6}Z_5^2 + \frac{1}{6}Z_6^2 + \cdots + \frac{1}{10}Z_{12}^2 + \frac{1}{10}Z_{13}^2} \qquad (12.50)$$

$$\text{RMS}_{3-\text{foil}} = \sqrt{\frac{1}{8}Z_{10}^2 + \frac{1}{8}Z_{11}^2 + \cdots + \frac{1}{12}Z_{19}^2 + \frac{1}{12}Z_{20}^2} \qquad (12.51)$$

以上定义并不是严格的也不是唯一的，其包含的大部分是低阶 Zernike 像差，图 12.36 展示了 ASML 与 Zeiss 公司型号为 XT1900i 的外形示意图和 RMS 波像差以及各 θ 分量结果[76]。

图 12.36 结果显示，RMS Z5-Z37 已经小于 1 nm（不包含更高阶多项式），其他各 θ 分量的 RMS 也均小于 0.4 nm。RMS 波像差和各 θ 分量 fringe Zernike 多项式已经被广泛地用作高质量投影光刻物镜的像质评价手段。

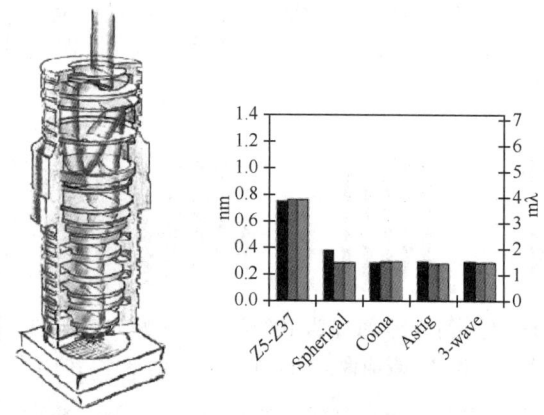

图 12.36　XT:1900i 示意图和三套 XT:1900i 系统的波像差（图中以 3-wave 表示）

12.4.3　条纹 Zernike 多项式的不足与扩展

将波像差分解成为有限项（通常 37 项）条纹 Zernike 多项式的形式，未能拟合的部分通常称为剩余部分，波像差分解公式如下：

$$W(\rho,\theta)=\sum_{n=1}^{37}Z_n f_n(\rho,\theta)+W_r(\rho,\theta) \qquad (12.52)$$

Z_n 为第 n 项条纹 Zernike 多项式系数，$f_n(\rho,\theta)$ 为第 n 项条纹 Zernike 的表达式。$W_r(\rho,\theta)$ 为剩余的未拟合部分。对于早期光刻物镜波像差，由于 $W_r(\rho,\theta)$ 所占比例较小，通常使用 37 项 Zernike 多项式来代替 $W_r(\rho,\theta)$ 已足够。随着光刻节点不断减小，即投影光刻物镜像质的不断提高（RMS 波像差的减小程度远超过预期，这也正是 Moore 定律得以进一步维系的重要原因），波像差剩余部分已经不能忽略[77]。波像差的高频部分（超出 Zernike 多项式能表达的部分）会引起一种局部的杂光（a local flare）出现在理想亮条纹的周围，如图 12.37 所示。

仅使用 Zernike 多项式不足以对光学性能进行完整的描述，其理由如下：①项数有限，波像差高频部分无法表示；②表达式仅表示了标量波前，使用矢量波前才能描述材料双折射对像质的影响；③表达式仅是单色像差；④没有建立和视场的关系[78]。有限条纹 Zernike 多项式难以表示波像差的高频部分，该部分就是所说的剩余波像差。简单增加条纹 Zernike 多项式的项数能够减小拟合误差，但增加其多项式项数（8 项或更多）也难以表达波像差的高频分量，其不良影响如图 12.38 所示。

图 12.38 中白色圆圈内为相干区域（接近数个艾里斑大小），Zernike 像差会改变相干区域内的能量分布（可简单理解为不会有能量溢出相干区域）。而剩余波像差的低频率部分将会在相干区域附近引起杂光，而较高的频率部分会在较大区域内引起杂光，这两种杂光都称作杂光（flare）。

为方便讨论杂光，需要引入等效光瞳频率的概念，即依对不同的成像影响和特征，将波像差所在的光瞳区域划分为不同的空间频率。这种频率划分方式如表 12.8 所示[79]。表 12.8 中将波像差按频率划分为 4 个区域，即低频、中频、高频、超高频区域。其中中频会将光衍射到一个小角度范围，产生局部杂光（local flare），能在亮刻线附近观察到，该区域的大小通常是几微米以内。

当光刻节点越小,杂光(flare)越成为一个焦点问题。需要指出这种划分方式不是严格和唯一的,对应周期与系统的实际通光口径是紧密相关的。对条纹 Zernike 多项式的频率界定是基于对多项式的阶数来划分的,即阶数的一半为其对应的空间频率,例如,第 36 项条纹 Zernike 多项式的阶数是 10,则其空间频率为 5;第 81 项条纹 Zernike 多项式的阶数是 20,则其空间频率即为 10,对于其余中高频的处理是将剩余波像差进行傅里叶级数展开。

图 12.37 flare 引起的刻线边缘亮纹

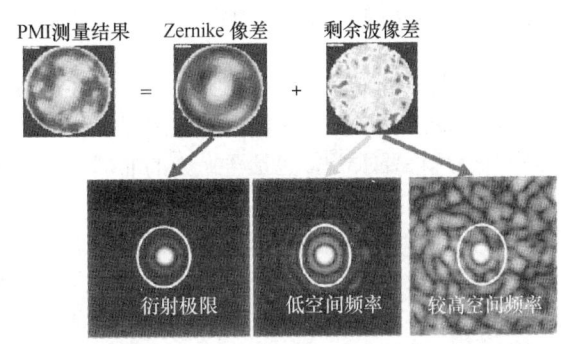

图 12.38 条纹 Zernike 像差和剩余波像差(residual)对成像的影响

表 12.8 投影光刻物镜波像差的频率划分

	光瞳频率	对应周期	特 征
低频(low-frequency)	1～10Hz	300～30 mm	81 项(或更多)Zernike 多项式所表征的像差
中频(mid-frequency)	10～100Hz	30～3 mm	在亮图像附近引起局部杂光(local flare)
高频(high-frequency)	10^2～10^4Hz	3～0.03 mm	在较大范围内引起长距离杂光(long-range flare)
超高频(super-high-frequency)	>10^4Hz	<0.03 mm	引起元件透过降低,损失系统光的总强度

12.5 运动学安装机理与物镜像质精修

12.5.1 运动学安装机理

除透镜设计之外,高性能的成像系统需要有较高的装配精度和鲁棒性(robustness)。这是因为物镜重量压应力(stress)使得物镜单元变形,影响成像性能。

Nikon 以前采用线(环)状装配支撑定位(seat)物镜单元(见图 12.39)。由于环形定位所限的过程精度为 0.2～0.5 μm,峰-谷(P-V)透镜变形的数值在亚微米区间。通常透镜形状的变形是像散状的,其数值和方位角不能预计。故不能预计环状定位(ring seat)透镜单元的物镜系统的波前像差。随后用三点定位(three-pointed-seat),可能预知由于透镜重力引起形状变形量。然而,三点定位产生三叶形(trefoil)波前像差,其不能用透镜单元间隔变化或偏心来校正。从低 k_1 光刻一代开始采用运动学安装机理(kinematic mounting mechanism)[80],实现没有变形的透镜支撑。

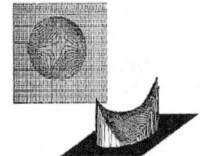
(a) 直线定位透镜安装 (P-V=159 nm)

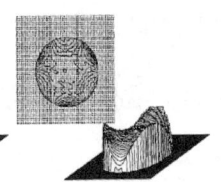
(b) 三点定位透镜安装 (P-V=159 nm)

(c)符合运动学原理透镜安装 (P-V=12 nm)

图 12.39 透镜装配技术的改进

透镜运动学安装机构有较高的鲁棒性(robustness,防止透镜单元外面的各种扰动的能力)。

一个物体在空间有 6 个自由度。它们是沿着 X，Y，Z 三个坐标轴的平移（X-移动，Y-移动，Z-移动）和相对于 X，Y，Z 轴的旋转（俯仰，偏转，滚动）。当这六个自由度被约束时，物体就被固定了。第 7 个约束将强制物体变形。运动学透镜装配限制有 6 个自由度。换言之，因为没有第 7 个约束，在透镜装配中要采用运动学装配机理防止物体变形。

12.5.2 物镜像质精修

改善像差是低 k_1 值光刻所需要的。为此，在透镜制造过程中结合计量方法，采用类似于微分控制的透镜制造过程：在前述物镜制造过程中，由于单元制造误差或装配误差，通过透镜调整过程补偿到符合规格要求[68]，包括再抛光的非球面的预装配、透镜单元的定向和定位，直到误差符合公差要求。

产生更高级像差的计量本身的误差在物镜调整后还影响着物镜的性能。最终性能的退化是由于计量误差粗略地正比于单元误差测量的均方根。因此减少测量次数，在某种意义上意味着物镜性能的改进。图 12.40 表示一个反馈制造过程的概念图。首先用一个相位测量干涉仪（PMI）通过像场进行多点测量包括畸变和离焦的波前像差。从 PMI 数据知，物镜调整的最终性能是可以预计的。

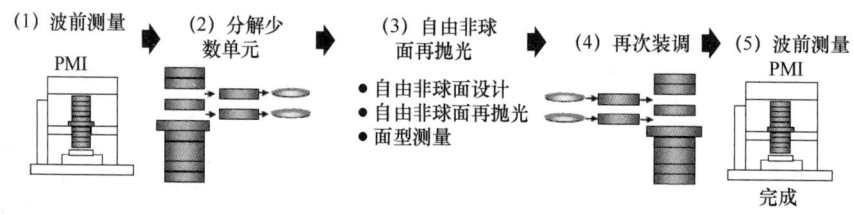

图 12.40　一个新的制造过程的概念图

通常物镜系统的最终性能比设计结果更差，故对一些透镜面再抛光，以产生小的凹进的自由非球面用以补偿测量得到的剩余高级像差，在这一步中采用再抛光自由非球面决定最终物镜的质量。这是在预-再抛光面和后-再抛光面之间的面形微分控制过程处理。因此面形和物镜支撑测量的重复性决定了最终性能的预计质量。因为一个运动学装配机理的透镜装配在 DUV 光学中，透镜支撑装配的重复性是可以忽略的小量。只有再抛光的面形测量的重复性影响着物镜的最终性能。该过程使透镜像差得到明显改善。当前的投影光刻物镜的性能很接近于设计值，见图 12.41。

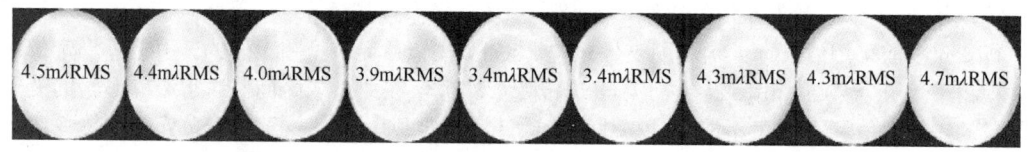

图 12.41　通过扫描狭缝（9 个点）得到的 1.07 NA ArF 浸液物镜平均波前色图扫描结果

12.5.3 投影光刻物镜的像质补偿

高 NA 投影光刻物镜需要近乎完善的像质设计名义值（波像差小于 1 nm RMS），还需要在实际大视场曝光时有高分辨率和长焦深，以及小的畸变以满足套刻要求。根据 Zeiss 和 Nikon 公司生产的投影光刻物镜的实际测量结果可知，波像差和设计名义值接近，达到 1 nm RMS。对光学设计、加工、检测、材料、装调等基础光学技术要求达到当代应用光学的极限水平。为实现近于完美像质的高 NA 投影光刻物镜，需要采用多种像质补偿措施保证物镜制造的苛刻公差。

1. 系统复算、计算机辅助装配和校正

EUV（extreme ultraviolet）光刻用波长为 10～15 nm 的辐射，用以制备 70～30 nm 以下的图形。EUV 光刻是下一代有希望的选项[81,82]。EUV 曝光机把反射掩模上的图形印制在涂有光抗蚀剂的晶片上。投影光学系统由镀有多层膜的反射镜组成。Mo/Si 多层镀膜对 13 nm 波长左右，以及 Mo/Be 多层镀膜对与 11 nm 波长左右的辐射有超过 60%的反射率[83,84]。由于这些多层镀膜的反射率不是 100%，则光学系统反射镜的数目受限（为 4～6 片）以减少能量损失从而达到较高的输出。为了得到小像差和宽视场，以三个非球面反射镜系统为例讨论复算、计算机辅助装配和校正问题[85,86]。

投影光学系统设计是符合预定性能要求的，装配后的性能决定于其剩余波前误差（WFE）。WFE 的均方根值（RMS）按照 Maréchal 判据必须小于 1/14 工作波长[87]。在曝光波长为 13 nm 时，投影光学系统的 WFE 须小于 1 nm RMS，按现在的水平实现起来是有困难的，需要力争减少 WFE，以使 EUV 光刻达到实际应用[88,89]标准。

包括三个非球面反射镜的投影光学系统的 EUV 试验曝光机，设计达到分辨率小于 100 nm[90,91]，其光学系统的装配和校正考虑如下。

用干涉仪（见第 14 章）测量光学系统干涉图中包括干涉仪参考反射镜的形貌误差，图 12.42 所示光学系统测量的波前还包括了转向反射镜的形貌误差。因此必须要从干涉图中减去参考反射镜和转向反射镜的形貌误差来进行校准被测量干涉图。事先要对这些面采用 Bruning 等人的方法进行测量[92,93]；参考反射镜和转向反射镜的形貌误差分别为 4.96 nm（RMS）和 0.58 nm（RMS）。转向反射镜的形貌误差和干涉仪系统精度（<λ_{He-Ne}/100=6 nm，RMS）相比是相当小的，故在波前测量中只考虑消除参考反射镜的形貌误差。

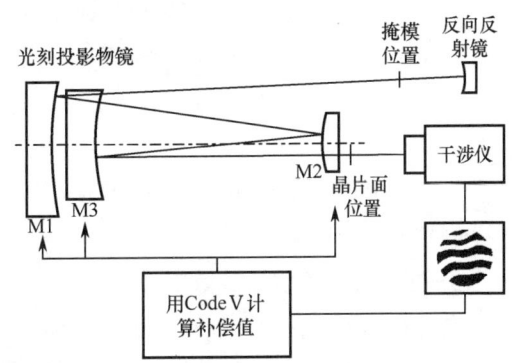

图 12.42　精细调整中测量 WFE 的光学系统示意图

WFE 精细校正要考虑环境测量，要减去空气和热波动。热波动小于 0.1℃/h。波前测量的重复性约为 2 nm（RMS）。

重复精调三个非球面反射镜的投影光学系统，直到 WFE 达到约 3 nm（RMS）。完成调整之后的投影光学系统转入曝光机，再次测量光学系统反射镜形貌的 WFE 来考察该曝光机，WEF 已经退化为 22 nm（RMS）。光学系统在曝光机上再校正，使光学系统的 WFE 恢复到装入曝光机之前的水平：RMS 为 0.004 9λ（3.07 nm）。所得到的 WFE（3 nm RMS）比 Maréchal 判据估计值要大。其主要差别部分是由反射镜 M2 校正不够所引起的，包括了较大的球差，进一步向晶片方向移动 M2 可以减小 WFE 值。因此，改善光学系统镜框（optic house），移动 M2 可进一步减小球差，得到所希望的小 WFE 值。

校正完成的投影光学系统，达到了 3 nm（RMS）的波前像差值，虽然这个结果尚不能完善地实现 EUV 光刻，该实验用 EUV 曝光机以 New SUBARU 同步加速器[94,95]作为光源进行扫描曝光实验，可实现在 10 mm×1 mm 静态曝光视场内复制 56 nm 图形[96]。

2. 像差的检测与控制

在现代光刻集成化成像系统中，每个组件性能均应达到优化，在规定时间内保持集成化成像系统的优化性能。集成化成像系统包括：投影物镜、照明系统、光源、在位检测手段，像差控制和剂量控制[97,98]。

Nikon 采用电驱动透镜单元技术控制低级像差,包括离焦和畸变。采用一种先进透镜控制(lens control,LC)系统,称之为电驱动透镜像差控制单元"I-MAC"系统(见图 12.43)[38]。这个系统有单独调整透镜单元的机构,用于实时地控制调焦、畸变、球差、彗差和其他像差。系统中可以有几个透镜像差控制单元,其采用压电锆钛酸(piezo-electric zirconate titanate,PZT)执行器使单个透镜单元上下移动或倾斜。这些单元的再定位调整了投影物镜的低级像差,对高级像差的形成有最小的负作用。一个透镜像差控制单元用电控的方法能够改变投影物镜中几个透镜单元的位置,并且精确到纳米水平来补偿像差的变化。投影物镜除了有低级像差外,还有高级像差,如不均匀受热产生的像差。

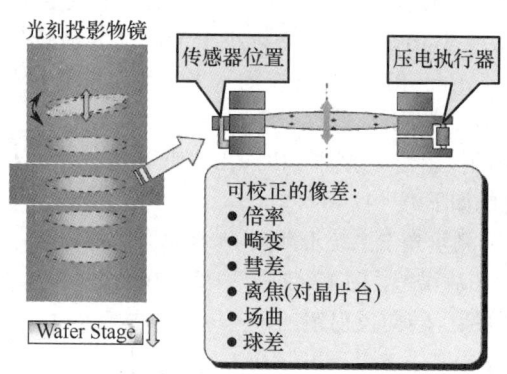

图 12.43 电驱动透镜单元称为"I-MAC"系统(在投影物镜中几个单元有驱动机构以控制透镜的位置和斜角,这些透镜有位置传感器和压电执行器(piezo-electricactuator),每个透镜的位置可以控制在纳米精度)

3. 投影光刻物镜原位像差监测

高分辨率投影光刻系统要求原位监测物镜像差的技术[99]。投影光刻系统质量公认采用波前像差描述,更广泛的是用 37 项 Zernike 多项式[100]表示的波前像差。

Nikon 公司开发了一种便携式相位测量干涉仪(portable phase measuring interferometer,PPMI),称之为 Z37 AIS(Z37 Aerial Image Sensor),图 12.44 所示为 Z37 AIS 原理示意图。Z37 AIS 不要求图像在抗蚀剂中曝光,因此避免了处理抗蚀剂的影响。

Kirk 等人首先提出用衍射光栅量化投影物镜像差的剩残余量[101]。Hagiwara 等人开发了这种在位监测物镜质量的 Z37 AIS 方法[102]。这个方法包括了一组 36 个不同间距和方向,等线宽-间距的光栅掩模,在物镜像平面上监测光栅像,在物镜光瞳面上用 Z37 AIS 扫描波像差。这项技术的优点是 Z37 AIS 与扫描器的常规应用相兼容。图 12.45 给出用于 Z37 AIS 的不同光栅的布置图。

在 KrF 扫描器上进行 Z37 AIS 实验。图 12.46 表示通过图 12.44 中矩形孔径(相当于物镜光瞳)记录的像差信号,记录了 9 个点,有 5 个测试位置在像场的中间一行,有 4 个位置在像场的角上。图 12.47 表示 Z37 AIS 对像差的响应。设已知物镜的调整像差,如图左边的像差表中的数据。

4. 热像差(时间依赖像差)控制

时间依赖像差控制如热像差变得更重要。由于强调分辨率增强技术(RET)和偶极照明和/或很小 σ 照明与 PSM 结合,前述的强度分布比常规的环形照明变得更强一些,并且产生引起非对称像差的非对称温度分布。由于照射产生的时间依赖像差甚至用能改变低级像差的透镜控制器(lens controller)也不能得到完全补偿、残余像差可能引起成像性能衰退。为了补偿这些像差,进而研究了红外光(IR)补偿方法。IR 光束照射瞳透镜以补偿非对称温度分布。连续控制 IR 辐射量以补偿由曝光辐射引起的时间依赖像差。

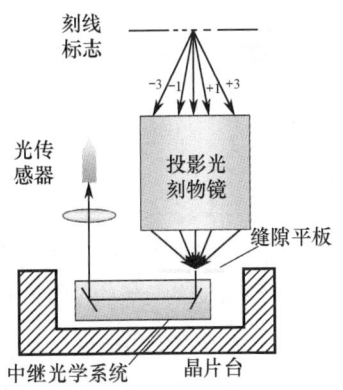 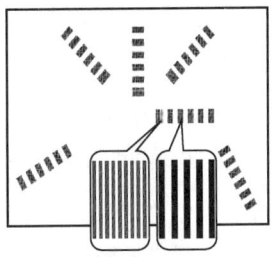

图 12.44　Z37 AIS 实验示意图（线-空间光栅刻线的像由光传感器通过一个狭缝记录）　　图 12.45　用于 Z37 AIS 的 36 个光栅安排的示意图（这些光栅有不同的间距和方向，插图表示不同间距的光栅）

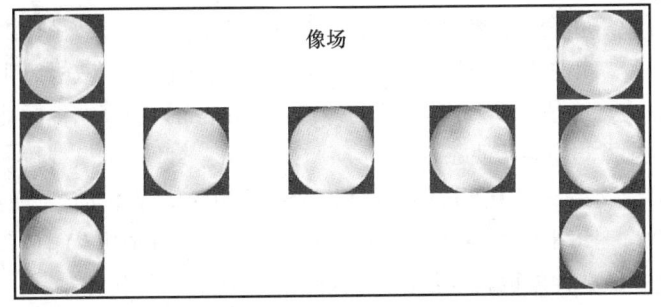

图 12.46　用 Z37 AIS 记录的 KrF 扫描器的像差信号
（在透镜成像狭缝中间一行有 5 个信号记录位置，在其角上有 4 个位置）

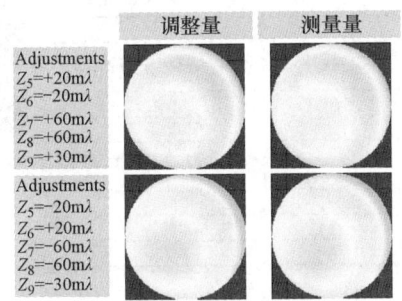

图 12.47　左图为物镜的调整结果，右图表示相应的 Z37 AIS 响应

分辨率增强技术（RET）常采用倾斜照明和/或相移掩模等技术。为了提高生产率，特别是双图形曝光需要比单次曝光过程有更高的曝光能量，导致投影物镜中有局部热效应，引起大的高级热像差，不能用上述透镜像差控制单元来补偿，因为其只能补偿低级像差，需要进行热像差控制。

热像差控制即所谓红外像差控制（infrared aberration control，IAC）[15,103]。IAC 是用来控制由热像差引起的非对称波前变化，如整个视场的不均匀像散。IAC 的一个方案如图 12.48 所示。接近于光阑的一个透镜单元被红外光照射，以补偿透镜上的非对称温度分布，即为非对称热像差的原因。

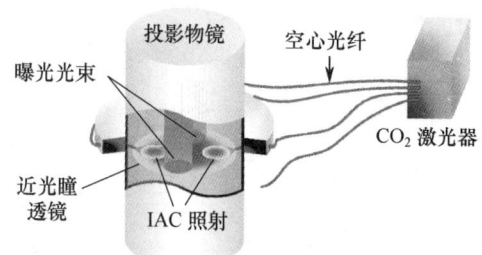

图 12.48 最终的红外像差控制（Infrared aberration control, IAC）系统方案图（CO_2 激光器通过空心光纤提供给投影物镜红外光，IAC 用红外光照射在光阑附近的透镜的冷的区域）

红外像差控制（IAC）用一个红外激光器通过空心光纤传递热量到投影物镜，有选择地加热光阑透镜。这种用控制热量校正非均匀像散产生的原因是：双极照明，以及其他曝光条件，如某一方向的线条和空间（L/S）占优势，或非旋转对称光阑。当用扫描器时，建立 IAC 和所有 I-MAC（电驱动透镜像差控制单元）的两个参数：时间常数和饱和点（time constant and saturation point），以补偿低级像差包括聚焦和空间像传感器（AIS）[99]的倍率。实验结果如图 12.49 所示。实验是在 ArF 扫描器上完成的，加热条件：双极照明，在两个热和冷的区域，双极照明引起的像散可以被很好地补偿掉。通过透镜加热（0～50 min）和冷却（>50 min）的周期像散被监测时，有用 IAC 有效补偿的例子。当选择非均匀照明条件时，I-MAC 和 IAC 参数是按已有数据进行内插和外插得到。因为透过物镜的光功率决定于掩模的透过率，还必须用扫描器校准台上的曝光检测器测量物镜透过的功率。因此，在每批图形曝光前要进行光功率检测，用光功率测量和像差计算的方法，逐次地通过 I-MAC 和 IAC 控制以积累数据，当批量曝光时提供优化控制。

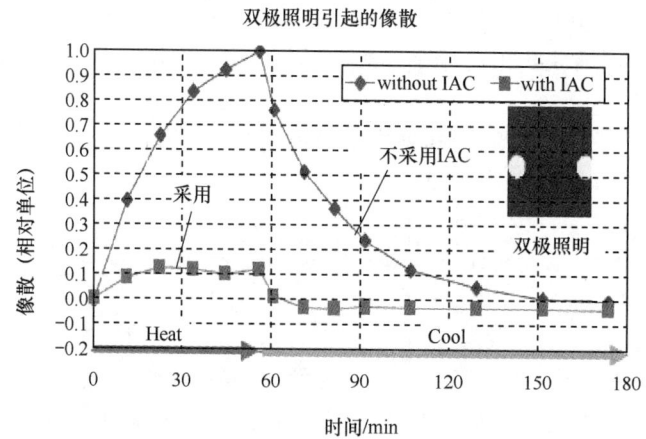

图 12.49 晶片曝光时透镜被加热和冷却 IAC 控制调焦
（当曝光采用双极照明，由于透镜被加热以改善像散）

5. 变形镜调整技术

S620D 的物镜用一个新的功能来满足双图形曝光的一些要求[104,105]。这个功能是自适应 2θ 补偿器，其方案如图 12.50（a）所示。由压电器件驱动的一个可变形反射镜引入折反射式（catadioptric）投影物镜。用机构推和拉这个反射镜，Zernike 2θ 分量 Z5 和 Z6 能够单独地调整，如图 12.50（b）所示。

这个可变形反射镜控制像像散这样的热像差的例子如图 12.51 所示。自适应光学系统的优点是响应速度快。在一秒以内，可能进行静态和动态调整。

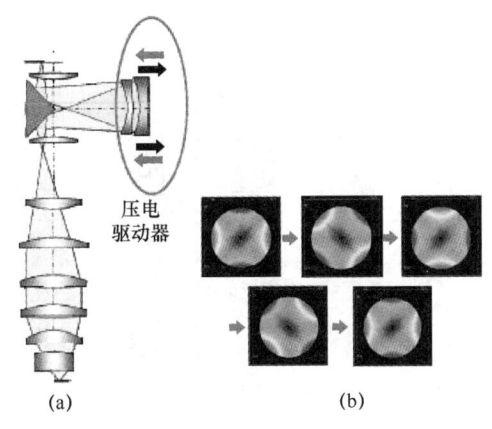
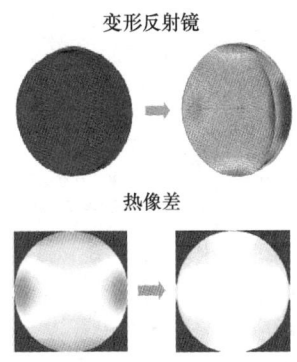

图 12.50 压电器件驱动自适应 2θ 补偿器（a）以及独立调整 Zernike 2θ 分量 Z5 和 Z6（b）

图 12.51 热像差控制的例子（可变形反射镜补偿双极照明中的像散）

12.6 进一步扩展 NA

12.6.1 用 Rayleigh 公式中的因子扩展 NA

图 12.52 简单地表示了从 65 nm 开始的路线图。半间距（HP）45 nm 已经由 1.30 NA 物镜覆盖并量产了。HP 32 nm 光刻[106]根据 Rayleigh 公式中的因子可分为三个主要的选项："双图形曝光"方法可尽量缩小 k_1 值；"EUVL"是减小波长的传统的方法；"高折射率浸液"用于扩展 NA，一般是用于 193 nm 镜头的 NA 扩展，见图 12.53。

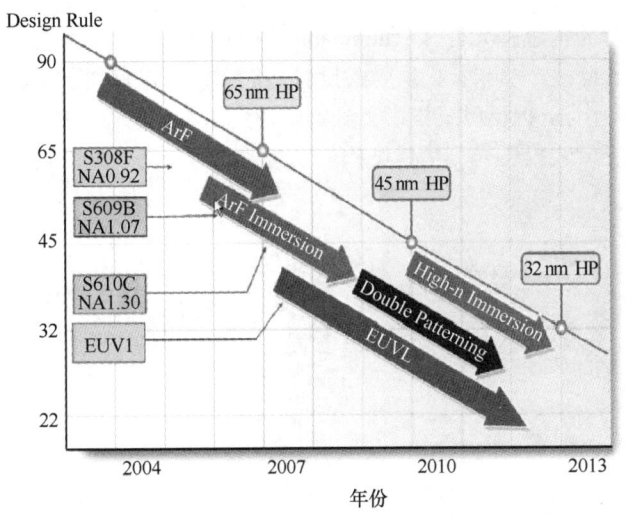
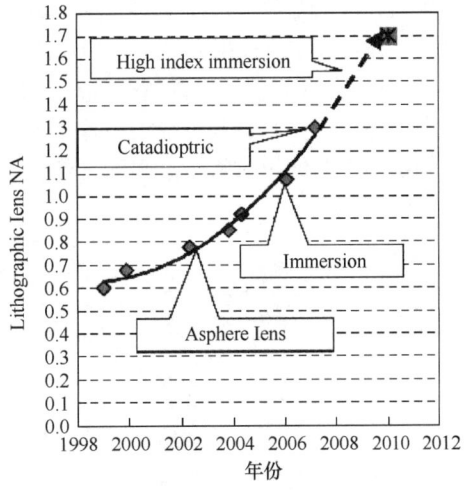

图 12.52 半间距（HP）为 65～32 nm 的路线图

图 12.53 193 nm 物镜的发展

成功地采用非球面技术使光刻物镜的数值孔径超过 0.7 NA，物镜型式变化可以更好地发挥非球面的功能，使 NA 扩展到 0.9 或更高。其次，这种物镜型式用水浸液技术可以超过 1.0 NA。另外，在物镜中加入反射面，能够达到 1.3 NA，引导进一步扩展 NA。

12.6.2 非球面的引入

光学设计中引入非球面有更多有利的系统参数变量,即增加了设计自由度,非球面元件的应用不仅能够补偿每组各自的像差,同时也能补偿其他元件组产生的高级像差,改变原来系统的"双凹凸"结构为"单凹凸"结构,系统光焦度依次为正、负、正结构,使系统结构简化,图 12.54 显示出了使用非球面带来的优点[107]。并给出了 NA=0.7 和 NA=0.8 两种全部球面的投影光刻物镜设计方案,以及 NA=0.8、NA=0.9 和 NA=1.1(浸液)三种含有非球面元件的投影光刻物镜设计方案。相比于 NA=0.8 的全球面设计方

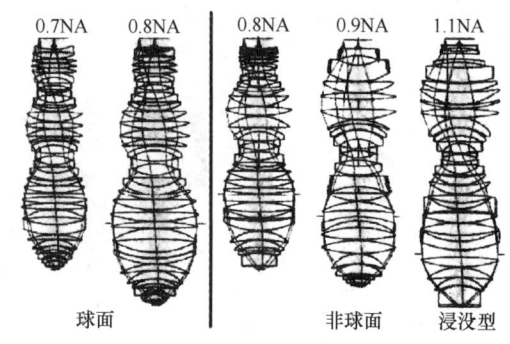

图 12.54 非球面在高 NA 设计中的应用

案,使用了 3 个非球面的 NA=0.8 的非球面设计方案,最大元件口径从 309 mm 减小至 255 mm。NA=0.8 的非球面设计方案已经开始从"双凹凸"结构进化至"1.5 凹凸",当使用更多非球面表面后,NA=0.9 的非球面设计方案已经是完全的"单凹凸"结构了。使用这种"单凹凸"结构和像方浸液,物镜的数值孔径能进一步增大至 NA=1.1。

12.6.3 反射光学元件的引入

进一步增大 NA,必须使用反射元件,即投影光刻物镜由折射式转变为折反射式。折反射式光刻物镜的关键是凹面反射镜,其有正光焦度却有着负值场曲,这对像差平衡有利。反射光学元件的引入不需要大光焦度负透镜和大口径正透镜来控制场曲,使得折反式物镜的最大元件口径比折射式物镜(相同的 NA)要小。

将一个凹面镜和一个负透镜组合成"舒曼消色差元件(Schupmann achromat)",其有正光焦度,却与正光焦度折射元件有着相反的色散特性,意味着折反射式投影光刻物镜形式有利于校正色差。根据折反射式元件配置位置和方式的不同,折反射式投影光刻物镜衍生出不同的设计结构,如图 12.55 所示[108],其中给出的是 4 种折反射式投影光刻物镜结构的示意图,对于高 NA 投影光刻物镜,不同结构[57]将用于不同光刻机。

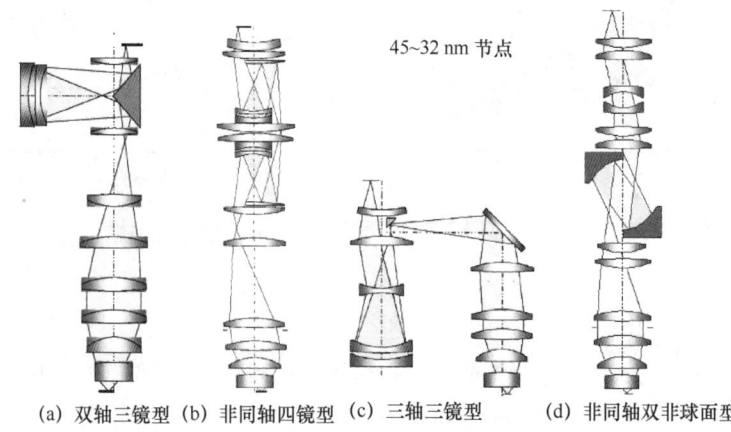

(a) 双轴三镜型 (b) 非同轴四镜型 (c) 三轴三镜型 (d) 非同轴双非球面型

图 12.55 反射元件的应用:工作波长为 193 nm 的 NA≥1.3 的 Nikon 光刻物镜

12.6.4 两次曝光或两次图形曝光技术

可用于集成电路生产,其又可分为两次曝光(double exposure,DE)、双图形曝光(double patterning,DP),隔离器双图形曝光(spacer double patterning,SDP)等方式[109]。

现以两次曝光方式为例来说明该方案的原理。首先用掩模 1 对预定间距两倍的线条进行第一次曝光,然后用掩模 2 对准第一次曝光各线条间隙的中间进行第二次曝光,显影后即可得预期的间距,如图 12.56 所示。这种方法成本高、速度慢,但从技术上来说相对容易,不过要求大约 2 nm 的套刻精度。对于两次曝光,它需要先曝光一批线条,然后在执行其他工艺步骤之前,作自对准后进行第二批线条曝光。虽然两次曝光速度比两次图形曝光快,但关键是找到一种非线性吸收层材料,其具有能够吸收来自邻近曝光的弱光,而不会破坏图案的化学特性。

应用折反射浸液式结构,使用以上像质补偿方案和技术以及其他分辨率增强技术(偏振照明、双曝光技术等),可以使投影物镜的分辨率可以达到和超过 22 nm HP(半间距)节点。图 12.57 所示为扫描电镜(SEM)取得的照片[105]。

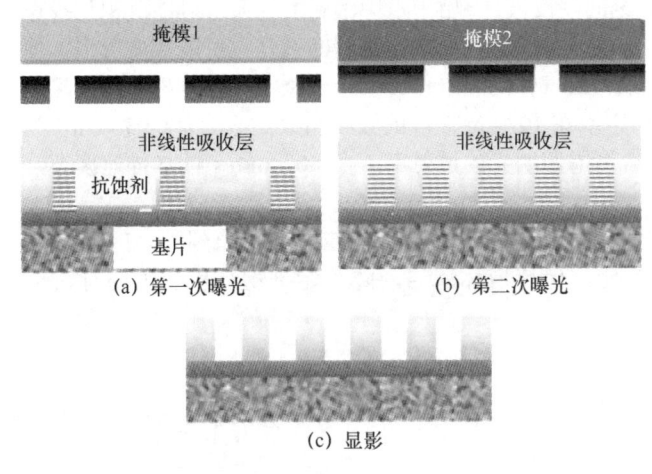

图 12.56 两次曝光方案示意图 RARC
(bottom-anti-reflection coating)——底部抗反射层

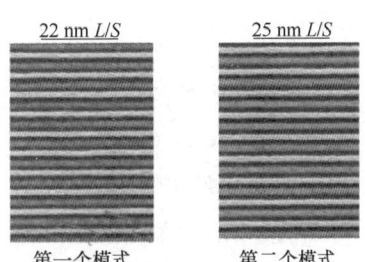

图 12.57 22 nm 密集线条曝光结果

12.7 浸没式光刻技术

12.7.1 浸没式光刻的原理

1982 年,在 Taberrelli 和 Loebach 的专利中[110],第一次将浸没技术引入到光刻之中。将折射率与光刻胶相同的透明液体注入到投影物镜和硅片之间,增大了投影物镜的数值孔径,降低了有效曝光波长。193 nm 光刻技术已成为当前投影光刻的主流技术,世界上三大光刻机生产厂商 ASML、Nikon 和 Canon 公司的第一代 193 nm 浸没式样机是在原有 193 nm 干式光刻机的基础上改进研制成的,降低了研发成本和风险[111,112,113]。目前已经推出了多种型号的浸没式光刻机。

浸没式光刻技术需要在光刻机投影物镜最后一个透镜的下表面与硅片上的光刻胶之间充满高折射率的液体。投影物镜的数值孔径:

$$NA = n\sin\theta \tag{12.53}$$

其中,n 为投影物镜与硅片之间介质的折射率,θ 为物镜半孔径角。在 θ 相同的情况下,浸没式光刻系统的数值孔径比传统光刻系统增大了 n 倍。根据瑞利判据,式(12.53)、式(12.54)分别得到光刻机的分辨率 R 和焦深 DOF[114]:

$$R = k_1 \frac{\lambda}{\text{NA}} = k_1 \frac{\lambda}{n\sin\theta} = k_1 \frac{\lambda_{\text{eff}}}{\sin\theta} \tag{12.54}$$

$$\text{DOF} = k_2 \frac{\lambda/n}{2(1-\cos\theta)} = k_2 \frac{\lambda/n}{2\sin^2\theta} \approx k_2 \frac{\lambda/n}{\sin^2\theta} = k_2 \frac{\lambda/n}{\text{NA}^2} \tag{12.55}$$

式中，k_1、k_2 为工艺因子，$\lambda_{\text{eff}} = \lambda/n$ 为有效曝光波长。由式（12.54）可以看出，浸没式光刻的特征尺寸缩小为传统光刻的 $1/n$，相当于有效曝光波长缩小为原来的 $1/n$。当 $\lambda=193$ nm，$n=1.437$（水）时，$\lambda_{\text{eff}}=134.3$ nm。由式（12.55）知，相比于传统光刻技术，在 θ 相同的情况下，引入浸没光刻技术可以使焦深增大 n 倍。此外，浸没液体也减小了界面上的光反射损耗。

12.7.2 浸没液体

1. 液体浸没方式

高精度的浸没式步进扫描投影光刻机对选择浸没液体的基本要求是高折射率和高透射系数。Switkes 等[114]提出使用水作为 193 nm 光刻的浸没液体。由于水中溶解的物质有可能沉积到投影物镜最后一个透镜的下表面和光刻胶上，造成成像缺陷，而水中溶解的气体也可能形成气泡，使光线发生散射和折射。目前普遍使用去离子和去气体的纯水作为第一代浸没式光刻机的浸没液体。

水对 193 nm 的折射率为 1.437 110 1，水在 193 nm 波段的吸收系数很低，为 0.035/cm。为了减小水对光的吸收，水层不能太厚。综合考虑照明光的透射率，在 500 mm/s 的扫描速度下，水层的厚度需控制在 1～2 mm。

浸没式光刻系统需要在投影物镜最后一个透镜的下表面与硅片上的光刻胶之间保持稳定的液体流动。液体的流动使得液体均匀化，保持液体清洁，防止污染物沉积。主要有三种液体浸没方法[113]。

2. 硅片浸没法

硅片浸没法示意图如图 12.58 所示。使工件台形成一个液体容器，将投影物镜的下表面和整个硅片都浸没在液体中。这种结构也被称为浴缸结构。

硅片浸没法的优点是对硅片边缘进行曝光时，可以获得与硅片中心区域相同的曝光效果。其缺点是需要注入液体量大，注满和排空液体要花费较长时间，在步进扫描过程影响生产率；需要重新设计对准系统调焦调平系统和工件台结构。

3. 工件台浸没法

工件台浸没法示意图如图 12.59 所示，应将投影物镜的下表面和整个工件台（包括硅片）浸没在液体容器中，需注入大量液体，工件台较多部件需要重新设计，故较少采用此种结构。

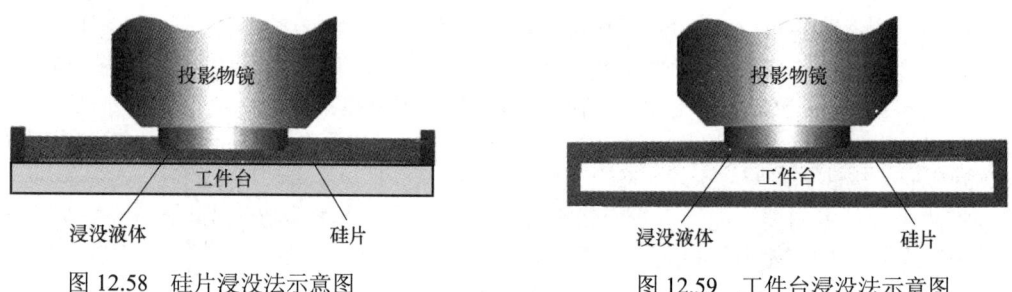

图 12.58 硅片浸没法示意图　　　　图 12.59 工件台浸没法示意图

4. 局部浸没法

局部浸没法可以解决上述两种方法存在的一些问题。局部浸没法中投影物镜是固定的，最后一个透镜的下表面始终浸没在液体中。在步进扫描过程中，硅片的不同部位浸没在液体中，如图 12.60 所示。在硅片的一侧设置一个喷嘴将液体注入到镜头下面，在另一侧设置一个吸嘴将液体吸回，形成液体的流动。这种结构也被称为喷淋结构。

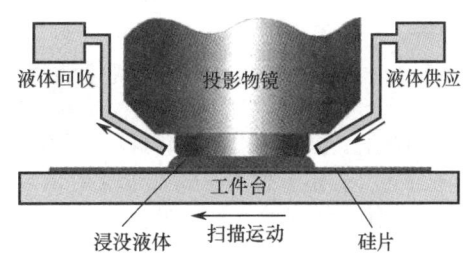

图 12.60　局部浸没法示意图

局部浸没法的优点：工件台与干式系统相同，可以保留干式光刻系统的对准系统和调焦调平系统；注入的液体容量比较小，可以快速注满和排空，保持了较高的生产率。其缺点是在对硅片边缘部分进行曝光时，硅片边缘的液体容易发生泄漏，从而导致边缘曝光场的成像质量较差。因此，采取局部浸没法设计方案时，应当采取有效的液体防泄漏措施。Soichi Owa 等[115]提出了一种方法阻止液体泄漏。ASML、Nikon 和 Canon 公司的液体注入方法设计都是基于局部浸没方案的。目前浸没光刻技术多采用局部浸没法。

12.7.3　浸没式大数值孔径投影光刻物镜

提高浸没式光刻机分辨率的关键是增大投影物镜的数值孔径。随着光刻分辨率和套刻精度的提高，投影物镜的像差和杂散光对成像质量的影响越来越突出。设计大数值孔径的浸没式光刻投影物镜需要严格控制像差和杂散光。

传统的干式光刻机投影物镜多采用全折射式设计方案，结构相对简单、易于加工与装校、局部杂散光也较少。随着数值孔径的增大，设计全折射式投影物镜越加困难。为了校正场曲，必须使用大尺寸的透镜以满足 Petzval 条件。透镜尺寸增加将消耗更多材料，提高成本，影响整机装配设计。图 12.61 所示是 Carl Zeiss 公司为 ASML 公司浸没式光刻机设计的全折射式投影物镜，数值孔径达到 1.1[16]。Nikon 公司也报道了 NA=1.07 的全折射式浸没投影物镜的设计[17]。

不改变投影物镜 4X 缩小倍率而实现更大的数值孔径，需采用折反式投影物镜的设计方案。由于反射镜的 Petzval 和数为负，减小透镜的尺寸，获得更大的数值孔径成为可能。折反式投影物镜的色差控制也优于全折射式投影物镜。非球面反射镜的引入，将引起更多的局部杂散光，而使投影物镜的加工与装校复杂化。

目前主要有多轴（所有元件的面形中心在不同光轴上）和单轴（所有元件的面形中心在同一光轴上）两种折反式投影物镜的设计方案。图 12.62 所示是 Carl Zeiss 公司和 Nikon 公司的折反式投影物镜设计方案[116-118]，图 12.62（a）、(b) 所示为多轴设计方案[119]，其数值孔径大于 1.1，然而装校难度较大，而且机械稳定性较差。多轴设计方案中大多使用一个反射镜，使得物镜对掩模

图 12.61　Carl Zeiss 公司为 193 nm 浸没式 NA=1.1 全折射式投影物镜

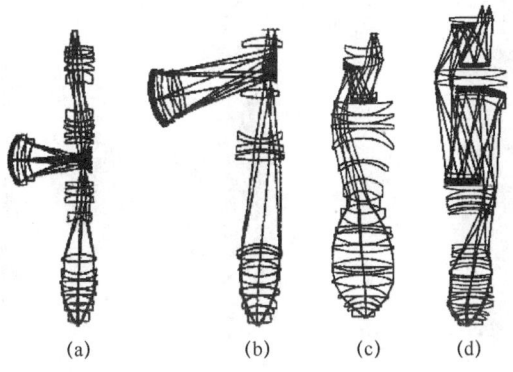

图 12.62　Carl Zeiss 公司设计的折反式投影物镜

成镜像,使用这种物镜的光刻系统将无法沿用原有的掩模。此外,光线入射到转向反射镜的入射角较大,转向反射镜上镀制的光学薄膜性能将影响整个物镜的偏振特性。为此,Carl Zeiss 公司和 Nikon 公司最近都提出了单轴设计方案的折反式投影物镜,如图 12.62(c)、(d)所示。单轴设计方案结合了全折射式物镜和折反式物镜的优点,具有较好的机械稳定性的同时,可获得更高的数值孔径[118]。由于使用了偶数个反射镜,使得物镜对掩模成像一致,因此可沿用原有的掩模。而且由于不使用转向镜,这种物镜具有较好的偏振性能。在单轴设计方案中,使用球面反射镜可以使浸没物镜的数值孔径达到 1.2;若使用非球面反射镜,数值孔径会达到 1.3 甚至更高,但它会带来更多的局部杂散光,且在高产率生产过程中会因加热不均匀进而影响成像质量,这些问题需要在投影物镜设计过程中加以考虑[6]。

12.7.4 偏振光照明

1. 大数值孔径光刻系统的偏振光照明

采用大数值孔径光刻系统时,照明光偏振态对成像质量是有影响的。在光刻机照明系统中,照明光经过掩模发生衍射,掩模像是由其中的零级衍射光和一级衍射光在硅片表面发生干涉形成的。两束光能够发生干涉的必要条件之一是偏振方向相同。传统的照明系统采用非偏振照明光,其中包含 s(TE 偏振)和 p(TM 偏振)两种偏振态。如图 12.63(a)所示,s 偏振光的电矢量平行于掩模上的线条方向,入射到硅片表面的 s 偏振光,振动方向相同,可以产生高对比度的像,与入射角度无关。然而,在图 12.63(b)中,p 偏振光的电矢量垂直于掩模上的线条方向,入射到硅片表面的 p 偏振光,振动方向之间存在一个夹角。随着投影物镜数值孔径的增大,入射光线之间夹角变大,振动方向之间的夹角也随之增大,造成像对比度的下降。故在大数值孔径光刻系统中应该使用成像对比度较高的 s 偏振光照明。Hisashi Nishinaga 等[13]通过仿真,验证了偏振光照明对大数值孔径光刻系统成像质量的影响。结果表明,当数值孔径大于 0.85 时,为保证较高的成像对比度,必须采用 s 偏振光照明[120]。

激光器输出的光一般是线偏振光,而光刻机照明系统中光学材料的本征双折射和应力双折射会使光的偏振态发生变化,光学薄膜的偏振特性以及光在界面的反射和折射也会影响光的偏振态。为了实现偏振光照明,需对照明系统进行偏振控制。若简单地在光路中插入偏振器件,会损失大量激光能量,意味着光刻机生产率下降。如果通过提高激光器的输出功率补偿光能损失,会使激光器和照明光路元件的寿命下降。

2. 无损偏振光照明系统

Nikon 公司提出了一种无损偏振光照明系统[13],其框图如图 12.64 所示。

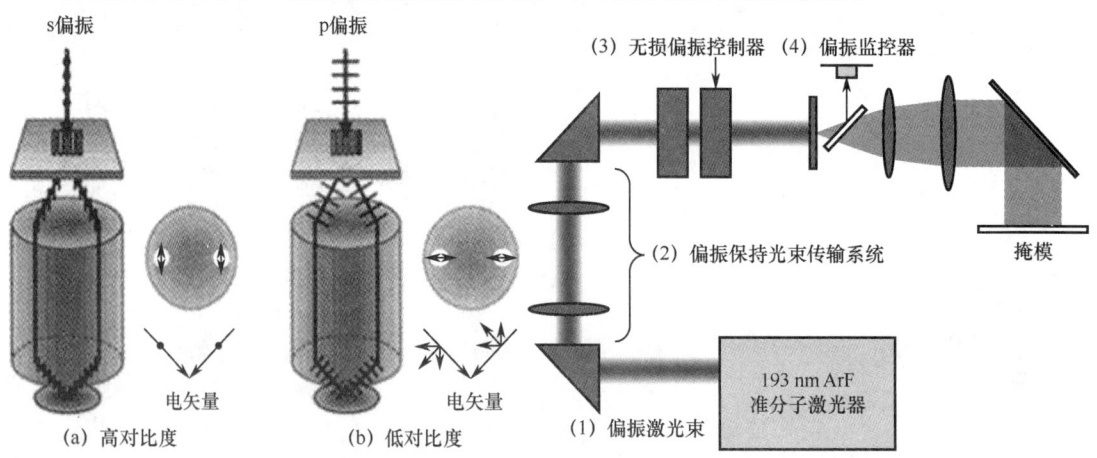

图 12.63 高数值孔径下 s 偏振光和 p 偏振光成像对比度   图 12.64 Nikon 公司无损偏振光照明系统框图

该系统包含以下几个部分。

1）激光器偏振度

193 nm ArF 准分子激光器输出线偏振激光，激光偏振态以偏振度（degree of polarization，DOP）来度量。偏振度定义为光信号中完全偏振光的功率和总的光功率之比[121]：

$$DOP = \frac{p_{pol}}{p_{pol} + p_{unpol}} \quad (12.56)$$

式中，p_{pol}、p_{unpol} 分别表示完全偏振光的功率和非偏振光的功率。总光功率又可以看作完全偏振光的功率和非偏振光的功率之和，为 0.97 左右。

2）偏振保持光束传输系统

通常使用可以承受较高的能量密度的 CaF_2 材料，而 CaF_2 的双折射特性将影响照明光的偏振态。设计偏振保持光束传输系统时，必须使 CaF_2 元件以晶体光轴为旋转对称中心，光束沿着 CaF_2 光学元件的光轴方向入射，在经过 CaF_2 元件时偏振态不会改变。

3）无损偏振控制器

光束传播到无损偏振控制器时，仍然保持固有的线偏振。无损偏振控制器的作用就是在不损失激光能量的前提下，插入波片改变线偏振光的偏振方向以满足照明要求。

4）偏振监控器

偏振监控器实时监测从无损偏振控制器输出激光的偏振度，然后反馈给控制旋转波片，保证高偏振度的线偏振光输出。

3. 液体温度变化带来的影响

水温的变化将引起折射率的改变，会导致像面聚焦偏移和球差的改变，在曝光系统中，焦面的偏移可由调焦调平系统校正，然而局部的温度起伏将引起局部的成像质量恶化。Mulkens 等[16]提出 193 nm 浸没式光刻系统的水温稳定性要求：数值孔径为 1.1，水的厚度为 1 mm，只允许 1 nm 的球差改变量，水温变化量必须控制在 0.1 K 以内。对于更高数值孔径，对水温变化量的要求将更加严格。Nikon 公司在 2004 年报道了它们的水温控制系统，把水温保持在±0.01 K 范围之内[115]。

4. 气泡的消除

在浸没式光刻技术中气泡形成的原因有[122]：温度和气压变化使水中气体的溶解度降低，原来溶解在水中的部分气体释放出来形成气泡；水的流动带入周围的气体形成气泡，水通过喷嘴注入浸没区域时，也可能带入气泡；光刻胶释放出的气体也会形成气泡。不同尺寸的气泡对光刻机光学性能的影响是不同的。照明光波长量级的气泡使光线发生散射，形成杂散光。微米量级的气泡改变光线传播方向，引起光刻胶的局部非均匀曝光。气泡引起的成像质量恶化还取决于气泡与光刻胶之间的距离。气泡离光刻胶越近，越容易引起曝光缺陷。目前消除气泡的办法是使用经过去气处理的水作为浸没液体。

5. 光刻胶与污染

在浸没式光刻系统中，光刻胶与水接触，传统干式光刻机中使用的 193 nm 光刻胶能否用于浸没式光刻机中成为研究的重点。世界三大光刻机生产商联合光刻胶生产商进行了传统 193 nm 光刻胶的浸没曝光实验[16,113]。采用简单易行的双光束干涉成像曝光方法，对相同的光刻胶在干式曝光和浸没曝光下的成像质量进行了比较。结果显示，绝大多数的传统 193 nm 光刻胶可以沿用到浸没式系统中。

在浸没式光刻系统中，光刻胶与水长时间接触，光刻胶可能溶入水中，导致水的污染。污染物可能沉积在透镜的下表面，水也有可能渗透到光刻胶中，影响到光刻胶的显影特性。最近，Canon公司报道了浸没式光刻过程中污染问题的解决方案[20]：水中溶入光刻胶物质后，激光的透射率基本不变。在透镜下表面未经激光照射的区域发现了污染沉积，沉积物质又演变为微粒，影响光刻成像质量。然而这些沉积物质可以在纯水浸没下利用 193 nm 激光照射即可清除。水中溶解的光刻胶物质也有可能沉积到浸没系统的喷嘴上。为了解决浸没式光刻机的污染问题，通常保持纯水一定速度的流动更新，降低溶解物质的浓度。除此之外，在浸没式光刻机的周期性维护过程中，应该对浸没区域进行彻底的清洗。

6. 高折射率浸没镜头

为了进一步提高 NA，开发折射率大于水的浸液是必要的。很多的选项中出现了一个折射率超过 1.6 的所谓第二代高折射率液体（2nd generation high index fluids，HIF-2G）[123,124]。在这种情况下，透镜材料变成了相对最低折射率。在光刻镜头中最低折射率的材料决定了 NA 的上限。因此，进一步扩展 NA 的关键是把光刻镜头最后一个透镜的材料折射率与浸液液体折射率同时改进。

表 12.9 概括了用高折射率材料进行高 NA 镜头设计。1.45 NA 镜头设计可用 HIF-2G 结合折射率为 1.64 的氟化钡锂（barium lithium fluoride，BaLiF$_3$）[125]来实现。1.55 NA 镜头设计可用折射率为 2.14 的镥铝石榴石（lutetium aluminum garnet，LuAG）取代镜头最后一个透镜的 BaLiF$_3$ 材料来得到。此外，如果折射率大于 1.8 的第三代浸液液体能够被开发，1.70 NA 就变得可行了。用 1.70 NA 的镜头可以实现 32 nm HP 分辨率。

BaLiF$_3$ 和 LuAG 晶体材料有内在的双折射（IB，birefringence）[126]。BaLiF3 的 IB 是 25.4 nm/cm，LuAG 的 IB 超过 30 nm/cm。这一数值比钙萤石（calcium fluorite）大 10 倍。为了讨论由于固有的双折射产生的偏振像差，非偏振光的点扩散函数（PSF）是简单和象征性的典型指标。

光刻镜头的 LuAG 镜片表面处理的主要议题有两个：①抛光改善波纹或表面粗糙度-控制高频表面图；②提高表面精度的数字校正-控制低频表面图。

由于辐照降解率，流体通量辐照实验与光刻工艺的实际曝光的类似。这种流体透明度短期稳定将是一个高指数流体发展的关键。

表 12.9 不同 NA 的浸液液体和底透镜光学材料（Nikon 公司）

NA 数值孔径	1.45	1.55	1.70
光刻浸液型号	HIF-2G	HIF-2G	HIF-3G
浸液折射率	n_{HIF-2G}=1.64	n_{HIF-2G}=1.64	n_{HIF-3G}=1.8
底透镜材料	BaLiF$_3$	LuAG	LuAG
底透镜材料折射率	n_{BaLiF_3}=1.64	n_{LuAG}=2.14	n_{LuAG}=2.14
物镜前端结构（在晶片附近）	—	—	—

注：HIF — High refractive ratio immersion fluid, G — Generation

用去离子水（deionized water 是指除去了呈离子形式杂质后的纯水）浸液的投影光刻物镜的 NA 极限值约为 1.35。进一步提高 NA，采用更高折射率的浸液液体和物镜底部透镜玻璃光学材料，如图 12.65 所示[127,128]。其中，NA=1.55 光学设计底部透镜玻璃材料折射率为 2.1 的镥铝石榴石（LuAG）。表 12.9 是 Nikon 的 3 代超高 NA 物镜前组示意图[106,117,129]。

12.7.5 投影光刻物镜的将来趋势

浸液光刻比以前的光刻技术有更多的挑战和难度。提出一种关键技术——"设计为了制造"（design for manufacturing，DFM）[130]。为了使 DFM 更有效，光学邻近效应（OPE）预计精度必须改进。考虑光刻机成像系统有关要求：减少在试验台（PMI，相位测量干涉仪）和扫描机原位测量之间的间隔，用透镜像差控制器减小由于照射产生的像差变化，对于矢量成像模拟的投影物镜的特征描述，物镜性能和照明器性能的原位测量等。

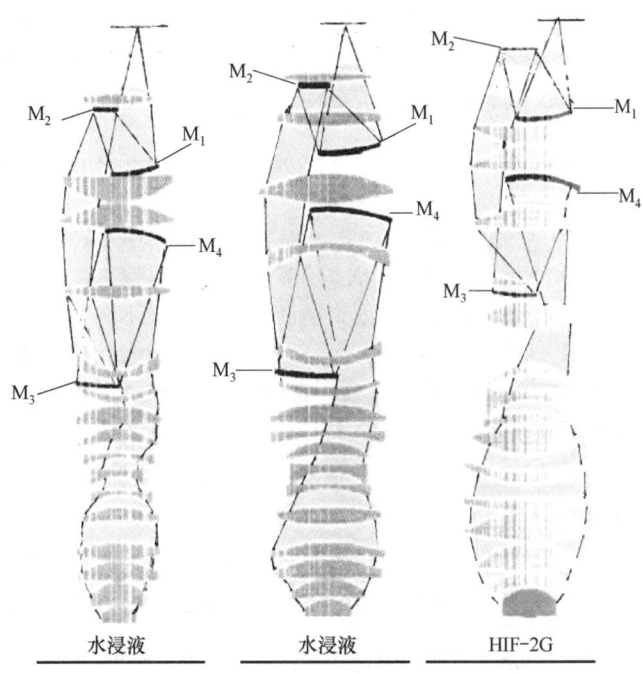

图 12.65　Zeiss 超高 NA 投影光刻物镜结构

在 2007 年完成一个 1.3 NA 的浸液机器。半导体工业可以期待着在 2008 年之后 NA 可达到 1.5 或 1.7。假设已有高折射率液体和高折射率材料（见图 12.66），虽然光学设计本身扩展现在物镜型式为 1.3 NA，迄今为止，这样的高 NA 机器的底透镜材料研制还没有完全准备好。高折射率晶体固有的双折射用于光学系统中，受限于偏振设置和图形方向。然而，由于低透过率和高温度依赖性的折射率，就不允许用这种材料。

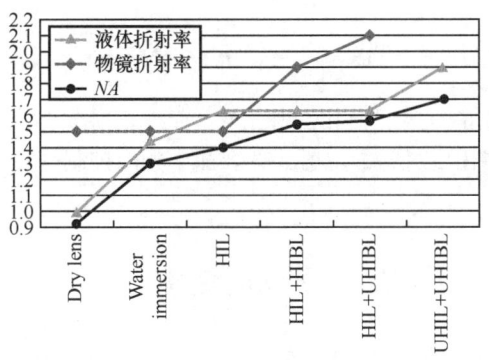

图 12.66　对液体和底透镜用高折射率材料的可行性研究[高折射率液体：HIL（n=1.64）；高折射率底透镜：HIBL（n=1.91）；超 HIL：UHIL（n=1.82）；超 HIBL：UHIBL（n=2.1）]

1. 非球面元件的使用

对于折射式方案，主要的问题是非球面元件和氟化钙材料的使用。非球面元件的引入可以增加光学设计的自由度，减小系统的复杂程度和元件数量以及口径。

非球面元件应用的最大问题是非球面元件的加工检验难度大。加工上相比球面元件，非球面元件的加工工艺会使光学表面产生较大中高频。下面曲线即是金刚石车削制造的非球面以及元件表面的噪声功率谱密度（PSD）测量结果。

用白光干涉仪检测 PSD 两个相互垂直方向的测量结果，在车削元件表面有中高频起伏，使用进一步的抛光工艺能够消除这些中高频起伏[131]。而非球面的下一个挑战是高精度的非球面面形测量。在投影光刻物镜中使用的非球面多是旋转对称非球面，其数学表示式为

$$Z(h) = \frac{h^2/R_0}{1+\sqrt{1+(K+1)\cdot h^2/R_0}} + A_2 h^2 + A_3 h^3 + A_4 h^4 + \cdots + A_{20} h^{20} \tag{12.57}$$

式中，Z 为矢高，h 为曲面上点到对称轴的距离，R_0 为基准曲面半径，K 为圆锥系数，$A_1 \sim A_{20}$ 为不同高次项系数。旋转对称非球面元件测量方法较多，如环带拼接测量方法[132]等。

非球面元件的制造是实现高 NA 投影光刻物镜的重要关键技术。使用非球面元件能减少干物镜的元件数目，元件反射和吸收造成的损失也会减小，提高了系统能量利用率，降低激光器功率要求，同时系统产率也会增加。机械结构设计会简化，降低了曝光系统的制造成本。针对 NA=0.75 非球面设计方案，应当减小非球面元件过高级次的高次项，控制非球面度使之较小，降低非球面光学元件的制造难度。

2. 反射元件的使用

相比折射元件，反射元件的加工与装配显得更为困难。一般来说，反射元件的面形加工和安装精度大约是折射元件的 4 倍。而且对于表面中高频引起的杂散光，考虑其总的散射光强：

$$\text{TIS} = \left[\frac{2\pi}{\lambda}(n\cos\theta_{\text{ave}} - n'\cos\theta'_{\text{ave}}) \times \text{RMS}\right] \tag{12.58}$$

当表面是反射面时，$\cos\theta' = -\cos\theta$，即上式括号内容简化为 $2n\cos\theta$。对许多应用而言，入射角都接近于 0°（垂直于表面入射），$\cos\theta \approx 1$，这对于反射元件中频粗糙度引起的总散射光强可以近似表示为：

$$\text{TIS} = \left[\frac{4\pi}{\lambda} \times \text{RMS}\right]^2 \tag{12.59}$$

而对于折射元件，其引起的总散射光强为

$$\text{TIS} = \left[\frac{2\pi}{\lambda}(1-n') \times \text{RMS}\right]^2 \tag{12.60}$$

这样对于相同表面质量的反射元件和折射元件（元件折射率大致为 1.5），可以看出反射元件引起的杂散光比折射元件多出 13 倍，故反射元件表面中频的控制是实现高 NA 折反射式光刻物镜的一项关键技术。

12.8 极紫外（EUV）光刻系统

12.8.1 极紫外（EUV）光源

相比于 193 nm 光刻，EUV（13.5 nm）光刻技术的波长缩短了一个数量级以上，一直被认为可能取代 193 nm 投影光刻。由于 193 nm 投影光刻技术迅速发展，使 EUV 光刻技术推后至 10 nm 节点（2015 年），目前看来，193 nm 投影光刻技术将会在未来 5～10 年继续主导主流集成电路工业化生产。

国际上主要采用两种 EUV 光源：放电等离子体（discharge produced plasma，DPP）源和激光

等离子体（laser produced plasma，LPP）源。另外，电子回旋共振等离子体（electron cyclotron resonance plasma，ECR）源有潜力成为一种新型的 EUV 辐射源。

极紫外光刻（extreme ultraviolet lithography，EUVL）作为传统光学光刻的延续，采用 13.5 nm 波长的 EUV 辐射作为曝光光源，曝光波长缩小，采用中等数值孔径可实现更小的特征尺寸，还可增加焦深，EUVL 的原理见本节后文。由等离子体光源产生的 EUV 辐射，通过一系列镀有多层膜光学聚光元件照明反射掩模。由非球面光学系统将掩模上的图形按照通常为 4∶1 的缩小率，成像到涂有光刻胶的晶片上。

由于 EUV 辐射被几乎所有的物质（包括空气）强烈吸收，其光路系统必须在真空中，采用反射式光学系统。EUV 光刻用于量产，需要攻克诸多技术难关，包括：制造低缺陷密度的掩模基版；功率在中焦 IF（intermediate focus）处大于 115 W 的光源系统；长寿命低损耗的光学部件；线宽边缘粗糙度小于 3 nm；感光灵敏度小于 10 mJ/cm^2；分辨率小于 40 nm 半间距线宽工艺图形的光刻胶；制造小于 0.01 nm 均方根误差和小于 10%本征光散射的光学部件；控制光学部件的污染；掩模板不采用有机保护薄膜；与光学成像工艺生产设备的兼容性[5]等。

半导体制造技术联盟（semiconductor manufacturing technology，SEMATECH）提出了满足商业生产要求的 EUV 光源的各项指标[133]，如表 12.10 所示，基于 100~120 wph 晶片的生产率，表 12.10 列出了 DPP 源和 LPP 源的研究现状[134]。

表 12.10 EUV 光源的各项指标（2005 年前后）

光源特性	要求的指标	已获得的指标			
		Xe（氙）DPP	Sn（锡）DPP	Xe（氙）LPP	Sn（锡）LPP
波长/nm	13.5				
可用功率（IF 处）/W	115	25	50	2.3	7
重复频率/kHz	7~10	2	—	—	—
功率稳定性/%	±0.3	2	—	—	—
会聚光学系统寿命/h	≥30 000	10G	1G	5G	—
电极寿命/h		0.6G	>1G		
光源输出光展度/[(mm)^2·sr]	3.3	—	—	<1	
光谱纯度（13~400 nm）/%	≤3~7	10~12			
光谱纯度（>400 nm）/%		2~6			

1. EUV 光源面临的挑战

现在，DPP 和 LPP 的各项指标都得到了很大的提高，其中 Xe（氙）放电等离子体源已经实现了 α 样机[135]（即工程样机水平，满足产品性能要求，但在各项指标仍然需要进行调整与改进，以满足稳定可靠性、环境适应性、经济耐用性），晶片产量为 10~20 wph 的技术要求，甚至有发展潜力应用于 β 样机水平（生产样机，在生产线上装配完成，满足产品质量要求），晶片产量达到 60 wph。作为商业化量产光刻工具，DPP 和 LPP 都还面临着巨大的挑战。

开发 EUV 等离子体源的初期，采用 Xe（氙）作为工作气体，产生 13.5 nm 的辐射。但 Xe 的转换效率较低，小于 1% 的输入功率能转换成 13.5 nm，相对光谱带宽 2% 的 EUV 辐射功率。金属 Sn（锡）和 Li（锂）在 13.5 nm 处都有发射线，转化效率可以达到 2%~3%[136-138]。然而，等离子体区域的金属元素 Sn 和 Li 的等离子体残渣容易沉积在会聚光学元件的多层膜表面，降低其反射率，影响会聚效果。如采用 Sn（锡）或 Li（锂）作为工作物质，则必须采取措施减少等离子体残渣对后面的光学元件的影响。

即使是 Xe 作为工作气体仍然存在等离子体残渣污染的问题。从等离子体中"逃逸"的原子、离子等粒子[139]（在气体放电等离子体中，除了工作物质产生的粒子外，还有电极材料产生的粒子），都会对后面的光学元件造成污染，为此采用了在等离子体源后加偏转磁场[137]或是过滤层[135]，以及气体喷射靶和液体喷射靶等技术[140,141]。

2. DPP 的技术难点

把电能转换成 EUV 辐射能的 DPP 技术的原理是在两个电极之间加高压脉冲，使等离子体达到高温高密的状态。根据黑体辐射理论，当等离子体的温度达到 220 000 K 时，其发射谱在 13.5 nm 处达到最强。

DPP 是直接将电能转化为 EUV 辐射能的比较高效的光源。由于电极寿命使放电等离子体的输出功率受到限制。在 DPP 放电过程中，除了 13.5 nm 处的辐射外，绝大部分能量转化为其他波段的辐射能[138]，这些能量必须通过对放电电极的冷却来及时导出，否则将会严重影响电极寿命。因此，放电等离子体中热负载的处理效率限制了 EUV 最大辐射功率。目前，XTREME 公司利用多孔金属冷却技术，使余热移除能力达到了 20 kW，而 EUV 输出功率达到了 200 W（立体角范围为 $2\pi sr$），这是目前 Xe 放电等离子体达到的最大输出功率。

此外，DPP 的另一个弱点是放电区域较大，由于会聚光学系统收集立体角范围小，等离子体发出的 EUV 辐射不能得到有效收集。放电区域大还会使光源的光学扩展量（étendue）大。在一个好的光学系统中，光学扩展量是一个守恒量，而对 EUV 光刻来说，其投影系统的光学扩展量一般为 $1\sim 3.3^2$ mm·sr。即如果光源输出的光学扩展量太大，收集到的 EUV 辐射将不能全部进入后面的投影系统，这将对到达 IF 的 EUV 功率提出更高的指标。通过对 Z 装置几何参数的修正，放电等离子体的发光面积与发展之初相比已经降低了几十倍，从而使可收集立体角范围显著提高（由最初的 0.2 sr 增加到现在的 1.8 sr），光源的输出光学扩展量也降低了很多。

3. LPP 存在的问题

LPP 源是用高能脉冲激光（如 CO_2 激光）照射高密度的靶 [Xe（氙），Sn（锡），Li（锂）]，产生高温稠密等离子体，从而发出 EUV 辐射。在 LPP 的等离子体区离光源的硬件部分较远（离最近的喷嘴口距离为 5 cm），热负载问题不是很严重。LPP 源的发光区域较小，便于收集所发出的 EUV 辐射，最大可收集立体角达到了 5 sr，还可能进一步提高。另外，发光区域小使光源的输出光学扩展量比较小，经过聚光系统进入投影系统的 EUV 辐射功率损耗少[138]。

目前，激光等离子体的输出功率还不能与放电等离子体相比，如能利用高峰值功率的激光器，激光等离子体源还是有可能达到量产的要求（按现在的转化效率，要实现 IF 处的可用功率为 110W，要求激光功率至少达到 10 kW[136,138]。这使光源的复杂程度和成本都将提高，对于量产是一个严重的问题。实现 80～100 wph 晶片的量产目标，激光等离子体的潜力更大一些，而付出的代价将是光源系统的复杂化及其成本的急剧增加（包括维护成本）。

4. 新型电子回旋共振等离子体（electron cyclotron resonance plasma，ECR）光源

DPP 源和 LPP 源都经历了长时间的发展，取得了进展，在技术和成本方面均存在着目前难以克服的问题。作为产生多电荷态离子的 ECR 提供了一条产生 EUV 辐射的新思路。

目前，法国的 Grenoble、美国的 LBNL、德国的 PTB 等，均已展开了利用 ECR 等离子体产生 EUV 辐射的研究，并取得了初步的成果[142-145]。ECR 除了在 13.5 nm 处有发射谱线外，美国 LBNL 实验室在一台 64 GHz 永磁 ECR 等离子体上测量的 EUV 发射谱为（10～16 nm），如果利用 ECR 等离子体产生 EUV 辐射，可以通过改变其工作参数，使其辐射谱在 13.5 nm 处得到局域增强。与前面所提到的两种等离子体源相比，ECR 等离子体有其独特的优势：ECR 等离子体具有长期运行的稳定性，使得 ECR 源操作相对简便，维护成本较低；ECR 等离子体由于密度较低（$10^{11}\sim 10^{12}$ cm^{-3}），产生的粒子碎片比较少，对后面的会聚光学元件的影响可以忽略[142]；光源的

结构相对简单,提高了 EUV 辐射的收集效率;与放电等离子体相比,ECR 等离子体不存在电极寿命问题[145];与激光等离子体相比,具有结构简单、成本低的优点。

但 ECR 等离子体也存在一个致命的缺点:它的等离子体区域比较大,这给有效收集等离子体所产生的 EUV 辐射带来了困难,通过调节磁场场型对等离子体形状进行修正,可以得到一定程度的解决。总之,在 DPP 和 LPP 的问题得不到有效解决时,ECR 等离子体不失为一种有潜力的候选光源,仍需增强 EUV 辐射功率和提高收集效率。最后,值得一提的是,实验室的测量结果来看,ECR 等离子体不仅仅有潜力作为 13.5 nm 的 EUV 辐射源,这种等离子体在相当宽的波长范围内都有丰富的发射谱线,考虑到它具有简单可靠、造价低、操作简便、输出稳定等优点,不存在传统光源中的电极腐蚀更换问题,应该是一种真空紫外 X 射线辐射源。

总之,近几年来国际上在用于光刻的 EUV 光源发展迅速。目前,普遍利用 DPP 和 LPP 来产生光刻所用的 13.5 nm 的 EUV 光。其中,DPP 的输出功率已经达到 α 样机甚至是 β 样机的要求。但是由于可收集立体角范围小、电极寿命、余热处理等问题,其输出功率进一步提高的余地不大。仅从技术角度考虑,激光等离子体(ECR)的发展潜力比较大,如果利用高功率的激光器、转化效率比较高的靶材(Sn 或 Li)结合先进的靶技术(金属液滴靶[5]等),EUV 输出功率有可能达到量产的要求。但是,光源的复杂程度和成本都将提高,这是激光等离子体源的一个致命弱点。由于 DPP 和 LPP 都存在着难以逾越的障碍,ECR 等离子体提供了一条产生 EUV 辐射的新思路,但仍需在增强 EUV 辐射功率和提高收集效率方面做出努力。

12.8.2 EUVL(extreme ultraviolet lithography)投影光刻系统的主要技术要求

极紫外投影光刻使用 13.0~13.5 nm 波段的光源,适用于特征尺寸为 70~30 nm 的超大规模集成电路的生产[146]。EUVL 投影光刻光学系统受工作波段限制,只能采用全反射式系统。考虑到系统中反射损失、杂散光、反射镜片对光束的遮拦等因素,宜采用尽可能少的偶数片光学元件。极紫外光刻光学系统的设计通常不多于六片反射元件。

1. 多层膜对系统波像差影响

光学元件表面需镀制 Mo/Si 多层反射膜,镜面曲率及入射光在镜面上的角度变化都要加以控制,入射角度变化范围大的元件需镀制梯形膜。多层膜缺陷不仅带来振幅变化,影响镜面反射率,还带来相位变化,影响系统的波像差[147,148]。薄膜相位变化常引入两种波像差:离焦和像散,带给光学系统的波像差在毫波长级,一般光学系统对此可忽略。对于大数值孔径、成像质量达到衍射极限的反射式 EUVL 光学系统必须考虑其影响。

2. 分辨率(R)和焦深(DOF)

R 和焦深 DOF 是极紫外投影光刻成像系统的重要参量,二者由式(11.1)和式(11.2)给出[149]。在该两式中 k_1、k_2 是与系统工艺相关的。在通常的衍射限制的成像系统定义中 k_1、k_2 均取 1/2,在 EUV 光刻系统中 k_1 可取 0.75。λ 是系统的工作波长,NA 是数值孔径。从式(11.1)中可看出,提高分辨率可以通过减小 λ 和提高 NA 来达到。然而,提高 NA 导致 DOF 减小不利于光刻系统的调整。为此,数值孔径 NA 值的选取要适当。

制约 EUVL 提高 NA 的主要因素是焦深减小和设计加工难度。表 12.11 给出了 NA、特征尺寸与工艺因子 k_1 及焦深的关系。$k_1>0.5$ 时,通过光学邻近效应校正满足分辨率要求;$0.3<k_1<0.4$ 时,需引入离轴照明等分辨率增强技术。

表 12.11 NA、k_1 与焦深（DOF）的关系

HP	k_1				DOF/nm	
	32nm	22nm	16nm	11nm	8nm	—
NA0.25	0.59	0.42	0.29	0.21	0.15	216
NA0.30	0.71	0.50	0.35	0.25	0.18	150
NA0.35	0.82	0.58	0.41	0.29	0.21	110
NA0.40	0.94	0.67	0.47	0.33	0.24	84
NA0.45	—	0.75	0.53	0.38	0.27	67
NA0.50	—	0.83	0.59	0.42	0.29	54

NA>0.3 的 EUVL 光学系统可用于 22 nm 节点技术研究；NA>0.4 的可用于 16 nm 节点；NA 超过 0.5 的光学系统可用于 11 nm 节点技术研究[150]。

3. 谷值（P-V）和均方根值（RMS）

1）波前误差峰谷值（peak to valley，PV）

波前最大波峰波谷的差值是波前数据曲面测量的一项重要指标。

2）波前误差 RMS 值

RMS 值相当于在 PV 的基础上做了平均，能反映面形的真实效果，也是波前误差一项重要的衡量指标。PV 和 RMS 如图 11.67 所示，曲线为实际面形，实线为参考面形，虚线为 RMS 值。

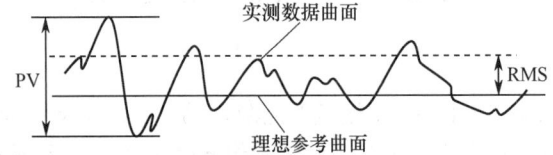

图 12.67 波前误差 PV 值和 RMS 值示意图

3）斯特尔比（Strehl ratio）

系统对星点成像可用艾利斑（Airy disk）能量分布来衡量。而斯特尔比（Strehl Ratio）正是最终艾利斑的能量分布，实际波前的 Strehl 比与理想的 Strehl 比（=1）的比值，即为系统的 Strehl 比，如图 11.68 所示。所以 Strehl 比和波前 RMS 是同等重要的系统衡量指标。一个系统根据 Rayleigh 判据，波前误差 PV<(1/4)λ 才达到衍射极限。

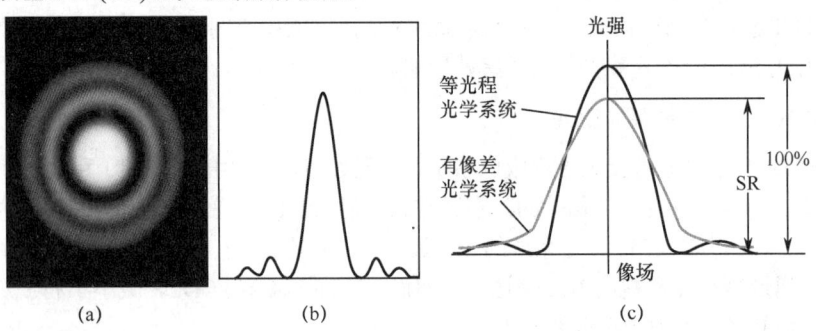

(a)理想的艾利斑（Airy Disk）照片，(b)艾利斑（Airy Disk）的能量分布图，
(c)红线部分是有误差的主镜的星点能量分布图，SR 的高度就是 Strehl 比

图 12.68 斯特尔比示意图

为了满足高精度的成像质量,许多光学系统要求达到近衍射极限的分辨率,根据 Rayleigh 的 1/4 波长原则,其综合波像差分别为 $\delta=\lambda/42$ 峰谷值(P-V),$\sigma=\lambda/14$ 均方根值(RMS)。而分配到每个光学元件的面形精度要求更高,分别为

表 12.12 波前误差质量评价表(波前误差关系概括)

P-V 分数	P-V 十进制	波前 RMS	Strehl	说明
1/3	0.333	0.094	0.71	—
1/4	0.250	0.071	0.82	Ravleigh 极限
1/5	0.200	0.057	0.88	—
1/6	0.167	0.047	0.92	好
1/7	0.143	0.041	0.94	很好
1/8	0.125	0.036	0.95	优
1/9	0.111	0.032	0.960(0.96)	优
1/10	0.100	0.028	0.969(97)	优
1/11	0.091	0.026	0.974	—
1/12	0.083	0.024	0.978	—

$$\delta_{\text{P-V}} = \frac{\lambda}{4n} \tag{12.61}$$

$$\sigma_{\text{RMS}} = \frac{\lambda}{28\sqrt{n}} \tag{12.62}$$

式中,n 为光学元件的个数。近年来非球面加工检测技术不断进步,Nikon 制造的高 NA 所使用非球面反射镜的面形精度已达到 0.18 nm RMS(均方根值)[151],装调后最终系统的波像差为 0.9 nm RMS[152]。表 12.12 为波前误差质量评价表。

12.8.3 两镜 EUV 投影光刻物镜

1. Schwarzschild 光学系统

Schwarzschild 式反射式投影光刻物镜由凸面主镜和凹面次镜组成的反远摄型双反射镜系统,两个反射镜均为球面,并有公共球心,如图 12.69 所示,则当两个反射镜的曲率之比为[153]下式所示时,可消除初级球差、彗差和像散[154]。

$$\frac{C_{\text{p}}}{C_{\text{s}}} = \frac{\sqrt{5}+1}{\sqrt{5}-1} = 2.618\,034$$

以上结论是对入射平行光而言的。对于物体处于有限远,如图 12.69 所示,计算分析表明,保持两反射镜同心,改变两镜曲率之比 $C_{\text{p}}/C_{\text{s}}$ 值使其大于 2.618 034,方可获校正初级像差的结构。

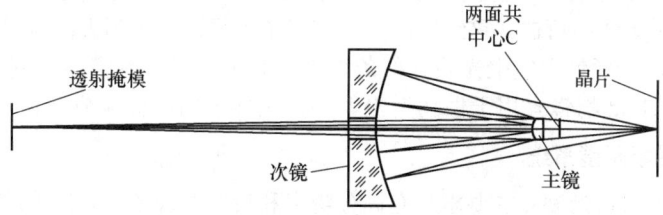

图 12.69 Schwarzchild 物镜原理

设给定物镜的物像共轭距离 T 和倍率 M，则焦距[155]为

$$f' = \frac{T}{2 - M - (1/M)} \tag{12.63}$$

若主镜（图 12.69 中的凸镜）半径为 r_p，曲率为 C_p，次镜（图 12.69 中的凹镜）半径为 r_s，曲率为 C_s，主镜到次镜的间隔为 d，按近轴平行光可导出

$$2(C_s - C_p) - 4C_p C_s d = \frac{1}{f'} \tag{12.64}$$

若两反射镜同心，即 $r_p - r_s = d$，则

$$C_s - C_p = C_p C_s d \tag{12.65}$$

代入式（12.64）得

$$2(C_p - C_s) = \frac{1}{f'} \tag{12.66}$$

取

$$\frac{C_p}{C_s} = k > 2 \cdot 618\,034 \tag{12.67}$$

解式（12.64）、式（12.66）、式（12.67）所得结构参数 C_p、C_s、d 满足物镜焦距及主次镜同心的要求。

按共轭距 T 和倍率 M 可导出物点和像点分别离主镜顶点和次镜顶点的距离为

$$l = \left(-2C_s d + \frac{1}{M} - 1\right) f' \tag{12.68}$$

$$l' = [(-2C_p l + 1)d + l]M \tag{12.69}$$

用最大入射孔径角 U_m 的光线在主镜上的高度 h_{p1} 和次镜上的高度 h_{s2} 确定镜片直径为

$$D_p = 2h_{p1} \quad D_s = 2h_{p2} \tag{12.70}$$

次镜上的开孔直径为

$$D_h = 2(l - d)\tan U_m \tag{12.71}$$

选取不同的 k 值，用由式（12.65）～式（12.67）求得的 C_p、C_s、d、l、l'。

从像差分析可知[156]，选用的 Schwarzschild 结构只能校正三级球差、彗差和像散[157]，系统的五级球差限制了系统 NA 的增大，轴外五级球差、彗差和像散限制了视场。欲同时获得高分辨率、大视场的微缩投影系统必须采用非球面系统[158]。

限制 Schwarzschild 的视场和数值孔径 NA 主要因素为远心条件、中心遮拦及没有得到校正的场曲。把孔径光阑置于球心时，三级彗差、五级彗差、像散、畸变都得到校正，但系统五级球差限制着数值孔径，五级轴外球差、彗差限制曝光视场。为实现系统像方远心，移动光阑将引入五级像散、彗差及畸变，减小了 NA 和视场。传统共轴照明 Schwarzschild 的中心遮拦降低了系统分辨率，可采用离轴光阑消除它，这将破坏像方远心且将引入高级球差。改变镜间距时引入初级球差可以用来平衡高级球差，但同时需要引入非球面来校正轴外球差及彗差。场曲造成了像面弯曲，若要获得平场像面需令物面弯曲。这给实际应用带来了不便，得不到大面积曝光视场；此外，该结构数值孔径较大，将导致主镜上光线入射角增大不利于多层反射膜的镀制。因此，微缩比为 10～20 的 Schwarzschild 物镜多用于做初期极紫外光刻技术的可行性分析。

2．环形视场平场两镜系统

在实际应用中，投影光刻系统要求具有高分辨率和较大的视场。即使采用非球面光学元件也难满足视场要求。因此，极紫外投影光刻系统通过采用环形视场并辅以掩模、硅片的同步扫描实

现大面积光刻复制[159,160]。光学系统采用了共轴的偏置环形视场,以消除同轴系统中的中心遮拦。在结构上要求光阑位于系统物方焦点使微缩光学系统为像方远心光路,以避免焦深范围内的倍率变化。环形视场非球面平场两镜系统成为分辨率为 100 nm、无遮拦、扫描曝光系统的初期研究对象,通过选择近似相等的主次镜半径校正场曲,满足 EUVL 平场要求。设物在有限距时,两镜系统初级球差、彗差、像散、场曲系数分别为 A、B、C、D:

$$A = -\tau^{-4}\left(\frac{v_2'\Omega}{2}\right)^3 [m_2^3(1-m_1)^3\Delta\delta_1 + \Omega(1-m_2)^3\Delta\delta_2] \quad (12.72)$$

$$B = \tau t A \left(\frac{v_2'\Omega\tau^{-1}}{2}\right)^2\left[1 - m_1^2 m_2^2 - \frac{1-\Omega}{2m_2}(1-m_2)^3\Delta\delta_2\right] \quad (12.73)$$

$$C = -2\left[t\tau^2\left(t + \frac{\tau d}{\Omega}\right)A - \tau\left(2t + \frac{\tau d}{\Omega}\right)B\right] +$$

$$\frac{\Omega_2'}{2m_2}[1 + m_1^2 m_2^2 - 2m_2 - \Omega(1 + m_1^2 m_2^2 - 2m_1 m_2^2)] \quad (12.74)$$

$$D = \frac{1}{2}C + \frac{\Omega_2'}{2}[1 - m_2 - \Omega m_2(1-m_2)] \quad (12.75)$$

其中,

$$\Delta\delta_1 = \frac{2\Omega(1-m_1^2 m_2^2)}{m_2^2(1-\Omega)(1-m_1)^3}, \Delta\delta_2 = \frac{2m_2(1-m_1^2 m_2^2)}{(1-\Omega)(1-m_2)^3}, \delta_1 = \Delta\delta_1 - \left(\frac{1+m_1}{1-m_1}\right)^2$$

$$d = \frac{\Omega-1}{v_2 m_2 \Omega}, \frac{1}{R_1} = \frac{1}{2}(v_1 + v_1'), \tau = 1 - vt, \Omega = \frac{v_2'}{v_1}$$

式中,v 为物距 l 倒数,v' 为像距 l' 倒数,t 为入瞳与主镜间距,m 为垂轴放大倍率,δ 为反射面非球面系数。非球面两镜系统共有 6 个自由变量,分别为(t 在此情况下失效):消除四种像差系数:$A = B = C = D = 0$,实现微缩比为 5:1,物像共轭矩为 800 mm 的要求,即需满足:$m = m_1 \cdot m_2 = 0.2$;$(-v_1)^{-1} + d + (v_2')^{-1} = 800$,由此,6 个参数可唯一确定。解得系统初始结构参数为 $R_1 = 592.83$,$R_2 = 591.80$,$d = 492.67$,$l = -783.48$,$\delta_1 = 8.10$,$\delta_2 = 0.091$。

表 12.13 和表 12.14 分别给出环形视场光学系统结构参数和非球面参数。由于初始结构只校正了初级球差,彗差,像散及场曲而大视场全反射系统常受限于轴外五级球差和彗差,且像方孔径角越大,高级像差的影响就越明显。要得到高的像质,就必须加非球面高次项使初、高级像差在环形区域内平衡。根据以上考虑设计的非球面两镜系统可得到优于 70 nm 的分辨率(空间频率为 7 140 cycles/mm 的方波衍射传递函数值均大于 0.7),且各个视场点的传递函数都与衍射极限的传递函数偏离较小。

表 12.13 环形视场光学系统结构参数

减速比	物距	R_1	d	R_2	总长
5:1	783.00	598.70	-500.34	601.181	800.97

表 12.14 环形视场光学系统非球面参数

	圆锥面	2nd	4th
R_1	8.565 135	-0.000 009	1.202 094E-009
R_2	0.104 351	-0.000 001	-1.037 59E-011

镜面方程式为

$$z = \frac{cr^2}{1+\sqrt{1-(1-k)c^2r^2}} + \alpha_1 r^2 + \alpha_2 r^4 + \alpha_3 r^6 \quad (12.76)$$

式中，c 为顶点曲率。像方视场 1 mm×16 mm，各视场残余波像差 RMS 值均小于 0.054λ（$\lambda=13$ nm）。在焦深 0.6 μm 内 MTF>0.5 在 7140 cycle/mm 处。环形视场中心半径为 107.5 mm；后截距（主镜到像面间距）为 18 mm。该系统的光学系统结构图见图 12.70。

系统像差最小的区域是以光轴为中心的圆环，控制系统校正的像差为像散，环形视场的中心位于像散为零的位置。场曲是三级和五级像散平衡的结果，这是通过在主镜和次镜面形上加二次和四次形变量实现的。从像差分析可知，三级和五级像散平衡情况决定着系统环形视场宽度的上限。

系统数值孔径的增大受五级球差限制，轴外五级球差、彗差和像散限制了曝光视场。扫描曝光对系统畸变的校正要求非常严格，通常要求畸变小于分辨率的十分之一。把畸变看成环带内垂轴放大率的差异，可以通过减小环带宽度将畸变降低至 10 nm，而环形视场的局部放大率与近轴放大率的差异带来的掩模硅片扫描时像点移动会导致像面模糊。两镜系统由于没有足够的变量校正畸变而无法应用于实际扫描系统，但仍为多镜环场扫描曝光系统研究做了理论和实验验证。

3. 矩形视场平场两镜系统

近年来，为实现 EUVL 32nm 技术节点所研制的数值孔径为 0.3 的小视场曝光系统中采用的是平场两镜结构的微缩投影物镜[161,162]。该系统用于 EUVL 的掩模、硅片检验及对光刻图形的缺陷研究。日本和美国均于近两年成功研制出这种小视场曝光系统[151,163]，图 12.71 所示为光学系统结构图，为 EUVL 量产做了准备。表 12.15 和表 12.16 分别给出矩形视场光学系统结构参数和非球面参数。

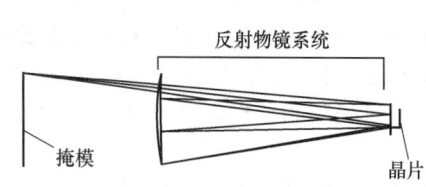

图 12.70 环形场光学系统结构

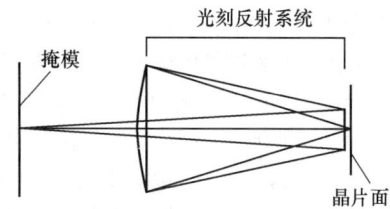

图 12.71 矩形小视场平场两镜微缩投影物镜光学系统结构

参照上述求消球差、彗差、像散、场曲的非球面两镜系统初始结构的方法，设计出曝光波长为 13 nm、NA 为 0.3、视场为 300 μm×500 μm、分辨率优于 32 nm 的（空间频率为 15 600 cycles/mm 的方波衍射传函值均大于 0.7）矩形场平场两镜系统，系统各视场残余波像差 RMS 值均小于 0.0032λ。

表 12.15 矩形视场光学系统结构参数

减速比	物距	R_1	d	R_2	总长
5∶1	342.66	262.24	−218.57	262.98	350.66

表 12.16 矩形视场光学系统非球面参数

	圆锥面	4th	6th
R_1	9.096 720	1.189 393E-008	−9.651 88E-014
R_2	0.112 227	−1.398 39E-010	−7.312 22E-016

由系统大数值孔径引起的球差和彗差的高级量通过非球面的引入得到了控制,在小视场内,场曲、像散畸变对系统像质影响较小。EUV 射线在主次镜上的光线入射角变化范围为分别为 1.2°～12.6° 和 0.4°～3.4°。镜面上镀周期多层膜的反射率在主镜入射角变化范围内变化较大,需镀制周期厚度随空间位置改变的梯形多层膜。

总之,分析了 EUVL 技术研究不同阶段所采用的两镜系统,并给出了用于分辨率为 70 nm,无遮拦,扫描曝光系统及目前研制的 EUVL 32 nm 技术节点小视场曝光系统的平场结构微缩投影物镜设计方法及设计结果。

12.8.4 ETS 4 镜原型机

美国能源部下属的 3 个实验室开发出 ETS(Engineering Test Stand)原型机[164],ETS 实现了 100 nm 分辨率全视场扫描曝光,奠定了 EUVL 的商业化应用基础。

ETS 投影光刻系统基本成像规格为:基于数值孔径 NA=0.1 能达到 100 nm 特征尺寸(CD),孤立线条控制在 70 nm;工艺因子 K_1=0.77,相干因子 σ=0.7;在晶片上环形视场弦长 26 mm;全视场静态成像光强均匀性优于 1%;缩放因子 4:1,放大率误差 $\pm 20\times 10^{-6}$,分辨率 0.1×10^{-6};在晶片一侧设计了远心成像,但是在反射掩模一侧没有远心度设计。远心条件由分析环形视场中若干点通过焦点质心位置移动的分析来决定,当焦点纵向移动 2 μm($\pm$1 μm)时,在环形视场底部和顶部的质心分别移动 0.02 nm 和 -0.16 nm,这等同于同心度误差在环形视场的底部和顶部引起的像高移动分别为 0.01 nm/μm 和 -0.08 nm/μm,全视场动态畸变小于 5 nm。

该系统投影光刻物镜由 4 个反射镜组成,如图 12.72(a)所示,M_1、M_2、M_4 为非球面,M_3 为球面,镜面的面形精度达 0.22 nm,每个镜面均镀制有中心波长为 13.4 nm 的 Mo/Si 多层反射膜。系统的 NA = 0.1,微缩比为 4:1,像方扫描视场为 26 mm×1.5 mm 的环形视场,成像分辨率小于 100 nm,设计残差小于 0.25 nm RMS 值。装调后 EUV 干涉仪检测得到的系统波像差 RMS 值达 1.2 nm。第一套 ETS 系统获得了 100 nm 线宽/间距扫描曝光条纹,第二套 Set 2 系统获得了 60 nm 线宽/间距静态曝光条纹[165]。

如图 12.72(b)所示,聚光照明通道分为 3 个功能单元:聚光镜 C_1,视场旋转的屋脊形反射镜组 C_2 和 C_3,以及场镜 C_4。C_1 是镀有多层膜的复合椭球面聚光镜,C_2 由 6 个夹角为 50° 的扇型聚光镜组成,将 LPP 点光源发出的光束聚焦为与投影光刻系统的环形视场相对应环形光场照明投影光刻物镜的物面(掩模)。屋脊形反射镜组 C_2 和 C_3 对 LPP 点光源的 6 个环形像实现旋转,使之与投影光刻系统的环形视场相重合。C_2 为平面反射系统,工作在掠入射状态;C_3 为镀有多层膜的凸反射面,其与照明系统的光瞳面重合。场镜 C_4 为照明掩模的 6 路光所共用,是环形面,将照明系统的光瞳成像在投影光刻物镜的入瞳面上。

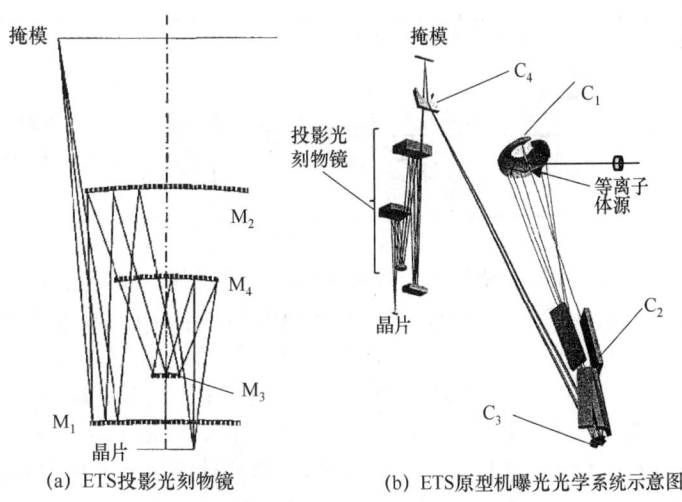

(a) ETS投影光刻物镜　　(b) ETS原型机曝光光学系统示意图

图 12.72　ETS 原型机曝光光学系统

12.9 EUVL6镜投影光学系统设计

12.9.1 非球面6镜投影光学系统结构

EUVL技术批量化生产很可能在22 nm技术节点实现,通过使用分辨率增强技术,适应于22～16 nm节点,NA约为0.35的投影光学系统。环形视场非球面6镜设计可以满足此要求。EUVL 6镜投影系统如表12.17所示(P表示凹面镜,N表示凸面镜),常用型式有4种[166-168]。

表12.17 非球面6镜投影光学系统结构(Mask-掩模面,wafer-晶片面)

序号	六镜系统型式	说 明
1	PNPNPNP (凹凸凹凹凸凹) 型	凹凸凹凹凸凹型 与凹面镜相比,凸面镜的检测更困难。此结构包括凹面镜数量多,可降低元件加工难度和成本。光阑位于M_2上,易于调节相干因子。M_1承担了较大的系统光焦度,导致M_1、M_2、M_3面上入射角度大,在薄膜设计优化时要考虑此因素。此结构的缺点是后工作距过小,M_2、M_5镜非球面度及陡度大
2	PPNPNP (凹凹凸凹凸凹) 型	凹凹凸凹凸凹型 将正光焦度分配到M_1、M_2上可减小各光学面主光线入射角度,降低了反射膜的设计和镀制难度。此结构元件非球面度小,总长较大。M_4元件口径过大是系统的主要缺点,也是减小入射角度的代价
3	PNNPNP (凹凸凸凹凸凹) 型	凹凸凸凹凸凹型 此结构采用正负镜连续组合的形式来消场曲,像差校正较好。非球面度和各镜面主光线入射角度控制适当,具有扩大视场,提高系统NA的潜力。此结构的缺点与PPNPNP型相同,中间像点前的M_4镜口径在加工、镀膜中应注意
4	NPNPNP (凸凹凸凹凸凹) 型	凸凹凸凹凸凹型 虽然凸镜的检测困难,但凸镜的使用可减小主光线入射角度及非球面口径。M_2、M_3及M_4近同心,像差得到有效的控制,有扩大视场,提高系统NA的潜力

从综合像差特性、光线入射角度、后工作距及降低加工检测风险考虑,PPNPNP结构是最合适的选择。同时,NPNPNP和PNNPNP结构也具有较强的可塑性。

16 nm技术节点EUVL投影光学系统的NA必须大于0.4,否则光学设计与加工难度将显著提高。NA越大,满足光学性能要求的环形视场宽度越小。增加反射镜数量,允许中心遮拦可以为EUVL光学系统设计提供更大的自由度,可能实现大NA的系统设计。8镜投影光学系统NA可超过0.4,但能量损失会显著增大,且元件面形误差达到pm级。如果设计中允许中心遮拦出现,投影系统NA可大于0.5,但光瞳面光强分布不均将破坏系统的成像质量。

Carl Zeiss设计了分辨率达11 nm的投影光学系统[169]。图12.73(a)所示为8镜无遮拦系统,

图 12.73（b）所示为 6 镜有遮拦系统。两种结构的 NA 均为 0.5。

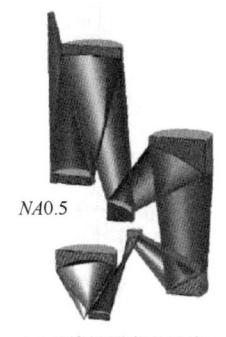
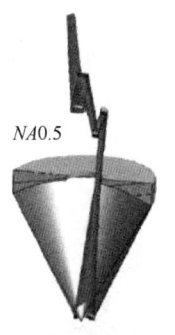

(a) 8镜投影光学系统　　　　　　(b) 6镜投影光学系统

图 12.73　Carl Zeiss 设计的 NA = 0.5 的投影光学系统

12.9.2　分组设计法——渐进式优化设计 6 片（22 nm 技术节点）反射式非球面投影光刻物镜

极紫外光刻的光源波长为 10～14 nm，极紫外光刻系统照明系统、掩模和投影光刻物镜均采用反射式设计。多数物镜设计使用偶数片反射镜，掩模和硅片置于投影物镜两侧，保证同步工件台有足够的装设空间。掩模工件台和硅片工件台以适当速度同步扫描。

已经公开的极紫外投影物镜设计按镜片数目可分为 2 反射镜、4 反射镜、6 反射镜、8 反射镜和 10 反射镜设计等[170]。2 反射镜和 4 反射镜设计多用于极紫外光刻原理装置、实验样机和测试系统[171]；6 反射镜设计能满足 22 nm 以下节点技术产业化对极紫外光刻物镜的需求[172]；8 反射镜和 10 反射镜设计主要用于学术研究和技术基础研究。除上述偶数片设计外，另有少量奇数片设计见诸专利和论文[166,173,174]。

设计分辨率 R=22 nm 的极紫外光刻投影物镜，采用 6 片高次非球面反射镜，技术指标：工作波长 λ=13.5 nm，像方 NA=0.3，像方视场宽度 1.5 mm，光刻投影物镜放大倍率为 1/4 或 1/5，整个曝光视场内平均波像差均方根值 RMS=0.022 8λ。75 nm 成像的焦深内，25 nm 分辨率的 MTF 大于 45%，部分相干因子 σ=0.5～0.8 照明下，畸变小于 1.6 nm，线宽变化小于 1.6%；共轭距（物面到像面的距离）L=1 075 mm；像方工作距大于 30 mm；结合离轴照明或相移掩模等分辨率增强技术，在更大焦深内实现 22 nm 技术节点；像方远心光路；无渐晕设计，每个反射面的反射区和通光区之间留有边缘余量。

1. 分组设计法的极紫外光投影光刻物镜初始结构

按上述技术指标，采用 PNNPNP（凹凸凸凹凸凹）型光学系统结构，按分组设计法[175]，设计 R=22 nm 反射式非球面极紫外光投影光刻物镜。EUV 投影物镜采用共轴光学系统，即物面、像面及所有反射镜均对光轴旋转对称，这种结构有利于装调并可能避免一些像差。针对 R=22 nm，像方 NA=0.3 的设计指标，极紫外光刻物镜宜采用 6 片高次非球面镜片，最高非球面系数为 10 th～20 th，光阑面一般设置在第 2～5 个反射面的某一面上，以实现紧凑的光路结构和优良的成像质量。

光刻投影物镜分为 2 个分镜头组 G_1 和 G_2，前 4 片反射镜组成 G_1 镜头组，后 2 反射镜组成 G_2 镜头组。组合为系统的二维结构如图 12.74 所示。

由于投影物镜反射系统中存在光路折叠和遮挡，采用环形离轴视场，其设计值：视场宽为 1～2 mm，弦长为 26 mm，弦角度小于 60°。为了减小光束口径，在两镜头组之间设置中间像，如果反射式投影物镜按照光路展开，形成一系列正反射镜和负反射镜组合可以校正像差。

共轭距为 1 075 mm，采用离轴环形视场，物方视场宽度为 1.5 mm（$R=25\sim26.5$ mm），弦长为 26 mm，如图 12.75 所示。由于系统对于 y 轴对称，所以只在 x 方向取 32 个视场点进行计算，由于视场的圆心在光轴上，对称于光轴同心圆环的一部分，仅取子午面（yz 面）前面的 16 个视场点（F1～F16）进行像质评价，子午面后面的 16 个视场点用于判断系统有无渐晕。

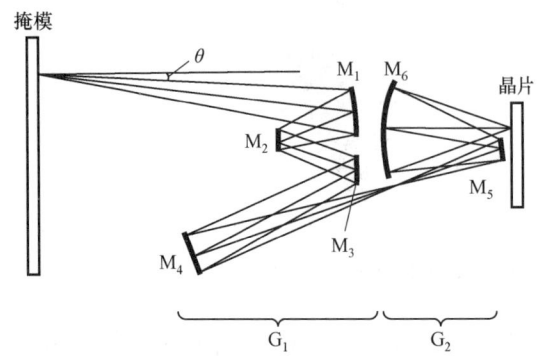 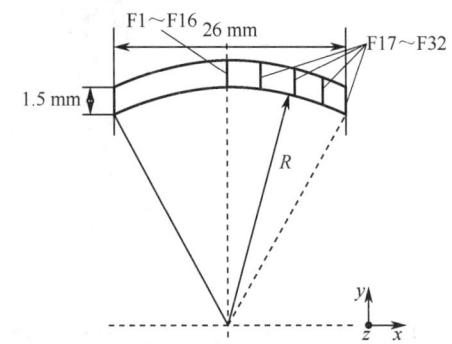

图 12.74　极紫外光刻物镜二维结构图　　　图 12.75　像方环形视场上的 32 个视场点

物方主光线与光轴夹角应控制在 6°以内，不宜过小，以保证物方数值孔径的光束上边缘光线与光轴夹角 $\theta>0°$（由光轴顺时针转到光线方向为正），否则将导致照明系统出射的光线无法进入投影物镜，如图 12.75 所示。由于投影物镜系统为离轴视场，初始结构应校正匹兹万场曲，满足平像场条件，即沿光线传播方向，系统的匹兹万和取为零。G_1 镜头组满足平像场条件，第 1 镜和第 4 镜取为凹面，可以会聚光束，减小光束口径，第 2 镜和第 3 镜为凸面，用于平衡第 1 镜和第 4 镜产生的匹兹万场曲。圆形光阑面设置在第 2 镜上，可避免对其进行非对称加工，降低了加工难度。

为了减小光刻物镜畸变并保证足够的焦深，应做到像方远心的要求，像方出射主光线与光轴夹角控制在 0.25°以下。像方工作距离控制在 30 mm 以上，为防止第 6 反射镜的反射光线和通过光线相互重叠，像方工作距离也不宜过大，控制在 45 mm 以下。这两个条件将 G_2 镜头组的参数控制在较小的可调范围内。由经验可知，第 6 镜片的反射和通光部分光路最容易发生重叠，在实际的制造中表现为通光口径的减小，产生渐晕，为此，将中间像的位置设置在第 6 面镜片附近，由于中间像处光束口径最小，可以最大程度上避免光路反射区域和通光区域发生重叠。

2．渐进式优化原则

极紫外光刻物镜分辨率要求极高，系统的优化函数值应控制为很小的值。6 镜极紫外光刻物镜系统结构参数包括 7 个光学面间距、6 个曲率半径、每个反射面又设置 4～16 次非球面系数（共 6×7=42 个非球面系数），如果在初始结构基础上，将这些参数同时设为变量进行优化，评价函数可能很难收敛到一个较小的水平，使用全局优化方法得到的结果又可能极大地偏离初始设计结构。为此，采用渐进式优化方法，用 CODEV 光学设计软件进行辅助设计。表 12.18 所示为渐进式优化方法示意图，以像方小 NA 值为初始结构值，设置少量非球面系数为变量，观察和控制初级像差的值，逐次增大像方 NA，同时由低次到高次逐次地加入非球面系数，使得评价函数从一个较小的水平值上继续收敛，保证系统结构的渐进变化。同时，将畸变、放大倍率、系统总长控制和后工作距等作为限制条件，在镜头的优化过程中，约束物方光线与像方光线的入射角度，获得像质好的优化设计。

表 12.18 渐进式优化方法示意

进程	6 镜 EUV 物镜系统示意图	像方 NA	变量设置
1		0.1	非球面结构系数：4、6 阶系数
2		0.2	所有 y-向曲率半径非球面结构系数：4、6、8 阶系数
3		0.25	所有 y-向曲率半径非球面结构系数及间隔：4 阶系数若干间隔 6、8、10 阶系数
4		0.3	所有 y-向曲率半径非球面结构系数及间隔：4 阶系数若干间隔 6、8、10、12、14、16 阶系数

3. 像质讨论

采用调制传递函数（MTF）、波像差均方差（RMS）、斯特尔比（Strehl ratio）、焦面偏移和部分相干照明下的畸变和线宽均匀性等指标对极紫外光刻物镜进行像质评价。

1）调制传递函数

极紫外光刻物镜的分辨率是光刻投影物镜最重要的技术指标之一见式（11.1），当 k_1 因子为 0.5 时，针对分辨率为 25 nm 的光学成像，数值孔径为 NA=0.3 的投影物镜可以满足要求。设计的物镜系统的像方 NA=0.3，经优化得到调制传递函数如图 12.76 所示，已经接近衍射极限。由于光刻胶是强非线性介质，调制传递函数为 0.45 时，光刻胶中成像具有好的对比度。如图 12.77 所示，在 75 nm（±37.5 nm）光学焦深范围内，空间频率为 2×10^5 lp/mm（对应线宽为 25 nm）的线条在系统全视场范围内传递函数均大于 45%。

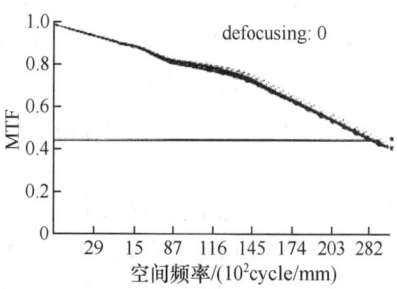

图 12.76 调制传递函数与空间频率关系

2）波像差均方根（RMS）和斯特尔比（Strehl ratio）

RMS 是表征一个光学系统整体成像性能的重要指标，同类光刻物镜的 RMS 为 0.02～0.04。如图 12.78 所示，本设计子午面上 16 个视场的波像差 RMS 小于 0.037λ，其中最大值对应于第 16 视场（0, 25 mm），其值为 $0.036\,9\lambda$，全视场波像差 RMS 的平均值为 $0.022\,8\lambda$。如图 12.79 所示，子午面上 16 个视场的斯特尔比均大于 0.94，其中在第 16 视场斯特尔比最差，为 0.947。如图 12.80 所示，最大波面 PV 为 0.191λ，对应于第 16 视场（0, 25 mm）。

3）焦面偏移

由于系统存在像差，各视场点的最佳像面位置并不重合，利用 CODEV 软件对各视场成像质量进行比较，选取一个最佳像面，计算各视场点最佳像面相对于系统最佳像面的偏离。各视场中对系统最佳像面的偏移最大者为 22 nm，小于光学焦深的 1/3。

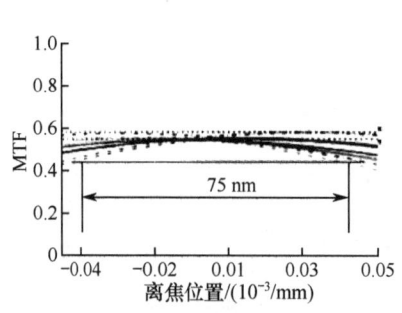

图 12.77　空间频率为 2×10^4 lp/mm 时 MTF 随焦深的变化

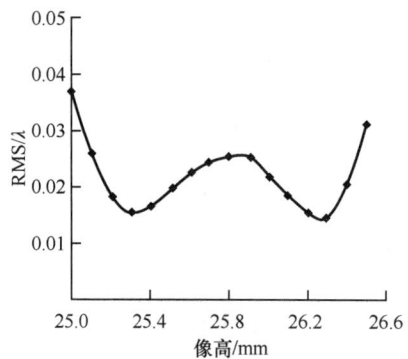

图 12.78　子午面上 16 个视场点的波像差 RMS 值

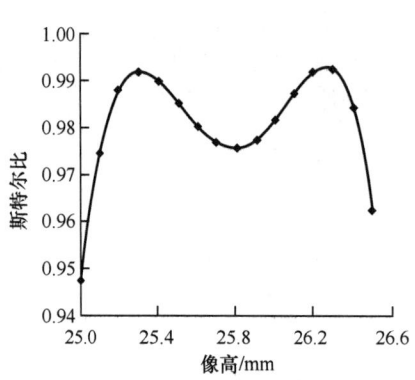

图 12.79　子午面上 16 个视场点的斯特尔比

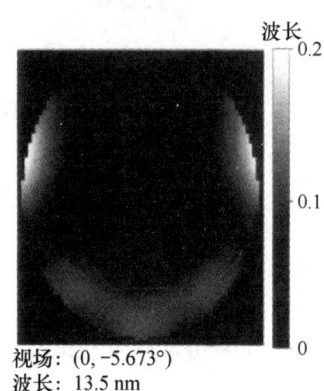

图 12.80　第 16 视场的波面图

4）畸变和线宽误差

极紫外光刻系统采用部分相干光源照明，部分相干因子的传统定义为 $\sigma=D'/D$，其典型值为 0.5～0.8，其中，D' 为照明系统出瞳直径，D 为投影物镜入瞳直径。给出 $\sigma=0.5\sim0.8$，$R=22$ nm 时，光刻物镜的畸变和线宽误差（CD error），如图 12.81 所示。在 $\sigma=0.5\sim0.8$ 时，子午面上 16 个视场点的 y 方向静态畸变均小于 1.6 nm。由于系统是非相干照明条件下的非物方远心设计，所以在 σ 较小时，静态畸变较大。当 $\sigma=0.5$ 时，最大的静态畸变发生在第 4 视场点（0，26.2 mm），其值为 1.55 nm。

为保证投影物镜成像位置的准确度和套刻精度，加工装调后的线宽误差应小于 10%，设计线宽误差应小于 3%，由于系统对光轴旋转对称，所以只评价系统在 y 方向和 45°方向的线宽误差。如图 12.82 所示，在相干因子 $\sigma=0.5\sim0.8$ 时，子午面上视场的 y 方向线条的线宽误差均小于 1.1%，其中 $\sigma=0.5$ 时，第 6 视场（0，26 mm）线宽误差最大，其值为 1.025%。如图 12.83 所示，子午面上 16 个视场 45°方向线条线宽误差均小于 1.6%，其中 $\sigma=0.5$ 时，第 1 视场（0，26.5 mm）线宽误差最大，其值为 1.6%。

4．公差初步分析

使用光学设计软件 CODEV 对光学系统进行公差的初步分析。当系统的 MTF 下降 10% 时，分析结果如下。

1）元件加工误差

在系统的 6 片反射镜中，第 4 片反射镜的半径误差要求最为严格，其误差范围为 100 nm；第 3

反射镜半径误差要求最为宽松,为 0.012 mm;余下 4 片反射镜的半径误差在 0.000 5~0.003 mm 之间。第 2 反射镜即光阑面的配样板光圈要求小于 0.02λ,其余 5 片反射镜的配样板光圈均小于 0.25λ。

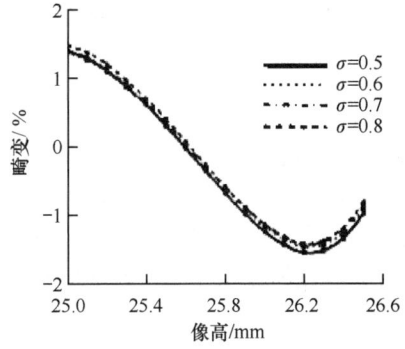

图 12.81 子午面上 16 个视场点的 y 方向静态畸变

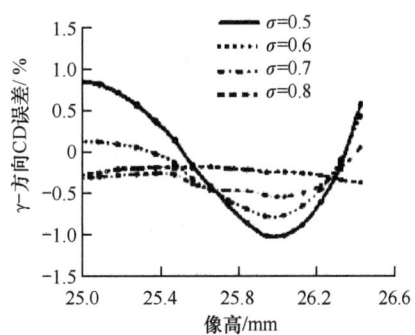

图 12.82 子午面上 16 个视场点的 y 方向线条的线宽误差

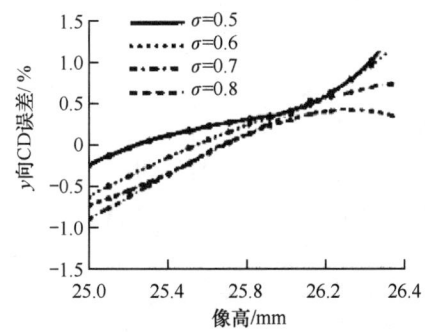

图 12.83 子午面上 16 个视场点的 45°方向线条的线宽误差

2) 元件装调误差

6 片反射镜之间的光学间距误差在 0.1~0.4 μm 之间。光阑面偏心误差要求小于 0.3 μm,其余各面偏心误差均应小于 0.08 μm,倾斜误差应小于 7×10^{-7} rad。由以上分析可得出,为保证良好的成像质量,极紫外投影光刻物镜对元件加工和装调的精度要求非常严格。为了保证极紫外光刻物镜能够实现高分辨率,还需要对加工粗糙度等公差进行进一步的计算和分析。

根据 R_{es}=22 nm 极紫外光刻技术的要求,设计由 6 片反射镜组成的投影物镜,照明波长为 13.5 nm,M=1/5,像方 NA=0.3,静态曝光场为 26 mm×1.5 mm,通过步进—扫描机制达到全曝光视场为 26 mm×33 mm。对这一系统进行的像质分析和误差分析结果表明,整个曝光视场内的平均波像差 RMS=$0.022\ 8\lambda$,在 75 nm 的光学成像焦深内,25 nm 分辨率的光学调制传递函数大于 45%,σ=0.5~0.8 的照明条件下畸变小于 1.6 nm,线宽变化小于 1.6%,共轭距为 1 075 mm,像方工作距大于 30 mm。该物镜结合离轴照明或相移掩模等分辨率增强技术,能够在更大的焦深内实现 22 nm 光刻分辨率的光刻胶成像,满足半导体制造中 22 nm 技术节点对产业化极紫外光刻物镜的需求。

12.9.3 EUVL 照明系统设计要求

EUVL 照明系统是由光源发出的光束经照明系统后照明掩模板,再由投影光刻物镜将掩模上的图形复制到硅片表面。对 32 nm 以下的线条图形进行复制,要求照明系统与投影系统必须协调[174]。投影光刻对照明系统的要求如下。

1. 照明分布均匀

EUV 要求照明区域内照明均匀性应小于±1%，否则，在掩模上相同线宽的图形，在硅片上图形位置不同会复制出不同线宽。

2. 相干因子

照射到掩模各点的照明光 NA 与投影光学系统掩模侧 NA 的比值称为照明相干因子 σ，它是控制曝光装置分辨率的关键量。$\sigma = 0$ 时是相干照明，$\sigma = \infty$ 时是非相干照明，实际装置的相干因子位于 $0 < \sigma < 1$ 之间。折中考虑 EUVL 曝光系统所需的分辨率和像对比度，σ 值选为 0.7。σ 直接影响投影光学系统的分辨率，如果照明区 σ 值不均匀，各向异性将导致分辨率因曝光范围或图形方向不同而不同[175,176]。

3. 元件数量及光线入射角限制

采用反射式系统，反射角度分为近似正入射和掠入射两种，前者入射角小于 25°，后者入射角大于 75°。两种情况下，反射元件的反射率分别为 70%和 90%左右，增加反射元件的数量会减小硅片上的曝光强度，所以极紫外照明系统使用的反射元件数量必须严格控制。

4. 结构紧凑

考虑到真空系统及机械结构调整要求，照明系统应结构紧凑，保证照明系统光轴与投影系统光瞳衔接及系统波像差检测的顺利进行。

用透射式来说明复眼反射镜的柯勒照明系统的原理，如图 12.84 所示。复眼结构是一种光学积分仪，将光源发射光束进行空间分离，形成由多个会聚点组成的发散二次光源，将这种二次光源当作光源，柯勒照明将光源成像于投影光学系统入瞳。来自光源各处的光重叠照射在掩模板上，确保照度均匀性[177]。通常采用正入射复眼反射镜的柯勒照明来确保照度及口径的均匀性。

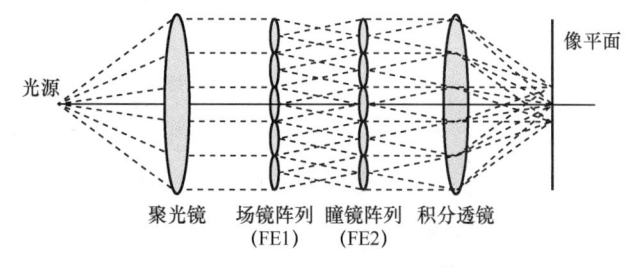

图 12.84 复眼照明系统原理图

5. 照明系统性能的提升

以下 4 种方法可以提升照明系统性能[178-180]：

（1）改变复眼反射镜的排列方式。将小镜面由边缘对齐的结构调整为边缘不对齐的分布结构。由图 12.85（a）、（b）比较可发现，（b）所示复眼反射镜形成的子光源在孔径光阑内分布更均匀，更容易实现光能的均匀分布。

（2）根据光源辐射特性，调整部分小镜面倾斜角度，改变前后组复眼中小镜面空间对应关系，以改善掩模面照度均匀性。

（3）改变复眼反射镜中小镜面的截面形状，提高照明系统能量利用率。当被照明区域长宽比值较大时，小镜面形成的子光源大小将受到小镜面较小边缘限制，不利于光能收集，影响均匀照明。如图 12.86 所示，改变前后组小镜面横截面形状对应关系，前组的小镜面横截面形状与掩模照明区相同，后组的小镜面横截面形状接近方形，可以更有效地收集能量。

（4）根据光路设计要求将元件面形复杂化以补偿元件数量的限制。例如，可将元件非球面化，提高照明系统性能。

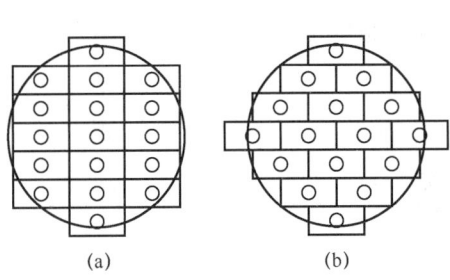  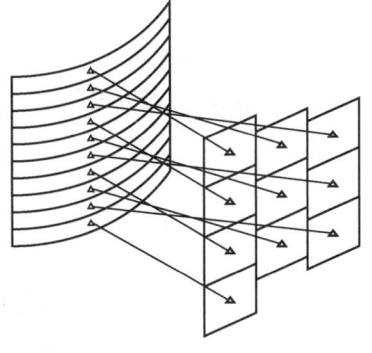

图 12.85　复眼元件排列方式　　　　图 12.86　前后组复眼元件对应方式

EUVL 技术经过近 20 年的发展，在光学元件加工、系统检测、装调等关键单元技术方面均已逐步成熟。极紫外光刻仍是最被期待的，EUVL 很可能在 22 nm 节点实现量产。

12.10　鞍点构建方法用于光刻物镜设计

12.10.1　构建鞍点的价值函数的基本性质

科学与工程的各个领域中，多变数高度非线性函数是很重要的。例如，在光学系统设计中相对一个给定目标的偏差，尽可能小于规定公差范围。在多维空间中偏差组合（系统）通常建模为一个点，在这个空间中变数就是构建系统的参数。价值函数（merit functions）即包含系统结构缺陷的函数，其显示为单一数字，在函数空间中有很多局部最小。实现可能的全局最小化、寻求深度局部最小是设计过程的基本部分。

在过去 10 年中，在全局优化领域已开发多种光学设计的软件包。特别是由大量变数描述系统时，避免劣质局部最小仍然是一个挑战。构建鞍点（saddle-point construction，SPC）的新方法改变了问题的维度[181,182]。也可以用于有很多变数和约束的系统，如设计光刻物镜[183]，该种方法只用很少数的局部优化就能够产生新的系统形式。

在光学设计中，在系统中插入透镜来构建鞍点（SPC）。这个方法可以用于任何形式的反射或透射系统。为了简单只讨论球面，用一个已经优化的 N 面系统作为起始数据。可以用任何光学价值函数，例如基于横向像差或波前畸变。已经优化的 N 面系统，光学价值函数已是局部最小，插入一个零厚度和等曲率的透镜。这个无效单元没有物理意义，既不影响光路也不影响系统的价值函数。因此，如果新系统稍微改进，这个新透镜能使价值函数减小。有两个新的变数，即两个面的曲率。对于一些特殊的曲率值，局部最小在增加维数的变数空间中变换为"鞍点"[182]。

图 12.87 所示为鞍点构建（SPC）的示意图。设初始系统在变数空间中已是最小的，为了简单，在图 12.87 的左上方曲线只表示出一个变数。当加上无效单元时，"向下"和"向上（未画出）"方向又出现在新的变数空间（维数增加了 2）。设在新空间中马鞍形的最低点表示一个"最大"，该点即为无效鞍点（null-element saddle point，NESP）。尽管通常可以有多于两个变数，NESP 类似于一个 2D 马鞍。如果选择并优化接近于无效鞍点（NESP）侧面相应的两点，这个优化从 NESP "滚下"，并且形成两个局部最小，优化变数包括初始局部最小和无效单元的两个曲率。

一般，无效单元的插入位置和玻璃型号是任意的，弯月形透镜的曲率使系统变为无效鞍点（NESP），可以用数字计算[184]。图 12.87 表示这个系统的状态[185]。当插入无效单元时与原始局部最小中一个已存在的面——参考面——相接触（沿轴间隔为零）时，设无效单元的玻璃牌号与参考面内的玻璃牌号相同。此时，当无效单元（图 12.88 中的第二个透镜）的两个曲率与参考面的曲率相同时[181]，表明已得到一个 NESP。看来插入位置和玻璃型号就是不受限制的。一旦得到在 NESP 任一侧的最小，在这些面之间的距离和无效单元透镜的玻璃就可以按所希望的值改变。构建鞍点（SPC）可以按相反的顺序在系统光路中移掉无效单元。

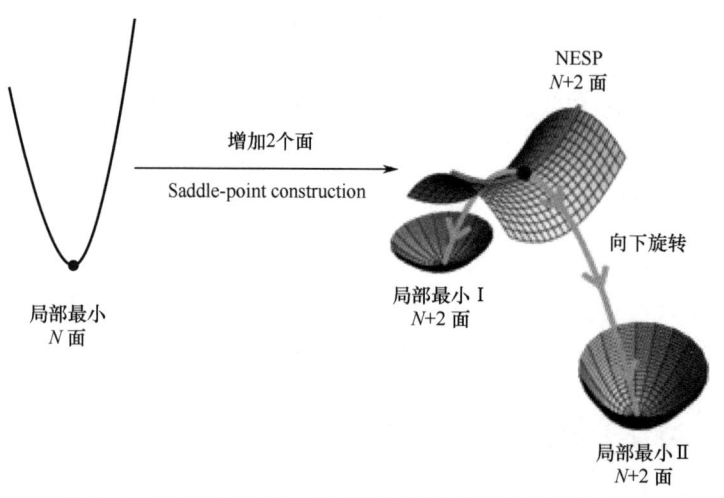
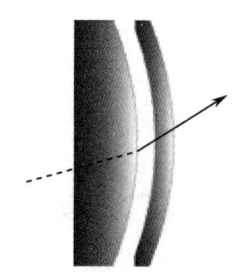

图 12.87　由一个 N 个面的局域最小通过一个无效单元构建的鞍点导出两个 $N+2$ 个面的局域最小

图 12.88　无效鞍点（NESP）具有三个面相等的曲率和两个近于零的间隔（很小的厚度）

该方法可以提高生产效率，当插入一个透镜时，在优化后产生一个新的系统。可是，当一个透镜用构建鞍点（SPC）的方法插入，将导致两个不同的系统形式，为了进一步设计可以选择其中一个结构进行优化，插入和（如果需要）移掉透镜，可以很快地得到新的系统。基于 SPC 理论的数学概念，在光学设计中这个方法完全可以和传统设计工具[186]集成。

12.10.2　鞍点构建

光学系统设计中的多维评价函数（MF）空间通常包括大量的局域最小值[187]（下文中"局域最小"是指多维评价函数（MF）的局域最小值），其分布可称为设计（或价值函数）形貌图（design landscape）。这是一种类型的光学系统的局域最小在 MF 空间中的分布规律，与通常假设随机分散在设计形貌图上不同，随着光学系统设计结构形成严格有序的点集，是一个"基本网络"（fundamental network）的结构分布[188]。

一种莫尔斯指数（Morse index）*为 1 的鞍点通过优化这些局域最小[189-192]并连接在一起，形成一个网络。对复杂系统全局优化构成的整个网络进行检测是困难和费时的[193]，故常采用有限数量的变量进行局域优化，生成新的局域最小，以达到设计复杂物镜的目标。通过构建鞍点寻求新的最小值的方法[182]，后文用深紫外（DUV）和极端紫外（EUV）光刻物镜为例子来说明该方法。

一个 N 维价值函数的空间中不存在 MF 梯度的点称为临界点。临界点的一个重要特征是莫尔斯指数（MI），例如，二维的鞍点中有 MI = 1，它们在一个方向上是最大值且沿相应垂直方向有

---

* Morse index

http://www.encyclopediaofmath.org/index.php/Morse_index

Morse index 是关于流形集合管（manifold）上的平滑函数的临界点的一个数值。

临界点的定义：对于一个解析函数 $f(z)$，m 阶的一个临界点是复平面上的一个点，其中 $f(z)$ 是常规的，但其有一个 $m=0$ 阶导数 $f'(z)$，其中 m 是一个自然数。

最小值，形成马鞍形，从这个的鞍点，通过优化路径，MI =1 的鞍点与优化空间中两个局域最小值之间可以形成一个链路。鞍点构建的过程是从一个给定 N 面的局域最小值，在其任何表面处插入一个零厚度弯月形透镜（或相距为零两个反射镜）[182,184]构造 MI=1 的 $N+2$ 面的鞍点。任何光学 MF 均可被使用，如横向像差（均方根光斑尺寸），波前像差等。

光学系统的 MF 形貌图的分析显示了一种性能，用所谓鞍点构建，可以对任意复杂系统有效。在鞍点构建时，把一个零厚度半月形透镜插入到已知局域最小的初始系统中，所接触的面称为参考面，并使新透镜的玻璃与参考面后的玻璃相同。在一般情况下，新透镜的插入位置和玻璃可以是任意的，弯月形透镜两面的曲率可以用计算[181,183]求得。

在初始系统中，设第 k 个面为参考面，曲率用 c_{ref} 表示，用 MF_{ref} 表示初始系统的价值函数 MF 值。在第 k 个面后插入零厚度薄透镜，其两个曲率分别为 c_{k+1} 和 c_{k+2}，和参考面之间空气间隔为零。在以下两个条件下，MF 的初始值 MF_{ref} 仍保持不变：

其一，弯月形透薄镜的两个曲率 c_{k+1} 和 c_{k+2} 是相等的，即

$$c_k = c_{ref}, \qquad c_{k+1} = c_{k+2} = u \tag{12.77}$$

其二，两个曲率 c_k 和 c_{k+1} 是相等的，并且 c_{k+2} 等于参考面的曲率 c_{ref}，即

$$c_k = c_{k+1} = v, \qquad c_{k+2} = c_{ref} \tag{12.78}$$

设所有其他变量保持不变，在 $N+2$ 个面新系统的变量空间中描述如图 12.89 中所示的两条线，沿着这两条线所表示的 MF 是常量 MF_{ref}。两条线相交于 $u=v=c_{ref}$，即

$$c_k = c_{k+1} = c_{k+2} = c_{ref} \tag{12.79}$$

此时，该点所表示的系统是一个鞍点[182]。

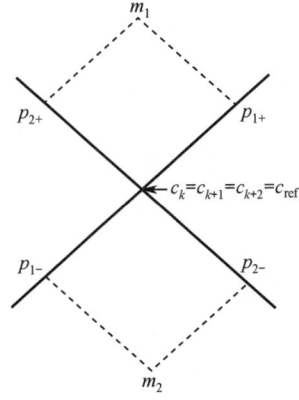

图 12.89 在 MF 子空间中由 $N+2$ 个变数的新系统的三个曲率定义的两条直线（假设初始系统已被优化，即 MF 的梯度足够接近于零，虚线象征性地表示由局域优化在连续线上相应的点得到的局域最小）

前面的分析是把面号为 $k+1$ 和 $k+2$ 的薄透镜插入到一个已有局域最小的系统的第 k 个面后面。如果面号为 k 和 $k+1$ 的薄透镜放置在一个已有的局域最小的系统的第 $k+2$ 面之前，式（12.77）～式（12.79）也是有效的。

这两条线上的个别点位置由参数 u 和 v 给定。例如，由式（12.77）和式（12.78）设定在每条直线上可定义两个点[线（1）上的 p_{1-} 和 p_{1+}，线（2）上的 p_{2-}, p_{2+}]，则有

$$u=(|c_{ref}|\pm\varepsilon)\cdot(-1)^n \tag{12.80}$$
$$v=(|c_{ref}|\pm\varepsilon)\cdot(-1)^n \tag{12.81}$$

式中，

$$n = \begin{cases} 0, & c_{ref} > 0 \\ 1, & c_{ref} < 0 \end{cases}$$

ε 表示在曲率的微小变化,并且在 ε 前面的符号与相应点的下标中的符号相同[194]。当在这些点上进行局域优化,将生成两个新的局域最小值($N+2$ 个面)m_1 和 m_2。最后,增加在每个局域最小系统中所插入薄弯月透镜的厚度,及其与参考表面之间的间隔。在所得局域最小的系统中,如果需要,新透镜的玻璃型号也是可以被改变的。通常由式(12.80)或式(12.81)给出一对点就够了,鞍点构建的整个过程如图 12.90 所示。鞍点构建方法也可用所有曲率作为变量,通常使有些曲率作为常量,并起到作为控制参数的作用。后文讨论所有透镜是用相同材料制成的单色光刻物镜设计的[114,195-198]。

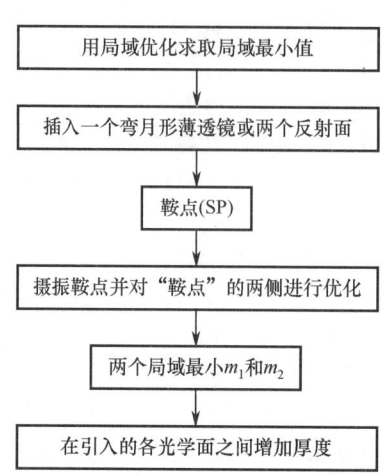

图 12.90 构建鞍点(SP)方法可得到两个新的局域最小的流程图

12.10.3 DUV 光刻物镜的枢纽

前文叙述了在 MF 空间中局域最小形成网络的形式[191,192,199,200]。光学系统局域最小连接的网络中有一些最小值在网络中链接,该局域最小即为枢纽(Hubs)。下面讨论深紫外(DUV)光刻物镜存在的网络枢纽。

图 12.91 所示为 43 个面(包括光栏)的光刻物镜[201,202]。数值孔径为 0.56,像高是 11 mm,倍率为 –0.25,波长为 248 nm。所有面是球面,其 42 个面曲率均可作为变量。

鞍点构建方法考虑由左边算起的第二隆起(bulge),设在第 34 面和第 39 面之间的所有透镜厚度(参照图 12.91)相等。相应的透

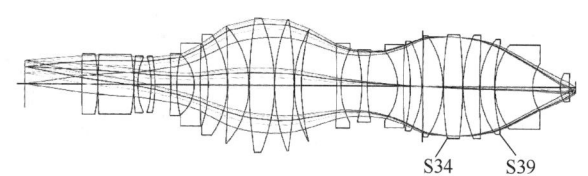

图 12.91 $N=43$ 的光刻物镜

镜之间的两个小空气间隔也相等(为了产生新的光学系统,透镜厚度和其间的空气间隔可以保持为初始值)。接着,在该组(第 34 面到第 39 面)中的每个面处,分别插入[如式(12.78)所表示的]弯月形薄透镜。基于该方法建立了 6 个 45 个面(包括光阑)的鞍点。从每个鞍点选择由式(12.79)或式(12.80)所定义的两个点,每个点在鞍点的一侧,分别在这两个点上进行局域优化,产生两个新的价值函数最小的系统。当弯月形薄透镜的厚度增加到与 S34 到 S39 组中的其他透镜相同数值时,12 局部极小值中的 6 个将变成为同一个,即为枢纽,在一侧已构建的所有 6 个鞍点与其链接在一起,如图 12.92 所示。为了便于比较,当插入弯月形透镜时在这些发生足够大变化的部分 m_i 被放大并用圆圈圈住。这些指数值表示初始系统面号,在该面处插入一个额外的透镜,阴影线表示弯月形透镜变化的新透镜。在该方法中零间隔和等曲率,为鞍点 s_i 系统画出的透镜从图 12.88 中是不能辨别的。

在该图中,鞍点分别表示为 s_i,其他 6 个最小值(表示弯月形透镜在增加厚度后)表示为 m_i,其中,i 表示已经被插入弯月形透镜的参考面号码。可以观察到,枢纽是用式(12.80)中 $[v=(|c_{ref}|-\varepsilon)\cdot(-1)^n]$ 由鞍点得到的局域最小值产生的。如果需要,也可以在鞍点 s_i 处增加弯月形透镜的厚度(这些鞍点在图 12.93 中没有详细示出),目的是为了生成局域最小,没有必要给出所

有的鞍点 s_i。

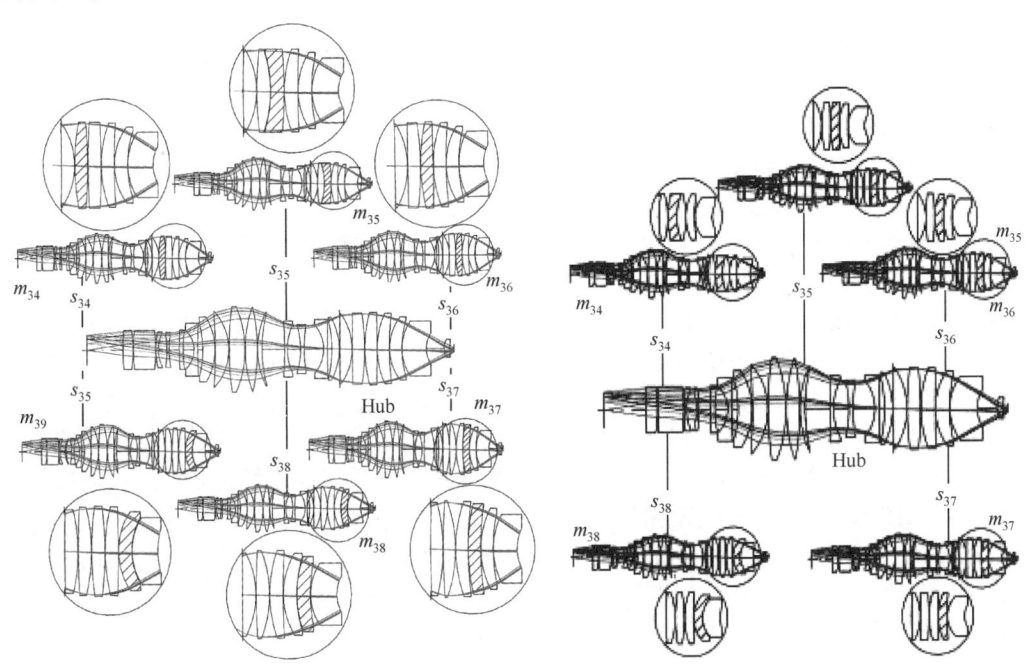

图 12.92　一个 $N+2=45$ 个面的单色光刻物镜的 6 个链路局域最小网络的枢纽

图 12.93　围绕图 12.92 中光刻物镜网络的部分

在设计光刻物镜时，弯月形透镜仍取得很薄，作为枢纽的最小 MF 值的系统始终比鞍点另一侧的系统有更高的 MF 值；但需注意，加入厚度后的趋势是相反的。如图 12.93 所示，枢纽的 MF 值低于各个 m_i 的 MF 值 0.1%～63%。下文中对鞍点的解增加弯月形薄透镜厚度后求得的局域极小也称为鞍点产生的局域极小。

在左边算起的第一隆起也可得到类似的结果。其可生成两个枢纽，每个枢纽连接到 3 个鞍点。在两个枢纽之间，使用额外的约束来控制（第 18 面和第 21 面之间）镜片的最小边缘厚度，它们合并成一个单一的枢纽。

如果在设计中面数必须保持不变，可以在枢纽的某些位置中移除透镜，方法如下：将要被移除透镜的厚度和透镜前或后面的一个空气间隔减少到零，使新的薄透镜的面等于前或后面的透镜相接触的面。这时可将薄弯月形透镜移除，而不影响系统的性能。如在图 12.94 中从 45 面的枢纽中，在第 34 面和 41 面之间先后移除单透镜。再通过局域最优化，实际上得到了与 43 个面初始系统（图 12.91）相同的 MF 最小值。

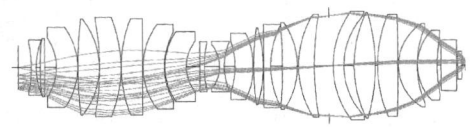

图 12.94　在第一凸起中移除了一个带有非球面的透镜并消除了其与前一透镜之间的间隔（光刻物镜 NA 0.85 保持不变）

事实上，初始系统就是一个枢纽，其性质为：由初始系统第二隆起（所有透镜具有相同的厚度）中移除一个透镜。已获得了有 41 面的局域最小。在这个新的局域最小的系统中，在第 34 面和第 38 面之间的每个表面处相继插入弯月形透镜。构建的五个鞍点链接到最小值系统的一侧，增加厚度后，再合并成一个枢纽，即 43 个面的初始系统（见图 12.91）。正如从图 12.91 中可以观

12.10.4 深紫外（DUV）光刻物镜设计举例

通常构建鞍点达到光刻系统设计的目的[203]，优化所设计的光刻系统后，移除某些镜片，可以在光刻系统中减少镜片的数量而不损失最初的性能。图 12.95 中的光刻物镜由 47 个球面和非球面构成[204]。系统中的非球面以粗实线表示。NA 为 0.85，像高为 56.08 mm，放大倍率为 -0.25。每个视场畸变低于 4.2 nm。重新优化基于包括波像差、远心度和畸变的价值函数，系统的 Strehl 比为 0.999 或稍高，波像差为 $0.003\ 67\lambda$。

在第一凸起（B_1）和第二凸起（B_2）的优化处理相同。畸变和远心度保持与初始结构相同。以第一凸起的优化步骤为例说明该方法。第一凸起 B_1 由 7 个球面和非球面的透镜构成，使所有透镜厚度和它们之间的间隔均相等。在图 12.95 所示的箭头 1 处插入一个球面弯月形透镜，这就构成一个鞍点。这个鞍点连接两个局部极小，选择鞍点枢纽侧面的一个。从这个结构中移除箭头 2 所指的透镜（有一个非球面）并引入弯月形球面透镜得到系统通过优化产生的局域最小（见图 12.94），比图 12.96 中起始系统少两个面，还少了一个（由 8 个非球面系数描述的）非球面，其波像差是 $0.004\ 57\ \lambda$，比初始系统稍大。此时，第一凸起的镜片厚度，以及它们之间的间隔还没有修正。Strehl 比大于 0.998，相当于初始系统。比较两个结构时，可观察到，最显著的差异出现在已插入弯月形镜片和移除的镜片（见图 12.96）区域周围。正如图 12.94 所示，其余的镜片几乎保持不变。改变有限的变量，可以通过局部优化求得局部最小[194]。

用类似于在第一凸起的程序在第二凸起插入一个弯月形薄透镜，能够从系统中移除三个透镜，包括图 12.95 中箭头 5 所指的一个弯曲透镜。

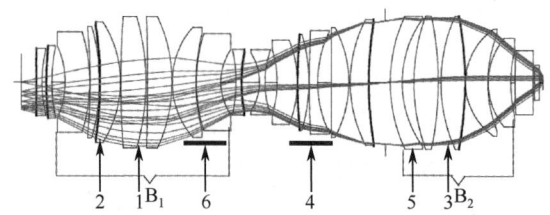

图 12.95　193 nm 0.85 NA 光刻物镜

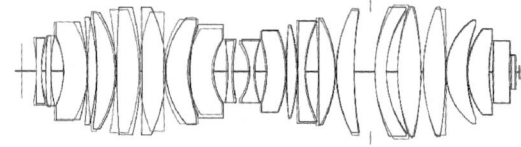

图 12.96　系统开始（图 12.90）和图 12.92 的解的方案之间的比较（为便于比较，把两个系统叠加画在一起）

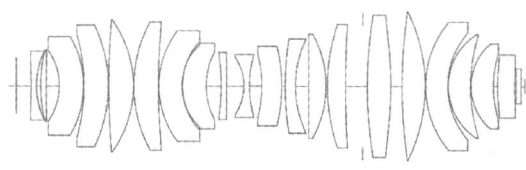

图 12.97　结构中少了两个透镜的 0.85 NA 光刻物镜

在所述第二凸起 B_2 的 5 个透镜中，有球面和非球面。它们的厚度相等。一个球面弯半月形透镜插入到图 12.95 中箭头 3 所指的位置。从该结构所构建的鞍点通过局部优化产生两个局部极小。选择位于鞍点 R 侧的解，增加在系统中的弯月形薄透镜的厚度。在最后的结构（见图 12.97）中如图 12.95 中由箭头 4 所示的两个透镜转换为一个透镜，移除了由箭头 5 所指的弯曲透镜。减少透镜数目而不降低该系统的性能，甚至稍有改善。平均的 RMS 波像差是 4.46 mλ，斯特尔比为 0.999 乃至更高。

如所获得 $N-2$ 个透镜的结构与 $N-1$ 个透镜相比，在移除透镜的过程中其余的面数几乎保持不变，并在最后结果中精修所产生的系统。优先选取大部分表面保持不变的优化过程，称之为"准不变"（quasi-invariant）。

表 12.19　图 12.98 所示 DUV 光刻物镜的光学参量

面号	半径 r	间隔 d/mm	折射率 n
物面	∞	32	1 000 302
1	∞	4.964 818e-016	1 000 302
2	898.023 860	11.478 261	1.560 786
3	134.463 937 8	9.481 781	1.000 300
4	279.589 511	12.162 849	1.560 786
5	429.713 387	30.576 328	1.000 300
6	−133.575 828	52.260 910	1.560 786
7	−168.229 488	1	1.000 300
8	−322.654 424	52.191 564	1.560 786
9	−322.142 085	1	1.000 300
10	−487.536 691	53.493 279	1.560 786
11	−336.595 125	8.832 821	1.000 300
12	208.196 678	55.958 451	1.560 786
13	−2 623.497 508	1	1.000 300
14	193.307 618	52	1.560 786
15	155.968 334	32.945 598	1.000 300
16	−12 881.357 631	12.591 549	1.560 786
17	403.369 937	38.710 060	1.000 300
18	−105.748 859	5.658 462	1.560 786
19	167.881 505	26.206 309	1.000 300
20	−163.085 970	43.379 735	1.560 786
21	−217.136 687	7.753 483	1.000 300
22	−797.722 657	21.783 940	1.560 786
23	207.582 687	28.549 640	1.000 300
24	−1 088 158 292	36.412 131	1.560 786
25	−181 255 483	2.873 408	1.000 300
26	298 782 209	31.845 607	1.560 786
27	1 037 545 145	35.319 083	1.000 300
光阑	∞	7.672 884	1.560 786
29	403 195 003	54.054 225	1.000 300
30	−3 049 000 186	25.003 154	1.560 786
31	1 664 907 253	48.770 846	1.000 300
32	−306 660 041	0.334 832	1.560 786
33	188 839 828	46.845 522	1.000 300
34	208 117 005	2.408 154	1.560 786
35	135 132 628	46.383 835	1.000 300
36	396 103 394	1	1.560 786
37	116 187 821	47.815 400	1.000 300
38	201 589 370	9.001 871	1.560 786
39	53 643 156	36.631 736	1.000 300 0

（续表）

面号	半径 r	间隔 d/mm	折射率 n
40	820 248 662	3.208 262	1.560 786
41	∞	10	1.000 300
42	∞	8	1.560 786
像面	∞	3.198e-005	1.000 302

表 12.20　图 12.98 所示 DUV 光刻物镜的非球面系数（K 为二次曲线常数）

Nr	K	a	b	c	d	e	f	g
2	0	1.827356401e-007	-1.964723247e-011	2.826932271e-015	-3.740166220e-019	3.076574013e-023	-1.219964317e-028	-2.296232869e-031
4	0	8.134674858e-008	-1.104556698e-011	-1.685618766e-015	1.87988583e-019	-1.023459956e-023	-4.912925606e-028	1.749013548e-031
17	0	7.319068222e-008	2.110164496e-012	-1.231572849e-016	1.11183883e-019	-4.827860977e-023	1.002154882e-028	-1.010925070e-030
22	0	5.184566313e-008	2.219202716e-012	4.794557685e-017	-2.37716357e-021	5.789862375e-026	-5.785892172e-029	3.675508546e-033
27	0	1.322829666e-008	-2.359107509e-013	7.418731240e-018	6.10788293e-023	6.637329327e-027	5.771574474e-031	-1.659844755e-018
30	0	5.200370613e-009	3.266751776e-013	3.648281997e-018	-8.12903873e-023	7.95532701r-027	3.788219518e-031	7.724948872e-036
39	0	-9.269356649e-008	2.721883131e-012	9.611406529e-016	-3.52824389e-020	-2.306888008e-023	3.782079247e-027	-2.077933409e-031

表 12.21　图 12.98 中 DUV 光刻物镜技术指标

指标名称	数值
NA	0.85
像方视场	14.02 mm
全长（物像距）	1 045.6 mm
波长	193.368 nm
倍率	-0.25

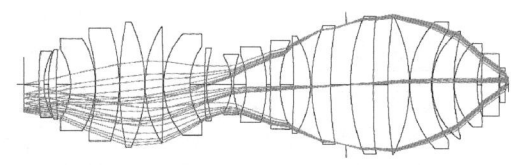

图 12.98　在提除了三个透镜和一个非球面后的 0.85 NA 光刻物镜

在下一优化过程中，合并图 12.95 中箭头 6 所指的两个透镜，然后，令该系统用所有参数（曲率、非球面系数和距离）作为变量进行了优化。所得到的 MF 最小值优化结果（见图 12.98）比图 12.94 中的初始系统少了 3 个透镜。而且少了 1 个非球面（有 7 个非球面系数）。它的性能：波像差、畸变、远心度和斯特尔比等比初始系统稍好。波面像差为 $2.37×10^{-3}\lambda$，低于初始系统。斯特尔比为 0.999 8，为所有实用目标的综合指标。

设计的最终性能比初始系统的波像差、畸变、远心度和斯特尔比并不差，但是少了 3 个镜片和 1 个非球面，而光学系统制造成本减少。

表 12.22　图 12.98 中 DUV 光刻物镜的性能

相关视场		最佳焦面位置		
X	Y	Y 向偏移/mm	RMS（波长）	斯特尔比
0.0	0.00	0.000 000	0.000 8	1.000 0

（续表）

相关视场		最佳焦面位置		
X	Y	Y向偏移/mm	RMS（波长）	斯特尔比
0.0	0.35	0.000 001	0.001 9	1.000 0
0.0	0.50	0.000 003	0.001 4	1.000 0
0.0	0.71	0.000 005	0.001 9	1.000 0
0.0	0.87	0.000 005	0.002 6	1.000 0
0.0	0.94	0.000 003	0.002 8	1.000 0
0.0	1.00	0.000 003	0.002 8	1.000 0

图 12.95 中的 DUV 光刻物镜有 41 个球面和非球面（包括光阑）参数见表 12.19；每个非球面的锥常数加上高阶单项式系数（见旋转轴对称非球面表示式）见表 12.20；图 12.98 中 DUV 光刻物镜技术指标见表 12.21，系统指标为：数值孔径（NA）、像高、波长和倍率；表 12.22 表示图 12.98 中系统的像质技术指标：给出了各个视场的参考球面中心的移动，相应的波像差 RMS 值和斯特尔比。

在第二个凸起中采用与第一个凸起（已经插入一个弯月形透镜）相类似的优化进程，系统中能够剔除 3 个透镜，包括图 12.95 中箭头 5 所指的一个弯曲透镜。最后的设计性能：波前像差、畸变、远心度和斯特尔比达到初始系统的技术指标。

12.10.5 用鞍点构建方法设计 EUV 投影光刻系统

鞍点构建方法也可用于 EUV 光刻环形视场反射镜系统，即由一个已有的常规反射系统产生新型的结构。下面选择 4 反射镜结构作为起始系统（图 12.99 中的 m_4 的）[205]，所有面均为球面，4 个曲率作为变数。数值孔径为 0.16，环形像的高度为 29.5 mm，倍率为 0.25 倍。在优化过程中，采用基于横向像差的光学设计软件 CODE VMF[206]。控制像方为远心和物方（即上边缘光线必须平行于光学轴）准远心作为约束条件。

首先，在第二个面之前（用于获得 $s_{6,2}$）和第三个面之前（用于获得 $s_{6,3}$）插入两个反射面，构建两个 6 个面的鞍点 $s_{6,2}$ 和 $s_{6,3}$。插入的两个反光镜与参考（被引入的）面处具有相同的球面曲率。三个顺序反射镜之间的轴向距离最初设为零。对每个鞍点进行局域优化后，检测到两个新的局域最小。对三个顺序的反射镜增加轴向间隔，并重新优化结构，使用反射面曲率、物距和像距作为变量，得到如图 12.99 所示的不同的形状的 4 个解（$m_{6,S2A}, m_{6,S2B}, m_{6,S3A}$ 和 $m_{6,S3B}$）。

对于这两个鞍点，检测到的零距离的一个最小值系统与比另一个具有较大的 MF。然而，当增加反射镜之间的轴向距离时，这种情况是相反的，较差的解成为较好的一个。

用 $m_{6,S2A}$ 和 $m_{6,S3A}$ 两个解分别作为初始点，从 $s_{6,2}$ 和 $s_{6,3}$ 中检测出更好成像性能的一个构建

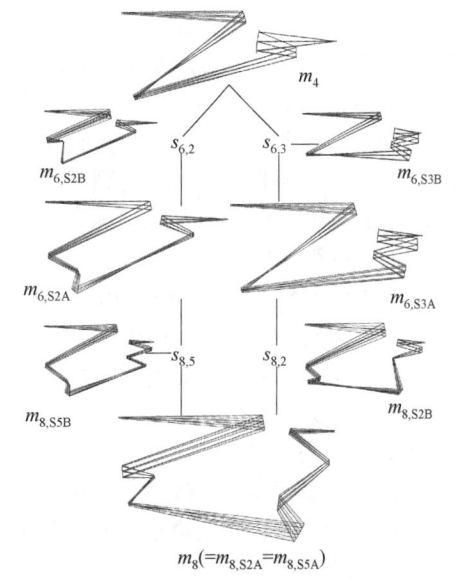

图 12.99 在 EUV 投影光刻物镜设计中鞍点构建方法

新 6+2=8 反射镜的鞍点,即在 $m_{6,S2A}$ 第五面之前插入一对反射镜,构建 8 个面的鞍点 $s_{8,5}$。从这个鞍点检测到两个解 $m_{8,S5A}$ 和 $m_{8,S5B}$。以相同的方式,在其第二个面前插入一对反射镜,从 $m_{6,S3A}$ 检测到两个有 8 个反射镜的解 $m_{8,S2A}$ 和 $m_{8,S2B}$。这两个鞍点 $s_{8,2}$ 和 $s_{8,5}$ 在一侧连接到相同解,分析表明,这一个解 m_8 连接的 MF 形貌图(landscape)中有更多鞍点。先后插入一对反射镜构建成 7 个鞍点分别在:

(1) $m_{6,S2A}$ 中,在第四个面之后和在第五个面和第六个面之前和之后;

(2) $m_{6,S3A}$ 中,在第一个面之后和第二个面之前。

一方面,所有这些鞍点链接到 m_8。同样地有 6 个反射镜的两个解,$m_{6,S2A}$ 和 $m_{6,S3A}$ 至少可和三个鞍点连接。用以下方式也可以获得其他结构的形式。如果在鞍点 $m_{6,S2A}$ 和 $m_{6,S3A}$ 构建分别在第二和第三表面,生成具有 8 个镜面的新解。例如,在 $m_{6,S2A}$ 第二个面之前插入一对反射镜,导致两个解如图 12.100(a)所示;一对反射镜插入到 $m_{6,S3A}$ 第三反射镜之前,获得如图 12.100(b)中所示的两个解。

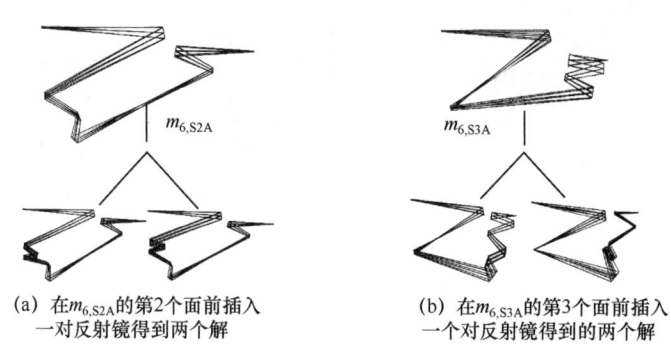

(a) 在 $m_{6,S2A}$ 的第 2 个面前插入一对反射镜得到两个解

(b) 在 $m_{6,S3A}$ 的第 3 个面前插入一个对反射镜得到的两个解

图 12.100 图 12.99 中的 6 镜解构建的鞍点中得到像质较好的 8 镜系统

12.10.6 极紫外(EUV)光刻物镜举例

鞍点构建方法也可用于 EUV 光刻技术的环场反射镜系统。下面举例说明该方法。起始系统为一个图 12.101(a)所示的四反射镜局域最小(m_4),在第一面后距离为零处插入一对反射镜,构建了一个六反射镜鞍点。这个新的鞍点在价值函数空间中导出两个局域极小。再次看到,一个局部最小具有更高的价值函数。(再次称该鞍点侧面为枢纽侧面。)在加厚了零距离并优化后,这两个解的方案如图 12.101(b)所示的形式。用这种方法可以得到高质量的解的方案。例如,从六反射镜球面系统已取得八反射镜系统。对所有变量(曲率、非球面系数和间隔)和实际约束对枢纽侧面的最小进行局域优化后,得到一个满足

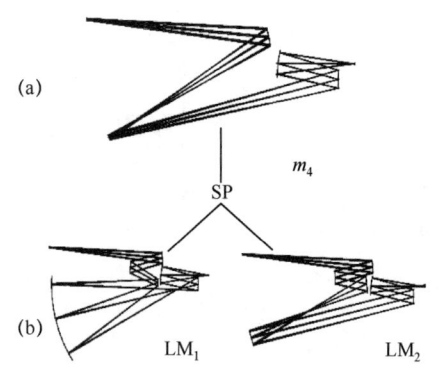

图 12.101 EUV 系统的鞍点构建:起始点(面数 $N=4$),物镜数值孔径为 0.16,物高为 114~118 mm,倍率为 0.25;在第一面构建鞍点 SP($N+2=6$ 个面)求得 EUV 物镜解

实际需求的解的方案:畸变小于 1 nm 和有 0.01λ 波前像差的 Strehl 比大于 0.995。这种设计的进一步细节将在以后公布。

在 EUV 技术的设计中,成功地应用了一般形式的鞍点构建方法。对于非球面系统,构建鞍

点是通过插入一对具有相同形状的非球面反射镜。上例说明了鞍点构建方法是用于极紫外光（EUV）投射光学系统设计的[194]。然而，为了使图 12.99 和 12.100 所示的系统达到实际应用，必须进一步优化以满足实际要求。例如，进一步优化图 12.99 中 8 镜系统的 m_8。准远心度、远心度和畸变的要求可以得到满足。然而，数值孔径仍然很小，即 NA=0.16（见图 12.102）。

对 EUV 系统有大的改变会导致特殊的结构。例如，从图 12.99 中鞍点 $s_{6,3}$ 中检测到 $m_{6,S3A}$ 表示非零轴向距离的解。从 $s_{6,3}$ 中检测到当局域最小顺序的三个反射镜之间的距离增加时，如果使轴向距离增加较大，优化结果导致如图 12.103 所示的解，其第二反射镜被置于第一反射镜收集掩模的反射光束的上方，可能造成阻挡，其非可用的解。

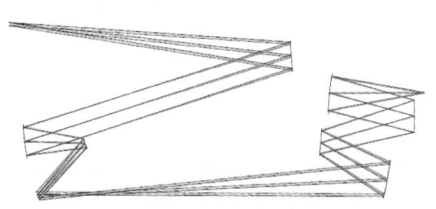
图 12.102　用鞍点构建方法对数值孔径为 0.16 的系统进行部分优化。系统中均为球面。畸变校正小于 1 nm

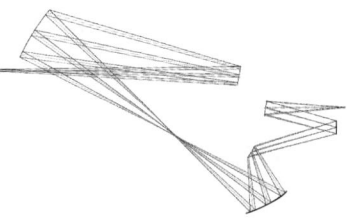
图 12.103　以位于 37+类的 6 镜系统，该设计对于实际应用不是完全优化的

12.10.7　鞍点构建设计方法中加入非球面设计概述

1. 由 4 镜求取 6 镜成像系统示例

非球面鞍点构建方法推广形式可以用于 EUV 设计。在非球面参考面处，插入一对与参考非球面相同的反射非球面镜以生成鞍点。例如具有非球面的 4 反射镜系统，在每个面上有 18 阶次的非球面系数，用作为初始系统[205]（见图 12.104），系统的数值孔径为 0.5，像高为 23.8 mm，所有主光线入射角小于 16.1°。用 CODE V MF（价值函数）求取局域最小。在构建鞍点的过程中，附加的约束用于控制离开掩模的上边缘光线和离开最后反射镜的主光线平行于光轴。一对非球面反射镜插入到第 3 面之前，由所构建的鞍点 $s_{6,3}$ 得到如图 12.104 所表示的两个解（N+2=6）。

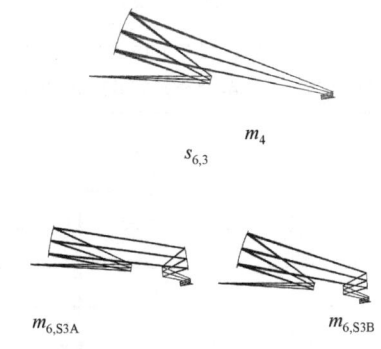
图 12.104　由构建的鞍点产生 4+2=6 个非球面反射镜系统，数值孔径为 0.15，像高为 23.8 mm

2. 由 6 镜求取 8 镜成像系统示例

继续用鞍点构建法由 6 镜球面系统得到一个 8 镜成像系统，如图 12.105 所示，在第二面后插入一对球面反射镜构建鞍点，通过局部优化产生顺序三个相接触的反射镜的两个解。把零距离增大以后，对这些解中的所有变量（曲率、非球面系数和距离）和实际约束进行局部优化。得到如图 12.105 所示的两个系统 m_{R2} 和 m_{S2}。在局部优化的过程中，两个解的数值孔径已经从 0.16 增加至 0.4。

位于图 12.105 鞍点 R 一侧的 MF 最小系统 m_{R2} 收敛为满足实用要求的一个解,该 EUV 反射镜系统 m_{R2} 如图 12.105 所示,性能指标见表 12.23,其成像质量指标:每个视场的畸变小于 1 nm,Strehl 比大于 0.996,波像差为 0.01λ。所有面都是非球面,并且该系统在第 4 和第 5 个反射镜之间包含一个中间像。孔径光阑位于第二个反射镜上。在优化过程中,一个约束用于防止反射镜 8 进入前两个反射镜之间阻挡光路。最终的设计是通畅的。主射线在掩模上入射角度约为 $6.3°$。在晶片一侧,系统是远心的,即主光线垂直于像平面。由于镀膜的原因,在每个面上的主射线的入射角保持小于 $26°$,其中五个面在 $15°$ 以下,见表 12.24。

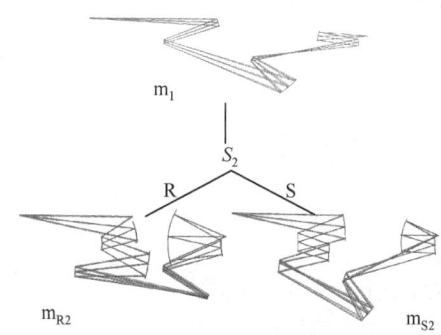

图 12.105 球面的初始局域最小(N=6):数值孔径为 0.16,像高为 29.5 mm,倍率为 0.25。在其第二面插入一对反射镜构建鞍点 $S_2(N+2=8)$,对得到的两个解的数值孔径在进行优化,m_{S2} 较差,而 m_{R2} 的 Strehl 比大于 0.996,和畸变低于 1 nm

表 12.23 图 12.106 中 EUV 反射镜系统 m_{R2} 性能指标

性能指标	数值
NA	0.4
像方视场	29.5 mm
全长度(物像距离)	889 mm
波长	13.4 nm
倍率	0.25

表 12.24 图 12.106 中 EUV 反射系统(m_{R2})主光线的入射角,及每个面上光线角度的扩展

反射镜序号	主交线的入射角	面上主光学的扩展
1	15°	0.26°
2	23.8°	2.06°
3	15°	1.01°
4	8.3°	3.66°
5	10.75°	1.16°
6	25.72°	0.43°
7	15.63°	9.18°
8	5.86°	1.92°

3. EUV 反射系统设计示例

图 12.106 中 EUV 反射系统 m_{R2} 所示的 8 镜投影系统均为非球面;其反射镜的参数和它们之间的轴向距离见表 12.7;其相应的非球面系数值见表 12.8;表 12.9 给出该 EUV 光刻物镜的成像质量。

总之，设计形貌图中的构建鞍点方法可以从已知系统产生新的光学系统结构，可用于复杂光学系统的设计，并方便地与传统的设计方法集成。传统的方法中，插入在光学系统中的透镜总是导致一个单一的解。鞍点构建方法在插入单透镜后便可创建一个鞍点，优化后得到两种鞍点，可发现新形式系统，这是用传统的方法难以做到的。在上文中，该方法已举例说明 DUV 和 EUV 光刻物镜设计[207]。

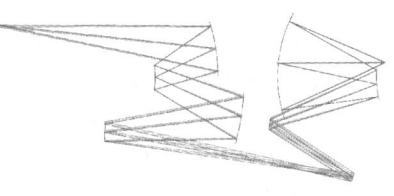

图 12.106 优化的 8 镜投影系统（m_{R2}）

通过添加新组件以鞍点构建分割设计路径，可以在所产生的两个最小值之间进行选择。

表 12.25 构成图 12.106 中 EUV 光刻投影物镜的结构

面序号	曲率半径 r/mm	间隔 d/mm
物面	∞	500.824276
1	-412.844842	-145.559125
光阑	-207.541198	205.917583
3	-600.599304	-318.944204
4	-68943.993184	610.000881
5	-708.808970	-228.204919
6	-1785.610015	224.500000
7	279.539913	-229.519000
8	284.026925	250.000826
像面	∞	5.6e-007

表 12.26 构成图 12.106 EUV 光刻投影物镜反射非球面系数值

Nr	k	a	b	c	d	e
1	-1.0	-4.793314939234e-009	4.149821566626e-014	-1.411231844361e-019	-9.317867303975e-024	1.910326305975e-028
2	-1.0	-9.792327499971e-009	1.379397683945e-012	1.399349536458e-016	9.732373584272e-020	—
3	-1.0	-3.0961644251458e-009	-8.410038813854e-016	-3.972797109567e-020	-8.281011848543e-025	1.075902271357e-029
4	-1.0	-4.1446119053684e-009	2.218797920911e-014	-4.128501628647e-018	-8.281011848543e-025	-2.061376484910e-027
5	-1.0	-1.6868482856190e-009	9.515267685847e-015	-1.239266335461e-019	5.079766868789e-025	—
6	-1.0	-7.4657954893966e-009	-2.32824304479e-013	9.66265925198e-018	-3.036519288316e-022	3.426396638793e-027
7	-1.0	9.076291185009e-008	-2.046656291006e-012	3.391893388235e-016	1.127806248146e-020	-5.5321281700664e-025
8	-1.0	5.796110488057e-009	3.909665561890e-014	3.385641833854e-016	2.477000172714e-024	5.543155003230-029

表 12.27 图 12.106 中 EUV 光刻物镜的性能

相关视场		最佳焦面位值		
X	Y	Y 字向偏移/mm	RMS（波长）	斯特尔比
0.0	0.97	0.000 003	0.010 1	0.996
0.0	0.98	0.000 001	0.010 6	0.996
0.0	1.00	0.000 000	0.008 7	0.997

设计路径可分割分列为两个或多个，在最后设计阶段可能导致相同的解。比如，在图 12.92 所示的例子中，从较少透镜的单一系统可以用 6 种不同方法设计同一个 DUV 光刻物镜。

在图 12.99 中的例子中，从具有非常不同形式的两个 6 反射镜系统（$m_{6,S2A}$ 和 $m_{6,S3A}$），获得同一 8 反射镜的 EUV 光刻物镜设计（m_8）。事实上，用不同方法可以得到同样的最终设计结果是很重要的，应该是成功的设计路线。如果由于某种原因，偶然目标失误了（收敛发散），例如，对于复杂的系统，有时局域优化的细节甚至会影响局域优化结果。在许多情况下，同一个目标可以通过另一个类型的设计路线来实现。

在光刻物镜设计中可应用一种特殊类型局域最小——枢纽，和通常局域最小相比这种方法（也是最小值）可以连接到更多个鞍点。给出生成枢纽的方法：高质量 248 nm 光刻物镜实际上是一个枢纽。从 193 nm 47 面光刻系统移除 3 个透镜，其中一个有非球面，保持了原有性能，得到 8 反射镜的极紫外线系统，能满足实际应用。用鞍点构建方法设计高质量 DUV 折射式和 EUV 光刻物镜[183,208]，可明显地提高设计效率。

参 考 文 献

[1] Paul Luehrmann, Peter van Oorschot, Hans Jasper et al. 0.35mm lithography using off-axis illumination[C]. SPIE, 1993, 1927:103-124.

[2] 王帆, 王向朝, 马明英, 等. 光刻机投影物镜像差的现场测量技术[J]. 激光与光电子学进展, 2004, 41(6):33-37.

[3] 袁琼雁, 王向朝, 施伟杰, 等. 浸没式光刻技术的研究进展[J]. 激光与光电子学进展, 2006, 43(8):13-20.

[4] Michael Quirk, Julian Serda 著, 韩郑生译. 半导体制造技术[M]. 北京：电子工业出版社, 2004, 360-365.

[5] International technology roadmap for semiconductors 2005 edition lithograp hy[Z]. http://www.itrs.net/Links/2005ITRS/ Litho2005.pdf.

[6] 袁琼雁, 王向朝. 国际主流光刻机研发的最新进展[J]. 光刻技术 Vol.44，No.1（Jan. 2007）：57-64.

[7] Boudewijn Sluijk, Tom Castenmiller, Richard du Croode Jongh et al. Performance results of a new generation of 300mm lithography systems[C]. SPIE, 2001, 4346:544-557.

[8] Marc Boonman, Coen van de Vin, Sjef Tempelaars et al. The advantages of a dual stage system[C]. SPIE, 2004, 5377: 742-757.

[9] Jan Mulkens, Bob Streefkerk, Martin Hoogendorp. ArF immersion lithography using TWINSCAN technology [C]. SPIE, 2005, 5645:196-207.

[10] Tomoyuki Matsuyama, Toshiharu Nakashima. Study of high NA imaging with polarized illumination [C]. SPIE, 2005, 5754:1078-1089.

[11] Toru Fujii, Naonori Kita, Yasushi Mizuno. On board polarization measuring instrument for high NA excimer scanner [C]. SPIE, 2005, 5752:846-852.

[12] Donis Flagello, Bernd Geh, Steve Hansen et al. Polarization effects associated with hyper -numerical-aperture （>1） lithography[J]. J. Microlith., Microfab., Microsyst., 2005, 4(3):031104.

[13] Hisashi Nishinaga, Noriaki Tokuda, Soichi Owa et al. Development of polarized-light illuminator and its impact[C]. SPIE, 2005, 5754:669-680.

[14] Carsten Kohler, Wim de Boeij, Koen van Ingen-Schenau et al. Imaging enhancements by polarized illumination: theory and experimental verification[C]. SPIE, 2005, 5754:734-750.

[15] Hironori Ikezawa, Yasuhiro Ohmura, Tomoyuki Matsuyama. A hyper-NA projection lens for ArF immersion exposure tool[C]. SPIE, 2006, 6154:615421.

[16] Jan Mulkens, Donis Flagello, Bob Streefkerk et al. Benefits and limitations of immersion lithography [J]. J. Microlith., Microfab., Microsyst., 2004, 3(1):104-114.

[17] Soichi Owa, Hiroyuki Nagasaka, Yuuki Ishii et al. Full-field exposure tools for immersion lithography [C].

SPIE, 2005, 5754:655-668.

[18] Rian Rubingh, Marco Moers, Manfred Suddendorf et al. Lithographic performance of a dual stage, 0.93NA ArF step & scan system[C]. SPIE, 2005, 5754:681-692.

[19] Itaru Fujita, Fumio Sakai, Shigeyuki Uzawa. Next generation scanner for sub-100nm lithography[C]. SPIE, 2003, 5040: 811-821.

[20] Takahito Chibana, Hitoshi Nakano, Hideo Hata et al. Development status of a 193-nm immersion exposure tool [C]. SPIE, 2006, 6154:61541V.

[21] Tiberio Ceccotti. EUV Lithography development in Europe: present status and perspectives[C]. SPIE, 2004, 5196: 57-70.

[22] Hans Meiling, Vadim Banine, Noreen Hamed et al. Development of the ASML EUV alpha demo tool [C]. SPIE, 2005, 5751: 90-101.

[23] Chou S Y, Krauss P R, Renstrom P J. Imprint of sub-25nm vias and trenches in polymers [J]. Appl. Phys. Lett. 1995, 67 (21):3114-3116.

[24] S. V. Sreenivasan, C. Grant Willson, Norman E. Schumaker et al. Low-cost nanostructure patterning using step and flash imprint[C]. SPIE, 2002, 4608:187-194.

[25] 翁寿松. 下一代光刻技术的设备[J]. 电子工业专用设备, 2004, (10): 35-38.

[26] Tor Sandstrom, Arno Bleeker, Jason D. Hintersteiner et al. OML: optical maskless lithography for economic design prototyping and small-volume production[C]. SPIE, 2004, 5377:777-787.

[27] 莫大康. 无掩模光刻技术的最新进展[J]. 电子工业专用设备, 2005,(2):1-2.

[28] Stephen Hsu, Jungchul Park, Douglas Van Den Broeke et al. Double exposure technique for 45nm node and beyond[C]. SPIE, 2005, 5992:59921Q.

[29] 许伟才，黄玮. 投影光刻物镜的光学设计与像差补偿[D]. 中国科学院长春光学精密机械与物理研究所. 2011, 5.

[30] LLOYD R HARRIOTT. Limits of Lithography（Invited Paper）. Proceedings of the IEEE, Vol. 89, No. 3, MARCH 2001.

[31] M. Kidger: Fundamental Optical Design，SPIE Press，2002.

[32] 张以谟. 应用光学[M]. 北京：电子工业出版社，2010:183-211.

[33] 濮元恺. 摩尔定律全靠它 CPU 光刻技术分析与展望[J]. 中关村在线. http://cpu.zol. com.cn/177/1778602 _all.html#p1779145.

[34] Harry J Levinson. Principles of Lithography, Third Edition [M]. 2010, SPIE press, Bellingham, Washington.

[35] Ohara i-line Glasses, Ohara Corporation, Kanagawa, Japan（June, 1993）.

[36] Schott Catalog of Optical Glass No. 10000 on Floppy Disk, SCHOTT Glass Technologies, Duryea, Pennsylvania（1992）.

[37] HPFSR 8650 fused silica for ArF applications, Corning Inc., Canton, New York（2006）.

[38] T. Matsuyama, Y. Shibazaki, Y. Ohmura, and T. Suzuki. High NA and low residual aberration projection lens for DUV scanner. Optical Microlithography XV, Anthony Yen, Editor, Proc. Proc. SPIE 4691, 687-695（2002）.

[39] R. 1. Mercado, T. Matsuyama. Microlithographic Lenses [C]. 1998 Proceedings of SPIE Vol. 3482: 664-672.

[40] Ohara I-line Gasses. Ohara Corporation, July 1993.

[41] Optical Glasses for Microlithography Applications. Schott Glass Technologies, 1997.

[42] K. Matsumoto and T. Mori. Lithography optics: its present and future. International Optical Design Conference, 1998.

[43] K. Mann，A. Bayer，U. Leinhos，T. Miege.Anovel photo-thermal setup for determination of absorptance losses

and wavefront deformations in DUV optics[C]. 2008, Proceedings of SPIE Vol. 6924, 69242P.

[44] Julie L. Ladison, Joseph F. Ellison Douglas C. Allan, et al. Achieving Low Wavefront Specifications for DUV Lithography; Impact of Residual Stress in HPFS® Fused Silica[C].2001, Proceedings of &PIE Vol. 4346: 1416-1423.

[45] J Martin Algots, Richard Sandstroma, William. Partloa, et al. Verification of compaction and rarefaction models for fused silica with 40 billion pulses of 193nm excimer laser exposure and their effects on projection lens imaging performance [C]. 2004, Proceedings of SPIE Vol. 5377: 1815-1827.

[46] N. F. Borrelli, et al. Densification of fused silica under 193 nm excitation [J]. Opt. Soc. Am. B 14, 1606-1615, 1997.

[47] R. Sandstrom, Proc of 2nd Symposium on 193nm Lithography, Colorodo Springs, CO, 1997.

[48] D C Allan, C Smith, N F Borelli. Measurement and Analysis of compaction in fused silica. Smposium of Laser-Induced Damage in Optical Materials, Boulder, Colorado, 1998, pp. 16-27.

[49] A Engel, E Mörsen, A Jordanov, et al. Present and future industrial metrology needs for Qualification of High quality Optica! Micro Lithography Materials [C]. 2001 Proceedings of SPIE Vol. 4449: 1-6.

[50] A. Duparré, G. Notni. Multi-type surface and thin film characterization using light scattering, scanning force microscopy and white light interferometry. In: Al-Jumaily, G.A.: Optical metrology. SPIE Critical Revue Series. Vol. CR 72, Bellingham/Wash. SPIE 1999, pp. 213-231.

[51] A. Duparré, S. Gliech, J. Steinert. Light scattering of UV-optical components, Proceedings of 5th International workshop on Laser and Optics characterization, LBOC 5, 20-25 March 2000.

[52] D G Flagello, et al. Challenges with hyper-NA (NA>1.0) polarized light for sub l/4 resolution. Proc. SPIE Vol. 5754, 2005.

[53] H. Nishinaga, et al. Development of a polarized-light illumination and its impact. SPIE Vol. 5754, 2005.

[54] B. J. Lin. The Exposure-Defocus Forest. Jpn. J. Appl. Phys., 33 (1994): 6756-6764.

[55] M. Totzeck, et al. How to describe polarization influence on imaging. Proc. SPIE Vol. 5754 (2005).

[56] G. McIntyre, et al. Polarization Aberrations: A Comparison of Various Representations. 2nd International Symposium on Immersion Lithography, 2005.

[57] Tomoyuki Matsyyam, Yasuhiro Ohmura, Yohei Fujishima, et al. Catadioptric projection lens for 1.3 NA xcanner[C]. 2007, Proc. of SPIE Vol. 6520: 652021.

[58] Glatzel. New lenses for microlithography[C]. 1980, Proceedings of SPIE Vol. 237: 310-320.

[59] Tomoyuki Matsuyama, Junichi Misawa, Yuichi Shibazaki. New Projection Lens System for KrF Exposure Scanning Tool [C]. 2001, Proceedings of SPIE Vol. 4346: 558-565.

[60] Yasuhiro Ohmura, Masahiro Nakagawa, Tom Matsuyama et al. Catadioptric lens development for DUV and VUV projection optics[C]. 2-3, Proceedings of SPIE Vol. 5040: 781-788.

[61] K Yamaguchi, et al.. Japan Patent 2000, 56218.

[62] J. Bruning. Optical Lithography … 40 years and holding[C]. 2007, Proceedings of SPIE Vol. 6520: 652004-1.

[63] Tomoyuki Matsuyama, Yasuhiro Ohmura, David M. Williamson. The Lithographic Lens: its historyand evolution[C]. 2006 Proceedings of SPIE Vol. 6154: 615403.

[64] R. Mercado and T. Matsuyama. Microlithographic lens. SPIE Proc. IODC Vol. 3482, 1998.

[65] J den Dekker, A. van den Bos. Resolution: a survey[J]. 1997, J. Opt. Soc. Am., A. Vol, 14:547-557.

[66] Franklin M. Schellenberg. The Next Generation of RET[C]. 2005, Proceedings of SPIE Vol. 5645:1-13.

[67] Burn J. Lin. Where is the Lost Resolution?[C]. 1986, Proceedings of SPIE Vol. 633: 44-50.

[68] Tomoyuki Matsuyama, Issey Tanaka, Toshihiko Ozawa, et al. Improving lens performance through the most recent lens manufacturing process [C]. 2003, Proceedings of SPIE Vol. 5040: 801-810.

[69] David Aronstein, Optical Metrology for 193nm Immersion Objective Characterization [C]. 2004, Proceedings of SPIE Vol. 5377: 836-845.
[70] Donis G. Flagello, Jan Mulkens, Christian Wagner, et al. Optical lithography into the millennium: Sensitivity to Aberrations, Vibration and Polarization [C]. 2003，Proceedings of SPIE Vol. 00: 172-183.
[71] Christopher Progler, Donald Wheeler. Optical lens specifications from the user's perspective [C]. 1998 Proceedings of SPIE Vol. 3334: 256-268.
[72] Virendra Mahajan. Zernike polynomials and aberration balancing[C]. 2003 Proceedings of SPIE Vol. 5137:1-17.
[73] Paul Grallpner, Reiner Garreis, Aksel Gohnermeier. Impact of wavefront errors on low kl processes at extreme high NA[C]. 2003, Proceedings of SPIE Vol. 5040: 119-130.
[74] T. A. Brunner. Impact of lens aberration on optical lithography [J]. 1997, J. Res. Dav. Vol. 41: 57-67.
[75] Tsuneo Kanda, Takashi Kato. New generation projection optics for microlithography [C]. 2001, Proceedings of SPIB Vol. 4346: 595-605.
[76] Jos de Klerk, Christian Wagner, Richard Drostel, et al. Performance of a 1.35NA ArF immersion lithography system for 40nm applications [C]. 2007, Proceedings of SPIE Vol. 6520: 65201Y.
[77] C J Progler and A K Wong, Zernike coefficients, are they really enough ? in Optical Microlithography XIII, Ed. C.J. Progler, Proc. SPIE 4000, 40-52（2000）.
[78] Tomoyuki Matsuyama, Tomoko Ujike. Aberration functions for microlithographic lenss[C]. 2006, Proceedings of SPIE Vol. 6342: 63422D.
[79] Koichi Matsumoto, Tom Matsuyama, Shigeru Hirukawa. Analysis of Imaging Performance Degradation [C]. 2003. Proceedings of SPIE Vol. 5040: 131-138.
[80] W.J. Smith, Modern Optical Engineering, 2nd ed., pp. 489-494（McGraw-Hill, New York, New York 1990）.
[81] Katsurni Sugusaki, Tetsuya Oshjnoa, Katsuhiko Murakami, et al. Assembly and alignment of three aspherical mirror optics for extreme ultraviolet projection lithography[C]. 2000, Proceedings of SPIE Vol. 3997: 751-758.
[82] C Gwyn, et at. Extreme Ultraviolet Lithography a white paper, EUV LLC, California, 1999.
[83] C Montcalm, B T Sullivanit, H Pépin, J A Dobrowolski, and M Sutton. Extrame Utraviolet Mo/Si multiplayer mirrors deposited by radio-frequency-magnetron sputtering. Appl. Opl., 33, pp. 2057-2068, 1994.
[84] K M. Skulina, C S Alford, R M Bion1a, D M Makowiecki. E M Gullikson, R Soufli, J B Kortright, and J H Underrwood. Molybdenum/beryllium multilayermirrors for normal incidence in the extreme ultrovelet. Appl. Opt., 34, pp. 3727-3730, 1995.
[85] J M Rodger and T E Jewell. Design of reflective relay for soft x-ray lithography. In International Lens Design, Conference, Proc. SPIE, 1354, pp. 330-336, 1990.
[86] T E Jewell, K. P. Thompson, and J. M. Rodgers. Reflective system design study for soft x-ray projection lithography in Current Developments, in Optical Design and Optical Engineering, Proc. SPIE, 1527, pp. 163-173, 1991.
[87] M Bom and E. Wolf. 9.3 tolerance conditions for primary aberrations. In *Principle in Optics*, 4th ed., Pergamon, Oxford, 1970.
[88] H N Chapman and D W Sweeny. A Rigorous Method for Compensation. Selection and Alignment of Microlithographic Optical System, In Emerging Lithographic Technologies. Proc. SPIE，3331, pp. 102-113, 1998.
[89] S Iric, T Watanabe, H Kinoshita, K Sugisaki, T Oshino, and K Murakami. Development for the alignment procedure of Three-aspherical-mirror optics. 9th lCPE Precision Science and Technology for Perfect Surfaces. pp. 67-72, 1999.

[90] H Kinoshita, T Watanabe, and M Niibe, M Ito, H Oizumi, H Yamanashi, K Murakami. T Oshino, Y Platonov, and N Grupid. Three-Aspherical Mirror System for EUV Lithography, in Emerging Lithographic Technology II. Proc. SPIE, 3331, pp. 20-31, 1998.

[91] K Murakami, T Oshino, H Kinoshita, T Watanabe, M Niibe, M Ito, H Oizumi, and H Yarnanashi. Ring-Field Extreme Ultraviolet Exposure System Using Aspherical Mirrors. Jpn. J. Appl. Phys., 37, pp. 6750-6755, 1998.

[92] J H Bruning, D R Herriott, J E Gallagher, D P Rosenfeld, A D White, and D J Brangaccio. Digital wavefront measuring interferometer for testing optical surface and lenses. APPLIED OPTICS, Vol. 13, No.11 (Nov. 1974): 2693-2903.

[93] Brad Kimbrough, Eric Frey, James Millerd. Instantaneous phase-shift Fizeau interferometer utilizing a synchronous frequency shift mechanism. Proc. of SPIE Vol. 7063, 706307-11 (2008).

[94] Chao ZHANG, Sakuo MATSUI and Satoshi HASHIMOTO.ALIGNMENT FOR NEW SUBARU RING http://www. slac.stanford.edu/econf/C9910183/papers/004.PDF.

[95] Yuichi Utsumi, Takefumi Kishimoto, Harutaka Mekaru, and Tadashi Hattori. The Large-area Deep X-ray Lithography System using Synchrotron Radiation. http://www.icee-con.org/papers/2004/ 487.pdf.

[96] Kinoshita Hiroo, Watanabe Takeo, Li Yanqiu, Miyafuji Atsushi, Oshino Tetsuya, Sugisaki Katsumi, Murakami Katsuhiko, Irie, Shigeo; Shirayone, Shigeru; Okazaki, Shinji. Recent advances of three-aspherical-mirror system for EUVL. Proc. SPIE Vol. 3997, p. 70-75, Emerging Lithographic Technologies IV, Elizabeth A. Dobisz; Ed.

[97] Toshiharu Nakashima, Yasuhiro Ohmura, Taro Ogata, Yusaku Uehara, Hisashi Nishinaga, Tomoyuki Matsuyama. Thermal aberration control in projection lens. Proc. of SPIE (2008) Vol. 6924 69241V-1-9.

[98] Tomoyuki Matsuyamaa, Yasuhiro Ohmuraa, Toshiharu Nakashimaa, Yusaku Ueharaa, Taro Ogataa, Hisashi Nishinagaa, Hironori Ikezawaa, Tsuyoshi Tokia, Slava Rokitskibm James Bonafedec. An Intelligent Imaging System for ArF Scanner. Proc. of SPIE Vol. 6924 69241S-1-9.

[99] Jacek K Tyminski, Tsuneyuki Hagiwara, Naoto Kondo, Hiroshi Irihama. Aerial Image Sensor: In-Situ Scanner Aberration Monitor. 2006 Proc. of SPIE Vol. 6152 61523D-11-10.

[100] See J. C. Wyant. Basic Warfront Aberration Theory For Optical Metrology. Applied Optica And Optical Engineering. Ed. R.R. Shannon, J. C. Wyant, Academic Press, 1992.

[101] J P Kirk. Aberration measurements using in-situ two beam interferometry. Optical Microthography XIV, SPIE Vol. 4346, pp. 8-14.

[102] T Hagiwara, N Kondo, H Irihama, K Suzuki, N Magome. Development of aerial imagebased aberration measurement technique. Optical Micrlithography XVIII, SPIE vol 5754, pp. 1659-1669.

[103] Y Uehara, et al. Thermal aberration control for low-k1 lithography. Proc. SPIE Vol. 6520, 65202V- (2007).

[104] Hirotaka Kohno, Yuichi Shibazaki, Jun Ishikawa, et al. Latest performance of immersion scanner S620D with the Streamlign platform for the double patterning generation[C]. 2010, Proc. of SPIE Vol. 7640: 764010.

[105] Kazuo Masaki, Yuichi Shibazaki, Jun Ishikawa and Hirotaka Kohno. Latest Performance of Immersion Scanner S620 D. 2010 International Symposium on Immersion Lithography Extensions Nikon/Kazuo Masaki, Oct.22 2010.

[106] Yasuhiro Ohmuraa, Hiroyuki Nagasakaa, Tomoyuki Matsuyamaa, Toshiharu Nakashimaa, Studies of High Index Immersion Lithography. Proc. of SPIE Vol. 6924 (2008): 692413-1-8.

[107] Burn J Lin. Marching of the microlithography horses: Electron, ion and photon: Past, present, and future[C]. 2007, Proceedings of SPIE Vol. 6520: 652002.

[108] David M Williamson. Microlithographic Lenses. Practical Optics, COS. Nikon research corporation in American, Nov 8, 2006.

[109] Weicheng Shiu, William Ma, Hong Wen Lee, Jan Shiun Wu, Yi Min Tseng, Kevin Tsai, Chun Te Liao, Aaron Wang, Alan Yau, Yi Ren Lin, Yu Lung Chen, Troy Wang, Wen Bin Wu, and Chiang Lin Shih. Spacer Double Patterning Technique for Sub-40nm DRAM Manufacturing Process Development. Lithography Asia 2008, Proc. of SPIE Vol. 7140 71403Y-1-8.

[110] W Taberelli, E W L Sback. Photolithographic method for the manufacture of integrated circuits[P]. U. S. Patent, No.4346164.

[111] Bob Streefkerk, Jan Baselmans, Wendy Gehoel-Van Ansem et al.. Extending opfical lithography with immersion[C]. Proc. SPIE, 2004, 5377: 285-305.

[112] Soichi Owa, Hiroyuld Nagasak, A Yuuld Ishii et al. Full-field exposure tools for immersion lithography[C]. Proc, SPIE, 2005.

[113] Hitoshi Nakano, Hideo Hata, Kazuhiro Takahashi et al. Development of ArF immersion exposure tool[C]. Proc. SPIE, 2005.

[114] Soichi Owa, Hiroyuki Nagasaka. Advantage and feasibility of immersion lithography[J]. Z Microlith., Microfab., Microsyst., 2004, 3(1): 97-103.

[115] M Switkes, R R Kunz, R F Sinta, et al. Immersion liquids for lithography in the deep ultraviolet[C]. Proc. SPIE, 2003. 5040: 690-699.

[116] Soichi Owa, mmyuld Nagasaka, Yuuki Ishii, et al. Feasibility of immersion lithography[C]. Proc. SPIE, 2004. 5377: 264-272.

[117] Tomoyuki Matsuyama, Toshiro Ishiyama, Yasuhiro Ohmura. Nikon projection lens update[C]. PROC. SPIE, 2004, 5377: 730-741.

[118] Soichi Owa, Hiroyuld Sagasaka, Katsusbi Nakano, et al. Current status and future prospect of immersion of immersion lithography[C]. PROC. SPIE, 2006, 6154（615408）.

[119] Heiko Feldmann, Aurelian Dodoc, Alexander Epple et al. Catadioptric projection lenses for immersion lithography[C]. Proc. SPIE, 2005, 5962: 59620Y.

[120] Bernhard Kneer, Paul Graupner, Reiner Garreis et al. Catadioptric lens design: the breakthrough to hyper-NA optics[C]. SPIE, 2006, 6154: 615420.

[121] 阴亚芳，方强，刘毓. 偏振度测试方法的研究. 光通信研究，2005 年第 4 期（总第 130 期）: 68-70.

[122] Tokuyuki Honda, Yasuhiro Kishikawa, Toshinobu Tokita et al. ArF immersion lithography：critical optical issues[C]. Proc. SPIE, 2004, 5377: 319-328.

[123] S. Peng, et al. Second generation fluids for 193nm immersion lithography. SPIE Vol. 5754 （2005）.

[124] T. Miyamatsum, et al. Material design for immersion lithography with high refractive index fluid （HIF）. SPIE Vol. 5753,（2005）.

[125] T. Nawata, et al. High index fluoride materials for 193nm immersion lithography. SPIE Vol. 6154,（2006）.

[126] J. H. Burnett et al. Intrinsic birefringence in 157nm materials. International SEMATECH 2nd International Symposium on 157nm Lithography,（2001）.

[127] Takayuki UCHIYAMA. Current status and prospects of lithography for logic device mass production. Lithography Workshop 2007.

[128] Puerto Rico, Bernhard Kneer, Reiner Garreis, Ralph Kläsges, Theo Modderman, Hans Jasper, Christian Wagner, Jan Mulkens, Steve Hansen. Ultra-High NA Exposure Tools for the 50 nm node and beyond. 2nd International Symposium on Immersion Lithography Bruges 12-15 Sept. 2005.

[129] Soichi Owa and Hiroyuki Nagasaka. Immersion lithography: its history, current status, and future prospects. Proc. of SPIE Vol. 7140 714015-1-12.

[130] W. Staud. Two-Way Communication. SPIE's OE magazine, March 2005.

[131] R. Steinkopf, Gebhardt, S. Scheiding, et al. Metal Mirrors with Excellent Figure and Roughness [C]. 2008, Proceedings of SPIE Vol. 7102: 71020C.

[132] Michael F Küchel. Interferometric measurement of rotationally symmetric aspheric surfaces[C]. 2006, Proceedings of SPIE Vol. 7389: 738916.

[133] Watanabe Y, OTA K, Franken H, et al. Joint requirements[C].SEMATECH EUV Source Workshop. Fabruary 22 2004, San Jose, CA, USA, 2004; OTA K, Watanabe Y, Franken H, and V Banine. Joint requirements, 3rd International EUVL Symposium, Miyazaky, Japen（November 2004）. Proc. Available at www.sematech.org.

[134] Bakshi V. EUV source workshop summary and EUV source technology status [C]. SEMATECH EUV Source Workshop. San Jose, CA, USA, 2005.

[135] Stamm U, Kleinschmidt J, Gabel K, et al. EUV source development at XTREME technologies an update [C]. Sematech EUV Source Workshop. San Jose, CA, USA, 2005.

[136] ELLWI S. Performance of kilowatt class laser modules inscaling up laser produced plasma （LPP） EUV source [C]. Sematech EUV Source Workshop. San Jose, CA, USA, 2005.

[137] Richardson M, Takenoshita K, KOAY C S, et al. The UCF tin doped droplet source [C] Sematech EUV Source Workshop. San Jose, CA, USA, 2005.

[138] Stamm U. Extreme ultraviolet light sources for use in semiconductor lithography state of the art and future development [J]. J Phys D, Appl Phys, 2004, 37(23): 3244-3253.

[139] Furukawa H, Murakami Mm Kang Y G, et al. Estimations on generation of high energy particle from LPP EUV light sources [C]. 3rd International EUVL Symposium. Miyazake, Japan,2004.

[140] 尼启良, 齐立红, 陈波. 使用气体靶激光等离子体光源的软 X 射线反射率计[J]. 光学精密工程, Vol.12, No.6 （2004.12）: 576-580.

[141] 齐立红, 李忠芳, 尼启良, 等. 水靶激光等离子体光源11~20nm 波段光谱实验[J]. 光学精密工程, Vol.13, No.3（2005.6）: 272-275.

[142] Hitz D, Delaunay M, Quesnel E, et al. All permanent magnet ECR plasma for EUV light [C]. 3rd International EUVL Symposium. Miyazake, Japan, 2004.

[143] Hahto S K, Bakshi V, Bruch R, et al. Permanent magnet ECR source for generation of EUV light [C]. SEMATECH EUV Source Workshop. Santa Clara, CA, USA, 2004.

[144] Merabet H, Kondagari S, Bruch R, et al. EUV emission from xenon in the 10 ~ 80 nm wavelength range using a compact ECR ion source [J]. Nucl Instr and Meth in Phys Res B, 2005, 241(1): 23-29.

[145] Grubling P, Hollandt J, Ulm G. Performance of the new mono-mode 10 GHz ECR radiation source ELISA [J]. Nucl Instr and Meth in Phys Res A, 1999, 437(1): 152-162.

[146] 王丽萍, 金春水, 张立超. 极紫外投影光刻两镜微缩投影系统的光学设计[J]. 光电工程 Vol. 34, No. 12 （Dec，2007）: 113-117.

[147] Soufli R, Spiller E, Schmidt MA, et al. Multilayer optics for an extreme ultraviolet lithography tool with 70 nm resolution[J]. SPIE, 2001, 4343: 51-59.

[148] Chenl Michael Descour R, et al. Multilayer-coating-induced aberrations in extreme- ultraviolet lithography optics [J]. Appl. Opt., 2001, 40(1): 129-135.

[149] Born M, Wolf E. Principles of Optics, 7th Edition[M]. Cambridge: Cambridge University Press, 1999.

[150] Miura T, Murakami K, Kawainikon H,et al. EUVL development progress update [J]. SPIE, 2010, 7636: 76361G/1-76361G/16.

[151] Miura Takaharu, Murakami Katsuhiko, Suzuki Kazuaki.. Nikon EUVL development progress summary[J]. SPIE, 2006, 6151: 1-10.

[152] Oizumi H, Tanaka Y.. Lithographic Performance of High-Numerical-Aperture （NA＝0.3）EUV Small-Field

Exposure Tool （HINA）[J]. SPIE, 2005, 5751: 102-105.

[153] Goldsmitha John E M, Barra Pamela K, Bergera Kurt W. Recent advances in the Sandia EUV 10x microstepper[J]. SPIE, 1998, 3331: 11-19.

[154] 李呈德, 万盈, 陈涛, 等. 准分子激光微加工用 Schwarzchild 物镜设计[J]. 应用激光. Vol. 21, No.1 （Feb. 2001）: 13-15.

[155] P Erdos. Mirror Anastigmat with Two Concentric Spherical Surfaces J. Opt. Soc. Am. Vol. 49, No. 9 （Sept.1959）: 877-886.

[156] Korsch Dietrich. Reflective optics[M]. San Diego: USA Academic Press, 1991.

[157] Jewell Tanya E. Reflective system design study for soft x-ray projection lithography[J] J. Vac. Sci. Technol, 1990, B8(6): 1519-1523.

[158] 金春水, 王占山, 曹健林. 软 X 射线投影光刻原理装置的设计[J]. 光学精密工程 Vol. 8, No. 1 （Feb., 2000）: 66-70.

[159] Kurihara Kenji. Two-miror telecentric optics for soft x-ray reduction lithography[J]. J. Vac. Sci. Technol., 1991, B9(6): 3198-3192.

[160] Jewell Tanya E. Two Aspheric mirror system design for SXP L[J]. OSA Proceedings on Soft X-Ray Projection Lithography, 1993, 18: 71-74.

[161] Booth M, Brioso O, Brunton A. High-resolution EUV imaging tools for resist exposure and aerial image monitoring[J]. SPIE, 2005, 5751: 178-189.

[162] Robert Jeanette M, Bacuita Terence, Bristol Robert L. One small step: World's first integrated EUVL process line[J]. SPIE, 2005, 5751: 64-77.

[163] Naulleau Patrick, Goldberg Kenneth A. EUV microexposures at the ALS using the 0.3-NA MET projection optics[J]. SPIE, 2005, 5751: 56-63.

[164] D. W. Sweeney et al. EUV Optical design for 100nm CD imagings system. 1998, SPIE Proc., Vol. 3331: 2-10.

[165] Tichenor D A, Ray-Chaudhuri A K, Replogl W C, et al. System integration and performance of the EUV engineering test stand[J]. SPIE, 2001, 4343: 19-37.

[166] Hudyma R M. High numerical aperture projection system for extreme ultraviolet projection lithography: US, 6072852[P]. 2000-06-06.

[167] Chapman H N, Hudyma R M, Shafer D R, et al. Reflective optical imaging system with balanced distortion: US, 5973826[P]. 1999-10-26.

[168] Hudyma R M. High numerical aperture ring field projection system for extreme ultraviolet projection lithography: US, 6033079[P]. 2000-03-07.

[169] Lowisch M, KUERZ P, MANN H-J, et al. Optics for EUV production[J]. SPIE, 2010, 7636: 763603/1-763603/11.

[170] Mann, H U R, W Ulrich. Reflective high NA projection lenses [C]. SPIE, 2005, 5962: 332-339.

[171] T Peschel, H Banse, C Damm. Mounting an EUV schwarzschild microscope lens [C]. SPIE, 2005, 5962: 430-437.

[172] H Meiling, N Buzing, K Cummings. EUVL system: moving towards production [C]. SPIE, 2009, 7271: 727102.

[173] Udo Dinger. Microlithography project ion objective and projection exposure apparatus [P]. U. S. Patent US20060198029. 2006 9.

[174] Josephus J M Braat. Mirror projection system for a scanning lithographic project ion apparatus, and lithographic apparatus comprising such a system [P]. U. S. Patent US, 619999. 2001-03-13.

[175] 刘菲, 李艳秋. 大数值孔径产业化极紫外投影光刻物镜设计[J]. 光学学报. Vol. 31, No. 2 （February,

2011）：0222003 1-7.

[176] Komatsuda H. Novel illumination systemfor EUVL [J]. SPIE, 2000, 3997: 765-776.

[177] ANTONI M, SINGERA W, SCHULTZ J, et al. Illumination optics design for EUV- lithography[J]. SPIE, 2000, 4146: 25-3.

[178] MURAKAMI K, OSHINO T, KONDO H. Development of optics for EUV lithography tools [J]. SPIE, 2007, 6517: 65170J/1-65170J/8.

[179] OSHINO T, SHIRAISHI M, KANDAKA N, et al. Development of illumination optics and projection optics for high-NA EUV exposure tool（HiNA） [J]. SPIE, 2003, 5037: 75-81.

[180] SMITH D G. Modeling EUVL illumination systems [J]. SPIE, 2008, 7103: 71030B/1-71030B/8.

[181] Florian Bociort and Maarten van Turnhout. Saddle points reveal essential properties of the merit-function landscape 2\Saddle points reveal essential properties of the merit-function landscape. 24 November 2008, SPIE Newsroom.

[182] F. Bociort, M. van Turnhout, Generating saddle points in the merit function landscape of optical systems, Proc. SPIE 5962, pp. 59620S1-59620S8, 2005. doi:10.1117/12.624867.

[183] O Marinescu, F Bociort, Designing lithographic objectives by constructing saddle points, Proc. SPIE 6342, pp. 63420L, 2006. doi:10.1117/12.692250.

[184] F Bociort, M van Turnhout. Looking for order in the optical design landscape, Proc. SPIE 6288, 628806, 2006. doi:10.1117/12.681541.

[185] F Bociort, M van Turnhout, and P van Grol. Saddle-point construction for the general case. Delft University of Technology. http://spie.org/documents/newsroom/videos/1352/SaddleAnimation.gif.

[186] F Bociort, M van Turnhout, O Marinescu. Practical guide to saddle-point construction in lens design. Proc. SPIE 6667, pp. 666708, 2007. doi:10.1117/12.732477.Guide to saddle-point construction. Accessed 29 October 2008. http://www.optica. tn.tudelft.nl/users/bociort/SPC_guide.zip.

[187] Oana Marinescu. Saddle-point construction in the design of lithographic objectives, part 1: method. Optical Engineering 47(9), September 2008: 093002-1-6.

[188] P van Grol, F Bociort and M van Turnhout. Finding order in the design landscape of simple optical systems. Proc. of SPIE Vol. 7428, 742808-1-11.

[189] F Bociort, E van Driel, and A Serebriakov. Networks of local minima in optical system optimization. Opt. Lett. 29(2), 189-191（2004）.

[190] E van Driel, F Bociort, and A Serebriakov. Topography of the merit function landscape in optical system design. Proc. SPIE 5249, 353-363（2004）.

[191] F Bociort, A Serebriakov, and M van Turnhout. Saddle points in the merit function landscape of systems of thin lenses in contact. Proc. SPIE 5523, 174-184（2004）.

[192] F Bociort, E van Driel, and A Serebriakov. Network structure of the set of local minima in optical system optimization. Proc. SPIE 5174, 26-34（2003）.

[193] O Marinescu and F Bociort. The network structure of the merit function space of EUV mirror systems. Appl. Opt. 46, 8385–8393（2007）.

[194] O E Marinescu. Novel design methods for high-quality lithographic objectives. PhD Thesis, Delft University of Technology, Sieca,（2006）; available at http://wwwoptica.tn.tudelft.nl/ publications/ Thesis/ Marinescu.pdf.

[195] J J M. Braat. Extreme UV lithography, a candidate for nextgeneration lithography. Proc. SPIE 4016, 2-7（2000）.

[196] J E Bjorkholm. EUV lithography—the successor to optical lithography? Intel Technol. J. Q3, 1-8（1998）.

[197] D W Sweeney. Extreme ultraviolet lithography. in Encyclopedia of Optical Engineering, pp. 485-491, Marcel

Dekker（2003）.

[198] H J Levinson and W H Arnold. Opticle lithography. in Handbook of Microlithography, Micromachining, and Microfabrication, P. Rai-Choudhury, Ed., Vol. 1, pp. 11–126, Inst. of Engineering and Technology（1997）.

[199] F Bociort, E van Driel, and A Serebriakov. Networks of local minima in optical system optimization. Opt. Lett. 29(2), 189-191（2004）.

[200] E van Driel, F Bociort, and A Serebriakov. Topography of the merit function landscape in optical system design. Proc. SPIE 5249, 353-363（2004）.

[201] T Sasaya, K Ushida, Y Suenaga, and R I Mercado. Projection optical system and projection exposure apparatus. U.S. Patent No. 5,805,344（1998）.

[202] J B Caldwell. All-fused silica 248-nm lithographic projection lens. Opt. Photonics News 9(11), 40-41（1998）.

[203] Oana Marinescu and Florian Bociort. Saddle points in the merit function landscape of lithographic objectives. SPIE Proceedings Vol. 5962（30 September 2005）.

[204] W Ulrich, R Hudyma, H J Rostalski. WO2003075096 A2, 2003.

[205] M. F. Bal, F. Bociort, and J. J. M. Braat, "Lithographic apparatus, device manufacturing method and device manufactured thereby," U.S. Patent No. 6,556,648（2003）.

[206] Optical Research Associates, CODE V, Pasadena, CA.

[207] Proefschrift. A systematic analysis of the optical merit function landscape towards improved analysis optimization methods in optical design. Technische Universiteit Delft. 14 april 2009 http://www.optica.tn.tudelft.nl/users/bociort/ networks.html.

[208] O Marinescu and F Bociort. Saddle-point construction in the design of lithographic objectives, part 2: application. Opt. Eng. 47(9), 093003（2008）.

第13章 表面等离子体纳米光子学应用

13.1 表面等离子体概述

在第 9 章中提到:"对于小于光波长的精细结构,只能在很靠近物体精细结构的倏逝场中探测到。在光波的远场没有反映物体精细结构的信息。"也就是说,倏逝场可以对物体精细结构成像。本章将讨论利用倏逝场对超衍射线条(节点)进行光刻。

13.1.1 表面等离子体相关概念

光子与金属之间的相互作用会引发出一些新的现象[1],如导体中表面等离子体激元(surface plasmon polariton,SPP)的激发,可以利用金属等导体材料来控制光的传播。SPP 是光波与可迁移的表面电荷(如金属中的自由电子)之间相互作用而产生的电磁模式,有着大于同一频率下光子在真空中或周围介质中的波数。在波传播的方向上单位长度内的波周数称为波数(常写为 k),其倒数即波长:

$$k = 1/\lambda \tag{13.1}$$

理论物理中定义

$$k = 2\pi/\lambda \tag{13.2}$$

为 2π 角度中的全波数目。从相位角度,波数可理解为相位随距离的变化率(rad/m)。

通常可迁移的表面电荷之间相互作用而产生的电磁模式,不能被激发从导体表面辐射出去。电磁场在垂直表面的上、下两个方向上,随距离的增加均按指数衰减。在平面介电质/金属界面,SPP 沿着表面传播时,由于金属中欧姆热效应,将逐渐耗尽能量,只能传播到有限距离,约为微米量级或纳米量级。只有当所设计的器件结构尺寸与 SPP 传播距离相比拟时,SPP 的特性和效应才会发挥出来[2],随着工艺技术的进步,现今已能制作特征尺寸为微米级和纳米级的电子元件和回路。

图 13.1(a)所示为沿金属/电介质界面传播的表面电子密度波。电荷密度振荡和相关的电磁场称为表面等离子体激元波。图 13.1(b)所示为电磁场强度随离开界面距离变化的曲线,为指数关系。其中 xz 为金属膜/电介质界与其垂线构成的坐标系,l 为 SPP 沿界面传播的距离,d 为 SPP 沿垂直于界面反向传播的距离。在电磁波谱的可见光范围内时,这些波可以有效地被光激发[3]。下面讲述与表面等离子激元相关的概念。

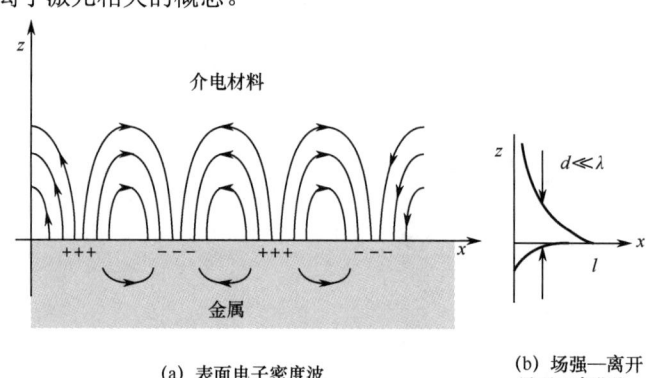

(a) 表面电子密度波

(b) 场强—离开界面距离曲线

图 13.1 金属膜/电介质界面间的等离子体振荡

1. 表面等离子体

表面等离子体（surface plasmon，SP）是存在于两种材料界面上的相干电子振荡，当考虑非理想介质损耗时，介质的介电常数 ε 为一个复数，称为复介电函数（complex permittivity），表示为

$$\varepsilon = \varepsilon_0 \left(\varepsilon' - \mathrm{i}\varepsilon'' \right) = \varepsilon_0 \left(\varepsilon_r + \frac{\sigma}{\mathrm{i}\omega\varepsilon_0} \right) \tag{13.3}$$

式中：实数部分 $\varepsilon_0\varepsilon' = \varepsilon_r$，即为介电常数；虚数部分 $\varepsilon_0\varepsilon''$ 表征了介质的损耗特性，其中

$$\varepsilon'' = \frac{\sigma}{\omega\varepsilon_0} \tag{13.4}$$

称为介质的损耗系数；σ 为介质的电导率。复介电函数实部在通过分界面改变符号（金属/介电质界面，如空气/金属板界面）。表面等离子体的存在是由 R.H.Ritchie 于 1957 年预测的[4]，其后 20 年表面等离子体被广泛研究，其中最重要的是 Heinz Raether、E. Kretschmann 和 A. Otto 等人的研究[3,4]。

2. 表面等离子体激元（SPP）

当表面等离子体（SP）[*]与光子耦合时，由光诱导电荷包在金属面上发生以光学频率为振荡频率的集体振荡(在一个多粒子系统中所有粒子合作的振荡，等离子体振荡是集体振荡的一个例子)，建立自持续传播的电磁波，就称为表面等离子体激元（SPP）。SPP 是沿着金属/介电质界面传播的波，直到通过金属的吸收或辐射到自由空间去而使能量耗尽[5]。与引起激发的入射光相比，SPP 有相同频率和较短的波长。当改变金属表面结构时，表面等离子体激元（SPP）的性质、色散关系、激发模式等都将产生变化，通过 SPP 与光场之间相互作用，能够实现对 SPP 波的主动操控。表面等离子体光子学（plasmonics）已成为一门光学学科分支。SPP 具有广阔应用前景，如制作各种 SPPs 元器件和回路，制作纳米波导、表面等离子体光子芯片、耦合器、调制器和开关，应用于亚波长光学数据存储、新型光源、突破衍射极限的超分辨成像、SPP 纳米光刻技术以及生物光学传感器和探测器。

表面等离子体激元（SPP）是红外线或可见光频率的电磁波，沿金属/介电质界面被捕获或操控。SPP 可以提供一个比入射光的波长短的有效波长，并能增加在相应空间的限制和局域场强[5]。

3. 表面等离子体（SP）与表面等离子体激元（SPP）

表面等离子体激元（SPP）是 Maxwell 方程的解，考虑了因光速有限的延迟（retardation）效应；而表面等离子体（SP）是表面等离子体激元的一个重要的亚类[12]，可以认为是当光速变为无限大时表面等离子体激元的极限情况。作为一个选择，它们等同地是从标量势场的 Laplace 方程组的解中得到的，这个标量势场是以波的形式沿着介电介质/金属平面界面传播的，在每一个介质中其振幅随着离界面距离的增加而呈指数衰减。因此它们是静电态表面波，是相关于近金属面的电子等离子体（electron plasma）的非传播的整体振动。所以 SP 是 SPP 的极限情况。表面等离子体（SP）在有的文献中也称为表面等离子体激元（SPP），是传播方向平行于金属/电介质（或金属/真空）界面的表面电磁波。由于波在金属和外部介质（如空气或水）界面上，对于该界面的任何改变，如分子在金属表面的吸附，这些振荡是非常敏感的[13]。

---

[*] Surface Plasmon 一词的中文译法有几种[6]：表面等离子体[7,8]、表面等离激元[9,10]和表面等离子体激元[11]等。本书中对 Surface Plasmon (SP)暂采用表面等离子体表示。

4. 表面等离子体共振（surface plasmon resonance，SPR）

SPR 可描述为在固体中被入射光激发引起的价电子（valence electron）的共振、集体振荡（collective oscillation）。当光的光量子频率与表面电子振荡反抗原子核的回复力的固有频率相匹配时，振荡条件就建立起来了。在纳米尺度结构中的 SPR 称为局域表面等离子体共振[13]。

SPR 是一种由入射光场和表面电子集体振荡相互作用而产生的元激发，以共振的形式存在于金属和电介质的界面上[14]。SPR 可用于测量金属材料平表面或金属纳米粒子表面的吸收。这也是未来的基于颜色的生物传感器应用和各种系统芯片（lab-on-a-chip）的基本原理[13]。描述表面等离子体的存在和性质可选择不同模型（量子理论、Drude 模型等）。简单的处理方法是把每种材料设为均匀的连续统一体，并且用界面和两边介质的频率依赖的相对介电常数来描述该介质。此处材料介电常数（dielectric constant）常用复数介电常数。为描述电子表面等离子体存在，金属介电常数的实部必须是负值，其幅度必须大于介电介质。这个条件符合在红外—可见波长区间内的空气/金属和水/金属界面。

13.1.2 表面等离子体激发方式

由于在一般情况下，表面等离子体波的波矢量大于光波的波矢量，所以不可能直接用光波激发出表面等离子体（SP）波。为了激发 SP 波，需要引入一些特殊的结构达到波矢匹配，本节介绍几种常用的结构[15]。

1. 棱镜耦合的方式

棱镜耦合的方式有两种：一种是 Kretschmann 结构，另一种是 Otto 结构。

Kretschmann 结构[16]的金属薄膜直接镀在棱镜面上，如图 13.2（a）所示，当一束光线从光密介质向光疏介质传播时，入射角大于临界角，入射光线将全部反射回光密介质中，即入射光在金属—棱镜界面处会发生全反射。但实验表明，在全反射时光波在反射面的外侧并不立即消失，而是透射进入光疏介质靠近界面附近很薄的一层表面，沿界面传播一定距离后返回光密介质。这种存在于界面附近的光波称为倏逝波，亦称衰逝波。倏逝波是一种非辐射近场波，其中包含很多近场精细结构信息，在近场光学显微镜、光纤倏逝波生物传感器、表面等离子体光学元件等方面都具有很广泛的应用前景。

表面等离子体波与倏逝波的区别：倏逝波是由全反射产生的，在垂直于界面方向按指数衰减；表面等离子体波是沿着两种介质分界面传播的一种电磁波。当倏逝波波矢的水平方向分量与表面等离子体波的波矢相等时，二者发生共振耦合，产生表面等离子体共振（SPR）。全反射的倏逝波可能实现与表面等离子体波的波矢量匹配，光的能量便能有效地传递给表面等离子体，从而激发出表面等离子体激元波。这是广泛用于产生表面等离子体的一种结构。

Otto 结构[17]如图 13.2（b）所示，这种结构在高折射率棱镜和金属之间存在间隙，间隙的宽度约为几十到几百纳米，使用起来不很方便，所以只有在科研中会用到[18]。

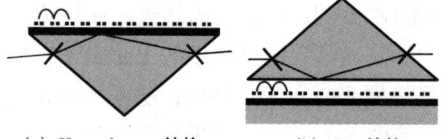

(a) Kretschmann结构　　(b) Otto结构

图 13.2　激励表面等离子体波的棱镜结构

2. 衰减全反射

衰减全反射（attenuated total reflection，ATR）定义为入射面内偏振的单色平面光波在光密介质/光疏介质的界面上全反射时，仍有一部分光会通过该界面，并进入较低折射率介质内或远或近的距离。这部分的电磁场即为倏逝场，光疏介质中所形成的倏逝场可以被耦合到金属或半导体的表面上而使表面等离子体（SP）共振激发为表面等离子体激元（SPP），全反射的光强因而发生剧烈衰减的现象。利用光学中的倏逝场与 SP 相耦合衰减全反射的方法是在 1968 年由 A.Otto 提出的。Otto 利用棱镜的全反射产生倏逝场,由于倏逝场具有沿棱镜反射面法线方向传播的指数衰减性质,被研究的表面必须与棱镜的全反射面相贴近到小于 1 μm 的空隙时才有可能使倏逝场的能量耦合到表面上,该系统被称为 Otto 装置,如图 13.2(b)所示。1971 年 E. Kretschmann 把厚度约为 500 nm 的金属薄膜直接蒸镀到棱镜的全反射面上,也获得了在金属/真空或其他介质界面上对 SP 的耦合,该系统被称为 Kretschmann 装置,如图 13.2(a)所示[17,19]。

由于 SP 的激励是沿界面传递的,入射光的波矢沿界面的分量与 SP 的波矢相匹配时才能满足共振激发的条件,此时入射光的能量通过倏逝场而耦合到 SP 并激励之,而反射率应为 100% 的全反射光强因而受到了严重的衰减。波矢匹配可以通过改变入射角或改变入射光的波长来实现。反射率随入射角或波长改变的曲线称为衰减全反射(ATR)谱,如图 13.3 所示。其中,R 为反射光的反射率,θ 为光密介质/光疏介质界面上的临界角,R_{min} 为反射光的最小反射率,θ_{min} 为反射光的最小反射率时的临界角。SP 的激发反映在 ATR 谱中为一具有洛伦兹线型的共振吸收峰,峰的位置、半宽度及峰值与承受 SP 激发的介质的介电常数及膜层或空气隙的厚度有密切的关系。由于 SP 只局限在界面的附近,所以 ATR 谱只反映出界面的特性而与介质的体内因素无关。若是界面的状态发生了变化,例如形成了过渡层、界面增加了粗糙度以及吸附了其他分子等,都会引起 ATR 谱中的共振峰的位置、宽度及峰值的改变,所以 ATR 是一种研究表面或界面光学性质很灵敏的方法。由于 ATR 在金属/真空界面、金属/电介质界面上均能实现,因此 ATR 方法已成为研究表面物理现象的一种有前途的方法。

3. 波导结构

利用波导界面处的倏逝波所激发的表面等离子体波,能使波导中的光场能量耦合到表面等离子体波中。如图 13.4 所示,波导两侧光波是倏逝波,若在波导的某个位置镀上金属,则当光波通过这个区域时就能够激发出表面等离子体激元波。

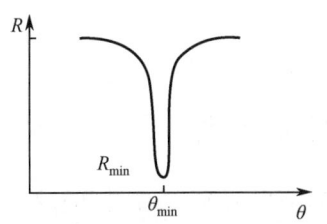

图 13.3 衰减全反射(ATR)谱示意图

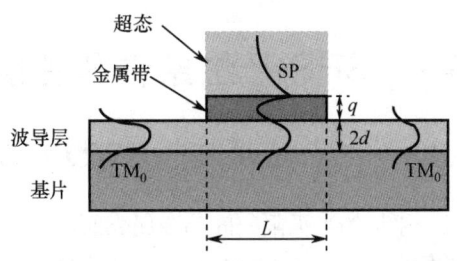

图 13.4 波导耦合表面等离子体结构示意图

在实际研究中,常采用光纤做波导[20],剥去光纤某段包层,再镀上金属,这样就实现了一种简单的波导激发表面等离子体激元波的结构。其中,光纤做波导有终端反射式和在线传输式两种,如图 13.5 所示,基于这两种激发结构可开发出光纤 SPR 传感器。

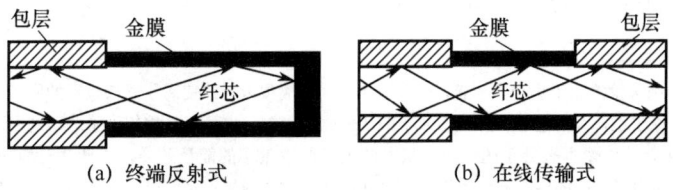

图 13.5 光纤波导耦合表面等离子体结构示意图

4. 采用衍射光栅结构

利用光栅引入一个额外的波矢量的增量,可实现波矢量的匹配[21]。常用的光栅主要是一维光栅、二维光栅以及孔阵列结构和颗粒阵列。图 13.6 所示是一维的光栅结构。在研究该结构激发表面等离子体波时,光栅结构的材料参数与几何参数等均可选定。二维光栅结构中能够引入能带*,表面波特性受到能带的影响,使得器件的参数更加可控。

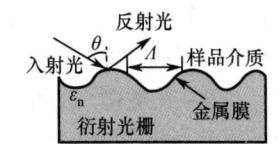

图 13.6 衍射光栅耦合表面等离子体结构示意图

5. 采用强聚焦光束

利用高数值孔径的显微物镜直接接触到介质层,在介质层与物镜之间填充匹配油层,如图 13.7 所示。高数值孔径能够提供足够大的入射角,能够实现波矢量匹配,从而激发出表面等离子体波[22]。

6. 采用近场激发

用一个尺寸小于波长的探针尖在近场范围内去照射金属表面[23,24],如图 13.8 所示,由于探针尖尺寸很小,从探针尖出来的光会包含波矢量大于表面等离子体波矢量的分量,这样就能够实现波矢量的匹配。

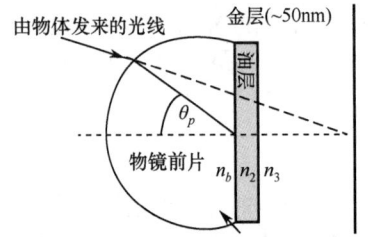

图 13.7 利用高数值孔径显微物镜场激发表面等离子体结构示意图

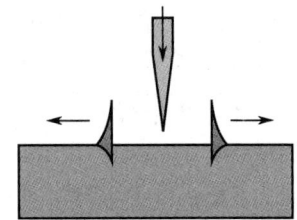

图 13.8 探针近场激发表面等离子体结构示意图

13.2 SPP 产生条件和色散关系

13.2.1 电荷密度波(CWD)与激发 SPP 的条件

考虑一平坦的半无限空间的金属表面,当一束光照射到该表面上时,金属中可迁移自由电子的电荷密度波(change density wave,CWD)是存在于低维材料中的一种电子周期调制现象,是一种具有独特导电特性的电子输运现象。材料维数小于三维的叫低维材料,如二维、一维和零维材料。其中,二维材料包括两种材料的界面,或附着在基片上的薄膜,界面深度或膜层厚度为纳米量级,半导体量子阱就属于二维材料;一维材料也称量子线,线的粗细为纳米量级;零维材料也称量子点,它由少数原子或分子堆积而成,微粒的大小为纳米量级,半导体和金属原子簇(cluster)就是典型的零维材料。

---

* 能带(enegy band):晶体中大量的原子集合在一起,而且原子之间距离很近,致使近邻的原子核较远的原子壳层发生交叠,壳层交叠使电子不再局限于某个原子上,有可能转移到相邻原子的相似壳层上去,也可能从相邻原子运动到更远的原子壳层上去,这种现象称为电子的共有化。从而使本来处于同一能量状态的电子产生微小的能量差异,与此相对应的能级扩展为能带。禁带(forbidden band):允许被电子占据的能带称为允许带,允许带之间的范围是不允许电子占据的,称之为禁带。原子壳层中的内层允许能带总是被电子先占满,然后占据能量更高的外面一层的允许带。被电子占满的允许带称为满带,每一个能级上都没有电子的能带称为空带。价带以上能量最低的允许带称为导带(conduction band)。

电荷密度波与入射电磁波产生耦合作用，导致电荷密度涨落，引发集体振荡，感生的 SPP 沿着金属表面传播。激发 SPP 的条件主要取决于 SPP 色散关系[1]。SPP 是外来电磁场激发而引起的金属中电荷密度涨落，由此产生集体振荡，辐射出电磁模式；当然它要满足电磁场的基本方程——麦克斯韦方程组。SPP 电磁模的特征是被限制于金属表面传播，在垂直表面的两个方向上，电磁场急剧地衰减。

假定介电/金属界面为 xy 面，其法向为 z 轴，入射光的磁场方向指向 y 轴（TE 波），金属表面位于 $z=0$，金属填充半无限空间 $z<0$ 区（介电常数为 ε_m），而 $z>0$ 区为真空或介电材料（介电常数为 ε_1，$\varepsilon_1=\varepsilon_d$），SPP 沿 x 方向传播，如图 13.9 所示。

根据 SPP 特性，设电磁场的形式[2,25]在真空或介电材料充满半无限空间，则在 $z>0$ 区，有

$$\begin{cases} H_1 = (0, H_y, 0) e^{i(k_{1x}+k_{1z}z)} \\ E_1 = (E_{1x}, 0, E_{1z}) e^{i(k_{1x}+k_{1z}z)} \end{cases} \quad (13.5)$$

且有 $k_{1z} = \sqrt{\varepsilon_1 k_0^2 - k_{1x}^2}$，$k_0 = \omega/c$；而在 $z<0$ 区，有

$$\begin{cases} H_2 = (0, H_y, 0) e^{i(k_{2x}x - k_{2z}z)} \\ E_2 = (E_{2x}, 0, E_{2z}) e^{i(k_{2x}x - k_{2z}z)} \end{cases} \quad (13.6)$$

且有 $k_{2z} = \sqrt{\varepsilon_2 k_0^2 - k_{2x}^2}$，$k_0 = \omega/c$。这里 k_{1z} 与 k_{2z} 前面的符号取为相反。将它们代入麦克斯韦方程，并且要求场的切向分量在界面 $z=0$ 处连续，即 $H_1(x,z=0)=H_2(x,z=0)$，由此可得 $k_{1x}=k_{2x}=k_{SPP}$，其中 k_{SPP} 即为表面等离子体激元的波矢。电场由麦克斯韦方程 $\nabla \times H = -ik_0 \varepsilon E$ 确定，在 $z=0$ 处，磁场的散度有

$$\frac{1}{\varepsilon_1} \cdot \frac{\partial H_1}{\partial z} = \frac{1}{\varepsilon_2} \cdot \frac{\partial H_2}{\partial z} \quad (13.7)$$

因此，$\dfrac{k_{1z}}{\varepsilon_1} + \dfrac{k_{2z}}{\varepsilon_2} = 0$，同时

$$k_{jz}^2 = \varepsilon_j k_0^2 - k_{SPP}^2 \quad (j=1,2)$$

由磁场切向分量连续性和上述方程可导出

$$k_{SPP} = k_0 \sqrt{\frac{\varepsilon_m \varepsilon_1}{\varepsilon_m + \varepsilon_1}} \quad (13.8)$$

在光频区，金属的 $\varepsilon_m<0$，$|\varepsilon_m| \gg 1$，有 $|\varepsilon_m + \varepsilon_1| < |\varepsilon_m|$，所以 $k_{SPP} > k_0$；在真空中，$k_{1z}^2 < 0$，k_{1z} 为虚数；在金属中，因为 $\varepsilon_m<0$，所以有 $k_{2z}^2 = \varepsilon_m k_0^2 - k_{SPP}^2 < 0$。由此可推断 SPP 在垂直表面的方向（$z$ 轴方向）上，无论是穿进真空和金属，都是以指数衰减的，而沿着表面是传播波，这正是期望得到的 SPP 电磁模式特性。ε_m 与频率 ω 有关，故式 (13.8) 给出 SPP 电磁模式的频率（$\omega=k_0 c$）与波矢 k_{SPP} 之间的依赖关系，称为色散关系。由于 $k_{SPP}>k_0$，SPP 的动量（质量和速度的乘积）与入射光子的动量不匹配，故通常 SPP 不能被激发；只有外加耦合作用，才能激发 SPP。另外，由于 SPP 电磁场的法向分量不连续，导致表面电荷密度的出现。

在真空中（$z>0$）和在金属中（$z<0$）分别有

$$E_{1z}(0^+) = -\left(\frac{k_{SPP}}{k_0 \varepsilon_1}\right) H_0 e^{ik_{SPP}x} \quad (13.9a)$$

$$E_{2z}(0^-) = -\left(\frac{k_{SPP}}{k_0 \varepsilon_m}\right) H_0 e^{ik_{SPP}x} \tag{13.9b}$$

式中，H_0 为入射波振幅。因此，表面电荷密度为

$$\begin{aligned}\rho(x) &= \frac{1}{4\pi}\left[E_{1z}(0^+) - E_{2z}(0^-)\right] \\ &= \frac{1}{4\pi}\frac{k_{SPP}}{k_0}\left(\frac{1}{\varepsilon_m} - \frac{1}{\varepsilon_1}\right) H_0 e^{ik_{SPP}x} \\ &= \frac{1}{4\pi}\frac{\varepsilon_1 - \varepsilon_m}{\sqrt{\varepsilon_1\varepsilon_m(\varepsilon_1 + \varepsilon_m)}} H_0 e^{ik_{SPP}x}\end{aligned} \tag{13.10}$$

由此可见，表面电荷密度波的确存在，并且沿着 x 方向传播。SPP 的传播导致电子密度重新分布，SPP 的传播速度是（假定 $\varepsilon_1 = 1$，$\varepsilon_m < 0$）

$$c_{SPP} = \frac{\omega}{k_{SPP}} = c\sqrt{\frac{\varepsilon_1 + \varepsilon_m}{\varepsilon_1 \varepsilon_m}} = c\sqrt{\frac{1}{\varepsilon_1} + \frac{1}{\varepsilon_m}} < c \tag{13.11a}$$

式中，c 为真空中的光速。c_{SPP} 为 SPP 的传播速度，因 $\varepsilon_m < 0$，故 $c_{SPP} < c$。因此，通常情况下，SPP 不能被外来的电磁波激发。在一个理想平坦的金属表面，当 $\varepsilon_m \to -1$ 时，则 $c_{SPP} \to 0$，因此 SPP 将停顿在金属表面，而且相应的表面电荷密度发散了，即 $\frac{1}{\sqrt{\varepsilon_m + 1}} \to \infty$。这对应于等离子体共振。SPP 不仅限于在金属表面传播，也可以出现在人造晶体表面。在金属薄膜的两个表面上，SPP 都能被激发，它们之间的耦合作用产生两种 SPP 模式，分别为对称模式和反对称模式。在对称模式下，两表面上的场同号；而在反对称模式下，两表面上的场反号。仿照同样的推导方法，可以得到 SPP 两模式的色散关系式（假定 $\varepsilon_1 = 1.0$，$\varepsilon_m = -n^2$）：

$$k_{1,2SPP} = k_{SPP}\left[1 \pm \frac{2n^2}{n^4 - 1}\right] e^{-dk_{SPP}n} \tag{13.11b}$$

式中，d 为薄膜的厚度，k_{1SPP} 和 k_{2SPP} 分别为对称模式和反对称模式的波矢。对称和反对称 SPP 电磁模的速度均小于真空中的光速 c，因而通常束缚于表面，不能被外来入射电磁波所激发，因为不满足动量守恒。一旦在薄膜表面上引进周期调制或褶皱结构，SPP 就可被激发，因为薄膜中电场被介观结构调制，当空间调制周期与 SPP 模之一的波长一致时，SPP 将被入射光（电磁波）激发。对于对称 SPP 模，薄膜中的场呈现对称分布，在中心区，场最弱，吸收小，损耗低，SPP 可传播得更远；反之，反对称模对应于反对称的场分布，表面两边的场反号，所以在薄膜中心区，场强很大，吸收大，损耗高。采用有限宽度的金属窄带制作纳米波导，就是要产生 SPP 的对称模，传送光信号到更远的距离[25]。

13.2.2　介电质/金属结构中典型的 SPP 色散曲线

SPP 色散关系是指 SPP 模式的角频率(ω)和面内波矢(k)之间的关系[26]。面内波矢(k)是沿着 SPP 传播的面内模式的波矢。在自由空间的光的波矢(k_0)由 $k_0 = 2\pi/\lambda_0$ 给出。在频率和波矢之间的色散关系为 $k_0 = \omega/c$，其中 c 是光速。在介质中，相对于自由空间求得的均匀材料的线性介电常数称为相对介电常数，也称为介电常数；有时后者只是指静态、零频的相对介电常数。折射率 $n_d = \sqrt{\varepsilon_d}$，光子的色散关系变为 $k = n_d k_0 = \sqrt{\varepsilon_d} \cdot k_0$。

1. 色散关系式

寻求在沿着介电介质—金属界面传播的 SPP 频率和面内波矢之间的色散关系有多种方法,例如在适当限制条件下用 Maxwell 方程求表面模式的解,其色散关系由式(13.11a)确定,可写为[26,2]

$$k_{\text{SPP}} = \frac{\omega}{c} \sqrt{\frac{\varepsilon_{\text{m}} \varepsilon_{\text{d}}}{\varepsilon_{\text{m}} + \varepsilon_{\text{d}}}} \tag{13.12}$$

金属和介电介质分别由相对介电常数(介电函数)ε_{m} 和 ε_{d} 表明其性质。介电介质的相对介电常数通常只有弱的色散,故在物理上多考虑由金属相对介电常数引起的色散。

2. SPP 的色散曲线

金属的相对介电常数 ε_{m},其作用可以理解为:若 SPP 沿着介电介质/金属界面传播时来考虑 ε_{m} 值,则包括了金属表面的电荷、电荷而形成的正交于界面的电场(E_z)在通过界面时必须改变符号。因为在表面正交方向的位移场(D_z)*必须守恒,D_z 和 E_z 的关系为 $D_z = \varepsilon E_z$,如果 SPP 沿着界面,则 ε_{m} 和 ε_{d} 必须异号。因为介电介质有正值(和实值)ε_{d},这意味着金属的相对介电常数 ε_{m} 必须为负实数值。这个条件实现了几种金属在可见光和近红外谱部分的 ε_{m} 有大的负实部、小的正虚部,并且在很大程度上与金属的吸收和散射损失结合。例如,在波长为 830 nm 时金的相对介电常数为 $\varepsilon_{\text{m}} \approx -29 + 2.1\text{i}$。许多材料的相对介电常数已被测量并列成了表[27],但是在此处的讨论是针对材料的简单概念性的模型,即 Drude 模型**,其中金属的相对介电常数由下式给出:

$$\varepsilon_{\text{m}} = 1 - \frac{\omega_{\text{p}}^2}{\omega^2 - \text{i}\Gamma\omega} \tag{13.13}$$

式中,ω_{p} 是等离子体振荡频率;Γ 是散射速率(scattering rate),描述电子运动遭遇散射而引起的损耗。对于银,$\omega_{\text{p}} = 1.2 \times 10^{16}$ rad/s($\equiv 7.9$ eV),$\Gamma = 1.45 \times 10^{13}$ s^{-1}($\equiv 0.06$ eV)。在计算 k_{SPP} 时,假定只有介电常数中负的实部起作用,则典型的色散曲线(用等离子体的频率,以及光在自由空间的色散的光线(亮线)的数据绘制)如图 13.10 所示。由图可见:在低频区,表面电磁模靠近真空中亮线,显露出以光属性为主导,此时可以看作一个激元;随着频率增加,表面电磁模逐渐远离光锥线,趋近一个表面等离子体共振频率 $\omega_{\text{p}}/\sqrt{2}$。

---

* 位移场:在电介质材料存在一个电场 E 导致在材料(原子的束缚原子核和其电子)中限制电荷可少量分开,导致一个局域的电偶极矩(electric dipole moment),设构成电偶极子的点电荷对的电量为 $\pm q$,它们之间的距离为 l,规定矢量 l 的方向沿着 l 由负电荷指向正电荷,把 $+q$ 与 l 的乘积叫作电偶极子的电偶极矩 p_{e},即

$$p_{\text{e}} = ql$$

电位移场 D 的定义为

$$D \equiv \varepsilon_0 E + P$$

式中:ε_0 为空间介电常数(vacuum permittivity),也称为自由空间介电常数;P 为材料中不变的和引起电偶极矩的(巨观,macroscopic)密度,称为极化密度(polarization density)。

** 从数学角度考虑,假设一个点电荷被一个频率为 ω_0 的回复力束缚,再考虑到这个电荷会受到其他散射体的碰撞会引起的阻尼(damping),其达到平衡所需的时间为平均自由时间 T_0,其可以表示这个效应,综合这几个因素,此电荷体在外场中由牛顿方程给出极化:

$$x(\omega) = \omega_{\text{p}}^2/(\omega_0^2 - \omega^2 - \text{i}\omega/T_0)$$

这个公式就是洛伦兹(Lorentz)模型,适用于很多固体包括半导体和金属。对金属中电子的最简单模型是 Fermi 自由电子气体模型,这时不出现回复力,公式简化成

$$x(\omega) = -\omega_{\text{p}}^2/(\omega^2 + \text{i}\omega/T_0),$$

这就是 Drude 模型,适用于亮金属(如 Au、Ag 等),有时 Cu 也适用。

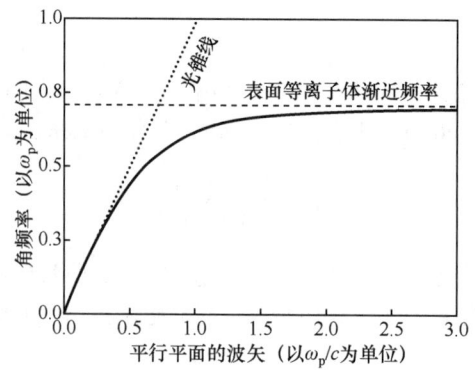

图 13.10 介电质/金属结构中典型的 SPP 色散曲线

图 13.10 所示的色散曲线表明：低频的表面模式接近于亮线，并且显示出光的行为，在此可以将其描述为一个激元；频率提高时，模式移动离开亮线，逐渐地达到一个渐近极限，即表面等离子体的共振频率。但金属和介电介质的相对介电常数的数量级相同而异号时，在色散关系式（13.12）中产生一个极性（pole）。注意：此处考虑的主要是可见光和近红外区间，SPP 一般接近于亮线[28]，意味着与 SPP 相关的波长是在这个区间内，只是比相同频率的光的波长短一些。

13.3 SPP 的特征长度

13.3.1 概述

SPP 电磁模式的色散关系与 SPP 的各种特征长度是相关的，它们是亚波长光子器件设计的基础。有四个重要特征长度[26]：SPP 的传播长度 δ_{SPP}，SPP 波长 λ_{SPP}，与 SPP 模相关的电磁场穿透进入介电媒质和金属中的深度 δ_d 和 δ_m。这四个不同长度数量级大小如图 13.11 所示。其中在对数尺度上表示了可见光和近红外光表面等离子体激元的特征长度。在单位为纳米一端是实际金属非局域（空间色散）效应的下限；在另一端，长程表面等离子体激元（long range SPP，LRSPP）的传播距离，达到厘米量级，关键尺度跨越 7 个数量级。

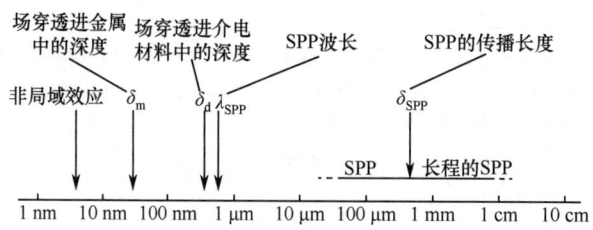

图 13.11 SPP 的特征长度

SPP 模式的表面电荷密度分布于一条曲线，其线电荷密度是单位长度的电荷密度，单位为 C/m（库/米）。电荷分布于一个平面或一个物体的表面，其面电荷密度是单位面积的电荷密度，单位为 C/m^2（库/米^2）。设电荷分布于一个三维空间的某区域或物体内部，其体电荷密度是单位体积的电荷密度，单位为 C/m^3（库/米^3）。SPP 模式的表面电荷密度和相应的场的振荡性质如图 13.12 所示。右边的截面表示电场强度的 z-分量随离开界面的距离衰退情况。三个长度尺寸表示：SPP 波长为 λ_{SPP}，在介电介质中穿透深度为 δ_d，以及在金属中的穿透深度为 δ_m（图中的+、-号只是描述电子的性质）。由图 13.12 可知，SPP 有四个特征长度：波长或者 SPP 的周期为 λ_{SPP}，SPP 在介电介质和金属中的穿透深度分别为 δ_d 和 δ_m，以及 SPP 的传播长度为 δ_{SPP}（表面等离子体激元传播时强度衰减到 1/e 之前行进的距离）。首先观察这四个长度量对 SPP 色散关系的影响[2]。

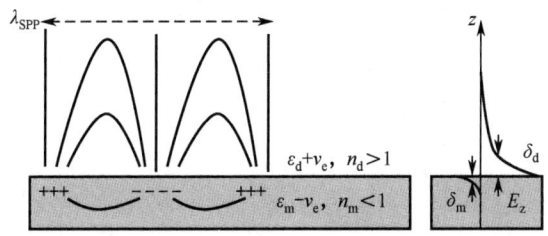

图 13.12　表面等离子体激元模式（SPP）相关联的表面电荷和电场分布示意图

从色散关系式（13.12）可以看出 ε_m 的复数性质，k_{SPP} 也是复数。可写出金属相对介电常数的复数式：

$$\varepsilon_m = \varepsilon'_m + i\varepsilon''_m \tag{13.14}$$

还能写出等离子体激元波矢的复数式：

$$k_{SPP} = k'_{SPP} + ik''_{SPP} \tag{13.15}$$

考虑两个半无限大介质由一个平面界面分开，复数波矢由金属的吸收性质引起；SPP 的传播很快被削弱，有一个有限的寿命[29]。此处 SPP 可能与辐射（自由传播的光）耦合，如在面上有光栅或在金属介质界面临近有高折射率层存在，这些辐射的损耗也贡献为 SPP 波矢的复数性质[30]。

如果忽略这些表示式的复数性质，可以看到表面等离子激元波矢（动量）的量值 k_{SPP} 比介电质约束金属的波矢 $\sqrt{\varepsilon_d} \cdot k_0$ 更大，并且表示了非辐射或 SPP 模式的约束性。$k_{SPP} > \sqrt{\varepsilon_d} \cdot k_0$ 也意味着不能用入射平面光波去耦合这些模式——需要一些类型的耦合方案用光来耦合 SPP 模式，如用棱镜耦合[30, 31]、光栅耦合[32,33]和近场耦合[34,35]等。

13.3.2　SPP 的波长 λ_{SPP}

SPP 波长和传播距离可以由复数色散关系中分别取实部和虚部求得。SPP 波矢的实部为

$$k'_{SPP} = k_0 \sqrt{\frac{\varepsilon_d \varepsilon'_m}{\varepsilon_d + \varepsilon'_m}} \tag{13.16}$$

可计算 SPP 的波长 $\lambda_{SPP} = 2\pi/k'_{SPP}$，有

$$\lambda_{SPP} = \lambda_0 \sqrt{\frac{\varepsilon_d + \varepsilon'_m}{\varepsilon_d \varepsilon'_m}} \tag{13.17a}$$

由此可见，λ_{SPP} 总是稍小于真空中光波长 λ_0。如果在金属表面上加工各种周期调制结构（如 Bragg 散射体）以实现对 SPP 的控制，则这个结构周期必须与 λ_{SPP} 为同一量级，或几倍于 λ_{SPP}。

归一化的 SPP 波长 λ_{SPP}/λ_0 可写为

$$\frac{\lambda_{SPP}}{\lambda_0} = \sqrt{\frac{\varepsilon_d + \varepsilon'_m}{\varepsilon_d \varepsilon'_m}} \tag{13.17b}$$

图 13.13 所示为在银表面上，归一化 SPP 波长（λ_{SPP}/λ_0）随自由空间中可见光和近红外波长的变化曲线。其中银的相对介电常数基于由 Drude 近似计算得到金属的相对介电常数[对银分别为

$\omega_p = 1.2 \times 10^{16}$ rad·s^{-1}($\equiv 7.9$ eV)和 $\Gamma = 1.45 \times 10^{13}$ s^{-1}($\equiv 0.06$ eV)],以及介电质的相对介电常数已经取为 1。

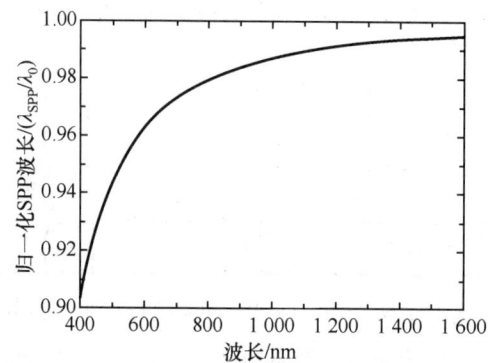

图 13.13 归一化 SPP 波长（λ_{SPP}/λ_0）随自由空间中可见光和近红外波长的变化曲线

从图 13.13 中可知，SPP 的波长 λ_{SPP} 小于自由空间的波长 λ_0。这个事实再一次反映了在金属平面上 SPP 模式受制约的性质，重要的是可能用表面结构，如类似于 Bragg 散射器来调控 SPP，则对这个结构相关的 SPP 波长的尺度将受其影响。例如，覆盖的电介质不是空气/真空，而是其他介质（例如水），则 SPP 波长按折射率比例减小。实际上，在可见光和近红外的 SPP 模式需要特征尺寸为 400~1 000 nm 量级，用电子束光刻[36]、聚焦离子束铣磨[37]和照相光刻[38]似乎可以完全达到，且在原理上用软光刻技术可能进行批试生产，如可溶性辅助的软光刻（solvent-assisted soft lithography）[39-41]。用波长量级结构可有效地操控 SPP，使 SPP 传播（衰减）长度能达到其波长的几倍。

13.3.3 SPP 的传播距离 δ_{SPP}

SPP 的传播距离 δ_{SPP} 主要决定于 SPP 波矢的虚部 k_{SPP}''，由式（13.12）、式（13.14）和式（13.15）可得

$$k_{SPP}'' = k_0 \frac{\varepsilon_m''}{2(\varepsilon_m')^2} \sqrt{\frac{\varepsilon_d \varepsilon_m'}{\varepsilon_d + \varepsilon_m'}} \tag{13.18}$$

SPP 传播距离定义为当模式的功率/强度降到初始值的 1/e 时 SPP 沿表面通过的距离，称为传输长度 δ_{SPP}，由式 $\delta_{SPP} = 1/(2k_{SPP}'')$ 给出

$$\delta_{SPP} = \frac{1}{2k_{SPP}''} = \lambda_0 \frac{(\varepsilon_m')^2}{2\pi \varepsilon_m''} \sqrt[3]{\frac{\varepsilon_m' + \varepsilon_d}{\varepsilon_m' \varepsilon_d}} \tag{13.19}$$

当金属的损耗很低时，则有 $|\varepsilon_m'| \ll |\varepsilon_d|$，$\delta_{SPP}$ 可以近似地表示为

$$\delta_{SPP} \approx \lambda_0 \frac{(\varepsilon_m')^2}{2\pi \varepsilon_m''} \tag{13.20}$$

由式（13.20）可知，对于长的传输长度需要金属的介电常数有一个大的（负值）实部 ε_m'，和一个小的虚部 ε_m''。这正是所期待的低损耗金属。

对可见光和近红外波长并基于银的 Drude 参数，用式（13.20）计算得到的传播长度如图 13.14 所示。计算这些数据时假设没有辐射阻尼，如用棱镜和光栅耦合器；也没有 SPP 转换为光的过程。由这些数据可以得出两个推论。

1. 构建 SPP 光子器件时传播长度为结构尺度的上限

考虑基于 SPP 构建光子器件时,传播长度为预期采用的结构尺度的上限,图 13.14 中的数据表示在可见光和近红外区间金属的吸收性质相当大地限制了潜在的器件尺度。

扩展 SPP 模式传播长度尺寸的一个方法,是采用对称镀金属薄膜器件的被耦合的表面等离子体激元[42],如图 13.15 所示。当这种耦合激励被约束在两种介质之间的界面上时,称之为表面激元[43]。一个表面激元是一个沿着界面传播倏逝电磁波,振幅在两种介质中的垂直传播距离按指数衰减。厚度为 d 的薄膜平行于 x-y 平面,$0 < z < d$。薄膜材料有一个复数介电函数 $\varepsilon = \varepsilon_r + i\varepsilon_i$,其周围是介电函数为 ε_d 的非吸收均匀介质(见图 13.15)。当薄膜厚度小于场的穿透深度时,在薄膜的两个界面上的表面等离子体激元能够互相耦合,该耦合形成两个表面激元新模式,分别称为长程表面激元(long-range surface polaritons,LRSP)和短程表面激元(short-range surface polaritons,SRSP)。LRSP 对薄膜有一个电场的切向分量(在图 13.15 坐标系统中的 E_x 分量),其对薄膜中间(图 13.15 中 $z = d/2$ 处)的平面是不对称的。由于 E_x 分量与吸收材料的相互作用较弱,其在薄膜中消失和 LRSP 所传播的距离,比单个界面上的表面激元传播距离要长。另一方面,SRSP 有一个切向电场分量对称于平面 $z = d/2$,并且在吸收膜中有一个最大的场振幅,导致了较短的传播距离。当器件由金属和一个介电质组合时,表面激元就被称为表面等离子体激元(SPP)。

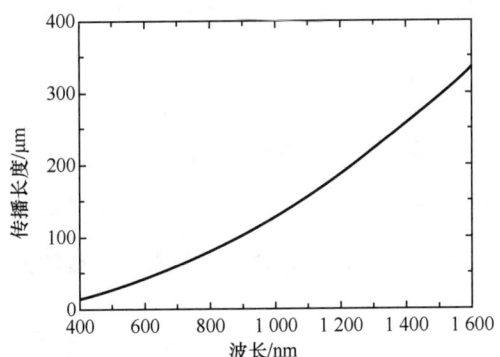

图 13.14 表面等离子激元传播长度(数据由 Drude 近似计算银的相对介电常数)

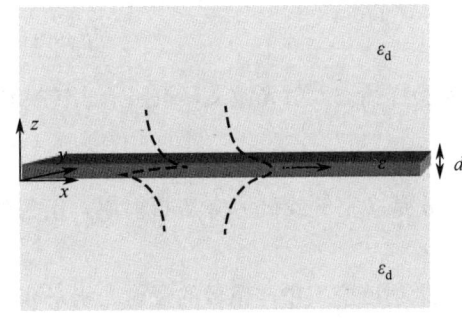

图 13.15 表示一种材料有介电常数为 ε 的薄层被一种介电常数为 ε_d 的介电质所包围,在薄层中沿 x 方向的长程表面激元(点曲线)和一个短程表面激元(是曲线)的电场分量

当金属足够薄(50 nm 量级)时,与两个金属面相关联的 SPP 模式可能相互作用,形成两个被耦合的 SPP 模式。这些模式中的一个在金属中传播,要比在在单一界面上的 SPP 模式携带少的功率,可达到减少损耗的效果,且最长的传播长度达到厘米量级。增加传播长度的代价是这些耦合模式有进一步扩展到介电质中的场,损失了亚波长的性质[44,45]。

2. 用周期表面结构操控

由上述可知,SPP 传播长度比 SPP 波长大得多,即 $\delta_{SPP} \gg \lambda_{SPP}$,可用波长尺度的光栅和其他周期的表面结构操控 SPP,这是因为这种模式可以和多种周期的结构相互作用。故这种结构能够散射 SPP 模式为自由传播的光,例如一个有辐射阻尼的光栅耦合器可形成一个减小 SPP 传播长度的附加的损耗机制。当辐射和非辐射(内在的)损耗相等时[45],可以达到优化耦合。实验数据表明,SPP 模式在光通过连续薄银膜时的作用,是存在一个透过率最大的优化银膜厚度。这可解释为:由于当金属膜厚度增加时激发 SPP,在金属中存在吸收增加和光学场增强增加之间的竞争。

13.3.4 实验

一个镀在玻璃基片的薄银膜,在银/空气界面的 SPP 在空气中是非辐射的,当金属膜足够薄时,可能在玻璃基片中产生光(此处不考虑与银/玻璃界面相关的 SPP 模式)。在实验中用光栅耦合激发银/空气界面上的 SPP,可观察由银膜厚度的变化与 SPP 衰减在玻璃中产生的光。实验光路如图 13.16 所示[46],硅棱镜支持的光栅状表面轮廓的薄银膜[47],在平面基片上形成镀银的光栅,然后光胶在棱镜上。光栅为正弦型:$y(x) = a_0\sin(2\pi x/p)$。光栅的间距为 $p = (380 \pm 1)$ nm,振幅为 $a = (6.7 \pm 0.2)$ nm。

入射光(p-偏振,He-Ne,$\lambda = 543.5$ nm)通过角 θ 扫描以耦合 SPP;设 k_0 为入射光(空气中)的波矢,k_{SPP} 是 SPP 模式的波矢,k_{Bg} 是光栅的 Bragg 矢量,整数 m 是衍射的级次。

光栅的凹槽垂直于入射平面。在银/空气界面,当入射光的角 θ 满足

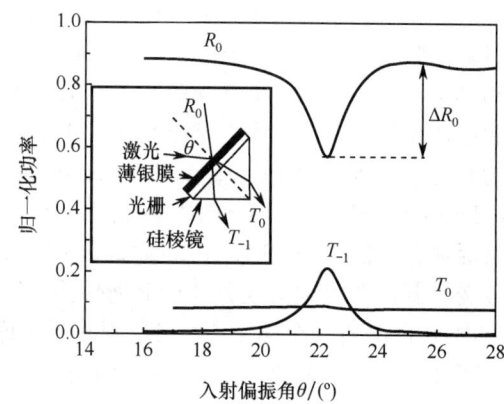

图 13.16 获取优化银膜厚度的实验装置示意图

$$k_0 \sin\theta \pm mk_{Bg} = \pm k_{SPP} \quad (13.21)$$

时,实验样品被入射光激发,按照下式转换到在空气中或在棱镜中传播的光:

$$\pm k_{SPP} \pm mk_{Bg} = \pm nk_0 \sin\alpha \quad (13.22)$$

式中:n 是(空气或硅)介质折射率,衍射级通过该介质传播;α 是衍射光束与表面法线间的夹角。

光散射回空气中与镜像的反射光相干涉,由于两个光束的相位不匹配,是相消干涉,反射光束功率损耗转换为 SPP 模式。监测镜像反射光束的强度可以决定入射光束耦合为 SPP 模式的一部分,还要测量被传播的衍射级中辐射进棱镜的功率;通过与耦合进 SPP 模式的功率进行比较,能够估计光通过银膜的传输效率。

图 13.16 还示出了零级反射光束(R_0)、零级发射光束(T_0)和第一级发射光束(T_{-1})强度的角依赖性。表示银膜的数据有一个 38 nm 的厚度和在角度 $\theta \approx 22.2°$ 内反射率 R_0 的下降,显示耦合到 SPP 模式中的功率。对于 25~85 nm 的不同厚度的银膜也给出了类似数据。

耦合到 SPP 模式的功率可以由在临界角($\theta \approx 25.3°$)被测量的反射率和已记录的反射率最小值之间的差值导出,即图 13.16 中所示的 ΔR_0。在棱镜中由 SPP 辐射功率的分数值可以由 T_{-1} 的峰值推出。零级传播光束的功率 T_0 也被测量了,以便计算通过该通道的功率损耗。基于 Chandezon 技术[48]对强度 R_0 和 T_{-1}(图 13.16 中的实线)数值与实验拟合模拟数据,银膜厚度 d 和介电函数 ε_{Ag} 用光栅的振幅和间距同时求得[49]。

图 13.17 示出了不同光束变化与银膜厚度相关的功率分数值,用 Chandezon 计算的结果与实验数据很好地吻合。有三个特征:SPP 耦合角随银膜厚度增加,零级传播束 T_0 相关的功率下降;耦合进 SPP 模式的功率 ΔR_0 随银膜厚度的增加而增加;在银膜厚度约为 50 nm 时衍射级

T_{-1} 的功率有一个峰值[50]。

零级发射的降低主要是金属吸收的结果。为了了解当银膜厚度增加时耦合到 SPP 的功率也增加，需要考虑阻尼的作用；当辐射阻尼和非辐射阻尼比率相等时，达到 SPP 的优化耦合[51,52]。当薄银膜的辐射阻尼占主导时，耦合便不是优化的，因此 ΔR_0 很小；当银膜厚度增加时非辐射阻尼将增加，且棱镜半空间中的衍射级的辐射阻尼将停止，因此 ΔR_0 增加。

光束 T_{-1} 的功率表示在银膜厚度约为 50 m 时有一个峰值。为理解这种现象，需要考虑 SPP 模式的场增强因子[53]，图 13.18 所示为入射场的场增强因子的上升与银膜厚度增加的关系。传播光束 T_{-1} 的强度正比于在银/玻璃界面上银/空气 SPP 相关的场的振幅。当膜的厚度上升时银的吸收起到减小振幅的效果，但是 SPP 模式更大的场增强因子起到场增加的效果。这两种效果竞争的结果便产生了光束 T_{-1} 的峰值。

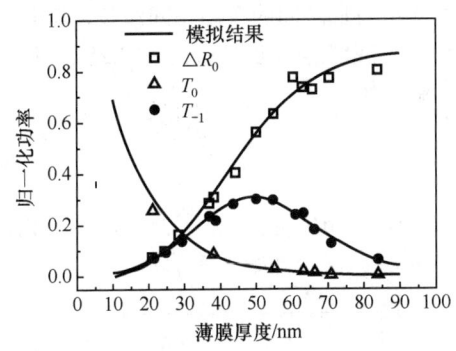

图 13.17 各个衍射级 ΔR_0、T_0 和 T_{-1} 相关功率为银膜厚度的函数（银的介电常数取为 $\varepsilon_{Ag} = -11.68+0.48i$）

图 13.18 对电场 E_y 计算作为银膜厚度的场增强因子（场的行为类似于图 13.16 中的 ΔR_0）

实验结果和数字建模可以确认有一个银膜厚度优化值存在，模式 SPP 可以通过薄银膜波导传播光。一个膜厚度优化值存在的机制即为场增强和吸收两种效果竞争的结果。

13.3.5 SPP 场的穿透深度 δ_d 和 δ_m

场能穿透界面两边的材料，即金属和介电质，达到一定深度，其深度可通过 SPP 的波矢来求得。在材料中相对介电常数为 ε_i，在自由空间中波矢为 k_0 的光的整个波矢为 $\varepsilon_i k_0^2$。令 z 方向为垂直于 SPP 传播平面的方向，则整个波矢和波矢 z 分量的关系为

$$\varepsilon_i k_0^2 = k_{SPP}^2 + k_{z,i}^2 \tag{13.23}$$

SPP 的波矢是波矢的面内分量。由式（13.23）可知，SPP 波矢永远超过在相邻介质中自由传播的光子，即 $k_{SPP}^2 > \varepsilon_i k_0^2$，故在两种介质中波矢的 z 分量是虚部，表示场在两个介质中的穿透距离按指数衰减。组合上述色散关系［式（13.12）与式（13.23）］可求得介电质和金属中的穿透深度分别为 δ_d 和 δ_m，即

$$\delta_d = \frac{1}{k_0}\left|\frac{\varepsilon_m' + \varepsilon_d}{\varepsilon_d^2}\right|^{1/2} \tag{13.24}$$

$$\delta_m = \frac{1}{k_0}\left|\frac{\varepsilon_m' + \varepsilon_d}{(\varepsilon_m')^2}\right|^{1/2} \tag{13.25}$$

此处，金属介电常数（负值）的实部为 ε'_m，虚部为 ε''_m，已设 $|\varepsilon'_m| \gg |\varepsilon''_m|$。

下面讨论这两个穿透深度。

1. SPP 在介电质中的穿透深度 δ_d

用式（13.24）可以绘出在介电质中的作为一个波长函数的穿透深度，如图 13.19 所示。对于可见光谱区间的波长在介电质中的穿透深度，小于在红外端自由空间波长的穿透深度，它比自由空间波长要大一些。引起相对于自由空间波长的增大，因为对于长的波长，金属是好一些的导体，模式的波矢接近于自由空间的波矢（则模式更像光的行为）且不会被限制在平面上。仍然先设定一个近似，在介电质中的穿透深度与自由空间波长相同。

2. SPP 在金属中的穿透深度 δ_m

现在讨论 SPP 在金属中场的穿透深度 δ_m。在图 13.20 中绘出了银的波长参数，使用上面给出的 Drude 参数。这些数据的明显特征是穿透深度依赖于这个波长区间的自由空间波长，其值取为 30 nm 上下。把金属的相对介电常数表示式（13.13）代入金属穿透深度表示式（13.25），并注意到在等离子体模式下工作，即 $\omega \gg \omega_p$，则可求得穿透深度为

$$\delta_m = \frac{\lambda_p}{2\pi} \tag{13.26}$$

式中，λ_p 是与等离子体频率相关的波长。对于 $\omega_p = 1.2 \times 10^{16}$ rad/s 可得 $\delta_m = 25$ nm[54]。注意在图 13.20 中穿透深度大于短波长的值，因为这里的假设 $\omega \ll \omega_p$ 已经开始失效了。

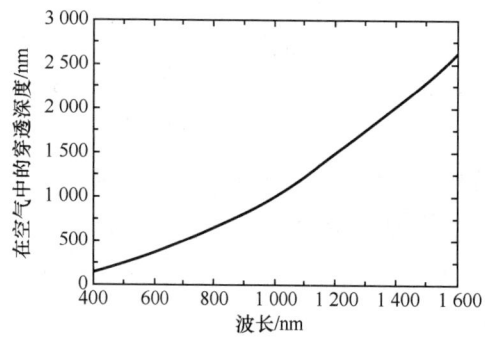

图 13.19 表示在介电质（此处为空气）中的穿透深度随可见光和近红外区的自由空间波长的变化关系

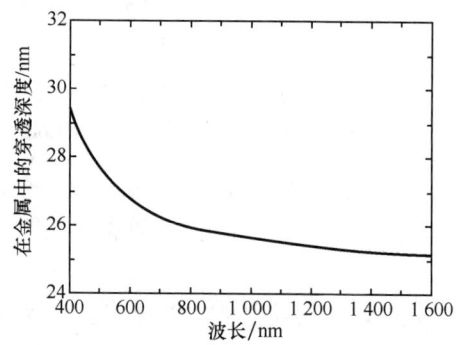

图 13.20 在金属中的穿透深度随可见光和近红外区的自由空间波长的变化关系

13.4 SPP 的透射增强

13.4.1 透射增强

在光通过金属薄膜上单孔径或者亚波长尺度的孔阵列结构的金属板时，实验上已经观察到透射增强现象[55-57]，如图 13.21 所示。在图 13.21 中，T 为透射率，f 为孔径面积内入射光强。样品是在 300 nm 厚的镍薄膜上镀一层 100 nm 厚的银膜，孔径尺寸为 $d = 440$ nm（图 13.21 中左上为出样品的聚焦离子束像；右上显示洞和褶皱的横截面）。入射光（卤素钨灯）垂直投射到有褶皱的面上，实线为拟合结果。目前对其增强的物理机制的公认说法是：由于 SPP 的激发，导致电磁场的增强，将增强光衍射。大多数的研究工作多半集中在可见光频段；而在微波波段、毫米波段以及 THz（太赫兹)波段，也观察到此类效应。在二维情形，一个亚波长尺寸的圆洞被同心周期槽状圆圈环绕时，也观察到透射增强现象。

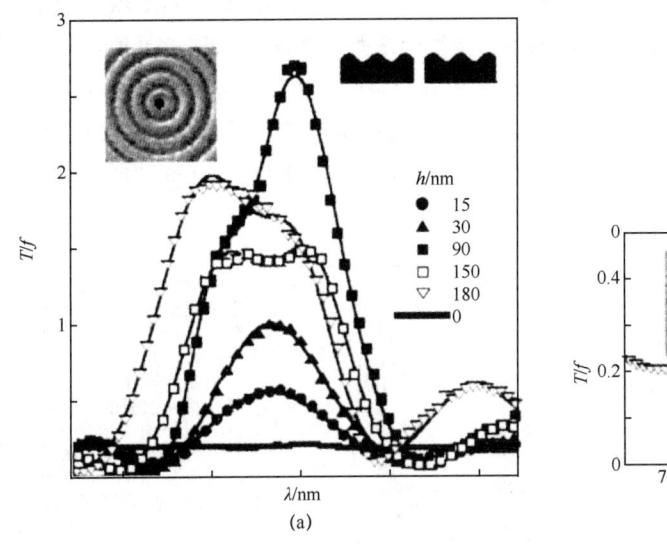
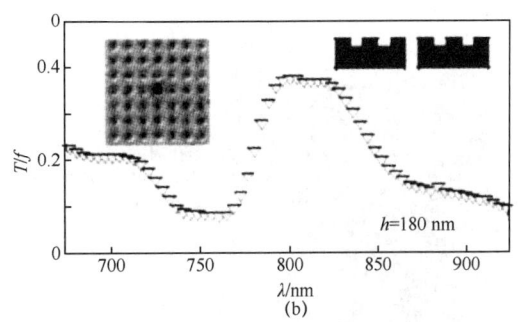

图 13.21 亚波长尺寸单孔的增强透射谱

光子学中的亚波长尺寸孔径透过的光通常在所有方向上衍射，在金属膜上围绕单孔有周期纹理的出射可以克服这个现象。由孔中透射的光是一个小角度的发散光束（近于±3°），其方向性可以控制[56]。这对考虑辐射区横向尺寸相当于光波长量级的区域显得很重要。

光通过不透明屏上的单个孔，按照衍射理论知：孔径比波长小时难以透射光，且衍射光在所有方向上均匀分布。光透射与衍射这两个性质被认为是把光限定在很小的范围内操控光的基本技术。理想情况是期待能够设计相关结构，通过更强的有明确方向的准直光。在金属表面激发表面波可以达到此目的。表面等离子体（SP）是集体电子激发的电荷密度波，它由限定在表面的电磁场来表征[58-60]。例如，SP 能够使光通过金属膜上亚波长孔阵列[61,62]，诸多分析可查阅相关资料[63-65]。

若把自由传播的光耦合到单孔周围有周期性皱纹的金属表面，将可以增强 SP 的传播[62]。鉴于光耦合到 SP 模式由几何动量选择规则（geometrical momentum selection rule）（即只对给定波长在特定角度下通过），在光通过亚波长孔时可以使光在某个角度对某个波长优先通过[66-68]。换句话说，测试用所设计的结构是由聚焦离子铣（FEI DB235 离子铣用 Ga^+ 离子和 5 nm 离子束直径）在 300 nm 厚银膜上制备的。无支撑的金属膜用于在输入和输出两个面上独立地制备图形，参见图 13.21（a）和图 13.21（b）。采用光学显微镜和光谱仪测量通过性质，用准直光并垂直入射到样品上，在不同角度上收集通过光。

13.4.2 围绕单孔的同心环槽状结构

首先分析直径为 $d = 300$ nm 的单柱形孔的谱和透过率[56]。在入射面围绕着孔制备周期性的同心槽状结构（牛眼栅，bull's eye）（槽的周期为 600 nm，槽深为 60 nm，孔的直径为 300 nm，膜厚为 300 nm），如图 13.22（a）所示。由于透过光耦合到 SP[61,69]，其由周期性皱纹决定所增强波长，在这种情况下透过光增强因子约为 10。

在金属膜出射面（另一面），围绕孔的周围制成相同周期的牛眼栅。对于垂直入射的照明光，透射出一个近于 $\lambda = 660$ nm 的强透过峰，波长稍微比槽的周期 600 nm 大一些，如图 13.22（b）所示。在出射面（用一个角度分辨率为±3°的收集孔径）记录不同角度的透射谱，可观察到一个很强的角度相关的谱，见图 13.22（b）。透射强度曲线为角度的函数，如图 13.22（d）所示，透射光是全宽半最大（FWHM）为±5°的发散光束。当考虑实验设备的有限角度分辨率时，实际光束发散度减小到±3°。图 13.22（c）示出了牛眼栅结构在其峰值透射波长的光学像，被记录为与 FIB（focused ion beam）像相同的尺度。光的发射度主要被孔周围横向尺寸不超过 1 μm 或两个结构周期所限制。

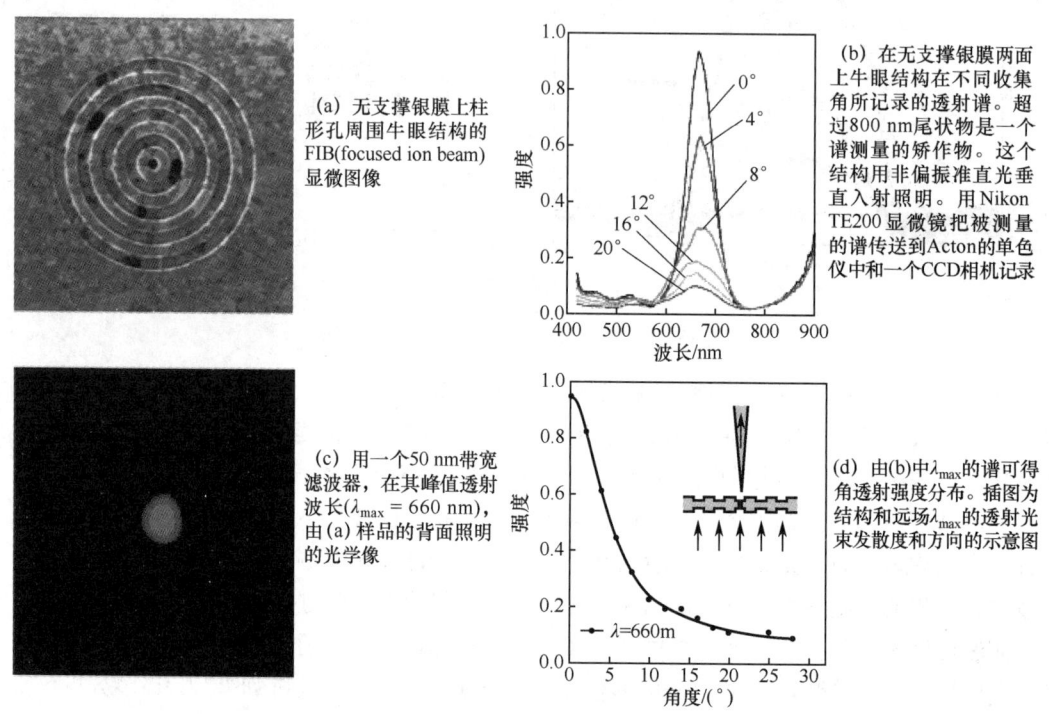

图 13.22　在无支撑银膜上柱形孔周围牛眼结构的透射谱

13.4.3　平行于单狭缝的对称线性槽阵列

现在讨论一个更基础的结构，在膜的两面有单一狭缝，平行地设计了对称的线性槽阵列，如图 13.23（a）所示。狭缝宽为 40 nm，长为 4 400 nm，皱纹 500 nm 为一周期，槽深为 60 nm，膜厚为 300 nm。

改变输出收集角 [见图 13.23（b）]，可再一次决定与角度相关的透过谱。最大的透过强度下降，峰值分别为高一些和低一些的波长的两个峰值，意味着给定波长在与面成特定角度下透过的光。正像图 13.22 中牛眼栅结构的情况，这些突起部的发散度为 ±5° [见图 13.23（d）]，当校正角分辨率时，相当于±3°的发散度。在输出面没有皱纹时，狭缝衍射是等方向的传播光，见图 13.23（c）。

为了校验光和有皱纹的金属面之间的进入和离开的耦合机理等同性，比较色散关系的各个过程。作为波长函数的光束输出角与该光栅的输入色散关系匹配得很好，见图 13.23（b）中的插图。这表示 SP 模式在输入和输出面以相似的形式相关联。换句话说，这个被激发的表面模式再次辐射为传播光，有皱纹面可保持能量和动量的守恒。

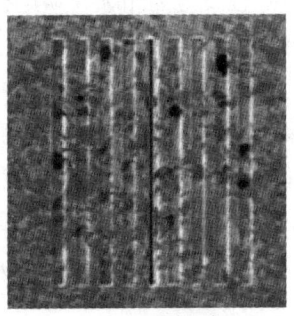

(a) 在一个悬浮银膜两面上带有平行槽的狭缝孔的FIB显微图像

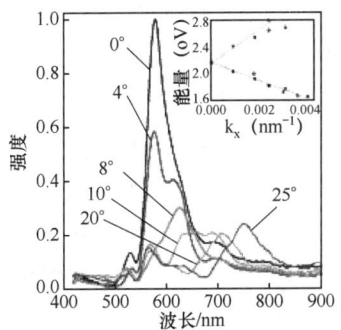

(b) 在不同角度记录的(a)结构中的传播谱。垂直入射照明光,光的偏振方向垂直于狭缝的长度方向,被测量的谱与(b)相似。(插图)周期结构的色散曲线(黑点线)以及谱的峰值(红点线)的位置,均按收集角的函数绘制的

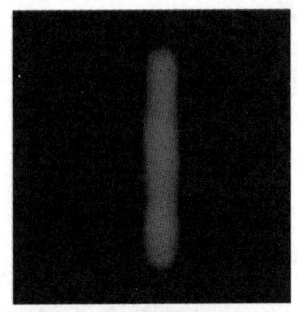

(c) 用50 nm带宽的滤波器,由后面对(a)中样品照明的光学像

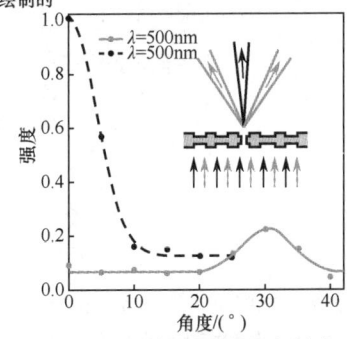

(d) 用两个被选择的波长由(b)中的谱得到的角传播强度分布

图 13.23　在一个悬浮银膜两面上带有平行槽的狭缝孔的透射谱

13.5　突破衍射极限的超高分辨率成像和银超透镜的超衍射极限成像

13.5.1　超透镜的构成

1974 年 Smith 提出了用紧密接触掩模的亚波长成像的概念[70]。2000 年由 Pendry 提出的完善透镜（perfect lens）的概念[71],必须使全部的 Fourier 谱均匀传递,没有损耗和畸变。而带有色散的负介电常数（如银）或磁导率（permeability）的实际材料所制成的"完善透镜",不可避免地存在损耗,不能说是理想的完善透镜,故称之为超透镜（superlens）。理论上预言超透镜能够实现超衍射极限成像[72]。超透镜是由超材料（matematerial）*制成的,通过激发 SPP 来增强倏逝波。

传统光学受限于衍射极限,因为它只能通过光源发出的辐射分量[71];而带有亚波长信息的倏逝波在有正介电常数和磁导率的介质中按指数形式衰减,在到达像面之前已经耗尽了。为了避免倏逝波的衰减,超透镜可以增强倏逝波和复原超衍射极限的像。超透镜是一个负值介电常

---

* 超材料（matematerial）包括负介电常数材料（negative dielectric permittivity material, NDPM）、左手材料（LHM）、负折射率或负磁导率材料等。http://emuch.net/html/201001/1821643.html...http://www.iciba.com/negative%20permittivity/

数或磁导率或二者均为负值的材料薄板[73-76]和介电常数相等且反号的相邻介质组合而成。这使得贵金属是光学超透镜的天然候选者，如银的介电常数为（−2.401 2 + 0.248 8 i），PMMA（有机玻璃，聚甲基丙烯酸甲酯，polymethyl methacrylate）的介电常数（2.301 3 + 0.001 4 i）[77]，二者可以匹配成银超透镜。银超透镜被 PMMA 间隔层与物体分开，并在超透镜背面镀一层光致抗蚀剂（photoresist，PR），如图 13.24 所示。当光照射超透镜时，SPP 被激发，获得增益，补偿倏逝波的损耗，于是重构后的倏逝波在透镜的另一边复原出一幅超衍射极限的高分辨率像。银光学超透镜可得到 60 nm 分辨率的超衍射极限的像，或得到分辨率达到照明光波长的六分之一的像[72]。

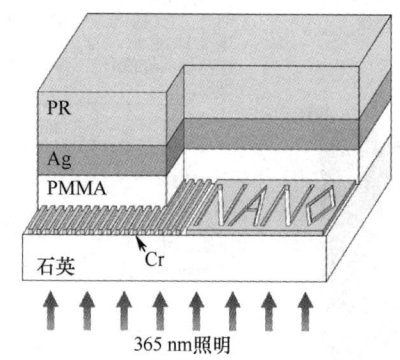

图 13.24　光学超透镜实验（物雕刻在 50 nm 厚的铬（Cr）膜上；左边是 120 nm 间距 60 nm 宽的槽形阵列，用一个 40 nm PMMA 的间隔层和厚的银层分开。物的像记录在银超透镜背面的光致抗蚀剂上[72]）

在银超透镜中（图 13.24）表面电荷堆积在银和成像介质界面之间，当银的厚度选择适当时，且银和相邻介质的介电常数相等且反号，可以得到电场的一个垂直分量共振，这个共振能使通过厚板的倏逝波增强[78,79]。为了提高倏逝波的透过率[50]，可以在银的表面上得到渐近的阻抗匹配，即表面等离子体激发条件：

$$k_{zi}/\varepsilon_i + k_{zj}/\varepsilon_j = 0 \qquad (13.27)$$

式中，k_{zi} 为银中的交叉平面波矢量，ε_i 为银的介电常数，k_{zj} 为介电质中的交叉平面波矢量，ε_j 为 PMMA 的介电常数。

13.5.2　银超透镜

实验中成像的记录条件已经对成像对比度进行了优化。图 13.24 表示记录在铬掩模上的一组物。用 40 nm 厚的 PMMA 隔离层，在 PMMA 隔离层上蒸镀 35 nm 厚的银超透镜，以记录近场图像。在银超透镜背面涂上 120 nm 厚的负光致抗蚀剂，基片用紫外（UV）i 线（365 nm）汞灯曝光照明[79]，该组物被成像在光抗蚀剂上。铬掩模近似为二元物，在 UV 光中，铬（介电常数= −8.55 + i8.96）是难于和相邻介质实现表面离子体共振条件的，并有低的穿透深度（~15 nm）。

实验时采用曝光量为 8 mW/cm²，最佳曝光时间为 60s，显影负性光抗蚀剂使光学像被转换为地形图调制，并用原子力显微镜（AFM）映射图像。该组物为一个宽为 60 nm，间距为 120 nm 的线阵列。Fourier 变换谱为一个相应间距为（126 ± 7）nm 锐利的峰值。PMMA 和银面的表面形态的典型平均高度调制为 5～10 nm 的光致抗蚀剂的像。这个结果表示用一个银超透镜得到的超衍射极限成像半间距分辨率为 60 nm 或者 $\lambda/6$。

在对照实验中银超透镜被替换为 PMMA，亚波长物的成像对比度不明显，不是最优化成像过程，可用亚波长特征的倏逝波的衰减来简单分析该校验所观察到的现象。在对照实验中，不用超透镜增强和透过倏逝波，只通过 75 nm 厚的 PMMA 难于分辨 60 nm 半间距物。

超透镜行为要求最大地增强宽带倏逝波。要找到一个波长区间，在该区间银的波长相关介电常数约等于有异号介电常数的相邻介质，就是实验中的 PMMA 间隔器和光抗蚀剂。系统的分辨率可以用光学传递函数表征，定义其为有横向波矢量 k_x 的像场和物场的比值 $|E|_{img}/|E|_{obj}$。用分层介质的 Fresnel 公式[80]，计算了银超透镜系统的光学传递函数，并考虑到了在银中和相邻介质中的吸收（如图 13.24 所示）。由图 13.24（a）可估计到在 $(2\sim4)k_0$ 区间的倏逝波分量被表面等离子体激发有效地增强并复原，其比常规的窄共振宽一些（典型值小于 k_0 值的 10%）。由计算可知 PMMA 和光抗蚀剂有轻微的吸收，对成像质量的影响可以忽略。

垂直照明物面，而亚波长尺度物的散射辐射入射到不同方向。银的超透镜平面上有两种形式的散射波：有磁场分量的平行于 TM 偏振面的波，以及电场平行于横向（TE）偏振面的波。然而一个宽带的 TM 倏逝波通过 35 nm 银超透镜共振地耦合形成一个超衍射极限的像，TE 被阻尼掉（图 13.25 左图）[80,81]。虽然 PMMA 和光抗蚀剂在界面上对表面等离子体共振有轻微的失谐（detune），而有限厚度的银板保证了它们将被激发[79]，可以增强宽带倏逝波的传递。因为 60 nm 半间距的物携带的基波矢量属于被超透镜增强的宽带（图 13.25 左图，顶部），在所记录的图像中清楚地观察到谱峰（图 13.25 左图，底部）。在图 13.25 右图中，计算了 60 nm 半间距物对应不同银膜厚度的传递函数。借助于表面等离子体激发，用 35 nm 厚的银超透镜可使被选择的亚波长特征达到最大增强。在厚度为 40 nm 以上时，因材料吸收阻尼了增强。这样一个临界厚度在银膜的两个界面给出倏逝波模式有效耦合的量度[82]。

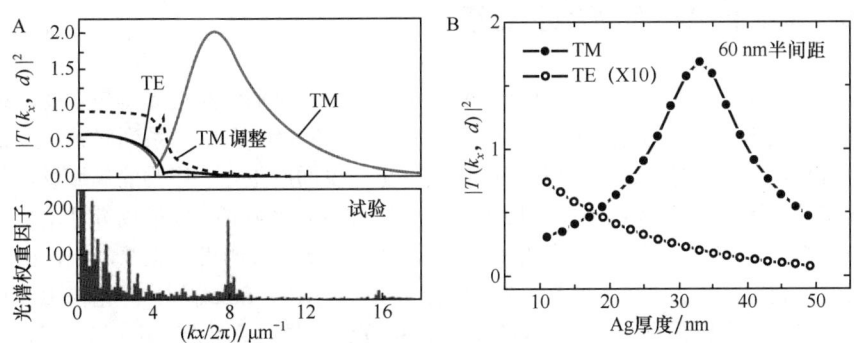

图 13.25 超透镜系统的传递函数（像的平方模数（square modulus），在波矢空间$|E|_{img}/|E|_{obj}$归一化的像 E-场）。左上图蓝色和红色实曲线表示通过 40-nm PMMA 间隔层和 35-nm 银层组合的 TM 和 TE 波的全部透过率；黑色虚曲线是用 35-nm PMMA 层（TM 偏振）在对照实验中取代 35-nm 银超透镜的计算结果。横坐标是归一化的横向波矢。T 为透过系数；d 为银的厚度。左下图中藏青色的条表示通过实验得到的成像物的被分辨的谱分量。主峰表示为一个 63 ± 4 nm 的半间距。右图中对 60-nm 半间距的物 TM 和 TE 场对银的厚度的成像传递函数

13.5.3 银超透镜成像实验

银超透镜也可以对纳米结构超衍射极限成像（图 13.26）。在图 13.26（b）中记录的像"NANO"表示真实地再现掩模（图 13.26（a））的精细特征，有很好的保真度。如前所述，只有由物散射的 TM 倏逝波被耦合到银超透镜的表面等离子体共振中，并复原了超衍射极限像的主要分量。为了比较，图 13.26（c）显示了在同一个掩模上，即对掩埋在 75 nm 的平板 PMMA 中的"NANO"进行了对照实验。用相同的曝光条件（甚至延长曝光时间大于 1 min）下观察

到"NANO"的像有宽一些的线条,因为这些线被分开几个微米,亚波长间隔可以作为有宽带 Fourier 谱的孤立的线源:较大的 Fourier 分量强烈地衰减,只有小的分量能到达像面,成为一个衍射受限的像,如图 13.26(c)所示。相比之下,用银超透镜可以分辨平均线宽为 89 nm(图 13.26(d)),比衍射受限像提高近 4 倍的分辨能力。

(a) 采用聚焦离子束系统(FIB, Focused ion beam)在掩模(mask)上铣刻"NANO"作为物,线宽为40 nm在(a)到(c)的比例棒为2μm

(b) 用银超透镜成像在光抗蚀剂上的显影的AFM像

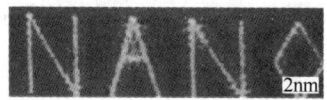

(c) 当用35-nm厚PMMA取代35-nm厚银层作为一个对照实验的光抗蚀剂成像显影的AFM

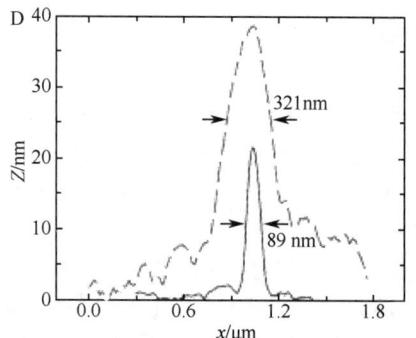

(d) 字母"A"的平均横截面曝光线宽为89 nm(实线),在对照实验中,测量到衍射极限的半最大线宽(虚线)为321±10 nm

图 13.26 基于超透镜的 SPP 纳米光刻与传统的纳米光刻性能的比较

13.6 SPP 纳米光刻技术

目前电子电路工艺水平可达到约为 50 nm 的特征尺寸,然而新型的光刻技术要求纳米尺度的集成电路。尽管技术可以通过采用更短波长光源来达到,但这将引出一系列问题。例如,要求研发新光源和新光敏层材料等。由于 SPP 能够在接近金属表面产生一个很强的局域场,使问题有望解决。当 SPP 共振频率达到光敏层的灵敏区时,金属表面的增强光场能够局域地增加在掩模下面的光敏层的曝光。此技术不受衍射极限的限制,可以采用宽光束的可见光源,制作出亚波长尺寸的结构。例如,利用波长为 436 nm 的光源,可以加工出约 100 nm 线[83]。理论模拟计算表明,可以在一薄光敏层上制作出只有波长的十四分之一的孤立银颗粒。横向光斑尺寸可达 30~80 nm,曝光深度为 12~45 nm[84]。

13.6.1 表面等离子体共振干涉纳米光刻技术

表面等离子体共振干涉纳米光刻技术(surface plasmon resonant interference nanolithography technique, SPRINT)的基本原理是基于金属周期皱纹结构[83],照明光可以与表面等离子体(SP)耦合得到 SPP 态,与照明光相比有很高的场强和很短的波长[2,85]。SPP 波干涉增强了金属表面局域电场的纳米尺度空间分布,当共振频率符合光抗蚀剂的灵敏区间时,在接近金属表面产生的增强光场,对掩模下面抗蚀剂薄层局域地增强曝光。因为这项技术不受衍射极限限制,用长的照明波长再现很小的特征结构。

SPRINT 的一个方案如图 13.27 所示,在 2 mm 厚的薄石英片上制备银的掩模,该掩模是设计用于近场 SPP 的光干涉,掩模有特征尺寸为 300 nm 周期性结构。从顶部照明光穿透掩模转换为 SPP,再辐射到光致抗蚀剂上。在实验中,在硅基片上用喷涂亚波长厚度的 g 线光致抗蚀剂。在传统情况下这是一个衍射受限曝光,不可能实现特征尺寸小于 λ/2。可是此时,金属表面共振激发的表面波提供了超衍射极限。

用一个真空吸泵把掩模吸在涂有抗蚀剂的基片上,曝光 12 s 和在显影剂中显影 60 s,得到如图 13.28 所示的结果。扫描电子显微镜成像表明记录在厚度为 50 nm 抗蚀剂上的 50 nm 线宽。抗蚀剂上图形的密度和宽度不同于掩模上的特征。在图 13.28 中,图形边缘的粗糙度是由于掩模边缘粗糙度所致。用好的电子束光刻工具,图形的保真度可以得到改善。

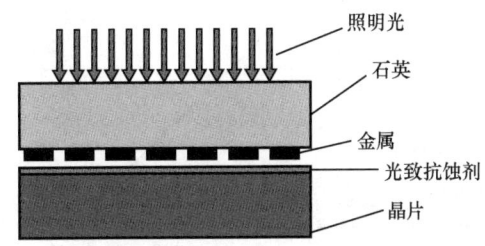
图 13.27 表面等离子体激元(SPP)光刻示意图

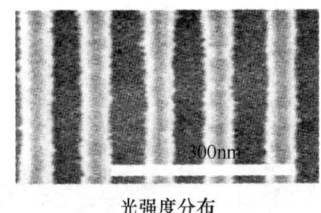
图 13.28 对称掩模的 SPP 光刻 SEM 照片

用时域有限差分(finite-difference time-domain,FDTD)[*]方法对此技术提供定量的模拟时,须定义几个条件:设采用单色平面波 λ = 436 nm,处于抗蚀剂的最大灵敏区间,掩模具有实验中相同的参数。掩模基片和抗蚀剂的折射率在模拟中分别用 1.54 和 1.70。适合银的波长数据[77]区间为 350~700 nm。按照表面等离子体光学[86]对于给定的材料,垂直入射的共振波长对于弱的皱纹极限可表示为

$$\lambda_{\text{SPP}} = \Lambda \left(\frac{\varepsilon_{\text{m}}^{(\omega)} \varepsilon_{\text{d}}}{\varepsilon_{\text{m}}^{(\omega)} + \varepsilon_{\text{d}}} \right)^{1/2} \tag{13.28}$$

式中,Λ 是掩模图形的周期,ω 是共振频率,$\varepsilon_{\text{m}}^{(\omega)}$ 和 $\varepsilon_{\text{d}}^{(\omega)}$ 分别为金属和周围材料在 ω 共振频率时的介电常数。

实验和数值模拟结果表明用银掩模和汞 g 线(436 nm)可以生成 50 nm 高分辨特征线条,用 SPRINT 得到的特征尺寸可以和纳米压印的结果相比拟[87]。

13.6.2 基于背面曝光的无掩模表面等离子体激元干涉光刻

为了达到超衍射极限光刻,提出有接触式倏逝波干涉光刻(evanescent wave interference lithography)技术[88-90],而 EIL 有一些局限性,如短的传输距离,浅的曝光深度和低的对比等。增强局域 SPP[91,92]可能提供改进光刻图形质量,采用激发的 SPP 需用金属掩模[93,94],而金属掩模制备必须用精密光刻技术如电子束直写[95]或聚焦离子束直写[96,97]等。

用衰减全反射(ATR)耦合模式可能制备大面积纳米结构[98],该模型为无掩模表面等离子体激元干涉光刻(SPPIL),如图 13.29(a)所示,系统中包含一个在底面镀以薄银膜的高折射率等腰三角形棱镜,以及涂在石英基片上的抗蚀剂。在实验中,必须用真空吸附使抗蚀剂和银膜紧密接触,这样会使银表面和抗蚀剂膜损伤或污染。

采用背面曝光无掩模 SPPIL,可以解决银表面和抗蚀剂膜损伤或污染的问题,且可避免银膜

---

[*] FDTD 时域有限差分方法的基本原理及其应用,www.aybook.cn。参考书:《电磁波时域有限差分方法》(第二版) 葛德彪 闫玉波,bbs.rfeda.cn/read.php?tid=33985。说明:OptiFDTD Technical Background and Tutorials (Finite Difference Time Domain Photonics Simulation Software Version 8.1 for Windows® 2000/Vista/XPTM 32/64 bit)
http://msc.psu.edu/tutorials/OptiFDTD_80_Tech_Background_Tutorials.pdf

曝露在空气中被氧化。背面曝光 SPPIL 可以从实验得到低于 65 nm 的特征尺寸。

背面曝光 SPPIL 方案如图 13.29（b）所示[99]，包括一个棱镜，介电常数为 ε_0 的匹配液层和玻璃基片，银膜的介电常数为 $\varepsilon_1=\varepsilon_1'+j\varepsilon_1^*$，抗蚀剂层和空气层的介电常数分别为 ε_2 和 ε_3。当银膜和抗蚀剂厚度为有限值时，银层中的色散关系有别于银膜厚度为无限大的情况。按照 Maxwell 方程和边界条件，可以由 SPPIL 的分辨率 $[R=2\pi/(k_{spp})]$ 得到波矢 k_{SPP}，并决定等离子体共振条件下的曝光强度和深度的增强因子 T_{SPP}。

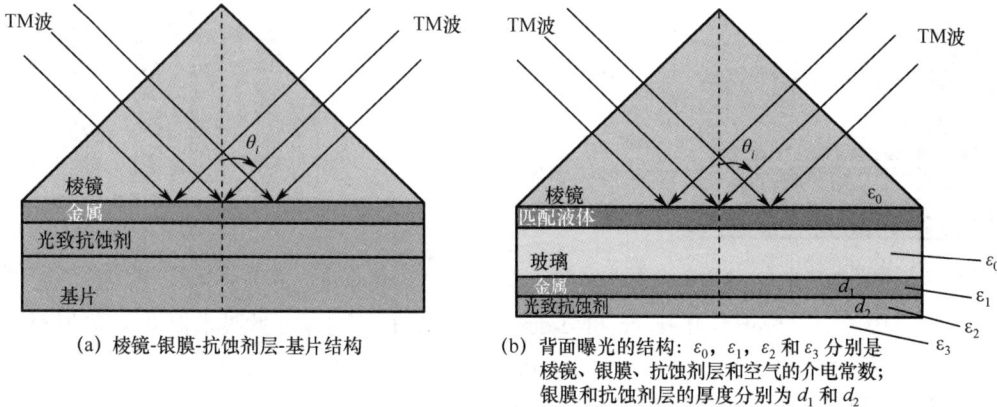

(a) 棱镜-银膜-抗蚀剂层-基片结构　　(b) 背面曝光的结构：ε_0、ε_1、ε_2 和 ε_3 分别是棱镜、银膜、抗蚀剂层和空气的介电常数；银膜和抗蚀剂层的厚度分别为 d_1 和 d_2

图 13.29　ATR 结构的无掩模 SPPIL 方案

SPP 的 k_{SPP} 可以表示为[100]

$$k_{SPP}=k_x^{halfspace}+k_x^{photoresist}+k_x^{metel} \tag{13.29}$$

式中，$k_x^{halfspace}$ 描述银的半空间和空气半空间的边界上 SPP 的色散关系，$k_x^{photoresist}$ 为抗蚀剂对 SPP 的影响，对于 k_x^{metel} 考虑银膜厚度是有限值。

1. 背面曝光 SPPIL 的模拟和分析

SPP 共振条件和干涉图形分辨率随抗蚀剂的厚度而变化。为计算方便，选取 40 nm 厚和介电常数为 $\varepsilon_1=-8.92+0.233i$ 的银膜，入射波长为 441.6 nm[98]。重火石玻璃棱镜的折射率为 $n=1.89$（$\varepsilon_0=3.57$），K9 玻璃棱镜折射率为 $n=1.527$（$\varepsilon_0=2.33$）。抗蚀剂折射率为 $n=1.53$（$\varepsilon_2=2.34$），外围空气折射率为 $n=1.0$（$\varepsilon_3\approx1$）。

背面曝光 SPPIL 结构的光刻分辨率为 $R=2\pi/(2k_{SPP})$，k_{SPP} 由式（13.29）决定。图 13.30 所示为分辨率随抗蚀剂厚度变化的曲线。曲线（i）对应于 $n=1.89$ 的棱镜。抗蚀剂层厚度（d_2）由 30 nm 到 100 nm，分辨率由 88 nm 减小到 64 nm。当 d_2 达到某一个值时，分辨率不再变化，其相当于抗蚀剂层厚度为无限大的情况。曲线（ii）对应于 $n=1.527$ 的棱镜。当 d_2 的厚度由 30 nm 到 70 nm 时，分辨率由 89 nm 减小到 69 nm，当 $d_2>70$ nm 时，不再有 SPP 增强。

由图 13.30 可知，采用高折射率棱镜和厚的抗蚀剂层，可以得到高分辨率图形，由于 SPP 的有限传输距离，仅在抗蚀剂层厚度薄于 100 nm 时才能通过。此时，背面曝光 SPPIL 可以得到 65 nm 图形分辨率。基于以上分析，当用高折射率棱镜时，图 13.29（a）所示曝光方法[98]也能得到高分辨率图形，然而会导致银表面和抗蚀剂膜的损伤和污染。当用低折射率棱镜时，通过调整抗蚀剂层厚度用无掩模 SPPIL 方法也可以得到很好的分辨率图形。当抗蚀剂层太厚时，低折射率棱镜是不能满足表面等离子体激元共振条件，抗蚀剂层厚度须薄于 60 nm，以适应图 13.30 中曲线（ii）的条件。抗蚀剂层薄，SPP 可以通过，确保整个抗蚀剂层透过曝光，证明背面曝光方法适用于 SPP 无掩模光刻。

为说明低折射率（$n=1.527$）棱镜也可以用来激发 SPP。图 13.31 表示棱镜折射率分别为 1.89 和 1.527 时在金属膜和抗蚀剂的界面处电场的归一化振幅分布。对高折射率棱镜优化匹配角为 52.2°，对低折射率棱镜优化匹配角为 77°。在两种条件的干涉条纹周期均为 148 nm。当用低折射率棱镜时，干涉条纹的振幅与用 $n = 1.89$ 棱镜得到的干涉条纹很相似。

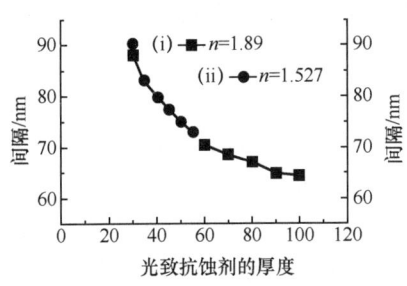

图 13.30　图形分辨率随 d_2 变化关系

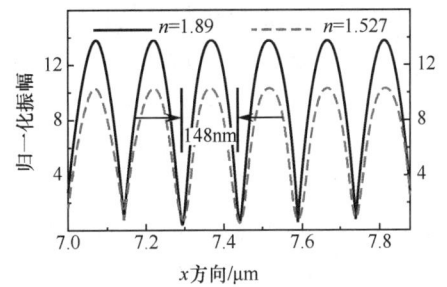

图 13.31　FDTD 模拟结果（入射波长为 441.6 nm，银膜厚度为 40 nm，抗蚀剂折射率为 1.53 和厚度为 50 nm）

2. 背面曝光 SPPIL 实验

基于模拟结果进行实验。棱镜和基片材料采用重火石玻璃，折射率 $n ≈ 1.89$，基片厚度为 2 mm。基片用超声波清洗器在酒精中清洗 20 min，并在沸腾的浓硫酸中浸泡 5 min 以清除表面的杂质，然后在真空 80℃ 中烘干 90 min。通过电子束蒸镀在基片上沉积 40 nm 厚的银膜。在银膜上涂以 50 nm 厚的稀释抗蚀剂。在棱镜和基片之间匹配液的折射率为 $n ≈ 1.53$。

抗蚀剂用波长为 441.6 nm 的激光进行曝光，在显影后得到周期性结构。图 13.32（a）是由背面曝光 SPPIL 方法得到的 SEM 图形。图形的周期是 150 nm，与 148 nm 理论值项符合。图 13.32（b）是当棱镜和基片的材料用 K9 玻璃时，由背面曝光 SPPIL 方法得到的实验结果。其周期与用高折射率棱镜所得到的结果相同。

在理论上用高折射率棱镜可以得到高分辨率图形，但是在实验中高折射率匹配液难于得到。图 13.32（a）表示在匹配液层中的散射光导致光刻图形的低对比，是因为低折射率的匹配液不能和背面曝光 SPPIL 实验中高折射率棱镜和基片有好的匹配。当用低折射率棱镜和基片时，当和匹配液匹配很好时，可得到较高质量的光刻图形，如图 13.32（b）所示。用低折射率棱镜来激发 SPP 时，背面光刻无掩模 SPPIL 制备的纳米图形分辨率可以通过抗蚀剂厚度来调整。表明用低折射率棱镜和基片进行背面曝光 SPPIL 更实际和方便。

(a) 高折射率棱镜的背面曝光

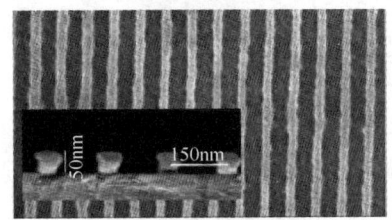

(b) 低折射率棱镜的背面曝光

图 13.32　SEM 对周期为 150nm 的成像，曝光和显影时间分别为 18 s 和 35 s

13.6.3　在纳米球—金属表面系统中激发间隙模式用于亚 30 nm 表面等离子体激元光刻

亚 30 nm 光刻技术之一是采用纳米球—金属表面系统中激发间隙模（gap modes）的概念[101]，是由金属纳米球和金属表面组成的系统，表现为金属纳米球局域等离子体模式与金属表面的表面等离子体模式之间的电磁相互作用[102]，在纳米球和金属表面之间的空间中存在着局域电磁正交模式，称之为间隙模式[103]。

下面用数值模拟金属纳米球—表面系统中的间隙模式进行干涉光刻。为了激发间隙模式，在入射介质平面下面采用一薄介电层，类似于棱镜结构的无掩模 SPP 干涉光刻系统的激发方式。间隙模式的激发决定于球和表面之间的距离[104]，当该距离足够小（$D/R < 1$）时，可以激发间隙模式，在球和表面之间的间隙处电场变得更局域化。当间隙模式被激发时，电场强度相对于激发场被增强了，其在金属表面上所激发间隙模式能强烈地增强金属表面的表面等离子体激元，且在光抗蚀剂层中重叠两个被激发的表面等离子体激元模式产生干涉图形。

图 13.33 所示为在纳米球—金属表面系统的间隙模式激发的模拟结构示意图。与周期性铝纳米球接触的是上面的高折射率薄介电层。周期性铝纳米球阵列厚度为 24 nm，其被较低折射率的介质二氧化硅所包围。在离开铝纳米球的距离为 D 处镀厚度为 10 nm 的薄银膜，并与硅基片上的光抗蚀剂层相接触，铝纳米球直径为 20 nm。基于 2D 有限差分时域（FDTD）方法实现了数值分析。棱镜下面厚度为 90 nm 的介电层和光抗蚀剂层，折射率分别为 1.94（重镧火石玻璃）和 1.53。p 偏振光波长为 427 nm，该波长的入射共振角为 56°。Al 和 Ag 的复数介电常数分别为 $-26.728 + 5.8i$ 和 $-5.082 + 0.7232i$[105]。

当两束波长为 427 nm 的 p 偏振光束入射到介电层/铝纳米球界面上时，光强分布在光抗蚀剂面上的曝光，图 13.34 表示沿衰减方向的归一化强度变化（$|E|^2/|E_0|^2$，此处 E_0^2 是入射强度），沿 y 轴被认为是衰减方向。曝光场 E_y 和 E_x 分别表示纵向和横向分量。E_y 分量比 E_x 分量强一些，这些分量在两个结构中有 $\pi/2$ 相位差。在两个结构的表面形成的电场模式的周期约为 120 nm 的干涉模式。

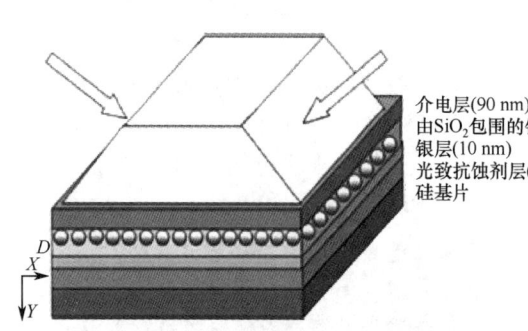

图 13.33　纳米球—金属表面系统的间隙模式激发模拟结构示意图

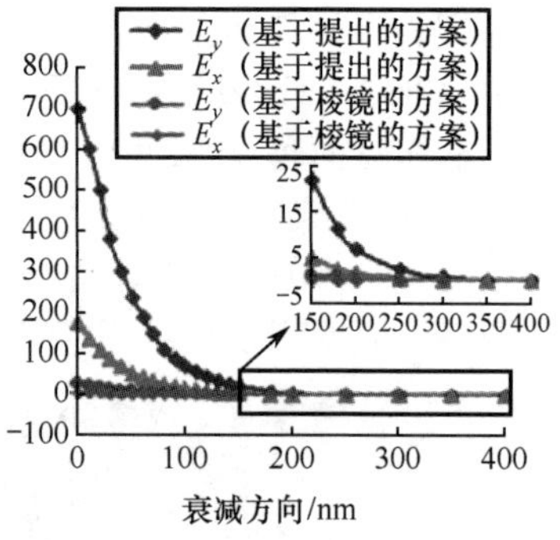

图 13.34　作为衰减方向的函数的归一化强度变化

由图 13.34 可知，铝纳米球—金属表面系统结构与常规棱镜结构比较给出高的电场分布。对于在金属表面/光抗蚀剂界面计算的传输强度，基于常规棱镜结构仅为铝纳米球—金属表面结构的 4%。后者的最大增强因子较大。从图 13.34 可知，该结构达到的曝光深度大于 350 nm，基于常规棱镜结构给出的曝光深度为 250 nm 左右。条纹可见度或对比度可以表示为

$$V = (I_{max} + I_{min}) / (I_{max} - I_{min}) \tag{13.30}$$

式中，$I_{max} = E_y^2$，$I_{min} = E_x^2$。对于上述两种结构所计算的强度对比度为 0.90 左右时，曝光深度为 200 nm，对于实现干涉图形是足够了，已高于通常的负光抗蚀剂曝光阈值。

铝纳米球—金属表面距离 D 是激发间隙模式的重要因子。图 13.35（a）表示沿着金属表面/光抗蚀剂界面所计算的归一化强度的 E_x 和 E_y 分量是铝纳米球—金属表面距离 D 的函数。

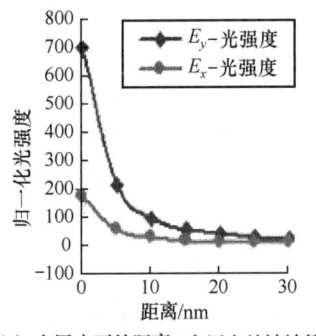 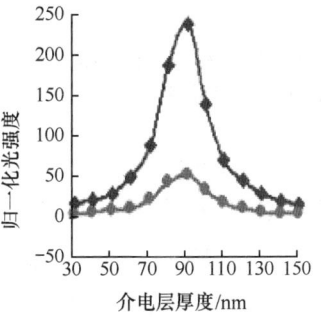

(a) 金属表面的距离 D 在原点处被计算的　　(b) 在光抗蚀剂层上介电质厚度为 50 nm 处

图 13.35　沿着金属表面/光抗蚀剂界面所计算的归一化强度的变化

对于介电层厚度对归一化强度的依赖性，图 13.35（b）中表示出当金属面厚度为 10 nm 时沿着 50 nm 光抗蚀剂层计算介电层厚度与归一化强度变化的关系。由图可看到介电层厚度的一个优化值等于 90 nm，在此值时可以得到最大强度。即用 90 nm 介电层厚度和 10 nm 金属膜厚度时，这种结构可能得到最大强度。显影过程是采用改良的元胞自动机（cellular automata machines）或改良的点格自动机（modified cellular automata，CA）方法*模拟的，得到显影后的抗蚀剂轮廓。

图 13.36（a）和图 13.36（b）表示用纳米球—金属表面方案在曝光时间分别为 100 s 和 150 s 时在光抗蚀剂上所得到的干涉图形的横截面轮廓。结果表明曝光时间增加，图形线宽减小，曝光深度增加。图 13.36（b）中结果表明在 150 s 的曝光时间，所得到的线宽，周期和曝光深度分别为 25 nm、120 nm 和 180 nm。因此用这个结构可以得到近于 25 nm 的刻线结果。

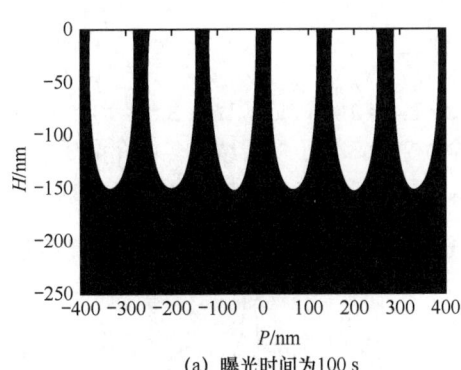 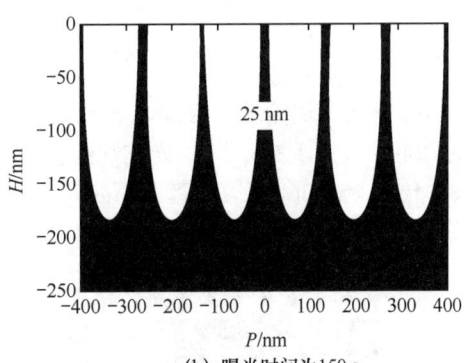

(a) 曝光时间为 100 s　　(b) 曝光时间为 150 s

图 13.36　曝光后的 2D 抗蚀剂横截面 H 显影后光抗蚀剂的高度，
P 为在光抗蚀剂上沿 x 方向的位置

总之，一个基于铝纳米球—金属表面系统中的间隙模式激发 SPP 的超衍射极限光刻技术。模拟结果表明其可以提供更短波长 SPP 的增强场，能够制备亚 30 nm 周期结构，使光刻有高的分辨率，好的曝光深度和好的对比度的各种 1D 周期纳米结构。

13.6.4　用介电质—金属多层结构等离子体干涉光刻

为了改善干涉光刻分辨率，常用短波长如深紫外（DUV）[106]或是极紫外光（EUV）[107]，以及在高折射率材料或液体中浸液光刻。现在已经用 157 nm 波长光照明和浸液光刻构成 22 nm 半

---

* Norman Margolus & Tommaso Toffoli. Cellular Automata Machines. Complex Systems 1（1987）967-993

间距光栅图形,其主要缺点是系统复杂,成本高。基于短波长光照明的概念,表面等离子体(SP)干涉光刻的波长比同样频率的照明波长要短。用等离子体干涉技术在介电—金属多层(dielectric-metal multilayer, DMM)结构可达到深亚波长特征尺寸的超衍射极限图形[108,109]。用对比度约为 0.4 的正抗蚀剂光刻过程时,DMM 结构用 193 nm 波长的 p 偏振光照明可得特征尺寸小于 21.5 nm。在实验室条件下[110]用普通的负抗蚀剂,能使特征尺寸达到 16.5 nm,对比度约为 0.2。实际上 DMM 相当于一个衍射分光滤波器。

1. 介电质—金属多层(DMM)结构等离子体干涉光刻原理

铬掩模周期为 Λ,由掩模发生的波可以分解为一系列的衍射平面波。定义 x 为掩模的光栅的方向,z 为照明光的波矢方向(见图 13.37)。由光栅函数可得衍射波矢表示式

$$k_x = k_0 \sin\theta + \frac{2\pi m}{\Lambda} \tag{13.31}$$

式中,k_x 为被透过的横向波矢,k_0 和 θ 分别为入射波矢和入射角,m 是整数衍射级。当只考虑垂直照明时,式(13.31)可简化为 $k_x = 2\pi m/\Lambda$,衍射波矢只决定于衍射级次和掩模周期。

该干涉光刻方法需要能通过一部分倏逝波传播的器件,其可由一种人工超材料:介电质/金属多层结构[109,111]设计成符合要求的特殊器件,对于不同波段要设计不同波长区间的超材料。通常,金(Au)是不适于等离子体光刻目的的,因为其等离子体频率 ω_{sp} 位于可见光区间。银(Ag)和铝(Al)是适于等离子体光刻用的材料,它们的等离子体频率在 UV 区间。常选 Al 用于光刻,因为其对 193 nm 波长有相对低的能量损耗。

现在设计一个有 8 对 GaN(10 nm)和 Al(12 nm)的 DMM 结构。用严格耦合波分析方法[112],对于该 DMM 用 p 偏振光 193 nm 波长计算出透过率为横向 k_x/k_0(见图 13.38)的函数。用 Drude 模型(由式(13.13))

$$\varepsilon_r = \varepsilon_\infty - \frac{\omega_p^2}{\omega^2 - i\Gamma\omega} \tag{13.32}$$

来描述 Al 的相对介电常数,此处,参数 ε_∞= 1.0,ω_p = 2.4 × 1016 rad/s,Γ = 3.8 × 1015 rad/s [77]。GaN 的介电常数为 1.295 [113],光抗蚀剂的介电常数为 2.89,低于多层结构。由介电质/金属的多层结构的传递函数知,只有一部分高波矢 k(倏逝波)可以通过多层结构进行干涉光刻。

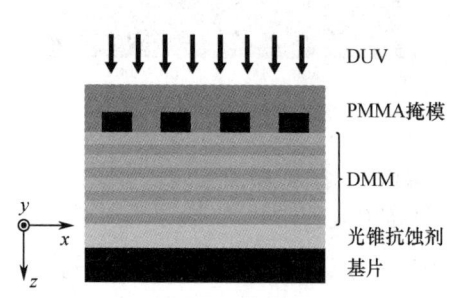

图 13.37 用介电质/金属多层结构进行等离子体干涉光刻的方案

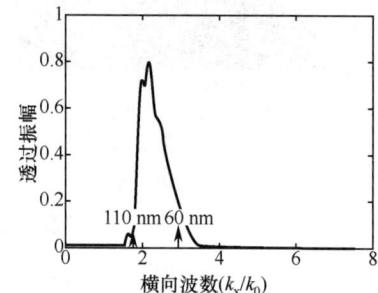

图 13.38 用 p 偏振光 193 nm 的 8 对 10 nm GaN 和 12 nm Al 的多层结构透过振幅

2. 数值模拟结果

通过滤波器(多层结构)的第一级衍射波,由图 13.38 可知,一个 86 nm 周期的掩模对应一个高透过率。用有限差分时域(FDTD)方法进行数值分析。x 方向的边界条件是完善电导体(perfect electrical conductor, PEC),z 方向的边界条件是完善匹配层(perfect matched layer, PML)。两维格子尺寸为 0.2 nm,输入光强度设为 1。掩模的半间距为 43 nm,铬(Cr)光栅

的厚度为 40 nm，只有 ±1 级通过介质/金属多层（DMM）结构用以干涉，在光抗蚀剂区的全部电场（$E^2 = E_x^2 + E_z^2$）分布如图 13.39（a）和（b）所示。明显地看到形成图形的特征尺寸小到 21.5 nm。

为了光刻目的，在 DMM/光抗蚀剂界面下 0 nm，10 nm，和 20（黑）nm 平面处的全部归一化电场分布如图 13.39（b）所示。强度可视度（或对比度）为

$$V = \frac{I_{\max} - I_{\min}}{I_{\max} + I_{\min}} \tag{13.33a}$$

约为 0.4，满足现代光刻工艺的最小对比度（~0.4）的要求。因为对于 p 偏振波分量 E_x 和 E_z 的干涉条纹间存在一个相移 π，这个比值 E_z/E_x 必须提供足够的强度对比。对于较大的横向波矢值（倏逝波），$k_z = i\sqrt{k_x^2 - \varepsilon_{PR}k_0^2}$，则 V 可以简化为

$$V = \left| \frac{E_z^2 - E_x^2}{E_z^2 + E_x^2} \right| = \frac{\varepsilon_{PR}k_0^2}{2k_x^2 - \varepsilon_{PR}k_0^2} \tag{13.33b}$$

式中，ε_{PR} 是光抗蚀剂的介电常数。为满足普通的负光抗蚀剂最小对比度要求[110]，取 DMM 的结构和材料的掩模临界周期为 66 nm。用 DMM 结构和光抗蚀剂模拟 33 nm 半间距和厚度为 40 nm 的铬光栅。模拟在图 13.39（c）中的光抗蚀剂带中的全部电场强度分布，在 DMM/光抗蚀剂界面下面的距离分别为 0 nm，10 nm 和 20 nm 处平面上的全部归一化电场强度分布。形成 16.5 nm 半间距条纹及其模拟的对比度（~0.2007）很好地符合式（13.33 b）的理论结果。倏逝波沿着离开传播路径的距离呈指数衰减，在光抗蚀剂中形成的条纹的绝对强度随着离开 DMM/光抗蚀剂界面的距离也急剧衰减，由图 13.39（b）和（d）中可表明模拟结果的有效性。

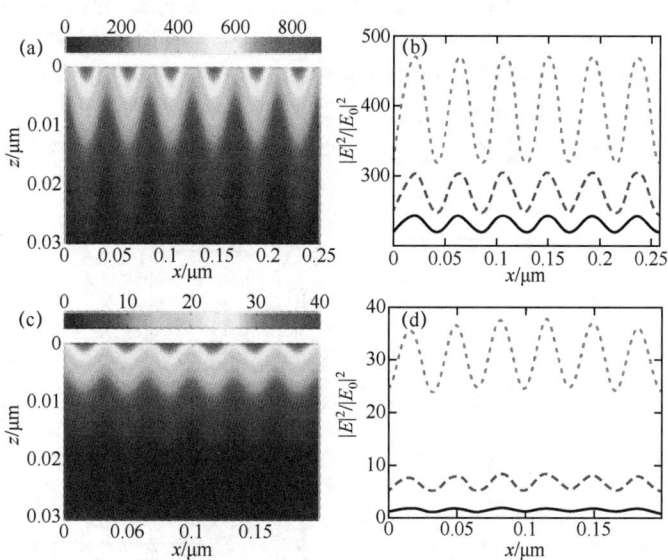

图 13.39 周期为（a）86 nm 和（c）66 nm 掩模的模拟电场强度分布。沿着垂直轴的零值为多层结构/光抗蚀剂界面。在其下面距离分别为 0 nm，10 nm 和 20 nm 的平面处相应的电场强度分别如图（b）和（d）所示

由图 13.38 和式（13.33b）可推断，掩模周期在 110 nm 到 66 nm 范围内，对应于第一衍射级横向 k 的波段为由 $1.755k_0$ 到 $2.9242 k_0$，用 DMM 形成的特征尺寸为 27.5 nm 到 16.5 nm。图 13.40 表示用介质/金属多层结构分别得到的特征尺寸对可见度和归一化电场的关系。黑方块（■）和实心圆（●）分别表示可见度的理论值和模拟结果。三角形（▲）表示在多层结构/光抗蚀剂界面下面 5 nm 处的平均归一化强度。由图 13.40 中模拟的可见度与式（13.33b）的理论值相符合。

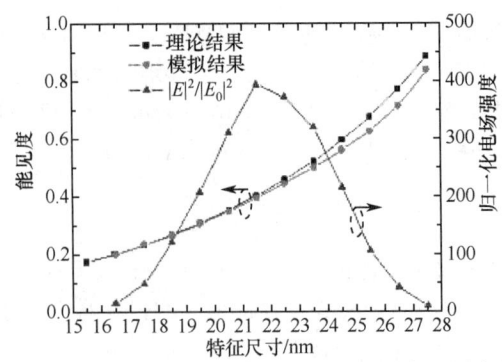

图 13.40 用介电质/金属多层结构得到的特征尺寸分别对应可视度和电场强度（黑方块和实心圆分别表示可见度的理论值和模拟结果。三角表示在多层结构/光抗蚀剂界面下 5 nm 处的平均归一化强度）

考虑 DMM 结构及其透过振幅分布，可以想到 DMM 结构的层数增加，零级衍射波将被滤掉，由模拟的可见度理论结果知，由于附加金属吸收，归一化电场强度剧烈减小。此处分别给出 4 对和 12 对 GaN（10 nm）/Al（12 nm）的 DMM 结构的例子。图 13.41 所示为在 DMM/光抗蚀剂界面下 5 nm 处平面上的特征尺寸对应于可见度和归一化电场强度关系曲线，其 DMM 结构层数分别为图 13.41（a）4 对和（b）12 对。也给出了这两种结构的透过振幅分布（见插图）。对于 4 对的 DMM 结构，模拟的可视度与理论值有些分离，这是由于零级不能完全被滤掉的影响。对于 12 对的 DMM 结构，零级衍射波被很好地滤掉，掩模周期小于 84 nm 时，模拟的可视度能很好地与理论结果吻合，但是对于掩模的周期较大，在它们之间离散度更大。在图 13.40 和图 13.41 中明显不同是层数少的 DMM 结构有更多的归一化电场强度，可以通过 DMM 结构所透过的振幅来理解。用现代光刻工序和正光抗蚀剂和 4 对多层结构能胜任可见度约为 0.4 [见图 13.41（a）] 的最小特征尺寸 21.5 nm 图形。这能够减少多层结构的制造难度和相应的实验误差。低于 4 对层数的多层结构，零级波通过将强烈影响图形的对比度。

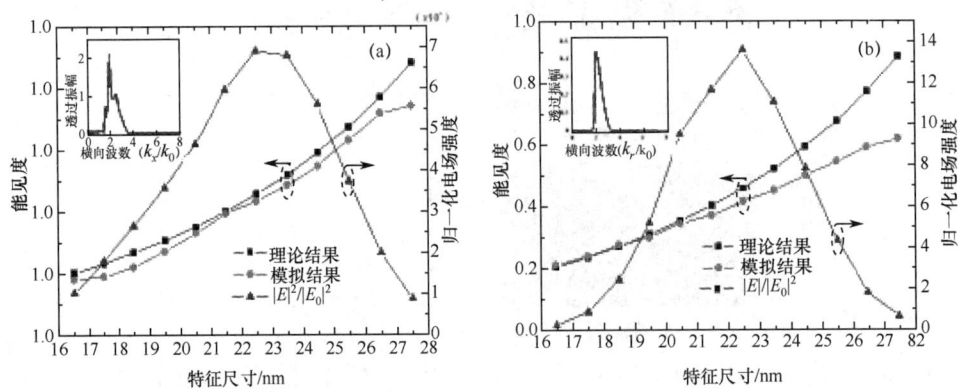

图 13.41 用 4 对（a）和 12 对（b）GaN（10 nm）/Al（12 nm）介电质/金属多层（DMM）结构产生的特征尺寸对应的能见度和归一化电场强度（黑方块和实心圆分别表示能见度的理论值和模拟结果；三角形表示在多层结构/光抗蚀剂界面下 5 nm 处的平均归一化强度。还表示了 193 nm 波长时两种结构的透过振幅）

上面讨论了 Cr 掩模-DMM-光抗蚀剂系统结构，Cr 掩模易于用电子束光刻制备和剥离工序，淀积纳米尺度的薄膜用普通技术也是可行的。多层和大的面积 DMM 结构实现起来是一个挑战。这些膜的质量特征有：平滑度、硬度和黏结强度（stickiness）必须要充分考虑，以及它们之间矛盾的折中，例如在被选取为多层堆叠膜的表面张力可能很强。通过进一步分析 DMM 多层结构的透过振幅函数,膜的厚度只允许 1~2 nm 公差,用常规技术可达到。

总之,用 4 对介电质/金属 DMM 在 193 nm 的 p 偏振光照明下等离子体干涉光刻技术用正光抗蚀剂,用数值模拟达到亚 22 nm 特征尺寸的。用 12 对 DMM 层,用普通负光抗蚀剂可以达到 16.5 nm 特征尺寸。介电质/金属多层结构作为滤波器能使窄波带倏逝波通过并用于干涉光刻。

13.7 高分辨率并行写入无掩模等离子体光刻

13.7.1 无掩模等离子体光刻概述

当光轰击金属表面时,能在表面激起电子共振,即激发表面等离子体激元(SPP)[4,114]。这些振荡的波长远小于它们的激发波长,意味着 SPP 可以超越其激发波长的衍射极限,可用于高分辨率成像[72]与光刻技术[93,115]。现代光刻按照 Moore 定律所预期的连续地减小半导体器件的尺度[116,117],由于工艺成本不断增加,难以在光刻中连续地减小节点尺寸,双通道和多通道的专用图形投影设备和复杂掩模,其成本价格昂贵,且难以实现光学邻近效应校正[118]。

无掩模方案可避免掩模成本高和设计周期长的不足[119],但其连续扫描速率低的扫描特性仍然是瓶颈,使无掩模方法产量低。多电子束平行模式的多轴电子束光刻技术可提高生产效率[120-122],但由于热漂移和电荷间的库仑力作用,很难同时调节多电子束的尺寸和电子束的位置,导致了较大的误差。菲涅耳波带片阵列光刻术(zone-plate-array lithography,ZPAL)[123]使用了大量的衍射光学元件阵列或空间光调制器(SLM)来提高生产能力,但是其分辨率仍然受限于衍射极限。扫描探针光刻技术(scanning-probe lithography,SPL)[124-126]能提高生产能力,例如最近使用 55 000 个探针以 60 mm/s 的速度扫描[127],因为 SPL 技术为距表面 10~100 nm 的尖端的慢速扫描,比实际需要的纳米制备低 2~3 个数量级[128]。

13.7.2 传播等离子体(PSP)和局域等离子体(LSP)

表面等离子体(SP)是在材料界面处电子的集体振荡,通常分为两类:传播等离子体(propagating surface plasmon,PSP)和局域等离子体(localized surface plasmon,LSP)[129]。PSP 可理解为通常的表面等离子体(SP),它是被限定在金属和介电质界面传播的电磁波,是电子与光子的一种混合体,携带有波长、传播常数等信息。它能够用棱镜耦合或者光栅耦合激发金属表面的大范围的频率。LSP 是在小于入射波长的金属纳米粒子内电子的非传播激发,只有在一定波长的光波照射下,微纳结构的 LSP 被激发。LSP 的共振波长决定于纳米粒子的尺度、形状、介电常数以及介电环境[130]。这两种表面等离子体相互作用,有重要的潜在应用[131,132]。

PSP 和 LSP 可用于高分辨率成像,超过衍射极限的光传送和投影光刻[133-141]。典型的 PSP 适于光波导应用,因此,其空间约束受限小,难以进一步减小分辨率尺度[142]。另一方面,LSP 能达到深亚波长光学约束,但是由于其共振性质引起强的损耗,没有足够的能量通量。通过绝热的变换,可有效地转换模式用于成像、传感、能量转换和存储[143-147]。

图 13.42(a)所示为在表面等离子体的色散曲线图。其中直线表示常规光学系统的衍射可达到的波数区间,受限于自由空间光的波数 k_0;实曲线表示传播等离子体(PSP)色散可以达到的较宽波数区间。由图可知,欲分辨 22 nm 特征所需的短激发波长为 160 nm,仍有很高的内在损耗(光子能量)。

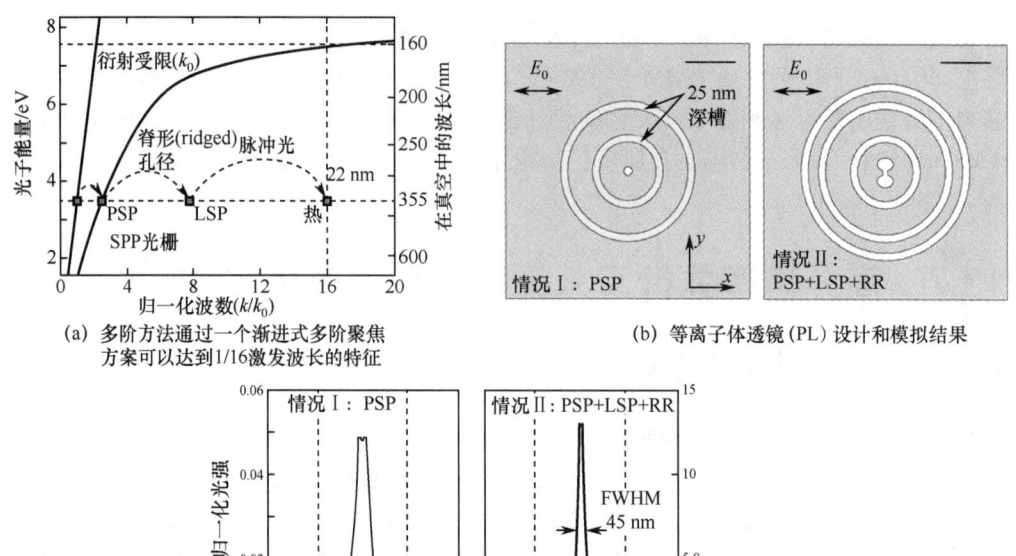

(a) 多阶方法通过一个渐进式多阶聚焦方案可以到1/16激发波长的特征

(b) 等离子体透镜(PL)设计和模拟结果

(c) 在沿着 x 轴离开透镜10 nm 的光强轮廓模拟,其为归一化的入射光

图 13.42　渐进式多阶聚焦方案有效地把光压窄到深亚波长尺度

13.7.3　纳米等离子体光刻渐进式多阶聚焦方案

方案通过 PSP 和 LSP 渐进耦合,将其光能有效地压缩到深亚波长尺度,其为提高纳米制备技术的生产能力,使之与空气支撑面(air bearing surface,ABS)技术组合,可以达到 10 m/s 扫描速度和 22 nm 半间距的等离子体光刻[148]。

1. 多阶等离子体透镜(MPL)

为明确多阶等离子体透镜(multi-stage plasmonic lens,MPL)的概念,首先考虑传播等离子体透镜(PSP-PL)。

等离子体透镜(PL)的设计如图 13.42(b)所示。左图为传播等离子体的等离子体透镜(PSP-PL),其中包括两个环形槽和一个位于中心的 40 nm 直径的圆孔[56,93],引导 PSP 能量通过中心孔,比通过相同尺寸的孔的通过率要高几个量级。当中心孔的尺寸进一步减小到深亚波长区间时,通过 PSP-PL 的透过率减小很快。

把 PSP 和 LSP 设计为多阶等离子体透镜(MPL),其应用是基于一个空气支撑面(ABS)上,渐进式聚焦方案通过表面等离子体透镜来实现:图 13.42(b)右图为多阶等离子体透镜(MPL),为了改善在焦点处的约束和强度,用哑铃形孔取代中心孔,用 LSP 可以进一步转换为深亚波长[149,150]。MPL 在圆栅外的半波长位置处附加一个环形缝作为外环反射器(RR),由于相消干涉,一个反射器向外传播 PSP 波,以进一步改善 MPL 的性能和便于 PSP 和 LSP 两者的工作。这两种等离子体透镜由 60 nm Cr 薄膜制成,用 355 nm 沿 x 轴线偏振光照明。图中两个尺度条都是 500 nm。哑铃形孔的 MPL 设计一套环形的耦合器(两个内环)和一个反射器(外环),被制造在金属薄膜上,可以达到高分辨率。

如原理图 13.42(a)所示,被激发的 PSP 和用一个圆形栅向着 MPL 中心传播,通过哑铃形的孔可以进一步有效地转换为深亚波长 LSP,从而可以达到小于 50 nm 的光学限制。与极低透过率的深亚波长孔比较，一个 MPL 在同样面积内对光能提供 5~10 量级的高透过率，保证聚焦光点有足够的能量在很快扫描速度下写出图形[114]。

两种等离子体透镜结构的电磁模拟：通过电磁模拟软件 CST（Computer Simulation Technology），在激发波长为 355 nm 时，由入射光强度归一化的强度比较了两种等离子体透镜结构。如图 13.42（c）所示，在沿着 x 轴离开透镜 10 nm 的光强轮廓模拟，其为归一化的入射光。在深亚波长区间，PSP 本身是不能以持续高透过率通过，而 LSP 能够改善中心透过率几个量级。MPL 的中心焦点有一个峰值强度，是入射光 45 nm FWHM 光点尺寸的 13.1 倍。环形栅被刻蚀在金属薄膜上，引起两倍入射光最大强度的旁瓣，相应于焦斑强度对比度的 6.5 倍，符合现代无掩模光刻曝光阈值。对比度可改善到 70 以上。

2．空气支撑技术的应用

制备成功 MPL，为开发高产纳米制备技术，设计成 ABS 飞行头（plasmonic flying head, PFH），如图 13.43（a）所示。在光刻时圆形基片高速旋转实现扫描，使 ABS 飞行头能在快速扫描时与基片保持一致间隙的自定位，由于旋转基片和 ABS 飞行头之间相对运动时，空气流产生一个空气动力学升力与弹簧产生的悬浮力平衡，使 MPL 阵列与旋转基片之间保持纳米尺度间隙。由于高速空气支撑强度和小的冲量，飞行头相对基片保持 5~20 nm 一致的飞行高度，可以有 1 nm 的变化量。用一个专用软件[151]设计 ABS 飞行头，用蓝宝石材料制备透明飞行头底部。标准气压与气团流量在 ABS 飞行头底部从左至右流过，如图 13.43（b）所示，压力与周围气压成正比，气团流量密度与质量流量成比例，飞行头在最低点时，气压最大但质量流量最小，此处空气支撑强度与污染物容许量都比较合适[152]。ABC 飞行头设计要考虑在基片旋转速度和径向位置达到一致的工作间隙。扫描速度为 4~14 m/s 时工作间隙为 10 nm，允许有近 1 nm 的变化。飞行头的间距和滚动角保持一致，分别为 40 μrad 和小于 1 μrad 变化量。

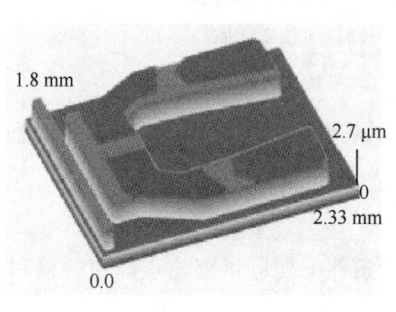
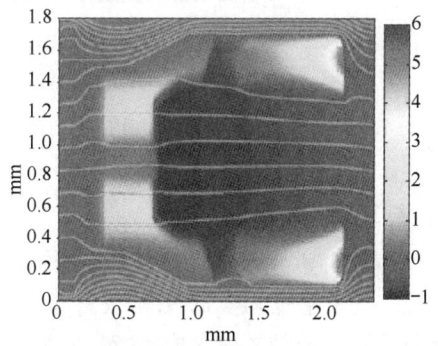

(a) ABS飞行头的立体图（按比例放大200倍)　　(b) ABS底部的标准气压与从左至右气团流量

图 13.43　多阶等离子体透镜（MPL）与空气支撑面（ABS）飞行头的设计与模拟（在最低点，气压最大但质量流量最小，此处空气支撑刚度与污染物容许量都比较合适）

图 13.44 所示为 MPL 阵列和等离子体飞行头聚焦极紫外激光为纳米尺度光斑在高速旋转的基片上，进行高产量无掩模等离子体纳米光刻（plasmonic nano-lithography, PNL）。图 13.44（a）为多级等离子体透镜（MPL）的图像，在金属薄膜上制造了一个哑铃形孔径，一组环形耦合器包括两个内环和一个外环 RR 作为环形反射器。中心哑铃形孔的参数如图 13.44（a）所示，其中 W = 240 nm，H = 98 nm，R = 35 nm，r = 40 nm 和 d = 26 nm，三个环的曲率半径分别为 240 nm、480 nm 和 600 nm，宽度为 50 nm。图 13.44（b）所示为六角形 MPL 阵列的 SEM 图像。图 13.44（c）所示为距离 MPL 面 10 nm 的平面上被 355 nm 波长入射光强归一化了的场强度分布。在强度轮廓中的半圆形旁瓣通过三个环直接传播，它们的强度远低于抗蚀剂的曝光阈值。图 13.44（d）所示在

MPL 入射面用浅的盲槽取代刻蚀透的环状沟，MPL 聚焦对比度可以使图 13.44（b）中旁瓣传输的衰减大于一个数量级。图 13.44（e）所示为空气支撑面（ABS）等离子体飞行头保持基片与透镜之间的间隙为 10 nm，现行扫描速度为 10 m/s。MPL 阵列 [SEM 图像见图 13.44（a）] 是用聚焦离子束在 ABS 飞行头的底部上镀的 60 nm 厚的铬（Cr）薄膜上刻制的，为了高产量，可以控制激光束独立地并行写入每个 MPL。

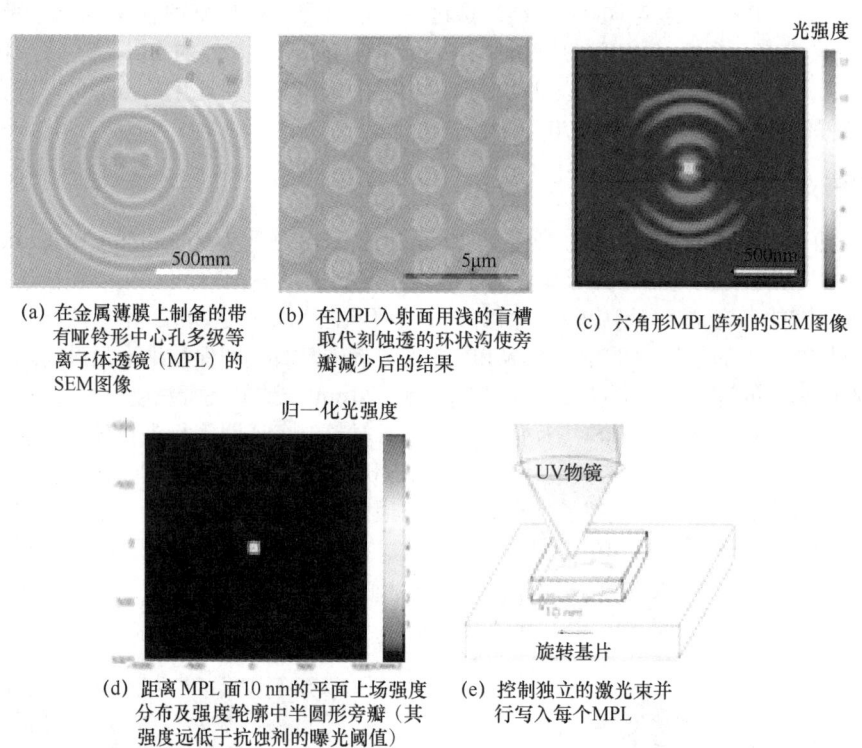

(a) 在金属薄膜上制备的带有哑铃形中心孔多级等离子体透镜（MPL）的 SEM 图像

(b) 在MPL入射面用浅的盲槽取代刻蚀透的环状沟使旁瓣减少后的结果

(c) 六角形MPL阵列的SEM图像

(d) 距离 MPL 面 10 nm 的平面上场强度分布及强度轮廓中半圆形旁瓣（其强度远低于抗蚀剂的曝光阈值）

(e) 控制独立的激光束并行写入每个MPL

图 13.44　离子体飞行头和 MPL 阵列在高速旋转的基底上聚焦极紫外激光为纳米尺度光斑，进行高产量无掩模等离子体光刻（PNL）

3. 并行写入

高产量和高分辨并行直写模式是在给定激光功率条件下使近场聚焦点高速传输和聚焦，提高扫描速度，其采用有大量 MPL 的飞行头并行成像[152]。在理论上可以用一个有 16 同 000 MPL 的单个飞行头在几分钟之内完成 12 英寸晶片（1 英寸=2.54 cm）的扫描成像，和常规生产水平的光刻相当。实现高速并行写入的高速扫描系统如图 13.45 所示，为空气支撑的透明蓝宝石基底和等离子体透镜阵列组合成为等离子体飞行头，为了实现高速扫描时保持纳米尺度的间隙，用弹性臂悬挂空气支撑飞行头在基片上 20 nm 高处，保证等离子体透镜阵列飞行。从图 13.45 可知，使用等离子体飞行头在一个相对高的速度下实现了高效的纳米光刻，即用大规模等离子体透镜阵列能实现高效平行写入。图 13.45（a）所示的透镜阵列将紫外（波长为 365 nm）激光脉冲通过等离子体透镜聚焦成小于 100 nm 的光斑成像于基片上。而该光斑只在透镜附近区域产生，故需要一个控制系统将透镜与基片之间的间隙保持在 20 nm。图 13.45（b）所示为等离子体飞行头在涂覆光刻胶的旋转基片上 20 nm 处飞行的示意图。图 13.45（c）所示为过程控制系统示意图。高速光学调制器根据图形发生器产生的信号控制激光脉冲，写入位置是根据转轴编码器与径向行程控制器确定基片的位置曝光。

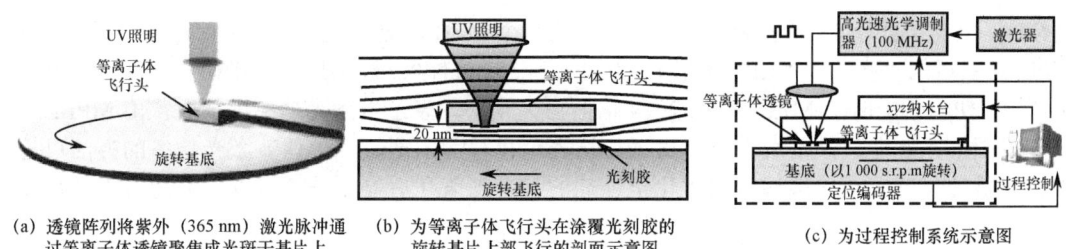

(a) 透镜阵列将紫外（365 nm）激光脉冲通过等离子体透镜聚焦成光斑于基片上

(b) 为等离子体飞行头在涂覆光刻胶的旋转基片上部飞行的剖面示意图

(c) 为过程控制系统示意图

图 13.45　用等离子体透镜阵列的高效无掩模纳米光刻

4. 热型抗蚀剂（thermal resist）层的应用

用脉冲激光器取代连续波激光器，并采用热型抗蚀剂，可在纳米尺度上降低激光运行功率水平和热扩散控制。图 13.46 所示为在热型抗蚀剂层中模拟的温度轮廓，其在两个不同的激光脉冲时，由 MPL 聚焦等离子体的光场加热，当分别采用 10 ps 和 10 ns 两个持续时间的激光脉冲时，适当地控制激光功率和脉冲持续时间，可以进一步改善特征尺寸，使之减小到 22 nm。ps 脉冲激光比调制连续波激光器在图形尺寸和对比度有明显优势。用热型抗蚀剂的非线性和时间关联响应使激光的平均功率由 10 ps 脉冲可以记录特征尺寸到 22 nm（约为 MPL 聚焦的 45 nm 的一半），此时激光功率可由 105 mW 降低到 9 mW[153,154]。高速等离子体写入存在纳米尺度的光吸收、热集聚和热扩散的竞争。能量扩散到纳米尺度抗蚀剂体积内可以在一个纳秒内扩散到相邻的区域，其将放大被曝光的特征，增加了所要求的激光功率，并引起图形畸变。对于在抗蚀剂层中保证好的热扩散控制，脉冲激光器的应用使 MPL 阵列可用于并行图形制备。

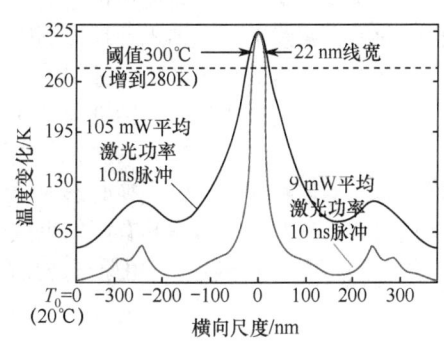

图 13.46　在 MPL 加热下热型光抗蚀剂中的温度轮廓

总之，基于上述多阶等离子体透镜（MPL），用脉冲激光器取代连续波激光器，并行写入模式，空气支撑（ABS）技术和热型抗蚀剂层的应用构成纳米等离子体光刻渐进式多阶聚焦方案。这种渐进式多阶聚焦方案可以达到激发波长的 1/16 的特征。用 355 nm 脉冲激光光源达到 22 nm 分辨率的纳米光刻，与现代最新浸液投影光刻比较，等离子体投影系统成本更低。

5. 实验结果

图 13.47（a）、（b）表示由 PNL 分辨的 22 nm 半间距刻蚀图形的点阵 AFM 像，及其扫描横截面 [（图 13.47（c）]。这个结果的实验条件（基片速度为 7 m/s，激光脉冲重复频率为 160 MHz），每一个点是由单一脉冲生成的。用更高的激光功率或更高频率模式可以把点阵合并成不同宽度的

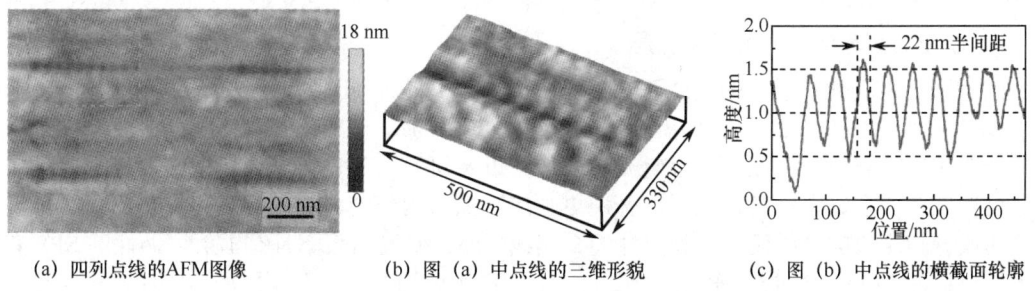

(a) 四列点线的AFM图像

(b) 图(a)中点线的三维形貌

(c) 图(b)中点线的横截面轮廓

图 13.47　在热抗蚀剂中紧密连接的 AFM 像点中 22 nm 半间距

连续线，其结果如图 13.48 所示，透镜阵列中的两个 MPL 在热型抗蚀剂中并行地独立写入（两个 MPL 分别写入"PI"和"LI"图形）。为了得到 50 nm 宽实线，用 2 倍于图 13.47 中的激光功率来激发 MPL1，同时对 MPL2 用由 2~4 倍的激光功率，表示当激光功率增加时，由 MPL2 产生的旁瓣图形开始在抗蚀剂层上表现出来。这表示在写入图形时，用调节激光功率的方法可控制被曝光特征尺度。还必须注意用优化抗蚀剂的曝光阈值和后显影条件可以明显地改善图形轮廓的清晰度。

6. 纳米光刻实验及其装置

上述表明 22 nm 半间距分辨率高速等离子体纳米光刻，是通过用低损耗传输多级等离子体聚焦，能够做到低成本、高产量无掩模纳米尺度加工，比常规无掩模方法的产量高几个量级。可能成为下一代高分辨半导体制造光刻的一个新途径[144]。在图 13.49 所示的纳米光刻实验装置中，转速为 2 500 r/min 涂有抗蚀剂的旋转基片，对于不同的半径相应的线速度为 4~14m/s，用一个皮秒脉冲激光器（355 nm）进行曝光。通过一个紫外射线（UV）物镜，单独调制的脉冲序列以几个微米直径的面积照明 ABS 面（在飞行头的底部）上指定的 MPL，然后，每一个 MPL 把预聚焦光斑进一步聚焦为纳米尺度光斑在抗蚀剂层中形成图形。飞行头与衬底之间相对位置信息由转轴编码器（角度）和线性径向纳米行程控制器（radial nano-stage）提供，图形输入到模式发生器，通过一个光调制器拾取曝光的激光脉冲。在光刻过程中，一个干涉计量装置和一个传感模块实时监控飞行头的运动。在实验中抗蚀剂为 $(TeO_2)_x Te_y Pd_z$ [$x \approx 80\%$ wt, $y \approx 10\%$ wt, $z \approx 10\%$ wt（wt, weight）]，和基于 Te-TeO$_x$ 抗蚀剂的一个无机热型显影。在 Te-TeO$_x$ 中附加 Pd（palladium, 钯）以增强曝光均匀性和在相位变换时形成精细晶粒以提高分辨率，其热稳定性也有改善。采用无机抗蚀剂是因为从摩擦学考虑其有好的机械性能和高分辨率灵敏度。等离子体光刻实验之后，稀释的 KOH 溶液可以进行显影，用原子力显微镜（AFM）观察。

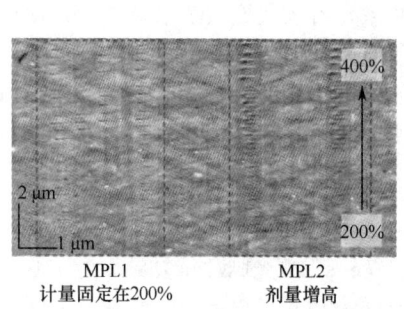
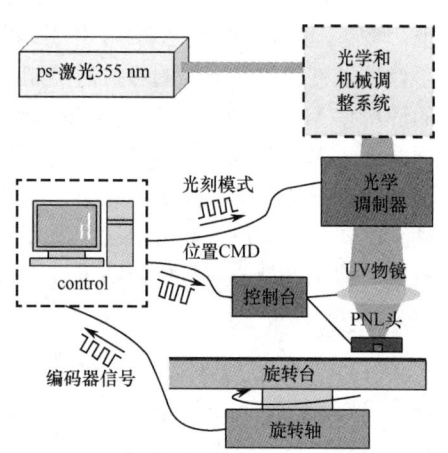

图 13.48　在热型抗蚀剂中 PNL 并行写入的 AFM 图像　　图 13.49　等离子体纳米刻蚀实验装置示意图

7. 展望表面等离子体光子学前景

因表面等离子体光子学的发展而有望研发出的 SPP 芯片，可用作超低损耗的光子互连元件。利用 SPP 元件或回路可实现在超密的光子功能器件中导波，深亚波长尺度的纳米光刻蚀术，应用超透镜实现突破衍射极限的高分辨光学成像，以及研发出优良性能的新型光源等。为了实现这些目标，需要在这个学科领域中，开展更加广泛深入的研究，例如：制作出传播损耗可以与传统的波导相比拟的光频段亚波长尺寸的金属线回路；研发高效率具有辐射可调性的 SPP 有机和无机材料的 LED；通过对 SPP 施加电光、全光和压电调制，以及利用增益机制，实现自主控制；制作二维 SPP 光学原型元件，例如纳米透镜、纳米光栅、纳米耦合器、纳米调制元件等，将光纤输出信号直接耦合到 SPP 回路中去；研发深亚波长的 SPP 纳米光刻蚀术；深入探究 SPP 中新效应的物理机制。在以往几年中，已经演示性试制出各种基于 SPP 的新型亚波长尺寸的光子元件和回路；理论模拟设计和计算方面也都获得重要进展，尤其是核心技术——纳米光刻蚀术的研发，可望实现电子学和光子学元件在纳米尺度下完美结合、集成于同一芯片上，它将成为新一代的光电技术平台，有着广阔的理论和实验研究的前景。

参 考 文 献

[1] 顾本源. 表面等离子体亚波长光学原理和新颖效应. 物理，2007(04)：281-287.

[2] Raether H. Surface Plasmons on smooth and rough surface and on gratings. Berlin: Springer. 1988.

[3] Surface plasmon（SPs）- Wikipedia, the free encyclopedia .http://www.plasmocom.org/presentations.html.

[4] Ritchie R H. Plasma losses by fast electrons in thin films. Phys. Rev, 1957（106）：874-881.

[5] Surface plasmon polaritons - Wikipedia, the free encyclopedia, http://en.wikipedia.org/wiki/ Surface_plasmon_polaritons.

[6] 赵晓君,陈焕文,宋大千,等.表面表面等离子体激元共振传感器 I：基本原理[J]. 分析仪器,2000(4)：1-8.

[7] 田民波，刘德令，编译. 薄膜科学与技术手册[M]. 北京：机械工业出版社，1991: 410.

[8] 马立人，蒋中华. 生物芯片[M]. 北京：化学工业出版社, 2000: 118.

[9] 华中一，罗维昂. 表面分析[M]. 上海：复旦大学出版社, 1989: 18.

[10] 覃宏，隋森芳，等. 亲和素与生物素系统在脂单层膜上相互作用的初步研究[J]. 科学通报，1992(37)：1037.

[11] 王洛，陶祖荣. 生物化学与生物物理学进展. 科学通报，1996，23(6)：483.

[12] Anatoly V. Zayats, Igor I. Smolyaninov, Alexei A. Maradudin. Nano-optics of surface plasmon polaritons. Physics Reports 408（2005）：131-314.

[13] Surface plasmon resonance，http://en.wikipedia.org/wiki/Surface_plasmon_resonance.

[14] http://emuch.net/html/201010/2040085.html.

[15] http://www.hudong.com/wiki/表面等离子体，http://baike.baidu.com/view/124221.htm.

[16] S. R. Seshadri. Attenuated total reflection method of excitation of the surface polariton. J. Appl. Phys. Vol. 70, No. 7（Oct. 1991），3848-3854.

[17] Andreas Otto. Spectroscopy of surface polarition by antenuated total reflsction, Optical properties of solids New developments. B. O. Seraphin, editor, North Holland, 1976.

[18] ANDREAS OTTO. Excitation of Nonradiative Surface Plasma Waves in Silver by the Method of Frustrated Total Reflection. Zeitschrift ffir Physik 216, 398-410（1968）.

[19] W. P. Chen, G. Ritchie, and E. Burstein. Excitation of Surface Electromagnetic Waves in Attenuated Total-Reflection Prism Configurations. Physical Review Letters, Vol.37，No.15（OCT. 1976）：993-997.

[20] 曾捷，梁大开，曾振武，杜艳. 反射式光纤表面等离子体波共振传感器特性研究. 光学学报，V01. 27，No. 3（Mar. 2007）：404-409.

[21] C Ropers, C. C. Neacsu, T Elsaesser, M Albrecht, M B Raschke, and C Lienau. Grating- Coupling of Surface Plasmons onto Metallic Tips: A Nanoconfined Light Source. Nano Lett., Vol. 7, No. 9,（2007）：2784-2788.

[22] J. Zhang, C. W. See, M. G. Somekh, M. C. Pitter, and S. G. Liu. Wide-field surface plasmon microscopy with solid immersion excitation. Applied Physics Letters, Vol. 85, No. 22（Nov. 2004）：5451-5453.

[23] E Verhagen. Probing surface plasmons with optical emitters. Report of a research project for the masters degree in experimental physics of Utrecht University, performed in the period August 2004 - August 2005.

[24] 洪小刚，徐文东，等. 唐晓东.数值模拟探针诱导表面等离子体共振耦合[J]. 纳米光刻，2008，57（10）：

6643-6648.

[25] Dykhne A M et al. Resonant transmittance through metal films with fabricated and light- induced modulation. Phys. Rev. B, 2003, 67: 195402.

[26] William L Barnes. Surface plasmon–polariton length scales: a route to sub-wavelength optics. (REVIEW ARTICLE), J. Opt. A: Pure Appl. Opt. 8 (2006), S87- S93.

[27] Lynch D W and Huttner W R. Handbook of Optical Constants of Solids, 1985. ed. Palik (New York: Academic).

[28] Barnes W L. Light-emitting devices: Turning the tables on surface plasmons. 2004 Nat. Mater. 3, 588.

[29] Van Exter M and Lagendijk A. Ultrashort Surface-Plasmon and Phonon Dynamics. 1988 Phys. Rev. Lett. 60, 49-52.

[30] Kretschmann E and Raether H. Radiative decay of nonradiative surface plasmon excited by light. 1968 Z. Natur f. a 23, 2135–2136.

[31] A Otto. Excitation of Non-Radiative Surface Plasma Waves in Silver by the Method of Frustrated Total Reflection, Z. Phys (1968). 216, 398.

[32] Wood R W. On a remarkable case of uneven distribution of light in a diffraction grating spectrum. 1902 Phil. Mag. 4 396.

[33] Fano U. The Theory of Anomalous Diffraction Gratings and of Quasi-Stationary. Waves 1941 J. Opt. Soc. Am. 31 213.

[34] Ford G W and Weber W H. Electromagnetic interactions of Molecules with Metal Surfaces. 1984 Phys. Rep. 113 195.

[35] Barnes W L, Fluorescence near interfaces: the role of photonic mode density (Topical review). journal of modern optics, 1998, vol. 45, no. 4, 661-699.

[36] Nomura W, OhtsuM, Yatsui T.. Nanodot coupler with a surface plasmon polariton condenser for optical far/near-field conversion. Appl. Phys. Lett. , 2005, 86: 181108-1-3.

[37] Yin L et al. Subwavelength Focusing and Guiding of Surface Plasmons. Nano Lett. , 2005, 5: 1399.

[38] Krasavin A V, Zayats A V, Zheludev N I. Active control of surface plasmon–polariton waves. J. Opt. A: Pure Appl. Opt. 7 (2005), S85- S89.

[39] Andrew P, Barnes W L. Energy Transfer Across a Metal Film Mediated by Surface Plasmon Polaritons. Science, Science, Vol. 306, No. 5698 (Nov. 2004), 1002-1005.

[40] Okamoto K et al. Surface plasmon enhanced spontaneous emission rate of InGaN/GaN quantum wells probed by time-resolved photoluminescence spectroscopy. Appl. Phys. Lett. , 2005, 87: 071102-1-3.

[41] Wedge S, Wasey J A E, Sage I et al. Coupled surface plasmon-polariton mediated photoluminescence from a top-emitting organic light-emitting structure. Appl. Phys. Lett., Vol. 85, No.2 (July 2004), 182-184.

[42] V Giannini, Y Zhang, M Forcales and J Gómez Rivas. Long-range surface polaritons in ultra-thin films of silicon. Optics Express, Vol. 16, No. 24 , 24 November 2008: 19674-85.

[43] A V Zayats, I I Smolyaninov, and A A Maradudin. Nano-optics of surface plasmon polaritons. Phys. Rep. 408, 131–314 (2005).

[44] Berini P. Plasmon-polariton waves guided by thin lossy metal films of finite width: Bound modes of symmetric structures. Physical Review B, Vol. 61, No. 15 (APR. 2000), 10484-10503.

[45] Herminghaus S, Klopfleisch M and Schmidt H J. Attenuated total reflectance as a quantum interference phenomenon. Optics Letters, Vol. 19, No. 4 (Feb., 1994), 293-296.

[46] Armando Giannattasio, Ian R. Hooper, and William L. Barnes. Transmission of light through thin silver films via surface plasmon-polaritons. OPTICS EXPRESS, Vol. 12, No. 24, (Nov., 2004): 5881-5886.

[47] S Wedge, I R Hooper, I Sage, W L Barnes. Light emission through a corrugated metal film: The role of cross-coupled surface plasmon polaritons. Phys. Rev. B, No. 69（2004）, 245418.

[48] J. Chandezon, M. T. Dupuis, G. Cornet, D. Maystre. Multicoated gratings – a differential formalism applicable in the entire optical region. J. Opt. Soc. Am. No. 72（1982）, 839-846.

[49] E L Wood, J R Sambles, N P Cotter, S C Kitson. Diffraction grating characterization using multiplewavelength excitation of surface-plasmon polaritons. J. Mod. Opt. No. 42（1995）, 1343-1349.

[50] N Fang, Z W Liu, T J Yen, X Zhang. Regenerating evanescent waves from a silver superlens. Opt. Express 11, 682-687（2003）. http://www.opticsexpress.org/ abstract.cfm?URI=OPEX-11-7-682.

[51] E Kretschmann. Die bestimmung optischer Konstanten von Metallen durch Auregung von Oberflächenplasmaschwingungen. Z. Phys. 241, 313-324（1971）.

[52] S Herminghaus, M Klopfleisch, and H . Schmidt. Attenuated total reflectance as a quantum interference phenomenon. Opt. Lett. 19, 293-295（1994）.

[53] N P K Cotter, T W Preist, and J R Sambles. Scattering-matrix approach to multilayer diffraction. J. Opt. Soc. Am. A. 12, 1097-1103（1995）.

[54] Stratton J A. 1941 Electromagnetic Theory（New York and London: McGraw-Hill）.

[55] Ebbesen T W, Lezec H J, Ghaemi H F, Thio T, & Wolff P A. Extraordinary optical transmission through sub-wavelength hole arrays. Nature 391, 667–669（1998）.

[56] H J Lezec, A. Degiron, E Devaux, R A Linke, L Martin-Moreno, F J Garcia-Vidal and T W Ebbesen. Beaming Light from a Subwavelength Aperture. Science 2 August 2002: Vol. 297 no. 5582, 820-822.

[57] Thio T et al. Enhanced light transmission through a single subwavelength aperture. Opt. Lett. , No. 26（2001）: 1972.

[58] J B Pendry, Playing Tricks with Light. Science 285（1999）, Science Vol. 285, No. 5434（Sep. 1999）: 1687-1688.

[59] W L Barnes, Electromagnetic Crystals for Surface Plasmon Polaritons and the Extraction of Light from Emissive Devices. IEEE J. Lightwave Techn. 17（1999）, 2171.

[60] J R Krenn et al. Squeezing the Optical Near-Field Zone by Plasmon Coupling of Metallic Nanoparticles. Phys. Rev. Lett. 82, 2590（1999）.

[61] H F Ghaemi, T Thio, D E Grupp, T W Ebbesen, H J Lezec. Surface plasmons enhance optical transmission through subwavelength holes. Phys. Rev. B 58（1998）, 6779.

[62] D E Grupp, H J Lezec, T Thio, T W Ebbesen. Beyond the Bethe Limit: Tunable Enhanced Light Transmission Through a Single Sub-Wavelength Aperture. Adv. Mater. 11, 860（1999）.

[63] L Martin-Moreno et al. Theory of extraordinary optical transmission through subwavelength hole arrays. Phys. Rev. Lett. 86, 1114（2001）.

[64] L Salomon, F Grillot, A V Zayats, F de Fornel. Near-field distribution of optical transmission of periodic subwavelength holes in a metal film. Phys. Rev. Lett. 86, 1110（2001）.

[65] S Collin, F Pardo, R Teissier, J -L Pelouard. Strong discontinuities in the complex photonic band structure of transmission metallic gratings. Phys. Rev. B 63, 033107（2001）.

[66] P T Worthing, W L Barnes. Local electric and magnetic fields in semicontinuous metal films: Beyond the quasistatic approximation. Appl. Phys. Lett. 79, 3035（2001）.

[67] A P Hibbins, J R Sambles, C R Lawrence. The coupling of microwave radiation to surface plasmon polaritons and guided modes via dielectric gratings. J. Appl. Phys. 87, 2677（2001）.

[68] J J Greffet et al. Coherent emission of light by thermal sources. Nature 416, 61（2001）.

[69] S C Kitson, W L Barnes, J R Sambles. Full Photonic Band Gap for Surface Modes in the Visible. Phys. Rev.

Lett. 77, 2670 (1996).

[70] H I Smith. Fabrication Techniques for Surface-Acoustic Wave and Thin-Film Optical Devices. Proc. IEEE 62, 1361-1387 (1974).

[71] Pendry J B. Negative Refraction Makes a Perfect Lens. Phys. Rev. Lett., 2000, 85: 3966.

[72] Nicholas Fang, Hyesog Lee, Cheng Sun and Xiang Zhang, Sub–Diffraction-Limited Optical Imaging with a Silver Superlens, Science 22 April 2005: Vol. 308, No. 5721, pp. 534-537.

[73] M C K Wiltshire et al. Microstructured Magnetic Materials for RF Flux Guides in Magnetic Resonance Imaging. Science 291, 849-841 (2001).

[74] R. A. Shelby, D. R. Smith, S. Schultz, Experimental Verification of a Negative Index of Refraction. Science 292, 77-79 (2001).

[75] A K Iyer, P C Kremer, G V Eleftheriades, Experimental and theoretical verification of focusing in a large, periodically loaded transmission line negative refractive index metamaterial. Opt. Express 11, 696-708 (2003).

[76] A Grbic, G V Eleftheriades. Overcoming the Diffraction Limit with a Planar Left-Handed Transmission-Line Lens. Phys. Rev. Lett. 92, 117403-1-4 (2004).

[77] P B Johnson and R W Christy. Optical Constants of the Noble Metals. Phys. Rev. B 6, (1972), 4370-4379.

[78] S A Ramakrishna, D. Schurig, D. R. Smith, S. Schultz, J. B. Pendry, The asymmetric lossy near-perfect lens. J. Mod. Opt. 49, 1747-1762 (2002).

[79] D O S Melville, R J Blaikie. Imaging through planar silver lenses in the optical near field. J. Opt. A7, S176-183 (2005).

[80] N Fang, X Zhang. Imaging properties of a metamaterial superlens. Appl. Phys. Lett. 82, 161 (2003).

[81] D R Smith et al. Limitations on subdiffraction imaging with a negative refractive index slab. Appl. Phys. Lett. 82, 1506-1508 (2003).

[82] D R Smith, J B Pendry, M C K Wiltshire. Metamaterials and Negative Refractive Index. Science 305, 788 (2004).

[83] Xiangang Luo and Teruya Ishihara. Surface plasmon resonant interference nanolithography technique Applied Physics Letters, Vol. 84, No. 23 (June 2004), 4780–4782.

[84] Kik P G, Maier S A, Atwater H A. Image resolution of surface-plasmon-mediated near-field focusing with planar metal films in three dimensions using finite-linewidth dipole sources. Phys. Rev. B, 2004, 69: 045418.

[85] Michelle Duval Malinsky, K Lance Kelly, George C Schatz, and Richard P. Van Duyne,. Nanosphere Lithography: Effect of Substrate on the Localized Surface Plasmon Resonance Spectrum of Silver Nanoparticless. J. Phys. Chem. B 2001, 105, 2343-2350.

[86] H Ditlbacher, J R Krenn, G Schider, A Leitner, and F R Aussenegg. Two-dimensional optics with surface plasmon polaritons. Appl. Phys. Lett. 81, 1762 (2002), 1762-1764.

[87] M D Austin and S Y Chou, Fabrication of 70 nm channel length polymer organic thin-film transistors using nanoimprint lithography. Appl. Phys. Lett. 81, 4431 (2002), 4431-4433.

[88] B W Smith, Y Fan, J Zhou, N Lafferty, and A Estroff. Evanescent wave imaging in optical lithography. Proc. SPIE 6154, 100-108 (2006).

[89] Y Zhou, M H Hong, J Y H Fuh, L Lu, and B S Lukiyanchuk. Evanescent wave interference lithography for surface nano-structuring, Physica Scripta, T 129, 35-37 (2007).

[90] V M Murukeshan, J K Chua, S K Tan, and Q Y Lin. Nano-scale three dimensional surface relief features using single exposure counterpropagating multiple evanescent waves interference phenomenon. Opt. Express 16 (18), 13857-13870 (2008).

[91] W L Barnes, A Dereux, and T W Ebbesen. Surface plasmon subwavelength optics. Nature 424 (6950),

824-830（2003）.

[92] Hong LIU, Jinghua TENG. Plasmonic nano-lithography: towards next generation nano- patterning. Journal of Molecular and Engineering Materials, Vol. 1, No. 1（2013）1250005: 1-19.

[93] Srituravanich, N. Fang, C. Sun, Q. Luo, and X. Zhang, "Plasmonic Nanolithography," Nano Lett. 4（6）（2004）, 1085- 1088.

[94] D B Shao, and S C Chen, "Direct patterning of three-dimensional periodic nanostructures by surface-plasmon-assisted nanolithography," Nano Lett. 6（10）, 2279- 2283（2006）.

[95] Ampere A. Tseng, Kuan Chen, Chii D Chen, and Kung J Ma. Electron Beam Lithography in Nanoscale Fabrication: Recent Development. IEEE TRansactions on electronics packaging manufacturing, VOL. 26, NO. 2（April 2003）, 141-149.

[96] F. Watt, M. B. H. Breese, A. A. Bettiol, and J. A. van Kan, "Proton beam writing," Mater. Today 10（6）, 20-29（2007）.

[97] K Arshak, M Mihov, A Arshak, D McDonagh and D Sutton. Focused Ion Beam Lithography- Overview and New Approaches. PROC. 24th INTernational conference on microelectroNICS （MIEL 2004）. VOL 2, NIŠ, SERBIA AND MONTENEGRO, 16-19 MAY 2004, 459-462.

[98] X W Guo, J L Du, Y K Guo, and J Yao, "Large-area surface-plasmon polariton interference lithography," Opt. Lett. 31（17）, 2613–2615（2006）.

[99] Mingyang He, Zhiyou Zhang, Sha Shi, Jinglei Du, Xupeng Li, Shuhong Li. A practical nanofabrication method: surface plasmon polaritons interference lithography based on backside-exposure technique. OPTICS EXPRESS, Vol. 18, No. 15 （July 2010), 15976-80.

[100] Pockrand. Surface Plasma Oscillations at Silver Surfaces with Thin Transparent and Absorbing Coatings. Surf. Sci. 72（3）, 577- 588（1978）.

[101] Vadakke Matham Murukeshan* and Kandammathe Valiyaveedu Sreekanth. Excitation of gap modes in a metal particle-surface system for sub-30 nm plasmonic lithography. OPTICS LETTERS, Vol. 34, No. 6, （March 15, 2009）, 845-847.

[102] A Adams and P K Hansma, Light emission from small metal particles and thin metal films excited. by tunneling electrons. Phys. Rev. B 23（1981）, 3597-3601.

[103] R W Rendell and D J Scalapino, Surface plasmons confined by microstructures on tunnel junctions. Phys. Rev. B 24, 3276（1981）.

[104] S Kawata, Near-field Optics and Surface Plasmon Polaritone（Springer, 2001）.

[105] E D Palik, Handbook of Optical Constants of Solids（Academic, 1985）.

[106] A K Bates, M Rothschild, T M Bloomstein, T H Fedynyshyn, R R Kunz, V Liberman, and M Switkes, "Review oftechnology for 157-nm lithography," IBM J. Res. Develop. 45, 605- 614（2001）.

[107] J P Silverman, "Challenges and progress in x-ray lithography," Journal of Vacuum Science & Technology B: Microelectronics and Nanometer Structures, Volume 16, Issue 6, November 1998, pp.3137-3141.

[108] Xuefeng Yang, Beibei Zeng, Changtao Wang, and Xiangang Luo. Breaking the feature sizes down to sub-22 nm by plasmonic interference lithography using dielectric-metal multilayer . Optics express 21560-5, Vol. 17, No. 24, Nov. 2009.

[109] Y Xiong, Z Liu, C Sun, and X Zhang. Two-dimensional imaging by far-field superlens at visible wavelengths. Nano Lett. 74（11）, 3360- 3365（2007）.

[110] M J Madou, Fundamentals of Microfabrication,（CRC, Boca Raton, 2002）.

[111] B Wood, J B Pendry, and D P Tsai, "Directed subwavlength imaging using a layered metal-dielectric system," Phys. Rev. B 74（11）, 115116（2006）.

[112] M G Moharam, D A Pommet, E B Grann, and T K Gaylord, "Stable implementation of the rigorous

coupled-wave analysis for surface-relief gratings: enhanced transmittance matrix approach," J. Opt. Soc. Am. A 12 (5), 1077- 1086 (1995).

[113] M J Weber, Handbook of Optical Materials, (CRC Press, 2003).

[114] Genet C, & Ebbesen T W. Light in tiny holes. Nature 445, 39-46 (2007).

[115] Liu Z et al. Focusing surface plasmons with a plasmonic lens. Nano Lett. 5, 1726- 1729 (2005).

[116] Jeong H J et al. The future of optical lithography. Solid State Technol. 37, 39-47 (1994).

[117] Okazaki S. Resolution limits of optical lithography. J. Vac. Sci. Technol. B 9, 2829- 2833 (1991).

[118] Hughes G, Litt L C, Wüest A & Palaiyanur S. Mask and wafer cost of ownership (COO) from 65 to 22 nm half-pitch nodes. Proc. SPIE 7028 (2008).

[119] International technology roadmap for semiconductors 2009 edition: Lithography (2009).

[120] McCord M A Electron beam lithography for 0.13 mm manufacturing. J. Vac. Sci. Technol. B 15, 2125- 2129 (1997).

[121] Muraki M, & Gotoh S. New concept for high-throughput multielectron beam direct write system. J. Vac. Sci. Technol. B 18, 3061–3066 (2000).

[122] Pease R F, et al. Prospect of charged particle lithography as a manufacturing technology. Microelectron. Eng. 53, 55-60 (2000).

[123] Menon R, Patel A, Gil D & Smith H I. Maskless lithography. MaterialsToday, Vol. 8, No.2 (February 2005), 26- 33.

[124] Cooper E B et al. Terabit-per-square-inch data storage with the atomic force microscope. Appl. Phys. Lett. 75, 3566–3568 (1999).

[125] Piner R D, Zhu J, Xu F, Hong S & Mirkin C A. 'Dip-pen' nanolithography. Science 283, 661- 663 (1999)

[126] Vettiger P, et al. The 'Millipede'—more than one thousand tips for future AFM data storage. IBM J. Res. Develop. 44, 323- 340 (2000).

[127] Salaita K. et al. Massively parallel dip-pen nanolithography with 55,000-pen two- dimensional arrays. Angew. Chem. Int. Ed. 45, 7220- 7223 (2006).

[128] Pease R F Maskless lithography. Microelectron. Eng. 78- 79, 381- 392 (2005).

[129] S A Maier. Plasmonics: Fundamentals and Applications (Springer, 2007).

[130] K L Kelly, E Coronado, L L Zhao, and G C Schatz, Optical Properties of Metal Nanoparticles with Arbitrary Shapes. J. Phys. Chem. B 107, 668 (2003).

[131] Yizhuo Chu and Kenneth B. Crozier. Experimental study of the interaction between localized and propagating surface plasmons. OPTICS LETTERS, Vol. 34, No. 3 (Feb, 2009), 244-246.

[132] 明海，王小蕾，王沛，等. 表面等离激元的调控研究与应用. 科学通报，2010 年，第 55 卷，第 21 期：2068-2077.

[133] Liu Z, Lee H, Xiong Y, Sun C & Zhang X. Far-field optical hyperlens magnifying sub-diffraction-limited objects. Science 315, 1686- 1686 (2007).

[134] Sundaramurthy A, et al. Toward nanometer-scale optical photolithography: Utilizing the near-field of bowtie optical nanoantennas. Nano Lett. 6, 355- 360 (2006).

[135] Lindquist N C, Nagpal P, Lesuffleur A, Norris D J, & Oh S H. Three-dimensional plasmonic nanofocusing. Nano Lett. 10, 1369- 1373 (2010).

[136] Liu Y M, Zentgraf T, Bartal G & Zhang X. Transformational plasmon optics. Nano Lett. 10, 1991- 1997 (2010).

[137] Sondergaard T et al. Resonant plasmon nanofocusing by closed tapered gaps. Nano Lett. 10, 291- 295 (2010).

[138] Volkov V S, et al. Nanofocusing with channel plasmon polaritons. Nano Lett. 9, 1278- 1282 (2009).

[139] Zentgraf T, Liu Y M, Mikkelsen M H, Valentine J, & Zhang X. Plasmonic Luneburg and Eaton lenses. Nat. Nanotechnol. 6, 151-155 (2011).

[140] Bozhevolnyi S I, & Nerkararyan K V,. Adiabatic nanofocusing of channel plasmon polaritons. Opt. Lett. 35, 541-543 (2010).

[141] Wang Y, Srituravanich W, Sun C, & Zhang X. Plasmonic nearfield scanning probe with high transmission. Nano Lett. 8, 3041-3045 (2008).

[142] Oulton R F, Sorger V J, Genov D A, Pile D F P, & Zhang X. A hybrid plasmonic waveguide for subwavelength confinement and long-range propagation. Nat. Photonics 2, 496-500 (2008).

[143] Dionne J A, Sweatlock L A, Atwater H A, & Polman A. Plasmon slot waveguides: Towards chip-scale propagation with subwavelength-scale localization. *Phys. Rev. B* 73, 035407 (2006).

[144] Stockman M I. Nanofocusing of optical energy in tapered plasmonic waveguides. *Phys. Rev. Lett.* 93, 137404 (2004).

[145] Aubry A, et al. Plasmonic Light-Harvesting Devices over the Whole Visible Spectrum. *Nano Lett.* 10, 2574-2579 (2010).

[146] Verhagen E, Kuipers L, & Polman A. Plasmonic Nanofocusing in a Dielectric Wedge. Nano Lett. 10, 3665-3669 (2010).

[147] Gramotnev D K, & Vernon K C. Adiabatic nano-focusing of plasmons by sharp metallic wedges. Appl. Phys. B-Lasers Opt. 86, 7-17 (2007).

[148] L Pan, Y Park, Y Xiong, E Ulin-Avila, Y Wang, L Zeng, S Xiong, J Rho C Sun, D B Bogy, and X Zhang. Maskless Plasmonic Lithography at 22 nm Resolution. SCIENTIFIC REPORTS, 2011; 1: 175 1-5.

[149] Matteo J A, et al. Spectral analysis of strongly enhanced visible light transmission through single C-shaped nanoapertures. Appl. Phys. Lett. 85, 648-650 (2004).

[150] Wang L, Uppuluri S M, Jin E X., & Xu, X F. Nanolithography using high transmission nanoscale bowtie apertures. Nano Lett. 6, 361–364 (2006).

[151] Juang, J Y, Bogy D B & Bhatia C S Design and dynamics of flying height control slider with piezoelectric nanoactuator in hard disk drives. J. Tribol.-Trans. ASME 129, 161-170 (2007).

[152] W Srituravanich, L Pan, Y Wang, C Sun, D B Bogy & X Zhang. Flying plasmonic lens in the near field for high-speed nanolithography. Nature Nanotechnology, VOL 3, Dec. 2008, 733-737.

[153] Sakai T, Nakano I, Shimo M, Takamori N, & Takahashi A. Thermal direct mastering using deep UV laser. Jpn. J. Appl. Phys. Part 1 - Regul. Pap. Brief Commun. Rev. Pap. 45, 1407-1409 (2006).

[154] Ito E, Kawaguchi Y, Tomiyama M, Abe S, & Ohno E. TeOx-based film for heat-mode inorganic photoresist mastering. Jpn. J. Appl. Phys. Part 1 - Regul. Pap. Short Notes Rev. Pap. 44, 3574-3577 (2005).

第14章 干涉技术与光电系统

14.1 概述

光的波动性体现于光的干涉与衍射。其中，光的干涉可以精确求解，而且精度非常高；而衍射大多利用简化公式来计算，因而精度会降低。衍射体现在光的传播过程中，而干涉体现在一定平面或者区域的光与光的相互作用上。

光的干涉可以根据所采用光波的相干程度来区分，光束的相干程度有三种：完全相干光束、部分相干光束和完全非相干光束。部分相干光束可以分解为完全相干光束与非完全相干光束。自然界中存在的光均为部分相干光；即使人造的激光，也不是完全相干的光束，所以一般称为准相干光束。相干的程度可以体现于光波的相位差：稳定的相位差形成稳定的干涉，随机变化或者变化迅速以至于光电探测器不能够分辨的相位差则形成非相干的干涉，即实际上有干涉现象，因受仪器的限制而观测不到。通常所使用的干涉仪是根据稳定干涉的原理制成的。

干涉仪的类型较多，常用的有经典干涉仪及其改进型，如迈克尔逊干涉仪、马赫-曾德尔干涉仪、法布里-珀罗干涉仪、斐索干涉仪等，应用广泛。干涉技术已经得到相当广泛的应用：一方面因为微电子、微机械、微光学和现代工业提出了越来越高的精度和更大的量程，其他方法难以胜任；另一方面因为当代干涉测量技术本身具有灵敏度高、量程大、可以适应特定环境等特点，在现代工业应用产生了干涉技术和光电系统的结合[1]。

14.1.1 经典干涉理论

光学中的干涉可分为稳定干涉与瞬态干涉。通常所说的干涉指稳定干涉。

在两个或多个光波叠加的区域，某些点振动始终加强，另一些点的振动始终减弱，形成在该区域内稳定的光强分布，称为光的干涉现象。并不是任意的两个光波都能形成干涉现象，稳定的光波干涉应满足相干条件。

相干现象满足波振幅的叠加原理。在空间一点两个叠加的振动 $\boldsymbol{E}_1$、$\boldsymbol{E}_2$，叠加光强为

$$I = (\boldsymbol{E}_1 + \boldsymbol{E}_2) \cdot (\boldsymbol{E}_1 + \boldsymbol{E}_2)^* = |\boldsymbol{E}_1|^2 + |\boldsymbol{E}_2|^2 + \boldsymbol{E}_1 \cdot \boldsymbol{E}_2^* + \boldsymbol{E}_1^* \cdot \boldsymbol{E}_2 \qquad (14.1)$$

式中后两项为干涉项。如果两振动可以表示成平面矢量波

$$\boldsymbol{E}_1 = \boldsymbol{A}_1 \cos(\boldsymbol{k}_1 \cdot \boldsymbol{r} - \omega_1 t + \delta_1), \quad \boldsymbol{E}_2 = \boldsymbol{A}_2 \cos(\boldsymbol{k}_2 \cdot \boldsymbol{r} - \omega_2 t + \delta_2) \qquad (14.2)$$

则强度可以写成

$$I = |\boldsymbol{E}_1|^2 + |\boldsymbol{E}_2|^2 + \boldsymbol{A}_1 \cdot \boldsymbol{A}_2 \cos \delta \qquad (14.3)$$

式中，$\delta = (\boldsymbol{k}_1 - \boldsymbol{k}_2) \cdot \boldsymbol{r} + (\delta_1 - \delta_2) - (\omega_1 - \omega_2)t$，并记为 $I_1 = |\boldsymbol{E}_1|^2$，$I_2 = |\boldsymbol{E}_2|^2$，$I_{12} = \boldsymbol{A}_1 \cdot \boldsymbol{A}_2 \cos \delta$。干涉项与两光波的振动方向 $\boldsymbol{A}_1 \cdot \boldsymbol{A}_2$ 和在干涉点处的相位差 δ 有关。

1. 稳定干涉条件

（1）频率相同。两光波频率差引起的随时间的变化而产生的相位差变化会使干涉项等于零。

（2）振动方向相同。干涉时考虑光波的偏振态，尽可能地满足偏振方向相同或者变化步调一

致。振动方向相同的干涉得到最大的干涉强度。振动方向存在夹角的干涉,实际上只有两个平行的振动分量产生干涉,而垂直分量将在观察点(面)上形成背景光,影响条纹的清晰度。

(3) 相位差 δ 恒定。因为光强是光振幅在观察点的时间平均值,不恒定或者随机变化的相位差会使条纹平均化,使得干涉项为零。非相干光看不到条纹的原因之一就是相位不固定。

2. 不完全满足稳定干涉条件的影响

当两光波不完全满足以上条件,但满足以下条件时,会出现一些特殊情况:

(1) 相位差不恒定。此时合成光强也随时间变化,得不到稳定的干涉图案;但如果相位变化比记录仪器或者视觉缓慢得多,仍可能记录到瞬时干涉场的分布。

(2) 两列波频率不同。此时一般也观察不到干涉现象;但若满足其他两个条件,仍可在两列波周期公倍数时观察到相干增强的现象,特别是在频率差不大时,可观察到明显的拍频现象。广义来说,这两列波也具有相干性。

(3) 两列波偏振方向不相同。当频率相同,相位差恒定,且振动面相互垂直的光波叠加时,会形成椭圆偏振光。

3. 干涉条纹的对比度

用对比度来表征干涉点附近条纹明暗反差的程度,同时表征条纹在其周围的清晰度。干涉点附近条纹的对比度有两种定义。一种定义为

$$K = (I_M - I_m)/(I_M + I_m) \tag{14.4}$$

式中,I_M、I_m 分别表示考察点位置附近的最大光强和最小光强。双光束干涉对比度表示为

$$K = 2\sqrt{I_1 I_2}/(I_1 + I_2) \tag{14.5}$$

另一种定义为

$$K = (I - I_b)/I_b \tag{14.6}$$

式中,I 为干涉点处的强度,I_b 为背景光强度。

若获得清晰的干涉条纹,双光束干涉还应满足以下两个条件:

(1) 两列光波在叠加点所产生的振动振幅或者光强相差不太悬殊,如果 $A_1 \gg A_2$,则合成的波振幅与单一光波的振幅无大差别,光场对比度很差。

(2) 考虑到光源的相干长度,两列光波在叠加点光程差不能太大,否则不能干涉。

14.1.2 光的相干性

光的干涉是以光子的相干性为基础的。光场是随时间和空间变化的场,所以光的相干性具有时间相干性与空间相干性两方面。

当考察辐射场中某个固定点两个不同时刻发出的光波的干涉问题时,研究的是时间相干性;而在同一时刻,考察光场内两个不同点的干涉问题时,则是空间相干性。

1. 时间相干性

由于光源发光不是无限延续的,发出的波列是有限长的,而且各波列之间无固定的相位关系,这就决定了满足相干条件的两光束之间的最大时间延迟和最大光程差。能产生干涉效应的最大光程差,称为光的相干长度 L_C。相干长度越长,光源的相干性就越好。产生干涉的两列波来自同一段波列,只是由于光程不同,才使其在空间某一点相会合时有一个时间先后的差别,所以两列波在这一点的干涉实际上就是同段波列上时间前后不同的两点在该点的干涉。光源所发光波的这种干涉效应,称为时间相干性。相干性的好坏用相干时间 τ 来度量。

相干长度 L_C 与相干时间 τ 之间的关系为

$$L_C = c\tau \tag{14.7}$$

式中，c 为光速。波列长度与光源的单色性有关。任何实际的波列都有一定的宽度。谱线宽度用 $\Delta\lambda$ 表示，它表征谱线单色性的好坏；$\Delta\lambda$ 越小，单色性越好。设谱线的中心波长为 λ_0，则相干长度与谱线宽度的关系为

$$L_C = \frac{\lambda_0^2}{\Delta\lambda} \tag{14.8}$$

一个有限长的等幅波列，其频谱宽度 $\Delta\nu$ 和波列的时间间隔 Δt 的关系为

$$\Delta\nu \cdot \Delta t = 1 \tag{14.9}$$

式中，$\Delta t = L_C / c$。

空间相干性是研究同一时刻、不同点之间的相干程度。在对于空间相干性的观察实验中，通常在光束波前上取两个不同点的场，称为波前分割法。而时间相干性的观察实验通常是整体分束，然后将不同束光分别经历不同的延迟，称为振幅分割法。

理论上，同一时刻的空间两点的干涉可以通过光程差来表征，即从光源到观察点所经历的光程差，只要不超过相干长度即可。也就是说，时间相干性与空间相干性是可以转化的。

2. 空间相干性

空间相干性也可以通过对比度来观察。但是对比度并不适于定量描述相干性，仅是一个对干涉结果的观察参量。一般认为，条纹对比度越高，条纹的相干性越好。对比度为 0 时，光源完全不相干；对比度为 1 时，光源完全相干。实际的光源，即使是相干性很好的激光光源，都是准相干的。处于中间态的相干理论，应该把光看作一个随机场，用场的自相干函数来表征。

空间相干性与时间相干性的联系有些类似于量子力学中的不确定原理。辐射场的两点（空间的或者时间的）仅当它们都位于由不确定原理所确定的范围内时，它们才是相干的。正如狄拉克曾说过，光子只会与它自身发生干涉，从来不会发生两个不同光子之间的干涉。

3. 激光的相干性

理想的激光是一个纯单色振荡，即只有一个频率的光满足谐振条件。由于各种线宽效应，使得一般的单纵模仍然具有一定的谱宽。例如：单纵模 He-Ne 激光器的谱宽约为 10^6 Hz，相当于相干时间为 1 μs，相干长度为 300 m；多纵模 He-Ne 激光器的谱宽约为 1.5×10^9 Hz，相干长度为 20 cm，相干时间约为 1 ns。

激光的空间相干性主要取决于横模的结构，即输出光束在空间的分布。由于谐振腔的作用，使得光束在空间的分布受到一定的限制，只有满足一定条件的光束才能得到放大而形成激光。对于多横模结构的激光器，相当于多个光源的组合，其频率、偏振及位置各不相同，因而彼此不相干；但每个横模各自都是优良的相干光源，其在整个横截面内都是空间相干的。

14.1.3 常用的激光器及其相干性

激光具有良好的单色性、方向性，以及很高的亮度和强度，成为干涉仪的主要光源。常见的激光器有 He-Ne 激光器、CO_2 激光器、半导体激光器、光子晶体激光器、光纤激光器、紫外激光器等。

1. He-Ne 激光器

He-Ne 激光器于 1961 年由贝尔实验室的 Javian 等制成，是普遍应用于干涉测量的激光器。He-Ne 激光器的气体组分中含有 He 原子和 Ne 原子，实际产生激光作用的是 Ne 原子，He 原子起

电泵浦的共振能量传递作用。饱和吸收稳频的 He-Ne 激光器,其频率稳定度和重复性在 $10^{-11} \sim 10^{-13}$ 之间。这样,当激光模式的谱宽在 $50 \sim 500$ Hz 时,相干长度在 $60 \sim 600$ km 之间。He-Ne 激光器输出三个波长,多使用的波长为 632.8 nm。

2. CO_2 激光器

CO_2 激光器的气体组分包括 N_2、He 和 CO_2。其中,N_2 起增加激光跃迁到上能级的作用,He 起减少激光跃迁到下能级的作用,二者的共同作用加上 CO_2 激光跃迁到上能级的高效率泵浦过程,使 CO_2 激光器成为功率最大和效率最高的激光器之一。CO_2 激光器常用的输出波长为 10.6 μm,输出功率可达 80 kW。

3. 半导体激光器

半导体激光器又称半导体激光二极管,以半导体材料为工作物质的一类激光器。它具有效率高、体积小、结构简单、成本低、易于调制等优点;但它的最致命的弱点在于工作一定时间后其性能将逐渐退化,有些特性将变质,而且这些变化是不可逆转的,最终导致激光管不能使用。

大功率半导体激光器具有体积小、质量轻、寿命长等优点,广泛应用于民用生产和军事等领域。近年来,国外大功率半导体激光器的研究进展非常迅速,单条最大连续输出功率已经大于 600 W,最高电光转换效率高达 72%,单条 $40 \sim 120$ W 已经商品化。

4. 光子晶体激光器[4]

1987 年,E. Yabnolovitch 和 S. John 几乎同时提出光子晶体这一概念。1992 年,英国 Bath 大学的 R. J. Russell 等首次提出了光子晶体光纤(photonic crystal fiber,PCF)的概念。1996 年英国 Bath 大学的研究小组在实验室拉制成功第一根 PCF。由于光子晶体光纤的波导性质在很大程度上依赖于它的包层结构,通过改变气孔的尺寸和间距就可以方便地改变光纤的导波性质,使其具有很大的设计自由度和许多传统光纤难以实现的诸多优良特性,在光纤器件的应用中显示着巨大的发展潜力。

在光子晶体光纤的纤芯中掺入稀土元素,可以制成光纤激光器;利用光子晶体光纤可以灵活设计的模场特性,改变传导模式和有源介质之间的相互作用,可以制造适用于不同要求的激光器;特别是光子晶体光纤与包层抽运技术结合,为高光束质量、高功率光纤激光器的进一步发展提供了条件;通过提高外包层的空气填充比就可增大外包层与稀土掺杂双包层光子晶体光纤激光器包层的相对折射率差,从而增大光纤内包层的数值孔径;通过增大气孔间距 L 和减小气孔直径 d 都可以获得大的模场面积。因此,基于光子晶体光纤的双包层光纤,利用了光子晶体光纤的结构优势,利用空气孔层作为光纤的内包层,在折射率调制上非常便利,可以具有更大的模场面积和更大的内包层数值孔径,从而避免由于高功率和放大自发辐射所产生的非线性效应,并提高抽运光的耦合效率。

由于 PCF 光纤中存在许多空气孔,不利于光纤的焊接,故环形腔结构的 PCF 激光器难以实现,目前报道的 PCF 激光器多采用线性法布里-珀罗(Fabry-Perot,F-P)腔结构。PCF 激光器与常规光纤激光器的主要不同点就在于所用增益介质为 PCF。根据所用 PCF 的不同,PCF 激光器件可以分为两大类:一类是利用小模面积 PCF、高非线性效应的激光器件;另一类是利用掺稀土元素大模面积 PCF(尤其是双包层 PCF)研制的高功率、高光束质量的近红外 PCF 激光器。普通光纤激光器要提高功率,往往是以牺牲光束质量为代价的;而在大功率 PCF 激光器中,大模面积 PCF 不仅可以提高光纤激光器中抽运光的耦合效率,而且在高抽运功率下还能有效地减弱光纤中的非线性效应,实现高功率和高光束质量的激光输出。

5. 光纤激光器

光纤激光器[5]的研发始于 20 世纪 60 年代,当时美国光学公司的 E. Snizer 等用一根纤芯直径为 300 mm 的掺钕(Nd)玻璃波导观察到了激光现象。直到 20 世纪 80 年代后期,用改进的化学气相沉积法（modified chemical vapor deposition，MCVD）成功制成低损耗的掺铒光纤（Er-doped fiber，EDF）后，光纤激光器才取得了长足的发展。

光纤激光器的分类方法有很多种，可以分别按照增益介质、谐振腔结构、光纤结构、输出波长和输出激光等进行分类。按增益介质将光纤激光器划分为稀土类掺杂光纤激光器、非线性效应光纤激光器（如光纤受激喇曼散射激光器、光纤受激布里渊散射激光器）、单晶光纤激光器和塑料光纤激光器4类；按照谐振腔结构分类，光纤激光器的腔形有线形腔、环行腔和8字形腔等；按照光纤内部结构划分，可分为单包层和双包层两种；根据输出波长数目的多少，可分为单波长和多波长光纤激光器；根据输出激光的时域特性可以分为连续和脉冲光纤激光器两大类。

稀土类掺杂光纤激光器通常掺入的稀土元素主要是一些3价元素，主要包括Er^{3+}、Nd^{3+}、Tm^{3+}、Ho^{3+}、Yb^{3+}、Dy^{3+}、Ev^{3+}、Sm^{3+}和Dr^{3+}。

掺铒光纤激光器有F-P腔、环形腔、环路反射器光纤谐振腔以及"8"字形腔。单晶光纤主要有红宝石、钕:钇铝石榴石（Nd:YAG）、$CrAl_2O_3:LiNbO_3$、Ti:蓝宝石和$Yb:LiNO_3$，拉成光纤的单晶比同类的块状和棒状晶体更具有优越的性能。

塑料光纤激光器是在塑料光纤芯或包层充入染料制成的激光器。塑料光纤激光器发展比较缓慢，因为它一般只用在较短距离的光纤通信系统中，其缺点是与常规光纤的熔接损耗较大，从而限制了其作为长距离、大容量光通信系统的光源。

光纤非线性效应激光器主要用于光纤陀螺、光纤传感、波分复用以及相干光通信系统。与掺稀土光纤激光器相比，光纤非线性效应激光器的优点是具有更高的饱和功率且没有泵浦源限制。这种激光器按实际应用主要分为2类：光纤受激喇曼散射激光器和光纤受激布里渊激光器。

光纤孤子激光器是一种特殊的激光器，光纤孤子是因为色散与非线性效应共同作用而引起的一种独特的非线性效应。目前，实现1.55 μm光纤孤子激光器的技术有2种：利用掺Er^{3+}光纤激光器的锁模或频移技术与利用光纤中的受激喇曼散射技术。

与传统的固体或气体激光器相比，光纤激光器在很多应用领域显示出其独特的优势。光纤激光器的优势主要体现在：

（1）激光器的激射波长取决于掺稀土离子，不受泵浦波长的限制。它可以通过对掺杂光纤的结构、掺杂浓度以及泵浦光强度和泵浦方式的适当设计，使激光器的泵浦效率得到显著提高。例如，采用双包层光纤结构，使用低亮度、廉价的多模激光二极管（laser diode，LD）泵浦光源即可实现超过60%的光转换效率。

（2）易于获得高光束质量的千瓦级甚至兆瓦级超大功率激光输出。

（3）易实现单模、单频运转和超短脉冲（飞秒级）。

（4）工作物质具有很好的柔性介质，使得激光器的腔结构设计、整机封装和使用均十分方便，同时可在特定环境下工作，适于野外施工。

（5）光纤激光器可在较宽光谱范围（455～3 500 nm）内设计与运行，能够实现可调谐光纤激光器，这对密集波分复用（dense wavelength division multiplexing，DWDM）系统具有非常重要的意义。

（6）光纤激光器表面积/体积比大，其工作物质的热负荷小，能产生甚高亮度和甚高峰值功率（140 mW/cm^2）。

（7）可以将稀土离子吸收光谱对应的高功率、低亮度、廉价的多模LD光通过泵浦双包层光纤结构，实现高亮度、衍射受限的单模激光输出。

（8）光纤输出与现有通信光纤很匹配，易于耦合且效率高，可形成传输光纤与有源光纤一体化，是实现全光通信的基础。

光纤激光器以光纤作为波导介质，耦合效率高，易形成高功率密度，散热效果好，无须配备庞大的制冷系统，具有高转换效率、低阈值、光束质量好和窄线宽等优点。光纤激光器通过掺杂不同的稀土离子，可实现380～3 900 nm波段范围的激光输出，通过光纤光栅谐振腔的调节可实现波长选择且可调谐。与传统的固体激光器相比,光纤激光器体积小,寿命长,易于系统集成,在高温高压、高震动、高冲击的恶劣环境中皆可正常运转,其输出光谱具有更高的可调谐性和选择性。

目前商用化的光纤激光器可实现 800～2 100 nm 波段的激光输出,输出连续光功率从数百毫瓦到数千瓦量级,主动锁模光纤激光器的脉宽可以小到 200 fs(飞秒),被动式光纤激光器的脉宽可以达到几十飞秒。

6. 紫外激光器

紫外激光的波长短,能量聚集集中,分辨率高,特别是具有"冷加工"的特性,能直接破坏连接物质的化学键,而不产生对外围的加热,因此成为加工脆弱物质的理想工具,并能对多种材料进行打孔、切割、烧蚀,在微加工领域具有广泛的应用。

紫外激光器主要有三种[6]:

(1) 固态调 Q Nd:YAG 激光器。其中特殊的晶体被用来把红外 1 064 nm 波长的光转变成紫外 353 nm 波长的光。光束形状是高斯型,所以光斑是圆形的,能量从中心到边缘逐渐下降。由于短波长和光束质量限制,光束可以聚焦在 10 μm 量级。大体上,像全固化激光器一样,紫外激光器对温度变化是很敏感的。在冷启动后,需要长达 30 min 来达到足够的稳定性。因此,这些激光器通常有特殊的待机条件,这样所有关键的元件保持工作温度。高重复频率和小的聚焦光斑使得激光器很适合进行小尺寸的加工。

(2) 准分子激光器。该激光器的波长依赖于所使用的气体混合物类型。产生的光束不是圆形的而是矩形的,光束截面上的强度大体上是一致的,在边缘上忽然下降。可以使用掩模技术来产生不同的几何形状的光斑。加工的细节可以小到几微米,而聚焦的光学器件和工件之间的距离可以大到 50～100 mm。也可使用全息术来产生具体的光束能量图样。

(3) 金属蒸气激光器。虽然几种其他金属蒸气也可以用,但是主要使用铜蒸气。铜蒸气激光器产生波长为 514 nm 和 578 nm 辐射。此外,利用混频和倍频来产生波长为 255 nm、271 nm 和 289 nm 的紫外辐射。紫外激光器适合用在小尺寸、高质量的场合。

14.2 传统干涉仪的光学结构

干涉仪是以干涉条纹来反映被测对象信息的计量仪器。干涉仪都是把一束光分成两束(或多束),使这些光束经过不同的路程后再次会合而产生干涉图样(干涉条纹)[7]。干涉图样中条纹的形状、位置、间距以及条纹的对比度,取决于光束在各点的光程差以及光波的光谱分布和光源的大小。因此,利用适当的装置产生一定的干涉图样,观察其中条纹的形状、位置和间距及其变化,就可以测出光程差,或测出光谱线的精细结构或光源的大小。这类仪器的主要优点是灵敏度高,测量准确度高和能非接触测量,因此干涉仪在精密测量中起着重要的作用。

本节从干涉仪的结构特点和基本原理出发,对一些常用干涉仪予以简要的介绍。

14.2.1 迈克尔逊(Michelson)干涉仪

迈克尔逊干涉仪属于分振幅型干涉仪[7],其原理如图 14.1 所示。M_1 和 M_2 为两个镀银或镀铝的平面反射镜,其中 M_1 固定在仪器基座上,M_2 可以借助于精密丝杆螺母副沿导轨前后移动,B 的分光面涂以半透半反膜。来自于光源 S 的光线在分束镜 B 上分成两束:其中的透射是经 B 后射向与光轴垂直放置的平面反射镜 M_1,在 M_1 上反射后再经 B 部分反射,光线折向观察者;由 S 发出的光在 B 上反射后射向 M_2,在 M_2 上反射后在 B 部分透射到观察者的眼睛。如果这两部分射向观察者的光线又符合干涉条件,则观察者就能看到这两束光所产生的干涉条纹。图 14.1 所示只是一种理想情况,实际上 B 的厚度是不能忽略的,而且往往 B 的厚度比较大,并在 B 的某一面镀有析光膜。这样,当光在分束器上分束以后再合到一起,这两束光的其中一束光将有三次通过分束器而另一束则只有一次;因此造成光束的横向移动,并引入附加光程差,两束光都与入射角有关,其结果造成双曲线状的干涉条纹。同时,光程差还和分束板的折射率有关,而折射率又随波长而变。这就意味着不同长度的光程差为零的位置并不一样,从而导致白光干涉条纹的对比度下降,以至于在分束器较厚又不加补偿板的情况下无法看到白色的干涉条纹。

为了避免这一不良影响,在干涉光路中加入一块补偿板 C,如图 14.2 所示。这种结构形式可以使两光路在玻璃中的光程相等。

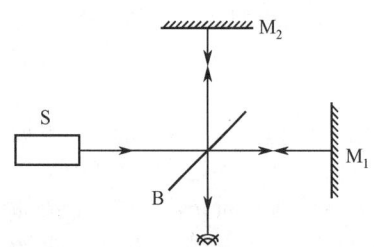 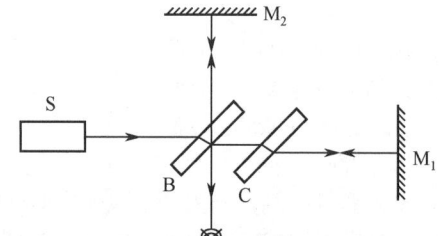

图 14.1 迈克尔逊干涉仪原理　　　　图 14.2 具有补偿板的迈克尔逊干涉仪

白光干涉条纹在迈克尔逊干涉仪中极为有用,能够用来准确地确定零光程差的位置,进行长度的精确测量。在迈克尔逊干涉仪中,由于利用分束镜的反射和透射形式的两束光分开较远,这便于分别改变两束光的光程(如移动其中一个反射镜或在任一束的光程中放入被测样品)来观察干涉图样的变化。使用迈克尔逊干涉仪进行各种测量,都是利用了这一特点。以激光做光源的迈克尔逊干涉仪广泛地用于长度测量中。

14.2.2 斐索(Fizeau)干涉仪

斐索干涉仪分为透射式和反射式两种[8],斐索干涉仪透射式的基本光路如图 14.3(a)所示。单色光源 1 发出的光经透镜 2 会聚于圆孔光阑 3 上,光阑 3 位于准直物镜 5 的焦平面上,出射的平行光在被测件 7 的上表面和略带楔形的标准平板 6 的下平面反射回来,经 5 和半透平板 4 后在目镜(图中未画出)的焦平面上形成光阑孔 3 的两个像。倾斜放置被测件 7 的工作台,使两个像重合,然后用望远放大镜置换目镜,就能看到零件 7 上表面的等厚干涉条纹。当然,也可和图示那样直接用眼睛观察。标准平板 6 略带楔形的目的,是为了使上表面的反射光不进入视场而影响对比度。干涉条纹的宽度和方向可用倾斜工作台加以改变。

标准参考平板 6 应做成微小楔度的平板(1°～2°),使其上表面的反射光束不能进入目镜视场。被测件的下表面应涂油脂,以减少该表面的反射光。如果要检验平行平板玻璃的楔度,可以去掉标准平板,把被测平板放在工作台上,经平板上下两表面反射的两束光干涉形成干涉条纹。制造大口径透射式物镜比较困难,因此,在检验表面直径较大的平面短面形时,采用反射物镜斐索干涉仪,其光学系统如图 14.3(b)所示。被检元件 1 放在工作台上,上面有标准平板 2,在平板的非工作表面上,固定一块带有两个反射棱面的小棱镜 3。从单色光源 4 发出的光束,经透镜 5 会聚在小孔光阑 6 上,光阑位于球面反射镜 7 的焦平面上。发散光束经棱镜 3 的第一个棱面和球面镜 7 的反射,形成平行宽光束,照射到被检表面 a,其入射光束与表面 a 有一较小的倾角。这样,从平板 1 表面 a 和从标准平板 2 表面 b 反射的光束再经过球面反射镜 7,会聚到棱镜的第二个表面,经反射到达观察物镜 8,再用望远放大镜观察干涉条纹。

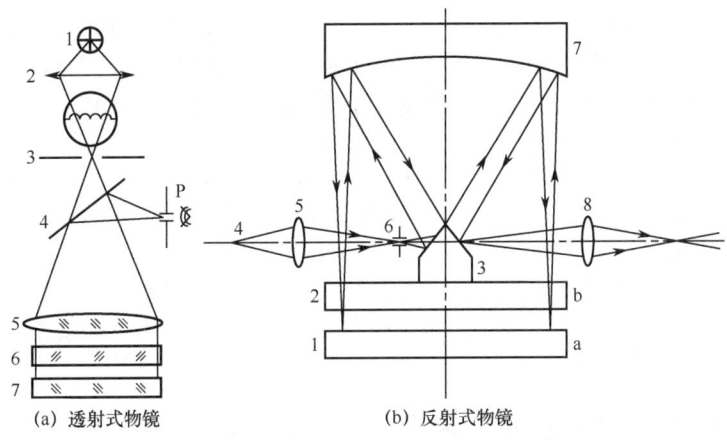

图 14.3 斐索干涉仪基本光路

14.2.3 泰曼-格林（Twyman-Green）干涉仪

泰曼-格林干涉仪是从迈克尔逊干涉仪演变而来的，只是把迈克尔逊干涉仪中面光源换成一个小光源（看作点光源），并经过透镜变成平行光，其原理如图 14.4 所示[9]。此外，由于只用单色平行光进行检查，所以取消了补偿板。单色光经透镜 L_1 变成平行光入射到分束镜 G 上分成两束：一束在平面镜 M_1 上垂直反射沿原路返回；另一束射到被检验的棱镜上，通过棱镜的光在平面镜 M_2 上垂直反射并沿原路回到分束镜。平面镜 M_1 是可移动的，调节它的位置可使两相干光束的光程接近相等，这样可以得到比较清晰的条纹。这种干涉条纹是等厚条纹。

产生干涉条纹的原理也可以从另一个角度来分析，干涉场中由 M_1 反射的标准平面波面 w_1 和由 M_2 反射的带有两次棱镜缺陷的波面 w_2 叠加，形成干涉条纹，等价于图中 w_1' 和 w_2 两个波面的干涉（w_1' 是 w_1 是由分束板镜所成），两波面上相应点的间距恰为各处的两相干光的光程差。所以干涉条纹全场反映了被检零件的波面形状，从而反映了零件各处的缺陷。人眼在 E 处观测，调焦到棱镜表面附近即可看到干涉条纹。

图 14.5 所示是一个典型的棱镜干涉图，其中条纹密集处表示波面弯曲大，而条纹稀疏处表示波面弯曲小，同一条纹处在与标准波面等高处，从一个条纹过渡到另一个条纹，波面间高差为一个波长。在这个意义上，干涉图类似于波面的等高线图，可以用手轻压平面镜 M_2 的后面，使 M_2 稍向外倾，或移动 M_1，用此时条纹的移动方向来确定弯曲的方向，根据等高线确定缺陷，以精修零件表面。

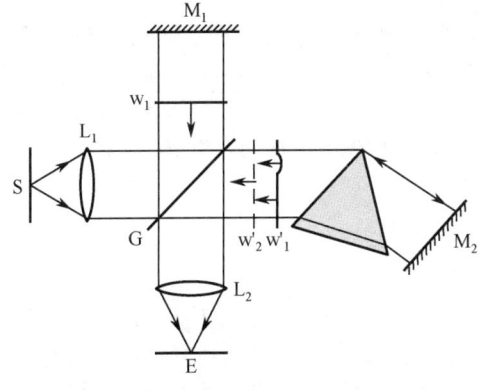

图 14.4 泰曼-格林干涉仪原理

图 14.5 检查棱镜干涉图

上面是无补偿板的情况。正如迈克尔逊干涉仪那样，在光源空间相干性和时间相干性都不能满足要求时，这种无补偿板的泰曼-格林干涉仪的使用受到很大的限制。当然，若采用 He-Ne 激光器作为仪器的光源，就完全可以不用补偿板。许多单位使用的泰曼-格林干涉仪，多采用带补偿板结构。这种结构只需在图 14.4 的光路中，分束镜和参考反射镜 M_1 之间加入一块与分束镜材料相同、尺寸完全相等的玻璃平板即可，但在放置时，要求与分束镜取向一致（相互平行）。

同样的原理可用于检验平行平板。另外，类似于激光平面干涉仪过渡到激光球面干涉仪，泰曼-格林干涉仪也可以用于检验球面镜和透镜等，这种仪器又叫棱镜透镜干涉仪[9]。

泰曼-格林干涉仪的应用范围比较广泛，常用于平面光学零件面形误差的检验、棱镜角度误差、材料均匀性、光学系统像质、望远镜系统波像差、微小角度等的精密测量，光学零件及光学系统的综合质量评价等[7]。

14.2.4 雅敏（Jamin）干涉仪

雅敏干涉仪的基本光路如图 14.6 所示。它由两块厚度为 d 和折射率为 n 的完全相等的平行平板组成。这两块平板的安装，相互接近平行而有一个很小的夹角。干涉仪采用扩展光源，以入射角 $i \approx 45°$ 入射。入射光线经平板 M_1 后被分成两束光 L_1 和 L_2，平板 M_2 将光线 L_1 分成 L_1' 和 L_1''，将光线 L_2 分成 L_2' 和 L_2''。为了增强光线在 M_1 和 M_2 上的反射，将 A_1 和 A_2 面都镀了反射膜。具有同样光强（约为入射光强的 4%）的光线 L_1'' 和 L_2' 将被用于产生干涉条纹，由图可以看出 L_1'' 和 L_2' 在空气和玻璃中经过的光程是基本一致的。光阑 I 将把非工作光线 L_1' 和 L_2'' 拦掉而不至于进入视场。这样，在物镜 O 的焦平面 F 上，就可以看到有较高对比度的等倾干涉条纹[7]。

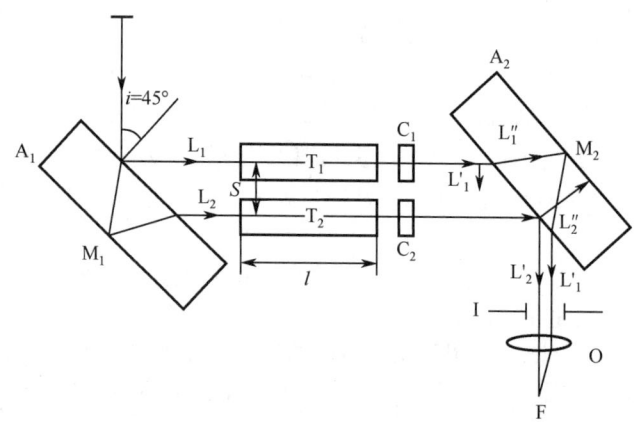

图 14.6 雅敏干涉仪基本光路

雅敏干涉仪主要用于气体或液体折射率和色散的测量。若在平板 M_1 和 M_2 之间放置二个贮气（或贮液）管 T_1 和 T_2，并在其后面分别设置补偿板 C_1 和 C_2。转动补偿板可以调节两支光路中的程差。平板厚度 d 的选择，应保证两平行光束完全分开；其极限尺寸，应使贮气（贮液）管能正常地置于平板之间，实际上完全由 S 决定。S 值的大小取决于平板的厚度 d、折射率 n 和入射角 i，它们之间的关系可用下式确定：

$$S = \frac{d\sin(2i)}{\sqrt{n^2 - \sin^2 i}} \tag{14.10}$$

当 $n=1.5$，$i=45°$ 时，$S=0.76d$。用均匀玻璃做成很厚的平板非常困难；同时，平板过厚，其光程随温度的变化也增大，造成干涉仪不稳定。因此，距离 S 实际上是有一定限制的。

雅敏干涉仪在工作时，由于外界因素的变化，使平板间距变化，并不产生光程差，因此干涉图样的稳定性好，而且干涉仪本身的结构也比较简单，这是雅敏干涉仪的主要优点。

14.2.5 马赫-曾德（Mach-Zehnder）干涉仪

马赫-曾德干涉仪（简称 M-Z 干涉仪）也有两块平板，这一点与雅敏干涉仪类似。雅敏干涉仪的两块平板既是反射镜又是分束镜，而 M-Z 干涉仪是把分束镜与反射镜分开的结构，能比较自由地把两束光分得很开。而不像雅敏干涉仪那样，当平板转动时，分束镜与反射镜只能一起转动，不可能分别加以调整。

马赫-曾德干涉仪的原理如图 14.7 所示。G_1、G_2 是两块分别具有半透半反面 A_1、A_2 的平行平面玻璃板，M_1、M_2 是两块平面反射镜，四个反射面通常平行安置。光源 S 置于透镜 L_1 的焦点，光束经 L_1 准直后经 A_1 分为两束，分别由 M_1、A_2 反射和 M_2 反射、A_2 透射后进入透镜 L_2，两光束的干涉图样可用置于 L_2 焦面附近的照相机拍摄下来，若用短时间曝光，即可得到条纹的瞬间照片。若在光路中放入相位物体，则能够观察到受相位调制的波面 w_1 与另一光路所得到的基准平面波 w_2 之间形成的等厚干涉条纹[9]。

在通常情况下，马赫-曾德干涉仪的布局是把两块分束镜和两块反射镜安排成矩形，并使分束镜 G_1 和反射镜 M_1 平行。但是，实际上这种布局并不是必须遵循的。为了调整方便起见，只需把反射镜 M_1 和 M_2 沿椭圆的切线安装而把分束镜分别置于椭圆的焦点 F_1 和 F_2 上，使 G_1、G_2、M_1、M_2 的延长线相交于同一点 O。其椭圆的参数（长短轴）和 O 点的位置可以根据要求任意选取。

这种干涉仪的优点除了能把光束分得较开之外，还能使干涉仪条纹定位在任意平面上；但主要缺点是抗外界干扰（振动、温度）的能力要差些。

马赫-曾德干涉仪用于测量相位物体引起的相位变化，如大型风洞中气流引起的空气密度变化、微小物体的相位变化等。马赫-曾德干涉仪在全息术中也有应用，如用于制备全息滤波器及全息术研究等；在光纤和集成光学中用途也很广泛[7]。

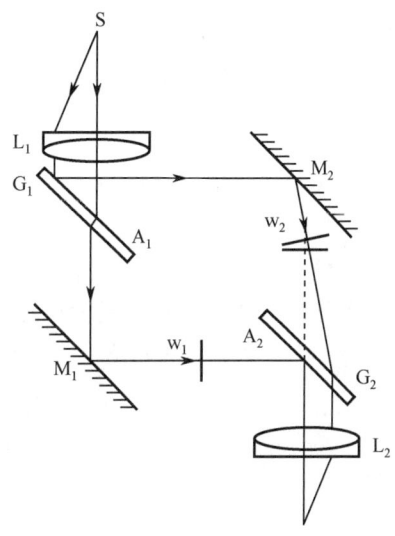

图 14.7 马赫-曾德干涉仪原理

14.3 激光干涉仪的光学结构

较早期的激光干涉仪主要应用于坐标测量机和测量零件尺寸的仪器上，或者在机床制造工业中用作坐标镗床和其他机床的定位控制部分。随着激光干涉仪种类的增加，激光干涉仪已经应用于许多方面。其中，激光偏振干涉仪和激光外差干涉仪为大长度、大位移的精密测量工具；激光光栅干涉仪把干涉测量的基准由波长转换成光栅常数，易于构成等光程干涉仪，提高了干涉仪的稳定性。

与在实验室中使用的专用激光干涉仪相比，通用型激光干涉仪主要用于现场，具有更高的测量速度、测量距离和抗干扰能力，因此要求激光干涉仪系统必须有足够的大带宽和增益。典型的激光干涉仪系统有激光偏振干涉仪、激光外差干涉仪、半导体激光干涉仪、激光光栅干涉仪、激光多波长干涉仪、红外激光干涉仪以及双频激光干涉仪。

14.3.1 激光偏振干涉仪

1. 偏振干涉测长原理

典型的激光偏振测长原理如图 14.8 所示[10,11]。设光传播方向为直角坐标系 XYZ 的 Z 轴，垂直于纸面的为 X 轴，平行于纸面的为 Y 轴。光路由激光器 L、偏振分光镜 PBS、可以移动的测量反射镜 M、参考反射镜 R、光电检测器 D、检偏器 P 和 1/4 波片 Q_1、Q_2、Q_3 组成。激光器输出的线偏振光为

$$E = E_0 \cos(\omega t) \quad (14.11)$$

若原线偏振光与 X 轴的夹角为 α，则经偏振分光镜分为 E_X、E_Y 两线偏振光，分别为

$$E_1 = E_X = E_0 \cos(\omega t)\cos\alpha$$
$$E_2 = E_Y = E_0 \cos(\omega t)\sin\alpha \quad (14.12)$$

若 Q_1、Q_2 的快轴或者慢轴与 X 轴的夹角为 45°，则两束光经 1/4 波片后变化圆偏振光，反射后再次经过 1/4 波片又变成线偏振光，但振动方向旋转了 90°。由于 M 移动了距离 S，两干涉臂光程不同引起相位差 φ，$\varphi = 4\pi S/\lambda$，则 Q_3 前表面的场量变为

$$E_1 = E_Y = E_0 \cos(\omega t + \varphi)\cos\alpha$$
$$E_2 = E_X = E_0 \cos(\omega t)\sin\alpha \quad (14.13)$$

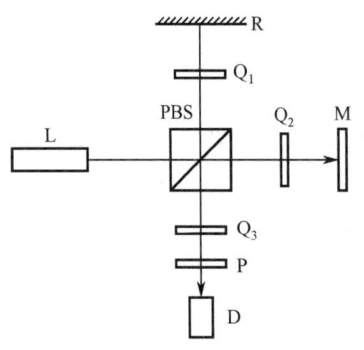

图 14.8 激光偏振测长原理

Q_3 的作用是便于相位细分，以提高测量相位的分辨率。相位细分技术在偏振干涉仪中起重要作用。若 Q_3 快轴或者慢轴与 X 轴夹角为 β，并设快、慢轴方向与光传播方向构成新的坐标系统 xyz，则 Q_3 后表面的 E_1、E_2 在 xyz 坐标系中的坐标为

$$x_1 = E_0 \cos\alpha \sin\beta \cos(\omega t + \varphi)$$
$$y_1 = E_0 \cos\alpha \cos\beta \sin(\omega t + \varphi)$$
$$x_2 = E_0 \sin\alpha \cos\beta \cos(\omega t)$$
$$y_2 = -E_0 \sin\alpha \cos\beta \sin(\omega t) \quad (14.14)$$

调整 $\alpha = \beta = 45°$，式（14.14）表示成

$$x = x_1 + x_2 = E_0 \cos(\varphi/2)\cos(\omega t + \varphi/2)$$
$$y = y_1 + y_2 = E_0 \sin(\varphi/2)\cos(\omega t + \varphi/2) \quad (14.15)$$

合成光是一个振动方向随 φ 变化而旋转的线偏振光，振动方向与 x 轴的夹角为

$$\theta = \arctan(y/x) = \varphi/2 \quad (14.16)$$

θ 与 φ 呈线性变化。根据马吕斯定律，透过检偏器 P 后的光强为

$$I = I_0[1 + \cos(2\theta)] = I_0(1 + \cos\varphi) \quad (14.17)$$

通过干涉图样的信息即可得出位移 $S = \varphi\lambda/(4\pi)$。

虽然理论上 θ 与 φ 呈线性变化，但实际光路中的光学元件性能及其相对位置不可能是完全理想的，也就是说存在测量误差，使得 θ 与 φ 呈非线性变化。总的非线性并不是各光学元件性能不理想和调整不完善产生非线性的简单相加，应综合考虑。

2. 激光偏振干涉仪的光学结构

偏振干涉仪用来进行纳米测量，这是利用了激光的偏振特性。相对于其他干涉仪，偏振干涉仪具有其独特的优点：这种干涉仪采用共光路，减小了外界环境的影响；它还采用对光学信号进

行细分和光程倍增技术,使得干涉仪的分辨率达到亚纳米级。

激光偏振干涉仪和激光外差干涉仪一样,除通用光学元件外,它采用具有各向异性的晶体光学元件和薄膜光学元件。偏振干涉光路避免了普通分光镜分光时损失 50%的情况;应用光的偏振性质和偏振光学元件控制光的走向,可以构成适于多种要求的测量光路,为应用提供了方便。

图 14.9 所示为正交偏振激光干涉仪光路图[10]。系统由稳频激光光源、偏振分光棱镜 PBS、消偏振分光棱镜 NPBS、1/4 波片 QW、1/2 波片 HW,以及参考和测量反射镜等光学元件组成的偏振干涉仪和接收装置构成。干涉仪的工作原理是:由 He-Ne 激光器发出的单频激光经过准直透镜和偏振片 P1 变成偏振光。光束经过偏振分光棱镜 PBS1 分束,偏振 s 分量被 PBS1 反射作为参考光束。它经过 1/4 波片 QW1 后变为圆偏振光,经过参考反射镜 M_1,再次经过 QW1 后变为偏振方向与原方向垂直的线偏振光,即由 s 偏振分量变为 p 分量,然后被 PBS1 完全透射;入射激光的另一 p 偏振分量被 PBS1 透射后作为测量光束,同样经过 1/4 波片 QW2 变为圆偏振光,被测量镜 M_2 反射,再次经过 QW2 后,偏振方向由 p 分量变为 s 分量,经过 PBS1 被完全反射。参考光束和测量光束在半波片 HW 处汇合,HW 的作用是使两光束的偏振态发生 45°旋转;被消偏振分光棱镜 NPBS 均匀地分成两束,透射光束经过 1/4 波片 QW3,在快慢轴之间产生 $\pi/2$ 相移,再经过偏振分光棱镜 PBS2 的分光产生两路干涉信号,被 PD_1、PD_2 接收;而反射光束直接经过偏振分光棱镜 PBS3 的分光,同样产生两路干涉信号,被 PD_3、PD_4 接收。根据偏振光的琼斯矩阵理论,得到探测器 $PD_1 \sim PD_4$ 接收到互差 90°正交的干涉信号。

纳米级偏振干涉仪[12,13]采用单模稳频 He-Ne 激光器发出的线偏振光作为光源,由固定的分光组件和可动反射器组成,如图 14.10 所示。分光组件包括偏振分光棱镜、角隅棱镜和 $\lambda/4$ 波片。可动反射器是固定在工作台上的平面反射镜。

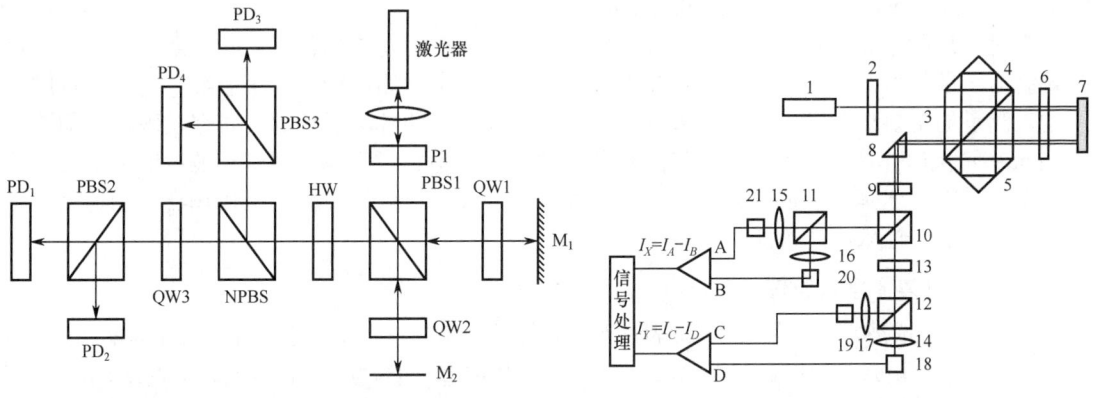

图 14.9　正交偏振激光干涉仪光路图　　　图 14.10　纳米级偏振干涉仪原理图

以光传播方向为 Z 轴,以平行于纸面且垂直于 Z 轴的方向为 X 轴,垂直于纸面且垂直于 Z 方向为 Y 轴。激光器出射的激光经起偏器 P 后形成线偏振光,再经偏振分光棱镜 2 分成沿 X 方向和沿 Y 方向的两线偏振光。光路中采用了一对高精度的角隅棱镜 3 和 4 作为反射器,参考光束与测量光束不按原路返回,各波阵面保持严格平行,防止了回光现象,有利于激光稳频。沿 X 方向振动的透射光作为测量光束,沿 Y 方向振动的反射光作为参考光束(虚线部分)。1/4 波片 5 的快轴与 X 轴夹角为 45°,测量光束被平面反射镜 6,往返反射四次通过 1/4 波片 5,振动方向旋转了 180°,出射测量光仍为 X 方向振动的线偏振光,由于测量光两次通过测量平面镜,实现了四倍光学细分。参考光束被角隅棱镜反射一次,振动方向为 Y 方向不变。

图 14.10 中,5、8 为 1/4 波片;10 为 1/2 波片,其快轴的方位角为 22.5°,得到与入射光矢量相差 45°的线偏振光;2、14、12 均为偏振分光棱镜,而 9 为消偏振分光棱镜;17、18、

19、20 为光电接收器，接收的信号送到比较器中运算，比较器是为了消去电信号中的直流分量而采用的电子差分技术。

输入到比较器前的四个信号 I_A、I_B、I_C、I_D 的相位分别为 0°、180°、90°、270°。和一般单频干涉仪中采用的以差分信号为基础的消直流方法不同，这里的四个电信号来自同一干涉光束的相同部分，光信号受干涉系统本身的影响和受外界的影响一致，光相位相反的两个光信号成对合成的两个相差 90° 信号，经差分合成的两相差 90° 信号共模抑制比较好。此干涉仪适用于高精度测量和精密定位。由干涉仪测量镜采用平面镜，所以它可作为高精度三坐标测量系统中的干涉定位部分。

14.3.2 激光外差干涉仪

单频激光干涉仪的光强信号及光电检测器转换后的电信号，其直流漂移是形成测量误差的重要原因，信号处理及细分都比较困难。采用双频光源的外差干涉仪，使光、电信号均成为交流量，不仅克服了单频干涉仪的漂移问题，而且使细分变得容易，显著提高了抗干扰性。

双频激光干涉仪是将被测位移量引入到外差信号的频率或者相位变化中，再将这种变化测量出来。由于外差信号的频率比光频低得多，光电信号经电子细分后，很容易达到较高的测量分辨率，且抗干扰能力比较强。目前，这种方法可以达到 0.1 nm 的测量分辨率。

激光外差干涉仪广泛应用于各种超精密测量、检测和加工设备中，如金刚石车床、光刻机等。随着信息装备业的迅速崛起，对大型超精密装备性能的要求越来越高，特别是对精度和效率的要求尤为迫切。例如，美国 B.S 公司的 Scirocco 型三坐标测量机，其运行速度达到 0.866 m/s。这就对作为测量单元的激光外差干涉仪的测量速度和精度提出了更高的要求，故提高激光外差干涉仪的测量速度和精度是超精密制造业发展的需要。目前，美国 ZYGO 公司的 ZMI4004 激光干涉仪测量速度达到了 5.1 m/s，分辨率达 0.31 nm。

但是，这种干涉仪普遍存在非线性问题，其量值一般为几纳米甚至十几纳米，对于采用声光调制器实现外差干涉的方法，其声光调制器的特性也会对测量精度产生影响。这些因素成为了纳米测量的主要误差源。另外，通过对影响干涉仪性能的各项误差源的研究发现，在加速度达到 m/s² 量级时，加速度的变化所引起的相对论效应就值得注意了。尽管加速度的大小比光速小 8 个数量级，但是对于定位分辨率达到纳米量级，且行程达到 1 m 的应用场合，加速度的变化所引起的相对论效应就不能再忽略。

1. 激光外差干涉仪原理

图 14.11 所示是典型的激光外差干涉仪原理图[10,14]。其中，L 为双频激光器，PBS 为偏振分光棱镜，R、M 为角隅棱镜（M 可以移动），P_1、P_2 为检偏器，D_1、D_2 为光电检测器，Q 为 1/4 波片。双频激光器发出频率为 v_1 和 v_2 的两光束，分别表示为

$$E_1 = E_0 \cos(\omega_1 t)$$
$$E_2 = E_0 \cos(\omega_2 t) \quad (14.18)$$

E_1、E_2 被偏振分光镜分开，E_1 进入参考臂，E_2 进入测量臂，由两角隅棱镜分别反射，在偏振分光镜合成为

$$E_1 = E_0 \cos(\omega_1 t + \varphi_1)$$
$$E_2 = E_0 \cos(\omega_2 t + \varphi_2) \quad (14.19)$$

其中 φ_1、φ_2 为两干涉臂光程形成的相位变化。检偏器 P_1 的通光光轴与两线偏振光振动方向成 45°。通过检偏器以后，

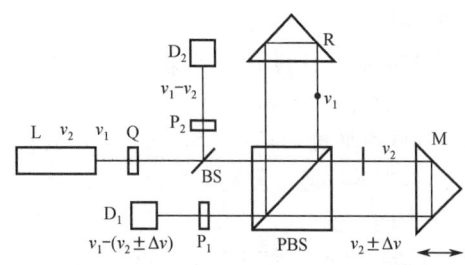

图 14.11 激光外差干涉仪原理图

$$E_1 = \frac{\sqrt{2}}{2} E_0 \cos(\omega_1 t + \varphi_1)$$
$$E_2 = \frac{\sqrt{2}}{2} E_0 \cos(\omega_2 t + \varphi_2) \quad (14.20)$$

两光束发生拍频，合成为

$$E_m = \sqrt{2} E_0 \cos\left[\frac{(\omega_1 - \omega_2)t}{2} + \frac{\varphi_1 - \varphi_2}{2}\right] \cos\left[\frac{(\omega_1 + \omega_2)t}{2} + \frac{\varphi_1 + \varphi_2}{2}\right] \quad (14.21)$$

光强信号的交流分量为

$$I_m = I_0 \cos(\Delta\omega + \varphi) \quad (14.22)$$

其中，$\Delta\omega = \omega_1 - \omega_2$，$\varphi = \varphi_1 - \varphi_2$。$\varphi$ 和被测位移的关系为

$$\varphi = 4\pi S / \lambda \quad (14.23)$$

参考臂检测的信号为

$$I_r = I_0 \cos\Delta\omega \quad (14.24)$$

将 I_m 和 I_r 转换为电信号后进行鉴相，可以求得 φ，由此得出 M 的位移

$$S = \frac{\lambda}{2} N + \frac{\Delta\varphi}{4\pi} \lambda = (N + \varepsilon)\frac{\lambda}{2} \quad (14.25)$$

式中：N 为被测量 S 中含有半波长的整数倍，称为大数；ε 为不足半波长的部分，称为小数。

2. 激光外差干涉仪的光学结构

激光外差干涉仪也是偏振干涉仪，已有多种光路，光路基本类型如图 14.11 所示，采用不同的方法来减小误差、提高精度，如减小非线性效应、减小固有光程差克服漂移、减小测量原理误差、减小分光棱镜的误差对干涉仪的影响、减小加速度对干涉仪的影响、通过细分技术来提高测量精度等；或者采用不同的方式来改变测量反射棱镜的移动，如通过转台带动测量反射镜 M 以计量转台的转速；或者用于不同用途而采用不同的光路。图 14.12 所示是激光外差显微干涉仪的光路[20]，通过双折射透镜实现共光路，融合了外差干涉技术和共焦显微技术。

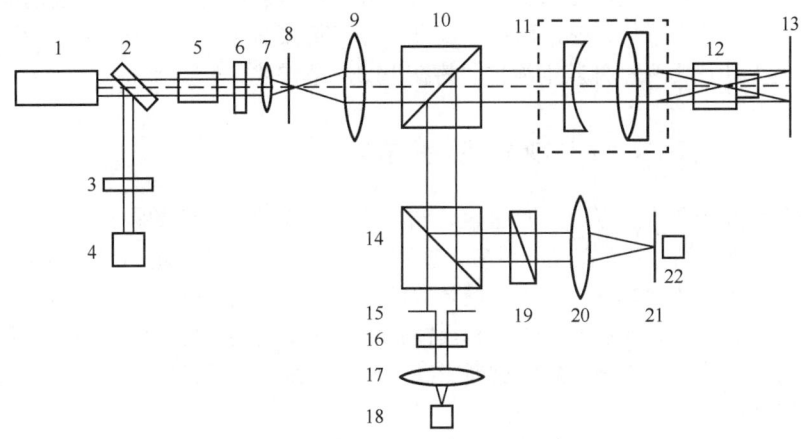

图 14.12　激光外差显微干涉仪的光路

在图 14.12 中，光源采用横向塞曼双频激光器，激光器 1 输出正交的线偏振光（p 光和 s 光），被分束器 2 分为反射光和透射光。反射光经过检偏器 3 后由探测器 4 接收形成参考信号。透射光通过法拉第盒 5 使偏振方向顺时针旋转 45°，再经过快轴与垂直方向夹角为 22.5° 放置的 1/2 波片

6，使光的偏振方向回到原先位置；而对于从待测样品 13 表面返回的光，依次经过 1/2 波片和法拉第盒后，其偏振方向恰好与激光器直接输出时的偏振方向垂直，这样就不会和激光器的端镜形成另一谐振腔而导致激光器失稳。

光线经过法拉第盒 5 和 1/2 波片 6 后，被小透镜 7 会聚于针孔 8 上，经过针孔 8 滤波后由双胶合透镜 9 将光束扩成平行光束；平行光束通过半透半反镜 10 后，入射到特别设计的双折射透镜组 11 上，双折射透镜组对偏振方向与其光轴方向平行的光焦距为无穷大，对偏振方向与光轴垂直的光有会聚作用。因为双折射透镜组的光轴方向与 s 光的偏振方向相同，经过双折射透镜组 11 后，p 光仍为平行光，s 光变为会聚光；然后两束光通过显微物镜 12，显微物镜的前焦点与 s 光的焦点重合，于是原平行 p 光变成会聚光，聚焦在待测样品表面，为测量光；原来会聚的 s 光，变为平行光，以较大的光斑照在待测样品表面，为参考光。

测量光和参考光被待测样品反射后，依次通过显微物镜 12、双折射透镜组 11 后，又变成相互重合的平行光束，被半透半反镜 10 反射出原光路。其出射光被另一半透半反镜 14 分成两束：一束光通过光阑 15，经检偏器 16 检偏后由小透镜 17 聚焦，再被光电探测器 18 接收，形成相位测量信号，该信号与探测器 4 输出的参考信号进行比较，得到反映表面形貌信息的相位数据；另一束光经过格兰棱镜 19 后，由双胶合透镜 20（双胶合透镜 20 与双胶合透镜 9 相同）会聚，经针孔 21 后被探测器 22 接收，形成光强测量信号，通过锁相放大器得到用于粗测的光强数据（锁相放大器的参考频率由参考信号提供）。光强和相位结果均输入计算机，二者结合后得到台阶高度的准确值。

在光路中，由于双折射透镜组不改变 p 光的传播方向，如果 s 光被格兰棱镜 19 滤除，则针孔 8、双胶合透镜 9、显微物镜 12、双胶合透镜 20、针孔 21 构成共焦回路，可以实现通过共焦原理进行光强测量的目的。

由于双折射透镜组的作用，p 光和 s 光在通过双折射透镜组后分离，形成平行光束（s 光）和聚焦光束（p 光）照射到样品上。平行光束的横截面积远大于样品表面的微小结构，在扫描时可视为不变，因此可以作为参考光；聚焦光束性质则随着表面形貌的变化而变化。当两光束被反射再次经过双折射透镜组时，两光束又重新重合，并产生干涉。可见，双折射透镜 14、显微物镜 12 以及检偏器 16 构成外差干涉光路，实现外差干涉测量。

光路中的关键光学器件是将参考光和测量光分开的双折射透镜组，它的主要功能是让偏振方向与其光轴方向平行的光平行出射，而让偏振方向与其光轴垂直的光会聚。

另一种外差干涉仪为光栅外差干涉仪，将在 14.3.4 节讲述。

14.3.3 半导体激光干涉仪光学系统

由于半导体激光器具有体积小、重量轻、结构简单、光波长可调的特点，能调节驱动电流，实现频率调制和动态干涉，因而在光纤通信、光学数据存储和光学传感应用上有潜在的实用价值。现今应用最多的是半导体激光器的激光反馈效应，又称自混合效应[21]。激光反馈干涉可以在半导体激光器的内激光腔实现。通过外腔长度和反馈强度的变化调制输出光的光谱特性和光强，封装在 LD 管壳内另一侧的光电二极管探测反馈干涉信号，检测光学反馈所造成的强度和相位变化，从而可以确定物体的状态。

反馈干涉系统可以看作复合腔激光器，如图 14.13（a）所示。其物理模型可用图 14.13（b）所示的 F-P（法-珀）腔模型来描述。系统由激光器的两个端面和被测靶面 M 构成了两个 F-P 腔，激光器的两个端面构成内腔，出射端面和被测靶面构成外腔。图 14.13（a）中 r_0 为半导体激光器的两个端面的振幅反射率，r_t 是被测靶面的振幅反射率，14.13（b）中 L_0 是激光内腔的长度，L 表示外腔长度。半导体激光器的发射光在外腔中传播到靶面，一部分输出光被反射，并耦合到激光内腔,和激光腔内的光形成反馈干涉。激光反馈干涉的结果使得发射光的振幅和频率受到调制。

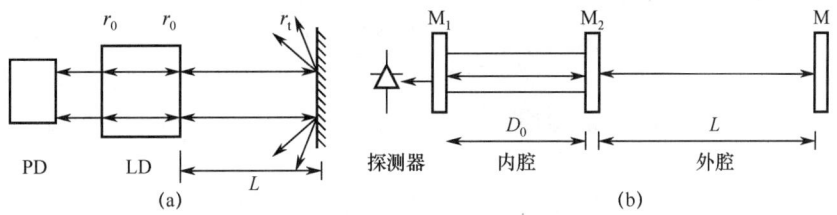

图 14.13 反馈干涉原理图

采用半导体激光器作为光源,分别构成自混合干涉机制和传统干涉机制[21],分别如图 14.14(a)和(b)所示。将一小块平面镜作为靶镜粘在扬声器上,LD 发出的光经自准直透镜后平行出射,经衰减器平行照射在靶镜上。调整光路,使反射光能够进入激光腔,因经过衰减器,反馈回激光腔的光很弱。由于实验中只有一个光路,光路比较容易调节。信号发生器输出的正弦波驱动扬声器。当有光反馈时,PD 探测到 LD 输出的变化。PD 接收的信号经后续电路处理后,可以显示在示波器上,也可以被采集卡采集、存储。

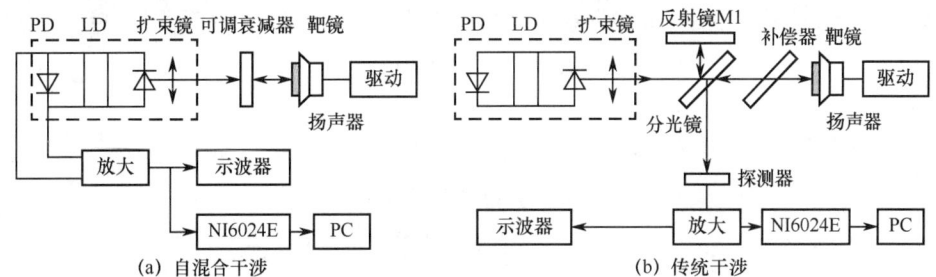

图 14.14 反馈干涉仪原理图

14.3.4 激光光栅干涉仪光学系统

1. 光栅测量原理

光栅干涉法采用光栅作为分光元件,使其衍射光束相干[23]。使用该方法可以使光程差不再受被测位移的影响。由于其测量基准由光波长变为光栅常数,因而光栅的刻划精度成为影响测量精度的主要因素。目前,这种方法可以达到的分辨率为纳米级。

光栅干涉是指经光栅衍射后,具有频率差的两束光形成差频干涉,得到明暗相间的干涉条纹。其光学原理如图 14.15(a)所示。

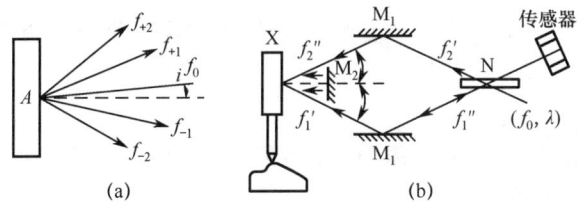

图 14.15 激光光栅干涉仪

当频率为 f_0、波长为 λ、入射角为 i 的激光束照射光栅时,形成夫琅禾费远场衍射。根据多普勒效应,光栅上 A 点接收的光频率为

$$f_A = f_0 \left(\frac{c + v\sin i}{c} \right) \tag{14.26}$$

式中，c 为光速，v 为光栅运动速度。

衍射级对应的光频率为

$$f_q = f_A \left(\frac{c + v\sin\varphi_q}{c} \right) \tag{14.27}$$

式中，q 为衍射级次，φ_q 为衍射角。如果取主极大光束 $q=\pm 1$ 级作为测量信号进行差频干涉，则拍频信号为

$$\Delta f = f_{+1} - f_{-1} = f_A \left(\frac{c + v\sin\varphi_{+1}}{c} - \frac{c + v\sin\varphi_{-1}}{c} \right) \tag{14.28}$$

将式（14.26）代入式（14.28），并略去高次项，得

$$\Delta f = \frac{2v\sin\varphi_1}{\lambda} \tag{14.29}$$

式（14.29）与入射角无关，因此，利用光栅方程 $d\sin\varphi_1 = \lambda$，得

$$\Delta f = 2v/d \tag{14.30}$$

图 14.15（b）所示为传感器原理图。从激光器来的一束频率为 f_0、波长为 λ 的平行光束，经分光镜 N 和两个反光镜 M_1 后以 φ 角入射全息衍射正弦相位型光栅，形成衍射，+1 级光频率为

$$f_1' = f_0 \left(\frac{c + v\sin\varphi}{c} \right) \tag{14.31}$$

经 M_2 反光镜再次垂直入射该光栅，此时

$$f_1'' = f_0 \left(\frac{c + v\sin\varphi}{c - v\sin\varphi} \right) \tag{14.32}$$

同理，

$$f_2'' = f_0 \left(\frac{c - v\sin\varphi}{c + v\sin\varphi} \right) \tag{14.33}$$

$$\Delta f'' = f_1'' - f_2'' = f_0 \frac{4cv\sin\varphi}{c^2 - (v\sin\varphi)^2} \tag{14.34}$$

由于 $c \gg v$，因此

$$\Delta f'' \approx f_0 \frac{4v\sin\varphi}{c} = \frac{4v}{d} \tag{14.35}$$

当传感器触头在表面上进行扫描测量时，四列阵光电传感器接收的光电信号为

$$I(t) = k_1 + k_2 \cos\left[2\pi \int \Delta f'' \mathrm{d}t\right] = k_1 + k_2 \cos\left[(8\pi/d)x\right] \tag{14.36}$$

当与触针相连的光栅移动时，干涉条纹变化。光电信号变动一个周期，相位角为 2π，即 $2\pi = (8\pi/d)x$，故光栅位移脉冲当量 $x = d/4$。

由此可得光栅传感器特点如下：

（1）在一个运动的光栅上，衍射光束的多谱勒频移与入射方向和波长无关，而只与光栅常数、光栅运动速度和衍射级次有关；

（2）拍频信号的累计相位角正比于光栅位移，由拍频信号的累计脉冲计数可得到光栅的位移量；

（3）光栅位移只与光栅常数有关，其位移的脉冲当量为光栅常数的一半。

2. 基于二次莫尔条纹信号的纳米级测量精度光栅传感器

以计量光栅为基础的基于二次莫尔条纹信号的纳米级测量精度光栅传感器，其测量系统结构简单，抗干扰能力强，并能进行大位移测量，可望在纳米三坐标测量机标尺和其他高精度测量仪

器中得到应用[24]。

该传感器系统组成如图 14.16 所示。指示光栅 b 和指示光栅 c 固定在同一测量基尺上，标尺光栅 a 分别与指示光栅 b 和指示光栅 c 产生两组一次莫尔条纹信号Ⅰ-Ⅱ和Ⅰ′-Ⅱ′，利用透镜 6 和 8 来调整一次莫尔条纹的移动方向。在此系统中，还需要用透镜将一次莫尔条纹信号缩小，以便两组一次莫尔条纹干涉形成二次莫尔条纹。为了更清晰地描述二次莫尔条纹的放大作用，在图 14.16 中这部分结构未画出，但不影响对测量原理的分析。假设标尺光栅 a 与指示光栅 b 产生的一次莫尔条纹的移动方向为从光束Ⅰ到光束Ⅱ，则经过透镜 6 和 8 后，其移动方向发生变化；而同一条件下，标尺光栅 a 与指示光栅 c 产生的一次莫尔条纹方向为从光束Ⅰ′到光束Ⅱ′，经过补偿镜 7 和 9 后，其移动方向不发生变化。所以，此结构实现了指示光栅 b 和指示光栅 c 产生的一次莫尔条纹的移动方向相反，从而使两组一次莫尔条纹在光电接收元件 10 上相交干涉，产生二次莫尔条纹，通过对二次莫尔条纹进行电子细分，则能获得纳米级测量精度。通过二次莫尔条纹的放大后，其分辨率能达到 5.40×10^{-10}m，结合光电接收元件的电子细分，可达到 0.1 nm 的分辨率，测量精度可达到纳米级水平。

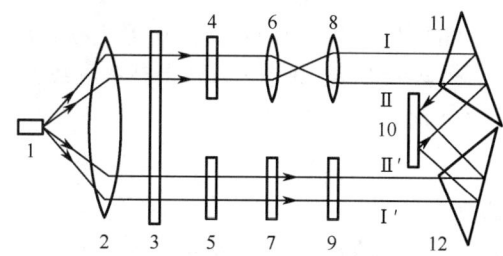

图 14.16 纳米级测量精度光栅传感器

3. 用光栅做分束器的激光光栅干涉仪

光栅作为分束器用在干涉仪中，它与通常半镀银的玻璃分束器比较，其优点是比较稳定，角度稍有偏差时仍可正常工作。如果应用反射光栅，更有可能将测试波长延伸到紫外区域[25]。

光栅干涉仪前面部分相似于瑞利干涉仪，不同的是在二相干光会合处放一个 RONCHI 光栅作为分束器，利用衍射光束的干涉来观察或测量相位物体。将光栅沿着其放置平面移动，可以改变二相干光束之间的相对相位，得到反衬度连续可变的图像。将光栅沿着光学系统的光轴方向移动时可把干涉条纹调制在相位物体上，以便测量。

此干涉仪的光路如图 14.17 所示。用一束平行激光照在输入平面上，在离光轴 $\pm b$ 处开二小孔 A、B，光线 1 与光线 2 由开孔射出后经过透镜 L_2 会聚在后焦面的光栅上。光栅后得到光线 1 与光线 2 的零级和 ± 1 级衍射光。设 f 为透镜焦距，λ 为光波波长，d 为光栅周期，令 $b=f(\lambda/d)$，以使光线 1 的 +1 级与光线 2 的 -1 级在输出面处重合。移动光栅可以改变二束光之间的相位差，故在输出面处可以得到连续的强度变化。若在输入平面开孔 A 处放一个相位物体，此时这二束光的光程差为

$$\Delta=(n'-n)D \tag{14.37}$$

式中，n' 为相位物体的折射率，n 为空气的折射率，D 为相位物体的厚度。

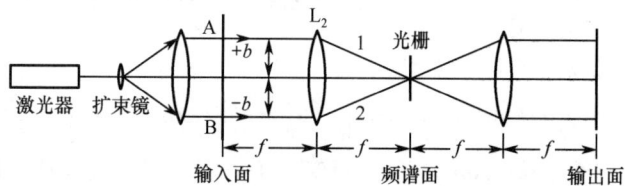

图 14.17 用光栅作为分束器的激光光栅干涉仪

在输出面上可看到相位物体的图像,移动光栅,在 O 处可见此图像对比度连续变化。

将光栅沿着光轴方向移动后,其光路如图 14.18 所示[25]。由于光栅离开焦平面的距离为 Δf,光线 1 与光线 2 在光栅上形成开的两个光斑,这两个光斑在经过光栅后又分成零级与±1 级共 6 条光束,其中光线 1 的+1 级光束与光线 2 的-1 级光束是互相重合的,故在输出面上产生平行的干涉条纹。光栅离开焦平面越远,两个光斑分开距离越大,条纹间距也越大。

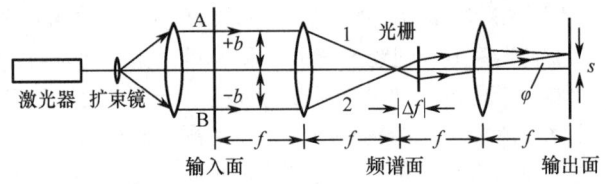

图 14.18 光栅移位后的激光光栅干涉仪光路

此时光线 1 与光线 2 的光程差为

$$\Delta = c\sin\varphi \tag{14.38}$$

式中,c 为光栅上两个光斑之间的距离。$c = 2\Delta f \tan\alpha$,Δf 是光栅离开焦平面的距离;α 是±1 级光的衍射角,$\tan\alpha = b/f$,$\sin\varphi \approx s/f$,其中 s 为屏上亮条纹离开面中心的位置。由此得到 $\Delta = c\sin\varphi = c(s/f) = k\lambda$,$s = fk\lambda/c$,则条纹间距为

$$\Delta L = f\lambda/c \tag{14.39}$$

4. 高精度衍射光栅干涉仪

高精度衍射光栅干涉仪采用全息光栅作为分光元件,栅距小于 1 μm,使其衍射光束产生干涉,被测位移不再影响光程差;其测量的基准也由激光波长变为光栅栅距,使影响测量精度的因素明显减少,改善测量的稳定性和测量精度。它在较长行程的测量范围内,具有高分辨率、高精度、低成本的特点。

线性衍射光栅干涉仪(LDGI)系统[26]的测量原理如图 14.19 所示。从 LS 发出一束线性偏振且准直的光束,经过光栅发生衍射,0 级衍射光回射经过波片 Q1 后成为 s 偏振光,经 PBS1 完全反射而不会回射至 LS,从而不会引起激光回馈导致激光输出功率不稳定的现象。±1 级衍射光分别经过 M1 和 M2 反射后,再各自经过 PBS2 和 PBS3 后均成为 p 偏振光,由于左光臂中加入了半波片 H,p 偏振光成为 s 偏振光。经过 PBS4 时,左光臂的 s 偏振光完全反射,右光臂的 p 偏振光完全透射,经过 Q2 分别成为左旋光和右旋光,经过 PBS5(PBS6)后振动方向一致,从而产生干涉。当光栅随着平台一起运动时,在 PD1 和 PD2 处便可以检出两路相位差为 90° 的正弦信号。

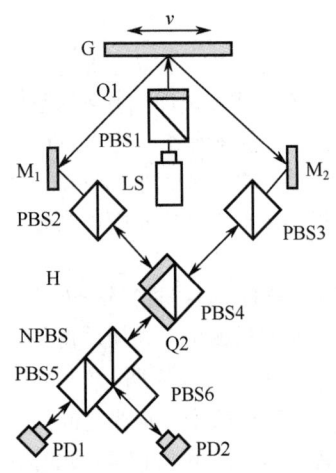

LS—激光器 PBS—偏振分光棱镜 NPBS—非偏振分光棱镜
Q—半波片 H—波片 M—反射镜 PD—光电探测器

图 14.19 线性衍射光栅干涉仪测量原理

光电探测器 1、2 接收的光强分别为

$$I_1 = k[1 + \sin(2\Delta\omega t)], \quad I_2 = k[1 + \cos(2\Delta\omega t)] \tag{14.40}$$

式中,$\Delta\omega$ 为衍射的多普勒频移。$\Delta\omega$ 与光栅的移动速度 v 及衍射级数 m 成正比,与光栅栅距 d 成反比,与入射光的波长及入射方向无关,即

$$\Delta\omega = mv/d \tag{14.41}$$

±1 级衍射光的频移分别为

$$\Delta\omega_{+1} = \omega_0 + v/d, \quad \Delta\omega_{-1} = \omega_0 - v/d, \quad \Delta\omega = \Delta\omega_{+1} - \Delta\omega_{-1} = 2v/d \tag{14.42}$$

由此可以得到差频干涉的光强变化的相位差为

$$\Delta\phi = \int_0^t 2\pi\Delta\omega \, \mathrm{d}t = 4\pi s/d \tag{14.43}$$

由式（14.43）得出，光栅每移动 $d/2$ 时，光强相位将变化 1 个周期。因此，用光电探测器接收此正交的光强信号，并加以处理，便可以对信号进行辨向和计数，从而得到光栅移动的位移量。

光栅干涉仪以全息光栅作为分光元件，以精密的光栅栅距作为计量标准，对工作环境的要求不高，且制作成本较低，因而在精密计量方面有着广阔的应用发展前景。

5. 自准直式激光光栅外差干涉仪

自准直式激光光栅外差干涉仪用于提高光电式光栅刻划机的控制精度。该系统把干涉测量基准由光波转换为光栅常数，而仍应用光拍频的细分方法，利用光栅的对称级次的衍射光形成干涉，构成等光程干涉仪，可以提高系统的稳定性；激光双频起调制作用，可以采用交流放大器来避免直流漂移等问题。此系统具有纳米级分辨率，用于实时测量控制系统，计量误差很小，完全达到了中阶梯光栅等特种光栅对刻划机的高精度分度要求。

自准直式激光光栅外差干涉仪的原理结构如图 14.20 所示[27]。

纵向塞曼 He-Ne 激光器输出两频率 (f_1, f_2) 的左旋和右旋圆偏振光，经过 $\lambda/4$ 波片变成振动方向垂直的两束线偏振光。线偏振光入射到分束器（beam splitter，BS）上被分为两部分：一部分光被反射，作为干涉仪的参考信号；另一部分透过 BS，再经一系列元件得到系统的测量信号。最后两路信号通过锁相倍频后输入减法器，实现两组连续脉冲的相减，得到计量信号。

参考光路：含有频率 f_1、f_2 的反射光束入射到检偏器上，检偏器的主截面方向要与两正交的线偏振光的振动方向各成 45°。根据马吕斯定律，这两束正交的线偏振光在检偏器主截面上的分量产生拍频，它等于激光所产生的两个光频的差值，即 $f_1 - f_2$。设参考光路中两频率光的波动方程为

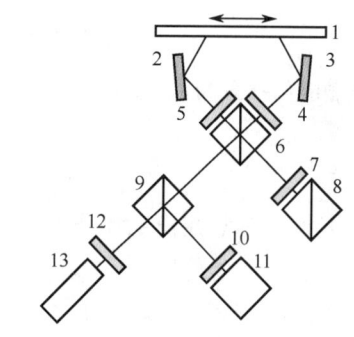

1—基准光栅　2,3—反射镜　4,5,12—余波片
6—偏振分光棱镜　7,10—偏振片　8,11—光电探测器
9—分光棱镜　13—激光器

图 14.20　自准直式激光光栅外差干涉仪的原理结构

$$E_1 = |E_{r1}|\exp[-\mathrm{i}(2\pi f_1 t)], \quad E_2 = |E_{r2}|\exp[-\mathrm{i}(2\pi f_2 t)] \tag{14.44}$$

合成光强函数为

$$I_r = |E_r|^2 = (E_{r1} + E_{r2})(E_{r1}^* + E_{r2}^*) \tag{14.45}$$

式中，E_{r1}、E_{r2} 分别为两束参考光振幅，E_r 为合成光振幅。

由于光电探测器的频响限制，并借助于带通滤波器，直流及光频分量被消除。假设两束参考光振幅 $E_{r1} = E_{r2} = E_r$，则光电探测器 2 实际接收到的拍频干涉参考信号光强为

$$I_r = |E_r|^2 \cos[2\pi(f_1 - f_2)t] \tag{14.46}$$

测量光路：透过 BS 的偏振光束 f_1、f_2 被偏振分束器（polorized beam splitter，PBS）分开，

分别入射到基准光栅上。调整光路中的两片平面反射镜的角度，以调整两路光入射到基准光栅上的角度，使其满足±4级时自准直入射角，从而使干涉仪两个臂垂直两路光自准直返回 PBS。当基准光栅移动时，衍射光频率变为 $f_1+\Delta f_1$ 和 $f_2+\Delta f_2$（Δf_i 为多普勒频移量，它包含了基准光栅的位移信息），这两路光再经检偏器后产生干涉。同理，由光电探测器 1 接收到拍频测量信号的光强为

$$I_m = |E_m|^2 \cos\left[2\pi(f_2+\Delta f_2-f_2-\Delta f_2)\,t\right] = |E_m|^2 \cos\left[2\pi(f_2-f_1\pm\Delta f_1)\,t\right] \quad (14.47)$$

可见，光电探测器处输出一组频率为 $f_2-f_1\pm\Delta f$ 的连续脉冲，光栅的位移量 s 可由 I_r 和 I_m 的相位差 Δf 求得

$$\pm\Delta f = \left[(f_2-f_1)\pm\Delta f\right] - (f_2-f_1) \quad (14.48)$$

其中两路光的相位差（即拍频频率 Δf）为

$$\Delta f = |\Delta f_2 - \Delta f_1| \quad (14.49)$$

由光栅多普勒效应可得光栅的衍射主极大所对应的多普勒频移量 Δf_k 为

$$\Delta f_k = kv/d \quad (14.50)$$

可见，光栅衍射光的多普勒频移与光栅常数 d 成反比，与运动速度 v 及衍射级次 k 成正比，而与入射光的方向和波长无关。采用±4级自准直衍射，则有

$$\Delta f = |\Delta f_2 - \Delta f_1| = |\Delta f_{-4} - \Delta f_{+4}| = 8v/d \quad (14.51)$$

设基准光栅的位移量为 s，则有

$$s = \int_0^t v\,\mathrm{d}t = \frac{d}{8}\int_0^t \Delta f\,\mathrm{d}t \quad (14.52)$$

由于基准光栅、刻划光栅毛坯及工作台固定在一起，它们的位移量相同，则由计量脉冲的数目得到

$$s = (N+\varepsilon)d/8 \quad (14.53)$$

式中，N 为计量脉冲整数，ε 是小数。式（14.53）即为双频激光光栅干涉仪的位移转换原理公式。由此可见，采用±4级衍射光相当于 8 倍的光学细分，光栅每移动 $d/8$ 时，拍频信号相位变化为 1 个周期，即有 1 个计量脉冲。利用后续电路对所得到的脉冲信号进一步细分，可使测量灵敏度提高几十倍到上百倍。

系统计量的刻线间距偏差优于 10 nm，在 3 mm 的行程内累积误差约为 0.3 μm，可以满足光栅的偶然误差小于 $d/10$、周期误差小于 $d/100$ 的刻划要求。

14.3.5 激光多波长干涉仪

激光多波长干涉仪多用于无导轨的绝对距离测量。

1. 绝对距离干涉测量原理

绝对距离干涉测量是剩余小数法的发展。C. R. Tilford 在此理论上做出了重要的贡献[29]，他给出了一组利用剩余小数（在多波长测量中即为各干涉条纹的小数偏离部分 ε）求解被测长度的数学公式。其基本思想主要归纳如下：

（1）利用若干单波长组合出长度不同的合成波长链；

(2) 利用不同的合成波长,逐次求解被测长度,使被测量真值被逐次搜索,即逐级精化。

以双波长测量为例,设参与干涉测量的两光波分别为 λ_1 和 λ_2 (不妨设 $\lambda_1 > \lambda_2$),对于被测距离 L,用两波长分别测量后,有如下公式成立:

$$L = (\lambda_1/2)(m_1 + \varepsilon_1)$$
$$L = (\lambda_2/2)(m_2 + \varepsilon_2) \quad (14.54)$$

式中,m_1、m_2 分别为对应于波长 λ_1 和 λ_2 下干涉级的整数部分;ε_1、ε_2 为对应小数部分。由式(14.54)得

$$L = \frac{1}{2}\frac{\lambda_1\lambda_2}{\lambda_1-\lambda_2}\left[(m_2 - m_1) + (\varepsilon_2 - \varepsilon_1)\right] \quad (14.55)$$

令 $\lambda_s = \frac{\lambda_1\lambda_2}{\lambda_1-\lambda_2}$,$m_s = m_2 - m_1$,$\varepsilon_s = \varepsilon_2 - \varepsilon_1$,则有

$$L = (\lambda_s/2)(m_s + \varepsilon_s) \quad (14.56)$$

式中,λ_s 即为两波长的合成等效波长,m_s 和 ε_s 则分别为 λ_s 干涉级次的整数部分和小数部分。只要选择较接近的两个波长,其合成波长 λ_s 将比原波长 λ_1 和 λ_2 大得多。设距离的初测值为 L_c,不确定度为 ΔL_c,若选定合适的激光波长,使得初测不确定度满足条件

$$\Delta L_c < \lambda_s/4 - \Delta L_p \quad (14.57)$$

则

$$m_s = \text{INT}[2L_c/\lambda_s],\ \varepsilon_s > 0 \quad (14.58a)$$
$$m_s = \text{INT}[2L_c/\lambda_s] + 1,\ \varepsilon_s < 0 \quad (14.58b)$$

式中,ΔL_p 为干涉级小数测量的不确定度,INT 为取整函数。由距离的初测值,可以得出 m_s。接下来只要通过分别读出两波长的干涉级小数部分 ε_1 和 ε_2,由求得的 m_s 就可以精确计算出距离 L,且测量结果的精度不受初测精度的影响。

2. 波长的选择与干涉仪

三级合成波长链[29]构成(如图 14.21 所示)如下:

(1) 选取 633 nm 的单波长激光作为 0 级波长;

(2) 选取 633 nm 和 629 nm 两束激光的合成波长 $\lambda_s^{(1)} = 117\ \mu m$ 作为 1 级波长;

(3) 选取 633 nm 双纵模激光产生的合成波长 $\lambda_s^{(2)} = 320\ \mu m$ 作为 2 级波长。

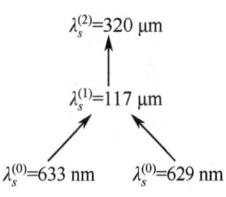

图 14.21 波长合成原理

根据逐级精化理论计算,只要每一级波长的干涉级小数部分测量精度达到 1/7200,就可以做到上述三级合成波长在可测量范围上无缝连接,从而在一个较大范围内测量到精度较高的距离。

干涉测量系统的结构原理示意图如图 14.22 所示,三种波长的激光通过光开关(SW)选择依次进入测量系统[29]。设波长 λ_1 通过偏振分光镜后,水平偏振光进入参考光路,垂直偏振光进入测量光路。两偏振光再经两个声光晶体分别移频,由偏振分光镜合光后入射至一个与两偏振方向都成 45° 的检偏器上,透射光被光电探测器接收,经过光学干涉混频后的信号与参考信号 RS 同时送入相位计,以测量两路信号之间的相位差 ε_1。ε_1 即为波长 λ_1 的干涉级小数部分。改变入射波长,类似地可得 ε_2、ε_3,再用前述理论最终可计算出参考光路和测量光路之间的光程差,即绝对距离 L。

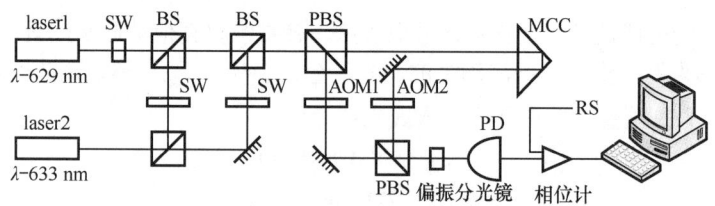

图 14.22　由两激光器组成的干涉系统结构原理示意图

绝对距离测量最终归结为相位测量，因此测相精度直接影响着尺寸测量的精度。信号的频率越高，实现高精度测相就越困难。对于干涉仪中的光波，要测得光频信号的相位差，必须把光频信号进行降频处理，降低到相位计可以检测出的水平（如 200 kHz），从而测量出相位差。该方案中测相的方法是：利用混频后取差频的方法降低测量信号的频率。

拟采用如下方案进行高频测相（如图 14.23 所示）[29]：单波长激光由偏振分光镜分光，p 偏振光进入参考光路，s 偏振光进入测量光路。在参考光路和测量光路的出射光路中各放入一个由直接数字频率合成器（DDSx）控制的声光移频器（AOMx），DDS 用于产生高稳定度（2×10^{10}）的可控振荡频率，AOM1 提供声光移频 $\gamma_1 = 80$ MHz，AOM2 提供声光移频 $\gamma_2 = 80.2$ MHz。

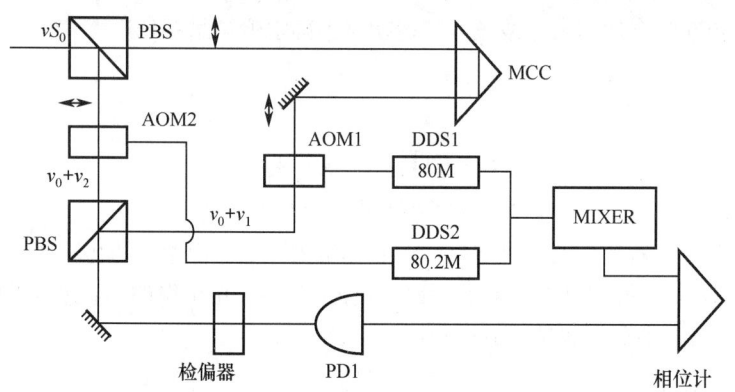

图 14.23　干涉仪的高频测相原理图

设入射激光的频率为 γ_0，则经过声光移频器后测量光路中出射的光束频率为 $\gamma_0 + \gamma_1$，参考光路中出射的光束频率为 $\gamma_0 + \gamma_2$。参考光路和测量光路的出射信号经过与两偏振光均成 45° 的检偏器后被光电探测器 PD1 接收，得到的信号为

$$I_1 = A\cos\left[2\pi(\nu_2 - \nu_1)t + \phi_1\right] \tag{14.59}$$

式中，ϕ_1 为参考光路和测量光路之间的相位差。

另外，分别从 AOM1 和 AOM2 中引一路信号经过混频器后作为本征参考信号 RS：

$$I_0 = A\cos\left[2\pi(\nu_2 - \nu_1)t + \phi_0\right] \tag{14.60}$$

式中，ϕ_0 为两移频器之间的初始相位差。至此，频率为光频量级信号的相位差转化为 200 kHz 频率信号的相位差，可以通过相位计检测出来。理论计算表明，测量误差大致为 $\Delta L = 10^{-10} \times L + 0.1$ nm，在大型工件的生产及装调中这样的测量精度通常已可以满足大多数场合的测量要求。

3. 半导体激光器的绝对距离干涉测量仪

基于可调合成波长链绝对距离干涉测量方法所构建的干涉测量系统，其原理图如图 14.24 所示[30]。

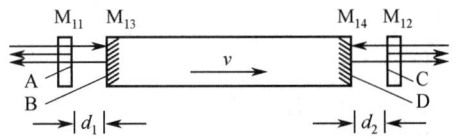

图 14.24 基于可调合成波长链绝对距离干涉测量系统原理图

在图 14.24 中，M_{11}、M_{12} 为单面镀增透膜的玻璃片，M_{13}、M_{14} 为反射镜。M_{11}、M_{12} 的非镀膜面 A、C 分别与 M_{13}、M_{14} 平行，且 M_{13}、M_{14} 平行地固结在一起，以匀速运动。$d = d_1 + d_2$ 为待测距离。

入射光分别垂直入射至 A、B 和 C、D 四个表面。A、B 面的反射光沿原路返回发生干涉由探测器接收，C、D 面的反射光沿原路返回发生干涉由另一探测器接收，这样就构成了在一条直线上的两个双光束干涉仪。

设入射光波长为 λ_1，不考虑空气折射率的影响，当 M_{13}、M_{14} 固定不动时，两干涉仪的探测器的信号为

$$I_i = P_i + R_i \cos(4\pi d_i / \lambda_i), \quad i = 1, 2 \tag{14.61}$$

式中，P_i 为直流分量，R_i 为干涉信号的幅值。

当 M_{13}、M_{14} 以速度 v 匀速运动时（按图 14.24 所示方向），两干涉仪的光程差分别变为 $d_1 + vt$ 和 $d_2 - vt$，令 $\Delta f = 2v/\lambda_1$（即反射镜以 v 运动时产生的多普勒频移），此时两干涉仪的探测器的信号分别为

$$I_1 = P_1 + R_1 \cos\left[4\pi(d_1 + vt)/\lambda_1\right] = P_1 + R_1 \cos(2\pi\Delta ft + 4\pi d_1/\lambda_1) \tag{14.62a}$$

$$I_2 = P_2 + R_2 \cos\left[4\pi(d_2 - vt)/\lambda_1\right] = P_2 + R_2 \cos(2\pi\Delta ft - 4\pi d_2/\lambda_1) \tag{14.62b}$$

由此可见，两套干涉信号频率相同，而相位差恒为 $4\pi d/\lambda_1$。因此，通过该调制方式和该干涉仪结构的设计，可使干涉条纹级次的测量转化成为相位测量。设待测距离 d 可表达为

$$2d = (M_1 + \varepsilon_1)\lambda_1 \tag{14.63}$$

式中，M_1 为整数级次，ε_1 为小数级次。ε_1 通过测相得到，而整数级次 M_1 不能唯一地确定，需利用第二个波长进行测量。

当入射光波长为 λ_2 时，待测距离 d 可表达为

$$2d = (M_2 + \varepsilon_2)\lambda_2 \tag{14.64}$$

式中，M_1、ε_2 分别为整数级次和小数级次。同样，可以通过测相得到 ε_2。

由式 (14.63)、式 (14.64) 可得到由合成波长 λ_s 表示的待测距离 d：

$$2d = (M_s + \varepsilon_s)\lambda_s \tag{14.65}$$

式中，$\lambda_s = \dfrac{\lambda_1 \lambda_2}{|\lambda_1 - \lambda_2|}$，$m_s = m_2 - m_1$，$\varepsilon_s = \varepsilon_2 - \varepsilon_1$。

对于给定的待测距离 d，第一级合成波长 λ_{s1} 应满足

$$\lambda_{s1} > 2d \tag{14.66}$$

此时，才能唯一确定与 λ_{s1} 对应的整数级次的值。

再选取波长逐渐减小的合成波长链 $\lambda_{s2}, \lambda_{s3}, \lambda_{s4}, \cdots$ 逐级进行测量，以提高测量精度。合成波长的选取原则如下：

$$\lambda_{s(i+1)} > 4\Delta d_i \tag{14.67}$$

式中，Δd_i 为上一级的测量误差。因此，根据待测距离的大小，确定各级合成波长及对应的波长

间隔，然后参照理论波长间隔改变可调谐激光器的输出波长，通过合成波长链的选择可以实现对待测距离由粗测到精测的整个过程。

图 14.25 所示给出了利用上述原理进行外尺寸测量的实验装置。其中，光源 L 为自制可调谐外腔半导体激光器，其发射波长范围为 632～638 nm[30]。棱镜体 J_2（也可以用陶瓷量块代替它进行校准实验）是在 K9 玻璃基板上粘接了两个直角棱镜 M_{23}、M_{24}，且粘接时保证两直角棱镜的直角互相平行。M_{21}、M_{22} 单面镀增透膜，其未镀膜面紧贴量块 J_1 的端面，则 M_{21}、M_{22} 的未镀膜面与 M_{23}、M_{24} 的直角面构成两个在一条直线上的双光束干涉仪。压电陶瓷驱动 J_1 以速度 v 运动。波长计 W 用于测量激光器的输出波长。探测器 PD_1、PD_2 分别用于接收两干涉仪的干涉信号，其接收的干涉信号经放大、整形处理后送入相位计比相。

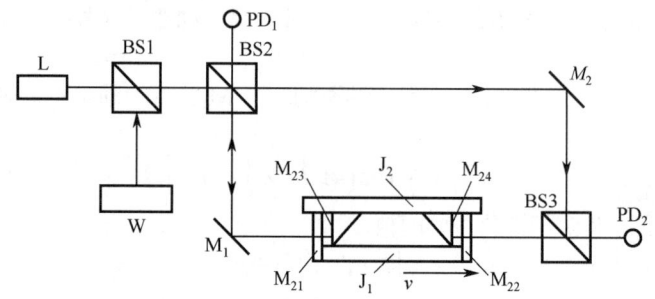

L—可调谐激光器　W—波长计　BS1，BS2—分光镜　J_1—标准量块　J_2—棱镜体　M_{23}，M_{24}—直角棱镜
M_{21}，M_{22}—玻璃片　M_1，M_2—反射镜　PD_1，PD_2—探测器

图 14.25　基于可调合成波长链绝对距离干涉测量方法的实验装置

利用可调合成波长链进行绝对距离干涉测量的系统具有以下特点：对不同的待测距离，可选择不同的合成波长链完成由粗测到精测的过程；由于相位计在零相位附近的相位测量精度较低，在测量过程中，可通过波长的调谐避免零相位的测量；该系统不要求激光波长具有连续调谐特性；合成波干涉条纹的小数级次由单波长干涉信号的相位测量值计算得到。

14.3.6　红外激光干涉仪

红外干涉仪特别是长波长红外干涉仪（$\lambda = 10.6\ \mu m$）的主要应用如下：

（1）检测红外光学材料（尤其是仅在红外波段透射的光学材料）的折射率均匀性；

（2）作为监测手段，用于红外光学系统的装配与调校；

（3）测量红外光学系统的波像差，评价红外光学系统的成像质量；

（4）检测光学零件抛光前粗糙表面的面形偏差，以及金刚石磨削表面的面形偏差；

（5）利用探测光波是长波长的特点，可以检测某些与参考标准拟合面适量偏离的面形，如检测非球面；

（6）检测微米量级的光电子器件和精密机械零件的面形，如光盘基片与计算盘的表面面形（平整度），这在光电子行业有特殊的用途。

红外干涉仪的另一个优点是它对于大气扰动和轻微的机械振动不敏感，这使得它特别适合测试大孔径、长焦距光学元件。此外，较长的波长也避免了在检测金刚石磨削光学零件时所产生的衍射与散射效应。

1. 斐索（Fizeau）型干涉系统

斐索型红外干涉系统的主光路是斐索型平面干涉仪[31]，如图 14.26 所示，其中用实线表示光路部分。由 CO_2 激光器 1 出射 $\lambda = 10.6\ \mu m$ 的连续激光束，经减光板 4 和反射镜 6，由 ZnSe 材料聚光镜 7 会聚在焦点 F_1 处的空间滤波器 8 上。出射的发射光束经过 ZnSe 制成的分束板 9，被反射镜 10 折转到孔径为 260 mm、$F/7$ 的离轴抛物面 11，由 11 出射的平行光束射向孔径为 250 mm 的 Ge 单晶材料的标准平板 12，标准平板的后侧面 13 作为参考平面，面形精度为 $\lambda/150(\lambda=10.6\ \mu m)$，21 为压电晶体移相器。

由参考平面 13 和测试反射镜 14 反射两束相干光，就可形成干涉图像。被测件（如红外望远系统）置于参考平面 13 和测试反射镜 14 构成的干涉腔中。测试反射镜孔径为 250 mm，面形精度为 $\lambda'/20(\lambda'=0.6328\ \mu m)$，相当于 CO_2 激光的 $\lambda/340$；测试反射镜也用来标定仪器系统误差，并用软件修正。仪器配置透镜测量装置及 5 块孔径为 20～150 mm、相对孔径为 1:1 的标准凸、凹球面

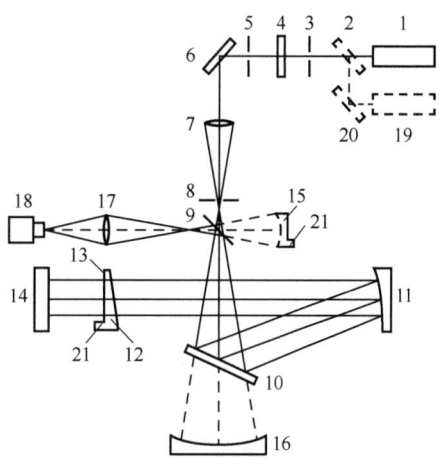

图 14.26 斐索型红外干涉系统光路图

反射镜，形成自准直的测试光路。两束相干光经成像透镜 17 成像在 PEV18 的热电管靶面上。

红外干涉的另一路相干光（如虚线所示）为球波面干涉系统。15 为参考球面反射镜，面形的局部误差为 $\lambda/150(\lambda=10.6\ \mu m)$；16 为被测球面反射镜或非球面镜。15、16 的曲率中心于 F_1 处，反射的参考光束和测试光束会聚于 F_2，经 17 成像在 PEV18 的热电管靶面上。为适应不同直径的被测件都能较好地充满 PEV18 的热电靶，仪器配置了由 Ge 材料制成的多种不同横向放大率的成像透镜 17。

红外辐射干涉图像的光强 $I(x,y)$ 表达式为

$$I(x,y)=I_1(x,y)+I_2(x,y)+\sqrt{I_1(x,y)+I_2(x,y)}\cos\left[(2\pi/\lambda)\cdot w(x,y)+\psi(x,y)\right] \quad (14.68)$$

式中：$I_1(x,y)$、$I_2(x,y)$ 分别为按干涉图空间 (x,y) 坐标探测到的参考光束和测试光束的光强值；$w(x,y)$ 为被测试部件或系统波面或表面的光程差，$(2\pi/\lambda)\cdot w(x,y)=\phi(x,y)$，其中 $\phi(x,y)$ 为相位差；$\psi(x,y)$ 为由移相器调制参考光路的光程差变化量。

由于 10.6 μm CO_2 激光光路不可见，为方便仪器相干光路调校，配置了 He-Ne 激光辅助光路。插入反射镜 2，He-Ne 激光器 19 出射的激光经反射镜 20 和 2 引入到仪器主光路，使光束通过光阑 3 和 5 的中央，这样就使 He-Ne 和 CO_2 两激光束共轴，减光板 4、会聚透镜 7 及分束镜均由可透射 10.6 μm 和 0.6328 μm 的 ZnSe 材料制成，所以 He-Ne 激光束就可进入仪器的主光路；按照可见光调校方法，就可使各光学件处于正确位置。

2. 移相式红外干涉仪

移相式红外干涉仪的光源采用单模稳频 CO_2 激光器，其工作波长为 $\lambda_1=10.6\ \mu m$。根据干涉测试的特点，CO_2 激光器应着重考虑：

（1）频率稳定性：模式采用基模 TEM_{00}，其光强分布比较均匀，发散角也较小；
（2）频率稳定度：$\Delta\nu/\nu_0$ 为 $10^{-7}/h$，输出功率为 7.8 W，输出功率稳定度优于 5%；
（3）发散角 $2\theta<10$ mrad，光斑直径约 4 mm；
（4）稳流电源：稳流精度高，可靠性强。

He-Ne 激光器作为辅助光源，$\lambda_1=0.6328\ \mu m$，用于红外干涉仪的调试校准，同时可在红外干涉仪中产生可见光干涉图。

选用热释电摄像机（PEV）作为探测器，接收干涉热像图。PEV 属于非制冷型红外探测器，

无需制冷装置,可在室温下进行,而且具有小巧、使用方便、价格低的优点。其光谱响应范围较广,适用于 CO_2 激光器的 10.6 μm 工作波长,其成像方法为电子束扫描,输出的视频信号可与普通电视制式的监视器兼容。

此红外干涉仪是一台带有固定参考臂的不等光程红外泰曼-格林干涉仪[32],图 14.27 所示为其光路示意图。由 CO_2 激光器 1 出射连续 10.6 μm 激光束,经反射镜 2、5,由 ZnSe 材料扩束镜 6 发散后由准直透镜 7 准直,光束经过 ZnSe 制成的分束镜 8,被反射到孔径为 30 mm 的参考平面镜 9 形成参考光束,由透射 8 的平行光束射向标准测试反射镜 12(或发散透镜 10、测试反射镜 14)。由参考反射镜和测试反射镜反射两支相干光束形成干涉图像,成像透镜组 13 和 16 用锗材料制成。由于分光镜 3、6、7 和 8 采用 ZnSe 材料,He-Ne 激光器 4 的光束由分光镜 3 引入测试光路,用于校正被测件位置。所用的红外光学材料为 Ge、ZnSe,都是小直径的材料,测试光路配有 ϕ30 mm 标准测试反射镜,也可配置发散透镜形成发散光束,用于测量球面和非球面。平面反射镜 14 用于成像光路折转,球面反射镜 15 用于测试前粗调。图中 17 为热释电摄像机,18 为压电晶体移相器。9、12 面形精度优于 $\lambda_1/20$,相当于 $\lambda_2/340$($\lambda_2=10.6$ μm),可以近似看作"理想平面",除用作测试反射镜外,还用于仪器精度标定和误差修正。该仪器主干涉仪的孔径较小,避免使用大孔径锗材料,降低造价。

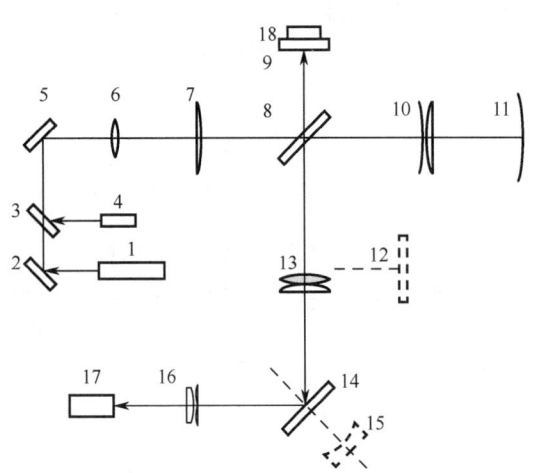

图 14.27 移相式红外泰曼-格林干涉仪光路示意图

移相干涉是通过有规则地平移参考反射镜,使干涉场中任意一点的光强呈正弦变化,利用正弦函数的正交性,可测得被测相位。假设仅考虑出瞳面上的一点 (x_0,y_0),干涉图的光强分布可表示为

$$I_i = a + b\cos(\phi + \psi_i) \tag{14.69}$$

式中,a 为背景光强,b 为干涉条纹的调制度,ϕ 为被测相位分布,ψ_i 参考相位移动。假设在一个周期内等间隔采样 N 步,可得到 N 组光强值 I_i,则相移 ψ_i 可表示为

$$\psi_i = 2\pi(i-1)/N \tag{14.70}$$

对于移相干涉技术,可得被测相位 ϕ

$$\tan\phi = -\sum_{i=1}^{n}(I_i\sin\psi_i) \bigg/ \sum_{i=1}^{n}(I_i\cos\psi_i) \tag{14.71}$$

被测系统的波面或表面总是光滑和连续的,波面拟合就是选择一个线性无关的基底函数的组合拟合离散波差函数 $w(x,y)$,由连续的 $W(x,y)$ 函数表征被测系统的波像差函数或面形。被测波面的波差函数可由一组基底函数(泽尼克多项式)的线性组合表示:

$$\boldsymbol{W} = \boldsymbol{QZ} \tag{14.72}$$

由于移相法在干涉图上得到的波差数据是离散在有限数量的孤立点上的,对这些采样点上的波差数据,可通过最小二乘法,将被测波面用所选定的基底函数的线性组合表示。但由于基底函数采样点上不一定正交,使用 Gram-Schmidt 正交法,由这些离散数据点准确求得系数向量 $\boldsymbol{Q}$。

14.3.7 双频激光干涉仪

双频激光干涉仪主要利用 Zeeman 效应和声光调制方法实现双频激光。其缺点是光学结构比较复杂,成本比较高。目前,国外生产双频干涉仪的公司有美国 Agilent、ZYGO,英国 Renishaw 等公司。

美国 Agilent 公司的双频干涉仪,其最大测速为 1 000 mm/s,在此速度下的分辨率为 1.24 nm;美国 NIST 研制的分子测量机采用这种方案,测量准确度达 0.1 nm。

双频激光在双频激光干涉仪的测量光路中存在模式间耦合现象,为了克服这种现象,又发展了超外差干涉仪方案,以抑制模式耦合误差。另外,这种干涉仪在工业中进行纳米测量的主要问题,是如何解决抗干扰、消除空气流动、温度漂移等一些环境问题。它在良好控制环境下能够达到很高准确度。因此,发展趋势就是超外差、共光路、用光纤简化光路等。

1. 双纵模双频激光干涉仪

双纵模双频激光干涉仪的原理示意图如图 14.28 所示[34]。系统由三部分组成:稳频装置与激光头、外置干涉块及测量角锥镜。激光头包括激光管、布儒斯特窗、析光镜、光扩展器以及接收参考信号和测量信号的透镜、偏振器、光电接收元件等。外置干涉头由偏振分光镜及固定角锥镜组成。

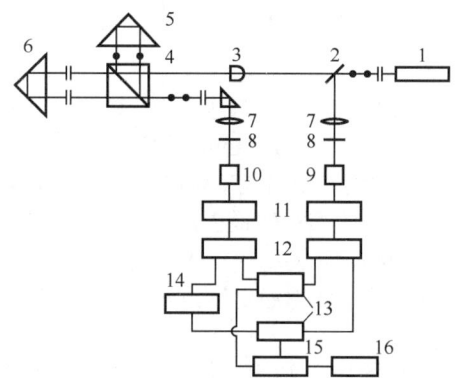

1—双纵模热稳频激光器 2—分光器 3—光扩束器 4—偏振分光镜 5—参考角锥镜 6—测量角锥镜 7—透镜 8—偏振片 9,10—雪崩管 11—高频放大器 12—0°功率分配器 13—混频器 14—90°移相器 15—细分计数系统 16—计算机

图 14.28 双纵模双频激光干涉仪原理示意图

由激光管发出的一对互相垂直的双纵模线偏振光,经布儒斯特窗(图 14.28 中未画出)取出稳频信号,进行热稳频。其余光束再经析光镜反射和透射,反射的一对正交线偏振光作为参考信号,经透镜、偏振器产生拍频信号,为光电接收器接收。透射光经光扩展器准直扩束后,为偏振分光镜分光,水平分量射向测量角锥镜,垂直分量射向固定角锥镜,两路光返回后经透镜、偏振器产生拍频。当测量镜在时间 t 内以速度 v 移动一距离时,因多普勒效应而引起频差变化 Δf,被测长度信息载于返回光束中,并为光电接收器接收。光电接收器将所接收到的参考信号及测量信号转换成电信号,输入放大器进行高频放大,使其信号电压达到混频器要求的电平。

为了方向判别电路的需要,应有两路相位差 90°的信号,因此将放大了的参考、测量信号分别送入两个 0°功率分配器进行功率分配,由功率分配器出来的参考、测量信号各分为两路,其中测量信号的一路应通过移相器移相 90°。四路信号进入混频器进行混频,将参考、测量信号变频,消去载波,留下差频信号。当测量角锥镜移动时,将 Δf 的变化送入细分计数系统。最后,根据双频干涉仪的测量公式得到被测长度:

$$L = N\lambda/2 \tag{14.73}$$

式中，$N = \int_0^t \Delta f \mathrm{d}t$ 为频率的时间积分的周期数，λ 为激光在测量时的波长值。

以双纵模热稳频 He-Ne 激光器为光源所构成的双纵模双频激光干涉仪，具有稳频系统构成简单、精度高、不需要特殊激光管、频差高（两纵模的频差高达几百 MHz）、动态性能好，以及光路系统不需要 $\lambda/4$ 波片和移相器件（利用延迟线移相）的优异特性。但是，它同样存在由于激光源的偏振态不理想或不稳定，光学元器件的性能不理想或调整不完善而引起的干涉光路中两种频率的偏振光不能彻底分开形成的非线性误差，而且高频差决定了其后续电信号处理系统较为特殊，因而这项误差也表现出与其他种类的双频干涉仪不同的形式与影响。

现有的双纵模双频激光干涉仪在实用中的问题：

（1）信号经预处理后实际上为一准直流信号，后续放大只能采用低倍数直流放大（否则运放漂移很大），因而它对混频出的信号质量要求较高，测量和参考两路信号应幅度较大、稳定且相等。所以这种方法对功率稳定，光路调整，光学器件、光电转换器件、电子器件的一致性、稳定性要求很高。即使以上条件得以满足，双频激光干涉仪本身的非线性所引起的电平起伏（见下节）也是很难避免的，它导致两路信号产生不一致的直流漂移。

（2）在调整光路时，高频放大器输出的测量和参考信号频率很高，只有高频示波器或者取样示波器才能观察到。当不具备此手段时，只能观察其混频输出信号。这时只有在运动过程中才能观察，并且其混频输出信号与参考、测量信号均有关。因此，当混频信号质量不好时，很难判断是哪个信号造成的影响，从而给光路调整带来诸多不便。

2. 高测速双频激光干涉仪

一种由偏振双反射膜双频激光器构成的高测速激光干涉仪，其测量速度可达 1 000 mm/s，可以适应对现代数控机床、三坐标测量机等 1 000 mm/s 的运行速度进行测量的需要。偏振双反射膜双频激光器结构如图 14.29 所示，它由双反射膜双频激光管加横向磁场构成[35]。

实验表明：当横向磁场与激光管的相对位置选择合适时，输出光为很好的正交线偏振光。采用热稳频方法对这种激光器进行稳频，并将稳频后的激光器与国家计量科学研究院的碘稳频激光器进行拍频比对。结果表明：激光器的频率稳定度为 6.6×10^{-10}（1 000 s 采样），平均真空波长扩展的不确定度为 3×10^{-8}。

高测速激光干涉仪的简单原理图如图 14.30 所示。其中，GCG-5M 为高频差稳频双频激光器，频差为 5.375 MHz，两频率分量 f_1、f_2 为振动方向互相垂直的线偏振光。输出光经分光镜 BS 后，反射光经检偏器 P_1 被光电探测器 D_1 接收，形成参考信号。透射光经偏振分光镜 PBS 分为两束，一束被反射到固定角锥棱镜 M_r，另一束被透射至测量镜 M_m，两束光反射后经 PBS 合成一束，经检偏器 P_2 被光电探测器 D_2 接收，形成测量信号。参考信号和测量信号经前置放大后，送入外差信号处理系统，进行计数，从而得出测量镜的位移。

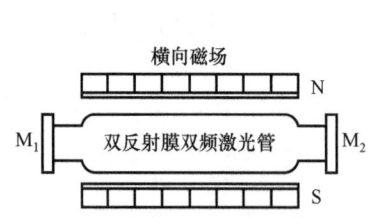

图 14.29 双反射膜双频激光器结构

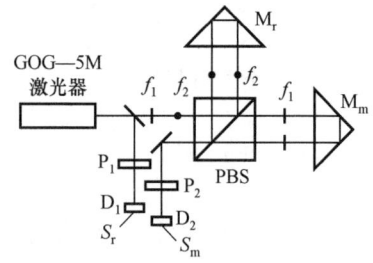

图 14.30 高测速激光干涉仪简单原理图

由多普勒原理可知，在双频激光干涉仪中，多普勒频移 $\Delta \nu$ 与测量镜的移动速度 v 的关系由下式决定：

$$v = (\lambda/2) \Delta \nu \tag{14.74}$$

式中，λ 为测量路的光波长。光电接收器接收到的信号频率为 $f = f_1 - f_2 + \Delta\nu$，为避免低频噪声，$f$ 不能为 0，其下限值由接收器的带宽决定，通常为几千赫到几百千赫。为计算方便，设定干涉仪下限频率为 0.375 MHz，由于双频激光器频差为 5.375 MHz，所以最大多普勒频移为 $\Delta\nu = 5$ MHz，则最大测量速度为 $v = (\lambda/2)\Delta\nu \approx 1580$ mm/s，即理论上激光干涉仪的测量速度最大可以达到 1 580 mm/s。但实际的测量速度还会受到信号处理电路带宽的影响。

3. 高分辨率双频激光干涉仪

纳米测量双频激光干涉仪（SJD5）如图 14.31 所示[36]。处于横向磁场下的 He-Ne 激光器，由于横向塞曼效应输出一对具有一定频差（约几十到几百千赫）的正交线偏振光。其中一部分光被分束器 3 反射后检偏接收而形成参考信号 S_r；另一部分光经过 Wollaston 棱镜 9，两偏振分量被分开一个较小的角度（约为 1°），再经过和 9 相距为 1 倍焦距的凸透镜 10 变成两束平行光，光束之间距离为 D，被分别会聚到平面反射镜 11、12 上，由 11、12 反射并分别再次经过 10 和 9 后，被检偏接收而形成测量信号 S_m。由于返回的光路和出射的光路在高度方向上相距 H，因此不会产生回波。

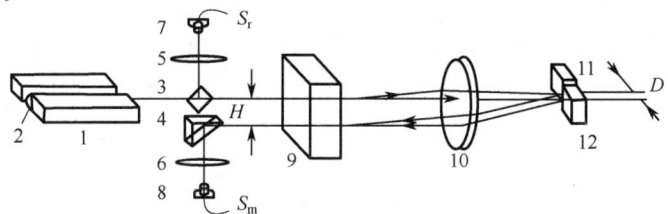

1—固定磁铁　2—He-Ne 激光管　3—分束镜　4—反射棱镜　5,6—检偏器　7,8—光电探测器
9—渥拉斯顿（Wollaston）棱镜　10—凸透镜　11,12—平面镜

图 14.31　纳米测量双频激光干涉仪

将 11 固定作为参考镜，当 12 产生沿 x 方向的位移 S 时，测量、参考光路光程差的变化量 δL 为

$$\delta L = \frac{2nS}{\cos\beta} \quad (14.75)$$

式中，$\beta = \arctan[H/(2f)]$ 为参考光路或测量光路和平面反射镜法线方向的夹角，其中 f 为透镜焦距；n 为空气折射率。

采用锁相倍频计数电路处理外差信号，计数得到的脉冲数 C 和被测位移量 S 之间的关系为

$$S = \frac{\lambda \cos\beta}{2Nn} C$$

式中，λ 为激光真空波长，N 为锁相倍频计数电路倍频数。在 SJD5 中，取 $N = 640$，$n \approx 1$，$\lambda = 632.8$ nm，$H = 11$ mm，$f = 50$ mm，实现了 0.491 nm 的位移测量分辨率。

14.4　波面与波形干涉系统光学结构

传统的干涉检测技术是采用目视或照相方法进行干涉条纹的估读，根据干涉条纹的变形来评估被检表面的面形误差。用目视估读干涉条纹的变形，一般估读精度为 $\lambda/10$，而且所估读的条纹变形实际还包含干涉仪自身的系统误差，并非完全是被检表面的实际面形误差。采用照相方法记录干涉条纹，是在条纹照片上通过寻找每条条纹的中心位置来评估条纹的变形，可以把条纹的判读精度提高到 $(\lambda/20) : (\lambda/30)$，但对干涉条纹照相记录时实际仍包含干涉仪的系统误差及照相物

镜的畸变。同时，测量过程中大气扰动、振动等随机影响及曝光中底片的弥散作用也会引入误差。尽管曾经采用显微密度计或光电扫描装置来提高条纹的判读精度，但上述附加误差仍无法消除，从而限制了传统干涉检测技术精度的提高[38]。

20 世纪 70 年代中期以来，随着激光技术、电子技术和计算机技术的发展，传统的干涉检测方法与这些技术的有机结合，产生了一种新的波面相位检测技术——波面相位实时检测技术。这种技术摆脱了过去目视照相方法的束缚，能够实时提取干涉条纹信息，直接对波面相位进行实时自动检测，在检测过程中应用波面数据存储相减技术可消除干涉仪的系统误差，并能把大气扰动等随机噪声抑制到最小程度。因此，这种波面相位检测技术的检测精度可达 $\lambda/100$ 以上，且具有很高的测量重复性。此外，它还能实现波面的实时显示。该技术是干涉检测技术的一个重大突破，使干涉检测技术发展到一个新的技术水平。

14.4.1 棱镜透镜干涉仪光学系统

棱镜透镜干涉仪是用来对棱镜、透镜、球面镜几何面形及像差进行测量的干涉仪，常称泰曼-格林干涉仪。泰曼-格林干涉仪主要用于检验光学零件（或光学系统）的综合质量。其检验原理是通过研究光波波面经光学零件后的变形来确定零件的质量[9]。

如果被研究的是棱镜，那么由于测试光路两次通过棱镜，波前的倾斜被对应的倾斜反射镜完全补偿，如图 14.32（a）所示。干涉图的形状给出测试波面与理想平面波的偏差，这种偏差是由于棱镜表面的制造误差和棱镜材料折射率的不均匀性而引起的。

当在干涉仪中研究透镜成像质量时，可用标准球面反射镜代替平面反射镜，如图 14.32（b）所示。当研究球面反射镜的面形时，应把一理想的标准透镜放在测试光路中，使由标准透镜出射的理想球面波经被测球面自准反射后，再通过标准透镜，又形成平面波。

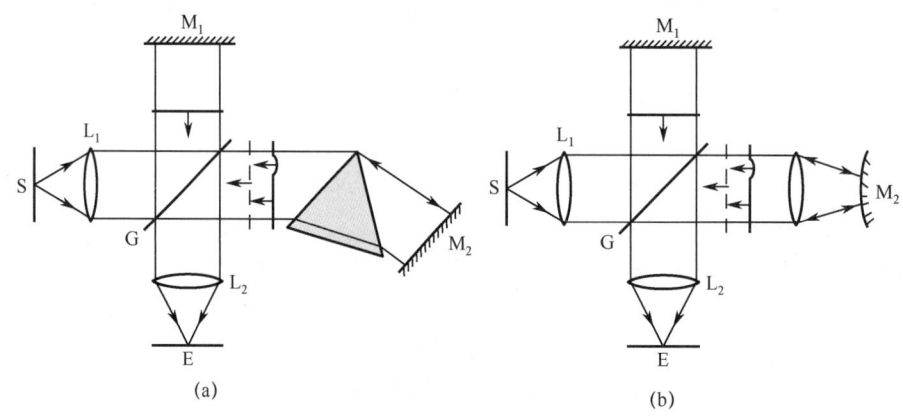

图 14.32 泰曼-格林干涉仪原理图

在进行干涉检验时，仪器的系统误差（未放入被检件时仪器呈现的系统误差）会叠加在被检件的误差上，造成判读的困难。因此，仪器的各光学元件应有较高的质量，一般不大于 $\lambda/10$。被研究的元件必须有规则的形状，如球面、平面和二次曲面。

其他透明的相位非均匀体——气流、旋涡、振动波、火焰等可以用类似的方法进行研究。当然，这样的研究一般在马赫-曾德干涉仪上进行。与泰曼-格林干涉仪不同，马赫-曾德干涉仪中的测试光路仅通过被研究的物体一次，因此测试精度降低一半。但是，马赫-曾德干涉仪能通过倾斜反射镜，使条纹的定域与被研究的物体重合[8]。

14.4.2 波前剪切干涉仪

波前剪切干涉仪是干涉仪的一类,具有普通干涉仪的某些特性,又有它本身的某些独特性能。现归纳如下[39]:

所有干涉仪都是以光波长的倍数或分数为度量单位,精度高,灵敏度高。

各种干涉检验方法大都可以进行定量检验。剪切干涉仪也能进行定量检验,获得定量结果。只是由于没有标准波面,被测波面变化与干涉条纹弯曲的对应关系,不如普通干涉仪条纹那样明显、直观;分析波面变形比较麻烦,不像普通干涉仪那样方便。这是剪切干涉仪的主要缺点。

用普通干涉仪检验镜面或系统,一般受到标准镜口径的限制。而大部分剪切干涉仪,不受口径大小的限制;从原理上讲,它可以检验任意尺寸的镜面或系统;加上一定的辅助元件,可使检验范围十分广泛。

一般来说,普通干涉仪必须使用单色光源或准单色光源才能获得对比度良好的干涉图样。而对于某些剪切干涉仪,由于相干的两束光之间程差很小,接近于等程干涉,因而对光源无特殊要求,通过一般仪器用的白炽灯泡即可清晰观测到彩色剪切干涉图样。如果适当控制光源狭缝宽度,容易得到对比度很高的剪切干涉图样。

普通干涉仪一般是非等程干涉,对空气扰动、地面震动等外界干扰相当灵敏,在无防震措施的工厂、车间、现场使用尤其如此。剪切干涉仪是等程干涉,对外界干扰不甚灵敏,无防震条件下也能清晰、稳定地观测干涉条纹。

普通干涉仪因标准镜面反射率已定,对被测镜面反射率有相应的要求;若被测表面反射率与标准表面反射率相差较大,条纹对比度将明显降低。对棱镜剪切干涉仪来说,对被检验镜面或系统无反射(透过)率要求。在光学车间的加工过程中,随时擦干净镜面,便可以进行剪切干涉检验。原因很简单:一强光进入干涉仪分成等强度的两束较强的光,一弱光进入干涉仪后同样分成等强度的两束较弱的光,因而,总可以得到对比度良好的干涉图样。

各种(棱镜、平板、光栅)剪切干涉仪,结构都十分简单,加工制作容易;与普通干涉仪相比,其成本费用低廉;由于体积小,简单,因而携带方便,随处可以使用。

按光学原理,可以将所有的干涉仪分为如下两类:

(1)具有参考波面的干涉仪。这种干涉仪系统本身必须建立一个参考波面,参考波面可能是平面、球面或非球面。根据被测波面与参考波面叠加时产生的干涉条纹形状或条纹变化数,研究被测波面的波差或程差情况。这种干涉仪的干涉条纹曲直,直接表示被测波面的等相位线。换句话说,干涉条纹是波面相位常数的轨迹。

(2)没有参考波面的干涉仪,即波前剪切干涉仪。这种干涉仪不是将被测波面与参考波面比较,因此系统本身不必建立参考波面,而是使被测波面分成(剪切)两部分,然后重叠在一起,在重叠区域发生干涉。可见,这是一种自比较干涉仪。

按不同的实现波前剪切的方式,可将各种不同形式的剪切干涉仪分为以下四种类型:波前横向剪切干涉仪、波前径向剪切干涉仪、波前旋转剪切干涉仪、波前翻转剪切干涉仪。其中波前横向剪切干涉仪的研究和应用是最多的。下面以不同的实例说明它们的原理。

1. 波前横向剪切干涉仪

图14.33所示是波前横向剪切干涉的示意图。一束平行光入射到马赫–曾德干涉仪上,经半反射镜 M_1 分成两束:一束透过 M_1 经全反射镜 M_2 半反射镜 M_4 后出射;另一路由半反射镜 M_1 反射,经全反射镜 M_3 及半透镜 M_4 出射。当使全反射镜 M_2 和 M_3 与 M_1 的距离不等时,例如使 M_1、M_2 之间距离适当移近或使 M_1、M_2 距离适当移远,则出射的两波前形成横向剪切光束,在重叠区域出现横向剪切干涉图样。若用 (x,y) 表示直角坐标,(r,φ) 表示极坐标,W_1、W_2 分别表示被剪开

的两波前，S 表示剪切宽度，则两波面间的光程差 Δ 可以用下式表示：

$$\Delta = W_1(x,y) - W_2(x-S, y) \tag{14.76}$$

当 $S=0$ 时，两波面之间无光程差，也就无干涉条纹产生。这种剪切是在一个方向上的横向位移，通常称为一维方向上的横向剪切。

图 14.34 所示是电子散斑剪切-相移干涉仪的总体结构示意图。该干涉仪的光学结构主要包括光源、迈克尔逊干涉仪、物镜和图像采集模块四个部分，其中图像采集模块包括 CCD 和图像采集卡。步进电机带动剪切反射镜移动，形成剪切干涉。另一反射镜和压电陶瓷传感器 PZT 相连，能够形成相移干涉，可以用来检测物体的离面位移[40]。同时，通过单片机控制系统控制激振器的振动频率，使之与光源的照射频率同步，从而形成频闪测量，能够测量物体的离面简谐振动。

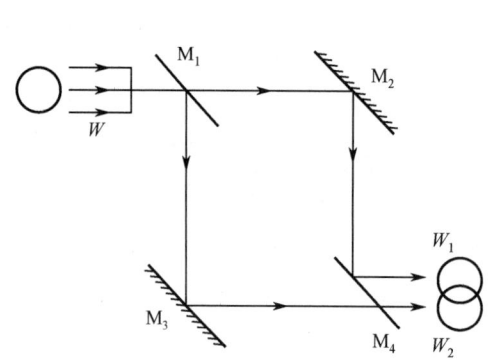
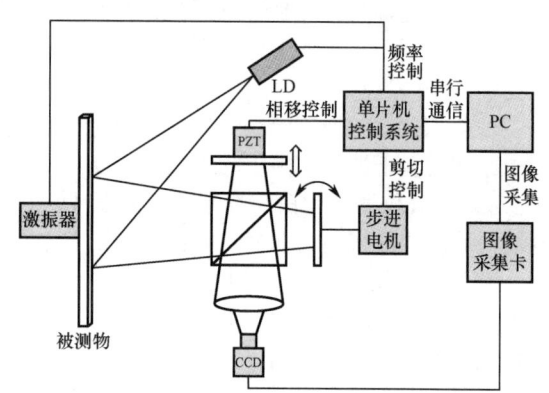

图 14.33　波前横向剪切干涉的示意图　　　图 14.34　电子散斑剪切-相移干涉仪结构示意图

2. 波前径向剪切干涉仪

下面用三平板环路径向剪切干涉仪说明径向剪切干涉仪的原理。如图 14.35 所示，一光束

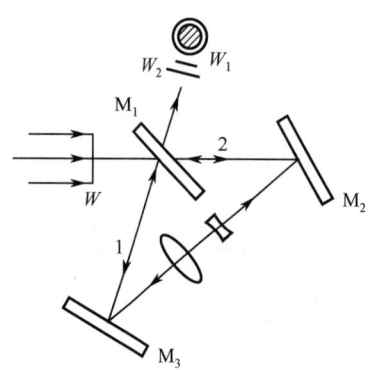

平行入射到三平板环路径向剪切干涉仪的分光板 M_1 上。其中光路 1 由 M_1 部分反射，经 M_3、M_2 全反射镜反射后，由 M_1 出射；光路 2 透过分光板 M_1，经 M_2、M_3 反射后，由 M_1 透过出射。当光路中放入常用的伽利略式扩束望远镜时，若望远镜倍率为 m，则两路光束口径将有不同程度的改变，一束口径将扩孔 m 倍，一路光束将缩孔 m 倍。这样，扩孔 $1/m^2$ 的光束与缩孔 m 倍的整体光束相干。这种使内外光束波面之间干涉的仪器，称为径向剪切干涉仪。

由此看出，光束截面上的剪切量是不同的，边缘最大，中心点为零，其光程差表示如下：

图 14.35　三平板环路径向剪切干涉仪原理图

$$\Delta = W_1(mr, \varphi) - W_2\left(\frac{r}{m}, \varphi\right) \tag{14.77}$$

径向剪切干涉仪是基于把扩束 m 倍的一路光束截面的 $1/m^2$ 截面作为标准波面，与另一路缩小了 m 倍的原光束截面相干涉。当放大倍数选得足够大时，一般把径向剪切干涉仪看作以原波面中心为标准波面的普通干涉仪。这时条纹分析类似于普通干涉仪的条纹判读。另一方面，由于扩束和缩束后，同样光束截面上的光强不尽相同，将会导致条纹对比度较低，应引起注意。但适当控制分光面的反射率和透过率之比，也能够得到良好的条纹对比度。

3. 波前旋转剪切干涉仪

若以 $W(r,\varphi)$ 表示被测的波前，则波前旋转剪切干涉，就是设法将被测波前分开，并将一光

束相对于另一束光束绕光轴旋转角度 $\Delta\varphi$ 后,再重合在一起而产生干涉。其光程差表达式为

$$\Delta = W_1(r,\varphi) - W_2(r,\varphi - \Delta\varphi) \tag{14.78}$$

式中,$\Delta\varphi$ 为旋转剪切角度。

实现旋转剪切方式,可以用插入适当光学元件的雅敏干涉仪为例加以说明。如图 7.36(a)所示,当一束平行光入射至干涉仪的两板时,若光路中不加道威棱镜,或以同方向放置两块道威棱镜,则两光路的光束方向不变;若将其中一块棱镜以 $\Delta\varphi/2$ 角绕光轴方向旋转,则该光路中的光束将以 $\Delta\varphi$ 角转动,实现波前的旋转剪切。

图 14.36(b)说明,当一棱镜转动 $\Delta\varphi/2$ 角后,则原波面上的四点 A、B、C、D 相应转到 A'、B'、C'、D'。显然,这是一种角剪切相同,波面半径 r 不同而使线剪切量不同的剪切方式。这种剪切方式是不能发现旋转对称形变波前的缺陷的,但对于非旋转对称形变波前有较高的灵敏度。

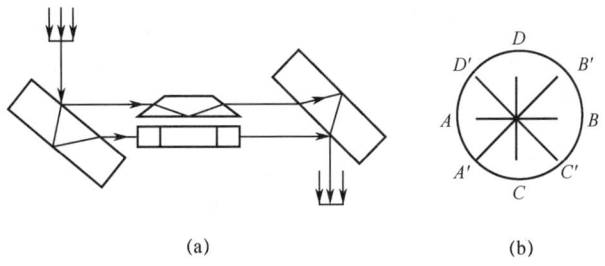

图 14.36 用道威棱镜实现波面旋转剪切干涉

另外,旋转剪切干涉仪要求光源尺寸非常小,否则将会是低对比度的干涉花样,甚至完全辨认不清干涉条纹。这与匹配不好的径向剪切干涉图形情况类似。

4. 波前翻转剪切干涉仪

将波前的一侧沿某一直线(例如垂直光轴的直线)为对称轴,翻转叠放在另一侧,于是在重叠区域产生干涉,称之为波前翻转剪切干涉。最典型的翻转剪切干涉仪的实例,是基于柯斯特双棱镜做成的翻转装置。

图 14.37(a)所示是由改型的柯斯特双棱镜得到的翻转剪切干涉并以自准方式检验透镜的示意图。分光棱镜的底面是球面,其曲率中心 S_0 与被检验透镜焦点重合。光源 Q 发出的光,由棱镜出射,经过透镜 L,由标准平面反射镜 M 反射后再沿原路返回到棱镜中。最初在棱镜半透明面 BC 上反射的光 I,与通过 BC 面在 EC 面上反射并经 L、M 返回后又在 EC 面上反射,再到 BC 面上反射的光在点 Q' 重合。这样就使得入射至透镜中的半圆波面 I 以光轴为对称轴翻转到 II 上,形成干涉条纹。若在 Q' 点就能看到翻转剪切干涉图形,如图 14.37(b)所示。翻转剪切干涉仪的光程差公式表示成

$$\Delta = W_1(x,y) - W_2(-x,y) \tag{14.79}$$

式中,负号表示在 x 方向上。

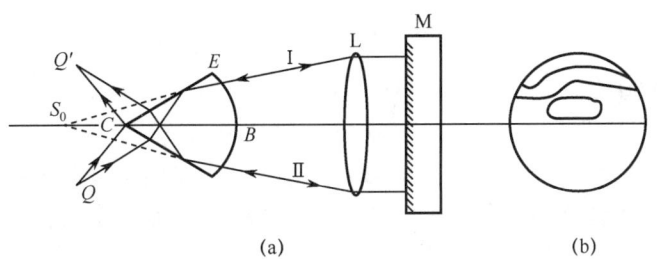

图 14.37 由改型的柯斯特双棱镜得到的翻转剪切干涉原理示意图

14.4.3 三光束干涉仪与多光束干涉仪

1. 三光束干涉仪

在某些要求实现高准确度测量的情况下,大多数双光束干涉仪所能达到的准确度(0.05~0.1 条干涉条纹或 0.015~0.03 μm)是不够的,而三光束干涉仪则可以提高准确度约 1 个数量级。

图 14.38 所示是一种瑞利(Rayleigh)型三光束干涉仪的原理图。这种干涉仪干涉图样的特点是:在三个叠加振动中,当其中任一个振动的相位产生微小的变化时,其干涉条纹的位置不产生移动,而只是使相邻干涉条纹的光强产生变化。

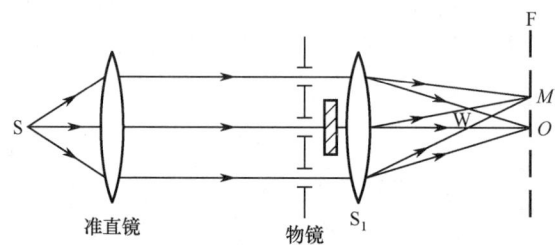

图 14.38 瑞利型三光束干涉仪原理图

在准直镜和物镜之间放入一个有三条狭缝的光阑 S_1,则可以在物镜的焦平面 F 上看到三光束的干涉图样。设三束光的主光线分别为 a_1、a_2、a_3,其间距为 C_{12}、C_{23}、C_{13}。很明显,$C_{12} = C_{23} = \frac{1}{2}C_{13}$。

设在 F 平面上的点 M 与光轴的角距离为 a,则光束 a_1、a_2 的相差为

$$\delta = 2\pi a C_{12}/\lambda \tag{14.80a}$$

光束 a_1、a_3 的相差为

$$\delta_1 = 2\pi a C_{13}/\lambda \tag{14.80b}$$

若在中间光束上放上一个玻璃薄片,则引起的相位变化为

$$x = 2\pi d n/\lambda \tag{14.81}$$

式中,d 为玻璃薄片的厚度,n 为其折射率。

设光束 a_1 的相位为 φ_0,则

$$\begin{cases} \varphi_1 = \varphi_0 \\ \varphi_2 = \varphi_0 + \delta + x \\ \varphi_3 = \varphi_0 + 2\delta \end{cases} \tag{14.82}$$

若三个叠加振动的振幅相等,且等于 1,则合振幅可写为

$$A = e^{i\varphi_0}\left(1 + e^{i(\delta+x)} + e^{i2\delta}\right) \tag{14.83}$$

由此可得到合振动的强度为

$$I = 1 + 4\cos^2\delta + 4\cos\delta\cos x \tag{14.84}$$

可见:I 是相位差 δ 的函数,而 δ 又是 M 点角坐标 a 的函数;I 又是被测参量 x 的函数,因 x 对于干涉场上的各点来说都是常量,因此 I 与相位差 δ 的曲线图就是 x 为定值条件下干涉场的照度分布图。可以看到,

当 $x = 0$ 时,

$$I_1 = (1 + 2\cos\delta)^2 \tag{14.85}$$

当$x=\pi/2$时,
$$I_2 = 1+4\cos^2\delta \tag{14.86}$$
当$x=\pi$时,
$$I_3 = (1-2\cos\delta)^2 \tag{14.87}$$

自 20 世纪 50 年代初 Zernike 提出了三光束干涉法后[41],发表了许多关于用三光束法高精度测量相位和膜厚等的报导[42-46]。这里介绍用共路三光束干涉仪对薄膜厚度进行高精度测量的基本原理和实验系统。

用于测量薄膜厚度的三光束干涉仪光路如图 14.39 所示。光栅 G_1 位于准直镜 L_1 的焦平面上,BS 为分束镜,在 BS 之后放置三个狭缝。用准单色光照明光栅,并使得经由光栅衍射且被透镜 L_1 准直的零级和±1 级光束分别通过中间与两边的狭缝。因为狭缝的宽度既和系统的像差有关(H=1),又和最后在像面上的光能量有关,因此在满足像差要求的前提下应尽量增加缝宽,以增加能量。经狭缝后的三束光在被测物上反射复经 BS,反射光被物镜 L_2 成像,在透镜 L_2 的后焦面上得到光栅 G_1 的像,用光电二极管线列探测器接收光栅像按空间分布的光强。

2. 多光束干涉仪

多光束干涉的历史比较久,比较实用的多光束干涉是法布里-珀罗(Fabry–Perot)用两块镀有高反射膜的平板组成的装置实现的,法布里-珀罗(F-P)干涉仪的结构图如图 14.40 所示,它由两块互相平行的平面玻璃板或石英板 G_1、G_2 组成,两板的内表面镀一层高反射膜。为了获得细锐的条纹,两反射面的平面度达 $\lambda/20 \sim \lambda/100$;两表面还应保持平行,以构成产生多光束干涉的平行平板。干涉仪的两块玻璃板(或石英板)通常做成小楔角($1' \sim 10'$),以避免未涂层表面反射光的干扰。F-P 干涉仪有两种形式:一种是两块板中的一块固定,一块可以移动,以改变两板之间的距离 h(但是在整个移动过程中要保持两板的工作面平行还是有困难的),这种类型的仪器叫作 F-P 干涉仪;另一种是在两块板间加上一个平行隔圈,这种隔圈由铟钢做成,有很小的膨胀系数,以保证两板间的距离不变并严格平行,这种类型的仪器叫 F-P 标准具[9]。

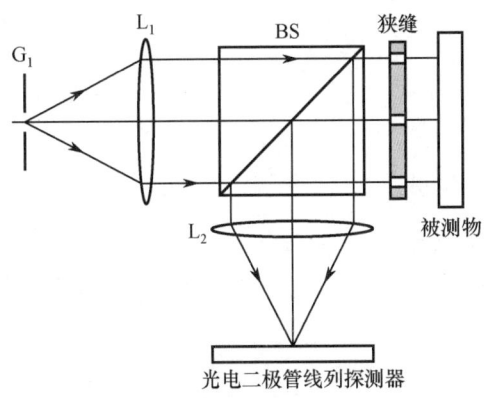

图 14.39 三光束干涉仪光路图

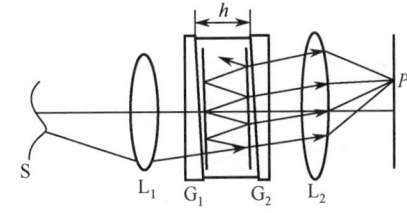

图 14.40 法布里-珀罗干涉仪结构图

干涉仪用扩展光源照明,其中一支光的光路如图 14.40 所示,在透镜 L_2 的后焦面上将形成一系列细锐的等倾亮纹。若 L_2 的光轴垂直于平行板的工作面,则在 L_2 的后焦面上形成的亮纹是一组同心圆。

光源 S 发出的光,在平板面 G_1 和 G_2 间将有多次反射,每次反射时均有一部分光透过 G_1 和 G_2。这样在平板 G_1 和 G_2 的两边将有一系列的反射光和透射光。这一系列的光线将产生干涉,其干涉条纹定域在无穷远。用透镜 L_2 将透过光会聚(同样也可用透镜将反射光会聚),在其焦平面上就可以得到多光束干涉条纹。

表面反射率 R 和透射率 T 可分别定义如下:

$$R = 反射能量/入射总能量 \tag{14.88a}$$
$$T = 透射能量/入射总能量 \tag{14.88b}$$

根据能量守恒定律,有 $R+A+T=1$,其中 A 为吸收率。

若假定镀膜层对光的吸收可以忽略,即 $A=0$,则有 $R+T=1$。取入射光 S_1 的强度为 1,在不考虑平板 P_1 的上表面反射的少量损失时,可以认为反射光与透射光的强度分别为:

反射: $R, RT^2, R^2T^2, R^3T^3\cdots$ 对应光线 1, 2, 3$\cdots$

透射: $T^2, T^2R^2, T^2R^4\cdots$ 对应光线(1),(2),(3)$\cdots$

假定光线的入射角为 i,e 为空气至 M_1 面(或 M_2 面)的反射引入的程差,M_1 和 M_2 之间的距离为 d,则相邻两光线的程差为

$$\delta = 2d\cos i + 2e \tag{14.89}$$

将透射光表示成复振幅的形式——T、$TRe^{-i\varphi}$ 和 $TR^2e^{-i2\varphi}$,其中 $\varphi = \dfrac{2\pi}{\lambda}\delta$,从而可以得到在焦面上任一点 P 的复振幅为

$$U_P = T\left(1 + Re^{-i\varphi} + R^2e^{-i2\varphi} + L\right) = \frac{T}{1 - Re^{-i\varphi}} \tag{14.90}$$

P 点处的强度为

$$I_P = U_P U_P^* = \frac{T^2}{1 + R^2 - 2R\cos\varphi} \tag{14.91}$$

因为 $1 + R^2 - 2R\cos\varphi = (1-R)^2 + 4R\sin^2\dfrac{\varphi}{2}$,则可以得到透射光的强度为

$$I_P = \frac{T^2}{(1-R)^2 + 4R\sin^2\dfrac{\varphi}{2}} \tag{14.92}$$

反射光的强度为

$$I_Q = \frac{4R^2\sin^2\dfrac{\varphi}{2}}{(1-R)^2 + 4R\sin^2\dfrac{\varphi}{2}} \tag{14.93}$$

多光束干涉测量的最主要的优点是可以使测量准确度提高。所有的干涉检测都是用反映被测表面或波面轮廓的干涉图来进行评价和分析的,因此干涉图的对比度、条纹的细度(也称锐度)等将直接影响测量的结果。

14.4.4 数字波面干涉系统

现代干涉仪的基本特征是采用激光光源并综合应用了光学、电子学、精密机械、计算机科学的新成就,又称为数字波面干涉仪。其优点为分辨率高、抗干扰能力强、测量精度高、操作方便等[47]。

1. 移相式数字平面干涉系统

移相式数字平面干涉仪由光学斐索型平面干涉仪,He–Ne 激光器及其电源,压电晶体(PZT)和 PZT 多功能控制源、PZT 驱动电源、图像采集系统(CCD)摄像机、图像捕获器、监视器,微计算机及其辅助设备等组成。

波面干涉仪的光路图如图 14.41 所示。其中 He-Ne 激光光源经过反射镜 2、3、4 将激光束引

入系统，由会聚透镜 5 聚焦在空间滤波器 6 上。空间滤波器上的针孔位于准直物镜 10 的焦点位置，用以消除激光散斑的影响。光线经过反射镜 8 和分束镜 9 射向双分离的准直物镜 10，形成平行光。标准平板玻璃 14 的下表面为参考平面，13 为被测平板玻璃或放置液面 14（作为基准平面来校验仪器的系统误差）。干涉条纹是由 14 的下表面（参考面）和 13 的上表面（被测面）或液面相干涉形成的。调整仪器时，由参考面、被测面或液面反射的光线由分束镜 9 折向活动反射镜 15 再折向透镜 16，经场镜 17 成像在带十字的分划板 18 上。然后由反射镜 19 将光线折向水平方向，经透镜 20 准直后通过反射镜 21 和折光镜 22 进入 CCD 摄像机 23 接收。此时由监视器 24 即可看到两束相干光各自的像点。调整参考面或被测面，使两个光点位于分划板 18 的十字线中心并重合，即完成了调整过程。

测量中，活动反射镜 15 退出光路，光束由反射镜 25 折向空间滤波器 26 以消除杂光。透镜 27 的作用是将干涉场的孔径成像在毛玻璃 29 上，反射棱镜 28 将光线转向水平方向。毛玻璃由电机 30 带动旋转，使其微粒子图像不会成像在监视器 24 上，保证视场清晰不变形。

移相干涉术利用干涉图光强值进行相位计算，用 CCD 摄像机采集干涉图，有较高的相位分辨率和空间分辨率。由于这种方法复原相位是利用多幅干涉图，所以对随机噪声有很强的抑制能力。

2．子孔径重叠干涉系统

平面度误差值实际上是被测面上若干测量截面的直线度误差的综合值。测量小平面可用等厚干涉法，即将其置于平面干涉仪上直接测量或用平晶置被测面上观察等厚干涉条纹来求得。当被测面大于平晶面的尺寸时，则可用三点连环干涉法进行测量，特别是对于狭长的大平面。现标准平晶的直径一般可达到 150 mm，采用分区干涉检验扩展被测平面孔径的子区部分重叠法，以复原全孔径波面。子区是相对于被测大平面，实际指所用仪器的孔径。使研制的干涉仪可测量 $\phi 400$ mm～$\phi 500$ mm 的平面，适应大孔径平面的测量[1]。

子孔径重叠干涉检验法如图 14.42 所示。每次用干涉仪检测大平面的部分区域，即图 14.42 中的 D_1、D_2（称为子区），其直径为 245 mm，并使子区部分重叠（即图 14.42 中 D_{12}）。重叠区波面两次采样为

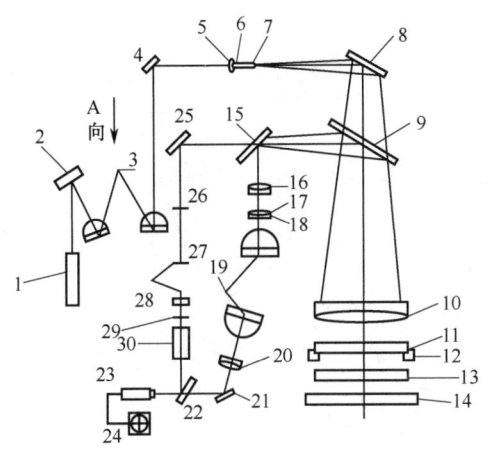

图 14.41 激光波面干涉仪光路图

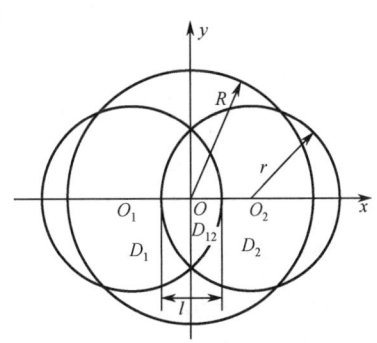

图 14.42 重叠子区

$$\begin{cases} W_1(x,y) = P_1 + Tx_1 gx + Ty_1 gy + W_0(x,y) \\ W_2(x,y) = P_2 + Tx_2 gx + Ty_2 gy + W_0(x,y) \end{cases} (x,y) \in D_{12} \quad (14.94)$$

以重叠部分来确定各子区的相对倾斜和轴向位移：
$$\Delta P = P_1 - P_2, \quad \Delta T_x = T_{x1} - T_{x2}, \quad \Delta T_y = T_{y1} - T_{y2}$$

由此建立起数学物理模型并编制软件系统，通过计算机求算被测大平面的平面度。子区可以扩展到多个，对于被测大口径平面来说覆盖面积大，精度高。

14.4.5 锥度的干涉测量光学结构

在机器制造业中，锥度量规有广泛的应用，对其锥度角虽可通过正弦尺、测量机或万能显微镜等测量，但其测量不确定度均在数角秒（″）以上。数年前，国内研制成干涉仪及非接触法测量的新的锥度测量标准装置，达到统一我国锥度的量值并传递（可用比较测量法）。装置上的白光干涉仪用从锥度规母线曲面上的反射光束所形成的零次干涉条纹进行对准，用多齿分度盘和激光角度干涉仪的组合来进行锥度角的高精度测量，测量总不确定度优于 0.5″。该装置的测量原理如图 14.43 所示。

由白炽灯做光源的光线经透镜 G 成平行光束后，通过分光棱镜 H 分成两束，其中一束光投射到被测锥体母线 C 点抛光的曲面上并由它反射回去，另一束投射到母线另一端 D 点的曲面并反射回去，两光束在分光棱镜的分光面上相会后产生干涉，通过可变焦距望远镜用眼睛观察白光干涉图像。

由于被测物体是锥形对称，两相干光束是从具有接近相等的曲率半径圆弧面上反射的，当干涉光程差接近零时，可观察到弯曲状的干涉条纹，干涉条纹的弯曲程度随被测锥度角的减小而减低，并直至近于直线条纹。

整个测量过程示于图 14.44，被测锥度规固定安装在干涉仪中心的 V 槽上，仔细调整旋转台以平衡 a 和 b 的光程，可以用可变焦距望远镜观察零次干涉条纹与十字叉丝相重合来达到。此时置计数器为零，然后抬起多齿圆分度盘，再旋转转台并仔细调整，直至母线准确对准，在相反方向弯曲的零次干涉条纹再次呈现与望远镜的十字叉丝重合。取多齿分度盘上的读数与计数器上的角度读数，计及它们的正、负号之后将这些读数相加，可得到被测角度值。

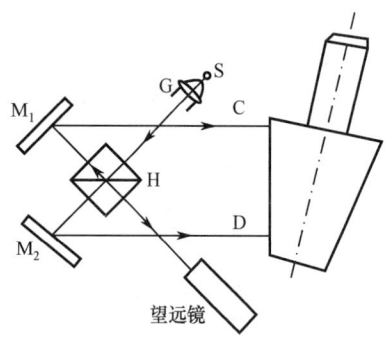

图 14.43 锥度规干涉测量原理

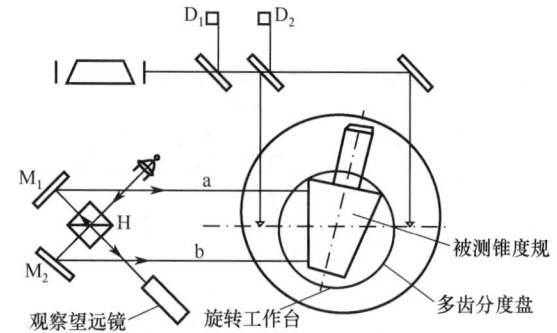

图 14.44 锥度规干涉仪系统原理图

因白光干涉仪的测量误差为 $10''/L$，仪器的制造及安装不准确所引起的误差为 $\pm 0.21''$，故对锥度规总的测量不确定度为

$$\delta_{总} = (0.3 + 10/L)''$$

式中，L 为锥度规的工作长度，单位为 mm。

当在此测量装置上安装一个光电自准直仪后，它还可用于测量角度块及多面棱体。

14.5 表面微观形貌的干涉测量系统

表面形貌（surface topography）是指表面的微观几何形态。它是由于加工过程中刀具和零件的摩擦、切屑分离时的塑性变形和金属撕裂、加工系统的震动等原因，在零件表面留下的各种不同形状和尺寸的微观结构。表面形貌越来越引起人们的重视，原因如下：

（1）表面形貌对于加工过程中的工艺过程状态（如刀具磨损、机床震动、切削用量等）的变化非常敏感，因此它被认定为加工过程控制、监测和诊断的重要手段。

（2）表面形貌在很大程度上决定了零件的使用性能。它影响机械系统的摩擦磨损、接触刚度、疲劳强度、配合性质、传动精度、导电性、导热性、抗腐蚀性等，影响机械产品的质量和可靠性。表面形貌是机械产品的重要质量指标，需要定性和定量测量。

（3）近代高科技的发展对于表面形貌提出了越来越高的要求，硅片表面粗糙度对集成电路的电阻、电容、成品率影响很大；磁盘表面粗糙度影响耐磨性、使用寿命、信号的读出幅度、信噪比等；X射线元件、激光器的反射镜窗片、同步辐射光学元件、激光陀螺元件等，都要求越来越高的表面质量。

（4）表面形貌测量在学科领域上和纳米技术、生物技术等互相渗透，后者的发展为前者带来了新的技术手段和新的工作领域。

14.5.1 相移干涉仪光学结构

相移干涉（phase-shifting interferometry，PSI）就是在参考光或测量光中引进已知相移量，人为改变两相干光束的相对相位，从干涉场中任一点在不同相移量下的光强值来求解该点相位。在干涉仪中，相移器是能够产生相移的元件。相移器可以是1/4波片和检偏器，还可以是压电（陶瓷）传感器（piezoelectric transducer，PZT）。

图 14.45 所示是 PZT 相移干涉原理图[48]，其中 PZT 和参考面相连。假设开始时被测面和参考面没有光程差，则当 PZT 带动参考面移动时，引起参考面和被测面高度差的变化，从而引起了两支光束的相位变化，就实现了相移干涉。

PZT 通过电压使之发生线性移动。PZT 移动和干涉光束相位变化的关系为

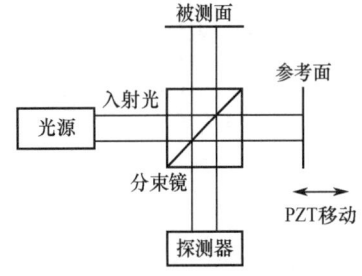

图 14.45　PZT 相移干涉原理图

$$\Delta z = \frac{1}{2}\Delta p = \frac{1}{2} \times \frac{\lambda}{2\pi}\Delta\phi = \frac{\lambda}{4\pi}\Delta\phi \tag{14.95}$$

式中，Δz 是参考面和被测面之间的高度差，Δp 是两支光束的光程差，$\Delta\phi$ 是两支光束的相位差。可以看出，通过 PZT 改变参考面和被测面的高度差值，就可以引起两支光束的相位变化。PZT 相移有两种：一种是 PZT 匀速移动，到了预定相位时控制探测器探测干涉条纹的强度；另一种就是 PZT 步进式移动，进行同步控制探测器探测条纹光强。当被测面移动 $\lambda/8$ 时，两支光束间的相位变动 $\pi/2$。

14.5.2 锁相干涉仪光学结构

锁相干涉仪的主要组成部分有[38]：带有相位调制的扫描干涉仪、二维扫描探测装置、鉴相器，以及计算机的数据采集和处理系统，如图 14.46 所示。

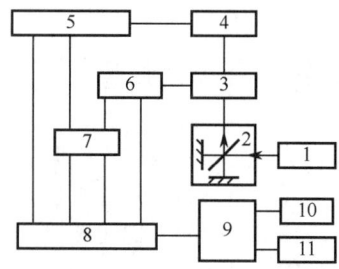

1—激光器 2—干涉仪 3—扫描镜 4—900-接收器 5—相位电子装置 6—扫描电路
7—A/D变换器 8—接口 9—计算机 10—显示器 14—打印机

图 14.46 锁相干涉仪系统框图

1. 扫描干涉系统

图 14.47（a）所示为一种改型的泰曼-格林干涉系统。参考镜用压电晶体驱动做高频振动。检测光路中通过一个聚焦透镜使光束充满离轴型抛物面，以提供 200 mm 口径的检测光束，因此可以检测较大口径的光学元件。图 14.47（b）所示为马赫-曾德型的锁相干涉显微镜，其分光器直接黏接在显微物镜上，整个系统可附在一台标准显微镜上以代替显微物镜。应用这个系统可以检测表面微观面形轮廓，也可用于生物样品和变折射率材料等透明物体的超精密检测。

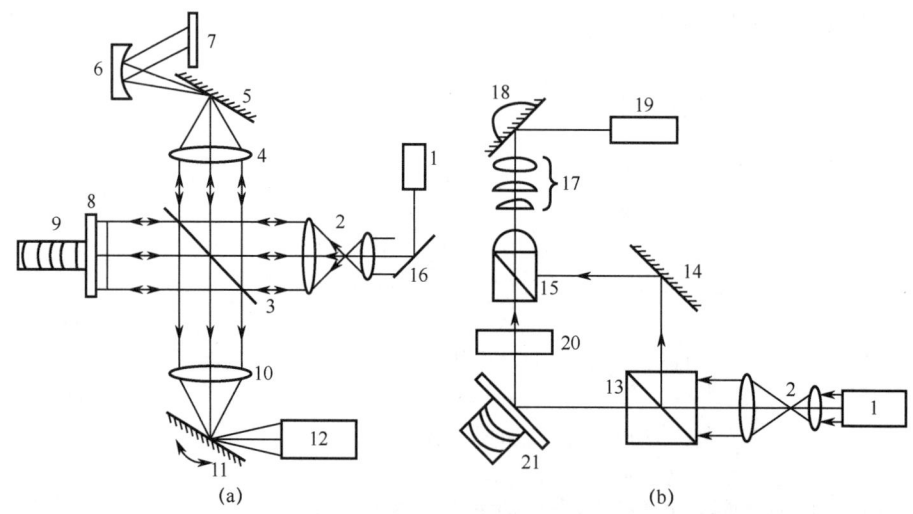

1—He-Ne激光器 2—扩束准直器 3,13,15—分束器 4—聚光镜 5,14,18—反射镜 6—离轴抛物镜
7—被测平面 8,14,16—参考镜 9,21—压电晶体 10—成像镜 17—显微物镜 12,19—光电接收器

图 14.47 两种锁相干涉系统

2. 检流计扫描系统

上述两种干涉系统均可采用具有单一固定光电探测器的双检流计系统作扫描探测，该系统如图 14.48 所示。x 向检流计电路输出三角波电压，y 向检流计电路输出步进电压，它们分别驱动两块正交定向的平面反射镜转动，从而保证干涉场上任何一点都能被扫描到探测器上，实现干涉条纹的二维扫描。

当 x 向检流计使干涉场在 x 方向扫一行后，y 向检流计就立即使干涉场在 y 方向步进一个步距，如此往复，就能实现对整个干涉场的扫描。

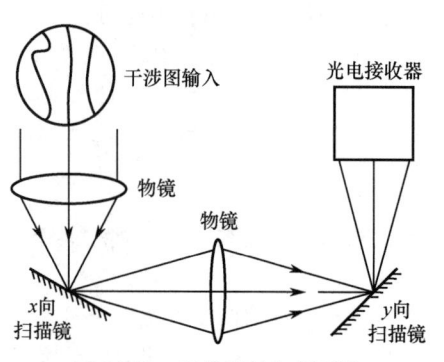

图 14.48 双检流计扫描系统

3. 电子装置及计算机处理系统

电子装置的基本功能是根据探测器接收到的光强信号，由锁相环路产生一个与扫描点波面相位差成正比的信号。该信号还通过锁相环产生一个校正电压来控制压电晶体，使干涉系统锁定在干涉条纹的光强极大或极小位置。电子装置的另一个作用是控制两扫描检流计并记录其输出时刻的 (x,y) 坐标位置信号。为了实现波面相位测量，并消除系统误差和倾斜、离焦误差，需通过接口将相位信号及坐标位置信号经 A/D 变换后进入计算机存储和处理。扫描及电子测量装置也由计算机来控制，测量的最终结果可显示为等高线图或立体图。

锁相干涉仪由于只有基频信号通过，而其他的谐波均被隔绝，噪声被明显抑制。于是信号有很高的信噪比，其测量精度可达 $\lambda/100$ 以上。

14.5.3 干涉显微系统光学结构

干涉显微系统是显微镜的基本结构和干涉形式的结合。本节首先介绍三种双光束的干涉结构，然后在此基础上构建三种干涉显微系统。

1. 三种双光束干涉形式

双光束干涉可分为共光路干涉和分光路干涉。共光路干涉主要有 Normarski 微分干涉和双焦干涉。根据分束板前两支光路结构，分光路干涉可以分为 Michelson、Mirau 和 Linnik 结构，后面两种其实是 Michelson 干涉的改进[49]。

图 14.49 所示是显微式分光路干涉的三种形式，即 Michelson 形式、Mirau 形式和 Linnik 形式，它们都采用反射式照明。

1）Michelson 干涉

图 14.49（a）所示是 Michelson 干涉。来自光学系统前端的光束经分束镜后分成两束，一束被参考面反射，另一束被被测面反射，两束光再次经过分束镜后会合而发生干涉。Michelson 干涉只使用一个物镜，在物镜和被测面间放置分光器件；但是分束器件一般用分光棱镜，体积较大，限制 Michelson 干涉只能用于数值孔径较小、工作距离较长的系统中。Michelson 干涉物镜的放大率一般为 1.5～5 倍。

2）Mirau 干涉

Mirau 干涉如图 14.49（b）所示。来自光学系统前端的光束经物镜后透过参考板，然后由分光板上半反半透膜分成两束：一束透过分光板投射到被测面，反射后经分光板和参考板回到物镜；另一束被分光板反射到参考板上反射区域，反射后回到分光板再次被反射，然后透过参考板回到物镜。两束光在物镜视场中会合而发生干涉。

Mirau 干涉只用一个物镜，因而在测量时物镜不会给两束光引入附加光程差。由于参考光和测量光近似共路，因此可排除很多干扰的影响。但由于在物镜和被测面间需放置参考板和分光板，因此 Mirau 物镜只能用工作距离较长的显微物镜，致使物镜的数值孔径受到限制，横向分辨率较低。在 Mirau 干涉中，物镜的放大率一般为 10～50 倍。

3）Linnik 干涉

Linnik 干涉如图 14.49（c）所示。平行光经过分束棱镜分成两路：一路经过物镜聚集在参考面上，并被反射回物镜还原成平行光；另一路经过另一个物镜聚焦在被测面上，被反射后经过物镜还原成平行光。两束光经过分束棱镜会合并发生干涉。参考光路与测量光路要求一致，所以 Linnik 干涉需要两个完全相同、精度很高的显微物镜。由于在物镜和被测面间没有其他光学元件，因而 Linnik 干涉可使用工作距离较短的显微物镜，数值孔径高达 0.95，放大率高达 100 倍，甚至

200 倍。这种结构的优点是把物镜的球差和色差校正得很好；但是需要两个一样的物镜，并且由于光程长，需要建立复杂的结构，以避免振动。

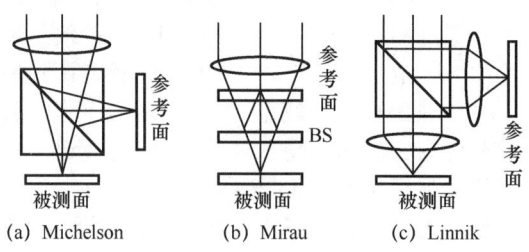

图 14.49　三种双光束干涉形式

表 14.1 总结了分光路双光束干涉的三种形式，其中对物镜、数值孔径、放大倍率、适用范围和优缺点做了比较。Michelson 干涉和 Mirau 干涉都采用 1 个物镜，但是 Michelson 物镜的工作距离更长，数值孔径更小；因而 Michelson 的抗干扰能力、横向分辨率都要低于 Mirau 干涉。和 Linnik 干涉相比，Mirau 干涉直到分束板前都是共光路的，则显微物镜和在分束板前的光学元件对两支光路的影响是一样的。同时，由于光程较短，Mirau 干涉对振动较不敏感，结构紧凑，不需 Linnik 干涉那样复杂的结构。和其他两种干涉形式相比，Mirau 干涉非常适合中等倍率、被测件尺寸最大到 1 mm 的干涉。

表 14.1　双光路干涉的三种形式

干涉形式	物镜	数值孔径	放大倍率	适用范围	优缺点
Michelson 干涉	1 个	<0.2	1~5	被测件尺寸从 1 mm 到 1 cm 以上	抗干扰和横向分辨率低
Mirau 干涉	1 个	0.25~0.55	10~50	被测件尺寸最大为 1 mm	结构紧凑，抗干扰强
Linnik 干涉	2 个	~0.96	100~200	高数值孔径，高放大倍率系统	两个相同的物镜，结构复杂

4）三种干涉显微系统

根据图 14.49 中的三种双光束干涉形式，可建立相应的三种双光束干涉显微系统，即 Mirau 干涉仪、Linnik 干涉仪和 Michelson 干涉仪，它们的结构如图 14.50 所示。干涉显微系统除了形成干涉外，还必须有显微放大的作用，所以干涉显微系统是显微镜的基本结构和干涉形式的结合。干涉显微系统都采用无限筒长显微镜的结构，其显微物镜和镜筒透镜间为平行光束；它采用反射式照明，所以其中包含了照明光路和成像光路，用分束棱镜相连；显微放大倍率为镜筒透镜和显微物镜的焦距的比值，而这个放大倍率也直接和物镜的数值孔径相关：数值孔径越大，则放大倍率也越大。

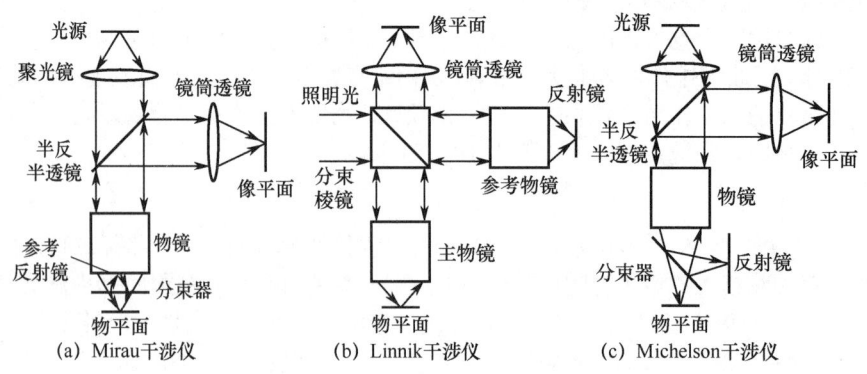

图 14.50　三种双光束干涉显微系统

图 14.50（a）所示为 Mirau 干涉仪，它的干涉结构都在显微镜之前[50,51]，即显微物镜的结构和像差对干涉结构没有影响。物镜前应放置的干涉结构包括分束板、参考镜和被测面，而且对于零光程差的位置，参考镜和被测面是对于分束镜对称的。如果充分利用显微物镜的工作距离，则分束镜放在其工作距离的一半处，参考镜放在显微物镜的第一面上。参考镜阻挡了从照明光路过来的部分中心光束的通过，形成了对光路的中心遮拦，而且参考镜和分束板也影响了物镜的像差，改变了系统的传递函数。在光轴方向上，球差会随着数值孔径的三次方增加[52]。因为显微物镜前要放置分束板和参考镜，所以要求它有较长的工作距离；较大的数值孔径的物镜的工作距离太短，无法放置干涉结构。所以，Mirau 干涉仪需要有合适的放大倍率和数值孔径，但是其干涉头部分对像差的影响和中心遮拦需要在干涉仪的研制中多加考虑，国内外已有许多用 Mirau 干涉仪检测微表面形貌的报道[53-56]。

图 14.50（b）所示为 Linnik 干涉仪。从照明光路过来的光被分为两束：一束光经过主物镜到达被测面，成为测量光束；另一束光经过参考物镜成为参考光束。两束光的干涉从分光棱镜后就开始了，所以主物镜、参考物镜会影响干涉条纹的形成。如果主物镜和参考物镜完全相同，则这两束光所形成的干涉条纹完全表现了参考镜和被测面的差异。因为物镜前只有参考镜或被测面，所以物镜的工作距可以很短，能达到较大的数值孔径和放大倍率。因此，Linnik 干涉仪的研制需要考虑的是测量光路和参考光路的匹配。

图 14.50（c）所示为 Michelson 干涉仪，形成的两束干涉光都是在物镜之后。分束板为立方分光棱镜，被测面和参考镜分别在分光棱镜的两个方向上，因而有较大的空间范围的要求，只能使用那种有较长的工作距离的物镜，所以数值孔径较小，放大倍率较小。其实，Michelson 干涉较多使用的是数值孔径为零时的情况，这时的入射光束和反射光束都是垂直于被测面和参考面的。这种结构没有物镜的焦深的限制，参考镜或被测面可以移动较长的距离进行测量。

表 14.2 三种干涉显微系统的比较

干涉显微系统	特　点	设计中的考虑
Michelson 干涉仪	低的放大倍率，大的视场范围； 分束棱镜限制了工作距离； 没有中心遮拦	物镜有较长的工作距离
Mirau 干涉仪	中等的放大倍率； 中心遮拦； 受限的数值孔径	中心遮拦和干涉头造成的影响要加以考虑并补偿
Linnik 干涉仪	大的数值孔径，大的放大倍率； 分束棱镜不限制工作距离； 昂贵的完全一样的两个物镜	测量光路和参考光路的完全匹配

表 14.2 所示是三种干涉显微系统的比较。因为物镜的有限焦深，所以被测面和参考镜要求在物镜的焦深范围内。通过改变测量光束和参考光束之间的相位差，即引入相移来提高相位测量的精度。如果用压电陶瓷传感器（PZT）做相移器，则可通过 PZT 带动参考镜或被测面进行移动。对于 Mirau 干涉显微仪，因为参考镜和物镜在一起，所以可以作为一体随着 PZT 移动。当参考镜（被测面）发生相移时，被测面（参考镜）在物镜的焦平面处。从结构上看，Mirau 干涉仪结构紧凑，Linnik 干涉仪结构复杂，而 Michelson 干涉仪前面所需要的空间较大。

2. Nomarski 干涉仪

共光路干涉系统以微分干涉相称显微镜（differential interference contrast microscopy）为代

表。微分干涉相称显微镜又称 Nomarski 显微镜,是由法国人 Nomarski 在 1955 年提出的。其基本原理是(如图 14.51 所示):偏振光通过 Wollaston 棱镜,分成两束在物体表面反射,再通过棱镜变成椭圆偏振光,其中包含了物体的形貌信息。对椭圆偏振光进行分析,就能得到物体的形貌信息[20]。

微分干涉相称显微光路结构如图 14.52 所示。光源发出的白光经过起偏器后变成线偏振光,经光路转折后进入由两个光轴互相垂直的双折射直角棱镜黏合而成的 Nomarski 棱镜。当来自起偏器的线偏振光第一次通过 Nomarski 棱镜时,在棱镜胶合面上被剪切成振动方向互相垂直的两束分离的线偏振光。当这两束线偏振光由被测物反射并按原路穿过 Nomarski 棱镜时,则被复合。复合光穿过 1/4 波片后,在两束光之间产生了恒定的相位差,再穿过检偏器后两束光振动方向相同,满足干涉条件,发生干涉。清华大学研制的相移干涉显微测量系统是在微分相称干涉显微镜的基础上,加上波片相移装置和图像采集系统形成的。波片相移装置根据干涉光强与检偏器方位角的线性关系而产生等间距满周期的相移。其工作原理是:微分相称干涉显微镜形成的干涉图像被成像在 CCD 靶面上,图像采集电路把 CCD 摄像机所接收到的图像数字化后送入计算机;计算机控制步进电机驱动检偏器旋转一定的角度,以实现对干涉图像的移相,然后图像采集电路完成一幅干涉图像采样。依次进行,直到完成所需要的多幅干涉图像的采样,其中的显微镜采用的是江南光学仪器厂生产的 XJC-1 型微分干涉相称显微镜。相移器件为 1/4 波片及检偏器,并采用 36BF-02B 型步进电机带动检偏器旋转来达到更精确的移相精度。

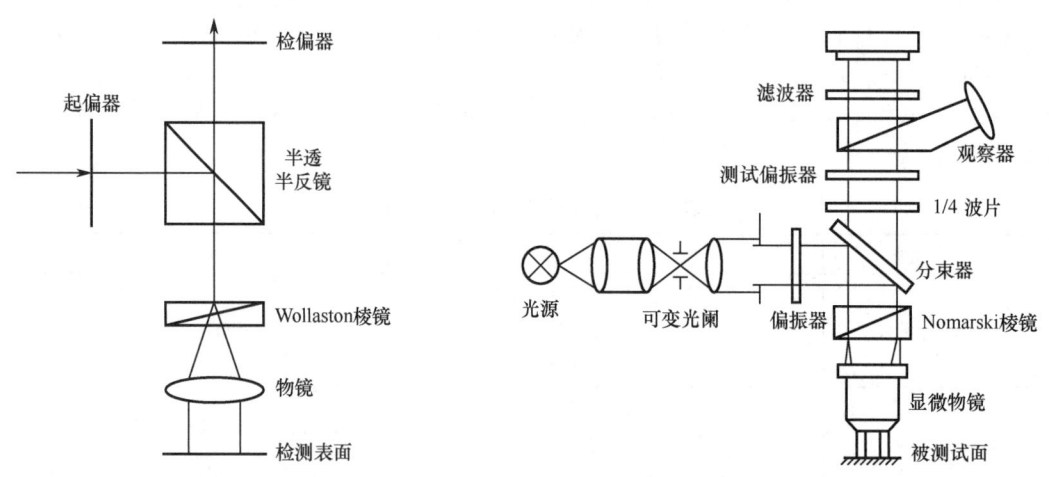

图 14.51 Nomarski 棱镜光路原理　　　　图 14.52 微分相称干涉显微镜光路结构

最初这种方法的分辨率不高,只应用于对表面的定性分析。20 世纪 60 年代中期,Nomarski 对棱镜进行了改装,使其能够用在高倍测量。在 70 年代末 80 年代初,Lessor 和 Hartman 等人提出了一套完整的理论,把微分干涉相衬显微技术用于定量测量。而且,随着 CCD、采集卡等技术的提高,微分干涉相衬显微镜得到了更广泛的应用。

14.5.4　双焦干涉显微镜光学结构

双焦干涉显微镜是共光路系统。图 14.53 所示为英国国家物理实验室 M. J. Downs 等人提出的超光滑表面形貌双焦干涉轮廓仪原理图:He-Ne 激光器发出的激光经扩束、准直,先后通过 1/2 波片、起偏器、石英双折射晶体透镜、1/4 波片和聚焦物镜(其中,起偏器的透光轴与双折射透镜光轴成 45°),调节 1/2 波片转角可以使得两正交偏振分量振幅相等;在双折射透镜和物镜之间放入与双折射透镜快轴成 45°方向放置的 1/4 波片,使待测基面的反射光和入射光的偏振方向互换，两偏振光间的相位差对应于被测的表面形貌；从待测表面返回的光经过反射镜反射后依次通过另一 1/4 波片（快轴方向成 45°）、法拉第盒、检偏器、透镜和光阑后由探测器接收；用法拉第盒进行正弦交流调制，进行光强测量，通过相敏检波的方法获得待测面的表面形貌。

基于类似的原理，浙江大学研制成功双焦表面微轮廓仪（如图 14.54 所示），其核心部件是双折射透镜 BRL，它由双折射晶体（如石英、方解石）制成，光轴平行于透镜主平面，和光学玻璃透镜共同组成一个特殊的物镜，它具有两个焦点：异常光（e 光）焦点在无穷远（即为平行光束）作为参考光；寻常光（o 光）焦点会聚在被测表面上，作为测量光束。它们从被测表面反射，再经该双焦透镜组 BRL 复合，并通过 1/4 波片 Q 和检偏器 P_1、P_2，由光电元件 D_1、D_2 测出。检偏器 P_1、P_2 由电机驱动绕各自光轴同向、同步旋转，利用光电元件所得到的光强来计算出相位变化，进而得到表面形貌的变化。

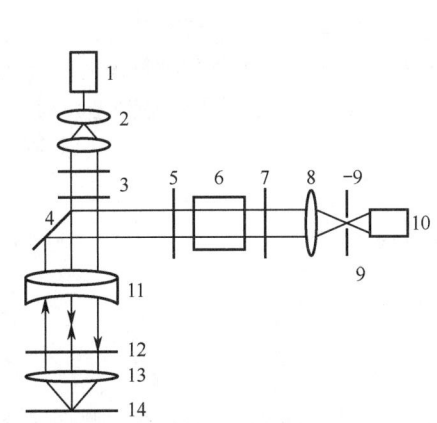
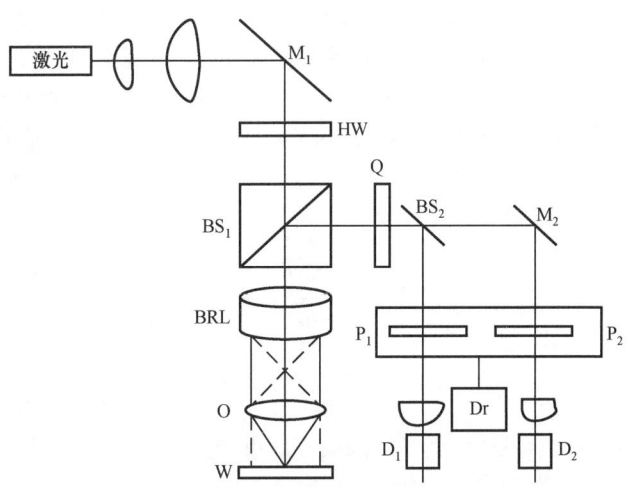

1—激光器　2—扩束准直　3—1/2 波片　4—反射镜
5—1/4 波片　6—法拉第盒　7—检偏器　8—透镜
9—光阑　10—光电探测器　11—双折射透镜
12—1/4 波片　13—物镜　14—样品

图 14.53　双焦干涉轮廓仪

M_1,M_2—反射镜　W—样品　HW—1/2 波片　Q—1/4 波片
BS_1,BS_2—半透半反镜　P_1,P_2—检偏器　BRL—双折射透镜
D_1,D_2—探测器　O—物镜　Dr—电动机

图 14.54　双焦表面微轮廓仪原理图

14.6　亚纳米检测干涉光学系统

自从 1986 年扫描隧道显微镜问世以来，出现了一系列新型扫描探针显微镜，它们当中的大多数都用光学方法读出探针的运动，干涉方法是其主要的手段。这类干涉仪不同于一般的位移测量干涉仪，其量程很小，不到半个波长，但是分辨率要求很高（均小于 1 nm）。在这种情况下，噪声成为影响性能的根本原因。如果在纳米测量干涉仪的设计中不考虑噪声问题，则不能达到预期的目标。

14.6.1　零差检测干涉系统

零差检测的基本原理[1]如下。零差检测干涉系统光路图如图 14.55 所示，其中（a）为零差检测的基本形式，（b）为差动式零差干涉系统，（c）为采用光纤的零差干涉系统。

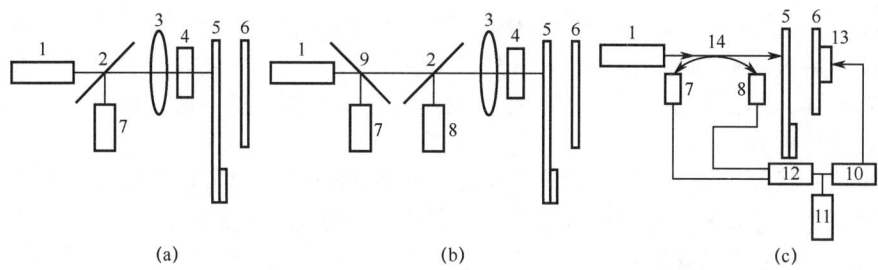

1—激光器 2,9—分光器 3—显微物镜 4—平板玻璃 5—扫面探针 6—被测样品 7,8—光电探测器
10—伺候系统 11—探针位移 12—差分放大器 13—工作台 14—光纤耦合器

图 14.55 零差检测干涉系统光路图

零差检测干涉系统的基本光路中，由平板玻璃和探针上表面构成 F-P 干涉仪，其平均间隔为 z_0，由光电探测器检测出干涉光强，差动式零差干涉系统取出部分光束构成参考光强，以克服光强漂移；也可用单模光纤的端面和探针上表面构成 F-P 干涉仪，1/4 波片由光纤环代替，使系统更加紧凑。在显微镜中，零差干涉系统的作用就是检测扫描探针的振幅（振幅随被测表面的起伏变化）。当探针臂的振幅为 A，振动频率为 ω，光传播方向为 z 方向时，探针臂的运动方程为

$$z = z_0 + A\sin(\omega t) \tag{14.96}$$

干涉光强为

$$I = \frac{1}{2} F I_0 \{1 - \cos[\frac{4\pi}{\lambda}(z_0 + A\sin(\omega t))]\} \tag{14.97}$$

式中，

$$F = \frac{4R}{(1-R)^2}$$

R 为反射系数。由于被测振幅远小于波长，即 $4A\pi/\lambda \ll 1$，展开式（14.97），分别写出其直流分量、一次谐波和二次谐波分量为

$$I_{dc} = \frac{1}{2} F I_0 \left[1 - \cos\frac{4\pi z_0}{\lambda} + \frac{1}{4}\left(\frac{4\pi z_0}{\lambda}\right)^2 \cos\left(\frac{4\pi z_0}{\lambda}\right)\right]$$

$$I_{1\omega} = \frac{1}{2} F I_0 \frac{4\pi}{\lambda} A \sin\left(\frac{4\pi z_0}{\lambda}\right) \sin(\omega t) \tag{14.98}$$

$$I_{2\omega} = \frac{1}{8} F I_0 \left(\frac{4\pi A}{\lambda}\right)^2 \cos\left(\frac{4\pi z_0}{\lambda}\right) \cos(2\omega t)$$

调节 F-P 干涉仪，使 $\cos(4\pi z_0/\lambda) = 0$，则二次谐波分量为零，此时如果探测器的量子效率为 η，则一次谐波分量光电流为

$$i_{1\omega} = \frac{1}{2} \eta F I_0 \frac{4\pi}{\lambda} A \sin(\omega t) \tag{14.99}$$

调节 F-P 干涉仪，使 $\cos(4\pi z_0/\lambda) = \pm 1$，这时 $\sin(4\pi z_0/\lambda) = 0$，一次谐波分量为零，剩下直流分量和二次谐波分量，二次谐波分量光电流为

$$i_{2\omega} = \frac{1}{8} \eta F I_0 \left(\frac{4\pi}{\lambda} A\right)^2 \cos(2\omega t) \tag{14.100}$$

比较一次谐波和二次谐波的振幅，有

$$A = \frac{\lambda}{\pi} \frac{i_{2\omega}}{i_{1\omega}} \tag{14.101}$$

利用锁相放大器很容易测出正交状态的一次和二次谐波分量。

零差干涉方法的缺点是测量信号与 z_0 有关,因为热和机械的原因会改变,从而影响与式(14.99)和式(14.100)的符合程度。为了克服这个缺点,有人采用两个锁相放大器,一个用于测量一次谐波分量,另一个用于测量二次谐波分量,并保持二次谐波分量为零,一次谐波分量的振幅和探针臂的振幅成比例关系。

14.6.2 外差检测干涉系统

外差式干涉仪使用频差在 2～1 000 MHz 之间的两种频率激光作为干涉仪的光源,其基本原理是将被测位移量转化为外差信号的频率或相位变化,再将这种变化解调出来。由于外差信号频率接近现有光电探测器件响应频率,采用光电信号倍频及细分技术后,系统分辨率可以得到提高[57]。

外差干涉仪的特点是在保证测量精度提高的情况下实现大范围测量。美国 HP 公司的 Zeeman 效应双频激光器干涉仪系统,已经达到纳米级分辨率,HP10889B 分辨率为 1.2 nm;美国国家标准技术局(NIST)研制的分子测量机,采用光学倍频和电子细分相结合的激光外差干涉仪方案,其测量分辨率达到 1.0 nm。

外差干涉系统中存在的问题是,激光器输出的双频激光在测量光路中存在模间耦合现象,即线偏振光椭圆化现象;从角隅棱镜返回光偏振态的改变,使干涉仪中的检偏器不能完全消除另一偏振光,光电检测器同时接收到参考光路和测量光路中的耦合干涉信号。为了克服模间耦合引起的误差,在大尺寸测量中采用了数字实时修正的方法。

图 14.56 所示是采用声光调制产生频移的外差检测干涉系统光路图。激光束被分束器分为两束:一束经过声光调制器,得到频移量 ω_m,作为测量光束;另一未经过频移的光束作为参考光束。测量光束透过偏振分光镜和 λ/4 波长,入射到扫描探针上,反射光再次经过 λ/4 波片,偏振方向转过 90°而被偏振分光镜反射并与参考光会合,经检偏器发生干涉在光电探测器上形成光电流。

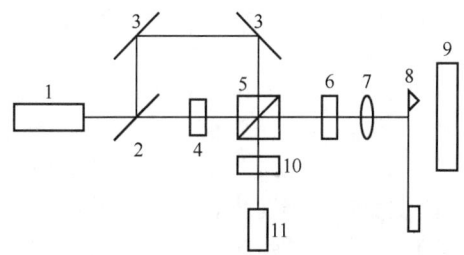

1—激光器 2—分光镜 3—反射镜 4—声光调制器
5—偏振分光棱镜 6—λ/4 余波片 7—显微物镜
8—扫描探针 9—被测试样 10—检测器 11—光电探测器

图 14.56 外差检测干涉系统光路图

设测量光束与参考光束的平均程差为 z_0,探针臂的振幅为 A,频率为 Ω,则探针的运动方程为

$$z = z_0 + A\sin(\Omega t) \tag{14.102}$$

令 $\theta_0 = \dfrac{4\pi}{\lambda} z_0$,$\theta = \dfrac{4\pi}{\lambda} A$,则测量光束矢量可以写为

$$E_s = E_{s0} \sin\left[\omega t + \omega_m t + \theta_0 + \theta \sin(\Omega t)\right] \tag{14.103}$$

参考光矢量为

$$E_r = E_{r0} \sin(\omega t) \tag{14.104}$$

和长距离测量时的双频干涉一样,形成参考信号和测量信号,通过比相来测量探针的运动。这里介绍另一种信号处理方法,不用相位测量也可以得到探针的运动参数。将式(14.103)展开,且只保留含有 $\sin(\omega t)$ 因子的项,得

$$E_s = E_{s0} \sin(\omega t)\left[\cos(\omega_m t + \theta_0)\cos(\theta \sin(\Omega t)) - \sin(\omega_m t + \theta_0)\sin(\theta \sin(\Omega t))\right] \tag{14.105}$$

在外差探测中采用交流放大,只须取交流分量,而且考虑到被测振幅非常小的条件,探测器上的光电流为

$$i = 2\eta\sqrt{I_r I_s}\left\{\cos(\omega_m t + \theta)\left[1 - \frac{\theta^2}{2}\sin^2(\Omega t)\right] - \theta\sin(\omega_m t + \theta_0)\sin(\Omega t)\right\} \quad (14.106)$$

式中，I_r 和 I_s 分别为参考光强和测量光强。将式（14.106）展开并整理出含有 ω_m、$(\omega_m \pm \Omega)$、$(\omega_m \pm 2\Omega)$ 的分量为

$$\left.\begin{array}{l}i_{\omega_m} = 2\eta\sqrt{I_r I_s}\left[1 - \dfrac{\theta^2}{4}\right]\cos(\omega_m t + \theta_0) \\[2mm] i_{(\omega_m \pm \Omega)} = \pm 2\eta\sqrt{I_r I_s}\dfrac{\theta}{2}\cos\left[(\omega_m \pm \Omega)t + \theta_0\right] \\[2mm] i_{(\omega_m \pm 2\Omega)} = \pm 2\eta\sqrt{I_r I_s}\dfrac{\theta}{8}\cos\left[(\omega_m \pm 2\Omega)t + \theta_0\right]\end{array}\right\} \quad (14.107)$$

在电路中实现 i_{ω_m} 和 $i_{(\omega_m + \Omega)}$ 的混频并滤除 $(\omega_m + 2\Omega)$、$(2\omega_m + \Omega)$ 分量，得到输出光电流为

$$i = \alpha\eta^2 I_r I_s \frac{2\pi}{\lambda} A\cos(\Omega t) \quad (14.108)$$

式中，α 为一常数，它和探针的运动完全成比例。因为参加混频的两个分量均含有 $\theta_0 = \dfrac{4\pi}{\lambda}z_0$ 而相抵消，所以和零差检测相比，外差检测具有消除零漂移的优点。

14.6.3 自混频检测系统

1963 年，King 等首先发现一个可动外部反射镜引起激光强度波动，类似于传统的双光束干涉现象，即：（1）一个条纹移动对应半个光波波长的位移；（2）强度波动与传统双光束干涉系统类似。这两个现象即自混频干涉。1968 年，Rudd 在采用 He-Ne 激光器测试散射微粒速度时，观察到激光器输出强度波动，以及反射镜 $\lambda/2$ 的位移对应于一个干涉条纹的移动；这种光反馈效应引起人们重视，开始探讨该现象产生的物理本质以及利用其进行物理量测量。锯齿波干涉条纹现象说明自混频干涉同传统干涉存在本质差别。1988 年，de Groot 等对锯齿波干涉信号的产生机理进行了分析和解释，提出了用三镜 F-P 腔模型结构来等效自混频干涉系统，给出了描述系统输出光强的数学表达式，并分析了自混频相干测距及测速结果。其模型分析与实验结果相吻合。此后，自混频干涉机理的探讨摆脱了传统光干涉理论[58]。

在自混频干涉现象的研究中，还发现一些传统干涉所不具备的特点。1984 年，G. P. Agrwaal 等使用长达 7 km 的光纤的端面作为外反射器，观察到反馈光对激光器强度的调制现象。其后，又有使用半导体激光器报导，当反馈光光程大于激光相干长度时，也能观察到类似结果。

激光自混频干涉现象是激光照射在运动物体上，经物体反射后的反射光重新反馈入激光器腔内产生的，激光二极管中的光反馈效应使光频率和光功率受外部反射面的影响，即外部反射面的运动会调制激光的频率和功率。当激光束聚焦在一个反射平面上时，反射光的一部分重新进入激光器腔内，引起激光器工作状况的改变。

激光对于光反馈特别敏感，在一定条件下可以造成噪声，可以形成双稳态，甚至可以出现混沌。人们正是利用它的这种灵敏特性来探测微小震动的，图 14.57 所示为其原理图。

光线传播方向为 z 方向，A、Ω 分别为探针臂的振幅和频率，运动方程为 $z = z_0 + A\sin(\Omega t)$，激光器的前后表面的

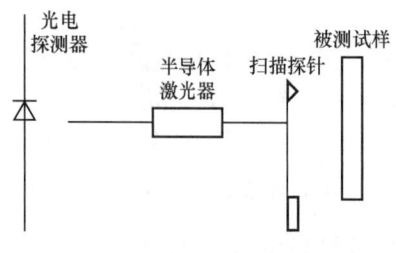

图 14.57 光反馈探测系统

反射系数分别为 $R_1 = |r_1|^2$ 和 $R_2 = |r_2|^2$,其中 r_1、r_2 为菲涅耳系数。假设激光腔长为 L 远大于 z,探针上表面和激光器的前表面构成多次反射,其等效反射系数为 $R_c = |r_c|^2$,则

$$r_c \exp(i\theta_c) = r_2 - \frac{1-|r_2|^2}{r_2}\sum_{n=1}^{\infty} C_n(nz)\left[-r_2 r_n \exp\frac{4\pi i z}{\lambda}\right]^n \tag{14.109}$$

式中,$C_n(nz)$ 是一个和激光器前后表面之间的几何尺寸(出射光斑的宽和长分别为 $2a$ 和 $2b$),它和探针臂间的距离有关,按以下几种情况给出其表达式:

当 $\frac{a^2}{\lambda nz} \gg 1$,$\frac{b^2}{\lambda nz} \gg 1$ 时,$C_n(nz) = \left\{1 - 0.3\left[\frac{a^2}{\lambda nz}\right]^{-3/2} - 0.3\left[\frac{b^2}{\lambda nz}\right]^{-3/2}\right\}^{1/2}$

当 $\frac{a^2}{\lambda nz} \ll 1$,$\frac{b^2}{\lambda nz} \ll 1$ 时,$C_n(nz) = 0.0072\frac{a^2 b^2}{(\lambda nz)^2}$

当 $\frac{a^2}{\lambda nz} < 0.8$,$\frac{b^2}{\lambda nz} < 0.8$ 时,$C_n(nz) = \left\{0.0072\frac{a^2}{\lambda nz}\left[1 - 0.3\left(\frac{b^2}{\lambda nz}\right)^{-3/2}\right]\right\}^{1/2}$

半导体激光器的阈值电流与激活层厚度 d,腔长 L,以及反射系数 R_1、R_c 等有关,它可以表示为

$$i_{th}(z) = \frac{ed}{2\sigma\tau_c\eta'}\left\{\xi - \frac{1}{2L}\ln[R_1 R_c(z)]\right\} \tag{14.110}$$

式中,σ 为受激辐射截面;τ_c 为注入自由载流子寿命;η' 为电流转换为光的量子效率;ξ 为内部损耗。从式(14.110)不难看出,当探针臂振动时,R_c 发生改变,而由于 R_c 的变化使激光的阈值电流变化,激光输出功率可以表示为

$$P(z) = \eta'[i_d - i_{th}] \tag{14.111}$$

式中,i_d 为激光器的驱动电流。从前后方输出的功率分别为 P 和 P_r,它们之间的关系为

$$P_r = P\frac{1-R_1}{1-R_c} \tag{14.112}$$

由后方输出功率可以求出光电探测器的光电流的直流分量为

$$i_{dc} = \eta P_r \tag{14.113}$$

光电探测器给出的光电流的交流分量基波为

$$i_\Omega = \eta\left[\frac{\partial P_r}{\partial z}\right] \cdot A\sin(\Omega t) \tag{14.114}$$

而且可以证明:如果 z_0 为常数,则 $\beta = \left[\frac{\partial P_r}{\partial z}\right]_{max}$ 也是常数,即光电流的一次谐波分量和探针臂的振动呈线性关系。

半导体激光器自混频干涉技术在各种物理量的测量中得到广泛的应用,如应用于速度、位移、振动的测量,测距、3D 成像、生物医学工程,以及血压、血流量、皮肤、肌肉振颤测量等。随着自混频技术在多普勒速度测量上的应用,光反馈水平不断拓宽,已由弱光反馈水平发展到适度光(较强光)反馈水平。在弱相干光源(如超高亮度发光二极管)中也有自混频效应。

14.6.4 自适应检测系统

自适应原则是在精密测量仪器设计时，构成测量信号的载体，且要对主要噪声（扰动）因子对测量的影响进行实时的或短期的预报和补偿，以消除其对测量的影响。

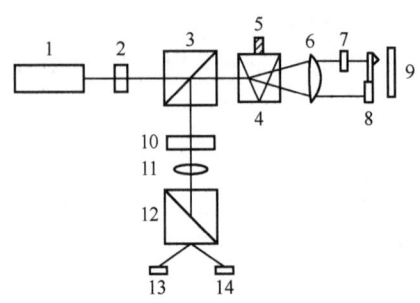

1—半导体激光器 2—起偏器 3—中性分光镜
4—沃拉斯顿棱镜 5—压电陶瓷 6—透镜 7—薄玻璃片
8—扫描探针 9—被测试样 10—$\lambda/4$ 波片 11—透镜
12—沃拉斯顿棱镜 13,14—光电探测器

图 14.58 差分偏振光干涉仪

由 C. Schonenberger 和 S. F. Alvarado 于 1989 年完成的，后来经 M. J. Cunningham 等改进了的一种偏振型干涉系统，具有消除共模噪声的功能，其原理如图 14.58 所示。3 mW 的半导体激光器，波长为 670 nm，偏振面位于 45°方向。起偏器的透光方向也位于 45°方向。中性分光棱镜允许部分光透过并到达沃拉斯顿棱镜。出射光被分成两个正交的偏振光，其中一个作为测量光束，另一个作为参考光束。压电陶瓷可以推动沃拉斯顿棱镜沿垂直于光束传播方向移动，从而造成测量光和参考光之间的相移 ψ，这两个光束由透镜聚焦。为了保证两个焦点分别落在探针臂的上表面和探针根部，在光路中附加了一块薄玻璃片来延伸其中一个光束。反射光反射回物镜 6 和沃拉斯顿棱镜 4，透过中性分光棱镜的返回光被偏振器挡住，不会产生回波。在中性分光镜上反射的返回光经过 $\lambda/4$ 波片使测量光和参考光产生相移。沃拉斯顿棱镜 12 把干涉信号分成两路由光电探测器接收。

如前所述，探针臂的运动方程为
$$z = z_0 + A\sin(\Omega t)$$

参考光束的相位为
$$\theta_0 = \frac{4\pi}{\lambda} z_0 \tag{14.115}$$

信号光束的相位为
$$\theta = \theta_0 + \frac{4\pi}{\lambda} A\sin(\Omega t) \tag{14.116}$$

由于探针臂振动带来的相位变化可以写作
$$\Delta\theta = \frac{4\pi}{\lambda} A\sin(\Omega t) \tag{14.117}$$

考虑到光束两次通过中性分光棱镜并假设分光比为 1:1，两个探测器的干涉光强为
$$\begin{aligned} I_1 &= \frac{1}{8} I_0 \left[1 + \cos(\psi + \Delta\theta) \right] \\ I_2 &= \frac{1}{8} I_0 \left[1 - \cos(\psi + \Delta\theta) \right] \end{aligned} \tag{14.118}$$

如果分束比不足 1:1，测量光和参考光的光强分别为 I_s 和 I_r，则定义
$$V = 2\frac{\sqrt{I_r I_s}}{I_r + I_s} \tag{14.119}$$

取
$$\beta = \frac{\eta(I_1 - I_2)}{\eta(I_1 + I_2)} = \frac{i_1 - i_2}{i_1 + i_2} = V\cos(\psi + \Delta\theta) \tag{14.120}$$

因为在实际测量中可以取 $\psi = \pm \dfrac{\pi}{2}$，所以 $\cos(\psi + \Delta\theta) = \sin\Delta\theta \approx \Delta\theta$，得

$$\beta = V\frac{4\pi}{\lambda}A\sin(\Omega t) \tag{14.121}$$

在信号处理中只要求出 β 参数，就得到了对于探针臂的描述。

自适应原则要求对主要噪声因子进行实时的或短期的预报和补偿。由于理论上补偿是难于实时的，物理上实时补偿的可能性本身是一个难题。

14.7　X 射线干涉仪系统光学结构

X 射线干涉技术是在用 X 射线研究晶体缺陷的过程中发展起来的，虽然 1912 年 Laue 等人发现了 X 射线的干涉现象，但只有在人造单晶完善以后，才能实现 X 射线干涉技术。因为 X 射线在各种介质中的折射率都非常接近于 1，因此不能像可见光那样利用透镜及反射镜来使光束偏转和合并，但可以通过衍射器件来形成 X 射线的干涉。

X 光的波长为 0.1 nm（1 Å）量级，$\Delta\lambda/\lambda = 10^{-4}$，相干长度为 $\lambda^2/\Delta\lambda \approx 10^3$ nm。普通的衍射光栅的光栅常数与波长是同数量级的。由此可知，X 射线的衍射所使用的光栅常数应该是纳米(ns)或埃（Å）数量级，晶体的原子间隔是埃数量级，能很好地满足这一要求。X 射线干涉仪的性能强烈依赖于所用晶体的质量。

自从 1965 年 U. Bonse 和 M. Hart 制成了第一台 X 射线干涉仪以来，X 射线源性能的提高，半导体制造和加工工艺的改善，加速了 X 射线干涉测量技术的研究和发展。该技术可应用于测定物质对 X 射线的折射率和物质的厚度，实现 X 射线的全息照相术；还可应用于生物物质的研究，对轻元素分析也是很灵敏的；在计量上，它在光学方法测量范围与 X 射线波长之间架起桥梁，将成为 X 射线波长范围内的次级长度标准，可用来精密测定阿伏伽德罗常数。

14.7.1　X 射线干涉仪的特点[63]

（1）各种 X 射线源，X 射线管中发出的特征谱线，同步辐射源经单色器出射的 X 射线，都存在一定的谱宽，使 X 射线的相干长度仅为微米（μm）量级。两束射线要发生干涉，其光程差一定要小于相干长度，即 X 射线干涉仪必须设计成近似等光程干涉。

（2）与可见光相比，应用于 X 射线的光学元件的研究进展缓慢，这使得 X 射线的聚焦、变向、成像等方面的难度很大。目前，应用于 X 射线的干涉仪的光学元件共两类：劳厄（Laue）型和布拉格（Bragg）型。

（3）X 射线干涉是以单晶硅的晶格作为光栅，晶格间距尺寸为埃数量级，而在测量环境中的振动及晶体沿晶格方向移动的尺寸要小于该尺寸，故 X 射线干涉测量技术对系统的稳定性要求较高。

（4）干涉条纹的间距仅取决于晶格尺寸，而与所使用的 X 射线波长无关，制造误差会降低条纹的对比度，但一般不影响其正弦性质。

（5）X 射线的强度较低，必须将光准直在 1″ 范围内。同时由于光子记数探头具有固有的线性，背景噪声低，测量不存在平方失真，所以输出信号的唯一噪声是到达探头的光子数的涨落。

（6）精度高。X 射线干涉仪的分辨率达 0.001 nm，精度达 0.01 nm，测量范围较大（2×10^5 nm）。

14.7.2 X射线干涉仪的原理

X射线干涉仪有劳厄型和布拉格型及其混合型[64]。在劳厄型X射线干涉仪中，入射光束与衍射光束分处于晶片的两侧，晶体表面与布拉格平面严格垂直。劳厄型X射线干涉仪由分束镜S、镜子M和分析器A三个器件组成，其原理图如图14.59所示；这种X射线干涉仪的分束镜、镜子和分析器均采用劳厄型衍射制成，又称为L-L-L型干涉仪。其中图14.59（a）为对称的劳厄型干涉仪，图14.59（b）为非对称的劳厄干涉仪。这些部件都必须用高度完整的晶体材料制作，各部件之间为非衍射层（通常为空气）。入射的X射线束通过分束器被分解成两相干的X射线，然后通过镜子又相会合，在分析器A前面相互叠加而形成原子尺度的驻波图样，转变成可分辨和观察的X射线强度分布或干涉条纹，这种强度分布或干涉条纹可以在出射束中用适当的探测器进行观察和记录。由于干涉仪的S、M和A所用的晶片本身总会存在一定的缺陷，并且也不可能完全对准，因此每台X射线干涉仪总会有它自己的本底干涉条纹。

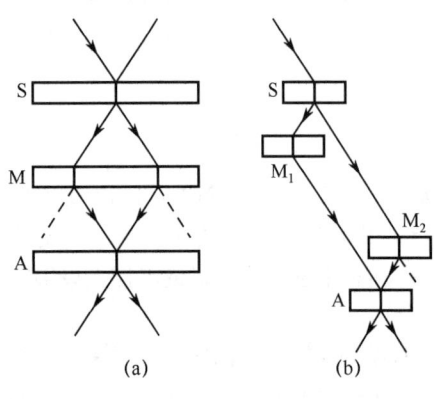

图14.59 劳厄型X射线干涉仪原理图

如果改变A同S、M的相对取向或沿衍射平面的法线方向改变A同S、M的相对位置，就会改变A前面的驻波图样同A本身产生的驻波图样之间的关系，从而产生附加的干涉条纹。此外，如果在S和M之间或M和A之间任一光束的光程中插入一试样，就会产生附加的光程差，从而改变A前面的驻波图样，因而也就产生附加的干涉条纹。利用这些附加的干涉条纹，就可以对物质进行各种研究或精密测量。

布拉格型X射线干涉仪与劳厄型类似，只是入射光束与衍射光束分处于晶片表面同一侧，透射光束在晶片的后面，而衍射光束在晶片的前面。通常由于沿着晶体内部方向的吸收，透射束的强度会小于衍射束的强度。这种X射线干涉仪的分束器、镜子和分析器均采用布拉格型衍射制成，又称为B-B-B型干涉仪[65]，如图14.60所示。图14.60（a）中间的薄片既作为分束器，又作为分析器，而两边的晶块作为镜子。为了缩短晶体波场的行程，将晶块表面与布拉格反射平面切成φ角。

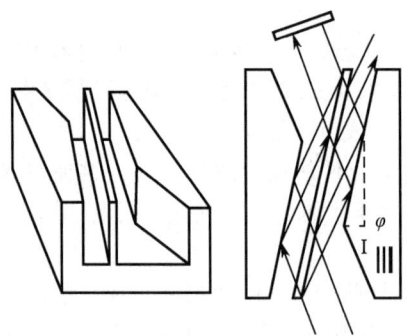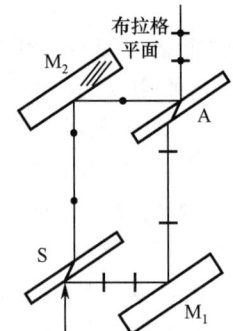

(a) 对称的B-B-B型干涉仪　　　　(b) 非对称的B-B-B型干涉仪

图14.60 B-B-B型干涉仪

14.7.3 X射线干涉仪的应用

X射线干涉仪早已用于晶体缺陷的观察、物质对X射线的折射率的测定、晶体结构因子的精确测定以及X射线全息显微术中。X射线干涉仪在近期也开始应用于其他方面[63-65]。

(1) X 射线干涉仪用于纳米级长度测量。自 1983 年，英国人 D. G. Chetwynd 开始将其用于微位移测量。X 射线干涉长度测量的基本原理为：在 L-L-L 型干涉仪中，当其中一块晶体相对于其他两块晶体移动时，输出光的强度会按周期性正弦规律变化，且晶体每移动一个晶面间距，输出光强就变化一个周期，而与 X 射线的波长无关。这样通过计算接收信号的周期数，乘以相应的晶面间距，即可得到晶体移动的微位移值。如果用晶面做衍射面，以其晶面间距（0.192 mm）作为基本测量单位，就容易实现纳米精度的测量；其测量精度可达 5 pm，测量位移的范围为 100~200 μm。

(2) X 射线干涉仪在扫描探针显微镜中的应用。利用 X 射线干涉仪和扫描隧道显微镜相结合，由扫描隧道显微镜提供样板结构的高度信息，X 射线干涉仪提供样板横向结构尺寸信息，绝对精度可达原子量级，实现样板横向结构尺寸的高精度测量。该研究对于精确测量作为传递基准的标准样板结构尺寸，进而标定扫描探针显微镜具有重要的意义。

(3) X 射线干涉测量技术用于小角度测量。L-L-L 型 X 射线干涉仪用于小于 1″的角度测量是 1974 年 Becker 和 Bonse 提出的。1991 年，德国 D. Windisch 和 P. Becker 进一步进行研究，观察到角度为 0.002″时的振荡信号，并实现了对精密光电自准直仪的校正。

(4) X 射线干涉仪在医学方面的应用。日本 Hitachi 公司高级研究室的 A. Momose 将 X 射线干涉仪用于观察有机材料密度分布的相位对 X 射线计算层析图（PCX-CT）。其基本原理是利用傅里叶变换及条纹扫描技术，将干涉条纹变为相移分布图像，其分辨率可达 40 μm。最近又成功地进行了人体病理切片的研究，该技术有望实现对肿瘤等病症的诊断。

(5) X 射线干涉仪在高密度等离子体中的电子密度测量。1995 年，美国加州 Lawrence Livermore 国家实验室的 L. B. DaSilva 等人首次利用软 X 射线（波长为 15.5 nm）干涉仪对空间分辨率很低的激光所产生的离子体进行探测。采用多涂层的 Mach-Zehnder 干涉仪进行测量，其电子密度分布与流体动力学模拟的结果基本一致。

14.8 瞬态光电干涉系统

14.8.1 瞬态干涉光源

用于瞬态干涉测量的光源应是具有优良的时间相干性与空间相干性的序列脉冲激光光源，其参数包括：脉冲宽度、脉冲间隔、脉冲串个数、相干长度与模谱结构（特别是横模结构）。为了实现这些参数的指标，应对激光器采用调 Q、选模、序列调制等技术，且必须研制出单频单模的序列脉冲激光器。

用序列脉冲激光作为干涉仪或者全息、散斑干涉仪的光源，可实现高速干涉摄影，这在瞬态干涉度量技术中有重要意义。产生序列脉冲激光光源有两种方法：一是利用电光内调制技术获得高功率序列脉冲激光光源输出；二是利用电光或者声光外调制技术对连续激光光源进行外调制，获得功率较低的序列脉冲激光输出。

1. 内调制序列脉冲激光

内调制序列脉冲的产生：利用在电光晶体上加一序列脉冲电压，控制泵浦源，使激光输出具有稳定的、足够强度的序列脉冲激光。技术上需要解决两个问题：一个是有足够强和足够长的泵浦源，二是解决调 Q 序列激光中当脉冲间隔较小时强度不稳定甚至丢失的问题。解决的技术主要是电子线路技术。

2. 外调制序列脉冲激光

外调制序列脉冲激光的产生：由功率较高的连续相干激光器（如 He-Ne 激光器或者 Ar⁺激光

器）输出的光束，进行电光或者声光调制，产生序列激光输出。

电光调制的原理是利用两个偏振方向互相垂直的起偏器与检偏器以及夹在其间的由电光晶体组成的电光调制器进行调制，如图 14.61 所示[66]。晶体上加有半波电压，根据电压在晶体的位置不同有纵向和横向两种，一般多用横向调制。起偏器的偏振方向与晶体的主轴方向成 45°角。入射光经起偏器起偏，会在晶体上分解成沿两主轴的分量，两分量的折射率不同，出射后引起相位的移动，该相位影响出射光的偏振态。当外加电压为半波电压 $V_{\lambda/2}$ 时，出射光是与检偏器偏振方向相同的线偏振光。当电压周期性变化时，电光调制器相当于一个电光开关，其出射光会周期性变化，产生序列脉冲激光。

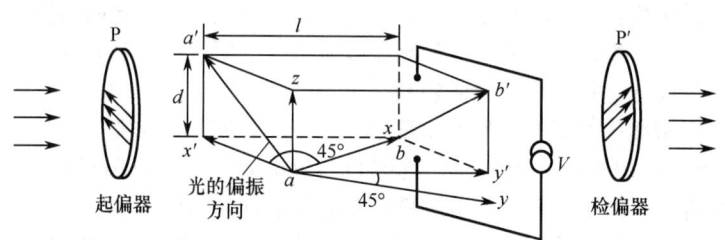

图 14.61　电光调制的原理图

出射的序列脉冲的宽度和周期，与加到晶体上的调制序列电压信号相同。电光调制必须选择对工作波长透明度高、电光系数大的晶体，因为半波电压与晶体的尺寸有关。由于晶体频率响应的限制，脉冲宽度的进一步压缩和重复频率的提高都受到限制，所以要求调制器有较高的频率响应。

声光调制的原理是利用电声换能器在声光介质中激励起密度呈周期性变化的"超声相位光栅"结构。当入射光通过介质时将产生衍射，出现多级衍射光。仅当声波频率较高，光波以一定角度 θ_i 入射，并满足布拉格条件时，入射光的能量才几乎全部集中在 ±1 级上：

$$\sin\theta_i = \frac{\lambda}{2n\lambda_s} \quad (14.122)$$

式中，λ_s 为电声换能器产生的超声波长，λ 为入射波长；n 为声光晶体折射率。

与电光调制器相比，声光调制器有调制电压低、信噪比高的优点。电光调制或声光调制产生的序列脉冲光的单脉冲功率是很低的。例如，用 50 mW 的 He-Ne 激光器调制的脉宽为 0 μs 的序列脉冲激光，单脉冲能量仅为 5×10^{-8} J，所以必须使用高灵敏度的高速胶卷记录。

14.8.2　序列脉冲激光的高速记录

传统干涉仪（如迈克尔逊干涉仪）的测试条件比较苛刻，已经不能满足瞬态过程。瞬态过程的特点是：速度高，变化迅速；过程持续时间短，通常为毫秒甚至微秒量级；参量随时间变化，且空间分布复杂；环境条件恶劣，伴随着强震动、强冲击和高温等。

用于瞬态过程测试的共光路激光瞬态干涉仪，具有单通路、抗强干扰、易于制成大口径等特点。共光路干涉仪主要有两类。其中一类是基于双光束干涉原理，但相干光束是沿同一光路行进，光学元件和环境对相干的两光束具有相同的影响，因而具有自差分消系统误差的作用。这一类属于高灵敏度的共光路干涉仪，如斐索干涉仪、Smart 点衍射干涉仪等。另一类是错位型共光路干涉仪，它是一种结构更简单，但灵敏度稍低的共光路干涉仪，如剪切干涉仪、沃拉斯顿棱镜干涉仪等。

当用序列脉冲激光作为激光瞬态干涉仪的光源时，可采用扫描式摄影仪来记录时间序列干涉图。

1. 鼓轮式高速干涉摄影技术

序列脉冲激光光源、干涉系统和鼓轮式扫描高速摄影仪相结合，可实现高速干涉摄影。

鼓轮式高速摄影仪是指用鼓轮作为胶片载体，胶片与鼓轮一起做高速转动的高速摄影机，不过在光学、机械结构上有原则上的差异。它可以利用光学补偿器而实现分幅摄影，也可以装上狭缝进行单幅摄影或扫描摄影。而与序列脉冲激光光源和干涉系统配合使用的鼓轮相机，其结构比较简单，既不用光学补偿器也不用狭缝。

鼓轮式高速干涉摄影原理图如图 14.62 所示。干涉仪的光源和相机的入射光瞳应是光学共轭，且所研究的区域应成像在感光胶片上。根据所需的摄影频率将鼓轮加速到必要的速度，在曝光前不久打开快门，再以所需的频率触发序列脉冲激光光源，便可在胶片上记录到一系列分幅干涉图。

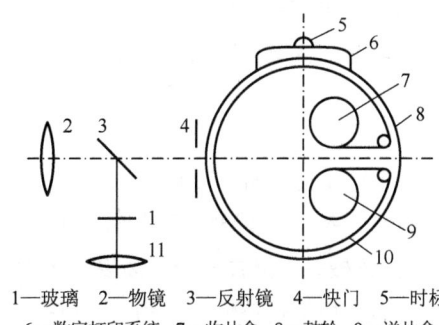

1—玻璃 2—物镜 3—反射镜 4—快门 5—时标
6—数字打印系统 7—收片盒 8—鼓轮 9—送片盒
10—胶片 11—目镜

图 14.62 鼓轮式高速干涉摄影原理图

对于与序列脉冲激光光源配合使用的鼓轮相机来说，鼓轮的转速取决于序列脉冲光源的脉冲间隔和画幅宽度。设脉冲间隔（摄影频率）为 v，画幅距为 d，胶片的速度为 V，则

$$v = V/d \tag{14.123}$$

式（14.123）表明，在每个脉冲时间内记录下一画幅，而相邻两画幅又不能重叠在一起。

由于鼓轮带有胶片高速旋转，在每次曝光时间内有像移存在。画幅上任一点的像移为

$$\sigma = vt \tag{14.124}$$

式中，t 为曝光时间。

为了获得清晰的照片，必须使每次的曝光时间尽量短，以便把像移控制在允许的范围内。当不考虑其他因素，把像移量限制在照相机空间分辨率以内时，胶片速度和曝光时间的关系为

$$t = \frac{1}{NV} \tag{14.125}$$

式中，N 为空间分辨率。

成像质量不仅取决于像移量的大小，还与像的离焦有关。离焦只在外鼓轮高速摄影机中存在，这是由于鼓轮调整旋转时使胶片产生离心力，当胶片速度超过 50～75 m/s 时，引起的离焦量太大，会使空间分辨率降低。因此，一般不采用外鼓轮式，而采用内鼓轮式。

2. 转镜扫描高速干涉摄影技术

转镜扫描式高速摄影机中的转镜分为单面体、二面体、三面体、四面体和多面体。

转镜扫描高速干涉摄影原理图如图 14.63 所示。被摄物体 A 通过物镜 L_1 和投影镜 L_2 以及转镜 M 的厚度等于零，即反射面通过旋转轴 O，则当 M 绕轴 O 旋转时，在底片 S 进行扫描图像，扫描轨迹为一个圆柱面。若与序列脉冲激光光源配合，就可以得到一系列分幅照片。

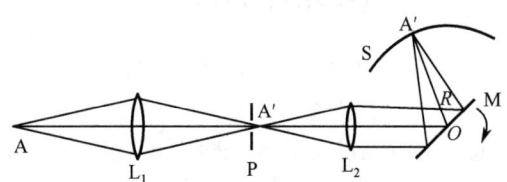

图 14.63 转镜扫描高速干涉摄影原理图

转镜扫描摄影机的沙尔丁公式为

$$\delta_t = \frac{1}{\upsilon} = \frac{\lambda}{4\upsilon_p} \tag{14.126}$$

式中，υ_p 为转镜的线速度极限，λ 为平均波长。式（14.126）表明，转镜扫描摄影机的时间分辨率 δ_t 仅仅取决于转镜边缘的线速度和波长。转镜边缘线速度的极限公式为

$$\upsilon_{p,\max} = \sqrt{\frac{2\sigma}{\rho}} \tag{14.127}$$

式中，σ 为转镜材料的极限强度，ρ 为转镜材料的密度。式（14.127）仅对矩形截面的转镜适用。不同的截面开关，其相对的速度是不同的。

3. 直角棱镜扫描式高速干涉摄影技术

采用直角棱镜代替转镜扫描式高速摄影仪中的多面镜，可实现 360° 范围的扫描。它与序列脉冲激光光源、干涉系统配合，可在 360° 的内鼓轮上记录序列分幅干涉图。其原理图如图 14.64 所示。一直角棱镜成 90° 反射入射光，该棱镜固定在电机的转轴上，胶片绕在内鼓轮的整个圆周上。设内鼓轮的半径为 R，棱镜的转速为 v，入射光斑的直径为 d，则电机的转速必须和序列脉冲光源的脉宽、间隔相匹配才有良好的分幅，直角棱镜的扫描速度为

$$V = 2\pi Rv \tag{14.128}$$

设序列脉冲激光光源的脉宽为 t_0，间隔为 t_f，则分幅要求是

$$t_f V \geqslant d \tag{14.129}$$

图像的分辨要求是

$$Vt_0 = \frac{1}{5} \times 条纹间隔 \tag{14.130}$$

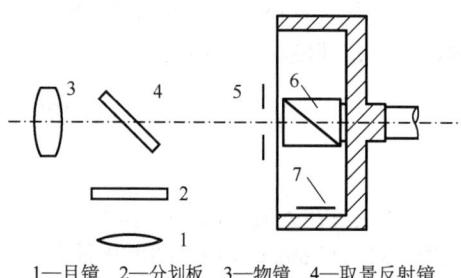

1—目镜　2—分划板　3—物镜　4—取景反射镜
5—快门　6—直角棱镜　7—胶片

图 14.64　直角棱镜扫描高速摄影仪原理图

直角棱镜是该高速摄影仪的主要元件，它不但将光束转折扫描，而且还要以 400 r/s 以上的速度旋转，故在设计中必须减小光束在转折时的损耗并保证转动过程中的动平衡。由图 14.64 可知，光束由直角棱镜的直角面入射，经斜面反射后垂直于另一直角面射出，因此该直角棱镜的两直角面必须镀增透膜。考虑到斜面与空气交界时，可见光会发生全反射，但若外部介质折射率大于棱镜折射率，则全反射条件将不成立，因此直角棱镜的斜面与基底不是整个面相贴，而是留有空气间隙。

为了保证棱镜与基座在转动时保持平衡，基座材料的密度选为与棱镜玻璃较为接近的铝。同时，使棱镜和基座的四面体呈轴对称，以保证棱镜高速转动。

14.9　数字全息干涉仪光学结构

1948 年英国科学家 Gabor 为了提高显微成像的质量，提出了全息技术的思想。然而，由于光源条件的限制，直到 1960 年美国科学家梅曼发明了红宝石激光器以后，全息技术得到发展。全息技术记录了物体的振幅信息，同时也记录了物体的相位信息，更真实地反映物体的特征，显示出三维的信息。但是由于全息术采用干板作为记录介质，干板曝光后，处理比较烦琐，限制了它的应用范围。1967 年德国科学家 Goodman 提出了用数字方式记录和处理的数字全息概念，但因

当时数字图像设备及计算机性能的限制而不能很快实现,直到 1994 年德国人 Schnars 开始数字全息方法的起步阶段。

1. 全息技术原理和分类

全息技术的基本原理是:物体反射的光波与参考光波相干叠加而产生干涉条纹,被记录的这些干涉条纹称为全息图。全息图在一定的条件下再现,便可重现原物体逼真的三维像。根据全息图的记录手段和再现方式的不同,一般可将全息技术分为三类[67]:光学全息、计算全息和数字全息。

1) 光学全息

全息图的记录过程是光学过程,再现过程也是利用光学照明来实现的,这种全息过程就是传统的光学全息。

2) 计算全息

利用计算机模拟光的传播,通过计算机形成全息图,打印全息图后微缩形成母板;也可用激光直写系统形成计算机全息图,或利用液晶光阀或空间光调制器显示全息图,利用光学照明重现。这种全息方法称作计算全息。

3) 数字全息

数字全息图从形式上可以分为四种类型:像面数字全息图、数字全息干涉图、相位数字全息图和傅里叶变换全息图。根据记录光路的不同,数字全息分为同轴和离轴两种。前者是参考光和物光共线,对记录材料的分辨率要求很低,适用于对微小物体的研究;而后者是参考光和物光成一定的夹角,对记录材料的分辨率要求很高,适用于对大物体和不透明物体的研究。

数字全息是利用 CCD 等数字光学记录器件取代传统光学全息中的记录介质来记录全息图的,其重建过程在计算机中完成。数字全息不仅继承了传统全息的特点,且具有以下优点:

(1) 无须进行干板处理过程,简化了程序,提高了工作效率。

(2) CCD 记录图像的时间仅几十毫秒,远低于干板曝光时间;同时,对测量系统的抗震性要求降低。

(3) 数字全息干涉测量技术可以精确测定亚条纹级的变形量,测量精度提高。

(4) 还可以方便地实现多种功能,如对图像的数字聚焦、多方位显示等,易实现三维观测。

数字全息干涉术是在数字全息基础上发展的,它的功能与普通全息干涉相同,主要用于变形测量。常用的光路有以下几种。

(1) 无透镜傅里叶变换数字全息记录光路。图 14.65 所示是普通全息照相与全息干涉术的常用离轴全息光路,是数字全息干涉术常用的最简单的光路。

(2) 分光同轴光路和棱镜正交光路。数字全息干涉术不仅保留了数字全息的优点,还因其直接利用计算机进行数据处理,提高了变形测量精度。

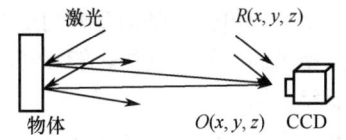

图 14.65 无透镜傅里叶变换数字全息记录光路图

数字全息干涉术的具体操作如下:首先用图 14.66 所示的数字全息光路在 CCD 上分别记录待测物体变形前后的全息图,并把记录的数字全息图光强存储在计算机内;然后用计算机计算原参考光照射全息图时的重建变形前后的物体光波,对变形前后的物体相位做相减处理即可得到相位差值[68],即

$$\Delta\Phi(x,y) = \phi_1(x,y) - \phi_2(x,y), \quad \Delta\Phi \in [-\pi,\pi] \quad (14.131)$$

式中，ϕ_1、ϕ_2 分别表示物体光波变形前后的相位，所得相位还须进行包裹处理，而相位差的等值线图就形成条纹图。由光波传播理论得到相位差与位移的关系为

$$d(\cos\theta_1 + \cos\theta_2) = n\lambda = \Delta\Phi/k = \lambda\Delta\Phi/(2\pi) \tag{14.132}$$

式中，θ_1、θ_2 分别为观察记录光和参考光与物体变形方向的夹角，d 为位移量。对于待测物体的离面变形，在数字全息情况下 $\theta_1 = \theta_2 \approx 0$。对于分数级条纹的相位对应位移，则有

$$d = \lambda\Delta\Phi/2 = [n + \Delta\phi/(2\pi)]\lambda/2 \tag{14.133}$$

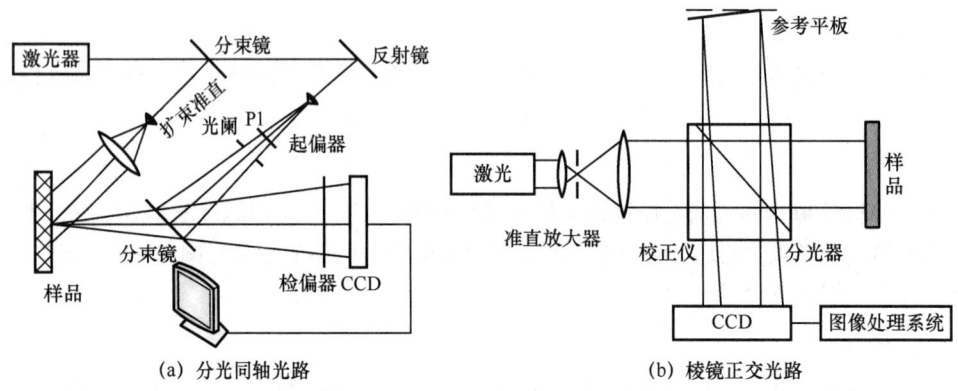

图 14.66 两种数字全息干涉术记录光路

由于计算结果是相位值，因此位移测量值更小，即 1 rad 相相位当于 0.1 μm。所以，数字全息干涉术具有很高的位移测量精度。

由于记录器件 CCD 的分辨率比传统全息干版低 1～2 个数量级，要求物体光与参考光的夹角很小，离轴数字全息可以将再现的零级项和孪生像分离，但此限制条件影响了数字全息的实际应用。Yamaguchi 等人于 1997 年将相移方法引入数字全息，利用相移干涉术，消除了同轴数字全息的零级项和孪生像，解决了这一矛盾，产生了相移数字全息干涉术[69]。

2．相移数字全息干涉术

将相移干涉术与数字全息结合的技术称为相移数字全息干涉术。在相移数字全息干涉术中，首先通过改变参考光（一般为轴向平面波）对同一物波的相位大小记录多幅全息图，然后利用不同相移设计所对应的算法对全息图数据进行处理，可得到记录面上物体光的复振幅分布，进行物体光恢复。通过相移技术可以使同轴全息的再现物像与共轭像和零级项分离，实现同轴全息术，消除离轴全息的角度限制，充分利用 CCD 的空间带宽。该技术结合相移干涉和数字全息的优点，具有测量精度高、易于操作、能够实现全场测量、数字处理能力强方便等优点，推进了数字全息术的发展和应用。

相移干涉术的关键是利用相移方法、特定算法或实验方法实现物像与零级项和共轭像的分离。相移干涉术能够反映波长级范围的细节，使其广泛应用于波前重建、三维显示、干涉计量等方面，如剪切术、形变分析、表面测量、三维模式识别、光学干涉计量等。相移的引入直接关系到测量的精度。实现相移的方法有：压电陶瓷微移平台、双参考光相移、空间调制相移、偏振相移、光栅衍射相移、声光调制相移、涡旋相移等。其中常用的相移方法是参考光相移和偏振相移等。

1）参考光相移

参考光相移原理图如图 14.67 所示[69]。在此技术中，相移由相移器来实现。不同相移器精

度不同，图像再现和测量的结果严重依赖于相移器产生的相移量精度。压电陶瓷 PZT 微移平台是使用最多的相移器。

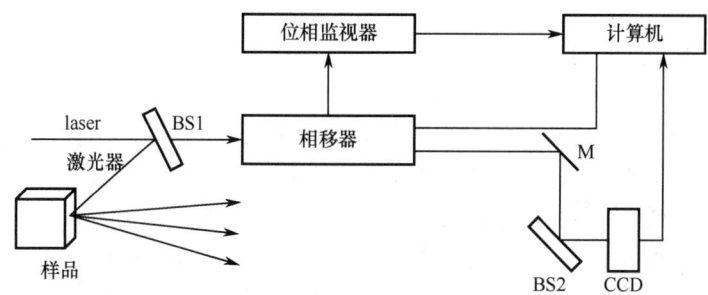

图 14.67 参考光相移原理图

2）偏振相移

使用检波片和波晶片可以组成最简单的偏振相移器。让 $\lambda/4$ 波片的快轴平行于偏振光的偏振方向进行记录，然后将偏振片旋转 $90°$，使慢轴方向平行于光偏振方向，可得到 $\pi/2$ 的相移量。若波片厚度为 d，则产生的相移量为

$$\Delta\delta = \frac{2\pi d}{\lambda}(n_o - n_e) \tag{14.134}$$

式中，n_o、n_e 分别为晶体波片内寻常光和非寻常光的折射率。因为波片厚度不易精确测定，相移量的精度也受到影响。

光栅可以作为分光器件，同时利用衍射的零级光和其他级次的衍射光有一定的相位差，可以实现相移功能。

以一维相位型传统光栅为例，光栅常数为 d，透过率函数为

$$t(x) = \frac{1}{2}\left[1 + \cos(2\pi x/d)\right] \tag{14.135}$$

单位平面波正入射到光栅上，光栅后表面光场分布为

$$E(x) = t(x) = \frac{1}{2}\left[1 + \frac{1}{2}\exp\left(i\frac{2\pi x}{d}\right) + \frac{1}{2}\exp\left(-i\frac{2\pi x}{d}\right)\right] \tag{14.136}$$

当光栅沿 x 轴平移距离 a 时，光场变化为

$$E(x) = \frac{1}{2}\left[1 + \frac{1}{2}\exp\left(i\frac{2\pi x}{d}\right)\exp\left(i\frac{2\pi a}{d}\right) + \frac{1}{2}\exp\left(-i\frac{2\pi x}{d}\right)\exp\left(-i\frac{2\pi a}{d}\right)\right] \tag{14.137}$$

产生的相移项为 $\pm 2\pi x/d$。多次移动光栅可得到更大的相移量。

该方法操作简单，相移量精度高；但衍射光强度受到光栅衍射作用，光强变弱，影响记录效果。

数字全息干涉术是一种全场、非接触、高精度的计算机辅助光学测量方法，该方法具有光路简单、记录快速、防震要求低及易操作等优点。由于记录靶面小，因此比较适用于小物体测量，可以用于周边固支矩形板、悬壁梁局部变形的测量，以及晶体中畴反转的区域特性、流体的扩散系数、推进器流场及材料泊松比的测定。其位移测量高灵敏度在微电子元器件和微电子机械系统的测量方面得到广泛应用[67-73]。

14.10 光纤干涉光学系统

14.10.1 光纤干涉基本原理

经典干涉仪和现代激光干涉仪都有空气介质光路和多个光学元件，它们具有很高的灵敏度和测量精度，但其光路不能太长，否则环境和振动等的干扰影响大。在光纤技术、光电子技术和集成光学技术基础上发展的多种型式的光纤干涉仪取消了对光路长度的限制，可以实现遥测遥控，并扩大了干涉仪的应用范围，成为一种具有广阔用途的高灵敏度的传感器。

光纤传感器[74]对光源的要求是：体积小、便于耦合，光源的频谱特性与光纤波导的传输频谱响应特性匹配，以减少传输过程中的能量损耗，在工作波长下输出光能量应最大，光源的相干性好。此外，还要求光源稳定性好，室温下能够连续长期工作，信噪比高，使用方便等。常见的相干光源有固体激光器、气体激光器、半导体激光二极管、光纤激光器等。

光纤干涉传感技术的基本原理是：在外界待测量（如位移、压力等）的作用下，引起一干涉臂光程的变化，从而引起光纤干涉仪两干涉臂相位的变化，再通过测量干涉后光波参数的变化而得到被测物理量的数值。

光纤干涉传感技术主要有以下特点：

（1）灵敏度高，安全，抗电磁干扰。由于光纤本身的特性，光纤干涉传感安全及抗电磁干扰性能优越。在光纤干涉仪中，由于使用数米甚至数百米以上的光纤，使它比普通的光学干涉仪更加灵敏，光纤干涉传感技术可以检测 10^{-13}m 量级的位移。

（2）灵活多样。由于这种传感器的敏感部分是由光纤本身构成的，因此探头的几何形状可以按使用要求而设计成不同的形式。

（3）对象广泛。不论何种物理量，只要对干涉仪中的光程产生影响，就可用于传感。目前利用各种类型的光纤干涉仪已经研究出测量压力（包括水声）、温度、加速度、电流、磁场、液体成分等多种物理量的光纤传感器。而且，同一种干涉仪，常可以对多种物理量进行传感。

（4）可使用特种光纤增强。在光纤干涉仪中，为获得干涉效应，应使同一模式的光叠加，因此要使用单模光纤。采用多模光纤也可得到一定的干涉图样；但性能下降，信号检测也较困难。为获得最佳干涉效应，两相干光的振动方向必须一致。因此，在各种光纤干涉仪中最好采用"高双折射"单模光纤。研究表明，光纤的材料，尤其是护套和外包层的材料，对光纤干涉仪的灵敏度影响很大。因此，为使光纤干涉仪对被测物理量进行"增敏"，对非被测物理量进行"去敏"，需要对单模光纤进行特殊处理，以满足测量不同物理量的要求。

14.10.2 光纤干涉光学系统结构

由光纤构成的干涉仪称为光纤干涉仪。一般，将光学干涉仪在空气中的光路改由光纤传输，即可构成光纤干涉仪。

1. Mach-Zehnder 光纤干涉仪

Mach-Zehnder 光纤干涉仪（又称 M-Z 光纤干涉仪）的原理图如图 14.68 所示。由激光器发出的相干光由一个 3 dB 耦合器分别送入两根长度基本相同的单模光纤（即 M-Z 光纤干涉仪的两臂）：测量臂和参考臂。由于测量臂受到环境的调制，相位发生变化。两光纤臂输出的激光光束叠加而产生干涉效应。

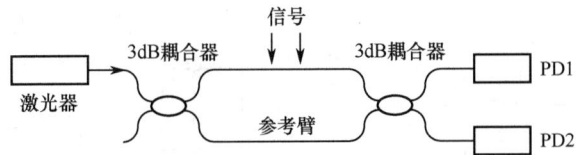

图 14.68 Mach-Zehnder 光纤干涉仪原理图

根据双光束相干原理，两个光探测器接收到的光强分别为

$$I_1 = \frac{1}{2}I_0\left(1+\alpha\cos\phi_s\right), \quad I_2 = \frac{1}{2}I_0\left(1-\alpha\cos\phi_s\right) \tag{14.138}$$

式中，I_0 为激光光源发出的光强；α 为耦合系数；ϕ_s 为外界信号引起的相位变化。

当 $\phi_s = 2m\pi$ 时，为干涉场的极大值，其中 m 为干涉级次，且有

$$m = \Delta L / \lambda = \upsilon \Delta t \tag{14.139}$$

因此，当外界因素引起相对光程差 ΔL 或相对光程时延 Δt，或者传播的光频率 υ 或光波长 λ 发生变化时，都会使 m 发生变化，即引起干涉条纹的移动。由此而感测相应的物理量。

外界因素（温度、压力等）可直接引起干涉仪中的传感臂光纤长度 L（对应于光纤的弹性形变）和折射率 n（对应于光纤的弹光效应）发生变化。由 $\varphi = \beta L$，得

$$\Delta\varphi = \beta\Delta L + L\Delta\beta = \beta L\frac{\Delta L}{L} + L\frac{\delta\beta}{\delta n}\Delta n + L\frac{\delta\beta}{\delta D}\Delta D \tag{14.140}$$

式中，$\beta = 2\pi/\lambda$ 是光纤的传播常数；L 是光纤的长度；n 是光纤材料的折射率。式（14.140）中第一项表示由光纤长度变化引起的相位延迟，即应变效应；第二项表示折射率变化引起的相位延迟，即光弹效应；第三项表示光纤的半径变化产生的相位延迟，即泊松效应。一般 ΔD 引起的相移变化比前两项要小两三个数量级，可以略去。式（14.140）是 M-Z 光纤干涉仪等因外界因素而引起的相位变化的一般表达式，该式也适用于下面所提到的 Michelson 光纤干涉仪和光纤 F-P 干涉仪。从该干涉仪的结构上也可以看出，造成干涉的光程差只应来自被测物体的振动，但这是一个双光路干涉仪，返回探测器的信号又只有一路，这样保证参考臂和信号臂均不受到外界干扰或保证两臂所受干扰相同是非常困难的。而信号臂和参考臂受外界干扰所带来的光程差会给实验结果带来很大的影响，所以该干涉仪易受外界环境干扰而不稳定。

2. 迈克尔逊光纤干涉仪

迈克尔逊（Michelson）光纤干涉仪原理图如图 14.69 所示。激光器发出的相干光经 3 dB 耦合器传到参考臂与测量臂，两臂的端面镀有高反射率膜。反射后的光束再经耦合器在 2 端口输出，并发生干涉。

此干涉仪与光纤 Mach-Zehnder 干涉仪相同，其传感器也是双光路干涉而只有一个探测端口，对抗外界环境干扰的能力较差。

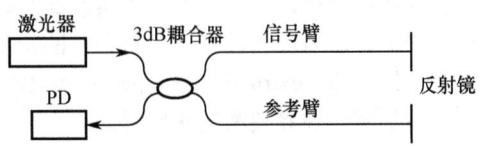

图 14.69 迈克尔逊光纤干涉仪原理图

分布式偏振耦合测试仪以白光干涉为基础，通过迈克尔逊干涉仪的一臂移动进行光程差的补偿，通过检测补偿臂的移动距离计算出在保偏光纤中的寄生偏振耦合点的位置，同时测量出每个耦合点处的耦合强度。分布式偏振耦合测试仪的总体结构如图 14.70 所示[75]。

分布式偏振耦合测试仪总体上分为四部分：宽带光源与光纤起偏器，偏振调整机构，迈克尔逊干涉解调机构，数据采集与控制机构。偏振调整机构采用步进电机带动半波片旋转，进行 360° 偏振态扫描，结合光电探测器 1 所探测到的最大最小光强的周期分布完成偏振调整。迈克尔逊干涉解调机构利用数据采集卡上 FPGA 模块控制另一步进电机带动导轨移动进行光程差补偿。

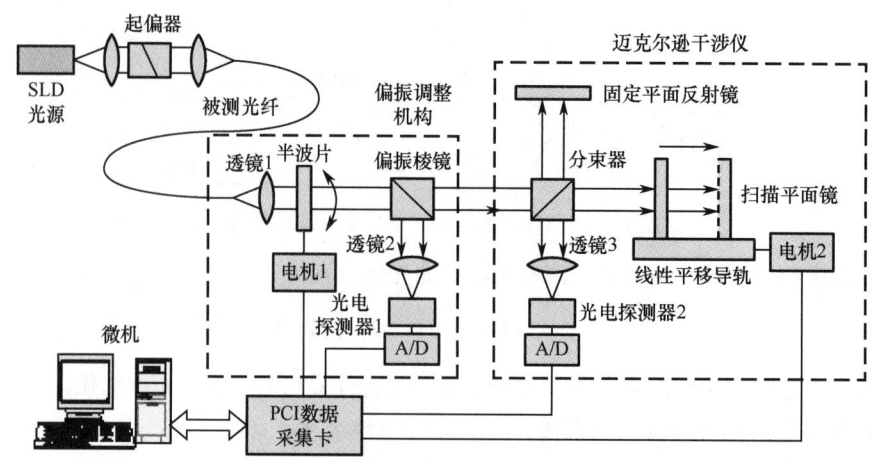

图 14.70 分布式偏振耦合测试仪总体结构

SLD 光源输出的光经光纤起偏器起偏后进入保偏光纤,此处要求起偏器偏振轴与保偏光纤主轴对准,一般将起偏器与待测保偏光纤熔接在一起。被测保偏光纤自身形成一传感干涉仪,经由保偏光纤的带有耦合点信息的出射光,投影到与保偏光纤主轴成 45°角的半波片主轴上(45°是由偏振调整机构调整完成的),此时保偏光纤中的两正交模被投影到同一轴上。然后配合数据采集与控制模块,由带有可移动臂的迈克尔逊干涉仪进行光程差补偿,当光电探测器 2 扫描到干涉主极大条纹时,通过导轨移动距离可以计算出耦合点的位置。

3. F-P 光纤干涉仪

一般的 Fabry-Perot 干涉仪(简称 F-P 干涉仪)由两片具有高反射率的反射镜构成,光束在其间多次反射构成多光束干涉。由于镜面的衍射效应等因素的影响,F-P 干涉仪的腔长为厘米量级,其应用范围受到一定限制。由于光波的波导作用,F-P 光纤干涉仪的腔长可以做到几厘米甚至几米。F-P 光纤干涉仪是由两端面具有高反射率膜的一段光纤构成的,此高反射膜可以直接镀在光纤端面上,也可以把镀在基片上的高反射膜粘贴在光纤端面上。

光纤 F-P 传感器主要由两部分构成:光纤 F-P 传感探头和传感解调装置。光纤 F-P 传感探头是光纤 F-P 传感器系统的核心部分,根据 F-P 传感头的结构不同,光纤 F-P 传感器分为本征型和非本征型光纤 F-P 传感器。本征型光纤 F-P 传感器(inherent fabry-perot interferometer,IFPI)的腔体为传感光纤,是利用外界因素改变光纤中光的特征参量,从而对外界因素进行测量和数据传输的光纤传感器。它具有传、感合一的特点,信息的获取和传输都在光纤中进行。而非本征型光纤 F-P 传感器(extrinsic fabry-perot interferometer,EFPI)的腔体为空气隙,光纤只起到传光的作用,不起感知外界被测量的作用。

根据传感器的解调机理,光纤 F-P 传感器分为强度解调型和波长解调型光纤 F-P 传感器。

光纤 F-P 传感探头的传感机理是基于波动光学中平行玻璃或玻璃间的空气夹层的多光束干涉。它由两块平行平板(半透半反面)形成一个光学反射腔。平行光以任意角度入射到 F-P 腔后,在两镜面之间发生多次反射和透射并形成干涉。F-P 干涉仪的原理示意图[76]如图 14.71 所示。

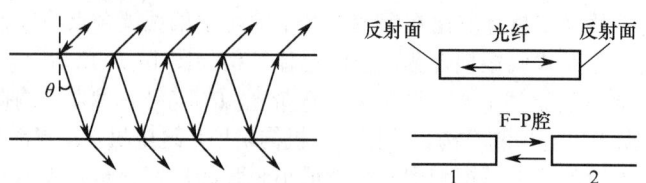

图 14.71 F-P 干涉仪原理示意图

设两个反射面的反射比分别为 r_1、r_2，透射比分别为 t_1、t_2，入射光的振幅为 a，角频率为 ω，初相位为 φ_1，任意两束光的相位差为 $\Delta\varphi$，根据光学理论得 F-P 干涉腔的反射光的光强为

$$I = a^2 r_1^2 + \frac{a^2 (t_1 t_2 r_2)^2 + 2a^2 t_1 t_2 r_1 r_2^2 + 2a^2 t_1 t_2 r_1 r_2 \cos\varphi}{1 + (r_1 r_2)^2 + 2 r_1 r_2 \cos\Delta\varphi} \tag{14.141}$$

由于 $t_1 t_2 = 1 - r_1^2 \approx 1$，若取 $r_1 = r_2 = r$，$r_1 r_2 \ll 1$，则 F-P 腔的光干涉可近似地看作两束等幅光的干涉，光的强度为

$$I = 2a^2 r^2 (1 + \cos\Delta\varphi) = 2I_0 R (1 + \cos\Delta\varphi) \tag{14.142}$$

而相位差 $\Delta\varphi$ 与光程差 ΔL 的关系为

$$\Delta\varphi = 2\pi\Delta L / \lambda, \quad \Delta L = 2nl\cos i \tag{14.143}$$

式中，λ 为波长，n 为光纤 F-P 腔的折射率，l 为光纤 F-P 腔的长度，i 为折射光线与反射面法线的夹角。若 $i = 0$，则

$$\Delta\varphi = 2\pi 2nl / \lambda = 4nl\pi / \lambda \tag{14.144}$$

由此可知，干涉光强是两束光相位差的函数，而相位差与光纤 F-P 腔的长度成正比。当光纤 F-P 腔的长度变化时，相位随之变化，反射光的光强也随之变化。

4. 采用 FRM 的迈克尔逊干涉仪及其阵列[77]

在单模光纤和光纤元件构成的传感器中，由偏振演变引起的信号衰减是远程多元传感器阵列实用化必须解决的一个问题。在光纤干涉仪的各种偏振态控制技术中，用迈克尔逊光纤干涉仪加两个法拉第旋转镜（Faraday rotation mirror，FRM）来抵消偏振态（state of polarization，SOP）的变化，是一种很重要的方案。FRM 由一个 45° 法拉第旋转器和一个反射镜组成，输入光的 SOP 的演变被变号，不管光纤的双折射如何，输出 SOP 与输入 SOP 在光纤中处处正交，抵制了单模光纤中的双折射效应和偏振波动。该方案仅限于迈克尔逊型传感器。

采用 FRM 的迈克尔逊干涉仪原理图如图 14.72 所示[77]。从激光器发出的光经光纤耦合器进入迈克尔逊干涉仪的传感臂 S 和参考臂 R 中，之后被 FRM 反射回，经耦合器汇合并发生干涉，干涉信号到达探测器。

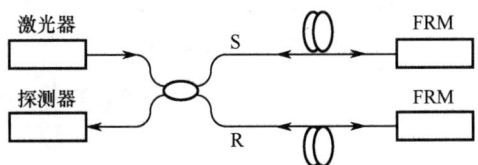

图 14.72 采用 FRM 的迈克尔逊干涉仪原理图

设传感光波为 E_S，参考光波为 E_R，两光波的琼斯矢量可表示为

$$E_S = \gamma_S K_C J_{SB} T_{FRM} J_{SF} K_T E_{in} e^{i\phi_S}, \quad E_R = \gamma_R K_T J_{RB} T_{FRM} J_{RF} K_C E_{in} \tag{14.145}$$

式中，$K_C = \dfrac{e^{i\pi}}{2}\begin{bmatrix} \sqrt{\kappa} & 0 \\ 0 & \sqrt{\kappa} \end{bmatrix}$，$K_T = \dfrac{e^{i\pi}}{2}\begin{bmatrix} \sqrt{1-\kappa} & 0 \\ 0 & \sqrt{1-\kappa} \end{bmatrix}$ 分别为光纤耦合器矩阵和传输矩阵，κ 为耦合器的耦合比；$J_{SF} = \begin{bmatrix} A_S & B_S \\ -B_S^* & A_S^* \end{bmatrix}$ 和 $J_{SB} = R_F J_{SF}^T R_F^{-1} = \begin{bmatrix} A_S & B_S \\ -B_S^* & A_S^* \end{bmatrix}$ 分别为传感臂单模光纤的前向和后向传输矩阵；$J_{RF} = \begin{bmatrix} A_R & B_R \\ -B_R^* & A_R^* \end{bmatrix}$ 和 $J_{SB} = R_F J_{RF}^T R_F^{-1} = \begin{bmatrix} A_R & B_R \\ -B_R^* & A_R^* \end{bmatrix}$ 分别为参考臂单模光纤的前向和后向传输矩阵；A_S、B_S 和 A_R、B_R 分别是传感臂与参考臂中与感生双折射有关的矩阵元素；

$\boldsymbol{R}_F = \begin{bmatrix} -1 & 0 \\ 0 & 1 \end{bmatrix}$ 为反射镜的坐标反转矩阵;$\boldsymbol{T}_{FRM} = \begin{bmatrix} \sin 2\alpha & -\cos 2\alpha \\ -\cos 2\alpha & -\sin 2\alpha \end{bmatrix}$ 为法拉第旋转反射镜的琼斯矩阵,其中 α 为法拉第旋转镜的旋转角度相对于 $45°$ 的角误差;$\boldsymbol{E}_{in} = \begin{pmatrix} \sqrt{(1+d)/2} \\ \sqrt{(1-d)/2} \end{pmatrix}$ 为输入相干光波的归一化琼斯矢量;ϕ_S 为传感臂相对参考臂的相位延迟;γ_S、γ_B 分别为传感臂和参考臂的集总损耗。

迈克尔逊干涉仪的干涉输出为

$$I_{out} = \left\langle (E_S + E_R)^* (E_S + E_R) \right\rangle \tag{14.146}$$

当 $d=1$、$A_S = A_R = A$、$B_S = B_R = B$ 时有

$$I_{out} = \kappa(1-\kappa) \left[1 + (\delta_o B^2/\delta_c)^2 \sin^2(2\alpha) \right] \left(\gamma_S^2 + \gamma_R^2 + 2\gamma_S\gamma_R \cos\phi_S \right) \tag{14.147}$$

式中,δ_o、δ_c 分别为单模光纤中的 $0°$ 线性双折射延迟和圆双折射延迟。式(14.146)表明,干涉仪两臂的感生双折射并不引起相位误差,仅使干涉振幅产生波动,当 $\alpha=0$ 时,法拉第旋转反射镜可以完全消除这种波动。这正是在迈克尔逊干涉仪中采用法拉第旋转反射镜进行偏振态稳定和控制的原因所在。

图 14.73 所示为 N 个迈克尔逊干涉仪的阵列系统[77]。在设计上应确保每个干涉仪到达探测器的平均光功率相同,同时,干涉仪的传感臂和敏感臂的光功率水平也应相同。这就对每一级所用的光纤耦合器的耦合比在设计上提出了要求。

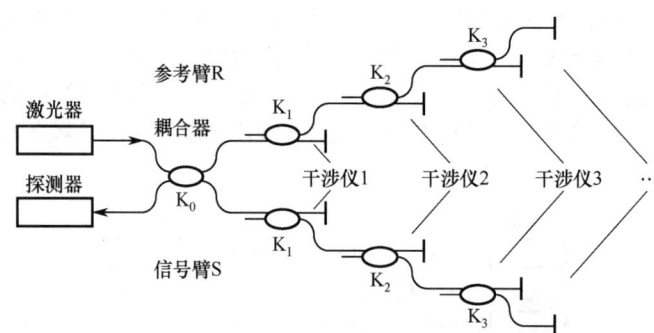

图 14.73 基于 N 个迈克尔逊干涉的阵列系统

假定光纤、融接点、耦合器中的损耗都集总到耦合器中,光每通过一个耦合器就有一个衰减因子 $1-\beta$,则第 i 个干涉仪的输出光强为

$$I_i = 2E_0^2 (1-\kappa_0)(1-\kappa_i)^2 \beta^{2i+2} \prod_{j=1}^{i-1} \kappa_j^2 \left[1 + \cos(\phi_{Ri} - \phi_{Si}) \right], \quad i = 2, 3, \cdots, N \tag{14.148}$$

若每个传感器的功率都相同,$I_{i+1} = I_i$,则有 $\kappa_{i+1} = 1 - \dfrac{1-\kappa_i}{\kappa_i \beta}$,其前提条件是 $\kappa_N = 0$。每个传感器的平均功率为

$$I_{ave} = 2E_0^2 \kappa_0 (1-\kappa_0) \beta^{2(N-1)} \bigg/ \left[1 + \sum_{j=i}^{N-1} \beta^{N-j} \right]^2 \tag{14.149}$$

14.10.3 Sagnac 干涉仪：光纤陀螺仪和激光陀螺仪

图 14.74 所示是萨格奈克（Sagnac）效应示意图[78]，其基本原理是：当一环形光路在惯性空间绕垂直于光路平面的轴转动时，光路内相向传播的两列光波之间，将因光波的惯性运动而产生光程差，从而导致两束相干光波的干涉。该光程差对应的相位差与旋转角速率之间有一定的内在联系，通过对干涉光强信号的检测和解调，即可确定旋转角速。

用一根长为 L 的光纤绕成半径为 R 的光纤圈，一束激光由分束镜分成两束，分别从光纤两个端面输入，再从另一端面输出。两输出光叠加后产生干涉。当环形光路相对于惯性空间有一转动 Ω 时，并设 Ω 垂直于环路平面，则对于顺时针、逆时针传播的光产生一个非互易的光程差

$$\Delta L = 4A\Omega/c \tag{14.150}$$

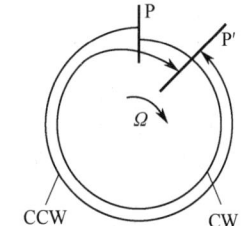

式中，A 为环形光路的面积。当环形光路由 N 圈单模光纤组成时，相应的相位差为

图 14.74 萨格奈克效应示意图

$$\Delta\varphi = 8\pi NA\Omega/(\lambda c) \tag{14.151}$$

式中，λ 为真空中波长。

1. 激光陀螺仪

激光陀螺仪无须采用机电陀螺所必需的高速转子，性能优势相当明显，是新一代高灵敏度、高精度、大动态范围捷联惯导系统的理想传感器。激光陀螺仪的工作原理是基于萨格奈克效应，它是以双向行波激光器为核心的量子光学仪器，依靠环行波激光振荡器对惯性角速度进行感测。

激光陀螺仪的原理结构如图 14.75 所示[78]。它由低损耗环行激光腔、光电探测器和信号处理系统构成。通常激光腔是用机械加工的方法在整块石英基体上加工成的三角型光波束，在其中填充激光物质并装上多层介质膜的高反射镜及激励电极。为使陀螺仪具有必要的刚度，用分子法把反射镜按一定角度固定在激光腔上。最后把激光腔抽成真空，再充以一定压力的工作气体。为得到短工作波长，大都采用 He-Ne 混合气体作为激光物质。在腔体上还装有一个阴极和两个阳极，把高频电压或直流高压加到阴极与阳极上，以激励激光。当激光增益超过损耗时，将产生激光谐振。在环行激光腔中，由于阴极与两个阳极形成三角形的结构，使之能产生沿相反方向传播的激光束。其中一束沿顺时针方向，另一束沿逆时针方向。它们的波长由振荡条件确定，当激光腔产生谐振时，激光腔的周长 L 应为谐振波长的整数倍。

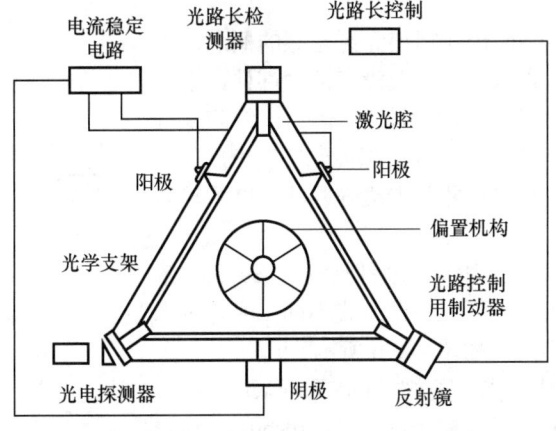

图 14.75 激光陀螺仪的原理结构

在以角速度 Ω 旋转着的环行激光谐振腔中,沿相反方向传播的两束谐振激光束之间的频率差与旋转角速度 Ω 成正比。因此,只要能测出反向行波的频差 ΔF 就能确定 Ω。为此用半反射镜 M 把反向行波引出腔外,通过合束棱镜产生合束干涉,然后投射到光电探测器,把含有 Ω 信息的光信号转换为电信号,最后经信号处理系统,便得到要测量的角速度 Ω。

与传统的机电陀螺及其他类型的陀螺相比,激光陀螺仪具有下列优点和性能特征:

(1)性能稳定,抗干扰能力强。可承受很高的加速度和强烈的震动冲击,在恶劣的环境条件下仍能稳定工作。

(2)精度高。国外现已公布的零漂值为 5×10^{-4}(°)/h,中高精度正式产品的零漂值在 $0.001\sim0.01$(°)/h 之间。

(3)动态范围宽。可测转速的动态范围高于 10^8,远大于普通机电陀螺。

(4)寿命长,可靠性高。国外产品的寿命已达 1×10^5h 以上,平均无故障时间(mean time between fault,MTBF)已高于 1×10^4h,远大于机电陀螺。

(5)启动迅速。激光陀螺不使用加热器,启动后在很短的时间内就可正常工作。

(6)不需要恒温。激光陀螺的腔长控制系统能确保在环境温度大范围变化的状态下正常运转。

(7)具有高度稳定的标度因数。激光陀螺标度因数稳定度一般为 10^{-6} 数量级,最高可达 0.5×10^{-6}。

(8)动态范围造成的误差极小。因为激光陀螺是光学元件,不存在非等惯性、旋转马达的动态性能、输出轴的旋转、框架的预负载、质量不平衡及非等弹性等常规动量转子速率陀螺中常见的误差源,因此激光陀螺的性能基本上不受动态环境的影响。

(9)对准稳定性极高。激光陀螺的输入轴取决于环行激光谐振腔的闭合光路,该光路为固态几何形状,由膨胀系数低的玻璃构成,从而使输入轴的几何位置固定不变,可提供极高的输入轴对准稳定性。

(10)激光陀螺既是速率陀螺,又是位置陀螺,使用灵活,应用范围广。

(11)输入信号数字化,与计算机结合方便。

(12)无高速转动部件,可直接附着于运动载体上。

(13)成本比机电陀螺低。对于同样的精度和性能要求,激光陀螺的成本比机电陀螺低得多。

激光陀螺也存在一些需要解决的问题。例如:自锁效应,高性能与高成本的矛盾,高性能与小型化的矛盾,零点漂移等。激光陀螺的性能改善有待于反射镜性能的进一步提高,在提高其反射率的同时还要减小其散射系数。此外,要改善激光陀螺的温度性能,还必须进一步减小制造腔体材料的温度系数。

2. 光纤陀螺仪

自从 1976 年 Vali 和 Shorthil 提出光纤陀螺的概念,由于其体积小、质量轻、成本低等,以及没有活动部件,没有非线性效应和低转速时激光陀螺的闭锁区,因而光纤陀螺有望制成高性能、低成本的器件。光纤陀螺现已在航空航天、武器导航、机器人控制、石油钻井及雷达等领域获得了较为广泛的应用。

各种类型的光纤陀螺,其基本原理都是利用 Sagnac 效应,只是各自所采用的相位或频率解调方式不同,或者对光纤陀螺的噪声补偿方法不同,如图 14.76 所示[79]。

光纤陀螺可分为干涉型光纤陀螺(interferometric fiber optic gyroscope,I-FOG)、谐振腔光纤陀螺(resonator fiber

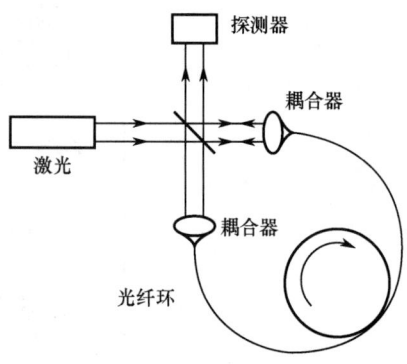

图 14.76 光纤陀螺干涉仪原理图

optic gyroscope, R-FOG)以及布里渊光纤陀螺（Brillouin fiber optic gyroscope, B-FOG）。

干涉型光纤陀螺研究开发最早、技术最为成熟，属于第1代光纤陀螺。它利用干涉测量技术把光相位的测量转变为光强度的测量，从而较简单地测出 Sagnac 相位变化。目前，低、中性能的干涉型光纤陀螺已经实用化，而高性能[惯导级，灵敏度优于 0.01(°)/h]的光纤陀螺正处于研制之中。今后干涉型光纤陀螺的发展趋势是光纤线圈以外的系统做成光学集成器件，这不仅可以使光纤陀螺的体积大为减小，且有利于批量生产，降低成本。另外，低相干性、高稳定度的光源是获得性能优良的光纤陀螺的关键。

干涉型光纤陀螺按照相位偏置方式，可分为相位差偏置方式、光外差方式和延时调制方式；按检测相位的方法，分为开环光纤陀螺和闭环光纤陀螺；按光路组成，干涉型光纤陀螺分为消偏型、保偏型和集成光学型。

谐振腔光纤陀螺是第2代光纤陀螺，与环形激光陀螺相同，都通过检测旋转非互易性造成的顺时针、逆时针两行波的频率差来测量角速率。它采用无源谐振腔的 R-FOG 的基本结构，由光纤构成一个谐振腔，其谐振频率随 Sagnac 效应的大小而改变，由此测量旋转角速度。由于其敏感度与谐振器锐度有关，故仅用数米长的短光纤线圈便可能达到很高的分辨率。然而，目前技术上还存在必须采用高相干光源和高性能的光谐振器等困难。与干涉型光纤陀螺类似，谐振型光纤陀螺也可以分为全光纤型和集成光学型两类。

与 I-FOG 相比，R-FOG 具有以下特点：①光纤长度短，减小了由于光纤环中温度分布不均匀而引起的漂移；②采用了高相干光源，波长稳定性高；③由于谐振频率与旋转角速度成正比，所以检测精度高，动态范围大。

与激光陀螺相比，R-FOG 的优点是：①谐振型光纤陀螺的光源在谐振器外面，是一种无源谐振腔，在原理上无闭锁效应；②体积小、工艺简单、结构可靠。

布里渊型光纤陀螺是第3代光纤陀螺，又称光纤环形激光陀螺（fiber ring laser gyroscope, F-RLG)，或受激布里渊散射光纤环形激光陀螺（Brillouin fiber ring laser gyroscope, B-FRLG）。采用有源谐振腔的布里渊光纤陀螺是利用高功率光在光纤中激发布里渊散射光（stimulated Brillouin scattering light, SBS）的光纤陀螺仪。当光纤环中传输的光强达到一定程度时，就会产生布里渊散射，散射光的频率由于受萨格奈克效应的影响，顺时针、逆时针的两束布里渊散射光的频差与旋转角速度 Ω 成正比。检测顺时针、逆时针方向光波产生的散射光的频率，并进行拍频处理，就可以得到光纤环的旋转角速度。由于这种光纤陀螺能直接给出频率输出，所以适合于级联惯性导航系统，它是随着光纤式光源的发展而出现的一种新型光纤陀螺，在20世纪80年代曾被认为是新一代陀螺。美国 Standford 大学和德国 BGT 公司都曾进行研究，解决了偏振态、散射锁定、旋转方向、Kerr 效应、Faraday 效应和各种噪声源等技术问题，但是还存在光纤谐振腔受温度影响大等缺点。

14.10.4 微分干涉仪光学结构

1. 相位压缩原理

相位压缩的原理，是干涉仪测量的相位为干涉仪光束相位差的变化量，而不是普通干涉仪所测量的相位差[80]。这可以通过在固定的时间间隔内测量相位差，并由延时光纤得到。因此，尽管调制信号超出了几个到几百个干涉仪条纹，但它的相位差变化量都很小，仍能保证干涉仪工作在线性范围内。

微分干涉仪的基本思想，是让干涉仪两臂中的光在不同时刻都通过相位调制器，得到某一时间间隔 T 内的相位差的变化量。通过积分，即可测得该相位差信号。当相位差值很大时，在较短的时间间隔 T 内的相位差的变化量仍然很小，干涉仪仍然能工作在线性范围区内。这就相当于进行了相位压缩,扩大了干涉仪的线性范围。其基本原理如图 14.77 所示。

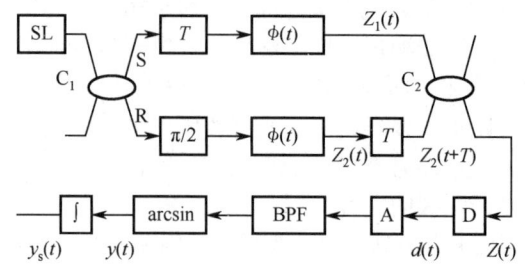

图 14.77　相位压缩原理图

半导体激光器 SL 发出的激光,经耦合器 C_1 分为相等的两束光 S 和 R,S 光经光纤延迟线延迟时 T 和相位调制器 $\phi(t)$ 后得 $Z_1(t)$。为达到正交检测,R 光先通过偏振控制器移项 $\pi/2$ 后再经相位调制器 $\phi(t)$ 得 $Z_2(t)$,$Z_2(t)$ 经延迟相同的时间 T 后得 $Z_2(t+T)$,它与 $Z_1(t)$ 在耦合器 C_2 处发生干涉。由波的叠加原理,干涉仪的输出信号为

$$Z(t) = Z_1(t) + Z_2(t)\exp(-i\pi/2) \tag{14.152}$$

探测器 D 将光强的变化量转变为电流信号,其输出的交流分量为:

$$d(t) = k_1 \sin[\phi(t) - \phi(t+T)] \tag{14.153}$$

$d(t)$ 经前置放大器 A、带通滤波器(band pass filter,BPF)和反正弦变换后,得

$$y(t) = k_2[\phi(t) - \phi(t+T)], \quad |\phi(t) - \phi(t+T)| \leq \pi/2 \tag{14.154}$$

式中,k_2 为比例系数。利用 Z 变换可以证明,只要相位差信号 $\phi(t)$ 的功率谱的最高频率 $f_{\max} < 1/(8\pi T)$,就有相位差的变化量正比于相位差 $\phi(t)$ 对时间的导数,即

$$y(t) = k_2 T \frac{\mathrm{d}\phi(t)}{\mathrm{d}t}, \quad \left|T\frac{\mathrm{d}\phi(t)}{\mathrm{d}t}\right| \leq \frac{\pi}{2} \tag{14.155}$$

如果调制信号为正弦量,其相位幅值为 ϕ_m,频率为 f_m,即 $\phi_t = \phi_m \sin(2\pi f_m t)$,满足的限制条件为 $T\phi_m f_m \leq 1/4$。

在压电相位调制器的例子中,或者其他类似的可以使光纤伸缩的相位调制器中,在 ΔL 长度内,相位偏移为

$$\phi_m = 2\pi n \xi \Delta L / \lambda \tag{14.156}$$

式中,ξ 为应变光学校正系数(石英玻璃光纤近似为 0.78),n 为光纤的平均折射率,λ 为真空中光源波长。由限制条件及 $T = nL/c$,得到相位差变化时的幅值为

$$[\phi(t) - \phi(t+T)]_m = \frac{4\pi^2 n^2 \xi L f_m \Delta L}{c\lambda} \tag{14.157}$$

微分干涉仪的相位变化量与信号频率、延迟线长度及光纤长度的变化量成正比。当频率小或延迟线短时,它的相位检测信号就小,所以,此干涉仪对缓慢变化的温度不敏感。

定义相位压缩系数为相位差幅值与相位差变化量的幅值之比,即

$$\mathrm{PCF} = \frac{\phi_m}{[\phi(t) - \phi(t+T)]_m} = \frac{c}{2\pi f_m nL} = \frac{1}{2\pi f_m T} \tag{14.158}$$

为求取被测信号 $S(t)$,对 $y(t)$ 积分,可得出 $S(t)$ 的相位调制信号 $\phi(t)$,$y_0(t) = GkT\phi(t)$,其中 G 为积分系数,因 $\phi(t)$ 正比于 $S(t)$,可以推知被测信号 $S(t)$。

2. 微分干涉仪的结构

基于 PZT 的光相位调制器被用于光纤环镜中，可以构建光纤微分干涉仪。其实验系统如图 14.78 所示[81]。

在光纤微分干涉仪实验系统中，PZT 作为光相位调制器用来改变光的相位，用一段长度为 2 km 的延迟光纤来产生延迟时间，偏振控制器为调整两束光的偏振态使其处于正交状态。从激光光源输出的光在耦合器的输入端分两路进入光纤环镜中，沿顺时针和逆时针传播的两束光经 PZT、延迟光纤和偏振控制器后，在耦合器的输出端产生干涉输出。输出光光强（I_{out}）被光电探测器探测到并转换为电压，输出到示波器上显示出来。PZT 上所施加的交变信号电压由函数发生器提供。PZT 在信号电压的作用下产生径向的拉伸或收缩，使缠绕在上面的光纤长度和折射率发生变化，从而导致传输光的相位也发生相应的变化。另外，延迟光纤使得沿顺时针和逆时针传播的两束光在不同的时间经过 PZT 所缠绕的光纤，从而使得两束光具有不同的相位改变。在输出端可以检测到输出光强的改变。

图 14.79 所示是微分光纤干涉仪系统[82]，利用压电陶瓷圆柱筒（PZT）在电压的作用下产生电致伸缩，偏振控制器可以调节干涉仪两路光的相位角，使其工作在正交状态，光纤耦合器 C_1 和 C_2 间为非平衡的 M-Z 干涉仪，采用的是低相干光源，光源的相干长度远小于两臂间的光程差。干涉路径 1 为 A-FRM-B；干涉路径 2 为 B-FRM-A，两条路径的光程相等，由于采用了低相干光源，其他路径不发生干涉。光纤延迟线可产生延迟时间，可见该结构与图 14.78 的原理等效，可实现相位压缩。该结构还以 FRM 替代了传统的反射镜，FRM 不但能起到反射镜的作用，而且可以抑制因光纤双折射效应所引起的偏振诱导信号衰弱问题。两束光所经的路径相同，因而可以互相抵消温度、弯曲等外界缓变因素的干扰。

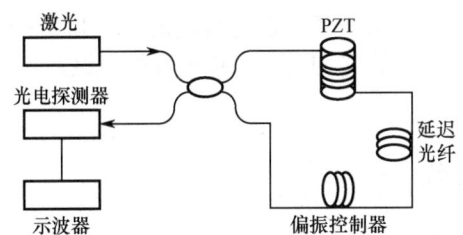

图 14.78 基于 PZT 的光纤微分干涉仪实验系统

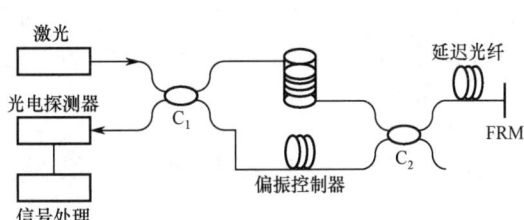

图 14.79 微分光纤干涉仪系统

14.10.5 全保偏光纤迈克尔逊干涉仪光学结构

为保障相干光对偏振态的基本要求，整个系统采用保偏光纤和相应的保偏光纤器件构成。图 14.80 所示是全保偏光纤迈克尔逊干涉仪原理图[83]。从半导体激光器 LD 输出的光，耦合到保偏光纤中，经过保偏光纤偏振器 P_1 起偏，通过保偏耦合器 C 分束进入干涉仪的两条光纤臂中，在光纤臂的两端直接镀上反射膜以实现传统分立元件迈克尔逊干涉仪中两反射镜的功能，由此反射回来的光再经耦合器 C 进入检偏器 P_2，最后由探测器 D 检测。为了调整干涉仪的臂长，将一光纤臂缠绕在压电陶瓷环上，这样可以方便地控制系统的工作点。两条光纤臂在不同的应用场合中都可以作为传感臂。

该系统工作波长为 1.3 μm，光纤为熊猫型保偏光纤，光纤消光比为 30 dB，偏振器采用磨抛型保偏偏振器，耦合器为熔锥型保偏耦合器；在光纤端头的反射镜由铝膜构成，其本征反射系数为 $R \approx 92\%$。该干涉仪最大的特点是光路全封闭，结构灵活，不像分立元件迈克尔逊干涉仪那样有极高的环境和调整要求，因此，它的应用可以延伸到许多传统干涉仪的禁区。

该干涉仪的一个应用为全保偏光纤加速度矢量传感器[84]，如图 14.81 所示。系统采用了芯轴式干涉型全保偏推挽结构，在 Michelson 光纤干涉仪结构中，光通过每个干涉臂两次，因而在相同的光纤长度下，加速度引起的 Michelson 干涉仪的光程差是 Mach-Zehnder 干涉仪的 2 倍，其加速度灵敏度也比 Mach-Zehnder 干涉仪高 1 倍。其工作原理如下：从激光器发出的光输入到保偏光纤耦合器 C 中，并且在耦合器的两出纤端镀有反射膜，构成一个 Michelson 光纤干涉仪，干涉仪的两光纤臂分别绕在两实心弹性柱体上，两弹性柱体间黏接有重物块 M。在平行于柱体轴向振动的加速度作用下，重物块对两柱体分别施加以拉伸和压缩力，弹性柱体的轴向形变引起径向形变，引起所绕光纤的长度发生变化，进而在光纤干涉仪上产生相位差变化。当振动垂直于柱体轴向时，两柱体产生相同的形变，从而使相位差变化为零。传感器所感知的只是加速度在柱体轴向上的分量，从而实现矢量探测。

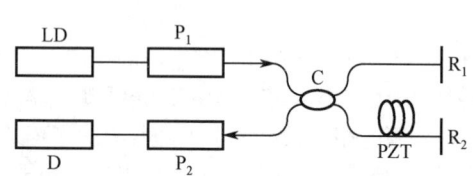

图 14.80 全保偏光纤迈克尔逊干涉仪原理图

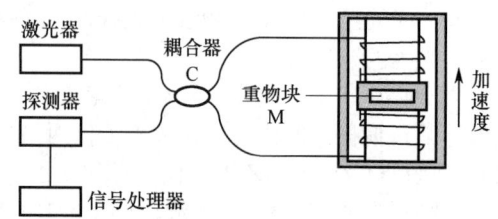

图 14.81 全保偏光纤加速度矢量传感器

在相干检测中，保持系统的偏振稳定性是一项关键技术。在已报道的干涉型光纤加速度传感器研究中都是采用单模光纤 Michelson 干涉仪，为消除偏振不稳的影响，主要采用了法拉第磁旋光技术来抑制偏振不稳的影响，其关键技术是连接在光纤端头的准直旋光器。由于旋光器只能用分立元件黏合而成，在实际应用中，可靠性和成本方面都存在问题。在系统中，采用了全保偏光纤干涉仪，从根本上解决了系统的偏振稳定性问题。同时，直接将反射膜镀在光纤端头上，使系统结构简化，可靠性提高。

14.10.6 三光束光纤干涉仪光学结构

1989 年，郭斯淦等人利用三缝干涉原理，提出了一种三光束光纤干涉仪，其光学结构如图 14.82 所示[85]。HN 为激光器，波长为 632.8 nm，输出功率为 5 mW，多模；M_1、M_2 为分束镜，M_1 的反射率为 30%，M_2 的反射率为 50%。N_1、N_2、N_3 为起偏器，为尼科尔棱镜；B 为楔形镜，楔角为 30′；L_1、L_2、L_3 为耦合目镜；H 为光纤夹持器；C 为照相机或毛玻璃屏。光纤长度随意，但要其三光路的光程接近相等，这样干涉级次较低。

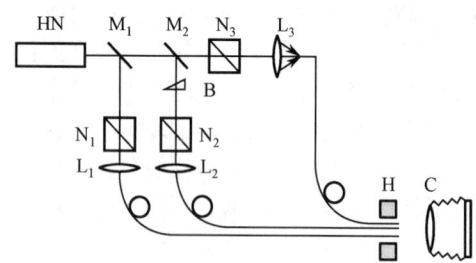

图 14.82 三光束光纤干涉仪光学结构

所有元件放置在一个平台上，由于是光纤，故元件可以任意放置，不必严格在一水平面上，但三光纤的光程应尽量相等。三光纤的出射端则要夹紧，互相平行。三光纤保持在同一水平面上，这样可以保证从三光纤出射的三光束之间夹角小，条纹间隔宽，易于观察。在观察干涉条纹时，可用一个毛玻璃屏在光纤出射端前后移动，可观察到清晰的干涉条纹。由于使用的是多模光纤，所以干涉条纹是叠加在光纤斑纹场上的。移开毛玻璃屏，放上照相机，那么在透镜焦平面上同样可观察到干涉条纹。

由于氦氖激光器输出不偏振，所以在每个光路中加上一块尼科尔棱镜，以使每一光路产生偏振光，以此来改善干涉条纹的质量。实验表明，加入棱镜后，主次极大的光强比增大。若把其中一个尼科尔棱镜转动90°，这时又成为双光束光纤干涉仪，次极大消失。

三光束干涉仪可作为一种光纤传感用的测相位变化的传感装置，它的测量参数与双光束的 M-Z 光纤干涉仪不同。后者是产生等光强的干涉条纹，当其中一臂光纤光程变化时，光纤级次变化，相当于干涉条纹移动。测量时，在干涉条纹平面上，用光电法扫描，计算条纹变化数；而三光束光纤干涉仪则不同，当敏感臂光程变化时引起主极大与次极大的光强变化，在固定位置用两个接收器分别接收，由电子光学线路来完成相减运算，因此是一种新的光纤干涉测量方法。

14.10.7　全光纤白光干涉仪光学结构

单模（或窄频带）高相干激光检测设备采用激光波长为标准量，在精密测量条件下，可达纳米级甚至亚纳米级测量精度。但是，由于受光学传递函数（optical transfer function，OTF）周期的影响，这类系统的单动态范围一般很小；而且，由于测量系统在重新启动时无法识别出干涉级的级数，只能对物理量进行相对测量；同时，这类系统对温度、湿度、压力等外界环境要求苛刻，结构复杂，成本高。相比之下，采用低相干光源的白光干涉仪则能解决其中的一些难题，它可用来对物理量进行绝对测量，且使传感器的动态范围扩展，分辨率提高。此外，用于系统的低相干光源及多模光纤价格较便宜。

白光干涉仪一般由两个干涉仪（参考干涉仪和传感干涉仪）串联而成，如 F-P/F-P，M-Z/F-P，M-Z/M-Z，Michelson/F-P，Michelson/Michelson 等。尽管有不同的结构类型，但它们的测量原理都可用图 14.83 所示的白光干涉仪基本工作原理图来表示。

图 14.83 所示的传感干涉仪将被测物理量的变化转换为光程差的变化，参考干涉仪将来自传感干涉仪的互不相干的光信号重合并产生干涉[86]。这样，输出端就可观察到代表白光干涉仪输出信号的干涉条纹：输出光强在两干涉条纹的光程差相等时有最大值，对应的条纹对比度也最大，称为中心条纹。为解决低相干光源的获得和零级干涉条纹的检测两项要求，要求所用光源的相干长度应满足远小于两个干涉仪的光程差，又大于两个干涉仪光程差的差值。

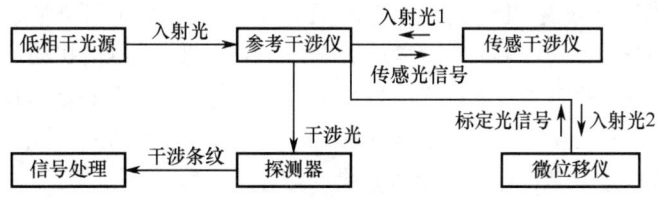

图 14.83　白光干涉仪基本工作原理图

在系统测量过程中，改变微位移仪，使参考干涉仪的光程差值与传感干涉仪的光程差值相等，直接得到传感干涉仪光程差的变化值，实现对被测量的绝对测量。目前，该方法已用于位移、压力、振动、应力、应变、湿度、温度等物理参量以及生化参量的绝对测量。

不同类型的低相干光源（如宽带连续光谱、窄带连续光谱及梳状光谱）有不同的相干特性，相应的低相干白光干涉测量系统就有不同的检测方式。

1. 宽带光谱光源系统

钨灯、高压水银灯和连续输出的高压氙灯，其光谱分布具有黑体辐射特征：

$$M_\lambda(T) = 2\pi hc^2 \lambda^{-5} \left[\exp(hc/kT) - 1\right]^{-1} \tag{14.159}$$

式中，λ 为波长；T 为热力学温度；c 为光速；h 表示普朗克常量；k 是玻耳兹曼常数。典型光源的相干长度仅等于几个波长，形成的干涉条纹有一个内部的零位置与平衡位置相对应，可据此获取被测物理量的绝对值。但极低的入纤效率限制了它在实际中的应用。

2. 窄带光谱光源系统

发光二极管（LED）和超级二极管（SLED）已广泛应用于光纤干涉测量系统，但光强输出和入纤效率低仍是需要克服的主要困难。LED 的光谱分布可用 Gaussian 分布函数描述：

$$i(\sigma) = (\pi\sigma)^{-1/2} \exp\left\{-\left[(\sigma-\sigma_0)/\Delta\sigma\right]^2\right\} \quad (14.160)$$

式中，$i(\sigma)$ 表示光谱密度；σ 表示波数。LED 的带宽一般为 20~80 nm，相干长度在几微米到几十微米范围内。而 SLED 的输出光功率可达 22.5 mW，光谱大约为 20 nm，相干长度约为 50 μm。在光程差为零的平衡位置仍然有一个内在的零位置与它对应。由于较长的相干长度，输出条纹在内在零位置处有最大值，并在 $|L_1 - L_2| = L_c/2$（L_c 是 LED 的相干长度）处降至最大值的 1/e。

3. 梳状光谱光源系统

多模激光器和多模激光二极管的光谱分布由一系列等间隙纵模组成，为

$$E = \sum_{j=-m}^{m} \int_{-\infty}^{\infty} S(\sigma_j) \exp\left[-j\pi\Delta\sigma/(\delta\sigma) + i\omega t\right] d\sigma \quad (14.161)$$

式中，m 表示激光纵模的级；$\Delta\sigma$ 代表相邻模的波数差；$\delta\sigma$ 为所有模宽的包络线的半宽度；ω 是光频；σ 是波数；$S(\sigma_j)$ 为第 j 个辐射模归一化后的光谱强度。

多模激光二极管输出的互不相干的纵模在干涉仪中将同时各自产生一组干涉条纹，当用探测器在输出段检测时，这些干涉条纹将以光强度的形式形成相干叠加，构成叠加条纹。其中，0 级干涉区的宽度大约是 0.1~0.2 mm，因此中心条纹的识别很困难。

为有效获取白光干涉型光纤传感器传送的数据，主要应解决低相干光源的获取和零级干涉条纹的检测：（1）尽量降低光源的相干长度；（2）选用合适的测试仪器和测试方法，以提高确定零级干涉条纹中心位置的精度。

作为光纤干涉的一个分支，低相干光源系统具有以下优点：（1）可测量绝对光程；（2）系统抗干扰能力强，系统分辨率与光源波长稳定性、光源功率波动、光纤的扰动等因素无关；（3）结构简单，成本低廉；（4）测量精度仅由干涉条纹中心位置的确定精度和参考反射镜的确定精度决定。因此，近年来低相干光源的光纤干涉测量系统的应用研究较为活跃，如建筑结构、石化工业、加速器、环境、生物医学、智能结构、电力、噪声等。

使用低相干光源的干涉测量系统被称为"白光干涉仪"，一般由两个干涉仪串联组成，如图 14.84 所示[75]。第一个干涉仪称为传感干涉仪，其两臂具有较大的静态光程差（OPD），远大于光源的相干长度，被测物理量的变化会转换为传感干涉仪两臂光程差的变化，但总体光程差仍数倍于光源的相干长度；第二个干涉仪为接收干涉仪或参考干涉仪，在其内部，来自传感干涉仪两臂互不干涉的光信号将重合并产生干涉，传感干涉仪的光程差被参考干涉仪补偿。因此，参考干涉仪的作用相当于一个光学延迟线。

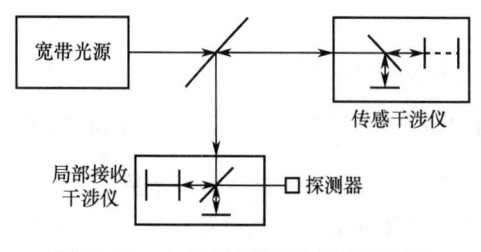

图 14.84 白光干涉仪基本原理示意图

假设第一个干涉仪的光程差为 L_1，第二个为 L_2，则在白光干涉仪中，$L_1 \gg L_c$，$L_2 \gg L_c$，因此任意一个干涉仪均不能单独观察到干涉现象，只有当两个干涉仪串联后 $|L_1-L_2|<L_c$，才能观察到干涉现象。当 $L_1=L_2$ 时，干涉条纹可见度最大。干涉仪工作时，被测量的变化使 $L_1 \neq L_2$，干涉条纹对比度下降；调整参考干涉仪光程差，使 $L_1=L_2$，干涉条纹可见度将重新恢复为最

大。因此，可以通过测量 L_2 的变化直接得到传感干涉仪光程差的变化，从而实现对被测物理量变化值的绝对测量。

另外，可用光纤白光干涉技术测量晶体的弹光系数。运用折射率椭球分析晶体的弹光效应，将白光干涉技术拓宽到研究各向异性材料的光学性质。针对光纤迈克尔逊干涉仪的特点，对迈克尔逊白光干涉技术进行改进：采用光栅位移传感器（光栅尺）提高反射扫描镜的位移准确度；测量折射率随外力的变化，从而确定晶体的弹光系数。

为保证相干光对偏振态的基本要求，整个系统采用保偏光纤（polarization maintaining fiber, PMF)和相应的保偏光纤器件构成[87]，如图 14.85 所示。从中心波长为 1 300 nm 的宽带发光二极管（LED）发出的光，由偏振透镜耦合到保偏光纤中，P_1 和 P_2 为保偏光纤偏振器，通过保偏耦合器 C 分束进入干涉仪的两条光纤臂中。光纤干涉仪的测量臂和参考臂光纤尾端与棒状自聚焦准直透镜相连。由于光源是白光，当干涉仪两臂的光程差小于光源的相干长度时，就会产生图 14.86 所示的白光干涉信号，该信号具有振幅极大的中心干涉条纹，对应于两臂光程绝对相等处。利用这一干涉特性，可通过光程比较的方法来间接地测量样品折射率随相关状态（应力）的变化关系。

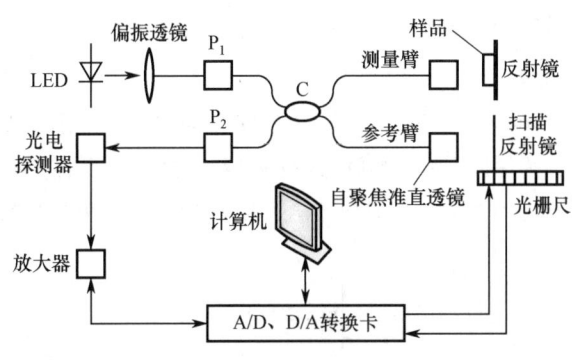
图 14.85 光纤迈克尔逊白光干涉系统

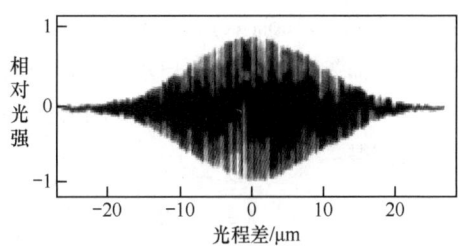
图 14.86 白光干涉的输出信号图形

当在测量臂中插入厚度为 d 的试样或试样的折射率发生变化时，将导致光程差发生变化。于是可移动反射扫描镜，找到变化后的新的平衡点。通过测量反射扫描镜变化前后的位移 ΔZ，即可测得相应试样的折射率 n：

$$\Delta Z = (n-1)/d \tag{14.162}$$

由于白光干涉中心条纹的分辨准确度一般被估计为中心波长的一半，对于 1.3 μm 的光发射二极管为 0.65 μm。因此，该系统的测试准确度取决于反射扫描镜的位移准确度。为此，这些采用光栅线位移传感器（光栅尺）来完成扫描镜的位移计数，其光栅密度是 100 对线/mm，因此准确度高于 0.2 μm。

在测量中，由于使用了宽带的白光，所以测得的折射率实际上为物质的群折射率 n_g。

14.10.8 相位解调技术

光纤干涉型传感器通常将被测量转换成光信号的相移，对相位进行检测是这种传感器信号处理的基本要求。如果直接测量，就会由于外界干扰而产生相位的漂移，引入测量误差；电路直流漂移也会对直接检测带来影响。另外，灵敏度问题、判向问题、动态范围等都是相位检测需要解决的问题。针对这些问题提出了相位产生载波法、零差解调法和外差解调法，还有双光束偏振零差干涉法、基于 3×3 光纤耦合器的零差解调法等[88,89]。

1. 相位产生载波解调法

相位产生载波（PGC）技术是用于光纤传感器中一种信号解调方法，该方法是在被测信号带宽以外某一频带引入大幅度相位调制，则被测信号位于调制信号的边带上，这样就可以把外界干扰的影响转化为对调制信号的影响，并且把被测信号的频带与低频干扰频带分开，以便后续噪声分离。这种方法需要对相位进行调制，对信号的调制可以通过以下两种形式实现：

（1）调制光源通过调制驱动电流来对激光频率进行调制；

（2）调制干涉仪光程差一般用压电陶瓷（PZT）调制参考臂来实现。

2. 零差解调法

零差解调法包括被动零差解调法和主动零差解调法，二者的主要区别在于：后者含有反馈器件，可以根据传感器的输出信号对测量系统本身进行控制。

1）被动零差解调法（passive homodyne demodulation）

采用光纤 Mach-Zehnder 干涉仪作为传感器，直接测量会引起信号测量的误差。为提高干涉仪的测量精度，在干涉仪的参考臂上加 PZT 作为相位调制器，调制信号频率为 ω_0、幅度为 C 的干涉仪输出光强为

$$
\begin{aligned}
I &= A + B\cos\left\{\left[D\cos(\omega t) + \phi(t)\right] - \left[C\cos(\omega_0 t) + \varphi_{DC}\right] + \varphi_0\right\} \\
&= A + B\cos\left[\Phi(t) - C\cos(\omega_0 t) - \varphi_n\right]
\end{aligned} \tag{14.163}
$$

式中，$\Phi(t) = D\cos(\omega t) + \phi(t)$；$\varphi_n = \varphi_{DC} - \varphi_0$；$D\cos(\omega t)$ 是信号引起相位变化；$\phi(t)$ 表示周围干扰所引起相位变化；φ_0 为干涉仪两臂固有的光程差。为保证干涉仪测量的高灵敏度和线性度，常需要将工作点置于正交偏置状态，调整PZT的直流激励使 $\varphi_n = \pi/2$。用 Bessel 函数对式（14.162）进行傅里叶分解，得

$$
\begin{aligned}
I = A + B&\left\{\left[J_0(c) + 2\sum_{n=1}^{\infty}(-1)^n J_{2n}(c)\cos(2n\omega_0 t)\right]\sin\Phi(t)\right\} - \\
B&\left\{\left[2\sum_{n=1}^{\infty}(-1)^n J_{2n+1}(c)\cos((2n+1)\omega_0 t)\right]\cos\Phi(t)\right\}
\end{aligned} \tag{14.164}
$$

同理，

$$
\sin\Phi(t) = \left[2\sum_{n=0}^{\infty}(-1)^n J_{2n-1}(D)\cos((2n+1)\omega t)\right]\cos\phi(t) - \\
\left[J_0(D) - 2\sum_{n=1}^{\infty}(-1)^n J_{2n}(D)\cos(2n\omega t)\right]\sin\phi(t) \tag{14.165}
$$

$$
\cos\Phi(t) = \left[J_0(D) + 2\sum_{n=0}^{\infty}(-1)^n J_{2n}(D)\cos(2n\omega t)\right]\cos\phi(t) + \\
\left[2\sum_{n=1}^{\infty}(-1)^n J_{2n+1}(D)\cos((2n+1)\omega t)\right]\sin\phi(t) \tag{14.166}
$$

从以上三式可以看出：当 $\phi(t) = 0$ 时，在输出信号的频谱上，奇（偶）数倍的角频率的信号出现在偶（奇）数倍载波信号角频率 ω_0 两侧；当 $\phi(t) = \pi/2$ 时，奇（偶）数倍角频率 ω 出现在奇（偶）数倍载波频率 ω_0 两侧。这些出现在 ω_0 两侧的边带信号携带着被测信号的相位信息。如果不加调制信号，输出光强 $I_1 = A + B\cos\Phi(t)$，若 $\Phi(t) = 0$，则 $\cos\Phi(t) = 1$，由于 $\Phi(t)$ 的存在，信号将发生消陷或畸变。

2）主动零差解调法

主动零差解调法的一种典型应用如图 14.87 所示[89]。该系统用于测量声学信号，采用迈克尔逊型光纤传感器。它利用闭环调相系统来消除低频干扰（如应力、温度等）的影响，同时使系统始终处于正交工作点，保持最大的灵敏度。这样，该传感器对高频小幅度声学信号的响应就是近似线性的。在后续的信号处理上，采用并联的高通、低通滤波器来分离低频信号和高频小幅度的被测信号，然后把低通滤波器的输出反馈给PZT，以对低频干扰进行补偿。高通滤波器的输出传送到后续的信号处理电路，以进一步提取所需的被测信号。该方法可以同时检测低频和高频信号。

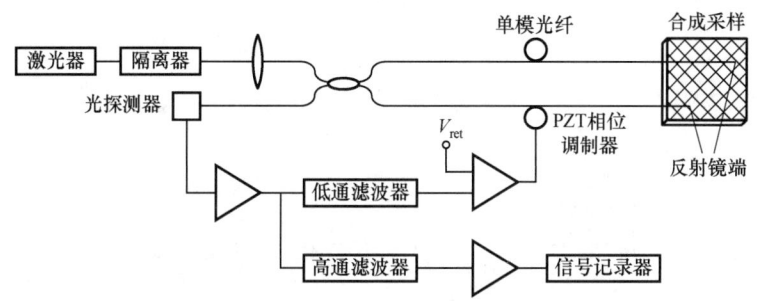

图 14.87 主动零差解调法原理图

主动零差法性能好，但该方法采用反馈的方法对低频干扰进行补偿，而且不适于多路复用，因此一般只在实验室中使用。此外，该方法同被动零差法一样，易受光源功率和系统衰减系数变化的影响。

3. 外差解调法

典型的合成外差干涉仪结构，可以用 M-Z 干涉仪原理图说明[88]，如图 14.88 所示。光源发出的光经过耦合器 DC1，将光束一分为二，光纤一臂为信号臂，另一臂为参考臂。经过耦合器 DC2 进行干涉。干涉光照到探测器上，光强表示式分别为

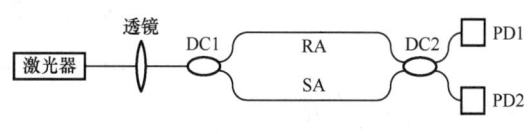

图 14.88 光纤 M-Z 干涉仪原理图

$$I_1 = A + B\cos\varphi(t), \quad I_2 = A - B\cos\varphi(t) \qquad (14.167)$$

在参考臂上加载波信号，干涉信号可以表示为

$$S = A^2 + B^2 + 2AB\cos\left[\phi_H \sin(\omega_H t) + \phi_A \sin(\omega_A t) + \phi\right] \qquad (14.168)$$

式中，A 和 B 分别是参考光和测量光的幅度；ϕ_H 和 ω_H 分别是加在参考臂上的载波信号的幅度和角频率；ϕ_A 和 ω_A 分别是被测信号的幅度和角频率；ϕ 是相位漂移。对式（14.167）用贝塞尔函数展开，并通过中心频率为 ω_H 和 $2\omega_H$ 带通滤波器对该信号滤波，得

$$\begin{aligned} S_1(t) &= -2AB\left\{J_1(\phi_H)\sin(\omega_H t)\sin\left[\phi_A \sin(\omega_A t) + \phi\right]\right\} \\ S_2(t) &= 2AB\left\{J_2(\phi_H)\cos(2\omega_H t)\cos\left[\phi_A \sin(\omega_A t) + \phi\right]\right\} \end{aligned} \qquad (14.169)$$

将 $S_1(t)$ 和 $S_2(t)$ 分别与角频率为 ω_H 和 $2\omega_H$ 的本征信号进行混频，经过中心频率为 $3\omega_H$ 带通滤波器，得

$$\begin{aligned} S_{1A}(t) &= -2ABJ_1(\phi_H)\sin(3\omega_H t + \theta)\sin\left[\phi_A \sin(\omega_A t) + \phi\right] \\ S_{2A}(t) &= 2ABJ_2(\phi_H)\cos(3\omega_H t + \theta)\cos\left[\phi_A \sin(\omega_A t) + \phi\right] \end{aligned} \qquad (14.170)$$

式中，θ 为本征信号的初相位。调整载波信号幅度 ϕ_H，使 $J_1(\phi_H) = J_2(\phi_H)$，则将式（14.169）

两式相加得
$$S_A = S_{1A}(t) + S_{2A}(t) = 2ABJ_2(\phi_H)\cos\left[3\omega_H t + \theta + \phi_A \sin(\omega_A t) + \phi\right] \quad (14.171)$$

4. 双光束偏振零差干涉法

双光束偏振零差干涉法不需要给信号加调制，结构相对比较简单，可以达到较高的测量精度。例如，采用 Michelson 干涉仪作为基本光路结构，如图 14.89 所示。激光器光源发出的光，经过偏振耦合器，被分成两束光，分别是参考光和测量光[88]。探测器得到 4 路信号为

$$\begin{cases} \phi_1 = A + B\sin\varphi(t) \\ \phi_2 = A - B\sin\varphi(t) \\ \phi_3 = A + B\cos\varphi(t) \\ \phi_4 = A - B\cos\varphi(t) \end{cases} \quad (14.172)$$

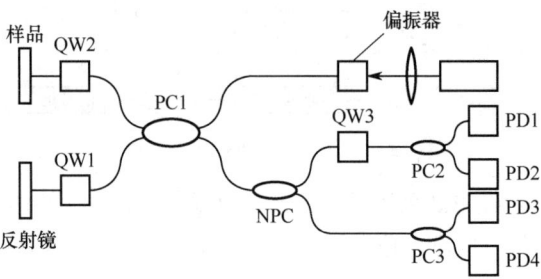

图 14.89 双光束偏振零差干涉法原理图

对两路信号做差分运算，得到
$$\begin{aligned} \Phi_1 &= \phi_1 - \phi_2 = 2B\sin\varphi(t) \\ \Phi_2 &= \phi_3 - \phi_4 = 2B\cos\varphi(t) \end{aligned} \quad (14.173)$$

两个正交信号可以用反正切表示：
$$\varphi(t) = \arctan(\Phi_1/\Phi_2) \quad (14.174)$$

运用计算机来求出 $\varphi(t)$，但计算机进行运算耗时较长，此方法不能用于比较快的干涉信号。

另一种方法是采用模拟电路来进行信号的处理，如图 14.90 所示[88]，令
$$f(t) = \Phi_1\Phi_2^* - \Phi_2\Phi_1^* = 4B^2\left[\cos^2\varphi(t) + \sin^2\varphi(t)\right]^*\varphi(t) = 4B^2\varphi(t) \quad (14.175)$$

则
$$\varphi(t) = \frac{1}{4B^2}\int(\Phi_1\Phi_2^* - \Phi_2\Phi_1^*)\mathrm{d}t \quad (14.176)$$

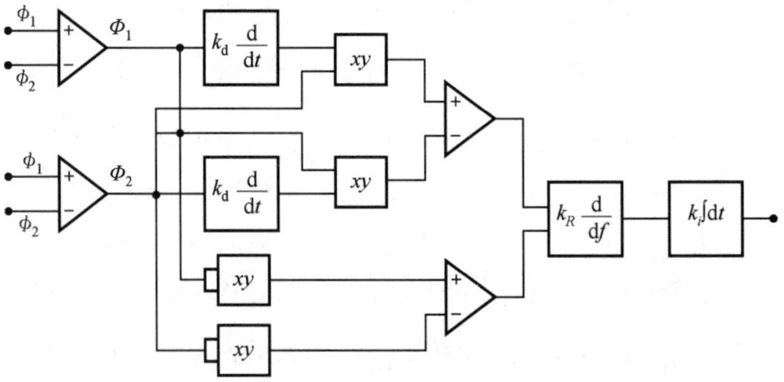

图 14.90 利用模拟电路的双光束偏振零差干涉法原理图

总之，对几种光纤干涉型传感器的解调方法进行总结：

被动零差解调法可用光纤 Mach-Zehnder 干涉仪作为传感器，该方法灵敏度高、动态范围大，但抗外界干扰弱，适于测量温度、压力、光纤加速度计、光纤水听器等。

主动零差解调法性能很好，但该方法是采用反馈的方法对低频干扰进行补偿，而且也不适于多路复用，因此一般只在实验室中使用。此外，该方法同被动零差法一样，易受光源功率和系统衰减系数变化的影响。

外差解调法（如典型的合成外差干涉仪结构）也可以用 M-Z 干涉仪原理图说明。

双光束偏振零差干涉法不需要对信号加调制，结构相对比较简单，可以达到较高的测量精度。例如，采用 Michelson 干涉仪作为基本光路结构，动态范围小，适用于位移、温度、压力、应变测量等。

光纤干涉型传感器可以实现高精度、高分辨率的测量，可以对压力、温度、位移等一些物理量进行精确测量，在工业测量等领域都有广泛的应用。

参 考 文 献

[1] 殷纯永. 现代干涉测量技术[M]. 天津：天津大学出版社, 1999.
[2] Ю. М. 克利姆科夫. 激光光电仪器设计基础[M]. 王诚华, 译. 北京:测绘出版社, 1984.
[3] Ю. В. 考洛米佐夫. 干涉仪的理论及应用[M]. 李承业, 吴景文, 秦南荣, 译. 北京:技术标准出版社, 1982.
[4] 马成举. 双包层光子晶体光纤激光器研究进展[J]. 激光与光电子学进展, 2008, 45(14): 22-27.
[5] 李松柏. 光纤激光器的研究及其进展[J]. 重庆科技学院学报（自然科学版）, 2008, 10(4).
[6] http://www.coema.org.cn/study/li/20071407/155239.html.
[7] 吴震, 等. 光干涉测量技术[M]. 北京：中国计量出版社, 1995.
[8] 王文生. 干涉测试技术[M]. 北京：兵器工业出版社, 1992.
[9] 郁道银, 谈恒英. 工程光学[M]. 北京：机械工业出版社, 2002.
[10] 羡一民, 王科峰. 激光干涉仪技术及发展[J]. 工具技术, 2003, 37(14): 68-73.
[11] 郭彦珍, 邱宗明, 李信. 激光偏振干涉光路的非线性分析计算[J]. 计量学报, 1995, 16(4):273-279.
[12] 郭新军, 王霁, 严家骅, 等. 一种纳米准确度偏振干涉仪光学系统的研究[J]. 红外与激光工程, 2004, 33(1): 21-24.
[13] 裴雅鹏. 纳米测量方法及其研究进展综述[J]. 宇航计测技术, 2007, 27(6):23-27.
[14] 齐永岳, 赵美蓉, 林玉池. 纳米测量系统的研究现状与展望[J]. 仪器仪表学报, 2003, 24 (4): 91-93.
[15] 张蕴玉. 纳米激光偏振干涉仪[J]. 机床, 1989, 06:30-31.
[16] 杨军, 刘志海, 苑立波. 波片对偏振激光干涉仪非线性误差的影响[J]. 光子学报, 2008, 37(2):364-369.
[17] 侯文玫, 张运波, 许琦欣. 分光镜对外差激光干涉仪非线性的影响[J]. 机械工程学报, 2008, 44(9):163-168.
[18] 陈洪芳, 丁雪梅, 钟志. 高加速度超精密激光外差干涉测量模型[J]. 光电工程, 2007, 34(8):72-75.
[19] 陈进榜, 陈磊, 王青, 等. 大孔径移相式 CO_2 激光干涉仪[J]. 中国激光, 1998, 25(1):31-35.
[20] 柳忠尧. 用于掩模板表面形貌测量的外差干涉显微系统的研究[D]. 清华大学, 2004.
[21] 郝辉. 半导体激光器自混合干涉理论分析及实验研究[J]. 光电子技术, 2005, 25(4):244-251.
[22] 王鸣, 聂守平, 李达成. 半导体激光器的光学反馈干涉及传感应用[J]. 中国激光, 2002, 29(12).
[23] 蒋向前, 肖少军, 谢铁邦, 等. 光栅技术在纳米测量中的应用[J]. 仪器仪表学报, 1995, 16(01):374-377.
[24] 马修水, 费业泰, 陈晓怀, 等. 一种新型纳米光栅传感器的理论研究[J]. 仪器仪表学报, 2006, 27(2): 159-164.
[25] 洪宝晋, 何永蓉, 叶蓉华. 用光栅作为分束器的激光光栅干涉仪[J]. 中国激光 1993, 20(1):34-37.

[26] 刘玉圣,范光照,陈叶金. 高精度衍射光栅干涉仪的研制[J]. 工业计量, 2006, 16(2): 1-3.
[27] 王芳,齐向东. 高精度控制光电光栅刻划机的光栅外差干涉仪[J]. 激光技术, 2008, 32(5): 474-476.
[28] 邓罗根. 多波长激光绝对距离干涉计量术的原理与发展[J]. 激光技术, 1997, 21(2): 65-70.
[29] 梁晶,龙兴武,张斌. 一种新型多波长绝对距离干涉测量系统的研究[J]. 光学技术, 2008, 34(5): 681-683.
[30] 晁志霞,殷纯永,徐毅. 可调合成波长链绝对距离干涉测量[J]. 计量学报, 2002, 23(3): 161-163.
[31] 黄深旺,陈磊,陈进榜,等. 红外干涉仪调试和测量技术的研究[J]. 光学精密工程, 1996, 4(2): 98-101.
[32] 何勇,陈磊,王青,等. 移相式泰曼-格林红外干涉仪及应用[J]. 红外与激光工程, 2003, 32(4): 335-338.
[33] 羡一民. 双频激光干涉仪的原理与应用(一)[J]. 工具技术, 1996, 30(4): 44-45.
[34] 康岩辉. 双纵模双频激光干涉仪信号处理系统的研究[D]. 四川大学, 2005.
[35] 高赛,殷纯永. 高测速双频激光干涉仪[J]. 光学技术, 2001, 27(3): 238-239.
[36] 戴高良,晁志霞,殷纯永. 纳米精度双频激光干涉仪非线性误差的确定方法[J]. 中国激光, 1999, 26(14): 987-991.
[37] 周肇飞,张涛,朱目成,等. 双纵模激光拍频干涉仪的研究[J]. 中国激光, 2005, 32(1): 101-104.
[38] 杨国光. 近代光学测试技术[M]. 浙江:浙江大学出版社,1997.
[39] 徐德衍. 剪切干涉仪及其应用[M]. 北京:机械工业出版社,1987.
[40] 景超. 电子散斑剪切-相移干涉术的研究[D]. 天津大学,2006.
[41] 吴震,张平,缪欣. 用三光束干涉法测量薄膜厚度[J]. 华中理工大学学报,1992, 29(4): 69-73.
[42] Kingly R E A New Interferometer Capable of Measuring Small Optical path Differenece. Appl Opt. 1967, 6: 137-142.
[43] Tyngi R C and Singh K Improved Three-Beam Interferometric Method, Appl. Opt. 1968, 7: 1971-1975.
[44] Almarzoak K. Three-Beam Interferometric Profilmeter Appl .Opt , 1983, 22: 1893-1897.
[45] 吴震. 三光束干涉仪理论[J]. 光学学报,1985, 6(5): 421-426.
[46] Wang Ding, Chen Tang Go, Holographic Real-Time Three S1it Interferometer. App.Opt, 1988, 27: 1298-1302.
[47] 何勇. 数字波面干涉技术及其应用研究[D]. 南京理工大学,2003.
[48] 张红霞. 用于微表面形貌检测的纳米级白光相移干涉研究及仪器化[D]. 天津大学,2004.
[49] James C. Wyant. Advances in Interferometric Metrology, Proceedings of SPIE, 2002, 4927: 154-162.
[50] Stanley Siu-chor, Chim, G. S. Kino. Correlation Microscope. Opt. Lett, 1990, 15(10): 579-581.
[51] Stanley Siu-chor. Chim, G. S. Kino. Phase Measurements using the Mirau Correlation Microscope, Appl. Opt, 1991, 30(16): 2197-2201.
[52] Chim, G. S, Kino, S.S.C. Chim. Mirau Correlation Microscope, Appl. Opt. 1990, 29(26): 3775-3783.
[53] James C. Wyant, Katherine Creath, Advances in Interferometric Optical Profiling, Int J. Mach Tools Manufact, 1992, 32(1/2): 5-10 .
[54] Wang Gui-Ying and Xu Zhi-Zhan, Interferometric Microscopy with Ultrahigh Resolution in Three Dimensional Imaging, Proceedings of SPIE, 4224(2000): 68-72.
[55] James C.Wyant, White Light Interferometry, Proceedings of SPIE, 2002, 4737: 98-107.
[56] Bharat Bhushan, James C. Wyant, and Chris L. Koliopoulos, Measurement of Surface Topography of Magnetic Tapes by Mirau Interferometry, Appl. Opt., 1985,24(10): 1489-1497.
[57] 黎永前. 纳米精度测量与校准系统关键技术研究[D]. 西北工业大学, 2003.
[58] 黄福祥. 激光多普勒散射体高速运动测量技术[D]. 天津大学,2006.
[59] M.J.Rudd;A Laser Doppler Velocimeter Employing the Laser as a Mixer Oscillator; J.Phys. E.1968,1: 723-726.
[60] Churnside J H Laser Doppler velocimetry by modulating a CO_2 laser with backscattered light,Applied Optics(1984)23: 61-65.

[61] Groot P J de, Gallatin G M & Macomber S H Ranging and velocimetry signal Generation in a backscatter-modulated laser diode. Applied Optics(1988)27: 4475-4480.
[62] Scalise, L.;Yu, Y;Giuliani, G;Plantier, G;Bosch, T.; Self-Mixing Laser Diode Velocimetry: Application toVbration and Velocity Measurement; Insturmentation and Measurement, IEEE Transactions on, Volume:53, Issue:1, Feb.2004: 223-232.
[63] 王林, 曹芒, 李达成. X射线干涉测量技术的最新进展[J]. 光学技术, 1998, 07: 7-10.
[64] 许顺生, 冯端. X射线衍衬貌相学[M]. 北京:科学出版社, 1987.
[65] 沈乃澂, 施汉谦, 范海福. X射线干涉技术[J]. 物理, 1976, 05(1), 34-37.
[66] 贺安之, 阎大鹏. 激光瞬态干涉度量学[M]. 北京：机械工业出版社, 1993.
[67] 郑德香, 张岩, 沈京玲, 等. 数字全息技术的原理与应用[J]. 物理学和高新技术, 2004,33(14): 843-847.
[68] 金观昌. 计算机辅助光学测量[M]. 北京:清华大学出版社, 2007: 102-103.
[69] 徐先锋. 广义相移数字全息干涉术相移提取及波前再现算法的理论及实验研究[D]. 山东大学, 2008.
[70] 徐莹, 赵建林, 范琦, 等. 利用数字全息干涉术测定材料的泊松比[J]. 中国激光, 2005, 32(6): 787-790.
[71] 何茂刚, 刘逊, 张颖, 等. 数字全息干涉法流体质扩散系数实验研究[J]. 工程热物理学报, 2007, 28(6): 69-72.
[72] 曲伟娟, 刘德安, 职亚楠, 等. 利用数字全息干涉术观察 $RuO_2:LiNbO_3$ 晶体中畴反转的区域特性[J]. 物理学报, 2006, 55(8): 4276-4280.
[73] 冯伟, 李恩普, 范琦, 等. 数字全息干涉术用于微波等离子体推进器羽流场的研究[J]. 光子学报, 2005, 34(12): 1832-1835.
[74] 林玉池, 曾周末. 现代传感技术与系统[M]. 天津:天津大学精密仪器与光电子工程学院, 2008.
[75] 唐锋. 白光干涉法保偏光纤偏振耦合测试及其应用[D]. 天津大学, 2005.
[76] 孟克. 光纤干涉测量技术[M]. 哈尔滨: 哈尔滨工程大学出版社, 2004.
[77] 张桂才, 罗建勇, 徐明, 等. 采用 FRM 的迈克尔逊干涉仪及其阵列研究[A]. 全国第十一次光纤通信暨第十二届集成光学学术会议(OFCIO'2003)论文集[C]. 2003 年.
[78] 岳明桥, 王天泉. 激光陀螺仪的分析及发展方向[J]. 飞航导弹, 2005, 12: 46-48.
[79] 刘兰芳, 陈刚, 金国良. 光纤陀螺仪基本原理与分类[J]. 现代防御技术, 2007, 35(2): 59-64.
[80] 刘彬, 张秋婵. 基于相位压缩原理的一种新型微分干涉仪[J]. 仪器仪表学报, 2001, 22(2): 179-180.
[81] 田大伟, 胡曙阳, 谭诗, 等. 基于压电陶瓷光相位调制器的光纤微分干涉仪[J]. 压电与声光, 2007, 29(2): 141-143.
[82] 陈德胜, 邹洪云, 肖灵, 等. 基于微分干涉仪的新型光纤声传感器[J]. 光电子·激光, 2006, 17(8): 942-944.
[83] 胡永明, 陈哲, 孟洲, 等. 全保偏光纤迈克尔逊干涉仪[J]. 中国激光, 1997, 24(10): 891-893.
[84] 罗洪, 熊水东, 陈儒辉, 等. 全保偏光纤加速度矢量传感器的设计与实验[J]. 半导体光电, 2004, 25(3): 242-245.
[85] 郭斯淦, 郑顺旋, 梁振斌, 等. 三光束光纤干涉仪[J]. 中国激光, 1989, 16, (14): 644-646.
[86] 李川, 张以谟, 刘铁根, 等. 全光纤白光干涉型光纤传感器[J]. 传感技术学报, 2001, 6(2): 31-93.
[87] 邢进华, 钱斌, 冯金福. 用光纤白光干涉技术测量晶体的弹光系数[J]. 光子学报, 2007, 36(5): 890-892.
[88] 裴雅鹏, 杨军, 苑立波. 光纤干涉型传感器原理及其相位解调技术[J]. 光学与光电技术, 2005, 3(3): 17-21.
[89] 黄建辉, 曹芒, 李达成, 等. 用于干涉型光纤传感器的相位生成载波解调技术[J]. 光学技术, 2000, 26(3): 228-231.

第15章 光电光谱仪与分光光学系统设计

15.1 光谱与光谱分析概述

1666年，牛顿用玻璃三棱镜将太阳光分解为赤、橙、黄、绿、青、蓝、紫等各色光形成的光带。1814年，夫朗禾费（Fraunhofer）设计制成第一台由色散棱镜、入射狭缝和观察镜组成的光谱镜，并用它观察太阳光而发现了太阳光吸收谱线。到1859年，基尔霍夫（Kirchhoff）和本生（Bunsen）制成第一台结构完整的光谱仪，并用它来研究物质的光谱特性[1,2]；1860用此仪器观察研究一种矿泉水，在其中发现前所未知的新元素——铯（Cs）。此后不久，各国科学家用各种光谱装置连续发现了过去用其他物理或化学手段都未曾发现过的13种稀土元素和5种惰性气体元素（占自然界存在的天然元素总数的1/5），从而开创了光谱学和光谱仪器学的研究。

15.1.1 光谱的形成和特点

1. 光谱的形成

一切物质都是由原子、分子组成的，原子中的电子围绕原子核在不同半径的圆轨道上旋转运动，分子本身还具有不同的运动状态（振动、旋转、伸缩）；当原子或分子受到激发（由外界向原子或分子提供能被原子、分子接收的热能、光能、化学能或生物能等），原子或分子中价电子的运动轨道发生变化或分子运动状态发生变化时，原子或分子的能量状态就发生改变；如果这种能量状态改变产生的能量差值以光能量形式表现出来，在宏观上就可通过光谱仪将其按光波长或频率依次排列，形成不同的原子光谱或分子光谱[1,4,5]。因此，光谱的产生是原子或分子的能量变化结果。在实际光谱研究和应用工作中，可以采用种种方法使原子、分子的能量状态发生变化，最常用的是以下几种方法：

（1）加热。一块铁被加温就会逐渐由暗红到亮红直到发白，这个过程实际上就是随着铁的温度逐渐提高到白热化，铁原子不断发射出从红外线到可见光的过程，反映了铁原子受热造成的能级跃迁变化。各种气体火焰、电火花、电弧等光谱激发器，是常用的光谱分析样品加热激发装置。适当的聚焦激光装置也可作为特殊情况下使样品升温的光谱激发装置。

（2）光激发。使用元素灯等能发射适当波长（具有适当能量值）的发光器件（如汞灯、元素阴极灯、激光装置），针对不同的分析样品以不同光谱组成的光照射样品，也可给样品的原子、分子提供符合其运动能级跃迁所需的能量值，从而使样品原子或分子发生能级跃迁，并以吸收或发射方式形成样品特征光谱。在原子吸收分光光度计、荧光分光光度计等类光谱仪器中，就是这样获得样品的光谱信息的。

（3）化学激发。在一些特殊化学过程中会产生化学发光效应（例如在化学激光装置中），这种因化学反应而出现的光发射当然直接反映出化学反应物的能级特性，可以携带对反应物质进行光谱分析的信息。从整体上，可将物质产生的光谱分为原子光谱、分子光谱两大类。原子内电子可能运行的不同轨道所对应的能量值，可用不同高度的水平线表示不同能量（称为能级图）。其中，最靠近原子核的最低能量轨道，称为基态；在基态轨道上的电子具有最小的能量因而也最稳定。

当原子由于某种原因受到刺激或激发（如被加热、被激发光照射等）而从较低的能级跳跃（跃迁）到较高能级，或者由高能级跃迁到较低能级甚至基态能级时，整个原子的能量会发生变化；如果这种能量变化除变成电子运动热能外还有部分转化为光能量，则这个原子就会形成一条原子光谱线（视能量值增加或减少，分别形成原子吸收谱线或原子发射谱线）。

由于原子各轨道的半径是量子化的（不连续的），从分离的各轨道跃迁时的能量差值也是不连续变化的，因此原子谱线是一系列彼此分离的谱线。此外，由于各能级之间的距离不是等间隔的，越向上能级之间的间距（相应为各能级之间的能量差值）越小，所以越高能级间的跃迁所引起的相应谱线越紧靠。

由两个或多个原子构成分子时可形成复杂的平面或立体的不同分子结构；分子整体以及构成分子的原子的运动状态十分复杂，会引起分子能量的变化，并形成复杂的分子光谱。由于分子不像原子那样是空间对称的点状结构，而是有线、面、立体的结构，所以仅能量值变化并不能形成分子光谱，只有分子的偶极矩发生变化时才会形成复杂的分子光谱。

在一级近似下，分子的总运动能量可表达为

$$E=E_0+E_f+E_r+E_v+E_e$$

其中 E_0 是分子内在的、不会随分子运动状态变化而发生改变的能量，被称为"分子零点能"；E_f 是整个分子做平动（如布朗运动）时的能量，是温度的函数，分子做平动时其偶极矩值不变，因而不会形成分子光谱，E_r、E_v 和 E_e 分别为分子的转动能量、振动能量和分子内电子运动能量；分子的转动、振动和分子内的电子运动都会造成分子的偶极矩变化，可形成分子的转动光谱、分子振动光谱和分子的电子光谱。与原子能级一样，分子的转动能级、振动能级也是量子化的，因而每种分子只能有确定数目、确定能量值的转动能级、振动能级和内部电子能级；因此，每种分子就只能形成特有的、确定的能级结构，只能形成其特有的、确定的分子光谱（物质分子光谱的"指纹特性"），不同物质（包括相同成分不同结构的同质异构物质）的分子光谱都是不同的，这是分子光谱定性分析的物理基础。

2. 光谱的特点

1）原子光谱的特点

由原子光谱的形成原理，可推知原子光谱具有以下特点[1,4,5]：

（1）每条原子光谱线是由两个不同能级之间的电子跃迁形成的，因每个能级具有确定的能量值，跃迁时的能量差值 ΔE 也是确定值。因此，按照式 $\lambda=\dfrac{1}{v}=\dfrac{hc}{\Delta E}$，该谱线应具有确定的波长，在按波长大小排列的原子光谱图上的位置也是确定的；反之，根据在原子光谱图上某条谱线的位置（相应于某一确定的能量差值），可以唯一地确定该谱线是由何种原子的哪两个能级发生跃迁产生的（不同的元素原子具有各不相同、唯一特有的能级分布）。这是原子光谱定性分析的物理基础。

（2）在式 $\lambda=\dfrac{1}{v}=\dfrac{hc}{\Delta E}$ 中，普朗克常数 h、真空光速 c 和能量差值 ΔE 都是确定值，波长 λ 也是唯一确定值。在以波长为横轴、光度为纵轴的原子光谱图上，其谱线应显示为垂直于波长横轴的直线，而且此线没有宽度（谱线宽度=0）；而在实际获得的原子光谱图中，因某种因素影响造成不同类型的"增宽"效应，使原子谱线有一定宽度，还具有某种轮廓。在实际原子光谱应用中，这对原子光谱研究、分析工作造成不同影响。

（3）理论上，每种元素的特定两能级跃迁形成原子光谱线应该只是一条线，在原子光谱图的位置是确定的；由于同位素（两种原子核有不同中子数，而原子的电子数一样）的原子光谱线位置会发生移动（即所谓"同位素谱线移动"），如果一种元素有几种同位素（如氢、氘、氚）同时存在于分析样品中,则会在原谱线(如氢线)附近出现多条(如氘、氚线)很靠近的相同能级跃迁谱线,会对研究或分析造成影响。

(4)如果激发能量足够大,中性原子的外层价电子也会被"打出",脱离原子核的作用而成为自由电子,失去电子的原子变成带正电的离子;离子也会被激发(其中的其他电子接收激发能量而跃迁到高能级),激发态离子跃迁回低能态时也能以光辐射的形式放出多余能量,产生原子的离子发射光谱线。由于原子与离子的能级结构不同,同一元素的原子发射谱线与其离子发射谱线是不同的。

(5)以上所述是原子中核外电子激发时形成原子光谱线;但是,原子核在一定情况下也会被激发,此时原子光谱线会因原子核的不同激发而发生分裂(各个能级因原子核的激发而发生分裂),出现紧挤在一起(波长值相差很小)的所谓"超精细结构"原子光谱线。

(6)一个原子的两个特定能级发生跃迁就产生一条特定的原子光谱线,因为其能量差值 ΔE 很微小,在宏观上形成的谱线强度(光度)很微弱、难以观测;在实际光谱研究或分析工作中,再轻小的样品中都有无数个待观测元素的原子,在适当确定的激发条件下可使它们同时发生同样的能级跃迁,使多个原子均发出同一条谱线,宏观上可获得强度增强的谱线。该谱线的强度与参与该能级跃迁的总原子数成比例,这是原子光谱定量分析的物理基础。

2)分子光谱的特点

由分子光谱的形成原理,可推知分子光谱具有的特点:

(1)由于分子能级结构远比原子结构复杂,分子光谱要比原子光谱复杂得多;对于多原子分子,还必须考虑分子的空间结构不同;分子转动时可绕三个互相垂直的轴旋转,可形成的转动光谱会十分复杂,甚至必须用两个量子数去描述分子转动光谱特性。

(2)由于分子的电子能级、振动能级和转动能级的能量值相差太大,可以想到在通常的技术和仪器条件下分子光谱不会像原子光谱那样由一系列清晰的谱线构成。实际上,分子的振动光谱和分子的转动光谱会同时出现,即在一条振动谱线周围还会有许多彼此很紧靠的分子转动光谱线(因为在每个分子振动能级附近都会出现许多与其能量差很小的转动能级,分子跃迁时会同时形成振动跃迁和与其能量差相差很小的转动跃迁);在通常的技术和仪器光谱分辨率条件下,将看不到一条清晰的振动谱线,而是一条被很多转动谱线挤靠变粗的谱带(包络线)。与原子光谱不同,通常的分子光谱是以振动谱线为主,由许多转动精细结构包络线形成的光谱带;用极高分辨率光谱仪器才能分辨这种转动谱线,常称这种分子带状光谱为分子的振-转光谱。

(3)因为不同能级间的能量值差别极大,分子光谱的波数区(或波长范围)极宽,涉及微波、红外光、可见光、紫外光甚至 X 射线等区域,所以分子光谱的应用领域极宽。要全面研究、分析分子光谱,就必须配备相关类型和性能的仪器。

(4)因为分子具有复杂的空间结构,不同的分子结构会形成不同的分子光谱;即使是"同质异构体"(两种或多种成分相同但分子结构不同的物质),也会形成不同的分子光谱。不同于原子光谱,通过分子光谱可以进行分子的定性、定量分析,还可以进行分子结构的研究和分析工作。

图 15.1 所示是常见的聚苯乙烯薄膜的红外吸收光谱曲线,由图可见其复杂情况。红外吸收带的波数位置、波峰的数目以及吸收谱带的强度反映了分子结构的特点,可以用来鉴定未知物的结构组成或确定其化学基团;而吸收谱带的吸收强度与分子组成或化学基团的含量有关,可用以进行定量分析和纯度鉴定。

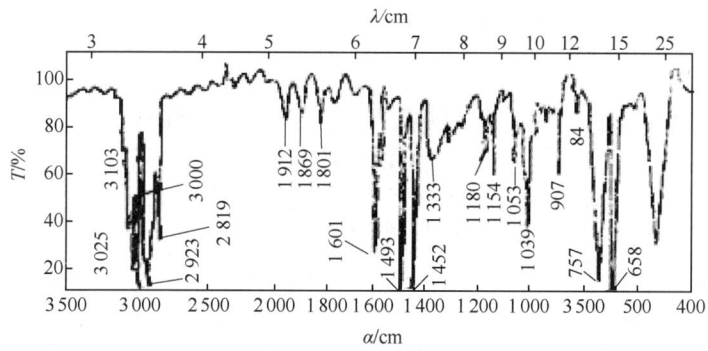

图 15.1 聚苯乙烯薄膜的红外吸收光谱

15.1.2 光谱仪器

对光和样品进行适当处理并形成光谱,从而实现对样品的定性、定量或结构分析,获取现成样品或化学反应、生物作用过程所产生的产物或中间变化物样品的成分、结构或反应信息的研究装置、实用装置,都可概称为光谱仪器,是科学仪器的重要大类。

具体来说,光谱仪器[1-3]是用于研究和分析物质发射、吸收、散射、反射的光及其形成的光谱信息(波长分布、光强变化、光谱线的轮廓和宽度等),直接获取科技、产业所需的物质定性、定量或结构信息的仪器。

1. 光电光谱仪器的功能和基本组成

由上述可知现代光谱仪器应该具备以下基本功能:收集来自样品的分析光,形成适当形状、强度、方向的光束,导入仪器分析系统;将被分析光按波长、频率的不同予以分离并形成光谱分布;应用光电(或热电)技术检测光谱中所有波长(频率)值(作为横轴)及相应的光度值(作为纵轴),通过计算机或其他显示装置给出光谱曲线图;使用分析检测软件或数据库,对检测到的信息进行数据处理、计算,判断出样品分析信息或分析结果;通过局域网或 Internet 网将分析信息或分析结论传输、存储、整理入数据库;现代光电光谱仪器还具有与其他检测、控制装置或仪器系统联合,完成全分析检测、测控一体化或特种物质的检测、分离、制备或生产任务,例如野外环保监测、战场化学或生化战测防、生物物质制备等,以及大生产流程实时测控一体化(保证快速、实时、准确的流程监控,达到安全、保证产品质量、高效低耗等要求)。现代光谱仪器在分析灵敏度、准确度等方面可满足很高的要求,且已在仪器便携化、微小型化、固态化、自动化、数字化等功能、性能方面取得进展,传统实验室光谱仪器已经变成空间、海洋、野外无人自动工作或实时数字化、遥控化、连续化工作的科技装备。

2. 光电光谱仪器的基本组成

为实现其基本功能,光电光谱仪器(系统)应包括以下基本组成部分。

1)光源和照明系统

光谱光源发射的光辐射照射被分析样品,经样品吸收、透射、反射(与样品原子、分子交换能量)后成为分析光;常用的光谱光源有气体火焰、光谱灯、激光等。样品形成的分析光是杂乱无序的,需要用适当的照明、聚光系统来予以收集,形成所需的光束(具有恰当的聚光性、一定的孔径角、确定的投射方向等)。不同的光谱仪器需要不同的照明系统。

2)准直系统

由于光学衍射、色散元件特性等原因,要求分析光以平行光束投射到光谱色散元件上,故用入射狭缝、准直物镜构成准直系统，作为光谱仪器的组成部分。

3）色散系统

色散系统是光谱仪器最主要的组成部分，它是将入射到仪器的复合分析光按波长或频率分解，排列成光谱。按作用原理可将常用的色散系统分成三类：

（1）利用物质色散原理，即不同波长（频率）的光在透明介质中的传播速度不同、折射率不同的光色散原理。这种色散元件多是光学色散棱镜。

（2）利用多缝衍射原理，即不同波长（频率）的光在同一入射角下投射到多缝元件上，发生夫朗禾费衍射后衍射主极大的衍射方向不同的原理。其衍射元件就是各种衍射光栅。

（3）利用多缝干涉原理，即不同波长（频率）的光经过干涉系统多光束干涉后的主极大值处于不同空间位置将复色光分离的原理。光谱干涉元件如法布里-珀罗（Fabry-Perot）标准具。

4）光谱聚焦成像系统

将在空间分离（向不同方向出射）的各种波长（频率）单色光聚焦成像在焦面上，形成入射狭缝的光学共轭像，即按波长（频率）不同排列的光谱。根据入射分析光的组成不同，会出现三种不同的光谱：

（1）线状光谱，由分离的谱线（不同波长光形成的入射狭缝像）依次排列而成。这种光谱反映进入仪器的分析光中包含各种不重复波长值的单色光。一般原子光谱多形成线状光谱。

（2）带状光谱，即在光谱像面上出现一组组有一定宽度（轮廓）的谱带（如用高光谱分辨率仪器则可看出每一条谱带是由许多彼此紧密接触的谱线构成的）。这是典型的分子振动-转动光谱形式。

（3）连续光谱，即在光谱成像面上没有分离的谱线或谱带，不同波长值处都有强度高低不同的光能聚焦。这是典型的热辐射光的表现，如一般的钨丝灯、烧热的铁块发出的光。

5）光谱检测、记录、显示用光电和机械系统

这是将光谱进行检测、记录或显示的光电、机械系统，便于观察和获得分析结果。视仪器等级、应用要求可以配备各种装置、系统。

6）计算机硬件、仪器操控和分析专用软件和数据库、网络系统等

这是保障光电光谱仪器数字化、自动化、网络化的必要系统，也是新型光谱仪器快速变型、优化的主要手段。

3. 光谱仪器的分类和用途

1）光谱仪器的分类

光谱仪器的种类很多，分类方法也很多，分别用在不同场合[1-3]。

依据仪器色散原理分为：棱镜光谱仪，光栅光谱仪，干涉光谱仪，调制光谱仪等；

按光谱观测、应用分为：看谱镜，摄谱仪，单色仪，光电直读光谱仪、分光光度计等；

根据仪器工作波段可分为：真空紫外光谱仪，紫外光谱仪，可见区光谱仪，近红外光谱仪，红外光谱仪，远红外光谱仪等；

近年来，光谱仪产品发展很快，又有：便携光谱仪，微型光谱仪，空间光谱仪，生物光谱仪，现场、野外光谱仪等名称和分类出现。

2）光谱仪器的应用

光谱仪的用途极为广泛，难以归类。除了传统理化研究、矿石分析、产品质量监测等实验室分析检测应用外，在科技、生产、安全、环保、生态、军事、民生等领域都应用着各种各样的光谱仪。近年来，由于环境、生态、健康等与人直接相关的各领域，涉及生物、疾病、环保等方面，

对分析检测都提出新的要求，许多新型光谱仪与技术得到重视和开发应用[9-12]。此外，利用光谱分析和光谱仪器特点的各种新技术、新颖光谱仪器得到开发和应用[13,14]，尤其采用新技术、新器件实现了小型化、便携化等的现场，在线类新型光谱仪器得到了发展[15,16]。光谱分析、光谱仪器得到广泛应用，其原因在于后面简述的光谱分析特点[7-12]。

3) 光谱仪器技术与仪器的发展

如前所述，由于政经、军事、安全、民生、环保、生态、健康等几乎与人类生存、安全、发展直接相关的领域对光谱技术与光谱仪器的需求，促进和支持了光谱仪器与技术的发展。光谱仪器技术与仪器的近期发展势态可归纳如下[15-17]：

（1）光谱技术和光谱仪器与知识密集化。近期国内外新颖光谱仪器产品的主要变化或进展都体现在数字化方面，而"光机电"基本组成没有实质性的变化。例如，光谱成像技术，既能完成定性、定量分析，又可定位分析（所谓"化学成像"）等。

（2）光谱仪器应用的发展。继续发展高精度、多功能大型光谱分析检测仪器或系统，以满足航空航天、环境生态保护、国际商贸海关监控、自然灾害预测预报、传染病控制、大规模战争、贩毒和恐怖活动控制等领域的分析检测要求，今后会继续发展高灵敏度、高分辨率、高可靠性、多维信息的科学型光谱仪器或系统；更多地出现在现场、生产线、战场可无人监守等实用型光谱仪器或系统，成为工农业生产在线测控、野外环境监测等领域的分析检测手段。

（3）光谱仪器的应用面拓宽。光谱仪器仍会沿着已开始的应用面拓宽、转移的方向发展，将由传统科技基础学科（理、化、天文、生物等）、矿物分析、工业产品质量控制等理论研究，物质生产领域继续向生物医学、环境生态等领域拓展，并沿着光谱仪器小型化、专用化、家用化等方向发展。

（4）仪器仪表中多维信息科技发展。近年来，多维信息科技要求通过新思维、新手段实现多通道、多视角、多空间同时（或快速变换）获取复杂对象的多维信息，得到观测对象真实的动态、全面信息，然后在新模型、新算法、新器件、新仪器的支持下进行实时动态处理、传输，并圆满地应用到各种领域去。

（5）光谱仪器设计和生产过程现代化。对光谱仪器提出性能稳定、功能强大、质量可靠、价格低廉、适应环境等要求，与企业追求成本低廉、工艺简便、保障供应、市场需求稳定之间的相互适应，关键在于仪器设计和生产过程的自动化。

15.1.3 光谱分析

1. 光谱分析原理

每种物质都是由分子、原子形成其独特的结构、运动状态和能级状态的，当其运动状态发生变化时会形成此物质独特的原子光谱和分子光谱。这就是物质与其光谱直接对应的唯一性"指纹"关系。因此，光谱分析的原理就是获取物质光谱，研究其光谱，从而得到该物质的内外性质及其变化信息；光谱分析的目的就是认识、鉴别、掌握物质本性及其变化[3-5]。

根据物质光谱形成机理的不同，可将光谱分析分成不同的类型：发射光谱分析、吸收光谱分析、荧光光谱分析、激光光谱分析等；也可根据光谱分析的目的分成光谱定性分析、光谱定量分析、光谱结构分析，有时还有光谱监控分析（实时了解化学、生化反应生产过程中的物质变化情况）。

因此，光谱分析原理实际上包含了光谱形成、光谱检测和光谱解读等方面的原理，也包含有光谱仪器原理、样品获取与处理原理以及光谱数据处理和解读原理的内容。

2. 光谱分析特点

光谱分析技术有其特殊的优点，适应现代高科技、大产业、军事、民生等新要求：

（1）光谱分析基于光学原理，以光波去检测或分析物理、化学、生物对象或其变化。光有自然界最快的速度（30×10^8 m/s），从红外光、可见光到紫外光，光的波长小到 nm 数量级，故光谱仪器可以快速、极精密地完成检测分析。

（2）光与物质的作用是光子与物质分子、原子的能量交换过程，而且利用光学手段可以精细地调节或改变光波长（光子能量），有针对性地达到所需的分析检测目的（获取所需的光谱信息），达到最高的分析灵敏度。

（3）光谱分析利用光与物质相互作用获得分析信息。利用光谱分析技术，将光投射到物质上就可获得该样品的分析检测结果。这种"遥测"特性，是现代科技、国防、产业最迫切需求的。例如，得知太阳、恒星的温度、成分甚至距离、运动速度等，通过光谱分析就可以完成此类的遥测分析任务。

（4）一般情况下光不受电磁干扰，所以光谱分析可以在电磁条件不可控或有很严重电磁干扰的场合正常工作，适于在线、现场分析检测。

（5）光谱分析不需要特殊工作条件（高温、高电压、高真空……），分析检测过程所加给样品的是光，其能量很小，一般不会对样品造成污染或破坏，是无损、无毒分析。

（6）光谱分析检测通常排除了必要的物理处理（如样品粉碎、筛选等），分析检测过程一般不需要加入化学试剂、生物试剂等，是无污染过程，也不会造成有毒有害的残留物。

（7）光谱分析所需的样品基本不受限制：可以是固体、液体、气体，也可以是粉末、浆糊状，还可以是活生物体；尺度可以很大，也可以小到微米级（微晶体、物质分子、生物细胞等），具有几乎无限制的应用范围。

15.2 光电光谱仪器的色散系统

15.2.1 棱镜系统

1. 光谱色散棱镜的光学特性

在经典光谱仪器以及很多小型、廉价现代光谱仪器中，使用各种光谱色散棱镜作为仪器色散元件，完成不同波长单色光的空间分离（色散）。从紫外一直到远红外不同光谱区段，用光学晶体、玻璃制成的色散棱镜，成为各种光谱仪器的色散元件。相对于其他色散元件，光谱色散棱镜的优点是轻小，价廉，寿命长，没有级次重叠和鬼线问题等，缺点是色散率小，大口径晶体棱镜难得[1,2]。

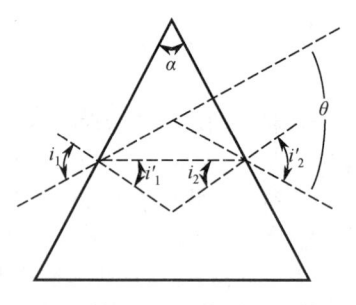

图 15.2　等腰三角形主截面色散棱镜

色散棱镜的色散原理是：不同波长的单色光在光学介质中具有不同折射率，因而在棱镜折射面经受不同程度的折射，从棱镜出射时向不同方向射出，从而实现将不同波长单色光在空间分离的色散目的。图 15.2 所示是色散棱镜的主截面（通过入射狭缝长度中点，垂直三条折射棱的平面）的通光情况。一条单色入射光从空气中以 i_1 角入射到棱镜第一折射面上，若棱镜材料对此单色光的折射率为 n，则根据折射定律有：

$$\sin i_1 = n \sin i_1', \quad n \sin i_2 = \sin i_2'$$

如棱镜的折射顶角为 α，由图可知光线经棱镜两折射面折射后的出射光相对于入射光方向的偏折角为：

$$\theta = i_1 + i_2' - \alpha$$

同样,以 i_1 角入射的不同波长单色光,因为 i_2' 随波长而变,即不同波长单色光将从棱镜以不同角度出射,同一方向射来的复色光经色散棱镜后就被空间分离开了。

1)最小偏向角

在等腰三角形主截面色散棱镜中,有一个特殊的入射情况:光线对称入、出棱镜,如图15.2所示。由

$$i_1 = i_2', \quad i_1' = i_2$$

和

$$\alpha = i_1' + i_2 = 2i_1' = 2i_2$$

可以证明:在对称单色光路情况下,折射光线与入射光线之间的偏向角 $\theta = \theta_{\min}$,即当光线对称通过色散棱镜时有最小偏向角;由于棱镜材料对不同单色光有不同折射率,不同波长的单色光即使以同样的 i_1 入射棱镜,其出射光的最小偏向角是不一样的;当某波长单色光处于最小偏向角状态(对称)通过棱镜时,其他所有波长都不会处在最小偏向角状态。在棱镜光谱仪中,令某单色光(如指定的波长、分析最灵敏波长,为使光谱面上光谱带分布均匀,常使所测谱宽两边缘折射率平均值对应的谱线波长)处于最小偏向角状态对称通过棱镜。以最小偏向角状态安排光路,光路是对称的,其优点是便于光学设计;棱镜自身产生的像差(如球差、像散)最小;对于对称通过棱镜的该单色光棱镜不会产生附加的横向放大率,谱线宽度不会变宽(或变窄);当光束孔径一定时有效棱镜形状对称、尺寸最小。

2)色散棱镜的角色散率

对下式微分:

$$\theta = i_1 + i_2' - \alpha$$

因为 i_1 和 α 在图15.2情况下对所有波长的单色光都一样,可作为常数,则可得到

$$\frac{d\theta}{d\lambda} = \frac{di_2'}{d\lambda}$$

由一般情况下

$$\sin i_2' = n \sin(\alpha - i_1')$$

及三角函数关系,可推得

$$\frac{d\theta}{d\lambda} = \frac{\sin \alpha}{\cos i_1' \cos i_2'} \frac{dn}{d\lambda} \tag{15.1}$$

这是色散棱镜的角色散率(即该棱镜对不同波长入射光具有的空间分离能力)公式。

对某个处于最小偏向角状态下通过棱镜的单色光,棱镜角色散率公式可由 $i_1 = i_2'$、$i_1' = i_2$ 和 $\alpha = 2i_1' = 2i_2$ 的对称关系式,式(15.1)可改写为:

$$\frac{d\theta}{d\lambda} = \frac{2\sin\frac{\alpha}{2}}{\sqrt{1 - n^2 \sin^2\frac{\alpha}{2}}} \frac{dn}{d\lambda} \tag{15.2}$$

式中,$dn/d\lambda$ 是棱镜材料的色散率,即随光波长变化而产生的折射率变化,是材料特性。

由棱镜角色散率一般式和最小偏向角公式可见:要提高色散棱镜的角色散率,应采用 $dn/d\lambda$ 高色散率的材料制作棱镜,但是一般高色散率透明材料光吸收率也较高(透明度较低),故在实用中需全面考虑。

由上述公式还可知:增大色散棱镜的折射顶角"α"可使色散棱镜的角色散率增大。大多数

棱镜光谱仪采用 60°顶角棱镜；但有时为获得大一些的角色散率，会采用 63°、65°顶角的色散棱镜。为了避免短波长单色光射入棱镜后在其第二折射面上发生全内反射，顶角值增大是有限制的。而且，顶角越大，棱镜尺寸越大，特别在紫外区或红外区棱镜用的过大尺寸的光学晶体材料难于获得。采用多个色散棱镜连续色散，会使整个系统的角色散率增大；若用三个同样的色散棱镜，根据计算位置安放它们（使前一个棱镜出射的光能全部进入下一个棱镜，或者以最小偏向角状态通过下一个棱镜），则可获得 3 倍大的角色散率。

此外，故意使特定波长的单色光处于非最小偏向角状态通过棱镜，也可使它获得比较大的角色散率；其代价是光束不对称，有部分光线可能在第二折射面内反射，并射到棱镜底面，造成杂散光，减少光能输出。采用高色散率材料制作色散棱镜，使用多个棱镜，是最常用的增大色散棱镜系统角色散率的措施，曾有多达 7 个棱镜的商品棱镜光谱仪。

3）色散棱镜的光谱分辨率

在理论条件下（整个光学系统是理想、无像差的，棱镜是整个系统限制光束的孔径光阑，仪器的入射狭缝宽度为无限细），棱镜通光孔径的衍射极限导致的谱线增宽值就决定了棱镜光谱系统的分辨率，即：

$$R = \frac{\lambda}{\delta\lambda} = \frac{\mathrm{d}\theta}{\mathrm{d}\lambda}D' \tag{15.3}$$

当某单色光以最小偏向角状态通过棱镜时，可推得简单公式：

$$R = t\frac{\mathrm{d}n}{\mathrm{d}\lambda} \tag{15.4}$$

式中，t 是当棱镜出射光束的通光口径为 D' 时有效棱镜的底边长度（非最小偏向角状态时，光束不对称，不同色光的 D' 不同，有效通光棱镜底边长度不同）。例如，当采用 m 个同样的棱镜连续工作，每个棱镜都处于对确定波长色光计算所得的最小偏向角位置时，总的分辨率值为：

$$R = mt\frac{\mathrm{d}n}{\mathrm{d}\lambda} \tag{15.5}$$

该式只适用于处于最小偏向角状态通过棱镜的一个波长单色光。由式（15.5）可知：选用色散率大的棱镜材料、增加棱镜个数和增大棱镜有效尺寸，都可提高光谱棱镜系统的光谱分辨率；但是，若棱镜有效底边长度 t 不变，则扩大棱镜折射顶角 α 值，虽可以提高棱镜的角色散率，分辨率却不变，因为 α 增大导致棱镜高度减小（t 不变）而使光束通光口径 D' 减小；反之，若保持顶角 α 不变而增大棱镜有效底边长度 t，则角色散率不变，分辨率可增大。

4）色散棱镜的通光损失

如同所有光学零部件一样，光束通过色散棱镜时，也会损失部分光能量。在色散棱镜中存在光能量损失的因素如下：

（1）反射损失。入射的各种色光以 i_1 的入射角倾斜投射到棱镜第一折射面上，肯定在射入棱镜的同时有部分光从此表面上反射出去，其能量不参与色散作用反而形成仪器中的杂散光。可以根据菲涅耳公式计算出表面上的平行和垂直偏振光的反射系数，再计算出各波长色光的反射损失。随着入射角的增大，反射损失急剧增加。此外，增大折射顶角 α 可提高角色散率，同时也增大反射损失，必须在考虑反射损失前提下确定棱镜顶角值。

（2）吸收损失。光在通过棱镜时会被棱镜材料吸收掉一部分，按照朗伯-比耳定律可计算吸收后的光强度

$$I = I_0 \mathrm{e}^{-\alpha l}$$

式中，α 是棱镜材料（对指定波长单色光）的吸收率，l 是光在棱镜中的通光长度。当光束充满棱

镜通光孔径时,在顶角处 $l=0$;而在棱镜底边处通光长度等于底边长度 t;在大致计算时,可取通光长度等于 $t/2$ 进行计算。

(3)拦光(渐晕)。在多棱镜色散系统中,通过第一个棱镜出射的光束如果不能全部通过第二个棱镜,就会有一部分光射到它的通光口径外而被拦截掉;拦光增加了光能损失、降低分辨率,也会增加仪器内的杂散光。在多棱镜系统中,必须仔细设计各个棱镜的位置和各棱镜的转动中心,保证在不同波段(棱镜转到不同位置)时各个棱镜的孔径都能被光束充满,不致发生拦光现象。

5)色散棱镜材料

选择制作棱镜的透明材料主要应考虑:在仪器工作波长范围内,材料有尽可能高的透明度;材料本身有尽可能大的色散率 $dn/d\lambda$ 值。这两个要求是矛盾的,没有一种材料能同时满足这两个要求。任何一种透明材料如在某波长范围内的 $dn/d\lambda$ 值较大,则它的吸收带一定在此范围附近,对这范围内的各波长光的吸收率一定较高,即较不透明;反之,在高透明光谱区,即远离吸收区,材料的色散曲线一定变化平缓,$dn/d\lambda$ 值一定不会大。因此,应该根据不同的具体设计要求,折中考虑色散率和透明度,以选择适当材料。除了满足上述两个要求以外,光谱棱镜材料还应有光学一致性好,即材料坯料各处折射率均匀、无条纹、无结石、无气泡,而且材料内应力消除好;材料的化学稳定性和热稳定性好(耐腐蚀、不水解、热涨小……),而且折射率的温度变化率 dn/dt 值小;从色散棱镜成本考虑,应该取容易制取大块折射率均匀的材料毛坯,价格低、加工性好的材料。

常用的棱镜材料有:光学玻璃、天然或熔融石英、萤石以及各种人造碱金属卤化物晶体(如NaCl、KCl等)、卤化物混晶KRS(KRS5:42%TlBr加58%TlI的混晶,KRS6:60%TlCl加40%TlBr的混晶),如表15.1所示。

表 15.1 常用棱镜材料及其适用光谱范围

材料名称	适用光谱范围	材料名称	适用光谱范围
光学玻璃	360 nm~2.5 μm	氯化钠(NaCl)	200~400 nm,2.5~15 μm
熔融石英	200 nm~25 pm	氯化锂(KCl)	200~400 nm,2.5~20 μm
石英晶体(SiO_2)	200~400 nm,2~35 μm	溴化钾(KBr)	10~25 μm
萤石(CaF_2)	130~200 nm,2~9 μm	KRS-5	25~40 μm
氟化钠(NaF)	130~200 nm,3~7 μm	碘化铯(CsI)	25~50 μm
氟化锂(LiF)	110~200 nm,2~5 μm		

6)棱镜光谱线的弯曲

棱镜光谱仪的直线状入射狭缝是平行于棱镜的折射棱安放的、形成的光谱线是狭缝经整个光学系统(准直系统+色散系统+光谱聚焦系统)形成的像,理论上应该也是直线。因为狭缝有一定长度,只有从狭缝中心点射出的光线才在棱镜的主截面(垂直于棱镜折射棱、通过狭缝长度中点的平面)上折射,从狭缝上其他任何点射来的光线都是以不同的倾角斜着入射的,光线在棱镜中折射行进的面不是主截面而是棱镜的倾斜切面(不垂直于棱镜折射棱)。这个切面三角形的顶角大于主截面上的三角形顶角,因此光线会受到更大的折射。这样,从狭缝中心点到其两端各点发出的光线受到棱镜的折射程度愈来愈大,最终形成的谱线不再是直线。在棱镜光谱仪中,谱线是两端弯向短波长方向的曲线(由于不同波长的光经受不同程度的折射,波长越短折射程度越大,所以棱镜光谱中不同波长谱线的弯曲程度不同,波长愈短弯曲得越厉害);棱镜材料的折射率越大,每个波长的谱线弯曲得越厉害。

棱镜谱线的弯曲不是规范曲线(接近抛物线),谱线中心点处的曲率半径可用下式表示:

$$\rho = \frac{nf_2'}{n^2-1}\frac{\cos i_1' \cos i_2'}{\sin\alpha} \tag{15.6}$$

式中，f_2' 是光谱成像物镜的焦距，n 为棱镜材料为该谱线波长的折射率。如果该波长处于棱镜最小偏向角位置，则式（15.6）可简化为

$$\rho = \frac{f_2'n^2}{2(n^2-1)}\cot\alpha \tag{15.7}$$

7）棱镜的横向放大率

对某个波长的光束，如果不是以最小偏向角状态通过棱镜，则光束不是对称通过棱镜的，出射光束的孔径 D' 不等于入射孔径 D。这种现象称为棱镜的横向放大，它会对谱线的宽度造成放大（或缩小）。棱镜的横向放大率为

$$\Gamma = \frac{D}{D'} = \frac{\cos i_1 \cos i_2}{\cos i_1' \cos i_2'} \tag{15.8}$$

当某波长光处于最小偏向角状态时，因 $i_1 = i_2'$，$i_1' = i_2$，所以 $\Gamma = 1$，即棱镜对此波长光束不产生横向放大。

在由几个棱镜组成的系统中，总的角色散率还与各棱镜的横向放大率有关：

$$\left(\frac{\mathrm{d}\theta}{\mathrm{d}\lambda}\right)_\Sigma = \sum_{k=1}^m \left(\frac{\mathrm{d}\theta}{\mathrm{d}\lambda}\right)_k \prod_{j=k+1}^m \Gamma_j \tag{15.9}$$

2. 常用的色散棱镜和棱镜组

图 15.3（a）是一块简单棱镜用在棱镜摄谱仪中的情况；在石英摄谱仪中为消除石英晶体的旋光性的影响，可用一块左旋石英晶体棱镜和一块右旋石英晶体棱镜组合形成一块复合棱镜，如图 15.3（b）所示；为了节省昂贵的晶体材料，也可像图 15.3（c）那样只用半块棱镜，在直角面上镀高反射膜让光线反射逆向再次通过棱镜（自准直光路）消除旋光性影响，这种棱镜在大型自准直摄谱仪中得到应用，仪器体积较小。

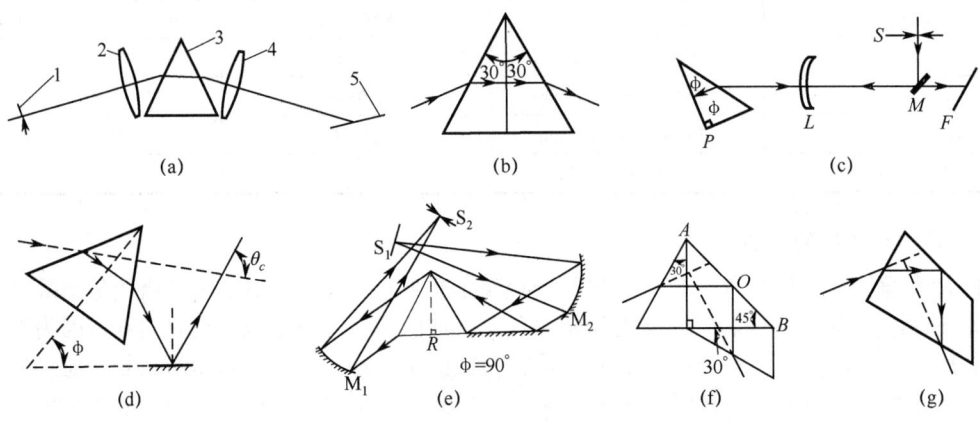

图 15.3 常见的色散棱镜和棱镜组

一块棱镜加一块反射镜所构成的色散系统——恒偏向棱镜色散系统如图 15.3（d）所示，处于最小偏向角的波长光线经棱镜和反射镜作用后的偏向角 $\theta_c = 180° - 2\varphi$，只要 φ 不变，偏向角也不会变；将棱镜与反射镜固定在一起绕通过 φ 角的顶端且平行棱镜折射棱的轴旋转，尽管处于最小偏向角状态下出射的光波长变化了，但与入射光的偏向角仍不变。这种恒偏向特性对于仪器结构设计和使用都是很方便的。图 15.3（e）所示为常用的圆盘单色仪的光学系统，就是应用这种恒

偏向角系统，其中角ϕ为90°，所以这色散系统的恒偏向系统的偏向角为0°，即出射光与入射到色散系统的光为同方向，只要使棱镜与反射镜一起绕过R点平行折射棱的轴旋转，出射光的波长变化了但方向不变。在这种单色仪中，入射狭缝和出射狭缝的位置在工作时不用变化，只要将棱镜和反射镜固定着一起旋转就可从出射狭缝射出不同波长的单色光。图15.3（f）是另一种90°恒偏向角棱镜，它一般是由三块棱镜胶合而成的，也可以单块制成如图15.3（g）所示，都称为为阿贝（Abbe）恒偏向棱镜，只要通过点O平行折射棱的轴旋转棱镜，就能以90°的不变角度射出处于最小偏向角状态的不同波长光。

15.2.2 平面衍射光栅

衍射光栅是在经过超精加工的光学平面或凹曲面上刻划（或光刻）出一系列平行、等宽、等间隔的直线刻槽而形成的光学元件。入射光束投射到衍射光栅上，其光波阵面被刻槽线引起光的衍射作用，形成光色散效应。视光学表面上是否镀有高反射率的铝（或金）膜，光栅分为透射和反射两类。除了在天文观察外，透射光栅很少使用。在光谱仪器中基本上使用平面反射光栅或凹面反射光栅[1,2]，简称"平面光栅"和"凹面光栅"。

1. 平面衍射光栅的色散和光栅方程

当平行光束投射到平面光栅上时，光栅上每一条刻槽都会使光发生衍射（单缝衍射），从各条缝衍射出来的光又会发生相互干涉（多缝效应）。根据物理光学多缝衍射、干涉原理，理想衍射光栅出射光束的能量分布公式为：

$$I = I_0 \frac{\sin^2 u}{u^2} \frac{\sin^2(Nv)}{\sin^2 v}$$

$$u = \frac{\pi b(\sin\alpha + \sin\beta)}{\lambda}$$

$$v = \frac{\pi d(\sin\alpha + \sin\beta)}{\lambda}$$

式中，N为光栅上的刻线总数，d为光栅常数（相邻两线中心间的距离），b为每一条刻线的宽度，α为光束的入射角，β为光束的衍射角。在求I的公式中，I_0是单缝衍射的零级强度；$\frac{\sin^2 u}{u^2}$项是表征缝宽为b的单缝夫朗禾费衍射花样光强度分布函数，它调制多缝干涉花样中每个干涉极大值的峰高值；而$\frac{\sin^2(Nv)}{\sin^2 v}$项是缝距为$d$的多缝干涉花样光强度分布函数。

当$Nv=k\pi$（$k=0,1,2,3,\cdots$）时，干涉因子$\frac{\sin^2(Nv)}{\sin^2 v}=0$；而当$v=m\pi$（$m=\pm 0,\pm 1,\pm 2,\cdots$）时，$\lim\limits_{v\to m\pi}\frac{\sin^2(Nv)}{\sin^2 v}=\frac{N^2 v^2}{v^2}=N^2$达到极大值，即$v=\frac{\pi d(\sin\alpha+\sin\beta)}{\lambda}=m\pi$时会出现干涉极大（亮条纹）。变换一下，得：

$$m\lambda = d(\sin\alpha + \sin\beta) \tag{15.10}$$

此时会出现亮条纹。如果入射光是波长为λ_i的单色光，则就会出现波长为λ_i的谱线。在光栅光谱学中，式（15.10）就称为光栅方程。同样一块光栅，对于不同的波长λ_i, λ_j, $\lambda_k \cdots$，以同样入射角α投射到光栅上，根据光栅方程，不同波长的光将有不同的衍射角β_i, β_j, $\beta_k \cdots$，即各不同波长的光被光栅在空间分散开，这就是衍射光栅的色散原理。以上是根据物理光学原理推导光栅方程的过程，比较繁复，实用上，也可通过双光束干涉原理推出光栅方程，且更为直观，如图 15.4 所示。

图 15.4（a）所示为常用刻划光栅的局部放大图，光栅刻槽为直边锯齿轮廓，长边为工作面、对光栅基面倾角为 ε。平行光束中的光线 1、2 以入射角 α 投射到光栅工作面上，投射点 A、B 之间的距离等于光栅常数 d；被光栅衍射出的两光线为 1′ 和 2′，衍射角为 β。与反射不同，衍射光可以与入射光同处光栅法线同一侧，如图 15.4（b）所示。由图 15.4 可见，这两条光线在入射时的光程差为线段 $\overline{BD}$，在衍射方的光程差为线段 $\overline{AC}$，因此衍射光在法线同侧或两侧时总的光程差 Δ 为 $\overline{BD}\pm\overline{AC}$。由图 15.4（b）可知，$\Delta=d\sin\alpha\pm d\sin\beta$（在空气中，$n=1.0$）；由双光束干涉理论可知，两光线的光程差为波长整数倍时将发生相长干涉、形成亮条纹，即谱线，所以应有：

$$\Delta=d(\sin\alpha\pm\sin\beta)=m\lambda,\ (m=0,\pm 1,\pm 2,\pm 3,\cdots)$$

这就是光栅方程。

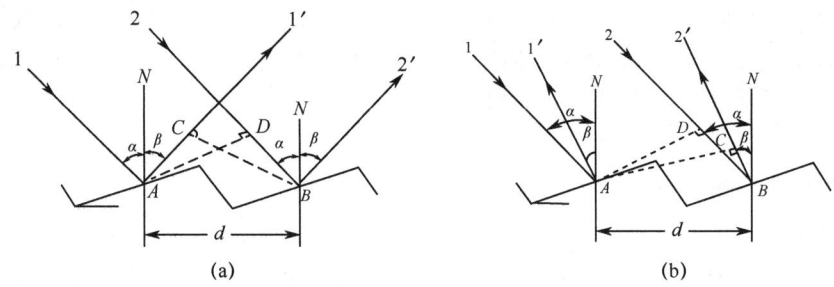

图 15.4 光栅方程推导

2．平面衍射光栅的光谱特性

与棱镜光谱不同，光栅光谱的主要特点如下。

1）光栅光谱多级次性

由光栅方程，当 $m=\cdots,-3,-2,-1,0,1,2,3,\cdots$ 时，同一块光栅可给出不同的衍射角 $\cdots\beta_{-3}$，β_{-2}，β_{-1}，β_0，β_1，β_2，$\beta_3\cdots$，即同一束入射复色光可被光栅在不同的位置形成一连串不同级次的光谱，在 $m=0$（零级光谱）的两侧对称地分布着正、负各级次光谱。在棱镜光谱中只有一个（零级次）光谱，没有其他级次。

光栅光谱的多级次性是光栅衍射本质造成的，常常还会因级次重叠而造成麻烦。例如，一级光谱（$m=1$）中波长为 λ 的光线与二级光谱（$m=2$）中波长为 $\lambda/2$ 的光线有同样的衍射角 β 值，也就是说在同一方向射出，该方向还有三级光谱中的 $\lambda/3$ 波长的光线、四级光谱中波长为 $\lambda/4$ 的光线等。在宽波长范围内进行高分辨率工作时，这种级次重叠会对谱线判读造成困难。在光栅光谱仪器和分析工作中，必须加适当的波段滤光器、前置单色器等，才能避免不同级次的光谱干扰。

2）光栅光谱的匀排性

由光栅方程可知，在衍射角 β 不大的情况下（例如在一级光谱中靠近光栅法线区域），不同波长（具有不同的 β_i 角，但其值都不大）光谱线的位置基本上与波长值成正比，从整体来看光栅光谱线排列比较均匀，随波长值线性增减也近似线性变化；而在棱镜光谱中，因为棱镜材料对波长的变化率 $\dfrac{\mathrm{d}n}{\mathrm{d}\lambda}$ 与波长不成线性关系，在短波区 $\dfrac{\mathrm{d}n}{\mathrm{d}\lambda}$ 变化大，波长越长 $\dfrac{\mathrm{d}n}{\mathrm{d}\lambda}$ 变化越小，故在短波区谱线排列稀疏，长波方向谱线排列就紧密。

光栅谱线的排列比较均匀，不同波长区中同样波长差值的两根谱线之间的距离变化不大，整个光栅光谱显得更匀称、整齐。这种匀排性对于定性分析比较方便，可直观地根据谱线距离判读谱线波长的差值。

此外，光栅光谱与棱镜光谱的谱线排列方向也不同：在光栅光谱中，波长越大的谱线衍射角越大，因而越远离光栅表面法线；在棱镜光谱中，因折射造成波长越大的谱线折射程度越小，与入射光方向的偏向角越小，波长越大的谱线越靠近入射方向。

3）光栅的角色散率

由光栅方程可得光栅的角色散率：

$$\frac{d\beta}{d\lambda} = \frac{m}{d\cos\beta} \tag{15.11}$$

由此可得到以下推论：光栅的角色散率与光谱级次 m 成正比，即高级次光谱具有高色散率，适于高分辨率光谱分析工作。光栅光谱的角色散率与光栅常数 d 成反比，即使用刻槽密度越高（每毫米内刻槽数越多）的光栅可获得更高的角色散率，例如 2400 线/mm 的光栅之角色散率比 1200 线/mm 光栅的高一倍；当然刻槽密度越高的光栅刻制越困难，价格越高，采用精密机械刻划技术刻制 3600 线/mm 的光栅已是合理的限度了。此外，因为 $(\sin\alpha \pm \sin\beta) \leqslant 2$，因此 $d \geqslant \lambda/2$（对 $m=1$ 的一级光谱），说明刻槽密度受到波长的限制；当 $d \leqslant \lambda$ 时，根据物理光学原理它已经不能衍射光，而只能反射光了。采用光学全息技术没有机械方面的限制，可制作密度更高的全息光栅，但实际光谱仪器中很少使用高于 3600 线/mm 的光栅。全息技术的实用优点在于可制作大面积（通光口径更大、线槽总数更多）、杂散光强度小的衍射光栅，适用于微弱光谱研究（如天体光谱分析）工作。光栅的角色散率与 $\cos\beta$ 成反比，随着 β 角的增大，光栅的角色散率也增大，这是在高分辨率工作中常采用掠射光栅系统（入射角 α 和衍射角 β 都接近 90°）的原因。

4）光栅的分辨率

衍射光栅分辨率定义是

$$R = \frac{\lambda}{\delta\lambda}$$

由图 15.5 可见，工作宽度 $B=Nd$ 的光栅（d 为光栅常数，N 为光栅工作宽度内的刻槽总数），在衍射方向光束的孔径为 $D = B\cos\beta = Nd\cos\beta$。根据方孔衍射定理，衍射孔径为 D 时的最小可分辨角为

$$\delta\beta = \frac{\lambda}{D} = \frac{\lambda}{Nd\cos\beta}$$

而由光栅的角色散公式，两条波长差为 $\Delta\lambda$ 的谱线之间的色散为

$$d\beta = \frac{m\Delta\lambda}{d\cos\beta} = \frac{\lambda}{Nd\cos\beta}$$

如这两条波长差 $\Delta\lambda$ 的谱线是刚能被分辨开，则它们之间的夹角应等于最小可分辨角，即 $\frac{m\Delta\lambda}{d\cos\beta} = \frac{\lambda}{Nd\cos\beta}$，因此可得到光栅的分辨率公式：

$$R = \frac{\lambda}{\delta\lambda} = mN \tag{15.12}$$

由式（15.12）可知：采用高级次光谱（大 m 值）可以获得高分辨率；但是级次越高光谱能量越弱，级次重叠也越严重。增加光栅面上的刻槽总数 N 也可获得高分辨率，但是 N 不是独立参数，不可能不断增大 N 值而无限提高分辨率。

将光栅方程代入分辨率公式：

$$R = mN\frac{Nd}{\lambda}(\sin\alpha + \sin)\beta \leqslant \frac{2B}{\lambda}$$

可知在一定波长光栅能达到的分辨率是有限的。例如，一块 $B=150$ mm 的光栅，在 $\lambda=500$ nm 时，

即使在 $\alpha=\beta=90°$ 的极端情况下，不论光栅上有多少刻槽数，其最高分辨率也不会超过 600 000。不过，由上式可推论出：采用大尺寸光栅、大工作角度，可以有效地提高分辨率。

5）反射光栅的闪耀

在反射光栅中，如果对刻划刀的工作角度做适当改变，使刻槽工作面对光栅基面的倾角 ε 成为一个特定角度，在使光栅对特定波长的入射光发生衍射的同时，让光在长工作面的反射光方向正好与衍射光的方向一致，则此波长的出射光强度将有所增加，比其他波长的谱线更加明亮。这种现象称为该光栅对此特定波长产生"闪耀"，称之为"闪耀光栅"。

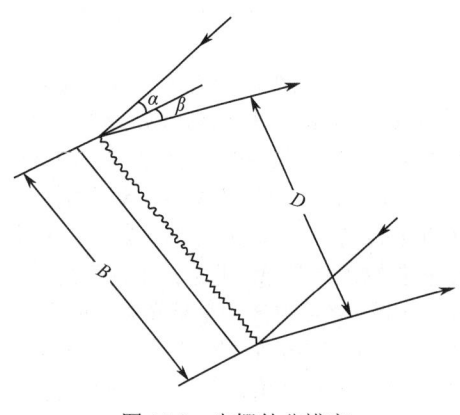

图 15.5 光栅的分辨率

当然，一旦光栅刻制时调好刻刀角度，其长工作面对光栅基面的倾角 ε 就确定了，因而只能对一级光谱中某个波长 λ_b 产生闪耀（λ_b 称为闪耀波长），不能对别的波长再产生闪耀。当然，在 $m=2$ 的二级光谱中会对波长为 $\lambda/2$ 的光产生闪耀，也会分别在三级、四级等光谱中对波长为 $\lambda/3$、$\lambda/4$ 的波长闪耀。闪耀光栅可使特别选定的某个波长（通常是分析工作特别关注的波长）的谱线强度增大，有利于分析工作。由图 15.5 可见，在某波长的衍射方向正好与刻槽长工作面的反射光方向一致时，有 $\alpha-\varepsilon=-\beta+\varepsilon$，因此可得：

$$\varepsilon=\frac{\alpha+\beta}{2} \tag{15.13}$$

角 ε 称为光栅的"闪耀角"。在商品光栅目录上，习惯给出自准直情况下（$\alpha=\beta$）一级光谱的闪耀角（此时 $\varepsilon=\alpha=\beta$），还给出相应的闪耀波长值。

因为总光能量是一定的，对于 λ_b 因闪耀占有较多光能量，肯定会改变各级光谱的能量分配，闪耀波长以外的各条谱线的能量也会减少些。如果画出所有波长谱线的相对强度曲线，则在 λ_b 处是峰值，随着波长从 λ_b 逐渐增加，其他各波长谱线的相对强度逐渐降低；在短波侧随着从 λ_b 开始波长逐渐缩短，各谱线的相对强度很快降低（比长波区降落得快）。光栅工作级次越高，闪耀波长以外各谱线强度的衰减越快。

通常，以相对强度减为峰值的 50% 作为分界，相对谱线强度低于峰值 50% 以下的所有波长范围因强度太低而不能作为有用区域了。在光谱仪器技术中，通常用以下的经验公式来确定闪耀光栅的有用工作波长范围：

$$\left(\frac{2}{2m+1}\right)\lambda_b\leqslant\lambda\leqslant\left(\frac{2}{2m-1}\right)\lambda_b \tag{15.14}$$

式中，m 为光栅工作级次，λ_b 为一级光谱的闪耀波长。由于在短于 λ_b 的短波长区谱线强度下降很快，在设计仪器或挑选光栅的闪耀波长值时，应注意保证工作范围短波端有足够的能量可供检测。

6）光栅光谱线的弯曲

如同棱镜光谱一样，由于入射狭缝有一定长度，除中心点以外狭缝上其他各点发出的光线都是倾斜（设倾斜角为 γ）投射到光栅上的，对于这些不在光栅主截面（垂直光栅刻槽，通过狭缝长度中点的平面）被衍射的光线，光栅方程变成：

$$m\lambda=d\cos\gamma(\sin\alpha+\sin\beta) \tag{15.15}$$

即此时好像光栅常数变成为 $d\cos\gamma$，变小了。故狭缝中心点以外的各点发出的光线，由于存在从中心向狭缝顶端倾角 γ 增大的影响，将受到变小的有效光栅常数的作用而发生变强的衍射（β 角越来越大),因而衍射线越远离光栅法线(如同波长增大的情况),因此直线状入缝形成的光栅光谱线也变成弯曲了。与棱镜谱线不同,光栅谱线的两端是向长波方向弯曲的(因为对同一块光栅,在主截面上波长越大的光衍射角 β 越大,越远离光栅法线)。光栅谱线可用抛物线方程近似表达:

$$z = \frac{m\lambda}{2df_2' \cos\beta} y^2$$

式中,z 的正向是波长增大的方向,f_2' 是光谱聚焦物镜的焦距。在谱线中心(抛物线顶点)的曲率半径为:

$$\rho = \frac{df_2'}{m\lambda} \cos\beta$$

由此式可知,波长越大的谱线,其顶点曲率半径越小,即弯曲得越厉害。这又与棱镜谱线弯曲相反:棱镜谱线不但两端弯向短波方向,波长越短的谱线弯曲越厉害。

从总体来说,光栅谱线弯曲程度比棱镜谱线弯曲小些。例如,用一块 NaCl 棱镜在波长为 3 μm 的红外区工作,当光谱聚焦物镜的焦距 f_2' 为 500 mm,狭缝长度为 25 mm 时,棱镜谱线端点的弯曲偏移量为 0.4 mm;假如用一块 300 线/mm 的光栅作为色散元件,在相同条件下在 3 μm 波长处的光栅谱线端点的弯曲偏移量只有 0.16 mm;再考虑到在 3μm 处这块光栅的线色散率是 NaCl 棱镜线色散率的 10 倍,则这两种情况下光栅谱线因弯曲而造成的谱线增宽值只有棱镜谱线弯曲造成的谱线增宽值的 4%。因此,在红外光谱区因光能量弱而必须使用长狭缝时,采用光栅光谱仪较好,谱线弯曲所带来的影响较小。

为了补偿谱线弯曲对分辨率、单色性的损失,可以使用适当曲率的弯曲狭缝,尤其在使用较长狭缝的红外光谱仪器中,常根据特定波长的谱线曲率采用相应曲率的弯曲狭缝(注意其弯向);在光栅光谱中一个具有确定曲率的弯狭缝如果对一级光谱的 λ_0 可补偿其谱线弯曲,则对二、三及以上级次光谱中的 $\lambda_0/2$、$\lambda_0/3$ 等谱线也能补偿谱线弯曲影响。

7)光栅的放大率

如同不在最小偏向角状态工作的色散棱镜一样,对于衍射角不等于入射角的不对称状态的各个波长,光栅也会对光束产生附加的横向放大率:

$$\frac{\mathrm{d}\beta}{\mathrm{d}\alpha} = -\frac{\cos\alpha}{\cos\beta} \tag{15.16}$$

从而对谱线的宽度形成附加的放大(或缩小)。

8)光栅的效率、偏振和异常

在给定的光谱级次中,衍射光通量与该波长的入射光通量之比,称为光栅的绝对效率 $\varepsilon(\lambda)$。光栅的效率当然随波长而变化,是波长的函数。光栅的相对效率是其绝对效率 $\varepsilon(\lambda)$ 除以光栅表面反射膜层(铝膜或红外区用的金膜)的反射率 $r(\lambda)$(也是波长的函数),或写成:

$$\varepsilon(\lambda) = r(\lambda)\varepsilon_0(\lambda)$$

光栅效率决定于刻槽的断面形状和刻槽密度,还与光束的入射角和偏振状态有关。如果入射光是自然光,经光栅衍射后就会发生偏振而变成偏振光。

光栅效率随波长而变化的曲线并不是光滑的,而在很窄的波长区内有沟槽状突变,这种现象称为伍德异常。光栅效率曲线的异常会在被观测的光谱中引入虚假的峰或谷,容易与物质的吸收谱线或谱带发生混淆。因此,了解光栅产生的异常情况(位置、形状)是重要的。但是很难从理论和计算方面严密确定光栅异常情况,所以只能对光栅进行实测。前人的经验是:光栅异常一般发生在 $\lambda/2<0.8$ 的波长区,而且在自准直光栅装置的第一级光谱中。

3. 光栅的缺陷和质量要求

在制造光栅时会造成各种误差和缺陷:基面(平面或曲面)的面形误差,刻槽的槽形、间距、平行性、深度误差和均匀性，以及刻槽面的粗糙度等。这些误差和缺陷会导致衍射光波阵面发生变形，影响衍射主极大（亮条纹）的光强度分布，使谱线增宽、不明锐而使光栅的实际分辨率降低。此外，主亮纹两侧的衍射次极大不规则增强，会干扰对弱谱线的分辨，还增强连续背景、杂散光。刻槽表面的粗糙度、反射膜层刻划残留毛刺以及刻划刀的振动等，都是杂散光的来源。对于刻划光栅，最严重的是以下问题：伴线、鬼线和杂散光。

1）伴线

在机械刻划法刻制衍射光栅时，由于机械误差（如刻刀推进精密丝杆的螺距误差）会造成刻槽间距的偶然误差，导致光栅谱线轮廓复杂化，在较高级次光谱中靠近谱线处出现微弱的不对称伴线。伴线的强度随级次的增大而增强，对研究谱线的轮廓及其超精细结构有影响。

2）鬼线

刻槽间距误差还会造成两种鬼线：罗兰鬼线和赖曼鬼线。

罗兰鬼线是在真谱线两侧对称排列的假谱线，是因刻划机丝杆存在螺距周期误差而使刻槽间距产生周期误差而造成的。罗兰鬼线与真谱线的波长关系为

$$\lambda_g = \lambda_p \left(1 \pm \frac{n}{mp}\right) \tag{15.17a}$$

式中，λ_g 为鬼线波长，λ_p 为真谱线波长，m 为真谱线的级次，n 为鬼线的级次，p 为丝杆每转一圈所刻划出的刻槽数目。

从式（15.17a）可见：罗兰鬼线和真谱线的波长差与真谱线的波长成正比，与真谱线的级次成反比；相邻鬼线的波长差等于紧邻真谱线的鬼线和真谱线的波长差。根据这个规律可识别罗兰鬼线。罗兰鬼线与真谱线的强度比为

$$\frac{I_{\lambda_g}}{I_{\lambda_p}} = \left(\pi m \frac{e}{d}\right)^2 \tag{15.17b}$$

式中：I_{λ_g} 为罗兰鬼线强度，I_{λ_p} 为真谱线强度，e 为丝杆周期误差的幅度，d 为光栅常数。

由式（15.17b）可知：鬼线与真谱线的强度比与真谱线光谱级次平方成正比。较好的光栅的第一级次光谱中罗兰鬼线的强度应该是很弱的。此外，鬼线强度与光栅常数 d^2 成反比，所以线槽密度越大的光栅，其罗兰鬼线强度越强；较好的 600 线/mm 的光栅，其第一级光谱中罗兰鬼线的强度小于真谱线强度的千分之一，可以忽略。现代光电干涉控制刻划机减小了机械误差的影响，罗兰鬼线强度可小于真线强度的万分之一；用光学全息技术制出的全息光栅因无机械误差，不会造成罗兰鬼线。

赖曼鬼线是分布在整个光谱中离真谱线很远而不易辨识的假谱线，是由刻划机的周期误差复合作用造成的。现代光栅刻划机生产的光栅，已经可以将赖曼鬼线的强度控制到真谱线强度的 10^{-4} 以下；全息光栅没有机械误差，当然不会产生赖曼鬼线。

3）杂散光

刻槽的间距、深度、宽度，沿刻槽长度方向的局部或随机误差，刻槽表面的粗糙度，反射膜层刻划残留毛刺，及刻划刀的振动，刻槽面上的二次衍射，以及全息光栅表面光敏材料的粒度散射等，都是造成杂散光的来源。用某波长处杂散光强度与此处主谱线的强度之比来表征杂散光强度——相对杂散光强度。较好的光谱仪器要求光栅的相对杂散光强度小于 10^{-5}；全息光栅的杂散光相对强度值只有 10^{-7}，这是全息光栅受欢迎的一个原因。

4. 光栅的刻制质量要求

衍射光栅是精密光学元件，一般用热胀系数小的光学玻璃制作光栅基板（例如 K8、ZK7）或派勒克斯玻璃；基板上的高反射膜应选用在工作波长范围内有高反射率的材料，还应塑性好能被

刻刀压划（不是切削）出粗糙度好的刻槽，对刻刀的磨损小，化学稳定性也要好。在紫外区到近红外区，铝膜是很好的选择，在红外区则多采用金膜。对基板工作表面的面形要求按瑞利准则衍射波面的变形不应超过 $\lambda/4$，如果工作波长范围的最短波长是 200 nm，则 $\lambda/4$ 是 50 nm，用汞灯 546.1 nm 绿光检查基板面形时其面形误差值应小于 $\lambda_{546.1}/10$。

光栅刻槽要求间距、深度和槽断面形状一致，对刻槽的纵向直线性、刻槽间的平行性、刻槽轮廓工作表面的粗糙度、长工作面倾角（闪耀角 ε）等都有严格要求。刻槽间距误差应为 $\Delta d \leqslant d/100$，刻槽间的不平行性应不大于 $d/100 \sim d/200$。例如，对于 1200 线/mm 刻槽密度的光栅，应保证 $\Delta d >$ 0.008 3 μm 的精度要求。

光栅表面保护膜，由于光栅表面是很软的铝膜或金膜，刻槽又是精细的、脆弱的结构，故光栅表面不允许擦拭。铝膜在长时间使用过程中易受空气侵蚀而降低反射率，故有的光栅表面加有保护膜（如 SiO_2 薄膜）；但即使有保护膜，也不能触摸或擦拭光栅工作表面。

5. 光栅的复制

光栅的刻划是超精细工艺，刻划室要求防震、恒温、防尘，采用精密耐磨金刚石刻刀、超精密光栅刻划机，需要仔细磨刀、调刀、调机等，而且要保证在连续几十小时刻划时间内外界没有过大震动，刻划室温度变化不得超过 0.01℃，刻划机能连续几十小时自动稳定工作（开始刻划前人员就得退出刻划室）。正常情况下，一台光栅刻划机一年也只能刻划出几十块光栅。

光栅复制技术已可以提供光栅光谱仪器所需的各种规格的复制光栅。复制光栅的过程：在准备好符合质量要求的复制光栅基板上涂一薄层树脂，用专门的设备和工艺技术将刻划"母光栅"的刻槽"复印"到树脂层上，再在已有刻槽的树脂面上镀铝（或金）膜形成可供使用的"子光栅"。这种"二次法"复制出的光栅，其分辨率、能量分布、鬼线强度各方面都比"母光栅"差。另一种方法是在刻划母光栅上先涂一层极薄的油膜（分离层），然后再镀上较厚的铝膜，铝膜上就有了与母光栅同样的刻槽，在备好的子光栅基板上涂一层特殊黏结树脂后放到有复制刻槽铝膜的母光栅上，待树脂粘上铝膜固化后，从母光栅上脱下就是可供使用的复制光栅。这种"一次法"复制光栅的性能很接近母光栅，但工艺难度较大。现代先进的复制技术可保证从一块母光栅上获得几十、上百块复制光栅。

6. 全息光栅

全息光栅是用光学技术记录双光束干涉形成的条纹制成的光栅。用激光形成两束平行单色光束，通过光学系统使它们产生一定光程差后交会，就可产生平行、等间隔、对比度很好的干涉条纹，投射到事先涂好光敏抗蚀剂的光栅基板上，再经过显像处理就可获得光栅刻槽、再镀铝反射膜（必要时再镀一层保护膜）。这样制成的全息光栅不但没有鬼线，杂散光小，实际分辨率可达理论值的 90% 以上，而且没有机械限制，因而可制成 6500 线/mm 的高线槽密度、理论上无尺寸限制的大型光栅。用全息技术特别有利于制造凹面光栅，只要改变干涉参数，不但可以方便地获得不同参数的光栅，而且还可制出消像差凹面全息光栅、平场全息光栅等。市场上已有消像差凹面全息光栅商品。

全息光栅的问题是其刻槽断面形状接近正弦曲线，可减少衍射级次，一级衍射效率较高；但是不能像刻划光栅那样锯齿形刻槽产生闪耀效果（不能将光能集中到某个级次、某个波长处）。近年来，闪耀全息光栅制造技术的研究成为热点，并已经取得若干成果[3-6]。

15.2.3 凹面衍射光栅

1. 概述

平面光栅能使光束色散，但它不能改变光束会聚（或发散）状态；在平面光栅色散系统中，必须添加透镜或凹面反射镜作为光谱聚焦物镜才能获得光谱线，在紫外区、红外区等光源强度弱的光谱区，多一次镜面反射会多增加一些光能损失，影响光谱检测灵敏度。将光栅刻槽刻划在有聚光能力的凹面反射镜上，就可兼具色散和聚光能力。理论上可采用任何面形的凹面镜，但实用上大多采用凹球面，在光栅刻划机上如同刻划平面光栅那样一条一条刻划出刻槽。这样刻划形成的凹面光栅断面是在其弦面上等间隔的，在凹面上是不等间隔的，中心刻槽疏而边缘刻槽密，所刻划出的凹面光栅有较大的像差（特别是像散严重）。用全息技术可制出Ⅳ型消像差凹面光栅，应用不等距（按计算结果连续改变间隔值）刻槽，已经制出像差很小的凹面光栅。从凹面光栅上衍射出来的光束既有确定的衍射角 $\beta(\lambda)$，又会被凹球面会聚。计算表明，有三种入射狭缝、凹面光栅和像面安置方式可获得精细聚焦结果：罗兰圆装置、瓦茨沃斯装置和濑谷-波冈装置。

罗兰圆装置如图 15.6 所示。当满足条件 $\dfrac{\cos^2 i}{r} - \dfrac{\cos i}{\rho} = 0$ 和 $\dfrac{\cos^2 \theta}{r'} - \dfrac{\cos \theta}{\rho} = 0$ 时，有

$$\rho \cos i = r, \quad \rho \cos \theta = r' \tag{15.18}$$

式中，r 为狭缝中心点离凹面光栅中心点的距离（物距），r' 为狭缝中心点的像点离凹面光栅中心点的距离（像距），ρ 是凹面光栅的凹面曲率半径。这说明狭缝中心点 A、凹面光栅顶点 O 及成像点应该同时位于一个直径等于凹面光栅曲率半径 ρ 的圆周上。该圆称为罗兰（Rowland）圆。

瓦茨沃斯（Wadsworth）装置如图 15.7 所示，用平行光投射到凹面光栅上，即 $r = \infty$，则在

$$\dfrac{\cos^2 \theta}{r'} - \dfrac{\cos \theta}{\rho} = \dfrac{\cos i}{\rho}$$

时，也可获得聚焦结果。整理上式可得：

$$r' = \dfrac{\cos^2 \theta}{\cos \theta + \cos i} \rho \tag{15.19}$$

如果将光谱底片放在凹面光栅正对面，对底片中心点有衍射角 $\theta = 0$，则 $r' = \rho/(1+\cos i)$，这是一个极坐标抛物线方程。将光谱底片按此抛物线弯曲，就可在整个底片上获得清晰的光谱线图像。

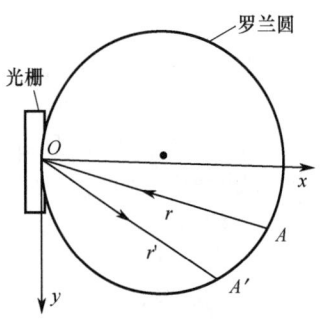

图 15.6　罗兰圆装置

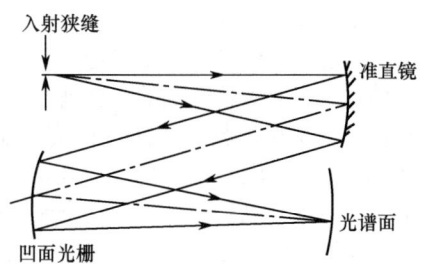

图 15.7　瓦茨沃斯装置

濑谷-波冈（Seya-Namioka）装置是真空紫外光谱区的单色仪多采用的凹面光栅装置。赖谷-波岗装置如图 15.8 所示，在一定波段范围只转动光栅，保持入射和出射狭缝不动，在出射狭缝处得到所需波长聚焦的狭缝像。这种装置要达到上述要求，应满足

$$\begin{cases} r = 常数 \\ |i| + |\theta| = \delta = 常数 \end{cases}$$

式中，δ 为入射光线与衍射光线之间的夹角，即 $\delta = i - \theta$，则：r' 不变，或 $\Delta r'$ 很小。将 $\varphi = (i+\theta)/2$

代换 i 和 θ，可得[1]

$$\frac{\rho}{r'} = \frac{2\cos\varphi\cos\dfrac{\delta}{2}}{\cos^2\left(\varphi-\dfrac{\delta}{2}\right)} - \frac{\rho}{r}\cdot\frac{\cos^2\left(\varphi+\dfrac{\delta}{2}\right)}{\cos^2\left(\varphi-\dfrac{\delta}{2}\right)}$$

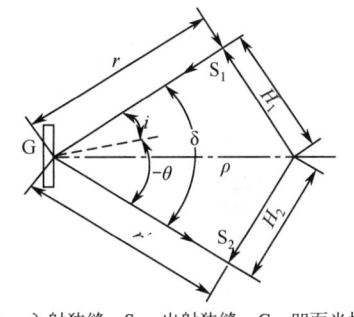

S_1—入射狭缝　S_2—出射狭缝　G—凹面光栅

图 15.8　濑谷-波冈装置

利用上式可计算在不同的 ρ/r 和 φ 值时，ρ/r' 和 φ 的关系，以求得 ρ/r' 不随 φ 值变化时的 δ 值，即转动光栅变换波长时 r' 不变的范围和条件。可得一个结果：当 $\delta \approx 70°$ 时，$\rho/r' = \rho/r = 1.222$，即可在该 δ 转角范围内基本不变。

2. 凹面光栅的光谱特性

（1）凹面光栅的角色散率。理论推导证明凹面光栅方程与平面光栅一样，其角色散率为

$$\frac{d\beta}{d\lambda} = \frac{m}{d\cos\beta}$$

在像点处的线色散率为

$$\frac{d\beta}{d\lambda} = \frac{mr'}{d\cos\beta\cos\gamma}$$

式中，γ 是衍射光线与光谱成像面法线的夹角。对于罗兰装置，$r' = \rho\cos\beta$，$\gamma = -\beta$，则有 $\dfrac{d\beta}{d\lambda} = \dfrac{m\rho}{d\cos\beta}$。由此可知，凹面光栅的线色散率是与其曲率半径 ρ 成正比，与光栅常数 d 和衍射角 β 的余弦值成反比。

（2）凹面光栅的分辨率。凹面光栅的光谱分辨率仍然是 $R = mN$。因为基面是凹面，就不同于平面光栅可以增大刻划面尺寸，以增加总刻槽数来提高分辨率；凹面曲率半径越大，容许的刻划区宽度越大。

此外，由于入射狭缝有一定长度，凹面光栅光谱线也是弯曲的（可按同样的方法像平面光栅那样求得谱线的曲率）。谱线弯曲与像散一起作用，使谱线增宽，导致分辨率下降。在单色仪情况下不但会使输出光单色性恶化，还会降低输出光强度。

（3）凹面光栅的效率。机械刻划产生的凹面光栅，其刻槽轮廓虽然由刻刀决定，仍是锯齿形，但由于基面是曲面，锯齿长面（工作面）与基面的夹角 ε 在光栅不同区域是不同的，即光栅的闪耀角 ε 从第一条槽到最后一条槽是连续不断变化的，所以凹面光栅不是真正的闪耀光栅，其衍射光效率随波长变化的曲线比较平缓，不会有平面光栅那样明显的闪耀强峰，也无所谓闪耀波长。改变凹面光栅线槽的微观形状（接近锯齿形），生产可闪耀凹面全息光栅的研究受到重视，但还没有批量商品上市。

（4）使用凹面光栅的光谱仪器。由于凹面光栅可兼有衍射元件和聚焦反射镜双重作用，尤其在紫外区、红外区光源辐射能量低的场合可减少光能损失，因此凹面光栅在紫外仪器中得到广泛应用。下面给出两个凹面光栅应用的实例：图 15.9 所示为国产真空光量计凹面光栅系统，图 15.10 所示为岛津 GVM-100 真空光量计系统。

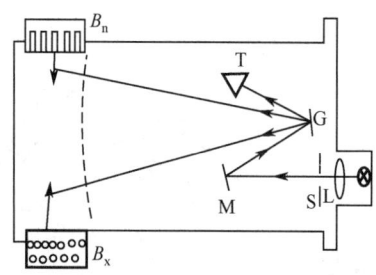
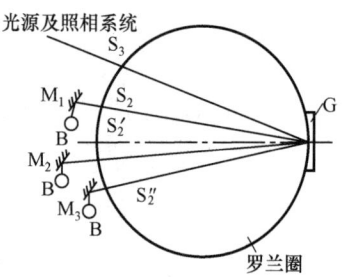

图 15.9　国产真空光量计凹面光栅系统　　　图 15.10　岛津 GVM-100 真空光量计系统

15.2.4　阶梯光栅

为了提高分辨率，光谱技术中开始使用中阶梯衍射光栅（echelle grating），又称反射式阶梯光栅（reflection stepped grating）。这种光栅与普通平面衍射光栅的不同之处，在于它是一种粗光栅，它的光栅常数较大，刻槽截面形状是宽而深的直角，刻槽中角度较大的短平面是工作面，光栅工作光谱级次较高。图 15.11 所示为中阶梯衍射光栅断面。该光栅通常以自准直状态工作（入射角 i = 衍射角 θ），其中 a 是阶梯光栅锯齿线槽长面高度。

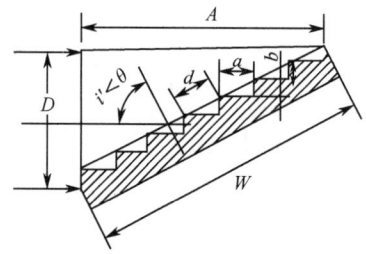

A—w 在垂直入射光方向的投影；D—光束的入射口径；i—光束的入射角；θ—光栅的衍射角；w—光栅刻画面的宽度；a—阶梯光栅线槽的齿宽；b—阶梯光栅线槽的齿高；d—阶梯光栅的线槽齿距

图 15.11　中阶梯光栅的参数

中阶梯衍射光栅的角色散率为

$$\frac{d\theta}{d\lambda} = \frac{m}{d\cos\theta} = \frac{m}{b}$$

式中，b 是阶梯光栅锯齿线槽短面的高度。中阶梯衍射光栅的分辨率为

$$R = \frac{2w\sin\theta}{\lambda} = \frac{2A}{\lambda} \tag{15.20}$$

式中，w 是光栅整个刻划面的宽度，A 是 w 在垂直入射光方向的投影。自由光谱范围为

$$\Delta\lambda = \frac{\lambda}{m} = \frac{\lambda^2}{2a} \tag{15.21}$$

中阶梯光栅色散系统的特点是：分辨率高、角色散率大；可使用短焦距光谱聚焦物镜，因而仪器结构紧凑；在整个工作波长范围内都有较高的光效率。但是，中阶梯衍射光栅不但制造困难、价格昂贵，而且自由光谱范围小，必须配用前置单色器构成交叉色散系统，才能得到两维光谱图。目前，中阶梯衍射光栅在商品仪器中的应用还不太多，主要原因是自由光谱范围小，价贵和使用不方便。只有德国 Jena 公司的原子吸收光谱仪为了追求极高光谱分辨率而用了中阶梯光栅，加上连续光谱特殊光源和双单色器系统，使该仪器成为最近推出的可获得两维高分辨率光谱的昂贵、

高档光谱仪器。

15.3 光电光谱仪器的光学系统设计

15.3.1 常用的光谱仪器光学系统

1）棱镜色散光学系统

用一块色散棱镜（简单三棱镜或复合棱镜）或者多块棱镜，配备折射或反射物镜准直系统和光谱聚焦系统，可构成各种棱镜光谱仪器的光学系统，如图 15.12～图 15.15 所示[1]。

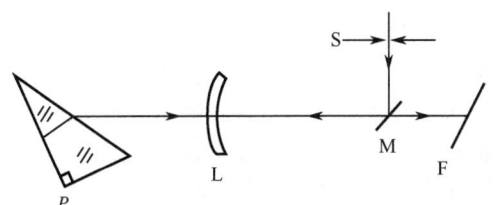

图 15.12 自准直棱镜摄谱仪

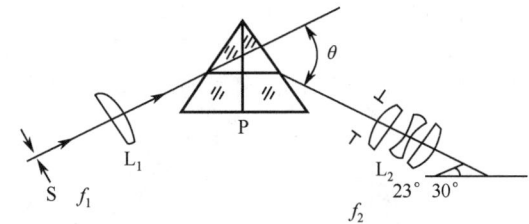

图 15.13 Q-24 型石英棱镜摄谱仪

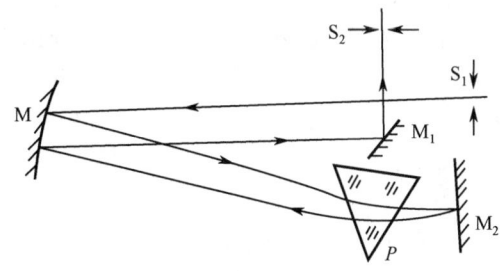

图 15.14 自准直单色仪

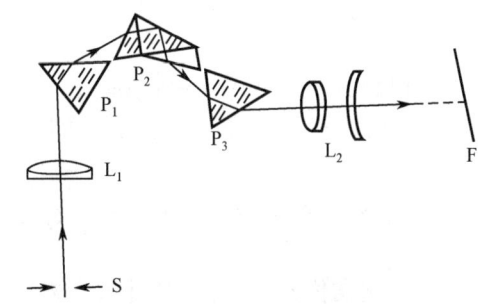

图 15.15 大型三棱镜摄谱仪

2）平面光栅色散光学系统

平面光栅是现在应用最广的色散元件。图 15.16～图 15.29 所示是常见的几种平面光栅色散系统。在这些光学系统中，为了获得更平的光谱成像面，将没有色差的反射镜作为准直、聚焦物镜。

3）凹面光栅色散光学系统

罗兰圆光学聚焦系统所用的凹面光栅色散光学系统参见图 15.9 和图 15.10。

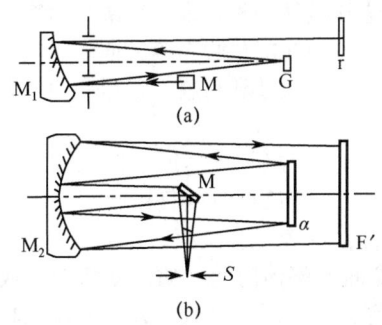

图 15.16 垂直对称型光栅摄谱仪

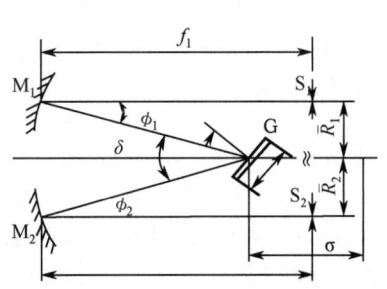

图 15.17 C-T 装置光栅单色仪

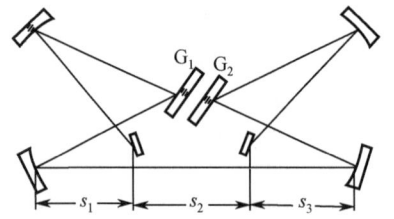

图 15.18　激光喇曼分光光度计中双单色仪　　　图 15.19　二次色散平面光栅摄谱仪

4）阶梯光栅色散光学系统

目前使用阶梯光栅色散系统的光谱仪器还不多（后面所述阶梯光栅均指"中阶梯光栅"），主要原因是阶梯光栅制作极其困难，价格昂贵，而且阶梯光栅的高分辨率特性可以用其他手段达到。所以，昂贵、光谱工作范围狭窄的阶梯光栅系统应用尚不广泛。图 15.20 所示是 2004 年推出的德国 Analytik Jena 公司的 ContrAA 型原子吸收分光光度计的光学系统。其中使用双单色器、阶梯光栅达到高光谱分辨率特性，并使用特制的连续光谱发射特性的光源，因而可不用频繁换用许多光谱阴极灯就可进行多元素连续分析[6]。在其光学系统中，主要部件是一块石英色散棱镜（完成第一次一维色散），一块中阶梯衍射光栅（完成第二次二维高色散），为了高像差校正效果而使用的两块离轴抛物面反射镜（图 15.20 中的△）作为准直和聚焦物镜。

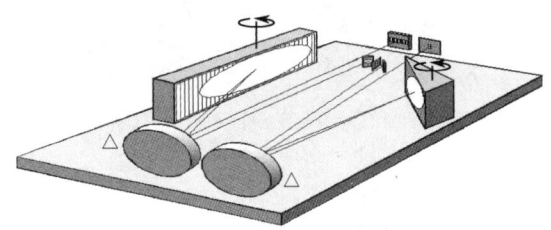

图 15.20　使用阶梯光栅的 Analytik Jena 的 ContrAA 型原子吸收分光光度计

15.3.2　光谱仪器光学系统的初级像差

1. 对光谱仪器光学系统的基本要求

光谱仪器光学系统的功能有三点：收集来自样品的光；将入射光色散形成光谱；将光谱成像在光谱接收面上（光谱感光板、出射狭缝面或光电探测器接收面等）。收集样品光的照明系统与一般光学聚光系统类似，其光学性能及像差校正要求基本一样，不再重复阐述。光色散系统和光谱成像系统是光谱仪器所特有的系统，其性能要求及像差校正要求和方法将在下面予以阐述。

光谱仪器光学系统设计包含：按照仪器性能要求和系统特点，确定准直系统和成像系统的焦距、相对孔径和系统轮廓尺寸设计，以保证它们能充分发挥色散元件的能力，获得应有的光谱分辨率，同时又兼顾仪器结构设计和外形要求（如结构稳定、变形小、仪器外体牢固等）。

校正准直物镜、光谱成像物镜系统的像差，以保证谱线成像清晰、谱线轮廓少增宽，还要达到减小像差对谱线弯曲、光谱成像面平直度、沿谱线长度方向光能量分布等方面的影响。从像差产生、校正角度选择光学系统结构形式、物镜结构形式、外形尺寸和材料，最后完成像差（轴外像差）的校正，以达到最终的光谱成像要求。

从各种光谱仪器的光学设计角度，可以分成两类不同的情况：单通道仪器和多通道仪器。单通道仪器（如单色仪、各种分光计、分光光度计）在工作时每个时刻只接收、分析单一光谱元（一个波长或频率处）的光谱信息，依靠转动色散元件依次改变和接收、分析其他光谱元（波长）的光谱信息。对这类光谱仪器不需要过于考虑成像面的整体问题（如谱面弯曲、成像畸变等）。多通道仪器（如摄谱仪、多通道光电直读光谱仪等）要求同时接收、分析整段或相当大波长范围的多谱线的光谱信息，还要很好地解决大视场像差的校正、平衡问题。

2. 光谱仪器光学系统的初级像差

由于绝大多数光谱仪器光学系统的相对孔径小于 1/5，视场角小于 15°，光学系统产生的高级像差很小，一般用初级（三级）像差理论来估算系统的像差是可行的。

为分析光谱成像系统初级像差，可使用图 15.21 所示的坐标系统。其中，$\eta O\zeta$ 面是系统物面，$yO'z$ 面是色散系统的入瞳面，光谱仪器中色散元件的光学孔径最小，因而色散系统的入瞳面也就是整个仪器光学系统的入瞳面；$xO'y$ 面是色散系统的主截面，也是整个光谱仪器光学系统的子午面，y 轴方向是色散系统的色散方向；$LO''l$ 面是光谱高斯成像面，点 A 是某种单色光的无像差理想像点，A' 是有像差存在的实际成像点。

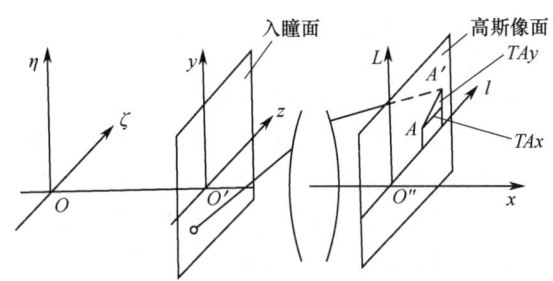

图 15.21 初级像差计算图

光谱仪器光学系统的总像差是由准直物镜系统和光谱成像物镜系统产生的像差共同决定的（色散系统工作在平行光状态，所产生的像差可以忽略不计）。准直物镜的像差计算类似于成像物镜，但通过逆向光路进行。

在分析光谱仪器光学系统的像差时，由于垂轴像差形成的像点光斑弥散值便于与光谱分辨率和谱线上的光能量分布等成像质量关键问题联系、比较，所以在讨论像差时常用垂轴像差值来表达。考虑色散系统横向放大率 Γ 和整个光学系统的放大率，总的垂轴像差在两个方向的分量为

$$TA_y = \overline{TA}_{y_1} \frac{f'_2}{f'_1} \times TA_{y2}$$
$$TA_z = \overline{TA}_{z_1} \frac{f'_2}{f'_1} \times TA_{z2}$$

(15.22)

式中，$\overline{TA}_{y_1}$ 和 $\overline{TA}_{z_1}$ 是准直物镜系统的反向光路垂轴像差；$\overline{TA}_{y_2}$ 和 $\overline{TA}_{z_2}$ 则为成像物镜的垂轴像差；f'_2 和 f'_1 分别是成像物镜和准直物镜的焦距，f'_2/f'_1 就是光谱仪器光学系统的横向放大率。当然，光谱仪器光学系统对各种波长（频率）的入射光产生的各种像差值的计算，还是要通过实际光线追迹计算才能求得。像差表达式可供光学系统选型、方案论证、光学系统轮廓尺寸计算时估算像差对仪器性能指标产生的影响。

在大多数光谱仪器中，因为仪器要处理的是各种不同波长入射光，不产生色差的反射镜系统和元件得到了广泛应用，所以各种单色光像差是光学系统设计的基本内容。

1）球差

在光谱仪器光学系统中，残存球差造成谱线难于精确聚焦，以致谱线模糊、轮廓增宽，最终减低仪器的实际光谱分辨率。因此，球差必须予以矫正到仪器性能容许的容限以下。

2）彗差

光学系统不满足等晕条件时，轴外像点除有球差外还会产生彗差。在光谱仪器光学系统中，有彗差的准直物镜系统将使来自除狭缝中心点以外的所有点所发出的光通过准直物镜系统后不能变

成平行光束，光束结构也不再对称。彗差会使谱线轮廓增宽，而且造成谱线单边扩散（谱线一边清晰，另一边则强度逐渐减小，成为没有清晰边界模糊区），谱线轮廓的中心（强度峰值）位置偏移；彗差严重时甚至还会形成谱线分裂（造成假线、或称为"鬼线"）。所以，光谱仪器光学系统（尤其是准直物镜系统）必须校正彗差。在光谱仪器中，系统的孔径光阑就是色散元件本身的孔径光阑，通常采用改变孔径光阑位置来减小甚至消除彗差的方法，在光谱仪器光学系统像差校正过程中就无法应用了。

3）色差

前面说过折射系统存在色差，在光谱仪器中用得越来越少，原因就在于色差的影响很大。色差不但会造成其他波长谱线模糊，还要使用既倾斜又弯曲的谱面才能使多数波长精确聚焦。在单通道光谱仪器中，每一调整状态下只能有一个波长的色光能在出射狭缝上精确聚焦，出射其全部能量；改变色散元件位置，将另一种波长色光投射到出射狭缝处，就不会是精确聚焦了。在这类仪器中，结构设计无法实现在改变出射波长时同时精确移动、转动出射狭缝，因此只好用没有色差的反射系统。在多通道光谱仪器（如摄谱仪、多通道光电直读光谱仪）中，过去有折射式的棱镜摄谱仪（如 Q-24 型石英摄谱仪等），为了减小色差的影响，只好设计既弯曲又倾斜的光谱感光版盒，在倾斜被压弯的感光板上才能比较清楚地拍摄到多数波长的光谱。在多通道光电直读光谱仪中，只好将所要同时检测的几个（最多十几个）波长的谱线位置精确计算出来，将各个小型光电倍增管精确地分别安装在计算位置处，平面 CCD 探测器是不能使用的。尤其在紫外区、红外区，足够大小、合适的透镜材料（石英晶体、人工光学晶体材料）很难获得，而且昂贵，故不使用折射系统，而采用反射镜系统。

4）像散

平行光倾斜入射时，在子午面和弧矢面通过光学系统的两束光不能聚焦在同一点的现象，称为像散。无限远的物点就不会形成一个点像，而是在距离聚焦物镜不同距离处出现两条互相空间垂直的短线，在这两条短线之间形成不同长短轴的椭圆形焦线。

以细窄的入射狭缝作为"物"的光谱仪器，光学系统在某波长色光的子午焦线处形成的细窄短焦线，可以当作入射狭缝的精确聚焦的"像"，可把出射狭缝（或光接收器件）放在该子午焦线处，获得该波长色光子午光束能量全部输出的清晰线像。弧矢光束的光不会聚焦在此，造成总能量没有全部利用，而且在子午焦线上各点处的能量的分布也是不均匀的。此外，不同波长的子午焦线位置也不同，而且它们的弯曲也不同。所以，对于高性能光谱仪器的光学系统，还是应该将系统的像散校正到容限以下。

5）场曲

平面物的像不是平面（无论子午像面还是弧矢像面）而是曲面，就是单色光场曲像差。不同波长的色光场曲像差值不同，这对于多通道光谱仪器尤其拍摄相当大波段光谱的摄谱仪是很不利的。所以，应该将场曲校正好，使成像焦面尽可能平直；残存场曲大就只好在弯曲面上成像。

6）畸变

畸变是一种不会引起成像模糊的单色光像差，畸变造成在成像面上像的形状改变，使直线的像变弯曲。对于使用直线状出射狭缝的单通道光谱仪器（单色仪、分光光度计），由于畸变使谱线变弯，不但会造成能量损失（由于谱线两端与中心的位置不同，当谱线两端的光通过出射狭缝时，中心点附近的光就可能不能通过出射狭缝（或反之），难于使整条谱线上所有点的出射光都能通过出射狭缝）。而且其他波长的谱线因弯曲有可能进入出射狭缝宽度范围，造成仪器单色性下降。在高性能单通道光谱仪器中，畸变像差应该予以校正；或者结合色散系统造成的谱线弯曲，使用弯曲形状的出射狭缝补偿之。

15.3.3 光谱仪器光学系统的像差校正

由以上像差分析可知，单通道、多通道光谱仪器光学系统的像差影响及其校正要求是不同的。

1. 多通道光谱仪器光学系统的像差校正要求

对于摄谱仪、多通道光电直读光谱仪等光学系统的像差校正要求可以归纳为：在整个工作光谱波长范围内，获得尽可能平直的光谱成像面，谱面可能相对光轴有一些倾斜；在整个光谱成像面上，各波长的谱线聚焦清晰、谱线轮廓对称；沿谱线长度方向，光能量分布均匀（至少从中心至两端的 1/2 区域谱线强度一致）；谱线弯曲程度在可容许范围内（使用直线状出射狭缝时）。

这类仪器的准直物镜系统都是小相对孔径、小视场系统，其成像物镜系统是小相对孔径、中视场系统，对这类光学系统的像差校正要求如下：

（1）准直物镜和成像物镜系统需严格校正球差和彗差。根据瑞利判则确定残余球差、残余彗差的波像差都应小于 $\lambda/4$。按几何像差与波像差理论，可得球差与彗差的容限为：

轴向残余球差

$$LA' \leq 16\lambda \left(\frac{f'}{D}\right)^2 \tag{15.23}$$

偏离正弦条件

$$OSC' \leq \frac{\lambda}{\eta n}\left(\frac{f'}{D}\right) \tag{15.24}$$

式中：D 为系统有效孔径的直径，在光谱仪器中就是色散元件的有效宽度；f' 是成像物镜的焦距；η 为边缘主光线或边缘谱线到光轴的距离。

在折射式物镜系统，为校正球差和彗差，要采用组合物镜，通过材料选择、球面或非球面透镜设计对球差和彗差予以校正。在反射式物镜系统，多采用球面反射镜（除了工艺原因，球面比抛物面产生的初级彗差小也是重要原因）。球面反射镜的球差无法消除，只能从光学系统选型、控制系统有效相对孔径等角度使残余球差小于容限。

（2）校正光谱成像面形状。要求谱面相对平面的最大偏差小于瑞利判则的半焦深容限：

$$\frac{1}{2}\Delta F \leq 2\lambda\left(\frac{f'}{D}\right)^2 \tag{15.25}$$

式中，ΔF 为焦深值。如前所述，折射系统色差对成像面倾斜和变弯影响很大，故必须予以校正（采用消色差透镜组甚至复消色差透镜组），有时也有用色差-子午场曲相互补偿的办法来使像面平直些。

（3）校正准直和成像物镜系统的像散。如前所述，对于"物"、"像"都是直线状而使光谱仪器光学系统，其像散校正无须十分严格。

2. 单通道光谱仪器光学系统的像差校正要求

对于单色仪、分光光度计之类的单通道光谱仪器，其光学系统像差校正可归结为：当在整个工作范围内转动色散元件进行波长（频率）扫描时，应保证各波长色光都能精确聚焦成像在出射狭缝处；出射单色光光束的单色光谱宽度应尽可能接近色散系统的理论光谱宽度，以保证仪器的单色性和光谱分辨率要求；在达到上述两点要求基础上，使可用的狭缝高度值大些，增加仪器出射的单色光能量值，提高仪器效率。因而，对单通道光谱仪器光学系统的像差校正工作可归纳为：

（1）严格校正色差。如上所述，在折射式仪器中必须设计消色差或复消色差物镜系统，其结构复杂而且价格昂贵，所以新型仪器大多已经改用反射式物镜系统。

(2) 校正球差和彗差。通常希望球差和彗差在成像焦平面上形成的弥散斑直径 $2dr'$ 或在色散方向上的衍射半宽度 a' 小于狭缝的正常宽度值 a_0，而

$$a_0 = \lambda \frac{f'}{D} \tag{15.26}$$

所以有 $2dr' \leqslant a_0$ 或 $a' \leqslant a_0$，这时，仪器可达到的实际分辨率约为理论计算值的 77%。

在反射式光学系统中，要分别矫正好准直物镜和成像物镜的球差，而不能两者组合起来校正球差。如用球面反射镜，只能限制其相对孔径使球差造成的弥散斑直径小于容限；如采用抛物面或其他非球面反射镜校正球差，其制造工艺和价格都必须考虑。

至于彗差，则可以将准直和成像两个物镜系统组合考虑，从系统构成形式上将综合彗差降低到容限以下。

(3) 减小像散。将折射式物镜系统的像散与色散系统形成的谱线弯曲一起考虑，使像散造成的谱线增宽与色散谱线弯曲增减小，必要时再使用弯曲狭缝（将入射、出射狭缝两者之一或两者都变成弯曲形），最终达到仪器光谱分辨率的要求。

对反射式物镜，难以从物镜系统的结构参数上减小像散，只能从系统结构形式（两个物镜与色散系统的相对位置）方面设法减小像散。

15.3.4 反射式准直和成像系统的像差

1. 光谱仪器常用的反射式准直和成像物镜系统

在各种光谱仪器中的反射镜系统，除了转折光路的平面反射镜以外，有光源聚光镜系统，更多的是作为准直物镜或光谱聚焦物镜系统，在某些场合下必须采用反射镜系统而不能用透镜系统。

2. 反射镜系统的优缺点

比起折射（透镜）系统来，反射镜系统有不少优点：

(1) 可以在极宽的波段范围内应用。用热膨胀系数小的光学玻璃制成反射镜基底，在磨制、抛光好的反射曲面上用化学或物理技术镀上高反射率膜。已研发出可在远紫外直至远红外区的整个光学波段具有高反射率、牢固稳定的薄膜材料和相应的镀制技术。

(2) 反射镜不会产生色差，是其独特的优点。反射式单通道光谱仪器的结构不必在波长扫描的同时移动出射狭缝（改变距离、改变狭缝面角度）；反射式多通道光谱仪器则可获得比较平直的光谱成像面，一次可拍摄或接收多条谱线。

(3) 改变反射面的面形。例如，采用抛物面或其他非球面，可校正球差。

(4) 结构稳定性好。在大尺寸情况下（如拍摄遥远天体光谱的天文光谱仪，为尽量多接收来自遥远星体对象的极微弱光，其镜面尺寸常常达几米），反射镜的结构稳定性（可在反射面后面制成肋条或加强筋等）比透明的透镜轻得多，不易变形，镜框设计也简单。此外，大尺寸反射镜的材料、制造、安装、维护工艺及成本可能比同样尺寸的折射系统简单、廉价。

反射镜系统的缺点：

(1) 为了引入入射光，如图 15.22 所示必须加入一块小反射镜或一块中心打孔的出射反射镜。于是图上有交叉线的区域的出射光被遮挡了，而且遮挡的是像差最小的近轴区。

(2) 图 15.23 所示是为了防止中心区光束遮挡而采用倾斜入射的反射镜系统，没有光能损失；但这种情况下的反射镜工作在离轴状态下，原来的轴上物点变成轴外物点，成像时产生的像差（尤其是像散和彗差）增大，成为像差校正的难事。

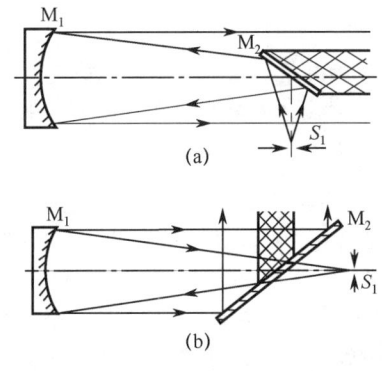
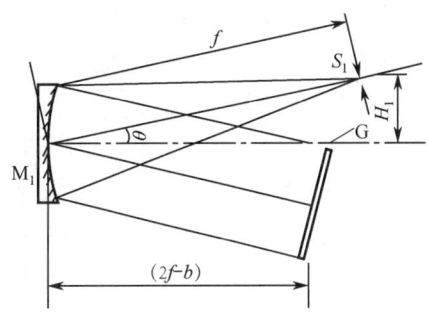

图 15.22　反射镜系统中的光束遮拦　　　图 15.23　离轴反射镜系统

3．反射镜的像差校正

整个反射式光谱仪器光学系统是非共轴系统（入射、色散和出射光学系统的光轴不在一条直线上），进行光路追迹计算像差时较繁杂，工作量较大。

1）反射镜的球差

平行光束经球面镜反射后，不能成为理想的球面波阵面而变成抛物面，因而球面反射镜不能使无限远的物点在成像面上形成清晰的像点，而是形成一个半径为 dr_s 的弥散斑：

$$dr_s = \frac{1}{64} \frac{D^3}{f'^2} \tag{15.27}$$

式中，D 为反射镜的直径，f' 为反射镜的焦距。如果光束在该反射镜上两次反射，造成的两次球差弥散斑互相叠加，其直径变成：

$$dr_s = \frac{\sqrt{2}}{64} \frac{D^3}{f'^2} \tag{15.28}$$

2）反射镜的彗差

彗差与物点离轴距离和光学系统孔径光阑的位置有关。在计算光谱仪器光学系统的像差时，常用以下两式来计算高斯像面上彗差弥散斑：

$$L_c = 3MD^2\omega \div 16f' \tag{15.29a}$$

$$W_c = MD^2\omega \div 8f' = \frac{2}{3}L_c \tag{15.29b}$$

式中：L_c 是子午面内（即色散方向上）的弥散斑大小，称为子午彗差；W_c 是在与子午面垂直的平面（即狭缝的长度方向，称为弧矢面）内的弥散斑尺寸，称为弧矢彗差；ω 是视场角；M 是表征孔径光阑与反射镜曲率中心间距离的系数，$M = \dfrac{b}{2f'}$，其中 b 为孔径光阑到反射镜曲率中心的距离。

由式（15.29）可知：彗差与孔径光阑到反射镜的距离有关，距离不同彗差弥散斑尺寸也不同；当把孔径光阑放到反射镜曲率中心处时，$b = 0$，此时 $M = 0$，因而 $L_c = W_c = 0$，即消除了彗差。如前所述，在光谱仪器光学系统中色散元件的孔径是整个光学系统的孔径光阑，色散元件一般在离开反射镜顶点（0.8～1.0）f' 处，故只用单个球面反射镜是难于消除彗差的，只能选择适当的光学系统结构形式来减小彗差。

3）反射镜的像散

像散的大小与孔径大小、视场的平方成正比，还与孔径光阑的位置有关。轴外物点在成像面上形成的子午焦线的长度为

$$L_A = M^2 D \sin^2 \omega \tag{15.30}$$

可见，当孔径光阑在球面镜曲率中心时，$M = 0$，像散也消除了，在光谱仪器光学系统中这是做不到的。如果采用抛物面反射镜，则除了对平行光束不产生球差外，还可减小像散的影响。

4）两种等效的反射式平面光栅光谱仪光学系统

现代平面光栅光谱仪大多采用凹面反射镜作为准直物镜和光谱聚焦物镜，虽然有许多不同的具体结构，但都可展开、简化成两种等效的结构，只要沿着光线行进方向对光栅的零级衍射光路展开（为了略去光栅），如图 15.24 和图 15.25 所示的 Z、U 字形。

在图 15.24 中，(a) 是光栅单色仪的完整光路图，(b) 是沿光线行进方向展开、略去光栅后的简化图，这个简化光路图的光路呈 Z 字形；图 15.25 所示系统是，简化后光路呈 U 字形（移动两个狭缝可打开光路）的光路。

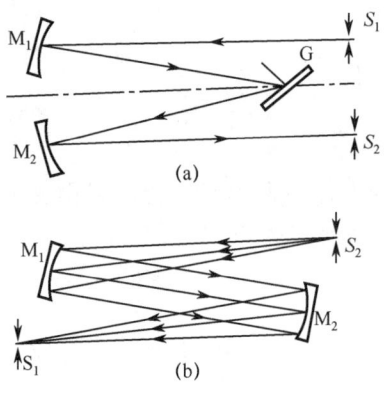 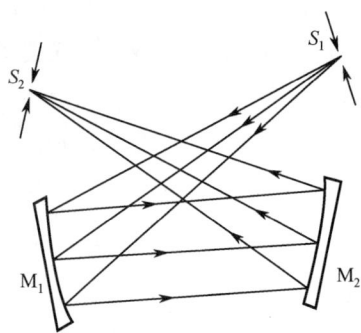

图 15.24　Z 字形光栅反射镜系统　　　　　　图 15.25　U 字形光栅反射镜系统

这两种不同形式的光路图，其区别是：Z 字形中入射和出射狭缝（光学系统的"物"和"像"）分别位于光轴两侧，在 U 字形中物和像则在光轴同一侧。两者的像差也不同：在 Z 字形光路的准直物镜和聚焦物镜若采用两个同样的球面反射镜，两个狭缝中心点都在主截面时，两个球面反射镜产生的彗差符号相反，总残余彗差是两者之差；如果将两个反射镜改用相同的抛物面反射镜，两个狭缝中心点也在主截面上，则总彗差是两者彗差之和，而且比用球面镜时大得多。因此，用抛物镜并不是总比用球面镜好。在 U 字形光路中，用两个球面反射镜、狭缝中心都在主截面上，总彗差是两者之和；若改用两块抛物面反射镜，将两个狭缝中心也放在主截面上，则总彗差是两者彗差之差。

5）二次衍射的消除

在反射式平面光栅光谱光学系统中，除校正像差外，还要防止二次和多次衍射现象出现，即防止经色散元件衍射后的光束因为光路安置不适当而再次投射到色散元件上又被第二次甚至多次衍射。二次或多次衍射的光束有不同于设计要求（一次衍射）的出射角度，因而不会被引导、聚焦到应有的出射狭缝位置，造成在仪器内部杂乱投射、反射、散射的杂散光，增加背景强度。此外，也有不预知的波长，不知衍射次数的光会投射到出射狭缝处，造成仪器出射光束单色性下降。

为了避免发生二次或多次衍射，应采用离轴反射镜光学系统；但离轴角大，会增加系统的彗差和像散。凯利提出了确定最小离轴角的原理，使任何从衍射光栅出射的光线不可能被反射镜再次反射到光栅上：只要将离轴角扩大到使光栅转动时其边缘的轨迹圆处于反射镜边缘点的法线以外即可，如图 15.26 所示。凯利原理可表述为

$$\phi_i \geq 1.5 \div \frac{f'}{D} \tag{15.31}$$

式中，φ_i 是离轴角，f' 是准直反射物镜的焦距，D 是准直物镜的孔径。

实践证明：凯利原理是相当保守的，实际离轴角值还可以比计算值小些。在不同的实际仪器系统中、可以在计算值附近做些实验，以获得最佳离轴角值。

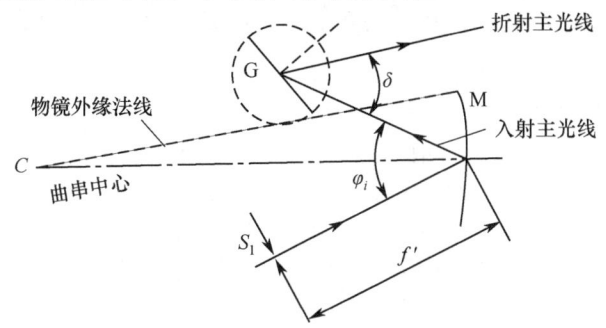

图 15.26　确定最小离轴角的凯利原理

15.3.5　常用平面光栅装置类型[1]

现代平面光栅光谱仪器中应用着不同的装置。

1. 艾伯特-法斯蒂（Ebert-Fastie）平面光栅装置光学系统

在艾伯特-法斯蒂平面光栅装置中，只用一块大尺寸的凹面反射镜兼做准直物镜和聚焦成像物镜。光栅中心点与凹面反射镜的曲率中心点的连线称为系统的光轴。E-F 系统有两种：水平对称式，其入射和出射狭缝在包含光轴的水平主截面上，在光轴两侧对称安置，如图 15.27 所示。垂直对称式，其入射和出射狭缝在包含光轴的垂直主截面上处于对称位置，在光栅上下方，如图 15.28 所示。

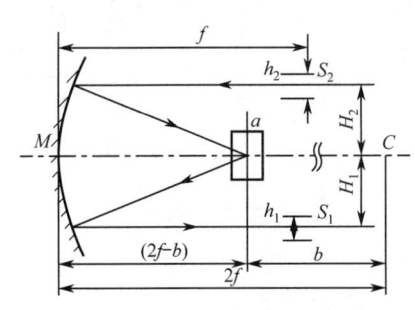
图 15.27　水平对称式的 E-F 装置

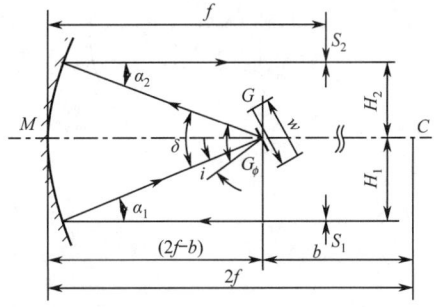
图 15.28　垂直对称式的 E-F 装置

1）水平对称式 E-F 系统

（1）彗差。水平对称式 E-F 系统的残余彗差很小。水平对称系统的展开结果是属于 Z 字形装置，若用球面反射镜，则两镜的彗差是相消的（符号相反）。对于零级以外的各级衍射光束，因为衍射后光束孔径不同于入射孔径，所以剩余彗差造成的弥散斑长度变为

$$L_c = \frac{3M\omega}{16f'}\omega^2 \sin\delta \sin(2\varphi) \tag{15.32}$$

而在色散方向残剩的谱线增宽值为

$$L'_{AT} \cong \frac{M^2 \omega h}{f'} \sin\omega_0 \tag{15.33}$$

式中，δ 是入射光线与衍射光线之间的夹角，φ 是光栅法线与光轴之间的夹角（在用于单色仪时就是光栅的转角）。

（2）像散。直线状入射狭缝上除中心点外，所有其他点发出的光线都是相对于光栅主截面倾斜投射的，因而造成入射狭缝的像（谱线）弯曲，离狭缝中心越远的点，其入射倾斜角越大，弯曲越明显（偏离直线距离越远）。由于像散的影响，每一物点形成短焦线，加上谱线弯曲影响，各短焦线的中心就不再在一条直线上。如果出射狭缝是直线状的，当然就会造成出射光束单色性的下降。

2）使用弯曲的入射狭缝

Fastie 提出使用弯曲狭缝减小像散和谱线弯曲影响。将入射狭缝做成曲率半径为 ρ_s 的圆弧状，将其曲率中心点与光栅、反射镜的中心点 O 重合，如图 15.29（a）所示。在这种装置下，入射狭缝上每一点投射到光栅上的光仍是倾斜的，但入射角却是相同的了，因而衍射角也必然相同。由于像散，每一点的焦线像分布在曲率半径也是 ρ_s 的圆周上，如图 15.29（b）所示。像散所造成的在色散方向的谱线增宽为：

$$L''_{AT} = \frac{M^2 \rho_s^3}{2f'^2(f'/D)^2} \tag{15.34}$$

在实际仪器中，这个增宽值远小于工作时应有的狭缝正常宽度值。因此，如果在水平对称式 E-F 光栅系统装置中采用弯曲的入射狭缝，以及相应弯曲的出射狭缝，像散问题所造成的光谱质量恶化基本可以忽略。在现代平面光栅单色仪中，经常采用弯曲狭缝的水平对称 E-F 装置。入、出射狭缝的曲率半径为 ρ_s，这个半径为 ρ_s 的圆称为 E-F 圆。

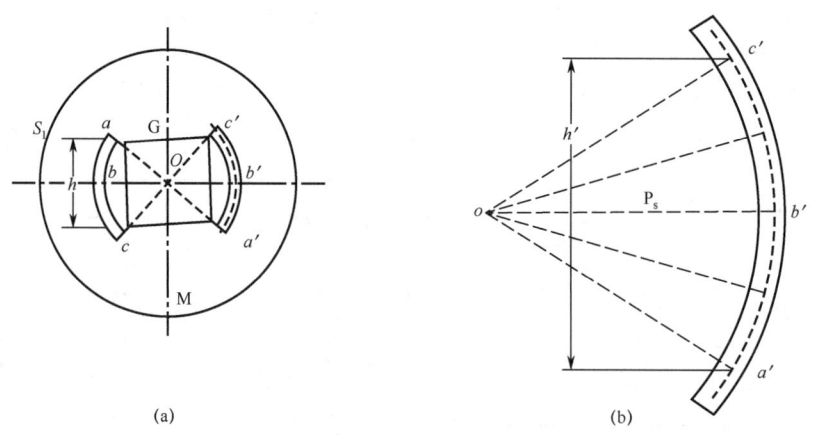

图 15.29 使用弯曲入射狭缝的水平对称 E-F 系统

水平对称式 E-F 装置的优点为：剩余彗差小，使用适当曲率半径的入、出射弯曲狭缝时像散谱线增宽值小，不致影响仪器光谱分辨率，可以使用较长的弯曲狭缝使仪器出射光能量增加。水平式 E-F 平面光栅装置适合于单通道光谱仪器——单色仪和各种分光光度计；但对于摄谱仪之类的多通道光谱仪器就不很合适，因为边缘区的谱线随视场增大，逐渐失去系统对称性，彗差逐渐增大，同时反射镜尺寸也应比单色仪的大，仪器结构庞大。如果光栅尺寸较小，做单色仪时仪器结构尺寸相当紧凑。此外，这种装置的装配、调整也较容易。

水平对称式 E-F 光栅装置的缺点是存在二次或多次衍射，而且难以通过凯利原理避免，故这种装置有较强的杂散光和背景干扰。实际仪器中在大反射镜前面加装有两个长方孔的挡板，如图 15.30 所示。孔的长度、高度按实际入射光束和一次衍射光束的尺寸确定，这样就可把非一次衍射的光挡住、不能再被反射镜反射回光栅。此外，如果光栅尺寸较大（例如大于 50mm×50 mm）时，不但仪器结构因为在水平面上平摊所有部件而显得庞大，占用较大的实验台面，而且需要加工一块大的球面反射镜，工艺性差、价格增加，体积和重量过大也使安装、调整困难。

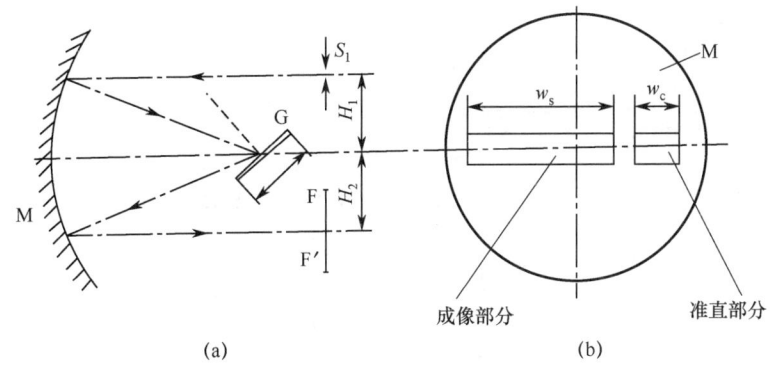

图 15.30 水平对称式 E-F 装置的端视图

3）垂直对称式 E-F 平面光栅装置

在垂直式装置中，入射狭缝及其几何像（谱线）的中心点位置对称位于光栅的上、下方，展开后是在垂直面上的 Z 字形装置，准直光束与衍射光束的孔径相等，因而彗差可以完全抵消。在摄谱仪中使用垂直对称式装置时，光栅的宽度比高度大，因此在垂直面上的离轴角较小，所以在光谱感光底版中心的中心波长谱线的彗差是抵消掉的；由于摄谱仪聚焦物镜为拍摄谱线而取较大的相对孔径"F"值，因此在中心谱线两侧一定范围内的谱线的实际彗差很小。但对于工作波段范围大的仪器，这种优点就消失了。

垂直对称式装置的另外优点是不会有二次或多次衍射，没有单色性差、过大杂散光干扰等问题。垂直式平面光栅装置的缺点是同时存在像散和场曲，加上谱线弯曲、倾斜的影响，谱线增宽明显；如用垂直对称式装置做单色仪，会有单色性差、杂散光干扰等问题。

在垂直对称式 E-F 平面光栅装置中同样用一块大反射镜兼为入射光束、衍射光束物镜，如图 15.31（a）所示；在制作大反射镜时，可考虑使直径稍增大，加工一块锯开后供两台仪器用的方案，以降低成本，如 15.31（b）所示。

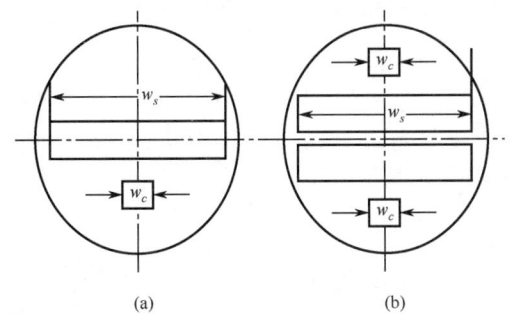

图 15.31 垂直对称式系统的反射镜工作区域

总之，水平对称式 E-F 装置成像质量较好，在单色仪、分光光度计类仪器中得到广泛应用；考虑仪器体积和占用试验台面积时，可应用垂直对称式 E-F 装置，例如摄谱仪多如此。

2. 切尔尼-特纳（Czerny-Turner）平面光栅装置光学系统

在 E-F 系统中用一块大反射镜兼做准直和聚焦成像物镜，在像差校正方面有一定局限性。C-T 型平面光栅装置就用两块小反射镜分别做准直物镜和聚焦物镜，如图 15.32 所示。基本 C-T 型装置中两块小反射镜有同样的曲率半径，二者曲率中心重合，与 E-F 装置类同；因为反射镜分开了，就不会有二次或多次衍射。此外，两块一样的小尺寸反射镜在加工、结构设计、仪器重量及成本方面有优势。若充分利用两块反射镜多出来的校正参数，形成非对称 C-T 系统，就可更好地校正彗差等。

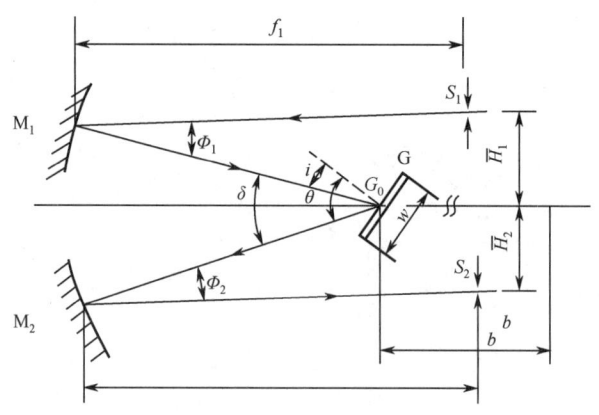

图 15.32　C-T 型平面光栅装置

1）C-T 型平面光栅装置的像差

（1）球差。凹球面反射镜的球差必须控制在像差容限以内，以保证仪器的光谱分辨率要求。应用球差的波像差必须小于 $\lambda/4$ 的瑞利准则，可以导出对系统的焦距和孔径的限制值：

$$f' \leqslant 256\lambda F^4, \quad D \leqslant 256\lambda F^3 \tag{15.35}$$

式中，$F = f'/D$ 是物镜的 F 数（俗称"光圈"）。在实际仪器的设计时，对计算值乘以小于 1 的值，起到安全系数的作用。

（2）彗差。C-T 系统展开后也是 Z 字形系统，如果两个反射镜曲率半径相同、入射狭缝与其像对称于光轴安置，其彗差的消除情况与水平对称 E-F 系统一样。根据两块反射镜波像差相消的要求，可导出条件：

$$\frac{H_1(\omega\cos i)^3}{R_1^3} = \frac{H_2(\omega\cos\theta)^3}{R_2^3} \tag{15.36}$$

式中，H_1 和 H_2 是入射狭缝和谱线离反射镜的距离，ω 是离轴角，i 和 θ 分别是光线在光栅上的入射角和衍射角，R_1 和 R_2 分别是两块球面反射镜的曲率半径。

2）C-T 系统的三种排列形式

（1）对称排列 1：$H_1 = H_2$，$R_1 = R_2$。根据式（15.36），当 $\omega\cos i = \omega\cos\theta$，即 $i = \theta$ 时，两块反射镜的彗差相消，而这是零级光谱情况，没有实际意义。在一级或其他级光谱中，彗差是随着波长的增加而逐渐加大的。

（2）不对称排列 1：$H_1 = H_2$，$R_1 \neq R_2$。即当两块反射镜具有不同的曲率半径（即两者焦距不同的情况，称为里奥（Leo）装置），由式（15.36）知，当 $\dfrac{R_1^3}{R_2^3} = \dfrac{\cos^3 i}{\cos^3 \theta}$ 或 $\dfrac{R_1}{R_2} = \dfrac{\cos i}{\cos \theta}$ 时，对某一波长光两反射镜的彗差可相消为 0，可导出任意波长的垂轴彗差值：

$$TA_c' = \frac{3H\omega^2}{32 f_2'^2}\left(\frac{\cos^3 i}{\cos^3 \theta} - \frac{\cos^3 i_0}{\cos^3 \theta_0}\right)\frac{\cos^3 \theta_0}{\cos^3 i_0}\cos^2 \theta \tag{15.37}$$

式中，i_0、θ_0 分别是使彗差为零的某一波长光在光栅上的入射角和衍射角。

（3）不对称排列 2：$R_1 = R_2$，但 $H_1 \neq H_2$。即两块反射镜曲率（焦距）相同，但入射狭缝与其像的位置不对称（由 Fastie 提出，称之为法斯蒂装置）。这种不对称装置对某个波长彗差相消为零的条件是：$H_1\cos^3 i = H_2\cos^3 \theta$，即 $\dfrac{H_1}{H_2} = \dfrac{\cos^3 \theta}{\cos^3 i}$。这种入射狭缝与其像离光轴不等距的不对称的 Fastie 装置，其对任意波长的垂轴彗差值为：

$$TA'_c = \frac{3H_1\omega^2}{32f'^2}\left(\frac{\cos^3 i}{\cos^3\theta} - \frac{\cos^3 i_0}{\cos^3\theta_0}\right)\cos^2\theta \tag{15.38}$$

可见,Leo 装置对任意波长的垂轴彗差值比 Fastie 装置的表达式多一项——$\left(\frac{\cos\theta_0}{\cos i_0}\right)^3$,因此垂轴彗差小一些。

上述三种不同 C-T 装置的垂轴彗差情况可用数据实例加以说明:工作在 200~800 nm 的单色仪,光栅是 1200 线/mm,尺寸 100mm ×100 mm,入射光线与衍射光线之间夹角 $\delta=14°$。选定波长为 500 nm 的光,彗差等于零,其入射角 $i_0=10.7°$,衍射角 $\theta_0=24.7°$。在三种装置状态时:

① 对称状态:凹球面反射镜 $f'_1=f'_2=1$ m,每个反射镜的离轴角 $\frac{\varphi_1}{2}=\frac{\varphi_2}{2}=3.5°$;

② $H_1\neq H_2$ 的非对称状态:$f'_1=f'_2=1$ m,准直物镜的离轴角 $\frac{\varphi_1}{2}=3.5°$,聚焦物镜的离轴角 $\frac{\varphi_2}{2}=4.43°$;

③ $f'_1\neq f'_2$ 的非对称状态:$f'_1=1.081$ m,$f'_2=1.0$ m,对准直镜的离轴角 $\frac{\varphi_1}{2}=3.5°$,对聚焦物镜的离轴角 $\frac{\varphi_2}{2}=3.77°$。

上述三种不同装置状态下的 C-T 型平面光栅单色仪光学系统的垂轴彗差计算结果如表15.2 所示。可见,两种非对称状态安置时垂轴彗差都小于对称状态的数值,在 300~700 nm 的常用波段范围内 TA_c' 值小于 9 μm,接近所用光栅的分辨率极限;图 15.33 所示是垂轴彗差随波长变化的曲线,可见 Fastie 非对称装置(右图中的曲线 I)和 Leo 非对称装置(右图中的曲线 II)都比全对称装置(左图曲线)数值小。

表 15.2 三种装置状态下的离轴差计算结果

波长 λ/nm		200	350	500	650	800
垂轴彗差 TA_C'/nm	普通对称式	−0.010	−0.018	−0.025	−0.32	−0.038
	$H_1\neq H_2$	+0.018	+0.009	0.0	−0.009	−0.018
	$f_1\neq f_2$	+0.015	+0.008	0.0	−0.008	0.015

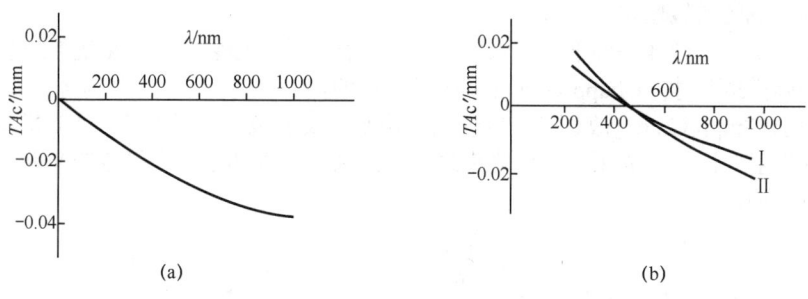

图 15.33 三种不同排列状态的 C-T 型平面光栅光学系统彗差情况

3)C-T 型平面光栅装置的谱线弯曲

对称式的 C-T 型平面光栅光学系统直线狭缝的谱线弯曲与水平对称 E-F 系统类同,为获得高能量输出,在保证光谱分辨率的前提下尽量使用长入射狭缝,也可同时使用弯曲的入射和出射狭缝。在非对称的 C-T 型平面光栅光学系统中,因为 $H_1\neq H_2$,$f_1'\neq f_2'$,在采用弯曲的入射与出射狭缝时只能对一个波长补偿像散和谱线弯曲;在选择能消除像散的波长时,要兼顾整个光谱区内其他波长的谱线增宽程度，以免降低仪器的光谱分辨率或单色性。

3. 李特洛（Littrow）光栅装置光学系统

Littrow 光谱仪光学系统得到广泛应用，棱镜光谱仪器也有很多 Littrow 型系统，如图 15.34（a）所示。Littrow 型平面光栅单色仪光学系统如图 15.34（b）所示。Littrow 光学系统的优点：结构简单、紧凑，仪器体积小，占用实验面积小。在 Littrow 型光学系统中，入射狭缝和光谱像位于光栅同侧，狭缝、反射镜和光栅的中心都在主截面上。因为入射光束和出射光束都在同侧，Littrow 系统会因二次或多次衍射、出射狭缝过于靠近入射狭缝等问题，产生较大杂光与干扰问题，这是 Littrow 系统的主要缺点。

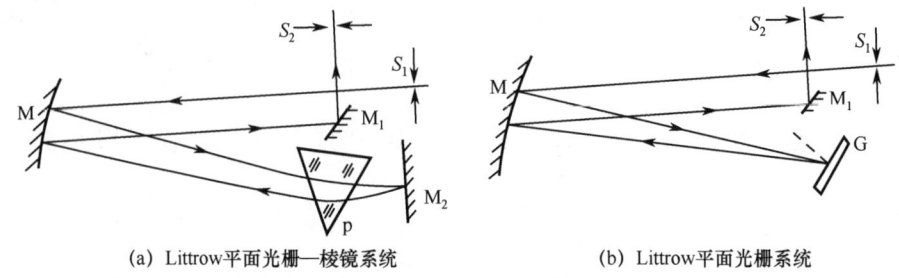

(a) Littrow平面光栅—棱镜系统　　　(b) Littrow平面光栅系统

图 15.34　Littrow 型系统

Littrow 系统展开后是 U 字形系统。由前述反射镜系统像差分析可知，在 Littrow 系统中最好采用抛物面反射镜：没有球差，经两次镜面反射的彗差相减，谱线质量好。如果采用球面反射镜，不但有球差，而且两次镜面反射的彗差相加。在 Littrow 系统中也可采用弯曲狭缝，以消除像散与谱线弯曲造成的谱线增宽影响，应使入射狭缝与出射狭缝向同一方向弯曲。由于单色仪在进行波长扫描时（改变输出单色光的波长值），谱线弯曲程度是随波长而变化的，因此也只能对一个选定波长补偿像散和谱线弯曲的影响。

4. 夏帕-格兰兹（Chupp-Grantz）平面光栅装置光学系统

为了克服 Littrow 型系统谱线弯曲随波长而变以及杂散光大的缺点，Chupp 和 Grantz 提出用两块抛物面反射镜的系统——Chupp-Grantz 平面光栅系统，如图 15.35（a）所示。

在 Chupp-Grantz 系统中，两个抛物面反射镜分别担任准直物镜和聚焦物镜，它们的离轴角相等，可完全消除整个系统的彗差。此外，Chupp-Grantz 系统与 E-F 系统一样，谱线的弯曲不随波长而变，如使用弯曲的入射和出射狭缝可在整个工作光谱范围内都不会产生因谱线弯曲与弯曲狭缝不匹配而造成的谱线增宽。

计算数据证明，在同样条件下，分别使用上述 4 种平面光栅装置光学系统的单色仪在最终像面上所产生的弥散斑尺寸，Chupp-Grantz 系统是最小的。

此外，由于 Chupp-Grantz 改进型系统使用两块平面反射镜，如图 15.35（b）所示，可适当消除二次或多次衍射。因入射光束与衍射光束之间夹角大，可以加小平面镜改变光路方向，使出射狭缝放到不同方向。

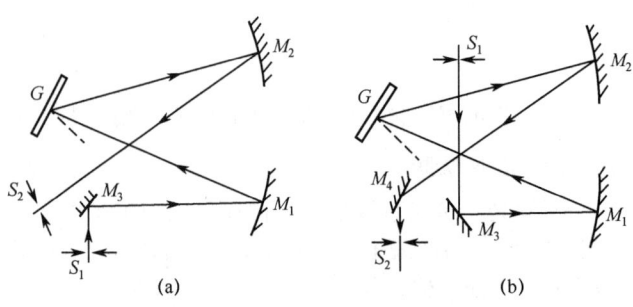

图 15.35　Chupp-Grantz 平面光栅系统

Chupp-Grantz 系统适用于要求高光谱分辨率、高输出光通量、低杂散光的光栅单色仪中。当然，抛物面反射镜加工、仪器装配和调整均较难，并导致成本提高。

15.3.6 凹面光栅光谱装置光学系统

前面已经介绍了凹面光栅有三种聚焦方式：罗兰圆方式、瓦茨沃斯方式和濑谷-波冈方式。在实际光谱仪器产品中，这三种方式都得到了不同程度的应用。

1. 罗兰圆方式的凹面光栅装置光学系统

基于罗兰圆方式的仪器有几种不同的形式，下面分别讲述其性能和特点。

1）帕邢-琅支（Paschen-Runge）装置（简称 P-R 装置）

用于摄谱中的入射狭缝、光栅和光谱感光底版都放在罗兰圆周上。可以在罗兰圆上放几个狭缝，拍摄不同波段光谱时可选用不同狭缝（不同入射角）的发射光束，如图 15.36 所示；也可在罗兰圆上放置多个感光底版，同时摄得不同波段或不同级次的光谱。

这种方式的凹面光栅装置适用于大曲率半径的凹面光栅，整个系统各元件安置在暗房中，主要用于光谱研究工作。在现代大型光电直读光谱仪中，也采用这种凹面光栅装置，在仪器壳中可安放几十个入射狭缝和光电倍增管。在钢铁冶炼现场对准炉口接收光，就可同时、快速地获得十几种元素的定量分析结果，实时监控冶炼过程，保证产品质量。

2）伊格尔（Eagle）装置

初期的 Eagle 凹面光栅装置类似于自准直平面光栅装置，如图 15.37（a）所示。其中，入射角等于衍射角，光栅与感光底版放在罗兰圆周上（可用小直角棱镜转折光路），整个光谱面的张角约为 20°～30°。改进的 Eagle 装置如图 15.37（b）所示，其中入射狭缝放到感光暗盒旁，入射角不等于衍射角。Eagle 装置的优点是结构紧凑、体积小，仪器整体便于防震、隔温。

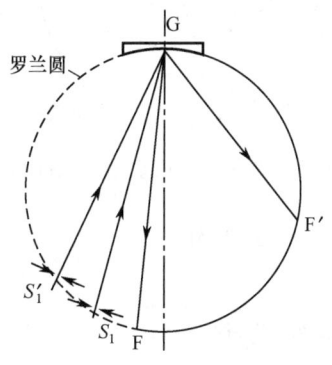

图 15.36 P-R 凹面光栅装置

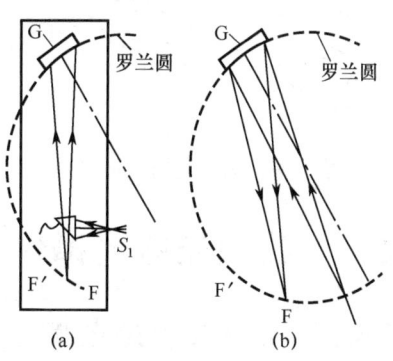

图 15.37 Eagle 凹面光栅装置

3）掠入射凹面光栅装置

掠入射凹面光栅装置的入射光以大角度（≥80°）投射到凹面光栅上，是专门用于波长比 50 nm 更短的真空紫外光谱区（波长短于 195 nm 的光谱区，因空气中的氧、氮、水蒸气等对其有强烈吸收，必须将光谱仪器内抽成真空状态才可拍摄样品光谱）。大入射角是为了获得增大的线色散率，如图 15.38 所示，在掠入射装置中狭缝和暗盒在罗兰圆周上并靠近光栅，以缩小仪器体积。掠入射的另外一个优点是大投射角下光表面的反射率很高，出射光强较大。

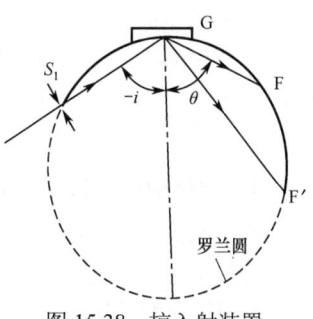

图 15.38 掠入射装置

在大入射角状态下系统像散较大,所以只能用小光栅拍摄小范围内的光谱线。

2. 瓦茨沃斯(Wadsworth)凹面光栅装置光学系统

凹面光栅聚焦的另一方式是用平行光束照射凹面光栅,如图 15.39 所示。Wadsworth 装置的优点是子午焦点与弧矢焦点重合,系统没有像散,在光栅法线两侧的像散也很小。在 Wadsworth 系统中,如用球面反射镜作为准直镜,则有一定程度的彗差和像散,但因狭缝与光栅很靠近,像差数值不大;如用抛物面反射镜,像差更小。Wadsworth 凹面光栅装置的光谱成像面是弯曲的,不同波段范围的谱面曲率不同,但曲率都不大,即使用平的感光底版除两侧边缘区以外,大部分谱线都很清晰。转换波段时只要将光栅和底版一起绕光栅的垂直轴旋转,再将底版沿光栅法线移动一些距离即可。

3. 濑谷-波冈(Seya-Namioka)凹面光栅装置光学系统

濑谷-波冈装置在 15.2.3 节中已有所介绍,它与瓦茨沃斯装置一样,是由凹面光栅方程得到的除罗兰圆以外的聚焦方式。其特点在于做波段转换时只要转动凹面光栅即可,不必转动、移动成像面或出射狭缝。在真空紫外区常采用濑谷-波冈凹面光栅装置作为单色仪的光学系统,转动光栅就可在出射狭缝处得到所需波长的聚焦谱线和单色性很好的出射光束。图 15.40 所示是濑谷-波冈凹面光栅装置的光路图。用这种系统的光谱仪器结构简单,使用方便;缺点是因为入射光线与衍射光线之间的夹角较大,系统产生的像散较大。近年来,全息光栅技术发展很快,已经根据濑谷-波冈系统的参数专门设计、研制出消像散的全息凹面光栅,可以克服这种系统的缺点。

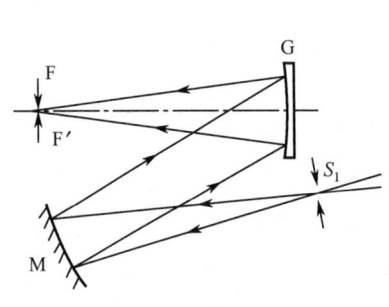

图 15.39 瓦茨沃斯装置图

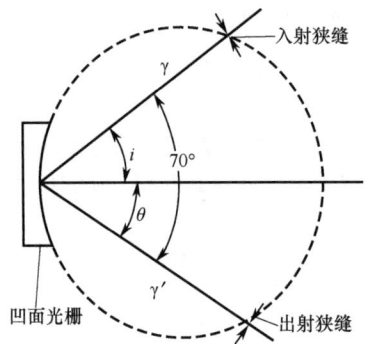

图 15.40 濑谷-波冈凹面光栅装置的光路图

15.4 典型光电光谱仪器光学系统设计[1-3]

15.4.1 摄谱仪和光电直读光谱仪光学系统设计

摄谱仪是以拍摄手段记录光谱的仪器。在现代科技和产业中,光电直读光谱仪得到广泛的应用,用来完成物质定性、定量分析及理化参数检测(如遥远天体的成分、表面温度、运动状态及其变化的观测等)。摄谱系统的优点很突出:灵敏度高、准确性好、分析速度快、分析费用低,尤其是可完成多元素同时分析的特点使其在快速冶炼之类现代化大生产领域成为不可或缺的手段。

1. 棱镜摄谱仪的光学系统设计

使用光谱色散棱镜作为色散元件的棱镜摄谱仪是最早出现的,近来因其光谱特性、仪器的功能和性能指标有一定限制,不能满足现代高科技的要求,逐渐被更新型、光电和数字化性能更高的光栅摄谱仪和数字直读光谱仪等仪器所取代。但是在较老的实验室等还有大量棱镜摄谱仪在正常应用。

前述图 15.12、图 15.13 和图 15.14 是以前生产至今仍在应用的几种棱镜摄谱仪的光路图。图 15.41 所示是摄谱仪光学系统的展开图。在准直物镜焦面上放置入射狭缝 S，光经准直物镜 L_1 变成平行光束投射到色散元件 P 上，色散后不同波长单色光以不同角度从色散系统射出，经光谱聚焦物镜 L_2 在光谱成像面 F 上形成波长光谱。

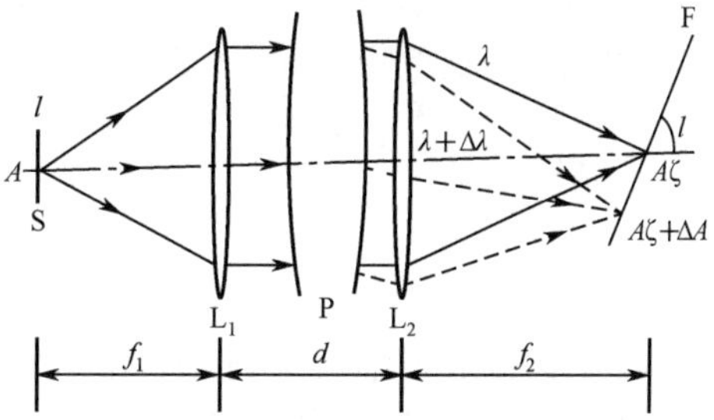

图 15.41　摄谱仪的光学系统展开图

1）棱镜摄谱仪的谱线放大率

如果不考虑谱面倾斜问题，摄谱仪光学系统的几何放大率应为

$$\beta = \frac{f_2'}{f_1'} \tag{15.39}$$

在垂直于狭缝长度方向（即色散方向），对于不以最小偏向角状态通过棱镜的各种单色光，还要受到棱镜产生的横向放大率 Γ 的作用，因此谱线的宽度 $a' = a\beta\Gamma$，即

$$a' = a\beta \frac{\cos i_1 \cos i_2}{\cos i_1' \cos i_2'} \tag{15.40}$$

式中，i_1、i_1'、i_2、i_2' 分别是该波长色光在棱镜第一、第二折射面上的入射角和折射角。如果仪器的准直物镜和聚焦物镜没有消色差（如图 15.13 的中型石英摄谱仪），则仪器的横向放大率将为

$$\beta = \frac{f_1' f_2'}{f_1'^2 + (f_1' + f_2' - d)x} \tag{15.41}$$

式中，f_1'、f_2' 是两物镜对某波长色光的焦距，d 是两物镜间的距离，x 是该波长色光的焦距与入射狭缝到准直物镜的距离之差（即该波长色光对准直物镜的离焦量）。由式（15.41）可知，在非消色差系统中 β 值与波长相关，不同波长色光在谱线长度和宽度方向有不同的放大率。如在图 15.13 所示的 Q-24 型石英摄谱仪中，谱面两端波长谱线的长度和宽度的相对变化量达到25%。而且因不同波长色光的焦距不同须使感光底版倾斜放置。

2）棱镜摄谱仪的谱面倾斜

物镜不消色差时，因各波长的焦距不同而使各波长清晰谱线像的成像面倾斜，甚至还会弯曲。图 15.13 上谱面的倾斜角 ε 为

$$\tan\varepsilon = \frac{n-1}{\mathrm{d}n}\mathrm{d}\theta = \frac{2\sin\frac{\alpha}{2}\mathrm{d}n_p}{\sqrt{1 - n_p^2 \sin^2\frac{\alpha}{2}}} \frac{n_l - 1}{\mathrm{d}n_l} \tag{15.42}$$

式中，n_l、n_p 分别是透镜、棱镜材料的折射率。若透镜和棱镜是用同样材料（如石英）制成的，则 $n_l = n_p = n$，$\mathrm{d}n_l = \mathrm{d}n_p$，式（15.42）可简化成

$$\tan\varepsilon = \frac{2(n-1)\sin\frac{\alpha}{2}}{\sqrt{1 - n^2 \sin^2\frac{\alpha}{2}}}$$

如果棱镜的折射顶角 $\alpha = 60°$（通常都取此值），则还能简化成

$$\tan\varepsilon = \frac{2(n-1)}{\sqrt{4 - n^2}}$$

例如，苏联 ИСП-22 型石英摄谱仪的谱面倾斜角为 $\varepsilon = 44°$。

如果光谱成像物镜也是非消色差的，且与准直物镜的材料一样，则光谱成像面的倾角为

$$\tan \varepsilon = \frac{2f_1'(n-1)}{f_1' + f_2'} \frac{\sin \frac{\alpha}{2}}{\sqrt{1 - n_p^2 \sin^2 \frac{\alpha}{2}}}$$

例如，德国制造的 Q-24 型石英摄谱仪，其中两个物镜都是非消色差石英透镜组，其谱面倾斜角 $\varepsilon = 23°30'$，可见它比只是准直物镜非消色差的谱面还要倾斜。

3）棱镜摄谱仪的分辨率

光通过摄谱仪光学系统，是在一定的孔径中光的衍射传递过程，在光谱成像面上得到的是入射狭缝的衍射图形。如果狭缝衍射图形的主极大宽度正好与狭缝的几何像宽度相等，则在衍射图形中约 90% 的总能量可落在狭缝几何像（光谱线）内；如果开大入射狭缝，使谱线几何宽度增大，则虽然衍射图形主极大和其两侧的一些次极大部分可被几何宽度容纳，总能量大，谱线强度也增大，但谱线宽度增大会造成仪器的光谱分辨率下降，需要根据工作要求考虑折中。当然，小于衍射主极大宽度的几何像宽（入射狭缝开得过窄）也许理论上对分辨率有好处，实际上因谱线强度下降，反而会使实际分辨率降低。当谱线的几何宽度等于衍射主极大宽度时，应该有 $\frac{f_2'}{f_1'} a = \frac{\lambda}{D} f_2'$，则相应入射狭缝宽度为

$$a = \frac{\lambda}{D} f_1' = a_0 \quad (15.43)$$

通常称 a_0 为入射狭缝的正常宽度，是能兼顾谱线强度和光谱分辨率的合适宽度。图 15.42 给出了入射狭缝宽度从 0 开始增大时，谱线的半宽度（强度为峰值 50% 的谱线轮廓曲线上两点之间的距离）H、谱线强度 I 和光谱分辨率 R 之间的变化情况：谱线半宽度 H 随入射狭缝宽度成比例增大，谱线强度 I 也很快增强，但是光谱分辨率 R 却明显下降。由图可见谱线强度不是总成比例增强的，缝宽大于正常宽度以后谱线强度增强越来越慢，但分辨率的降低却很明显。所以，应该妥善处理缝宽问题。

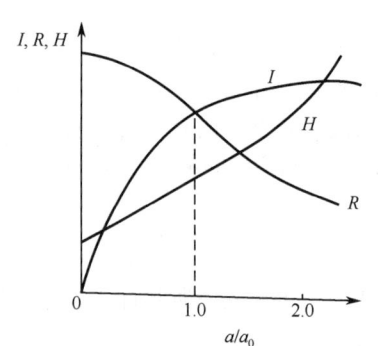

图 15.42 缝宽 H 与分辨率 R 和谱线强度 I 的关系

另外，在摄谱实践中会遇到光谱感光底板本身的分辨率问题，真正得到的实际摄谱结果并不唯一取决于摄谱仪光学系统的分辨率。应根据感光底板的实际分辨率设计适当焦距的成像物镜，才能确保底板能满足谱线分辨要求而又不使仪器体积过于庞大。

4）棱镜摄谱仪的集光本领

光进入摄谱仪器后并不能全部到达谱面上，而有相当大部分受到仪器中光学和金属零部件的拦截、反射、吸收等，造成光能损失，降低谱线强度；不按设计方向乱射的光形成杂光、背景光，还会使光谱对比度降低，影响摄谱仪的使用效果。在理想状况下，狭缝上每一点发出的光在立体角 $\Omega = \frac{\pi D_1^2}{4 f_1'^2}$ 内通过准直物镜进入的光能量应为

$$\Phi = \frac{\pi D_1^2}{4 f_1'^2} Lah \quad (15.44)$$

式中，a、h 分别是入射狭缝的宽度和高度，L 则是入射狭缝处的亮度。能够到达谱线上的光能量为：

$$\Phi' = \alpha\Phi, \quad \alpha < 1$$

在谱线上形成的照度为

$$E = \alpha \frac{\pi D_1^2}{4 f_1'^2} L \frac{ah}{a'h'} \tag{15.45}$$

其中 a'、h' 分别为该谱线的宽度和长度。再考虑到光学系统的放大率 $\beta = f_2'/f_1'$ 和谱面倾斜角 ε 的影响，实际谱线照度应为

$$E = \frac{\alpha\pi}{4} \frac{D_1^2}{f_2'^2} L \sin\varepsilon \tag{15.46}$$

由式（15.46）可知，作为摄谱仪光学系统集光本领标志的单色谱线的照度与光谱成像物镜的相对孔径平方成正比，也与谱面倾斜角的正弦成正比，而与入射狭缝的宽度、长度无关。因为 f_2'、ε 都与色光的波长有关，所以摄谱仪的谱面上各条谱线的照度不同，有时相差很大。

计算和实测都表明：对于线状光谱，当入射狭缝宽度小于正常缝宽时，谱线的照度随入射狭缝宽度增大而成比例增强；当缝宽大于正常宽度 a_0 后，入射狭缝再增大也不会使谱线照度增强。对于连续光谱，随着入射狭缝宽度的增大谱面照度也增大，不过连续背景的照度也随之增大，因而光谱对比度并无改善，甚至会恶化。计算和实测还表明：采用大角色散率的光学系统，有利于提高谱线与背景的强度比。

2. 光栅摄谱仪光学系统设计

虽然光栅色散系统存在光谱级次重叠、鬼线干扰和杂散光大等缺点，而且光栅表面脆弱易损，但因其高色散率、高分辨率、光谱匀排等优于棱镜摄谱仪，而且近年来光栅的制造已经成熟，现在光栅摄谱仪已经成为产品主流。

图 15.43 所示是应用最广泛的垂直对称式平面光栅摄谱仪的光路图（正视图和俯视图）。这种摄谱仪光学系统的光路对称，其光谱成像面中央区域的彗差和像散都小到可以忽略；光束准直和成像由一个半反射镜兼任，没有色差，谱面也比较平直；只要绕通过光栅刻划面且平行于光栅线刻槽的垂直轴转动光栅，就可方便地改变摄谱波段，无须附加其他调焦手续。

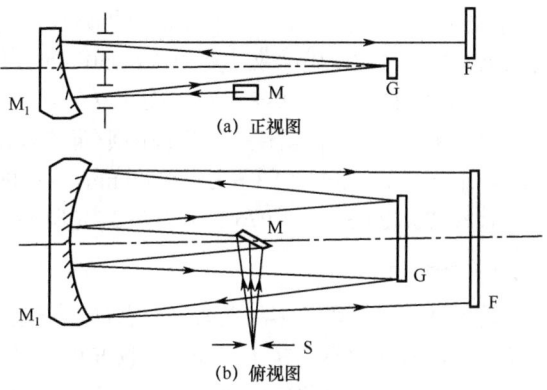

图 15.43 垂直对称式光栅摄谱仪

1）光栅摄谱仪的线色散率

由光栅方程，可得光栅摄谱仪光学系统的线色散率为

$$\frac{\mathrm{d}\lambda}{\mathrm{d}l} = \frac{d\cos\theta\sin\varepsilon}{mf_2'}$$

则倒数线色散率为

$$\frac{\mathrm{d}l}{\mathrm{d}\lambda} = \frac{m}{d\cos\theta\sin\varepsilon} f_2' \tag{15.47}$$

因为反射镜没有色差，f_2' 不随谱线波长变化，若谱面倾斜角 $\varepsilon \approx 90º$，只有衍射角 θ 随波长而变，波长增大，色散率也增大。光栅色谱仪光学系统色散率随波长而变的程度远比棱镜摄谱光学系统小。在光栅法线附近，θ 角小，$\cos\theta$ 值在 1 附近变化极小而可认为是常数，这就可以使各条谱线之间的距离与其波长差近似成线性关系，各条谱线是均匀排列的，这对光谱分析带来方便，便于观测，可用插值法估算出未知谱线波长值，所产生的误差很小。

2）光栅摄谱仪的谱线弯曲

光栅摄谱仪的谱线弯曲可用抛物线方程近似，在曲线顶点（狭缝中心点的像点）附近的曲率半径 ρ 为

$$\rho = \frac{df_2'}{m\lambda}\cos\theta_0 \tag{15.48}$$

式中，θ_0 为光栅主截面内的光线衍射角。由式（15.48）可知：波长越长，谱线弯曲越严重，这与棱镜摄谱光学系统的谱线弯曲情况相反；摄谱成像物镜的焦距 f_2' 越短，谱线弯曲越严重，这与棱镜摄谱系统类似。ρ 与 m 成反比，说明在高级次光谱中谱线弯曲情况严重；ρ 与光栅刻线间距 d 成正比，说明用高密度刻槽光栅时谱线弯曲情况比较严重。

通常，光栅摄谱仪光学系统所造成的谱线弯曲小于棱镜摄谱仪光学系统，这也是光栅摄谱仪的优点之一。在垂直对称式光栅摄谱仪光学系统中，入射狭缝中心点离光栅的主截面较远，谱线因弯曲而产生倾斜，为此有些仪器中加了入射狭缝角度微调机构（可使狭缝绕入射光束中心旋转），当波长较长和衍射角度较大（使用高级次光谱）时，可转动狭缝来抵消谱线倾斜影响。

3）光栅摄谱仪的光谱分辨率

影响平面光栅摄谱仪光谱分辨率的因素很多，包括所用光栅的线槽密度、刻划面工作宽度、工作光谱级次，以及光线在光栅上的入射角、衍射角、摄谱成像物镜的焦距等。光栅摄谱仪能获得的实际光谱分辨率还与光学系统的成像质量、光谱感光底版的分辨率、入射狭缝的被照明状态等因素有关。

平面光栅摄谱仪说明书常给出正常工作状态和条件下该摄谱仪所能分辨的铁谱线组，很明确、清楚。例如，我国的 31WI 型平面光栅摄谱仪（焦距：1 050 mm）拍摄的一级光谱可分辨出 Fe 234.830 3～234.809 9 nm、Fe 308.011 2～307.998 5 nm、Fe 410.644～410.627 nm 等铁谱线组；31WII 型平面光栅摄谱仪（焦距为 2100 mm，配有三块不同的平面光栅），用不同光栅拍摄的一级铁谱中可分辨的铁谱线组：No.1 光栅 Fe 234.830 3～234.809 9 nm、Fe 309.997～309.990 nm，No.2 光栅 Fe 309.997～309.990 nm、Fe383.086 3～383.076 0 nm，No.3，光栅 Fe502.721 2～502.713 6 nm。

3. 光电直读光谱仪光学系统设计

光电直读光谱仪是多通道光谱仪器，用于多种元素同时获取、记录、分析多条光谱线，获得物质的定性和定量分析信息。与摄谱仪的不同在于：光电直读光谱仪采用了一系列电子学、计算数学和信息学的新技术，形成自动化、数字化、网络化的全新光谱测控闭环系统。

1）光电直读光谱仪光学系统

图 15.44 所示是两种不同类型光电直读光谱仪的简图。其中，（a）是具有两个通道（内标和检测）的可扫描型直读光谱仪系统：内标通道固定专用于接收内标光量，供分析数据校正之用；检测通道可做自动扫描（由计算机分析软件控制自动扫描），使其出射狭缝—光电倍增管接收组件沿着光谱成像面扫描到指定元素的某分析谱线位置，实现对此元素的分析检测。这种仪器具有

通用性大,编制好适当的分析软件就可在一定范围内改变分析对象和分析检测要求。图 15.44(b) 所示是接收组件固定式,专用于特定元素分析,适用于产品单一的生产线。从应用角度看,光电直读光谱仪比摄谱仪具有很多优点:

(1) 分析速度快。用光电接收元件直接将谱线光信号转换成电信号,由电子系统和计算机快速处理,就可以在 1 分钟左右的时间内给出全部分析元素的分析结果。例如,在现代快速冶炼业(例如 15～20 min 的纯氧顶吹转炉炼钢)就可实现炉前实时分析检测和熔炼过程自动、闭环测控,保证生产安全和产品质量,也适用于需要大量分析样品的地质、土壤、农业、环境等部门。

(2) 工作波长范围宽。主要因为各种可用的光电探测元器件(如光电倍增管、光电二极管阵列、CCD 器件等)可感受的波长范围比摄影感光板宽得多,尤其可扩展到底版无法感光的 170 nm 左右的真空外区,钢铁冶炼时最重要的干扰元素碳、磷、硫、砷等元素的光谱分析灵敏线都在这区域。

(3) 分析动态范围大。光电探测器件的感光动态范围比摄影感光底版大得多,对于各种元素含量范围差别很大(10^3 以上)的样品也可一次同时予以分析(既可调节光电倍增管的工作负压,也可调节电子系统的增益)。

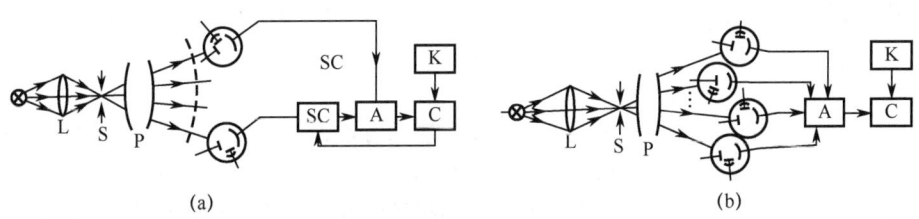

图 15.44 两种类型的光电直读光谱仪简图

光电子直读光谱仪的缺点也很明显:

(1) 仪器通用性差。光电直读仪器与复杂的电子、计算机软硬件系统结合,肯定不如普通摄谱仪那样可随时改变分析对象和分析状态。所以光电直读光谱仪器大多是专用型仪器,通用性差,适用于大企业、大生产。例如,用于炼钢的光电直读光谱仪就不能不加大量改动而直接用到炼铝生产线。

(2) 仪器结构复杂、体积庞大、价格昂贵。光电直读光谱仪要达到其主要功能、性能指标,仪器光、机、电、计算机软硬件复合系统远比只需要光、机系统的摄谱仪繁杂,价格昂贵。

(3) 仪器工作条件要求高。恒温、防震、稳压等条件是精密电子、计算机系统必需的,这就使光电直读仪器不能适应例行分析、野外分析等领域。

2) 典型的光电直读光谱仪光路系统

图 15.45 所示是我国生产过的使用石英消旋光棱镜的光电直读光谱仪光路图,仪器装置 12 组出射狭缝—光电倍增管接收组件,温度补偿系统可以补偿温度变化所引起的谱线位移。该仪器是专用于有色金属及其合金冶炼、分析检测工作的仪器。

图 15.46 所示是我国的 WZG-200 型真空直读光谱仪光路图,它采用帕邢-龙格凹面光栅装置,有 20 个分析通道,其工作波长范围为 177～339 nm;凹面光栅和各出射狭缝都是固定不动的,入射狭缝有精细调节机构,可使各条分析谱线都能对准各出射狭缝中心;接收 200 nm 以下波长的真空紫外谱线的出射狭缝—光电倍增管组件安装在仪器内的真空腔体中,接收 200 nm 以上谱线的出射狭缝—光电倍增管组安装在真空腔外,这样可减小真空腔体积,提高抽真空速度,并减小真空泄漏程度。为防止杂散光干扰,在光栅零级衍射光束方向还设有光阱 T,把零级衍射光吸掉。

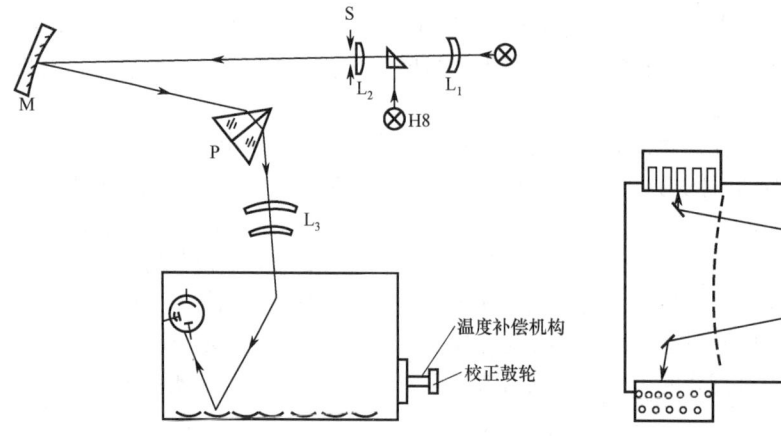
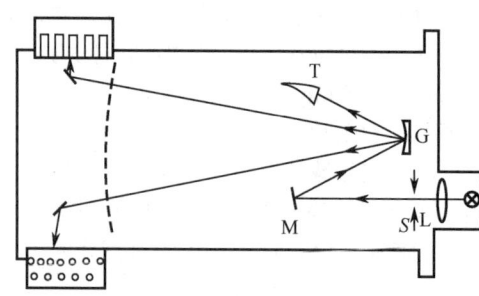

图 15.45　棱镜式光谱直读光谱仪光路图　　图 15.46　凹面光栅式光谱直读仪光路图

3）光谱直读仪中谱线的位移及其校正

在光谱直读仪器的实际应用过程中，会有种种原因造成原先精确定位的谱线移位，即原本精确对准各出射狭缝中心的各分析谱线发生偏移而不再对准相应的各出射狭缝。显然，这会减低仪器最终的分析精度和灵敏度，甚至发生错误结果（例如该分析线附近有其他元素谱线时）。

产生谱线位移的原因包括：

（1）震动。分析人员活动、真空机器以及外界震动等原因都会使仪器震动，导致内部零部件位置错移，光学成像关系变化，直接导致谱线位移或震颤。

（2）大气压力变化。大气压变化造成空气折射率的变化，对于长焦距物镜系统就会造成明显的谱线位移。

（3）湿度变化。仪器工作环境湿度的变化会导致空气折射率变化（湿度增加、空气折射率也增大）而引起谱线位移，而且湿度增大还会使电子系统（光电倍增管、其他电子元器件、电路板等）的绝缘电阻下降，导致暗电流上升等直接影响检测精度。

（4）温度变化。仪器工作环境温度变化是造成光电直读光谱仪谱线位移的最主要原因。在一个大气压、15℃的状态下，空气折射率的温度系数大约为 $dn/dt = -0.91\times10^{-6}\ ℃^{-1}$，可见温度变化造成空气折射率的变化是很明显的，会对谱线位移产生影响。此外，温度变化也会造成色散棱镜材料的折射率变化，引起光栅的伸缩变形，从而使光栅的刻线密度变化导致仪器线色散率的变化。

防止产生谱线位移的主要措施是消除产生温度、压力、湿度等环境因素的变化，所以一般光电直读光谱仪（尤其是高档、长焦距大线色散率的仪器）都得安置在恒温、恒湿、恒压实验室或专用监测工作室内，采取严格控制措施。这样处置很好但极昂贵，不利于推广应用。现代化的光电直读光谱仪已经在设计时考虑了仪器内部局部环境控制的措施，双层仪器外壳（中间有隔热屏蔽材料），内腔设置加热-吹风恒温系统（比仪器外部实验室环境温度高 10℃左右），这样就给仪器工作造成一个不受外界环境影响的"局部稳定空间"条件。

为保证在不同情况下仪器能正常工作，现代化光电直读光谱仪还设计有各种精密校正机构供随时调整、补偿可能出现的谱线位移。为校正谱线位移，可以直接调节入射或出射狭缝位置来补偿谱线已有的位移。图 15.45 所示的我国 WD701 型光电直读光谱仪，就是用微调出射狭缝位置的办法消除谱线位移产生的影响的：装在同一机架上的 12 个出射狭缝都按准确谱线位置装定，其中有一个出缝对准汞灯的 435.8 nm 谱线作为谱线位移监控线。如果因温度变化等原因谱线有了位移，Hg435.8nm 线也不能再对准其出缝中心。此时，可转动仪器上的校正鼓轮推动狭缝机架做微小转动带动各出缝位移，通过仪器外连接的谱线轮廓扫描仪等监控 Hg435.8nm 线，直到它从出狭缝的输出达到极大值时停止转动校正鼓轮，其他谱线也都会对准相应的出射狭缝。

图 15.47 所示是用光学手段微移谱线校正谱线位置的装置,在入射狭缝后安装一块石英平行平板,倾斜该平板可使出射光线相对于入射光线产生微量位移

$$\Delta S = \frac{d \sin(\alpha - i_1')}{\cos i_1'} \quad (15.49)$$

而 $\sin i_1' = \frac{1}{n} \sin \alpha$,与入缝共轭的各出射狭缝将产生 $\Delta S' = \beta \Delta S$ 的位移量;通过测微鼓轮推动平行平板倾斜适当角度,使各谱线返回其正确位置。

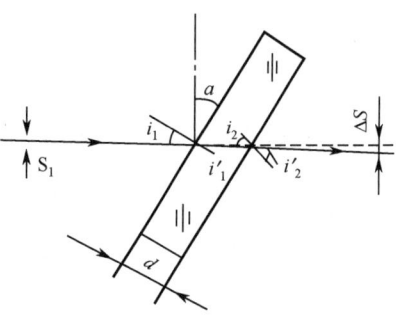

图 15.47 平行平板横向位移调节

15.4.2 单色仪和分光光度计光学系统设计

单色仪是用来从具有复杂光谱组成的光源或连续光谱入射光中分离截取"单色光"的仪器。绝对单色光实际上是不存在的,"单色光"只是相对于光源具有复杂光谱组成而言,波长范围极其狭窄以至于相对来说可以认为是只具有单一波长值的光。

单色仪与其他多通道光谱仪器的不同之处在于:单色仪用固定的出射狭缝分离出单色光束,不要求谱线精确成像,而只是分离出单色光束;由于单色仪只有一个出射狭缝,在任一瞬间单色仪只能输出一种波长的单色光束,所以单色仪不能用于多谱线同时分离,是单通道仪器。为了在不同情况、不同时间能输出不同波长的各种单色光束,单色仪配备有波长调节机构及相应的输出波长读数或显示装置。在使用要求上,单色仪只需提供各种波长的单色光,不要完成任何定性或定量分析,因此没有波长自动扫描、光能检测及相应的电子、计算机系统。

15.4.2.1 单色仪的基本光学特性

根据单色仪的工作任务可知单色仪的基本光学特性应包括:输出光束的光谱宽度(波长包容范围)$\Delta \lambda$、单色光辐射通量和单色仪给出的单色谱线上的光能量分布。事实上,光谱宽度、光能量分布两者与单色仪的光谱分辨率有关,出射辐射通量则与单色仪的集光本领相关。

1. 单色仪出射光束的光谱宽度

从单色仪分离出来的光束总是具有一定的狭窄的波长范围 $\Delta \lambda$,只是"准单色"光。理论上是希望 $\Delta \lambda$ 越小越好,出射光越纯(即仪器的单色性越高)越好。但是,由于实际光学系统不可能是理想光学系统(没有一点像差),光通过不可能无限大的仪器孔径总会产生衍射影响,入射和出射狭缝都不可能无限窄(宽度为零),所以实际仪器不可能给出 $\Delta \lambda \to 0$ 的"纯"单色光束。

在单色仪中,影响仪器出射光束单色性的因素包括狭缝宽度、衍射、像差、谱线弯曲和离焦量。

1)狭缝宽度对单色仪出射光束单色性的影响

(1)入射狭缝宽度的影响。暂不考虑光学系统的衍射作用,宽度为 a 的入射狭缝,其几何像(谱线)的宽度为 $a' = \frac{f_2'}{f_1'} a \Gamma$,其中 f_1'、f_2' 分别是准直物镜和聚焦物镜的焦距,Γ 是色散系统的横向放大率(只有以最小偏向角状态通过色散棱镜的某一波长色光,或者在光栅上衍射角等于入射角的某一波长色光,其色散系统的横向放大率才等于1)。因此,在光谱成像面上 a' 宽度内所包含的波长范围应为

$$\Delta_1\lambda = \int_{-\frac{1}{2}\frac{f_2'}{f_1'}a\Gamma}^{\frac{1}{2}\frac{f_2'}{f_1'}a\Gamma} \frac{\mathrm{d}\lambda}{\mathrm{d}l}\mathrm{d}l$$

如果近似地认为在 $\Delta\lambda$ 很小范围内 $\dfrac{\mathrm{d}\lambda}{\mathrm{d}l}$ 的变化可以忽略，当作一个常数，以一个平均值 $\overline{\left(\dfrac{\mathrm{d}\lambda}{\mathrm{d}l}\right)}$ 表达，则应有

$$\Delta_1\lambda = \overline{\left(\frac{\mathrm{d}\lambda}{\mathrm{d}l}\right)}\frac{f_2'}{f_1'}a\Gamma = \frac{a\Gamma}{f_1'\dfrac{\mathrm{d}\theta}{\mathrm{d}\lambda}} \tag{15.50a}$$

由式（15.50a）可见：当入射狭缝宽度 $a\neq 0$ 时，光谱成像面上任意一点都有波长范围为 $\Delta_1\lambda$ （即 $\lambda_i \to \lambda_i + \Delta_1\lambda$ ）的不同波长的光叠加在一起。$\Delta_1\lambda$ 的大小与入射狭缝的角宽度 a/f_1' 成正比，而与色散系统的角色散率 $\mathrm{d}\theta/\mathrm{d}\lambda$ 成反比。

（2）出射狭缝的影响。假设入射狭缝的宽度无限小 $(a\to 0)$，则在成像面上各条谱线的几何像宽也无限窄，彼此之间不会互相重叠。考虑宽度为 a''（如出射狭缝宽度）的成像面上小范围内所包含的波长范围，应为

$$\Delta_2\lambda = \int_{-\frac{1}{2}a''}^{\frac{1}{2}a''} \frac{\mathrm{d}\lambda}{\mathrm{d}l}\mathrm{d}l = \overline{\left(\frac{\mathrm{d}\lambda}{\mathrm{d}l}\right)}a'' = \frac{a''}{f_2'\dfrac{\mathrm{d}\theta}{\mathrm{d}\lambda}} \tag{15.50b}$$

式（15.50b）说明：即使入射狭缝为无限窄，被宽度为 a'' 的出射狭缝分离出来的出射光束也包含一定的波长范围 $\Delta_2\lambda$，它与出射狭缝的角宽度 a''/f_2' 成正比，与色散系统的角色散率 $\mathrm{d}\theta/\mathrm{d}\lambda$ 成反比。

在实际单色仪中，入射狭缝和出射狭缝都必须具有一定宽度（否则既无光进入，也无光输出）。因此，由单色仪狭缝宽度所造成的出射光束包含的光谱范围应为

$$(\Delta\lambda)_1 = \Delta_1\lambda + \Delta_2\lambda = \left(\frac{a\Gamma}{f_1'} + \frac{a''}{f_2'}\right)\frac{1}{\mathrm{d}\theta/\mathrm{d}\lambda} \tag{15.51}$$

在很多单色仪器中出于成本考虑而使 $f_1' = f_2' = f'$，则上式就变为

$$(\Delta\lambda)_1 = (a\Gamma + a'')\frac{1}{f'\dfrac{\mathrm{d}\theta}{\mathrm{d}\lambda}} \tag{15.52}$$

2）光学系统衍射对单色仪出射光束单色性的影响

在实际单色仪中，总有一个限制光束的孔径光阑（通常为色散元件通光口径）。按照夫朗禾费衍射理论，点衍射图形的中央主极大的角宽度为 $2\rho = 2\lambda/D'$，其中 D' 为光束孔径大小（在棱镜单色仪中是色散棱镜的底边长度，在光栅单色仪中是光栅有效的栅线刻划面的宽度）。不考虑狭缝宽度时，由于衍射作用，出射光束也包含一定的光谱范围：

$$(\Delta\lambda)_2 = \frac{2\lambda}{D'}f_2'\frac{\mathrm{d}\lambda}{\mathrm{d}l} = \frac{2\lambda}{D'}\frac{1}{\dfrac{\mathrm{d}\theta}{\mathrm{d}\lambda}} \tag{15.53}$$

由此可知：单色仪的通光孔径越小，衍射所形成的波长范围就越大；角色散率越大，则衍射引起的波长范围越小。

3）光学系统像差对单色仪出射光束单色性的影响

单色仪光学系统即使校正以后还会存在一定的残余像差，在非反射系统中色差也会有一定残

余。设像差残余造成的弥散斑宽度为 b，则在此范围内所包含的出射光束的波长范围是

$$(\Delta\lambda)_3 = \left(\overline{\frac{\mathrm{d}\lambda}{\mathrm{d}l}}\right)b = \frac{b}{f_2'}\frac{1}{\frac{\mathrm{d}\theta}{\mathrm{d}\lambda}} \tag{15.54}$$

4）谱线弯曲对单色仪出射光束单色性的影响

如前所述，由于单色仪的狭缝长度不可能为零，就会造成狭缝像（谱线）的弯曲，光学系统的场曲也会引起谱线的弯曲。图 15.48 所示是宽度为 a'' 的直出射狭缝与 λ_1、λ_2、λ_3、λ_4 的弯曲谱线的情况。如果谱线不弯曲，则只有波长为 λ_3 的单色光能通过出射狭缝射出；λ_1 完全被挡住不能出射；λ_2、λ_4 则刚好被出缝左右两刀口挡住，也不能出射：仪器的出射光束只含波长为 λ_3 的单色光。因为谱线存在弯曲，λ_1 在出缝上下两端刚能出射，λ_2 和 λ_4 在出缝中央也可挤出，从出射狭缝也有 λ_1、λ_2、λ_4 部分或全部输出，仪器单色性降低。

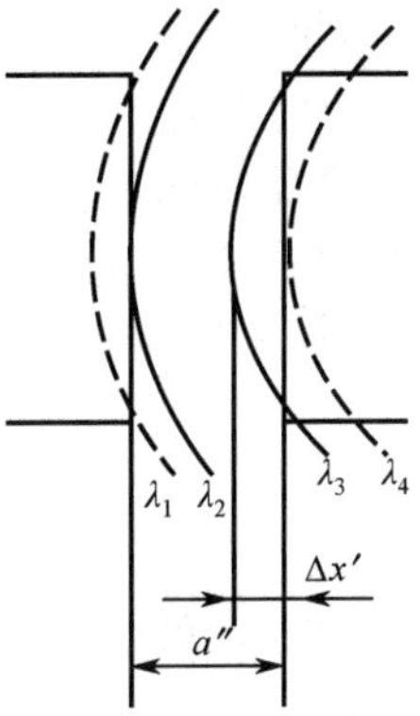

在棱镜色散系统中，谱线的弯曲是朝向短波方向的，在图 15.48 中应是 $\lambda_1 > \lambda_2 > \lambda_3 > \lambda_4$，在 λ_1 和 λ_2 之间的较长波光不弯曲是全被挡住的，λ_3 和 λ_4 之间较短波长的光由原本全部可通过出缝变成上下端被挡去一些。因此，由于谱线弯曲，在棱镜单色仪的输出光中长波光多了一些、短波光少了些，或者说棱镜单色仪的输出光波长范围由于谱线弯曲，其"重心"向着长波光方向移动了；反之，在光栅单色仪中谱线弯曲是朝向长波方向的，因此图 15.48 中应是 $\lambda_1 < \lambda_2 < \lambda_3 < \lambda_4$，在光栅单色仪中输出光束中的短波分量增加，"重心"向短波方向移动了。

当狭缝长度一定时，谱线弯曲造成的矢高为 $\Delta x'$，引起的出射光束所包含的光谱宽度变化为

图 15.48 谱线弯曲对单色性的影响

$$(\Delta\lambda)_4 = \left(\overline{\frac{\mathrm{d}\lambda}{\mathrm{d}l}}\right)\Delta x' = \frac{\Delta x'}{f_2'}\frac{1}{\frac{\mathrm{d}\theta}{\mathrm{d}\lambda}} \tag{15.55}$$

在使用弯曲出射狭缝的仪器中，可以补偿部分上述影响（只能对某一个波长全补偿，其他波长只能不同程度地有所补偿）。如对于一定长度的弯曲狭缝，其矢高为 Δx，则从这弯曲狭缝出射的光束包含的波长范围变化为：

$$(\Delta\lambda)_4 = \frac{\Delta x - \Delta x'}{f_2'}\frac{1}{\frac{\mathrm{d}\theta}{\mathrm{d}\lambda}} \tag{15.56}$$

5）光谱成像系统离焦对出射光束单色性的影响

无论如何精细调焦，总会有一些离焦量 $\Delta f_2'$，如图 15.49 所示，总会有一些在无离焦时不能出射的色光挤出出射狭缝（如图 15.49 中的阴影部分），造成出射光束单色性下降。离焦形成的等效出缝宽度变化量 $\Delta a''$ 可由 $\dfrac{\Delta a''}{\Delta f_2'} \approx \dfrac{D'/2}{f_2'}$ 求出：

$$\Delta a'' \cong \frac{D'}{2f_2'}\Delta f_2'$$

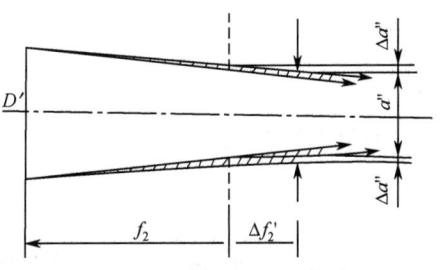

图 15.49 光谱成像系统离焦量的影响

式中，D' 是出射孔径。因此可以得到存在离焦量 $\Delta f_2'$ 时出射光束光谱宽度变化量为

$$(\Delta\lambda)_5 = \frac{D'}{f_2'} \frac{1}{\frac{d\theta}{d\lambda}} \Delta f_2' \tag{15.57}$$

可见，出射光束光谱范围变化与离焦量成正比，也与成像系统相对孔径成正比。

以上对影响单色仪出射光束单色性的各因素做了分析。在实际仪器中，这些因素是同时存在并同时起作用的。各种因素最后的影响应为

$$\Delta\lambda = (\Delta\lambda)_1 + \cdots + (\Delta\lambda)_5 = \sum_{i=1}^{5}(\Delta\lambda)_i \tag{15.58}$$

由以上分析可知：衍射、像差和谱线弯曲三个影响单色性的因素是单色仪理论上和设计上的原因造成的；而狭缝宽度和成像调焦是由使用状态确定的，是可控的。

2. 单色仪出射光束的辐射通量

单色仪的性能是提供单色性好、有足够辐射强度的单色光束，出射光束的辐射通量也是单色仪的主要性能指标。单色仪是从白炽灯等具有连续光谱辐射组成的光源发出的光辐射中分离出单色光束的，光源的亮度是波长的连续函数，而且在无限小的波长间隔 $d\lambda$ 内亮度 $L(\lambda)$ 的变化是单调的。如果忽略入射狭缝前面的聚光照明系统的吸收、反射所导致的光能损失以及对光源亮度函数的影响（事实上不同的狭缝照明系统会造成不同的影响），则能进入宽度和长度分别为 a、h 的入射狭缝的所有光辐射通量为：

$$\Phi = \int_{\lambda_1}^{\lambda_2} L(\lambda) ah \frac{A}{f_1'^2} d\lambda = ah \frac{A}{f_1'^2} \int_{\lambda_1}^{\lambda_2} L(\lambda) d\lambda$$

考虑到 $\Delta\lambda$ 范围很小，$L(\lambda)$ 在小范围内起伏不大，可用一个亮度平均值 $\overline{L}$ 来代替，可得到

$$\Phi = ah\overline{L} \frac{A}{f_1'^2} \Delta\lambda \tag{15.59}$$

其中，A 是准直物镜系统的通光孔径。

在实际单色仪器中存在吸收、反射等原因造成的光辐射损失，能从单色仪出射的光辐射通量总是要减小的；如果用光学透过率 $T(\lambda)$ 表征光能的损失，则 $T(\lambda)<1$，它也是波长的函数。在 $\Delta\lambda$ 范围很小时可用平均值 $\overline{T}$ 来代替透过率函数 $T(\lambda)$。从单色仪光学系统出射的光束中包含的辐射通量应为：

$$\Phi' = \overline{L}\,\overline{T} ah \frac{A}{f_1'^2} \Delta\lambda \tag{15.60}$$

如果出射狭缝的宽度正好等于谱线几何宽度，即 $a'' = a' = \frac{f_2'}{f_1'} \Gamma a$，则单色仪输出的光通量为

$$\Phi' = \overline{L}\,\overline{T} \frac{a''}{\Gamma f_2'} h \frac{A}{f_1'} \Delta\lambda$$

因为

$$a'' = \frac{d\theta}{d\lambda} \Delta\lambda f_2'$$

可得到以下表达式：

$$\Phi' = \overline{L}\,\overline{T} \frac{A}{f_1'} \frac{h}{\Gamma} \frac{d\theta}{d\lambda} (\Delta\lambda)^2 \tag{15.61}$$

从式（15.61）可得到结论：单色仪出射光束的光通量（表征光强）与光源的亮度 $\overline{L}$ 成正比，所以越亮的光源可得到越大的出射光通量（谱线越强）；单色仪出射光束的光通量与单色仪光学系统的光学透过率 $\overline{T}$ 成正比，设计时要尽可能使系统的光能损失小；单色仪出射光束的光通量与准直

物镜系统的相对孔径成正比（$A = \frac{1}{4}\pi D^2$），以

$$\Delta\lambda = \frac{a''}{f_2' \dfrac{\mathrm{d}\theta}{\mathrm{d}\lambda}}$$

代入

$$\Phi' = \overline{L}\,\overline{T}ah\frac{A}{f_2'}\Delta\lambda$$

可得

$$\Phi' = \overline{L}\,\overline{T}aa''h\frac{A}{f_1'^2}\frac{1}{f_2'\dfrac{\mathrm{d}\theta}{\mathrm{d}\lambda}}$$

可见，单色仪输出光通量与入射狭缝宽度、出射狭缝宽度都成正比，增大缝宽确实能增大输出光通量，但会伴随着单色性能的下降；而输出光通量与狭缝长度 h 成正比，这是有用的，尤其在红外区光源极微弱时、使用长狭缝是常见的办法。单色仪输出光通量与色散系统的角色散率成正比，设计时尽量采用大色散率系统对光输出也是有用的。光输出公式里还包含色散系统的横向放大率 Γ，它是波长的函数，不同波长的光输出受到不同的影响；由于色散棱镜的横向放大率随波长的变化的程度比光栅大，所以棱镜单色仪输出光辐射通量随波长的变化更加明显。有个重要的结论是：光通量 Φ' 与 $(\Delta\lambda)^2$ 成正比，说明了单色仪这两个主要性能指标之间的矛盾关系：要高单色性、高光谱分辨率就得减小 $\Delta\lambda$，直接导致输出光能量的降低；反之，在需要高强度单色光能量的场合就必然要忍受输出光束的单色性下降。

3. 单色仪出射光束中各波长光能量的分布

当单色仪入射狭缝宽度为 a 时，通过整个光学系统后形成宽度为 $a' = \dfrac{f_2'}{f_1'}\Gamma a$ 的单色光谱线；在出射狭缝面上各波长的谱线互相叠加，从宽度为 a'' 的出射狭缝射出的各波长都有中心离出缝中心不同距离的光谱范围（$\Delta\lambda$），因为各波长单色光能通过出缝的程度不同，所以从单色仪出缝射出的光束中具有不同比例的各种单色光辐射通量。

理论分析和试验检测证明了以下三种情况下出射光束的各波长能量分布是不同的。

（1）如果出缝的宽度 a'' 正好等于处于出缝中央的某波长的谱线宽度 a'，则这波长的全部辐射通量能从出缝射出，在出射光束中占最大比例。在此波长两侧的更长些和更短些的其他波长的光，能从出缝射出的比例随其中心离出缝中心距离的增大而线性递减。最终出射光束中各波长谱线的辐射通量分布呈现三角形分布：中心与出缝中心吻合的某波长射出的辐射通量最大，波长比它长或短的其他波长能出射的辐射通量线性递减，中心处于出缝两刀口边缘的最长、最短两个波长能出射的通量降到零。

（2）如果出缝的宽度 a'' 大于中心位于出缝中心的某波长色光的谱线宽度 a'，则此波长光辐射可全部从出缝射出；比此波长更长些光的谱线，其长波方向边缘正好与出缝长波方向边缘重合，以及波长比中心波长短些但其谱线短波方向边缘正好与出缝短波方向边缘重合的两个波长的光通量，也刚好能全部从出缝射出；再比这两波长更长点和更短点的其他各波长光所能射出的光辐射通量则线性递减；谱线中心正好与出缝相应两刀口边缘重合的两种波长更长、更短单色光能出射的光通量正好降到零。在这种出缝宽度大于谱线宽度的情况，出射光束中的各波长光辐射通量的分布就呈现为上底边短、下底边长的梯形分布。

（3）如果出缝宽度比谱线宽度更窄些，中心与缝中心重合的波长谱线的辐射通量也不能全部

射出，其他波长更长些和更短些的各波长光能从出缝射出的辐射通量还是随波长不同而线性递减到零；各波长单色光在单色仪出射光束中的分布仍然是梯形曲线分布，不过上底边更短些，梯形的高度比出缝宽度大于谱线宽度时降低了，梯形面积变小了。

上述三种情况中三角形、梯形所包围的面积在数值上等于单色仪所出射的光束各波长光的辐射通量总和。从这三种情况可以看出：出缝宽度正好等于某波长谱线宽度最为理想，三角形分布的最高辐射通量值与第（2）种情况的梯形高度值相等，但出射光束中所包容的波长范围小，这意味着获得最大辐射通量，又有最小的波长范围（单色性最好），可达到光能量与单色性这两个矛盾的最佳折中。出缝比谱线更宽的第（2）种情况虽没有减低能量，但出射光束的光谱宽度明显增大，单色性有损失；出缝宽度小于谱线宽度是最不利的情况，不但出射光束的辐射通量下降，上底边长度不等于零的梯形分布显示了波长选择性不良。

15.4.2.2 常见的单色仪光学系统类型

单色仪是最常用的光谱仪，其主要应用分成两大类：单独作为单色仪为各领域科技和产业提供全光学波段不同波长的单色光束；作为核心部件在各种分光光度计中提供波长可扫描变化的单色光束，此时一般称为单色器。

从最初的简单棱镜单色仪到现代的各种光栅单色仪、双联和三联高档单色仪（器）等，类型和品种很多。用单一色散系统构成的普通单色仪前面已经给出过光学系统图，图 15.50 所示是几种用两个色散系统联合工作的双联单色仪光学系统图。在双联单色仪中，两个色散系统是串联工作的，即第二个单色系统连在第一单色系统后面接收其单色输出光束，再次予以色散处理。

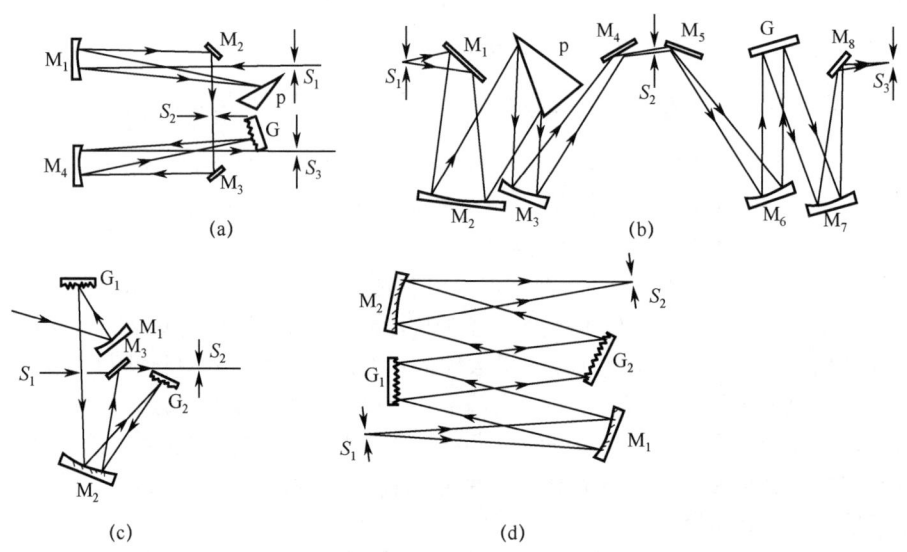

图 15.50　几种双联单色仪（器）的光学系统

设计、使用双联单色仪有两个目的，相应地将其分为两类：第一类是色散相加的双联单色仪，即第二单色系统对第一系统输出的已经色散、分离过的单色光再次进行色散、分离，从而获得更大的总色散率，分离输出单色性更高的最终光束，这种双联单色仪称为色散相加单色仪；第二类双联单色仪不是为了获得更大总合色散率，而是切割第一单色仪的输出光束，分离出更细窄更"纯"的单色光，同时更好地抑制输出光束中的杂散光，使背景更低，称这种双联仪为色散相减单色仪。从光学系统图可判断双联单色仪是色散相加还是色散相减系统，如图 15.51 所示。

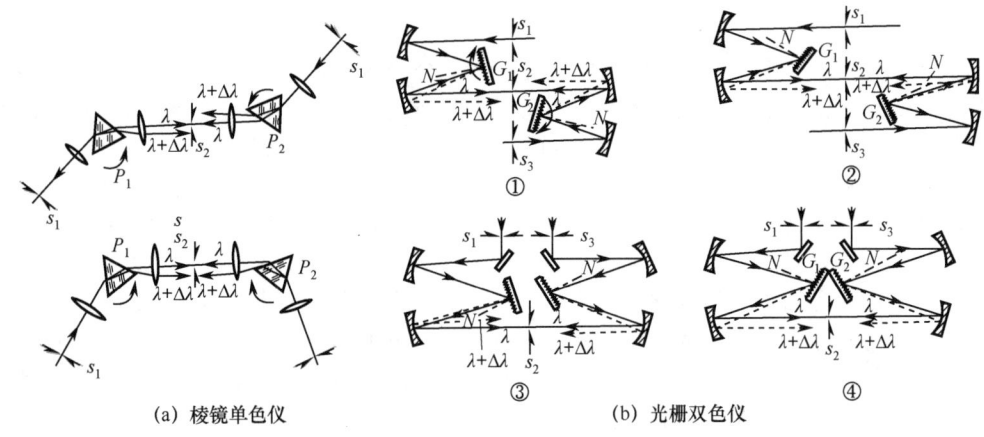

(a) 棱镜单色仪　　　　　　　　(b) 光栅双色仪

图 15.51　色散相加和色散相减双联单色仪光学系统

判断双联单色仪色散加、减的方法：与正常光路行进方向逆向画出第二单色仪的光线行迹，根据其在中间狭缝面上各波长光线走向排列，就可判断该双联单色仪是色散相加还是相减。图 15.51 画出了 6 台不同的双联单色仪光路图，标出了 λ 和 $\lambda+\Delta\lambda$ 两种波长光线的正逆走向。在两台棱镜双联单色仪中间狭缝处，第一台的 λ 和 $\lambda+\Delta\lambda$ 两条光线的正逆光路排列方向相反，因此它是色散相加系统；第二台棱镜单色仪的 λ 和 $\lambda+\Delta\lambda$ 两条光线排列方向相同，因此是色散相减系统。在 4 台光栅双单色仪中，同样可判断出图 15.51 中①和②是色散相加系统，图 15.51③和④是色散相减的双联单色仪系统。

为了获得低的杂散光水平，可使用三联单色仪系统。图 15.52 所示是我国生产的 RTI-30 型喇曼光谱仪中的三联单色器光学系统，其三块光栅安装在同一转轴上实现同步波长扫描。这台仪器的光谱分辨率为 0.15 cm^{-1}，杂散光相对强度为 10^{-13}（离主线 50 cm^{-1} 处）。

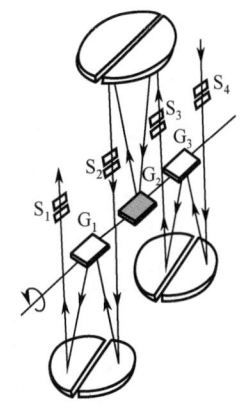

图 15.52　三联单色仪

为了保证双联、三联单色器系统正常、精确工作，仪器的光学系统和机械系统都很复杂、精密：要保证第一单色器出射光束全部进入第二单色器（方向、孔径角都需要匹配好），两个单色器光学系统的像差各自校正，不能使两者互补来得到理想的最终成像质量（两者的球差不可能相减，像散也不能相消，色散相减系统的彗差可相减但难以达到理想校正）。这类仪器的精密机械、电子和计算机系统是复杂昂贵的，多应用在科技研究工作中。

15.4.2.3　分光光度计光学系统设计

各类分光光度计相对于其他分析检测仪器的优点：不破坏、不改变样品的理化成分和结构，是无损分析检测；分析速度快，较易于实现在线、实时分析检测；可以对宏观试样和微量样品进行安全、可靠、准确的分析检测；分析检测过程不需要特殊工作条件（如高温、高压、高真空、复杂分离、纯化手续等），也不要特殊试剂、催化剂等；分析费用低，特别适用于例行分析、大批量样品分析、实验室外现场分析，以及野外、战场实时、连续分析监测；光谱分析不需要化学、放射性、腐蚀性试剂和添加剂，分析后也不会产生任何有害的废物、废液或废气排放，是环保友好型技术。进行光谱分析可远离分析对象，只需接收来自分析对象的光就可获得分析信息，可以实现遥感、遥测，对于环保、战场、天文、空间观测极为方便、可靠。

分光光度计主要构成部分：光源、扫描单色器、电子系统、计算软硬件、显示记录、数据交互传输等。关键核心部分是单色器光学系统以及数据接收处理系统。

1）红外分光光度计

图 15.53 所示是我国生产的一种工作于红外区的分光光度计光学系统，光源 S 发出的红外光辐射经光源反射镜 M_2、M_3 反射成两支对称的光束穿过待测样品池 C_1、参考样品池 C_2 后，再连续被光路折叠反射镜系统和调制镜 M_7 反射透视、透射，调制成通-断交变光束分时交替进入单色器的入射狭缝 S_1。这两束光分时交替地经光栅单色器色散分解，最后被反射，聚焦到红外探测器 B。转变成电信号，输入电子系流进行电子学处理。处理后的电信号是待测样品与参考样品对红外光辐射吸收程度的差值，再反馈给减光楔 W 的拖动电机带动 W 移动。依靠光楔上几个三角形通光孔位置的变化来改变能穿过光楔的红外辐射通量，直到待测样品光路产生的电信号与参考样品光路产生的电信号相等时光楔才停止移动。光楔的移动量直接反映了待测样品与参考样品对红外辐射吸收程度的差异程度，与光楔联动的记录笔所记下的曲线就给出了待测样品的红外吸收光谱图。仪器工作一开始，单色器就做波长扫描，使来自待测样品如参考样品的不同波长（在红外区常用波数来表达）的红外辐射能被色散分离，分时交替地聚焦到红外探测器。这种双光束分光光度计光学系统被称为"光学零平衡光度系统"，是常用的双光束分光光度计的光学系统类型。

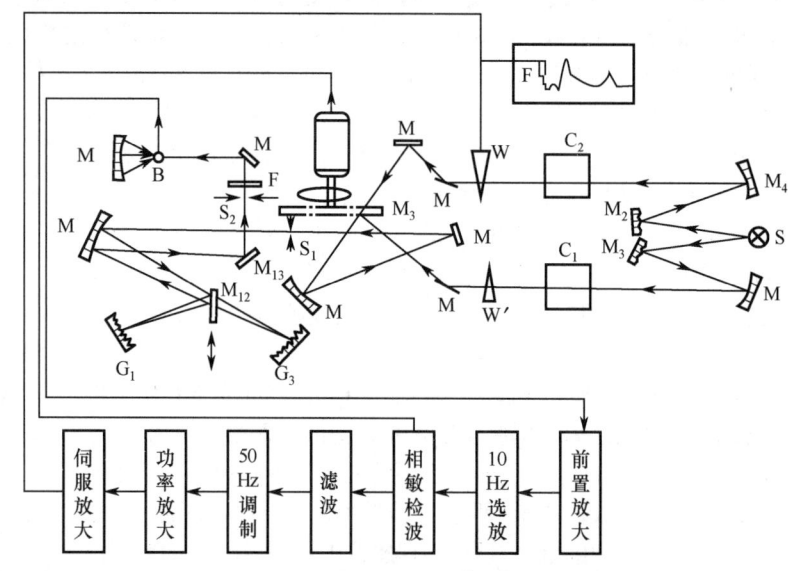

图 15.53　红外分光光度计的光学系统

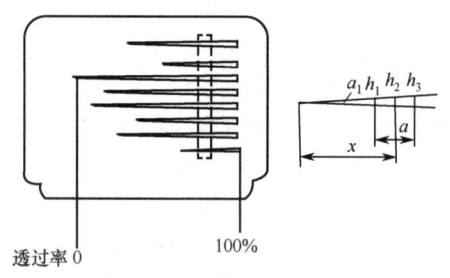

图 15.54　减光楔的作用原理

光学减光楔的结构如图 15.54 所示，实际器件是用不透光的金属薄片制成的带有几条楔形透光缝隙的构件。图 15.54 中用虚线画出狭缝像位置，当光楔相对于狭缝像移动时能进入狭缝的光通量可连续变化，光楔的有效透光面积与狭缝像中心相对于光楔透光缝尖的距离成正比，即测定过程中透过减光楔的光通量与光楔的移动量成正比。

实际仪器的光学系统必须将减光楔成像在单色器的入射狭缝上，还应保证投射在减光楔上的光照度均匀，以保证透过减光楔的光辐射通量与减光楔的移动量呈线性关系。

2）原子吸收分光光度计

与分析物质分子光谱的分光光度计不同，专用于检测物质原子光谱的原子吸收分光光度计的光学系统如图 15.55 所示。进行原子吸收光谱分析时，是对各种元素的原子做检测，从而获取元素含量信息。不同元素是逐一依次分析的，因此原子吸收分光光度计的单色器不需要在检测过程中自动进行波长扫描，只要在变换检测对象元素时手动（或自动）把单色器的工作波长调换到该元素的分析波长即可。原子吸收分光光度计在结构上还有两个特点：其光源是空心阴极元素灯，每种元素有特制的空心阴极灯，只发射出该元素特征分析谱线波长的单色光。样品系统特殊，由于要检测元素的中性原子光吸收情况，就必须将样品制备成该元素的液态试样，并用喷雾系统喷入高温火焰中加热裂解，以产生该元素的中性原子云。因此，原子吸收分光光度计必须具有特殊的阴极灯光源室（可装几个不同元素的阴极灯以及供电电子系统）和形成元素中性原子的原子化器。

与红外、紫外、可见区的分光光度计一样，为降低光源发射强度的随机起伏和其他杂散光的干扰，原子吸收分光光度计也有双光束的设计，其光路如图 15.56 所示。原子吸收分光光度计的光学系统与其他分光光度计的光学系统并无特别之处，其结构和像差校正要求也相当。只有一个区别是双光束原子吸收分光光度计光学系统中常配备背景校正光学系统。这是因为原子化试样过程免不了会有残余的分子或其他元素的原子，产生吸收背景干扰待检测原子吸收的准确、可靠检测。图 15.56 中在钨灯旁的氘灯（D）就是校正背景系统的光源，氘灯的光辐射波长与待检测元素原子的共振谱线波长不同，待测原子不会吸收而只有引起背景干扰的分子或其他元素原子会吸收并形成背景吸收值，可用来扣除检测样品得到的信号（样品+背景）中的背景信号值。

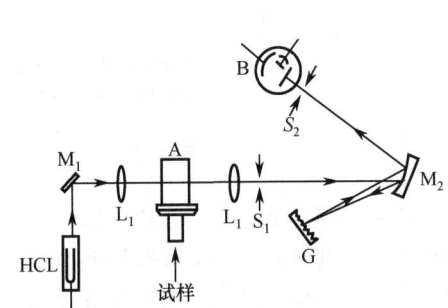

图 15.55　原子吸收分光光度计光学系统

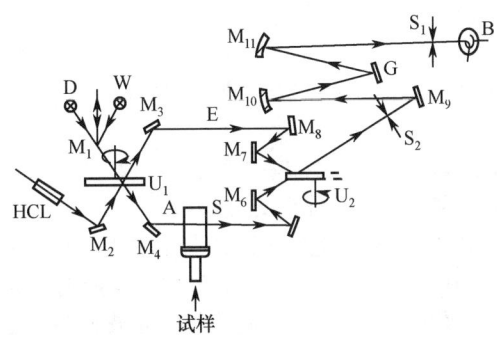

图 15.56　双光束原子吸收分光光度计光路

3）其他常用分光光度计

常用的分光光度计还有（分子）荧光分光光度计、原子荧光分光光度计、（激光）喇曼光度计等，相应的光学系统如下文的简要介绍。

有许多物质（尤其是有机化合物、生物物质）在光照射下会发射荧光，这种光致发光现象直接反映物质内部分子的成分、结构。用荧光分光光度计观测物质荧光发射，获知激发物质荧光的照射光波长、荧光的波长和强度分布等信息，可以直接获得物质的成分、结构以及物质间的相互作用等方面的信息。这种分子荧光观测仪器称为分子荧光分光光度计，简称为荧光光度计。

如图 15.57 所示，（分子）荧光光度计光学系统有两个特点：有两个单色器，激发光光路的输出方向与荧光分析光路的输入方向垂直。不同物质在不同波长光照射下才发射荧光，必须有一个激发单色器专门提供波长可连续改变的激发光输出；第二个接收荧光进行分析的单色器可以连续波长扫描，记录入射荧光的光谱以供分析。一般称提供照射光的单色器为激发单色器，第二个对物质发射的荧

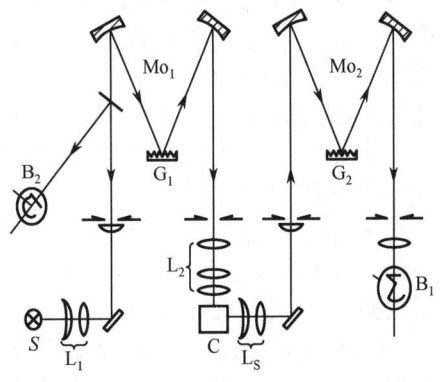

图 15.57　荧光光度计光路图

光进行光谱分析的单色器称为发射单色器,理论上二者功能不同,应有不同的设计和性能要求:激发单色器应有大输出光强度,相对孔径应该大,而发射单色器应该有高光谱分辨率,色散率应该大等。考虑到成本、维护、使用等因素,多数(分子)荧光分光光度计的两个单色器设计是相同的。由于分子荧光的强度远小于入射的激发光强度,在结构设计上将第二个发射单色器的入射方向放在激发单色器输出的垂直方向,只让发射的荧光进入,避开透过样品继续行进的强激发光。

从光学系统设计角度,荧光分光光度计的光源、单色器、样品池、聚光器、光电接收电路等部分的轮廓尺寸计算,各反射镜的像差校正等,与其他分光光度计光学系统的设计类同。但因为荧光强度太弱,应增加狭缝场镜,采用大相对孔径的聚光镜。

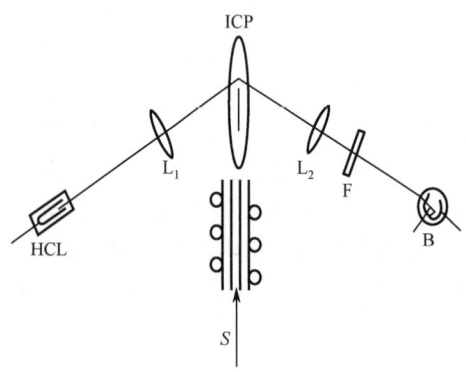

图 15.58 原子荧光光谱仪光路图

空心阴极灯、等离体炬等技术和器件的发展,使得原子荧光光谱仪也得到实用化。图 15.58 所示就是原子荧光光谱仪的光学系统简图。原子荧光光谱仪的样品被制备成液态喷入火焰加热裂解成原子云。提高原子荧光的检测灵敏度和分辨率,必须使用只发射这种原子特有共振谱线波长光的空心阴极灯光源,分析不同原子时必须换用相应的该元素空心阴极灯。在原子荧光光谱仪中,因为光谱组成简单,可以只用一块可换的滤光片 F(具有与该原子特有共振谱线波长相应的光谱透射率),而不必用单色器。原子荧光光谱仪中的原子化装置,多采用感应耦合等离子体(inductively coupled plasmaicp,ICP)炬,是高温原子化、保证高分析灵敏度的器件。

为了提高分析检测效率,有安装 12 个空心阴极灯激发组和滤光片探测组,实现一次进样同时分析 12 种元素的原子荧光光谱仪。

喇曼光谱仪是另一种分光光度计,专门用于研究、分析物质的喇曼散射光的光谱信息。当物质受到光照射时,会发生光散射(与照射光波长相同,瑞利散射)。1940 年 Raman 发现散射光中还有极其微弱、波长不同于照射光波长的喇曼光;那时因光源强度太低,激发出的喇曼散射光难以检测和应用,直到激光器研制成功后才得以广泛研究,逐步得到应用。现在已有商品激光喇曼光谱仪。喇曼散射光具有不同于照射光的波长值,说明是与物质分子发生了能量交换,携带了物质组成、分子结构、表面状态等信息。

红外分光光度计也可以提供物质分子、结构信息,得到广泛应用;但是,红外区存在光源、透明材料、反射膜、探测器件等方面的困难和不便。喇曼光谱技术却可以将原本只在红外区出现的某些样品的特征光谱转移到可见区,规避掉红外光谱检测技术的困难。此外,化学领域应用最普遍的溶剂水在红外区许多波长处有强烈吸收,很多情况下(例如样品水溶液、空气中存在的水汽、生物组织或含水物质的内含水等)对物质红外光谱分析极为不利。而水在喇曼光谱中的干扰很小,若样品红外光谱难以检测时,可以用喇曼光谱进行分析检测。实践中也有喇曼光谱不能胜任的样品,却可以用红外光谱予以解决。故喇曼光谱与红外光谱是可以互补的。

物质产生的喇曼散射光谱的强度只有其瑞利散射的 10^{-3} 以下,如何在同时出现强度差悬殊的瑞利散射时高灵敏度、高信噪比地检测喇曼光谱信号,是喇曼光谱仪光学系统和电子系统必须解决的问题。如图 15.59 所示,喇曼光谱仪必须采用双联甚至三联单色器串联光学方案,不是为追求极高色散率,而是最大程度地抑制在喇曼谱线近处强烈的瑞利散射干扰。喇曼光谱仪必须设法提高光照射强度,如图 15.59 所示,在样品池 C 的前后设计加了照明聚光反射镜 M_1 和 M_2,将已经穿过样品的照射光反射回来再次聚焦到样品上。在样品池后设计有大孔径聚光系统 L,以尽可能多地收集喇曼光。样品喇曼光谱中还包含样品形成的偏振光退偏振度信号,携带很多样品结构、表面状态方面的信息,所以喇曼光谱仪光学系统中还设计有各种偏振光学元件（偏振片、检偏器、1/4 波片等），以实现有关的偏振检测。

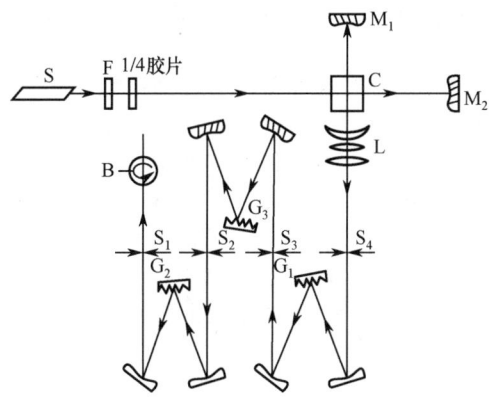

图 15.59　激光喇曼光谱仪光路图

喇曼光谱仪光学系统是很复杂的，以实现在极强干扰下检测极微弱喇曼散射信号的目的。设计、工艺、成本、使用、维护方面也是较困难的。激光喇曼光谱仪还需要很好的工作环境条件和高水平操作、分析人员。

15.4.2.4　分光光度计光学系统的光学性能指标

上面对分光光度计光学系统的设计要求做了阐述，下面讨论分光光度计光学系统有关光学性能指标要求。

1. 光谱分辨率

光谱分辨率表征光谱仪器对相邻谱线的分辨能力，实际上表征了单色器光学系统输出光束的单色性程度，通常以最小可分辨波长间隔或最小可分辨波数间隔（红外分光光度计、喇曼光谱仪）来表述。仪器最终能达到的光谱分辨率是整台仪器系统的综合体现，但单色器输出光束的单色性是最主要因素。

单色器输出的单色性与色散系统和出射狭缝宽度有关，在光谱分析中常用术语"光谱带宽"来表达光谱纯度。光谱带宽等于单色器线色散率乘出缝宽度；因此仪器工作时的光谱带宽越大，所能达到的分辨率就越低。

在实际工作中，单色仪的分辨率以观测最小可分辨波长（波数）的间隔值，或者用谱线扫描记录法测定单一谱线的半宽度来确定。当然，也可用某些元素的若干特征谱线组来衡量仪器的分辨能力，例如 265 nm 附近的汞三线（Hg265.20nm\Hg265.39nm\265.51nm）、365 nm 附近的汞三线组（Hg365.02nm\365.48nm\366.29nm）、580 nm 附近的汞双线（Hg577.0nm\Hg579.0nm）、590 nm 附近的钠双线（Na589.0nm\589.6nm）等。在红外区通常用 0.1 mm 厚的聚苯乙烯薄片观测仪器分辨其在 3000 cm^{-1} 附近的 7 个吸收峰的情况，或者以能否对 100 mm 光程长度的氨气分辨出 992.6 cm^{-1}\991.7 cm^{-1}\1074.1 cm^{-1}\1072.6 cm^{-1} 的吸收峰来检测仪器的实际光谱分辨率。对原子吸收分光光度计，也常用仪器能否清晰分辨镍元素在 232.0 nm 附近的三重线来评价该仪器的实际光谱分辨率。

2. 波长（波数）精度和波长（波数）重现性

光谱仪器工作时显示或记录的波长（波数）值与单色器输出光束的实际波长（波数）值之间的差值，就是仪器的波长（波数）误差。各类分光光度计都有一定的波长（波数）精度要求容许值。

波长（波数）重现性是分光光度计对样品同一个吸收峰进行多次重复测定时，仪器显示或记录的各次波长（波数）值之间的差值，这种不一致性表征了仪器系统的稳定性。在确定仪器重现性时，取各次示值中最大值与最小值间的差值作为重现性偏差。造成重现性偏差的原因有光学系统杂散光变化、机械传动摩擦、间隙、润滑因素以及电子噪声等随机变化的影响，是仪器设计、制造水平的综合体现。

波长（波数）精度可用标准物质、标准谱线进行实际检测。如在紫外-可见区用低压汞灯发射谱线、钬玻璃及苯蒸气的吸收线，在红外区可用高压汞灯发射线、聚苯乙烯吸收线作为波数基准值，也可用茚的吸收光谱或大气中的二氧化碳的吸收带作为考核基准。

低压汞灯发射以下清晰的谱线：253.65nm，296.73nm，302.15nm，313.16nm，334.15nm，365.01nm，404.66nm，407.78nm，435.84nm，546.07nm，576.96nm，579.07nm，其中253.65nm，365.01nm，435.84nm，546.07nm 几条谱线很强，常被作为基准波长。含有氧化钬的钬玻璃在以下波长处有清晰的吸收峰：279.4nm，287.5nm，333.7nm，360.9nm，453.2nm，460.0nm，484.5nm，536.2nm，637.5nm。

3．光度精度和光度重现性

光谱仪器得到的光谱曲线纵坐标即光度（透射率 T 或吸光度 A）是光谱定量分析的基础。仪器给出的光度测定值与样品真实光度值之间的差值，就是仪器的光度误差，表征了仪器的光度精度；一次开动仪器反复几次测定同一样品，在同一波长处得到的几次光度测定值之间的偏差，就是光度重现性。仪器的光度精度越高，定量分析结果的可信性越好。

由实际分析检测经验，形成了标准溶液法和标准滤光片法等仪器光度鉴定方法。

（1）标准溶液法：碱性铬酸钾溶液法用作紫外-可见区透射率、吸光度的校验标准物质；酸性重铬酸钾溶液法用于紫外-可见区透射率、吸光度校验；硫酸铜溶液法用作近紫外-可见区的准确标准物质。标准溶液法可由用户自行配置、简便可行，但会因药品纯度、配制技术、溶液不稳定性等因素影响，有时不能获得满意的重现性结果。

（2）标准滤光片法：有灰色（中性）滤光片和彩色滤光片，都是经过权威标准机构制出、鉴定、出售的。灰色的中性滤光片的透过率-波长曲线很平坦，基本上不随波长的改变而变化，是应用广泛的标准物品，性能准确、稳定、可靠。

4．杂散光

由前述可知，分光光度计光学系统中的杂散光对光谱分析检测结果会造成严重的偏差，必须予以重视。分光光度计中形成杂散光的原因主要是光学系统的缺陷：光学器件相对孔径不匹配，光学零件上光线入射角太大，光学系统残留像差过大，光学零件表面有沾污或划痕、麻点，光学材料内部有气泡、结石、条纹等，都会使光在设计光路以外产生不规则运行光，直接或间接投射到仪器内部其他零部件上反射、散射，形成不受控的杂乱光背景。

在分光光度计中，杂散光强度是一个质量指标。若杂散光强度为 I_s，有用测定光强度为 I_0，则常以 $r = \dfrac{I_s}{I_0}$ 来衡量杂散光强度。按朗伯-比耳定律：

$$A = -\lg \frac{I}{I_0} = -\lg T$$

有杂散光时应为

$$A = -\lg \frac{I + rI_0}{I_0 + rI_0} = -\lg \frac{\dfrac{I}{I_0} + r}{1 + r} = -\lg(T + r) + \lg(1 + r)$$

当没有杂散光时 $r = 0$，若 $T = 10\%$，应有 $A = 1$；假如杂散光强度为 $r = 1\%$，则可计算得到 $A = 0.9629$。若 $T = 0.1\%$，无杂散光时 $A = 3$，而当杂散光强度为 $r = 1\%$ 时可算得 $A = 1.963$。由此可见，杂散光对测定值的影响程度（造成的误差）很大。

在实际鉴定工作中,常采用在给定波长下完全不透明的溶液或滤光片插入光路监读仪器给出的透射率数值,可将其当作杂散光强度。一般在紫外区用 NaI 溶液在 220 nm 处检测杂散光,在可见区可用各种有色截止滤光片,在红外区用不同截止波数的玻璃或晶体截止滤光片。

15.4.3 干涉光谱仪光学系统设计

1. 法布里-珀罗(Fabry-Perot)标准具的色散原理

在法布里-珀罗标准具(简称 F-P 标准具)基础上发展的干涉光谱仪,是利用多光束干涉原理获得极高光谱分辨率的仪器。

两块平行的透明平板构成 F-P 标准具,如图 15.60 所示。对这两块平板有很高的光学加工要求:平行相对的两中间平面的平面度要优于 1/20~1/50 波长,并镀有高反射膜。为防止没镀膜的外面两面的反射光对里面两干涉面的干扰,平板两面之间具有很小的楔角。两干涉面之间用热涨系数极小的材料(石英、殷钢)制的隔圈隔开并固定,就成为 F-P 标准具。在干涉光谱仪中,两平板之间不固定,而由精密机构平行移动并连续改变它们之间的距离,从而变化干涉参数。

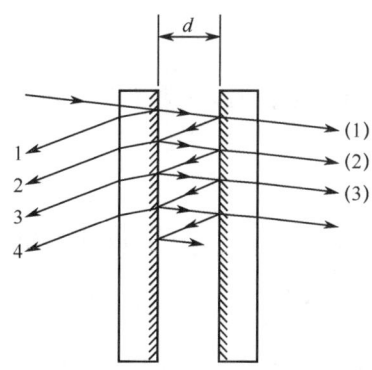

图 15.60 法布里-珀罗标准具的光学原理示意

如图 15.61 所示,来自扩展光源上任一点的光入射到 F-P 器件后,会在两反射面之间来回多次反射,形成多支平行的透射光和多支平行的反射光。这两组光束中相邻的两支光的光程差(或相位差)都相等。当反射率足够大时,透射光中各支光的振幅也都接近相等,因而各支光相互发生多光束干涉,产生细而锐的干涉条纹。如果光源是扩展光源,则两反射面是平行的,在透射方向形成的等倾干涉条纹,可用透镜 L_2 在焦面上得到同心圆环状的干涉图形,如图 15.61 所示。使用 F-P 器件获得干涉主极大的条件是:

$$2d\cos i' = k\lambda, \quad k = 1, 2, 3, \cdots \quad (15.62)$$

式中,i' 是光线射出第一块平板时的折射角。

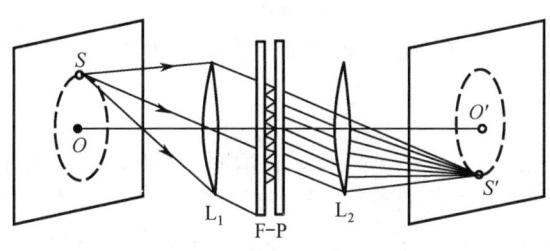
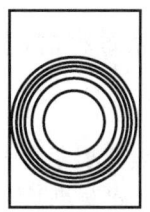

图 15.61 F-P 标准具形成的等干涉图形

不同波长入射光在同一干涉级 k 的各波长干涉条纹的角位置不同(各波长光的干涉条纹直径不同),使不同波长的光在离中心不同角位置产生亮条纹,这就是 F-P 器件的色散作用。

2. 法布里-珀罗标准具的光谱特性

1)干涉条纹的锐度、比宽度和对比度

为了描述干涉条纹的锐度,定义锐度为相邻两条纹之间的距离与条纹半宽度(强度为峰值一半处的宽度)之比。锐度 S 与反射系数有关:

$$S = \frac{\pi}{2\arcsin^{-1}\left[(1-R)/2\sqrt{R}\right]} \approx \frac{\pi\sqrt{R}}{1-R} = \frac{\pi\sqrt{F}}{2} \qquad (15.63)$$

式中，$F = \dfrac{4R}{(1-R)^2}$。当 $R = 94\%$ 时，计算可得 $S = 50$，说明该条纹的半宽度只有条纹间距的 1/50。现代镀膜技术可以达到镜面反射率 90% 以上，采用 F-P 标准具很容易获得明晰的干涉条纹。

干涉条纹的比宽度可定义为

$$S_{\text{ratio}} \approx \frac{\pi - R}{\pi\sqrt{R}} = \frac{2}{\pi\sqrt{F}}$$

它是条纹锐度的倒数。S_{ratio} 越小，条纹越细锐。

在实际干涉图形中，亮条纹之间的暗环强度并不等于 0，而有一个小值 $I_{\min}$，所以实际干涉图形是在一定背景 $I_{\min}$ 上的亮环。对比度（或称可见度）就是表明条纹清晰程度的量：

$$K = \frac{I_{\max} - I_{\min}}{I_{\max} + I_{\min}}$$

式中，$I_{\max}$、$I_{\min}$ 分别为亮环与暗环的强度，如不计空气的吸收，应有

$$I_{\max} = I_0 \frac{T^2}{(1-R)^2}, \quad I_{\min} = I_0 \frac{(1-R^2)}{(1+R^2)}$$

因此，干涉条纹的对比度可写成：

$$K = \frac{F}{F+2} \qquad (15.64)$$

其中，$F = \dfrac{4R}{(1-R)^2}$。在不计反射膜层的吸收时，$T = 1-R$。可见反射率越高，干涉条纹的对比度越好。

2）法布里-珀罗标准具的角色散率

由式（15.62）微分可得

$$\frac{\mathrm{d}i'}{\mathrm{d}\lambda} = -\frac{k}{2d\sin i'} = \frac{-1}{\lambda \tan i'} \qquad (15.65)$$

由此式可见，法布里-珀罗标准具的角色散率与波长成反比；当光线的角度 i' 很小时，有

$$\frac{\mathrm{d}i'}{\mathrm{d}\lambda} = -\frac{1}{i'\lambda}$$

说明角色散率与入射角度成反比。由式（15.65）还可知，色散率与 F-P 标准具本身的参数无关，即不同结构的 F-P 标准具在同样角度下的角色散率都一样。这种从公式的推论并不符合实际情况，在公式推导时没有考虑具体情况（包括标准具的结构），实际上不同结构的 F-P 标准具在同样角度下的色散率不相等，而且随入射角的增大而很快降低。

3）法布里-珀罗标准具的光谱分辨率

若 F-P 的孔径直径为 D_0，平行板反射面之间的距离为 d，光线入射角为 i，则能通过孔径的光线总数为 $N = D_0/(2d\tan i)$；如果能形成亮条纹，孔径两边缘间的最大光程差为 $Nk\lambda$，$k = 1,2,3,\cdots$，则 F-P 标准具的理论分辨率应为

$$R_f = \frac{\mathrm{d}\Delta_{\max}}{\mathrm{d}\lambda} = \frac{\mathrm{d}(Nk\lambda)}{\mathrm{d}\lambda} Nk \qquad (15.66\text{a})$$

经推导，在一定范围内，当 $\cos i \approx 1$ 时，有

$$R_f = \frac{3d}{\lambda}\frac{2\sqrt{R}}{1-R} \tag{15.66b}$$

如果反射率很高，即（$1-R$）接近 0，则近似可得

$$R_f = \frac{3d}{\lambda}\frac{1+R}{1-R} \tag{15.67}$$

由上面两式可知：F-P 标准具的理论光谱分辨率与干涉级次 k、干涉光线总数 N 成正比，也与镜面的反射率有关，反射率越高，可以多次反射，出射的有效光线总数也大（每次反射因 $R \neq 1$ 光能总有损失，若干次反射后光线的能量已经不能对总的干涉结果做出有效贡献），因此真正有效干涉光线总数并不是由孔径 D_0 确定的。

由于工作在极高级次、反射镜面的反射率很高，所以 F-P 标准具可以达到极高的光谱分辨率。以数字说明：一个 $d=5$mm、反射镜面反射率 $R=90\%$ 的 F-P 标准具，对于 $\lambda=546.1$ nm 的汞灯线就可达到 5.5×10^5 的光谱分辨率，这是棱镜或光栅光谱仪所达不到的。提高镜面反射率 R 值时随着 R 的增大，膜层吸收系数迅速增大，会使干涉条纹强度减弱，有效分辨率也降低。两镜面之间不平行，会使有效干涉光线总数减少，导致分辨率下降；反射面的加工质量（主要是其平面度）也会对有效分辨率造成影响。由此可见，F-P 标准具不但加工要求高，也要求高精度的调整、校正。

4）法布里-珀罗标准具的自由光谱范围

由干涉公式 $2d\cos i' = k\lambda$，$k=1,2,3,\cdots$ 可知，如果两个波长为 λ_1 和 λ_2 的相邻级次的干涉光环正好重叠，则有 $2d\sin i' = k\lambda_1 = (k-1)\lambda_2$，由此可得 $\Delta\lambda = \lambda_2 - \lambda_1 = \frac{\lambda_2}{k}$，当 i' 很小（实际使用情况）时，$\cos i' \approx 1$，$k \approx \frac{2d}{\lambda_1}$，则在 λ_1 和 λ_2 很接近时会有：

$$\Delta\lambda = \frac{\lambda_1\lambda_2}{2d}, \lambda_1 \approx \lambda_2, \lambda_1 = \lambda_2 = \lambda \rightarrow \Delta\lambda = \frac{\lambda^2}{2d} \tag{15.68}$$

这个波长差表明两光线干涉环正好重叠，如果 $\lambda_1-\lambda_2<\Delta\lambda$，则它们的干涉环将不会彼此重叠，即在 $\Delta\lambda$ 范围内的各波长谱线将不会混淆。通常将这个 $\Delta\lambda$ 值称为标准具的自由光谱范围，也称标准具常数。例如，间隔 $d=5$ mm 的标准具对 546.1 nm 的汞线计算的 $\Delta\lambda = 0.03$ nm，这说明该标准具只能对 546.13 nm 到 546.10 nm 之间的不同波长光不产生谱线混淆。由此可见，标准具适用的波长范围很小。只有在这么微小的范围内才能使其极高分辨率的特点得以发挥。减小两反射镜面之间的间隔值 d，可以使 $\Delta\lambda$ 值扩大；但同时根据式（15.67）分辨率将以同样倍数减小。这就是 F-P 标准具光谱仪只能在超精细光谱结构研究等极小波长范围内得到应用的缘故。

3. 法布里-珀罗干涉光谱仪的光学系统

F-P 标准具与摄谱仪或分光计结合可以构成用于高分辨率光谱研究工作的光谱仪，如图 15.62 所示。由于标准具的自由光谱范围太小，所以实用时图中的光源 S 不是实际光源，而是前方安置的单色仪或摄谱仪所分离出来的波长范围很小的准单色光束。将 F-P 标准具与单色器串联，用光电探测器接收光能，可构成干涉分光计。因 F-P 的干涉条纹是圆环形的，所以分光计要使用弯曲狭缝才能接收最大光通量。

F-P 干涉分光计的波长扫描不同于一般分光计，它采用逆压电效应、磁致伸缩等原理改变反射镜面间距 d（移动量很小但得保证平行度不破坏）。也可用改变光线角度 i 的办法，但使标准具相对光线改变倾角时，要注意光在金属反射膜上反射时会产生的相位突变问题（会使

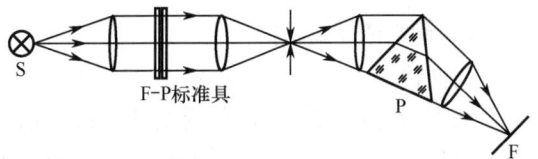

图 15.62 法布里-珀罗干涉摄谱仪光路

干涉环增宽,继而分裂为二),而且入射角较大时会使有效干涉光线总数减少而降低分辨率。

15.5 激光光谱仪光学系统设计

15.5.1 激光光谱仪

激光发明以后,其极高的辐射强度、极好的空间和时间相干性正是光谱分析企求的特性,因此马上就被引入,很快就展开了激光谱光学研究和激光光谱仪器的研制,并得到了明显的成功与推广应用。以下是能应用于较广泛领域的几种激光光谱仪器[1,9-11]。

1. 激光微区光谱仪

利用激光的极高能量特性,将激光束聚焦到试样上,使其瞬间升至极高温度而被蒸发、被激发,然后用摄谱仪等光谱仪器拍摄或检测样品的光谱信息,是利用激光最早实现的成果。因为激光具有极好的空间相干性,可以将激光聚焦成极微小、能量密度极高的光斑,从而实现对小到微米级但又熔点极高或难以汽化激发的样品(各种微晶、细胞等)的所谓微区分析的目的,这是受到极大欢迎的发展成果。

图 15.63 所示是我国生产的激光微区光谱仪的结构简图[12],这种仪器可将激光束聚焦到微米量级的细微样品上,达到 $10^{10} \sim 10^{12}$ W/cm^2 以上的功率密度,可使任何物质瞬间升温,达到 10^4℃ 高温而蒸发,形成含有受激态原子的蒸汽云,获得发射光谱。在这种仪器中主要光学器件是激光器(红宝石激光器、钕玻璃激光器等,工作在调 Q 状态以输出脉冲高能光束)、聚光镜和显微聚焦系统(将激光束瞄准、聚焦到微小样品选定的分析点)。

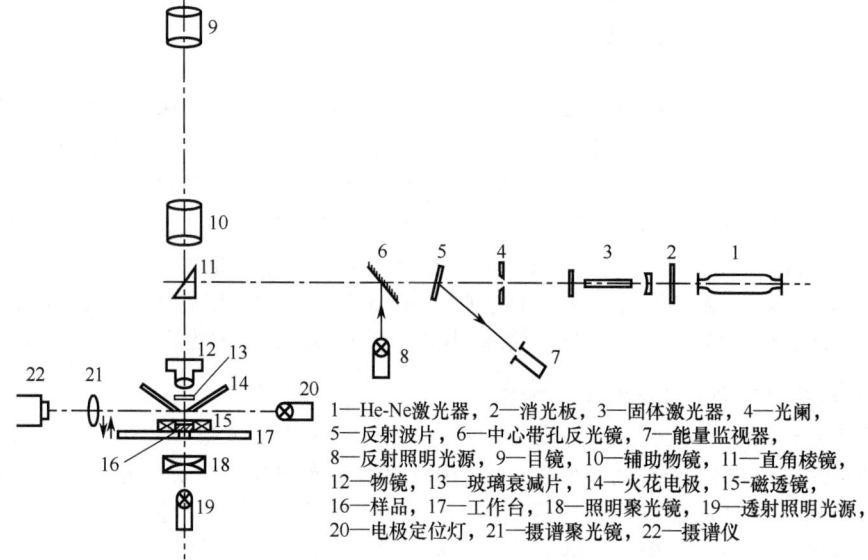

1—He-Ne激光器,2—消光板,3—固体激光器,4—光阑,
5—反射波片,6—中心带孔反光镜,7—能量监视器,
8—反射照明光源,9—目镜,10—辅助物镜,11—直角棱镜,
12—物镜,13—玻璃衰减片,14—火花电极,15—磁透镜,
16—样品,17—工作台,18—照明聚光镜,19—透射照明光源,
20—电极定位灯,21—摄谱聚光镜,22—摄谱仪

图 15.63 激光微区分析光谱仪结构图

2. 激光喇曼光谱仪

前面已经介绍过,喇曼光谱可以与红外光谱互相配合、互补,提供分子结构、晶格振动、表面状态等方面的信息,获得其他光谱方法难以提供的分子和物质全面的信息。喇曼光谱还可以直接对水溶液样品进行分析,并可在可见区获得分子的振动、转动光谱信息。所以激光出现后,激光喇曼光谱学研究和激光喇曼光谱仪研制也获得明显的进展。图 15.59 所示就是激

光喇曼光谱仪的典型光学系统。激光喇曼光谱仪光学系统与常规吸收光谱仪的不同之处在于：采用高强度激光光源，通常使用可发射出可见激光的氦-氖激光器和氩离子激光器；采用双联甚至三联单色器，以尽可能抑制杂散光可靠地接收极微弱的喇曼散射光信号；为探测极微弱的喇曼光信号，采用光子计数探测器件作为光接收器。

3. 激光光声光谱仪

光声效应早在1880年已被贝尔（Bell）发现，但因当时没有足够强度的单色光源，没有得到深入研究和实用化。高强度、高单色性、波长可以精细调谐的激光器件的发展和实用化，使激光光声光谱仪得到发展和实用化。图15.64所示是一种激光光声显微光谱仪光学系统结构简图。

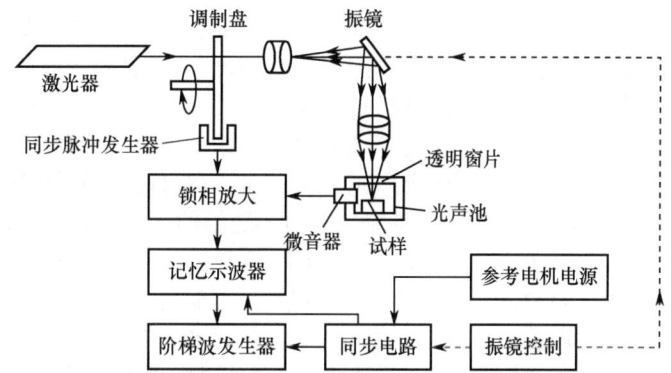

图15.64 激光光声显微光谱仪光学系统结构简图

光照射到物质样品上时，如果光波长与该物质的吸收峰波长一致，物质分子会吸收入射光能量而跃迁到较高能级；由于分子间剧烈的碰撞绝大部分分子将吸收的光能量转变为分子的运动能（只有一小部分可将能量以光辐射的形式释放——分子荧光）。如果样品被放置在密封的试样池里，分子运动加剧会导致温度上升，使气体（样品或周围的空气）产生热弹性效应而造成密封试样池内的压力增大。假如入射光束被调制成强弱或通断交变状态，样品池内的压力也有同样的交变，可被微音器接收，输出声信号。这种由光能转换成声能的现象就是光声效应。

如果样品是气态的，则光声效应产生的声信号的振幅与气体分子的吸收系数、气体的浓度以及入射光的强度成正比。比起常规吸收光谱技术通过测定透过样品的透射光强度的间接测定途径，光声光谱技术是直接测定样品吸收的光能量，因而更加直接、灵敏。如果样品是固体，则样品周围空间内的气体因样品吸收光能后升温、传递而产生光声信号，其强度为

$$V = k \frac{P\alpha\tau(1+\sigma)}{fc\rho(1+\sigma)r^2} \tag{15.69}$$

式中，k是比例常数，P是入射激光的功率，α是固体样品的热膨胀系数，τ是样品的光吸收系数，σ是样品材料的泊松比，f是光束的调制频率，c是样品材料的比热容，ρ为样品的密度，r是光束到微音器的距离。当P、r、f一定时，光声信号的强弱就直接与样品的光学吸收特性、密度、热学性质有关。

激光光声光谱仪在气体分析领域得到广泛应用，如痕量气体杂质检测、大气污染成分监测、气体吸收光谱研究等。很多有毒气体（如氯乙烯、苯、甲醇、氯甲烷等）在大气中含量很低，难以用一般的光谱技术予以准确监测，采用光声光谱技术却可有效地进行检测。图15.64所示是将激光束通过显微镜聚焦构成激光光声探针系统，使光束聚焦微斑在非气态样品表面扫描，就可探测样品表面或材料内部一定深度范围内可能存在的缺陷（裂纹、微孔、夹杂等）；

因为缺陷处的热常数和光吸收系数与无缺陷部分不同,对热波的反射特性也不同,从而造成温度分布的不同,输出的光声信号也就不同。

光声光谱仪可以准确地测定非常规样品,例如不透明、半透明、高反射、高散射、高浑浊样品,还有现在常见的生物组织样品等,而且检测灵敏度高,操作方便、快速,检测过程无污染。

对于光声光谱仪光学系统的设计,主要在于设计光源、光声池和光声信号检测系统三部分,要把三者及其他附属部分结合成高性能整体,达到高灵敏、高精度和高稳定目的。光源应有的波长范围,可输出光谱线数目和波长,谱线本身的功率和光谱带宽直接决定了仪器可检测物质的种类、检测灵敏度和分辨率。由于激光输出强度很高,输出谱线的带宽极窄,很适合光声光谱仪应用。为了能方便地改变输出谱线波长,常采用可调谐染料激光器(连续或脉冲输出),在红外区则可应用可调谐 CO_2 气体激光器(输出波长可在 9~11.4 μm 范围内调谐改变)、CO 气体激光器(输出波长调谐范围为 5~7 μm)、半导体激光器(波长调谐范围为 3~33 μm)等。如果激光器是连续输出,则应采用机械-光学调制器(最好采用可连续改变调制频率的机-光调制系统),将投射光束调制成交变光束。

光声池设计则有一系列特殊光学、声学问题需加以考虑和解决。原则是:尽量增加到达试样的激光强度,提高在一定入射光强下产生的光声信号强度,尽可能隔绝外界干扰噪声的影响,并尽可能减小入射光与光声池入射窗口片、池壁、微音器之间的作用(光散射、热冲击等)。目的是提高样品光声信号强度,减少光热干扰,提高检测信噪比。为此,可考虑采用以下措施:选取热传导和热容量尽可能大的材料制作光声池,使池壁被光照射后或其他原因产生的杂散热量尽快向池体扩散,尽量使池壁的温度变化减小。用吸收系数尽可能小的透明材料制作窗片,改进光声池结构(如采用共振型结构),以提高在一定光功率下获得的光声信号强度。至于微音器以及微弱光声信号放大、处理的电子系统设计,也是必须仔细研究的。

在激光光谱领域,还出现了饱和吸收光谱、双光子吸收光谱等高分辨率装置和新仪器,但大都是在超高分辨率、超高速分析等研究领域,只有少量研发和应用。

4. 激光光热光谱仪

利用不同波长、不同频率、不同聚焦方式的激光对生物组织的热效应,可以在生物物质分析、病理组织和护理等生物医疗、生物保护领域发挥功效[11]。

激光光热光谱技术的光学系统设计和研究,主要关注激光聚焦光学系统和光斑尺寸及其能量分布、光致热量密度控制、激光调制频率控制等方面,从光学设计角度与常规光学聚焦物镜、显微物镜设计方法基本类同,但在光学系统材料选用、孔径调节、光纤应用、消毒处理等方面有些涉及生物、医疗的具体要求,需要予以关注。

15.5.2 傅里叶变换光谱仪光学系统设计

与色散型光谱仪器和干涉型光谱仪器不同,傅里叶变换光谱仪是调制型光谱仪器,它不是使不同波长光谱元在空间分离开来,在不同空间位置取得不同波长的光谱信息,而是使不同波长的光谱元受到不同的干涉调制,然后通过傅里叶积分变换进行解调,从而获得不同波长携带的光谱信息。在傅里叶变换光谱仪光学系统中采用迈克尔逊(Michelson)干涉系统对光进行调制[18]。

1. 傅里叶变换光谱仪的基本原理

图 15.65 所示是典型的迈克尔逊干涉系统。如有振幅为 a、波数为 $\bar{v}$ 的准直理想单色光投射到迈克尔逊干涉系统中,理想无吸收分束板 B 将入射光束分解成等强度的两束分别反射、透射到两块互相垂直放置的平面反射镜 M_1、M_2 上,经它们反射后又被分束板反射、透射到光探测器 D 而被接收。如果两块反射镜离分束板距离不相等,则会合的两光束之间有光程差将产生双光束干

涉。设分束板的振幅反射比为 r，振幅透射比为 t，则到达探测器 D 的信号振幅为

$$A_D = rta(1+e^{-i\phi})$$

信号强度为

$$I_D(x,\overline{v}) = A_D A_D^* = 2RTL_0(\overline{v})(1+\cos\phi) \qquad (15.70)$$

式中，R、T 分别是分束板 B 的反射系数和透射系数，$L_0(\overline{v}) = aa^*$ 是输入光束的亮度，x 是两光束之间的光程差，$\phi = 2\pi\dfrac{x}{\lambda} = 2\pi\overline{v}x$ 是来自固定反射镜 M_1、动镜 M_2 的两光束之间的相位差。

由式（15.70）可知，探测器上的信号强度是入射光束亮度 L_0 和两光束间的光程差的函数。如果入射光由不同的光谱组成，则探测器上将有不同的信号强度变化曲线（干涉图）。图 15.66 所示给出了几种不同的谱线（谱带）结构及其相应的干涉图曲线图。图 15.66（a）是单色谱线所对应的无限延伸的余弦曲线干涉图，图 15.66（b）两根邻近单色谱线形成的干涉图则是复杂的曲线。实际光源不可能发出理想的单色光，而是具有一定波长（波数）范围的"准"单色光。设光源发射的光具有的波数范围为 $\Delta\overline{v}$，投射到探测器上的光能量应为其中每一波数单色光的光能量总和，可用积分表达：

$$I_D(x) = \int dI_D(x,\overline{v}) = \int_0^\infty 2RTL_0(\overline{v}) \times [1+\cos(2\pi\overline{v}x)]d\overline{v} \qquad (15.71)$$

由此可见：探测器上得到的信号强度随入射光的波数而变化，而信号幅度是受频率（波数 $\overline{v} = cv$）调制的，所以傅里叶变换光谱仪是干涉调频（调制）仪器。

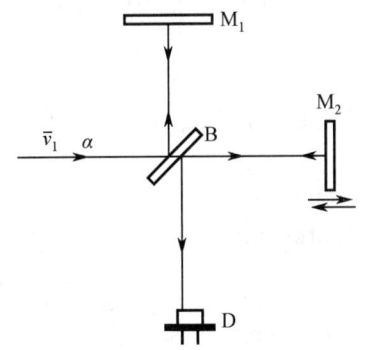

图 15.65　典型的迈克尔逊干涉系统

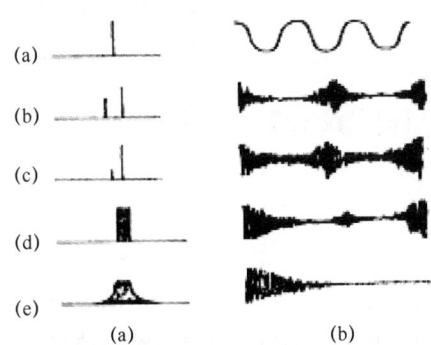

图 15.66　几种谱线及其相应的干涉曲线图

当 M_1、M_2 相对于分束板完全对称时，两束干涉光之间的光程差 $x = 0$，则

$$I_D(0) = \int_0^\infty 4RTL_0(\overline{v})d\overline{v}$$

当 $x \to \infty$ 时，

$$I_D(\infty) = \int_0^\infty 2RTL_0(\overline{v})d\overline{v} = \frac{1}{2}I_D(0)$$

这是干涉图的平均值，是其直流成分，它对计算和获得光谱不起作用。干涉图有效成分是：

$$I_0(x) = \int_0^\infty 2RTL_0(\overline{v})\cos(2\pi\overline{v}x)d\overline{v}$$

而复原光谱图则是干涉图的傅里叶变换：

$$L(\overline{v}) = RTL_0(\overline{v}) = \int_{-\infty}^\infty I_D(x)e^{i2\pi\overline{v}x}dx = F^{-1}[I_D(x)] \qquad (15.72)$$

这个复原光谱图与真正输入的入射光辐射的波数分布函数只差因子 RT，可在运算求取光谱时予以

消除。因为干涉图是个实偶函数,在计算式(15.72)时因所包含的正弦项的虚部的积分为零,所以多数情况下可将式(15.72)表达为:

$$L(\bar{v}) = \int_{-\infty}^{\infty} I_D(x)\cos 2(\pi\bar{v}x)dx = 2\int_0^{\infty} I_D(x)\cos(2\pi\bar{v}x)dx \qquad (15.73)$$

式(15.73)是傅里叶变换光谱学中的干涉图-光谱图关系的基本方程。对于给定的波数 $\bar{v}_i$,只要已知干涉图 $I_D(x)$(即探测器上接收的信号与光程差的关系),就可用式(15.72)或式(15.73)求得该波数 $\bar{v}_i$ 处的光谱强度值;对每一个波数值反复计算,就可获得要求波数范围内的光谱强度曲线图了。

2. 傅里叶变换光谱仪的基本特性

1)仪器函数和分辨率

在实际傅里叶变换光谱仪中,光程差值也是有限的,不可能在 $(-\infty,\infty)$ 范围内,而只能在有限的 $\pm \bar{v}_i$ 范围内记录干涉图。所以,实际上计算的是:

$$L_t(\bar{v}) = \int_0^{\infty} I_D(x)T(x)\cos(2\pi\bar{v}x)dx$$

其中,$T(x)\text{rect}\dfrac{x}{2\Delta}=1$(当 $|x|<\Delta$ 时),而当 $|x|>\Delta$ 时,$T(x)\text{rect}\dfrac{x}{2\Delta}=0$ 是一个矩形函数,即其值在 $\pm\Delta$ 范围内为 1,在此范围以外就为 0。实际上,就是将干涉图在 $\pm\Delta$ 范围以外的部分切除(截短)了。

根据卷积定理,两个函数乘积的傅里叶积分变换等于这两个函数的傅里叶变换的卷积,有

$$L_t(\bar{v}) = L(\bar{v}) * t(\bar{v})$$

这里,$L(\bar{v})$ 是没做截短的无限长干涉图的复原光谱;而 $t(\bar{v})$ 是截短函数 $T(x)$ 的傅里叶逆变换,即

$$t(\bar{v}) = \text{F}^{-1}[T(x)] = 2\Delta\frac{\sin 2\pi\bar{v}\Delta}{2\pi\bar{v}\Delta} = 2\Delta\,\text{sinc}(2\pi\bar{v}\Delta) \qquad (15.74)$$

这个函数被称为傅里叶变换光谱仪的仪器函数,或称为仪器的谱线函数。它可以看作输入光辐射为无限窄单色光时傅里叶光谱仪给出的光谱函数。$T(x)$ 和 $t(\bar{v})$ 的函数图形分别如图 15.67(a)和(b)所示,在 $2(\bar{v})\Delta = n, n = \pm1,\pm2,\pm3,\cdots$ 时,$t(\bar{v}) = 0$,即与 $\bar{v}$ 轴相交。在 $n = \pm1$ 时,$\bar{v} = \pm\dfrac{1}{2\Delta}$,而其主峰的半宽度为 $\dfrac{0.6}{\Delta}$。

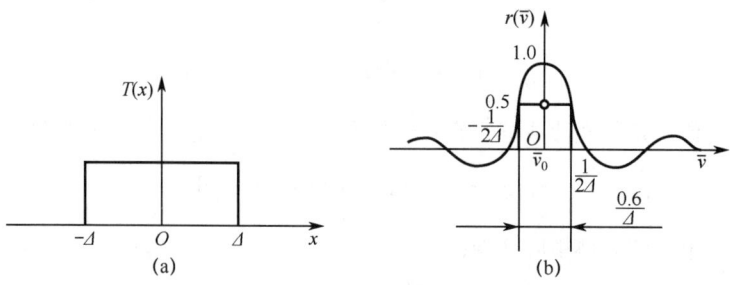

图 15.67 矩形函数及其傅里叶变换

按照瑞利准则,当相邻两谱线之一的中央主峰的中心正好与另一谱线的第一极小重合时,就

认为这两条谱线刚能被分辨开。在傅里叶变换光谱里，刚能被分辨的两条谱线的波数差，即为傅里叶变换光谱仪的分辨率：

$$\delta\bar{v} = \frac{1}{2\Delta} \tag{15.75}$$

这表明：傅里叶变换光谱仪的光谱分辨率与两块反射镜之间光线的最大光程差 Δ 成反比。在空气里 $\Delta = 2\bar{x}$，故动镜的移动距离 $\bar{x}$ 越大，使得 Δ 越大，$\delta\bar{v}$ 就越小，仪器的分辨率就越高。

有两点应指出：首先，实际仪器不可能无限增大动镜移动距离 $\bar{x}$ 而无限制地提高分辨率；其次，实际光源不是理论点光源而是有一定尺寸的扩展光源，对仪器张开一定的立体角 Ω，每一单色光 $\bar{v}_0$ 经过仪器后都会变成有一定宽度的光谱带，其波数扩展范围为

$$\delta\bar{v} = \bar{v}_0 \frac{\Omega}{2\pi} \tag{15.76}$$

这个波数扩展值就决定了仪器可能达到的极限分辨率。

2）傅里叶光谱仪的多通道优点

假设一个波段 $\Delta\bar{v} = \bar{v}_2 - \bar{v}_1$ 的光谱范围被分辨率为 $\delta\bar{v}$ 的仪器检测，这整个光谱范围就可分为 $N = \Delta\bar{v}/\delta\bar{v}$ 个光谱元，由仪器逐个检测。

在传统的狭缝-色散型光谱仪器中，都是使各光谱元一个一个依次通过狭缝予以检测的，任何一瞬间只能测定一个光谱元，其他光谱元都被挡在狭缝以外；如整个光谱范围的测定总时间为 T，则每个光谱元的测定时间为 $\Delta T = T/N$。与传统狭缝仪器不同，在傅里叶变换光谱仪中，所有 N 个光谱元的光能量是同时一起进入仪器，再经过处理，共同形成干涉图形的。每一个光谱元接受测定的时间都是全部测定时间 $T = N\Delta T$，是传统狭缝-色散仪器的 N 倍。这就是傅里叶变换光谱仪多通道优点的由来。

对于绝大多数工作在红外波段、使用热电探测器的傅里叶变换光谱仪，这种多通道优点就直接转成高信噪比优点了：常用的热电探测器（如热电偶、热释电器件）信号的信噪比与检测时间的平方根成正比。如果用在狭缝-色散系统中，每个光谱元的检测信噪比是正比于 $\sqrt{T/N}$；而在傅里叶变换光谱仪中，每个光谱元的检测时间都是 T，所以信噪比是正比于 $\sqrt{T}$。这样，在相同时间 T 内测定同一个波段，傅里叶变换光谱仪的信噪比就可较传统的狭缝-色散型仪器提高至 $\sqrt{N}$ 倍。这种多通道优点是由 Fellgett 首先指出的，所以也称为 Fellgett 优点。

但是，如果仪器工作在使用光电倍增管等探测器的可见波段，因为这类光电探测器的噪声水平与信号水平相关，而且噪声的主要成分是光子噪声，它是正比于信号强度的平方根的，所以就不存在 Fellgett 优点了。

在红外区，如果检测波段范围宽，采用高分辨率检测，则 N 值大，多通道优点就显得更加明显；对于小波段、简单的分析工作，这种优点就不突出了。

3）傅里叶光谱仪的高通量优点

傅里叶变换光谱仪的另一个明显的特点是其高通量检测优点。对于一般光学系统，所能通过的光辐射通量是 $\Phi = S_A \Omega_A$，即光学系统通光面积与通过该孔径被接收的光束立体角的乘积。在傅里叶变换光谱仪中，S_A 就是干涉系统反射镜的通光面积，由式（15.76）可得 $\Omega_F = 2\pi \dfrac{\delta\bar{v}}{\bar{v}}$。由此，通过傅里叶变换光谱仪的光通量为

$$\Omega_F = 2\pi S_F \frac{\delta\bar{v}}{\bar{v}} \tag{15.77}$$

而在传统的狭缝-色散光栅仪器中，应用长度、宽度分别为 h、a 的狭缝，则可接收光束的立体角

为 $\Omega_G = \dfrac{a}{f'}\dfrac{\delta\bar{\nu}}{\bar{\nu}}$，其中 f' 是准直物镜的焦距。由此得到能通过狭缝-色散型光栅仪器的光通量为

$$\Phi_G = \dfrac{h}{f'} S_G \dfrac{\delta\bar{\nu}}{\bar{\nu}} \tag{15.78}$$

在干涉仪反射镜面积 S_F 与光栅通光面积 S_G 相等、分辨率一样时，两种仪器的光通量之比为

$$\dfrac{\Phi_F}{\Phi_G} = 2\pi \dfrac{f'}{h} \tag{15.79}$$

在大多数光栅光谱仪器中狭缝的长度比准直物镜的焦距小得多，f'/h 值多在 30 以上，所以 $\Phi_F/\Phi_G \geqslant 200$，能通过傅里叶变换光谱仪并被接收的有效光通量比狭缝-色散光谱仪器大得多。其物理基础在于傅里叶变换光谱仪抛掉了严重限制有效立体角的很窄的狭缝，入射光束只受口径大得多的干涉系统反射镜的限制。

当然，上面的分析没有将光束由反射镜返回时有一半光通量会通过分束板返回到光源方向去，不能投射到探测器。因此，真正的通量增量实际上只有上面所述的一半，但也是十分明显的优越性了。

4）傅里叶光谱仪中的切趾和相位校正

（1）傅里叶变换光谱的切趾。

由式（11.74）可知，傅里叶变换光谱仪的仪器函数是 sinc 函数，其图形如图 15.68 中下图的实线所示[1,19]。波数为 $\bar{\nu}_0$ 的单色光经傅里叶变换光谱仪后复原所得到的谱线将成为以 $\bar{\nu}_0$ 为中心、有一定半宽度的曲线分布谱带，而且在中央主峰两侧还有强度不断减弱的正、负旁瓣振荡分布。左右第一旁瓣是负瓣、其峰值绝对值达到中央主峰的 22%。这种向下生出的"脚趾"会"淹没"可能位于这主峰附近的其他弱谱线，而正值的其他旁瓣却可在主峰真正谱线两旁形成虚假的"鬼"谱线。总之，傅里叶变换光谱仪仪器函数的这种振荡曲线能量分布会造成不良后果，不但减弱了主峰真谱线的强度，还会淹没近旁其他谱线或形成虚假谱线。

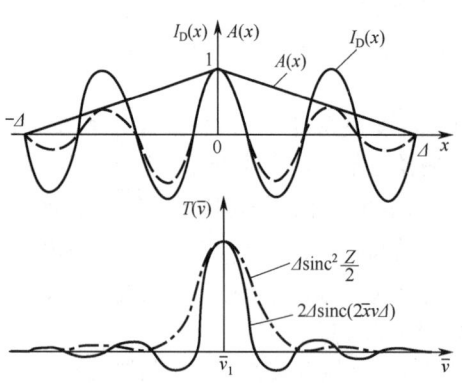

图 15.68 sinc 函数及切趾函数

"切趾"就是设法用数学处理办法抑制旁瓣影响的思路：因为产生旁瓣的物理根源是实际仪器不可能形成、处理无限长的干涉图形，而只能在最大光程差 $\pm\Delta$ 处突然截断干涉图形，使得用于复原光谱的干涉图形有尖锐的不连续性。切趾处理就是采用一个适当的渐变趋向零的权重函数去乘尖锐截断的干涉图形，以缓和其不连续性。这个用来切趾的函数称为切趾函数；对于不同的干涉图形，可以选择不同的切趾函数。

最常用的切趾函数是三角形函数：

$$A(x) = \begin{cases} 1 - \left|\dfrac{x}{\Delta}\right|, & -\Delta \leqslant x \leqslant \Delta \\ 0, & x < -\Delta \text{ 或 } x > \Delta \end{cases}$$

即在最大光程差范围内 $A(x)$ 是从中央最大值 1 逐渐沿三角形斜边减小，直到最大光程差为 $\pm\Delta$ 及更大时减到零并保持零，如图 15.68 的上图所示。三角形切趾函数给主峰近旁信噪比最高区域以最大的权重值 1，随着镜面移动距离 x 的逐渐增大，权重值逐渐减小，直到 x 等于和大于绝对值 Δ 以后为 0。经过切趾处理后，波数为 $\bar{\nu}_1$ 的单色光的干涉图形复原后变成：

$$L_A(\bar{\nu}) = \int_{-\Delta}^{\Delta}\left(1-\left|\frac{x}{\Delta}\right|\right)\cos(2\pi\bar{\nu}_1)\times e^{-i2\pi\bar{\nu}x}\,dx$$

$$=\Delta\operatorname{sinc}^2\frac{Z}{2},\ Z=2\pi(\bar{\nu}_1-\bar{\nu})\Delta$$

也就是说，经过切趾后的单色谱线的复原光谱变成了没有负旁瓣的 sinc^2 函数，如图 15.68 的下图中的虚线所示。sinc^2 函数将没切趾的 sinc 函数（图 15.68 下图中的实线）的"脚趾"切去了，没有负旁瓣了，其正的旁瓣强度也被减弱（峰值为原值的 1/4）。而代价是单色谱线主峰 $\bar{\nu}_1$ 处半宽度拓展了：从 sinc 函数时的 $0.6/\Delta$ 变成 sinc^2 函数时的 $0.89/\Delta$，即切趾后主线的半宽度比原来加大了 50%左右。当然，其峰高度要下降不少，这是因为谱线的总能量不变，曲线下的面积不变。

在实际傅里叶变换光谱学检测工作中，可视具体研究的对象谱线及检测要求的不同，采用其他函数作为切趾函数，使旁瓣抑制程度和主峰拓宽情况等最适合具体工作需要。

要再一次强调的是：在实际工作中是使用非理论点光源，而用扩展光源时所得到的干涉图形已经被 $\operatorname{sinc}\left(\dfrac{\pi\nu\Omega}{2}\right)$ 函数等效地调制过了，在光程差 $x=\dfrac{2\pi}{\nu\Omega}$ 处它第一次为零，所以相当于已经自然切趾了。另外，实际仪器的探测器都有个探测极限，干涉图形上小于此极限值的任何变化都不会被检测和反映出来。所以，在大于某个光程差值 x_i 以后干涉图形的任何变化已经下降到仪器的探测能力以下，这就是说仪器得到（记录）的干涉图形实际上已被自然切趾过了。第三，实际样品发射或吸收的谱线都不是理论上那样无限窄（用 δ 函数描述的无宽度的几何线状），而总是有一定宽度值，其强度分布为：

$$L_0(\bar{\nu})=A\varepsilon/\left[(\bar{\nu})-(\bar{\nu}_0)^2+\varepsilon^2\right]$$

它是洛伦兹（Lorentz）函数轮廓（$\bar{\nu}_0$ 为谱线中心波数，2ε 为其半宽度）。这种形状的谱线轮廓通过干涉系统得到的干涉图形是指数衰减型的余弦振荡图形（可用 $e^{-2\pi\varepsilon x}$ 函数描述），它也等效于一个切趾函数，其旁瓣比理论 δ 函数谱线小。

由以上各点可以知道：在实际傅里叶变换光谱工作中，要根据实际旁瓣的具体情况来确定要不要做切趾处理和采用何种切趾函数，不能一概而论。

（2）傅里叶变换光谱的相位校正。

因为种种物理、结构、工艺、电子、调试等方面的问题，实际的傅里叶变换光谱仪器获得的干涉图形并不是理论上对称于中央主极大峰的偶函数图形，而常常带有干涉调制相位误差，其中最主要的是由于零光程差 $x=0$ 点之位置误差引起的相位误差。存在相位误差将使复原后的光谱发生畸变，使光谱分析检测精度受到损失。为了减少检测时间和减少进行傅里叶积分变换的运算时间（测读双边比单边多 1 倍时间，对双边干涉图进行积分变换需要花费 4 倍于单边积分变换的时间），在实际傅里叶变换光谱检测工作中，都是根据对称原理只测算从 $x=0$ 到 $x=\Delta$ 的半区间内的单边干涉图形，即：

$$L(\bar{\nu})=2\int_0^{\Delta}A(x)L_D(x)\cos(2\pi\bar{\nu}x)\,dx$$

因为在实际工作中很难精确地确定 $x=0$ 中心点，总存在一个相对于零光程差点的偏差值 ξ，所以实际采样得到的干涉图形是

$$L_D(x+\xi)=L_0(\bar{\nu})\cos[2\pi\bar{\nu}(x+\xi)]$$

引入了相位误差 $2\pi\bar{\nu}\xi$，得到的干涉图形就不再是对称函数了，复原光谱会发生畸变。可采用各种数学方法来校正相位误差的影响，求取相应的校正函数对 $0\sim\Delta$ 范围内的干涉图变换结果进行相位校正。理论上做双边变换时不需要精确的 $x=0$ 位置，不会产生相位误差，但上述的检测花

费问题是实际上必须考虑的。此外,还有更严重的问题使得双边变换不可取:双边变换时必须通过余弦变换平方与正弦变换平方之和的平方根运算才能求得复原光谱,因而测读时存在的随机噪声不论正、负都被平方而都变成正值彼此不能抵消了,最终都叠加到复原光谱上就会产生更大的误差。所以在实际工作时从 $-\Delta$ 到 $+\Delta$ 整个区间测、算双边干涉图是不可取的。

除了 $x = 0$ 点位置误差以外,在实际仪器中入射光束准直性不佳,分束板有吸收,反射镜和分束板表面的平面度不理想,电子系统滤波器相位滞后等其他因素,也都会带来相位误差,因此也需要采用相位校正予以综合解决。

具体相位校正的方法和校正函数的选择,同样取决于具体仪器、光谱检测对象的光谱实况和检测工作要求,可以编写适当的软件由计算机自动完成校正工作。世界各国光谱仪器界为此已经做了多年研究、探索工作,并取得了大量成果,为当今傅里叶变换光谱仪的实用化和仪器商品化生产奠定了基础。

3. 傅里叶变换光谱仪光学系统设计

近些年来,由于微电子和计算机软硬件技术的发展和价格的下降,傅里叶变换光谱仪器的研发和商品化进展很快,尤其在红外区甚至大有排挤常规光栅红外分光光度计的趋势,国外不少大型厂商减少了新光栅仪器的推介而大力推广傅里叶变换光谱仪。目前这种势头已趋于平稳,光栅仪器在价格、稳定性、使用维护等方面还有不可完全取代的优点,具有其生存力。

图 15.69 是一种双光束红外傅里叶变换分光光度计的光路简图,其光学系统主要包括光源聚光镜系统、干涉系统、试样室系统、探测聚光系统等。从光学系统设计角度看,傅里叶变换光谱仪除干涉系统以外,其他光学系统与一般光栅光谱仪器光学系统的设计方法和要求没有特别的不同之处。过去比较多的研究用傅里叶变换光谱仪设计要求较高,现在例行分析用的中档傅里叶变换光谱仪商品仪器已经很多,价格已经可与同档光栅型仪器竞争。新仪器在光学系统方面变化不大,主要着力于计算软件更快、更方便,结构设计方面提高仪器防震、防温度变化对检测精度的影响,减小体积、重量,采用模块式结构,等等。

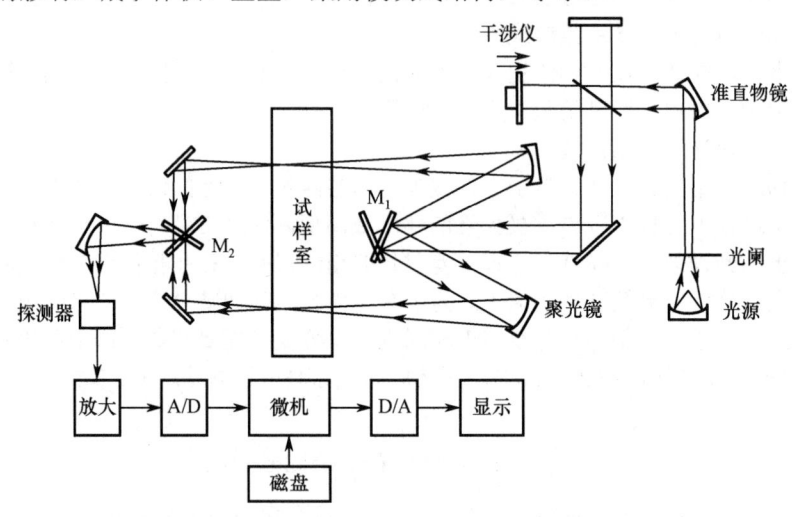

图 15.69 双光束傅里叶变换红外分光光度计光路简图

目前已经有航天傅里叶变换光谱仪,可经受火箭发射冲击,耐受太空环境及极高低温变化等特殊条件。在干涉仪分束板方面出现了许多不同的变型,如图 15.70 所示。其中图(a)是 60° 分束板系统,两块反射镜夹角不是经典 Michelson 干涉系统的 90°,可以提高分束板效率,增大有效光通量;图(b)是用立方反射棱镜取代平面反射镜,可以大大降低动镜移动驱动和导轨系统精度,仪器成本得以明显降低;图(c)所示的楔形分束器依靠一块楔形棱镜的移动来改变两光束之间的光程差,因棱镜折射率比空气大,棱镜只要小量移动就可获得足够的光程差值,也可降低移动精度要求;图(d)是用平行平板的转动,来改变光程差,移动变为转动不,仅结构精度情况大有改善,而且机构更紧凑,对外界振动更不敏感,已经成功地用于航天仪器上。

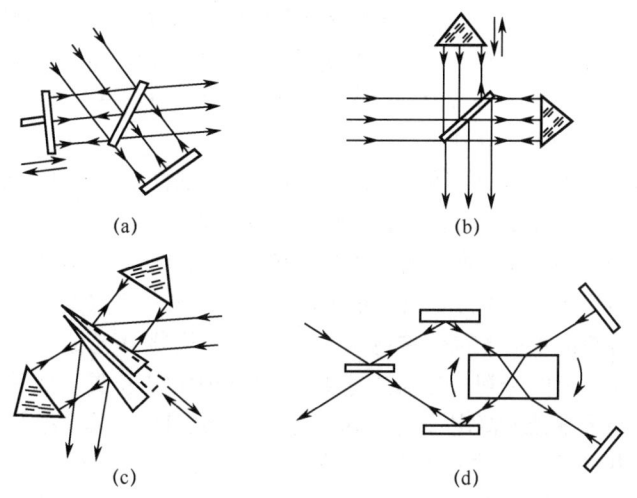

图 15.70 傅里叶变换光谱仪的分束系统

15.5.3 光谱成像仪光学系统设计[12]

1. 光谱成像分析技术的理论基础

1) 传统光谱仪器不能满足定位分析要求

无论是发射式光谱仪器(包括荧光光谱仪)还是吸收式光谱仪器,都是对被分析试样内很多原子或分子的光发射或光吸收行为进行总体检测,因而只能获得总合或平均分析数据。如果试样内被检测组分的分布不均匀,就必须采取特殊的试样预处理或者采用微区光束扫描等分析检测技术。即便是采用特殊技术,传统光谱仪器也不能同时给出试样内任何点位上各自的定量分析信息及其随时间或随光波长的变化情况。例如,采用显微荧光分光光度计观测细胞所发射的荧光,只能给出细胞发射的荧光总量,不能检测或显示细胞膜、细胞质、细胞核各点位处所发射的荧光,因而只能得到细胞内某种组分的总量分析信息,而不能判定在细胞膜等各特定位置的信息,即不能给出该组分(如神经细胞中的 Ca^{2+} 离子)在整个细胞内各处的浓度分布图。事实上,任何试样发射(或吸收、散射)的光量都是一个复杂的函数,与多种因素相关,即:

$$I = f(\lambda, t, x, y, z \cdots)$$

传统光谱仪器只能检测光量与光波长 λ 的关系或采用时间扫描获取光量随时间 t 的变化,而不能获得试样上某一点(位置坐标为 x, y, z)的定位光量信息。传统光谱分析技术和仪器的波长扫描(或时间扫描)功能已不能满足当今分子生物学、基因医学、微纳分析等高科技的要求了。另一方面,近几十年来蓬勃发展的成像技术和图像分析技术,尽管已经能形成试样表面原子的排列图像、蛋白质分子的三维空间结构图像等,却只能提供形态学信息,无法给出定性或定量成分分析信息。把光谱分析与图像分析两类光学分析技术融合起来,则可给出试样的定性或定量成分及动态分析信息。

2) 光谱成像技术可以提供定位分析途径

光谱成像技术可形成被测对象的二维或三维图像,即记录

$$I = f(x, y, z \cdots)$$

亦即试样上各点位置（具有不同的 x, y, z 坐标）上的光量值（发光强度、吸光度、照度等）的二维（或三维）分布状态，因而构成能反映试样形态的图像。如果改变光波长（即引入波长参数），可以获得试样在不同光波长处的不同光行为（试样上不同点发射或吸收、散射不同波长光能力的差异），获得一系列与特定波长相应的试样"彩色"特性图像系列。综合测试、评估这些不同波长图像各个点位的不同波长光量分布，就可以获得各点对不同波长光的行为信息（在什么波长发射或吸收光，发射或吸收程度，等等），从而可以直接或间接（预先标定后）获得试样上各点不同的定性、定量（半定量）成分信息。

如果控制了波长参数后再引入时间参数，则可以获得试样上各点不同时刻的光信息变化情况，因而可以获得试样上各点处成分、结构的动态变化信息。

光谱成像技术就是指将传统光谱分析技术与图像技术融合而成的新技术。图 15.71 所示的光谱成像示意图，形象地说明了光谱成像技术的内涵：在不同波长下采集相应的图像序列，在特定波长下的一幅图像上各点的不同光量值被记录下来，在不同波长下形成的图像序列则构成了被分析试样不同波长下光学行为的全貌；分别针对图像上某一确定点位置（如图 15.71 中图像序列每幅图像中上方涂黑的小像素处）测定该点在不同波长下的光量值，就可以获得图 15.71 上方所示意的每幅图像序列上相应于该点的光谱曲线（横坐标是波长，纵坐标是光量值）。根据每一点量值的光谱曲线，可以确定试样上该点对某个确定波长的光量值（因而可做出试样该点组分的定量或半定量分析），而且根据其光谱曲线的峰谷波长位置判读出试样该点对不同波长光学行为的极值（因而可做定性分析）。针对感兴趣的特定组分，选取特定波长处的图像做图像上所有点位置的定性、定量（半定量）分析，就可以获得在被分析试样各点处该特定组分含量（浓度）的分布图像。

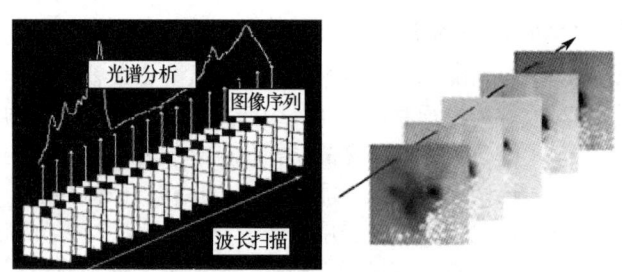

图 15.71　光谱成像示意图

3）光谱成像分析技术的实现可行性

光谱扫描可以完成对光波长的可控变化，可以保证在不同波长范围（红外区、可见区、紫外区）内连续或有选择性地改变波长值。目前，已有各种光谱技术手段可以实现光谱扫描获取相应的光谱信息。光学图像技术近年来已经发展到成熟阶段，具有足够分析要求的图像空间分辨率或时间分辨率。在光学图像记录手段方面，已有各种线阵、面阵光电或热电探测器件。各种高性能光源、光纤、微光学元件以及计算机硬件和软件技术等的快速发展，也为实用光谱成像技术和仪器的实现和广泛应用提供了基础。

2. 显微荧光光谱成像仪的设计[12]

1）显微荧光光谱成像仪光学系统的设计

为了定性、定量、定位地观测生物细胞、组织样品，已经研发了显微荧光光谱成像仪，如图 15.72 所示。

显微荧光光谱成像仪的光学系统由以下部分组成：

（1）落射荧光显微镜。为适应细胞生物学、分子生物学以及相应的医学研究和临床应用中显微荧光分析检测的要求，需配备适当结构和性能的荧光显微镜等基本设备。由于大部分生物、医学试样切片都很薄，且基本上是透明的，所以广泛采用落射荧光显微镜，激发光通过显微镜垂直落射到试样上，试样产生的荧光再由显微物镜采集、成像。

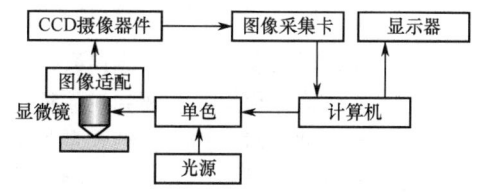

图 15.72　显微荧光光谱成像系统框图

（2）激发光波长控制、变化系统。由于不同荧光物质（生物、生化物质或荧光探针）需要不同波长的激发光才能发射荧光，所以必须具备能控制或改变激发光波长的光学系统。在落射荧光显微镜中，由光源、聚光镜、二向色反射和滤光片构成激发光系统，一般可以选择 3～4 种不同波长的激发光。落射式荧光显微镜一般采用目视观察或照相方式判读荧光图像，因此配备不同放大倍率的物镜和目镜。为研制可实现定性、定量和定位分析的显微荧光光谱成像仪，必须采用面阵光电探测器（如面阵电荷耦合探测器 CCD）作为荧光图像的采集器件，获得数字化荧光图像信息。

（3）数字化图像分析光学系统。该系统由光电图像转换器、采集卡、计算机和相应的系统操控软件以及专门开发的应用软件组成。为保证显微系统形成的显微光学图像尺寸与 CCD 面阵的灵敏区尺寸相符，加入适当设计的图像适配器对光学图像做适当的缩放。

采用可在 250～680 nm 波长范围内自动扫描的单色器取代原显微镜中的滤片组，构成波长可连续无级变化的激发光系统。在计算机控制下，可实现全程或指定范围内连续或重复扫描（激发光波长无级变化），设定波长、时间记录、步长、步进扫描等功能，从而获得所需的不同激发光波长并进行控制和选择。

单色仪独立成件，扫描单色器光路如图 15.73 所示，通过光导纤维束和一块内置聚光镜将不同波长的激发光引入显微镜。光导纤维采用石英光纤束，一端横截面为扁长方形与单色仪出射光束匹配（输入端），另一端横截面为圆形与显微镜圆形孔径匹配（输出端）。平面光栅单色仪是典型的 C-T 型平面光栅系统，采用 1200 线/mm 光栅，可工作在紫外-可见区。在计算机软件控制下，微型电机通过精密正弦机构推动光栅转动完成波长扫描，从出射狭缝处射出不同波长的光束，经光纤束耦合进入落射式荧光显微镜。为适应生物、医学应用的要求，单色仪系统的技术指标为：工作波长 250～680 nm；波长准确度优于±5 nm；光度重复性优于±5%。为适应微弱荧光图像的可靠检测，选用高强度汞灯和氙灯作为光源，并增大单色仪的相对孔径（$D:f=1:3$）。

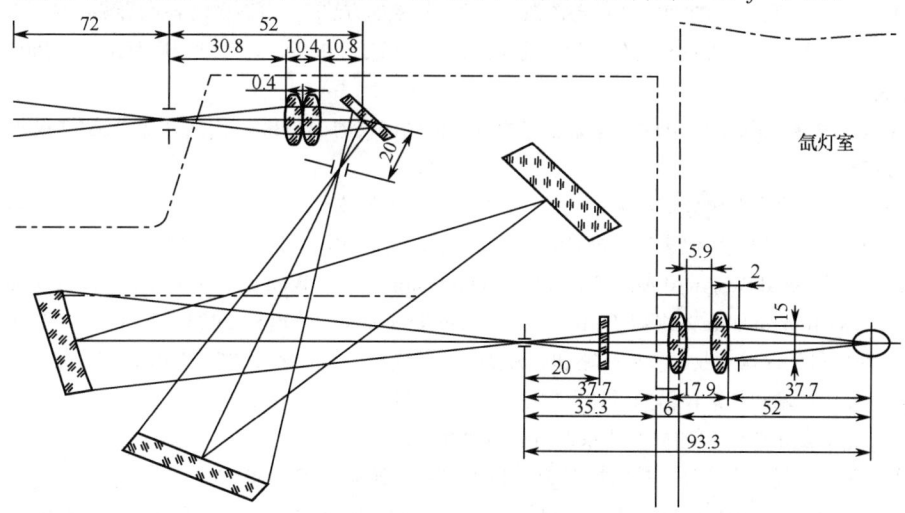

图 15.73　扫描单色器光路

2）显微荧光光谱成像仪的软件系统设计

为了实现显微荧光光谱成像仪操作、控制和分析功能，必须研发配置一系列软件。

（1）系统操控模块：主要完成系统初始化、单色仪扫描控制（包括激发光连续扫描、离散多点扫描、指定波长时间扫描、指定步长步进扫描等）。

（2）图像采集模块：可完成单幅图像采集、光谱序列图像采集、时间序列图像采集等。

（3）文件服务模块：主要完成各种图像文件格式的转化与数据存储。

（4）通用图像处理模块：可完成滤波、图像调整、图像增强、图像分割、边缘提取、图像锐化、伪彩色、三维视图等功能。

（5）显微荧光光谱图像处理专用模块：包括彩色空间变换与光谱信息提取、光谱图像分割、光谱去噪、光谱图像融合、比例荧光图像、光谱曲线获取与分析、图像光谱信息分布统计与分析等功能。

（6）可附加模块：包括光斑分析、运动分析、三维图像重建等功能。

通过这些软件模块，不仅可实现系统自动控制，完成各种通用的和专门的图像分析功能，而且可以通过即时可显的光谱曲线信息分析，达到图像上任何区域或点的定性、定量和定位分析的要求，实现光谱分析与图像分析的融合要求。

参 考 文 献

[1] 林中，范世福. 光谱仪器学[M]. 北京：机械工业出版社，1989.
[2] 吴国安. 光谱仪器设计[M]. 北京：科学出版社，1978.
[3] 陈捷光，范世福. 光学式分析仪器[M]. 北京：机械工业出版社，1989.
[4] 王之江. 光学技术手册（上册）[M]. 北京：机械工业出版社，1987.
[5] 《机械工程手册》《电机工程手册》编辑委员会. 机械工程手册（第二版）[M]. 北京：机械工业出版社，1997：177.
[6] 德国 Jena 公司技术资料. Lit_AA_02_04_e（2006）.
[7] 范世福. 近红外光谱技术的复兴和发展[J]. 分析仪器，1991(3)：1-8.
[8] 袁洪福. 当代近红外光谱分析技术[J]. 现代科学仪器论坛，2008(12).
[9] 范世福. 自制显微荧光光度系统及其应用[J]. 细胞生物学杂志，1998，20(4)：189-193.
[10] 肖松山，范世福，等. 在 SPT 实验中改善图像时—空分辨率的方法[J]. 生物物理学报，2000，16(4)：840-843.
[11] 李小霞，范世福，等. 脉冲激光在医学中的光热效应分析[J]. 中华物理医学与康复杂志，2004，26(2)：114-116.
[12] 陈昌民，苏大春，陈承现. JDS3—1 型激光微区分析光谱仪的试制和应用[J]. 山西大学学报（自然科学版），1978(1)：102-110.
[13] 范世福. 数字化显微图像分析检测系统的设计研究[J]. 世界仪表与自动化，2002，6(10)：50-53.
[14] 万峰，范世福. 小型模块化多通道分光光度计介绍[J]. 分析仪器，2005(4)：48-51.
[15] Wan f., Fan sf., et al. Design of An Infrared Monochromator System With an AOTF as the Dispersion Element. TEEE Transaction on Ultrasonics, Ferroelectrics, and Frequency Contro, 2006, 53(6): 871-875.
[16] 范世福. 我国科学仪器事业的发展战略和目标[J]. 世界仪表与自动化. 2005，9(10)：27-29.
[17] 范世福. 光谱技术和光谱仪器的近期发展[J]. 现代科学仪器，2006(5)：14-19.
[18] 王之江. 光学设计理论基础[M]. 北京：科学出版社，1965.
[19] 范世福. 关于发展多维信息科技的构想[J]. 分析仪器，2006(1)：37-39.
[20] 徐晓初，范世福. 红外傅里叶变换光谱仪的切趾函数研究[J]. 红外研究，1987(6)：425-429.

第 16 章　光波的偏振态及其应用

16.1　光波的偏振态

光振动可理解为在其传播方向上通过轴线（z 方向）的任一截面内的振动（如图 16.1 所示），形成光矢量传播的一个分量，由于光振动分量的分布和结构的不同，构成自然光、偏振光和部分偏振光[1]。

光振动方向对于传播方向的不对称性叫作偏振，它是横波区别于其他纵波的一个明显标志，只有横波才有偏振现象。光波是电磁波，因此，光波的传播方向就是电磁波的传播方向。光波中的电振动矢量 E 和磁振动矢量 H 都与传播速度 v 垂直，因此光波是横波，它具有偏振性。

在垂直于光传播方向的平面上，光矢量在各个可能方向上的取向是均匀的，光矢量的大小、方向具有无规律性变化，这种光称为自然光，也称为非偏振光[1]，如图 16.2 所示。自然光可以沿着与光传播方向垂直的任意方向上分解成两束振动方向相互垂直、振幅相等、无固定相位差的非相干光[2]。

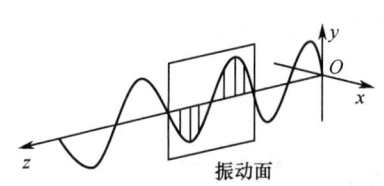

图 16.1　在传播方向上通过轴线（z 方向）的
任一截面内的光振动示意图

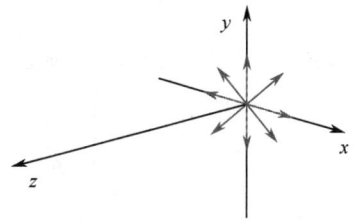

图 16.2　自然光（或非偏振光）示意图

偏振光中有线偏振光、椭圆偏振光等。线偏振光（beeling polarizing light）的光矢量只沿着一个确定方向振动，其大小、方向不变，光矢量端点的轨迹为一直线，如图 16.3（a）所示。

椭圆偏振光（ellipse polarizing light）的光矢量端点的轨迹为一椭圆，如图 16.3（b）所示，即光矢量不断旋转，其大小、方向随时间有规律地变化。在光的传播方向上，椭圆偏振光任意一个场点电矢量既改变它的大小又以角速度 ω（即光波的圆频率）均匀转动它的方向；或者说电矢量的端点在垂直于光传播方向的平面上描绘出一个椭圆。

圆偏振光的光矢量端点的轨迹为一圆，如图 16.3（c）所示，即光矢量不断旋转，大小不变，但方向随时间有规律地变化。圆偏振光在光传播方向上任意一个场点电矢量以角速度 ω 匀速转动其方向，但大小不变；或者说，电矢量的端点在垂直于光传播方向的平面上描绘出一个圆。圆偏振光是椭圆偏振光的一个特例。

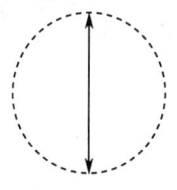  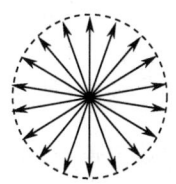

　　(a) 线偏振光　　　(b) 椭圆偏振光　　(c) 圆偏振光

图 16.3　偏振光的类型

部分偏振光是在垂直于光传播方向的平面上,含有各种振动方向的光矢量,但光振动在某一方向更显著。部分偏振光是自然光和完全偏振光的叠加。

16.1.1 椭圆偏振电磁场

平面电磁波是横波,电场和磁场彼此正交,当光沿 z 方向传输时,电场只有 x、y 方向的分量。通常,平面电磁波写为

$$\boldsymbol{E} = \boldsymbol{E}_0 \cos(\tau + \delta_0) \tag{16.1}$$

式中,$\tau = \omega t - kz$。写成分量形式为

$$\begin{cases} \boldsymbol{E}_x = \boldsymbol{E}_{0x} \cos(\tau + \delta_1) \\ \boldsymbol{E}_y = \boldsymbol{E}_{0y} \cos(\tau + \delta_2) \\ \boldsymbol{E}_z = \boldsymbol{0} \end{cases} \tag{16.2}$$

为了求得电场矢量的端点所描绘的曲线,把上式中参变量 τ 消去即可,这时可得

$$\left(\frac{1}{E_{0x}}\right)^2 E_x^2 + \left(\frac{1}{E_{0y}}\right)^2 E_y^2 - 2\frac{E_x}{E_{0x}}\frac{E_y}{E_{0y}}\cos\delta = \sin^2\delta \tag{16.3}$$

其中,$\delta = \delta_2 - \delta_1$。式(16.3)是椭圆方程,因其系数行列式大于零,即

$$\begin{vmatrix} \left(\dfrac{1}{E_{0x}}\right)^2 & -\dfrac{\cos\delta}{E_{0x}E_{0y}} \\ -\dfrac{\cos\delta}{E_{0x}E_{0y}} & \left(\dfrac{1}{E_{0y}}\right)^2 \end{vmatrix} = \frac{\cos\delta}{E_{0x}^2 E_{0y}^2} \geqslant 0 \tag{16.4}$$

这说明电场矢量的端点所描绘的轨迹是一个椭圆,即在任一时刻,沿传播方向上,空间各点电场矢量末端在 xOy 平面上的投影是一个椭圆;或者在空间任一点,电场端点在相继各时刻的轨迹是一个椭圆,如图16.3(b)所示,这种电磁波在光学上被称为椭圆偏振光。由于电场矢量与磁场矢量如下简单关系:

$$\sqrt{\mu_0}\boldsymbol{H} = \sqrt{\varepsilon_0 \varepsilon_r}\boldsymbol{E}$$

故磁场矢量的分量为

$$\begin{cases} H_x = -\sqrt{\dfrac{\varepsilon}{\mu_0}}\boldsymbol{E}_y = E_{0y}\cos(\tau + \delta_2) \\ H_x = -\sqrt{\dfrac{\varepsilon}{\mu_0}}\boldsymbol{E}_x = E_{0x}\cos(\tau + \delta_2) \\ H_z = \boldsymbol{0} \end{cases} \tag{16.5}$$

因此,磁场矢量的端点轨迹也是一个椭圆[3]。

16.1.2 线偏振和圆偏振电磁场

在光学中经常讨论的偏振情况有两种：一种是电场矢量 E 的方向永远保持不变，即线偏振光；另一种是电场矢量 E 端点轨迹为一圆，即圆偏振光。这两种情况都是上述椭圆偏振的特例。

由式（16.3）知，当 $\delta = \delta_2 - \delta_1 = m\pi$（$m = 0, \pm 1, \pm 2, \cdots$）时，椭圆会退化为一条直线，这时

$$\frac{E_y}{E_x} = (-1)m \frac{E_{0y}}{E_{0x}} \tag{16.6}$$

电场矢量 E 就称为线偏振（亦称为平面偏振）。

如果 E_x、E_y 两分量的振幅相等，且其相位差为 $\pi/2$ 的奇数倍，即 $E_{0x} = E_{0y} = E_0$，$\delta = \delta_2 - \delta_1 = m\pi/2$（$m = \pm 1, \pm 3, \pm 5, \cdots$），则椭圆方程式（16.3）退化为圆：

$$E_x^2 + E_y^2 = E_0^2 \tag{16.7}$$

称该电场矢量是圆偏振。如果 $\sin\delta > 0$，则 $\delta = \frac{\pi}{2} + 2m\pi$（$m = 0, \pm 1, \pm 2, \cdots$），有

$$\begin{cases} E_x = E_{0x} \cos(\tau + \delta_1) \\ E_y = E_{0y} \cos(\tau + \delta_2 + \frac{\pi}{2}) \end{cases} \tag{16.8}$$

说明 E_y 的相位比 E_x 的超前 $\pi/2$，其合成矢量的端点描绘一个顺时针方向旋转的圆。这相当于迎着平面光波观察时，电场矢量是顺时针方向旋转的，这种偏振光被称为右旋圆偏振光。这时如果 $\sin\delta < 0$，则 $\delta = -\frac{\pi}{2} + 2m\pi$（$m = 0, \pm 1, \pm 2, \cdots$），有

$$\begin{cases} E_x = E_{0x} \cos(\tau + \delta_1) \\ E_y = E_{0y} \cos(\tau + \delta_2 - \frac{\pi}{2}) \end{cases} \tag{16.9}$$

上述结果用复数形式表示，则可写成

$$\frac{E_y}{E_x} = \frac{E_{0y}}{E_{0x}} e^{j\delta} \tag{16.10}$$

① 当 $\delta = m\pi$（$m = 0, \pm 1, \pm 2, \cdots$）时，为线偏振光：

$$\frac{E_y}{E_x} = (-m) \frac{E_{0y}}{E_{0x}} \tag{16.11}$$

② 当 $\delta = \frac{\pi}{2} + 2m\pi$（$m = 0, \pm 1, \pm 2, \cdots$）时，$E_{0x} = E_{0y}$ 时为右旋圆偏振光：

$$\frac{E_y}{E_x} = e^{j\delta} = i \tag{16.12}$$

③ 当 $\delta = -\frac{\pi}{2} + 2m\pi$（$m = 0, \pm 1, \pm 2, \cdots$）时，$E_{0x} = E_{0y}$ 时为左旋圆偏振光：

$$\frac{E_y}{E_x} = e^{j\delta} = -i \tag{16.13}$$

其余情况下，则为椭圆偏振光。δ 取不同值时的偏振如图 16.4 所示。

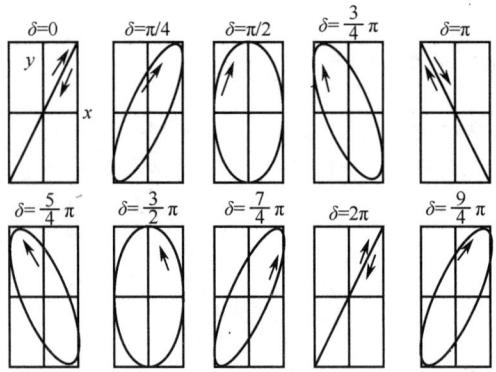

图 16.4 δ 取不同值时的偏振

16.1.3 偏振光的描述

由于两振动方向相互垂直的偏振光叠加时,一般将形成椭圆偏振光。两偏振振幅比 E_{0y}/E_{0x} 及其相位差 δ 决定了这个椭圆的长、短轴之比及其在空间的取向。这表明只需两个待征参量 E_{0y}/E_{0x} 及 δ 就可表示任一光波的偏振态。下面介绍描述椭圆偏振光各参量之间关系的四种方法。

1. 三角函数表示法

如图 16.5 所示,坐标系 ($x'Oy'$) 与 (xOy) 的转换矩阵为

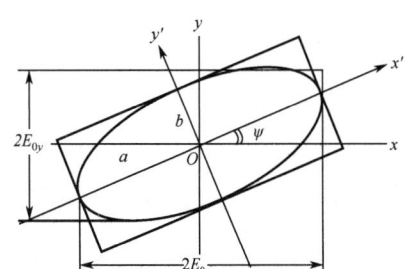

图 16.5 椭圆偏振光各参数间的关系

$$A = \begin{bmatrix} \cos\psi & \sin\psi \\ -\sin\psi & \cos\psi \end{bmatrix} \tag{16.14}$$

$$\begin{bmatrix} E_x' \\ E_y' \end{bmatrix} = A \begin{bmatrix} E_x \\ E_y \end{bmatrix} \tag{16.15}$$

若设 $2a$ 和 $2b$ 分别为椭圆的长、短轴,则 ($x'Oy'$) 坐标系中椭圆的参量方程为

$$\begin{cases} E_x' = a\cos(\tau + \delta_1) \\ E_y' = \pm b\sin(\tau + \delta_1) \end{cases} \tag{16.16}$$

式中,正、负号分别对应于右旋和左旋椭圆偏振光。显然,由比值 a/b 和角度 ψ 两参量就可确定椭圆之外形及其在空间之取向,是椭圆偏振光的两个基本参量,同时也是实际工作中可以直接测量的两个量。下面再求它们和 E_{0y}/E_{0x} 及其相位差 δ 的关系。为此,利用式(16.16)与式(16.15)的等价性可得:

$$a\cos\delta_0 = E_{0x}\cos\delta_1\cos\psi - E_{0y}\cos\delta_2\sin\psi \tag{16.17}$$

$$a\sin\delta_0 = E_{0x}\sin\delta_1\cos\psi + E_{0y}\sin\delta_2\sin\psi \tag{16.18}$$

$$\pm b\cos\delta_0 = E_{0x}\sin\delta_1\sin\psi + E_{0y}\sin\delta_2\cos\psi \tag{16.19}$$

$$\pm b\cos\delta_0 = -E_{0x}\cos\delta_1\sin\psi + E_{0y}\cos\delta_2\cos\psi \tag{16.20}$$

式(16.17)和式(16.18)平方相加,式(16.19)和式(16.20)平方相加,可得

$$a^2 = E_{0x}^2\cos^2\psi + E_{0y}^2\sin^2\psi + 2E_{0x}E_{0y}\cos\psi\sin\psi\cos\delta \tag{16.21}$$

$$b^2 = E_{0x}^2\sin^2\psi + E_{0y}^2\cos^2\psi - 2E_{0x}E_{0y}\cos\psi\sin\psi\cos\delta \tag{16.22}$$

故有
$$a^2 + b^2 = E_{0x}^2 + E_{0y}^2 \tag{16.23}$$

式（16.17）和式（16.19）相乘，式（16.18）和式（16.20）相乘，然后把两乘积相加，可得
$$\pm ab = E_{0x}E_{0y}\sin\delta \tag{16.24}$$

式（16.17）和式（16.19）相除，式（16.18）和式（16.20）相除，可得
$$\pm\frac{b}{a} = \frac{E_{0x}\sin\delta_1\sin\psi + E_{0y}\sin\delta_2\cos\psi}{E_{0x}\cos\delta_1\cos\psi - E_{0y}\cos\delta_2\sin\psi} = \frac{-E_{0x}\cos\delta_1\sin\psi + E_{0y}\cos\delta_2\cos\psi}{E_{0x}\sin\delta_1\cos\psi + E_{0y}\sin\delta_2\sin\psi} \tag{16.25}$$

上式交叉相乘，则可求出 ψ 的表达式为
$$(E_{0x}^2 + E_{0y}^2)\sin(2\psi) = 2E_{0x}E_{0y}\cos\delta\cos(2\psi) \tag{16.26}$$

在实际测量中，比值 E_{0y}/E_{0x} 较之 E_x、E_y 更为有用，且在计算上也更方便。故令
$$\frac{E_{0y}}{E_{0x}} = \tan\alpha \quad \left(0 \leqslant \alpha \leqslant \frac{\pi}{2}\right) \tag{16.27}$$

于是式（16.26）可简化成
$$\tan(2\psi) = \tan(2\alpha)\cos\delta \tag{16.28}$$

由式（16.23）、式（16.24）可得
$$\pm\frac{2ab}{a^2+b^2} = \sin(2\alpha)\sin\delta \tag{16.29}$$

令
$$\pm\frac{b}{a} = \tan\chi \left(-\frac{\pi}{4} \leqslant \chi \leqslant \frac{\pi}{4}\right)$$

式中，正、负号分别表示椭圆是右旋还是左旋。于是式（16.29）可改写成
$$\sin(2\chi) = \sin(2\alpha)\sin\delta \tag{16.30}$$

若测出 χ、ψ 的实际值，则两偏振光之振幅 E_x、E_y 及其相位差 δ 可由下式求出：
$$\tan(2\alpha)\cos\delta = \tan(2\psi) \tag{16.31}$$
$$\sin(2\alpha)\sin\delta = \sin(2\chi) \tag{16.32}$$
$$\frac{E_{0y}}{E_{0x}} = \tan\alpha \quad \left(0 \leqslant \alpha \leqslant \frac{\pi}{2}\right) \tag{16.33}$$
$$E_{0x}^2 + E_{0y}^2 = a^2 + b^2 \tag{16.34}$$

2. 琼斯（Jones）矢量法

1941年琼斯用一个列矩阵表示电场矢量的 x、y 分量[4]：
$$\begin{bmatrix} E_x \\ E_y \end{bmatrix} = \begin{bmatrix} E_{0x}e^{i\delta_1} \\ E_{0y}e^{i\delta_2} \end{bmatrix} \tag{16.35}$$

这个矩阵一般称之为琼斯矢量，表示一般的椭圆偏振光。对于线偏振光，若 $\boldsymbol{E}$ 在第一、三象限，则有 $\delta_1 = \delta_2 = \delta_0$，其相应的琼斯矢量为
$$\begin{bmatrix} E_x \\ E_y \end{bmatrix} = \begin{bmatrix} E_{0x} \\ E_{0y} \end{bmatrix} e^{i\delta_0}$$

与此类似，对于右旋圆偏振光，其琼斯矢量为

$$\begin{bmatrix} E_x \\ E_y \end{bmatrix} = \begin{bmatrix} -i \\ 1 \end{bmatrix} E_{0x} e^{i\delta_0}$$

由于光强 $I = E_x^2 + E_y^2$（略去比例常数），为简化计算，一般取 $I = 1$，这时的琼斯矢量则称为标准的琼斯矢量。计算方法是把琼斯矢量的每一分量除以 $\sqrt{I}$ 即可。

若两偏振光 $\boldsymbol{E}_1$、$\boldsymbol{E}_2$ 满足下列关系，则称此两偏振光是正交偏振态：

$$\boldsymbol{E}_1 \boldsymbol{E}_2^* = \begin{bmatrix} E_{1x} & E_{1y} \end{bmatrix} \begin{bmatrix} E_{2x}^* \\ E_{2y}^* \end{bmatrix} = 0 \tag{16.36}$$

例如，线偏振光 $\begin{vmatrix} E_{1x} \\ 0 \end{vmatrix}$ 与 $\begin{vmatrix} 0 \\ E_{2y} \end{vmatrix}$。左旋圆偏振光和右旋圆偏振光也是互为正交的偏振光。

利用琼斯矢量可以进行如下运算：

（1）计算偏振光的叠加。若已知两完全偏振的相干光，可用琼斯矢量计算其叠加。例如：已知两线偏振光 $\boldsymbol{E}_1$、$\boldsymbol{E}_2$ 的琼斯矢量分别为

$$\boldsymbol{E}_1 = \begin{bmatrix} \sqrt{3}e^{i\delta_1} \\ 0 \end{bmatrix}, \boldsymbol{E}_2 = \begin{bmatrix} 0 \\ \sqrt{3}e^{i(\delta_1 + 90°)} \end{bmatrix}$$

则此两线偏振光的叠加为

$$\boldsymbol{E}_1 + \boldsymbol{E}_2 = \begin{bmatrix} \sqrt{3}e^{i\delta_1} \\ \sqrt{3}e^{i(\delta_1 + 90°)} \end{bmatrix}$$

这是一个右旋圆偏振光，其强度为 $2(\sqrt{3})^2 = 6$

一般情况下，n 束同频率、同方向传播的偏振光的叠加，可由这 n 个琼斯矢量相加而得。相加时，需考虑琼斯矢量两分量共同的振幅和相位：

$$\boldsymbol{E} = \begin{bmatrix} E_x \\ E_y \end{bmatrix} = \begin{bmatrix} \sum_{i=1}^{n} E_{ix} \\ \sum_{i=1}^{n} E_{iy} \end{bmatrix} \tag{16.37}$$

（2）计算偏振光通过一个或几个偏振元件后的偏振态。偏振光 $\begin{bmatrix} E_x \\ E_y \end{bmatrix}$ 通过一个偏振元件后，其偏振态变成 $\begin{bmatrix} E_x' \\ E_y' \end{bmatrix}$，$\begin{bmatrix} E_x' \\ E_y' \end{bmatrix}$ 与 $\begin{bmatrix} E_x \\ E_y \end{bmatrix}$ 的关系可用一个 2×2 矩阵来表示：

$$\begin{bmatrix} E_x' \\ E_y' \end{bmatrix} = \begin{bmatrix} J_{11} & J_{12} \\ J_{21} & J_{22} \end{bmatrix} = \boldsymbol{J} \begin{bmatrix} E_x \\ E_y \end{bmatrix} \tag{16.38}$$

称这个 2×2 矩阵 $\boldsymbol{J}$ 为该偏振元件的传输矩阵，也称琼斯矩阵，其元素仅与器件有关。若偏振光 $\begin{bmatrix} E_x \\ E_y \end{bmatrix}$ 依次通过 n 个偏振元件，它们的琼斯矩阵分别为 $\boldsymbol{J}_i$（$i=1, 2, \cdots, n$），则从第 n 个偏振元件出射光的琼斯矢量为

$$\begin{bmatrix} E_x' \\ E_y' \end{bmatrix} = [\boldsymbol{J}_n \boldsymbol{J}_{n-1} \cdots \boldsymbol{J}_2 \boldsymbol{J}_1] \begin{bmatrix} E_x \\ E_y \end{bmatrix}$$

因此，琼斯矩阵表征了器件对偏振光的变换特性。如果琼斯矩阵中的元素受到某信息量的调制，则该器件出射偏振光的偏振态相应地受到调制，由此可利用偏振光实现检测的原理。

3. 斯托克斯矢量法

1852年斯托克斯（Stockes）提出用四个参量（斯托克斯参量）来描述光波的强度和偏振态，与琼斯矢量不同的是，其中被描述的光可以是完全偏振光、部分偏振光和完全非偏振光，可以是单色光也可以是非单色光。这四个斯托克斯参量都是光强的时间平均值（时间间隔长到可以进行测量），组成一个四维的数学矢量，其定义如下：

令被讨论的光分别通过下述四块滤色片 F_1、F_2、F_3 和 F_4，测出通过滤色片后的光强 I_1、I_2、I_3 和 I_4，则斯托克斯参量为

$$I = 2I_1 \tag{16.39}$$

$$M = 2I_2 - 2I_1 \tag{16.40}$$

$$C = 2I_3 - 2I_1 \tag{16.41}$$

$$S = 2I_4 - 2I_1 \tag{16.42}$$

四个滤色片的功能如下：
（1）每块滤色片对自然光之透过率均为 0.5；
（2）每块滤色片之通过面均垂直于入射光；
（3）F_1 是各向同性，对任何入射光作用相同，F_2 的透光轴沿 x 轴（对 y 轴方向振动的光完全吸收），F_3 的透光轴与 x 轴夹角 $45°$，F_4 对左旋圆偏振光不透明。

可见，斯托克斯的四个参量 I、M、C 和 S 均可测量。斯托克斯矢量表示为 $\begin{bmatrix} I' \\ M' \\ C' \\ S' \end{bmatrix}$ 或 $[I\ M\ C\ S]$。

后一种表示法仅为便于书写，一般关心的是光强的相对值，故第一个参量取为 1，其余三个参量均除以 I，为归一化斯托克斯参量：

$$[1 \quad M/I \quad C/I \quad S/I]$$

例如，自然光的斯托克斯矢量为 $[2E_x^2\ 0\ 0\ 0]$ 或归一化矢量 $[1\ 0\ 0\ 0]$。沿 x 轴振动的线偏振光之斯托克斯矢量为 $[E_x^2\ E_x^2\ 0\ 0]$ 或 $[1\ 1\ 0\ 0]$。当入射光经过一光学器件后，其斯托克斯矢量由 $[I\ M\ C\ S]$ 变成 $[I'\ M'\ C'\ S']$。这两个矢量之间通过一个 4×4 矩阵来联系：

$$\begin{bmatrix} I' \\ M' \\ C' \\ S' \end{bmatrix} = \begin{bmatrix} M_{11} & M_{12} & M_{13} & M_{14} \\ M_{21} & M_{22} & M_{23} & M_{24} \\ M_{31} & M_{32} & M_{33} & M_{34} \\ M_{41} & M_{42} & M_{43} & M_{44} \end{bmatrix} \begin{bmatrix} I \\ M \\ C \\ S \end{bmatrix} = \boldsymbol{M} \begin{bmatrix} I \\ M \\ C \\ S \end{bmatrix} \tag{16.43}$$

称 $\boldsymbol{M}$ 矩阵为偏振元件的穆勒矩阵（Mueller matrix）。若入射光依次通过 n 个偏振元件，其穆勒矩阵分别为 $\boldsymbol{M}_i (i=1,2,\cdots,n)$，则从第 n 个偏振元件出射光的斯托克斯矢量显然为

$$\begin{bmatrix} I' \\ M' \\ C' \\ S' \end{bmatrix} \boldsymbol{M}_n \boldsymbol{M}_{n-1} \cdots \boldsymbol{M}_2 \boldsymbol{M}_1 \begin{bmatrix} I \\ M \\ C \\ S \end{bmatrix} \tag{16.44}$$

4. 邦加球图示法

邦加球是表示任一偏振态的图示法，是1892年由邦加（H. Poincare）提出来的。由于任一椭圆偏振光只用两个方位角就可完全决定其偏振态，而两个方位角可用球面上的经度和纬度来表示，则球面上的一个点可代表一个偏振态，球上全部点的组合则代表了各种可能的偏振态，如图16.6所示[5]。

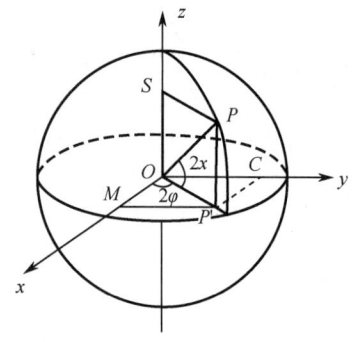

图 16.6 邦加球图示法

图 16.6 中 ψ 是椭圆偏振光的椭圆长轴与 x 轴的夹角，$\tan\chi = \pm b/a$，$2a$、$2b$ 分别为椭圆的长轴和短轴。显然，邦加球有如下的结论：

(1) 赤道上 ($\chi = 0$) 任一点代表不同振动方向的线偏振光，其中当 $\psi = 0$ 时，即 x 轴正向的点表示水平偏振；当 $\psi = \pi/2$ 时，即 x 轴负向的点表示垂直偏振。

(2) 球的北极 ($\chi = \pi/4$) 表示右旋圆偏振，南极 ($\chi = -\pi/4$) 表示左旋圆偏振。

(3) 北半球上的每个点表示右旋椭圆偏振形式，南半球上的每个点表示左旋椭圆偏振形式，椭圆相应的方位角和椭圆度分别为该点经度和纬度值的一半。因此，$\psi = $ const 的所有点表示所有方位角相同而椭圆度不同的椭圆偏振光，$\chi = $ const 的所有点表示所有椭圆度相同而方位角不同的椭圆偏振光。

(4) 邦加球与斯托克斯矢量有如下关系：对于一完全偏振光，斯托克斯四参量为

$$I = E_x^2 + E_y^2 \tag{16.45}$$

$$M = E_x^2 - E_y^2 \tag{16.46}$$

$$C = 2E_x E_y \cos\delta \tag{16.47}$$

$$S = 2E_x E_y \sin\delta \tag{16.48}$$

其中 δ 为 E_x、E_y 之间的相位差，因为是完全偏振光，有

$$I^2 = M^2 + C^2 + S^2$$

故得

$$M = I\cos(2\chi)\cos(2\psi) \tag{19.49}$$

$$C = I\cos(2\chi)\sin(2\psi) \tag{16.50}$$

$$S = I\sin(2\chi) \tag{16.51}$$

即为邦加球上任一点 P 的直角坐标分量（参见图 16.6）。

(5) 邦加球和斯托克斯矢量都能表示部分偏振光及完全非偏振光。对部分偏振光有

$$0 < M^2 + C^2 + S^2 < I^2$$

定义偏振光的偏振度 P 为

$$P = \frac{(M^2 + C^2 + S^2)^{1/2}}{I}$$

同时，部分偏振光可以理解为完全偏振光加上自然光：

$$\begin{bmatrix} I \\ M \\ C \\ S \end{bmatrix} = \begin{bmatrix} I - (M^2 + C^2 + S^2)^{1/2} \\ 0 \\ 0 \\ 0 \end{bmatrix} + \begin{bmatrix} (M^2 + C^2 + S^2)^{1/2} \\ M \\ C \\ S \end{bmatrix} \tag{16.52}$$

而

$$\begin{bmatrix} (M^2 + C^2 + S^2)^{1/2} \\ M \\ C \\ S \end{bmatrix} = (M^2 + C^2 + S^2)^{1/2} \begin{bmatrix} 1 \\ \cos(2\chi)\cos(2\psi) \\ \cos(2\chi)\sin(2\psi) \\ \sin(2\chi) \end{bmatrix}$$

故部分偏振光的斯托克斯矢量应为

$$\begin{bmatrix} I \\ M \\ C \\ S \end{bmatrix} = I \begin{bmatrix} 1 \\ P\cos(2\chi)\cos(2\psi) \\ P\cos(2\chi)\sin(2\psi) \\ P\sin(2\chi) \end{bmatrix} \quad (16.53)$$

因此，在邦加球球心处，$P=0$，表示完全非偏振光；在邦加球球面上，$P=1$，表示完全偏振光；在邦加球球内任意一点，$0<P<1$，表示部分偏振光；在邦加球外，$P>1$，没有任何物理意义。

5. 琼斯矢量与斯托克斯矢量的关系

当琼斯矢量、斯托克斯矢量都用来描述完全偏振光时，不难证明它们之间有如下关系：

若一偏振光的琼斯矢量为 $\boldsymbol{E} = \begin{bmatrix} E_x e^{i\delta_0} \\ E_y \end{bmatrix}$，则其厄米共轭形式为：$\hat{\boldsymbol{E}} = [E_x e^{-i\delta_0} \quad E_y]$。这时偏振光的斯托克斯四参量如式（16.45）～式（16.48）所示，所以有

$$I = \hat{\boldsymbol{E}} \boldsymbol{P}_1 \boldsymbol{E}, \quad M = \hat{\boldsymbol{E}} \boldsymbol{P}_2 \boldsymbol{E}, \quad C = \hat{\boldsymbol{E}} \boldsymbol{P}_3 \boldsymbol{E}, \quad S = \hat{\boldsymbol{E}} \boldsymbol{P}_4 \boldsymbol{E} \quad (16.54)$$

其中，

$$\boldsymbol{P}_1 = \begin{bmatrix} 1 & 0 \\ 0 & 1 \end{bmatrix}, \quad \boldsymbol{P}_2 = \begin{bmatrix} 1 & 0 \\ 0 & -1 \end{bmatrix}, \quad \boldsymbol{P}_3 = \begin{bmatrix} 0 & 1 \\ 1 & 0 \end{bmatrix}, \quad \boldsymbol{P}_4 = \begin{bmatrix} 0 & 1 \\ -1 & 0 \end{bmatrix}$$

它们与泡利（Pauli）转矩阵密切相关，称为夹心矩阵。表 16.1 所示为偏振光琼斯矢量与斯托克斯矢量的对比。

表 16.1 偏振光琼斯矢量与斯托克斯矢量的对比

偏振光	自然光	水平线偏振光	45°线偏振光	−45°线偏振光	右旋偏振光	左旋偏振光
琼斯矢量	无	$\begin{bmatrix} 1 \\ 0 \end{bmatrix}$	$\dfrac{1}{\sqrt{2}}\begin{bmatrix} 1 \\ 1 \end{bmatrix}$	$\dfrac{1}{\sqrt{2}}\begin{bmatrix} 1 \\ -1 \end{bmatrix}$	$\dfrac{1}{\sqrt{2}}\begin{bmatrix} 1 \\ i \end{bmatrix}$	$\dfrac{1}{\sqrt{2}}\begin{bmatrix} 1 \\ -i \end{bmatrix}$
斯托克斯矢量	$\begin{bmatrix} 1 \\ 0 \\ 0 \\ 0 \end{bmatrix}$	$\begin{bmatrix} 1 \\ 1 \\ 0 \\ 0 \end{bmatrix}$	$\begin{bmatrix} 1 \\ 0 \\ 1 \\ 0 \end{bmatrix}$	$\begin{bmatrix} 1 \\ 0 \\ -1 \\ 0 \end{bmatrix}$	$\begin{bmatrix} 1 \\ 0 \\ 0 \\ 1 \end{bmatrix}$	$\begin{bmatrix} 1 \\ 0 \\ 0 \\ -1 \end{bmatrix}$

16.1.4 偏振光的分解

由于完全偏振光可用一个二维列矩阵形式的琼斯矢量来表示，两个琼斯矢量 $\boldsymbol{E}_1$、$\boldsymbol{E}_2$ 可以组成一个归一化正交完备基底 $(\boldsymbol{E}_1, \boldsymbol{E}_2)$，若两个琼斯矢量满足如下条件：

$$\boldsymbol{E}_1^+ \boldsymbol{E}_2 = \boldsymbol{E}_1 \boldsymbol{E}_2^+ = 0 \quad (16.55)$$

$$\boldsymbol{E}_i \boldsymbol{E}_i^+ = 1 \quad (i=1,2) \quad (16.56)$$

式中，"+"表示共轭转置。这个归一化正交完备基底可以描述任何一个琼斯矢量 $\boldsymbol{E}$：

$$\boldsymbol{E} = a\boldsymbol{E}_1 + b\boldsymbol{E}_2 \quad (16.57)$$

其中 (a, b) 为琼斯矢量在该基底中的坐标分量。注意，a、b 一般为复数。

满足式（16.55）、式（16.56）条件，组成归一化正交完备基底的琼斯矢量组：如归一化的 x 方向偏振的琼斯矢量与归一化的 y 方向偏振的琼斯矢量组成的基底 (e_1, e_2)；归一化的右旋圆偏振光的琼斯矢量与归一化的左旋圆偏振光的琼斯矢量组成的基底 (e_l, e_r)。这也是比较常用的两个基底，其有如下关系：

$$\begin{bmatrix} e_1 \\ e_2 \end{bmatrix} = \frac{\sqrt{2}}{2} \begin{bmatrix} 1 & 1 \\ -i & i \end{bmatrix} \begin{bmatrix} e_l \\ e_r \end{bmatrix} \quad (16.58)$$

(e_1, e_2) 到 (e_1, e_τ) 的转换矩阵显然为

$$A = \frac{\sqrt{2}}{2}\begin{bmatrix} 1 & 1 \\ -i & i \end{bmatrix} \quad (16.59)$$

矩阵 A 为一个酉矩阵，因为 A 的逆矩阵

$$A^{-1} = \frac{\sqrt{2}}{2}\begin{bmatrix} 1 & i \\ 1 & -i \end{bmatrix} \quad (16.60)$$

满足 $A^{-1}=A^+$。

基底的变换不改变偏振光的强度，这与坐标变换不改变矢量长度是一致的。不论在基底 (e_1, e_2) 还是在基底 (e_1, e_τ) 中，偏振光的相对强度均可用 $|a|^2+|b|^2$ 表示。

一般情况下，如果 E_1、E_2 为两个任意的、互不相同的椭圆偏振光的琼斯矢量，则任一琼斯矢量 E 也可以表示成 E_1、E_2 的线性组合：

$$E = cE_1 + dE_2 \quad (16.61)$$

设在 (e_1, e_2) 基底下，E_1、E_2 有如下形式：

$$E_1 = \begin{bmatrix} f_{11} \\ f_{21} \end{bmatrix}, \quad E_1 = \begin{bmatrix} f_{21} \\ f_{22} \end{bmatrix}$$

则有

$$\begin{bmatrix} a \\ b \end{bmatrix} = \begin{bmatrix} f_{11} & f_{12} \\ f_{21} & f_{22} \end{bmatrix}\begin{bmatrix} c \\ d \end{bmatrix} \quad (16.62)$$

令 $F = \begin{bmatrix} f_{11} & f_{12} \\ f_{21} & f_{22} \end{bmatrix}$，这时矩阵 F 一般不再是酉矩阵，因为

$$F^{-1} = \frac{1}{|F|}\begin{bmatrix} f_{22} & -f_{12} \\ -f_{21} & f_{11} \end{bmatrix} \quad (16.63)$$

只有当 E_1、E_2 为正交、归一时，F 才为酉矩阵。

16.1.5 琼斯矩阵与穆勒矩阵（Mueller matrix）

偏振光学中，光学元件的传输矩阵既可以用 2×2 的琼斯矩阵来表示，也可以用 4×4 的穆勒矩阵来表示。因此，存在所谓的琼斯矩阵法和穆勒矩阵法两种分析偏振光的解析方法。琼斯矩阵用琼斯矢量进行运算，而琼斯矢量与电场的振幅及相位相关；穆勒短阵用斯托克斯矢量进行运算，而斯托克斯矢量与光强成正比[6]。这两种方法的差异，决定了它们能够方便应用的场合。涉及部分偏振光问题时，应采用穆勒矩阵法；在偏振光发生干涉效应时，选用琼斯短阵法更有效。对于多光束情况，如果光束之间表现为强度相加，则宜采用穆勒矩阵法；如果光束之间表现为相干，则宜采用琼斯矩阵法。在处理偏振光问题时，这两种方法并没有严格的界限，琼斯矩阵虽然是2×2 的矩阵，看起来简单，但其元素中存在复数，给矩阵运算带来了麻烦；穆勒矩阵虽然是4×4矩阵，看起来复杂，但其元素全是实数，且有不少元素为零，运算起来也不麻烦，选用哪一种方法需具体对待。这里重点介绍偏振器件在分界面反射和折射时的光传输矩阵及其推导过程。

1. 偏振器件

能够产生线偏振光的器件均可称为偏振器件。设有一沿 z 方向传输的线偏振光，其偏振方向平行于 x 轴，垂直入射到偏振器表面上，该偏振器保持入射线偏振态不变的情况下的最大透过系数为 t_x，称这个偏振器的方向为 x 方向；相应条件下的最小透过系数为 t_y，则偏振器的特性可用这两个正方向上的透过系数 (x, y) 来表示。

若任一偏振光 $\begin{bmatrix} E_x \\ E_y \end{bmatrix}$ 通过该偏振器,其出射偏振态 $\begin{bmatrix} E_x' \\ E_y' \end{bmatrix}$ 为

$$E_x' = t_x E_x, \quad E_y' = t_x E_y \tag{16.64}$$

显然这些偏振器件的琼斯矩阵为

$$\boldsymbol{J} = \begin{bmatrix} t_x & 0 \\ 0 & t_y \end{bmatrix} = t_x \begin{bmatrix} 1 & 0 \\ 0 & \varepsilon \end{bmatrix} \tag{16.65}$$

式中,$\varepsilon^2 = \left(\dfrac{t_y}{t_x}\right)^2$ 为该偏振器的消光比。由式(16.45)~式(16.48)可得

$$I = E_x E_x^* + E_y E_y^* \tag{16.66a}$$

$$M = E_x E_x^* - E_y E_y^* \tag{16.66b}$$

$$C = E_x E_y^* + E_y E_x^* \tag{16.66c}$$

$$S = E_x E_y^* - E_y E_x^* \tag{16.66d}$$

把式(16.64)代入式(16.66),得

$$I' = t_x^2 E_x E_x^* + t_y^2 E_y E_y^* \tag{16.67a}$$

$$M' = t_x^2 E_x E_x^* - t_y^2 E_y E_y^* \tag{16.67b}$$

$$C' = t_x t_y \left(E_x E_y^* + E_y E_x^* \right) \tag{16.67c}$$

$$S' = t_x t_y \left(E_x E_y^* - E_y E_x^* \right) \tag{16.67d}$$

由此可得

$$\begin{bmatrix} I' \\ M' \\ C' \\ S' \end{bmatrix} = \begin{bmatrix} t_x^2 + t_y^2 & t_x^2 - t_y^2 & 0 & 0 \\ t_x^2 - t_y^2 & t_x^2 + t_y^2 & 0 & 0 \\ 0 & 0 & 2 t_x t_y & 0 \\ 0 & 0 & 0 & 2 t_x t_y \end{bmatrix} \begin{bmatrix} I \\ M \\ C \\ S \end{bmatrix} \tag{16.68}$$

故偏振器的穆勒矩阵为

$$\boldsymbol{M} = \begin{bmatrix} t_x^2 + t_y^2 & t_x^2 - t_y^2 & 0 & 0 \\ t_x^2 - t_y^2 & t_x^2 + t_y^2 & 0 & 0 \\ 0 & 0 & 2 t_x t_y & 0 \\ 0 & 0 & 0 & 2 t_x t_y \end{bmatrix} = t_x^2 \begin{bmatrix} 1 + \varepsilon^2 & 1 - \varepsilon^2 & 0 & 0 \\ 1 - \varepsilon^2 & 1 + \varepsilon^2 & 0 & 0 \\ 0 & 0 & 2\varepsilon & 0 \\ 0 & 0 & 0 & 2\varepsilon \end{bmatrix} \tag{16.69}$$

2. 光在分界面上的反射和折射

由菲涅耳公式[7]:

$$\begin{cases} \dfrac{E_{0\perp}^{(x)}}{E_{0\perp}^{(i)}} = r_\perp = -\dfrac{\sin(\theta_1 - \theta_2)}{\sin(\theta_1 + \theta_2)} = \dfrac{n_1 \cos\theta_1 - n_2 \cos\theta_2}{n_1 \cos\theta_1 + n_2 \cos\theta_2} \\[2mm] \dfrac{E_{0/\!/}^{(x)}}{E_{0/\!/}^{(i)}} = r_{/\!/} = \dfrac{\tan(\theta_1 - \theta_2)}{\tan(\theta_1 + \theta_2)} = \dfrac{n_2 \cos\theta_1 - n_1 \cos\theta_2}{n_2 \cos\theta_1 + n_1 \cos\theta_2} \\[2mm] \dfrac{E_{0\perp}^{(t)}}{E_{0\perp}^{(i)}} = t_\perp = \dfrac{2\cos\theta_1 \sin\theta_2}{\sin(\theta_1 + \theta_2)} = \dfrac{2 n_1 \cos\theta_1}{n_1 \cos\theta_1 + n_2 \cos\theta_2} \\[2mm] \dfrac{E_{0/\!/}^{(t)}}{E_{0/\!/}^{(i)}} = t_{/\!/} = \dfrac{2\cos\theta_1 \sin\theta_2}{\sin(\theta_1 + \theta_2)\cos(\theta_1 - \theta_2)} = \dfrac{2 n_1 \cos\theta_1}{n_2 \cos\theta_1 + n_1 \cos\theta_2} \end{cases}$$

可得反射光与入射光琼斯矢量间有如下关系：

$$\begin{bmatrix} E_r^p \\ E_r^s \end{bmatrix} = \begin{bmatrix} r_p & 0 \\ 0 & r_s \end{bmatrix} \begin{bmatrix} E_i^p \\ E_i^s \end{bmatrix} \tag{16.70}$$

折射光与入射光琼斯矢量间的关系为

$$\begin{bmatrix} E_t^p \\ E_t^s \end{bmatrix} = \begin{bmatrix} t_p & 0 \\ 0 & t_s \end{bmatrix} \begin{bmatrix} E_i^p \\ E_i^s \end{bmatrix} \tag{16.71}$$

则光在分界面上反射和折射的琼斯矩阵分别为

$$J_r = \begin{bmatrix} r_p & 0 \\ 0 & r_s \end{bmatrix} \tag{16.72}$$

$$J_t = \begin{bmatrix} t_p & 0 \\ 0 & t_s \end{bmatrix} \tag{16.73}$$

（1）正入射情况。这时显然有：$r_p = -r_s$，$t_p = t_s$。因此有

$$J_r = \begin{bmatrix} 1 & 0 \\ 0 & -1 \end{bmatrix} \tag{16.74}$$

$$J_t = \begin{bmatrix} 1 & 0 \\ 0 & 1 \end{bmatrix} \tag{16.75}$$

所以反射光的偏振态是入射光偏振态的镜面反映，而折射光的偏振态与入射光相同。

（2）布儒斯特角入射。这时，$r_p = 0$，$r_s = \cos(2\theta_1)$，$t_p = \tan\theta_1$，$t_s = 2\sin(2\theta_1)$为入射角。所以

$$J_r = \begin{bmatrix} 0 & 0 \\ 0 & \cos(2\theta_1) \end{bmatrix} \tag{16.76}$$

对反射光而言，分界面相当于消光比为0、透过系数为 $\cos 2\theta_1$ 的起偏器。其起偏方向与 y 轴平行。对于折射光的琼斯矩阵为

$$J_t = \begin{bmatrix} \tan\theta_1 & 0 \\ 0 & 2\sin^2\theta_1 \end{bmatrix} \tag{16.77}$$

（3）全反射情况。这时，$n_1\sin\theta_1 > 1$，入射光全部被反射，由于这时 $r_p = e^{i\delta p}$，$r_s = e^{i\delta s}$，所以反射光的琼斯矩阵可以写成

$$J_r = \begin{bmatrix} 1 & 0 \\ 0 & e^{i(\delta_s - \delta_p)} \end{bmatrix} \tag{16.78}$$

而有 $\tan\dfrac{\delta_s - \delta_p}{2} = -\dfrac{\cos\theta_1\sqrt{\sin\theta_1 - n^2}}{\sin^2\theta_1}$。这时分界面的作用相当于一个快慢轴与空间坐标重合的相位延迟器。

光在分界面上的穆勒矩阵的求解要比琼斯矩阵的求解复杂得多，首先求得入射光的斯托克斯矢量的各个分量，由式（16.66）可得

$$I = \frac{1}{2}\sqrt{\frac{\varepsilon_Q}{\mu_0}} n_1 \cos\theta_1 (E_s E_s^* + E_p E_p^*) \tag{16.79a}$$

$$M = \frac{1}{2}\sqrt{\frac{\varepsilon_Q}{\mu_0}} n_1 \cos\theta_1 (E_s E_s^* - E_p E_p^*) \tag{16.79b}$$

$$C = \frac{1}{2}\sqrt{\frac{\varepsilon_Q}{\mu_0}}n_1\cos\theta_1(E_s E_p^* + E_p E_a^*) \tag{16.79c}$$

$$S = \frac{1}{2}\sqrt{\frac{\varepsilon_Q}{\mu_0}}n_1\cos\theta_1(E_s E_p^* - E_p E_a^*) \tag{16.79d}$$

而反射光的斯托克斯矢量的各个分量为

$$I_r = \frac{1}{2}\sqrt{\frac{\varepsilon_0}{\mu_0}}n_1\cos\theta_1(r_s r_s^* E_s E_s^* + r_p r_p^* E_p E_p^*) \tag{16.80a}$$

$$M_r = \frac{1}{2}\sqrt{\frac{\varepsilon_0}{\mu_0}}n_1\cos\theta_1(r_s r_s^* E_s E_s^* - r_p r_p^* E_p E_p^*) \tag{16.80b}$$

$$C_r = \frac{1}{2}\sqrt{\frac{\varepsilon_0}{\mu_0}}n_1\cos\theta_1(r_s r_p^* E_s E_p^* + r_s^* r_p E_p E_s^*) \tag{16.80c}$$

$$S_r = \frac{1}{2}\sqrt{\frac{\varepsilon_0}{\mu_0}}n_1\cos\theta_1(r_s r_p^* E_s E_p^* - r_s^* r_p E_p E_s^*) \tag{16.80d}$$

由此可得反射光与入射光斯托克斯矢量之间的关系为

$$\begin{bmatrix} I_x \\ M_r \\ C_r \\ S_r \end{bmatrix} = \frac{1}{2}\left[\frac{\tan a}{\sin b}\right]^2 \begin{bmatrix} \cos^2 a + \cos^2 b & \cos^2 a - \cos^2 b & 0 & 0 \\ \cos^2 a - \cos^2 b & \cos^2 a + \cos^2 b & 0 & 0 \\ 0 & 0 & -2\cos a\cos b & 0 \\ 0 & 0 & 0 & -2\cos a\cos b \end{bmatrix} \begin{bmatrix} I \\ M \\ C \\ S \end{bmatrix} \tag{16.81}$$

式中，$a = \theta_1 - \theta_2$，$b = \theta_1 - \theta_2$，θ_2 为折射角。反射光的穆勒矩阵为

$$\boldsymbol{M}_r = \frac{1}{2}\left[\frac{\tan a}{\sin b}\right]^2 \begin{bmatrix} \cos^2 a + \cos^2 b & \cos^2 a - \cos^2 b & 0 & 0 \\ \cos^2 a - \cos^2 b & \cos^2 a + \cos^2 b & 0 & 0 \\ 0 & 0 & -2\cos a\cos b & 0 \\ 0 & 0 & 0 & -2\cos a\cos b \end{bmatrix} \tag{16.82}$$

同样可以求得折射光的穆勒矩阵，这时有

$$I_t = \frac{1}{2}\sqrt{\frac{\varepsilon_0}{\mu_0}}n_2\cos\theta_2(t_s t_s^* E_s E_s^* + t_p t_p^* E_p E_p^*) \tag{16.83a}$$

$$M_t = \frac{1}{2}\sqrt{\frac{\varepsilon_0}{\mu_0}}n_2\cos\theta_2(t_s t_s^* E_s E_s^* - t_p t_p^* E_p E_p^*) \tag{16.83b}$$

$$C_t = \frac{1}{2}\sqrt{\frac{\varepsilon_0}{\mu_0}}n_2\cos\theta_2(t_s t_p^* E_s E_p^* + t_s^* t_p E_p E_s^*) \tag{16.83c}$$

$$S_t = \frac{1}{2}\sqrt{\frac{\varepsilon_0}{\mu_0}}n_2\cos\theta_2(t_s t_p^* E_s E_p^* - t_s^* t_p E_p E_s^*) \tag{16.83d}$$

从而透射光的穆勒矩阵为

$$\boldsymbol{M}_t = \frac{1}{2}\frac{\sin 2\theta_1 \sin 2\theta_2}{[\sin b\cos a]^2} \begin{bmatrix} \cos^2 a + 1 & \cos^2 a - 1 & 0 & 0 \\ \cos^2 a - 1 & \cos^2 a + 1 & 0 & 0 \\ 0 & 0 & -2\cos a & 0 \\ 0 & 0 & 0 & -2\cos a \end{bmatrix} \tag{16.84}$$

3. 一般情况下的传输矩阵

偏振器件的传输矩阵不仅与器件固有特性，如透过系数有关，也与器件的放置有关。前面讨论的情况是偏振器件两正交方向与空间坐标(x, y)重合，如果偏振器两正交方向(x', y')与(x, y)之间有一个旋转角度θ，参见图16.5。

(x, y)到(x', y')的转换矩阵为

$$A(\theta) = \begin{bmatrix} \cos\theta & \sin\theta \\ -\sin\theta & \cos\theta \end{bmatrix} \tag{16.85}$$

则偏振器的琼斯矩阵变换成

$$J(\theta) = A(-\theta)JA(\theta) = \begin{bmatrix} \cos^2\theta + \sin^2\theta & \sin\theta\cos\theta(1-\varepsilon) \\ \sin\theta\cos\theta(1-\varepsilon) & \cos^2\theta + \sin^2\theta \end{bmatrix} \tag{16.86}$$

对于穆勒矩阵，如果$-\dfrac{\pi}{2} \leqslant \theta \leqslant \dfrac{\pi}{2}$，这时可以证明有如下的转换矩阵

$$A(\theta) = \begin{bmatrix} 1 & 0 & 0 & 0 \\ 0 & \cos(2\theta) & \sin(2\theta) & 0 \\ 0 & -\sin(2\theta) & \cos(2\theta) & 0 \\ 0 & 0 & 0 & 1 \end{bmatrix} \tag{16.87}$$

使得

$$M(\theta) = A(-\theta)MA(\theta) = \begin{bmatrix} 1+\varepsilon^2 & (1-\varepsilon^2)\cos(2\theta) & (1-\varepsilon^2)\sin(2\theta) & 0 \\ (1-\varepsilon^2)\cos(2\theta) & (1+\varepsilon^2)\cos^2(2\theta)+2\varepsilon\sin^2(2\theta) & (1-\varepsilon^2)\sin(2\theta)\cos(2\theta) & 0 \\ (1-\varepsilon^2)\cos(2\theta) & (1-\varepsilon)^2\sin(2\theta)\cos(2\theta) & & 0 \\ 0 & 0 & 0 & 2\varepsilon \end{bmatrix} \tag{16.88}$$

4. 琼斯矩阵与穆勒矩阵的关系

琼斯矩阵与斯托克斯矢量之间可以通过夹心矩阵相联系，由此可以推断琼斯矩阵和穆勒矩阵也必然有联系。由于$E' = JE$，令E'的厄米共轭是$\hat{E}'$，E的厄米共轭是$\hat{E}$，J的厄米共轭为$\hat{J} = \begin{bmatrix} g_{11} & g_{12} \\ g_{21} & g_{22} \end{bmatrix}$，则$\hat{E}' = \hat{J}\hat{E}$。同时，由于$\begin{bmatrix} I' \\ M' \\ C' \\ S' \end{bmatrix} = M\begin{bmatrix} I \\ M \\ C \\ S \end{bmatrix}$及式（16.68），经过复杂的运算，可得相应的穆勒矩阵M。

16.2 偏振光学元件

16.2.1 偏振片

偏振片是偏振仪器的一种主要元件，其应用日益广泛。例如：在工业上，制造应力仪、光弹仪、偏光显微镜、立体显微镜、干涉显微镜、光度计、偏振单色滤光器和可变单色滤光器；在交通上可做飞机、舰船、火车、汽车的各种照明用具的避眩装置；在军事上用于制造高空瞄准测距仪、立体雷达、太阳眼镜等；在摄影技术中，可用于各种特殊摄影，如高速摄影、立体摄影和立体彩色电视等[8]。

偏振片已经广泛应用于液晶显示器和各种光学仪器中。在保证偏振度的前提条件下，偏振片的薄膜化以及与纳米技术相结合已引起重视，美国 Optiva 公司正在进行相关研究。偏振片的薄膜化将简化液晶屏的生产工艺，并使液晶屏集成化、薄膜化，进一步提高液晶显示器的稳定性和可靠性，降低液晶显示器的生产成本。

在偏振光技术应用史中，1928年Nicol发明尼科耳棱镜和1932—1936年Land发明J型、H型人造偏振片都曾经起重要作用；1960年Maiman制成世界上第一台激光器，使偏振光的应用又扩展到激光武器、可控热核反应等许多新开拓的前沿领域。但是，就起偏振器件而言，尽管有人研制过一些新的起偏振器，Land型人造偏振片仍是最常用的。

Land型人造偏振片通常是经过制膜、拉伸与浸液等工艺过程制成。其起偏作用就像 1888 年赫兹在进行电磁波实验中所发现的导线线栅会使电磁波偏振化现象（即所谓"赫兹效应"）一样。人造偏振片膜片内原来无序、卷曲、相互缠绕的长链分子在拉伸过程中被拉直，并整齐地平行排列起来，然后通过浸液将碘原子沉积到这些分子上，当自然光入射到这些长链分子的一维列阵上时，平行于分子取向的光矢量的光能量将由于驱使分子上的电子沿分子取向振动而被衰减和吸收，故只有垂直于这些分子取向的光矢量才能从人造偏振片的背面透射出来，如图16.7所示。由图可见，如果膜片的拉伸工序设计得好，便能制成人造偏振片[9]。

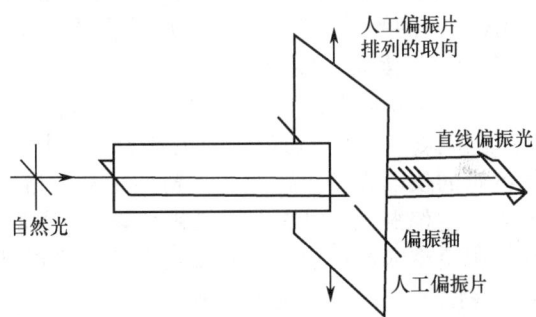

图 16.7　Land 型偏振片的起偏振效应

1. 偏振片的性能表征

偏振片性能通过外观和光学性能来表征。其中，外观主要是指偏振片的表面状况和颜色，常见的颜色有灰色、浅蓝灰色和中灰色；为了满足个性化的需求，偏振片正向彩色方向发展，如红色、绿色、蓝色、紫色等。光学性能包括二向色性比 R、有序度 S、透过率 T_{SP} 和偏振度 P 等[10]。下面主要讨论偏振度和二向色性比等。

（1）偏振度称为偏振膜的偏振效率，其定义为

$$P = \frac{I_{//} - I_{\perp}}{I_{//} + I_{\perp}} \tag{16.89}$$

或者

$$P = \sqrt{\frac{T_{//} - T_{\perp}}{T_{//} + T_{\perp}}} \tag{16.90}$$

式中，$T_{//}$、$T_{\perp}$ 分别表示两偏振片组合时光轴平行和垂直时的透过率。当 $T_{\perp}=0$ 时，$P=1$，偏振度最好。

（2）二向色性比：

$$R = \frac{\lg(1/T_{//})}{\lg(1/T_{\perp})} \tag{16.91}$$

(3) 有序度：
$$S = \frac{R-1}{R+2} \tag{16.92}$$

(4) 透过率：
$$T_{\mathrm{SP}} = \frac{1}{2}(T_{/\!/} + T_\perp) \tag{16.93}$$

(5) 消光比：当两片平行放置的偏振片相互转动时，最小透过光强 $I_{\min}$ 和最大透过光强 $I_{\max}$ 之比，即 $\eta = I_{\min}/I_{\max}$。

偏振膜的透过率和透过光强用紫外-可见光分光光度计来测量。消光比越小，偏振片质量越好；碘素偏振片的消光比一般为 10^{-3}。

其他性能指标：色相为偏振膜颜色所对应的色度指标；有效厚度为整个偏振膜的厚度，包括基片、黏胶和保护膜的厚度。

2. 偏振光的产生方式

偏振光的产生方式主要有：反射和折射、双折射、散射、二向色性物质吸收、金属丝光栅（或金属薄膜）。不同种类偏振片具有其自身的特点，可在不同的场合下获得最好的应用效果，例如：金属类型的偏振片可用于温度较高的场合，散射型偏振片用于要求真实反映自然光颜色的仪器上，而反射、双折射型则较多应用于棱镜等偏振仪器。

（1）反射偏振片。当一束自然光以 θ_B 入射到玻璃表面，与折射角 θ_T 满足布儒斯特定律，即 $\theta_\mathrm{B}+\theta_\mathrm{T} = 90°$，反射光为全偏振光；随着玻璃层数的增加，折射光的偏振度越来越高。该类偏振片只能应用在一些特殊的仪器设备上，光源入射角受到严格限制，不适合平板显示。利用晶体的双折射现象可以产生偏振光，如常用的尼科耳棱镜。胆甾型液晶也可作为宽波段反射式偏振片，是在螺旋状胆甾型液晶中引入螺距梯度，可见光经其反射后得到圆偏振光，再通过 1/4 波片后转变为线偏振光[11]，可直接用于液晶显示屏。

（2）二向色性偏振片。物质对振动方向互相垂直的偏振光的选择性吸收特性称为二向色性，典型晶体有电气石（tourmaline）和碘硫酸金鸡纳（herapathite）。一块 1 mm 厚的电气石几乎可以将 o 光全部吸收，而 e 光的吸收随着波长的不同而差别很大，单晶电气石可以切割成偏振片，用在光学性能要求不高的场合。碘硫酸金鸡纳具有较强的二向色性，厚约 0.3 mm 的晶片偏振度可达到 99.5 %以上；但机械性能很差，只能用极小的晶体做成偏振片。最早的商业化偏振片是由美国 Polaroid 公司创始人 Edwin H. Land 根据 Herapathite 的工作研制成功的，其制作原理从 1938 年延续至今未有本质性的改变。

（3）散射型偏振片。当光通过偏振物质时，其中电子在光波电磁场作用下发生受迫振动，成为次波源，当微粒大小为透过光波长的 1/5 时，散射光的一部分为偏振光。利用光的强烈散射或全反射原理可制造无色散射型偏振片，这种偏振片对可见光波段的透过率较高，特别适用于一些要求自然光的偏振仪器。在两块 ZK3 平玻璃片中抽真空并充入硝酸钠[12]，ZK3 平玻璃片折射率 n=1.5891，而硝酸钠 o 光的折射率 n_o=1.5884，e 光折射率 n_e=1.3369，两者差别较大，e 光几乎全部被反射或散射，不能从晶体中射出，故得到线偏振光。

聚合物中加入由不同材料组成的粒子，分散并经热挤压成膜，再拉伸取向，使基体的折射指数和分散相粒子的 o 光或 e 光的折射系数（其中之一）相配，而与另一折射系数失配，可获得线偏振光。例如，在聚乙烯对苯二酸盐中加入橡胶态芯壳粒子（直径 200 nm，芯：苯乙烯-丁乙烯，壳：PMMA，折射指数 1.530)[13]，拉伸比为 4 或 5 时，聚乙烯对苯二酸盐的 o 光折射指数逐渐下降到 1.53，e 光折射指数上升为 1.68，因而 e 光被颗粒散射，o 光则顺利透过。这种偏振片的适用波长范围受掺杂粒子大小的影响，其耐湿热性能比碘素偏振片好得多。以液晶分子作为分散相粒子，基体为聚乙烯醇，经拉伸取向也可制得散射型偏振片[14]。聚合物单体与向列相液晶以不同浓度配比可制成电光特性的散射型偏振片[15]。

（4）金属丝光栅。最简单的偏振器件是平行导线栅，和导线方向平行的电场分量与导线相碰撞，能量被吸收，而垂直方向的电场分量则顺利透过。线栅间距要和可见光波长（400～700 nm）接近，间距如此小的光栅制作较为困难。一种方式是真空蒸发 Ag、Au、Pb、Cu、Al 等，原子束几乎以平行方向（入射角 $\theta > 80°$）蒸镀到以硫化锌或硒化锌为衬底的闪耀光栅上，形成极细的金属导线或在衬底上形成方向一致的短线，可起到偏振片的作用[16]；另一种方式是用光刻[17]的方法在沉积有金属薄膜的衬底上刻蚀出宽度和可见光波长相当的导线，也有偏振作用。

（5）活性不拉伸偏振片。活性不拉伸偏振片[18]包括一层光活性分子层和一层与该层接触形成的二向色性分子层，不用拉伸工序便可制造，可以制成具有弯曲表面或大面积的偏振片。其方法是用直线偏振光照射基材上的光活性分子层，并对其电晕放电处理或紫外线辐照处理后形成二向色性分子层，利用该分子层所具有的光吸收各向异性，使透过光产生偏振，其偏振度为 67%～77%；但膜层机械性能较差，较少应用。

另外，还有其他类型的偏振片。例如，通过离子交换法在玻璃上沉积 4～40 nm 大小的球形银颗粒，经退火处理后，在 650℃时对玻璃以恒应力拉伸而使表面球形粒子变形取向，椭球粒子的长轴和短轴方向对光具有不同的吸收效应（即二向色性）[19]，从而形成偏振玻璃；层状偏振片由透明层（如 SiO_2）和吸收层（如 Ge、Al 等）交替排列而成，可以对透过的自然光产生偏振，它采用射频磁控溅射镀锗和不锈钢的混合物超薄薄膜作为吸收层，对从可见光到红外光波段范围内都有高质量的偏振效应。

3. 典型偏振片的制作工艺

偏振片的制作工艺分为基膜制备、拉伸、染色、膜片组合以及压敏胶的合成等。偏振片的制作方法分为干法和湿法。干法是聚乙烯醇（PVA）膜在一定的温度和湿度下加以染色、单向拉伸的技术，而湿法是指偏振膜在一定量配比的溶液中进行染色、拉伸的工艺。从 20 世纪 90 年代末，日本偏振片企业已普遍采用湿法进行生产，特别是薄膜晶体管液晶显示屏（TFT-LCD）产品的发展，使得湿法成为偏振片最基本的生产工艺。目前，偏振片已实现专业化生产，其典型的生产制造工艺流程如图 16.8 所示[9]。

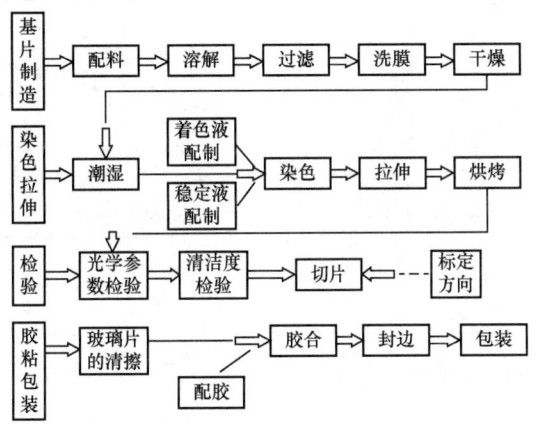

图 16.8 偏振片典型生产制造工艺流程

1）偏振片（polarizer）的结构特征

偏振片就是一种产生和检测偏振光的片状光学功能材料[20]。偏振片是有方向性的，有一个特定的方向指向，称为透射轴，与这个方向垂直的电振动被阻挡，而与这个方向平行的电振动则可以自由通过。自然光通过偏振片以后，就成了偏振光，偏振片就可以起检测偏振光的作用。由于偏振片又轻又薄，有足够的强度和韧性，可以做得面积很大，方便规模化工业化生产。目前工业化生产并得到广泛应用的偏振片是美国人兰德（H. Land）于1940年发明的，随后波拉（Polariod，也译作"宝丽来"）公司实现了偏振片的工业化生产。偏振片最初仅用于光学仪器和遮光太阳眼镜。

当前国际上大量应用的偏振片是兰德发明的 H 型偏振片。这种偏振片是由高度取向的高聚物膜（如聚乙烯醇膜）吸附上具有二向色性的染料（如碘和一些特别的有机染料）而制成的。由于聚乙烯醇（PVA）膜的亲水性，这种偏振膜在湿热的环境中会很快变形、收缩、松弛、衰退，而且强度很低，质脆易破，不便于使用和加工。因而又在这种偏振膜的两边都复合上一层强度高，光学上各向同性的、透光率高而又耐湿热的高聚物（如三醋酸纤维素醋，即TAC）片基，赋予偏振片良好的机械性能和耐气候性，这样就组成了偏振片的基本结构，称为原偏振片（见图16.9）。

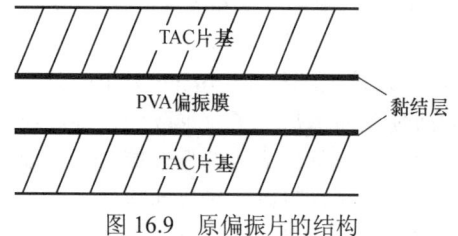

图16.9 原偏振片的结构

各国制造偏振片的工艺都相差无几，只是在使用原材料和具体技术细节方面各有特点。一种典型的工艺过程是：先将 PVA 膜单向拉伸 3~6 倍，使聚乙烯醇分子键高度取向，并吸附上碘和二向色性染料，然后利用物理和化学的处理，使这种结构固定下来，并把薄膜烘干，就制成具有选择性偏振光透过特性的偏振膜。然后用特定的黏合剂，在此偏振膜的两面都复合一层三醋酸纤维素醋（TAC）片基。三层膜要结合牢固，紧密、平整地形成整体，把偏振膜保护起来，使之组成具有耐潮湿，良好的物理机械性能和耐气候性的复合体（原偏振片），在其两个外表面上通常要各贴附上一层柔软的外保护膜。为适应在液晶显示器中使用的需要，要在原偏振片的一面附上一层压敏胶，并贴上压敏胶的隔离膜，这就是透射型的偏振片（见图16.10）。撕去隔离膜，露出压敏胶，偏振片就可方便、牢固地贴到液晶显示器的玻璃面上。其中有些偏振片，还要在另一面复合上一层镀有金属反光层的反光膜而成为反射型的偏振片，也需要压敏胶层（见图16.11）。在液晶显示器中，偏振片是成对使用的，在普通的 TN 型液晶显示器中使用透射型和反射型各一片组成的一对偏振片。

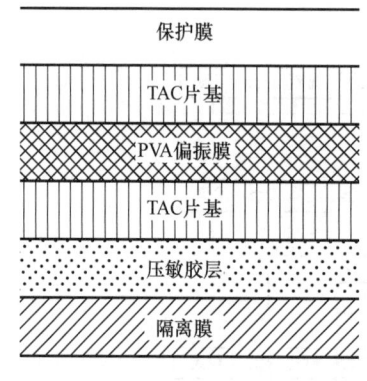

图16.10 透射型偏振片的基本结构

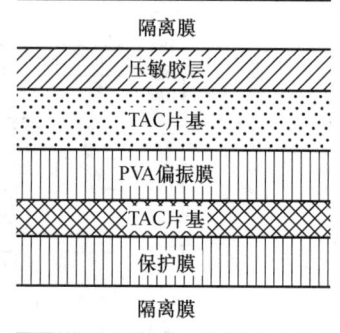

图16.11 反射型偏振片基本结构

聚乙烯醇是一种线型高分子聚合物，在很长的分子键上均匀地挂着许多强极性的 $-OH$ 基团，其结构式如下：

$$-CH_2-CH\left[\!\!\begin{array}{c}\\ | \\ OH\end{array}\!\!CH_2-CH\!\!\begin{array}{c}\\ | \\ OH\end{array}\!\!\right]_n CH_2-CH-\\ \quad\quad\quad\quad\quad\quad\quad\quad\quad\quad | \\ \quad\quad\quad\quad\quad\quad\quad\quad\quad\quad OH$$

用于偏振片的 PVA 膜在光学上是均匀的、各向同性的，其大分子键在各个方向上都是均匀的、无规律排列聚集成膜的。但在拉伸以后，几乎所有的大分子键都被迫按照拉伸力作用方向伸展开来，虽没有形成结晶式完全有序的规则排列，却达到了高度的取向，形成了像栅栏一样的结构和在纵横两个方向性能不同的强烈的各向异性。大分子键上吸附了染料分子以后，就形成了在纵横两个方向上对光振动吸收性能差别很大的所谓二向色性：顺着大分子键方向的光振动能量几乎全部被吸收，通不过去，而垂直于此方向的振动能量则不被吸收而顺利通过，这就是对光的偏振方向有强烈的选择性吸收的特性。自然光通过偏振膜后就只剩下偏振光了。偏振光通过偏振膜，会因偏振方向不同，或通过，或被吸收。

2）偏振片的用途

由于偏振片具有独特的光学特性，在生活用品、科学技术、工业交通、国防和尖端科学技术中都有应用。

（1）用于遮光太阳眼镜。光在两种介质分界面上的反射光是偏振光，其振动方向是与反射界面平行，且垂直于传播方向。为了挡住水面、路面等的强烈反射光直接刺激眼睛，可以戴用偏振片做镜片的遮光眼镜，并且使偏振片镜片的透过方向与地面或水面垂直。这样就可以挡住振动方向与地面或水面平行的直接反射光，而对观察其他物体的影响较小。

（2）减小汽车会车时对面车灯的强光对驾驶员眼睛的刺激。可在驾驶员前和车灯前面都加一块偏振片，并使其透过方向相同，且与地平面成45°角，这样司机通过前面的偏振片看自己车灯的光是通过两片平行的偏振片，光强度影响不大。但对面来车，由于车上的偏振片相当于翻了个面，左右互换，透过方向变成了相互垂直。司机看对面的车灯就是通过两片正交偏振片，就不会刺眼了。行人和骑自行车的人如戴上同样的眼镜，也可以不刺眼。

（3）摄影用偏振滤光片。在照相机、摄影机等的镜头前面加一偏振滤光片，可以减轻强烈的直接反射光的干扰，降低天空背景光的强度，增加天空云彩的层次等。

（4）用于物质结构中的应力分体。各向同性的物质由于受到应力的作用，会产生各向异性的光学性质，称为光弹性效应或应力双折射效应。把受到应力的透明物体放在两片偏振片之间进行观察，就可以看到一些宽窄疏密不同、明暗相间的曲线条纹，分析研究这些条纹可以得出物体内应力分布的定量数据，这在科学研究、工程建设和工业生产中都是很有用的（见图16.12）。

（5）用于各类液晶显示器件上。当前，偏振片最大的用途是用于各类液晶显示器（LCD）上。LCD的基本结构如图16.13所示。在透明导电层上加上适当的电压，液晶物质对偏振光振动方向的旋转作用就会发生很大的改变。这种变化是不能被人眼直接感受到，只有放在两片偏振片中间，才能被人眼观察到。因此，偏振片是各类液晶显示器件不可缺少的主要组成部分。

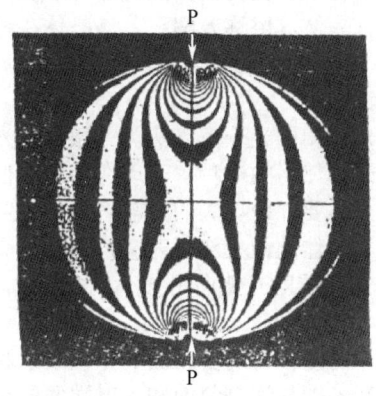

图16.12 透明物体受应力产生的花纹

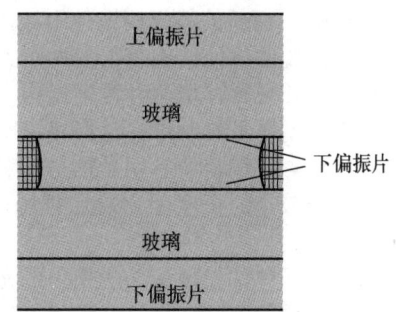

图16.13 液晶显示器的基本结构

偏振片还有许多种应用，如在光学仪器中做起偏器和检偏器，用于旋光分析中，用在立体电影和立体电视中，还大量用于动感教学演示板和动感艺术灯箱画的制作中。

3）偏振片的分类

自然界中的某些物质，可以吸收在一个方向上振动的光，而让与这个方向垂直振动的光通过，这种物质称为二向色性物质[8]。目前，偏振片的不同种类，其名称是以所采用的不同的二向色性物质来区别的：

（1）利用长度为 0.1～1 μm 的微晶型的金属，如金（Au）、银（Ag）、汞（Hg）等制成的偏振片，称为"M"片；

（2）利用微晶型的碲（Te）、石墨（C）等制成的偏振片，称为"S"片；

（3）利用微晶型的硫酸碘喹啉（$4C_{20}H_{24}N_2O_2·3H_2SO_4·2HI·2I_2·xH_2O$）、硫酸金鸡钠碱制成的偏振片，称为"J"片；

（4）利用无机碘（I_2）等制成的偏振片，称为"H"片；

（5）利用有机染料，如刚果红（$C_{32}H_{21}N_6S_2O_6Na_2$）等制成的偏振片，称为"L"片；

（6）利用氯化氢气体在一定温度下使聚乙烯醇脱水而制成的偏振片，称为"K"片。

上述各种类型偏振片，以"H"片和"K"片的性能最佳。其最佳偏振区的透过率最高可达 42%，偏振度可达 99.9 以上；耐温性"H"片稍差（约 60℃左右），而"K"片可达 80℃以上。因此，目前生产和使用的偏振片以"H"片和"K"片为主，而国内生产较为普遍的是"H"片。

16.2.2 偏振棱镜

根据获得偏振光的方法，偏光器件分为三类[21,23]：

（1）光以布儒斯特角射向透明介质表面，反射光就是光矢量振动方向与反射面垂直的平面偏振光。

（2）吸收法透射式起偏，偏光器件就是波片堆，适当选取制作材料，可用于红外波段，但这类偏光器件的消光比差。采用光学二向色性物质选择吸收通过某一振动方向光波，如电气石、硫酸碘坤宁等，当自然光通过这些物质时，把某一方向的振动吸收掉，只允许与其垂直方向的振动通过，这种偏光器件叫二向色光镜，人造偏振片和晶体二向色偏光镜就属于这类偏光器件。这类偏光器件获得偏振光的偏振度不高，而且透过波段窄，其抗光损伤阈值低，一般不能用于激光。

（3）偏振棱镜方法，在现代偏光技术尤其是激光偏光技术中，使用最为广泛的是双折射棱镜型偏光器件，也就是利用单轴晶体的双折射现象制作的偏光器件。

偏光器件对晶体的要求比较严格，已知道有双折射性质的晶体多达 600 多种，直接用于制作偏光棱镜的不足 10 种。制作偏光棱镜的双折射晶体应满足：在使用的光谱区双折射率最大，双折射率均匀，透明度高，无光学级的缺陷；物化性能稳定，易于获得需要的尺寸，不易潮解，易于加工；抗光损伤阈值高。目前应用最广的是天然冰洲石晶体，俗称方解石，该晶体在相当宽的光波段内吸收系数趋近于零，利用它制成的偏光棱镜在 0.21～5 μm 光谱区有较高透射比，一般使用到 2.8 μm，而新的偏光棱镜使用波段可拓宽到 15 μm。

偏光棱镜的设计结构有很多种，大体可分为激光偏光镜和偏光分束镜两类。激光偏光棱镜主要有格兰型和尼科耳型两种设计结构。尼科耳型设计是最早使用的一种，而现在使用的偏光棱镜多属于格兰型。虽然制作格兰型棱镜比制作尼科耳型棱镜需要耗费更大的方解石，但格兰型偏光棱镜具有优点：棱镜的晶体光轴与入射光线正交，利用了晶体的最大双折射率，使棱镜具有较大的视场角和较小的长度-孔径比；视场内光的偏振分布均匀，透射光侧向平移小，无像散，引起的偏振像差小。

格兰型晶体偏光棱镜一般采用二元复合结构。按晶体的光轴与切割斜面的方位关系和切割斜面间胶合介质的不同，格兰型设计大致可分为两类：（1）光轴与切割斜面和入射端面的交线垂直的结构。其中，两切割斜面间用介质胶合的为李普奇棱镜，中间为空气层的设计为格兰-泰勒棱镜。（2）光轴与切割斜面平行的结构。若两切割斜面间为空气层，则称为格兰-付科棱镜；若棱镜的两切割斜面用介质胶合，则称为格兰-汤姆逊棱镜。

偏光分束镜兼有起偏、分束两种功能,把一束非偏振光分解成振动方向互相垂直的两束平面偏振光,按一定的分束角同时输出。比较典型的设计有渥拉斯顿棱镜[25]和洛匈棱镜[26]。而洛匈棱镜被分束之一不变向,有时也作为起偏棱镜用,它的长度孔径比与格兰-泰勒棱镜相当,透射比优于格兰-泰勒棱镜。当前激光偏光棱镜和偏光分束镜多是在以上两种格兰型的基础上修改设计而成的。

透射比是表征晶体材料和偏光棱镜性能的主要光学参数之一,此外,偏光棱镜尚有优化设计,如视场角、消光比参数[27]等。然而,对偏光棱镜和偏光分束棱镜的透射比的研究,只是对有代表性的格兰-泰勒棱镜的单一波长的透射比进行了理论分析和测量。在理论上有待于分析温度、波长及光束入射角等参量对各类棱镜型偏光器件透射比的影响。

偏光棱镜的主要制作材料——方解石晶体在近红外和可见光范围内对光几乎无吸收,然而该晶体的寻常光折射率及非常光折射率在偏光棱镜的使用波段内是连续变化的。

现代光学技术中需要在不同的环境温度下使用偏光器件,温度变化会引起寻常光折射率和非常光折射率的变化,影响偏光棱镜的透射比[28]。透射比作为偏光棱镜的一个重要参量,一般考虑平面光波垂直入射棱镜的情况,实际应用中入射光束是会聚光束或发散光束,这时需要考虑光束入射角对偏光棱镜性能的影响。

1. 偏光器件设计综述

晶体偏光器件是调整和改变光的各种偏振态的专用晶体器件,是激光应用和调制技术的关键器件,是光通信和现代光信息技术发展的基础无源器件。激光偏光棱镜是适合于激光特点的器件,大体可分为激光偏光镜和激光偏光分束镜两类,每一类又有多个系列品种[29]。而延迟器件则又可分为菱体型相位延迟器和由石英或云母制作的片状相位延迟器。偏光棱镜有多种设计,最普遍的是格兰型设计的棱镜,虽然制作格兰型偏光棱镜比同样参数的尼科耳型棱镜需要更大的材料,但它在光学性能上有以下优点:晶体的光轴与入射端面平行,发挥了晶体的最大双折射特性,使棱镜具有较大的视场角和较小的长度-孔径比;视场内光的偏振分布均匀,引起的偏振像差小;会聚光束入射时离轴漂移小,成像质量好。激光偏光棱镜的设计原理基于几何光学中的全反射原理,下面引入一些基本概念,然后介绍几种常用的偏光器件[30]。

1) 斯涅耳定律

为了理解棱镜起偏原理,下面介绍斯涅耳定理:入射波、反射波和透射波的传播方向都在入射平面内;入射角等于反射角,二者之间的关系遵从斯涅耳定律[7]:

$$n_1 \sin i = n_2 \sin \theta \quad (16.94)$$

其中,n_1、n_2 分别为两介质的折射率,i、θ 分别为入射角和折射角。由式(16.94)可得到

$$\sin \theta = \frac{n_1}{n_2} \sin i \quad (16.95)$$

当光波由光疏介质向光密介质传播,即 $n_1 < n_2$ 时,i、θ 将恒为实角;但当光波由光密介质向光疏介质传播,即 $n_1 > n_2$ 时,θ 的取值分为两种情况:当 $\sin i \leqslant n_2/n_1$ 时,$\sin \theta \leqslant 1$,此时 θ 仍为实角;当 $\sin i > n_2/n_1$ 时,$\sin \theta > 1$,此时 θ 已经不是实角。上述第二种情况即为全反射。根据前述可知,发生全反射的条件:光从光密介质向光疏介质传播,入射角 i 大于临界角 i_c,i_c 由下式给出:

$$n_1 \sin i_c = n_2$$

当一束光由光疏介质入射到光密介质,或者由光密介质入射到光疏介质且入射角大于临界角,即不满足全反射的条件时,就会有一部分光透过界面进入第二种介质,另一部分光经界面反射回到第一种介质。当入射角不为零时,对于 S 振动的光的反射系数 R_S 和 P 振动的光的反射系数 R_P 是不同的,它们分别由以下两式给出:

$$R_S = \left(\frac{n_2 \cos \theta - n_1 \cos i}{n_2 \cos \theta + n_1 \cos i} \right)^2 \quad (16.96)$$

$$R_{\mathrm{P}} = \left(\frac{n_1 \cos\theta - n_2 \cos i}{n_1 \cos\theta + n_2 \cos i}\right)^2 \tag{16.97}$$

2) 偏光棱镜的设计原理

常规的起偏棱镜只允许沿一个方向偏振的光透过。这种棱镜是由两块晶体胶合而成的，它利用晶体的双折射性质，使 o 光和 e 光中折射率较大、电矢量沿某一方向振动的光束在切割斜面上发生全内反射，使折射率较小、电矢量与此方向垂直振动的光束通过。冰洲石晶体制作的激光偏光棱镜就是让 o 光在切割斜面上全反射，让 e 光透射。方解石晶体是负单轴晶体，两个主折射率分别为 n_o 和 n_e，且 $n_\mathrm{o} > n_\mathrm{e}$，它的双折射率（$n_\mathrm{o} - n_\mathrm{e}$）较大。当光束沿着晶体光轴方向传播时，o 光和 e 光的折射率相同，取值为 n_o，传播方向一致；当光束的波法线方向与光轴有一定夹角 ε（$\varepsilon \neq 90°$）时，o 光和 e 光的传播方向要发生分离，e 光的光波法线和光线方向不一致，其折射率 n_e' 是夹角 ε 的函数，且满足[31]

$$n_\mathrm{e}'^2 = \frac{n_\mathrm{o}^2 n_\mathrm{e}^2}{n_\mathrm{o}^2 \sin^2\varepsilon + n_\mathrm{e}^2 \cos^2\varepsilon} \tag{16.98}$$

当光束的传播方向与晶体的光轴垂直时，o 光和 e 光的传播方向虽然一致，o 光和 e 光的折射率差最大，其差值为最大双折射率 $|n_\mathrm{o} - n_\mathrm{e}|$。无论光束沿哪个方向传播，o 光的折射率永远为主折射率 n_o。由光的全反射理论，当光由方解石晶体射入折射率为 n（$n < n_\mathrm{e} < n_\mathrm{o}$）的介质中时，o 光和 e 光的全反射临界角分别为

$$i_{\mathrm{co}} = \arcsin\frac{n}{n_\mathrm{o}} \tag{16.99}$$

$$i_{\mathrm{ce}} = \arcsin\frac{n}{n_\mathrm{e}'} \tag{16.100}$$

由式（16.99）和式（16.100）知 $i_{\mathrm{co}} < i_\mathrm{c}$，当入射角从小逐渐变大时，o 光首先满足全反射条件，并发生全反射，而 e 光不满足全反射条件而透过。冰洲石晶体偏光棱镜的设计就是利用了 o 光和 e 光的全反射临界角的差别，使光束在一定角度范围内入射时，到达切割斜面的光束 o 光发生全反射而 e 光不满足全反射条件，如图 16.14 所示。

2. 典型偏光棱镜

1) 尼科耳棱镜（Nicol prism）

尼科耳棱镜是最早发明的典型晶体棱镜，如图 16.15 所示。它由冰洲石晶体制成，其切割面用加拿大树胶胶合，棱镜结构比较特殊，入射光不与通光端面垂直，出射光相对于入射光有较大的偏离，使用不方便。尽管做了多次修改，有了多种改进形式，尼科耳棱镜的总体性能仍不如格兰型棱镜，除教学需要外，科研和工程技术中少用这种棱镜。

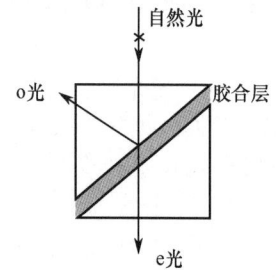

图 16.14　冰洲石材料偏光棱镜的设计原理

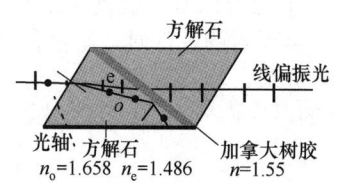

图 16.15　尼科耳棱镜示意图

2）胶合型格兰棱镜

胶合型格兰棱镜起偏器有格兰-汤普逊棱镜（Glan-Thompson prism）和李普奇棱镜（Lippich prism）两种。若要棱镜有最大的视场角，一般情况下（即胶合胶的折射率 n 大于 e 光的折射率 n_e 时），棱镜的结构角 S 由下式给出[32]：

$$\tan S = \frac{(n_o^2 - n^2)^{1/2}}{n_e + n} \tag{16.101}$$

格兰-汤姆逊棱镜选用天然晶体冰洲石材料制作时，棱镜的 $L/A = 3$（长度孔径比，或长径比），这时棱镜具有最大视场角，其结构如图 16.16 所示。这种棱镜结构牢固，视场角大，偏光性能好，其消光比可优于 1×10^{-5}，特别适合于高精度光学仪器和科研中做起偏和检偏用。格兰-汤姆逊棱镜在大部分波长范围内是优良的，但在近紫外区透射降较低，主要原因是胶合剂开始吸收。若使用紫外透明的胶合剂，它的可用透射范围可以扩展到约 250 nm。

李普奇棱镜是 1885 年李普奇提出的，它是一种类似于格兰-汤姆逊棱镜的起偏棱镜，但其光轴在入射端面内并垂直于切割面与入射端面的交线，如图 16.17 所示。对于这种棱镜，非常光线的折射率是入射角的函数"棱镜的 $L/A = 3$（长度孔径比），结构牢固，视场角大，偏光性能好，其消光比可优于 1×10^{-5}。其对光的透过性稍优于格兰-汤姆逊棱镜。

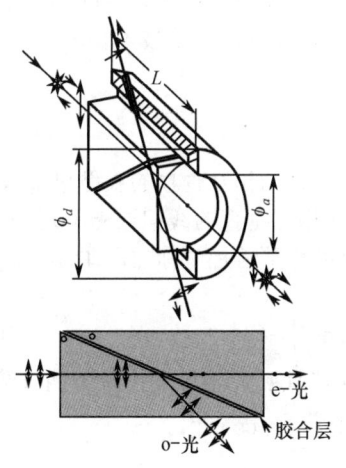

图 16.16　格兰-汤姆逊棱镜

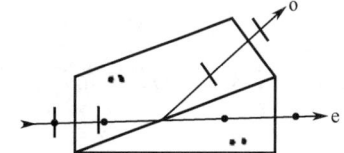

图 16.17　李普奇棱镜示意图

3）空气隙格兰型棱镜（air-gap Glan-type polarizing prism）

格兰-付科棱镜（Glan-Foucault prism）是格兰-汤姆逊棱镜的空气隙形式，其光路图如图 16.18 所示。这种棱镜于 1880 年提出，用于弥补格兰-汤姆逊棱镜紫外透射性不足。若要棱镜有最大视场角，棱镜的结构角 S 由下式给出[32]：

$$\tan S = \frac{(n_o^2 - n^2)^{1/2}}{n_e + n} \tag{16.102}$$

这种棱镜虽然可以用于近紫外光，但由于透射的 e 光在切割界面属 s 振动，造成在整个透明区的透射比较低，因此目前已基本不用，而被性能优越的格兰-泰勒棱镜取代。

4）格兰-泰勒棱镜（Glan-Taylor prism）

格兰-泰勒棱镜在格兰型设计中有代表性，应用面广，也是激光偏光镜的典型代表，其结构如图 16.19 所示。在前半部，自然光垂直棱镜端面入射，进入棱镜后垂直于晶体光轴方向传播，o 光和 e 光并不分开；但其传播速度不同，对应折射率不同，所以到达空气隙界面后，使 o 光和 e 光分开，

图 16.19 格兰-泰勒棱镜很容易计算 o 光和 e 光的全内反射角，只要选取适当结构角 S ($i_{oc} < S < i_{ec}$)，就可以使 o 光和 e 光在棱镜的空气隙界面上分开，从而获得纯净的平面偏振光。格兰-泰勒棱镜的 $L/A = 3$，外形近似是立方体，具有极好的抗光损伤能力，偏光性能好，消光比优于 $1×10^{-5}$。尤其是其良好的透射比，为棱镜在激光偏光技术中的广泛应用提供了极优越的保障。格兰-泰勒棱镜是当前国内外激光技术和偏光技术中普遍采用的偏光器件之一，特别适合于大功率激光器起偏和检偏用。

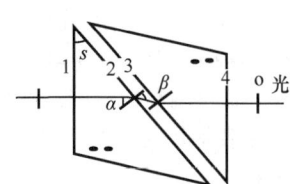
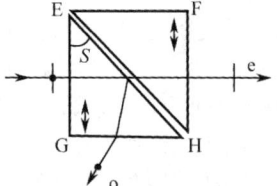

图 16.18　o 光通过格兰-付科型棱镜的光路图　　　图 16.19　格兰-泰勒棱镜

在格兰型结构的空气隙棱镜中，还包括 OE 双输出棱镜和马普-赫斯棱镜（Marple-Hess prism）。马普-赫斯棱镜的晶体光轴在入射端面内，并垂直于切割面与入射端面的交线，光线（光波）在这种棱镜主截面内的光路图如图 16.20 所示。上述两种棱镜（包括其改进型等）既保持了格兰-泰勒棱镜的优点，又具有良好的抗光损伤能力，偏光性能好，满足技术要求。

3. 典型偏光分束镜

1）渥拉斯顿棱镜（Wollaston prism）

渥拉斯顿棱镜是一种典型的棱镜偏振分光镜，它由两个光轴相互垂直的楔型单轴双折射晶体胶合而成，其光路结构如图 16.21 所示。出射的两束振动面相互垂直的线偏振光（o 光和 e 光）在出射端面向两边偏折，分束角较大，一般不超过 20°。分束角常常是对称的，即 $\varphi_1 = \varphi_2$，由下式给出[25]：

$$\varphi = 2\arcsin[(n_o - n_e)\tan S] \quad (16.103)$$

但严格的分析表明该棱镜的分束角是不对称的，即 $\varphi_1 \neq \varphi_2$，且 φ_1、φ_2 分别由以下两式给出：

$$\varphi_1 = \arcsin\left\{\sin S \left|(n_o^2 - n_e^2 \sin^2 S)^{1/2} - n_e \cos S\right|\right\} \quad (16.104)$$

$$\varphi_2 = \arcsin\left\{n_o \cos S - \sin S \left|(n_e^2 - n_o^2 \sin^2 S)^{1/2}\right|\right\} \quad (16.105)$$

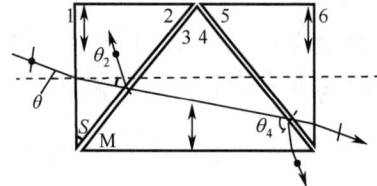
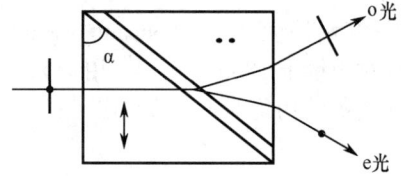

图 16.20　马普-赫斯棱镜主截面内的光路图　　　图 16.21　渥拉斯顿棱镜的结构与光路

2）OE 双输出棱镜

OE 双输出棱镜[33]也是一种偏光分束镜，其结构和分光光路如图 16.22 所示。它属于格兰型棱镜类型，不同之处它是全反射的。光在棱镜的侧面经折射输出，输出光经一定的技术处理后以高质量的偏振光。非偏振光经棱镜后，不仅可获得偏振方向互相垂直的 o 光和 e 光两束高质量线偏振光，而且对于正入射的光，o 光和 e 光均垂直于其输出端面输出。对于正入射的光，分束角约为 102°，光强分束比近似为 1。由于它采用空气隙耦合，这种棱镜抗光损伤阈值高，使用光谱范围大，可以用于近紫外区。

3）洛匈棱镜（Rochon prism）

洛匈棱镜的结构如图 16.23 所示。它既是一种起偏分束元件，又可以作为检偏器，具有偏振度高、机械稳定性好、透过率高等优点，有应用前景。

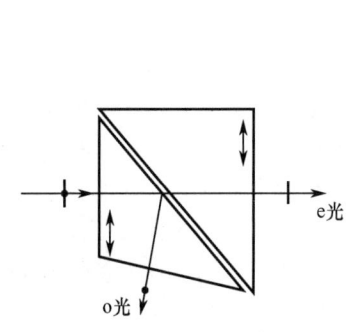 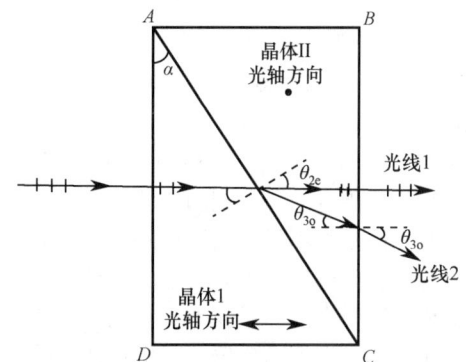

图 16.22　OE 双输出棱镜　　　　图 16.23　光线垂直入射时洛匈棱镜光路示意图

4．相位延迟器

相位延迟器是将线偏振光转变成圆偏振光、椭圆偏振光以及实现偏振旋转的光学器件，该器件常采用单晶人工石英和白云母制作，通常称之为波片。

云母和石英波片均是利用晶体的双折射性使 o 光和 e 光产生相位延迟的，其相位延迟量 δ 由下式给出：

$$\delta = \pm \frac{2\pi d(n_e - n_o)}{\lambda} = \pm 2\pi \Delta n d / \lambda \tag{16.106}$$

式中，Δn 为材料双折射率，λ 为设计光波长。由式（16.106）可知，这种波片对使用的光波长敏感，必须保证使用波长与设计波长一致。

云母波片是用精选的白云母晶体制作而成的，由于使用的是自然面，且很薄，机械强度较差，故在工程技术中在两面加光学玻璃保护。

石英波片使用人工石英晶体，采用双面抛光技术制作，因此其光学性能好，平行度高，且透射比、抗光损伤阈值、机械强度均较高；但由于工艺原因，其厚度较厚，是一种多级相位延迟器，使用光波长以及使用温度要求严格。如果要求在较宽的波长范围有较小相位延迟量偏差，需要选取消色差相位延迟器。这类器件有一种用光学玻璃制作，由光在光学玻璃菱体全内反射时的 p 分量和 s 分量的相变之差产生相位延迟。一次全反射产生的相位延迟量 δ 由下式给出[32]：

$$\tan \frac{\delta}{2} = \frac{\cos\theta \left(n^2 \sin^2\theta - 1\right)^{1/2}}{n \sin^2\theta} \tag{16.107}$$

式中，n 为材料的折射率，θ 为内部的入射角。目前这类器件有菲涅耳菱体型、穆尼菱体型、直角棱镜复合型以及所设计的消色差相位延迟器 1（AD-1）和 2（AD-2）等。

16.2.3　退偏器

退偏器已经广泛应用于天文学仪器、激光加工、激光医学、光纤通信等的光电测量仪器中。几乎所有的探测器都具有偏振敏感性，需要在探测器前加一个退偏器来消除探测器的偏振灵敏度对入射辐射偏振的依赖性，达到提高测量精度的目的。

做到完全退偏要比起偏困难很多；实现退偏的基本方法，是使偏振光通过散射型介质或具有梯度相位差的双折射材料。由于散射型退偏器的光强透射率较低，实际应用中采用的退偏器多为双折射材料（如方解石、石英、光纤）型，其基本原理是：当线偏振光通过具有一定梯度相位差的双折射材料后，改变其有序状态，使出射光的偏振度下降，实现退偏。根据退偏光的种类，退偏器分为单色光退偏器、复色光退偏器和圆退偏器[34]。

1. 退偏器的作用

自从1808年马吕斯发现偏振现象以来，人类发明了各式各样的偏光器件，而对退偏器的研究较少。退偏振是将平面偏振光退偏成自然光，退偏器就是能减小光束偏振度的光学器件。在光电测量技术中（尤其是弱光信号检测），退偏器的作用是不能忽视的，这是由光电探测器本身性能所决定的，几乎所有的光电探测器均存在"偏振敏感度"的本性。也就是说，光电探测转换器件的转化效率对偏振光不是各向同性的，且有时差别明显，它给测量带来的误差是不能忽略的。所以在光学测量和光电探测中，让偏振光信号经过退偏器后再进入探测器件，从而克服因探测器件的偏振敏感性所带来的测量误差。例如，单色仪、分光光度计、光谱荧光计等所有利用光栅、光电倍增管或光电二极管的仪器，都应该加退偏器[35]。

大功率YAG激光器在刻蚀、切割、钻孔以及焊接等加工工业中的应用，其加工速度和质量除了与光束功率、模式、聚焦束斑直径有关外，还与激光束的偏振状态相关。故一般要求用完全非偏振光束作为激光加工的最佳光束，需要把偏振光束退偏成完全非偏振光束。在光传感方面，如在单模光纤陀螺中，由于光纤线圈中的偏振交扰，使输入到接收系统的光强大小发生随机变化，为了减小这种误差，必须要在光路中的合适位置加入一个退偏器，以提高陀螺的精度。在激光医学方面，如激光外科手术、激光眼科、牙科、激光治疗肿瘤等疾病中人体组织对激光的吸收，吸收的量太小则达不到治疗的目的，量太大则会杀死正常组织，人体组织对激光束的吸收与入射到组织上的光束偏振态有关，故必须用完全非偏振光进行治疗。此外，退偏器在天文学仪器、计量仪器以及农业育种等科学研究中也有着广泛的应用[36]。

2. 退偏器的发展

退偏器的研究始于1928年B. Lyot发明的白光退偏振的Lyot型退偏器[37]；1951年，Bullings用延迟量随时间变化的波片实现了单色光的退偏[38]；1971年，Schmidt和Vedan利用α石英和方解石制作了直角棱镜式退偏器[39]，能很好地退偏单色光和复色光；1975年Shan-ling Lu和A. P. Loeber对单板双折射晶体退偏器做了理论解释[40]；Paul H. Richter在1979年[41]、A.P. Loeber在1982年[42]分别对Lyot型退偏器进行了研究；Kiyofumi Mochizuki[43]于1954年、William K. BurmS于1992年[44]、G. B. Mazykin于1993年[45]研究了光纤退偏器；1990年James R P. MecGuire和Chipman对双Soliet补偿器所组成的复合退偏器进行了深入的研究[46]；2003年Gabriel Biener等人提出一种由光轴在某一方向上周期性旋转的波片组成的退偏器[47]。此外，液晶退偏效应由单片BL-009向列相液晶盒的多色光退偏器[48]等发展。

3. 常规退偏器件的基本原理

1）常规退偏方法

前面提到：为消除探测器的偏振敏感性所带来的测量误差，需要在探测器窗口处加一个退偏器来保证测量的精度。退偏要比起偏困难，一般情况下很难将偏振光退偏成自然光。退偏的方法主要有[34]：

（1）漫反射退偏。有报道C_2F_4（四氟乙烯）标准板对远场和近场光束均呈现良好的退偏性能，偏振残余达到5%左右[49]。

（2）散射型退偏器件。使偏振光在粗糙表面反射，或者通过内部具有微观非对称分子团的光学材料，会产生退偏效果。例如，玉髓*、热压多晶 Al_2O_3、熔石英以及毛玻璃和乳色玻璃等，都可以作为退偏器件。它们的优点是取材方便，加工简单，体积大小可任意设计，并且能安装在探测器的窗口前或直接作为窗口材料；缺点是散射后能量损失大，残余偏振度较大，只能在精度要求不高的场合使用。如玉髓退偏器的退偏性能还是较好的。玉髓是一种半透明的固体材料，内部有部分无规则取向的 SiO_2 微晶粒，分子团直径在 10~100 nm 之间，晶粒与周围介质的折射率差 $\Delta n_{max} < 0.01$。偏振光在介质中传播时，在小晶粒界面上发生散射，产生退偏。该器件除具有体薄、坚固、抗光损伤阈值高等特点外，透射比较高，透射谱宽（0.25~2.6 μm），且加工性能好，成本低，是颇有实用价值的退偏器件。

(3) 双折射棱镜型退偏器。散射型退偏器在使用过程中能量损失大，现代光学技术中采用的退偏器多是双折射材料制成的，如冰洲石、石英以及具有双折射性质的光纤。当平面偏振光通过具有一定梯度相位差的双折射晶体时，光束在微小区域内干涉叠加，使之在平均效果上具有退偏的效应。

2）常规退偏器件举例

现在的退偏器件主要是双折射棱镜型，其可以简单分为多色光退偏器和单色光退偏器。

(1) 多色光退偏器。多色光退偏器可分为单板式和双板 Lyot 式。单板式多色光退偏器是用双折射材料做成光轴平行于通光面的平行平板。若入射线偏振光的波长不同，则通过双折射晶体产生不同的相位延迟，于是通过晶体的某一点出射的光就具有各种各样的偏振状态，这样沿光束横截面的积分就造成有效的退偏性能。入射线偏振光垂直入射到厚度一定的单板式退偏器，其偏振方向与光轴成 π/4 角度时得到最佳退偏效果。如用厚度为 2 mm 的方解石单板退偏器和石英单板退偏器，则在用卤钨灯做光源时，出射光的偏振度残余仅仅为 1.1%和 0.9%左右，退偏效果是比较好的。

与单板退偏器相比，双板 Lyot 式退偏器退偏效果与入射光偏振面无关，结构简单，它是由光轴夹角 π/4 的两块厚度比为 2∶1 的晶体平板胶合或光胶而成的。

(2) 单色光退偏器。相比于多色光退偏器，单色光退偏器使用范围更广，因为单色光退偏器一般对多色光也能较好地退偏。最常见的单色光退偏器为单光楔退偏器，其光轴在通光平面内，入射光入射到退偏器后分解为 e 光和 o 光，由于 e 光和 o 光通过晶体时传播速度不同，所以不同位置出射时具有不同的相位差。如果晶体楔的厚度变化足够大，随着晶体厚度的变化，出射光的偏振状态周期性地变化，这样在通过截面范围内的效果就是退偏。

但是这种退偏器的缺点明显：光楔角需要足够小，否则会引起光束的发散和偏折；入射光只有垂直入射，并且光的偏振面与退偏器光轴夹角为 π/4 时，才能很好地对入射的线偏振光退偏。为了克服单元结构的退偏器的缺点，设计出了复合结构的退偏器，如双光楔结构的退偏器。图 16.24 所示是双光楔（Babinet 型）退偏器的一种形式，这两块光楔的光轴互相垂直。假设光在第一块光楔中通过的厚度为 d_1，在第二块光楔中的厚度为 d_2，并且 o 光、e 光的折射率分别为 n_o 和 n_e，则通过退偏器光产生的位相差为

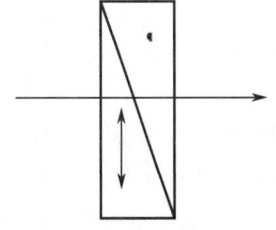

图 16.24 双光楔退偏器示意图

$$\sigma = \frac{2\pi}{\lambda}|n_e - n_o|(d_1 - d_2) \tag{16.108}$$

显然，在光楔的不同位置产生的位相差是不一样的，这样出射光也就具有各种各样的偏振状态，只要通光截面足够大，出射光总的积分效果是退偏的。双 Babinet 型退偏器的优点主要

---

* 玉髓（chalcedony）定义：隐晶质石英集合体。为半透明至不透明，可或多或少显示带状构造。颜色多种多样，如绿玉髓、葱绿玉髓、肉红玉髓等。

克服了光通过第一个光楔所引起的偏折；不足的是在入射光垂直入射时，也需要光的偏振面与第一个光楔的光轴夹角为 π/4 时，才能很好地退偏入射的线偏振光。此外，复合退偏器的设计由两个 Babinet 补偿器组成。

另外，在研究圆双折射或圆二向色性等问题时，需要对圆偏振光进行退偏。最直接的方法就是先用 λ/4 波片把圆偏振光变成线偏振光，然后对单色的线偏振光进行退偏。

3）Lyot 型退偏器的原理

Lyot 型退偏器是一种比较常见的复合结构的退偏器。Lyot 型光纤退偏器结构如图 16.25 所示，它由两段长度之比为 $L_1:L_2$=1:2、光轴夹角为 45° 的光纤，用保偏光纤熔接机熔接而成。其工作原理是：当光波 A 沿光纤 L_1 入射后，沿快慢轴分解为两束具有一定位相差的线偏振光，它们通过第二光纤 L_2 时，分别又沿其光轴进行分解，只要输出的各个分量不相干，就能达到退偏的目的。当光谱谱宽越大，光纤长度越长，光纤双折射越大，两光纤的光轴夹角越接近 45° 时，退偏的效果就越好。

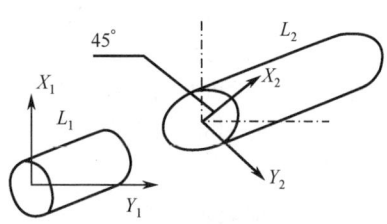

图 16.25　Lyot 型光纤退偏器结构

16.3　偏振棱镜设计与应用示例

16.3.1　偏振耦合测试系统中偏振棱镜的设计

光纤陀螺仪的核心部分是由光纤绕组构成的干涉仪，其对旋转角速度的测量是通过 Sagnac 效应完成的；然而在高精度系统中，保偏光纤绕组的缠绕过程，其中局部的偏振交叉耦合为光纤寄生偏振耦合，将会限制光纤的保偏性能[50]，降低光纤陀螺的效率[51]。

光纤寄生偏振耦合测试系统以白光干涉为基础，通过迈克尔逊干涉仪的光程补偿来检测保偏光纤绕组中寄生偏振耦合点的空间分布及各个耦合点处的耦合效率[52]，因此必须将光纤中出射的两个偏振态调整到同一方向耦合进入迈克尔逊干涉系统，以达到最好的干涉效果[53]。同时，必须保证两个偏振态的振幅比与光纤端面出射的振幅比保持不变，以测量耦合点处的耦合效率。

在光纤寄生偏振耦合测试系统中，起偏棱镜采用空气隙结构，若增大棱镜的切割角，且按晶体光轴平行于入射面的方向切制成棱镜，可提高非常光的透射比。为了避免全反射的寻常光从入射端面输出，就必须增加棱镜的纵向距离。通过探测全反射输出的寻常光光强，可以确定偏振棱镜入射光的偏振态，进行偏振态调整，使光纤出射振动方向的相互垂直的两束线偏光均以 45° 角通过偏振棱镜。

1. 偏振耦合测试原理

光纤寄生偏振耦合测试仪原理简图如图 16.26 所示。利用一个超辐射发光二极管（SLD）宽带光源，经起偏后耦合进入高双折射单模保偏光纤绕组，沿着其中的主轴传播[54]。当光纤中存在耦合点时，在耦合点处一部分能量被耦合到垂直方向，形成一列低能量的波阵列。从光纤绕组输出的光经过扩束系统后成为平行光束，入射到由可旋转半波片、偏振棱镜和光电探测器组成的偏振态调整装置，以正确的偏振态进入迈克尔逊干涉系统，进行偏振耦合的测量。

为了使两个偏振模式达到最佳的干涉效果，需要将其调整到同一方向。同时，通过旋转半波片改变偏振棱镜入射光的偏振态，使光纤输出的两个线偏光经过半波片后与偏振棱镜的透光轴均成 45° 角。这样，可以保证两束光经过偏振棱镜后以相同的振幅比进入迈克尔逊干涉仪。通过探测经偏振棱镜全反射输出的寻常光线,可以确定偏振棱镜入射光的偏振态,从而进行偏振态的调整。

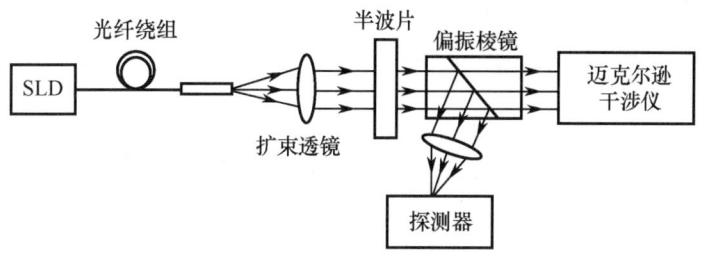

图 16.26　光纤寄生偏振耦合测试仪原理简图

2．偏振棱镜的设计

光纤寄生偏振耦合测试系统的光源采用中心波长为 1310 nm 的超辐射发光二极管（SLD），棱镜也必须采用透过波段宽度较大、吸收系数小的冰洲石（一种无色透明的方解石，其化学成分为 $CaCO_3$）作为制作材料[54]。

1）棱镜的组合方式

偏振棱镜由两个半块沿斜面切割的晶体组成,有胶合型和空气间隙型。胶合型偏振棱镜的特点是棱镜的长度孔径比和视场角较大,结构牢固;而空气间隙型的特点是棱镜的长度孔径比和视场角较小。在光纤寄生偏振耦合测试系统中,由于是对平行光束进行起偏,对视场角的影响不大,空气间隙型可以减小 o 光全反射的临界角,从而增加棱镜的切割角,使棱镜长度孔径比 L/A 减小。切割角是指切割斜面与棱镜底面的夹角。在棱镜通光孔径一定的情况下,选取空气间隙型可以缩小棱镜的纵向尺寸。另外,空气隙间型偏振棱镜还具有极好的抗光损伤能力,可以对大功率激光光源进行起偏。

2）棱镜光轴的取向

偏振棱镜的光轴取向有两种,如图 16.27 所示。组成偏振棱镜的两个半块晶体光轴方向相同。图 16.27（a）中光轴平行于入射端面,但垂直于纸面,透射光为垂直于入射面的振动分量;图 16.27（b）中光轴平行于入射端面,且平行于纸面,透射光为平行于入射面的振动分量。对于空气间隙型偏振棱镜,这两种光轴取向的棱镜的透射比差别很大。当光透过空气间隙入射到第二块晶体时,由于 s 光的反射率大于 p 光的反射率,图 16.27（a）中的透射光强会下降很多,而图 16.27（b）中的透射光反射损失小,可以获得大的透射比。因此,选择光轴取向与纸面平行的棱镜,即 Glan-Taylor 型棱镜。

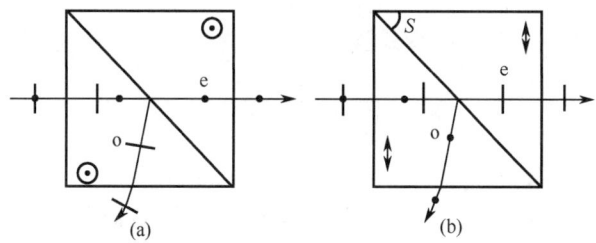

图 16.27　两种光轴取向的偏振棱镜

3）棱镜切割角的选取

棱镜切割角的选取原则,是使入射光束在切割面空气隙处满足 o 光被全反射,e 光被透射。故切割角的上下限是由平行光束正入射时,e 光不能透过或 o 光可以透过来决定。对于该范围的任一切割角都使棱镜有一个视场角,保证 o 光被全反射而使 e 光可以透射[56]。

一束单色非偏振光正入射到图 16.27 中的棱镜，其中 S 为棱镜的切割角。设 S_o、S_e 分别是使 o 光和 e 光全反射的切割角，全反射条件分别为

o 光：　　　　　　$n_o \cos S_o = 1$

e 光：　　　　　　$n_e \cos S_e = 1$

当切割角 $S < S_o$ 时，o 光将被空气隙全反射而不会透过；当 $S > S_e$ 时，o 光不会被全反射而可以透过。因此，Glan-Taylor 棱镜切割角的范围是

$$\arccos \frac{1}{n_e} \sim \arccos \frac{1}{n_o} \tag{16.109}$$

对于 $\lambda = 1\,310$ nm，冰洲石对 o 光的折射率为 $n_o = 1.637\,8$，对正入射的 e 光的折射率为 $n_e = 1.478\,5$，则由式（16.109）得系统中 Glan-Taylor 棱镜切割角的范围为 47.44°～52.37°，故可选取切割角为 50°。

4）棱镜的尺寸设计

Glan-Taylor 棱镜主截面的剖面图如图 16.28 所示。在偏振耦合测试系统中，从光纤绕组中出射的光经过扩束准直透镜之后，成为直径为 10 mm 的圆形光斑。为使准直光全部通过偏振棱镜，且留有一定余量，选择棱镜通光孔径为 15 mm × 15 mm。

图 16.28 中切割角 $S = 50°$，光线入射角 $\theta = 90° - 50° = 40°$，经计算可得 $\theta' = 73.5°$，即 o 光与原入射非偏振光成 73.5°角从棱镜侧面出射。为避免入射平行光束从入射端面出射，而保证全部从侧面出射，适当增加棱镜的纵向长度 L 为 20 mm，即棱镜的长度孔径比 $L/A = 20/15 = 1.33$；胶合型的偏振棱镜一般为 $L/A = 3$。故 Glan-Taylor 棱镜尺寸较小。

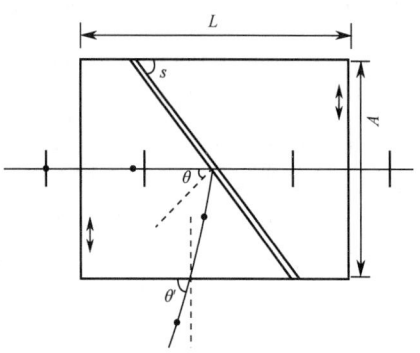

图 16.28　Glan-Taylor 棱镜主截面剖面图

5）空气间隙厚度

Decker 等人在 1970 年指出，随着偏振棱镜的空气间隙减小，棱镜的视场角将变大[57]。当空气间隙小到一定数值时，棱镜的消光比将受到影响。因此，要合理选择空气间隙，使棱镜获得大的消光比。

根据光的电磁理论，o 光在全反射时光波不是在界面上被绝对地全部反射回第一介质，而是透射到第二介质一定的深度，并沿着界面流过波长量级距离后重新返回第一介质，沿着反射光方向射出。当发生全反射时，o 光在空气间隙内是以倏逝波形式存在，其振幅随透射深度的增加而急速下降。要使棱镜有理想的消光比，o 光就要尽可能少地透过空气间隙。

设 d_z 为全反射的 o 光在介质膜中衰减至原振幅的 $1/e$ 时的透射深度，则[58]

$$d_z = \frac{1}{\sqrt{\sin^2 \theta - \sin^2 \theta_c}} \cdot \frac{\lambda}{2\pi} \tag{16.110}$$

式中，λ 为入射光波波长，θ 为入射到空气间隙界面的入射角，θ_c 为 o 光从冰洲石入射到空气界面的临界角。对于波长为 1 310 nm 的光，o 光临界角为 $\theta_c = \arcsin(1/n_o) = 37.63°$。

如果空气间隙的厚度较小，o 光的倏逝波将穿过空气膜层和 e 光一同出射。o 光的倏逝波透过空气间隙耦合出射的透射比 T_o 为[57]

$$T_o = 1 / \left\{ 1 + \left(\frac{n_o^2 - 1}{2 n_o \beta} \right)^2 \sinh^2 \psi (n_o^2 \tan^2 \theta - 1) \right\} \tag{16.111}$$

式中，$\beta = (n_o^2 \sin^2 \theta - 1)^{1/2}$，$\psi = 2\pi d \beta / \lambda$，$d$ 为空气间隙。而棱镜的消光比为 $\rho = T_o / T_e$。

由式（16.111）可知，当 o 光满足全反射条件时，其入射光线在空气间隙界面的入射角越小，o 光的倏逝波的透过率越大，入射角 θ 就越接近临界角，消光比也就越大。只要选取适当的空气间隙，当 o 光以接近临界角入射到空气间隙界面时，就有高的消光比，则棱镜在整个视场角范围内都可以获得高的消光比。

这里，$\lambda = 1\,310$ nm，$n_o = 1.6375$，选取 o 光在空气间隙界面的入射角为 $\theta = 37.70°$，并设 e 光透射率为常数 $T_e = 90\%$，可以得出消光比 ρ 与空气间隙厚度 d 的关系曲线，如图 16.29 所示。可知，在其他参数不变的情况下，消光比随着空气间隙厚度的增加而不断提高，只要空气间隙厚度大于 27 μm，就可以获得优于 10^{-7} 的消光比，由此可见空气间隙厚度对消光比的影响。

另外，为了减小入射光在棱镜两个端面的反射损耗，应镀上 1 310 nm 波段的增透膜。

总之，用于光纤寄生偏振耦合测试系统中的偏振棱镜采用空气间隙结构来增大其切割角，同时注意选取光轴方向来增加透射光的透过率。为了保证 o 光全部从棱镜侧面出射，适当增大棱镜的纵向尺寸；但是，与胶合型棱镜相比，所设计的空气间隙型棱镜仍有较小的长度孔径比，在保持通光孔径不变的情况下，减小了棱镜尺寸。理论分析得出了棱镜消光比与空气间隙厚度的关系，当空气间隙厚度大于 27 μm 时，消光比优于 10^{-7}。

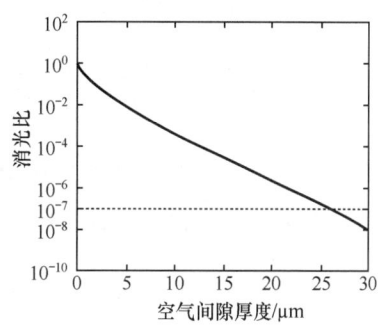

图 16.29 消光比与空气间隙厚度的关系曲线

16.3.2 高透射比偏光棱镜

偏光棱镜[7]是在晶体中使一束自然光分成振动方向互相垂直的 o、e 两束光，在原理上已分离掉光束能量的 50%，加上表面反射和晶体吸收等损失，总光强透射比不到 50%；当入射光束能量比较低时，因探测器感光性能所限，可能探测不到光强，从而限制了使用。为此，设计了激光高效偏光棱镜[59]，这种棱镜实现了较高的光强透射比；但仍存在缺点，如对波片分束距离偏小，对探测器两光束间的距离又偏大[60]。下面针对以上缺点，设计一种新型高透射比偏光棱镜[61]。

1. 器件结构及光路分析

器件的结构及光路如图 16.30 所示。图中平行偏光分束棱镜 A、合束棱镜 C 以及格兰-泰勒棱镜 D 是用冰洲石材料制成的，且其结构角 S 都等于 $38.33°$，光轴方向如图所示；石英 1/2 波片 B，其光轴与纸面成 $45°$。设一束单色平面自然光垂直入射到器件上，在 A 作用下，该光束被分成传播方向相互平行的两束光——Ⅰ和Ⅱ。光束Ⅰ垂直进入 B，由于该波片光轴与纸面成 $45°$ 角，故 B 的出射光相对于其入射光束振动面发生 $90°$ 偏转，即光振动由 s 振动变为 p 振动。在 C 中经历 2 次全反射后，光束Ⅱ在 y 方向上平移一定的距离 d，并与光束Ⅰ相切出射，其振动方向平行于纸面。经过以上 3 部分的作用，入射光束可实现高透射比输出。A、B 和 C 是该器件的 3 个主要部分。通常在 C 的后面再加上 D 来提高出射光的消光比。

从图 16.30 可以看出，为了达到合束的目的，需要使光束Ⅰ和光束Ⅱ分别在 A 和 C 中经历 2 次全反射。格兰-泰勒棱镜 D 的通光孔径是一定的，光束Ⅰ在 A 中的平移距离也是一定的，为了得到较好的合束效果，就必须控制 C 的厚度。设入射光束的光斑直径为 5 mm，A 的通光孔径一般为 15 mm，光束Ⅰ经 2 次全反射后（如图 16.31 所示），光束中心的平移距离为

$$d = 15\tan S \cdot \cos\alpha \tag{16.112}$$

将 $S = 38.83°$ 和 $\alpha = 12.34°$ 代入式（16.112）后，可得 $d = 11.8$ mm。为使光束Ⅱ经过合束镜 C 后，下边缘恰好能与光束Ⅰ的上边缘相切，并考虑到光束Ⅰ和光束Ⅱ的光束中心距，其中心的平移距离应为 6.8 mm，即 C 出射端的最大孔径可为 6.8 mm，这一孔径要大于光束的直径（5 mm），

所以光束Ⅰ经C可以无阻挡地出射。由于C对入射光束的位置有决定性，故常将C做成上下可调，这样就消除了C对通光孔径的限制。而对于光束Ⅱ，只要波片做得足够大，就不会出现挡光现象[62]。

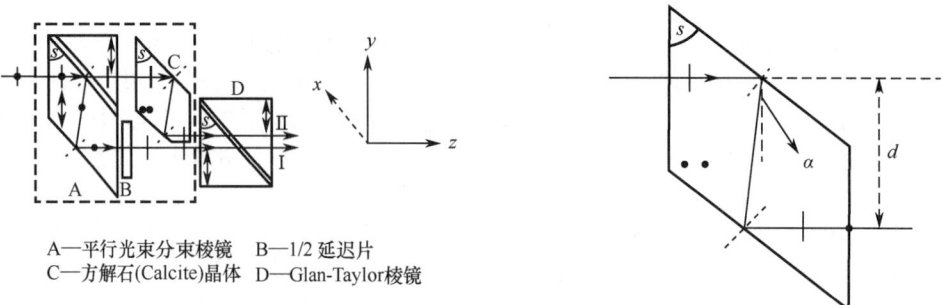

A—平行光束分束棱镜　　B—1/2延迟片
C—方解石(Calcite)晶体　D—Glan-Taylor棱镜

图16.30　新型高透射比偏光棱镜　　　　图16.31　合束光路图

可用琼斯矩阵分析光在器件中的传播过程，设入射光是强度为1的单色自然光，经A后，被分为o、e两束光。由于在A、C内，o光、e光的光矢量分别平行于x轴、y轴，它们的琼斯矩阵分别为

$$E_{ox} = \frac{1}{\sqrt{2}}\begin{bmatrix}1\\0\end{bmatrix}, \quad E_{ey} = \frac{1}{\sqrt{2}}\begin{bmatrix}0\\1\end{bmatrix} \tag{16.113}$$

光束Ⅰ从A出射后，光矢量平行于y轴，在C中经2次全反射后进入D。由于平面电磁波在反射和折射时，p分量和s分量是相互独立的，所以C对光的偏振态不产生影响[63]。D只允许振动方向平行于y轴的光矢量通过，其琼斯矩阵为

$$p = \begin{bmatrix}0 & 0\\0 & 1\end{bmatrix} \tag{16.114}$$

故光束Ⅰ的偏振态可表示为

$$E'_y = \begin{bmatrix}0 & 0\\0 & 1\end{bmatrix}\frac{1}{\sqrt{2}}\begin{bmatrix}0\\1\end{bmatrix} = \frac{1}{\sqrt{2}}\begin{bmatrix}0\\1\end{bmatrix} \tag{16.115}$$

光束Ⅱ在A内经2次全反射后进入C，若C的快轴方向与y轴成45°角，则其琼斯矩阵为

$$W = \begin{bmatrix}0 & 1\\1 & 0\end{bmatrix} \tag{16.116}$$

从D出射的光束Ⅱ，其琼斯矢量为

$$E'_x = pWE_{CⅡ}\begin{bmatrix}0 & 0\\0 & 1\end{bmatrix}\begin{bmatrix}1 & 0\\0 & 1\end{bmatrix}\frac{1}{\sqrt{2}}\begin{bmatrix}1\\0\end{bmatrix} = \frac{1}{\sqrt{2}}\begin{bmatrix}0\\1\end{bmatrix} \tag{16.117}$$

由E_x'、E_y'的表达式可知：1束自然光经该器件作用后，变成了2束振动方向相同的线偏振光，达到了高透射的效果。

2．透射比分析

在器件表面不镀任何增透膜的情况下，光束Ⅰ的透射比为

$$T_Ⅰ = T_{AⅠ}T_{CⅠ}T_{DⅠ} \tag{16.118}$$

利用菲涅耳公式表示出光束Ⅰ在A、C和D中的透射比$T_{AⅠ}$、$T_{CⅠ}$和$T_{DⅠ}$，代入式（16.118）得

$$T_Ⅰ = \frac{1}{2}\left[1 - \frac{(n_e-1)^2}{(n_e+1)^2}\right]^4\left[1 - \frac{\tan^2(\theta_i-\theta_t)}{\tan^2(\theta_i+\theta_t)}\right]^4 \cdot \left[1 - \frac{(n_o-1)^2}{(n_o+1)^2}\right]^2 \tag{16.119}$$

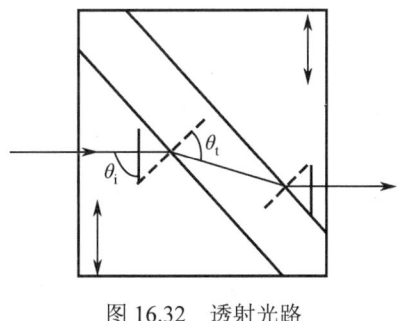

图 16.32 透射光路

式中，n_o、n_e 分别是冰洲石中 o 光、e 光的折射率，θ_i、θ_t 如图 16.32 所示。设激光光束波长为 632.8 nm，对于该波长的冰洲石折射率[32]，计算可得 $T_I = 0.329\,21$。光束 II 的透射比为

$$T_{II} = \frac{1}{2} T_{AII} T_{BII} T_{DII}$$

$$= \frac{1}{2} \left[1 - \frac{(n_o - 1)^2}{(n_o + 1)^2} \right]^2 \left[1 - \frac{(n'_e - 1)^2}{(n'_e + 1)^2} \right]^2 + \tag{16.120}$$

$$\frac{1}{2} \left[1 - \frac{(n'_o - 1)^2}{(n'_o + 1)^2} \right]^2 \left[1 - \frac{(n_e - 1)^2}{(n_e + 1)^2} \right]^2 \left[1 - \frac{\tan^2(\theta_i - \theta_t)}{\tan^2(\theta_i + \theta_t)} \right]^2$$

式中，n'_o、n'_e 分别为 B 对 o 光、e 光的折射率。代入数据得 $T_{II}=0.342\,75$。所以总的光强透射比 $T\approx 0.67$。

3. 性能测试及结果

在样品各分离器件的表面，根据其使用波长 632.8 nm 镀硬质增透膜，并控制 B 的误差使其小于 2%[64]。利用非偏振光源，采用常规测量方法对样品的透射比、消光比进行测试[65]。对样品棱镜 5 次测试的结果如表 16.2 所示。

表 16.2 样品棱镜的透射率与消光比的测试结果

序号	1	2	3	4	5
透射率/ %	85.84	86.41	86.03	86.22	85.45
消光比	<10^{-5}	<10^{-5}	<10^{-5}	<10^{-5}	<10^{-5}

测试结果表明：该器件对非偏振光透射比的平均值为 86%，虽然与现有的激光高效偏光镜相比略有降低，但与不足 50%的棱镜相比实现了高透射比。透射比降低，主要是由 A 的胶合层处发生的 2 次反射损失以及 C 表面的反射损失造成的。另外，其消光比优于 10^{-5}，主要因为器件的出射端使用了消光比良好的 D。

总之，该棱镜不仅实现了较高的光透射比，达到了 86% 左右，而且具有从 A 出射的两光束的距离较大，便于波片的放置，具有一定的合束作用及体积小等优点，这是现有高透射比棱镜所不具备的。

16.3.3 高功率 YVO$_4$ 晶体偏振棱镜

1. YVO$_4$ 晶体偏振结构

方解石是制作偏振棱镜的主要材料之一，但其易解理、难加工、低利用率和低光损伤阈值等特点，使其应用受到了一定限制。在紫外区域（190～350 nm）常选用 A-BBO（α 相偏硼酸钡晶体）晶体材料[66]或方解石 P 氟化钙制作紫外偏振棱镜[67]；YVO$_4$（钒酸钇）双折射晶体具有宽的透射范围（400～5 000 nm）、高光学损伤阈值（>10 GW/cm^2）[68]、易于光学加工（莫氏硬度 5）等特点，使其在偏振光学中具有潜在应用价值。CASECH 公司可以生产直径大于 35 mm、长度大于 30 mm 的优质 YVO$_4$ 晶体（其光学均匀性达 10^{-6} 数量级[69]），并试制了一个格兰-付科偏振棱镜（YVO$_4$ 晶体及加工均由 CASECH 公司提供）[70]。

所研制的偏振棱镜是由同一块晶体切割的两块晶体棱镜组成，其间是空气隙。每块晶体棱镜的三个抛光面平行于棱镜中慢光的振动方向，就是平行于 YVO$_4$ 晶体的光轴，其光学结构如

图 16.33 所示。晶体棱镜顶角的选择必须兼顾两个互为矛盾的要求：

（1）晶体棱镜中慢光在与空气隙的交界面上必须全反射。当非垂直入射或一定会聚（或发散）的光束入射到偏振棱镜的入射面上时，偏振棱镜就必须有一定的偏振安全角，以保证由其射出的光为完全线偏振光。

（2）晶体棱镜中的快光在空气隙的交界面上有尽可能高的透过率。为此，快光振动方向平行于入射面，在空气隙中的折射角（或入射角）应尽量接近布儒斯特角。

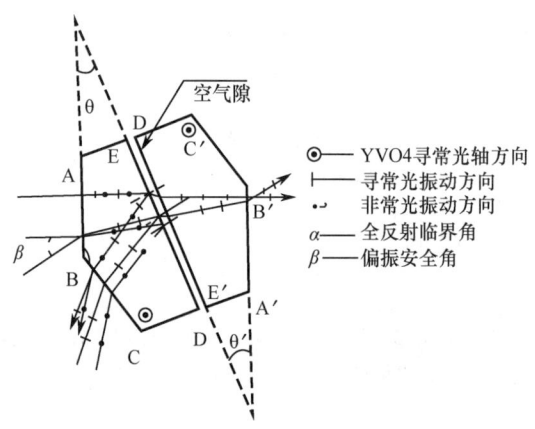

图 16.33　YVO_4 晶体的偏振棱镜的光学结构

2．计算和测试结果

偏振棱镜应用于 1 341.4nm 波长的激光实验，为获得尽量高的透过率，选择较小的偏振安全角。在该波长下，YVO_4 晶体折射率 n_e = 2.154 8，n_o = 1.949 8[71]，利用式 $n\sin\alpha = 1$，分别求出非常光和寻常光的全反射临界角 α_{ce} = 27.65°，α_{co} = 30.86°。对应四种激光波长的 n_e 和 n_o 及相关参数列于表 16.3 中。如果 $\theta < \alpha_{co}$，非常光和寻常光均不会在空气隙的界面上产生全反射；若 $\theta > \alpha_{co}$，非常光和寻常光均在空气隙的界面上产生全反射。因此，顶角 θ 必须满足 $\alpha_{ce} < \theta < \alpha_{co}$。利用公式 $\tan\Phi_1 = n_o$，求出两个晶体棱镜间空气隙中的折射角。当 Φ_1 为布儒斯特角时，晶体内侧的折射角 $\Phi_2 = 90° - \arctan n_o = 27.15°$ 即为布儒斯特角的补角，它小于且接近于 α_c；这个值越接近 α_{ce}，偏振棱镜的透过率越高。当顶角 θ 确定后，有两点需说明：晶体内侧的折射角大于其布儒斯特角的补角，当入射光束垂直于入射面 AB 时，将引起寻常光在 DE 面产生少量的反射，如图 16.33 所示。计算结果表明，可得到完全线偏振光的波长范围受限制，也就是说一个偏振棱镜的适用波长有特定范围。例如，当偏振棱镜的顶角 $\theta = 28°$ 时，其偏振波长范围为 400～1 750 nm。如果波长范围需向长波方向延伸，要选择较大的 θ 值，如选择 $\theta = 29°$。所选定的晶体棱镜顶角 $\theta = 28°$。在这种情况下，根据折射定律公式 $\sin\beta = n_e\sin(\theta - \alpha_{ce})$ 求得棱镜的偏振完全角 $\beta = 0.753° = 13.13$ mrad。也就是说，当 1.34 μm 激光束的发散角小于 13 mrad（半角）时，在垂直入射的情况下，从棱镜出射的光则为完全线偏振光。

表 16.3　四种激光波长的 n_e 和 n_o 及相关参数

$\lambda/\mu m$	n_e	α_e	n_o	α_o	ϕ_2	T_o^2
0.488	2.277 3	26.05°	2.035 4	29.43°	26.165°	0.780 8
0.632 8	2.216 3	26.82°	1.993 4	30.10°	26.640°	0.791 9
1.079 5	2.165 1	27.51°	1.957 2	30.73°	27.064°	0.801 4
1.341 4	2.154 8	27.65°	1.948 8	30.86°	27.150°	0.803 4

利用折射定律 $\sin i_1 = n_o \sin i_o$ 和菲涅耳公式 $R_p = [\tan(i_1-\theta)/\tan(i_1+\theta)]^2$,可以算出寻常光通过空气隙的透过率 T_p^2: $T_p^2 = (1-R_p)^2$。其中, T_p^2 晶体偏振棱镜镀上对应激光波长理想抗反射膜后的透过率, i_1 为寻常光透过空气隙时在空气中的折射角(或入射角)。利用公式 $T_o = 1 - [(n_o-1)/(n_o+1)]^2$ 可计算偏振棱镜的每个端面的透过率。该偏振棱镜在端面无镀抗反射膜时的透过率为 $T_p^2 T_o^2$。为了比较,将计算结果列于表 16.4 中,其中 T_m 是测量值。

表 16.4 偏振光通过 YVO_4 晶体偏振棱镜计算结果

$\lambda/\mu m$	θ	β 计算值	β 测量值	T_p^2	$T_p^2 T_o^2$	T_m
0.488	28°	4.450°	4.563°	0.9285	0.72502	0.70
	29°	6.736°	—	0.6327	0.49404	—
0.6328	28°	2.614°	2.520°	0.9743	0.77148	0.68
	29°	4.834°	—	0.8681	0.68743	—
1.0795	28°	1.065°		0.9911	0.79429	
	29°	3.232°		0.9417	0.75468	
1.3414	28°	0.753°	0.730°	0.9934	0.79833	0.92
	29°	2.908°	—	0.9519	0.76501	—

为了让反射光束射出棱镜,抛光一个平面,使它与入射端面成 132°,如图 16.33 所示。由于晶体中的通光方向总是垂直于光轴,因此寻常光和非常光都服从反射定律和折射定律。从图 16.33 中可看出,射出偏振棱镜的两光束的夹角约为 106°。

在棱镜的出射端面和入射端面都镀上 1 341.4 nm 波长的抗反射膜,以提高透过率。试制的偏振棱镜通光口径为 13 mm×13 mm,在几种激光波长下测量它的线偏振光透过率,结果也列于表 16.4 中。从表 16.4 可知,对应波长 1 341.4 nm 的透过率为 92%,如果抗反射膜的镀制理想,可能接近或达到 98% 的理论值。

由于 YVO_4 晶体的表面光学加工可达到很高的精度,提高了其光学损伤阈值。利用这块偏振棱镜进行激光 Q 开关实验,取得了较为满意的结果。

16.4 相位延迟器

16.4.1 相位延迟器概述

相位延迟器是偏光器件中的一个重要组成部分,它能使透过其振动方向相互垂直的两束光波彼此之间产生一定的相位差[71]。相位延迟器同其他偏光器件相配合,可以实现光的各种偏振态的相互转换、偏振面的旋转以及各类光波的调制。例如:组合 $\lambda/4$ 波片(产生 90° 的相位延迟)常用来将线偏振光转换成圆偏振光或椭圆偏振光,或将椭圆偏振光转变成线偏振光;组合 $\lambda/2$ 波片(产生 180° 的相位延迟)可以将线偏振光的偏振面旋转。几乎所有偏光技术应用都需要相位延迟器。

常规相位延迟器是由双折射材料制成的,由于材料双折射率同波长相关,其相位延迟量也同波长相关,故常规相位延迟器多用于单一波长,在更多范围使用受限。消色差相位延迟器削弱了延迟量对波长的依赖性,可用于较大的光谱范围;宽带消色差相位延迟器的应用范围可以扩大到可见光谱区,并可延伸到近红外区。现代偏光技术和光调制技术除了对单一波长延迟器件提出高的要求(已得到解决)外,对宽光谱复合波片的消色差延迟器也提出了要求,但是当前设计与实际使用要求尚有差距。根据设计的机理,消色差相位延迟器有两类[32]:双折射型消色差相位延迟器和全内反射型消色差相位延迟器。

消色差相位延迟器的应用范围涉及通信、生物、地质、航空航天、海洋等领域。当前，用于相位延迟量的测量方法主要有补偿法、光谱法、光电调制法、外差干涉测量等。但大多数方法由于器件基本参数都与波长有关，因而不适用于波长或消色差相位延迟器的延迟量的测量。

16.4.2 双折射型消色差相位延迟器

最简单的双折射型消色差相位延迟器是由一种双折射材料制成的，由关系式 $\delta = 2\pi d(n_e - n_o)/\lambda$ 可知，如果材料的双折射率与波长无关，延迟量也与波长无关，即可获得消色差相位延迟器。目前，满足该条件的双折射材料除鱼眼石[apophyllite，其化学成分为 $KCa_4Si_8O_{20}(F, OH)\cdot 8H_2O$]外，自然界中尚未发现有其他材料，而在自然界中存在的符合光学标准的鱼眼石极少，因而这种消色差相位延迟器难以推广。另外，可由两种或三种双折射材料组合构成消色差相位延迟器，这些材料有结晶石英、蓝宝石、氟化镁、方解石、ADP、KDP等，不同的组合消色差性能不同；但由于对组合单元的厚度均有较高的精度要求，制作起来有一定难度。

双折射型相位延迟器主要是利用单轴或双轴晶体的双折射特性制成片式的相位延迟片，简称波片。主要有云母波片和石英波片。复合波片是由若干相同或不同材料的晶体组合而成，各片的光轴互成一定角度，复合波片基本上具有单级波片的优点，选择不同的双折射材料组合，还可以使整个器件的双折射率在一定波段内呈线性变化，而使器件的延迟量与波长无关，称为消色差波片，这是单元结构波片做不到的，但是其消色差性能还不够理想。

1. 单元相位延迟片

单元波片的相位延迟理论是复合波片组件（多级波片）设计的理论依据。利用单轴或双轴双折射晶体制成的片式相位延迟器，是常用的偏光转换器件，简称波片。一般波片的两个平行通光表面与双折射晶体的光轴平行。设一单色平面偏振光正入射到波片上，入射光的电矢量将按波片光轴方位分解。当入射电矢量的方向不与光轴方向平行或垂直时，出射光是被分解为两束电矢量相互垂直振动的平面偏振光，这两束光出射后具有的相位差为

$$\delta = \frac{2\pi d}{\lambda}|n_e - n_d| = 2\pi N \qquad (16.121)$$

式中，d 为波片厚度；N 为用波长分数表示的延迟，$N = 1/4$ 和 $N=1/2$ 的波片分别称为单级 1/4 和单级 1/2 波片，$N > 1$ 的波片称多级波片。

由于 o 光、e 光在波片中的传播速度不同，常把波片的两个光学主轴称为快轴和慢轴：对于正晶体，$n_e > n_o$，$v_e < v_o$，光轴是慢轴；对于负晶，光轴是快轴。当入射的偏振光电矢量与快轴（或慢轴）平行时，波片的作用相当于一各向同性板。对于 1/4 波片，若不考虑晶体的二向色吸收及其他能量损失，当 $\theta \neq 0°$、$45°$、$90°$ 时，出射光是椭圆偏振光，椭圆主轴分别与波片的快慢轴重合；当 $\theta = \pm 45°$ 时，出射光为圆偏振光。对于 1/2 波片，出射光仍为线偏振光，其电矢量方向旋转到与快轴（或慢轴）对称的方位上去。在自然光通过波片时，由于所属的两个偏振态是不相干的，波片的作用只是在原来无规则分布的相位上附加一固定相位差，因而输出光仍是自然光。一般情况下，波片只能用于偏振光的正入射。

制作波片的材料通常有云母、石膏、氟化镁、蓝宝石、结晶石英等单轴或双轴双折射晶体材料；在 0.17～2.5 μm 波长区，白云母和晶体石英波片应用最广。

1）云母波片

云母是负双轴晶体，有不同的晶形。其中白云母波片[$HK_2AL_3(SiO_4)$]，无色透明，在波长 2.7 μm 附近有一吸收带，在相当宽的波长范围内有高光强透射比。云母波片选料非常严格，要求面形好，透射比高，二向色性小。云母波片制作工艺比较简单，易于解理，成本低，容易制成单级片；但

由于云母片太薄，易产生多次反射，孔径大时面形难以保证，故一般采用表面镀减反射膜，或将波片夹在两平行玻璃盖板之间进行胶合来改善其性能。云母波片的一个缺点是：在同一晶片上分布着不同的彼此成一定夹角的晶带，照射时各部分相位延迟量就会产生偏差，在延迟精度要求高的系统中使用云母波片时应注意。

2）石英波片

优质的天然或人工石英晶体是制作紫外区和红外区波片和补偿器的理想材料。石英波片有两类，一类是单式结构的多级片，另一类是二元结构的复合单级片。前者宜在单一波长或在几个分立波长下使用，延迟量对环境温度、波长及入射角变化比较敏感。

温度的微小变化对石英多级片的延迟都会产生明显影响，这是由石英材料的 o 光、e 光折射率的温度线膨胀系数不同所致。在使用石英多级片时，要特别注意温度变化所引起的延迟误差。多级片对入射角很敏感，如果把置于光路中的波片绕平行于波片光轴的轴（或绕垂直于光轴的轴）转动，将会发现明显的延迟量变化。如果绕平行于光轴的轴转动延迟量增加，则绕垂直于光轴的轴转动波片，延迟量就会变小。这一特点可使用旋转波片方法把产生较大误差的波片，精细地调整到所需的值。与云母波片相比，石英波片具有以下优点：面形好，不会出现多次反射，延迟无振荡；二向色性小，紫外和红外透射区更宽，结构牢固。

2. 复合波片

复合波片是由若干相同或不同材料的晶片组合而成的，各晶片的光轴互成一定角度。一些复合波片通过不同的设计可具有单级波片性能，且能克服温度变化的影响。选择不同的双折射材料组合，可以使整个器件的双折射率在一定波段内线性变化，使器件的延迟量与波长无关，成为消色差波片。

1）相同材料的二元复合波片

复合波片是基于单元波片的串连组合[72]而设计的，其中二元复合结构如图 16.34 所示。束角频率为 ω、振幅为 A 的单色光通过起偏器后变成线偏振光，然后通过延迟量（相位差）分别为 δ_1 和 δ_2 的两个波片。复合波片的相位差与两个单元波片的延迟量 δ_1、δ_2 以及两个波片的快轴（或者慢轴）的夹角 θ、入射的偏振光方位角 α 有关。通过对 δ_1、δ_2、θ、α 的适当选取，可得到复合波片的任意大小的相位延迟量。

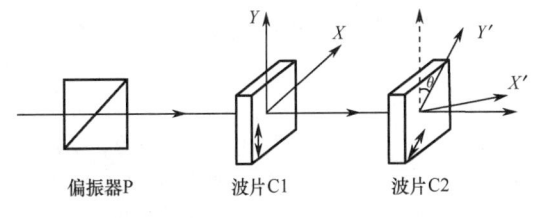

图 16.34 二元复合结构

两个或者几个相同单元材料组合成消色差或准消色差系统，为了把它和真正的 $\lambda/4$ 延迟片相区别，把这个系统称为消色差圆起偏器；对于消色差范围的中心波长，这两个波片分别是 $\lambda/2$ 和 $\lambda/4$ 波片。

2）相同材料的三元复合波片

矩阵光学中提及的一连串延迟器和旋光器（对于每一片的顺序不限制）组合的偏光系统，等效于经过一个延迟器，再经过一个旋光器，或者等效于先经过一个旋光器，再经过一个延迟器。两种系统等效，延迟量大小相同，但后一种等效延迟器的快方向相对于前者快方向差一个旋光角[73]。三片双折射器按照一定方位角放置时可等效为一纯双折射器，利用这种方法可以设计三元复合 1/4、1/2 波片以及各种角度的偏振面旋转器。

在三片组合中，设 δ_1、δ_3 为第一个和第三个波片的延迟量，δ_2 为第二个波片的延迟量，当第一个和第三个波片快轴与水平方向平行且延迟量相等，第二波片快轴与水平夹角为 θ 时，复合波片的延迟量 δ 就等效快轴与水平方向的夹角为 Ω。取中心波长为 750 nm，可求得 θ 为不同值时延

迟量 δ 与波长的关系曲线，如图 16.35 所示。当 θ 由 0° 连续变化到 90° 时，延迟量 δ 可以实现从 360° 到 0° 的连续调节。当 $\theta=0$ 时，延迟量与波长基本呈线性关系，与单元波片性能相似；但是当 θ 逐渐增大时，就表现出一定的消色差性能，并且 θ 越大，消色差性能越好。用同样材料的三个波片叠加制成的消色差圆起偏器[74]，前两个是 1/2 波片，第三个是 1/4 波片。如果双折射的色散可以忽略，则这个组合可以在三个波长 $(1-\varepsilon/90°)\lambda_0$、$\lambda_0$、$(1+\varepsilon/90°)\lambda_0$ 处产生精确的圆偏振光，ε 是单片 1/4 波片在 λ_0 处的波长产生的延迟量与 90° 之差。消色差度很高的延迟片，或延迟为任意所需波长的延迟片，可以由多个延迟片组合而成。例如，麦金太尔和哈里斯研制的消色差圆起偏器，由 10 片蓝宝石片组成，在 400～800 nm 的光谱范围内该器件延迟量的理论值为 90°±15°，实验也证实了该值。该器件的缺点是装置太长，不利于光路的调节和搭建[71]。

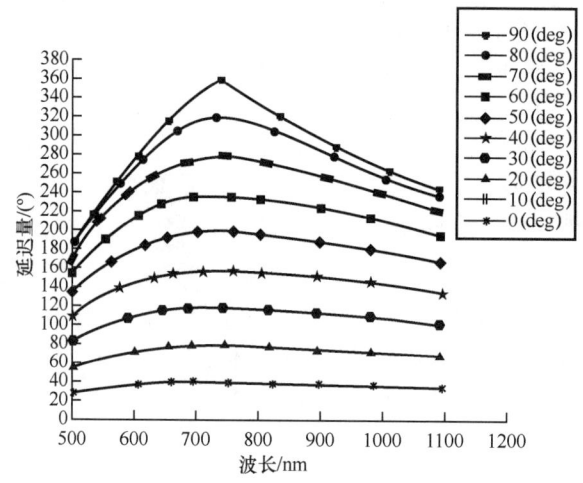

图 16.35 θ 取不同值时 δ 随波长变化曲线

3）不同材料的复合延迟片

复合延迟波片也可以利用两种或者多种不同材料的双折射晶体串联组成，若是各片的快轴相互正交，其延迟级数可以表示为

$$N = \sum_{i}^{m} \frac{\Delta n_i}{\lambda} d_i \qquad (16.122)$$

式中，m 为不同材料的片数，d 为厚度，Δn 为材料的双折射率。对于 1/4 波片，$N=1/4$；对于 1/2 波片，$N=1/2$。正负晶体混合使用时，其 Δn 值差一个负号。这样，可以选择不同的材料组成复合式相位延迟器，还可以选择双折射色散相匹配、物化性能相近的晶体材料组合成消色差相位延迟器。对于二元结构的这种波片，目前最好的是 MgF_2-ADP 和 MgF_2-KDP 复合片，在可见光区它们的延迟偏差仅为 0.5%。

16.4.3 全反射型消色差相位延迟器原理

全内反射型消色差相位延迟器是根据全内反射相变理论设计的一类菱体型相位延迟器，其结构大致有以下几类：Fersnel 菱体、Mooney 菱体、直角棱镜复合菱体、消色差 1（AD-1）和消色差器 2（AD-2）、斜入射型菱体等。结构选择取决于：光学系统的几何形状（是否允许光束偏向或平移）；波长范围；光束的准直度；光束的直径（决定延迟器的孔径）；系统要求的延迟精度；可利用的空间等。全内反射型相位延迟器是一类简单、稳定的消色差相位延迟器，除材料折射率色散影响外，其延迟量在很大程度上不依赖于波长，较双折射型相位延迟器具有更好的消色差性，可以在更宽的波段范围内实现消色差相位延迟，且具有较大孔径角。

1. 全反射相变理论

当一个平面波入射到两种不同光学性质介质的界面上时，将分成透射波和反射波。在两介质内的总电磁场遵从麦克斯韦方程组[7]，在界面处的边界条件为：入射波、反射波和透射波的传播方向均在入射平面内；入射角等于反射角，且遵从斯涅耳定律：

$$n_1 \sin\theta_1 = n_2 \sin\theta_2$$

式中，n_1、n_2 分别为两介质的折射率，θ_1、θ_2 分别为入射角和折射角。光在电介质表面反射和透射时，其电矢量可在局部直角坐标系中分成与入射面平行的 P 分量和与入射面垂直的 S 分量，分别用 p、s 表示其单位矢量，光波传播方向单位矢量用 k 表示。对于每一光波要求 p、s、k 组成右手正交系，如图 16.36 所示。

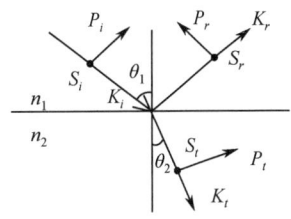

图 16.36 平面波在界面处的反射和透射

2. 全反射相变公式

由斯涅耳定律可以得到

$$\sin\theta_2 = \frac{n_1}{n_2}\sin\theta_1$$

光波由光疏介质向光密介质传播，即 $n_1 < n_2$ 时，θ_1、θ_2 将恒为实角。但当光波由光密介质向光疏介质传播，即 $n_1 > n_2$ 时，θ_2 的取值应分为两种情况：当 $\sin\theta_1 \leq (n_2/n_1)$ 时，$\sin\theta_2 \leq 1$，此时 θ_2 为实角；当 $\sin\theta_1 > (n_2/n_1)$ 时，$\sin\theta_2 > 1$，此时 θ_2 不为实角。后一种情况即为全反射。总之，全反射条件为：光从光密介质向光疏介质传播；入射角 θ_1 大于临界角 θ_c，临界角由下式给出

$$n_1 \sin\theta_c = n_2$$

令

$$n = \frac{n_1}{n_2} > 1$$

此处，n 即为光密媒质对光疏媒质的相对折射率。由光密媒质向光疏媒质传播时所发生的反射，通常称为内反射或全内反射。入射光经全内反射后，平行入射面和垂直入射面的两个分量分别受到不同的相位跃变，线偏振光经全反射后将变成椭圆偏振光。其相对相位差 $\delta = \delta_p - \delta_s$ 的表达式[75]：

$$\tan\frac{\delta}{2} = \frac{\tan\frac{\delta_p}{2} - \tan\frac{\delta_s}{2}}{1 + \tan\frac{\delta_p}{2}\tan\frac{\delta_s}{2}} = \frac{\cos\theta_1\sqrt{n^2\sin^2\theta_1 - 1}}{n\sin^2\theta_1} \qquad (16.123)$$

式（16.123）即为全内反射相变公式，也是全内反射型相位延迟器设计的理论基础：给定一个折射率 n，可求出一次全内反射所能产生的最大相位差 δ_m，n 越大，得到的相位差 δ_m 越大。

延迟量 δ 随折射率 n 和全内反射角 θ 变化的关系如图 16.37 所示。给定折射率 n，存在经过一次全反射所能产生的最大相位延迟量 δ_m，而且折射率 n 越大，最大相位延迟量 δ_m 就越大。$\delta-n$ 曲线的梯度是正的，说明反射角一定时，相位延迟量随折射率 n 的增大而增大。

3. 全反射相变型消色差相位延迟器

与复合波片形式的双折射相位延迟器件相比，全反射型消色差相位延迟器的特点是：在较宽的波长范围内具有良好的消色差性能和较大的视场角。当电矢量方向与入射面成 45°（以保证内反射的 p、s 分量振幅相等）的线偏振光在界面发生一次全内反射时，两分量产生的相位差即满足全内反射相变公式。制作此类延迟器的材料必须是各向同性和均匀的光学材料，以保证相位延迟只发生在反射表面。多次反射时，相位延迟器的总相位延迟量是每次反射所产生的相位延迟量的总和。

位相延迟量与不同折射率全内反射角的关系

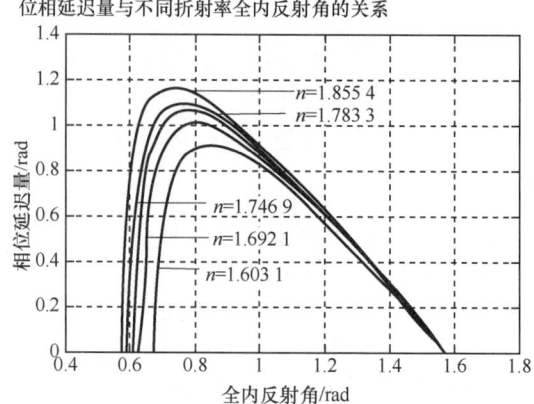

图 16.37　相位延迟量与折射率 n 和内反射示意图

1) Fresnel 菱体型消色差相位延迟器

Fresnel 菱体是最早的单元结构的消色差相位延迟器[76]，光在菱体内部发生两次全反射，每次全反射引起 45°相位延迟。传统的形式（如图 16.38 所示）用 n_D =1.51 的冕牌玻璃制成，两个入射角分别为 48°37′ 和 54°37′，满足每次反射引起 45°相位延迟。理论分析表明，选用较大的入射角消色差性能较好，故常取菱体结构角 α=54.7°，光线正入射到菱体表面，经两次全反射可产生 90°的相位延迟。

一种改进型 Fresnel 菱体相位延迟器[77]如图 16.39 所示，该器件的两个全反射角 θ_1、θ_2 不同，分别选取在 $\delta-\theta$ 曲线极值点的两侧，两次全反射产生的相位延迟的和为 90°，要使光线仍然平行出射，需要设计合适的结构角。若选 n_D'=1.510（可见光中心波长 589.3 mn 的折射率），则通过计算可知结构角应取 27.62°。所有 Fresnel 菱体的共同缺点是光束经过延迟器后会发生横向平移，不利于光路的准直和调试。

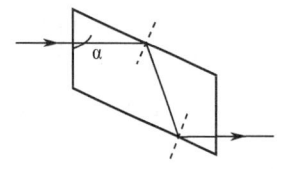
图 16.38　常规 Fresnel 菱体

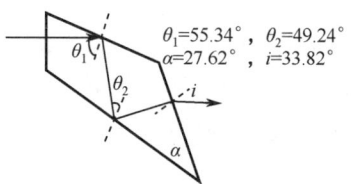
图 16.39　改进型 Fresnel 菱体

2) Mooney（穆尼）菱体型消色差相位延迟器

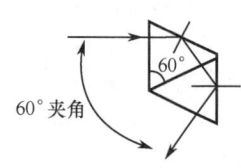
图 16.40　Mooney 菱体结构示意图

Mooney[2] 提出了图 16.40 所示的菱体型相位延迟器，它由两块重火石玻璃的正三棱镜胶合在一起组成[77]。光束正入射在第一个棱镜的端面上，再以 60°角全反射两次，最后偏向原入射方向 60°离开菱体。该菱体有与其长度成比例的最大孔径，而且当光非垂直入射时，一个内反射角增大，另一个内反射角减小，而总的延迟量基本不变，因此具有消色差性能；但由于光束偏转严重，使得难于把这类延迟器用在同轴光学系统中。

3) 消色差相位延迟器 AD-1、AD-2

消色差相位延迟器器 AD-1 由两个相同的熔石英菱体胶合而成，如图 16.41 所示[78]。光线在器件内部发生四次全内反射，光束不发生偏向或者横向平移，其反射角的变化是互补的，故相位延迟随入射角度变化不大。但是，其长度孔径比很大，近似为 17.5:1。另外，在材料内部光程较长，因此当器件受到外界应力或者温度不均匀变化时相位延迟量会由于应力双折射而引起较大的误差。

消色差相位延迟器 AD-2 由两个相同的直角梯形棱镜组合而成，如图 16.42 所示。光线在该器件内部发生三次全内反射，光束也不发生偏向或者横向平移。该器件具有比较合适的长度孔径比，可以将其设计得比较短，使材料的应力双折射所引起的延迟误差减小；但由于三次全内反射的反射角的变化无法补偿，导致相位延迟对入射角的变化非常灵敏，实际使用中必须使入射光束严格正入射器件的端面。

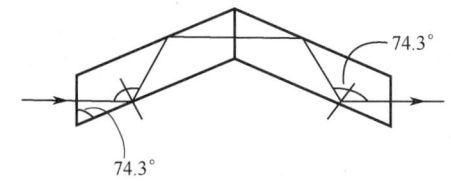
图 16.41 消色差相位延迟器 AD-1 结构示意图

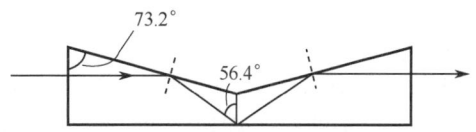
图 16.42 消色差相位延迟器 AD-2 结构示意图

4）直角棱镜复合型相位延迟器

直角棱镜复合型相位延迟器是根据相位相减原理设计的高精度消色差相位延迟器[79]，它由两组相同结构的四个直角棱镜组成，两结构体用不同的光学材料，且垂直方位放置胶合在一起，如图 16.43 所示。因为结构体成垂直位置放置，从第一结构元件出来的 p、s 分量到了第二块结构元件就变成了 s、p 分量，即两个分量相互调换。这种高折射率结构中的 s、p 分量的相位差减去低折射率结构中的 s、p 光分量的相位差，即可得到整个器件产生的相位差。选择不同的材料组合就可得到 $\lambda/4$、$\lambda/2$ 的相位延迟器。下面给出 $\lambda/4$ 延迟器的两种设计组合：

（1）结构元件 1 用 ZF6 光学玻璃，结构元件 2 用 K5 光学玻璃；

（2）结构元件 1 用 ZF3 光学玻璃，结构元件 2 用 K1 光学玻璃。

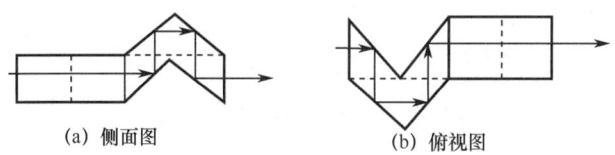
图 16.43 直角棱镜复合型相位延迟器结构示意图

理论计算表明：组合（1）在整个可见光区延迟量最大偏离约为 1.2°，组合（2）在近红外区消色差效果很好。相位相减的相位延迟器，其孔径大，反射损失小，光束准直度好，各元件可以很容易地用光学玻璃直角棱镜制作。此外，直角棱镜还可以用不同的材料、不同的组合方式复合而成，选取合适的材料与组合方式，采用单个结构体可获得 $\lambda/4$、$\lambda/2$ 的相位延迟。

用晶体 BaF_2 和光学玻璃 LaK_2 复合制作的一种 $\lambda/2$ 消色差延迟器如图 16.44 所示，它由三块等腰直角棱镜复合而成，有效地解决了光束准直问题。正入射时，四次全内反射角度均为 45°，将其代入相变公式并对其微分，得

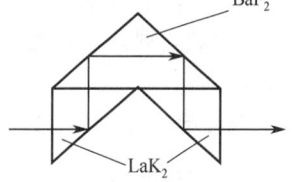
图 16.44 复合结构相位延迟器示意图

$$\left.\frac{d\delta}{d\lambda}\right|_{\theta=45°} = \frac{4\cos^2(\delta/2)dn}{n^2(n^2-2)^{1/2}d\lambda} \quad (16.124)$$

可见，波长对延迟量 δ 的影响随着 n 的增加而减小，当 $n=\sqrt{2}$ 时的影响最大，所以应尽量选择高折射率的透明材料。只用一种材料制造很难恰好得到 $\lambda/4$、$\lambda/2$ 消色差相位延迟器，因此考虑用两种

材料复合法制作。设由 LaK$_2$ 一次反射产生的相位差为 δ_1，由 BaF$_2$ 一次全反射产生的相位差为 δ_2，则器件总相位差为 $\delta_{\text{total}} = 2\delta_1 + 2\delta_2$。由计算知，在 500～650 nm 的波长范围内，总的相位延迟偏差小于 1.5%。

4. 斜入射型消色差相位延迟器

消色差相位延迟器的研究主要集中在：器件设计由传统的正入射向斜入射发展，提高改善器件的消色差性能，削弱延迟量对入射角的灵敏性。上述各种消色差相位延迟器均是光线正入射到入射端面的，其内部反射角是一个定值，不发生变化，位延迟量 δ 只是折射率 $n(\lambda)$ 的函数。20 世纪 70 年代，由 Shklayarevskii 提出一种不同的设计方案[80,81]，使光线斜入射到器件的入射端面上，其内部反射角 θ 不再是常量，而是随折射率 $n(\lambda)$ 变化。对于不同的结构，这种变化情况也不相同。

设 α 为器件结构角，t 为折射角，对于 $\theta = \alpha + t$ 的结构，见图 16.45（a），θ 随 n 增加而减小；对于 $\theta = \alpha - t$ 的结构，见图 16.45（b），θ 随 n 的增加而增加。故斜入射相位延迟器的延迟量不仅是折射率 n 的函数，还与内部反射角 θ 有关。一次全内反射产生的相位延迟量可表示为：

$$\begin{cases} \delta = 2\arctan\left[\cos\theta(n^2\sin^2\theta - 1)^{1/2}/n\sin^2\theta\right] \\ \delta = f_1(n,\theta), \theta = f_2(n), n = f_3(\lambda) \end{cases} \quad (16.125)$$

近几年斜入射型消色差相位延迟器得到进一步的完善和发展，下面对其中具有代表性的三种予以简介。

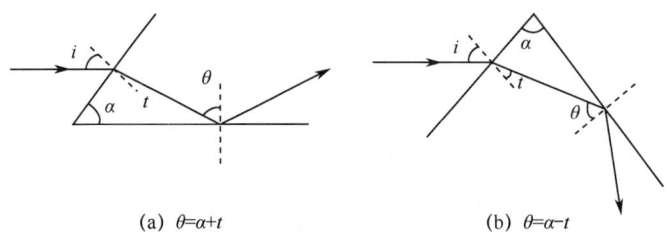

(a) $\theta = \alpha + t$ (b) $\theta = \alpha - t$

图 16.45 斜入射的两种结构形式

1）菱体型相位延迟器

菱体型相位延迟器的设计结构如图 16.46 所示，其光学材料选用 $n_d = 1.68$ 或 $n_d = 1.71$ 的光学玻璃，结构角 α 取 30°，光线入射角为 60°，器件的长径比为 3.5:1，两次全内反射产生 $\lambda/4$ 的相位延迟，光束无偏移。该器件的长径比与材料的折射率有关，随折射率 n 的增大，长径比先减小后增大。由于该器件是单元结构，能够保证制作精度；孔径长度比可以设计得较大；而且，光在界面上斜入射，反射光线离开了准直系统，减小了杂散光误差。因而，该器件具有较高的实用价值。

2）长方体型相位延迟器

长方体型相位延迟器也是 $\lambda/4$ 相位延迟器，其结构如图 16.47 所示。该器件的特点是：折射率 n 增大将引起相位延迟量 δ 增大，也引起反射角 θ 增大，而 θ 角的增大使相位延迟量 δ 减小，故该相位延迟器具有较好的消色差性能。选取材料的折射率 $n = 1.66$，入射角 $i = 56°$，计算可知，折射率 n 在 1.61～1.67 之间，θ 在 59.01°～60.24° 之间，相位延迟偏差的最大值小于 0.06°。为了取得最佳效果，器件最好用高折射率材料，一些火石玻璃将在可见光谱区能满足此要求。长方体型相位延迟器在理论上消色差性能较好；但由于入射孔径较小，出射光线横向偏移大，实际使用过程中不利于光路的准直和调试，其应用受到一定的限制。

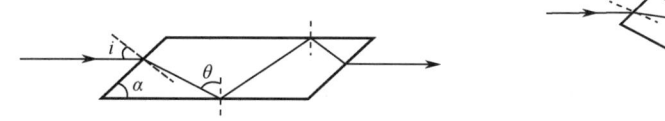

图 16.46　斜入射 Fresnel 菱体型相位延迟器的设计结构　　图 16.47　斜入射长方体型消色差相位延迟器结构

3) 梯形相位延迟器

无论是双折射型相位延迟器还是全反射型相位延迟器，造成相位延迟的主要误差来源是器件对入射角的灵敏性。在全内反射型相位延迟器中，内反射角及相应的延迟偏差都受入射光线偏离度的影响。例如，Fersnel 菱体、消色差器 AD-2 等对于入射角度的变化非常灵敏，而 AD-1 和 Mooney 菱体对入射角的变化不灵敏，这是因为两次全内反射能相互补偿。埃及作者 N. N. Nagbi 最近就设计了对入射角的变化不灵敏的相位延迟器件。其设计方法是在参考 Shklayarevskii 所尝试的斜入射的一次反射的器件基础上[82]，用折射率为 1.84 的玻璃代替 1.52 的玻璃，再选择合适的入射角，使得一次全内反射产生 45°的相位差，两个元件串联使用，可构成延迟量为 90°的相位延迟器，其结构示意图如图 16.48 所示。

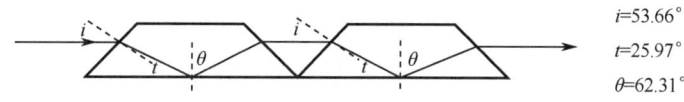

图 16.48　梯形相位延迟器结构示意图

这个二元器件的优点是：入射光线方向对第一元件的偏离正好被第二个元件补偿，故相位延迟量随入射角的变化不灵敏。计算表明，当入射角变化 3°时，延迟量的最大延迟偏差是 0.1°。与相同孔径的消色差相位延迟器 AD-1 相比，此器件长度是其 1/7，且在光学系统中易于校正光线；但缺点是此器件的消色差性能不够好，只能用于很窄的光谱范围。

16.5　偏振光学用于水下成像

光波本身是一种电磁波，光波在其垂直传播方向的平面内不同方向上振幅不同的现象，称为光的偏振[83]。若没有仪器的帮助，人眼和一般探测器是不能直接"感知"偏振的信息的。若光矢量（电场矢量）的方向在空间以一定的规律变化，其矢量的端点随时间变化也是有规律的；当光在空间形成规则的轨迹时，则称其为偏振光。光矢量与光传播方向所构成的平面称为振动面。当光的传播方向确定以后，光振动在与光传播方向垂直的平面内的振动方向仍然是不确定的。光矢量可能有各种不同的振动状态，这种振动状态通常称为光的偏振态[84]。

16.5.1　斯托克斯（Stokes）矢量法

平面电磁波是横波，电场和磁场彼此正交。可以由电矢量 E 振动取向的时空统计分布来描述光的偏振特性。偏振光的描述有琼斯（Jones）矢量法、斯托克斯（Stokes）矢量法等。

如前所述，偏振光的一般表现形式为椭圆偏振光，它需要三个独立的参量，如振幅 E_{0x}、E_{0y} 和相位差 δ（或椭圆的长、短半轴 a_x，a_y 和椭圆长轴取向角 α）。前面所讲到的 Jones 矢量法只能表示全偏振光，为了处理部分偏振光和非偏振光，引入斯托克斯（Stokes）矢量法来表示它们[1]。斯托克斯参量是可以测量的量，其量纲与光强相同，它是 Stokes 在 1982 年研究部分偏振光提出的。参照式（16.39）～式（16.42）和式（16.45）～式（16.48）可给出斯托克斯用四个量作为表示偏振态的参量：

$$\begin{cases} S_0 = \langle |E_{0x}|^2 \rangle + \langle |E_{0y}|^2 \rangle = I_0 = I_x + I_y \\ S_1 = \langle |E_{0x}|^2 \rangle - \langle |E_{0y}|^2 \rangle = I_x - I_y \\ S_2 = \langle 2E_{0x}E_{0y}\cos\delta \rangle = I_{+45°} - I_{-45°} \\ S_3 = \langle 2E_{0x}E_{0y}\sin\delta \rangle = I_r - I_l \end{cases} \quad (16.126)$$

式中,E_{0x}^2、E_{0y}^2 分别表示电场在 x 和 y 方向上的振幅,$<E>$是电场强度的时间平均值,δ 表示两个方向之间的相位差。这里设 I_0 为光波的总强度,I_x、I_y、$I_{+45°}$、$I_{-45°}$、I_r、I_l 分别表示放在光路中的可调滤色片调节后所透过的 x、y、$+45°$、$-45°$ 线偏振光以及右旋和左旋圆偏振光的光强。参照式(16.53),以式(16.126)中的四个参量作为元素构成一个四维矢量,称为斯托克斯矢量:

$$S = [S_0 \ S_1 \ S_2 \ S_3] \quad (16.127)$$

斯托克斯(Stokes)矢量可以表示包括偏振度在内的任意偏振光的状态。通过 Stokes 矢量可以定义偏振度 P 和偏振角 θ:

$$P = \frac{(S_1^2 + S_2^2 + S_3^2)^{1/2}}{I_0}, \quad \theta = \frac{1}{2}\arctan\left(\frac{S_3}{S_2}\right) \quad (16.128)$$

偏振测量系统一般都包括相位延迟器和线偏振器两种基本元件,根据不同方向光的强度值,可以求出目标表面反射光的 Stokes 矢量,从而反演出介质的表面状态和物理、化学性质,这是偏振遥感的理论基础[85]。

对于自然光,则有 $\langle |E_{ox}|^2 \rangle = \langle |E_{oy}|^2 \rangle$,由于振幅的平均值不会为零,且总为正值,而 $\cos\delta$ 和 $\sin\delta$ 的平均值为零,因此有

$$\begin{aligned} S_0 &= \langle |E_{0x}|^2 \rangle + \langle |E_{0y}|^2 \rangle \\ S_1 &= S_2 = S_3 = 0 \end{aligned} \quad (16.129)$$

如果将每个参量除以 S_0 来进行归一化,相当于采用单位强度的入射光,则归一化后式(16.129)的自然光的斯托克斯矢量可以表示为[1 0 0 0]。对于全偏振光,有

$$S_0^2 = S_1^2 + S_2^2 + S_3^2 \quad (16.130)$$

对于部分偏振光,有

$$0 < S_1^2 + S_2^2 + S_3^2 < S_0^2 \quad (16.131)$$

偏振度的定义为偏振光的能量与全部光能的比例,即

$$P = \frac{\sqrt{S_1^2 + S_2^2 + S_3^2}}{S_0}$$

另外,部分偏振光可以分解为全偏振光与自然光之和:

$$\begin{bmatrix} S_0 \\ S_1 \\ S_2 \\ S_3 \end{bmatrix} = \begin{bmatrix} \sqrt{S_1^2 + S_2^2 + S_3^2} \\ S_1 \\ S_2 \\ S_3 \end{bmatrix} + \begin{bmatrix} S_0 - \sqrt{S_1^2 + S_2^2 + S_3^2} \\ 0 \\ 0 \\ 0 \end{bmatrix} \quad (16.132)$$

将全偏振分量归一化后可写成

$$\begin{bmatrix} \sqrt{S_1^2+S_2^2+S_3^2} \\ S_1 \\ S_2 \\ S_3 \end{bmatrix} = \sqrt{S_1^2+S_2^2+S_3^2} \begin{bmatrix} 1 \\ \cos 2\beta \cos 2\theta \\ \cos 2\beta \sin 2\theta \\ \sin 2\beta \end{bmatrix} \tag{16.133}$$

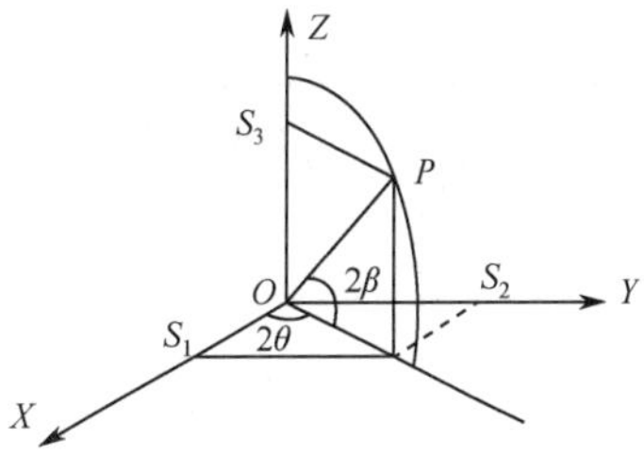

图 16.49 用斯托克斯子空间 S_1、S_2、S_3 中的点 P 表示部分偏振光

用斯托克斯子空间 S_1、S_2、S_3 中的点 P 表示部分偏振光，其斯托克斯矢量如图 16.49 所示，表示式则为

$$\begin{bmatrix} S_0 \\ S_1 \\ S_2 \\ S_3 \end{bmatrix} = \begin{bmatrix} S_0 \\ \cos 2\beta \cos 2\theta \sqrt{S_1^2+S_2^2+S_3^2} \\ \cos 2\beta \sin 2\theta \sqrt{S_1^2+S_2^2+S_3^2} \\ \sin 2\beta \sqrt{S_1^2+S_2^2+S_3^2} \end{bmatrix} = S_0 \begin{bmatrix} 1 \\ P\cos 2\beta \cos 2\theta \\ P\cos 2\beta \sin 2\theta \\ P\sin 2\beta \end{bmatrix} \tag{16.134}$$

由式（16.134）结合表 16.5，可以得到任意光的偏振态信息如下[86]：

$$\tan(2\theta) = \frac{S_2}{S_1} \text{即} \begin{array}{l} \theta = 0.5\arctan\left(\dfrac{S_2}{S_1}\right) \\ \beta = 0.5\arcsin\dfrac{S_3}{\sqrt{S_1+S_2+S_3}} \end{array} \tag{16.135}$$

式中，$\theta \in \left[-\dfrac{\pi}{2}, \dfrac{\pi}{2}\right]$ 是椭圆的方位角，表示椭圆长轴的取向；而 $\beta \in \left[-\dfrac{\pi}{2}, \dfrac{\pi}{2}\right]$ 为椭圆率角，$\tan\beta$ 表示短、长轴之比，其正负取决于偏振光的旋向。

偏振光与光学器件或介质相互作用时偏振态将发生变化，对入射偏振光的作用可理解为一种光学"变换"[12]。通常把器件或介质材料对入射光的作用等效为一个线性的"变换矩阵"，并略去非线性的影响，从而可以利用矩阵运算求解偏振态的变化。穆勒（Muller）矩阵是 4×4 的矩阵，它适用于完全偏振光、部分偏振光和自然光等。还适用于以 Stokes 矢量表示偏振光。把 Stokes 矢量和 Muller 矩阵这两者的相互作用关系为：

$$\boldsymbol{S}' = \boldsymbol{MS} \tag{16.136}$$

其中，

$$\boldsymbol{M} = \begin{bmatrix} m_{11} & m_{12} & m_{13} & m_{14} \\ m_{21} & m_{22} & m_{23} & m_{24} \\ m_{31} & m_{32} & m_{33} & m_{34} \\ m_{41} & m_{42} & m_{43} & m_{44} \end{bmatrix}$$

$\boldsymbol{S}$、$\boldsymbol{S}'$ 分别为描述入射光和出射光偏振态的 Stokes 矢量。

$\boldsymbol{M}$ 是表示入射光到出射光的变换矩阵，它的 16 个 Muller 矩阵元素决定了入射偏振光在介质中的传输，是定量求解偏振光散射问题的基础。为了解决偏振光在介质中传输问题，需确定出系统、介质的 Muller 矩阵。产生线偏振光的元件，均可称为偏振器件。表 16.5 中给出一些偏振器件的穆勒矩阵。

表 16.5 常用偏振器件的穆勒矩阵

偏振器件		穆勒矩阵
线偏振器	透光轴沿 x 轴	$\dfrac{1}{2}\begin{bmatrix} 1 & 1 & 0 & 0 \\ 1 & 1 & 0 & 0 \\ 0 & 0 & 0 & 0 \\ 0 & 0 & 0 & 0 \end{bmatrix}$
	透光轴沿 y 轴	$\dfrac{1}{2}\begin{bmatrix} 1 & -1 & 0 & 0 \\ -1 & 1 & 0 & 0 \\ 0 & 0 & 0 & 0 \\ 0 & 0 & 0 & 0 \end{bmatrix}$
	透光轴与 x 轴成 $\pm 45°$ 角	$\dfrac{1}{2}\begin{bmatrix} 1 & 0 & \pm 1 & 0 \\ 0 & 0 & 0 & 0 \\ \pm 1 & 0 & 1 & 0 \\ 0 & 0 & 0 & 0 \end{bmatrix}$
	透光轴与 x 轴成 θ 角	$\dfrac{1}{2}\begin{bmatrix} 1 & \cos 2\theta & \sin 2\theta & 0 \\ \cos 2\theta & \cos^2 2\theta & \sin 2\theta \cos 2\theta & 0 \\ \sin 2\theta & \cos 2\theta \sin 2\theta & \sin^2 2\theta & 0 \\ 0 & 0 & 0 & 0 \end{bmatrix}$
$\dfrac{1}{4}$ 波片	快轴沿 x 轴	$\begin{bmatrix} 1 & 0 & 0 & 0 \\ 0 & 1 & 0 & 0 \\ 0 & 0 & 0 & 1 \\ 0 & 0 & -1 & 0 \end{bmatrix}$
	快轴沿 y 轴	$\begin{bmatrix} 1 & 0 & 0 & 0 \\ 0 & 1 & 0 & 0 \\ 0 & 0 & 0 & -1 \\ 0 & 0 & 1 & 0 \end{bmatrix}$
	快轴与 x 轴成 $\pm 45°$ 角	$\begin{bmatrix} 1 & 0 & 0 & 0 \\ 0 & 0 & 0 & \pm 1 \\ 0 & 0 & 1 & 0 \\ 0 & \pm 1 & 0 & 0 \end{bmatrix}$
	快轴与 x 轴成 θ 角	$\begin{bmatrix} 1 & 0 & 0 & 0 \\ 0 & \cos^2 2\theta & \sin 2\theta \cos 2\theta & -\sin 2\theta \\ 0 & \cos 2\theta \sin 2\theta & \sin^2 2\theta & \cos 2\theta \\ 0 & \sin 2\theta & -\cos 2\theta & 0 \end{bmatrix}$

16.5.2 水下偏振图像采集光学系统的设计

对于水下偏振图像采集，如油田井深多在 2 000 m 以上，水温 120℃左右，普通透镜经平行平板玻璃密封防水后，由于光线在水和空气界面的折射，通过平面窗观察水下物体，折射将会引起聚焦误差、视角误差、畸变和色差，经常会带来像质恶化、视场损失等影响。而且，密封使用的防水窗与透镜第一面之间有一定厚度的空气层，使得透镜后成像面处在原设计位置约有数毫米的前后移动。在这个范围内存在一个最佳成像位置。对定焦镜头，调节像面很难提高像质。考虑到井下油水混合物的折射率对光学成像质量的影响，对光的散射与吸收，以及成像镜头与光学窗口的配合等问题，需要一种适于套管井水下使用的焦距可调式水下鹰眼光学系统。由于井下混浊介质的吸收和散射导致图像模糊不清，井下电视的应用受到一定制约。研究证明，水下偏振光成像对去除粒子散射作用，提高成像清晰度和成像距离都有很好的成效[87]。已有研究证明，偏振光成像可以更好地反映目标物的表面信息，所采集的图像信息也能包含更多的细节信息。

斯托克斯图像采集的实验方案,利用 CCD 探测器以及所需的偏振器件获取所需的偏振图像,而后借助 Matlab 软件平台得到斯托克斯图像,经过图像处理过程,根据图像所反映的信息量,结合有关图像指标来加以评价[88]。

1. 光学系统的单色像差和色差的谱线选择

由于光线在水介质中传播时,不仅有吸收和散射,而且水体的折射率和色散等参数还受到水中固体悬浮物、油滴、水温和水压的影响[89]。水体对光的散射包括前向散射和后向散射。光前向散射会减小成像系统的作用距离;后向散射则会降低成像的对比度,使像面变得模糊不清[90]。水下不同深度的光照度可用下面的公式来进行估算:

$$I = -I_0 e^{-k(\lambda)Z} \tag{16.137}$$

式中,Z 为水下深度;I 为水下 Z 深度处的光照度;I_0 为海面的光照度;$k(\lambda)$ 为水衰减系数,它随波长 λ 变化。

研究表明:纯净的海水对蓝绿光具有较高的透过率,而水对光能的吸收也足以使光强每米衰减 4%。水体对其他波段的光线衰减更剧烈。例如对于普通白光,其光亮度在水中传播 1 m 时变为原来的 10%,传播 2 m 时变为原来的 1%,传播 3 m 时为原来的 0.1%[89],故在井下成像时必须借助水下辅助照明。现阶段大功率蓝绿光源还远没有成熟,通常以大功率白光光源作为水体照明工具。由于 e 光处于"蓝绿"光谱范围之内,水下一般采用 e 光消单色像差,根据镜头的使用环境、深度、照明并结合水对光的传播特性进行色差校正[90],例如对光学系统在 480~600 nm 波段内进行消色差设计。

2. 水下微光摄影物镜的光学参数

水下微光摄影物镜光学参数主要有:相对孔径 D/f',视场角 2ω 和焦距 f'。由于水下光能衰减严重,必须保证目标及像面有较高照度才能得到较好成像效果[90]。由鲁西莫夫提出的像面照度 E_i 为:

$$E_i = \frac{\pi B}{4}\left[\frac{D}{f'}\right]^2 \frac{T}{n_\omega^2} \tag{16.138}$$

式中:B 为未衰减的光照度,n_ω 为水的折射率,T 为水路径衰减系数。当 B、n_ω、T 一定时,像面照度与相对孔径 D/f' 的平方成正比。为适应水下弱光摄影,光学系统的相对孔径应尽可能大些,这就为球差及彗差的校正带来较大的难度。考虑到工程需要,在设计时 D/f' 取 1/1.6。

假设镜头物方最短成像距离为 L,在该距离上要看清物高为 $2H$ 的目标,接收器件对角线长为 $2\eta'$,则水下物方视场角为:

$$2\omega = 2\arctan(H/L) \tag{16.139}$$

像高为

$$\eta' = -(\tan\omega)f' n_\omega \tag{16.140}$$

由此可得物镜像方焦距为:

$$f' = -\frac{\eta'}{n_\omega \tan\omega} \tag{16.141}$$

设计中,视场角取为 15°,有效焦距取为 20 mm。

3. 防水窗的设计

防水窗关系到成像物镜的防水密封性,对光学系统的成像质量也有较大影响。常用的防水窗有两种:平板型和同心圆顶型。平板型防水窗在光学设计时被视为一个平行平板,光焦度为零,只有恒定的正球差等像差,容易进行像差补偿,因而对光学系统的成像影响较小,易于安装和固定；但其缺点为承受静压力不如同心圆顶型。同心圆顶型防水窗的加工精度要求高，装配精度要求较高，球壳产生的微小变形将对光学系统的成像质量造成较大影响。

平板型防水窗可采用石英玻璃。要求材料具有优良的光谱特性和化学稳定性，抗压强度高，耐酸性能好，比重小，膨胀系数低，是目前比较理想的水下密封玻璃材料。考虑到水压，石英玻璃厚度不宜太薄，亦不能太厚，避免防水窗不利于弱光摄影，其厚度计算如下：

$$\sigma = \frac{1.24qba^2}{t^2} \tag{16.142}$$

式中，σ 为石英玻璃许用拉应力，t 为玻璃厚度。当拉应力为 98 MPa 时，厚度约为 17 mm。设计时取为 10 mm。

4．设计要求及设计流程

水下变焦光子系统设计要求如下。
- 光源范围：486～656 nm；
- CCD 规格：1/2 英寸；
- CCD 像素尺寸：3.2μm×3.2μm；
- 畸变：<5%。

采用缩放法，得到该光学系统的初始结构为四组变焦光学结构[91]，如表 16.6 所示。用 ZEMAX 光学设计软件，进行像差校正和结构设计，得到系统的 2D 结构如图 16.50 所示。

表 16.6　镜头结构数据表

序号	r	d	玻璃	D 通光
1	∞	∞	—	∞
2	∞	10.000	BK7	50.00
3	∞	5.000	—	37.02
4	198.372 458	4.918	SF6	50.70
5	72.419 145	23.359	LaK9	57.50
6	−276.867 135	0.500	—	47.50
7	73.431 628	9.830	LaK9	42.00
8	177.280 276	5.093	—	41.00
9	2 334.535 007	2.951	LaFN28	16.00
10	28.243 086	8.308	—	14.00
11	−34.703 746	1.386	LaK9	14.00
12	30.543 580	5.435	SF57	15.00
Stop	5.449 45 7E+004	52.060		15.0
14	30.204 795	3.093	—	11.81
15	131.138 943	16.761	BK7	23.40
16	−34.556 554	3.604	SF8	23.40
17	−55.911 385	16.451	—	24.80
18	111.842 407	5.463	LaF2	23.50
19	−264.967 672	4.332	—	24.80
20	−66.258 825	−2.156	SF57	26.20
21	−472.856 744	0.500	—	26.20
22	47.833 753	7.685	LaK9	19.00

（续表）

序号	r	d	玻璃	D通光
23	210.665 877	26.081	—	18.00
24	79.699 082	3.903	SF6	19.00
25	27.249 900	6.426	—	19.00
26	209.098 769	5.909	BK7	19.00
27	−52.703 110	0.500	—	19.00
28	26.960 674	9.091	KaK10	19.00
29	182.747 743	19.974	—	19.00
30	∞	—	—	7.39

水下变焦镜头的评价如图 16.51 所示。从图 16.51 可见：该镜头具有一定的色差，考虑到光在水中传播的窗口效应，当光在水中传播一段距离后主要以蓝光波段为主，此时系统只有单色像差，所以这种结果是可以接受的。

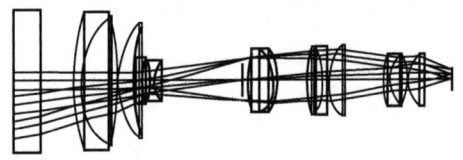

图 16.50　水下变焦镜头结构图

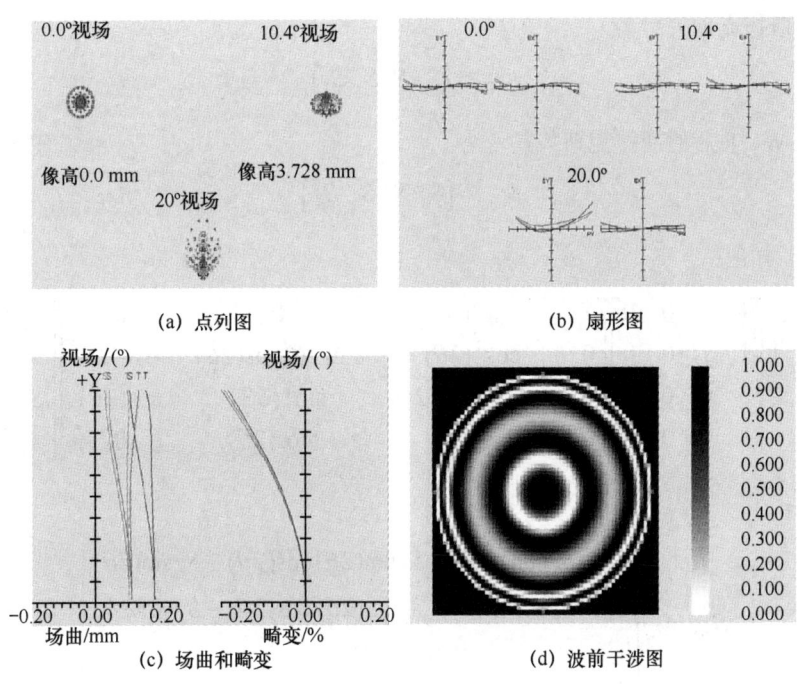

(a) 点列图　　(b) 扇形图

(c) 场曲和畸变　　(d) 波前干涉图

图 16.51　水下变焦镜头评价

16.5.3　斯托克斯图像的测量方案

1. 偏振度图像的采集方案

一束光以一定角度入射到被测物体表面，其反射光的斯托克斯矢量为 $\boldsymbol{S}_{\text{out}}$，与入射光的斯托克斯矢量 $\boldsymbol{S}_{\text{in}}$ 满足式（16.136）的关系，即

$$\boldsymbol{S}_{\text{out}} = \boldsymbol{M}\boldsymbol{S}_{\text{in}} \tag{16.143}$$

式中，M 为穆勒矩阵。式（16.143）反映了该物质的偏振特性，反射光的斯托克斯矢量包含了物体的信息。自然光入射到物体的表面，其反射光可以看成是部分偏振光。水下偏振度图像的获取方法[92]：在白光光源照射下，调整偏振片 P 和波片 W，采集 I_x、I_y、$I_{+45°}$、$I_{-45°}$、I_r、I_l 偏振图片，再根据式（16.126）得到探测物的斯托克斯图像，从而获取偏振度和偏振角图像。

参照表 16.5，可得到三个穆勒矩阵。其中方位角为 θ 的 $\lambda/4$ 石英波片 W 的穆勒矩阵为

$$\begin{bmatrix} 1 & 0 & 0 & 0 \\ 0 & \cos^2(2\theta) & \sin(2\theta)\cos(2\theta) & -\sin(2\theta) \\ 0 & \sin(2\theta)\cos(2\theta) & \sin^2(2\theta) & \cos(2\theta) \\ 0 & \sin(2\theta) & -\cos(2\theta) & 0 \end{bmatrix} \tag{16.144}$$

当检偏器 P 的振动方向取水平方向时，它的穆勒矩阵为

$$\frac{1}{2}\begin{bmatrix} 1 & 1 & 0 & 0 \\ 1 & 1 & 0 & 0 \\ 0 & 0 & 0 & 0 \\ 0 & 0 & 0 & 0 \end{bmatrix}$$

设待测光束的斯托克斯矢量为

$$\boldsymbol{S}_{\text{in}} = \begin{bmatrix} S_0 & S_1 & S_2 & S_3 \end{bmatrix}_{\text{T}}$$

待测光束经过 W、P 后的斯托克斯矢量变为

$$\boldsymbol{S}_{\text{out}} = \begin{bmatrix} S_0' & S_1' & S_2' & S_3' \end{bmatrix}_{\text{T}}$$

由式（16.143）知：

$$\boldsymbol{S}_{\text{out}} = \begin{bmatrix} S_0' \\ S_1' \\ S_2' \\ S_3' \end{bmatrix} = \frac{1}{2}\begin{bmatrix} 1 & 1 & 0 & 0 \\ 1 & 1 & 0 & 0 \\ 0 & 0 & 0 & 0 \\ 0 & 0 & 0 & 0 \end{bmatrix} \begin{bmatrix} 1 & 0 & 0 & 0 \\ 0 & \cos^2(2\theta) & \sin(2\theta)\cos(2\theta) & -\sin(2\theta) \\ 0 & \sin(2\theta)\cos(2\theta) & \sin^2(2\theta) & \cos(2\theta) \\ 0 & \sin(2\theta) & -\cos(2\theta) & 0 \end{bmatrix} \begin{bmatrix} S_0 \\ S_1 \\ S_2 \\ S_3 \end{bmatrix} \tag{16.145}$$

经计算，可得：

$$\boldsymbol{S}_{\text{out}} = \frac{1}{2}\begin{bmatrix} S_0 + S_1\cos^2(2\theta) + S_2\sin(2\theta)\cos(2\theta) - S_3\sin(2\theta) \\ S_0 + S_1\cos^2(2\theta) + S_2\sin(2\theta)\cos(2\theta) - S_3\sin(2\theta) \\ 0 \\ 0 \end{bmatrix} \tag{16.146}$$

斯托克斯矢量的第一行表示光波总强度：

$$I_\theta = \frac{1}{2}\left[S_0 + S_1\cos^2(2\theta) + S_2\sin(2\theta)\cos(2\theta) - S_3\sin(2\theta) \right] \tag{16.147}$$

CCD 所拍摄的图像是由许多个像点构成的，每个像点的灰度与光强成正比。物体的偏振特性是与其材料、表面粗糙度、几何形状及内部机理等密切相关的物理量。实际测量时，转动波片 W 四次获得四个 I_θ 值，即得到一个关于 S_0、S_1、S_2、S_3 的四元一次线性方程组：

$$I_{\theta_i} = \frac{1}{2}\left[S_0 + S_1\cos^2(2\theta_i) + S_2\sin(2\theta_i)\cos(2\theta_i) - S_3\sin(2\theta_i)\right], \quad i=1,2,3,4 \quad (16.148)$$

该方程组对应的系数行列式为

$$\begin{vmatrix} 1 & \cos^2(2\theta_1) & \sin(2\theta_1)\cos(2\theta_1) & \sin^2(2\theta_1) \\ 1 & \cos^2(2\theta_2) & \sin(2\theta_2)\cos(2\theta_2) & \sin^2(2\theta_2) \\ 1 & \cos^2(2\theta_3) & \sin(2\theta_3)\cos(2\theta_3) & \sin^2(2\theta_3) \\ 1 & \cos^2(2\theta_4) & \sin(2\theta_4)\cos(2\theta_4) & \sin^2(2\theta_4) \end{vmatrix} = \det A \quad (16.149)$$

该行列式的值为

$$\det A = \frac{1}{2}\left[\sin(4\theta_3) - \sin(4\theta_1)\right]\left[\sin(2\theta_4) - \sin(2\theta_2)\right]\left[1 + \sin(2\theta_2)\sin(2\theta_4)\right] - \\ \left[\sin(4\theta_2) - \sin(4\theta_4)\right]\left[\sin(2\theta_1) - \sin(2\theta_3)\right]\left[1 + \sin(2\theta_1)\sin(2\theta_3)\right] \quad (16.150)$$

为了使上述四元一次方程有解，行列式的值需满足 $\det A \neq 0$，即除了必须取不同的 θ_1、θ_2、θ_3、θ_4 外，还需使 $\sin(2\theta_2)\sin(2\theta_4)$ 和 $\sin(2\theta_1)\sin(2\theta_3)$ 不能同时为 -1。为了便于处理，取 θ_i 分别为 $0°$、$30°$、$45°$、$60°$，则相应的系数行列式为

$$\begin{vmatrix} 1 & 1 & 0 & 0 \\ 1 & 1/4 & \sqrt{3}/4 & -\sqrt{3}/2 \\ 1 & 0 & 0 & -1 \\ 1 & 1/4 & -\sqrt{3}/4 & -\sqrt{3}/2 \end{vmatrix}$$

此时用矩阵表示式（16.143）所组成的方程组为

$$\begin{vmatrix} 1 & 1 & 0 & 0 \\ 1 & 1/4 & \sqrt{3}/4 & -\sqrt{3}/2 \\ 1 & 0 & 0 & -1 \\ 1 & 1/4 & -\sqrt{3}/4 & -\sqrt{3}/2 \end{vmatrix} \begin{vmatrix} S_0 \\ S_1 \\ S_2 \\ S_3 \end{vmatrix} = \begin{vmatrix} I_1 \\ I_2 \\ I_3 \\ I_4 \end{vmatrix}$$

最后整理得到

$$\begin{cases} S_0 = \left(-I_1 + 2I_2 - 2\sqrt{3}I_3 + 2I_4\right)/\left(3 - 2\sqrt{3}\right) \\ S_1 = \left[\left(4 - 2\sqrt{3}\right)I_1 - 2I_2 + 2\sqrt{3}I_3 - 2I_4\right]/\left(3 - 2\sqrt{3}\right) \\ S_2 = 2\sqrt{3}\left(I_2 - I_4\right)/3 \\ S_3 = \left(-I_1 + 2I_2 - 3I_3 + 2I_4\right)/\left(3 - 2\sqrt{3}\right) \end{cases} \quad (16.151)$$

式中，I_1、I_2、I_3、I_4 为 θ_i 分别为 $0°$、$30°$、$45°$、$60°$ 所采集图像的光强度。由此得到探测物表面反射光的斯托克斯图像，从而可以分析探测物的偏振特性。在图像采集实验中表现为不同线偏振光照射下所采集的图像。

2. 实验方案

图像采集实验方案设计如下：目标物反射光的偏振特性和白色背景的偏振特性反射光不能分离，因而不能表现出图像的细节信息和边缘信息。实验表明：在该线偏振光照射下，光在传

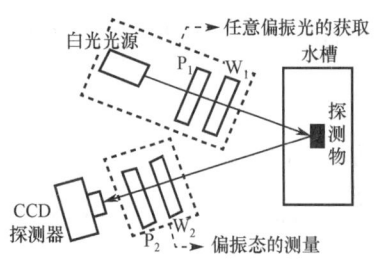

图 16.52 偏振态测量原理示意图

播过程中受到强散射干扰，偏振特性不突出。在偏振光照射条件下，得到的偏振度和偏振角图像可以更好地说明探测物的偏振特性。

在图 16.52 所示系统中可获取任意偏振光部分，调整出水平、垂直、45°和右旋偏振光，并在这些光照条件下，以五角硬币为探测目标分别采集水平方向共 16 幅图片：H0°、H30°、H45°、H60°；垂直方向：V0°、V30°、V45°、V60°；45°偏振方向：P0°、P30°、P45°、P60°；右旋方向：R0°、R30°、R45°、R60°。图 16.53 至图 16.56 所示为所采集的图像以及相应的偏振度图像和偏振角图像。

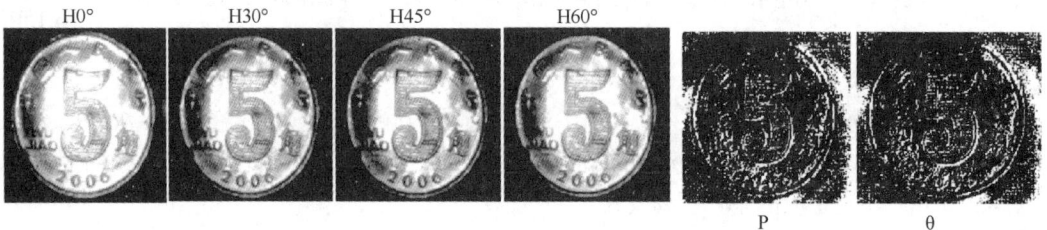

图 16.53 水平偏振光照条件下的偏振度和偏振角图像

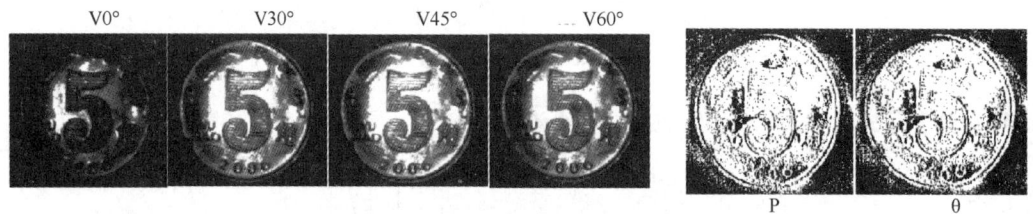

图 16.54 垂直偏振光照条件下的偏振度和偏振角图像

图 16.55 45°线偏振光照条件下的偏振度和偏振角图像

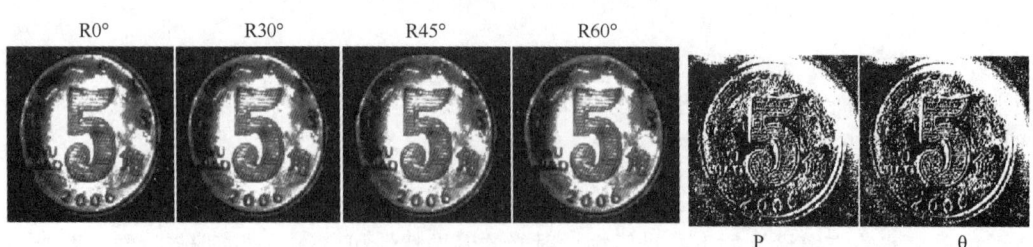

图 16.56 右旋偏振光照条件下的偏振度和偏振角图像

16.6 椭圆偏振薄膜测厚技术

16.6.1 薄膜测量方法概述

纳米量级的薄膜在微电子、材料工程、光学仪器、国防科技等学科领域获得广泛的应用[93]。

为了获得各种功能的纳米薄膜,已采用了真空蒸发法、溅射沉积、分子与原子束外延等诸多制备方法和工艺。因此,研究精度高,可以实时、在线监控薄膜生长过程的方法,具有极大的应用价值和市场潜力。

薄膜的光学参数(膜厚、折射率和吸收系数等)对产品的性能有直接的影响,如光学元件表面膜系影响其透射率、反射率和偏振等特性。在大规模集成电路生产工艺中,各种膜层(如 SiO_2、Si_3N_4、正胶、反胶、聚酰亚胺等)的厚度是重要的工艺参数。随着集成电路光刻工艺向极限参数发展,对膜厚的测量也提出了更高的要求。

薄膜的测量方法很多,主要有以下几种。

(1)机械法:机械探针法、光学机械法等;

(2)电学法:电阻法、电容敏感法,扫描隧道显微镜等;

(3)光学法[94]:双光束干涉测量法[95]、反射光谱法[96]、外差干涉测量法[97]、光度测量法[98]、移相干涉测量法[99]、透射光谱法[100]、椭偏法[101]。

获得广泛应用的探针式膜厚测量仪,因其属于破坏性接触式测量且测量速度慢而逐渐退出使用;其他机械与电学测量方法,基本上是接触式测量,存在测量范围窄、通用性差、需要对测试样品做特殊处理等不足,不能达到实时、在线测量的要求。光学法测量薄膜具有速度快、精度高、非接触无损探测的优点[94],因而逐步成为主流的薄膜检测手段。光度测量法是通过测量反射或者透射光强,从而获得薄膜的透射率、膜侧入射光和基片侧入射光的总反射率,进而计算出薄膜的复折射率*和厚度。该方法简单易行,但需要测量绝对光强,限制了系统测量精度的提高。

双光束干涉法[95]是利用空气-薄膜、薄膜-基座两界面的反射光所形成的干涉条纹来测量膜厚,改变波长或入射角,观察极值条纹的移动,可计算出薄膜厚度。入射光不要求是偏振光,当极薄膜厚度小于 $\lambda/4$ 时,该测量法将不再适用,只能采用相对反射率法测量。此类测量仪器已较成熟,主要见表 16.7[102]。双光束干涉法缺点明显:一次测量不能同时测出薄膜的厚度和折射率;测量极薄膜困难,当膜厚低于 $\lambda/4$ 时,精度不可靠;不能测量多层膜。与以上测量技术相比,椭圆偏振法(简称椭偏法、椭偏术)利用光的偏振特性来测量薄膜厚度和材料性质,因而具有明显优势,逐步成为纳米级薄膜测量的主流方法[103]。

表 16.7 双光束干涉膜厚测量仪

特性指标	美国 Nanomettoics	德国 LeiTZ	日本 TFM—120	日本	中国:清华、电子部 12 所
膜厚范围/nm	10~4000	10~15 000	20~4 000	10~20 000	10~4 000
层数	单	单、双	单、双	单、双	单、双
测量精度/nm	$d<50\pm2$ $d>50\pm2\%$ ~5%	$d<80\pm2$ $d>80\pm2\%$ ~5%	$\pm2\%$~5%	$\pm2\%$	$d<80\pm2$ $d>80\pm2\%$ ~5%

---

* 吸收介质的折射率也要用复折射率 $n(\omega) = n(\omega) + i\kappa(\omega)$ 来描述,其中复折射率的实部 $n(\omega)$ 就是通常测定的折射率,虚部 $\kappa(\omega)$ 与介质的吸收有关,称为消光系数. 樊洁平,刘惠民,田强. 光吸收介质的吸收系数与介电函数虚部的关系. 大学物理, Vol. 28, No. 3(Mar. 2009):24-25。

（续表）

特性指标	美国 Nanomettoics	德国 LeiTZ	日本 TFM—120	日本	中国：清华、电子部12所
测量时间/s	11	6~20	20	2	10~30
测量膜种类	11种	30种	多种	17种	11种
微区测量	有	无	无	无	有
分光元件	单色仪	单色仪	单色仪	全息凹面光栅	全息凹面光栅
探测器	光电倍增管	光电倍增管	光电倍增管	一维CCD	一维CCD
光谱范围/nm	400~800	400~800	400~800	可见光	500~900

16.6.2 椭偏测量技术的特点和原理

椭偏术是一种通过测量和比较入射光经被测样品反射（或透射、散射）之后偏振状态的变化来研究被测物性质的测量技术。

1945年，A. Rothens设计了椭圆偏振测量仪，并将它命名为"椭偏术（bllipsometry）"。早期的椭偏仪大多采用结构简单的消光式系统设计原理[108]。在20世纪70年代以前，科学实验和工业生产大都使用这种类型的椭偏仪；但这种方法需要使用一个1/4波片，它只对某一波长有效，不能研究材料的光谱性质。为了克服这个缺点，人们改进了系统设计，去掉了1/4波片，采用光度法椭偏测量[109]；但直到20世纪80年代，随着计算机科技的快速发展，才真正获得实用化。

1969年，Cahan和Spanier报道了自动旋转检偏器式椭偏光谱仪[110]。70年代中，美国贝尔实验室的Aspnes利用光栅单色仪产生可变波长[107]，测量了不同波长下固体材料的光学特性，由此展开了现代椭偏光谱（spectro-scopic ellipsometry，SE）测量技术。

国内的椭偏术研究最早开始于20世纪70年代初，已有国产的多功能椭偏测厚仪[111]。该系统采用消光法反射式系统结构，入射角可变。根据所测得的椭偏参数值，可通过查表得到样品的光学常数。其主要性能指标如下[112,113]：

- 测厚准确度：±0.1nm（薄膜厚度小于10 nm），±0.5 nm（薄膜厚度在10~100 nm之间）；
- 重复性精度：偏振器的方位角ψ为±0.1°，相位差Δ为±0.3°[107]。

与其他薄膜测量方法相比，椭偏术具有以下特点：

（1）高精度。椭偏术通过测量p光和s光反射系数的相对比值来获取薄膜信息，它本质上是多光束合成，其分辨率高，比直接测量反射率精确。目前，已有厚度测量不确定度在±0.1 nm以内，折射率测量精度达小数点后第四位的产品化激光自动椭偏仪[104,105]。我国实验室用的椭偏仪也达到类似精度[106]。

（2）高灵敏度。椭偏术可以测量极薄膜椭偏参数中的Δ（相位信息），对膜厚变化灵敏，当偏振光入射进入样品深度在100~1 000 nm量级，在波长λ的范围内，偏振光每深入0.1 nm，相应产生的相位变化约为0.01°~0.1°，此相位变化完全可由椭偏仪精确测出，因此灵敏度可达亚纳米量级[107]。可以测量极薄膜（甚至单层原子、分子形成的膜）是椭偏术最大的优势之一。当厚度小于50 nm时，很多薄膜测量方法已不适用，而椭偏仪的测量效果仍然很好[108]。

（3）同时获得多个光学参数，即一次测量获得相关椭偏参数，可以求得膜厚和折射率。

（4）非接触测量，因而不破坏被测薄膜样品，配合快速数据处理和反演算法，椭偏仪可用于在线、连续测量。

（5）适用性强，适用范围广，可测量吸收膜、各向异性膜和多层膜。样品尺寸不限，可微区测量，其状态可为固、液、气相，块状或薄膜型均可。测量的环境可以在真空、空气、有害的环境中或在电场、磁场以及其他电子检测手段难于使用的环境下应用。

椭偏测量基本原理：图 16.57 所示的环境媒质-薄膜-基片三元被测系统，各向同性、均匀且边界无限，折射率分别为 n_0、n_1 和 n_2，薄膜厚度为 d。透射式和反射式椭偏测量基本方程如式（16.152）所示[108]，其中 ρ_T、ρ_R 是复透射率和复反射率的比值，r、t 分别是 p、s 分量在相应分界面上的菲涅耳反射系数和透射系数，λ 为光波长。

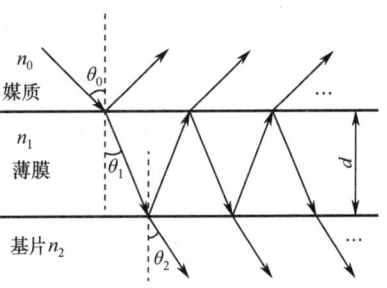

图 16.57　薄膜的反射和透射

$$\rho_T = \frac{T_p}{T_s} = |\rho_T| e^{j\Delta} = \left(\frac{t_{01p}}{t_{01s}}\right)\left(\frac{t_{12p}}{t_{12s}}\right) \times \frac{1 + r_{01s} r_{12s} X}{1 + r_{01p} r_{12p} X}$$

$$\rho_R = \frac{R_p}{R_s} = |\rho_R| e^{j\Delta} = \frac{r_{01p} + r_{12p} X}{r_{01s} + r_{12s} X} \times \frac{1 + r_{01s} r_{12s} X}{1 + r_{01p} r_{12p} X} \quad (16.152)$$

$$X = \exp\left(-j d \frac{4\pi}{\lambda} \sqrt{n_1^2 - n_0^2 \sin^2 \theta_0}\right)$$

p、s 分量的幅值比 $|\rho|$（或 $\tan\psi$）和相位差 Δ 称为椭偏参数。设入射光中 p、s 分量同相且幅值相等，则通过实验测出透射和反射光中 p、s 分量的幅值比 ρ 和相位差 Δ，即可得椭偏参数，根据一定的薄膜物理模型和式（16.152）编写数值反演算法，求解出薄膜厚度和折射率。不同的椭偏仪类型采用不同的椭偏参数测量方法。

16.6.3　椭偏测量系统类型

目前椭偏测量系统主要有两种类型：消光式和光度式。

1. 消光式椭偏仪（null ellipsometer）

最早获得广泛应用的消光式椭偏仪（又称 PCSA，即 polarizer–compensator–sample–analyzer），其结构如图 16.58 所示[108]。光源 L 发出的光经起偏器 P 后变成线偏振光，经 1/4 波片 Q 变成椭圆偏振光，再经薄膜样品反射，偏振特性进一步被调制。旋转起偏器 P 使反射光为线偏振光，然后旋转检偏器 A 达到完全消光。当调整 P 和 A 满足消光条件时，从 P 的方位角可得 Δ；设入射 p、s 分量振幅相等，则 A 的方位角是 ψ 或者 $\pi-\psi$。其中 $\tan\psi$ 就是式（16.152）中的$|\rho|$，因此得到椭偏参数值，从而计算出薄膜参数。椭偏参数角 Δ 和 ψ 的测量精度决定了系统的最终精度，几何角度的测量易于实现，所以消光式椭偏仪测量精度可以很高。目前，Δ 和 ψ 的重复性精度已经分别达到 0.02°和 0.01°[111]，由此膜厚和折射率的重复性精度分别达到 0.1 nm 和 10^{-4}。

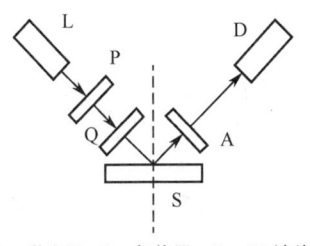

L—激光源　P—起偏器　Q—$\lambda/4$ 波片
A—检偏器　D—光电探测器

图 16.58　消光式椭偏仪结构

消光式椭偏仪尽管技术很成熟，但存在以下缺点：操作过程复杂，有很多机械转动部分，调整困难，要求操作者有一定的经验；测量速度慢，自动化程度低，难以用作实时测量；1/4 波片只对一个波长有效，难以实现较宽光谱范围内的固定相位延迟。因此，在此基础上出现了一些利用伺服系统自动寻找消光角的改进型设计[106,111]。HST-1 型消光式椭偏仪的主要性能指标如表 16.8 所示[114]。

表 16.8 HST-1 型消光式椭偏仪主要性能指标

指标名称	性能指标	指标名称	性能指标
光源	632.8nm 的 He-Ne 激光或 635nm、532nm 半导体激光器	光源	632.8nm 的 He-Ne 激光或 635nm、532nm 半导体激光器
薄膜测量范围/nm	1~300（70°入射角，1 个周期）	入射角范围	30°~90°
膜厚测量精度/nm	±0.1	入射角分辨率	1′
折射率测量范围	1.0012~5.00	起偏角 P 和 A 的读取分辨力	0.05°，范围 0~180°
折射率测量精度	±0.001	测量时间	0.8~2 分钟/次
椭偏参数测量精度	±0.02°		

2. 光度式椭偏仪（photometric ellipsometer）

为了改进消光式椭偏仪的缺点，在图 16.58 所示结构的基础上，实现了自动光度式椭偏仪设计。这类椭偏仪通常有以下结构方案：

- 旋转检偏器型——RAE（rotating polarizer ellipsometer）[115]；
- 同时旋转起偏器和检偏器型——RPA（rotating polarizer analyzer）[108]；
- 偏振调制型椭偏仪——PME（polarization modulation ellipsometer）[116]；
- 散射式椭偏仪[117]。

其中 RAE 式光度椭偏仪的光学系统如图 16.59 所示。光源发出的光经起偏器 P 后变成一定方向的线偏振光，经样品反射后变成椭圆偏振光，该椭圆偏振光经检偏器 A 后由光电探测器接收。

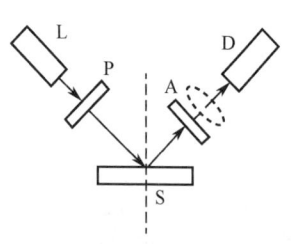

L—激光器 P—起偏器
A—检偏器 D—光电探测器
图 16.59 光度式椭偏仪

测量时把起偏器 P 固定在某一角度（一般选取 45°），然后旋转检偏器 A，测得接收到的光强 I 的变化与检偏器 A 方位角之间的关系，经傅里叶分析可求得椭偏参数 ψ 和 Δ [108]。

RAE 型椭偏仪精度高，测量速度较快，计算机控制的测量过程自动化程度高；但常会受环境光的影响，要求在暗室工作，或者采用光源调制和锁相放大器解决这一问题。

RPA 型椭偏仪不受光电流中直流分量的影响，同时可以自动定标，但旋转起偏器会导致入射光斑在样品表面移动，同时机械转动部件多，相应地也引入了较大的定位误差[118]。

PME 型椭偏仪是把图 16.58 中的补偿器（1/4 波片）换成相位调制器，如声光晶体和光电调制器，将光束的偏振态按一定的方式和频率加以调制，得到随时间变化的光强信号谐变分量，比较不同偏振态的谐变信号就可以得到椭偏参数。这种椭偏仪所有的光学元件保持静止状态，没有机械运动，可以高速测量。但由于调制器本身的不稳定性和光路偏振态对环境参数变化很敏感，因而仪器的稳定性较差。

散射式椭偏仪的原理是：当光波穿过存在散射中心而其折射率具有空间不均匀性的媒质时，便发生散射。散射式椭偏仪常用于集成电路晶片的测试，根据所获得的散射图谱来检测芯片刻蚀缺陷[117]。

3. 椭偏仪示例

经过近一个世纪的发展，椭偏仪已经产品化和小型化，有多种型号可供选择。目前，消光式椭偏仪仅有少量的实验室应用，而自动光度式椭偏仪占据主导地位。典型的椭偏仪产品有美国 J. A. Woollam 公司的 VASE 系列[104, 105]、法国 Jobin-Yvon 公司的 UVISEL 系列[116]，SOPRA 公司的

GES5 也有相应型号椭偏仪研制成功。

1) VASE 系列和 M-44/M-88 系列椭偏仪

美国 Woollam 公司产品主要有两类：VASE 和 M-44/M-88。VASE（变角度光谱椭偏仪，variable angle spectroscopic ellipsometer）是一种 RAE 型椭偏仪，其系统结构框图如图 16.60 所示[104, 105]，其主要特点是：在单色仪输出端设置斩波器，以实现同步探测，抑制环境光的影响，不需要在暗室工作；采用硅和 InGaAs 探测器，光谱响应范围为 185~1 100 nm 和 800~1 700 nm；检偏器由步进电机驱动，计算机控制整个测量过程，数据采样和处理完全自动化。

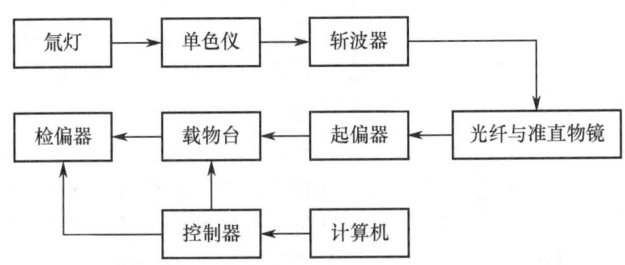

图 16.60　VASE 系列椭偏仪系统结构框图

VASE 系列产品的主要性能指标[120]如下：
- 光谱范围：190~1700 nm；
- 入射角范围：20°~90°；
- 入射角精度：0.01°；
- 椭偏角重复性：Ψ~±0.015°，Δ~±0.08°（与测量条件有关）；
- 椭偏参数精度：$\tan\Psi$~0.01° Δ~±0.2°；
- 膜厚和折射率测量不确定度分别达到 0.05 nm 和 10^{-4}（与测量条件有关）；
- 测量速度：每个波长 1~2 s。

M-44/M-88 型椭偏仪属于多波长旋转检偏器型椭偏仪，但是在起偏器前没有单色仪，偏振光从样品表面反射，通过旋转检偏器，经过光纤到达光电探测器上，它是 44 个或者 88 个波长同时测量。这种仪器最初用于在线检测，数据采集速度快，但也可以作为固定入射角的实验室用光谱椭偏仪。图 16.61 所示为该系列椭偏仪的典型系统结构。其主要性能指标如下：
- 最快数据采集时间为 40 ms，一般测量时间为 0.5~2.0 s；
- 椭偏参数角 $\Delta\Psi$、Ψ 的测量不确定度为 0.08° 和 0.015°（与具体测量条件有关）；
- 光束发散角为 0.05°，光束直径为 1~8 mm。

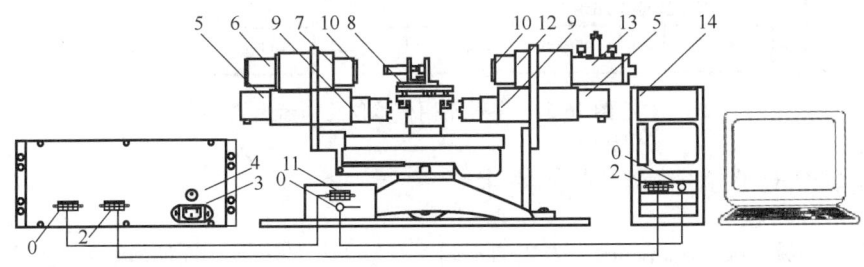

1—主机接口　2—电脑接口　3—电源插座　4—保险丝　5—编码器　6—光电接收器　7—检偏器
8—样品平台　9—电机　10—1/4 λ 波片　11—BNC 接口　12—起偏器　13—激光器　14—电脑主机

图 16.61　M-44/M-88 系列椭偏仪典型系统结构

2）UVISEL 型椭偏仪

UVISEL 型椭偏仪是法国 Jobin-Yvon 公司生产的一种相位调制型快速光谱椭偏仪，其系统结构如图 16.62 所示[119]。光源发出的光经由光纤导入到入射臂，经过起偏器入射到样品表面，起偏器的偏振方向为沿光路逆时针+45°方向，入射角为 70°；反射光经过反射臂中的光弹性相位调制器 M 和检偏器 P 后再由光纤导入分光光谱仪，检偏器的偏振方向与起偏器平行，调制器置于 0°，它可以在 p、s 分量之间产生调制速率为 50 kHz 的周期性相位变化。光谱适用范围为 240～830 nm。在测量时，通过一个由步进电机控制的旋转样品台实现水平面内的全方位旋转，控制精度可以达到 0.05°。$\cos\Delta$ 和 $\tan\psi$ 的典型测量精度为 0.001，最小测量时间为 1 ms。该系统主要特点如下：

（1）它没有任何转动部件，调制速度可以非常快。光弹性调制器的频率为 50 kHz，采集速率达到了 10 ms/point。而传统机械旋转椭偏光谱仪由于机械速度的限制，调制速度只有 10～100 Hz，数据采集速度也相应地慢了很多。

（2）使用高频调制和位相探测使椭圆偏振光谱仪对周围环境和仪器振动不敏感（采用锁相技术改善了信噪比）。

（3）在相位变化接近 180°和 0°时，光弹性调制式椭偏仪无灵敏度死角（超薄薄膜、透明材料和透明衬底上的薄膜就属于这种情况），有更高的准确度。

（4）由于在数据采集过程中无机械转动部件，故元件磨损、数据漂移带来的风险较小。

（5）光弹性调制器系统对光源与探测器的偏振不敏感。

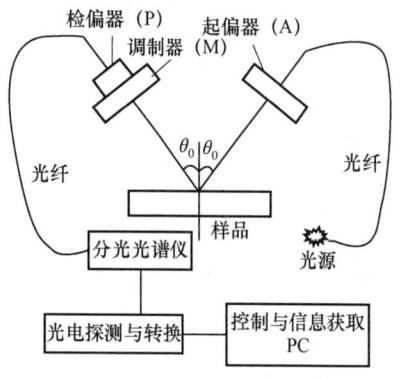

图 16.62　UVISEL 型椭偏仪系统结构

另外法国 SOPRA 公司也有分别适用于研发和在线检测的 ES4G、ES4 等系列型号椭偏光谱仪产品。图 16.63 所示总结了各种常用椭偏仪结构简图。

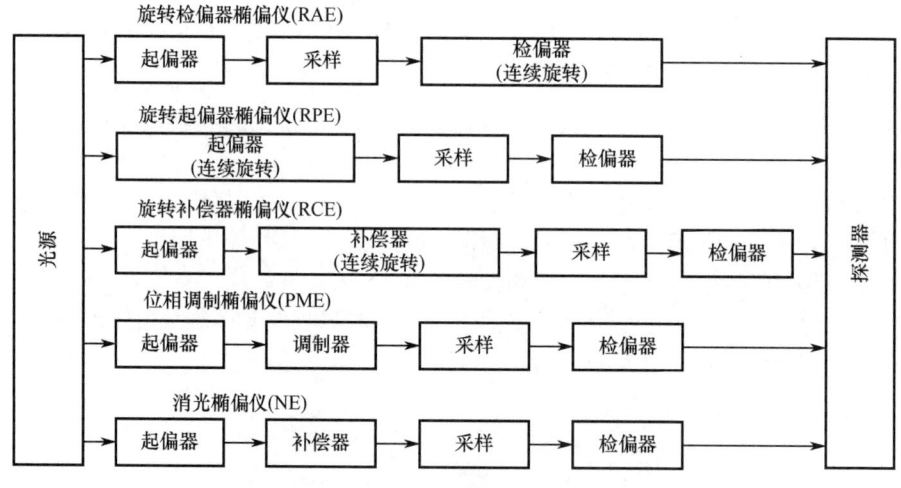

图 16.63　各种常用椭偏仪结构简图

16.6.4　干涉式椭偏测量技术

根据产生拍频（beat frequency）方式的不同，有以下几种干涉式椭偏测量系统设计。

1. 机械运动式干涉椭偏仪

Hazebroek 等人于 1973 年提出用激光干涉检测 p、s 光分量的复振幅反射系数比的方法，称为干涉式椭偏术（interferometric ellipsometry，IE）[121]。其光学系统结构如图 16.64 所示。

入射光线经格兰棱镜 G 后成 45°线偏振光，经 BS 分成测量光束和参考光束，测量光束经样品反射后在 BS 与返回的参考光束合成。其中反射棱镜 CR 以 $v = 55\ \mu\text{m/s}$ 的速度直线往复运动，产生 175 Hz 的多普勒频移。参考光束经 CR 返回后，其中载有多普勒频移的 p 和 s 分量分别与测量光束中的相应分量发生干涉，合成光经渥拉斯顿棱镜 W 分开，由光电管 D_1 和 D_2 接收而形成两路光强信号：

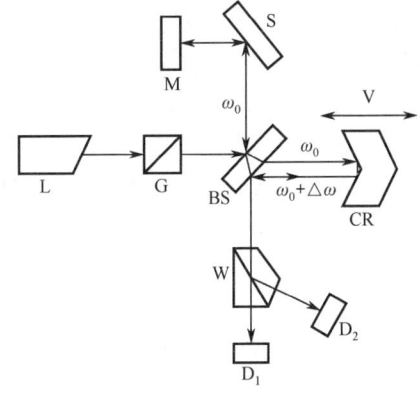

$$I_p(\Delta\omega) = C|r_p|^2 \cos(\Delta\omega t + 2\varphi_p)$$
$$I_s(\Delta\omega) = C|r_s|^2 \cos(\Delta\omega t + 2\varphi_s)$$
（16.153）

通过后继电路和处理软件，比较这两路光强信号的幅值和相位，即可得到所需的椭偏参数：

$$\tan\psi = |r_p|/|r_s|,\ \Delta = \varphi_p - \varphi_s \quad (16.154)$$

L—激光源　G—格兰-汤姆逊棱镜　BS—分光镜
CR—反射棱镜　S—薄膜样品　M—反射镜
W—渥拉斯顿棱镜　D—探测器

图 16.64　Hazebroek 干涉式椭偏仪光学系统结构

实测数据对比结果表明：该设计及其改进型[122]可以达到实用精度，同时抗干扰能力较强，提高了椭偏仪操作的自动化程度。但是缺点很明显：电机驱动 CR 而产生的频移不稳定，175 Hz 的频移里最大有 25 Hz 的抖动，严重影响测量稳定性；运动部件 CR 的速度低（55 μm/s），测量只能在前向运动中实现，考虑到数据采集过程中消除抖动所需的平均时间及计算机数据处理的时间，平均每 8 s 完成一次测量，速度慢，不能做到在线连续测量。

2. 采用锁相放大器的外差干涉式椭偏仪

该椭偏仪 1990 年由 Chin-hwa Lin 等人提出，其系统结构如图 16.65 所示[123]。激光器输出线偏振光，偏振方向由半波片旋转 45°，经分光镜分为测量光束和参考束，其中 p 和 s 分量近似等幅。测量光束经 AO1 产生衍射，由空间滤波器取用频率为 $f+f_1$ 的一级衍射光，并校正波前变形。同理，参考光束产生 f_2 的频移，测量光束和参考光束中的 p、s 分量在 BS4 分别干涉合成，由 PBS 分成拍频为 $\Delta f = f_1 - f_2$ 的两路信号，经锁相放大和计算机处理，得到两路 p、s 分量干涉信号的相位差、振幅比，从而获得椭偏参数角。

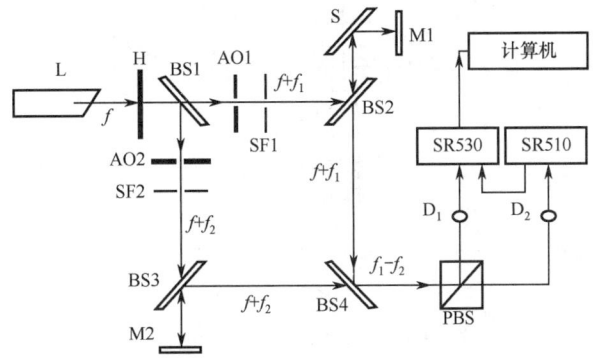

H—半波片　L—激光源　BS1~BS4—中性分光镜　AO1、AO2—声光调制器　SF—空间滤波器
M—反射镜　PBS—偏振分光镜　SR530~SR510—锁相放大器

图 16.65　采用声光调制器和锁相放大器的椭偏仪系统结构

实验测量了金属膜的复折射率，与椭偏仪 Gatler L117 的对比精度在 1%以内。此设计方案的测量过程全自动化，拍频的大小可以兼顾速度和精度的要求；但结构较复杂，没有报道在纳米级膜厚测量方面的研究。

3. 电光晶体相位调制型薄膜干涉测量仪

图 16.66 所示描述了一种采用迈克尔逊式外差干涉仪测量薄膜复折射率的装置[124]。与前述方法不同，该方案采用电光晶体 EO 产生 800 Hz 的相位调制，经过检偏器后，参考光束中的 p 和 s 分量干涉合成，形成参考信号与测量信号直接比相，即可得到测量光束中 p 和 s 偏振分量经过薄膜反射后相位差变化量（即椭偏参数中的 Δ），把两个不同入射角情况下的 Δ 代入菲涅耳方程做数值分析，求得折射率和消光系数。

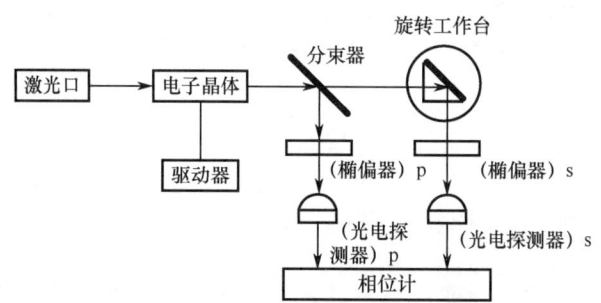

图 16.66　迈克尔逊式外差干涉仪测量薄膜复折射率的装置

与传统的消光式和光度式椭偏仪不同，此方法无须测量反射光或者透射光的光强，从而避免了光源波动、光路散射和内反射等因素引起的光束强度变化对测量精度的影响。

4. 波长调制型干涉椭偏仪

用波长调制型半导体激光器作为光源和迈克尔逊式干涉仪结构可构成波长调制型干涉椭偏仪[125]，如图 16.67 所示。采用峰值为 60 μA 的三角波电流调制半导体激光器，产生 400 Hz 的拍频。一次测量同时获得外差信号幅值比和相位差（即椭偏参数 $\tan\psi$ 和 Δ），由椭偏方程数值反演求得薄膜厚度和折射率，并给出厚度在 $0.5\sim0.6$ μm 之间的薄膜测量数据。

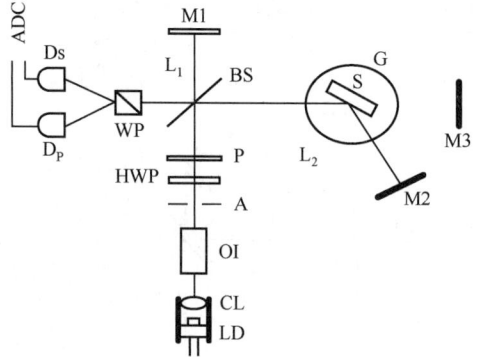

LD—半导体激光器　CL—准直透镜　OI—光隔离器　HWP—半波片　BS—分光镜　S—样品
M—反射镜　WP—渥拉斯顿棱镜　D—探测器

图 16.67　波长调制型干涉椭偏仪

16.6.5　外差干涉椭圆偏振测量原理及光学系统

1. 模型的选取

由式（16.152）椭偏基本方程可知，复反射系数比（或透射系数比）ρ 不仅取决于被测薄膜系统本身的参数，而且还取决于环境的光学特性、入射光的波长和入射角等因素。从原理上讲，在确定了环境条件、入射波长和入射角以及其他相关参数后，通过一次实验所得的椭偏参数（$\tan\psi$，Δ）就能够确定薄膜的厚度和折射率[126]。然而，薄膜参数的精度并不仅仅依赖于椭偏参数的测量精度，还与被测薄膜的系统模型和椭偏方程的反演算法有关。该椭偏测量系统的工作过程大致总结如下：通过实验测得椭偏参数值为（$\tan\psi$，Δ）；为被测薄膜系统建立合适的模型；根据模型设计椭偏方程反演算法，然后把实验所测得的椭偏参数值代入，获得薄膜参数；通过一定的对比手段或者其他数据来源，验证所获得的薄膜参数是否合理，如果有明显的差距，则重新选择和修改系统模型。故模型函数的正确选择对整个椭偏测量系统的正常工作至关重要。

2. 椭偏参数灵敏度分析

对于上述椭偏仪器相关的媒质—薄膜—基片三元被测系统，根据式（16.152）可得：

$$\delta\rho = \delta|\rho|\cdot e^{j\Delta} + j|\rho|e^{j\Delta}\cdot\delta\Delta = \frac{\partial\rho}{\partial d}\delta d + \frac{\partial\rho}{\partial n_1}\delta n_1 \quad (16.155)$$

进一步得到：

$$\frac{\delta|\rho|}{|\rho|} = \text{Re}(K_d)\cdot\frac{\delta d}{d} + \text{Re}(K_n)\cdot\frac{\delta n_1}{n_1}, \quad \delta\Delta = \text{Im}(K_d)\cdot\frac{\delta d}{d} + \text{Im}(K_n)\cdot\frac{\delta n_1}{n_1} \quad (16.156)$$

式中，K_d 和 K_n 分别是膜厚和折射率的复灵敏度因子。式（16.156）表明了椭偏参数（ρ，Δ）的测量不确定度与薄膜参数测量误差之间的传递关系，即根据薄膜参数测量精度要求，决定椭偏参数测量所容许的最大误差，从而指导整个测量系统的设计。K_d 和 K_n 的实部代表椭偏参数$|\rho|$的相对变化率灵敏度因子，虚部则表征膜厚和折射率变化对Δ的影响。K_d可以根据式（16.152）推导出解析表达式[127]为

$$K_d^T = -\gamma\cdot d\cdot X\left[\frac{r_{01p}\cdot r_{12p}}{1+r_{01p}\cdot r_{12p}\cdot X} - \frac{r_{01s}\cdot r_{12s}}{1+r_{01s}\cdot r_{12s}\cdot X}\right]$$

$$K_d^F = \gamma\cdot d\cdot X\left[\frac{r_{12p}}{r_{01p}+r_{12p}\cdot X} - \frac{r_{01p}\cdot r_{12p}}{1+r_{01p}\cdot r_{12p}\cdot X} - \frac{r_{12s}}{r_{01s}\cdot r_{12s}\cdot X} + \frac{r_{01s}\cdot r_{12s}}{1+r_{01s}\cdot r_{12s}\cdot X}\right] \quad (16.157)$$

$$\gamma = -j\frac{4\pi}{\lambda}\sqrt{n_1^2 - n_0^2\sin^2\theta_0}$$

式中，K_d^T，K_d^F 分别代表透射式、反射式椭偏测量的膜厚复灵敏度因子，同样也可以得到很复杂的 K_n 解析表达式，不过更有意义的是其数值结果。下面分别讨论反射式和透射式椭偏参数灵敏度因子的变化规律。

3. 反射式椭偏测量

采用以下薄膜模型：单层透明、非吸收，折射率为 $n_1=2.0$，膜厚为 $d=70$ nm，环境和玻璃基片折射率分别取 $n_0=1.0$ 和 $n_2=1.51$。入射波长选择 632.8 nm，入射角为 $\theta_0=55.0°$。图 16.68 和图 16.69 示出了椭偏参数（ρ，Δ）随膜厚的变化规律。由于没有考虑吸收系数，所以椭偏参数的变化呈现明显的周期性。厚度周期为

$$D = \frac{\lambda}{2}\sqrt{n_1^2 - n_0^2\sin^2\theta_0} \quad (16.158)$$

因此，椭偏术在测量较厚的薄膜时，有周期性多解存在，需要预知膜厚范围，或者采用多入射角测量，才能求解出真实厚度。

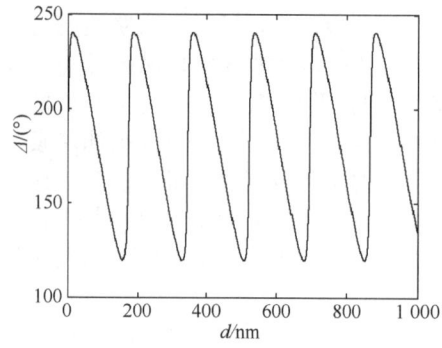

图 16.68　椭偏参数 Δ 随膜厚的变化规律

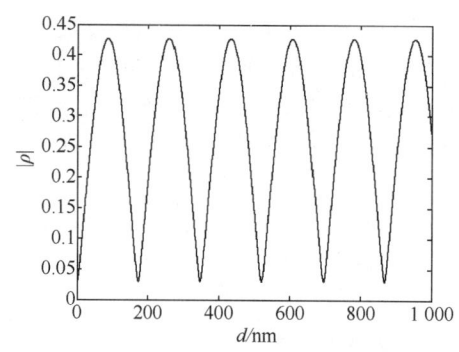

图 16.69　椭偏参数 $|\rho|$ 随膜厚变化关系

设薄膜厚度为 $d=70$ nm，其余参数不变，图 16.70 和图 16.71 描述了椭偏参数复灵敏度因子随入射角的变化规律。由于温度等环境参数的变化和波动，必然影响光学系统的对准和定位精度，产生入射角测量误差，而入射角测量误差对椭偏方程的数值反演精度影响很大。因此，要选择合适的入射角，使图 16.70 和图 16.71 中的复灵敏度因子大而又变化平缓，避免使用灵敏度因子变化很陡峭的入射角。所以对于这个薄膜模型，反射式椭偏测量入射角选择在 55°左右比较合适；70°左右入射角虽然使灵敏度因子很大，但测量时对入射角的误差非常敏感，并不合适采用。

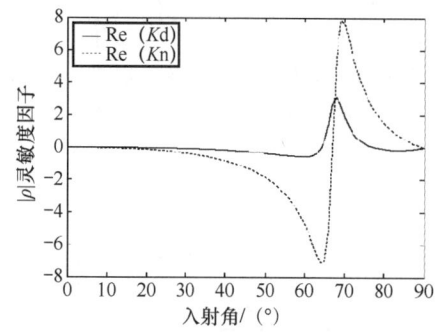

图 16.70　$|\rho|$ 灵敏度因子随入射角的变化规律

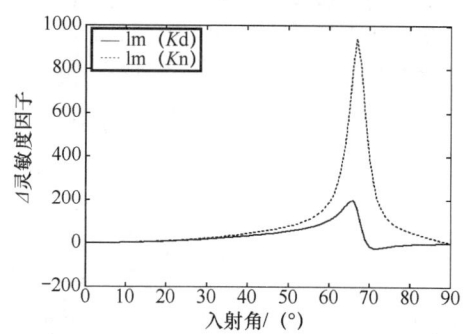

图 16.71　Δ 灵敏度因子随入射角变化规律

对于不同厚度和折射率的薄膜，椭偏参数灵敏度因子随入射角的变化规律也不同。因此，在应用椭偏测量术之前，必须预知被测薄膜参数的大概范围（或者使用其他辅助测量手段获得），然后才能正确选择合适的入射角，达到最佳测量精度。

选择入射角为 55°，其他参数不变，图 16.72 和图 16.73 所示定量研究了此模型在不同膜厚时，厚度的微小变化 $\delta d=0.1$ nm 时所导致的椭偏参数变化量。

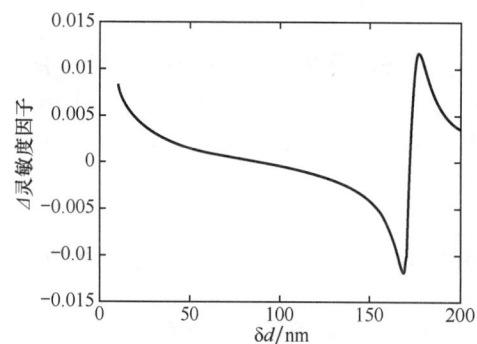

图 16.72　$|\rho|$ 的相对变化与 δd 间的关系

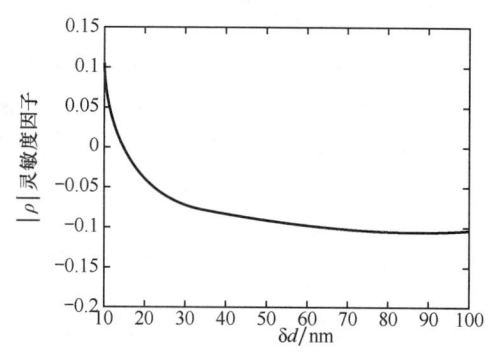

图 16.73　Δ 灵敏度因子与 δd 之间的关系

对于厚度刚好处于椭偏参数灵敏度因子为 0 区域的薄膜,可以通过改变测量波长、入射角等方法,避开测量"死区"。实际上,图 16.72 和图 16.73 描述了椭偏参数测量误差和膜厚测量误差之间的传递关系。对于以上所讨论的薄膜样品,如果膜厚预期测量不确定度在 1 nm 以内,则由图 16.72 和图 16.73 可知,椭偏参数所需要达到的测量精度为

$$\frac{\delta|\rho|}{|\rho|} \leqslant 0.31\%, \quad \delta\Delta \leqslant 1° \tag{16.159}$$

式(16.159)对系统设计有重要的指导意义:
(1)相对而言,椭偏参数 Δ 对膜厚变化的灵敏度较高。
(2)激光外差干涉一般是利用相位测量实现半波长以内的高倍细分,相位分辨率很高,易于实现 1° 的相位差测量精度;而光强的测量容易受到各种误差源的干扰,p、s 分量幅值比的相对误差控制在 0.3% 以内有一定的难度。因此,幅值测量削弱了外差干涉法抗干扰能力强的优点,此时应该通过相位差 Δ 求解膜厚。
(3)纳米精度外差椭偏测量需要 0.2° 左右的相位检测分辨率。

4. 透射式椭偏测量

对于以上所讨论的薄膜模型,采用 75° 入射角和透射式椭偏测量,椭偏参数随膜厚的变化规律如图 16.74 所示。

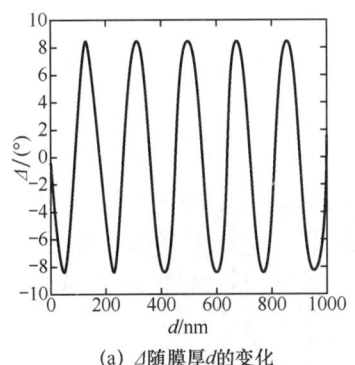
(a) Δ 随膜厚 d 的变化

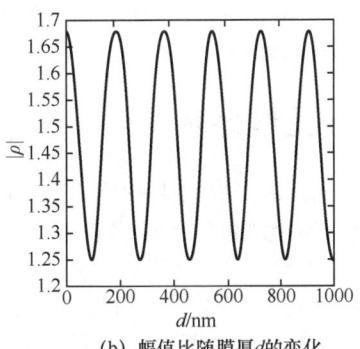
(b) 幅值比随膜厚 d 的变化

图 16.74 透射式椭偏参数随膜厚变化规律

与反射式相似,透射式椭偏测量呈现明显的周期性。图 16.75 和图 16.76 描述了椭偏参数复灵敏度因子随入射角的变化规律。基于同样的原因,对于此被测薄膜,选择 70°~75° 左右的入射角比较合适,这在保证较高灵敏度的同时有利于光学系统结构设计。

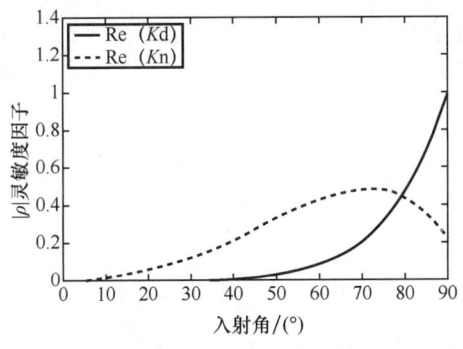
图 16.75 $|\rho|$ 灵敏度因子随入射角的变化规律(透射式)

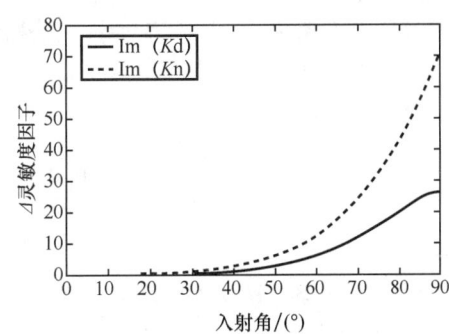
图 16.76 Δ 灵敏度因子随入射角变换规律(透射式)

同理，图 16.77 和图 16.78 表征了在不同膜厚时，$\delta d = 1$ nm 的微小变化所导致的透射式椭偏参数变化量（入射角选择 75°）。

当仍要求膜厚为 70 nm 时，测量不确定度在 1 nm 以内，根据图 16.77 和图 16.78 可得：

$$\frac{\delta|\rho|}{|\rho|} \leqslant 0.43\%, \quad \delta\Delta \leqslant 0.23° \tag{16.160}$$

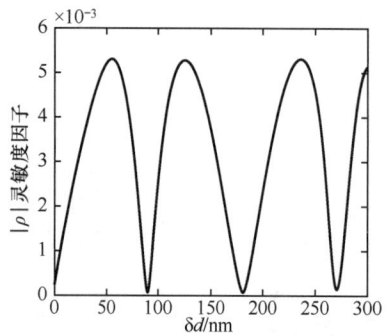 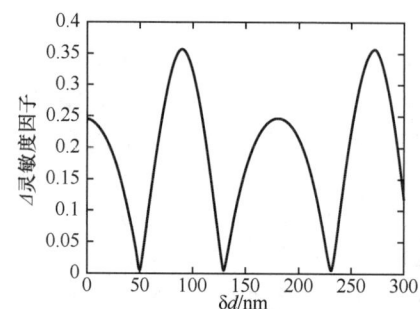

图 16.77 透射式椭偏参数$|\rho|$的相对变化与δd间关系　　图 16.78 透射式椭偏参数Δ灵敏度因子与δd间的关系

由图 16.68 和图 16.74（a）可知，薄膜的反射式和透射式测量椭偏角 Δ 分别为 160°和 7°左右。结合式（16.159）和式（16.160）可以发现，对于同样的测试条件和要求，透射式椭偏测量容许更大的椭偏参数相对误差。对于某个具体被测薄膜，以上分析和结论可以用于指导选择合适的测量方式：反射式或透射式。

16.6.6　外差椭偏测量仪

自 1960 年 Crane 首先提出光外差（optical heterodyne）干涉技术以来，外差激光干涉仪在位移、振动及表面形貌测量等领域中获得广泛的应用[128]。由于其抗干扰能力强，通过简单的比相技术即可实现高分辨率等优点，外差干涉法与椭偏测量原理相结合是纳米厚度级薄膜测量技术的一个发展方向。实现外差干涉的方法有分波前法、偏振分光法等，其光学结构有常用的迈克尔逊式和马赫-曾德型等。下面分别讨论反射式和透射式两种外差干涉椭偏测量光学系统，并用琼斯矢量法分析其工作原理。

1. 塞曼（Seeman）激光反射式外差椭偏测量系统

塞曼系统光学结构如图 16.79 所示。纵向塞曼激光器输出左、右旋圆偏振，角频率分别为 ω_1 和 ω_2，经过 1/4 波片变成正交线偏振光，由偏振分光棱镜 PBS1 分成测量光 ω_1 和参考光 ω_2，通过半波片 H 后偏振方向旋转 45°，使测量光束中的 p、s 偏振分量等强度地入射待测薄膜样品。测量光 ω_1 中的 p、s 分量经薄膜 S 调制后，与参考光 ω_2 中的相应分量在 PBS2 中干涉，形成两路拍频场强 ES、EP，经过 PBS2 偏振分光后，由光电探测器接收，产生两路拍频光强信号 I_p 和 I_s。设塞曼激光器输出的左、右旋圆偏振光为：

$$E = \frac{1}{\sqrt{2}}\begin{pmatrix}1\\ \mathrm{i}\end{pmatrix}\exp\left[-\mathrm{i}(\omega_2 \cdot t + \alpha_1)\right] + \frac{1}{\sqrt{2}}\begin{pmatrix}\mathrm{i}\\ 1\end{pmatrix}\exp\left[-\mathrm{i}(\omega_1 \cdot t + \alpha_2)\right] \tag{16.161}$$

系统的琼斯响应为

$$E_K = P_K \cdot \left[B_T \cdot M \cdot H(\pi/8) \cdot P_R + B_R \cdot B_T \cdot S \cdot M \cdot S \cdot B_R \cdot H(3\pi/8) \cdot P_T\right] \cdot Q(\pi/4) \cdot E \tag{16.162}$$

其中，下标 K 代表 p 或 s，下标 R、T 分别代表反射和透射，Q、P、H、B、M 和 S 分别代表 1/4 波片、偏振分光镜、半波片、分光镜、反射镜和薄膜样品反射的琼斯矩阵：

$$\boldsymbol{P}_R = \begin{bmatrix} 1 & 0 \\ 0 & 0 \end{bmatrix}, \quad \boldsymbol{P}_\tau = \begin{bmatrix} 0 & 0 \\ 0 & 1 \end{bmatrix}, \quad \boldsymbol{B}_R = \boldsymbol{B}_T = \frac{1}{2}, \quad \boldsymbol{S} = \begin{bmatrix} r_s & 0 \\ 0 & r_p \end{bmatrix}$$

$$\boldsymbol{M} = \begin{bmatrix} 1 & 0 \\ 0 & -1 \end{bmatrix}, \quad \boldsymbol{H}(\pi/8) = \frac{1}{\sqrt{2}} \begin{bmatrix} 1 & 1 \\ 1 & -1 \end{bmatrix}, \quad \boldsymbol{H}(3\pi/8) = \frac{1}{\sqrt{2}} \begin{bmatrix} -1 & 1 \\ 1 & 1 \end{bmatrix}$$

(16.163)

其中薄膜 p、s 分量的反射系数表示为

$$r_s = |r_s| \cdot \exp(\mathrm{i}\phi_s) \quad r_p = |r_p| \cdot \exp(\mathrm{i}\phi_p) \tag{16.164}$$

把式（16.161）、式（16.163）和式（16.164）代入式（16.162），得到：

$$E_s \propto r_s^2 \cdot \exp[-\mathrm{i}(\omega_1 t + \alpha_1)] + \exp[-\mathrm{i}(\omega_2 t + \alpha_2)]$$
$$E_p \propto r_p^2 \cdot \exp[-\mathrm{i}(\omega_1 t + \alpha_1)] + \exp[-\mathrm{i}(\omega_2 t + \alpha_2)] \tag{16.165}$$

忽略不影响结果的系数，探测器输出的拍频信号光强为：

$$I_s \propto |r_s|^2 \cdot \cos(\Delta\omega \cdot t - 2\phi_s + \Delta\alpha)$$
$$I_p \propto |r_p|^2 \cdot \cos(\Delta\omega \cdot t - 2\phi_p + \Delta\alpha) \tag{16.166}$$

可得所需的椭偏参数为

$$\Delta = \phi_p - \phi_s, \quad |\rho| = |r_p|/|r_s| \tag{16.167}$$

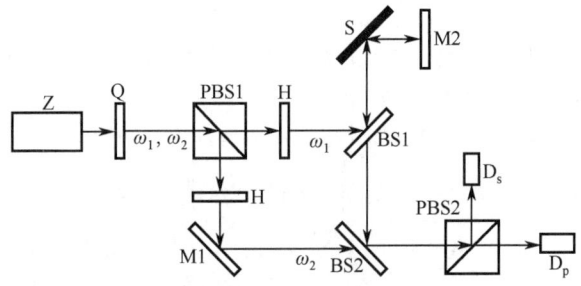

Z—塞曼激光　Q—($\lambda/4$)波片　PBS(BS)—偏振分光镜　H—半波片
M—反射镜　BS—中性分光镜　S—薄膜样品　D—光电探测器

图 16.79　反射式外差椭偏薄膜测量原理图

2. 采用双声光调制器的透射式外差椭偏测量系统

该系统的结构原理图如图 16.80 所示。单频 He-Ne 激光器输出线偏振光，Glan-Thompson 棱镜使光束偏振方向旋转 45°，以使等强度的 p、s 分量以 75° 角入射待测薄膜样品 S，测量光束和参考光束经声光调制器分别产生频移为 ω_1、ω_2 的一级衍射光，用空间滤波器 SF 除去零级光 ω 的干扰。

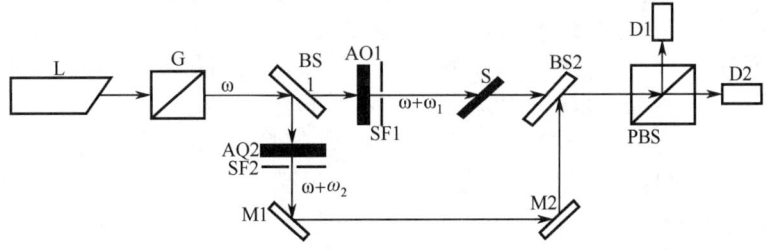

L—He-Ne 激光　G—格兰棱镜　BS—分光镜　PBS—偏振分光镜　AO—声光调制器
SF—空间滤波器　M—反射镜　S—薄膜样品　D—被测光电探测器

图 16.80　透射式外差椭偏光学系统结构原理图

测量光路中的 p、s 分量经薄膜调制后，与参考光束中的相应分量在 BS2 中分别干涉叠加，由 PBS 分成 p、s 两路外差信号：

$$E_K = P_K \cdot B \cdot S \cdot B \cdot G\left(\frac{\pi}{4}\right) \cdot \begin{pmatrix}1\\0\end{pmatrix} e^{-i[(\omega_1+\omega)t+\alpha]} + P_K \cdot B \cdot M \cdot B \cdot G\left(\frac{\pi}{4}\right) \cdot \begin{pmatrix}1\\0\end{pmatrix} e^{-i[(\omega_2+\omega)t+\alpha]} \quad (16.168)$$

式中，下标 K 代表 p 或 s，G、P、B、M 和 S 分别代表 Glan-Thompson 棱镜、偏振分光镜、分光镜、反射镜和薄膜样品的琼斯矩阵：

$$P_s = \begin{bmatrix}1 & 0\\0 & 0\end{bmatrix}, \quad P_p = \begin{bmatrix}0 & 0\\0 & 1\end{bmatrix}, \quad B = \frac{1}{2}, \quad M = \begin{bmatrix}1 & 0\\0 & -1\end{bmatrix}$$

$$S = \begin{bmatrix}t_s & 0\\0 & t_p\end{bmatrix}, \quad G(\pi/4) = \frac{1}{2}\begin{bmatrix}1 & 1\\1 & 1\end{bmatrix} \quad (16.169)$$

其中 s_t 和 p_t 分别为 s、p 分量的薄膜透射系数，即

$$t_s = |t_s| \cdot \exp(i\phi_s), \quad t_p = |t_p| \cdot \exp(i\phi_p) \quad (16.170)$$

把式（16.169）、式（16.170）代入式（16.168），可得

$$\begin{aligned}E_s &= A_s^r \cdot \exp\{-i[(\omega+\omega_2)t+\alpha_1]\} + A_s^c \cdot t_s \cdot \exp\{-i[(\omega+\omega_1)t+\alpha_2]\}\\E_p &= A_p^r \cdot \exp\{-i[(\omega+\omega_2)t+\alpha_1]\} + A_p^c \cdot t_p \cdot \exp\{-i[(\omega+\omega_1)t+\alpha_2]\}\end{aligned} \quad (16.171)$$

式中，A 代表合光时的场振幅，上标 r 和 c 分别代表参考光和测量光，α_1 和 α_2 分别为 s、p 分量的初相位。因此，光电探测器输出的信号为

$$\begin{aligned}I_s &= A_s^r A_s^c |t_s| \cdot \cos(\Delta\omega t - \phi_s + \Delta\alpha)\\I_p &= A_p^r A_p^c |t_p| \cdot \cos(\Delta\omega t - \phi_p + \Delta\alpha)\end{aligned} \quad (16.172)$$

$A_s^r A_p^r / A_s^c A_p^c$ 与薄膜无关，可在光路中移去这个系数值，由式（16.172）可得椭偏参数为

$$\Delta = \phi_p - \phi_s, \quad |\rho| = |t_p|/|t_s| \quad (16.173)$$

3. 外差干涉式椭偏测量技术特点分析

与传统椭偏仪和其他薄膜测量方法相比，外差干涉式椭偏测量技术有以下特点：

（1）系统中没有转动部件，外差频率为几十千赫到几兆赫之间，数据采集速率可以很高；而传统机械旋转式椭偏光谱仪由于机械速度的限制，调制速度只有 $10\sim 100$ Hz，数据采集速度也慢了很多[121]。测量速度快、自动化程度高的特点，使得该系统适用于在线连续测量，特别是在线监控快速镀膜过程，可以观察和记录微秒量级的化学反应过程[129]。

（2）由于采用了高频调制和相位检测，外差干涉椭偏测量技术具有较强的抗干扰能力，对环境和仪器振动导致的变化不敏感。测量和参考光束中的 p、s 分量完全共光路，所以由式（16.166）和式（16.172）可知，环境扰动所导致 $\Delta\alpha$ 的变化，以及测量光路和参考光路的差异都不影响椭偏参数的测量，这种共光路光学系统设计适用于工业现场测量。

（3）在相位差 Δ 接近 0° 和 180° 时，旋转检偏器（起偏器）式光度椭偏仪测量误差很大，存在测量"死角"（超薄薄膜、透明材料和透明衬底上的薄膜）。而外差干涉式椭偏测量则不存在这个问题。以下是分析过程[130]：

机械旋转检偏器（起偏器）系统探测器输出信号为

$$V(t) = DC + a\cos(2\omega t) + b\sin(2\omega t) \quad (16.174)$$

由琼斯矩阵分析可得

$$\alpha = \frac{a}{DC} = \frac{\tan^2\psi - \tan^2 P}{\tan^2\psi + \tan^2 P}, \quad \beta = \frac{b}{DC} = \frac{2\tan\psi\cos\Delta\tan P}{\tan^2\psi + \tan^2 P} \quad (16.175)$$

式中，α 和 β 是归一化的傅里叶系数，ψ 和 Δ 是椭偏参数角，P 是检偏器方位角。ψ 和 Δ 可表示为：

$$\tan\psi = \sqrt{\frac{1+\alpha}{1-\alpha}}|\tan P|, \cos\Delta = \pm\frac{\beta}{\sqrt{1-\alpha^2}} \quad (16.176)$$

对式（16.176）求微分，可得

$$\begin{aligned} &\mathrm{d}(\tan\psi) = \left(\frac{\tan\psi}{1-\alpha^2}\right)\mathrm{d}\alpha \Rightarrow \mathrm{d}\psi = \left(\frac{\mathrm{d}(\tan\psi)}{1+\tan^2\psi}\right) \\ &\mathrm{d}(\cos\Delta) = \sqrt{\left(\frac{\alpha}{1-\alpha^2}\cos\Delta\mathrm{d}\alpha\right)^2 + \left(\frac{\mathrm{d}\beta}{1-\alpha^2}\right)^2} \Rightarrow \mathrm{d}\Delta = \frac{\mathrm{d}(\cos\Delta)}{1-\cos\Delta} \end{aligned} \quad (16.177)$$

由此可知，当 $\Delta = 0°$ 或 $180°$ 时，误差较大。

（4）由于在数据采集过程中无机械转动部件，故元件磨损、数据漂移所带来的误差较小。

（5）由式（16.167）和（16.173）可知，外差干涉式椭偏测量技术是通过检测、比较两路外差光强信号的幅值，从而获得椭偏参数 $|\rho|$（即 $\tan\psi$）的。光强测量容易受到诸多误差因素影响，如光源的波动，光学元件的散射和内反射，光电探测器件的非线性和噪声等，因此幅值测量削弱了外差干涉椭偏术的测量精度和抗干扰能力强的优势。同时由式（16.159）和式（16.160）可知，相对于相位差 Δ，椭偏参数 $|\rho|$ 对膜厚变化不敏感，在某些情况下，通过光强测量获得 $|\rho|$ 无法保证膜厚测量纳米级精度的要求。故外差干涉椭偏测量技术宜避免使用 $|\rho|$ 求解薄膜参数，若薄膜有多个未知参数，可以采用多入射角方法，通过多个 Δ 的方程联立求解。

本节讨论了反射式和透射式两种椭偏测量方法，椭偏参数及其复灵敏度因子随膜厚的变化；对于某一具体的薄膜模型分析了椭偏参数灵敏度因子随入射角的变化；分别给出了反射式和透射式两种外差干涉椭偏测量光学系统结构方案。总之，正确选择测量参数，如入射角、波长等，是获得椭偏测量最佳精度的前提。故在测量前，必须对待测薄膜参数有一定的预知，或者采用其他辅助测量手段预测。外差干涉仪中动态信号相位差的检测精度与传统椭偏仪中几何角度的检测精度相比仍有较大差距，为此分析了椭偏参数误差与膜厚测量误差之间的传递关系，式（16.159）和式（16.160）表明：无论是反射式还是透射式椭偏系统，外差信号相位检测的分辨率和精度可以保证膜厚测量达到纳米量级精度。

16.7 基于斯托克斯矢量的偏振成像仪器

16.7.1 斯托克斯矢量偏振成像仪器概述

自 Johnson 和 Chin-Bing 分别在 1974 年和 1976 年的美国政府 AD 报告中提出偏振成像（imging polarimetry）[131]以来，各种基于斯托克斯矢量的偏振成像技术研究和应用对偏振成像仪器开发具有促进作用。根据获取偏振态图像的方式，大致可以将偏振成像仪器分为分时和同时两种模式[132]。

1. 分时偏振成像仪器

分时偏振成像仪器在不同时刻获取同一景物不同偏振态的图像，适用于静止目标。分时偏振成像仪器主要分为偏振片起偏方式和偏振棱镜分光方式。

偏振片起偏方式主要有三种方式（其原理图如图 16.81 所示）：旋转偏振片方式[133]通过偏振片在 4 个旋转角获取偏振态图像；固定偏振片加旋转波片方式[134]通过旋转波片在 4 个旋转角获取

偏振态图像；固定偏振片加可变延迟波片方式[135]通常采用液晶空间光调制器（LC-SLM）作为可变延迟波片，在不同时刻对 LC-SLM 施加不同电压，采集不同的偏振态图像。其中前两种方法中均存在旋转元件，如果元件的旋转轴偏离光学系统的光轴，则会引入测量偏差。

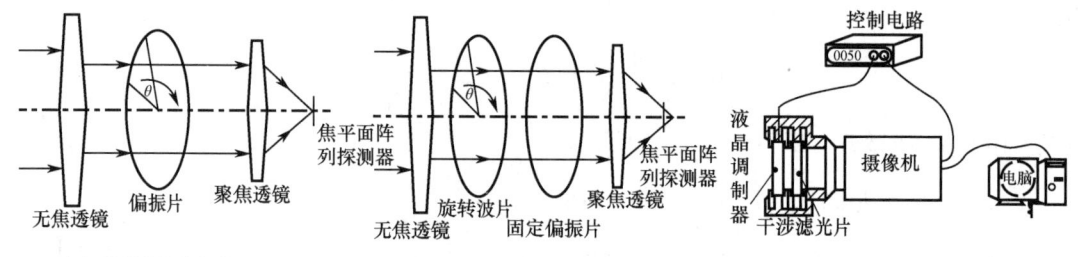

图 16.81 三种偏振片起偏方式的原理图

偏振棱镜分光方式则由半波片和偏振分光棱镜实现偏振分光。入射光经过偏振棱镜之后分为偏振态垂直的两束光，两束光相互垂直出射或者以一定的夹角出射（渥拉斯顿棱镜分光），被不同的探测器或者同一探测器的不同部分接收。单次曝光获得两个偏振态的图像，旋转半波片再次曝光，获得另外两个偏振态的图像[136]。图 16.82（a）、（b）所示分别是渥拉斯顿棱镜在平行光路中和会聚光路中的偏振成像光路图。

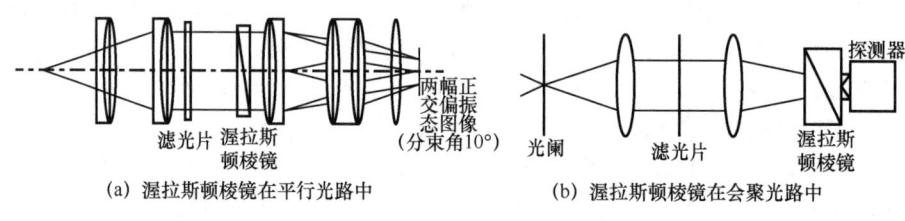

图 16.82 单渥拉斯顿棱镜偏振成像光路图

分时偏振成像装置结构简单、成本低，但是不同偏振图像在不同时间获取。根据 Stokes 理论，目标的 4 个 Stokes 参量的测量必须在相同的成像和光照条件下对同一目标进行，才能真实反映被测目标的偏振特性。此要求依赖于测量过程中目标和偏振成像探测系统处于静止状态，且光辐射环境不变，因此该方法多限于对植被、矿物、建筑等静态地物的探测，很少用于对动态目标进行探测。为了对运动/变化目标进行偏振成像，提出同时偏振成像技术。

2. 同时偏振成像仪器

同时偏振成像即一次曝光获得目标的 4 幅不同偏振态图像，可用于快速变化目标的探测。同时偏振成像系统无运动部件，系统可靠性和稳定性好。按实现方式不同，可分为分振幅同时偏振成像、分孔径同时偏振成像、分焦平面同时偏振成像。

1）分振幅同时偏振成像

1976 年美国 Garlick 提出分振幅偏振成像仪[137]。该仪器包含 4 个独立的焦平面阵列探测器。景物辐射入射到物镜，物镜的出射光束经过偏振光分束器和延迟器，得到 4 个不同的偏振光束，分别通过 4 个独立的成像系统，在 4 个探测器上得到 4 幅不同偏振方向的偏振图像[134]。2001 年 Farlow 等[135]和 2009 年 Pezzaniti[136]分别设计了分振幅同时偏振成像仪器。图 16.83 所示为分振幅同时偏振成像的光路原理图以及由偏振光分束器和延迟器构成的偏振分光结构。

景物辐射通过物镜到达 20/80 部分偏振分光棱镜，分成相互垂直的两路：一路经过方位角 22.5°的半波片调制，然后入射到 50/50 的偏振分光棱镜，分为相互垂直的两路，分别在 CCD1 和 CCD2 成像；另一路经过方位角 45°的 1/4 波片调制，然后入射到 50/50 的偏振分光棱镜，分为相互垂直的两路，分别在 CCD3 和 CCD4 成像。

分振幅同时偏振成像的缺点是能量利用率低，每个探测器接收的光能量大约只有入射光能量的 1/8，系统分光元件较多，体积、重量较大；其优点是分辨率高。

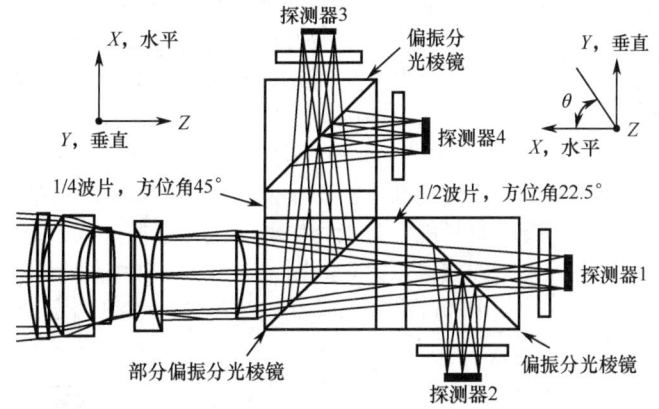

图 16.83　分振幅同时偏振成像光路原理图及分光结构

2）分孔径同时偏振成像

分孔径同时偏振成像，是使用一个物镜和一个光学成像系统，经过偏振光学原件，将景物辐射的不同偏振态在同一个探测器上成像；不仅实现了同时偏振成像，还保证四个偏振通道的视场共轴。该系统的优点是不存在过多的分光元件，光学系统稳定；缺点是损失空间分辨率。图 16.84 所示是典型的分孔径同时偏振成像的示意图[137]。

德国、意大利、美国、日本等国家分别研究的单探测器双渥拉斯顿棱镜偏振分光方案，也属于分孔径同时偏振成像范畴[138]。渥拉斯顿棱镜具有偏振分光效应，入射光经过渥拉斯顿棱镜之后，被分成两束偏振态正交的光，两束光以一定的夹角出射。两个渥拉斯顿棱镜的光轴成 45°放置，得到 0°、90°、45°、135°偏振态的 4 幅图像。两个渥拉斯顿棱镜的入射面分别切割出一定的楔角，从而防止两个渥拉斯顿棱镜的出射光发生串扰（如图 16.85 所示）。这种设计中没有旋转波片等运动部件，系统稳定性高；同时，入射光只经过一次渥拉斯顿棱镜分光到达探测器，光能利用率高，但存在垂轴色差。

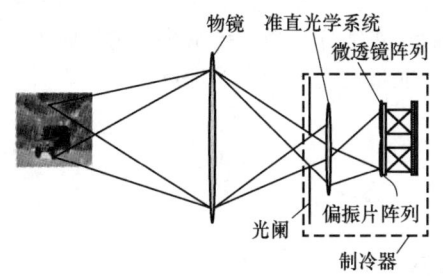
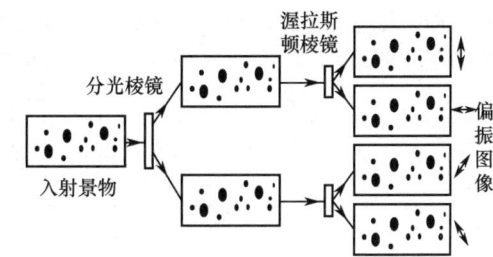

图 16.84　分孔径偏振成像示意图　　图 16.85　双楔角渥拉斯顿棱镜分光示意图

2006 年日本神户大学的 Kenta．Fujita 研制了同时偏振成像仪器[139]，其光路图如图 16.86 所示。平行光管的出射光束射入一个非偏振分光棱镜（unpolarized beam splitter，UBS）分为平行的两路：一路入射到渥拉斯顿棱镜上，另一路通过一个半波片后入射到另一个渥拉斯顿棱镜。在光电探测器（CCD）上形成 2×2 分布的 4 幅线偏振态图像（0°、90°、45°、135°）。

3）分焦平面同时偏振成像

随着焦平面阵列（focal plane array，FPA）技术的发展，已实现将微小偏振光学元件集成到

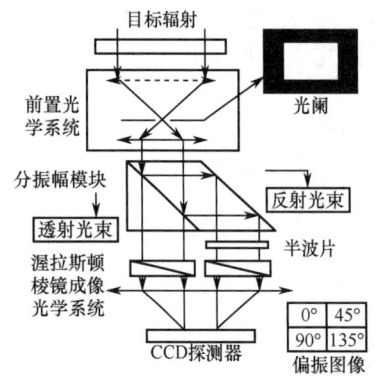

FPA 上，构成分焦平面同时偏振成像探测器[140]。1999 年美国亚拉巴马大学（University of Alabama）[141]、2002 年康奈尔大学（University of Cornell）[142]分别报道了微偏振片—焦平面阵列（micro-polarizer focal plane array），在相邻 4 个探测器单元上分别集成不同偏振方向的微偏振片，不需要分光，实现单次曝光 4 偏振态成像，系统结构紧凑。图 16.87 所示是"微偏振片—焦平面阵列"方案信息提取示意图。

"微偏振片—焦平面阵列"偏振成像探测器结构紧凑、系统集成度高，由于线偏振片的穆勒矩阵的第 4 列为 0，因此此方案只能测量景物辐射的线性偏振分量。为了实现同时测量景物的线偏振分量和圆偏振分量，2001 年日本报道了"微波片—焦平面阵列"集成方案*[143]。图 16.88 所示是"微波片—焦平面阵列"同时偏振成像示意图。

图 16.86 神户大学偏振成像光路图

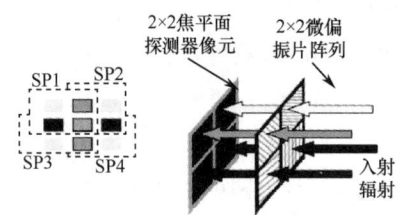

图 16.87 "微偏振片—焦平面阵列"方案信息提取示意图

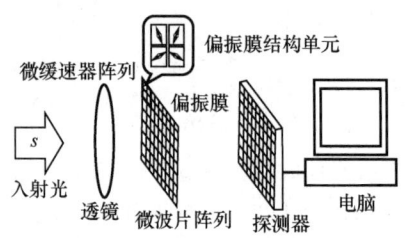

图 16.88 "微波片—焦平面阵列"方案

分焦平面同时偏振成像不存在分光元件，结构紧凑，稳定性高，体积、重量小；缺点是分辨率低，不同的偏振态在相邻的 4 个不同的像元成像，各个像元之间至少存在一个像素的位置匹配误差。另外，微偏振元件和探测器像元的集成难度大。

4）分振幅与分孔径结合的同时偏振成像

一种将分振幅与分孔径相结合的同时偏振成像实验系统，如图 16.89 所示。景物辐射通过望远系统（透镜 3+ 可变光阑 + 滤光片 + 透镜 2）到达偏振分光棱镜，分为传播方向垂直的两束光，实现分振幅；每束光在经过半波片调制、渥拉斯顿棱镜偏振分光，分为偏振态正交的两束光并以一定的夹角出射，在同一个 CCD 不同位置分别成像，实现分孔径。该系统结构集成了分振幅方式的高分辨率，以及分孔径方式的体积和重量较小，能量利用率较高的优点。

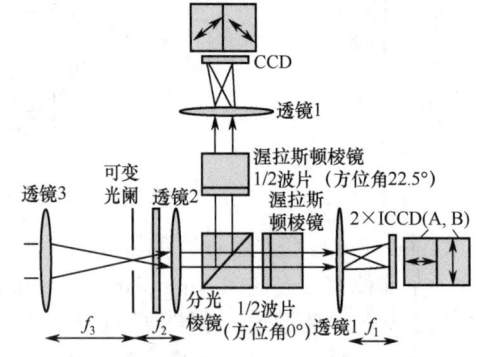

图 16.89 双 ICCD*的 4 通道偏振分光成像光路

---

* ICCD（intensified charge-coupled device），带有像增强功能的 CCD 器件。

分时偏振成像技术虽然具有结构简单、成本低的特点，但只能对静态目标进行偏振成像。同时偏振成像技术可实现多偏振态的同时偏振成像，可以用于运动/变化场景的偏振成像（如陆上伪装目标探测、海面目标探测和水面波纹检测等），应用领域广泛。

短波红外偏振成像系统的结构及光学材料选用与可见光基本相同。由于光学材料的限制，一些偏振分光元件（如渥拉斯顿棱镜、电光相位延迟器等）通常只能在不长于中波红外的波段实现，且中波与长波红外成像探测器的灵敏度相对于可见光要低，故中长波红外偏振成像多采用多探测器分振幅方法实现，且对光学系统的光通量要求较高。

分时/同时偏振成像系统的优缺点比较如表 16.9 所示。为了提高偏振成像的技术水平，扩展偏振成像的应用领域，还需要研究系统集成度更高、体积重量更小、响应速度更快的同时偏振成像技术，以适应对体积、功耗等要求高的应用场合。例如：将偏振成像技术推广到微光夜视成像领域；研究光谱偏振成像技术，扩展偏振成像的光谱范围等。

表 16.9 分时/同时偏振成像优缺点比较

偏振成像方案			可测偏振态	方案特点	制造/集成要求、成本	不同偏振态图像误匹配
分时偏振成像	偏振片起偏		线偏振分量	性能稳定；体积重量小；不适于动态场景	系统结构简单；成本低	场景运动/变化；光学元件旋转轴偏离光轴
	偏振棱镜分光		线偏振分量 圆偏振分量			
同时偏振成像	分振幅同时偏振成像		线偏振分量 圆偏振分量	同时偏振成像；适用于动态场景；分辨率高；体积重量大	机械稳定性要求高；成本高	需要匹配4幅偏振态图像；系统一经标定，4幅图像位置偏差固定
	分孔径同时偏振成像		线偏振分量 圆偏振分量	同时偏振成像；适用于动态场景；分辨率低；体积重量小	成本高	需要匹配4幅偏振态图像；系统一经标定，4幅图像位置偏差固定
	分焦平面同时偏振成像	微偏振片-焦平面阵列	线偏振分量	同时偏振成像；系统集成度高；损失空间分辨率	制造难度大；价格昂贵	需要匹配4幅偏振态图像；系统一经标定，4幅图像位置偏差固定；信息提取过程，需要差值处理
		微波片-焦平明阵列	线偏振分量 圆偏振分量			
	分振幅与分孔径结合同时偏振成像		线偏振分量 圆偏振分量	同时偏振成像；适用于动态场景；分辨力高；体积/重量小；能量利用率高	机械稳定性要求高；成本高	需要匹配4幅偏振态图像；系统一经标定，4幅图像位置偏差固定

16.7.2 多角度偏振辐射计

卫星大气遥感多波段偏振遥感系统主要有扫描型和面阵成像型。扫描型通过平台运动进行穿轨或者沿轨扫描，其探测系统由多个偏振通道组成，各分孔径同时获取目标偏振辐射，类似于美国光荣使命气溶胶偏振传感器（aerosol polarimetry sensor for the glory mission，APS）[144]。

1. 多角度信息获取原理

卫星测量的大气顶辐射主要包括大气散射和地表反射。在可见光波段，大气散射光具有强的偏振特性；而地表是低偏振的[145]，卫星所观测到的偏振辐射对气溶胶粒子的大小及其折射指数比较敏感，对地表变化不敏感。根据这个原理并结合偏振辐射计的特点，可以综合利用标量辐射和偏振反射信息实现陆地上空大气气溶胶和地表反照率的反演。多角度信息获取原理图如图 16.90 所示，随着平台的飞行，探测仪器可在扫描角度范围内等间隔地进行同步信息测量，从而实现沿轨方向对同一目标的多角度偏振光谱信息探测。探测仪器在多个观测角上测量了大气及地表在 0°、45°、90°、135° 偏振方向上的反射光强 $I_{0°}$、$I_{90°}$、$I_{+45°}$、$I_{-45°}$，由此算出斯托克斯矢量参数 I、Q、U（相当于前述的 S_0、S_1、S_2，），单位为 W/(m²·sr·μm)，I 为光波的总强度，Q 和 U 分别为[146]

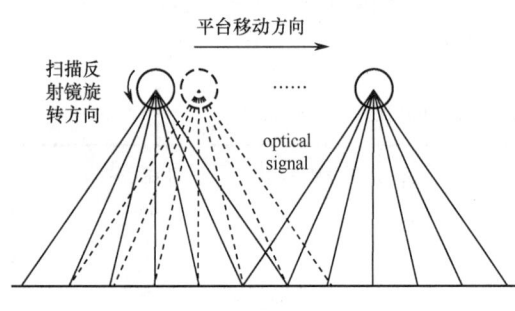

图 16.90 多角度信息获取原理图

$$Q = I_{0°} - I_{90°}, \quad U = I_{+45°} - I_{-45°} \tag{16.178}$$

多角度总反射率 R_I 和多角度偏振反射率 R_P 为

$$R_I = \frac{\pi I}{\mu_0 F_0}, \quad R_P = \pi \cdot \frac{\sqrt{Q^2 + U^2}}{\mu_0 F_0} \tag{16.179}$$

式中，μ_0 为太阳天顶角余弦，F_0 为太阳常数 [W/(m²·μm)]。将 R_I、R_P 与基于大气系统的矢量辐射传输方程模拟计算值对比，以进行气溶胶光学特性的反演。

多角度偏振辐射计是一种扫描型偏振探测器[147]，可以同时获取目标的9个波段（443～2 250 nm）、4个偏振态的光谱偏振信息。相比于面阵型成像系统，它消除了多路信息分时获取带来的观测误差，更容易实现在轨偏振定标和多角度探测[148]；由于采用了单元探测器，使得波段设置范围更宽，能够进一步提高大气特性参数的反演精度。为了实现多路光谱偏振信息的同步获取，保证高精度测量，基于扫描型偏振辐射计光机结构的特点，可以完成多路信号的同步采集与实时传输，并获得准确、有效的数据[146]。

而面阵成像型采用大视场大面阵探测器，通过旋转偏振滤光片轮分时获取目标的偏振辐射，如法国的地球反射率偏振和方向探测系统POLDER（polarization and directionality of the earth's reflectance）[149]。根据 Stokes 理论，测量四个 Stokes 参量必须在相同条件下进行才能真实反映被测目标的偏振特性，要求时序测量结果依赖于整个测量过程中目标和偏振成像探测系统都处于静止状态，且光辐射环境不变，故时序测量方法在进行运动目标的偏振探测时，会带来相应误差甚至虚假偏振信息。

2. 多角度偏振辐射计（multi-angle polarimeter）的光学原理

多角度偏振辐射计的光学系统由正交扫描镜、望远准直透镜、渥拉斯顿棱镜、分色片、反射镜、聚焦透镜、滤光片组成，其光路示意图如图16.91所示。

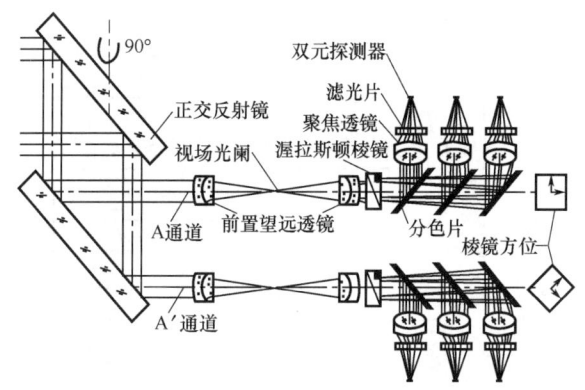

图 16.91　多角度偏振辐射计光路示意图

第一个反射镜需按图旋转90°，以一对通道A、A′为例（实际系统还有与A、A′类似的两对通道B、B′及C、C′，图中未画出），目标信号通过正交反射镜组进入相同的光学系统，每路信号经前置望远镜和渥拉斯顿棱镜后被分成振动方向互成90°的两束线偏振光，分色片分束后通过聚焦透镜和滤光片被双元探测器接收，A、A′光路中的渥拉斯顿棱镜相对仪器坐标的理想方位角分别为0°和45°，以产生0°、90°、45°和135°共4个振动方向的线偏振分量。航空多角度偏振辐射计在B、B′通道中装有两片分色片，可进行两个波段的探测，C、C′只探测一个波段。波段与通道的对应关系见表16.10[150]。

表 16.10　各通道对应波段及棱镜误差

通道	波段/nm	绝对误差/(°)		通道	波段/nm	绝对误差/(°)	
A	490 665 960	ε_1	0.485	B′	555 865	ε_2	0.465
A′	490 665 960	ε_2	0.555	C	1 640	ε_1	0.495
B	555 865	ε_1	0.545	C′	1 640	ε_2	0.465

采用扫描型工作方式的偏振探测系统没有面阵型系统所存在的问题，保证了高精度偏振信息的获取，得到很高精度偏振测量数据；由于采用单元探测器，使得波段设置范围宽，有利于卫星大气偏振遥感中地、气信号的有效分离，能够提高大气特性参数的反演精度。多角度偏振辐射计采用分孔径方式实现偏振测量，对每个通道光轴平行性、视场对准一致性等提出了苛刻要求，以保证偏振测量精度[151]。

多角度偏振辐射计的正交扫描镜旋转对大气目标进行扫描，将目标光束反射至望远镜系统，会聚在焦点上，在焦点处安置消杂光的视场光阑。光束通过视场光阑后，被准直为平行光束。然后，目标光束经过渥拉斯顿棱镜被分为相互正交的两束偏振光，再经过分色片或反射镜将这两束偏振光反射至后继光学聚焦系统，被聚焦并由滤光片滤光。最后，得到的单波段目标相互正交的两束偏振光会聚于双元探测器的两个光敏面上，并转换为电信号。多角度偏振辐射计的光机系统为集束同轴的探测光路，光机结构系统由图16.92所示的组件组成。

（1）正交扫描镜组件：为实现消偏，可多角度视场范围进行扫描转动，其视场范围扫描角度为±55°，正交扫描镜组件可360°转动。为保证动平衡，扫描镜组件具有配重装置[152]。

（2）望远准直组件：为望远、准直胶合透镜、隔圈、视场光阑提供支撑平台，并为保证镜间距及视场光阑微调提供调整机构。

（3）分色聚焦组件：为渥拉斯顿棱镜、分色镜、反射镜、聚焦透镜、双元探测器提供支撑平台，并为保证镜间距、渥拉斯顿棱镜、双元探测器微调提供调整机构。

（4）支架组件：用于支承辐射计本体，提供正交扫描镜组件、望远准直组件、分色聚焦组件的对接接口，并提供与平台的对接接口。

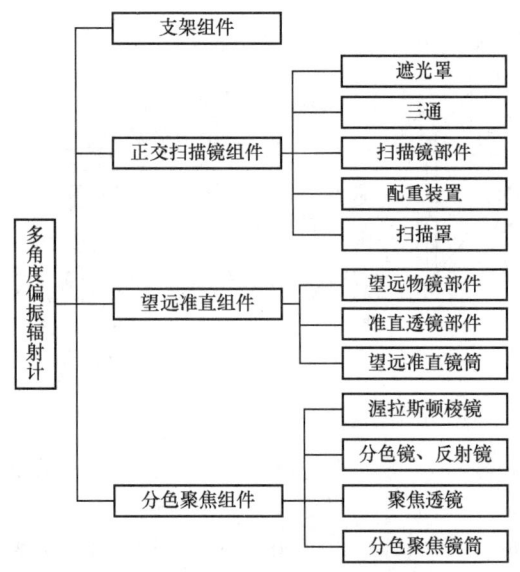

图 16.92　光机结构组成

3. 多角度偏振辐射计光学设计

光学设计应能满足视场、能量要求，尽量选择适宜加工的材料，各部分在单独设计后需进行组合设计和像差优化[153]。

1）渥拉斯顿棱镜的设计

偏振辐射计所用的渥拉斯顿棱镜根据所选择的探测器，要使 o 光和 e 光恰好落在双元探测器感光面的中心。渥拉斯顿棱镜的顶角为12.5°，分束角为4.3°，在棱镜后加入聚焦透镜，形成图16.93所示的光斑。

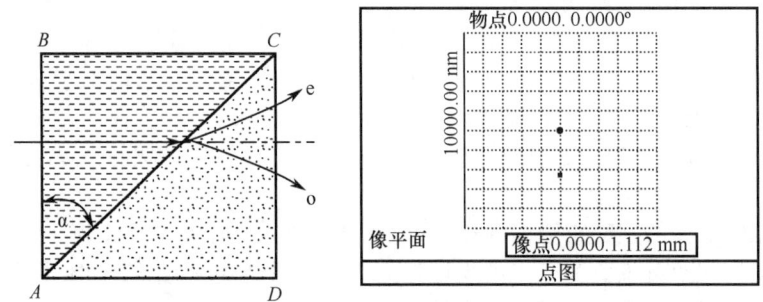

图 16.93　渥拉斯顿棱镜分光图

2）分色片、滤光片设计

多角度偏振辐射计的光谱范围覆盖0.4～2.3 μm。光谱元件的设计主要考虑从滤光片、分色镜的光谱特性、光谱一致性、厚度和加工可行性等。各个通道的波段配置原则是保证分色后的波段有效透过波长范围而不重叠，并兼顾消色差的要求。分色片的反射波段范围按照滤光片带宽的 2 倍来计算，透射波段范围按照后续的滤光片带宽的 2 倍来计算，分色波长按照反射波段范围的长波和透射波段范围的短波的中间值来确定，滤光片有效透过波长范围按照滤光片带宽的1.8倍计算。

每个单元采用分色片将3个光谱段分成3个光谱区，再利用滤光片实现每个需要的波段，即可见近红外波443 nm、555 nm、865 nm 和 490 nm、665 nm、940 nm 两组，短波红外段划分为1 380 nm、1 610 nm、2 250 nm一组。

3）望远系统的设计

望远系统由两个有限焦距的镜组组成，其中第一个镜组的像方焦点与第二个镜组的物方焦点重合。在多角度偏振辐射计中选择使用有实像面的开普勒望远系统，可方便地实现测量，在进行视场对准时便于装调。考虑色差校正因素，在波段匹配上，分别将443nm、555nm、865nm 波段，490nm、665 nm、940 nm 波段和 1 380 nm、1 610 nm、2 250 nm 波段各用一个望远系统。

望远系统的镜组为双胶合物镜，结构简单，制造方便，光能损失少，而且当合理选择玻璃时，可以同时校正球差、正弦差和色差。设计的望远物镜焦距为 52 mm，通光口径为 12 mm，视场光阑的理论直径为 0.9 mm。准直系统是将望远物镜倒置来使用。

由渥拉斯顿棱镜分束角，双元探测器光敏面中心之间的尺寸可以计算聚焦系统的焦距。经过组合设计，使用 Zmax 软件对像差进行优化，优化后的弥散斑 90% 的能量集中在直径 0.2 mm 以内，双元探测器光敏面直径为1mm．设计后各波段的点列图如图16.94 所示。

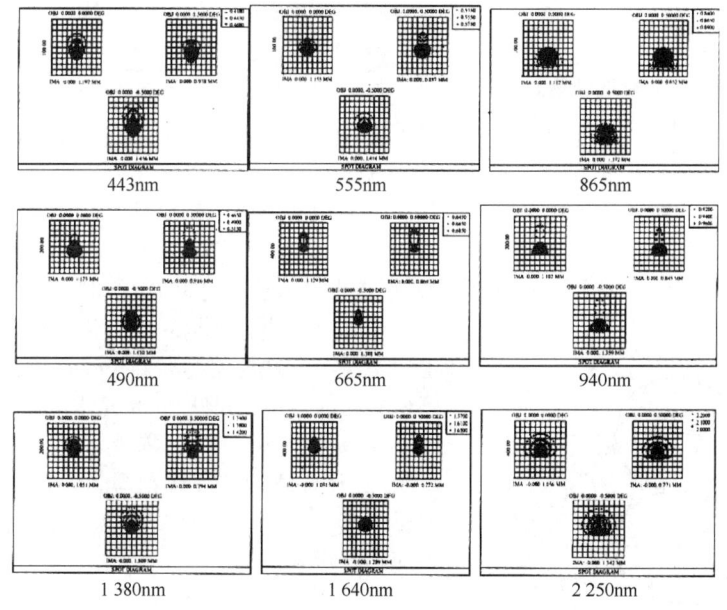

图 16.94　相关光学系统点列图

偏振辐射计的正交扫描镜通过旋转对大气目标、仪器定标和本底进行扫描，将光束反射至多路并行望远光学模块。望远光学模块通过渥拉斯顿棱镜和分色片再把光束分成9个波段 4个偏振方向（0°、45°、90°、135°）共36路偏振光，最终会聚在各个探测器的光敏面上，转换成电信号并行输出。光机系统的性能参数如表16.11所示。

4）系统视场分布

多角度偏振辐射计以正交扫描镜扫描模式实现 ±55°视场。暗背景测量和积分球定标器处于无效视场扫描区域内。对系统进行全光路、全口径、全视场定标，系统的视场分布如图16.95所示。仪器的扫描镜旋转360°为一个采样周期，其中对地扫描范围是−55°～+55°，每隔0.5°采样 1 次，此外还有 1 次定标测量和 5 次暗电流测量。根据平台高度和飞行速度以及分辨率等指标要求，采集周期为 440 ms，每个采样点间的间隔时间约为600 μs [146]。

5）结构布局设计

根据光学设计提供的构型、尺寸、偏振测量精度要求，以及要实现集束光学系统光轴互相平行、正交扫描镜消偏、沿轨扫描角度±55°的功能要求，多角度偏振辐射计的光机结构系统应满足如下基本要求[153]：满足镜片间隔尺寸和形位精度要求，镜间距误差小于0.05 mm，透镜中心偏误差不大于0.03 mm；集束光机系统6个光轴的平行度为3；正交扫描镜镜片微应力安装和固定；要有满足光学系统高精度装配与调整的环节，正交扫描镜的组合正交角度误差小于0.5°；考虑到像差优化设计，确定最大视场光阑为0.98 mm，最小视场光阑为0.93 mm；视场光阑尺寸误差为±0.01 mm，光阑孔圆度误差为±0.01 mm，45°分色镜、反射镜安装角度误差不大于0.10°。

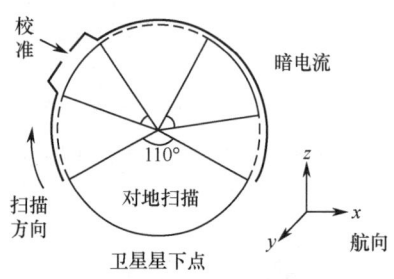

图 16.95　系统的视场分布

表 16.11　光机系统的性能参数

参 数 名 称	参 数 值
光谱带/nm	443,490,555,665,865, 940,1 380,1 610,2 250
视场/(°)	110
瞬时视场 IFOV/(°)	17.4
望远物镜焦距/mm	52

结构设计的准则是：使光机结构有足够大的强度，满足环境力学模拟实验的要求；具有足够大的刚度，可保持各部件相对位置要求；保证6路集束光机系统不发生位置变化，提高系统抗冲击、抗震动能力，同时保证光轴平行性的精度。采用模块化结构设计，便于光机各部件的装配与拆卸；布局、分界面要满足辐射计的装调检测，可以对每个单元进行单独装调和检测，提高系统可靠性和可维修性。正交扫描系统和集束光机系统设计为独立的模块，控制/采集电控系统组合设计为一个独立模块。结构的小型化在多角度偏振辐射计中主要考虑：合理的结构布局对体积的减小有利。在多角度偏振辐射计中，6路独立光筒均匀布在一个圆周上，如图16.96所示。多角度偏振辐射计完成总装后，检测结果表明：设计合理、紧凑，体积为636 mm×422 mm×484 mm，质量为50 kg左右，满足技术要求，不需要大的改动就可以应用于机载遥感。

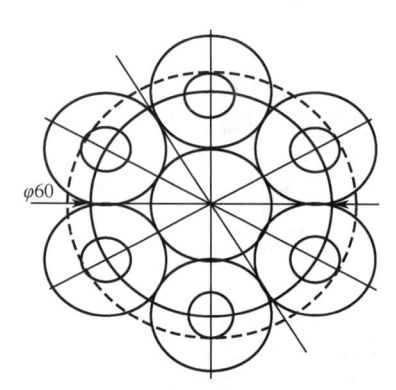

图 16.96　6 路集束光机系统均布示意图

多角度偏振辐射计是多角度遥感技术与偏振遥感技术的结合，随着气象、大气环境监测、海洋、航空航天以及军事等部门的应用需求，多角度偏振辐射计所具有的偏振测量的高精度特点和多角度光谱偏振信息在反演大气特性参数中的应用前景，使得它将在卫星大气遥感中开展应用研究。

16.8　共模抑制干涉及其应用

16.8.1　共模抑制干涉技术概述

影响一般干涉测量仪器精度的主要因素是：机械震动及空气湍流等环境干扰、光强起伏及噪声、导轨误差。20世纪70年代后期发展起来的条纹扫描、外差及锁相等新型干涉仪[154]，其共同特点是：用交流放大器代替常规的直流放大器，用计算机实时处理干涉条纹变化的信息，具有高的测量精度及测量速度。目前这些干涉仪存在一些问题：造价昂贵，普及应用上存在困难；它们虽有较好的抗噪能力，但对外界震动无法彻底脱敏；由于采用参考平面，在面形测量时需进行波面绝对校正处理。共模抑制干涉技术可解决上述问题,以提高零差干涉仪的性能,使之具有较强的抗噪能力。

"共模抑制"一词来源于电子学术语,泛指一切利用噪声的共模特性及信号的差模特性来抑制噪声,提高系统信噪比的办法。Huang 首先提出光学共模抑制及电子共模抑制的概念,并将其用在外差干涉轮廓仪中(有关外差干涉仪的内容参见第 14 章),使之抵抗外界震动的能力得到提高。共模抑制干涉技术也可用于干涉测量仪抑制外界干扰、导轨误差和光源噪声。通过应用该技术的表面轮廓仪进行实验研究,取得了满意的结果[155]。

1. 共模抑制干涉原理

所谓共模抑制干涉,指的是有效地消除外界干扰(如震动、温度变化、气流等)影响及激光幅值噪声的一种干涉技术。共模抑制干涉系统由两部分组成:干涉体系共模抑制;干涉信号共模抑制处理。这两部分有机结合,就可达到消除扰动及噪声的目的。

1)干涉体系共模抑制

共模抑制干涉体系通过布置干涉仪的参考光路和测量光路,使得外界干扰在参考光和测量光中呈共模特性,而被测信息呈差模特性。各种共路干涉仪,如点衍射干涉仪、散射板干涉仪及一些剪切干涉系统,都包含这一基本思想。下面叙述适合于表面微观轮廓(粗糙度、精细度)测量、静态表面面形测量的共模抑制干涉仪,如图 16.97 所示。图中 He-Ne 激光器发出的线偏振激光束,经扩束、准直及 $\lambda/2$ 波片后,透过分光棱镜 BS_1 进入测量头。该测量头由两部分组成:一部分为胶合透镜分束器 L_1,它由一块石英凹透镜与两块玻璃凸透镜胶合而成,石英晶体光轴设计成与透镜轴垂直,通过合理选择三透镜参数,使分束器对 o 光(寻常光)光焦度为正,对 e 光(异常光)光焦度为零;测量头的另一部分为 L_2、L_3 构成的开普勒望远镜系统。平行线偏振激光(旋转 $\lambda/2$ 波片可改变偏振方向)进入该测量头后,被分成两束(彼此同轴),其中 e 光成平行光垂直照射到试样表面,o 光被会聚于试样表面某一点。如果以会聚光束为参考光,以平行光束为测量光,则该系统可用来检测表面面形(平行光束的口径应等于被测表面口径);若以会聚光束为探测光(光学探针),以平行光束为参考光(此时平行光束直径应控制在 2 mm 左右,足以测量表面轮廓平均高度变化),当被测面垂直于光轴扫描时,可用来测量表面轮廓。

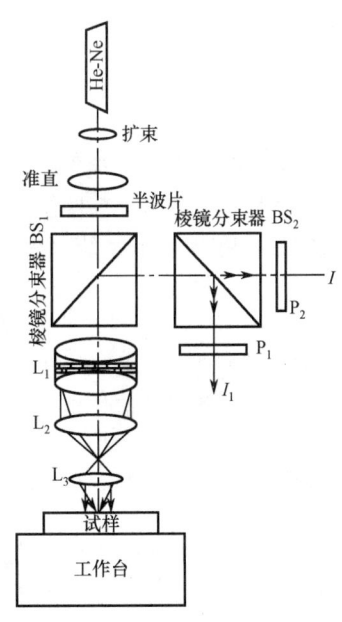

图 16.97 共模抑制干涉仪示意图

两光束在试样表面反射后沿原路返回,并再次经过分束器后的复振幅可表示为

$$\tilde{E}_o = A \exp(i2kz_o)$$
$$\tilde{E}_e = B \exp(i2kz_e)$$

式中,A、B 为振幅;z_o、z_e 分别为 o 光、e 光的光程,且有:

$$2k(z_o - z_e) = \Delta\varphi + \Delta\varphi'$$

其中,

$$\Delta\varphi = \frac{4\pi}{\lambda}\Delta h$$

$$\Delta\varphi' = \frac{4\pi}{\lambda}\int_0^d (n_o - n_e)\,dz$$

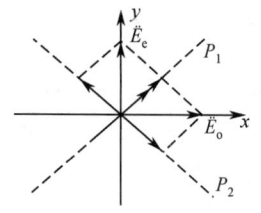

图 16.98 两束偏振光的干涉

$\Delta\varphi$ 为被测位相，Δh 为被测表面某点的高度，$\Delta\varphi'$ 为石英晶体中产生的初位相，n_o、n_e 分别为石英晶体 o 光 e 光折射率，d 为石英透镜厚度。

这两束光经分束器后合成一椭圆偏振光，它经 BS_1 反射后被分光棱镜 BS_2 分成两部分，各自通过检偏器 P_1、P_2 后相干涉。由于两检偏器正交放置，且与 $\vec{E}_o$、$\vec{E}_e$ 方向成 $\pm 45°$（如图 16.98 所示），则 P_1、P_2 方向的干涉光强可分别表示成：

$$I_1 = \frac{A^2 + B^2}{4} + \frac{AB}{2}\cos(\Delta\varphi + \Delta\varphi')$$

$$I_2 = \frac{A^2 + B^2}{4} - \frac{AB}{2}\cos(\Delta\varphi + \Delta\varphi')$$

适当绕光轴旋转 $\lambda/2$ 波片，使 $A = B$，则上面两式变成：

$$I_1 = a + a\cos(\Delta\varphi + \Delta\varphi')$$
$$I_2 = a - a\cos(\Delta\varphi + \Delta\varphi') \tag{16.180}$$

式中，

$$a = \frac{A^2 + B^2}{4} = \frac{AB}{2}$$

2）干涉信号共模抑制处理

共模抑制信号处理旨在消除激光振幅噪声（包括测量过程中的振幅波动及激光器多模运行造成的激光噪声）。若系统存在的激光幅值噪声或波动为 Δa，则式（16.180）应改写成：

$$I_1 = (a + \Delta a) + (a + \Delta a)\cos(\Delta\varphi + \Delta\varphi')$$
$$I_2 = (a + \Delta a) - (a + \Delta a)\cos(\Delta\varphi + \Delta\varphi') \tag{16.181}$$

共模抑制处理基于以下算法：
首先把两探测器的信号相加，得

$$I_1 + I_2 = 2(a + \Delta a) \tag{16.182}$$

它正比于信号电平的变化。同时把两探测器信号相减，得

$$I_1 - I_2 = 2(a + \Delta a)\cos(\Delta\varphi + \Delta\varphi') \tag{16.183}$$

它与被测相位及信号电平线性相关。将式（16.183）除以式（16.182）得

$$\cos(\Delta\varphi + \Delta\varphi') = \frac{I_1 - I_2}{I_1 + I_2} \tag{16.184}$$

式（16.184）表明：$(I_1-I_2)/(I_1+I_2)$ 只与被测相位有关，系统存在的激光幅值噪声及波动被抑制了。它用简单的方法起着与外差干涉类似的作用，但其结构更为简单，成本降低。

通常用电压量来表示式（16.184），即

$$\cos(\Delta\varphi + \Delta\varphi') = \frac{V_1 - V_2}{V_1 + V_2} \tag{16.185}$$

式中，V_1、V_2 分别对应 I_1、I_2 的电压输出。

2. 举例

1）表面微观轮廓测量

把共模抑制干涉技术应用于表面微观轮廓测量，可制成无接触、高精度的表面轮廓仪，该仪

器具有以下优点：不需要参考平面；试样表面的区域反射率变化不影响干涉条纹对比度；导轨的轻微晃动及倾斜对两光束光程的影响也能相互抵消，因此对工作台导轨平直度要求可适当降低。

图 16.97 中轮廓仪的 L_3 采用显微物镜，其数值孔径 NA 决定仪器的横向分辨率[156]：

$$\sigma = \frac{0.61}{\mathrm{NA}} \cdot \lambda$$

为使轮廓仪对微小的表面轮廓有最大灵敏度，可采取一定的移相办法[157]，将干涉光场移相 $\Delta\varphi''$，使初位相为 $\Delta\varphi_0 = \Delta\varphi' + \Delta\varphi'' = n\pi/2$（$n=1,2,\cdots$），则式（16.185）变成

$$\sin\Delta\varphi = \frac{V_2 - V_1}{V_2 + V_1} \tag{16.186}$$

式（16.186）即为轮廓仪测量方程。当轮廓高度 Δh 较小时，测量方程可简化为

$$\Delta h = \frac{\lambda}{4\pi} \cdot \frac{V_2 - V_1}{V_2 + V_1} \tag{16.187}$$

2）表面面形测量

用于面形测量时，图 16.97 中 L_3 采用较大焦距的物镜，使得平行光束能将整个被测表面照明；用面阵探测器接收干涉光场。上述的信号处理过程可表述如下。

设被检表面面形为 $w(x, y)$，则参考光波面与测量光波面分别为

$$\tilde{E}_o = A\exp(\mathrm{i}\cdot 2ks)$$
$$\tilde{E}_e = B\exp[\mathrm{i}\cdot 2k(s + w(x, y))]$$

式中，A、B 为振幅，s 为路径长度（为简单计，忽略 e 光、o 光在石英晶体中的光程差）。经检偏器 P_1、P_2 后的干涉场可分别表示为

$$\begin{aligned} I_1(x, y) &= a + a\cos[2k\omega(x, y)] \\ I_2(x, y) &= a - a\cos[2k\omega(x, y)] \end{aligned} \tag{16.188}$$

这里前提是 $A=B$，且

$$a = \frac{A^2 + B^2}{4} = \frac{AB}{2}$$

式（16.188）中两式相减，得

$$I_1(x,y) - I_2(x,y) = 2a\cos[2k\omega(x,y)] \tag{16.189}$$

式（16.188）中两式相加，得

$$I_1(x,y) + I_2(x,y) = 2a \tag{16.190}$$

式（16.189）除以式（16.190），得

$$\cos[2kw(x,y)] = \frac{I_1(x,y) - I_2(x,y)}{I_1(x,y) + I_2(x,y)}$$

则

$$w(x,y) = \frac{1}{2k}\arccos\frac{I_1(x,y) - I_2(x,y)}{I_1(x,y) + I_2(x,y)} \tag{16.191}$$

式（16.191）为面形测量方程。系统在装校时，要求将两个面阵探测器上所成的像在监视器上重合，这样 $I_1(x, y)$、$I_2(x, y)$ 分别对应两面阵探测器上同一像元（i, j）处的光强。式（16.191）与条纹扫描波面相位实时检测中的测量方程类似[158]，光强扰动产生的直流漂移同样被消除了。

3．实验及结果

以共模抑制干涉轮廓仪为例进行实验[157]，其光路布置参见图 16.97。光源用不稳频的偏振输出

He-Ne 激光器，功率为 3 mW。显微物镜数值孔径为 NA = 0.35，聚焦光斑大小决定轮廓仪的横向分辨率为 σ =1.2 μm。实验用的探测器为光电倍增管，对 0.6328 μm 激光的相对光谱灵敏度约为 40%。被测试样固定在移动平台上，推动平台向左移动，再放手让其恢复，以实现一维扫描。

数据处理框图如图 16.99 所示。所编软件可在屏幕上显示指定段的轮廓曲线，并决定打印当前曲线或计算轮廓参数。

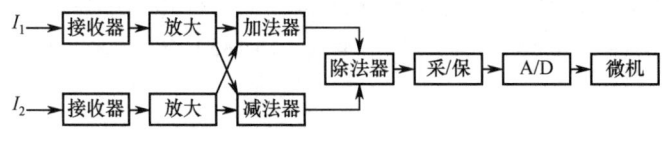

图 16.99　数据处理框图

对该装置做静态性能测试，保持试样静止，对试样表面同一点多次采样，所得样本为随机干扰对该点轮廓的偏差。图 16.100（a）所示为两路信号按式（16.188）的处理结果，图 16.100（b）表示单路光强起伏（转换到对应的高度值）。由图可知，其共模抑制处理使光强噪声被抑制。由计算得前者均方根偏差为 3.64 nm，后者为 34.70 nm。

对介质膜表面进行实测。图 16.101 示出了其中一段轮廓曲线。计算各轮廓参数得：最大轮廓高度为 R_{max}= 21.65 nm，平均轮廓高度为 R_a = 9.87 nm，均方根偏差为 r_{ms}=12.61 nm。

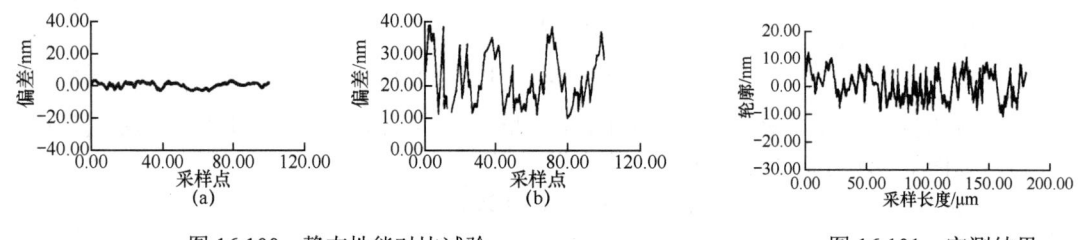

图 16.100　静态性能对比试验　　　　　　　图 16.101　实测结果

实验是在非恒温室内光学平台上进行的，这表明共模抑制干涉轮廓仪有较强的克服空气湍流、机械振动等环境干扰及抑制光强噪声的能力，对导轨的精度要求也相对较低。理论分析及反复对比试验表明，该轮廓仪的测量精度（重复性）优于 4 nm。

16.8.2　偏振光在零差激光干涉仪中的应用

在振动与冲击等直线运动计量领域，按照相关 ISO[159]标准建立标准装置，通过应用高精度机械系统与激光干涉技术，使得加速度量的复现具有很高的准确度。

正交相位输出的激光干涉仪具有纳米级的分辨率，且在很宽的动态位移内具有恒定的灵敏度。在振动等直线运动领域使用的激光干涉仪主要包括三种：其一是麦克尔逊干涉仪，当被测量的位移为 λ/2（λ 为波长）时，两路光束由于光程差能产生干涉条纹，通过条纹计数可得被测位移值，但受分辨率的限制，一般用于低频振动，且不能得到振动信号的相位信息；其二是零差激光干涉仪，也称为改进的麦克尔逊干涉仪，其改进是多了一路正交的输出，将被测的位移量转化为正交信号相位的变化，提高了位移的分辨率，还能提供位移信号的相位信息；其三是外差式激光干涉仪，其主要特点是在干涉信号中加入载波信号，以防止光电信号衰落，并通过软件生成另一路正交信号，有高测量精度，但价格较昂贵。

一般振动测量用零差激光干涉仪进行光路分析[160]和测量误差分析[161]，再用最小二乘法估计实际测量值，特别是低频振动测量中，运算量较大，且由于噪声影响有时也难以得到全部参数的正确值。另外，采用微分干涉信号的方法来消除干涉信号中的直流成分[162]，在实际试验中由于噪声影响也难以得到满意效果。国内外进行了相应的实验研究[163]，首先对引起误差因素进行了分析，采用简单的处理即可达到满意的测量效果[164]。

1. 正交输出零差激光干涉仪及影响因素

两路正交输出零差激光干涉仪，其原理结构如图 16.102 所示。其中，He-Ne 激光器为稳频激光器（λ=632.8 nm），发出的光经过偏振片 P 后分成两路光强相等、偏振态相互垂直的两路光束；两路光束经过分光镜 BS 后分开，形成一路测量光束和一路参考光束。测量光束首先通过 $\lambda/8$ 波片，其相位改变 45°，然后将被测位移的变化按比例转化为相位调制信号 $\varphi(t)=4\pi\lambda^{-1}s(t)$，其中 $s(t)$ 为被测位移量，测量光返回再次经过 $\lambda/8$ 波片使其相位又发生 45° 变化，经与反射镜 M 返回的线偏置参考光发生干涉，两个正交的偏振光束由偏置分光镜 PBS 分开，分别由两个光电二极管 PD_1 与 PD_2 接收，从而形成两路正交干涉信号输出。

按照琼斯（Jones）矩阵表示电场矢量的方法[165]，干涉仪中的每一个光学器件都可以采用一个传递矩阵以显示器传递特性，沿着激光通过的路径将每一个传递矩阵相乘即可得到两个光电二极管处理想的光电流信号，即

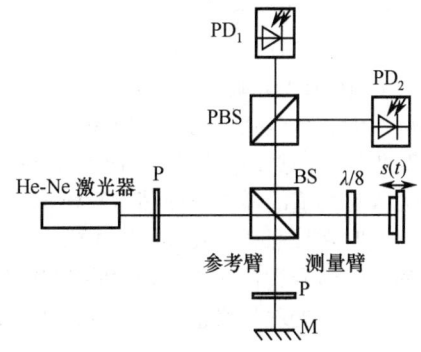

图 16.102　两路正交输出零差激光干涉仪原理结构

$$\begin{cases} I_1(t)=\dfrac{I_0}{16}\{4+\sin(4\delta)+2\sqrt{2}[\cos\phi(t)-\sin\phi(t)(\cos 2\delta+\sin 2\delta)]\} \\ I_2(t)=\dfrac{I_0}{16}\{4+\sin(4\delta)+2\sqrt{2}[\cos\phi(t)+\sin\phi(t)(\cos 2\delta+\sin 2\delta)]\} \end{cases} \quad (16.192)$$

式中，I_0 为两路光电流的幅度，$\phi(t)$ 为待测的经位移 $s(t)$ 调制的相位。在理想条件下，$\lambda/8$ 波片垂直于测量光束，则此时 $\delta=0°$，$\phi(t)=\phi(t)-45°$，代入式（16.192）即得到理想条件下两路相位正交的激光干涉信号：

$$\begin{cases} I_1(t)=\dfrac{I_0}{4}[1+\cos\phi(t)] \\ I_2(t)=\dfrac{I_0}{4}[1+\sin\phi(t)] \end{cases} \quad (16.193)$$

对式（16.193）两路干涉信号进行反正切运算并将相位 $\phi(t)$ 连续展开：

$$\phi(t)=\left(\arctan\dfrac{I_2-I_0/4}{I_1-I_0/4}\right)+\chi\pi,\ \chi=0,1,2\cdots \quad (16.194)$$

最后根据 $\phi(t)=4\pi\lambda^{-1}s(t)$ 即可得到所求的位移量 $s(t)$。

影响正交输出的激光干涉仪测量精度的因素主要有[166]：实际相位与 90° 的偏差，由于光路与光电转换部分引起的两路干涉信号幅度不完全一致和存在零漂。设归一化后实际两路光电二极管输出的电信号可由式（16.195）表示：

$$\begin{cases} I_{1d}(t)=V_1\cos[\varphi(t)+\delta_1]+p \\ I_{2d}(t)=V_2\cos[\varphi(t)+\delta_2]+q \end{cases} \quad (16.195)$$

式中，V_1、V_2 表示两路干涉信号的幅度，p、q 为零漂，δ_1、δ_2 表示两路正交信号的初始相位。

实际应用的 He-Ne 激光器每分钟幅值稳定度小于 0.1%，并且震动与冲击测量周期一般较短（振动小于 30 s，超低频除外；冲击小于 20 ms），故在测量周期内可认为上述参数为恒定的。另外，即使测量过程中外界存在一些干扰，也只是影响式（16.195）中的某一个参数，在实际得到两路干涉信号后，一般会通过去直流与幅度整形操作，基本消除幅度不一致与零漂两方面的影响。因此，由于 $\lambda/8$ 波片的放置角度 δ 而造成的两路干涉信号相位与 90° 的偏差，则成为按式（16.194）计算相位的主要误差来源。

2. 信号处理过程

设振动台激励系统工作频率为 $f = 2$ kHz，加速度峰值为 $a_{\max} = 50$ m/s^2，PXI 采集仪的采样频率为 $f_s=10$ MHz，则得到的典型干涉波形如图 16.103（a）所示。其激光干涉信号显然包含有偏置、幅度不一致等非线性的误差以及噪声干扰等影响。对此，首先通过低通滤波器消除两路干涉信号的高频噪声，然后根据两路干涉信号各自的最大值与最小值分别进行归一化处理，最后通过直接减去各自均值的操作从而消除直流偏置。当被测的位移小于 $\lambda/2$ 时，干涉光强的幅度不会达到峰值，此时在按照式（16.194）计算位移时，必须对两路干涉信号进行幅度归一化处理。在对所得到的干涉信号进行初步处理消除零漂与幅度归一化后，最后对其相位与 90° 的偏差进行修正。最终得到经过处理与修正后的干涉波形如图 16.103（b）所示。激光干涉信号对应的数学形式为：

$$\begin{cases} I_{1c}(t) = \cos\varphi(t) \\ I_{2c}(t) = \sin\varphi(t) \end{cases} \quad (16.196)$$

按照式（16.195）所示的相位展开算法，即得到测量的位移波形如图 16.103（c）所示，同时两路干涉信号形成的李萨育图形如图 16.103（d）所示[*]。相位变化 2π 对应着该圆旋转一周，即被测位移量为 $\lambda/2$。当被测值是正对着分光镜 BS 移动时，该圆逆时针旋转；反之，则顺时针旋转。由图 16.103（c）得到的位移波形数据，利用正弦逼近法[167]，即可得到此时振动台运动的位移为 317 nm，正好对应于所设定的加速度峰值。

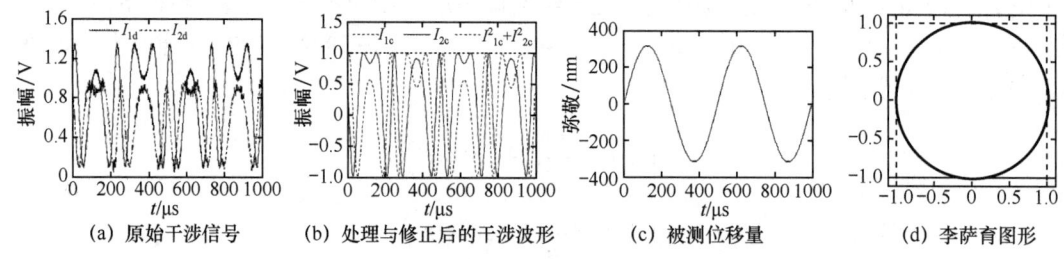

(a) 原始干涉信号　　(b) 处理与修正后的干涉波形　　(c) 被测位移量　　(d) 李萨育图形

图 16.103　零差激光干涉仪干涉信号与位移信号

1）相位误差的修正

干涉信号经过去噪声、幅度调整以及去零漂后，两路干涉信号相位差与 90° 的偏差成为位移测量主要的误差来源。对于式（16.195），设 $\delta_1 = 0$，$\delta_2 = \alpha$，即两路干涉信号相位差与 90° 的偏差为 α，于是有正交相位误差的干涉信号表示为

$$\begin{cases} I_{1d}(t) = \cos\varphi(t) \\ I_{2d}(t) = \sin(\varphi(t) + \alpha) \end{cases} \quad (16.197)$$

---

* 李萨育图形（http：//baike.baidu.com/view/4136586.htm）：是将被测频率的信号和频率已知的标准信号分别加至示波器的 Y 轴输入端和 X 轴输入端，在示波器显示屏上将出现一个合成图形，这个图形就是李萨育图形。李萨育图形随两个输入信号的频率、相位、幅度不同，所呈现的波形也不同。当两个信号频率相同时，合成图形为正椭圆，此时振幅相同，合成图形为圆，相位差为零，合成图形为直线，两个信号振幅相同则为与 X 轴成 45° 的直线（可由 LabView 编程测试）。

设经过相位修正的干涉信号为 I_{1c}、I_{2c}，且 $I_{1d}=I_{1c}$，则 $I_{2d}=I_{2c}\cos\alpha+I_{1c}\sin\alpha$。因修正后的干涉信号为一个标准的李萨育圆形，将 $I_{1c}=I_{1d}$ 与 $I_{2c}=(I_{2d}-I_{1d}\sin\alpha)/\cos\alpha$ 代入标准圆方程：

$$\left(I_{1d}^2+I_{2d}^2\right)-2I_{1d}I_{1d}\sin\alpha=\cos^2\alpha \tag{16.198}$$

式（16.198）为一个椭圆函数形式。设 $I_{1d}=r(\theta)\cos\theta$，$I_{2d}=r(\theta)\sin\theta$，由于 r 为 θ 的函数，对椭圆的形状不会有改变，则式（16.198）变为：

$$r(\theta)=\cos\alpha\left(1-\sin\alpha\sin2\theta\right)^{-1/2} \tag{16.199}$$

式中，$r^2={I_{1d}}^2+{I_{2d}}^2$，$\theta=\arctan(I_{2d}/I_{1d})$。

按照最小二乘法，由式（16.199）可计算出相位偏差 α 值，即可对干涉信号进行相位修正。

重复上述试验条件，设防振台的工作频率为 $f=2$ kHz，加速度幅度为 $a_{max}=50$ m/s^2。为了分析相位误差的影响，通过调整 $\lambda/8$ 波片的角度，使两路正交信号的相位差与 90° 的误差约为 15°，即 $\alpha=0.26$ rad。实际得到的与经过修正后干涉信号形成的李萨育图形如图 16.104（a）所示，测量得到的位移以及经过修正后得到的位移和误差分别如图 16.104（b）与图 16.104（c）所示。

从图 16.104（a）可看出，干涉信号经过相位修正后，其形成的李萨育图形与理想的李萨育图形基本重合。从图 16.104（c）可看出：相位修正前位移测量的误差约为 13 nm，并具有周期性且单向性；而修正后位移测量的误差为 1 nm 左右，误差不再具有单向性与明显周期性；经过相位修正后位移测量的精度有了明显提高。

（a）李萨育图形　（b）位移波形　（c）位移误差

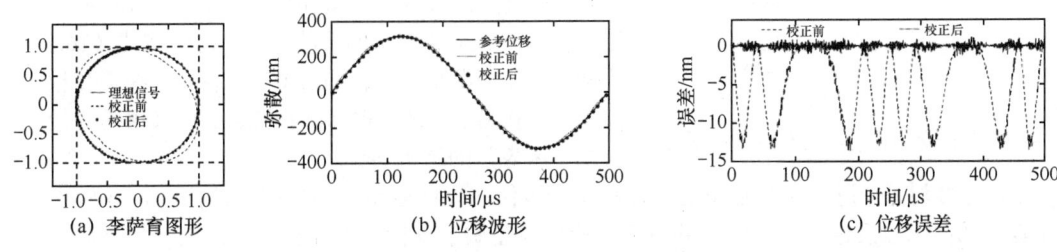

图 16.104　干涉信号相位修正前、后图形、位移及误差图

对于冲击加速度校准，由于冲击加速度信号难以用一个精确的数学表达式来描述，且基于机械碰撞的机械冲击激励系统难以做到对幅度精确控制。为了分析相位误差对冲击位移测量的影响，选择测量精度更高的外差式激光干涉仪作为参考，零差激光干涉仪的调整设置与前述振动试验设置相同。图 16.105（a）所示为高精度碰撞式冲击激励系统产生的一个冲击加速度波形，图 16.105（b）所示为其对应的位移波形。

以测量精度更高的外差式激光干涉仪测量所得的位移量为参考，分别比较修正前与修正后正交输出的零差干涉仪所测得的位移量，得到的误差曲线如图 16.106 所示。从图 16.106 可知，由于正交干涉信号具有相位差，其测量的误差约为 13 nm，且具有周期性和单向性，而经过修正后位移误差不到 1 nm，测量结果基本与振动校准结果相同。

（a）冲击加速度波形　（b）位移波形

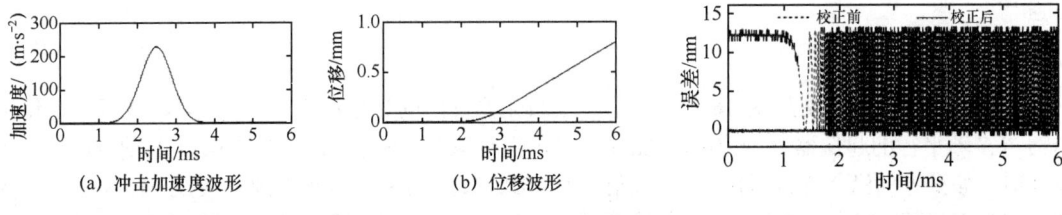

图 16.105　外差式激光干涉仪测量得到冲击加速度与位移波形

图 16.106　修正前后位移误差

由上述可知，对于基于正交输出的激光干涉仪，其位移测量误差的最大值与被测的直线位移量的形式没有关系，由其波长与正交相位差决定。

2）正交相位误差的分析

由式（16.192）的第一式看出，引起两路正交干涉信号相位偏差的主要原因为光学器件 $\lambda/8$ 波片放置的角度，由其引入的角度误差如下：

$$\alpha(\delta) = \arctan(\cos 2\delta - \sin 2\delta) + \arctan(\cos 2\delta + \sin 2\delta) \quad (16.200)$$

通常来说，$\lambda/8$ 波片小的角度误差不会造成很大的正交相位误差，且其放置角度对正交相位误差影响的变化可由 $d\alpha/d\delta$ 来确定。设复数信号 $z_0(t) = \cos\varphi(t) + i\sin\varphi(t)$ 为描述理想干涉信号组成的复信号，则经去零漂与幅度归一化后如式（16.197）所示的非理想干涉信号组成的复信号为 $z_1(t) = \cos\varphi(t) + i\sin(\varphi(t) + \alpha)$，其相位即为干涉信号所包含的位移调制的相位。由于实际干涉信号的相位误差可近似表示为两个复信号的矢量乘积[168]，即

$$\Delta\varphi(t) \cong |z_0(t) \times z_1(t)| = \sin\alpha\cos^2\varphi(t) + (\cos\alpha - 1)\sin\varphi(t)\cos\varphi(t) \quad (16.201)$$

由式（16.201）可知，由于两路干涉信号相位与 90°的偏差按式（16.194）解算，所引入的与位移误差成正比的相位误差为一个与干涉信号同周期的量，且其大小随着 $\varphi(t)$ 而变化。

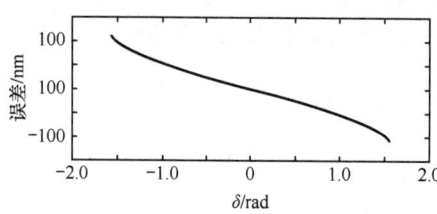

图 16.107　正交相位差与位移误差的关系

图 16.107 给出了正交信号相位偏差 δ 与所得到位移的最大偏差之间的关系。可以看出，当 $\delta = 0$ 时，表示两路干涉信号完全正交，此时没有位移误差；但随着 δ 的绝对值变大，则对应的位移误差也在增大，当 δ 为 90°时，两路激光信号没有形成正交的干涉信号，此时按式（16.194）不能解算出所测位移。图 16.107 还表明，在正交相位偏差为 $\delta = 0.26$ rad 时，实际试验得到的位移误差的最大值与图形所表示的结果吻合。

上面主要讨论了基于正交输出的零差激光干涉仪在直线运动中测量误差的问题，分析了引起测量误差的原因以及修正的办法，并对正交相位偏差做了分析。由分析可知：正交相位误差引入的位移测量误差的最大值是一个与被测位移量大小、频率及形状无关的量；正交相位误差所引入的测量位移误差是一个周期的量，且具有单向性；通过上述的相位修正方法，可以减小测量位移误差，该方法对于正交激光干涉仪调试及校正有参考意义。

16.8.3　利用偏振干涉原理测量表面粗糙度的方法

目前测量物体表面粗糙度的方法主要有机械方法与光学方法两类。其中触针法是机械方法中的代表，具有高的灵敏度和横向分辨率，它是接触式测量，容易划伤工件表面。常用的光学方法包括光散射法[169]、散斑法[170]、光触针法[171]、光干涉法[172]等。本节阐述一种利用光的干涉原理测量物体表面粗糙度的方法，其特点是利用半波片和 1/4 波片来改变光束的偏振态，使干涉信号最强[173]。

1. 测量光路及方法

该方法的原理光路图如图 16.108 所示。从激光器发出的光束经 L_1、L_2 扩束、准直后，经透光轴与 X 轴平行的起偏器 P_1 变为线偏振光；经偏振分束器 PBS_1 后，偏振方向沿 X 轴方向的 s 光被反射，偏振方向沿 Y 轴方向的 p 光透射，经 PBS_1 反射的 s 光被平面反射棱镜 M_2 反射，经光轴方向与 X 轴成 45°的 1/2 波片，偏振方向旋转 90°，变为 p 光；然后经 L_3 发生聚焦，经 PBS_2 全透射，并在分束器 BS 处发生半反半透，其中反射光束与经反射棱镜 M_1 反射并在分束器 BS 处透射的光束发生干涉，被探测器 PD_2 接收，作为参考信号。

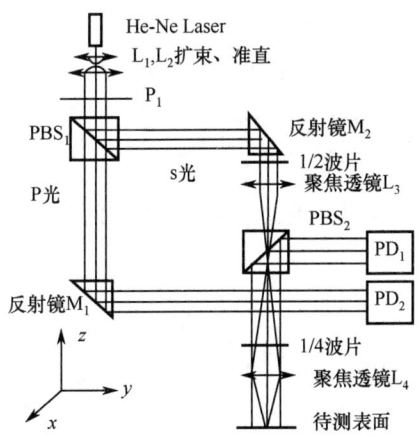

图 16.108 共光路干涉法测量物体表面粗糙度的原理光路图

经反射棱镜 M_1 反射并在 BS 处发生反射的光束经过 1/4 波片，经聚焦物镜 L_4 聚焦于待测表面，作为测量光，经待测表面反射后，在 PBS_2 处发生全反射，此为一路光；另一路 s 光在 BS 处透射的光束经过 1/4 波片、L_4 变为平行光束入射到待测表面上，经待测表面反射后，再次透过 L_4、1/4 波片与 BS 的光在 PBS_2 处发生全反射。在 PBS_2 处发生全反射的两路光发生干涉并被探测器 PD_1 接收，成为包含待测表面信息的信号。

经光电探测器接收的参考信号与包含被测表面信息的信号经数据采集和处理程序，即可得到被测表面的表面粗糙度参数。

2. 测量原理

设起偏器透光轴与 X 轴间的夹角为 θ，则透过起偏器的光矢可用琼斯矩阵[174]表示为

$$\boldsymbol{E}_{\text{in}}(\theta) = A \begin{bmatrix} \cos\theta e^{i\delta_x} \\ \cos\theta e^{i\delta_y} \end{bmatrix} = \begin{bmatrix} A_x e^{i\delta_{x0}} \\ A_y e^{i\delta_{y0}} \end{bmatrix}$$

式中，$\delta_{x0} = \delta_{y0}$（线偏振光）。以下推导中，$\delta_x$ 和 δ_y 为由于两光束传播过程中光程的不同而引起的位相差，经扩束、准直透镜组后，再经偏振分束器 PBS_1，沿 Y 轴方向 p 分量发生透射，沿 X 轴方向的 s 分量发生反射。透射的 p 分量的琼斯矢量为

$$\boldsymbol{A}_1 = \begin{bmatrix} 0 \\ A_y e^{i\delta_y} \end{bmatrix} = A_y e^{i\delta_y} \begin{bmatrix} 0 \\ 1 \end{bmatrix}$$

经反射棱镜 M_1 后，其偏振态保持不变，故其琼斯矢量不变，仍为 $\boldsymbol{A}_1$，经分束器 BS 后，偏振态不变，但其光强变为原来的 1/2，故其振幅变为原来的 $\sqrt{2}/2$，琼斯矢量变为

$$\boldsymbol{A}_1' = \frac{\sqrt{2}}{2} A_y e^{i\delta_y} \begin{bmatrix} 0 \\ 1 \end{bmatrix}$$

反射的 s 分量的琼斯矢量为

$$\boldsymbol{A}_2 = \begin{bmatrix} A_x e^{i\delta_x} \\ 0 \end{bmatrix} = A_x e^{i\delta_x} \begin{bmatrix} 1 \\ 0 \end{bmatrix}$$

经反射棱镜 M_2 后，其偏振态保持不变，故其琼斯矢量不发生变化，仍为 $\boldsymbol{A}_2$。经过 $\lambda/2$ 波片，再经过聚焦透镜 L_3 聚焦，$\lambda/2$ 波片的光轴方向与 X 轴方向夹角为 $\pi/4$。波片的琼斯矩阵为[175]

$$\boldsymbol{W}(\delta, \alpha) = \begin{bmatrix} e^{i\delta}\cos^2\alpha + \sin^2\alpha & (e^{i\delta}-1)\sin\alpha\cos\alpha \\ (e^{i\delta}-1)\sin\alpha\cos\alpha & e^{i\delta}\cos^2\alpha + \sin^2\alpha \end{bmatrix}$$

式中：α 为波片快轴方向与 X 轴方向的夹角；δ 为波片的滞后量，对 1/2 波片 $\delta=\pi$，对 1/4 波片 $\delta=\pi/2$。再经分束器 BS 后反射光束和透射光束的琼斯矢量均为

$$A_2' = \frac{\sqrt{2}}{2} W\left(\pi, \frac{\pi}{4}\right) A_2 = \frac{\sqrt{2}}{2} A_x e^{i\delta_x} \begin{bmatrix} 0 \\ -1 \end{bmatrix}$$

两路光分别经分束器 BS 后，一部分反射，一部分透射，两路信号的反射光和透射光在光电探测器 PD_2 处发生干涉。

叠加后的琼斯矢量为

$$A_{PD2} = A_2' + A_1' \frac{\sqrt{2}}{2} \begin{bmatrix} 0 \\ A_y e^{i\delta_x} - A_x e^{i\delta_x} \end{bmatrix}$$

则 PD_2 接收的干涉光强为

$$I_{PD_2} = A_{PD_2}^+ A_{PD_2} = \frac{1}{2}(A_x^2 + A_y^2) - A_x A_y \cos(\delta_x - \delta_y) \quad (16.202)$$

式中，"+"号表示对矢量 A_{PD_2} 进行厄米运算。

经分束器 BS 反射的偏振光矢量 A_1' 光轴方向与 $\lambda/2$ 波片相同的 $\lambda/4$ 波片后，经物镜聚焦作为信号光入射到被测表面，经被测表面反射，反射过程 p 分量和 s 分量相位都变化了 π。被测表面反射的光经物镜，然后再次经过 $\pi/4$ 波片，则其琼斯矢量为

$$A_2'' = W\left(\frac{\pi}{2}, \frac{\pi}{4}\right) \begin{bmatrix} e^{i(\pi+\delta)} & 0 \\ 0 & e^{i(\pi+\delta)} \end{bmatrix}$$
$$W\left(\frac{\pi}{2}, \frac{\pi}{4}\right) A_1' = \frac{\sqrt{2}}{2} A_y e^{i(\pi+\delta)} \begin{bmatrix} 1 \\ 0 \end{bmatrix}$$

式中，δ 为信号光在经被测表面反射过程中产生的相位变化。经分束器 BS 透射的偏振光矢量 A_2' 经 $\lambda/4$ 波片后，经过物镜变为平行光，入射到被测表面，经被测表面反射，再次经物镜和 $\lambda/4$ 波片，则其琼斯矢量为

$$A_2'' = W\left(\frac{\pi}{2}, \frac{\pi}{4}\right) \begin{bmatrix} e^{i(\pi+\delta_{ave})} & 0 \\ 0 & e^{i(\pi+\delta)} \end{bmatrix}$$
$$W\left(\frac{\pi}{2}, \frac{\pi}{4}\right) A_2' = \frac{\sqrt{2}}{2} A_x e^{i(\delta_y+\delta)} \begin{bmatrix} 1 \\ 0 \end{bmatrix}$$

式中，δ_{ave} 为参考光在经被测表面反射过程中产生的平均相位变化。

偏振光矢量 A_1'、A_2' 均为沿 X 轴方向的线偏振光，即为 s 分量偏振光。经分束器 BS 后，振幅均变为原来的 $\sqrt{2}/2$；经偏振分束器 PBS_2 全部反射，在光电探测器 PD_1 处发生干涉，叠加的琼斯矢量为

$$A_{PD_1} = A_1'' A_2'' = \frac{1}{2} \begin{bmatrix} A_y e^{i(\delta_y+\delta)} - A_x e^{i(\delta_x+\delta_{ave})} \\ 0 \end{bmatrix}$$

式中，δ_{ave} 为参考光在经被测表面反射过程中产生的平均相位变化，则光电探测器 PD_1 接收的干涉光强值为

$$I_{PD_1} = A_{PD_1}^+ A_{PD_1} = \frac{1}{4}(A_x^2 + A_y^2) - \frac{1}{2} A_x A_y \cos\left[(\delta_x + \delta_y) + \Delta\delta\right] \quad (16.203)$$

式中，$\Delta\delta = \delta_{ave} - \delta$，即为待测的由高度差引起的相位差。

理想情况下，当 $\theta = \pi/3$ 时，有 $A^2x = A^2y = A^2 = i$，则式（16.202）、式（16.203）分别变为

$$I_{\mathrm{PD}_1} = \mathrm{i}\left[1 - \cos(\delta_x + \delta_y)\right] \tag{16.204}$$

$$I_{\mathrm{PD}_1} = \frac{\mathrm{i}}{2}\left[1 - \cos(\delta_x + \delta_y) + \Delta\delta\right] \tag{16.205}$$

由式（16.204）可得

$$\cos\delta_0 = 1 - \frac{I_{\mathrm{PD}_2}}{i} \tag{16.206}$$

$$\Delta\delta = \arccos\left[1 - 2\frac{I_{\mathrm{PD}_1}}{I_{\mathrm{PD}_2}}(1 - \cos\delta_0)\right] - \delta_0 \tag{16.207}$$

在式（16.206）、式（16.207）中，$\delta_0 = \delta_x - \delta_y$ 为由两光路的光程差引进的相位差。由图 16.108 所示光路可知，δ_0 为常数。首先测出 δ_0，测量方法为：在图 16.108 中不放入待测试件，探测入射到 BS 前的光强和干涉光强值 I_{PD_2}，由式（16.206）可求得 δ_0 值。又有

$$\Delta\delta = \frac{4\pi}{\lambda}\Delta h \tag{16.208}$$

由式（16.207）、式（16.208）可得

$$\Delta h = \frac{4\pi}{\lambda}\left\{\arccos\left[1 - 2\frac{I_{\mathrm{PD}_1}}{I_{\mathrm{PD}_2}}(1 - \cos\delta_0)\right]\right\} \tag{16.209}$$

3. 对实验系统的分析

在使用该方法测量两光路的相位差 δ_0 的过程中，由于光在光学器件中传输所引起的光强的损失导致 A_x、A_y 不相等，引起 I_{PD_1}、I_{PD_2} 的测量误差，导致测量结果与理论结果不符。考虑到光在光路传输过程中的光强损失，设在入射到半反半透镜 BS 前，透射的 p 光的光强为 I_1，反射的 s 光的光强为 I_2，并设

$$I_2 = kI_1$$

若 BS 的反射率为 R，透射率为 $1-R$，则 I_1 经 BS 透射的光强为 $I_1(1-R)$，反射的光强为 $I_1 R$，I_2 经 BS 反射的光强为 $I_2 R = kI_1 R$。因而

$$I_{\mathrm{PD}_2} = I_1(I - R) + kRI_1 + 2\sqrt{kR(1-R)}I_1\cos\delta_0$$

由上式得

$$\cos\delta_0 = \frac{1}{2\sqrt{kR(1-R)}}\left[\frac{I_{\mathrm{PD}_2}}{I_1} - (1-R) - kR\right]$$

实验中采用 $R = 0.5$ 的半反半透镜，则

$$I_{\mathrm{PD}_2} = \frac{1}{2}I_1\left[(1+k) + 2\sqrt{k}\cos\delta_0\right] \tag{16.210}$$

$$\cos\delta_0 = \frac{1}{\sqrt{k}}\left[\frac{I_{\mathrm{PD}_2}}{I_1} - \frac{1}{2}(1+k)\right] \tag{16.211}$$

经待测试件表面反射的光，又一次经过 BS，透过的光强分别变为 $I_1 R(1-R)$ 和 $kI_1(1-R)(1-R)$，经 PBS_2 反射后在 PD_1 处发生干涉，干涉光强值为

$$I_{\mathrm{PD}_2} = R(1-R)I_1 + k(1-R)^2 I_1 + 2(1-R)\sqrt{kR(1-R)}\cos(\delta_0 + \Delta\delta)$$

代入 R，得

$$I_{PD_2} = \frac{I_1}{4}\left[(1+k) + 2\sqrt{k}\cos(\delta_0 + \Delta\delta)\right] \qquad (16.212)$$

由式（16.208）、式（16.210）和式（16.212）得

$$\Delta h = \frac{\lambda}{4\pi}(\psi - \delta_0) \qquad (16.213)$$

式中，

$$\psi = \arccos\left\{\frac{1}{2\sqrt{k}}\left[2\frac{I_{PD_1}}{I_{PD_2}}(1+k+2\sqrt{k}\cos\delta_0) - (1+k)\right]\right\}$$

16.8.4 光功率计分辨率对测量结果的影响

实验中，由于所采用的激光功率计的最高分辨率为 1 nW，对于 I_1、I_2、I_{PD1}、I_{PD2} 的探测值在 ± 0.5 nW 范围内的误差会对测量结果产生测量不确定度。

1. 测量结果的总测量不确定度

对测量结果对 I_1、I_2、I_{PD1}、I_{PD2} 进行偏微分：

$$\frac{\partial \Delta h}{\partial I_{PD_1}} = -\frac{\lambda}{4\pi} \frac{\frac{1}{I_{PD_2}\sqrt{k}}(1+k+2\sqrt{k}\cos\delta_0)}{\sqrt{1-4k\left[2\frac{I_{PD_1}}{I_{PD_2}}(1+k+2\sqrt{k}\cos\delta_0) - (1+k)\right]^2}}$$

$$\frac{\partial \Delta h}{\partial I_{PD_1}} = -\frac{\lambda}{4\pi} \frac{\frac{I_{PD_1}}{\sqrt{k}I_{PD_2}^2}(1+k+2\sqrt{k}\cos\delta_0)}{\sqrt{1-\frac{1}{4k}\left[2\frac{I_{PD_1}}{I_{PD_2}}(1+k+2\sqrt{k}\cos\delta_0) - (1+k)\right]^2}}$$

$$\frac{\partial \Delta h}{\partial I_2} = \frac{\partial \Delta h}{\partial k}\frac{\partial k}{\partial I_2} + \frac{\partial \Delta h}{\partial \delta_0}\frac{\partial \delta_0}{\partial I_2} + \frac{\partial \Delta h}{\partial I_{PD_1}}\frac{\partial I_{PD_1}}{\partial I_2} + \frac{\partial \Delta \delta}{\partial I_{PD2}}\frac{\partial I_{PD_2}}{\partial I_2}$$

$$= -\frac{\frac{1}{4\pi}\left(\frac{I_{PD_1}}{2I_{PD_2}} - \frac{1}{4}\right)\left(k - \frac{1}{2} - k^{-\frac{3}{2}}\right)}{I_1 \cdot \sqrt{1-\frac{1}{4k}\left[2\frac{I_{PD_1}}{I_{PD_2}}(1+k+2\sqrt{k}\cos\delta_0) - (1+k)\right]^2}}$$

$$\frac{\partial \Delta h}{\partial I_1} = \frac{\partial \Delta h}{\partial k}\frac{\partial k}{\partial I_1} + \frac{\partial \Delta h}{\partial \delta_0}\frac{\partial \delta_0}{\partial I_1} + \frac{\partial \Delta h}{\partial I_{PD_1}}\frac{\partial I_{PD_1}}{\partial I_1} + \frac{\partial \Delta \delta}{\partial I_{PD2}}\frac{\partial I_{PD_2}}{\partial I_1}$$

$$= \frac{\frac{\lambda}{4\pi}}{\sqrt{1-\frac{1}{4k}\left[2\frac{I_{PD_1}}{I_{PD_2}}(1+k+2\sqrt{k}\cos\delta_0) - (1+k)\right]^2}} \cdot$$

$$\left\{\left(\frac{I_{PD_1}}{2I_{PD_2}}-\frac{1}{4}\right)\left(k-\frac{1}{2}-k^{-\frac{3}{2}}\right)\frac{I_2}{I_1^2}+\frac{\sin\delta_0}{\sqrt{1-\frac{1}{k}\left[\frac{I_{PD_1}}{I_1}-\frac{1}{2}(1+k)^2\right]}}\right\}-$$

$$\frac{1}{2\sqrt{k}}\left[\frac{2}{I_{PD_2}}(1+k+2\sqrt{k}\cos\delta_0)\right]\cdot\frac{1}{4}\left[(1+k)+2\sqrt{k}\cos(\delta_0+\Delta\delta)\right]+$$

$$\frac{I_{PD_1}}{\sqrt{k}I_2^2}(1+k+2\sqrt{k}\cos\delta_0)\cdot\frac{1}{2}\left[(1+k)+2\sqrt{k}\cos\delta_0\right]-$$

$$\frac{\frac{\lambda}{4\pi}\frac{I_{PD_2}}{\sqrt{k}I_1^2}}{\sqrt{1-\frac{1}{k}\left[\frac{I_{PD_1}}{I_1}-\frac{1}{2}(1+k)\right]^2}}$$

则 Δh 的总测量不确定度为

$$\delta\Delta h=\left[\left(\frac{\partial\Delta h}{\partial I_{PD_1}}\right)^2(\partial I_{PD_1})^2+\left(\frac{\partial\Delta h}{\partial I_{PD_2}}\right)^2(\partial I_{PD_2})^2+\left(\frac{\partial\Delta h}{\partial I_2}\right)^2(\partial I_2)^2+\left(\frac{\partial\Delta h}{\partial I_1}\right)^2(\partial I_1)^2\right]^{1/2} \quad (16.214)$$

最终测量结果可表示为

$$\Delta h=\Delta h_m\pm\delta\Delta h$$

2. 4个误差分量各自对总测量不确定度影响的分析和比较

令式（16.214）中各个误差分量分别在 $-0.5\sim0.5$ nW 之间变化，不考察的误差为零，得到其各自对总不确定度的影响的计算机仿真结果如图 16.109 所示。图中 $f_{I_2}(x)$、$f_{PD2}(x)$、$f_{I_1}(x)$、$f_{PD_1}(x)$ 分别为 I_2、I_{PD2}、I_1、I_{PD1} 的测量不确定度。由图 16.109 可见，I_2 的探测误差对总不确定度的影响最大，干涉信号 I_{PD1} 探测误差的影响次之，I_{PD2} 和 I_1 的影响较小。

3. 应用实例

光源为稳频稳功率 He-Ne 激光器，用激光功率计探测输出干涉光功率，聚焦物镜采用光盘读写头中的非球面物镜，数值孔径为 NA = 0.45，测量算术平均偏差为 R_a=0.012 μm 的样块。实验中首先测量光路系统相位差 δ_0，测得数据为 I_1=28 nW，I_2=235 nW，I_{PD2}=118 nW，求得 $k=I_2/I_1$=0.836，将其代入式（16.211）得 $\cos\delta_0$=−0.545，即 δ_0=0.683π。将待测量块置入测量光路，在一个取样长度内光功率计测量值如表 16.12 所示。

在一个评定长度（5个取样长度）内所测 Δh 值分别为 0.013 3 μm，0.012 1 μm，0.012 8 μm，0.012 3 μm，0.013 0 μm，则所测 R_a 值为

$$R_{am}=\frac{1}{5}(0.0133+0.0121+0.0128+0.0123+0.0130)\text{ μm}=0.0127\text{ μm}$$

测量值的标准偏差为

$$\sigma=\sqrt{\frac{1}{5}(0.0006^2+0.0006^2+0.0001^2+0.0004^2+0.0003^2)}\text{ μm}=0.000\,4\text{ μm}$$

则测量结果可表示为

$$R_a=R_{am}\pm\sigma=0.0127\text{ μm}\pm0.0004\text{ μm}$$

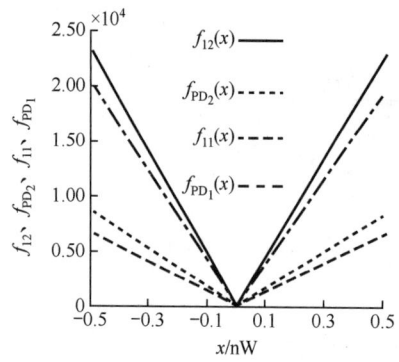

图 16.109 各分量测量不确定度的影响

表 16.12 一个取样长度内 Δh 值的测量值

序号	I_{PD_1}/nW	Δh/μm	$\overline{\Delta h}$/μm
1	32.0	0.014 0	
2	34.0	0.013 0	
3	31.0	0.015 0	
4	37.0	0.011 0	0.012 8
5	36.0	0.012 0	
6	32.0	0.014 0	
7	38.0	0.011 0	
8	35.0	0.012 0	

各光功率计探测误差均取 0.5nW，将上述数值代入式（16.214），得到由光功率计精度引起的测量不确定度为 δΔh=0.000 3 μm，对 5 个取样长度的测量不确定度有 δR_a = 0.000 3 μm。比较 R 与 δR_a 可知，真正由系统调整等因素引入的测量不确定度仅为 0.000 1 μm 左右。测量结果与量块标称值之间的相对测量误差为

$$E_r = \frac{0.012\ 7 - 0.012\ 0}{0.012\ 0} \times 100\% = 5.8\%$$

依据偏振光学理论并采用琼斯矩阵对光学干涉法进行了理论推导，对该方法中光功率计的精度引起的测量不确定度进行了分析，利用稳频稳功率激光器及高稳定度光功率计，用该法针对粗糙度标准量块进行了测量实验。

16.8.5 在线测量表面粗糙度的共光路激光外差干涉仪

对精加工、超精加工表面如 X 射线元件、同步辐射器的反射镜、大功率激光器镜面及窗口、大规模集成电路元件的基片、光盘等元件表面粗糙度的测量，特别是表面加工中粗糙度的实时在线测量显得更加迫切。

上述元器件表面粗糙度在线测量仪器要求：具有高的测量分辨率和动态范围；测量软材质表面或超光滑镜面，要用非接触测量方法；消除测量现场的外界震动、空气扰动以及导轨误差等，现场安装要使用方便[176]。目前，测量表面粗糙度的仪器多限于在实验室环境下使用。为满足对在现场加工环境中的表面粗糙度进行在线测量，可采用在线测量表面粗糙度的共光路激光外差干涉仪[177]。

1. 系统原理和组成

仪器原理如图 16.110 所示。采用波长为 780 nm 半导体激光器，功率为 10 mW。对其工作温度和电流进行控制，产生频率稳定的单模线偏振光（频率为 f_0），准直后经分束镜 BS_1 分别进入声光调制器 AOM_1（调制频率为 f_1=100 MHz）和 AOM_2（调制频率为 f_2=98 MHz）。AOM_1 的一级衍射光（频率为 f_0+f_1）经光阑后扩束，由物镜会聚到被测表面形成光探针，作为测量光束。同样，AOM_2 的一级衍射光（频率 f_0+f_2），经光阑后扩束后由会聚镜 L_1 聚焦在物镜后焦点 F 上，经物镜形成平行光入射到待测表面上，作为参考光。

测量光束经分光镜 BS_2 的透射光和参考光束经 BS_2 反射，进入光电探测器 PD_1，形成光拍频信号，可表示为[178]

$$I_1 \propto 1 + \cos\left[2\pi(f_1 - f_2)t - \phi_p\right] \quad (16.215)$$

式中，ϕ_p 是测量光与参考光之间由于传输路径不同而产生的相位差。

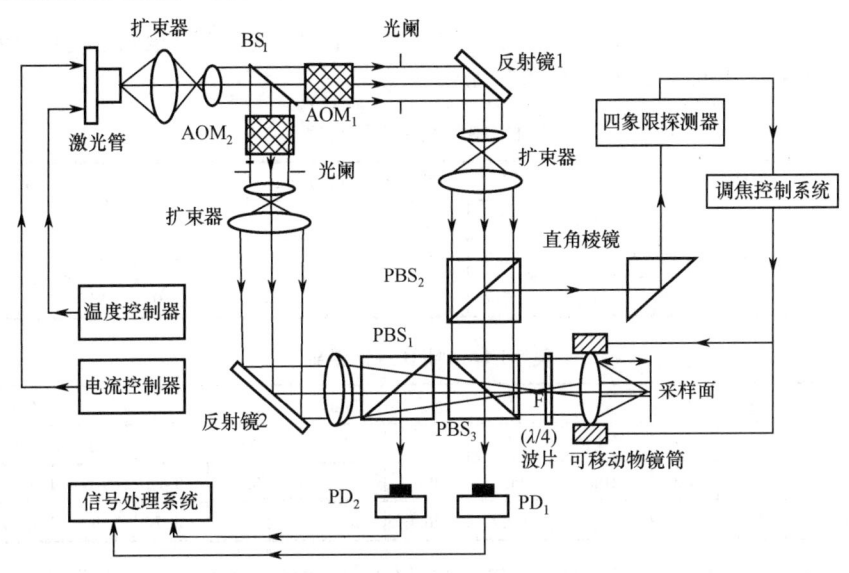

图 16.110 共光路外差激光干涉仪原理

测量光束和参考光束从被测面反射回来，再一次通过物镜、λ/4 波片和分光镜 BS_2，到达偏振分光镜 PBS_1。由于两次通过 λ/4 波片，线偏振方向产生 90°旋转，故被 PBS_1 反射进光电探测器 PD_2，形成另一光拍频信号可表示为：

$$I_2 \propto 1 + \cos\left[2\pi(f_1 - f_2)t - \phi_p - \phi_h(x)\right] \quad (16.216)$$

式中，$\phi_h(x)$ 表示由于待测表面轮廓的高低变化引入的测量光与参考光之间的相位差，x 表示被测表面上测点的一维位置坐标。

设光探针对应的表面轮廓高度相对于参考光斑内表面轮廓的平均高度的差值为 $h(x)$，λ 为半导体激光器的波长，则有[179]：

$$\phi_h(x) = 4\pi h(x)/\lambda \quad (16.217)$$

在信号处理过程中，由于表面粗糙度的差异，将造成返回测量信号幅度的变化。为保证测相精度，光电信号先经过自动电压控制之后，由高精度动态测相电路测相。测相电路采用测小数周期和计大数相结合的方法，可实现大的动态范围和很高的鉴相分辨率。最后数据送入计算机作为粗糙度的各项参数评定。

此外，从被测面反射的测量光束和参考光束，经分光镜 BS_2 和 PBS_2 的反射进入临界角棱镜，由其反射到四象限探测器上。通过检测测量光束在四象限探测器上的光强分布，获取离焦信号[180]，由比例积分（PI）控制电路产生相应的控制电流，使带有线圈的测量物镜做轴向运动，进行自动聚焦。参考光束将产生一固定直流信号，不影响离焦信号的检测。

2. 实验结果

该仪器的自动聚焦范围为 ±0.5 mm，在焦点为 ±25 μm 的范围内，聚焦精度为 1 μm，3 dB 带宽约为 40 Hz；在 80 分钟内整机稳定性为 $3\sigma = 1.95$ nm。仪器的纵向和横向分辨率分别为 0.39 nm 和 0.73 μm。在自动聚焦系统开环和闭环情况下，对样块同一区段分别测量聚焦、近离焦和远离焦时的粗糙度数值，取样长度为 0.08 mm，其测量结果如表 16.13 和表 16.14 所示，其中 R_a 为轮廓算术平均偏差，R_y 为轮廓最大高度。

由实验可知：开环条件下，离焦时的测量结果比聚焦时要小很多，这是由于光探针变大，降低了系统的横向分辨率；而在闭环时，测量结果差别不大，说明自动聚焦系统有效地减小了由于离焦造成光探针大小的变化所带来的测量误差。

表 16.13 开环测量结果

序号	焦面上				近点（+10 μm）				远点（−10 μm）			
	1	2	3	平均值	1	2	3	平均值	1	2	3	平均值
R_a/nm	12.8	14.7	12.9	13.5	10.0	8.9	9.0	9.3	5.1	5.6	6.0	5.9
R_y/nm	67.0	74.6	68.6	70.1	45.7	44.1	45.7	44.2	32.0	35.0	39.6	35.5

表 16.14 闭环测量结果

序号	焦面上				近点（+10 μm）				远点（−10 μm）			
	1	2	3	平均值	1	2	3	平均值	1	2	3	平均值
R_a/nm	10.6	11.2	10.0	10.6	11.2	9.8	11.3	10.7	9.6	8.9	10.9	9.8
R_y/nm	64.0	67.0	68.6	66.5	60.9	56.4	57.9	58.4	58.7	53.3	65.5	59.1

在精密磨床上的在线实际测量中，粗糙度测量仪安装在磨床砂轮行程控制的 T 型导轨上，利用磨床的横向进给来实现对被测工件的扫描。现场环境温度为 27℃，由于磨床周围还有数控插齿机等机床在加工零件，现场存在强震动。表 16.15 所示为对某精密磨削工件的粗糙度测试结果，其中取样长度为 0.080 mm。由于 R_a 在 0.010～0.020 μm 之间，R_y 在 0.063～0.100 μm 之间，故被测工件的粗糙度为$\sqrt{13}$。

表 16.15 在线测量结果

	1	2	3	4	5	平均值
R_a/nm	15.2	14.3	13.8	15.1	14.7	14.6
R_y/nm	91.4	88.4	86.8	76.2	79.6	84.5

此外，对同一工件，在实验室防震平台上进行了比对测量，测量结果如表 16.16 所示。

表 16.16 实验室中测量结果

	1	2	3	4	5	平均值
R_a/nm	14.5	16.8	15.4	14.8	15.3	15.4
R_y/nm	85.4	87.6	89.1	81.2	90.3	86.7

对比实验结果看出，在实验室环境下和在机加工车间的现场条件下测量的结果差别不大。这说明干涉仪的共模抑制技术有效地降低了震动和环境干扰所造成的影响，证明仪器能在工业现场条件中使用。

由于采用了激光共光路共模抑制技术，克服了空气扰动、导轨误差和在线测量中震动等不利因素的影响，使表面粗糙度测量在线进行成为可能。采用计大数和测小数相结合的方法对外差光电信号进行处理，实现了大的动态测量范围和高的测量分辨率。全反射临界角法自动聚焦系统，保证了光学探针始终以最尖状态测量表面，从而实现了高的横向分辨率。

参 考 文 献

[1] 廖延彪. 偏振光学[M]. 北京：科学出版社, 2003：45-63.
[2] 张娜. 面向仿生微纳导航系统的偏振器的研究[D]. 大连理工大学, 2005-12.

[3] 许阿娟, 朱嘉雯, 林佳芬, 等. 光学系统设计进阶篇（fourth version；2002 版）：第十二章 偏振.
[4] 王霞, 李国华. 用琼斯矢量法讨论菲涅耳反射、折射公式[J]. 曲阜师范大学学报, 1998,224(4)：58-61.
[5] Abraham A. Ungar. Hyperbolic Trigonometry and its Application in the Poincar'e Ball Model of Hyperbolic Geometry. Comput. Math. Appl., 38, 2000.
[6] Matthieu Dubreuil, Sylvain Rivet, Bernard Le Jeune, and Jack Cariou. Snapshot Mueller matrix polarimeter by wavelength polarization coding. " Optics Express 15, 21（2007）13660-13668.
[7] Max Born； Emil Wolf. Principles of Optics：Electromagnetic Theory of Propagation, Interference and Diffraction of Light （7th Edition）（Hardcover）. Cambridge University Press. October 13, 1999：334. ISBN 0521642221.
[8] 晨光. 偏振片[J]. 光学技术, 1976 年, 第 01 期（76.2）：23-26.
[9] 田志伟, 郭邦俊, 王宝龙, 等.新颖的人造偏振片[J]. 杭州大学学报, Vol.13, No.2（April 1986）：186-191.
[10] 龚建勋, 刘正义, 邱万奇. 偏振片研究进展[J]. 液晶与显示, Vol. 19, No. 4（Aug., 2004）：259-264.
[11] Broer D J, Lub J, Mol G N. Wide-band reflective polarizers from cholesteric polymer networks with a pitch gradient[J].Nature, 1995, 378(30)：467-469.
[12] 龙槐生, 张仲先, 淡恒英. 光的偏振及其应用[M]. 北京：机械工业出版社, 1989.
[13] Dirx Y, Jagt H. Scattering birefringence polarizers based on oriented blends of poly（ethylene terephthalate）and core-shell particles[J]. Journal of Applied Physics, 1998, 83(6)：2927-2933.
[14] Amimori Ichiro, Priezjev Nikolai V, Pelcovits Robert A, et al.Optomechanical properties of stretched polymer dispersed liquid crystal films for scattering polarizer applications[J].Journal of Applied Physics, 2003, 93(6)：3248-3252.
[15] 任洪文, 宣丽, 闫石, 等. 光散射液晶偏振片电光特性的研究[J]. 液晶与显示, 2000, 15(3)：178-184.
[16] Hokanen M, Kettunen V, Kuittinen M, et al. Inverse meta-l stripe polarizers[J].Applied Physics B：Lasers and Optics, 1999, 68：81-85.
[17] Yu Zhaoning, Deshpande Paru, Wu Wei, et al. Reflective polarizer based on a stacked double-layer subwavelength metal grating structure fabricated using nanoimprint lithography[J]. Appl. Phys. Lett., 2000, 77(7)：927-929.
[18] Ichimura K, Momose M, Kudo K, et al. Surface-assisted formation of anisotropic dye molecular films[J]. Thin Solid Films, 1996, 284-285：557-560.
[19] Hofmeister H, Drost W G, Berger A. Oriented prolate silver particles in glass-characteristics of novel dichroic polarizers [J]. Nanostructured Materials, 1999, 12：207-210.
[20] 谢书伟. 偏振片及其用途[J]. 感光材料, 1997(2)：44-63.
[21] Matthew H. Smiht, Optimization of a dual-rotating-retarder Mueller Matrix Polarimeter [J]. AppI. Opt., 2002, 41(13)：2488-2494.
[22] 朱化风, 宋连科, 彭捍东. 偏振光源形貌对空气隙型检偏棱镜光强透射比的影响[J]. 曲享师范大学学报（自然科学版）, 2004, 30(3)：42-44.
[23] 孔繁震, 偏光棱镜透射比研究[D]. 曲阜师范大学, 2006 年 4 月.
[24] 金国藩, 李景镇. 激光测量学[M], 北京：机械工业出版社, 1998：211-212, 223.
[25] 陈西园, 单明. 双 wollasotn 棱镜分光特性的研究[J]. 应用激光, 2003, 23(3)：161-163.
[26] 胡树基. 洛凶（Rochon）棱镜透光率的研究[J]. 杭州师范学院学报（自然科学版）, 2005, 4(5)：376-379.
[27] 宋连科, 李国华, 吴福全. 宽频偏光棱镜视场角的设计[J]. 激光杂志, 1994, 15(5)：209-212.
[28] 李红霞, 吴福全, 范吉阳. 冰洲石晶体色散方程解析研究及折射率温度系数表达式[J]. 应用光学, 2004, 25(5)：7-10.
[29] 李国华, 李继仲. 冰洲石红外二向色偏光器件的研究[J]. 中国激光, 1991, 18(2)：94-97.

[30] 李红霞. 双折射晶体与偏光器件的温度特性[D]. 曲阜师范大学硕士学位论文, 2003.

[31] 朱化凤. 激光偏光棱镜对输出光强的影响[D]. 曲阜师范大学硕士学位论文, 2003.

[32] 李景镇. 光学手册[M]. 西安：陕西科学技术出版社, 1986.5.

[33] 王伟, 吴福全, 苏富芳. OE双输出棱镜的分束角和光强分束比研究[J]. 激光技术, 2003, 27(6)：560-562.

[34] 刘雁. 单色光退偏器及液晶退偏效应的研究[D]. 曲阜师范大学, 2004年3月.

[35] 李国华. 偏振光学与技术实验.[M] 北京：科学出版社, 2002. 41-43, 48-51.

[36] 许福运, 李国华. 退偏振器研究的历史现状及其应用[J]. 光学仪器, 1995, 17(2)：37-40.

[37] B. Lyot. Ann observa toire AstronPhys. Paris - Mendon 1929, 1-28. 102.

[38] Bruee H. billings, A Monoehromatie DePolarizer, J. Opt. Soe. Am, 1951, 41 (12)：966-975.

[39] E. Sehmidtand, K. Vedam, DePolarizing Prism, Optic Aeta, 1971, 18(9)：713-718.

[40] Shan-ling Lu and A. P. Loeber, DePolarization of white light by a birefringent crystal, J. opt. Soe. Am, 1975, 65(3)：248-251.

[41] Paul H. Riehter, The lyot dePolarizer in quasi-monochromatic light, J. Opt. Soc. Am, 1979, 69(3)：460-463.

[42] A P Loeber, Depolarization of white light by a birefringent crystal.II. The lyot dePolarizer, J. Opt. Soc. Am, 1982, 72(5)：650-656.

[43] Kiyofumi Moehizuki, Degree of polarization in jointed fibers：the Lyot depolarizer, J. Opt. Soe. Am, 1984, 23(19)：3284-3288.

[44] William K. Burms, Fiber-Optic Gyroscopes with DePolarized 1ight, Journal of lightwave technology, 1992, 10(7)：992.

[45] G. B. Malykin, DePolarizer of nonmonochromatic radiation for a fiber ring interferometer, J. opt. Soe. Am, 1993, 75(6)：775-778.

[46] James P. MeGuire. Jr. and Rusee A, ehiPman, Analysis of spatial Pseudo dePolarizer sin-imaging systems, Optic Engineering, 1990, 29(12)：1478-1484.

[47] Cabriel Biener, ComPuter-generated infrared dePolarzer using space-variant subwavelength dieleetric gratings, J. OPt. Soc. Am, 2003, 28(10)：1400-1402.

[48] 王建军, 林宏奂, 隋展, 等. 一种新型液晶退偏振器的研究[J]. 激光技术, Vol. 31, No. 3（June. 2007）.

[49] 张玉钧, 刘文清, 宋炳超. F4/漫反射板的远、近场角散射特性研究[J]. 光子学报, 1999, 28(10)：936-941.

[50] Li Haifeng, et al. Measurement of polarization mode coupling in Polarization-maintaining fibers Based on white light interference[A], in：Advanced Sensor systems and Applications[C], Roo Yun-jiang, Jones J D, Naruse H, Editors, Proceedings 1195 of SPIE, 2002, 4920：505-509.

[51] Burns W K. polarizer requirements for fiber gyroscopes with high-birefringence fiber and broad-band sources[J]. Journal of Lightwave Technology 1984, LT-2(4)：430-435.

[52] Vasallo C. Increase of the minor field component in stress-induced birefringent fiber, due to Non-uniformity of stress[J]. Journal of Lightwave Technology 1987.

[53] 满小明, 张以谟, 周革, 等. 光纤寄生偏振耦合测试仪偏振态的调整[J]. 光电子·激光, 2002, 13(10)：1022-1025.

[54] Jing Wencai, Zhang Yimo, Zhou Ge, et al. Analysis of the influence of opto-eleetro-mechanical devices on the measurement accuracy of a distributed Polarization detection system[J]. Measurement and Science Technology 2003, 14：294-300.

[55] 张聪跃, 张以谟, 井文才, 等. 偏振耦合测试系统中偏振棱镜的设计[J]. 光电子技术与信息,（June 2004）, 17(3)：17-20.

[56] 高宏刚, 裴庆魁. Glan- Taylor偏光棱镜的设计[J]. 激光技术, 1994, 18(3)：155-159.

[57] 李国华, 等. 关于空气间隙棱镜空气隙厚度的再研究[J]. 中国激光, 1992, 19(4)：252-254.

[58] 郁道银, 谈恒英. 工程光学[M]. 北京: 机械工业出版社, 1999.194-198.
[59] 吴福全, 李国华, 宋连科, 等.光高效偏光镜的研究[J]. 1994 中国激光, 22 卷, 1 期: 7-39.
[60] 竺庆春, 陈时胜. 矩阵光学导论[M]. 上海: 上海科技文献出版社, 1991: 156-180.
[61] 倪志波, 宋连科, 刘建苹, 等. 新型高透射比偏光棱镜[J]. 光电子·激光, Vol.18 No.1 (Jan. 2007): 43-45.
[62] Jerrard H G. Optical compensators for measurement of elliptical polarizers[J]. J Opt Soc Am, 1948, 38(1): 35-59.
[63] 王军利, 方强, 王永昌. 一种新型偏振态综合仪的实验研究[J]. 光电子·激光, 2005, 16(10): 1175-1177.
[64] 郝殿中, 宋连科, 吴福全, 等 波片相位延迟的分束差动自动测量[J]. 光电子·激光, 2005, 16(5): 601-604.
[65] 李国华, 赵明山, 吴福全, 等. 高消光比测试系统的研究[J]. 中国激光, 1990, 17 卷, 1 期: 51-53.
[66] Appel R Dyer, C D, Lockwood Jn. Design of a broadband UV-visible alph-barium borate polarizer. Applied Optics, 2002, 41(13): 2470-2480.
[67] 黄家寅, 赵桂芳, 黄拯平[J]. 方解石 P 氟化钙紫外偏光棱镜设计. 应用激光, 1996, 17(1): 4-6.
[68] 李敢生, 吴喜泉, 位民, 等. 大尺寸优质钒酸钇（YVO4）双折射晶体生长[J]. 人工晶体学报, 1999, Vol.1, 990106: 1-6.
[69] Crystal Catalog, CASTECH, 1990/2000: 35.
[70] 黄呈辉, 张戈, 位民, 等.高功率 YVO4 晶体偏振棱镜[J]. 激光杂志, Vol.24.No.2 (2003): 21-22.
[71] 赵培涛.高精度消色差相位延迟器形设计及性能测试研究[D]. 曲阜师范大学, 2005.4.
[72] 郑春红.光学晶体偏光特性研究[D], 曲阜师范大学, 2003 年 3 月.
[73] 郭丽娇, 吴福全, 尹延学, 等. 紫外三元复合消色差相位延迟器优化设计的分析. 曲阜师范大学学报, Vo.l 35, No. 4 (Oc.t 2009): 55-58.
[74] Parameswaran Hariharan, fellow Spie Csiro. Achromatic and apochromatic Half-wave and quarter-wave retarders.[J]. OPt. Eng. 1996, 35: 3335-3337.
[75] 王霞, 吴福全, 汪河洲. 对消色差相位延迟器全反射相变的探讨[J]. 激光与光电子学进展, 2001 年, 第 4 期（总第 424 期）: 14-17.
[76] J. M. Bennett. Aeritical evaluation of htomb-type quarter wave retarders[J]. Appi. Opt. Insturm. 1970, 9: 2123-2129.
[77] 王霞, 吴福全, 梁志霞. 对入射角不敏感的新型 λ/4 消色差相位延迟器[J]. 光电子·激光, 2000, 11(2): 154-156.
[78] N N Nagib. Total internal reflection phase retarders constructed from prisms. J. Opt. A: Pure Appl. Opt. 6 (2004) 425-428.
[79] W C Yip, H C Huang and H S KWork. Achromatic wave retarders by phase subtraction.[J]. AppI. Opt. 1996, 35: 4381-4384.
[80] N N Nagib. Theory of oblique-incidence Phase retarders.[J]. AppI. Opt. 1997, 36: 1547-1552.
[81] N N Nagib and S A Khodier. Optimization of a rhomb-type quarter- wave Phase retarder.[J]. AppI. Opt. 1995, 33: 2927-2930.
[82] I Filinski and T Sketturp. Achromatic phase retarders constructed from right-angle Prisms design.[J]. AppI. Opt. 1984, 23: 2747-2751.
[83] 赵凯华, 钟锡华. 光学[M]. 北京: 北京大学出版社, 1982.
[84] 新谷隆一, 范爱英, 康昌鹤. 偏振光[M]. 北京: 原子能出版社, 1994.7.
[85] 杨之文. 地面物体偏振光谱的获取及分析[J]. 红外, 2004, 4: 1-9.
[86] 陈卫斌, 顾培夫. 偏振光的 Stokes 列矩阵表示及应用[J]. 光学仪器, 2004, 26(2): 42-46.
[87] 曹念文, 刘文清, 张玉钧, 等. 水下目标圆偏振成像及最远成像距离的计算[J].中国激光, 2000, 27(2): 151-154.

[88] 付霞. 井下偏振光学成像探测技术研究[D]. 中国石油大学, 2010.4.

[89] 孙传东, 陈良益. 水的光学特性及其对水下成像的影响[J]. 应用光学, 2000, 21(4): 39-46.

[90] 谢正茂, 董晓娜, 何俊华. 水下微光摄影物镜的设计和研究[J]. 应用光学, 2009, 30(1): 6-10.

[91] 金逢锡, 金虎杰. 变焦镜头结构形式的最佳选择方法[J]. 光学仪器, 2004, 26(1): 34-38.

[92] 唐若愚, 于国萍, 王晓峰. 自然水下偏振度图像的获取方法[J]. 武汉大学学报, 2006, 52(1): 59-63.

[93] Business Communications Company, Nanofilms: Markets and technologies, USA Wellesley: BCC Research, 2004. 8.

[94] 宋敏, 李波欣, 郑亚茹. 利用光学方法测量薄膜厚度的研究[J]. 光学技术, 2004, 30(1): 103-106.

[95] Gonzalez cano A, Bernabeu E., Automatic interference method for measuring transparent film thickness, 1993, 32(13): 2292-2294.

[96] Jose Trull, Crina Cojocaru, et al. Determination of refrective indices of quarter-wavelength Bragg reflectors by reflectance measurements in wavelength and angular domains, Appl. Opt., 2002, 41(24): 5172-5178.

[97] Ming-Homg Chiu, Ju-Yi Lee, Der-Chin Su. complex refractive-index measurement based on Fresnel's equations and the uses of heterodyne interferometry, Appl. Opt., 1999, 38(19): 4047-4052.

[98] 孙艳. 一种新的膜厚测试技术[J]. 计量技术, 2002(3): 6-9.

[99] Yeou-Yen Cheng, James C. Wyant, Multiple wavelength phase shifting interferometry, Appl. Opt., 1985, 24(6): 804-807.

[100] Akram K.S.Aqili, Asghari Maqsood, Determination of thickness, refractive index, and thickness irregularity for semiconductor thin films from transmission spectra, Appl.Opt., 2002, 41(l): 218-224.

[101] G Jakopic, W Papousek, Unified analytical inversion of reflectometric and ellipsometric data of absorbing media, Appl. Opt, 2000, 39(16): 2727-2732.

[102] 薛实福, 李庆祥. 等, 精密仪器设计[M]. 北京: 清华大学出版社, 1991.

[103] B Johs, Recent Developments in Spectroscopic Ellipsometry for in situ Applications, SPIE Proc., 2001, 4449: 41-57.

[104] John A. Woollam, Blain Johs, Craig M. Herzinger, et al. Overview of Variable Angle Spectroscopic Ellipsometry (VASE), Part I: Basic Theory and Typical Applications, SPIE Proceedings, CR72, (1999) 29-58.

[105] Blain Johs, John A. Woollam, Craig M. Herzinger, et al. Overview of Variable Angle Spectroscopic Ellipsometry (VASE), Part II: Advanced Applications, SPIE Proceedings, CR72, (1999).

[106] 郭扬铭, 莫党, 张曰理. 自动化椭圆偏振光谱仪的研制[J], 中山大学学报, 2005, 44(1): 124-125, 128.

[107] 郭扬铭. 新型自动化椭偏仪的研制及应用[D]. 中山大学, 2004.

[108] Azzam R. M. A, Bashara N. M., Ellipsometry and Polarized Light, Amerstdam: North-Holland, 1977.

[109] J. N. Hilfiker, F. G. Celii, W. D. Kim, et al. Spectroscopic Ellipsometry (SE) for materials characterization at 193 and 157nm, Semiconductor Fabtech, 2002, (17): 87-91.

[110] B D Cahan, R. F. Spanier, A high-speed automatic ellipsometer, Surf. Sci., 1969, 16: 166-176.

[111] 黄佐华, 何振江, 杨冠玲, 等. 多功能椭偏测厚仪[J]. 光学技术, Vol.27, No.5（Sept. 2001）: 431-434.

[112] 黄佐华, 何振江, 杨冠玲, 等. 自动椭偏测厚仪测量精确度的实验研究[J]. 机电工程技术, 2004, 33(4): 18-20.

[113] 黄佐华, 何振江. 测量薄膜厚度及其折射率的光学方法[J]. 现代科学仪器, 2003, 4: 42-44.

[114] 广东飞驰公司. HST-1 多功能椭偏测厚仪器资料. http://www.flysh.com.cn/ cehouyi.htm, 2007.3.

[115] Riedlilng K., Ellipsometry for industrial applications, Wien: spring-verlag, 1998. 83.

[116] Jobin-Yvon, Spectroscopic Ellipsometry http://www.jobinyvon.com/usadivisions/TFilms / products/ spectroellipso.pdf, 2007. 3.

[117] Xinhui Niu, An Integrated System of Optical Metrology for Deep Sub-Micron Lithography[D], BERKELEY：University of CALIFORNIA, 1999.

[118] Reisinger H, Minimization of errors in ellipsometric measurement, solid state electronics, 1992, 35(3)：333-344.

[119] Jobin-Yvon, Characterization of DNA Sensor Pads using the UVISEL Spectroscopic Phase Modulated Ellipsometer, http：//www.jobinyvon.com/usadivisions/TFilms/applications/se-08. pdf, 2007.3

[120] J A Woollam Co., Inc., Research Spectroscopic Ellipsometer, http：//www.jawoollam.com/vase.html, 2007. 2.

[121] H F Hazebroek, A A Holscher, interferometric ellipsometry, J. Phys. E：Sci. Instr. 1973, 6(4)：822-826.

[122] H. F. Hazebroek, W.M. Visser, automated laser interferometric ellipsometry and precision reflectometry, J. Phys. E：Sci. Instr. 1983, 16(3)：654-661.

[123] Chin-hua, Chien Chou, Keh-su Chang, Real time interferometric ellipsometry with optical heterodyne and phase lock-in techniques, Appl. Opt. 1990, 29(34)：5159-5162.

[124] Ming-Horng Chiu, Ju-Yi Lee, Der-Chin Su, Complex refractive-index measurement based on Fresnel's equations and the use of heterodyne interferometry, Appl. Opt., 1999, 38(19)：4047-4052.

[125] Lionel R. Watkins, Maarten D. Hoogerland, Interferometric ellipsometer with wavelength- modulated laser diode source, Appl. Opt., 2004, 43(30)：4362-4366.

[126] 邓元龙.外差干涉椭圆偏振测量的理论与实验研究[D]. 天津大学. 2007.4.

[127] 王力衡, 黄运添, 郑海涛, 等. 薄膜技术[M]. 北京：清华大学出版社, 1991.

[128] Hosoe S., Highly precision and stable laser displacement measurement interferometer with differential optical passes in practical use, Nanotechnology, 1994, 6(1)：24-28.

[129] K Hemmes, M.A.Hamsrta, K.R.Koops et al. Evaluation of interfereometric ellipsometer systems with a time resolution of one microsecond and faster, Thin solid films, 1998, 40-46：313-314.

[130] Jobin-Yvon. 相位调制与机械旋转椭偏仪的区别, http：//www.jobinyvon.com/usadivisions /TFilms/ products, 2007.3.

[131] Johnson J L. Infrared polarization signature feasibility tests[R]. Reps. TR-EO-74-1 and ADC 00113, U. S. Army Mobility Equipment Research and Development Center, 1974.

[132] 刘敬, 夏润秋, 金伟其, 等. 基于斯托克斯矢量的偏振成像仪器及其进展[J]. 光学技术, Vol. 39, No.1（Jan. 2013）：56-62.

[133] Matchko R M, et al. High-speed imaging chopper polarimetry[J]. Optical Engineering, 2008, 47(1)：0160011-01600112.

[134] Tyo J S, et al. Review of passive imaging polarimetry for remotesensing[J]. Applied Optics, 2006, 45(22)：5453-5469.

[135] Gendre L, et al. Imaging linear polarimetry using a single ferroelectric liquid crystal modulator[J]. Applied Optics, 2010, 49(25)：4687-4699.

[136] Wang X, et al. A dual-channel imaging polarimetry system[J]. SPIE, 2011, 8197：8197111—8197118.

[137] Garlick F J, et al. Differential optical polarization detectors[P]. U. S. Patent：3992571, 1976-11-16.

[138] Farlow C A, et al. Imaging polarimeter development and application[J]. SPIE, 2001, 4819：118-125.

[139] Pezzaniti J L, et al. Wave slope measurement using imaging polarimetry[J]. SPIE, 2009, 7317：73170B1-73170B13.

[140] Pezzaniti J L, et al. A division of aperture MWIR imaging polarimeter[J]. SPIE, 2005, 5888：58880V1-58880V12.

[141] Kawabata K S, et al. Wide-field one-shot optical polarimeter：HOWPol[J]. SPIE, 2008, 7014：70144L1（10pp）.

[142] Fujita K, et al. Development of simultaneous imaging polarimeter[J]. SPIE, 2006, 6269: 162693D1-83.

[143] Hamamoto T, Toyota H, Hihuta H. Micro-retarder array for imging polarimetry in the visible wavelength region[J]. SPIE, 2001, 4440: 293-300.

[144] Nordin G P, et al. Micropolarizer array of infrared imaging polarimetry[J]. Journal of the Optical Society of American, 1999, 16(5): 1168-1174.

[145] Cindy K, et al. Liquid-crystal micropolarizer array for polarization difference imaging [J]. Applied Optics, 2002, 41 (7): 1291-1296.

[146] Kituta H, et al. Imaging polarimetry with a micro-retarder array[J]. Proceedings of the 41st SICE Annual Conference, Japan: Tokyo, 2002, 4: 2510-2511.

[147] Richard J P, Narde U C, Cairns B, et al. Aerosol polarimetry sensor for the glory mission[C]. Proc. SPIE, 2007, 6786: 67865L. 1-67865L.17.

[148] 叶松, 方勇华, 孙晓兵, 等. 基于偏振信息的遥感图像大气散射校正[J]. 光学学报, 2007, 27（6）: 900～1003.

[149] 崔文煜, 张运杰, 易维宁, 等. 多角度偏振辐射计系统设计与实现[J]. 光学学报, 2012, 32（8）: 0828003-0828006.

[150] 杨伟锋, 宋茂新, 洪津. 多角度偏振辐射计的光机设计[J]. 大气与环境光学学报, 2010, 5（3）.

[151] 孙晓兵, 洪津, 乔延利, 等. 卫星大气多角度偏振遥感系统方案研究[J]. 大气与环境光学学报, 2006, 1(3): 198-201.

[152] Andre Y, Laherrere J M, Bret-Dibat T, et al. Instrumental concept and performance8 of the POLDER instrument[C], Proc. SPIE, 1995, 2572: 79-90.

[153] 宋茂新, 孙斌, 孙晓兵, 等. 航空多角度偏振辐射计的偏振定标[J]. 光学 精密工程, 2012, 20（6）: 1153-1158.

[154] 乔延利, 杨世植, 罗睿智, 等. 对地遥感中的光谱偏振探测方法研究[J]. 高技术通讯, 2001, 11(7): 36-39.

[155] CAIRNS B, EDGAR E, RUSSELL, et al. The research scanning polarimeter: calibration and ground-based measurements[J]. SPIE, 1999, 3754: 186-196.

[156] Yoder P R, Jr. Opto- Mechanical Systems Design[M]. 2006.

[157] I Bhushan B, James C. Measurement of Surface Topography of Magnetic Tapes by Mirau Interferometry. Appl Opt, 1985, 24(l): 1489-1497.

[158] 屠大维, 高志民, 金士良, 等. 共模抑制干涉及其应用研究[J]. 上海大学学报（自然科学版）, 1995, 1（5）: 514-518.

[159] Pantzer D, Politeh J. Heterodyne Profiling Instrument for the Angstrom Region. Appl. Opt, 1986, 25(22): 4168-4171.

[160] Tu D W. Super-smooth Surface On-lineTesting. SPIE, 1992, 1821: 467-476.

[161] Bruning J H, Gallaher J E, Rosenfeld D P, et al. Digital Wavefront Measuring Interferometer for Test Optical Surface and Lenses. Appl. Opt., 1974, 13, 2693-2702.

[162] ISO 2001 International Standard 16063-13 Methods for the calibration of vibration and shock transducers—Part 13: Primary shock calibration using laser interferometry [S]. Geneva: International Organization for Standardization, 2001.

[163] 于瀛洁, 李彭生, 强锡富, 等. 外差干涉仪中光路调整的分析[J]. 光电工程, 2000, 27(1): 44-47.

[164] Keem T, Gonda S, Misumi I, et al. Removing nonlinearity of a homodyne interferometer by adjusting the gains of its quadrature detector systems [J]. Appl.Opt（S0003-6935）, 2004, 43（12）: 2443-2448.

[165] 段莉. 正交偏振激光干涉振动测量方法与试验研究[D]. 哈尔滨: 哈尔滨工程大学, 2008: 42-44.

[166] Kim J A, Kim J W, Kang C S, et al. A digital signal processing module for real-time compensation of

nonlinearity in a homodyne interferometer using a field-programmable gate array [J]. Meas. Sci. Technol（S0957- 0233）, 2009, 20（1）: 017003.

[167] 胡红波, 于梅. 零差激光干涉仪（Homodyne laser Interferometer）正交相位误差（Quadrature Phase-shift Error）的分析. 光电工程, 2012, 39（12）: 55-62.

[168] Luis Miguel Sanchez-Brea, Tomas Morlanes. Metrological errors in optical encoders [J]. Meas.Sci.Technol（S0957-0233）, 2008, 19: 115104.

[169] Peter Gregorcic, Tomaz Pozar, Janez Mozina. Quadrature phase-shift error analysis using a homodyne laser interferometer [J]. Optics Express（S1094-4087）, 2009, 17(18): 16322-16331.

[170] ISO 1999 International Standard 16063-11 Methods for the calibration of vibration and shock transducers—Part 11: Primary vibration calibration by laser interferometry [S]. Geneva: International Organization for Standardization, 1999.

[171] TaeBong Eom, JongYun Kim, Kyuwon Jeong. The dynamic compensation of nonlinearity in a homodyne laser interferometer [J]. Meas.Sci.Technol（S0957-0233）, 2001, 12: 1734-1738.

[172] 王世华, 周肇飞. 便携式激光表面粗糙度测量仪[J]. 计量学报, 1997, 18(1): 28-311.

[173] 周莉莉, 赵学增, 郑俊丽. 基于散班强度相关函数的表面粗糙度测量方法[J].光电工程, 2004, 31(7): 525-531.

[174] 蒋庆全. 用光触针测量表面粗糙度[J]. 航空计测技术, 1993(4): 15-191.

[175] WHITEHOUSE D J. Comparison between stylus and optical methods surfaces[J]. Annals of the CIRP, 1988, 37(2): 649-6531.

[176] 王政平, 张锡芳, 王晓忠, 等. 一种利用偏振干涉原理测量表面粗糙度的方法. 哈尔滨工程大学学报, Vol. 28, No. 10（Oct. 2007）: 1182-1187.

[177] JONES R C. A new calculation for the treatment of optical systems[J]. JOSA, 1941, 31(7): 488-5031.

[178] 西奥卡里斯 P S, 格道托斯 E E. 光测弹性学矩阵理论[M]. 杨霁辉, 译. 北京: 科学出版社, 1987.

[179] Mitsui K. In-process sensors for surface roughness and their applications. Precision Eng., 1986, 8(4): 212-220.

[180] 梁嵘, 李达成, 曹芒, 等. 在线测量表面粗糙度的共光路激光外差干涉仪[J]. 光学学报, 1999, 19（17）.

[181] Huang C C. Optical heterodyne profilometer. Optical Engineering, 1984, 23(4): 356-370.

[182] 韩昌元, 刘斌, 卢振武, 等. 共路外差表面轮廓仪[J]. 光学学报, 1993, 13(7): 670-672.

[183] Kohno T, Ozawa N, Miyamoto K et al. High precision optical surface sensor. Applied Optics, 1988, 27(1): 103-108.

反侵权盗版声明

电子工业出版社依法对本作品享有专有出版权。任何未经权利人书面许可，复制、销售或通过信息网络传播本作品的行为；歪曲、篡改、剽窃本作品的行为，均违反《中华人民共和国著作权法》，其行为人应承担相应的民事责任和行政责任，构成犯罪的，将被依法追究刑事责任。

为了维护市场秩序，保护权利人的合法权益，我社将依法查处和打击侵权盗版的单位和个人。欢迎社会各界人士积极举报侵权盗版行为，本社将奖励举报有功人员，并保证举报人的信息不被泄露。

举报电话：（010）88254396；（010）88258888
传　　真：（010）88254397
E-mail：　dbqq@phei.com.cn
通信地址：北京市万寿路173信箱
　　　　　电子工业出版社总编办公室
邮　　编：100036